生命科学实验指南系列

现代神经科学研究技术

Modern Techniques in Neuroscience Research

〔德〕U. Windhorst & H. Johansson

赵志奇　陈　军　主译

科学出版社

北　京

内 容 简 介

本书涵盖了神经科学研究领域从分子到行为、从动物脑到人脑功能所涉及的主要实验技术方法，既包括经典的实验方法，也特别介绍了各种最新发展的技术。共45章，主要包括：神经元结构与功能的检测技术；神经网络信息编码理论模型；外周和中枢神经损伤修复、细胞组织移植技术；人体肌电信号和神经纤维微电极记录技术；脑功能成像技术；人体心理物理检测和动物行为学分析等。

本书内容全面，涵盖面广，技术讲解详细，对于从事神经生物学、神经医学、认知科学、信息科学以及相关研究领域的科研人员、医疗人员、研究生等都具有很高的参考价值。

Translation from the English language edition：

Modern Techniques in Neuroscience Research edited by Uwe Windhorst and Hakan Johansson

Copyright Springer Verlag Heidelberg Berlin

All Rights Reserved

图书在版编目（CIP）数据

现代神经科学研究技术=Modern Techniques in Neuroscience Research/U. Windhorst, H. Johansson；赵志奇，陈军主译. —北京：科学出版社，2006.7

（生命科学实验指南系列）

ISBN 978-7-03-013783-8

Ⅰ.现…　Ⅱ.①U…②H…③赵…④陈…　Ⅲ.神经科学研究方法　Ⅳ.R338

中国版本图书馆CIP数据核字（2004）第077458号

责任编辑：马学海　庞在堂　王剑虹／责任校对：鲁　素　赵桂芬　陈丽珠

责任印制：赵　博／封面设计：王　浩

科 学 出 版 社出版

北京东黄城根北街 16 号

邮政编码：100717

http://www.sciencep.com

三河市春园印刷有限公司印刷

科学出版社发行　各地新华书店经销

*

2006年7月第 一 版　开本：787×1092　1/16

2025年1月第五次印刷　印张：75 3/4

字数：1 790 000

定价：298.00元

（如有印装质量问题，我社负责调换）

译校人员名单

主译

赵志奇（复旦大学神经生物学研究所，zqzhao@fudan.edu.cn）

陈　军（第四军医大学疼痛生物医学研究所/首都医科大学疼痛生物医学研究所，
　　　　junchen@fmmu.edu.cn/chenjun@comu.edu.cn）

主要参译人员（按汉语拼音排序）

鲍　岚（中国科学院上海生命科学院细胞与生化研究所，baolan@sibs.ac.cn）

陈昭然（首都医科大学神经生物学系，ac@cpums.edu.cn）

陈建国（华中科技大学同济医学院药理学教研室，chenj@mails.tjmu.edu.cn）

陈　军（第四军医大学疼痛生物医学研究所/首都医科大学疼痛生物医学研究所，
　　　　junchen@fmmu.edu.cn/chenjun@comu.edu.cn）

范　明（军事医学科学院基础所，fanming@nic.bmi.ac.cn）

高天明（南方医科大学神经生物学教研室，tgao@fimmu.edu.cn）

韩　骅（第四军医大学医学遗传学与发育生物学教研室，huahan@fmmu.edu.cn）

胡小平（美国 Emory 大学医学院，xhu@bme.emory.edu）

菅　忠（西安交通大学生物医学工程研究所，jz68720@263.net）

李云庆（第四军医大学人体解剖学教研室，deptanat@fmmu.edu.cn）

梁培基（上海交通大学生命科学院，pjliang@sjtu.edu.cn）

龙开平（第四军医大学生物医学电子工程系物理学教研室，longkp@263.sina.com）

罗　层（第四军医大学疼痛生物医学研究所，luoceng@fmmu.edu.cn）

罗建红（浙江大学医学院，luojianhong@zju.edu.cn）

罗跃嘉（北京师范大学认知神经科学与学习国家重点实验室，luoyj@bnu.edu.cn）

任　维（北京航天医学工程研究所，fangbin@95777.com）

寿天德（复旦大学生命科学院神经生物学系，tdshou@fudan.edu.cn）

田嘉禾（中国人民解放军 301 总医院核医学科，tianjh@vip.sina.com）

汪萌芽（皖南医学院生理学教研室，wangmy@mail.ahwhptt.net.cn）

王晓民（首都医科大学生理系，xmwang@cpmus.edu.cn）

谢俊霞（青岛大学医学院神经生物学系，jxiaxie@public.qd.sd.cn）

徐　林（中国科学院昆明动物研究所，lxu@vip.163.com）

徐天乐（中国科学院上海生命科学院神经科学研究所，tlxu@ion.ac.cn）

徐晓明（美国 Louisville 大学，xmxu0001@gwise.louisville.edu）

尧德中（电子科技大学生命科学与技术学院，dyao12345@163.com）

于耀清（第四军医大学疼痛生物医学研究所，yyq7803@163.com）

张　策（山西医科大学生理系，cezh2002@yahoo.com）

张建保(西安交通大学生物医学工程研究所,jianbao-zhang@hotmail.com)
张玉秋(复旦大学神经生物学研究所,yuqiuzhang@fudan.edu.cn)
赵　黎(第四军医大学西京医院矫形外科,zhaoli@fmmu.edu.cn)
周　专(北京大学分子医学研究所,zzhou@pku.edu.cn)

校阅人员(按汉语拼音排序)

陈　军　(第四军医大学/首都医科大学)

范　明　(军事医学科学院)

顾凡及　(复旦大学)

蒋正尧　(青岛大学医学院)

李继硕　(第四军医大学)

卢虹冰　(第四军医大学)

乔健天　(山西医科大学)

寿天德　(复旦大学)

王　绍　(吉林大学白求恩医学院)

尧德中　(电子科技大学)

赵志奇　(复旦大学)

中译本序

　　以揭示神经系统活动的规律和机制为终极目标的神经科学，是生命科学中极其重要的分支。近年取得的新发现、新成果，以日新月异的速度改写着人们对神经活动的认识。这反映了人类从容应对"认识自身"的挑战中所付出的巨大努力和卓越贡献。

　　在神经科学的飞速发展进程中，所采用的研究技术和方法的发展及完善起着不可估量的作用。早在 19 世纪末叶，Golgi 银染法的发明在技术上为 Cajal 的神经元学说的建立奠定了基础。20 世纪 40 年代后期，微电极技术的创造和完善，开创了神经生理研究的新时代，取得了令人瞩目的进展。20 世纪 70 年代发展起来的膜片钳技术，使人们对神经活动的基本过程及离子通道基础的认识出现了重大飞跃。细胞生物学和分子生物学的许多新技术在神经科学中的应用，使这门学科又一次呈现出崭新的面貌。无创伤大脑成像技术则为剖析活体脑的活动、分析其机制提供了新的"利刃"。

　　从另一方面看，在神经科学发展的这一阶段，人们日益清楚地认识到，对于任何一个重要问题的研究，必须采用多学科的研究手段。神经活动是多侧面的，而多学科的手段是认识这些不同侧面的工具。神经科学与生命科学的其他分支一样，在 20 世纪 50 年代前，研究者采用的手段通常比较单一。例如，在神经生理研究方面，电生理技术，特别是微电极技术，曾独领风骚多年。但现在，许多实验室都装备有多种技术，不少科学家都熟悉多种方法，几个侧面的工作同在一个实验室里进行。这样的研究途径显然有利于在更深的层次上揭示神经活动的本质。

　　神经科学发展的历史经验和现代神经科学的上述特点，都为神经科学家掌握现代新技术、新方法提出了更高的要求。20 世纪 90 年代，Academic Press 曾出版过一整套 *Methods in Neuroscience*，有 20 卷之多，分门别类，叙述详细，是一套有用的参考书，但篇幅似过于庞大，有些内容略显过时。由 U. Windhorst 和 H. Johansson 主编、多名专家参与编写的 *Modern Techniques in Neuroscience Research* 及时问世，既反映了时代的需要，也满足了广大神经科学家对相关技术了解的渴望。赵志奇教授、陈军教授适时地牵头组织了国内优秀的神经科学家翻译出版该书，对中国神经科学的发展无疑具有重要的推动作用。

　　该书的内容涵盖之广，从目录即可一览无遗。有一部分章节是关于经典技术的介绍，如"组织染色方法"、"活体动物中神经元电活动：细胞外和细胞内记录"等，但即使是这些章节也含有新的内容。而更多的章节是现代新方法和新技术的介绍，内容涉及神经干细胞、神经活动的光学成像、神经移植、对神经系统基因表达的分析、无创伤脑活动的分析等。以笔者的经验来看，现代神经科学的新技术似已囊括无遗。特别需要一提的是，本书在神经系统信息的编码和加工方面，对于从信息论角度进行分析的方法以及线性和非线性方法介绍甚详，这在同类著作中并不多见。

　　还应该指出的是，参与翻译的人员都是国内神经科学界的翘楚，他们不仅具有扎实的理论背景，在相关技术方面都有第一手的经验，而在中英文方面又有很好的把握，这就使译文的质量有了充分的保证。我愿意以一名浸淫此领域凡 40 年的"老兵",向广大神经科学界的同仁们推荐本书。

是为序。

杨雄里

2005 年秋

于复旦大学神经生物学研究所

译 者 前 言

为了推动中国神经科学研究的迅速发展，并提高该领域实验研究水平，科学出版社购买了 Springer 出版社出版的 *Modern Techniques in Neuroscience Research*（U. Windhorst，H. Johansson 主编）的翻译版权。科学出版社生命科学编辑部特委托复旦大学神经生物学研究所赵志奇教授和第四军医大学陈军教授牵头组织海内外工作在神经科学前沿的华人神经科学研究者参加本书的翻译工作。原英文版书共 1312 页，包括 45 章，涵盖了神经科学研究领域从分子到行为，从动物到人脑功能所涉及的全部实验技术方法。经过参加翻译、校阅、稿件处理人员和科学出版社生命科学编辑部同仁的共同努力，中文版《现代神经科学研究技术》即将问世，这部技术方法大全将成为海内外华人基础神经科学和临床神经科学工作者、博硕士研究生和生物医学本科生有参考价值的工具书。

全书 45 章概括起来可以提炼出以下几个方面的突出内容：①以神经元结构与功能为主的检测技术，包括神经组织的传统染色方法、基因表达和蛋白合成检测方法、神经干细胞的分离鉴定和培养移植技术、神经元活动的各种体内外电生理记录技术和光学测定技术。②神经元与神经网络信息编码理论模型以及线性与非线性分析。③外周和中枢神经损伤修复技术、细胞与组织移植技术。④现代人体肌电信号和运动控制生物力学解析技术、人体神经纤维微电极记录技术。⑤脑功能成像技术，包括光学成像技术、脑电图、脑磁图、功能核磁共振成像技术和正电子发射断层扫描成像技术等。⑥人体心理物理检测技术和实验动物的行为学分析等。

由于本书内容繁多、涉及面广、工作量大，所以直接参加翻译的有 50 余人，此外为了保障本书的翻译质量，我们又聘请了一些德高望重的老专家和相关专业的专家参加校阅工作，在此我们对他们为本书所奉献出的宝贵时间和精力致以崇高的敬意和衷心的感谢！感谢中国神经科学学会和中国生理学学会对本工作的大力支持和鼓励，感谢科学技术部对我国神经科学研究的重点支持，本书得到"973"计划"脑功能和脑重大疾病的基础研究"项目（G1999054000）和"脑功能的动态平衡调控"项目（2006CB500800）的部分经费支持。也特别感谢周专教授在早期为能够将本书的英文版早日翻译成中文版所做出的努力。

谨以此书奉献给热爱中国神经科学事业并为之做出卓越贡献的前辈们！

译 者

2006 年 3 月

目　　录

第一章 细胞学染色技术

R. W. Banks

李云庆 译

第四军医大学人体解剖学教研室

deptanat@fmmu.edu.cn

■ 绪 论

概 述

传统观点认为，神经组织学仅能提供神经细胞空间和结构方面的信息。所以，著者尽量以统一的论调在本章及相关章节（第十五章）阐述神经组织学在解决神经细胞结构与功能之间相互关系等问题中的作用。虽然这些问题属于神经组织学的范畴，但又不局限于该领域且特别复杂。神经细胞的种类之多是其他细胞所无法比拟的，在空间、时间特性及基因表达的丰富性方面显得尤其复杂。神经组织学被公认为是一门学科，在诠释神经细胞和神经组织特性方面占据重要地位，它的历史可以作为是一部不断克服自身方法学缺陷的发展史。虽然神经组织学已经是一门公认的学科，但与其他学科之间并没有太明显的界线，著者从相对宽松的角度来阐明该学科的构成。判断神经组织学的最基本标准是研究工作是否涉及神经系统和在研究过程中是否使用显微镜。除此之外，大体神经解剖学、神经影像学与神经组织学、显微神经组织学及细胞分子生物学之间的交叉学科也可尝试列入神经组织学的范畴。

神经组织学内各分支学科的界线更加难以划分。为了方便起见，按研究主体的不同可以将其划分为细胞学（第一章）和组织学（第十五章），但书中提到的许多方法在这两个领域中都可应用。为了统一但又保持自由的风格，在相当广泛和不带偏向性的前提下，著者将列举几种特定的专业技术方法，以强调这些通常认为完全不同方法的共同目的。也许有人认为观察神经系统的最终目的是尽量详细地描述存活状态下的神经细胞和神经系统，仅仅使用神经组织学方法明显不能达到上述目的，但对于达到此目的却是不可缺少的。可以肯定的是神经组织学研究需要的绝不仅仅是机械地应用各种方法来静止地描绘神经系统在显微镜下的结构。著者认为最必不可少的是研究者的智慧和对结构、功能诸要素的综合考虑，或者至少是应该从功能出发来解释结构特点。著者希望通过列举几种解决神经科学的特殊问题的不同方法的实际应用来说明这一点。在著者所撰写的章节内，上述指导思想在所有的具体研究的实验操作步骤和实践指导中都可以得到体现。一般来说，一些与具体方法有关的插入部分也很重要，因为它们通常涉及说明各种方法的革命性改进过程及其理论背景，目的在于强调各种方法的应用范围和局限性。

神经组织学的开端

"我经常不无兴致地观察到神经是由细得难以形容的小管组成，小管纵向走行就构

成了神经。"（Leeuwenhoek　1717）

　　毫无疑问，Leeuwenhoek 关于牛和绵羊脊神经的描述是对脊椎动物神经系统最早的组织学描述，同时也暗含功能性的说明，因为使用"管"这个术语涉及了 Descartes（1662）设想的关于神经功能的水利模型（hydraulic model）。考虑到当时显微技术的局限性，如用细针解剖、用"锋利到足够用来刮胡须的小刀"徒手切片以及可能通过风干的方法来机械性地固定组织，他的观察结果是非常了不起的。类似的方法一直使用了一百多年，直到布雷斯劳（Breslau）的著名生理学教授 Purkinje 开始用乙醇（果酒）硬化组织，用自制的切片机切片，用包括靛青、碘酒和铬盐在内的各种彩色染料对切片进行染色（Phillips　1987）。

　　上述实验方法的改进使得 Purkinje 可以对包括脑和脊髓等组织内核状"微粒子"的特点进行描述，从而扩展了关于动物细胞的理论，这比 Schwann 还要早两年（Hodgson 1990）。但新技术不能完全代替旧技术，正是综合使用连续切片技术、用针在显微镜下对铬酸或重铬酸钾固定的组织进行显微解剖等技术，才使得 Deiters（1865）搞清了曾困惑 Purkinje 的问题——神经细胞树突（原生质突起）上连续的精细分支的伸展情况和从胞体上发出的单个轴突的延伸情况。

　　由于受到同时代影像学技术使用硝酸盐的启发，Golgi（1873）用"黑色反应"很好地解决了在原位研究神经细胞及其突起的内在关系的难题。Cajal 在对 Golgi 技术权威性的解释中提到以往研究这些相互关系具有传统的局限性（Cajal　1995）。他赞同 Waldeyer（1891）的神经元学说，并基于神经细胞位于不断分支的突起的中心的认识，对该理论进行了改进（Cajal　1906）。然而，他坚信单个神经细胞具有其独立的特性。直到半个世纪后，随着电子显微镜（以下简称电镜）技术的发展和应用，他的这一观点才得到证实（Palade and Palay　1954）。

第一部分　普通组织学和细胞学方法

实验方案 1　固定、切片和包埋

■■ 导　言

　　"生物显微技术的原则或许可归纳为一点，即当我们做任何类型的显微标本时，我们都应当明白我们正在做什么……"（Baker　1958）

　　活的神经组织的物理－化学及空间－时间特性不一定适用于大多数的组织学研究，因此我们需要用各种途径把它们转化为可供组织学研究使用的标本。这一节内我们将介绍一些适用于大部分组织学研究的基本技术，它们可以恰当地归纳于固定、切片和包埋等内容。由于这些技术并不是神经组织学所特有的，所以只作简要介绍。然而，从这些技术以及各种染色方法发展的过程来看，实际上就是借鉴同时代其他领域（主要是物理学和化学）的先进技术，不断提出和解决学科发展中的问题的典型过程，此点对于了解组织学发展的过程将提供有益的启示。

　　酒的主要成分乙醇和醋的主要成分乙酸过去经常用于有机物的保存，但只有乙醇常常用于早期的显微技术。这是因为在寻找能使组织硬化并能用于切片的物质的过程中，仅仅乙醇能取得令人满意的效果（Baker 1958）。用单纯冰冻的方法硬化组织也是可行的，Stilling 在 1842 年（Cajal 1995）开始用此法制作脑和脊髓的切片。随着 18 世纪末和 19 世纪初无机化学的发展，人们发现了几种足以使动物组织硬化到适于切片的物质。由于具有这种独特的作用，它们被单独或混合应用来制造硬化剂，许多硬化剂沿用至今。最主要的有：氯化汞、四氧化锇、三氧化铬、重铬酸钾。

大约在 1860 年，这些物质都在显微技术中得到了应用。有机化学的进一步发展使得在组织学领域引入了以下几种经典的硬化剂：苦味酸（2,4,6-三硝基苯酚）、福尔马林（甲醛）。甲醛直到 1893 年才被用作硬化剂，此前仅将它作为消毒剂使用（Baker 1958）。

当用固相媒质渗透和包埋组织成为标准操作后，上述物质的硬化特性就居于次要地位，而它们固定细胞的非液态成分的作用又引起了人们的注意。与活细胞相比，经过化学物质处理而死亡或失去活性的细胞在一定程度上可以说是一种人工产物。我们所关注的活体状态下的一些特性，例如，微细结构、酶的活性及脂溶性等，保存的完好程度就成为衡量固定剂优劣的标准。然而，由于细胞具有复杂的理化特性，在使用不同的标准衡量时，任何一种物质的固定特性都具有优缺点，这一点不足为奇。而当混合使用时，不管是按顺序使用还是同时使用，一种固定剂的缺点就可能被另一种固定剂的优点所弥补。这种固定方法需要操作者具有丰富的经验，其结果虽然常常出人意料，却导致了多种重要固定剂和固定程序的诞生。

我们此处列举的至今仍然广泛应用的是联合使用醛类和四氧化锇（锇酸）的固定方法（见下面例 2 中 Durham 对该法的使用），其发展过程就是一个很好的例子。尽管四氧化锇迅速破坏酶的活性，但 Strangeways 和 Canti（1927）在暗视野显微镜下发现它能完好地保存细胞的微细结构。由于电镜的空间分辨率非常高，因此，微细结构的完整对于绝大部分电镜研究至关重要，这种特性使得四氧化锇在电镜应用的前二三十年间作为唯一的固定剂而被广泛地使用。通常应用四氧化锇的浓度为 1%，pH 值为 7.3，溶于 0.1mol/L 磷酸或二甲砷酸缓冲液中（Glauert 1975）。用四氧化锇处理样品，还能够提高样品的电子密度，从而增加影像的对比度，但这种方法的缺点是会导致细胞内化学信息的丢失，尤其是原位酶活性的丧失，而福尔马林能够有效地保存这些信息（Holt and Hicks 1961）。这促使 Sabatini、Bensch 和 Barrnett（1963）寻找在保存细胞内微细结构方面优于福尔马林，同时还能较好地保留高水平的酶活性的醛类固定剂。他们对包括福尔马林和丙烯醛在内的 9 种醛类物质进行了尝试，最终的方案是将戊二醛溶于 0.1 mol/L磷酸或二甲砷酸缓冲液，浓度为 4%～6.5%，pH 值为 7.2。戊二醛优良的固定效果与它具有较小的分子体积和两个醛基有关，前者有利于迅速渗透，后者使戊二醛能与各种分子特别是蛋白质分子形成交联。另外，用戊二醛固定后再使用四氧化锇进行后固定，则细胞精细结构保存的完好程度与单独用四氧化锇固定相同，即使将标本储存了几个月后再用四氧化锇进行后固定，效果也很理想。在 Karnovsky（1965）早期的改良方案中，他建议先用福尔马林固定，因为甲醛比戊二醛体积小得多且只有一个醛基，因而能更快地渗入标本内部固定组织，为戊二醛发挥作用提供时间保证，所以可用于固定更大的组织块。不管对醛类混合物作用的解释正确与否，它们作为固定剂已广泛用于电镜研究，尽管这种混合固定液的固定效果比单独使用它们时会有一定程度的减弱。考虑到渗透压的影响，新鲜配制的固定液的固定效果会明显提高。

　　自从 Leeuwenhoek 运用他的"小刀"开始，切片在显微技术中的重要地位就很明确了。正如我们所见，不管是用物理方法还是化学方法进行固定，最初的目的都是为了硬化组织以便切片。切片的目的不仅是便于光子和电子穿透标本，也是为了在一定范围内减少标本的空间复杂性。选择合适的切片厚度不仅使对结构的分析成为可能，而且增强了对标本中所要观察的结构进行准确的空间定位分析的可能性。某些成分的三维结构超过了切片的厚度，因此需用连续切片进行重塑。Golgi 技术发明以前，在神经组织学领域很难通过切片描绘出完整的神经细胞的复杂形态，直到 19 世纪后半叶，用针在显微镜下对固定组织进行解剖的方法仍在广泛使用。用媒质包埋组织可以使组织变硬，在切片时能够提供机械性的支持作用，但这种方法较晚才应用于神经组织学，或许是因为该法使组织变硬，不便于显微解剖操作，从而与后者的要求相悖的缘故。在最初的包埋法中，组织几乎不被包埋剂渗透，仅被包埋剂从四周包围起来，以保持各部分相对恒定的位置。此外，最初的包埋技术中已经应用了大分子凝胶状物质，如火棉胶（硝基纤维素）和明胶，因为当时这些物质已经用来生产早期的感光乳胶材料。低黏性的硝基纤维素（火棉胶）最终广泛应用于神经组织学切片，尤其是切片的厚度超过 20 μm 时。根据 Galigher 和 Kozloff（1964）的说法，石油工业的伴随产物固体石蜡由 Klebs 在 1869 年首次用作纯包埋媒质，几乎与此同时，Born 和 Strickler 发明了渗透法，与目前使用的渗透法相似。神经组织学家们没有立刻使用石蜡包埋法，直到 19 世纪的最后 10 年，这种方法才被他们常规用于制作连续超薄（2μm）切片。

　　从 19 世纪 40 年代以后，塑料工业发展的伴随产品开始被用作生物电子显微镜研究的新包埋媒质，其中最常用的是环氧树脂，Glauert（1975）对这些物质做了详细的介绍。尽管戊二醛固定和树脂包埋的发展是为了满足电镜研究的需要，但它们对组织学产物保持的特性同样适用于光学显微镜（以下简称光镜）研究，这将在下面的例子中予以介绍。

例 1　哺乳动物肌梭的初级终末——使用 1μm 连续切片的光学显微镜研究

■■ 材　料

　　将猫麻醉后，直视下去除薄短筒状肌（tenuissimus 肌）表面的梭外肌纤维，部分显露肌梭。

■■ 步　骤

　　固　定

　　1. 将取出的肌肉置于含 5% 戊二醛的 0.1 mol/L 二甲砷酸钠缓冲液内，pH 值为 7.2，原位固定 5 min（戊二醛常由 25% 溶液稀释而成。因其易聚合，所以使用之前应保存于 4℃ 以下）。

　　2. 将肌纤维切成 10 mm 长，以确保至少含有一个肌梭，用上述相同固定液再固定 4～14 d（总固定时间因实验室而异，固定时间的差异一般不会明显影响固定效果）。

　　3. 缓冲液清洗 30 min。

4. 置于缓冲液配制的 1% 四氧化锇固定 4 h（四氧化锇渗透速度很慢，但薄短筒状肌的厚度小于 1 mm，4 h 足以充分固定。一般将四氧化锇配成 2% 的储存液，装瓶并密封后储存于冰箱内。配制固定液时，向储存液内加入等量的 0.2 mol/L 二甲砷酸钠缓冲液，便稀释成了所需的终浓度）。

脱水和包埋

1. 室温下将标本用 70%、95% 和 100%（两次）的梯度乙醇脱水，每次 10 min。

2. 用 1:1 的乙醇与环氧丙烷（1,2-环氧丙烷）混合液处理 15 min [环氧丙烷常用作中间溶媒，在石蜡包埋法中发挥类似"透明剂"的作用。大多数透明剂的折射指数与脱水蛋白及其他细胞内成分相似。该名称的由来是因为最初它们被用来固定透明的组织，虽然现在知道它们几乎没有这样的功能，但这个名称一直沿用至今。其他脱水方法见 Glauert（1975）]。

3. 环氧丙烷处理 15 min。

4. 用 1:1 的环氧丙烷与 Epon 的混合物（除了加速剂以外的成分）浸透，置入敞口的容器内，通风橱内过夜（挥发的环氧丙烷能帮助硬化剂更好地向组织块渗透）。

5. 倒掉瓶内剩余的渗透媒质，移入新鲜的纯 Epon 中。

6. 将切片平整地包埋于内衬铝箔的模具内，先 45℃ 聚合 12 h，再 60℃ 聚合 24 h。

切片和染色

1. 借助常规玻璃刀用超薄切片机手动切片，片厚 1 μm，每 10 张切片收集为 1 组（如需要，可用带氯仿蒸气的刷子靠近切片或通过电热丝的辐射热使切片平铺于水面上。玻璃刀应该经常更换，更换时应注意玻璃刀的准确复位，使用机械开关控制刀的运动以确保连续切割时能得到相同的切片。由于刀与组织块表面间的距离仅有几个微米，为了在更换新刀后仍能准确定位，可将刀背照亮，此时刀刃与组织块表面的缝隙看起来呈一条亮线）。

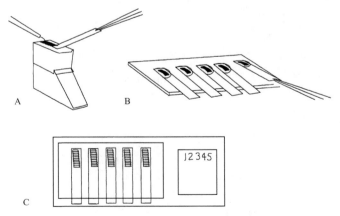

图 1-1　制作、染色及裱连续的 1 μm 厚环氧树脂包埋切片的步骤
A. 用一端粘有睫毛的牙签将连成带状的切片引导至由盖玻片切成的窄条的表面，窄条需用钟表镊夹持。B. 将盖玻片的背面用软织物擦干，任带状切片漂在窄条前端的水滴中。再将窄条置于热板上的载玻片上，使切片干燥和平整。采用如文中所述的步骤进行染色。C. 将数条窄条用一张大的盖玻片封片，并在载玻片上标出切片的序号。

2. 用钻石刀将盖玻片（标准尺寸为 50 mm×20 mm）切割成 3 mm 宽的窄条，将窄条的一端浸入液面下直接从水槽内收集切片（图 1-1A）（这些切片有的排列成串，有的单独存在。用一根粘有睫毛的牙签可以很容易地将切片导入窄条的表面，窄条需用钟表镊夹持。将窄条的一面靠近切片呈舌尖样伸出的一端，再使切片干燥，这个方法既简便又能使切片很好地粘附在窄条玻片上）。

3. 用软的织物将窄条的背面擦干，任切片漂浮在窄条前端的水滴中。

4. 用一块温度约为 70℃ 的热板使切片干燥并贴附于窄条表面〔最好将一块玻璃载玻片永久性地固定于热板上，而将窄条置于载玻片上烘干（图 1-1B）〕。

5. 用甲苯胺蓝（toluidine blue）（图 1-2A）和派罗宁（pyronine）（图 1-2B）在高pH 值条件下染色，将一滴染液滴于切片表面，加热直到染液滴从边缘处开始干燥为止。水洗后用 95％ 乙醇分色〔染料配制：将 0.1 g 甲苯胺蓝、0.05 g 派罗宁和 0.1 g 硼砂（四硼酸钠）溶于 60 ml 蒸馏水即可，配好的染液应定期过滤〕。

6. 在热板上干燥后用 DPX〔distrene（聚苯乙烯）-plasticizer（塑化剂）-xylene（二甲

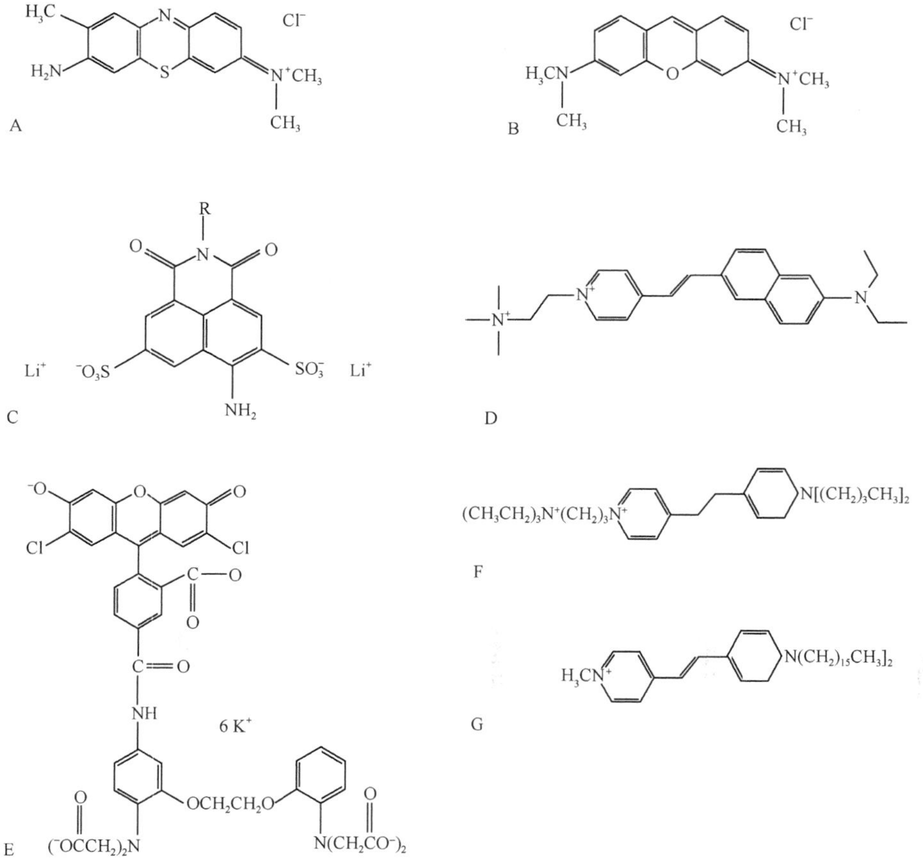

图 1-2 几种染料和发色基团的结构分子式

A. 甲苯胺蓝；B. 派罗宁；C. 荧光黄；D. JPW1114；E. 钙绿-1；F. FM1-43；G. DiA.

苯)]封片 [一张载玻片上放置 5 个窄条，每个窄条有 10 张切片，用 50 mm×22 mm 的盖玻片封片（图 1-1C）。当然，封片时应注意将贴有切片的一面朝上]。

■■ 结　果

　　猫的薄短筒状肌内肌梭的初级终末占据肌梭中部，大约长 350 μm，为了完整地观察肌梭，约需观察 50 张 1 μm 厚的纵向连续切片。通常认为肌梭的初级终末由单根 Ⅰa 类初级传入纤维发出的外周终末分支及有髓或无髓纤维的终末前分支系统构成，这些有髓或无髓纤维的终末分支常分布于梭内肌纤维。梭内肌通常由六根三类不同的肌纤维构成。图 1-3 所示是使用 100 倍的消色差油镜（N A＝1.25）拍摄的照片；尺寸小于

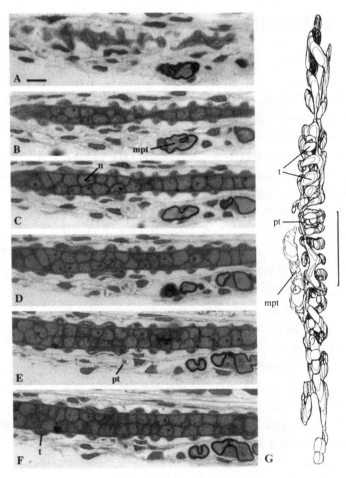

图 1-3　环氧树脂包埋的 1 μm 厚连续切片的分析举例

A～F. 哺乳动物肌梭初级感觉区的纵向切片。这个肌梭包含 5 条梭内肌纤维，以上连续切片仅显示了其中的一条肌纤维（核袋纤维）的一部分。以上切片为连续切片，只在 A、B 及 D、E 之间各省略了 1 张切片。标尺＝10 μm。G. A～F 中所示核袋纤维感觉终末轮廓的重塑像。标尺＝50 μm。mpt，有髓纤维终末前分支；n，核；pt，无髓纤维终末前分支；t，感觉终末。

0.5 μm的结构大部分已因溶解而丢失了。每个视野有一段长超过 100 μm 的肌梭。照片中所见到的最显著结构是一根梭内肌纤维的中间部,就是核袋纤维。在初级终末区,梭内纤维的肌小节几乎全被聚集的胞核取代(图 1-3C 中的 n)。纤维表面的突出物是感觉终末(图 1-3F 中的 t)。在这些切片上都能见到有髓(图 1-3B 中的 mpt)及无髓(图1-3E中的 pt)感觉纤维的终末前分支部分。终末内的暗结构主要是线粒体。几个附属的、纤维母细胞样的细胞围绕在核袋纤维的周围并形成鞘。图 1-3G 是基于相邻的连续切片重塑的、表面有感觉终末附着的核袋纤维的轮廓图。Banks 于 1986 年发表了完整终末的三维重塑图,1997 年 Banks 等人又将相似的连续切片分析法应用于初级终末的多编码位点以及与肌收缩控制器(pacemaker)相互作用的组织-生理学相结合的研究。

实验方案 2　超微结构

■■ 导　言

　　"尽管现在人们对突触间隙的存在已经毫无异议,但在发现突触间隙以前,许多人曾经对神经元学说和细胞质通过跨突触连续构成的网状学说进行过争论,现在这些争论应该结束了。"(Gray　1964)

　　电镜的出现为研究所谓的超微结构或空间组成扫清了障碍,它比光学显微镜具有更高程度的分辨率。电镜不仅能显示突触间隙,而且使生物组织切片上的结构的可视化范围小了一或二个数量级。电镜虽然不能观察活细胞和组织,但电镜的出现仍对显微技术的发展产生了革命性的影响。由于无法直接与活细胞的结构相进行比较,所以超微结构固定的好坏只能靠主观评价,但用快速冰冻法对活组织进行物理固定是完全可行的(详见 Verna　1983),这就为评价化学法固定的效果提供了客观标准。冰冻法不太常用的主要原因是在冰冻的过程中有冰晶形成,故该法仅适于薄组织块的固定(Heuser et al.1979),但冰冻法对于某些研究而言却是重要的甚至是唯一的固定方法。另外,由于固定的精细度高,该法也能用于脑内某些常规固定无法观察的结构的研究(Van Harreveld and Fifkova　1975)。除了一些特殊情况下需用冰冻法以外,超微结构的神经组织学研究主要依赖于化学固定法,这些方法直接来源于原本用于光学显微镜的一些操作和原理,正如上文所述。这一节内主要论述固定法在突触结构分析中的作用。四氧化锇固定液对脂质固定效果良好,因此在保存膜结构的完整性方面至关重要。运用四氧化锇进行固定不仅能揭示神经细胞在突触间隙部位是不连续的,也能显示在化学性突触前终末内存在直径为 30~50 nm 的圆形囊泡(Gray　1964)。人们立刻意识到这些囊泡与神经递质的量子释放有关,或者说是量子释放的结构基础。Heuser 和 Reese(1973)通过使用Karnovsky 液浸泡固定蛙的缝匠肌神经(经历不同时程的刺激或刺激后处于恢复期的不同阶段),明确地证实了突触传递过程中囊泡再循环的动力学特性。

　　浸泡固定最初仅用于中枢神经系统超微结构的研究,但必须将组织切得很薄以获得高质量的结果,因此直径大于 1 mm 的组织空间结构关系会丧失。然而就是运用该技术,Gray(见 1964 的综述)才能够发现中枢内存在两种主要的突触类型,它们在树突和突触后神经细胞胞体上的分布有差异。这两种突触类型可通过突触后膜上电子致密物质的不同厚度和范围加以区别，Gray 1 型突触的突触后膜较厚，Gray 2 型突触的突触后膜较薄。这些不同点使得 Eccles（1964）设想它们可能分别对应于兴奋性和抑制性突触。尽管使用浸泡固定法取得了一些重要的进展，但由于灌注固定法在获得高质量固定效果的同时还能更大限度地保留中枢神经系统的空间结构关系，因此，它很快成为首选的固定方法（Peters　1970）。最早的时候，人们先用含四氧化锇的弗雷拿［veronal，曾用作麻醉剂（译者注）］-醋酸缓冲液灌注（Palay et al. 1962），接下来用醛类灌注，最后用或不用四氧化锇固定均可（Karlsson and Schultz　1965；Schultz and Karlsson 1965；Westrum and Lund　1966）。此后，几位作者几乎同时发现部分突触前结构内有扁平囊泡。Uchizono（1965）认为含圆形囊泡的是 Gray 1 型突触，而含扁平囊泡的是 Gray 2 型突触。结合已知的中间神经元的起源及小脑皮质中某些功能明确的突触的作用，他进一步得出结论：Gray 1 型突触为兴奋性突触，Gray 2 型突触为抑制性突触。但这种分类方法在几个方面受到了一些指责，原因之一是囊泡的形状与醛类的固定有关，如果延长固定时间，圆形囊泡也会变成扁平囊泡（Lund and Westrum　1966；Walberg　1966；Paula-Barbosa　1975）。然而，后来的许多研究都基本上证实了 Uchizono 的推断。在这个例子中最令人感兴趣和最具启发性的一点是告诫我们不要忽视偶然出现的固定产物的作用，即使你所见到的东西没有功能意义，并且你也不愿见到这样的人工产物，你也不要轻易地放弃。

例 2　小脑皮质的突触

■■ 材　料

成年大鼠的小脑皮质。大鼠经腹腔内注射戊巴比妥钠麻醉后取出小脑。

■■ 步　骤

固　定

1. 用 Karnovsky 固定液灌注。Karnovsky 固定液配方如下（以 100 ml 固定液的量计）：

A 液：2 g 多聚甲醛溶于 60℃的 40 ml 水中，将 2～6 滴 1 mol/L 的 NaOH 慢慢滴入直到溶液变清亮。

B 液：25% 戊二醛 10 ml 与 0.2 mol/L 二甲砷酸钠 50 ml 混合，pH 值为 7.3。

使用前将两种液体贮存于 4℃，使用时再混合为 100 ml 固定液。不同灌注方法的详细步骤也不相同，这里所采用的灌注法既简单又可靠，它能最大限度地减少开始麻醉和有效固定之间的时间。蠕动加压泵（Watson-Marlow MHRE 200）为灌注提供动力（也有许多作者用静水压作为动力），插管完毕后立即导入固定液。起初灌注液保持相对低的流速，出现固定液起效的征兆（四肢和尾巴伸展）后的短时间内应逐渐增加流速。固定过程持续大约 10 min，固定 1 只成年大鼠需要 500 ml 固定液。不需要额外地监测灌流时的压力。

插管用 21G 皮下注射针制成，在中点处折弯，尖端磨平。将一滴环氧树脂滴于针尖的一侧，然后把它涂抹在针尖周围，以利于导管经左心室尖的切口插入升主动脉。插管后用动脉钳将插管和心脏夹在一起并置于适当的位置。在手术和插管过程中，蠕动加压泵应保持低速持续运转，以防止气泡进入血管。当插管固定于适当的位置后，立刻剪开右心房，同时加快泵转动的速度，导入固定液开始固定。

　　2．灌注完毕后，取出大脑并置于新鲜的固定液中。组织块或组织片应切得足够薄（不超过 1 mm），以利于四氧化锇渗透。四氧化锇后固定、脱水及包埋的步骤与上面例1所述相同。

　　切　片

　　1．切片厚 1 μm，甲苯胺蓝和派罗宁染色后用于初步观察和调整，方法同例1。

　　2．用超薄切片机切取约 70～90 nm 厚（呈银白-淡金黄色）的切片，将切片收集于涂有聚乙烯醇的铜网上，干燥后用枸橼酸铅和醋酸铀染色。

■■ 结　果

　　有人曾描述过小脑皮质内几种不同的突触类型，其中的大多数突触属于轴-树突触。我们在此仅简要地举三个例子：一个来自于分子层，另外两个来自于颗粒层内的突

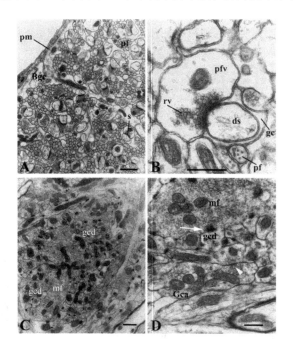

图1-4　醛类混合固定液灌注固定哺乳动物中枢神经系统的电镜照片

照片示大鼠的小脑皮质。A. 分子层的最外层，切面与平行纤维的长轴垂直。标尺＝1 μm。Bgc，Bergmann 胶质细胞突起；pf，平行纤维；pm，软膜；s，突触。B. 平行纤维的膨体与 Purkinje 细胞的树突棘形成的 Gray 1 型突触。标尺＝0.5 μm。ds，Purkinje 细胞的树突棘；gc，胶质细胞的突起；pf，含有微管（神经管）的平行纤维；pfv，平行纤维的突触前膨体；rv，圆形囊泡。C. 颗粒层内的突触小球。标尺＝1 μm。mf，充满圆形囊泡并与许多颗粒细胞的树突形成突触的苔藓纤维末梢；gcd，颗粒细胞的树突。D. Gray 1 型（苔藓纤维与颗粒细胞树突间）和 Gray 2 型（Golgi 细胞轴突与颗粒细胞树突间）突触。标尺＝0.5 μm。Gca，含扁平囊泡的 Golgi 细胞的轴突终末；gcd，颗粒细胞的树突；mf，苔藓纤维的末梢。

触小球。就突触而言，分子层内主要是颗粒细胞的平行纤维与 Purkinje 细胞的树突棘形成的突触联系。图 1-4A 所示为分子层最外层的水平切面，含有横切的平行纤维（pf）。可见几个由平行纤维与树突棘形成的突触（s），注意这些突触常与胶质细胞的突起形成紧密联系，而平行纤维（颗粒细胞的轴突）聚集在一起且缺乏胶质细胞形成的单个髓鞘。图 1-4B 是一个相同类型突触的放大像，它属于 Gray 1 型突触，特别应该注意的是突触后膜增厚以及在突触前、后膜间有一薄层细胞外基质。突触前囊泡为圆形（rv）。图1-4C所示颗粒层内的一个突触小球，它是由一个位居中央的苔藓纤维（mf）的玫瑰花瓣状终扣和周围的许多颗粒细胞的树突（gcd）以及 Golgi 细胞的轴突形成的复杂结构。苔藓纤维和 Golgi 细胞轴突都与颗粒细胞的树突形成轴-树突触，但它们分别属于 Gray 1 型和 Gray 2 型突触。图 1-4D 清楚地显示 Golgi 细胞与颗粒细胞间的突触。突触后膜增厚远不如 Gray 1 型突触明显，且突触前、后膜之间无明显的细胞外基质。许多突触前囊泡都属于扁平囊泡。以往的研究已经揭示平行纤维和苔藓纤维是兴奋性的，而 Golgi 细胞是抑制性的。

第二部分　甄别单个神经细胞的方法

实验方案 3　Golgi 法

■■■ 导　言

"Golgi 创造的这种方法为解剖学研究带来了享受和快乐。"（Cajal　1995）

Golgi 法构成了神经组织学的中心，几乎重新定义了该学科。该方法的特点是能随机地染出单个或多个彼此独立的神经细胞，着色神经细胞内形成近似黑色的沉淀物，而周围的细胞则不着色，Golgi 法为解决神经系统内神经细胞复杂形态的观察和探讨它们之间相互关系的问题提供了直接的方法。Golgi 法独特的染色特点也使其无法用于组织学的其他领域。人们认为此法的发现纯属偶然，但是到目前为止，此方法就是"在用重铬酸钾或重铬化铵固定（脑）切片后，延长 0.5% 或 1.0% 硝酸银浸泡脑片的时间"（Golgi　1873），因而人们发现此法只是个时间问题。值得一提的是 Mueller 在 1860 年就发现重铬酸钾可以用作硬化剂（Baker　1958）。

该法在早期也受到了很多批评，但在接受这些批评的同时，我们或许更应该庆幸它具有这种局限性染色的特点（染色局才使得神经细胞的形态可见）。批评主要集中于两个方面：①该法能否提供细胞（特别是神经细胞）形态的典型实例？②神经细胞被染色时，其所有的神经突起都能完全显示吗？这些问题的答案也存在分歧——有些人认为可能不行；有些人认为有时或许可以，但可以肯定的是不会总能染出令人满意的结果。强调该法的局限性意味着我们对于 Golgi 法得到的定量结果应该特别谨慎。然而，任何选择性标记单个神经细胞的方法都会受到同样的质疑，此时设置补充性的对照实验就显得尤为重要。由于 Golgi 法具有独特的优点，如在观察不同类型的神经细胞以及神经细胞之间的相互关系具有花费少、操作简便的特点，因而即使电镜技术和细胞内染色技术发明后，该法在神经组织学研究中仍占有重要地位。

　　由于 Golgi 法具有重要地位及较长的历史，很自然地，在此法的基础上又产生出几种改良方法，其中最重要的两种仍由 Golgi 本人发明，我们将其称为快速 Golgi 法和 Golgi-Cox 法。简要地回顾一下这些方法产生的过程对我们仍能提供新的有益启示。由于这些改良方法缺乏充分的理化基础，有人认为它们是靠经验和实验获得的结果。Golgi 在 19 世纪 70 年代的最后一两年里是怎样想到用 Mueller 液进行初步固定后，再用氯化汞代替硝酸银进行染色的呢？要知道，虽然氯化汞最早在 19 世纪中叶已被应用于显微技术（Baker 1958），但直到 Lang 于 1878 年描述它可作为固定剂后才被广泛使用。然而，与硝酸银不同的是，氯化汞通过白色沉淀来标记单个细胞，需进一步经过碱处理才能使沉淀物变黑。1891 年 Cox 对此法进行了一些轻微的改进，包括用氯化汞作为初步固定剂，从那以后此法基本定型。

　　原始的 Golgi 法特别是 Golgi-Cox 法的步骤很费时，有时可长达几个月。正是 Golgi 本人后来发现向重铬酸盐初始固定液内加入少量四氧化锇（浓度大约为 0.33%）可明显缩短下一步在硝酸银中浸润的时间，但 Golgi 似乎不可能预测到四氧化锇的这种作用，这很可能是他企图提高初始固定质量的一次偶然尝试的副产品。不管怎么说，在 19 世纪 80 年代 Cajal 采用了新的"快速"Golgi 法，仅仅对固定剂稍作改动，重要的是保留了 Golgi 法中重复一次或两次铬酸化和镀银的循环步骤（"两"次或"三"次浸透），提高了浸透的效果。3 年后，Kopsch（1896）首次用甲醛代替四氧化锇作为固定剂，从而避免了使用昂贵的四氧化锇，同时又保留了其节约时间的优点。

　　在 Golgi 法的早期和随后取得重要进展的过程中，对其染色的机制仍不了解；不了解染色机制再加上染色结果具有随机性，使该法受到了许多批评。今天，我们已经能够更加坦然地面对这种随机现象，而且此法的一些主要步骤的染色机理已经比较清楚，尽管仍缺乏针对该方法的实时定量理论。Golgi 法最显著的特点当然是其反应终产物都局限于单个神经细胞的内部，而其周围许多类似的神经细胞不着色。从外观上看，就好像从固定到脱水的全过程在细胞膜水平都存在一个阻止可见产物扩散的屏障。通过 X 线和电子衍射分析还可以观察到不同方法的产物的性质也不同（Fregerslev et al. 1971a, b; Chan-Palay 1973; Blackstad et al. 1973）。在铬银法染色中，终产物为铬酸银（Ag_2CrO_4）；采用硝酸汞代替硝酸银的类似方法则终产物为铬酸汞（Hg_2CrO_4），而应用硝酸汞则产生铬酸二氧化三汞（$Hg_3O_2CrO_4$）。在 Golgi-Cox 法中，发白的产物是氯化亚汞（Hg_2Cl_2）；根据 Stean（1974）的理化分析结果，氯化汞用碱处理后，终产物转化为黑色的硫化汞（HgS）。Stean 认为反应中的硫是内源性的，由固定导致蛋白质的二硫键断裂产生。

　　所有的反应终产物都具有不溶于水的特性，因而在反应结束时它们很容易沉淀并形成反应产物。但理解 Golgi 法的关键在于解释反应底物怎样聚集到一起以及如何使反应产物沉积在细胞的特定位置。浸染良好的神经细胞的电镜照片（Blackstad 1965）显示沉淀物是微小的结晶体，局限于膜包裹的空间，通常位于细胞质内。以下我们仅以铬银技术为例进行分析。首先应该注意的是有人推测铬酸钾溶液中仅存在微量的铬酸根离子（CrO_4^{2-}）（Baker 1958），至少在银浸染的初始阶段如此。Strausfeld（1980）报道过一个重要的实验结果，将一块琼脂糖—铬酸盐凝胶块暴露于硝酸银溶液中便形成了铬酸银的结晶体。把凝胶块切成片后可见结晶体的数量从凝胶块的表面向深部呈指数衰减，而且结晶体微粒的大小与距离凝胶块表面的距离也有相关性，这些结果似乎提示我们铬酸盐沉淀的数量决定着结晶体的大小（总体的分布趋势是在不同的空间中分布着不同密度的晶体形成的同心圆，即 Liesegang 环，这可能是由于新生晶体内银离子扩散率和铬酸盐螯合率之间相互作用的结果。在脑组织标本的游离面上也可见到几个类似的环，这也许是一种假象，见图 1-5A）。如果晶体成核现象（nucleation）的概率与局部银离子的浓度成比例，上述分布情况就可用 Fick 的扩散论第二定律来解释。浸染后神经细胞内的微结晶必须在银相对过剩的条件下才能成核，由此推测它们的形成将导致局部铬酸盐的消耗。铬酸盐的消耗将抑制邻近区域内铬酸银的成核作用；Cajal 的二或三次银浸染技术表明提供更多的反应产物可以在一定程度上克服该抑制作用。

由反应产物的微结晶特征可以推测整个细胞的铬酸银的成核作用实际上是同时发生的，通过对黑色反应过程的直接观察可以证实该现象（Strausfeld 1980）。反应液中要求银相对过剩进一步表明了 Golgi 法早期反应的实质，即 Golgi 法染色的关键是细胞质内银离子的积聚。至少有部分银离子在最早期的黑色反应出现之前已经被还原为金属形式，此现象证实了反应液中存在过量的 Ag^+；可通过先用硫化氨处理，再用对苯二酚和硝酸银物理显影的办法证此现象（Strausfeld 1980）。这样的显影过程使我们想起了 Golgi 法染色的结果，即在一个未染色的背底上显示出染色阳性的单个神经细胞。Ag^+ 在细胞质（罕见于其他有膜包绕的细胞器）内积聚的过程似乎非常迅速，提示可能存在正反馈或自身催化作用。尽管这种反应通常局限于单个神经细胞，但反应产物有在相邻的胶质细胞间扩散的趋势，可能通过缝隙连接相互耦联，提示细胞膜的被动电特性在其中发挥着重要的作用。另外，通过吸附作用和还原作用局部去除自由银离子也可能发挥积极作用，无论如何，这些作用都将抑制 Ag^+ 在邻近空间的积聚。

例 3　小脑皮质的神经细胞

这里描述的方法严格遵循 Morest（1981）的快速-Golgi-乙醛改良法。更详细的内容见 Millhouse（1981）与 Scheibel 等（1978）。

■■ 材　料

成年大鼠小脑。

■■ 步　骤

固　定

用例 2 中相同的 Karnovsky 固定液和灌注方法进行动脉灌注。

预　染

固定完毕后，取脑，将脑切成 3 mm 厚的组织块。组织块立刻浸泡于约为组织块 25 倍体积的 3% 铬酸钾和 5% 戊二醛混合液，室温（平均约 20℃）放置 7 d［限制组织块的体积是为了限制铬酸盐的用量，这个过程中不用监测 pH 的变化，溶液内也不必加缓冲液（Angulo et al. 1996）］。

银浸染

组织块用 0.75% 硝酸银冲洗干净，放入大约为组织块 25 倍体积的 0.75% 硝酸银新鲜溶液内，室温放置 6 d（溶液内不必加缓冲液，见 Strausfeld 1980）。

脱水和包埋

与上面的例 1 相同。

切　片

用雪橇式切片机切片，片厚 100 μm。在切每张切片之前，迅速用热铜板软化组织块表面［如果标本不用于电镜研究，也可用冷冻切片（Ebbesson and Cheek 1988）］。

■■■ 结　果

从结构上看，小脑皮层由三层组成：含有大量神经细胞胞体的一窄层（即 Purkinje 层），它位于两个宽层之间；最外层质地细腻，神经细胞相对较少，称为分子层；最内层含有大量的小型神经细胞，称为颗粒层。第 1 张图片（图 1-5A）显示小脑皮质全层，仅染出很少的几个神经细胞。在视野的中心始终可见血管及其分支以及几个细胞群和单个细胞，它们主要是胶质细胞。软膜（ps）的外表面可见大量铬酸银的沉积，在分子层内有两个 Leisegang 环（lr）。注意这些环平行于软膜面，外侧的环较内侧的环含有更多的铬酸银结晶。

图 1-5B 中主要的神经细胞是 Purkinje 细胞。它的树突树伸入分子层的全层，但在空间上却局限于与平行纤维垂直的平面范围内。胞体（s）常常发出单条树突干，然后反复分支。单根轴突（a）直接指向颗粒层。注意仅轴突的初始段（无髓鞘包绕的部分）被染出来，这在 Golgi 法的各种改进方法中都很常见（人们常常复制 Cajal 绘制的 Purkinje 细胞及其轴突的图像，它们来自未成熟动物的标本）。Purkinje 细胞层的界限由这些 Purkinje 细胞的胞体确定（图 1-5C 和 D 中 pl 所示）。

图 1-5C 示分子层内两种不同类型的神经细胞：星形细胞（sc）分布于分子层全层，篮状细胞（bc）位于分子层的底部，与 Purkinje 细胞胞体相邻。在染色切片上可见每个 Purkinje 细胞胞体的周围包有一个由若干篮状细胞轴突侧支形成的纤维筐，篮状细胞由此得名（图 1-5D 中的 b）。每个篮状结构延续为刷（pinceau）（图 1-5D 中的 p），围绕在 Purkinje 细胞轴突的起始部。图 1-5E 和 F 示颗粒层的主要部分。Golgi 细胞（Gc）有一个放射状的树突树，延伸入分子层，而有一根很多分支的轴突（图 1-5E 中的 a）局限于颗粒层内。颗粒层内含有大量的颗粒细胞，每个颗粒细胞（gc）都有 4～5 根短树突，具有爪状的分支终末；轴突（图 1-5F 中的 a）向上伸入分子层形成平行纤维。苔藓纤维（mf）是来自于小脑以外结构的轴突，属于小脑皮质两种传入纤维中的一种，另一种传入纤维是攀缘纤维，在该切片中未着色。如例 2 所述，间断分布于苔藓纤维上的膨体称为玫瑰花瓣状终扣，它们构成突触小球的中心部分。突触小球的其他重要成分由 Golgi 细胞的轴突和颗粒细胞的树突构成。

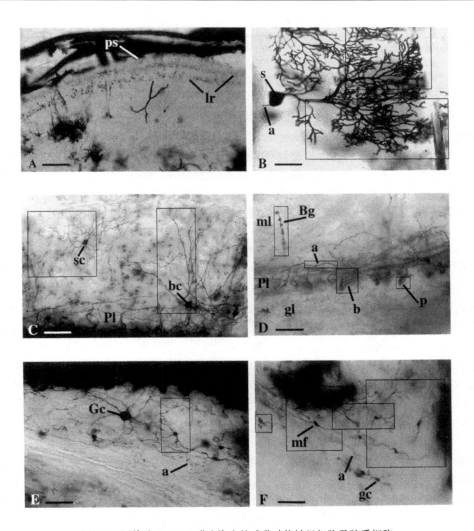

图 1-5　用快速-Golgi-乙醛法染出的哺乳动物神经细胞及胶质细胞

图中的结构为大鼠小脑皮质。A. 小脑皮质全层，示两个平行于软膜表面的 Leisegang 环。B. Purkinje 细胞；本照片为在主视野的背景上，又插入了一个比主视野浅 2.5 μm 的视野的拼图。C. 分子层沿平行纤维断面的横切面，示一个星形细胞和两个篮状细胞；本照片为在主视野的背景上，又插入了一个比主视野浅 5 μm 的视野的拼图。D. Purkinje 细胞层及其相邻的部分分子层和颗粒层，示几根篮状细胞的轴突；本照片为在主视野的背景上，又插入了一个比主视野浅 6 μm 的视野的拼图。E. 颗粒层和白质，示一个 Golgi 细胞和几个颗粒细胞；本照片为在主视野的背景上，又插入了一个比主视野浅 3.5 μm 的视野的拼图。F. 颗粒层，示一根苔藓纤维和几个颗粒细胞；本照片为在主视野的背景上，又插入了一个比主视野深 9 μm 和 3 个分别比主视野浅 6.5、11.5 和 6.5 μm 的视野的拼图。标尺＝100 μm（A），50 μm（B～F）。a，分别示 Purkinje 细胞（B）、篮状细胞（D）、Golgi 细胞（E）或颗粒细胞（F）的轴突；b，篮；bc，篮状细胞；Bg，Bergmann 胶质细胞；gc，颗粒细胞；gl，颗粒层；lr，Leisegang 环；mf，苔藓纤维的玫瑰花瓣状终扣；ml，分子层；p，刷；Pl，Purkinje 细胞层；ps，软膜表面；s，胞体；sc，星形细胞。

实验方案 4　单个神经细胞标记法

■■ 导　言

　　"因为酶的反应具有倍增的效果，所以过氧化物酶是敏感的追踪剂，至今仍用于标记单个神经细胞"（Bennett　1973）。

　　尽管 Golgi 法的重要地位毋庸置疑，但由于对其染色的选择性及完整性仍存在疑问，这种染色法最大的局限性是缺乏单个神经细胞的结构与功能之间的联系。作为对其的补充，使用金属微电极对神经细胞的功能进行记录的尝试也失败了。直到 1949 年 Ling 和 Gerard 把毛细玻璃管用于制作微电极，人们才能在记录单个神经细胞的电活动后再进行标记染色，得到神经细胞类似于 Golgi 法染色结果的影像（Nicholson and Kater 1973）。在用微电极对神经细胞进行染色反应的早期尝试中，常常形成不溶于水的彩色反应产物，而 Golgi 法本身对神经细胞的良好标记能力和对金属微电极尖端位置的定位标记方法（如普鲁士蓝反应法）也曾令人鼓舞（参见第五章）。然而这些努力几乎均未取得任何成功，主要的问题在于微电极容易阻塞，并且标记物不能填充整个神经细胞，这可能与电极附近形成不溶的盐有关。替代的办法之一是使用彩色染料，如甲基蓝（methyl blue）和固绿（fast green），以避免通过反应才能产生可见的标记物，但使用彩色染料的缺陷是在制备切片的脱水过程中，染料会从微细的神经细胞突起流失（Stretton and Kravitz 1973）。1968 年，情况出现了转机，在系统研究了 60 余种普施安（Procion）和相关染料后，终于发现普施安黄 M4RS（Procion yellow M4RS）是一种合适的染料（Stretton and Kravitz 1973）。

　　普施安染料最初来自于棉纺织工业，用以克服纤维素染色中的问题，应用于神经组织学研究已经是 10 年后的事了。普施安染料由一种（Procion M 型染料）或两种（Procion H 型染料）发色团与氰尿酰氯反应基相连而成。在神经细胞内，反应基与蛋白质的氨基形成共价键，使结合的染料不会在随后的处理过程中流失。然而，染料的扩散率可能比反应率更快，以至于非常细小的突起也可被充填。另外，除了具有反应产物稳定与扩散速度快（尽管与纤维素相连时不明显）的优点以外，普施安黄还是一种发射波长为 550 nm 的荧光染料。与传统明视野下使用的吸收性染料相比，荧光染料充填的细胞与周围的背景间能够形成更高的对比度，这一点也令人满意（Stretton and Kravitz 1973）。

　　普施安黄在神经组织学领域具有相对短暂但辉煌的历史。自从证明应用普施安黄对单个神经细胞进行标记具有可行性之后，一些新技术或是已有技术的新应用，如酶组织化学技术，就应运而生，其中最重要的是在本节开始的时候引用的 Bennett 那段预言——辣根过氧化物酶（horseradish peroxidase，HRP）的组织化学定位。HRP 可以同反应染料一起注入记录过的神经细胞内，并扩散或运输到神经细胞的各个部位（Graybiel and Devor 1974；Källström and Lindström 1978；参见第五章），但此法的敏感性依赖于标记物酶的反应活性。在 Bennett 对此法进行评价后的 3 年内，几个实验室已经能够成功地运用此法开展研究工作。他们将 HRP 注入脊髓（Cullheim and Kellerth

1976；Jankowska et al. 1978；Light and Durkovic 1976；Snow et al. 1976)、小脑（McCrea et al. 1976，见例 4）、新纹状体（Kitai et al. 1976）和水蛭（leech）的神经节（Muller and McMahon 1976）等部位的神经细胞内，在以往在相同部位使用普施安黄法所取得研究结果的基础上，对这些部位神经细胞的形态学特点又有了更深入的了解。使用 HRP 最独特的优点在于标本既可用于光镜研究又可用于电镜观察，与 Golgi 法或注入普施安黄或氚(^{3}H)标记甘氨酸法这些目前可行的方法相比，HRP 能最完整地充填并标记整个神经细胞（Brown and Fyffe 1981）。

普施安黄法在随后的几年中逐渐被淘汰，这并不是因为单个神经细胞的标记物被 HRP 取代而造成的，而是由于普施安黄法诞生 7 年后，又出现了一种荧光活性更高的染料荧光黄（Lucifer yellow）（Stewart 1981）。荧光黄的合成是基于一种商业性羊毛染料——亮硫磺素（brilliant sulphoflavine），这两种染料具有相似的光谱特性，它们的最大吸收峰值分别为 280 nm 和 430 nm，最大激发峰值接近 540 nm，量子产额为 0.25。荧光黄的发色团为 4-氨-萘二甲酰亚氨 3,6-二磺酸酯，通过 N 端连接于反应基（图 1-2C）。荧光黄的侧链 m-苯基-SO$_2$—CH 一CH$_2$ 可与氨基酸残基的巯基迅速反应。荧光黄的烷基反应常用于神经组织学的染色；侧链—NH—CO—NH—NH$_2$ 及游离酰肼基能在室温下与脂肪族的醛基（aliphatic aldehydes）反应（Stewart 1981）。尽管具有很高的荧光活性，但荧光黄同普施安黄一样，易于褪色（猝灭），也不能在电镜下观察。若用荧光黄的抗体进行免疫组织化学染色，就能制成可长期保存、同时也具有嗜锇性的标本（Onn et al. 1993）。方法之一是使用脂溶剂处理切片，以便抗体大分子能够自由进入标记神经细胞的细胞质，但这样做的结果将破坏微细胞结构。另一种方法是在充分固定的材料内形成嗜锇性反应物，并用二氨基联苯胺（DAB）进行光转化（photoconversion）（Maranto 1982）。把含有荧光黄标记神经细胞的组织块浸入 DAB，DAB 的颗粒细小并具有很高的脂溶性，能比较容易地进入固定的神经细胞。将组织暴露于荧光黄激发波长范围的紫外线下，导致荧光黄标记神经细胞内的 DAB 发生氧化。这种反应是否由继发荧光诱导或者源于其他机制仍不清楚，但已知 DAB 具有光敏性，暴露于可见光后能发生自身氧化生成有色产物。

抗体当然不是唯一能识别特定分子并与之形成高亲和力结合的蛋白质，此类特异性结合的现象在生物技术中得到了广泛应用，卵白素（avidin）就是一个实例。卵白素是从蛋清中提取的糖蛋白，对生物素（biotin，维生素 H）有高度的亲和力（$K > 10^{15}$ M^{-1}）。卵白素与荧光染料、酶或标准的免疫细胞化学反应的标记物形成共价连接，能高度敏感地探测标记于抗体的生物素，并且可应用于光镜研究和电镜观察。由于具有以上特性，所以可将生物素作为单个神经细胞的标记物使用，实际应用中常采用其复合物的形式，例如，N-ε-biotinyl-L-lysine（Biocytin；Sigma 公司）或 N-(2-氨乙基)生物素酰胺盐醇盐 [N-(2-aminoethyl) biotinamide hydrochloride] [biotinamide（Neurobiotin；Vector 公司)]（Horikawa and Armstrong 1988；Kita and Armstrong 1991）。

可以想像，将 HRP、染料和其他细胞内标记物用电泳或离子渗透法导入神经细胞内需要将微电极尖端插入细胞内，绝大多数研究者都尽力在注射前、注射中以及尤其重要的注射后等过程中始终确保细胞内记录电极的稳定，这样才能为标记细胞与记录细胞是同一个神经细胞提供最有力的证据。然而，Lynch 等（1974）报道通过放置于细胞外的微电极可将 HRP 泳入单个细胞并进行标记。Pinault（1994）用 Biocytin 和 Neurobi-otin 作为标记物也得到了相似的结果，从电解的角度证实了细胞外记录细胞就是所标记的神经细胞。尽管具体的生理机制还仍不清楚，可能是一些标记物分子在最大电场强度作用下，直接穿过细胞膜上的某些位点进入神经细胞，标记的特异性取决于神经细胞和电极之间的电相关性。在任何情况下，都不存在神经细胞对细胞外标记物的非特异性吸收，因为通常仅有一个神经细胞被标记（Pinault 1994）。

例 4　用辣根过氧化物酶对单个 Purkinje 细胞进行细胞内标记

本例所用技术和结果引自 Bishop 和 King（1982），在该文献中也可找到更详细的技术指导（也可参考 Kitai and Bishop 1981）。

■■ 材　料

猫的小脑。

■■ 步　骤

微电极

直径 0.4～0.9 μm，圆锥形，电极内液为含 4%～10% HRP 的 0.5 mol/L KCl-Tris 缓冲液，pH 为 7.6，电阻抗为 35～60 MΩ。

注　射

每秒 3～5 次去极化直流电脉冲，每次通电时间 100～200 ms，电流强度为 3～5 nA，持续时间为 3～5 min。

固　定

根据神经细胞的大小及需要充填的范围，可于注射 HRP 后 15 min 到 30 h 固定动物。先用含 2% 利多卡因的 0.9% 生理盐水经血管进行灌注，利多卡因的量为 40 mg/kg，再用 Karnovsky 型固定液灌注（含 1% 多聚甲醛、2% 戊二醛和 2.5% 葡萄糖的磷酸钠缓冲液，pH 为 7.3，终浓度为 0.1 mol/L）。

切片及处理

连续冷冻切片（光镜）或振动切片（电镜或光镜），片厚 50～60 μm，切片收集于磷酸盐缓冲液；DAB 反应；光镜的切片用明胶贴于铬矾涂层的载玻片上（用甲酚紫复染）。电镜或光镜切片先用丙酮脱水，再用环氧树脂包埋。

■■ 结　果

Purkinje 细胞的胞体和树突在 Golgi 法染色和 HRP 细胞内标记后具有非常相似的形态，只是在用 HRP 标记时，最细小的分支（树突棘）也能很好地显示［至少在 α 运动神经元是这样，Brown 和 Fyffe（1981）的研究工作表明用 HRP 进行细胞内标记比以往任何方法都能更完整地显示神经细胞的树突结构］。然而，用 HRP 进行细胞内标记的时候，在标记轴突的同时，还能标记轴突侧支及终末分支（图 1-6），而 Golgi 法仅能染出轴突无髓鞘包被的初始部分（图 1-5B）。除了功能方面的诸多应用以外，可将 HRP 法用于研究皮质-核团之间投射的精细结构和组合（organisation）。

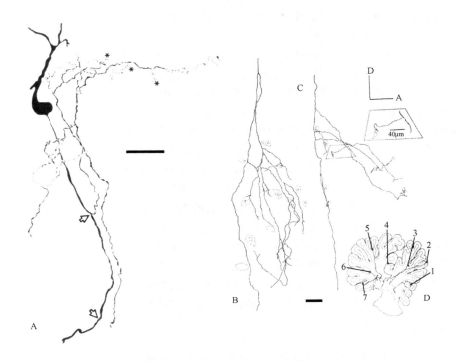

图 1-6　用细胞内电泳辣根过氧化物酶法染出的单个神经细胞

图中的结构为猫小脑皮质的 Purkinje 细胞。A. 一个 Purkinje 细胞轴突侧支的重塑图，包括主轴突、胞体和一小部分树突树，标尺＝50 μm。B，C. 分别示 D 图中 1 和 6 所指 Purkinje 细胞的轴突终末分支，标尺＝80 μm。插图详细地显示了 C 图中的一个轴突分支与小脑深核的神经细胞所形成的突触联系。D. 小脑矢状切面示不同实验中将 HRP 注射到 Purkinje 细胞内所标记出的 Purkinje 细胞在深核的终止部位和小叶内的起源位点 [A. 摘自 Bishop 和 King，1982，引用得到了国际脑研究组织（IBRO）的认可；B～D. 摘自 Bishop GA，McCrea RA，Lighthall JW 和 Kitai，ST（1979）；An HRP and autoradiographic study of the projection from the cerebellar cortex to the nucleus interpositus anterior and nucleus interpositus posterior of the cat. J Comp Neurol，185，735～756. 版权属于 Wiley-Liss 公司（1979 年），引用征得了 Wiley-Liss 公司（John Wiley & Sons 公司的子公司）的同意。]

技术之间的相关性

　　"电镜图片能够准确地提供 Golgi 法染色所丢失的微细结构的信息"（Ramón-Moliner and Ferrari　1972）。

　　尽管任何实用方法都可能提供相当清晰和固定的图像，但每种方法都不可避免地会丢失部分信息。可以肯定的是没有哪种单一的方法能对神经细胞之间的相互关系进行完整的描述。研究人员迟早会对同一张切片综合运用不同的方法。正如上文中提到的一样，最近几年来，随着新荧光染料、其他染料和细胞内标记物的使用，大大地增加了综合使用这些方法的可能性。然而，最常见的是一种或多种光镜方法与电镜技术的综合应用。比如例 3 中提到的改良 Golgi 法的最初的目的就是为了更好地保存超微结构，以便应用于相关的电镜研究，只是着色的神经细胞上铬酸银沉淀物常常太密集，以至于不能很好地显示其精细结构。人们尝试了许多方法来调节沉淀物的量，以便其既适于光镜研究又适于电镜观察。综合起来看，使用 Blackstad（1975）的光化学缩减（photochemical reduction）法的效果也许最好。

此外，虽然不同的方法常可用于解决同一问题，但彼此不能代替，正如细胞内标记法不能完全取代 Golgi 法一样，因为 Golgi 法的染色结果具有随机性，因此可以染出同一标本中不同类型的单个神经细胞。实际上，Freund 和 Somogyi（1983）和 Somogyi 等（1983）还提出了另一种方法——切片 Golgi 浸染法，它不仅可用于 HRP 的细胞内标记或 HRP 的逆行标记，也可同其他多种组织化学和免疫组织化学技术联合使用。如果应用金置换（gold toning）技术，Golgi 染色的产物亦能用于电镜观察。如果第一次浸染的结果不能满意，可以进行两三次甚至多次浸染。Golgi 法的这种最新改良法突出了 Golgi 法随机性的特点，因为反复染色会染出不同的神经细胞。

如果不需要进行电生理记录的结果，固定后的切片也能用于细胞内标记和染色，至少经醛类固定后可以再用荧光黄进行胞内标记［详见 Buhl（1993）的综述］。我们已经知道高电子密度的反应产物如何在荧光黄所在的位置沉积的机制，所以能够进行超微结构的观察。荧光黄标记法有助于开展神经细胞形态特点与其他特点的相关性研究，如神经细胞的形态与凝集素的结合点（Ojima　1993）、免疫组织化学染色的结合以及借助顺行变性或多种逆行标记的方法研究神经细胞之间的突触联系等。

神经细胞活动的可视化

"……这里所报道的光学方法既可用于监测钙的动态变化，也可监测遍布于正常和变种斑马鱼大脑及脊髓的神经网络的活动。"（Fetcho and O′Malley　1995）

活组织薄片和共聚焦显微镜的广泛使用，再加上具有生物活性或其他特点的染料的不断开发和使用，使荧光素类标记物在神经科学研究领域中占据了重要的地位。微电子技术和计算机技术的发展也是促进学科发展的重要因素之一。由于广泛地应用了能标记神经细胞存活期间各个时段的各种标记物，才使得研究生活状态下神经细胞各方面的性质成为可能，在此仅进行简要总结（详见第四章和第十六章）。随着技术的发展，近年来许多方法和技术已变得越来越重要，而对神经细胞活性的可视化研究则要追溯很长一段历史。我仅介绍一个早期的例子：1969 年 Tasaki 等报道用吖啶橙染色的乌贼或蟹的神经在传递动作电位时能发出更耀眼的荧光。他们认为这种现象是由于神经膜上围绕在染料分子周围的大分子的理化特性发生了间接的变化。顺便提一下，吖啶橙属于具有药理学活性染料家族的一员，是在寻找抗疟药的过程中发现的。现在人们也在有意识地专门寻找当代"电压敏感性"染料，JPW1114（图 1-2D）即是这样一种能用于细胞内标记的物质，它具有极高的信噪比，属于苯乙烯类荧光染料家族中的一种（Antić and Zečević 1995）。

当然，许多染料仅对特殊的离子敏感，包括 H^+（pH）、Na^+ 和 Ca^{2+}。例如，钙绿-1（Calcium Green-1）（Molecular Probes 公司）（图 1-2E）是一种能被可见光（蓝光）激发的荧光染料，在与 Ca^{2+} 结合后荧光强度呈线性增强。它的应用范围很广，如用微玻管将不具有膜通透性且能发射荧光的荧光微球经过细胞内标记的途径注入神经细胞内，观察 Ca^{2+} 介导的信息在树突整合的再生过程（Schiller et al. 1997），也可以用钙绿和葡聚糖的结合物先进行逆行标记，再在斑马鱼幼体上研究和观察标记神经细胞的活动

（Fetcho and O'Malley　1995）。

　　在最后一个例子中，我们将简要介绍一下拥有中长脂肪链的荧光染料，一般认为这些染料能插入细胞膜内。某些苯乙烯类染料，如 FM1-43（Molecular Probes 公司）（图1-2F），能以活性依赖的方式染出神经肌接头，曾被用于突触囊泡循环的研究（Betz and Bewick　1992）。其他的染料，如 DiA［也称为 4-Di-16-ASP（Molecular Probes 公司）（图 1-2G）］可用于神经肌接头生长和调节的长时间研究，包括在不同时间点对同一神经肌接头部位进行反复观察（Balice-Gordon and Lichtman　1990）。

参　考　文　献

Angulo, A., Fernández, E., Merchán, J. A. and Molina, M. 1996. A reliable method for Golgi staining of retina and brain slices. J. Neurosci. Methods 66, 55–59.

Antić, S. and Zečević, D. 1995. Optical signals from neurons with internally applied voltage-sensitive dyes. J. Neurosci. 15, 1392–1405.

Baker, J. R. 1958. Principles of Biological Microtechnique. Methuen, London.

Balice-Gordon, R. J. and Lichtman, J. W. 1990. In vivo visualization of the growth of pre- and post-synaptic elements of neuromuscular junctions in the mouse. J. Neurosci. 10, 894–908.

Banks, R. W. 1986. Observations on the primary sensory ending of tenuissimus muscle spindles in the cat. Cell Tissue Res. 246, 309–319.

Banks, R. W., Hulliger, M., Scheepstra, K. A. and Otten, E. 1997. Pacemaker activity in a sensory ending with multiple encoding sites: the cat muscle-spindle primary ending. J. Physiol. 498, 177–199.

Bennett, M. V. L. 1973. Permeability and structure of electronic junctions and intercellular movements of tracers. In: Kater, S. B. and Nicholson, C. (eds.) Intracellular Staining in Neurobiology. Springer, Berlin, pp 115–134.

Betz, W. J. and Bewick, G. S. 1992. Optical analysis of synaptic vesicle recycling at the frog neuromuscular junction. Science 255, 200–203.

Bishop, G. A. and King, J. S. 1982. Intracellular horseradish peroxidase injections for tracing neural connections. In: Mesulam, M.-M. (ed.) Tracing Neural Connections with Horseradish Peroxidase. Wiley, Chichester, pp 185–247.

Blackstad, T. W. 1965. Mapping of experimental axon degeneration by electron microscopy of Golgi preparations. Z. Zellforsch. 67, 819–834.

Blackstad, T. W. 1975. Electron microscopy of experimental axonal degeneration in photochemically modified Golgi preparations: a procedure for precise mapping of nervous connections. Brain Res. 95, 191–210.

Blackstad, T. W., Fregerslev, S., Laurberg, S. and Rokkedal, K. 1973. Golgi impregnation with potassium dichromate and mercurous or mercuric nitrate: identification of the precipitate by X-ray and electron diffraction analysis. Histochemie 36, 247–268.

Brown, A. G. and Fyffe, R. E. W. 1981. Direct observations on the contacts made between Ia afferent fibres and α-motoneurones in the cat's lumbosacral spinal cord. J. Physiol. 313, 121–140.

Buhl, E. H. 1993. Intracellular injection in fixed slices in combination with neuroanatomical tracing techniques and electron microscopy to determine multisynaptic pathways in the brain. Microsc. Res. Tech. 24, 15–30.

Cajal, S. Ramon y. 1906. Les structures et les connexions des cellules nerveux. Les Prix Nobel 1904–1906. Norstedt, Stockholm.

Cajal, S. Ramon y. 1995. Histology of the Nervous System of Man and Vertebrates. Translated by Swanson, N. and Swanson, L. W. Oxford, New York.

Chan-Palay, V. 1973. A brief note on the chemical nature of the precipitate within nerve fibers after the rapid Golgi reaction: selected area diffraction in high voltage electron microscopy. Z. Anat. Entwickl.-Gesch. 139, 115–117.

Cox, W. 1891. Imprägnation des centralen Nervensystems mit Quecksilbersalzen. Arch. Mikrosk.

Anat. 37, 16–21.

Cullheim, S and Kellerth, J.-O. 1976. Combined light and electron microscopic tracing of neurons, including axons and synaptic terminals, after intracellular injection of horseradish peroxidase. Neurosci. Lett. 2, 301–313.

Deiters, O. F. K. 1865. Untersuchungen über Gehirn und Rückenmark des Menschen und der Säugetiere. Vieweg, Braunschweig.

Descartes, R. 1662. De homine figuris et latinitate donatus a Florentio Schuyl. Francis Moyard and Peter Leff, Leyden.

Ebbesson, S. O. E. and Cheek, M. 1988. The use of cryostat microtomy in a simplified Golgi method for staining vertebrate neurons. Neurosci. Letters 88, 135–138.

Eccles, J. C. 1964. The Physiology of Synapses. Springer, Berlin.

Fetcho, J. R. and O'Malley, D. M. 1995. Visualization of active neural circuitry in the spinal cord of intact zebrafish. J. Neurophysiol. 73, 399–406.

Fregerslev, S., Blackstad, T. W., Fredens, K. and Holm, M. J. 1971a. Golgi potassium dichromate-silver nitrate impregnation. Nature of the precipitate studied by X-ray powder diffraction methods. Histochemie 25, 63–71.

Fregerslev, S., Blackstad, T. W., Fredens, K., Holm, M. J. and Ramón-Moliner, E. 1971b. Golgi impregnation with mercuric chloride: Studies on the precipitate by X-ray powder diffraction and selected area electron diffraction. Histochemie 26, 289–304.

Freund, T. F. and Somogyi, P. 1983. The section-Golgi impregnation procedure. 1. Description of the method and its combination with histochemistry after intracellular iontophoresis or retrograde transport of horseradish peroxidase. Neuroscience 9, 463–474.

Galigher, A. E. and Kozloff, E. N. 1964. Essentials of Practical Microtechnique. Henry Kimpton, London.

Glauert, A. M. 1975. Fixation, Dehydration and Embedding of Biological Specimens. North-Holland, Amsterdam.

Golgi, C. 1873. Sulla struttura della sostanza grigia del cervello. Gazetta medica italiana Lombarda 33, 244–246 (Translated by M. Santini as 'On the structure of the grey matter of the brain'. In Santini, M. (ed.) 1975, Golgi Centennial Symposium, Raven, New York).

Gray, E. G. 1964. Tissue of the central nervous system. In: Kurtz, S. M. (ed.) Electron Microscopic Anatomy. Academic Press, New York, pp 369–417.

Graybiel, R. and Devor, M. 1974. A microelectrophoretic delivery technique for use with horseradish peroxidase. Brain Res. 68, 167–173.

Heuser, J. E., Reese, T. S., Dennis, M. J., Jan, Y., Jan, L. and Evans, L. 1979. Synaptic vesicle exocytosis captured by quick-freezing and correlated with quantal transmitter release. J. Cell Biol. 81, 275–300.

Heuser, J. E. and Reese, T. S. 1973. Evidence for recycling of synaptic vesicle membrane during transmitter release at the frog neuromuscular junction. J. Cell Biol. 57, 315–344.

Hodgson, E. S. 1990. Long-range perspectives on neurobiology and behavior. Amer. Zool. 30, 403–505.

Holt, E. J. and Hicks, R. M. 1961. Studies on formalin fixation for electron microscopy and cytochemical staining purposes. J. Biophys. Biochem. Cytol. 11, 31–45.

Horikawa, K. and Armstrong, W. E. 1988. A versatile means of intracellular labeling – injection of biocytin and its detection with avidin conjugates. J. Neurosci. Meth. 25, 1–11.

Jankowska, E., Rastad, J. and Westman, J. 1976. Intracellular application of horseradish peroxidase and its light and electron microscopical appearance in spinocervical tract cells. Brain Res. 105, 555–562.

Källström, Y. and Lindström, S. 1978. A simple device for pressure injections of horseradish peroxidase into small central neurones. Brain Res. 156, 102–105.

Karlsson, U. and Schultz, R. C. 1965. Fixation of the central nervous system for electron microscopy by aldehyde perfusion. I. Preservation with aldehyde perfusates versus direct perfusion with osmium tetroxide with special reference to membranes and the extracellular space. J. Ultrastruct. Res. 12, 160–186.

Karnovsky, M. J. 1965. A formaldehyde-glutaraldehyde fixative of high osmolality for use in electron microscopy. J. Cell Biol. 27, 137A–138A.

Kita, H. and Armstrong, W. 1991. A biotin-containing compound N-(2-aminoethyl) biotinamide for intracellular labeling and neuronal tracing studies – comparison with biocytin. J. Neurosci. Meth. 37, 141–150.

Kitai, S. T. and Bishop, G. A. 1981. Horseradish peroxidase: intracellular staining of neurons. In:

Heimer, L. and RoBards, M. J. (eds.) Neuroanatomical Tract-Tracing Methods. Plenum, New York, pp 263–277.

Kitai, S. T., Kocsis, J. D., Preston, R. J. and Sugimori, M. 1976. Monosynaptic inputs to caudate neurons identified by intracellular injection of horseradish peroxidase. Brain Res. 109, 601–606.

Kopsch, F. 1896. Erfahrungen über die Verwendung der Formaldehyde bei der Chrom-silber-Imprägnation. Anat. Anz. 11, 727–729.

Kravitz, E. A., Stretton, A. O. W, Alvarez, J. and Furshpan, E. J. 1968. Determination of neuronal geometry using an intracellular dye injection technique. Fed. Proc. 27, 749.

Leeuwenhoek, A. van 1717. Letter to Abraham van Bleiswyk, translated by S. Hoole, 1807 in Anthony van Leeuwenhoek, Selected Works. Philanthropic Society, London.

Light, A. R. and Durkovic, R. G. 1976. Horseradish peroxidase: an improvement in intracellular staining of single, electrophysiologically characterized neurons. Exp. Neurol. 53, 847–853.

Lund, R. D. and Westrum, L. E. 1966. Synaptic vesicle differences after primary formalin fixation. J. Physiol. 185, 7–9P.

Lynch, G., Deadwyler, S. and Gall, C. 1974. Labeling of central nervous system neurons with extracellular recording microelectrodes. Brain Res. 66, 337–341.

Maranto, A. R. 1982. Neuronal mapping: a photooxidation reaction makes Lucifer Yellow useful for electron microscopy. Science. 217, 953–955.

McCrea, R. A., Bishop, G. A. and Kitai, S. T. 1976. Intracellular staining of Purkinje cells and their axons with horseradish peroxidase. Brain Res. 118, 132–136.

Millhouse, O. E. 1981. The Golgi methods. In Heimer, L. and RoBards, M. J. (eds.) Neuroanatomical Tract-Tracing Methods. Plenum, New York, pp 311–344.

Morest, D. K. 1981. The Golgi methods. In Heym, Ch. and Forssmann, W.-G. (eds.) Techniques in Neuroanatomical Research. Springer, Berlin, pp 124–138.

Muller, K. J. and McMahon, U. J. 1976. The shapes of sensory and motor neurons and the distribution of their synapses in ganglia of the leech: a study using intracellular injection of horseradish peroxidase. Proc. Roy. Soc. Lond. B. 194, 481–499.

Nicholson, C. and Kater, S. B. 1973. The development of intracellular staining. In. Kater, S. B. and Nicholson, C. (eds.) Intracellular Staining in Neurobiology. Springer, Berlin, pp 1–19.

Ojima, H. 1993. Dendritic arborization patterns of cortical interneurons labeled with the lectin, Vicia villosa, and injected intracellularly with Lucifer yellow in aldehyde-fixed rat slices. J. Chemical Neuroanat. 6, 311–321.

Onn, S.-P., Pucak, M. L. and Grace, A. A. 1993. Lucifer yellow dye labelling of living nerve cells and subsequent staining with Lucifer yellow antiserum. Neurosci. Protocols. 93-050-17-01-14

Palade, G. E. and Palay, S. L. 1954. Electron microscope observations of interneuronal and neuromuscular synapses. Anat. Rec. 118, 335–336.

Palay, S. L., McGee-Russell, S. M., Gordon, J. and Grillo, M. A. 1962. Fixation of neural tissues for electron microscopy by perfusion with solutions of osmium tetroxide. J. Cell Biol. 12, 385–410.

Paula-Barbosa, M. 1975. The duration of aldehyde fixation as a "flattening factor" of synaptic vesicles. Cell Tiss. Res. 164, 63–72.

Peters, A. 1970. The fixation of central nervous system and the analysis of electron micrographs of the neuropil with special reference to the cerebral cortex. In Nauta, W. H. J. and Ebbesson, S. O. (eds.) Contemporary Research Methods in Neuroanatomy. Springer, Berlin, pp 56–76.

Phillips, C. G. 1987. Purkinje cells and Betz cells. Physiol. Bohemoslov. 30, 217–223.

Pinault, D. 1994. Golgi-like labeling of a single neuron recorded extracellularly. Neurosci. Lett. 170, 255–260.

Ramón-Moliner, E. and Ferrari, J. 1972. Electron microscopy of previously identified cells and processes within the central nervous system. J. Neurocytol. 1, 85–100.

Sabatini, D. D., Bensch, K. and Barrnett, R. J. 1963. Cytochemistry and electron microscopy. The preservation of cellular ultrastructure and enzymatic activity by aldehyde fixation. J. Cell Biol. 17, 19–58.

Scheibel, M. E. and Scheibel, A. R. 1978. The methods of Golgi. In Robertson, R. T. (ed.) Neuroanatomical Research Techniques. Academic, New York, pp 89–114.

Schiller, J., Schiller, Y., Stuart, G. and Sakmann, B. 1997. Calcium action potentials restricted to distal apical dendrites of rat neocortical pyramidal neurons. J. Physiol. 505, 605–616.

Schultz, R. L. and Karlsson, U. 1965. Fixation of the central nervous system for electron microscopy by aldehyde perfusion. II. Effect of osmolarity, pH of perfusates, and fixative concentration. J. Ultrastruct. Res. 12, 187–206.

Snow, P. J., Rose, P. K. and Brown, A. G. 1976. Tracing axons and axon collaterals of spinal neurons using intracellular injection of horseradish peroxidase. Science 191, 312–313.

Somogyi, P., Freund, T. F., Wu, J.-Y. and Smith, A. D. 1983. The section-Golgi impregnation procedure. 2. Immunocytochemical demonstration of glutamate decarboxylase in Golgi-impregnated neurons and in their afferent synaptic boutons in the visual cortex of the cat. Neuroscience 9, 475–490.

Stean, J. P. B. 1974. Some evidence of the nature of the Golgi-Cox deposit and its biochemical origin. Histochemistry 40, 377–383.

Stewart, W. W. 1981. Lucifer dyes – highly fluorescent dyes for biological tracing. Nature 292, 17–21.

Strangeways, T. S. P. and Canti, R. G. 1927. The living cell in vitro as shown by dark-ground illumination and the changes induced in such cells by fixing reagents. Q. Jl. Microsc. Sci. 71, 1–14.

Strausfeld, N. J. 1980. The Golgi method: its application to the insect nervous system and the phenomenon of stochastic impregnation. In Strausfeld, N. J. and Miller, T. A. (eds.) Neuroanatomical Techniques: Insect Nervous System. Springer, New York pp. 131–203.

Stretton, A. O. W. and Kravitz, E. A. 1973. Intracellular dye injection: the selection of Procion yellow and its application in preliminary studies of neuronal geometry in the lobster nervous system. In. Kater, S. B. and Nicholson, C. (eds.) Intracellular Staining in Neurobiology. Springer, Berlin, pp 21–40.

Tasaki, I., Carnay, L., Sandlin, R. and Watanabe, A. 1969. Fluorescence changes during conduction in nerves stained with acridine orange. Science 163, 683–685.

Uchizono, K. 1965. Characteristics of excitatory and inhibitory synapses in the central nervous system of the cat. Nature 207, 642–643.

Van Harreveld, A. and Fifkova, E. 1975. Rapid freezing of deep cerebral structures for electron microscopy. Anat. Rec. 182, 377–386.

Verna, A. 1983. A simple quick-freezing device for ultrastructure preservation: evaluation by freeze-substitution. Biol. Cell 49, 95–98.

Walberg, F. 1966. Elongated vesicles in terminal boutons of the central nervous system, a result of aldehyde fixation. Acta Anat. 65, 224–235.

Waldeyer, W. 1891. Über einige neuere Forschungen im Gebiete der Anatomie des Centralnervensystems. Deutsche medizinische Wochenschrift 17, 1352–1356.

Westrum, L. E. and Lund, R. D. 1966. Formalin perfusion for correlative light- and electron-microscopical studies of the nervous system. J. Cell Sci. 1, 229–238.

第二章 神经系统中基因表达的差异显示技术及系列分析技术的应用

Erno Vreugdenhil, Jeannette de Jong and Nicole Datson

韩 骅 译

第四军医大学医学遗传学与发育生物学教研室

huahan@fmmu.edu.cn

■ 绪 论

　　动物、植物的所有生物过程都与基因表达的变化相关。在中枢神经系统（CNS）基因表达的变化不仅与其发育有着因果关系，而且参与了 CNS 的多种复杂的以及未知的过程，如记忆的形成、学习、认知等。此外，在许多急、慢性中枢神经系统疾病的病变形成中，基因表达的改变也发挥着很重要的作用，如缺血、癫痫、阿尔采默氏病、帕金森病等。因此，深入了解基因的表达谱，特别是其变化特征，将十分有助于从分子水平上了解大脑的功能活动及病理机制。

　　由于基因表达的复杂性，即成千上万的基因的表达水平不同，因而确定基因表达谱并非一项简单的工作。全套表达的基因及其产生的不同量的 mRNA 总称为转录组（transcriptome），决定着细胞、组织以及整个器官的表型。人类基因组包含有大约 50 000～100 000 个基因，其中在每个个体细胞中大概有 15 000～20 000 个基因得以表达。因此，获得特定组织或细胞的基因表达谱是一项浩大的工程，而从中鉴定出表达有差异的基因无异于大海捞针。

　　在 20 世纪 80 年代，出现了几种识别差异表达基因的方法，包括正/负筛选（plus/minus screening）技术和削减杂交（subtractive hybridization）技术。已证明这些方法在分离差异表达基因中是有效的，但它们技术操作复杂，速度较慢，且需要大量 RNA（Kavathas et al. 1984；Vreug denhil et al. 1988）。

　　20 世纪 90 年代初期，出现了许多灵敏、高速、精确的差异筛查技术。这有赖于几方面的发展。首先，PCR 技术的产生使得扩增微量的初始反应物成为可能，并可同时监测大量基因的表达情况。其次，人们得到大量基因及其转录产物的碱基序列并建立了核酸序列数据库。另外，不同的基因组计划已经启动以破解几种细菌、酵母、线虫、果蝇、小鼠及人类的全部核酸序列（Mckusick 1997；Rowen et al. 1997；Duboule 1997；Levy 1994）。目前，我们已经得到完整的大肠杆菌（10^6 bp）和酵母的基因组序列（2×10^7 bp）以及 80% 的线虫基因组（10^8 bp）和 5% 人类基因组序列（2×10^9 bp）。这些已知的 DNA 序列都是完全公开的。这样，应用于筛查技术时，只需要检测特定基因的一个小片段就可以肯定地判断基因表达发生了上调或下调。

　　PCR 技术的引进和基因组数据库的建立使差异筛选技术发生了革命性的变化，产生了许多敏感性高的技术。在这里，我们将讨论其中的两种：差异显示技术（differential display，DD）及基因表达的系列分析技术（serial analysis of gene expression，SAGE）。

差异显示技术（DD）

DD 由 Liang 和 Pardee 在 1992 年首次提出。至今有大约 1700 篇与 DD 相关的文章发表，可见其影响巨大。许多与神经变性和凋亡相关的基因也通过 DD 的方法得以鉴定。

DD 的原理基于对 cDNA 分子进行随机扩增和随后按大小进行的分离。为此，首先需分离靶细胞或组织中总 RNA，反转录为 cDNA。在 4 个不同的 cDNA 合成反应中并不是用单一的聚胸腺嘧啶（oligo-dT）引物，而是使用四种不同的 oligo-dT 锚定引物（oligo-dT-MC，oligo-dT-MG，oligo-dT-MT，oligo-dT-MA；M＝G/A/C）。这种修饰的 cDNA 合成反应可将初始 mRNA 扩增物基本上分为 4 组不同的 cDNA。之后，应用随机引物及相应的锚定引物对每一种 cDNA 库的片段进行随机扩增。选定特殊的 PCR 反应条件，特别是退火温度，可使 60～100 种 cDNA 片段得以扩增。在凝胶电泳中依据大小对这些来自刺激及未刺激组织的 cDNA 片段进行并行分离。比较两种情况下 cDNA 片段的有（上调）无（下调），即可以显示出差异表达产物。以其他随机引物重复此过程，使得 cDNA 库的其他部分得以扩增。最终，从凝胶回收差异表达的 cDNA 条带，进一步进行 Northern 印迹、原位杂交以及 DNA 序列分析等鉴定（图 2-1）。DD 方法最主要的优点就是简便、灵敏度高，可在同一个实验中确认上调及下调的基因。其缺点是工作量大，易产生假阳性结果。

自产生以来，DD 技术得到不断的改进。例如，现在可用荧光或其他标记方法取代最初使用的放射性物质来标记 DD 片段。这样，可以使用自动化 DNA 序列仪简化对 DD 片段的监测和分析。还有一些引物设计上的改进。最近的研究使用了长达 20 个核苷酸的引物。一些关于差异显示原理的优秀的综述也相继发表。

在本章节中，我们将详细描述我们做得比较好的两个不同的 DD 方法。第一个是以较小的寡核苷酸和地高新标记引物为基础，称为 DD-PCR。另一个方法是以延长的寡核苷酸和荧光标记引物为基础，称为（E）DD-PCR。

基因表达的系列分析技术（SAGE）

SAGE（Velculescu et al. 1995）是基于 PCR 技术的一种高灵敏度研究基因表达的方法，可得到 mRNA 文库的定性及定量信息。自 1995 年此技术产生以来，发表了大量的相关文章，表明 SAGE 可同时检测大量基因的表达水平的变化。例如，在对比结肠癌和正常结肠上皮时发现，在原发性直肠癌细胞中有 51 种基因的表达下调 10 倍以上，32 种基因的表达上调 10 倍以上（Zhang et al. 1997）。

SAGE 的基本原理是产生大约 10bp 的转录物特异性的短序列标签，将这些标签连为长链（串联体），再进行克隆测序。每一标签在串联体出现的频率可以反映其对应的转录子在 mRNA 库中的化学量，从而可对基因表达进行定量分析。通过比较不同来源 mRNA 的表达，可得出差异表达的基因。SAGE 的一项优点就是可在一次反应中同时分析 25 个标签（cDNA），比 EST 序列分析法的效率提高了 25 倍。而且，短标签十分特异，可以鉴别特定转录物，所得信息可链接到 GenBank 中的所有已知基因和 EST，便于得到潜在的上调或下调的靶基因序列标签并进一步分析其特征。缺点在于，尽管效率很高，为检测低丰度转录物表达的差异，必须测序大量的标签，这就需要高效的测序仪器及其他自动化仪器。另外，SAGE 无法探测 GenBank 中没有充分收录的物种的基因表达差异。SAGE 还有一点不足就是需要大量的起始 RNA（$2.5 \sim 5 \mu g$ polyA$^+$ RNA）。尽管 SAGE 在许多研究领域都有着应用前景，但实际上却仅可用于起始原料不受限制的情况。此外，从复杂组织中分离出的 RNA 包含许多异质的细胞群体，将稀释不同类型细胞的基因表达谱差异，从而可能会掩盖一些表达的差异。正是这样的问题妨碍了检测大脑中的表达模式，因为大脑包括许多独特的亚单位结构，每一种结构都有其特殊的基因表达谱（表 2-1）。

　　本章节中，我们将介绍一种改进的 SAGE 方案（实验方案 B），这种方案只需要少量的起始原料，从而使其非常适合应用于神经科学的研究。应用这种方案，我们可从 $300 \mu m$ 的脑切片中取海马回，并得到其基因表达谱，而如果用以前的方法（实验方案 A）的话，所需要多聚腺苷酸尾 RNA 至少为其 5×10^3 倍。

表 2-1　基因表达差异显示和系列分析技术的特点

	差异显示	系列分析
条件	标准分子生物学设备	DNA 自动测序仪
定量	否	是
假阳性	多	无
终产物	$100 \sim 500$ bp 的 cDNA	$10 \sim 14$ bp 的标签
是否适合做全长 cDNA 筛查	是	否
种系选择	适用任何种系	GenBank 中收录的种系
起始原料	$10 \mu g$ 总 RNA	$2.5 \mu g$ mRNA
检测低丰度转录子	难	难
PCR 偏移	有	无
工作量是否大	是	是
技术进展	易	难

实验方案 1　差异显示：实用的方法

■■ 概　述

　　差异显示的主要步骤见图 2-1。

■■ 材　料

玻璃塑料器皿

—无菌玻璃器皿（在 180℃烤箱过夜）

—无菌 Eppendorf 试管（0.5 ml，1.5 ml，2.2 ml），Eppendorf 枪头和无菌 falcon 离

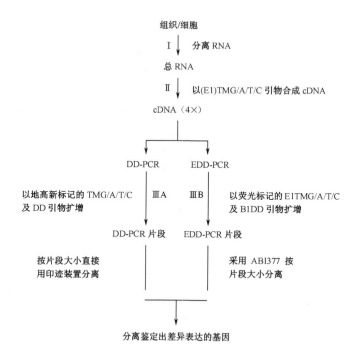

图 2-1 差异显示的三个主要步骤

总 RNA 的分离（Ⅰ）；用 DD 特异性寡核苷酸为引物反转录为 cDNA（Ⅱ）；以
此 cDNA 为模板用短寡核苷酸引物（ⅢA）或长寡核苷酸引物（ⅢB）进行 PCR。

心管（15ml，50ml）

　　—带滤膜的枪头

注意：为防止假阳性的出现，消除 PCR 反应中的污染十分重要。所以，尽管带滤膜的
枪头比较昂贵，但必须使用。

　　—无菌塑料手套和绝缘手套

　　—塑料漏斗

　　—防护眼镜

　　—石英比色杯（0.5 ml，1.5 ml）

溶液和缓冲液

　　—4 mol/L 异硫氰酸胍（GTC 的制备见 Chomczynski et al. 1997；Chomczynski and
Sacchi 1987），以及基于 GTC 的各种商业化 RNA 提取试剂盒（如 GibcoBRL 的 TRIzol
试剂）。

　　—液氮

　　—氯仿

　　—酚

　　—丙醇

　　—75%乙醇

—无水乙醇

—糖原（20 mg/ml，购于 Boehringer）。反应起始物的量很小时使用

—DEPC 处理过的重蒸水

—3 mol/L NaAc（pH5.2）

—0.1 mol/L DTT

—溴化乙锭：20 mg/ml

—5×cDNA 合成缓冲液

　　—250 mmol/L TrisHCl

　　—375 mmol/L KCl

　　—15 mmol/L MgCl₂

—dNTPs（每 10 mmol/L）

—10×聚合酶缓冲液（与酶一同提供）

—25 mmol/L MgCl₂

仪　器

—70℃水浴

—42℃水浴

—25℃水浴

—分光光度计

—研钵、杵

—PCR 仪

—Eppendorf 离心机

—凝胶电泳装置

—直接印渍装置（GATC 1500-system）

—DNA 自动测序仪（ABI310，373，377）

引　物

—DD-PCR

　　—T12MG = 5′-DIG-TTT TTT TTT TTT MG-3′

　　—T12MA = 5′-DIG-TTT TTT TTT TTT MA-3′

　　—T12MT = 5′-DIG-TTT TTT TTT TTT MT-3′

　　—T12MC = 5′-DIG-TTT TTT TTT TTT MC-3′

注意：T12M 引物用于 cDNA 合成和 PCR；T12M 引物在 5′末端标记。

　　—DD1 = 5′-TACAACGAGG-3′

　　—DD2 = 5′-TGGATTGGTC-3′

　　—DD3 = 5′-CTTTCTACCC-3′

　　—DD4 = 5′-TTTTGGCTCC-3′

　　—DD5 = 5′-GGAACCAATC-3′

　　—DD6 = 5′-AAACTCCGTC-3′

　　—DD7 = 5′-TCGATACAGG-3′

　　—DD8 = 5′-TGGTAAAGGG-3′

　　—DD9 = 5′-TCGGTCATAG-3′
　　—DD10 = 5′-GGTACTAAGG-3′
　　—DD11 = 5′-TACCTAAGCG-3′
　　—DD12 = 5′-CTGCTTGATG-3′
　　—DD13 = 5′-GTTTTCGCAG-3′
　　—DD14 = 5′-GATCAAGTCC-3′
　　—DD15 = 5′-GATCCAGTAC-3′
　　—DD16 = 5′-GATCACGTAC-3′
　　—DD17 = 5′-GATCTGACAC-3′
　　—DD18 = 5′-GATCTCAGAC-3′
　　—DD19 = 5′-GATCATAGCC-3′
　　—DD20 = 5′-GATCAATCGC-3′

注意：Bauer 等已对 DD 引物进行了说明（Bauev et al. 1993；Bauev et al. 1994）。
　　—EDD-引物
　　　—［FAM］/［HEX］/［DIG］-E1TTTTTTTTTTTTMG
　　　—［FAM］/［HEX］/［DIG］-E1TTTTTTTTTTTTMA
　　　—［FAM］/［HEX］/［DIG］-E1TTTTTTTTTTTTMC
　　　—［FAM］/［HEX］/［DIG］-E1TTTTTTTTTTTTMT
　　　—E1 = 5′-CGGAATTCGG-3′（）
　　　—M = A/G/C

注意：T12M 引物用于 cDNA 合成和 PCR；T12M 引物在 5′末端标记；EDD 引物含有 *Eco*RI 位点，便于进行亚克隆。
　　—B1DD 引物：除了在 5′末端有 10 核苷酸（B1）延伸外，其余和 DD 引物一样。
　　例如：B1DD1 = 5′-CGTGGATCCGTACAACGAGG-3′
　　　　　B1DD2 = 5′-CGTGGATCCGTGGATTGGTC-3′

注意：B1 含有便于亚克隆 EDD 片段的 *Bam*HI 位点。
　　酶
　　—逆转录酶：最好用 SuperscriptII（GibcoBRL）。这种酶相对比较稳定，每批之间的差异也很小

注意：最好将酶分装保存以免重复冻融降低活性。
　　—无 RNA 酶的 DNA 酶（5 U/μl）
　　— *Taq* 聚合酶

■■■ 步　骤

I. RNA 的分离

一般原则

　　差异显示技术成功最关键的因素就是 RNA 的质量。为了最大限度减少 RNA 的降解应做到：

　　—戴手套

　　—使用无菌器具。所有塑料器皿需在 110℃ 过夜

　　—使用无 RNA 酶的玻璃器皿。所有的玻璃器皿都须在 180℃ 过夜

　　—所有的缓冲液都必须去除 RNA 酶。因此，应使用 DEPC 处理过的重蒸水（将 2.5 ml 的 DEPC 加入到 2.5 L 的重蒸水中后高压）

　　—冰上操作

组织匀浆

　　1. 组织。操作前在 −70℃ 冰冻组织并称重。在研钵里将浸于液氮的冰冻组织磨成粉末状。佩戴绝缘手套和防护眼镜以免受到液氮损伤。一定要将组织完全浸入到液氮中，因为此时损伤的细胞会释放出来大量 RNA 酶。用漏斗将研磨好的组织从研钵转移到一个 50 ml 的无菌塑料 Falcon 试管中。当液氮挥发，即往每 50～100 mg 的组织中加入 1 ml TRIzol，剧烈振荡直至混匀。等全部组织完全在 TRIzol 里溶解，RNA 酶的活性就完全被 GTC 抑制。在这个阶段，溶液可保存在 4℃ 过夜。然而我们建议立即进行下一步处理直至达到完全没有 RNA 酶的步骤。

　　2. 单层细胞。直接将 1 ml TRIzol 加入到培养皿（直径 3.5 cm）裂解细胞。再将所得的溶液转移到 2.0 ml 的 Eppendorf 管中。

　　3. 悬浮细胞。1000 g 离心 5min。每 $0.5 \times 10^6 \sim 1.0 \times 10^6$ 的真核细胞中加入 1 ml TRIzol，剧烈振荡。

抽　提

　　1. 将含有 RNA 的 TRIzol 溶液室温孵育 5min。

　　2. 每毫升 TRIzol 中加入 0.2 ml 氯仿。

　　3. 振荡 15s，室温静置 30s，再振荡 15s。

　　4. 将溶液移入 2.0 ml 的 Eppendorf 管。

　　5. 4℃ 15 000 g 离心 15min。

RNA 沉淀

　　1. 离心后将上层无色水相移入一个新的 Eppendorf 管。

注意：避免混入中间相物质。因为这些物质中含蛋白及基因组 DNA，会影响到 RNA 的质量。

　　2. 每毫升 TRIzol 中加入 0.5 ml 异丙醇。

注意：如果预计总 RNA 少于 50 ng，加入 0.5 μl 糖原作为载体。

　　3. 振荡，室温孵育 10min。

　　4. 4℃，12 000 g 离心 10min。

　　5. 小心移去上清。

　　6. 用 75% 乙醇（每毫升 TRIzol 中加入 1 ml）洗涤 RNA 沉淀。

　　7. 振荡。

　　8. 在 4℃ 下 7500 g 离心 5min。

　　9. 小心移去上清。

　　10. 将沉淀在空气中干燥 15min。

注意：沉淀不能过于干燥。请勿使用离心真空沉淀装置，否则沉淀将很难溶解。

11. 用 DEPC 处理过的重蒸（馏）水溶解沉淀。

注意：如果所有的 RNA 都直接用于 cDNA 合成，则用 11 μl ddH$_2$O 将其溶解。

12. 测量 OD$_{260/280}$值，计算 RNA 产量。

13. 保存 RNA，加入 0.1 倍体积的 3 mol/L NaAc 和 2 倍体积的无水乙醇。将 RNA 分装成每份 2.5 μg 置于－70℃。

RNA 定量

1. 取出部分 RNA（如总 RNA 产量的十分之一），加入 DEPC 处理过的重蒸水至终体积为 0.5 ml（若使用 0.5 ml 的石英比色皿）或 1 ml（1 ml 的石英比色皿）。

注意：至少需要 2 μg 的 RNA。

2. 测量 260/280 的 OD 值。

3. 确定 RNA 产量和质量。

　　—260 OD 值为 1 相当于 40 μg/ml 的 RNA

　　—260/280 的 OD 比值为 2 说明为 RNA 纯品

注意：260/280 的 OD 比值小于 2 说明产物中混有蛋白和/或基因组 DNA。特别是基因组 DNA 的存在将会造成假阳性结果。

DNA 酶处理

为了防止可能的基因组 DNA 的污染，用不含 RNA 酶的 DNA 酶处理样品。

1. 用 1× 的 DNA 酶缓冲液溶解 RNA 沉淀。

2. 加入 5U DNA 酶。

3. 37℃下孵育 15min。

4. 用 DEPC 处理过的重蒸（馏）水增容，如可至 300 μl。

5. 加入等体积的酚/氯仿/异戊醇。

6. 剧烈振荡。

7. 在 4℃下 13 000 g 离心 4min。

8. 将上层水相转入一个干净的 Eppendorf 管，用分光光度计测量 RNA 样品的质和量。

9. 沉淀 RNA 在－70℃保存。

RNA 质量的控制

用 1% 琼脂糖凝胶电泳检测 RNA 质量，EB 染色。需使用高压灭菌的缓冲液、玻璃器皿、电泳前用 0.5 mol/L NaOH 清洗电泳槽。

　　—应清楚地看到 18S 和 28S rRNA 条带

　　—如果无条带或条带染色很淡，并且绝大多数 EB 染色都位于凝胶底部，说明 RNA 发生降解，不能用于差异显示

II. cDNA 合成

一般原则

每种 RNA 使用 4 种不同的引物［即（E）T12MA，（E）T12MG，（E）T12MT，（E）T12MC］进行 4 种不同的 cDNA 合成反应。而且，每一种引物都设一阴性对照。因此，每一种 RNA 样品需要有 8 个 cDNA 合成反应。

RNA 变性

1．加入 2.5 μg 总 RNA 和 DEPC 处理过的重蒸（馏）水至总体积为 10 μl。

2．根据 DD 类型，加入 2 μl（25 μmol/L）引物。

3．混匀。

4．70℃下孵育 10min。

5．直接放置在冰上。

注意：70℃下孵育将破坏 mRNA 分子的三级结构。若将试管从 70℃移至室温，则 RNA 会再次退火，减少全长 cDNA 分子的合成。

6．在冰上加入：

　　—4 μl 5×first strand 缓冲液

　　—2 μl 0.1 mol/L DTT

　　—1 μl dNTPs（10 mmol/L）

　　—共 19 μl

7．混匀并将试管放入 25℃水浴。

8．孵育 1min。

9．加入 1 μl 反转录酶（200 单位）或 1 μl 重蒸水作为对照。

10．混匀、孵育 10min。

11．将试管放入 42℃水浴。

12．再孵育 50min。

13．在 70℃下孵育 10min 使反转录酶热失活。

14．离心 10s，将附于试管上的凝集水去除。

15．在 4℃下保存 cDNA 样品。

IIIA．DD-PCR

一般原则

在所有与 PCR 相关的移液步骤中使用带滤膜的枪头。

方　案

用重蒸水将 20 μl cDNA 样品稀释至 100 μl。在 PCR 反应中取用 4 μl 稀释液。

注意：如果是第一次操作 DD-PCR 反应，则有必要优化 PCR 的反应条件。例如，使用一系列不同稀释度的 cDNA 可确定 DD-PCR 反应中模板的最佳浓度。

PCR 反应

注意：在进行操作前应设计好移液方案。

加入如下成分：

—4 μl cDNA

—4 μl 10×缓冲溶液（其中包括 *Taq* 酶）

—2 μl MgCl$_2$

—2 μl dNTPs（1 mmol/L）

—4 μl DIG 标记的 T12MN（2.5 μmol/L）

—4 μl DD-oligo（5 μmol/L）

—18 μl ddH$_2$O

—2 μl *Taq* 酶（0.2U/μl）

总共 40 μl

注意：1. 有些时候 10×缓冲溶液中已含有 MgCl$_2$，在这种情况下不加 MgCl$_2$，并且应加入 20 μl dd H$_2$O 而不是 18 μl。

2. 建议事先将 10×缓冲溶液、MgCl$_2$、ddH$_2$O 及特定引物加在一起组成混合物。

3. 如果温度循环器没有加热盖的话，可滴入矿物油防止挥发。

4. 先预热 PCR 样品至 60℃，然后再加入 *Taq* 酶。在室温中，引物的退火条件并不严格。由于酶在室温中有轻度活性，会产生过多的 cDNA 片段，并使结果的重复性不好。

PCR 过程

—94℃，3min；37℃，5min；72℃，1min

—然后：95℃，30s；38℃，2.5min；72℃，45s；循环 39 遍

—72℃，5min

注意：反应条件与 PCR 仪有关。我们的实验条件是由 Biometra 优化来的，建议 DD 反应时尝试改变这些条件。

凝胶电泳

我们应用一种直接印渍装置（GATC1500），可以将 DD-PCR 产生的 cDNA 片段按照大小分离。这种仪器是专门用于分离和检测 PAA 凝胶电泳的过程中直接印渍在尼龙膜上的地高新标记 DNA 分子。通过抗-DIG 抗体的染色可以显示膜上的 DNA 片段。这种系统的优点在于无放射性。而且，它的分离范围很广，可分离长度 10～800 bp 的片段，而经典的 PAA 凝胶电泳为 10～300 bp 或 150～500 bp，因此要减少 PAA 凝胶的用量。因为这套操作流程专用于此套设备而设计的，且它的解说详尽清晰，这里我们只阐述一些普通的注意事项。

1. 为准确比较 cDNA 片段，将使用相同引物扩增的 PCR 产物相邻点样（图2-2）。

2. 假阳性的产生是 DD 的一个主要问题。为避免选取到假阳性产物进行下一步分析，可增加 N 数，即对于每一处理组分离多个 RNA 样本，分别进行 cDNA 合成以及 PCR，电泳时使同一组的样本相邻。在凝胶上，只有处理组中每个样本都出现确定的上调或下调的 cDNA 片段才予以进一步的分析。遵循这样的原则，就不会出现假阳性的结果。

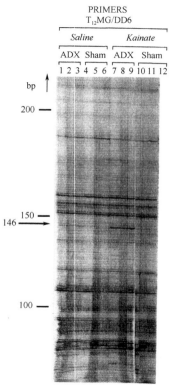

图 2-2　不同处理组动物海马 RNA 的差异显示

1～3 和 7～9 为肾上腺切除的动物，4～6 和 10～12 为假手术组，7～12 给予海藻酸，1～6 给予生理盐水。动物断头取海马，按前述步骤行 DD。所有 RNA 样本均分别操作，在 GATC 印迹仪上分离 DD 片段，可疑的假阳性产物可用星号标出，只有一组中所有样本（样本数＝3）都显示差异的片段才行进一步分析，如箭头所示片段，所用引物为 T12G 及 DD6。

IIIB. EDD-PCR

　　用 ddH$_2$O 将 20 μl cDNA 样品稀释至 2.5 ml，1 μl 用于 PCR 扩增。建议在第一次操作 EDD-PCR 时，使用一系列不同稀释度的 cDNA 以确定模板的最佳浓度。

注意：PCR 引物应与 cDNA 合成的引物相同。例如，当用 5′-［FAM］E1T12MG 做 cDNA 合成时，也应该用 5′-［FAM］E1T12MG 做 PCR。

　　PCR 反应

　　试管中加入：

　　　　—1 μl cDNA

　　　　—2 μl 10×PCR 缓冲溶液 II（与酶一同购买）

　　　　—1.6 μl MgCl$_2$（25 μmol/L）

　　　　—3.5 μl dNTPs（0.5 μmol/L）

　　　　—2 μl 荧光 EDD 引物（2 μmol/L）

　　　　—2 μl B1DD 引物（2 μmol/L）

　　　　—0.4 μl BSA（10 mg/ml）

　　　　—7.1 μl ddH$_2$O

　　　　—0.4 μl Amplitaq Gold（5 U/μl）

　　总共 20 μl。

注意：1. 将各组反应都用到的组分先配成混合物，包括缓冲液、MgCl$_2$、dNTPs、BSA、H$_2$O 以及 Amplitaq Gold。Amplitaq Gold 只有在 95℃下孵育 10min 才可激活，所以不用热启动。

　　2. 对于每一对引物都设立阴性对照（加 H$_2$O）。如前所述，EDD-PCR 十分灵敏，很容易造成假阳性发生。

　　PCR 过程

　　　　—95℃，10min

　　　　—95℃，30s；38℃，2min；72℃，2min；循环 4 遍

　　　　—95℃，30s；60℃，1min；72℃，1.3min；循环 30 遍

注意：这个"复合"PCR 过程可以在前 5 个循环中退火温度低时（38℃），使 B1DD 引物与许多不同的 cDNA 分子发生退火。与 B1DD 引物中度同源的 cDNA 分子会在这些条件下退火。然后，将退火温度提高至 60℃就可以仅扩增最初 5 个循环中起始反应的 cDNA 分子，从而避免了后续的随机起始反应所造成的假阳性。

　　荧光标记的 EDD-cDNA 片段的凝胶电泳

　　我们用自动 DNA 测序仪分析了荧光 EDD-PCR 产生的 cDNA 片段（图 2-3）。采用 GATC 装置，本反应系统的优点在于不需通过放射性物质来检测 DNA 分子，并且可分离长度范围很大（10～1200bp）的片段，因而所需的 PAA-凝胶也较少。使用自动 DNA 测序仪的另一个突出的优点就是可以用专门软件进行 DNA 序列自动分析，并将 EDD-数据进行数字化保存。因为自动 DNA 序列仪需要详细的操作指南，这些已经超出了本书的范围，在此就不做进一步介绍了。

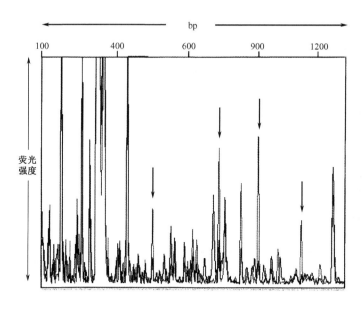

图 2-3　使用荧光标记引物及 DNA 自动测序仪进行的差异显示用 ABI-377
测序仪进行对 EDD-PCR 产生的 cDNA 片段分离

这些 cDNA 片段来自不同处理组动物的海马，一组去除肾上腺并且给予红藻氨酸，另
一组为假手术给予生理盐水组。采用已知大小的内参照确定 cDNA 片段大小并用
Genescan 2.02 软件进行分析。注意图上方大小标尺为 100～1200 bp。

一般原则

1. 本方案中使用了非放射性标记。作为标记方法通常不会影响酶（如逆转录酶或 *Taq* 聚合酶）的活性，这一方案同样适用于其他包括放射性标记在内的标记物。

2. 分离目的 EDD-PCR 片段：

a）加入（$^{32}P-\alpha$）dATP，再做 4～6 个反应循环。然后可用常规 PAA 凝胶电泳分离片段。

b）加入 DIG 标记引物，再做 4～6 个循环。然后将产生的片段印渍到反应膜上。一半膜可用抗-DIG 抗体染色来定位片段，另一半则切下含相应的目的片段的膜。沸水煮膜 10min，洗脱 DNA，进行 20～25 个 PCR 反应循环。用琼脂糖凝胶电泳鉴定分析所得片段并克隆。在这一流程中应该避免：

—用 Hybond N$^+$，因为这种尼龙膜结合 DNA 的能力非常强，煮沸后 DNA 将不会被释放

—膜印迹后交联 DNA，这样也会阻碍煮沸后 DNA 的洗脱

实验方案 2　基因表达的系列分析（SAGE）

概　述

SAGE 的主要实验操作步骤见图 2-4。

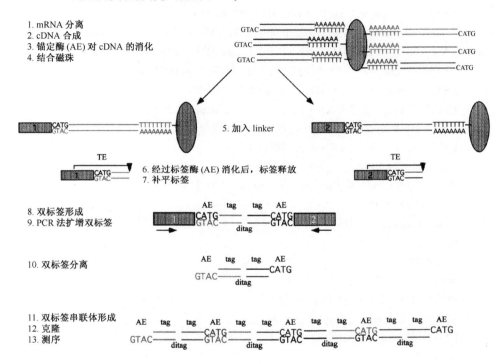

1. mRNA 分离
2. cDNA 合成
3. 锚定酶 (AE) 对 cDNA 的消化
4. 结合磁珠

5. 加入 linker

6. 经过标签酶 (AE) 消化后，标签释放
7. 补平标签

8. 双标签形成
9. PCR 法扩增双标签

10. 双标签分离

11. 双标签串联体形成
12. 克隆
13. 测序

图 2-4　SAGE 的主要步骤

由组织或细胞提取 PoyA$^+$或总 RNA（1），用生物素化的 oligo-dT 引物反转录为 cDNA（2）。合成第二条 cDNA 链后，用可识别 6 bp 的限制性内切酶（称为锚定酶，AE）消化（3），用链亲和素包备的磁珠捕获 cDNA 的 3′端 （4）。在 cDNA 上连接一含有 IIS 型限制酶（称标签酶，TE）识别位点的接头（5）。以 TE 消化，在离 TE 特定 距离的位置切断 cDNA，从结合在磁珠上的 3′端 cDNA 释放出连接有大约 10 bp cDNA 的连接即标签（6）。补平 标签（7）并连接（8）从而形成 102 bp 的双标签。利用针对连接的引物对双标签进行 PCR 以对其进行扩增 （9）。因为所有双标签均为 102bp，不会产生 PCR 偏移，保证了标签在化学定量上不会偏斜。扩增产生足量双标 签后，以 AE 消化去除连接，从凝胶中分离 23～26bp 的双标签（10），连接为长的双标签串联体（11），克隆 （12）测序（13）。用专门的 SAGE 软件分析原始测序数据，从而可从串联体中识别出不同标签，分析其出现频 率并与 GENBANK 中的序列做比较。

材　料

玻璃及塑料器皿

同 DD。

溶液与缓冲液

—ddH$_2$O

—DEPC 处理过的 ddH$_2$O（见 DD 部分）

—0.1 mol/L DTT（Superscript 试剂盒提供）

—5×first strand 缓冲液［250 mmol/L Tris-HCl（pH8.3），375 mmol/L KCl，15 mmol/L MgCl$_2$］（SuperScript 试剂盒提供）

—dNTPs（10 mmol/L 或 25 mmol/L）（HT Biotechnology；SB23）

—5×second strand 缓冲液［100 mmol/L TrisHCl（pH6.9），450 mmol/L KCl，23 mmol/L MgCl$_2$，0.75 mmol/L（－NAD＋，50 mmol/L（NH$_4$）$_2$SO$_4$）］

—10×限制性缓冲液（NE 缓冲液 4，同时提供 *Nla*III 和 *Bsm*FI）

—BSA（10 mg/ml，与 *Nla*III 和 *Bsm*FI 同时提供）

—LoTE［3 mmol/L Tris-HCl（pH7.5），0.2 mmol/L EDTA（pH7.5）］

—5×T4 DNA 连接酶缓冲液（与连接酶一同提供）

—10×PNK 缓冲液（与 PNK 一同提供）

—10 mmol/L ATP

—糖原（20 mg/ml，Boehringer Mannheim，901 393）

—10 mol/L 乙酸铵

—3 mol/L 乙酸钠，pH5.2

—乙醇

—70％乙醇

—酚/氯仿/异戊醇（25：24：1）（PCI）

—PCR 缓冲液 II（AmpliTaq Gold）

—25 mmol/L MgCl$_2$（AmpliTaq Gold）

—DMSO（Sigma；D8418）

—聚丙烯酰胺

—TEMED

—10％过硫酸铵

—10 bp ladder（GibcoBrl，10821－015）

—100 bp ladder（New England Biolabs；323-1L）

—Dynabeads M-280 链亲和素（Dynal；112.05）

—2×连接洗涤缓冲液［10 mmol/L Tris-HCl（pH7.5），1 mmol/L EDTA，2.0 mol/L NaCl］

—EB；20 mg/ml

酶

—Superscript II RNA 酶 H⁻逆转录酶（GibcoBrL；18064-014）

—DNA 聚合酶（GibcoBrl；10 U/μl；18010-025）

—T4 DNA 连接酶（GibcoBrl；5 U/μl；15224-041）

—RNA 酶 H（Boehringer Mannheim；1 U/μl；786 349）

—*Nla*III（New England Biolabs；125 S）

—聚核苷酸激酶（PNK）（Pharmacia；27-0736）

—*Bsm*FI（New England Biolabs；4 U/μl；572 S）

—Klenow（Amersham；E2141Y）

—AmpliTaq Gold（Perkin Elmer；N808-0247）

—*Sph*I（Promega；10 U/μl；R6261）

试剂盒

—mRNA 纯化试剂盒（Dynal；610.01）或 mRNA DIRECT 试剂盒（Dynal；610.11）

—mRNA 捕获试剂盒（Boehringer Mannheim；1 787 896）

—QIA 快速 PCR 纯化试剂盒（Qiagen；28106）

—零背景克隆试剂盒（Invitrogen；K2500-01）

—BigDye 引物试剂盒（Perkin Elmer，cycle sequencing reaction）

引　物

—寡聚(dT)$_{18}$(生物素化)：5′(生物素)TTTTTTTTTTTTTTTTTT3′

—引物 1A：5′TTTGGATTTGCTGGTGCAGTACAACTAGGCTTAATAGGGACATG3′

—引物 1B：5′TCCCTATTAAGCCTAGTTGTACTGCACCAGCAAATC(amino mod. C7)3′

—引物 2A：5′TTTCTGCTCGAATTCAAGCTTCTAACGATGTACGGGGACATG3′

—引物 2B：5′TCCCCGTACATCGTTAGAAGCTTGAATTCGAGC(amino mod.c7)3′

—引物 SAGE1（生物素化）：5′(生物素)GGATTTGCTGGTGCAGTACA3′

—引物 SAGE2（生物素化）：5′(生物素)CTGCTCGAATTCAAGCTTCT3′

其他材料

ELECTROMAX DH10B Cells（GibcoBrl；18290-015）

设　备

—磁分离设备（Dynal MPC-E-1 或 MPC-E）

—PCR 仪

—Mini-PROTEAN Ⅱ垂直电泳系统（BioRad）

—微量离心机

—电穿孔小杯（BTX；1mm gap）

—Gene Pulser Ⅱ 型系统（BioRad）

—37℃的恒温箱

—ABI 377 自动测序仪

■■ 步　骤

一般原则

若用于 SAGE 的 RNA 有足够的量，最好用 2.5～5μg polyA$^+$RNA，可按实验方案 A 进行。这里我们还提供了实验方案 B，它在多个步骤上已做了修改，适用于仅有微量的原材料（例如，利用这个流程我们能从来自于 300μm 脑切片的海马样品中获得基因表达谱）。后一实验方案尤适用研究神经组织表达，由于其复杂的神经环路及高度特化的结构，获得大量均质组织以分离 RNA 往往是不可能的。

　　下面对两组实验方案第 1 步到第 8 步进行了详细的描述，从第 9 步起两组方案步骤相同。

I. mRNA 的分离

　　实验方案 A

　　许多试剂盒分离 polyA$^+$ RNA 的效果都很好，我们推荐使用 mRNA DIRECT 试剂盒（Dynal；610.11）来从组织中或培养的细胞中分离 polyA$^+$ RNA，或者用 mRNA 纯化试剂盒（Dynal；610.01）从总 RNA 中分离 polyA$^+$ RNA。在试剂盒说明书中对所有步骤有详细的描述。

　　实验方案 B

　　1. TRIzol 分离总 RNA（见 DD 实验方案）。

　　2. 在 RNA 沉淀后，将 1～10μg 总 RNA 重悬于 20μl 裂解缓冲液中（mRNA 捕获试剂盒）。

注意：我们用更少量的总 RNA 也可成功地提取 mRNA，但这要求在 SAGE 后面的步骤中进行一些修改。

　　3. 稀释 20× 生物素化的 oligo（dT）20 引物（mRNA 捕获试剂盒）到最终浓度为 5 pmol/μl。

　　4. 将 4 μl 稀释的引物加入到含有 RNA 的裂解缓冲液中。

　　5. 在 37℃ 退火 5min。

　　6. 转移 RNA 到一个链霉抗生物素包被的 PCR 管中（mRNA 捕获试剂盒）。

　　7. 在 37℃ 保温孵育 3min（在此步中通过链球菌素－生物素结合 mRNA 被固定于试管壁上）。

　　8. 移去管中溶液（含有未结合的 RNA 片段：rRNA、tRNA 等），用 50 μl 洗液小心地冲洗试管 3 次（mRNA 捕获试剂盒）。

　　9. 去除洗液。

　　10. 立即进行 cDNA 合成步骤。

II. cDNA 合成

　　实验方案 A

　　1. 以 oligo（dT）-引物加入 2.5～5 μg polyA$^+$ RNA 合成 cDNA。

　　2. 在 0.5ml PCR 管中混合（冰上操作）：

　　　　—2.5 μl polyA$^+$ RNA（1 μg/μl）

　　　　—4 μl 5× 第一链缓冲液

　　　　—2 μl 0.1mol/L DTT

　　　　—1 μl 10mmol/L dNTPs

　　　　—1 μl oligo（dT）18（生物素化的）（0.5 μg/μl）

　　　　—1 μl SuperScript II RT（200 u/μl）

　　　　—8.5 μl DEPC 水

总体积为 20 μl。

3．42℃孵育 2h（可在 PCR 仪中进行）。

4．在冰上加单链 cDNA 进行第二链合成：

　　—（20 μl 单链 cDNA）

　　—16 μl 5×第二链缓冲液

　　—1.6 μl 10mmol/L dNTPs

　　—2 μl DNA 多聚酶 I （10 u/μl）

　　—1 μl T4 DNA 连接酶 （5 u/μl）

　　—1 μl RNase H （5 u/μl）

　　—38.4 μl 重蒸（馏）水

总体积为 80 μl。

5．在 16℃孵育 2h。

6．用 LoTE 扩容至 200 μl。

7．加等体积的酚/氯仿/异戊醇（25:24:1）（PCI）。

8．振荡。

9．在 4℃微量离心机中以 13 000 r/min 离心 5min。

10．转移上层水相至一新 1.5 ml Eppendorf 试管中。

11．乙醇沉淀：

　　—3 μl 糖原

　　—100 μl 10 mmol/L 乙酸铵

　　—700 μl 乙醇

12．置于－20℃下 30 min。

13．在 4℃，在微量离心机中以 13 000 r/min 离心 15min。

14．以 500 μl 70％乙醇有力振荡冲洗沉淀两遍。

15．去除 70％乙醇，让沉淀物在空气中风干约 15min。

16．将沉淀重新悬浮于 20 μl LoTE 中。

实验方案 B

注意：用来捕获 polyA$^+$ RNA 并将其固定到试管壁上（实验方案 B，第 1 步）的 oligo (dT)$_{20}$ 引物（生物素化，mRNA 捕获试剂盒），可直接作为 cDNA 合成的引物，cDNA 合成后持续结合于试管壁上，直到第六步通过 TE 消化释放。

1．用 50 μl 1×第一链缓冲液冲洗捕获 polyA$^+$ RNA 的试管，然后移去缓冲液。

2．用下述步骤代替 1×第一链缓冲液（在冰上移液）：

　　—4 μl 的 5×第一链缓冲液

　　—2 μl 的 0.1 mol/L DTT

　　—1 μl 的 10mmol/L dNTPs

　　—1 μl 的 SuperScript II RT （200 U/μl）

　　—12 μl DEPC 水

总体积为 20μl。

3．42℃下孵育 2h（在 PCR 仪中进行）。

4．从试管中移去反应混合物，并以 50 μl 的 1× 第二链缓冲液洗涤试管 1 次（mRNA捕获试剂盒）。

5．移去冲洗液，用 50μl 的 1× 第二链缓冲液洗涤试管 1 次。

6．用下述溶液替代 1× 第一链缓冲液

　　—4 μl 的 5× 第二链缓冲液

　　—0.4 μl 的 10m mol/L dNTPs

　　—1 μl DNA 多聚酶 I （10 U/μl）

　　—0.5 μl T4 DNA 连接酶 （5 U/μl）

　　—0.5 μl RNase H （5 U/μl）

　　—13.6 μl 重蒸（馏）水

总体积为 20 μl。

7．在 16℃ 下孵育 2h。

双链 cDNA 可保存于 −20℃，或者直接在下一步中应用（以锚定酶消化 cDNA）。

实验方案 3　锚定酶消化 cDNA

如果上一步骤 cDNA 是保存在 −20℃ 中的，那么它在冰上缓慢解冻。

■■■ 步　骤

实验方案 A

1．通过加入下列物质来消化双链 cDNA：

　　—（20 μl 的双链 cDNA）

　　—20 μl 的 10× 限制性缓冲液 （NE 缓冲液 4）

　　—2 μl 的 BSA （10 mg/ml）

　　—153 μl 的 LoTE

　　—5μl 的 *Nla*III （10 μ/μl）

总体积为 200 μl

2．在 37℃ 下消化 1h。

3.65℃ 孵育 20min 热失活限制性酶。

4．以等体积 PCI 抽提后乙醇沉淀（实验方案 A，第 2 步）。

5．将冲洗风干的沉淀重新悬浮于 20 μl 的 LoTE 中。

6．继续进行第 4 步。

实验方案 B

1．从试管中移去第二股链反应混合物，并用 50 μl 洗液洗涤 1 次，然后移去洗液。

2．用 50 μl 的 1× 限制性缓冲液洗涤试管 1 次。

3．移去缓冲液，然后加入：

　　—2.5 μl 的 10× 限制性缓冲液 （NE 缓冲液 4）

　　—0.25 μl 的 BSA （10 mg/ml）

　　—20.25 μl 的 LoTE

—2 μl 的 *NlaⅢ*（10 U/μl）

总体积为 25 μl。

4. 在 37℃ 下消化 1h。

5. 通过在 65℃ 下放置 20min 热失活限制性酶。

6. 继续进行第 5 步。

实验方案 4　结合磁珠

这一步仅为实验方案 A 的一部分，在实验方案 B 中，cDNA 已经结合到链霉抗生物素包被的 PCR 试管上，因此不必用磁珠结合。

■■ 步　骤

实验方案 A

1. 振荡 1min 以使 Dynabead M-280 链霉抗生物素重新成为混悬液。

2. 将 2× 的 100 μl Dynabeads 转移到一个 1.5ml 的 Eppendorf 试管中。

3. 用磁设备固定磁珠，移去上清液。

4. 用 200 μl 的 1× 结合及冲洗缓冲液重悬磁珠冲洗 3 次，固定磁珠，移去冲洗液。

5. 将 *NlaⅢ* 酶消化后的 cDNA 分成两份各 10 μl，每份中加入 90 μl 的重蒸水和 100μl 的 2× 结合及冲洗缓冲液；混合后加入一份冲洗过的磁珠。

6. 混合后，在室温下孵育 30min（每 10min 混合 1 次）。

7. 用磁设备固定磁珠，弃去上清液。

8. 用 200 μl 的 1× 结合及冲洗缓冲液冲洗固定的磁珠 3 次，然后再用 200 μl 的 LoTE 冲洗 1 次。

9. 在冲洗完最后 1 次后，固定磁珠并移去 LoTE。

10. 继续进行第 5 步。

实验方案 5　加入接头

■■ 步　骤

通过让两个互补的引物退火构建接头，首先应使引物 1B 和 2B 的 5′ 末端磷酸化。

1. 稀释引物 1B 和 2B，至质量浓度为 350 ng/μl。

2. 加入下列试剂进行引物 5′ 末端磷酸化：

	试管 1	试管 2
引物 1B（350 ng/μl）	36μl	—
引物 2B（350 ng/μl）	—	36μl
10×PNK 缓冲液	8μl	8μl

续表

	试管 1	试管 2
10 mol/L ATP	4μl	4μl
PNK（9.3 U/μl）	2μl	2μl
LoTE	30μl	30μl
总体积	80μl	80μl

3．在 37℃下孵育 30min。

4．在 65℃下放置 10min 热失活 PNK。

5．将 36 μl 的引物 1A 加入到 80μl 磷酸化的引物 1B 中，同样加 36 μl 引物 2A 到磷酸化的 2B（终浓度为 217 ng/μl）。

6．使引物退火：先加热到 95℃，保持 2min，随之在 65℃下放置 10min，在 37℃下放置 10min，再在室温下放置 20min。

注意：可先取 200 ng 接头进行试连接，然后进行 12％聚丙烯酰胺凝胶电泳。如果磷酸化是成功的，大多数接头（＞70％）应连接成为二聚体（±80 bp）。

实验方案 A

1．将接头 1 连接到一份结合于 Dynabeads 上的已被 *Nla*III 酶解的 cDNA，接头 2 则连接于另一份。在冰上操作加入下述物质：

	试管 1	试管 2
接头 1（±200 ng/μl）	10μl	—
接头 2（±200 ng/μl）	—	10 μl
5×T4 DNA 连接酶缓冲液	10μl	10 μl
LoTE	28μl	28 μl
总体积	48μl	48μl

2．加热到 50℃，保持 2min，然后在室温下放置 15min，使接头与 *Nla*III 酶解的 cDNA 退火。

3．加入 2 μl T4 DNA 连接酶（5 U/μl），然后在 16℃连接接头 2h。

4．在接头连接完成后，用 200 μl 的 1×结合及冲洗缓冲液冲洗磁珠 4 次，再用 200 μl 的 1×限制性缓冲液冲洗 2 次。

5．完成最后一步冲洗后，固定磁珠并移去 LoTE。

实验方案 B

注意：同实验流程 A 不同，这里两个接头在同一个试管内连接；这是由于原料是结合于试管壁上的，不像结合于 Dynabeads 可以分离。

1．从 PCR 试管中移去用 *Nla*III 酶解后的反应混合物，用 50 μl 冲洗溶液洗涤 1 次。

2．移去冲洗液，向试管中加入 50 μl 1×T4 DNA 连接酶缓冲液，然后将缓冲液移去。

3．向试管中加入下列物质（在冰上操作）：

　　—2.5μl 的接头 1（±200 ng/μl）

　　—2.5μl 的接头 2（±200 ng/μl）

　　—5μl 的 5×T4 DNA 连接酶缓冲液

　　—15μl 的 LoTE

总体积为 25 μl。

4．加热到 50℃ 2min，室温下放置 15min，使接头与 *Nla*III 酶解的 cDNA 发生退火。

5．加入 1μl T4 DNA 连接酶（5 U/μl），然后在 16℃下连接接头 2h。

实验方案 6　标签酶消化释放标签

■■ 步　骤

实验方案 A

1．向含有 Dynabeads 的每个试管中加入下列物质：

　　—10μl 的 10×限制性缓冲液（NE 缓冲液 4）

　　—1μl 的 BSA（10 mg/ml）

　　—88μl 的 LoTE

　　—1μl 的 *Bsm*FI（4 U/μl）

总体积为 100 μl。

2．在 65℃下酶解 1h（每 10min 混合 1 次）。

3．此时收集上清液（含有释放的 cDNA 标签）

4．用 LoTE 扩容到 200μl。

5．用等体积的 PCI 抽提，乙醇沉淀（实验方案 A，第 2 步）。

6．将冲洗和风干后的沉淀重新悬浮于 10μl 的 LoTE 中。

实验方案 B

1．从 PCR 试管中移去连接反应混合物并用 50μl 洗液洗涤 1 次。

2．从试管中移去冲洗液，加入 50μl 的 1×限制性缓冲液，然后移去限制性缓冲液。

3．向试管中加入下列物质：

　　—2.5μl 的 10×限制性缓冲液（NE 缓冲液 4）

　　—0.25μl 的 BSA（10 mg/ml）

　　—21.25μl 的 LoTE

　　—1μl 的 *Bsm*FI（4U/μl）

总体积为 25μl。

4．在 65℃下消化 1h。

5．加入 175μl 的 LoTE 然后转移到 1.5ml 的 Eppendorf 试管中。不要丢弃，因为混合物中含有所释放的附着于接头上的 SAGE 标签。

6．如上所述，用等体积的 PCI 抽提，乙醇沉淀（实验方案 A，第 2 步）。

7.将冲洗和风干后的沉淀重新悬浮于 21.5μl 的 LoTE 中。

实验方案 7　补平标签

■■■ 步　骤

实验方案 A

1.向两个含有释放的 cDNA 标签的试管中加入：

— （10μl cDNA 标签）

—10μl 5×第二链缓冲液

—0.5μl BSA （10 mg/ml）

—1μl 25 mmol/L dNTPs

—3μl Klenow （1 U/μl）

—25.5μl LoTE

总体积为 50μl。

2.在 37℃下孵育 30min。

3.加入 150μl LoTE 扩容到 200μl。

4.如上所述，用等体积的 PCI 抽提，乙醇沉淀（实验方案 A，第 2 步）。

5.将沉淀溶解于 4μl 的 LoTE 中。

实验方案 B

1.向沉淀的 cDNA 标签中加入：

— （21.5μl 的 cDNA 标签）

—6μl 的 5×第二链缓冲液

—0.5μl 的 BSA （10 mg/ml）

—0.5μl 的 25 mmol/L dNTPs

—1.5μl 的 Klenow （1U/μl）

总体积为 30μl。

2.在 37℃下孵育 30min。

3.加入 170μl 的 LoTE 扩容到 200μl。

4.如上所述，用等体积的 PCI 抽提，乙醇沉淀（实验方案 A，第 2 步）。

5.将沉淀溶解于 4μl 的 LoTE 中。

实验方案 8　连接为双标签

■■■ 步　骤

实验方案 A

1.在此实验方案中，两部分补平的 cDNA 标签（源于同一 cDNA 合成反应）结合形成双标签。加入下列物质：

　—4μl 连接于接头 1 的补平的双标签

　—4μl 连接于接头 2 的补平的双标签

　—2.5μl 的 5×T4 DNA 连接酶缓冲液

　—1μl 的 T4 DNA 连接酶（5 U/μl）

　—1μl 的 LoTE

总体积为 12.5μl。

2. 在 16℃下孵育过夜。

实验方案 B

1. 补平标签结合成双标签，需加入下列物质：

　—（4μl 补平的双标记签）

　—1.2μl 的 5×T4 DNA 连接酶缓冲液

　—0.8μl 的 T4 DNA 连接酶（5 U/μl）

总体积为 6μl。

2. 在 16℃下孵育过夜。

实验方案 9　双标记签的 PCR 扩增

■■ 步　骤

实验方案 A 和 B

连接混合物的 PCR 扩增

1. 加入 LoTE 使连接混合物的体积增至 20μl。

2. 按 1‰ 浓度稀释连接混合物。

3. 在 50μl PCR 反应中以 1μl 的 1‰ 稀释后的连接混合物作为模板：

　—5μl 的 10×PCR 缓冲液Ⅱ

　—16μl 的 25 mmol/L MgCl₂

　—2μl 的 dNTPs（每 25mmol/L）

　—3μl 的 DMSO

　—1μl 的 SAGE1 引物（350 ng/μl）

　—1μl 的 SAGE2 引物（350 ng/μl）

　—20μl 重蒸水

　—1μl 的 AmpliTaq Gold（5 U/μl）

总体积为 49μl。

4. 最后，在 PCR 的反应中加入 1μl 稀释的连接混合物作为模板。

5. 用下列条件来进行 PCR 扩增：

　—95℃ 15min，1 个循环

　—95℃ 30s、55℃ 1min、70℃ 1min，28 个循环

　—70℃ 5min，1 个循环

　　——置于室温

　　在进行 PCR 扩增后，在 12% 聚丙烯酰胺凝胶上电泳分析 10μl 的 PCR 混合物，用一个 10bp 的 ladder 作为标志，我们推荐用 Mini-PROTEAN Ⅱ 垂直电泳系统进行电泳（BioRad）。

　　大量 PCR 的纯化（$n=100$）

　　1. 在稀释的连接混合物大量地扩增之后（100×100μl 的 PCR 反应），在 100 ml 的烧杯中混合（混合体积为 10 ml 左右）。

　　2. 加 50 ml 的 PB 缓冲液（QIAquick PCR 纯化试剂盒）于稀释的 PCR 混合物中，混匀。

　　3. 向 16 个 QIAquick 柱中，每个加入 600μl。

　　4. 在微量离心机中以 13 000 r/min 离心 45s。

　　5. 移去过滤液并用同一柱重复 5 次，每次均加入稀释的 PCR 混合物 600μl。

　　6. 在移去最后 1 次过滤液后，离心 1 次以去除所有的液体。

　　7. 应用 0.75ml 缓冲液 PE 冲洗（QIAquick PCR 纯化试剂盒）。

　　8. 以 13 000r/min 在微量离心机中离心 45s。

　　9. 弃去流过的液体，并再全速旋转 1min 以去除所有的液体。

　　10. 将此柱置入一干净的 1.5 ml 的 Eppendorf 试管中。

　　11. 一个柱中加入 30μl 的洗脱缓冲液（QIAquick PCR 纯化试剂盒）。

　　12. 在室温下放置 15min。

　　13. 以 13 000 r/min 在微量离心机中离心 1min 以洗脱 DNA。

　　14. 将 16 柱洗脱的 DNA 混合入一个试管中（总体积为 480μl）。

实验方案 10　双标签的分离

■■ 步　骤

实验方案 A 和 B

　　用 *Nla*III 消化双标签，释放接头

　　1. 向 480μl 已纯化的 PCR 产物中加入下列成分：

　　　　——（480μl 已纯化的 PCR）

　　　　——60μl 10× 限制性缓冲液

　　　　——6μl 的 BSA（10 mg/ml）

　　　　——34μl LoTE

　　　　——20μl *Nla*III（10U/μl）

　　总体积为 600μl。

　　2. 在 37℃ 下消化 1h（不要热失活酶，否则将致使 22～26bp 的小双标签变性）。

　　3. 消化产物可以在 4℃ 下过夜保存，或者用 Dynabead 进行生物素化 PCR 产物的提取。

　　用 Dynabead 提取生物素化产物

注意：本步骤中，由于生物素链霉抗生物素的捕获，去除了接头及未酶解或者部分酶解的产物，从而富集反应产物。

　　1. 振荡链霉抗生物素 M-280 Dynabead 1min，使其重新成为悬液。

　　2. 将 3 份 100μl 的 Dynabead 转移入 1.5 ml 的 Eppendorf 试管中。

　　3. 用磁设备固定磁珠，弃去上清液。

　　4. 用 200μl 1×结合及冲洗缓冲液重悬冲洗 3 次，固定磁珠，弃去冲洗液。

　　5. 将 *Nla*III 酶解过的双标签（体积为 600μl）分为 200μl 的三份；向三份冲洗过的磁珠中每份加入 200μl。

　　6. 混匀后，在室温下孵育 30min（每 10min 混合 1 次）。

　　7. 用磁设备固定磁珠，并将上清液移入一新的 1.5 ml 的 Eppendorf 试管中。

　　8. 为使上清液发生沉淀，需加入：

　　　　—3μl 糖原

　　　　—800μl 乙醇

　　9. 在干冰/乙醇上冰浴 15min。

　　10. 在 4℃下，以 13 000 r/min 在微量离心机中离心 15min。

　　11. 以 70%乙醇洗涤沉淀 1 次，自然风干。

　　12. 重新使其悬浮于 30μl 的 LoTE 中。

　　13. 将全部样本上取样于 8 道的 12%的聚丙烯酰胺凝胶上，用 10bp ladder 作为分子量标准（注意：我们推荐用含有橙黄 G 的上样缓冲液，可防止和 22～26bp 双标签的共同移动）。

　　14. 在室温、50 V 电压下，进行凝胶电泳 2.5h，或者直到橙黄 G 在凝胶的底部为止。

　　15. EB 染色。

　　16. 从凝胶上切除双标签带，此带为 22～26 bp（图 2-5），应在±40 bp 的接头的下面。

　　17. 用 4 个 0.5 ml PCR 试管分装切下的聚丙烯酰胺凝胶片段，各小试管均用 21 号针头在底部穿有小孔。将 PCR 试管放入一个 1.5 ml 的 Eppendorf 试管中，并以 13 000 r/min 在微量离心机中离心 5min 使聚丙烯酰胺凝胶成为碎片，移开 0.5 ml PCR 试管，然后在每个试管中加入 300μl 的 LoTE，涡漩振荡，然后在 37℃下孵育 15～30min。

　　18. 将聚丙烯酰胺凝胶混悬液移入一个 SpinX 柱中在微离心机中以 13 000 r/min 旋转 5min。

　　19. 将每份滤液移入新的 1.5 ml 的 Eppendorf 试管中，并用等体积的 PCI 抽提（实验方案 A，第 2 步）。

　　20. 加入下列物质使液体发生沉淀：

　　　　—100μl 10 mol/L 的乙酸铵

　　　　—3μl 的糖原

　　　　—900μl 乙醇

　　21. 在干冰/乙醇上冰浴 15min。

　　22. 在 4℃下，以 13 000 r/min 在微离心机中离心 5min。

　　23. 以 70%乙醇冲洗冲洗沉淀 2 次，然后晾干。

24. 在总体积为 7μl 的 LoTE 中重新溶于此 4 份沉淀物。

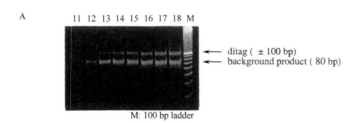

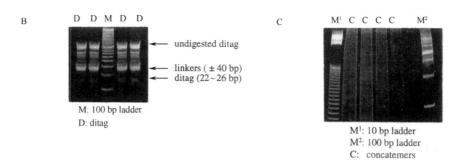

图 2-5　典型双标签 PCR（A），双标签分离（B）和串联体化（C）产物

A. PCR 双标签产物在 12% 聚丙烯酰胺凝胶上的电泳，在 SAGE 操作步骤中优化 PCR 的循环次数是很重要的，可以通过每次增加 PCR 的循环次数来获得，约 100 bp 的双标签带清晰可见，同样也可以看到约 80 bp 的最显著的背景产物。在此例中，在 17～80 个循环下双标记物同背景产物的比是最佳的，太多的 PCR 循环会造成 PCR 反应材料的耗竭及其产物变性，导致可见的双标签数量减少。M：标准（100 bp ladder）；它每 10 bp 为一个带，在 100 bp 处最浓。B. 一个含有分开的双标签的 12% 的聚丙烯酰胺凝胶，在溴化乙锭染色后，22～26 bp 的双标记物带微弱可见，也可见到约 40 bp 的接头，在双标签的上方。还可见约 100 bp 未消化的双标签残余物和小的背景产物。C. 双标签串联体的 8% 的聚丙烯酰胺凝胶电泳，显示了 100 bp 以下到 1 kb 以上范围的拖尾。分子量标志是 10 bp ladder，到 330 bp 每 10 bp 均有条带，且在 1668 bp 处有一大的片段，在 100 bp ladder 上，到 1200 bp 处每 100 bp 均有一个条带。

实验方案 11　串联体化

■■ 步　骤

实验方案 A 和 B

1. 将切下并纯化的双标签连接为串联体：
    — （7μl 的双标签）
    — 2μl 的 5×T4 DNA 连接酶缓冲液
    — 1μl 的 T4 DNA 连接酶（5 U/μl）
   总体积为 10μl。

2．在 16℃下孵育 2h。

3．将双标签串联体上取样于 8％的聚丙烯酰胺凝胶的一个泳道，用 100 bp ladder 作为分子量标准，在室温、80℃电泳 3h。

4．EB 染色。

5．将含有 400 bp 或更大串联体的凝胶区切下（图 2-5C）。

6．如同实验方案 8 所描述的那样，从切下的凝胶片段中纯化 DNA 以分离双标签片段。但不要在 37℃而是在 65℃下孵育，离心前不需干冰/乙醇冰浴。

7．在沉淀后，用 70％乙醇冲洗沉淀物 2 次，晾干后重新溶于 4μl 的 LoTE 中。

实验方案 12　克隆串联体

■■ 步　骤

实验方案 A 和 B

在 pZero 的 *Sph*I 位点连接串联体

1．以 *Sph*I 酶切载体，与按大小回收的串联体片段连接；我们推荐在 pZero 的 *Sph*I 位点上克隆串联体，有关于在此载体上克隆的细节我们参考了 Zero Background 克隆试剂盒的使用手册：

　　—4μl 一定大小的串联体

　　—1μl 的 pZero×SphI（10 ng/μl）

　　—2μl 5×T4 DNA 连接酶缓冲液

　　—0.2μl T4 DNA 连接酶（5 U/μl）

　　—2.8μl 去离子水

总体积为 10μl。

2．在 16℃下孵育过夜。

3．以 LoTE 扩增体积到 200μl。

4．以等体积的 PCI 进行抽提（实验方案 A，第 2 步）。

5．加入下列物质沉淀水相：

　　—3μl 糖原

　　—1/10 体积的 3mol/L 醋酸钠，pH 5.2

　　—2.5 倍体积的乙醇

6．在 4℃下，在微离心机中以 13 000 r/min 离心 15min。

7．冲洗沉淀物 4 次（!!!），然后晾干。

8．重悬于 4μl 的 LoTE 中。

9．用 1μl 连接混合物来转化 ELECTROMAX DH10B 细胞。

电穿孔

可应用任何转化方法，我们推荐使用电穿孔法是由于它与感受态 ELECTROMAX DH10B 细胞结合转化效率很高（>10^{10}转化体/μg 质粒）。

　　1．在冰上融化 100μl 的 ELECTROMAX DH10B 细胞。

　　2．同时在冰上冷却所需数量的电穿孔小杯。

　　3．融化后，立即对 ELECTROMAX DH10B 细胞进行下一步操作，将其分为每份 35μl（冰上操作）。

　　4．向 35μl 一份的细胞中加入 1μl 的连接产物，轻叩试管使其混合。

　　5．转移入冷却好了的小杯中，将细胞移至小杯的电极间，然后保存于冰上。

　　6．用下述设置在 Gene Pulser II 上电穿孔：

　　　　—2.5 kV

　　　　—100 Ω

　　　　—25μF

　　7．在应用这个脉冲后，立即加入 965μl SOC 介质。

　　8．在 37℃下孵育 1 h。

　　9．在含有抗生素 Zeocin 的 LB 板上用 50μl 或 100μl 铺板。

注意：有关板和 SOC 介质的详细情况在 Zero Background 克隆试剂盒的使用手册中有详尽描述。

　　10．在 37℃的恒温箱内将铺好的板过夜孵育。

　　11．第二天这些板上应含有数百个克隆。

实验方案 13　测序

■■ 步　骤

　　接下来的步骤均是标准的分子生物学技术，因此在此不细述。简言之，接下来的步骤就是：用载体特异性引物从已构建的 SAGE 文库中的细菌克隆进行插入 PCR，检验插入长度。只有 PCR 产物的长度在 500 bp 以上才会被选择进行序列分析，我们用 BigDye 引物试剂盒直接测序效果非常不错，在对原始数据分析后发现每个测序反应产生了平均 20～25 个标签。

■ 结　果

　　结果如图 2-6 所示。

■ 疑难解答

　　在 SAGE 的步骤中有许多地方是很关键的。

　　cDNA 的合成

　　在双链 cDNA 合成之后，建议使用 RT-PCR 检查其质量。如果可能的话可选取高丰度的转录子（管家基因）的引物，和已知在 RNA 来源中低丰度转录子的引物。若 RT-RNA 未检测到转录子，说明 cDNA 合成无效。

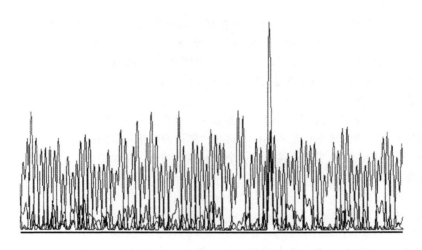

图 2-6　克隆串联体的部分序列，显示了一行由 CATG 序列分离的双标签，它是锚定
酶 *NlaIII* 的识别点

双标签的形成

检测双标签的形成并不容易，第一个明显的证据就是在双标签的 PCR 扩增后，可见约 100 bp 的产物，这表示双标记物 22～26bp 的两个末端（2×±40bp）均有一个接头，同双标签几乎具相同强度的约 80 bp 的背景产物总是可见的，有时也可以是连接到两个接头的单个标签（单标签）组成的约 90 bp 的产物。如果 100 bp 的产物清晰可见（这应当是用以 2.5～5μg polyA$^+$ RNA 作为起始材料的实验流程 A 的情况），重复 PCR，增加到 100 个相同的 100μl 体积的 PCR 反应。如果几乎没有 100 bp 的产物可见（这通常是应用微量起始材料时实验流程 B 的情况），可将约 100 bp 的区域从凝胶上切下，提取和沉淀 DNA，再进行一定数量的 PCR。在这种情况下，优化二次 PCR 循环的最佳次数是很重要的（图 2-2A）。

双标签的 PCR 扩增

在 SAGE 中，由于每个实验产生 PCR 产物长度是完全相同的，防止 PCR 的污染是最重要的。建议 PCR 操作前后应严格分离，对所有 PCR 反应组分应用带滤膜的枪头进行移液。我们通常采用多种 PCR 阴性对照。由于 PCR 仪间存在差异，建议在本实验室的仪器上优化 PCR 条件。如果应用的 PCR 设备没有加热盖，在反应混合物的上层加矿物油以防止挥发。

双标签的分离

在大量的 PCR 扩增和 100 bp 产物的纯化之后，接头被分开以形成小的 22～26 bp 的双标签，由于其长度较短，这种产物易于变性，在异质分子群体中不易发生重新退火，因此，预先防止发生双标签的变性是很重要的。可把所有的离心步骤均于冷却了的离心机中进行，且不要使其温度超过 37℃。

如果你在酶切接头时遇到困难，也许是 *Nla*III 存在问题，*Nla*III 在－20℃时极不稳定，因此建议分装储存于－80℃，仅于－20℃存放少量的 *Nla*III。

串联体化

双标签连接成串联体后在 8％聚丙烯酰胺凝胶可形成拖尾，范围为从凝胶的底部向上至 1 kb 以上。如果不是这种情况的话，可能是一些接头在凝胶分离期间与双标签一起被分离，使得串联体末端不能形成。一定不要让凝胶孔上加过量的样品，且使 22～26 bp的双标签与 40 bp 的接头在凝胶电泳上充分分开。

串联体的克隆

小心不要在样本中混入任何微量的 DNase。即使存在小比例的只有一个完整黏性末端的双标签对克隆的效率也是不利的，这些"错误的"双标签能被加到串联体上，但却没有另一个完整的黏性末端可接受另一个双标签的结合，从而中止了串联体化，并阻止其与克隆载体的连接。

▌ 评　价

不用购买 cDNA 合成的所有成分，可购买 cDNA 合成的 SuperScript Choice System（GibcoBrl；18090-019），其中含有全部所必需的成分。

对于我们所提到的所有品牌的试剂，其他品牌的也可能具有相同的效率，除非明显的说明，我们没有对某个品牌的试剂特别的偏爱。

参 考 文 献

Bauer D, Muller H, Reich J, Riedel H, Ahrenkiel V, Warthoe P Strauss M (1993) Identification of differentially expressed mRNA species by an improved display technique (DDRT-PCR). Nucleic Acids Res 21:4272–4280

Bauer D, Warthoe P, Rohde M Strauss M (1994) Detection and differential display of expressed genes by DDRT-PCR. PCR Methods Appl 4:S97–108

Chomczynski P Sacchi N (1987) Single-step method of RNA isolation by acid guanidinium thiocyanate- phenol-chloroform extraction. Anal Biochem 162:156–159

Chomczynski P, Mackey K, Drews R Wilfinger W (1997) DNAzol: a reagent for the rapid isolation of genomic DNA. Biotechniques 22:550–553

Duboule D (1997) The evolution of genomics [editorial]. Science 278:555

Ghosh S, Karanjawala ZE, Hauser ER, Ally D, Knapp JI, Rayman JB, Musick A, Tannenbaum J, Te C, Shapiro S, Eldridge W, Musick T, Martin C, Smith JR, Carpten JD, Brownstein MJ, Powell JI, Whiten R, Chines P, Nylund SJ, Magnuson VL, Boehnke M Collins FS (1997) Methods for precise sizing, automated binning of alleles, and reduction of error rates in large-scale genotyping using fluorescently labelled dinucleotide markers. FUSION (Finland-U.S. Investigation of NIDDM Genetics) Study Group. Genome Res 7:165–178

Imaizumi K, Tsuda M, Imai Y, Wanaka A, Takagi T Tohyama M (1997) Molecular cloning of a novel polypeptide, DP5, induced during programmed neuronal death. J Biol Chem 272:18842–18848

Ito T, Kito K, Adati N, Mitsui Y, Hagiwara H Sakaki Y (1994) Fluorescent differential display: arbitrarily primed RT-PCR fingerprinting on an automated DNA sequencer. FEBS Lett 351:231–236

Kavathas P, Sukhatme VP, Herzenberg LA Parnes JR (1984) Isolation of the gene encoding the human T-lymphocyte differentiation antigen Leu-2 (T8) by gene transfer and cDNA subtraction.

Proc Natl Acad Sci U S A 81:7688-7692

Kimpton CP, Gill P, Walton A, Urquhart A, Millican ES Adams M (1993) Automated DNA profiling employing multiplex amplification of short tandem repeat loci. PCR Methods Appl 3:13-22

Kiryu S, Yao GL, Morita N, Kato H Kiyama H (1995) Nerve injury enhances rat neuronal glutamate transporter expression: identification by differential display PCR. J Neurosci 15:7872-7878

Levy J (1994) Sequencing the yeast genome: an international achievement. Yeast 10:1689-1706

Lewin R (1986) DNA sequencing goes automatic [news]. Science 233:24

Liang P, Pardee AB (1992) Differential display of eukaryotic messenger RNA by means of the polymerase chain reaction [see comments]. Science 257:967-971

Liang P, Averboukh L Pardee AB (1993) Distribution and cloning of eukaryotic mRNAs by means of differential display: refinements and optimization. Nucleic Acids Res 21:3269-3275

Liang P, Zhu W, Zhang X, Guo Z, O'Connell RP, Averboukh L, Wang F Pardee AB (1994) Differential display using one-base anchored oligo-dT primers. Nucleic Acids Res 22:5763-5764

Liang P, Pardee AB (1995) Recent advances in differential display. Curr Opin Immunol 7:274-280

Liang P, Pardee AB (1997) Differential display. A general protocol. Methods Mol Biol 85:3-11

Livesey FJ Hunt SP (1996) Identifying changes in gene expression in the nervous system: mRNA differential display. Trends Neurosci 19:84-88

Livesey FJ, O'Brien JA, Li M, Smith AG, Murphy LJ Hunt SP (1997) A Schwann cell mitogen accompanying regeneration of motor neurons. Nature 390:614-618

Madden SL, Galella EA, Zhu J, Bertelsen AH Beaudry GA (1997) SAGE transcript profiles for p53-dependent growth regulation. Oncogene 15:1079-1085

Malhotra K, Foltz L, Mahoney WC Schueler PA (1998) Interaction and effect of annealing temperature on primers used in differential display RT-PCR. Nucleic Acids Res 26:854-856

McKusick VA (1997) Genomics: structural and functional studies of genomes. Genomics 45:244-249

Polyak K, Xia Y, Zweier JL, Kinzler KW Vogelstein B (1997) A model for p53-induced apoptosis [see comments]. Nature 389:300-305

Rohrwild M, Alpan RS, Liang P Pardee AB (1995) Inosine-containing primers for mRNA differential display. Trends Genet 11:300

Rowen L, Mahairas G Hood L (1997) Sequencing the human genome. Science 278:605-607

Shirvan A, Ziv I, Barzilai A, Djaldeti R, Zilkh-Falb R, Michlin T Melamed E (1997) Induction of mitosis-related genes during dopamine-triggered apoptosis in sympathetic neurons. J Neural Transm Suppl 50:67-78

Su QN, Namikawa K, Toki H Kiyama H (1997) Differential display reveals transcriptional up-regulation of the motor molecules for both anterograde and retrograde axonal transport during nerve regeneration. Eur J Neurosci 9:1542-1547

Tsuda M, Imaizumi K, Katayama T, Kitagawa K, Wanaka A, Tohyama M Takagi T (1997) Expression of zinc transporter gene, ZnT-1, is induced after transient forebrain ischemia in the gerbil. J Neurosci 17:6678-6684

Velculescu VE, Zhang L, Vogelstein B Kinzler KW (1995) Serial analysis of gene expression [see comments]. Science 270:484-487

Velculescu VE, Zhang L, Zhou W, Vogelstein J, Basrai MA, Bassett DE,Jr., Hieter P, Vogelstein B Kinzler KW (1997) Characterization of the yeast transcriptome. Cell 88:243-251

Vreugdenhil E, Jackson JF, Bouwmeester T, Smit AB, van Minnen J, van Heerikhuizen H, Klootwijk J Joosse J (1988) Isolation, characterization, and evolutionary aspects of a cDNA clone encoding multiple neuropeptides involved in the stereotyped egg-laying behavior of the freshwater snail Lymnaea stagnalis. J Neurosci 8:4184-4191

Vreugdenhil E, de Jong J, Busscher JS de Kloet ER (1996a) Kainic acid-induced gene expression in the rat hippocampus is severely affected by adrenalectomy. Neurosci Lett 212:75-78

Vreugdenhil E, de Jong J, Schaaf MJ, Meijer OC, Busscher J, Vuijst C de Kloet ER (1996b) Molecular dissection of corticosteroid action in the rat hippocampus. Application of the differential display techniques. J Mol Neurosci 7:135-146

Zhang L, Zhou W, Velculescu VE, Kern SE, Hruban RH, Hamilton SR, Vogelstein B Kinzler KW (1997) Gene expression profiles in normal and cancer cells. Science 276:1268-1272

第三章　神经元树突和轴突蛋白合成的检测方法

J．Van Minnen and R．E．Van Kesteren

罗建红　译

浙江大学医学院

luojianhong@zju.edu.cn

■ 绪　论

神经系统的各个部分之间，通过一种高度特化的细胞——神经元的活动，产生快速、特异的信息交流。这些细胞的功能就是从内、外环境中接收刺激，进而协调、修饰、传递、翻译这些刺激，使之成为有意识的体验，并将整合信息输出至靶器官。为了完成这一使命，神经元之间、神经元与效应组织（如肌肉组织、腺体组织）之间都形成错综复杂的联系。神经元之间的交流主要发生于细胞彼此接触的特化区域——突触。据估计，神经元上的突触数目可高达数万个之多。神经元的这种复杂性也体现在它的形态上。典型的神经元包括一个细胞体（又叫胞体或核周质），大量的树突和一个轴突。胞体的大小相差很大，小脑颗粒细胞的胞体大约 4 μm，而脊髓运动神经元的胞体却超过 100 μm。神经元最显著的特征是它的突起，表现出极大的形态上的异质性。双极神经元只有一个简单的树突，而小脑蒲肯野细胞则形成高度复杂的树突树。虽然神经元只有一个轴突，但是轴突的长度也是千差万别，脑内很多神经元的轴突只有几个微米长，而脊髓运动神经元投射到手指、足趾的轴突可长达 1 米多。

令人疑惑不解的是，一个神经元是怎样形成并维持这种形态的复杂性？神经元又是怎样向偏远区域的树突提供蛋白质的？而这些都是实现突触功能和突触可塑性（如学习和记忆的形成过程）所必需的。过去普遍认为，周边区域（如树突、轴突）所需的蛋白质都是先在胞体合成，然后再运输至这些部位。最近十年，越来越多的研究质疑这一观点，已经表明神经元的周边区域具有不依赖于胞体的蛋白质合成能力（Crino and Eberwine 1996；Van Minnen et al. 1997）。

关于神经元胞体外蛋白合成能力的最初报道可追溯到 20 世纪 60 年代，Edström 和他的同事的研究显示金鱼的 Mauthner 轴突含有大量的核糖核酸，该轴突能将放射性标记的氨基酸掺入蛋白（Edström 1966）。有关乌贼巨轴突的研究也显示其轴突含有 rRNA、tRNA 和各种各样 mRNA（Perrone Capano et al. 1987）。有关在哺乳动物神经元的研究主要集中在树突，同样表明神经元可以在胞体外区域合成蛋白质。最早提示这种可能性的研究显示多核糖体复合物选择性分布于突触后位点的下方（Steward 1983）。后来又发现，树突区域分布有各种各样的 mRNA，编码结构蛋白、生长因子、受体等分子（Crino and Eberwine 1996）。问题的关键是这些 mRNAs 是否真正能够在神经元的周边地区翻译成蛋白质。从大量的研究结果看来，答案基本上是肯定的。首先，与胞体分离的树突、轴突可以合成蛋白，因为已经观察到树突和轴突能将放射性标记的氨基酸掺入蛋白质（Davis et al. 1992）。其次，当一个"外来的" mRNA 被导入神经突起，经过合适时间的孵育可以检测到相应的蛋白（Van Minnen et al. 1997）。再则，与胞体分离的神经突起能够以刺激依赖性方式合成各式各样的内源性蛋白质，通过代谢性标记以及聚丙烯酰胺凝胶电泳可以检测到这样的蛋白质（Bergman et al. 1997）。

在接下来的章节，我们将介绍一些可以用来研究树突和轴突中 mRNAs 的技术，以及对理解神经元突触可塑性有重大贡献的技术。

这些技术包括：体外培养神经元原位杂交技术，电子显微镜原位杂交技术，单细胞 mRNA 差异显示技术（参见第二章），体外培养神经突起的代谢标记和蛋白合成分析，以及体外培养神经元和神经突起的 mRNA 注射和翻译过程的分析。

实验方案 1　培养神经元原位杂交技术

■■■ 导　言

原位杂交（in situ hybridization，ISH）的目的是在细胞结构内显示 mRNA 分子。在 ISH 步骤中要采用高温，这就对细胞的固定有特殊要求。mRNA 的固定首先要确保在不同的处理过程中，mRNA 都不会因扩散而偏离在细胞内的定位，而且固定剂也不能使组织交联到使探针不能渗透的程度。在我们的实验中，多聚甲醛固定剂（1%～4%）加上 1% 的乙酸（用来固定核酸）可以既保持细胞的形态，又能提供良好的杂交信号。另外，因为质膜对核酸探针是不通透的，所以应当对细胞进行透膜处理（permeabilized）。我们通常在固定后应用 0.5% 的 Nonadet NP40 溶液，当然也可以用其他的去污剂如 Triton X 100 和 Tween 20。还需要用蛋白酶进一步处理细胞使探针易于接近靶 RNA 序列。蛋白酶 K 已用了多年，但是它的重复性较差，而且有可能导致细胞形态的严重损害，所以我们通常用胃蛋白酶来替代。因为很多 mRNA 表达丰度不高，胞体外区域不可能存在大量的 mRNA，因此，我们推荐使用 RNA 探针，目前认为 RNA 探针是最敏感的（Dirks 1996）。探针可标记地高辛作为报告分子，然后用免疫细胞化学的方法检测杂交的探针。也可采用生物素标记探针，其灵敏性与地高辛标记相当，但其缺点是因为有些组织本身含有生物素，这样就可能得出假阳性结果。其他还可采用放射性[35]S标记探针，这仍然是在原位显示 mRNA 最敏感的方法。但是，因为它的空间分辨率很低，所以在培养神经元中不推荐采用这种方法。

如果原位杂交方法不能提供阳性的杂交信号，还可以应用其他的技术，如通过 mRNA 扩增来检测神经突起微小区域内的低丰度 mRNA 的存在（Miyashiro et al. 1994）。这种技术不仅能用来检测已知的低丰度 mRNA，还能用来鉴定特殊细胞区域的"未知" mRNA，而它的缺点是细胞结构信号的丢失。我们将在方案 3 "单细胞 mRNA 差异显示"中详细说明这项技术。

■■ 流程图

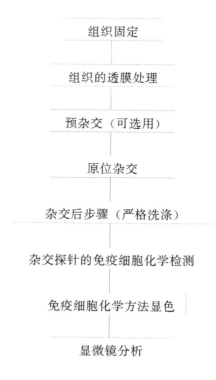

组织固定

组织的透膜处理

预杂交（可选用）

原位杂交

杂交后步骤（严格洗涤）

杂交探针的免疫细胞化学检测

免疫细胞化学方法显色

显微镜分析

■■ 材　料

注意：所有的材料不应含有 RNA 酶，尽可能使用厂家已灭菌的塑料制品。
- ——微量离心管
- ——无菌的移液器枪头
- ——塑料手套
- ——0.22 μm 无菌滤器
- ——10 ml 和 50 ml 的注射器
- ——倒置显微镜
- ——微量离心机
- ——温育箱，温度范围 20～80℃

溶液和缓冲液

探针制备
- ——T3 或 T7 RNA 聚合酶（Gibco-BRL）
- ——NTP 混合物：2.5 mmol/L ATP/CTP/GTP（Gibco-BRL）
- ——地高辛-UTP 标记混合物（Boehringer Mannheim）
- ——5×转录缓冲液（Boehringer Mannheim）
- ——RNA 酶抑制因子（Promega）

—DNA 酶 I（不含 RNA 酶）（Gibco－BRL）

—ETS 缓冲液：（1 mmol/L EDTA，0.1％SDS，10 mmol/L Tris，pH7.5）

—1mol/L 2-（N-吗啉代）乙磺酸（MES）

—重蒸（馏）水，经 DEPC（焦碳酸二乙酯）处理

—5 mol/L NaCl

—2 mol/L NaOH

—7.5 mol/L 乙酸铵

—100％乙醇

—70％乙醇

原位杂交

—磷酸钠缓冲液：混合 0.5 mol/L Na_2HPO_4 和 0.5 mol/L NaH_2PO_4，将 pH 调至 7.0。溶液需经 DEPC 处理并高压灭菌

—甲酰胺：在很多实验方法中推荐使用去离子化甲酰胺。我们应用未经处理的甲酰胺也可有良好的效果

—20×SSC（3.0 mol/L NaCl，0.3 mol/L 枸橼酸钠，pH 7.0）。需过滤，经 DEPC-处理，高压灭菌

—100mg/ml 硫酸葡聚糖，钠盐

—50×Denhardt 氏液：50×＝1％聚乙烯吡咯烷酮（PVP），1％牛血清白蛋白，1％聚糖体（Ficoll 400）；20℃保存

—4 mg/ml 经酸/碱裂解的鲑鱼精 DNA

—多聚甲醛

—乙酸

—2 mol/L HCl

—0.2 mol/L HCl

—2 mol/L NaOH

—1 mol/L Tris HCl，pH 7.4

—Nonadet NP 40

—羟基氯化铵（hydroxyl ammonium chloride）

—胃蛋白酶

—Tris/NaCl 缓冲液：0.1 mol/L Tris，0.15 mol/L NaCl，pH 7.4（缓冲液 1）

—Tris/NaCl/$MgCl_2$ 缓冲液：0.1 mol/L Tris，0.15 mol/L NaCl，0.05 mol/L $MgCl_2$，pH 9.5（缓冲液 2）。缓冲液 1 和缓冲液 2 可以制备成10×储存液，室温下保存

—TBSGT 缓冲液：0.05 mol/L Tris，0.15 mol/L NaCl，2.5mg/ml 明胶，0.5％（V/V）Triton×100，pH 7.4

—杂交缓冲液

—羊抗地高辛，与碱性磷酸酶交联（Boehringer Mannheim）

—碱性磷酸酶底物：BCIP：5-溴-4-氯-3-吲哚-磷酸（75 mg/ml，溶于 100％二甲基甲酰胺）和 NBT：四唑氮蓝（75 mg/ml，溶于 70％二甲基甲酰胺）。BCIP需避光保存

　　——Tris-EDTA 缓冲液：0.01 mol/L Tris，0.001 mol/L EDTA，pH 7.3
　　——左旋咪唑：1 mol/L 溶于重蒸（馏）水
　　——封片液 Aquamount（Merck）
　　——甘油：75%，溶于重蒸（馏）水

■■■步　骤

制备地高辛标记的探针

　　将 cDNAs 克隆入 pBluescript 载体中。为了能在体外转录，质粒需经线性化或 PCR 扩增。然后根据插入 cDNA 的方向应用 T3 或 T7 RNA 聚合酶合成反义 RNA 探针。体外转录之后，DNA 模板用 DNA 酶 I（无 RNA 酶）降解，cDNA 水解成大约 200 个核苷酸的片段。

　　质粒的线性化：用合适的限制性内切酶在紧邻插入序列终止密码子的下游位点切开质粒。然后通过苯酚抽提，乙醇沉淀的方法纯化 DNA。

　　PCR 扩增插入序列：根据 pBluescript 中 T3 和 T7 RNA 聚合酶启动子的侧翼序列设计引物，经 PCR 扩增 cDNA，然后经凝胶电泳提纯 DNA。

　　（这些技术的详细介绍可参见 Maniatis et al. 1982）

　　探针制备

　　1. 将下列物质加入灭菌微量离心管：
　　　　——8 μl 2.5 mmol/L NTP 混合物
　　　　——2 μl UTP/DIG-UTP 混合物（终浓度：0.65 mmol/L UTP，0.35 mmol/L DIG-UTP）
　　　　——4 μl 5×转录缓冲液
　　　　——1 μl RNA 酶抑制物
　　　　——1 μl T3 或 T7RNA 聚合酶（根据插入序列的方向选择）
　　　　——cDNA（100～200 ng PCR 产物或 1μg 线性质粒）
　　　　——加灭菌水至终体积 20μl

　　2. 短暂离心后 37℃温育 2h。

　　3. 加入 1 μl DNA 酶 I（无 RNA 酶），37℃温育 10 min。

　　4. 探针水解：管中加入以下物质：
　　　　——4 μl 经 DEPC 处理水
　　　　——50 μl ETS 缓冲液
　　　　——1.7 μl 5 mol/L NaCl
　　　　——10 μl 2 mol/L NaOH

　　5. 混匀后冰浴，小于 1kb 的探针冰浴 30min，大于 1kb 的探针冰浴 60min。

　　6. 复温至室温（室温为 25℃），加 20μl 1mol/L MES。

　　7. 加入 28 μl 7.5 mol/L 乙酸铵和 412 μl 冰预冷乙醇来沉淀探针（如在－70℃则至少沉淀 30 min，如在－20℃则至少沉淀 2 h）。

　　8. 台式离心机 12 000r/min，离心 10min。

9. 弃去上层清液（操作时小心勿将沉淀物倒掉），然后用 70% 的冰预冷乙醇洗涤沉淀。

10. 12 000r/min，离心 10 min，尽可能将乙醇倒尽，扣干沉淀。

11. 最终产物为 2～4 μg RNA，溶于 25 μl 经 DEPC 处理过水中。产物的质量浓度为 80～160 ng/μl。

探针的质量控制参见第二章。

杂交缓冲液

DNA 在 90～100℃ 的 0.1～0.2 mol/L Na$^+$ 溶液中发生变性，在低于解链温度（T_m）25℃ 时，其复性率最高。对于原位杂交（ISH），这就意味着必须延长微量样品在 65～75℃ 中的杂交时间，然而这样的高温会严重影响细胞的形态结构。目前解决这一问题的方法主要是应用可以降低核酸双链热稳定性的有机溶剂，这样原位杂交就可以在较低的温度下进行。甲酰胺已被广泛地应用，因为在一定浓度它可以呈线性地降低 DNA 双链 T_m，即甲酰胺的浓度每增加一个百分点，T_m 将降低 0.72℃。可以通过下面的公式计算甲酰胺对 T_m 的作用。

当溶液盐浓度（Na$^+$）介于 0.01 mol/L 和 0.2 mol/L 之间时（原位杂交常用浓度）：

$$T_m = 16.6 \; ^{10}\log M + 0.41 (G + C) + 81.5 - 0.72 (\%甲酰胺的浓度)$$

其中，T_m 为解链温度，M 为盐溶液浓度，$G + C$ 为分子探针中鸟嘌呤和胞嘧啶总和的摩尔分数。

另外，解链温度和杂交率也与片段的大小有关，特别是对那些较短的寡核苷酸来说，必须要考虑到片段大小对解链温度和复性率的影响。片段大小和解链温度变化存在以下的关系：

$$T_m 的改变 = 600/n$$

其中，n 为探针中核苷酸的个数。

这就推算出下列计算解链温度的公式

$$T_m = 16.6 \; ^{10}\lg M + 0.41 (G + C) + 81.5 - 0.72 (\%甲酰胺的浓度) - 600/n$$

为了计算杂交所需甲酰胺的浓度，需要下列公式

$$甲酰胺浓度 = [(T_m - 25) - T_{hyb}]/0.72$$

在此，T_{hyb} 为杂交进行时的温度。

例如，如果 $T_m = 82℃$，则杂交将在 37℃ 时发生，甲酰胺的浓度是

$$[(82 - 25) - 37]/0.72 = 27\%$$

RNA 与 RNA 之间可以形成稳定的双链，因此，当我们利用 RNA 探针进行原位杂交时，需要严格的杂交条件。以我们的经验来看，含有 60% 甲酰胺的杂交混合物在 50℃ 杂交时，将得到很好的效果。

制备含 60% 甲酰胺的杂交混合物

在 50ml 灭菌聚丙烯管中加入：

—30 ml 100% 去离子化甲酰胺

　　—10 ml 20×SSC 缓冲液

　　—2.5 ml 0.5 mol/L 磷酸钠缓冲液，pH 7.0

　　—5 ml 50×Denhardt 液

　　—2.5 ml 的 4 mg/ml 酸碱裂解鲑鱼精 DNA

　　—5 g 右旋糖酐磷酸盐

杂交缓冲液应避光，并在冰箱中保存。

经酸碱裂解的鲑鱼精 DNA 按下列步骤制备：

　　1．在 50 ml 灭菌管中加入 1g 鲑鱼精 DNA，加入 15 ml 经 DEPC 处理水，浸泡 15 min 到 2h。

　　2．加入 2.5ml 2mol/L 盐酸，室温放置。DNA 逐渐形成白色沉淀，充分振荡直至沉淀物黏聚在一起，然后用巴士德管管尖吹打 2～3 min，使沉淀物成球状。

　　3．加入 5.0 ml 2.0 mol/L NaOH，振荡 DNA 使之重溶，于 50℃温育 15 min，以加快 DNA 溶解。

　　4．用 DEPC 处理水将混合液稀释至 175 ml，确保无颗粒存在。

　　5．加入 20ml 1 mol/L TrisHCl（pH7.4）。

　　6．用 2mol/L 盐酸将 DNA 溶液的 pH 调至 7.0～7.5。

　　用灭菌微孔滤器过滤溶液，除去所有结块沉淀。测定溶液 260 nm 的吸光度。吸取 20 μl DNA 溶液加入到 980 μl 水中。吸光度的 40 倍即为 DNA 的质量浓度，单位为 1 μg/μl。将其分装为质量浓度 4 mg/ml 的溶液，−20℃下保存。

培养神经元的原位杂交

　　神经元的分离和培养参见第十章所提供的方法。

　　由于我们选用 RNA 探针进行原位杂交，就必须采取措施防止 RNA 的降解。因此，实验操作必须戴手套，使用无菌的移液器枪头、微量离心管以及不含 RNA 酶的缓冲液 [用 0.25%DEPC 处理重蒸（馏）水，37℃温育过夜，然后高压灭菌]。

　　所有的溶液都应该用孔径 0.22μm 的滤器过滤，因为培养皿中的任何小颗粒都能破坏神经元。

　　1．细胞固定至少 2h。应缓缓地将固定剂加入培养皿中，避免换培养液时剥离神经元细胞。固定无脊椎动物（如软体动物）神经元时，采用 1% 多聚甲醛和 1% 乙酸组成的混合液。而对于脊椎动物神经元，推荐使用 4% 多聚甲醛，乙酸的浓度可以增至 5%（Dirks 1996）。乙酸是很好的核酸固定剂。

　　2．固定液中加入终浓度为 0.5% 的 Nonadet NP40，然后温育 30 min。

　　3．缓冲液 1 洗涤 2 次，每次 10 min。

　　4．（可选用）在 37℃下用 0.1%～0.005% 胃蛋白酶液（溶于 0.2 mol/L 盐酸中）处理细胞 10 min。此步骤可以使探针易于接近细胞中的靶 mRNA。在我们的实验中，完全省略了蛋白水解酶处理这一步，也没有发现显著的信号丢失。这样，我们省了步骤 5～8。

　　5．2% 多聚甲醛固定 4min。

　　6．1% 羟基氯化铵（溶于缓冲液 1 中）处理 15 min。

7. 缓冲液 1 洗涤，5min。

8. 用无探针的杂交缓冲液中做预杂交，50℃温育 1h。此步骤不一定是必需的，但每次都应根据所选用的细胞种类核对是否需要进行预杂交。

9. 用杂交缓冲液作杂交。通常 100 μl 杂交缓冲液含有 1 μl 探针。杂交前，将杂交缓冲液加热至 95℃，然后立即放在冰上快速冷却。于 50℃孵箱温育至少 3h，也可温育过夜。把培养皿放入一个密闭容器中，并放置湿滤纸以防杂交缓冲液的蒸发。加入足够的杂交缓冲液以确保细胞被完全覆盖，我们通常在每个培养孔加入 100 μl 缓冲液。

10. 2×SSC 简单洗涤细胞 2 次，每次不超过 2 min。

11. 严格洗涤。于 50℃用 2×SSC 和 50%甲酰胺的混合液洗涤细胞 3 次，每次 20 min，以去除细胞中未杂交的探针。如果背景仍然很高，可用 RNA 酶 A 处理（见步骤 12），这样能去除所有未杂交的探针。

12. （可选用）在 2×SSC 中加入 RNA 酶 A（100 ng/μl，溶于缓冲液 1）处理细胞 25 min。随后，进行严格洗涤（见步骤 11）。也就是说，如果选用 RNA 酶处理细胞，则需要在处理前、后各用 50%甲酰胺和 2×SSC 混合液严格洗涤细胞 2 次。

13. 2×SSC 洗涤 5 min。

14. 缓冲液 1 洗涤，2×5 min。

15. TBSGT 缓冲液洗涤 15 min。

16. 加入碱性磷酸酶交联的抗地高辛抗体（用 TBSGT 缓冲液 1∶500 稀释），室温温育 2h 或 4℃过夜。

17. 缓冲液 1 洗涤 2 次，每次 5 min。

18. 缓冲液 2 洗涤 2 次，每次 5 min。

19. 在碱性磷酸酶的底物中温育：在 1ml 的缓冲液 2 中加入 4.5 μl NBT 和 3.5 μl BCIP。如神经元具有内源性碱性磷酸酶活性，加 10 μl 1mol/L 左旋咪唑。每个培养皿中加入大约 0.5 ml 底物。温育时间依照细胞中转录物的量调整，最短 15 min，长可过夜，应避光温育。所用的碱性磷酸酶底物经催化生成深紫色的反应产物。如果需要荧光底物，可以使用坚固红 TR（1.0 mg/ml，溶于缓冲液 2）或萘酚（0.4 mg/ml，溶于缓冲液 2），通过荧光显微镜的罗丹明滤光片可以观察到荧光。

20. 裸眼观察到结果后，用 Tris-EDTA 缓冲液处理 15 min 以终止反应。

21. 用重蒸（馏）水漂洗细胞。

22. 用封片剂 aquamount 或甘油封片。

23. 显微镜下观察细胞。

■■ 结　果

我们利用原位杂交技术来研究编码神经肽的 mRNA 在原代培养的椎实螺属动物神经元的神经突起中的分布情况。我们感兴趣的问题是转录物究竟是均匀分布在整个神经突起中，还是集聚在某一特定微小区域中。原位杂交实验显示该 mRNA 在生长锥和曲张体处特别丰富（图 3-1）。

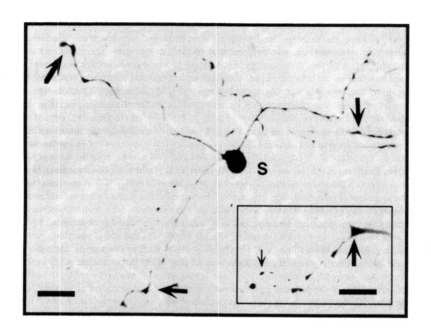

图 3-1　在培养 Pedal A 神经元中，利用 cRNA 探针与内源性神经肽（Pedal 肽）原位杂
交在神经元的胞体（S）和神经突起处均观察到信号

值得注意的是，并不是整个神经突起都显示杂交信号，曲张体处（箭头所示）的信号特别明显。
从右下角插入图中可清晰看到分支点（大箭头所示）和曲张体（小箭头所示）信号很强，而相连
的突起部分基本上没有信号。标尺＝100 μm；内插放大图的标尺 ＝20 μm。

实验方案 2　电镜原位杂交技术

■■ 导　言

为了研究特定核苷酸序列的亚细胞定位，许多研究者已经从光学显微观察扩展到对
超微结构的观察。特别是利用地高辛或生物素作为报告分子的非放射性探针，大大地推
动了这一领域的研究进展。因为这些探针能对切片中的靶序列进行更加精细的超微结构
定位。而且，由于不必像放射性探针那样需要长时间暴露，因此整个过程可以在 24h 内
完成。电镜原位杂交（EM-ISH）的方法有很多种，它们都有各自的优缺点。我们在这
里只对 EM-ISH 进行简短的描述。如想对这些技术有全面的了解，可以参阅一些相关文
献（Morel 1993；Morey 1995）。

从理论上讲，前包埋原位杂交技术的敏感性高于后包埋原位杂交技术，因为前者可
观察到来自整个切片厚度的信号。但是，探针并不一定能穿透整个切片厚度，特别是用
较长的探针。为了增加穿透性，经常应用冻融法或者蛋白酶和去污剂处理，而这样做会
导致一些胞内成分如核糖体的丢失，严重时会造成超微结构的形态改变。更不利的一个

因素是如果没有强大的透性处理，就不能用较大的金交联物（＞5 nm）显示杂交探针。作为替代，可以用过氧化物酶交联和超微金交联物（＜1 nm）。过氧化物酶可以用二氨基联苯胺显色，但缺点是分辨率太低，且不能对反应产物定量。超微交联物则太小而不能在显微镜下直接观察到，必须通过银染增强后才能被看见（Danscher 1981），但这一过程又可能产生一些大小不规则的银颗粒，从而妨碍目标物的准确定位。而且，已有报道银染增强能对超微结构产生负面影响（Egger et al. 1994；Macville et al. 1995）。因此，相对而言，后包埋杂交技术是更好的方法，它既能保持良好的超微形态结构又具有合理的敏感性。由于只是切片的表面被标记，还可以用较大金交联物来显示杂交探针。亲水树脂（如 Lowicryl K4M、HM20、LR White、LR Gold 以及 Bioacryl）明显优于传统的 EM 包埋剂（如 Epon 和 Araldite），因为前者的亲水性大大增强了探针接近靶核酸序列的能力。有些非包埋方法，如常常提到的冰冻切片技术，则结合了前包埋和后包埋两种方法的优点，即探针接近靶核酸序列的能力高和超微结构的良好保持。但是这种方法也有缺点，如所需设备昂贵，要有熟练的技术人员去操作，而且，切片对变性处理非常敏感，以至于会造成部分超微结构和靶核酸序列的丢失。

　　上述三种方法的选择取决于研究者的需要和样本的情况，应当根据具体情况分别对待。这三种方法的优缺点已总结在表 3-1 中。以我们的经验来看，非包埋法在敏感度和超微结构的保持上结果最好。而且，在操作过程中可以很容易地与免疫细胞化学相结合，用以在相同的切片中鉴定其他物质（如神经肽等）。我们已经利用该技术来研究软体动物神经元中编码神经肽的 mRNA 在轴突部分的超微结构定位。

表 3-1　电镜原位杂交方法比较

方　法	优　点	缺　点
前包埋 ISH	易于选择感兴趣的切片区域	探针的透过性
	敏感性高	切片标记不均一
	超微结构保持较好	大的金交联物不能穿透切片
后包埋 ISH	超微结构保持很好	探针不透切片，仅标记切片表面
	半薄切片可选择感兴趣区域	树脂有毒性
超薄冰冻切片	快速	设备昂贵
	没有或很少需要预处理	在变性条件下丢失靶序列
	敏感性高	
	超微结构保持较好	

■■■ 材　料

—冷冻超薄切片机

—电热板，37℃

—抗静电镊子

—镍网（75 目）

　　—小铜钉

　　—精细砂纸

　　—解剖显微镜

　　—滤纸

　　—液氮储存罐

　　—金刚石刀

　　—接种环

　　—孵箱（25～80℃）

　　—微米滤器

　　—50ml 注射器

　　—玻璃刀

　　—电子显微镜

■■ 步　骤

超薄冰冻切片的组织固定

　　——般用干净的玻璃器皿或者一次性器皿配制固定剂

　　—均采用新鲜配制的固定剂

　　—用 2%～4% 的多聚甲醛和 0.2% 戊二醛固定组织。戊二醛对于确保良好的超微结构是必要的。然而由于固定剂的交联特性，更高浓度（＞0.5%）则严重阻碍探针的穿透。因此，对于要用于研究的每个样本，必须在超微结构保持和探针穿透性之间找到平衡点。

溶液

　　—戊二醛：我们采用 25% 的储存液（Sigma），保存于 4℃。使用前再把戊二醛加到固定剂中

　　—多聚甲醛固定剂储存液。100ml 10% 储存液的配制如下：

　　1. 10g 多聚甲醛加入到 75ml 灭菌水

　　2. 在通风柜中，置溶液于搅拌/加热器上，60℃持续振荡

　　3. 加几滴 1 mol/L NaOH 直到溶液变清

　　4. 加重蒸水至终体积为 100ml

　　5. 过滤溶液并分装冻存。每次取 1 管固定剂融化后使用。融化的溶液呈白色，将其放入热水中直至变清。如果没有澄清则不能用

　　—0.2mol/L 和 0.1mol/L 的磷酸盐缓冲液

　　　—A：NaH_2PO_4

　　　—B：Na_2HPO_4

　　　—加 19ml A 液到 81ml B 液中，如有必要用 A 液或者 B 液调节至 pH 7.4

　　—20×SSC 储存液

　　—含有 0.15% 甘氨酸的 0.1mol/L 磷酸盐缓冲液

—液氮

—重蒸水，经 0.22 μm 滤器过滤

—甲酰胺

—70％乙醇

—60％的杂交缓冲液

—含 2％明胶的 0.1 mol/L 磷酸盐缓冲液，加叠氮钠至终浓度为 0.02％

—牛血清白蛋白储存液：用蒸馏水配成 10％，用 1 mol/L NaOH 调至 pH 7.4

—磷酸盐缓冲液（PBS）：140 mmol/L NaCl，2.7 mmol/L KCl，10 mmol/L Na_2HPO_4 和 1.8 mmol/L KH_2PO_4

—4％乙酸双氧铀（Merck）储存液

—2％乙酸双氧铀，pH7：4％乙酸双氧铀与 0.15mol/L 草酸溶液 1：1 混合。用 1mol/L NH_4OH 调 pH。必须逐滴加入以免形成不溶的沉淀。乙酸双氧铀对光敏感，须避光储存于 4℃

—甲基纤维素：终体积 200 ml；至 196 ml 蒸馏水加热 90℃，然后边摇边加 4g 甲基纤维素（Sigma，25cP）。边摇边将溶液在冰上迅速冷却，使温度到 10℃。4℃缓慢持续摇晃过夜，并保存于 4℃"熟化" 3d

—甲基纤维素/乙酸双氧铀混合液：取 180ml 上述配制的甲基纤维素溶液与 20 ml 4％乙酸双氧铀混合，pH 4.0，温和混匀。然后，将溶液在 4℃ 12 000r/min 离心 90 min。取上清液，可在 4℃避光储存 3 个月

—2.3 mol/L 蔗糖

—蔗糖/甲基纤维素混合液，加 2 倍体积的 2.3 mol/L 蔗糖到 1 倍体积的 2％甲基纤维素中

—1％甲苯胺蓝，溶于蒸馏水

—蛋白 A-胶体金（5 nm 和 10 nm），可从 Utrecht 大学医学院细胞生物学系，Utrecht，Netherland 购得

—山羊抗地高辛抗体（Boehringer Mannheim，Germany）

—兔抗羊抗体（Dakopatts，Glostrup，Denmark）

—牛血清白蛋白（Boehringer Mannheim）

—冷水鱼明胶（Aurion，Wageningen，The Netherland）

—乙酸牛血清白蛋白（BSA－C；Aurion）

—固定剂：混合 2 ml 10％ 多聚甲醛储存液，5ml 0.2 mol/L 磷酸盐缓冲液和 0.08 ml 25％ 戊二醛。用蒸馏水定容至 10 ml，现用现配（这种固定剂主要用于软体动物组织，对于脊椎动物样本，建议用 4％的多聚甲醛）

固定和样本制备

小块组织采用浸泡固定。对于大的组织，如大鼠的脑，建议用灌注固定法。

1. 通过浸泡固定小块组织，4℃过夜。

2. 用 0.1 mol/L 磷酸盐缓冲液洗涤组织 2 次，每次 10 min。

3. 用含有 0.15％甘氨酸的 0.1 mol/L 磷酸盐缓冲液洗涤 2 次，每次 10 min。

用含 2.3 mol/L 的蔗糖 PBS 液浸泡组织至少 4h，在浸泡时持续滚动小管子。

标本制备

在切片前将组织块固定在标本支持物上；我们一般用铜钉固定。

1．用砂纸将钉子表面打粗糙。

2．洗涤钉子以去除小的金属碎片。

3．用 70％乙醇洗涤钉子并用吸水纸干燥。

4．从蔗糖溶液中取出组织并用解剖显微镜将组织定位于钉子上。用吸水纸吸去过多蔗糖。

5．用干净的镊子把带样本的钉子放入液氮。

6．在液氮中储存样本直至使用。

切片

1．把组织样本从液氮罐转移至超薄切片机时，应确保没有融化。

2．做超薄冰冻切片的理想温度为 100～120℃。

3．用干刀完成切片。

4．通常做一个厚切片（500nm）用来定位组织以及检查固定效果。这种厚切片能用 1％甲苯胺蓝溶液染色。

5．仔细修剪标本边缘能改善超薄切片质量。可用剃须刀片或者玻璃刀完成。

6．对于薄切片（40～80nm），建议使用金刚石刀。

7．用接种环把切片从刀片上分离下来。这种接种环是一个 15cm 的塑料把手接了一个小金属套圈（直径 2mm），金属套圈充满 2.3mol/L 蔗糖或是蔗糖/甲基纤维素混合液。

8．用接种环收集切片后，让它们短暂解冻，并立即转移到筛网上。

9．用蔗糖/甲基纤维素混合液收集切片有两个优点，一是形态结构保持得更好更完整，二是筛网在冰箱中至少能储存 3 个月。

10．用透明塑料包被或碳包被的镍网；铜网在处理过程中会氧化，形成肮脏的沉淀，从而干扰电镜成像。

电镜原位杂交步骤

将筛网（切片面朝下）放到含有 2％明胶溶液的带盖培养皿上，在电热板上（37℃）放置 5 min，然后在 37℃孵箱内放置 20 min。

以下步骤都在小滴液体中完成。将小滴试剂（探针和抗体溶液用 5～10 μl，洗涤用 100 μl）点在封口膜蜡上，把筛网切片面朝下放在小滴上。

该方法选用了蛋白 A－金交联物。因为蛋白 A 与兔 IgG 的亲和力高，而与羊 IgG 的亲和力低，抗地高辛抗体多为山羊抗体，所以采用兔抗山羊二抗作信号放大的中介。

1．于 0.15％甘氨酸的 PBS 温育 2 次，每次 5 min。

2．用 2×SSC 温育 2 次，每次 5 min。

3．在无探针的杂交缓冲液中预杂交 20 min。

4．加 0.1 μl 探针液到 10 μl 杂交混合液。

5．将杂交筛网放入一个密闭容器中，同时放入湿滤纸以防杂交缓冲液蒸发，于 50℃置 3 h。

6．用 2×SSC 温育 1 min。

7．用 50% 甲酰胺和 2×SSC 混合液洗涤 2 次，每次 5 min。

8．在密闭和湿化的容器中，于 50℃用 50%甲酰胺/2×SSC 混合液严格洗涤 3 次，每次 20 min 。

9．用 2×SSC 洗涤 2 次，每次 5 min。

10．用含 1%BSA 的 PBS 洗涤 3 次，每次 5 min。

11．用含有 1%鱼明胶的 PBS 洗涤 10min。

12．在山羊抗地高辛抗体（1:100 稀释于含 1%鱼明胶的 PBS）中室温下温育 1h 或者 4℃过夜。

13．用含有 1%鱼明胶的 PBS 洗涤 5min。

14．用含有 1% BSA 的 PBS 洗涤 3 次，每次 10 min。

15．用含有 1%鱼明胶的 PBS 洗涤 5min。

16．在兔抗羊抗体（1:100 稀释于含 1%鱼明胶的 PBS）中温育 30 min。

17．用含有 1%鱼明胶的 PBS 洗涤 5 min。

18．用含有 1% BSA 的 PBS 洗涤 3 次，每次 10 min。

19．在蛋白 A-胶体金交联物（稀释于 1% BSA 的 PBS，稀释比例依据使用说明）中温育 20 min。

20．PBS 洗涤 3 次，每次 15 min。

21．在含 1%戊二醛的 PBS 中固定 10 min。

22．PBS 洗涤 5 min。

23．蒸馏水洗涤 5 次，每次 1 min。

24．在 2% 乙酸双氧铀液中温育 5 min。

25．用乙酸双氧铀/甲基纤维素洗涤 2 次，每次 1s。

26．将切片包埋于乙酸双氧铀/甲基纤维素中，置冰上 10 min。

27．用接种环从甲基纤维素液体小滴上移去筛网。

28．用滤纸去除过多的甲基纤维素，将筛网留在接种环上并让它风干 30 min。

29．转移筛网到筛网盒中。

免疫细胞化学

电镜原位杂交（EM-ISH）与免疫细胞化学组合十分方便，在上述第 22 步后，接用以下方法：

1．用含有 0.15%甘氨酸的 PBS 洗涤 3 次，每次小于 10 min。

2．用含 1%鱼明胶和 1%BSA 的 PBS 洗涤 5 min。

3．与抗体（兔抗，稀释于 1%鱼明胶和 1%BSA 的 PBS）温育 45 min。

4．用含 1%BSA 的 PBS 洗涤 5 次，每次 1 min。

5．与蛋白 A-胶体金交联物（稀释于 1%BSA 的 PBS）温育 20 min，可采用不同大小的金比较 ISH 信号的显示。

6. 下接电镜原位杂交方法的第 20 步。

■■■ 结　果

以往的研究已经显示，在软体动物椎实螺，能合成卵生激素（ELH）的神经元的轴突内含有大量编码 ELH 的 mRNA（Van Minnen　1994）。我们用 EM－ISH 研究这些编码神经肽的 mRNA 的超微结构定位。首先，我们研究了 ELH 转录物在合成 ELH 神经元胞体内的定位。正如所料，发现它们主要与粗面内质网膜相关（图 3-2A）。其他细胞

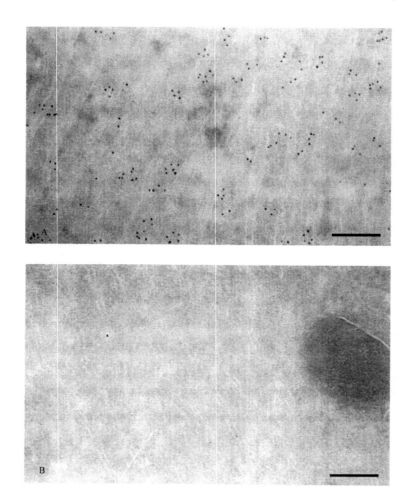

图 3-2　A. 在合成 ELH 神经元的超薄冰冻切片上，用编码 ELH mRNA 特异的 cRNA 探针做的电镜原位杂交。这些神经元的粗面内质网区具有强杂交信号，就在靠近粗面内质网膜区域能观察到 5 nm 大小的金颗粒。B. 使用针对软体动物胰岛素相关肽的特异 cRNA 探针（Van Minnen　1994）所作的阴性对照。在合成 ELH 神经元的粗面内质网中没有金颗粒，证明在 A 图中的反应是特异的。标尺＝100nm。

器中（如线粒体、高尔基体、分泌囊泡）则没有显示 ELH 转录物的存在，这一点可以从图 3-4 中观察到，上述细胞器并未出现 ISH 信号（小金颗粒）和 ELH 免疫反应性物质（大金颗粒）的共定位。然后，我们研究了 ELH 转录物在神经元轴突内的精确定位，发现它们主要位于轴浆中（图 3-3），在含有 ELH 的核致密囊泡中则没有其转录物的存在，这一点与以前的报道相符（Dirks 1996）。

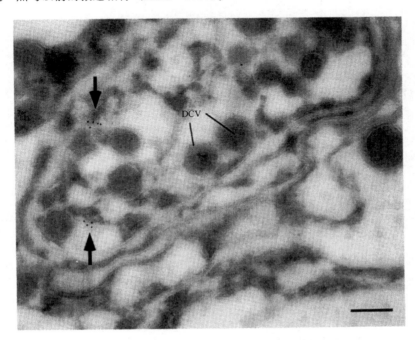

图 3-3　合成 ELH 神经元轴突末梢的超薄冰冻切片

用编码 ELH mRNA 特异的 cRNA 探针做的电镜原位杂交。杂交信号（5 nm 金颗粒，箭头所示）
存在于轴浆中。DCV 表示含 ELH 的核心致密囊泡。标尺＝200 nm。

　　在实验中，我们主要观察了编码 ELH mRNA 的超微结构定位，同时也发现山羊抗地高辛抗血清能与含有 ELH 的核致密囊泡交叉反应。为了避免这一问题，我们使用了鼠抗地高辛单克隆抗体（步骤 12），然后在第 16 步用兔抗鼠抗体来替代原来使用的兔抗羊抗体。以上数据进一步说明做 ISH 时设立正确对照实验的必要性。

■■ 疑难解答

　　为了确保我们在制品中观察到的杂交信号的确是探针与组织中靶序列杂交的结果，就必须设计恰当的对照实验。实验中会出现各种假阳性结果。例如，探针与某些细胞成分非特异性结合，而不是与组织中的 RNA 分子特异性相互作用。而且，由于应用免疫细胞化学检测系统，已经证实了的各种抗血清引起的交叉反应都可能成为假阳性结果的来源。所以我们推荐进行下列的实验步骤。

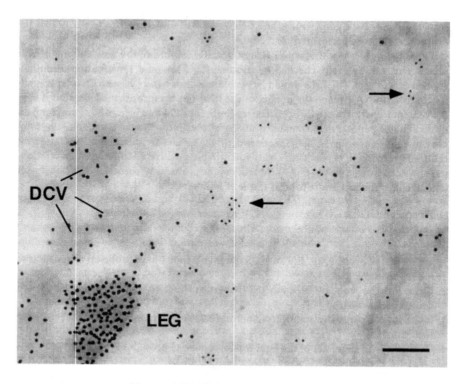

图 3-4　电镜原位杂交和免疫电镜联合应用

我们使用了 ELH 特异的 cRNA 探针以及 ELH 基因编码的 α 肽的特异性抗体。杂交信号主要位于粗面内质网（RER）（5 nm 金颗粒，箭头所示），而 α 肽免疫反应性（10 nm 的金颗粒）主要位于核致密囊泡（DCV）和大电子致密囊泡（LEG，参见 Klumperman et al. 1996）。标尺＝100nm。

特异性对照实验

　　1. 完成整个 EM-ISH 过程，但是不使用探针；这种对照实验能显示免疫细胞化学检测系统是否与组织成分交叉反应。

　　2. 使用正义链探针或无关探针（如编码质粒序列的探针）作为阴性对照，来判断应用反义探针所观察到的杂交信号是否确实来自探针与组织上的靶序列特异性结合。

　　3. 用 RNA 酶（100 μg/ml，溶于 2×SSC）处理细胞或组织（37℃，60 min）以去除内源性 mRNA。

　　4. 将未标记反义探针与标记反义探针按（100～1000）:1 混合，进行杂交。

　　以上所有实验均应该得到阴性结果。

　　还存在一种可能性就是 ISH 过程不能产生杂交信号。这可能是因为被检测组织中没有或只有非常少的靶序列，也可能是因为众多实验步骤中的某个环节出了错。下文将介绍一些技巧来验证是否正确执行了实验步骤。

　　首先，使用 RNA 探针时，要确保 RNA 是完整的。这可以通过对 RNA 样本做琼脂糖凝胶电泳和溴化乙锭染色得以鉴定，完整的 RNA 应该看到一条清晰的条带（参见第二章，RNA 的质量控制）。肯定了 RNA 的质量后，无论是用光镜还是电镜观察，在硝酸纤维素膜上进行 ISH 操作就很方便了。使用硝酸纤维素膜的优点是不需要进行神经元培养或作组织切片，而且结果非常清晰。如果实验成功，就可以出现清晰可辨的阳性小点。使用硝酸纤维素膜还可以进一步验证探针的质量，检查探针是否与地高辛充分地结合。具体检验方法如下：

检验步骤

　　1. 将 1 μl 探针分别稀释 5 倍、25 倍、125 倍和 625 倍，然后取稀释后的探针 1 μl 在硝酸纤维素膜（NC）上点样。

　　2. 用紫外线照射 10s（时间可根据使用的紫外光源调整），使探针与 NC 膜交联。

　　3. 将 NC 膜浸入含 0.05% Tween 20 的缓冲液 1（参见 61 页）封闭 1 min。

　　4. 接下来进行光镜 ISH 实验的步骤 7～21（参见 64 页）。

如果 5 倍和 15 倍稀释的探针和底物温育 5 min 之内就在 NC 膜上出现阳性小点，说明在原位杂交实验中探针已被地高辛充分标记。

也可以同样的步骤用来验证免疫细胞化学检测操作是否得当。唯一的区别是需要一种已证实的能与报告分子特异结合的探针，如一种在其他实验中已被成功应用的不同探针。

电镜方法是否得当也可用 NC 膜来验证。因为不能在 NC 膜上观察到蛋白 A－金交联物，所以我们采用银增强染色来显示蛋白 A－金交联物。我们使用市售的增强溶液（R-gent，Aurion），与该溶液温育数 10 min 后便可在 NC 膜上观察到染色增强的黑色小点。

EM ISH 技术最常见的问题就是全切片的非特异性标记。一般来说，这是由于抗体分子和组织成分的非特异性结合导致的。可以通过稀释抗体解决这一问题，但必须注意不能过度稀释抗体以免造成特异性染色的丢失。另外，在胶体金的洗涤和温育等步骤中使用乙酰化 BSA（BSA-C），可以有效降低非特异性背景染色，因为这种封闭剂的负电荷多，几乎可以完全抑制胶体金颗粒与疏水底物的结合。

实验方案 3　单细胞 mRNA 差异显示

■■ 导　言

目前有几种方法可以显示生理刺激下组织样本中未知基因的表达水平变化。然而，很多组织内的细胞又存在形态和功能上的异质性，因此常常需要从单个细胞水平研究基因表达的差异。例如，不是所有细胞都会对刺激有应答，即便有应答，其方式也不尽相同，因此有可能发生某个（种）细胞特定基因的显著上调被另一个（种）细胞同一基因的下调所掩盖。如果能在单个细胞水平有效地研究基因表达差异性，那么发现基因表达中重要变化的机会也显著增加。这一章的前面部分，我们介绍了 ISH 技术，它可以检验已知基因的 mRNA 表达水平。现在，我们介绍一种新方法，它常规用来在单细胞水平考察未知基因的差异性表达。

在组织水平研究基因表达的差异有一定局限性，特别是大脑，因为无论从形态、遗传、还是功能等方面来看，大脑都是机体最复杂的器官。即便是在单个神经元中，不同的亚细胞功能区域，如轴突和树突，也会通过特定的靶 mRNA 来调节基因的表达（见前言）。为了研究神经元特定功能区的差异性 mRNA 定位特征，以及软体动物两个已知神经元个体之间形成突触的分子机制，我们运用单细胞 mRNA 差异显示技术（差异显示技术的详细描述参见 Liang and Pardee 1992；Livesey and Hunt 1996；及第二章）。mRNA 差异显示的最大优点在于 PCR 技术，因此能把来自单个细胞 mRNA 逆转录得到的少量 cDNA 进行充分扩增。而它的最大缺点也源于 PCR 技术，众所周知，当应用PCR 扩增小量复杂模板时（如相对表达丰度差别很大的 cDNA 池），会产生不可重复的结果。这种不可重复性缘于第一轮 PCR 反应中对扩增的目标 mRNA 选择的随机性，这一现象又叫 Monte Carlo 效应（Karrer et al. 1995）。由于该效应能严重影响在单个神经元水平或亚神经元结构域水平的 mRNA 差异显示结果，我们尝试在进行差异 PCR 前先对初始 mRNA 进行线性的非 PCR 扩增，以防止 Monte Carlo 效应的发生。为此，我们采用了一种实验方法，这种方法最早由 Eberwine 及其同事（Mackler et al. 1992；Miyashiro et al. 1994）提出，主要是在 cDNA 的 3′端引入一个 T7 启动子，这样在 T7 RNA 聚合酶的作用下，表达多拷贝的反义 RNA（aRNA）。T7 启动子序列位于用于逆转录的寡聚脱氧胸苷引物的 5′端，并随之掺入每个合成的 cDNA。第二条 cDNA 合成后，T7 RNA 聚合酶介导的转录能将所有以 aRNA 分子形式存在的 cDNA 无偏差地放大100～1000 倍。这些产物再用随机六核苷酸引物逆转录成 cDNA，并被用来进行差异显示 PCR（DD-PCR）。

■■ 流程图

分离 RNA ——————— 第一链 cDNA 合成 ——————— 第二链 cDNA 合成

从 cDNA 合成反义 RNA ——从反义 RNA 合成第一链 cDNA——DD-PCR

■■ 材　料

仪　器
— 水浴槽
— PCR 热循环仪
— 微量离心机

注意：所有材料和溶液需灭菌、不含 RNase。

塑料制品和滤器
— 微量离心管（0.5ml 和 1.5 ml）
— Falcon 或 Greiner 管（50 ml）
— 带滤器的加样枪头
— 塑料手套
— 0.025 μm MF—微孔滤膜（直径 13 mm）

溶液和缓冲液

—5×DNA 酶 I/蛋白酶 K 缓冲液：250 mmol/L Tris-HCl（pH 7.5），10 mmol/L CaCl$_2$，100 mmol/L MgCl$_2$

—5×第一链缓冲液：250 mmol/L Tris-HCl（pH 8.3），375 mmol/L KCl，15 mmol/L MgCl$_2$

—5×第二链缓冲液：94 mmol/L Tris-HCl（pH 6.9），453 mmol/L KCl，23 mmol/L MgCl$_2$，750 mmol/L β-NAD，50 mmol/L（NH$_4$）$_2$SO$_4$

—5×T7 RNA 聚合酶缓冲液：200 mmol/L Tris-HCl（pH 8.0），40 mmol/L MgCl$_2$，10 mmol/L 亚精胺-（HCl）$_3$，125 mmol/L NaCl

—10×PCR 缓冲液：200 mmol/L Tris-HCl（pH 8.4），500 mmol/L KCl，20 mmol/L MgCl$_2$

—TE：10 mmol/L Tris-HCl（pH 7.5），1 mmol/L EDTA

—凝胶洗脱缓冲液：10 mmol/L Tris-HCl（pH 7.5），100 mmol/L NaCl，1 mmol/L EDTA

—200 mmol/L EDTA/5% SDS

—经 DEPC 处理过的重蒸（馏）水

—100 mmol/L DTT

—2 mmol/L DTT

—3mol/L 乙酸钠（pH 5.2）

—350 mmol/L KCl

—TE 饱和酚

—氯仿

—异戊醇

—肝糖原（10 mg/ml）

—100% 乙醇

—70% 乙醇

—10 mmol/L dNTPs（10 mmol/L dATP，10 mmol/L dCTP，10 mmol/L dGTP，10 mmol/L dTTP）

—200 μmol/L dNTPs（200 μmol/L dATP，200 μmol/L dCTP，200 μmol/L dGTP，200 μmol/L dTTP）

—10 mmol/L NTPs（10 mmol/L ATP，10 mmol/L CTP，10mmol/L GTP，10 mmol/L UTP）

—［α-^{32}p］dCTP（3000 Ci/mmol；10 mCi/ml）1Ci＝3.7×10^{10}Bq

—甲酰胺加样缓冲液（95% 甲酰胺；20 mmol/L EDTA；0.05% 二甲苯苯胺 FF）40% 聚丙烯酰胺溶液（38% 单丙烯酰胺，2% 双丙烯酰胺）

—N，N，N'，N'-四亚甲基二胺（TEMED）

—10% 过硫酸铵

—荧光墨水（fluorescent ink）

酶

—RNA 酶抑制剂（Promega；40U/μl）

—脱氧核糖核酸酶 I，扩增级（Gibco-BRL；1U/μl）

—蛋白酶 K（Boehringer Mannheim；20 mg/ml）

—M-MLV 逆转录酶（SuperScript from Gibco-BRL；200U/μl）

—大肠杆菌 DNA 聚合酶 I（Gibco-BRL；10U/μl）

—T4 DNA 连接酶（Gibco-BRL；1U/μl）

—核糖核苷酸酶 H（Gibco-BRL；2.2U/μl）

—T7 RNA 聚合酶（Gibco-BRL；50U/μl）

—*Taq* DNA 聚合酶（Gibco-BRL；5U/μl）

引物

—Oligo（dT)$_{18}$ T7 cDNA 合成引物（10 ng/μl）

（5'-TAATACGACTCACTATAGGGCTTTTTTTTTTTTTTTTTT-3'）

—随机六核苷酸引物（10 ng/μl）

（5'-NNNNNN-3'）

—DD-PCR（dT)-锚定引物（150 ng/μl）

［5'-TTTTTTTTTTT（A/C/G）A-3'；

5'-TTTTTTTTTTT（A/C/G）C-3'；

5'-TTTTTTTTTTT（A/C/G）G-3'；

5'-TTTTTTTTTTT（A/C/G）T-3'］

—DD-PCR 随机十核苷酸引物（17 ng/μl）

（26 条随机十核苷酸引物的应用参见 Bauer et al. 1993）

■■ 步 骤

I. RNA 的分离

1. 收集对照组和实验组细胞，放入含 45 μl 2 mmol/L DTT 的 1.5 ml 微量离心管中。

2. 95℃水浴热解 2 min。

3. 每管加入以下物质：

　—0.5 μl RNA 酶抑制剂（20U）

　—15 μl 5×脱氧核糖核酸酶 I/蛋白酶 K 缓冲液

　—3 μl 脱氧核糖核酸酶 I（3U）

4. 37℃温育 30 min。

5. 加以下物质：

　—7.5 μl 200 mmol/L EDTA/5% mol/L SDS

　—4 μl 蛋白酶 K

6. 温育 37℃ 15 min。

7. 加 DEPC 处理过的 H$_2$O 至终体积 200 μl。

8. 加 200 μl 酚/ 氯仿/异戊醇 （25:24:1）。

9. 振荡 30 s。

10. 微量离心机 14 000 g 离心 5 min。

11. 将上清转移到干净的 1.5 ml 管中，加 200 μl 氯仿/异戊醇 （24:1）。

12. 振荡 30 s。

13. 微量离心机 14 000 g 离心 2 min。

14. 加入 1 μl （10 μg）糖原，20 μl 3mol/L 乙酸钠 （pH 5.2）和 600 μl 100%乙醇，－20℃过夜沉淀 RNA。

注意：在以下所沉淀步骤中不需要加糖原和过夜。

15. 在 4℃微量离心机中离心 14 000 g×30 min。

16. 小心除去上清，加入 200 μl 70%乙醇。

17. 微量离心机短暂离心。

18. 小心除去上清液，室温下干燥沉淀物 5 min。

19. 按下一步骤的要求重溶解沉淀物。

II.cDNA 的合成

1. 加入 10 μl 经 DEPC 处理水重溶 RNA 沉淀物，加入 1 μl （10 ng） T7 oligo （dT）$_{18}$。

2. 95℃水浴 2 min 使 RNA 变性，在冰上快速冷却。

3. 加以下物质：

　　—4 μl 5×第一链缓冲液

　　—2 μl 100 mmol/L DTT

　　—1 μl 10 mmol/L dNTPs

　　—0.5 μl RNA 酶抑制剂 （20U）

　　—1.5 μl mol/L-MLV 逆转录酶 （300U）

4. 37℃温育 1h。

5. 加以下物质：

　　—90 μl 经 DEPC 处理水

　　—32 μl 5×第二链缓冲液

　　—3 μl 10 mmol/L dNTPs

　　—6 μl 100 mmol/L DTT

　　—6 μl T4 DNA 连接酶 （6U）

　　—3 μl 大肠杆菌 DNA 聚合酶 I （30U）

　　—0.6 μl RNA 酶 H （1.3U）

6. 16℃水浴温育 2h。

7. 按上述 RNA 的分离第 7~19 步进行酚/ 氯仿/异戊醇抽提、氯仿/异戊醇抽提以及乙醇沉淀。

8. 加入 10 μl 水重溶双链 cDNA 沉淀物，用 50 ml TE 液 （无 RNA 酶）透析 4h （温和地将 cDNA 转移到 0.025 μm 微孔滤器上，滤器浮于含 50 ml 无 RNA 酶 TE 液的锥形管中。4h 后将样本转移到 1.5ml 的反应管中，用 5 μl 经 DEPC 处理过水漂洗滤器，并将洗液加入同一管中）。

III. aRNA 的合成

1. 每 15.2 μl 上述步骤所得双链 cDNA 溶液中加入以下物质：

—5 μl 5×T7 RNA 聚合酶缓冲液

—1 μl 100 mmol/L DTT

—1.3 μl 10 mmol/L NTPs

—0.5 μl RNA 酶抑制剂（20U）

—2 μl T7 RNA 聚合酶（100U）

2. 37℃温育 4h。

3. 加入以下物质：

—17.5 μl 水

—5 μl 350 mmol/L KCl

—2.5 μl DNA 酶 I（2.5U）

4. 37℃温育 30 min。

5. 按上述 RNA 的分离第 7～19 步进行酚/氯仿/异戊醇抽提、氯仿/异戊醇抽提以及乙醇沉淀。

IV. 从 aRNA 合成 cDNA

1. 加入 10 μl 经 DEPC 处理水重溶 aRNA 沉淀物，然后加入 1 μl（10ng）六核酸引物。

2. 95℃水浴 2min 使 aRNA 变性，在冰上快速冷却。

3. 加以下物质：

—4 μl 5×第一链缓冲液

—2 μl 100 mmol/L DTT

—1 μl 10 mmol/L dNTP 混合物

—0.5 μl RNA 酶抑制剂（20U）

—1.5 μl M-MLV 逆转录酶（300U）

4. 37℃温育 1h。

5. 按上述 RNA 的分离的第 7～19 步进行酚/氯仿/异戊醇抽提、氯仿/异戊醇抽提以及乙醇沉淀。

6. 按上述 cDNA 的合成的第 8 步进行透析。

7. 把 cDNA 转移到干净的反应管后，加入经 DEPC 处理水至终体积 50 μl。

V. DD-PCR

1. 在 0.5 ml 反应管中加入以下物质：

—2 μl cDNA 前面步骤的产物

—8.7 μl 经 DEPC 处理水

—2 μl dT 锚着引物的一种（300 ng）

—2 μl 随机十核苷酸引物的一种（34 ng）

—2 μl 200 μmol/L dNTPs

—2 μl 10×PCR 缓冲液

—0.3 μl [α-^{32}p] dCTP

—1 μl *Taq* DNA 聚合酶（5U）

2．当所用的热循环仪没有预热顶盖时，可以在反应管中加一滴植物油，以防止水分蒸发。

3．将反应管放入预先加热到 94℃ 的热循环仪，进行 PCR 前先温育 3 min。

4．循环 40 次。

—94℃，25 s

—42℃，50 s

—72℃，25 s

5．加 8 μl 甲酰胺加样缓冲液，94℃，5 min 使 DNA 变性。

6．5% 变性聚丙烯酰胺测序凝胶电泳，每孔加样 6 μl，走胶，直至二甲苯青 FF 达凝胶全长的 3/4 处。

7．用塑料薄片覆盖湿凝胶，无须固定，放射自显影过夜，用荧光墨水标记凝胶四角。

8．利用荧光点作为标志物准确排列经曝光胶片和凝胶，切下目的胶条，放入干净的 1.5 ml 反应管中。

9．每个胶条中加 500 μl 凝胶洗脱缓冲液，95℃ 水浴 10 min，室温放置 16h。

10．取 200 μl 含目的 PCR 产物的凝胶洗脱缓冲液，加入干净的 1.5ml 反应管中，加 1 μl（10 μg）的糖原，按上述 RNA 的分离第 7～19 步沉淀 DNA。

11．用 10 μl 经 DEPC 处理水重溶 DNA 沉淀物。PCR 产物此时可在 −20℃ 储存，小部分样品（如 1～3 μl）可用于重新扩增（引物同 DD-PCR 反应）以及随后克隆或测序。重新扩增时 PCR 循环的次数严格根据初始 PCR 产物从聚丙烯酰凝胶中的回收率而定。一般来说，20～40 个循环可以获得足够的产物用于后续的克隆。我们推荐使用市售试剂盒来直接克隆经重新扩增的 PCR 产物，如 Invitrogen 公司的 TOPO TA 克隆试剂盒。

■■ 结　果

我们已经用单细胞 mRNA 差异显示技术来鉴定参与软体动物两个已知神经元之间突触形成过程的基因（Van Kesteren et al. 1996）。靶细胞选定之后，发现神经元之间突触联系的形成同时依赖于突触前以及突触后神经元的基因表达改变。知道这些变化的本质，对我们了解神经发育、神经元的可塑性以及神经系统的再生都非常重要。因上述方法中包含 aRNA 扩增，这大大增加差异显示形式的可重复性。我们已经发现了 30 多个上调基因和下调基因（图 3-5）。目前正在对这些基因进行鉴定。

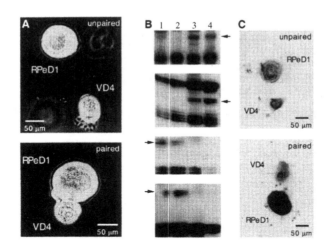

图 3-5　A. 已知软体动物神经元 R PeD1 和 VD4 的照片，上图为分开培养，下图为胞体-胞体成配对状，已形成双向化学性突触（Feng et al. 1997）。B. 单个神经元 cDNA 库的 DD-PCR，泳道 1、2 的 DD-PCR 产物来自 6 个非配对细胞的 2 个互不相关的 cDNA 库，泳道 3、4 则来自 6 个胞体-胞体-配对细胞的 4 个互不相关的 cDNA 库。图中显示了上调基因产物（上面两幅图中箭头所示）和下调基因产物（下面两幅图中箭头所示）。在每幅图中至少显示了一个基因产物，其表达因配对而没有改变。C. 用上调 DD-PCR 产物中的一种作为探针，在非配对细胞（上图）和胞体-胞体配对细胞（下图）内进行原位杂交，进一步证实了配对过程中 R PeD1 相关 mRNA 确实被诱导表达，该细胞胞浆内的深染色代表碱性磷酸酶活性，提示探针与细胞 mRNA 杂交 [自 Feng et al.（1997）修改而来，获美国神经科学学会的允许]。

实验方案 4　树突和轴突中 mRNA 的功能意义：离体神经突起的代谢性标记

■■ 导　言

利用上述方法已经证实，mRNA 和 rRNA 存在于树突和轴突内（Van Minnen 1994；Steward 1997）。令人疑惑不解的是，位于胞体外区域的 mRNA 是否真的被翻译。下面的方法可以证明神经突起确实可以不依赖胞体而合成蛋白。目前已有几篇关于这项技术的文献报道（Crino and Eberwine 1996；Van Minnen et al. 1997；Bergman et al. 1997）。

■■ 材　料

材料和溶液

—固定剂：1%～4%多聚甲醛

—温育液：51.3 mmol/L NaCl，1.7 mmol/L KCl，4.0 mmol/L CaCl$_2$，1.5 mmol/L MgCl$_2$，0.3 mmol/L 葡萄糖，1 mmol/L L-谷氨酰胺

—氯霉素（Serva，Heidelberg，Germany）

—Tran-^{35}S 标记（1175 Ci/mmol；ICN Biochemicals，Irvine，Ca）

—放射自显影乳剂（Kodak NTB 2 或 Ilford K5，Cheshire，UK）

—显影剂（D19，Kodak）

—放射自显影固定剂：20% $Na_2S_2O_3$ 水溶液（硫代硫酸钠）

—SDS 样本缓冲液：20%甘油，10% 2-巯基乙醇，10%SDS

—扩增仪（Ammersham，UK）

—聚丙烯酰胺凝胶电泳（PAGE）装置

■■ 步　骤

放射自显影

神经元在条件培养基中培养 2d，如第十章所述。

1．用一个锋利的微电极从胞体分离神经突起，并用牵引电极将胞体移出培养皿（见第十章）。

2．在培养液中加入终浓度 0.1mmol/L 氯霉素，阻断线粒体蛋白的合成。

3．小心移去培养液并用温育液洗涤 6 次，每次 1 min。保证轴突始终被一小部分液体覆盖；一旦干了，轴突便会崩解。

4．在含 0.5 mCi/ml 反式-^{35}S 和 0.1 mmol/L 氯霉素的温育液内标记 30 min。

5．用含 1mol/L 未标记半胱氨酸和蛋氨酸以及 0.1 mmol/L 氯霉素的温育培养液洗涤 6 次，每次 40 min。

6．用 1%的多聚甲醛和 1%的乙酸固定 2h。

7．用一系列浓度递增乙醇脱水。

8．于空气中干燥。

9．浸入放射自显影乳剂。

10．曝光 2～7d；具体时间根据^{35}S 标记掺入蛋白的速度而定。

11．D19 中显影。

12．水中短暂漂洗。

13．20% $Na_2S_2O_3$（硫代硫酸钠）水溶液固定。

14．水洗涤 20 min。

15．封片液或甘油封片。

聚丙烯酰胺凝胶电泳

1．从胞体分离神经突起并去胞体。

2．0.1 mmol/L 氯霉素预温育分离的神经突起 30 min。

3．用温育液洗涤 6 次，每次 1 min。

4．在含 0.5 mCi/ml 反式-^{35}S 和 0.1 mmol/L 氯霉素的温育液内标记 2.5h。

5．温育液洗涤 6 次，每次 30min。

6．20 μl SDS 样本缓冲液收集神经突起，并转移入微量离心管。

7. 煮沸 5min。

8. 样本于 12 000 r/min，离心 2 min。

9. 取上清液加样到 8% SDS-PAGE 进行电泳。

10. 50% 甲醇和 10% 乙酸固定凝胶 30 min。

11. 用扩增仪处理凝胶 20min。

12. 干燥凝胶。

13. 在 X 射线胶片（Kodak Biomax MS）上曝光 1～3 周。

14. 显影胶片。

■■ 结 果

为了解神经突起内蛋白的合成部位以及这些部位合成蛋白的异质性，我们应用反

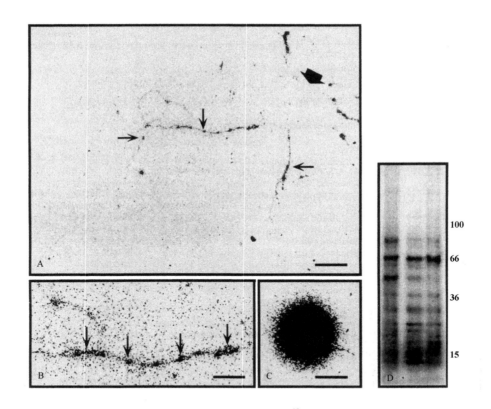

图 3-6　A. Pedal A 细胞的离体突起在含 0.5 mCi/ml 反式-^{35}S 和 0.1 mmol/L 氯霉素的温育液内温育 30 min 后的放射自显影。神经突起显示的放射自显影信号提示离体突起可以不依赖胞体合成蛋白。蛋白合成主要位于曲张体（箭头）和生长锥（未显示），这与 Pedal 肽编码 mRNA 的亚细胞定位位点一致（与图 3-1 比较）。大的箭头提示胞体被移出培养皿前的位置。标尺＝ 30 μm。B. 为 A 图的局部放大，显示在神经突起的曲张体处有蛋白合成。标尺＝15 μm。C. Pedal A 细胞胞体放射自显影，与 A 图神经突起的温育方式相同。信号比神经突起强得多，表明大多数的蛋白合成是在胞体完成的。标尺＝30 μm。D. 用 8% SDS-PAGE 电泳分离。每个泳道的样本来自 10 个 Pedal A 细胞的离体神经突起。从放射自显影照片可见，离体突起可以合成分子质量为 10～100 kDa 的蛋白。

式-^{35}S标记技术通过^{35}S标记的半胱氨酸和蛋氨酸标记了离体神经突起。如果离体轴突确实存在蛋白合成，那么这些放射标记的氨基酸将能够掺入蛋白，并被放射自显影方法检测到。结果证明神经突起能够合成各种各样的蛋白，而且这个过程主要发生在曲张体和生长锥（图 3-6）。

实验方案 5   mRNA 的细胞内注射

■■ 步 骤

用于细胞内注射的加帽 mRNA 的制备

材 料

—T3 或 T7 RNA 聚合酶（Promega）

—线性 DNA

—5×Cap-Scribe 缓冲液（Boehringer Mannheim）。缓冲液内核糖核苷-三磷酸和加帽-核苷酸（P^1-5′-（7-甲基）-鸟苷 P^3 5′鸟苷三磷酸）的浓度经过优化，以确保高效合成加帽 mRNA

—RNaid-试剂盒（Bio 101）

—RNA 酶抑制剂（Promega；40 U/μl）

—脱氧核糖核酸酶 I（Gibco-BRL；IU/μl）

步 骤

1. 依次加入下列物质，终体积为 20 μl，冰上操作：
   —4 μl 5×Cap-Scribe 缓冲液
   —0.5 μg 线性 DNA
   —0.5 μl RNA 酶抑制剂
   —加重蒸（馏）水使总体至 18 μl
   —2 μl 合适的 RNA 聚合酶以获得正义链
2. 37℃温育 1h。
3. 加入 1 μl DNA 酶 I（无 RNA 酶），37℃温育 10 min。
4. 用 RNaid 试剂盒提纯 mRNA。
5. 25 μl 灭菌水（无 RNA 酶）溶解 RNA。

注射的准备

材 料

—微电极：经包围的玻璃电极，薄壁，内径 1.5 mm，内有细丝，高压灭菌。用微电极拉制器拉制，含饱和 K$_2$SO$_4$ 时的电阻为 10～15 mΩ

—微电极拉制器（Kopf Instruments，USA）

　　—微量加样器移液枪头，用前高压灭菌

　　—显微操作器（Narashige 110 203）

　　—光学相差倒置显微镜

　　—压力注射器（Narashige）

溶　液

（未提到的溶液，可以参见方法1"培养神经元的原位杂交"相关部分）

　　—乙二胺

　　—针对所注射 mRNA 编码蛋白的抗体

　　—荧光标记的第二抗体

　　—神经元的分离过程和培养条件（参见第十二章）

步　骤

　　1．从中枢神经系统分离神经元，保持其一长段轴突的完整。

　　2．在条件培养基中培养18～48h，直到从原有的轴突长出足够的突起。

　　3．用锋利的玻璃电极，从距离胞体大约一个细胞直径的部位横切轴突。

　　4．用微量加样器给玻璃电极充灌 mRNA（质量浓度20～50 ng/μl）。仅使电极头部充满 mRNA 溶液（每个电极大约用0.3 μl）。

　　5．穿刺轴突，以20psi、持续1～15s 脉冲将 mRNA 注射入轴突。在相差显微镜下可观察到白色小滴状的 mRNA。

　　6．温育。温育时间根据细胞类型和所用 mRNA 种类而定。在我们的实验中，应用椎实螺属编码卵生激素前体的 mRNA，一般注射后温育2 h 可以检测到其转化的蛋白。

　　7．固定并透膜处理细胞，按培养神经元 ISH 方法中第1～3步进行。

　　8．TBSGT 洗涤2次，每次5min。

　　9．与一抗温育、室温2h 或4℃过夜。

　　10．TBSGT 洗涤2次，每次10 min。

　　11．与二抗温育，室温1～2h。我们的实验应用 FITC 交联的二抗，也可用酶交联抗体。用碱性磷酸酶交联二抗的步骤可参见方法1"培养神经元的原位杂交"。

　　12．TBSGT 缓冲液洗涤1次，5 min。

　　13．水洗涤2次，每次10 min。

　　14．75％甘油（溶于水）封片，甘油溶液中含0.5％乙二胺，以减慢 FITC 的褪色。

　　15．倒置荧光显微镜观察。

■■ 结　果

　　为研究离体轴突中的 mRNA 是否能转化成蛋白质，我们将编码卵生激素（ELH）前体的 mRNA 注入 Pedal A 细胞的轴突。我们首先证实这些细胞不表达 ELH 基因。然后通过免疫细胞化学方法用 ELH 的抗血清检测注射 mRNA 的翻译。结果显示，离体轴突能够将注射的 mRNA 转化成通过免疫细胞化学方法可检测到的蛋白质。转化产物主要定位于生长锥和曲张体（图3-7）。

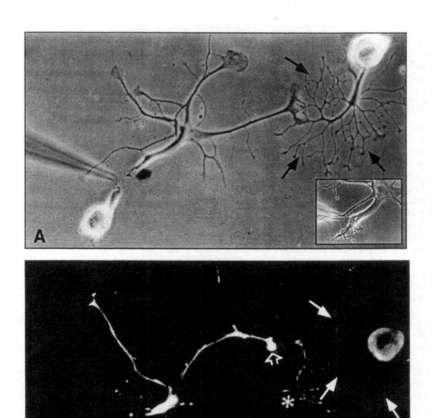

图 3-7　Pedal A 细胞离体轴突内 ELH mRNA 的翻译

A. 用一个锋利的玻璃电极（大箭头所示）分离 Pedal A 细胞的轴突，将 mRNA 注入轴突（见内插图）。注意：轴突与胞体分离以及注入 mRNA 之后，截断轴突的突起和生长锥仍在继续延长（如 B 图中开放箭头所示的生长锥）。左上角的 Pedal A 细胞未作注射，作为免疫细胞化学反应的对照。B. 注射后 4h，固定细胞，进行免疫细胞化学染色。用 FITC 交联的二抗，检测 ELH 免疫活性。可在轴突（星号）和生长锥（开放箭头）检测到 ELH 免疫活性物质。注意未注射的对照细胞的突起（A 和 B 中箭头所示）完全没有 ELH 免疫活性。两个 Pedal A 细胞胞体的微弱荧光信号来自胞体的自发荧光。标尺＝50 μm。

参 考 文 献

Bauer D, Mueller H, Reich J, Riedel H, Ahrenkiel V, Warthoe P, Strauss M (1993) Identification of differentially expressed mRNA species by an improved display technique (DDRT-PCR). Nucleic Acids Research 21: 4272–4280.

Bergman JJ, Syed NI, Kesteren ER van, Smit AB, Geraerts WPM, Van Minnen J (1997) Modulation of local protein synthesis in neurites of identified *Lymnaea* neurons. Soc Neurosci Abstracts

23: 596.

Crino PB, Eberwine J (1996) Molecular characterization of the dendritic growth cone: regulated mRNA transport and local protein synthesis. Neuron 17:1173–1187.

Danscher G (1981) Light and electron microscopic localization of silver in biological tissue. Histochemistry 71: 177–86.

Davis L, Dou P, DeWit M, Kater SB (1992) Protein synthesis within neural growth cones. J Neurosci 12:4867–4877.

Dirks RW (1996) RNA molecules lighting up under the microscope. Histochemistry Cell Biol 106: 151–166.

Edström JE, Eichner D, Edström A (1962) The ribonucleic acid extracted from isolated Mauthner neurons. Biochim. Biophys. Acta 61:178–184.

Edström A (1966) Amino Acid Incorporation in isolated Mauthner nerve fibre components. J Neurochem 13: 315–321.

Egger D, Troxler M, Bienz K (1994) Light and electron microscopic in situ hybridization: Non-radioactive labeling and detection, double hybridization, and combined hybridization-immunocytochemistry. J Histochem Cytochem 42: 815–822.

Feng ZP, Klumperman J, Lukowiak K, Syed NI. (1997) *In vitro* synaptogenesis between the somata of identified *Lymnaea* neurons requires protein synthesis but not extrinsic growth factors or substrate adhesion molecules. J Neurosci 17: 7839–7849.

Karrer EE, Lincoln JE, Hogenhout S, Bennett AB, Bostock RM, Martineau B, Lucas WJ, Gilchrist DG, Alexander D (1995) *In situ* isolation of mRNA from individual plant cells: creation of cell-specific cDNA libraries. Proc Natl Acad Sci USA 92:3814–3818.

Klumperman J, Spijker S, Van Minnen J, Sharpbaker H, Smit AB, Geraerts WPM (1996) Cell type-specific sorting of neuropeptides – a mechanism to modulate peptide composition of large dense-core vesicles. J Neurosci 16: 7930–7940.

Liang P, Pardee AB (1992) Differential display of eukaryotic messenger RNA by means of the polymerase chain reaction. Science 257:967–971.

Livesey FJ, Hunt SP (1996) Identifying changes in gene expression in the nervous system: mRNA differential display. Trends Neurosci 19: 84–88.

Mackler SA, Brooks BP, Eberwine JH (1992) Stimulus-induced coordinate changes in mRNA abundance in single postsynaptic hippocampal CA1 neurons. Neuron 9: 539–548.

Macville MV, Wiesmeijer KC, Dirks RW, Fransen JA, Raap AK (1995) Saponin pre-treatment in pre-embedding electron microscopic in situ hybridization for detection of specific RNA sequences in cultured cells: a methodological study. J Histochem Cytochem 43: 1005–1018.

Maniatis T, Fritsch EG, Sambrook J (1982) Molecular cloning: a Laboratory Manual. Cold Spring Harbor: Cold Spring Harbor Laboratory

Miyashiro K, Dichter M, Eberwine J (1994) On the nature and differential distribution of mRNAs in hippocampal neurites: Implications for neuronal functioning. Proc Natl Acad Sci USA 91: 10800–10804.

Morel G (1993) [Ultrastructural in situ hybridization. Pathol Biol (Paris) 41:187–193.

Morey AL (1995) Non-isotopic in situ hybridization at the ultrastructural level. J Pathol 176: 113–121.

Perrone Capano C, Giuditta A, Castigli E, Kaplan BB (1987) Occurrence and sequence complexity of polyadenylated RNA in squid axoplasm. J Neurochem 49: 698–704.

Steward O (1983) Polyribosomes at the base of dendritic spines of central nervous system neurons: Their possible role in synapse construction and modification. Cold Spring Harbour Symposia on Quantitative Biology 48:745–759.

Steward O (1997) mRNA localization in neurons: A multipurpose mechanism? Neuron 18: 9–12.

Van Kesteren RE, Feng Z-P, Bulloch AGM, Syed NI, Geraerts WPM (1996) Identification of genes involved in synapse formation between identified molluscan neurons using single cell mRNA differential display. Soc Neurosci Abstracts 22: 1948.

Van Minnen J (1994) Axonal localization of neuropeptide-encoding mRNA in identified neurons of the snail *Lymnaea stagnalis*. Cell Tissue Res 276:155–161.

Van Minnen J, Bergman JJ, Van Kesteren ER, Smit AB, Geraerts WP, Lukowiak K, Hasan SU, Syed NI. (1997) De novo protein synthesis in isolated axons of identified neurons. Neuroscience 80: 1–7.

第四章　培养单神经元的光学记录技术

Andrew Bullen and Peter Saggau

汪萌芽　译

皖南医学院生理学教研室

wangmy@mail.ahwhptt.net.cn

■ 绪　论

用光学方法记录单个成活神经元活动过程的技术，必须按照以下两个基本问题来加以考虑，即要记录什么和如何记录。特别在确定要记录什么时，应选择有意义的参数（如膜电位或离子浓度），确定所需信息的性质（如定性还是定量），并选取最适合做这些检测的光学指示剂。同样，在确定如何记录这些信号时，也要考虑记录的方法（如测光法还是成像法）、试验步骤（如负载和染色的方案）以及数据处理的技术（如信号的处理与分析）。不论选择哪些方法与之结合，关键的问题是要了解可对获得高质量光学信号造成影响的基本因素。通过全面了解这一记录方法的主要局限性，新的研究者就能提高信号质量使之达到最佳，并有效地解决可能产生的各种技术问题。

本章同时考虑了仪器和实验的因素以及它们对培养单神经元进行定性和定量光学记录的影响，特别介绍了在亚细胞分辨率上对各种生理学参数进行快速记录的合适方法。本章还用电压敏感染料和钙指示剂两类光学标记物，来诠释获得成功光学记录的原则，这些原则很容易推广到其他种类的光学指示剂。

本章所涉及的范围，局限于从培养的单神经元或小团细胞进行生理学记录的方法学，因此我们不考虑那些用于分析微细结构或对细胞标记物进行定位的方法，也不讨论获得适合光学记录的神经元所必需的培养技术（相应地可参阅第十章）。当然，我们还是介绍了有利于这种记录，而需要优化的几种细胞培养的特点。可用于更复杂组织如脑片或在体标本进行光学记录的方法，将在本书的其他章节予以介绍，读者参考 Sinha 和 Saggau 撰写的第十六章和 Grinvald 等撰写的第三十四章。

在用光学记录方法进行试验之前，必须进行一系列的基本准备工作，这些问题包括：

—用于光学记录的细胞培养应具备的特点

—直视单神经元的方法

—光学指示剂的选择（如参数、信号类型等）

—记录技术的选择（如测光法还是成像法）

—仪器的选择（包括光源、镜头和探测器）

用于光学记录的细胞培养应具备的特点

根据细胞的类型和培养条件，神经元的细胞培养可有多种形式。不过，良好光学记录所需要的条件非常苛刻，有时甚至要改变培养的方法，这在需要将指示剂加入培养液或需要亚细胞分辨率的情况下，就尤为明显。在这些情况下，神经元密度应尽量低、神经元突起（如轴突和树突）应足够少，以利于信号源的清晰辨别，一般低密度（如大约200 个细胞/mm^2）的单层细胞培养能满足这些要求。另外，培养中非神经元细胞数量（如胶质细胞）必须降到最低，因为它们也可被光指示剂染色，而且容易呈现非特异性光信号。最后，细胞应当用合适的培养板培养，其光学特性要与下文所介绍的高数值孔径物镜和强对比技术相匹配（如厚度<150 μm）。尤其应注意，有些塑料底板可为某些神经元提供适合生长的表面，它们必须足够薄以适合物镜的工作距离。此外，这些培养板应当是去极化的，否则在使用极化依赖性对比增强技术时，就会影响图像的形成。

直视单个神经元的方法

培养的单神经元通常光对比性较差，在传统使用的明视场光源时更为明显。在细胞培养中，一般使用相差显微镜来鉴定和估计这些细胞的存活情况，典型的健康神经元为强明相，而不健康的细胞和胶质细胞则为暗相。然而，有相差镜片的透射光，并不一定都能提供足以在细胞间或微小的细胞结构中进行鉴别的高空间分辨率或景深。因此，也经常选择其他光源方法对细胞或细胞的部分区域进行光学记录，这些方法有：

　　　—Normarski 或微分干涉对比（DIC）

　　　—Hoffman 调制对比（HMC）

　　　—Varel 对比或可调制对比（VC）

HMC 成本相对便宜，易于操作而且对双光折射不敏感，但它的光学断层能力明显弱于 DIC。然而，DIC 对强双光折射结构如有髓轴突效果较差，同时由于 DIC 要用极化光，故不适宜用塑料的培养皿或载玻片，因为它们有各向异性的特性而严重降低成像质量。VC 是新近才研制成功的，目前只有一家厂商提供。和 HMC 一样，VC 也是成本相对较低且易于操作。但是，VC 较难与落射荧光镜头结合使用。关于这些方法的更多信息，请参阅 Spector 等（1998）。

光学指示剂的选择

光学记录技术的优越性之一，就在于它能监测各种不同的生理参数（如离子浓度、膜电位和第二信使）。然而，检测每一种参数都有一系列相似的指示剂供选择，例如，在每一类指示剂中都有一系列基于各种自身特性的染料。这些特性可包括：

　　　—使用模式（成批负载与单细胞负载）

　　　—光谱特性（紫外光激发与可视光激发）

　　　—完全结合的亲和力（指离子或膜）

　　　—特殊性质（如近膜染色，或缓慢渗入性，或葡聚糖结合性染色）

　　定量与定性的光指示剂

在使用光学指示剂进行研究之前，首先要对拟用的指示剂做出一系列的选择，这些选择显然要依赖于实验目的及可能的信号特征。例如，研究者必须要做出是定性结果还是定量结果的选择，而后者就需要应用比值测量法。下面的简单流程图有助于读者了解做出这一选择的过程（图4-1）。

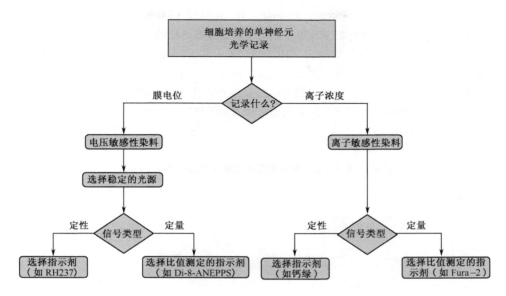

图 4-1　决定 "记录什么" 的选择方案

　　对于其他要深层考虑的一些因素（如敏感性、亮度及对光稳定性等），在看似相似的指示剂中进行选择也是非常重要的，这将在后面讨论（光指示剂比较的指标）。当前光指示剂方面的信息可参考 Haugland（1996）和 Johnson（1998）的文献。

　　荧光性与光吸收率

　　许多光学参数能被测出，并对应于相关的各种生理变化。例如，一些指示剂可用荧光法监测，而另一些指示剂则最好用光吸收法监测。有时，可以利用同一光学指示剂兼测荧光和光吸收率。还有一些光指示剂甚至根本不需要激发。

　　通常荧光法更适合用于观察细微结构或光指示剂浓度较低情况下的光信号，特别在使用细胞培养的实验中，荧光法几乎总是优于其他方法。在这种情况下，由于产生光信号的亚细胞结构的表面积和（或）容积有限的缘故，荧光信号通常强于记录的光吸收信号，也就是荧光染料信号（$\Delta F/F$）要比对应的光吸收信号（$\Delta I/I$）强得多，这样对仪器灵敏度的要求也就低一些。鉴于这些原因，下面重点讨论荧光指示剂。

　　光指示剂的选择在一定程度上取决于使用的光源、光学配置及光电探测器。不同种类型的光指示剂有不同的特性，这就需要优化不同的参数。本章我们重点介绍两类完全不同的荧光指示剂：电压敏感性染料和钙离子指示剂。这些指示剂中的每一种都体现了明显不同的仪器配置需求和方法学问题。

　　电压敏感性染料

　　对膜电位敏感的光指示剂通常称作电压敏感性指示剂或电压敏感性染料（VSD）。基于它们对膜电位变化的反应时间不同而将 VSD 分为两类：慢反应 VSD 和快反应 VSD。慢反应 VSD 亦称为再分布染料，特定的表现是这些膜滞留染料依赖于膜电位而将细胞内外隔开。通常再分布染料对膜电位表现出高度敏感性（$\Delta F/F > 10^{-2}/100\,\mathrm{mV}$）。然而，由于这些染料在跨膜的电分布过程所导致的反应时间较慢（通常在秒级），大大限制了它在神经元活动监测中的应用。快反应 VSD 是典型的歧性和吸附在膜上的非膜滞留性染料，在电场变化时发生方位改变或部分结构改变，这些结构的改变即造成荧光变化。通常膜电位的改变（$10^{-4} \sim 10^{-2}/100\mathrm{mV}$）造成快反应 VSD 微弱的荧光变化，但这些指示剂有非常快的反应时间（通常为微秒级），对检测神经元的活动非常有效。除了一些有电压依赖性光谱偏移的染料外，快反应 VSD 信号的绝对量化是很困难的。有电压依赖性光谱偏移的染料通常称为电子铬剂，可以进行比值法测量，并进行绝对量化。

表 4-1　用于单细胞研究的荧光性电压敏感性染料（VSD）

VSD	应用位点	结构	信号强度 ($/100\mathrm{mV}$)	相对膜亲和力	参考文献
RH 237	细胞外		2×10^{-2}	低	(1),(2)
RH 421	细胞外		5×10^{-2}	中	(3)
di-4-ANEPPS	细胞外		10×10^{-2}	中	(4)
di-8-ANEPPS	细胞外		20×10^{-2}	高	(5),(6)
di-2-ANEPEQ	细胞内		3×10^{-2}	低	(7),(8)

注：(1) Chien and Pine (1991a)；(2) Chien and Pine (1991b)；(3) Meyer et al. (1998)；(4) Kleinfield et al. (1994)；(5) Rohr and Salzberg (1994)；(6) Bullen and Saggau (1997)；(7) Antic and Zecevic (1995)；(8) Zecevic (1996).

在同一类 VSD 中再细分是比较困难的。除绝对电压敏感性及亮度外，大部分 VSD 还对不同种属和细胞类型呈现电压敏感性及膜亲和力的不同（Ross and Reichardt 1979）。通常是根据不同的应用，凭经验选择最佳的电压敏感性染料。表 4-1 列举了一些在单细胞研究中应用最广泛的荧光性 VSD。

钙离子指示剂

最新的钙离子敏感性染料（CaSD）均为钙离子缓冲剂 BAPTA 衍生的四羧基染料。实际上，这一大家族的荧光性钙离子指示剂，均通过用不同荧光体对 BAPTA 进行修饰而得。这一家族中包括 Fura-2 和 Fluo-3 等成员，对钙离子均有较其他阳离子更高的选择性。用这些新的钙指示剂既可以完成定性检测也可以进行定量研究，但不同的检测需要不同的指示剂。定性测量仅反映出钙离子浓度改变而不考虑其静息水平或改变的绝对量。这种测量法通常只描述出用全部平均荧光强度标准化的荧光强度变化量（$\Delta F/F$）。相反，定量研究通过比值法测量，能得到绝对钙离子改变量的估计值。比值测定法是非常有用的，因为它固有的特性能克服一些原因引起的失真现象，如光漂白、探针负载和稳定性的变化，以及长时间照明引起的不稳定性等仪器因素。不过，这种方法均要进行实验后定量。通常用于比值法测定的指示剂取决于钙离子依赖性光谱偏移，而定性指示剂只是简单地观察光亮度改变，而其亮度与结合的钙离子是成正比。CaSD 在结合亲和力及相对敏感性上也有区别。结合亲和力指对钙离子的敏感性，可用解离常数（K_d）进行描述。而相对敏感性指随钙离子浓度波动，荧光发生改变的大小，这一参数通常表示为结合钙离子与游离钙离子浓度的比值。与 VSD 相比，钙指示剂通常产生大得多的 $\Delta F/F$ 变化（如 $10^{-2} \sim 10^{0}$），这样源噪声（如来自不同光源的光强度变化，这可直接影响激发荧光）的影响也小。

表 4-2 列举了一些单细胞研究中常用的荧光性钙离子敏感性染料。

表 4-2　用于单细胞研究的荧光性钙离子敏感性染料

CaSD	比值	结构	Ca 亲和力（K_d）	相对敏感性 R_{max}/R_{min}	参考文献
Indo-1	发射		Std. -230nmol/L 1EF - 33μmol/L	20 20	(1)，(2)
Fura-2	激发		Std. - 145nmol/L 2FF - 35μmol/L	45 45	(1)，(2)

续表

CaSD	比值	结构	Ca 亲和力（K_d）	相对敏感性	参考文献
Fluo-3	无		Std. - 390nmol/L 3FF - 41μmol/L	F_{Ca}/F_{Free} 200 120	(2),(3)
钙绿	无		1N - 19 nmol/L 2N - 550nmol/L 5N - 14μmol/L	F_{Ca}/F_{Free} 14 100 38	(2),(4)
俄勒冈绿	无		1 - 170nmol/L 2 - 580nmol/L 5 - 20μmol/L	F_{Ca}/F_{Free} 14 100 44	(2)
钙橙黄	无		1N - 185nmol/L 5N - 20μmol/L	F_{Ca}/F_{Free} 3 5	(2),(4)

注：列出的分子结构是指 Indo-1（Std），Fura-2（Std），Fluo-3（Std），钙绿－1N，俄勒冈绿－488－BAPTA－2 和钙橙黄－5N。参考文献（1）Grynkiewicz et al.（1985）；（2）Haugland（1996）；（3）Minta et al.（1989）；（4）Eberhardand Erne（1991）。

双重指示剂研究

通常通过使用两种或两种以上的染料，可以对同一组织同时进行两个或两个以上光学指示剂的测量。然而，在同一时间和空间同时记录两种或两种以上的生理信号，通常比测量单个参数要困难得多（Bullen and Saggau 1998；Morris 1992）。

记录技术的选择

　　有许多记录技术可用于单神经元的光学检测。通常，研究者可以在诸如测光法和成像法间做出选择。在单纯的测光法中，可以对整个视野或通过固定光圈所限定的部分视野进行连续的监测。而在成像法，则荧光信号是被记录在按时和按一定空间间隔采集的一系列图像中。这些基本技术可能有各种变化，其中常用的类型例示于图 4-2。

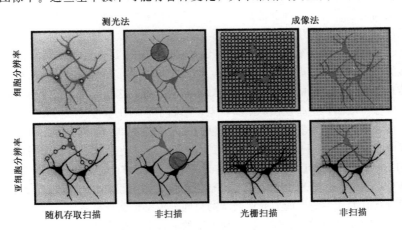

图 4-2　用于单细胞研究的各种光学记录示意图

　　每种技术都有自身的优点和缺点，这取决于不同的实验目的。这些方法的比较以及它们该选用的合适的光指示剂总结于表 4-3。

表 4-3　用于单神经元的光学记录方法比较

	测光法		成像法	
	非扫描法（如 PMT 或光电二极管）	扫描法（如随机存取扫描显微镜）	非扫描法（如图像检测器）	扫描法（如共聚焦显微镜）
空间分辨率	无	高	高	高
时间分辨率	高	高	低到中	低
与 CaSD 匹配	是	是	是	否
与 VSD 匹配	是	是	否	否

高速随机存取激光扫描显微镜

　　最简单的测光法是对一个预定区域进行单位点检测。如图 4-2 所示，这个区域可包括整个细胞、单细胞的一些部位或多细胞群的一些部分。该法最明显的优点在于记录速度非常快，但简单测光法仅仅提供了在某一时间某一位点或区域的信息。另一种具有高空间分辨力的方法即"扫描测光法"，此法是用一个扫描光源对多重交叉记录位点进行光记录。高速随机存取激光扫描显微镜是一种扫描测光法的设备，它的图像摄取和光学记录功能是分别进行的，借以获得时间带宽和（或）空间分辨力。通过使用基于声-光偏转的非常快速扫描技术，此法可对一系列的预选扫描区域进行重复采样，并具有高度的数字化分辨率和与最快生理学活动相一致的采样速率。因此，这种方法可使空间和时间的分辨率达到最佳，此法的详细资料见 Bullen 等（1997）。

　　成像法的应用也可分为扫描法和非扫描法两类。非扫描法一般用科研级摄像机（如冷冻 CCD）或低空间分辨率的光电二极管阵，这些系统的空间分辨率取决于单位空间的可能相当高的（如 1024）像素数。然而，这些系统的缺点在于它们的时间分辨率很低，而且最高的空间分辨率并非总是可用，因为经常需要应用如框并法这样的空间平均技术，以产生一个有用的生理信号。

　　同基于相机的成像系统不同的是扫描显微镜，尤其是共聚焦显微镜和多光子显微镜。许多类型的共聚焦显微镜都可以购到，并用于单神经元光学记录。与此相比，双光子显微镜是新近发展起来的，仍然只有为数不多的产品。这两种技术都能对复杂的三维标本进行成像。然而，这些仪器的某些特点，限制了它们在单神经元的光学记录中的应用。最明显的是，这些仪器由于有限的全帧频率几乎都是单一进行成像，所以对记录快速的生理信号没有太大用处。同时，市面上这些仪器仅使用了 8bit 的数字化分辨率，这对 CaSD 来说有时是足够了，但对 VSD 来说是远远不够的。最后一点，这些仪器的昂贵价格对于初级研究者来说也是一个问题。而且，因为培养神经元通常是单层细胞，所以它们所具有的光学断层能力或亚微米的空间分辨率也就难有益处。为了帮助读者在这些记录的可能性之间做出选择，特制作如下的流程图以简化其过程（图 4-3）。

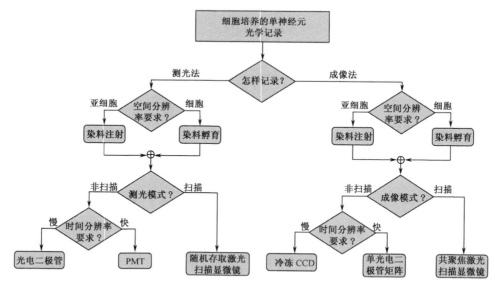

图 4-3　决定"怎样记录"的选择方案

仪　器

　　正确地选择仪器设备是非常重要的，特别是提供标本最佳光照，对确保实验的成功尤为关键。另外，最大限度地采集有效发射光量，可保证获得最好的信号质量。这些仪器的选择包括如下几方面的考虑：

　　—光源

　　—光学仪器

　　—光电探测器

　　光　源

　　确定最好光源的重要因素包括：

　　—亮度

　　—光谱分布

　　—光强度稳定性

　　光学成像中最常用的光源有：

　　—钨卤素灯

　　—高压气焰发射灯

　　—激光

　　钨卤素灯具有最高的光强度稳定性（$\Delta I/I = 10^{-5} \sim 10^{-4}$），其光谱可认为主要是白光，伴有微弱的紫外光发射。高压气焰发射灯如汞灯或氙灯，具有更高光强度，但它们的光强噪声似乎也更大（如 $10^{-4} \sim 10^{-3}$）。汞燃烧发射的是一种非均一光谱，含有许多低于紫外光的波峰，而氙燃烧发射的是很均一的光谱。如果荧光记录中选择汞灯，那就要考虑荧光剂的吸收光谱及相应的激发滤光片，应与同样的汞灯发射光波长相一致（如365，405，436 和 546 nm）。激光越来越受到重视，尤其他们在产生衍射受抑的照明光斑的能力，使之成为扫描成像技术中很好的高强度光源，但美中不足的是，激光产生的相应的噪声非常大，通常都在 $10^{-3} \sim 10^{-2}$，不过现在设计的激光在此方面有很大改善（如噪声降至 $10^{-5} \sim 10^{-4}$）。此外，激光的相干性可导致干涉斑，从而增加总噪声，这样就难以应用在吸光率测定中。激光自身是单色光，它只有若干个间断的波长。因此，选用一种激光光源时，就必须选用一种与其有效波长相匹配的指示剂。

　　光学仪器

　　光学仪器方面包括：

　　—显微镜种类（直立显微镜或倒置显微镜）

　　—物镜和聚光器

　　—滤光片

　　—分色镜

I. 显微镜种类

　　常用于单神经元光学记录的显微镜，主要可分为直立显微镜和倒置显微镜。然而，由于倒置显微镜可使用高放大倍数、高数值孔径的物镜，所以应用更为广泛。

　　像荧光标记法一样，通常应用落射荧光要多于透射荧光。以下几个原因可以说明这种选择的合理性。首先，若选用落射荧光源，激发光和发射的荧光通路反向，它们很容易被双向光束分离器分离开来。其次，物镜也充当聚光器，保证了最好的光路

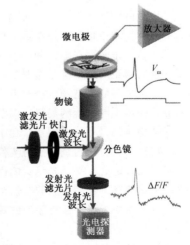

图 4-4　在倒置显微镜上用落射荧光源进行光学记录的典型配置

设计，以及最大的光照强度和聚光效果。落射荧光光源应用于倒置显微镜，也使微电极能应用自如。最后，落射荧光光源也能广泛用于其他光路技术如相差或 DIC。如上所述的典型落射荧光记录装置例示于图 4-4。

II. 物镜和聚光器

任何显微镜中物镜可能是最关键的部件，在各种性能中，它决定了整个系统的分辨率、放大倍数及聚光能力。在为培养单神经元光学记录选择合适的物镜时，如下特性是非常关键的：

—放大倍数

—数值孔径

—工作距离

—光修正

放大倍数：要精确测量单神经元或单细胞的部分区域的荧光，所需的放大倍数通常为 40 倍（40×），这样单神经元或单细胞的部分区域的空间分辨率可与欲测结构一致，其他常用的物镜放大倍数为 63× 或 100×。要特别牢记的是，继物镜之后的其他附加放大倍数，在增大图像尺寸时，并不增加分辨率或聚光能力，因此，应称之为"虚拟放大"。

数值孔径：除分辨率外，物镜的数值孔径（N.A.）还决定了聚光能力，因此能决定成像的亮度。成像的亮度取决于光源亮度和物镜聚光能力，这两个参数都取决于 N.A. 的平方值，因此，在落射荧光装置中，成像的亮度与 N.A. 呈 4 倍的关系。于是，物镜的数值孔径发生轻微变化就能造成成像亮度的显著变化，进而决定了光学记录的信号强度。

工作距离：工作距离（W.D.）是一个列在所有镜头说明书上的重要参数，指的是物镜和标本之间的自由空间。若在直立显微镜将成像技术和微电极一起使用的话，工作距离就显得十分重要了。制造商一般在说明书中给出工作距离，通常指正常厚度盖玻片（♯1）以上的距离。W.D. 与 N.A. 呈反比，因此，高 N.A. 镜头在增加分辨率和聚光能力的同时，要以牺牲工作距离为代价。

光修正：由于存在球性和彩色透镜的失常，高质量的物镜通常要进行光修正。尽管许多这样的修正对于成像是重要的，但在其他因素多有局限时，对于光学记录似乎意义不大，甚至大多数制造商已经改良了物镜，以专门用于荧光记录。然而，对于一个研究者来说，懂得不同物镜的局限性以及了解不同种类镜头的规格还是非常重要的。

选择物镜的另一重要因素，在于它的设计是固定管长的镜头还是平行光镜头，固定管长的物镜在显微镜内直接投射实像，通常在焦点后 160mm 处。相反，平行光镜头投射此像于无穷远处。平行光镜头的优点在于，可以减少典型的复合显微镜光路中所需要的传递镜片数量。任何给定的光通路中镜片数量越少，内部反射越少，有效的光传播就越多。这一点在光路中插有额外的棱镜或滤光片的 DIC 显微镜或落射荧光显微镜中尤其明显。

通常，对于专用于荧光记录的高倍数、高 N.A. 值的浸水镜头来说，以上所有参数都能得到最佳的吻合。每个显微镜供应商都提供了一个或多个物镜以专用于记录荧光。目前我们用的是 Zeiss Fluar 100×（N.A.=1.3）物镜，不过也有其他多种兼容的镜头如 Nikon、Leica、Olympus 等产品。聚光器对于落射荧光显微镜并非特别重要，但在透射光显微镜的成像中却十分重要，因此选择的聚光器必须与物镜的数值孔径相匹配，以确保物镜的分辨率不受聚光器的影响。

III. 滤光片和分色镜

滤光片（包括激发光和发射光）和分色镜的光谱特性取决于：激发光的强度及适宜性；激发光和发射光的相对分离；发射光的聚集效能。

综合这些因素，可以极大地决定信号的强度和质量。在理想状态下，所选择的激发光滤光片和发射光滤光片（也称作激发器和发射器）应处于染料对应的光吸收峰和光发射峰的中央。为了获得最大的信号强度，选择具有宽带光谱的滤光片非常有益，但需在染料的激发光和发射光光谱之间具有足够的分离带，否则两通道光之间会发生交互影响。由于光源总是足够强的，而且容易再增强，所以通常的做法是选用相对窄带的激发光滤光片。基于同样原因，单激光束也能作为很好的激发光源。在这些情况下，进一步的光谱分离就要靠发射光滤光片，它应当有足够的宽带以确保收集所有发射光。大部分情况下，用于单神经元光学记录的荧光指示剂都有特征性的光谱特性，而且标准的滤光片组通常也是可得到的。怎样进行上述选择参见表 4-4。特殊情况要用特制的滤光片，几个著名的制造商如 Chroma 或 Omega（都在 Brattle-boro，VT）等均精于生产定制的光学元件。

表 4-4 常用于单细胞研究的荧光染料所对应的滤光片、分色镜和激光束参数

染料		激发光/nm			分色镜	发射光/nm	
		峰值	滤光片（FWHM）	激光束		峰值	滤光片（FWHM）
钙敏感性染料	Indo-1	346	350（20）	351，354，355	DCLP379，DCLP455	401，475	400（40），480（40）
	Fura-2	340，380，(363)	340（20），380（20）	334，364	DCLP430	512	510（60）
	Fluo-3	503	490（20）	488	DCLP505	525	525（30）
	钙绿	506	490（20）	488	DCLP505	530	530（40）
	俄勒冈绿	496	490（20）	488	DCLP505	524	530（40）
	钙橙黄	549	540（20）	532	DCLP560	575	580（30）
电压敏感性染料	RH 237	506	500（40）	488，514	DCLP560	687	OG610
	RH 421	493	500（40）	488	DCLP550	638	OG590
	di-4-ANEPPS	476	470（40）	476，488，514	DCLP570	605	OG570
	di-8-ANEPPS	476	470（40）	476，488，514	DCLP565	600	OG570 或 540（60）和 600（60）
	di-2-ANEPEQ	497	500（40）	488，514	DCLP575	640	OG570

注意：在一些情况下，若选用的激发光和发射光滤光片与染料的光谱最大峰值不对应，所选择的 VSD 的信号强度（$\Delta F/F$）可能更大些，这一现象是由在去极化引起绝对幅度改变之外，还发生电压依赖性光谱偏移导致的。例如，虽然 di-8-ANEPPS 的激发光和发射光峰值是 476nm 和 570nm，但 Rohr 和 Salzberg（1994）各自发现，这种染料的最佳信/噪比是用 530（25）激发光滤光片，DCLP560 分色镜和 OG570 发射光滤光片获得的。

光电探测器

光学记录系统的最终过程，实质上是由光电探测器完成的，所以要认真地选择这一部件。光检测设备可以是进行最简单测光法的单像素光电探测器，也可复杂到应用于先进成像系统的高分辨率、科研级冷冻 CCD 摄像机不等。选择不同种类探测器应考虑的主要参数如下：灵敏度；量子效能（QE）；暗噪声；动态范围；光谱反应；价格。

对于成像探测器，读取速度和数字化分辨率也是非常重要的。

I. 非成像探测器

最常用的单像素光探测器有光电二极管和光电倍增管，这种探测器没有空间分辨率，但在许多成像技术中仍非常有用。例如，在扫描显微镜中，通过点光源对整个样品或样品的部分区域进行连续扫描，即可得到图像。因此，由于半导体材料的光电二极管具有高动态范围、高量子效能（＞90％）和低成本的优点，仍可作为良好的光电探测器使用。尽管有时造价颇高且较为复杂，光电倍增管（PMT）在扫描技术中优势仍极为明显，因为其兼具灵敏度高和反应速度快两大优点。这些设备系由真空光电二极管和多级光电流放大器集合而成，后者通过多级放大而产生继发的光电子。尽管光电倍增管内部增益可能非常高（增益随放大级数增加而呈指数增大），但是真正的量子效能却远低于半导体光电二极管（大约为 10％，即每十个光子产生一个光电子）。此外，这种内部增益还放大了暗噪声。在对光电二极管与 PMT 的比较中，很难做出哪种检测器更好的结论，因为这取决于要检测的光亮度和所需的带宽。在一定的光源水平以上，光电二极管总是比 PMT 好，但也存在发射噪声的局限性。然而，在低于这个光源水平时，光电二极管产生的暗噪声和随之出现的电子将占据主导地位，此时 PMT 将产生更好的信/噪比，但这一基本原则在考虑带宽时会受影响。在低的光源水平时，光电二极管的反应速度受到时间常数的限制，这一长的时间常数是由于电流－电压转换所需极大的反馈电阻（在 GΩ 级）所致。这一点在 PMT 并不是问题，因为在每个内部增益阶段都有电流的放大。因此，能同时具有敏感性（如低的光源水平）和速度（如扫描技术）这两方面 PMT 可能优于光电二极管。

II. 成像探测器

各种摄像机是光学记录中最常用的成像探测器。然而，因为既对光学指示剂又对所测信号的速度均有要求，只有少数成像探测器真正适合于神经元活动的记录。一台普通的摄像机提供 30 帧/s 及最大分辨率约为 0.5％，这对于用 VSD 进行神经元活动的光学成像是远远不够的，因为这种成像需要探测器提供 10^3 帧/s 和 10^{-4} 静态光强度的信号分辨能力。一种常用于神经生物学研究的科研级成像摄像机，是传递的冷冻 CCD 摄像机，它具有高灵敏度、低噪声的优点，但仅有一般的帧速率。有一种更适合于记录快速神经元活动的成像探测器是光电二极管矩阵（PDM），它可视为单光电二极管队列，这样 PDM 就具有了光电二极管优越的量子效能和高灵敏度。这种仪器的队列大小从 5×5 到 128×128 像素不等，10×10 或 12×12 应用最为广泛，用于很快速的要求时，真正的并行存取可以达到 32×32 像素矩阵。每一光电二极管都对应于各自的电流—电压转换器，可以进行无间隔记录（即无偏移或读取时间延迟）。这种由单光电二极管构成的成像探测器，其带宽主要依赖于光量度和要求的信/噪比，有关这些方面的进一步讨论，请见第四十五章"数据采集和数字化方法"部分。表 4-5 总结了各种光电探测器的相关优缺点。

表 4-5　光电探测器特性比较

光电探测器	灵敏度	量子效能	暗噪声	动态范围	读取速度	空间分辨率	价格
光电二极管	＋	＋＋＋	－	＋＋＋	N/A	1	$
光电倍增管	＋＋＋	＋	－－	＋＋	N/A	1	$ $
光电二极管矩阵	＋	＋＋＋	－	＋＋＋	＋＋＋	16×16	$ $ $
CCD（冷冻帧传递）	＋＋	＋＋	－－－	＋＋	＋	512×512	$ $ $

注意：量子效能定义为检测到的光子数与实际总光子数之比。灵敏度指所测的最小可测光量。

■ 概　述

进行单神经元光学记录的重要步骤可分为三个部分：仪器的设计和安装；实验的设计和实施；信号的分析和显示。

大部分仪器的选用在前文已进行了介绍，图 4-1 及图 4-3 也有其流程图。下文将详述余下的两个部分。

■ 材　料

细胞：预先准备好并按适当密度平铺（即 $200 \sim 300$ 个 $/mm^2$ 细胞）。

溶液：按实验目的准备生理盐水及药物。

光指示剂：配制储存液备用。光指示剂可购自许多厂家，最好的是 Molecular Probes 公司（分子探针，Eugene, OR）。参见 Haugland（1996）。

光学记录系统：包括显微镜、光源、滤光片、落射荧光镜片和探测器。

辅助电生理设备：如刺激器、放大器、灌流系统和微操纵仪（参考第五章）。

数据采集系统：包括计算机、A/D 和 D/A 转换插件和数据存储设备（参见第四十五章）。

■ 步　骤

这一部分着重讨论一些对成功记录光学十分重要的方法学问题或实验技术，但不介绍单一的方法，因为实验中进行光学记录的方法实际上是各种各样的，也就是说，这里只考虑所有实验中都常见的因素。在这些因素中很多是很普通的，但它们经常是实验成功和不必要的失败之间的差别之所在。这些因素包括：

  —光指示剂的配制与储存
  —负载和染色方案
  —实验设计
  —校准步骤
  —信号处理方法

光指示剂的配制与储存

CaSD 的溶解和储存

离子敏感性指示剂一般分为两类：游离盐类和乙酸甲基（AM）酯类。这两类CaSD 在溶解与储存上是各不相同的。游离盐类：大部分 CaSD 游离盐是水溶性的，而且无论是溶解状态还是固体状态都可在−20℃下长期稳定保存。通常这些盐类用于微量注射或透析，故可用纯水（无钙）配制浓缩的储存液。制备这些溶液没有什么特殊要求，不过，将其制备成浓缩母液（50～100×）分装保存更好些。这些分装的母液应在干燥、−20℃保存。

VSD 的溶解和储存

溶解和储存这些指示剂没有一个统一的方法，大多数情况下，各种染料配制的最佳条件都是经验性的。因为双嗜性分子的特性，大部分 VSD 并非天然水溶性，有时需要表面活性剂去溶解它们。同时，有时也需要用其他试剂帮助这些染料渗入细胞膜内，这样的试剂包括各种溶剂或其混合剂，以及表面活性剂，如：乙醇（EtOH）、甲醇（MeOH）、二甲亚砜（DMSO）、二甲基甲酰胺（DMF）、聚醚（Pluronic）F-127、胆盐（如胆酸钠）、染色小泡。

常用于单细胞研究的 VSD 的溶解和储存方法例示如下：

例 1：di-8-ANEPPS 溶于 DMSO 或 F-127（Rohr and Salzberg 1994；Bullen et al. 1997）：将一小瓶（5 mg）di-8-ANEPPS（♯D-3167；Molecular Probes，Eugene，OR）用 625 μl 的聚醚 F-127 或 DMSO 溶液（各自的质量分数为 25% 和 75%）溶解，其终浓度为 8mg/ml 或 13mmol/L。按 12.5 μl（即单次实验的用量）分装，干燥、避光、4℃保存。

例 2：RH421 溶于胆盐（Meyer et al. 1997）：将 RH421（♯S-1108；Molecular Probes）按 20mg/ml 的浓度（用摩尔浓度）其比值大约为 2∶1 的胆盐胆酸钠（10mmol/L 水溶液；Sigma，C1254）溶解，配成 300～400× 的储存液，可以直接加入到灌流细胞的生理溶液中。3～5min 的染色时间通常足以产生好的信号。避光、4℃保存。

例 3：di-2-ANEPEQ 溶于水（Antic and Zecevic 1995）：di-2-ANEPEQ（也称作 JPW1114；♯D-6923；Molecular Probes）的储存液用水配制（3mg/ml）。在微量注射该溶液前进行过滤（孔径 0.22μm）。该储存液可在 4℃ 保存数月。

注意：在许多情况下，为了使指示剂溶解还需要加温和超声处理。一般来说，VSD 的储存液可在 4℃ 保存而不损失其功能或光亮度。

注意：有些研究者将这些染料和膜片钳电极内液混合后冷冻储存，不过我们的经验提示，用这种方法储存的染料会降解得更快些。

例1：俄勒冈绿 488 BAPTA-1，六钾盐。将一瓶 $500\mu g$ 的俄勒冈绿 488 BAPTA-1（♯O-6806；Molecular Probes）溶于 $90\mu l$ 纯净、蒸馏、去离子水中，制备成储存浓度约为 $5mmol/L$ 的溶液。然后经离心和超声短暂处理，以确保完全混合，并按一次实验的用量进行分装，干燥、-20℃保存。

AM 酯：通常获得的 AM 酯均为分装前制剂，要用高质量的 DMSO 溶解。有些 AM 酯还需要加入溶剂如 Pluronic F-127（$1\%\sim20\%$，w/v）以获得完全的溶解。无论是否使用 Pluronic F-127，建议按最高浓度（如 $1\sim5mmol/L$）制备储存液，以增加溶液稳定性并尽量降低灌流液中溶剂的量。这些储存液应密封、冷冻、干燥保存。实际工作中这些溶液应现配现用，否则这些溶剂很容易吸水而导致染料降解。

例2：灌流用钙橙黄 AM 酯。将一支 $50\mu g$ 的钙橙黄 AM 酯（♯C-3015；Molecular Probes）溶于 DMSO 或 Pluronic F-127（10%，w/v），制成 $4\ mmol/L$ 储存液，然后经离心和超声短暂处理，以保证完全混合。储存液应密封冷冻及干燥储存（$2\sim3h$ 以内）。

负载/染色方案

光指示剂的负载/染色有多种可能的方法，这些方法分为两类：成批负载和单细胞负载。

在成批负载研究中，所有存在的细胞都被负载，或者说是无差异染色。成批负载的方法包括：

　　—浴槽孵育
　　—AM 酯负载
　　—电穿孔
　　—阳离子脂质体转导
　　—低渗振荡

最常用的介导钙染色剂进入细胞内的方法是利用 AM 酯。AM 酯屏蔽染料分子的强负电荷部分（表4-2），所以能滞留于细胞膜上。AM 酯一旦进入细胞，非特异性酯酶将钙敏感性染料上的酯类清除掉，而染料就在细胞内了。在单细胞研究中通常通过微量注射法或膜片钳电极透析法进行负载，也可用局部电穿孔的方法。

下面介绍的是光学记录中最常用的三种方法：①孵育法；②微注射法；③透析法（通过膜片钳电极）。

在每一具体情况下，最佳的染色/负载条件依赖于所使用的指示剂而定。通常最佳条件的确定都是经验性的，但如下列举的几个代表性例子可以作为指导。

例1：细胞外 VSD di-8-ANEPPS（Bullen et al. 1997）孵育法。将 $12.5\mu l$ 的 di-8-ANEPPS 储存液微热融化，外加生理性林格氏液 1ml，配成的浓度为 $163\mu mol/L$。然后将溶液进行短暂超声处理（$20\sim30s$）。细胞用 PBS 冲洗后，再开始染色，即将细胞在染料浓度为 $75\sim163\mu mol/L$ 之间进行孵育。通常 10min 的染色时间已足够了，多余的染料可再次用 PBS 冲洗掉，不过这一步并非必要。

注意：避免染色或应用 VSD 时有血清或大分子的蛋白质存在，因为它们可沉淀染料，干扰细胞染色，甚至根本无法染色。

例2：蜗牛神经元细胞内 VSD di-2-ANEPEQ 注射法（Zecevic 1996）。将近饱和并过滤的 di-2-ANEPEQ 储存液（3mg/ml）用微电极（电阻：2～10MΩ）以重复短的压力脉冲（5～60psi①，1～50ms）直接注射入 *Helix aspera* 细胞，并在15℃孵育12h，以保证染料完全弥散于整个细胞。

例3：培养的哺乳动物神经元细胞内 VSD di-2-ANEPEQ 透析法（Bullen，Saggau：未发表资料）。将储存液母液（5mmol/L）直接加入膜片钳电极内液中，确保 di-2-ANEPEQ 终浓度为100～500μmol/L。膜片钳电极内液配方为：KCl 140mmol/L，$MgCl_2$ 1mmol/L，NaATP 5mmol/L，NaGTP 0.25mmol/L，EGTA 10mmol/L，HEPES 10mmol/L，pH 7.4。按标准方法进行电极封接和向细胞内透析。染料总是从胞体弥散，在距离小于150μm 的范围内，其速度大约是每分钟 1μm。

例4：培养的大鼠皮质神经元 CaSD Fluo-3 AM 酯孵育法（Murphy et al. 1992）。将 Fluo-3 AM 酯溶解于5mg/ml 的 DMSO 中，然后稀释于有0.25% pluronic F-127 存在的 Hank's 平衡盐溶液中，制成质量浓度为10μg/ml 工作液。在室温下将细胞用此溶液孵育 1h。用之前再用 Hank's 平衡盐溶液冲洗两次。

注意：避免使用尖细微电极对培养的哺乳类神经元进行染料注射，因为这种方法成功穿刺率很低。用膜片钳电极进行透析是非常有效的方法。

例5：在培养海马神经元用膜片钳电极进行俄勒冈绿 488 BAPTA-1 的透析法（Bullen and Saggau：未发表资料）。将5～15μL 的储存液（5mmol/L）直接加入膜片钳电极内液（1 ml），俄勒冈绿 488 BAPTA-1 的终浓度为25～75μmol/L。膜片钳电极内液的配方为：KCl 140mmol/L，$MgCl_2$ 1mmol/L，NaATP 5mmol/L，NaGTP 0.25mmol/L，HEPES 10mmol/L，pH 7.4。电极封接和向细胞内透析，按标准方法进行。在其他任何实验操作开始之前，需要10～20min 平衡细胞内染料。

注意：用钙离子指示剂进行的实验，在电极内液中不能加任何额外的钙离子缓冲剂（如 EGTA 或 BAPTA）。

注意：避免在细胞内使用高浓度钙离子指示剂（如大于100μmol/L），因为这样会对钙离子瞬流产生明显的缓冲和失真。

注意：用 CaSD 膜片钳电极时，有一点是很重要的，即避免管内液（钙离子浓度为0）与灌流液（有 mmol/L 级的钙离子）混合。正因为如此，进入灌流液后微电极内给于正压是非常重要的。此外，在微电极封接之前应将电极尖端的溶液向外吹出。

实验设计

利用光学指示剂进行实验的设计和实施，需要认真考虑诸多因素，其中有些因素是获得有用的数据和避免伪迹性结果的先决条件。这些因素的考虑可分为两类，即对所有实验都适用的一般因素，以及专门对光学指示剂的实验适用的因素。

一般设计应考虑的方面

要对实验操作或用药产生作用进行可靠性判断，需要满足几个基本的标准：

---

① 1psi＝$6.89×10^3$ Pa

—测量的基线：实验操作或应用药物之前是否有稳定的基线？

—重复性：所观察到的实验结果是否可以重复？

—可逆性：在撤销实验操作或药物后实验作用能否恢复如初？

—等级反应：反应是否随刺激强度的改变而呈等级性变化？

—药理学特征：反应能否被相应的药物阻断或增强？

特殊设计应考虑的方面

特殊用于光学指示剂的实验设计，通常要考虑：染料的使用、信号的优化，以及附加电生理技术的结合。

1. 染料的选用：需要建立特殊标准以判断染料的浓度和（或）灵敏度在整个实验中是否稳定。染料浓度和灵敏度的非均一问题，可以由膜片钳电极的不完全透析或电压敏感性染料的内化所致。通常用标准或对照刺激引起的反应来确认反应性的稳定。

2. 信号的优化：有时，总体信号中含有特异和非特异信号，因此要想方设法区分这些成分。非特异性荧光的一个例子是由细胞产生自身荧光。这种内在发射的荧光不依赖于其他外在荧光分子，在用靠近紫外光波的光源照射生物样品时，自身荧光就成了一个问题。解决这个问题的方法是：先测量没有光学指示剂时细胞的荧光，再在有染料存在的静息荧光值减去该值。这个值一般在染色之前测量，或在实验中染料未染色的相同区域测量。另外一个重要的实验问题在于是否需要平均信号或进行数字化过度采样，以检测到我们想观测的信号。在信号较小并需要平均的情况下，必须采集足够同样的记录以进行平均处理。最后，如果光源强度大，应当考虑是否需要漂白校正，漂白校正通常是进行对照记录，对照记录是在实验条件下，没有进行刺激或实验操作过程中采集的。

3. 综合：光学记录与电生理技术的结合，往往需要特定的程序改变。例如，溶于溶剂尤其是 DMSO/F-127 中 VSD，会阻抑膜片钳电极与细胞膜的封接，所以有时在细胞染色前就形成这种封接是必要的。

校准的方法

如果实验的目的是需要一个定量的结果或测量所需参数绝对的变化值，那么就必须进行光学信号校准。同样，如果要求在不同的实验中进行信号的比较，或在同一实验中比较不同点的信号，这些信号都要进行校准。如果用定量法记录所有的信号，就展示出它的优点了，不过因为其他原因这种方法并非一定能用上，如经常涉及的记录带宽等。光学信号的校准常从以下方法中选用：单一波长测定法、比值测定法、混合测定法。

毋庸置疑，比值测定法可得到最可靠的结果。此法可在对激发光或发射光具有光谱偏移的一些指示剂使用，这依赖于所需观察的变量。这些光谱偏移允许对荧光强度变化方向相反的两种波长进行比较，或单一波长与光谱 isosbestic 点（即对所测参数不敏感点）的比较。除了能提供定量的结果外，比值测定法还可降低或排除由以下原因引起的荧光系统性误差：指示剂浓度；激发光路长；激发光强度；探测器效能。

更为重要的是，比值测定法还能排除许多伪迹和非系统性因素，包括：光漂白；指示剂超时漏出；指示剂分布不均；不同的细胞厚度。

在有些情况下，比值测定法也更加敏感，因为每一波长的荧光变化通常都是反向变化的信号，故信号比值的变化比任一单波长的变化更大。

　　不过在一些实验条件下，应用比值测定法是不合实际的，这就可以应用混合测定法（Lev-Ram et al. 1992）。混合测定法就是在不同的瞬时，将定量测定与定性估测相结合。例如，初始基线可用比值测定法进行定量测定。随后，可以用高得多的测量频率，对单波长相同参数的快速变化进行定性的测量。不过，要重点注意的是，这种方法假设在单波长测量法记录过程中，所有其他的变量（尤其是指示剂浓度）都是保持不变的。

　　比值测定法与非比值测定法都已用于钙敏感性染料和电压敏感性染料。每一类型的校准方法将在下文举例论述。表 4-6 用图示法概括了各种情况下如何进行的测量。此外，将两类指示剂都常用的一般指导原则也概述如下：

　　VSD 校准

　　电压敏感性荧光染料通常被称为"无刻度线性电压表"。不过它们只能提供电压改变的信息，而电信号的绝对振幅则因染料染色的不同和局部敏感性的变异而不同。因此，这些染料最常用于点之间的非校准的绝对比较，样本间的比较是不可行的。然而，校准的测量在某些情况下也是可能的，其测量是否成功，很容易通过同步电测量进行验证。此类型的测量包括下述检测：单波长法；基于一个激发光谱偏移的双激发光波长法；基于一个发射光谱偏移的双发射光波长法。

表 4-6　单细胞研究中使用的校准方法

指示剂		示例	落射荧光装置	公式	参考文献
VSD	单波长	RH421	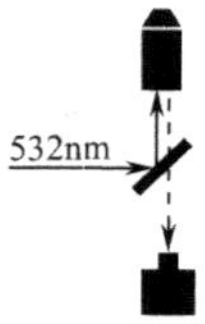 532nm	$V_{m1} \approx \dfrac{V_{m2}}{F_2} \cdot F_1$	(1)，(2)
	激发光比值	Di-8-ANEPPS	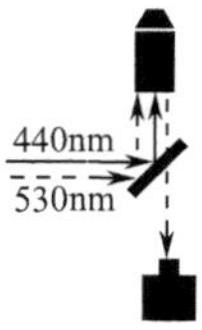 440nm 530nm	$V_m = CF \times R'$	(3)，(4)，(5)
	发射光比值	Di-8-ANEPPS	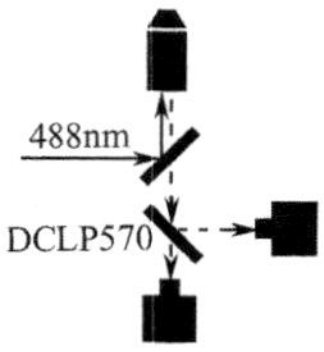 488nm DCLP570	$V_m = CF \times R'$	(6)，(7)

续表

指示剂	示例	落射荧光装置	公式	参考文献
	单波长	Fluo-3	488nm	$[Ca^{2+}] = K_d \cdot \dfrac{F - F_{min}}{F_{max} - F}$	(8)，(9)
CaSD	激发光比值	Fura-2	340nm 380nm	$[Ca^{2+}] = K_d^* \cdot \dfrac{R - R_{min}}{R_{max} - R}$	(9)，(10)
	发射光比值	Indo-1	350nm DCLP455	$[Ca^{2+}] = K_d^* \cdot \dfrac{R - R_{min}}{R_{max} - R}$	(9)，(10)

注：（1）Fromherz and Vetter（1992）；（2）Fromherz and Muller（1994）；（3）Montana et al.（1989）；（4）Bedlack et al.（1994）；（5）Zhang et al.（1998）；（6）Beach et al.（1996）；　（7）Bullen and Saggau（1997）；（8）Minta et al.（1989）；（9）Haugland（1996）；（10）Grynkiewicz et al.（1985）.

1. 同一样本多点之间的单波长测量：Fromherz 与其他人（Fromherz and Vetter 1992；Fromherz and Muller　1994）已经设计了一种方法，用于比较同一样本中多点之间电压信号的相对幅度。简言之，这些作者选择检测荧光变化与相应电压信号变化的比值。这项技术的原理在于局部敏感性和荧光分子量的差别将被抵消，进而只反映所测电压的比值。因此

$$\Delta F_2 / \Delta F_1 = \Delta V_2 / \Delta V_1$$

式中，ΔF 指荧光变化值，ΔV 指膜电位变化值；下标 1 和 2 指对应的各自位点。理论上，如果用测电法测其任意一点，就能计算出另一点的绝对 ΔV 值。

注意：此法的敏感性和精确性有待证实，是否比传统数据显示法先进（如 $\Delta F/F$）仍需经验性评估。

2. 用在基于一个激发光谱偏移的双激发光波长的、可检测膜电位绝对变化的比值测定法（Montana et al. 1989）：除了在发射光谱振幅中的电压依赖性变化外，一些 VSD 也能显示电压依赖性光谱偏移。Loew 及其同事应用 di-8-ANEPPS 的激发光光谱偏移作为 VSD 比值测定法的基础。通过在其吸收光谱两侧（440nm 和 530nm）交替激发这种染料，并测量宽带荧光（>570nm），进而获得一个在生理范围内与膜电位呈线性变化的比值参数，他们已把这种方法推广应用于单细胞成像（Bedlack et al. 1994），通过在每一激发光波长进行隔行图像采集，可以在整个细胞范围产生一个膜电位的比值测量地图。最近，他们又通过使用膜片钳技术进行膜电位的绝对测量，使之成为更为精确

的校准方法（Zhang et al. 1998）。这种激发比值构成法的弊端，在于需要交替两个图像和/或转换激发光滤光片，这不仅费时而且限制了总体时间带宽，不能满足获取快速事件如动作电位的要求。

标准化的比值数据转换为绝对膜电位值（mV）的公式为

$$V_m = CF \times R'$$

式中，CF 指比值数据与膜电位值之间的转换因子；R' 指标准化的比值（通常标准化到 R 为 0mV）。

3. 用在基于一个发射光谱偏移的双发射光波长的、可检测膜电位绝对变化的比值测定法（Bullen and Saggau 1999；Beach et al. 1996）：这是用指示剂测量膜电位变化的又一种比值测量法，即使用单激发光波长的同时测量双发射光波长，此法依赖于电压敏感染料 di-8-ANEPPS 的发射光谱呈现的电压依赖性光谱偏移。通常，使用后继双向光束分光仪（如 DCLP570）或三棱镜和双光电探测器（<570nm 和 >570nm）进行双发射光波长的荧光测量。每一波长的信号成互相相反变化，这些信号的比值就与膜电位呈线性相关。这一方法的实施，需要一个高速、随机存取的激光扫描显微镜（Bullen et al. 1997）和双光电探测器同时检测双发射光波长（Bullen and Saggua 1999）。在此方法中，用间断的激光束（476nm 或 488nm）进行测试，故可高速采集数据，因为不需要转换激发光滤光片。而且，因为激发光波长与激发光谱中电压不敏感点相一致，激发光光谱偏移就被当作干扰取消掉了。与电流钳记录同时使用，可以对此法进行校准。比值数据转换为绝对膜电位值的公式，与前面所述的公式相同。

CaSD 的校准

此类指示剂有三种可能的校准方法，它们分别是：单波长法；基于一种激发光偏移或一种发射光偏移的比值法；混合法。

1. 单波长测量法：用于单波长的校准公式可用荧光值表示如下

$$[Ca^{2+}] = K_d \cdot \frac{F - F_{min}}{F_{max} - F}$$

式中，K_d 为离体状态下测定的解离常数；F 为测到的荧光值；F_{max} 为饱和钙离子的最大荧光强度；F_{min} 为钙离子浓度为零或用猝灭剂（如 Mn^{2+}）饱和时的最小荧光强度。

这种方法适用于任何钙离子指示剂（如钙绿）的校准，不过易受显微镜管道长度、染料浓度等因素的影响。

2. 比值检测法：使用与钙离子结合后荧光光谱会发生偏移的指示剂（如 Fura-2 激发光光谱或 Indo-1 的发射光光谱）时，通常能检测到两个不同波长（λ_1，λ_2），并得到一个比值（$R = F_{\lambda_1} / F_{\lambda_2}$）。双波长指示剂校准方程为

$$[Ca^{2+}] = K_d^* \cdot \frac{R - R_{min}}{R_{max} - R}$$

式中，K_d^* 为 K_d（F_{max} / F_{min}）；R_{min} 为钙离子浓度为零或用猝灭剂（如 Mn^{2+}）饱和时的比值；R_{max} 为饱和钙离子浓度时的比值。

在接近实验环境（如在细胞内）的条件下获得的 R_{min} 和 R_{max} 是最精确的。此法比上述单波长法（如上所述）更为精确，也能克服显微镜管道长度、染料浓度等变化引起的差异。

　　3. 混合法：另一种比值测量法就是混合法。在此法中，首先用比值法测出静息钙离子浓度。然后，以更高测量频率按单波长法测出钙离子浓度的快速变化值 $\Delta[Ca^{2+}]$。此法的校准公式（Lev-Ram et al. 1992）如下

$$\Delta[Ca^{2+}] = (K_d + [Ca^{2+}]) \cdot \frac{\dfrac{\Delta F}{F}}{\dfrac{\Delta F_{max}}{F}}$$

式中，$\Delta F/F$ 是荧光的分数变化；$\Delta F_{max}/F = (F_{max} - F)/F$ 是从静息到饱和钙离子浓度的最大分数变化；$[Ca^{2+}]$ 是实验初期静息状态下的用比值法测定的钙离子浓度。此时，可以选用如 Fura-2 这样的指示剂，同时作为比值法指示剂和单波长染料。一般这种指示剂需要用机械的滤光片变换器（自然速度会很慢），来交替激发光波长。不过，通过交替使用双和单波长检测，混合法能克服它们的局限性，可以快速估测钙离子浓度的变化。有一点要注意的是，这种方法要求在记录中指示剂浓度保持不变（如注入或透析的染料无漂白，浓度也不改变）。

　　用于光指示剂校准的一般指导原则

　　将光学测量值转换成所观察生理参数的重要一步，就是实验后校准。尽管在溶液或各种简化的标本（如小泡）中，可测到用于电压和钙离子指示剂校准的转换因子，但这些条件一般并不符合细胞内环境的真实值。在这些情况下不能很好重复的因素有：温度、pH、离子浓度、染料与蛋白质或膜的交互作用。

　　而且，一些 CaSD 和细胞内蛋白质的相互作用也被发现能改变表观 K_d（Kurebayashi et al. 1993）。简言之，原位校准要优于等效的离体过程，因此要尽可能采用前法。

　　这些校准法通常可用破孔离子载体的细胞化学钳方式完成。例如，膜电位比值可用缬氨霉素校准，即特异地将一系列缬氨霉素介导的 K^+ 扩散电位，用于建立欲测膜电位范围的梯度，并同时测定荧光比值。此过程的细节请参阅 Loew（1994）。同样的，钙离子比值测定法也可用离子载体如伊屋诺霉素或卡西霉素（或其类似物 4-bromo-A23187）进行原位校准。但是，用这些化合物时应注意，它们具有相当强的自身荧光，特别在紫外光下更明显。这些方法的细节描述请参阅 Kao 所写的相关章节（Nuccitelli　1994）。本章也会讨论一些校准过程中的一般设想与实际的局限性。

注意：一般在计算比值或 $\Delta F/F$ 前先要减去任何自身荧光值或其他偏差。

信号处理方法

　　即使选用最好的指示剂和最佳的仪器，有些光学信号仍然很弱，伴有或只有噪声。另一方面，所用探测器的灵敏度可能很差，或所测生理指标性质上为量子性信号。无论怎样，都要格外注意从背景噪声中提取出所需的信号。噪声可能包括：系统噪声和随机噪声。

　　在某些情况下，系统噪声能被检测出来，进而能用减法或除法取消其影响。相反，随机噪声就很难与有效信号相分离。信号平均是消除真正随机噪声影响的方法之一，不过，信号平均有时并不可行（如非固定事件）。在单一扫描记录中，只有那些与信号在

频谱上可分离的随机噪声成分能被清除（如通过滤波）。

为了克服光学记录实验中的噪声问题，可以使用许多信号处理和降低噪声技术，它们包括：源噪声比值法、数字滤波法、信号平均法。

源噪声比值法

存在于实验记录中的系统噪声可分为两类：相加的或相乘的。通常，相加性噪声可用减法去除，而相乘性噪声能通过比值法进行最好的校准。由信号源强度变异所产生的相乘性噪声，是光学记录实验中最常见的噪声源，尤其在荧光相对变化等于或小于光源产生的波动时特别明显。在这种情况下，很难从噪声中分离出有效信号，这对于激光光源来说是个很普遍的问题，因为这种光源强度的变异能达到 5％峰-峰值。然而，这些变异可以测量，并用比值法从信号中消除掉。实际上，对信号测量值和参考测量值进行比值计算，是去除源噪声最有效的方法。此法比减法更优越之处，在于不需要在信号与

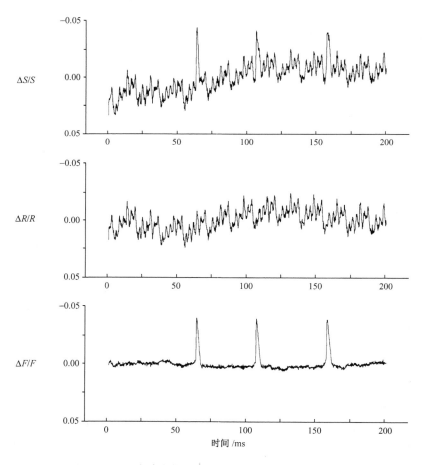

图 4-5　通过与参考信号进行比值计算消除源噪声的图示

顶上的记录线（$\Delta S/S$）是原始记录，包含了有效信号和干扰的源噪声。中间的记录线（$\Delta R/R$）是参考信号，包含有直接从激发光源（本例为激光）采样的源噪声。底下的记录线（$\Delta F/F$）是源噪声被消除后的处理过的信号。应注意来源于激光强度波动产生的源噪声，是如何通过这一方法被完全消除的。

参考之间进行振幅匹配，Bullen 等（1997）对此法的有效性进行了描述，图 4-5 通过一个实例来说明。

另一种消除源噪声变异的方法，是计算两个发射光波长之间比值，此时，源噪声的变异作为共同模式信号存在于两种波长中，也就可通过比值计算处理而被有效消除。

数字滤波法

数字滤波是一种重要的信号处理工具，常用于降低随机噪声或有害信号在记录信号中的影响（请参考第四十五章），这对于不固定的信号和不能平均的信号来说是非常有用的。数字滤波法的原则，是将有用的频率根据其是信号还是噪声而被分离出来。以下是四种主要的数字滤波类型：低通法、高通法、带通法、带阻法。

在控制实验记录带宽以保留有用的信号成分而去除高频成分方面，低通滤波器是很重要的。高通滤波也称为 A/C 耦联，有利于去除信号中的直流成分，只显现变化的部分。带阻（或切迹）滤波器阻止某一特定带宽，在去除实验记录中的交流噪声特别有用。

另有特殊的滤波器，既可保留高频成分又发挥低通滤波器功能，其中一个例子是 Savitzky-Golay 滤波器法，基本上是在局部区域进行多项回归，进而为每一数值点确定一个平滑化的值。这种方法之所以优于其他滤波方法，在于它能保留数据特征如峰高和波宽，而这些特征通常会被相邻数据平均法和低通滤波"洗掉"。

通常在科研制图软件包中有这些数字滤波器的各种应用（如 Origin 或 SigmaPlot），在特殊的数学软件中也可找到（如 Matlab 或 Mathematica）。

注意：务必避免滤过频率中含有重要的信号成分，而且，必须承认有些滤过方法会导致数据出现小的相位偏移，不过现在的限定脉冲反应（FIR）数字滤波器能反向应用以解决这一问题。最后，应当注意不要违反采样的原则（参见第四十五章"数据的采集和数字化"）。

注意：在所有数据获取或处理的各个阶段（从探测器开始）都应用模拟滤波器（主动的或被动的），无疑是明智之举，这能明显降低有害噪声在每一阶段的聚集，并减少随后数字滤波的需要程度。

信号平均法

信号平均法是指按区域或重复测试的时间或空间上进行归类，以降低随机噪声的影响（参见第四十五章）。如果噪声真是随机的，那么信号平均法能按因素 $N^{-\frac{1}{2}}$ 降低噪声，N 是测试重复的次数。这种平均法要求事件固定并包括所有出现的频率成分，即用于平均的信号是严格的时间-锁定事件。如果采用信号平均法，应注意不要导入任何时间性颤抖（如生物性或仪器性的），否则会引起低通滤波效应。在有这样问题的情况下，像动作电位这样的事件可以按其峰值分类，并进行平均化以提高整个信号的质量。

信号平均法的效果例示于图 4-6。在这个例子中，给出的是检测 VSD 比值法数据线性问题的实验，随着实验次数增加，平均信号法使相对噪声成正比降低。

实时平均法的一个缺点，在于总体测试频率通常会降低，因为要花时间采集足够的记录次数用于平均。这限制了在一定时间窗内能够采集的数据点数，进而在那些对药物或实验操作的反应时程很重要的实验，可能是一个问题。

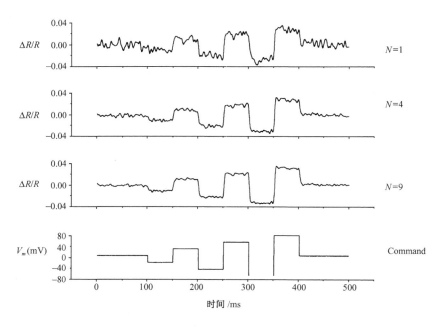

图 4-6　通过信号平均降低噪声的示例

上方三条记录线代表了实时平均的比值信号，这是在一次光学校准试验中从处于同样条件下的同一扫描点获得的记录。平均的记录数列于每一记录线的右侧。底下的记录线是诱发这些信号所用的指令电压波形。注意随着记录次数增加，记录的改善程度（即噪声的降低）。该实验是用电压敏感性染料 di-8-ANEPPS 在培养的海马神经元上完成的。

■ 结　果

这一部分将介绍实验结果的表达和展示方面的重要原则。它们包括：

—数据表达

—实验记录的重要特性

—实验的类型及典型的记录

数据表达

从单神经元或部分神经元获得的光学记录结果，可以多种方式进行表达，具体包括以下几个方面。

——一维记录：从单一位点记录的信号，或从图像的单独点或单独区域（ROI）提取的数据，显示为一维的对时间作图的记录线

——伪色成像：以区别活动水平或离子浓度变化的一系列彩色图像

——实况录像：直接来自实验中获取图像的、有时可调速的再现资料

尽管录像和伪色成像提供一个优质的、定性显示的数据，但这种方法常常难以显示时间过程和（或）定量的变化。而且，还难以将这些图像与其他同时测量的一维参数（如

电流、电压）进行综合分析。

实验记录的重要特性

　　现在的文章中有一个令人遗憾的倾向，就是提供过度简化的数据，而且在许多情况下原始数据被完全省略了。这种情况确实存在于光学记录研究中，即许多记录常常被简化成单一的伪色图像。然而，为了他人能对有效数据质量进行判断，提供一些原始记录仍然是重要的。在检查这一类数据时，对如下各种问题进行考虑是重要的，如提供的记录是否有以下显示：

　　—检测的灵敏度：对于所做的测量来说，记录方法和使用的指示剂是否足够灵敏

　　—信/噪比：给出的信/噪比是否足以获得有用的实验结论？是否还能进一步优化

　　—时空分辨率：选用的方法是否有足够的时空分辨率回答实验所提出的问题

　　—保真度：所提供的记录是否为有效生理学事件的精确反映？有无记录方法本身造成的干扰和变异存在

实验类型及其代表性记录

　　本章提供了许多实验记录，用以说明在单神经元实验中可能见到的各种实验记录类型。例如，前面提供的比值信号取自检查 VSD di-8-ANEPPS 线性关系的试验。这一记录是在紧贴膜片钳电极旁的扫描位点获得的，证明了在光学信号和电压钳指令波形之间，存在着反应时间和幅度上很好的一致性。此类校准随后能量化在更接近生理条件下完成的类似光检测数据。

　　在用同样 VSD 的一个不同例子中，检测了培养的海马神经元突触后电位在树突的整合和传导模式（图 4-7）。这个实验能从多方面进一步说明这种

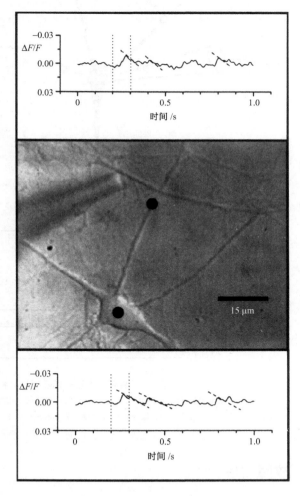

图 4-7　具有代表性的电压敏感性染料的记录

在海马神经元两个独立扫描位点树突上的突触后电位，用 di-8ANEPPS 进行的光学记录。在两条点线之间给予了用高渗盐溶液对突触前末梢进行的局部刺激。

光学记录法的用途。特别是这些记录系用非侵入方法从很小细胞获得的。而且，在不同记录位点（直径 $2\mu m$）几个检测可同时进行，这对其他方法来说并非易事。再者，这些信号的获取频率（如 $2kHz$）足以充分地对欲测生理学事件进行采样。

在一个类似的实验中，检测了在一连串动作电位之后，同一细胞邻近位点所产生钙信号的空间差异性（图 4-8）。此例证明了在同一细胞不同位点之间，以高时间分辨率检测到钙瞬流的幅度和动力学上的空间差异性。

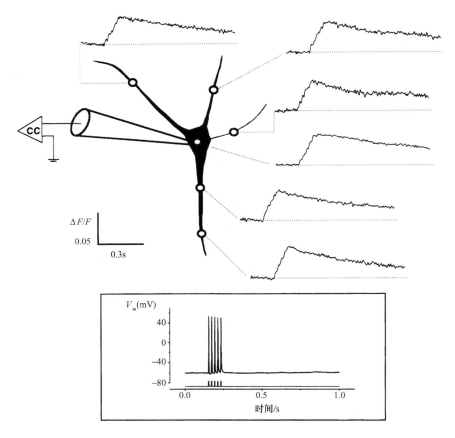

图 4-8　具有代表性的钙敏感性染料的记录

在一个海马神经元用俄勒冈绿 BAPTA-1（$100\mu mol/L$）检测的、由胞体电流注射（插图）诱发钙瞬流的光学记录。该记录用随机存取、激光扫描显微镜完成（Bullen et al. 1997）。每一扫描位点（$2\mu m$）的相对位置已在细胞的轮廓图上标出。

■ 故障排除

这部分介绍一些在光学记录实验中常见的问题，主要对以下几个方面加以描述：

—信号质量问题

—光动力学损伤的预防

—负载和染色问题

信号质量问题

所有记录技术中最重要的因素就是所能达到的的信/噪比（S/N）。这对一些光学指示剂（尤其是 VSD）来说尤为重要，因为它们的相对荧光变化非常小。许多因素能影响信号质量，包括以下几个方面。

激发光强度：由光学指示剂产生的荧光直接与激发光强度成正比，因此应该选用可能的最强光源，不过要注意避免过强光照导致指示剂的漂白和光毒性。

指示剂浓度：发射光强度亦与指示剂浓度成正比，故应尽可能选用最大量探针。不过又要注意避免染料的浓度有药理作用或缓冲作用，这可改变欲测生理学参数（详见"负载与染色问题"），而且在很高的指示剂浓度下，发射光强度由于"猝灭现象"而开始衰减。

激发容量：在扫描显微镜中，来自大的激发容量（如较大的扫描点）的信号要强于小的激发容量，因为更多的荧光物被激发。因此在小的扫描点空间分辨率高，但激发容量及信号强度降低，这是需要平衡的问题。

指示剂敏感性：最佳信号质量来自于高敏感性（如大的 $\Delta F/F$，F_{Ca}/F_{Free} 或 R_{max}/R_{min}）的光学指示剂，因此在选择指示剂时，应选用敏感性高的指示剂。

指示剂亮度：在选择指示剂时，总应选择亮度最高的一种。比较绝对指示剂亮度的指导原则将列于后一部分（"比较指示剂的标准"）。

最大聚光效能（N.A. 和滤光片）：应该重点牢记的是，聚光效能取决于以下几个因素，包括数值孔径（N.A.）、物镜的绝对传递能力、显微镜的相对容许能力和分色镜与相关滤光片的传光能力。一般来说 10% 的总聚光效能是很常见的，如果在不好的情况下这个值还会更低。所以，若选择物镜的话，应选择最高 N.A. 值的物镜。这样的选择会使光照强度最大化而发射光的聚集最优化。相似地，也应该注意选择分色镜和发射光滤光片，以免它们排斥大部分的信号。其他光丢失的可能原因还有：使用 DIC 镜片而没有从发射光路中去掉分析器，不洁的镜片或光路错位。仅 DIC 分析器本身就可使发射光强度再减少 50%。

最大的检测效能（Q.E.）：在各种情况下，尤其在光亮水平较低时，应优先选用一个可能量子效能最高的探测器，这可保证所获得的光子能全部转化成有用的信号（表4-5）。

记录带宽：记录带宽只需足以获取有效信号即可。超过记录所需的时间带宽，只会增加噪声。但是，如果存在额外的时间带宽，可被用于通过数字化附加采样来提高信号质量。附加采样是指平滑处理时间的方式，即对先前几个空间上相近的采样点进行平均。这一方法可用于降低随机噪声，按 $N^{-\frac{1}{2}}$ 成正比地提高信噪比，N 是附加采样的次数。

```
信号质量查对表

√ 最大耐受的激发光强度

√ 最大探针浓度

√ 最敏感的指示剂

√ 最亮指示剂

√ 最大聚光效能（N.A.和滤光片）

√ 最大检测效能（Q.E.）

√ 最小带宽（或最大附加采样频率）
```

光动力学损伤的预防

　　过度的光照强度有时会造成光损伤或光毒性。在许多情况下，这种现象源于自由基的产生，如荧光激发时的副产品单态氧。这些自由基可以干扰膜的完整性。尤其在应用滞留在质膜的 VSD 时，对膜的干扰是一个特别普遍的问题。减少荧光指示剂所致的光损伤有各种不同的方法，有些是在孵育液中加入大量抗氧化剂以使光损伤最小化，有些是在特定部位加少量抗氧化剂（如在细胞膜上），还有一些方法是将氧自由基从溶液中彻底清除。如下是一些例子：

　　1. ACE 等：最简单的降低溶液中自由基作用的方法，就是在孵育液中加入大量的抗氧化剂，建议使用的抗氧化剂包括各种维生素（A，C 和 E；ACE）和其他类似制剂（如 Trolox；Fluka）。然而，使用这些物质的方法还没有很成功的报道，可能是因为在损伤位点（如膜）不能提供直接的保护所致。这类制剂及其溶解和储存的资料一并列于表 4-7。

表 4-7　用于荧光指示剂的抗氧化剂简介

	相对分子质量	可溶性	最大可溶质量浓度 /(mg/ml)	最佳储存条件	储存液浓度(1,5)	终浓度
抗坏血酸（A4403）(2)	176.1	水	10	−20℃	11mmol/L 或 2mg/ml	110μmol/L
柠檬酸（C5920）(2)	294.1	水	100	室温或−20℃	27mmol/L 或 8mg/ml	270μmol/L
谷胱甘肽(3)（G6013）(2)	307.3	水	50	现用	现用	32μmol/L 或 1mg/100ml
丙酮酸盐（P5280）(2)	110	水	100	−20℃	25mmol/L 或 2.8mg/ml	250μmol/L
生育酚（Vit E）(4)（T1539）(2)	430.7	纯乙醇	25	−20℃	46mmol/L 或 20mg/ml	46μmol/L
乙酸 Vit E(4)（T1157）(2)	472.8	纯乙醇	25	−20℃	42mmol/L 或 20mg/ml	42μmol/L

　　注：(1) 因为有些成分超过 3h 就不稳定，要每天新配制。(2) 每一试剂的 Sigma 目录号。(3) 简化型谷胱甘肽。(4) 配制溶液时还需要加热。(5) 100× 生理盐水储存液或 1000× 乙醇储存液。

　　2. 虾青素：一种更直接的方法是用自然的类胡萝卜素——虾青素。这种物质最初用作抗氧化剂，是与一种新的基于荧光共振能量转换原理的 VSD 合用（Gonzalez and

Tsien　1997）。从理论上说，这一方法的有效性比在溶液中使用的抗氧化剂强，因为它既能与膜密切结合，又有很强的去除活性氧能力。同时，即使使用浓度很高，也不必担心它的毒性作用。和其他的胡萝卜素如 β-胡萝卜素相比，虾青素及其相对高的水溶性，无疑是一种值得特别推崇的抗氧化剂。然而，初步报道表明虾青素与其他类型 VSD 合用效果甚微。有关虾青素的可溶性、储存以及使用的相关信息请参阅 Cooney 等（1993）。

3．葡萄糖氧化酶/过氧化氢酶：葡萄糖氧化酶与过氧化氢酶结合无疑有很强的除氧能力，用于 VSD di-8-ANEPPS 尤为有效（Obaid and Salzberg　1997）。葡萄糖氧化酶从溶液中摄氧生成过氧化氢，随后过氧化氢酶将其转化成水。这些酶的高催化活性，意味着相对少量的酶（葡萄糖氧化酶 40U/ml 和过氧化氢酶 800U/ml），即足以在溶液中发挥去氧化作用。葡萄糖氧化酶（G-6125）和过氧化氢酶（C-40）均由 Sigma 提供（St. Louis，MO）。

4．Oxyrase：Oxyrase 是一个生物催化氧降解系统。它的商品制剂也用于细胞孵育液中除去活性氧。Oxyrase 系从大肠杆菌制备而来，作为天然制剂使用时，需要将乳酸、甲酸、琥珀酸加入孵育液中作为氢供体。初步研究显示其与荧光染料指示剂合用，在许多情况下都是一种有效的抗氧化剂。Oxyrase 可从 Oxyrase 公司（Mansfield，OH）获得。

抗氧化剂的比较

光损伤的问题并没有得到全面的解决，在许多情况下如何用好抗氧化剂仍然凭经验行事。然而，上述提到的一些方法明显比其他制剂有效。从我们使用 VSD 的经验来看，葡萄糖氧化酶/过氧化氢酶的合用是单细胞短期实验中效果最佳的方法。

负载和染色问题

VSD

关于 VSD 染色常有三类问题，它们是：

1．染色不足/膜亲和力低：一些 VSD（如 RH414）与某些种细胞有相对较弱的膜亲和力，而其他的 VSD（如 di-8-ANEPPS）对细胞的染色又特别慢。这些染料的结合亲和力部分与它们自身结构有关，但膜的构成也是个重要因素，而且还有显著的种属和细胞类型差异性（Ross and Reichardt　1979）。有三种方法可能解决这类问题。首先，在开始新的系列实验之前，应对比较合适的染料进行筛选，找出与膜亲和力最高、产生信号强度最高的染色剂。其次，应该在大范围的染色时间和条件上加以认真考虑，以确定最佳的染色条件。最后，在染料储存液中加入一些试剂（如 0.05% Pluronic F-127），将有助于染料进入细胞膜。

2．过度染色：用过量的 VSD 会导致各种毒性作用。特别明显的是，由游离染料或非特异性定位结合的染料所产生的非特异性荧光，可严重降低信号的强度和质量。更有甚者，用高浓度的 VSD 可能会有药理学作用，因此推荐使用能产生最佳信号的最低染料浓度。

3．染料内化：因为 VSD 滞留于细胞膜外层，这样某些染料分子就有可能会跨膜进入内层，甚至直接进入细胞内并定位于细胞器质膜上。各种膜的循环过程也能帮助转运

VSD 进入细胞内。这种染料内化的结果是降低了信号的强度，因为这些染料分子可能对膜电位缺乏敏感性，或具有与正常定位染料直接反向的敏感性。解决此问题的办法就是使用不易内化的染料（如 di-8-ANEPPS）。此外，高于室温的孵育温度也会增加染料内化进入细胞的可能性，故要尽量避免。

CaSD

用 CaSD 负载细胞通常有四类问题，其中两类与 AM 酯负载技术有关。它们是：

1. 间隔作用：在理想状态下，用这一技术负载的荧光指示剂，应均匀地分布于胞浆中，而不存在于其他细胞区域。然而 AM 酯能聚集在细胞内任何一个膜封闭的区域内。此外带有多价阴离子的指示剂，也能通过主动转运而潴留在各细胞器内。这种异常的隔离作用，通常是由于升高负载温度造成的，故通过降低负载温度可以避免。使用与葡聚糖结合的指示剂也能降低分隔和潴留效应。

2. 不完全的酯水解：低的或慢的去酯化率，能导致细胞内部分去酯染料比率的显著增加，它们对钙离子不敏感，但仍然有些荧光。这会导致明显低估细胞浆内真正钙离子浓度。此外，不完全酯水解也能促进间隔作用。用只能与去酯形式染料结合的 Mn^{2+} 进行荧光猝灭，是对这一作用进行定量分析的方法。避免 AM 酯异常荧光效应的方法之一，就是选择那些酯化物不发荧光的指示剂。例如，钙绿和俄勒冈绿 488 BAPTA 基本上是非荧光的 AM 酯，而 Fura-2 和钙橙黄的 AM 酯仍然有一定的基础荧光。

另外两个在 AM 酯负载和 CaSD 游离盐溶液的微量注射或透析均可出现的问题是：

1. 过度染色：不管是用 AM 酯或盐溶液负载单神经元，必须要注意避免过度负载细胞，否则会造成有害的缓冲效应。这种缓冲可影响静息钙离子浓度、钙瞬流的大小和动力学，并干扰依赖钙离子的各种细胞活动。简言之，使用不正确的指示剂浓度，将会导致信号质量差，直至失真的生理学结果。证明所记录的信号没有受到任何缓冲作用影响的一个方法，就是在全部指示剂浓度范围进行实验。

2. 漏出：许多阴离子指示剂在某些细胞中易于漏出或主动渗出。在一些情况下，可用药理学工具药（如丙黄舒、苯磺唑酮和维拉帕米）将其阻断。另一个方法就是设计一种有抵抗力的指示剂，特别是与葡聚糖结合的染料通常都能抵抗渗出和漏出。如今，得克萨斯荧光实验室（Texas Fluorescence Labs，Austin，TX）已经研制了一系列这样的漏出抵抗型钙离子染料（如 Fura PE3，Indo PE3，Fluo LR）。

■ 注　释

在这一部分将要介绍光学记录实验设计中应当考虑的一些比较次要的问题，包括：指示剂结合动力学；指示剂比较标准；数据采集及数字化问题。

指示剂结合动力学

离子敏感性指示剂与游离离子结合形成复合物，可用简单的双分子结合动力学过程加以描述。游离指示剂 $[X]$ 和游离钙离子 $[Ca^{2+}]$ 的结合以及结合钙离子 $[CaX]$ 的解离，是由结合速率和解离速率（分别以 k_+ 和 k_- 代表）决定的

$$[X]+[Ca^{2+}]\underset{k_-}{\overset{k_+}{\longleftrightarrow}}[CaX]$$

这个简单的结合图解有几点重要的方面需要说明。第一，这些指示剂呈现一个典型的 S 形结合曲线，即钙离子浓度与荧光之间的关系并不呈直线。然而，在这条曲线中最陡直的部分可以用直线来拟合（图 4-9）。这一简化的假设所得到的重要结果，是指示剂的直线范围仅在钙离子浓度于 $0.1 \times$ 到 $10 \times K_d$ 之间（图 4-9 的举例）。超过这个范围，产生的荧光与相应的钙离子浓度就不再呈同样的线性关系。为了克服这一缺陷，每一种钙离子指示剂通常只在亲和力的范围之内可用（表 4-2）。在不同亲和力的钙指示剂中进行选择时，最安全的就是直线范围的最高点要与期望的最大浓度相对应。

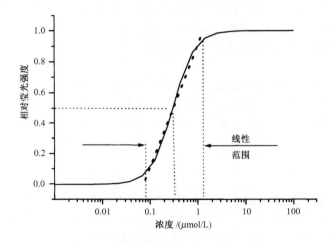

图 4-9　钙敏感性染料的典型结合曲线

一种理想化 $K_d=350\text{nmol/L}$ 钙指示剂的结合曲线。注意这一指示剂（虚线）
的直线范围是如何从约 $0.1 \times$ 延伸到 $10 \times$ 的 K_d 的。

　　由这些指示剂的动力学所导致的另一局限性，是解离速率相对较慢，特别在应用那些高亲和力的染料时更为明显。解离速率较慢的影响是，在通常钙瞬流时检测到的荧光的衰减，可能反映的是染料解离的速率，而非钙离子被消除的速率。另外，快速重复的事件是不能用这种探针来准确追踪的。

　　在检测钙离子细胞内弥散的实验中，还要重点考虑的是 Ca-染料混合物的弥散动力学要快于钙离子本身，这也可引起胞浆的缓冲作用，进而会获得一个实际钙离子移动的错误印象。

注意：用葡聚糖结合的染料能明显降低染料弥散的力度，进而减少了假象钙离子移动的可能性。

指示剂比较标准

　　由于可用的指示剂较多，常常就要求研究者在类似的指示剂中选择一个最合适的。比较不同染料的客观标准有如下诸方面：灵敏度、亮度和光稳定性。

灵敏度

光学指示剂的灵敏度，指的是与被测参数的变化相对应的荧光变化的大小。通常一个敏感的指示剂即使在离子浓度或电压发生较小的变化时，荧光也会发生较大的改变。然而，即使一些染料（如 Fluo-3）有很好的灵敏度，由于缺乏亮度，它们也并不一定对每个实验都适用。

亮度

亮度指的是一种光学指示剂产生的荧光强度。对于给定的染料，它所产生的荧光强度，依赖于其吸收和发射光子的效能，以及重复激发/发射周期的能力。吸收效能通常用摩尔消光系数（ε）定量，ε 值是由激发光谱的峰值决定的。荧光特性一般可用量子效能（QE）确定，或由发射光子数/吸收光子数的比值决定。量子效能可用完全发射光谱中测出的发射总量来检测。每分子染料荧光强度的亮度与 ε 和 QE 的乘积成正比，它是比较两个相似指示剂的可能信号的最有用方法。

光稳定性

在强光照射下，特定的荧光颗粒发生不可逆的破坏或漂白，这在某些实验中是一个局限性因素。尽管几乎还没有客观的资料去比较不同指示剂的光稳定性，不过近期研制出的一些通过改造的荧光载体（如俄勒冈绿），已比其前体（如荧光素）提高了光稳定性。

数据采集及数字化问题

为了在计算机中处理和/或储存这些模拟光学信号，就必须进行数字化（参见第四十五章）。模拟信号和数字信号之间的转换，通常由一种叫做模—数转换器（A/D 转换器）的设备完成。一般情况下，A/D 转换器的选择取决于以下两个参数：数字化分辨率和转换速度。

数字化分辨率

一个实验中所需要的功能性数字化分辨率，取决于信号相对强度的变化情况。例如，一个典型的 VSD 信号（$\Delta F/F$）是每 100mV 变化 1％，而实验中有用的分辨率是膜电位仅有 2mV 变化（1％的 1/50），此时相应的数字化分辨率需要 5000 个数字等级（50×100＝5000）。这个数字对应于 13bit 的数字化分辨率（即 8192 个等级），因为 12bit（4096 个等级）的数字化分辨率就显得灵敏度不足了。若没有足够的数字化分辨率，就会在实验记录中产生数字化噪声（量化的阶梯），进而无法对测试的信号进行准确的分析。

转换速度

A/D 转化器的速度应足够快，以便充分地记录下信号中所有有用的频率成分。A/D 转化器的采样频率（f_{sample}）取决于信号的时间带宽（ΔF）和同时进行采样的通道数（N）。

根据采样原理，这是要求能充分重现信号的最小采样频率，能有较之高出 2～5 倍的附加采样频率则比较理想。通常电生理信号的带宽在 500～5000Hz，因此，最小 f_{sample} 是并行采样通道数的 10 000 倍。在进行大量数据点或通道记录的情况下，使用串行数字化转换时（如图像），这就成为严重的问题。另外，最大的数字化速率通常与数字化分辨率成反比。因此，在信号量小而又使用 14 或 16bit 数字化的情况下，A/D 转换器的能力就会严重限制光学记录的带宽。

致谢：本工作得到 NSF BIR-95211685（A.B.）、NSF IBN-9723871（P.S.）和 NIH NS33147（P.S.）等基金的部分支持。我们也特别感谢 S. S. Patel 博士在本课题研究的各方面所提供的优秀的技术协助。

参 考 文 献

A Practical guide to the study of calcium in living cells. Methods in Cell Biology: Vol. 40. R. Nuccitelli (Ed.) Academic Press, San Diego. 1994.

Ebner, T.J. and G. Chen. (1995) Use of voltage-sensitive dyes and optical recordings in the central nervous system. Prog. Neurobiol. 46: 463–506.

Fluorescent and luminescent probes for biological activity. W.T. Matson, (ed.) Academic Press. (1993)

Haugland, R.P. Handbook of fluorescent probes and research chemicals. Molecular Probes. Eugene, OR. (1996).

Light Microscopy and Cell Structure. Vol. 2. Cells. A laboratory manual. D. Spector, R.D. Goldman and L. A. Leinwand. Cold Spring Harbor Press (1998).

Loew, L.M. (1994) Voltage-sensitive dyes and imaging neuronal activity. Neuroprotocols 5:72–79.

Optical methods in cell physiology. P. DeWeer and B.M. Salzberg, (Editors). Wiley-Interscience. New York (1986).

Antic, S. and Zecevic, D. (1995) Optical signals from neurons with internally applied voltage-sensitive dyes. J. Neurosci, 15: 1392–1405.

Beach, J.M., McGahren, E.D., Xia, J. and B.R. Duling. (1996) Ratiometric measurement of endothelial depolarization in arterioles with a potential-sensitive dye. Am. J. Physiol. 39:H2216–2227.

Bedlack, R.S., Wei, M-d., Fox, S.H., Gross, E. and L.M. Loew. (1994). Distinct electric potentials in soma and neurite membranes. Neuron. 13:1187–1193.

Bullen, A., Patel, S. S., and Saggau, P. (1997). High-speed, random-access fluorescence microscopy 1. High- resolution optical recording with voltage-sensitive dyes and ion indicators. Biophys. J. 73(1): 477–491.

Bullen, A. and Saggau, P. (1999). High-Speed, random-access fluorescence microscopy. II Fast quantitative measurements with voltage-sensitive dyes. Biophys. J. 76(4):2272–2287.

Bullen, A. and Saggau, P. (1998) Indicators and Optical Configuration for Simultaneous High-resolution recording of membrane potential and Intracellular Calcium using Laser Scanning Microscopy. Eur. J. Physiol. 436:827–846.

Chien, C.-B. and J. Pine. (1991a) Voltage-sensitive dye recordings of action potentials and synaptic potentials from sympathetic microcultures. Biophys. J. 60: 697–711.

Chien, C.-B. and J. Pine. (1991b) An apparatus for recording synaptic potentials from neuronal cultures using voltage-sensitive fluorescent dyes. J. Neurosci. Methods. 38: 93–105

Cooney, R.V., Kappock, T.J., Pung, A. and J.S. Bertram (1993). Solubilization, cellular uptake, and activity of β-carotene and other carotenoids as inhibitors of neoplastic transformation in cultured cells. Methods in Enzymology 214:55–68.

Eberhard, E. and P. Erne (1991) calcium binding to fluorescent calcium indicators: Calcium green, calcium orange and calcium crimson. Biochem. Biophys. Res. Com. 180(1):209–215.

Fromherz, P. and C.O. Muller (1994) Cable properties of a straight neurite of a leech neuron probed by a voltage-sensitive dye. P.N.A.S 91:4604–08.

Fromherz, P. and T. Vetter (1992) Cable properties of arborized Retzius cells of the Leech in Culture as probed by a voltage-sensitive dye. P.N.A.S 89:2041–45.

Gonzalez, J.E. and R.Y. Tsien. 1997. Improved indicators of cell membrane potential that use fluorescence resonance energy transfer. Chemistry and Biology 4:269–277.

Grynkiewicz, G., Poenie, M. and R.Y. Tsien (1985) A new generation of calcium indicators with greatly fluorescence properties. J. Biol. Chem. 260(6): 3440–3450.

Haugland, R.P. (1996). Handbook of fluorescent probes and research chemicals. Molecular Probes. Eugene, OR.

Johnson, I. (1998) Fluorescent probes for living cells. Histochemical J. 30: 123–140.

Kao, J.P.Y., Harootunian, A.T. and R.Y. Tsien (1989) Photochemically generated cytosolic calcium pulses and their detection by Fluo-3. J. Biol. Chem. 264(14): 8179–8184.

Kleinfeld, D., Delaney, K.R., Fee, M.S., Flores, J.A, Tank, D.W. and A. Gelperin (1994) Dynamics of propagating waves in the olfactory network of a terrestrial mollusk: An electrical and optical study. J. Neurophysiol. 72(3):1402–1419.

Kurebayashi, N. Harkins, A.B. and S.M. Baylor (1993). Use of fura red as an intracellular indicator in frog skeletal muscle fibers. Biophysical. J. 64:1934–1960.

Lev-Ram, V., Miyakawa, H., Lasser-Ross, N. and W.N. Ross (1992). Calcium transients in cerebellar purkinje neurons evoked by intracellular stimulation. J. Neurophysiol. 68(4):1167–1177.

Loew, L.M. (1993). Potentiometric membrane dyes. In: Fluorescent and luminescent probes for biological activity. W.T. Matson, (ed.) Academic Press, London. pp 150–160.

Loew, L.M. (1994) Voltage-sensitive dyes and imaging neuronal activity. Neuroprotocols 5:72–79.

Meyer, E. Muller, C.O. and P. Fromherz (1997). Cable properties of dendrites in hippocampal neurons of the rat mapped by a voltage-sensitive dye. Eur. J. Neuroscience 9:778–785.

Minta, A. Kao, J.P.Y., and R.Y. Tsien (1989) Fluorescent indicators for cytosolic calcium based on rhodamine and fluorescein chromophores. J. Biol. Chem. 264(14): 8171–8178.

Montana, V., Farkas, D.L. and L.M. Loew. (1989). Dual-wavelength ratiometric fluorescence measurements of membrane potential. Biochemistry. 28:4536–4539.

Morris, S.J. (1992) Simultaneous multiple detection of fluorescent molecules. In: B. Herman and J.J. Lemaster (eds.) Optical Microscopy: New Technologies and Applications. Academic Press.

Murphy, T.H., Blatter, L.A., Wier, W.G. and J.M. Baraban (1992). Spontaneous synchronous synaptic calcium transients in cultured cortical neurons. J. Neuroscience. 12(12):4834–4845.

Obaid, A.L. and B.M. Salzberg (1997) Optical studies of an enteric plexus: Recording the spatiotemporal patterns of activity of an intact network during electrical stimulation and pharmacological interventions. Soc. Neuroscience Abstract no. 816.1. 23(2):2097.

Rohr, S. and B.M. Salzberg. (1994) Multiple site optical recording of transmembrane voltage (MSORTV) in patterned growth heart cell cultures: Assessing electrical behavior, with microsecond resolution, on a cellular and subcellular scale. Biophys. J. 67: 1301–1315.

Ross, W.N. and Reichardt, L.F. (1979). Species-specific effects on the optical signals of voltage-sensitive dyes, J. Mem. Biol. 48: 343–356.

Spector, D., Goldman, R.D and L. A. Leinwand (1998). Light Microscopy and Cell Structure. Cells. A laboratory manual. Vol. 2. Cold Spring Harbor Press.

Zecevic, D. (1996). Multiple spike-initiation zones in single neurons revealed by voltage-sensitive dyes. Nature, 381(6580): 322–325.

Zhang, J., Davidson, R.M., Wei, M-d. and L.M. Loew. (1998). Membrane electric properties by combined patch clamp and fluorescence ratio imaging in single neurons. Biophysical J. 74:48–53.

第五章 活体动物中神经元电活动：
细胞外和细胞内记录

Peter M. Lalley，Adonis K. Moschovakis and Uwe Windhorst
董志芳，曹军，王永富，杨雅，韩会丽，徐林 译
中国科学院昆明动物研究所学习记忆实验室
lxu@vip.163.com

■ 绪 论

检测神经细胞的放电模式，微电极记录技术不仅具有时间空间分辨率高的特点，而且对神经组织的损伤程度也很小。因此，长期以来它是研究神经元或神经网络的行为和功能的主要方法。此外，微电极记录技术的显著优势在于，通过细胞内微电极能把示踪剂直接注射进神经元，标记神经元的位置、形态以及和其他神经元或效应器的突触联系。

细胞外微电极记录技术首先应用于单个神经元的电活动研究，揭示了过去其他研究手段没能阐明的神经细胞类型和突触回路（更多的例子从 Eccles 和 McLennan 发表的专著中可见）。随后，Ling 和 Gerard 发展了胞内微电极记录技术。这种技术被广泛地应用于记录膜电位，并且揭示了决定神经元兴奋性的电压依赖性和时间依赖性特征。同时，胞内微电极记录技术揭示了兴奋性和抑制性突触后膜电位的特性和功能的重要作用。随后，由微电极记录技术发展出来电压钳技术，使我们在离体或活体条件下能测量膜电流和估计膜电导。随着胞内注射荧光染料标记神经细胞的活动，使得微电极记录技术在研究神经元的电活动中更具有优越性。

毫无疑问，由于微电极记录技术在电生理学研究中的多种优越性，并且其能结合神经元的示踪标记技术，使得该技术仍然是一种重要的研究工具，此工具用于分析单个神经细胞或神经网络的行为和功能。由于离体微电极记录技术更为直接清楚，并且在其他章节中已经有了详细的阐述，在本章中我们仅介绍活体动物研究中存在的问题和方法。此外，我们希望激发更加浓厚的兴趣来研究单个神经元的放电模式与整个神经网络之间的联系，以及最终单个神经元的放电模式与整个机体行为之间的关系。理想情况下，活体微电极记录技术必然与细胞学和分子生物学技术结合，为研究神经系统功能提供新的广阔前景。

实验方案 1 常见电生理记录技术的设施、条件和数据采集

■■ 电生理实验中仪器、设备和安装调试

在本节中，我们详细地列举应用于活体哺乳动物实验的仪器设备，这些仪器用于记录、分析和储存电生理数据。当然，根据研究目的的不同，对仪器设备的要求也不同。

图 5-1 描述了微电极记录技术记录电生理信号所需的基本设备。虽然示意图中描绘的是一套离体实验记录装置，但是，在活体动物实验中也需要相同的设施。图 5-1 详细列举了有用的或必须具备的电生理设备和辅助设备。

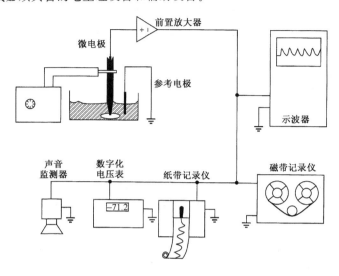

图 5-1　记录中必需的仪器

■■ 材　料

　　—麻醉剂：氨基甲酸乙酯、α-氯醛缩葡萄糖、戊巴比妥

　　—手术器械：牙科钻、高频止血刀、镊子、剪刀、解剖刀、止血钳、骨钳、骨蜡、凝胶等

　　—加热毯和红外灯

　　—监控（肛）体温的无线温度计

　　—血压监测仪

　　—氧耗监测仪（吸入 O_2，呼出 CO_2）

　　—机械人工呼吸机

　　—手术显微镜

　　—防震台

　　—立体定位仪（头部固定仪和脊髓固定仪）

　　—用于微电极和刺激电极的微操作器

　　—电压/恒流刺激器和刺激隔离器

　　—可编程控制温度和拉力的玻璃微电极水平拉制器（细胞内记录）或垂直拉制器（细胞外记录）

　　—电动微推进器（商品化的微操作器和微推进器已经结合在一起）

　　—配置有带通和 50Hz 或 60Hz 滤波器的高增益交流前置放大器（细胞外记录）

　　—胞内记录用的直流放大器（如 Axoclamp 2B）

　　—直流电压调零（用于录音机和示波器等记录）

注意：电压调零用来确保输入到磁带记录仪和示波器的信号不超过记录范围并且尽量减少驱动放大器的偏流直流不干扰信号分析。

　　—多通道示波器

　　—具有 10kHz 频率响应的多通道示波器纸带记录仪

　　—音频放大器

注意：音频放大器对于检测动作电位非常有用。通常，先听到细胞的动作电位发出后，再在示波器或记录仪上看到。此外，也能听到胞内记录时的突触噪声。许多有用的信息可以通过阈下突触后膜电位的声音获取，如这些声音和其他被检活动发生的时间顺序，微电极插入细胞后的细胞状态等。

　　—神经元放电的幅度或波形甄别器和记录发放频率的部件（通常由软件或硬件来实现，这里指的是硬件）

　　—数字化磁带记录仪

　　—法拉第屏蔽罩

注意：在记录微弱的生物电信号时（例如，胞外记录的电位在微伏到毫伏之间）需要高倍放大，因此，法拉第屏蔽罩通常排除外源电信号的干扰，如它在实验室灯光和电源的干扰中是必需的。但是，如果将动物和仪器设备等仔细地接地，没有法拉第屏蔽罩也能将干扰降低到可接受的水平。有效的接地方法是，将所有电生理设备连接到一个共地点上（共地接线柱），这个共地点再与直流或交流前置放大器的接地端相连。另一个降低噪声的方法是，将放大器用铝箔包裹，然后用导线将铝箔与共地接线柱连接起来。

　　—数据采集和分析的微处理器（如数模转换卡）、计算机以及软件

注意：有各种商品化的微处理器、数模转换卡和软件，这些供货商有 Axon 公司、英国剑桥电器设备公司等。这些系统不仅在分析已储存的数据时非常有用，而且也能实时显示和分析，因此不需要示波器和纸带记录仪持续的记录和打印。

　　—数据备份设备

■■ 步　骤

实验准备程序

　　这里我们描述了活体动物中记录神经信号的普通操作程序。记录生物电位的特殊性方面将在第 2～4 部分讨论。图 5-2A 主要阐述手术后和记录电极埋置后的操作程序。图 5-2B 总结了不同的电极以及它们检测不同生物电位的用途。

　　可选择的准备：麻醉或去大脑皮层

　　是否使用麻醉或去大脑皮层动物，是由实验的目的和麻醉对神经元的影响决定的。大多数全麻药物具有抑制运动和稳定神经元自发放电模式的优点，从而增强了记录的稳定性。然而，由于它们对兴奋性突触的抑制和对抑制性突触的影响限制了麻醉剂的应用，例如，泌尿膀胱反射会被麻醉剂量的巴比妥酸盐显著抑制，决定了该实验只能应用非麻醉的去大脑皮层动物或使用 α-氯醛糖。把脑干的中丘脑以上的大脑皮层切除进行实验，可以避免麻醉带来的问题。但是，这样的实验准备需要更长的时间，困难也更大。

　　手术前药物处理

　　手术前应该注射阿托品以阻止动物的唾液分泌从而抑制呼吸。根据动物品种和给药

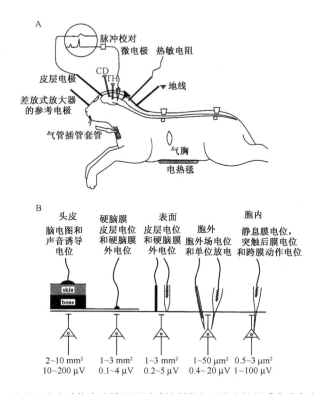

图 5-2　胞内记录小动物大脑神经元活动的刺激和记录电极的手术准备和安排

A. 最上面的圆圈表示示波器，所显示的轨迹中，上面轨迹是胞外记录到的皮层电位，下面的轨迹是一个标准脉冲（校对）紧接着记录到的皮层下神经元的胞内电位。记录电信号的放大器在图中已经被省略。Indiff el：差放式放大器的参考电极，CD 和 Th：尾状核和丘脑中的刺激电极，Gnd：地线，Tr：呼吸道管（Willis 等修改重绘）。B. 记录不同信号的电极及安排。EEG 和 AEP：记录脑电和声音诱发电位，ECoG 和 EP：皮层电位和硬脑膜外电位，FP 和 spike：场电位和单位放电，RP、PSP 和 spike：静息膜电位、突触后膜电位和跨膜动作电位。

模式化的神经元下面的数值表示电极记录的面积和可测量的信号的幅度。

途径的不同，有效的剂量范围为 0.1～0.3mg/kg。最好注射溴代甲烷阿托品，因为它不像硫酸阿托品，后者能够穿透血脑屏障。手术前使用 0.3 mg/kg 的地塞米松可以有效地把开颅术或椎板切除术引起的中枢神经组织水肿减至最轻。当手术过程很长时，最好在记录期间缓慢静脉注射乳酸林格液（lactated ringer solution）或者葡萄糖‐林格液（glucose-ringer solution）。

　　手术方法

　　开颅术、椎板切除术和打开硬脑膜不仅是为了让中枢神经组织暴露以便看清脑表面、准确地插入微电极，而且可以使脑脊液引流，保证了记录的稳定性。高质量的记录应该尽量做到这一点，并且使神经组织的损伤最小，形成的疤也最小。通常，两侧胸廓切开术可以最大限度降低自发呼吸带来的脑和脊柱组织的移动，从而进一步使记录稳定。胸廓术一般用加拉碘铵（起始 4～10 mg/kg，然后 4～10 mg/h）或者泮库溴铵（起始 0.1～0.2 mg/kg，然后 0.07～0.1 mg/h）静脉注射麻醉和用人工呼吸机维持呼吸。

为了避免胸廓术导致的肺脏萎陷（气胸），需要通一根与人工呼吸机输出端相连接的导管，施加压强 $133\sim266\mathrm{Pa}$。

其他操作有助于记录的稳定性，包括：把切开的硬脑膜边缘利用细结扎线或氰基丙烯酸盐黏合剂固定到周围的骨或肌肉、在骨与组织之间加入含 3% 琼脂的林格液作为渗透隔离、切除所有暴露组织的蛛网膜及在微电极插入的位置上放置一个压力座。同时，必须清除记录点周围的软组织膜，以避免这些组织阻碍电极的插入或损坏微电极尖端。

手术后，所有暴露的组织表面应该用琼脂液、石蜡油、凡士林石蜡油的混合物或潮湿纱布覆盖。这样可以避免组织干燥，因为组织干燥会导致肌肉收缩和组织的快速衰竭。

微电极插入和记录中神经组织的准备

无论用什么类型的电极，也不管是细胞内还是细胞外记录，重要的是要使神经组织适合微电极的插入。和以前提到的一样，必须去除硬脑膜。如果用的是玻璃微电极或者金属微电极，为了避免它们的精细脆弱的尖端受损，蛛网膜也需要去除。另外，如果是细胞内记录，就必须去除覆盖在记录点上的软脑膜碎片。在微电极推进时，由于组织的收缩最后反弹，会导致神经组织表面的损伤和插入电极的轨迹途中的神经元损伤，并且不能精确计算插入电极的深度。在去除膜组织时，要注意尽量避免组织表面出血，因为这样会导致插入电极困难和损伤微电极尖端。

同样重要的是，要尽量避免组织表面聚集太多的脑脊液。表面脑脊液会增大电容，降低微电极的反应时间（导致高频信号失真）。通常，脑脊液聚集是由于没有做到足够好的人工呼吸供氧，导致血浆和组织中的二氧化碳分压太高。这种情况可以通过提高人工呼吸供氧效率来得到改善。同时，在手术区域的边缘放置脱脂棉也可以非常有效地吸收过多的脑脊液。

实验前的接地

在活体动物实验中，用银丝或铂金丝（交流信号记录）、氯化银丝（直流信号记录）将潮湿的非神经组织接地。现在，连有导线的氯化银圆盘可以直接买到，是最理想的接地材料。银、氯化银、铂金丝用林格液浸湿的脱脂棉包裹后，放入组织中和肌肉紧贴，也可以放入动物嘴中。非常重要的是要保持脱脂棉始终饱和地浸润着电解液。

寻找细胞

在这部分，我们讲述在脑或脊髓组织中寻找细胞，进而胞内或胞外记录细胞活动的一般程序。

放大器增益和滤波

在寻找细胞进行胞内记录时，一般用 10 倍的放大倍率。对于胞外记录，交流放大器的放大倍率一般采用 $1000\sim5000$ 倍来探测单位放电和诱发场电位。胞外记录的滤波带宽一般为 $100\sim3000\mathrm{Hz}$。

微电极推进操作器

目前，有各种各样的高精度微电极推进器可供选择使用。在活体实验中，比较方便的是配置一个 $X\text{-}Y\text{-}Z$ 三维电动或者液压驱动的微操作器，或者 $X\text{-}Y$ 机械微操作器，如 Narishige Canberra 型微操作器。这些设备极大地方便了把驱动装置和微电极放置在将要插入组织的上方。然后，微电极在微操驱动下进入组织。对于细胞外记录，油压驱动的微操作器可以达到满意的程度。但是，这种油压微操在进行胞内记录时有些困难，因为它不能高速步进驱动微电极穿入神经元。另外，由于驱动系统中与油的温度相关的收缩和膨胀，使得这种微操的稳定性降低。因此，配置电动或压电驱动的微操是最理想的，这些设备可从许多仪器设备公司直接购买到。这些商品化的设备可以通过遥控，使微电极以不同的速度和加速度进行小步进或大步进或连续推进，引起的电极反弹或电极偏离非常小。小步进和高速推进电极，使得穿入细胞变得非常容易，对细胞的损伤也最小。某些品种的电动驱动微操有一个缺点，那就是带来高频噪声。这种高频噪声对诸如听觉神经生理实验带来麻烦。

电极清理以便探测和穿入神经细胞

聚集在电极尖端和中部的组织会增大电阻并导致噪声增大，使得探测到细胞活动更加困难，并且也将导致在电极穿入神经元时损伤细胞膜。为了保持微电极尖端的干净，可以在每进几步（每步几个微米）后，通过开关或触发电路给微电极一个波宽为1s的正向电流（100nA）。正向电流也能帮助微电极穿过细胞膜。现在，许多新型的胞内记录放大器都配置有电流清理功能的部件。另外，也可以通过手动或电动开关控制刺激器，输出一个类似的正向电流到微电极。

利用场电位定位记录细胞

神经元是成簇分布的，通常很容易通过电刺激诱发逆行或少突触传递产生的场电位来定位。电刺激诱发的场电位的波形和波幅通常可以用来指导微电极的推进，最终到达目的神经元。例如，在骶骨位置的脊髓，刺激腹根神经，在骶骨副交感神经节前神经元产生一个表面正向的场电位，当微电极靠近时，记录到的场电位的波幅会增大；当微电极穿入到节前神经元簇内部时，这个场电位就变成负向，也就表明了微电极到达了目的神经元区。某个区域中的神经元，可以通过逐渐降低刺激强度，直到检测到某个单位放

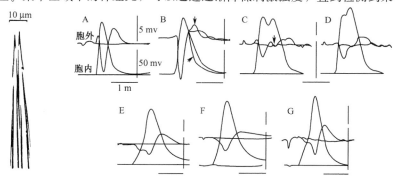

图 5-3　脊髓运动神经元内外同时记录到的电位变化

左侧图：制作成平行排列的胞外和胞内记录所用的两个微电极的显微图片。右侧图：以阈值强度刺激腹根神经，在腰椎运动神经元记录到的胞外和胞内的动作电位。平线表示阈下刺激强度时没有任何反应。A～G：位点在运动神经元的轴突的记录（A），轴丘（B～D），胞体和近端树突（E～G）。在C和D图中，胞内记录的动作电位顶点出现小凹槽（反相小波），反映了动作电位从轴丘向胞体和树突传播过程过中的延迟（IS-SD break）。C图中胞外记录轨迹上方的箭头就是表示延迟的动作电位。

电随着刺激强度的降低而消失，并且随着刺激强度的增加又恢复。其他例子，如刺激迷走神经诱发的场电位也可用来定位迷走神经节前神经元和延髓质中呼吸 R_β 神经元。

胞外记录的单位放电的波幅和波形

自发或诱发的胞外记录单位放电一般波幅都小于 1 毫伏，并且为负向，当微电极离细胞相对较远时出现三相（负－正－负）。在单位放电的上升相中，常常出现一个小的反相波，这是轴突单位放电带来的。通常，电极尖端和轴突接触时就会产生这种小波。如图 5-3 中描述的一样，当电极非常靠近细胞时，胞外记录的电位呈负－正相，幅度超过 5 毫伏。这种记录方法将在下面的实验方案 2、3 两部分进行阐述。

实验方案 2　　细胞外记录

■■ 概　述

记录单个神经元、神经胶质细胞、肌细胞的电活动在基础研究和临床研究中是很重要的。虽然我们都希望每次能记录跨膜电位，但是在技术上是有难度的，通常是不可行的，而且常常也是不必要的。因此，人们就选择了胞外记录方法进行研究。已经发展出了多种胞外记录方法用来探测细胞内活动，大多情况下探测动作电位的活动顺序。在后一个应用（记录动作电位）中，最重要的是动作电位发生的特定时间而不是其幅度和形状。实际上，在大多数记录条件下，胞外记录到的动作电位幅度是略小于胞内记录到的幅度。这种幅度的降低有很多影响因素，如电极和细胞膜表面的位置、电阻以及电极和细胞膜之间的组织的几何特性。

由于存在众多的胞外记录方法以及微电极制作方法，在这里不可能进行详细描述。另外，其中的一些技术方案已经在其他部分阐述，所以，这部分我们着重于一些特殊方面。

■■ 步　骤

概述：神经纤维和肌纤维的记录

在这一节里，我们主要讨论用相对粗的外电极记录神经纤维或者肌纤维信号的原理。

粗外电极

假设一根神经或者一根肌纤维连有两个外电极。如图 5-4，动作电位产生并从左到右沿着纤维传播（假定是一致性的），在某一时刻一小块膜的膜电位发生极性反转，从胞内负变为胞内正，并且线性地依赖于膜的电导速率。这种假定情况在图 5-4 中显示为带斑点区域。在显示的图中，斑点区域逐渐地随时间从左向右移（这种移动被显示为数字的增加）。

单相记录（左边一栏），当右边电极放在压碎的神经上（去极化部位，交叉阴影区），两个电极之间存在一个"伤害"电位，表现为电压仪的仪表盘 1 中指针向右偏转。这个状态显示的是静息状态，兴奋性还没有到达左边电极。当兴奋性到达时（仪表盘

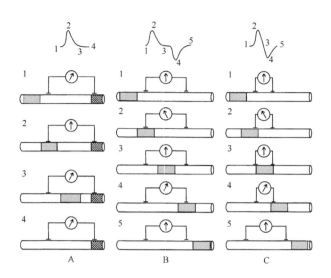

图 5-4　在神经纤维上记录单向和双向的动作电位

图顶部的波形显示的是在该栏记录条件下记录到的动作电位。A. 右末端的神经是死亡的，也就是交叉阴影区表示神经永久性地处于去极化状态。B. 显示的是分得很开的两个电极记录活体神经纤维。C. 显示的是在同样条件下用靠得很近的两个电极记录神经纤维。斑点区域表示该处的神经处于极性反转。动作电位从左到右传递。波形图旁边的数字显示的是瞬间膜电位，对应着记录电极在这个位置记录到的电位。电压仪的指针（箭头）位置表示电流的方向（据 Brinley 的图修改绘制）。

2)，因为这个区域处于去极化，电压仪指针向左偏转。随着兴奋性区域在电极间移动，指针回到初始位置。当兴奋区域到达死亡的神经纤维区域，并不导致任何改变，传递来的兴奋性在这个区域最终消失（图 5-4）。其他条件下也可以得到类似的结果。例如，在两个电极间的神经纤维用麻醉处理、损毁或把右边电极移到很远的地方（如肌肉或其他组织），在这种情况下就形成了一个差放式参考电极。总之，放置一个电极在中性的、不活动的区域就会记录到如这一栏图上显示的单相波形。实际上，下面情况也是如此：当微电极放在神经组织中接近其中的一个神经元，就是活动电极（差放式放大器的记录电极），另一个电极放在其他组织中（如肌肉或皮肤），远离记录电极，就是不活动电极（差放式放大器的参考电极）。

双相记录（中间一栏），两个电极较远地分开。当两个电极放置距离比活动区域大很多时，膜电位反转总是导致双相的仪表盘指针偏转，记录到双相的电位波形。

双向记录（右边一栏），两个电极相隔较近。和活动区域的大小相比，两个电极放在相隔更小的时候，就会记录到一个负相和正相相互重叠的波形，如这栏的顶端的图所示。

经适当的改变，这些原理可用于下面的研究：

从动物或人体取到的外周神经、脊髓根部或中枢神经束，分离成细小纤维进行记录。分离工作总是用精细的钟表工具或特殊设计的镊子通过手工操作完成。这些纤维被放置在两个金属（银、钨、铂金）电极钩上，其中一个电极有很多种方法做成参考电极

（如按照图 5-4A，也可参阅第十七章）。通常这种细纤维中还可能包含其他活动纤维，所以，记录中会包含重叠的动作电位串相互干扰（多单位放电活动）。这就需要实验人员的技术和经验来进行处理，分离出单独的一根纤维，通过使用更多的锋电位分离设备或软件程序。

记录活体完整的神经或分离出的完整神经（神经电活动图）或肌肉组织（肌动电活动图，参阅第二十六章）。这些记录总是会获得相互干扰的多单位放电活动，单个单位放电活动就需要特定的数据分析技巧。其他应用中，在这些复杂结构中，电刺激、机械刺激或其他种类的刺激产生诱发电位时会记录到复杂多单位活动。在神经学中，这种记录常被用来检测神经通路是否完好，或复杂的电导速率是否正常或衰减。

用埋置的慢性电极在活体动物神经或者肌肉进行记录。

吸入式电极

通常把神经纤维放到电极钩上有一定的技术难度，如当神经和脊髓段较短时。通过负压，可以把神经纤维段吸入到充满电解液的电极玻璃管或其他种类的精细玻璃管，通过电解液可直接记录胞外场电位。通过这种吸附式电极，刺激支配细小组织的神经，可以记录胞外场电位。这些组织包括非常小的心脏（如昆虫的心脏）、肠神经、视觉神经元和肌肉。用塑料管代替玻璃管可以记录运动组织。这种吸入电极可以自己制作，也可以买到。

埋置的慢性电极

许多电极系统已经发展出能通过埋置在动物或人类身上，记录不同神经结构的活动，从外周的神经到脊髓根、神经束和神经核团，细节将会在其他章节（第二十八章，第二十九章）中讲到。这里仅进行概述。

已经发展出了可埋置的神经组合电极进行慢性记录、刺激、药物调控神经活动。成束电极纵向贯穿神经束埋置（LIFEs）也可以记录神经活动。据说，敷金属的聚合纤维是最适合做长期埋置记录的，因为这种纤维柔韧性好、细小，无排斥反应，并且适合做多单位放电记录的引导线或做刺激电极。

把电极丝埋置在脊髓根部或神经束中。成束的悬浮精细电极丝（比如许多直径 $5\mu m$ 的柔软铂金丝，因为可以随着脑波动而动，和神经细胞的相对位置却不变，称为悬浮电极）慢性埋置在猫脊髓背根神经节、背根神经或腹根神经，记录自由活动动物的神经活动。并不是每根电极丝均能记录到单位放电，但由于有很多电极丝，随机在一定数量的电极丝上记录到单位放电。成阵列的电极丝现在已经成了常规技术，埋置到中枢神经结构中，如老鼠的海马，用于同时记录多单位放电。

概述：微电极记录

利用精细的微电极，由几种类型的金属和碳纤维电极以及充灌有电解液的玻璃管制作而成，它们在单位放电记录中已经成为常规用具。应用微电极需要对神经组织进行精心的处理以便微电极能穿入组织。

微电极的选择和制备

胞外记录相对于胞内记录造成的问题少一些。所以，微电极的选择不是那么关键。任何一种具有细的尖端、形成足够高的电阻和导致低的噪声的微电极都可以作为胞外记录的微电极。微电极可以有许多用途，也可以组成阵列产生更多的用途，比如记录神经细胞的活动时，通过多管玻璃微电极施加药物到这个神经细胞的附近（见第七章）。这里我们概述几种胞外记录神经细胞活动的方法。有很多途径可以改变这些方法以适应特别的需要。由于有众多的微电极类型，以及篇幅的限制，很难对每种微电极的制作方法在这里做详细的介绍。

玻璃微电极管

和胞外记录微电极相比，胞内记录微电极需要更严格的制作程序和标准。所以，这部分仅限于对理想的微电极进行简单的总结。更详细的方法介绍将会在实验方案 3 中细说。胞内记录的理想特征有：

—电极对于组织是惰性的

—低噪声

—最小但恒定的电极电阻

—没有电极电位

—有选择性

—可以充灌染料或标记物质

垂直拉制器适合于拉制玻璃微电极用于胞外记录。由于电极内液可能会从电极内渗透出来，电极内液应该与细胞外液相匹配。因此，对于胞外记录，$2 \sim 4 mol/L$ 的 NaCl，并且配制好后过滤（通常是用 $0.22 \sim 0.45 \mu m$ 孔径的滤膜过滤）用作电极内液。拉制好的玻璃微电极尖端可以在显微镜下与玻璃棒进行碰断，降低电极电阻至 $2 \sim 10 M\Omega$。

金属电极

金属电极的主要优点是记录稳定性和材料的柔韧性。因此，更适合作慢性记录用。比如，金属电极可以穿过猴大脑皮层硬脑膜进行记录。通常，金属电极比玻璃微电极更稳定，噪声更小。金属电极同样也适合急性实验记录和作为刺激电极刺激脑组织。金属电极也可以结合玻璃微电极，形成金属玻璃微电极进行药物微电泳或压力给药。

理想金属电极的一般特征：牢固、机械上的稳定性和柔韧性；长时间稳定的记录；低噪声，高信噪比；选择性好，能有效地隔离周围其他细胞的干扰；低偏流（也就是驱动放大器需要的电流小），因此不同细胞大小记录到的频率不因为产生的电流大小而导致记录不同。

制作金属电极有很多方法，因为很多试验室在不断地优化方法，使之能用于许多特殊目的。

下面对几篇论文中的方法进行概述。在这些论文中有详细的描述和相关的参考文献。

铂金电极用微玻璃管绝缘。这种电极尖端可以用铂金粉覆盖以增大有效面积和减小电阻。这种电极也可以用铱来增强电极硬度，成为铂铱电极。铂金电极最大缺陷是尖端细、易断（Snodderly 1973）。

钨电极很硬。如果钨电极尖端足够细，他们更适合于分离细胞活动，采集高频信号（Snodderly 1973）。但是这种电极的噪声很大。绝缘可以用绝缘漆或者是玻璃来实现。关于如何把毛细管制作到钨电极上，如何使之绝缘，怎样控制电极尖端形状，以及如何重复利用单电极和双电极，这些都可以从 Li 等（1995）的文章中找到。

不锈钢电极在记录和定位电极尖端都很好。定位电极尖端位置可以通过给电极通电，使铁离子沉积到电极尖端周围的组织中。试验完后，把动物用氰化钾溶液灌流，切成脑片后用普鲁士蓝染色即可显示电极尖端记录时的位置。不锈钢微丝可以穿进微玻璃管中，通过拉制仪（可购买）把微玻璃管拉制到这些微丝上，形成金属玻璃微电极。这种电极和微玻璃管结合，可以形成记录和注射系统（Tsai et al. 1997）。

人工塑料绝缘的铱金电极丝据说非常适合于：

——穿过比较硬的结缔组织，如硬脑膜

——记录非常小的神经细胞

——产生多个电解损伤来标记记录轨迹（图 5-5）

——用于多电极阵列

——慢性微刺激但又不至于引起电化学损伤

不同种类的金属微电极可以向供应商购买（见本章后的供应商列表）。

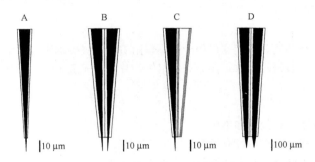

图 5-5　玻璃绝缘的单个和多个钨丝微电极

A. 单钨丝玻璃电极。B. 双钨丝玻璃电极。C. 钨丝电极和微玻管组合电极，微玻管内有毛细管便于充灌液体。D. 毛双钨丝玻璃电极，适用于刺激电极（据 Li 等修改重绘　1995）。

碳纤维电极

从 20 世纪 70 年代以来。碳纤维电极应用变得非常广泛。碳纤维电极的优点是：

——比氯化钠溶液充灌的微玻璃电极有更小的阻抗

——可用制作成多管玻璃微电极，一部分用于微电泳给药，一部分具有碳纤维，用来记录电信号

——可用来标记胞外记录位置

——可通过电压表来检测细胞外的化学物质，如神经递质浓度

主要缺点在于，这种电极的低频噪声较大，在记录慢电位时干扰明显。但是尖端镀银后可以减小低频噪声，给电极通脉冲电流也能降低噪声。

概述：标记电极轨迹

在许多研究中，需要将电生理学记录和解剖学结构结合，也就是需要知道定位记录的神经元在什么位置。这个问题并不是小事，特别是在慢性试验中，多根微电极埋置了几个星期或几个月。有很多办法用来标记电极位置。

电解损伤

电解损伤是最常用来标记电极轨迹的方法，要么是在不同位置标记电极的轨迹或在终点上标记电极的位置。作标记需要给电极通以 20s 的恒流（5～10mA）。这些损伤在没染色的组织切片中就可以看到。即使在几个月后，通过细胞色素氧化酶染色还可以看到神经胶质细胞的损伤。然而，这种方法会造成广泛的组织损伤，因此很难区分靠得很近的电极的轨迹。

染　色

如上所述，不锈钢电极可以通电流来留下铁离子。通过灌流氰化钾，然后用普鲁士蓝染色就可以看到记录电极的位置。

其他的染色方法有：硫堇（或尼氏染色）；细胞色素氧化酶；用胶质纤维酸性蛋白抗体免疫记录。

同样，这些染色技术仍然不能区分靠得很近的电极的轨迹。而且，如果下电极及其记录和灌流之间间隔太长，效果就变得差了。

染　料

为了解决这些问题，人们建议用荧光染料附着在电极尖端进行标记的方法。随着电极插入，荧光染料缓慢地释放，实验完后组织切片在荧光显微镜下观察荧光来确定电极轨迹[28]。

染料的优点：

—组织切片不需要处理和染色

—组织损伤很小，至少没有检测到

—通过具有不同吸收和发射波段的荧光染料（或这些染料的混合物）涂在不同的电极上，就可以区分邻近的电极的轨迹

—可以在任何一种胞外记录电极上涂上染料进行标记

概述：通过胞外记录电极探索胞内电活动

除了第三部分讲的用微电极作胞内记录外，通常用胞外记录电极还有很多方法来记录跨膜电位。

蔗糖隔离记录

蔗糖隔离技术是一种记录长形结构，如轴突结构的跨膜电位的技术（图 5-6）。这

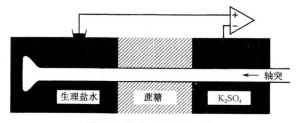

图 5-6　蔗糖隔离记录模式

在这种模式下其中一个胞外记录电极能够记录出膜电位。高浓度的
K_2SO_4 溶液使神经元去极化，导致这部分纤维的内外电位相同（据
Pittman 修改和重绘　1986）。

基于两个事实：第一，常用一对电极记录动作电位，如图 5-4 所示，由于记录电极间的低电阻会导致沿着记录的神经纤维产生电位衰减，所以，增加电极间的电阻可以减小这种衰减。第二，通过去极化可以平衡细胞内外电位变化以便记录跨膜电位。通过使用能导致强去极化的胞外溶液，比如，高浓度的硫酸钾施加在其中一个电极的细胞外液中，平衡这个区域的细胞内外电位，由于这个电极和另一个电极间存在隔离，通过另一个电极记录到的电位就可以推算出跨膜电位。

隔离可以由许多高电阻介质形成，如空气、石蜡油、非极化物质的溶液。高纯度的蔗糖溶解在去离子水中，渗透到细胞之间，形成较高的细胞间电阻。

Kostyuk 方法

一种适合于记录急性分离大细胞的方法（如蜗牛神经元、无脊椎动物卵母细胞），如图 5-7 所示。这些大细胞可以应用于快速的电压钳研究并能更换细胞内液。

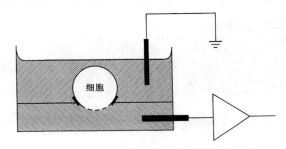

图 5-7　Kostyuk 细胞内记录方法

大细胞被吸附在一个孔上。孔的另一端凸起的细胞膜可以在破裂后与孔的这边外界环境直接相通，因此，可以直接记录到细胞的电活动。这个方法不需要任何跨膜电极（据 Purves 修改重绘　1981）。

通过峰电位串估计突触后电位

正常情况下，在自由活动的人或者动物中进行胞内记录是不可能。多种胞外记录方法已经发展出来间接地检测突触后电位（EPSPs 和 IPSPs）。由于放电中的神经元，放电概率部分取决于细胞膜电位的变化（如 EPSPs 和 IPSPs），也就是说，EPSP 短暂地增加细胞发放概率，反之，IPSP 抑制细胞放电。但是放电概率和电位变化之间的准确联系不是直接的，因为膜电位并不是线性地转换成了放电。这些将在第十九章阐述。

■■■ 结　果

为了阐明胞外记录方法，我们从大量文献中挑出两个例子。第一个是关于早期哺乳动物（猫）的视网膜研究，第二个是刺激脊髓闰绍细胞对红核细胞反应的记录。

猫的视网膜细胞

视网膜细胞的特点是其感受野，也就是照明影响视网膜细胞的放电。感受野的大小随着光源的大小和强度及背景光亮度的大小而改变，增强光亮度感受野会减小，适应黑暗环境后感受野会增大。通常感受野区域不是均一的，可以细分为几个亚区。

让我们来考虑一个特定的例子。在图 5-8 中，用一个玻璃铂铱合金电极记录一个猫视网膜细胞。实验记录方案显示在下面的右侧插图。记录电极尖端就在中心区记录的细胞的上方。一个直径为 0.2mm、强度为域值的 3～5 倍的光斑射入中央区域 b，诱发了如 5-8B 图所示的强烈放电。虽然放电是持续的，但是过了一会就适应了这种照明（如图 5-8B 中的下边轨迹，见图注）。当刺激移动到插图中的 A，C，D 位置时（在 0.5mm 中央区范围内），各自的放电明显较弱，并且适应明显加快（图 5-8A，C，D）。所以，在这个小小的中央区域中，视网膜神经细胞的兴奋性随着离中心距离的增大而明显降低。

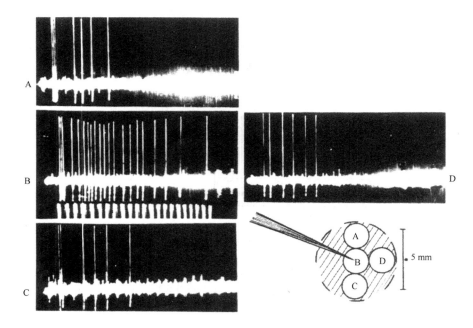

图 5-8　感受野的中心部分

直径为 0.2mm 的圆形光斑，3～5 倍的域值光强激活细胞的活动。背景光强度相当于 30m 远的蜡烛亮光。光斑的位置显示在示意图中。在 B 区域中，细胞在整个给光照过程中持续发放，称为"亮开—发放"。强度变化是 20/s。光斑移到 A，C，D 区域引起较低的发放频率，并不在整个光照过程都持续发放。当光斑移出阴影区域就不能引起发放。电位大小为 0.5mV（经许可摘自 Kuffler 1953）。

这种空间距离的依赖关系在更大的范围中更明显（数据没有显示）。当刺激在中心区域外时，细胞在照明时不发放，但在光照结束时才发放。这种现象被称为"亮关—发放"。混合的亮开—发放和亮关—发放在相对中间的位置可以找到。其他细胞显示一种相反的模式。也就是，光照在这些细胞的感受野中心时是亮关—发放，照在外周是亮开—发放。通过用两个小光斑研究一个感受野内不同区域之间的相互影响表明，亮关区域抑制和亮开区域兴奋特定的同一个细胞。这些影响的不同组合模式可以解释众多的视网膜细胞发放模式。这些研究工作对我们现在理解视网膜信号处理过程有重要的贡献。

脊髓闰绍细胞

　　许多脊髓中间神经元系统接受来自脊椎运动结构的调控。闰绍细胞也一样，接受运动神经元的兴奋，反过来抑制许多脊髓神经元。图 5-9 显示的结果中，电刺激中脑红核，研究和脊髓运动神经元和闰绍细胞之间的兴奋性耦联。在氯醛糖和氨基甲酸麻醉的猫中，通过刺激相应的后肢肌肉神经（检测刺激），用钩形电极记录腰骶腹侧根神经的

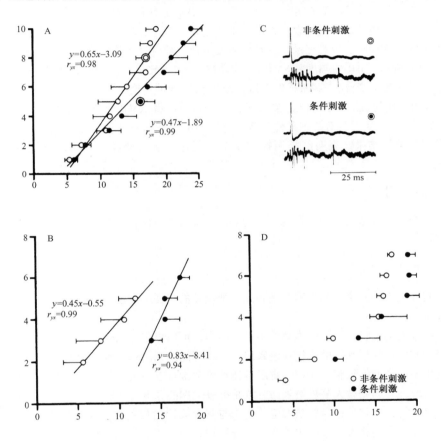

图 5-9　有和没有红核条件刺激下，闰绍细胞（RC）和单突触反射之间的耦联特性

图中显示了猫中记录到的三种 RC 结果。不同强度的顺行检测刺激系统地给予。单突触反射和顺行的 RC 反应进行了同时记录。纵坐标：每个和顺行检测刺激在 RC 中记录到的发放个数。横坐标：在相同的 RC 发放个数时，MR 反射的平均幅度（SD 为标准差，图中只显示了一个方向）。反射产生的运动神经元活动的许多记录数据，和在这条件下记录到的 RC 活动的许多数据进行线性回归，显示在图 A 和图 B。图 C 是非线性，没有进行回归。线性回归方程也在图中给出，x 表示 MR 的幅度，y 表示 RC 的发放个数。R_{xy} 显示相关系数。空圈：对照。实圈：有条件刺激。图 A 中，条件刺激降低了斜率。图 B 中，条件刺激增加斜率，并增强了 MR 反射幅度，所以直线右移。图 D 中，大多数点均匀右移。所有实验中，总的效应是产生曲线的右移，抑制 RC 的发放提示 MN-RC 的耦联降低。插图 C（与图 A 相关）：两个原始记录轨迹（上两个）显示非条件刺激下和条件刺激下（下边两个）的 RC 反应（下边一个）和几乎相同的 MR 幅度（上边一个）。这些轨迹的记录点在图 A 中用圆圈标记出来（经许可摘自 Henatsch　1986）。

单突触反射（MR）。反射激活的运动神经又激活闰绍细胞，用3mol/L NaCl溶液充灌的玻璃微电极同时记录闰绍细胞的活动（图5-9C）。用立体定位仪把同心双极钢电极定位在对侧红核，此电极用来给予条件刺激（电极位置最后通过电解损伤和组织学方法来确定，见上面介绍）。条件刺激由交流电流串组成，使用了不同的强度峰值（30～250μA），频率（500～1000Hz），持续时间（5～25ms），以及条件刺激和检测刺激间隔的时间。通常条件串刺激在检测刺激开始前几个毫秒给予。

图5-9中显示了典型的实验结果。图5-9C显示了有和没有条件刺激下MR和RC的各自反应（上边的2个记录轨迹是没有条件刺激，下边的2个记录轨迹是有条件刺激）。因为闰绍细胞很小，很难记录，并且信噪比也低。随着红核中的条件刺激，RC发放频率（Nb）降低，MR的幅度（AMR）轻度增加。为了比较，Nb和AMR都在同一个刺激强度下测量了20次。刺激强度在可以激活Ia纤维的强度范围内较大地变化。图5-9A是Nb和相应的AMR平均值的关系图。红核刺激使得AMR和Nb的相关性向右平移（空圈：对照；实圈：有红核条件刺激）。在5-9B和5-9D图中，显示实验中另两个细胞记录到的类似结果。表明红核调控主要是抑制这种运动神经元和闰绍细胞的兴奋性耦联。

■■ 应　用

结合其他办法的胞外记录能够帮助解决一些问题，但是解释记录到的发现却有一定的困难。

神经元的特征和鉴定

胞外记录的一个目的就是鉴别和鉴定神经元的特征。在这个过程里，有几个参数很有用。

神经元的位置：在无脊椎动物中枢神经中，可以稳定地从两种动物中鉴别出不同的神经细胞。在脊椎动物的中枢神经系统中，不可能鉴别出单个神经细胞的区别。但可以鉴别出不同类型的细胞，比如，皮层锥体细胞常常可以通过其他标准来帮助鉴别，如刺激特定纤维（如刺激大脑皮层表面）或是电极尖端的深度。

反应特性：胞外记录的最大优势在于与感觉或运动相关的神经元的放电模式不同。这类工作使我们获得了目前知道的大部分知识，即关于感觉-运动和其他系统中的信息传递。

功能性联系

通过胞外记录，可以推断神经元之间的功能联系，适用于神经元的输入和输出。细胞的传入联系可以通过以下几个方法进行研究：

刺激传入通路：通常的方法是刺激传入通路（如外周神经或中枢神经束或核团）并且记录突触后的细胞活动（图5-10A）。突触延迟时间提示我们在刺激和记录神经元之间有多少级突触参与。

突触前后细胞放电的相互关系：另一个办法就是用两个电极同时记录突触前后的两个细胞（数据没有显示）。通过利用相关性技术（参见第十八章）神经元之间的联系可

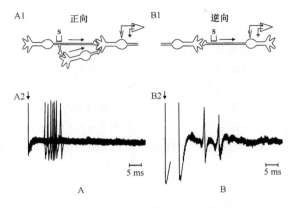

图 5-10　正向和逆向传导的电位

A．用刺激电极 S 刺激细胞 A1 传入纤维可以在突触后诱发出动作电位，通常延迟时间不一样，因为干扰了突触之间的耦合补偿。从 A2 重叠的图像可以看出来。B．用刺激电极 S 刺激细胞 B1 的轴突，会产生一个固定延迟的逆向传导的电位，这个电位不通过突触。5 个重复在一起的示波图像表示的是经过 2 个不变的刺激后的逆向传导电位（据 Pittman 修改重绘　1986）。

以间接地推测出来。这个方法需要两个细胞放电的频率不要太高。如果细胞的放电频率太低，可以用兴奋性物质（如兴奋性氨基酸等）加以提高（参见第七章）。

　　细胞的输出投射可以按以下方法研究：电刺激在某些解剖结构中细胞的轴突，从胞体可以记录到逆行的动作电位（图 5-10B）。这种诱发的动作电位应该有以下几个特点：①有恒定的潜伏期；②重复刺激产生高频发放；③和顺行传导的动作电位相碰撞，如图 5-11 所示。通过结合距离测量，这个方法可以用来测量细胞的动作电位传导速度。

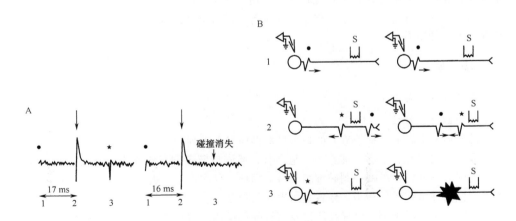

图 5-11　动作电位逆向传导的碰撞试验

A．示波器显示的是在人为刺激 17ms 后，胞外电压记录到的自发动作电位和再过 16ms 后记录到的逆行动作电位。在右边也可以看到相似的事件顺序。但是，在记录到自发动作电位 16ms 后给予电刺激，这个时间是在逆行动作电位的延迟范围内，所以逆行传递的动作电位和自发动作电位进行了碰撞而消失。原理在图 B 中进行了解释。时间用数字表示（S 代表刺激电极）。1．自发放动作电位沿着轴突顺行传导。2．在左边，在顺行动作电位经过了刺激电极后，电刺激引发了逆向动作电位。在右边，在顺行动作电位还没有到达刺激电极时，给予电刺激。3．在左边，逆行传递的动作电位到达胞体，被胞体电极记录下。右边，由于逆行和顺行动作电位的碰撞，因此，没有逆行传递的动作电位到达胞体（据 Pittman 修改重绘　1986）。

采样偏差

　　虽然胞外记录相对简单并产生重要的结果，但是还存在一些问题。问题之一就是采样的问题。大细胞产生的电流比小细胞大，细胞越大电极越容易采集到他们的信号。这就导致采样偏向于大细胞而记录不到小细胞。另外，除非可以激活所有的细胞，否则只有自发活动的细胞才能被采集到。同样，记录到的神经细胞数量和类型与使用的麻醉剂的剂量和种类有关。这两种因素使采集到的不同神经细胞的类型产生失真。尤其困难的是研究目的就是要区分它们。最后，胞外记录相对于胞内记录来说，对于胞内信号处理过程提供的信息要少很多。例如，记录不到细胞膜的慢电位变化和突触后膜电位，只能使用间接的统计方法来估计。

实验方案 3　尖电极细胞内记录

■■ 概　述

　　细胞内记录的研究方法，优势在于能探测到上述细胞外记录方法所无法记录到的电现象及事件，如亚域值的兴奋性或抑制性的突触后膜电位或电流（EPSPs/IPSPs 或 EPSCs/IPSCs）、神经元的输入阻抗以及兴奋性和抑制性电压或电流（PSPs/PSCs）的反转电位等事件。此外，利用此种技术，通过离子替代的方法，可研究细胞质和胞外离子对 PSPs/PSCs 产生的影响；第二信使的作用也可通过记录电极将蛋白质激动剂和抑制剂注射入细胞内来研究。但是，此种实验技术的困难在于，要获得和维持稳定的、高质量（如信噪比高）的记录，困难比较大，成功概率小。

　　本小节中较详细地介绍了如何选择和制备玻璃微电极，如何穿刺细胞以及如何记录细胞膜电位和膜电流。

■■ 步　骤

玻璃微电极的制备

玻璃微电极特性

　　已充灌好电解液（盐溶液）的玻璃微电极应具备下列特性：

　　在组织内移动、找寻靶细胞和细胞穿刺，微电极所致的组织损伤一定要小。因此，电极尖端应呈针状，可减小刺破细胞膜时的损伤；其次，当电极在组织内最深处时，电极外形应保证组织的位移小，导致组织表面的损伤小。

　　噪声水平应尽量小，以提高所记录信号的信噪比。存在于微电极和记录系统本身的噪声问题以及降噪方法可见其他文献（Purves 1981，Halliwell et al. 1994，Benndorf 1995）。充灌好电解液的玻璃微电极所产生的噪声，与玻璃成分、尖端直径、电解液类型、细胞内注射的物质种类有关。RC 噪声将随着电极穿刺组织的深度而提高（Benndorf 1995）。通过拉制电极使电极尖端成一定的锥度，可降低电极尖端电阻。通过在微电极的尖端外表面涂上疏水树脂 Sylgard 层（距尖端 $50\mu m$），也可降低 RC 阻抗。

　　细胞内记录期间，电极电阻应保持稳定。实验期间，通过注射电流脉冲的方法进行电极电阻值监测。

电极尖端电压（接触电位）应尽可能地保持最小。液界接触电位存在于微电极尖端部位。胞内记录放大器的直流补偿功能可以调节以达到液界接触电位的调零。

电极应能通过较大的电流，但噪声和整流（电容带来的电流反弹）不应过大。

通过电流后的电极应具备快速复原的能力。

电流通过的能力以及快速复原的能力对于非连续性的单电极电压钳实验（dSEVC）特别重要。将电极涂上干燥剂和凡士林，以便增强电极在这方面的特性（Jnusola et al. 1997）。

选择微电极的玻璃管

制作微电极的玻璃管的材料通常是硅硼玻璃、含铅硅玻璃或石英三种。Quartz 拉制出的电极，具低噪声、质坚和使用持久等特点。因此，电极在穿过硬脑膜过程中，尖端不会断裂。此类电极拉制需要利用激光软化石英进行。但是电极尖端很难断开，并且很难拉制出具有较大锥度的电极以便降低电极电阻。常用的硅硼玻璃，同软性玻璃相比，其硬度、持久性以及电极电阻系数方面更优越。利用合适的电极拉制器，制造出符合要求的不同长度、外形和尖端特征的电极是比较容易的。至于含铅硅玻璃，它比硅硼玻璃在质上更硬，使用持久性更好些；此外，它也有较低的热膨胀系数和较小的点到值。此外，含铅硅玻璃在拉制成电极尖端的地方变薄，可拉制出较大锥度的精细电极尖端。

玻璃管的选择也依赖于玻璃管壁厚度、内径和外径及其内部结构（如有助于充灌的细丝或隔板）。我们倾向于使用相对厚壁的硅硼玻璃管，如 $1.5\,mm \times 0.86\,mm$（外径×内径）（Clark Electromedical Instruments，UK）。利用此种材料，较易拉制出长度、外形以及尖端电阻等不同的微电极。此种类型的玻管适合制作长及纤细的尖电极。并且，它持久耐用和不易弯曲。因此，适合在脑组织深部进行细胞内记录。

选择电极拉制仪

除了大细胞外，其他细胞的胞内记录用水平拉制仪拉制电极的效果最好。此种拉制仪，采用二步拉制方法，可编程控制加热值和其他拉制参数。应该说，水平拉制仪比垂直拉制仪具有更大的灵活性，更易拉制出合乎要求的具有一定长度、外形和尖端直径的微电极。性能优越的水平拉制仪是 Brown-Flaming 类型和 Zeiss 类型（DM Zeiss，Germany）等。

选择微电极的充灌液

充灌液通常采用钾盐溶液如下。

$3\,mol/L$ KCl 溶液：在尖端直径一定的情况下，KCl 产生最小的尖端阻抗。因此，电压钳实验中常用此溶液。而且，充灌时，液体在电极尖端处扩散较迅速，并且形成气泡的可能性较小。其局限性在于 KCl 与细胞质的透析将会依赖 IPSP 反转氯离子。

$3 \sim 5\,mol/L$ 醋酸钾溶液：此溶液不会导致氯离子依赖 IPSP 反转。但电极电阻会比较高。因此，经过电流脉冲后电极存在较长的复原时间。电极也趋向于产生整流（电流后的反弹）。

$3\,mol/L$ 柠檬酸钾：此溶液相对黏滞性比较大，因此，电极液充灌起来有点困难。然而，电流通过量比较高；伴随电流脉冲过后，电极复原比较快。

$2\,mol/L$ 甲基磺酸钾溶液：充灌此溶液的电极，其电流通过量最强、电极复原迅速、整流效应比较小。并且，在长时间记录期内，尖端阻抗能保持相对稳定。据报道（Zhang et al. 1994），此溶液对细胞内结构和钙稳态平衡的破坏最小。对超极化后电位和电流影响也较小。因此，用负电流钳制使电位比静息膜电位更负时选取此类型的充灌液是比较好的。

5mmol/L 或 10mmol/L BAPTA 溶液：可加入到以上所述的任何溶液当中，BAPTA 可在穿刺时进入细胞内（已进入细胞或伴随电极穿刺时释放的 Ca^{2+} 缓冲液）。此外，BAPTA 似乎能提高电极与细胞膜的封接性，因此可改善记录质量。

充灌微电极

充灌液首先需通过标准的滤膜过滤，然后储存在冰箱中，待以后使用。实验当天，充灌液通过装置有 $0.2\mu m$ 针头滤器的微注射器，将溶液通过毛细管针直接注射入电极，微电极在充灌时要保持垂直。注射前电极液应充满在毛细针的尖端。充灌好的微电极尖端应保证无气泡存在。气泡的存在将增加噪声和阻挡电流信号的通过。利用猫胡须（先用 70% 的乙醇浸湿过）接近尖端且旋转，可消除气泡。另外，也可将已充灌好的电极垂直放置，尖端朝下，放在一个较湿润的盒子内几分钟，使得气泡能慢慢地从尖端迁移到液体表面。

微电极与记录放大器的连接

微电极和记录放大器的连接必须采用不可极化的电极，通常是银/氯化银丝。要达到最好的结果，银/氯化银丝在使用前现准备，但这并不是绝对必需的。如果银/氯化银丝在几天前准备好，银/氯化银丝最好贮存在黑暗处，以避免氯化银的氧化。要得到银/氯化银电极丝，可通过将一根银丝连接于 9V 电池的正极，它的另一端浸入 1mol/L 氯化氢溶液；电池的负极则与另一根直径较大的银丝相连，放置于此溶液当中。几秒钟后，可见银丝表面会形成白色的氯化银，在另一根银丝上出现氧的气泡。表面镀好氯化银的银丝随后被插入玻璃微电极当中。但需要注意，管内电极液的高度不能超出镀了氯化银的银丝高度。玻璃微电极内可利用蜡或快干水泥处理固定银丝。氯化银电极的另一端银则通过一根短的有 BNC 接头的电缆（长 150mm 或更小）和夹子与前置放大器相连。

当然，也可从 World Precision Instruments，USA 公司直接购买银/氯化银电极和固定玻璃微电极用的 O 形圈。所购买到的氯化银球头型电极，它是光稳定的，可以传递比普通银/氯化银电极丝更大的电流。不过，此种电极的缺点，在于他们使得前置放大器，与实验样品靠得太近，这也许就是限制区域的缺点。球型银/氯化银银丝也可用于动物接地。

神经元细胞内记录

定位、找神经细胞的方法可见先前的描述。在此所要阐述的是在微电极已进入脑内或脊神经节后相关的操作方法。

靠近神经细胞

神经细胞找寻时，放大器常置于桥式模式下。要取得穿刺实验的成功，玻璃微电极的尖端必须没有组织碎屑。脏的电极尖端将增加电极电阻（R_E），电极噪声也将随之而增加。通常使用两种方法来检查电极阻抗。一是观察给予电极负向直流电流（持续

50～100μs）后所出现的相应电压；二是直接在放大器上读取 R_E 的值。此外，在准备进行穿刺神经细胞之前，先给电极尖端清理电流以清洁电极尖端。

找细胞及穿刺细胞等操作最好使用高质量的微操纵器进行。微电极开始以低速度、连续方式，步进到所要找的神经细胞群区。然后，再改换成单步步进方式进行细胞穿刺。步进大小在 1～5μm 之间。然而，靠近细胞时并没有固定的步进距离要求。最好的一次步进距离是由个人经验决定的，因为动物年龄、不同种、不同细胞、神经细胞大小、神经突起的分枝和组织本身等诸多条件均能影响到此操作。

穿刺神经细胞

活体动物中穿刺神经细胞的方法通常有两种。第一种方法，在利用微操进行穿刺细胞的同时，手动控制在电极尖端施加一正向清理电流（约 100nA）。某些放大器就具备此手动装置以辅助细胞穿刺。我们的经验是，借助此装置对于细胞穿刺比较有效。第二种方法，当电极以一个步进方式穿刺细胞时，可产生一短暂的电流振荡，从而对电极电容进行短暂的过度补偿。许多放大器都配有此种振荡电路。

成功的穿刺细胞的指标就是记录到负的稳定的膜电位（－50mV 或更负），此时，细胞没有发放动作电位或产生突触后膜电位（PSPs）。有时，为了提高细胞膜与电极间封接效果，需要电极前进或后退 0.5μm。其他的判定指标包括波形较好的快速去极化、随后超极化和复极化的动作电位和典型的 PSPs。

记录模式

细胞成功穿刺后，神经细胞通常以三种模式被记录：桥式记录模式、非连续性单电极电流钳（dSECC）、非连续性单电极电压钳（dSEVC）。三种方法的共同点在于，都需要补偿各种由组织或记录系统导致的电极电容。可通过放大器上的电容补偿来实现补偿。

双电极电压钳技术（配有快速场效应晶体管控制的开关电路）在分析活体脊髓运动神经细胞的电信号中是非常有用的。此种方法在此不再描述，有兴趣的读者可参见文献。

桥式记录模式

桥式记录（bridge）模式条件下，放大器连续监测微电极记录到的电压，而且可以注射连续电流。bridge 模式可保证由微电极产生的电流而引起的电压降（IR_E）被平衡或消零，这样就保证了细胞膜电位记录不失真。零点时，微电极 R_E 值能通过放大器控制面板直接读出。

桥式模式记录膜电位的优势在于电流注射和电压记录之间的切换过程不会出现电路噪声，dSECC 模式下也是这样。然而，电极电阻 R_E 常随时间和通过的电流而变化。因此，R_E 应该常被检测和平衡。许多研究人员常通过注射恒定值的小负相直流电流（持续 50～100ms，间隔时间固定）来达到这样的目的（例如，在每次记录前给予这样的电流）。

1. 微电极置于细胞外液时，对于所施加的电流，其反应应该接近于一方波（波的初始期和结束期呈快速瞬变变化）。通过提高电容补偿来最小化快速瞬变电流，并通过一个分压计以产生最快的衰减而避免产生超射或振荡等。

2. 在找细胞和穿刺细胞时，应不断地调节电极电容。购买的放大器中常备有使用手册，内含有桥式平衡和电容的详细操作说明。

3. 当有效地穿刺神经细胞并且在桥式记录的平衡以前，方波带来的电压变化 ΔE 等于 $IR_E + IR_N$。在电容瞬变中，ΔE 达到一个峰值并以快相和慢相进行衰减。这与电极玻璃和细胞膜的时间常数有关。快相衰减成分可通过桥式平衡来消除，仅留下了一个慢相衰减电流成分（跨膜电流 IR_N）。所施加的检测方波电流是恒定的，而且是已知的，则神经细胞的输入电阻 R_N 能通过测量慢相电压成分来计算得出。

4. 在胞内记录时，电极尖端的液界接触电位有时也会形成，这会导致错误地估计细胞的膜电位。微电极从细胞内退出时，仍然可记录到明显的负电位就是液界接触电位引起的。因此，真实的膜电位，是细胞内的测量值减去电极退出后所记录到值（逆向测量方法）。

非连续性单电极电流钳记录模式

在非连续的单个电极电流钳（dSECC）记录中，放大器电路、采集电极、钳制电路和转换电路可以使微电极以高频率（kHz）在通导电流和读取膜电压之间进行循环。假定 R_E 不是太大，此种特点，可以保证记录细胞的膜电位不受 IR_E 的干扰。切换频率必须足够高，通常十倍于膜的时间常数（$R_m \times C_m$），这样就可保证膜电容（C_m）能消除膜电压对于电流注射的反应。dSECC 的优势在于，在测量 R_N 时，R_E 小的变化将不会影响电极电压的测量。然而，由于来回切换，此种记录方法的噪声大于桥式记录模式。

此种记录的操作方法与 bridge 记录模式是一样的。

非连续性单电极电压钳模式

约 20 多年前，Dean 等（1976）以非连续性单电极电压钳模式（dSEVC）记录了活体脊髓运动神经元的膜电流。最近，这种方法也被用于活体记录其他神经细胞，包括某些呼吸神经细胞（Richter et al. 1996）。dSEVC 模式记录神经细胞的理论已有详细描述，在此将做一简介。描述电压钳的方法也可见参阅 Pellmar（1996）和 Hallimar 等（1994）。

dSEVC 在测量电压和时间依赖性电流方面非常有效，而且时间分辨率也相当高。主要错误在于细胞大小、形态和电极电学特性方面的限制。此外，此模式在测量膜电流时，由于不恰当的调节以及操作的复杂性易得到错误的结果。

dSEVC 系统包括一个命令电压源、缓冲器和反馈放大器、采集和钳制电路、切换电路，能够高速切换进行电流注射和电压记录。在事先设定的钳制膜电位下，记录在这种钳制电位下的膜电流。反馈电路把 IR_E 已经衰减到零时记录到的膜电压（V_m）和钳制电压（V_H）进行比较。V_m 和 V_H 之间的任何差异（自发性突触电位 PSPs 或注射的方波电压梯度或斜波电流导致的）均被注射的电流补偿。注射的电流可被测量和记录，其值等于相应的跨膜电压（V_m）下的跨膜电流（I_m），但方向相反。

记录方法

1. dSEVC 记录的第一步，就是确保微电极本身正常工作。微电极本身不可以有稍许的整流作用，如通导正电流和负电流的能力一样，在注入电流后，V_E 必须迅速回复到基线水平。灌注后在显微镜下轻微撞击微电极尖端排除气泡，将提高电极的电流通导能力。微电极的快速恢复是记录高频的细胞膜电位 V_m 变化所必需的，V_E 则不需要。

尽可能降低电极的电容可使电极恢复时间最短。降低电极电容方法有以下几种：拉制大锥度尖端的微电极（尽管当记录深层细胞时将导致较大的组织位移和损伤），减少微电极的电极内液，记录神经组织表面上的细胞，电极尖端表面涂上降低电容的材料，在组织表面涂上矿物油（这些矿物油可以在电极尖端形成薄膜），使微电极与前置放大器之间的电缆连线尽量短等。此外，用金属层屏蔽微电极，并把此金属层和单倍放大的前置放大器的外壳连接。不过，此方法会增加高频噪声。

最近，多种放大器已经商品化如 NPI Electronic GMBH 公司生产的放大器，它降低电极的恢复时间，提高记录 V_m 反应的能力（通过对高电阻的电极进行超级充电方法来实现）。玻璃微电极的超充电方法可用在 dSECC 和 dSEVC 两种模式上，可使尖电极（$40\sim80\mathrm{M\Omega}$）的恢复时间降低到 $2\sim3\mathrm{ms}$。再使用 25％ 的限定时间（注入电流模式下所需要的时间）作为周期，可在注入电流–记录膜电位之间进行 $30\sim40\mathrm{kHz}$ 的切换频率。

2. 在穿刺神经细胞前，微电极的特性应在 ECF 中进行测试，进行电压补偿以调零。在桥式记录模式下，监测注入电流带来的电压变化。桥式记录模式的平衡可消除微电极导致的快速电压瞬变。然后，将放大器转换成 dSECC 模式，调整电容补偿，降低在桥式记录模式下记录到的电压波形的变形，注入电流就应该记录到完全正常的电压波形。而且，微电极应该同样地通导极化和超极化电流。此时，规定的切换周期值被选定。短的切换周期值使电极更能完全复原。但是，就需要更大电流的注入，大电流就可能超出了微电极的电流通导能力。因此，25％～33％的规定周期设置是比较合适的。

3. 扎上细胞后，需要重新调整电桥平衡和电容补偿。在 dSECC 模式下，用示波器连续检测电极电压，确保电极能完全复原和合适的电容补偿。最佳的电容补偿设置是提供最大的切换频率，并且使注入电流能快速地衰减而不导致振荡。切换频率应保持足够高，以便能记录到快速变化的细胞膜电位，但又不能超过一定范围，否则，没有足够的时间让 IR_E 衰减，导致转换的假象干扰记录。

4. 然后，放大器被转换至 dSEVC 模式，并将膜电位钳制（V_H）于预先设定的水平。直流电流源的开放式钳制放大倍率（nA/mV）从零提高到恰当倍率。增益指的是 nA 的外向电流。该电流随着测试电压和膜电位之间的电压差（mV）而改变。高增益能减少钳制误差（ε，膜电位与测试电位压之间的电压差）。高钳制误差 ε 导致测量膜电流 I_m 的误差。如果增益设置太小，则电流测出来就小于真实值。另一方面，过高的增益也会导致 I_m 和 V_m 记录时，出现电流的饱和、接近饱和或振荡。因此，监控真实的细胞膜电位和测试电压同样重要。

存在问题

dSEVC 模式下，细胞几何形状和空间位置带来的问题。多数神经细胞在电流的分布上并不是紧凑的。远端树突产生的电流可能无法进行电压钳制，因为在胞体注入电流，传导到树突时有衰减。因此，通过胞体记录不能准确地反映远端树突产生的突触电流。此外，自发的动作电位也许不能很好地被钳制。反转电位可能被估高。

结　果

利用 dSEVC 和超充电的方法，记录脑干组织深层的神经细胞实验结果

Richter 和同事，利用配置有超充电电路的放大器，记录了位于脑干髓质深层的呼

吸神经细胞自发膜电流（I_m）的波动情况。如图 5-12 所示，超充电电路的配置使没有涂层的尖电极（电极电阻 40～80 MΩ）记录到了自发呼吸节律中膜电位（dSECC）和膜电流（dSEVC）的变化。同样，可很好地记录到高分辨率的快速自发突触后膜电流（PSC）、突触后膜电压（PSPs）、刺激诱发的 PSCs 和 PSPs，以及呼吸驱动的兴奋性和抑制性的慢电流和慢电压（快成分的 PSCs 和 PSPs 瞬时叠加产生的电流和电压）。

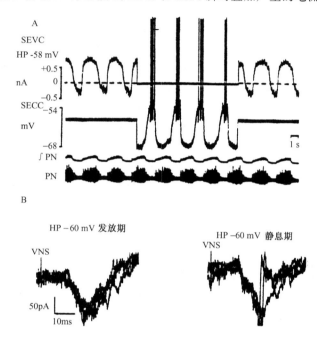

图 5-12　利用具有超充电功能的放大器，在麻醉猫中的脑干髓质椭圆体记录呼吸神经细胞的膜电位和膜电流

神经细胞位于脑干组织大于 2mm 深的部位（据 Richter 等修改）。A. dSEVC 模式下记录到的膜电流随呼吸波动的变化（左右图均为 nA；钳制电压为 −58mV）和 SECC 模式下记录到的膜电压随呼吸波动的变化（中间图为 mV）。下边的轨迹显示的是利用双极钩状电极胞外记录的膈神经细胞动作电位。最下边的轨迹显示的是膈神经细胞动作电位发放频率的时间积分图。在膈神经的静息期，呼吸神经细胞的膜电流是内向电流，膜电位去极化达到触发动作电位的阈值。在膈神经的发放期，呼吸神经细胞的膜电流是外向的，膜电位是超极化。B. 在膈神经的发放期（吸）和静息期（呼），通过一次电刺激同侧的迷走神经干所诱发出的 EPSCs 重叠图。

dSECC 和 dSEVC 模式下胞内微电泳

在细胞内记录中，可通过电极向细胞内注入可改变细胞内第二信使或膜离子通道的试剂。利用这种方法，Richter 及其同事分析了 cAMP 依赖的蛋白激酶 A、蛋白激酶 C 和 Ca^{2+} 电流对呼吸神经细胞活动模式的影响。带电的化学物质，借助电极的电流脉冲的驱动，可进入细胞内部。然后，研究了它们对呼吸节律性波动中 I_m、V_m 和 I_{Ca} 的影响。电流驱动的微电泳的好处是，从电极进入细胞内的物质的量与所施加的电流的电荷成比例。因此，可以据此计算剂量效应关系。并且，这些化学物质不会快速地渗入细胞内，保证了有足够的时间完成对照实验。当然，电压钳记录中的负电流钳制将不间断地驱使带负电荷的化学物质进入细胞。

胞内刺激

以下要讨论在 bridge 和 dSECC 模式下如何进行胞内刺激，以记录神经细胞的基本电生理特性。我们也简单地描述在 dSEVC 模式条件下电压脉冲施加的方法（用于鉴定不同类型的细胞膜电流）。

在 bridge 和 dSECC 模式下通过细胞内刺激方法研究神经细胞的功能特性。这两种模式下，细胞内刺激对于研究神经细胞基本特性非常有用，如细胞膜输入电阻、阈值、膜时间常数、电紧张长度、细胞总电容、动作电位的超极化后电位和发放特性等。

——细胞膜输入电阻（R_N）：通常注入超极化电流（波宽 50ms 或更大）后，测量相应的电压差

——阈值和细胞膜时间常数（τ）

可得到动作电位发放阈值的几种方法：

1. 相当精确估计阈值的方法就是测量基础强度，也就是诱发一个动作电位所需要的最小电流值（长波宽的去极化电流脉冲）。给予不同波宽和强度的去极化电流，检测在同一波宽下的触发动作电位的电流强度，可得到强度‾波宽的关系曲线。由此，不仅可计算出阈值，也可估计出细胞膜时间常数（它反映了细胞的大小、树突分枝程度、细胞膜电容和电阻系数）。阈值时的电流强度（I）和电流波宽（t）间的关系呈指数函数

$$I_{rh}/I = 1 - e^{-t/\tau} \tag{5.1}$$

式中，I_{rh} 是基强度电流值，τ 是细胞膜时间常数。I 在图中表述为 I_{rh}（纵坐标，对数标尺）对时间（横坐标，线形标尺）的倍数。例如，当 $t=\tau$ 时，$I=3/2\ I_{rh}$。同类型的神经细胞群，膜时间常数随着生长过程、年龄或疾病相关的神经病学和毒理学过程而发生变化。

2. 通过测量动作电位发生的潜伏期，可得到强度‾潜伏期间的关系。此时，方程（5.1）在此也适用。

3. 基强度可简单地定义为长波宽（如 50ms）电流注入可 100% 诱发一个动作电位所需要的最小电流。

为了估计胞体和树突各自对细胞膜时间常数的影响，Burke 等（1971）测量在胞体施加直流电流时导致的电压瞬变的衰减时间长度。通过方程（5.2），可计算出电压瞬变的时间变化

$$V(t) = V_{ss} + \sum_{n=0}^{\infty} C_n \exp(-t/\tau) \tag{5.2}$$

式中，V_{ss} 是在胞体注入直流电流期间产生的稳态电压；C_n 是一权重系数。此外，方程（5.2）可微分为

$$dV/dt = \sum_{n=0}^{\infty} -(C_n/\tau_n)\exp(-t/\tau_n) \tag{5.3}$$

通过测量连续的许多配对的 t 值间的电压差可计算出 dV/dt 的值。dV/dt 的半对数图：dV/dt（y 轴，对数坐标），时间（x 轴，线性坐标）。这样的图中，当在 t 的初始值时是非线性的曲线，在 t 的后期值时就变成了线性曲线。斜率的倒数就是细胞膜时

间常数 τ_m [方程（5.2）和方程（5.3）中的 τ_0]。原有的数据减去从倒推线得到的 dV/dt 值然后再重新绘图。线性部分的外推法产生了第一个时间常数 τ_1。重复这样的过程（去掉非线性的曲线）产生了 τ_2，τ_3，…，τ_n。这些膜的时间常数反映了从胞体进入初级，二级，三级……树突分枝时电压瞬变的扩散与分布情况。

　　方程（5.2）和方程（5.3）在电压瞬变计算中的应用，是不会有初始的电流饱和与接近饱和的。否则，就需要进行非线性的修整。

　　电紧张长度（L）：胞体和树突的电紧张性长度（L），描述的是细胞的被动电缆特性，它以树突长度和分枝为函数决定了胞体和树突间的电压分布

$$L = \frac{\pi}{\sqrt{\tau_m / \tau_1 - 1}} \tag{5.4}$$

计算电紧张长度，在比较不同类型的神经细胞形成的功能构筑中是非常有用的，也能估计年龄、生长和毒理学过程如何影响功能构筑。此外，结合胞体和树突的染色技术，测量刺激诱发的 PSPs 和 PSCs 的得到的 L 值，也可用于评估突触离胞体的电紧张距离。

　　细胞总电容（C_{cell}）值，通过下列方程也可计算出

$$C_{cell} = \tau L / [R_N \tan h(L)] \tag{5.5}$$

然后，通过 C_{cell} / C_m（单位面积的膜电容，范围在 $1 \sim 4\mu F/cm^2$）可得到神经细胞表面积。

　　动作电位的超极化后电位（AHP）被认为与钙依赖性的钾通道相关，是限制神经细胞动作电发放间隔的主要决定因素。通过注射超阈值电流进入神经细胞，来测量 AHP 的幅值大小和波宽，或通过刺激它的轴突以触发逆行传导的动作电位到胞体。

　　电压钳中注入电流的操作程序

　　电压脉冲方法被用于分离和鉴别某种类型通道的全细胞电流，在不同膜电压范围内，全细胞电流能被激活或失活。下面只列出几个不同类型的细胞膜电流和脉冲刺激诱发方法。

　　1. 漏电流。要估计一特定类型膜电流的幅值，非特异性的漏电流必须去除。当去极化脉冲被用于激活和探测某电流时，可通过加超极化方波对漏电流进行补偿，并且从去极化脉冲减去这个补偿电流。在需要非常大的去极化脉冲时，较小超极化脉冲可通过计算机自动放大。

　　2. 钾电流。不同类型的钾电流，包括延迟整流钾电流（K_v），快速失活 A 型钾通道电流（K_A），蕈毒碱受体激活电流（M），内向整流钾电流（K_{ir}），钙依赖性电流（K_{ca}）和钾敏感电流（K_{AT}）。A 型钾通道在静息膜电位时处于非活化状态。在一些神经细胞中通过钳制电位或先去极化到 $-60mV$ 再超极化，可使 A 型钾通道失活。然后，用持续的去极化脉冲可激活快速失活的 A 型电流。非活化的 M 型通道有一个去极化电压阈值（$-60mV$），要激活 M 型通道（I_m），需要把膜电位钳制到比较强的去极化如 $-30mV$（V_h），然后再给予持续的去极化方波（$0.5 \sim 1s$）到 $-60mV$。其结果见图 5-13。M 型电流是慢的内向电流，缓慢地衰减。在活体猫的腰椎运动神经细胞电压钳实验中，Crill 等（1983）在用 TTX 阻断钠通道后，鉴定了快速和慢速类型的钾电流 I_{KF} 和 I_{KS}。快速 I_K 与动作电位的快速复极化有关，而 I_{KS} 似乎是钙依赖性的钾电流（图 5-14）。

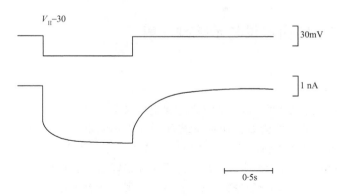

图 5-13　在钳制电压 V_h －30mV 时施加 30mV 的超极化电压，记录
牛蛙交感神经细胞的钳制电流

上图显示电压的钳制和超极化方案；下图显示记录到的电流。瞬时电流慢速
衰减导致了 I_M 的去活化状态（据 Adams 等修改　1982a）。

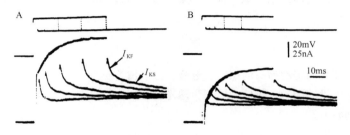

图 5-14　猫腰椎运动神经细胞中电压钳记录到的外向钾电流

A 和 B：上图为电压钳下注入电压的方案；下图为外向钾电流。A．胞外微电泳钾
通道阻断剂四乙铵（TEA）前；B．胞外微电泳钾通道阻断剂四乙铵（TEA）后。
电压注入有不同波宽和幅度的前方波能激活快和慢成分的钾电流（I_{KF} 和 I_{KS}）；紧
接在前方波的不同时间点给予相反方向但幅度相同的电压。这种方案能区分 I_{KF} 和
I_{KS}。TEA 极大地降低 I_{KF}，但是对 I_{KS} 没有任何影响（据 Crill 等修改　1983）。

3．钠电流。在哺乳类神经细胞上用电压钳方法已经鉴定出了快速、持续和"再生"
的钠电流。通过应用钳制膜电位在负电位，然后施加不同的去极化方波，快速 I_{Na} 已在
猫腰椎运动神经细胞中用常规方法记录到。TEA 阻断 I_K 和钴阻断 I_{Ca}，将膜电位钳制
于比静息膜电位正 20mV，使钠锋电流失活，然后给予一个 20mV 的去极化波，就能记
录到与反复动作电位发放相关的持续钠电流。在长时间地去极化到膜电位＋30mV，导
致 I_{Na} 最大失活，然后给予一复极化电压（－60～－20mV），可记录到对 TTX 敏感的
"再生"钠电流。"再生"钠电流可能与小脑浦肯野神经细胞复杂的动作电位发放有关。

4．钙电流。至少有六型电压门控的钙通道已经通过电生理和药理学方法鉴定出：
T，L，N，P，Q 和 R 型。T 型钙电流是瞬变性钙电流，在负的钳制电压下，给予一个
低的去极化电流就能被激活（低电压激活或 LVA 电流）。这个电流在－70mV 开始被激
活，在－50mV 和－20mV 达到最大值。L，N，P，Q 型钙电流需要更强的去极化（高
电压激活或 HVA）以达到阈值。最大激活范围为＋10～＋20mV。

实验方案 4　胞内记录与示踪剂注射

■■ 概　述

　　为了解被记录神经元的形态学特征及记录电极尖端所在的位置，人们发展出了胞内注射示踪剂技术。早期的尝试是用甲基蓝和固绿作示踪剂。自从 1968 年 Stretton 和 Kravitz 报道以来，荧光染料已经被广泛使用，特别是在离体实验中。由于荧光染料长时间暴露于光照下，易于导致荧光衰退，并且不能很好地在轴突中运输，在活体实验中没有得到广泛使用。在无脊椎动物上的一些重要发现获益于钴类颜料胞内注射技术，但是这种示踪剂在脊椎动物身上不常用，这主要是因为钴类颜料不能使长的轴突着色。自从几个实验室独立的发展胞内辣根过氧化物酶（HRP）示踪技术以来，这种使人们在认识和思想方面出现了革命性变化的新方法已经得到了广泛的使用。在这里，我们来描述一下其中两种示踪剂即辣根过氧化酶和生物胞素（biocytin）的程序，这两种示踪剂在哺乳动物中常用。

■■ 要　点

　　　—手术：埋置固定动物头的螺钉、电极、记录槽等
　　　—玻璃微电极的准备：拉伸、填充和抛光
　　　—穿刺细胞
　　　—示踪剂注射
　　　—动物灌注：生理盐水心脏灌流后进行脑组织固定
　　　—脑切片
　　　—HRP 或生物胞素的组织化学反应
　　　—观测切片

■■ 材　料

麻醉动物胞内示踪剂注射的设备

　　对动物手术所需的基本器材大部分在第一部分已经列出，下面的材料是急性、慢性清醒实验准备所需要的（如埋置记录槽、电极、固定电极的支架等）。

　　示踪剂溶液：在 0.5mol/L KCl 和 100mmol/L Tris 缓冲液（pH 7.4）中加入 10% 辣根过氧化物酶。溶液应该过滤，滤纸孔径小于 0.45mm。

自由活动动物轴突内示踪剂注射的装备

　　另外，下面这些设备是轴突内注射实验所需的：
　　　—带有适当的头固定装置的猴椅（猴）或限制动物运动的衣袋（兔和猫）
　　　—气压、水压驱动的微电极固定器
　　　—计算机驱动的仪器装置去控制受训动物的行为

已注射了示踪剂动物的灌流固定装备

—手术器具

—重力灌注的两个瓶子（一个装生理盐水，一个装固定液）用管子和三向阀门与灌流导管连接

—磷酸盐缓冲的生理盐水，pH 7.4（PBS，0.02mol/L 磷酸盐缓冲液和 0.9％NaCl）

—固定液：1％多聚甲醛，1％戊二醛和 5％蔗糖，50 mmol/L 磷酸盐缓冲液（pH 7.4），这种固定液对 HRP 的显色非常好

要准备 1L 这样的固定液，先用 400ml 的蒸馏水溶解 10g 多聚甲醛，加热到 60°C，加入少量 NaOH（40％）并搅拌溶液直至变清，过滤（用毕希纳漏斗及真空泵）并冷却，接着加入 40ml 25％的戊二醛，500ml 0.1 mol/L 磷酸缓冲液，加蒸馏水至 1L。0.1 mol/L 的磷酸缓冲液（pH 7.4）中。含有 4％的多聚甲醛固定液对生物素的固定效果很好，如果要用电镜观察材料的话，还得准备含 2.5％戊二醛、0.5％多聚甲醛和 0.2％苦味酸的 0.1 mol/L 磷酸缓冲液作为固定液。

组织学装备

—冰冻切片机或振动切片机

—旋转桌

—切片固定器

—玻璃器具

—铬-矾覆盖的片子

制作片子，要先把它们浸入 1∶1 的醋酸乙醇（95％）液中，接着连续用蒸馏水冲洗直至切片变平（一般冲洗 2～3 次就够了）。再浸入铬-矾液中，一段时间后取出并放入 37～40℃烘干 2～3h，室温保存。要配制铬-矾溶液，在 500ml 蒸馏水中溶入 0.3g 硫酸钾铬和 3g 凝胶，过滤三次。

组织化学所需溶液

磷酸盐缓冲液：配制 0.4 mol/L 磷酸盐缓冲液，在蒸馏水中加入 21.324g KH_2PO_4 和 90.690g Na_2HPO_4，加蒸馏水的这种溶液可以室温保存。上述所用的 0.1 mol/L 磷酸盐缓冲液要冰箱保存。要配制 1L 0.1 mol/L 磷酸盐缓冲液，只需把 0.4 mol/L 磷酸盐缓冲液 250ml 用蒸馏水稀释到 1L 即可。

TBS，0.05mol/L，pH7.4：如要配制 1L TBS 缓冲液，需向一定量的重蒸水中加入 9g NaCl、6.61g Tris-HCl 和 0.97g Trizma Base，然后调整溶液的体积到 1L 即可。

0.05％氨基联苯二胺四氢氯化物（tetrahydrochloride）（DAB）：向 200ml 0.1mol/L 的磷酸缓冲液中加入 100mg DAB，在烧杯中迅速溶解后，把烧杯放置在超声波净化器中，用毕希纳漏斗（1 号 Watman 滤纸）真空过滤。

PBS-T：PBS 的准备同前，向配好的 PBS 中加入 1％的 Triton X-100。

■ ■ 步　骤

示踪剂胞内注射用微电极管的准备

1. 玻璃管的清洗。在耐热玻璃桶中把 200g 重铬酸盐钾溶解在 1L 蒸馏水中，然后

再向其中加入 750ml 浓硫酸，用此来液清洗玻璃器具。

　　2．把微玻璃管拉制成实验所需（根据要研究的神经元的大小和他们距电极进入点的距离）的长度和尖端构造。这也同样决定了玻璃电极种类的选取。例如，如果注射用微管需要穿过比较长的距离时（超过 4～5mm），就需要用长一点（超过 15mm）的 2～4mm OD 玻璃管（corning glass）来拉制，并且要防止其弯曲。

　　3．示踪剂的准备（用 0.5mol/L KCl 和 0.1mol/L Tris 缓冲液，pH 7.4，配置 10％的 Boehringer HRP 液或 5％ Sigma 生物素液）

　　4．灌注微玻璃电极管。微注射针呈 Ω 形圆点或三角形的非金属注射针（WPI）应该正好能够填充入微玻璃电极管内。可以用更小的微玻璃电极管以后压填充法灌注的没有细丝的吸液管也用 0.81mm OD 玻璃管（50％管壁厚度，Frederick & Dimmock 公司）拉制。

　　5．储存填充好了的微玻璃管于湿润的容器中。

　　6．用电抛光仪使微管尖端的直径小于 1mm（阻抗 40～80 MΩ）。这样，我们能够得到和使用与 Sutter Instruments BV-10 相一致的结果，当然其他方法也可以。

胞体内示踪剂的注射

　　1．穿刺细胞前面已经介绍过。在该过程中，能够在示波器上见到 10～80mV 的直流改变以及 10～50mV 的动作电位出现或/和电刺激有关的突触反应表明电极穿刺入细胞内。

　　2．等待直至记录稳定，必要时也可以注入小的（nA 级）超极化电流。

　　3．记录和区分逆行刺激反应和顺行突触反应。

　　4．通过给予 3～30min 的 10～30nA 去极化电脉冲注入 HRP，同时监测诱发电位。

　　5．最后一次注入示踪剂后，让动物存活 4～10h，注意维持其正常血压、人工呼吸和麻醉。

轴突内示踪剂的注射

　　1．轻轻敲击电极固定器直至穿刺轴突纤维。成功穿刺会出现 10～80mV 的直流改变以及 10～50mV 的动作电位。

　　2．记录和区分与行为相关的纤维发放模式。

　　3．通过给予 7～18min 的 7～15nA（波宽 500ms，1Hz）去极化电脉冲注入 HRP，同时检测静息膜电位和单位放电模式。

　　4．最后一次注入示踪剂后，把动物放回饲养笼饲养 30～50h。

处死麻醉、心脏灌流、组织固定、脑切片、免疫组织化学检测注射的示踪剂

　　1．用戊巴比妥钠深度麻醉动物后，等待其对强刺激的反应完全消失。

　　2．暴露股静脉并注射肝素抗凝（5000U，静脉注射）。

　　3．等待 30min。

　　4．切断胸骨打开胸腔，使胸腔开口尽可能大。结扎降主动脉（通常用止血钳夹住），并在心尖上开一个小口，插入灌流管，在左心室和升主动脉上固定灌流管。

5.1L PBS（pH 7.4）用于心脏灌流清洗血液（恒河猴子和猫用 1L；松鼠猴用 500ml）。开始灌流时，向 PBS 中注入 1ml 亚硝酸钠或硝普钠，并在右心房开一切口。直到静脉血回流变清才停止 PBS 灌流（10min 左右）。

6．继续用 2L（猫或恒河猴；松鼠猴用 1L）固定液灌流。最初的 200ml 固定液应该在较高的压力下进行灌流（可通过一个大体积的玻璃注射器或者在瓶中加压，用气压计检测维持在约 100kPa）。

7．用大约 1L 含 15％蔗糖的固定液灌流心脏后结束灌流，0.5L 固定液对于重 1kg 的动物（如松鼠猴）来说已经足够了。

8．在原位按立体坐标以最合适的三个切面（矢状、冠状及水平面）将脑分成块状，同时需要鉴定电极穿刺的踪迹、被注射细胞的位置以及它们的末梢区域。

9．解剖脑和/或脊髓组织。

10．把组织存放于冷的 20％蔗糖（1mol/L 的磷酸缓冲液）中，组织化学检测以前一直放置在冰箱中保存，直到组织沉入瓶底方可开始组织学实验。

11．把组织放置在薄片切片机的基座上，用冷冻至冰点的含 20％蔗糖的磷酸盐缓冲液（0.1mol/L，pH7.4）浸没组织块，冷冻并切成 60mm（生物素）或 80mm（HRP）厚的薄片。

12．在冷的 0.1mol/L 磷酸缓冲液（HRP）或 PBS（生物素）中收集切片。

HRP 操作程序

有几种方法可以使组织反应以观察胞内注射的 HRP，最常用的方法之一就是 Adams 的 DAB 反应改良法。

1．在暗处把 0.05％的 DAB、5％的 $CoCl_2$ 和 0.2％的硫酸铵镍加入到 0.1mol/L 的磷酸缓冲液中，放置 20～30min。

2．向每 100ml DAB 溶液中加入 1ml 0.3％的 H_2O_2，把切片放入其中，共孵育 30min。

3．用磷酸缓冲液冲洗 3×10min，烘干。

4．复染（如甲苯基紫罗兰）。

5．脱水，清洗，封片。

生物素操作程序

1．在 PBS-T 中清洗 4×20min。

2．切片在 1∶200 的 ABC 用具包溶液中孵育（Vectastain Std.，series elite，ref. PK6000，Vector Labs.）。制备时，将 1000ml 溶液 A、1000ml 溶液 B 和 200ml PBS-T 混合。

3．室温下在摇床上摇动一夜。

4．在 TBS 中清洗 3×10min。

5．在两种溶液之间彻底清洗切片污点。

6．在含 0.2％硫酸铵镍的 TBS 中预孵育 10min，不过滤。

7．在含 0.05％DAB＋0.2％硫酸铵镍的 TBS 中预孵育 10min。

8．在含 0.05％DAB＋0.2％硫酸铵镍＋0.006％ H_2O_2 的 TBS 中孵育 5～20min。

9．用 TBS 清洗 3×10min。

10．烘干。

11．复染色（例如，用甲苯基紫罗兰）。脱水，清洗，封片。

■■ 结　果

由于胞内示踪剂显色含有突触反应、神经元的放电模式、树突的形状和轴突的末梢等信息，这种技术被广泛用于研究脑内微回路。这里我们描述在这种技术帮助下所发现和详细研究的两种细胞。我们之所以选择这些细胞类型，是因为这些细胞显著的形态学特征和哺乳动物中枢神经系统的重要功能相关。

麻醉猫中已经功能鉴定了视皮层细胞内注射 HRP

图 5-15 显示的是视皮层第 5 层复杂的锥体细胞轴突末梢的分布，这是 Gilbert 和 Wiesel（1983）通过向麻醉猫胞内注射 HRP，切片染色后重组得到的结果。从图上看，这种细胞向第 6 层有很多投射，也有从下行长达 4mm（离胞体）投射到 17 区中部的纤维。突触的这种投射能够解释第 6 层细胞特异的感觉野特性——能够叠加光栅的长度到相当大。第 6 层细胞的反应需要第 5 层细胞的投射得到了进一步的证实。Bolz 发现，当第 5 层细胞的活性降低时（通过微管注射 GABA），第 6 层细胞对长光栅的反应性降低，而对短光栅的反应性没有改变。在器官水平上，这种投射特征代表了一种机制，这种机制能够解释对视野里明显分离的部分之间进行整合的知觉现象。这种现象的一个例子可以通过 Craik-O'Brien-Cornsweet 错觉得到，如图 5-15 上方的插图，尽管插图下方显示

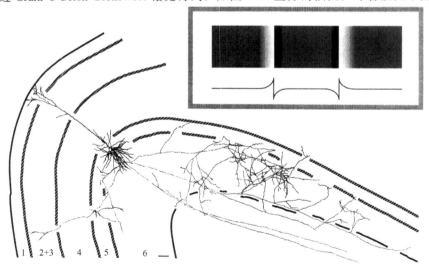

图 5-15　用显微镜描图器画出的猫纹状皮层第 5 层锥体细胞的分布

（据 Gilbert 等修改　1983）

细胞有标准的复合感受野并且没有末端抑制。比例尺长为 100mm。插图是为解释 Craik-O'Brien-Cornsweet 错觉而设计的（上），下方的曲线是显示灰色区域的亮度特征（下）。

了各部分的亮度特征，中间的灰色区看起来还是要比两边的区域要暗一些（如果用细条把在亮度特征曲线所显示的灰色区域不连续部分覆盖，这种错觉就消失了）。

在麻醉猫上观察已用轴突内注射 HRP 进行过生理鉴定的 α 型纤维和已用胞内注射 HRP 进行过功能鉴定的神经元之间形成的连接

　　麻醉猫中生理上已经鉴定的 I_a 纤维轴突内注射 HRP 和功能上已经鉴定的踝伸肌 α 运动神经元胞体内注射 HRP 显示了纤维和神经元之间的突触联系，肌梭与初级传入的 α 运动神经元的单突触兴奋性连接承担了很多的牵张反射，这当然是中枢神经系统中值得详细研究的内容之一。然而，复合兴奋性突触后电位（EPSP）在很大程度上被认为和 I_a 纤维和 α 运动神经元之间突触的密度和 α 运动神经元树突的位置相关，直到同时标记突触前和突触后的结构成为可能的时候我们才能得到确定的解释。图 5-16 显示了单块比目鱼肌 I_a 纤维和单个 S 类型 α 运动神经元之间立体联系的绘图。为了得到这些数据，Burke 等（1996）在猫脊髓背部穿刺初级传入纤维（通过对电刺激单个肌神经的反应潜伏期短以及对低幅度高频率正弦性肌牵张产生反应的特性来确定它们），然后向这些纤维里注射 HRP。接下来的 4～6h 里不要惊扰动物，以保证 HRP 弥散到脊柱内的侧突部位，α 运动神经元也被穿刺并注射了 HRP。灌流后切片，组织化学方法处理切片以显示 HRP，通过切片重组传入纤维和运动神经元，凡是两者相联系的地方就被在欧几里得几何空间里打上点。接着，被注射的运动神经元的分离部分用别的方法重构。考虑到支配每个运动神经元的 I_a 传入纤维的数量、两者之间的突触数量和由此产生的瞬时电导以后，典型的运动神经元的突触反应就有了幅度和时间上的特性（图 5-16），这也就是实验中观察到的 I_a 复合群体 EPSPs。

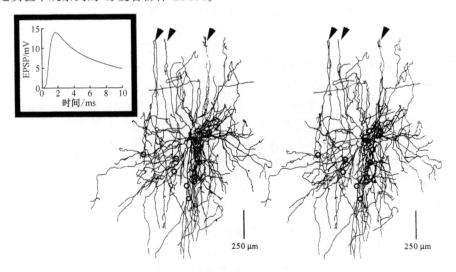

图 5-16　比目鱼肌 I_a 传入纤维和单个 S 类型 α 运动神经元连接的立体图

（据 Burke 等修改　1996）

圆圈表示突触连接的位置。插图显示的是计算机按分离模型模拟的复合 EPSP，这个复合 EPSP 是 S 型 α 运动神经元对 300 个突触不同时间分散激活而做出的反应（据 Segev 等修改　1990）。

■ ■ 评价和疑难解答

载玻片和盖玻片

涂有铬矾包被的载玻片最适于 L/M 研究。一般来说，载玻片上的涂料、载玻片和盖玻片的大小以及包埋材料的成分取决于要做什么形态学分析。Wilson 和 Groves（1979）提供了一种用于先做 L/M 后做 E/M 研究的很好的配方。

玻璃微管的制备和示踪剂的选择

用于胞内实验的理想的玻璃微管的性质以及如何制作已经在步骤 3.1 中详细描述了。这些处理在很大程度上确保得到很好的电学性质，同时使细胞损伤程度降到最小。记录之后注射示踪剂时，必须确保示踪剂能通过同一根微管顺畅地注射。充灌之前要清洗微管，并以恰当的角度避开血管和纤维束，如果不能避免就要小心地通过它们。生物胞素（biocytin）的分子比 HRP 还小，使用它可以显示更长的轴突部分。另一方面，应用生物素作为示踪剂时，只有百分率更少的细胞恢复，并且它不如 HRP 那样可以完全弥散到轴突分支中。

存活期、麻醉药物和传输距离

长的存活期通常可以使示踪剂可以在轴突中更充分地扩散，同时可以传输更远的距离。另一方面，过长的存活期可导致轴突内注射示踪剂的神经细胞的溃变，并在轴突上注射切口的两端更远处形成收缩球。在这方面，麻醉剂（和示踪剂）的选择也很重要。戊巴比妥（pentobarbital）能抑制 HRP 的摄取和轴突运输。如果在注射后还需要动物处于麻醉状态，那么，使用乌拉坦（urethane）麻醉更好一些。

示踪剂注射规程的变异

通过接近单个神经元的微玻璃电极（1mm 的电极尖端充灌含有 2% 生物胞素的0.5mol/L 的 KCl），可染上这个神经元。用持续 10～20min，2.5Hz 的极化电流（强度0.5～3nA；波宽 200ms）改变细胞的发放模式非常关键。细胞也可以在穿刺细胞前染上生物胞素。有时，可通过已经标记上示踪剂的神经细胞显色，引导微电极穿刺到这些细胞上。此外，微电极除了充灌生物胞素（5%）外，还充灌黄色荧光素（0.5%）。可用持续 10～30min 的超极化电流（0.5～3nA）把染料注入细胞，直到细胞的远端显示出明亮的黄色荧光为止。

HRP 操作程序

由于用来增强 DAB 反应产物明暗度的重金属溶液不稳定，所以要现配现用。DAB的反应时间是一个关键因素，所以，要注意反应的过程，防止反应得太过。
注意：DAB 致癌，要小心操作。使用 DAB 粉末时，要戴上手套和面具，在存放 DAB的瓶上贴上标签，并把 DAB 溶液存放在含氯的容器中。

本底的过氧（化）物酶活性及其消除

血红细胞、血管和一些脑干核团表现出过氧（化）物酶的活性。当想使细胞变成灰褐色以突出出来时，人们希望这种过氧（化）物酶活性出现，但在进行 HRP 操作的复染色时，我们必须排除这种活性。如果不希望出现这种本底的过氧（化）物酶活性时，可以通过以下的方法来消除活性：在现配制的 0.1% 的苯肼溶液（37℃）中处理 1h。另外，也可以在 DAB 反应之前，把脑切片在一系列乙醇溶液中处理来达到目的（50% 的乙醇中处理 10min，再在 70% 的乙醇中处理 15min，然后在 50% 的乙醇中处理 10min）。

◼ 总　结

微电极记录及神经元的染色技术已经提供了有关于行为、神经网络的功能、形态学以及中枢神经系统中神经元的分布方面的大量信息。在这一章里，我们有意集中描述了在活体动物上使用的方法，使人们在整体情况下对中枢神经系统的很多功能有了很好的了解，如认知功能、血压、心率、运动协调、呼吸、排尿等。在其他章节里，我们讨论了一些用于揭示神经元和通道的现代电生理技术及一些光学技术。很多这方面的技术以及用这些技术得到的相关信息有助于人们去研究整体动物的神经元功能及行为，当然，也可以用来研究人类的运动及脑高级功能。

◼ 附　录

用于微电极记录实验所需的一些常用装备可以从 Harvard Apparatus 公司，Columbus Instruments 公司及 Fine Science Tools 公司购买到，其他公司可以从网上查找 http://weber.u.washington.edu/～chudler/comm.html♯stereo.以下我们并没有从任何意义上认可所有列举的公司名录。

产品	制造公司	产品	制造公司
防震台	Harvard Apparatus Newport Technical Manufacturing Corp.	显微镜、手术器械	Jena，Leitz，Wild，Zeiss
		放大器	A-M Systems BAK Frederick Haer & Co. Grass Instruments npi electronic GMBH A-M Systems Dagan Corporation Axon Instruments, Inc. Dagan Corporation npi electronic GMBH Medical Systems Corp.
猫立体定位仪及脊髓支架	Medical Systems Corp.		
立体定位仪	David Kopf Instruments， Narishige Scientific Instruments		
微操纵器（水亚式、电动式、压电式及气压式）	Narishige Scientific Instruments Newport Scientific Precision Instruments Sutter Instruments Burleigh Sutter Instruments Technical Products International	电流/电压刺激器	A.M.P.I. A-M Systems Coulbourn Digitimer Ltd. Grass Instruments Harvard Apparatus World Precision Instruments

续表

产品	制造公司	产品	制造公司
玻璃电极管	A-M Systems Inc. Clark Electromedical Instruments Frederick Haer Co. Medical Systems Co. Sutter Instruments World Precision Instruments	示波器	Gould Instrument Systems Hitachi Tektronix
电极拉制器	DMZ（Zeiss） Medical Systems Corp. Narishige Scientific Instruments Sutter Instruments	音频放大器	Grass Instruments Harvard Apparatus
		录音机（基于 VCR 技术）	Bio-Logic InstruTech Neurodata Racal Vetter
电极涂置器	Ala Scientific Instruments Dow Corning Sylgard 184 Medical Systems Corp Narishige Scientific Instruments Q-dope	描绘仪	Astro-Med Columbus Instruments Gould Instrument Systems Grass Instruments Harvard Apparatus
金属微电极	A-M Systems Inc Frederick Haer & Co. Micro Probe Inc. Transidyn General World Precision Instruments	动作电位处理器	Alpha Omega Engin Digitimer Ltd. Frederick Haer Co.
碳纤电极	Frederick Haer Co. Medical Systems Corp.	计算机接口	Astro-Med Axon Instruments Inc. Cambridge Electronic Design Ltd. Coulbourn Instruments Dagan Corporation Data Translation Digitimer Ltd. Gould Instrument Systems Harvard Apparatus Instrutech Co. National Instruments
吸入式电极	A-M Systems Inc.		
微电极固定器	Alpha Omega Engin Axon Instruments Inc. World Precision Instruments E. W. Wright		

参 考 文 献

Adams JC（1977）Technical considerations on the use of horseradish peroxidase as a neuronal marker. Neuroscience 2：141-145

Adams JC（1981）Heavy metal intensification of DAB-based HRP reaction product. J Histochem Cytochem 29：775

Adams DJ，Gage PW（1979）Ionic currents in response to depolarization in an Aplysia neurone. J Physiol（Lond）289：115-141

Adams PR，Brown DA，Constanti A（1982a）M-currents and other potassium currents in bullfrog sympathetic neurones. J Physiol（Lond）330：537-572

Adams PR，Constanti A，Brown DA，Clark RB（1982b）Intracellular Ca2＋ activates a fast voltage sensitive K＋ current in vertebrate sympathetic neurones. Nature 296：746-749

Backman SB，Anders K，Ballantyne D，R？hrig N，Camerer H，Mifflin S，Jordan D，Dickhaus H，Spyer KM，Richter DW（1984）Evidence for a monosynaptic connection between slowly adapting pulmonary stretch receptor afferents and inspiratory beta neurones. Pflügers

Arch 402：129-136

Baldissera F，Gustafsson B（1971）Regulation of repetitive firing in motoneurones by the after-hyperpolarization conductance. Brain Res. 30：431-434

Barrett JN，Crill WE（1974）Specific membrane properties of cat motoneurones. J Physiol（Lond）239：301-324

Benevento LA，McClearly LB（1992）An immunocytochemical method for marking microelectrode tracks following single-unit recordings in long surviving，awake monkeys. J Neurosci Methods 41：199-204

Benndorf K（1995）Low-noise recording. In：Sakmann B，Neher E（eds）Single-channel recording，2nd Ed. Plenum Press，New York，pp 129-145

Bishop G，King J（1982）Intracellular horseradish peroxidase injections for tracing neural connections. In：Mesulam M（ed）Tracing neural connections with horseradish peroxidase. John Wiley & Son，Chichester，pp 185-247

Bolz J，Gilbert CD，Wiesel TN（1989）Pharmacological analysis of cortical circuitry. Trends Neurosci 12：292-296

Brennecke R，Lindemann B（1974a）Theory of a membrane-voltage clamp with discontinuous feedback through a pulsed current clamp. Rev Sci Instr 45：184-188

Brennecke R，Lindemann B（1974b）Design of a fast voltage clamp for biological membranes，using discontinuous feedback. Rev Sci Instr 45：656-661

Brinley FJ Jr（1980）Excitation and conduction in nerve fibers. In：Mountcastle VB（ed）Medical physiology，vol 1，14th Ed. The C. V. Mosby Company，St. Louis Toronto London，pp 46-81

Burke RE，Fyffe REW，Moschovakis AK（1994）Electrotonic architecture of cat gamma motoneurons. J Neurophysiol 72：2302-2316

Burke RE，Glenn LL（1996）Horseradish peroxidase study of the spatial and electrotonic distribution of group Ia synapses on type-identified ankle extensor motoneurons in the cat. J Comp Neurol 372：465-485

Burke RE，ten Bruggencate G（1971）Electrotonic characteristics of alpha motoneurones of varying size. J Physiol（Lond）212：1-20

Cachelin AB，Dempster J，Gray PTA（1994）Computers. In：Ogden D（ed）Microelectrode techniques. The Plymouth workshop handbook，2nd Ed. Cambridge，The Company of Biologists Limited，Cambridge，pp 209-254

Carbone E，Lux HD（1987）Kinetics and selectivity of a low-voltage-activated calcium current in chick and rat sensory neurones. J Physiol（Lond）386：547-570

Coombs JS，Eccles JC，Fatt P（1955a）The specific ion conductances and ionic movements across the motoneuronal membrane that produce the inhibitory postsynaptic potential. J Physiol（Lond）130：326-373

Coombs JS，Eccles JC，Fatt P（1955b）Excitatory synaptic action in motoneurones. J Physiol（Lond）130：374-395

Coombs JS，Eccles JC，Fatt P（1955c）The inhibitory suppression of reflex discharges from motoneurones. J Physiol（Lond）130：396-413

Connor JA，Stevens CS（1971）. Voltage clamp studies of a transient outward membrane current in gastropod neural somata. J. Physiol. 213：21-30

Crill WE，Schwindt PC（1983）Active currents in mammalian central neurons. Trends Neurosci 6：236-240

Czarkowska J, Jankowska, Sybirska E (1976) Axonal projections of spinal interneurones excited by group I afferents in the cat, revealed by intracellular staining with horseradish peroxidase. Brain Res 118: 115-118

DeGroat WC, Ryall RW (1968) The identification and characteristics of sacral parasympathetic preganglionic neurones. J Physiol (Lond) 196: 563-577

DiCarlo JJ, Lane JW, Hsiao SS, Johnson KO (1996) Marking microelectrode penetrations with fluorescent dyes. J Neurosci Methods 64: 75-81

Dunn PF, Wilson WA (1977) Development of the single microelectrode current and voltage clamp for central nervous neurons. Electroenceph Clin Neurophysiol 43: 752-756

Eccles JC (1964) The physiology of synapses. Springer-Verlag, New York Engelhardt JK, Morales FR, Castillo PE, Pedroarena C, Pose I, Chase MH (1995) Experimental analysis of the method of " peeling" exponentials for measuring passive electrical properties of mammalian motoneurons. Brain Res 675: 241-248

Engelhardt JK, Morales FR, Yamuy J, Chase MH (1989) Cable properties of spinal motoneurons in adult and aged cats. J Neurophysiol 61: 194-201

Fetz EE, Gustafsson B (1983) Relation between shapes of post-synaptic potentials and changes in firing probability of cat motoneurones. J Physiol (Lond) 341: 387-410

Finkel AS, Redman SJ (1983a) The synaptic current evoked in cat spinal motoneurones by impulses in single group Ia axons. J Physiol (Lond) 342: 615-632

Finkel AS, Redman SJ (1983b) A shielded microelectrode suitable for single-electrode voltage clamping of neurons in the CNS. J Neurosci Methods 9: 23-29

Finkel AS, Redman SJ (1984) Theory and operation of a single microelectrode voltage clamp. J Neurosci Meth 11: 101-127

Fleshman JW, Segev I, Burke RE (1988) Electrotonic architecture of type-identified alpha-motoneurons in the cat spinal cord. J Neurophysiol 60: 60-85

Fox AP, Nowycky MC, Tsien RW (1987) Kinetic and pharmacological properties distinguishing three types of calcium currents in chick sensory neurones. J Physiol (Lond) 394: 149-172

Frank K, Fuortes MGF (1956) Stimulation of spinal motoneurones with intracellular electrodes. J Physiol (Lond) 134: 451-470

Gilbert CD, Wiesel TN (1983) Clustered intrinsic connections in cat visual cortex. J Neurosci. 3: 1116-1133

Gustafsson B., Pinter MJ (1985) JFactors determining the variation of the afterhyperpolarization duration in cat lumbar ? -motoneurones. Brain Res. 326: 392-395

Haji A, Pierrefiche O, Lalley PM, Richter DW (1996) Protein Kinase C pathways modulate respiratory pattern generation in the cat. J Physiol (Lond) 494: 297-306

Halliwell J, Whitaker M, Ogden D (ed) Microelectrode techniques, The Plymouth workshop handbook, 2nd Ed. The Company of Biologists Limited, Cambridge, pp 1-15

Halliwell JV, Adams PR (1982) Voltage-clamp analysis of muscarinic excitation in hippocampal neurons. Brain Res 250: 71-92

Halliwell JV, Plant TD, Robbins J, Standen NB (1994) Voltage clamp techniques. In: Ogden D (ed). Microelectrode techniques. The Plymouth workshop handbook, 2nd Ed. The Company of Biologists Limited, Cambridge, pp 17-35

Henatsch H-D, Meyer-Lohmann J, Windhorst U, Schmidt J (1986) Differential effects of stimulation of the cat's red nucleus on lumbar alpha motoneurones and their Renshaw cells. Exp Brain Res 62：161-174

Hille B (1992) Ionic channels of excitable membranes, 2nd Ed. Sinauer Associates, Inc., Sunderland, MA Hoffer JA, O'Donovan MJ, Pratt CA, Loeb GE (1981) Discharge patterns of hindlimb motoneurons during normal cat locomotion. Science 213：466-467

Horikawa K, Armstrong WE (1988) A versatile means of intracellular labeling：injection of biocytin and its detection with avidin conjugates. J Neurosci Meth 25：1-11

Itto M, Oshima T (1965) Electrical behavior of the motoneurone membrane during intracellularly applied current steps. J. Physiol. 180：607-635.

Itoh K, Konishi A, Nomura S, Mizuno N, Nakamura Y, Sugimoto T (1979) Application of coupled oxidation reaction to electron microscopic demonstration of horseradish peroxidase：cobaltglucose oxidase method. Brain Res 175：341-346

Jankowska E, Rastad J, Westman J (1976) Intracellular application of horseradish peroxidase and its light and electron microscopical appearance in spinocervical tract cells. Brain Res 105：557-562

Johnston D, Brown TH (1983) Interpretation of voltage clamp measurements in hippocampal neurons. J Neurophysiol 50：464-486

Johnston D, Hablitz JJ, Wilson WA (1980) Voltage-clamp discloses slow inward current in hippocampal burst-firing neurones. Nature 286：391-393

Juusola M, Seyfarth EA, French AS (1997) Rapid coating of glass-capillary microelectrodes for single-electrode voltage-clamp. J Neurosci Methods 71：199-204

Kuffler SW (1953) Discharge patterns and functional organization of mammalian retina. J Neurophysiol 16：37-68

Kuras A, Gutmaniene N (1995) Preparation of carbon-fibre microelectrode for extracellular recording of synaptic potentials. J Neurosci Methods 62：207-212

Lalley PM, Pierrefiche O, Bischoff AM, Richter DW (1997) cAMP-dependent protein kinase modulates expiratory neurons. J Neurophysiol 77：1119-1131

Li C-Y, Xu X-Z, Tigwell D (1995) A simple and comprehensive method for the construction, repair and recycling of single and double tungsten microelectrodes. J Neurosci Methods 57：217-220

Li D, Seeley PJ, Bliss TVP, Raisman G (1990) Intracellular injection of biocytin into fixed tissue and its detection with avidin-HRP. Neurosci Lett 38S：81

Ling G, Gerard RW (1949) The normal membrane potential of frog sartorius fibers. J Cell Comp Physiol 34：383-396

Liu R-H, Yamuy J, Xi M-C, Morales FR, Chase MH (1995) Changes in the electrophysiological properties of cat spinal motoneurons following intramuscular injection of adriamycin compared with changes in the properties of motoneurons in aged cats. J Neurophysiol 74：1972-1981

Livingstone MS, Hubel DH (1984) Anatomy and physiology of a color system in the primate visual cortex. J Neurosci 4：309-356

Loeb GE, Bak MJ, Duysens J (1977) Long-term unit recording from somatosensory neurons in the spinal ganglia of the freely walking cat. Science 197：1192-1194

Loeb GE, Peck RA, Martyniuk J (1995) Toward the ultimate metal microelectrode. J Neurosci Methods 63：175-183

Lorente de Nö R (1938) Limits of variation of the synaptic delay of motoneurons. J Neurophysiol 1: 187-194

McCrea RA, Bishop GA, Kitai ST (1976) Intracellular staining of Purkinje cells and their axons with horseradish peroxidase. Brain Res 118: 132-136

McLennan, H (1970) Synaptic transmission, 2nd Ed. W. B. Saunders Co, Philadelphia McNaughton TG, Horch KW (1996) Metallized polymer fibers as leadwires and intrafascicular microelectrodes. J Neurosci Methods 70: 103-110

Midroni G, Ashby P (1989) How synaptic noise may affect cross-correlations. J Neurosci Methods 27: 1-12

Mesulam M-M, Mufson EJ (1980) The rapid anterograde transport of horseradish peroxidase. Neuroscience 5: 1277-1286

Metz CB, Schneider SP, Fyffe REW (1989) Selective suppression of endogenous peroxidase activity: application for enhancing appearance of HRP-labeled neurons in vitro. J Neurosci Meth 26: 181-188

Pellmar T (1986) Single-electrode voltage clamp in mammalian electrophysiology. In: HM Geller (Ed) Electrophysiological Techniques in Pharmacology. Vol 3. Modern methods in Pharmacology. Alan R. Liss, Inc. New York. pp. 91-102

Pierrefiche O, Haji A, Richter DW (1996) In vivo analysis of voltage-dependent Ca2+ currents contributing to respiratory bursting. Soc Neurosci Abstr 22: 1746 Pinault D (1996) A novel single-cell staining procedure performed in vivo under electrophysiological control: morpho-functional features of juxtacellularly labeled thalamic cells and other central neurons with biocytin or neurobiotin. J Neurosci Meth 65: 113-136

Pitman RM, Tweedle CD, Cohen MJ (1972) Branching of central neurons: Intracellular cobalt injection for light and electron microscopy. Science 176: 412-414

Pittman QJ (1986) How to listen to neurons? Discussions Neurosci 3, No 2 Porter R (1963) Unit responses evoked in the medulla oblongata by vagus nerve stimulation. J Physiol (Lond) 168: 717-735

Powell TPS, Mountcastle VB (1959) The cytoarchitecture of the postcentral gyrus of the monkey Macaca mulatta. Bull Johns Hopkins Hosp 105: 108-131

Prochazka A, Westerman RA, Ziccone SP (1977) Ia afferent activity during a variety of voluntary movements in the cat. J Physiol (Lond) 268: 423-48

Purves RD (1981) Microelectrode methods for intracellular recording and ionophoresis. Academic Press, London San Diego New York Boston Sydney Tokyo Toronto Rall W (1969) Time constants and electrotonic length of membrane cylinders and neurons. Biophys J 9: 1483-1508

Rall W (1977) Core conductor theory and cable properties of neurons. In: Kandel ER (ed) Handbook of physiology, Sect 1: The nervous system, vol 1, part 1: Cellular biology of neurons. Am Physiol Soc, Bethesda, MD, p 39-97

Raman IM, Bean BP (1997) Resurgent sodium current and action potential formation in dissociated cerebellar Purkinje neurons. J Neurosci 17: 4517-4526

Renshaw B (1946) Central effects of cenripetal impulses in axons of spinal ventral roots. J Neurophysiol 9: 191-204

Richter DW, Lalley PM, Pierrefiche O, Haji A, Bischoff AM, Wilken B, Hanefeld F (1997) Intracellular signal pathways controlling respiratory neurons. Resp Physiol 110: 113-123

Richter DW, Bischoff AM, Anders K, Bellingham M, Windhorst U (1991) Response of the medullary respiratory network of the cat to hypoxia. J Physiol (Lond) 443: 231-256

Richter DW, Pierrefiche O, Lalley PM, Polder HR (1996) Voltage-clamp analysis of neurons within deep layers of the brain. J Neurosci Methods 67: 121-131

Rogers RC, Butcher LL, Novin D (1980) Effects of urethane and pentobarbital anesthesia on the demonstration of retrograde and anterograde transport of horseradish peroxidase. Brain Res 187: 197-200

Sasaki M (1990) Membrane properties of external urethral and external anal sphincter motoneurones in the cat. J. Physiol. 440: 345-366

Schwindt P, Crill W (1980) Role of a persistent inward current in motoneuron bursting during spinal seizures. J Neurophysiol 43: 1296-1318

Segev I, Fleshman JWJ, Burke RE (1990) Computer simulation of group Ia EPSPs using morphologically realistic models of cat a-motoneurons. J Neurophysiol 64: 648-660

Snodderly DM Jr (1973) Extracellular single unit recording. In: Thompson RF, Patterson MM (eds) Bioelectric recording techniques. Part A. Cellular processes and brain potentials. Academic Press, New York, pp 137-163

Snow PJ, Rose PK, Brown AG (1976) Tracing axons and axon collaterals of spinal neurons using intracellular injection of horseradish peroxidase. Science 191: 312-313

Spillman L, Werner JS (1996) Long-range interactions in visual perception. Trends Neurosci 19: 428-434

Stafstrom CE, Schwindt PC, Chubb MC, Crill WE (1985) Properties of persistent sodium conductance and calcium conductance of layer V neurons from cat sensorimotor cortex in vitro. J Neurophysiol 53: 153-170

Stamford JA, Palij P, Davidson C, Jorm ChM, Millar J (1993) Simultaneous "real-time" electrochemical and electrophysiological recording in brain slices with a single carbon fibre microelectrode. J Neurosci Methods 50: 279-290

Straus W (1979) Peroxidase procedures. Technical problems encountered during their application. J Histochem Cytochem 27: 1349-1351

Stretton AOW, Kravitz EA (1968) Neuronal geometry: determination with a technique of intracellular dye injection. Science 162: 132-134

Strickholm A (1995a) A supercharger for single electrode voltage and current clamping. J. Neurosci. Meth. 61: 47-52

Strickholm A (1995b) A single electrode voltage, current- and patch-amplifier with complete stable series resistance compensation. J. Neurosci. Meth. 61: 53-66

Terzuolo CA, Araki T (1961) An analysis of intra- versus extracellular potential changes associated with activity of single spinal motoneurons. Ann NY Acad Sci 94: 547-558

Thomas RC, Wilson VJ (1965) Precise localization of Renshaw cells with a new marking technique. Nature 206: 211-213

Thomas RC, Wilson VJ (1966) Marking single neurons by staining with intra-cellular recording microelectrodes. Science 151: 1538-1539

Towe AL (1973) Sampling single neuron activity. In: Thompson RF, Patterson MM (eds) Bioelectric recording techniques. Part A. Cellular processes and brain potentials. Academic Press, New York, pp 79-93

Towe AL, Harding GW (1970) Extracellular microelectrode sampling bias. Exp Neurol 29: 366-381

Tsai ML, Chai CY, Yen C-T (1997) A simple method for the construction of arecording-injection microelectrode with glass-insulated microwire. J Neurosci Methods 72: 1-4

Turner PT (1977) Effect of pentobarbital on uptake of horseradish peroxidase by rabbit cortical synapses. Exp Neurol 54: 24-32

Viana F, Bayliss DA, Berger AJ (1993) Multiple potassium conductances and their role in action potential repolarization and repetitive firing behavior of neonatal rat hypoglossal motoneurons. J Neurophysiol 69: 2150-2163

Willis WD, Grossman RG (1973). Techniques in neuroanatomy and neurophysiology. In: Medical neurobiology. Appendix 1. The C. V. Mosby Co, St. Louis, pp 384-394

Wilson CJ, Groves PM (1979) A simple and rapid section embedding technique for sequential light and electron microscopic examination of individually stained central neurons. J Neurosci Meth 1: 383-391

Wilson MA, McNaughton BL (1993) Dynamics of the hippocampal ensemble code for space. Science 261: 1055-1058

Wilson WA, Goldner MM (1975) Voltage clamping with a single microelectrode. J Neurobiol 6: 411-422

Windhorst U (1990) Activation of Renshaw cells. Prog Neurobiol 35: 135-179

Windhorst U (1996) On the role of recurrent inhibitory feedback in motor control. Prog Neurobiol 49: 517-587

Zengel JE, Reid SA, Sypert GW, Munson JB (1985) Membrane electrical properties and prediction of motor-unit type of medial gastrocnemius motoneurons in the cat. J Neurophysiol 53: 1323- 1344

Zhang L, Weiner JL, Valianta TA, Velumian AA, Watson PL, Jahromi SS, Schertzer S, Pennefather P, Carlen PL (1994) Whole-cell recording of the Ca2+-dependent slow afterhyperpolarization in hippocampal neurones: effects of internally applied anions. Pflügers Archiv-Europ J Physiol 426: 247-253

Zheng Y, Barillot JC, Bianchi AL (1991) Patterns of membrane potentials and distributions of the medullary respiratory neurons in the decerebrate rat. Brain Res 546: 261-270

Zimmerman SA, Jones MV, Harison NL (1994) Potentiation of r-aminobutyric acidA receptor Clcurrent correlates with in vivo anesthetic potency. J Pharmacol Exper Ther 270: 987-991

第六章　单个神经元的电活动：膜片钳技术

Boris V. Safronov and Werner Vogel

孙红宇　高天明　译

南方医科大学神经生物学教研室

tgao@fimmu.edu.cn

■ 绪　论

在过去 20 年中，膜片钳技术已经成为现代电生理学的主要研究手段之一。初始仅被用来测量单通道电流（Neher and Sakmann　1976；Hamill et al. 1981），而目前它已经成为研究细胞兴奋性、离子通道的功能和药理作用以及不同代谢因子对离子通道调控机制等方面强有力的手段。膜片钳技术的不同记录模式使我们不但能研究宏观的全细胞电流，也可以在微观膜片上记录单通道电流。该技术一个突出的优点是可以在控制膜两侧的电压和溶液成分的情况下进行实验，并且在实验中还可以改变这些条件。

大多数膜片钳记录都是在电压钳制模式下进行。当膜电位被钳制于某一特定水平时，通过离子通道的电流可被显示出来。另外，膜片钳也被成功地应用于电流钳研究（主要是全细胞），以记录注入指令电流脉冲后膜电位的改变。电流钳模式可以监测不同形式的细胞活动，如动作电位、兴奋性或抑制性突触后电位以及由于生电性膜转运（如 Na^+-K^+ 泵）而导致的膜电位改变。一般来说，电压钳实验可研究生物膜离子通道的生物物理特性，而电流钳记录可提供离子通道功能的重要信息。

膜片钳技术记录到的离子通道电流幅度多在 0.1pA～10nA（10^{-13}～10^{-8} A）之间。记录如此小的电流通常是通过测量一个大电阻上的电压降而实现。为此，膜片钳放大器的基本记录电路（图 6-1A）是由含大反馈电阻（R_F）的标准电流-电压（I-V）转换器和差分放大器（DA）组成。I-V 转换器强制电极电位（V_P）跟随给予的指令电位（V_C）。记录电极电流（I_P）流经 R_F 时，产生电压降 $I_P R_F$。I-V 转换器的输出端电压为 V_C 和 $I_P R_F$ 之和。差分放大电路用来减去 V_C，使输出信号 $V_{OUT}=I_P R_F$。单通道记录时 R_F 值通常在 10～$100G\Omega$ 之间，而记录宏观电流时常小 2 个数量级。

用于膜片钳实验的电极是生理溶液充灌的玻璃电极，尖端直径约 $1\mu m$。玻璃电极尖端的边缘经特殊的火抛光后变得光滑。与细胞的连接是通过玻璃电极尖端与胞膜形成封接。膜片钳技术的四种记录模式是：细胞贴附式（cell-attached）、全细胞式（whole-cell）、外面向外式（outside-out）和内面向外式（inside-out）（图 6-1B）。每种记录模式都有其优点和局限性，可选择不同模式以解决不同的问题。

细胞贴附式是形成其他记录模式所必需的第一个步骤。为了形成细胞贴附式，首先将玻璃电极尖端置于细胞表面，与细胞膜形成一个低电阻的接触（封接）。然后在玻璃电极尾端轻轻抽吸，就会形成 1～100 $G\Omega$ 的高阻封接，这种阻抗值在千兆欧姆的封接称为"千兆封接（giga-seal）"。千兆封接的形成是单通道记录时减少噪声特别关键的步

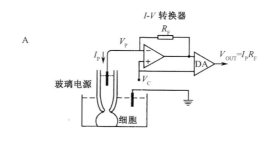

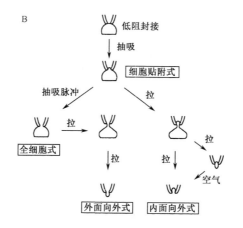

图 6-1　膜片钳技术原理图

A．基本记录电路由电流-电压（I-V）转换器和差分放大器（DA）组成。输出信号 $V_{OUT}=$
$I_P R_F$ 为电极电流（I_P）通过反馈电阻（R_F）的电压降。V_C 是指令电压，V_P 是电极电压。
B．膜片钳技术的四种主要记录模式。改自 Hamill 等（1981）。

骤。细胞贴附式记录的电信号来自电极尖端下面的膜片，所记录细胞的内部是完整的。
此时，膜片的胞浆侧电位等于浴槽液中参比电极的电位为 0 时的细胞静息膜电位
（V_R）。当电极电位设为 0 时，膜上的电压降就等于静息膜电位。当电极给予指令电
压（V_C）后，膜片上的电压降为 V_R-V_C。细胞贴附式记录有两个优点：①可在未丢
失重要胞浆因子的完整细胞上记录通道的活动。由于这个原因，细胞贴附式常用来研究
离子通道未被修饰的门控动力学以及可扩散的第二信使对通道的调控。②在许多标本
上，细胞贴附式使只记录少数离子通道成为可能。

　　细胞贴附式的缺点是不知道所记录细胞的静息膜电位。这个问题常用两种不同的方
法来解决：①在实验的最后，可用负压吸破细胞膜而直接测得 V_R。如果实验中 V_R 不
变，则此方法是正确的。②实验中，可通过改变浴槽液的方法人工将细胞的 V_R 设为
（去极化）0mV，这需要浴槽液中含高浓度的 K^+（约 150mmol/L）。

　　细胞贴附式形成以后，通过玻璃电极尾端给予脉冲式的抽吸来破坏电极尖端下的
膜，在不损坏电极尖端与膜之间封接的情况下，就会形成全细胞式记录。这种模式下，
玻璃电极内的液体可扩散入细胞内部。由于电极尖端内液体的体积远大于细胞内液体的

体积，电极液会将细胞内液彻底替换。根据细胞和玻璃电极的体积和形状，这种扩散过程可能持续几秒至 1～2min。在全细胞记录时，玻璃电极与细胞内部之间电阻较低，因而，细胞膜电位等于电极电位（除非记录到大电流）。这样，电极既可被用来记录膜电位，也可将膜电位钳制于指定水平。与经典的细玻璃电极刺入细胞的记录方法不同，膜片玻璃电极封接于膜上，故对细胞损伤很小，因而记录时的漏电流也较小。

形成全细胞记录后，缓慢地将玻璃电极拉离细胞，当电极尖端上的小膜片重新融合后，就形成了外面向外式记录。在这种情况下，细胞膜内表面暴露于电极液，而外表面与浴槽液相接触。电极电位被加于膜内侧，而膜外侧电位则为浴槽电极电位 0mV。外面向外式可以在记录通道活动时改变细胞外液成分。在玻璃电极尖端直径相同的情况下，外面向外式的膜片面积常常要比内面向外式或细胞贴附式的膜片面积要大。在许多情况下，外面向外式膜片上含有一个以上的离子通道。这种情形下，只能用细胞贴附式或内面向外式来记录单个通道的活动。

形成细胞贴附式后，缓慢地将玻璃电极拉离细胞，即可形成内面向外式。有时，这会直接形成内面向外式膜片。然而，更常见的是，玻璃电极尖端的膜发生重新融合，形成小囊泡。囊泡外侧的膜可以很容易地通过把玻璃电极尖端短暂暴露于空气的方法而被破坏。内面向外式时，电极液和电极电位被加于膜片外表面（细胞外膜），而膜的胞浆侧暴露于浴槽液，其电位等于参比电极的电位。内面向外式记录使改变胞浆侧溶液成为可能。

充灌玻璃电极所需的液体由所选用的记录模式决定。全细胞式或外面向外式记录时，玻璃电极需含细胞内液（表 6-1），而细胞贴附式和内面向外式，则用细胞外液充灌。

膜片钳技术常用来估算生物膜上通道的密度。常用的方法是将活动的通道数除以膜片的面积。由于玻璃电极尖端的膜片大小处于光学显微镜分辨率的边缘，因此膜片的面积常以电极电阻（R_P）来估算，而电极电阻在电生理学实验中很容易测量。如图 6-1B 所示，膜片的面积依赖于电极尖端直径的大小。电极尖端的直径和几何形状也决定着 R_P。膜片面积 α（μm^2）和 R_P 之间的关系可用经验公式来描述（Sakmann and Neher 1995）

$$\alpha = 12.6(1/R_P + 0.018) \tag{6.1}$$

式中，R_P（MΩ）是在电极中充灌正常生理溶液时测量获得。尽管电极的几何形状有时会有些不同，但这个等式可以较好地估算细胞贴附式、内面向外式和外面向外式膜片的面积。

■ 材 料

实验装置

标准膜片钳的实验装置如图 6-2 所示。记录部分包括一个膜片钳放大器、模拟-数字和数字-模拟转换器（AD-DA）和一台用来产生指令脉冲和记录信号的个人电脑。虽然膜片钳放大器有内置的滤波器，增加一个低通 8 极贝塞尔滤波器是可取的。为了方便起见，常在装置中增加一个独立的脉冲发生器和一个示波器。数据也可以使用传统的

DAT（数字音频磁带）记录器来记录。

下面的装置和材料是所有膜片钳实验室所必需的：

—充气防震台（如 Physik Instrumente，Waldbronn，Germany 或 Newport，Irvine，CA），以减少通常存在于任何建筑物的震动。显微镜、标本槽和连着探头的微操纵器均固定于防震台的基板上。

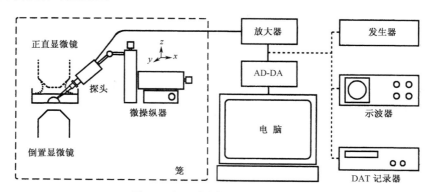

图 6-2　标准膜片钳设备的配置方案

倒置显微镜用于观察分离的和培养的细胞，而有水浸物镜的正置显微镜（虚线所示）用于研究组织切片中的细胞。

注意：为了获得膜片钳实验所需要的高稳定性，通过将微操纵器和标本槽共同固定于一个独立于显微镜的支架上，这样可减少电极与标本之间的飘移。

—倒置显微镜（如 Axiovert 135，Carl Zeiss，Jena）用于记录分离的或培养的细胞（参考第十章）。它允许从底部来观看细胞，并且方便记录电极接近细胞。带有水浸物镜（×40～60）的正置显微镜（如 Axioscop FS，Carl Zeiss，Jena）可用来进行组织切片实验（参考第九章）。物镜的工作距离必须足够长（约1.5mm），以使电极能伸入物镜和切片之间。大多数情况下，显微镜的放大倍率为×400 即已足够。为了方便，显微镜常与视频摄像头相接，并用普通电视监视器来观察玻璃电极与标本的接近过程。

—稳定的马达驱动微操纵器可提供三维方向的运动（如 HS6，Märzhäuser，Wetzlar，Germany）

—全细胞式和撕离膜片均需使用的膜片钳放大器（如 Axoclamp 200B，Axon Instruments，Foster City，CA）。膜片钳放大器常包括玻璃电极夹持器和探头前置放大器

—AD-DA 转换器（如 Axon Instruments，Foster City，CA）

—装有软件（如 pClamp，Axon Instruments，Foster City，CA）的个人电脑

—法拉第笼，以屏蔽膜片钳周围的电子干扰（如 Grittmann，Heidelberg，Germany）。

笼子应置于地面上，以免与防震台接触，这有助于避免将震动传递给台上的基板。灌流系统应固定于笼子上。

玻璃电极的制作

膜片钳玻璃电极的制作需要下列装置：

电极拉制器（如 Sutter Instruments Co., Navato，CA）。这是一种微处理器控制的分步拉制玻璃电极的水平拉制器。

抛光仪用来对玻璃电极进行火抛光，可自制。由长工作距离物镜的高倍倒置显微镜、手控操纵器和加热器组成（如图 6-3B）。操纵器和加热器置于显微镜载物台上，加热器包含一根与电源相连的细铂金丝（直径约 $100\mu m$）。为了防止抛光过程中金属蒸发到玻璃管尖端，部分铂金丝需用玻璃覆盖，这可通过将一玻璃管熔化于加热的铂金丝上完成。将气流直接吹向铂金丝和玻璃电极可限制加热丝附近的温度。然而，在大多数情况下，没有气流拉制的电极有较好的尖端形状，并能形成稳定的封接。为防止显微镜的物镜沾上灰尘和过热，可在适当位置放置一片盖玻片。

玻璃管（如 GC150－7.5，Clark，Reading，United Kingdom）。这是一种厚壁玻璃毛细管，外径约 1.5mm，内径约 0.86mm，它内部含有玻璃丝以帮助充灌电极液。也可以用内部无玻璃丝的玻璃管。这种情况下，玻璃管充灌常用两步法。许多不同种类的玻璃已被成功地用来制作膜片钳电极（更多的信息见 Corey and Stevens　1983；Rae and Levis，1992）。一般来说，厚壁玻璃管适于制作单通道记录电极，而全细胞式记录的电极常用薄壁玻璃管制作。

Sylgard 树脂（Sylgard 184，Dow-Corning，Midland，MI）用来涂玻璃电极，这可减少记录电极电容和电极噪声。

快速固化 Sylgard 的装置。它包括一个观察用的低倍显微镜和用来快速固化的热气喷射器或加热线圈。

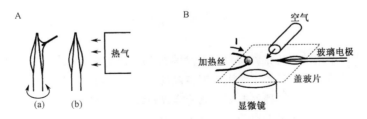

图 6-3　涂玻璃电极和抛光

A．用细针将 Sylgard 涂电极（a）；将电极移到热气流中而固化 Sylgard（b）。B．抛光仪。在倒置显微镜的监控下，玻璃覆盖的加热线圈短暂地接近玻璃电极尖端，以抛光尖端边缘。

溶液

加到细胞外和胞浆面的液体分别称细胞外液和细胞内液。膜片钳实验中用于哺乳动物神经元的典型细胞外液和细胞内液的组成见表 6-1。

充氧的外液 1 可用于脑片实验。外液 2 用 HEPES-NaOH 缓冲，适合于分离的和培养的细胞，也适用于膜片记录。

根据要研究的离子通道类型，这些溶液的成分可在很大范围内调整。然而，用于膜片钳实验的所有液体有一些共同的要求：

外液与内液均必须过滤，可用 $0.2\mu m$ 注射器过滤器。未过滤的液体可污染玻璃电极尖端或细胞膜，进而影响封接的形成。

为了保持氯化银电极的稳定，每种溶液中至少必须含有 10mmol/L Cl⁻。如果需要完全替换掉 Cl⁻，电极需要经过一个琼脂桥与溶液相连。

内液应含低浓度的 Ca^{2+} 离子（$<10^{-7}$ mol/L）。EGTA 和 BAPTA（快速 Ca^{2+} 离子缓冲剂）被广泛用来螯合细胞内 Ca^{2+} 离子。

表 6-1　溶液

	外液 1	外液 2	内液
NaCl	115 mmol/L	141 mmol/L	5 mmol/L
KCl	5.6 mmol/L	5.6 mmol/L	155 mmol/L
$CaCl_2$	2 mmol/L	2 mmol/L	—
$MgCl_2$	1 mmol/L	1 mmol/L	1 mmol/L
葡萄糖	11 mmol/L	11 mmol/L	—
EGTA	—	—	3 mmol/L
NaH_2PO_4	1 mmol/L	—	—
缓冲液	25mmol/L $NaHCO_3$，在充以 95%～5% 的 O_2-CO_2 混合气情况下调至 pH 7.4	10mmol/L HEPES，用 NaOH 调至 pH 7.3	10mmol/L HEPES，用 KOH 调至 pH 7.3

电极和接地

直接浸入浴槽液的氯化银丝提供了一个良好的参比电极。如果需要避免 Ag^+ 对浴槽液的污染，可将氯化银丝置于充满生理溶液的小槽中，通过琼脂桥再与浴槽液相连。充灌琼脂桥的液体需要与浴槽液的离子成分构成相似（如 150mmol/L NaCl）。

由于单通道实验记录到的电流范围在 0.1～20pA 之间，需要特别注意将参比电极和所有设备接地（参考第四十五章）。接地的质量和形式在减少行电频（50～60Hz）干扰中都很重要。浴槽电极应连接到探头上的高质量接地端。防震台、显微镜、微操纵器、法拉第笼等均要用低电阻电缆连接于一点，再将它与放大器壳上的接地端相连。在膜片钳放大器中，探头接地端和放大器壳上的接地端在内部通过探头电缆相连。

注意：避免形成任何接地回路而接受干扰信号。

标　本

一般来说，标本的选择要由需解决的问题类型决定。在本节中，我们将介绍适合于膜片钳实验的细胞标本类型。干净的细胞表面是形成千兆封接的一个非常重要的前提，而撕离的外面向外式和内面向外式膜片只能由粘附于记录槽底部的细胞来获得。最广泛使用的标本是：酶分离的细胞、培养的细胞和组织切片（参考第九、十章）。通常用蛋白水解酶（如胰蛋白酶、胶原酶或蛋白酶）处理组织后获得分离细胞，酶消化分离或培养细胞的膜通常是干净的，可直接用于膜片钳实验。关于适于膜片钳实验的分离和培养细胞方法详见文献（Trube 1983；Bottenstein and Sato 1985；Standen and Stanfield 1992）。

脑片技术使研究未经酶处理，并且未失去与其他神经元突触连接的完整神经元成为可能。由于在过去几年中这种方法变得越来越普遍，因此值得在此做简短介绍。根据 Edwards 等（1989）提出的方案来制备脑片。动物断头后，迅速取出脑或脊髓，置于冰冷的通氧外液 1 中（表 6-1）。将感兴趣的区域切下来，粘于被固定在震动切片机槽的玻璃台上。不能直接粘贴的小片脑组织或脊髓，可先包埋于琼脂块中，然后再将含有组织的琼脂块粘于玻璃台上。制备成 200～300μm 厚的脑片在 37℃下孵育 30～60min 后，存于室温下备用。虽然在脑片的表面有一些健康的细胞，但大部分细胞被结缔组织所覆盖。有几种方法可以使膜片电极易于接近这些细胞。例如，可用一个大直径或折断的玻璃电极吹吸生理溶液以去除覆盖在神经元上的结缔组织（Edwards et al. 1989）。另一可行的方法是"吹和封接"技术（Stuart et al. 1993），即给记录膜片电极施加正压，这样在玻璃电极向前推进时，溶液流会推开玻璃电极尖端遇到的结缔组织。当接触到细胞膜以后解除正压，再抽吸，就会形成紧密封接。

步 骤

玻璃电极的制作

1. 拉制电极

程控拉制器的发明大大简化了玻璃电极制作程序。人们只需选用相应的拉制方案，放好玻璃毛细管，就会拉成两个相同的玻璃电极。然而，编制不同的拉制方案是相当困难的，因为不同的参数会影响玻璃电极尖端的形状和开口直径。编写拉制方案的程序通常可以在设备的说明书中找到。

我们需意识到玻璃电极的形状是决定电极电阻的主要因素。现代微处理器控制的设备能分几步拉制玻璃电极。第一步使毛细玻璃管 7～10mm 一段变细，接下来的几步将之拉制成电极，并决定尖端开口直径。标准膜片电极常分 2～6 步拉制而成。一般来说，增加拉制步数可增加尖端圆锥的角度，因而在尖端开口直径相同的情况下可获得更小的电极电阻。程控拉制器可存储多种拉制方案，其另一个优点是拉制膜片电极的可重复性高。

注意：全细胞记录用的玻璃电极阻抗通常是 1～5MΩ，而研究单通道的电极是 5～30 MΩ。

2. 涂 Sylgard

为了减少记录电极的电容，可用绝缘物覆盖其尖端开口附近的表面。这不但可减少背景噪声还可减少掩盖记录信号的电容电流。在细胞贴附式、内面向外式、外面向外式等单通道记录时，这种涂层更加重要；全细胞实验时不是必需的，因为此时电流较大，并且细胞膜电容比膜片电极的电容大得多。一般来说，涂层操作对获得千兆封接非常重要。

Sylgard 是两种成分混合物，广泛地用来制作玻璃电极涂层。先将树脂和催化剂混合到一起后在室温下预固化 2～3h。充灌在注射器中的预固化 Sylgard 可在冰箱（-18℃）中贮存几个月。在显微镜（×10～20）观察下，通过旋转玻璃电极，用一细针将 Sylgard 涂到其尖端表面（图 6-3A）。尽管涂层要尽可能地接近电极尖端，但要小心避免覆盖尖端的开口。由于只有干净的玻璃才能与细胞膜形成封接，因此在靠近尖端 $10\sim50\mu m$ 范围内不要涂 Sylgard。多数情况下涂层的长度是 $5\sim7mm$。涂上的 Sylgard 需尽快固化，这可通过将玻璃电极尖端置于热气流之中［图 6-3A（b）］或放入加热线圈中获得。

注意：如果使用有涂层的玻璃电极未能获取千兆封接，需试一下无涂层的玻璃电极。如果涂层是封接失败的原因，试着延长预固化的时间来增加 Sylgard 的涂层厚度和/或增加玻璃电极尖端非涂区的长度。

此时，玻璃电极不能形成稳定封接是由于①它们有尖锐而不平整的尖端开口边缘和②尽管在涂的过程中非常小心，未固化的 Sylgard 扩散到了玻璃电极尖端开口，并形成了一薄膜而将其覆盖。火抛光可使开口边缘变得平滑，并可去除 Sylgard 薄膜。

3. 抛光尖端

在可视控制下用抛光仪（图 6-3B）来抛光玻璃电极。将玻璃电极尖端置于距被加热到产生暗红色的铂金丝 $10\sim20\mu m$ 处，抛光过程只需持续数秒。可以观察到玻璃电极尖端玻璃壁变厚，边缘变平滑。

注意：抛光决定了玻璃电极尖端开口最终的直径大小。强抛光可大大减小尖端开口的直径。抛光常在玻璃电极涂过之后、记录开始之前进行。抛光后的电极应避免灰尘。

4. 充灌电极

内含玻璃毛细管的电极可用带有合适直径针管的注射器从尾部充灌，而无内置玻璃毛细管的电极需用两步法充灌。第一步是充灌玻璃电极尖端。将尖端浸入含有电极液的小烧杯中，之后在电极尾部通过硅胶管连接的 10ml 注射器施加负压以使电极液吸入电极尖端。根据尖端开口直径的不同，尖端充灌需时数秒至 $1\sim2min$。抽吸必须在玻璃电极尖端离开液面之前释放。第二步是使用注射器进行标准的尾部充灌过程。充灌后留在玻璃电极尖端的气泡可以通过轻轻弹击玻璃电极杆部而排出。玻璃电极充灌液体的长度不要超过 $5\sim10mm$。充灌太多液体会增加玻璃电极的电容和电子噪声。

注意：根据膜片钳实验的类型来确定充灌玻璃电极的液体。细胞贴附式和内面向外式记录用外液充灌，而全细胞式和外面向外式记录需充灌内液。从尾部充灌玻璃电极和把电极液加入到烧杯中时，需在针与注射器之间插入过滤器（$0.2\mu m$）。如果玻璃电极尖端是在烧杯中充灌，当玻璃电极尖端穿过气-液界面和液-气界面时需略施正压，因为这有助于避免液体表面灰尘污染玻璃电极尖端。含 EGTA 的液体能与充灌玻璃电极用的注射器的金属针头发生化学反应，因此，在这种情况下，需用拉细的塑料管替换金属针头。另一种可行的方法是在电极充灌之前从注射器中推出适量的液体。

膜片钳实验

5. 将充灌好的玻璃电极安装于电极夹持器上，并用螺帽固定。需要注意的是用来固定玻璃电极的橡皮环必须调节至紧密相合。如果不是这样，系统内部将漏气，影响封接的形成。加于系统内部的气压是通过与夹持器上特殊出口相连的硅胶管，或者用嘴或者用 U 形水压力计给予的。为了防止玻璃电极尖端污染，系统中要施加正压，以便当玻璃电极尖端经过气-液界面以及向细胞移动时有液体流出玻璃电极尖端。

玻璃电极进入浴槽液之后，但在接触细胞膜之前，要完成两项操作：测量玻璃电极电阻和补偿偏移电位。将放大器设在电压钳模式，钳制电压（V_H）设置于 0mV。施加 50ms 矩形去极化指令脉冲（1～2mV，1Hz）于 V_C（图 6-4A），以观察漏电流变化（图 6-4B）。因为玻璃电极内液表现为线性电阻，因此电流反应也呈矩形（电极电容引起的瞬时电流可以忽略），其幅度为 ΔI。

6. 电极电阻（R_P）可由（$V_C - V_H$）除以 ΔI 计算获得。图 6-4B 的实验中显示 R_P 值约为 5MΩ。

7. 记录电极与浴槽电极之间的偏移电位可通过调节放大器的偏移补偿电路使之为 0。这一步很重要，因为未补偿的偏移电位会叠加到 V_H 上。

8. 千兆封接形成。当玻璃电极接触到细胞膜时（通常可看到 ΔI 幅度的降低），释放正压，轻轻地施加负压（抽吸）。当玻璃电极尖端与膜形成封接时，接触电阻升高，导致 ΔI 显著下降（图 6-4B，千兆封接）。虽然有时千兆封接会自发形成，但大多数情况下抽吸对于封接形成是必要的。千兆封接的电阻通常在 1～100GΩ 之间。千兆封接形成可能需要 1s 至 1～2min，并常伴随着背景噪声的减小。

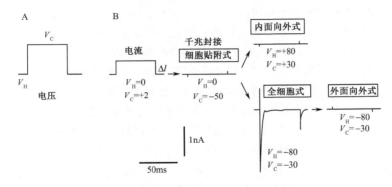

图 6-4　四种膜片钳记录模式形成时电极电流的变化情况

A. 施加于电极上的电压脉冲。钳制电位（V_H）和指令电压（V_C）需根据记录的模式而设置。B. 接触细胞之前，5MΩ 玻璃电极记录到的对 2mV 电压脉冲产生的电流反应（左侧）。形成千兆封接后，电流反应突然下降。随后的记录显示在细胞贴附式、全细胞式、外面向外式和内面向外式记录中监测到的电流反应。用于不同模式记录的典型 V_H 和 V_C 值标记于相应的电流曲线附近。

注意：膜片电极只能使用 1 次。如果未能与细胞膜形成千兆高阻封接，应使用另一根玻璃电极，并须重复步骤 1～步骤 8。如果封接未成功，可以尝试：①检查玻璃电极夹持器是否漏气；②使用无涂层的电极；③配新溶液；④换新标本；⑤改变覆盖火抛光铂金丝的玻璃。

步骤 1～步骤 8 对于所有膜片钳记录模式都是相同的。接下来的 5 步（步骤 9～步骤 13）将介绍膜片钳技术不同记录模式的获得。

细胞贴附式

9. 第 8 步结束时，细胞贴附式已基本形成（图 6-4B，细胞贴附式）。另外，还需调节膜片钳放大器相应的电路以补偿快速电容电流，并将增益调至单通道记录所需的值。

注意：对于细胞贴附式记录来说，将 V_H 置于 0mV 是一个合理的选择。假设膜静息电位 $V_R = -80mV$，此时，膜片电压降是 $V_R - V_H = -80mV$。为了使膜片去极化，例如，到-30mV，需施加指令脉冲 $V_C=-50\text{mV}$。在实验结束时，通过抽吸打破膜片，在电流钳模式下可精确测量 V_R。如果在实验结束时由于各种原因无法测量 V_R，可以考虑在未知 V_R 情况下报告膜电位。

全细胞式

10. 建立千兆封接后（步骤 8），首先将 V_H 和 V_C 设置到适当的值。V_H 通常置于 -80mV，对应于预期的静息膜电位值。指令脉冲 $V_C=-30\text{mV}$。电极电容产生的瞬时电流的快成分已被消除。给予短促的抽吸脉冲可打破膜片从而形成全细胞式，此时会出现大的慢瞬时电流，并且漏电流和电子噪声均增大（图 6-4B，全细胞模式）。这些改变是由于从细胞贴附式向全细胞式转变时，钳制膜片面积的增加所致。在神经元上成功形成全细胞式的另一个标志是记录到电压激活 Na^+ 电流。

此时，应通过膜片钳放大器的相应电路来补偿慢瞬时电流。在补偿时，要用小的超极化脉冲刺激细胞，因为这不会激活快电导。

注意：全细胞记录时会遇到两个问题：

（1）因串联电阻导致的电压钳误差。在全细胞记录时，我们期望膜电位与膜片钳放大器的输出值相等。然而，不幸的是这种情况仅发生在记录小电流时。当记录大电流时，膜上的实际电位（V_M）常常与电极上的指令电位（V_C）不等。图 6-5 为全细胞记录的等效电路，给予玻璃电极的 V_C 会被膜电阻（R_M）和电极串联电阻（R_S）二者分压。R_S 不同于玻璃电极未接触细胞时在浴槽液中测得的电阻 R_P。在真正的实验中，破膜后残留的细胞膜和被吸入玻璃电极尖端的胞浆成分会使 R_P 增加 $2\sim5$ 倍。如图 6-5 所示，根据欧姆定律，$V_M=V_C+I_P R_S$，式中 I_P 是流过玻璃电极和细胞膜的电流。这样，电极串联电阻上的电压降就等于 $I_P R_S$，即 V_C 和 V_M 之间存在的差异，或者说钳制电压有误差。假设 Na^+ 电流幅度 3nA，$R_S=3R_P$，$R_P=2\text{M}\Omega$，误差将达到 18mV。这种情况下，施加 -40mV 钳制电压时，细胞膜上的实际电压则是 -22mV。这一误差可改变 Na^+ 电流的电流-电压关系曲线，使曲线向更超极化方向移位，并使激活曲线更

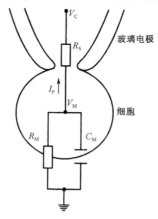

图 6-5　串联电阻（R_S）引起的电压误差

图中所示为全细胞记录的等效电路。由于在 R_S 上有电压降产生，使得膜电位（V_M）与给予的指令电位（V_C）不相等。R_M 和 C_M 是相应的细胞膜电阻和电容。

陡。另外，大 R_S 还可减慢细胞膜的充电过程，使其不能随 V_C 迅速改变。对于串联电阻导致的这种误差，可以用以下方法解决：

使用低电阻玻璃电极（$R_P \approx 1M\Omega$）或减少要记录的电流幅度。可通过部分阻断电流或者减少外液或内液中主要载流子浓度的方法而达到后一目的。减小 Na^+ 电流幅度也可通过使用更加去极化的钳制电位使通道失活而获得。

如果由于某原因无法减小 R_S 或电流幅度时，可使用电子串联电阻补偿。标准膜片钳放大器中均含有相应的补偿电路。

在任何实验前，应首先估算串联电阻导致的电压误差值，简单的方法是将最大电流乘以 3 倍的 R_P。在大多数实验中，如果误差小于 2～3mV，串联电阻可以不补偿。误差大时就需用上述的方法之一进行补偿。

（2）空间钳制问题。当从一个有长突起的大细胞（如脑片中的神经元）记录全细胞电流时，可产生另一个问题。记录电极常置于细胞体部分，因而，只有细胞体附近的膜才能获得可靠的电压钳制，而远离细胞体的膜（如树突和轴突）则未受到理想的钳制。在这种情况下记录到的膜电流是来自钳制较好与钳制较差膜区的混合反应，这些电流的动力学和激活特性必然与在理想钳制细胞上记录到的明显不同。

目前还无法解决在复杂几何形态细胞上存在的空间钳制问题。用膜片钳技术对离子电流进行可靠的研究应当在无长突起的小细胞（$10～30\mu m$）或分离膜片上进行。

11. 电流钳记录。全细胞式也可以用来进行电流钳记录，此时钳制的是膜电流，而记录的是膜电位的变化。电流钳模式即可用来测量静息膜电位，也可测量突触后电位和动作电位。电流钳与电压钳之间的转换，只需选择膜片钳放大器上相应的按钮即可。

外面向外式

12. 外面向外式记录由全细胞式而来（步骤 10，电容电流慢成分补偿之前）。V_H 设置于 $-80mV$，指令脉冲调至 $V_C = -30mV$。缓慢将玻璃电极拉离细胞，直至失去连接。外面向外式的形成伴随着 Na^+ 电流进行性下降、电容电流慢成分的消失和背景噪声的显著下降。在外面向外式形成后，只有将放大增益增高至单通道记录水平时才能看到离子电流。瞬时电流的快成分需要补偿。

注意：如果尝试拉成外面向外式膜片不成功，试着在拉另一个膜片时更慢一些。建议将玻璃电极尖端拉离细胞数毫米，以确保不再与细胞膜相连。

内面向外式

13. 建立千兆封接以后（步骤 8），首先将 V_H 和 V_C 设置到适当的值。内面向外式时，电极电位施予细胞膜外表面，而膜内表面电位与浴槽电极相同。因而，如果将 V_H 设至 $+80mV$，膜上的电压即为生理电位。指令脉冲 V_C 可以设至 $+30$ mV。之后，小心拉玻璃电极，直至不再与细胞相连。有两种方法获得内面向外式膜片：

（1）有时，拉玻璃电极可直接导致内面向外式膜片的形成（图 6-1B）。

（2）然而，在多数情况下会形成小囊泡（图 6-1B）。此时，短暂地将玻璃电极尖暴露于空气中也可破坏囊泡外膜。形成内面向外式后要补偿由于玻璃电极电容充电产生的快速瞬时电流，并应将放大增益调至适用于单通道记录。

如果在含实验标本（如培养细胞或脑片）的浴槽中进行内面向外式实验，会产生一些问题。此时，浴槽中常常以高 K^+ 的内液灌流，可使细胞膜电位去极化到 0mV。长时间暴露于内液可导致许多细胞死亡，或者变得很难封接。因此，在每次进行内面向外式记录后必须将该培养皿或脑片丢弃，即使膜片不含所感兴趣的通道或不能存活到完成整个实验过程也应如此。这在实验中是非常令人失望的，因为：脑片或培养皿数量有限；从同一的细胞上需获取数个内面向外式膜片；为封接准备细胞需要额外的时间消耗，如清洁脑片上的结缔组织。

　　多通道灌流系统

　　使用多通道灌流系统可在不损坏标本的情况下进行内面向外式记录（Yellen 1982）。由毛细玻璃管制作的灌流通道经硅胶管连接于内含不同溶液的注射器（图 6-6A）。溶液由于重力作用而缓慢向下流动，通过调整溶液的流速，使液体在通道的出口处不会被浴槽液所稀释。将带有内面向外式膜片的玻璃电极尖端插到含有适当液体的通道出口处。可通过移动玻璃电极尖端到另一个通道中而更换膜片胞浆侧的液体。内面向外式和外面向外式均可用这种多通道灌流系统，但该系统有两个缺点：①安置多通道灌流系统会占用记录浴槽更多的空间。例如，在脑片实验中，水浸物镜已占据了浴槽中大部分空间，而另增加浴槽的容积也不理想，因为这会降低外液灌流脑片的强度。②通道流出的内液可污染浴槽液。

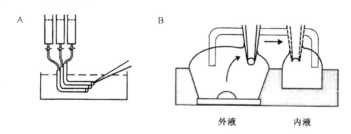

图 6-6　内面向外式记录的方法

A．多通道灌流系统。带有膜片的玻璃电极尖插入到相应的通道中。B．由主浴槽
和新增小浴槽两部分构成的实验槽，分别含有外液和内液。将电极从主浴槽移动
到新增浴槽使内面向外式膜片形成。改自 Safronov 和 Vogel（1995）。

　　增加浴槽

　　内面向外式记录也可在新增的小浴槽中进行（图 6-6B，Safronov and Vogel 1995）。该浴槽（含有内液）与主浴槽相距 0.2～0.5mm，通过标准琼脂桥把二者在电学上连接在一起。充灌两浴槽时要使溶液形成高的凸起液面。内面向外式膜片形成原理与图 6-1B 非常相似。首先，在主浴槽中玻璃电极与细胞膜形成封接，缓慢拉玻璃电极导致囊泡形成。然后，再将玻璃电极快速移动（跳跃）到新增的浴槽中，囊泡由于短暂暴露于空气而破裂，跳跃过程要在解剖显微镜观察下进行。其主要步骤有：

　　（1）将显微镜聚焦于两槽之间的边界上。为了方便聚焦，在边界上或其附近可用防水笔画一个点或刻一个点；

　　（2）将显微镜上提 300～400μm；

　　（3）将玻璃电极缓慢移向两槽之间的边界，使电极尖端位于边界附近的焦点中。要注意保持两个浴槽液面的稳定性；

（4）加速移动玻璃电极，使玻璃电极在离开主浴槽时达到最大速率。

通常，跳跃过程中膜片暴露于空气的时间要短于常规玻璃电极拉出后再插入浴槽所需的时间。

该方法允许我们从同一细胞上获取多达 20 个内面向外式膜片。下面是我们实验室利用这一系统获得的结果：①含小囊泡跳跃的成功率高（约 90%）。然而，如果在主浴槽中已经形成内面向外式，其成功率将会下降。②如果在跳跃中囊泡外膜未破，可重复跳跃数次。③有涂层和无涂层的玻璃电极均可以进行跳跃。④在单通道记录过程中，新增的浴槽可用不同的液体灌流。为此，浴槽中需加入两个套管，以便吸出和加入液体。⑤有时，如果把电极电压从 +80mV 降至 +60～+40mV 会提高成功率，这可能是由于低电位对的膜应激作用较小所致。跳跃后，再将玻璃电极电位重设为 +80mV。

增加一个浴槽来进行内面向外式记录有如下优点：

—新增的浴槽中所需浴槽液体量少（200μl），因而当使用贵重试剂时非常有益

—浴槽被分开，因而主浴槽不会被内液污染

注意：实验槽的制作材料对于液面凸起的形状和稳定性非常关键。选择疏水性材料可避免跳跃时两个浴槽内液体的混合。Teflon（聚四氟乙烯）是制作浴槽较好的材料，可以形成稳定的凸起液面。但不幸的是，它是种相当软的材料，在浴槽之间制作狭窄的边界需要很高的技术。一种极佳的 Teflon 替代品是 delrin（聚甲醛，DuPont，France）。与 Teflon 相比，delrin 有更高的机械硬度，因而易于手工制作，但它的疏水性稍差，因而用它制作的浴槽中凸起液面的稳定性稍差。然而，若在 delrin 制作的浴槽表层涂一薄层凡士林就可以弥补这一缺陷。为此，首先将凡士林涂到浴槽表面，之后用干棉纸擦除，直至无法看到，剩余的凡士林薄层仍然足够维持凸起液面的稳定性。用凡士林覆盖 1 次，浴槽可以使用数月，在每次实验后需用蒸馏水清洗浴槽。

■ 结　果

以下我们将展示一个用膜片钳记录的电压依赖性 Na^+ 电流的例子。无论在实验中多么小心地补偿电容电流，都会有一小部分未能补偿。不幸的是，与单通道电流相比，大膜片上记录时剩余的瞬时电流非常大，并且，有时它们甚至可完全掩盖去极化脉冲激活的早期开放的 Na^+ 通道。另外，每次记录中都会出现非特异性的来自电极尖端和膜之间封接处的漏电流。均分脉冲法是去除电容电流和漏电流最简单的方法。

图 6-7 显示了在含有 10～20 个 Na^+ 通道的外面向外式大膜片上进行记录的例子。—80～—20 mV（$\Delta_1=60mV$）的去极化电压脉冲可激活 Na^+ 通道电流，但被一瞬时电流所掩盖。在该记录中漏电流幅度与要研究的 Na^+ 通道电流幅度相当。用来校正的电流曲线通过 —80～—120mV（$\Delta_2=-40mV$）的电压脉冲而获取。该负电压脉冲不会激活离子通道，因而膜反应中只包括电容电流和漏电流。重要的是：重复给予校正脉冲10～20 次，并用平均后的电流曲线作为校正电流曲线。为了从原始记录中去除电容电流和漏电流，平均后的校正电流曲线要乘以因子 $k=-\Delta_1/\Delta_2=1.5$，校正后的记录显示在图 6-7C。

在几乎所有的由脉冲电压激活的电压门控通道性质研究中均需要校正电容电流和漏

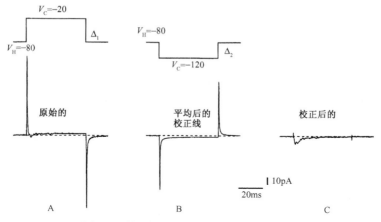

图 6-7　从原始记录中去除电容电流和漏电流

A. 在外面向外式大膜片上 Na$^+$电流的原始记录。B. 由 20 个独立记录平均得到的校
正电流曲线。指令脉冲显示在电流曲线的上方。C. 平均过的校正电流曲线乘以因子
−1.5 后从原始电流记录线中减去，得到校正后的 Na$^+$电流。

电流。

必须确保用来校正记录的电压脉冲不会激活离子电流（如内向整流）。

由于平均后的校正电流曲线常要乘以大的系数，因此可通过增加被平均的记录数以
减小噪声。

过小的校正电压（−10～−20mV）会使系数 k 变大，特别是在研究膜对大去极化
（＋40～＋60mV）的反应时，会使校正后的电流曲线产生额外的噪声。

过强的超极化校正电压可损坏细胞膜并导致细胞死亡。

■ 注　释

滤　波

为了减小背景噪声，记录信号要经过滤波。然而，过度的滤波将滤掉关于通道门控
的有用信息。为了记录如电压门控 Na$^+$电流激活等快速过程，低通滤波常使用 3～
5kHz。当记录慢的延迟整流 K$^+$电流时，低通滤波可设置为 1 kHz。在任何特定的实验
中，滤波频率由所要研究的过程的动力学决定。

注意：数据采集速度要根据滤波频率选择。作为一个原则，数字化频率应至少比滤波频
率高两倍（参考第四十五章）。

液体接界电势

液体接界电势常在两种含有不同离子成分的液体之间产生，如在玻璃电极尖端开口
处，电极液与浴槽液之间即可产生该电势。它是由于离子顺着两种溶液之间浓度梯度扩散
形成的电蓄积所致。液体接界电势被叠加到氯化银电极的偏移电位中，因此，需在形成封
接之前通过给玻璃电极施加反向的电位将其补偿（见步骤 7）。然而，形成封接后，离子
不再能在电极液和浴槽液之间流动，于是液体接界电势就消失了。此时，用来补偿的电压
将被直接加到钳制电压上，因而，真实的膜电位将与膜片钳放大器上所显示的不同。

根据溶液的离子组成不同，液体接界电势可以从很小直到 12mV。对于含有生理浓

度 NaCl 和 KCl 的液体来说，这个值较小（3mV 左右），但如果使用了低流动性的离子，这个值会变得相当大。接界电势可以使用 Henderson 公式（Barry and Lynch 1991）计算或通过实验确定（Neher 1992）。多数情况下，液体接界电势的校正是通过将计算出的或测得的值加到实验记录到的膜电位上。如果未进行校正，应当在方法中给出估算的接界电势。

注意：在实验中保持玻璃电极夹持器干净和干燥是非常重要的。要常用甲醇清洗玻璃电极夹持器和浴槽电极。设备必须注意防尘。

■ 应 用

膜片钳技术的一些其他应用

除了上面介绍的四种经典的记录模式外，膜片钳技术还发展出数种其他模式，以适合某些更专一的研究目的。

穿孔膜片

在全细胞实验中，某些重要的胞浆因子可从细胞内扩散进入玻璃电极中，进而会导致通道电流的性质发生改变。阻止这种扩散的方法之一是用穿孔膜片记录全细胞电流，其基本原理如图 6-8A 所示。首先用含某种具有形成通道功能的物质的液体充灌玻璃电极，然后与细胞形成标准细胞贴附式记录模式，这种物质就会掺入膜片中形成非电压依赖性的通道（穿孔膜片），因而为进入细胞内提供了低电阻通道。这些狭窄的通道只允许小的单价阳离子和阴离子通过，并在玻璃电极和细胞之间自由扩散，这与标准全细胞式记录相同。但是，这些通道对大的有机分子不通透，因而不能从细胞扩散出来。穿孔膜片使得能在细胞内 Na^+、K^+、Cl^- 浓度由电极液决定而主要的细胞因子仍完整的情况下，记录全细胞电流。

常用的通道形成物有 ATP（Lindau and Fernandez 1986）、抗生素制霉菌素（Horn and Marty 1988；Korn et al. 1991）和两性霉素 B（Rae et al. 1991）。

在使用穿孔膜片时注意的几个问题：

穿孔膜片膜电阻 R_{PP} 被叠加到串联电阻 R_S 中。一般来说，R_{PP} 比 R_S 要大 5～10 倍，因而由于串联电阻增大必然会产生电压误差。

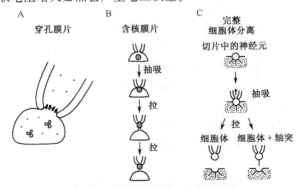

图 6-8 膜片钳技术的一些其他模式

A. 穿孔膜片，重绘和修改自 Marty 和 Neher（1995）。B. 含核膜片。

C. 完整细胞体分离，改自 Safronov，Wolff 和 Vogel（1997）。

制霉菌素可影响封接的形成。因而，应当首先用无制霉菌素的液体充灌电极尖端（见电极充灌，步骤4），然后用含有制霉菌素的液体再从尾部充灌电极杆部。要在制霉菌素分子扩散到玻璃电极尖端之前形成封接。其他有关穿孔膜片的资料可以在更为专业的文献中找到（Marty and Neher 1995）。

巨大膜片

巨大膜片可用于研究生电性膜转运、宏观离子电流记录及低表达通道的单通道记录。巨大膜片的常用模式为内面向外式，玻璃电极的尖端直径约 $12\sim40\mu m$，这些电极常由标准膜片钳电极适当地切掉尖端而制作（Hilgemann 1995）。由于用大直径玻璃电极尖端获得稳定的封接相当困难，因此常通过使用特殊的烃混合物处理（或涂）电极尖端而促进封接形成。这样，就可较容易地在多种细胞上形成封接电阻在 $1\sim10G\Omega$ 的巨大内面向外式膜片。

含核膜片

外面向外式巨大膜片能以含核膜片形式获得（Sather et al. 1992）。含核膜片是指从父代细胞上撕脱离而来的含有细胞核的膜片。获取含核膜片的主要步骤与外面向外式膜片相似，主要的不同是：当从细胞上撕脱膜片时需给电极施加抽吸，以吸引细胞核到玻璃电极尖端，因而在电极回拉时可将胞核从细胞中吸出来（图6-8B），随后，膜片会自行重新封接。撕脱含核膜片通常需时 $1\sim2min$，膜片呈直径 $5\sim8\mu m$ 的球形。与标准的外面向外式膜片比较，含核膜片有如下优点：

含核膜片的离子电流相当大，因而研究电流动力学无需平均多次刺激所诱发的膜片电流即可。

含核膜片的存活时间相当长，这可能是因为细胞核提供了对膜的支持。

完整细胞体分离

膜片钳技术的另一种改进模式是完整细胞体分离法（Safronov et al. 1997），其基本原理如图6-8C所示。这种方法可用于研究脑或脊髓片上细胞体直径约 $10\mu m$ 的小神经元。首先在脑片的神经元上获得标准的全细胞式记录，并记录到 Na^+ 电流，该 Na^+ 电流对进一步鉴别所分离的细胞结构非常重要。之后，通过玻璃电极轻轻抽吸，并用与含核膜片形成相似的方法后拉，大多数情况下，这会导致无突起完整细胞（细胞体）的分离。细胞体上记录到的 Na^+ 电流明显小于完整的神经元，表明 Na^+ 通道主要分布在轴突。有时，分离出来的是含有相邻突起的完整细胞，通过分析 Na^+ 电流可判断突起的类型。如果电流幅度与分离之前的神经元相同，可以断定突起是轴突，所分离的结构称为细胞体＋轴突。如果 Na^+ 电流与典型的细胞体一样小，断定突起是树突，所分离的结构称为细胞体＋树突。分离出的细胞体和细胞体＋轴突结构对研究神经细胞膜离子通道的空间分布以及细胞体与轴突在动作电位产生中的作用大有益处（Safronov et al. 1997）。完整细胞体分离法的主要优点如下：

——分离的细胞结构通常有较好的生理形状，能够保持与分离前相同的静息电位。细胞体＋轴突复合体也能产生完整的动作电位

——通过比较完整神经元与细胞体或细胞体＋轴突复合体上的电流，可研究通道在小神经元胞体、轴突及树突上的空间分布

——可以研究细胞体和轴突对动作电位生成的贡献

—可以在较小的电压误差情况下研究分离细胞体的电流（通常 50～300pA）及其动力学特性，这主要是因为串联电阻或空间钳效应不大

致谢：我们对 M．E．Bräu 博士有益的讨论和细致地审阅本文以及 B．Agari 和 E．Sturmfels 在技术上的帮助表示感谢。非常感谢德国研究基金会（Vol．88/16，19）的资助。

参 考 文 献

Barry PH, Lynch JW (1991) Liquid junction potentials and small cell effects in patch-clamp analysis [published erratum appears in J Membr Biol 1992 Feb;125(3):286]. Journal of Membrane Biology 121:101–117

Bottenstein JE, Sato G (1985) Cell cultures in the neurosciences. Plenum Press, New York

Corey DP, Stevens CF (1983) Science and technology of patch-recording electrodes. In: Sakmann B, Neher E (eds) Single-channel recording. Plenum Press, New York, pp 53–68

Edwards FA, Konnerth A, Sakmann B, Takahashi T (1989) A thin slice preparation for patch clamp recordings from neurones of the mammalian central nervous system. Pflugers Archiv 414:600–612

Hamill OP, Marty A, Neher E, Sakmann B, Sigworth FJ (1981) Improved patch-clamp techniques for high-resolution current recording from cells and cell-free membrane patches. Pflugers Archiv 391:85–100

Hilgemann DW (1995) The giant membrane patch. In: Sakmann B, Neher E (eds) Single-channel recording. Plenum Press, New York, pp 307–327

Horn R, Marty A (1988) Muscarinic activation of ionic currents measured by a new whole-cell recording method. Journal of General Physiology 92:145–159

Korn SJ, Marty A, Conner JA, Horn R (1991) Perforated patch recording. Methods in Neurosciences 4:264–273

Lindau M, Fernandez JM (1986) IgE-mediated degranulation of mast cells does not require opening of ion channels. Nature 319:150–153

Marty A, Neher E (1995) Tight-seal whole-cell recording. In: Sakmann B, Neher E (eds) Single-channel recording. Plenum Press, New York, pp 31–52

Neher E (1992) Correction for liquid junction potentials in patch clamp experiments. Methods in Enzymology 207:123–131

Neher E, Sakmann B (1976) Single-channel currents recorded from membrane of denervated frog muscle fibres. Nature 260:799–802

Rae J, Cooper K, Gates P, Watsky M (1991) Low access resistance perforated patch recordings using amphotericin B. Journal of Neuroscience Methods 37:15–26

Rae JL, Levis RA (1992) Glass technology for patch clamp electrodes. Methods in Enzymology 207:66–92

Safronov BV, Vogel W (1995) Single voltage-activated Na$^+$ and K$^+$ channels in the somata of rat motoneurones. Journal of Physiology 487:91–106

Safronov BV, Wolff M, Vogel W (1997) Functional distribution of three types of Na$^+$ channel on soma and processes of dorsal horn neurones of rat spinal cord. Journal of Physiology 503:371–385

Sakmann B, Neher E (1995) Geometric parameters of pipettes and membrane patches. In: Sakmann B, Neher E (eds) Single-channel recording. Plenum Press, New York, pp 637–650

Sather W, Dieudonne S, MacDonald JF, Ascher P (1992) Activation and desensitization of N-methyl-D-aspartate receptors in nucleated outside-out patches from mouse neurones. Journal of Physiology 450:643–672

Standen NB, Stanfield PR (1992) Patch clamp methods for single channel and whole cell recording. In: Stamford JA (ed) Monitoring neuronal activity. Oxford University Press, New York, pp 59–83

Stuart GJ, Dodt HU, Sakmann B (1993) Patch-clamp recordings from the soma and dendrites of neurons in brain slices using infrared video microscopy. Pflugers Archiv 423:511–518

Trube G (1983) Enzymatic dispersion of heart and other tissues. In: Sakmann B, Neher E (eds) Single-channel recording. Plenum Press, New York, pp 69–76

Yellen G (1982) Single Ca^{2+}-activated nonselective cation channels in neuroblastoma. Nature 296:357–359

第七章　微电泳和压力注射技术

Peter M. Lalley

陈建国　译　蒋正尧　校

华中科技大学同济医学院

chenj@mails.tjmu.edu.cn

■ 绪　论

　　微电泳（电离子导入技术）或压力注射（加压喷射）技术可以将微量药物和化合物通过尖端极细的微管导入神经细胞微环境，具有其他给药方法所无法比拟的几点优越性：①直接给药避开了扩散屏障以及阻碍药物到达作用位点的酶解作用；②药物的作用和效应可被限制在单个神经元范围内；③细胞上的神经递质和神经调质受体可用药理学方法加以鉴定；④神经递质的功能意义可以通过比较局部给药引起的刺激诱发反应所产生的效应，通过观察这些递质是如何受受体拮抗剂或那些阻断递质降解和摄取的因子的影响来进行分析；⑤局部给予具有膜通透性的、选择性地作用于第二信使系统的药物可用来确定胞内信号转导机制。

　　将神经活性物质直接施加于中枢神经系统神经元的微电泳技术自首次应用以来已有60余年的历史了。1936年，Suh 等通过微电泳将乙酰胆碱注入脑室，在脑干内发现了胆碱受体升压区。其后，Nastuk（1953）和 Del Castillo 及 Katz（1955，1957a，b）再次将该方法引入乙酰胆碱在神经肌肉接头处作用的研究。Curtis 和 Eccles（1958a，b）应用多管微电泳技术研究了药物对脊髓闰绍细胞的作用。从此以后，该技术被应用于众多研究，在整个神经系统中探索各种可能的神经递质和神经活性物质在突触部位的作用（Krnjevic and Phillis 1963；Curtis 1964；Krnjevic 1964；McLennan and York 1967；Phillis et al. 1967；Salmoiraghi and Stefanis 1967；Curtis and Crawford 1969；Bradley and Candy 1970；Diamond et al. 1973；Hill and Simmonds 1973；Krnjevic 1974；Bloom 1974；Simmonds 1974；Lalley 1994；Lalley et al. 1994，1995，1997；Parker and Newland 1995；Young et al. 1995；Bond and Lodge 1995；Wang et al. 1995；Haji et al. 1996；Schmid et al. 1996；Heppenstall and Fleetwood-Walker 1997；Remmers et al. 1997；Zhang and Mifflin 1997）。从微管中加压注射药物的技术由 Reyniers 于 1933 年引入，并由 Chambers 和 Kopac（1950；见 Keynes 1964）加以改进。Krnjevic 和 Phillis（1963）通过压力注射将谷氨酸施加于单个大脑皮质神经元上。其后，McCaman 等（1977），Sakai 等（1979）和 Palmer 等（1980）发表了关于在中枢神经系统中细胞内、外通过微压力定量注射不同物质的文章，对此做详尽的阐述。此方法被证实在检测带电荷少的物质对神经元的作用和效应时极为有效（Dufy et al. 1979；Siggins and French 1979；Palmer and Hoffer 1980；Palmer et al. 1980；Sorensesn et al. 1981；Palmer 1980，1982；Palmer et al. 1986）。胞内压力注射已被用于神经元染色（Sakai et al. 1978），

用于证明乙酰胆碱酯酶对乙酰胆碱含量的调节作用（Tauc et al. 1974），借助荧光染料用于追踪跨膜钙离子流（Chang et al. 1974）以及研究神经递质的合成与轴突运输（Schwartz 1974；Thompson et al. 1976）。此技术还被用于清醒动物神经活性物质的胞内（Szente et al. 1990）和胞外（Suvorov et al. 1996）给药。

　　在本章中，我们将描述通过微电泳或微压力注射进行中枢神经系统神经元给药的方法，重点是活体标本。此技术亦已被用于研究药物对脑、脊髓切片和其他离体标本的作用（Andrade and Nicoll　1987；Nicoll et al. 1990）。

　　Curtis（1964）、Bloom（1974）、Simmonds（1974）、Hicks（1984）以及 Palmer 等（1986）对微电泳和微压力注射有更详细的探讨，可以作为读者的参考。

实验方案 1　微电泳

■■ 概　述

　　微电泳包括将玻璃微管中的带电物质控制性地释放到神经细胞外的微环境中或注入胞浆。在给药间期，对药物施以与给药时极性相反的电流可防止药物溢出。对于胞内微电泳，可用同一微管（电极）同时记录膜电位和注射药物，后者通过桥式电路电流实现。也可采用中间有隔膜的"θ"形玻璃管。被分隔开的微电极一侧腔室充满要给予的药物溶液，用银丝与电流发生器相连；另一侧腔室充灌电极内液与放大器相连。

　　在细胞外微电泳时，常将几种测试药物通过多管阵列施加到神经元旁。将一定数量的玻璃管熔合在一起组成微管阵列，每一微管中均充灌神经活性物质。用微操纵器控制的玻璃棒将微管尖端截断，使每管末端直径为 1μm。其中一管常规充灌 2～4mol/L 的 NaCl 做胞外记录。图 7-1A 显示了一个 5 管阵列的构成，中央的一管用于记录，另外四管用于给药。图 7-1B 中所示的平行微管阵列是由 Curtis 于 1968 年设计、Oliver 于 1971 年加以改进，用于胞内记录和胞外微电泳给药的实验。将一支用于胞内记录的微管与用于微电泳的多管阵列粘在一起，这种布局使其中一管能记录到神经活性物质对膜电位和膜电流的影响，还可将药物注入靶细胞来研究受体激活后引起兴奋的转导机制（Lalley et al. 1997；Richter et al. 1997）。图 7-1C 是 Remmers 等（1997）所采用的同轴排列的微管阵列的显微照片，Sonnhof（1973）设计此装置用于胞内记录及胞外微电泳给药。

　　微电泳和胞外记录的简化电路见图 7-2，详细说明参见 Curtis（1964）。如图 7-2 所示，其中一根微管与提供加药和保持电流的"极化器"（电泳仪）相连。极化器以前用 90V 和 45V 的电池充当，目前有更加先进的恒流泵用于给药、控制药物释放以及测定相应的电流。

■■ 材　料

基本设备

　　微电泳实验所需的主要设备包括：
　　—细胞内、外记录所需设备（第五章）

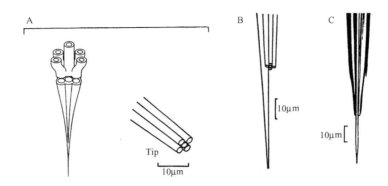

图 7-1　神经细胞微电泳及记录用多管阵列

A. 用于胞外记录和局部给予神经化学物质的 5 管阵列示意图。左侧示总体构造，右侧为尖端的放大。中央管
常规充灌 2～4mol/L 的 NaCl 溶液用于记录（改自 McLennan　1970）。B. 用于胞内记录和胞外给药的平行排列
的微管示意图。5 管阵列与胞内记录电极平行粘在一起。C. 用于胞内记录和胞外微电泳给药的同轴微管阵列显
　　　微照片。一根细长的胞内记录电极从多管阵列中穿出，周围微管用于微电泳（改自 Remmers et al. 1997）。

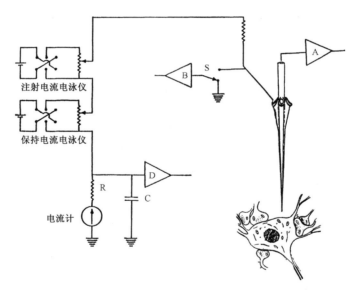

图 7-2　微电泳的简化电路

放大器 D、B 和电流计用于监测由极化器（电泳仪）发出的加药和保持电流。放大
器 A 监测生物电位（改自 Curtis　1964）。

　　—多管微电极垂直拉制仪：能产生足够电流和拉力来制备多管微电极

　　—和电极拉制仪相配并且经久耐用的加热电阻丝：用于电极拉制仪的耐用加热螺旋
线圈

　　—可编程电泳仪：用于微电泳给药的可编程电泳仪

　　—检波-冲动频率记录装置。在电压窗内检测动作电位，在窗口内的每一个波峰都

会触发一个 TTL 脉冲并传送至数据采集装置和其他计数、处理设备

  —计算机接口、微处理器和用于绘制直方图和进行多种数据分析的软件

  —脉冲发生器（刺激器）和隔离器：用于刺激外周感觉、运动神经或神经干以诱发动作电位

微电泳仪的选择

  用于恒流微电泳的电路可采用已发表的设计图（Walker et al. 1995）来制造，也可购买性能好的多通道电流发生器（参见章末的设备列表）。

  微电泳仪应具有以下特点：

  —数个可独立编程的通道以控制加药和保持电流

  —低噪声

  —电流数字显示

  —控制输出电流的定时器，便于进行脉冲式或持续给药

  —实现电脑控制电流的输入接口和电路

  —事件脉冲输出：与记录仪、示波器和电脑相连，对保持电流和注入电流的起始和强度做出信号标记

  —以信号显示每个通道阻断微电极电流的监视器

  —电极阻抗测量装置

  —每通道独立的接地开关

  —可靠近标本放置的小探头，探头需有地线接点

■■■ 步　骤

步骤 1：微电极组合的制备

  多采用带芯或隔膜的毛细玻璃管以便电极的充灌。可购买已融合成 2～7 管的微管阵列。其优点在于用药物溶液充灌前，仅需将其切成适合长度再用垂直电极拉制仪拉至所需长度和外形。缺点是充灌不同管腔时必须格外小心以避免溶液溢出。

  也可以将单个微管自行组合成多管阵列，并通过弯曲其充灌端使之彼此分开。这里介绍的是在 Crossman 等（1974）的基础上进行了修改的方法。

方案 1

  1. 采用热缩管（一种遇热可收缩的材料）作为套管将毛细管牢牢地扎成一束，两道套管的位置分别距毛细管两端约 15mm。

  2. 将微管束固定在垂直电极拉制仪的夹头中。通过线圈加热，将磁拉力设为 0，直到微管束软化后开始在重力作用下被拉长。手动加压拉制一小段后，将微管束迅速旋转 270° 并停止加热使玻璃冷却。调整线圈位置至锥形扭曲的玻璃束中央。把加热电流和磁拉力调至理想水平，可得到两根可用的多管电极。

  3. 用本生灯（一种煤气灯）加热玻璃管，同时将一根金属钩插入一管的开口端使其弯曲至 30°。除记录电极的微管，其余的微管均按此法弯曲。

4．在弯曲的和未弯曲的微管间涂以熔融的牙科蜡使其形成冠状。这种冠形结构和热缩管套使微管牢固地组合在一起。至此，多管微电极已制成，可以直接充灌并经"折断"处理形成具有合适的尖端直径的电极。

5．将记录电极连接于操纵器和微驱动器，通过它们使微管束进入组织。

用于胞内记录和微电泳的并列式或同轴多管阵列的制作步骤已有详细描述（Curtis 1968；Oliver 1971；Sonnhof 1973；Lalley et al. 1994；Remmers 1997）。并列电极组装方便且耦合电阻和电容更低。记录电极必须与电泳管束粘合得十分牢固，否则会在组织中彼此分开。同轴排列电极的制备要困难得多，但其优点是记录管和电泳管不易分开。

Lalley 等（1994）使用的并排微管阵列是依据下列步骤和规范制作的。

方案 2

1．记录管和微电泳管尖端间的距离控制为 $40\mu m$。

2．用水平拉制仪将胞内记录的微电极拉成所需长度、外形和尖端。通过线圈对记录电极加热，在距尖端 $10mm$ 处将其折成 $15°\sim20°$ 角。

3．将记录电极折角以下的一段在显微操作（400 倍）下置于微电泳多管阵列中的两管之间的夹缝内。

4．在将两部分组装起来之前，将光敏感牙科黏固剂（3M Corporation，USA）涂在夹缝中。

5．摆好位置后，用固化枪产生的 $900nm$ 波长光线照射 $30s$ 以固定连接。接着，涂布第二层该黏固剂包裹微管并使其光固化。

6．用颅骨黏固剂在记录电极弯曲处做一个束套，进一步防止微管的分离。

除用作胞外微电泳的标准 5 管阵列外，最终的成品不会造成更多的组织移位。这使其非常适用于记录组织深处神经元的反应（Richter et al. 1996）。

并列的微电极已被 Crossman 等（1974）用于胞外记录和微电泳，记录电极尖端突出多管阵列 $5\sim15\mu m$。该阵列具有极佳的记录特性，信噪比大，而且据报道，非常适宜记录皮层下小细胞的反应。

碳纤电极

通过将一根碳芯置于多管阵列中的记录电极内，并蚀刻出适合单个细胞记录的精细尖端（Armstrong-James and Millar 1979；Fu and Lorden 1996）可以得到用于胞外记录和微电泳的低噪声电极。含两根碳纤电极的多管微电极已用于记录神经元的放电以及测定电泳分离的儿茶酚胺和 5－羟色胺（5-HT）浓度（Armstrong-James et al. 1981；Crepsi et al. 1984）。

溶液配制

对于微电泳来说，微电极充灌的步骤和注意事项与第五章中描述的记录电极制备相似。溶液应通过 $0.2\mu m$ 滤膜滤过以除去残渣。微管尖端不应有气泡，否则将阻碍电泳，而且电流通过充灌溶液时会产生噪声并被记录电极记录下来。建议至少在使用前 $10\sim15min$ 充灌微电极，并将其垂直置于一潮湿的容器内。临用前还应在显微镜下检查微管内是否有气泡和沉淀物，如果有气泡可用一根清洁的猫须在微管中旋转驱除掉。

为利于通过电泳或电渗释放带电荷的物质而不改变该物质的药理学特性，需将溶液调至一定的 pH 值。单胺类引起神经元兴奋还是抑制，取决于被激动的儿茶酚胺或 5-HT 受体亚型。当溶液 pH 为 4 或更低时，它们的神经系统作用倾向于激动（Frederickson et al. 1971）；当 pH 控制在 4.5～8 之间时可基本避免与 pH 相关的反应。

　　电极与电泳仪的连接

　　给微管内液通电采用的是清洁的银丝。氯化不是必需的，事实上，氯化银的剥脱会堵住微管尖端从而造成阻塞。为防止银丝间的接触和导电，可将一段 60～70mm 长的银丝焊接到一段 80mm 长的纤细、柔软的绝缘导线上，再将后者连接到电泳仪上。此绝缘线可安装一接头以连接到电泳仪的探头上。当用于电泳和记录的导线插入微管后，小心地将少量熔融的牙科蜡或石蜡灌注到微管开口上，使它们彼此分开并固定。

　　微管尖端大小

　　微管在尖端折断处理前充灌比较容易，但即使在尖端折断处理后也能充灌成功。尖端的折断处理是在显微镜下进行的，用固定在微操纵器尖端的一根玻璃棒触碰微管尖端，使其每一管的尖端直径在 1μm 左右。这样的电极其尖端电位低。更大的尖端直径会使药物自由扩散增加。

步骤 2：记录和微电泳

　　1. 依照第五章中描述的步骤寻找神经元。

　　2. 当微管尖端进入组织后打开电源。一般以 5～10nA 作为维持电流。加药电流先设在相对较低的水平，如 5nA，然后逐渐增加至 60～80nA。此步骤用来检测微管的导通特性。如果有阻塞或过大的噪声，应舍弃该微管束。

　　3. 最好先在其他非靶细胞上检测受试药物和加药电流的有效性。对胞内记录和胞外微电泳来说，由于可能损坏记录电极尖端，这种测试也许不太实际。但还是应尽可能进行。任何未鉴定的神经元，只要有自发电活动而没有损伤性放电就可以用于测试。

　　4. 微电泳管需通过加药电流预热。有时，一开始即使给予很大的加药电流也引不起反应，这是因为维持电流已使近微管尖端溶液中的药物排空了。这一死腔只有通过反复给予加药电流来填充。可行的方法是，按照 50% 工作循环的固定间隔给予一逐渐增强的加药电流，直至 100nA。一旦引起反应，应重复测试数次以确保反应被稳定地激发。这一现象说明微管尖端的药物浓度已达平衡。

　　5. 至此，微管束应置于选定神经元以开始实验。选择能稳定记录的神经元作为靶细胞，出现损伤电流或不能激发动作电位的神经元则不应用于实验。在胞外记录的实验中，动作电位应为负值，且高于背景噪声数百微伏。能记录到孤立的神经元最为理想。如不可行，则需采用检波对受试神经元的冲动频率进行计数，在这种情况下，重要的是测试物质只影响神经元。用于胞内记录的受试细胞应具备第五章中所描述的稳定的膜电位。

　　6. 应注意防止电流伪迹。除给予的药物外，电流也能引起反应，特别是当微电泳束靠近神经元时。假如恰巧在施加电流时，动作电位频率或膜电位突然改变，就应怀疑有电流伪迹。一般来说，正向电流抑制放电和使膜电位超极化，而负向电流则相反。在胞外记录中，如动作电位是负向，则极少出现电流伪迹，说明微管束与细胞间有足够的距离，电流不易扩布至细胞膜。通过平衡电流可将电流伪迹减到最小。给微管束中的一根电极充灌 165mmol/L 的 NaCl，并用银丝连接到微电泳仪的平衡通道，此通道施加与所有其他微管电流值总和相等但极性相反的电流。第二步，对含 165mmol/L NaCl 的微管通电，来检测电流伪迹。

7. 还需确定给予适当大小的维持电流。通常 5～10nA 大小较适宜，但如果细胞对神经活性物质的反应较预期持久，或当改变保持电流的强度时反应随时间变化而变化，就应注意保持电流大小是否适当。一般应避免采用大于 20nA 的电流，因为它们会在微管尖端造成死腔。

■■■ 反应的测量和分析

冲动频率分析

动作电位频率可以按瞬时频率或按漏性积分电路处理后的移动平均数（Eldridge 1971）来测量。而移动平均数不仅反映细胞放电的频率，还反映神经活性物质对其形态的影响。另一个方法是在时间框内采集神经冲动，用冲动频率或冲动数目对时间作图可得到直方图，还可得到冲动间期直方图（ISIHs）或刺激后直方图（PSTHs）。ISIHs 能显示一串动作电位中的高频和低频成分哪个受神经活性药物的抑制更明显（Hoffer et

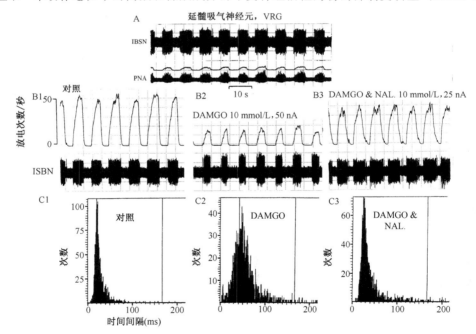

图 7-3　速率记录和冲动间期直方图显示的微电泳给予 μ^- 阿片受体激动剂——DAMGO 对延髓吸气神经元（IBSN）动作电位放电频率和发放周期的抑制

A. 从上到下的记录分别为：通过 5 管微电泳束胞外记录的动作电位、支配膈肌的膈神经中吸气神经元轴突总体电活动的速率记录（移动平均数）以及膈神经放电活动（PNA）的神经电图。B. IBSN 动作电位频率的速率记录（移动平均数）和微电极记录。C. IBSN 放电的冲动间期直方图。

al．1971）。图 7-3 显示采用移动平均数和 ISHSs 测量 DAMGO（一种 μ-阿片受体激动剂）对延髓吸气神经元冲动频率的抑制作用（Lalley et al．1997）。

PSTHs 对于分析药物对刺激引起的单突触冲动放电的影响十分有用（Bloom 1974）。

膜电位和神经元输入阻抗

胞内记录可显示化学药物对阈电位以下电活动的影响，如静息电位、膜电流、PSPs、PSCs、膜电导、输入阻抗（R_N）以及放电特性。测定 R_N 常可反映经微电泳给予作用于神经系统的化学药物是直接作用于靶神经元还是通过对突触前神经元的作用来产生影响的。图 7-4 引自 Lalley 等（1994），显示了 R_N 值是如何反映 8-OHDPAT（一种 5-HT-1A 受体激动剂）对延髓呼吸神经元的直接抑制作用的。

有数据显示 8-OHDPAT 能使绝大多数含有 5-HT-1A 受体的 CNS 神经元发生超极化，而且该作用与增加膜对钾离子的通透性有关（Zifa，Fillion　1992）。突触后抑制机制与这一结果一致。假如神经元放电抑制与去极化振幅下降及输入阻抗增加有关，就应有突触前抑制存在。

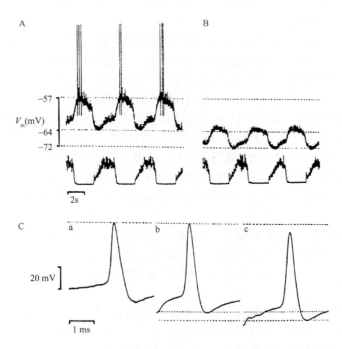

图 7-4　微电泳给予 5-HT-1A 受体激动剂——8-OHDPAT 产生的细胞放电抑制、膜电位超极化和神经元输入阻抗降低

A 和 B 均显示延髓呼气神经元的膜电位（上：V_m）和膈神经活动的速率记录（移动平均数）（下）。A．对照。B．8-OHDPAT 使膜电位超极化并消除了动作电位。Ca．对照组 20 个自发动作电位的平均值。Cb．没有 8-OHDPAT 时，在平衡电桥模式下记录的恒定去极化电流脉冲激发的动作电位平均值。Cc．8-OHDPAT 存在时激发的动作电位平均值。膜电位发生超极化，去极化电位幅值降低，意味着突触后抑制使膜电导上升。

剂量−效应关系

在经典的剂量−效应关系研究中，药物的浓度为已知，且假定药物在一定数量受体中是均匀分布的，因此效应的强度与被激活的受体数目成比例。这种情况可能存在于薄组织切片的离体实验，药物可通过溶于浴槽液给予。因此，S 形剂量−效应曲线可用来分析药物−受体相互作用（Gero 1971）。而在微电泳实验中，靶神经元周围的药物量通常是未知的。原因如下：①从微管中释放的药物量不能由注射电流计算而得；②作用部位药物浓度与其距给药部位距离之间的关系是未知数。

通过电流释放的药物量

微电泳的作用特点符合法拉第电解定律，该定律阐明水溶液中在一个电极因电解而产生的带电物质的质量直接与两个因素成比例关系：即通过溶液的电量和该物质的当量。法拉第定律的数学表达式如下

$$M = n(IT/ZF) \tag{7.1}$$

式中，M 指带电物质的摩尔数，I 指所用的电流（安培），T 指电流应用的时间（−s），Z 指物质的效价，F 是法拉第常数，n 为转运数，它为随带电物质化学性质和溶剂介质变化而变化的比例常数。

在微电泳实验中，M 为通过电流从微管排出物质的摩尔数。这就表明施加到插在微管中金属丝的电流会将极性相同的带电分子释放到周围的液体介质中，而将极性相反的带电分子保留在微管中。例如，将含有氯化乙酰胆碱（ACh^+Cl^-）蒸馏水溶液的微管通以正电流时，会释放出 ACh^+，保留 Cl^-。负电流则释放 Cl^-，保留 ACh^+。使水溶液中物质运动的原因除电解外，还有电渗作用，在该过程中，电荷通过激活物质周围的水合水分子而使其产生运动。Curtis（1964）等指出，对电荷性强的物质而言，因电渗而释放的药物量在总量中所占比重相对较小，对于电荷性弱的物质而言，该途径则成为药物释放的主要途径。例如，一种阻断 $GABA_A$ 受体的致惊厥药荷包牡丹碱，它的盐酸盐、甲氯化或甲溴化盐溶于 165mmol/L 的 NaCl 溶液中，酸化至 pH3 后，即可用正向电流注射，通过电渗给药。

溶液中物质的运动受到尖端电位（TP）以及微管尖端内部玻璃与溶液界面形成的电动电位（ζ）的影响。总 TP 通常表现为负值，这其中 ζ 起了重要作用。微管尖端越细（电极阻抗高），微管内液和外液差别越大，则 TP 越大；当灌充液为酸性时，则 TP 较低。

n 值的准确性是确定从微管尖端排出的神经活性物质的 M 的关键。转运的物质数量受到如下因素的影响，即温度、ζ、电极尖端直径、微管的材料成分、溶剂、微管内液的成分和电泳靶部位介质的性质。不同的微管即使在玻璃成分相同、尖端大小接近且被测物质被电泳到同样的溶液（如林格液）时，被转运的物质的数量仍会有显著的不同。少量化学物质的 n 值已通过将放射标记物质注入蒸馏水、林格液或生理盐水的方法加以测定，但是，在这些溶液中所测定的值与脑组织中的实际值仍有很大的差异（Hoffer et al. 1971）。其他影响 n 值的因素有：

——由于通过电流而引起的微管尖端电荷的改变

　　—给予保持电流时化学物质从尖端的迁移

　　—相邻微管间电流的干扰

　　更为复杂的是，如果测试过程中神经组织的化学性质发生变化，也会引起 n 值相应的变化，这种情况在多次组织的穿刺、组织水肿和 pH 值改变等情况下即有可能发生。

浓度-距离关系

　　靶神经元药物浓度常通过由扩散原理获得的浓度-距离方程式来进行估算。Nicholson 和 Phillips（1981）采用了如下方程式来估算距离和电渗持续时间对小脑浦肯野神经元附近药物浓度的影响

$$C(d, t) = (Q\lambda^2/4\pi D\alpha d) \times \mathrm{erfc}(d\lambda/\overline{2A}(Dt)) \tag{7.2}$$

式中，C 为在一定的距离（d）、一定的给药时间（t）后的药物浓度，Q 为从微管尖端排出的药量（mol/s），λ 为从给药部位到靶部位间介质的校正因子，α 为容积分数，erfc 是误差函数，D 为扩散常数（$\mathrm{cm}^{-2}\mathrm{s}^{-1}$）。在该实验中被测物质由组织中直接测定，因而 C、d 和 t 为已知，α 和 λ 可通过估算而得到。然而，在多数实验中，不可能对 C 进行测定，或者说测定 C 可行性不强。当用复合电极记录被测神经元的反应时，公式（7.2）中唯一能确定的参数可能是 d。否则，对药物的实际浓度所做的准确估算是不可信的，原因如下：

　　首先，方程（7.2）中 Q 是随转运量和注射电流而变化的

$$Q = nI/F \tag{7.3}$$

且由于上述原因，n 值是不可信的。

　　其次，α 和 λ 会因神经系统区域的不同和实验条件的不同而发生变化。

　　最后，D 会受如下因素的影响：

　　—酶的破坏，神经元和胶质细胞对微电泳化学物质的摄取

　　—微电极穿刺产生的轴突，胶质细胞、血管和组织碎片所形成的屏障。这些屏障能阻碍其他物质靠近神经元，并使注射物质分布不均

相对效能的估算

　　由于药物浓度通常不能直接测定和准确估算，所以研究中可选择另一种方法来测定不同药物的相对效能。相对效能的准确测定必须满足以下条件：

　　—比较仅限于功能相同、且电生理特性和形态特征（大小、树突分布）类似的神经元。被测物质需在同一神经元上进行相对效能的比较。

　　—有关被测物质效应的比较必须在同样的记录条件下进行。

　　—某一物质在每一特定的电流强度下，药物注射的持续时间须足够长，以达到稳定的效应水平。

　　—每次药物注射之间应有足够的间歇期，使神经元恢复至对照水平。

　　—效应必须标准化，以便进行剂量-效应特性分析。

　　以下将结合两个实例来阐述怎样进行药物相对效能的测定和拮抗剂效价强度的评价。

例 1

　　Curtis 等（1971）通过如下实验方法分析了氨基酸和甘氨酸对脊髓中间神经元剂量相关性抑制效应及其拮抗剂士的宁对脊髓中间神经元的效应。

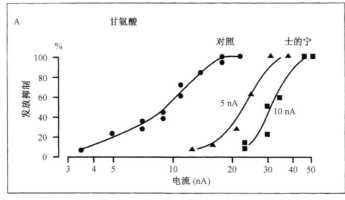

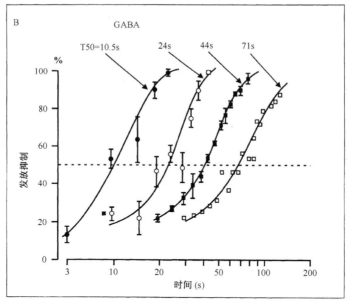

图 7-5　受体激动药和竞争性受体拮抗药通过微电泳给药后其拮抗作用相对效能的图解分析

A. 猫脊髓中间神经元运用甘氨酸和阻断剂士的宁后对效能频率抑制作用的图示。甘氨酸的测定是在微电泳给予 DL-同型半胱氨酸所激发的细胞放电达稳态后进行。纵坐标为不同甘氨酸注射电流所产生的效能频率的最大抑制效应百分比，横坐标为注射电流对数值。左边为对照曲线（只给甘氨酸）。中间为先后注射甘氨酸和士的宁，5nA。右边为同时注射甘氨酸和士的宁，10 nA。士的宁引起的平行移动表明其对甘氨酸受体的拮抗作用是竞争性的 ［本图自 Curtis 等（1971）中的图表修改而成］。B. 微电泳 γ-氨基丁酸（GABA）引起的猫皮质神经元放电的抑制。GABA 分别用四种不同的注射电流给予：20 nA（●），10 nA（○），5 nA（■），2 nA（□）。皮质神经元的稳定放电经微电泳（20 nA）L-谷氨酸引发。垂直小竖线代表标准误。T50 表示到达 GABA 引起的神经元放电效应 50％被抑制所用时间（Hill and Simmonds 1973）。

—通过微电泳一种类似谷氨酸的兴奋性氨基酸，即 DL-同型半胱氨酸来激发细胞在一稳定水平放电。

—在稳定的放电过程中给予甘氨酸，并采用不同的注射电流来分级抑制放电频率。

—同样的过程再重复两次以上，其间分别选用 5nA 和 10 nA 的注射电流给予士的宁。甘氨酸和士的宁注射的时间须足够长以获得稳定的效应水平。

—实验结果以放电频率的最大抑制百分率为纵坐标，对甘氨酸注射电流（nA）的对数值来做图。如图 7-5A 所示，这样得到的曲线为 S 形。士的宁使曲线右移，符合其竞争性拮抗甘氨酸受体的特性。Curtis 等（1971）指出，在剂量—效应相关性实验中出现的困难通常因药物的不均匀分布引起，尽管这种情况在他们的研究中并未遇到。

例 2

Hill 在 1973 年和 Simmonds 在 1973、1974 年采用了类似的微电泳方法，但是作图分析方法有所不同。在他们的研究中：

—用谷氨酸微电泳激发皮质神经元的稳定放电。

—通过大小不同的注射电流来实现 GABA 诱发的放电分级抑制。

—如图 7-5B 所示，放电抑制百分数对注射时间的对数值作图，得到 S 形曲线，曲线随注射电流强度的不同而平行移动。相对效能的指数用 T50 表示，即到达神经元放电效应 50% 被抑制时所用时间（图中用水平虚线标出）。

微电泳给予 GABAA 受体的阻断药后，GABA 的时间﹣效应曲线会沿时间轴右移。当横坐标直接用时间来表示，而不是时间对数值时，加药后曲线和与原来的对照曲线会是平行的。拮抗剂的相对效能可通过 T50 的比较而得到。

提高方法精确度的关键是要求实验必须限于同种类别神经元的比较。这就排除了不同种类的神经元对不同药物内在的敏感性不同的因素。

潜在的误差来源

如果人为影响因素不消除，会造成实验的重复性差和难以解释。其中，有关 pH 值和电流带来的影响前文已讨论过。其他潜在的误差来源还包括：局部麻醉作用和其他药物的非选择性作用，神经网络相关性的细胞行为和突触前效应的改变。

1. 局部麻醉作用和其他药物的非选择性作用。有一些药物，包括毒蕈碱类、肾上腺素能和 5﹣羟色胺受体的阻断药，在高于产生基础效应所需浓度时会发生局部麻醉效应，其局部麻醉效应的标志为动作电位幅度减小且时程延长。在高浓度时，药物会非选择性减小放电峰值。一般情况下，这些影响可以通过降低注射电流的强度来消除。

其他的药物非选择性作用包括：增强抑制性物质的效应，如巴比妥酸盐和其他常用麻醉药增强 GABA 的效应（Nicoll et al. 1990）；由"选择性"地阻断其他神经递质受体的拮抗剂引起的受体阻断作用，如 5-HT-2A 受体阻断剂酮色林对 β 受体的阻断作用。对于前者，实验操作必须在未麻醉的去大脑标本上进行。对于后者，有一点很重要，即被测物质不仅对某一受体亚型有选择性作用，而且又不会对其他神经递质、神经调质和激素的受体有任何作用。

2. 神经网络联系改变引起的变化。由于从突触向神经元的自发性传入强度的改变，神经元在测试过程中对微电泳物质反应性可以发生变化。突触传入会因麻醉状态、血压、肺泡与动脉内氧和二氧化碳分压等的不同而发生变化。因此有必要对已知的影响测试神经元网络联系的变量进行监控，并使其最小化。此外，记录网络行为的某些指标是一种非常有用的方法，例如，当测试脑干和脊髓的呼吸神经元时，神经细胞网络联系方式监测膈神经的放电；当测试交感缩血管神经元时，监测血压的变化。

3. 突触前效应。如果药物对神经细胞的作用与已知的作用相反，就应考虑其是否对突触前神经元有作用。例如，使用了抑制性药物后细胞的放电增加，就应推测突触前存在抑制因素；当受体激动剂和拮抗剂在靶神经元产生相似的效应时，也应推测存在突触前作用（Wang et al. 1995）。

细胞结构和功能意义的解释

受体部位的不同会影响细胞对神经活性物质的反应。因此，当解释微电泳细胞对内源性的神经化学递质的反应时，须将细胞的大小和形状列入考察范围。

小细胞对微电泳的药物较大细胞敏感，因为同等剂量时，小细胞与药物接触的面积占细胞表面积的百分数更大。这种敏感性可能会导致错误结论，即在生理条件下，小细胞的兴奋性能被内源性的神经体液因素更有效地调节。

更多的神经调质和神经递质的受体可能位于远端的树突突触部位，对微电泳的反应弱或缺乏，有可能是因为神经化学物质未到达较远的突触部位，而这些部位又是该物质内源性对应物发生重要生理作用的部位。

实验方案 2　微压力注射

■■ 主要用途和概述

压力注射用于将不带电或带电性弱的物质施加到神经元周围。这种技术对离体和在体实验都很有用。在离体切片标本实验中，相互分开的记录和压力注射微管均置于靠近靶神经元的位置。在原位标本实验中，微压力注射常采用两种方法。

1. 单根尖端相对较粗大（$10\mu m$ 或更大）的微管，可用于小区域给药（药量为纳升级），以改变神经核团的兴奋性。例如，活体动物实验中，给延髓的呼吸节律产生区域 Pre-Boetzinger 复合体注射纳升级的含 GABA 和甘氨酸受体拮抗剂的溶液，用以评价抑制性递质对成年哺乳动物呼吸节律的影响（Pierrefiche et al. 1998）。

2. 在胞外和胞内记录中，少于 1nl 的神经活性物质和神经调质可以通过多管微电极束注射到单个的神经元上（Palmer et al. 1986；Szente et al. 1990）。

神经活性物质通过微管注射，微管通过软管与压缩气体源（通常是氮气）连接。通过一个开关或 TTL 脉冲控制的电磁阀调节实验要求的压力和持续时间，单脉冲或程序化的系列脉冲均可。

■■ 材　料

装置和耗材

电生理记录和分析装置与第五章以及本章第一部分所述相同。其他装置和设备包括：

　　—惰性气体，如一瓶压缩氮气

　　—电动控制的电磁压力阀，用于压力和持续时间的调节

　　—压力阀的触发脉冲源（TTL 脉冲发生器）

　　—镜头带刻度的外科显微镜，用于检测微管内溶液是否移动

　　—耐压管和软导管，用于连接压力阀端口和注射微管

　　毛细玻璃管

　　单管或多管毛细玻璃管，有芯，便于充灌。多管微电极市面有售。多数情况下，这些多管集束是将单根微管熔合而成，因此，不可能给每个管接上导管将不同物质分开给药。当然，多管微电极也可按本章前文所述方法制作。Palmer 等（1986）也对多管微电极的制作做了介绍。

　　溶　液

　　药物需溶解在人工脑脊液或林格氏溶液中，通常浓度以几微摩尔、pH 值以 7.4 为宜。

■■ 步　骤

　　测试步骤与前文所述微电泳方法相同。在将微管集束插入组织前，应检查压力注射系统的性能。微管与导管（76～127mm 长）之间应该密封牢固。进入组织后要再次对压力注射系统进行检查。在不同的压力和脉冲持续时间下注射的药物体积应予确定，只要允许，应尽量做预实验来观察药物对非靶神经元的作用。

　　分析方法

　　分析方法与微电泳相同。Curtis 等（1971），Hill 和 Simmonds（1973）所采用的方法非常适用于药物相对效能的比较和拮抗剂效应的研究。

　　计算注射体积和药量

　　常用的方法是在显微镜下通过刻度测量微管注出的液体长度（L）。在已知内半径（r）的情况下，体积（V）可用公式 $V = \pi r^2 L$ 计算得到。从已知的浓度可以进一步计算出注射的药量。然而，药物在靶部位的浓度却无法得知（参见上文：浓度－距离关系）。

　　注射体积和微电极阻抗

　　尖端阻抗在 1.0～1.4MΩ 的微电极，在一定压力和持续时间下，在长时间的测试中仍保持注射体积的均匀性。尖端更细的微管易戳入脑或脊髓组织，而更大的尖端（阻抗小于 1.0MΩ）则使注射体积不稳定，并且，过大的注射体积似乎易产生体积相关性反应假象。（Sakai et al. 1979；Palmer et al. 1986）。

假　象

　　pH 值，局部麻醉和其他非特异性作用

　　在微电泳中出现的反应假象（伪迹）也会同样在微压力注射中发生。因而以下操作很重要：

　　—尽可能地调节 pH 值至 7.4。pH 值小于 5.5 或高于 8 的溶液都不应使用

—微管中的药物应予以稀释，浓度最好低至几个微摩尔范围

体积假象

溶液体积可导致损害性放电和膜电位的突然变化。体积太大可把细胞从记录电极冲走。当神经元放电、膜电位和神经细胞网络联系方式的改变与注射同时发生，应考虑到体积假象问题。其检验的方法为通过某一管腔注射不含该药物的溶液。

溶剂假象

水以外的溶剂，如乙醇和二甲基亚砜会改变神经元的行为。因此，药物应尽可能地溶于林格溶液或人工脑脊液中。也应避免使用高渗透压的溶液，因为它们可能会通过胞浆和细胞外液的药物重新分布来影响神经元的反应。

■ 评　价

本章阐述的方法已被证实在将药物或化学物质直接加到靶神经元附近时非常实用。这种方法为神经递质和神经调质的鉴定及其功能特性的研究提供了重要的信息，它阐明了药物作用的细胞机制，揭示了连接细胞膜受体激活与离子通道功能的信号传导过程。局部给药的方法将来会在有关评价化学物质对中枢神经系统神经元的直接作用的研究工作中非常有价值。现代分子生物和基因技术发现了大量可能非常重要的神经调质，而它们的功能意义和胞内信号传导机制都有待通过微电泳和微压力注射的方法进行研究。

参　考　文　献

Andrade R, Nicoll RA (1987) Pharmacologically distinct actions of serotonin on single pyramidal neurones of the rat hippocampus recorded in vitro. J Physiol (Lond) 394:99–124

Armstrong-James M, Millar J (1979) Carbon fibre microelectrodes. J Neurosci Methods 1: 279–287

Armstrong-James M, Fox K, Kruk ZI, Millar J (1981) Quantitative iontophoresis of catecholamines using multibarrel carbon fibre microelectrodes. J Neurosci Methods 4: 385–406

Bloom FE (1974) To spritz or not to spritz: The doubtful value of aimless iontophoresis. Life Sci 14: 1819–1834

Bond A, Lodge D (1995) Pharmacology of metabotropic glutamate receptor-mediated enhancement of responses to excitatory and inhibitory amino acids on rat spinal neurones in vivo. Neuropharmacol 34: 1015–1023

Bradley PB, Candy JM (1970) Iontophoretic release of acetylcholine, noradrenaline, 5-hydroxytryptamine and D-lysergic acid diethylamide from micropipettes. Br J Pharmacol 40: 194–201

Chang JJ, Gelperin A, Johnson FH (1974) Intracellularly injected alquorin detects transmembrane calcium flux during action potentials in an identified neuron from the terrestrial slug. Brain Res 77: 431–432

Crepsi F, Paret J, Keane, PE, Morre M (1984) An improved differential pulse voltametry technique allows the simultaneous analysis of dopaminergic and serotonergic activities in vivo with a single carbon-fibre electrode. Neurosci Lett 52:159–164

Crossman AR, Walker RJ, Woodruff GN (1974) Problems associated with iontophoretic studies in the caudate nucleus and substantia nigra. Neuropharmacol 13:547–552

Curtis DR, Crawford JM (1969) Central synaptic transmission – microelectrophoretic studies. Annu Rev Pharmacol 9:209–240

Curtis DR, Eccles RM (1958a) The effect of diffusional barriers upon the pharmacology of cells within the central nervous system. J Physiol (Lond) 141: 446–463

Curtis DR, Eccles RM (1958b) The excitation of Renshaw cells by pharmacological agents applied electrophoretically. J Physiol (Lond) 141: 435–445

Curtis DR, Duggan AW, Johnston GAR (1971) The specificity of strychnine as a glycine antagonist in the mammalian spinal cord. Exp Brain Res 12:547–565

Curtis DR (1964) Microelectrophoresis. In: Nastuk WL (ed) Physical Techniques in Biological Research, Volume V. Electrophysiological Methods, Part A., Chapter 4. Academic Press: New York, pp 144–190

Curtis DR (1968) A method for assembly of "parallel" micro-pipettes. Electroenceph Clin Neurophysiol 24:587–589

Del Castillo J, Katz B (1955) On the localization of acetylcholine receptors. J Physiol (Lond) 128:157–181

Del Castilo J, Katz B (1957a) The identity of "intrinsic" and "extrinsic" acetylcholine receptors in the motor end-plate. Proc R Soc Lond Ser B 146:357–361

Del Castilo J, Katz B (1957b) Interaction at end-plate receptors between different choline derivatives. Proc R Soc Lond Ser B 146: 369–381

Diamond J, Roper, S, Yasargil GM (1973) The membrane effects and sensitivity to strychnine of neural inhibition of the Mauthner cell, and its inhibition by glycine and GABA. J Physiol (Lond) 232:87–111

Dufy B, Vincent J-D, Fleury H, Pasquier P, Gourdji D, Tixler-Vidal A (1979) Membrane effects of thyrotropin-releasing hormone and estrogen shown by intracellular recording from pituitary cells. Science 204:509–511

Eldridge FL (1971) Relationship between phrenic nerve activity and ventilation. Am J Physiol 221: 535–543

Eisenstadt M, Goldman JE, Kandel ER, Koike H, Koester J, Schwartz, J (1973) Intrasomatic injection of radioactive precursors for studying transmitter synthesis in identified neurons of *Aplysia*. Proc Nat Acad Sci 70:3371–3375

Frederickson RCA, Jordan LM, Phillis JW (1971) The action of noradrenaline on cortical neurons: effects of pH. Brain Res 35:556–560

Fu J, Lorden JF (1996) An easily constructed carbon fiber recording and micriontophoresis assembly J Neurosci Methods 68:247–251

Gero A (1971) Intimate study of drug action III: Mechanisms of molecular drug action. In: DiPalma JR (ed) Drill's Pharmacology in Medicine, Fourth Edition, Chapter 5. McGraw-Hill Book Company: New York, pp 67–98

Haji A, Furuichi S,Takeda R (1996) Effects of iontophoretically applied acetylcholine on membrane potential and synaptic activity of bulbar respiratory neurones in decerebrate cats. Neuropharmacol 35:195–203

Heppenstal PA, Fleetwood-Walker SM (1997) The glycine site of the NMDA receptor contributes to neurokinin 1 receptor agonist facilitation of NMDA receptor agonist-evoked activity in rat dorsal horn neurons. Brain Res 744:235–245

Hicks TP (1984) The history and development of microiontophoresis in experimental neurobiology. Prog Neurobiol 22:185–240

Hill RG, Simmonds MA (1973) A method for comparing the potencies of (-aminobutyric acid antagonists on single neurones using micro-iontophoretic techniques. Br J Pharmacol 48:1–11

Hoffer BJ, Neff NH, Siggins GR (1971) Microiontophoretic release of norepinephrine from micropipettes. Neuropharmacol 10:175–180

Hoffer BJ, Siggins G.R, Bloom FE (1971) Studies on norepinephrine-containing afferents to Purkinje cells of rat cerebellum. II. Sensitivity of Purkinje cells to norepinephrine and related substances administered by microiontophoresis. Brain Res 25:523–534

Keynes RD (1964) Addendum: Microinjection, to: Microelectrophoresis by DR Curtis. In: Nastuk WL (ed) Physical Techniques in Biological Research, Volume V, Electrophysiological Methods, Part A, Chapter 4. Academic Press: New York, pp 183–188

Krnjevic K, Phillis JW (1963) Iontophoretic studies of neurones in the mammalian cerebral cortex. J Physiol (Lond) 165:274–304

Krnjevic K (1974) Chemical nature of synaptic transmission in vertebrates. Physiol Rev 54:418–540

Krnjevic K (1964) Micro-iontophoretic studies on cortical neurones. Int Rev Neurobiol 7: 41–98

Lalley PM (1994) The excitability and rhythm of medullary respiratory neurons in the cat are altered by the serotonin receptor agonist 5-methoxy-N,N-dimethyl-tryptamine. Brain Res 648:87–98

Lalley PM, Ballanyi K, Hoch B, Richter, DW (1997) Elevated cAMP levels reverse opioid- or pros-taglandin-mediated depression of neonatal rat respiratory neurons. Soc Neurosci Abstr 27:222

Lalley PM, Bischoff AM, Richter DW (1994) 5HT-1A receptor-mediated modulation of medullary expiratory neurones in the cat. J Physiol (Lond) 476:117–130

Lalley PM, Bischoff AM, Schwarzacher SW, Richter DW (1995) 5HT-2 receptor- controlled mod-ulation of medullary respiratory neurones. J Physiol (Lond) 487:653–661

Lalley PM, Pierrefiche O, Bischoff AM, Richter DW (1997) cAMP-dependent protein kinase mod-ulates expiratory neurons in vivo. J Neurophysiol 77:1119–1131

McCaman RE, McKenna DG, Ono JK (1977) A pressure ejection system for intracellular and ex-tracellular ejections of picoliter volumes. Brain Res 136:141–147

McLennan, York DH (1967) The action of dopamine on neurones of the caudate nucleus. J Physiol (Lond) 189: 393–402

Nastuk WL (1953) Membrane potential changes at a single muscle endplate produced by tran-sitory application of acetylcholine with an electrically controlled microjet. Fedn Proc 12: 102P

Nicoll RA, Malenka RC, Kauer JA (1990) Functional comparison of neurotransmitter receptor subtypes in mammalian central nervous system. Physiol Rev 70:513–565

Nicholson C, Phillips JM (1981) Ion Diffusion modified by tortuosity and volume fraction in the extracellular microenvironment of the rat cerebellum. J Physiol (Lond) 321:225–257

Oliver AP (1971) A simple rapid method for preparing parallel micropipette electrodes. Electro-enceph Clin Neurophysiol 31:284–286

Palmer MR, Hoffer BJ (1980) Catecholamine modulation of enkephalin-induced electrophysioli-cal responses in cerebral cortex. J Pharmacol Exper Ther 213:205–215

Palmer MR (1982) Micro pressure-ejection: A complimentary technique to microiontophoresis for neuropharmacological studies in the mammalian central nervous system. Electrophysiol Tech 9:123–139

Palmer MR, Fossom LH, Gerhardt GA (1986) Micro pressure-ejection techniques for mammalian neuropharmacological investigations. In: Geller HM (ed), Electrophysiological Techniques in Pharmacology. Alan R. Liss, Inc: New York, pp 169–187

Palmer MR, Wuerthele, SM, Hoffer BJ (1980) Physical and physiological characteristics of micro-pressure ejection of drugs from multibarreled pipettes. Neuropharmacol 19:931–938

Parker D, Newland PL (1995) Cholinergic synaptic transmission between proprioceptive afferents and a hind leg motor neuron in the locust. J Neurophysiol 73:586–594

Phillis JW, Tebecis AK, York DH (1967) A study of cholinoceptive cells in the lateral geniculate nu-cleus. J Physiol (Lond) 192: 695–713

Pierrefiche O, Foutz AS, Champagnat J, Denavit-Saubie M (1994) NMDA and non-NMDA recep-tors may play distinct roles in timing mechanisms and transmission in the feline respiratory network. J Physiol (Lond) 474: 509–523

Remmers JE, Schultz SA, Wallace J, Takeda R, Haji A (1997) A modified coaxial compound micro-pipette for extracellular iontophoresis and intracellular recording: fabrication, performance and theory. Jap J Pharmacol 75:161–169

Richter DW, Lalley PM, Pierrefiche O, Haji A, Bischoff AM, Wilken B, Hanefeld F (1997) Intracel-lular signal pathways controlling respiratory neurons. Resp Physiol 110: 113–123

Sakai M, Sakai H, Woody CD (1978). Intracellular staining of cortical neurons by pressure micro-injection of horseradish peroxidase and recovery by core biopsy. Exp Neurol 58:138–144

Sakai M, Swartz BE, Woody CD (1979) Controlled micro-release of pharmacological agents: Meas-urements of volumes ejected in vitro through fine-tipped glass microelectrodes by pressure. Neuropharmacol 18:209–213

Salmoiraghi GC, Stefanis CN (1967) A critique of iontophoretic studies of central nervous system neurons. Int Rev Neurobiol 10:1–30

Schmid K, Foutz AS, Denavit-Saubie M (1996) Inhibitions mediated by glycine and GABA recep-tors shape the discharge pattern of bulbar respiratory neurons. Brain Res 710:150–160

Schwartz JH (1974) Synthesis, axonal transport and release of acetylcholine by identified neurons of *Aplysia*. Soc Gen Physiol Ser 28: 239

Siggins GR, French ED (1979) Central neurons are depressed by iontophoretic and micro-pres-sure applications of ethanol and tetrahydropapveroline. Drug Alcohol Depend 4:239–243

Simmonds MA (1974) Quantitative evaluation of responses to microiontophoretically applied drugs. Neuropharmacol 13:401–415

Sonnhof U (1973) A multi-barreled coaxial electrode for iontophoresis and intracellular recording with a gold shield of the central pipette for capacitance neutralization. Pfluegers Arch - Europ J Physiol 341:351–358

Sorensen S, Dunwiddie T, McClearn G, Freedman R, Hoffer B (1981) Ethanol-induced depression in cerebellar and hippocampal neurons of mice selectively bred for differences in ethanol sensitivity: An electrophysiological study. Pharmacol Biochem Behav 14: 227–234

Suh TH, Wang CH, Lim RKS (1936) The effect of intracisternal application of acetylcholine and the localization of the pressor centre and tract. Chin J Physiol 10:61–78

Suvorov NF, Mikhailov AV, Voilokova NL, II'ina E.V (1996) Universal method for microelectrode and neurochemical investigations of subcortical brain structures of awake cats. Neurosci Behav Physiol 26:251–255

Szente MB, Baranyi A,Woody CD (1990) Effects of protein kinase C inhibitor H-7 on membrane properties and synaptic responses of neocortical neurons of awake cats. Brain Res 506: 281–286

Tauc L, Hoffman A, Tsuji S, Hinzen DH, Faille L (1974) Transmission abolished in a cholinergic synapse after injection of acetylcholinesterase into the presynaptic neuron Nature 250: 496–498

Thompson EB, Schwartz JH, Kandel ER (1976). A radioautographic analysis in the light and electron microscope of identified Aplysia neurons and their processes after intrasomatic injection of L-^{3}H-Fucose. Brain Res 112:251–281

Walker T, Dillman N, Weiss ML (1995) A constant current source for extracellular microiontophoresis. J Neurosci Methods 63:127–136

Wang Y, Jones JF, Ramage AG, Jordan D (1995) Effects of 5-HT and 5-HT1A receptor agonists and antagonists on dorsal vagal preganglionic neurones in anesthetized rats: an ionophoretic study. Br J Pharmacol 116: 2291–2297

Young MR, Fleetwood-Walker SM , Mitchell R, Dickinson T (1995) The involvement of metabotropic glutamate receptors and their intracellular signaling pathways in sustained nociceptive transmission in rat dorsal horn neurons. Neuropharmacol 34:1033–1041

Zhang J, Mifflin SW (1997) Influences of excitatory amino acid receptor agonists on nucleus of the solitary tract neurons receiving aortic depressor nerve inputs. J Pharmacol Exp Ther 282: 639–647

Zifa E, Fillion G (1992) 5-Hydroxytryptamine receptors. Pharmacol Rev 44:401–458

第八章 神经元建模原理导论

K．A．Lindsay，J．M．Ogden，
D．M．Halliday and J．R．Rosenberg
菅 忠 译
西安交通大学生物医学工程研究所
jz68720@263.net

绪 论

神经建模就是结合神经元生物物理和几何特性，用数学形式来描述实际生物神经元的过程。这种数学形式是指数学模型或神经元模型，它有很多用途，比如，它是估计实际神经元生物物理参数的基础，或者用于确定神经元的计算和信息处理性质。神经建模不仅要求懂得数学和计算技术，也要求懂得建模过程。一般要对模型进行大量的方程检验过程。这里讨论一些有关建模的经验，这些经验在建构和应用模型的实践中被证明是行之有效的。这些话题通常在神经生理的建模文献中不涉及，但懂得建模的基本假设，以及在模型和实际间的假设的关系，对计算神经科学的研究工作是非常重要的。

这一章主要涉及：

（1）树突模型的数学形式。它基于基本的保守定律，并适用于 Rall 等价圆柱体；

（2）用传统的有限差分方法对模型进行数值计算。指出了一些以前没有认识到的这些方法的缺陷；

（3）用有限差分表示来导出任意形状的树突的全等价缆；

（4）产生已知统计性质、任意多数目和需要的相关关系的随机放电串的流程；

（5）一介绍神经元的一般模型，它可以任意选定点而不是单室的，而 Rall 单室模型及其相关结果只是特例；

（6）介绍求解偏微分方程的具体方法，及其在单个和分叉的树突结构上的应用，包括用光谱技术做出的数值预报与导出的解析解的比较。

很多同时代的建模工作得益于 Wilfrid Rall 的开创性研究（Segev，Rinzel and Shepherd 1995），这使得我们更深地了解了树突结构的重要性以及它们在塑造神经元行为上的功能意义。这种工作的一个重要方面就是用来估计膜参数，并了解神经元形状对这些参数的影响（Segev et al. 1995；Rall et al. 1992）。对这种工作已有很多优秀的、广泛的论述，这里不再评论（Segev et al. 1995）。已有大量的文献给出了神经元的模型，这些模型能够展示出特殊类型的放电串，如簇放电或周期放电串。读者可以找到这些材料（如 Rinzel and Ermentrout 1989；Getting 1989；Cohen，Rossignol and Grillner 1988）。这一章将集中讨论建模的基本问题，这对任何应用都是非常重要的。神经行为的线性模型在关于神经行为的讨论中起到很重要的作用，因为它们是测量非线性行为的出发点（Rall et al. 1992）。另外，这些模型有不同的特性，如精确解和等价缆，这些都让我们

可以看到在非线性模型中展示不出来的神经功能（Evans and Kember　1998；Evans et al. 1992；Evans et al. 1995；Kember　1995；Major　1993；Major et al. 1993a；Major et al. 1993b；Major and Evans　1994；Ogden et al. 1999；Whitehead and Rosenberg 1993）。本章所描述的数值技术，已经应用于线性树突模型中，也将很自然地扩展应用到非线性情形，因为树突模型的非线性是由于电流输入依赖于膜电位，即使微分算子保持不变。纯粹的非线性问题有非线性微分算子。

读者需要熟悉基础线性代数和微积分学。的确，那些精通线性代数、会编程和熟悉线性方程数值解的读者学习了本章后，将会用代数形式表达复杂的分叉树突结构，并能得到解。另外，本章提供的材料对使用 Web 页上免费的高性能神经建模计算软件包非常有价值（Deschutter　1992；Hines and Carnevale　1997）。这些软件包功能全面，能涵盖神经元的线性和非线性行为。

■ 建模的基本原理

建模就是将复杂的现象或具体的对象用模型来代替，这个模型的环境和运行特性用描述的规则界定，它的行为可以代表具体对象或现象的行为（Regnier　1966）。刻画模型行为的规则总是用数学语言来表达。的确，术语"建模"常常被理解为"数学建模"，但本质的原理和过程并不是天生就是数学的。

注意从实验测量中得到的关于具体对象的实验数据和经验描述本身并非是逻辑关联的。理论学家的工作就是要创造出超出数据的经验描述的理论表达，即建立模型，同时提供数据的逻辑形式。模型可以看作是真实现象的替代品，它将有关现象的困难的问题转化成有关模型的容易的问题。从这个意义上说，模型促进了人对有关实际现象的直觉。建模的主要目的就成了利用具有一致性的模型来刻画真实性，从而在模型的基础上安排和预报客观实体的行为。为了达到这个目标，一般用实验来实现客观实体和模型的相互作用。在不同条件下，模型的预报越是符合实际，模型与实践经验在未知领域中吻合的可信度就越大，当然这需要得到检验。实际上，作为用有限和片断的观察来表示连续过程，模型更像是在对现实进行"内插"。在模型被证明是正确的实验范围内，对现实可以在实验结果和模型预报相吻合的基础上加以理解。言下之意，用模型建构和实验验证相互结合的办法可以揭示出现实中与模型相同的逻辑结构（Regnier　1966，1974）。

毫无疑问，当代科学技术建立在这样的特点上，即用已存在的模型和范例来解释现象。有些模型非常有效，使得现实和模型的界限变得模糊，使用者甚至误把模型当成了现实。例如，我们的经验告诉我们，有相当一部分精通力学的人们相信，汽车的运动服从牛顿定律，所需要修正的仅是要加上空气阻尼和类似的东西。

建模循环

建模常常被看作是隐藏在某些神秘后面的含糊不清的过程，而事实上不管现实有多复杂，建模是按照确定的阶段和既定方向不断循环的过程。在模型建立的初始阶段，必须明确目标和定量判据，这样模型的预期效果才可以得到检验。然后就是要说明模型参数和变量，包括加到模型上的假设和由此带来的限制。例如，一个圆柱形的离散的树突模型就和单树突结构没有关系，更多的是和树形结构的整体有关。因为要用同样的模型来刻画不同的树突结构，所以对离散化的选择要有具体的目标和能够得到验证的客观判据。

模型的参数一旦根据假设确定下来后，就要和已经证明是正确的规则/原理结合起来。这些规则既表达了模型特性中的保守性质——保守定律（如电量保守），也规定了模型变量之间的关系——基本定律（如欧姆定律）。树突结构的电行为服从电量守恒定律，这个定律不受环境的影响，因为电量守恒定律是普适定律。相对的，基本定律因为规定了可测量变量（如电流和电压）之间的关系而决定着树突材料的性质。例如，树突电流服从欧姆定律，即树突电流是电势梯度的线性函数。类似的，膜漏电流也服从欧姆定律。

一旦保守定律和基本定律满足了，模型就确定了，而且这些定律的意义就可以用数学方法加以研究。然而，在建模时隐含的假设和限制的启发下，总是能对答案加以解释。特别是模型的表现不能和现实的真实混为一谈。比如，树突的无源多圆柱模型可以转化为等价缆，它包含断开的节（Ogden et al. 1999；Whitehead and Rosenberg 1993），难道我们就因此相信真实的树突也有来自胞体的断开的区域？当然不，这是对数学结果不正确的解释。模型说的是存在对胞体没有网络电作用的输入结构。重要的是模型的解要用建模假设和限制条件加以评价，而不能仅看表面数值。

最后，模型的预期效果无论如何要和真实的测量结果一致。如果模型的预期效果与测量值相悖，建模循环就要重新来，要对变量和参数的选择进行调整，改变目标以及检验模型的客观判据，重新评估基本的保守定律和基本定律。

■ 树突模型的表达式

在神经建模的内容中，术语"电缆理论"是指线性和非线性模型的集合，这些模型用来描述在任意树突上、轴突和分叉的轴突末端上与时间相关的电活动。对电缆理论的历史回顾见 Rall（1977）。通常的对于圆柱形树突的任意小肢建立的一维非线性电缆方程，明确地表达了锥度，其导出也基于静电电量保守性以及建构神经元的生物材料电学特性的种种假设。

树突一般用胞内欧姆介质来模拟，外面包裹着一层高阻抗膜，这层膜浸在完全导电的液体里，其结构如图 8-1 所示。胞内横向区域与长度相比非常小，因此静电势在横向上保持恒定。因此，胞内区的电流主要沿轴向，但不能忽视垂直于轴向的成分，而在理想化的模型中只有轴向的。重要的是，这就意味着沿着树突中心的轴向长度和沿树突表面的轴向长度在一维模型的分辨率水平上是一样的。这就不同于在三维模型中，表面的弧长和轴距离不同。这就是小锥度判据。在完全的三维模型中，表面电流分布在膜表面，它被用坐标参数化，但被看作是局部圆锥形而不是圆柱形。这与局部圆柱假设不同，它会不可避免地引起显著的非轴向电流。

本文的电缆方程的数学形式中忽略了沿垂直于轴向方向的电势和电流的变化。这个树突上的电流模型也可以看成是全部树突电压渐进展开的主导项。事实上，对三维电缆方程的无量纲化处理显示出，由非轴向电流产生的膜电动势是树突的横截面积与长度平方的比，小到 10^{-6} 的程度。Rall（1969）给出了对具有右旋横截面的树突中胞内区的三维电流分析，Falk 和 Fatt（1964）给出了对有纹肌纤维的相应结果，Eisenberg 和 Johnson（1970）也做了考察，他们的结论更证明了一维树突模型的正确性。

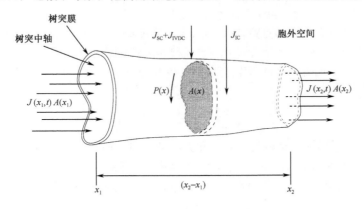

图 8-1　图示长度为 $(x_2 - x_1)$ 的树突节段

其中，轴向电流 $J(x_1, t) A(x_1)$[$J(x, t)$ 为轴向电流密度，$A(x)$ 为横截面积]进入节段，轴向电流 $J(x_1, t) A(x_2)$ 流出节段。节段的周长为 $P(x)$。A 和 P 是坐标 x 的函数。J_{IC} 表示注入电流，J_{SC} 代表突出电流，J_{IVDC} 代表本征的和电压依赖的电流的和。J_{IC} 和 J_{IVDC} 由公式给出。坐标 x 度量从胞体沿树突的长度的增量。

树突圆柱模型

　　树突模型的建立要求有胞内树突中心的数学表示，树突膜、周围胞外介质以及细胞体的描述，到树突上的突触输入和树突末端的边界条件。在内部分叉点，膜电位是连续的，电流是保守的。建模的目的是提供对胞体膜电位行为的定量的描述，这由注入电流的时间空间特征以及突触输入决定。模型因此可以成为膜参数估计的基础，它可以用来描述突触输入的不同分布以及不同树突形状如何影响胞体和其他地方电势。胞体电势的行为决定神经元输出峰串的时间特性。这样就得到模型的每个成分的数学表示。

定义和约定

　　x 是沿长度为 L 的树突干的轴距，约定 $x = 0$ 处表示最靠近胞体树突干末端，那么 $x \in [0, L]$。电量与高阻抗树突膜相关（电容效应）。电量在膜上的再分布、树突有电阻的胞内中心上电量的扩散建立起树突中心与胞外介质间跨膜电势差（图 8-1）。注意胞外材料是良好导电性的假设意味着电势的均匀分布，可以指定为 0，电量在胞外的分布是瞬态平衡的。与电势 $V(x, t)$ 相关联的是轴向电流密度 $J(x, t)$，即树突中心横截面单位面积电流。V 与 J 之间的关系是现象学的，但确定了分支中心材料的电学特性。在实际中，中心假设是欧姆导体，即

$$J(x, t) = -g_A \frac{\partial V(x, t)}{\partial x} \tag{8.1}$$

式中，g_A 是胞内物质轴向电导。按照约定，J 是 x 增加方向的电流密度，$J(L,t)$ 是在 $x=L$ 处的电流密度，而 $J(0,t)$ 是从胞体或附带的树突进入树突中心 $x=0$ 的电流密度。言下之意，从附带树突进入胞体电流是 $-J(0,t)$。尽管在一维情况下，J 是带符号的代数量，但一般情况下，它是矢量。这些约定相互配合的应用是非常重要的，尤其是在更复杂的树突结构、模型中包含突触输入与注入电流时。

对电路理论中欧姆定律更熟悉的读者，我们稍微多讨论一点。方程(8.1)是更基本的欧姆定律的表达式，而 $V=IR$ 是特例。将欧姆导体分成厚度为 d 的小薄片，其横截面积为 A(图 8-2)。当电流 I 流过薄片，且加上电势差 $V=V_d-V_0$，则相应的电流密度为 $J=I/A$，而电势差满足

$$J=\frac{I}{A}=-g\frac{\mathrm{d}V}{\mathrm{d}x},\ x\in(0,d),\ V(0)=V_0$$

式中，g(假定为常数)是材料的电导。此方程解为 $V(x)=-Ix/gA+V_0$，限制条件 $V(d)=V_d$ 使 $V=(V_0-V_d)=Id/gA=IR$，其中，R 是薄片的欧姆电阻。因此薄片像一个欧姆电阻，其电阻为 $R=d/gA=qd/A$，其中，$q(\Omega m)$ 是与电导率相对应的电阻系数。

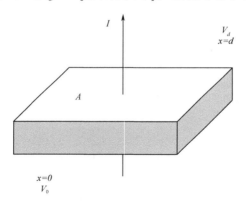

图 8-2　图示说明一块厚度为 d、表面积为 A 的欧姆材料

材料在恒定电位差 $V=V_0-V_d$ 下通有均匀的电流 I。

电缆方程的推导

树突的胞内中心被一高阻薄层膜包裹，尽管膜是不渗透性的，但它上面分布着离子通道，允许电量在胞内与胞外间移动。按照 Getting(1989)的假设，电缆方程要加入三个不同类型的电流密度，即注入电流(J_{IC})，本征的且电压依赖的电流(J_{IVDC})和突触电流(J_{SC})，所有的都是树突膜单位面积上测度的。实际上，本征的或注入电流来自主动转运过程，而电压依赖的电流(如 Hodgkin-Huxley 型电流)来自于不同的离子通道。如果 J_{IVDC} 是膜电位的非线性函数(即非欧姆的)或者突触电流存在，树突膜电位就是有源的，否则就是无源的。线性电缆理论能处理任意形状和无源的膜。

描写膜电位 $V(x,t)$ 演化的方程在树突的枝体段 $x_1\leqslant x\leqslant x_2$ 服从电量守恒。假定此段的横截面积为 $A(x)$，周长为 $P(x)$，则进入枝体段的净电流为

$$A(x_1)J(x_1,t) - A(x_2)J(x_2,t) - \int_{x_1}^{x_2} J_{\text{in}}(x,t)P(x)\mathrm{d}x \tag{8.2}$$

式中

$$J_{\text{in}}(x,t) = J_{\text{IC}}(x,t) + J_{\text{IVDC}}(x,t) + J_{\text{SC}}(x,t) \tag{8.3}$$

按定义，J_{in}是加在树突膜单位面积上的有效电流，是J_{IC}、J_{SC}、J_{IVDC}的总和(都在树突膜单位面积上测度)。还要注意方程(8.2)和方程(8.3)没有区分轴坐标 x 和沿树突表面的轴长度s，即使有树突锥度。区分 x 和 s 与模型成立的前提相抵触，因为这就相当于假设树突中心的电流是非轴向的。在时间间隔$[t_1,t_2]$内，净电流增加了储存在树突段的电量

$$\int_{t_1}^{t_2} \left| A(x_1)J(x_1,t) - A(x_2)J(x_2,t) - \int_{x_1}^{x_2} J_{\text{in}}(x,t)P(x)\mathrm{d}x \right| \mathrm{d}t \tag{8.4}$$

附加的电量是由于单位树突膜电容 C_{M} 引起的。按照定义，在时间区间$[t_1,t_2]$内储存电量的变化为

$$\int_{x_1}^{x_2} C_{\text{M}} P(x) V(x,t_2)\mathrm{d}x - \int_{x_1}^{x_2} C_{\text{M}} P(x) V(x,t_1)\mathrm{d}x \tag{8.5}$$

如果时间段$[t_1,t_2]$内没有外部注入电量，电量保守性要求式(8.4)和式(8.5)相等，即

$$\int_{x_1}^{x_2} C_{\text{M}} P(x) \left| V(x,t_2) - V(x,t_1) \right| \mathrm{d}x =$$

$$\int_{t_1}^{t_2} \left| A(x_1)J(x_1,t) - A(x_2)J(x_2,t) - \int_{x_1}^{x_2} J_{\text{in}}(x,t)P(x)\mathrm{d}x \right| \mathrm{d}t \tag{8.6}$$

这个基本方程描述了膜电位 $V(x,t)$ 的时间和空间演化，只要 $V(x,t)$ 是空间和时间的任意可微函数，这个方程还可以处理成更熟悉的形式。方程(8.6)两边同除以(t_2-t_1)，并取极限 $t_1,t_2 \to t$，可得

$$\int_{x_1}^{x_2} C_{\text{M}} P(x) \frac{\partial V(x,t)}{\partial t}\mathrm{d}x = A(x_1)J(x_1,t) - A(x_2)J(x_2,t) - \int_{x_1}^{x_2} J_{\text{in}}(x,t)P(x)\mathrm{d}x \tag{8.7}$$

类似的操作应用于方程(8.7)的空间成分显示出 $V(x,t)$ 和 $J(x,t)$ 满足偏微分方程

$$C_{\text{M}} = \frac{\partial V(x,t)}{\partial t} = -\frac{1}{P(x)} \frac{\partial(A(x)J(x,t))}{\partial x} - \left| J_{\text{IC}}(x,t) + J_{\text{IVDC}}(x,t) + J_{\text{SC}}(x,t) \right| \tag{8.8}$$

式中，用定义(8.3)代替了 J_{in}。方程(8.8)仅用到了电量保守性，而没有对树突的构成性质做额外的假设。实际中，普遍假设树突中心是良好的欧姆导体，V 和 J 满足定律(8.1)。此时，膜电位满足偏微分方程(电缆方程)

$$C_{\text{M}} \frac{\partial V(x,t)}{\partial t} = \frac{1}{P(x)} \frac{\partial}{\partial x} \left| g_{\text{A}} A(x) \frac{\partial V}{\partial x} \right| - \left| J_{\text{IC}}(x,t) + J_{\text{IVDC}}(x,t) + J_{\text{SC}}(x,t) \right| \tag{8.9}$$

对于具体问题，需要知道输入电流 J_{IC}、J_{SC}、J_{IVDC}、初始膜电位、加到胞体上的条件、树突末端边界条件。

电流说明

正像在式(8.3)中看到的,输入电流密度 $J_{in}(x,t)$ 由三个不同的成分构成。第一个成分 J_{IC} 是外生的,描述从外部流向树突中心的电流。第二个成分利用通道对膜电位的反应来定量离子通道成分,而第三个成分用来定量从其他神经元来的突触输入。

第二个成分 J_{IVDC} 是膜电位 V 的构成函数,当 $V=E_L$(静息膜电位)时 $J_{IVDC}=0$。我们假设静息膜电位时,泵电流和离子通道处于平衡状态。不失一般性,静息膜电位使得 $J_{IVDC}=C(V)-C(E_L)$,其中,C 是膜电位的函数。假设 C 是 V 的可微函数,则均值定理给出

$$J_{IVDC} = \frac{dC(V^*)}{dV}(V-E_L) = g(V^*)(V-E_L) \tag{8.10}$$

式中,$V^*=V^*(V,E_L)$ 是 V 和 E_L 间的电势,$g(V^*)$ 是非线性电导。类似的,应用均值定理于 $g(V^*)$ 得到

$$g(V^*) = g(E_L) + \frac{dg(V^{**})}{dV^*}(V^*-E_L) = g_M + g_{NL}(V) \tag{8.11}$$

式中,$g_M=g(E_L)$ 是无源膜电导,$V^{**}=V^{**}(V^*,E_L)$ 是 V^* 与 E_L 间的电势(即 V 和 E_L 间的电势),g_{NL} 是电压依赖的电导。g_{NL} 是 V 的隐函数,当 $V=E_L$ 时等于 0。联立式(8.10)和式(8.11)得到

$$J_{IVDC} = g(E_L)(V-E_L) + g_{NL}(V-E_L) = g_M(V-E_L) + g_{NL}(V-E_L) \tag{8.12}$$

偏离静息电位比较小时,J_{IVDC} 由线性项 $g_M(V-E_L)$ 主导,树突称为无源的。当膜电位从静息值偏离时,g_{NL} 会越来越大,最终主宰膜的行为。g_{NL} 偏离 0 较大时,膜称为是激活的。g_{NL} 的形式通常由试验来确定。

J_{in} 的第三个成分是突触输入给树突膜的电流。突触输入瞬时打开跨树突膜的离子通道,让电荷运动与主要的电势差保持一致。这些通道的开放和关闭用随时间变化的电导来模拟,而实际的电流是欧姆型的。假设通道定位在 $x=x_k,k=1,2,\cdots,N$,则突触电流密度 $J_{SC}(x,t)$ 的一般形式为

$$J_{SC}(x,t) = \sum_{j=1}^{\infty}\sum_{k=1}^{N}\sum_{\alpha} g_{syn}^{\alpha}(t-t_{kj}^{\alpha})\left|V(x_k,t)-E_\alpha\right|\delta(x-x_k) \tag{8.13}$$

式中,$t_{k_1}^{\alpha},t_{k_2}^{\alpha},\cdots$ 是突触 k 与 α 通道发生相关的时刻,g_{syn}^{α} 是电导,E_α 是这种类型通道的反向电动势,$\delta(x-x_k)$ 在 $x=x_k$ 处是 delta 函数。函数 g 是 α 函数

$$g_{syn}^{\alpha}(t) = \left|\begin{array}{ll} 0, & t\leqslant 0 \\ G_\alpha\dfrac{t}{T_\alpha}e^{(1-t/T_\alpha)}, & t>0 \end{array}\right. \tag{8.14}$$

式中,G_α 是最大电导,T_α 是 α 通道的时间常数(Getting 1989)。

总之,电缆方程的最终形式为

$$C_M\frac{\partial V(x,t)}{\partial t} + g_M(V-E_L) = \frac{1}{P(x)}\frac{\partial}{\partial x}\left|g_A A(x)\frac{\partial V}{\partial x}\right| - J_{extra} \tag{8.15}$$

式中，J_{extra}是电流总和，包括外电流、突触电流、本征和电压依赖电流的非线性成分，即

$$J_{extra} = J_{IC}(x, t) + J_{SC}(x, t) + g_{NL}(V - E_L) \tag{8.16}$$

式中，g_{NL}是电压依赖的电导，电流 J_{IC}，J_{SC} 也有确定的意义。如果没有外输入电流、突触电流活动和非线性膜电流，则 $J_{extra} = 0$。

初始条件和边界条件

要得到电缆方程(8.15)的特解，必须知道膜电位的初始值，同时要在树突的末端、胞体、分叉树突点满足边界条件。

在树突的末端，膜电位 $V(L, t)$ 为 V_{ex}时(已设为零)将电荷流进胞外环境，同时电流 $-I_{end}$注入进来。因为事先选远离胞体方向为轴坐标 x 增加方向，所以此末端净流出电流为 $A(L) J(L, t) - I_{end}$。此流出电流是因为在树突顶端与胞外之间存在电势差 $V(L, t) - V_{ex}$所致。假设电路是欧姆型的，则末端边界条件为

$$A(L) J(L, t) - I_{end} = g_L A(L) \big| V(L, t) - V_{ex} \big| \tag{8.17}$$

式中，g_L 是树突末端的漏电导。J用式(8.1)代替后，膜电位 $V(L, t)$满足 Robin 条件

$$g_A \frac{\partial V(L, t)}{\partial x} + g_L \big| V(L, t) - V_{ex} \big| = -\frac{I_{end}}{A(L)} \tag{8.18}$$

以下几个通常的边界条件在这里均要考虑到。

电流注入条件

当 $g_L = 0$ 时，边界条件(8.18)简化为电流注入条件

$$A(L) g_A \frac{\partial V(L, t)}{\partial x} = -I_{end}$$

绝缘末端条件是一个特例，即 $I_{end} = 0$，也就是在 $x = L$ 处没有注入电流，树突体和胞外物质间良好绝缘。绝缘末端边界条件因此为

$$\frac{\partial V(L, t)}{\partial x} = 0 \tag{8.19}$$

此条件常常作为树突顶端的自然末端条件。

一般电压条件

一般电压条件在树突末端与胞外物质是良导体时需要用到。g_L 在方程(8.18)中是无限的，所以

$$V(l, t) = V_{ex}(t) \tag{8.20}$$

如果 $V_{ex}(t) = 0$，则树突顶端称为切口端。

树突分叉点

在树突分叉点，每一肢体的膜电位是连续的，进入分叉点的总电流为 0。假设电流 $-I_{BP}$注入树突分叉点，则流进分叉点的净电荷流动为

$$-I_{BP} + A^{(p)}(L^{(p)}) J^{(p)}(L^{(p)}, t) - \sum_{k=1}^{n} A^{\big| c_k \big|}(0) J^{\big| c_k \big|}(0, t)$$

其中，$\varphi^{(p)}$是 φ 在主干上的值，而 $\varphi^{\big| c_k \big|}$（$1 \leqslant k \leqslant n$）是 φ 在第 k 个子树突上的值。树突点电压连续性和电流保守性要求

$$V^{(p)}(L^{(p)}, t) = V^{|c_1|}(0, t) = \cdots = V^{|c_n|}(0, t) \tag{8.21}$$

$$- I_{BP} - A^{(p)}|L^{(p)}| g_A^{(p)} \frac{\partial V^{(p)}|L^{(p)}, t|}{\partial x}$$

$$+ \sum_{k=1}^{n} A^{|c_k|}(0) g^{|c_k|} \frac{\partial V^{|c_k|}(0, t)}{\partial x} = 0 \tag{8.22}$$

式中,电流密度 $J^{(p)}$ 和 $J^{|c_k|}$ 用欧姆定律中的电势梯度替代。

胞体边界条件

胞体和末端边界条件的不同点在于电荷可以停留在胞体膜表面,即依靠它的集总的几何结构而具有电容性。假如有 m 个树突联到胞体,$-I_S$ 是进入胞体的跨膜电流,则供给胞体的总电量为

$$- I_S - \sum_{i=1}^{m} A_i(0) J_i(0, t) = - A_S J_{soma} + \sum_{i=1}^{m} A_i(0) g_A \frac{\partial V_i(0, t)}{\partial x}$$

式中,$A_i(0)$ 是肢体 i 的横截面积,假设 g_A 对每一个肢体都一样。胞体到树突连接上电势的连续性要求 $V_S(t) = V_1(0, t) = V_2(0, t) = \cdots = V_m(0, t)$。因胞体电荷的增长率为 $C_S d V_S(t)/dt$,其中,C_S 为胞体电容,则电荷守恒要求 $V_S(t)$ 满足常微分方程

$$C_S \frac{d V_S(t)}{dt} = - I_S + \sum_{i=1}^{m} A_i(0) g_A \frac{\partial V_i(0, t)}{\partial x} \tag{8.23}$$

通常对于树突膜,外部注入电流 I_{SIC}、可能的突触电流 I_{SSC} 以及由漏电流 $A_S g_S(V_S(t) - E_L)$ 和非线性电压依赖电流 $A_S g_{SNL}|V_S||V_S(t) - E_L|$ 的和构成的本征电压依赖电流 I_{SIVDC},它们共同构成了输入电流 I_S。突触和本征的电压依赖电流模拟由离子通道造成的跨胞体的电荷移动。胞体边界条件的最终形式为

$$C_S \frac{d V_S(t)}{dt} + A_S g_S|V_S(t) - E_L| = - I_{extra} + \sum_{i=1}^{m} A_i(0) g_A \frac{\partial V_i(0, t)}{\partial x} \tag{8.24}$$

式中,I_{extra} 是外部电流 I_{SIC} 输入、突触电流 I_{SSC} 和跨膜非线性电压依赖电流 $A_S g_{SNL}(V_S)(V_S - E_L)$ 的和。注意 g_A 的量纲为 $\Omega^{-1} m^{-1}$,而 g_S 的量纲为 $\Omega^{-1} m^{-2}$。

均匀树突的电缆方程

对非锥形树突,截面积 $A(x)$ 和 $P(x)$ 为常数。电缆方程(8.15)的简化形式为

$$\frac{C_M}{g_M} \frac{\partial V}{\partial t} + |V - E_L| = \frac{g_A A}{g_M P} \frac{\partial^2 V}{\partial x^2} - \frac{J_{extra}}{g_M} \tag{8.25}$$

式中,方程(8.16)中定义了 J_{extra}。时间 τ 和长度 λ 定义为

$$\tau = \frac{C_M}{g_M}, \qquad \lambda^2 = \frac{g_A A}{g_M P} \tag{8.26}$$

则方程(8.25)为

$$\tau \frac{\partial V}{\partial t} + |V - E_L| = \lambda^2 \frac{\partial^2 V}{\partial x^2} - \frac{J_{extra}}{g_M} \tag{8.27}$$

这个方程的均匀形式就是通常的电缆方程(Rall 1989)。这个有量纲的方程可以无量纲化,即用坐标变换 $t^* = t/\tau$ 和 $x^* = x/\lambda$ 来带入。这样,树突的长度就被约化到 $l = L/\lambda$,

电流密度 J_{extra} 约化为 $J^* = \lambda P J_{\text{extra}}$。按照约定，$\tau$ 是时间常数，λ 是肢体的长度。一般假设 τ 在整个树突树上是常数（仅由电参数决定），但 λ 是变化的。最终的电缆方程为

$$\frac{\partial V}{\partial t} + | V - E_{\text{L}} | = \frac{\partial^2 V}{\partial x^2} - \frac{J(x,t)}{\lambda g_{\text{M}} P} = \frac{\partial^2 V}{\partial x^2} - \frac{J(x,t)}{\sqrt{g_{\text{A}} g_{\text{M}} A P}}, \quad x \in (0, l) \quad (8.28)$$

式中，x, t 和 J 是无量纲的，在以后的计算中为表达方便就不用上脚标了。无量纲的长度测量通常用电紧张的单位，方程(8.28)中的 J 是输入电流的电紧张电流密度。在树突肢体上的轴向电流为

$$I_{\text{A}} = A J_{\text{A}} = - A \frac{g_{\text{A}}}{\lambda} \frac{\partial V}{\partial x} = - \sqrt{g_{\text{M}} g_{\text{A}} A P} \frac{\partial V}{\partial x} \quad (8.29)$$

因为 $| g_{\text{M}} g_{\text{A}} A P |^{1/2}$ 的量纲为 $\Omega^{-1} L$，所以被称为均匀树突的 g 值。最终的电缆方程和树突轴向电流的无量纲形式为

$$\frac{\partial V}{\partial t} + | V - E_{\text{L}} | = \frac{\partial^2 V}{\partial x^2} - \frac{J}{g}, I_{\text{A}} = - g \frac{\partial V}{\partial x}, \quad x \in (0, l) \quad (8.30)$$

式中，g 是电缆的 g 值，g 值表达式为

$$g = \sqrt{g_{\text{A}} g_{\text{M}} A P} \quad (8.31)$$

例如，一个具有直径为 d、横截面为圆形的均匀树突体具有电紧张比例因子 $\lambda = \sqrt{g_{\text{A}} d / 4 g_{\text{M}}}$，轴向电流的表达式为

$$I_{\text{A}} = - \frac{\pi}{2} \sqrt{g_{\text{M}} g_{\text{A}}} d^{3/2} \frac{\partial V}{\partial x} = - \frac{\pi}{2} c \sqrt{g_{\text{M}} g_{\text{A}}} \frac{\partial V}{\partial x} \quad (8.32)$$

式中，$c = d^{3/2}$ 常称为电缆的 c 值。一般来说，只要树突电特性处处均匀，g 值与 c 值的比值在任何树突分枝上都是恒定的。

Rall 等价圆柱

接着以前的内容，现在来看 Rall 等价圆柱（Rall 1992a）。我们来看有一个主树突和 N 个子树突构成的分叉点，其中，子树突的 $g_{\text{M}}, g_{\text{A}}$ 值为常数，且时间常数 τ 相同。进一步假设所有子树突具有均匀的横截面积（不一定都相等）、相同的电紧张长度 l（每个分支可能物理长度不同）、相同的末端边界条件。分枝 k（$1 \leqslant k \leqslant N$）满足电缆方程

$$\frac{\partial V_k}{\partial t} + | V_k - E_{\text{L}} | = \frac{\partial^2 V_k}{\partial x^2} - \frac{J_k}{g^{(k)}}, \quad x \in (0, l) \quad (8.33)$$

式中，假设 J_k 与膜电位无关（即树突是无源的，J_k 只是注入电流）。在主干和子干之间电势的连续性要求

$$V_1(0, t) = V_2(0, t) = \cdots = V_N(0, t) = V^{(p)} | l^{(p)}, t | \quad (8.34)$$

式中，$V^{(p)} | l^{(p)}, t |$ 是主干在分叉点的膜电位。方程(8.29)给出了每个分枝的全部突触电流的形式。电流保守性使得进入分叉点的总电流为零，因此

$$\sum_{k=1}^{N} g^{(k)} \frac{\partial V_k(0, t)}{\partial x} - g^{(p)} \frac{\partial V^{(p)} | l^{(p)}, t |}{\partial x} = 0 \quad (8.35)$$

用下式定义势函数 $\psi(x, t)$ 和电导 G_{S}

$$\psi(x,t) = \frac{1}{G_S} \sum_{k=1}^{N} g^{(k)} V_k(x,t),$$

$$G_S = \sum_{k=1}^{N} g^{(k)} \tag{8.36}$$

式中，$\psi(x,t)$ 是带权重因子的子干的膜电位的和，而且方程(8.34)中包含的分叉点连续性条件保证了 $\psi(0,t) = V^{(p)} | l^{(p)}, t |$。电缆方程的叠加性质也使得 ψ 满足电缆方程

$$\frac{\partial \psi}{\partial t} + | \psi - E_L | = \frac{\partial^2 \psi}{\partial x^2} - \frac{C(x,t)}{G_S},$$

$$C(x,t) = \sum_{k=1}^{N} J_k, \qquad x \in (0,l) \tag{8.37}$$

式中，电流 $C(x,t)$ 就是子树突上输入电流密度带权重因子的和。叠加原理显示出子势的末端边界条件决定了 ψ 势的末端边界条件。在子树突断开的特殊条件下，当每个子树突与外界绝缘时 ψ 也是如此。

要建立 Rall 等价圆柱，必须要求 ψ 使得分叉点电流保守，这可用合理选择 ψ 电缆的电学和几何参数来满足。对 ψ 求关于 x 的微分，用电流平衡条件(8.35)则会得到主干树突上轴向电流满足

$$- I_A^{(p)} = g^{(p)} \frac{\partial V^{(p)} | l^{(p)}, t |}{\partial x} = G_S \frac{\partial \psi(0,t)}{\partial x} \tag{8.38}$$

表达式(8.29)将 ψ 电缆的轴向电流定义为

$$I_A^{(\psi)} = - g^{(\psi)} \frac{\partial \psi(x,t)}{\partial x}$$

$$= - \sqrt{g_M^{(\psi)} g_A^{(\psi)}} (AP)_\psi^{1/2} \frac{\partial \psi(x,t)}{\partial x}$$

当 $\partial \psi(0,t)/\partial x$ 用表达式(3.38)替代时，在 $x=0$ 处轴向电流为

$$I_A^{(\psi)} = - g^{(\psi)} \frac{\partial \psi(0,t)}{\partial x} = \frac{g^{(\psi)}}{G_S} I_A^{(p)}$$

因此，要使主干和 ψ 电缆之间的电流保守，须 $I_A^{(\psi)} = I_A^{(p)}$，即选

$$g^{(\psi)} = G_S = \sum_{k=1}^{N} g^{(k)}$$

$$= \sqrt{g_M^{(\psi)} g_A^{(\psi)}} (AP)_\psi^{1/2}$$

$$= \sum_{k=1}^{N} \sqrt{g_M^{(k)} g_A^{(k)}} (AP)_k^{1/2} \tag{8.39}$$

对一般 Rall 电缆，此条件必须满足。定义中结合了子树突的电学和几何特性。可对 Rall 圆柱进行几个简化，比如，子树突的电学特性处处相等，且等于主干的特性，则条件(8.39)就变成一个纯几何条件

$$(AP)_\psi^{1/2} = \sum_{k=1}^{N} (AP)_k^{1/2} \tag{8.40}$$

假设树突有圆形的横截面，则 $A = \pi d^2/4$，$P = \pi d$，使得 $(AP)^{1/2} = \pi d^{3/2}/2$，这样条件(8.40)就简化为熟悉的 Rall 三等分规则

$$d_\psi^{3/2} = \sum_{k=1}^{N} d_k^{3/2} \tag{8.41}$$

如果主干直径也为 d_ψ，则新电缆就将主树突长度无缝延长了 l，这样就可以做更多的 Rall 简化了。

全等价的概念在后一节中讨论，但全等价要考虑到保留信息，全等价的主要条件是电紧张长度保守。原来的分叉结构由 N 个子分支组成，每个长度为 l，但等价的 Rall 圆柱却只有长度为 l 的一个分支，所以 Rall 等价圆柱在这里并不适用。事实上，从 ψ 的形式来看，Rall 等价圆柱只是单个子电缆的平均，因此它不能得到每个电缆的特性。显然，真实的等价结构必须能从中得到原来子树突的特性，从这个意义上来说，Rall 等价结构是不完善的，但我们可以得到 $N-1$ 个子树突分枝的两两电势之差，并将 $N-1$ 个相互断开的电缆引入 Rall 等价圆柱，使之更完善。其中每个电势都描写了一个电缆与另一个电缆脱节的情况，即一端相交而另一端满足原来子分支的末端条件。

■ 离散树突树方程

求解树突树模型方程的一个普遍的方法是将关于时间的常微分方程转化为离散的有限差分方程，这些方程中的依赖变量是均匀分布在树突树上预定点集处的膜电位（Mascagni 1989）。电缆方程(8.15)中的微分算子是线性的，则离散方程具有矩阵形式

$$\frac{\mathrm{d}\boldsymbol{V}}{\mathrm{d}t} = A\boldsymbol{V} + B \tag{8.42}$$

式中，$\boldsymbol{V}$ 是膜电位矢量，B 是电紧张输入电流，A 是方阵，包含了树突树的电学和几何特征，其中包括分支之间的连接、末端边界条件和胞体条件。因此 A 常称为树突的结构矩阵。对于无源树突，此矩阵独立于时间。树突结构矩阵形式请见 Ogden 等(1999)。必须注意到方程(8.42)有可能是非线性的，因为 B 是外部电流与本征的电压依赖电流的和。

实际中单个分支的长度只可能测到预定的实验精度，因此连续树突的模型形式首先是一个多圆柱结构。通过各种步骤（包括分配节点、表达出空间导数、处理分叉点和电缆横截面上的不连续点、末端边界条件和胞体边界条件等），隐含在模型中的方程和边界条件可以处理成有限个常微分方程(8.42)。离散化过程的每个成分在此均予以细述。

规范电缆和电紧张长度

用一组相互作用的电缆方程对树突建模，每个方程对应于一个分支，膜电流处处保守，胞体和分叉点处膜电位连续。每个电缆方程描写了膜电容、膜阻抗和膜电位轴向扩散如何一起决定了一个分支上的膜电位的时空模式。建立模型的第一步是把每个电缆方程变换为规范的形式，此规范形式写成对形成膜电位的三个相互作用的过程同样重要的形式。这种规范化过程也可以用于对电缆方程进行简化和无量纲化处理，以便更容易分析和数值计算。

具有横截面积 $A(x)$ 和直径 $P(x)$ 的树突的一个分支，膜电位 $V(x,t)$ 满足偏微分方程

$$C_\mathrm{M} \frac{\partial V(x,t)}{\partial t} + g_\mathrm{M} \left| \; V - E_\mathrm{L} \right| = \frac{1}{P(x)} \frac{\partial}{\partial x} \right| \; g_\mathrm{A} A(x) \frac{\partial V}{\partial x} \right| - J_\mathrm{extra} \tag{8.43}$$

$$J_{\text{extra}} = J_{\text{IC}}(x,t) + J_{\text{SC}}(x,t) + g_{\text{NL}}(V)|V - E_{\text{L}}| \tag{8.44}$$

经典分析中,对树突结构的分析往往先将物理树突分成均匀的圆柱体(Rall 1962a)。这种离散化过程基于对圆柱边界划定的主观判据。定义了这些圆柱之后,再做变量标度变换,即 $x \to z$ 和 $t \to t^* = t/\tau$(即无量纲化)。每个圆柱的标度变换后的长度用电紧张长度定义,其无量纲化的电缆方程形式为

$$\frac{\partial V}{\partial t^*} + |V - E_{\text{L}}| = \frac{\partial^2 V}{\partial z^2} - \frac{J^*}{g} \tag{8.45}$$

式中,J^* 是对应于方程(8.44)中 J_{NL} 的电紧张电流,g 是电缆的 g 值。这种无量纲化过程的结果就是膜电位和它的时空导数的系数为1,方程(8.45)成为均匀圆柱的规范形式,其中每一项的权重相等。的确,原始比例变换受到了此项要求的启发;它应是方程(8.45)的简化形式而作为方程的规范式。然而,对均匀圆柱的限制条件意味着方程(8.45)更像是更普遍规范形式的一个特例。

理想的无量纲化过程要求它不依赖于预先定义的圆柱,但要简化到均匀圆柱上的方程(8.45)的形式。更普遍的非均匀树突的规范化方程形式带有电紧张长度的普遍定义形式,这个定义并不是人为的,它能给出更好的对均匀圆柱的电紧张长度,并可以实现树突树的离散化过程。

对树突几何尺寸用非线性比例变换,定义无量纲的轴向坐标 z 和时间 t^* 为

$$z = \int_0^x \sqrt{\frac{g_{\text{M}} P(s)}{g_{\text{A}} A(s)}} \, \mathrm{d}s, \qquad t^* = t/\tau, \qquad \tau = C_{\text{M}}/g_{\text{M}} \tag{8.46}$$

这些无量纲坐标给出非均匀树突电缆方程的普遍规范式

$$\frac{\partial V}{\partial t} = \frac{g_{\text{M}}}{C_{\text{M}}} \frac{\partial V}{\partial t^*}, \qquad \frac{\partial V}{\partial x} = \frac{g_{\text{M}} P(x)}{C_{\text{M}} A(x)} \frac{\partial V}{\partial z}$$

在做更多的分析后,我们得到电缆方程(8.43)和方程(8.44)的普遍无量纲化的形式

$$\frac{\partial V}{\partial t^*} + |V - E_{\text{L}}| = \frac{1}{g(z)} \frac{\partial}{\partial z} \left| g(z) \frac{\partial V}{\partial z} \right| - \frac{J}{g(z)} \tag{8.47}$$

式中

$$g(z) = \sqrt{g_{\text{A}} g_{\text{M}} A(x) P(x)}, \qquad z = \int_0^x \sqrt{\frac{g_{\text{M}} P(s)}{g_{\text{A}} A(s)}} \, \mathrm{d}s \tag{8.48}$$

方程(8.47)中,J 是电紧张线性电流密度,它与 J_{NL} 在条件 $0 < a < b < L$ 下相关

$$\int_a^b P(x) J_{\text{extra}} \, \mathrm{d}x = \int_{z(a)}^{z(b)} J \, \mathrm{d}z = J_{\text{extra}} = J \sqrt{\frac{g_{\text{M}}}{g_{\text{A}} A(x) P(x)}} \tag{8.49}$$

方程(8.47)是普遍化的树突规范方程。对于均匀的树突圆柱,$A(x)$ 和 $P(x)$ 是关于 x 的常函数。结果中,$g(z)$ 也是常数,规范方程(8.47)简化为传统的形式(8.45)。而且,z 等于 x 乘以一个常数,即树突圆柱的电紧张长度等于物理长度乘以固定的因数。我们所熟悉的 Rall 电紧张程度就是将此应用到由树突分支组成的均匀圆柱上的结果。然而,树突的电紧张长度 l 和物理长度 L 一般有如下非线性关系

$$l = \int_0^L \sqrt{\frac{g_{\text{M}} P(s)}{g_{\text{A}} A(s)}} \, \mathrm{d}s \tag{8.50}$$

当被积函数是常数时上式为线性关系。

均匀锥形树突

我们来看均匀锥形树突的电紧张长度,其物理长度为 L,左手和右手的横截面积以及直径分别为 A_L, P_L 和 A_R, P_R。这里为一般单室模型

$$A(x) = (1-\lambda)^2 A_L, \qquad \lambda \in [0, L/H], \qquad P(x) = (1-\lambda)P_L, \qquad x = \lambda H$$

其中,H 是树突渐缩到消失的理论长度。假设 g_A 和 g_M 是常数,则从方程(8.50)可得此树突的电紧张长度为

$$
\begin{aligned}
l &= \int_0^L \sqrt{\frac{g_M}{g_A}} \sqrt{\frac{(1-\lambda)P_L}{(1-\lambda)^2 A_L}}\, dx, \qquad x = \lambda H \\
&= H\sqrt{\frac{g_M}{g_A}} \sqrt{\frac{P_L}{A_L}} \int_0^{\lambda_R} (1-\lambda)^{-1/2}\, d\lambda \\
&= 2H\sqrt{\frac{g_M}{g_A}} \sqrt{\frac{P_L}{A_L}}\left|1 - \sqrt{(1-\lambda_R)}\right| \\
&= \sqrt{\frac{g_M}{g_A}}\sqrt{\frac{P_L}{A_L}} \frac{2H\lambda_R}{1+\sqrt{1-\lambda_R}} \\
&= \sqrt{\frac{g_M}{g_A}} \frac{P_L}{\sqrt{A_L}} \frac{2L}{\sqrt{P_L}+\sqrt{P_R}}
\end{aligned}
$$

对有锥度的树突,显然对所有 x 值,$P(x)/\sqrt{A(x)} = P_L/\sqrt{A_L}$。比率 $P(x)/\sqrt{A(x)}$ 是否不变是检验均匀锥度的指标,这个比率的实际值与树突横截面积有关。对圆形树突,比率为常数 $2\sqrt{\pi}$。考虑到给定直径时,圆能够包围的最大面积,即 $P_L/\sqrt{A_L} \geqslant 2\sqrt{\pi}$,因此对均匀锥度的情况

$$l = \sqrt{\frac{g_M}{g_A}} \frac{P_L}{\sqrt{A_L}} \frac{2L}{\sqrt{P_L}+\sqrt{P_R}} \geqslant \sqrt{\frac{\pi g_M}{g_A}} \frac{4L}{\sqrt{P_L}+\sqrt{P_R}}$$

当且仅当树突横截面积为圆形时等号成立。

树突模型的建构

前述无量纲化过程,当应用于由 n 个物理长度分别为 $L_1, \cdots, L_n$ 的分支组成的树突树时,会产生形态等价的电紧张长度分别为 $l_1, \cdots, l_n$ 的分支构成的结构。尽管最大分母的概念一般对任意长度 $l_1, \cdots, l_n$ 不敏感,但可以换个角度来想,给定 n 个任意正常数 ε_1, $\varepsilon_2, \cdots, \varepsilon_n$,存在非负整数 $m_1, \cdots, m_n$ 和长度 l 使得

$$|l_k - m_k l| \leqslant \varepsilon_k, \qquad 1 \leqslant k \leqslant n \tag{8.51}$$

从理论角度来说,$\varepsilon_1, \varepsilon_2, \cdots, \varepsilon_n$ 是确定电紧张长度 $l_1, \cdots, l_n$ 时引入的测量偏差,也是测量 $L_1, \cdots, L_n$ 时引入的比例变换后的偏差。它们也称为容差。一旦此容差确定,离散化过程就可顺利完成。尽管 l 的选择和附带的整数 $m_1, \cdots, m_n$ 不是唯一的,对选定的 ε_1, $\varepsilon_2, \cdots, \varepsilon_n$,存在 l 的最大值 l_{max} 是唯一的。此最大值称为量子长度。即使对量子长度,

$m_1,\cdots,m_n$ 的值仍然是不唯一。对于树突建模,原始电紧张树突用一个模型树突来模拟,这个模型树突用长度为 $m_k l$ 的分支代替了分支 k(精确长度为 l_k)。一旦量子长度和整数 $m_1,\cdots,m_n$ 确定,就有无限多的电紧张树突可以用相同的模型树突表示。这些"等价形态"所在处可看作是模型树突的绒毛区,此区域的尺寸依赖于 $\varepsilon_1,\varepsilon_2,\cdots,\varepsilon_n$。此讨论没有涉及原始树突的厚度;这对模型选择没有太大意义,但它会影响量子长度 l,从而间接影响 ε 的选择。显然,在 l 和模型树突的最大尺寸间存在关系,对树突厚度改变的敏感度可通过选择 $\varepsilon_1,\varepsilon_2,\cdots,\varepsilon_n$ 决定。因此式(8.50)和式(8.51)以及容差的选择一起完全决定了离散化过程。

选定量子长度和模型树突的结构,即一系列的节,相互间空间均匀隔开 h 距离,均匀分布在整个树突以使一个节靠着圆柱边界,每个树突圆柱里至少有一个节。当然,h 的值越小对膜电位的刻画就越精细,但会减小计算速度增加记忆容量。安排 z_0 对应于树-胞体连接点。在分叉结构里,不可能对节进行连续的计数,因为有的节在不止一个圆柱上。但可以保证随着远离胞体节数会增加。图 8-3 中给出了示意图,它可以简化树突树和等价电缆的表达。枚举算法的关键是已知膜电位的节点(如钳制端或断开端)是左数无限的。对一个有 N 个终端的树突树,显然节点连续计数在刚好($N-1$)时打断。

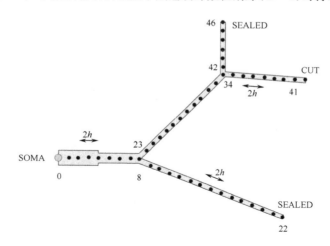

图 8-3 树突树的离散化

所有节段在电紧张空间上相距 h,节段的标记从 0 处的胞体开始。

有限差分公式

作为电缆方程离散化的导言和相关内容的讨论,Taylor 定理可用于推导一些熟悉或不熟悉的单变量函数的有限差分表达式。对于单变量充分可微函数 f,Taylor 定理为

$$f(x+h) = f(x) + hf'(x) + \frac{h^2}{2}f''(x) + \frac{h^3}{6}f'''(x) + O(h^4) \qquad (8.52)$$

式中,假设 h 充分小。类似的,从 Taylor 定理中得到

$$f(x-h) = f(x) - hf'(x) + \frac{h^2}{2}f''(x) - \frac{h^3}{6}f'''(x) + O(h^4)$$

$$f(x+2h) = f(x) + 2hf'(x) + 2h^2 f''(x) + \frac{4h^3}{3}f'''(x) + O(h^4)$$

$$f(x-2h) = f(x) - 2hf'(x) + 2h^2 f''(x) - \frac{4h^3}{3}f'''(x) + O(h^4)$$

基于这些展开,从基础代数学可知 $f'(x)$ 和 $f''(x)$ 可以以 h 的二阶中心差分公式近似

$$f'(x) = \frac{f(x+h) - f(x-h)}{2h} + O(h^2) \tag{8.53}$$

$$f''(x) = \frac{f(x+h) - 2f(x) + f(x-h)}{h^2} + O(h^2) \tag{8.54}$$

同样有右插和左插有限差分公式

$$f'(x) = \frac{3f(x) + f(x-2h) - 4f(x-h)}{2h} + O(h^2) \tag{8.55}$$

$$f''(x) = \frac{4f(x+h) - 3f(x) + f(x+2h)}{2h} + O(h^2) \tag{8.56}$$

式(8.55)和式(8.56)用在包括梯度的边界条件的有限差分处理中,如密封端、分叉点等。

离散公式

假设树突树有 n 个节,分别表示为 $z_0, z_1, \cdots, z_{n-1}$, z_0 是胞体。胞体独立于树进行处理。对树节(即 $j > 0$),令 v_j 表示节 z_j 处的膜电位。令 g_j 表示树突段(长度为 h 的数学圆柱,z_j 作为它的末梢端)。令 J_j 为加到树突节 z_j 的电紧张电流密度。建构离散方程要求考虑三个不同类型的节:

末端节:给定模型树突上节分布,末端节就是胞-树连接节或者从胞体到树突末梢最后一个枚举节。对于漏端或者密封端,末端节处于树突末梢。对于断开端或钳位端,末端节是紧连树突末梢上的节,即此分支的倒数第二节。

公用节:它对应于电缆的分叉点和不连续点

内节:其他非公用节和末端节的节段

对任意节 z_j,定义 r_j^{-1} 为包含节 z_j 的树突的有限差分表示中所有段 g 值的和。比如,r_0^{-1} 是所有包含胞体 z_0 的段的 g 值和。这里如果 z_j 是 N 个子树突与主干的分叉点,$r_j^{-1} = g_j + \sum_{r=1}^{N} g_{k_r}$,其中,$g_{k_r}$ 是第 r 个子树突的 g 值。如果节 z_j 是树突末端,则 $r^{-1} = g_j$;如果 z_j 是一个内节点,则 $r_j^{-1} = 2g_j$。如果 z_j 是电缆的不连续点,则 $r_j^{-1} = g_j + g_{j+1}$。

有限差分公式可用来近似膜电位空间一次和二次导数。令 z_i,z_j 和 z_k 为三个节点,沿树突枝先后排列,但序号不一定相连,即 $i < j < k$,则从有限差分式(8.53)和式(8.54)得

$$\frac{\partial v(z_j, t)}{\partial x} = \frac{v_k - v_i}{2h} + O(h^2) \tag{8.57}$$

$$\frac{\partial^2 v(z_j, t)}{\partial x^2} = \frac{v_k - 2v_j + v_i}{h^2} + O(h^2) \tag{8.58}$$

单边梯度计算

假设 z_j 是公用节、胞体节或树突末梢节。z_j 既可能靠着一个单个节(胞体或树突末梢),也可能它旁边的节的模型方程不同,所以计算 z_j 的电势梯度较麻烦。可以借用常微分方程边值问题的方法,即用增加虚拟节 z_i 和 z_k 的方法扩展 z_j 的微分方程。具体来说,就是先假设 z_i 和 z_j 是附随的节,而 z_k 是比 z_j 离胞体更远的虚拟节。重新整理 z_j 处的电势梯度和电缆方程

$$v_k = h^2 \frac{dv_j}{dt} - v_i + (h^2 + 2)v_j + O(h^4), \qquad v_k = v_i + 2h\frac{\partial v}{\partial x}\Big|_{\text{node } j} + O(h^3)$$

这两个方程使 z_k 处的虚拟电势 v_k 为 0,从而得到

$$\frac{2}{h}\frac{\partial v(z_j^{(-)}, t)}{\partial x} = \frac{dv_j}{dt} + \beta v_j - 2\alpha v_i + O(h) \tag{8.59}$$

式中,$z_j^{(-)}$ 表示计算的是在 z_j 右边引入虚拟节后的导数。方程(8.59)利用距胞体较近的已知电势来计算 z_j 处的电势梯度。同样公式

$$\frac{2}{h}\frac{\partial v(z_j^{(+)}, t)}{\partial x} = -\frac{dv_j}{dt} + 2\alpha v_k - \beta v_j + O(h) \tag{8.60}$$

也是利用距胞体较远的电势表达 z_j 处的电势梯度。在讨论末端节和公用节时,式(8.59)和式(8.60)还要用到。

内　节

假设节 z_j 靠近节 z_i 和 z_k,且 z_k 离胞体较远。z_j 处电缆方程为

$$\frac{\partial V(z_j, t)}{\partial t} + V(z_j, t) = \frac{\partial^2 V(z_j, t)}{\partial x^2} - \frac{J_j}{g_j}$$

可用以 z_j 为中心的有限差分形式代替,最终的方程为

$$\frac{dv_j}{dt} = \alpha v_i - \beta v_j + \alpha v_k - \frac{J_j}{g_j} \tag{8.61}$$

方程近似到 $O(h^2)$,$\alpha = 1/h^2$,$\beta = (1 + 2\alpha)$。如果 V 和 J 分别是膜电位矢量和电紧张输入电流,方程为

$$I_j\frac{dV}{dt} = A_jV - 2R_jJ$$

式中,I_j 是 $n \times n$ 单位矩阵的第 j 行,R_j 是 $n \times n$ 对角矩阵 R 的第 j 行,式中,$R_{j,j} = r_j$。A_j 是 $n \times n$ 矩阵 A 的第 j 行,式中,$a_{j,i} = a_{j,k} = \alpha$,$a_{j,j} = -\beta$,其他均为 0。

末端节

末端节要比内节更难处理,因为 z_k 或 z_i 即可能是虚拟节点(在处理胞节点和树突末梢时),也可能不是模型的变量(当在断开端或电压钳位端)。末端节的处理可分为三种情况。断开端边条件:如果 z_j 是连到断开端的末端节,则 z_j 的行为更像一个 $v_k = 0$ 的内节。从式(8.61)立即可得

$$\frac{dv_j}{dt} = \alpha v_i - \beta v_j - \frac{J_j}{g_j} \tag{8.62}$$

利用线性代数,方程(8.62)可表示为

$$I_j \frac{\mathrm{d}V}{\mathrm{d}t} = A_j V - 2R_j J$$

式中,I_j 是 $n \times n$ 单位矩阵 I_n 的第 j 行,R_j 是 $n \times n$ 对角矩阵 R 的第 j 行,其中,$R_{j,j} = r_j$。A_j 是 $n \times n$ 矩阵 A 的第 j 行,其中,$a_{j,i} = \alpha$,$a_{j,j} = -\beta$,其他均为 0。电压钳边界条件的形式类似。

　1. 电流注入边界条件:假设 z_j 是树突末端,电流 $I_j^{(i)}$ 注入其中。从胞内到胞外的漏电荷的速率正比于树突末端与胞外介质间的电势差,现取其为 0。如果 g_L 是树突末梢的漏电导,则电流注入边界条件为

$$g_j \frac{\partial v(z_j^{(-)}, t)}{\partial x} + g_L v_j = -I_j^{(i)} \tag{8.63}$$

用式(8.59)替换式(8.63)右手的梯度,且考虑到有关系 $i = j-1$,最终在 z_j 节漏边界条件为

$$\frac{\mathrm{d}v_j}{\mathrm{d}t} = 2\alpha v_{j-1} - \beta v_j - \frac{g_L v_j + I_j^{(i)}}{g_j h} \tag{8.64}$$

此式近似到 $O(h)$。用线性代数把式(8.64)表示为矩阵形式

$$I_j \frac{\mathrm{d}V}{\mathrm{d}t} = A_j V - 2R_j J$$

式中,I_j 是 $n \times n$ 单位矩阵 I_n 的第 j 行,R_j 是 $n \times n$ 对角矩阵 R 的第 j 行,其中,$R_{j,j} = r_j$,矢量 J 的第 j 个元素是 $I_j^{(i)}/(2h)$。A_j 是 $n \times n$ 矩阵 A 的第 j 行,其中 $a_{j,i} = \alpha$,$a_{j,j} = -\beta$,其他均为 0。对于密封端 $g_L = 0$,$I_j^{(i)} = 0$。

　2. 树－胞条件:胞体(或通过子树的局部原点)的行为很像末端节,因为胞体必须给出一个边界条件来完善节方程系统。假设 N 个树突枝从胞体发出,枝体 r,$(1 \leqslant r \leqslant N)$ 从 z_0 开始,并有第二个节 z_{k_r}。如果全部电紧张电流 J_0 加到胞体,则胞体电势 $v_s = v_0$ 满足

$$g\left| \varepsilon \frac{\mathrm{d}v_s}{\mathrm{d}t} + v_s \right| = -J_0 + \sum_{r=1}^{N} g_{k_r} \frac{\partial v_{k_r} \left| z_0^{(+)}, t \right|}{\partial x} \tag{8.65}$$

式中,总胞体电导 g 和 ε 用下式定义

$$g = A_s g_s, \qquad \varepsilon = \frac{g_M}{g_s} \frac{C_S}{C_M}$$

用公式(8.60)代替方程(8.65)得到胞体条件(8.65)的有限差分公式

$$g\left| \varepsilon \frac{\mathrm{d}v_0}{\mathrm{d}t} + v_0 \right| = -J_0 + \frac{h}{2} \sum_{r=1}^{N} g_{k_r} \left| -\frac{\mathrm{d}v_0}{\mathrm{d}t} + 2\alpha v_{k_r} - \beta v_0 \right|$$

公式近似到 $O(h^2)$。经代数运算,胞体条件(8.65)简化为

$$\frac{\mathrm{d}v_0}{\mathrm{d}t} = -\frac{2g + \beta h g_0}{2\varepsilon g + h g_0} v_0 + \frac{2\alpha h}{2\varepsilon g + h g_0} \sum_{r=1}^{N} g_{k_r} v_{k_r} - \frac{2J_0}{2\varepsilon g + h g_0} \tag{8.66}$$

胞体条件的矩阵形式为

$$I_0 \frac{\mathrm{d}V}{\mathrm{d}t} = A_0 V - 2R_0 J$$

式中，I_0 是 $n \times n$ 单位矩阵 I_n 的第 0 行，R_0 是 $n \times n$ 对角矩阵 R 的第 0 行，其中，$R_{0,0} = 1/(2\varepsilon g + h g_0)$。$A_0$ 是 $n \times n$ 矩阵 A 的第 0 行，其中，$a_{0,k_r} = 2\alpha h g_{k_r}/(2\varepsilon g + h g_0)$，$a_{0,0} = -(2g + \beta h g_0)/(2\varepsilon g + h g_0)$，其他均为 0。

公用节

公用节处于分叉点和分枝的不连续点处（即枝体横截面积改变处）。两者都要保守轴向电流。

1. 不连续电缆几何：假设 z_j 是分枝不连续改变处的节。如果电紧张电流 J_j 注入 z_j，则电流保守要求

$$- g_j \frac{\partial v \big| z_j^{(-)}, t}{\partial x} - J_j + g_{j+1} \frac{\partial v \big| z_j^{(+)}, t}{\partial x} = 0$$

每个偏导数用它的有限差分近似式(8.59)和式(8.60)替代，得到

$$\frac{\mathrm{d} v_j}{\mathrm{d} t} = -\beta v_j + \frac{2\alpha g_j}{g_j + g_{j+1}} v_i + \frac{2\alpha g_{j+1}}{g_j + g_{j+1}} v_{j+1} - \frac{2 J_j}{h \big| g_j + g_{j+1} \big|} \tag{8.67}$$

方程近似到 $O(h)$。r_j 的定义可使方程(8.67)更美观

$$\frac{\mathrm{d} v_j}{\mathrm{d} t} = -\beta v_j + 2\alpha r_j g_j v_i + 2\alpha r_j g_{j+1} v_{j+1} - 2 r_j \frac{J_j}{h} \tag{8.68}$$

其矩阵形式为

$$I_j \frac{\mathrm{d} V}{\mathrm{d} t} = A_j V - 2 R_j J$$

式中，I_j 是 $n \times n$ 单位矩阵 I_n 的第 j 行。矢量 J 的第 j 个分量是 J_j/h。R_j 是 $n \times n$ 对角矩阵 R 的第 j 行，其中，$R_{j,j} = r_j$，A_j 是 $n \times n$ 矩阵 A 的第 j 行，其中，$a_{j,i} = 2\alpha r_j g_j$，$a_{j,j+1} = 2\alpha r_j g_{j+1}$，$\alpha_{j,j} = -\beta$，其他均为 0。

2. 分叉点条件：假设 z_j 是一个分叉点，在其上一个主干的倒数第二节 $(j-1)$ 与 N 个子分枝相遇，每个子分枝从 z_j 起始，但子分枝 r 的第二节为 z_{k_r}，$(1 \leq r \leq N)$。如果电紧张电流 J_j 注入 z_j，则在此分叉点的电流保守要求

$$- g_j \frac{\partial v \big| z_j^{(-)}, t}{\partial x} - J_j + \sum_{r=1}^{N} g_{k_r} \frac{\partial v_{\mathrm{child}-r} \big| z_j^{(+)}, t}{\partial x} = 0$$

用式(8.59)和式(8.60)的相应结果替代偏导数得到

$$- g_j \bigg| \frac{\mathrm{d} v_j}{\mathrm{d} t} + \beta v_j - 2\alpha v_{j-1} \bigg| + \sum_{r=1}^{N} g_{k_r} \bigg| - \frac{\mathrm{d} v_j}{\mathrm{d} t} + 2\alpha v_{k_r} - \beta v_j \bigg| - \frac{2 J_j}{h} = 0$$

公式近似到 $O(h)$。考虑到 r_j 是所有接在 z_j 上的 g 值的和，此条件可简化为

$$\frac{\mathrm{d} v_j}{\mathrm{d} t} = -\beta v_j + 2\alpha r_j g_j v_{j-1} + 2\alpha r_j \sum_{r=1}^{N} g_{k_r} v_{k_r} - 2 r_j \frac{J_j}{h} \tag{8.69}$$

方程(8.69)的矩阵表示为

$$I_j \frac{\mathrm{d} V}{\mathrm{d} t} = A_j V - 2 R_j J$$

式中，I_j 是 $n \times n$ 单位矩阵 I_n 的第 j 行。矢量 J 的第 j 个分量是 J_j/h。R_j 是 $n \times n$ 对角矩阵 R 的第 j 行，其中，$R_{j,j} = r_j$，A_j 是 $n \times n$ 矩阵 A 的第 j 行，其中，$a_{j,j-1} = 2\alpha r_j g_j$，$a_{j,k_1}$

$=2\,\alpha r_j g_{k_1}, \cdots, a_{j,\,k_N} = 2\,\alpha r_j g_{k_N}, a_{j,\,j} = -\beta$，其他均为 0。

树突树的矩阵表示

前面的分析介绍了如何用树突树的离散公式给出每个节的方程。这些方程组成 $n\times n$ 的微分方程系统

$$\frac{\mathrm{d}V}{\mathrm{d}t} = AV - 2RJ \tag{8.70}$$

在这些方程里，A 通常称为树突的树矩阵或结构矩阵，其完全由树突形状和末端边界条件决定。树矩阵与树电势无关，但它可能依赖于活动突触的输入时间。另一方面，输入电流 J 可能依赖于时间和电势。列举法和用二阶中心差分近似导数，保证了 A 是三角阵，但非对角线元素也可能是非零。因节要在一个圆柱上连续计数，故分叉点产生非对角项。A 的性质如下：

（1）分叉点有一个主干，N 个子树突有（$N-1$）对非对角元素；一个二分叉有一对非对角元素。图 8-4 和图 8-5b 说明了这个结构。无分叉结构（电缆）对应着全对角的树矩阵（图 8-5A）。的确，几个无分叉电缆可以放在一个矩阵中，如图 8-5C 所示。

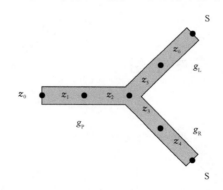

图 8-4　一个树突树的图形表示

此树包括一个长度为 l 的主干肢体（g 值为 g_P），连到 z_0 处的胞体上，并分叉成两个密封的肢体，
每个肢体长度为 l，z_2 处的 g 值为 g_R 和 g_L。每个用三个节描述，整个树有七个节。

（2）尽管 A 不是对称矩阵，但具有结构对称性 $a_{ij} \neq 0 \Leftrightarrow a_{ji} \neq 0$。此性质源于连通性的反身性；如果节 i 连在节 j 上，则节 j 连到节 i 上。特别是 A 的对角线下和线上有 0 项。

树矩阵举例

用二阶中心差分来表示树突结构非常适合于数值方法。然而，用非一般树突树演示上述思想非常典型。来看一个 Y 形连接，其有一个长度为 l，g 值为 g_P 的主干，一端连到胞体，另两个密封的、长度为 l，g 值分别为 g_L 和 g_R 的分枝连在另一端，这是具有非连接段的最简单的分枝结构。节的确定和设计如图 8-4 所示。

这个简单而非平常树的树矩阵可以用代数方便地表示为

$$A = \begin{vmatrix} -\beta_S & \alpha k^2 & 0 & 0 & 0 & 0 & 0 \\ \alpha & -\beta & \alpha & 0 & 0 & 0 & 0 \\ 0 & \alpha p^2 & -\beta & \alpha q^2 & 0 & \alpha r^2 & 0 \\ 0 & 0 & \alpha & -\beta & \alpha & 0 & 0 \\ 0 & 0 & 0 & 2\alpha & -\beta & 0 & 0 \\ 0 & 0 & 0 & 0 & 0 & -\beta & \alpha \\ 0 & 0 & 0 & 0 & 0 & 2\alpha & -\beta \end{vmatrix} \qquad (8.71)$$

式中，$g_S = g_P + g_R + g_L = r_2^{-1}$，且

$$k^2 = \frac{2hg_P}{2\varepsilon g + hg_P}, \qquad p^2 = \frac{2g_P}{g_S}, \qquad q^2 = \frac{2g_R}{g_S}, \qquad r^2 = \frac{2g_L}{g_S} \qquad (8.72)$$

节 z_4 和 z_6 是密封的末端，z_0 是胞-树连接部，z_2 是一个两分叉点。节 z_1，z_3 和 z_5 都是内节。此树将在后面仔细分析。特别地，后面的分析要用到 $p^2 + q^2 + r^2 = 2$。

　　图 8-5A～图 8-5C 说明另外的树矩阵。注意图 8-5B 和图 8-5C 的树矩阵相似之处。非对角元说明有两个无分叉段连在结合部。

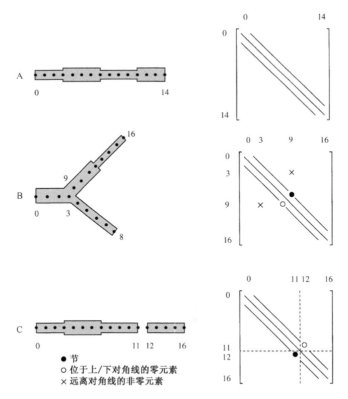

图 8-5　分叉树、无分叉电缆和它们的树矩阵表示

在 A 中单个无分叉结构的树矩阵都是对角形的；在 B 中单个分叉树有对角形矩阵；在 C 中两个无分叉电缆也有相同的对角矩阵，但是代表每个电缆的元素被沿对角线的零元素分开。

■ 矩阵方程的形式解

本节建立两个树矩阵 A 的非平庸特性,即①存在一个 $n \times n$ 对角矩阵 S,使得 $S^{-1}AS$ 是对称的,即 A 类似于对称矩阵;② A 的特征值总是正或负的。

虽然第一个特性是理论的,但它是用于建立第二个结果的关键,并最终引出等价电缆的概念。第二个结果主要说明了树突树模型对输入电流指数扩散的预报,此电流由于弱阻尼而没有振荡。从这来看,树突模型与观察结果相符合。模型的这个特性必须得到证明。这个可以用力学和热力学来说明,即建构一个热流从冷物体流向热物体而不需要能量消耗。这个过程完全与质量守恒定律、能量守恒定律、动量守恒定律和角动量守恒定律相吻合。但在真实世界中从来没有观察到可以自发地发生这样的过程,因为不存在能百分之百将能量全部转化为能量的机器。熵的概念引入就是为了更好地说明热量不可能自发从冷物体流向热物体。尽管模型好像已将所有自然现象的性质归纳进来,但模型也可能产生实际现象所没有的效应。

树矩阵的结构

树矩阵 A 的结构对称性前面已经提到,现在加以详细说明。我们可以看到,一个 n 个节的树的树矩阵包括 n 个非零对角元和 $(2n-1)$ 个对称分布的非零非对角元;总共有 $3n-2$ 个非零元。当对角元的个数已知时,A 的结构分析就依赖于非对角元的分布和个数。这里给出两个对比,两者得到相同的结论但使用了不同的出发点。

局部论据

树节可以分成内节(两边连着节)或对应于胞体、分叉点和树突末端的节。内节产生两个非对角元,这源于它们到邻域的两个连接,而对应于树突末端的节因只有一个邻域只产生 A 的一个非对角元。考虑到这些,从树突树末梢开始向胞体计数每个节上与两元有关的非对角元的剩余/不足。假设 N 个末端枝和一个主干在一个分叉点相交,则分叉点上每个圆柱都对应一个非对角元——总共有 $(N+1)$ 个非对角元。因此分叉点就产生了 $(N-1)$ 个非对角元的剩余来补充 N 个非对角元的不足。因此在 A 中就刚好有一个非对角元,而 A 是用来描述分叉点。分叉点主干肢体的倒数第二个节的作用更像是一个末端节。如此重复直到胞体;每次重复都带来 A 矩阵中的一个非对角元的缺失。然而,胞体计数预示出胞体连接到一个主干上,因此会多计入一个非对角元。所以,在矩阵 A 中缺失两个非对角元,也就是说树矩阵 A 刚好包含 $(n-1)$ 对非零对角元。

全局论据

任何有 N 个末端的树突树都可以分成 N 个路径,每个包含连续技术的节。其中的胞体路径起始于"0",终止于树突末端。另外的 $N-1$ 个路径每个都从连到分叉点的节开始,终止于树突末端(或者在电压边条件下,为连到末端的节)。这些路径由数字编号决定,每一个树节靠在另一个上。每个路径一定会对应于一个树矩阵的对角线位置,而其他的非对角线元素对应到其他树的路径。

我们来看一个路径,它从节 p 开始,并连接到另一个分叉点的路径(对应于节 j,且 $p > j+1$)。树突树的连接使得矩阵 A 的元素 a_{jp} 和 a_{pj} 是非零和非对角的。因节 $p-1$ 为树突末端,它不可能连接到节 p,故 $a_{p(p-1)}=a_{(p-1)p}=0$。胞体路径未连接到另外的路径,每个非胞体路径都对应于一对非对角的非零元和矩阵 A 的上对角和下对角中的一对零元素。在矩阵 A 中总共有 $N-1$ 对非零非对角元和 $N-1$ 对上对角和下对角的零元素。

如果树突树用 n 个节来表示的话,那么就会在路径上有 $n-2N$ 个节。每个节 j 都会连接到节 $j-1$ 和 $j+1$,并对应于矩阵 A 的第 j 行的两个非对角元,此时总共有 $2(n-2N)$ 个非对角元。我们知道对应于不同路径之间连接的非对角元的数目为 $2(N-1)$。每个路径(包括胞体路径)的起始节 p 必须连接到节 $p+1$,所以在 p 行上有 N 个非对角元。最终,N 个末端节一定会相互连接,产生总共 N 个非对角元。所以总共有 $2(n-2N)+2(N-1)+N+N=2(n-1)$ 个非对角元。

树矩阵的对称化

对称化包括三个方面。第一个方面是矩阵 A 的结构对称性保证了它有偶数个非零非对角元,而有限差分算法能够保证这些元都是正值。

令 S 为一个非奇异的 $n \times n$ 实对角矩阵,其第 i 行和第 i 列的对角元为 s_i,则矩阵 $S^{-1}AS$ 第 i 行第 j 列的元为 $(s_j/s_i)a_{i,j}$,第 j 行第 i 列的元为 $(s_i/s_j)a_{j,i}$。很显然,$S^{-1}AS$ 的对角元与 A 的对角元相同。对每一对非零的非对角元 $a_{i,j}$ 和 $a_{j,i}$ 来说,s_i 和 $s_j(j \neq i)$ 满足

$$\frac{s_i}{s_j}a_{j,i}=\frac{s_j}{s_i}a_{i,j} \rightarrow \frac{s_j}{s_i}=\sqrt{\frac{a_{j,i}}{a_{i,j}}} \tag{8.73}$$

式中,平方根的取值为正。A 的每一行都至少包含一个非对角元,而且 A 刚好包含 $(n-1)$ 对不同的非对角元,所以方程(8.73)是由 $(n-1)$ 个自治方程构成的包含 n 个未知量 $s_0,\cdots,s_{n-1}$ 的方程组,其通解包含一个任意常数(一般取为 s_0,且为 1)。因此存在一个对角矩阵 S 使得 $S^{-1}AS$ 为一个对称矩阵,即树矩阵 A 类似于一个对称矩阵。

$S^{-1}AS$ 的 (i,j) 位置的非零非对角元为 $\sqrt{a_{ij}a_{ji}}$,而对称化的矩阵的第 i 行和第 i 列的对角元为 $s_i=\sqrt{r_0/r_i}$,因此在数值计算过程中不需要构造 A,因为可以直接构造 $S^{-1}AS$ 和 S。

对称化过程举例

作为对称化过程的一个例子,树矩阵(8.71)具有对称的形式

$$S^{-1}AS = \begin{vmatrix} -\beta_s & \alpha k & 0 & 0 & 0 & 0 & 0 \\ \alpha k & -\beta & \alpha p & 0 & 0 & 0 & 0 \\ 0 & \alpha p & -\beta & \alpha q & 0 & \alpha r & 0 \\ 0 & 0 & \alpha q & -\beta & \sqrt{2}\alpha & 0 & 0 \\ 0 & 0 & 0 & \sqrt{2}\alpha & -\beta & 0 & 0 \\ 0 & 0 & \alpha r & 0 & 0 & -\beta & \sqrt{2}\alpha \\ 0 & 0 & 0 & 0 & 0 & \sqrt{2}\alpha & -\beta \end{vmatrix} \tag{8.74}$$

式中,S 为对角矩阵

$$S = \mathrm{diag}\left| 1, \frac{1}{k}, \frac{p}{k}, \frac{p}{kq}, \frac{p\sqrt{2}}{kq}, \frac{p}{kr}, \frac{\sqrt{2}p}{kr} \right| \tag{8.75}$$

矩阵特征值和特征矢量

非零矢量 X 称为一个方阵 A 的特征矢量,如果存在标量特征值 μ 使得

$$AX = \mu X$$

因 $(A-\mu I)X = 0$,且 $X \neq 0$,矩阵 A 的特征值为多项式方程 $\det(A-\mu I) = 0$ 的解。令 S 为与 A 同类型的非奇异方阵,则

$$
\begin{aligned}
\det\lvert S^{-1}AS - \mu I\rvert &= \det\lvert S^{-1}(A-\mu I)S\rvert \\
&= \det S^{-1}\det(A-\mu I)\det S = \det(A-\mu I)
\end{aligned}
\tag{8.76}
$$

式中,当且仅当它也是 $S^{-1}AS$ 的特征值时,μ 是矩阵 A 的一个特征值。当 A 为实矩阵时,多项式方程 $(A-\mu I)X = 0$ 为实,它的解既可能是实的,也可能是一对共轭复数。所以实矩阵的特征值不一定为实,但实的对称矩阵的特征值一定是实数。为此,令 A 为一个实的对称矩阵,其特征值为 μ,相应的特征矢量为 X,即 $AX = \mu X$。因 A 为实矩阵,$AX = \mu X$ 的复共轭使得 $A\bar{X} = \bar{\mu}\bar{X}$,其中,$\bar{z}$ 为 z 的复数共轭。$A\bar{X} = \bar{\mu}\bar{X}$ 的转置为

$$\bar{\mu}\bar{X}^{\mathrm{T}} = \lvert A\bar{X}\rvert^{\mathrm{T}} = \bar{X}^{\mathrm{T}}A^{\mathrm{T}} = \bar{X}^{\mathrm{T}}A$$

当此方程左右乘 X 后为

$$\bar{\mu}\bar{X}^{\mathrm{T}}X = \bar{X}^{\mathrm{T}}AX = \bar{X}^{\mathrm{T}}(\mu X) \rightarrow (\bar{\mu}-\mu)\bar{X}^{\mathrm{T}}X = 0$$

因 $X \neq 0$,故 $\bar{\mu} = \mu$,得 μ 为实数。这是实对称矩阵的一般性质。

每个树矩阵 A 都有与其相对应的非奇异对角矩阵 S 使得 $S^{-1}AS$ 为对称矩阵。式 (8.76)表明 A 和 $S^{-1}AS$ 有相同的特征值,而实对称矩阵的结果表明 $S^{-1}AS$ 的特征值为实数,因此尽管 A 是非对称矩阵,但 A 的特征值为实数。而且,如果 $AX = \mu X$,则对于所有的 $0 \leqslant i \leqslant n$,有

$$\sum_{j=0}^{n-1} a_{ij}x_j = \mu x_i \rightarrow (a_{ii}-\mu)x_i = -\sum_{j=1, j\neq i}^{n-1} a_{ij}x_j$$

且如果 x_i 为 X 的最大元,则

$$\lvert a_{ii}-\mu\rvert \leqslant \sum_{j=1, j\neq i}^{n-1} \lvert a_{ij}\rvert\left\lvert\frac{x_j}{x_i}\right\rvert \leqslant \sum_{j=1, j\neq i}^{n-1} \lvert a_{ij}\rvert$$

此结果就是 Gershgorin 的"圆定理",它揭示了树矩阵的一个重要的性质。

令 A 为一个树矩阵,从代数学我们知道它是对角主导的,即每个主对角元的模大于包含该对角元的行中所有非对角元的模之和,比较如下:

节类型	对角元	非对角元模之和
胞体	$-\dfrac{2g+h\beta g_0}{2\varepsilon g+hg_0}$	$-\dfrac{2h\alpha g_0}{2\varepsilon g+hg_0}$
内节和分枝点	$-(1+2\alpha)$	2α
末端节	$-(1+2\alpha)$	α

因矩阵 A 的对角元毫无例外的都为负,则它们的 Gershgorin 圆族完全包含在左半平面中。没有哪个圆包含原点,所以 $\mu=0$ 不是 A 的特征值。但 A 一定有实数特征值,所以

A 的所有特征值为负实数。这个结果非常重要,我们很快就会看到这个树突树模型所预言的输入电流的衰减与实际物理树突中所观察到的一样。

■ 离散电缆方程的解

我们知道树矩阵 A 有实数特征值,并都为负。我们会看到存在一个非奇异的实矩阵 P(P 的列是 A 的某种排列)使得 $P^{-1}AP = D$,其中,D 是一个实对角矩阵,它包含 A 的特征值,或者写为 $A = PDP^{-1}$,于是原微分方程(8.70)变为

$$\frac{\mathrm{d}V}{\mathrm{d}t} = PDP^{-1}V - 2RJ \tag{8.77}$$

令 $Y = P^{-1}V$,则 Y 满足

$$\frac{\mathrm{d}Y}{\mathrm{d}t} = DY - 2P^{-1}RJ \tag{8.78}$$

给定任何常数方阵 M,可以证明 $\mathrm{d}\,\mathrm{e}^{Mt}/\mathrm{d}t = M\mathrm{e}^{Mt}$,将它用于方程(8.78)得

$$\frac{\mathrm{d}\,\mathrm{e}^{-Dt}Y}{\mathrm{d}t} = -2\mathrm{e}^{-Dt}P^{-1}RJ$$

积分得到

$$Y(t) = \mathrm{e}^{Dt}Y(0) - 2\int_0^t \mathrm{e}^{D(t-s)}P^{-1}RJ(s)\mathrm{d}s \tag{8.79}$$

总之,$V = PY$ 满足

$$V(t) = P\mathrm{e}^{Dt}Y(0) - 2\int_0^t P\mathrm{e}^{D(t-s)}P^{-1}RJ(s)\mathrm{d}s$$

$$= P\mathrm{e}^{Dt}Y(0) - 2\int_0^t \mathrm{e}^{A(t-s)}RJ(s)\mathrm{d}s \tag{8.80}$$

因 $D = \mathrm{diag}(\mu_0, \mu_1, \cdots, \mu_{n-1})$ 为对角矩阵,很显然,e^{Dt} 也是一个对角矩阵 $\mathrm{diag}\,\mathrm{e}^{\mu_0 t}, \mathrm{e}^{\mu_1 t}, \cdots, \mathrm{e}^{\mu_{n-1}t}$。对于这种树突树的表示,其相应的时间常数为 $|\mu_k|^{-1}, 0 \leqslant k < n$。实的树突树具有无限可数的时间常数,但树突树的有限差分表达是对主要特征值做了近似。更好的树突树的离散形式可以在数值上提高最大时间常数的矩阵精度,但与树突树的解析分析相比,数值方法也仅仅考虑了有限个特征值。因为,实际上主要特征值才是最重要的,而其他的都会很快的衰减掉,不会对解的长时间行为造成影响。

实际上,树突树的有限差分表示既没有给出找到树时间常数的实际算法,也没有给出树方程时间积分的方法,特别对于事先有精度要求的问题更是如此。这是因为有限差分的代数收敛性(h 或其倒数的级数的收敛性),会在处理分枝点问题、不连续点和末端边界条件时由于精度下降而变得不好。在对原始树状结构做离散化时,矩阵 A 反映了无源树突的几何结构和相互连接,因此它决定了树突树有限差分表达的有效性,所以建构树突的等价电缆表达非常重要。以下是利用数值方法处理边界条件得到不利结果的例子。

梯度边界条件

要了解有梯度的边界条件的代数和解析形式,我们来看有梯度边界条件的一维扩散

方程的初始边界条件问题。在这个简单问题中,从微观角度来看,包含了树突树的全布朗解的所有特性。具体来说,假设 $v(x, t)$ 为初始边界条件的解

$$\frac{\partial v}{\partial t} = \frac{\partial^2 v}{\partial x^2} + g(t, x), \qquad (t, x) \in (0, \infty) \times (0, \pi/2) \qquad (8.81)$$

式中,初始条件为 $v(x, 0) = v_0(x)$,边界条件为

$$v(0, t) = 0, \qquad \frac{\partial v(\pi/2, t)}{\partial x} = 0$$

将 $[0, \pi/2]$ 均匀分成 $(n+1)$ 个节 $x_0, x_1, \cdots, x_n$,其中,$x_k = kh$, $h = \pi/(2n)$,并且假设 $v_k(t) = v(x_k, t)$, $g_k(t) = g(x_k, t)$。显然因为在 $x = 0$ 处的边界条件使得对于任何时刻 $v_0(t) = 0$。在内节 $x_k(0 < k < n)$ 上,式(8.81)中的空间二阶导数可写为

$$\frac{\partial^2 v}{\partial^2 x}\bigg|_{x = x_k} = \frac{v_{k+1} - 2v_k + v_{k-1}}{h^2} + O(h^2)$$

于是内节的微分方程可以用 $(n-1)$ 个近似到 h^2 的常微分方程来表达

$$\frac{\mathrm{d} v_k}{\mathrm{d} t} = \frac{v_{k+1} - 2v_k + v_{k-1}}{h^2} + g_k \qquad (8.82)$$

$v_k(0)$ 给定,且 $0 < k < n$,最后提供 $x = \pi/2$ 处的边界条件。存在两种解此问题的方法。

数学处理方法

方法一是设定 $x = x_n = \pi/2$ 处为零梯度

$$\frac{\partial v}{\partial x}\bigg|_{x = x_n} = \frac{3v_n + v_{n-2} - 4v_{n-1}}{2h} + O(h^2) = 0$$

要近似满足零梯度条件到 $O(h^2)$,须

$$v_n = \frac{4v_{n-1} - v_{n-2}}{3}$$

此方法用于树突树的分叉点时会消除有限差分形式的三对角结构,但也要额外计算树突分叉点和末端的膜电位。

解析处理方法

在 $x_n = \pi/2$ 处的梯度边界条件的解析处理要用到超出解值域范围的虚拟节 $x_{n+1} = x_n + h$。正如本节所描述的,在这个节的虚拟电势 v_{n+1} 为

$$\frac{\mathrm{d} v_n}{\mathrm{d} t} = \frac{v_{n+1} - 2v_n + v_{n-1}}{h^2} + g_n, \frac{\partial v}{\partial x}\bigg|_{x = x_n} = \frac{v_{n+1} - v_{n-1}}{2h} + O(h^2)$$

当从这两个方程中去掉 v_{n+1},并且设 $x = \pi/2$ 处 v 的梯度为零,则 v_n 满足常微分方程

$$\frac{\mathrm{d} v_n}{\mathrm{d} t} = \frac{2(v_{n-1} - v_n)}{h^2} + g_n$$

方程精确到 $O(h^2)$。初始条件 $v_n(0)$ 由初始数据计算而来。主要是方程的三对角形式保留,但边界条件的精度比内节的低。实际上,不精确的边界条件描述会影响整个数值过程。

说明

这些理论上的问题没有考虑到在具体问题中要比较两种不同的梯度条件。

容易得到方程(8.81)在初始条件 $v_0 = \sin x$、输入为 $g(t, x) = 2\,bte^{\alpha t}\sin x$ 下,精确解为

$$v(t, x) = \begin{vmatrix} (1 + bt^2)e^{\alpha t}\sin x & \alpha = -1 \\ e^{-t}\sin x + \dfrac{2\,b\sin x}{(1 + \alpha^2)} & (1 + \alpha)\,te^{(1+\alpha)t} + 1 - e^{(1+\alpha)t} \end{vmatrix} \qquad \alpha \neq -1$$

在 $t = 4$,$\alpha = -1$ 以及 $t = 4$,$\alpha = 1$ 处的精确解可用于检验由中心差分公式(8.53)得到的有限差分算法给出的近似解的数值精度(表8-1,表8-2)。两种梯度条件下的解都被积分到较高的时间精度,最终的误差只会来自对二阶导数的空间截断,而边界条件的不同使得两种误差之间存在差异;否则两个方程系统就是等价的。

表 8-1　有限差分解 $u_t = u_{xx} + g$ 在 $\alpha = -1$ 时分别取梯度边界条件的代数和解析形式时的误差比较

$t=4$ 时的 x 值	10 个节的误差（$h \approx 0.1571$）		20 个节的误差（$h \approx 0.0785$）	
	代数形式 bdry cond	解析形式 bdry cond	代数形式 bdry cond	解析形式 bdry cond
0.000	0.000 00	0.000 00	0.000 00	0.000 00
0.157	0.000 65	0.001 28	0.000 24	0.000 32
0.314	0.001 26	0.002 53	0.000 47	0.000 63
0.471	0.001 82	0.003 72	0.000 69	0.000 93
0.628	0.002 31	0.004 82	0.000 89	0.001 20
0.785	0.002 68	0.005 79	0.001 05	0.001 45
0.942	0.002 93	0.006 63	0.001 19	0.001 66
1.100	0.003 04	0.007 30	0.001 29	0.001 82
1.257	0.003 00	0.007 79	0.001 35	0.001 95
1.414	0.002 80	0.008 09	0.001 36	0.002 02
1.571	0.002 43	0.008 20	0.001 32	0.002 05

表 8-2　有限差分解 $u_t = u_{xx} + g$ 在 $\alpha = 1$ 时分别取梯度边界条件的代数和解析形式时的误差比较

$t=4$ 时的 x 值	10 个节的误差（$h \approx 0.1571$）		20 个节的误差（$h \approx 0.0785$）	
	代数形式 bdry cond	解析形式 bdry cond	代数形式 bdry cond	解析形式 bdry cond
0.000	0.000 00	0.000 00	0.000 00	0.000 00
0.157	0.170 10	0.263 61	0.054 29	0.065 90
0.314	0.330 59	0.520 72	0.106 56	0.130 18
0.471	0.471 90	0.765 02	0.154 84	0.191 25
0.628	0.584 59	0.990 47	0.197 19	0.247 61
0.785	0.659 39	1.191 55	0.231 77	0.297 88
0.942	0.687 20	1.363 27	0.256 81	0.340 81
1.100	0.659 08	1.501 44	0.270 68	0.375 35
1.257	0.566 26	1.602 62	0.271 58	0.400 65
1.414	0.399 98	1.664 36	0.258 91	0.416 08
1.571	0.151 44	1.685 09	0.230 60	0.421 27

作为对比,对 $\alpha=1$ 做相同的计算。在此情况下,驱动力 $g(t,x)$ 随时间做指数增长。

在所有情况下,边界条件的代数形式优于解析形式,但通过空间分辨率的提高,这种优势就消失了。除了在梯度边界条件下,各种算法之间是等价的。显然即使空间分辨率很高,减小了解析方法的误差,但也会影响整个解。当然,最大误差与电缆方程 $u_t+u=u_{xx}+g$ 的最慢时间常数相关。在 $u=e^t u$ 和 $G=e^t g$ 下,此方程等价于方程 $u_t=u_{xx}+G$。

发生独立和相关随机放电串

要了解模型神经元在接近真实神经元的条件下的行为,需要发生大量的放电串输入,一组放电串的统计性质可以规定,放电串之间的相关性可以定为任意期望的值。大量输入都要求符合真实神经元的特性,比如,皮层锥体细胞,接受着 $10^4 \sim 10^5$ 数量突触输入(Bernander et al. 1994)。大的突触背景活动可以影响在单个细胞上的突触累积效应(Bernander et al. 1991;Bernander et al. 1994;Murthy and Fetz 1994;Rapp et al. 1992)。发生具有已知统计性质的放电串的能力,将给研究单个神经元上局部信号处理的不同假设提供必要的工具。放电串之间相关结构也是重要的因素,它影响着单个神经元或神经元集群提取具体信号特性的方式(Halliday 1998a)。

峰峰间期的指数分布

实际神经元放电串的特征可以用峰峰间期(可以相关也可以变换很大,不一定要周期)的分布来表征。然而,即使泊松过程(Holden 1976)很多自然产生的放电串实际可以用点过程来模拟,其中临近的间隔都是随机的。泊松过程的间隔长度可以从指数分布发生。令 $N(u,v)$ 表示落在 (u,v) 中的放电峰的个数,则单位时间平均放电率为 M 的泊松过程,在正 τ 和所有时间下的变化过程满足

$$\text{Prob}(N(t,t+\tau)=1\mid \mathscr{E}_t) = \tau/M + o(\tau)$$
$$\text{Prob}(N(t,t+\tau)>1\mid \mathscr{E}_t) = o(\tau) \tag{8.83}$$

令 $F(t)=\text{prob}(T\leqslant t)$,其中,$T$ 是到最后一个峰时的总时间,则

$$F(t+\tau) = F(t)+\mid 1-F(t)\mid \frac{\tau}{M}+o(\tau), \qquad F(0)=0$$

因此

$$\frac{F(t+\tau)-F(t)}{\tau} = \frac{1-F(t)}{M} + \frac{o(\tau)}{\tau}$$

对 $\tau\to 0^+$ 取极限,得到 F 满足初始条件为 $F(0)=0$ 的微分方程 $F=(1-F)/M$。容易看到 $F(t)$ 以及和它相关的概率密度函数 $f(t)$ 为

$$F(t) = 1-e^{-t/M}, \qquad f(t) = \frac{\text{d}F}{\text{d}t} = \frac{1}{M}e^{-t/M} \tag{8.84}$$

而且,T 的实现可以从 $F=F(t)$ 的逆映射 $T=T(F)$ 得到,这里要让 F(或 $1-F$)均匀随机分布于 $(0,1)$ 中。因此对任何 M,变量 T 都可以从下列公式中的均匀变量 U 来建构

$$T=-M\lg(1-F)=-M\lg U, \qquad U\in U(0,1) \tag{8.85}$$

给定方程(8.83)合适的形式,相关点过程可以用类似于泊松过程的分析来描述。如

果放电时间是在前一个峰后时间 s,且瞬态频率为 $M(s)$,则相关点过程具有累积密度 F 和概率密度 f,其中

$$F(t) = 1 - \exp\left| -\int_0^t M^{-1}(s)\,\mathrm{d}s \right| , \qquad f(t) = M^{-1}(t)\exp\left| -\int_0^t M^{-1}(s)\,\mathrm{d}s \right|$$

而且,$M(s)$ 的起点可以是随机的,此时整个过程称为双随机过程(Cox and Isham 1980)。

正态的峰峰间期分布

弱的周期放电串,其峰峰间期集中于某个均值附近,它可以用正态分布来模拟。正态分布的峰峰间期可以以其均值和方差来表征,这与泊松分布不同,后者用平均放电频率 M 来表征。

正态分布的变量通常可以用 Box-Muller 算法(Box and Muller 1958)的变异算法 Polar-Marsagalia 方法(Marsagalia and Bray 1964)得到,分两个阶段实现。

阶段 1

如果 u_1 和 u_2 是两个分布在(0,1)中的独立的均匀随机数,则

$$v_1 = 2u_1 - 1, \qquad v_2 = 2u_2 - 1 \tag{8.86}$$

是两个独立的、均匀分布在(-1,1)的变量。(v_1, v_2) 是在 $\omega = v_1^2 + v_2^2 < 1$ 下的算法第二阶段的随机种子,否则就甩掉它并从均匀随机发生器 $U(0,1)$ 构建新的一对数。显然数对 (v_1, v_2) 被接受的概率为 $\pi/4$(约 78.6%)。然而,这种低效地使用随机数发生器会对第二阶段的计算产生影响,在此阶段中不需要费时的三角计算,与需要正弦函数和余弦函数计算的 Box-Muller 方法形成了鲜明的对比。

阶段 2

给定一对随机数 (v_1, v_2) 使得 $0 < \omega = v_1^2 + v_2^2 < 1$,则

$$x_1 = \mu + \sigma v_1 \sqrt{-2\lg(\omega)/\omega} \qquad x_2 = \mu + \sigma v_2 \sqrt{-2\lg(\omega)/\omega} \tag{8.87}$$

是一对独立的变量,其均值为 μ,标准差为 σ。关于此算法的程序见附录 I。

要检验此结果,可以看到映射 $(v_1, v_2) \rightarrow (x_1, x_2)$ 的由(8.87)定义的 Jacobia 式为

$$\left| \frac{\partial(v_1, v_2)}{\partial(x_1, x_2)} \right| = \left| \frac{1}{\sigma\sqrt{2}}\exp\left| -\frac{|x_1 - \mu|^2}{2\sigma^2} \right| \right| \left| \frac{1}{\sigma\sqrt{2}}\exp\left| -\frac{|x_2 - \mu|^2}{2\sigma^2} \right| \right| \tag{8.88}$$

因 (v_1, v_2) 均匀分布在单位圆上,它有联合概率密度函数 $1/\pi$,因此 (x_1, x_2) 有联合概率函数 $f(x_1, x_2)$

$$f(x_1, x_2) = \left| \frac{1}{\sigma\sqrt{2\pi}}\exp\left| -\frac{|x_1 - \mu|^2}{2\sigma^2} \right| \right| \left| \frac{1}{\sigma\sqrt{2\pi}}\exp\left| -\frac{|x_2 - \mu|^2}{2\sigma^2} \right| \right| \tag{8.89}$$

因 $f(x_1, x_2)$ 可以在 (x_1, x_2) 上分离且有样本空间 R^2,x_1 和 x_2 是两个独立的均匀分布的变量,其均值为 μ,标准差为 σ。

均匀分布变量

指数和规范变量的建构从(0,1)中均匀发生随机数。大量的发生器具有形式

$$X_{n+1} = aX_n + b, \qquad (\mathrm{mod}\,c)$$

式中，a,c 是适当选择的正整数，b 是非负整数。发生器从随机种子 X_0 开始发生分布在 $0\sim(c-1)$ 上的整数序列。有理数 $U_n = X_n/c$ 则均匀分布在 $[0,1]$ 中。

现代计算机具有发生均匀分布随机数的更大潜力。早期的随机数发生器如 C 语言中的 rand( ) 仅用于有限的模拟工作。对于更大的模拟工作，则需要更好的均匀随机数发生器，这很容易做到。由 Wichmann 和 Hill(1982)建立的发生器用伪随机码产生：

按照公式重新计算 i,j 和 k，有

$$i = \mathrm{mod}(171i,30\,269), \quad j = \mathrm{mod}(172j,30\,307), \quad k = \mathrm{mod}(170k,30\,323)$$

计算有理数

$$z = i/30\,269 + j/30\,307 + k/30\,323$$

则 $\mathrm{mod}(z,1.0)$ 可以看作是 $(0,1)$ 中的伪随机数。这个简单的算法（程序见附录 1）最大可以产生 2.7×10^{13} 个无循环数，它的有效性基于 30 269,30 307 和 30 323 是三个紧邻的素数。最近关于随机数发生器的研究集中于"lagged-Fibonacci"发生器，它由下列重回归序列定义

$$X_n = X_{n-r}(\text{binary operation})X_{n-s}$$

式中，$0 < s < r$ 是滞后参数（整数，$n \geqslant r$），二进制操作为加/减（$\mathrm{mod}\ c$）（Kloeden et al. 1944;Knuth 1997）。这样的递归序列可以有很长的周期。例如，对于 $r=17,s=5$，以及加操作（$\mathrm{mod}\ 2^{31}$），lagged-Fibonacci 发生器的周期为 $(2^{17}-1)2^{31}$（近似为 2.8×10^{14}），而且只要一个随机种子（一共有 17 个）为奇数如 $X_0=1$。

相关放电串

到此为止，本节所描写的算法都是根据已知统计性质来发生单个放电串，但显然他们也可以拓展为发生任意数目的放电串。然而，要理解相关放电串对神经元行为的影响，必须发生相关强度可调的相关放电串。Halliday(1998a)引入并描述了一种新的用累积触发编码器发生相关放电串的方法。

这种编码器基于插入阈值的漏积分电路。放电时间为超过阈值的时间。一般而言，累积触发编码器的微分形式为

$$\tau dv = G(n+y)dt - vdt \tag{8.90}$$

式中，v 代表编码器的输出，n 代表噪声，G（固定为 1）代表编码器的增益，$\tau(2.5\times10^{-2}\,s)$ 表示它的时间常数，且

$$y(t) = A\sum_i (H(t-t_i) - H(t-t_i-a)) \tag{8.91}$$

函数 $y(t)$ 作为相关信号可以用 Heaviside 函数 H 表示，它描写了一串幅度为 A、持续时间为 a、在时刻 t_i 随机或确定开始的脉冲。此类编码器构成了产生时间相关放电串的基本模块。对于给定的噪声，相关强度很大程度上取决于乘积 Aa。实际上，当给树突大量的输入脉冲时，其中一些是相关的，也需要更多的编码器。可以给所选择的一组编码器输入共用信号 y 来产生一个相关输入的子集。

对于输入到每个编码器噪声的性质，有两种情况要考虑到。伪随机白噪声随机地调整并保持一段时间的白噪声水平，因此它是分段可微的函数。而白噪声是处处不可微的。在给定均值和方差的情况下，编码器的行为对于两种输入是不同的。

伪白噪声输入

伪随机白噪声是产生于离散时间点上的高斯噪声,且在这些时间点上保持均匀。以这种方式产生的白噪声的行为更像一个有界变元的函数。在伪随机白噪声情况下,方程(8.90)可以用更一般的形式

$$\tau \frac{\mathrm{d}v}{\mathrm{d}t} = G(n + y) - v = Gx - v, \qquad v(0) = 0 \qquad (8.92)$$

并且可以用后向 Euler 算法进行数值积分

$$v_{k+1} = \frac{\tau v_k + Gx_{k+1}h}{\tau + h}, \qquad x_k = n_k + y_k \qquad (8.93)$$

式中,n_k 指噪声,y_k 指相关信号,v_k 指式(8.92)在 t_k 时刻的解。下个时间步长 $t_{k+1} = t_k + h$ 的解为 v_{k+1},$h(10^{-3}s)$(Halliday 1998a)为时间步长。每积分一步,所得的 t_{k+1} 时刻 v_{k+1} 值与常数阈值 v_{th}(设为 1)比较,如果 v_{k+1} 超出了阈值,输出放电的时间点就为

$$t_k + \frac{v_{th} - v_k}{v_{k+1} - v_k} \qquad (8.94)$$

并且在 t_{k+1} 时刻重置编码器的值为 $v_{k+1} - v_{th}$。新的初始值依赖于 h,但这种微小的改变对编码器放电的影响可以忽略,因为它对放电串的统计性质的影响可以忽略。这种编码器要求除了在时刻 $t_1,t_2,\cdots,$外,v 是时间 t 的可微函数。因此,编码器的运作特性必然与数值积分过程中 h 的选择相关。这种编码器使用便易,可以较好的数值效率产生放电串,并能较真实的再现神经生物特性。

　总之,相关的树突输入可以等价地用一组编码器来产生,每个编码器在模型树突的特定位点(突触)提供输入。每个编码器接受两种类型的输入;其一是伪随机独立于其他编码器的伪随机过程;其二是某些编码器(不是所有编码器)共用的相关信号。没有共用信号时,每个编码器产生的放电串的特性是由伪随机噪声决定的。表 8-3 取自 Halliday (1998a)的结果,它指出了如何选择编码器输入的伪随机噪声的有关参数以及相应放电输出的方差系数等。

表 8-3　伪随机噪声参数选择举例。相应的在编码器增益 $G=1$ 时的输出放电串的特性,编码器阈值 $v_{th}=1$,编码器时间常数 $\tau=0.025$

伪白噪声输入	平均值	1.020	1.015	1.269	0.892
	标准差	0.065	0.150	0.307	6.200
放电输出	峰/s	10	10	25	32
	CoV	0.1	0.2	0.1	1.0

　将共用信号输入到一组编码器中,可以从这些编码器中产生时间相关的输出。这些输出可以作为树突上特定突触的相关输入。对于那些接受此信号并接近阈值的编码器,可以用调节相关信号强度的方法选择性地加以激发。图 8-6 中,一组 n 个编码器接受了一串脉冲的共用信号的输入,每个脉冲促使独立的输入引起一些编码器的同步放电。调节共用信号的性质、总和为每个编码器总输入的独立成分、接受指定类型共用信号的编码

器的数目,可以产生具有期望的相关性质的放电串。更多关于参数选择的描述见 Halliday(1998a)。

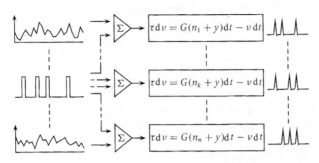

图 8-6　n 个编码器的图形表示

每个编码器接受噪声和其他编码器的输入。此例中,每个编码器也接受共用

脉冲序列。

白噪声输入

要了解伪随机噪声和白噪声的差异,容易看到方程(8.90)具有符号解

$$v(t) = v(0)e^{-t/\tau} + \frac{G}{\tau}\int_0^t n(s)e^{-(t-s)/\tau}ds + \frac{G}{\tau}\int_0^t y(s)e^{-(t-s)/\tau}ds \qquad (8.95)$$

式中,n 和 y 是有界变元的函数,式(8.95)的积分可以用 Riemann 积分完成,特别是积分值与定积分过程无关。另外,当 n 为白噪声,即不是有界变元时,第一个积分项的值主要与定积分有关。比如,基于积分区间中点的定积分定义了 Stratonovich 积分,而基于区间左端点的定积分定义了 Ito 积分(见 Kloeden and Platen,1995)。后者经常用到。当 n 为白噪声时,v 是处处连续但处处不可微的。因此,方程(8.92)没有意义,后向 Euler 方法(8.93)也失效,因为它隐含的假设要求 v 是可微函数。

假设编码器受到均值为 a、标准差为 b 的白噪声的驱动,则 $ndt = adt + bdW$,式中,dW 是 Weiner 过程 W 的微分。Weiner 过程在这里定义为连续的标准高斯过程,其数学性质为

$$W(0) = 0,概率为 1$$

$$E[W(t)] = 0, \text{var}[W(t) - W(s)] = t - s, \qquad 0 \leqslant s \leqslant t$$

式中,$E[X]$ 和 $\text{var}[X]$ 分别为随机变量 X 的期望值和方差。编码器的状态 $v(t)$ 满足随机微分方程

$$\tau dv = G(adt + bdW + ydt) - vdt \qquad (8.96)$$

并可用随机后向 Euler 算法对式(8.96)做数值积分得到

$$v_{k+1} = \frac{\tau v_k + Gh(a + y_{k+1}) + bGdW_k}{\tau + h} \qquad (8.97)$$

表 8-4 给出了当编码器输入为白噪声过程时,与表 8-3 的伪随机噪声在输出放电频率和方差系数方面的比较。噪声与积分步长 h 无关。与伪随机噪声的三个参数相比,白噪声输入产生的输出放电串的特征即是由白噪声均值和方差决定。

任何情况下,解(8.96)是关于时间的连续随机变量。不用计算 $v(t)$ 也可以得到此解

重要的统计学性质。

表 8-4　白噪声输入的参数选择举例

白噪声输入	平均值	1.020	1.015	1.269	0.892
	标准差	0.065	0.150	0.307	6.200
放电输出	峰/s	21	33	62	790
	CoV	0.6	0.8	1.2	5.4

相应的在编码器增益 $G=1$ 时的输出放电串的特性,编码器阈值 $v_{th}=1$,编码器时间常数 $\tau=0.025$。此表与表 8-3 相比,说明了伪随机噪声和白噪声之间在给定均值和方差下的明显差异

编码器对白噪声输入的响应性质

我们已经看到随机方程 $\tau \mathrm{d}v = Gx(t)\mathrm{d}t - v\mathrm{d}t$ 有符号解(式 8.95)

$$v(t) = v(0)\mathrm{e}^{-t/\tau} + \frac{G}{\tau}\int_0^t x(s)\mathrm{e}^{-(t-s)/\tau}\mathrm{d}s \tag{8.98}$$

式中,$x=n+y$。给定 v 的初始值 $v(0)$、s 时刻随机输入的值 $x(s)$ 对于所有时刻都是不相关的随机变量。计算方程(8.98)的期望值,可以得到 $E[v(t)]$,$E[v(0)]$ 和 $E[x(s)]$ 满足

$$E[v(t)] = E[v(0)]\mathrm{e}^{-t/\tau} + \frac{G}{\tau}\int_0^t E[x(s)]\mathrm{e}^{-(t-s)/\tau}\mathrm{d}s \tag{8.99}$$

式(8.98)的线性使得

$$v(t) - E[v(t)] = \left| v(0) - E[v(0)] \right| \mathrm{e}^{-t/\tau} + \frac{G}{\tau}\int_0^t \left| x(s) - E[x(s)] \right| \mathrm{e}^{-(t-s)/\tau}\mathrm{d}s \tag{8.100}$$

v 的方差满足

$$\begin{aligned}
\mathrm{var}[v(t)] = {} & \mathrm{var}[v(0)]\mathrm{e}^{-2t/\tau} \\
& + \frac{2G}{\tau}\int_0^t E\left| \left| x(s) - E[x(s)] \right| \left(v(0) - E[v(0)] \right) \right| \mathrm{e}^{-(2t-s)/\tau}\mathrm{d}s \\
& + \frac{G^2}{\tau^2}\int_0^t\int_0^t E\left| \left| x(s) - E[x(s)] \right| \left(x(u) - E[x(u)] \right) \right| \mathrm{e}^{-(2t-s-u)/\tau}\mathrm{d}s\mathrm{d}u
\end{aligned} \tag{8.101}$$

因 $v(0)$ 和 $x(s)$ 不相关

$$E\left| \left| x(s) - E[x(s)] \right| \left| v(0) - E[v(0)] \right| \right| = 0, \qquad \mathrm{A}s > 0 \tag{8.102}$$

如果 $x(s)$ 和 $x(u)$ 之间的协方差用 $\mathrm{cov}[x(s),x(u)]$ 表示,并定义为

$$\mathrm{cov}[x(s),x(u)] = E\left| \left| x(s) - E[x(s)] \right| \left| x(u) - E[x(u)] \right| \right|$$

则由于有式(8.102),方程(8.101)简化为

$$\mathrm{var}[v(t)] = \mathrm{var}[v(0)]\mathrm{e}^{-2t/\tau} + \frac{G^2}{\tau^2}\int_0^t\int_0^t \mathrm{cov}[x(s),x(u)]\mathrm{e}^{-(2t-s-u)/\tau}\mathrm{d}s\mathrm{d}u \tag{8.103}$$

实际上，$x(s)$是均值为a、标准差为b（常数）的白噪声输入和相关信号$y(s)$的总和。因此

$$E[x(s)] = a + E[y(s)],$$
$$\text{cov}[x(s), x(u)] = b^2 \delta(s-u) + \text{cov}[y(s), y(u)] \tag{8.104}$$

从方程(8.99)和方程(8.103)可导出随机变量v在任意时间t的均值和方差。给定足够的已知条件来确定方程(8.104)中的$E[x(s)]$和$\text{cov}[x(s), x(u)]$，就可以知道放电前任意时刻编码器输出的前两阶矩。高斯导数完全由其均值和方差决定，故可以把$v(t)$近似理解为是一个正则导数，其在时刻t的均值和方差决定于方程(8.99)和方程(8.103)的解。例如，在没有相关信号的情况下，$v(t)$的均值和方差分别为

$$E[v(t)] = Ga(1 - e^{-t/\tau}) + E[v(0)]e^{-t/\tau}$$
$$\text{var}[v(t)] = \frac{G^2 b^2}{2\tau}(1 - e^{-2t/\tau}) + \text{var}[v(0)]e^{-2t/\tau} \tag{8.105}$$

举　例

下面的例子给出了①一个弱相关放电串的相关强度的计算过程；②到一个模型神经元的全部突触输入中一个弱相关的小成分对神经元放电时刻的影响是很大的。

例1

一个弱相关放电串的例子。其产生于上述 Halliday(1998a)引入的过程中，如图 8-6 所示。彼此不相关的噪声输入到 100 个编码器，并调整到使得每个编码器产生约 12Hz 左右的放电串。被各个编码器共用的相关信号 $y(t)$由放电频率约 25Hz 的放电串组成。因输入到编码器的共用输入的主要频率成分集中在 25Hz 左右，理论讲我们期望在任何一对编码器产生的放电串之间的相关性在这个共用信号的频率附近有一个峰(Rosenberg et al. 1998)。这里给出了 100 个放电串，其特性取决于加在编码器上的噪声和相关输入，其长度为 100s。

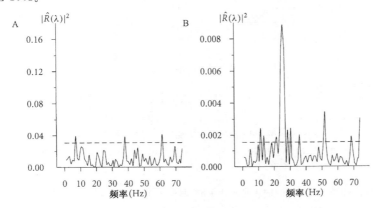

图 8-7A 在两个任意选择的编码器产生的 100 个弱相关过程的峰串之间的相干性$|R(\lambda)|^2$ 以及 B 从 100 个数据样本中的 20 对之间算得的集体相干性

伪随机噪声的均值和标准差为 $\mu=1.247$ 和 $\sigma=0.306$，然而相关信号 $y(t)$幅度为 $A=0.425$，$a=0.002$，周期为 40ms。虚水平线代表两个过程不相关的 95% 的置信限。

　　图 8-7A 显示出了任何一对编码器放电串之间的相关性。显然 100s 的时间是不能检测到这些信号之间的相关的。然而,从 20 对编码器输出计算得到的合并相关(参考第十八章,及 Amjad et al. 1997)给出了虽小但显著聚集于已知相关信号主频的值。在每一对放电串之间没有显著的相关性和合并相关的小峰值说明编码器产生的放电串之间的相关性很弱。Halliday(1998a)给出了如何选择参数使得编码器间产生所期望的任何强度的相关性,以及如何用合并相关来进行分析的方法。

　　例 2

　　第二个例子说明,尽管放电串之间的相关性很弱,但这种相关所产生的对放电时间编码的影响却是很重要的。我们用由两个运动神经元的分割模型组成的模型来演示弱相关信号对神经元放电串的时间编码的影响,这个模型中运动神经元之间彼此有一定突触联系。我们用两个神经元产生的放电串之间的相关性来度量相关输入对放电输出时间编码的影响。从理论(Rosenberg et al. 1998)和实际中(Farmer et al. 1993)都可以看到,接受

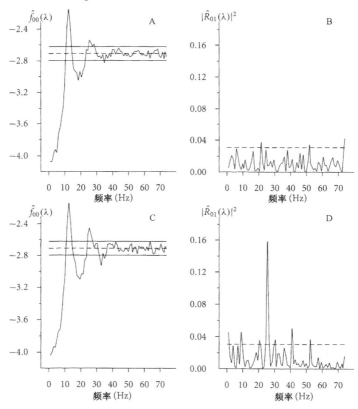

　　图 8-8　A 是两个神经元当他们的输入是不相关时,其中一个产生放电串的自相关谱 $\hat{f}_{00}(\lambda)$。而 C 是对于弱相关共用输入时的自相关谱。B 是当给神经元输入不相关共用信号时的相干性 $|\hat{R}_{01}(\lambda)|^2$。而 D 是弱相关共用输入时的相干性。B 和 D 中的水平虚线代表两个过程不相关的 95% 的置信上限。A 和 C 中的水平虚线和实线分别代表 $P/2\pi$(P 是平均放电频率)和两个过程产生于泊松过程的 95% 的置信限。

共用输入的神经元的放电串之间的相关性能够反映出共用信号的频率成分。因这两个模型神经元是完全相同的,所以相关的输入放电串对其中一个神经元输出放电串的时间编码的影响会与另一个相同。通过识别共用信号的频率成分,我们可以用输出放电串之间的相关性来度量共用输入之间相关性的改变对输出放电串时间编码的影响。

我们来研究两种情况下当全部突触输入的 5％作为两个模型神经元的共用信号时的差异。第一种是公用输入不相关,而第二种则有弱相关性。

每个模型神经元接受 996 个输入,这些输入均匀分布于整个细胞,引起31 872 EP-SPs/s 的突触输入。没有共用输入时,每个细胞放电频率约为 12 次/s。当有 5％的输入共用时(每个共用输入受到 25Hz 信号的驱动),每个细胞所接受的突触输入保持在 31 872 EPSPs/s。一个模型神经元的自相关谱(图 8-8A)在细胞平均放电频率 12Hz 左右有一个显著的峰值。

当共用输入不相关时,从 100s 采样中计算得到的两个输出放电串之间的相关性并不显著,说明不相关的 5％的公用输入信号对这些神经元输出放电串的时间编码没有影响。在第二种情况下,25Hz 的公用输入信号在图 8-7B 中给出的合并相关的频率处有弱相关性。如图 8-8B 所示,输出放电脉冲串之间相关性显著峰值发生在 25Hz 左右——公用输入的频率;而神经元的平均放电频率却如它的自相关谱所示没有改变(图 8-8C)。尽管合并相关的峰值只有 0.009——说明共用输入间是弱相关的,但输出放电串之间的相关却要高出 20 倍。仅仅将 5％的突触输入相关联加到神经元上,就可以引起输出放电串时间编码的显著改变。关于弱相关突触输入的作用见 Halliday(1998b)。

等价电缆的构建

"等价结构"的思想虽然容易理解,但却很难精确定义。本节旨在从神经元建模的角度给出等价性的定义,而神经元建模既可以做一般用途也可以做数学分析。

我们知道,任何具体对象的模型(在这里是树突树)都是用抽象事物来描述具体的对象。重要的是,抽象事物完全由其定义确定,而具体对象却不易受到详尽描述的影响。我们说,抽象事物是具体对象的模型,定义前者目的是为了表达后者。

从神经元建模的角度来看,具体的结构是指树突树和胞体,而抽象的对象是相互联结的圆柱。显然,这两个对象是不可能真正等价的。即使对树突的精确几何结构的描述取极限,树突和模型表达之间的电学特性也不可能完全吻合。

抽象对象的不同程度的等价性保留了具体对象一定性质。如总的树突长度(不同于胞体到顶端的最大长度)、总的树突膜的面积、电参数值等。因此等价性就是在具体对象和抽象对象之间信息保留的程度,而数学等价性是各自模型之间精确的信息保留性。比如,一个任意分叉的多圆柱模型就可以用无分叉多圆柱模型代替,两者在数学上是绝对等价的。

等价模型的简短回顾

所有的电缆模型都不同程度地受到 Rall 的等价圆柱模型的启发(Rall　1962a,b),此模型深刻揭示了无源树突在神经元功能中的作用,并能够对特定的电参数进行计算。而且此模型能够适用于的一定的树形,这也扩展了 Rall 最初的模型结果。

Rall(1962a)用引入分叉的分数阶的办法将圆柱模型应用于尖端细的树形上。然而,此概念显然仅仅是数学的,与生理的实际相差很远。另一方面,Burke(1997),Clements 和 Redman(1989)以及 Segev 与 Burke(1988)导出了经验的等价电缆,它对树形没有限制,而且更适用于实际。当一股电流脉冲注入胞体时,我们用能否更好的近似胞体的瞬态电压来度量这些电缆等价性的优劣。对这种瞬态分析可以更好地改进对无源电参数(如轴突阻抗、膜阻抗、树突树的有效电紧张长度等)的计算方法。这些电缆模型也用于对复杂的树形进行化简,以提高神经元计算机建模的效率(见 Manor et al. 1991)。

Rall 的等价圆柱模型和 Lambda 的电缆模型是两个最为熟悉的模型,但值得注意的是这些以前的模型没有一个能够完全等价于(从数学意义上说)树突结构的最初表达形式,因为它们没有保留住整个树突的电紧张长度。我们不能从 Rall 的等价圆柱模型和 Lambda 的电缆模型中重构出加到树突结构的最初输入形式。在这些等价模型上不同的输入形式之间没有什么不同的作用,因此这些模型中没有包括建构出加到树突结构上的输入形式(能在胞体上引起相同的效应)的必要信息。只要保留全部的电紧张长度就可以建立树形与电缆模型之间的一一对应的关系。

等价电缆模型回顾

如果加到一个模型上的任何形式的输入都与加到第二个上的输入形式唯一的对应,并使得在两种情况下的胞体的反应相同,则说明两个模型是数学等价或起码是相当的(反之亦然)。从数学上说,这种对应关系成为映射。这个唯一性要求保证了映射是单射性和满射性。既是单射又是满射的映射称为双射映射。在此定义下,将保留模型描述几何结构、有界边界条件和电活动的特性。所有的特征性现象都可以在等价模型上再现。

树突树模型由多个均匀的节段构成,每个节段都用线性电缆方程描述,每个节段的电紧张长度都是某些量 l 的倍数。只要满足条件:①膜的时间常数 $\tau = C_M / g_M$ 在整个树上都是一样的;②每个末端满足电流注入条件或绝缘末端边界条件,则上述树突树模型就可以等价于电缆模型。而胞体相对于整个电缆来说只是一个点(原点),它不影响电缆结构的等价性,可以取任何边界条件。

等价电缆模型保留了全部的电紧张长度,可由多个不同的节段构成,其中只有一个与树胞体相连(称为连接节段)。其他节段都是分开的节段,不连接胞体,其电活动不影响胞体。

基本分枝结构

树突结构的基本几何单元是简单的 Y 形连接,它由两个从主干分出的子分枝组成。

Y 形连接的等价电缆模型至少包含一个连接节段和一个及以上的分开节段。如果一个 Y 形连接的等价电缆仅包括一个分开的节段,则称为退化连接,否则称为非退化连接。这种退化与树矩阵的多重特征值相联系。

任何多分枝树突结构都由 Y 形连接构成,Y 形连接构成了任何树突结构的复杂性。断开末端 Y 形连接可以产生一个等价模型,这个新的模型等价于原来的树突,但因为移走了一个分叉点使得新模型的复杂性减少了,但这种简化需要更复杂的输入结构。图 8-10 说明了几何复杂性的简化以及输入电流结构复杂性的相应增加。继续化简末端

Y 形连接,可以产生等价模型的分级结构,最终产生出一个没有分叉的等价模型或电缆模型。

等价电缆模型举例

图 8-9 给出了三个简单的树突树以及相应的等价电缆模型。

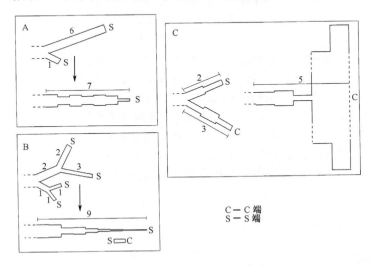

图 8-9　某些等价电缆举例

A. 一个简单的非兼并 Y 形连接,它有一个短的肢体和一个长的肢体,两个末端都是密封的。B. 有两级分叉且所有末端都密封的树突树。用三个 Y 形连接变换得到等价电缆方程。C. 具有一个密封端和一个绝缘端的 Y 形连接。绝缘端有较大的直径跳变,用点划线示出。

最好是仔细地检验一下具有相同长度肢体的 Y 形连接(图 8-10)的等价表示的特性,这是因其固有的简单性,在将一般的树突树简化为与它们等价的电缆模型时这样的连接是经常遇到的。

在所有条件下,等价电缆由未分叉的分段连续的均匀电缆组成,节段直径已知,肢体总长度与原始树突一致,树突树与未分叉的等价电缆之间为双射。在图中的例子中(8-10B),等价电缆由两个节段组成,一个连到主干,另一个可以既连到第一个上也可以完全断开,这要视末端边界条件而定。

令 $V_S(x,t)$ 和 $V_L(x,t)$ 是图 10 中 Y 形连接各个肢体的膜电位,令 $I_S(x,t)$ 和 $I_L(x,t)$ 是电流输入。在 Y 形连接部膜电位的连续性和电流的保守性分别要求 $V_S(x,t)$ 和 $V_L(x,t)$ 满足边界条件

$$V_S(0,t) = V_L(0,t) = V_P(L,t) \quad \text{(电势连续性)} \tag{8.106a}$$

$$c_S \frac{\partial V_S(0,t)}{\partial x} + c_L \frac{\partial V_L(0,t)}{\partial x} = c_P \frac{\partial V_P(L,t)}{\partial x} \quad \text{(电流保守性)} \tag{8.106b}$$

式中, $V_P(x,t)$ 是主干的电势, L 是它的长度。用类似于 Rall 等价电缆一节的分析,则会看到电势

$$\psi_1(x,t) = \frac{c_S\, V_S(x,t) + c_L\, V_L(x,t)}{c_S + c_L}\Bigg| \quad 0 < x < l, \quad t > 0 \quad (8.107)$$

$$\psi_2(x,t) = V_S(x,t) - V_L(x,t)\Bigg|$$

是电缆模型的解。边界条件(8.106a)中电势的连续性暗含着关系 $\psi_1(0,t) = V_P(L,t)$，而从(8.106b)中的电流保守性得到

$$\Big| c_S + c_L \Big| \frac{\partial \psi_1(0,t)}{\partial x} = c_S \frac{\partial V_S(0,t)}{\partial x} + c_L \frac{\partial V_L(0,t)}{\partial x} = c_P \frac{\partial V_P(L,t)}{\partial x}$$

因此 $\psi_1(x,t)$ 是连接到主干上的电缆的电势，它既保留了膜电位的连续性，又保留了电流的保守性，但前提是电缆的 $c_1 = c_S + c_L$。当然它只是熟知的 Rall 结果的另一种形式。因此 $\psi_1(x,t),0 \leqslant x \leqslant l$ 是 Y 形连接的 Rall 等价圆柱的电势。而且可以看到，如果考虑到 $x=0$ 处的 V_S 和 V_L 的连续性，$\psi_2(x,t)$ 也是满足绝缘边界条件 $\psi_2(0,t)=0$ 的电缆方程的解。前面的说明对于这个树突是全面的，但还不能定义出等价电缆。要得到完全等价电缆，必须将末端边界条件合并进建模过程中。这里有两种可能：两个 Y 形连接的尖端满足不同的末端边界条件，如图 8-10B 所示；或者它们具有图 8-10A 中的相同的边界条件。

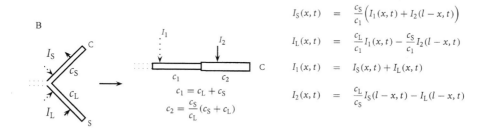

图 8-10　具有等长肢体的均匀 Y 形连接的等价电缆模型的建构

符号"C/S"指绝缘/密封边界条件。在 A 中两个边界条件是一样的，而在 B 中是不一样的。A 和 B 中的方程给出了树和等价圆柱间的双射关系。指向肢体的箭头是兴奋性的，而从肢体出来的箭头是抑制性的。

只要树突末端都是绝缘或密封的，ψ_1 和 ψ_2 在 $x=1$ 处就相应的是绝缘或密封的。所以 ψ_1 和 ψ_2 是两个完全且独立的电缆解，代表了两个独立的电缆。但只有 ψ_1 连接到主干上，因为只有它保持了与主干的电势连续性和电流保守性。在此情况下，ψ_2 是一个

断开节。显然等价电缆需要用连接和断开节段来解出原始 Y 形连接各处的电势。或者，当树突末端满足不同的边界条件时，ψ_1 和 ψ_2 不能单独在 $x=1$ 处终止，但 $\psi_1(x,t)$ 在保持电势连续和电流保守的情况下（在 $x=1$ 处）可以连接到 $\psi_2(l-x,t)$。故此例中（图 8-10B）等价电缆没有断开的节段，并中止于绝缘端。

　　这种分析用于说明等价电缆和相关映射的所有特性。事实上，整个分析过程可以在树突结构的矩阵表示上用数值方法完成。下面一节给出了用矩阵表示来建构等价电缆的方法学，同时给出了对有限差分形式的电缆方程进行数值积分的方法。

等价电缆的建构

　　等价电缆的建构基于这样的事实，即对应于具有绝缘端和密封端的树突树矩阵可以转换为对角矩阵，这对无分叉树突（或等价电缆）是很自然的。这个建构包括三步。第一步已经在关于对称化树矩阵一节做了描述，它包括对称的树矩阵 $S^{-1}AS$ 的建构，其中，S 是一个实对角矩阵。第二步和第三步分别包括从 $S^{-1}AS$ 中导出对称的电缆矩阵 C、将其去对称化为等价电缆矩阵 E。Householder 反射在等价电缆的建构和现在所讨论的内容中起到了重要的作用。

　　Householder 反射

　　已知矢量 V 具有分量 v_i，Householder 反射矩阵 H 的元素 h_{ij}（Golub and Van Loan 1990）定义为

$$h_{ij} = \delta_{ij} - \frac{2\,v_i v_j}{v_r v_r} \tag{8.108}$$

式中，δ_{ij} 是 Kronecker delta 函数，脚标循环代表求和。通过变换，H 可以是对称且幂等的。对称是因为 $h_{ij} = h_{ji}$，幂等是因为

$$h_{ik}h_{kj} = \left| \delta_{ik} - \frac{2\,v_i v_k}{v_r v_r} \right| \left| \delta_{kj} - \frac{2\,v_k v_j}{v_s v_s} \right|$$

$$= \delta_{ik}\delta_{kj} - 2\,\delta_{ik}\frac{v_k v_j}{v_s v_s} - 2\,\delta_{kj}\frac{v_i v_k}{v_r v_r} + 4\,\frac{v_i v_k}{v_r v_r}\frac{v_k v_j}{v_s v_s}$$

$$= \delta_{ij} - 4\,\frac{v_i v_j}{v_r v_r} + 4\,\frac{v_i v_j}{v_r v_r}$$

$$= \delta_{ij}$$

所以，H 及其逆矩阵是对称正交矩阵，即 $H^{\mathrm{T}} = H^{-1}$。

　　在矩阵简化中，Householder 反射用来将矩阵化为约当（Jordan）规范形。适当选择矢量 V，可以形成一系列 Householder 反射来将任何矩阵化为上 Hessenberg 形（见 Golub and Van Loan　1990）。然而，将 Householder 应用于 $S^{-1}AS$ 时，得到的对角形式作为电缆或无分叉树突没有明显的意义，此方法看来行不通。这是因为通常使用的 Householder 算法总是从矩阵的最后一列和最下面一行开始，逐渐扫过矩阵直到到达矩阵的左上角。得到的对角矩阵作为电缆没有明显的意义。

　　因此需要另一种方法。总起来说，它就是用一系列合适的 Householder 矩阵前乘和后乘 $S^{-1}AS$，最终将 $S^{-1}AS$ 简化为对称的电缆矩阵 C，C 可与去对称化的电缆矩阵 E 有

关。每次前乘和后乘 Householder 矩阵称为一次 Householder 变换,它可以在将 $S^{-1}AS$ 简化为 C 的过程中将单独的一对元素化为零,因此它类似于 Given 旋转(Golub,Van Loan 1990),后者会破坏对于电缆构成来说很重要的矩阵结构,而前者在产生出对称电缆矩阵的元素的同时会逐渐从部分对角化的对称树矩阵中消掉非对角元素。

令 A 是 $n \times n$ 对称矩阵,能够保留电缆结构的 Householder 简化算法由下面描述的两个基本变换组成。假设 p 和 q 分别是 p 行中的最小行脚标和最小列脚标,它们能使 $a_{p,q}$ 和 $a_{q,p}$($q > p+1$)是非零的非对角元素。如果这样的 p 和 q 不存在,则 A 是一个对角矩阵,否则选择矩阵(8.108)中的 v_i 为

$$v_i = \sqrt{1 - \alpha \delta_{i,(p+1)}} - \sqrt{1 + \alpha \delta_{i,q}}$$

$$\alpha = \frac{a_{p,(p+1)}}{\sqrt{a_{p,(p+1)}^2 + a_{p,q}^2}}, \qquad \beta = \frac{a_{p,q}}{\sqrt{a_{p,(p+1)}^2 + a_{p,q}^2}} \tag{8.109}$$

用 V 的这种选择定义的 Householder 反射用 $H^{(p,q)}$ 表示,并有块矩阵形式

$$H^{(p,q)} = \begin{vmatrix} I_p & 0 & 0 & 0 & 0 \\ 0 & \alpha & 0 & \beta & 0 \\ 0 & 0 & I_{q-p-2} & 0 & 0 \\ 0 & \beta & 0 & -\alpha & 0 \\ 0 & 0 & 0 & 0 & I_{n-q} \end{vmatrix} \tag{8.110}$$

式中,I_j 表示 $j \times j$ 的单位矩阵且 $\alpha^2 + \beta^2 = 1$。可以看到,$H^{(p,q)}AH^{(p,q)}$ 的第 $(p,q)^{th}$ 个和第 $(q,p)^{th}$ 个元素为零;用 $H^{(p,q)}$ 定义的 Householder 变换将 A 的第 $(p,q)^{th}$ 个和第 $(q,p)^{th}$ 个元素分布到 $H^{(p,q)}AH^{(p,q)}$ 的第 $(p,p+1)^{th}$ 个和第 $(p+1,p)^{th}$ 个元素和其他 p 行以下的非对角元素周围。反复使用此方法,并选择合适的 Householder 变换可以使 $S^{-1}AS$ 的所有非对角元素得到变换。总之,存在一系列的 Householder 反射 $H_1, H_1, \cdots, H_k$ 使得

$$T = (H_k H_{k-1} \cdots H_2 H_1)(S^{-1}AS)(H_1 H_2 \cdots H_{k-1} H_k) \tag{8.111}$$

为对称的对角矩阵。但在 T 的对角线上面或下面会有一对负元素,所以 T 不是对称电缆矩阵 C。然而用一系列基本的矩阵变换 T 可以变换为 C。

假设 $t_{p,(p+1)}$ 和 $t_{(p+1),p}$ 是 T 的对角线上面或下面的负元素,T 第一个 $(p-1)$ 行的所有非对角元素为零,则用下面的对称正交矩阵可以保留 $R^{(p)}TR^{(p)}$ 的第 $(p,p+1)^{th}$ 和第 $(p+1,p)^{th}$ 元素的代数符号

$$R^{(p)} = \begin{vmatrix} I_p & 0 & 0 \\ 0 & -1 & 0 \\ 0 & 0 & I_{n-p-1} \end{vmatrix} \tag{8.112}$$

事实上,$R^{(p)}$ 可改变 T 中除 (p,p) 元素(实际上是代数符号变了两次)外的所有 p 行和 p 列元素的代数符号。因此存在一系列反射 $R_1, R_2, \cdots, R_m$ 使得 T 可以变换为对称的矩阵 C

$$C = |R_m R_{m-1} \cdots R_2 R_1| \, T \, |R_1 R_2 \cdots R_{m-1} R_m| \tag{8.113}$$

它的对角线上面和下面仅包含非负元素。总之,存在一系列 Householder $H_1, H_2, \cdots, H_k$

和修正矩阵 $R_1, R_2, \cdots, R_m$ 使得

$$C = Q^{-1} \left| S^{-1} AS \right| Q, \qquad Q = R_m \cdots R_1 H_k \cdots H_1, \qquad Q^T Q = QQ^T = I$$

图 8-11 说明了得到 Y 形连接对称树矩阵的过程。

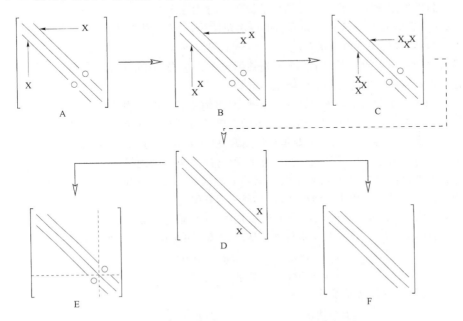

图 8-11 图示说明对于 Y 形连接的树矩阵，Householder 矩阵对角化过程

A. 对称的树有一对非对角元素。B. 归零这个元素使得新的非对角元素更靠近矩阵的右下角。C～D 重复上述过程直到对角化。得到的电缆矩阵表达 E 两个节段（一个连接一个断开）或者 F 一个节段（连接）。

提取等价电缆

矩阵 C 可以看作是对应于一个无分叉树或等价电缆的树矩阵 E 的对称形式，因此在从 C 中提取 E 的同时也保留了对称的 $n \times n$ 对角矩阵 $X = \text{diag}(x_0, \cdots, x_{n-1})$。不失一般性，$X$ 矩阵的第一个元素为 $x_0 = 1$，$C = X^{-1} EX$，显然

$$C = X^{-1} EX \Leftrightarrow c_{i,j} = \frac{x_j e_{i,j}}{x_i}$$

X 和 E 之间的联系反映了原始树矩阵 A 和它的对称化的矩阵 S 之间的联系。依靠合适的变换，E 和 C 有相同的主对角元素，E 和 C 对角线上面和下面的元素满足

$$c_{i,i+1} = \frac{x_{i+1} e_{i+1,i}}{x_i}, \qquad c_{i+1,i} = \frac{x_i e_{i,i+1}}{x_{i+1}}, \qquad 0 \leqslant i < n-1$$

从 C 的对称性可以得到

$$e_{i+1,i} = \frac{c_{i,i+1}^2}{e_{i,i+1}}, \qquad 0 \leqslant i < n-1 \tag{8.114}$$

$$x_{i+1} = x_i \sqrt{\frac{e_{i,i+1}}{e_{i+1,i}}}, \qquad 0 \leqslant i < n-1 \tag{8.115}$$

因 E 和 C 的对角元素是相同的,我们还需要从 C 中得到 E 的对角线上面和下面的元素。E(等价电缆)的建构从总的建构过程来看可能更好理解。C 去对称化到 E 的过程可以分解为三步,第一步引入一个电缆;第二步建立一个电缆体;第三步电缆结束。需要可以开始一个新的电缆建构过程。电缆结束的原因一方面在于去对称化过程消去了 C 的所有元素,另一方面因为 C 有一个非平庸的块对角结构,这个结构带来了 E 的非平庸块对角结构。当然,E 的每个对角块对应于一个电缆,但仅有 E 的左上角的块连接到胞体(胞体电缆);每个留下来的块对应于一个不连接到胞体的电缆。因此加到树突模型上的输入形式在不连接胞体的电缆上不会影响胞体电势。

E 的每个块对角矩阵都定义为一个电缆,电缆所满足的边界条件嵌入在块的第一行和最后一行中,其他行等同于内节。导数的有限差分形式保证了这些非边界行的非对角元素的和为 2α。密封末端对应着非对角元素是 2α 的边界行,而绝缘末端的边界行的非对角元素为 α 且要求电缆伸长一个内节的距离到达实际的绝缘端。一旦对任何电缆有了边界条件,由于每个非边界行中的非对角元素的和为 2α,电缆体和它的其他末端边界的特性就可以通过交替使用结果(8.114)通过运算得到。

第一步,E 的第一行的非对角元素 e_{01} 的值,可以通过识别等价电缆的第一节是否是附随在胞体上的肢体的 Rall 和来得到。从式(8.66)可得原始树的胞体条件为

$$\frac{\mathrm{d}v_0}{\mathrm{d}t} = -\frac{2g+\beta hg_0}{2\varepsilon g+hg_0}v_0 + \frac{2\alpha h}{2\varepsilon g+hg_0}\sum_{r=1}^{N}g_{k_r}v_{k_r} - \frac{2J_0}{2\varepsilon g+hg_0}$$

因此,E 的第一行包括元素对

$$e_{00} = -\frac{2g+\beta hg_0}{2\varepsilon g+hg_0}, \qquad e_{01} = \frac{2\alpha h}{2\varepsilon g+hg_0}\sum_{r=1}^{N}g_{k_r} = \frac{2\alpha hg_0}{2\varepsilon g+hg_0}$$

第二步,只要 e_{01} 已知,则方程(8.114)使得 $e_{01} = c_{01}^2/e_{01}$ 和 $e_{12} = 2\alpha - e_{10}$。重复此过程,即从 $e_{i,i+1}$ 算得 $e_{i+1,i}$,然后从 $e_{i+1,i}$ 算得 $e_{i+1,i+2}$,给定 $e_{i,i+1}=0$,则

$$e_{i+1,i} = \frac{c_{i,i+1}^2}{e_{i,j+1}}, \qquad e_{i+1,i+2} = 2\alpha - e_{i+1,i} \tag{8.116}$$

这个算法产生电缆体并终止电缆建构的第二步。

第三步,第二步描述的算法会失效,因为 $i+1=n-1$ 和 $e_{i,i+1}e_{i+1,i}=0$ 都会使等价电缆包含断开节段。后者的 $e_{i,i+1}=e_{i+1,i}=0$。在这两种情况下,电缆末端的边界条件的性质由 $e_{i,i-1}$ 决定,它是 E 的最后一个非零的非对角元。如果 $e_{i,i-1}=2\alpha$,则电缆终止于密封端,如果 $e_{i,i-1}=\alpha$ 则电缆终止于多一个内节距离的绝缘端。除此以外,$e_{i,i-1}$ 没有其他的值了。

很显然,包括自然的或未成熟的电缆末端在内,对称矩阵 X 的对角元都可以直接从方程(8.115)算得。只要电缆过早地终止并且 C 还有元素是去对称化的,就必须在密封端或绝缘端开始新的去对称化过程,而 X 剩下的元素用 $x_{i+1}=1$ 来初始化。难点在于没有胞体边界条件,这需要检查原始树突和对称电缆之间的映射来解决。如果电缆在 $(i+1)$ 节初始化,则在节 z_{i+1} 的特性反映在第 $(i+1)$ 个映射矢量中,电缆将以密封端开始。否则电缆就以绝缘端开始。

等价电缆节段的直径

等价电缆完全可以用每节电缆的 g 值来描述。如果 G_i 是末梢包含 Z_i 电缆节的 g

值，Z_i 节的电缆方程的有限差分表示为

$$\frac{\mathrm{d}V}{\mathrm{d}t}i = -\beta V_i + \frac{2\alpha G_i}{G_i + G_{i+1}} V_{i-1} + \frac{2\alpha G_{i+1}}{G_i + G_{i+1}} V_{i+1} = -\beta V_i + e_{i,i-1} V_{i-1} + e_{i,i+1} V_{i+1}$$

可以看到

$$e_{i,i-1} + e_{i,i+1} = 2\alpha, \qquad G_{i+1} = G_i \frac{e_{i,i+1}}{e_{i,i-1}}$$

第一个结果已经用在了 E 的建构中，我们可以利用第二个结果从等价电缆的构成电缆节的第一个节段的 g 值来确定所有节段的 g 值。对于胞体电缆，第一个节段的 g 值就是连到胞体所有肢体的 g 值的和。对于断开节段，不失一般性，它的第一个节段的 g 值可以设为 1。

电映射

从原始树突到等价电缆的方法由三步组成，即原始树突表示的对称化、对称电缆形式的对称表达的化简、用对称电缆的去对称化来得到等价电缆。这些变换在矩阵代数中都是相似变换

$$C = H^{-1}(S^{-1}AS)H, \qquad C = X^{-1}EX$$

原始树矩阵 A 和它的等价形式 E 之间可以用相似变换相互转换

$$E = M^{-1}AM, \qquad M = SHX^{-1} \tag{8.117}$$

原始电缆方程现在进一步化为

$$\frac{\mathrm{d}(MV)}{\mathrm{d}t} = E(MV) - 2MRJ = \frac{\mathrm{d}V_\mathrm{E}}{\mathrm{d}t} = EV_\mathrm{E} - 2MRJ$$

式中，V_E 是等价电缆的膜电位。因此矩阵 M 可以看作是具有膜电位 V 的原始树突树与它的等价电缆（膜电位为 $V_\mathrm{E} = MV$）之间的电映射。矩阵 M 称为电几何投影矩阵（EGP）。

数值计算

树矩阵和电缆矩阵是稀疏且对角化的，所以它们在计算机中的存储效率很高。包含 n 个节的树矩阵中有 $3n-2$ 个非零元素，主对角线上的元素可以存成两个元，一个是胞体节一个是所有剩下的节。$2n-2$ 个非对角元可以三个一组储存，每一组的前两个元分别是元素的行和列，最后一个元是元素值。

对称矩阵 S 可以存为长度为 n 的矢量，对称树矩阵 $S^{-1}AS$ 存为 $(n-1)$ 个三元组。S 的形式可以直接从方程(8.73)所描述的 A 中建构出来，从而定义了 $S^{-1}AS$ 的形式。

Householder 反射 $H^{(p,q)}$ 简单的形式使得电流中间矩阵的 $p+1$ 和 q 行以及 $p+1$ 和 q 列受到 Householder 变换的作用，所以 Householder 变换 $H^{(p,q)}$ 最多会修正 $2(n-p-1)$ 个元。将对称树矩阵转换为对称电缆矩阵的 Householder 变换使得中间矩阵高度的稀疏。非对角元数值很小且以三个一组储存。

树和它的等价电缆间的电映射用一系列单个的 Householder 反射的形式以三元一组的形式加以储存。例如，$H^{(p,q)}$ 是三元组 (p, q, β)[α 和 $H^{(p,q)}$ 的形式如式(8.109)和式(8.110)]。要计算树突树与等价电缆间的关系，需要计算 EGP 矩阵。

等价电缆结构的贮存与对称化矩阵 X 一样，和原始树矩阵有相同的效率。

总之,从树突树到等价电缆的过程因树突结构矩阵的疏松性,可以将储存过程处理得更高速和高效。作为树突树上的点与它等价电缆间的相关性表示形式,电映射要求对整个矩阵进行计算,因此不可避免的计算速度慢且花费记忆容量。

Householder 过程的一个完整例子

可以看到用方程(8.75)定义的对角矩阵 S,当用于由方程(8.71)定义的树矩阵 A 时,得到对称树矩阵

$$S^{-1}AS = \begin{vmatrix} -\beta_s & \alpha k & 0 & 0 & 0 & 0 & 0 \\ \alpha k & -\beta & \alpha p & 0 & 0 & 0 & 0 \\ 0 & \alpha p & -\beta & \alpha q & 0 & \alpha r & 0 \\ 0 & 0 & \alpha q & -\beta & \sqrt{2}\alpha & 0 & 0 \\ 0 & 0 & 0 & \sqrt{2}\alpha & -\beta & 0 & 0 \\ 0 & 0 & \alpha r & 0 & 0 & -\beta & \sqrt{2}\alpha \\ 0 & 0 & 0 & 0 & 0 & \sqrt{2}\alpha & -\beta \end{vmatrix}$$

到对角形式的 Householder 化简 $S^{-1}AS$ 如矩阵所示,包含了两步 Householder 变换。

步骤 1

第一次 Householder 变换将 $S^{-1}AS$ 的第 3 行第 6 列的元 αr 化为 0。为此,令对称树矩阵 $S^{-1}AS$ 和 Householder 反射 H_1 具有块对角形式

$$S^{-1}AS = \begin{vmatrix} T & U \\ U^T & B \end{vmatrix}, \qquad H_1 = \begin{vmatrix} I_3 & 0_{34} \\ 0_{43} & Q \end{vmatrix}$$

式中,T(为一个 3×3 矩阵)、U(为一个 3×4 矩阵)和 B(为一个 4×4 矩阵)的形式从 $S^{-1}AS$ 的表达式显然可得。特别是

$$Q = \begin{vmatrix} \gamma & 0 & \delta & 0 \\ 0 & 1 & 0 & 0 \\ \delta & 0 & -\gamma & 0 \\ 0 & 0 & 0 & 1 \end{vmatrix}, \qquad \gamma = \frac{q}{\sqrt{r^2+q^2}}$$
$$\delta = \frac{r}{\sqrt{r^2+q^2}}$$

矩阵块相乘,可得

$$H_1(S^{-1}AS)H_1 = \begin{vmatrix} T & UQ \\ (UQ)^T & QBQ \end{vmatrix}$$

式中,UQ 和 QBQ 分别是 3×4 和 4×4 的矩阵。令 $\omega = \sqrt{r^2+q^2}$,则

$$H_1(S^{-1}AS)H_1 = \begin{vmatrix} -\beta_s & \alpha k & 0 & 0 & 0 & 0 & 0 \\ \alpha k & -\beta & \alpha p & 0 & 0 & 0 & 0 \\ 0 & \alpha p & -\beta & \alpha\omega & 0 & 0 & 0 \\ 0 & 0 & \alpha\omega & -\beta & \sqrt{2}\alpha\gamma & 0 & \sqrt{2}\alpha\delta \\ 0 & 0 & 0 & \sqrt{2}\alpha\gamma & -\beta & \sqrt{2}\alpha\delta & 0 \\ 0 & 0 & 0 & 0 & \sqrt{2}\alpha\delta & -\beta & -\sqrt{2}\alpha\gamma \\ 0 & 0 & 0 & \sqrt{2}\alpha\delta & 0 & -\sqrt{2}\alpha\gamma & -\beta \end{vmatrix} \tag{8.118}$$

步骤 2

第二次 Householder 变换使 $H_1(S^{-1}AS)H_1$ 的第 4 行第 7 列的元素 $\sqrt{2}\,\alpha\delta$ 为 0。令 $H_1(S^{-1}AS)H_1$ 和 Householder 反射 H_1 具有块对角形式

$$H_1(S^{-1}AS)H_1 = \begin{vmatrix} T & U \\ U^{\mathrm{T}} & B \end{vmatrix}, \qquad H_2 = \begin{vmatrix} I_4 & 0_{43} \\ 0_{34} & Q \end{vmatrix}$$

式中,T(为一个 4×4 矩阵)、U(为一个 4×3 矩阵)和 B(为一个 3×3 矩阵)的形式从 $H_1(S^{-1}AS)H_1$ 表达式(8.118)显然可得。特别是

$$Q = \begin{vmatrix} \gamma & 0 & \delta \\ 0 & 1 & 0 \\ \delta & 0 & -\gamma \end{vmatrix}$$

令 $H = H_2H_1$,则

$$H(S^{-1}AS)H = \begin{vmatrix} -\beta_s & \alpha k & 0 & 0 & 0 & 0 & 0 \\ \alpha k & -\beta & \alpha p & 0 & 0 & 0 & 0 \\ 0 & \alpha p & -\beta & \alpha\omega & 0 & 0 & 0 \\ 0 & 0 & \alpha\omega & -\beta & \sqrt{2}\,\alpha & 0 & 0 \\ 0 & 0 & 0 & \sqrt{2}\,\alpha & -\beta & 0 & 0 \\ 0 & 0 & 0 & 0 & 0 & -\beta & -\sqrt{2}\,\alpha \\ 0 & 0 & 0 & 0 & 0 & \sqrt{2}\,\alpha & -\beta \end{vmatrix} \tag{8.119}$$

式中,最终的 Householder 转换嵌入在正交矩阵

$$H = H_2H_1 = \begin{vmatrix} 1 & 0 & 0 & 0 & 0 & 0 & 0 \\ 0 & 1 & 0 & 0 & 0 & 0 & 0 \\ 0 & 0 & 1 & 0 & 0 & 0 & 0 \\ 0 & 0 & 0 & \gamma & 0 & \delta & 0 \\ 0 & 0 & 0 & \gamma & 0 & & \delta \\ 0 & 0 & 0 & \delta & 0 & -\gamma & 0 \\ 0 & 0 & 0 & 0 & \delta & 0 & -\gamma \end{vmatrix} \tag{8.120}$$

用上述去对称化算法从式(8.119)中得到等价电缆矩阵 E。在对称电缆矩阵 $H(S^{-1}AS)H$ 中存在一对$(5,6)$和$(6,5)$元素,这说明此例中的等价电缆有一个长度为 $2l$ 的连接节段和一个长度为 l 的断开节段。首先看到去对称后的矩阵 E 有第 2 个元素 αk^2,去对称化过程进行到 E 的第 5 行,此时

$$E = \begin{vmatrix} -\beta_s & \alpha k^2 & 0 & 0 & 0 & 0 & 0 \\ \alpha & -\beta & \alpha & 0 & 0 & 0 & 0 \\ 0 & \alpha p^2 & -\beta & \alpha\omega^2 & 0 & 0 & 0 \\ 0 & 0 & \alpha & -\beta & \alpha & 0 & 0 \\ 0 & 0 & 0 & 2\alpha & -\beta & 0 & 0 \\ 0 & 0 & 0 & 0 & 0 & \cdots & \cdots \\ 0 & 0 & 0 & 0 & 0 & \cdots & \cdots \end{vmatrix} \tag{8.121}$$

而去对称的对角矩阵为

$$X = \mathrm{diag}\left| 1, \frac{1}{k}, \frac{p}{k}, \frac{p}{kw}, \frac{p\sqrt{2}}{kw}, \cdots \right| \tag{8.122}$$

E 的第 5 行进一步显示出完全等价电缆的连接节段终止于密封端。等价电缆前 4 节的 g 值为

$$g_1 = g_2 = g_P, \qquad g_3 = g_4 = g_2\left| \frac{w^2}{p^2} \right| = g_L + g_R \tag{8.123}$$

第 4 节以后,等价电缆必须重新开始,其条件由式(8.120)所示的 H 的第 6 行的特性决定。在联系 H 的第 6 行中没有原始树突树的内节 z_4 和 z_6,因此等价电缆要在绝缘端开始。式(8.121)中 E 的所有元素、式(8.122)中的 X 以及式(8.123)中的电缆的 g 值分别为

$$\left| \begin{matrix} -\beta & \alpha \\ 2\alpha & -\beta \end{matrix} \right|, \qquad \left| \cdots, 1, \frac{1}{2} \right|, \qquad g_5 = g_6 = g_R + g_L$$

显然等价电缆的断开节段开始于绝缘末端,终止于密封末端且厚度均匀。考虑到式(8.75)中的对称矩阵 S,式(8.120)中的 Householder 变换 H、式(8.122)中的去对称矩阵 X、从树突树到等价电缆的完全电映射为

$$\boldsymbol{M} = \boldsymbol{SHX}^{-1} = \left| \begin{matrix} 1 & 0 & 0 & 0 & 0 & 0 & 0 \\ 0 & 1 & 0 & 0 & 0 & 0 & 0 \\ 0 & 0 & 1 & 0 & 0 & 0 & 0 \\ 0 & 0 & 0 & 1 & 0 & \zeta & 0 \\ 0 & 0 & 0 & 0 & 1 & 0 & \zeta \\ 0 & 0 & 0 & 0 & 1 & \eta & 0 \\ 0 & 0 & 0 & 0 & 1 & 0 & \eta \end{matrix} \right|, \qquad \begin{matrix} \zeta = \dfrac{rp}{wkq} \\[2ex] -\eta = \dfrac{qp}{wkr} \end{matrix}$$

■ 普适分割室模型

　　Rall 的等价圆柱作为数学模型来简化"树突分叉的生理学意义的探索"(见 Rall 1964)。然而 Rall 也认识到,当面对具有复杂的突触活动的树突的分叉和尖细结构的时空分析时,他的模型是有局限性的。而且很难解算表征这些复杂结构的偏微分方程(电缆方程)。在将电缆方程用于树突系统时,为了简化分析和计算问题,Rall 引入了一个神经元分割室模型,这个模型的基本数学形式是用常微分方程表示的,这与神经元电缆理论中的偏微分方程不同(Rall　1964)。这将有为于应用具有良好性能的算法求解这些常微分方程系统。

　　Rall 室由神经元相互毗邻的节段组成,每个是空间均匀的。每个室用等效电路模拟,神经膜的电行及其与邻近室的相互作用服从 Kirchhoff 定律。实际的 Rall 分割室模型将一个点(一般为中点)与每个室相联系,其主要作用是决定该点等效电路的生物物理特性。神经元的 Rall 分割室模型常常用一系列等势区描写,这些区以电阻与它的中间相邻区耦合(Rall et al.　1992;Perkel and Mulloney　1978a)。

　　因 Rall 分割室模型的方程来自电路,这些方程有矩阵表达形式,除了对应于树突分

叉点的行以外,矩阵为对角形式。要强调的是这种对角形式是 Rall 分割室模型固有的,不能和积分电缆方程过程中遇到的相混淆。在后者中出现的对角形式都是在数值计算过程中出现的(二阶中心差分),而不是模型固有的。例如,4 阶中心差分给出 5 对角矩阵,而谱方法给出全部矩阵。总之,在精确的 Rall 分割室模型和数值计算之间存在微妙但重要的差别,后者虽然有相似的数学结构但却是近似的。

　　在神经元的 Rall 分割室模型中,对不同室之间(树突的不同的物理区域)相互作用的描述等效于描述每个室的代表点之间的相互作用。分割室和代表点之间的描述的等价性使得我们可以通过二元数学表示来建立更普适的分割室模型:分割室和代表点定义为两个元,分割室的分析结果同样适用于代表点,反之亦然。然而,虽然两套结果在数学上是类似的,但用公式描述分割室模型与等价点模型是不同的。后者是一套树突上指定的位点,在假定电流仅从这些点流过树突膜的条件下,后者的数学模型是这些点的膜电位公式。Rall 分割室模型是这种分割室模型的一个特例。

　　问题在于如何将神经元的分割室表示和电缆方程描述的内连接肢体连起来。Rall 部分回答了这个问题,他指出,分割室模型的极限形式就是电缆方程。此结果的推论为充分精确的分割室模型给了神经元行为,与其电缆方程解析结果接近。具体的比较(Segev et al. 1985)会导出此假定。然而重要的是要认识到,神经元的室划分是不同的模型,分割室模型和电缆模型之间的比较也必然是局限在有限时间内的。要证明电缆和分割室模型的等价性,就必须说明:在真实树突上的每个位置,两个模型计算出的(没有计算误差)最大的差异在所有时间下都可以比某种临近判据更小,而不是仅对有限时间。即两个模型之间的收敛性对于所有时间都是均匀的。如能证明,则基于分割室的树突模型的解与基于电缆方程的解是符合的,这也证明了 Rall 的见解:单室模型确实抓住了神经元的行为的本质(就像电缆模型)。

　　建立普适的模型为分割室建模带来几个好处。一旦所期望的树突电势的空间解确定,运用几个简单的规律就可以得到连接分割室的轴向阻抗和每个分割室的膜电容,这些规律可以给出尖细树突的精确表达式。以一般模型为参考,对于具体的模型在选择室参数的时候要估计误差。在具体分割室模型中,突触输入分配到所在的室而不管室的具体位置。普适模型给出了符合自然和树突生理的分配临近室突触输入的方法。

普适分割室模型公式

　　基于二元符号建立等价点(相对于分割室)的室模型。令 z_{j-1}、z_j 和 z_{j+1} 为树突肢体上三个连续的点,电荷通过这些点在胞内与胞外介质之间流动。跨膜电流只能通过这些点。在 Rall 分割室模型的公式中,通常的梯状网络(图 8-12)用于建立普适的分割室模型。梯子的每个横档模拟在所选择点 z_j 邻域树突的膜特性,它由等价电路构成,其中,电容与电池和电阻并联,如图 8-12。梯子的骨干刻画相邻点的阻抗耦合。

　　一般的分割室方程可以用 Kirchhoff 电路定律和标准的电路元件的特性来建构。首先是在 z_j 点的电流保守性,即

$$I_j^{(m)} = I_{j-1,j} - I_{j,j+1} \qquad (8.124)$$

从点 z_{j-1} 到 z_j 的电流服从欧姆定律,首先假设在连接选定点的膜处没有漏电流。为模拟树突上任何位置的实际的突触活动,将模型扩展为也包括 z_{j-1} 和 z_j 间离散的电流输

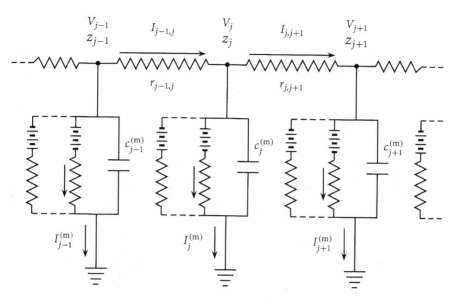

图 8-12　表达一般分割室模型的梯状网络图

在胞内和胞外介质间的膜电流处于选择点 z_j 的邻域,其模型用通常的等效电路构成,电路中电容与电池和一
个以上的电阻并联,电阻代表离子电流。轴向电流 $I_{j-1,j}$ 和 $I_{j,j+1}$ 是欧姆的,受到在点 z_{j-1} 和 z_j 之间的电阻
$r_{j-1,j}$,点 z_j 和 z_{j+1} 之间的电阻 $r_{j,j+1}$ 的共同影响。

入。这种输入使得我们可以很自然地分配节间的突触输入。

令 $I_{j-1,j}(t)$ 是在没有电流输入的情况下,点 z_{j-1} 和 z_j 间沿树突肢体的轴向总电流。
假设树突肢体的横截面积为 $A(x)$,式中,x 是沿肢体的轴向坐标,则 $I_{j-1,j}$ 满足

$$I_{j-1,j}(t) = -g_A A(x) \frac{\partial V(t, x)}{\partial x}$$

式中,$V(t, x)$ 是 x 处的树突膜电位。点 z_{j-1} 和 z_j 间的电势差为

$$V(t, z_j) - V(t, z_{j-1}) = V_j - V_{j-1} = \int_{z_{j-1}}^{z_j} \frac{\partial V}{\partial x}\mathrm{d}x = -\frac{I_{j-1,j}(t)}{g_A}\int_{z_{j-1}}^{z_j} \frac{\mathrm{d}s}{A(s)}$$

所以

$$I_{j-1,j} = g_A \frac{V_{j-1} - V_j}{r_{j-1,j}}, \qquad r_{j-1,j} = \int_{z_{j-1}}^{z_j} \frac{\mathrm{d}s}{A(s)} \qquad (8.125)$$

等价电路的特性显示出

$$I_j^{(m)} = I_j^{(ionic)} + c_j^{(m)} \frac{\mathrm{d}V_j}{\mathrm{d}t} \qquad (8.126)$$

式中,$c_j^{(m)}$ 是在 z_j 处的集总电容(Hines and Carnevale　1997),即

$$c_j^{(m)} = C_M \int_{(z_{j-1}+z_j)/2}^{(z_j+z_{j+1})/2} P(x)\mathrm{d}x \qquad (8.127)$$

这个积分的区域包括树突表面,而不是沿着树突轴。然而,如果表面和轴长度的测度相差
很大,即树突很尖细,则非轴向电流成分很大,树突分割室模型就不适用了。所以,主导

z_j 处膜电位演化的方程需要结合方程(8.124)～方程(8.126),为

$$c_j^{(m)} \frac{\mathrm{d} V_j}{\mathrm{d} t} + I_j^{(\text{ionic})} = g_A \frac{V_{j-1} - V_j}{r_{j-1,j}} + g_A \frac{V_{j+1} + V_j}{r_{j,j+1}} \tag{8.128}$$

此方程等价于那些来自 Rall 分割室神经元模型(Segev et al. 1989)的方程。的确,在合适的 $c_j^{(m)}$ 和 $r_{j-1,j}$ 下,所有神经元分割室模型都必然具有方程(8.128)的形式,但不同模型的参数选择不同。在末端边界条件、分叉点和树胞连接部的方程的处理方法类似。分叉点用连接部的膜电位模拟,但树突相关区域为星状而不是电缆状的。例如,Rall 分割室模型的参数选择为

$$r_{j-1,j} = g_A \frac{|z_j - z_{j-1}|}{2} \left| \frac{1}{A_{j-1}} + \frac{1}{A_j} \right| \tag{8.129}$$

$$c_j^{(m)} = C_M \frac{|z_{j+1} - z_{j-1}|}{2} p \left| \frac{z_{j-1} + 2z_j + z_{j+1}}{4} \right| \tag{8.130}$$

式(8.129)和式(8.130)是方程(8.125)中的 $r_{j-1,j}$、方程(8.127)中的 c_j 的积分结果。Rall 对 $r_{j-1,j}$ 的表达式基于梯形规则

$$\int_{z_{j-1}}^{z_j} f(x) \mathrm{d} x = \frac{|z_j - z_{j-1}|}{2} \left| f \right| z_{j-1} \left| + f \right| z_j \left| \right| - \frac{|z_j - z_{j-1}|^3}{12} f'' \left| \xi_j \right| \tag{8.131}$$

而对 c_j 使用中点规则

$$\int_{z_{j-1}}^{z_j} f(x) \mathrm{d} x = \left| z_j - z_{j-1} \right| f \left| \frac{z_{j-1} + z_j}{2} \right| + \frac{(z_j - z_{j-1})^2}{3} f''(\eta_j) \tag{8.132}$$

Rall 的分割室模型现在看来是更一般的等价点分割室模型的近似结果,不是基于树突的等势线节段。特别是 Rall 分割室模型和一般分割室模型的差别会带来对 $r_{j-1,j}$ 和 $c_j^{(m)}$ 的近似积分的偏差。另一个常用的树突结构模型假设邻近的圆柱具有均匀的横截面积,这使得 $A(x)$ 和 $P(x)$ 是 x 的分段常数函数。此时,$r_{j-1,j}$ 和 $c_j^{(m)}$ 的求积分可以更精确。

最后要注意到,选定位置的树突的几何结构已知,则对 $r_{j-1,j}$ 和 $c_j^{(m)}$ 的求积分可以用梯形规则进行数值求解。如果均匀分布的节的几何数据已知,则 Simpson 定律可以用来改进数值精度。

均匀尖细树突

当用均匀相接的圆柱序列来表达尖细树突几何形状时,一般的树突分割室模型会带来偏差。在讨论前,先看一些尖细树突的内节阻抗的精确结果。尖细这个概念尽管很粗糙但也引进了一些并不明显的微妙因素。令 A_L 为尖细树突节段的横截面积,点 $(a, b, 0)$ 在 A_L 内部。均匀尖细树突的节段可以看成锥形的一个 frustrum,此锥形从点 $V(a, b, H)(H > 0)$ 到 δA_L,即 A_L 的边界条件。不失一般性,假设 δA_L 的长度有 P_L,且是参数曲线 $x = [x_0(u), y_0(u), 0](u \in J)$ 在实线上的一段。从 $V(a, b, H)$ 到 δA_L 上的点 $[x_0(u), y_0(u), 0]$ 的连线上的任何点位置为

$$x = \lambda(a, b, H) + (1 - \lambda)(x_0(u), y_0(u), 0), \qquad \lambda \in [0, 1]$$

则尖端为 $V(a, b, H)$ 的锥形的表面的参数方程为

$$x = a\lambda + (1-\lambda) x_0(u)$$
$$y = b\lambda + (1-\lambda) y_0(u), \quad (u,\lambda) \in J \times [0,1]$$
$$z = H\lambda \tag{8.133}$$

从 Green 定理可得被平面 λ 常数所暴露的锥形的横截面积由线积分给出

$$A(\lambda) = \frac{1}{2} \oint (x\,dy - y\,dx)$$

$$= \frac{1}{2} \oint \left| (a\lambda + (1-\lambda)x_0)(1-\lambda)\,dy_0 - (b\lambda + (1-\lambda)y_0)(1-\lambda)\,dx_0 \right|$$

$$= \frac{1-\lambda}{2} \oint (a\lambda\,dy_0 - b\,dx_0) + \frac{(1-\lambda)^2}{2} \oint (x_0\,dy_0 - y_0\,dx_0)$$

式中,积分曲线为 λ 为常数时的锥形周长。因

$$\oint dy_0 = 0, \qquad \oint dx_0 = 0, \qquad \frac{1}{2} \oint (x_0\,dy_0 - y_0\,dx_0) = A_L$$

则可得

$$A(\lambda) = (1-\lambda)^2 A_L, \qquad \lambda \in [0,1] \tag{8.134}$$

对于所有尖细树突成立。类似的 $P(\lambda)$ 和周长 $A(\lambda)$ 值为

$$P(\lambda) = \oint ds = \int_J \sqrt{\left|\frac{\partial x}{\partial u}\right|^2 + \left|\frac{\partial y}{\partial u}\right|^2}\,du$$

$$= \int_J (1-\lambda) \sqrt{\left|\frac{\partial x_0}{\partial u}\right|^2 + \left|\frac{\partial y_0}{\partial u}\right|^2}\,du$$

$$= (1-\lambda) P_L$$

假设树突的尖细节段用此锥形($\lambda \in [0,\lambda_1]$,($\lambda_1 < 1$))的 frustrum 来模拟。如果节段长度(frastrum 的高度)为 L,则 $L = H\lambda_1$,从式(8.134)可得 frustrum 的左手和右手横截面积为 A_L 和 $A_R = (1-\lambda_1)^2 A_L$。因 $z = H\lambda$,则

$$\int_0^L \frac{dz}{A(z)} = \int_0^{\lambda_1} \frac{H\,d\lambda}{(1-\lambda)^2 A_L} = \frac{H\lambda_1}{(1-\lambda_1) A_L} = \frac{L}{\sqrt{A_L A_R}} \tag{8.135}$$

与此相反,Rall 的分割室模型用梯形计算来代替此积分。我们知道,两个正数的算术平均大于或等于它们的几何平均,所以

$$\frac{L}{2} \left| \frac{1}{A_L} + \frac{1}{A_R} \right| \geqslant \frac{L}{\sqrt{A_L A_R}}$$

式中,不等式的左边表示 Rall 近似,右边为精确的面积值。因此树突轴向阻抗与几何形状的经典关系会过高估计尖细树突的轴向阻抗。因此树突轴向阻抗的表达式(8.135)更准确地抓住了树突的电特性,这会使得它对尖细树突的阻抗估计更精确。特别是将树突肢体分成圆柱的过程对于给轴向阻抗赋值就是多余的。类似,尖细树突每节的集总电容为

$$\int_0^L C_M P(x)\,dx = C_M H \int_0^{\lambda_1} (1-\lambda) P_L\,d\lambda = C_M \frac{(P_L + P_R) L}{2}$$

通过一般的分割室模型也可以了解实际树突的横截面积是如何锐化到零的。为了说明树

突尖 z_j，（$A(z_j)=0$）处 $r_{j-1,j}$ 的积分表达式，函数 $A^{-1}(x)$ 要有积分奇异性。此条件要求 $A(X)=0|(z_j-x)^k|$，$(0<k<1)$，这与牛鼻形树突末端符合，但不符合终止于锥形的树突末端。除了在牛鼻形横截面与锥形节段相连的末端外，树突肢体显然可以用锥形节段来模拟。

离散节间输入

这里讨论关于普适分割室模型的离散节间电流输入（比如可能来自突触活动）。通常的方法是简单的将突触输入分配到它所在的分割室，但这个过程忽略了突触输入的精确位置以及输入会给邻近分割室带来的影响。普适的模型将突触活动的效应分配给各个分割室。

假设在 z_j 和 z_{j+1} 间的位点 z_s 有突触活动，令 $V^{(s)}$ 是 z_s 处的膜电位。如果电流 $I_{j,j+1}$ 是从 z_j 到 z_{j+1} 的，则突触位点处电流平衡要求进入 z_{j+1} 的电流为 $I_{j,j+1}+g_s(t)|V_k^{(s)}-E_\alpha|$，电势 V_j，$V^{(s)}$ 和 V_{j+1} 之间关系满足方程

$$V^{(s)}-V_j=\frac{I_{j,j+1}}{g_A}\int_{z_j}^{z^{(s)}}\frac{ds}{A(s)} \tag{8.136}$$

$$V_{j+1}-V^{(s)}=\frac{I_{j,j+1}+g_s(t)|V^{(s)}-E_\alpha|}{g_A}\int_{z^{(s)}}^{z_{j+1}}\frac{ds}{A(s)} \tag{8.137}$$

从方程中消去 $V^{(s)}$，用 V_j 和 V_{j+1} 表示 $I_{j,j+1}$。用此方法可以将 z_s 处突触活动的效应插入到节 z_j 和 z_{j+1} 的膜电位分割室方程中。这种对单突触的处理方法可以扩展用于多突触的情况，会导出一个与式（8.136）及式（8.137）相当的线性方程系统。然而，突触活动是随机发生的且随时间变化，系统的矩阵是动态的，解算过程也非常费时间。

我们可以找到一种不仅既数值效率高而且对突触输入位置变化有反应的突触活动分配方法，此方法假设突触电流很小，使得节间电势分布与节间无电流输入时没有显著差异。此时

$$V(z)=V_j-\frac{I_{j,j+1}(t)}{g_A}\int_{z_j}^{z}\frac{ds}{A(s)}, \qquad V_{j+1}-V_j=-\frac{I_{j,j+1}(t)}{g_A}\int_{z_j}^{z_{j+1}}\frac{ds}{A(s)}$$

从方程中消去电流 $I_{j,j+1}$ 得到

$$V(z)-E_\alpha=\frac{|V_j-E_\alpha|\int_{z_j}^{z_{j+1}}\frac{ds}{A(s)}+|V_{j+1}-E_\alpha|\int_{z_j}^{z_{j+1}}\frac{ds}{A(s)}}{\int_{z_j}^{z_{j+1}}\frac{ds}{A(s)}} \tag{8.138}$$

假设在 z_s 处突触活跃，则相关的输入电流为 $g_s(t)|V(z_s)-E_\alpha|$。参考式（8.138）中的 $V(z)$，显然在 $z=z_s$ 处的突触输入可以近似地设为在 z_j 处为 $f_s\,g_s(t)$，z_{j+1} 处为 $(1-f_s)g_s(t)$，其中

$$f_s=\frac{\int_{z_s}^{z_{j+1}}\frac{ds}{A(s)}}{\int_{z_j}^{z_{j+1}}\frac{ds}{A(s)}}$$

这个近似结果也可以用对本小节开头的 $I_{j,j+1}$ 解展开到 $O(g_s^2)$ 阶得到。

对均匀尖细树突,可以看到

$$f_s = \frac{A_{\mathrm{R}}^{-1/2} - A_{\mathrm{S}}^{-1/2}}{A_{\mathrm{R}}^{-1/2} - A_{\mathrm{L}}^{-1/2}} = \frac{P_{\mathrm{R}}^{-1} - P_{\mathrm{S}}^{-1}}{P_{\mathrm{R}}^{-1} - P_{\mathrm{L}}^{-1}}$$

时间积分

现在来看神经元的分割室模型,本节中讨论了分割室模型和类似的数值计算树突模型的偏微分方程的区别。讨论说明神经元行为的分割室模型公式是一个关于树突膜电位的常微分方程系统和一套初始条件。尽管这些方程有很多线性项,但由于电压对电流的依赖性使得方程一般是非线性的。

后续的讨论是关于分割室方程的数值解的。由于模型方程有瞬态解,很难对方程进行数值积分。虽然这些瞬态过程是短暂的,但要使前向积分可行,就要对数值计算的时间步长有所限制。这样就要在所有时间段都保持非常小的时间步长,但在瞬态过后实际上解不需要如此小的步长。如果微分方程存在两个差别很大的时间标度(如瞬态时间和总观察时间)此方程就是刚性的。来看微分方程的数值解

$$\tau \frac{\mathrm{d}y}{\mathrm{d}t} = -(y-1), \qquad y(0) = A > 1 \tag{8.139}$$

用标准的 Euler 方法

$$y_{n+1} = y_n - \frac{h}{\tau}(y_n - 1), \qquad y_0 = A$$

对于固定的时间步长 h,$y_n = y(nh)$,此方程的精确解为 $y(t) = 1 + (A-1)e^{-t/\tau}$,数值解为 $y_n = 1 + (A-1)(1-h/\tau)^n$。给定 τ,数值解的行为可以分为三个不同的区域 $h \in (0, \tau)$,$h \in (\tau, 2\tau)$ 和 $h \in (2\tau, \infty)$。

稳态解:当 $0 < h < \tau$ 时,$0 < (1-h/\tau) < 1$,且数值解和解析解吻合,此时前向算法精确地表现出解析解。

振荡且有界:当 $\tau < h < 2\tau$ 时,$-1 < (1-h/\tau) < 0$,即使当 $n \to \infty$ 时 $y_n \to 1$(此条件为数值解和解析解等价的极限),数值解还是做有界地振荡。然而,数值解和解析解仅在时间上靠近,有限时间后两个解就显著地分离了。

振荡且无界:当 $h > 2\tau$,$(1-h/\tau) < -1$,数值解做无界的振荡。数值解和解析解只有在初始点等价。显然在此情况下,数值解不稳定。

过时段 T 后再对 h 做调整,等价于一个新的初始值问题,即以 $t = T$ 时的 $y(T)$ 为起始值开始新的数值计算。这个例子说明了刚性方程的数值解的性质。

考虑对于方程(8.139)的数值解($\alpha \in [0,1]$)

$$y_{n+1} = y_n - \frac{h}{\tau}(1-\alpha)(y_n - 1) - \frac{h}{\tau}\alpha(y_{n+1} - 1) \tag{8.140}$$

显然,$\alpha = 0$ 是前向 Euler 算法,而 $\alpha = 1$ 是后向 Euler 算法。(8.140)的解为

$$y_n = 1 + (A-1)\left|\frac{\tau + h\alpha - h}{\tau + h\alpha}\right|^n$$

此解在 $\alpha < 1/2$ 时做无界振荡,而在 $1/2 \leqslant \alpha < 1$ 时做有界振荡。在 $\alpha = 1$ 时,算法是后向

的,则

$$y_n = 1 + (A-1)\left|\frac{\tau}{\tau+h}\right|^n$$

算法是无条件稳定的,与 h 的选择无关。算法(8.140)关键的特性是乘数 $\tau/(\tau+h)$ 的收敛性造成在 y_n 中的误差会在 y_{n+1} 中衰减。后向积分方法的无条件稳定性使得它可用于树突分割模型的积分中。假设 n 步 h 后,时间为 $t = nh$

$$y_n = y_n(t) = 1 + (A-1)\left|\frac{\tau}{\tau+h}\right|^n = 1 + (A-1)\left|1+\frac{t}{\tau n}\right|^{-n}$$

是 $y(t)$ 的数值解。因 $n \to \infty$ 时 $(1+x/n)^{-n} \to e^{-x}$,所以当 $n \to \infty$ 时 $y_n(t) \to y(t)$。

积分刚性方程可以使用商业软件库,如 NAG 或 IMSL,其中提供了性能很好的自适应算法(变阶数),最著名的是 Gear 方法(1971)。但我们认为树突模型的分割室方程不能以这样两点而分类。首先,因分割室只在邻域间发生相互作用使得方程非常疏松。其次,树突上的突触活动是随机的,所以积分步长要小,以便得到好的统计结果。主要由于这两个原因,数值方法在树突分割室模型上做了改进,商业软件提供的刚性积分方法不适用。假设分割室方程为

$$\frac{\mathrm{d}V}{\mathrm{d}t} = AV + F(V), \qquad V(0) = V_0 \tag{8.141}$$

式中,$V = \left|v_0(t),\cdots,v_n(t)\right|^T$ 是节 $z_0,\cdots,z_n$ 处的膜电位。F 是一个 $(n+1)$ 矢量,其分量是 V 的分量 $v_0,\cdots,v_n$(由特征的或电压依赖的电流产生)的非线性函数。A 是一个 $(n+1) \times (n+1)$ 矩阵,其矩阵元依赖时间但独立于 $v_0,\cdots,v_n$。方程(8.141)可以用后向积分

$$V_{k+1} = V_k + h\left|A_{k+1}V_{k+1} + F\left|V_{k+1}\right|\right|$$

此公式可以整理为

$$(I - hA_{k+1})V_{k+1} = V_k + hF\left|V_{k+1}\right| \tag{8.142}$$

分割室模型中,A_{k+1} 有负特征值,所以 $(I - hA_{k+1})$ 具有大于 1 的实特征值,$(I - hA_{k+1})$ 的逆存在且是一个收缩映射,它是标量收缩函数 $\tau/(\tau+h)$ 的推广。算法(8.142)的形式为

$$V_{k+1} = (I - hA_{k+1})^{-1}\left|V_k + hF\left|V_{k+1}\right|\right| \tag{8.143}$$

给定 V_k, V_{k+1} 的值首先得到预报和校正,$(I - hA_{k+1})^{-1}$ 的收敛特性保证了数值过程的稳定。实际上,对角优势使得在迭代过程(8.143)中不用计算矩阵的逆。

▇ 谱方法

有很多神经生理的软件包(de Schutter 1992)可以用于由方程(8.15)确立的树突树模型的计算。这些软件差不多都是利用有限差分方法解树突树电势的空间分布。但有限差分虽然容易编程但数值分辨率低,而且需要加入满足当代神经科学研究需要的更大和更复杂的树突结构。当前限差分方法在更精深的计算中已经为有限元法和谱方法所取代。谱方法特别适合于树突树的描述。而且,谱方法可以很快地收敛到解析解,不像有限差分只是代数收敛的。Canuto 等(1988)对于初始边界条件问题做了比较

$$\frac{\partial V}{\partial t} = \frac{\partial^2 V}{\partial x^2}, \qquad (x, t) \in (0,1) \times (0, \infty) \tag{8.144}$$

边界条件和初始条件为

$$V(0, t) = V(1, t) = 0, \qquad V(x, 0) = \sin \pi x \tag{8.145}$$

精确解为 $V(x, t) = e^{-\pi^2 t} \sin \pi x$，基于切比雪夫多项式的谱解为

$$V(x, t) = 2 \sum_{k=1}^{\infty} \sin(k\pi/2) J_k(\pi) e^{-\pi^2 t} T_k(x) \tag{8.146}$$

式中，$T_k(x)$ 是 k 阶切比雪夫多项式(后面将给出定义式)，$J_k(x)$ 是 k 阶一类贝塞尔函数。截断序列(8.146)指数收敛到 $V(x, t)$。Canuto 等(1988)将切比雪夫校正算法中的最大偏差从 8 个多项式 4.58×10^{-4} 调整到 16 个多项式 2.09×10^{-11}。16 个自由度的二阶有限差分的计算精度为 0.135。

膜漏电导与核心电导的比率 g_L/g_A、树突半径与长度平方的比 a/l^2 都是一阶的。因此电缆方程(8.15)的适用条件与热传导方程(8.144)类似。实际上，大多数市场上的 C 和 Fortran 编译器都不能利用谱算法的指数收敛性。现有条件下，我们认为树突建模的谱算法最适合用来减少变量的数量，但又能同时抓住每个树突树肢体的本质，因而也节约了计算资源，这样就可以处理更多的树突，计算速度也更快。

数学准备

切比雪夫多项式 $T_0(z), T_1(z), \cdots, T_n(z) \cdots$ 族定义为

$$T(\cos v) = \cos(nv), \qquad n = 0, 1, \cdots \tag{8.147}$$

例如，$T_0(z) = 1$，$T_1(z) = z$，$T_2(z) = 2z^2 - 1$，，是头三个切比雪夫多项式。用 $\pi - v$ 替代 (8.147)中的 v，用 $v = 0$ 和 $v = \pi$ 带入定义(8.147)，得到

$$T_n(-z) = (-1)^n T_n(z), \qquad z \in [-1, 1] \\ T_n(1) = 1, \qquad T_n(-1) = (-1)^n \quad \Bigg| \quad n = 0, 1, \cdots \tag{8.148}$$

式(8.147)对于 v 取微分，得到 $T_n'(-1)$ 和 $T_n'(1)$，则

$$T_n'(-1) = \lim_{v \to \pi} \frac{n \sin nv}{\sin v} = (-1)^n n^2, \tag{8.149}$$

$$T_n'(1) = \lim_{v \to 0} \frac{n \sin nv}{\sin v} = n^2$$

式(8.148)和式(8.149)用于处理电势和电流边界条件。从定义(8.147)中，我们可以看到切比雪夫多项式具有性质

$$2 T_n(z) T_m(z) = T_{m+n}(z) + T_{|n-m|}(z) \tag{8.150}$$

$$2 T_n(z) = \frac{T_{n+1}'(z)}{n+1} - \frac{T_{n-1}'(z)}{n-1}, n > 1 \tag{8.151}$$

且满足正交条件

$$\int_{-1}^{1} \frac{T_n(z) T_m(z)}{\sqrt{1-z^2}} \mathrm{d}z = \begin{vmatrix} 0, & n \neq m \\ \pi, & m = n = 0 \\ \pi/2, & n = m \geqslant 1 \end{vmatrix} \tag{8.152}$$

大量的函数都可以用切比雪夫多项式展开，这类似于傅里叶展开。用正交条件从母函数

中可以得到切比雪夫序列的展开系数。假设 f 是定义在$[-1,1]$的函数,在权重函数 $w(z)=(1-z^2)^{-1/2}$下是平方可积的,即

$$\int_{-1}^{1} \frac{f^2(z)\mathrm{d}z}{\sqrt{1-z^2}} < \infty$$

则 f 的切比雪夫序列为

$$f(z) = \sum_{k=0}^{\infty} f_k T_k(z) \tag{8.153}$$

在式(8.153)两边同乘 $T_n(z)/\sqrt{1-z^2}$并在$[-1,1]$区间积分得到系数 f_k,如

$$f_0 = \frac{1}{\pi}\int_{-1}^{1} \frac{f(z)}{\sqrt{1-z^2}}\mathrm{d}z,$$
$$f_n = \frac{2}{\pi}\int_{-1}^{1} \frac{f(z)T_n(z)}{\sqrt{1-z^2}}\mathrm{d}z, \qquad n \geqslant 1 \tag{8.154}$$

切比雪夫序列的非周期性适合用来表达非周期边界条件的偏微分方程的解。

假设表达式(8.153)包含($N+1$)个多项式,$f_{N+1}=f_{N+2}=\cdots=0$。在此条件下,切比雪夫多项式近似为

$$f(z) = \sum_{k=0}^{N} f_k T_k(z) \tag{8.155}$$

可以明显地看到式(8.155)是式(8.153)的截断的结果,其中,f_k 是无限展开式系数 f_k 的近似结果。事实上,截断结果(8.155)作为 $f(z)$ 的折中描述也很精确,系数 $f_0,\cdots,f_N$ 也包含展开式(8.153)中截断序列 $f_{N+1}T_{N+1}+\cdots$的影响。对于有限切比雪夫展开,系数 f_n 的表达式(8.154)用下式替代

$$f_n = \frac{1}{c_n}\int_{-1}^{1} \frac{f(z)T_n(z)}{\sqrt{1-z^2}}\mathrm{d}z, \qquad c_n = \begin{vmatrix} \pi, & n = 0, N \\ \pi/2, & 0 < n < N \end{vmatrix}$$

离散切比雪夫变换

这里介绍从 $f(z)$ 计算 $f_0,f_1,\cdots,f_N$ 的方法。给定义一组 $N+1$ 个点$(z_0,F_0),(z_1,F_1),\cdots,(z_N,F_N)$,其中,$F_k=f(z_k)$,则系数 $f_0,f_1,\cdots,f_N$ 从 $N+1$ 个线性方程中解得

$$F_k = \sum_{j=0}^{N} f_j T_j(z_k), \qquad k = 0,1,\cdots,N$$

给定 Gauβ-Lobatto 节的 N 阶积分(Davis and Rabinowitz　1983),截断 $z_k=\cos(k\pi/N)$ $(0 \leqslant k \leqslant N)$给出离散切比雪夫变换。这说明如果 $z_0,z_1,\cdots,z_N$ 是满足 $z_k=\cos(k\pi/N)$的区间$[-1,1]$中的点,且 $F_k=f(z_k)$,则

$$F_j = \sum_{k=0}^{N} f_k \cos\frac{\pi jk}{N}, \qquad j = 0,1,\cdots,N \tag{8.156}$$

$$f_k = \frac{2}{Nc_k}\sum_{j=0}^{N} \frac{1}{c_j} F_j \cos\frac{\pi jk}{N}, \qquad k = 0,1,\cdots,N \tag{8.157}$$

式中

$$c_0 = c_N = 2, \qquad c_1 = c_2 = \cdots = c_{N-1} = 1 \tag{8.158}$$

当然,其他的正交多项式也具有类似的离散变换,但切比雪夫变换能够完全代替快速傅里叶变换方法,而且从系数(谱空间)到值(物理空间)的变换的计算精度和速度很高。

函数计算

与快速傅里叶变换相比,离散切比雪夫变换可以有效地从系数空间向值空间转换,但需要有 $z_0, z_1, \cdots, z_N$ 点的函数值。然而,我们经常需要计算位于 Gauß-Lobatto 节之间的点的函数值,这可以通过确定 $z = \cos v$ 的角度 $v \in [0, \pi]$,从式(8.153)中算得,并有关系

$$f(z) = f(\cos v) \sum_{k=0}^{N} f_k \cos k\vartheta \tag{8.159}$$

另外,如果要频繁地用到此函数值(比如,处理空间分布的突触输入问题),可以用另一个更有效的近似方法。

令 $y_0, y_1, \cdots, y_{N+2}$ 是由迭代确定的序列

$$y_k = 2zy_{k+1} - y_{k+2} + f_k, \qquad y_{N+1} = y_{N+2} = 0 \qquad k = 0, 1, \cdots, N \tag{8.160}$$

式中,f_k 是 $f(z)$ 的切比雪夫级数近似中 $T_k(z)$ 的系数。从式(8.150)得到,$2zT_k(z) = T_{k+1}(z) + T_{k-1}(z)$。此结果与用 y_k 表达的 f_k 的定义一起用在式(8.155)中的 $f(z)$,得到

$$\begin{aligned}
f(z) &= \sum_{k=0}^{N} f_k T_k(z) = \sum_{k=0}^{N} \lvert y_k - 2zy_{k+1} + y_{k+2} \rvert T_k(z) \\
&= \sum_{k=0}^{N} y_k T_k(z) - 2zy_1 - \sum_{k=1}^{N} y_{k+1} \lvert 2zT_k(z) \rvert + \sum_{k=0}^{N} y_{k+2} T_k(z) \\
&= \sum_{k=0}^{N} y_k T_k(z) - 2zy_1 - \sum_{k=1}^{N} y_{k+1} \lvert T_{k+1}(z) + T_{k-1}(z) \rvert + \sum_{k=0}^{N} y_{k+2} T_k(z) \\
&= \sum_{k=0}^{N} y_k T_k(z) - 2zy_1 - \sum_{k=2}^{N+2} y_k T_k(z) - \sum_{k=0}^{N-1} y_{k+2} T_k(z) + \sum_{k=0}^{N} y_{k+2} T_k(z) \\
&= y_0 - zy_1
\end{aligned}$$

此 $f(z)$ 的迭代算法来自 Clenshaw 算法(见 Clenshaw 1962)。给出 $f(z)$ 的公式(8.159)很困难,但确定 $T_k(z)$ 不需要计算余弦函数。而且,迭代算法(8.160)在 $\lvert z \rvert \leqslant 1$ 时是稳定的。如果需要在非 Gauß-Lobatto 节处频繁计算 f,则推荐使用迭代算法(8.160),并最终结果为 $f(z) = y_0 - zy_1$。

谱分化

假设 f 是关于 z 的在区间 $[-1, 1]$ 上的可微函数,则可以从表达式(8.155)中计算出 $f'(z)$。的确,从式(8.151)可得

$$\frac{\mathrm{d}f}{\mathrm{d}z} = \sum_{k=0}^{N} f_k \frac{\mathrm{d}T_k(z)}{\mathrm{d}z} = \sum_{k=0}^{N} f_k^{(1)} T_k(z) \tag{8.161}$$

式中,系数 $f_k^{(1)}$ 是从 f_k 用下面的迭代公式得到的

$$\begin{aligned}
f_k^{(1)} &= f_{k+2}^{(1)} + 2(k+1)f_{k+1}, \qquad 1 \leqslant k \leqslant N-1 \\
2f_0^{(1)} &= f_2^{(1)} + 2f_1, \qquad f_N^{(1)} = f_{N+1}^{(1)} = 0
\end{aligned} \tag{8.162}$$

用切比雪夫多项式求解偏微分方程时此结果很重要,但要求从特性(8.151)得到的切比雪夫多项式的导数可以替代 $T_k(z)$。因 $T'_0(z)=0$,用式(8.161)得到

$$\sum_{k=1}^{N} 2 f_k T'_k(z) = 2f_0^{(1)} T_0(z) + 2f_1^{(1)} T_1(z) + \sum_{k=2}^{N} f_k^{(1)} \left| \frac{T'_{k+1}(z)}{k+1} - \frac{T'_{k-1}(z)}{k-1} \right|$$

$$= 2f_0^{(1)} T'_1(z) + \frac{f_1^{(1)}}{2} T'_2(z) + \sum_{k=3}^{N+1} f_{k-1}^{(1)} \frac{T'_k(z)}{k} - \sum_{k=1}^{N-1} f_{k+1}^{(1)} \frac{T'_k(z)}{k}$$

$$= f_0^{(1)} T'_1(z) + \sum_{k=1}^{N} \left| f_{k-1}^{(1)} - f_{k+1}^{(1)} \right| \frac{T'_k(z)}{k}$$

式中,$f_N^{(1)} = f_{N+1}^{(1)} = 0$。令两边 $T'_k(z)$ 前面的系数相等,得

$$f_{k-1}^{(1)} - f_{k+1}^{(1)} = 2kf_k, \qquad 2 \leqslant k \leqslant N, \qquad 2f_0^{(1)} - f_2^{(1)} = 2f_1$$

迭代关系(8.161)可用于计算 $f'(z)$ 的切比雪夫级数的系数 $f_0^{(1)}, \cdots, f_{N-1}^{(1)}$。而且此算法可以进一步用来计算 $f''(z)$ 的切比雪夫级数的系数 $f_0^{(2)}, \cdots, f_{N-1}^{(2)}$。

边界条件

只要知道 $f'(z)$ 的切比雪夫系数,则 $f'(z)$ 就可以在每一个 $z \in [-1,1]$ 上用级数和计算,且可以用逆向离散切比雪夫变换在切比雪夫节进行有效的计算。$f(1)$、$f(-1)$、$f'(1)$ 和 $f'(-1)$ 是边界条件中常有的,端点 $z=1$ 和 $z=-1$ 非常重要。现有

$$f'(1) = \frac{2N^2+1}{6} F_0 + \sum_{j=1}^{N-1} \frac{F_j(-1)^j}{\sin^2(\pi j / 2N)} + \frac{1}{2} F_N \tag{8.163}$$

$$f'(-1) = -\frac{1}{2} F_0 - \sum_{j=1}^{N-1} \frac{F_j(-1)^j}{\cos^2(\pi j / 2N)} - \frac{2N^2+1}{6} F_N \tag{8.164}$$

式中,$F_k = f(z_k)$。从带导数的边界条件可以得到函数 f 的信息。例如,假设电缆在 $z=1$ 端密封使得电势 $V(z,t)$ 在 $z=1$ 处的梯度为 0。考虑到式(8.163),密封端条件保证了 $z=1$ 的电势 $V_0(t)$ 满足

$$\frac{\partial V(1,t)}{\partial z} = \frac{2N^2+1}{6} V_0(t) + \sum_{j=1}^{N-1} \frac{V_j(t)(-1)^j}{\sin^2(\pi j / 2N)} + \frac{1}{2} V_N(t) = 0$$

从上式可得

$$V_0(t) = -\frac{6}{2N^2+1} \sum_{j=1}^{N-1} \frac{V_j(t)(-1)^j}{\sin^2(\pi j / 2N)} - \frac{3}{2N^2+1} V_N(t) \tag{8.165}$$

突触输入的表达式

我们已经看到树突的突触输入一般相当于时间依赖的电导,其空间行为是 delta 样的。例如,在时间 τ 和位置 $x=X$,包含 S_a 种突触的、长度为 L 的树突上的突触活动用肢体电缆方程上的电流密度 $g_{\text{syn}}(t-\tau)(V(X,t)-E_a)\delta(x-X)$ 来模拟,其中

$$g_{\text{syn}}(t) = \left| \begin{array}{ll} 0, & t \leqslant 0 \\ G^{(a)} \dfrac{t}{T} e^{(1-t/T)}, & t > 0 \end{array} \right.$$

假设

$$g_{syn}(t)\delta(x-X)(V(x,t)-E_S)=\hat{g}(z,t)=g_{syn}(t)\sum_{k=0}^{N}g_k T_k(z) \quad (8.166)$$

则系数 $g_0, g_1, \cdots, g_N$ 的公式为

$$g_k=\frac{1}{c_k}\int_{-1}^{1}\frac{\hat{g}(z)}{\sqrt{1-z^2}}\mathrm{d}z, \quad c_0=c_N=\pi, \quad c_k=\frac{\pi}{2}, \quad 0<k<N$$

$$(8.167)$$

然而,$\hat{g}(z)$的计算要求了解 delta 函数的一些性质。在后续的分析中,映射 $z=-1+2x/L$ 将长度为 L 的树突节段上的点 $x(x\in[0,L])$ 与点 $z\in[-1,1]$ 相关联。在此映射下,实际树突上的 $x\in[0,L]$ 映射到 $z\in[-1,1]$,其中,$Z=-1+2X/L$。所以

$$\delta(x-X)=\delta\left|\frac{L(1+z)}{2}-\frac{L(1+Z)}{2}\right|=\delta\left|\frac{L(z-Z)}{2}\right|=\frac{2}{L}\delta(z-Z)$$

假设在时刻 τ 突触输入活跃,则从式(8.166)得到

$$\hat{g}(z)=\frac{2g_{syn}(t-\tau)}{L}\delta(z-Z)(V(z,t)-E_S) \quad (8.168)$$

式中,$V(z,t)$指 $V(x(z),t)$。从式(8.167)可得

$$g_k=\frac{2g_{syn}(t-\tau)}{Lc_k}\frac{(V(Z,t)-E_\alpha)T_n(Z)}{\sqrt{1-Z^2}}$$

$$=\frac{2g_{syn}(t-\tau)}{Lc_k}\frac{\left|V(\cos\Theta,t)-E_\alpha\right|\cos k\Theta}{\sin\Theta} \quad (8.169)$$

式中,$Z=\cos\Theta$。这些表达式给出了在 $x=X$ 处突触输入的切比雪夫展开的系数。

求解过程

电缆方程(8.15)可以表达成一般形式

$$\frac{\partial V}{\partial t}=L(V) \quad (8.170)$$

式中,L 是指包括空间导数、但包括 t 和 x 的算子。树突 $x\in[0,L]$ 首先被公式 $z=-1+2x/L$ 映射到 $[-1,1]$。类似地,在 L 中的微分算子 $\partial/\partial x$ 用 $(2/L)\partial/\partial z$。假设修正后的电势 $V(z,t)$ 用离散切比雪夫级数来近似

$$V(z,t)=\sum_{k=0}^{N}v_k(t)T_k(z), \quad (z,t)\in[-1,1]\times(0,\infty) \quad (8.171)$$

则有

$$\frac{\partial V}{\partial t}=\sum_{k=0}^{N}\frac{\partial v_k}{\partial t}T_k(z) \quad (8.172)$$

这两种求解方法有很大的不同;一个是解 $V(z,t)$ 的谱系数 $v_0(t),\cdots,v_N(t)$,一个是解切比雪夫节 $z_0,\cdots,z_N$ 处的电势值 $V(z_0,t),\cdots,V(z_N,t)$。前者称为谱方法,它计算 V 的谱级数的系数,而不是函数值。后者称为伪谱方法(排列方法),它计算节段处的函数值。简而言之,前者较难实现,并且在边界条件的表达上较少物理色彩,但它执行快,在处理发散解时更有效。伪谱方法更适合处理带有复杂边界条件的树突树肢体的相互连接问题的电势计算。

谱算法

基本的谱算法用方程(8.170)表达。电势及其时间导数用方程(8.171)和方程(8.172)描述。后一个方程乘以$(1-z^2)^{-1/2} T_j(z)$,并在$[-1,1]$上积分,得到

$$\frac{\mathrm{d} v_j}{\mathrm{d} t} = \frac{2}{\pi c_j^2} \int_{-1}^{1} \frac{\partial V}{\partial t} \frac{T_j(z)}{\sqrt{1-z^2}} \mathrm{d} z = \frac{2}{\pi c_j^2} \int_{-1}^{1} \frac{L(V) T_j(z)}{\sqrt{1-z^2}} \mathrm{d} z, \qquad j = 0, 1, \cdots, N$$

(8.173)

从 $j=0$ 到 $j=N-2$,j 的每一个积分值都产生一个与系数 $v_0, v_1, \cdots, v_N$ 有关的常微分方程。方程(8.173)没有包括 $j=N-1$ 和 $j=N$ 的 i_{N-1} 和 i_N,因为它没有考虑大于 N 阶的切比雪夫多项式。这两个方程可以用边界条件替代。事实上,利用其他的谱系数 v_0,$v_1, \cdots, v_{N-2}$,可用两个边界条件来提取 v_{N-1} 和 v_N。

排列算法

方程(8.170)的排列要求

$$\frac{\partial V(z_j, t)}{\partial t} + J(z_j, t) = L(V) \Big|_{z=z_j}$$

(8.174)

在节段$(-1,1)$上所有点 $z_1, \cdots, z_{N-1}$成立。在 $V(z_0, t)$和 $V(z_N, t)$上求解边界条件。这里需要说明的是导出式(8.173)和式(8.174)的理论分析常利用测试函数(这里为切比雪夫多项式)给出这些导数。当然,这样的分析对于数值过程中的误差分析是重要的,但可以不考虑对实际算法的影响。

如果不考虑所用的算法(谱或伪谱),在计算 $L(V)$ 之前要用边界条件。而且,边界条件的处理是稳定的,因为计算 v_{N-1} 和 v_N,或者 $V(z_0, t)$ 和 $V(z_N, t)$ 过程中,计算误差乘上了一个小于 1 的因子。

我们用两个无源非尖细的原型树突树来对方法进行说明。每个树突结构都有一个封闭的解析解,我们用它来与从偏微分方程中算出的数值解做比较。当然,数值方法也同样适用于非均匀的活跃树突,而解析方法对尖细树突不适用。

无分叉树突树的谱解和解析解

我们来看由直径为 a、长度为 l、连接到面积为 A_s 的胞体上的单个肢体。假设树突是无源的,可以用线性电缆方程描述。在没有突触输入电流 J_s 的情况下,突触电流可以用时间依赖的 delta 函数输入电流 $J_{\mathrm{in}}(x, t) = G(t/T) e^{(1-t/T)} \delta(x-fl)$ 来模拟,此电流位于 $x = fl, f \in (0, 1)$,并在 $t=0$ 时刻激活。如图 8-13 所示。

图 8-13 中,无源树突的静息电位的导数用偏微分方程模拟

$$\tau \frac{\partial V}{\partial t} + V + \frac{J_{\mathrm{in}}}{g_L} = \frac{a g_A}{2 g_L} \frac{\partial^2 V}{\partial x^2}, \qquad x \in (0, l)$$

(8.175)

方程(8.175)的边界条件为

$$\frac{\partial V(l,t)}{\partial x}=0, \qquad \tau_S\frac{\partial V(0,t)}{\partial t}+V(0,t)=\frac{g_A}{g_S}\frac{\pi a^2}{A_S}\frac{\partial V(0,t)}{\partial x} \qquad (8.176)$$

初始条件为

$$V(x,0)=0 \qquad\qquad (8.177)$$

为了简化解析问题,也为了给出适合用谱方法的数值计算公式,用坐标变换 $t^*=t/\tau$, $z=-1+2x/l$ 和 $\varphi=V/V_0$ ($V_0=2\,G\sigma e/lg_L$), $\sigma=\tau/T$ 将方程(8.175),方程(8.176),方程(8.177)中的时间、长度和电压无量纲化。相应的无量纲化后的方程、边界条件和初始条件为

$$\frac{\partial\varphi}{\partial t}+\varphi+i(z,t)=\beta\frac{\partial^2\varphi}{\partial z^2}, \qquad z\in(-1,1) \qquad (8.178)$$

$$\frac{\partial\varphi(1,t)}{\partial z}=0 \qquad\qquad (8.179)$$

$$\chi\left|\varepsilon\frac{\partial\varphi(-1,t)}{\partial t}+\varphi(-1,t)\right|=\frac{\partial\varphi(-1,t)}{\partial z} \qquad (8.180)$$

$$\varphi(z,0)=0 \qquad\qquad (8.181)$$

式中,上脚标中的星号去掉了,但所有变量都是无量纲化的。尽管在这里 $i(z,t)=te^{-at}\delta(z-(2f-1))$,但在分析中没有直接用此形式。用生物物理参数来定义无量纲参数 σ,β,χ 和 ε

$$\sigma=\frac{\tau}{T}, \qquad \beta=\frac{2a}{l^2}\frac{g_A}{g_L},$$

$$\chi=\frac{l}{2}\frac{g_S}{g_L}\frac{A_S}{\pi a^2}, \qquad \varepsilon=\frac{\tau_S}{\tau}$$

参数 σ 是树突膜的时间常数与输入电流时间常数的比, ε 是胞体与树突时间常数的比。在具体问题中假设 $\varepsilon=1$,但分析中的 ε 可以是任意的正数。

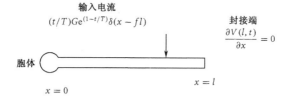

图 8-13　用位于 $x=fl(0<f<1)$ 的 alpha 函数形式的电流
脉冲来模拟一个带有密封端、连到胞体的无源树突肢体

有限变换

对于实的 λ ,将 φ_λ 和 i_λ 定义为

$$\varphi_\lambda=\int_{-1}^{1}\varphi(z,t)\cos\lambda(1-z)\mathrm{d}z,$$

$$i_\lambda = \int_{-1}^{1} i(z,t)\cos\lambda(1-z)\mathrm{d}z \tag{8.182}$$

方程(8.178)乘以 $\cos\lambda(1-z)$，并对$(-1,1)$积分。因 φ 满足边界条件(8.179)，积分后得到

$$\frac{\mathrm{d}\varphi_\lambda}{\mathrm{d}t} + (1+\beta\lambda^2)\varphi_\lambda + i_\lambda = -\beta\cos2\lambda\frac{\partial\varphi(-1,t)}{\partial z} + \beta\lambda\sin2\lambda\varphi(-1,t) \tag{8.183}$$

用胞体边界条件(8.180)消掉 $x=0$ 处的电势梯度，方程(8.183)化为

$$\frac{\mathrm{d}\varphi_\lambda}{\mathrm{d}t} + (1+\beta\lambda^2)\varphi_\lambda + \varepsilon\beta\chi\cos2\lambda\left| \frac{\mathrm{d}\varphi(-1,t)}{\mathrm{d}t} + \frac{\chi\cos2\lambda-\lambda\sin2\lambda}{\varepsilon\chi\cos2\lambda}\varphi(-1,t)\right| = -i_\lambda \tag{8.184}$$

关键是要让 λ 满足超越方程

$$1+\beta\lambda^2 = \frac{\chi\cos2\lambda-\lambda\sin2\lambda}{\varepsilon\chi\cos2\lambda} = \tan2\lambda = \chi\left|\frac{1-\varepsilon}{\lambda}-\beta\varepsilon\lambda\right| \tag{8.185}$$

在此 λ 选择下，函数

$$\psi_\lambda(t) = \varphi_\lambda + \beta\varepsilon\chi\cos(2\lambda)\varphi(-1,t) \tag{8.186}$$

满足常微分方程

$$\frac{\mathrm{d}\psi_\lambda}{\mathrm{d}t} + (1+\beta\lambda^2)\psi_\lambda = -i_\lambda$$

通解为

$$\psi_\lambda(t) = \psi_\lambda(0)\mathrm{e}^{-(1+\beta\lambda^2)t} - \int_0^t i_\lambda(s)\mathrm{e}^{-(1+\beta\lambda^2)(t-s)}\mathrm{d}s$$

利用初始条件(8.181)，$\psi_\lambda(0)=0$，则

$$\psi_\lambda(t) = -\int_0^t i_\lambda(s)\mathrm{e}^{-(1+\beta\lambda^2)(t-s)}\mathrm{d}s \tag{8.187}$$

我们要得到试验树突的电势封闭解，这样我们就可以与前述从数值过程中得到的解做比较。为此，在得到精确解的过程中令 $\varepsilon=1$ 以使得问题简化。由此 λ 满足超越方程

$$\tan2\lambda + 2\gamma\lambda = 0, \qquad 2\gamma = \beta\chi = \frac{g_\mathrm{s}}{g_\mathrm{L}}\frac{A_\mathrm{s}}{\pi a l} \tag{8.188}$$

为了了解 ψ 在电缆解析解中的作用，首先要建立正交条件

特征函数的正交性

令 λ 和 η 是超越方程(8.188)的两个不同解，则容易证明

$$\int_{-1}^{1}\sin\lambda(1-z)\sin\eta(1-z)\mathrm{d}z = \left| \begin{array}{ll} 0, & \lambda\neq\eta \\ 1+\gamma\cos^2 2\lambda, & \lambda=\eta \end{array} \right. \tag{8.189}$$

只要 λ 和 η 是超越方程(8.188)的两个不同解，在区间$[-1,1]$上 $\sin\lambda(1-z)$ 和 $\sin\eta(1-z)$ 是正交函数。对应于方程(8.188)的解 λ，特征函数 $\cos\lambda(1-z)$ 形成了一个完备的空间，$\varphi(z,t)$ 可以表达为

$$\varphi(z,t) = A_0 + \sum_\lambda A_\lambda\cos\lambda(1-z) \tag{8.190}$$

系数 A_0 和 A_λ 需要确定。要确定 A_0，可以利用

$$\int_{-1}^{1} \varphi(z,t)\mathrm{d}z = 2A_0 + \sum_{\lambda} A_{\lambda} \int_{-1}^{1} \cos\lambda(1-z)\mathrm{d}z = 2A_0 + \sum_{\lambda} A_{\lambda} \frac{\sin2\lambda}{\lambda}$$

假设 $\varphi(z,t)$ 的级数在 $z=-1$ 时收敛到 $\varphi(-1,t)$，则

$$\varphi_{\mathrm{S}}(t) = A_0 + \sum_{\lambda} A_{\lambda}\cos2\lambda$$

前两个结果加在一起得到

$$\psi_0 = A_0(2+\beta\chi) + \sum_{\lambda} A_{\lambda}\left|\frac{\sin2\lambda}{\lambda} + \beta\chi\cos2\lambda\right| = 2(1+\gamma)A_0 \qquad (8.191)$$

总之

$$A_0 = \frac{\psi_0}{2(1+\gamma)} = -\frac{1}{2(1+\gamma)}\int_0^t i_{\lambda}(s)\mathrm{e}^{-(t-s)}\mathrm{d}s \qquad (8.192)$$

而且，式(8.189)的正交性使得导数

$$\int_{-1}^{1} \frac{\partial\varphi}{\partial z}\sin\lambda(1-z)\mathrm{d}z = \sum_{\alpha} A_{\alpha}\int_{-1}^{1}\sin\alpha(1-z)\sin\lambda(1-z)\mathrm{d}z = (1+\gamma\cos^2\lambda)A_{\lambda}$$

用分步积分，可以得到

$$\int_{-1}^{1}\frac{\partial\varphi}{\partial z}\sin\lambda(1-z)\mathrm{d}z = \varphi_{\lambda} - \frac{\sin2\lambda}{\lambda}\varphi_{\mathrm{S}}(t) = \psi_{\lambda}$$

于是得到

$$A_{\lambda} = \frac{\psi_{\lambda}}{1+\gamma\cos^2\lambda} \qquad (8.193)$$

因此 $\varphi(z,t)$ 的级数展开系数 A_{λ} 可以从 ψ_{λ} 中确定,因此树突膜电位的导数具有封闭形式

$$\varphi(z,t) = \frac{\psi_0(t)}{2(1+\gamma)} + \sum_{\lambda}\frac{\psi_{\lambda}(t)\cos\lambda(1-z)}{1+\gamma\cos^2 2\lambda} \qquad (8.194)$$

式中,λ 是超越方程 $\tan2\lambda + 2\gamma\lambda = 0$ 的解。

解析解的收敛性

在建构方程(8.194)的级数解的过程中,有两个重要的问题。首先是关于特征函数空间的完备性问题;是否每个解都可以用特征函数的权重和来表示？其次是级数的收敛性问题。另一方面,边界条件和初始条件可以通过选择 λ 和 ψ 的时间依赖性来满足。实际上,这里的特征值问题是完备的,但并不是所有问题都能有这个特性。下面的例子就说明了这一点。函数 $\chi(z,t) = \sin\lambda(1-z)$ 满足正交性

$$\int_{-1}^{1}\sin\lambda(1-z)\sin\eta(1-z)\mathrm{d}z = \begin{vmatrix} 0, & \lambda \neq \eta \\ 1-\gamma\cos^2 2\lambda, & \lambda = \eta \end{vmatrix}$$

式中,λ 和 η 是当 $\gamma > 0$ 时 $2\lambda = 2\gamma\lambda$ 的解。在此例中,可以用反例说明当 $0 < \gamma < 1$ 时用 $\chi_{\lambda}(z,t)$ 构成的特征空间是不完备的,当 $\gamma = 1$ 时是部分完备的(对某些函数是完备的),当 $\gamma > 1$ 时是完备的。现在还不清楚当 $\gamma \leqslant 1$ 时这些缺点能否被克服,因为这些缺点来自这样的事实,即方程 $\tan x = \gamma x$ 仅在正切函数的主枝上有平庸解 $x=0$。当 $\gamma > 1$ 时,$\tan x = \gamma x$ 也有正切函数主枝上的非平庸解。

要检验收敛性,从前述讨论中可导出等式

$$1 + z = \frac{1}{1 + \gamma} + 2 \sum_{\lambda} \left| \frac{\sin \lambda}{\lambda} \right|^2 \frac{\cos \lambda (1 - z)}{1 + \gamma \cos^2 2 \lambda}, \qquad z \in [-1, 1] \qquad (8.195)$$

式中,$\tan 2\lambda + 2\gamma\lambda = 0$ 和 $\gamma > 0$ 是任意的。表 8-5 给出了用截断特征函数级数表示 $1 + z$ 时的一些期望误差。

在此例中,除 $z = 1$ 外,50 个特征函数给出了足够的精度。尽管更多的特征函数可以给出更好的精度,但多于 500 个特征函数只能带来精度微小提高,而且截断级数的收敛性也不好。正交级数在 $z = 1$ 处的误差最大,此时的收敛误差反比于展开多项式的数目。级数解的非均匀收敛性说明很难用解析解研究较大的、分叉较多的无源树突结构。对解析解给出的值的意义要慎重对待。

表 8-5　电缆方程在不同数目的特征值下解的精度,5000 个特征值只稍微好于 500 个的精度

Gamma	误差 $z = -1.0$	误差 $z = -0.5$	误差 $z = 0.0$	误差 $z = 0.5$	误差 $z = 1.0$
10 个特征函数的精度					
$\gamma = 0.1$	1.83×10^{-3}	2.78×10^{-3}	6.22×10^{-4}	4.96×10^{-3}	4.07×10^{-2}
$\gamma = 1.0$	7.69×10^{-5}	2.22×10^{-3}	3.14×10^{-4}	4.90×10^{-3}	4.05×10^{-2}
$\gamma = 10.0$	6.49×10^{-6}	2.18×10^{-3}	2.77×10^{-4}	4.90×10^{-3}	4.05×10^{-2}
50 个特征函数的精度					
$\gamma = 0.1$	1.60×10^{-5}	8.91×10^{-5}	5.89×10^{-6}	2.11×10^{-4}	8.11×10^{-3}
$\gamma = 1.0$	6.25×10^{-7}	8.78×10^{-5}	2.65×10^{-6}	2.11×10^{-4}	8.11×10^{-3}
$\gamma = 10.0$	5.27×10^{-8}	8.77×10^{-5}	2.32×10^{-6}	2.11×10^{-4}	8.11×10^{-3}
500 个特征函数的精度					
$\gamma = 0.1$	1.63×10^{-8}	9.99×10^{-9}	6.19×10^{-9}	1.24×10^{-8}	8.11×10^{-4}
$\gamma = 1.0$	1.82×10^{-10}	7.49×10^{-10}	3.71×10^{-10}	9.37×10^{-9}	8.11×10^{-4}
$\gamma = 10.0$	1.25×10^{-10}	9.16×10^{-10}	2.22×10^{-9}	1.04×10^{-8}	8.11×10^{-4}

Alpha 电流注入时的解

现在来考虑在 $x = fl$ 处注入 alpha 函数电流输入时,树突兴奋的电势。已经看到此电流输入为 $i(z, t) = t \mathrm{e}^{-\sigma t} \delta(z - (2f - 1))$,这样 $i_\lambda = \cos 2\lambda (1 - f) t \mathrm{e}^{-\sigma t}$,因此

$$\psi_\lambda = -\cos 2\lambda (1 - f) \int_0^t s \mathrm{e}^{-\sigma t} \mathrm{e}^{-(1 + \beta\lambda^2)(t - s)} \, \mathrm{d}s$$

积分后,得到

$$\psi_\lambda = \frac{\cos 2\lambda (1 - f)}{(\sigma - 1 - \beta\lambda^2)^2} \left| (\sigma - 1 - \beta\lambda^2) t \mathrm{e}^{-\sigma t} + \mathrm{e}^{-\sigma t} - \mathrm{e}^{-(1 + \beta\lambda^2) t} \right| \qquad (8.196)$$

数值解

令 $\varphi_0(t), \varphi_1(t), \cdots, \varphi_N(t)$ 表示节 $z_0, z_1, \cdots, z_N$ 处电缆的电势,令 $i_0, i_1, \cdots, i_N$ 为各节的电流分布(它们等于输入电流 $i(z, t) = t \mathrm{e}^{-\sigma t} \delta(z - (2f - 1))$),以所用的精度为模

（只用了 $N+1$ 个切比雪夫多项式），从式(8.161)得

$$i(z,t) = \sum_{j=0}^{N} \hat{i}_j T_j(z)$$

则有

$$\hat{i}_j = \frac{1}{c_j} \frac{te^{-\sigma t}\cos 2j\cos^{-1}\lceil 2\lceil f\rceil}{\sqrt{f(1-f)}}, \qquad c_j = \left| \begin{array}{ll} \pi, & j=0,N \\ \pi/2, & 0<j<N \end{array} \right.$$

值 $\varphi_0,\cdots,\varphi_N$ 由下式确定。首先选 φ_0 为

$$\varphi_0(t) = -\frac{6}{2N^2+1}\sum_{j=1}^{N-1}\frac{\varphi_j(t)(-1)^j}{\sin^2(\pi j/2N)} - \frac{3}{2N^2+1}\varphi_N(t) \qquad (8.197)$$

则 $\varphi(z,t)$ 在 $z=1$ 满足密封条件。$\varphi_1,\cdots,\varphi_{N-1}$ 是常微分方程的解

$$\frac{\mathrm{d}\varphi_k}{\mathrm{d}t} = -\varphi_k + \chi^{-1}\varphi''(z_k,t) - i_k(t), \qquad k=1,2,\cdots,N-1 \qquad (8.198)$$

式(8.198)中第 2 个空间导数的计算首先用切比雪夫余弦变换得到 $\varphi(z,t)$ 的切比雪夫系数，再计算谱空间中的二阶导数，然后用逆向切比雪夫变换回到物理空间。最后，φ_N 由胞体边界条件来确定

$$\frac{\mathrm{d}\varphi_N}{\mathrm{d}t} = -\varphi_N - \chi^{-1}\left| \frac{\varphi_0}{2} + \sum_{j=1}^{N-1}\frac{\varphi_j(t)(-1)^j}{\cos^2(\pi j/2N)} + \frac{2N^2+1}{6}\varphi_N \right|$$

图 8-14 说明了在此无分叉树突上的胞体电势的解析解和数值解（用了 8 个和 16 个多项式）的符合程度。解析解和数值解的差异完全是由于在处理位点 delta 样输入时的性能造成的。

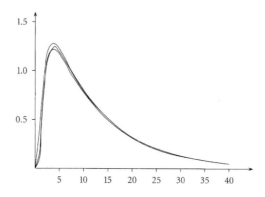

图 8-14　胞体实际电势和谱估计电势的比较。谱估计用了 8 个（波峰）和 16 个（波谷）多项式

分叉树的谱和精确解

Major 等(1993a)描述了一个此问题的解析处理方法以及它在不同变量形式下的普遍形式。此方法提出了下列问题：

1. 无法计算在端点处的傅里叶级数的值和导数；

2. 空间和时间分布的输入无法插到对均匀方程进行分离变量的方法中。

这些问题在正交条件建立以后都可以得到解决。然而，这里给出的变换方法会将非

均匀项自发带入膜电位表示中。

考虑一个均匀的肢体,半径为 a_1,长度为 l_1,连到面积为 A_S 的胞体上。它在另一端分叉为两个均匀的树突,半径分别为 a_2 和 a_3,长度为 l_2 和 l_3。分叉的树突是无源的,可以用线性电缆方程描述。没有激活的突触输入电流 J_s 时,$t=0$ 时刻的突触电流活动用时间依赖的 alpha 函数输入电流模拟 $J^{(k)}(x,t)=G^{(k)}(t/T^{(k)})\mathrm{e}^{(1-t/T^{(k)})}\delta(x-f_k l_k)$,它在肢体 k 上的位置 $x=f_k l_k, f_k\in(0,1)$ 上激活。图 8-15 说明了这种情况。

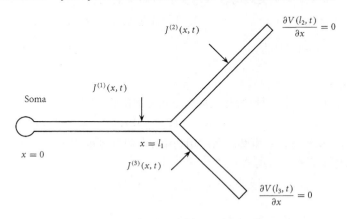

图 8-15　一个带有密封端的无源分叉的树突

肢体 k 在 $x=f_k l_k$ 处注入了 alpha 函数的电流脉冲 $J^{(k)}$,其中 $0<f_k<1$。

图 8-15 中无源树突的静息电位的导数用偏微分方程模拟

$$\tau\frac{\partial V^{(k)}}{\partial t}+V^{(k)}+\frac{J_{\mathrm{in}}^{(k)}}{g_{\mathrm{M}}}=\frac{\alpha_k g_{\mathrm{A}}}{2g_{\mathrm{M}}}\frac{\partial^2 V^{(k)}}{\partial x^2},\quad x\in(0,l_k),\quad k=1,2,3 \quad (8.199)$$

此分析中关键的假设是每个肢体具有相同的时间常数 τ,它符合当位点独立时无源树突材料的电特性。从数学上来说,这种均匀性允许一组封闭的电缆方程的"可分离解"。如果时间常数在各个肢体上不同,可以用傅里叶级数方法求得精确解,但它不是可分离的解,对于延迟模式无法导出基本的超越方程。电缆方程中假设轴向电导 g_{A} 和膜电导 g_{M} 为恒定常数。此假设是为了求解方便,可以放宽。方程(8.199)用边界条件求解

$$\frac{\partial V^{(2)}(l_2,t)}{\partial x}=\frac{\partial V^{(3)}(l_3,t)}{\partial x}=0$$

$$V^{(1)}(l_1,t)=V^{(2)}(0,t)=V^{(3)}(0,t)$$

$$\pi a_2^2 g_{\mathrm{A}}\frac{\partial V^{(2)}(0,t)}{\partial x}+\pi a_3^2 g_{\mathrm{A}}\frac{\partial V^{(3)}(0,t)}{\partial x}=\pi a_1^2 g_{\mathrm{A}}\frac{\partial V^{(1)}(l_1,t)}{\partial x}$$

$$\tau_{\mathrm{S}}\frac{\partial V^{(1)}(0,t)}{\partial t}+V^{(1)}(0,t)=\frac{g_{\mathrm{A}}}{g_{\mathrm{S}}}\frac{\pi a_1^2}{A_{\mathrm{S}}}\frac{\partial V^{(1)}(0,t)}{\partial x} \quad (8.200)$$

初始条件

$$V^{(1)}(x,0)=V^{(2)}(x,0)=V^{(3)}(x,0)=0 \quad (8.201)$$

如附录 I 中所说的,每个肢体映射到 $[-1,1]$,解析解可以作为用谱方法建立数值方法的

基础。令生物物理参数 χ, γ_k, α_k 和 σ_k 定义为

$$\chi = \frac{g_S}{g_A} \frac{A_S l_1}{2\pi a_1^2}, \qquad \gamma_k = \left| \frac{l_k^2 g_M}{2 a_k g_A} \right|^{1/2}$$

$$\alpha_k = \frac{2 e \sigma_k f^{(k)}}{g_M l_k}, \qquad \sigma_k = \frac{\tau}{T^{(k)}}, \qquad k = 1,2,3 \tag{8.202}$$

式中,参数 σ_k 是肢体 k 的树突膜与输入电流的时间常数比。当方程(8.199)中时间和长度用坐标变换 $t^* = t/\tau$ 和 $z = -1 + 2x/l_k$ 进行无量纲化后,电缆方程(8.199)成为

$$\frac{\partial V^{(k)}}{\partial t} + V^{(k)} + i^{(k)}(z,t) = \frac{1}{\gamma_k^2} \frac{\partial^2 V^{(k)}}{\partial z^2}, \qquad z \in (-1,1), \qquad k = 1,2,3$$
$$\tag{8.203}$$

式 8.203 去掉了上角标的星号,所有变量都是无量纲化的,其中

$$i^{(k)}(z,t) = \alpha_k t e^{-\sigma_k t} \delta(z - (2f_k - 1)), \qquad k = 1,2,3 \tag{8.204}$$

如说明 I 中所说,解析方法在电势导数中用到了 $i^{(k)}$ 的具体表达式。方程(8.203)的边界条件和初始条件也具有无量纲的形式

$$\frac{\partial V^{(2)}(1,t)}{\partial z} = \frac{\partial V^{(3)}(1,t)}{\partial z} = 0 \tag{8.205}$$

$$V^{(1)}(1,t) = V^{(2)}(-1,t) = V^{(3)}(-1,t) \tag{8.206}$$

$$\frac{A_2}{\gamma_2^2} \frac{\partial V^{(2)}(-1,t)}{\partial z} + \frac{A_3}{\gamma_3^2} \frac{\partial V^{(3)}(-1,t)}{\partial z} = \frac{A_1}{\gamma_1^2} \frac{\partial V^{(1)}(1,t)}{\partial z} \tag{8.207}$$

$$A_S \frac{2 g_S}{g_M} \left| \varepsilon \frac{\partial V^{(1)}(-1,t)}{\partial t} + V^{(1)}(-1,t) \right| = \frac{A_1}{\gamma_1^2} \frac{\partial V^{(1)}(-1,t)}{\partial z} \tag{8.208}$$

式中,A_k($k=1,2,3$)是树突 k 的曲面面积。在条件(8.208)中,ε 是胞体与树突的时间常数之比。分析中 ε 可以是任意的数,但最终会取值为 1。

有限变换

对于任意实物 λ,令 $V_\lambda^{(1)}$,$V_\lambda^{(2)}$ 和 $V_\lambda^{(3)}$ 为

$$V_\lambda^{(1)} = \int_{-1}^{1} V^{(1)}(z,t) \left| \cos\lambda\gamma_1(1-z) + \mu_1 \sin\lambda\gamma_1(1-z) \right| dz$$

$$V_\lambda^{(2)} = \int_{-1}^{1} V^{(2)}(z,t) \frac{\cos\lambda\gamma_2(1-z)}{\cos 2\lambda\gamma_2} dz \tag{8.209}$$

$$V_\lambda^{(3)} = \int_{-1}^{1} V^{(3)}(z,t) \frac{\cos\lambda\gamma_3(1-z)}{\cos 2\lambda\gamma_3} dz$$

式中,μ_1 是一个任意数,令 $i_\lambda^{(1)}$,$i_\lambda^{(2)}$ 和 $i_\lambda^{(3)}$ 类似地为

$$i_\lambda^{(1)} = \int_{-1}^{1} i^{(1)}(z,t) \left| \cos\lambda\gamma_1(1-z) + \mu_1 \sin\lambda\gamma_1(1-z) \right| dz$$

$$i_\lambda^{(2)} = \int_{-1}^{1} i^{(2)}(z,t) \frac{\cos\lambda\gamma_2(1-z)}{\cos 2\lambda\gamma_2} dz$$

$$i_\lambda^{(3)} = \int_{-1}^1 i^{(3)}(z, t) \frac{\cos \lambda \gamma_3 (1-z)}{\cos 2\lambda \gamma_3} dz \qquad (8.210)$$

肢体 2 和肢体 3 的电缆方程乘以 $\cos \lambda \gamma_2 (1-z)/\cos 2\lambda \gamma_2$ 和 $\cos \lambda \gamma_3 (1-z)/\cos 2\lambda \gamma_3$，并在 $(-1, 1)$ 上积分。因 $V^{(2)}$ 和 $V^{(3)}$ 满足边界条件 (8.205)，可以得

$$\frac{d V_\lambda^{(2)}}{dt} + (1+\lambda^2) V_\lambda^{(2)} + i_\lambda^{(2)} = -\frac{1}{\gamma_2^2} \left| \frac{\partial V^{(2)}(-1, t)}{\partial z} - \lambda \gamma_2 \tan 2\lambda \gamma_2 \, V^{(2)}(-1, t) \right|$$

$$(8.211)$$

$$\frac{d V_\lambda^{(3)}}{dt} + (1+\lambda^2) V_\lambda^{(3)} + i_\lambda^{(3)} = -\frac{1}{\gamma_3^2} \left| \frac{\partial V^{(3)}(-1, t)}{\partial z} - \lambda \gamma_3 \tan 2\lambda \gamma_3 \, V^{(3)}(-1, t) \right|$$

$$(8.212)$$

类似地，对 $k=1$ 的电缆方程乘以 $\cos \lambda \gamma_1 (1-z) + \mu_1 \sin \lambda \gamma_1 (1-z)$，并对得到的偏微分方程在 $(-1, 1)$ 上积分。此例中，结果为

$$\frac{d V_\lambda^{(1)}}{dt} + (1+\lambda^2) V_\lambda^{(1)} + i_\lambda^{(1)} = -\frac{1}{\gamma_1^2} \left| (\cos 2\lambda \gamma_1 + \mu_1 \sin 2\lambda \gamma_1) \frac{\partial V^{(1)}(-1, t)}{\partial z} \right.$$

$$\left. - \frac{\partial V^{(1)}(1, t)}{\partial z} - \lambda \gamma_1 \mu_1 V^{(1)}(1, t) - \lambda \gamma_1 (\sin 2\lambda \gamma_1 - \mu_1 \cos 2\lambda \gamma_1) V^{(1)}(-1, t) \right|$$

$$(8.213)$$

令 ξ_λ 和 i_λ 定义为

$$\xi_\lambda(t) = A_1 V_\lambda^{(1)} + A_2 V_\lambda^{(2)} + A_3 V_\lambda^{(3)}$$
$$i_\lambda(t) = A_1 i_\lambda^{(1)} + A_2 i_\lambda^{(2)} + A_3 i_\lambda^{(3)} \qquad (8.214)$$

利用电流平衡条件 (8.207)，可证明

$$\frac{d \xi_\lambda}{dt} + (1+\lambda^2) \xi_\lambda + i_\lambda = -\frac{A_1}{\gamma_1^2} \left| \cos 2\lambda \gamma_1 + \mu_1 \sin 2\lambda \gamma_1 \right| \frac{\partial V^{(1)}(-1, t)}{\partial z}$$

$$+ \frac{A_1 \lambda}{\gamma_1} \left| \sin 2\lambda \gamma_1 - \mu_1 \cos 2\lambda \gamma_1 \right| V^{(1)}(-1, t)$$

$$+ \lambda \left| \frac{A_1 \mu_1}{\gamma_1} + \frac{A_2}{\gamma_2} \tan 2\lambda \gamma_2 + \frac{A_3}{\gamma_3} \tan 2\lambda \gamma_3 \right| V^{(1)}(1, t) \quad (8.215)$$

选择参数 μ_1 使得

$$\frac{A_1 \mu_1}{\gamma_1} + \frac{A_2}{\gamma_2} \tan 2\lambda \gamma_2 + \frac{A_3}{\gamma_3} \tan 2\lambda \gamma_3 = 0 \qquad (8.216)$$

因 $A_k \gamma_k^{-1} = 2(2g_A / g_M)^{1/2} c_k$，式中，$c_k = d_k^{3/2}$，则只要树突的电特性是均匀的，$\mu_1$ 的计算就只依赖于每个肢体的 c 值。如果肢体 2 和肢体 3 具有相同的电紧张长度，即 $\gamma_2 = \gamma_3$，则显然

$$\mu_1 = -\frac{c_2 + c_3}{c_1} \tan 2\lambda \gamma_2 \qquad (8.217)$$

另外，如果主肢体满足 $c_1 = c_2 + c_3$ 使得子肢体可以折叠并无缝连接到主干 (Rall 圆柱)，则有

$$\mu_1 = -\tan 2\lambda \gamma_2 \qquad (8.218)$$

假设 μ_1 按照公式(8.216)的规定选取,则显然 ξ_λ 满足简化的方程

$$\frac{\mathrm{d}\xi_\lambda}{\mathrm{d}t} + (1+\lambda^2)\xi_\lambda + i_\lambda = -\frac{A_1}{\gamma_1^2}\left|\cos 2\lambda\gamma_1 + \mu_1\sin 2\lambda\gamma_1\right|\frac{\partial V^{(1)}(-1,t)}{\partial z}$$

$$+ \frac{A_1\lambda}{\gamma_1}\left|\sin 2\lambda\gamma_1 - \mu_1\cos 2\lambda\gamma_1\right|V^{(1)}(-1,t) \qquad (8.219)$$

用胞体边界条件(8.208)可以消去 $z=-1$ 处的电势梯度。经过推导,方程(8.219)化为

$$-\beta_\lambda\left|\frac{\mathrm{d}V^{(1)}(-1,t)}{\mathrm{d}t}\right| + \left|\frac{1}{\varepsilon} - \frac{A_1\lambda}{2\gamma_1 A_s}\frac{C_M}{C_S}\frac{\tan 2\lambda\gamma_1 - \mu_1}{1 + \mu_1\tan 2\lambda\gamma_1}\right|V^{(1)}(-1,t)\Big| \qquad (8.220)$$

式中

$$\beta_\lambda = 2A_s\frac{C_S}{C_M}\left|\cos 2\lambda\gamma_1 + \mu_1\sin 2\lambda\gamma_1\right| \qquad (8.221)$$

如说明 I 中所述,关键是所选择的 λ 要满足超越方程

$$1+\lambda^2 = \frac{1}{\varepsilon} - \frac{A_1\lambda}{2\gamma_1 A_s}\frac{C_M}{C_S}\frac{\tan 2\lambda\gamma_1 - \mu_1}{1 + \mu_1\tan 2\lambda\gamma_1} \qquad (8.222)$$

再者,对于用 Rall 等价圆柱表示的分叉网络,从式(8.218)得 $\mu_1 = -\tan 2\lambda\gamma_2$。因此从三角法可知道,在 Rall Y 形连接情况下,λ 是下列方程的解

$$1+\lambda^2 = \frac{1}{\varepsilon} - \frac{A_1\lambda}{2\gamma_1 A_s}\frac{C_M}{C_S}\tan 2\lambda(\gamma_1+\gamma_2) \qquad (8.223)$$

因此,对 λ 的一般条件简化连有单个无分叉树突的胞体问题,树突的电紧张长度为 $(\gamma_1+\gamma_2)$。这实际上是重复了这样一个事实,即分叉结构等价于连到胞体的、电紧张长度为 $(\gamma_1+\gamma_2)$ 的 Rall 圆柱。

令 ψ_λ 定义为

$$\psi_\lambda(t) = \xi_\lambda(t) + \beta_\lambda V^{(1)}(-1,t) \qquad (8.224)$$

我们回到最初的分析。当 λ 由一般条件(8.222)确定时,ψ_λ 满足常微分方程

$$\frac{\mathrm{d}\psi_\lambda}{\mathrm{d}t} + (1+\lambda^2)\psi_\lambda = -i_\lambda$$

其通解为

$$\psi_\lambda(t) = \psi_\lambda(0)\mathrm{e}^{-(1+\lambda^2)t} - \int_0^t i_\lambda(s)\mathrm{e}^{-(1+\lambda^2)(t-s)}\mathrm{d}s \qquad (8.225)$$

利用初始条件(8.201),此时 $\psi_\lambda(0)=0$,且

$$\psi_\lambda(t) = -\int_0^t i_\lambda(s)\mathrm{e}^{-(1+\lambda^2)(t-s)}\mathrm{d}s \qquad (8.226)$$

因我们主要是想用精确解与数值解做比较,这里设 $\varepsilon=1$,$C_M=C_S$。此时,λ 满足超越方程

$$2\gamma_1\frac{A_s}{A_1} + \frac{\tan 2\lambda\gamma_1 - \mu_1}{1 + \mu_1\tan 2\lambda\gamma_1} = 0 \qquad (8.227)$$

式中,μ_1 由公式(8.216)决定。很显然关于 λ 的方程包含正切函数,几乎所有的专业书都认为渐近线是必要的。事实上,条件(8.227)中不包括渐近线。假设 $f(\lambda;p,q)$ 定义为

$$f(\lambda;p,q) = \eta\left|2A_s\gamma_1\lambda\cos 2\lambda\theta + A_1\sin 2\lambda\theta\right|$$

$$\eta = \frac{A_1}{\gamma_1} + p\,\frac{A_2}{\gamma_2} + q\,\frac{A_3}{\gamma_3}, \qquad \theta = \gamma_1 + p\gamma_2 + q\gamma_3 \tag{8.228}$$

则方程(8.227)可写为

$$f(\lambda;1,1) + f(\lambda;1,-1) + f(\lambda;-1,1) + f(\lambda;-1,-1) = \sum f(\lambda;p,q) = 0 \tag{8.229}$$

式中,求和的范围包括所有满足 $|p|=|q|=1$ 的 p 和 q 的取值。

特征函数的正交性

如附录 I 中所述,问题的完备解最终要求正交条件的导数。因特征函数包含分叉树突的每个肢体的成分,使得此过程很难进行。令 λ 和 η 是超越方程(8.222)的两个不同的解,可以证明

$$\int_{-1}^{1} \frac{\sin\lambda\gamma(1-z)}{\cos2\lambda\gamma}\,\frac{\sin\eta\gamma(1-z)}{\cos2\eta\gamma}\,\mathrm{d}z = \left|\begin{array}{ll} \dfrac{\eta\tan2\lambda\gamma - \lambda\tan2\eta\gamma}{\gamma(\lambda^2-\eta^2)}, & \lambda \neq \eta \\[3mm] \sec^2 2\lambda\gamma - \dfrac{\tan2\lambda\dot{\gamma}}{2\lambda\gamma}, & \lambda = \eta \end{array}\right. \tag{8.230}$$

类似地也可以看到

$$\int_{-1}^{1}\left|\,\sin\lambda\gamma(1-z) - \mu^{(\lambda)}\cos\lambda\gamma(1-z)\,\right|\,\left|\,\sin\eta\gamma(1-z) - \mu^{(\eta)}\cos\eta\gamma(1-z)\,\right|\,\mathrm{d}z \tag{8.231}$$

具有值

$$\frac{\cos2\lambda\gamma\cos2\eta\gamma}{\gamma(\lambda^2-\eta^2)}\left|\,\eta(\tan2\gamma\lambda - \mu^{(\lambda)})(1 + \mu^{(\eta)}\tan2\gamma\eta)\right.$$
$$-\lambda\left|\,\tan2\gamma\eta - \mu^{(\eta)}\,\right|\left|\,1 + \mu^{(\lambda)}\tan2\gamma\lambda\,\right| + \frac{\eta\mu^{(\lambda)} - \lambda\mu^{(\eta)}}{\gamma(\lambda^2-\eta^2)}, \qquad \lambda \neq \eta$$
$$\frac{\sin2\lambda\gamma\cos2\lambda\gamma}{2\gamma\lambda}\left|\,\mu^{(\lambda)} - \tan2\gamma\lambda\,\right|^2 + \left|\,1 + \mu^{(\lambda)^2} - \frac{\tan2\lambda\gamma}{2\lambda\gamma}\,\right|, \qquad \lambda = \eta \tag{8.232}$$

关键是将式(8.230),式(8.231)和式(8.232)结合起来,当 $\lambda = \eta$ 和 $\lambda \neq \eta$ 时,计算

$$A_1\int_{-1}^{1}\left|\,\sin\lambda\gamma_1(1-z) - \mu_1^{(\lambda)}\cos\lambda\gamma_1(1-z)\,\right|\,\left|\,\sin\eta\gamma_1(1-z) - \mu_1^{(\eta)}\cos\eta\gamma_1(1-z)\,\right|\,\mathrm{d}z$$
$$+ A_2\int_{-1}^{1}\frac{\sin\lambda\gamma_2(1-z)}{\cos2\lambda\gamma_2}\,\frac{\sin\eta\gamma_2(1-z)}{\cos2\eta\gamma_2}\,\mathrm{d}z + A_3\int_{-1}^{1}\frac{\sin\lambda\gamma_3(1-z)}{\cos2\lambda\gamma_3}\,\frac{\sin\eta\gamma_3(1-z)}{\cos2\eta\gamma_3}\,\mathrm{d}z \tag{8.233}$$

表达式(8.233)的值为

$$A_1\frac{\cos2\lambda\gamma_1\cos2\eta\gamma_1}{\gamma_1(\lambda^2-\eta^2)}\left|\,\eta(\tan2\lambda\gamma_1 - \mu^{(\lambda)})(1 + \mu^{(\eta)}\tan2\eta\gamma_1)\right.$$
$$-\lambda(\tan2\eta\gamma_1 - \mu^{(\eta)})(1 + \mu^{(\lambda)}\tan2\lambda\gamma_1)\left|\,\right., \qquad \lambda \neq \eta \tag{8.234}$$

$$A_1\left|\,1 + \mu_1^{(\lambda)^2}\,\right| + A_2\sec^2 2\lambda\gamma_2 + A_3\sec^2 2\lambda\gamma_3 + A_3\cos^2 2\lambda\gamma_1\left|\,1 + \mu_1^{(\lambda)}\tan2\lambda\gamma_1\,\right|^2, \qquad \lambda = \eta$$

只要 $\lambda \neq \eta$,条件(8.227)就保证了表达式(8.233)等于 0。将矢量 $v(z)$ 和 3×3 对角矩阵

D 定义为

$$v_\lambda(z) = \left| \sin\lambda\gamma_1(1-z) - \mu_1^{(\lambda)}\cos\lambda\gamma_1(1-z), \frac{\sin\lambda\gamma_2(1-z)}{\cos2\lambda\gamma_2}, \frac{\sin\lambda\gamma_3(1-z)}{\cos2\lambda\gamma_3} \right|$$

$$D = \mathrm{diag}(A_1, A_2, A_3) \tag{8.235}$$

则从式(8.227),式(8.233)和式(8.234)可得

$$(v_\lambda, v_\eta) = \int_{-1}^{1} v_\lambda(z)^{\mathrm{T}} D v_\eta(z)\mathrm{d}z = \left| \begin{array}{ll} 0, & \lambda \neq \eta \\ A(\lambda), & \lambda = \eta \end{array} \right. \tag{8.236}$$

式中

$$A(\lambda) = A_1\left| 1 + \mu_1^{(\lambda)^2} \right| + A_2\sec^2 2\lambda\gamma_2 + A_3\sec^2 2\lambda\gamma_3$$
$$+ A_5\cos^2 2\lambda\gamma_1\left| 1 + \mu_1^{(\lambda)}\tan2\lambda\gamma_1 \right|^2 \tag{8.237}$$

因此,矢量 $v(z)$ 在由式(8.236)定义的内积下是互相正交的。这个重要的结果可用于建构初值问题的完全解析解。

解的表示

在此特征空间中,电势 $V^{(1)}(z, t)$, $V^{(2)}(z, t)$ 和 $V^{(3)}(z, t)$ 表达式为

$$V^{(1)}(z, t) = V_0(t) + \sum_\lambda V_\lambda(t)\left| \cos\lambda\gamma_1(1-z) + \mu_1^{(\lambda)}\sin\lambda\gamma_1(1-z) \right| \tag{8.238}$$

$$V^{(2)}(z, t) = V_0(t) + \sum_\lambda V_\lambda(t)\frac{\cos\lambda\gamma_2(1-z)}{\cos2\lambda\gamma_2} \tag{8.239}$$

$$V^{(3)}(z, t) = V_0(t) + \sum_\lambda V_\lambda(t)\frac{\cos\lambda\gamma_3(1-z)}{\cos2\lambda\gamma_3} \tag{8.240}$$

式中,λ 是条件(8.227)的解。$V^{(1)}(z, t)$, $V^{(2)}(z, t)$ 和 $V^{(3)}(z, t)$ 可以在分叉点满足膜电位的连续性,也可以通过选择合适的 $\mu_1^{(\lambda)}$ 来满足电流平衡条件。现在来计算 $V_0(t)$ 和 $V_\lambda(t)$。式(8.238)中的每个方程都取 z 的偏微分,$V_\lambda(t)$ 满足

$$\left| \left| \frac{A_1}{\gamma_1}\frac{\partial V^{(1)}}{\partial z}, \frac{A_2}{\gamma_2}\frac{\partial V^{(2)}}{\partial z}, \frac{A_3}{\gamma_3}\frac{\partial V^{(3)}}{\partial z} \right|, v_\eta \right| = \sum_\lambda \lambda V_\lambda(t)(v_\lambda, v_\eta) = \eta A_\eta V_\eta(t)$$

$$\tag{8.241}$$

式中,(u, v) 由式(8.236)定义,A_n 由式(8.237)给出。除当 $\lambda = \eta$ 时的项以外,方程(8.241)求和中的每一项都可以用正交条件(8.236)消去。对方程(8.241)积分得到

$$\eta A_\eta V_\eta(t) = \left| \left| \left| \frac{A_1}{\gamma_1}V^{(1)}, \frac{A_2}{\gamma_2}V^{(2)}, \frac{A_3}{\gamma_3}V^{(3)} \right|, v_\eta \right| \right|_{z=-1}^{z=1}$$

$$- \left| \left| \frac{A_1}{\gamma_1}V^{(1)}, \frac{A_2}{\gamma_2}V^{(2)}, \frac{A_3}{\gamma_3}V^{(3)} \right|, \frac{\mathrm{d}v_\eta}{\mathrm{d}z} \right|$$

$$= - V^{(1)}(1, t)\left| \mu_1^{(\eta)}\frac{A_1}{\gamma_1} + \frac{A_2}{\gamma_2}\tan2\eta\gamma_2 + \frac{A_3}{\gamma_3}\tan2\eta\gamma_3 \right|$$

$$- \frac{A_1}{\gamma_1}V^{(1)}(-1, t)\left| \sin2\eta\gamma_1 - \mu_1^{(\eta)}\cos2\eta\gamma_1 \right|$$

$$+ \eta(A_1 V_\eta^{(1)} + A_2 V_\eta^{(2)} + A_3 V_\eta^{(3)}) \tag{8.242}$$

$\mu_1^{(\eta)}$ 的定义保证了括号的第一项为 0。第三个括号从定义(8.214)可知为 $\xi_\eta(t)$,因此从式(8.242)可得

$$
\begin{aligned}
\eta A_\eta V_\eta(t) &= \eta\xi_\eta(t) - \frac{A_1}{\gamma_1} V_{\mathrm{S}}(t) \left| \sin 2\,\eta\gamma_1 - \mu_1^{(\eta)}\cos 2\,\eta\gamma_1 \right| \\
&= \eta\xi_\eta(t) - \frac{A_1}{\gamma_1} V_{\mathrm{S}}(t) \left| -2\,\eta\gamma_1 \frac{A_{\mathrm{S}}}{A_1} \right| \left| \cos 2\,\eta\gamma_1 + \mu_1^{(\eta)}\sin 2\,\eta\gamma_1 \right| \\
&= \eta\xi_\eta(t) + 2\,\eta A_{\mathrm{S}} V_{\mathrm{S}}(t) \left| \cos 2\,\eta\gamma_1 + \mu_1^{(\eta)}\sin 2\,\eta\gamma_1 \right| \\
&= \eta\xi_\eta(t) + \eta\beta_\eta V_{\mathrm{S}}(t)
\end{aligned}
\tag{8.243}
$$

式中,β_η 先前已在式(8.221)中定义,此例中 $C_{\mathrm{M}} = C_{\mathrm{S}}$。利用式(8.225)中关于 $\psi_\eta(t)$ 的定义以及式(8.226)中的值,我们得到了至关重要的结果

$$V_\eta(t) = \frac{\psi_\eta(t)}{A_\eta} = -\frac{1}{A_\eta}\int_0^t i_\lambda(s)\mathrm{e}^{-(1+\eta^2)(t-s)}\mathrm{d}s \tag{8.244}$$

我们继续计算 $V_0(t)$。假设 $V^{(1)}(z, t)$ 的级数当 $z = -1$ 时(确实如此)收敛到 $V^{(1)}(-1, t)$,则

$$V_{\mathrm{S}}(t) = V^{(1)}(-1, t) = V_0(t) + \sum_\lambda V_\lambda(t) \left| \cos 2\,\lambda\gamma_1 + \mu_1^{(\lambda)}\sin 2\,\lambda\gamma_1 \right| \tag{8.245}$$

从式(8.238)中 $V^{(1)}(z, t)$,$V^{(2)}(z, t)$ 和 $V^{(3)}(z, t)$ 的表达式中可得

$$
\begin{aligned}
&\int_{-1}^1 \left| A_1 V^{(1)}(z, t) + A_2 V^{(2)}(z, t) + A_3 V^{(3)}(z, t) \right| \mathrm{d}z = 2(A_1 + A_2 + A_3) V_0(t) \\
&+ \sum_\lambda \frac{V_\lambda(t)}{\lambda} \left| \frac{A_1 \mu_1^{(\lambda)}}{\gamma_1} + \frac{A_2}{\gamma_2}\tan 2\,\lambda\gamma_2 + \frac{A_3}{\gamma_3}\tan 2\,\lambda\gamma_3 + \frac{A_1}{\gamma_1} \right| \sin 2\,\lambda\gamma_1 - \mu_1^{(\lambda)}\cos 2\,\lambda\gamma_1 \left| \right|
\end{aligned}
\tag{8.246}
$$

考虑到 $\mu_1^{(\lambda)}$ 的定义以及特征值满足方程(8.227),从方程(8.246)可得

$$
\begin{aligned}
\xi_0(t) &= \int_{-1}^1 \left| A_1 V^{(1)}(z, t) + A_2 V^{(2)}(z, t) + A_3 V^{(3)}(z, t) \right| \mathrm{d}z \\
&= 2(A_1 + A_2 + A_3) V_0(t) - 2 A_{\mathrm{S}} \sum_\lambda V_\lambda(t) \left| \cos 2\,\lambda\gamma_1 + \mu_1^{(\lambda)}\sin 2\,\lambda\gamma_1 \right|
\end{aligned}
\tag{8.247}
$$

结合式(8.245)和式(8.247)可以消去 $V_\lambda(t)$。最终的结果为

$$\xi_0(t) + 2 A_{\mathrm{S}} = 2(A_{\mathrm{S}} + A_1 + A_2 + A_3) V_0(t) = \psi_0(t) \tag{8.248}$$

这样就得

$$V_0(t) = -\frac{1}{2(A_{\mathrm{S}} + A_1 + A_2 + A_3)}\int_0^t i_0(s)\mathrm{e}^{-(t-s)}\mathrm{d}s \tag{8.249}$$

因此 $V^{(1)}(z, t)$,$V^{(2)}(z, t)$ 和 $V^{(3)}(z, t)$ 的级数展开中的系数 $V_0(t)$ 和 V_λ 一般从 $\psi_0(t)$ 和 $\psi_\lambda(t)$ 来确定。在此例中,由式(8.249)和式(8.244)来确定,式中,λ 是方程(8.227)的解。

特解

现在考虑在树突结构的肢体 1，肢体 2 和肢体 3 上的 $x_1 = f_1 l_1$，$x_2 = f_2 l_2$ 和 $x_3 = f_3 l_3$ 点上，注入 alpha 函数的电流输入，树突兴奋的电势问题。在式(8.204)中已经看到

$$i^{(1)}(z, t) = \alpha_1 t e^{-\sigma_1 t} \delta(z - (2f_1 - 1)) \tag{8.250}$$

$$i^{(2)}(z, t) = \alpha_2 t e^{-\sigma_2 t} \delta(z - (2f_2 - 1)) \tag{8.251}$$

$$i^{(3)}(z, t) = \alpha_3 t e^{-\sigma_3 t} \delta(z - (2f_3 - 1)) \tag{8.252}$$

式中，α_k 和 σ_k 的意义定义在式(8.202)中。从式(8.210)计算传导电流密度 $i_1^{(\lambda)}$，$i_2^{(\lambda)}$ 和 $i_3^{(\lambda)}$，得到

$$
\begin{aligned}
i_\lambda^{(1)} &= \alpha_1 t e^{-\sigma_1 t} \left| \cos 2\lambda\gamma_1(1 - f_1) + \mu_1^{(\lambda)} \sin 2\lambda\gamma_1(1 - f_1) \right| \\
i_\lambda^{(2)} &= \alpha_2 t e^{-\sigma_2 t} \frac{\cos 2\lambda\gamma_2(1 - f_2)}{\cos 2\lambda\gamma_2} \\
i_\lambda^{(3)} &= \alpha_3 t e^{-\sigma_3 t} \frac{\cos 2\lambda\gamma_3(1 - f_3)}{\cos 2\lambda\gamma_3}
\end{aligned}
\tag{8.253}
$$

按照式(8.214)，从 $i_1^{(\lambda)}$，$i_2^{(\lambda)}$ 和 $i_3^{(\lambda)}$ 得到电流密度 $i_\lambda(s)$，随后可以从式(8.226)中的积分值得到 $\psi_\lambda(t)$。因此就可以确定所有肢体膜电位级数展开的系数，即得到解析解。

数值解

于无分叉树突不同，树突末端和胞体的边界条件、分叉点的电流连续性等都需要在此详细解释。令 $\varphi_0^{(k)}(t)$，$\varphi_1^{(k)}(t)$，…，$\varphi_N^{(k)}(t)$ 表示树突结构的第 k 个分枝上的节点 z_0，z_1，…，z_N 的电势，令 $i_0^{(k)}$，$i_1^{(k)}$，…，$i_N^{(k)}$ 为这些节上的电流分布，等于 $i^{(k)}(z, t) = \alpha_k t e^{-\sigma_k t} \delta(z - (2f_k - 1))$，以所给精度为模(仅用了 $N + 1$ 个切比雪夫多项式)。从式(8.16)和 $i^{(k)}(z, t)$ 的表达式可得

$$i^{(k)}(z, t) = \sum_{j=0}^{N} i_j^{(k)} T_j(z)$$

则有

$$i_j^{(k)} = \frac{1}{c_j} \frac{\alpha_k t e^{-\sigma_k t} \cos 2j \cos^{-1}(2\sqrt{f_k})}{\sqrt{f_k(1 - f_k)}}, \qquad c_j = \begin{vmatrix} \pi, & j = 0, N \\ \pi/2, & 0 < j < N \end{vmatrix}$$

值 $\varphi_0^{(k)}$，…，$\varphi_N^{(k)}$ 满足末端边界条件、胞体边界条件和分叉点的连续性条件。分叉点的膜电位连续性要求

$$V_B(t) = \varphi_0^{(1)}(t) = \varphi_N^{(2)}(t) = \varphi_N^{(3)}(t) \tag{8.254}$$

肢体 2，肢体 3 上 $z = 1$ 处的密封条件满足下列要求

$$\varphi_0^{(2)}(t) + \frac{\omega_N}{2} \varphi_N^{(2)}(t) = \varphi_0^{(2)}(t) + \frac{\omega_N}{2} V_B = -\omega_N \sum_{j=1}^{N-1} \frac{\varphi_j^{(2)}(t)(-1)^j}{\sin^2(\pi j / 2N)} \tag{8.255}$$

$$\varphi_0^{(3)}(t) + \frac{\omega_N}{2} \varphi_N^{(3)}(t) = \varphi_0^{(3)}(t) + \frac{\omega_N}{2} V_B = -\omega_N \sum_{j=1}^{N-1} \frac{\varphi_j^{(3)}(t)(-1)^j}{\sin^2(\pi j / 2N)} \tag{8.256}$$

式中

$$\omega_N = \frac{6}{2\,N^2+1} \tag{8.257}$$

分叉点的电流保守性用条件(8.207)表示,且要求

$$\frac{A_2}{\gamma_2^2}\left|\frac{\varphi_0^{(2)}(t)}{2}+\sum_{j=1}^{N-1}\frac{\varphi_j^{(2)}(t)(-1)^j}{\cos^2(\pi j/2\,N)}+\frac{\varphi_N^{(2)}(t)}{\omega_N}\right|+\frac{A_3}{\gamma_3^2}\left|\frac{\varphi_0^{(3)}(t)}{2}+\sum_{j=1}^{N-1}\frac{\varphi_j^{(3)}(t)(-1)^j}{\cos^2(\pi j/2\,N)}\right.$$

$$\left.+\frac{\varphi_N^{(3)}(t)}{\omega_N}\right|=\frac{A_1}{\gamma_1^2}\left|\frac{\varphi_0^{(1)}(t)}{\omega_N}+\sum_{j=1}^{N-1}\frac{\varphi_j^{(1)}(t)(-1)^j}{\sin^2(\pi j/2\,N)}+\frac{\varphi_N^{(1)}(t)}{2}\right| \tag{8.258}$$

式(8.198)中的第二空间导数先用切比雪夫余弦变换得到 $\varphi(z,t)$ 的切比雪夫系数,再取谱空间上二阶导数,然后用逆向切比雪夫余弦变换回到物理空间。最后用下列胞体边界条件决定 $V_S=\varphi_N^{(1)}(t)$

$$\frac{\mathrm{d}\,V_S}{\mathrm{d}\,t}=-\,V_S-\chi^{-1}\left|\frac{V_B}{2}+\sum_{j=1}^{N-1}\frac{\varphi_j^{(1)}(t)(-1)^j}{\cos^2(\pi j/2\,N)}+\frac{2\,N^2+1}{6}\,V_S\right|$$

对分叉树突的解析解和数值解的比较如图 8-16。

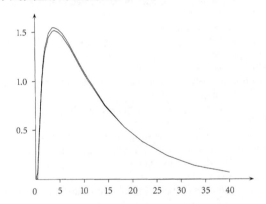

图 8-16　胞体上真实电势和谱估计的结果值比较

谱估计用了 16 个多项式,和精确解差别很小,只是基于 8 个多项式结果的峰稍微低一些。

参 考 文 献

Amjad AM, Rosenberg JR, Halliday DM, Conway BA (1997) An extended difference of coherence test for comparing and combining several independent coherence estimates: theory and application to the study of motor units and physiological tremor. J NeuroSci Meth 73: 69–79

Bernander Ö, Douglas RJ, Martin KAC, Koch C (1991) Synaptic background activity influences spatio-temporal integration in single pyramidal cells. Proc Natl Acad Sci USA 88: 115692–11573

Bernander Ö, Koch C, Usher M (1994) The effect of synchronised inputs at the single neuron level. Neural Comput 6: 622–641

Box BD, Muller M (1958) A note on the generation of random normal variables. Ann Math Stat 29: 610–611

Burke RE (1997) Equivalent cable representations of dendritic trees: variations on a theme. Soc Neurosci abstr 23: 654

Burke RE, Fyffe REW, Moschovakis AK (1994) Electrotonic architecture of cat gamma-motoneurons. J Neurophysiol 72(5): 2302–2316

Canuto C, Hussaini MY, Quarteroni A, Zang TA (1988) Spectral methods in fluid mechanics. Springer series in computational physics. Springer, Berlin Heidelberg New York

Clements JD, Redman SJ (1989) Cable properties of cat spinal motoneurones measured by combining voltage clamp, current clamp and intra-cellular staining. J Physiol Lond 409: 63–87

Clenshaw CW (1962) Mathematical tables. Vol 5 National Physical Laboratory, London HM Stationery Office

Cohen AH, Rossignol S, Grillner S (1988) Neural control of rhythmic movements in vertebrates. John Wiley and Sons, New York

Cox DR, Isham V (1980) Point processes. Monographs in applied probability and statistics, Chapman and Hall, New York

Davis PJ, Rabinowitz P (1983) Methods of numerical integration. (2nd edition) Academic Press, Harcourt Brace Jovanovich Publishers, San Diego, New York, London, Sydney, Tokyo, Toronto

De Schutter E (1992) A consumer guide to neuronal modelling software. TINS 15(11): 462–464

Eisenberg RS, Johnson EA (1970) Three dimensional electric field problems in physiology. Prog Biophys Mol Biol 20: 1–65

Evans JD, Kember GC (1998) Analytical solutions to a tapering multi-cylinder somatic shunt cable model for passive neurons. Math. Biosci. 149(2): 137–165

Evans JD, Kember GC, Major G (1992) Techniques for obtaining analytical solutions to the multicylinder somatic shunt cable model for passive neurons. Biophys J 63: 350–365

Evans JD, Major G, Kember GC (1995) Techniques for the application of the analytical solution to the multicylinder somatic shunt cable model for passive neurons. Math Biosci 125(1): 1–50

Falk G and Fatt P (1964) Linear electrical properties of striated muscle fibres observed with intracellular electrodes. Proc Roy Soc Lond B 160: 69–123

Farmer SF, Bremner ER, Haliday DM, Rosenberg JR, Stephens JA (1993) The frequency content of common synaptic inputs to motoneurons studied during voluntary isometric contractions in man. J Physiol 470: 127–155

Fleshman JW, Segev I, Burke RE (1988) Electrotonic architecture of type-identified α-motoneurons in the cat spinal cord. J Neurophysiol 60(1): 60–85

Gear CW (1971) Numerical initial value problems in ordinary differential equations. Prentice Hall, Englewood Cliffs, NJ

Getting PA Reconstruction of small neural networks. In: Koch C, Segev I (eds) Methods in neuronal modelling: from synapses to networks. 1th edn. MIT press, Cambridge, MA, pp 171–194

Golub GH, Van Loan CF (1990) Matrix computations. (2nd edition) John Hopkins University Press, Baltimore, Maryland USA

Halliday DM (1998a) Generation and characterisation of correlated spike trains. Comp Biol Med 28: 143–152

Halliday DM (1998b) Weak stochastic temporal correlation of large scale synaptic input is a major determinant of neuronal bandwidth. Neural Comput (in press)

Hines ML, Carnevale NT (1997) The NEURON simulation environment. Neural Comp 9(6): 1179–1209

Holden AV (1976) Models of the stochastic activity of neurons. Lecture notes in biomathematics. 12 Springer, Berlin Heidelberg New York

Kember GC, Evans JD (1995) Analytical solutions to a multicylinder somatic shunt cable model for passive neurons with spines. IMA J Math Applied in Medicine and Biology 12(2): 137–157

Kloeden PE, Platen E (1995) Numerical solution of stochastic differential equations. Springer, Berlin Heidelberg New York

Kloeden PE, Platen E, Schurz H (1994) Numerical solution of SDE through computer experiments. Springer, Berlin Heidelberg New York

Knuth DE (1997) The art of computer programming: Vol II Seminumerical algorithms. Addison Wesley, Reading MA, Harlow England, Don Mills Ontario, Amsterdam, Tokyo

Major G (1993) Solutions for transients in arbitrarily branching cables: III Voltage clamp problems. Biophys J 65: 469–491

Major G, Evans D (1994) Solutions for transients in arbitrarily branching cables: IV Non-uniform electrical parameters. Biophys J 66: 615–634

Major G, Evans D, Jack JJB (1993a) Solutions for transients in arbitrarily branching cables: I Voltage recording with a somatic shunt. Biophys J 65: 423–449

Major G, Evans D, Jack JJB (1993b) Solutions for transients in arbitrarily branching cables: II Voltage clamp theory. Biophys J 65: 450–468

Manor Y, Gonczarowski J, Segev I (1991) Propogation of action potentials along complex axonal trees: model and implementation. Biophys J 60: 1411–1423

Marsagalia G, Bray TA (1964) A convenient method for generating normal variables. SIAM Review 6: 260–264

Mascagni MV (1989) Numerical methods for neuronal modelling. In: Koch C, Segev I (eds) Methods in neuronal modelling: from synapses to networks MIT press, Cambridge, MA, pp 255–282

Murthy VN, Fetz EE (1994) Effects of input synchrony on the firing rate of a 3-conductance cortical neuron model. Neural Comp 6: 1111–1126

Ogden JM, Rosenberg JR, Whitehead RR (1999) The Lanczos procedure for generating equivalent cables. In: Poznanski RR (ed) Modelling in the neurosciences: from ion channels to neural networks. Harwood Academic, pp 177–229

Perkel DH, Mulloney B (1978a) Calibrating compartmental models of neurons. Amer J Physiol 235: R93–R98

Perkel DH, Mulloney B (1978b) Electrotonic properties of neurons: steady-state compartmental model. J Neurophysiol 41: 621–639

Perkel DH, Mulloney B, Budelli RW (1981) Quantative methods for predicting neuronal behaviour. Neuroscience 6: 823–837

Rall W (1962) Electrophysiology of a dendritic model. Biophys J 2(2): 145–167

Rall W (1962) Theory of physiological properties of dendrites. Ann NY Acad Sci 96: 1071–1092

Rall W (1964) Theoretical significance of dendritic trees for neuronal input-output relations. In: Neural theory and modelling. (ed) Reiss R Stanford University Press, Stanford, California pp 73–97

Rall W (1969) Distributions of potential in cylindrical coordinates for a membrane cylinder. Biophys J 9: 1509–1541

Rall W (1977) Core conductor theory and cable properties of neurons. In: Kandel ER, Brookhardt JM, Mountcastle VB (eds) Handbook of Physiology: the Nervous System, Vol I, Williams and Wilkinson, Baltimore, Maryland, pp 39–98

Rall W (1989) Cable theory. In: Koch C, Segev I (eds) Methods in neuronal modelling: from synapses to networks. 1th edn. MIT press, Cambridge, MA, pp 9–62

Rall W, Burke RE, Holmes WR, Jack JJB, Redman SJ, Segev I (1992) Matching dendritic neuron models to experimental data. Physiol Rev suppl 72(4): S159–S186

Rapp M, Yarom Y, Segev I (1992) The impact of parallel fibre background activity on the cable properties of cerebellar Purkinje cells. Neural Comp 4: 518–533

Regnier A (1966) Les infortunes de la raison. Collection science ouverte aux Éditions du Seuil, Paris

Regnier A (1974) La crise du langage scientifique. Éditions anthropos, Paris

Rinzel J, Ermentrout GB (1989) Analysis of neural excitability and oscillations. In: Koch C, Segev I (eds) Methods in neuronal modelling: from synapses to networks. MIT press, Cambridge, MA, pp 135–170

Rosenberg JR, Halliday DM, Breeze P, Conway BA (1998) Identification of patterns of neuronal connectivity-partial spectra, partial coherence, and neuronal interactions. J NeuroSci Meth 83: 57–72

Segev I, Fleshman JW, Burke RE (1989) Compartmental models of complex neurons. In: Methods in neuronal modelling. Koch C, Segev I (eds),1th edn. MIT Press, Cambridge, MA pp 63–96

Segev I, Fleshman JW, Miller JP, Bunow B (1985) Modelling the electrical properties of anatomically complex neurons using a network analysis program: passive membrane. Biol Cybern 53: 27–40

Segev I, Rinzel J, Shepherd G (eds) (1995) The theoretical foundations of dendritic function: selected papers of Wilfrid Rall with commentaries. MIT press, Cambridge, MA

Tuckwell HC (1988a) Introduction to theoretical neurobiology Vol I — linear cable theory and dendritic structure. Cambridge University Press, Cambridge

Tuckwell HC (1988b) Introduction to theoretical neurobiology Vol II — nonlinear and stochastic theories. Cambridge University Press, Cambridge

Whitehead RR, Rosenberg JR (1993) On trees as equivalent cables. Proc Roy Soc Lond B 252: 103–108

Wichmann BA, Hill ID (1982) Appl Statistics 31(2): 188–190

符号和定义

$a \in A$	a 属于集合 A
$[a, b]$	闭区间 $a \leqslant x \leqslant b$
(a, b)	开区间 $a < x < b$
$(a, b]$	半开半闭区间 $a < x \leqslant b$
$O(f)$	当 f 趋近于 0 时, 被 f 范围内其他数相除的表达式
$o(f)$	当 f 趋近于 0 时, 被 f 相除的表达式
$A \times B$	配对集合 (a, b), 其中 $a \in A, b \in B$
$V(x, t)$	在时间 t 和位置 x 的跨膜电位
$J(x, t)$	在时间 t 和位置 x 的轴向电流密度(单位树突面积的电流)
g_A	细胞内成分的轴向电导
J_{IC}	单位长度树突的注射电流
J_{IVDC}	树突膜单位面积的内在电压依赖性电流
J_{SC}	树突膜单位面积的突触电流
$A(x)$	位置 x 的树突面积
$P(x)$	位置 x 的树突周长
A_s	胞体表面积
$-J_{soma}$	经膜表面注入胞体的电流密度
ρ	电阻系数(Ohm·m)
$\delta(x-a)$	如果 $x \neq a$, Δ 函数 $\delta(x-a) = 0$, $\int_{-\infty}^{\infty} \delta(x-a) f(x) ds = 1$ $\int_{-\infty}^{\infty} \delta(x-a) f(x) ds = f(a)$
C_s	胞体单位表面积膜电容
$V_s(t)$	胞体跨膜电位
E_L	静息膜电位
E_α	α 离子平衡电位
g_s	胞体单位面积电导(Ohm^{-1}m^{-2})
J_{SI}	胞体注射电流
g_M	被动膜电导
g_{NL}	非线性(激活)膜电导
g_L	漏电导
τ	树枝状分支的时间常数 $\tau = C_M / g_M$
λ	树枝状分支的长度常数 $\lambda^2 = g_A A / g_M P$
L	树枝状分支的长度
l	树枝状分支的无量纲或电长度, $l = \int_0^L \sqrt{\dfrac{g_M P(s)}{g_A A(s)}} ds$

g 值	$g=\sqrt{g_M g_A A P}$
d	树突直径
c 值	$c=d^{3/2}$
z_i	树突树状结构的选定点
v_i	选定点 z_i 的膜电位。
g_i	树突圆柱的 g 值
r_j^{-1}	含 z_j 代表区的有限差分的全部 g 值的总和
ε	胞体树突电导率 $\varepsilon=g_M C_S / g_S C_M = \tau_S / \tau$
A^{-1}	矩阵 A 的逆
A^{T}	矩阵 A 转置
$\bar{A}$	矩阵 A 的复数共轭
$A^{(p,q)}$	矩阵 A 中的 (p,q)th 元素
$H(t)$	如果 $t>0$,Heaviside 单位步阶方程 $H(t)=1$;如果 $t<0$,则 $H(t)=0$
$\langle u,v \rangle$	矢量 u,v 的内积
$E[x]$	随机变量 x 的预期值
$\mathrm{Var}[x]$	随机变量 x 的方差
$\mathrm{Cov}[x(s),x(u)]$	随机变量 x 在 s 和 u 的协方差
δ_{ij}	在 $i=j$ 和 0 以外的情况下,Kronecker Δ 是由 $\delta_{ij}=1$ 决定的

附录

　　此附录给出了用于在没有相关输入的情况下,计算编码器特性的程序。程序中最后两个函数发生导数和在 $(0,1)$ 之间均匀分布的随机数,它们执行了 247 页和 248 页所描述的算法。

```
#include <stdi0.h>
#include <stdlib.h>
#include <math.h>
/*
* *   Builds SPIKE TRAINS using a integrate-to-threshold-and-fire
* *   methodology for the ENCODER \tau dz_t=G(A dt+B dW_t)-z_t dt.
*/
#define     ZMAX   1.0        /* Threshold at which ENCODER fires */
#define     GAIN   1.0        /* Gain of the ENCODER */
#define     X0     0.0        /* Starting state for ENCODER */
#define     H      0.001      /* Step size for numerical integration */
#define     TAU    0.025      /* ENCODER time constant */
#define     A      1.269      /* Mean white noise input */
#define     B      0.307      /* STD DEU of white noise input */
#define     NSIM   10000       /* Number of simulations to be done */
```

```
#define      FLAG   0           /* Set FLAG=0 for pseudo-white noise
                                    Set FLAG=1 for white noise */
int main (void)
{
    int i, nspike=0;
double spike_time[NSIM]. mu, sd, tnow=0.0, zold=X0. znow=X0.
      tmp. sigma. coeffo1. coeffo2, coeff11,coeff12.
      coeff13. normal (double. double);
/* Step 1. -Initialise counters. times and ENCODER state */
   sigma=sqrt(H);
   coeff01=coeff11=TAU/(H+TAU);
   coeff02=GAIN * H/(H+TAU);
   coeff12=GAIN * H * A/(H+TAU);
   coeff13=GAIN * B/(H+TAU);
/* Step 2.-Simulate ENCODER operation for pseudo-white noise */
   do{
        if(znow<ZMAX){           /* ENCODER below threshold */
          zold=znow;
          znow=coeff01 * znow+coeff02 * normal (A,B);
          tnow+=H;
}    else if (znow==ZMAX){/* ENCODER on threshold */
             spike_time[nspike]=tnow;
             tnow=znow=zold=0.0;
             nspike++;
        }else {                       /* ENCODER above threshold */
             tmp=H* (znow-ZMAX)/(znow-zold);
             spike_time[nspike]=tnow-tmp;
             nspike++;
             znow=fmod(znow. ZMAX);
             zold=znow;
             tnow=tmp;
        }
   } while(nspike<NSIM && FLAG==0);
/* Step 3. -Simulate ENCODER operation for white noise */
   do{
        if (znow<ZMAX){           /* ENCODER below threshold */
          zold=znow;
          znow=coeff11 * znow+coeff12+coeff13 * normal (0.0, sigma);
          tnow+=H;
        } else if (znow==ZMAX){/* ENCODER on threshold */}
             spike_time [nspike]=tnow;
             tnow=znow=zold=0.0;
             nspike++;
```

```
    } else{                          /* ENCODER above threshold */
        tmp=H*(znow-ZMAX)/(znow-zold);
        spike_time[nspike]=tnow-tmp;
        nspike++;
        znow=fmod(znow,ZMAX);
        zold=znow;
        tnow=tmp;
    }
  }while(nspike<NSIM && FLAG==1);
/* Step 4. -Compute MEAN(mu) and STD DEV (sd) of spike train */
  for (mu=0.0, i=0;i<NSIM;i++)mu+=spike_time[i];
  mu/=((double)NSIM);
  for (sd=0.0, tmp=0.0,i=0;i<NSIM;i++){
      sigma=spike_time[i]-mu;
      tmp+=sigma;
      sd+=sigma*sigma;
  }
  sigma=((double)NSIM);
  sd=(sd-tmp*tmp/sigma)/(sigma-1.0);
  sd=sqrt(sd);
  printf("\n     Mean spike rate %6.11f". 1.0/mu);
  printf("\n Cov of spike_train %6.11f", sd/mu);
  exit(0);
}
/************************************************
             Function returns Gaussian deviate.
  ***********************************************/
double normal (double mean. double sigma)
{
        static int start=1;
        static double g1,g2;
        double v1,v2,w. ran(int);
        if(start ){
           do{
              v1=2.0*ran(1)-1.0;
              v2=2.0*ran(1)-1.0;
              w=v1*v1+v2*v2;
           }while(w==0.0||w>=1.0);
           w=log(w)/w;
           w=sqrt(-w-w);
           g1=v1*w;
           g2=v2*w;
           start=!start;
```

```
        return(mean+sigma*g1);
    }else{
        start= ! start;
        return(mean+sigma*g2);
    }
}
/ * * * * * * * * * * * * * * * * * * * * * * * * * * * * * * * * * * * * * * *
    Function returns primitive uniform random number using
    algorithm AS183 by Wichmann and Hill Appl. Stat. (1982)
 * * * * * * * * * * * * * * * * * * * * * * * * * * * * * * * * * * * * * * */
double ran(int n)
{
    static int start=1;
    void srand (unsigned int);
    static unsigned long int ix. iy. iz;
    double temp;
    if (start){
        srand (((unsigned int)abs(n)));
        ix=rand();
        iy=rand();
        iz=rand();
        start=0;
    }
/*  1st item of modular arithmetic  */
    ix=(171*ix)%30269;
/*  2nd item of modular arithmetic  */
    iy=(172*iy)%30307;
/*  3rd item of modular arithmetic  */
    iz=(170*iz)%30323;
/*  Generate random number in (0.1)  */
    temp=((double)ix)/30269.0+((double)iy)/30307.0
        +((double)iz)/30323.0;
    return fmod(temp, 1.0);
}
```

第九章　神经系统体外模型的制备

Klaus Ballanyi

刘　爽　葛学铭　范　明　译

军事医学科学院基础所

fanming@nic.bmi.ac.cn

■ 绪　论

近年来，许多新的实验技术已应用于神经科学研究领域，如膜片钳技术（第六章）、共聚焦光学显微镜技术（第四章、第十四章）等，从而更加方便了人们对神经元和胶质细胞的功能研究。但由于这些技术只能应用于神经系统体外标本的研究，而不能直接在完整的脑组织中应用，因此，在使用这些技术之前必须进行神经系统体外标本的制备。目前常用的神经组织体外研究方法有细胞培养技术、脑片技术和整体脑组织块灌注技术等。后两种方法能够做到在体外观测神经元的原位特性以及与其他细胞的联系。本章将主要阐述脑片和脑组织整体灌注组织块的制作过程以及这些体外分离的神经组织的相关特性；并概述在体外建立并维持神经组织"生理条件"所需要的一些重要因素。由于体外模型的制备会受到多种因素的影响，如神经组织来源的部位、种属、发育阶段以及其他一些可能扰乱细胞特性、影响细胞功能分析的因素等。因此，很难制定一个统一的、简明的神经系统体外模型准备实验规程。我们在本章将主要针对海马、呼吸中枢和延髓等区域，对以上问题加以简要说明。

■ 体外模型

以往，人们常常通过对成年啮齿动物脑片的分析来研究哺乳类动物的神经功能。由于可通过小鼠基因序列的调控进行功能分析，使得小鼠成为神经功能研究的动物实验中广泛应用的动物模型，但由于特定基因被敲除的小鼠一般在出生后不久就会死亡，有的甚至出生前就死亡，因此大部分相关实验采用这些转基因小鼠的幼鼠、新生鼠或胎鼠。幼年啮齿类动物也适用于神经生理学研究，在其表面细胞中应用膜片钳结合影像技术是比较容易的（Edwards et al. 1988；Konnerth　1990；Eilers et al. 1995）。在体内研究（如对视觉和呼吸系统的研究）时，经常选用成年的猫作为动物模型。

在选择恰当的动物模型进行特定的脑功能研究时，要考虑动物的种属和发育程度对实验的影响（Aitken et al. 1995）。例如，在猫的脑片中，背侧膝状神经核的一组亚细胞群可以产生高频节律的爆发的运动电位，而在豚鼠同样部位的神经核团却没有类似放电（McCormick and Pape　1990）。从不同种属啮齿类动物围生期时分离的脑干呼吸中枢调控网络的功能明显不同，进一步证实了该功能的种属间差异。例如，在新生大鼠或实验小鼠（图 9-1；Suzue　1984；Brockhaus and Ballanyi　1998；Ballanyi et al. 1999）的整个脑干的标本中可以记录到与呼吸调控相关的神经电活动。而在新生的"spiny"小鼠的相应标本中却未观测到类似的电活动节律（Greer et al. 1996）。Ballanyi等（1999）认为，这主要是由于"spiny"小鼠孕期较长，为40d，在出生时脑干功能发育比较成熟，而实验鼠一般的孕期为20～22d，出生时脑干的功能发育相对不成熟。由此提示，从发育相对较成熟的新生动物中分离的脑组织对缺氧或低糖的耐受性很可能比发育不太成熟的新生动物低。

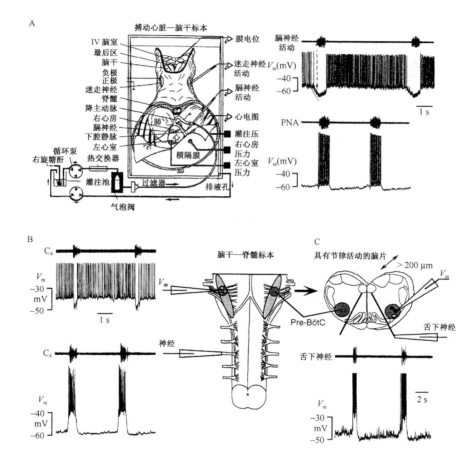

图 9-1　在体外分离的延髓呼吸网络

A. 来自成熟小鼠的搏动心脏—脑干标本，在31℃的条件下，通过从降主动脉灌注人工脑脊液——右旋糖酐混合液（经含5% CO_2 的氧气处理）以供应组织所需的氧气。监测膈神经和中枢迷走神经的活性、心电图、灌注压、右心房内压、左心室压和膜电位。生存时间>5h，制备时间40～45min。膜电位的记录来自脑干腹侧呼吸网络中的神经元，随着吸气相关的膈神经兴奋性的变化而兴奋（低轨迹）或抑制（高轨迹）（经Paton同意引用，1996）。B. 对于来源于新生鼠的脑干—脊髓标本，在25～27℃的条件下，用含有30mmol/L.D-葡萄糖的人工脑脊液进行灌注，可记录到相似的脊神经活性变化和腹侧呼吸网络中神经元的膜电位的波动至少达12h。C. 在将整块制备的延髓标本切削成为仅含有作为呼吸中枢的Pre-Bötzinger复合物（Pre-BötC）的横切片时，仍可以通过舌下神经根纤维来记录吸气的活性。在厚度小于250μm的脑片中，仅有吸气 Pre-BötC 神经元表现出活性节律（详情见 Smith et al. 1995；Ballanyi et al. 1999）。

　　在围生期，胚胎神经组织对神经活性物质的敏感性也随着母鼠的孕龄不同而变化。例如，前列腺素（Wolfe and Horrocks 1994）对孕龄 18～19d 大鼠胚胎的延髓呼吸网络标本的呼吸节律起到的是兴奋性作用，而对来源于孕龄 20～21 或出生后前 2d 的新生大鼠延髓标本起的是抑制性作用（图 9-2；Meyer et al. 1999）。另外，γ-氨基丁酸（GABA）和甘氨酸对新生大鼠的皮层和海马的神经元起到兴奋性作用；而当这些神经元出生后发育成熟以后，它们即开始发挥其经典的抑制性递质的作用（图 9-2；Cherubini et al. 1991）。这表明在出生后皮层细胞的功能发生了极大变化。与大脑皮层神经元相比，出生时延髓呼吸网络已相当成熟了，因为它必须产生强有力的神经冲动节律，以便向组织器官提供充足的氧气。相对应的是，呼吸中间神经元的 γ-氨基丁酸和甘氨酸能的氯离子依赖的 IPSPs 超极化从而呈抑制状态。后面的这些例子表明，在特定的发育阶段，不同脑区发育成熟的程度有相当大的不同。

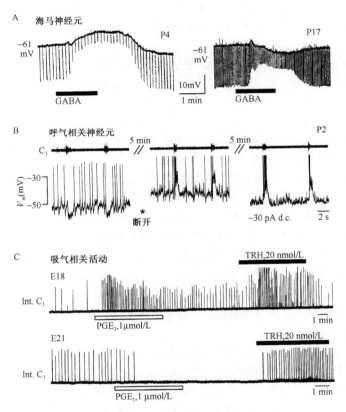

图 9-2　不同发育阶段对神经调质的反应

A. 对于生后 4d 的大鼠，γ-氨基丁酸可以使海马锥体神经元膜发生去极化并降低膜电阻（通过微电极常规给予一个超极化的电流脉冲来测定），而对于生后 17d 的大鼠，其作用是使膜超极化和降低电阻（Cherubini et al. 1991）。B. 用含高氯电极内液在短杆菌肽穿孔全细胞膜片钳制备的记录中，可观察到新生鼠脑干——脊髓标本的延髓呼吸神经元表现吸气相关性超极化。在打穿细胞膜后，由于氯的渗析而引起逆转变化，即呼吸神经元发生吸气相关性去极化（参考 Brockhaus and Ballanyi 1998）。C. 应用前列腺素 E1（PGE1），可以刺激孕 18d 胎鼠来源的脑干—脊髓标本中的与吸气相关的脊神经（C1）兴奋，而抑制孕期 21d 胎鼠的脊神经。对于所有年龄段的胎鼠，促黑激素（TRH）均可产生较强的刺激作用（Meyer et al. 印刷中）。

整体脑组织模型的制备

一些冷血动物的整个脑组织可以被分离，并在体外保存，以便在体外对其复杂的神经功能进行研究。例如，在过去的 20 年时间里，人们通常将七鳃鳗的中枢神经系统分离出来，用于研究与游泳相关的神经机制（Grillner et al. 1991）。由于七鳃鳗的脊髓体积比较小，可以通过高空间分辨率的仪器对其运动活跃期神经元活动节律的过程进行观测（如细胞内钙离子的变化）（Bacskai et al. 1995）。海龟整体脑组织标本的建立进一步推动了这一技术的发展（Hounsgaard and Nicholson 1990）。它的优点是在对较长距离的神经网络（如脑干和小脑）相互之间的作用进行研究时，能够排除心跳和呼吸所带来的干扰。另外，由于海龟对缺氧有较强的耐受能力，因此，在没有体外灌注的情况下，分离的海龟脑组织仍能维持一段时间的功能（Hounsgaard and Nicholson 1990），所以一些研究小组将其用于研究冷血脊椎动物缺氧耐受的分子机制（Lutz and Nilsson 1997）。

与海龟这类冷血动物相似，新生哺乳动物的脑组织对缺氧也有较高耐受性，包含新生动物多个脑区的整块组织，在未经灌注的情况下，能够在体外维持 10 个小时以上的组织活性。例如，新生或幼年大鼠的完整海马结构能够在体外保持较长时间的活性，同时维持较好的形态（Khalilov et al. 1997）。这样就可以应用分区记录、膜片钳记录、细胞内钙离子浓度的测定以及标记细胞的三维重建等技术，对相关结构，如膈区和海马之间的神经联系和功能进行研究（Khalilov et al. 1997）。在未灌注条件下，新生鼠的脑干—脊髓或脊髓—后肢标本中的呼吸网络以及多种反射通路也能保持功能性的完整，便于进行相关研究（Suzue 1984；Onimaru et al. 1998；Smith et al. 1988）。在浸润型浴槽中，只需提高培养液中的糖浓度（30mmol/L），即可维持标本的活性，无须其他特殊的方法或溶液。以新生大鼠的整体脑组织块中延髓的神经元活动为例，腹侧呼吸中枢内的不同类型神经元，可以产生特定的膜电位波动模式。在将整体组织标本切除至只含有前 pre-Botzinper 复合物作为呼吸中枢的具有吸气活性的脑部横切片时，上述膜电位波形仍然可以保持（Smith et al. 1991）。但是部分脑组织结构，如新皮质和海马在出生时发育还不成熟，因此在这个阶段制备的整体标本中膜电位的特征与成熟动物脑中相应结构的膜电位会有很大的不同。

对于成年动物的脑组织，也可以在整块制备的大脑和脑干—小脑组织标本中研究有关膜电位的特征和复杂的神经网络的功能（Llinas and Mühlethaler 1988）。与冷血脊椎动物或新生动物不同，分离的成年脑组织块需要经动脉灌注人工脑脊液方可存活（图 9-1；Llinas and Mühletaler 1988；Paton 1996）。根据不同动物种属和不同脑区的需要（Ballanyi et al. 1992；Schäfer et al. 1993；Morawietz et al. 1995），灌注液中应该含有诸如 perfluoro-tributylamine（FC-43）等氧气运载体，以便为组织提供充足的物质支持。灌注的速率最好接近 20ml/min（Paton 1996）。如果流速超过 20ml/min，哪怕是仅超过2～3ml/min，都将会导致水肿，随后将出现神经功能的丧失（Ballanyi et al. 1992；Schäfer et al. 1993；Morawietz et al. 1995）。也有报道称，添加聚乙烯吡咯烷酮 K30 或葡萄糖酐等物质和抗生素（如青霉素和链霉素）可以提高所制备标本的活性（Llinas，

Mühlethaler　1988；Morawietz et al. 1995；Paton　1996）。整体脑组织块制备过程中，需要的外科技术和生物体外灌注技术多种多样，在本章中不再详述。到目前为止，只有非常少的研究小组采用了整体脑组织块制备技术。绝大多数的研究小组仍然在脑片上进行原位神经组织功能研究。

　　整体脑组织块体外模型的制备对于研究脑的整合功能或自主功能的细胞的机制是非常有帮助的。如上所述，在分离的延髓整体标本中，呼吸网络仍然保持着相应功能，便于我们进一步的研究。特别是最近在经动脉灌注的"心脏—脑干整体功能模型"技术方

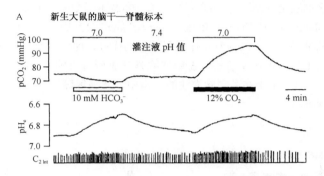

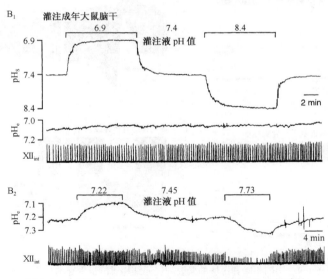

图 9-3　在整块制作的延髓标本中保存其中枢的化学敏感性

A. 在新生大鼠的脑干—脊髓标本中，如果降低灌注液中的 HCO_3^- 的浓度（如从 25mol/L 降到 10mmol/L）或提高 CO_2 的浓度（从 5%提高到 12%），将使灌注液的 pH 从 7.4 降到 7.0，从而导致 300μm 深处的 VRG 区域间质的 pH（pHe）降低。尽管 VRG 区域的二氧化碳分压（pCO_2）朝着相反的方向变化，但两种细胞外酸中毒均可引起吸气相关的横膈膜神经（C_2）的兴奋性呈可逆性增高（经 Voipio 和 Ballanyi 同意引用，1997）。B. 在经动脉灌注的成年大鼠脑干切片中，pH 在±0.5 范围内波动，既不会影响 VRG 的 pHe（检测深度 1mm），也不会影响吸气相关的舌下神经（XII）的活性。相反的，如果灌注液中的 pH 降低，将会引起体外呼吸节律的兴奋，然而，提高灌注液中的 pH 将引起呼吸节律的可逆性抑制（K. Ballanyi et al. 未发表工作）。这些结果表明中枢的化学敏感性与 VRG 神经元的氢离子敏感结构密切相关。

面的发展（Paton　1996），使得大量的调控心肺功能的反射得以保存。在这一标本中我们能够获得呼吸神经元的细胞内记录资料（图 9-1；Paton　1996）。这样可以将围生期胚胎大鼠的非灌注延髓标本来源的数据与成熟动物灌注标本来源的数据进行比较，分析呼吸网络系统发育的变化（Ballanyi et al. 1992）。研究显示，中枢的化学敏感性不仅存在于成年大鼠分离的延髓中，也同样存在于新生大鼠的脑干脊髓中（图 9-3；Voipio，Ballanyi　1997；Ballanyi et al. 未公开发表）。这一研究还证明，新生大鼠的呼吸网络对于缺氧有较强的耐受，而在成年大鼠的脑干标本中，缺氧将很快导致呼吸节律的丧失和体内离子动态平衡的紊乱（图 9-4；Ballanyi et al. 1992；Brockhaus et al. 1993；Morawietz et al. 1995；Ballanyi et al. 1996b；Richter and Ballanyi　1996）。在对由于代谢紊乱而导致的神经功能紊乱研究中，灌注制备体现了独特的优势，即可以通过改变灌注液中的成分来区分这一结果是由于缺氧还是低血糖亦或是缺血所造成的（Schäfer et al. 1993；Morawietz et al. 1995）。由于在经动脉灌注的标本中，血脑屏障未被破坏，因此可以用于测定药物的治疗剂量范围。

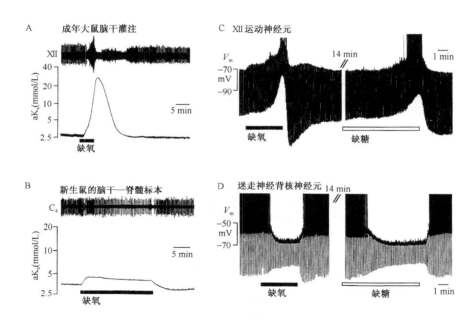

图 9-4　不同年龄和区域的延髓神经元结构对能量剥夺的反应差异

A. 在经动脉灌注 N_2 处理的低氧溶液造成的成年大鼠脑片的缺氧模型中，吸气相关的舌下神经元活性呈可逆性阻滞，并伴有 VRG 的细胞外钾离子（aK_e）浓度显著上升。aK_e 峰值时 XII 神经元的紧张性活动提示钾离子的增加引起呼吸神经元和/或 XII 神经元去极化。B. 在新生鼠的脑干—脊髓标本中，因灌注缺氧液体所引起的缺氧仅轻微地干扰 aK_e，降低吸气的颈 4 神经的活性（A，B 见 Ballanyi et al. 1992）。C. 3 周龄大鼠的 $400\mu m$ 厚度脑片中的舌下神经运动神经元，缺氧和缺糖都引起渐进性的去极化、膜电阻的降低和相伴的峰放电（K. Ballanyi and J. Doutheil，未发表资料）。D. 在同一脑片中，上述的代谢紊乱引起临近的迷走神经背核产生由 ATP 敏感的钾离子通道介导的稳定的超极化，同时伴有电阻降低和自发性放电的阻滞（Ballanyi et al. 1996a）。

▊ 脑片模型

在哺乳动物脑功能的研究中，脑片是除了细胞培养外最普遍应用的体外模型。下文中脑片模型制备的描述主要基于以前的报道。在拟似单层细胞构成的器官型脑片培养中，树突、轴突以及单个突触仍然保存，它们之间的连接以及生理和病理生理表型也依然保存（Gähwiler and Knöpfel 1990）。人们对器官型脑片比较感兴趣的原因是它能够将功能相关但距离较远的脑区共同培养，而这一点是薄片所不能做到的。细胞培养中的一些经验有助于器官型脑片培养方法的建立，然而薄片的制备技术更容易掌握，也更为经济。

麻醉药物

麻醉药物可以影响神经元的功能（Aitken et al. 1995）。由于不同的麻醉药物对细胞的功能会有不同的影响，特别是对于离子型神经递质受体有影响（Gage and Hamill 1981）。因此需要根据所要研究的细胞功能选择恰当的麻醉药物，以避免药物产生的影响。目前公认对细胞功能干预较少的麻醉药是乙醚或异氟烷，因为这些药物可以在体外灌注中被很快洗掉。另外用二氧化碳或断头处死动物也可以避免麻醉药物带来的直接影响。

溶　液

人工脑脊液中的离子成分与生理条件下脑脊液的离子成分相似，其中包含118mmol/L NaCl，3mmol/L KCl，1.5mmol/L CaCl$_2$，1mmol/L MgCl$_2$，1mmol/L NaH$_2$PO$_4$，25mmol/L NaHCO$_3$（葡萄糖的浓度）。常应用于脑组织分离或切割过程中的漂洗，脑片的储存以及在浴槽内的记录。为了减少分离和切割过程中钙离子内流引起的细胞毒性，组织应暴露在冰冷的人工脑脊液中，钙离子浓度降至 0.5mmol/L。上述溶液成分适用于多数脑片的制备。Aitken 等（1995）曾报道，在实验前，预先用一些特制的缓冲液对特定脑组织进行孵育，可以防止脑片在准备和储存的早期阶段的损害。常通过将溶液中的主要成分 NaCl 换成蔗糖来达到这个目的。但是这样一来就影响了钠离子依赖的 pH 调节能力，可能导致因细胞外钠离子的缺乏所带来的神经功能的损害（Trapp et al. 1996；Ballanyi and Kaila 1998）。降低人工脑脊液中钙离子的浓度，提高镁离子的浓度，并添加氯胺酮或其他谷氨酸盐拮抗剂，可在制作或储存脑片过程中保护脑片组织免受谷氨酸盐介导的毒性损害（Aitken et al. 1995）。一些研究小组建议添加一些高分子量的葡萄糖酐增高胶体渗透压，以防止细胞水肿（图 9-1；Llinas and Mühlethaler 1988；Aitken et al. 1995；Paton 1996）。另外，添加维生素 C 可以减少自由基的形成。含有浓度为 6mmol/L 钾离子的灌注液通常能够改善神经网络的兴奋性，可以认为这一浓度是体外研究外周神经组织的生理浓度。

1.pH 值：CO$_2$/HCO$_3$$^-$ 系统是细胞间质液体中占主导地位的 pH 值缓冲系统。因此，常用加入混合气体（95％O$_2$，5％CO$_2$）的方法对人工脑脊液的 pH 值进行调整，同时也要考虑到温度对 pH 值的影响。在整块脑组织标本或厚脑片中，应考虑到活跃的代

谢所产生的组织 pH 值梯度。例如，在延髓呼吸神经元附近（图 9-3）就会产生一个低 pH 值的细胞外环境，我们可以通过灌注 pH 7.8 的人工脑脊液来提高 pH 值，以保持细胞外相对稳定的 pH 环境（Voipio and Ballanyi　1997；Ballanyi et al. 1999）。对于培养细胞，通常在没有 CO_2/HCO_3^- 的系统，如用羟乙基哌嗪乙磺酸制成的 pH 值缓冲液中进行研究，但这并不适用于脑片的培养。这是由于该系统中的 pK 和/或缓冲能力不同于 CO_2/HCO_3^- 系统，而脑片培养中 pH 值调控依赖于 HCO_3^- 机制，否则可能导致神经功能的紊乱（Trapp et al. 1996；Ballanyi and Kaila　1998）。

2. 葡萄糖：在生理温度下，在对具有较高代谢率的神经组织块或厚片进行研究时，需要给予浓度为 10～30mmol/L 的右旋葡萄糖（Suzue　1984；Ballanyi et al. 1996b）。而这一浓度的葡萄糖水平在体内将导致高糖血症，从而引起细胞损害。但在体外脑厚片的研究中，由于稳定的能量消耗，在组织间质中产生一个葡萄糖浓度梯度。从而使脑片中央的葡萄糖浓度水平接近或略低于在体内生理条件下动脉血中 2～5mmol/L 的水平，避免细胞的功能损害。同样应该注意的是，葡萄糖浓度也会影响神经细胞的膜功能。在延髓背侧的迷走神经元，低糖将引起 ATP 依赖的钾离子通道的开放，此通道的开放导致细胞膜超极化，从而阻断兴奋性峰电位的扩散。

脑组织块的分离

对特定脑区的外科分离过程也可能影响细胞的功能。例如，在处死动物时，因循环阻断，引起组织缺血，不仅引起一些兴奋毒性神经递质（如谷氨酸盐）的释放，还会导致因花生四烯酸释放所引起的前列腺素合成增加（Wolfe，Horrocks　1994），从而很难估计在脑片中不同的脑区所含有的神经递质或神经活性物质的基础水平。例如，对于含有较高浓度前列腺素的松果体或下丘脑很难进行相关递质或活性物质的分析（Wolfe and Horrocks　1994）。快速分离可以减少因缺血所带来的内源性物质的释放或基因表达的改变。一般情况下，分离过程应该控制在 1～2min 内。打开颅骨后首先用冰冷的人工脑脊液进行漂洗；分离后，将组织块保存在 0～4℃冰箱中，以减少与代谢相关的缺血损害，并能增强组织块的硬度，以便切割。分离的组织块应该在该条件下至少保存 3～60min，然后再对不同的脑部位进行连续切片。

切　割

对那些并不要求进行可视化操作的研究中，可选用 McIllwain 型组织切片机，以获得包含有功能神经环路的 300～500μm 厚度的脑片（Aitken et al. 1995）。但如果需要在显微镜下对脑片表面的神经元或胶质细胞进行电生理记录或形态学观察，则最好选择振动切片机切片（图 9-5，图 9-6；Edwards et al. 1989；Konnerth　1990）。用低成本的 Campden LE127ZL（Campden，UK）振动切片机可以获得表面轮廓更清晰的脑片。而使用 FTB（Vibracut，FTB Weinheim，Germany）或 Leica（VT 1000S；Leica Bensheim，Germany）的振动切片机可以明显减少因切割而产生的碎屑，尤其是可以使接近脑片表面的树突结构或中间神经元得以完整保留。

为了提高切割过程中的机械稳定性，在切割前要对冷却的大块脑组织进行手工修整，使断面与预期的切割平面平行，然后用氰基丙烯酸酯胶将另一面固定在切片机的载物台上。最好预先在切割舱底部用冷冻成冰的低钙人工脑脊液铺底。在固定好组织块后，立即用冰冷的低钙人工脑脊液充盈。而对于一些新生动物的脑组织（如含延髓呼吸中枢的脑片）并不一定要在冰冷的人工脑脊液中进行切割。在室温下进行切割可能有助于提高细胞的反应性（K. Ballanyi，未发表资料）。对于体积过小不能用胶直接固定的组织（如胎鼠的脊髓），可以先用含 2% 琼脂的脑脊液溶液包埋，再用胶固定。需要注意的是，一定要等加热的琼脂冷却到 40℃ 以下后再对组织进行包埋，否则将对组织造成损害。包埋完毕后，用冰冷的人工脑脊液仔细地进行漂洗、定形。一些脑片需要预先修整，使其断面与切割平面平行，以便最终获得所需的平面。也可以在解剖显微镜或放大镜下进行切割，以便于观察。对于大多数的脑组织来说，在用振动切片机进行切片时，采用 5～10Hz 振动频率比较理想。切割的速度，应根据不同的组织结构的质地（如灰质和白质的质地就不同），在 10～20mm/min 的范围内进行调整，避免推挤组织块，影响切诡效果。同样，对于不同组织结构，要获得理想的组织切片，应在切片时调整好刀片的角度以及振动的幅度。如果组织块中含有脑膜等脑表面结构，则应在切割前去除。

存　储

将切好的脑片立即用巴斯德滴管（切断并用火融滑断面）转送到有氧气供应的人工脑脊液中。将脑片放在一个用纤细棉网做底的塑料培养皿中。为了使脑片表面的空气保持湿润，将培养皿固定于充满人工脑脊液的烧杯，在烧杯的底部输入 O_2，输入的 O_2 不断以气泡的形式溢出，从而湿润脑片表面的空气（图 9-5；Edwards et al. 1989）。一些研究小组报道，将脑片预先孵育并放置几小时有助于提高脑片中神经元的反应性（Haas and Büsselberg　1992；Aitken et al. 1995）。为了营造一个适宜的溶液与湿润气体的接触面，通常将脑片放置于擦镜纸上或直接放置在滤纸上，并将它们放在烧杯的顶部，而烧杯内加满人工脑脊液，形成一个封闭的系统。由于液体中气体已经饱和，将空气输入后会有气泡不断产生，以保证脑片周围环境的饱和湿度（图 9-5）。在 20～37℃ 时，大部分脑组织脑片能够保持 10h 的活性，但是脑片的表层细胞将在 3～4h 内死亡。

浴　槽

脑片浴槽的构造比较简单（Haas and Büsselberg　1992），对材料也无特殊要求，但必须保证以下几点：① 在实验期间有充足的液体供应，液体的温度、pH 和 O_2 的含量要符合组织的需求；② 能够保证脑片的机械稳定性，特别是在更换灌注液时要保持稳定；③ 比较容易在所研究的组织上安放记录和刺激电极。

传统上人们常用的脑片浴槽可分为接触型和浸没型两种。在实验时，将人工脑脊液通过重力或蠕动泵加入脑片所在的浴槽中，排出方式为从槽边自然流走或用吸引器移除。可以用 Tygon（Kronlab，Sinsheim，Germany）管道系统向浴槽传输人工脑脊液，由于它对 O_2 和 CO_2 有较低的渗透性，所以可以保持脑脊液中恒定的 O_2 含量和 pH 值，以满足实验的要求。

在应用一些比较贵重的药物进行研究时，可以循环使用灌注液，反复通过浴槽数次。但在一般情况下应该避免这种做法，因为一些从脑片中释放出来的物质（如前列腺

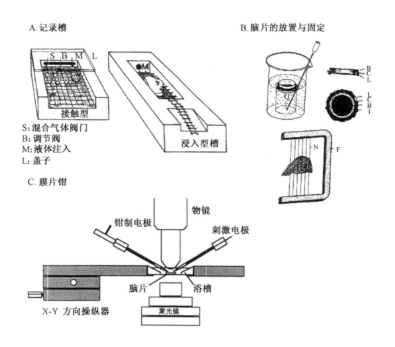

图 9-5　脑片保存、机械固定和研究所需的一些辅助设备

A. 左图：在接触型记录槽中，脑片被固定在网上并且要有足够高的液体来保持表面湿润，同时液面也不能太高，以防机械干扰。在脑片的表面盖上一个盖子（L；以玻片压住湿纸）。人工脑脊液从浴槽后端进入；从前端流出，液体的高度根据前端的液体量进行调整。在浸入型槽中（右图）脑片用网格（B）或砝码固定。也可以用大头针固定在槽底的 Sylgard 层上（Haas and Büsselberg　1992）。B. 将放有脑片的容器置于在 50ml 的烧杯顶部，然后一同放入 250 ml 的烧杯中。注入的液体的高度为放有脑片的容器的顶部。起泡器插入小烧杯内，通过冒泡的方式向脑片供氧。整套装置均放在水浴箱中（根据脑片的类型确定水浴箱的温度，一般为 25～37℃），并盖上盖子以防液体蒸发。适宜的样品槽是由部分去除培养皿（10mm×35mm）的顶（L）和底部（B）而形成的两个环形结构。当倒置时，L 环紧贴 B 环，将覆盖在 B 环上的纤细棉网（C）固定。固定脑片的网格还可以用粘在白金架（F）上的尼龙丝（N）制备（Edwards et al. 1989）。C. 在对脑片中待鉴定的神经元进行观察时，膜片钳装置的安装见图示。脑片固定在浴槽底部，而浴槽固定在带有长距离水浸物镜的正置显微镜的载物台上（Konnerth　1990）。

　　素等），即使是百亿分之一摩尔分子浓度都会对实验结果产生影响（Haas and Büsselberg 1992；Wolfe and Horrocks　1994；Meyer et al. 1999）。

　　在接触型脑片浴槽中，通常将脑片放置在尼龙网上，有时尼龙网上覆盖一片擦镜纸或滤纸。液面水平要求达到脑片的表面，这样可以通过表面张力维持组织的稳定性。可以通过吹送湿润的 O_2 和 CO_2 混合气体以防止脑片的表面干燥。对于这一装置来讲，它的主要缺点是对灌注液中药物的反应较慢。一般要通过加压注射或离子电泳的方法来提高脑片对药物的反应性。这一装置的优点是比较容易对大脑皮质分层或神经纤维束等结构进行观察，而且由于较少的电流分流，易于观察到较大幅度的场电位（Aitken et al. 1995）。同时还有利于应用解剖显微镜，以便于在复杂的实验装置中准确地安放记录和刺激电极。它对含有 1～3 个细胞层厚度的器官型脑片，有更好的视觉分辨率

（Gähwiler and Knöpfel　1990）。

　　几年前，人们就开始使用具有高倍（×40 或×63）水浸物镜的直立或倒置显微镜，对浸在液体中的脑片表面神经元和胶质细胞进行观察（图 9-5，图 9-6；Edwards et al. 1989；Konnerth　1990）。随着红外线、激光共聚焦和双光子显微镜技术的应用，使得人们不仅可以对细胞的胞体结构，而且能够对诸如树突或轴突的亚细胞结构进行观察（MacVicar　1984；Eilers et al. 1995；Dodt and Zieglgansberger　1995）。这些光学方法应用于脑片研究，不仅可以对膜电位变化进行分析，而且同时可以对细胞离子、pH 值以及细胞内线粒体等结构的去极化过程进行动态检测（Eilers et al. 1995；Trapp et al. 1996；Ballanyi and Kaila　1998）。这些有力的实验方法正得到越来越广泛的应用。对于大部分整块制备的组织，由于它们一般浸泡在液体中保存，也适合应用这些技术。因此随着技术的发展，浸没型脑片浴槽的应用越来越广泛。在浸没型脑片浴槽中，通常用网格或小砝码固定浸没的脑片（图 9-5；Edwards et al. 1989）。另外也可以用大头针将其固定在浴槽底部的 Sylgard 层上（图 9-5；Haas and Büsselberg　1992；也可参见 Khalilov et al. 1997）。与接触型脑片浴槽相比，浸没型脑片浴槽最大的优点是在药理学实验中能够对脑片或整块制备的组织提供更快更好的灌注。

■ 离体脑组织功能的决定因素

大　小

　　早在 20 年前，人们就对 $200\sim500\mu m$ 厚的海马组织脑片进行了研究（图 9-6），分析了不同类型的锥体细胞和中间神经元之间复杂的突触关系，以及长时程的兴奋或抑制对突触可塑性的影响（Fowler　1988；Edwards et al. 1989；Aitken et al. 1995）。在以同样方法制成的其他部位的脑片中，也有许多神经功能得到保存。但用成年动物脑组织制备的厚脑片由于中央的细胞层得不到充足的 O_2 和葡萄糖的供应，常变性坏死，难以用于实验。令人惊讶的是，在类似单层细胞的器官型海马脑片培养中，几乎所有的生理性连接和突触可塑性均可保留（Gähwilerand Knöpfel　1990；Thompson et al. 1992）。

　　对于围生期的啮齿类动物，其脑干横切片的厚度一般在 $200\mu m$ 以上时，才能产生呼吸中枢相关活性。在这些脑片中，通常要将灌注的人工脑脊液中钾离子的浓度提高至 $5\sim9mmol/L$，才能提高神经元的兴奋性，产生规整的呼吸节律（Smith et al. 1991）。而对于 $600\mu m$ 的厚片，仅需在人工脑脊液中保持 $3mmol/L$ 的钾离子浓度即可维持稳定的呼吸节律（Smith et al. 1991）。一般认为这一差异是由于在薄片制作过程中，过多的切除了呼吸网络中与呼吸节律驱动相关的神经元所致（Smith et al. 1995；Ballanyi et al. 1999）。其他的实验也指出了标本直径大小与功能的相关性。在新生大鼠的脑干—脊髓标本的制备中，用牡丹碱抑制 GABA 受体可以引起颅内吸气神经元的功能紊乱，而当从颅—颈交界处切断时，这一紊乱即被纠正（图 9-8；Brockhaus et al. 1998）。这表明牡丹碱引起的脊髓—膈通路痫样紊乱的起源并不在延髓的呼吸网络中，而是从去抑制的脊髓网络传导到延髓的神经元，因此在切断脑干与脊髓的连接后，这一紊乱即被纠正。在另一个实验中发现，尽管在薄于 $250\mu m$ 的脑片中未能发现呼气神经元，但其仍然可以像厚片一样保持呼吸节律（对照图 9-1；Smith et al. 1995；Ballanyi et al. 1999）。由此推

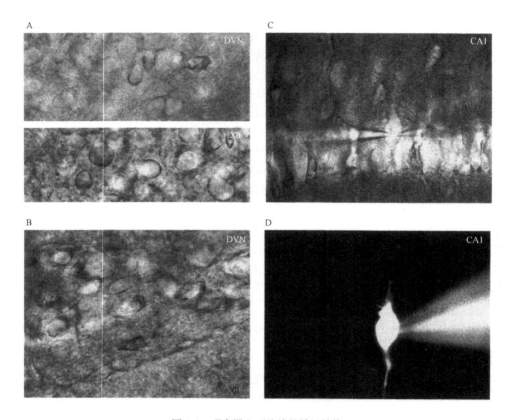

图 9-6　观察浸入型脑片的神经结构

A. 利用图 9-5C 所描述的可视化记录技术对 4d 龄大鼠脑片进行观察，可看到接近 150μm 厚的脑片表面的迷走神经背核的神经元（DVN，上图）和舌下神经元的胞体（XII，下图）。B. 在 13d 龄大鼠脑干切片中，只能观测到迷走神经背核中神经元的胞体（上部），而观察不到舌下神经元的胞体（右下部分）。C. 在 10d 龄大鼠的海马脑片中，可以观测到 CA1 区的锥体神经元和中间神经元。紧靠锥体神经元安放了一个 pH 敏感的电极（左）和一个膜片钳电极（右）。D. 在细胞充满了荧光黄后进行荧光成像（Lückermann and Ballanyi，未发表的资料）。

论，无论是在脑干的切片还是整体标本中，吸气神经元亚群是产生呼吸节律的根源（Smith et al. 1991；Smith et al. 1995；Onimaru et al. 1995；Ballanyi et al. 1999）。另外，内在节律的爆发也能够在丘脑的切片中观察到（McCormick，Pape 1990）。这表明，在分离的脑组织中不仅突触连接及其可塑性得以保留，介导复杂神经反射的膜电导也同样得以保留。

代　谢

　　与新生大鼠不同，出生一周后的大鼠脑组织对缺氧的耐受性迅速下降，使得包含整个头尾端呼吸网络的延髓标本，在没有灌注的条件下，不能产生呼吸节律（图 9-4；Ballanyi et al. 1992；Ballanyi et al. 1996b；Richter and Ballanyi 1996；Lutz and Nilsson 1997；Ballanyi et al. 1999）。实验还发现随着年龄的增加，动物对缺氧的耐受能力下降而有氧代谢能力逐渐增强，同时代谢率也进一步增加。另外，在同一脑片中不同脑区结构的代谢率也有很大的变化。例如，在组织的氧分压曲线图中，我们可以观察到舌下神经核灰质的曲线比锥体束中白质的曲线陡峭（图9-7；Jiang et al. 1991）。

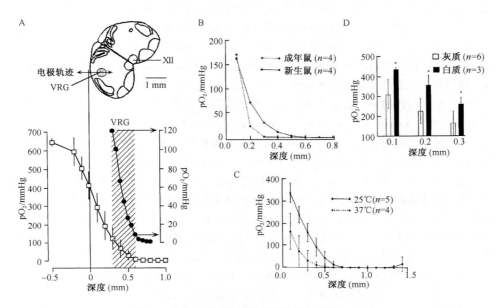

图9-7　年龄、温度和区域相关的氧分压图（pO₂）

A. 在新生大鼠的脑脊髓标本中，用氧敏感的微电极对其氧分压曲线进行测定。以图中实心圆表示的是示意图中前一Bötzinger复合体尾鞘水平延髓的VRG（Smith et al. 1991）。图中0μm指的是延髓腹侧表面。A图右侧放大的插图显示的是从高氧含量（120 mmHg）到氧含量正常（7 mmHg）时，VRG区域氧分压的变化情况（Brockhaus et al. 1993）。B. 用氧敏感电极记录到的成年大鼠600 μm脑干切片中舌下神经核和新生鼠1500μm脑干切片中舌下神经核缺氧区域的氧分压变化情况。C. 新生大鼠1500μm脑干切片，分别在37℃和25℃的情况下所测得的氧分压。D.400μm脑干切片中，不同深度的白质（锥体束）与灰质（舌下神经核）之间的氧分压的差别（*p＜0.05，平均值±SD）（B，C，D见Jiang et al. 1991）。*1mmHg＝133.32Pa。

对于新生的哺乳动物，在体外制备的标本中，无氧代谢产生的能量能够长时间维持细胞内ATP的生理水平（巴斯德效应）（Ballanyi et al. 1992；Ballanyi et al. 1996b；Lutz，Nilsson　1997）。因此对于超过1.5mm厚度的新生大鼠脑片而言，尽管其中心部分缺氧，但"正常"的呼吸神经元的反应还能被检测到（Brockhaus and Ballanyi　1998）（图9-7；Brockhaus et al. 1993；Ballanyi et al. 1999）。但不可否认，缺氧对神经元的电传导还是有影响的，如对K$_{ATP}$和O₂敏感的钾离子通道的影响（图9-4；Ballanyi et al. 1996a）。与新生动物脑片相比，成年动物脑片的静止耗氧量增加，导致许多脑片中出现神经细胞的缺氧表现（图9-7；Jiang et al. 1991；Brockhaus et al. 1993；Ballanyi et al. 1996a）。因此，对于成年动物的脑片，尤其是用于新皮质或海马组织代谢体外研究的脑片（在温度降低的情况下）不应该超过500μm的厚度。

从脑片或整体组织标本的氧分压曲线中我们可以注意到，氧分压曲线比较陡峭，这表明接近于脑片表面的神经元可能会受过高的氧分压（pO₂＞12 kPa）的影响，而位于脑片中心的神经元则要经历缺氧的影响（图 9-7）。这在一定程度上与体内的情况相似。位于动脉毛细血管附近的脑细胞要比邻近静脉的脑细胞暴露于更高的氧分压中（Grote et al. 1981）。持续进行的代谢将引起 CO_2 的蓄积，从而导致氢离子的生成（Voipio，Ballanyi　1997），形成组织内 pH 值梯度。细胞外的 pH 值与灌注液不同（图 9-3），与位于组织中不同深度的神经元 pH 值也不同（Brockhaus et al. 1993；Morawietz et al. 1995；Trapp et al. 1996；Voipio and Ballanyi　1997）。在厚片或整块标本的中心，细胞外的钾离子浓度也升高数 mmol/L（Brockhaus et al. 1993；Ballanyi et al. 1999）。同样，脑片内的神经元也可能暴露于葡萄糖梯度下（Lowry et al. 1998）。因此根据标本的厚度以及特定脑区的代谢率，在灌注液中加入高浓度的葡萄糖（30mmol/L）是非常必要的（Suzue　1984；Edwards et al. 1989；Ballanyi et al. 1996b）。

　　在考虑与代谢相关的因素时，不仅组织内的糖梯度，O_2、CO_2、pH 值以及钾离子的浓度梯度均要考虑。即使在相同的条件下，不同的神经元对于这些因素的耐受性及反应性也可能有显著的不同。例如，缺氧和缺乏葡萄糖可造成成年动物舌下神经核的运动神经元去极化和功能损害，而对于邻近的背侧迷走神经核则可通过 K_{ATP} 介导的通道引起持续超极化（图 9-4；Ballanyi et al. 1996a；Karschin et al. 1998）。还有另一个例子，组织中的 pH 值梯度可以影响氢离子敏感的钾离子通道活性，从而影响脑片中不同深度神经元的膜行为（图 9-3；Trapp et al. 1996；Ballanyi and Kaila　1998）。

　　上面所需要考虑的内容不仅对于传统的"厚片"或整块制备的组织的测量是有效的，而且也可以用于对可视条件下脑片表面细胞的记录。需要注意的是，不要将浸没的薄片底面贴在记录槽的底部玻璃，以防底面的细胞得不到充足的物质供应，造成代谢产物和离子的变化，形成相关因素的组织梯度，影响记录细胞的行为（Trapp et al. 1996；Ballanyi and Kaila　1998）。

温　度

　　由于温度的变化能够影响神经元的峰电位以及突触传递等活动，因此必须保持温度的稳定。目前认为维持 37℃ 的体外环境，是符合细胞生理需要的。但是，在这一温度下，脑片的基础代谢率和对代谢底物的需求明显增加。这样就会加重脑片，尤其是厚片的核心部位低氧或缺氧的情况（图 9-7），增加组织内离子梯度。生理温度还会导致代谢产生的维生素 B_4 和前列腺素等神经活性物质的蓄积，从而影响细胞的特性。为了尽可能地减小这一影响，通常在脑片或整块脑组织体外培养中选择 25～30℃ 的环境温度。在 37℃ 时，从成年动物来源的脑片的厚度最好不要超过 $400\mu m$（图 9-7）。温度与神经元特性的关系在下述例子中可见一斑：当培养温度从 27℃ 升到 37℃ 时，新生大鼠来源的脑干—脊髓标本中的吸气神经元的活性频率也有显著的提高。在生理温度下，这种呼吸节律也许只能维持几个小时，而在相对较低的温度下，节律可以维持 10h 以上（Suzue　1984；Ballanyi et al. 1999）。

神经调质

　　神经组织在刚分离或分离后几个小时内，其特性就可能发生改变（Aitken et al. 1995）。例如，从新生大鼠分离脑干—脊髓时，即使轻微的变化也会引起呼吸节律的波动（5～15 的吸气节律/min）。5-羟色胺、乙酰胆碱或促甲状腺释放激素等神经调节物质对于较低呼吸节律的胚胎动物呼吸网络标本有很强的兴奋作用，而对于具有较高呼吸节律的新生大鼠没有明显的作用（Meyer et al. 1999）。人们推断，降低产生节律的呼吸神经元的 cAMP 水平可以对呼吸节律起到抑制作用（Ballanyi et al. 1997；Ballanyi et al. 1999）。在实验中发现，前列腺素通过破坏腺苷酸环化酶，降低 cAMP 的含量，从而抑制体外的呼吸节律（Ballanyi et al. 1997；Meyer et al. 1999）。一些新生动物的脑干—脊髓标本之所以呼吸节律低可能与分离过程中前列腺素的生成有关（Wolfe and Horrocks 1994）。相似的证据还有断头或缺血可导致 cAMP 浓度的降低（Aitken et al. 1995）。一些其他神经活性物质也可以调节 cAMP 的浓度，进而参与体外标本呼吸节律的调节。

　　腺苷可视为与代谢相关的神经调节的一个例子。研究中发现，牡丹碱不能引起核心区缺氧的整块脑组织的癫痫样放电，但能引起含有呼吸中枢、没有缺氧核心的 600～750μm 厚度延髓脑片产生癫痫样放电（Shao and Feldman　1997；对照图 9-7）。两者的不同主要在于前者因缺氧产生了大量的细胞外腺苷。由此推论，缺氧所形成的细胞外腺苷是新生鼠呼吸网络的内源性抗惊厥物质。在最近的研究中发现，外源性腺苷能够抑制新生大鼠（图 9-8；Brockhaus et al. 1998）中脑干—脊髓整体标本中因牡丹碱所引起的脊髓端的癫痫性节律。在海马组织脑片中（图 9-8；Thompson et al. 1992）也观察到了同样的结果，从而进一步证实了上述结论。在另外的实验中还发现腺苷的 A_1 受体阻滞剂茶碱能够对抗因灌流流速减少而引起的逆向峰后电位的减弱，从而进一步证实代谢产生的腺苷在海马脑片中能够调节神经元的特性（图 9-8；Fowler　1988）。

　　上述实验显示的体外条件下内源性代谢物对神经元功能的影响，对于解释一些药物效果或实验过程中前后不一致的现象也是有帮助的。例如，在阻断部分脑干切片有氧代谢的情况下，几乎所有的迷走神经背核的 K_{ATP} 通道均被激活，但是在其他同样大小的大鼠脑干切片中就观察不到这一现象。由于这些细胞的一些其他的典型电生理特性并没有观察到，这些差异不能简单地归结为脑片制作不好或损坏所致（Karschin et al. 1998）。这一差异很可能是由于那些决定代谢调控通道活性状态的细胞内组分之间复杂的相互作用，从而导致的标本间的个体差异。（Ballanyi and Kulik　1998；Karschin et al. 1998）。

细胞内渗析

　　我们还应该注意到脑片的长时间存储，也许会影响细胞外神经调控因素的数量、效应和细胞内的氧化还原过程。这些变数对于药物效果均可产生影响，导致前后实验结果的差异（Karschin et al. 1998）。如在体外保存了数小时的延髓脑片在建立好全细胞膜片钳几分钟后，K_{ATP} 通道即可自发激活（Ballanyi and Kulik　1998）。相反，对刚刚制备好的脑片进行膜片钳记录或在对"陈旧"脑片进行微电极记录时，静息电流是稳定的。（Ballanyi et al. 1996a；Karschin et al. 1998）。这提示，不仅储存的过程会影响细胞的特性，细胞内环境的渗析也会有影响。事实上，细胞内组分的清洗也会对一些离子的导电性产生影响。在最近的一些电生理研究中，已经把脑片表面细胞的全细胞记录与其细胞内离子变化的可视记录技术结合起来，以便进行深入的研究（图 9-5，图 9-6；Konnerth 1990；Eilers et al. 1995；Trapp et al. 1996；Ballanyi and Kaila　1998；Ballanyi and Ku-

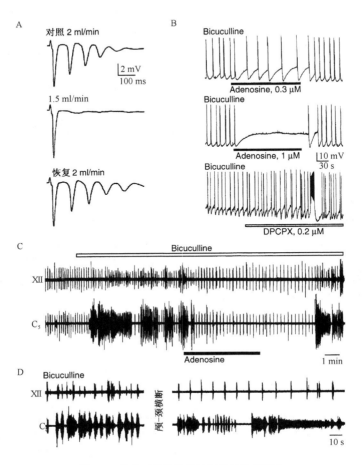

图 9-8　腺苷对体外培养神经元特性的调节

A. 在海马脑片中，低 Ca^{2+}，高 Mg^{2+} 的灌注液可抑制突触的活性，降低流速可以导致对逆行突触小泡刺激引起的 CA1 区锥体神经元胞外记录的后电位的可逆性阻滞，而始发放电不受影响。本图中没有涉及腺苷 A1 受体阻滞剂茶碱可逆转后电位的抑制（Fowler　1988）。B. 在灌注液中加入 $1\mu mol/L$ 腺苷（中图），能够有效地抑制由 $40\mu mol/L$ 牡丹碱引起的海马组织脑片 CA3 区锥体神经元的癫痫样放电。而 $0.3\mu mol/L$ 腺苷减缓癫痫样放电节律（上图）。$0.2\mu mol/L$ A1 受体阻滞剂 DPCPX 可以促进牡丹碱引起的癫痫样放电，表明了内源性腺苷的抑制作用（Thompson et al. 1992）。C. 新生大鼠的脑干脊髓标本中，$500\mu mol/L$ 腺苷可以抑制由 $50\mu mol/L$ 牡丹碱诱发的吸气相关舌下神经（X_{II}）和颈 5（C_5）神经活性的癫痫样改变。D. 在切断颅—颈交界处后，由牡丹碱诱发的舌下神经元的癫痫样放电消失，而脊髓端的癫痫样放电仍然存在，但呼吸节律消失（B. C Brockhaus and Ballanyi，未发表的资料）。

lik　1998）。尽管这些理想的测量方法在对神经元功能变化的观测中起了很大的作用，但也必须考虑到 fura-2/BCECF 等用于标记细胞内钙离子或 pH 值的染料也会影响细胞内部对这些离子的正常的缓冲能力（Eilers et al. 1995；Trapp et al. 1996；Ballanyi and Kulik　1998）。而且这些染料在结合过程中也会损害细胞的功能（Eilers et al. 1995；Trapp et al. 1996）。

表面神经元的易损性

对于大部分的脑区而言，在体外对其脑片的表面神经元在可视条件下进行分析是有年龄限制的。对于出生后 2 周以内的啮齿类动物脑片，除了一些特别的脑区有所差异外（如脑干与海马比较），大部分脑表面的神经元是较容易观察的。但是对于更大的啮齿类动物脑片，形成的髓磷脂细小结节和切割过程中损坏的胶质结构都将影响对神经元的观测。（Edwards et al. 1989；Konnerth 1990）。但这并不是一个通用的规律；例如，生后 4 周的小鼠的小脑的蒲肯野氏神经元就可以在可视情况下进行膜片钳记录，与之相反的是出生 10d 以后的大鼠脑干切片的舌下神经运动核，从细胞的形态和细胞核的大小上看都不太正常（可由细胞呈圆形和一个大的细胞核来判断）。对于这些表面细胞进行全细胞记录是不可行的。而对于从同一组织块中制备的厚片深部的舌下神经运动神经元进行全细胞和微电极记录则是可行的（图 9-4；K. Ballanyi，未发表的资料）。此外，从年轻大鼠分离的脑干脑片中的浅层舌下神经元看起来更健康并能进行膜片钳记录。（图 9-6；Lips and Keller 1998）。有研究认为，一些神经元对切割过程中细胞内钙离子的浓度的轻微变化非常敏感（Lips and Keller 1998）。同样，对于相当成熟动物薄脑片深层的舌下神经元是可以进行全细胞记录的。但在这些观测中需要使用红外线显微镜技术。（MacVicar 1984；Dodt and Zieglgansberger 1995）。

结　论

在本章中主要论述了在体外进行神经组织功能特性研究中，体外模型制备所需的一些适宜条件。在大部分脑区的脑片和整体脑标本中，突触的连接、可塑性和相关生物膜的特性都得以保留。但是脑片中也许缺乏活体动物脑中参与神经元复杂活动的细胞成分。对于制备体外模型而言，除了要恰当地选择种属和动物的年龄外，还应该考虑在体外分离和长时期储存的过程中细胞的特性有可能改变。在制备过程中同样应该考虑的还有神经活性物质生理浓度的改变，以及这些物质和离子可能形成的组织梯度。因此，应该对在一个很窄的年龄窗内动物的相同深度的神经组织进行记录。最后，要根据所研究组织的代谢率来选择无灌注组织的厚度。而组织代谢率则依赖于动物发育成熟程度等许多因素。

参 考 文 献

Aitken PG, Breese GR, Dudek FF, Edwards F, Espanol MT, Larkman PM, Lipton P, Newman GC, Nowak Jr. TS, Panizzon KL, Raley-Susman KM, Reid KH, Rice ME, Sarvey JM, Schoepp DD, Segal M, Taylor CP, Teyler TJ, Voulalas PJ (1995) Preparative methods for brain slices: a discussion. J Neurosci Methods 59: 139–149

Bacskai BJ, Wallen P Lev-Ram V, Grillner S, Tsien RY (1995) Activity-related calcium dynamics in lamprey motoneurons as revealed by video-rate confocal microscopy. Neuron 14: 19–28

Ballanyi K, Onimaru H, Hommo I (1999) Respiratory network function in the isolated brainstem-spinal cord preparation of newborn rats. Progress Neurobiol (in press)

Ballanyi K, Kaila K (1998) Activity-evoked changes in intracellular pH. In: pH and Brain Function. Eds. Kaila K, Ransom BR. Wiley-Liss, Inc., pp. 283–300

Ballanyi K, Kulik A (1998) Intracellular Ca^{2+} during metabolic activation of K_{ATP} channels in spontaneously active dorsal vagal neurons in medullary slices. Eur J Neurosci 10: 2574–2585

Ballanyi K, Doutheil J, Brockhaus J (1996a) Membrane potentials and microenvironment of rat dorsal vagal cells *in vitro* during energy depletion. J Physiol 495: 769–784

Ballanyi K, Völker A, Richter DW (1996b) Functional relevance of anaerobic metabolism in the isolated respiratory network of newborn rats. Eur J Physiol 432: 741–748

Ballanyi K, Hoch B, Lalley PM, Richter DW (1997) cAMP-dependent reversal of opioid-and prostaglandin-mediated depression of the isolated respiratory network in newborn rats. J Physiol 504: 127–134

Ballanyi K, Kuwana S, Völker A, Morawietz G, Richter DW (1992) Developmental changes in the hypoxia tolerance of the in vitro respiratory network of rats. Neurosci Lett 148: 141–144

Brockhaus J, Ballanyi K (1998) Synaptic inhibition in the isolated respiratory network of neonatal rats. Eur J Neurosci 10: 3823–3839

Brockhaus J, Nikouline V, Ballanyi K (1998) Adenosine mediated suppression of seizure-like activity in the respiratory active brainstem-spinal cord of neonatal rats. In: Göttingen Neurobiology Report. Eds. Elsner N, Wehner R. Stuttgart, New York: Thieme, p. 270

Brockhaus J, Ballanyi K, Smith JC, Richter DW (1993) Microenvironment of respiratory neurons in the in vitro brainstem-spinal cord of neonatal rats. J Physiol 462: 421–445

Cherubini E, Gaiarsa JL, Ben-Ari Y (1991) GABA: an excitatory transmitter in early postnatal life. Trends Neurosci 12: 515–519

Dodt HU, Zieglgansberger W (1995) Infrared videomicroscopy: a new look at neuronal structure and function. Trends Neurosci 17: 453–458

Edwards FA, Konnerth A, Sakmann B, Takahashi T (1989) A thin slice preparation for patch clamp recordings from neurones of the mammalian central nervous system. Eur J Physiol 414: 600–612

Eilers J, Schneggenburger R, Konnerth A (1995) Patch clamp and calcium imaging in brain slices. In: Sakmann B, Neher, E (eds) Single Channel Recording. Plenum Press, New York, pp. 213–229

Fowler JC (1988) Modulation of neuronal excitability by endogenous adenosine in the absence of synaptic transmission. Brain Res 463: 368–373

Gähwiler BH, Knöpfel T (1990) Cultures of brain slices. In: Jahnsen H (ed) Preparations of vertebrate central nervous system *in vitro*. Wiley & Sons, Chichester, New York, Brisbane, Toronto, Singapore, pp. 77–100

Gage PW, Hamill OP (1981) Effects of anesthetics on ion channels in synapses. Int Rev Physiol 25: 1–45

Greer JJ, Carter JE, Allan DW (1996) Respiratory rhythm generation in a precocial rodent in vitro preparation Respir Physiol 103: 105–112

Grillner S, Wallen P, Brodin L (1991) Neuronal network generating motor behaviour in lamprey: circuitry, transmitters, membrane properties, and simulation. Ann Rev Neurosci 14: 169–199

Grote J, Zimmer K, Schubert R (1981) Effects of severe arterial hypocapnia on regional blood flow regulation in the brain cortex of cats. Eur J Physiol 391:195–199

Haas HL, Büsselberg D (1992) Recording chambers-slices. In: Kettenmann H, Grantyn R (eds) Practical Electrophysiological Methods. Wiley-Liss, New York, Chichester, Brisbane, Toronto, Singapore, pp.16–19

Hounsgaard J, Nicholson C (1990) The isolated turtle brain and the physiology of neuronal circuits. In: Jahnsen H (ed) Preparations of vertebrate central nervous system *in vitro*. Wiley & Sons, Chichester, New York, Brisbane, Toronto, Singapore, pp. 155–182

Jiang C, Agulian S, Haddad GG (1991) O_2 tension in adult and neonatal brain slices under several experimental conditions. Brain Res 568: 159–164

Karschin A, Brockhaus J, Ballanyi K (1998) K_{ATP} channel formation by the sulphonylurea receptors SUR1 with Kir6.2 subunits in rat dorsal vagal neurons *in situ*. J Physiol 509: 339–346

Khalilov I, Esclapez M, Medina I, Aggoun D, Lamsa K, Leinekugel X, Khazipov R, Ben-Ari Y (1997) A novel in vitro preparation: the intact hippocampal formation. Neuron 19: 743–749.

Konnerth A (1990) Patch-clamping in slices of mammalian CNS. Trends Neurosci 13: 321–323

Lips MB, Keller BU (1998) Endogenous calcium buffering in motoneurones of the nucleus hypoglossal from mouse. J Physiol 511: 105–117

Llinas R, Mühletaler M (1988) An electrophysiological study of the *in vitro* perfused brain stem-cerebellum of adult guinea pigs. J Physiol 404: 215–240.

Lowry JP, O'Neill RD, Boutelle MG, Fillenz M (1998) Continuous monitoring of extracellular glucose concentrations in the striatum of freely moving rats with an implanted glucose biosensor. J Neurochem 70: 391–396

Lutz PL, Nilsson GE (1997) The brain without oxygen. Springer, New York, Berlin

McVicar BA (1984) Infrared video microscopy to visualize neurons in the in vitro brain slice preparation. J Neurosci Methods 12: 133-139

McCormick DA, Pape HC (1990) Properties of a hyperpolarization-activated cation current and its role in rhythmic oscillations in thalamic relay neurones. J Physiol 431: 291-318

Meyer T, Hoch B, Ballanyi K (1999) Endogenous frequency depression of the isolated respiratory network of fetal rats. Eur J Physiol 437: P36-1

Morawietz G, Ballanyi K, Kuwana S, Richter DW (1995) Oxygen supply and ion homeostasis of the respiratory network in the in vitro perfused brainstem of adult rats. Exp Brain Res 106: 265-274

Onimaru H, Arata A, Homma I (1995) Intrinsic burst generation of preinspiratory neurons in the medulla of brainstem-spinal cord preparations isolated from newborn rats. Exp Brain Res 106: 57-68

Paton JFR (1996) The ventral medullary respiratory network of the mature mouse studied in a working heart-brainstem preparation. J Physiol 493: 819-831

Richter DW, Ballanyi K (1996) Response of the medullary respiratory network to hypoxia: a comparative analysis of neonatal and adult mammals. In: Tissue oxygen deprivation: from molecular to integrated function. Eds. Haddad, GG, Lister G. Dekker Inc., New York, Basel, Hong Kong, pp. 751-777

Schäfer T, Morin-Surun MP, Denavit-Subie M (1993) Oxygen supply and respiratory-like activity in the isolated perfused brainstem of the adult guinea pig. Brain Res 618: 246-250

Shao YM, Feldman JL (1997) Respiratory rhythm generation and synaptic inhibition of expiratory neurons in pre-Bötzinger complex: differential roles of glycinergic and GABAergic transmission. J Neurophysiol 77: 1853-1860

Smith JC, Feldman JL, Schmidt BJ (1988) Neural mechanisms generating locomotion studied in mammalian brainstem-spinal cord in vitro. FASEB J 2: 2283-2288

Smith, J.C., Funk, G.D., Johnson, S.M. and Feldman, J.L. (1995) Cellular and synaptic mechanisms generating respiratory rhythm: insights from in vitro and computational studies. In: Trouth CO, Millis RM, Kiwull-Schöne HF, Schläfke ME (eds) Ventral brainstem mechanisms and control of respiration and blood pressure. New York, Basel, Hongkong, M. Dekker, Inc., pp.463-496.

Smith JC, Ellenberger HH, Ballanyi K, Richter DW, Feldman JL (1991) Pre-Bötzinger complex: a brain region that may generate respiratory rhythm in mammals. Science 254: 726-729

Suzue T (1984) Respiratory rhythm generation in the in vitro brain stem-spinal cord preparation of the neonatal rat. J Physiol 354: 173-183

Thompson SM, Haas HL, Gähwiler BH (1992) Comparison of the actions of adenosine at pre- and postsynaptic receptors in the rat hippocampus in vitro. J Physiol 451: 347-363

Trapp S, Lückermann M, Brooks PA, Ballanyi K (1996) Acidosis of rat dorsal vagal neurons in situ during spontaneous and evoked activity. J Physiol 496: 695-710

Voipio J, Ballanyi K (1997) Interstitial P_{CO2} and pH, and their role as chemostimulants in the isolated respiratory network of neonatal rats. J Physiol 499: 527-542

Wolfe LS, Horrocks LA (1994) Eicosanoids. In: Siegel GJ, Agranoff BW, Albers RW, Molinoff PB (eds) Basic neurochemistry. Raven Press, New York, pp. 475-492

第十章　中枢神经系统培养技术：
鸡胚神经元培养的实际操作

Åke Sellström and Stig Jacobsson

刘　爽　葛学铭　范　明　译

军事医学科学院基础所

fanming@nic.bmi.ac.cn

■ 绪　论

　　在体外建立一个精确的、可重复使用的神经元培养模型，对于神经科学的实验研究具有不言而喻的重要性。许多研究小组均已在神经元体外培养方面进行了很多探索，并形成了一些可供选择的实验方法。

　　综述这些研究成果，我们发现，在选择神经元培养方法时，应同时兼顾实验方法的简洁性、子代细胞的可扩增性以及保持原代生物特征的准确性。

　　如在肿瘤细胞系培养中，子代细胞既要保持原代细胞的生物学特性，又要减少实验操作的繁琐过程以及增殖慢等问题，我们所指的生物学准确性是指标本要能高度反应所需的原位特征通常要涉及分化的问题。

　　原代神经元培养采用的起始材料是有丝分裂后尚未分化的神经元，它们仍保留接触抑制的特性，这点与肿瘤细胞是有区别的。在培养过程中，不论是细胞系还是原代培养物都需要经历分化过程，以获得更高的精确度。原代神经元的培养也不例外，随着培养时间的延长，也要出现一定程度的分化。由于神经系统不同区域的原代培养物能够反映其所在脑区的特性，因此，在中枢神经系统的细胞培养中，原代培养技术的应用已经越来越普遍（表 10-1）。通过对原代培养物和细胞系进行调控，可诱导出某些显而易见的改变，即通过调控可使分化神经元中某些被人们所关注的特性得以表现。

表 10-1　原代神经组织培养的应用情况

体外培养的神经组织来源	文章所占比例	体外培养的神经组织来源	文章所占比例
皮层	39	脊髓	3
小脑	14	视网膜	3
海马	16	神经节	13
纹状体	8	其他	1
下丘脑	3		

　　如果一个细胞系能够正确表达我们所要研究的细胞特性，那么我们就选择这个细胞系作为模型进行研究；如果我们更加倾向于神经元分化过程中不同程度表达的深入研

究，那么选择原代培养作为研究模型更为恰当。由此看来，细胞特性的正确表达是非常重要的，这通常是我们选择实验模型和方法的依据。

由于细胞系的培养属常规培养方法，本文只重点对原代神经元培养方法进行综述和评论，而建立细胞系以及对已建立的细胞系进行诱导分化则是另一个全新的领域，不在本文的讨论范围之内。

器官标本培养（organotypical culture）（Stoppini et al. 1991）是建立的第三种神经组织培养方法。这一方法的优点是能够在体外维持与脑内相似的环境，有利于神经元的生存。但是，这种方法在为神经元提供"较好的"生存环境的同时也带来了一些问题，如培养物中混杂有大量脑内的非神经元成分等。

目前，原代细胞培养的一个发展趋势是根据所要研究的种属和部位的不同，使用相应年龄段不同部分的胚胎组织，以寻求更好的细胞培养模型。通常，推荐使用胎龄为8d的大鼠小脑皮质组织培养谷氨酸能颗粒神经元（Kingsbury et al. 1985；Wroblewski et al. 1985）；推荐使用胎龄为14d的大鼠大脑皮层细胞培养 GABA 能中间神经元（Schousboe，Hertz 1987）。尽管对这些组织还没有深入系统的研究，但我们仍然可以做出这样的结论，即培养中存活并进行分化的神经元是分裂后神经元。近年来，成年脑组织也被用作神经细胞培养（Brewer 1997），这方面应用的发展趋势和具体培养基将在下面的章节中进行讨论。

应用胚胎组织作为原代神经元培养的材料时也碰到了一些问题。例如，很难准确估算胎龄，寻找和使用流产的胎儿要承担极大压力等问题。基于以上这些原因，我们实验室目前使用鸡胚作为原代培养的原始材料。下文将具体描述鸡胚神经元原代培养的培养流程，此操作也可适用于其他组织的神经元培养。

使用胎龄为 7.5～8d（Hamburger-Hamilton Stage 34）的鸡胚进行分离和培养，极易获得鸡胚端脑神经元。胎脑较软且易碎，它的分离要在等渗的解剖液中进行，以保持其完整的形态。由于含碳酸氢盐的缓冲液暴露在空气中很快就会碱化，因此若要对标本进行更长时间的处理，最好选择使用 HEPE-缓冲液。去除缓冲液中的二价阳离子不仅有利于鸡胚的分离，还可降低兴奋性毒素对神经元的影响。因此，许多解剖液不含钙离子和镁离子。但倘若所需结构较难暴露，需要分离的时间很长，最好在解剖液中加一些钙离子和镁离子，以保持组织的完整性。

神经组织分离后，可进一步通过机械分离或酶消化的方法将其制备成单细胞悬液。如果实验研究需要较完整的保留膜受体蛋白，则推荐使用简单的机械分离方法。通常，用巴斯德吸管反复吹打就能比较容易分离胎脑和新生脑组织，但在一些实验中，酶的使用也是极为必要的。酶消化的分离方法将在后面的注释中加以详述。

细胞培养基的组成可影响神经元的贴壁能力以及随后的原代培养的神经元的长时程存活。目前，最常用的是多聚 L 赖氨酸和多聚 D 赖氨酸，但也可应用胶原蛋白、层粘连蛋白、多聚乙烯亚胺、多聚鸟氨酸等物质。

传统上，通常将神经细胞置于含有血清的培养基中进行培养。最常用的是胎牛血清。由于胎牛血清来源于年轻的快速发育的个体，因此，可极大地促进细胞生长。为了抑制培养体系中非神经元的增殖，可在培养 1～2d 时使用一些抗有丝分裂剂（如阿糖胞苷和氟脱氧尿嘧啶核苷）（更多的信息请看注释）。

应该注意的是，由于血清在化学成分上具有不确定性，且不同供体或同一供体不同批次来源的血清之间存在较大的质量差异，这些都会对实验结果的分析和可重复性产生一定的影响。因此，人们尝试去寻找一种新的可调控的理想培养条件，以避免上述血清使用中的不可控制因素。目前，经常使用一种人工合成的无血清培养基来替代含血清培养基用于最初接种后的神经元培养，通常情况下不需要再添加抗有丝分裂抑制剂。此外，该培养基还可以防止非神经元细胞的无限制增殖（见注释）。因此，这种人工合成的无血清培养基常常被使用在需要严格控制培养基成分的实验当中。

在神经元培养中，最初的细胞接种密度（即每平方毫米的细胞数量）是很重要的，它对细胞的生长状态以及最终培养产物的组成都有重要的影响。因此，在接种前应该仔细估算，使用最适合的细胞密度进行接种，以利于神经元的存活再生。在含血清培养基中，神经元培养需要以 300 个细胞/mm^2 以上的密度接种，才能够维持神经元存活和生长；而在无血清培养基中（如 Neurobasal），接种的密度可略低。Neurobasal 是一种商品化的适合于海马神经元培养的无血清培养基，以较低密度接种的海马神经元在该培养基中能够长时间的存活（Brewer 1995）。最近的研究发现，将成年大鼠的海马和皮层神经元在该培养基中培养能够存活再生 3 周以上（Brewer 1997）。在鸡胚端脑神经元培养时，我们也推荐使用这种无血清培养基，详见注释。

■ 概　要

　　—鸡胚的孵化
　　—生长基质物和培养基的准备
　　—组织的解剖分离
　　—细胞悬液的制备
　　—接种与培养
　　—细胞的利用

■ 材　料

　　装备有高效空气微粒滤层（HEPA）的超净工作台（LAF-hood）、可调节温、湿度的 CO_2 培养箱、高质量倒置相差显微镜。超净工作台内需装备具有节流阀的气体燃烧器和专用的空气吸引器，还需备有离心机、pH 计和灭菌消毒装备（如高压蒸汽灭菌器）等。
　　其他的必需器具
　　——一次性过滤瓶（500ml 漏斗）
　　—培养瓶
　　——一次性塑料吸管（5ml 和 10ml）
　　—长巴氏吸管
　　——一次性圆锥形塑料培养管（15ml 和 50ml）
　　—尼龙网细胞过滤器（40μm 和 70μm）

——一次性塑料注射器（10ml 和 20ml）

—注射过滤器（0.22μm）

—大而精密的齿状弯钳和尖头钟表镊

—尖头移液管（5μl～1ml）

—多通道移液器（10 个通道）（用于多孔加样）

——次性 60mm 组织培养皿

——次性组织培养瓶或多孔培养板（根据实验所需）

—血细胞计数器（Burcher chamber）

—圆锥形的 Eppendorf 管（微量离心管，1.5ml）

注意：实验前需对实验中要使用的器械或实验器皿进行消毒灭菌（高压蒸汽灭菌器、火烧灭菌或用 70％的乙醇或消毒液浸泡灭菌）。

培养基和试剂

—灭菌的重蒸水

—磷酸盐缓冲液（PBS）

—多聚 D 赖氨酸氢溴化物（M.W. 70 000～150 000）

—四硼酸钠（硼砂）

—硼酸

—无钙、无镁离子的 Hank's 平衡盐溶液（CMS-HBSS）

—HEPES（游离酸）

—丙酮酸钠

—含谷氨酰胺的 DMEM

—胎牛血清（FCS 或 FBS）

—神经培养基

—B-27 无血清添加物（50×）

—青霉素和链霉素（PEST，10 000 IU/ml）

—L-谷氨酰胺（100×）

—台盼蓝溶液（0.4％）

注意：分别将 B-27、胎牛血清、左旋谷氨酰胺和 PEST 等试剂按估算好的用量分装，—20℃储存，避免反复冻融。储存在 1.5ml Eppendorf 管中的左旋谷氨酰胺（100×），溶解时会出现沉淀但很快就可以重新溶解，并不影响细胞培养。

■ 步　骤

将白色来亨鸡蛋置于预先经过通风处理的（force-draft）、湿润的鸡蛋孵育器中（如 Agroswede，Malmö，Sweden），37.8℃条件下孵育 8d（或规定的时间）。孵育时应将鸡蛋的平钝端朝上，每 2h 自动翻转 1 次。需注意动物组织的使用需获得法律批准。

生长基质的准备

1．配制并消毒硼酸盐缓冲液（2.37g 硼砂和 1.55g 硼酸溶于 500ml 重蒸水中，pH

8.4)；

2. 将多聚 D 赖氨酸溶于硼酸缓冲液，浓度为 $50\mu g/ml$；

3. 适量的多聚 D 赖氨酸溶液涂布于培养皿或培养瓶的内表面；

4. 室温孵育 1h 或过夜；

5. 用灭菌的重蒸（馏）水彻底清洗 2～3 次；

6. 培养器皿烘干后在紫外线灯下照射 10min（照射时间适当选择）。包被处理好的培养器具，4℃可保存 1 周，但最好立即使用。

组织分离液和培养液的制备

—0.15mol/L PBS 缓冲液：9.0g NaCl，0.73g $Na_2HPO_4 \cdot 7H_2O$，0.21g KH_2PO_4，加入 500ml 重蒸水溶解，调 pH 至 7.4，灭菌后 4℃储存。

—组织分离液：1.19g HEPES，0.055g 丙酮酸钠，5ml（或 100 IU/ml）PEST，加入 CMF-HBSS 溶解定容至 500ml，调 pH 至 7.4，灭菌过滤后 4℃储存。

—DMEM ＋ 20% FCS（100ml）：79ml 含 L-谷氨酰胺的 DMEM，20ml FCS，1ml 或 100 IU/ml PEST。

—DMEM ＋ 5% FCS（100ml）：94ml 含谷氨酰胺的 DMEM，5ml FCS，1ml（或 100 IU/ml）PEST。

—B27 补充神经培养基（100ml）：96.75ml 神经培养基，2ml B-27 无血清增补物，1ml（或 100 IU/ml）PEST，0.25ml 200mmol/L L-谷氨酰胺。

注意：将上述所有的培养液灭菌后混合在已灭菌的培养瓶中，4℃ 储存不要超过 5d。注意所有的培养基使用前需预热到 37℃。

鸡胚端脑的分离

1. 用含有 70% EtOH 或 70%异丙醇的消毒溶液擦洗小金属或塑料盘。

2. 取出鸡蛋，使平钝端朝上，因为鸡蛋的空气端位于钝端，所以这样最容易观察并通过该端的膜取出鸡胚。

3. 用乙醇或消毒液擦拭鸡蛋，平钝端朝上，将其放于盒中。

4. 当所有的孵育鸡蛋均消毒干燥后，将它们移至超净台内。

5. 在三个 60mm 的塑料培养皿中分别加入 10ml 冰冷的解剖液（根据所收集的胚胎数量调整解剖液的用量）。

6. 用镊子背侧将鸡蛋平钝端空气腔上方的蛋壳敲碎并移除，剥去内层的膜。

7. 用弯钳夹住胚胎的颈部，小心地将鸡胚取出，注意不要将卵黄囊或它的膜与胚胎一同取出。

8. 将取出的胚胎置于含有解剖液的培养皿中，待所有的胚胎都收集齐后，将它们逐个依次地移至另一个培养皿中进行解剖分离。

9. 将鸡胚腹侧面朝下，用前面所提及的精细镊从较大的中脑背侧贯穿固定胚胎。

10. 用一副精细的锯齿状弯钳分开端脑并将其夹出。

11. 用镊子将取出的端脑放到第三个含有新鲜解剖液的培养皿中。

12. 当所有的端脑均完整取出并移至第三个培养皿中后，用尖镊仔细将所有的脑膜和血管去除。

13. 在 15ml 锥形管中加入 2ml 解剖液，用巴斯德吸管小心地将分离的端脑组织移至该锥形管中。

分离组织制成单细胞悬液

1. 用消毒的长巴氏吸管反复吹打分离出的端脑，以制备单细胞悬液。这是实验中较为关键的步骤，需经过反复实践才能很好掌握。在吹打时，将吸管尖头插入锥形管底部，慢慢地将组织碎块吸入管中，再以同样的速度吹出，往往需要 10～20 次以上的来回吹打。由于气泡可导致细胞的碎裂，因此在吹打过程中应尽量避免将空气吹进液体中。

2. 换用直径小一倍的吸管以更快的速度和更高的压力继续吹打 10～20 次。

3. 操作中需要注意：吹打过程尽量使用厚壁吸管，这样可提供适度的吹打力量；注意不要使用有缺口或有裂纹的吸管；吹打的次数要根据是否使用酶消化及以往经验而定；不要试图将所有所能看见的组织块均吹打成单细胞悬液，因为有些组织块是由胞膜和非神经元细胞所构成的，不易被吹开。

4. 将单细胞悬液用 2 倍体积（4ml）的 DMEM ＋ 20% FCS 稀释，并重新补充二价阳离子和营养物。静置 3min，让未吹散的组织沉淀。

5. 用巴氏吸管小心将上清液移至另一个 15ml 锥形培养管内，以 $200 \times g$ 离心 1min。

6. 弃上清，轻轻加入 5ml DMEM ＋ 20%FCS。轻轻吹打底部的沉淀物使其重新悬浮。该步骤可清除一些死亡细胞碎屑和其所释放出的细胞毒性物质。

7. 将 $40\mu m$ 细胞筛放在 50ml 塑料锥形培养管的顶端，进行单细胞悬液过滤，用 15ml 塑料吸管吸取 15～45ml DMEM ＋ 20% FCS 冲洗细胞筛，以除去悬浮液中的聚集细胞。

8. 取 $50\mu l$ 细胞悬液与等体积的台盼蓝溶液轻轻混匀。用血细胞计数仪进行活细胞计数（未被染色的明亮细胞为活细胞）。细胞的数量会受到胎龄以及胚胎数量与培养基体积比的影响。通常，台盼蓝染色所显示的死亡细胞数量控制在 10% 左右的被视为较理想的细胞制备。

接种和细胞培养

1. 应根据实验的要求决定细胞接种的密度。通常，高密度接种有利于提高细胞的存活率，但同时也会增加非神经元的数量。比较不同大小的培养皿和培养瓶中的培养结果，我们推荐使用数量/面积单位而不是数量/体积单位作为细胞接种密度的计量单位。我们建议将接种密度控制在 500～3000 个细胞/mm^2。

2. 所需培养基的体积应根据所选用的培养皿或培养瓶的大小来决定。对于 35mm、60mm、100mm 的培养皿，一般分别加入 2ml、3ml、10ml 的培养基。而对于 T-25、T-75、T-160 培养瓶，则相应的加入 5ml、15ml、30ml 培养液。对于 96 孔培养板，每个孔一般加入 50～100μl 的培养基，而 24 孔板，每孔加入 0.5ml 培养基，12 孔 1ml，6 孔 2ml。

　　3. 用已消毒枪头的移液器（或多通道移液器）向预先已包被的培养容器内加入适量的细胞悬液，放置于5% CO_2 的37℃培养箱内进行培养。

　　4. 24h内更换培养液（DMEM ＋ 5% FCS）。

　　5. 培养48h后，用无血清含B27的神经元培养基（neurobasal medium）换液。

　　6. 通常每2～3d换液1次（可选择星期一、星期三、星期五）。

　　7. 为获得完全利用人工合成培养基的无血清培养条件，在更换培养基时，应注意将含血清的培养基彻底清除。操作中可利用电动吸引器连接巴斯德吸管将含血清培养基彻底吸除。此步骤应注意动作要快，以避免细胞干涸。同时还需要注意的是，加液时不要直接加在细胞表面，以免对细胞造成损害。

■ 结　果

神经元培养的定量与定性分析

　　用高质量的相差显微镜对培养的细胞进行观察，是确定培养的原代神经元的生存状态最重要和显而易见的办法。一般情况下，接种第二天，具有存活能力的细胞就可贴壁。但是要在这个阶段判断存活的细胞是否为神经元细胞，还是比较困难的。培养后3～4d,细胞胞体开始变扁平、变透亮，许多突起开始形成，并伸展开来，长度甚至可超过几个胞体的直径。在这个阶段，有经验的专家能够判断出培养细胞的组成成分，但对一般人来说较为困难。

　　需借助对某些神经元特异性分子标记物的染色技术，来确定所需原代神经元的培养是否已成功建立。通常使用免疫细胞化学标记特异性抗原，而不推荐使用神经解剖时采用的染色技术，因为它的结果常常不肯定。常被使用的神经元特异性抗原标记物包括神经元-特异性烯醇化酶（NSE）、微管相关蛋白（MAP）或神经元特异性抗原簇［如谷氨酸脱羧酶（GAD）或酪氨酸羟化酶（TH）等转化过程中产生的酶类］。目前一些神经元标记物的抗体已经商品化，随时备用。但仅有神经元特异性抗体是不够的，还需要一些其他类型细胞的抗体做阴性对照，如胶质细胞的特异性标记物——神经胶质元纤维酸性蛋白（GFAP），该标记物已被广泛地用于胶质细胞的标记鉴定。目前，常用双标方法对培养中的细胞进行鉴定，即用神经元特异性抗体和胶质特异性抗体同时平行地对同一个培养细胞进行标记鉴定。

　　但是对不同类型神经元的独特性质（如含有神经递质的合成及受体）进行研究时，不能想当然，针对不同目的应采用不同的模型并且要严格地设置对照和验证。

■ 问题解答

　　1. 培养液中的pH变化较快的原因，可能是由于培养箱中不正常的 CO_2 含量、培养容器的盖子拧得太紧或培养基中碳酸氢盐的含量不足所致。也有可能是培养液已被细菌、酵母菌或真菌污染，如果体系中同时伴随有沉淀物的出现，则表明培养液已被细菌或真菌等污染，应该抛弃标本。

　　2. 如果在第一天的培养物中出现大量的细胞碎片、死细胞和胞体发暗的细胞，则表明最初的分离过程可能存在问题，可能是分离过度或操作太粗暴。无血清培养基培养NB 时，如果培养基出现混浊可能是由于死亡细胞数量增加，也可能是巨噬细胞活性下降所致。

3. 细胞贴壁不佳和突起生长受抑制等都可能是包被基质或培养基不够理想。例如，包被基质（多聚 D 赖氨酸）质量不好，需要更换新的批次；贴壁不佳也有可能是支原体污染所造成。

4. 造成细胞意料死亡的原因，可能是由于 CO_2 含量过低或温度变化较大所致。为避免上述这些情况的发生，在培养时要对这些参数进行监测，而且还应该注意尽量减少开关培养箱门的次数，以减少人为干扰。另一种可能是由于没有定期更换培养液，导致毒性代谢产物的蓄积所致。

■ 注　释

分离组织制备成单细胞悬液

制备单细胞悬液可以选择单纯的机械分离方法或者机械分离结合酶消化的方法。对于要求膜受体蛋白尽量保持完整的研究，推荐单纯使用机械分离的方法。不论是胚胎还是新生大鼠的脑组织都是比较容易被分离，可用带有硅胶吸头的、消毒的长颈玻璃巴斯德吸管进行机械吹打，但是在吹打过程中一定要操作轻柔，吹打速率保持稳定，避免吹出气泡，以防细胞溶解。

对于胎龄较大或成年的脑组织来说，单纯使用机械吹打的方法想制备单细胞悬液是比较困难的，如果加大吹打力度，将可能导致细胞死亡数量的增加。因此，在许多实验中，一般先用酶对其进行消化，然后再进行吹打。常用的酶是胰酶，它是一种较强的蛋白水解酶，能够较好地分解脑组织。但是在使用中应当注意掌握好消化的时间，如果消化过头，则会导致神经元活性下降。不同批次的胰酶之间（即使是从同一个供应商购买的）差异也比较大，在使用时也应当加以注意。通常使用 0.2% 的胰酶用于消化就足够了，如果加入 EDTA 的话，应降低使用的胰酶浓度，因为 EDTA 是钙离子螯合剂，它可以降低细胞间的粘附强度，从而增加胰酶的消化效果。目前，胰酶-EDTA 混合溶液（0.05% 胰蛋白酶，0.53mmol/L EDTA）已经被制成商品，可以从 Life Technologies 公司（Cat. No. 35400）购买。

也可以使用其他的酶类，如蛋白酶 K、dispase、胶原酶以及木瓜蛋白酶。这些酶的使用浓度要根据不同的组织/年龄（即要考虑脑组织的硬度）、孵育时间和温度加以确定。

无血清培养基

为了尽可能地模拟体内微环境，通常在体外培养时，在培养基中加入许多生物制品，如血清、组织提取物、腹水等。由于这些组织液的来源不明、成分复杂，可能影响培养细胞的特性。因此，人们希望使用无机盐、氨基酸、维生素、缓冲剂加以替代。但是在实验中，人们发现对于大部分细胞类型来说，为保证细胞的良好生长，在培养基中加入少量血清还是必须的。目前所用的血清主要有人血清、马血清、胎牛血清和小牛血清。人们发现从快速生长的年轻个体中来源的血清，是强烈的促细胞生长剂，因此胚胎动物的血清在细胞培养中最为常用。同一供体不同批号以及不同供体之间来源的血清存在极大的质量差异（通常由于动物饲料或引流条件等不同造成），因此推荐购买质量好的同一批号的血清。通常血清的供应商在供货前已将血清中的毒性产物灭活，以减少培养中可能由血清所引起的细胞毒性。

　　含血清培养基的一个很大的缺点是，长期培养中的非神经元细胞的无限制增殖会抑制神经元的活性。培养中混有多种细胞类型时，很难确定是否某种因子影响其他类型细胞，或间接影响神经元的生长。由于脑膜、血管和其他组织膜中含有大量的纤维母细胞和卫星细胞，因此在分离时一定要将这些组织尽可能地去除，以减少培养中的非神经元细胞的数量。但是即使在分离过程中上述这些方面都做得很好，仍不可完全排除非神经元细胞的存在，在用含血清的培养基培养时，即使仅存在极少量的非神经元细胞，它们在短期内也会快速增殖，超过神经元的生长。为了限制非神经元的生长，一般在细胞换液时，用血清含量极低的培养液替换旧的培养液；也可以在培养 1～2d 后的培养液中加入有丝分裂抑制剂（如阿糖胞苷或氟脱氧尿嘧啶核苷）以抑制非神经元的生长。需要注意的是，这些有丝分裂抑制剂只能杀灭快速分裂的细胞如胶质母细胞，但对于缓慢分裂的胶质细胞则没有效果。但要记住的是，这些制剂都是有毒性的，要在最低的有效浓度范围内使用（浓度 $<10\mu mol/L$）。当然如果用无血清限制性培养基替换含血清的培养基，就不需要加入上述的有丝分裂抑制剂。

　　含血清培养基的另一个较重要的缺点是，不易人为控制培养基中存在的其他成分。因此，对于那些要求严格控制培养中营养因子的实验，我们推荐使用无血清限制性培养液。应该说，无血清限制性培养液在神经元的发育、可塑性、电生理、基因表达、药理和神经毒性等研究中都是很有价值的。在一些无血清培养中，也可使用其他的生物制品（如垂体提取物和腹水等）来替代血清，但这些培养基虽然去除了血清成分，但还不属于化学成分限制性的培养基。用体外培养的细胞和组织作为模型来研究器官中该细胞和组织的行为，这种方法是有缺陷的，因为，这些细胞和组织在体外培养时脱离了其正常的生存环境，可能会出现去分化。但另一方面，也没必要相信在无血清的培养基中培养的细胞很难维持分化的状态。相反，许多类型细胞在无血清培养基条件下仍能进行分化。血清能给予增殖细胞以选择性的生长刺激（如纤维母细胞）。而无血清限定性培养基可防止非神经元细胞的无限制增殖，从而保证体外培养中的神经元长时间存活。

细胞的接种

　　脑神经元在含血清培养基中培养时，只有在接种密度超过 300 个细胞/mm² 才能生长，而低于该接种密度的培养细胞在没有神经胶质细胞饲养层的培养液中就不能生长。neurobasal 是一种商品化的无血清神经元培养基，可较为理想地维持以低密度接种的海马神经元的长时间存活。研究显示，在低于 640 个细胞/mm² 的接种密度下，neurobasal 对海马神经元的增殖作用优于 DMEM（Brewer et al. 1993）。这是因为存在以下因素：在该培养基中容积渗透克分子浓度、谷氨酰胺、半胱氨酸浓度的降低和毒性硫酸亚铁的去除。此外，neurobasal 还包含有 DMEM 中所没有的某些氨基酸和维生素成分，如丙氨酸、天冬氨酸、脯氨酸和维生素 B12。在 neurobasal 中加入商品化的无血清 B-27 添加剂，可以使接种密度低于 80 个细胞/mm² 的海马神经元在体外存活 30d 以上，并可维持诸如纹状体、黑质、隔区、大脑皮层、小脑和齿状回等其他脑区的生长（Brewer 1995）。无血清的 B-27 补充物中包含有胰岛素、转铁蛋白、黄体酮、腐胺、硒以及甲状腺素 T3 和脂肪酸，还含有某些抗氧化剂，如维生素 E、谷胱苷肽、硒、过氧化氢酶和超氧化歧化酶。目前，也有针对自由基研究生产的商品化的无抗氧化成分的 B-27（Life Technologies，Cat. No. 10889）。有实验报道，用 B27/neurobasal 无血清培养基条件，对成年大鼠来源的海马和皮层神经元进行培养，神经元可存活 3 周以上（Brewer　1997）。此外，在我们的实验中，使用 B27/neurobasal 也成功地进行了鸡胚端脑细胞的培养。

应　用

培养器具的选择

培养皿或培养瓶的选择，要根据培养细胞的下一步实验的具体要求而定。

1. 免疫细胞化学实验是体外培养的细胞较常用的实验检测方法。目前有许多不同类型的专用培养器皿，35mm 或 60mm 塑料培养皿也较常使用。

2. 对于细胞存活、毒理学研究和形态学评估等实验，35mm 或 60mm 塑料培养皿较为常用。

3. 在一些需要大量细胞的研究中，如需要进行匀浆分析的实验（Western or Northern blots）、放射配体结合研究或其他生物化学研究中，常用 25cm²（T-25）、75cm²（T-75）或 160cm²（T-160）培养瓶。

4. 培养神经元需要进行含未处理对照组的神经药理学和毒理学研究时，平底的多孔培养板较为常用。其中要进行分光光度计或荧光分光光度计检测的实验，通常使用 24、48 或 96 孔板；要动态监测培养细胞的形态时，由于 96 孔板很难进行相位对比观察，所以使用 24 孔板比较适合。

供应商

CMF-HBSS（Cat. No. 14175），HEPES（Cat. No. 11344），丙酮酸钠（Cat. No. 11840），DMEM（Cat. No. 21885），FBS（Cat. No. 10106），neurobasal medium（Cat. No. 21103），无血清 B-27 添加物（Cat. No. 17504），PEST（Cat. No. 15140），L-谷氨酰胺（Cat. No. 25030）等由 Life Technologies Ltd.，Gaithersburg，MD，USA 提供。

多聚 D 赖氨酸氢溴化物（Poly-D-lysine hydrobromide）（Cat. No. P0899），BORAX（Cat. No. B9876），硼酸（Cat. No. B0257），台盼蓝（Cat. No. T8154）及其他细胞培养试剂由 Sigma，St. Louis，MO，USA 提供。

细胞培养用管、灭菌滤器以及其他一次性塑料器具等由 Corning Costar，Acton，MA，USA；Nalge Nunc International，Rochester，NY，USA and Becton Dickinson，Franklin Lakes，New Jersey，USA 等多家公司提供。

参 考 文 献

Brewer GJ (1995) Serum-free B27/Neurobasal medium supports differentiated growth of neurons from the striatum, substantia nigra, septum, cerebral cortex, cerebellum, and dentate gyrus. J Neurosci Res 42: 674–683

Brewer GJ (1997) Isolation and culture of adult rat hippocampal neurons. J Neurosci Meth 71: 143–155

Brewer GJ, Torricelli EK, Evege EK, Price PJ (1993) Optimized survival of hippocampal neurons in B27-supplemented Neurobasal, a new serum-free medium combination. J Neurosci Res 35: 567–576

Kingsbury A, Gallo V, Woodham P, Balazs R (1985) Survival, morphology and adhesion properties of cerebellar interneurons cultured in chemically defined and serum-supplemented medium. Brain Res 349: 17–25

Schousboe A, Hertz L (1987) Primary cultures of GABAergic and glutamatergic neurons as model systems to study neurotransmitter functions. II. Developmental aspects. In Vernadakis A (ed): Model systems of development and aging of the nervous system, Publ. Martinus Nijhoff, Dordrecht Boston, pp 33–42

Stoppini L, Buchs P-A, Muller D (1991) A simple method for organotypic cultures of nervous tissue. J Neurosci Meth 37: 173–182

Wroblewski JT, Nicoletti F, Costa E (1985) Different coupling of excitatory amino acid receptors with Ca^{2+} channels in primary cultures of cerebellar granule cells. Neuropharmacology 9: 919–921

缩　　写

CMF-HBSS，calcium- and magnesium-free Hank's balanced salt solution（无钙镁汉克氏平衡盐溶液）

DMEM，Dulbecco's modified Eagle medium（达尔伯克氏改良的 Eagle 培养基）

EDTA，ethylenediaminetetraacetic acid（乙二胺四乙酸）

FBS，fetal bovine serum（胎牛血清）

FCS，fetal calf serum（胎牛血清）

GAD，glutamic acid decarboxylase（谷氨酸脱羧酶）

GFAP，glial fibrillary acidic protein（神经胶质酸性蛋白）

HBSS，Hank's balanced salt solution（汉克平衡盐液）

MAP，microtubulus-associated protein（微管相关蛋白）

NSE，neuron-specific enolase（神经元特异性烯醇酶）

PBS，phosphate-buffered saline（磷酸盐缓冲盐液）

PEST，penicillin and streptomycin（青链霉素）

TH，tyrosine hydroxylase（酪氨酸羟化酶）

第十一章 神经干细胞的分离、鉴定和移植

Jasodhara Ray and Fred H. Gage

富赛里 徐晓明 译

上海第二医科大学 美国 Louisville 大学

xmxu0001@gwise.louisville.edu

■ 绪 论

存在于哺乳类动物中枢神经系统（CNS）中的各种神经细胞是由增殖的多能干细胞或前体细胞在其发育过程中发生迁移、定位，分化而衍生的。然而，对于 CNS 中各种神经细胞的发育机制及其在发育过程中环境刺激对其所产生的影响目前仍不太清楚。与造血系统相似，在 CNS 的发育过程中，一个自我更新的干细胞群可产生一个更为限定的前体细胞群，但由于尚未获得这些前体细胞的特异性表型标志，所以无法证实它们的存在。在成体大脑中，仅存在少量干细胞，它们在特定的神经发生位点以缓慢的速率分化为神经元（Morshead et al. 1994；Kuhn et al. 1996）。

几十年来，人们已做了大量的尝试对干细胞或前体细胞（本章中，两者均称为干细胞）进行分离和培养。干细胞能产生神经母细胞和胶质母细胞，进而分化为成熟的神经元、星形胶质细胞和少突胶质细胞，而这三种细胞是构成 CNS 的主要细胞。为了能获得长期增殖的细胞群，科学家利用转基因技术，将癌基因的转化基因如 *v-myc* 或 SV40 大 T 抗原（SV40 large T antigen）导入胚胎的大脑细胞，从而使其永生化（Cepko 1988a；Lendahl and McKay 1990；Whittemore and Snyder 1996）。永生化的过程就是于发育的特定阶段获取细胞并遏制其发生终末分化（Cepko 1988a；Lendahl and McKay 1990）。细胞的克隆培养就是在发育的特定阶段分离细胞并应用于体内、外的各项研究（Gage et al. 1995a；Whittmore and Snyder 1996；Ray et al. 1997；Fisher 1997）。虽然永生化的细胞为研究工作提供了许多便利，但它们毕竟不是原始的细胞，因而不能完全代表该细胞本身所具有的特性。促有丝分裂的生长因子即表皮生长因子（EGF）和纤维母细胞生长因子（FGF-2）的发现，使分离和培养原代干细胞的工作获得进展，这是因为 EGF 和 FGF-2 对这些细胞具有促增殖的作用（Weiss et al. 1996a；Ray et al. 1997；McKay 1997）。

干细胞分离和培养方法的建立，不仅为人们在体外研究干细胞的分化及其命运选择提供了重要的细胞来源，而且，它们也是用于移植研究的 CNS 细胞的重要来源（Ray et al. 1997，1998）。为了探索干细胞疗法的可能性，科学家将来源于胚胎或成体大脑的干细胞植入正常的 CNS 中，以确定干细胞在体内的存活、命运选择及其分化和整合的潜能（Hammang et al. 1994；Gage et al. 1995b；Suhonen et al. 1996；Ray et al. 1997）。他们还发现，如将来源于成年大鼠海马区的 FGF-2 反应性细胞移植到同型或异型的神经细胞发生区（海马或嗅觉系统），它们可分化为神经元（Gage et al. 1995b；Suhonen et al. 1996)；而移植到非神经细胞发生区（小脑），则没有神经元的分化（Suhonen et al. 1996）。相反，将胚胎小鼠的 EGF 反应性干细胞植入无损伤新生小鼠的皮层和脊髓中，结果能存活的细胞很少，而且也没有神经元的分化（Hammang et al. 1994）。类似的结果在将胚胎大鼠的 EGF 反应性干细胞植入受损的成年大鼠的脑内的实验中也能见到（Svendsen et al. 1996）。最近的两项研究表明，干细胞可作为一种载体在大脑中起着提供营养因子的作用。从转基因小鼠培养的 EGF 反应性干细胞中，其胶质原纤维酸性蛋白启动子（GFAP promoter）可使该细胞表达人的神经生长因子（nerve growth factor，NGF）。该细胞被植入成年大鼠的纹状体后，至少能存活 3 周。其间，没有观察到细胞从移植位点迁移和分化为星形胶质细胞的现象（Carpenter et al. 1997；Kordower et al. 1997）。这些细胞分泌的、具有生物活性的神经生长因子可以诱导啮齿类动物大脑的内源性胆碱能神经元体积增大（hypertrophy）并长出分支（sprouting）（Carpenter et al. 1997），并可防止 Huntington's 症动物模型的纹状体神经元退化（Kordower et al. 1997）。这些研究成果为实现干细胞替代疗法和基因疗法以修复 CNS 的损伤带来了希望。

　　神经组织是由神经细胞和非神经细胞以及结缔组织和血管组织所组成，一旦将细胞从大脑中分离并置于体外培养中，它们便脱离了与机体在生理上的联系和依附，失去了适宜的体液环境。从 CNS 中分离干细胞的策略包括：①从成千上万个交错粘连的网状联系中分离细胞但不造成细胞的损伤；②将干细胞从其他脑细胞和结缔组织碎片中分离出来；③提供使干细胞存活和增殖所必需的培养条件，包括特定的营养剂和生长因子。一般而言，神经细胞应维持在适宜的渗透压浓度下，pH 值应维持在 7.2～7.6 范围内。最常用于干细胞分离和培养的方法是添加各种激素、营养剂（Bottenstein，Sato　1979）以及促有丝分裂的生长因子 EGF 或 FGF-2 的无血清培养液。EGF 已成功用于培养胚胎和成年小鼠的室管膜下/前脑的干细胞，并使其形成神经球（Reynolds et al. 1992；Reynolds，Weiss　1992），但却不能诱导成年小鼠的脊髓干细胞增殖，该细胞需要 FGF-2 和 EGF 的联合作用才得以扩增（Weiss et al. 1996b）。相反，FGF-2 不但能用于不同胚胎或成体的大脑和脊髓干细胞的单层培养（Ray et al. 1993，1994；Gage et al. 1995b；Palmer et al. 1995；Minger et al. 1996；Shihabuddin et al. 1997），而且还能使来源于成年小鼠侧脑室/前脑的干细胞产生神经球（Gritti et al. 1996）。

　　总之，选择何种培养方法，主要根据研究者的研究目的。有关神经干细胞的培养方法已在前面做了介绍（Ray et al. 1995），本章试图通过两个最常用的方法向读者介绍有关干细胞培养的策略和最新技术，讨论克隆细胞的制备和鉴定以及干细胞在成年大鼠脑中的移植。

■ 概　要

　　解剖并取出胚胎或成体大脑的特定部位，采用酶消化法消化组织从而使细胞从粘连的组织中解离，然后通过聚乙烯吡咯烷酮（Percoll）密度梯度离心（非必须）去除其他细胞和组织碎片，从而获得部分纯化的干细胞，并进行接种（图 11-1）。

■ 材 料

化学试剂

—磷酸盐缓冲液（phosphate-buffered saline，PBS；1× and 10×；Gibco）

—无钙镁 Dulbecco's 磷酸盐缓冲液（Dulbecco's Ca^{2+}，Mg^{2+} free PBS；D-PBS；Gibco）

—无钙镁 Hanks' 平衡盐溶液（Ca^{2+}，Mg^{2+} free Hanks' balanced salt solution，HBSS；Irvine Scientific）

—木瓜蛋白酶（papain）、DNase 酶 I（DNase I）、胰酶（trypsin；Worthington Biochemicals）

—中性蛋白酶（neutral protease；dispase，grade II，Boehringer Mannheim）

—胰酶/乙二胺四乙酸溶液（ATV trypsin；trypsin/EDTA solution；Irvine Scientific）

—多聚 D 赖氨酸（poly-D-lysine，pDL；Sigma）；多聚 L 赖氨酸（poly-L-lysine，pLL；Sigma）；多聚 L 鸟氨酸（poly-L-ornithine-hydrobromide，PORN，MW；30～70 000；Sigma）；层粘连蛋白（laminin；Gibco）

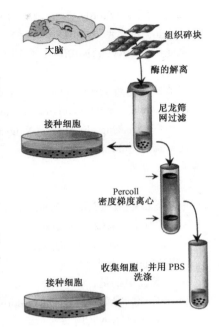

图 11-1　成体大脑干细胞分离的图示说明

大脑组织块经酶消化后，去除组织碎片，取此细胞悬液直接接种，或者将细胞悬液通过 Percoll 密度梯度离心，取部分纯化的干细胞进行接种。

—1:1 的 Dulbecco's 改良培养液（Dulbecco's modified essential medium，DMEM）和 Ham's F12 培养液（Irvine Scientific）含有 3.1g/L 葡萄糖（glucose）和 1mmol/L L－谷氨酰胺（L-Glutamine）

—两性霉素（Fungizone，Irvine scientific），青霉素－链霉素合剂（Penicillin-streptamycin，100×；Gibco）

—N2 补充剂（N2 supplements，100×；Gibco）

—聚乙烯吡咯烷酮（Percoll，Amersham；Sigma）

—碱性成纤维细胞生长因子（FGF-2，Collaborative research，Almone Laboratories；R&D systems，Gibco）

—1,4-di-diazobicyclo-[2.2.2]-octane（Sigma）

—聚乙烯醇（polyvinyl alcohol）（Sigma）

—马来酸乙酰丙嗪（acepromazine maleate），盐酸氯胺酮（ketamine），甲苯噻嗪（Rompun）（all from Henry Schein Veterinary）

辅助材料

—组织培养平皿（tissue culture dish）和 Labtek 或 Nunc 分格式载玻片

—冷冻管（Cryovials；Nalgene）

—无菌过滤器（Sterile filters，0.45μm 和 0.22μm；Nalgene）

—Betadine（J. A. Webster，Inc.）

—尼龙筛网（Nylon mesh，孔径 15μm，Nitex，TETKO，Inc.）

设备

—层流罩或超净工作台（laminar flow hood，Forma Scientific）

—CO_2 培养箱（CO_2 Incubator；Forma Scientific）

—冻存室（freezing chambers；Nalgene）

—液氮罐（liquid nitrogen tank）

溶液和培养液

1. 麻醉剂

　　—7.5ml 盐酸氯胺酮（10mg/ml）

　　—0.75ml 马来酸乙酰丙嗪（100mg/ml）

　　—1.9ml Rompun（20mg/ml）

　　—9.85ml 生理盐水

　　—大鼠注射剂量：0.25ml/160g

2. 人工合成脑脊液（artificial cerebrospinal fluid，aCSF）

　　—124mmol/L NaCl

　　—5mmol/L KCl

　　—1.3mmol/L $MgCl_2$

　　—2mmol/L $CaCl_2$

　　—26mmol/L $NaHCO_3$

　　—10mmol/L D 型葡萄糖

　　—1×青霉素-链霉素合剂

　　—pH 7.35，总渗透压约为 280mOsm

3. 木瓜蛋白酶-蛋白酶-DNA 酶溶液〔papain-protease-DNase（PPD）solution〕

　　—HBSS 添加 $MgSO_4$（12.4mmol）

　　—0.01％木瓜蛋白酶

　　—0.1％中性蛋白酶

　　—0.01 DNase I 酶

　　—过滤除菌（0.22μm）

　　—分装成小份，储存于－20℃

4. 胰酶-透明质酸酶-犬尿喹啉酸溶液

　　—124mmol/L NaCl

　　—5mmol/L KCl

　　—3.2mmol/L $MgCl_2$

　　—0.1mmol/L $CaCl_2$

　　—26mmol/L $NaHCO_3$

　　—10mmol/L D 型葡萄糖

　　—1×青霉素-链霉素合剂

　　　—1.33mg/ml 胰酶

　　　—0.67 mg/ml 透明质酸（hyaluronidase）

　　　—0.2 mg/ml 犬尿烯酸（kynurenic acid）

　　　—pH 7.35，总渗透压约为 280mOsm

5. N2 添加剂培养酶（N2 培养液）

　　　—DMEM：F12

　　　—2.5μg/ml 两性霉素，1×青霉素-链霉素合剂

　　　—N2 添加剂（1 倍）

　　　—4℃储存，不超过 1 个月

　　　—使用前，于 37℃预温

6. 4% 多聚甲醛溶液（paraformaldehyde solution）

　　　—蒸馏水 50～60℃

　　　—4%多聚甲醛

　　　—3～5 颗 NaOH

　　　—0.2mol/L NaPO$_4$，pH 7.2

　　　—溶解，冷却，过滤

7. TCS（tissue collecting solution）/（cryoprotectant）

　　　—25% 甘油

　　　—30% 乙烯乙二醇

　　　—0.1mol/L NaPO$_4$，pH 7.2

　　　—室温储存，不超过 3 个月

8. PAV-DABCO 溶液

　　　—25%甘油

　　　—10% polyvinyl alcohol

　　　—2.5% 1，4-diazobicyclo- [2.2.2] -octane

　　　—100mmol/L Tris HCl，pH 8.5

　　　—分装成小份，储存于—20℃

■ 步　骤

胚胎和成体 CNS 部位的解剖

　　有关胚胎和成年大鼠的海马和脊髓组织的解剖在这里只作简单介绍，更为详细的实验介绍可参见第十四章。

　　胚胎 CNS

　　1. 腹腔注射麻醉剂使孕鼠深度麻醉，复合麻醉剂成分为：盐酸氯胺酮（ketamine，44mg/kg），马来酸乙酰丙嗪（acepromazine，4.0mg/kg）和甲苯噻嗪（rompun，0.75mg/kg）。

　　2. 切开腹部，取出子宫双角，放置冰上，从羊膜囊内取出胚胎置于冷的 D-PBS 中。

　　3. 测量胚胎的顶-臀长度，以确定胎龄。

海马

1. 取下胚胎大脑并置于 D-PBS 中。用镊子固定胎脑，从中线向一侧撕开皮层并将其平放，用尖头镊子夹住组织，在皮层下方，用弯头眼科剪切下海马。

2. 于显微镜下，将海马组织转入 D-PBS 中。

3. 从对侧取下海马，用尖头镊子剥去附着的脑膜和血管组织，收集并混合 15～20 个胚胎的海马。

脊髓

1. 于显微镜下，使胚胎侧卧于无菌的 D-PBS 中，用眼科剪从椎管侧面剪开，并在对侧做一同样切口，在颈段和腰部下端离断脊髓。

2. 取出脊髓，并剥离周围附着的组织，收集并混合 15～20 个胚胎的脊髓。

成体中枢神经系统海马

1. 将成年（3～6 个月）雌性 Fisher 344 大鼠麻醉，断头处死，取出大脑并置于含有冷的 D-PBS 的平皿中。

2. 在显微镜下切断胼胝体，于丘脑上方分离左、右大脑皮质，向后翻起大脑皮质半球的后缘，沿两侧海马的内外侧缘分离穹隆和海马辙，取出海马。

成体脊髓

将大鼠麻醉，使其侧卧，从侧面切开椎管，从对侧做一同样切口，小心取出脊髓，剥离附着于脊髓上的结缔组织，于显微镜下，分别解剖出骶、胸、腰、颈段。

胚胎中枢神经系统区域的原代培养的建立

A. 大鼠神经干细胞在 FGF-2 条件下的单层培养（Ray et al. 1993）

1. 将切碎的组织移入含 5ml D-PBS 的 15ml 离心管中，轻弹管壁，重悬组织，离心（1000 g，3min），重复 3～4 次。

2. 将组织重悬于 1ml 的 DMEM：F12 培养液中，用过火的平头细口巴氏吸管（管径为 1.0～1.5mm）反复吹打组织块（约 20 次），使其成为单细胞悬液，吹打时避免吹出气泡。

3. 用 DMEM：F12 培养液洗组织细胞 1～2 次，离心去除碎片，用巴氏吸管吹打 5～10 次，制备成单个细胞悬液。

4. 将细胞悬液稀释至适当的密度后进行计数，调整细胞密度，并以（1～2）×10^4 个细胞/cm^2 的密度将细胞接种于经 PORN 或 PORN/Laminin 包被的平皿上。

5. 根据培养细胞的汇合程度，每隔 3～4d 换液 1 次，如果细胞密度较低，可换半量，但必须增加 FGF-2 的加入量，使其终浓度维持在 20ng/ml。

B. 小鼠神经干细胞在 EGF 条件下的培养（Reynolds et al. 1992；Reynolds, Weiss 1996）

1. 用 DMEM：F12 培养液清洗已分离的组织，如前所述，用巴氏吸管反复吹打以机械分散组织。

2. 制成单细胞悬液后计数，以 2500 个细胞/cm^2 的密度将细胞接种于经 PORN 包被的盖玻片上（置于 24 孔培养板内），在含有 20ng/ml EGF 的 N2 培养液中培养细胞。

3. 10～14d 后，更换新鲜培养液，此后，每隔 2～4d 换液 1 次。

成体 CNS 来源的神经干细胞培养系统的建立

酶的消化

现将最常用于消化结缔组织使细胞解离的两个方法介绍如下。

A. 木瓜蛋白酶-蛋白酶-DNA 酶的消化（Ray et al. 1995）

1. 将组织块转移至 10cm 平皿中，并切成小块（1～2mm^3）。

2. 将切碎的组织块用 5ml HBSS 或 D-PBS 洗 3 次，吸弃最后一次洗液。

3. 用 5ml PPD 溶液重悬组织块，并置于 37℃水浴中孵育 15min，同时不时地轻摇试管，使组织块垂悬。用 5ml 吸管吹打较大的组织块，于 37℃水浴中再孵育 15min 并不时地轻摇试管，用 5ml 吸管继续吹打直到细胞悬液中没有可见的组织块为止（此时，细胞悬液变为乳白色）。

4. 用尼龙筛网过滤细胞悬液，收集滤过液。将滤过液离心（1000 g，3min），吸弃含 PPD 的上清液。注意不要打散细胞沉淀。

5. 将细胞重悬于含 10%FBS 的 DMEM：F12 的培养液中（10ml/g 组织最初重量），通过离心沉淀清洗细胞 2～5 次，吸弃上清液，用 1～2ml 含 10%FBS 的 N2 培养液重悬细胞，此细胞悬液中仍可能含一些小的组织碎块、髓鞘和红细胞，可以直接取这些未经纯化的细胞接种；或者通过 Percoll 密度梯度离心，去除其他污染细胞和组织碎片，取纯化后的细胞接种（方法见下）。

B. 胰酶-透明质酸酶-犬尿烯酸的消化（Gritti et al. 1996；Weiss et al. 1996b）

1. 将成年小鼠的脑和脊髓置于 95%O$_2$/5%CO$_2$ 的人工脑脊液中，将组织切碎成小块（约 1～2mm^3），并转移至含有酶混合液的螺旋盖培养瓶内。

2. 于 32～35℃孵育 90min，消化期间持续通入 5%O$_2$/5%CO$_2$ 并不断搅拌。

3. 将组织悬液转移至含有 0.7mg/ml 卵黏蛋白（ovamucoid）的 DMEM：F12 培养液中，用巴氏吸管反复吹打，使细胞解离，然后，将解离的细胞用相同的培养液离心沉淀1 次（1000 g，5min），再接种细胞；或通过 Precoll 密度梯度离心法去除其他污染细胞或组织碎片，取纯化后的细胞接种（方法见下）。

C. 大鼠细胞的单层培养（Ray et al. 1995；Gage et al. 1995b）

1. 用含有 10%FBS 的 N2 培养液重悬细胞，将细胞接种于未经包被的组织培养板上（接种密度至少为 1×10^4 个细胞/cm^2）。

2. 第二天，改换含 20ng/ml FGF-2 的无血清 N2 培养液。

3. 以后，每隔 3～4d 换液 1 次，如细胞密度较低可换半量培养液，但必须加双倍量的 FGF-2，以维持其终浓度为 20ng/ml。

D. 小鼠细胞的神经球培养（Reynolds，Weiss　1992；Gritti et al. 1996；Weiss et al. 1996b）

1. 将细胞以 25～1000 个细胞/cm^2 的密度接种于未经包被的 6 孔培养板，在含有 EGF、EGF-2 或 EGF 和 FGF-2（浓度均为 20ng/ml）的无血清 N2 培养条件下，细胞可以神经球形式生长和传代，也可以单层方式生长（J. Ray，未发表的结果）。

2. 为了促使小鼠干细胞生长为单层，可允许培养中的神经球生长到足够大后粘附于培养皿的底面。

3．通过胰酶消化的方法对生长为单层的细胞进行传代并接种到未经包被的培养皿内（方法见下）。

克隆培养细胞的分离

分离克隆细胞的主要目的是为了证实干细胞具有产生神经细胞和胶质细胞的多能性，培养克隆细胞的方法有两种。

有限稀释法（limiting dilution）

1．将细胞以克隆密度（1～2 个细胞/孔，96 孔；或 1 个细胞/7cm^2，35mm 平皿）接种于经 PORN/Laminin 包被的平皿中。采用含有合适生长因子的无血清 N2 培养液。

2．为跟踪某个细胞，可以在平皿底部相应部位作一划痕。干细胞易于迁移，所以必须确定在不同时间跟踪的是同一细胞。

3．每隔 4～5d 换液一次，用含 EGF 或 FGF-2（20ng/ml）的培养液并添加 50％的条件培养液（从高细胞密度的培养液中收集而来，方法见后）。因为处于低密度培养的细胞不能有效地改善其自身的生长环境，而在条件培养液中则存在很多因子，它们将支持克隆细胞的存活和增殖。

4．当克隆细胞的密度达到＞100 个细胞/克隆时，可将细胞进行传代和扩增，或通过免疫细胞化学染色的方法鉴定克隆细胞群。

利用细胞的遗传标记建立克隆培养细胞

1．用经过有限稀释的逆转录病毒载体感染神经干细胞，此反转录病毒载体可选择性表达标记基因，如绿色荧光蛋白（GFP）、大肠杆菌 LacZ 基因，或碱性磷酸酶（Suhonen et al. 1997）。

2．接种 1％的细胞到含有 G418 的培养液中。G418 的含量应选用能使转染细胞被筛选的最小剂量。通常情况下可从 40μg/ml 起始，缓慢增至 100μg/ml。为增加筛选过程中细胞的存活率，应逐渐增加 G418 的浓度并在培养液中添加 50％从高细胞密度培养液中所收集的条件培养液。

3．每隔 3～4d 换液 1 次，直到出现增殖的细胞簇，一旦转染稳定可停止筛选，但应定期筛选细胞，以去除那些已丢失标记基因的细胞。

4．每个细胞克隆的传代可采用琼脂糖/胰酶法（方法见后）。

5．通过 Southern blot 分析，可确定培养细胞的克隆形成能力（Sambrook et al. 1989）。简言之，先通过裂解细胞制备基因组 DNA，并用特定的限制性内切酶（可切割载体或病毒的长末端重复序列）水解，然后借助于琼脂糖凝胶电泳来分离已水解的 DNA 片断，并将其转移至尼龙膜上，最后用 ^{32}P 标记的探针 neo 或转基因的特异性探针作分子杂交，从而检测基因组 DNA 的特定序列定位。

干细胞的免疫细胞化学染色的鉴定（Peterson et al. 1996）

除特别指出外，所有的染色步骤均在室温条件下进行，染色过程中的每一步清洗均为 10min。

1．将大鼠或小鼠来源的干细胞培养于经 PORN/Laminin 包被的分格式载玻片上，直至 50％～70％的细胞汇合。

2．用 4% 多聚甲醛固定细胞 10min，用 100mmol/L TBS 缓冲液清洗细胞两次，固定后的标本可立即进行免疫细胞化学染色，也可置于 TBS 中，4℃保存约 1 周。

3．用含有 10% 驴血清和 0.25% Triton X-100 的封闭缓冲液（TBS 配制）孵育标本至少 1h。

4．4℃条件下，将标本与含联合抗体（单抗和多抗）的 TBS$^+$ 稀释液（含 0.25% Triton X-100）共同孵育。如所用的抗体能识别细胞表面分子，则可免去缓冲液中的 Triton X-100。

5．24～48h 后，用封闭缓冲液清洗标本 3 次，避光条件下，将标本在二抗溶液中孵育 2h，二抗为荧光素（FITC、Texas Red、cy-5 或 cy-3）标记的、用 TBS$^+$ 稀释的抗第一抗体的种属特异性抗体。

6．用 TBS 清洗标本 2 次，将标本在含有 DAPI（10ng/ml）的 TBS 中孵育 1min，然后滴上 PAV-DABCO 液，盖上盖玻片，于激光共聚焦或荧光显微镜下观察结果。

7．为增强特异性抗原的信号，也可采用生物素-链亲和素（biotin-streptavidin）的方法，即将标本与一抗溶液孵育并经清洗后，再与生物素化的驴抗种属特异性抗体（TBS$^+$ 稀释）共同孵育 2h，然后用 TBS 清洗标本 2 次后，将其在标记了荧光染料的链亲和素溶液中孵育。

8．为了在同一细胞中同时检测细胞表面抗原和细胞核抗原或细胞质抗原，可选用含 10% 驴血清的 TBS 预孵育标本，然后于室温条件下将标本与含抗表面抗原的一抗溶液共孵育 2h（或 4℃过夜）。经 TBS 清洗 3 次后，用 4% 多聚甲醛预固定标本 5min，TBS 再清洗 3 次，用封闭缓冲液预处理标本，以后的染色步骤同前。

干细胞的分化

1．将细胞以高密度（1×10^5 个细胞/cm^2）或低密度[（2.5～3）$\times10^3$ 个细胞/cm^2]接种于经 PORN/Laminin 包被的分格式载玻片中，采用含 FGF-2 的无血清 N2 培养液。

2．用含有分化因子的新鲜培养液换液，分化因子可包括血清（0.5%、2% 或 10%），类维生素 A 酸（retinoic acid；1μmol/L），forskolin（5μmol/L），脑源性神经营养因子（BDNF；20ng/ml），神经营养素-3（NT-3；40ng/ml），睫状神经生长因子（CNTF；10～20ng/ml），白血病抑制因子（LIF；10ng/ml）和甲状腺素-3（T3；3ng/ml）。为抑制细胞密度，可将细胞种于不含 EGF 或含低浓度（1ng/ml）EGF 的培养液中（Vicario-Abejon et al. 1995；Johe et al. 1996；Palmer et al. 1997）。

3．每 2d 换一次培养液，将细胞在分化培养液中培养 6d 后，用多聚甲醛固定，免疫细胞化学染色分析结果。

用立体定位移植法将干细胞植入成年鼠脑

待移植动物的准备步骤与第十四章所介绍的胚胎细胞移植相似。此外，有关移植的步骤、动物的灌注、脑组织的切片以及用组织化学和免疫细胞化学染色方法对移植细胞的鉴定等一些更为详细的实验步骤可参见 Suhonen 等（1997）的实验。以下将这些方法作简单介绍。

移植细胞的制备

1. 移植前 3～5d，将已达到 70%～80%汇合程度的干细胞以 1:1 或 1:2 的比例传代。

2. 加入 BrdU 时，传代细胞应达到 50%～60%汇合。于移植前 2d 将培养液更换为含有合适生长因子和 $5\mu mol/L$ BrdU（BrdU 的储存液浓度为 5mmol/L）的新鲜培养液。

3. 第二天，重复步骤 2。

4. 用 ATV-trypsin 游离附着在培养瓶底的细胞，并将细胞转移至含 D-PBS 的 15ml 离心管内离心（1000 g，3min），用 D-PBS 清洗细胞 2 次后，再用巴氏吸管将细胞重悬于 D-PBS 中。

5. 用血细胞计数板计数细胞。

6. 吸取适量细胞至 0.5ml Eppendorf 管内，于微型离心机上离心 1min，用含有 FGF-2（20ng/ml）的 D-PBS 重悬细胞使细胞密度达到 $5\times10^{4}\sim1\times10^{5}/\mu l$ 以供大鼠移植之用；至于小鼠移植，可用含 EGF 或同时含有 FGF2 和 EGF 两种因子和肝素的 D-PBS 重悬细胞。

神经干细胞在成年大鼠脑中的移植

1. 在神经干细胞移植前，可依据成年大鼠的脑图谱（Paxinos and Watson 1986）确定注射位点。也可以通过在立体定位仪下注射少量染料于鼠脑的特定位点来确定（应作为移植实验前的预实验，Suhonen et al. 1997）。

2. 肌注麻醉剂以麻醉受体动物。

3. 剃去颅毛，用 Betadine 消毒皮肤，将麻醉后动物放置于立体定位仪上。

4. 用 10$^{\#}$ 刀片于动物双眼中点处沿中线做一切口至两耳中点，分离皮瓣，用棉球擦干净颅骨表面和周围结缔组织的血迹。

5. 确定前囟所在位置，在颅骨的合适位点处钻一个 1.0mm 宽的小孔，用 26$^{\#}$ 针挑开硬脑膜。

6. 轻弹储细胞的试管壁，使细胞重悬，用固定于立体定位仪上的微注射器吸取所需量的细胞悬液（1～3μl；$5\times10^{4}\sim1\times10^{5}$ 个细胞/μl），避免出现气泡。

7. 降低注射针头，垂直进入硬脑膜直达所需深度（定位原则：以前囟为标志，参考立体定位图谱确定距前囟的前后距离，距中线的内外距离，及距硬脑膜的垂直距离），缓慢注射所需量的细胞悬液，速度为每分钟 1μl 或 更慢（2～3μl）。

8. 注射完毕，将针头上升 1mm，原位留针 2min，以防因拔针引起的细胞悬液扩散，然后用 1～2min 缓慢出针。

9. 如还需在另一位点注射，重复以上操作步骤。

10. 将动物从立体定位仪上取下，清洁头颅，撒上抗生素粉剂，缝合切口，放回康复笼中。

成年大鼠的灌注

详细的实验步骤可参见 Suhonen 等（1997）的实验。

1. 于手术后一定时间内麻醉动物。

2. 用灌注泵，以约 1000ml/h 的流速给动物心内灌注 0.9%冰盐水（50ml/只大鼠），然后用 4％ 多聚甲醛灌流固定（用量为 250ml/只大鼠；如仅灌注头部，150ml 即可），若需做电镜观察或做染色时某些抗体要求戊二醛作固定，则可加 0.1％ 戊二醛于固定液，本实验系统中采用低浓度的戊二醛将不会影响组织抗原性。

3．取出鼠脑，转移至固定液内作后固定，此时将标本置于震荡台上于 4℃ 条件下过夜。第二天，将鼠脑转移至含 30％ 蔗糖溶液中（用 0.1mol/L Na$_3$PO$_4$ 配制，pH7.2），4℃ 条件下，保持 3d 或直至切片前组织沉底。如实验要求新鲜标本，可省略蔗糖处理步骤。

大鼠脑切片

1．为便于在冰冻切片机上切片，应尽可能将包含所需靶区域的脑组织块修剪至最小。

2．将修剪好的脑组织用 OCT 包埋并固定在冰冻切片机的夹具上，再用干冰冻 15min。OCT 包埋可有助于组织紧贴于冻头。

3．切片，并将切下的组织片转移至含有 TCS 的组织培养板的孔内（24 或 96 孔板），此切片可长期储存于 -20℃ 冰箱内。

细胞培养板的包被

所有的操作步骤均在无菌条件下进行（超净工作台或层流罩），并使用无菌溶液。为了使细胞更好地粘附并生长为单细胞层，用于细胞培养的培养板（平皿）须用 PORN 或 PORN/Laminin，pDL 或 pLL 包被（Ray et al. 1995）。

1．用无菌水配制 PORN 储存液（10mg/ml），并通过 0.22μm 滤膜过滤除菌，分装成小份，储存于 -20℃ 冰箱。

2．加足量的 PORN（10μg/ml，用 H$_2$O 稀释）至培养板（平皿）中，以确保包被液完全覆盖培养平皿的表面，于室温条件下，包被 24h。

3．用无菌水清洗 2 次，将培养板（平皿）装入密封袋，并保存于 -20℃ 冰箱以备用。

4．或将经过 PORN 包被的培养板（平皿）置于超净工作台中，于室温条件下，自然干燥。在接种细胞前，用无菌水清洗 2～3 次，再用培养液清洗 1 次。如培养板采用 Laminin 包被，须用 PBS 清洗。

5．用 PBS 配制 Laminin 贮存液（5mg/ml，小鼠或大鼠来源的 Laminin 均可），分装成小份，保存于 -80℃，注意 Laminin 不能反复冻融。

6．加足量的 Laminin（5μg/ml，用 PBS 配制）至已经 PORN 包被的培养平皿中，以确保 Laminin 完全覆盖平皿的表面，于 37℃ 条件下，包被 24h。

7．将包被好的平皿装入密封的塑料袋中，置于 -20℃（可保存 1～2 月），接种细胞前，用 PBS 或培养液清洗 1 次。

pDL 或 pLL 包被（Juurlink，1992）

1．用水或硼酸-氢氧化钠缓冲液（0.1mol/L，pH8.4）配制 pDL 或 pLL 储存液（1.0mg/ml），过滤除菌，分装成小份，保存于 -20℃。

2．用水或用适当的缓冲液稀释储存液至所需浓度（10～50μg/ml），并加足量的 pDL 或 pLL 液至培养平皿中，以覆盖其表面，于 37℃ 条件下，包被 2～24 小时。

3．用无菌水清洗培养皿 3～4 次，置于超净台内，自然干燥。包被的平皿可于保存数周后使用，且效果无明显变化。

Percoll 密度梯度离心法纯化干细胞

通过 Percoll 密度梯度离心，可以去除污染的组织碎片和其他细胞，从而使干细胞得以部分纯化。

1．按 9 份 Percoll，1 份 10×PBS 的比例（V/V，稀释 Percoll 储存液。

2．为获得不连续的 Percoll 密度梯度，可在此基础上，制备实验所需的不同浓度（50％、40％、30％、20％和 10％）的 Percoll 梯度液，并将来源于酶消化和过滤后的细胞悬液铺于 Percoll 梯度上（Maric et al. 1997）。

3．室温条件下，离心（$400\,g$，$20\sim30\text{min}$）。

4．收集分布于 40％～50％ Percoll 梯度层之间的细胞。

5．将细胞用冷的 PBS（含抗生素和两性霉素 B）稀释 2～5 倍后离心（$1000\,g$，3min），重复 3 次。由于细胞沉淀较少，所以每次离心后，不应把上清液全部吸弃，而应留 1ml 左右液体，以避免细胞丢失。

6．用 1ml 培养液重悬细胞，取样计数，并以 $(1.3\sim4)\times10^4$ 个细胞/cm^2 [$(1\sim3)\times10^6$ 个细胞/75cm^2 培养瓶] 的密度接种细胞，如获得的细胞数较少，可将细胞接种于 35mm 或 60mm 的平皿中。

7．通过 Percoll 连续密度梯度离心，同样可分离纯化干细胞。将细胞与 Percoll（1:1）混合，离心后收集分布于上层（髓磷脂层，myelin layer）和底层（红细胞层）之间的液体。以后的操作可重复步骤 5 和 6。

神经干细胞的传代和再培养

单层细胞的培养

1．在已经预温（37℃）的 10cm 培养皿或 T75 培养瓶中加入 $1.0\sim1.5\text{ml}$ ATV－胰酶（对于更小的平皿可适当少加些），不断摇动培养皿（瓶），使消化液均匀分布。

2．静置 1min，轻轻敲击培养皿（瓶）的边缘，以促使细胞脱离培养皿（瓶）的底面。

3．用 PBS 重悬细胞，并移至 15ml 无菌离心管中，用 PBS 清洗培养皿（瓶）1 次，洗液移至同一离心管，离心（$1000\,g$，3min）。

4．慢慢吸弃上清液，注意不要搅混细胞沉淀，然后将细胞重悬于 1ml 无血清 N2 培养液中，用巴氏吸管轻轻吹打。

5．细胞接种数可以根据原代培养的细胞密度及其生长率而定，如果是大鼠来源的细胞，应接种于经 PORN/Laminin 包被的板，采用含 FGF-2 的无血清 N2 培养液；对于小鼠来源的细胞应接种于未经包被的板，采用含 EGF 和 FGF-2 以及肝素的无血清 N2 培养液。

6．根据需要，可将细胞冷冻于液氮中长期保存。

神经球的传代

1．收集含有神经球的培养液并转移至 15ml 无菌离心管中，离心（$1000\,g$，3min），缓慢吸弃上清液，注意不要搅混细胞沉淀。

2．用 1ml 含有 EGF 的无血清 N2 培养液重悬细胞，并用中等口径的巴氏吸管轻轻吹打 10～20 次，使其成为单细胞悬液。

3. 将细胞接种于未经包被的培养皿内或冷冻于液氮中长期保存。

细胞冷冻

1. 将细胞重悬于含 10%DMSO 和合适生长因子的无血清 N2 培养液中。

2. 用吸管轻轻吹打，使细胞均匀，然后以 1ml/管分装于无菌的冷冻管内。

3. 将冷冻管直立放入泡沫小盒内，并置于 −70℃冰箱，使细胞在冷冻过程中缓慢降温。

4. 第二天，将细胞冷冻管移入液氮容器内。

冷冻细胞的复苏和培养

1. 从液氮中取出冷冻细胞，立即投入 37℃水浴中并不时摇动，令其尽快融化。

2. 用 DMEM:F12 培养液稀释此融化细胞，并转移至 15ml 无菌离心管中离心（1000 g，3min），吸弃上清液。

3. 用培养液洗细胞 1 次，然后将细胞重悬于 1ml 无血清 N2 培养液中，用中等口径巴氏吸管轻轻吸打，使其成为单细胞悬液。

4. 将大鼠来源的细胞接种于经 PORN/Laminin 包被的培养皿内；将小鼠来源的细胞接种于未经包被的培养皿内，采用含合适生长因子的无血清 N2 培养液。

克隆细胞的传代（琼脂糖/胰酶法）

1. 从培养皿中挑选相对较大（>100 个细胞/克隆）且分离较好的克隆，并在培养皿背面做好标记。

2. 于微波炉内融化 3% 的琼脂糖溶液（agarose；用 PBS 配制），待冷却至 45～50℃时，将 1ml 琼脂糖溶液与 2ml ATV−胰酶混匀，于 37℃条件下保温。

3. 吸弃培养皿内的培养液，立即加入琼脂糖/胰酶混合液，轻轻摇动平皿，使液体流遍细胞表面，待凝固 2～3min。

4. 用无菌巴氏吸管沿各细胞克隆四周轻轻割下，挑出粘附有克隆细胞的琼脂糖胶，逐一移至 24 孔板的各孔中（孔内含有添加了 50% 条件培养液和 G418 的无血清 N2 培养液），然后，在原先细胞克隆的生长处，用少量（100μl）培养液洗 2 次，洗液一并移入 24 孔板的相应孔内。

5. 每隔 3～4d 换液 1 次，直到培养的细胞达到所需的汇合度，准备传代。

条件培养液的制备

1. 从高细胞密度的培养液中（至少培养 24h 以上）收集条件培养液。

2. 离心（1000 g，5min），分装成小份后冻存。为了防止残留细胞的污染，也可将条件培养液过滤。

脑切片的分析

移植的干细胞在体内的特性及其命运可通过免疫细胞化学染色、原位杂交和电镜观察等进行分析，这里仅介绍免疫细胞化学染色的方法。

1. 为检测 BrdU，将 CNS 来源的组织切片漂于 5%formamide/2XSSC 液中进行预处理（65℃，2h），然后，将切片置于 2mol/L HCl 中，于 37℃孵育 30min。

2. 预处理过的切片分析采用上述的免疫细胞化学染色法，并可通过激光共聚焦或荧光显微镜观察其特异性标志蛋白的表达，BrdU 和特异性标志蛋白的共定位将用以确定移植细胞在体内的命运。

　　脑切片的细胞数可通过无偏倚立体学法（unbiased stereology）来确定，该方法曾有过详细介绍（Sterio　1984；Peterson et al. 1994；West and Slomianka　1998），这里仅作简要介绍。

　　1. 将包含研究对象的组织进行系列切片，以相同的、随机的方法抽取样本。依视觉解剖器原则（optical dissector principle）存在于组织中的所有细胞被抽样计数的机会应该均等。

　　2. 根据视觉解剖器的抽样原则，在三维无偏倚计数网格中直接计数细胞。

　　3. 通过视觉分段步骤（the opitical fractionator procedure）可直接从已知的样本计算总体细胞数，或可将由视觉解剖计数中所获的密度值与由 Cavalieri 步骤（N_v-V_{Ref}步骤）所估算的整个结构的体积相结合而得知。

结　果

大鼠和小鼠 CNS 来源干细胞的生长特性和形态学特点

　　当大鼠干细胞作高密度（$2\sim5\times10^4$ 个细胞/cm^2）单层培养时，$3\sim5d$ 内，就可见到增殖的细胞（由最初接种密度而定；图 11-2A）。在培养中，至少有一半细胞具有干细胞形态，即细胞体小而明亮，并具有两个或更多的长突起（图 11-2B，11-2C）。培养

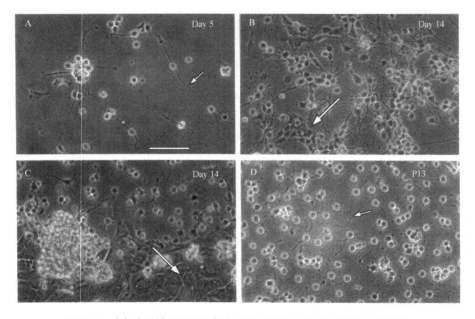

图 11-2　成年大鼠神经干细胞在含 FGF-2 的无血清 N2 培养液中的形态

A. 体外培养 $3\sim5d$，就可见到增殖的细胞，细胞体小而透亮，并具有两个或更多的长突起（见 A、D 小箭头指向）；B. 体外培养 14d 时，可见大量神经干细胞；C. 培养细胞中还包括一些扁平细胞（长箭头指向），这些细胞不被干细胞/前体细胞的任何标志性蛋白所染色，小而透亮的细胞似乎于扁平细胞的顶端产生；D. 传代后的细胞绝大多数仍为干细胞。标尺：$100\mu m$。

物中还包含各种不同形态的细胞，包括一些扁平细胞和一些长形色暗的细胞（图 11-2B，
11-2C）。干细胞似乎产生于扁平细胞（图 11-2C）。扁平细胞虽然不表达任何干细胞/前
体细胞相关标志蛋白（nestin，vimentin，O4 and A2B5），但它可能代表了真正的干细胞
群（J. Ray. 未发表的实验结果）。

　　小鼠来源的干细胞在接种后 3～5d 内就可看到它的增殖及其神经球的形成（图
11-3A），随着培养时间的延长，神经球增大（图 11-3B），当某些神经球达到一定大小时
（critical mass），它们便粘附于底面，并开始呈束状生长，长至神经球外（图 11-3C），
粘附于底面的细胞经传代后也将生长为单层（图 11-3D）。而有些神经球则不会粘附，
即使在传代以后它们仍然以神经球的形式生长。虽然不能确定神经球内的细胞形态，但
作为单层生长的小鼠干细胞，其形态不同于大鼠来源的干细胞，小鼠干细胞的胞体较大
且伸长，突起较小。

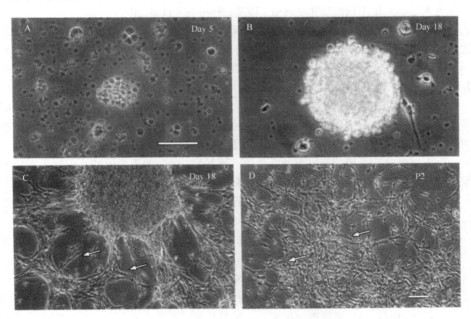

图 11-3　成年小鼠干细胞在含 EGF、FGF-2 和肝素的无血清 N2 培养液中的形态
A. 体外培养 5d，可见到神经球；B. 随着时间的延长，神经球增大；C. 有些神经球粘附于培养皿底面。细胞呈
束状长出神经球并呈单层生长；D. 传代后，粘附的细胞都生长为单层，小鼠干细胞较大鼠干细胞而言，具有较
长的胞体（见 C、D 箭头指向）和较小的突起。

■ 问题解答

　　—培养物的纯度在很大程度上取决于组织分离的彻底与否，如果混有较多的结缔组
织细胞，会增加非神经细胞群的比例，最终将取代培养物。

　　—如采用 PPD 消化组织，其作用时间不可超过 40min，延长酶作用时间，将会导
致干细胞得率的降低。

——将胚胎大鼠细胞接种、培养于未经包被的培养皿中（含 EGF 无血清 N2 培养液）可产生神经球，但生长不佳，而且扩增受限、4 周后即停止扩增（Svendsen et al. 1997；J. Ray，未发表的实验结果）。

——在单层培养条件下生长的大鼠干细胞的生存依赖于细胞密度，当接种密度小于 1000 个细胞/cm^2，即便在 FGF-2 存在的条件下，它们也都不能存活（J. Ray，未发表的实验结果）。但是，当小鼠干细胞以神经球方式生长，由于球中的细胞保持紧密接触，即使以低细胞密度接种，它们也能生长，但生长速率很慢。例如，将成年小鼠的纹状体细胞以 200 个细胞/cm^2 密度接种于含 EGF 或 FGF-2 的培养液中，体外培养 5d 后，细胞才开始分裂，体外培养 21d 时，才产生球形细胞簇（Gritti et al. 1996）。EGF 或 FGF-2 对每个平皿所产生神经球数量的影响无明显差别。

——不同物种如大鼠、小鼠、猴子以及人类的 CNS 干细胞，它们对其生长的培养条件和营养因子需求是不同的（Ray et al. 1995；Svendsen et al. 1997；Sah et al. 1997；J. Ray，未发表的实验结果）。就来源成年大鼠 CNS 的神经干细胞而言，其生长的最好条件就是将它们培养在含有 FGF-2（20ng/ml）的无血清 N2 培养液中以单层方式生长（Gage et al. 1995b）。而小鼠 CNS 干细胞的培养条件则不同，用于培养大鼠干细胞的条件并不能使来源小鼠 CNS 的细胞产生干细胞群（J. Ray，未发表的实验结果）。

——用胰酶消化细胞的时间不可超过 2min，过度消化将导致广泛的细胞死亡，干细胞易从培养皿底分离，缩短胰酶的处理时间可使获取干细胞样细胞的比例增加，并将扁平细胞和一些已分化的胶质细胞或神经元弃留在培养瓶（皿）底。

——固定细胞时，可使用新鲜配制或冷冻（－20℃）分装的多聚甲醛，但用于灌注的多聚甲醛须临用前配制，并置放于冰上或保存于冷室中直到灌注。

——为了使移植细胞在移植后达到最高的存活率，应该于移植前制备细胞悬液，在整个移植过程中，细胞应置于室温，每隔 30～40min，重悬细胞 1 次。

(1) 应在细胞悬液制备后 3h 内将细胞移植完，如待移植的动物较多，应分批制备细胞悬液，以减少细胞在悬液里的时间。

(2) 移植前，选择合适的细胞浓度是非常重要的，因为当大量细胞移植到同一位点时将产生密集的移植物，这将使维持移植细胞存活所必需的营养物质难以到达移植物中心，从而导致细胞死亡，并形成黄色坏死中心。笔者实验室所采用的细胞浓度为 $5×10^4～1×10^5$ 个细胞/μl，注射 1～2μl，如需移植的细胞较多，可作多点注射。

(3) 用 26# 或更小的针头注射细胞，注意针孔不应太窄，以免挤破细胞，致使移植细胞死亡；应定期用酒精和生理盐水冲洗注射器和针头，以免阻塞。

(4) 为了检测移植细胞的活力，可将移植后剩余的细胞重新接种培养，于体外培养 1～2d 后观察细胞活率。

——对免疫细胞化学染色而言，最好选用 40～50μm 的脑切片用漂片法染色，当然，薄的切片可使清晰度提高。可根据所需厚度，使用冰冻滑动式切片机（切片厚度为 30～100μm）或恒冷切片机（切片厚度为 1～5μm）切片。

■ 注　释

因某些参数对于干细胞的体外培养具有重要意义，现将这些参数的分析讨论如下。

年龄和脑的部位

干细胞可以从不同种类的胚胎和成体大脑中获得，但相对而言，建立胚胎大脑干细胞的培养比较容易些。在发育的特定阶段，大脑各部位的发育及在发育过程中一系列生长因子受体的表达对维持干细胞存活和增殖十分重要。因而，对于 EGF 或 FGF-2 反应性干细胞而言，以选择 EGF 或 FGF-2 受体表达最高时的适龄胎鼠为宜。应尽可能采用新鲜解剖的组织，这样可以获得更多的干细胞。

蛋白水解酶的消化

本文所介绍的是两种最常用的从成体 CNS 组织中解离活细胞的酶消化方法。对于这两种方法，我们尚未比较过哪一种方法更为有效。在笔者实验室里，PPD 消化法被常规用于培养不同种类的各种成体脑来源的干细胞，且能获得大量的成活干细胞。许多其他单一的或联合的蛋白酶消化法也都被成功用于成年大脑干细胞的分离（Reynolds，Weiss 1992；Weiss et al. 1996）。Maric 等（1997）曾用不同的实验方法包括机械法或酶消化法（胶原酶、胰酶、木瓜蛋白酶）比较从胚胎大脑中分离的干细胞的活力，结果显示，采用木瓜蛋白酶消化法所分离的细胞活力最好。Brewer 等（1997）从 6 周龄大鼠中分离神经元并对各种酶（胰酶/蛋白酶 K、蛋白酶 XXIII、木瓜酶、胶原酶和 Dispase）的作用效力进行比较，结果显示，尽管以上这些酶都能用于细胞的分离，且细胞得率几乎相等，但用木瓜酶消化法分离的细胞较其他几种酶消化法分离的细胞更具有活力。

培养液和添加剂

本文介绍的神经干细胞培养方法大多采用 DMEM 或 DMEM∶F12 无血清培养液，并加入 N2 添加剂和神经营养因子 EGF，FGF-2 或 EGF＋FGF-2。含有 B27 添加剂和 EGF 的神经基础培养液也被成功用于胚胎大鼠（E18）大脑干细胞（Svendsen et al. 1995）和成年大鼠海马神经元的培养（Brewer 1997）。B27 添加剂中除了 N2 的基本成分外（Bottenstein，Sato 1979），还包含一系列激素、抗氧化剂、维 A 醛（Brewer et al. 1993）。含有 EGF 的 B27 培养液能显著增加原代接种干细胞的存活率而不是增殖率（Svendsen et al. 1995）。因此，为了产生增殖的干细胞，可将原先建立在 B27 培养液中的细胞转移到含有 EGF 的 N2 培养液中，这样对细胞并不造成任何损害。

底　物

底物的成分对于细胞的粘附、存活、增殖以及分化是非常重要的。为了使细胞生长为单层培养物，可以将细胞接种于未经包被的塑料培养皿内，在血清存在的条件下培养 2～24h，因为血清中某些因子将提供使细胞粘附的有效成分。如采用类似于多聚碱性氨基酸试剂 PORN 或 pLL 或 pDL 处理培养皿的表面，则可以通过改变培养皿表面的电荷情况而促进细胞的粘附。另外，还可用一种细胞粘附分子 laminin 加上 PORN 作为底物。当然，神经干细胞也可在未经包被的培养皿中培养，它们将形成神经球，并悬浮于培养液中，一些神经球也松散粘附于培养皿上，进而衍生出单层培养物。据 Stemple 和 Anderson 报道（1992），底物也会影响干细胞的命运选择。例如，将神经嵴来源的亚克隆细胞接种于结合纤维素（fibrorectin）包被的培养皿中会产生星形胶质细胞，而接种于结合纤维素/多聚赖氨酸（fibrorectin/pDL）包被的培养皿中则产生神经元。

EGF 和 FGF-2 的选择

虽然 FGF-2-EGF 或 FGF-2＋EGF 都能成功地用于分离和培养小鼠和大鼠源性的神经干细胞，但是不同动物来源的细胞对这两种生长因子的反应也不尽相同。Svendsen 等（1997）曾对来源于胚胎大鼠和小鼠纹状体组织的神经球的存活率及生长率进行比较，结果显示在 EGF 存在的条件下，小鼠神经干细胞可在体外扩增达 50 多天，而大鼠神经干细胞却只能维持 21～28h；另外，单独采用 FGF-2 不能使相同培养条件下的大鼠纹状体细胞增殖。尽管联合使用 FGF-2 和 EGF 对体外培养的大鼠神经干细胞生长具有协同作用，但却不能阻止细胞的衰老和死亡。总之，EGF、FGF 或 EGF＋FGF-2 都能促使来源大鼠和小鼠大脑的干细胞产生神经球，但是，FGF-2 的存在会限制由大鼠神经干细胞所形成的神经球在体外的扩增能力；相反，当大鼠神经干细胞作为单层细胞培养时，在 FGF-2 存在的条件下可以被长期培养和扩增（Ray et al. 1993；Ray and Gage 1994；Gage et al. 1995b；Shihabuddin et al. 1997）。这一差异可能是由于两种培养条件的不同所造成的；也可能是 EGF 或者 FGF-2 所征募的是不同来源的干细胞。这些问题的解答有待于进一步的研究。

神经球与单层培养比较

必须指出的是，迄今为止，未曾有过关于比较不同神经生长因子（FGF-2、EGF 或 EGF＋FGF-2）对于以单层或神经球方式生长的神经干细胞的影响的报道，因此，很难断定采用这两种生长因子、以不同的实验方法所分离和培养的细胞是同类细胞或不同类细胞。有一种可能性，即开始所获的是同类细胞，但在 EGF 或 FGF-2 的影响下，产生了不同的特性。例如，EGF 反应性干细胞可在 FGF-2 中继续扩增，但 FGF-2 反应性干细胞却不能在 EGF 中继续生长（J. Ray，未发表的实验结果）。

以神经球方式培养干细胞，有如下缺点：首先，我们不能确定神经球中的细胞形态；其次，在进行免疫细胞化学染色时，由于抗体难于渗入神经球内，被染的细胞仅限于神经球表面，这样，就难于确认球内细胞的性质。再次，如果神经球太大，位于球中央的细胞因得不到营养而死亡，因而细胞得率会随时间和传代次数的增加而减少。最后，以神经球形式生长的细胞难于用于某些生化实验，如用以确定细胞表面特异性受体结合位点的数目的配体结合实验，细胞分裂率，以及 ^{3}H-TdR 掺入试验以测定营养因子对细胞的增殖作用等。

反转录病毒载体

反转录病毒载体起源于 Moloney 鼠源白血病病毒 (Moloney murine leukemia virus, MoMLV), 通常包含某个感兴趣的基因 transgene 和一个可选择的标记基因, 如新霉素抗性基因 *neo* (Verma and Somia　1997)。反转录病毒载体只感染分裂的细胞, 并能随机与细胞的染色体基因组整合, 结果一个感染细胞的所有子代将遗传一个独特的并能被识别的整合位点 (Cepko　1998b), 最后通过限制性内切酶的水解并用 Southern 印迹分析方法确定一细胞群的克隆形成能力 (sambrook et al. 1989)。

脑切片方法的选择

由恒冷切片机或冰冻滑动切片机所切的厚片可用于免疫组化, 而由恒冷切片机切的薄片可用于原位杂交。冰冻滑动切片机常用于切已固定脑标本的厚片 ($40\sim50\mu m$), 而要切小于 $25\mu m$ 的薄片较困难。厚的切片比较适用于激光共聚焦显微镜的分析, 因在不同聚焦平面所获得的图像有助于建立被研究部位的三维细胞结构。冰冻滑动切片机的另一个优点就是可对多个大脑同时进行切片。恒冷切片机可以从新鲜的或已固定的大脑标本中制备较薄的切片 ($10\sim30\mu m$), 并可将切片直接贴附于玻片上。从新鲜大脑标本中所制备的薄切片适用于原位杂交。在振动切片机 (vibratome) 上所制备的切片厚度大于 $50\mu m$, 通常用于电镜观察, 这种切片的缺点就是易于产生压缩造成的假象。

■ 应 用

从正常或转基因动物体内所获得的可长期培养的神经干细胞及由此所产生的克隆细胞和转基因细胞, 已为人们在体内外条件下研究环境刺激对这些细胞的命运和分化的影响提供了可能。此外, 干细胞还可以通过基因修饰来表达特异性生长因子和神经递质, 无论是正常的还是经基因修饰的干细胞都能用于神经退行性病变的动物模型的研究, 从而为治疗人类神经退行性疾病、实现干细胞替代疗法或基因疗法提供一个可以扩增、特征清晰的细胞来源。

致谢: 本文作者感谢 M．L．Gage 对本文提出的有益建议。本实验室工作由美国截瘫协会, Hollfelder 基金, NIA 的 STTR 基金 (R42 AG12576-03), 以及美国国立健康研究院 N01-NS-6-2348 合同所支持。本文内容并不反映美国人类及健康部的观点或政策, 也不涉及商业名称、产品或暗示被美国政府认可的机构。

参 考 文 献

Brewer GJ, Torricelli JR, Evege EK, Price PJ (1993) Optimized survival of hippocampal neurons in B27-supplemented Neurobasal, a new serum-free combination. J Neurosci Res 35:567–765

Brewer GJ (1997) Isolation and culture of adult rat hippocampal neurons. J Neurosci Methods 71:143–155

Bottenstein JE, Sato G (1979) Growth of rat neurobalstoma cell line in serum-free supplemented medium. Proc Natl Acad Sci USA 76:514–517

Carpenter MK, Winkler C, Fricker R, Emerich DF, Wong SC, Greco C, Chen E-Y, Chu Y, Kordower JH, Messing A, Björklund A, Hammang JP (1997) Generation, and transplantation of EGF-responsive neural stem cells derived from GFAP-hNGF transgenic mice. Exp Neurol 148:187-204

Cepko CL (1988a) Immortalization of neural cells via retrovirus-mediated oncogene transduction. Trends Neurosci. 11:6-8.

Cepko CL (1988b) Retroviral vectors and their applications in neurobiology. Neuron 1:345-353

Fisher LJ (1997) Neural precursor cells: applications for the study and repair of the central nervous system. Neurobiol Dis 4:1-22.

Gage FH, Ray J, Fisher LJ (1995a) Isolation, characterization and use of stem cells from the CNS. Ann Rev Neurosci 18:159-192

Gage FH, Coates PW, Palmer TD, Kuhn HG, Fisher LJ, Suhonen JO, Peterson DA, Suhr ST, Ray J (1995b) Survival and differentiation of adult neuronal progenitor cells transplanted to the adult brain. Proc Natl Acad Sci USA 92:11879-11883.

Gritti A, Parati EA, Cova L, Frolichsthal P, Galli R, Wanke E, Faravelli L, Morassutti DJ, Roisen F, Nickel DD, Vescovi AL (1996) Mutipotential stem cells from the adult mouse brain proliferate and self-renew in response to basic fibroblast growth factor. J Neurosci 16:1091-1100.

Hammang JP, Reynolds BA, Weiss S, Messing A, Duncan ID (1994) Transplantation of epidermal growth factor-responsive neural stem cell progeny into the murine central nervous system. Methods in Neurosci 21:281-293

Johe KK, Hazel TG, Muller T, Dugich-Djordjevic MM, McKay RD (1996) Single factor direct the differentiation of stem cells from the fetal and adult central nervous system. Genes Develop 10:3129-40.

Juurlink BH (1992) Chick spinal somatic motoneurons in culture. In: Federoff S and Richardson A (eds) Protocols for neural cell culture, Humana Press, Totowa, NJ. pp 39-51.

Kordower JH, Chen E-Y, Winkler C, Fricker R, Charles V, Messing A, Mufson EJ, Wong SC, Rosenstein JM, Björklund A, Emerich DF, Hammang JP, Carpenter MK (1997) Grafts of EGF-responsive neural stem cells derived from GFAP-hNGF transgenic mice: trophic and tropic effects in a rodent model of Huntington's disease. J Comp Neurol 387:96-113

Kuhn HG, Dickinson-Anson H, Gage FH (1996) Neurogenesis in the dentate gyrus of the adult rat: age-related decrease of neuronal progenitor proliferation. J Neurosci 16:2027-2033.

Lendahl U, McKay RDG (1990) The use of cell lines in neurobiology. Trends Neurosci 13:132-137.

Maric O, Maric I, Ma W, Lahojuji F, Somogyi R, Wen X, Sieghart W, Fritschy J-M, Barker JL (1997) Anatomical gradients in proliferation and differentiation of embryonic rat CNS accessed by buoyant density fractionation: alpha 3, beta 3 and gamma 3 $GABA_A$ receptor subunit co-expression by post-mitotic neocortical neurons correlates directly with cell buoyancy. Eur J Neurosci 9:507-522.

McKay RD (1997) Stem cells in the central nervous system. Science 276:66-71.

Minger SL, Fisher LJ, Ray J, Gage FH (1996) Long-term survival of transplanted basal forebrain neurons following in vitro propagation with basic fibroblast growth factor. Exp Neurol 141:12-24.

Morshead CM, Reynolds BA, Craig CG, McBurney MW, Staines WA, Morassutti D, Weiss S, van der Kooy D (1994) Neural stem cells in the adult mammalian forebrain: A relatively quiescent subpopulation of subependymal cells. Neuron 13:1071-1082.

Palmer TD, Ray J, Gage FH (1995) FGF-2-Responsive neuronal progenitors reside in proliferative and quiescent regions of the adult rodent brain. Mol Cell Neurosci 6:474-486

Palmer TD, Takahashi J, Gage FH (1997) The adult rat hippocampus contains primordial neural stem cells. Mol Cell Neurosci 8:389-404.

Paxinos G, Watson C (1986) The rat brain in stereotaxic coordinates. Academic Press, San Diego, CA.

Peterson DA, Lucidi-Phillipi CA, Eagle KL, Gage FH (1994) Perforant path damage results in progressive neuronal death and somal atrophy in layer II of entorhinal cortex and functional impairment with increasing postdamage age. J Neurosci 14:6872-6885

Peterson DA, Lucidi-Phillipi CA, Murphy D, Ray J, Gage FH (1996) FGF-2 protects layer II entorhinal glutamatergic neurons from axotomy-induced death. J Neurosci 16:886-898

Ray J, Peterson DA, Schinstine M, Gage FH (1993) Proliferation, differentiation, and long-term culture of primary hippocampal neurons. Proc Natl Acad Sci USA 90:3602-3606.

Ray J, Gage FH (1994) Spinal cord neuroblasts proliferate in response to basic fibroblast growth factor. J Neurosci 14:3548-3564.

Ray J, Raymon HK, Gage FH (1995) Generation and culturing of precursor cells and neuroblasts from embryonic and adult central nervous system. In: Vogt PK, Verma IM (eds) Oncogene techniques. Methods in Enzymology, vol 254. Academic Press, San Diego, pp 20-37

Ray J, Palmer TD, Suhonen JO, Takahasi J, Gage FH (1997) Neurogenesis in the adult brain: Lessons learned from the studies of progenitor cells from embryonic and adult central nervous system In: Gage FH and Christen Y (eds) Research and Perspective in Neurosciences. Isolation, characterization and utilization of CNS stem cells. Fondation IPSEN, Springer, Heidelberg, pp 129–149

Ray J, Palmer TD, Shihabuddin LS, Gage FH (1998) The use of neural progenitor cells for therapy in the CNS disorders. In: Tuszynski MH, Kordower J H and Bankiewicz K (eds) CNS regeneration: basic science and clinical applications Academic Press, San Diego. (in press)

Reynolds BA, Tetzlaff W, Weiss S (1992) A multipotent progenitor cell produces neurons and astrocytes. J Neurosci 12:4565–4574.

Reynolds BA, Weiss S (1992) Generation of neurons and astrocytes from isolated cells of the adult mammalian central nervous system. Science 255:1707–1710.

Reynolds BA, Weiss S (1996) Clonal and population analyses demonstrate that an EGF-responsive mammalian embryonic CNS precursor is a stem cell. Develop Biol 175:1–13.

Sambrook J, Fritsch EF, Maniatis T (1989) Molecular cloning: a laboratory manual. Cold Spring Harbor Laboratory, Cold Spring Harbor, NY.

Sah DWY, Ray J, Gage FH (1997) Bipotent progenitor cell lines from the human CNS respond differently to external cues. Nature Biotech 15:574–580.

Shihabuddin LS, Ray J, Gage FH (1997) FGF-2 alone is sufficient to isolate progenitors found in the adult mammalian spinal cord. Exp Neurol 148:577–586

Stemple DL and Anderson DJ (1992) Isolation of a stem cell for neurons and glia from the mammalian neural crest. Cell 71:973–985

Sterio DC (1984) The unbiased estimation of number and size of arbitrary particles using the dissector. J Microsc 134:127–136

Suhonen JO, Peterson DA, Ray J, Gage FH (1996) Differentiation of adult-derived hippocampal progenitor cells into olfactory bulb neurons. Nature 382:624–627

Suhonen JO, Ray J, Blömer U, Gage FH (1997). *Ex vivo* and *in vivo* gene delivery to the brain. Curr Prot Hum Gene Supplement 11:13.3.1–13.3.24

Svendsen CN, Fawcett JW, Bentlag C, Dunnett SB (1995) Increased survival of rat EGF-generated CNS precursor cells using B27 supplemented medium. Exp Brain Res 102:407–414.

Svendsen CN, Clarke DJ, Rosser AE, Dunnett SB (1996) Survival and differentiation of rat and human epidermal growth factor-responsive precursor cells following grafting into the lesioned adult ventral nervous system. Exp Neurol 137:376–388

Svendsen CN, Skepper J, Rosser AE, ter Borg MG, Tyres P, Ryken T (1997) Restricted growth potential of rat neural precursors as compared to mouse. Dev Brain Res 99:253–258

Verma IM, Somia N (1997) Gene therapy – promises, problems and prospects. Nature 389:239–42.

Vescovi AL, Reynolds BA, Fraser DD, Weiss S (1993) bFGF regulates the proliferative fate of unipotent (neuronal) and bipotent (neuronal/astroglial) EGF-generated CNS progenitor cells. Neuron 11:951–966.

Vicario-Abejon C, Johe KK, Hazel TG, Collazo D, McKay RD (1995) Function of basic fibroblast growth factor and neurotrophins in the differentiation of hippocampal neurons. Neuron 15:105–114

Weiss, S, Reynolds BA, Vescovi AL, Morshead C, Craig CG, van der Kooy D (1996a) Is there a neural stem cell in the mammalian forebrain? TINS 19:387–393

Weiss S, Dunne C, Hewson J, Wohl C, Wheatley M, Peterson A C, Reynold B A. (1996b) Multipotent CNS stem cells are present in the adult mammalian spinal cord and ventricular neuroaxis. J Neurosci 16:7599–7609

West JM, Slomianka L (1998) Total number of neurons in the layers of the human entorhinal cortex. Hippocampus 8:69–82

Whittemore SR, Snyder EY (1996) Physiological relevance and functional potential of central nervous-system-derived cell lines. Mol Neurobiol 12:13–38.

第十二章 神经元环路的体外重建：建立一种简单模型系统的方法

Naweed I. Syed，Hasan Zaidi and Peter Lovell

谢俊霞 译

青岛大学医学院

jxiaxie@public.qd.sd.cn

■ 绪 论

在神经生物学中，为了解神经系统是怎样控制动物的不同行为，经过不断努力已经形成各种各样的体外技术。曾被许多神经行为学家所"反感"的简化法，现在已经逐渐得到认可。简化法重新得以认可源于这样一个事实：无论从整体动物水平还是从器官系统水平来看，大多数运动行为和对应的神经元环路都过于复杂，很难了解。例如，不仅鉴定及描述神经元环路的特征具有挑战性，而且细胞及突触机制也难以理解。一方面由于整个哺乳类动物大脑和神经元间突触联系的复杂性，导致人们对大多数动物行为的细胞机制知之甚少；另一方面，由于许多简化的实验标本可使错综复杂的神经联系简单化并易操作，从而为人们提供了有吸引力的替代物。当然，用这种方法得出的数据应慎重对待。我们认为，一个体外分离的神经元或由此而重建的神经元网络，可用于观察其自身固有的行为。然而，要解释在整体动物中的全部行为功能是怎样组织的，这些数据是不够的。以此为前提，我们可以通过运用体外细胞培养技术，在淡水软体动物门锥实螺属的培养细胞上，重新构建发动基本呼吸行为的三细胞网络。这种体外重建的网络能够产生节律性运动形式并与整体所见的运动形式相似。因此，这种体外细胞培养方法，使得我们能够进行有关节律性活动神经元基础的基本研究，而这种研究在整体动物或不完整的动物身上都是难以实现的。

通常被称为中枢模式发生器（CPG）的神经元网络控制着一系列的节律性行为，如自主运动、呼吸、进食等（Delcomyn 1980；Harris-Warrick and Johnson 1989；Kristan 1980；Pearson 1995；Selverston 1980）。截至目前为止，在所做过的大多数标本研究中，CPG 神经元即使在没有外周反馈的情况下也能产生节律性的传出活动。因此，鉴别 CPG 神经元并了解其特性（固有膜及突触的性质）对于理解神经系统是如何控制不同的节律性行为是必需的。我们的研究工作旨在阐明软体动物门锥实螺属的CPG 神经元网络如何调节其在淡水中的呼吸行为。之所以选用这种无脊椎动物标本，是因为它的呼吸行为比较简单，特征明确（Syed et al. 1991），而且对应的神经元环路无论在整体还是不完整动物状态下均已确定（Syed and Winlow 1991；Syed et al. 1991）。值得注意的是，介导肺通气的神经环路是由少数几个可识别的运动神经元及中间神经元组成的（Syed and Winlow 1991）。CPG 由三个中间神经元组成，即右足背角神经元 1（RPeD1，启动呼吸节律），传入中间神经元 3（IP3I，开放呼气孔-呼气）以及内脏背角神经元 4（VD4，关闭呼气孔-吸气）。IP3I 和 VD4（"半中枢"）之间及 RPeD1 和 VD4 之间存在着回返抑制。RPeD1 能诱导 IP3I 内的双相反应（抑制后再兴奋）。IP3I 反过来兴奋 RPeD1。呼吸神经元之间的突触联系如图 12-1 所示。

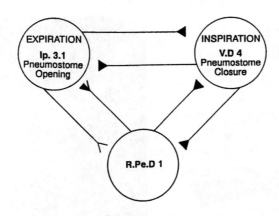

图 12-1　呼吸中枢模式发生器神经元之间的突触联系示意图

RPeD1（右足背角神经元 1），IP3I（传入中间神经元 3），VD4（内脏背角神经元 4）。开放和半闭的标志分别代表了兴奋性和抑制性的突触联系。半开放/半闭合标志代表混合的兴奋和抑制突触联系。

体内研究表明这三个互联的中间神经元各自都能产生呼吸节律（Syed and Winlow 1991）。这种简单环路是否能为呼吸节律的产生提供必要而且充分的神经基础，在体内研究中尚不能确定（见下述）。同样，在体内或原位标本中未能解决的一些问题还包括：

IP3I 及 VD4 为内源性或是条件性发生器？

CPG 神经元之间是否为化学性单突触联系？

IP3I 及 VD4 能否有效产生呼吸节律？

RPeD1 对呼吸节律的产生是否必需？

节律产生是固有膜的功能还是神经元网络的特性？

■ 概　要

上述问题的解答对于我们理解这一系统中产生节律性的细胞及突触机制是关键，但如前所述，无论在整体，半离体或分离出的脑标本中都很难实现。一种替代的方法是设法在细胞培养中重建整个呼吸环路。然而，为了使这一体外技术能够正常进行，分离的细胞必须具备下列条件：

1．在分离过程中能够存活。

2．能够很好的粘附于任何底物。

3．能够保持其固有膜的特征。

4．能够重新长出轴突。

5. 能够重建适宜的突触联系。

6. 相互之间有突触联系的神经元必须能够产生与体内相似的节律性活动模式。

针对上述问题，我们首先创建了培养椎实螺神经元的方法。分离的单个神经元放在培养皿中重建整个呼吸 CPG。描述细胞分离程序的图解如图 12-2 所示。

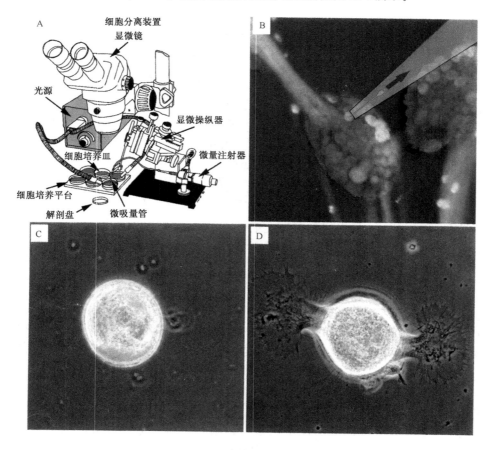

图 12-2　体外分离鉴定神经元的实验装置

A. 细胞分离装置。B. 玻璃微型吸管置于内脏神经节 VD4 胞体的顶部。C. 分离出单个待鉴定椎实螺神经元的胞体。D. 在脑组织适宜的培养基中，细胞植入几小时内，从胞体上出现生长锥。

材　料

细胞分离装置

如图 12-2A 所示，将下列物品组装成分离细胞的仪器。

—解剖显微镜，具有可移动的活动支架

—MM-33 微操纵器，具备磁性底座

—光源，如纤维光学或便携式光源

—Gillimont 注射器

层流式通风橱

组织培养罩

配制溶液及进行无菌解剖需要一个整洁通风工作台或一个组织培养罩。

注意：需要购买一个防震的组织培养罩。

孵育箱/干燥器

用于培养细胞的短期及长期保存以及配制适宜脑组织条件的培养基（CM）。

电生理及显微照相

—倒置显微镜

—直流前置放大器（2倍）

—图表记录仪

—示波器

—刺激器

—安装在显微镜上的微操纵器（2倍）

—35mm 的照相机

—压力注射系统，用于注射不同的化合物

—蠕动泵，用于化学物质的注入

—电极拉制仪，用于制备尖锐的电极以及细胞吸管

—微熔炉，用于火焰抛光细胞分离管

细胞培养所需的一般器具（无菌）

—移液器（5～25ml）

—注射器（1～60ml）

—针头

—Falcon 细胞培养皿（3001 和 3008）

—滤器（0.22μm 孔径，500ml）

—100～1000 μl 配有无菌吸头的 Eppendorf 移液器

化学试剂

化学试剂

—NaCl，KCl，$CaCl_2$，$MgCl_2$，HEPES（用于生理盐水和特定培养液）

—Leibovitz's L-15 培养液（不含无机盐及 L 谷氨酸，需特殊订购，GIBCO，USA，序列号为＃82-5254EL）

—D 葡萄糖

—庆大霉素，用于抗生素盐和 DM

—多聚左旋赖氨酸，用于覆盖于细胞培养皿表面［注：多聚左旋赖氨酸分子量差别很大，应注意选择分子量适宜的种类（见下）］

—胰蛋白酶（Sigma typeIII，分类号＃T-8253），在提取细胞前用于组织的软化

—胰蛋白酶抑制剂（TypeIII——大豆，分类号＃T-9003），用于终止酶活性 Tris 缓冲液

—李斯特防腐液（洗口液），一种非常有效的抗菌物质，还可作为一种麻醉剂

注意：仅用于整体动物，中枢神经系统决不能直接接触此种物质。

——乙醇（70％），通常用于工作台及手术器械的消毒。70％为最佳乙醇使用浓度。浓度过高会引起细菌形成厚垣孢子，一旦外部环境适宜就会复活。另一方面，低浓度又起不到杀菌效果

——高级超纯水，用于所有溶液的配制

溶液

标准 Lymnaea 盐溶液

混合下列溶液配制成 4 倍浓缩的储备液：

——160.0 ml 1mol/L NaCl

——6.8 ml 1mol/L KCl

——16.4 ml 1mol/L CaCl₂

——6.0 ml 1mol/L MgCl₂

——40.0 ml 1mol/L HEPES

用高纯水将溶液定容到 1L，调整 pH 至 7.9。标准盐水（NS）的配制需将储备盐水稀释成 4 倍（根据需要）。使配制液的最终浓度为：

——NaCl 40.0 mmol/L

——KCl 1.7 mmol/L

——CaCl₂ 4.1 mmol/L

——MgCl₂ 1.5mmol/L

——HEPES 10.0mmol/L

抗生素盐（ABS）

用可高压灭菌的瓶子装 500ml 标准生理盐水后高压灭菌。500ml 无菌生理盐水中加入 10ml 庆大霉素储备液（7500 μg/ml，经微孔过滤膜过滤灭菌），配制的庆大霉素终浓度为 150 μg/ml。

特殊培养基（DM）

DM 由粉末状培养基配制而成，由大岛生物制品公司提供（Grand lsland，NY，USA-GIBCO，特殊订购），订货号♯82-5154EL Leibo-vitz's L-15 培养基，w/o 无机盐及 L-谷氨酸。每包（27g）可配制成 5L 非稀释的 L-15 培养基储备液。不用时储存于 2～8℃。

特殊培养基储备液

1．尽量用纯度最高的水。

2．玻璃容器中注入 950ml 高纯水。

3．搅拌下倒入一包 L-15 培养基粉末。

4．溶解后，用 HCl 或 NaOH 调整 pH 到 7.4。

5．用 SQ 水定容总容积 1L，检测 pH，必要时进行调整。

6．在超净工作台内，将 DM 培养基（用 Millipore Sterivex-GV 0.22 μmol/L）过滤到高压灭菌后的瓶子中，200ml/瓶。

7．冷冻保存于 −20℃。

标准 DM

1．解冻分装的 1 × 200ml 非稀释 L-15 储备培养液。

2．室温下超声波处理 15min。

3．加入以下成分稀释到 50%：

　　—L‑谷氨酸 60mg

　　—D‑葡萄糖 21.62mg

　　—4 倍盐水储备液 100ml

　　—蒸馏水（高纯度）98.93ml

　　—庆大霉素储备溶液 1.325ml

4．用 Nalgene $0.45\mu mol/L$ 滤膜过滤，保存于 4℃。

适宜脑组织条件的培养基

条件培养基（CM）指一种特殊培养基，椎实螺的中枢环状神经节可以在这种培养基里孵育一段时间。在孵育期间，生长因子可以从脑中直接释放到这种培养基里。这些生长因子（其特性还没有完全确定）为神经突起的生长所必需。

除了对神经突起的促生长作用外，CM 也是适宜细菌和真菌生长的良好沃土。因此一个严格的无菌过程对于 CM 的制备是必需的。

1．分离的中枢环状神经节必须经过一系列的 ABS 液洗涤（5 次，6 个脑块/皿，每次 15min）。

2．在无菌条件下，将脑块移入预先灭过菌和 Sigmacote 处理过的（Sigma SL-2）60mm×15mm 的 Pyrex 或 Kimax 玻璃培养皿里，数量为 2 个脑块/ml 特定培养基，每个培养皿不要超过 10ml 的培养基，较理想的是每个培养皿中 5～7ml 培养基。

3．在保湿器（80%～90%湿度）中孵育 72h。

4．第三天，取出脑组织后，用对蛋白吸附度低的注射滤器过滤 CM（Millipore，$0.22\mu mol/L$）。过滤的 CM 置于细胞管或聚丙烯试管中−20℃保存。使用之前在室温下融化 CM。为了避免在多次的培养基转移过程中丢失蛋白，CM 还可通过其他不同的形式来制备。

基质粘附物（substrate absorbed material，SAM）把经抗生素处理的神经节（4 个脑组织/2ml DM）直接孵育在多聚 L‑赖氨酸包被的 falcon 3001 组织培养皿中。中枢环状神经节释放的大部分营养因子就会粘附到多聚 L‑赖氨酸基质上。孵育 72h 后，把脑组织和上清液移走，并添加 DM 到培养皿中。粘附在含有多聚 L‑赖氨酸基质的培养皿底层的生长因子足以刺激神经突起的快速增长。

超 SAM 如 SAM 中所述，将脑组织在 DM 中孵育 72h。72h 后移去环状神经节，上清液留于皿中，此时培养皿中就同时含有与基质结合的和可促进神经突起快速生长扩散的营养因子（Wong et al. 1981）的文献。收集的中枢环状神经节还可用于制备新的 CM。

多聚 L‑赖氨酸培养皿

多聚 L‑赖氨酸为神经细胞贴壁提供了适宜的基质。塑料的或附有盖玻片的培养皿均可以用下面的方法处理。

1．第一天。用 Tris 缓冲液制备 0.1%多聚 L‑赖氨酸（如果使用 20 个培养皿，将

40mg 多聚 L–赖氨酸溶于 40ml 缓冲液中），过滤（22μm 孔径的过滤器）后储存在硅化的玻璃容器中。有效期为 4 周以内。制备培养皿时，在组织培养工作台内向每个 35 mm 的 falcon 培养皿中加 2ml 多聚 L–赖氨酸溶液。室温下过夜。确保将所有的培养皿都盖上盖子。

2.第二天。在超净工作台内，移去多聚 L–赖氨酸溶液并且立即清洗每个培养皿。

—无菌水冲洗 3 次（15min/次）

—无菌生理盐水冲洗 1 次（静置 20min）

—无菌水冲洗 3 次（15min/次）

—在工作台内自然晾干

—用封口膜封好培养皿，在使用以前至少置于保湿箱内 3d

注意：要想使细胞培养成功，选择一个合适的基质是最重要的步骤之一。缺少合适的基质会妨碍神经细胞贴壁，但多聚 L–赖氨酸过多则会杀死细胞。同样，神经元的生长模式和全部神经突起生长的程度也与基质有关。例如，在各种不同的基质上，特定的椎实螺神经元随不同基质表现出不同的生长模式。图 12-3 是一个很典型的例子，特定的椎实螺神经元分别在多聚 L–赖氨酸、层粘连蛋白、纤维连接蛋白、Con A 上培养的情况。在多聚 L–赖氨酸和 Con A 包被的培养皿中可见到大量神经突起生长，而在层粘连蛋白和纤维结合素上只有较少的神经突起生长。在 Con A 基质上，神经突起通常是较细的，

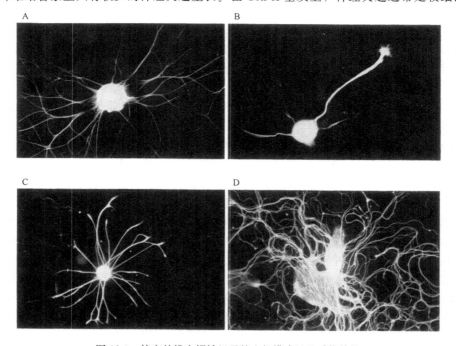

图 12-3　特定的椎实螺神经元的生长模式呈基质依赖性

A. 在多聚 L–赖氨酸基质上，一个分离的神经元长出许多侧枝。B. 在层粘连蛋白基质上只有少数的神经突起生长。C. 纤维连接蛋白促进神经突起的生长方式与多聚 L–赖氨酸类似，但是神经突起的长度要短的多。D. 在 Con A 基质上可见到很多神经突起，但是与其他基质相比，这些神经突起较细而且分支也多。所有神经元都用肌动蛋白（红色）和微管蛋白（绿色）抗体双染。

它们彼此簇生形成束。此外，在 Con A 基质上生长的神经元几乎都形成了电突触，而在多聚 L-赖氨酸基质上则促使形成适宜的化学突触。总之，适宜的基质不仅对神经突起的生长是必需的，而且对于特定的突触形成也是必需的。

■ 步　骤

无菌环境，细胞培养所必需

大部分的细胞培养过程需在超净工作台内进行。只要正确灭菌，就可以防止空气中的微生物污染培养基。

工作台灭菌

在每一次实验之前都要按以下程序严格执行，直到关闭工作台。

1．打开工作台鼓风机，产生气流。

2．用 70％乙醇喷洒工作台里的全部表面。

3．乙醇浸湿纸巾；擦拭工作台里的所有表面（从瓶中喷洒的乙醇会损伤滤器）。

4．等待工作台晾干，必要时再喷 1 次。

注意：从这一步起，到在工作台内工作之前都要用乙醇喷手。

5．70％乙醇浸泡所有的待用器械（镊子、剪刀、解剖盘等），放在工作台里晾干。

6．由于在细胞培养中用到的溶液都是无菌的（包括抗生素盐水、特殊培养基、条件培养基、1mol/L 的葡萄糖），所有的瓶子都应在适当消毒过的工作台内才能打开。

注意防止意外污染

不要在工作台旁饮食（尤其是由酵母制成的饮料和食物）。

保持工作台整齐。

任何被暂时拿出工作台的物品在放回之前都要用乙醇喷洒（如镊子），在工作台内工作之前都要用乙醇喷手，但是不要让乙醇进入培养皿内。

椎实螺的解剖

将去壳的椎实螺浸入 10％～25％消毒液 Listerine 中 10min。随后用针将其钉在含 ABS 盐溶液的解剖盘上，在无菌环境下取出中枢神经系统（Syed et al. 1990；Ridgway et al. 1991）。

吸取分离细胞

为了防止神经元粘附到吸量管的玻璃壁上，应在吸量管内壁涂上一层 Sigmacote 或血清。Sigmacote（Sigma 目录♯SL-2，是一种特殊的硅酮-庚烷溶液）可在玻璃上形成一层牢固的精微薄膜，防止细胞粘附到吸量管上。

第一步

1．用直径 1.5mm 的毛细玻璃管，注意无毛刺、丝等。

2．在通风橱内，将 Sigmacote 吸进毛细玻璃管中（通过毛细虹吸作用），并倒转使 Sigmacote 从另一端流出，重复几次后，令其过夜晾干。注意不要在用于组织培养的超净工作台中操作任何有毒的化学物质，那会严重危害健康！

第二步

用 Sigmacote 处理过的毛细玻璃管制备细胞分离管。

3. 如同制备尖的细胞内电极一样，在电极拉制仪上拉制毛细玻璃管。这样可得到尖端又长又好的电极。

4. 用钻石刀笔把电极长长的尖端截去一半。截断处的长度将决定细胞分离吸管的最终直径。

5. 在尖端处稍微用力使尖折断。电极会干净地断开。

6. 在微熔炉火焰上抛光电极的尖端。这样可除去一些尖锐的棱角，而这些棱角对神经元的存活是有害的。使用微熔炉上的标尺确定尖端的直径。重要的是应注意电极尖端内径总是略大于待分离的细胞体。

7. 从微熔炉火焰上拿开电极，在 Bunsen 燃烧器的火焰上抛光其上端的开口处（与尖端相对的另一端），以防止电极损伤吸管的管道和阻塞吸管尖。

细胞分离

神经元的分离指把单个的细胞体从中枢神经系统分离出来并把它们放在适宜的培养环境中的过程。这是一个非常精密和高度复杂的过程，对于初学者有相当困难。只要多实践、耐心、坚持和不屈不挠，分离单个特定的神经元就会变得相对容易些。下面介绍操作的基本步骤。

注意：所有的步骤都应在超净工作台内无菌操作。

1. 把适当数目的中枢环状神经节放在含 ABS 的 falcon 3001 塑料培养皿内，随后在 3 个 falcon 培养皿之间转换，每个培养皿含 3ml ABS，在每个培养皿中洗（留置）10～15min。当在培养皿之间移换时，用镊子夹住与神经节相连的结缔组织，注意不要损伤神经节。为了避免培养皿之间的交叉感染，除了转移神经节外的其他时间都要加盖。

2. 在用抗生素处理期间，准备 2 个 falcon 培养皿用于酶处理。在每个培养皿中加入 3ml DM，然后分别加入 6mg 胰蛋白酶或者 6mg 胰蛋白酶抑制剂（即 2 mg/ml，最终的容积浓度为 0.2%）。适当地在培养皿上作上标记以避免混淆或其他可能的错误。

3. 冲洗完毕，把脑组织块（12/皿）转移到含胰蛋白酶和 DM 的培养皿内，室温下（18～20℃）静置 20～25min。每隔 5min 摇 1 次，以确保神经节周围的结缔组织能均匀充分地酶解。酶解后，把脑组织转移到含胰蛋白酶抑制剂和 DM 的培养皿中静置 15min。同样，每隔 5min 摇 1 次培养皿，以防止进一步的酶消化。

注意：在细胞培养中，酶处理过程也是个最重要的环节之一。不仅选择合适种类的消化酶是关键的，而且把握精确的时间和温度也是关键。如果酶长时间处于室温下，其活性会随时间过度延长而降低。在随后的使用中需采用下述方法之一来补偿：①增加酶的作用时间；②增加酶的浓度。因此，每次使用后，装有消化酶的瓶子应立即放入冰箱。要根据需要培养组织的参数来选择不同的酶类。例如，中枢环状神经节具有广泛的结缔组织鞘，需要选择作用较强的消化酶（如蛋白酶），且通常需要较长的作用时间。一般认为胶原酶-水解酶效果最好，因为它含有两种酶：胶原酶消化组织间的胶原连接是最好的；而蛋白酶能消化神经节周围的鞘。然而，选择任何一种给定的酶应由"试验"来确定。

4. 在无菌的大烧杯中，将 $750\mu l$ 的 $1mol/L$ 的葡萄糖溶液倒入 20ml 的 DM 中制备高渗 DM。这一溶液将 DM 的渗透压从 $130\sim145mOsm$ 提高至 $180\sim195mOsm$。这种高渗的 DM 能使神经元收缩，从而使其"更坚韧"，以便能抵挡抽取过程。

5. 将脑组织移入盛有高渗的 DM 的解剖盘中，并固定中枢环状神经节。

6. 除了进行细胞分离和手术期间，其余时间始终要给解剖盘加盖，以防止溶剂蒸发。这是非常重要的，因为溶剂蒸发会导致 DM 的渗透压的升高，造成细胞损伤。

7. 把大小合适的 Sigmacote 处理过的玻璃吸管与吸管连接，用乙醇消毒至少 5min。在用高渗的 DM 充灌微量注射器、试管、吸管之前，用 ABS 将它们（10ml）彻底冲洗。管中或微量注射器内不能有气泡也很关键，否则将会使细胞的抽取难以进行。

8. 向细胞培养皿中加入适量的培养基（DM 或 CM $2.5\sim3$ ml），并将培养皿放在自制的塑料培养皿支架板的环形分类格内（图 12-2A）。所用的细胞培养皿可以是单纯的塑料制品（3001），也可以是在培养皿底部贴上涂有多聚 L-赖氨酸的玻璃盖玻片的培养皿。后者更适宜观察神经突起的生长，因为玻璃与塑料相比具有更好的光学清晰度。虽然把玻璃盖玻片附着在塑料培养皿的底部费力些，但这种方法的确有几个优点。例如，用抗生素处理的培养皿都可以重复再粘附玻璃盖玻片。简单地说，在 3001 培养皿的底部钻一个圆孔，用无毒的材料把玻璃盖玻片粘贴上去，这些培养皿要用超纯水冲洗，并用 UV 处理。重要的是应用由德国玻璃（Bellco Glass，Inc. Biological Glassware and Equipment，USA）制成的未抛光的、未包被的玻璃盖玻片。这种培养皿为相差显微镜和 Nomarski 光学显微镜都提供了最好的光学分辨率。

9. 用细镊子剔除包绕在每个神经节的外层结缔组织鞘。为避免手的抖动，尽量将前臂，甚至是手腕放在操作台上，将手指固定在解剖盘的两边。注意在去髓鞘过程中，必须聚精会神，细致操作。

10. （用细镊子）剔除包绕每个神经节的内层结缔组织鞘。为防止神经元损伤，通常捏住远离所需神经元的神经节部分并轻轻地撕扯。注意避免用镊子接触胞体以免造成胞体损伤。

11. 用两只镊子轻轻挤压所需神经节两端的连接部。这将切断多数神经元的轴突，利于细胞取出。

12. 将吸管尖端（用微型操纵器）移到细胞体上方，通过微量注射器给予轻微的负压。细胞体将被轻轻地吸入吸管中。这时，看上去像一个缚在细绳上的气球，即胞体是气球，轴突是绳子。继续给予轻微吸力（图 12-2A），直到轴突被突然拉断，胞体进入吸管。

13. 当细胞漂进吸管内并且到开口内几毫米时，移动显微镜（用可移动的操纵杆）和光源，使培养皿位于中央（图 12-2A）。将吸管尖端对着培养皿底部，轻轻吹出细胞。如果操作准确，未损伤的细胞将缓慢地沉落在培养皿底部。

注意：在解剖盘和培养皿之间进行的所有转移都应通过来回移动细胞牵引装置来完成，注意千万不能动细胞培养皿。

14. 重复 $10\sim13$ 操作步骤以获得足够数量的细胞。重要的是在此过程中避免对皿中的细胞发生物理性干扰。除了神经元之间为化学性突触联系之外，神经元之间总是应保持一定的距离（间距 5～10 个胞体直径）。如果需要得到稳固的化学性突触，则应将细胞紧密地排放在一起。

　　15.静置培养皿（过夜），让细胞贴壁，生长，和/或形成突触。

　　16.从工作台中拿出镊子、剪刀、微量注射器和试管等器械，用 70％的乙醇冲洗后保存。

■ 结　果

经细胞分离存活的椎实螺神经元在培养中出现快速的神经突起生长

　　分离后几小时内，随着轴突残枝被吸收入胞体，确定的椎实螺神经元呈球状（图 12-2C）。在 CM 培养基里，多数神经元在多聚 L‑赖氨酸包被的培养皿上几小时内就出现轴突的生长。典型的是从胞体直接发出的原发生长锥巨大（几乎与胞体大小一致，见图 12-2D），而且与其他脊椎和无脊椎动物神经元的生长椎一样，具有细胞骨架特征。特别是肌动蛋白和微管蛋白分别主要位于丝状假足和层状假足上（图 12-4A 和 B）。

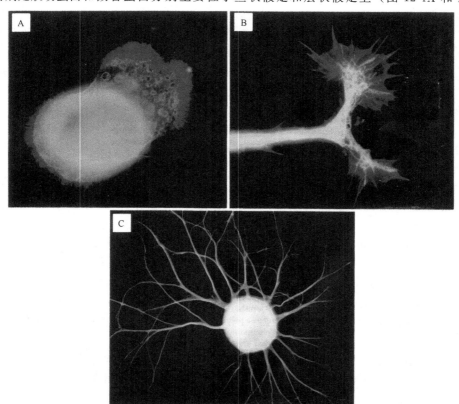

图 12-4　神经突起生长的不同时期肌动蛋白和微管蛋白的分布

A.萌芽初期，肌动蛋白（红色）多集中在突起的周边部位。注意，此时（培养 1～2h）微管蛋白（绿色）尚未成形。B.肌动蛋白主要集中在生长锥的边缘部位，神经突起内部则出现较多的微管蛋白（绿色/黄色，培养 12～18h）。C.细胞培养 24h 后，微管蛋白成为细胞骨架的主要成分。

12～24h 后，培养的神经元呈现出广泛生长（图 12-4C）。

呼吸中枢发生器神经元 IP31 和 VD4 是条件性发生器

为了探明单独培养的椎实螺神经元是否在体外仍保持其内在的特性，以及检验
IP3I 和 VD4 是内源性的还是条件性的发生器，我们直接在单细胞上做了细胞内记录。一方面，IP3I 和 VD4 都处于静止状态，仅在去极化后爆发动作电位（图 12-5A、B）。另一方面，RPeD1 呈现紧张性活动（图 12-5C）。与我们的体内实验结果一致，这个实验不仅证实了 IP3I 和 VD4 是条件性发生器，而且也表明体外培养的神经元确实能够保持了它们的固有膜特征。

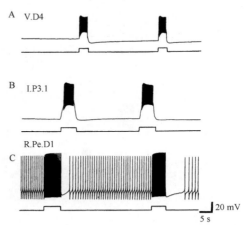

图 12-5　单独分离的呼吸 CPG 神经元的活动模式
一方面，从单独培养的呼吸神经元 VD4、IP3I、RPeD1 中所做的细胞内记录结果发现 VD4（A）和 IP3I（B）神经元处于静止状态，而给予电刺激后它们都能产生一串峰电位。另一方面，RPeD1 具有紧张性活动，电刺激后其放电频率增加（C）。本图修改自 Syed 等（1990）。

细胞培养过程中，配对的呼吸 CPG 神经元之间重建适当的突触联系

为了检验在细胞培养中配对的呼吸 CPG 神经元之间能否重建适当的突触联系，以及具有突触联系的细胞 IP3I 和 VD4 是否足以产生呼吸节律，细胞被配对培养。直接细胞内记录以检测所形成的突触。所有类型的细胞都呈现出广泛的侧枝，并形成与体内相似的突触联系（图 12-6）。但是，单独刺激 IP3I 或 VD4 均不能引起对方的兴奋。尤其是，IP3I 和 VD4 都与对方之间互相形成回返抑制性突触联系（图 12-6E，F）。RPeD1 通过双重的抑制-兴奋反应激活 IP3I（图 12-6C），而 RPeD1 则被 IP3I 兴奋（图 12-6D）。RPeD1 与 VD4 之间形成交互抑制性突触（图 12-6A，B）。这些数据证实，体内的突触联系确实是直接的，并且是化学性的。而且，这些数据还证实任何所给的细胞对都不足以产生呼吸节律。

体外重建的网络中 RPeD1、IP3I 和 VD4 足以产生呼吸节律

为了证实在这一环路中呼吸节律的产生是否为网络特征性的功能，将 RPeD1、IP3I 和 VD4 联合培养。神经突起重叠后，同时进行细胞内记录，并直接电刺激 RPeD1。RPeD1 产生动作电位，通过双相反应（先抑制后兴奋）激动 IP3I。IP3I 反过来兴奋 RPeD1。RPeD1 和 IP3I 的信号整合后，在 VD4 上产出一串峰电位，后者反过来抑制它们。但是，整个网络系统继续产生节律性的爆发电位，并持续长达几个吸气和呼气周期。这种体外记录的节律性模式（图 12-7B）与体内所观察到的相似（图 12-7A）。总之，这些资料为三个 CPG 神经元确实可有效产生呼吸节律提供了直接的证据，而且也证实了这一环路中的呼吸节律具有网络特征性的功能。

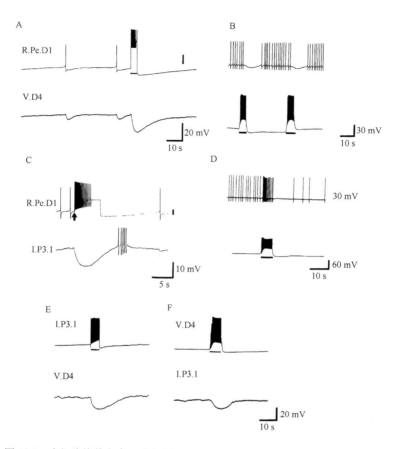

图 12-6　在细胞培养中建立适当突触联系的成对呼吸 CPG 神经元的同步电活动

细胞在脑条件培养基中配对培养，并使神经突起能够自由伸展。分离后 12～24h，神经元突起呈现出延伸过程。当神经突起重叠后，在这两个神经元上同时做细胞内记录。从 RPeD1-VD4 配对神经元的细胞内记录，可见细胞间的相互抑制性突触的特征（A，B）。刺激 RPeD1（箭头处）可通过一种双重的兴奋-抑制性突触激活 IP3I（C），而 IP3I 又可兴奋 RPeD1（D）。IP3I-VD4 配对神经元之间表现为相互抑制性突触特征（E，F）。本图修改自 Syed 等（1990）。

　　目前，我们应用全细胞膜片钳记录技术，正在研究细胞膜本身的特性与呼吸节律性的发生之间的关系（Barnes et al. 1994）。

确定的椎实螺神经元胞体之间的突触重建

　　如前所述，椎实螺呼吸节律的产生是网络突触特性的一个功能，然而，即使在体外制备中，在培养的神经元之间所形成的突触也无法进行直接的电生理分析。为了直接接触胞体和突触的部位，我们在呼吸 CPG 神经元胞体之间培育了突触。尤其是将 RPeD1 与 VD4 胞体分离，并排培养。18～24h 内，在缺乏神经突起的情况下胞体之间形成突触（图 12-8）。无论从形态上，还是从电生理特性上，这些突触均与体内见到的相似（Feng et al. 1997）。此外，这种标本的优越性还在于，现在我们能应用它对参与呼吸节

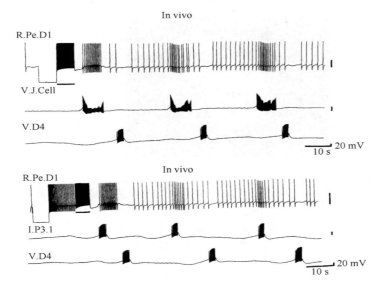

图 12-7　体外重建的 CPG 产生与体内相似的呼吸节律

将 CPG 神经元 RPeD1、IP3I、VD4 联合培养并同时进行细胞内记录。刺激 RPeD1 可引起原先静止的 IP3I 和 VD4 神经元产生节律性放电活动。这种节律性活动与在体内所观察到的相似（上面的一组曲线）。需要指出的是，体内实验中（上图）IP3I 活动的非直接证据是从它的一个突触后神经元（VJ）得到的。本图修改自 Syed 等（1990）。

律产生的离子通道和突触机制进行直接的分析。

离体实验的资料可在体内应用吗？

　　在原位器官培养中（Moffette　1995），成年软体动物神经元可再生以及能与它们的靶细胞再联系的特性被保留下来。我们已经证实，单一植入的神经元，无论移植到完整动物或是器官培养的宿主神经节时，都会重新生出突起，并且可以准确地与相应的神经元形成突触联系。而且，移植的神经元通过将自身整合到宿主的呼吸环路中还可以恢复行为缺陷（Syed et al. 1992b）。

　　综上所述，上述研究证实了用体外细胞培养方法阐明这一环路中产生节律的细胞和突触机制是可行的。而且，这些体外研究也可以在体内进行，以验证细胞培养实验所获得的结果。

■ 结　论

　　本研究采用的体外细胞培养方法提供了一个很好的机会，来阐明在我们的模型中产生节律的离子、细胞及突触机制。而且，由于体外形成突触只需相对较短的时间，因而可以直接研究靶细胞选择的特异性及突触形成的细胞和分子机制。特别值得一提的是，使用上述方法，我们可以研究在发育早期和再生过程中，模拟放电神经元网络形成的机制。这个标本还可以用于研究轴突生长路径、生长锥行为、再生及可塑性的机制。而

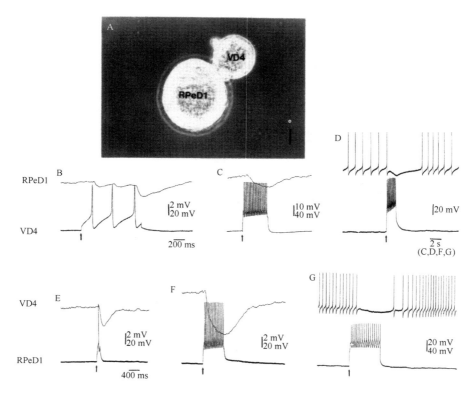

图 12-8　在胞体-胞体结构中重新形成呼吸 CPG 神经元胞体之间的特异性突触

A. 将已鉴定的呼吸 CPG 神经元 RPeD1 和 VD4 分别从它们体外并列放置培养的神经节和胞体中分离出来。在神经突起长出之前，细胞体之间形成了与体内类似的交互性突触。尤其是，刺激 VD4 会在 RPeD1 产生 1:1 的抑制性突触后电位（B）。VD4 的爆发性峰电位（箭头处）在 RPeD1 上形成一个复合的抑制性突触后电位（C）。同样，刺激 VD4（箭头处）抑制自发放电的 RPeD1 的峰电位（D）。在 RPeD1 与 VD4 之间也可观察到类似的抑制性突触（E-G）。图片来自 Feng 等（1997）。

且，运用这种方法，我们还能够在来源于两种不同的软体动物细胞之间建立神经环路（Syed et al. 1992a）。最后，我们最近将体外细胞培养技术成功地应用于从脊椎动物的特定脑区分离神经元的研究中（Turner et al. 1995）。这些神经元细胞不仅在细胞原代培养基中生长良好，而且还长出了神经突起。通过各种不同的细胞培养方法（Ridgway et al. 1991；Bulloch and Syed　1992；Turner et al. 1995；Jacklet et al. 1996；Feng et al. 1997；Saver et al. 1998），我们已经能够深入认识无脊椎动物和脊椎动物的神经元细胞和突触的特性，而这些实验在体内尚不能做到。

致谢：作者非常感谢 Wali Zaidi 先生提供的技术支持，这项工作是由 MRC（加拿大）资助的。NIS 是 AHFMR 的资深学者，PL 和 HZ 分别由研究院和夏季奖学金资助。

参 考 文 献

Barnes, S., Syed, N.I., Bulloch, A.G.M. and Lukowiak, K. (1994). Multichannel modulation by dopamine in an interneuron of the respiratory central pattern generator of *Lymnaea*. J. Exp. Biol. 189: 37–54.

Bulloch, A. G. M. and Syed, N.I. (1992). *In vitro* reconstruction of neural circuits. TINS 15:442–427.

Delcomyn, F. (1980). Neural basis of rhythmic behaviour in animals. Science 210:492–498.

Feng, Z-P., Klumperman, J., Lukowiak, K. and Syed, N.I. (1997). *In vitro* synaptogenesis between the somata of identified *Lymnaea* neurons requires protein synthesis but not extrinsic growth factors or substrate adhesion molecules. J. Neurosci., 17 (20): 7839–7849.

Getting, P.A. (1989). Emerging principles governing the operation of neural networks. An Rev Neurosci. 12: 185–204.

Harris-Warrick, R. M. and Johnson, B. R. (1989). Motor pattern networks: Flexible foundations for rhythmic pattern production. In: Perspectives in Neural Systems and Behaviour (ed. T. J. Rew and D. B. Kelly) pp 51–71, New York: Alan R-Liss Inc.

Jacket, J., Barnes, S., Bulloch, A.G.M., Lukowiak, K. and Syed, N.I. (1996). Rhythmic activities of isolated and cultured pacemaker neurons and photoreceptors of the *Aplysia* retina in culture. J. Neurobiol. 31: 16–38.

Kristan, W. B., Jr. (1980). Generation of rhythmic motor patterns. In: Information Processing in the Nervous System (ed. H. M. Pinsker and W. D. Willis, Jr.) pp.241–261, New York: Raven press.

Moffett, S. B. (1995). Neural regeneration in gastropod molluscs. Pro. in Neurobiol. 46:289–330.

Pearson, K. G. (1993). Common principles of motor control in vertebrates and invertebrates. An Rev Neurosci. 16: 265–297.

Ridgway, R.L., Syed, N.I., Lukowiak, K. and Bulloch, A.G.M. (1991). Nerve growth factor (NGF) induces sprouting of specific neurons of the snail, *Lymnaea stagnalis*. J. Neurobiol. 22(4):377–390.

Saver, M.A., Wilkens, J.L., Syed, N.I. (1998) *In situ* and *in vitro* identification and characterization of cardiac ganglion neurons in the crab, *Carcinus Maenas*. J. Neurophysiol. (In press).

Selverston, A. I. (1980). Are central pattern generators understandable? Behav. Brain Sci. 3: 535–571.

Syed, N. I., Bulloch, A. G. M. and Lukowiak, K. (1990). *In vitro* reconstruction of the respiratory central pattern generator of the mollusk *Lymnaea*. Science 250: 282–285.

Syed, N.I., Harrison, D. and Winlow, W. (1991). Respiratory behavior in the pond snail *Lymnaea stagnalis*. I. Behavioral analysis and relevant motor neurons. J. Comp. Physiol. 169:541–555.

Syed, N.I., Lukowiak, K. and Bulloch, A.G.M. (1992a). Specific *in vitro* synaptogenesis between identified *Lymnaea* and *Helisoma* neurons. NeuroReports 3:793–796.

Syed, N.I., Ridgway, R.L., Lukowiak, K. and Bulloch, A.G.M. (1992b). Transplantation and functional integration of an identified interneuron that controls respiratory behavior in *Lymnaea*. Neuron 8:767–774.

Syed, N. I. and Winlow, W. (1991). Respiratory behaviour in the pond snail *Lymnaea* stagnalis. II. Neural elements of the central pattern generator (CPG). J. Comp. Physiol. A 169: 557–568.

Turner, R.W., Borj, L.L. and Syed, N. I. (1995). A technique for the primary dissociation of neurons from restricted regions of the vertebrate CNS. J. Neurosci. Meth. 56: 57–70.

Wong, R. G., Martil El, Kater S. B. (1983). Conditioning factor(s) produced by several molluscan species promote neurite outgrowth in cell culture. J. Exp. Biol. 105: 389–393.

第十三章　周围神经和雪旺细胞移植
促进中枢神经系统轴突再生

Thomas J. Zwimpfer and James D. Guest

马政文　徐晓明　译

上海第二医科大学　美国 Louisville 大学

xmxu0001@gwise.louisville.edu

■ 绪　论

　　中枢神经系统（CNS）或周围神经系统（PNS）中轴突损伤（如轴突横断）后功能恢复的先决条件有：①受损神经元的存活；②轴突再生的长度足以到达其靶细胞；③轴突生长的引导及形成相应的联系；④功能性突触的形成及维持。在成年哺乳动物以及较高等脊椎动物的中枢神经系统，损伤后的神经元轴突只能生长很短的一段距离（约1mm 左右）。与之相反，在脊椎动物的周围神经系统以及较低等脊椎动物的某些中枢神经系统中，损伤的轴突具有较强的生长能力（Gaze，Keating　1970；Sharma et al. 1993）。

　　运用神经示踪技术可观察到成年啮齿动物的大脑及脊髓中的多种神经元的轴突具有再生能力并能长入移植的周围神经（Richardson et al. 1980；David and Aguayo　1981；Aguayo　1985；Vidal-Sanz et al. 1987；Cheng et al. 1996；Kobyashi et al. 1997），或含有雪旺细胞的移植物（Gué nard et al. 1993；Xu et al. 1995a，b；Xu et al. 1997；Guest et al. 1997b；详见 Bunge 和 Kleitman 1997 年的综述）以期到达正常的靶组织。这些神经元包括位于视网膜（如视网膜节细胞；Vidal-Sanz et al. 1987）、大脑（如运动及躯体-感觉皮层、视觉皮层、嗅球、基底神经节、丘脑、海马、小脑深核；详见 Aguayo 1985 的综述）、脑干、脊髓（如运动神经元；Carlstedt et al. 1986）以及组成脊髓上、下行传导束（如红核脊髓束、网状脊髓束、前庭脊髓束、中缝脊髓束，蓝斑脊髓束和位于脊髓后索中的感觉传导束；Gué nard et al. 1993；Oudega et al. 1994；Xu et al. 1995a；Cheng et al. 1996；Kobyashi et al. 1997；Guest et al. 1998）的神经元。

　　周围神经或雪旺细胞移植入中枢神经系统能促使损伤的中枢轴突长距离再生，因此，很可能会被用于治疗人类的脑或脊髓损伤。目前，这些方法为研究中枢轴突再生能力，包括轴突生长引导、靶细胞的识别，以及形成持久、有功能的突触联系提供了机会。成年啮齿动物的视神经被切断后，损伤的视网膜节细胞轴突能在移植的周围神经内长距离生长并到达其正常的靶组织——上丘（Vidal-Sanz et al. 1987）。当移植的周围神经另一端被插入上丘后，视网膜节细胞轴突会离开移植的周围神经，长入上丘并反复分枝，最终在上丘接受正常视网膜信号的细胞层形成持续的、功能性的突触联系（Vidal-Sanz et al. 1987；Carter et al. 1989；Keirstead et al. 1989）。应用周围神经移植物引导再生的视网膜节细胞轴突长入非视网膜靶组织（如小脑皮层、下丘），揭示了损伤的成年中枢轴突能长入新的靶组织并形成持久的突触联系（Zwimpfer et al. 1992）。因此，除了启动长轴突再生外，周围神经和雪旺细胞移植还能被用于引导再生的中枢轴突到达其正常的靶组织附近，从而使形成异常突触的可能性降到最小。

使用上述这些促进再生的移植物以达到损伤后形态和功能上的恢复也有一定局限性。首先，仅为损伤的中枢轴突提供一个周围神经的环境可能不足以使长距轴突长入这些移植物中。以视神经（Richardson et al. 1982）和红核脊髓束（Kobyashi et al. 1997）为例，当轴突损伤离神经元胞体较远时，这些轴突长入移植物中的可能性就很小。相反，当轴突损伤离神经元胞体较近时，大多数中枢轴突具有长距离生长（如长入移植物）的能力。这种轴突的再生与否与神经元胞体的反应性，包括再生相关基因（regeneration-associated gene，RAG）如 GAP-43（Tetzlaff et al. 1991；Schaden et al. 1994），Tα1-tubulin（Tetzlaff et al. 1991）和 c-jun（Jenkins et al. 1993）等的表达增强有关。灌注神经营养因子或移植周围神经片段到神经元胞体附近可增加 RAG 表达并加强损伤的中枢轴突长入周围神经（Ng et al. 1995；Oudega and Hagg 1996；Kobyashi et al. 1997）或雪旺细胞（Xu et al. 1995b）移植物中的能力。

其次，只有小部分再生的中枢轴突能够离开周围神经或雪旺细胞移植物并重新长入中枢神经系统中。这可能是由于在 PNS-CNS 交界处由反应性星形胶质细胞、纤维母细胞（fibroblasts，FBs）和小胶质细胞形成的胶质瘢痕所致。反应性星形胶质细胞可能通过给予生长中的轴突某些生理信号而阻止其生长（Luizzi and Tedeschi 1992）。目前对于这些介导这一生理信号的分子还知之甚少，但胶质瘢痕中的反应性星形胶质细胞确实高表达一些公认的抑制分子如细胞黏合素（tenascin）、硫酸软骨素蛋白多糖（chondroitin sulfate proteoglycans）（Bovolenta et al. 1993；Pindzola et al. 1993）。

最后，即使能成功再生的轴突在成年哺乳动物的中枢神经系也只能再生很短的一段距离（通常 1～2mm）。在中枢神经系采用中和一些公认的抑制轴突生长因子的方法，可作为另一种促进部分损伤轴突再生的手段（Schnell and Schwab 1990，1993；Bregman et al. 1995；Keirstead et al. 1995）。近来有研究表明将另一种胶质细胞即嗅鞘细胞（olfactory ensheathing cells，OECs）移植入损伤的脊髓（Ramon-Cueto，Nieto-Sampedro 1994；Li et al. 1997；Ramon-Cueto et al. 1998）或大脑（Smale et al. 1996），会进一步促进轴突生长。有关 OECs 及其在促进中枢神经系再生中的潜能不在本章讨论范围（可参考如下综述：Doucette 1995；Ramon-Cueto and Valverde 1995）。

雪旺细胞膜包括其基膜和/或释放的因子，对于促进周围神经的轴突再生是必要的。例如，雪旺细胞因反复冻融而被杀死的周围神经移植物（Smith，Stevenson 1988）无法支持轴突生长；反之，移植导管中若含有培养的雪旺细胞，则损伤的周围和中枢神经轴突能顺利再生（Bunge and Kleitman 1997）。雪旺细胞产生的分子能促进轴突生长。这些分子包括细胞外基质分子［如层粘连蛋白（laminin），纤维连接蛋白（fibronectin），胶质纤维 I 和 IV］、细胞粘附分子（如 L1，N-cadherin 和 N-CAM；Carbonetto，David 1993）及其他一些细胞表面分子（如 p75 NGF 受体）和各种营养因子（如 NGF，BDNF，NT-3，PDGF 和 GDNF）。由于轴突损伤致使远端的雪旺细胞与轴突失去联系，从而导致远端雪旺细胞一系列的反应性改变包括增殖加快（轴突横断后 3～4d 达到高峰；

Bradley and Asbury　1970）和营养因子释放增多（Heumann et al. 1987；Meyer et al. 1992）。

周围神经移植（peripheral nerve grafts）

坐骨神经主干或其分支尤其是腓总神经，因其具有足够的长度、相对较大的横截面以及定位表浅等特点，在动物研究中成为最常用的移植用供体神经。另外，研究中也经常用到其他供体神经如肋间神经，特别是在脊髓损伤后下肢的功能恢复研究上（Cheng et al. 1996）。周围神经移植物可在神经横断后即刻获取（新鲜的）或在横断后留在原位经一段时间的 Wallerian 退行性变后（pre-degenerated，移植前退化）再获取。一些研究表明，用移植前退行性变的神经比用新鲜的神经在轴突生长速度和程度方面均有轻度或中度的提高（Zhao and Kerns　1994；Oudega et al. 1994）。

优点

——易于获得，价格便宜。

——用腓总神经作为移植物对供者动物而言，不会造成明显障碍。虽脚踝不能背屈但不会严重干扰行走或觅食的能力；其感觉丧失的范围也较小，因为由感觉丧失所造成的足部自残的现象很少见。从同一个动物中可获得两侧的腓总神经而不会明显影响该动物的健康和寿命。整条坐骨神经也常被应用，但会导致动物步态困难和足部自残的增加。

——应用自体同源的移植物（获取及移植于同一个动物个体）不需要使用免疫抑制剂或有免疫缺陷的宿主，而后两者皆会导致成本提高、致病率及致死率升高。

缺点

——如果用自体同源的腓总神经作为移植物，则其数量（2 条）和长度（4 cm）有限。从一个供体动物中最多可获得 18 条肋间神经（Cheng et al. 1996），但每条都很短、横截面小，且成本较高、需要较长的手术时间。

——应用全长坐骨神经会增加动物的足自残危险性，而且会影响对下肢的功能评估。

——难以改变移植物中的细胞（如雪旺细胞）或非细胞（如营养因子的水平）成分。

雪旺细胞移植（schwann cell implants）

纯化的雪旺细胞培养可为中枢神经系统移植中构建富含细胞、非细胞成分的全新组合的移植物提供可能性。雪旺细胞移植已被用于各种大脑、脊髓和周围神经损伤的动物模型（Blakemore and Crang　1985；Kromer and Cornbrooks　1985；Guénard et al. 1992；Montero-Menei et al. 1992；Neuberger et al. 1992；Kim et al. 1994；Levi and Bunge 1994；Levi et al. 1994；Li and Raisman　1994；Xu et al. 1995a, b, 1997；Honmou et al. 1996；Stichel et al. 1996；Levi et al. 1997）。移植物可从简单的非纯化的雪旺细胞悬液到纯化的雪旺细胞结合天然的生物材料［如胶原质、Matrigel（一种基膜的混合物）等］或人工合成的材料如导管等。另一种雪旺细胞移植法是用立体定位注射法在脊髓的远端形成由雪旺细胞组成的促神经再生隧道（Menei et al. 1997）。本章节将着重讨论雪旺细胞置于导管内的移植，这种导管是由生物适应性物质如硅树脂或 PAN/PVC 组成。

当雪旺细胞与 Matrigel 混合并装入 PAN/PVC 导管后，细胞与 Matrigel 的混合液收缩成半固状的条索，雪旺细胞在其中均匀分布并纵向排列（Guénard et al. 1992）。

PAN/PVC 导管的内膜上有许多大小一致的小孔（能通过分子量在 50kDa 以下的小分子）以调节导管内的微环境、防止细胞成分（如炎性细胞）和非细胞成分（如蛋白质等大分子）通过管壁。结果，雪旺氏细胞释放的分子在导管中得以浓缩集中（导管具有潜在的阻止分子排出的作用），这就解释了为何导管膜上孔径的大小能影响轴突再生（Aebischer et al. 1989）。另外，这种膜结构可以使进入导管内的外源性营养分子在导管内滞留较长时间。例如，导管能接纳由渗透性微泵送入（Xu et al. 1995b）或由生物性胶（如 fibrin；Guest et al. 1997a）向导管缓慢释放的营养因子（如 NT-3 和 BDNF）。最后，轴突示踪剂可以很容易地被注入导管中的移植物内，用以标记再生的轴突。由于导管本身的特点，非特异性标记或标记物扩散的可能性很低。

优点

用培养的雪旺细胞作移植，较周围神经移植有下述优点。

——可在移植前纯化细胞

——可体外大量扩增

——雪旺细胞可被冷冻保存，需要时可复苏备用

——雪旺细胞可被基因修饰（如产生大量的营养因子；Menei et al. 1997）

——诱导进入特定的激活状态（如用 forskolin 处理后可引起腺苷酸环化酶活化，从而使 cAMP 升高，因而提高雪旺细胞对营养因子的敏感性；Stewart et al. 1991）

——移植物的成分（包括细胞和非细胞成分）能被改变，使产生最佳的成分组合。例如，Guénard 等（1994）研究发现改变培养的星型胶质细胞和雪旺细胞在导管内的组合比例会影响周围神经的再生

——代表一种潜在的应用自体同源的雪旺细胞移植治疗人神经系统损伤的策略。少量供体来源可在体外扩增成大量的纯化的雪旺细胞群

缺点

——工作量大

——所需设备和材料的费用高

——实验步骤多从而使错误的机会、培养细胞的污染及对细胞的毒性等都大大增加，并且需要周密的实验计划和协调

——当宿主和供体是不同的动物时，需要抑制宿主的免疫反应或用免疫缺陷的宿主。但是，一系列的实验表明，从多个近交品系（in-bred strain）动物（如 Fisher 大鼠）中获得的混合雪旺细胞在移植入同种动物后并没有发现明显的排斥反应（Xu et al. 1995a, b, 1997）

——经体外处理和扩增的雪旺细胞，尤其是经血清培养的细胞，具有基因不稳定和永生性（如肿瘤形成）的危险性（Rawson et al. 1991）

本章的内容安排

实验方案分成两个部分。

第一部分：周围神经移植物的获得及移植入中枢神经系统。

第二部分：雪旺细胞导管的准备和移植。

实验方案1　周围神经移植物的获取及移植入中枢神经系统

■■ 概　要

1. 自体同源的腓总神经移植物的获取（图 13-1）。
2. 周围神经移植物替代视神经（图 13-2，13-3）。
3. 周围神经移植物直接植入中枢神经系统（图 13-4）。
4. 轴突长入周围神经移植物的中枢神经系统神经元的标记（图 13-5）。

■■ 材　料

—10-0 缝合线（Ethicon）
—工具：Jeweler's 镊子（♯ 4 或 5；Dumont Medical）；精细持针器或 45°角镊子（如 SS/45；Dumont Medical）；弹簧剪刀；顶端精细的咬骨钳（如 ♯16000-14；Fine Science Tools，North Vancouver，B. C.，Canada）
—止血用可吸收性明胶海绵（Gelfoam；Upjohn，Kalamazoo，Mich.，USA）
—散瞳剂（如 1% 盐酸环戊酮，Alcon）
—大鼠头部固定器（♯320 型）和 Universal 立体定位仪（♯310 型；David Kopf，Tujunga，Calif.，USA）
—骨蜡（骨出血止血用）
—电动骨钻（Dremel，Racin，Wis.，USA）
—抗生素药膏（如 polysporin）
—皮下注射用针（26G 或更小）用于打开软脊膜
—微型玻璃吸管
—10μl Hamilton 注射器（♯710；Hamilton，Reno，Nev.，USA）

■■ 步　骤

本章节的所有步骤都是在腹膜腔内注射麻醉（如 Ketamine，Xylazine）下实施，可以常规应用于仓鼠和大鼠。这些步骤也可以用于小鼠，但在技术上更困难些，尤其是视神经的周围神经移植。

自体同源腓总神经移植物的获取（图 13-1）

神经显露

动物俯卧，腿部伸展，用胶纸固定住脚。沿大腿长轴作一皮肤直切口，从臀部一直延伸到膝盖下部。在臀肌和 窝肌附着于股骨的部位切开，用缝线穿过肌肉后向内侧牵引以显露出下面的坐骨神经。整条坐骨神经都能取用，但为了降低术后腿部无力和足部自残的危险性，一般取用腓总神经（common peroneal nerve）而保留胫神经（tibial nerve）。动物如发生足部自残的现象应予以处死。

腓总神经移植物远端的切断和游离

解剖始于远端，在腓总神经的 2 个主要分支（即腓深和腓浅神经）于膝下方即将进入小腿肌处，切断该二分支（图 13-1）。最好用左手持精细镊（如 Jeweler's 镊子，♯4 or 5；Dumont Medical）夹住腓总神经，右手持顶端精细的弹簧剪刀将之游离、剪断。注意解剖时神经不宜夹之过紧，另外，为了防止神经坏死，应定时地用生理盐水湿润神经。

腓总神经位于大腿远端的一条大静脉下面，为了防止出血，最好绕开这条血管，并从静脉下方将游离的腓总神经抽出。如果该静脉出血，则用一小块明胶海绵（Gelfoam；Upjohn，Kalamazoo，Mich.，USA）止血并局部按压。用 Jeweler's 镊子夹取腓总神经远端，并将之分离至其与胫神经交汇形成坐骨神经处。其间，腓总神经近段的一支关节支必须切断（图 13-1）。

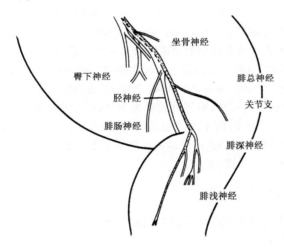

图 13-1　啮齿动物腿部主要周围神经

点状部分描画出的轮廓是可作为移植物获取的腓总神经。阴影部分为应
被切开的坐骨神经外膜部分以分离腓总神经和胫神经（选自 Vidal-Sanz
1990 并略作修改；也见于 Greene 1963）。

分离神经外膜、游离腓总神经

坐骨神经的两个分支腓总神经和胫神经可在坐骨切迹以下通过剪开他们的共同神经外膜将它们分离。可用微型剪刀在坐骨神经远端的神经外膜上挑一小口，再沿其长轴纵向切开直至坐骨切迹处。将腓总神经向下向外轻轻牵拉能使分离腓总神经和胫神经更容易。神经外膜一旦被切开，只要用微型剪刀尖端就能钝性将胫神经部分从腓总神经部分分离出。这种神经解剖会使动物感到疼痛，可能需要在此时再加些麻醉剂。然而在这部分解剖中出现一些不随意肌的收缩，属于正常现象。最后在坐骨切迹水平、臀下神经下方将腓总神经切断。

这步解剖在成年大鼠可获得 4cm 长的周围神经移植物，在成年仓鼠可获得 3.5cm 长的周围神经移植物。获得的周围神经移植物应立刻被置入生理盐水以备移植之需。只要移植物不干燥，即使在获取和移植周围神经之间有几小时的耽搁，也无碍移植效果。

　　创口缝合和术后护理

　　用一根连续的 4-0 丝质缝合线，将臀肌和　肌缝合到股四头肌外侧，相当于该肌附着于股骨处。用一根连续的 2-0 或更粗的不可吸收性缝合线（如丝线）或金属夹闭合皮肤，如果选用金属夹，则术后 5～7d 应予以拆除。皮肤缝合时如果选用 2-0 以下的细线会因为该鼠或同笼其他鼠咬断缝合线而发生创口过早裂开。然而，一般来说将 4～5 只鼠放入同一个笼子不会有问题。麻醉过后，尽管术后动物踝关节背屈的能力降低，但是动物还是可以用术侧的腿行走。

　　获取预先溃变的或新鲜的周围神经移植物

　　周围神经移植物可在神经解剖后立刻获取（新鲜的周围神经移植物），或在切断神经近端后留在体内让其经历 Wallerian 退行性变后再取出（预先溃变的周围神经移植物）。一些研究表明预先溃变的周围神经移植物较之新鲜移植物，在促进轴突生长的速率和程度方面有轻至中度的提高（Zhao and Kerns　1994；Oudega et al. 1994）。这种效应可能是因为轴突切断后诱导雪旺细胞增殖以及营养因子释放增多之故（见前言）。最常见的预先溃变期为 7d，但有效的轴突生长可在使用少则 3d，多则 35d 的预先溃变的周围神经移植物上见到（Lewin-Kowalik et al. 1992）。也有研究表明预先溃变的周围神经移植物与新鲜移植物相比，并没有增强轴突再生（Ellis，McCaffrey　1985），或者再生差别仅出现于早期，随着时间的增加这种差别就不复存在（Lewin-Kowalik et al. 1990）。新鲜的周围神经移植物的确能促进损伤的周围及中枢神经系统的轴突再生，而且不需要外加麻醉剂和手术步骤。

周围神经移植物替代视神经

　　本节介绍的实验步骤源于 Vidal-Sanz 等（1987）的实验。

　　眼眶内的视神经切断

　　1.眼底镜检查视网膜脉管系统：麻醉后、手术前，用眼底镜检查视网膜的血供。往眼中滴加几滴散瞳剂（1％盐酸环戊酮，Alcon）以扩大瞳孔使易于观察。在手术显微镜下将湿润的塑料玻片或载玻片与角膜接触后，用手术显微镜观察视网膜。

　　2.头部固定：眼窝的显微手术需要将动物的头部严格固定，但能转动头部从而显露出最大的手术范围。一般标准的定位仪只能固定头部，不能转动头部，故宜选用能夹住动物鼻子周围，使其头部任意转动、颈部能屈伸的头部固定仪（♯320 和 310；David Kopf，Tujunga，Calif.，USA）。眼窝手术中，可以使用吸力轻柔的抽气泵和湿润的棉花来吸收静脉渗出液，使视野显露清楚。

　　3.眼窝内显露和视神经横断：从鼻部至枕肌附着部沿中线纵向切开头皮，将手术部位的头皮和骨膜向外侧游离。进入眼眶的途径是在眶上缘切开骨膜并延伸至颞肌的筋膜。用 4-0 缝合线将骨膜和肌肉向外侧牵拉，此步可能会将一根通过眶上缘下方的一个小孔进入额骨的小静脉血管撕裂。小孔中出血常会自动停止或可以用骨蜡填塞而止住。将泪腺向前游离并覆以湿润的棉花，显露出覆盖于眼球上面的上睑提肌和上直肌。将这些肌肉在附着于眼球 5mm 外切断，用一根 6-0 缝合线穿过这些肌肉并轻轻牵引使眼球向侧、下方转动，显露出眼球后面的视神经。过度牵拉这些肌肉会导致视网膜动脉扭曲和闭塞，引起视网膜缺血或梗死。将视神经外面的硬脑膜在眼球后纵向切开（图13-2，左），用精细镊子夹住视神经小心地将其从视网膜动、静脉（卧于硬脑膜内壁上、位于视神经的外下方）处移开，在视神经离开眼球处将之横断，注意不要损伤视网膜动、静脉。

动物在其手术侧的晶状体形成白内障并非少见，这些动物不需处死。白内障并不影响视网膜节细胞的存活或轴突再生，只是这种动物在做示踪物的玻璃体内注射时较为困难。

周围神经移植物接至视神经断端

1. 将10-0缝合线缝于周围神经移植物：在准备周围神经移植物时，牵引上睑提肌和上直肌的6-0缝合线应予以放松，将10-0缝合线穿过移植用的腓总神经末端的神经外膜。这时最好将全长周围神经移植物置于显露的额骨之上，用湿润的棉花覆之，仅露出末端。周围神经移植物的末端应保留完整的神经外膜，三针单丝10-0缝合线（Ethicon）从外向内穿过神经末端的神经外膜，相互之间距离均等（如位于12点、4点和8点，以末端作为端点）。缝针可用微型持针器或顶端呈45°角的钝镊（如SS/45；Dumont Medical）夹持。为了尽可能缩短移植中牵引转动眼球的时间，最好在将所有三根缝合线都穿过周围神经移植物后再拉紧6-0缝合线以重新暴露视神经残端。

2. 将10-0缝合线缝于视神经残端周围：轻轻牵引6-0缝合线，使眼球侧向转动，重新显露出视神经残端，在视神经的硬膜外鞘演变成眼球巩膜的位置将每根10-0缝合线由里向外穿过巩膜（图13-2，右）。缝线应依下列次序放置：在周围神经移植物8点钟位置的缝线（以周围神经移植物断端为轴）应放置于视神经残端约10点钟的位置；4点钟位置的缝线放置于视神经残端边2点钟的位置；12点钟位置的缝线放置于视神经残端边6点钟的位置，注意，勿将10-0缝合线穿过视神经本身因其没有真正的神经外膜。小心不要损伤硬膜鞘内、视神经下外方的视网膜血管。在打结前所有三根缝合线都应穿过巩膜，否则周围神经移植物会被向下拉到眼球背面并阻碍其他缝合线的放置。器械打结是用缝合线环绕在持针器顶端造个单环，牵线游离端穿过线环后拉紧。每个结至

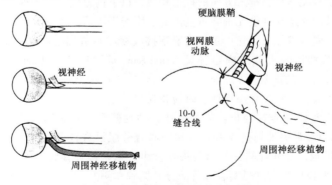

图13-2　周围神经移植物替代视神经

左图上：纵向切开包裹视神经眶内段的硬脑膜；中：切断紧邻眼球后的视神经；下：将周围神经移植物（腓总神经）的游离端与切断的视神经眼球端吻合。右图：手术显微镜下看到的图像。周围神经移植物的一端被接在切断的视神经的眼球端。三针10-0缝合线将周围神经移植物的外膜与巩膜的外膜缝合。视网膜的动、静脉卧于底部的硬脑膜上，位于视神经的外下方。横断视神经时不能损伤这些视网膜血管以防视网膜缺血。

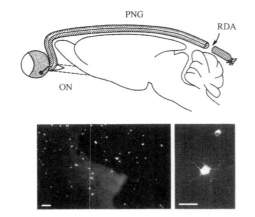

图 13-3　逆行标记的视网膜节细胞（RGC）

上图：在周围神经移植物（PNG）移植到眼球侧的视神经横断 2 个月后，罗丹明-葡聚糖胺（RDA）放入移植物的游离端。长到周围神经移植物末端的轴突能将 RDA 标记物沿轴突逆向转运到 RGC 胞体。下左图：完整视网膜压片显示在低倍镜下许多 RDA 标记的 RGC 胞体（Bar＝100μm）。下右图：在高倍镜下，RDA 标记的 RGC 胞体显示清晰的细胞核和树突（Bar＝50μm）。

少打成三重，这样，周围神经移植物与视神经就能端-端对合（图 13-2）。

3. 将周围神经移植物放入颅骨沟内：用电钻（Dremel；Racine，Wis.，USA）在额骨和顶骨钻出一条宽 5mm 的纵向裂缝，将余下的周围神经移植物置入此缝、放在大脑表面的脑膜之上（图13-3，上）。与周围神经移植物置于头骨之上相比，移植物置于脑膜之上能存活得更好，很可能与增加移植物血供有关。将周围神经移植物的游离端埋植于颈部的肌肉组织并用 4-0 缝合线缝合打结，以易于以后的识别。将眼球回转至原来的位置，颞筋膜用 4-0 缝合线闭合，头皮用 2-0 丝线连续缝合。视网膜再次用眼底镜检查。视网膜动脉狭窄或失去血供，而且在几分钟内不能恢复到正常状态的动物应予以剔除。用抗生素药膏（如 polysporin）涂抹两眼防止角膜受损。

直接将周围神经移植物植入中枢神经系统

将周围神经移植物植入大脑或脊髓可达下述目的：

—诱导局部的中枢神经系统神经元的轴突长出中枢神经系统、长入移植物

—引导已长入移植物的再生轴突（周围或中枢来源）进一步长入中枢神经系统的特定区域使其重受神经支配并形成突触联系

上述两者在有关移植物植入方面的技术相似。以下内容仅以周围神经移植物植入脊髓颈段的前角以诱导运动神经元轴突再生为例。附着于眼后的周围神经移植物的游离端常在移植 6～10 周后被插入上丘（正常情况下接收视网膜节细胞输入的中枢区域）。有关周围神经移植物植入大脑的内容详见 Vidal-Sanz 等（1987）、Carter 等（1989）和 Zwimpfer 等（1992）的文献。

周围神经移植物植入脊神经根撕裂的动物模型

1. 显露脊髓和撕裂脊神经根：如前所述，动物俯卧，其头部用头部固定器固定。沿中线从枕骨至 C7 棘突处切开皮肤，将颈肌和脊旁肌沿脊柱两侧分离并用缝线牵开。左侧 C4 和 C5 椎板以及邻近的关节用尖头咬骨钳去除，打开脊髓左侧的硬脊膜。用尖头的 90°角的微型玻璃吸管（见实验准备部分）撕脱左侧 C5 和 C6 的前根和后根，要在神经根进入脊髓的部位将其撕脱。之所以要选择 C5 和 C6 的神经根作为撕脱的对象，主要考虑到要保留前肢的大部分感觉（由 C7，C8，T1 支配）从而降低前肢自残的可能性。

2. 周围神经移植物植入脊髓：在将周围神经移植物插入中枢神经系统时，最好将

移植物末端分成 2～3 束，每束插入到不同的部位，这样可以增加周围神经移植物和所在中枢神经系统部位的接触面，比将整段移植物末梢植入一个部位要好。

将周围神经移植物远端的外膜剥离约 1cm，显露出的神经末端用 2 把精细镊子夹住，轻轻地撕成直径近似相等的 2～3 束（图 13-4）。大脑和脊髓的软脑脊膜很有韧性，移植前应预先打开。用皮下注射针（26G 或更小）在软脑脊膜上做一缺口以供一束神经插入。该束神经末梢被重新修剪后，用 90°角的尖头微型玻璃吸管将其插入脊髓腹外侧 1mm 深（图 13-4）。其他中枢神经系统部位移植物植入深度依照靶神经元的位置而定。神经束或周围神经移植物不能受牵拉，可以用明胶海绵（gelfoam）或纤维蛋白胶将之固定。为尽可能地减少将神经束脱出中枢神经系统，靠近中枢神经系统的移植物外膜可用 10-0 缝线将之固定于周围的脊旁肌上。周围神经移植物的游离末梢用 4-0 缝合线标记，留在枕骨之上、颈肌下方。

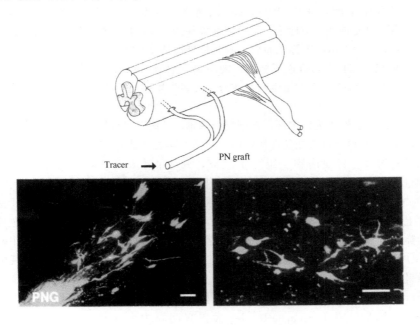

图 13-4 逆行标记的再生前角神经元

上图：身体同侧第 5、6 颈神经腹、背根撕脱 2 个月后，罗丹明-葡聚糖胺追踪剂被放入周围神经移植物末端。周围神经移植物末端被撕成 2 束，每束插入腹侧脊髓 1mm 深。下图：RDA 标记的前角神经元荧光照片提示这些神经元的轴突已再生入周围神经移植物（bar＝100μm）。

3. 准备 90°角的微型玻璃吸管以用于脊神经根部撕脱和周围神经移植物插入中枢神经系统：手持玻璃吸管（吸管直径为 1.5～2mm），在煤气火焰上烧并沿吸管长轴方向边烧边拉，使之逐渐细长，当吸管的中心直径变细并尚未冷却时，将吸管两端拉弯与长轴垂直，形成一个短的垂直部和两个 90°角的弯曲。待吸管冷却后，将垂直部于中心处（最细的部分）剪断使产生两支前端呈 90°角的微型玻璃吸管。这种 90°角的吸管易于通过手术创口进入中枢神经系统深处，如脊髓的腹外侧。

轴突长入周围神经移植物中的中枢神经元的标记

　　轴突逆行示踪剂的使用（图 13-3，图 13-4）

　　1. 示踪剂放入周围神经移植物游离末端：在周围神经移植物的游离末端注射示踪剂，可将轴突长入移植物的中枢神经元胞体逆行标记。示踪剂包括辣根过氧化物酶（HRP；Sigma，St. Louis，MO.，USA）和罗丹明-葡聚糖胺（rhodamine-dextran amine，RDA，亦称"Fluoro Ruby"；Molecular Probes，Cat. ♯D-1817），它们都可以被损伤的轴突吸收。这些示踪剂或浸透于明胶海绵，或以颗粒状被置于周围神经移植物远端新鲜切开的断面上（图 13-3，图 13-4）。而荧光金（Fluorogold，Fluorochrome，Englewood，Col.，USA），作为一种荧光示踪剂可被损伤的和未损伤的轴突吸收（Koliatsos et al. 1994），可直接通过细玻璃管压力注射注入到移植物内。

　　示踪剂如 HRP 能以每天 50～100mm 的速度逆向转运（LaVail 1975），所以通常在 3～5d 内足以使神经元被标记。示踪剂被置放的位置应离开移植物进入中枢的部位至少 1cm，从而减少因示踪剂弥散而导致的非特异性神经元标记。

　　2. 视网膜全贴片以检查逆行标记的视网膜节细胞（RGC）（图 13-3）：在使用示踪剂后 3～5d 处死动物。依次用生理盐水和 4% 多聚甲醛进行心脏灌注，然后摘除术侧眼球。

注意：不要用戊二醛作为固定液，否则视网膜难以从眼球最外层剥离。切开角膜去除晶状体后，从巩膜-角膜接合处到视杯前面，沿空间半径将眼球四等分，向视杯方向（但不达视杯）切开。将视网膜从眼球上剥离，放入 4% 多聚甲醛后固定 1h，然后用 0.1mol/L 磷酸盐缓冲液冲洗数次（有关视网膜制备的更详细步骤参见 Stone 于 1981 年编写的 "The Wholemount Handbook"）。将视网膜（面向玻璃体的面向上）置于显微镜载玻片上，盖上盖玻片，然后用显微镜观察，使用明视野或荧光主要取决于所使用的示踪剂的类型。如果以 HRP 作为示踪剂，视网膜应先与相应的底物反应（如四甲基联苯胺，HRP 组化反应方法详见 Mesulam 1982），产生的 HRP 反应产物可用明视野和电子显微镜观察。

　　逆行标记的 RGC 胞体含有一胞核和/或标记的树突，因而易于计数（图 13-3）。眶内视神经横断后，成年 Sprague-Dawley 大鼠视网膜中大约 0.5%～3% RGC（大约 110 000；Perry et al. 1983）的轴突能再生、长入周围神经移植物达 2.5cm 以上（Vidal-Sanz et al. 1987）。

　　3. 脊髓的制备以检查轴突再生入周围神经移植物的神经元（图 13-4）：示踪剂应用后 3～5d，依次用生理盐水和 4% 多聚甲醛对动物进行心脏灌注，完整取出脊髓包括连在脊髓上的周围神经移植物，置于防冷冻的 18% 蔗糖溶液中过夜，用冷恒温箱切片机切片（横切或纵切），在荧光显微镜下观察标记的神经元和轴突（图 13-4）。

　　中枢轴突长入周围神经移植物的顺行追踪（图 13-5）

　　示踪剂注射到中枢的细胞核团，可以沿着未损伤的轴突或损伤后再生长入周围神经移植物的轴突（Cheng et al. 1996）顺行递送。顺行示踪剂包括 HRP、植物凝素-白细胞凝集素（phaseolus vulgaris leukoagglutinin，PHA-L；Gerfen and Sawchenko 1984），生物素连接的葡聚糖胺（biotinylated dextran amine，BDA）和一些荧光示踪剂如 RDA 和

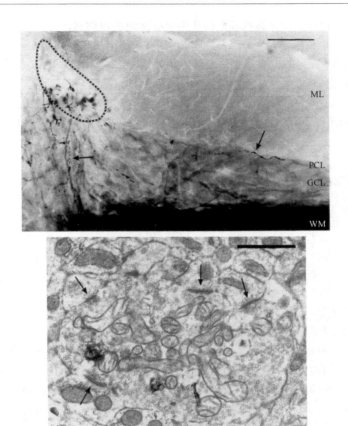

图 13-5　再生的 RGC 轴突及其末梢的顺行标记

示踪剂辣根过氧化物酶被注入术侧眼球玻璃体内。该动物在 3 个月前接受周围神经移植物替代视神经的手术，周围神经的游离末端被植入小脑内。HRP 被顺行转运，并标记再生的 RGC 轴突及其末梢。上图：光学显微镜下，线性排列的 HRP 反应产物（小点状）显示从周围神经移植物末端（虚线所圈）长出的 RGC 轴突（箭头所指处）进入小脑。在这个聚焦平面，HRP 标记的轴突仅限于小脑的神经节细胞层（GCL）（ML＝分子层；PCL＝Purkinje 细胞层；WM＝白质），bar＝100μm。下图：GCL 层中再生的 RGC 轴突末梢的电子显微镜照片。轴突末梢含有 HRP 反应产物（黑色沉淀物）以及与小脑的颗粒细胞树突形成的突触（箭头所指），bar＝1μm

［照片为 Zwimpfer 等（1992）提供］。

罗丹明-B-异硫氰酸（rhodamine-B-isothiocyanate，RITC；Thanos et al. 1987）。

　　RGC 的顺行标记不需要注入大脑，但需要注入眼后房的玻璃体内。HRP 因其能被 RGC 内吞，并顺行标记损伤的或未损伤的轴突而常被用作 RGC 的顺行示踪剂（图 13-5）（Vidal-Sanz et al. 1987；Carter et al. 1989；Zwimpfer et al. 1992）。

　　1. 玻璃体内注射轴突示踪剂：左眼滴加几滴散瞳剂（1% 盐酸环戊通，Alcon），从而易于在眼底镜检查时清楚地观察到眼内的结构（详见上述）。用 26G 针在临近巩膜-角膜接合处的巩膜置一小孔，用 10μl Hamilton 注射器（♯710 型；Hamilton，Reno，Nev.，USA）将 5μl 30% HRP 溶液（Boehringer-Mannheim，Ingelheim，Germany）通过此孔注射入玻璃体内。随之将巩膜上的孔用明胶海绵或电灼封闭。动物存活短至 2d 就能使轴突及其末梢被标记,从而能在光学和电子显微镜下识别。

2. 检查 HRP 标记的、在周围神经移植物以及大脑中再生的 RGC 的轴突:周围神经移植物以及周围神经移植物末梢嵌入大脑(即上丘或小脑)的组织学准备详见 Vidal-Sanz 等(1987)、Carter 等(1989)和 Zwimpfer 等(1992)的文献。再生的 RGC 轴突及其末梢的 HRP 反应产物能在光镜(图 13-5,上图)和电子显微镜(图 13-5,下图)下观察到。

实验方案 2　　雪旺细胞导管

■■ 概　要

雪旺细胞(SC)的培养及含雪旺细胞导管移植的主要步骤参见图 13-6。

■■ 材　料

专用的材料

—60:40 聚丙烯腈/聚氯乙烯(polyacrylonitrile/polyvinylchloride,PAN/PVC)共聚体半渗透导管(内径 2.6mm,外径 3.0mm,管壁小孔可通过分子质量 50 kDa)和 PAN/PVC 胶,均由 Dr. Patrick Aebischer 惠赠(Centre Hospitalier Universitaire Vaudois,Lausanne,Switzerland)。导管是用常规的旋转技术〔详见 Cabasso(1980)和 Aebischer 等(1991)〕制成的,导管可通过 Dr. Aebischer 或在美国罗德岛的 Cytotherapeutics(Rhode Island,USA)获得

—半渗透 PAN/PVC 共聚物导管(内径 2.6mm,外径 3.0mm,管壁小孔可通过分子质量 50kDa)和 PAN/PVC 胶由 Dr. Patrick Aebischer 惠赠(见致谢)

—促增殖因子:重组的 heregulin β1(rHRGβ1$_{177-241}$ 10nmol/L;Genentech,South San Francisco,Calif.,USA);霍乱毒素(cholera toxin;100ng/ml;Sigma,St. Louis,MO. USA);forskolin(1μmol/L;Sigma)

—Matrigel(Collaborative Research,Bedford,Mass.,USA)

—抗 S-100 抗体(1:100;Dakopatts,Glostrup,Denmark);Hoechst 荧光染料(5μl,Hoechst-33342;Sigma)

—神经元示踪剂

—逆行追踪:Fast Blue(Sigma,St. Louis,Mo. USA)

—顺行追踪:PHA-L(*Phaseolus vulgaris* leucoagglutinin;Vector Lab,Burlingame,Calif.,USA)

—RDA(罗丹明-葡聚糖胺,葡聚糖胺,四甲基罗丹明;亦称 Fluoro Ruby;Molecular Probe,Cat. ♯ D-1817)

—BDA 生物素连接的葡聚糖胺(biotinylated dextran amine;Molecular Probe,Eugene,Ore.,USA)

—精密离子导入仪(Trankinetics,CS3)

■ 步　骤

使用方法将分为三部分：

1. 细胞移植物的构建：雪旺细胞的获得和体外增殖。

2. 雪旺细胞准备、装载入导管，以及植入大鼠体内。

3. 用解剖学方法证明轴突再生。

细胞移植物的构建：雪旺细胞的获得和体外增殖

雪旺细胞培养较为复杂，本章节提供的实验方案仅为几种可行的方法之一。近来有报道显示不含血清培养更有利于雪旺细胞的体外增殖（Li et al. 1996）。然而值得指出的是我们在体内观察到的再生现象是通过本实验介绍的培养方法所取得的，体外条件的显著改变也许会影响移植到体内的细胞功能。周围神经来源的雪旺细胞的纯化培养涉及下列几个关键步骤（图 13-6）：

1. 将神经解剖成若干神经束进而切成神经小块易于使培养液扩散入神经以维持其活力。

2. 通过雪旺细胞纯化以提高神经小块中雪旺细胞/纤维母细胞（SC/FB）比例。一系列将神经小段从旧培养皿转移到新培养皿的过程是达到纯化雪旺细胞目的的方法之一。

3. 将神经小块酶解成单细胞悬液。

4. 将细胞种植于适宜的培养基质以获得纯化的单层细胞。

5. 雪旺细胞的扩增、纯化和传代。

6. 获取高活力的细胞、减少细胞丢失。

7. 移植前作细胞纯度鉴定。

从人或啮齿动物神经解剖分离成神经束，切成组织碎块，通过培养液扩散以维持其存活

当使用人的神经时，应考虑到有感染的可能并做好预防措施。除了周围神经，马尾神经根也是获取雪旺细胞的极佳组织。在大动脉夹住 30min 内收获神经，并于 RPMI（GIBCO Laboratories, Grand Island, N. Y., USA）4℃保存，不超过 24h。按

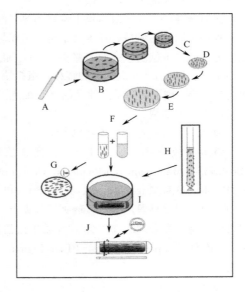

图 13-6　雪旺细胞装载入导管的基本方法

A. 周围神经横断截取一段，剥离神经外膜，切成 2～3mm 长的神经小段并置于培养液中。B. 神经小段在塑料培养皿中贴壁生长，当纤维母细胞（fibroblasts, FB）大量生长融合成片时，将神经小段移至新的培养皿中，从而提高 SC/FB 比例。C. 神经小段酶解消化成单个细胞。D. 雪旺细胞贴壁生长形成单层覆盖培养皿。E. 细胞反复传代、扩增、纯化。F. 增殖的细胞经分离、收集，与 Matrigel 混合形成雪旺细胞/Matrigel 的混合物。G. 免疫组化染色鉴定细胞纯度。H. 用压力冲洗法清洗、消毒导管。I. 雪旺细胞/Matrigel 混合物装载入导管后，在培养液中过夜，使其在移植前在导管内形成柱状移植物。J. 装载雪旺细胞的导管近端接脊髓断端，远端封闭。

照 Morrissey 等（1990）方法，在层流式超净台中用解剖显微镜解剖每条神经或马尾神经根。神经用 Liebovitz's L15 液（GIBCO）洗涤 3 次，剥离神经外膜，分离神经束。L15 因其在空气中保持稳定的 pH 值（相对于 DMEM 而言）而被用作洗液。神经束被切成 2～3mm 长的组织块，置于 100mm 塑料培养皿中，起始培养液的量要少从而形成表面张力使组织块贴壁，将培养皿置于 CO_2 培养箱中，保持空气湿度和 5％ CO_2 气体。每周换液 3 次。培养液组成：DMEM（Dulbecco's Modified Eagle's Medium，GIBCO），10％胎牛血清（FCS；Hyclone Laboratories，Logan，Utah，USA）和青霉素（50U/ml）/链霉素（50μg/ml）。有关在这一时期如何提高雪旺细胞/纤维母细胞比例可参考 Casella et al.（1996）。

　　要点

　　要确保组织块接触培养皿底面以使纤维母细胞易于迁移出。如果培养液过多，则组织块漂浮于培养液中而不会贴壁。

　　系列转移——提高组织块中雪旺细胞/纤维母细胞比例

　　神经组织块贴壁后，纤维母细胞从组织块内不断迁出，在组织块周围形成以纤维母细胞为主的单细胞层（一般需要 7～14d）。此时，将组织块转移至新的培养皿，并重复上述步骤。经过 3～5 次这样的转移，组织块内大量的纤维母细胞在迁出后随旧的培养皿而被丢弃，剩下的则是高纯度的雪旺细胞了。按照 Pleasure 等（1986）实验方法将其酶解产生雪旺细胞。

　　神经组织块酶解形成单细胞悬液

　　将组织块集中，加入 1～2ml 混合酶解液。该酶解液含有 1.25 U/ml dispase（Boehringer Mannheim Biochemicals，Germany），0.05％ 胶原酶（collagenase；Worthington Biochemicals，Freehold，N. J.，USA）和含 15％胎牛血清的 DMEM。组织块在酶解液中过夜，翌日早晨用细口玻璃吸管（火上烧制使顶端细窄）轻轻吹打直至将组织打碎解离出细胞。离心细胞并用含 10％胎牛血清的 L15 洗涤 3 次，然后种植于 200g/ml 多聚 L－赖氨酸（poly-L-lysine，PLL；Sigma，St. Louis，Mo.，USA）或其他适宜的底物上。

　　要点

　　用细口玻璃吸管吸打组织时动作要轻柔，因为若吸打不当，可造成许多细胞损伤。另外，细胞数过少会使体外扩增的时间大大延长。

　　细胞种植以获得纯化的细胞单层

　　雪旺细胞可被种植于不同的底物：塑料、多聚 L－赖氨酸（PLL），胶原和层粘连蛋白（laminin）。一些底物在不同程度上支持细胞分裂（Casella et al. 1996；Li et al. 1996）。底物的选择对人的雪旺细胞培养至关重要，因随着传代次数的增加，其附着能力也在下降。雪旺细胞在胶原上生长良好但分离较难，在 PLL 上不但生长良好而且用常规的胰酶消化较易将其分离。对于啮齿动物雪旺细胞培养而言，PLL 是种很好的选择。

　　要点

　　种植密度至关重要。密度过低，分离细胞内少量的纤维母细胞增殖较快而迅速占满培养皿。另外，低密度的雪旺细胞不太健康，可能是因为自分泌的因子太少。理想的密

度应控制在 2×10^6 细胞/100mm 培养皿。

细胞的增殖和进一步纯化

由于纤维母细胞在含血清培养液中易于增殖且迅速成为优势细胞，因此促雪旺细胞扩增乃为移植物准备之必要条件，所以需要采取一些特殊的步骤支持雪旺细胞增殖并抑制纤维母细胞。许多分子可以用于体外培养中提高雪旺细胞增殖速率。这些分子包括垂体提取物（含胶质细胞生长因子）、PDGF、Forskolin、霍乱毒素（Levi et al. 1995；Morrissey et al. 1995；Casella et al. 1996；Scarpini et al. 1993；Bunge and Fernandez-Valle 1995）。Forskolin 是一种腺苷酸环化酶的激活剂，能降低纤维母细胞的分裂并促进一些丝裂原的活性（Rutkowski et al. 1995）。为获得增殖的人雪旺细胞，分离的细胞种植于 DMEM，10% FCS 和三种丝裂原组合的混合液中，包括重组的 Heregulin B1（rHRGβ1$_{177-241}$ 10nmol/L），霍乱毒素 100ng/ml 及 Forskolin 1μmol/L。有报道称无血清培养液能促进雪旺细胞分裂的同时抑制纤维母细胞分裂（Li et al. 1996）。

一旦雪旺细胞生长成片，应用不含 Ca^{2+}/Mg^{2+} 的 Hank's 平衡盐溶液（HBSS；GIBCO）冲洗 2 次，然后在 0.05% 胰酶和 0.02% EDTA 的 HBSS 消化液内于 37℃消化 5～10min，并轻轻摇晃将雪旺细胞从覆盖 PLL 的培养皿中洗脱下来。收集细胞并用含 10%FCS 的 L15 洗 2 次，然后种植于覆盖 PLL 的培养皿中，加入含 D-10 的丝裂原混合液。人雪旺细胞的第二、三代细胞即可用于移植，而啮齿动物雪旺细胞可延后几代再使用。

要点

人雪旺细胞体外增殖有限：大约经过 5 次传代就会发生老化，停止分裂，且难以贴壁。同样的情况也会发生于啮齿动物，只是在它传代更久。如果使用限定的培养液上述现象则可能避免（Li et al. 1996）。

雪旺细胞污染：我们从未成功地挽救过感染的雪旺细胞，因此一旦发现有感染，应立刻剔除被感染的培养皿。细菌和真菌感染都会发生。试图抢救受感染的培养细胞将会面临失去所有培养细胞的危险。严格遵守无菌操作，及时清洁超净台及培养箱会将污染的可能性降至最低。另外，我们还可以在培养液中加入青霉素和链霉素以预防污染。

获取高活力、低损伤的细胞

将细胞从培养底物上分离的条件较为苛刻（如酶解液浓度、消化时间、摇晃的轻柔度等），且不可逆地影响细胞的得率，从而会直接影响移植的成功与否。用台盼蓝染色检查细胞活率，活率应超过 90%。

要点

细胞损伤会导致胞内 DNA 释放，从而使细胞融合成片，妨碍细胞移植物的准备。此时用些低浓度的 DNA 酶（0.1%DNase，Sigma）或许有助于细胞的分离。

移植前的细胞鉴定

解释细胞移植的结果需首先准确知晓移植物的组成成分。单在光学显微镜下评估并不可靠。可选用一些雪旺细胞特异的免疫标记物如 S-100 来鉴定雪旺细胞。下列方法能将雪旺细胞从纤维母细胞中区分出来。

人或裸鼠的雪旺细胞装载移植导管的同时，留一小部分种植到氨化胶原（ammoniated collagen）包被、用 Aclar 材料（Allied Fiber and Plastics, Pottsville, Pa., USA）自

制的小培养皿中（Kleitman et al. 1998）。翌日细胞作 S-100（1:100 稀释）的免疫染色，
S-100 是一种只表达于雪旺细胞、不表达于纤维母细胞（Scarpini et al. 1986）的抗原，
从而获得雪旺细胞的纯度。反应结束后，将 Aclar 小培养皿的边缘剪去，细胞种植面向
下盖在滴有一滴 Citifluor 盖玻液（London，UK；内加 5μM Hoechst 染料）的载玻片上。
Hoechst 染料在荧光显微镜下显示所有标记的细胞核。雪旺细胞的 S-100 和 Hoechst 染
色皆阳性；纤维母细胞（多极扁平状）的 Hoechst 染色显示阳性，但 S-100 染色阴性。
雪旺细胞的纯度范围应在 90%～99%。

雪旺细胞准备、装载入导管以及植入大鼠体内（图 13-6）

　　主要步骤：
　　1．导管清洁。
　　2．移植物装载入导管。
　　3．移植。
　　4．术后护理。
　　导管为细胞移植物的有机组合提供一个微环境。导管可有许多类型，它们的结构特
点对移植结果影响很大（Aebischer et al. 1988，1989，1990；Valentini 1995）。导管至
少应具有生物适应性和无毒性的特点。本研究中所用的导管是具有生物适应性的合成聚
合体，导管内膜平滑并有许多一定规格孔径的小孔。这种导管原被大量用在动物周围神
经系统研究中（Guénard et al. 1992；Levi et al. 1994，1997），后被 Xu 首次应用于脊髓
损伤研究中（Xu et al. 1995a）。使用 Matrigel 可使导管内的雪旺细胞均匀地弥散，有利
于移植物成条索状并使其成为胞外基质分子如层粘连蛋白和胶原的来源。然而，只有
Matrigel 没有雪旺细胞的导管其支持周围神经系统再生轴突的能力低于含有生理盐水的
导管（Valentini et al. 1987）。

　　导管清洗
　　在将 PAN/PVC 导管切割成 10mm 长度之前，先将 6～8cm 的导管进行清洁、灭菌
（Aebischer et al. 1988）。用 0.1mol/L 盐酸、浓度梯度乙醇（95%，70% 和 50%）和灭
菌的生理盐水依次加压灌洗导管，灌洗时使用灌流泵可以观察到导管表面小孔中由于压
力形成的水珠。

　　要点
　　导管的彻底清洗固然重要，但是如果压力过度（如灌流速度过快）导管内径会因扩
张而扭曲，内膜也可能被破坏。

　　导管内移植物的形成
　　胰酶消化、L15 洗涤后离心收集雪旺细胞，血细胞计数器计数细胞并推算出移植物
体积。导管体积＝导管长度（mm）×πr^2（r＝导管半径）。根据在周围神经移植的经
验调整细胞终密度为 $120×10^6/ml$。在此密度下，需要汇合 2～3 个 100mm 培养皿的雪
旺细胞才能装载一个长 10mm、直径 2.6mm 的导管。在 4℃冰浴条件下将雪旺细胞在
70/30（V/V）比例的 L15（译者注：应为 DMEM/Matrigel 的混合液中完全混合并将
之吸入准备好的导管内。）

要点

这是个关键步骤。首先，所使用的所有实验材料包括塑料培养皿、吸管、细胞、培养液和 Matrigel 应放在冰上致冷。尤其是 Matrigel 必须缓慢融化至 4℃，不能突然加热；否则，它在与雪旺细胞混合前已成凝固状。其次，必须注意细胞/Matrigel 混合液不能在层流式超净台中过度鼓风蒸发，否则细胞密度将被改变。第三，Matrigel 易产生气泡，从而使移植物内细胞分布不均，影响轴突再生。依我们的经验，这是移植物成型不佳的最常见原因。最后，被混合的移植细胞在 Matrigel 凝结之前会在培养液内大量流失。为预防此事的发生，在将装入导管的细胞混合物放入培养液前，应将导管的两端封闭。我们选用 PAN/PVC 共聚体胶达此目的，也有人使用其他材料如纤维蛋白胶（fibrin glue）。移植物置于含有丝裂原、青霉素（50 U/ml）/链霉素（50 g/ml）的 DMEM/10％胎牛血清培养液中 37℃孵育过夜。

移植物在移植前置于含血清的培养液中有助于避免撤去血清后细胞活力受到影响。（译者注：10％胎牛血清培养液可引起宿主排异反应，置于过夜的培养液内实非必需。）

植入（图 13-7）

所有大鼠实验均按美国国立卫生研究院实验动物照顾和使用条例进行。为防止将人雪旺细胞移植入鼠所引起的免疫排斥，我们使用无胸腺的体重为 165～185g 的雌性裸鼠（Harlan Hsd：RH-rnu/rnu；Harlan）作为受体鼠。用氧气（0.9L/min）、一氧化二氮（nitrous oxide；0.4L/min）和三氟溴氯乙烷（halothane；1.5％）混合气体麻醉大鼠。手术前，使用抗生素（cefazolin，15mg/100g 体重；Eli Lilly，Indianapolis，Ind.，USA）肌注以防感染。所有手术皆在无菌条件下实施，大鼠背向上，用耳杆固定头部。

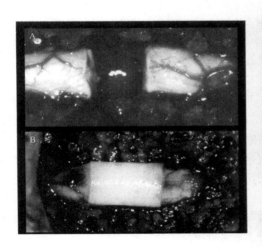
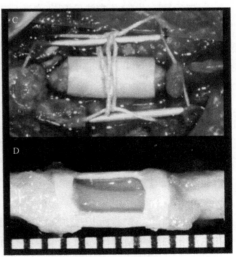

图 13-7　脊髓横断和雪旺细胞导管的植入

A. 切除脊髓胸段（T9-T11），两断端距离为 5 mm（左侧为首侧）。B. 装载雪旺细胞的导管植入脊髓两断端之间。C. 在移植部位防止脊柱过分移动的固定方法之一（De Medicinelli and Wyatt　1993）。D. 移植后 35d 灌注的人雪旺细胞导管与邻近脊髓的外观（译者注：打开的导管内可见再生的移植物；标尺刻度 = 1 mm）。

实施 T7-T10 的椎板切除术，纵向切开硬脊膜以显露出 T8-T11 段的脊髓。用新折断的剃刀刀刃作为解剖刀横断脊髓，取出 T9-T11 脊髓段。注意保持腹侧硬脊膜的完整，因其能支持移植物并减少断端脊髓的分离。可以暂时牵引动物的尾巴以加宽两脊髓断端间的间隙，有助于导管植入。

由于脊髓远端的断端较软，所以最好将近端脊髓插入导管之前，先将脊髓远端导入导管内约 1 mm。撤去尾部牵引后，由于脊髓两端间距离缩小，脊髓与移植物间交界面更理想，说明移植手术较成功。将两侧残留的硬脊膜拉上并覆盖于导管表面，用一片人工脑膜（Durafilm；Codman Surlef，Randolph，Mass.，USA）或硅胶膜片盖在导管和移植交界面上。人工脑膜的作用是在随后的示踪过程中易于接近导管以及灌注后识别移植物和邻近脊髓，然后逐层关闭肌肉和皮肤。

要点

麻醉：密切关注截瘫大鼠的麻醉深度和足够的肺换气量。动物的死亡率与手术过程密切相关，动物在外科手术进行时易于发生肺换气不足和呼吸暂停。脊髓变形及固定过程均可限制呼吸活动。有必要减少各种形式的牵拉以免影响呼吸。必要时可减轻麻醉深度。动物脊髓横断后体温调节功能会失常，因此我们使用具有持续热反馈调节的电热垫以保持手术动物体温恒定。使用吸入麻醉法以便调节麻醉深度。

手术技术：如果不是利用锐器横断脊髓，则脊髓断端会肿胀。结果，肿胀的脊髓断端被导管压缩后发生继发性损伤坏死。使用甲基强的松龙能降低脊髓残端缺血的发生，从而促进轴突再生入雪旺细胞装载的导管（Chen et al. 1996）。

脊髓背静脉和腹动脉都可能大量出血，只要用凝血酶浸润的明胶海绵（Upjohn et al. USA）局部轻轻按压即可止血。注意在脊髓断端和移植物之间不能有血块形成。

脊髓残缺：我们经常注意到在脊髓横断和导管移植后发生术后脊柱变形现象。在某些情况下，驼背和脊柱侧凸足以破坏移植物，为防止此类事情的发生，我们依照有关步骤固定脊柱（图 13-7C；De Medinaceli and Wyatt 1993；Cheng and Olson 1995）。这些步骤尽管延长了时间，增加了技术难度，但却十分有效。

术后护理

移植一旦结束，立刻将大鼠放回笼子，并给予易于寻获的食物和水。皮下注射 5ml Ringer's 乳酸盐溶液（Kendall McGaw Lab.，Irvine，Calif.，USA）以补充失血。每天肌注 Cefazolin（15 mg/100 g）2 次以预防尿路感染直至膀胱恢复排尿功能。术后第 1 周每天帮助膀胱排空 3 次，以后数周每天 2 次直至膀胱恢复自动排尿功能。大鼠被隔离在有高效微粒空气过滤器的房间并能随意取用高压灭菌过的食物和水。

要点

脊髓横断的动物膀胱护理尤为重要，否则容易引起尿路感染、结石和膀胱破裂。一旦发生严重的尿路堵塞或膀胱破裂，可行手术造瘘以维持动物生命。

解剖学方法证明轴突再生

脊髓损伤的动物经移植后，其轴突再生可以通过几种解剖学方法加以证明（图 13-8）。我们依次选用：

1．光学显微镜（LM）。

2．免疫组织化学染色（IHC）。

3．电子显微镜（EM）。

4．神经标记物的顺行、逆行追踪。

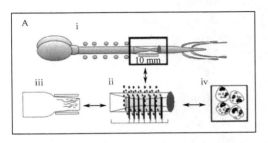

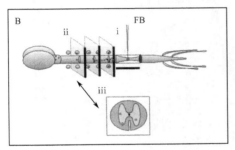

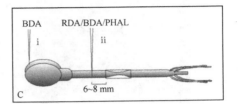

图 13-8　组织学方法评估

A. i）含有移植物和导管的大鼠脊髓示意图；ii）灌注后的脊髓和移植物的轴面观以显示（iv）横切面用于免疫组化染色、EM 和光学显微镜观察；iii）纵切面用于宿主－移植物交界面的观察。B. 逆行追踪：i）在远端封闭的导管内、距首侧宿主－移植物交界面至少 3mm 处向移植物（cable）内注射 Fast Blue（FB）；ii）移植物以上脑和脊髓作连续横切片追踪被 FB 标记的神经元（iii）。C. 顺行追踪：i）BDA 追踪皮质脊髓束；ii）顺行示踪剂 RDA、BDA、PHA-L 注射入离导管首侧 6～8mm 处的脊髓以标记下行通路。

前三种方法较为成熟且应用广泛，此处不再另作叙述，只提供一些例子和我们在实验中遇到的一些难点（Xu et al. 1995a，b，1997；Chen et al. 1996；Guest et al. 1997a，b，1998）。

用 LM、IHC、EM 方法中，我们发现在导管内的再生移植物与正常周围神经和中枢传导束结构有所不同：

1．大部分轴突及其神经纤维束主要分布在移植物外周（图 13-9B，C）。

2．中枢神经轴突在雪旺细胞移植物内成束生长，但在脊髓－雪旺细胞移植物的交界面生长不规则（图 13-10B）。

3．中枢神经轴突在移植物内被雪旺细胞形成的外周髓鞘包裹。

要点

1．雪旺细胞/Matrigel 移植物易被损伤，甚至会在组织学的处理过程中丢失，尤其是在矢状冷冻切片和免疫染色时。因此，必须注意保存交界区域的组织以便对结果做出正确分析。为此，我们通常在切片前，参照 Oudega 等（1994）法将导管、移植物和邻

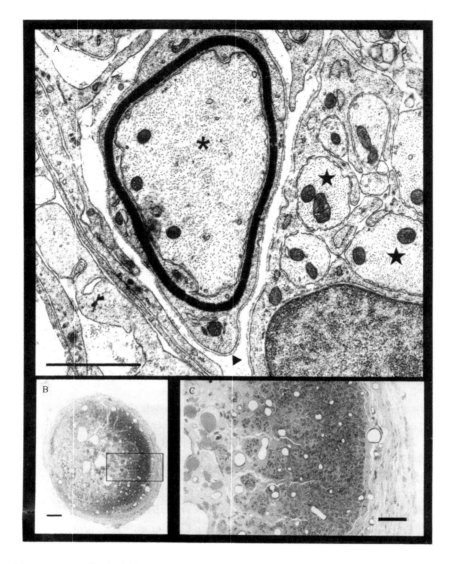

图 13-9　A. 人雪旺细胞移植物内的电镜图像，＊＝被外周髓鞘包裹的轴突，形成该髓鞘的雪旺细胞周围有一圈基底膜包绕（箭头）。星号示被雪旺细胞包围的无髓鞘轴突，bar＝1μm。B. 光镜图像。人雪旺细胞移植物植入 35d 后的横切面，bar＝100μm。C. B 图中方框部分放大。有髓轴突主要分布在移植物外围。bar＝50μm。

近脊髓用凝胶包埋。

　　2. 移植物和宿主组织的交界面经常会被囊腔和瘢痕破坏。由于组织的不均一性以及仅有少量纤维穿过交界面长入宿主脊髓，检查所有切片尤其是矢状切片中再生的轴突至关重要。

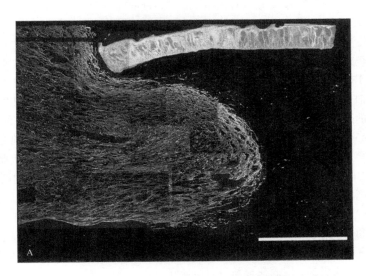

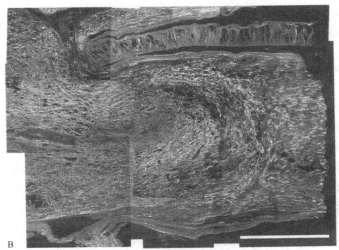

图 13-10　脊髓近端与移植物交界面矢状切面的免疫组化染色（左侧＝近端脊髓）

A. GFAP 染色显示近端脊髓进入导管的凹面的界线，bar＝1mm。B. 神经纤维丝（neurofilament）染色显示近端脊髓和雪旺细胞移植物中的轴突。

神经解剖学示踪（图 13-8B，C，图 13-11 和图 13-12）

我们采用下列方法做轴突示踪：

1. Fast Blue、荧光金标或其他荧光标记法做逆行示踪。

2. PHA-L、RDA、BDA 做顺行示踪。

HRP 被广泛应用于逆行和顺行示踪，已在周围神经移植部分有所叙述。

逆行示踪法

方法：详见一些参考文献（Gerfen and Sawchenko 1984；Xu et al. 1995a，b；Guest et al. 1998）。

导管是注射逆行示踪剂的最佳部位。在导管背部壁上切一个窗口可见其下之移植物。但此时仍难估计移植物-宿主交界面的准确位置，因为交界面仍被盖在未打开的导管之下（图 13-10A）。因此，我们在距脊髓的近端至少 3 mm 处向移植物注射追踪剂以减少因追踪剂弥散而造成近端轴突（译者注：即未长入移植物的轴突）的非特异性逆行标记。不同的追踪剂其弥散的特性也会有所不同（Richmond et al. 1994）。此外，适当的对照也是必要的。例如，在同组移植动物中，选几例在接受逆行追踪剂前先切断移植物的近端观察是否有示踪剂弥散现象。这在第一次用示踪剂的情况下尤为重要。

PAN/PVC 导管周围的瘢痕组织能防止示踪剂渗漏入蛛网膜下腔，同时，移植物上、下的蛛网膜下腔不与导管和移植物相通，因此脑脊液被示踪剂污染的可能性很小。

要点

移植物和脊髓在注射示踪剂的过程中易被损伤，尤其是动物在呼吸过程中或注射示踪剂过程中发生移动。为防止动物移动，注射部位上下之棘突可暂时固定在定位仪上。我们也使用 0.1% 利多卡因滴在脊髓表面作局麻。

逆行追踪的评估：可计算脑干和近端脊髓纵切或横切面上逆行标记的神经元的数目（图 13-11B，C）。

顺行示踪

此项技术可追踪再生的轴突及其末梢，它使观察特定部位如宿主—移植物交界面的再生现象成为可能（Guest et al. 1997a）。

从大脑顺行标记：顺行示踪剂注射入大脑皮质较脊髓或移植物注射更具可重复性、用时短且技术简单。注射后大约需 12～14d 才足以使 RDA 和 BDA 从运动皮层顺行转运至脊髓胸段末梢（Guest et al. 1997a，b；Xu et al. 1997）。顺行标记皮质脊髓束的其他方法在 Schnell and Schwab 1990，1993；Li and Raisman 1994 中有详尽的描述。

从脊髓顺行标记 向脊髓内注射示踪剂能标记灰质中固有神经元，或标记白质中的传导束（过路纤维）。有大量的脊髓内神经元（主要是脊髓固有神经元和运动神经元）再生长入雪旺细胞移植物（图 13-11A，图 13-12A，B；Xu et al. 1995a；Guest et al. 1997b）[译者注：运动神经元并未长入雪旺细胞移植物（Xu et al. 1995a，1997）]。

加压注射法或离子导入法注入示踪剂皆可使用，注意按照逆行追踪一节描述的方法固定动物的脊柱。加压注射法是一种可靠的方法但会造成局部损伤，损伤的大小与注射的量、速度、示踪剂的毒性和注射过程中动物是否移动有关。离子导入法需要有精细的针头、较长的注射时间和特殊的设备，但能将创伤降到最小。为平衡标记纤维的量和示踪剂注射造成局部损伤，我们先用小剂量示踪剂加压注射后再用离子导入法（压力-离子导入；Guest et al. 1997a，b），大范围、小创伤的效果可在注射 RDA，BDA 或 PHA-L 时获得。

要点

在大鼠首侧胸段脊髓进行顺行固有神经纤维再生时在技术上较为困难，因为在 T4 或 T5 处有一条大静脉从颈胸脂肪垫进入硬膜外静脉系统，如该静脉受损，会发生大出血（De Medinaceli　1986）。

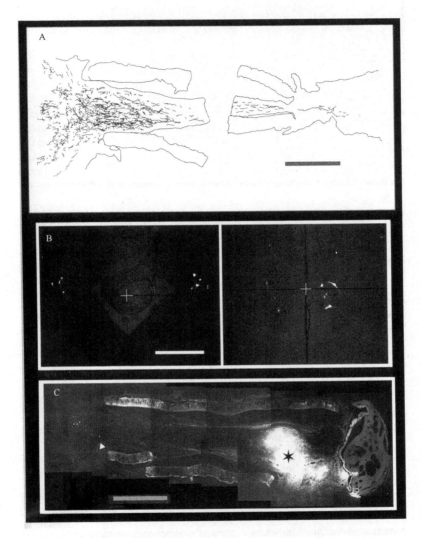

图 13-11　A. 数码相机拍摄后描示的 PHA-L 顺行标记轴突的分布。用离子导入法将示
踪剂注射在离移植物近端 6～8mm 处的脊髓灰质。标记的神经纤维生长入移植物。一
些神经纤维进入远端脊髓达 2.6mm，bar＝2.5mm（相应的光镜照片见图 12B）。B.FB
逆行标记、位于脑干的外侧前庭核神经元（左）和脊髓灰质中的神经元（右）。FB 是
注射在雪旺细胞移植物的远端（图 13-3C），bar＝2mm。C. 矢状切面示人雪旺细胞移
植物和近端脊髓（最左侧）。FB（＊）被注入在移植物远端。可以看到远端 PAN/PVC
导管口被胶封闭。在靠近脊髓/移植物交界面处的近端脊髓可见逆行标记的神经元胞体
（白箭头所指），bar＝2mm。

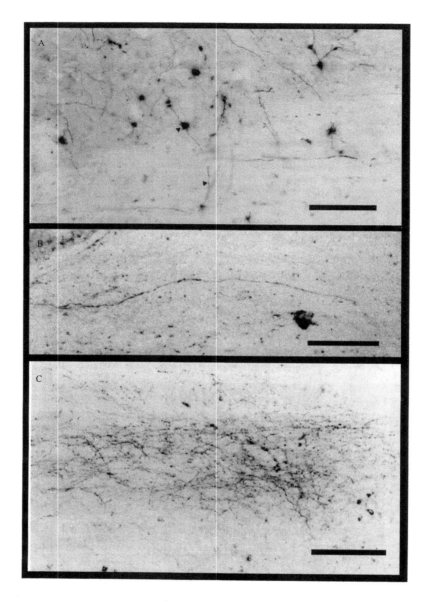

图 13-12　顺行标记

A. PHA-L 在首侧脊髓灰质靠近人雪旺细胞移植物处的标记。标记的胞体发出分支在白质中向上或向下延伸，提示他们是脊髓固有神经元，bar＝100μm。B. PHA-L 标记的神经纤维长入人雪旺细胞移植物远端的脊髓，bar＝150μm。PHA-L 被注入脊髓灰质、距移植物首侧 6～8mm 处以（见图 13-11A）。C. BDA 标记的皮质脊髓束（CST）轴突末梢终止在近人雪旺细胞移植物的近端，该移植物由人雪旺细胞、aFGF 和纤维蛋白胶（fibrin glue）混合而成。BDA 被注射入运动皮层以顺行标记 CST 束，标记的 CST 轴突未进入雪旺细胞移植物，bar＝150μm。

致　谢

周围神经移植方面

周围神经移植方面的研究是在麦及尔大学蒙特利尔综合医院研究中心（Montreal General Hospital Research Centre，McGill University）和英联邦哥伦比亚大学修复研究合作中心和外科系（Collaboration on Repair Discoveries and the Department of Surgery，University of British Columbia）完成的。TJZ 的工作获加拿大医学研究委员会（Medical Research Council of Canada）、温哥华医院和健康科学中心、B.C. 健康研究基金会和加拿大神经科学网络资助。M．Vidal-Sanz 博士首先描述了用周围神经移植物替代视神经。特别感谢 M．Vidal-Sanz 博士和 D．Carter 博士在技术上给予的指导。下列人员在本研究中提供了手术或技术上的帮助以使本章的内容和插图的完成成为可能。他们是 M．David，J．Liu，S．Shinn，K．Stilwell，C．Tarazi 和 W．Wilcox，特此一并感谢。

雪旺细胞方面

人雪旺细胞方面的工作是在迈阿密大学医学院（University of Miami School of Medicine）的迈阿密截瘫研究中心（The Miami Project to Cure Paralysis）完成的。人雪旺细胞的纯化和体外扩增的方法是在 R．P．Bunge 博士（已故）和 M．B．Bunge 博士的指导下，在 A．Levi 博士、N．Kleitman 博士、T．Morissey 博士、P．Wood 博士和 G．Casella 博士参与下完成。PAN/PVC 导管由 Patrick Aebischer 博士（Centre Hospitalier Universitaire Vaudois，Lausanne，Switzerland）惠赠。将装载雪旺细胞的 PAN/PVC 导管移植入周围神经系统方面的实验最初是由 A．Levi 博士和 V．Guénard 博士完成的。X．M．Xu 博士首次完成了啮齿动物雪旺细胞移植入中枢神经系统方面的研究。人周围神经是由 L．Olsen 和迈阿密大学移植研究组惠赠。感谢下列人员给予的技术方面的支持：K．Akong，M．Bates，J．P．Brunschwig，R．Camarena，D．Hesse，I．Margitich，B．Puckett，A．Rao，D．Santiago 和 C．Vargas。该项目受到包括 NIH 项目 NS28059，NS09923、Hollfelder 基金、迈阿密截瘫研究中心和美国神经外科研究协会基金提供的资助。

参 考 文 献

Aebischer P, Guénard V, Winn SR, Valentini RF, Galletti PM (1988) Blind-ended semipermeable guidance channels support peripheral nerve regeneration in the absence of a distal nerve stump. Brain Res 454:179–187.

Aebischer P, Guénard V, Brace S (1989) Peripheral nerve regeneration through blind-ended semipermeable guidance channels: effect of the molecular weight cutoff. J Neurosci 9:3590–3595.

Aebischer P, Guénard V, Valentini RF (1990) The morphology of regenerating peripheral nerves is modulated by the surface microgeometry of polymeric guidance channels. Brain Res 531:211–218.

Aebischer P, Wahlberg L, Tresco PA, Winn SR (1991) Macroencapsulation of dopamine-secreting cells by coextrusion with an organic solution. Biomaterials 12:50–56.

Aguayo A.J 1985. Axonal regeneration from injured neurons in the adult mammalian central nervous system. In Synaptic Plasticity (C.W. Cotman Ed.), pp.457–483. Guilford Press, London.

Blakemore W, Crang A (1985) The use of cultured autologous Schwann cells to remyelinate areas of persistent demyelination in the central nervous system. J Neurological Sci 70: 207–223.

Bovolenta P, Wandosell F, Nieto-Sampedro F 1993. Neurite outgrowth inhibitors associated with glial cells and glial cell lines. Neuroreport 13:345–348.

Bradley W, Asbury AK (1970) Duration of synthesis phase in neurilemma cells in mouse sciatic nerve during degeneration. Exp Neurol 26:275–282.

Bregman BS, Kunkel-Bagden E, Schnell L, Dal HN, Gao D, Schwab ME (1995) Recovery from spinal cord injury mediated by antibodies to neurite growth inhibitors. Nature 378:498–501.

Bunge MB Kleitman N (1997) Schwann cells as facilitators of axonal regeneration in CNS fiber tracts. Chapter 31:319–333 in Cell Biology and Pathology of Myelin eds. Juurlink et al.., Plenum Press, NY

Bunge RP, Fernandez-Valle (1995) Basic biology of the Schwann cell. In: Neuroglia. Kettenmann H, Ransom BR (eds.), Oxford Univ. Press, NY, pp 44–57.

Cabasso F (1980) Hollow fiber membranes, In: Encyclopedia of Chemical Technology, Kirk-Othner (ed.), New York; Jon Wiley and Sons, 12: 492–517.

Carbonetto S, David S (1993) Adhesive molecules of the cell surface and extracellular matrix in neural regeneration. In Neuroregeneration (A. Gorio, Ed.), pp. 77–100. Raven Press, New York.

Carlstedt T, Linda H, Cullheim S, Risling M (1986) Reinnervation of hind limb muscles after ventral root avulsion and implantation in the lumbar spinal cord of the adult rat. Acta Physiol Scand 128:645–646

Carter DA, Bray GM, Aguayo AJ (1989) Regenerated retinal ganglion cell axons can form well-differentiated synapses in the superior colliculus of adult hamsters. J Neurosci 9:4042–4050.

Casella GTB, Bunge RP, Wood PM (1996) Improved method for harvesting human Schwann cells from mature peripheral nerve and expansion in vitro. Glia 17:327–338.

Chen A, Xu XM, Kleitman N, Bunge MB (1996) Methylprednisolone administration improves axonal regeneration into Schwann cell grafts in thoracic rat spinal cord. Exp Neurol 138:261–276.

Cheng H, Olson L (1995) A new surgical technique that allows proximodistal regeneration of 5-HT fibers after complete transection of the rat spinal cord. Exp Neurol 136:149–161.

Cheng H, Cao Y and Olson L (1996) Spinal cord repair in adult paraplegic rats: Partial restoration of hind limb function. Science 273:510–513.

David S, Aguayo AJ (1981) Axonal elongation in PNS "bridges" after CNS injury in adult rats. Science 214:931–933.

De Medinaceli, L (1986). Research Note: An anatomical landmark for procedures on rat thoracic spinal cord. Exp Neurol 91:404–8. 91: 404–408.

De Medinaceli L, Wyatt R (1993) A method for shortening of the rat spine and its neurologic consequences. J. Neural Transpl and Plast. 4(1): 39–52.

Doucette R (1995) Olfactory ensheathing cells: potential for glial cell transplantation into areas of CNS injury. Histol and Histopath 10:503–507.

Ellis JC, McCaffery TV (1985) Nerve grafting. Functional results after primary vs delayed repair. Arch Otolaryngol 111:781–785.

Gaze RM, Keating MJ (1970) The restoration of the ipsilateral visual projection following regeneration of the optic nerve in the frog. Brain Res. 21:207–216.

Gerfen CR and Sawchenko PE (1984) An anterograde neuroanatomical tracing method that shows the detailed morphology of neurons, their axons and terminals: immunohistochemical localization of an axonally transported plant lectin Phaseolus vulgaris Leukoagglutinin (PHA-L). Brain Res 290:219–238.

Greene EC (1963) Anatomy of the rat. Translations of the American Philosophical Society. Vol. 27, Hafner Publishing, New York.

Guénard V, Xu Xao Ming, Bunge MB (1993) The use of Schwann cell transplantation to foster central nervous system repair. Sem In Neurosci 5:401–411.

Guénard V, Aebischer P, Bunge R (1994) The astrocyte inhibition of peripheral nerve regeneration is reversed by Schwann cells. Exp Neurol 126:44–60.

Guénard V, Kleitman N, Morrissey TK, Bunge RP, Aebischer P (1992) Syngeneic Schwann cells derived from adult nerves seeded in semipermeable guidance channels enhance peripheral nerve regeneration. J Neurosci 12:3310–3320.

Guest JD, Hesse D, Schnell L, Schwab ME, Bunge MB, Bunge RP (1997a) Influence of IN-1 antibody and acidic FGF-Fibrin glue on the response of injured corticospinal tract axons to human Schwann cell grafts. J Neurosci Res 50:888–905.

Guest JD, Rao A, Olson L, Bunge MB, Bunge RP (1997b) The ability of human Schwann cell grafts to promote regeneration in the transected nude rat spinal cord. Exp Neurol 148(2):502-522.

Guest J, Aebischer P, Akong, K, Bunge M, Bunge R (1998) Human Schwann cell transplants in transected nude rat spinal cord: Graft survival, axonal regeneration, and myelination. Submitted to J Neuroscience.

Heumann R, Korching S, Bandtlow C, Thoenen H (1987) Changes of nerve growth factor synthesis in nonneuronal cells in response to sciatic nerve transection. J Cell Biol 104:1623-1631.

Honmou O, Felts P, Waxman S, Kocsis J (1996) Restoration of normal conduction properties in demyelinated spinal cord axons in the adult rat by transplantation of exogenous Schwann cells. J Neurosci 16:3199-3208. 16(10): 3199-3208.

Jenkins R, Tetzlaff, Hunt SP (1993). Differential expression of immediate early genes in rubrospinal neurons following axotomy in rat. Eur J Neurosci 5:203-209.

Keirstead HS, Dyer JK, Sholomenko GN, McGraw J, Delaney KR, Steeves JD (1995). Axonal regeneration and physiological activity following transection and immunological disruption of myelin within the hatchling chick spinal cord. J Neurosci 15:6963-6974.

Keirstead SA, Rasminsky M, Fukuda Y, Carter DA, Aguayo AJ, Vidal-Sanz M (1989) Electrophysiologic responses in hamster superior colliculus evoked by regenerating retinal axons. Science 246:255-257.

Kim D, Connolly S, Kline D, Voorhies R, Smith A, Powell M, Yoes T, et al. (1994) Labeled Schwann Cell Transplants Versus Sural Nerve Grafts in Nerve Repair. J Neurosurg 80: 254-260.

Kleitman N, Wood P, Bunge R (1998) Tissue culture methods for the study of myelination. Neuronal Cell Culture, 2nd ed. G. Banker and K. Goslin. Boston, MA, MIT Press (In press).

Kobayashi NR, Fan D, Giehl KM, Bedard AM, Wiegand SJ, Tetzlaff W (1997) BDNF and NT-4/5 prevent atrophy of rat rubrospinal neurons after cervical axotomy, stimulate GAP-43 and Tα1-Tubulin mRNA expression, and promote axonal regeneration. J Neurosci 17:9583-9595.

Koliatsos VE, Price WI, Pardo CA, Price DL (1994) Ventral root avulsion: An experimental model of death of adult motor neurons. J Comp Neurol 342:35-44.

Kromer, L, C Cornbrooks (1985) Transplants of Schwann cell cultures promote axonal regeneration in the adult mammalian brain. Proc. Natl. Acad. Sci. USA. 82:6330-6334.

LaVail, JH (1975) Retrograde cell degeneration and retrograde transport techniques. In: The use of axonal transport for studies of neuronal connectivity. Eds: WM Cowan and M Cuenod), pp. 217-248, Elsevier, Amsterdam.

Levi A, Bunge R (1994) Studies of Myelin Formation after Transplantation of Human Schwann Cells into the Severe Combined Immunodeficient Mouse. Experimental Neurology 130: 41-52.

Levi A, Guénard V, Aebischer P, Bunge R (1994) The functional characteristics of Schwann cells cultured from human peripheral nerve after transplantation into a gap within the rat sciatic nerve. J Neurosci 14:1309-1319

Levi ADO, Sliwkowski MX, Lofgren J, Hefti F, Bunge RP (1995) The influence of heregulins on human Schwann cell proliferation. J Neurosci 15:1329-1340.

Levi A, Sonntag V, Dickman C, Mather J, Li R, Cordoba S, Bichard B, et al. (1997) The role of cultured Schwann cell grafts in the repair of gaps within the peripheral nervous system of primates. Exp Neurol 143:25-36. 143:25-36.

Lewin-Kowalik J, Sieron AL, Krause M, Kwiek S (1990) Predegenerated peripheal nerve grafts facilitate neurite outgrowth from the hippocampus. Brain Res Bull 25:669-673.

Lewin-Kowalik J, Sieron AL, Krause M, Barski JJ, Gorka D (1992) Time-dependent regenerative influence of predegenerated nerve grafts on hippocampus. Brain Res Bull 29:831-835.

Li R-h, Slikowski M, Lo J, Mather J (1996) Establishment of Schwann cell lines from normal adult and embryonic rat dorsal root ganglia. J Neurosci Meth 67:57-69.

Li Y, Raisman G (1994) Schwann cells induce sprouting in motor and sensory axons in the adult spinal cord. J Neurosci 14:4050-4053.

Li Y, Field PR and Raisman G (1997) Repair of adult rat corticospinal tract by transplants of olfactory ensheathing cells. Science 277:2000-2002.

Liuzzi FJ, Tedeschi (1992) Axo-glial interactions at the dorsal root transitional zone regulate neurofilament protein synthesis in axotomized sensory neurons. J Neurosci 12:4783-4792.

Menei P, Montero-Menei C, Whittemore S, Bunge R, Bunge M (1997) Schwann cells genetically modified to secrete human BDNF promote enhanced axonal regrowth across adult rat spinal cord. Eur J of Neurosci 10: 607-621

Mesulam, M.M. (1982) Tracing neural connections with horseradish peroxidase. J. Wiley and Sons, New York, pp.12-20.

Meyer M, Matuoka I, Wetmore C, Olsen L and Thoenen H (1992) Enhanced synthesis of brain-derived neurotrophic factor in the lesioned peripheral nerve: different mechanisms are responsible for the regulation of BDNF and NGF mRNA, J Cell Biol 199:143–153.

Montero-Menei, C, A Pouplard-Barthelaix, M Gumpel, A Baron-Van Evercooren (1992) Pure Schwann cell suspension grafts promote regeneration of the lesioned septo-hippocampal cholinergic pathway. Brain Research 570:198–208.

Morrissey TKM, Kleitman N, Bunge RP (1991) Isolation and functional characterization of Schwann cells derived from adult peripheral nerve. J Neurosci 11(8):2433–2442.

Morrissey TK, Levi ADO, Nuijens A, Sliwkowski MX, Bunge RP (1995) Axon-induced mitogenesis of human Schwann cells involves heregulin and p185 erbB2. Proc Natl Acad Sci 92:1431–1435.

Neuberger T, Cornbrooks C, K LF (1992) Effects of delayed transplantation of cultured Schwann cells on axonal regeneration from central nervous system cholinergic neurons. J Comp Neurol 315:16–33.

Ng TF, So K, Chung SK (1995) Influence of peripheral nerve grafts on the expression of GAP-43 in regenerating retinal ganglion cells in adult hamsters. J. Neurocyt. 24:487–496.

Oudega M, Varon S and Hagg T (1994) Regeneration of adult rat sensory axons into intraspinal nerve grafts: promoting effects of conditioning lesion and graft predegeneration. Exp Neurol 129:194–206.

Oudega M and Hagg T (1996) Nerve growth factor promotes regeneration of sensory axons into adult rat spinal cord. Exp Neurol 140:218–229.

Perry VH, Henderson Z, Linden R (1983) Postnatal changes in retinal ganglion cell and optic axon populations in the pigmented rat. J Comp Neurol 219:356–368.

Pindzola RR, Doller C, Silver J (1993) Putative inhibitory extracellular matrix molecules at the dorsal root entry zone during development and after root and sciatic nerve lesions. Dev Biol 156: 34–48.

Pleasure D, Kreider B, Sobue G, Ross AH, Koprowski H, Sonnenfeld KH, Rubenstein AE (1986) Schwann-like cells cultured from human dermal fibromas. Ann NY Acad Sci 486:227–240.

Ramon-Cueto A and Nieto-Sampedro M (1994) Regeneration into the spinal cord of transected dorsal root axons is promoted by ensheathing glia transplants. Exp Neurol 127:323–244.

Ramon-Cueto A and Valverde F (1995) Olfactory bulb ensheathing glia: A unique cell type with axonal growth-promoting properties. Glia 14:163–173

Ramon-Cueto, A, G Plant, J Avila, M Bunge (1998). Long-distance axonal regeneration in the transected adult rat spinal cord is promoted by olfactory ensheathing glia transplants. J Neurosci 18(10): 3803–3815.

Rawson, C, S Shirahata, T Natsuno, D Barnes (1991). Oncogene transformation frequency of senscent SFME is increased by c-myc. Oncogene 6: 487–489.

Richardson, P.M., U.M. McGuiness, and A.J. Aguayo. 1980. Axons from CNS neurons regenerate into CNS grafts. Nature Lond. 284:264–265.

Richardson PM, Issa VMK, Shemie S (1982) Regeneration and retrograde degeneration of axons in the rat optic nerve. J Neurocytol 11:949–966.

Richmond FJR, Creasy JL, Kitamura S, Smits E (1994) Efficacy of seven retrograde tracers, compared in multiple-labelling studies of feline motoneurons. J Neursoci Meth 53:35–46.

Rutkowski JC, Kirk M, Lerner G, Tennekoon (1995) Purification and expansion of human Schwann cells in vitro. Nature Medicine 1:80–83.

Scarpini EG, Meola G, Baron P, Beretta S, Velicogna M, Scarlato G (1986) S-100 protein and laminin: Immunocytochemical markers for human Schwann cells *in vitro*. Exp Neurol 93:77–83.

Scarpini E, Baron P, Scarlato G, Eds (1993) Human Schwann Cells in Culture. Neurogeneration. New York, Raven Press.

Schaden H, Stuermer CAO, Bahr M (1994) GAP-43 immunoreactivity and axon regeneration in retinal ganglion cells of the rat. J Neurobiol 25:1570–1578.

Schnell L, Schwab M (1990) Axonal regeneration in the rat spinal cord produced by an antibody against myelin-associated neurite growth inhibitors. Nature 343:269–272

Schnell L, Schwab ME (1993) Sprouting and regeneration of lesioned corticospinal tract fibers in the adult rat spinal cord. Eur. J. Neurosci. 5:1156–1171.

Sharma SC, Jadhao AG, Prasada Rao PD (1993) Regeneration of supraspinal projection neurons in the adult goldfish. Brain Res. 620:221–228.

Smale KA, Doucette R and Kawaja MD (1996) Implantation of olfactory ensheathing cells in the adult rat brain following fimbria-fornix transection. Exp Neurol 137:225–233.

Smith GV, Stenvenson JA (1988) Peripheral nerve grafts lacking viable Schwann cells fail to support central nervous system axonal regeneration. Exp Brain Res. 69:299–306.

Stewart H, Eccleston P, Jessen K, Mirsky (1991) Interaction between cAMP elevation, identified growth factors, and serum components in regulating Schwann cell growth. J Neurosci Res 30: 346–352.

Stichel C Lips K, Wunderlich G, Muller H (1996) Reconstruction of transected postcommissural fornix in adult rat by Schwann cell suspension grafts. Exp. Neurol 140: 21–36.

Stone J. (1981) The wholemount handbook: a guide to the preparation and analysis of retinal wholemounts. Maitland, Sydney.

Thanos S, Vidal-Sanz M, Aguayo AJ (1987) The use of rhodamine-B-isothiocyanate (RITC) as an anterograde and retrograde tracer in the adult visual system. Brain Res 406:317–321.

Tetzlaff W, Alexander SW, Miller FD, Bisby MA (1991) Response of facial and rubrospinal neurons to axotomy: changes in mRNA expression for cytoskeletal proteins and GAP-43. J. Neurosci. 11:2528–2544.

Valentini R (1995) Nerve Guidance Channels. The Biomedical Engineering Handbook. B. JD, CRC Press: 1985–1996.

Valentini RF, AP, Winn SR, Galletti PM (1987) Collagen- and laminin- containing gels impede peripheral nerve regeneration through semipermeable nerve guidance channels. Exp Neurol 98:350–356.

Vidal-Sanz M, Bray GM, Villegas-Perez MP, Thanos S, Aguayo AJ (1987) Axonal regeneration and synapse formation in the superior colliculus by retinal ganglion cells in the adult rat. J. Neurosci. 7:2894–2909.

Vidal-Sanz M (1990) Regenerative responses of injured adult rat retinal ganglion cells: Axonal elongation, synapse formation and persistence of connections. PhD thesis, McGill University.

Xu XM, Guénard V, Kleitman N, Bunge MB (1995a) Axonal regeneration into Schwann cell-seeded guidance channels grafted into transected adult rat spinal cord. J Comp Neurol 351:145–160.

Xu XM, Guénard V, Kleitman N, Aebischer P, Bunge MB (1995b) A combination of BDNF and NT-3 promotes supraspinal axonal regeneration into Schwann cell grafts in adult rat thoracic spinal cord. Exp Neurol 134:261–272.

Xu, X, Chen A, Guénard V, Kleitman N, Bunge M (1997) Bridging Schwann cell transplants promote axonal regeneration from both the rostral and caudal stumps of transected adult rat spinal cord. J Neurocytol 26:1–16.

Zhao Q, Kerns JM (1994) Effects of predegeneration on nerve regeneration through silicone Y-chambers Brain Res 633:97–104.

Zwimpfer TJ, Aguayo AJ, Bray GM (1992) Synapse formation and preferential distribution in the granule cell layer by regenerating retinal ganglion cell axons guided to the cerebellum of adult hamsters. J Neurosci 12:1144–1159.

第十四章　啮齿类动物中枢神经系统移植

Klas Wictorin，Martin Olsson，Kenneth Campbell and Rosemary Fricker

王晓民　译

首都医科大学生理系

xmwang@cpums.edu.cn

■ 绪　论

在研究中枢神经系统（central nervous system，CNS）发育和再生的过程中，组织或细胞移植是一种被广泛应用的实验方法（Dunnett and Björklund　1994；Gaiano and Fishell　1998）。由于相关的动物模型已经证实移植可以改善人为损伤引发的病变，所以移植对于治疗神经系统退变性疾病（neurodegenerative diseases）及其他一些 CNS 疾病有着重大的意义。根据疾病模型和移植物的特性，脑内移植物产生功能效应的机理可以分为以下四种：受损路径的局部重建、递质的产生及分泌、营养作用和刺激组织再生（Dunnett and Björklund　1994）。实际上，细胞或组织移植的方法已经应用于临床治疗帕金森病（Parkinson's disease）及亨廷顿舞蹈症（Huntington's chorea）等疾病（Lindvall　1994；Kopyov et al. 1998；Freeman and Widner　1998）。

本章重点阐述了啮齿类动物 CNS 移植技术在实验中的应用，并介绍了制备移植物的不同方法。在本章介绍的移植实验中，受者可以是成年、新生或胚胎动物，移植物是啮齿类动物胚胎 CNS。除了直接分离的早期胚胎或胎儿组织，其他组织或细胞，如单独培养的干细胞（第十一章），来源于 CNS 或其他组织的经过遗传修饰的细胞，同样可以用于 CNS 移植，如移植技术在先体外后体内基因转移中的应用（Kawaja et al. 1992）。此外，本书第十三章讲述了移植技术在轴突发育研究中的应用。

最早的脑内神经组织移植实验报道于 1890 年，Thompson 试图在成年的猫和狗身上进行新皮质组织移植，由于供者年龄和种属差异的影响，这次大胆的尝试最终失败了。Ranson 于 1909 年将脊神经节植入发育中大鼠的大脑皮质，是最早成功的 CNS 移植实验；之后，Dunn 于 1917 年把来自新生动物的大脑皮质植入新生受者脑内，并报道了对存活下来的移植物的观察。此外，LeGros Clark 于 1940 年首先成功地描述了将来源于胚胎的大脑皮质植入新生受者皮质的实验。总之，早期的研究人员证实了神经系统组织移植的可行性，并对于一些实验现象做出了观察报告。例如，移植物的神经营养作用，供者和受者年龄的重要性，以及不同移植位点之间移植效果的差异（关于神经系统移植的发展史，见 Björklund and Stenevi　1985）。这一领域的近代历史始于大约 30 年前，随着放射自显影和组织化学技术的广泛应用，移植工作有了很大的进展，Das 和他的同事（Das and Altman　1971，1972）对胎儿神经组织植入新生受者大脑后存活的组织进行了研究，Olson 和他的同伴（Olson and Malmfors　1970；Olson and Seiger　1972）以眼前房（anterior eye chamber）为研究植入神经组织发育和生长的位点，Björklund 等（Björklund and Stenevi 1971；Björklund et al. 1971）研究了 CNS 内单胺能神经纤维出芽的情况，以及这些纤维长入移植到脑内的平滑肌之间的现象。至此，CNS 移植逐渐成为现代神经生物学研究的热点。

移植方法在啮齿类动物以外其他种属的发育研究中同样有着广泛的应用（近期综述见 Gaiano and Fishell 1998）。本章以介绍方法为主，不对 CNS 移植领域的所有方面都进行详细的的阐述。下面提供的实验方法大部分是以图表方式给出的，并提供了一些移植工具应用的实例。对于每一种组织和不同的动物模型来讲，都有一大批数量不断增加的文献，如果读者希望了解更多的情况，建议参考其他综述（Dunnett and Richards 1990；Dunnett and Björklund 1994）。

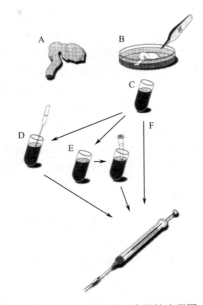

图 14-1 移植实验主要步骤的流程图

获取啮齿类动物的胚胎（A），分离出感兴趣的区域（B），将分离所得的组织收集在小管中（C），进一步制备得到分散细胞悬液（D）或单细胞悬液（E），或直接使用组织块（F），用微量进样器进行注射移植。

■ 概 述

本章提供的基本实验步骤如图 14-1 所示。

实验方案 1 胚胎中枢神经组织的分离

■■ 材 料

1. 解剖台。

注意：最好使用通风橱，如果选用一般的实验台，应尽可能在清洁的条件下施行移植术。这样，即使在通风橱外手术，移植后的感染率也很低。

2. 显微外科手术器械：精细镊子（直头、弯头）、弹簧剪或虹膜切除术用剪（直头、弯头）。大的器械：用于获取胚胎的剪刀和镊子。

所用器械在使用前均应消毒。

3. 带有透射光或落射光的立体显微解剖镜。

注意：如果用落射光，可在分离用平皿下垫一块黑色的纸或者塑料，以增强对比和可视度。

4. 怀孕的啮齿类动物。

5. 分离用培养基。

注意：不同的实验者选用了不同的培养基，早期的研究者主要应用一种由生理盐水（消毒）配制的浓度为 0.6% 的葡萄糖溶液作为基础培养基（Brundin et al. 1985a）。现在的实验人员大多选用不同的组织培养基，如不含钙、镁离子的 Hanks' 平衡盐溶液（Hanks' balanced salt solution，HBSS），DMEM（Dulbecco's modified eagle medium）也有广泛的应用（Nikkhah et al. 1994a，b）。在眼内移植实验中表明，与 HBSS 相比，DMEM 更有利于细胞的存活。最近，Watts 等研究了分离用培养基对腹侧中脑组织的影响，证明应用 DMEM 后，移植物存活率较高，并可提高酪氨酸羟化酶（tyrosine hydroxylase，TH）阳性细胞的数目。

6. 麻醉剂。

注意：在获取胚胎前，供者可以被处死或深度麻醉（如大量使用巴比妥类药物）。麻醉剂的选择和实施方法应视各实验室习惯及地方法规要求设定。

■■■ 步　骤

CNS 移植物对供者年龄有一定要求，只有来自胚胎/胎儿或新生供者的移植物才能在分离后直接移植成功。一般认为，移植的最佳时期是在神经元进行最后的细胞分裂而没有形成广泛的轴突投射之前（Björklund and Stenevi 1984）。

啮齿类动物的孕程

表 14-1　大鼠胚胎/胎鼠的胎龄与顶臀长的关系

（Dunnett and Björklund 1992；有修改）

胎龄（d）	顶臀长（mm）
12	8
13	9
14	10～11
15	12～14
16	15～16
17	17～19
18	21～23
19	24～25

1. 最好选择知道确切交配时间（阴栓阳性的日期）的孕鼠。在交配成功之后的第一个清晨，检查雌鼠，可在阴道处发现黄白色阴栓，将这一天定义为胚胎 0 天（embryonic day 0，E 0）。胎龄还可以通过其与顶臀长（crown-to-rump length，CRL；表 14-1）的关系推知，把胚胎放在载玻片上以毫米为单位测量顶臀长。通过练习，可以通过触诊孕鼠（用乙醚轻微麻醉）测量胚胎的大致年龄。对于大鼠来讲，E13 前后的胚胎呈清楚的球状，其直径与顶臀长相近（Dunnett and Björklund 1992）。E18 以后的大鼠胚胎被称为胎鼠。

2. 胚胎组织的最适年龄视具体实验要求而定。下面介绍了不同脑区适宜移植的胎龄。不同品系的啮齿类动物的孕期会有所差异，但大鼠一般为 21～22d，小鼠一般为 19～20d。除非特别指明，本章给出的实验方法主要是针对大鼠的。读者如果想了解小鼠大脑中相应脑区适宜移植的发育时期，请查阅相关的文献。Alvarez-Bolado 和 Swanson（1996）总结出了一条规律：在妊娠第一周，大鼠的发育比小鼠晚 1～1.5d，在第二周晚 2d，在第三周晚 3～4d。

获取胚胎和中枢神经组织

1. 经过深度麻醉，供者腹部去毛并以 70％乙醇消毒，用消过毒的器械开腹，用另一套消过毒的剪刀和镊子取出子宫角，放在盛有培养基的消毒小管中。之后，处死供者

（过量给药或断头）。用小剪刀和小镊子把胚胎从子宫角中一个一个地分离出来，放进盛有培养基的已消毒带盖培养皿（petri dish）中。

2．胚胎可以在肉眼下，用显微剪或锋利的解剖刀片从近尾段断头（除非需要分离脊髓的某一特殊部位）。这样，脑与上段脊髓分离出来。将头移入一个新的培养皿，并置于解剖显微镜下，用两把眼科镊撕去脑外包绕的其他组织，如皮肤、肌肉、头骨、脑膜。在剥离过程中，注意不要伤及脑组织。可以在头骨上做一正中切口，以便于剥去发育中的软骨。

3．将脑组织移入盛有新鲜培养基的培养皿以备进一步做特定脑区的分离。在这一步操作中，应多次用培养基冲洗脑块，以去掉残血和组织碎片。

胚胎/胎鼠 CNS 分离

以下介绍了一些最常用脑区的分离方式，图 14-2 为这些脑区在发育中啮齿类动物脑内的定位。

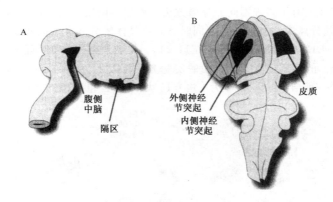

图 14-2　E14 前后大鼠胚胎中枢神经系统常用移植组织的定位

如果希望进一步了解情况，读者可以查阅啮齿类动物 CNS 发育相关的详细图谱和文献（Altman and Bayer　1995；Bayer and Altman　1995；Alvarez-Bolado and Swanson 1996）。下面的实验方法由本章作者选自相关文献。由于各个脑区发育特征不同，在具体实验过程中应对移植物分离的具体细节做出相应调整，以求完善实验过程。选择不同的发育时间点，在分离所得移植物中会有不同的细胞类型及不同的前体细胞、成熟细胞和分化细胞比例。不同脑区分离方法可参考 Seiger（1985）和 Dunnett 等（1992，1997）的文章。

对于任何分离手术来讲，均须注意下列事项：

1．脑组织必须用镊子小心轻取，镊子捏取的部位应尽量远离目的脑区，不要直接捏挤目的脑区本身，目的脑区要用锋利的显微解剖剪剪下。

2．在向小管或小皿中转移小块移植物时，不能直接用镊子夹起，应用剪刀或弯头镊子从下方托起，以保证组织块处于适中的表面张力下。

3．在分离过程中，组织块在分离用培养基中可置于室温下保存。

神经节隆起

　　神经节隆起（ganglionic eminence）位于前脑脑泡（telencephalic vesicle）底部（图
14-3），发育形成纹状体（corpus striatum），包括纹状体（striatum）或尾状核（cau-
dateputamen）和苍白球（pallidum）（Smart and Sturrock　1979）。大鼠尾状核神经发生
始于 E12，终止于出生后第 3 天，在 E15 达到高峰（Bayer　1984；Marchand and Lajoie
　1986）。外侧神经节突起（lateral ganglionic eminence，LGE）和内侧神经节突起（me-
dial ganglionic eminences，MGE）在移植实验中已被广泛应用，尤其是在亨廷顿病的动
物模型实验中（Wictorin　1992；Björklund et al. 1994）。近来，研究者开始注意这两个
隆起与纹状体和其他相关脑区的不同关系。实验表明，LGE 是形成纹状体神经元的主
要区域，可以形成投射神经元和一部分共表达 GABA 和生长素抑制因子（somatostatin）
的纹状体中间神经元（Olsson et al. 1998b）。MGE 主要形成苍白球和前脑基底部的神
经元以及纹状体的胆碱能中间神经元（Olsson et al. 1998b）。由于这些研究成果的出
现，针对神经节隆起有了多种不同的分离方法。根据不同实验所需的区域或细胞种类，
可选择 LGE 单独分离或 LGE 和 MGE 同时分离。具体的分离方法同样受胎龄影响，在
大鼠最常用的是 E12～15，在小鼠常用 E11～14。关于分离神经节隆起的详细情况可在
Olsson 等（1995）的文章中查到。下面的实验方法可以用于同时分离 LGE 和 MGE 或
单独分离其中的一种结构（图 14-3 为 E14～15 大鼠 LGE 和 MGE 同时分离的示意图）。

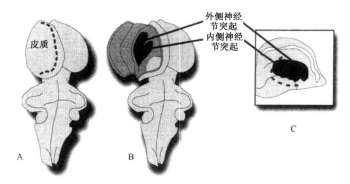

图 14-3　E14 大鼠胚胎神经节隆起分离图
在皮质中线旁开一切口（A），向侧面打开皮质，分离出外侧神经节突起和内侧神
经节突起（B，C），这两块组织既可以同时分离出来，也可以单独分离。详细情况
如上文所述［选自 Wictorin 等（1989）的文章，有修改］。

　　1. 大脑腹面向下放置，沿端脑泡皮质的中脊纵向切开，皮质层向两侧打开以暴露
下面的神经节隆起。
　　2. 欲同时获取 LGE 和 MGE，可依图 14-3 所示，从尾状核角部切下一块心形组织。
如果只取 LGE 或 MGE，先在两个隆起间做一切口，然后水平分离获取所需部位。如果
水平切口较浅，则主要获得生发细胞；如果切口较深，也可获得分化细胞。

隔 区

在大鼠胚胎隔区和斜带核（diagonal band nuclei）的发育过程中，胆碱能细胞产生于 E12-16（Semba and Fibiger 1988），这些区域已经用于痴呆或衰老模型的移植治疗。有报道说，使用 E14～15 分离的胚胎隔区可获得较高的存活率和较好的治疗效果（Nilsson et al. 1988）。如图 14-4 所示，隔区可以用两种方法分离，即常规方法可以同时获得隔区和对角带（diagonal band）的可变区；用特异的方法分离只得到隔区（Dunnett et al. 1986；Nilsson et al. 1988；Dunnett and Björklund 1992）。

1. 常规方法（图 14-4A～C）：大脑背面向下放置，由腹侧面做两个冠状切口，一个在未发育的嗅球后（图 14-4B-1），另一个在下丘脑嘴侧（图 14-4B-3）。之后，在神经节隆起或纹状隆起（striatal eminence）内侧做双侧矢状切口（图 14-4B 和图 14-4C-2），最后，由背侧分开隔区和皮质原基（cortical anlage）（图 14-4C-5）。

2. 特异方法（图 14-4D～F）：在前脑于嗅球和下丘脑之间做冠状切片，图 14-4D 为侧面观，E 为腹侧面观，之后，可以从冠状切片腹内侧部分离出隔区，在去掉覆盖着的纹状隆起之后，可以由切片腹外侧部获得发育中的基底核（nucleus basalis of meynert，NBM）。

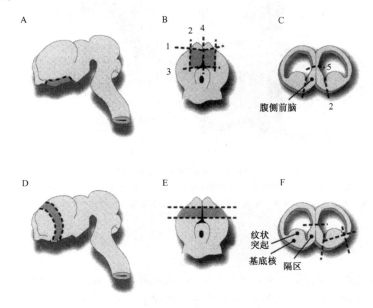

图 14-4 E15 大鼠胚胎隔区分离

这一区域既可以从腹侧用标准方法分离（A～C），也可以用特异方法在从前脑作冠状切片后同时获得隔区和基底神经节（D～F）［选自 Dunnett 等（1992）的文章，有修改］。

腹 侧 中 脑

实验者常由胚胎的腹侧中脑（ventral mesencephalon，VM）分离获取发育中的多巴胺能神经元，用于帕金森病动物模型的治疗（Brundin et al. 1994）。在大鼠，腹侧中脑的多巴胺能神经元产生于 E13～15（Bayer and Altman 1995），这一阶段的供体组织较利于移植。腹侧中脑的分离方法如图 14-5 所示，进一步的细节与参考资料见 Dunnett 等（1997）的文章。

1. 胚胎腹侧面向上放置，分别在中脑与间脑交界处和中脑曲尾部做冠状切口，可以分离得到双侧腹侧中脑。具体操作方法如下：先在中脑曲嘴侧做冠状切口（图 14-5A-1），之后在中脑尾侧做冠状切口（图 14-5A-2）。冠状切口的位置也可以依照覆盖其上的丘脑（thalamus）及顶盖（tectum）表面的标志来定位，如图 14-5D 辅助线所示。最后，如图 14-5C 所示，在图 14-5A-3 和图 14-5B-4 处做两个矢状切口，获得组织块。

2. 在去掉脑膜时应特别小心，可先完成解剖分离，然后在解剖显微镜下通过提起间叶细胞层去掉脑膜。

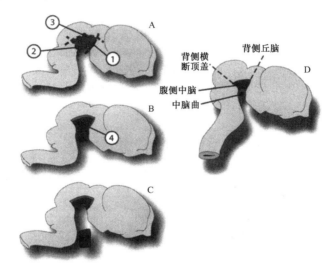

图 14-5　图为 E14 大鼠胚胎腹侧中脑的侧面图

A，B，C 为逐步分离的过程，具体方法如上文所述。D 图表示了分离切割的角度，
如虚线所示由背侧横断顶盖和背侧丘脑［选自 Dunnett 等（1992）的文章，有修改］。

海　马

在局部缺血等疾病模型中，海马（hippocampus）组织有广泛的移植应用（Tönder et al. 1989；Hodges et al. 1994）。在胚胎发育过程中，海马神经元形成相对较晚，在出生后齿状回仍能产生很多颗粒细胞（Bayer and Altman 1995）。最近发现，成年啮齿类动物齿状会终生保持形成神经元的能力（Gage et al. 1998）。为了获取含有丰富锥形神经元的移植物，可以选择 E18 的大鼠或出生后仍处于发育期的动物（Sunde and Zimmer 1983）。在后一时间点分离可以获得海马结构中某一特定区域的细胞。图 14-6 为 E18 大鼠胚胎海马原基的解剖图。

为了到达海马层，由皮质原基中线旁开一贯穿全长的辅助纵向切口（图 14-6A），在尾端，这一切口恰好沿着海马原基的侧面。向两侧拉开发育中的皮质（图 14-6B），切断扣带回（cingulate cortex）和海马伞（fimbria），轻轻向后推海马组织，使之与下面的丘脑脱离（图 14-6C），最后，切断海马下端的连接，去掉脑膜和新皮质（图 14-6D）。

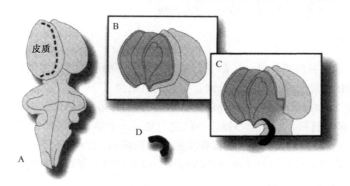

图 14-6　E18 大鼠胚胎海马原基的解剖图

沿着海马尾侧边缘在皮质上做旁正中切口（A），向两侧打开皮质（B），分离出海

马（C，D）［选自 Dunnett 等（1992）的文章，有修改］。

新皮质

将皮质原基完整地沿纵向剥下，即获得完整的颅顶部新皮质（neocortex）。新皮质常用于新生鼠或成年鼠皮质梗死等疾病模型的移植实验，参见 Castro 等（1988）、Grabowski 等（1992）和 Kolb 等（1994）的文章。新皮质发育相对较晚，据报道，较好的移植时机为妊娠中期或出生后数天内。

1. 首先，沿端脑泡中线纵向切开整个新皮质，向两侧打开新皮质。在嘴侧和尾侧各做一冠状切口，并沿着神经节隆起纵向切开，就获得了整块组织。可以再按照具体某个脑区的要求确定组织块的大小和保留脑区。

2. 在取组织块之前或之后撕下脑膜均可。

其他区域

发育中 CNS 的其他区域也可以作为移植实验的供体组织，例如，脊髓（Bregman 1994），小脑原基（Sotelo and Alvarado-Mallart　1987），视网膜（Lund et al. 1987），下丘脑（Wood and Charlton　1994），蓝斑（Björklund et al. 1986）和背侧中缝核（Foster et al. 1988）。具体分离方法见 Seiger（1984）和 Dunnett 等（1992）的文章。

实验方案 2　细胞/组织的制备

■■ 材　料

—37℃温箱或水浴锅

—火焰消毒后的巴氏吸管（Pasteur pipettes）

　　—微量加液器（Eppendorf；1ml and $200\mu l$）

　　—血细胞计数板（Haematocytometer）

　　—化学药品：胰蛋白酶（trypsin）、DNA 酶

■ ■ ■ 实验步骤

　　分离出来的移植物需要进一步制备，制备的方法有如下三种：分离后含有残存的组织块或聚集物的细胞悬液；单细胞悬液；完整的组织块。

　　完整的组织块常用于外科手术补洞的移植实验，如 Stenevi 等（1985）所做的那样。此外，Sotelo 和他的同事曾经把小脑原基的组织块植入小脑发育缺陷的小鼠脑内（Sotelo and Alvarado-Mallart 1987）。实验者应用整块组织的原因可能是在已知确切分化方向的情况下，希望保留移植物相对完整的结构。也有使用碎裂但没有完全分散的组织的先例（Björklund and Dunnett 1992）。

　　本章重点讲述使用细胞悬液的方法。应用细胞悬液的一大优点就是可以将细胞悬液通过精确定位注射到靶点，例如，应用汉密尔顿注射器（Hamilton syringe）或玻璃毛细管均可达到大脑深部位点（Björklund et al. 1980，1983）。应用细胞悬液还可以对注入各个部位的细胞数量及其生存能力做出直接的评估（Brundin et al. 1985a；Nikkhah et al. 1994a；Barker et al. 1995）。

　　上述三种方式之中哪一种最好，要根据具体实验所要求的细胞种类、移植存活率和治疗效果具体而定。下面给出的实验方法是作者实验室在工作中证明可行的。当然，随着工作的进一步开展，这些实验方法可能需要不断的修正。

制备细胞悬液

　　为了得到细胞悬液，组织块通常需要经过机械分离和酶的消化。这个过程会影响到细胞的生存能力和移植的成功率，所以要尽可能地优化这一过程（Barker et al. 1995）。例如，将胚胎多巴胺能神经元植入成体脑中时，只有 $5\%\sim20\%$ 的细胞存活率（Sauer and Brundin 1991），如果在分离过程中应用脂质过氧化反应的抑制剂，如拉扎碱类（lazaroids），可以提高植入细胞的存活率（Nakao et al. 1994）。最近，研究发现天冬氨酸特异的半胱氨酸蛋白酶（cysteinyl aspartate-specific protease，caspase）的抑制剂可以使移植到偏侧帕金森病大鼠模型脑内的多巴胺能神经元减少凋亡，提高其存活率（Schierle et al. 1999）。对于酶消化的过程来讲，Björklund 等（1986）证实在制备来自蓝斑的去甲肾上腺素能神经元的过程中，只有不使用胰蛋白酶才能得到较好的移植存活率。此外，Olsson 等（1997）发现将未经胰蛋白酶处理（即保持细胞表面分子完整）的神经节隆起细胞植入大鼠胚胎侧脑室，可产生更多的特异性同源整合。除了优化制备细胞悬液的过程之外，实验者现在开始尝试在移植前，用营养因子和选择性培养方法体外扩增中脑前体细胞的数量（Studer et al. 1998）。

　　1. 如上文所述分离得到胚胎组织，然后将组织块收集在盛有分离用培养基的 Eppendorf 管或小瓶中。

　　2. 组织块在含有 0.1%胰蛋白酶和 0.5%DNA 酶（deoxyribonuclease，DNase，Sigma）的培养基中 37℃孵育 20min。

3. 组织块用培养基小心地洗 4 次，以除去胰酶。

4. 培养基的终体积用一个均值来衡量，如 10μl/块组织。向试管中加入含有 DNA 酶的培养基，根据需要的细胞悬液的浓度来确定加入的总体积，一般说来，分离下来的腹侧中脑应加培养基 5～6μl/块，每个神经节突起（LGE＋MGE）大约 5μl。

5. 用巴斯德吸液管反复吹打组织块，使之在机械作用下形成乳状的细胞悬液。一般选择两种不同直径的吸液管。小心不要产生气泡。这样得到的细胞悬液中既含有单细胞也含有聚合物以及组织的小碎块。应避免吸管过度吹打，一般 10～15 次即可以达到较好的分离效果而不会对细胞造成过度的伤害（Björklund and Dunnett　1992）。细胞悬液的浓度和生存能力可以用台盼蓝染料排斥法（Trypan blue dye exclusion method）判断，或用吖啶橙（acridine orange）或溴化乙啶（ethidium bromide）染色。用血细胞计数板完成细胞计数（Brundin et al. 1985a）。

单细胞悬液

为了达到显微移植技术的要求，使注入的细胞悬液体积更少，应使用直径更小的玻璃毛细管移植细胞。因此，实验者对传统的制备细胞悬液的技术进行了改良（Nikkhah et al. 1994a, b）。利用这种技术可以得到均匀的单细胞悬液，从而达到了精确估计悬液中细胞密度的目的，保证了移植细胞数量的可重复性。Nikkhah 等（1994a, b）曾利用这一手段进行腹侧中脑移植，下面的实验方法就是基于这一实验。

1. 组织块收集，胰蛋白酶消化，以及去除胰酶的方法，与制备细胞悬液时一样。组织块与培养基的体积要适合吹打分离（250μl 或 500μl），具体根据组织块的量来定。

2. 组织块先用 1ml Eppendorf 移液器反复吹打，机械分离形成乳状细胞悬液。再用 200μl Eppendorf 移液器反复吹打形成均匀的单细胞悬液。之后，用血细胞计数板测量悬液细胞的浓度，在总体积已知的情况下，计算可知总细胞数。

3. 600r/min 离心 5min。

4. 沉淀用 200μl Eppendorf 移液器在事先准备好的终体积培养基中重新吹打形成悬液。培养基的体积决定于细胞的总数及所需要的适当终浓度。例如，Nikkhah 等用 100μl 培养基和 25 块腹侧中脑组织制成了终浓度每微升 100 000～150 000 个细胞的悬液。

细胞的生存能力和保存

通过台盼蓝染料排斥法或吖啶橙/溴化乙啶染色，血细胞计数板进行细胞计数后，实验者发现新制备的细胞悬液有非常好的生存能力，如腹侧中脑组织的细胞悬液中有 90%～95% 的活细胞。在移植过程中，细胞悬液可以在室温下保存数小时而维持其生存能力，但随着时间的延长，生存能力会降低，这也与组织的种类和供体胎龄有关（Brundin et al. 1985a）。在大多数实验中，我们在移植过程中将细胞悬液放在冰上或冰箱里保存。

为了长期保存组织，可以在移植前促使组织冬眠，如腹侧中脑或神经节隆起可以保持数天（Sauer and Brundin　1991；Frodl et al. 1995；Grasbon-Frodl et al. 1996；Nikkhah et al. 1995）。同样，在液氮中冻存也是可行的，但会显著降低移植后的存活率和功能。

实验方案 3　成体移植

■■ 材　料

1. 麻醉剂。

注意：不同的实验室会有不同的选择，也决定于具体的地方法规。见 Björklund 和 Dunnett（1992）的文献。

2. 立体定位仪：作者实验室使用的定位仪来自 Kopf Instruments（美国）。

3. 牙钻。

4. 显微外科的手术器械：解剖刀片、小镊子和注射器。

5. 手术用显微镜。

6. 缝线和回形针。

■■ 步　骤

本节重点讲述向成年受者脑实质中注射细胞悬液的方法，其他文献中有关于脑室移植（Freed　1985）和把组织块植入脑内移植用空腔的报道（Stenevi et al. 1985）。

麻醉和常规手术操作

1. 大鼠根据当地实验室方法麻醉。

2. 大鼠置于立体定位仪上，使移植物得以精确定位，并可反复放置。

3. 动物深度麻醉后，剃去头上的毛，用 70% 乙醇擦拭皮肤。用解剖刀片纵向切开头部皮肤，去掉颅骨表面的肌肉和结缔组织。

4. 以前囟（bregma）或后囟（lambda）为基准点进行测量。文献中报道过许多损毁模型和不同移植位点的相关资料，包括立体定位的坐标和移植相关的各种特定参数，如纹状体（Brundin et al. 1985a）、黑质（Nikkhah et al. 1994b）、海马（Bengzon et al. 1990）、丘脑（Peschanski and Isacson　1988）。在设计实验的过程中，建议读者在综述中查找相关数据，如 Björklund 和 Dunnett 等（1994）的文章。新的立体定位坐标也会在大鼠的脑片图谱中给出，如 Paxinos 等（1986，1997），Swanson（1992）的文章，小鼠的相关参数见 Franklin 和 Paxinos（1997）的文献。

5. 确定坐标后，用牙钻在颅骨上打出小孔，但应保持脑膜完整。

注射器械

可选择一个精密的微量进样器，如 $2\mu l$ 或 $10\mu l$ Hamilton 注射器（Hamilton Bonaduz, Switzerland）向移植位点注射细胞。细胞可以由一个内径适合细胞悬液通过的金属套管（不锈钢针）直接注入脑内。为了缩小注射器尖端的直径以减少组织损伤及注射后细胞悬液的回流，Nikkhah 等（1994a）做了一个外径为 $50\sim70\mu m$ 的精密玻璃毛细管，套在注射器的针尖上，这个套管如图 14-7 所示。用一个标准的吸液管拉制器，把一个玻璃毛细管（内径 0.55mm；外径 1.0mm）拉成一个长径吸液管或毛细管，用一截聚乙烯套

管（内径 0.58mm；外径 0.965mm）做接头，连接注射器的金属套管（外径 0.5mm）
和玻璃毛细管，聚乙烯套管先用吹风机的热风轻微加热，然后拉成圆锥形封套，直径小
的一头可以紧密地固定在金属套管上，再把玻璃毛细管和聚乙烯封套连接在一起
（Nikkhah et al. 1994a）。

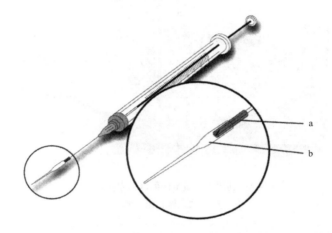

图 14-7　细胞悬液移植时所用的套有玻璃毛细管的微量注射器

插图显示的是利用聚乙烯管（a）与注射器金属导管相连的玻璃毛细管（b），
详细情况如文中所述。

　　玻璃毛细管的最佳内径取决于所注射的悬液种类（Nikkhah et al. 1994a）。对于均
匀的单细胞悬液来讲，可以用直径很小的毛细管；含有聚集物或密度较高的细胞悬液要
求毛细管的直径略粗，以避免阻塞；当注射完整的组织块时，要使用较大的注射器。

注射细胞

　　1．在移植过程中，我们通常把细胞悬液放在冰上或冰箱里，在使用前，如果发现
有沉淀物，可以用吸液器轻柔吹打使之重新混悬。

　　2．抽吸充满注射器的针头或玻璃毛细管。使用连有玻璃毛细管的 Hamilton 注射器
时，先移走针栓，向注射器和毛细管内注满培养基。注意不要在注射器或毛细管内形成
气泡，要检查毛细管与聚乙烯套管连接的地方是否渗漏。使用玻璃毛细管的另一个好处
就是在实际注射过程中，可以在显微镜下观察通过毛细管的细胞。

　　3．大部分实验中的垂直坐标是由脑膜表面开始计算的（图 14-8）。以 $1\mu l/min$ 的速
度注射细胞悬液，注射中间以极短暂的停顿，注射完毕之后，停针 2min，缓慢拔出注
射器。

　　4．缝皮或使用回形针闭合伤口。

关于免疫抑制剂的使用

　　一般认为 CNS 是免疫豁免区，这表示脑内的异体移植与体内其他部位相比有更高
的存活率（Widner and Brundin　1988；Sloan et al. 1990；Widner　1995）。移植后免疫

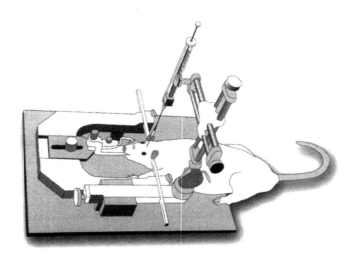

图 14-8　利用装有微量注射器的立体定位仪为
成年大鼠做移植手术

反应的影响因素有许多，如供体和受者之间的差异程度［同种异体（allogeneic），即在同种动物的不同品系之间进行移植；同源性异种移植（concordant xenogeneic），即种属较接近的供体和受者之间进行移植；非同源性异种移植（discordant xenogeneic），即在种属差异较大的供体和受者之间进行移植］、脉管系统的来源、抗原呈递细胞的含量以及局部的免疫抑制因子等。在脑内，异体移植的存活率同样由供体的组织制备和移植位点决定。同种异体组织的细胞悬液及少数异种组织，在植入纹状体后有较高的存活率；但是，同样的移植物植入海马，或向脑室内移植组织块，则需要使用免疫抑制剂，否则会发生较强的免疫排斥反应（Widner　1995）。

　　本章引用的大量研究所使用的是同源移植（syngeneic graft）（在同品系的供体和受体之间进行移植），一般不需要免疫抑制剂。将小鼠的组织植入大鼠体内，环孢菌素 A（cyclosporin A）可以提高移植细胞的存活率（Brundin et al. 1985b）。在作者的实验室，移植后给受者腹腔注射环孢菌素 A 10mg/kg（Sandimmun；Sandoz，Basel，Switzerland），环孢菌素 A 溶解在聚乙二醇（cremophor）和生理盐水中，终浓度为 10 mg/ml。在给予免疫抑制剂的前 10 天，需在动物的饮用水中添加抗生素（如 Borgal，Hoechst，Munich，Germany）。Pakzaban 和 Isacson（1994）对神经系统异种移植后全身使用免疫抑制剂的效果做了分析，发现使用免疫抑制剂可以全面提高存活率至大约 75%，而不使用免疫抑制剂其存活率则会降低到 30%。Pedersen 等（1995）认为多种免疫抑制剂（环孢菌素 A、硝基咪唑、泼尼松龙）联合应用非常有效。

　　有效的免疫抑制方法有多种，但都不能减少并发症和费用。除了每天腹腔注射环孢菌素 A 外，还有几种单独用药的方法，也可以在 10～15 周内保持存活率而不会引起损伤，如每天注射甲基泼尼松龙（methylprednisolone）30mg/kg（Duan et al. 1996；Czech et al. 1999）。最近推荐单独用药的改良方案为：每天口服泼尼松龙 20 mg/kg 或腹腔注射甲基泼尼松龙 10mg/kg，持续 2 周。小鼠受者最好使用抗淋巴细胞血清（anti-lymphocyte sera，ALS）或单克隆抗体（monoclonal antibodies），因为常规用药需要给很大的剂量（环孢菌素 A50～80mg/kg），毒性较大。抗体治疗通常容易耐受，可以腹腔给药，但需要每 3～5d 重复 1 次，并在移植前几天就开始给药。这种方法可能导致移植耐受（Wood et al. 1996）。啮齿类动物的抗体治疗一般比较贵。

对任何移植来讲，如果受者是新生动物，可以自发地忽略移植物，形成免疫耐受（Brent　1990）。将小鼠视网膜植入新生大鼠脑内（Lund and Banerjee　1992），可以存活 2 年之久；而同样的组织在成体受者脑中会很快被排斥。受体大鼠的年龄在 8～12d 之前，可以保证移植物存活而不受排斥（Lund and Banerjee　1992）。在作者的实验中，通常将小鼠细胞移植到出生后 1～2d 的大鼠脑内，获得了较好的效果。

组织进一步处理和灌注的注意事项

在一些移植实验中，移植物可以在活体中检测其功能，如用微透析测量递质释放（Campbell et al. 1993），行为测试（Dunnett　1994）或应用不同的脑成像方法（Fricker et al. 1997）。对于组织化学分析来讲，动物要先处死，然后根据后续分析方法的需要用特殊的方法做进一步的处理。为了进行详细的解剖学研究，动物在处死前通常会注射神经解剖示踪剂。分析移植物的方法还包括免疫细胞化学方法和原位杂交。现代组织学方法详见第十五章。

就作者实验室常规使用的免疫组织化学分析来讲，动物用大剂量戊巴比妥深度麻醉。之后通过心脏灌流固定大脑。在灌流时，先用生理盐水或磷酸盐缓冲液（phosphate-buffered saline，PBS）做短暂的冲洗（1min），之后用 4% 多聚甲醛（paraformaldehyde，溶于 PB）250～300 ml 固定，根据接下来的分析需要后固定数小时或过夜。当脑块在 20% 蔗糖缓冲溶液中沉底后，用冰冻显微切片机切开，备用。

实验方案 4　新生动物的移植

■■ 材　料

新生动物移植用的实验台；低温麻醉用的冰；干冰；70% 乙醇；细缝线（如 7.0）；其余同方案 3。

■■ 步　骤

新生动物的移植实验在许多方面与成体移植实验是相同的，但也存在着一些不同点。本节提供的大部分实验是以新生早期大鼠为受者的，当然，也有其他实验者以出生后较晚的动物或其他种属动物为受者（Lund and Yee　1992）。

常规操作和麻醉

如前所述，大鼠的妊娠期为大约 21～22d，为了预先确定手术的日期，最好确知妊娠的时间。在孕鼠分娩前和分娩后，都要保持安静的环境。应激的动物容易早产，并可能吃掉它们的幼崽，即便在产后数天内，这种情况也可能发生。孕鼠应单笼喂养。出生当天被定为出生后 0 天（postnatal day 0，P0），作者的实验室通常使用出生后 1～3d 的大鼠。

1．在预先准备手术的时间里，幼崽离开母体的时间应尽可能短。

2．一次从母鼠身边取走几只幼崽到手术室中。处理幼崽的时候通常要戴手套，幼崽应放在柔软干净的地方，并有暖光照射，要避免过热和脱水。

3．低温麻醉，将幼崽淹没在冰水中 2～5min，直至看不到反射和运动。具体的麻醉时间根据种属和年龄来确定。

移植步骤

由于新生鼠体积较小，很难做到正确定位和精细手术。在文献中，可以找到许多不同的供新生鼠手术用的装置。例如，Lund 和 Yee（1992）记述了一种用光纤照明系统从动物下面照明的移植用手术台。通过透射光可以看到主静脉窦（major venous sinuses），并以之作为基准，通过立体定位或目测完成移植。幼崽可以用模具等固定在一个确定的位置上。最近发明了小型低温立体定位仪（Cunningham and McKay　1993），可以用小号耳杆固定动物，调节耳杆相对于鼻子的角度，实施立体定位手术（图 14-9）。作者的实验室也使用了这种仪器。这种仪器可以单独使用，也可以固定在常用的成年动物手术台上使用。这种手术台有一个夹层，其中放置干冰和 70％乙醇的混合物，以便在手术中保持动物的低温状态。

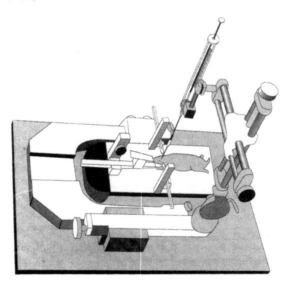

图 14-9　利用固定在常规立体定位台上的 Cunningham
小型立体定位装置为新生大鼠做移植手术

1．夹起头部皮肤，用解剖刀片或一把小剪刀轻柔地剪开皮肤，注意不要剪到颅骨以及正在形成颅骨的软骨，尤其不能伤及矢状窦。幼崽在整个手术过程中应保持低体温。

2. 把幼崽放在手术台上，使用耳杆固定幼崽时，拉开皮肤，显露发育中的外耳道，轻柔地加上耳杆。

3. 在作者的实验室，应用连有小直径玻璃毛细管的 Hamilton 注射器为新生动物注射细胞悬液，方法如上所述。其他研究者也有报道将大块或完整组织如视网膜或新皮质直接植入到一个脑内可达位点（Lund and Yee　1992）。向大脑深部位点移植时，要尽量避免伤及硬脑膜和脑膜下的实质组织。

4. 移植用的注射器可以固定在常规立体定位仪上，定位的方法与成体手术时在大仪器上的方法一致（图 14-9）。

5. 填充注射器的方法与成体实验一样。注射量最大为每个位点 2μl；小范围内，如海马，1μl 更好，最好分多个位点注射。

6. 为小鼠注射细胞悬液时，最好使用纳升（nanoliter）级体积。为了做到这一点，推荐使用直接连有玻璃毛细管的纳注射器，注射器既可以固定在成体动物用立体定位仪上也可用于连有立体定位仪的显微操纵台。小鼠可以用耳杆固定在新生大鼠的操作台上，否则，应使用模具固定头部。

7. 手术完成后，用细线缝合中线上的切口，注意不要撕裂皮肤。缝线留下的线头要短，以避免被母鼠拆掉缝线。幼崽清除掉身上的血后，在灯下逐渐恢复体温。如果需要，可以轻压尾部以刺激呼吸。幼崽在回到母体身边时，应完全苏醒。

实验方案 5　胚胎移植

■■ 材　料

1. 玻璃毛细管。

注意：在手动胚胎注射过程中，我们把一个玻璃微毛细管连接在一个 10μl Hamilton 上，以减小穿过子宫壁时所造成的创伤。削尖毛细管的尖端，以便于刺入组织。如果胚胎移植在妊娠晚期（E17.5～出生）进行，玻璃毛细管不必具备穿过厚组织的能力。

2. 超声机。

注意：超声波反向散射显微镜（ultrasound backscatter microscopy，UBM）是一种高频（40～100MHz）超声波成像仪器，空间分辨能力很高（40MHz 时为 90μm），但穿透能力有限（40MHz 时为 7～10mm；Turnbull et al. 1995a, b）。聚焦在 40MHz 变频器，以每秒 4 幅或 8 幅图的速度机械扫描可得 8mm×8mm UBM 图像（512×512 像素）。图像信号可以由 IBM 兼容的 PC 机以数码形式直接捕获，也可以显示在扫描仪视频输出的摄像机上。一种商务 UBM 系统也可以用于小鼠胚胎移植（超声波活体显微镜，Ultrasound Biomicroscope Model 840；Humphrey Instruments，San Leandro，Calif.，USA）。这种扫描仪在 40MHz 时，可以每秒 8 幅图的速度扫描得到 5mm×5mm 的图像，图像质量与上述 UBM 原型机相同。为了便于宫内注射，UBM 的机械探头安装在一个自动化的三轴定位台上，通过对操纵杆控制器的控制，可以精确调节 UBM 图像平台的三维位置（Newport-Klinger，Irvine，Calif，USA）。

3. 显微操纵器。

注意：利用三轴显微操纵器确定注射器进针位置，进行 UBM 辅助移植的方法如下所述（Narishige，Tokyo，Japan）。注射器针头由玻璃微吸管拉制而成，先把毛细管拉成长锥形，在解剖镜下截取内径在 $30\sim50\mu m$ 的一截，把尖端磨成 $20°\sim25°$ 的尖角。

　　4．微量调节注射泵。

注意：一种油填充的手动微量调节注射泵（Stoelting，Wood Dale，Ill.，USA）与一个 $25\mu l$ Hamilton 注射器连接，把细胞悬液抽进注射用的毛细管，并可以精确控制注入胚胎的细胞悬液的体积。

■■■ 步　骤

　　在研究发育的过程中，胚胎大脑的宫内细胞移植是非常有用的方法（Campbell et al. 1995；Brüstle et al. 1995；Fishell　1995；Olsson et al. 1997，1998a）。细胞可以通过手动注射移植到胚胎脑室中。使用更精密的仪器，如超声波辅助移植可以把细胞移植到受体胚胎的实质（Olsson et al. 1997），或神经管的空腔中（Liu et al. 1998）。

　　宫内移植实验可以研究神经前体细胞在发育的特定阶段形成特定神经元类型的过程，以及局部环境在分化发育过程中所起的作用（如分化潜能），为发育研究提供了独一无二的工具。宫内移植被用于前脑前体细胞移植实验，并与新生或成年受者的相关实验做出比较。研究者发现，妊娠中期胚胎端脑前体细胞异体移植至成年受者后，移植细胞更倾向于分化形成在供者原位的细胞表型，而不是移植位点的细胞表型（Olsson et al. 1995）。由于神经形成主要发生于出生前，成年和新生受者常缺乏引导前体细胞分化的一些具体环境，移植实验的结果表现出了很大的限制性。实际上，将妊娠中期的纹状体前体细胞通过宫内移植植入到相同时期胚胎受者的前脑脑室，可以清楚地发现这些前体细胞与之前所提到的植入成年或新生受者体内的前体细胞相比，有更高的分化潜能（Campbell et al. 1995；Brüstle et al. 1995；Fishell　1995；Olsson et al. 1997，1998a）。

　　移植到胚胎前脑脑室的前体细胞在发育大脑中的整合是不均匀的，所以，上述实验更倾向于验证不同区域对神经前体细胞分化的影响，而不是细胞在移植到不同区域后的分化能力。为了进一步证实神经前体细胞的分化情况，Olsson 等（1997）利用高分辨率超声波反向散射显微镜（Turnbull et al. 1995b），建立了完备的超声波辅助宫内移植模式，以便于向 E12.5～13.5 小鼠胚胎中的发育区域进行实质内注射。这种超声波辅助的胚胎注射技术也适用于向胚胎头褶刚刚闭合时（E9～9.5；Liu et al. 1998）的神经管空腔内注射细胞。

手动脑室内注射

　　在作者的实验室，已经成功地实施了 E15～20 宫内大鼠胚胎脑室注射。在发育的后续阶段，胚胎充满子宫，前脑变得更清晰，也更适合移植。

　　1．为了缩短实际的手术时间，细胞悬液和移植过程中需要的所有配置均需在孕鼠麻醉前预先准备好。

　　2．动物背面向下放置，腹部用 70% 乙醇消毒，做中线剖腹手术，用消毒巾覆盖。

　　3．整个实验过程要保持无菌，一次移出一个子宫角。在对移出的子宫角进行操作时，用光纤发出的透射光照射子宫囊，使端脑泡和颅缝变得清晰。这样，随着胚胎的优化导向，前脑脑室清晰可见。

4. 实验助手固定住胚胎，实验者用装有玻璃微量加液器的 $10\mu l$ Hamilton 注射器手动注射。注射在数秒内完成，针头在停留 $5\sim10s$ 后拔出。为了提高胚胎存活率，在注射过程中，尽量不要让羊水渗漏出来。在移植后，子宫角放回腹腔内，缝皮并等待母鼠分娩。

超声辅助下脑实质靶位点或早期胚胎神经管空腔注射

1. 选择妊娠 $9.5\sim13.5d$ 的孕小鼠，麻醉后腹部沾湿去毛，做 2cm 中线切口。小心地单独取出每一个子宫角，准备在一侧注射。将子宫角重新放置在腹腔内，胚胎在卵巢侧，待注射的一侧向着腹腔外。手术台分两层，将孕鼠放在下层，在培养皿的底部打一个直径 25mm 的洞，用薄塑料膜封住洞口（图 14-10）。培养皿安装在手术台上层，正对孕鼠的腹部。包含着第一个待注射胚胎的那部分子宫从塑料薄膜的裂缝中轻轻拉出来（Olsson et al. 1997；Liu et al. 1998）。培养皿里盛有消毒的含有钙镁氯化物的磷酸盐缓冲液，作为组织和传感器之间的流动相。微毛细管的尖端在超声图像显示上是一个亮点，把 UBM 信号（图像亮度）调大，实验者可以在操作视野内控制针尖的位置。

2. 在 UBM 辅助下，调整胚胎的位置，获取冠状面或水平面超声波图像，以便于皮质内注射。为了便于向早期神经管腔隙内注射，一般采取矢状面图像。在确定了实质内靶位点（作者曾成功地向 LGE、MGE、小脑原基、顶盖、大脑被盖部注射）或神经管腔的位置之后，玻璃微毛细管插入子宫壁，向靶位点注射

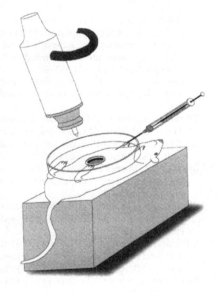

图 14-10　大鼠胚胎移植的图式

$1\sim2\mu l$ 细胞悬液。细胞悬液的反向散射信号非常高，实验者可以看到注入的细胞悬液在实质靶位点中扩散，或填充于脑室的空隙中。在注射完一个胚胎后，从塑料薄膜的缝隙里轻轻抽出第二个胚胎，摆好位置准备注射，同时将第一个胚胎放回腹腔中。按照这种方法，可以在 $30\sim60min$ 内注射完一侧子宫角上的所有胚胎（$4\sim10$）。为了在下一步实验中辨别各个胚胎，每一个注射过的胚胎均需标记。在注射完毕后，将子宫角放回腹腔内，给动物缝皮。

致谢：感谢 Bengt Mattsson 提供插图。

参 考 文 献

Altman J, Bayer SA (1995) Atlas of prenatal rat brain development. CRC Press Inc, Ann Arbor.

Alvarez-Bolado G, Swanson LW (1996) Developmental brain maps: structure of the embryonic rat brain. Elsevier, Amsterdam.

Barker RA, Fricker RA, Abrous DN, Fawcett J, Dunnett SB (1995) A comparative study of preparation techniques for improving the viability of nigral grafts using vital stains, in vitro cultures, and in vivo grafts. Cell Transplantation 4(2):173-200.

Bayer SA (1984) Neurogenesis in the rat neostriatum. Int J Dev Neurosci 2:163-175

Bayer SA, Altman J (1995) Neurogenesis and neuronal migration. In The rat nervous system. Second Edition (ed Paxinos G) pp 1041-1078, Academic Press, San Diego.

Bengzon J, Kokaia M, Brundin P, Lindvall O (1990) Seizure suppression in kindling epilepsy by intrahippocampal locus coeruleus grafts: evidence for an alpha-2-adrenoreceptor mediated mechanism. Exp Brain Research 81:433-437.

Björklund A, Katzman R, Stenevi U, West KA (1971) Development and growth of axonal sprouts from noradrenaline and 5-hydroxytryptamine neurones in the rat spinal cord. Brain Res 31:21-33.

Björklund A, Stenevi U (1971) Growth of central catecholamine neurons into smooth muscle grafts in the rat mesencephalon. Brain Res 31:1-20.

Björklund A, Schmidt RH, Stenevi U (1980) Functional reinnervation of the neostraitum in the adult rat by use of intraparenchymal grafting of dissociated cell suspensions from the substantia nigra. Cell Tiss Res 212:39-45.

Björklund A, Stenevi U, Schmidt RH, Dunnett SB, Gage FH (1983) Intracerebral grafting of neuronal cell suspensions. I. Introduction and general methods of preparation. Acta Physiol Scand 522:1-7

Björklund A, Stenevi U (1984) Intracerebral neural implants: neuronal replacement and reconstruction of damaged circuitries. Ann Rev Neurosci 7:229-308.

Björklund A, Stenevi U (1985) Intracerebral neural grafting: a historical perspective. In Neural grafting in the mammalian CNS (eds Björklund Am Stenevi U) pp 3-14. Elsevier, Amsterdam.

Björklund A, Nornes H, Gage FH (1986) Cell suspension grafts of noradrenergic locus coeruleus neurons in rat hippocampus and spinal cord: reinnervation and transmitter turnover. Neuroscience 18: 685-698.

Björklund A, Dunnett SB (1992) Neural transplantation in adult rats. In Neural transplantation. A practical approach. (eds Dunnett SD, Björklund A) pp57-78, IRL Press, at Oxford University Press, Oxford.

Björklund A, Campbell K, Sirinathsinghji DJS, Fricker RA, Dunnett SB (1994) Functional capacity of striatal transplants in the rat Huntington model. In Functional neural transplantation (eds Dunnett SB, Björklund A) pp 157-195, Raven Press, New York.

Björklund L, Spenger C, Strömberg I (1997) Tirilazad mesylate increases dopaminergic neuronal survival in the in oculo grafting model. Exp Neurol 148(1):324-333.

Bregman BS (1994) Recovery of function after spinal cord injury: transplantation strategy. In Functional neural transplantation (eds Dunnett SB, Björklund A) pp 489-530. Raven Press, New York.

Brent L (1990) Immunologically privileged sites. In: Pathophysiology of the Blood-Brain Barrier (eds Johansson BB, Owman C, Widner H) pp 383-402, Elsevier, Amsterdam.

Brundin P, Isacson O, Björklund A (1985a) Monitoring of cell viability of embryonic tissue and its use as a criterion for intracerebral graft survival. Brain Res 331:251-259.

Brundin P, Nilsson OG, Gage FH, Björklund A (1985b) Cyclosporin A increases the survival of cross-species intrastriatal grafts of embryonic dopamine neurons. Exp Brain Res 60: 204-208.

Brundin P, Duan W-M, Sauer H (1994) Functional effects of mesencephalic dopamine neurons and adrenal chromaffin cells grafted to the rodent striatum. In Functional neural transplantation (eds Dunnett SB, Björklund A) pp 9-46. Raven Press, New York.

Brüstle O, Maskos U and McKay RDG (1995) Host-guided midration allows targeted introduction of neurons into the embryonic brain. Neuron 15, 1275-1285.

Campbell K, Kalén P, Lundberg C, Wictorin K, Mandel RJ, Björklund A (1993) Characterization of GABA release from intrastriatal striatal transplants: Dependence on host-derived afferents. Neuroscience 53:403-415.

Campbell K, Olsson M, Björklund A (1995) Regional incorporation and site -specific differentiation of striatal precursors transplanted to the embryonic forebrain ventricle. Neuron 15, 1259–1273.

Castro AJ, Tönder N, Sunde NA, Zimmer J (1988) Fetal neocortical transplants grafted to the cerebral cortex of newborn rats receive afferents from the basal forebrain, locus coeruleus and midline raphe. Exp Brain Res 69:613–622.

Czech KA, Larsson L, Wahlgren L, Bennett W Korsgren O, Widner H (1999) Short-term combination immunosuppressive treatment reduces host responses to porcine mesencephalic xenografts. Transplantation, in prep.

Cunningham MG, McKay RD (1993) A hypothermic miniaturized stereotaxic instrument for surgery in newborn rats. J Neurosci Meth 47 (1–2):105–114.

Das GD, Altman J (1971) Transplanted precursors of nerve cells: their fate in the cerebellum of young rats. Science 173:637–638.

Das GD, Altman J (1972) Studies on the transplantation of developing neural tissue in the mammalian brain. I. Transplantation of cerebellar slabs into the cerebellum of neonate rats. Brain Res 98:233–249.

Duan W-M, Brundin P, Grasbon-Frodl E, Widner H (1996) Methylprednisolone prevents rejection of intrastriatal grafts of xenogeneic embryonic neural tissue in adult rats. Brain Res 712:199–212.

Dunn EM (1917) Primary and secondary findings in a series of attempts to transplant cerebral cortex in the albino rat. J Comp Neurol 27:565–582.

Dunnett SB, Whishaw IQ, Bunch ST, Fine A (1986) Acetylcholine-rich neuronal grafts in the forebrain of rats: effects of environmental enrichment, neonatal noradrenaline depletion, host transplantation site and regional source of embryonic donor cells on graft size and acetylcholineesterase-positive fiber outgrowth. Brain Res 378:357–373.

Dunnett SB, Richards S-J (eds) (1990) Neural transplantation. From molecular basis to clinical applications. Elsevier, Amsterdam.

Dunnett SD, Björklund A (1992) Staging and dissection of rat embryos. In Neural transplantation. A practical approach. (eds Dunnett SD, Björklund A) pp 1–19, IRL Press, at Oxford University Press, Oxford.

Dunnett SB (1994) Strategies for testing learning and memory abilities in transplanted rats. In Functional neural transplantation (eds Dunnett SB, Björklund A) pp 217–251, Raven Press, New York.

Dunnett SD, Björklund A (1994) Mechanisms of function of neural grafts in the injured brain. In Functional neural transplantation (eds Dunnett SB, Björklund A) pp 531–567, Raven Press, New York.

Dunnett SD, Björklund A (eds) (1994) Functional neural transplantation. Raven Press, New York.

Dunnett SD, Björklund A (1997) Basic neural transplantation techniques. I. Dissociated cell suspension grafts of embryonic ventral mesencephalon in the adult rat brain. Brain Res Protoc 1(1):91–9.

Fishell G (1995) Striatal precursors adopt cortical identities in response to local cues. Development 121, 803–812.

Foster GA, Schultzberg M, Gage FH, Björklund A, Hökfelt T, Nornes H, Cuello AC, Verhofstad AAJ, Visser TJ (1988) Transmitter expression and morphological development of embryonic medullary and mesencephalic raphé neurons after transplantation to the adult rat central nervous system. I. Grafts to the spinal cord. Exp Brain Res 70:242–255.

Franklin KBJ, Paxinos G (1997) The mouse brain in stereotaxic coordinates. Academic press, San Diego.

Freed WJ (1985) Transplantation of tissues to the cerebral ventricles: methodological details and rate of graft survival. In Neural grafting in the mammalian CNS (eds Björklund A, Stenevi U) pp 31–49. Elsevier, Amsterdam.

Freeman TB, Widner H (eds) (1998) Cell transplantation for neurological disorders. Toward reconstruction of the human central nervous system. Humana Press, Totowa, New Jersey.

Fricker RA, Torres EM, Hume SP, Myers R, Opacka-Juffrey J, Ashworth S, Brooks DJ, Dunnett SB (1997) The effects of donor stage on the survival and function of embryonic striatal grafts in the adult rat brain. II. Correlation between positron emission tomography and reaching behaviour. Neuroscience 79:711–721.

Frodl EM, Sauer H, Lindvall O, Brundin P (1995) Effects of hibernation or cryopreservation on the survival and integration of striatal grafts placed in the ibotenate-lesioned rat caudate-putamen. Cell Transplant 4:571-577

Gage FH, Kempermann G, Palmer TD, Peterson DA, Ray J (1998) Multipotent progenitor cells in the adult dentate gyrus. J Neurobiol, 36(2):249-266.

Gaiano N, Fishell G (1998) Transplantation as a tool to study progenitors within the vertebrate nervous system. J Neurobiol, 36(2):152-161.

Grabowski M, Brundin P, Johansson BB (1992) Vascularization of fetal neocortical grafts implanted in brain infarcts in spontaneously hypertensive rats. Neuroscience 51:673-682.

Grasbon-Frodl EM, Nakao N, Brundin P (1996) Lazaroids improve the survival of embryonic mesencephalic donor tissue stored at 4 °C and subsequently used for cultures or intracerebral transplantation. Brain Res Bull 39:341-347.

Hodges H, Sinden JD, Meldrum BS, Gray JA (1994) Cerebral transplantation in models of ischemia. In Functional neural transplantation (eds Dunnett SB, Björklund A) pp 347-386. Raven Press, New York

Kawaja MD, Fisher LJ, Shinstine M, Jinnah HA, Ray J, Chen LS, Gage FH (1992) Grafting genetically modified cells within the rat central nervous system: methodological considerations. In Neural transplantation. A practical approach. (eds Dunnett SD, Björklund A) IRL Press, at Oxford University Press, Oxford.

Kolb B, Fantie BD (1994) Cortical graft function in adult and neonatal rats. In Functional neural transplantation (eds Dunnett SB, Björklund A) pp 415-436. Raven Press, New York.

Kopyov OV, Jacques S, Kurth M, Philpott L, Lee A, Patterson M, Duma C, Lieberman, A, Eagle KS (1998) Fetal transplantation for Huntington's disease: Clinical studies. In: Cell transplantation for neurological disorders. Toward reconstruction of the human central nervous system (eds Freeman TB, Widner H) pp 95-134, Humana Press, Totowa, New Jersey.

LeGros Clark WE (1940) Neuronal differentiation in implanted foetal cortical tissue. J Neurol Psychiat 3:263-284.

Lindvall O (1994) Neural transplantation in Parkinson's disease. In Functional neural transplantation (eds Dunnett SB, Björklund A) pp 103-138. Raven Press, New York.

Liu A, Joyner AL, Turnbull DH (1998) Alteration of limb and brain patterning in early mouse embryos by ultrasound-guided injection of Shh-expressing cells. Mechanisms of Development 75, 107-115.

Lund RD, Rao K, Hankin M, Kunz HW, Gill III TJ (1987) Transplantation of retina and visual cortex to rat brains of different ages. Maturation, connection patterns, and immunological consequences. In Cell and tissue transplantation into the adult brain (eds Azmitia AC, Björklund A) pp 227-241, Ann NY Acad Sci 495, New York.

Lund RD, Banarjee R (1992) Immunological considerations in neural transplantation. In Neural transplantation. A practical approach. (eds Dunnett SD, Björklund A) pp 161-176, IRL Press, at Oxford University Press, Oxford.

Lund RD, Yee KT (1992) Intracerebral transplantation to immature hosts. In Neural transplantation. A practical approach. (eds Dunnett SD, Björklund A) pp 79-91, IRL Press, at Oxford University Press, Oxford.

Marchand R, Lajoie R (1986) Histogenesis of the striatopallidal system in the rat. Neuroscience 17:573-590.

Nakao N, Frodl EM, Duan W-M, Widner H, Brundin P (1994) Lazaroids improve the survival of grafted rat embryonic dopamine neurons. Proc Natl Acad Sci USA 91:12408-12412.

Nikkhah G, Olsson M, Eberhard J, Bentlage C, Cunningham MG, Björklund A (1994a) A microtransplantation approach for cell suspension grafting in the rat Parkinson model. A detailed account of the methodology. Neuroscience 63:57-72.

Nikkhah G, Bentlage C, Cunningham MG, Björklund A (1994b) Intranigral fetal dopamine grafts induce behavioural compensation in the rat Parkinson model. The Journal of Neuroscience 14:3449-3461.

Nikkhah G, Eberhard J, Olsson M, Björklund A (1995) Preservation of fetal ventral mesencephalic cells by cool storage: In vitro viability and TH-positive neuron survival after microtransplantation to the striatum. Brain Research 687:22-34.

Nilsson OG, Clarke DJ, Brundin P, Björklund A (1988) Comparison of growth and reinnervation properties of cholinergic neurons grafted to the deafferented hippocampus. J Comp Neurol 268: 204-222.

Olson L, Malmfors T (1970) Growth characteristics of adrenergic nerves in the adult rat. Fluorescence histochemical and 3H-noradrenaline uptake studies using tissue transplantations to the anterior chamber of the eye. Acta Physiol Scand Suppl 348:1-112.

Olson L, Seiger Å (1972) Early prenatal ontogeny of central monoamine neurons in the rat: fluorescence histochemical observations. Z Anat Entwickl 137:301-316.

Olsson M, Campbell K, Wictorin K, Björklund A (1995) Projection neurons in fetal striatal transplants are predominantly derived from the lateral ganglionic eminence. Neuroscience 69, 1169-1182.

Olsson M, Campbell K, Turnbull D (1997) Specification of mouse telencephalic and mid-hindbrain progenitors following heterotopic ultrasound-guided transplantation. Neuron 19, 761-772.

Olsson M, Bjerregaard C, Winkler C, Gates M, Campbell K, Björklund A (1998a) Incorporation of mouse neural progenitors transplanted into the rat embryonic forebrain is developmentally regulated and dependent on regional and adhesive properties. The European Journal of Neuroscience 10, 71-85.

Olsson M, Björklund A, Campbell K (1998b) Early specification of striatal projection neurons and interneuronal subtypes in the lateral and medial ganglionic eminence. Neuroscience 84:867-876.

Pakzaban P, Deacon TW, Burns LH, Isacson O (1993) Increased proportion of acetylcholinesterase-rich zones and improved morphological integration in host striatum of fetal grafts derived from the lateral but not medial ganglionic eminence. Exp Brain Research 97:13-22.

Pakzaban P, Isacson O (1994) Neural xenotransplantation: reconstruction of neuronal circuitry across species barriers. Neuroscience 62 (4):989-1001.

Paxinos G, Watson C (1986) The rat brain in stereotaxic coordinates. Second edition. Academic press, Australia.

Paxinos G, Watson C (1997) The rat brain in stereotaxic coordinates. Compact third edition. Academic press, San Diego.

Pedersen EB, Poulsen FR, Zimmer J, Finsen B (1995) Prevention of mouse-rat brain xenograft rejection by a combination therapy of cyclosporin A, prednisolone and azathioprine. Exp Brain Research 106 (2):181-186

Peschanski M, Isacson O (1988) Fetal homotypic transplants in the excitotoxically neuron depleted thalamus. I. Light microscopy. J Comp Neurol 274:449-463.

Ranson SW (1909) Transplantation of the spinal ganglion into the brain. Quart Bull Northwest Univ Med School 11:176-178.

Sauer H, Brundin P (1991) Effects of cool storage on survival and function of intrastriatal ventral mesencephalic grafts. Restor Neurol Neurosci 2:123-135.

Sauer H, Frodl EM, Kupsch A, ten Bruggencate G, Oertel WH (1992) Cryopreservation, survival and function of intrastriatal fetal mesencephalic grafts in a rat model of Prkinson´s disease. Exp Brain Res 90:54-62.

Schierle GS, Hansson O, Leist M, Nicotera P, Widner H, Brundin P (1999) Caspase inhibition reduces apoptosis and increases survival of nigral transplants. Nature Medicine 5(1):97-100.

Seiger Å (1985) Preparation of immature central nervous system regions for transplantation. In Neural grafting in the mammalian CNS (eds Björklund Am Stenevi U) pp 71-77. Elsevier, Amsterdam.

Semba K, Fibiger HC (1988) Time of origin of cholinergic neurons in the rat basal forebrain. J Comp Neurol 269:87-95.

Sloan DJ, Baker BJ, Puklavec M, Charlton HM (1990) The effect of site of transplantation and histocompatibility differences on the survival of neural tissue transplanted to the CNS of defined inbred rat strains. Prog Brain Res 82: 141-152.

Smart IHM, Sturrock RR (1979) Ontogeny of the neostriatum. In: The neostriatum (Divac I, Öberg RGE eds) pp 127-146, Pergamon Press, Oxford.

Sotelo C, Alvarado-Mallart RM (1987) Reconstruction of defective cerebellar circuitry in adult Purkinje cell degeneration mutant mice by Purkinje cell replacement through transplantation of solid embryonic implants. Neuroscience 20:1-22.

Stenevi U, Kromer LF, Gage FH, Björklund A (1985) Solid neural grafts in intracerebral transplantation cavities. In Neural grafting in the mammalian CNS (eds Björklund A, Stenevi U) pp 41-49. Elsevier, Amsterdam.

Studer L, Tabar V, McKay RDG (1998) Transplantation of expanded mesencephalic precursors leads to recovery in parkinsonian rats. Nature Neurosci, 1(4):290-295.

Sunde NA, Zimmer J (1983) Cellular histochemical and connective organization of the hippocampus and fascia dentata transplanted to different regions of immature and adult rat brains. Dev Brain Res:165-191.

Swanson LW (1992) Brain maps: structure of the rat brain

Thompson WG (1890) Successful brain grafting. NY Med J 51:701–702.

Turnbull DH, Starkosi BG, Harasiewicz KA, Semple JL, From L, Gupta AK, Sauder DN, Foster FS (1995a) A 40–100 MHz B-scan ultrasound backscatter microscope for skin imaging. Ultrasound Med Biol 21, 79–88.

Turnbull DH, Bloomfield T, Baldwin HS, Foster FS, Joyner AL (1995b) Ultrasound backscatter microscope analysis of early mouse embryonic brain development. Proc. Natl. Acad. Sci. USA 92, 2239–2243.

Tönder N, Sörensen T, Zimmer J, Jörgensen MB, Johansson FF, Diemer NH (1989) Neural grafting to ischemic lesions of the adult rat hippocampus. Exp Brain Res 74:512–526.

Watts C, Caldwell MA, Dunnett SB (1998) The development of intracerebral cell-suspension implants is influenced by the grafting medium. Cell Transplant 7:573–583.

Wictorin K, Ouimet CC, Björklund A (1989) Intrinsic organization and connectivity of intrastriatal striatal transplants in rats as revealed by DARPP-32 immunohistochemistry: specificity of connections with the lesioned host brain. Eur J Neurosci 1:690–701.

Wictorin K (1992) Anatomy and connectivity of intrastriatal striatal transplants. Prog Neurobiol 38:611–639.

Widner H, Brundin P (1988) Immunological aspects of grafting in the mammalian central nervous system. A review and speculative synthesis. Brain Res Rev 13:287–324.

Widner H (1995). Transplantation of neuronal and non-neuronal cells into the brain. In Immune response in the nervous system (ed Rothwell NJ), pp 189–217, Bios Scientific Publishers.

Wood MJA, Charlton HM (1994) Hypothalamic grafts and neuroendocrine function. In Functional neural transplantation (eds Dunnett SB, Björklund A) pp 451–466. Raven Press, New York.

Wood MJA, Sloan DJ, Wood KJ, Charlton HM (1996) Indefinite survival of neural xenografts induced with anti-CD4 monoclonal antibodies. Neuroscience 70 (3): 775–789.

第十五章　组织染色方法

R. W. Banks

鲍　岚　译

中国科学院上海生命科学院细胞与生化研究所

baolan@sibs.ac.cn

■ 绪　论

本章我们将在神经系统的组织和系统水平上探讨组织学方法的发展和应用。在第一章已经讲述了一些技术，如固定、染色、金属注入和组织化学，主要侧重于细胞水平。这两章应相互联系，因为每一章所涉及的特定技术均可应用到细胞和组织水平。再者，本章所讲述的方法应尽可能地与特定的功能相结合，但在应用到某一给定的问题时，没有硬性和快捷的准则可以判断哪一种方法是最合适的，这取决于许多因素，并非所有的因素都在研究者的控制之中，包括个人的经验、材料的来源、成像的有效性和数据记录的仪器。当然，应该牢记不同的方法在回答同样问题时几乎会产生一些不同的数据，下面的例 4 会介绍我们在肌梭的神经支配研究中的一个例子。

实验方案 1　构筑学

■■ 概　述

"组织的研究有理由假定：具有可靠指标指示的皮层功能差异对应于多样的结构。然而，从以上假定到以下结论间有一步之遥，即在皮层每一个已知的结构的不同代表着功能上的差异"（Lashley and Clark　1946）。

在神经组织的组织水平上，神经组织学家主要关心的问题之一，是神经系统可认知区域的特征和分界，如皮层区和特殊的核团。这取决于对神经细胞特别是其胞体和近端树突（细胞构筑学）的大小、形状和数量的研究，以及有髓轴突的密度和分布（髓鞘构筑学）。尽管在方法上，构筑学基本上采用的是显微解剖学方法，但是它所建立的前提是神经系统在结构和功能上差异的区域间至少存在部分一致，因此，组织学和生理学研究应该像在细胞水平那样，在组织水平上也相互补充和告知。

构筑学的起源可以追溯到 Meynert 的工作（1867～1868），他对于大脑皮层的水平分层有详细的描述，并且认为，其基本的形式受制于区域的不同。但这些认识都是在 Weigert（1982）发现髓鞘的酸性品红染色法和 Nissl（1894）发现神经细胞胞体的碱性苯胺染色技术的十多年前形成的。紧随新技术发现后，出现了一些图谱，虽然作者认为是临时的（Vogt　1919），但它作为局部解剖学标准的功用，得到频繁和不加批评地引用（如 Brodmann 图谱，1908）。正如 Lashley 和 Clark（1946）所强调的，早期图谱的最大问题是在其构建时掺入了大量的主观性因素。然而，图谱描述的局部解剖学上的差异确实常与重要功能的区分相一致。因此，用同样带有主观性的方法，产生了非常有影响的图谱，如 Rexed（1954）有关猫的脊髓图谱。随着自动图像分析成为可能和微型计算机功能的日益增强，构筑学已经发展了更为客观的方法（Zilles et al. 1978），并且在最近的图谱中含有相应技术成分的图像也相继出现（Paxinos and Watson 1998）。对于构筑学来说，重要的是客观和无偏测量，但定量的方法不在本章所讲述的范围内。最近一篇有关体视学技术的综述中包括一些神经解剖和神经组织学的参考文献，详见 Mayhew（1991）的文章。

构筑学分析所必需的现代组织学技术直接来源于 Weigert 和 Nissl 所采用的方法和

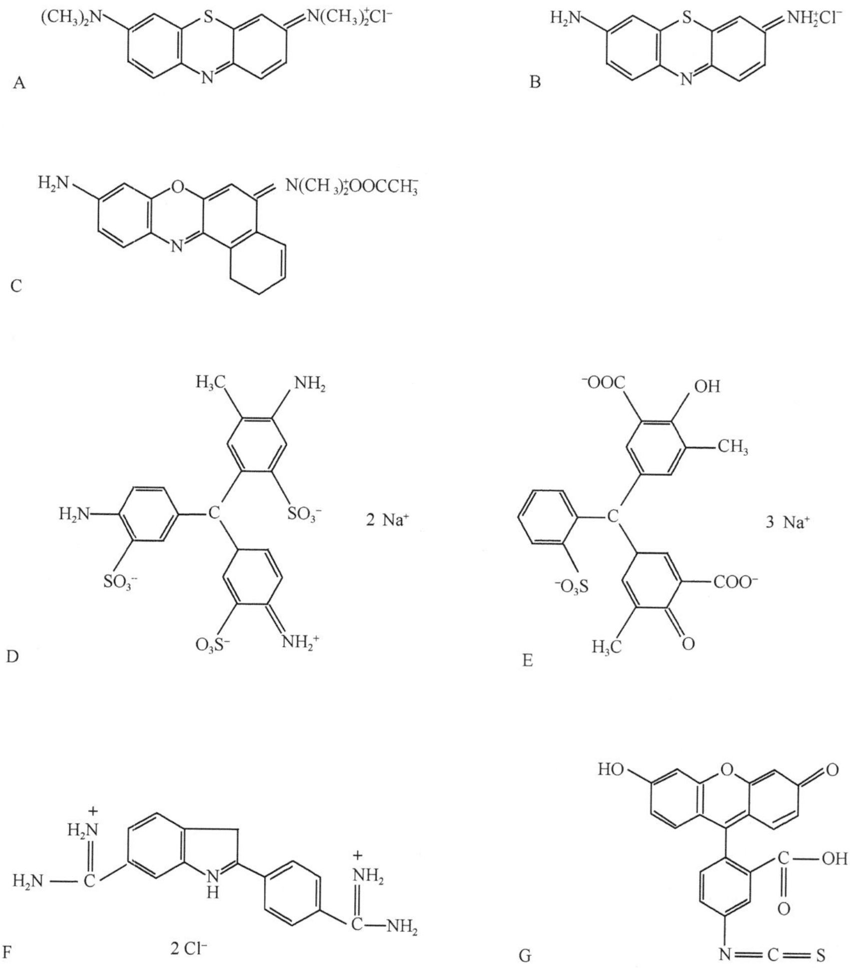

图 15-1　各种染料和色原体的结构分子式

A. 亚甲基蓝；B. 硫堇；C. 醋酸焦油紫；D. 酸性品红；E. 铬花青 R（搔洛铬青）；
F. 4',6-diamedino-2-phenylindol（DAPI）；G. 异硫氰酸荧光素（FITC）。

技术。首先，看一下尼氏（Nissl）方法，1886 年，Ehrlich 介绍了用亚甲基蓝作为神经细胞染色的重要方法（图 15-1A），这种方法很快被 Nissl 用在乙醇固定的脑切片上（1894）。或许具有讽刺意义的是，Nissl 当初拒绝对嗜染物质的化学本质进行推测，而集中在它的详细结构排列，并且按一些不同的类型为其命名（Clarke and O'Malley 1996），今天当其化学本质得到了公认（核糖体中所含的 RNA），我们将其称为尼氏颗粒。与其他方法相比，此方法本身仍具有不可替代的重要性，在局部解剖图的构建、电极放置和实验损伤位置的确定时作为参考标准，并作为高尔基和细胞内染色的衬染（见第一章）。尼氏染色可以用各种碱性染料，产生从红色、粉红、紫色到蓝色的颜色谱。Windle、Rhines 和 Rankin（1943）综述了一些染料，推荐用硫堇巴比妥-醋酸盐缓冲液（pH 3.65）（图 15-1B）。1955 年 Powers 和 Clark 介绍用焦油紫来做尼氏染色，并推荐醋酸盐缓冲液（pH 3.5），图 15-1C 作为用未缓冲的醋酸盐的例子。

在最初的髓鞘染色中，Weigert 使用酸性品红染料——苯胺的衍生物磺酸三芳基甲烷（图 15-1D），但目前为人所熟知的方法是用苏木素的衍生法，如 Weigert-Pal。Weigert 只能通过延长重铬酸钾固定组织的时间获得染色，其机制可能是由于染料与铬之间形成了复合物或离子键，而重铬酸钾则是作为染料的媒染剂和脂质的固定剂（Baker 1958），最后使用碱性乙醇进行分色。在例 1 中我们用铬花青 R（搔洛铬青，图 15-1E），Page 曾用作髓鞘染色（1965）。与酸性品红相同，铬花青 R 也是一种三芳基甲烷化合物，在 pH 1.5 下与含铁离子的媒染剂一起使用，可以与铁离子形成一些化合物，最稳定的是 $\left[Fe_2(染料)\right]^{2-}$（Kiernan 1984a，b）。

例 1　尼氏颗粒和髓鞘

■■ 材　料

成年大鼠的大脑。

■■ 操作步骤

固　定

1. 按照第一章例 2 的方法进行全身灌注，但换用甲醛盐水（在 0.85％盐水中含 4％甲醛）。

2. 取脑，储存于新鲜的甲醛盐水中。

3. 用单面剃刀手工切约 2mm 厚的冠状切片。

脱水和包埋

1. 梯度乙醇脱水（70％、95％和 100％），每 4h 换 3 次，在组织清洁剂（national diagnostics）中每 4h 换 3 次，或直至透明。

2. 浸入融化的石蜡（55℃）中，每 8h 换 3 次进行包埋。

切片和染色

1. 切 10μm 的切片。

2. 用组织清洁剂去除蜡，切片经梯度乙醇水化（100％、95％和 70％）。

3. 染色（注意本例中不同的切片分别用了几种不同的染色方法）。

尼氏颗粒

a）最原始的尼氏染色非常具有退行性，也就是说，组织先被过度染色，然后分色，退行的技术仍然是许多现代方法的特征；

b）用 0.1% 的醋酸焦油紫染色 20s（染色的时间取决于染料的来源、溶液的存放时间和 pH、组织的存放时间和其他可能的因素）；

c）梯度乙醇脱水（70%、95% 和 100%），用组织清洁剂使其透明；

d）用 95% 乙醇分色以降低背景染色；

e）100% 乙醇脱水完成，切片再用组织清洁剂透明。如需要，可以重复步骤 c。

髓鞘（Kiernan　1984b）

a）用铬花青 R 染色 15～20min [0.21 mol/L 含水氯化铁 20ml（5.6% w/v FeCl$_3$·6H$_2$O）；铬花青 R 1g；H$_2$SO$_4$（95%～98% w/w）2.5ml；加水至 500ml]；

b）流水去除多余的染料；

c）氯化铁（5.6%）分色；

d）流水洗 5min；

e）可用 0.5% 核红衬染尼氏颗粒；

f）梯度乙醇脱水（70%、95% 和 100%），用组织清洁剂透明。

4．用 DPX 封片。

■■ 结　果

用醋酸焦油紫染色后，神经元的核周体和近侧树突布满略带紫色的尼氏颗粒，神经元的常染色质核未着色，但每个神经元中单个突出的核仁染色较深。胶质细胞、室管膜和内皮细胞的异染色质核染色深，密度约与染色质浓缩的程度成正比。铬花青 R 染色后，髓鞘呈深蓝色，神经纤维网呈灰色背景。坏死的细胞和红血球染色较深，因此，充分的灌注固定对于染色结果至关重要。

实验方案 2　神经通路学

■■ 概　述

1974 年 Grant 和 Walberg 报道，"在脊椎动物切断轴突导致损伤的外周和中枢端显著的形态学改变"。

尽管高尔基方法能够对神经元的局部回路提供信息，但需要其他技术来追踪形成长距离联系的轴突路径，这援引自从 Grant 和 Walberg 得到的形态学变化。最近，各种追踪剂的使用得到了发展，但这些主要取决于成为形态学变化基础的相应细胞过程。Waller 证明了一个神经截面的末梢中髓鞘的退行性变，由此打下了早期束路追踪研究的基础，通过 Türck 在人体病理组织中进行的观察，Gudden 则用动物的实验损伤（Clarke and O'Malley　1996）。早在 1886 年，Marchi 提出了一种特殊的用重铬酸钾和四氧化锇染退变髓鞘的方法（Clarke，O'Malley　1996），追踪到了许多主要的有髓通路。在 Glee（1946）改进了 Bielschowsky 的还原银染方法之后，到能详细地研究轴突和其末梢的早

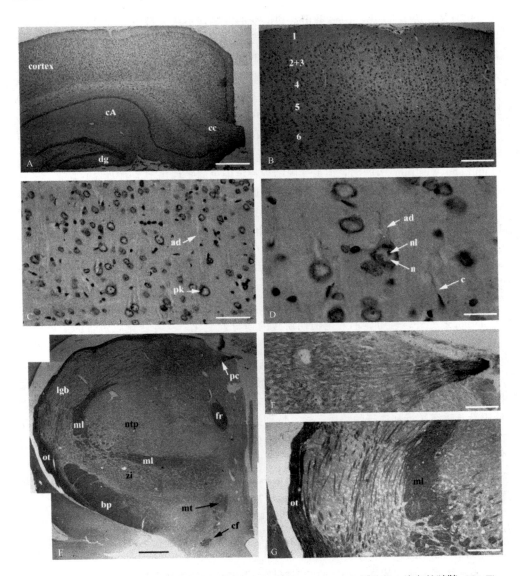

图 15-2　大鼠脑冠状切片显示醋酸焦油紫染色的尼氏颗粒（A～D）和铬花青 R 染色的髓鞘（E～F）

A. 内-背侧大脑，显示皮层和经过海马形成的胼胝体（cc）、阿默尼斯角（the cornu Ammonis, cA）和齿状回（dg），形成 cA 的锥体层和 dg 的颗粒层神经元核周体的致密层特别清晰，标尺＝500μm。B. A 中所示切片背-外侧整个皮层，水平层可基于核周体的大小和分布来辨认。按照惯例进行分层，第一层是最外层，临近珠网膜覆盖的皮层表面，标尺＝200μm。C. 皮层的第五层，最大的神经元是深层的锥体细胞，图中所示细胞的核周体和顶树突，标尺＝50μm。D. 显示深层一些锥体细胞，尼氏颗粒局限于神经元的核周和近端树突，虽然核仁（nl）染色很深，但常染色质核（n）未着色。毛细血管（c）的内皮细胞有异染色质核，也被染色，大部分胶质细胞也是如此，标尺＝20μm。E. 丘脑后核（ntp）的切片，显示数个有髓纤维束：脚底（bp）、穿隆束（cf）、折返束（fr）、内侧丘束（ml）、乳状丘束（mt）、视束（ot）和后联合（pc），视束分出小丛纤维束到外侧膝状体（lgb），众多类似的小丛纤维束遍及未定带（the zona incerta, zi），主要形成丘脑和大脑皮层间的相互联系，标尺＝500μm。F. 后联合，显示辐射状的有髓纤维丛，标尺＝100μm。G. 外侧膝状体，标尺＝200μm。

期变化时又经历了 60 年。Glee 染正常和退变的纤维，不久又被另一种 Bielschowsky 衍生法所补充，用磷钼酸预处理，抑制正常纤维的嗜银性（Nauta and Gygax 1951）。解释银染结果总是非常困难，部分原因是需要评估银染的质量，另外，长期以来对银染的末梢结构的确定性有争议，这类问题不仅是针对银染方法的。然而，随着高分辨率电镜的广泛使用，最终可以在最大程度上得到控制。在使用银染的非抑制性方法中，发现嗜银性与神经丝有关，因此，少量的或缺乏神经丝的末梢不能着色（Heimer and Ekholm 1967；Walberg 1971）。抑制性的预处理取消了神经丝相关的嗜银性，而代之以包括线粒体在内的膜结构，其机制可能是由于磷钼酸优先占据了神经丝的嗜银性位点（Lund and Westrum 1966），但退变膜结构特定染色的物理化学基础仍然不清楚。尽管还原银染法的理论知识不断增加，对可变的因素可以进行更多的对照，但在神经通路学中已不再被广泛使用，这里就不介绍具体的操作步骤，有兴趣的读者可参考 de Olmos、Ebbesson 和 Heimer（1981）的综述。可以用突触终扣退变过程中（Colonnier and Gray 1962；Grant and Walberg 1974）特征性的超微结构变化分析突触连接的精细情况，并经常结合一种和多种光镜技术（Somogyi et al. 1979 和第一章中神经组织学超微结构研究的一般注意事项）。

随着能提供细胞学详细情况的尼氏新方法的发展，尼氏染色除了能够显示顺行的 Wallerian 退变外，也可显示发生损伤所致的逆行性变化，这种变化以短暂的染色质颗粒分解为特征，这种染色质色原溶解反应暂时也提供了另外一种重要的束路追踪手段（Brodal 1940）。此外，Nauta 法可以特异筛出损伤引起死亡的神经元（Grant and Aldskogius 1967）。幼年动物的神经元特别敏感，一般认为是由于依赖于外周源性的营养因子。事实上，普遍认为神经元和靶器官相互间的营养作用及轴突自身的生长和维持依赖于沿着轴突顺行和逆行的物质运输，特别是蛋白质。我们可以将涉及各种标记物摄取的束路追踪方法的起源追溯到两项研究，他们最初的目的是证明轴突运输过程的特征：首先是 Droz 和 Leblond（1963）的研究，他们用放射自显影方法在给一次放射性氨基酸标记后跟踪蛋白质的顺行运动；其次是 Kristensson 和 Olsson（1971）的酶组织化学方法，将辣根过氧化物酶注入肌肉，证明运动神经元对外源性蛋白的摄取和逆行运输。事实上，将普施安黄（procion yellow）用作细胞内标记，促进了在体单个细胞标记方法的发展（第一章）。因此，证明轴突顺行和逆行运输物质存在的研究可以被看作现代束路追踪方法的催化剂。

或许新方法最大的优点是它们的多样性，不仅是一种方法可以作为另一种方法的对照，更重要的是它们可以联合使用，以一种高度有效的方式在同一种材料上显示并行的通路或局部解剖学的构造（Steward 1981）。更进一步，它们也可以与其他方法联合使用，如免疫组织化学和原位杂交，对神经连接、递质和受体进行相关研究（Skirboll et al. 1989；Chronwall et al. 1989）。然而，与银染有关的问题并未立即和自动地得到解决。最重要的是用于许多神经通路学方法所涉及的通路纤维（Graybiel 1975），无论实验损伤的定位多么精确，从非损伤细胞发出的轴突总可能会受到损伤，因此总要鉴定退变的轴突和末梢。尽管离子电渗或压力注射的目的不是杀死细胞，而是使其摄取某一种标记物质，但仍然可以引起一些损伤，仍然存在一种可能性，即一些标记物不仅可以被胞体或轴突末梢摄取，而且可以被正常轴突沿长轴摄取。出于同样的原因，通常期望标记物不应很容易地通过一个神经元到另一个神经元，至少应在一种可控制的方法下。

　　放射自显影作为束路追踪的第一种现代方法，很大程度上克服了通路纤维的问题，提供了特异的顺行追踪技术（Cowan et al. 1972），这可能是因为氨基酸和糖只能被胞体大量摄取，继而合成蛋白质。Cowan 等（1972）提到新合成的蛋白质以以下两种不同的速率运输：第一种速率大于 100 mm/d，主要聚集在突触前末梢；第二种速率为 1～5 mm/d，在这种情况下蛋白质倾向于留在轴突。他们指出，在放射性追踪剂注射后，通过选择存活时间可获得突触连接的具体模式（通过电镜）和轴突到达目的地的路径（通过光镜）。末梢和轴突标记的不同水平也源于不同氨基酸的选择，可以使用脯氨酸和海藻糖来获得跨神经元的标记。选择标记物质和其他技术的内容详见 Edwards 和 Hendrickson（1981）。虽然放射自显影提供了一种有力的神经通路学研究方法（Droz 1975），但主要缺陷是放射显影曝光需要的时间过长。

　　辣根过氧化物酶方法取决于底物过氧化氢的酶解，通过偶联合适的供氢体将过氧化氢还原成水。自从 LaVail（1972）首次用辣根过氧化物酶作为中枢神经系统逆行束路追踪剂，在 pH 7.2～7.4 间以二氨基联苯胺（DAB）作为供氢体，到目前为止，此方法已经经过了许多变化和改良。我们引用如下：① 将用 DAB 孵育的溶液 pH 降到 4.9～5.3（必须记住，由于固定、供氢体的解离常数、温度和其他因素，组织化学反应的最佳 pH 可以不同于酶的离体最佳值）（Malmgren and Olsson　1978）；② 用四甲基对二氨基联苯（TMB）在 pH 3.3 时作为供体进一步增加敏感性，结果显示，过氧化物酶也可以被胞体摄取和顺行运输（Mesulam　1978）（此 pH 条件下抗原-抗体复合物解离，因此 TMB 反应不能用于免疫组织化学）；③ 用膜的增溶剂（二甲基亚砜）（Keefer　1978）或植物凝集素过氧化物酶复合物（Gonatas et al. 1979）增加过氧化物酶的摄取；④ 用 TMB 作为供氢体增加摄取，改善追踪顺行（West and Black　1979）和跨神经节（Brushart and Mesulam　1980）投射；⑤ 发展滑动切片（section on the slide）孵育方法（Sickles and Oblak　1983）。有关使用过氧化物酶进行束路追踪的专著见 Mesulam（1982）。

　　在神经通路学中，荧光染料的使用也源于 Kristensson 有关蛋白质摄取和逆行运输的研究，他们最初使用的追踪剂（1970）是用伊文氏蓝染色的蛋白。事实上，有必要证明被运输的是蛋白质而不仅是染料，随后，Kristensson 和 Olsson（1971）尝试用过氧化物酶。然而，令人惊奇的是，直至 1977 年 Kuypers 等才第一次介绍荧光染料作为轴突追踪剂，明确地提出了对投射到多于一个位点的神经元进行双标记的可能性，这种方法比结合过氧化物酶和放射自显影法更简单。最初，Kuypers 等（1977 年）将伊文氏蓝（发红色荧光）与报春花灵（胞质颗粒发金色荧光）和 DAPI（图 15-1F，淡蓝色荧光）混合物相结合，不久他们也介绍了二苯甲亚胺（黄-绿）和碘化丙啶（propidium iodide，PI）（橘黄色）。1982 年 Aschoff 和 Hollander 观察了作为逆行追踪剂的九种荧光化合物的特征，与过氧化物酶作了比较，结论是：所有四种被测试的联脒（diamidino）化合物 DAPI、固蓝（fast blue、trans-1-(5-amidino-2-(6-amidino-2-indolyl)-ethylene-dihydrochloride)、颗粒蓝[granular blue、2-(4-(2-(4-amidinophenoxy)ethoxy)phenyl)indol-6-carboxamidino-dihydrochloride]，真蓝[true blue、trans-1, 2-bis(5-amidino-2-benzofuranylethylene)-hydrochloride]与过氧化物酶一样，而二苯甲亚胺和核黄（benzimidazols）通过顺行运输则给出错误的阳性结果，碘化丙啶、伊文氏蓝和报春花灵染色的细胞都比过氧化物酶少。

随着荧光和共聚焦显微镜的发展，荧光方法在显微技术中日益变得重要，所用染料直接（早期描述的束路追踪方法）和间接地共价结合于抗体或卵白素。在束路追踪中，间接荧光法最初的追踪剂可能是生物素或其衍生物中的一种（见第一章），或是一种植物凝集素，如油豆角白细胞凝集素（PHA-L；Gerfen et al. 1989），特殊的植物凝集素与糖类的特异结合也可以被用来区分表达不同糖蛋白的神经元亚型（Mori　1986）。

　　例 2　大鼠的纹状黑质投射（Gerfen　1985）

在本例研究中，仅考察 Gerfen 的同步双重荧光标记所绘制的纹状黑质通路的空间分布，使用固蓝和联氨黄（diamidino yellow）的逆行运输。另外，Gerfen 还使用了被卵白素-生物素免疫酶技术证实的 PHA-L 和被放射自显影证实的[^{3}H]脯氨酸和[^{3}H]亮氨酸混合物的顺行运输，用固蓝的逆行荧光追踪与间接免疫荧光技术相结合，证实在纹状体中各种神经肽的存在。这些方法详见 Gerfen（1985）。

■■ 材　料

成年大鼠大脑。

■■ 步　骤

染料注射

用 1μl 的汉密尔顿注射器将固蓝和联氨黄各 30nl 注射入同侧黑质的不同位点（固蓝染细胞浆，联氨黄逆行标记神经元的核，存活时间为 22h，以限制联氨黄弥散入神经元胞质或周围的胶质细胞）。

麻醉和固定

1. 过量的水合三氯乙醛麻醉。

2. 用以下溶液灌注（见第一章例 2）。

a）100ml 0.9％盐水，250ml 4％甲醛（作为多聚甲醛）溶于 pH 6.5 的 0.1mol/L 醋酸缓冲液；

b）350ml 4％甲醛溶于 pH 9.5 的 0.1mol/L 硼酸钠缓冲液。

3. 取脑，在加 20％蔗糖的灌注液中固定过夜。

切片和显微镜

1. 30μm 冷冻切片。

2. 荧光-激光 330～380nm，光栅 420nm。

■■ 结　果

在同侧黑质不同的位点双标显示纹状黑质投射的局部解剖图，纹状体吻尾侧和内外侧的空间分布成分被转换到黑质的内外侧分布（图 15-3）。然而，图中的成分是近似或界限不清的，因为相对分开的注射点导致纹状体染色细胞有重叠区域（图 15-3B，B′）。

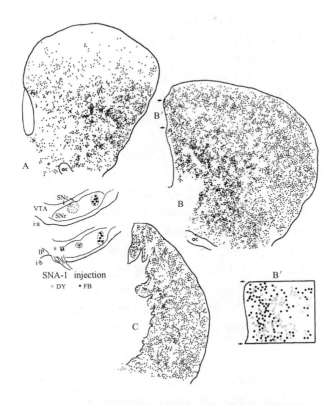

图 15-3　证明大鼠纹状黑质投射组成的实验结果概略图

将联氨黄和固蓝注射入纹状黑质和网状部（SNr）相隔的点，将荧光染料逆行运输。注射点显示，经纹状黑质的两张切片，i.a 和 i.b 分别为吻侧和尾侧。A～C，经纹状体的冠状切片，吻侧到尾侧，符号指示用一种或其他染料标记的核周体的位置，未显示双标的细胞（5％，均匀分布）。固蓝标记的细胞在 B 和 C 平面占优势，特别是它们专门出现在更外侧区域。联氨黄标记的细胞在 A 平面占优势，但在 B 和 C 平面逐渐局限于更内侧位置，它们总是与一些固蓝标记细胞相掺杂，如 B 的放大 B′显示（空心圈，联氨黄标记细胞；实心圈，固蓝标记细胞。在原始图中，在 A～C 中也使用空心圈和实心圈，在这里用镜子辅助可以分辨得出）。因此，纹状黑质的内外侧轴大约绘制入纹状体的吻尾侧和内外侧轴。Ac 为前连合；IP 为脚间核；SNc 为纹状黑质，致密部；VTA 为 Tsai 的被盖腹侧核［部分来自于 Gerfen，C. R.（1985）的重新标记，拼成新纹状 I。在大鼠，将纹状体到纹状黑质的投射分成若干部分的组合。J Comp Neurol，236：454～476，1985 年，Wiley-Liss 版权所有，再版获得 John Wiley & Sons 的分支机构 Wiley-Liss 的允许］。

实验方案 3　组织化学方法：神经化学和功能神经组织学，包括神经元的分子生物学

■■ 概　述

"［··］Voss［··］发明术语组织局部化学（histotopochemistry），特别指主要涉及定位的组织化学，虽然它原来是，现在仍然是一个极好的术语，但受到诸多批评，因此极少使用。"（Pearse　1980）

　　组织化学庞大的技术将已知的物理化学原理应用于细胞和组织中特定的物质或生化过程的定位。组织化学的范围和通用性使其在神经科学中有重要作用，并且与其他技术不同，其他技术或多或少特定用于某一学科。因此，在这篇神经组织学的简短综述中，有必要在涉及已有的组织化学时进行摘选，局限在用于神经系统的主要部分。特别是必须删除技术发展状况及其意义方面的内容，因为在组织化学中没有太多地涉及神经组织学或神经化学。感兴趣的读者请参考 Pearse（1980），以补充省略的这部分内容。

　　当然在本章和第一章，我们都已经遇到了基于组织化学原理的方法，包括那些使用过氧化物酶和抗体的方法。本质上，这些方法和以下许多方法遵循统一的原理，采用大分子对一种和一类特定的配体特殊的亲和性来定位配体（抗原抗体复合物法）或大分子（辣根过氧化物酶方法）。此外，我们还必须提到单胺类神经递质，通过与乙醛或乙二醛酸产生反应，可以形成各种强度的强荧光杂环化合物（Axelsson et al. 1973；Moore 1981），使用此方法可定位脑内氨基酸能通路（Björklund　1983）。

　　以下各部分——酶和受体组织化学、免疫组织化学、原位杂交和基因表达——均各自代表着一大类的方法，常包括结构（光镜）和超微结构（电镜）的衍生法。以下仅介绍该方法的基础知识，同样不可能全面地涉及神经科学的每一部分，只提供一般的介绍和一些特别的例子作为入门文献，我们还将介绍一个研究实例（如例3），用免疫组织化学较详细地证明小脑皮层 zebrin I 的分布。

酶和受体的组织化学

　　在这部分，我们将关注那些内源性的蛋白质，可以通过它们对一种特定底物或配体的亲和性来定位。在神经科学领域，感兴趣的主要物质种类是参与神经递质合成或降解的酶和递质的各种受体。使用放射标记的抑制剂或激动剂，如[^{3}H]哇巴因和[^{3}H]纳洛酮，提供了绘制酶和受体的分布的方法，另外，它的优点是可以定量研究（Kuhar 1983；Geary and Wooten　1989）。这种方法广泛地用于受体，但很少用于酶，酶的催化反应本身常被用来在有酶或靠近酶的地方产生一种可见的反应产物（Kiernan　1990），此产物必须是不可溶的，如果不是直接通过酶反应形成，也必须是通过其前体。因此，常常需要使用实验底物，它是自然底物的类似物。例如，在证明乙酰胆碱酯酶活性时，通常使用的底物是乙酰胆碱（Koelle and Friedenwald　1949），初级反应产物是不可溶的铜-硫胆碱（thiocholine）碘化物结晶，通过与氢、钠或硫化胺的反应，最后产物是棕色无形状的硫化亚铜。Karnovsky 和 Roots（1964）介绍了一种直接着色方法，在孵育液中加铁氰化物，通过酶从酯中释放出硫胆碱的巯基，使铁氰化物降解成亚铁氰化物，不溶的 Hatchett 氏棕色物（亚铁氰化铜）立即被沉淀，乙酰胆碱和其类似物也被非特定的（或"伪"）胆碱酯酶水解，此酶主要对胆碱较高的酰酯进行水解。如果只需要乙酰胆碱酯酶的活性，就有必要用盐酸爱普吧嗪（ethopropazine hydrochloride）抑制此反应。在中枢神经系统研究乙酰胆碱酯酶活性的综述见 Butcher（1983）。

　　细胞色素氧化酶是另一种在最近的神经系统研究工作中比较受关注的酶，偶然发现其分布于灵长类视觉皮层 Brodmann 17 区（见上）斑（blobs）的柱状系统中，其活性特别显著（Horton and Hubel　1981），斑内的神经元不同于周围区域（"斑间"）细胞色素氧化酶缺乏的细胞，具有感受野特征（livingstone and Hubel　1984）。然而，与乙酰胆碱酯酶的分布不同，细胞色素氧化酶活性的区域性差异的原因不明，推测可能与不同区域的代谢需要有关。这是因为细胞色素氧化酶是一种线粒体的标记物，电子运输链的末端酶，催化细胞色素 c 的氧化。在阐明神经系统细胞色素氧化酶活性的最新的组织化学方法中，以 DAB 为供氢体。这一方法非常敏感，在冷冻和恒冷箱切片前用甲醛的磷酸缓冲液进行短暂的固定即可（Silverman and Tootell 1987）。

功能神经组织学-[^{14}C]-2-脱氧葡萄糖放射自显影

　　笔者曾经强调，作为一个基本准则，好的组织学研究总是要知道其功能（反之亦然），在用 [^{14}C]-2-脱氧葡萄糖放射自显影方法时，在特定的神经活性末端产物产生时进行的组织学制备，特别接近于互补的研究。到目前为止，由于这一方法也涉及有关酶对于特定底物的亲和力，因此，在酶组织化学方法中经常对本方法予以介绍。Sokoloff 等（1977）提出此方法，发现成熟神经元不能储存葡萄糖，它们的能量需要依赖于持续不断的血糖供应，2-脱氧葡萄糖以竞争的方式，通过与葡萄糖同样高的亲和性机制被运入神经元，但是，2-脱氧葡萄糖-6-磷酸不能作为磷酸己糖异构酶的底物，因此会在神经元中蓄积，在灰质中半衰期为 7.7h。由于葡萄糖的摄取直接与神经元的消耗有关，因此与神经元的代谢活性有关，对神经元群的不同刺激导致不同程度的全身给入的 2-脱氧葡萄糖蓄积（Hand 1981）。例如，用此方法证明在视觉皮层方位柱的排列（Hubel et al. 1978）。

免疫组织化学

　　免疫球蛋白分子两个结构特征是免疫组织化学方法的核心：不同浆细胞分泌的免疫球蛋白结合位点上氨基酸序列的极度可变性和两价特征，即每一个分子存在两个同样的抗原结合位点。第一点意味着免疫组织化学在神经系统中的应用和研究中的潜力是无限的，目前常是首选或仅有的方法。例如，用显微解剖技术结合分子放射标记技术，每种肽被特异的抗体所识别，通过放射免疫测定，用来绘制各种神经肽分布的图谱（Palkovits and Brownstein 1985）。分子庞大的体积如果不影响结合位点，意味着用相对小的分子也可以进行标记，通过共价结合不影响对抗原的亲和性。到目前为止，在免疫组织化学中已广泛地使用这类标记方法，最早的是异硫氰酸荧光素（FITC）自然产生的连接（图 15-1G），在 pH 9～10 范围内主要与赖氨酸残基的 ε-氨基组结合。然后，像最初所做的那样，可以用荧光抗体直接来检测特定的抗原，但是，由于相对缺乏敏感性和需要制备每一目的抗原相对应的标记抗体，所以目前很少用直接法。

　　通过最终增加针对每一个抗原分子的标记分子数量可以提高敏感性。现在有各种可选择的间接法，第二检测系统和第一抗血清常有商品化产品。在间接法中，常用在兔中制备的未标记多克隆或单克隆第一抗体，除了识别感兴趣的特定抗原，第一抗体本身也作为抗兔抗体的抗原，常用的抗兔抗体是在羊中用兔的免疫球蛋白免疫所制备。羊抗兔抗体可以被标记用作第二检测系统，或不被标记用以连接第二检测系统和第一抗体，因此进一步增加了敏感性。这一步体现了免疫球蛋白分子的两价特征。通常用作这种途径的第二检测系统有：①荧光标记的兔免疫球蛋白；② 过氧化物-抗过氧化物（PAP）复合物，由辣根过氧化物酶结合到兔抗过氧化物免疫球蛋白组成，然后用过氧化物反应显示；③ 卵白素⁻生物素复合物（ABC，vectastain），用生物素共价标记的第二抗体——兔免疫球蛋白，即生物素化，通过卵白素（见第一章）偶连到生物素化的辣根过氧化物酶上。各种免疫组织化学方法的优缺点和每一种的对照实验见 Kiernan（1990）。

例 3　在小脑皮层中的 Zebrin I（Hawkes and Leclerc　1987）

在本例研究中，我们观察一种未知的多肽（120 000 MW）抗原的分布情况，它可以被指定的 mabQ113 单克隆抗体所识别，是小脑皮层浦肯野细胞中所特有的。由于在皮层的侧矢状带特征化的分布，抗原被命名为 Zebrin I。第一抗体制备的详细情况见 Hawkes 和 Leclerc（1987）。

■■ 材　料

成年大鼠小脑。

■■ 步　骤

麻醉和固定

1．麻醉：戊巴比妥钠。

2．固定。

—用 pH 7.4 含 4％甲醛（来自多聚甲醛）的 0.1mol/L 磷酸缓冲液灌注，加 0.2％戊二醛；

—在无戊二醛的固定液中过夜；

—从颅脑中取小脑，切片前在有迭代钠的磷酸缓冲液中储存 2～4d（更长时间的储存会降低抗原性）。

切　片

50μm 振动切片或冷冻薄切片。

用第一抗体孵育

在室温下持续用 mabQ113 振荡过夜，用 pH 7.4 含 10％正常马血清和 0.15mol/L NaCl 的 0.1mol/L 磷酸缓冲液以 1:32 稀释抗体。

第二抗体

1．磷酸盐缓冲液洗 15min，换 3 次液。

2．在 1:100 兔抗小鼠 PAP 复合物中放 2h。

过氧化物酶反应

用 4-氯-1-萘酚作为供氢体孵育 15min（见上）。

■■ 结　果

在浦肯野细胞的胞体和树突中发现过氧化物酶反应产物，对称地分布在中线两侧的一些第 7 矢状带（图 15-4），其余的浦肯野细胞没有着色。在不同的个体，侧矢状带的细节具有高度可重复性，随后发现侧矢状的排列正好以一种适合、互补或重叠的方式与小脑皮层和与其联系中的一些其他的结构、功能和生化分区相对应（Hawkes and Gravel 1991）。

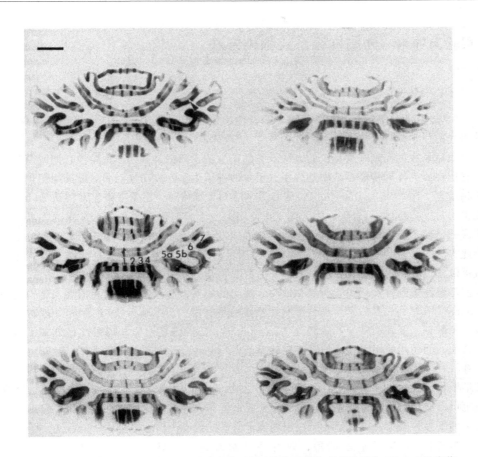

图 15-4　免疫过氧化物酶方法显示在大鼠小脑浦肯野细胞侧矢状带中蛋白 Zebrin I 的定位

用一种单克隆抗体 mabQ113 特异性地识别 Zebrin I，从来自不同小脑同一平面的相应切片证实含 Zebrin I 带

的可重复模式，编号 1～7。标尺＝2mm（选自 Hawkes R.，Leclerc N. 1987，大鼠小脑皮层的抗原图谱：用

抗浦肯野细胞 mabQ113 单克隆抗体显示侧矢状带的分布。J Comp Neurol. 256，29～41，1987 年，Wiley-

Liss 版权所有，经 John Wiley & Sons 分支机构 Wiley-Liss 允许再版）。

原位杂交和基因表达

　　在本章中，需要简单提一下用原位杂交进行基因表达的组织学实证和定位。原则上此技术简单，取决于互补的寡聚核苷酸链的特殊亲和力。1969 年 Gall 和 Pardue 提出此方法，主要用放射性标记或荧光标记的反义探针检测相应的 mRNA，从而推断一种特定的基因表达情况（Uhl　1988）。后来，越来越多地使用合成的寡核苷酸 cDNA 探针。与其他探针相比，此探针能够定向于特定外显子的核苷酸序列。以下给出一个在神经学中的应用例子，用以证实 Zebrin II 与醛缩酶 C 共同表达在一类浦肯野细胞中（Ahn et al. 1994）。在这个例子中，探针是一条互补的单链 RNA（核糖探针，riboprobe），由来自全小脑 mRNA 的 cDNA 文库模板合成，通过免疫化学鉴定表达 Zebrin II 的克隆。

实验方案 4　外周神经系统银染方法

■■■ 概　述

"Max Bielschowsky 是一位病理学家，他特别肯定甲醛固定对神经组织的优越性，从甲醛的化学结构提出了一种新的银染方法"（Holmes　1968）。

最后，我们回到一种传统的方法及它的衍生法，即银染和还原银染色，同时简要介绍它们在研究外周神经系统中的应用（至少两种衍生法已成功地与胆碱酯酶组织化学方法相结合：Ip，1967；Diaz and Récot-Dechavassine　1987）。还原银染色常被认为"反复无常"，这一观点并不合理，因为此方法使用上的困难似乎是由于各个步骤的临界特征造成的，而不是任何固有的不可控制的事件或设计上的不合理性。事实上，我们可以追溯此方法的起源到 Bielschowsky（1902），用甲醛固定，合理地选择氨性银溶液，此溶液可以通过醛将银离子还原成金属银来对醛类提供检测。在第一章涉及高尔基方法时，我们已经注意到神经组织学图像和银染方法间的关系，这在还原银染色时关系特别密切（Holmes　1968）。在后来合理且带有经验性的步骤中，Bielschowsky 在照相处理时使用硫代硫酸钠（亚硫酸钠）和金调色（gold toning）去除未还原银。嗜银性是许多蛋白质的特征，而还原的银明显地与组氨酸残基有关（Peters　1955a）。在轴突，银染主要发生在神经丝，金属银在低浓度 Ag^+（$10^{-5} \sim 10^{-3}$ mol/L）和弱碱性条件下着色，优先以核形堆积（Peters　1955c），每一核有很少的原子。推测在与其他的似蛋白质结构结合时也可形成类似的核，或许以较少的量或较低的亲和性。但无论哪一种原因，在碱性显影条件下容易去除，其鉴别受所选用的固定方法的影响（FitzGerald　1963）。

事实上，在染色后的阶段，较好地了解其化学基础（Samuel　1953；Peters　1955b）是通过一种类似照相显影的还原反应。常用的显影剂是对苯二酚，通过金属银核的催化，以 p-苯醌形成还原 Ag^+，引起更多的金属银沉积在银核上。在其衍生法中，银包括来源于组织浸入硝酸银后存留在组织水相中的银，以及在显影过程中从非突触蛋白释放的银。另外，可以使用一种照相型的物理显影剂，其中含有已知量的硝酸银（Cruz et al. 1984；Novotny and Gommert-Novotny　1988；Schweizer and Kaupenjohann 1988）。当核或银颗粒变得足够大（电子显微镜显示在 $3 \sim 70$nm 时），它们产生足够的光散射，在轴突中神经丝呈黑色。

$$2Ag^+ + \underset{\text{对苯二酚}}{\text{⬡-OH,OH}} + 2OH^- \longrightarrow 2Ag\downarrow + \underset{\text{一苯醌}}{\text{⬡-O,O}} + 2H_2O$$

在染色良好的情况下，还原银方法的最大优点是能够显示组织的一个区域或整个小感觉器官，如肌梭完整的神经支配。在大部分已发表的衍生法中，对分段的材料已进行了参数优化，但在某些情况下，染整块组织可能更有用，染色后取下感兴趣的结构。我们在研究哺乳动物肌梭神经支配中就采用此方法，从甲苯胺蓝和焦宁染色的 1μm 系列树脂切片中，用更费力的重构法解决了肌梭神经支配的问题（第一章）。如在介绍中所提及的，这些不同的方法对同一问题提供了略微不同的信息。因此，用系列切片方法，可以很容易地从头到尾追踪所有三种类型的单个梭内肌纤维（称作袋状 1、袋状 2 和链状纤维），因此，完全有信心可以追踪到全部的有髓轴突（假如重要的切片不丢失），但未必能追踪到最细的无髓轴突，因为它的直径小于光学显微镜的分辨度。相反地，用分离组织的银染方法，不能在整个长度上追踪到单个链状纤维，但追踪有髓和无髓轴突时没有困难，由于胶状银颗粒的光散射，可能也追踪到了一些小于光学显微镜理论分辨率直径的轴突。

例 4　肌梭的支配

■■ 材　料

成年大鼠的 Tenuissimus 肌（m.caudocruralis）。

■■ 步　骤

此方法源自 Barker 和 Ip（1963）。

固定

在新配制的含水合三氯乙醛 1g、95％乙醇 45ml、蒸馏水 50ml 和浓硝酸 1ml 的溶液中放 5d。

冲洗

在流水中放 24h。

碱化

在含 95％乙醇 25ml、巴斯德移液管 1 滴氨水（比重 0.88，约 35％ w/w）中放 24h（这是原始的方法，可以根据系统需要和经验确定最佳 pH）。

银染

吸去和排掉过剩液体，肌肉在 37℃ 1.5％ w/v 硝酸银中孵育 4d［时间对于成功与否至关重要。鉴于以前的文献作者研究大的肌肉，本研究给出的值不同于原始的文献。数年前，在遇到了染色不充分的问题后，笔者对实验方法中所有重要的步骤都进行了改良，虽然在某种程度上可以通过改变硝酸银的浓度来弥补染色不充分的问题，但到目前为止，显然最重要的是银染过程，尤其是银染的时间。银染时间太短，导致广泛着色，特别是细胞核，因此使轴突的染色不明显，同样也证实了 Palmgren 所观察到的结果（1960）。或许正好与直觉相反，银染时间太长，导致组织的整个区域不被着色，包括轴突，而小的区域被强染色。这些研究证明，以上描述的不同的银染是一个动态的过程，没有一个稳定的终点。因此，在处理一个新的标本时，有必要采用重复的方法，首先决定正确的时间，然后通过观察染色的质量调整时间。对于任何特定的标本，根据笔者的经验，通过系统的试验，选择最佳时间，几乎总能给出极好的或至少令人满意的结果。］

还原（显影）

在新配制的含对苯二酚 2g 和 25％蚁酸 100ml 的溶液中放 2d（倘若时间足够长，确实到达了一个稳定的终点）。

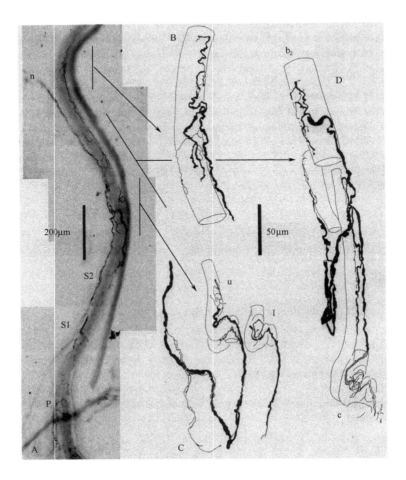

图 15-5　用还原银染色方法染色，显微分离整个肌梭，从猫 Tenuissimus 肌的一个肌梭
的一极分析袋状 2 和链状梭内肌纤维的运动神经支配

A. 含初级感觉末梢的中轴区（equatorial region）P、含两个次级感觉末梢的邻近中轴区 S1，S2 和
含肌梭的运动支配的极性区，部分来自标记为 n 的小神经。B～D. 各自支配单个袋状 2 纤维 B、
两个链状纤维 C、袋状 2 b2 和三个链状 c 纤维 D 的三个运动轴突的末端前和末端分支的明箱绘制
图，在组合图上指示了单个追踪区域的位置。在 C 中，左侧显示两条链状纤维的相对位置，上面
的纤维 u 使下面的纤维模糊不清，右侧单独重现了下面的纤维 1。

清洗

1. 在蒸馏水中漂洗。

2. 在分离组织前放入甘油中清洗数日和储存。

包埋

用一个树酯围成的圆形盖玻片分离放在甘油中的肌梭和肌间神经。

结 果

在一个精细染色的标本中，轴突和它的终末在灰黄色（稻草色）到淡灰色的背景下呈黑棕色或几乎呈黑色，在背景下可能很难区分出核，但常常可见肌节、髓鞘在正常情况下不着色，但由于轴突中相应部位的缩窄，雷诺氏节的位置清晰。在高分辨率的情况下，常可观察到还原的银沉积呈纤丝状或细丝状的特征。此外，并非整个轴突都会着色，特别是不能完整地观察到延伸的感觉末梢，详见 Banks（1994）。

致谢：感谢 Christine Richardson 和 Paul Sidney 在标本制备和本章及第一章图的制作中提供了宝贵的技术支持。

参 考 文 献

Ahn, A., Dziennis, S., Hawkes, R. and Herrup, K. 1994. The cloning of zebrin II reveals its identity with aldolase C. Development 120, 2081-2090.

Axelsson, S., Björklund, A., Falck, A., Lindvall, O. and Svensson, L.-A. 1973. Glyoxylic acid condensation: a new florescence method for the histochemical demonstration of biogenic monoamines. Acta Physio. Scand. 87, 57-62.

Baker, J.R. 1958. Principles of Biological Microtechnique. Methuen, London.

Banks, R.W. 1994. Intrafusal motor innervation: A quantitative histological analysis of tenuissimus spindels in the cat. J. Anat. 185, 151-172.

Barker, D. and Ip, M. C. 1963. A silver method for demonstrating the innervation of mammalian muscle in teased preparations. J. Physiol. 169, 73-74P

Bielschowsky, M. 1902. Die Silberimprägnation der Axencylinder. Neurol. Zentralbl. 21, 579-584.

Björklund, A. 1983. Fluorescence histochemistry of biogenic amines. In Björklund, A. and Hökfelt, T. (eds.) Handbook of Chemical Neuroanatomy. Vol. 1. Methods in Chemical Neuroanatomy. Elsevier, Amsterdam. pp. 50-121.

Brodal, A. 1940. Modification of Gudden method for study of cerebral localization. Arch. Neurol. 43, 46-58.

Brodmann, K. 1908. Beiträge zur histologischen Lokalisation der Grosshirnrinde. VI. Mitteilung: Die Cortexgliederung des Menschen. J. Psychol. Neurol., Leipzig. 10, 231-246.

Brushart, T. M. and Mesulam, M.-M. 1980. Transganglionic demonstration of central sensory projections from skin and muscle with HRP-lectin conjugates. Neurosci. Lett. 17, 1-6.

Butcher, L. L. 1983. Acetylcholinesterase histochemistry. In Björklund, A. and Hökfelt, T. (eds.) Handbook of Chemical Neuroanatomy. Vol. 1. Methods in Chemical Neuroanatomy. Elsevier, Amsterdam. pp.1-49.

Clarke, E. and O'Malley, C. D. O. 1996. The Human Brain and Spinal Cord. 2e Norman Publishing, San Francisco

Colonnier, M and Gray, E. G. 1962. Degeneration in the cerebral cortex. In Breese, S. S. (ed) Electron Microscopy, Fifth International Congress for Electron Microscopy. Academic Press, New York. vol. 1, p U-3

Cowan, W. M., Gottlieb, D. I., Hendrickson, A. E., Price, J. L. and Woolsey, T. A. 1972. The autoradiographic demonstration of axonal connections in the central nervous system. Brain Res. 37, 21-51.

Chronwall, B. M., Lewis, M. E., Schwaber, J. S. and O'Donohue, T. L. 1989. In situ hybridization combined with retrograde fluorescent tract tracing. In Heimer, L. and Záborszky, L. (eds.) Neuroanatomical Tract-Tracing Methods 2: Recent Progress. Plenum, New York. pp 265-297.

Cruz, M. C., Jeanmonod, D., Meier, K. and Van der Loos, H. 1984. A silver and gold technique for axons and axon-bundles in formalin-fixed central and peripheral nervous tissue. J. Neurosci. Methods 10, 1-8

de Olmos, J. S., Ebbesson, S. O. E. and Heimer, L. 1981. Silver methods for the impregnation of degenerating axoplasm. In Heimer, L. and RoBards, M. J. (eds) Neuroanatomical Tract-Tracing Methods. Plenum, New York. pp 117-170.

Diaz, J. and Pécot-Dechavassine, M. 1987. An improved combined cholinesterase stain and silver impregnation method for quantitative analysis of innervation patterns in frog muscle. Stain

Technol. 62, 161–166.

Droz, B. 1975. Autoradiography as a tool for visualizing neurons and neuronal processes. In Cowan, W. M. and Cuénod, M. (eds) The Use of Axonal Transport for Studies of Neuronal Connectivity. Elsevier, Amsterdam. pp 127–154.

Droz, B. and Leblond, C. P. 1963. Axonal migration of proteins in the central nervous system and peripheral nerves as shown by radioautography. J. Comp. Neurol. 121, 325–346.

Edwards, S. B. and Hendrickson, A. 1981. The autoradiographic tracing of axonal connections in the central nervous system. In Heimer, L. and RoBards, M. J. (eds) Neuroanatomical Tract-Tracing Methods. Plenum, New York. pp 171–205.

Ehrlich, P. 1886. Über die Methylenblaureaction der lebenden Nervensubstanz. Dt. Med. Wschr. 12, 49–52.

FitzGerald, M. J. T. 1963. A general-purpose silver technique for peripheral nerve fibers in frozen sections. Stain Technol. 38, 321–327.

Gall, J. G. and Pardue, M. L. 1969. Formation and detection of RNA-DNA hybrid molecules in cytological preparations. Proc. Natl. Acad. Sci. USA 63, 378–383.

Geary, W. A. and Wooten, G. F. 1989. Receptor autoradiography. In Heimer, L. and Záborszky, L. (eds.) Neuroanatomical Tract-Tracing Methods 2: Recent Progress. Plenum, New York. pp 311–330.

Gerfen, C. R. 1985. The neostriatal mosaic. I. Compartmental organization of projections from the striatum to the substantia nigra in the rat. J. Comp. Neurol. 236, 454–476.

Gerfen, C. R., Sawchenko, P. E. and Carlsen, J. 1989. The PHA-L anterograde axonal tracing method. In Heimer, L. and Záborszky, L. (eds.) Neuroanatomical Tract-Tracing Methods 2: Recent Progress. Plenum, New York. pp 19–47

Glees, P. 1946. Terminal degeneration within the central nervous system as studied by a new silver method. J. Neuropath. Exp. Neurol. 5, 54–59.

Gonatas, N. K., Harper, C., Mizutani, T. and Gonatas, J. 1979. Superior sensitivity of conjugates of horseradish peroxidase with wheat germ agglutinin for studies of retrograde axonal transport. J. Histochem. Cytochem. 27, 728–734.

Grant, G. and Aldskogius, H. 1967. Silver impregnation of degenerating dendrites, cells and axons central to axonal transection 1. A Nauta study on the hypoglossal nerve in kittens. Exp. Brain Res. 3, 150–162.

Grant, G. and Walberg, F. 1974. The light and electron microscopical appearance of anterograde and retrograde neuronal degeneration. In Fuxe, K., Olson, L. and Zotterman, Y. (eds) Dynamics of Degeneration and Growth in Neurons. Pergamon, Oxford. pp 5–18.

Graybiel, A. M. 1975. Wallerian degeneration and anterograde tracer methods. In Cowan, W. M. and Cuénod, M. (eds) The Use of Axonal Transport for Studies of Neuronal Connectivity. Elsevier, Amsterdam. pp 173–216.

Hand, P. J. 1981. The 2-deoxyglucose method. In Heimer, L. and RoBards, M. J. (eds) Neuroanatomical Tract-Tracing Methods. Plenum, New York. pp 511–538.

Hawkes, R. and Gravel, C. 1991. The modular cerebellum. Prog. Neurobiol. 36, 309–327.

Hawkes, R. and Leclerc, N. 1987. Antigenic map of the rat cerebellar cortex: the distribution of parasagittal bands as revealed by monoclonal anti-Purkinje cell antibody mabQ113. J. Comp. Neurol. 256, 29–41

Heimer, L. and Ekholm, R. 1967. Neuronal argyrophilia in early degenerative states: a light and electron-microscopic study of the Glees and Nauta techniques. Experientia 23, 237–239.

Holmes, W. 1968. Empiricism – silver methods and the nerve axon. In McGee-Russell, S. M. and Ross, K. F. A. (eds.) Cell Structure and its Interpretation: essays presented to John Randal Baker FRS. Edward Arnold, London. pp. 95–102.

Horton, J. C. and Hubel, D. H. 1981. A regular patchy distribution of cytochrome-oxidase staining in primary visual cortex of the macaque monkey. Nature 292, 762–764.

Hubel, D. H., Wiesel, T. N. and Stryker, M. P. 1978. Anatomical demonstration of orientation columns in Macaque monkey. J. Comp. Neurol. 177, 361–380.

Ip, M. C. 1967. A combined method for demonstrating the cholinesterase activity and the nervous structure of mammalian peripheral motor endings in teased preparations. J. Physiol. 192, 801–803.

Karnovsky, M. J. and Roots, L. 1964. A "direct colouring" thiocholine method for cholinesterases. J. Histochem. Cytochem. 12, 219–221.

Keefer, D. A. 1978. Horseradish peroxidase as a retrogradely-transported, detailed dendritic marker. Brain Res. 140, 15–32.

Kiernan, J. A. 1984a. Chromoxane cyanine R. I. Physical and chemical properties of the dye and some of its complexes. J. Microsc. 134, 13–23.

Kiernan, J. A. 1984b. Chromoxane cyanine R. II. Staining of animal tissues by the dye and its iron complexes. J. Microsc. 134, 25–39.

Kiernan, J. A. 1990. Histological and Histochemical Methods: Theory and Practice. 2nd ed. Pergamon, Oxford.

Koelle, G. B. and Friedenwald, J.S. 1949. A histochemical method for localizing cholinesterase activity. Proc. Soc. Exp. Biol. N.Y. 70, 617–622.

Kristensson, K. 1970. Transport of fluorescent protein tracer in peripheral nerves. Acta Neuropath. (Berl.) 16, 293–300.

Kristensson, K. and Olsson, Y. 1971. Retrograde axonal transport of protein. Brain Res. 29, 363–365.

Kuhar, M. J. 1983. Autoradiographic localization of drug and neurotransmitter receptors. In Björklund, A. and Hökfelt, T. (eds.) Handbook of Chemical Neuroanatomy. Vol. 1. Methods in Chemical Neuroanatomy. Elsevier, Amsterdam. pp.398–415.

Kuypers, H. G. J. M., Catsman-Berrevoets, C. E. and Padt, R. E. 1977. Retrograde axonal transport of fluorescent substances in the rat's forebrain. Neurosci. Lett. 6, 127–135.

Kuypers, H. G. J. M., Bentivoglio, M., van der Kooy, D. and Catsman-Berrevoets, C. E. 1979. Retrograde transport of bisbenzimide and propidium iodide through axons to their parent cell bodies. Neurosci. Lett. 12, 1–7.

Lashley, K. S. and Clark, G. 1946. The cytoarchitecture of the cerebral cortex of Ateles: a critical examination of architectonic studies. J. Comp. Neurol. 85, 223–305.

LaVail, J. H. and LaVail, M. M. 1972. Retrograde axonal transport in the central nervous system. Science 176, 1416–1417.

Livingstone, M. S. and Hubel, D. H. 1984. Anatomy and physiology of a color system in the primate visual cortex. J. Neurosci. 4, 309–356.

Lund, R. D. and Westrum, L. E. 1966. Neurofibrils and the Nauta method. Science 151, 1397–1399.

Malmgren, L. and Olsson, Y. 1978. A sensitive method for histochemical demonstration of horseradish peroxidase in neurons following retrograde axonal transport. Brain Res. 148, 279–294.

Mayhew, T. M. 1991. The new stereological methods for interpreting functional morphology from slices of cells and organs. Exp. Physiol. 76, 639–665.

Mesulam, M.-M. 1978. Tetramethyl benzidine for horseradish peroxidase neurohistochemistry: a non-carcinogenic blue reaction-product with superior sensitivity for visualizing neural afferents and efferents. J. Histochem. Cytochem. 26, 106–117.

Mesulam, M.-M. (ed.) 1982. Tracing Neural Connections with Horseradish Peroxidase. Wiley, Chichester.

Meynert, T. 1867–1868. Der Bau der Gross-Hirnrinde und seine örtlichen Verschiedenheiten, nebst einem pathologisch-anatomischen Corollarium. Vjschr. Psychiat., Vienna. 1, 77–93, 198–217; 2, 88–113.

Moore, R. Y. 1981. Fluorescence histochemical methods: neurotransmitter histochemistry. In Heimer, L. and RoBards, M. J. (eds) Neuroanatomical Tract-Tracing Methods. Plenum, New York. pp 441–482.

Mori, K. 1986. Lectin Ulex europaeus agglutinin I specifically labels a subset of primary afferent fibers which project selectively to the superficial dorsal horn of the spinal cord. Brain Res. 365, 404–408.

Nauta, W. J. H. and Gygax, P. A. 1951. Silver impregnation of degenerating axon terminals in the central nervous system (1) technic (2) chemical notes. Stain Technol. 26, 5–11.

Nissl, F. 1894. Über die sogenannten Granula der Nervenzellen. Neurol. Zbl. 13, 676–685, 781–789, 810–814.

Novotny, G. E. K. and Gommert-Novotny, E. 1988. Silver impregnation of peripheral and central axons. Stain Technol. 63, 1–14.

Page, K. M. 1965. A stain for myelin using solochrome cyanin. J. Med. Lab. Technol. 22, 224–225.

Palkovits, M. and Brownstein, M. J. 1985. Distribution of neuropeptides in the central nervous system using biochemical micromethods. In Björklund, A. and Hökfelt, T. (eds.) Handbook of Chemical Neuroanatomy. Vol. 4. GABA and Neuropeptides in the CNS. Elsevier, Amsterdam. pp.1–71.

Palmgren, A. 1960. Specific silver staining of nerve fibres. I. Technique for vertebrates. Acta Zool. 41, 239–265

Paxinos, G. and Watson, C. 1998. The Rat Brain in Stereotaxic Coordinates. 4e. Academic Press,

New York.

Pearse, A. G. E. 1980. Histochemistry: Theoretical and Applied. 4ᵗʰ edition, volume 1. Preparative and Optical Technology. Churchill Livingstone, Edinburgh.

Peters, A. 1955a. Experiments on the mechanism of silver staining. I. Impregnation. Quart. J. Microsc. Sci. 96, 84–102.

Peters, A. 1955b. Experiments on the mechanism of silver staining. II. Development. Quart. J. Microsc. Sci. 96, 103–115.

Peters, A. 1955c. Experiments on the mechanism of silver staining. III. Electron microscope studies. Quart. J. Microsc. Sci. 96, 317–322.

Powers, M. and Clark, G. 1955. An evaluation of cresyl echt violet as a Nissl stain. Stain Technol. 30, 83–92.

Rexed, B. 1954. A cytoarchitectonic atlas of the spinal cord in the cat. J. Comp. Neurol. 100, 297–379.

Samuel, E. P. 1953. The mechanism of silver staining. J. Anat. 87, 278–287.

Schweizer, H. and Kaupenjohann, H. 1988. A silver impregnation method for motor and sensory nerves and their endings in formalin-fixed mammalian muscles. J. Neurosci. Methods 25, 45–48

Sickles, D. W. and Oblak, T. G. 1983. A horseradish peroxidase labeling technique for correlation of motoneuron metabolic activity with muscle fiber types. J. Neurosci. Methods 7, 195–201.

Silverman, M. S. and Tootell, R. B. H. 1987. Modified technique for cytochrome oxidase histochemistry: increased staining intensity and compatibility with 2-deoxyglucose autoradiography. J. Neurosci. Methods 19, 1–10.

Skirboll, L. R., Thor, K., Helke, C., Hökfelt, T., Robertson, B. and Long, R. 1989. Use of retrograde fluorescent tracers in combination with immunohistochemical methods. In Heimer, L. and Záborszky, L. (eds.) Neuroanatomical Tract-Tracing Methods 2: Recent Progress. Plenum, New York. pp 5–18.

Somogyi, P., Hodgson, A. J. and Smith, A. D. 1979. An approach to tracing neuron networks in the cerebral cortex and basal ganglia. Combination of Golgi staining, retrograde transport of horseradish peroxidase and anterograde degeneration of synaptic boutons in the same material. Neuroscience 4, 1805–1852.

Steward, O. 1981. Horseradish peroxidase and fluorescent substances and their combination with other techniques. In Heimer, L. and RoBards, M. J. (eds) Neuroanatomical Tract-Tracing Methods. Plenum, New York. pp 279–310.

Uhl, G. R. 1988. An approach to in situ hybridization using oligonucleotide cDNA probes. In van Leeuwen, F. W., Buijs, R. M., Pool, C. W. and Pach, O. (eds.) Molecular Neuroanatomy. Elsevier, Amsterdam. pp 25–41.

Vogt, O. and Vogt, C. 1919. Allgemeinere Ergebnisse unserer Hirnforschung. J. Psychol. Neurol., Leipzig. 25, 273–462.

Walberg, F. 1971. Does silver impregnate normal and degenerating boutons? A study based on light and electron microscopical observations of the inferior olive. Brain Res. 31, 47–65.

Weigert, C. 1882. Über eine neue Untersuchungsmethode des Centralnervensystems. Z. med. Wiss. 20, 753–757, 772–774.

West, J. R. and Black, A. C. 1979. Enhancing the anterograde movement of HRP to label sparse neuronal projections. Neurosci. Lett. 12, 35–40.

Windle, W. F., Rhines, R. and Rankin, J. 1943. A Nissl method using buffered solutions of thionin. Stain Technol. 18, 77–86.

Zilles, K., Schleicher, A. and Kretschmann, H.-J. 1978. A quantitative approach to cytoarchitectonics. I. The areal pattern of the cortex of Tupaia belangeri. Anat. Embryol. 153, 195–212.

第十六章　脑片中群体神经元的光学记录

Saurabh R. Sinha and Peter Saggau

寿天德　梁志殷　译

复旦大学生命科学院神经生物学系

tdshou@fudan.edu.cn

■ 绪　论

　　光学记录涉及分子指示剂的使用，这些指示剂的光学特性（吸收特性或荧光特性）会随细胞活动的参数而改变。可供使用的指示剂包括对膜电位（V_m）敏感的、对钙浓度或对其他离子（H^+，Na^+，K^+，Mg^{2+}，Zn^{2+} 以及 Cl^-）浓度敏感的试剂。与传统方法相比，光学记录有以下几方面的优势。在细胞电活动研究方面，即使是使用了大规模微电极阵列也不能提供很好的空间分辨率，而光学记录就能相对简单地达到要求，并且对样本的损伤明显要小。光学记录技术还能对传统方法达不到的部位进行记录。在离子浓度研究方面，与传统方法（如使用离子敏感电极）相比，光学记录也能提供更高的空间分辨率。在第四章中已经讨论过对单个神经元进行光学记录。本章将介绍对哺乳动物脑片中群体神经元的光学记录技术。本章将以我们实验室从啮齿类动物的海马脑区脑片中记录膜电位和胞内钙离子浓度为例，详细说明这种技术。首先将简要讨论一些基本问题，包括光学指示剂、载入技术、光学镜片镜头和光检测器。脑组织的内源性光学特性也将论及但仅限于其对光学指示剂信号检测的影响。第三十四章将讨论如何用内源性的光学特性对脑组织进行无损记录。

光学指示剂

　　这部分将简要讨论一些普遍使用的光学指示剂的特性，重点讨论电压敏感性和钙敏感性染料，本章中介绍的实验方案将用到这两种染料。它们的其他特性详见本书第四章（Bullen and Saggau），更进一步的大多数商售光学指示剂的详情可参考分子探针目录（Haugland 1996）。

电压敏感性染料

　　电压敏感性染料（voltage-sensitive dyes，VSD）是一类其光学特性能够反映膜电位（V_m）及其变化的分子（Cohen and Lesher 1986；Ebner and Chen 1995）。基于其反应速度，VSD 可以分为两类。"慢" VSD 具有膜通透性并依据 Nemst 方程跨膜分布。这类指示剂可用于检测 V_m 的缓慢变化但通常不用于 V_m 的快速变化（如神经元电活动中）。"快" VSD 是亲水疏水两性分子，可插入细胞膜上并显示电压依赖的光吸收（A）变化或荧光（F）变化。它们的响应时间范围为微秒级；在生理范围内，VSD 的反应和 V_m 的变化呈线性关系（Ross et al. 1977），光吸收的变化（ΔA）或荧光的变化（ΔF）与膜电位的变化（ΔV_m）成正比。一些非荧光性（如 RH-155 和 RH-492）或荧光性的快 VSD（如 RH-414 和 RH-795）已经用于脑片研究中。与检测荧光的方法相比，检测光吸收量的方法的主要优势在于，对给定光强的入射光而言，到达检测器的光强更大；同时，装置的搭建也更简单（图 16-1）。另一方面，检测荧光的方法通常可比检测光吸收量的方法提供较大比例的信号变化（$\Delta F/F \sim 10^{-3}$ 对 $\Delta A/A \sim 10^{-4}$）。另外关于 VSD 必须记住的是，同一种 VSD 在不同的样本中效果可能不一样，这主要可能与不同细胞的膜电位水平不同有关。这样，研究新样本时通常需要筛选几种 VSD。我们实验室经常使用的几种 VSD 以及配套使用的滤镜特性列于表 16-1。

表 16-1　染料和光学滤光片／二色束分光镜

指示剂	类型	K_d （nmol/L）	λ_{ex} （nm）	λ_{em} （nm）	EX 滤光片 （nm）	DB （nm）	EM 滤光片 （nm）
RH-155	光吸收	—	638	—	650/40	—	—
RH-414	荧光	—	531	714	535/45	605	610LP
Cacium Orange-AM	荧光	328	549	575	535/45	565	570LP
Fura-2-AM	荧光	224	335, 362	512	360, 380/10	450	510/40
Furaptra-AM	荧光	50 000	330, 370	511	360, 380/10	450	510/40

基于 VSD 的亲水疏水两性特点，VSD 很难被载入细胞内。把 VSD 成功地载入细胞的报道仅见于无脊椎动物的大细胞，因为它们在注射后仍能存活足够长的时间（>12h），这对加压注射大量染料以及随后的染料扩散到细胞突起是必需的（Zecevic 1996）。因此，尽管近期有一些成功地把 VSD 注入细胞内的报道，但 VSD 通常还是用于浸浴培养的单神经元或脑片的群体神经元的光学记录（Antic et al. 1997）。在一些报道中称，切断一些样本中的轴突使染料做逆行性迁移，可以选择性地把 VSD 注入某一类神经元（Wenner et al. 1996）。

钙敏感性染料

钙敏感性染料（CaSD）是一类结合钙离子其光学特性改变的钙螯合剂。当前使用 CaSD 已很少测量光吸收，大多数 CaSD 都是在钙螯合剂 BAPTA 上连接不同的荧光基团衍生而来（Tsien 1980；Grynkiewicz et al. 1985；Minta et al. 1989）。这些高荧光性的化合物只结合一个 Ca^{2+}，同时在生理范围内对 Mg^{2+} 有高选择性，而对 H^+ 相对不敏感。结合 Ca^{2+} 后，它们吸收光子的能力（消光系数 ξ，extinction coefficient ξ）或者它们将一个吸收光子转变为一个发射光子（量子效率）的能力都会改变。某些指示剂的实际的光吸收谱（如 Fura-2，Furaptra）或光发射谱（如 Indo-1）的波长发生改变；这就要考虑对信号进行比例校正。然而，记录一群细胞时通常不使用这种方法，因为测得的值实际上是几个细胞内离子浓度的平均值，除非假定所有注入染料的细胞具有同步的活动，否则测得的值是没有意义的。

与 VSD 的反应跟膜电位的变化线性相关不同，细胞内钙离子浓度 $[Ca^{2+}]_i$ 的生理变化可能和 CaSD 反应不成线性关系。Ca^{2+} 与 CaSD 的结合是一级化学反应，具有解离常数 K_d，上升速率常数 K_{on} 和下降常数 K_{off}。对任何给定的 CaSD，当 $[Ca^{2+}]_i$ 在 $0.1 \sim 10 K_d$ 范围内变化时，其荧光变化大体与膜电位的变化呈线性相关。在此范围之外，变化不再呈线性相关。这样，在具体应用中选择哪种 CaSD 就要考虑到预期的 $[Ca^{2+}]_i$。例如，如果要检测静息水平下钙离子浓度的变化（多数神经元都在 100nmol/L 水平），就应该选择 K_d 范围在几百纳摩（nmol/L）的 CaSD，如 Fura-2 或钙橙（Calcium orange，表 16-1）。如果要检测在一个或一串动作电位后，突触末端的钙离子浓度最高水平处的相对变化，就应该选择 K_d 范围在几十微摩或更高的 CaSD，如 Furaptra。又由于 CaSD 的信号实际上依赖于结合了和未结合 Ca^{2+} 的钙指示剂，信号的时程依赖于反应的动力学以及 $[Ca^{2+}]_i$ 的实际变化。对 $[Ca^{2+}]_i$ 的上升阶段，CaSD 信号的上升时间常数（τ_{on}）是

$$\tau_{on} = \frac{1}{K_{on} \cdot ([Ca^{2+}] + [CaSD]) + K_{off}}$$

对于 $[Ca^{2+}]_i$ 的下降阶段，CaSD 信号的下降时间常数（τ_{off}）是

$$\tau_{off} = \frac{1}{K_{off}}$$

现在使用的大多数指示剂具有相似的、接近扩散极限的 K_{on}；所以它们的反应动力学主要取决于它们的 K_d（$= K_{off}/K_{on}$）。K_d 越高，反应越快，CaSD 信号反映 $[Ca^{2+}]_i$ 变化的时程也越精确。K_d 高的指示剂的其他优点是，它们不容易饱和，也不会严重缓冲神经元内的钙离子浓度变化。这个问题更详尽的讨论请参阅 Sinha 等（1997）文章。我们实验室日常使用的指示剂的 K_d 值见表 16-1。

为了记录 $[Ca^{2+}]_i$，需要将指示剂注入感兴趣的细胞。如果注入的方法仅限于用微电极注入，那么记录大量的细胞将会变得不可能。CaSD 的乙氧甲基（acetoxymethyl，AM）酯的出现大大简化了 CaSD 的注入（Tsien 1981）：这些酯可透过细胞膜，但进入细胞后被胞内的酯酶切断，使得 CaSD 被捕获。这样，只须把组织片浸浴在 CaSD 的乙氧甲基酯中就可实现往样本中注入 CaSD。如果要非选择地往大量细胞而不是单个细胞中注入 CaSD，这是一种简单有效的方法。把 CaSD 的乙氧甲基酯局部用于特定的解剖学结构如样本中的轴突束，就可能实现选择性地往亚细胞结构如突触前末端（Regehr and Tank 1991；Wu and Saggau 1994）或树突（Wu and Saggau 1994）中注入 CaSD。我们实验室经常使用的 CaSD，见表 16-1。

对其他离子敏感性染料

正如前面提到，对 Ca^{2+} 以外其他离子（H^+、Na^+、K^+）敏感的光学染料也有商售，大多是乙氧甲基酯的形式，可以注入到一群神经元中去。然而，我们实验室没用过这些指示剂来对脑片进行瞬时活动的记录，我们也不知道有哪位研究人员做过类似工作。使用这些指示剂来记录群体神经元所涉及的主要问题与使用 CaSD 相似。几种这些指示剂已用在培养细胞上和往脑片上的单个神经元中注入。有不同光谱特性和敏感性的各种 pH 指示剂可供选择。例如，BCECF，SNAFL 和 SNARF。可以注入群体神经元的 Na^+ 敏感性染料包括有 SBFI 和钠绿（Sodium Green）；PBFI 是一种 K^+ 敏感的染料并有乙氧甲基酯的形式。对现在大多数 Na^+ 敏感性染料和 K^+ 敏感性染料来说，一个普遍的问题是它们不能很好地区分这两种离子。对其他离子敏感的染料的详情，请读者参阅分子探针目录（Haugland 1996）。该目录提供大量的新光学指示剂的信息，并会经常更新。

显微镜

　　多种显微镜都可以用于脑片的光学记录，包括传统的显微镜、扫描显微镜、共聚焦显微镜以及它们的不同组合（对不同显微镜的详细讨论见第四章）。在本章，我们仅讨论传统显微镜。图 16-1A 显示了测量光吸收的装置的基本框架。要注意到在测量光吸收的装置中，只能用工作距离很短的水浸浴物镜（如约 1.7mm，40 倍，数值孔径 0.9，Zeiss）。空气物镜不能用于浸在水中的脑片，因为在气-液界面上的波纹可以引起到达光检测器上的光子量的变化。而这些变化可能比光指示剂所产生的信号变化还大（注意：光指示剂的光吸收的变化比例通常远小于 0.1%）。物镜工作距离短带来的主要问题是微电极的可操作范围很小。即使使用倒置显微镜也不能避免这个问题，因为在测量光吸收的情况下，必须使用水浸浴的聚光镜。

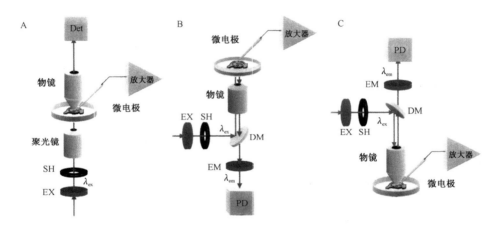

图 16-1　典型的光学记录的结构图

A. 测量光吸收的显微镜。通过激发光滤片（excitatory filter，EX）把光限定在合适的波长范围内（λ_i），用电动机械控制的快门（SH）控制时间，用聚光镜把光聚焦到样本上。透射光由物镜（水浸）收集并被光检测器（Det）计量。B. 测量样品表面荧光的倒置显微镜。激发光（λ_{ex}）通过分光镜（DB）和物镜（空气或油浸）到达样本上。样本上的发射荧光（λ_{em}）用同一个物镜收集，通过 DB，被发射滤片（EM）滤过后被光检测器（PD）计量。C. 测量样品表面荧光的直立显微镜。除了正立结构以及使用水浸镜头以外，装置的结构与 B 相似。

　　在测量荧光的情况下，基于以下原因更应该使用倒置显微镜：①记录小室的上方由于没有了物镜的阻碍，操作微电极显得更容易；②空气或油浸物镜都可以使用。图 16-1B显示了我们实验室中的样品表面荧光测量的倒置荧光显微镜的基本结构。然而，直立显微镜也有它们自己的优点。例如，使用直立显微镜时，研究者用微电极对样本进行操作的那面，同时也是信号出现最强的那一面。当在脑片中记录单个神经元时尤其要考虑到这一点。图 16-1C 显示了一个样品表面荧光测量的直立的荧光显微镜。如上所述，这个装置中只能选用水浸物镜。

　　传统显微镜的性能主要取决于其物镜镜头。物镜的两项性能指标分别是放大倍数（mag）和数值孔径（NA）。放大倍数决定了物镜所看到的区域大小，当和光检测器的一系列元件连起来后，它就决定了光学信号的空间分辨率。数值孔径表示物镜采集光的能力：数值孔径越高，物镜就能从样本发出的光中采集更多的光通量（对油浸物镜而言，数值孔径的上限是 1.4）。放大倍数也能影响物镜采集的光量，因为它决定了物镜采集光的区域大小，也就是荧光分子的数目。对测量表面荧光显微镜而言，其成像强度与 NA^4/mag^2 成比例。这一关系式可用于确定所需物镜的性能指标。通常的假定是在某一实验中研究者已有了一个给定放大倍数和数值孔径的物镜，并采集到足够的光通量。上述方程就可用于确定新镜头需要的数值孔径，以便采集等量的光通量。我们常用的物镜镜头列于表 16-2。

表 16-2　物镜

物镜放大倍数	NA	类型	WD（mm）	NA^4/mag^2（$\times 10^{-4}$）
5×	0.25	空气	5	1.56
10×	0.5	空气	0.88	6.25
25×	0.8	油/水	0.13	6.55
40×	0.75	水	1.7	1.98
40×	0.9	油/水	0.13	4.10
50×	0.9	油	0.3	2.62
63×	0.9	水	1.7	1.65

　　一套完整的光学成像装置还包括光源、快门、滤光片和光检测器等部件。滤光片和光检测器将在下面讨论。我们通常使用的两种光源是卤素钨灯和氙灯（对光源的详细讨论见第四章）。钨灯的主要优点是可以用电池驱动，相对稳定（RMS 噪声，$10^{-5} \sim 10^{-4}$）。氙灯的噪声虽然大（RMS 噪声，$10^{-4} \sim 10^{-3}$），但它比钨灯亮 5 倍；在短波长范围内，例如近紫外光处，氙灯的相对亮度更高。考虑到噪声问题，通常不使用汞灯。为了保证把曝光时间限定在实际记录期内，必须使用电动机械的快门。

滤光片

　　滤光片是所有完整光学记录装置的必要部件。这里简要介绍常用的几种滤镜；与各种指示剂配套使用的滤镜的详细说明见表 16-1。一个带通滤光片的主要性能指标包括：它的中心波长（在该波长处透光最大）和它的半峰宽（full-width at half-maximal transmission，FWHM，在此波长范围内透光均大于最大透光的 50%）。这些数字通常表示为中心波长/半峰宽，如 535/25nm。长通滤光片可以透过其特征波长（在该波长处透光达到最大透光的 50%）以上的所有可见光。二色分光镜由滤光片和反射镜组合而成，它可以反射所有低于特征波长的光而透过高于特征波长的光。

　　图 16-2 显示了滤光片和光检测器的激发谱和发射谱的关系。在一个典型的测量表面荧光的荧光光学记录装置中（图 16-1B，C），激发滤镜具有带通特性而发射滤镜则是带通或者长通的。二色分光镜具有处于激发滤镜和发射滤镜之间的特征波长，从而可以分开激发光和发射光。

光检测器

　　现在已有几种不同类型的光检测器供应，它们有不同的敏感度、空间－时间分辨率和亮度分辨率。我们将首先讨论光检测器的一般特性，然后重点介绍我们实验室所用的

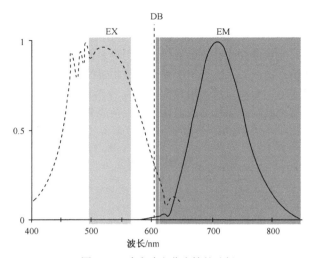

图 16-2　滤光片和分光镜的选择

一种荧光指示剂（以 VSD RH-414 为例）的激发谱（虚线）和发射谱（实线）。
同时显示激发滤光片（EX）、分光镜（DB）和发射滤光片（EM）的典型特性。

光检测器。这方面进一步的信息请参阅本书第四章。

对光检测器的一般考虑

光检测器的敏感性与其吸收的每个光子所能产生的电子数目成比例（量子效应，
QE）。硅光电二极管具有最高的量子效应（QE＞0.8），因此，要求高敏感性时应选这
种检测器。

现在可提供空间分辨率范围很广的不同种类光检测器，从没有空间分辨率的单个光
电二极管，到较低空间分辨率的光电二极管矩阵（PDM），再到高空间分辨率的电耦合
器件（CCD）摄像机。PDM 的 QE 值较高，而多数 CCD 由于布局更复杂因而 QE 值明
显较低（QE 约为 0.5）。为提高空间分辨率主要有两个方面的代价。首先，检测器中元
件数目越多，到达每个元件的光子数就越少。其次，元件数目越多，要采集的数据量就
越大，从而降低了数据采集速度。这个问题对 CCD 摄像机尤为重要，因为 CCD 中大多
是串行序列读出的装置，所有元件中的数据必须通过单个放大器。

检测器时间分辨率指的是采集整套数据所需的速度；亮度分辨率是指所能记录到的
信号变化的最小比例（通常以电压表示，$\Delta V / V$）。这两种分辨率都要和使用的 A/D 转
换器的特性相匹配：包括时间分辨率的转换速度和亮度分辨率的比特数。对 CCD 摄像
机而言，A/D 转换器通常是内置的，但单个光电二极管和 PDM 的情况并非如此。对转
换速度而言，记录一个带宽为 Δf 的信号所需的最低采样频率为

$$f_{sample} = 2 \cdot \Delta f N$$

N 表示该检测器的元件数目。对一个 m 比特的 A/D 转换器，亮度分辨率是

$$\Delta V / V = 2^{-m}$$

这样，一个 16bit 的转换器的亮度分辨率是 1.5×10^{-5}；一个 12bit 的转换器的亮度
分辨率是 2.5×10^{-4}。在给定价格范围内，比特数和模/数转换器的转换速度不能同时
兼得。这就需要研究者在亮度分辨率和时间-空间分辨率间慎重选择一个平衡点，因为

空间分辨率影响到获得一定的帧速度所必需的转换速度。

特殊的光检测器

最简单同时也最便宜的光检测器是单个的光电二极管，它能提供较高的时间分辨率和敏感度，但无空间分辨率可言。一个单光电二极管检测器以及一个合适的放大器，其造价低于 50 美元，并且这种检测器也有商售。图 16-3 显示我们的与单光电二极管配套使用的放大器。这种光电二极管的反应时间常数主要取决于它自身的电容和第一阶段的反馈电阻（R_f）；对图 16-3 中元件的常用数值来说，反应时间常数范围在小于 $100\mu s$ 到 1ms 之间。对单光电二极管（$N=1$），具有足够高的亮度分辨率和高 A/D 转换速度的 A/D 转换器是很容易获得的（如 16bit 和 10kHz）。在对空间分辨率要求不高的情况下，单光电二极管就可以成为理想的检测器；我们实验室经常用单光电二极管来记录海马区脑片中选择性注入染料的突触前或突触后结构的 CaSD 信号。同时由于它花费低、适应性强、操作简单，单光电二极管是一种用于探索性研究新标本时理想的光检测器，包括新样本、新染料、新注入技术或新装置的预试。

在记录空间分辨有一定要求的信号时，现有两种主要的选择就是光电二极管矩阵（PDM）和冷却 CCD 摄像头。后者的优势在于高空间分辨率（每一维上都有数百个像素点）。它也可以在检测器芯片上进行时间整合，或通过像素整合（binning）的方法来改变其空间分辨率。这种能整合的特性使得它在低光强应用中尤其有用。CCD 摄像头的主要缺点是时间分辨率和敏感度低。由于它们的串联读出装置，CCD 即使在大量空间整合的情况下，其时间分辨率也只能达到几百帧/秒（Lasser-Ross et al. 1991）。实际上，由于 CCD 对光敏感度低而必须进行时间整合，这就更加降低了它的时间分辨率。然而，具有接近光电二极管的 QE 的背薄型 CCD 摄像头最近已有商售。同时，新发展的具有多个读出放大器的 CCD 摄像头或许能解决速度问题。现在使用的多数 CCD 的另

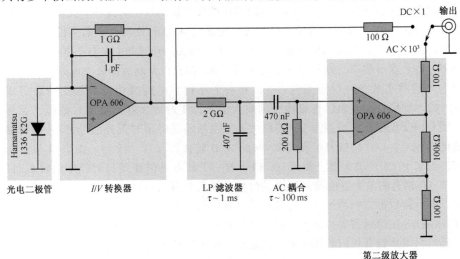

图 16-3 单个光电二极管的放大器

该放大器有一个电流-电压转换器，转换器的输出直流输出（DC×1），同时也是第二级放大器的输入。第一级的阻抗变换放大倍数由反馈电阻 R_f 决定；其时间常数是 $R_f × C_f$。前端有一个低通滤波器（LP 滤波器）的二级放大器能再提供一个交流放大 1000 倍（AC×1000）。

一不足之处就是它只能提供 12bit 的亮度分辨率，也就是说它能记录到的信号变化比例大概是 $2.5×10^{-4}$，这种精度虽然对记录一些 CaSD 信号是足够的，但却不能满足记录 VSD 信号变化的要求。例如，CCD 摄像机曾被用于记录海马脑片中选择性注入 CaSD 的苔状纤维末梢的瞬时信号（Regehr and Tank　1991；Wu and Saggau 未发表结果）。

在对高空间分辨率有一定要求的情况下，我们常用光电二极管矩阵。PDM 较好地综合了 CCD 的高空间分辨率和单光电二极管高时间分辨率及高亮度分辨率的特性；而且它的 QE 也与单光电二极管相仿。PDM 有各种配置，从 2×2 到 128×128 都有（Centronic，Hamamatsu，Fuji）。PDM 的每个元件都要求有自己的放大器，而这种放大器与图 16-3 中单光电二极管的放大器相仿。对我们使用的 10×10 PDM（MD-100，Centronic）来说，就必须有 100 个放大器。在这种情况下如何在 PDM 附近放置这些放大器变成了一个挑战。我们解决这个问题的方法是自己造了一个放大器，里面成堆地放置了电路板，在这些电路板上并行地放置了 100 个小放大器。但是对许多用户而言，并不能要求他们自己也造这样的放大器；配有放大器的 PDM 现在已经可以购买得到（Hamamatsu，OptImaging）。

表 16-3　光检测器

光检测器	敏感度	空间分辨率	时间分辨率	光强分辨率	使用方便性	价格
发光二极管	+++	+	++++	++++	+++	+
发光二极管阵列	+++	+++	+++	+++	+	+++
CCD 摄像机	++	++++	+/++	+	++	+++

除了给 PDM 放置放大器的要求以外，在足够的亮度分辨率和高采样频率下，把多个通道的信号进行 A/D 转换的需要也对 PDM 的设计提出另一的要求。拥有高亮度分辨率和足够高的采样率来对大规模的阵列进行记录的 A/D 转换器可以购买得到，但却非常昂贵。实际上，我们用相对直截了当的方法来增加一个 12bit A/D 转换器（400kHz 采样率）的亮度分辨率。这一方法主要是用了 AC 耦合以及随后的放大电路来测量包含有一个大的静态成分（静态荧光，F）和一个小得多的随测量参数而变的动态成分（ΔF）的光学信号。首先以直流耦合的放大倍数为 1 的放大器测量脑片的静态荧光信号；接着以交流耦合的增益为 10^3 的放大器测量活动期的瞬时荧光信号。10^3 的增益有效地把 12bit 的 A/D 转换器扩展为 22bit 的 A/D 转换器（$10^3 \sim 2^{10}$）。图 16-4 显示了我们用的配套 PDM 的放大器。使用 AC 耦合的一个缺点是需要延长对样本的曝光时间。当一个 AC 耦合的放大器刚接触到光的时候（快门打开），可以观察到一个瞬时的电位变化，随后将根据它的特征 AC 时间常数（我们的设计为 100 毫秒）回复到基线水平。这样，在打开快门后需要等 5～10 倍于时间常数（>500ms）才开始记录。对 DC 耦合，这一延时只需从打开快门等到机械伪迹衰减，就可以开始记录（通常<50ms）。

组织的特性

自发荧光指的是组织内源性的荧光。它主要由细胞内的芳香族分子如 FAD 和色氨酸所产生。虽然对自发荧光还没有进行系统的研究，但已确定了一些基本的规律。

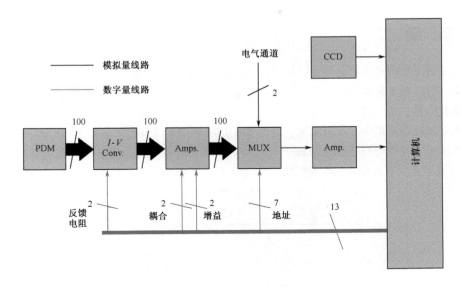

图 16-4　发光二极管阵列的放大器

该放大器由 100 个与图 16-3 中单光电二极管放大器相似的二级放大器组成。这些放大器的输出在两个附加的外部通道中多路连接（MUX），其中一个通道用于连接微电极信号。在 MUX 后面连接一个单道放大器以获得进一步的放大增益；其输出通过计算机被转化成数字量。从一个 CCD 摄像机输出的信号记录的脑区背景图像，也被输进计算机。计算机出来的数字连线用于控制各种放大器的特性，如电流-电压转换器的反馈电阻、交流-直流耦合、二级增益和 MUX 地址。

1. 自发荧光依赖于激发光的波长：短波长（从紫外到蓝光）使自发荧光强；长波长如绿光（500～540nm），产生的自发荧光可忽略不计。这样，当使用发出短波长激发的指示剂如 Fura-2 或 Furaptra 时，自发荧光成为一个重要的问题；而当使用长波长激发的指示剂如 RH-414 或钙橙时，则影响不大。

2. 自发荧光的变化范围很大：它随着组织的种类（甚至随着同一脑片的不同区域），动物的种类和年龄而变。

这样，抛开指示剂的因素暂不讨论，测定自发荧光的水平并进行校正是很重要的。在理想的状况下，我们希望能检测到要记录的精确位置上的自发荧光，然而，实际上这是不可行的。一个合理的补救办法是，测定同一只动物另一块脑片上相应区域的自发荧光，或者在往突触前或后选择性注入染料的情况下，测定没被染色的相应区域的自发荧光。

在对脑片进行光学记录时要牢记的另外一点关于组织的特性是，大多数组织对光都有散射。光散射对脑片光学记录的主要影响是，不管放大倍数和光检测器的元件数目如何，它都限制了可能达到的空间分辨率。与自发荧光相似，光散射的变化范围也很大；不幸的是，与自发荧光不同，光散射难于校正。光散射随着组织厚度增加而增大，并随波长成反比例变化；波长越短，散射越强。因此，在多光子激发的红外区荧光指示剂已被证明能有效地减少光散射的影响，使得能对样本内的下层结构进行光学记录（Denk and Svoboda　1997）。

概　要

从以上的讨论中可以看出，在打算记录脑片样本的光学信号之前，有许多问题需要考虑。每一项具体应用都要考虑到该选用哪种指示剂、装载技术、显微镜、物镜、滤镜以及检测器。图 16-5 显示了开始一项新实验应用前的做决定的流程图。首先要根据记录的需要决定使用哪一类指示剂：记录膜电位用 VSD，记录钙离子浓度用 CaSD，记录其他离子浓度则用与之相应的离子敏感的指示剂，然后就要选定具体的指示剂。对于 VSD 要考虑以下几点：选用光吸收性的还是荧光性的指示剂；所希望的指示剂的光谱

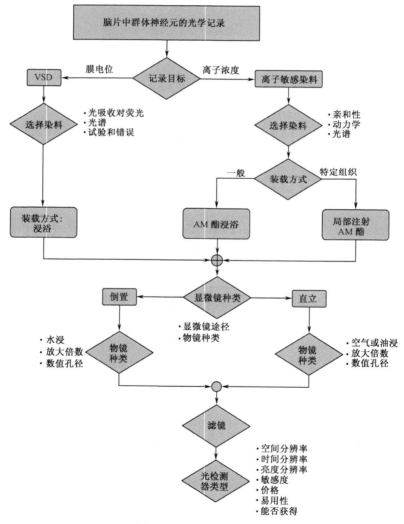

图 16-5　实验设计流程图

图中显示了设计一个光学记录实验所需要做的决定。决定框（菱形框）旁边是做此决定时所要考虑的各种问题。

特性（根据能得到的滤光片、光源和组织特性如自发荧光来决定）；对不同样本装载染料的不同而带来的实验次数和误差。对离子敏感性染料而言，必须要考虑实验中所需的染料的亲和性、与离子结合的动力学特性。还要考虑的是用选择性地对特定组织结构注入染料，还是用浸浴的方法；尽管在"电压敏感染料"这一部分中还提到其他方法，但VSD通常只用浸浴的方法，下一步就要选择显微镜（直立式或倒置式）和物镜的种类。不同构造的显微镜的优缺点已经讨论过了。对物镜镜头来说，应主要考虑其种类（对倒置显微镜是空气镜或油镜，对直立显微镜是水镜）、希望的放大倍数和数值孔径，以及工作距离（表 16-2）。滤光片的选择应该根据指示剂的特性来确定。最后就要选择检测器的种类。在做最后决定前应仔细考虑上述讨论过的所有的问题。还有，我们强烈推荐先用一个单光电二极管来测试计划中实验的稳定性，包括要装载的指示剂的量、信号的大小、到达检测器的光强（细节请看"故障修理"部分）。下面，我们给出经过上述考虑过程做出最终决定后的几个光学记录的具体例子。

■ 材　料

1. 测量表面荧光的荧光倒置显微镜（IM35 或 Axiover10，Zeiss）；具体使用的物镜见"结果"部分。

2. 光源：卤素钨灯（12V，100W，Xenoph HLX，Osram）或氙灯（XBO 75W/2，Osram）。

3. RMS 噪声＜0.01％的光源电源：（ATE 75-8，Kepco，Flushing，NY）或用电池供电的稳定直流电。

4. 计算机控制的快门（Uniblitz，Vincent，Rochester，NY）。

5. 光检测器：单光电二极管，光电二极管阵列和冷却 CCD 摄像机。

6. 染料及合适的滤光片（表 16-1）。

7. 浸浴液：NaCl 124mmol/L，KCl 5mmol/L，$CaCl_2$ 2mmol/L，$MgCl_2$ 1.2mmol/L，$NaHCO_3$ 26mmol/L，D-葡萄糖 10mmol/L，充以 95％ O_2/5％ CO_2。所有的溶液都应该稳定地冒出气泡。

8. DMSO（Sigma），聚醚酸（pluronic acid，分子探针，Eugene，OR）。

9. VSD 染色小室：小容量的小室，使得染色液可以进入脑片两侧，并得以充入95％ O_2/5％ CO_2 混合气体。例如，把一个 5ml 的注射器去掉活塞，另一端用加热或用硅树脂密封，就可以成为一个小室。再内加上一个用塑料或伸展尼龙 pantyhose 制成的小网并安放在合适大小的塑料环上，以捞取样品。可用 20～25 号针头充气。

10. CaSD 染色小室：35mm 直径的塑料有盖的培养皿，盖子上开一个小孔，穿过一根 20～25 号针头后用牙科蜡把小孔密封。针头应弯折一定的角度使得95％ O_2/5％ CO_2 混合气体吹到染色液表面而不是里面。因为 CaSD 染色液含有的聚醚酸是一种去污剂，直接往里吹气会形成大量的泡沫。

11. 记录小室：一个被浸没的小室，底部有玻璃盖玻片（＃0）。小室应该可以让溶液循环流通，可以把脑片固定在所需的位置，如果需要的话，还能控制循环液的温度（这里讨论的实验中是 31～32℃）。

步　骤

海马区脑片样本的制备

下面简单介绍我们实验室中制备海马区横断切片的操作程序；然而，任何其他方法只要能使脑片存活，都是可行的。合适的染色液应该在切脑片前就准备好。

1．用甲氧氟烷（methoxyflurane）麻醉动物，并用铡刀将其快速断头。

2．将取脑立即放到冰浴溶液中冷却 3～5min。

3．从脑中分离出海马区。

4．把海马区放到振动切片机上（Vibratome 1000，TPI），从海马中部 1/3 处切出厚度为 $400\mu m$ 的脑片。

5．染色前把脑片浸在室温的浸浴溶液中，但是如果用 CaSD 浸浴染色就要把脑片马上放到染色液中。

载入染料

载入 VSD

1．准备 RH-414 的原液：用蒸馏水配成浓度为 4mmol/L。原液可以在冰箱中储存几个月。

2．实验当天，往 4ml 浸浴液中加 10～20μl 的 RH-414 原液，就配成染色液（含有 25-50μmol/L RH-414 的浸浴液）。把染色液入到染色液小室中并放上充气针头。

3．把脑片放到染色液小室中，染色 15min；充气量调节到刚好不能吹动脑片的状态。

4．在 20ml 浸浴液中清洗脑片 15～30min，然后把脑片移到显微镜载物台上的记录小室。

载入 CaSD

A．浸浴法：

1．按质量百分比配制 75% DMSO 和 25% 聚醚酸溶液。溶解聚醚酸需要缓慢加热。溶液可以在室温下保存、使用一周。溶液配好以后的几天可能还需要重新加热。溶液加热后，让其冷却到室温才能使用。

2．往容器中加入 10μl DMSO/聚醚酸溶液和 50μg 钙橙－AM（Cacium Orange-AM）。室温下放置 30min。

3．切好海马脑片后，马上往容器中加入浸浴液，剧烈摇晃混匀。

4．以最高设置超声降解样本 5～10min。

5．把上述溶液和 4～5 片脑片放到 CaSD 染色小室中。

6．用 Parafilm 薄膜把小室轻轻的封好，溶液表面充以 95% O_2/5% CO_2 混合气体，在不吹动脑片的情况下将充气速度调到最大。

7．30℃ 染色 3～3.5h。

8．开封容器，加入 2ml 浸浴液，重新封好，到用时把脑片取出。脑片可以在这种维持液中保存几小时。

9．用20ml浸浴液清洗脑片15～30min，然后转移到显微镜载物台上的记录小室中。

B．选择性注入：

1．如"浸浴法载入CaSD"部分步骤1中讲到那样，准备75％DMSO／25％聚醚酸溶液。

2．在容器中放入50μg CaSD-AM（Fura-2-AM或Furaptra-AM），加5μl DMSO/聚醚酸溶液溶解。溶液在室温下放置30min。

3．容器中加50μl浸浴液，剧烈摇晃混匀。

4．以最高设置超声降解样本5～10min。

5．准备微量移液管（尖端直径约2μm）。

6．把微移液管尾部和一个注射器通过塑料胶管连起来，轻吸注射器使微量移液管尖端吸进少量的染色溶液。

7．切好脑片后最少等1h，然后把脑片放到显微镜载物台上的记录小室中。

8．向合适的轴突束加压注射（约10psi，20ms，5～10次脉冲）少量的染色液（≪1μl），要离开记录位点0.5～1mm（例如，在Schaffer侧枝向CA3区锥体细胞的突触前末梢注入染料，见图16-6，或者在alveus处向CA1区锥体细胞的突触后注入染料）。

注意：当记录小室里液体流动的方向正好使得注射位点处任何多余的染料都被带离记录位点时，才能获得最佳结果。

9．注射后约1h，荧光开始在记录区域出现，这时可以开始记录。

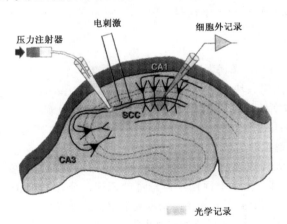

图 16-6　选择性注入 CaSD 的技术

少量的 CaSD（约1mmol/L AM酯的DMSO/pluronic溶液）被加压注射到CA1区的辐射层，这里是CA3锥体细胞轴突所在的位置（Schaffer侧枝/连合通路，SCC）。指示剂被摄取，并被胞内酯酶捕获，沿轴突扩散，进入到记录位点的突触前末梢。图中还显示了刺激和记录电极的大概位置。

光学记录操作步骤

下面我们要介绍的是，运用上面提到的各种实验设计，记录装好染料的脑片的诱发或自发信号的操作程序。抛开具体的实验细节不讲，对任何光学记录实验，有几件事是必须要做的。首先，要测量组织的自发荧光；如前所述，当使用的指示剂需要用短波长光来激发时，这尤其重要。在向脑片的特定组织中选择性地注入 CaSD 到轴突束时，可以在同一脑片上未注入染料、与记录区相类似的区域记录其自发荧光，或者在注入染料前测定记录区本身的自发荧光，以便对信号进行校正。在用浸浴法往脑片中载入染料的情况下，可以记录同一动物另一上相应区域的自发荧光。照明光强度在测量自发荧光和实际记录中保持不变是至关重要的。

另外一件在每次实验中都要做的事是要记录光漂白。在光照过程中光学指示剂分子会被漂白，也就是说，它们发出的荧光会消减。我们不可能知道这些分子实际上是被漂白了还是被捕获而暂时不发荧光。如果不考虑其精确机制，光漂白是一个单指数函数的过程，因此很容易对其进行补偿校正。校正光漂白最简单的方法是，在没有任何活动（既没有诱发活动也没有自发活动）的情况下，记录一段时间。这段时间里各参数（A/D转换速度、记录时间、快门打开时间）都应该和实际采集数据时一样。另外一种方法是，因为光漂白是一个单指数函数过程，如果在实际记录前把快门打开足够长的时间，那么在记录时，光漂白就会接近稳态。后一种方法在记录自发活动时很有用。

单光电二极管记录诱发活动

用单光电二极管记录诱发活动时，其记录的步骤相对直接。我们通常使用油浸物镜（Achroplan 50 倍，数值孔径为 0.9，Zeiss）。我们使用一块多用途 I/O 卡 （12-bit，50kHz，DAS-50，Keithley）来对数据进行模数转换并提供数字信号线来控制快门和电刺激器。从传统的用来记录细胞外场电位的微电极出来的信号以及从单光电二极管出来的信号都通过这块卡转换成数字信号。图 16-7 显示了一个典型的实验所涉及的步骤。首先要测定适当的自发荧光。

用 PDM 记录诱发活动

用光电二极管阵列记录诱发反应，我们通常使用一个 10 倍和数值孔径为 0.5 的物镜（Zeiss）。我们使用一块多用途 I/O 卡（Flash 12，Strawberry Tree）来对数据进行 A/D 转换并提供数字信号线来控制 PDM 放大器、快门和电刺激器。这块卡上的 A/D 转换器有 8 通道、12bit、400kHz、256k 的采样在位记忆；它还有 8 条 TTL 输入/输出（I/O）线和一个两通道的 A/D 转换器。从传统的用来记录胞外场电位的微电极出来的信号被输进 PDM 放大器并与图 16-4 中显示的所有光学通道相连。图 16-8 显示了一个典型的实验有关的步骤。由于上面已经讨论过的原因，分开进行 AC 和 DC 测量是必需的。因为我们通常和 PDM 配套使用的指示剂是用长波长光来激发的，这种情况下自发荧光对信号的影响比放大器造成的偏差要小得多，所以不必对自发荧光进行校正。

用 PDM 记录自发活动

用 PDM 记录自发活动所需的硬件和基本操作程序与用 PDM 记录诱发活动相似。主要的难点在于缺乏一个事件来触发数据采集。通常用于微电极记录自发活动的连续记录的方法，因为数据量过大（＞100 通道），通常不予使用。我们使用两种方法来用 PDM 记录自发活动。第一种方法使用软件获得自发活动的概率（Colom and Saggau 1994；Sinha et al. 1995）；采集和显示事先确定长度的一段数据；当研究者看到一件感兴趣的事件时，停止采集数据并保存最后的一段数据。这种方法适合于记录相对频繁的事件，例如，频率大于 0.2Hz 的；然而，这种方法难以可靠地记录发生频率更低的事件。

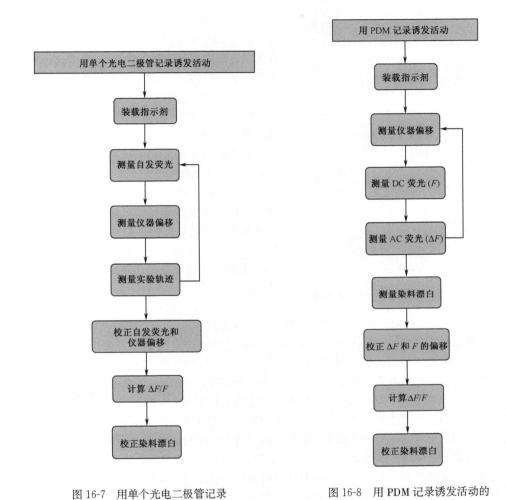

图 16-7　用单个光电二极管记录
诱发活动的操作步骤

图 16-8　用 PDM 记录诱发活动的
操作步骤

对这种方法进行一些小改进可以使它能可靠地记录发生频率低于 $0.05\,\mathrm{Hz}$ 的事件。图 16-9 显示了改进方法的流程图。采集一段数据（通常 $0.5\sim1\mathrm{s}$），只有电信号通道被分离输出并显示。这个过程一直重复直到研究者观察到自发活动并触发计算机；触发前被采集的 n 段数据（通常 $2\sim3$ 段）被分离输出、显示，还可以被进一步的处理和储存。

光学记录数据的处理

光学记录数据处理的第一步是校正自发荧光和仪器造成的偏差。对单个光电二极管而言，只要简单地从所有光学记录的数据点上减去这些偏差就可以了；对 PDM 来说，要从代表静态荧光的直流荧光中减去这些偏差。所有的光学信号都要以荧光变化强度除以静息时的荧光强度（$\Delta F/F$）来表示。这种表示方法有助于消除染料浓度、照明光强和光检测器各元件对光敏感度不同带来的偏差。对单光电二极管而言，静息时的荧光

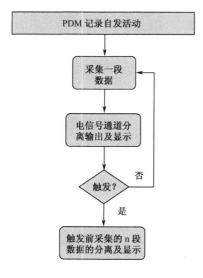

图 16-9　用 PDM 记录自发活动的操作步骤

（F）是数据记录中观察到任何活动之前，尤其是刺激开始之前的那部分数据的简单平均值；在记录过程中把每个数据点的 F 相减就得到荧光变化 F。对 PDM 来说，直流荧光表示静息荧光，而交流荧光则代表荧光变化（ΔF）。对 CaSD 而言，$\Delta F/F$ 的增加代表 $[Ca^{2+}]_i$ 的增加。对 VSD 而言，$\Delta F/F$ 下降意味着去极化；所以，所有的 VSD 数据都要翻转，使得去极化相对应于向上的偏转。

对两种检测器而言，校正光漂白的方法是：首先计算纪录数据和光漂白数据的 $\Delta F/F$，然后对单光电二极管的每个数据点，用记录数据 $\Delta F/F$ 点对点地减去光漂白数据 $\Delta F/F$；对 PDM 数据，则要对每个元件都要进行这种相减的校正。

我们用两个不同的量来对光学信号进行量化。对 VSD 和 CaSD 都可以使用信号幅度。对单独的 VSD，平均窗口宽度（mean window amplitude，MWA）（Albowitz, Kuhnt 1995）也是一个有用的量。简单地说，MWA 就是在一段给定的时间窗口内 VSD 信号的平均值。与信号幅度不同，MWA 反映了一段活动的变化以及其最大幅度。另外，对小信号而言，它的另一个好处是减少了噪声的影响：在计算这个时间平均值时，噪声时程要短于计算 MWA 的时程，因此就降低噪声成分的影响。很重要的一点，就是计算 CaSD 信号的 MWA 是没有意义的，因为 CaSD 信号要受到指示剂的动力学影响，还要受到钙离子浓度的瞬时变化影响。对 CaSD 信号有用的量是信号的一阶导数：如果 CaSD 信号与 $[Ca^{2+}]_i$ 成比例，并且从胞内钙库释放的钙离子显著不多，那么导数应该与流进的钙离子成比例。另外，如果使用具有快速动力学特性的染料，特别是那些对钙离子亲和力小的染料，那么这个导数的持续时间大致与钙离子内流时间相当（Sinha et al. 1997）。

■ 结　果

通过上面的技术介绍，我们可以对海马脑片进行各方面的研究，包括突触传递、递质释放的调制、可塑性和癫痫样的活动（Wu and Saggau　1994a, b, 1995, 1997；Qian and Saggau　1997a, b；Colom and Saggau　1994；Sinha et al. 1995, 1997）。下面我们将介绍这些研究中的一些例子，以此说明各种技术的使用。更多的例子和详情请读者参阅具体的文献。

选择性载入 CaSD 的诱发信号

图 16-10 显示实验中通过在 Schaffer 侧枝内加压注射 CaSD Fura-2，可被选择性地运载到 CA3 区锥体细胞的突触前末梢（图 16-6）。在 CA1 的辐射层（stratum radiatum）

记录信号。当看到只有 CA3 区锥体细胞的轴突从注射位点延伸至记录位点，就证实载入是选择性的；一些中间神经元和胶质细胞也有可能有突起延伸到这个区域，但是它们的数量远不如轴突。选择性载入还可以通过用谷氨酸受体拮抗剂 CNQX 和 D-APV 阻断突触后活动来证实，这些拮抗剂阻断了突触后的反应但是不会影响 CaSD 信号，证实了信号来源于突触前。

　　图 16-10B 和 16-10C 显示了 CaSD 信号对 K_d（以及 k_{on} 和 k_{off}）的依赖性，用高亲和力的 CaSD（Fura-2）和低亲和力的 CaSD（Furaptra）测量同样的钙离子浓度瞬时变化，结果有所不同。两种指示剂都用于测量单个动作电位诱发的 CA3-CA1 突触前末梢

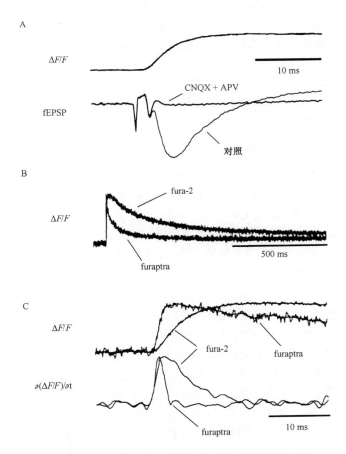

图 16-10　用单个光电二极管记录的经选择性注入的突触前末梢的 CaSD 瞬时信号

用图 16-6 介绍的技术对 CA3 锥体细胞的突触前轴突和末梢注入 CaSD Fura-2。A. 对照和施加谷氨酸受体拮抗剂（CNQX，10 M，＋D-APV，25 mol/L）以阻断突触后活动的情况下，CA1 区记录到的单个刺激诱发的 fEPSPs 和 CaSD 叠加后的瞬时信号。阻断突触后活动并没有改变 CaSD 信号，意味着信号来源于突触前。B. 用低亲和度（Furaptra）和高亲和度（Fura-2）的 CaSD 记录到的突触前 CaSD 瞬时信号的比较。CaSD 的记录方法如 A 所述。图中显示了单个电刺激诱发的归一化后的瞬时反应。C. 更快的时间尺度下，同一瞬时信号以及瞬时钙信号的一阶导数（内向钙电流，下图）。相对于高亲和度的指示剂，低亲和度的指示剂可以观察更快的瞬时信号并且失真较少。

的钙离子瞬时变化。低亲和力的指示剂 Furaptra 显然具有更快的动力学特性。一项结合了模型和实验的研究（Sinha et al. 1997）表明，在单个动作电位后，高亲和力的指示剂 Fura-2 可能被细胞膜附近局部高浓度的 $[Ca^{2+}]_i$ 所局部地饱和，而它的整体幅度仍然与局部浓度成比例。这样，Fura-2 可用于研究单个动作电位诱发的突触前钙离子瞬时变化。然而，研究多个动作电位诱发的钙离子瞬时变化，选用低亲和力的指示剂如 Furaptra 则显得更为精明。

我们实验室广泛地使用这项技术进行以下研究：CA3-CA1 突触的递质释放涉及哪种钙通道，在突触可塑性过程中突触前钙离子流如何变化，以及突触前钙离子在递质释放调制中所起的作用（Wu and Saggau　1997）。我们还用这项技术对海马脑片的其他组织选择性地载入染料；其他人员则用相似的技术（应用 CaSD 的局部扩散而不是注射）对海马脑片和小脑脑片进行选择性地装载染料。注射 CaSD 到 alveus 可以对突触前的 CA1 区锥体细胞选择性地载入染料（Regehr and Tank　1991；Wu and Saggau　1994a）。注射 CaSD 到 hilus 可以对 A3 区的苔状纤维突触前的末梢载入染料（Regehr and Tank 1994；Qian and Saggau 未发表）。而且这种方法也可以对小脑平行纤维突触前末梢进行选择性载入染料（Mintz et al. 1995）。

浸浴载入 CaSD 的诱发信号

图 16-11 显示的实验中以 CaSD 钙橙浸浴海马脑片，施加单个电刺激于 Schefferce 以诱发并记录 CA1 区的钙离子瞬时变化。因为指示剂是浸浴使用的，所以它不会被选择性地装载入突触前和突触后的神经元组织中。这一点可以通过施加离子型的谷氨酸受体拮抗剂 CNQX 和 D-APV，以阻断突触后反应而不改变突触前活性，得以证实。各个细胞结构对整体 CaSD 信号的贡献依赖于两个主要的因素：①该结构中 $[Ca^{2+}]_i$ 变化量的大小；②该结构的体积 V_i

$$CaSD = \sum (\Delta [Ca^{2+}]_i \cdot V_i)$$

第二个因素的出现是由于一个结构中指示剂分子的数目大致与该结构的体积成正比。对不同细胞结构对 CaSD 信号的贡献的详细讨论，请参考 Sinha 等（1995）。

图 16-11C 显示了如何使用这种技术来获得神经元活动时-空特性方面的信息。CaSD 信号首先出现在与刺激位点接近的树突区域，突触前末梢所在部位（图中所示左方）。信号从刺激位点开始传过脑片直到胞体所在的锥体层（stractum pyramidale），这是突触后胞体所在层。当有较多的 CaSD 装载入胶质细胞（Albowitz et al. 1997）时，由于胶质细胞的 $[Ca^{2+}]_i$ 变化要慢得多，因此对这种瞬时变化的影响很小。

浸浴载入的 VSD 记录癫痫样的自发活动

光学记录技术十分适合于对神经元群体复杂活动的时-空反应特性的研究，例如研究癫痫样的自发活动。我们曾经用这项技术广泛地对海马脑片 interictal 癫痫样的自发活动的各个方面进行研究（Colom and Saggau　1994；Sinha et al. 1995，1996）。图16-12 显示的实验例子是用 VSD RH-414 和 PDM 记录海马中间神经元网络的同步化活动。在加入 K^+ 通道拮抗剂 4-氨基吡啶（4-AP，$100\mu mol/L$）后会自发地产生这种同步化活动，加入离子型谷氨酸受体拮抗剂 CNQX 和 D-APV 后，能够从 interictal 癫痫样的自发活动

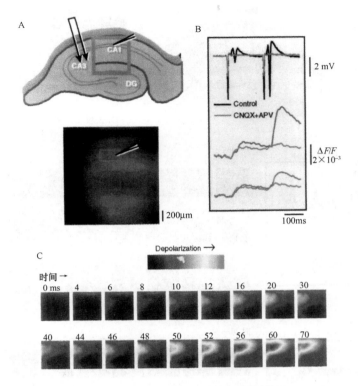

图 16-11　用 PDM 记录的诱发 CaSD 瞬时信号

如 "CaSD 装载" 节所述，用浸浴载入 CaSD 钙橙染料。图 16-8 中所述的 10×10 PDM 在 CA1 区记录刺激 Scheffer 侧枝诱发的信号。A. 脑片图中显示了记录区和记录、刺激电极（上）的位置；记录区的 CCD 图像，方框范围内 PDM 元件，以及在 B 和 C 中显示的记录到的数据（下）。绿色方框覆盖锥体细胞层（*str. Pyramidale*）；蓝色方框覆盖辐射层（*str. Radiatum*）。B. 对照和加入 CNQX（10mol/L）+ D-APV（25mol/L）以后，成对的电刺激诱发的活动。显示了场电极的记录（上）和 CaSD 信号（下）。C. 时间过程显示了对照条件下记录到的 CaSD 信号的时-空特性。0 时刻对应第一次刺激，60ms 对应第二次刺激。

中分离出来这种同步化活动（Michelson and Wong　1994；Sinha et al. 1996）。这种反应是由和 GABA$_A$ 受体有关的中间神经元的去极化反应所介导。光学记录技术使得我们可以研究该反应的时-空特性并把它和 interictal 癫痫样的自发活动进行对比（Sinha et al. 1996）。现在我们正在进一步研究该反应的特性、产生该反应的中间神经元的种类以及相应的机制。

正如上面对 $[Ca^{2+}]_i$ 和 CaSD 的讨论中提到的，使用 VSD 时 PDM 的单个元件记录到的活动实际上是该记录元件所覆盖范围内所有结构的瞬时膜电位的加权平均值。对只存在于细胞表面的 VSD 来说，加权仅限于组织表面面积 S_i

$$VSD = \sum (\Delta V_{m,i} \cdot S_i)$$

关于各个细胞结构对 VSD 信号的贡献的详细讨论，请参阅 Sinha 等（1995）的文章。

因为 VSD 信号给出的是多个细胞结构的膜电位平均值，所以有可能一些组结构超

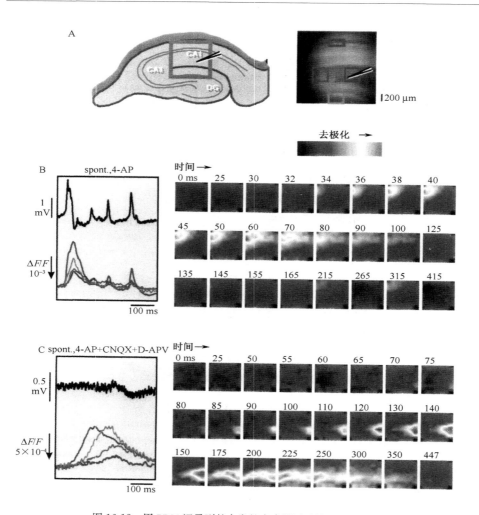

图 16-12　用 PDM 记录到的自发的癫痫样活动的 VSD 瞬时信号

如 "VSD 装载" 部分所述，以浸浴载入 VSD 染料 RH-414；如图 16-9 所述，用 10×10 的 PDM 记录同步化的自发活动。A. 脑片上显示了记录区和记录电极（左）的位置；以及记录区的 CCD 图像，方框范围内 PDM 元件记录到的数据在 B 和 C 中显示（右）。B. 在施加 $100\mu mol/L$ 4-AP 是记录到的癫痫样自发活动。场电极的记录和 VSD 信号的时程一并显示（左），反映了活动的时-空特性（右；0 时刻对应左边记录的开始）。活动起源于 CA3 区，传到 CA1 区；它主要局限于锥体细胞层和附近的树突范围。C. 加入 4-AP+$10\mu mol/L$ CNQX+$25\mu mol/L$ D-APV 后记录到的中间神经元同步化的自发活动。活动起源于 CA1 区的 subicular 侧，传向 CA3 区；在顶树突的远端末梢达到最大。

极化而另一些去极化，它们的活动互相抵消而造成没有活动的假象。这对 CaSD 信号来说并不是大问题，因为很少有生理活动会使得 $[Ca^{2+}]_i$ 从静息水平快速下降。另外需要注意的是，由于记录的活动相对较慢的性质，PDM 的交流耦合常数（100ms）可能会对信号有影响。避免这个问题的方法是，使用强度分辨率足够高的模/数转换器，可如同用单光电二极管记录那样，只用直流耦合模式记录。注意：这种技术的敏感度不足以记录单个神经元的自发活动；只能记录一群神经元的活动。

■ 问题解答

光学记录对技术的要求非常高，工作时必须井井有条。这不仅在最初计划时而且在发现问题时也要这样。

在开始的时候，先用单光电二极管作为光检测器将对故障排除有极大的帮助。除了上面提到的优点以外，单光电二极管及其放大器的输出可以直接用一个示波器监测。这就降低了数据采集硬件设施的复杂程度，只有在后续的处理中，尤其是信号平均化、单光电二极管信号数据的储存，复杂的数据采集硬件才是必需的（其使用 CCD 摄像机或者 PDM，没有数据采集硬件，监测数据是非常困难甚至不可能的）。因此，我们推荐第一步应该用单光电二极管调整好其他方面的实验设计（载入指示剂、光源噪声、选择滤光片、数据采集硬件）。一旦这些完成以后，就可以用要用的光检测器来代替单光电二极管。剩下的故障排除就只包括新的光检测器和（或）它与数据采集硬件的接口。

1. 测试仪器：一个相对较简单的测试光检测器和数据采集硬件以及操作流程的方法是，用一个函数发生器供电的发光二极管（LED）作为待监测的样本。大多数函数发生器都可以在输出一个大的直流成分的基础上再加上一个小的交流成分（例如方波）。一个以这种方波供电的 LED 可以模仿一个典型的光学信号小的 ΔF 和相对大的 F。这种方法可以轻易地产生一个变化部分只有 10^{-2} 数量级的信号（产生更小比例的变化需要特制的测试回路和更稳定的电源）。这样的测试样本可以使研究者能避开生物样品带来的复杂问题，来测试整个检测器和数据采集硬件。

2. 载入指示剂：关于指示剂的载入，需要在几个方面做优化和检查，以便在给定的实验设计中获得最佳的信号。通常来说，对不同的指示剂和样本的最佳浓度和孵育时间是不同的。本章操作程序中给出的数字对特定的实验是最优的，同时也提供了较好的初始范围；然而，使用者应该经常尝试不同范围的数值。应当注意的是，使用最高的指示剂浓度和孵育时间或许能提供最高的荧光亮度，但并不一定是最好的信号。这可能是因为对非感兴趣组织的非特异性染色也较高，并且对膜通透性的 AM 酯来说，亚细胞结构也被注入染料（如内质网和线粒体）。正如在"电压敏感性染料"部分中提到的一样，尝试不同的指示剂，决定哪一种最适合某一特定的样本非常重要的。对于 AM 酯来说，用年轻动物的脑片来进行尝试以获得装入技术的改善可能是较好的选择。

3. 信号来源：当记录脑片中群体神经元的时候，关于载入指示剂的另一个很重要的方面是载入指示剂的位置，也即光学信号的来源处。对浸浴使用的指示剂来说，只需要知道信号是来自神经元还是神经胶质细胞就可以了。在这方面，信号的时程是很有用的：胶质细胞的信号比神经元的信号要慢得多和（或）小得多（Prince et al. 1973；Dani et al. 1992）并且要用更强的刺激（Porter and McCarthy 1996）。而且，对荧光指示剂来说，可以用共聚焦显微镜测定指示剂的位置（Albowitz et al. 1997）。在试图往脑片内的特定结构中选择性注入染料时，可以用药理学工具（如阻断突触后的活动来确定信号是来源于突触前还是突触后）或者选择性地激活一群细胞。

4. 伪迹：一旦获得光学信号以后，确定它是真实的指示剂信号还是伪迹是很重要的。样品的运动和内源信号是产生和指示剂信号相似的伪迹的两个主要来源。因为光学指示剂信号的值很小，样本很小的运动就有可能产生类似大小甚至更大的光强变化，并被光检测器检测到。另外，正如第三十四章提到（Grinvald et al.），神经元组织的内源性光学性质也会随神经活动而改变。为了确定记录到的信号确实来源于指示剂，可以采取以下几个步骤。首先可以确定信号的光谱特性，因为运动和内源性信号造成的伪迹对于光学指示剂信号对波长没有依赖性。还有，对一些光学指示剂（如 VSD RH-155 或 CaSD Fura-2），电压或者钙离子依赖的光学信号变化的方向会随波长而变化；伪迹则不会。另外一种分辨真实信号和伪迹的方法是记录已染色和未染色的样本进行比较。

5. 指示剂毒性：虽然光学记录技术比传统方法对样本的损伤要小得多，但是指示剂的存在还是会对样本有影响。一个明显的影响是指示剂毒性；虽然它对早期的指示剂来说才是一个严重的问题，但人们还是要牢记它仍然是一个重要的影响因素。事实上，检测指示剂的毒性就像检测指示剂对电反应如场电位的影响一样简单。如果注意到指示剂明显地使样本的状态恶化，有几种可供选择的方法，如在可行的情况下降低指示剂的浓度或者换用另外一种指示剂。另外，由于大多指示剂尤其是 VSDs 的毒性与有氧时的剧烈光照所产生的物质有关，所以减低曝光量通常可以减低其毒性。不幸的是，对哺乳类脑片使用抗氧化剂或者从浸浴溶液中去掉氧气是不可行的。

6. 指示剂的缓冲作用：除了毒性以外，指示剂还可能改变样本的特性。这对离子敏感性指示剂尤为严重，因为它们也是该离子的缓冲液，能与该离子结合并改变该离子的浓度和动力学性质。一般而言，指示剂的浓度越高，对离子的亲和性越高，就越有可能发生其缓冲作用。在解释 CaSDs 的光学信号时，牢记这一点尤为重要。这种影响的程度究竟有多大可以通过改变指示剂浓度（这种方法难以在浸浴法载入染料中实现）或者使用较低亲和性的指示剂（如用 Furaptra 代替 Fura-2）来确定。

7. 信噪比：因为大多数光学信号都很小，所以获得足够的信噪比（SNR）通常都是一个难题。光学记录系统中的噪声通常可以分成 3 类：暗噪声（dark noise）、光源噪声和发射噪声（shot noise）。暗噪声 N_{dark} 即使在没有光的情况下也存在；它是记录仪器内源性的噪声并且不依赖于光量

$$N_{dark} = 常数$$

光源噪声的产生源于光源发出的光亮度有波动。它可以是电源噪声、光源内源性的噪声或者光路中某种因素引起的噪声（如微小的晃动）所产生的结果。光源噪声 N_{source} 与光量成比例

$$N_{source} \propto I$$

发射噪声 N_{shot} 与光的量子特性有关。它与光亮度的平方根成比例

$$N_{shot} \propto \sqrt{I}$$

确定如何增加信噪比 SNR 的第一步是确定噪声的主要来源。这可以通过分析噪声如何随光强改变而决定：不变（N_{dark}）、成比例（N_{source}）或者呈指数变化（N_{shot}）。因为光学信号与光强成比例，对 3 种类型的噪声，改变光强对其 SNR 的影响是

$$SNR_{dark} \propto I$$

$$SNR_{source} = 常数$$

$$SNR_{shot} \propto \sqrt{I}$$

因此，如果噪声主要是 N_{dark} 或者 N_{shot}，增加照明光强将会增加 SNR。然而，如果 N_{source} 是主要的噪声，那么只有降低 N_{source}（特别是使用更稳定的光源和/或电源）才能提高 SNR。一个提高 SNR 的简单方法是对信号做平均。这可以是对几次实验做平均（时间平均），或者对具有空间分辨度的光检测器群的几个光检测器元件做平均（空间平均）。在两种情况下，平均化带来的 SNR 的提高是

$$SNR \propto \sqrt{n}$$

式中，n 指的是做平均的实验次数或是元件数目。

■ 注　释

光学记录是研究细胞生理学的强有力的工具。它提供了一种方法，从而可以进行一些传统方法（如微电极）无法进行的研究。另外，它常常可以巧妙地解决一些用其他技术可能难以解决的难题。本章我们试图涵盖对脑片群体神经元进行光学记录所涉及的基本问题。光学记录有着很广阔和持续发展的前景；即使是本文介绍的我们工作中的各种特例也只能提供各种技术和应用的一些有限方面。然而，我们讨论过的基本问题具有普适性，可为用光学记录方法记录群体神经元的人们提供一个很好的起步点。因为这一领域内文献非常多，而且新技术、指示剂和有关硬件设施的发展非常快，所以我们极力推荐读者阅读完本章之后，应该及时追踪文献，以便找到与特定的应用相接近的例子。运气总是垂青于勇于试验者。

参 考 文 献

Albowitz B, Konig P, Kuhnt U (1997) Spatio-temporal distribution of intracellular calcium transients during epileptiform activity in guinea pig hippocampal slices. J Neurophysiol 77:491–501.

Antic S, Major G, Chen WR, Wuskel J, Loew L, Zecevic D (1997) Fast voltage-sensitive dye recording of membrane potential changes at multiple sites on an individual nerve cell in rat cortical slice. Biol Bull 193:261.

Breckenridge LJ, Wilson RJA, Connolly P, Curtis ASG, Dow JAT, Blackshaw SE, Wilkinson CDW (1995) Advantages of using microfabricated extracellular electrodes for *in vitro* neuronal recordings. J Neurosci Res 42:266–276

Colom LV, Saggau P (1994) Spontaneous interictal-like activity originates in multiple areas of the CA2-CA3 region of hippocampal slices. J Neurophysiol 71:1574–1585

Dani JW, Chernjavsky A, Smith SJ (1992) Neuronal activity triggers calcium waves in hippocampal astrocyte networks. Neuron 8:429–440

Denk, W. and Svoboda, K. (1997) Photon upmanship: Why multiphoton imaging is more than a gimmick. Neuron 18:351.

Grynkiewicz G, Poenie M, Tsien RY (1985) A new generation of Ca^{2+} indicators with greatly improved fluorescence properties. J Biol Chem 260:3440–3450

Haugland, RP (1996) Handbook of fluorescent probes and research chemicals, Molecular Probes, Eugene, OR

Michelson HB, Wong RKS (1994) Synchronization of inhibitory neurones in the guinea pig hippocampus in vitro. J Physiol (Lond) 477:35–45

Minta A, Kao JPY, Tsien RY (1989) Fluorescent indicators for cytosolic calcium based on rhodamine and fluorescein chromophores. J Biol Chem 265:8171–8178

Mintz IM, Sabatini BL, Regehr WG (1995) Calcium control of transmitter release at a cerebellar synapse. Neuron 15:675–688

Porter JT, McCarthy KD (1996) Hippocampal astrocytes in situ respond to glutamate released from synaptic terminals. J Neurosci 16:5073–5081

Prince DA, Lux HD, Neher E (1973) Measurement of extracellular potassium activity in cat cortex. Brain Res 50:489–495

Qian JQ, Colmers WF, Saggau P (1997) Inhibition of synaptic transmission by neuropeptide Y in rat hippocampal area CA1: modulation of presynaptic Ca^{2+} entry. J Neurosci 17:8169–8177

Qian JQ, Saggau P (1997) Presynaptic inhibition of synaptic transmission in the rat hippocampus by activation of muscarinic receptors: involvement of presynaptic calcium influx. Brit J Pharm 122:511–519

Regehr WG, Delaney KR, Tank WD (1994) The role of presynaptic calcium in short-term enhancement at the hippocampal mossy fiber synapse. J Neurosci 14:523–537

Regehr WG, Tank WD (1991) Selective Fura-2 loading of presynaptic terminals and nerve cell processes by local perfusion in brain slice. J Neurosci Methods 37:111–119

Ross WN, Salzberg BM, Cohen LB, Grinvald A, Davila HV, Waggoner AS, Wang CH (1977) Changes in absorption, fluorescence, dichroism, and birefringence in stained giant axons: optical measurement of membrane potential. J Membrane Biol 33:141–183

Sinha SR, Patel S, Saggau P (1995) Simultaneous optical recording of evoked and spontaneous transients of membrane potential and intracellular calcium concentration with high spatiotemporal resolution. J Neurosci Meth 60:49–60

Sinha SR, Saggau P (1996) Spontaneous synchronized activity in guinea pig hippocampal slices induced by 4-AP in the presence of ionotropic glutamate receptor antagonists. Soc Neurosci Abstr 22:823.17

Sinha SR, Wu L-G, Saggau P (1997) Presynaptic calcium dynamics and transmitter release evoked by single action potentials at mammalian central synapses. Biophys J 72:637–651

Tsien RY (1980) New calcium indicators and buffers with high selectivity against magnesium and protons: design, synthesis, and properties of prototype structures. Biochemistry 19:2396–2404

Tsien RY (1981) A non-disruptive technique for loading calcium buffers and indicators into cells. Nature 290:527–528

Wenner P, Tsau Y, Cohen LB, O'Donovan JH, Dan Y (1996) Voltage-sensitive dye recording using retrogradely transported dye in the chicken spinal cord: staining and signal characteristics. J Neurosci Methods 70:111–120

Wu L-G, Saggau P (1994a) Presynaptic calcium is increased during normal synaptic transmission and paired-pulse facilitation, but not in long-term potentiation in area CA1 of hippocampus. J Neurosci 14:645–654

Wu L-G, Saggau P (1994b) Pharmacological identification of two types of presynaptic voltage-dependent calcium channels at CA3-CA1 synapses of the hippocampus. J Neurosci 14:5613–5622

Wu L-G, Saggau P (1994c) Adenosine inhibits evoked synaptic transmission primarily by reducing presynaptic calcium influx in area CA1 of hippocampus. Neuron 12:1139–1148

Wu L-G, Saggau P (1995a) Block of multiple presynaptic channel types by ω-conotoxin-MVIIC at hippocampal CA3 to CA1 synapses. J Neurophysiol 73:1965–1972

Wu L-G, Saggau P (1995b) $GABA_B$ receptor-mediated presynaptic inhibition in guinea-pig hippocampus is caused by reduction of presynaptic Ca^{2+} influx. J Physiol (Lond) 485:649–657

Wu L-G, Saggau P (1997) Presynaptic inhibition of elicited neurotransmitter release. TINS 20:204–212

Zecevic D (1996) Multiple spike-initiation zones in single neurons revealed by voltage-sensitive dyes. Nature 381:322–325

第十七章　神经元群体电活动的记录

H. Johansson，M. Bergenheim，J. Pedersen and M. Djupsjöbacka

梁培基　译

上海交通大学生命科学院

pjliang@sjtu.edu.cn

■ 绪　论

　　关于神经系统中信息是如何编码和传递的，是多年来神经生理学家们竞相解决的问题。他们做过多种尝试，企图寻找神经编码的一些普适性原理。可以说，人们对这些普适性原理的认识在近年已有改变。目前已经搞清楚的是，在中枢和周围神经系统，信息的编码和传递主要是通过大规模神经元群体活动才得以实现。对于感觉神经系统而言，不断积累的证据提示，即便是较为简单的外周刺激，也是通过感觉神经元组成的大规模神经元群体，向中枢神经系统进行传递的。

　　正因为这样，神经生理学家们的兴趣已经由对单个神经元的活动转向群体中多单位的活动。由于技术上和操作上的困难，群体活动性长期以来只能通过对单个神经元的逐个记录间接地进行评估，神经元群体的活动状况只能根据对多个神经元的逐个记录人为地构建。但是，如果要对神经元的群体特性进行考察，必须对群体中的神经元进行同步记录。事实上最近的实验表明，如果群体中的神经元是相继被记录然后进行重构的话，将会导致信息的丢失（Johansson et al. 1995b）。这个事实推动了一些技术的快速发展，使人们可以在中枢和周围神经系统中对数个神经元进行同步记录。

　　用对单个神经元活动的逐个记录进行重构反映神经元群体活动，会有什么问题呢？有几个显而易见的问题。其中一个重要问题是，刺激是难以完全重复的。原因在于，即便实验者给出的系列刺激强度（如肌肉长度的变化）是相同的，也不意味着它在感受器水平上能产生相同的效应。因为对于所有类型的神经活动，由给定刺激产生的感受器效应很可能因为各种实验条件不同（如温度、循环、麻醉深度等因素）而随时间改变。因此毫无疑问，研究群体编码的理想的方法是对群体中的神经元进行同步记录（Deadwyler and Hampson 1997；Johansson et al. 1995b）。

　　本章将对在体动物实验中中枢和外周水平的多单元记录方法做简单回顾。但是，多单元记录方法在其他领域也得到发展，如对离体培养神经元进行多单元记录的方法。感兴趣的读者可以参阅 Breckenridge 等（1995）关于 64 道电极阵列的描述，另外有 Stoppini 等（1997）关于 30 道生物兼容性微电极的描述。这两种电极阵列都是用于细胞外记录的。

　　本章内容并不是对多单元记录的全面介绍，甚至算不上一个由浅入深的导引。但是，它将给出相关技术的一些参考资料，并对最近的一些应用例子作详细讨论。而且，将介绍一个关于群体编码分析的例子，以及通过这个分析方法得到的一些结果的实例。

也许在目前的初步阶段,人们已经清楚地看到,建立一个好的多单元记录系统,除了一套多单元电极,还需要一些适用于锋电位分离的软件。下面将对这些问题分别进行讨论。

实验方案1　多单元记录

■■ 步　骤

在外周和背根水平上进行的多单元记录

关于在外周和背根水平的多单元记录技术,文献中并不多见。我们在此将介绍几种原理不同的方法。较早的一种多电极方法用于记录再生的被切断的神经纤维活动(Marks　1965)。在这种方法中,被切断的神经纤维在黄金细管阵列中再生,每个黄金细管均构成一个电极。这种技术仅仅适用于被切断的神经,而且在电极插入和实施记录之间的时间间隔相当长。因此需要建立适用于急性实验的多单元记录方法。在早期对多单元记录的尝试中,人们采用了几个单个常规电极组成的记录系统。然而,由于这种电极系统需要很大的空间(部分原因是它们各自需要一个参考电极),能被同时记录到的轴突数目非常有限。

为了满足实验要求,Djupsjöbacka 等(1994)设计了一个多道钩状电极,用于猫的急性实验。如图 17-1 所示,这种电极包含固定于同一个微电极夹上的 12 个银丝电极,电极夹由厚度为 3mm 的黑色 PVC 塑料板制成。板的形状为半圆形,恰好可以嵌在 $L_7 \sim L_6$ 脊神经根进入脊髓腔入口和骨盆之间的有限间隙。在这个夹板上,12 条沟槽呈放射状排列。每条宽 0.45mm,深 1mm。电极丝嵌于其中。钩状电极用 0.5mm 实心银丝制成,其表面经氯化处理,以获得稳定的细胞膜电位,同时保证电极和神经纤维间的低阻抗状态(Geddes et al. 1969)。氯化处理在电极固定于支架上之后进行。12 个电极构成了 12 个相互独立的通道。电极上的每条通道分别有一屏蔽线。每通道的正相输入导线连在相应的 Ag/AgCl 电极上,负相输入导线连于一个 Ag/AgCl 参考电极上(图 17-1B)。由于不能对每个通道分别采用独立的参考电极,因此所有参考导线均被连到同一个参考电极上。导线屏蔽层作接地处理。导线截面积为 $0.02mm^2$,含有 10 根铜质导电丝,纤细并可弯曲。为了避免由于与骨盆表面组织相接触而导致的通道间短路(图 17-1A),在电极的背面,也就是电极离开支架并与导线相焊接的地方,用环氧树脂进行包埋(图 17-1B)。为了便于操作,应该使钩状电极向上弯曲处(背根纤维和银丝相连接的部位)和支架底部之间的距离达到最大。

我们实验室目前采用的电极已有些改进(图 17-2)。对有些实验而言,它具有一些明显优势。首先,银丝电极可随需弯曲自如。第二,它们只受 PVC 薄板支撑而不固定,因而电极可以前后移动,以便对每个电极的长度分别进行调节。对一些特殊的实验,这种灵活可调节的特性具有独特的优势。

这两种电极的记录质量是一样的。图 17-3 是这种记录的一个例子。在这个特定实验中,猫后肢肌肉(腓肠肌-比目鱼肌和二头肌-半腱肌)的 12 个肌梭传入由多道钩状电极在 12 个 L_7 背根纤维得到同步记录。这些记录是这两个带有感受器的肌肉承受了生

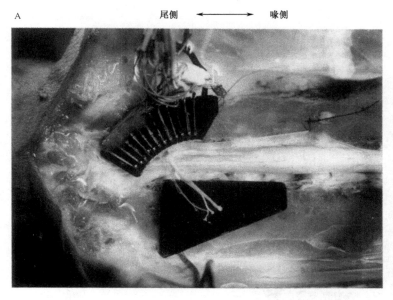

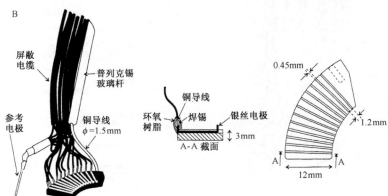

图 17-1　A. 多通道钩状电极在实验中位置的照片。照片显示的是对麻醉猫的
背根 L_7 进行记录的情况。B. 电极示意图

理极限内平均长度为 2mm 的正弦变化的张力所引起的反应（腓肠肌 GS：1Hz；二头肌
PBSt：0.9Hz；峰峰值：2mm）。图中上面的 12 条迹线为以 20kHz 采样得到的每个通道
的放大信号。下面两条迹线显示肌肉张力呈正弦波变化。

　　当猫处于麻痹状态不能动弹时，上面所介绍的电极是非常易于使用的。然而，有一
些实验不能使用这种麻痹方法。例如，在去大脑的随踏车运动猫的实验中，肌肉组织、
脊椎，以及背根等往往随电极固定框架呈持续移动。由于这种运动的存在，上述电极的
使用可能就有困难。Taylor 等（个人通讯）将电极固定在记录部位周围的肌肉组织上，
解决了这个问题。通过这种固定方法，Taylor 等（1998）对随踏车运动的猫身上 8 条单
个肌梭传入纤维进行了同步记录。这个技术尚未见于论文报道，但有兴趣的读者可以和
P．H．Ellaway（第三十三章作者）联系，以得到较为详尽的信息。

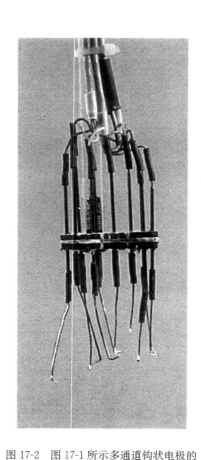

图 17-2　图 17-1 所示多通道钩状电极的
一个改进款式

电极的银丝并非固定在 PVC 薄板上，而仅仅由其支
撑到位。而且，银丝可以按需向任意方向弯曲。

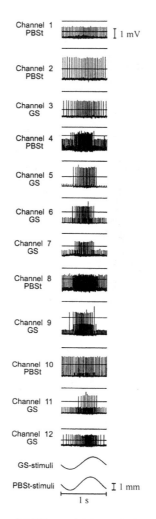

图 17-3　应用图 17-1 和图 17-2 所介绍的多通
道钩状电极进行记录的例子

图中所示为对 12 条神经纤维所进行的同步记录。每
条迹线分别显示来自腓肠肌-比目鱼肌（7）和二头
肌-半腱肌（5）的 12 条肌梭传入纤维在正弦张力作
用下的反应。最下面的两条迹线分别为两条肌肉所
承受的正弦张力（腓肠肌-比目鱼肌：1Hz 和二头肌-
半腱肌：0.9Hz）。

　　对清醒状态下自由移动的猫进行多单元记录更为复杂。为了达到这个目的，发展了
采用细丝电极的另一种方法，而且在加拿大 Edmonton 的 Prochazka 实验室里得到了很
好的应用。慢性埋植的不固定的细丝电极，可以用来对背根水平的数个传入纤维进行同
步记录。这种装置的优点不仅可以用于麻醉猫，也可以在清醒、自由活动的猫身上对神
经活动进行记录。如图 17-4 所示，这个装置的细丝电极并不固定于神经组织上，而是

粘附或缝合于硬脊膜上。屏蔽线通过一个丙烯牙科罩固定于 L6 的棘突部位。关于这个方法的详细情况，请参阅 Prochazka 等（1993）和 Loeb 等（1977）的文章。

　　总之，尽管同步记录对于群体编码的研究是必需的，但是可用于外周水平进行这样记录的技术手段却不是很多，这种情况当然不尽如人意。这是因为在外周水平对群体编码进行研究，可以着重研究传向中枢神经系统有用的信息，而不需要对中枢神经系统的解码过程进行任何假设。正是由于许多对中枢神经系统进行分析的方法需要在假设的基础上进行，因此有时人们会选择外周系统进行研究。

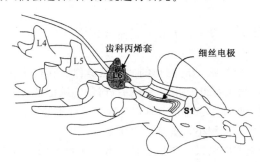

图 17-4　慢性植入的浮动的细丝电极

如图所示，细丝游浮于背根附近，而屏蔽线则通过一个丙烯牙科水泥固定于 L6 的棘突部位

［据 Prochazka 等（1983）重绘］。

中枢水平的多单元记录

　　在中枢水平做多神经元记录需要与外周水平不同的技术，多年来，也有一些这方面的尝试。和外周水平一样，早年的工作为通过几个传统电极的组合进行（Verzeano 1956）。在这些早期尝试的基础上，并行微电极技术得到了发展（Terzuolo and Araki 1961）。事实上，人们曾对多个单电极的应用进行了一些尝试，其中问题之一在于如何对这些电极进行独立移动和控制。为此，Humphrey（1970）建立了一个微电极操纵系统，以实现对 5 个微电极的独立操作（记录部位之间的间隔约 3mm）。

　　在 20 世纪 80 年代初期，Krüger 和 Back（1980，1981）建立了一个系统，这个系统包含一个由 30 个刚性连接的微电极组成的阵列。虽然这个装置不能对每个微电极实施独立操作，但他们也从猴的纹状皮层记录到了 18 个单元放电。

　　另一种是用微酸蚀的方法制作电极的技术（Prickard　1979a，b）。由于这些电极相当大（往往达到数个毫米），主要用于表面电位的记录。由 Hanna 和 Johnson（1968）建立的由 20～30 个微电极构成的电极系统就是一个例子。

　　应用多个纤细杆状电极的技术在近年得到了发展（Eckhorn　1991，1992；Krüger 1983；Reitboeck　1983）。当多个电极的插入可以分别进行时，这种记录技术特别有用。而且，关键在于这些电极对组织带来的伤害极小，同时还可以对这些电极的空间安排按需进行调整。

　　"Reitboeck 操纵器"是具有这些优点操纵器的一个例子（Reitboeck　1983）。这种操纵器在几个实验室已经成功地应用于猫（Mountcastle et al. 1987）和猴（Eckhorn

1991，1992）的慢性实验。

　　然而，用标准驱动器推动这样的电极（包括纤维和导线微电极）由于受到电极锁定长度的限制，不能满足向深部组织穿刺的需要。

　　为了解决这个问题，Eckhorn 和 Thomas 发展了一种新的插入方法（图17-5）。在这个方法中，伸展的橡皮管用来导引纤细杆状电极。据作者称，与传统的 Reitboeck 操纵器相比，这种新方法具有以下优点：

　　1．它的机械驱动力比传统的操纵器高出数倍，而且驱动力可以在一个大范围内进行调节。

　　2．电极位置误差较小，没有误差积累，而且误差与单个电极的操作次数和移动方向都无关。

　　3．由高阻抗电极在机械振动时测得的"颤噪电位"在这个橡胶管操纵器中很小，甚至没有，因而不影响探头对组织进行慢速扫描时的连续记录。

　　4．各探头可以同步驱动，也可以分别以不同速度往不同方向驱动。

　　5．探头导入装置具有体积小，重量轻的优点。

　　6．可以对许多种类型的电极，包括直径只有数十微米的纤维电极、导线电极进行操作。

　　7．已有多种商品化的用以驱动探头的微电极操纵器问世。

　　在这种方法中，一个易于弯曲的橡胶管被固定于一个装配在导入装置主支架上的金属毛细管上。探头位于金属毛细管中，后者起导引方向作用。拉力由位于橡胶管顶端的

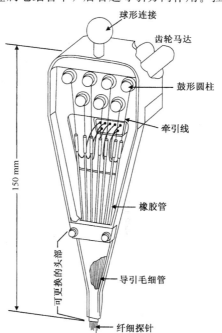

图17-5　一个带有 7 个可独立移动纤细探头的橡胶管驱动装置

导引毛细管由不锈钢制成。齿轮马达由计算机控制，拉伸细丝缠绕在圆鼓上。这样，
每个探头就可以被独立驱动［据 Eckhorn 和 Thomas（1993）重绘］。

微定位器提供，按需对其实施拉伸。用一个有波纹的镀银铜质毛细管，通过微定位器的扣针或细丝，将探头末端和橡胶管连接起来。探头尖端位置的调节通过对定位器支架的转换运动实现。

这个装置用于对 7 个并行的纤维微电极做独立操作，使之在慢性实验的猫和猴穿过完整的脑膜进入脑组织（Eckhorn et al. 1993；Eckhorn and Obermueller 1993）。

通过使用减齿直流微电机（1/4096）使微电极可以分别得到定位，它是通过将一细丝（$200\mu m$ 粗的聚四氟乙烯涂层细丝）缠绕在固定于齿轮轴的圆鼓上（3.5mm）得以实现。借助于一个和马达相连的位置感应器（10imp/rev），可使精度达到 $0.27\mu m$，并实现对电极位置的计算机控制。

最近，这些操纵器已经在一系列猫和猴视皮层的多电极记录中成功地得到了检验。在这些实验中，电极可以穿过完整的脑膜（Eckhorn et al. 1993；Eckhorn and Obermueller 1993）。由于微电极之间的机械干扰很小，因而可以通过几个纤维微电极（在 1kHz 时阻抗为 $3\sim7M\Omega$）对单个细胞的动作电位作稳定的细胞外记录，即便在单个微电极在缓慢地推进时（$0.5\sim10\mu m/s$）也可以。机械干扰很小是因为纤维电极尖细的尖端，以及它们的抗黏着的涂层使之能在橡胶管驱动器中做平滑的移动。

作者认为操纵器具有小巧玲珑以及相对便宜等特点。而且可以装上对神经元和肌肉信号进行刺激和记录的探头，以及细小的注射管和穿刺针头。

基于 Reitboeck 方法的多道微电极装置可以从 Thomas 记录装置公司购得。该公司的产品包括一些多通道记录系统、带滤波器的多纤维微电极、纤维电极操纵器、尖端拉制仪、尖端抛光仪及调位系统等。

另一家多道微电极驱动系统制造商是 Fredrick-Haer（FHC）。这个系统可以以 $0.25\mu m$ 的步长对 4 或 8 个微电极进行独立驱动，而且电极可以以不同的阵列方式进行排列（即 1×4，2×2，2×4，1×8 等）。这个公司的产品与主要的相关软件产品相兼容，如 Data Wave Technologies（Longmont，Colorado，USA）。FHC 也可以根据客户要求供应针或微电极驱动器。

最近 Haidarliu 及合作者所建立（1995）的一个将多电极记录和微电泳法相结合的装置，是非常令人感兴趣的。这个金属芯的多管微电极含有一个 9cm 的细杆，在离尖端 7cm 处的直径为 0.6mm。作者称这个微电极适合于在包括猴在内的各种动物的大脑深层区域做多单元记录。而且，他们又提出了一个既包含这种组合电极，又有三个钨丝-玻璃电极，并带有四个放电脉冲分类器，因而可以对多达 12 个单元同时进行记录。这个电极的一个好处在于在记录过程中可以持续地调节被记录细胞的药理学环境。这种组合电极可以用标准的钨丝、玻璃毛细管，通过标准微电极拉制仪来制备（Haidarliu et al. 1995）。

这套装置的微操作系统包含一个微驱动终端和一个紧凑的遥控微电极驱动器系统，以便对 4 个微电极进行独立推进和测量。微驱动终端最初为耶路撒冷希伯莱大学的 Abeles 和 Vaadia 所建立，遥控驱动系统为 Lausanne 大学的 Ribaupierre 所设计。这个系统在豚鼠上做过测试。在豚鼠身上，可以做长达数小时的单电极记录。

最近，Nicolelis 及合作者（1997）提出了一种方法，对具有行为能力的大鼠的皮层和皮层下神经元群体进行记录。在这个方法中，48 个微电缆被埋入大鼠的脑干、丘脑和躯体感觉皮层。令人振奋的是，有 86％的植入电极记录到了单个神经元的活动，多神经元信号采集处理器（Many Neuron Acquisition Processor，MNAP）处理结果显示，平均每个电极可以记录到 2.3 个神经元的放电序列。

据作者介绍，皮层和皮层下微电极的最佳空间间距为 $100 \sim 250 \mu m$，通过这个装置他们可以对三叉神经节、三叉神经脑干复合体的主核和脊核、丘脑腹后内侧核，以及躯体感觉皮层的神经元做同步记录。

应用头部经钝化处理的微电极，可以稳定记录数个小时。而且，被植入的电极可以在手术后数个星期内，依然可以记录单个神经元的放电序列。

微电极阵列的各种排列由 NB 实验室提供，详见 Nicolelis 等（1997）。

动作电位分离技术

现在，已有多种商品化的动作电位分离程序。但是，早些年的情况却非如此。人们为实现对动作电位的分离投入了大量工作。我们将在本节简单介绍这类工作的一些例子（Schmidt　1984 a，b）。

一个值得一提的早期的动作电位甄别器是由 Salganicoff 等（1988）基于软件的算法，这种算法可用于对细胞外多个神经元记录进行分析。另一个则是由 Kreiter 及合作者（1989）所设计的廉价的单板机系统。Jansen（1990）则提出了一个神经网络算法。他应用一个反向传播网络，通过细胞外多个神经元记录数据来对单个动作电位序列进行重构。与此相似，一个三层连接网络也被用于对植入在猫身上的束内微电极的多单元记录数据进行分类（Mirfakhraei and Horch　1994）。最近，Oghalai 等（1994）介绍了一种基于 ART2 算法（Carpenter and Grossberg　1987）的自适应动作电位甄别器，用于对单个通道上记录到的多个动作电位序列进行分类。新近，Öhberg 及合作者（1996）介绍了一种基于软件的方法，来实现对动作电位的实时分离。用这种方法对多通道记录数据实施动作电位分离的一个例子见图 17-6。

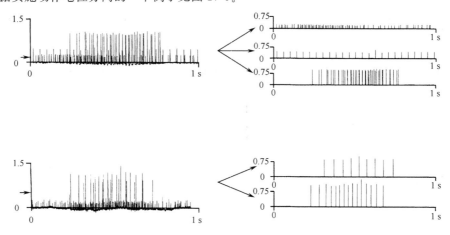

图 17-6　对多神经元纤维记录数据中的不同动作电位进行分类

在上图中，可以区分得到三个不同的动作电位序列，在下图中，可以区分得到两个不同的动作电位序列。

所谓的多神经元数据采集处理器（MNAP，由 Spectrum Scientific 提供）也在最近由 Nicolelis 及合作者介绍并使用（1997）。这是一个 96 道系统，每道可对 4 个动作电位序列进行区分。MNAP 本身以及通过高速 MXI 总线由 MNAP 向 PC 的数据转换均由微计算机控制。MNAP 在于对数据的采样，以及对波形的甄别，它也可以对外部设备产生同步化的实时信号。它带有一个输出板可以对模拟信号进行视听监控。Nicolelis 等（1997）对这个处理器进行了更为详细的介绍，并附有一些记录的例子。

也有一些商品化的设备可以对数据进行采集，包括应用线性聚类方法的动作电位甄别器（如 Spike 2，CED）。

实验方案 2　数据分析及结果举例

如果说对多个单元的活动进行同步记录是一个有难度的课题，那么对这些活动进行分析则更为复杂。也许可以说，有多少科学家在这个领域工作就可能有多少种分析方法。最近由 Deadwyler 和 Hampson（1997）撰写的一个综述文章对其中的许多分析方法进行了讨论。这个综述对一些基于模式识别、群体矢量计算以及依据维数分析（如主成分分析和线性常规辨识分析）的方法进行了客观的评论。

但是关于对总体放电模式的分析，还存在一些问题。迄今为止，最为普遍的方法在于对刺激和由刺激诱导的总体响应之间相似性的考察，并以这种相似性的程度为指标，描述刺激为传入神经活动所表达的质量。关于这些研究，也有一些发现，如高尔基腱器传入中群体放电的总数（Crago et al. 1982）和均值（Hulliger et al. 1995）与肌张力为线性关系。这类研究假设，在刺激和总体反应之间存在相似性，换言之，CNS 的解码机制需要传入神经编码为刺激的同态表达（也就是说，刺激的响应可以用等距离的曲线来描述）。当然这些假设并不见得是正确的。

■■■ 步　骤

一个相对比较新的方法是本实验室建立的基于主成分分析的与刺激分离（辨识）计算相结合的算法。与上文中提到的其他分析方法相比较，这个方法具有多个优点。首先，此方法可根据传入的群体响应对不同刺激进行辨别能力的量化，因而能直接比较不同传入群体响应的编码能力，这对于总体编码的研究是必要的。其次，基于这个方法，可以对每个传入在对一个刺激的总体响应中的作用做出评价。第三，这个方法主要目的在于对刺激进行甄别，并对感受器传入的不同组合的甄别能力进行比较，并在此基础上对尚不清楚的 CNS 的解码机制提出假设。最后，这个方法是立足于对刺激引起的传入活动的同步记录。因为以往关于群体编码的知识主要来源于单电极逐个记录，由此而提出的一些假设，以及对总体行为的推论尚有待推敲。而新方法有了重要的改进。

同步记录的肌梭传入群体活动对刺激进行甄别的能力可以由群体放电对 5 种不同的刺激进行区分的情况得到评价。这个方法详见 Johansson 等（1995a，b）、Bergenheim 等（1995，1996）的文章。以下仅对这种方法的基本特性做一个简要的总结。

多变量分析

　　肌梭对正弦张力的群体响应如数据表所示（图 17-7A）。这张表的每一行含有对应于一个刺激的所有数据（也就是一个伸展序列）。每个传入响应由表中 500 列数据表达，对应于表达不同传入的每个变量连续地由每行数据所表达（图 17-7A）。

　　第一步，对数据表进行 PCA 运算。数据表的行表示 p 维空间的点（p = 变量或表中列的数目）。我们对数据的最初三个主成分进行了计算；在这种方式下，p 维系统降维至三维空间。在我们的实验中，三个主成分足以对数据的 90% 以上的变化进行描述。计算得到的主成分的显著性可以通过互证方法（cross-validation）进行检验。我们的 PCA 分析由算法软件（SIMCA，Umetri，Sweden）在 PC-486 计算机上运行。

刺激分离的量化

　　经 PCA 运算，每次刺激响应均构成由最初的三个主成分构成的三维系统中的一个点。一个特定的正弦波幅的三个目标构成一个目标组（图 17-7B）。我们设计了一个算法对 p 维空间中的刺激分离的平均量进行估计。这个算法计算了超平面中所有不同目标组之间的距离，也考虑了目标组中目标的分布（图 17-7C）。算法原则在于使目标组之间距离达到最大，而目标组内分布达最小。因此，就能得到对一个传入群体的分离程度的相对估计，关于更为详尽的描述，见 Bergenheim 等（1995，1996）、Johansson 等（1995a，b）的文章。

■■ 结　果

　　实验结果的一个例子见图 17-8。图中显示了基于所有传入纤维组合得到的刺激分离的计算平均值。实验中对 16 个传入纤维（11 个初级肌梭，一个次级肌梭，以及 4 个高尔基腱器）进行同步记录。刺激条件共有 5 种，包括不同幅度的正弦牵拉。图中实心圆点为自 11 个初级肌梭群体组合得到的刺激分离平均值。空心圆点为自包含 3 种纤维（所有 16 个传入纤维）的所有记录得到的刺激分离平均值。正如图中给出的，不管对初级肌梭、次级肌梭和高尔基腱器的混合传入进行记录或仅仅来自初级肌梭的传入进行记录，群体中纤维数量越大，对刺激的区分越有效；当传入数量达到一定时，可以得到最大的分辨能力，而分辨能力的变异性则随总体数量的增加而减小。这些结果清晰地显示，初级肌梭、次级肌梭和高尔基腱器的混合传入在不同肌肉伸展时分辨更佳，而在只有一种传入群体时，效果就差一些。这些结果证实了这么一个理论上的预言，就是至少有两个因素对群体的编码能力而言是重要的：一个是群体中的单个感受器并不对同样的刺激产生同样的响应，其二是总体中单个感受器的敏感性的分布曲线是相互重叠的。因而，由初级肌梭、次级肌梭和高尔基腱器组成的传入混合群体，其中的单个传入纤维的响应曲线或敏感性曲线的变异性当然会大于只有初级肌梭群体中单个传入纤维的变异性。

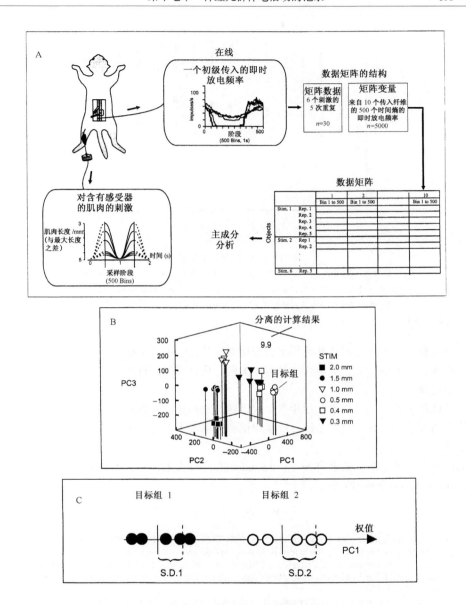

图 17-7　实验装置、记录及分析

A. 实验动物、刺激条件、实验记录及数据结构。几个传入纤维的电活动由前文所描述的（图 17-1 和图 17-2）多道钩状电极中的一组电极得到的同步记录。每组传入纤维均通过一组正弦牵拉力进行测试（牵拉力频率为 1Hz，峰峰值分别为 0.3，0.4，0.5，1.0，1.5 和 2.0mm）。在每次测试中，对 1s 的刺激进行采样（图中"采样阶段"），而每 2ms 的时间间隔中的即时频率经计算存于数据表格中。每个试验刺激在数据矩阵中构成一行。每个传入纤维的响应则由 500 列数据来表达，这些表达不同传入的变量在矩阵中按行逐行排列。这里，每个目标含有来自所有被同步记录的传入纤维的即时频率响应。B. 一个目标的三个主成分权重图的例子。C. 用于刺激分离量化的因素。均值 1 为目标组 1 中 5 个目标的第一主成分的平均值。标准差 1 为这些值标准差。均值 2 和标准差 2 是目标组 2 的对应值。

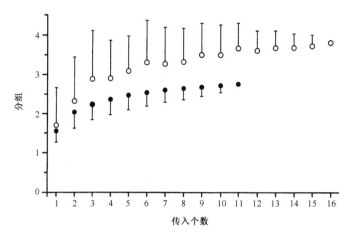

图 17-8　结果的一个例子

表示 11 个初级肌梭传入（实心圆点）和 16 个混合传入群体（11 个初级肌梭传入、

4 个高尔基腱器和 1 个次级肌梭传入）（空心圆点）对 5 个不同刺激的分离平均值。

图中带横杠的垂线表示标准差［据 Bergenheim 等（1996），重绘］。

■■■ 注　释

可以有把握地认为现代神经科学的普遍看法是：①神经系统中的信息似乎可以由神经元群体进行编码；②为了研究这种群体编码，应该同时对群体中尽可能多的神经元进行同步记录。

这就是多单元记录技术在近年来得到迅速发展的原因。现在应用多电极记录和动作电位分离方法的组合，我们已经可以在中枢和外周水平对神经系统的大量神经元进行同步记录。

致谢：该研究的基金资助来自 Swedish Council for Work Life Research，Inga Britt 和 Arne Lundbergs Forskningsstiftelse。

参　考　文　献

Bergenheim M, Johansson H and Pedersen J (1995) The role of the (-system for improving information transmission in populations of Ia afferents. Neurosci Res 23:207–215.

Bergenheim M, Johansson H, Pedersen J, Öhberg F and Sjölander P (1996) Ensemble coding of muscle stretches in afferent populations containing different types of muscle afferents. Brain Res 734:157–166.

Breckenridge LJ, Wilson RJA, Connolly P, Curtis ASG, Dow JAT, Blackshaw SE and Wilkinson CDW (1995) Advantages of using microfabricated extracellular electrodes for in vitro neuronal recording. J Neurosci Res 42:266–276.

Carpenter GA and Grossberg S (1987) ART 2: self-organization of stable category recognition codes for analog input patterns. Applied Optics 26:4919–4930.

Crago PE, Houk JC and Rymer WZ (1982) Sampling of total muscle force by tendon organs. J Neurophysiol 47:1069–83.

Deadwyler SA and Hampson RE (1997) The significance of neural ensemble codes during behavior and cognition. Annu Rev Neurosci 20:217–244.

Djupsjöbacka M, Johansson H, Bergenheim M and Sandström U (1994) A multichannel hook electrode for simultaneous recording of up to 12 nerve filaments. J Neurosci Methods 52:69–72.

Eckhorn R (1991) Stimulus-evoked synchronizations in the visual cortex: linking of local features into glabal figures? In Neural Cooperativity, Springer Series in Synergetics. Krüger J pp 184–224. Springer, Heidelberg.

Eckhorn R (1992) Connections between local and global principles of visual processing may be uncovered with parallel recordings of single-cell- and group-signals. In Proc Reisensburg Symposium.Aertsen A and and Braitenberg V pp 385–420. Springer, Heidelberg.

Eckhorn R and Obermueller A (1993) Single neurons are differently involved in stimulus-specific oscillations in cat visual cortex. Exp Brain Res 95:177–182.

Eckhorn R and Thomas U (1993) A new method for the insertion of multiple microprobes into neural an muscular tissue, including fiber electrodes, fine wires, needles and microsensors. J Neuosci Methods 49:175–179.

Eckhorn R, Frien A, Bauer R, Woelbern T and Kehr H (1993) High frequency (69–90Hz) oscillations in primary visual cortex of awake monkeys. Neuroreport 4:243–246.

Geddes LA, Baker LE and Moore AG (1969) Optimum electrolytic chloriding of silver electrodes. Med Biol Eng 7:49–56.

Hanna GR and Johnson RN (1968) A rapid and simple method for the fabrication of arrays of recording electrodes. Electroencephalogt Clin Neurophysiol 25:284–286

Haidarliu S, Shulz D and Ahissar E (1995) A multi-electrode array for combined microiontophoresis and multiple single-unit recordings. J Neurosci Methods 56:25–31.

Hulliger M, Sjölander P, Windhorst UR and Otten E (1995) Force coding by populations of cat golgi tendon organ afferents: The role of muscle length and motor unit pool activation strategies. In Alpha and Gamma Motor Systems. Taylor A, Gladden MH and Durbaba R pp 302–308. Plenum Press, New York and London.

Humphrey DR (1970) A chronically implantable multiple microelectrode system with independent control of electrode positions. Electroencephalogr Clin neurophysiol 29:616–620

Jansen RF (1990) The reconstruction of individual spike trains from extracellular multineuron recordings using a neural network emulation program. J Neurosci Methods 35:203–213.

Johansson H, Bergenheim M, Djupsjöbacka M and Sjölander P (1995a) Analysis of encoding of stimulus separation in ensembles of muscle afferents. In Alpha and Gamma Motor Systems. Taylor A, Gladden M and Durbaba R pp 287–293. Plenum Press, New York, London.

Johansson H, Bergenheim M, Djupsjöbacka M and Sjölander P (1995b) A method for analysis of encoding of stimulus separation in ensembles of afferents. J Neurosci Methods 63:67–74.

Kreiter AK, Aertsen MHJ and Gerstein GL (1989) A low-cost single-board solution for real-time, unsupervised waveform classification of multineuron recordings. J Neurosci Methods 30:59–69.

Krüger J and Bach M (1980) A 30 fold multi-microelectrode for simultaneous single unit recording. Pfluegers Arch 384:R33

Krüger J and Bach M (1981) Simultaneous recording with 30 microelectrodes in monkey visual cortex. Exp Brain Res 41:191–194

Krüger J (1983) Simultaneous individual recordings from many cerebral neurones: techniques and results. Rev Physiol Biochem Pharmacol 98:177–233.

Loeb GE, Bak MJ and Duysens J (1977) Long-term unit recording from somatosensory neurons in the spinal ganglia of the freely walking cat. Science 197:1192–1194

Marks WB (1965) Some methods for simultaneous multiunit recordings. In: Nye PW (ed) Proc symp information processing in sight sensory systems. California Institute of Technology, Pasadena, pp 200–206

Mirfakhraei K and Horch K (1994) Classification of action potentials in multi-unit intrafascicular recordings using neural network pattern recognition techniques. IEEE Trans Biomed Eng 41:89–91.

Mountcastle VB, Poggio GF, Reitboeck HJ, Georgopoulos AP, Johnson KO, Longerbeam MB, Steinmetz MA, Phillips JR, Brandt DK and Habbel CG (1987) A system for multiple microelectrode recording from the neocortex of waking monkeys. Proc Soc Neurosci 629.

Nicolelis MA, Ghazanfar AA, Faggin BM, Votaw S and Oliveira LMO (1997) Reconstructing the engram: simultaneous, multisite, many single neuron recordings. Neuron 18:529–537.

Öhberg F, Johansson H, Bergenheim M, Pedersen J and Djupsjöbacka M (1996) A neural network approach to real-time spike discrimination during simultaneous recording from several multiunit nerve filaments. J Neurosci Methods 64:181–187.

Oghalai JS, Street WN and Rhode WS (1994) A neural network-based spike discriminator. J Neurosci Methods 54:9–22.

Prickard RS (1979a) A review of printed circuit microelectrodes and their production. J Neurosci Meth 1:301–318

Prickard RS (1979b) Printed circuit microelectrodes Trends Neurosci 2:259-269

Prochazka A (1983) Chronique techniques for studying neurophysiology of movement in cats. In: Lemon R (ed) Methods for neuronal recording in conscious animals. IBRO handbook Ser.: Methods neurosci. Wiley, New York, pp 113-128

Reitboeck HJP (1983) A 19-channel matrix drive with individually controllable fiber microelectrodes for neurophysiological applications. IEEE Transactions on Systems, Man and Cybernetics 13:676-682.

Salganicoff M, Sarna M, Sax L and Gerstein GL (1988) Unsupervised waveform classification for multi-neuron recordings: a real-time, software-based system. I. Algorithms and implementation. J Neurosci Methods 25:181-187.

Schmidt EM (1984a) Computer separation of multi-unit neuroelectric data: a review. J Neurosci Methods 12:95-111.

Schmidt EM (1984b) Instruments for sorting neuroelectric data: a review. J Neurosci Methods 12:1-24.

Stoppini L, Duport S and Correges P (1997) A new extracellular multirecording system for electrophysiological studies: application to hippocampal organotypic cultures. J Neurosci Methods 72:23-33.

Taylor A, Ellaway PH, Durbaba R and Rawlinson S (1998) Multiple single unit spindle recording during active and passive locomotor movements in the decerebrate cat. Abstract for: Peripheral and spinal mechanisms in the neural control of movement. Tucson. Arizona, Nov 4-6

Terzuolo CA and Araki T (1961) An analysis of intra- versus extracellular potential changes associated with activity of single spinal motoneurons. Ann NY Acad Sci. 94:547-558

Verzeano M (1956) Activity of cerebral neurons in the transition from wakefulness to sleep. Science 124:366-367

第十八章 脉冲放电序列与时域采样序列的时域和频域分析

David M. Halliday and Jay R. Rosenberg

尧德中 赖永秀 译

电子科技大学生命科学与技术学院

dyao@uestc.edu.cn

■ 绪 论

许多神经生理学家对以脉冲放电为准进行平均的概念并不陌生。它最初被 Mendell 和 Henneman（1968，1971）用来检测由肌梭 Ia 传入到同类运动神经元的单突触兴奋型突触后电位（EPSP）的幅度，为运动神经元的募集规则提供了主要证据（Henneman and Mendell 1981）。这种技术得到了普遍认可并被广泛用于测试哺乳动物中枢神经系统的突触连接强度（Watt et al. 1976；Stauffer et al. 1976；Kirkwood and Sears 1980；Cope et al. 1987），从而为深入理解神经生理学的基本机理开拓了新视野。

上述研究的基本原理是：以单次完整输入为准，对其引起的运动神经元的动作电位的细胞内记录进行平均后可得到一个波形，并用它来估计该输入引起的突触后电位（PSP）。由于细胞内的无关活动会引起噪声，因此平均是必要的。以脉冲放电为准进行平均可检测到微弱效应（Cope et al. 1987），通常对 10^5 个或更多个脉冲效应进行平均。

同理可估算两个同时记录的动作电位序列间的耦合。在这种情况下，一个脉冲放电序列的放电时间以与另一个脉冲放电序列的放电时间相对应的方式进行平均。由此可得到一个基于直方图的测度，通常称为互相关直方图，它可以显示一个脉冲放电序列相对于另一个脉冲放电序列的脉冲放电时间。这种方法最开始被 Griffith 和 Horn（1963）用来研究猫的视觉皮层细胞的功能耦合，随后即被普遍用于神经生理学的其他领域（Sears and Stagg 1976；Kirkwood and Sears 1978；Datta and Stephens 1990）。

以脉冲放电为准进行平均和互相关直方图分析均可用于检测两个信号间的相关性。两个方法都受噪声的影响，尤其在研究弱相互作用时。大多数情况下被研究的信号都含有噪声，因此可将其视为随机过程。研究随机信号及检测有噪声时的关联活动是工程学和统计学的主要研究领域，有关表征随机信号及估计存在噪声的情况下的关联活动的相关文献很多（Brillinger and Tukey 1984）。本章关心的问题是：给定两个随机信号（可能是脉冲放电时间序列，也可能是波形的采样序列），如何表征这些信号以及它们之间的相关性？对一个规则采样的波形可用其均值和方差反映其波幅的分布特征，而自相关谱包含了更多的信息，可以通过描述离散信号变异情况的相关统计参数对其进行分析估计。相似地，脉冲放电序列可看成一个点事件序列，因此可用类似方法分析脉冲放电间隔的分布。两个信号的相关性问题可看成是研究两个随机过程的关联分布，因而可使用协方差和互相关谱进行分析。这些概念将在下面进一步展开，绪论中的这些介绍的目的是将神经生理信号之间的相关性问题纳入工程学和统计学领域，以便应用这些领域内的多种方法。

　　研究噪声存在下的相关性一个重要的方面是对参数估计设置误差范围。这在以脉冲放电为准进行平均和互相关的应用中常被忽视。统计学的应用应该成为分析的一个基本部分,既包括处理误差和不确定性,也包括检验信号间相关性结构的假设。

　　本章的目的是给出一个可以研究脉冲放电序列或波形采样序列数据间的相关性的框架体系。在这里时域和频域方法是作为互补性的方法被使用的,以期最大限度地了解及推断实验数据。在这个体系中,以脉冲放电为准进行的平均和互相关直方图跟累积量密度函数密切相关,该函数可从互相关谱的逆傅里叶变换估计出来。该体系的主要特征是能统一处理脉冲放电序列、波形采样序列或二者混合的数据,主要采用基于傅里叶的一系列估计方法来实现。在这方面的一个主要的结论是:随机信号的有限傅里叶变换的大样本统计特性比过程自身更简单(Brillinger 1974;1983),这一点对这两类数据都成立(Brillinger 1972)。

　　我们首先分析脉冲放电序列数据。第一部分定义一些可估计脉冲放电序列间相关性的时域参数,同时以互相关直方图为基础,阐述估计的方法。例1分析了两个运动单位的脉冲放电序列。随后,本章主要研究以傅里叶变换为基础的,既可处理脉冲放电序列又可处理波形采样数据的框架体系。第二部分讨论两种数据的傅里叶变换,定义并给出了二阶谱的估计方法。第三部分定义表征信号间相关性的参数,这些参数在不同序列数据上的应用见例7~例10。第四部分讨论如何扩展该体系,以便研究多个同时记录的信号间的相互作用。第五部分描述了一种方法,可用来概括多个独立信号对间的相关性结构。第六部分概述了另外一种基于最大似然估计的分析脉冲放电序列的方法。结论中讨论了这些方法技术的局限性。

　　本章关于统计学的叙述很少,仅给出了一些基本定义和估计方法。但对方法的描述很详尽,感兴趣的读者可以自己进行分析。本章总结了进行了多年的学科交叉性的研究工作,详细描述可参见 Rosenberg 等(1982,1989,1998)、Halliday 等(1992,1995a)、Amjad 等(1997)的文章。

第一部分　　神经元脉冲放电序列的时域分析

用于神经元脉冲放电序列时域分析的随机点过程参数的定义

　　本节定义了一系列时域参数,它们的估计可用来表征脉冲放电序列间的相互作用。下一节将给出估计的方法及置信区间的设置。

　　对神经元脉冲放电序列,可用于分析的量通常是每个脉冲放电发生的时间。动作电位的持续时间比它们的间隔时间更短,因此脉冲放电时间序列通常被看成是点事件序列。另外,放电事件间的间隔不是确定的,而是含有随机波动的,因此可认为神经元脉冲放电序列(或其他符合这些条件的事件序列)是一个随机点过程。一个随机点过程可被定义为一个随机的非负整数测量(Brillinger 1978)。在实际中,用采样间隔 dt 的整数倍数表示脉冲放电(或事件)发生的有序化时间。在这里 dt 应足够小,以保证每个间隔内最多只发生一件事。满足该条件的点过程被称为是有序的。

　　进一步假定点过程是弱平稳的,即表征数据的参数不随时间改变,且相隔较远的差分增量间是独立的，后一点也被称为混合条件。对这些假设的讨论可参见 Cox 和 Isham（1980），Cox 和 Lewis（1972），Daley 和 Vere-Jones（1988）的文章；关于神经元脉冲放电序列的讨论参见 Conway 等（1993）。有序假设是重要的，在此基础上可以根据期望值或概率去解释某些点过程参数（Cox and Lewis　1972；Srinivasan　1974；Brillinger 1975），从而有助于这些参数的解释。

将一个点过程记为 N_1，计数变量 $N_1(t)$ 表示间隔 $(0,t]$ 内事件发生的次数。点过程的一个重要的基本函数是差分增量。过程 N_1 的差分增量记为 $dN_1(t)$，定义为 $dN_1(t)=N_1(t,t+dt)$，可看作一个计数变量，表示从 t 时刻开始，在很小间隔 dt 内发生的事件次数。对于一个有序的点过程，$dN_1(t)$ 将根据采样间隔 dt 内脉冲放电的发生与否而取值 1 或 0。

两个同时记录的脉冲放电序列可看成一个二变量的点过程。设 (N_0,N_1) 是一个平稳的二变量点过程，它们在时刻 t 的差分增量为：$\{dN_0(t),dN_1(t)\}=\{N_0(t,t+dt),N_1(t,t+dt)\}$。$(N_0,N_1)$ 的平稳性意味着间隔 $(t,t+dt)$ 及 $(t+\tau,t+\tau+dt)$ 内的差分增量的分布与 τ 无关。可用差分增量定义下列点过程参数（Brillinger　1975，1976；Rosenberg et al. 1982，1989；Conway et al. 1993）。

点过程 N_1 的平均强度 P_1 定义为

$$E\{dN_1(t)\} = P_1 dt \tag{18.1}$$

式中，$E\{\ \}$ 表示一个随机变量的平均算符或数学期望。在有序假设下，式（18.1）可以概率的形式去解释

$$\text{Prob}\{N_1 \text{ 在间隔} (t,t+dt) \text{ 内发生事件}\} \tag{18.2}$$

点过程 N_0 的平均强度 P_0 可按相似的方式定义。点过程 N_0、N_1 的二阶叉积密度可定义为

$$E\{dN_1(t+u),dN_0(t)\} = P_{10}(u)du dt \tag{18.3}$$

该式可解释为

$$\text{Prob}\{N_1 \text{ 在间隔} (t+u,t+u+du) \text{ 及 } N_0 \text{ 在间隔} (t,t+dt) \text{ 内发生事件}\} \tag{18.4}$$

对式（18.3），令 $N_0=N_1$，可求出二阶乘积密度函数 $P_{00}(u)$ 和 $P_{11}(u)$。条件平均强度（交叉强度）定义为

$$m_{10}(u) = P_{10}(u)/P_0 \tag{18.5}$$

可将其解释为条件概率

$$\text{Prob}\{\text{给定} N_0 \text{ 在 } t \text{ 时间发生事件条件下，} N_1 \text{ 在} (t+u,t+u+du) \text{ 间隔内发生事件}\} \tag{18.6}$$

根据混合条件，当 u 较大时，差分增量 $dN_1(t+u)$ 和 $dN_0(t)$ 是相互独立的。因此有

$$\lim_{|u|\to\infty} P_{10}(u) = P_1 P_0 \tag{18.7}$$

据此可定义二阶协方差函数，也称二阶累积量密度函数 $q_{10}(u)$ 为

$$q_{10}(u) = P_{10}(u) - P_1 P_0 \tag{18.8}$$

同理，可定义自协方差函数 $q_{00}(u)$ 和 $q_{11}(u)$。当 $|u|\to\infty$ 时，函数 $q_{10}(u)$ 趋于 0。$q_{10}(u)$ 还可以表示为

$$\mathrm{cov}\{\mathrm{d}N_1(t+u),\mathrm{d}N_0(t)\} = q_{10}(u)\mathrm{d}u\mathrm{d}t \tag{18.9}$$

式中,cov{ }表示协方差。在单个过程中,必须写为

$$\mathrm{cov}\{\mathrm{d}N_0(t+u),\mathrm{d}N_0(t)\} = (\delta(u)+q_{00}(u))\mathrm{d}u\mathrm{d}t$$
$$\mathrm{cov}\{\mathrm{d}N_1(t+u),\mathrm{d}N_1(t)\} = (\delta(u)+q_{11}(u))\mathrm{d}u\mathrm{d}t \tag{18.10}$$

式中,$\delta(\bullet)$是狄拉克 δ 函数,引入它以便考虑 $u=0$ 时的协方差密度的特性。

时域点过程参数的估计方法及置信区间

对持续时间为 R 的点过程 N_1,其平均强度 P_1 的估计为

$$P_1 = \frac{N_1(R)}{R} \tag{18.11}$$

例如,如果 N_1 是采样间隔为 1ms、长度 60s、含有 500 个事件的一个采样脉冲放电序列,则 $R=60\,000$,$P_1=500/60\,000$。为区分参数及其估计值,特用符号 P_1 表示 P_1 的估计值。

二阶乘积密度的估计方法如下:记 N_0 的脉冲放电时间为 $\{r_i; i=1,\cdots,N_0(R)\}$,$N_1$ 的脉冲放电时间为 $\{s_j; j=1,\cdots N_1(R)\}$,则可建立一个计数变量 $J_{10}^R(u)$(Griffith and Horn 1963;Cox 1965)

$$J_{10}^R(u) = \#\left|(r_i,s_j)满足\left|u-\frac{b}{2}\right|<(s_j-r_i)<\left|u+\frac{b}{2}\right|\right| \tag{18.12}$$

式中,$\#\{A\}$ 表示序列 A 中的事件数。$J_{10}^R(u)$ 表示以距离一个 N_0 事件 u 个时间单元处为中心、窗宽为 b 的区间内,N_1 事件发生的次数。在神经生理学的文献中,$J_{10}^R(u)$ 常被称为互相关直方图。该变量的期望值为(Cox 1965;Cox and Lweis 1972)

$$E\left|J_{10}^R(u)\right| \approx bRP_{10}(u) \tag{18.13}$$

式(18.13)表示了互相关直方图与二阶乘积密度的关系,由此可得 $P_{10}(u)$ 和 $m_{10}(u)$ 的无偏近似估计

$$P_{10}(u) = J_{10}^R(u)/bR \tag{18.14}$$
$$\hat{m}_{10}(u) = J_{10}^R(u)/bN_0(R) \tag{18.15}$$

式中,$\hat{m}_{10}(u)$ 表示 $m_{10}(u)$ 的估计值,累积量密度 $q_{10}(u)$ 可由式(18.8)估计

$$\hat{q}_{10}(u) = P_{10}(u)-P_1P_0 = J_{10}^R(u)/bR-P_1P_0 \tag{18.16}$$

$P_{10}(u)$ 和 $m_{10}(u)$ 估计的大样本特性可参见 Brillinger(1976),该文献表明式(18.14)、式(18.15)的乘积密度和交叉强度估计近似于泊松随机变量,可分别用两个正态分布来近似表示:$N\{P_{10}(u),P_{10}(u)/(bR)\}$,$N\{m_{10}(u),m_{10}(u)/(bP_1)\}$。$N\{A,B\}$ 表示方差为 B、均值为 A 的正态分布。两种情况下,估计的方差都依赖于被估计参数的值。在这种情况下,常使用方差平衡变换(Kendall and Stuart 1966;Jenkins and Watts 1968)。Brillinger(1976)提出了一个平方根变换

$$P_{10}(u)^{1/2} \approx N\left|P_{10}(u)^{1/2},(4bR)^{-1}\right| \tag{18.17}$$
$$\hat{m}_{10}(u)^{1/2} \approx N\left|m_{10}(u)^{1/2},(4bN_0(R))^{-1}\right| \tag{18.18}$$

这些参数估计的方差是常数,因此可以设置置信区间,对脉冲放电序列独立的假设进行检验。置信区间可按如下方式设置:给定参数 z 的估计 $\hat{z}$,它近似于方差为 $\mathrm{var}\{\hat{z}\}$ 的正态分

布,则 95% 置信区间可设置为 $\pm 1.96 (\text{var}\{\hat{z}\})^{1/2}$。在 u 很大时,$(P_{10}(u))^{1/2}$ 和 $(\hat{m}_{10}(u))^{1/2}$ 的渐近值可由式(18.7)和式(18.5)估计,分别表示两个独立脉冲放电序列的期望值。因此,$(P_{10}(u))^{1/2}$ 和 $(\hat{m}_{10}(u))^{1/2}$ 的渐近值及 95% 置信区间界限可分别表示如下

$$(P_1 P_0)^{1/2} \pm 1.96 (4 bR)^{-1/2} \tag{18.19}$$

$$(P_1)^{1/2} \pm 1.96 [4 bN_0(R)]^{-1/2} \tag{18.20}$$

位于置信区间内的估计值可作为脉冲放电序列不相关的证据。

参见 Rigas(1983)的讨论,累积量密度估计 $\hat{q}_{10}(u)$ 的渐近分布可近似表示为

$$\text{var}\left| \hat{q}_{10}(u) \right| \approx \frac{2\pi}{R} \int_{-\pi/b}^{\pi/b} f_{11}(\lambda) f_{00}(\lambda) \mathrm{d}\lambda \tag{18.21}$$

式中,$f_{11}(\lambda)$ 和 $f_{00}(\lambda)$ 分别是过程 N_1 和 N_0 的自相关谱。假定脉冲放电序列为泊松脉冲放电序列,式(18.21)中的方差可近似为 $(P_1 P_0/(Rb))$。脉冲放电序列的自相关谱将在下面讨论。对两个独立脉冲放电序列,式(18.16)的估计 $\hat{q}_{10}(u)$ 的渐近值及置信上下限可设置为

$$0 \pm 1.96 (P_1 P_0/ Rb)^{1/2} \tag{18.22}$$

值得指出的是:一旦得到了互相关直方图 $J_{10}^R(u)$,乘积密度、交叉强度和累积量密度都可以很容易地估计。另外,置信区间仅依赖于变量 b、R、$N_0(R)$、$N_1(R)$,而与脉冲放电序列的特性无关,因此也易于确定。

结　果

例1　时域点过程参数估算

为说明上述点过程参数的应用,我们以一对运动单位(神经元)脉冲放电序列为例进行分析。这两个脉冲放电序列是从一个健康被试中指部分的 EDC(extensor digitorum communis)肌肉保持收缩姿态时记录下来的。这两个脉冲放电序列分别包含 1293、919 个脉冲放电,记录长度为 100s,采样间隔 1ms。一阶统计分别为:$N_0(R)=1293$,$N_1(R)=919$,$R=100\ 000$,$P_0=0.012\ 93$,$P_1=0.009\ 19$,且 $(P_1 P_0)^{1/2}=0.010\ 9$,$(P_1)^{1/2}=0.096$。图 18-1 所示的估计分别为:A. 互相关直方图;B. 乘积密度的平方根 $(P_{10}(u))^{1/2}$;C. 交叉强度函数的平方根 $(\hat{m}_{10}(u))^{1/2}$;D. 累积量密度函数 $\hat{q}_{10}(u)$。所有参数的窗宽均为 $b=1.0$,即与有序化脉冲放电序列的分辨率相同(1ms)。互相关直方图与其余三个参数估计的关系已由式(18.13)到式(18.16)清楚地表示出来了,在该图中也有清晰的显示。三个参数估计和互相关直方图的基本形状相同,主要区别在于三个估计的渐近值不同,反映了式(18.4)、式(18.6)、式(18.9)所示的不同概率表达。$(P_{10}(u))^{1/2}$ 的渐近值及置信限为 0.0109 ± 0.0031,$(\hat{m}_{10}(u))^{1/2}$ 的为 0.096 ± 0.027,$\hat{q}_{10}(u)$ 的为 $0 \pm 6.7 \times 10^{-5}$。其主要特征是最大的峰值在 Lag$u=+5$ms 处,超过了三个估计参数的置信区间上限,表明运动单位的活动存在相关性。图 18-1A 的互相关直方图显示,中心峰两侧有小的振荡即旁瓣,反映了两个被研究的运动单位相应的运动神经元有相同节律的输入存在(Moore et al. 1970)。三个估计参数的置信区间表明这些因素的作用仅仅具有

5%的微小意义。下面将通过频域分析讨论这些特征,见图18-3。对于不相关的脉冲放电序列,三个估计参数$(P_{10}(u))^{1/2}$、$(\hat{m}_{10}(u))^{1/2}$、$\hat{q}_{10}(u)$将在各自的渐近值处波动,波动范围可从置信区间计算出来。任何明显的偏离,如图18-1在$u=+5ms$处的峰值说明脉冲放电序列在此滞后值处存在显著的相互依赖性。图18-1显示了使用置信区间的优势,它使参数估计能更快地集中到显著性特征的分析上来。$(P_{10}(u))^{1/2}$、$(\hat{m}_{10}(u))^{1/2}$两个估计参数的渐近分布与前一节的概率描述有关,它们包含了放电速率的信息。但是,除非对此特别感兴趣,统计上显著相关的存在可从三个估计参数中任意一个得出,在这种情况下只需要完成一个参数的估计就可以了。比较而言,使用累积量密度估计,将有利于和后面的体系结合起来。该体系以傅里叶为基础,可用于处理脉冲放电序列与时间序列。

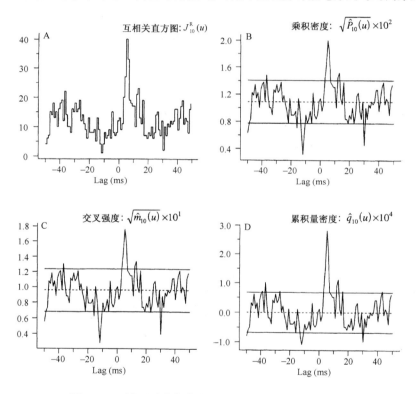

图18-1　两个运动单位脉冲放电序列间相关性的时域分析

A.互相关直方图$J_R^{10}(u)$,单位为计数;B.乘积密度平方根$(P_{10}(u))^{1/2}\times10^2$;C.交叉强度函数平方根$(\hat{m}_{10}(u))^{1/2}\times10$;D.累积量密度函数$q_{10}(u)\times10^4$。估计窗宽$b=1.0$,$N_0(R)=1293$,$N_1(R)=919$,$R=100\,000$。

B、C、D中的水平虚线是估计渐近值,水平实线是基于独立假设的95%的置信限。

第二部分　频域分析

点过程和时间序列的有限傅里叶变换

　　下面所有的频域分析都是以有限傅里叶变换得出的参数估计为基础的,因此有限傅里叶变换是分析的核心。本节定义并讨论如何估计脉冲放电序列和规则采样信号的有限傅里叶变换。假定脉冲放电序列为随机点过程,采样信号为时间序列;点过程数据是有序的,时间序列数据的均值为零;两类数据满足弱平稳条件与混合条件。弱平稳意味着表征一段数据的参数不会随时间而变,混合条件则表示点过程的差分增量和/或时间序列的离散采样值间是彼此独立的。对这些假设的讨论见 Halliday 等(1995a)的文章。Brillinger (1972)认为时间序列和点过程都属于平稳间隔函数。一段含有 T 个差分增量的点过程 N_1,其有限傅里叶变换定义为(Brillinger　1972;Rosenberg et al. 1989)

$$d_{N_1}^T(\lambda) = \int_0^T e^{-i\lambda t} dN_1(t) \tag{18.23}$$

从启发性的角度去考察式(18.23)可见,它相当于把傅里叶复指数函数的正弦、余弦周期性与过程 N_1 中的脉冲间隔相比,进而把脉冲放电序列中的周期性成分信息提取出来。现代谱分析方法都使用快速傅里叶变换(FFT)去计算数据序列在一系列等间距的傅里叶频率上的有限傅里叶变换。这就要求使用等间距的采样信号作为输入,用差分增量表示式(18.23)中的点过程 N_1,便可得到这种信号。因此,为估计 $d_{N_1}^T(\lambda_k)$,使用长度为 T 的 FFT,可将式(18.23)中的整数近似表示为离散量之和(Brillinger　1972;Rosengerg et al. 1982;Halliday et al. 1992)

$$d_{N_1}^T(\lambda_j) \approx \sum_{t=0}^{T-1} e^{-i\lambda_j t} dN_1(t) = \sum_{t=0}^{T-1} e^{-i\lambda_j t} [N_1(t+\Delta t) - N_1(t)] \tag{18.24}$$

式中,t 表示间距$(0, T]$内 N_1 事件发生的时间。由于假定点过程是有序的,因此差分增量将取值 0 或 1。在式(18.24)中使用差分增量,相当于用规则的 0～1 采样时间序列代替点过程 N_1。傅里叶频率 $\lambda_j = 2\pi j/T (j=0,\cdots,T/2)$,这表明 λ_j 的范围为$(0, \pi)$,其中 π 为奈奎斯特频率(见第四十五章)。傅里叶频率可表示成 $j/T\Delta t$,其中 T 是有限傅里叶变换中的点数,Δt 为采样间隔(s)。$1/T\Delta t$ 是以周/s 表示的傅里叶的基本频率,即在一个长度为 T 的周期内可以分辨的最低频率,也表示从 $d_{N_1}^T(\lambda_j)$ 形成的任何参数的最小谱分辨率。

与式(18.23)相似,一个长度为 T 的时间序列 x,其傅里叶变换为(Brillinger　1972, 1974)

$$d_x^T(\lambda) = \int_0^T e^{-i\lambda t} x(t) dt \tag{18.25}$$

由于 $x(t)$ 是一个规则的采样信号,可通过 FFT 进行估算

$$d_x^T(\lambda_j) \approx \sum_{t=0}^{T-1} e^{-i\lambda_j t} x_t \tag{18.26}$$

式中 x_t 是 $x(t)$ 在时刻 t 的采样值。频率 λ_j 与式(18.24)的定义相同。式(18.26)把片段 $x(t)$ 用傅里叶分解成基本频率成分,可突出数据中不同的周期成分(Brillinger　1983)。

有效的 FFT 算法可参见 Bloomfield (1976)、Sorensen 等 (1987) 及 Press 等 (1989) 的数字方法概要,有多种程序语言可以实现 FFT。

二阶谱的定义和估计

本节以上述点过程与时间序列的有限傅里叶变换为基础,讨论二阶谱的估计。采用 Halliday 等(1995a)的说法,我们用术语 "混合"(hybrid)描述一个依赖于时间序列和点过

程的参数。时间序列 x 的自相关谱记为 $f_{xx}(\lambda)$,点过程 N_1 的自相关谱记为 $f_{11}(\lambda)$。两个过程的混合互相关谱用 $f_{x1}(\lambda)$ 来表示。被称为平稳间隔函数的大量平稳过程,包括平稳时间序列和平稳点过程数据的有限傅里叶变换的渐近分布的讨论可参见文献 Brillinger (1972)。该文献表明,当 $T \to \infty$,$d_{N_1}^T(\lambda)$ 和 $d_x^T(\lambda)$ 的渐近分布为复正态分布。据此,对时间序列 x,可用下面的统计量作为自相关谱的估计

$$\frac{1}{2\pi T}\left|d_x^T(\lambda)\right|^2 \tag{18.27}$$

记为 $I_{xx}^T(\lambda)$,常被称为周期图,它最早是被 Schuster(1898)用来寻找序列 x 中隐含的周期性。周期图不是自谱 $f_{xx}(\lambda)$ 的一致性估计,它需要被进一步平滑。为此一种方法是对不重叠数据段的周期图进行平均,由此可得到序列 x 在傅里叶频率 λ_j 上的自相关谱估计

$$f_{xx}(\lambda_j) = \frac{1}{2\pi LT}\sum_{l=1}^{L}\left|d_x^T(\lambda_j, l)\right|^2 \tag{18.28}$$

这种方法将一个完整的记录 R 采样分成 L 个长度为 T 且互不交叠的离散片段,量 $d_x^T(\lambda_j, l)$ 表示第 l 段($l = 1, \cdots L$)的有限傅里叶变换。点过程 N_1 的自相关谱估计 $f_{11}(\lambda)$ 可通过将式(18.28)中的 $d_x^T(\lambda_j, l)$ 代换成 $d_{N_1}^T(\lambda_j, l)$ 而求出。使用这种方法,N_1 和 x 的混合互相关谱 $f_{x1}(\lambda)$ 可估计为

$$f_{x1}(\lambda_j) = \frac{1}{2\pi LT}\sum_{l=1}^{L}d_x^T(\lambda_j, l)\,\overline{d_{N_1}^T(\lambda_j, l)} \tag{18.29}$$

同理,将适当的有限傅里叶变换代入式(18.29),即可估计出两个时间序列和两个点过程的互相关谱。这种平滑周期图是一种广泛使用的谱估计方法(Bartlett 1948;Brillinger 1972,1981;Rosenberg et al. 1989;Halliday et al. 1995a)。

当 T 较大且 $\lambda \neq 0$,可认为互相关谱估计 $f_{x1}(\lambda_j)$ 与复协方差的形式相同:$\mathrm{cov}\{A, B\} = E\{(A - E\{A\})\overline{(B - E\{B\})}\}$,它表示点过程 N_1 与 x 在每个傅里叶频率 λ_j 上的协方差。自相关谱估计 $f_{11}(\lambda_j)$ 和 $f_{xx}(\lambda_j)$ 则与方差参数的形式相同,该参数给出了过程 x 在每个傅里叶频率 λ_j 上的方差(或功率)(Tukey 1961)。脉冲放电序列数据的其他谱估计方法可参见 Halliday 等(1992)的文章。

二阶谱也可根据适当的自相关或互相关协方差(累积量密度)函数的傅里叶变换来定义。例如,x 的谱可定义为(Jenkins and Watts 1968;Brillinger 1981)

$$f_{xx}(\lambda) = \frac{1}{2\pi}\int_{-\infty}^{\infty}q_{xx}(u)\mathrm{e}^{-i\lambda u}\mathrm{d}u \tag{18.30}$$

式中,$q_{xx}(u)$ 为过程 x 的自相关协方差或累积量密度。对点过程,表达式变为(Bartlett 1963)

$$f_{11}(\lambda) = \frac{P_1}{2\pi} + \frac{1}{2\pi}\int_{-\infty}^{\infty}q_{11}(u)\mathrm{e}^{-i\lambda u}\mathrm{d}u \tag{18.31}$$

式中,附加因子来源于自相关协方差的定义式(18.10)中引入的狄拉克 σ 函数。当 u 增大时,$q_{11}(u)$ 将趋于零,可得 $f_{11}(\lambda)$ 的渐近分布:$\lim_{\lambda \to \infty}f_{11}(\lambda) = P_1/2\pi$。从式(18.21)推导式(18.22)的点过程累积量密度函数的方差估计时就要使用这一近似。对混合互相关谱 $f_{x1}(\lambda)$,近似表达式为

$$f_{x1}(\lambda) = \frac{1}{2\pi}\int_{-\infty}^{\infty}q_{x1}(u)\mathrm{e}^{-i\lambda u}\mathrm{d}u \tag{18.32}$$

其他的互相关谱可按类似方法定义。式(18.30)到式(18.32)显示了累积量密度(协方差)函数和谱之间的密切关系,同时也表明可以间接地根据协方差函数的傅里叶变换来估计谱。FFT 出现以前,这种方法是早期大部分实际数字时间序列分析(Blackman and Tukey 1958)的基础。如上所述,现代谱估计通常用以 FFT 算法为基础的方法来直接估算有限傅里叶变换。

对式(18.28)的自相关谱估计 $f_{xx}(\lambda)$,可以证明其方差近似为 $\mathrm{var}\big| f_{xx}(\lambda)\big| \approx L^{-1}(f_{xx}(\lambda))^2$(Brilinger 1972,1981;Bloomfield 1976),其中 L 是用于谱估计的离散片段的数量。式中包含了特定的频率值,因此估计的方差将随频率而改变。如假定 $\mathrm{var}\big| \ln\big| f_{xx}(\lambda)\big|\big| \approx L^{-1}$,则自然对数 log 就是方差的一个适当的平衡性变换。通常习惯按尺度 lg 画谱,因此

$$\mathrm{var}\big| \lg(f_{xx}(\lambda))\big| = (\lg(e))^2\, L^{-1} \tag{18.33}$$

它在频率 λ 处的估计结果和 95% 置信边界为:

$$\lg(f_{xx}(\lambda)) \pm 0.851\, L^{-1/2} \tag{18.34}$$

另外一种独立于信号谱值的表示置信区间的方法是,画上幅度为($1.7\,L^{-1/2}$)的标尺,以指导解释估计的谱中的所有显著特征(参考图 18-2)。对点过程,它的谱有一个渐近值,因此可以用下面三条线

$$\lg\Big| \frac{P_1}{2\pi}\Big|\,,\lg\Big| \frac{P_1}{2\pi}\Big| \pm 0.851\, L^{-1/2} \tag{18.35}$$

来指导对估计结果 $f_{11}(\lambda)$ 的特征的解释。

结果:自相关谱

图 18-2 表示点过程和时间序列信号的自相关谱估计。它们是根据式(18.24)和式(18.26)的有限傅里叶变换,对一段含 1024 个点($T=1024$)且采样率为 1ms($\Delta t=10^{-3}$s)的信号进行计算得到的,因此其谱的分辨率为 0.977Hz。

例 2 运动单位谱

图 18-2A 和 18-2B 采用与图 18-1 相同的数据。在实验中,让被试的中指自由地水平伸展(Conway et al. 1995b;Halliday et al. 1995a),从中指部分的 EDC 肌肉记录两个运动单位的放电信号;同时在中指的末梢指骨上,用加速度计测出颤动信号。数据长度为 100s($R=10^5$),取 $L=97$。图 18-2A 表示的脉冲放电序列谱估计中,$N_0(R)=1293$,平均脉冲放电率为 12.9 个/s,方差相关系数为 0.17。对颤动信号来说,RMS 的平均值为 6.91cm/s^2。在运动单位谱的对数坐标图上,最显著的特征是最大的峰在 13Hz 附近出现,与平均放电率一致。这说明在运动单位放电中,平均放电率是最主要的节律成分。在 26Hz 附近有一不太明显的峰出现,它正好是预期的平均放电率的第一个谐波频谱成分。在更高的频段,几乎所有的估计值都落在所期望的 95% 置信区间内,见图中实线所示。这个置信区间是在假定脉冲放电序列是随机(Poisson)序列的情况下得出的;图示结果表明,在较高的频段,运动单位的放电是随机的,这种特性是上述混合条件作用的结果,即时间上明显分离的差分增量趋于独立(Poisson 脉冲放电系列的一个特性)。但在较低频段,脉冲放电序列的谱明显偏离 Poisson 序列。对脉冲放电序列来说,其主要频谱成分反映平

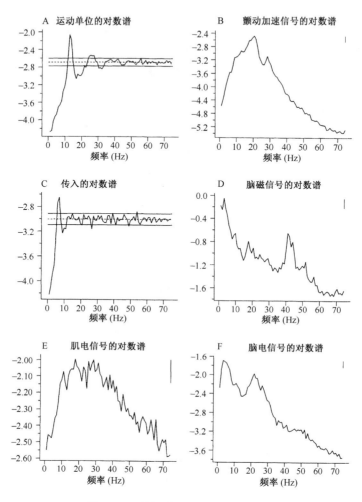

图 18-2　对数坐标下的功率谱估计示例

A.伸展位置固定的中指上测得的运动单位脉冲放电序列;B.试验同时测得的颤动加速信号;C.Ia 传入脉冲放电序列;D.在感觉运动皮层上测得的 MEG;E.手腕展开时从腕伸肌上测得的校正的表面 EMG 信号;F.与(E)同时测得的感觉运动皮层上的 EEG 信号。A,C 中的虚线表示估计的渐近值,实线是基于 Poisson 脉冲放电系列假设而估计出的 95％置信上下限。B,D,E,F 右上角的垂直实线表示每个谱估计的 95％置信区间的幅度。所有数据的 $\Delta t = 1\text{ms}$, $T = 1024$。

均放电率,而谐波成分与方差相关系数有关。一般地,放电越规则,谱估计中谐波成分越多。

例 3　颤动谱

图 18-2B 中,颤动谱估计 $f_{xx}(\lambda)$ 在 21Hz 附近有一个峰,它是从无约束的手指上记录的生理颤动的主要成分,并可部分归因于伸展的手指的自然共振。对生理颤动谱的详细分析可参见 Stiles 和 Randall(1967)和 Halliday 等(1995a)。在 28Hz 附近有一个较小的

峰,这个小峰是否是显著的,可以用谱估计的置信区间来确认。在图 18-2B 右上角画出了幅度为 0.173dB 的竖实线表示置信区间,它与图 18-2A 用双实线表示的置信区间相同,都是用等量的信号片段估计的[见式(18.34)和(18.35)]。将 28Hz 附近的局部波动与竖实线表示的置信区间相比可知:该局部峰确实反映了一个不同于谱估计中随机波动的节律成分,因为随机波动的期望幅度应比该竖实线表示的置信区间小。图 18-2A 中单个运动单位放电与颤动信号的相关性表示在图 18-4 中。

例4　Ia 传入谱

图 18-2C 表示另外一个点过程的谱估计,即单个 Ia 传入放电数据。它是在被试第四指部分 EDC 的肌肉做低强度自主等长收缩时(Halliday et al. 1995b),利用微神经记录技术(Vallbo and Hagbarth　1968)记录的。数据长 89s($R=89\ 000$; $L=86$),有 553 个脉冲放电。平均放电速率为 6.2 个/s,方差相关系数为 0.21。在其对数坐标的谱估计图上,6Hz 附近有一个明显的峰,反映了 Ia 的平均放电率。

例5　MEG 谱

图 18-2D 是一个人脑皮层活动的谱估计。实验是在被试运动皮层对侧的手的内在肌肉保持收缩状态时,测量的感觉运动皮层的脑磁图 MEG(Conway et al. 1995a)。谱估计所用数据长 110s($R=110\ 000$; $L=107$),结果在较低频段呈现了主要的功率,在较高频段,功率逐渐下降。比较估计中的局部波动和 95% 置信区间(右上角),说明在 18Hz 和 42Hz 处有不同的节律成分,后者更明显。对这些节律的功能特征的讨论可参见 Conway 等(1995a)。

例6　EMG 和 EEG 谱

图 18-2E 和 18-2F 表示两个同步记录信号的谱估计。实验要求被试保持手腕伸展(具体参看 Halliday et al. 1998),在腕伸肌测得表面 EMG 信号,同时在对侧感觉运动皮层测出双极导联 EEG 信号。谱是从 138s 长的数据估计出的。对数坐标的 EMG 谱表示校正的表面 EMG 信号的谱,它呈现为一个从 10~40Hz 的宽峰。采用校正 EMG 信号的原因参见例9(联系图 18-5)。EEG 谱估计的功率集中在低频段(功率在最低频段的下降反映了所用仪器的 3Hz 高通滤波特性),在 22Hz 处有一个明显的峰。两个估计的 95% 置信区间的幅度相同。这两个信号的相关性见图 18-5。将此 EEG 谱估计与不同被试在相似的位置记录的 MEG 谱估计(图 18-2D)相比较,应可得到一些补充信息(Halliday et al. 1998)。

上面六个谱估计展示了多种类型信号的分析,这些信号在神经生理学实验中会经常涉及到。下一部分主要讨论如何研究这些信号间的相关性。分析的出发点是估计单个信号的自相关谱和信号对间的互相关谱。

第三部分　信号间的相关性

在目前的体系中,主要通过刻画信号间相关性的参数来描述信号间的依赖性。在频域,通常采用两个信号的傅里叶变换的相关系数幅度的平方。因此,对于双变量的点过程

（N_0，N_1），则过程 N_0 和 N_1 间的相关性为（Brillinger　1975；Rosenberg et al. 1989）

$$\lim_{T \to \infty} \left| \text{corr}\{ d_{N_1}^T(\lambda), d_{N_0}^T(\lambda) \} \right|^2 \tag{18.36}$$

该量被称为相干函数（Wiener　1930），记为 $\left| R_{10}(\lambda) \right|^2$，通过对它的估计，可得到一个以频率为变量的函数来衡量过程 N_0、N_1 间的相关程度。两个点过程 N_0 和 N_1 在傅里叶变换下的相关系数 $\text{corr}\{ d_{N_1}^T(\lambda), d_{N_0}^T(\lambda) \}$ 可用方差和协方差表示为

$$\text{corr}\{ d_{N_1}^T(\lambda), d_{N_0}^T(\lambda) \} = \text{cov}\{ d_{N_1}^T(\lambda), d_{N_0}^T(\lambda) \} \Big/ \sqrt{\text{var}\{ d_{N_1}^T(\lambda) \} \text{var}\{ d_{N_0}^T(\lambda) \}}$$

因此，可以另外定义点过程 N_0、N_1 的相干函数为

$$\left| R_{10}(\lambda) \right|^2 = \frac{\left| f_{10}(\lambda) \right|^2}{f_{11}(\lambda) f_{00}(\lambda)} \tag{18.37}$$

相干函数对两个过程的线性关系提供了一个介于 0 与 1 之间的标准化测度。对于独立过程，其值为 0（Brillinger　1975；Rosenberg et al. 1989）。对式（18.37），代入对应的谱估计得

$$\left| R_{10}(\lambda) \right|^2 = \frac{\left| f_{10}(\lambda) \right|^2}{f_{11}(\lambda) f_{00}(\lambda)} \tag{18.38}$$

式中，$\left| R_{10}(\lambda) \right|^2$ 表示对 $\left| R_{10}(\lambda) \right|^2$ 的估计。同理，时间序列 x 和点过程 N_1 的相关性为

$$\left| R_{x1}(\lambda) \right|^2 = \frac{\left| f_{x1}(\lambda) \right|^2}{f_{xx}(\lambda) f_{11}(\lambda)} \tag{18.39}$$

两个时间序列 x 和 y 的相关性 $\left| R_{xy}(\lambda) \right|^2$ 也可用类似的方法估计。其中二阶谱的估计可以采用第二部分的分离片段法。对点过程与时间序列的所有组合用这种方法估计的相干性均有相同的大样本特性（Halliday　1995a）。基于两个过程独立的假设，即 $\left| R_{xy}(\lambda) \right|^2$ ＝0，100 α% 点的置信区间为 $1-(1-\alpha)^{1/(L-1)}$，其中 L 为二阶谱估计中所用的分离片段的数目（Bloomfield　1976；Brillinger　1981）。因此，95% 置信上限可以设为常数

$$1-(0.05)^{1/(L-1)} \tag{18.40}$$

若估计值低于该值，则认为两个过程在该特定频率是不相关的。对存在显著相关性的信号，其置信区间的设置可参见 Halliday 等（1995a）的文章。

相关性估计计算了两个信号在频域的相关系数幅度。通过检查两个信号的相位差，则可得到同步信息。对点过程 N_1 和时间序列 x，相位谱 $\Phi_{x1}(\lambda)$ 被定义为互相关谱的宗量，即

$$\Phi_{x1}(\lambda) = \arg\{ f_{x1}(\lambda) \} \tag{18.41}$$

将互相关谱估计直接带入式（18.29），可得其估计式

$$\Phi_{x1}(\lambda) = \arg\{ f_{x1}(\lambda) \} \tag{18.42}$$

同理可求出点过程之间和时间序列之间的相位谱。相位估计仅在两个信号显著相关时才有效。实际中，可用 $\left| R_{x1}(\lambda) \right|^2$ 去寻找 $\Phi_{x1}(\lambda)$ 有意义的区域。相位估计可以解释为 N_1 和 x 的谐波在频率 λ 时的相位差。用反正切函数可得到互相关谱的宗量，从而得到 $[-\pi/2, \pi/2]$ 之间的相位估计值。又由于可用 $f_{x1}(\lambda)$ 的实部和虚部的符号去确定反正切落入哪个象限，因此相位的范围可扩展到 $[-\pi, \pi]$。

相位估计常可以根据不同的理论模型来解释。其中一个有用的模型是两个时延固定的相关性信号的相位曲线。理论上该相位曲线是一条通过坐标原点（0 角度，0 频率）、斜率等于延迟时间的直线。斜率为正表示相位超前，为负表示相位滞后（Jenkins and Watts 1968）。当两个信号在很宽的频率范围内相关且有时延时，将相位估计扩展到$[-\pi,\pi]$之外是合理的，它可避免相位估计的不连续。这种相位估计通常称为无约束相位估计。对相位估计的表述可看 Brillinger(1981)的文章。适用于其他形式的相关性结构的理论相位曲线在 Jenkins 和 Watts(1968)中有论述。对相位估计值的置信区间的设置，可以参考 Halliday 等(1995a)。当信号间的相关性主要受延迟影响时，可以通过相位曲线来估计这个延迟。这是一种基于加权最小均方回归的方法，可参看 Rosenberg 等(1989)的附录。该方法的优点是可以估计延迟的标准误差。

如上所述，神经生理学中的相关性分析通常是在时域中进行的。下面我们讨论如何将点过程和/或时间序列之间的相关性表示成时间的函数。在目前基于傅里叶变换的分析中，作为时间函数的两个信号间的相关性，可以通过累积量密度函数来估计。可以通过相关谱的傅里叶逆变换来定义（Jenkins and Watts 1968；Brillinger 1974）。过程 N_1 和 x 间的二阶混合累积量密度函数的定义为

$$q_{x1}(u) = \int_{-\pi}^{\pi} f_{x1}(\lambda) e^{i\lambda u} d\lambda \qquad (18.43)$$

该式和式(18.32)显示了时域分析和频域分析的等价性。因为，与式(18.30)和(18.32)比较可知，累积量密度和谱构成一傅里叶变换对。上述混合累积量可用下式估计

$$\hat{q}_{x1}(u) = \frac{2\pi}{T} \sum_{|j| \leqslant T/2b} f_{x1}(\lambda_j) e^{i\lambda_j u} \qquad (18.44)$$

式中，$\lambda_j = 2\pi j/T$ 是傅里叶频率，b 是理想的时域窗宽（$b \geqslant 1.0$）。当 $b = 1.0$ 时，估计的时间分辨率与在时域中的采样率相等。式(18.44)可用实数逆 FFT 算法实现（Sorensen et al. 1987）。点过程累积量密度函数 $q_{10}(u)$ 和时间序列累积量密度函数 $q_{xy}(u)$ 可通过式(18.43)和式(18.44)，分别用对应的互相关谱 $f_{10}(\lambda)$ 和 $f_{xy}(\lambda)$ 来定义和估计。

累积量密度函数可以被解释为度量两个信号线性依赖性的统计参数（Brillinger 1972；Rosenblatt 1983；Mendel 1999）。如果两个信号不相关，则累积量的值 0。累积量密度既可设为正值也可设为负值。与相干性估计不同，用累积量密度来测度关联是没有界限的，因此不存在一个表示完全线性关联的上限。对于混合数据，$\hat{q}_{x1}(u)$ 类似于以脉冲放电为准的平均（Rigas 1983；Halliday et al. 1995a）。点过程累积量密度和互相关直方图的关系已在第一部分讨论过了。累积量密度函数可以直接在时域内定义和估计；但用式(18.44)在频域进行估计，则可提供一个统一的体系来处理不同类型的数据，而且对设置累积量密度估计的置信区间也是必要的。

基于独立进程假设下的混合累积量密度估计式(18.44)，其方差可近似为（Rigas 1983）

$$\mathrm{var}\{\hat{q}_{x1}(u)\} \approx \frac{2\pi}{R} \int_{-\pi/b}^{\pi/b} f_{xx}(\lambda) f_{11}(\lambda) d\lambda \qquad (18.45)$$

式中，R 是记录长度，b 是式(18.44)中估计的窗宽。用离散求和并代入谱 $f_{xx}(\lambda)$ 和 $f_{11}(\lambda)$ 的估计得

$$\text{var}\{\hat{q}_{x1}(u)\} \approx \left|\frac{2\pi}{R}\right| \left|\frac{2\pi}{T}\right| \sum_{j=1}^{(T/2-1)/b} 2f_{xx}(\lambda_j)f_{11}(\lambda_j) \tag{18.46}$$

式中，$\lambda_j = 2\pi j/T$，R 是记录长度，b 是窗宽，T 是式(18.24)和式(18.26)中有限傅里叶变换估计的片段长度。在独立过程的假设下，累积量估计式(18.44)的渐近值和95％置信上下限为

$$0 \pm 1.96 \left|\frac{2\pi}{R}\right| \left|\frac{2\pi}{T}\right| \sum_{j=1}^{(T/2-1)/b} 2f_{xx}(\lambda_j)f_{11}(\lambda_j)\right|^{1/2} \tag{18.47}$$

位于95％置信区间内的累积量估计值 $\hat{q}_{x1}(u)$ 可作为点过程 N_1 和时间序列 x 在特定的延迟 u 时无线性关联的证据。式(18.45)到式(18.47)也适用于其他时间序列和/或点过程的累积量密度估计。对点过程累积量密度 $\hat{q}_{10}(u)$，在泊松脉冲放电序列的假设下，可以用两个点过程谱的渐近值 $\lim_{\lambda \to \infty} f_{\infty}(\lambda) = P_0/2\pi$ 和 $\lim_{\lambda \to \infty} f_{11}(\lambda) = P_1/2\pi$ 去近似代替式(18.47)中的谱值，从而简化为式(18.22)。这个简化导致可以直接估计点过程累积量的置信区间而不需要进行谱估计。对于神经生理实验中的随机脉冲放电序列放电，根据这种近似求出的置信区间估计在图形上与通过谱积分得到的结果几乎没有差别。

　　式(18.43)根据互相关谱的傅里叶逆变换定义了累积量密度，从而得到了式(18.44)的估计方法。也可以直接在时域内定义和估计累积量密度，如第一部分对点过程数据的处理。通常，对累积量密度的解释与估计方法无关。

　　对点过程数据，直接在时域根据微分增量的相关性推导累积量密度可参见 Brillinger (1975)和 Rosenberg 等(1989)。对两个点过程 N_0 和 N_1，其差分增量的相关性可表示为

$$\text{corr}\{\text{d}N_1(t+u), \text{d}N_0(t)\} = q_{10}(u)\frac{\overline{\text{d}u\text{d}t}}{P_1 P_0} \tag{18.48}$$

式中，量 $\overline{\text{d}u\text{d}t}$ 与差分增量中的采样间隔有关，它表达出了累积量密度估计的无界性。其他基于乘积密度函数的测度点过程时域关联性的方法见 Brillinger(1975)。

　　对混合数据，点过程 N_1 和时间序列 x 间以脉冲放电为准的平均值记为 $\mu_{x1}(u)$，其估计为(Rosenberg et al. 1982；Rigas　1983)

$$\rho_{x1}(u) = \frac{1}{R}\sum_{i=1}^{N_1(R)} x(\tau_i + u) \tag{18.49}$$

式中，R 是记录长度，τ_i 是过程 N_1 中事件的时间[$i=1,\cdots,N_1(R)$]。以脉冲放电为准的平均值的估计可以用来估计混合累积量 $\hat{q}_{x1}(u)$(Rosenberg et al. 1982；Rigas　1983)

$$\hat{q}_{x1}(u) = \rho_{x1}(u) - P_1\rho_x \tag{18.50}$$

式中，P_1 是过程 N_1 的平均发放速率估计，见式(18.11)；ρ_x 是过程 x 的均值。该式表达了以脉冲放电为准的平均值与混合累积量密度的密切关系；实际上，对于一个零均值序列(时间序列分析的一个常规假设)，两个参数是相同的。

　　对于零均值时间序列数据 $x(t)$ 和 $y(t)$，延时 u 较小时，累积量密度可像互相关协方差函数一样估计(Parzen　1961；Bloomfield　1976；Brillinger　1981)

$$\hat{q}_{xy}(u) = \frac{1}{R}\sum_{t=1}^{R-|u|} x_{t+u}y_t \tag{18.51}$$

基于傅里叶的估计体系比直接在时域中估计时域参数的传统方法更有优势。首先，它对参数估计和置信区间的构造提供了一个统一的方法。式(18.44)和式(18.46)对任意两两

配对的点过程和/或时间序列数据都有效,因此所有类型的数据都可使用相同的软件程序。但是在时域的直接时间估计则与此不同,差异表现在式(18.12)适于点过程,式(18.49)适于混合数据,而式(18.51)适于时间序列数据。前面曾提到,估计方法并不影响对参数估计的解释。累积量密度可以解释为一种度量点过程和/或时间序列间相依性的统计参数。对于点过程,累积量密度更接近于传统上使用的互相关直方图;对于零均值时间序列,混合累积量密度与传统上使用的以脉冲放电为准的平均值相同。本部分在一个基于傅里叶的统一体系中提出了这些参数,该体系既能在时域也能在频域中估计信号间的相关性,是一种有助于洞悉复杂神经系统的方法。应将时域和频域参数视为彼此互补。式(18.32)和式(18.43)显示累积量密度函数和二阶谱(通过傅里叶变换)在数学上是等价的。但是,数学等价并不一定得到等价的表述。该观点经常出现在 Tukey(Tukey and 1980,也可见 Rosenberg et al. 1989)的著述中,如图 18-3 所示。因此时域和频域参数都应当作为数据分析的常规参数。

上述基于傅里叶的方法都含有线性假设,这些方法向高阶分析的扩展在 Halliday 等(1995a)中有论述。

结果:时域和频域相关分析

本节应用上面定义的参数来描述信号对之间的相关性。针对点过程数据,混合数据(点过程和时间序列)和时间序列数据的不同组合,共对四组数据进行了分析。

例7　运动单位—运动单位相关性和相位

第一个例子考虑的是运动单位对,其时域分析如图 18-1 所示。图 18-1D 是这组数据的累积量密度估计,它是基于式(18.16)的直接时域估计。基于傅里叶的估计[式(18.44),$b=1.0$,$T=1024$,$L=97$]在图形上和它没有区别。图 18.1D 中的 95% 置信区间由简化式(18.22)求得,其值为 $\pm 6.76 \times 10^{-5}$;通过累积量积分式(18.47)得到的估计值为 $\pm 6.73 \times 10^{-5}$。对本文描述的脉冲放电序列,点过程累积量密度的置信区间的简化估计值与通过谱积分得到的值几乎相同。简化式(18.22)对一些脉冲放电序列是一有用的条件,这些序列的谱仅在一个相对于奈奎斯特频率(对本文的数据,该频率为 500Hz)很有限的频率范围内偏离泊松脉冲放电序列的渐近值。这些数据的相干性估计 $|R_{10}(\lambda)|^2$,和相位估计 $\Phi_{10}(\lambda)$($T=1024$)如图 18-3 所示。运动单位 N_0 和 N_1 间的相干性有两个截然不同的频带范围,1～6Hz 和 20～30Hz,这些频带与运动单位 0(图 18-2A)或运动单位 1(没有表示)的谱峰不一致。由此可得出结论:两个运动单位的放电率对其相干性没有影响。相干性估计反映了在相同输入中存在周期性成分,这些周期性成分对应于运动单位的同步放电(深入的讨论见 Farmer et al. 1993)。累积量密度估计中的峰(图 18-1D)显示运动单位的同步活动。在中心峰的两侧约 40ms 处出现的小旁瓣进一步显示了有 25Hz 左右的周期性成分存在,这与相干性估计的结论是一致的。然而,将图 18-1D 和 18-3A 比较可知,不同的参数能强调数据的不同特征:累积量估计仅有不太明显的旁瓣,而相干性估计则在 20～30Hz 附近有清晰的峰。显然,这种差异说明,时域分析和频域分析是互补的。图 18-3B 为相位估计(实线),图中画出了两个存在显著相干性的区域上的相位估计,这两个区域即 1～6Hz 和 18～32Hz 是通过观察相干性估计而得到

的。在时域中,两个运动单位间存在一个受延时支配的相关性结构,如累积量中+5ms处的峰所示(图18-1D)。两个运动单位间的相位估计也反映了这个延时。对每段相位曲线的斜率的估计,采用 Rosenberg 等(1989)附录中描述的回归方法,结果,1~6Hz 频段的延时为 15.5±3.6ms,18~32Hz 频段的延时为 7.3±1.2ms。18~32Hz 频段的延时对应累积量中的峰的延迟时间,而低频段的延时则更长一些。图 18-1D 中的累积量估计在+13ms附近有一小峰,它与 1~6Hz 上相位估计的延时是一致的。总之,这个例子检验了一对运动单位放电间存在的相关性,结果表明放电的相关性由放电时间的延时主导,且涉及了两个显著不同的节律成分。累积量密度的主峰显示了同步放电,在+5ms 处出现最大值。在两侧约 40ms 处的小旁瓣,表明相关性的节律为 25Hz 左右。频域分析揭示:运动单位放电的主导成分与平均放电率相关;运动单位间在两个频段即 1~6Hz 和 18~32Hz 上耦合,与平均放电率不一致;且每个频段的耦合有不同的延时。

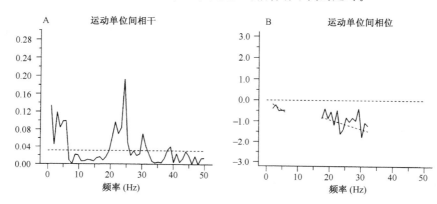

图 18-3　运动单位相关性的频域分析

图中给出了相同运动单位数据间的(A)相干估计 $|R_{10}(\lambda)|^2$ 和(B)相位 $\Phi_{10}(\lambda)$ 的估计。A. 水平虚线是基于独立假设的 95％ 置信上限。B. 是在(A)中相干性显著的频段内的相位估计。其中的两段虚线是相位的理论曲线,分别是在 1~6Hz 频段内的 15.5ms 延时和 18~32Hz 频段内的 7.3ms 延时(文中有详细介绍)。

例 8　运动单位——颤动相干性、相位和累积量

第二个例子考虑混合数据并考察前例中的单个运动单位放电与同步记录的颤动信号的关系。颤动信号的谱在 2.2 节中已讨论过,如图 18-2B 所示。图 18-4 给出运动单位 N_0 和颤动信号 x 间的相干系数 $|R_{x0}(\lambda)|^2$、相位 $\Phi_{x0}(\lambda)$($T=1024$)及累积量密度 $\hat{q}_{x0}(u)$($b=1.0$)。相干性估计(图 18-4A)在较宽的频率范围内有显著值,且在 6Hz 和 22Hz 两个频段上有最大的值,与运动单位相关的频段是相同的。但相干估计的幅度比两个运动单位间的幅度大(Conway et al. 1995b)。该例中,图 18-4B 的相位估计以无约束的形式绘出(见第三部分),其值持续下降,但在相干性显著的频段上的斜率不是常数,因此纯延时模型不宜用来解释这个相位曲线。混合累积量密度估计的显著特征(图 18-4C)是:0 时刻之后即出现最大峰,其最大值在+17ms 附近。如上述讨论,累积量可被看作一个以脉冲放电为准的平均值,能对运动单位脉冲的加速响应进行估计。通常,它像一个阻尼振荡过程。对 11~47Hz 之间的、斜率通过零点的相位曲线做回归分析,得到 17.9

±0.7ms的延迟时间。这与累积量的峰值正好一致。另一种对相似数据的、基于线性系统分析的解释参见 Halliday 等（1995a）。

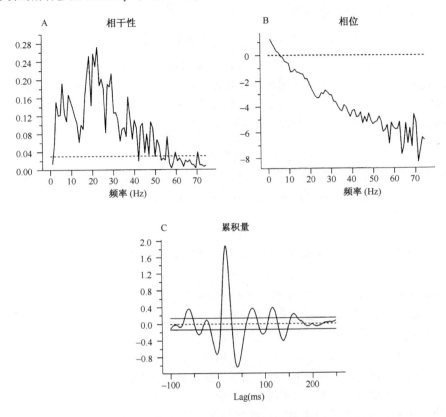

图 18-4　一个运动单位和一个颤动加速信号的相关性

图中给出的是一个在图 18-1、图 18-3 中已给出的运动单位和同时记录的颤动加速信号间的相关性估计。（A）相干系数 $|R_{10}(\lambda)|^2$，（B）相位 $\Phi_{10}(\lambda)$ 和（C）累积量密度 $\hat{q}_{x0}(u)\times10^4$。（A）中水平虚线给出了基于独立假设的 95% 置信上限。（B）中的相位估计绘制的是无约束的形式（参见正文）。（C）水平线是基于独立假设的渐进值（虚线）和 95% 置信上下限。在图 18-2A 中给出了对应的运动单位谱，图 18-2B 给出了对应的颤动谱。

例 9　EMG 与 EEG 的相关性

第三个例子探讨了两个时间序列之间的相关性，它们是图 18-2E 和图 18-2F 对应的 EEG 和表层 EMG 信号。[实验细则可参考第一部分和 Halliday 等（1998）]。图 18-5 所示为 EEG 信号 x 和校正的表面 EMG 信号 y 之间的相干性 $|R_{yx}(\lambda)|^2$，相位 $\Phi_{yx}(\lambda)$（T =1024）和累积量密度 $\hat{q}_{yx}(u)$（$b=1.0$）。使用校正的表面 EMG（不做任何平滑处理）的原因是既可以减少有限傅里叶变换中由肌肉动作电位所引起的成分，又可以保留间距信息。Halliday 等（1995a）对此做了更深入的讨论。

在绘制图 18-5 的相干性和相位估计图时，对自相关谱和互相关谱估计用 Hanning 滤波器做了进一步平滑处理,包括对频域中相临点的幅值进行的加权平均。将 x 与 y 在频率 λ_j 处的互相关谱估计经 Hanning 滤波处理后的结果记为 $f'_{yx}(\lambda_j)$,则它与根据式(18.29)的初始估计 $f_{yx}(\lambda_j)$ 可得

$$f'_{yx}(\lambda_j) = \frac{1}{4} f_{yx}(\lambda_{j-1}) + \frac{1}{2} f_{yx}(\lambda_j) + \frac{1}{4} f_{yx}(\lambda_{j+1}) \tag{18.52}$$

这种方法使用权值为 $1/4,1/2,1/4$ 的滑动平均,来得到一个平滑的谱估计,然后再用于第二部分的相干性和相位估计。平滑处理使前面的置信区间表达式不再成立。置信区间表示谱估计中预期的变化程度,由于附加的平滑处理将削弱变化,从而使置信区间变小。Hanning 窗可被看作广义加权法的一个特例,表示为

$$f'_{yx}(\lambda_j) = \sum_{k=-m}^{+m} w_k f_{yx} \left| \lambda_j + \frac{2\pi k}{T} \right|$$

式中,T 为有限傅里叶变换的片段长度,$w_k(k=0,\pm 1,\pm 2,\cdots,\pm m)$ 为权值,通常满足条件 $\sum w_k = 1$。对谱估计的方差进行校正的因子为(Brillinger 1981)

$$\sum_{k=-m}^{+m} w_k^2 \tag{18.53}$$

对 L 个离散片段经 Hanning 处理后得到自相关谱估计,其对数变换的方差为

$$\text{var}\{\lg(f_{xx}(\lambda))\} = (\lg(e))^2 L^{-1} \sum w_k^2$$

对 Hanning 窗 $\sum w_k^2 = 0.375$,自相关谱估计的 95% 置信区间为 $\pm 0.521 L^{-1/2}$。对相干性估计,在独立过程假设下,进一步平滑后的 95% 置信上限为

$$1 - (0.05)^{1/\left| (L-1) \sum w_k^2 \right|} \tag{18.54}$$

根据式(18.29),使用 Hanning 平滑谱估计虽然减小了变化(方差),但却增加了谱的带宽,同时谱的精细结构也被平滑掉了。尽管谱被定义在相同的傅里叶频率 $\lambda_j = 2\pi j/T$ 上,参数估计的有效带宽将由于额外的平滑处理而增加。在这种弱相关存在于一定的频率范围内的情况,Hanning 窗的应用可得到更平滑的相干系数和相位估计,从而能更好地确定 EEG 和 EMG 之间的相关性结构。累积量密度估计由最初的互相关谱估计 $f_{yx}(\lambda)$ 求得,未使用 Hanning 处理。

相干性估计(图 18-5A)在 15~40Hz 频率范围上是显著的,在 10Hz 上也只有一个较小的峰。相干系数的最大值约 0.08,表明耦合很弱。相位曲线上画出的是两个相关性显著的区域:8~12Hz 和 16~40Hz。累积量呈振荡结构,有 3 个相隔 40ms 的正相峰,它们与一个 25Hz 的频率成分对应,因而与相干系数估计是一致的。累积量曲线在零点附近急剧下降(最小值在 +2ms 处),这一现象说明两个信号之间存在同步活动。累积量曲线在零点附近的负值说明信号的相位是不一致的。相位曲线(图 18-5B)表现为在 $\pm\pi$ 附近波动,则进一步证实了这种解释。相位曲线在 20~28Hz 频段的斜率为常数,将其延伸后可通过原点。对该段进行加权回归分析(Rosenberg et al. 1989),可求出相位超前 18.5 ± 0.35ms。在估计 $\Phi_{yx}(\lambda)$ 中,EEG 信号 x 为参考信号,可得到另外一种解释:EMG 信号在频段 20~28Hz 内超前 EEG 信号约 18.5ms 左右。该延时与累积量在 -19ms 处的峰相对应。后者仅仅解释了 EEG 和 EMG 在相关频段上的时间关系。关于人脑皮层活动与运动单位放电之间的耦合,详细研究可参考 Conway 等(1995a)和 Halliday 等(1998)。本例只是通过解释两个信号间复杂的相关性结构来解释了这些问题。

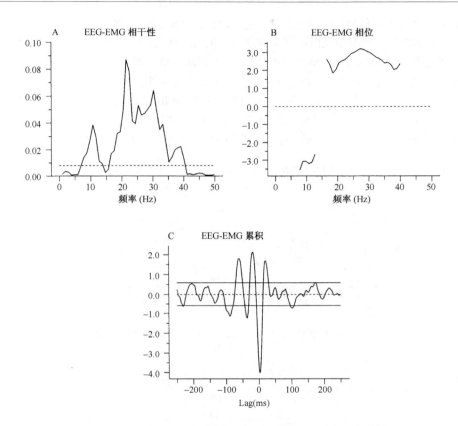

图 18-5　运动皮层 EEG 和保持收缩状态时的 EMG 之间的相关性

图中给出的是感觉运动皮层上记录的双极导联 EEG 与腕关节指伸肌处产生的表面 EMG 之间的（A）相关系数估计 $|R_{yx}(\lambda)|^2$、相位（B）估计 $\Phi_{yx}(\lambda)$ 和累积量（C）密度估计 $\hat{q}_{yx}(u)\times 10^4$。表层 EMG 在处理之前进行了全波校正（无时间常数）。相干系数和相位估计在绘制前用 Hanning 窗做了进一步的平滑处理。A 中的水平虚线是根据独立性假设所得到的 95% 置信上限。B 中的相位估计有两部分，分别在 8～12Hz 和 16～40Hz 内有两个相干估计显著的区间。C 中的水平线是渐近值（零点虚线）与基于独立性假设的 95% 置信上下限。对应的 EMG 谱如图 18-2E 所示，EEG 谱如图 18-2F 所示。

例 10　EMG-EMG 相关性

第四例考察来自不同肌肉的两个表面 EMG 信号之间的相互作用。共同收缩肌群对同一个动作任务的收缩与抑制研究常被称为肌肉协同研究（Hepp-Raymond et al. 1996）。一种与肌肉协同有关的机理认为：不同运动神经元组之间存在共同的驱动力（Cibbs et al. 1995）。通过实验检测不同肌肉的 EMG 信号之间的互相关性，可对该过程进行研究。在互相关直方图中，零时刻附近的峰反映了两个神经元群之间存在相同的兴奋（Gibbs et al. 1995）。本例根据表面 EMG 信号中存在的共同频率成分考察肌肉协同问题，表层 EMG 信号是小指外展肌（abductor digiti minimi，ADM）和指伸肌在手指分开且手腕保持伸直姿势时所产生的（Conway et al. 1998）。两个表面 EMG 信号的分析见图 18-6,4 段各 61s 的记录组合成总长 264s 的数据（$R=264\,000$；$T=1024$；$L=256$）。

分析前,两个 EMG 信号都经过了全波校正处理(无时间常数)。两个信号谱估计 $f_{xx}(\lambda)$ 和 $f_{yy}(\lambda)$ 的对数曲线分别见图 18-6A 和图 18-6B。ADM 谱(图 18-6A)在 12～25Hz 有一个较宽的峰,而腕伸肌 EMG 谱在 10Hz 处有一个较陡的峰。相干系数估计(图 18-6C)在 23Hz 附近有最大值,表明在 18～26Hz 之间存在显著相关性。相位估计(图 18-6D)在该频段上呈现了一个斜率固定的相位超前,用加权回归法(Rosenberg et al. 1989)可算出超前时间为 8.5±0.98ms。累积量估计(图 18-6E)有一个中心位于 −10ms 处的峰,另两个峰在中心峰两侧约 45ms 处。相干性和累积量密度估计都表明维持收缩时两个 EMG 信

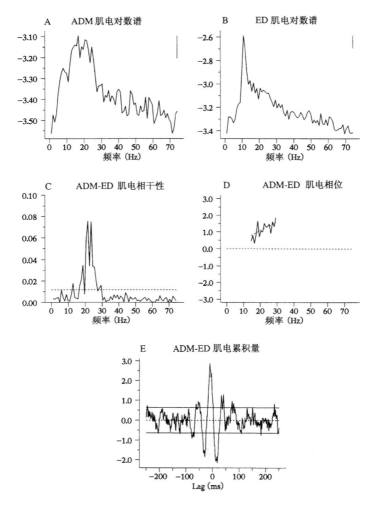

图 18-6　在保持姿势任务中两个不同 EMG 信号间的相关性

A. 小指外展肌表面 EMG 的功率谱估计的对数曲线。B. 指伸肌腕部表面 EMG 功率谱估计的对数曲线。C. 相干系数估计 $|R_{yx}(\lambda)|^2$。D. 相位估计 $\Phi_{yx}(\lambda)$。E. 两个 EMG 信号间的累积量密度估计 $\hat{q}_{yx}(u)\times10^4$。分析前,两个 EMG 信号都经过全波校正处理(无时间常数)。A,B 中右上角的垂直实线为谱估计的 95% 置信区间。C 中的水平虚线为基于独立假设的 95% 置信上限。相位估计中的点画线是超前时间为 8.5ms 的理论相位曲线。E 中的水平线为基于独立假设的渐近值(零点虚线)和 95% 置信区间界值。

号之间存在节律性相关结构,这说明肌肉的协同部分是由传递到不同运动区但节律相同的突触所产生的(Conwayet et al. 1998)。Gibbs 等(1995)研究 EMG 信号间相关性的方法是:先对每个 EMG 信号使用常数阈值进行限幅,形成两个脉冲放电序列,再用互相关直方图来表征两个序列的相关性。这种方法要求选择一个适当的阈值。图 18-6 展示另外一种分析方法则把校正的表面 EMG 信号作为时间序列来处理。

第四部分　多元分析

上述方法可推广用于检测多个同时记录的信号间的相关性结构,称为多元分析。除仅在感兴趣的频率上进行参数估计外,它与多元回归分析是等价的。

这种分析可阐述两个相关问题:①两个信号间的相关性是否都是受第三个信号的线性影响;②第三个信号能否预测两个信号间的相关性。这些问题可通过估计偏相关性、偏相关相位和偏累积量密度来回答,它们是通过去掉第三方信号(预测器)对两个信号的公共线性影响后,来表征两个信号间的相关性的。多元分析适用于任何点过程和(或)时间序列数据的组合(Halliday et al. 1995a)。

偏相关谱

多元分析的第一步是进行第二部分介绍的二阶谱估计,它要求三个信号被同时记录,并用相同长度 T 进行谱估计。例如,用时间序列 y 作预测器,要估计点过程 N_0 和时间序列 x 间的偏相关性,先要定义偏相关谱,然后用偏相关谱估计对其他参数进行估计。以 y 作预测器,N_0 和 x 间的偏互相关谱定义为(Brillinger, 1981)

$$f_{x0/y}(\lambda) = f_{x0}(\lambda) - \frac{f_{xy}(\lambda) f_{y0}(\lambda)}{f_{yy}(\lambda)} \tag{18.55}$$

偏自相关谱 $f_{xx/y}(\lambda)$ 定义为

$$f_{xx/y}(\lambda) = f_{xx}(\lambda) - \frac{f_{xy}(\lambda) f_{yx}(\lambda)}{f_{yy}(\lambda)} = f_{xx}(\lambda) - \frac{\left| f_{xy}(\lambda) \right|^2}{f_{yy}(\lambda)} \tag{18.56}$$

其他偏自相关谱 $f_{00/y}(\lambda)$ 按相似的方式定义。这些偏相关谱可用来估计以 y 为预测器的 N_0 和 x 间的一阶偏相关性,记为 $\left| R_{x0/y}(\lambda) \right|^2$,表示为

$$\left| R_{x0/y}(\lambda) \right|^2 = \frac{\left| f_{x0/y}(\lambda) \right|^2}{f_{xx/y}(\lambda) f_{00/y}(\lambda)} \tag{18.57}$$

该式和普通相干函数(18.37)的形式相似。对应的一阶偏相关相位定义为

$$\Phi_{x0/y}(\lambda) = \arg\{f_{x0/y}(\lambda)\} \tag{18.58}$$

该式提供的是在去掉过程 y 的公共影响后,N_0 和 x 之间任何时间耦合关系的信息。与普通相干函数一样,偏相干函数是关联的有界测度,其值在 $0 \sim 1$ 之间(Brillinger 1975, 1981; Rosenberg et al. 1989; Halliday et al. 1995a)。

上述偏参数可通过适当的谱估计代换而估计出。例如,根据式(18.29)的二阶谱,式(18.56)的一阶偏互相关谱为

$$f_{x0/y}(\lambda) = f_{x0}(\lambda) - \frac{f_{xy}(\lambda) f_{y0}(\lambda)}{f_{yy}(\lambda)} \tag{18.59}$$

参照第二部分,偏相干系数和偏相关相位一样可通过直接的代换得出。对基于独立假设的偏相干性估计(18.58),其置信区间的设置与普通相干函数相似,但需要校正所用预测器的数量。在 1 个预测器的情况下,如式(18.58),95% 置信区间的上限估计为常数值 $1-(0.05)^{1/(L-2)}$(Halliday et al. 1995a)。对偏相干性估计,其置信区间的设置方法与普通相干性估计相似,详见 Halliday 等(1995a)。

偏累积量密度函数估计的最简便方式是对相应的偏互相关谱进行傅里叶逆变换。对上述三个过程,偏累积量密度函数记为 $q_{x0/y}(u)$,其估计为

$$\hat{q}_{x0/y}(u) = \frac{2\pi}{T} \sum_{|j| \leqslant T/2b} f_{x0/y}(\lambda_j) e^{i\lambda_j u} \qquad (18.60)$$

式中,$\lambda_j = 2\pi j/T$ 是傅里叶频率,b 是窗宽($b \geqslant 1.0$)。式(18.60)与式(18.44)相似。它是一个时间函数,可测度去掉过程 y 对过程 N_0 和 x 的所有公共线性影响后,N_0 和 x 间的任何残余的相互依赖性。在独立假设条件下,式(18.45)至式(18.47)可以用来确定该估计的置信区间(讨论见 Halliday 等 1995a)。式(18.22)适用于偏累积量密度估计,它涉及了两个点过程间的相关性。

一阶偏相关性 $|R_{x0/y}(\lambda)|^2$ 是:去掉过程 y 对过程 N_0 和 x 的公共影响后,过程 N_0 和 x 的有限傅里叶变换间的相关性的幅度平方;其另外一种定义可写为(去掉对 λ 的依赖)(Brillinger 1975,1981;Rosenberg et al. 1989;Halliday et al. 1995a)

$$|R_{x0/y}|^2 = \lim_{T \to \infty} \left| \text{corr} \left[d_x^T - \frac{f_{xy}}{f_{yy}} d_y^T, d_{N_0}^T - \frac{f_{0y}}{f_{yy}} d_y^T \right] \right|^2 \qquad (18.61)$$

根据式(18.36)相似的方法对该式进行扩展,可以推导出式(18.57)。因子(f_{xy}/f_{yy})和(f_{0y}/f_{yy})表示递归系数,它们是根据 d_y^T 对 d_x^T 和 $d_{N_0}^T$ 的最佳线性预测。$|R_{x0/y}(\lambda)|^2$ 的估计可检验如下假设:N_0 和 x 间的耦合可通过过程 y 来预测,此时参数取值为 0。

式(18.58)和式(18.62)所定义的偏相干性是一阶偏相干性,可测试去掉单个预测器的公共影响后,两个信号间的相关性。这种体系可推广用于任意阶偏相干函数的定义和估计。详尽细节,包括估计方法及置信区间的设置,可参见 Halliday 等(1995a)。

结　果

<table>
<tr><td>例 11　偏相关性和累积量</td><td></td></tr>
</table>

作为偏相关参数应用的一个例子,我们考虑图 18-1 所示的运动单位的相关性,但增加了对同时记录的手指颤动信号的考虑。我们所希望检验的假设是:颤动信号是否是运动单位同步的一个有用的预测器。这表示需对运动神经元 N_0、N_1 及颤动信号 x 做多元分析,计算偏相干性 $|R_{10/x}(\lambda)|^2$。一个运动单位和颤动的谱已在图 18-2A 和图 18-2B 中给出。两个运动单位的相关性已在图 18-3 中给出,一个运动单元和颤动的相干性则已在图 18-4 中给出。图 18-7 显示的是偏相干估计 $|R_{10/x}(\lambda)|^2$ 和偏累积量密度估计 $\hat{q}_{10/x}(u)$。与普通相干性估计(图 18-3A)相比,除 1Hz 和 24Hz 处的峰外,偏相干性估计(图 18-7A)几乎没有明显的特征。这表明上述假设是正确的(由生理颤动可以预测运动神经元的相关性)。偏累积量(图 18-7B)与普通累积量(图 18-1D)相比,其中心的峰值大大减小且无清晰的旁瓣。由于偏相关相位估计仅在 1Hz 和 24Hz 有效,所以没有列举出

来。本例表明多元分析体系在检验不同信号间的相关性假设方面是有效的,由此可以得出结论:对这些数据集,生理颤动是运动单位同步化的良好预测器。

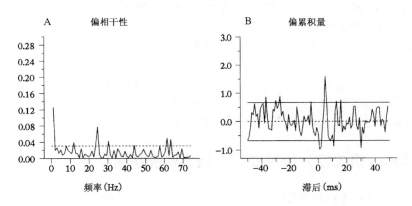

图 18-7　偏相关性分析

用颤动信号作预测器时求得的两个运动神经元间的(A)偏相干性估计$\left|R_{10/x}(\lambda)\right|^2$和(B)偏累积量密度估计$\hat{q}_{10/x}(u)\times10^4$。A. 中的水平虚线为基于独立性假设的$95\%$置信区间上限估计值。B. 中的水平线是基于独立性假设的渐近值(0 点虚线)和95%的置信区间边界值。如果要比较对同一运动单位对的不同估计,偏相干性应与图 18-3A 中的普通相干性相比,偏累积量估计应与图 18-1D 中的普通累积量密度估计相比。

多元相干性

　　第二个可以在多元体系内解决的问题是:一个信号对两个或多个不同信号的依赖性。这一问题引出多元相干函数的研究。例如,测度时间序列 x 对两个点过程 N_0 和 N_1 的依赖强度的多元相干函数$\left|R_{x\cdot10}(\lambda)\right|^2$,可根据普通相干性和三个信号间的偏相干函数来定义

$$\left|R_{x\cdot10}(\lambda)\right|^2=\left|R_{x0}(\lambda)\right|^2+\left|R_{x1/0}(\lambda)\right|^2 1-\left|R_{x0}(\lambda)\right|^2 \tag{18.62}$$

将相干性估计和偏相干函数代入上述方程,可以估计出该函数。在 Halliday 等(1995a)中有应用多元相干性分析的具体例子。与其他相干函数一样,多元相干函数也是取值在0~1之间的有界测度。对含两个以上预测器的多元相干函数也可以进行定义,这种高阶多元相干函数的推导和估计方法,包括基于独立假设下的置信区间设置方法,可参见Halliday 等(1995a)。

注　释

　　多元参数极大地扩展了研究问题的范围。在许多检验两变量间关系的实验方案中,可能无法(或希望)控制其他影响两变量关系的变量。在这种情形下,当能够记录其他变量时,偏相关参数可以用来表征所有变量的相互依赖性,并能从直接的关系中区分出公共影响。

　　偏相关参数在时域中的推导和估计直接依赖于数据的类型,而且需要更为复杂的方法。然而,在基于傅里叶的体系中,可以用建立普通累积量密度函数的方法来建立偏累积量估计[见式(18.44)和式(18.60)]。将偏累积量密度估计与普通累积量相比较,可以得

到一个时间函数来描述任何残余的耦合。

当完全排除普通相干性估计中的耦合后(见图18-7),偏相干性估计才能作为最后的解释。当偏相干性估计与普通相干性估计相比,幅度只有部分减少时,则在解释时应注意。因为幅度的部分减少可有多种解释:

一是预测器信号仅能预测部分相关性,其他(未观测到的)效应对两个信号施加了公共影响;

二是两个信号间可能存在一个直接的、与预测器信号影响无关的因果关系;

三是预测器信号对两个变量的影响是非线性的(见 Rosenberg 等的附录,1998)。

Rosenberg 等(1989,1998)详细讨论了偏相关参数在神经连接的模式识别中的应用。

第五部分　相关性分析扩展——组合谱和组合相关

上节描述了多个同时观测信号或相互依赖的数据间的相关性。本节研究独立数据并提出一种技术来描述大量独立的相关性估计,目的是得到相关性的唯一度量,用以代表大量独立信号对间的相关性。以下推导仅适用于满足前述弱平稳及混合条件的点过程和时间序列数据。进一步假定已经从独立数据集,如重复实验或大量被试的观测中得到了所有初始的相关性估计。

在下面的定义中,假设有 k 对过程,每对记为($a_i, b_i; i=1,\cdots,k$), L_i 表示用于第 i 对过程的二阶谱估计的离散片段的数量。过程 a 和 b 表示点过程和/或时间序列数据的任意组合。组合相干性估计旨在概括 k 对过程的相关性,可通过对各个谱的加权平均得到(Amjad et al. 1997)

$$\frac{\left|\sum_{i=1}^{k} f_{a_i b_i}(\lambda) L_i\right|^2}{\left|\sum_{i=1}^{k} f_{a_i a_i}(\lambda) L_i\right| \left|\sum_{i=1}^{k} f_{b_i b_i}(\lambda) L_i\right|} \tag{18.63}$$

式(18.63)中, $f_{a_i b_i}(\lambda)$ 表示二阶谱 $f_{a_i b_i}(\lambda)$ 的估计,可根据式(18.29)用 L_i 个离散片段计算出。以上推导要求所有二阶谱估计在式(18.24)和(18.26)的有限傅里叶变换中使用数量相同的点。组合相干估计与普通相干估计一样,在 0 和 1 之间取值。对估计式(18.63),在基于 k 对过程独立的假设下,其95%置信上限(Amjad et al. 1997) 为

$$1-(0.05)^{1/(\sum L_i^{-1})} \tag{18.64}$$

式中, $\sum L_i$ 是组合相干估计中的片段总数。在某个特定频率 λ 上,低于95%置信区间的组合相干估计值表示:从平均意义上来说, k 对过程(a_i, b_i)在该频率处没有耦合存在。

也可以用式(18.63)中的单个因子去求组合谱估计,这种方法需要一个校正因子 $\left|\sum_{i=1}^{k} L_i\right|^{-1}$ 去求出其中的两个组合自相关谱估计和组合互相关谱估计的校正值。因此,复值组合互相关谱估计为

$$\frac{\sum_{i=1}^{k} f_{a_i b_i}(\lambda) L_i}{\left|\sum_{i=1}^{k} L_i\right|} \tag{18.65}$$

使用类似于第三部分描述的方法,从该式可以求出组合相位估计和组合累积量密度估计(通过傅里叶逆变换)。相关性可以概括多个不同过程对之间的关联,而组合累积量密度函数则为其提供了一个唯一的时域测度。详见 Amjad 等(1997)和 Halliday 等(1995a)。

例12　组合相关性、相位和累积量

图 18-8 是组合相干性的应用示例。所用数据集由运动单位对的 190 个记录组成,分别从 13 个健康成年被试的 EDC 中指部分采集得到,实验中要求 EDC 肌保持收缩姿势(Conway et al. 1995b；Halliday et al. 1995a) 。平均记录时间是 89s,范围为 20～180s。组合相关性、组合相位和组合累积量估计如图 18-8 所示,计算共用了 16 384 段($T=$ 1024),相当于 279.6min 长的数据。在参数估计前,对原始的运动单位数据进行了时间校准,以保证各个累积量密度估计的尖峰总是发生在 0 时刻,相关方法见 Amjad 等(1997)。除目前所研究的是群体行为之外,这些参数估计的含义与普通相干性、相位及累积量密度估计相似。相干性估计有两个明显的旁瓣,一个 1～10Hz 的低频段和一个以 25Hz 为中心的高频段。在这些频段上,估计值的幅度非常小,最大值 0.035,最小值 0.016。用大量

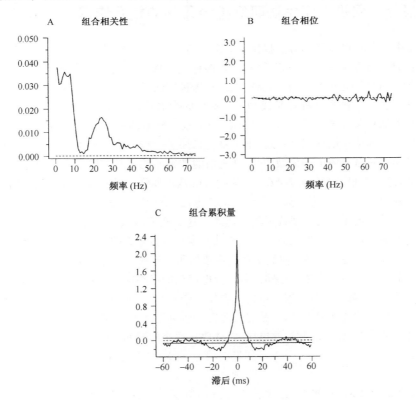

图 18-8　相关性分析的扩展

图中给出的是针对 EDC 中运动单位对的 190 个独立记录构成的群体的 A. 组合相关性估计 $|R_{10}(\lambda)|^2$、B. 组合相位估计 $\Phi_{10}(\lambda)$ 和 C 组合累积量密度估计 $\hat{q}_{10}(u) \times 10^4$。A 中的水平虚线表示基于独立假设的 95% 置信上限。C 中的水平线是渐近值(0 点画线)和基于独立假设的 95% 置信上下限。

数据计算估计值极大地减小了标准误差,使存在的弱耦合比在单个样品中更容易检测到。组合相位估计在零弧度时为常数,这正是时间校准的结果。组合累积量估计有明确的时间过程,有清晰的中心峰和旁瓣。

注　释

如上例所示,组合相关分析有助于对数据集的概括。传统的方法是从大数据集中选择和提出一个典型例子。但从大数据集中提出例子有可能得到错误的结论,因为它强调的可能并不是群体的典型特征(Fetz　1992)。

Amjad 等(1997)的组合相干性分析体系还包括一个统计检验,用于确定在组合估计中相干估计在每个频率上的幅度是否相同。这种检验提供一个严格的方法来测试一组相干性估计的任务依赖性。Amjad 等(1997)将这种检验用于研究单个运动单位与生理性颤动在惯性负载改变时的关系。在相同相关性估计检验无效的情况下,如上面数据的情况,组合相干估计仍为概括数据集的相干结构提供了一个代表性的度量。

第六部分　　用极大似然法研究神经元间的相互作用

前面基于傅里叶变换的方法提供了一个分析脉冲放电和(或)时间序列数据的体系。但它们都是非参方法,因为它们不是对有直接神经生理学意义的参数进行估计。本节将介绍一种分析神经元相互作用的时域参数法,这种方法基于一个描述输入与输出脉冲放电序列之间关系的概念性神经元模型,其模型的参数可在时域中用极大似然法进行估计。这种方法也常在统计学中被用来提供一个基于模型的数据描述。Brillinger(1998a,b)针对整合与阈值放电模型(参考二十一章),描述了一种分析神经元相互作用的极大似然法。这是一种基于阈值的模型,它对恢复期的神经元的突触前输入脉冲放电效应进行线性求和,这一点也是神经元发放一个脉冲后的基本属性,当求和结果与恢复期的合成效应超过阈值时,神经元将发放一个新的动作电位。利用阈值相关概率,可以建立所观察到的输出脉冲放电序列的概率或似然表达式。这个概率函数的自变量与求和、恢复期及阈值函数有关。可以利用极大似然方法来估计表征这些函数的参数。Breeze 等(1994)和Emhemmed(1995)列举了极大似然法在模拟数据和实验数据中的应用。

极大似然法的第一步是建立输出脉冲放电序列的概率模型。我们假设脉冲放电序列数据是有序的(见第一部分),因而可将其看作一个 0～1 序列;同时为输出脉冲放电串建立一个标准的二项式概率模型,只是此模型在 t 时刻发生脉冲放电的概率不是常数而是随 t 变化。如果用 N_t 表示脉冲放电序列,Δ 表示很小的时间间隔,则在 t 时刻

$$N_t = \begin{cases} 1 & \text{如果在}(t, t+\Delta)\text{内有脉冲} \\ 0 & \text{否则} \end{cases} \tag{18.66}$$

对 $t=0, \pm\Delta, \pm 2\Delta, \cdots$,如果 H_t 代表 N_t 在 t 时刻及 t 时刻以前的历史(或产生脉冲放电的次数),则 t 时刻产生脉冲放电的条件概率可表示为

$$P_t = \text{Prob}\{N_t = 1 \mid H_t\} \tag{18.67}$$

同时观察一个特殊脉冲放电序列 N_t 的似然 $l(N_t, \vartheta)$ 可表示为(Brillinger　1998a, b; Emhemmed　1995)

$$l(N_t, \vartheta) = \prod_t P_t^{N_t}(1 - P_t)^{1-N_t} \tag{18.68}$$

式中，ϑ 代表待估计的参数集合。

使用似然法要求根据影响 N_t 的参数建立一个 P_t 的模型。根据 Brillinger(1988a,b)，可以建立一个由求和函数构成的模型，该函数描述单个输入脉冲放电、一个恢复函数(反映弛豫和自发放电)和一个随机阈值函数的作用。当求和函数与恢复函数之总效应超过阈值，神经元将释放一个动作电位，然后恢复到静息状态。如果用 $a(u)$ 表示求和函数，则输入脉冲放电序列的响应 $M(t)$ 可模拟为从最近一个输出脉冲放电开始，在所有输入脉冲放电的时间上的线性求和。表示如下

$$\int_0^{\gamma(t)} a(u)\mathrm{d}M(t-u) = \sum_{t=0}^{\gamma_t-1} a_u M_{t-u} \tag{18.69}$$

式中，$\gamma(t)$ 表示从最近一个输出脉冲放电开始所经过的时间。该式表示从最近一个输出脉冲放电开始，在时间间隔 γ_t 内，所有含输入脉冲放电的时刻 M_t 上对 a_u 的线性求和。这种方法可扩展到包含非线性项(Brillinger 1988b)、连续(时间序列)输入(Brillinger 1988b)，或时间序列与脉冲放电串的输入组合(Emhemmed 1995)。

恢复函数可模拟为从最近一个输出脉冲放电开始所经历时间的多项式，表示为

$$\sum_{v=1}^k \theta_v \gamma_t^v \tag{18.70}$$

式中，γ_t 表示从最近一个输出脉冲放电开始所经历的时间，$\theta_v(v=1,\cdots,k)$ 是待估计的参数。恢复函数自身可用来模拟神经元自发放电。

阈值可假设为常数 θ_0，也可假设为从一个输出脉冲放电时的常数开始按指数衰减。后者要求两个额外参数:幅度 u 和时间常数 λ。阈值还应包括一个噪声项 $\varepsilon(t)$，用来考虑那些未被观察到但却影响神经元的其他输入信号对阈值的影响。阈值可表示为

$$\theta_0 + ue^{-\lambda t} + \varepsilon(t) \tag{18.71}$$

当求和函数与恢复函数之和超过阈值时，将产生一个输出脉冲放电。

综合式(18.69)、式(18.70)、式(18.71)，可以构造一个线性函数来对求和函数与恢复函数之和跟阈值函数进行比较，该函数可被称为线性预测器，记为 Z_t，表示如下

$$Z_t = \sum_{t=0}^{\gamma_t-1} a_u M_{t-u} + \sum_{v=1}^k \theta_v \gamma_t^v - (\theta_0 + ue^{-\lambda \gamma_t}) \tag{18.72}$$

要使脉冲放电发生的概率模型仍然在 0 和 1 之间取值，则需要对 Z_t 进行变换，该变换函数称为连接函数(McCullagh and Nelder 1992)。Brillinger(1988a,b)建议用标准累积正态函数 $\Theta(\cdot)$ 作为连接函数，其他适宜的连接函数可参见(Emhemmed 1995)。如使用标准累积正态函数，则条件概率 P_t 变为

$$P_t = \Theta(Z_t) = \Theta\Bigg| \sum_{t=1}^{\gamma_t-1} a_u M_{t-u} + \sum_{v=1}^k \theta_v \gamma_t^v - (\theta_0 + e^{-\lambda \gamma_t}) \Bigg| \tag{18.73}$$

相应的似然函数式(18.69)变为

$$l(N_t, v) = \prod_t \Theta(Z_t)^{N_t}(1 - \Theta(Z_t))^{1-N_t} \tag{18.74}$$

式中，待估计的参数集为 $v = (\{a_u\}, \{\theta_v\}, \theta_0, \lambda, \mu)$。极大似然法通过求似然函数的最大值来估计这些参数，可以用统计软件包 GENSTAT 来实现。该软件还提供所有估计参数

的标准误差。Emhemmed(1995)描述了如何为这类分析建立一个 GENSTAT 例程。另外是使用统计软件包 GLIM 研究 3 个互联神经元之间关系,参见 Brillinger(1988a)。

评价基于二项分布的似然法对实际数据的拟合度是一重要环节。Brillinger(1988a)讨论了一个方案,采用的是对模拟的脉冲序列的脉冲发生概率与理论的概率相比较的方法,去评价拟合情况。这种方法首先选择线性预测器 Z_t 的值,再对应地画出模拟脉冲序列中脉冲放电发生的概率估计及理论概率曲线图,然后进行直观的比较。

结　果

我们通过两个例子说明似然法的应用。所用数据都是从基于电导的神经元模型模拟而来的(Getting 1989;Halliday 1995)。这种模型假定细胞膜间的离子电流流过通道时,瞬时的电流电压关系为一线性关系,即符合欧姆定律(Hille 1984)。本文所示的模拟是基于点神经元模型的,它可将每个细胞的细胞内膜电位表示为(Getting 1989)

$$C_{\mathrm{m}}\frac{dV_{\mathrm{m}}}{dt}=-I_{\mathrm{leak}}(V_{\mathrm{m}})-\sum_{j=1}^{n}I_{\mathrm{syn}}^{j}(V_{\mathrm{m}},t)-\sum_{i=1}^{k}I_{\mathrm{ahp}}^{i}(V_{\mathrm{m}},t)-I_{\mathrm{ext}}(t) \quad (18.75)$$

式中,V_{m} 表示 t 时刻的膜电位,C_{m} 表示细胞电容,$I_{\mathrm{leak}}(V_{\mathrm{m}})$ 表示渗漏电流,$I_{\mathrm{syn}}^{j}(V_{\mathrm{m}},t)$ 表示第 j 个突触前脉冲放电产生的电流,对它就所有的突触前脉冲放电进行求和,设该求和的总数为 n。设突触后脉冲放电的总数为 k,第 i 个突触后脉冲放电产生的后超极化(AHP)电流为 $I_{\mathrm{ahp}}^{i}(V_{\mathrm{m}},t)$。$I_{\mathrm{ext}}(t)$ 是一个与时间有关的外加电流,它作用于细胞,用以模拟与自发放电背景相对应但却无法观测到的一组输入。实际中用非零均值的正态分布来模拟突触噪声(Lüscher 1990)。

细胞渗漏电流的估计为:$I_{\mathrm{leak}}(V_{\mathrm{m}})=(V_{\mathrm{m}}-V_r)/R_{\mathrm{m}}$,其中 R_{m} 表示细胞的输入电阻。单个突触前脉冲放电在 $t=0$ 时刻产生的突触电流的估计为:$I_{\mathrm{syn}}(V_{\mathrm{m}},t)=g_{\mathrm{syn}}(t)(V_{\mathrm{m}}-V_{\mathrm{syn}})$。其中 $g_{\mathrm{syn}}(t)$ 是一个与时间有关的电导,它与神经递质释放引起的离子通道开放有关。V_{syn} 是该离子电流的平衡电位。由单个突触后脉冲放电在 $t=0$ 时刻产生的后超极化(AHP)电流的估计为:$I_{\mathrm{ahp}}(V_{\mathrm{m}},t)=g_{\mathrm{ahp}}(t)(V_{\mathrm{m}}-V_{\mathrm{ahp}})$,其中 $g_{\mathrm{ahp}}(t)$ 是一个与时间有关的电导。V_{ahp} 是平衡电位。下面给出 $g_{\mathrm{syn}}(t)$ 和 $g_{\mathrm{ahp}}(t)$ 的表达式。每一个突触前输入脉冲将在式(18.76)中关于 n 的求和中增加一项输入,该输入的持续时间为 $g_{\mathrm{syn}}(t)$。同理,每一个突触后脉冲放电将在式(18.76)中关于 k 的求和中增加一项,该项的持续时间为 $g_{\mathrm{ahp}}(t)$。

在每一个时间步,比较电位 V_{m} 和阈值 V_{th},以确定是否有动作电位产生。将时变阈值引入模拟中,可使点神经元模拟能够重现宽范围重复放电的特征(Getting 1989)。阈值由三个变量确定:渐近线 θ_{∞},每个脉冲放电输出后阈值的增量 θ_0,阈值衰减到渐近线的衰减时间常数 τ_{θ}。

按相同的方式选择模拟参数,而选择参数的每一步,都在于使模拟细胞的模拟行为和实验观察相一致。首先选择无源参数,然后是细胞膜(输入)阻抗 R_{m} 和时间常数 τ_{m},其中 $\tau_{\mathrm{m}}=R_{\mathrm{m}}C_{\mathrm{m}}$,因此可求出 C_{m};再后是细胞的静息电位 V_r,阈值参数 θ_{∞}、θ_0 和 τ_{θ},这四个参数决定细胞重复放电的基本电流强度(指足以引起放电的最小电流强度)。在恒定电流刺激下,可以通过改变电导函数 $g_{\mathrm{ahp}}(t)$ 来调整 AHP 的时间过程。通过改变电导 $g_{\mathrm{syn}}(t)$ 和平衡电位 V_{syn},可以调整单个 EPSP(兴奋性突触后电位)或单个 IPSP(抑制性突触后电位)的特性。而 EPSP 或 IPSP 可以由上升时间、半宽度和幅度来表征。EPSP 和 IPSP 的电导可以用一个 alpha 函数 $g_{syn}(t)=A(t/\tau_a)\exp(-t/\tau_a)$ 来模拟(Rall　1967)，该函数要求选择一个标度因子 A 和一个时间常数 τ_a。一旦这些系数确定，就可以选择突触前输入的放电率。选择一个适当的平均输入放电率以及一个任意的外加电流 $I_{ext}(t)$，就确定了模型的平均输出放电率。通过适当调整有关的参数，就可以得到每个细胞期望的输出放电率。

例13　运动神经元

　　第一个例子基于一类被广泛研究的细胞——运动神经元。得到第一组模拟数据集时所用的无源参数是在 Rall(1977)对脊髓运动神经元的实验研究中所提出的取值范围内选择的，即 $R_m=5M\Omega$，$\tau_m=5ms$，$C_m=1\mu F$，静息电位 $V_r=-70mV$。AHP 电导采用的是简化的三项模型，该模型是 Baldissera 和 Gustafsson(1974)为观察猫的腰椎运动神经元的 AHP 时间过程而提出的，其电导是一个指数函数：$g_{ahp}(t)=A\exp(-t/\tau_a)$，其中 $\tau_a=14ms$，$A=1.0e-08$，$V_{ahp}=-75mV$。阈值参数为：$\theta_\infty=-65mV$；$\theta_0=-55mV$；$\tau_\theta=20ms$。在这个例子中，忽略了突触噪声，输出放电完全取决于突触前输入，该输入由一个平均放电率为 50 个/秒的随机或泊松脉冲放电序列所激发。EPSP 电导参数为：$\tau_a=2ms$，$A=1.1e-08$，$V_{syn}=0.0mV$。对从静息状态激发的单个电导，其 EPSP 的参数为：上升时间(10%～90%) $T_r=3.1ms$，半宽度 $T_{hw}=9.8ms$，幅度 10.62mV。这些值都超过了相应的上限 2.1ms、7.7mV、0.54mV。这些上限值是用与猫脊髓运动神经元相连的单个肌纤维 Ia 的以脉冲放电为准的平均得出来的。在仅有单个突触前输入的情况下要得到重复放电，这种处理是必要的。由于 AHP 电导很大，在重复放电期间，其分流作用导致 EPSP 的幅度和持续时间减小。通过这些参数，模拟得到了 60s 的数据，采样间隔为 1ms，共产生了 2416 个脉冲放电，平均放电速率为 40.3 个/秒。

　　图 18-9 所示为输入和输出脉冲放电之间的累积量密度估计，$\hat{q}_{10}(u)$，见式(18.16)。结果表明单个输入会对输出放电产生一个持续约 4ms 的兴奋效应。随后出现下凹，其值低于 95% 置信区间的下限。这个特征反映了输出放电的自相关结构在累积量密度上的映射(Moore et al.1970)。不同的是，最大似然法能够区分出这两种不同的效应。求和函数的估计(图 18-9C) $\hat{a}(u)$，在滞后 7ms 时仍有显著的值，这表明单个输入的兴奋效应持续时间大约为 7ms。恢复函数采用三阶多项式即式(18.70)中 $k=3$；然而，使用有指数项的阈值将导致 θ_2 和 θ_3 不显著，以致可以忽略，由此得到一个斜率为常数的一阶恢复函数。恢复函数估计值和阈值函数估计值的差异表明：在一个脉冲放电输出后的 15ms 内，输出另一个脉冲放电的概率很小；15ms 之后，经过迅速汇集，放电概率开始增大。本例中求和函数、恢复函数和阈值函数都与被模拟运动神经元的一致，其中，单个兴奋性突触后电位的半宽度是 9.8ms，输出脉冲放电串的平均放电率是 40 个/秒。

例14　无脊椎动物神经元

　　第二个例子模拟的神经元是针对无脊椎动物中产生节律模式的小网络响应研究提出的(Getting　1989)。模拟参数为：$R_m=12.5M\Omega$，$\tau_m=50ms$，$C_m=4\mu F$，静息电位 $V_r=-60mV$；阈值为：$\theta_\infty=-45mV$，$\theta_0=-35mV$，$\tau_0=10ms$；突触噪声用均值为 2.9nA、标准

差为 1.7nA 的外加电流 $I_{ext}(t)$ 来模拟。该例中使用抑制性输入,其电导参数 $\tau_a = 1ms$,$A = 2.2e^{-0.7}$,$V_{syn} = -80.0mV$。从静息状态激活的单个电导的 IPSP(突触后抑制电位) 参数为:$T_r = 5.7ms$,$T_{hw} = 39.9ms$,幅度为 $-1.0mV$。输入放电率设定为每秒 50 个的随机放电,在 60s 内模拟产生 1400 个输出脉冲,即每秒 23.3 个脉冲放电。图 18-9B 所示的累积量估计显示:每个输入脉冲放电后有一个持续约 8ms 的抑制效应。而求和函数曲线(图 18-9D)则显示:抑制作用持续时间超过了 30ms,它与单个抑制性突触后电位的半宽度 40ms 非常接近。该例在似然模型中使用常量阈值,且在 25ms(输出放电的最小峰间间隔)以内恢复函数均固定为零。随后,用三阶多项式模拟的恢复函数迅速上升,显示放电概率快速增大。在输出放电中,超过 60ms 的间隔仅有 43 个。

注 释

这两个例子显示了似然方法在描述神经元数据的输入输出关系上的应用。用它估计的参数有直接的神经生理学意义:求和函数与单个 EPSP 和 IPSP 函数的时间过程很匹配。恢复和阈值函数的估计则有助于了解放电后的内在特性与弛豫行为。这与基于无参的互相关估计不同。在后一方法中,单个输入和内在效应会影响累积量密度估计的时间过程;本节的这两个例子都使用了随机(泊松)输入序列,以便将这种影响减至最小。

似然分析基于“整合和阈值放电”模型,该模型引入了一个随机阈值。似然分析的一个重要假设是该模型是有效的。在这个前提下,为两个例子产生数据的基于生物物理的电导模型,与理论似然模型在形式上是类似的。这表明似然模型有助于研究多个神经元脉冲放电序列数据。对实验数据的应用举例参见 Brillinger(1988a, b)和 Embemmed (1995)。似然模型是灵活的,适合于任意数量的神经元和神经元机制,后者可通过在线性预测器(式 18.73)中增加额外项而引入。

似然分析比上述基于傅里叶的方法需要更多的计算。然而,如果分析的目的是想得到神经元过程的模型参数估计,则似然方法更适合。用基于傅里叶的技术作初步分析,可以为模型的选择提供指导。

■ 结 语

本章提出了一个分析神经生理学数据的体系,它既包括时域参数也包括频域参数。该体系依赖基于傅里叶的估计方法,为分析神经科学中的两类数据(脉冲放电序列/波形数据)提供了一个统一框架。时域参数与传统的互相关直方图和以脉冲放电为准的平均方法密切相关。同时还讨论了体系的两种扩展,它们扩大了可研究问题的范围。第四部分描述了一个多变量体系,可以研究同时记录的多个信号间的关系。第五部分描述了相干分析的扩展,可以概括大数据集内的相关结构,探索任务依赖性问题。两种扩展都使用傅里叶估计方法,但其等价的时域参数可通过傅里叶逆变换得到。第三部分强调时域和频域参数在表征神经元信号间相关结构时的互补特性。第六部分概述了另外一种研究神经元脉冲放电序列数据的方法,即基于参数的时域模型方法。

整个这一章中,我们强调了参数估计时使用置信区间的重要性。多数情况下,置信区间的表达式都易于计算。置信区间是所有统计分析的基本要素。本章举例说明了其应

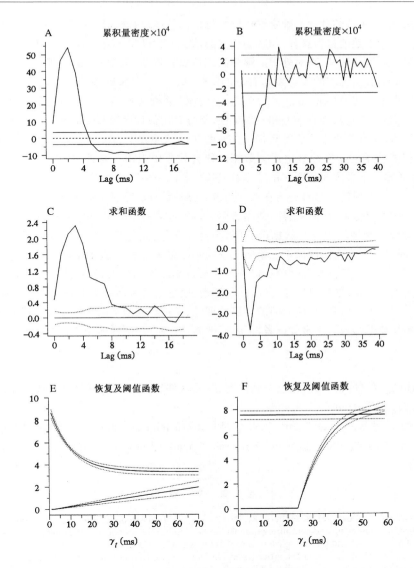

图 18-9　A. 随机兴奋性脉冲放电序列输入与模拟神经元输出放电之间的累积量密度估计 $\hat{q}_{10}(u)\times10^4$。B. 随机抑制性脉冲放电序列输入与模拟神经元输出放电之间的累积量密度估计 $\hat{q}_{10}(u)$。C. 求和函数估计 $\hat{a}(u)$。D. 求和函数估计 $\hat{a}(u)$。E. 对与(A)同一个数据集的阈值函数估计(上面的线)和恢复函数估计(下面的线)。F. 对与(B)同一个数据集的阈值函数估计(上面的线)和恢复函数估计(下面的线)。图 A、B 中的水平线是基于独立假设得到的渐近值(零点虚线)和 95% 置信上下限。图 C、D 中零附近的虚线表示 ±1.96 的标准误差。图 E、F 中的虚线表示阈值和恢复函数估计的 ±1.96 标准误差。

用,如在谱估计中(图 18-2)区分显著节律成分与偶然波动,及检验两信号间的相关性估计超过偶然预期的假设(图 18-1,18-3,18-4,18-5,18-6,18-8)。这些例子中采用的单个数据集的长度均在 89 000 点到 264 000 点间。在对由几千个点或更少的点组成的数据集进行分析时,由于参数估计的不确定性可能与待估计的参数有相似的量级,不使用置信区间可能导致估计参数的错误解释,如在弱相关的情况下就可能出现。另外,如果在参数估计时不仔细使用置信区间,则对外观上很好的细节做过度解释也可能得出错误结果。对相干性估计值的置信区间的设置参见 Halliday 等(1995a)。对时域参数估计,仅在严格的独立过程假设下才有效(Amjad et al. 1997)。使用这些技术时区分参数和它的估计值是很重要的,所有估计参数都有误差和不确定性,部分是由估计所用数据的有限性造成的。如果可能的话,应避免使用原始的互相关直方图和以脉冲放电为准的平均。我们不妨从最早将互相关技术用于脉冲放电序列数据的研究报告中引用一句话(Griffith and Horn 1963):"重要的是必须知道哪些偏差可看成是显著的⋯⋯"

上面讨论的目的不是打击潜在的使用者。参数估计的意义不能根据预定规则进行解释。置信区间仅对解释提供指导,使用者还应该以他们所研究系统的知识为指导。但是,这些技术确实为神经生理学数据(及其他满足弱平稳、混合条件的信号和点过程有序数据)分析提供了一个全面的体系。第四部分的多变量方法特别适于发挥多电极记录实验的优势(见第十七章)。相关性分析促进了神经科学的许多发展,并将继续对其他很多问题的研究做出贡献,如信号路径追踪、皮层活动、肌电活动和运动输出间的关系研究,远距离神经元群间关系研究,神经回路的信息处理,以及神经元活动的其他动力学研究等。本章所有实验数据都来自正常受试者,但我们推测:这些方法同样适用于临床研究。

分析软件

上述的一部分研究可以通过一软件完成,该软件描写的详细情况可以通过发送电子邮件咨询:gpaa34@udcf.gla.ac.uk.

致谢:非常感谢 Wellcome Trust(036928;048128)和 Joint Research Council/HCI Cognitive Science Initiative 的支持。感谢 Peter Breeze 和 Yousef Emhemmed 在准备极大似然法部分的帮助。

参 考 文 献

Amjad AM, Halliday DM, Rosenberg JR, Conway BA (1997) An extended difference of coherence test for comparing and combining independent estimates: theory and application to the study of motor units and physiological tremor. J. Neurosci. Meth. 73: 69–79

Baldissera F, Gustafsson B (1974) Afterhyperpolarization conductance time course in lumbar motoneurones of the cat. Acta Physiol Scand 91: 512–527

Bartlett MS (1948) Smoothing periodograms from time series with continuous spectra. Nature 161: 686–687

Bartlett MS (1963) The spectral analysis of point processes. J Roy Statist Soc 25: 264–281

Blackman RB, Tukey JW (1958) The measurement of power spectra from the point of view of communications engineering. Bell Sys Tech J 37: 183–282, 485–569 (Reprinted Dover Press, New-York, 1959)

Bloomfield P(1976) Fourier Analysis of Time Series: An Introduction. Wiley, New York.

Breeze P, Emhemmed YM, Halliday DM, Rosenberg JR (1994) Likelihood analysis of a model for neuronal input-output data. J Physiol 479P: 112P

Brillinger DR (1972) The spectral analysis of stationary interval functions. In: LeCam LM, Neyman J, Scott E (eds) Proceedings 6th Berkeley Symposium Mathematics Statistics Probability, Univ California Press, Berkeley, pp 483–513

Brillinger DR (1974) Fourier analysis of stationary processes. Proc IEEE 62: 1628–1643

Brillinger DR (1975) Identification of point process systems. Ann Probability 3: 909–929

Brillinger DR (1976) Estimation of second-order intensities of a bivariate stationary point process. J Roy Statist Soc B38: 60–66

Brillinger DR (1978) Comparative aspects of the study of ordinary time series and of point processes. In: Krishnaiah PR (ed) Developments in Statistics, vol 1. Academic Press, New York, pp 33–133

Brillinger DR (1981) Time Series – Data Analysis and Theory, 2nd edn. Holden Day, San Francisco

Brillinger DR (1983) The finite Fourier transform of a stationary process. In: Brillinger DR, Krishnaiah PR (eds) Handbook of Statistics, Elsevier, pp 21–37

Brillinger DR (1988a) Maximum likelihood analysis of spike trains of interacting nerve cells. Biol Cybernet 59: 198–200

Brillinger DR (1988b). The maximum likelihood approach to the identification of neuronal interactions. Ann Biomed Eng 16: 3–16

Brillinger DR, Tukey JW (1984) Spectrum analysis in the presence of noise: Some issues and examples. In: The collected works of John W Tukey, Volume II, Time series: 1965–1984. Wadsworth , Belmont, CA, pp 1001–1141

Conway BA, Halliday DM, Rosenberg JR (1993) Detection of weak synaptic interactions between single Ia-afferents and motor-unit spike trains in the decerebrate cat. J Physiol 471: 379–409

Conway BA, Halliday DM, Farmer, SF, Shahani U, Maas P, Weir AI, Rosenberg JR (1995a) Synchronization between motor cortex and spinal motoneuronal pool during the performance of a maintained motor task in man. J Physiol 489: 917–924

Conway BA, Farmer, SF, Halliday DM, Rosenberg JR (1995b) On the relation between motor unit discharge and physiological tremor. In: Taylor A, Gladden MH, Durbaba R (eds) Alpha and Gamma Motor Systems. Plenum Press, New York, pp 596–598

Conway BA, Halliday DM, Bray K, Cameron M, McLelland D, Mulcahy E, Farmer SF, Rosenberg JR (1998) Inter-muscle coherence during co-contraction of finger and wrist muscles in man. J Physiol 509: 175P

Cope TC, Fetz EE, Matsumura M (1987) Cross-correlation assessment of synaptic strength of single Ia fibre connections with triceps surae motoneurones in cats. J Physiol 390: 161–188

Cox DR (1965) On the estimation of the intensity function of a stationary point process. J Roy Statist Soc B27: 332–337

Cox DR, Isham V (1980) Point Processes. Chapman and Hall, London

Cox DR, Lewis PAW (1972) Multivariate point processes. In: LeCam LM, Neyman J, Scott E (eds) Proceedings 6th Berkeley Symposium Mathematics Statistics Probability, vol 3. University of California Press, Berkeley pp 401–488

Daley DJ, Vere-Jones D (1988) An introduction to the Theory of Point Processes. Springer, New York

Datta AK, Stephens JA (1990) Short-term synchronization of motor unit activity during voluntary contractions in man. J Physiol 422: 397–419

Emhemmed YM (1995) Maximum likelihood analysis of neuronal spike trains. PhD Thesis, University of Glasgow, 246pp

Fetz EE (1992) Are movement parameters recognizably coded in the activity of single neurons. Behavioral Brain Sci, 15: 679–690

Farmer SF, Bremner FD, Halliday DM, Rosenberg JR, Stephens JA (1993) The frequency content of common synaptic inputs to motoneurones studied during voluntary isometric contraction in man. J Physiol 470: 127–155

Getting PA (1989) Reconstruction of small networks. In: Koch C, Segev I (eds) Methods in neuronal modeling: From synapses to networks, MIT Press, pp 171–194

Gibbs J, Harrison LM, Stephens JA (1995) Organization of inputs to motoneuron pools in man. J Physiol, 485: 245–256

Griffith JS, Horn G (1963) Functional coupling between cells in the visual cortex of the unrestrained cat. Nature, 199: 873, 893–895

Halliday DM, Murray-Smith DJ, Rosenberg JR (1992) A frequency domain identification approach to the study of neuromuscular systems – a combined experimental and modelling study. Trans Inst MC, 14: 79–90

Halliday DM (1995) Effects of electronic spread of EPSPs on synaptic transmission in motoneurones – A simulation Study. In: Taylor A, Gladden MH, Durbaba R (eds) Alpha and Gamma Motor Systems. Plenum Press, New York, pp 337–339

Halliday DM, Rosenberg JR, Amjad AM, Breeze P, Conway BA, Farmer SF (1995a) A framework for the analysis of mixed time series/point process data – Theory and application to the study of physiological tremor, single motor unit discharges and electromyograms. Prog Biophys molec Biol, 64: 237–278

Halliday DM, Kakuda N, Wessberg J, Vallbo ÅB, Conway BA, Rosenberg JR (1995b) Correlation between Ia afferent discharges, EMG and torque during steady isometric contractions of human finger muscles. In: Taylor A, Gladden MH, Durbaba R (eds) Alpha and Gamma Motor Systems. Plenum Press, New York, pp 547–549

Halliday DM, Conway BA, Farmer SF, Rosenberg JR (1998) Using electroencephalography to study functional coupling between cortical activity and electromyograms during voluntary contractions in humans. Neurosci Lett, 241: 5–8

Hille B (1984) Ionic channels of excitable membranes. Sinauer

Henneman E, Mendell LM (1981) Functional organization of motoneuron pool and its inputs. In: Brookhart JM, Mountcastle VB (eds) Handbook of Physiology, Section 1, Vol 2, Part 1, The nervous system: Motor control. American Physiological Society, Bethesda, MD, pp 423–507

Hepp-Raymond M-C, Huesler EJ, Maier MA (1996) Precision grip in humans: Temporal and spatial synergies. In: Wing AM, Haggard P, Flanagan JR (eds) Hand and Brain, the neurophysiology and psychology of hand movements. Academic Press, London, pp 37–68

Jenkins GM, Watts DG (1968) Spectral analysis and its applications. Holden-Day.

Kendall DG, Stuart A (1966) The advanced theory of statistics, vol 1. Griffin, London. Kirkwood PA, Sears TA (1978) The synaptic connections to intercostal motoneurones revealed by the average common excitation potential. J Physiol, 275: 103–134

Kirkwood PA, Sears, TA (1980) The measurement of synaptic connections in the mammalian central nervous system by means of spike triggered averaging. In: Desmedt JE (ed) Progress in Clinical Neurophysiology, vol 8, Spinal and supraspinal mechanisms of voluntary motor control and locomotion. Basel, S Karger, pp 44–71

Lüscher H-R (1990) Transmission failure and its relief in the spinal monosynaptic reflex arc. In: Binder MD, Mendell LM (eds) The segmental motor system, Oxford University Press, pp 328–348 McCullagh P, Nelder JA (1992) General Linear Models (2nd edition). Monographs on statistics and Applied Probability 37. Chapman Hall, London

Mendel J (1991) Tutorial on higher-order statistics (spectra) in signal processing and system theory: theoretical results and some applications. Proc IEEE, 79: 278–305

Mendell LM, Henneman E (1968) Terminals of single Ia fibres: Distribution within a pool of 300 homonymous motoneurones. Science 160: 96–98

Mendell LM, Henneman E (1971) Terminals of single Ia fibres: location, density and distribution within a pool of 300 homonymous motor neurons. J Neurophysiol, 34: 171–187

Moore GP, Segundo JP, Perkel DH, Levitan H (1970) Statistical signs of synaptic interaction in neurones. Biophys J 10: 876–900

Parzen E (1961) Mathematical considerations in the estimation of spectra. Technometrics, 3: 167–190 Press WH, Flannery BP, Teukolsky SA, Vetterling WT (1989) Numerical recipes. Cambridge University Press

Rall W (1967) Distinguishing theoretical synaptic potentials computed for different soma-dendritic distributions of synaptic inputs. J Neurophysiol 30: 1138–1168

Rall W (1977) Core conductor theory and cable properties of neurones. In: Kandel ER, Brookhart JM, Mountcastle VB (eds) Handbook of physiology: The nervous system, vol 1, part 1. Williams and Wilkins, Maryland, pp 39–97

Rigas A (1983) Point Processes and Time Series Analysis: Theory and Applications to Complex Physiological Systems. PhD Thesis, University of Glasgow, 330pp

Rosenberg JR, Murray-Smith DJ, Rigas A (1982) An introduction to the application of system identification techniques to elements of the neuromuscular system. Trans Inst MC 4: 187–201

Rosenberg JR, Amjad AM, Breeze P, Brillinger DR, Halliday DM (1989) The Fourier approach to the identification of functional coupling between neuronal spike trains. Prog Biophys molec Biol, 53: 1–31

Rosenberg JR, Halliday DM, Breeze P, Conway BA (1998) Identification of patterns of neuronal activity – partial spectra, partial coherence, and neuronal interactions. J Neurosci Meth 83:57–72

Rosenblatt M (1983) Cumulants and Cumulant Spectra. In: Brillinger DR, Krishnaiah PR (eds) Handbook of Statistics vol 3. North Holland, New York, pp 369–382

Schuster A (1898) On the investigation of hidden periodicities with application to a supposed 26 day period of meteorological phenomenon. Terr Mag, 3: 13–41

Sears TA, Stagg D (1976) Short-term synchronization of intercostal motoneurone activity. J Physiol 263: 357–387

Sorensen HV, Jones DL, Heideman MT, Burrus CS (1987) Real valued Fast Fourier Transform Algorithms. Proc IEEE ASSP, 35: 849–863; Corrections p 1353

Srinivasan SK (1974) Stochastic Point Processes and their Applications. Monograph No 34. Griffin, London

Stauffer EK, Watt DGD, Taylor A, Reinking RM, Stuart DG (1976) Analysis of muscle receptor connections by spike triggered averaging. 2. Spindle group II afferents. J Neurophysiol, 39: 1393–1402

Stiles RN, Randall JE (1967) Mechanical factors in human tremor frequency. J App Physiol 23: 324–330

Tukey JW (1961) Discussion, emphasizing the connection between analysis of variance and spectrum analysis. Technometrics, 3: 191–219

Tukey JW (1980) Can we predict where "time series" should go next? In: Brillinger DR, Tiao GC(eds) Directions in Time Series IMS, Hayward, California, pp 1–31

Vallbo ÅB, Hagbarth K-E (1968) Activity from skin mechanoreceptors recorded percutaneously in awake human subjects. Exp Neurol 21: 270–289

Watt DGD, Stauffer EK, Taylor A, Reinking RM, Stuart DG (1976) Analysis of muscle receptor connections by spike triggered averaging. I. Spindle primary and tendon organ afferents. J Neurophysiol 39: 1375–1392

Wiener N (1930) Generalized harmonic analysis. Acta Math 55: 117–258

第十九章　感觉信息的信息-理论分析

Yoav Tock and Gideon F. Inbar

龙开平　译

第四军医大学生物医学电子工程系物理学教研室

longkp@263.sina.com

■ 绪　论

生物体为了生存，必须在它本身和环境之间以及其不同部分之间交换信息。它们可以通过各种不同的系统，使用不同的手段来完成这一任务，其中之一就是神经系统。在神经系统的外周端，感觉神经元将一个物理-化学的模拟信号转换为一连串离散动作电位（峰电位序列），它能被传输很长的距离。在中枢神经系统中也发生相似的过程，如多数的神经元需要把它们的突触电位，也就是模拟信号，转换为峰电位序列。

可以从许多不同的方面去分析感觉系统。举例来说，肌梭通常被认为是一个肌肉长度感受器（Prochazka 1996）。在一个线性的系统方法中（见第二十一章），感受器的频率传递函数，输入到峰电位串输出的相关长度，可以使用各种不同的方法来估计和分析（Matthews and Stein　1969；Rosenthal et al. 1970；Hulliger et al. 1977；Poppele　1981；Kröller et al. 1985）。从控制的观点，按照在牵张反射反馈回路中的作用，对肌梭进行模拟和检查（Houk　1963；McRuer et al. 1968；Inbar　1972；Koehler and Windhorst 1981）。采取不同的方法，Inbar 和 Milgram（1975）假定一个在感受器中神经传导的非线性模型观察编码过程，并且研究解码问题，即如何从模拟感受器的输入信号重新得到峰电位序列。除此之外，他们还研究了通过平行通道传递感觉对解码信号质量的影响（Milgram and Inbar　1976）。

依照系统的假想目标，不同的方法使用不同的标准。因此，依照所用的方法学和研究所要解决的问题，由肌梭提供的信号性质可能是不同的。由此，我们这里在分析感觉系统方面使用交流的观点。在这个方法中，神经系统外部环境是信息的源泉，神经系统是对象。我们上面说过，为了要传达这个信息，感觉信号被转换成峰电位序列。这个不同类型信号间的转换符合一定的编码过程。感受器不是对神经系统以外的所有信息都进行编码，而是有选择性地对可能和生物体相关的那部分信息进行编码。另外，系统的内源噪声或外来影响可能干扰编码过程，并且歪曲编码信号携带的信息。那么根本的问题是有多少信息在感觉环境和神经系统之间进行转换。许多研究人员以不严格的、定性的和错误定义的方式使用术语信息。在本章中，我们将采取严格定量的方法，并描述一种方法，可以量化感觉信号感受器和峰电位序列之间的信息传递。

要达到这一目的，我们从生物体的观点，或者是中枢神经系统观点来看。生物体面对这样的问题：观察峰电位序列，它正在尝试提取刺激中的信息（感觉讯号），同时要面对信息传递中的噪声干扰（Inbar and Milgram　1975）。

　　这个问题和信息理论中处理的基本问题十分相似，而信息理论已经发展用来处理技术通讯系统中的问题。信息理论是在 1948 年由 Shannon 在其文章"通讯的数学理论"中首先阐明的（Shannon　1948；Shannon and Weaver　1949）。基本的问题如下所述（图 19-1）。

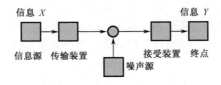

图 19-1　方块流程图代表了信息交流中的基本问题

　　一个统计的信息源 X，从一个被预先定义的字母表发出随机被选择的字符（定义的讯号）。举例来说，如果源任意发出的只是一些 1 和 0，它被称为一个二进制源。信息 X 被编码和传输通过一个有噪声的通道。在另一端，一个接受器解码信息。接受者看着通道的输出 Y，并且试图获得关于输入 X 的信息。即看到接受到的信息 Y，他想要知道的是被传输的信息 X。如果通道是无噪声的，这工作则相对容易些，因为 Y 总是和 X 相等。但是，在大多数实际情况中，通道都是有噪声的。所以 Y 也常常不同于 X。在一些极端的情况下，噪声会很大，通讯通道将被破坏，因此输出 Y 将不能帮助我们决定哪一字符被传输过来。在这二种极端的情况之间，我们想对信号 Y 所携带的关于信号 X 的信息的量进行定量。

　　研究感觉系统，在我们的文章中，X 是像光强度，肌肉长度，大气压力等类似的讯号，Y 是峰电位串。为了应用信息理论，我们必须假设所讨论的系统能从统计学的角度进行描述。在自然状态下，感觉的讯号 X 具有关于世界的统计学结构，我们是否一定能找出这样的结构。在实验室中，我们能控制它的统计学，和测量产生的峰电位序列。

　　信息理论主要涉及信息的统计方面的问题。这个理论框架为我们提供了分析和设计通讯系统和处理许多类似问题的强有力的工具。

　　信息理论提出以后，已经有人用它的工具去分析神经系统。在它发表之后仅四年，MacKay 和 McCulloch（1952）就试着用它估计单动作电位神经元的信息传输容量。20年之后，Eckhorn 和 Pöpel（1974，1975）用信息理论对猫的视觉传入系统进行研究。他们的工作为很多的最近的工作奠定了基础（Hertz　1995）。我们将要描述的方法是源于 Bialek 和他的同事（Bialek et al. 1991）的开创性工作，见最近出版的著作（Rieke et al. 1997）。这个方法依赖于对来自峰电位序列刺激的重构。这个重构不可避免地不够理想，从而造成一个重构误差。重构误差用来估计系统中的噪声，这个估计的噪声用来计算传输信息速率的下限。

　　本章的目的有两个。第一要介绍方法。第二是为那些没有广泛的工程学或数学背景的研究人员，建立一个易于理解这个方法的理论基础。虽然信息理论和随机信号理论可以高度数学化表达，但我们选择直观的而不是严格的数学方法，如下一个部分所概略说明的。

■ 概要

本章的主要目标是描述一个量化信息传输的方法，这个信息是在感受器中，在感觉的信号和产生的峰电位序列之间传输。方法的描述被区分为几个模块。

我们由提出与神经编码相关的几个概念开始。这些在读神经编码的简单的方法中的最终结果，他们将重构来自峰电位序列的刺激。重构刺激本身不是一个目标，而只是主要方法的一个模块。

然后我们解释在描述这一方法时使用的信息理论的基本术语。信息理论依赖于概率理论，因此我们顺便介绍一些需要的概率理论中的术语。这一部分只涉及离散事件携带的信息，目的是把结果推广到连续的时间信号。

紧接着介绍了随机信号理论的一些基本知识。随机信号理论的结果被用于随机时间信息分析。

下面部分以把信息理论的基本结果推广到随机时间信号。最初的四个部分为下面的部分准备了理论基础。

这一部分我们介绍主要的方法，这部分的主要结果是信息速率的下限。

然后，我们介绍信息速率的上限，并引用感觉系统的实验结果。这些结果阐明对单感觉神经元应用这种方法学所获得的知识类型。

最后，为了示范这个技术和提供清楚的标准，我们介绍了在猫肌梭上的实验结果，和相同系统的一个模拟模型。

■ 神经编码

在这一部分我们将回顾在神经编码分析中的两个主要观点。这是为了解释重构来自峰电位序列的输入刺激的简单方法的基本原理。这个重构方案是信息传输分析方法中是一个模块。

神经编码：一种传统的方法

当我们要研究神经编码时，我们采用概率的方法。众所周知，神经元是一个噪声装置。如果我们反复地给神经元以同样的 $s_1(t)$，$0 < t < T$，每次都会得到不同的峰电位序列 $\{t_i\}_{i=1}^N$ 的响应。其中，t_i 表示在间隔 $(0, T)$ 中峰电位发生的时间。如果重复这个简单的实验许多次，我们将可以估计在给定刺激 $s_1(t)$ 的响应中发现一个特定的峰电位序列 $\{t_1, t_2, \cdots, t_N\}$ 的概率，这是条件分布—$P[\{t_i\} \mid s(t) = s_1(t)]$。我们可以用许多不同的输入波形 $s(t)$ 来重复这个实验。此时输入刺激从 $P[s(t)]$ 中选择，概率分布定义了全部的波形。最后我们得到刺激—条件分布—$P[\{t_i\} \mid s(t)]$，它定义了由一些输入刺激 $s(t)$ 所给出的峰电位序列 $\{t_i\}$ 的概率。因为需要非常大量的数据，所以估计这个分布很困难。通常，我们能只能估计开始的瞬时值——平均数，方差等。

以图 19-2 看到的后刺激时间直方图（PSTH）为例。PSTH 是对一个刺激的平均响应，平均是对相同刺激的多次扫描进行的。峰电位发生时间由分辨率决定 $\Delta\tau$（单元宽度）。我们要做的是对在 $\Delta\tau$ 时间段中出现的峰电位进行计数，并由扫描次数和时间段的大小对结果标准化。这样做得到的结果是时间依赖的放电率 $r(t)$，它可以被解释为单位时间内发放动作电位的概率。

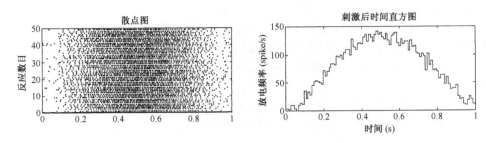

图 19-2　神经反应的多样性和 PSTH 的构成

左图顶端表示给予第 50 次相同刺激时，神经元的反应散点图，每个点代表一次放电。数据来自计算机模拟的神经元噪声，输入的波形呈钟形的余弦函数：$s(t)=1-\cos(2\pi t)$。右图是 PSTH，即经过标准化的（本例是 10ms）每个时间点的平均放电数。可以看到，放电频率倾向于与输入刺激一致。

　　放电率可以表示为 $r(t)=E[\{t_i\}|s(t)]$，在分布 $P[\{t_i\}|s(t)]$ 的第一时刻（期望值 E）。以类似的方式，我们可以从形式上定义这个分布的方差和协方差。它表明像自相关，峰峰间期直方图等高阶统计量与分布的第二时刻有关。

按生物体的观点

　　按上述定义，放电率 $r(t)$ 起源于由相同的刺激重复应用而产生的全部峰电位串。这些序列全部来自于刺激条件分布 $P[\{t_i\}|s(t)]$。因为测度定义为覆盖全体数据，所以放电率 $r(t)$ 需要观察所有的响应，而不能够由观察到的单一发生的峰电位串决定。整体响应有两种可能的方式收集。第一方式在同样的刺激进行反复扫描时，对系统进行长时间观察，如图 19-2 所示。这种方法从行为学的观点来看显然是无意义的。第二种方式观察许多同样的神经元同时对相同的刺激的响应。这种方式在行为学上也是无意义的，因为很少有两个同一的神经元，而且最重要的是，在许多生物体中，尤其昆虫，没有足够的神经元为形成这个总体平均来响应相同的刺激。

　　让我们从生物体的观点，或它的中枢神经系统的观点来看。问题是这样的：生物体能将它的否定的行为决定建立在放电率，或任何其他的从 $P[\{t_i\}|s(t)]$ 中得出的统计量之上吗？回答是否定的。生物体不"知道" $P[\{t_i\}|s(t)]$，只是因为它不知道刺激 $s(t)$ 是什么。生物体不是看着刺激分析关于峰电位串的信息，而是面对着相反的问题：看着峰电位序列，它正在尝试着分析出有关刺激的信息（Inbar and Milgram　1975）。换句话说，分布 $P[\{t_i\}|s(t)]$ 定义编码过程，而生物体的神经系统关心的是解码过程。

响应——条件的总体

　　生物体的观点符合响应——条件分布 $P[s(t)|\{t_i\}]$。给一个峰电位串 $\{t_i\}$，输入 $s(t)$ 的可能性是什么？我们想从这个观点来描述神经编码特征。另外，因为需要大量的数据，所以这个分布估计很难。我们所能做的是要试着估计初始时刻的情况。第一步要

估计分布的平均数。这个平均数有特别的意义：给一个特定的峰电位串$\{t_1, t_2, \cdots, t_N\}$，触发它的平均刺激是什么？

我们可以对许多可能的峰电位串执行这个步骤，从简单的一些开始。举例来说，我们能找一个平均刺激轨迹，它触发（同时，之后，之前）一个峰电位，或在一个确定的峰峰间期（同时，之后，在第二个峰电位之前）触发二个峰电位等。在图 19-3 中描述了这种类型的典型例子。注意这样的平均刺激轨迹只偏离 0.1 个有限的时间范围，因为，像在每个具有有限存储（弛豫时间常数）的物理系统一样，一个系统输入的效果在输出时将随着时间衰减。

这种特性可以被认为是一种"字典"。由这个字典我们原则上可以看着一个峰电位序列，提出关于引起它的那个刺激的一个合理估计，我们由此可以"阅读"神经编码。

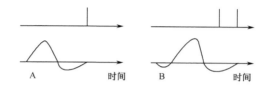

图 19-3　A. 单刺激（下图）诱发一个放电（上图）；B. 单个刺激诱发两个相隔的放电

阅读编码

我们可以作成一部基于响应-条件分布的字典，这个事实导致了一个假设重构输入刺激的简单方法。（认识到估计输入只是我们在下面要用的一个数学工具，这是很重要的。它不意味着我们假定神经元"需要"怎么样，或者"设计"怎么做。）

首先考虑一个峰电位序列，其中的峰电位都相距非常远。然后我们可以用下面的步骤重建刺激。

——估计触发一个峰电位的平均刺激（如图 19-3 A 所示）。这个波形叫做估计核。像上面提到的，它有限的间距。

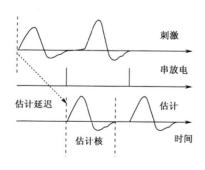

图 19-4　进行估计的程序

通过在串放电的每次放电前放置一个核来估计，并把它们全部相加。在本例中，估计核是触发一个放电的单刺激。

——在每个峰电位后放置这个核，而且全部加上它们。图 19-4 的下面两条线说明了这个步骤，其中估计核（下线）被附加到每个峰电位上。因为峰电位的间距比估计核的大很多（由垂直虚线表示），在这情况下核不会与之重叠。图 19-4 中的上线显示了产生峰电位串的原始刺激，它在两个方面与被重建的刺激不同：它有稍微不同的时间进程，和因为估计核跟随峰电位而不是在他们之前，被重构刺激会由于延迟估计落后一段时间。因为因果关系估计核跟随峰电位，只有在峰电位到达之后我们才能重构引起它的刺激。

我们所描述的重构方法符合一个被称为卷积（见第二十一章）的数学运算，峰电位串与核进行

卷积演算,可以写为下式

$$s_{est}(t) = \sum_{i=1}^{N} K_1(t - t_i)$$

式中,$K_1(t)$是估计核,$\{t_i\}_{i=1}^{N}$是峰电位发生时间。当然,实际上峰电位并不总是相距很远,所以当核 $K_1(t)$ 附加到峰电位的时候会发生重叠。

形式上,最好的结果是峰电位刚好到达核,它将均方差(MSE)减到最少,均方差表示为

$$MSE = \frac{1}{T}\int_0^T \left| s(t - \tau_{delay}) - s_{est}(t) \right|^2 dt$$

从图 19-4 可以看到,来自峰电位串的刺激的估计引起延迟 τ_{delay},这个延迟由核 $K_1(t)$ 的宽度决定。这是寻找将 MSE 标准最小化的核的形状和宽度的标准优化问题。如果我们从窄的核开始,然后过渡到比较宽的,我们会发现在一些阶段估计质量没有改进(即误差没有减少)。在蝇类视觉系统传导实验中,发现估计质量在延迟大约 50ms 后达到饱和(Rieke et al. 1997)。在实际中,在每种情况下,我们都需要确定合适的延迟时间。

上面叙述的是线性解码方案,它只用了一阶估计核,就已经达到了好的实验结果。Bialek 等(1991)说明了使用高阶解码技术,包括像图 19-3b 中的平均方法,都没有更多的改进解码质量。这是很使人迷惑的,因为我们知道神经元展现的是非常非线性的输入输出特性。用一个线性解码方案描述神经编码如何成为可能? 部分的回答是基于这样的事实,那就是解码是比编码更加困难的问题。显然,即使用非线性编码,线性解码方案仍可能有效[这种现象的数学的分析见 Bialek 等(1993)]。

■ 信息理论的基础

为了介绍信息理论基础,我们必须回顾和定义一些概率理论的基本名词。关于概率理论的详细表述参见 Papoulis(1991),对信息理论明确详细的表述可参见 Cover 和 Thomas 的教科书(1990)。

自信息

概率的基本实质是一个概率质量函数(PMF)。这个函数定义离散事件和事件发生的概率,例如公平骰子。它有六个面,因此六个可能的事件,全部相等地有可能。公平骰子的 PMF 看起来像这样

$$P_{fair\ die}[X = x] = \begin{cases} 1/6, & x = 1 \\ 1/6, & x = 2 \\ 1/6, & x = 3 \\ 1/6, & x = 4 \\ 1/6, & x = 5 \\ 1/6, & x = 6 \end{cases}$$

自信息是单一事件所传达给我们的信息。它的数学定义如下

$$I_s = \log_2 \left| \frac{1}{P(X = x)} \right| \text{ (bit)}$$

即一个事件的自信息是该事件概率倒数的双重对数。当对数是以 2 为底的时候,这个量的测度单位是比特。公平骰子的单事件自信息是～2.58bit。注意,事件的概率是在对数的自变量的分母中。这意味着低概率事件有着高的自信息。举例来说,描述在任何的一天听到火警铃声的概率的 PMF

$$P_{\text{fire alarm}}\left[X = x \right] = \left| \begin{array}{ll} 0.001, & x = \text{fire} \\ 0.999, & x = \text{no fire} \end{array} \right.$$

使用上面的表达式,我们发现自信息包含着二个可能的事件:I_s(火警)≈10bit 和 I_s(无火警)≈0.001bit。(希望的)稀有事件"火警"给我们许多信息,而时常发生的事件"无火警"却给我们非常少的信息。从直觉上来说,现在回想一下你的处境,你或许不会很注意火警不响这个事实,但是如果它现在开始响起来,它会给你许多信息,你知道你必须做一些事情,如呼叫消防队,或赶快逃命……因此,至少在统计学意义上,一个稀有的事件携带较多的信息。

熵

自信息根据单一事件携带的信息发生的概率进行定量。如果我们想知道 PMF 本身携带了多少信息,即估算由 PMF 定义的所有事件携带的自信息,我们使用平均自信息

$$H(X) = E \left| \log_2 \left| \frac{1}{p(x)} \right| \right| = \sum_x p(x) \log_2 \left| \frac{1}{p(x)} \right|$$

这是熵的数学定义。熵可以由几种方式解释。一种解释是,和自信息的定义一致,与 PMF 中有用的信息有关。另一种解释与 PMF 中的不确定性或随机性有关。例如,考虑公平硬币和火警 PMF 的熵

$$H_{\text{fair coin}} = \frac{1}{2} \cdot 1 + \frac{1}{2} \cdot 1 = 1 \text{(bit)}$$

$$H_{\text{fair alarm}} \cong 0.0001 \cdot 10 + 0.999 \cdot 0.001 \cong 0.011 \text{(bit)}$$

抛接公平硬币的结果是比火警的结果更具有随机性,这一点可以由一个更高的熵反映。熵愈高,PMF 的随机性、不确定性及不可预知性就愈大。

假如我们能设定骰子每个面的概率。你如何在骰子的这些面中分配概率,以在掷骰子时得到最大的熵?有最大熵值的骰子是所有的面都正好相等的公平骰子。最大熵的这个概念非常重要,我们将在后面使用它。在离散的情况下,当随机变量取离散值时,均匀分配(如公平骰子、公平硬币)中的所有状态是相等的,这种分配,在所有有相同数目状态的分配之中,是熵取最大值的分配。

当所有可能的状态出现的概率相同,熵仅仅是可能的状态数目的对数,如

$$H_{\text{fair dice}} = \sum_{i=1}^{6} \frac{1}{6} \log_2 \left| \frac{1}{1/6} \right| = \log_2(6) \cong 2.58 \text{(bit)}$$

因此,～2.58(bit)是能由有六个状态的任何 PMF 实现的熵的最大值。

高斯分布的熵

一个连续的随机变量(RV),x,可以取任意的实数 $x \in (-\infty, +\infty)$。描述连续的 RV

的函数是概率密度函数(PDF), $P(x)$。由这个函数,我们能决定在一个间隔(a,b)内发现 RV 的概率

$$\text{Prob}(a < x < b) = \int_a^b P(x)\mathrm{d}x$$

以熟悉的高斯 PDF 为例,它具有均值 M 和方差 σ^2

$$P(x) = \frac{1}{\sqrt{2\pi\sigma^2}}\exp\left|-\frac{(x-M)^2}{2\sigma^2}\right|$$

在连续的情况下,熵以下列方式定义

$$H(X) = \int p(x)\log_2\left|\frac{1}{p(x)}\right|\mathrm{d}x$$

它称为微分熵。注意在从离散的 RV 到连续的 RV 的转换中,求和由积分替换了。使用这个表达式,我们得到高斯 PDF 的熵

$$H_g = \frac{1}{2}\log_2(2\pi e\sigma^2)$$

高斯分布的熵只依赖于方差 σ^2。当然,方差是变异性的一个度量标准。像在离散的情况下,我们再一次发现熵是对可变性和不确定性的衡量。同时也注意到高斯 PDF 的熵在所有具有相同方差的概率密度函数中是最大的。

峰电位串的熵

让我们应用有关熵的知识估计峰电位串的熵。假定对一个放电神经元进行采样,并且用分辨率 $\Delta\tau$ 决定峰电位到达时间。测量每秒峰电位的平均放电率 $\bar{r}$。时间分辨率必须足够小,以便在一个 $\Delta\tau$ 中不会出现一个以上的峰电位。我们用一个二进制字符串模拟一个峰电位串,其中 1 表示一个峰电位,0 表示没有峰电位,如图 19-5 中所表示。如果我们用分辨率 $\Delta\tau$ 观察间隔 T,我们得到 $N = T/\Delta\tau$。当分辨率足够小时,在任一段中看到 1 的概率相对于比率和分辨率变成:$p = \bar{r}\cdot\Delta\tau$。因为我们知道平均比率,我们就知道一个典型的 T 秒间隔将会包含 $N_1 = \bar{r}\cdot T$ 个 1。当然,0 的数目就是 $N_0 = N - N_1$。

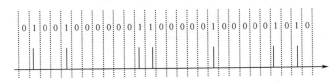

图 19-5 二进制字符串模拟一个峰电位串

而从排列组合我们找到有 $(N!/(N_1!\ N_0!))$ 个可能的具有 N_1 个 1 和 N_0 个 0 的二进制字符串。如果我们做一个假设,即所有的这些可能的字符串尽可能地相等,那么熵是 $\log_2$ (状态的数目)

$$H = \log_2\left|\frac{N!}{N_1!\ N_0!}\right|\ (\text{bit})$$

这是 T 秒期间的一个峰电位串的熵。当间隔 T 增加,它的熵也增加。用熵除以 T,我们

得到熵率,每单位时间熵的量。使用在上面提到的关系并且被 T 除,我们能只用 $\bar{r}$ 和 $\Delta\tau$ 表达熵率

$$H/T \underset{\bar{r}\Delta\tau\ll 1}{\approx} \bar{r}\log_2\left|\frac{e}{\bar{r}\Delta\tau}\right| \text{ (bit/s)}$$

式中,e 是自然对数的底。以一个典型的结果为例,当 $\bar{r}=40s^{-1}$,$\Delta\tau=1\text{ms}$,使用上述的公式,我们得到每秒 243.46bit,或每峰电位 6.08bit 的熵率。注意,因为我们假定所有可能的具有比率 $\bar{r}$ 的峰电位串尽可能地相等,我们实际上得到了具有比率 $\bar{r}$ 的峰电位串的最大熵。这个表达式是一个将会允许我们后面估定实验结果的实际工具。

互信息

现在让我们回到最初的问题:信号 Y 可以携带有关信号 X 的多少"信息"?(图19-1)。在我们回答这个问题之前,我们必须定义条件熵。在离散的情况下,数学的定义是

$$H(X\mid Y) = E_{xy}\left|\log_2\left|\frac{1}{p(x\mid y)}\right|\right| = \sum_y p(y)\sum_x p(x\mid y)\log_2\left|\frac{1}{p(x\mid y)}\right|$$

在连续的情况下它变成

$$H(X\mid Y) = \int p(y)\int p(x\mid y)\log_2\left|\frac{1}{p(x\mid y)}\right| \mathrm{d}x\mathrm{d}y$$

在观测输出 Y 之后,条件熵是关于输入 X 不确定的。如果我们有一个完美的通道,没有杂音,那么 Y 可以正确地告诉我们 X 是什么,没有不确定性,结果是:$H(X\mid Y)=0$。另一方面,如果通道是分离的或非常嘈杂的,那么观察 Y 是无用的,它不会给我们任何关于输入的信息。在此情况下,X 的不确定性最大,形成 $H(X\mid Y)=H(X)$。

互信息是我们在观测到 Y 之后得到的有关 X 的信息,定义为

$$I(X;Y) = H(X) - H(X\mid Y)$$

信息增益可以解释为不确定性的减小。在我们观测输出之前,我们只有 $H(X)$,它表示关于输入的不确定性。在我们观测输出之后,我们得到了 $H(X\mid Y)$,它表示在观测输出 Y 后的有关输入 X 的不确定性。我们在观察了输出之后得到的信息是不确定性的不同。因此,在一个完美的通道中,在观察到输出之后,不确定性的减小是最大的并且等于输入熵 $H(X)$。在一个分离的通道中,对输出的观察没有得到信息,所以没有不确定性的减小,产生的 $I(X;Y)=0$。注意,互信息是关于它的自变量对称的,而且总是非负的:$I(X;Y)\geqslant 0$。

高斯通道的互信息

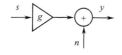

图 19-6　附加的高斯通道
放大的(空心三角形)输入信号 s 和噪声 n 相加构成输出,形成高斯通道。

计算简单通道的输入和输出之间的互信息。在这个通道中,如图 19-6 所描述,输出等于输入乘上增益,而且有噪声加到通道的输出上。因此,通道的输出是 $y=gs+n$,式中,s 是输入,g 是增益,n 是噪声。在这个通道中,输入和噪声是高斯 RVs,分别具有均值零和方差 $\langle s^2\rangle$,$\langle n^2\rangle$:$s\sim N(0,\langle s^2\rangle)$,$n\sim N(0,\langle n^2\rangle)$。因为输入和输出可以取任意实数 $s,y\in(-\infty,\infty)$,我们说他们是从有限的实数集里得到的。

有时由折合输入噪声来改变通道模型是比较方便的,即做

一个好像噪声是加在输入而不是输出的通道模型,如图 19-7 所示。在将噪声折合到输入之后,通道输出将等于 $y = g(s + n_{\text{eff}})$。当噪声被折合到输入的时候,称其为有效噪声, $n_{\text{eff}} = n/g$。既然噪声 n 是高斯型的,有效噪声也是具有零均值和方差 $\langle n_{\text{eff}}^2 \rangle = \langle n^2 \rangle / g^2$;即 $n_{\text{eff}} \sim N(0, \langle n^2 \rangle / g^2)$ 的高斯型分布。

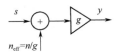

图 19-7　折合输入噪声来改变高斯通道

输入和输出之间的互信息可以表示为

$$I(x;y) = \frac{1}{2}\log_2 \left| 1 + \frac{< s^2 >}{< n_{\text{eff}}^2 >} \right| = \frac{1}{2}\log_2(1 + \text{SNR})$$

$$\text{SNR} = \frac{< s^2 >}{< n_{\text{eff}}^2 >}$$

式中,SNR 是信/噪比。

互信息依赖于 SNR,即在信号方差和有效噪声方差之间的比率。当信号方差大于有效噪声方差的时候,输出所含噪声较小,互信息比较大。当 SNR 非常小的时候,输出几乎全由噪声组成,互信息很小,当噪声增加时它几乎为零。

随机连续时间信号

在前面,我们已经讨论了离散事件,没有涉及连续时间信号。为了要把信息理论上的讨论扩展到连续的时间信号,我们简要介绍随机信号理论的一些基本原理。详细的介绍见 Candy(1988)或 Porat(1994)。

众所周知,实时连续时间信号 $f(t)$,在持续时间为 T 的一个时间窗里面,可以被表示为一个傅里叶级数(见第十八章)(Kwakernaak and Sivan　1991)。在这个表示法中,我们用多个谐波(正弦和余弦波)来构成信号,谐波的频率是基本频率 $2p/T$ 的整数倍。每个谐波乘上一个系数,再对所有谐波求和即形成信号

$$f(t) = f_0 + \sum_{k=1}^{\infty} a_k\cos(w_k t) + \sum_{k=1}^{\infty} b_k\sin(w_k t)$$

式中, $W_k = 2\pi k/T$ 是第 k 个谐波的频率。图 19-8 表示谐波里的动作电位样波形的累积成分。

傅里叶系数的集合 $\{a_k, b_k\}$ 完整地定义了波形。当我们任意选择傅里叶系数的时候,我们就得到一个随机的时间信号。原则上,我们能以需要的任何方法选择系数。然而,我们找的是与高斯随机变量相当的时间信号。如果我们从一个高斯分布 $a_k, b_k \sim N(0, \sigma_k^2)$ 中独立地选择傅里叶系数 $\{a_k, b_k\}$,我们就得到一个高斯随机信号,它相当于高斯随机变量。

功率谱

傅里叶系数 $\{a_k, b_k\}$ 在每一频率 w_k 的方差完整地定义了随机高斯信号的整体。注意,正弦和余弦系数的方差是相等的。系数的方差能被联想到如相应频率上的"功率"。我们可以考虑一个在每一频率给出系数方差的函数: $\sigma^2(w_k) = < a_k^2 > = < b_k^2 >$。这是全

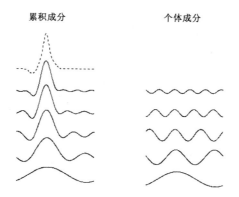

图 19-8　谐波成分构成的动作电位样波形

左上图的虚线波形是最终的波形,其下方是一系列的近似模拟波形。右侧是每个相似谐
波成分(正弦和余弦)的相互叠加。注意随着频率的增加成分的幅度逐渐降低。

体随机信号的一个谱表示法。因为谱的分辨率 $\Delta f = 1/T$ 依赖间隔的大小 T,在谱带内观察功率就是很方便的。这是功率谱密度 ,或功率谱

$$S(w_k) = \frac{1}{\Delta f} \sigma^2(w_k) = T\sigma^2(w_k)$$

如间隔的大小 T 增加,这个函数向频率的连续函数变化。在图 19-9 中,我们看见功率谱的一个例子,随着两个样本,函数得到了它定义的全部随机高斯信号。当功率在每一个频率是相等的时候,结果是平坦的谱,也叫做白高斯噪声。否则,是一个非平坦的谱,如图 19-9 所例证,被称为色高斯噪声。

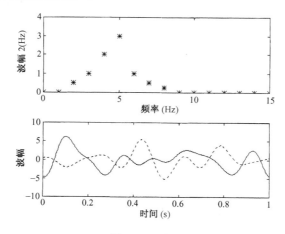

图 19-9　功率谱

时间间隔 $T=1\text{s}$,频率的分辨率是 1Hz。在上方的分布图中,我们看到傅里叶系数的变异除以频率分辨率。在 7 个频率内有功率,并且在 5Hz 时表现显著。该功率谱完全定义了全部随机高斯信号。下图可见来自全体的两个样本函数。

■ 连续时间信号的信息传输

现在我们可以在一个有连续的时间信号的通道中分析互信息。像往常一样,我们从一个简单的高斯通道的情况开始;但这次输入、输出和噪声是时间信号。

平行高斯通道

与图 19-6 表示的高斯通道类似,在图 19-10 我们有一个通道,其中输入和噪声是高斯随机变量,其功率谱分别为 $S(w)$ 和 $N(w)$。函数 $G(w)$ 是线性传递函数,它定义了每个频率的增益。

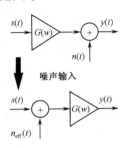

因为不同频率的高斯随机变量的傅里叶系数是独立的,在频域中比较容易分析这个通道。在频域中,每个傅里叶系数由通道自己的参数表示。在图 19-11 中,我们见到了这导致平行的独立通道的一个行列。这些通道的每一个都与我们分析过的高斯通道类似(见图 19-6 和图 19-7)。

图 19-10　高斯通道的时间信号,折合输入噪声前后的两个等价通道

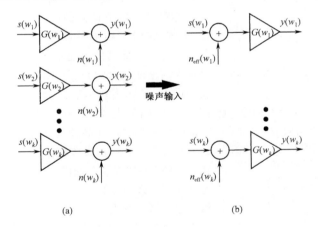

图 19-11　一个平行的独立通道的行列

(a)和(b)分别表示折合输入噪声前后。$s(wk)$,$n(wk)$,$neff(wk)$ 和 $y(wk)$ 分别是时间信号 $s(t)$,$n(t)$,$neff(t)$ 和 $y(t)$ 的傅里叶系数,这种写法与前面所用的信号傅里叶系数 $\{ak, bk\}$ 稍微不同,这种新的提法源自复杂傅里叶系列扩展(见第 18 章,也可参考 Kwakernaak 和 Sivan,1991),但是对于我们来说这在概念上是完全一致的。主要目的是说明每个通道有各自的系数,并且因为通道是相互独立的,所以才能够进行独立分析。

假如我们正观察着这样的一个平行通道上的 T 秒的一个间隔。与我们已经分析过的类似,每个傅里叶系数与一个分离通道相联系。因此,我们能计算由每个系数携带的互信息

$$I_k = \frac{1}{2}\log_2(1 + \mathrm{SNR}(w_k))\,[\mathrm{bit}]$$

因为所有的傅里叶系数是独立的,我们可以总和个体的贡献来得到总的互信息

$$I = \frac{1}{2} \sum_k \log_2(1 + \mathrm{SNR}(w_k))\ [\mathrm{bit}]$$

信息速率

在前面的方程中我们建立了以 T 秒的一个间隔为单位的互信息。如果通道连续工作,而且 T 增加,互信息将随之增加。如果我们用 T 除互信息,我们得到信息速率。当 T 增加到无限大的时候,求和变成积分,我们有

$$R_{\mathrm{info}} = \left| \frac{1}{T} \right|_{T \to \infty} = \frac{1}{2} \int_{-\infty}^{\infty} \log_2(1 + \mathrm{SNR}(w)) \frac{\mathrm{d}w}{2\pi}$$

式中,$\mathrm{SNR}(w) = S(w) / N_{\mathrm{eff}}(w)$。这个结果叫做 Shannon's 方程,是信息理论中最重要的方程之一。

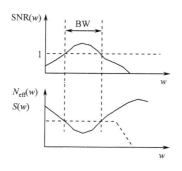

图 19-12　下图为可见预定的输入功率谱(虚线)和实际有效的功率谱(实线)。在 SNR 值高时对应的频率范围,信息可以被高保真地传输。SNR>1 的区域被认为是通道的带宽(BW)(如垂直的虚线所示)

让我们看看这个表达式能告诉我们什么。在图 19-12 中,画出了可能的高斯通道的运算草图,其中噪声叠加到输入上。在这情况下,具有功率谱 $N_{\mathrm{eff}}(w)$ 有效噪声,是通道的特性。通常,有效噪声的功率谱在一些频率区域中是低的,而在其他的区域中是高的,如图 19-12 下图中的实线所示。有效噪声比较低的区域可以高保真的传递信息。因此,$N_{\mathrm{eff}}(w)$ 有时被称为调谐曲线,因为它显示频率通道是"调谐至"。功率谱为 $S(w)$ 的输入刺激,可以在实验中调整。在图 19-12(下图,虚线)中,它被假定经过一个相当的频率范围的平坦之后在高频处下降。$\mathrm{SNR}(w)$(图 19-12 中的上图)显示在哪些频率上信息被高保真地传输,而在哪些频率它以低的保真度传输。注意,SNR 是通道和输入刺激的一个联合特征,会随着不同的刺激变化。另一方面,有效噪声是通道自己的特性(在这里讨论的高斯通道的情况下)。有一点是清楚的,就是在研究感觉信息传输方面,人们很关心在 $S(W)$ 的生理范围内对每个感觉系统找出其 $N_{\mathrm{eff}}(w)$ 和 $\mathrm{SNR}(w)$。

噪声白化

假如我们有一个给定有效噪声曲线的高斯通道,例如在图 19-13 $N_{\mathrm{eff}}(w)$ 中用重实线画出的那段线。现在我们问什么是最大化信息速率 R_{info} 的输入功率谱 $S(w)$?

如果我们没有功率限制,仅用一个非常强的输入信号,通常就可以得到任何的信息速率。然而,这既不实际,也没有意义。一般来说,总的功率是受限制的,它等于 $S(w)$ 曲线下面积。接下来的目的就是要找到最大化 R_{info} 的 $S(w)$ 曲线,它有一个定义的面积。

取 R_{info} 最大值的输入功率谱是在充水模拟中补充 $N_{\mathrm{eff}}(w)$:"灌入"到输入功率谱到

$N_{\text{eff}}(w)$ 曲线的谷中,直到被分配的区域(功率限制)被充满。如图 19-13 中的阴影区所示,同时显示了在一个独立的标度上的因此而倒置的输入功率谱。

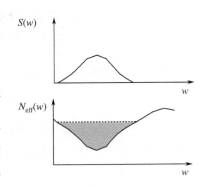

由于上述的优化,当我们在输入是非零的频率区域内观察通道的输出时,发现功率谱是平坦的,或"白"的。这就是为什么这种技术也被称为"噪声白化"。这表示输出看起来非常像噪声。如果我们仅仅观察输出,我们不能决定它是一个真的噪声通道,还是一个具有最佳编码方案的通道。为了区分,我们必须既看输入还要看输出,而且要测量互信息。这在神经元中都是相关的。神经元之所以有时被认为是像产生噪声的,只是因为他们的输出峰电位串看起来像噪声并且不规则。从噪声白化观念我们了解这是一个没有价值的结论。我们所应该做的是同时观察神经元的输入和输出,而且尝试着去测量互信息。我们在下面部分将告诉大家该如何做。

图 19-13 噪声白化

下图的实线表示有效的噪声功率谱,该曲线的阴影区代表能使信息最大化的倒置输入功率谱。上图显示的是输入信息的功率谱。阴影区面积是输入信号的总功率。输出功率谱等于输入功率谱为零所处频率区域内的噪音功率谱,也就是下图的水平虚线,此处的输入功率谱是非零。

■ 信息传输的方法

直接测量熵或互信息是困难的。因此我们采用标准的工程技术,即把需要的参数限制在上下限之间。这么做是因为有时计算这些限定要比估计参数本身容易得多。要保证需要的参数是在这些上下限内,而且如果上下限足够接近,这就几乎相当于直接的估计参数。在这部分,我们将要描述一个为信息速率规定下限的方法。这个方法是源于 Bialek 等(1991),而且发表在相同的一些研究者的书中(Rieke et al.1997,第三章)。上限将在下部分介绍。

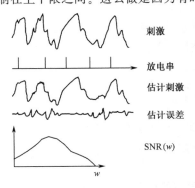

图 19-14 方法概要

以高斯随机信号刺激系统并记录放电串(最上面两条曲线),依据放电串对刺激信号进行估计(重构)(上起第三条曲线),寻找估计误差(第四条曲线)。用估计误差估计系统内的有效噪声,找到 SNR9(最下面的曲线),用 SNR 计算 R_{info} 的下限。

方法概要

我们采用一种实验室装置,其中我们对研究的神经系统给以输入刺激,测量其产生的峰电位串。为了这个方法能很好的起作用,输入刺激必须是一个高斯随机信号。这个方法包括四个主要阶段,图 19-14 给出了其图解。

——从峰电位串重建输入刺激,使用前面介绍的简单估计方法,目的是在已知输入和重建输入之间将均方差减到最少。

—使用估计差来估计通道中的有效噪声。

—估计输入刺激和有效噪声的功率谱,用它们计算 SNR。

—使用 SNR 计算信息速率的下限。

下面,我们将解释这个方法如何工作,和它为什么提供信息速率的下限。

互信息

假如我们观察实验的输入-输出数据的 T 秒的一个间隔。我们实际上想要找的是在峰电位串和输入刺激之间的互信息,或者换句话说,峰电位串所提供的有关输入的信息。依照定义,互信息是

$$I[\{t_i\} \rightarrow s(t)] = H(s(t)) - H(s(t)|\{t_i\})$$

因为我们确定它的统计学,所以从实验的装置,我们可知道输入信号的熵,$H[s(t)]$。如果我们超估条件熵 $H[s(t)|\{t_i\}]$,我们将会得到互信息的下限

$$I[\{t_i\} \rightarrow s(t)] \geqslant H(s(t)) - H_{overest}(s(t)|\{t_i\})$$

超估条件熵

问题是该如何超估条件熵 $H[s(t)|\{t_i\}]$。此数学进程超出了这一章的范围。我们推荐查阅原始文本的详细资料(Rieke 等 1997 第 3 章)。我们只是提及两个主要的概念,它使我们能够解决这个问题。

第一个,我们用这样的事实,即高斯分布的熵在有相同方差的所有分布之中是最大的。所以,如果我们假定 $P[s(t)|\{t_i\}]$ 是高斯的,我们就可以估条件熵。第二,我们知道高斯随机变量是完全由功率谱来刻画的,类似于高斯随机变量情况下的方差。因此,如果我们超估功率谱,我们也将估条件熵。简单来说,我们可以说通过估系统中噪声的功率谱,我们也估了条件熵,同时作为结果,低估了互信息。

实际的做法是建立估计量,它把一个把峰电位串 $\{t_i\}$ 作为输入,并回返到输入 $s(t)$ 的估计。然后我们使用这个估计量输出 $s_{est}(t)$ 来找到估计误差:$n_{est}(t) = [s(t) - s_{est}(t)]$。估计量应该使均方差标准减到最小

$$MSE = 1/T\int_0^T |n_{est}(t)|^2 dt$$

原则上,任何类型的估计量都可以用。实际上,我们前面提到的简单的线性估计量在许多情况下都足够了。Rieke 等(1997)说明了该如何使用高阶估计量,我们在此不做赘述。

正如我们以前说过的,它可以显示在系统中估计误差的功率谱,$n_{est}(w)$,是比噪声的功率谱要大(当我们假定系统是高斯的时候)。

信息速率的下限

到现在为止,我们已经处理了在系统的输出中见到的噪声。与我们在平行高斯通道中讨论的类似,我们想要将噪声 $n_{est}(w)$ 折合到输入并找到有效噪声谱 $N_{eff}(w)$。使用频域方法,我们将噪声折合到输入,并把随机和系统误差分开。

实验被分为 T_0 秒长度的 M 段。我们用傅里叶变换把每一段的信号和估计转换到频域

$$s^i(t) \rightarrow \tilde{s}^i(w), s^i_{est}(t) \rightarrow \tilde{s}^i_{est}(w)$$

式中，$1 \leqslant i \leqslant M$ 是分段数。对于每个信号和每个频率 w_k，我们可以定义列矢量为 M 的复傅里叶系数

$$\tilde{s}(w_k) = |\tilde{s}^1(w_k), \tilde{s}^2(w_k), \Lambda, \tilde{s}^M(w_k)|$$

$$\tilde{s}_{est}(w_k) = |\tilde{s}^1_{est}(w_k), \tilde{s}^2_{est}(w_k), \Lambda, \tilde{s}^M_{est}(w_k)|$$

如果我们"画出"与相应输入成分对应的估计的傅里叶成分，我们可以得到一个 M 点的散点图，它应该类似一个散点分布的直线

$$\tilde{s}_{est}(w_k) = g(w_k)|\tilde{s}(w_k) + \tilde{n}_{eff}(w_k)|$$

最合适的斜率，$g(w_k)$，经过系统误差的校正。可以记为

$$g(w_k) = \frac{\tilde{s}_{est}(w_k) \cdot \tilde{s}(w_k)^*}{\tilde{s}(w_k) \cdot \tilde{s}(w_k)^*}$$

式中，S^* 矢量 S 的复共轭转置。最后，散射沿着 x 轴，$n_{eff}(w)$，是有效噪声

$$\tilde{n}_{eff}(w_k) = \tilde{s}_{est}(w_k)/g(w_k) - \tilde{s}(w_k)$$

这些是有效噪声的傅里叶系数。它们的方差使我们可以估计有效噪声功率谱

$$N_{eff}(w_k) = \langle |\tilde{n}_{eff}(w_k)|^2 \rangle T^0$$

式中，平均值 $\langle \rangle$ 取值于 M 个分段。因为我们知道输入功率谱 $S(w)$，所以可以得到 SNR

$$SNR(w_k) = \frac{\langle |\tilde{s}(w_k)|^2 \rangle T_0}{\langle |\tilde{n}_{eff}(w_k)|^2 \rangle T_0} = \frac{S(w_k)}{N_{eff}(w_k)}$$

因为输入是高斯的，而且我们把通道也模拟为高斯的，因此，我们能用下式确定信息速率的下限

$$R_{info} \geqslant \frac{1}{2} \int_{-\infty}^{\infty} \log_2(1 + SNR(w)) \frac{dw}{2\pi}$$

■ 概要：可行的步骤

　　—用具有预定功率谱的高斯随机信号为输入刺激 $s(t)$ 来刺激神经系统
　　—测量产生的峰电位串 $\{t_i\}$
　　—从峰电位串估计输入刺激：$\{t_i\} \rightarrow s_{est}(t)$
　　—使用频域方法，将噪声折合到输入并计算估计中的有效噪声

$$\tilde{n}_{eff}(w) = \tilde{s}_{est}(w)/g(w) - \tilde{s}(w)$$

找到输入和有效噪声的功率谱

$$S(w_k) = \langle |\tilde{s}(w_k)|^2 \rangle T_0, N_{eff}(w_k) = \langle |\tilde{n}_{eff}(w_k)|^2 \rangle T_0$$

　　—计算信/噪比

$$SNR(w) = \frac{S(w)}{N_{eff}(w)}$$

—用 SNR 计算信息速率的下限

$$R_{\text{info}} \geqslant R_{\text{info}}^{LB} = \frac{1}{2} \int_{-\infty}^{\infty} \log_2(1 + \text{SNR}(w)) \frac{\mathrm{d}w}{2\pi}$$

■■ 结　果

蟋蟀机械感受器

在一系列的实验中，Warland 和他的同事（Warland et al. 1992）研究了蟋蟀感觉绒毛的信息-传输性质。这些感觉绒毛是机械感受器的一个类型-纤维样绒毛，它主要对空气的位移敏感。每一个感觉绒毛都是从一个感觉神经元生长出来的，神经元依次发出一个轴突到神经节。

在这些实验中，研究者抓取一根感觉纤毛，对它施加随机的位移刺激，同时在轴突上记录由此产生的峰电位串。输入刺激是在 25～525Hz 范围内的具有平坦谱的高斯噪声。结果是在带宽上跨越约 300Hz 的信噪比 SNR～1（Rieke et al. 1997）。在整合之后，得到结果为信息速率的下限 294±6bit/s，相当于 3.2±0.07bit 每个峰电位。

这个结果可以由几种方式解释。一个解释是在 1s 的间隔内观察到约 300bit/s 的信息速率，提示输出峰电位串可以从每秒 2^{300}～10^{90} 个可能的输入信号中识别出一个来。另一个解释是峰电位串仅仅可以在二个信号（纤毛的正或否的偏差）之间分辨，但是这个信息每3ms 刷新一次。第二种解释是和信息在一个宽带宽上以低 SNR 传送的事实一致。从这个分析，似乎这些感觉纤毛是为传递那些快速变化刺激的大量信息而特化的。

■ 信息速率的上限和编码效率

在这一部分，我们介绍信息速率的上限和编码效率的概念。我们观察了对各种不同的神经系统应用上述的方法得到的结果，并给出使用自然形状功率谱的输入刺激的效果。所有下面引证的结果都属于单一通道，即单一感觉神经元。

信息速率的上限

来自蟋蟀纤维样绒毛的约 300bit/s 的结果是信息速率的下限。真实的信息速率比它要高。为了了解下限是否严格，我们必须寻找上限。峰电位序列熵对信息传输设定了一个自然限度。这是真实的，因为在整个 T 秒的时间窗口的峰电位序列熵总是大于输入和输出之间的互信息

$$I\big|\{t_i\} \to s(t)\big| = H(\{t_i\}) - H(\{t_i\} \mid s(t)) \leqslant H(\{t_i\})$$

注意：$H(\{t_i\} \mid s(t)) \geqslant 0$，直接估计峰电位串熵 $H(\{t_i\})$ 是困难的，但是我们前面（见"序列的熵"一节）说明了只靠平均放电速率和时间分辨率就能容易地估计峰电位串熵率，H/T

$$R_{\text{info}}^{UB} = H/T \approx \bar{r}\log_2\left|\frac{\mathrm{e}}{\bar{r}\Delta\tau}\right|$$

事实上，按这个方程，熵率在所有具有同样平均放电速率和时间分辨率的峰电位串之中是

最大的,因此 R_{info}^{UB} 是信息速率的上限的平方。当我们用上限除以下限时,我们得到编码效率的一个估计

$$\text{CE} = \frac{R_{\text{info}}^{LB}}{R_{\text{info}}^{UB}} = \frac{\left| \frac{1}{2} \int \log_2 \left| 1 + \text{SNR}(w) \frac{\text{d}w}{2\pi} \right| \right|}{H/T}$$

这个数据表示用于传递输入信息的输出熵的百分比。输出熵的剩余部分是由于系统中的噪声。注意真实的 R_{info} 总是大于下限,而真实的 $H(\{t_i\})/T$ 总是低于上限。这意味着我们实际上低估了真实的编码效率。

结果

青蛙球囊

Rieke 和他的同事(Rieke et al. 1993)调查青蛙球囊的信息传输特性。青蛙感觉地面的震动是为了发现潜在的掠夺者。青蛙球囊是一个感觉器官,它利用类似于人类耳蜗中的纤毛细胞来感觉振动。当晃动青蛙时,就可以通过记录传入神经活动来研究这个系统。

在这些实验中,位移输入刺激是在 30～1000Hz 的范围内的具有近似平坦谱的高斯噪声。用前述的相同方法,得到的结果表明 3～4 的信噪比在 40～70Hz 之间(Rieke et al. 1997)。整合后,得到了信息率的下限为 $155 \pm 3\text{bit/s}$,相当于每个峰电位 3bit。编码效率在 0.5～0.6 的范围中。0.5 的编码效率表示有一半的峰电位熵用来传递输入的信息。这是一个重要的结果,尤其是对于早先把神经元看成是一个多噪声的装置的观点来说。

自然刺激——青蛙叫声

从 "水填充" 模拟实验我们了解到对于给定的通道,有一个取通道的信息传输最大值的输入信号集,受到总功率的限制。"水充填" 模拟告诉我们该如何在高斯通道的情况下找到这种分布。哪种信号分布对感觉神经元的信息传输是最好的呢?

直到现在,在以往实验中的输入刺激都是具有平坦功率谱的高斯噪声。使用平坦谱有它的优势,主要是因为在所有的频率中都有能量。然而,平坦的高斯噪声的确不能代表自然发生的刺激。自然发生信号的功率谱是非常有结构的。问题是感觉系统是否利用这个结构在感觉世界进行更加有效的表达。

回答这个问题的一个方法是使用具有自然功率谱的刺激,并且将其产生的信息率和编码效率与平坦高斯噪声的结果相比较。Rieke,Bodnar 和 Bialek(1995)进行了这项工作。他们研究了牛蛙听觉系统。这个系统的自然刺激主要由青蛙叫声组成。青蛙叫声的谱分析表明它由大约 20 个谐波组成,其基波频率大约为 100Hz。因此,Rieke 等(1995)用这种功率谱的一个人工近似值作为刺激:高斯噪声的功率谱类似于自然功率谱。另一个刺激类型是有平坦功率谱的高斯噪声(Rieke et al. 1997)。

结果是戏剧性的。自然形状谱的 SNR 在几乎每一频率比平坦谱的 SNR 都更高(Rieke et al. 1997)。在整合之后,他们发现了信息传输的下限。当刺激是平坦谱时,下限为 R_{info}^{LB},约 46bit/s,自然形状谱时增加到 R_{info}^{LB},约 133bit/s。平坦功率谱的刺激编码效率是 0.2,增加到具有自然形状功率谱刺激的 0.9。这一个结果非常重要。一个 90% 编码效率的神经元意味着它非常接近信息率的基本界限,输出的熵率。这个显著

的效率是由自然形状功率谱达到的，提示神经元为了要达到较高的信息率和编码效率使用自然发生信号的结构。这一个结果强调在研究甚至是最外周神经系统时使用自然信号的重要性。

■ 肌梭：实验和模拟结果

实验结果

　　肌梭（MS）是对肌肉的机械事件敏感的机械感受器（Hulliger 1984）。两类肌梭传入（MSA）神经纤维传递感觉信息到脊髓。初级 MSAs，或 Ia 类传入神经，传递有关肌肉长度和肌肉长度变化的速率（速度）的信息。次级 MSAs，或 II 类传入神经，主要传递有关肌肉长度信息。肌梭对机械的事件的响应是通过 γ 系统由中枢神经系统控制。在实验方面描述如下，当记录从背根发出的传入 Ia 纤维时，一个随机位移刺激被传送到猫后肢的一束单独的肌腱上。实验中将猫麻醉，并切断其腹根。输入刺激是范围为 0.5～20Hz 的具有平坦谱的高斯噪声。用上面的同样方法对实验进行分析。图 19-15 显示了一段输入刺激（虚线），重建输入信号（实线）和被记录的峰电位串。注意重建信号是如何跟随输入信号的高频的变化，而没有记录下低频变化。

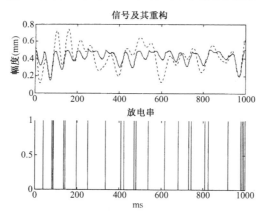

图 19-15　MS 试验中输入信号（虚线）和重构（实线）以及记录到的放电串
从下图中看到重构的信号随着输入信号的高频率发生变化，而不随着低频率变化。

　　从图 19-15 中可以看到，输入信号没有零均值。为克服这个问题，我们附加一个偏移项（bias）到线性重建表达式中

$$s_{est}(t) = Bias + \sum_{i=1}^{N} K_1(t - t_i)$$

并且进行优化使 $K_1(t)$ 和 Bias 将 MSE 减到最小，如图 19-16 所示。

　　输入功率谱和有效噪声，连同产生的 SNR 一起，显示在图 19-17。可见在频率 5～20Hz 之间的 SNR＞1，最大的 SNR 大约是 8。在输入谱是非零的范围里面，SNR 在高频段比较高，在低频段比较低。这意味着输入信号的高频部分的信息比低频部分的传递的多。SNR 曲线形象的描述了图 19-15 的结果，高频重建的质量好于低频。

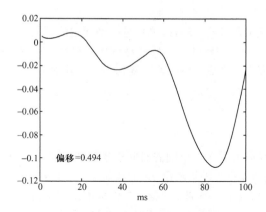

图 19-16　MS 试验重构核 K_1（t）和偏移项

很直观地，该波形可以被解释为触发一次放电的单刺激（用于衡量刺激强度的粗略单位）。

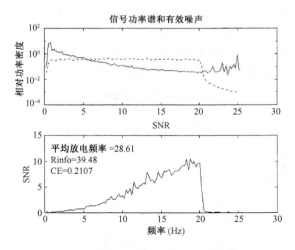

图 19-17　MS 试验中输入信号的功率谱密度(虚线)和有效噪声(实线)以及信噪比

根据 SNR 曲线，带宽在 5～20Hz 范围内，SNR 随着频率的增加而增加，在大约 18Hz 时，达到

最佳 SNR，这与图 15-1 的结果是一致的，那部分结果显示重构的质量在较高频率时实现。

综合这些结果，信息率的下限为 39.48±0.75（bit/s）。在平均峰电位频率为 28.61（峰电位/s）时，相当于 1.38±0.026（bit/峰电位）。编码效率是 0.21。

模拟结果

为了要更好的理解神经编码过程和实验的结果，我们进行了模拟。正如这个分析方法所表明的这些模拟可能证实实验的结果并且证明肌梭的结构特性是如何与其响应特性相关的。

SSIPFM 神经元模型

单符号整合脉搏频率调节器（SSIPFM）是神经元编码器的一个简单模型。在这个模型中，输入信号 $s(t)$ 中是完整的，而且只要整和器的状态跨过阈值 a 就会产生一个峰电位。在产生一个峰电位之后，整合器回复到零位。数学上，锋电位乘以 $\{t_i\}$ 由下式决定

$$\int_{t_{i-1}}^{t_i} s(t)\mathrm{d}t = a$$

编码程序的噪声可以由引入一个随着时间涨落的阈值 $a(t)$ 来模拟。为了简便，过程 $a(t)$ 被模拟为白高斯噪声。平均阈值 $E(a)$ 依靠 DC 水平来维持一个固定的平均发放率：$\bar{r} \approx DC/E(a)$[峰电位/s]。因此，"噪声"由标准差和均值的比来定量：$STD(a)/E(a)=5\%$。输入信号的谱成分和输出平均发放率与前面描述的肌梭实验情形类似。输入的范围为 $0.5 \sim 20Hz$ 的具有平坦功率谱的高斯随机噪声。噪声省略了 ± 3 标准差，DC 被增加了 80% 调制深度。与实验类似，编码器阈值被设定为达到大约 30 个峰电位/s的平均峰电位频率。

输入的功率谱和有效噪声，连同产生的 SNR 一起，如图 19-18 所示。计算出的信息率约是 47.87（bit/s），编码效率约为 0.25。

SNR 的形状说明 SSIPFM 编码器传递输入信号的低频成分要多于高频成分。比较图 19-17 和图 19-18，发现这个结果与来自肌梭的实验结果是相反的。

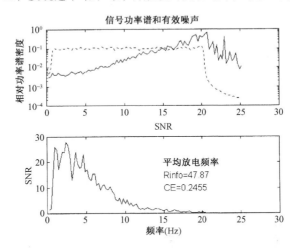

图 19-18　SSIPFM 编码中输入信号的功率谱密度（虚线）和有效噪声（实线）
以及信噪比（下图）

SNR 随着频率的增加而下降，在低频率达到最大 SNR，这意味着重构质量在低频率范围内是较
好的，这与图 19-17 的结果正好相反。

肌梭模型

从 SSIPFM 模型得到的结果与实验结果不一致这个事实并不令人惊讶。SSIPFM 编码器对峰电位起始点是可靠的模型。然而，肌肉的位移刺激不是直接针对这一点。而是

通过了构成肌梭的梭内纤维的机械过滤。在对各种不同的模型进行实验之后，发现一个简单的非线性模型能解释这一效果。这一个模型以肌梭的机械特性为基础，符合McRuer 等（1968）提出的模型，并且这个模型被 Milgram 和 Inbar（1976）所使用。因此，我们可以期望不同的过滤和不同的 N_{eff}，SNR 和 R_{info} 不仅在次级末梢（类型Ⅱ），而且在不同的肌梭和不同的 γ 系统活动水平下。

为了接近初级传入（Ia）的响应，我们把一个速度成分加到位移信号上，而且将部分合成信号正反馈到噪声 SSIPFM 编码器中

$$s(t) \rightarrow [s(t) + s'(t)]^+ \rightarrow \text{SSIPFM}$$

式中，$s'(t)$ 是速度，$y = [x]^+$ 表示：如果 $x < 0$ 则 $y = 0$，其余的 $y = x$。输入信号与以前相同，放电率被预定约为 30（峰电位/s）。

有效噪声功率谱和 SNR 如图 19-19 所示，和动物实验中的结果（图 19-17）非常相似。信息率的下限约是 35.8 [bit/s]，同时编码效率约是 0.19，非常接近那些在动物实验中得到的结果。

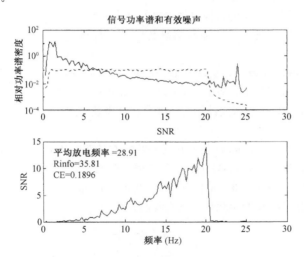

图 19-19　肌梭模型中输入信号的功率谱密度（虚线）和有效噪（实线）以及信噪比（下图），注意与图 19-17 的结果很相似

■ 结　论

从上面的结果，显而易见，不同的感觉系统在不同频带由不同的 SNR 曲线传递信息。虽然蟋蟀感觉汗毛利用宽的带宽（约 300Hz）和低的 SNR（约 1），而我们在青蛙球囊找到的是一个较窄的带宽（约 30Hz）和中等的 SNR（约 3～4）。在肌梭中我们找在一个在更窄的带宽（约 15Hz）上的更高的 SNR（约 8）。输入不同的信号还可能在肌梭中得到其他的结果。各种不同的感觉系统和形态之间的不同起源于所观察系统的独特结构和功能。模拟模型说明这些结果可能与感受器的结构和功能方面相关，而且增加了我们对它的理解。通过进一步分析，可能会找到在这一类型的结果和生物结构里感受器的

功能之间的联系。

　　上面提到的实验的编码效率在从 $20\%\sim90\%$ 的范围内。上下限之间的距离可以归于三个因素：①上限（ R_{info}^{UB} ）比峰电位序列的熵 $H(\{t_i\})$ 高；②峰电位序列的熵比真实的信息率（ R_{info} ）高；③真实的信息率比下限（ R_{info}^{LB} ）高。理想情况下，如果上限接近峰电位序列的熵，而且下限接近真实的信息率，那么编码效率就表示用于传输输入信息的输出熵的百分比。其余的熵可以被归于系统中的噪声。然而，有两个问题可能会降低编码效率。一个是当线性解码方案不能提取信号中的大部分信息时。在这种情况下，就需要使用高阶的估计方法。第二个问题是上限严重地超出峰电位序列的熵。在这种情况下，使用更加复杂的熵估计技术可能会有所帮助（Farach et al. 1995）。

　　仔细应用这里描述的方法，它或许可以揭示感觉系统的信息传递特性。这是一个强大的工具，它可以帮助我们认识更多的系统功能。

　　1. 从数学的角度，微分熵与离散 RV 的熵并不完全相同，但是我们不在这里做详细讨论。详见 Cover 和 Thomas 的著述文章（1990）。

　　2. 注意一个上限不希望的特性是随着时间分辨率的增加时。而增加（ $\Delta\tau$ 减少的时间 t）。这个上限可以改进。对于神经信息传输的上限的讨论见 Tock 和 Inbar 的著述（1999）。

　　3. 实验是在 1998 年夏天，在瑞典 Umeå Working Life 国立研究院肌与骨骼研究所主任 H．Johansson 教授和 U．Windhorst 教授的协助下进行的。这个实验正在进行的关于运动感觉系统中信息传输研究计划的一部分。这里被提到的是初步结果，主要是为了说明分析方法。

致谢：我们要感谢 U．Windhorst 教授在这一章的准备期间所做的评论和很有帮助的建议。我们要感谢瑞典 Umeå Working Life 国立研究院肌与骨骼研究所主任 H．Johansson 教授的协作，和 M．Bergenheim 博士，J．Pedersen 博士，F．Hellström 先生和 J．Thunberg 先生所进行的动物实验且提供给我们数据。

参 考 文 献

Bialek W, DeWeese M, Rieke F, Warland D (1993). Bits and brains: information flow in the nervous system. Physica A, 200: 581–593.

Bialek W, Rieke F, de Ruyter van Ssteveninck R, Warland D (1991). Reading a neural code. Science 252: 1854–1857.

Candy JV (1988). Signal processing: The modern approach. McGraw-Hill, New York.

Cover TM, Thomas JA (1990). Elements of information theory. John Wiley & Sons, New York

Eckhorn R, Pöpel B (1974). Rigorous and extended application of information theory to the afferent visual system of the cat. I. Basic concepts. Kybernetik 16: 191–200.

Eckhorn R, Pöpel B (1975). Rigorous and extended application of information theory to the afferent visual system of the cat. II. Experimental results. Biol Cybern 17: 7–17.

Farach M, Noordewier M, Savari S, Shepp L, Wyner A, Ziv J (1995). On the entropy of DNA: Algorithms and measurements based on memory and rapid convergence. Proceedings of the 1995 Symposium on Discrete Algorithms, pp. 48–57.

Hertz J (1995). Sensory coding and information theory. In: Arbib MA (ed), The handbook of brain theory and neural networks. MIT Press, Cambridge, MA.

Houk J C (1963). A mathematical model of the stretch reflex in human muscle systems. MS thesis,

Massacchusetts Institute of Technology, Cambridge.

Hulliger M (1984). The mammalian muscle spindle and its central control. Rev Physiol, Biochem Pharmacol 101: 1–110.

Hulliger M, Matthews PBC, Noth J (1977) Static and dynamic fusimotor stimulation on the response of Ia fibres to low frequency sinusoidal stretching of widely ranging amplitudes. J Physiol (Lond) 291:233–249

Inbar G F (1972). Muscle spindles in muscle control. Kybernetik, 11, 119–147.

Inbar G F, Milgram P (1975). Estimation of intracellular potentials from evoked neural pulse trains. IEEE Trans BioMed Engin, BME-22: 379–383.

Koehler W, Windhorst U (1981) Frequency response characteristics of a multi-loop representation of the segmental muscle stretch reflex. Biol Cybern 40:59–70

Kröller J, Grüsser OJ, Weiss L R (1985). The response of primary muscle spindle endings to random muscle stretch: a quantitative analysis. Exp Brain Res 61: 1–10.

Kwakernaak H, Sivan R (1991) Modern signals and systems. Prentice-Hall International, Inc.

MacKay D, McCulloch WS (1952). The limiting information capacity of a neuronal link. Bull Math Biophys 14: 127–135.

McRuer D T, Magdaleno R E, Moore G P (1968). A neuromuscular actuation system model. IEEE Trans Man-Machine Systems MMS-9: 61–71.

Matthews PBC, Stein RB (1969) The sensitivity of muscle spindle afferents to small sinusoidal changes in length. J Physiol (Lond) 200:723–743.

Milgram P, Inbar GF (1976). Distortion suppression in neuromascular information transmission due to interchannel dispersion in muscle spindle firing thresholds. IEEE Trans BioMed Engin BME-23: 1–15.

Papoulis A (1991). Probability, random variables and stochastic processes. 3nd edition. McGraw-Hill, New York

Poppele RE (1981). An analysis of muscle spindle behavior using randomly applied stretches. Neuroscience 6: 1157–1165.

Porat B (1994) Digital processing of random signals: theory and methods. Prentice-Hall, Inc, New Jersey.

Prochazka A (1996) Proprioceptive feedback and movement regulation. In Rowell L, Shepard J (eds) Integration of motor, circulatory, respiratory and metabolic control during exercise, pp 89–127. American handbook of physiology. Sect A. Neural control of movement. Oxford University Press, New York

Rieke F, Bodnar D, Bialek W (1995). Naturalistic stimuli increase the rate and efficiency of information transmission by primary auditory neurons. Proc Royal Soc Lond Series B 262: 259–265.

Rieke F, Warland D, Bialek W (1993). Coding efficiency and information rates in sensory neurons. Europhysics Letters, 22: 151–156.

Rieke F, Warland D, de Ruyter van Stevenink R, Bialek W (1997). Spikes: Exploring the neural code. The MIT Press, Cambridge, MA.

Rosenthal NP, McKean TA, Roberts WJ, Terzuolo CA (1970) Frequency analysis of stretch reflex and its main subsystems in triceps surae muscles of the cat. J Neurophysiol 33: 713–749.

Shannon CE (1948). A mathematical theory of communication. Bell System Technical Journal, 27: 379–423, 623–656.

Shannon CE, Weaver W (1949). The mathematical theory of communication. University of Illinois Press, Urbana.

Tock Y, Inbar Gf (1999). On the upper bound to neural information transmission rate. EE Pub. 1220, Technion – IIT, Israel.

Warland D, Landolfa M, Miller J P, Bialek W (1992). Reading between the spikes in the cercal filiform hair receptors of the cricket. In: Eeckman F (ed) Analysis and modeling of neural systems, pp. 327–333. Kluwer Academic, Boston.

第二十章 神经元简单网络的信息－理论分析

Satoshi Yamada

龙开平 译

第四军医大学生物医学电子工程系物理学教研室

longkp@263.sina.com

■ 绪 论

确定神经网络的突触连接结构对了解神经系统的组织及功能是很关键的。多神经元记录方法，如多通道光学记录（Cohen and Lesher 1986；Nakashima et al. 1992）和多单位细胞外记录（Gerstein et al. 1983；Novak and Wheeler 1986；Wilson and McNaughton 1993），在了解神经网络的结构及功能方面是很有效的。然而，他们不提供任何有关突触连接的直接信息。两个动作电位串（Perkel et al. 1967a，1967b；Gerstein and Aertsen 1985；Surmeier and Weinberg 1985；Melssen and Epping 1987；Palm et al. 1988；Aertsen et al. 1989；Yang and Shamma 1990）或三个动作电位串（Perkel et al. 1975）的交叉相关分析被广泛地用于这个目的。然而，它们造成一些困难。

——区别一个重要的互相关和噪声有时候相当困难

——他们不提供突触强度的定量判断

——他们不能推论出连接结构

使用信息理论的相关分析将会处理上述的困难。一些研究人员使用信息理论探索神经反应或相互作用（Eckhorn and Pöpel 1974；Tsukada et al. 1975；Eckhorn et al. 1976；Fagen 1978；Nakahama et al. 1983；Fuller and Looft 1984；Optican and Richmond 1987；Reinke and Diekmann 1987；Williams et al. 1987；Optican et al. 1991）。然而，他们所采用的方法不是系统的分析方法，并且缺乏推论由 n 神经元所组成的网络（n 神经网络）的连接结构的过程。我们用信息理论发展了演绎 n 神经元网络的连接结构（Yamada et al. 1993，1996）的分析方法。在本章中，将回顾在交叉相关法中使用信息理论。首先，将定义在分析中使用的几个量。其次，对分析方法将有一个总的描述。第三，为了示范，我们的方法将会被应用到被模拟神经网络模型获得的数据，而且一些结果将会作为例子给出。最后，将讨论这个方法的优点和不足。

■ 理 论

交叉相关分析和信息理论之间的关系

交叉相关分析的一个目的就是要检测在神经元之间的动作电位（峰电位）串之间（图 20-1B）的相关性。从信息理论，我们可以定义一个量叫互信息，它代表神经元集群所携带的公共信息，并且在数量上与这些神经元和它们突触连接的强度之间的相关性有关。

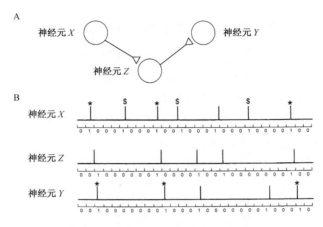

图 20-1　有三个神经元构成的网络结构和神经元动作电位串
A. 网络的连接结构。B. 神经元动作电位串的 1 和 0 的序列。

这个方法的另外的一个目的就是要推论出连接结构。为达到这个目的，就必须区别直接连接和间接相互作用，必须估计其他神经元的作用。合适的度量是所谓的"条件互信息"，它描述了独立于其他神经元的互信息，因而可以估计其他的神经元的作用。

为了说明这个概念，设想一个由三个神经元 X、Y 和 Z 构成的网络，如图 20-1A 所述。在这个网络中，从 X 神经元到 Z 神经元 $X \rightarrow Z$ 和从 Z 神经元到 Y 神经元 $Z \rightarrow Y$ 有兴奋性连接，但是 X 神经元和 Y 神经元之间没有直接的连接。但是，因为 Z 神经元的中介，X 神经元和 Y 神经元之间的交叉相关性将会表现出重要的价值。在图 20-1B 中，下列各项事实将提示这一点。X 神经元的动作电位后一个时间间隔 t_{XY}^0，时常跟随一个 Y 神经元的峰电位，用"★"标示，而且对这些有标记的峰电位对，X 神经元的峰电位后的一定间隔 t_{ZX}^0 又跟随 Z 神经元的峰电位，并且在 Y 神经元峰电位的前面 t_{ZY}^0 处。然而，当 X 神经元放电而 Z 神经元静息的时候，Y 神经元通常并不产生峰电位（在图 20-1B 中，没有 Z 神经元放电时 X 神经元的放电由"$"标示）。它暗示 X 神经元的动作电位多数情况下可能都被引起 Y 神经元峰电位的 Z 神经元峰电位跟随，而且，在没有后续的 X 神经元峰电位时，Y 神经元的峰电位可能很少领先于 Z 神经元峰电位。毕竟，我们处理的是统计意义上的连接和信号。

如果 X 神经元和 Y 神经元之间的相关性分别在激活的 Z 神经元和静息的 Z 神经元的情况下进行计算，就可以计算 Z 神经元的相关独立性。条件互信息可以完全可以计算这样的数值（见下部分的方程 8）从而估计出 Z 神经元的相关独立性。

在这个信息理论的方法中，放电神经元被认为有两种状态产生事件过程，活动（1：发放一个动作电位）或静息（0：不发放）。即通过把时间划分为离散的时间间期 Δ 并对其中的峰电位进行记数，动作电位串被转换成 1 和 0 的序列，如图 20-1B 相应的峰电位串下面所示。从这些序列，可以计算概率和下列各项信息理论上的量。

互信息

如果 X 是一个在离散和有限相空间的点过程，Shannon 熵由下式给出

$$H(X) = -\sum_{s(X)} p(s(X))\log[p(s(X))] \tag{20.1}$$

式中，$s(X)$ 和 $p(s(X))$ 分别表示 X 的状态和 $s(X)$ 的概率（Shannon 1948）。同样地，过程 X 和 Y 之间的联合 Shannon 熵由下式给出

$$H(X, Y) = -\sum_{s(X), s(Y)} p(s(X), s(Y))\log[p(s(X), s(Y))] \tag{20.2}$$

式中，$p(s(X), s(Y))$ 表示联合的概率。

两个点的互信息（2pMI），表示由两个过程 X 和 Y 共同携带的信息，由下式给出

$$I(X : Y) = H(X) + H(Y) - H(X, Y) \tag{20.3}$$

三个点的互信息（3pMI）由同样的定义（Ikeda et al. 1989）

$$I(X : Y : Z) = H(X) + H(Y) + H(Z) - H(X, Y) - H(Y, Z) - H(Z, X) + H(X, Y, Z) \tag{20.4}$$

作为上述的定义延伸，n 点互信息（npMI）被定义为（Yamada et al. 1996）

$$I(N_1 : N_2 : \Lambda : N_n) = \sum_{m=1}^{n} \sum_{k_1, \Lambda k_m \in \{1 : \Lambda : n\}} (-1)^{m+1} H(N_{k_1}, \cdots N_{k_m}) \tag{20.5}$$

式中，里面的求和是从 n 个神经元中取出 m 个神经元的所有组合的总数。

与 $I(X : Y)$ 有关的 $I(X : Y : Z)$ 如下

$$1(X : Y : Z) = I(X : Y) - I(X : Y | Z) \tag{20.6}$$

式中，$I(X : Y | Z)$ 是在给定 Z 的状态时 X 和 Y 之间的两点条件互信息（2pCMI）。

同样地，npMI 也可以由 2pMI 和条件互信息给出

$$I(N_1 : N_2 : \Lambda : N_n) = I(N_i : N_j) + \sum_{m=1}^{n-2} \sum_{k_1, \Lambda k_m \in \{1 : \Lambda : n\}, k_1 K k_m \neq i, j} (-1)^m I(N_i : N_j | N_{K_1}, \Lambda, N_{k_m}) \tag{20.7}$$

式中，$I(N_i : N_j | N_{k_1}, \Lambda, N_{k_m})$ 是二点的联合条件互信息（2pJCMI）。

互信息和条件互信息由概率描述如下

$$I(X : Y) = \sum_{s(X), s(Y) \in \{0,1\}} p(s(X), s(Y))\lg \frac{p(s(Y) | s(X))}{p(s(Y))}$$

$$I(X : Y | Z) = \sum_{s(X), s(Y), s(Z) \in \{0,1\}} p(s(X), s(Y), s(Z))\lg \frac{p(s(X), s(Y) | s(Z))}{p(s(X) | s(Z)) p(s(Y) | s(Z))}$$

$$\tag{20.8}$$

$$I(N_i : N_j | N_{k_1}, \Lambda, N_{k_m}) = \sum_{s(N_i), s(N_j), s(N_{k_1}), \Lambda, s(N_{k_m}) \in \{0,1\}} p(s(N_i), s(N_j), s(N_{k_1}), \Lambda, s(N_{k_m})) \times$$

$$\lg \frac{p(s(N_i), s(N_j) | s(N_{k_1}), \Lambda, s(N_{k_m}))}{p(s(N_i) s(N_{k_1}), \Lambda, s(N_{k_m})) p(s(N_j) | s(N_{k_1}), \Lambda, s(N_{k_m}))}$$

在动作电位串之间的相关性必须考虑相应的时间差额。例如,方程(5)变为

$$I\left| N_1(t_{11}) \vdots N_2(t_{12}) \vdots \Lambda \vdots N_n(t_{1n}) \right| = \sum_{m=1}^{n} \sum_{k_1, \Lambda, k_m \in (1 \vdots \Lambda \vdots n)} (-1)^{m+1}$$
$$H(N_{K_1}(t_{1k_1}), \Lambda N_{k_m}(t_{1k_m})) \quad (20.9)$$

式中, $t_{11}, \Lambda, t_{1n}(t_{11}\equiv 0)$ 就分别是 $N_1, \cdots, N_n$ 从 N_1 的相应的时间差额。上述所有的方程都应以类似的方式改变。

npMI 表达的信息量由 n 个过程分享(McGill 1955)。如果任何的神经元或任何的群体神经元都没有和剩余的神经元连接,那么 npMI 就等于零(Yamada et al. 1996)。如果发现一个有意义的 npMI 峰(统计的意义将会在稍后讨论),它表明所有的神经元都是相互连接的,或者是直接连接,或者是通过其他神经元间接连接。在尖峰上获得的时差是有效连接的时差候选者。

符号化的通道容量

设想一个突触前神经元 X 结合一个突触后神经元 Y。2pMI 由突触前神经元 X 的放电概率 $p(s(X))$ 决定。通道容量被用来估计连通数量。通道容量是有关 $p(s(X))$ 的互信息的最大值(Shannon 1948),从而独立于 $p(s(X))$。通道容量按下式计算(Blahut 1972)

$$C(X \vdots Y) = \max_{p(s(X))} I(X \vdots Y) \quad (20.10)$$

通道容量和 2pMI 对兴奋和抑制两者的相互作用是并不减小。为了区别兴奋和抑制相互作用,我们介绍一个符号化的通道容量(SCC)和一个符号化的二点互信息(SMI)(Yamada et al. 1993)。因为抑制性突触减少了在突触前神经元放电后的突触后神经元的放电概率, $p(s(Y)=1 | s(X)=1)$, $p(s(Y)=1 | s(X)=1)$ 将会比自发放电概率小, $p(s(Y)=1 | s(X)=0)$。如果满足下列不等式,则 SCC 和 SMI 是减小的(抑制)(见图 20-2D 和图 20-2E)

$$p(s(Y)=1 | s(X)=1) < p(s(Y)=1 | s(X)=0) \quad (20.11)$$

统计学意义

在一个交互关联分析中,我们可以推导一个具有最小"有效连接"数的模型,它能够复制观察的动作电位串的特征(Aertsen et al. 1989; Yamada et al. 1996)。如果 2pMI,2pCMI 或 2pJCMI 比下列范围大,则认为对应的神经对有 "有效连接"。

考虑 $I(X \vdots Y(t_{XY}))$ 的范围。对于一个给定的显著性水平 α(通常 α=1‰ 或 5‰),范围 b 被定义如下(Palm et al. 1988; Yamada et al. 1996)

$$p(| I(X \vdots Y(t_{XY})) |> b) = \alpha \quad (20.12)$$

式中, $p(| I(X \vdots Y)(t_{XY}) |> b)$ 表示 $I(X \vdots Y(t_{XY}))$ 超出 b 的概率。方程(20.12)表示当 X 和 Y 是独立时(X 和 Y 没有突触连接), $I(X \vdots Y(t_{XY}))$ 超出范围 b 的概率是 α。所以如果 $I(X \vdots Y(t_{XY}))$ 超出 b,则认为 $X - Y$ 的连接具有显著性水平为 α 的统计学意义。

$I(X \vdots Y(t_{XY}))$ 的范围 b 是当神经元 X 和 Y 是独立时具有概率 $1-\alpha$ 的 $I(X \vdots$

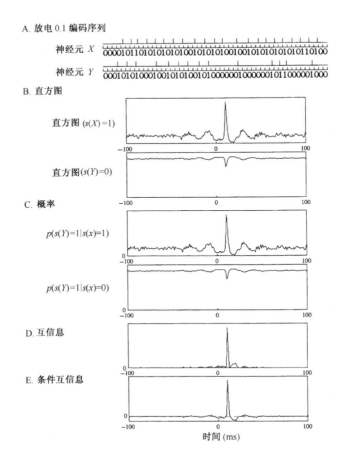

图 20-2　二个神经元的网络信息理论分析的解释

A. 神经元 X 和 Y 的动作电位串及其相应的 1 和 0 的序列。B. $s(X)=1$ 和 $s(X)=0$ 的交叉相关
直方图。C. $p(s(Y)=1|s(X)=1)$ 和 $p(s(Y)=1|s(X)=0)$ 的条件概率。D.2pMI。E.SMI。

$Y(t_{XY})$) 的最大值和最小值。为了计算 $I(X:Y(t_{XY}))$ 的范围, 必须计算 Y 神经元动作
电位的叠合数的范围 $b(C_y)$。在一个确定的时间差, Y 神经元动作电位的叠合数的期望
值是 $N_x p_y$, 其中的 N_x 和 p_y 分别表示神经元 X 的动作电位数和神经元 Y 的放电概率。
动作电位的叠合数是一个随机变量, 如果 $N_x p_y$ 充分大, 则其分布近似为高斯分布。在高
斯分布中, 标准差由 $\sigma = \sqrt{N_x p_y (1-p_y)}$ 计算。使用标准偏差, 可以计算动作电位叠合数
的上下限: $b(C_y)=N_x p_y \pm \omega \sigma$ ($\omega=1.96$ 当 $\alpha=5\%$, $\omega=2.58$ 当 $\alpha=1\%$, 从高斯分布中
得)。然后概率的上下限可以由 $b(C_y)$ 估计, 最后计算 $I(X:Y(t_{XY}))$ 的范围。

同理, 可以计算 npMI、2pCMI 和 2pJCMI 的范围。叠合动作电位数和用于计算的概
率的上下限可以同样计算。npMI、2pCMI 和 2pJCMI 的范围是由概率的上下限的可能联
合计算的数值之中的最大值和最小值。

条件互信息的作用

　　在动作电位串的关联分析中,最重要的是从间接的相互作用中区分直接连接。条件互信息能估计其他神经元的贡献。在一个二神经元网络,一个统计上有效的 2pMI 峰表示二个神经元之间的"有效"连接。然而,在三个神经元的网络中,一个统计上有效的 2pMI 峰不表示一个直接的"有效"连接,因为有通过另一个神经元进行间接相互作用的可能性。

　　举例来说,考虑包含三个神经元(X、Y 和 Z)的一个网络(图 20-1A)。在这个网络中,分别在 $X{\rightarrow}Z$ 和 $Z{\rightarrow}Y$ 在 t^0_{ZX} 和 t^0_{ZY} 有连接。X 神经元和 Y 神经元没有直接的连接,但是因为 X 神经元和 Y 神经元有依赖于神经元 Z 的相关动作电位,所以 $I(X{:}Y(t^0_{XY}))$ t^0_{XY} $= t^0_{ZY} - t^0_{ZX}$ 显示出显著值。然而 Y 神经元放电概率的升高不是由 X 神经元而是由 Z 神经元引起的,所以当 Z 神经元的状态被给定的时候,X 神经元和 Y 神经元在统计的意义上是独立的。

$$p(s(X(t^0_{ZX})), s(Y(t^0_{ZY})) \mid s(Z)) = p(s(X(t^0_{ZX})) \mid s(Z)) \times p(s(Y(t^0_{ZY})) \mid s(Z))$$

(这表明相关的 Y 神经元的放电概率未出现依赖于神经元 X 的进一步升高)而且

$$I(X(t^0_{ZX}){:}Y(t^0_{ZY}) \mid Z) = 0$$

(实际上,$I(X{:}Y \mid Z) = 0$ 意味着 $I(X{:}Y \mid Z)$ 是小于它的范围)。因此,当 2pCMI 不为 0 时,X 神经元和 Y 神经元之间的有效连接就被确认或者当 $2pCMI = 0$ 时被拒绝。在相当不可能的条件下,如果相应的连接存在,$2pCMI = 0$(细节见"注释")(Yamada et al. 1996)。

　　既然 2pMI 和 2pCMI 在决定一个有效的连接方面为 3pMI 峰起到了一个决定性的作用,就应该尽可能对它们进行精确的计算。计算应该是在覆盖 3pMI 峰的区域进行而不是一个人为由 Δ 决定的正方区域。在 3pMI 峰上的 2pMI 和 2pCMI 应该在整个的 3pMI 峰区域上用概率重新计算。

　　在一个 n 神经元网络中,$I(N_i{:}N_j \mid N_{k1}, \cdots, N_{km})$ 用来在间接的相互作用中区别直接连接。

有效连接的判断

　　假设一个三神经元网络。一个有效的 3pMI 峰表明网络中每一个神经元至少与另一个神经元连接。从峰的位置可以得到三个时间差分 t^0_{ZX}、t^0_{ZY} 和 $t^0_{XX}(= t^0_{ZY} - t^0_{ZX})$。他们是有效连接时间差分的候选者。在峰的范围内重新计算的 2pMI 和 2pCMI 用于决定有效连接。

　　首先,考虑所有的三个时间差分是非零的情况。按时间差分的顺序神经元被重新排列并且重新命名为 A、B 和 C(例如,如果 $t^0_{ZX} = -10, t^0_{ZY} = 10$,则 $X{\rightarrow}A, Z{\rightarrow}B, Y{\rightarrow}C$)。由这些时间差分,$C$ 不能影响 A 和 B 之间的相互关系,因而,A 和 B 是否有一个有效连接是由 $I(A{:}B)$ 来估计的。相反,由于可能的间接相互作用,A-C 和 B-C 的统计有效性分别由 $I(A{:}C \mid B)$ 和 $I(B{:}C \mid A)$ 估计。如果 $I(A{:}B)$,$I(A{:}C \mid B)$ 或 $I(B{:}C \mid A)$ 其中一个为零,相应的连接在统计上被拒绝,即无效。也就是说,下列的连接被认为是有效的

$$I(A : B) = 0 \Rightarrow A \to C, B \to C$$

$$I(A : C \mid B) = 0 \Rightarrow A \to B, B \to C$$

$$I(B : C \mid A) = 0 \Rightarrow A \to B, A \to C$$

如果他们全部都是非零,所有三个连接被认为是统计有效的。如果他们之中的二个或三个为零,其中的一些一定由未定的特别条件被归零(见"注释")(Yamada et al. 1996)。如果从 A 到 B 的时间差分是零,可以使用相同的步骤,但是 A^-B 连接的方向不能确定。如果从 B 到 C 的时间差分是零,除了 B, C 之间没有有效连接这种可能外,不能推出其连接结构。如果所有的时间差分为零,连接结构不能确定。

考虑一个 n 神经元网络。n 个神经元之中的相互作用可以被 t_{12}, Λ, t_{1n} 超平面中的 $np\mathrm{MI}$ 的有效峰检测。时间差分 $t_{12}^0, \Lambda, t_{1n}^0$ 和 $t_{ij}^0 (= t_{1j}^0 - t_{1i}^0)(i, j = 2, \Lambda, n, i \neq j)$,可以从有效峰的位置获得。$n$ 个神经元按时间差分的顺序被重新排列和命名为 $N_1, N_2, \cdots, N_n$。因为从 N_i 到 $N_j N_m (m > j > i)$ 不影响相关性,但是 $N_p (p < j)$ 有可能影响它,$N_i^- N_j$ 连接的效果可以用 $(I(N_i(t_{1i}^0) : N_j(t_{1j}^0) \mid N_{k_1}(t_{1k_1}^0), \Lambda, N_{k_{j-2}}(t_{1k_{j-2}}^0))(k_1, \Lambda, k_{j-2} < j, k_1, \Lambda, k_{j-2} \neq i)$ 来估计。当 $i = 1$ 和 $j = 2$ 时,则用 $I(N_1 : N_2(t_{12}^0))$。与三个神经元网络的分析相同,如果 $2p\mathrm{MI} = 0$ 或 $2p\mathrm{JCMI} = 0$,则对应的连接是无效的。如果一个或多个时间差分 $(t_{1k_1}^0, \Lambda, t_{1k_{j-2}}^0)$ 和 t_{1j}^0 相等,N_i-N_j 连接的统计效果不能被估计,因为在 $t_{1l}^0 = t_{1j}^0$ 情况下,N_j 和 N_l 之间的方向尚不能被确定。但是如果所有的这样的连接都是无效的,即 $I(N_l : N_j \mid N_{k_1}, \Lambda, N_{k_{j-2}}) = 0$,则 N_i-N_j 连接的效果可以被估计。

概要

使用动作电位串的信息理论分析来推论 n 神经元网络的连接结构的步骤如下:

1. 获得动作电位串数据,它显示动作电位的发生次数。

2. 把每个神经元的一列动作电位串在具有间隔 Δ 的离散的时间段转换为 1 和 0 的序列。

3. 计算交叉相关直方图。

4. 计算在计算 $np\mathrm{MI}$ 时需要的概率。

5. 计算 $np\mathrm{MI}$ 和它的范围。

6. 找到统计有效的 $np\mathrm{MI}$ 峰。

7. 决定有效的 $np\mathrm{MI}$ 峰的尖峰区域。

8. 在有效的尖峰区域和他们的边界上重新计算 $2p\mathrm{MI}$ 和 $2p\mathrm{JCMI}$。

9. 确定统计学有效的连接。

步骤和结果

两个神经元的网络分析

首先,描述两个神经元的网络分析。假设一个神经元 X 和 Y 的网络。图 20-2A 显示两个动作电位序列(上线)。这些数据首先在具有间隔 Δ 的离散的时间段转换为 1 和 0

的序列。时间段的大小应该小于发生在任何一串里的最小的动作电位间隔,以致一个单一时间段至多包含一个动作电位。时间段用的越小,需要的找到有效相关的数据量就越大。所以时间段应该尽可能的大,尽量的长只要它不超过最小的动作电位间隔。时间轴由上面确定的时间段被分成许多的小块。如果一个时间段中有一个动作电位,这个时间段的符号就是1,否则是0(图20-2A)。

为了计算2pMI,必须先计算每一个时间差分下面各项的概率。

$$p(s(X) = 0)$$

$$p(s(X) = 1)$$

$$p(s(Y, t_{xy}) = 0)$$

$$p(s(Y, t_{xy}) = 1)$$

$$p(s(Y, t_{xy}) = 0 \mid s(X) = 0)$$

$$p(s(Y, t_{xy}) = 1 \mid s(X) = 0)$$

$$p(s(Y, t_{xy}) = 0 \mid s(X) = 1)$$

$$p(s(Y, t_{xy}) = 1 \mid s(X) = 1)$$

式中,t_{xy}是在神经元 X 和 Y 之间的时间差分。在这种情况下,神经元 X 暂时设定为突触前神经元。在上述的概率中有方程,即

$$p(s(X) = 0) = 1 - p(s(X) = 1)$$

$$p(s(Y, t_{xy}) = 0) = 1 - p(s(Y, t_{xy}) = 1)$$

$$p(s(Y, t_{xy}) = 0 \mid s(X) = 0) = 1 - p(s(Y, t_{xy}) = 1 \mid s(X) = 0)$$

$$p(s(Y, t_{xy}) = 0 \mid s(X) = 1) = 1 - p(s(Y, t_{xy}) = 1 \mid s(X) = 1)$$

$$p(s(Y, t_{xy}) = 1) = p(s, Y, t_{xy}) = 1 \mid s(X) = 0) \times p(s(X)$$
$$= 0) + p(s(Y, t_{xy}) = 1 \mid s(X) = 1) \times p(s(X) = 1)$$

在每个时间差分应该估计三个概率($p(s(X) = 1)$, $p(s(Y, t_{xy}) = 1 \mid s(X) = 0)$,和 $p(s(Y, t_{xy}) = 1 \mid s(X) = 1)$)。 $p(s(X) = 1)$可以容易地从序列中 1 的比率估计出来。$p(s(Y, t_{xy}) = 1 \mid s(X) = 0)$和 $p(s(Y, t_{xy}) = 1 \mid s(X) = 1)$从交叉相关直方图(图 20-2B)估计。图 20-2C 显示了条件概率。在每个时间差分使用这些概率,可以由(8)式计算在每个时间差分的2pMI(图 20-2D)。计算 SMI 以从兴奋相互作用中区分抑制相互作用,[见不等式(20.11)](图 20-2E)。图 20-2E 的点状水平线表示 SMI 的范围。在这个例子中,发现在 10ms 时间差分的一个兴奋峰是有效的。

SMI 放大了于普通的交叉相关法相对的有效变化。例如,定标交叉叠合直方图(SCCH)(Melssen and EPping 1987)和"意外"(SUR)(Aertsen et al. 1989)。如图 20-3所示,对于兴奋(图 20-3A)和抑制(图 20-3B)相互作用来说,SMI 显示了比 SCCH 和 SUR都大的相关峰。这个放大是由于如图 20-4 所示的 SMI 的非线性功能所致。

SCC 给出了突触强度的一个好的度量。为了要获得突触强度的数量估计,应该计算有效峰上的通道容量。图 20-5 显示了重新计算的 SCC 的依赖性和突触强度峰上的SCCH。如图 20-5 所示,SCC 给出了独立于突触前神经元的放电概率的定量的测度。与

之相对，SCCH 依赖于放电概率。

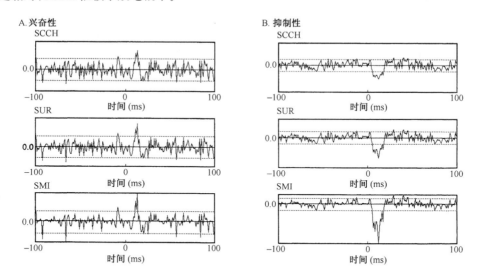

图 20-3　交叉相关图的比较

A. 用 SCCH、SUR 和 SMI 方法评价神经元 $X1$ 和 Y 的互相关图，神经元 $X1$ 和 Y 之间是兴奋性突触。B. 神经元
$X2$ 和 Y 之间的交叉相关性，二者之间是抑制性突触。图中的两条水平虚线表示上下界（α＝5％）。动作电位串由
Hodgkin-Huxley 神经元模型诱发（引自 Yamada.et al. 1993）。

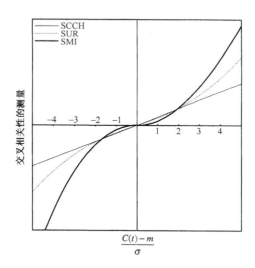

图 20-4　SMI、SCCH 和 SUR 关于 $C(t)$ 的函数

$C(t)$ 表示在时间 t 差分动作电位的叠合数。x 轴表示标准化的叠合数（$C(t) - m$）/σ，其中 m
和 σ 分别表示叠合数的平均值和标准差，y 轴表示标准化的交叉相关性测量。标准化采用的是上
限值（引自 Yamada et al.1993）。

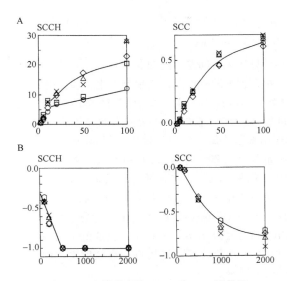

图 20-5　突触强度的 SCCH 和 SCC 依赖性

A. 神经元 $X1$ 和 Y 的兴奋性作用。位于 SCCH 峰域或峰高之上的重新计算的 SCC 随突触强度 w 变化的分布图，w 使神经元 $X1$ 的放电概率呈多样化，每个刺激引起 $X1$ 动作电位的数量是 2000 个。B. 神经元 $X2$ 和 Y 的兴奋性作用。每个刺激引起 $X2$ 动作电位的数量是 2000 个。A 和 B 分别表示 $X1$ 和 $X2$ 的放电频率。○:50/s,□:25/s,:×:14.2/s,△:10/s,◇:5/s,○:2.5/s(引自 Yamada et al.1993)。

三神经元网络的分析

在这一部分,我们描述推论三神经元网络的连接结构的分析方法。考虑神经元 X、Y、Z 构成的网络。动作电位串转换为 1 和 0 的序列的方法和前面一部分讲述的一样。先假设 Z 是一个突触前神经元。在一个三神经元网络情况下,应该从交叉相关直方图估计下列在每个时间差分上的概率

$$p(s(Z) = 1)$$
$$p(s(X, t_{zx}) = 1 \mid s(Z) = 0)$$
$$p(s(X, t_{zx}) = 1 \mid s(Z) = 1)$$
$$p(s(Y, t_{zy}) = 1 \mid s(Z) = 0)$$
$$p(s(Y, t_{zy}) = 1 \mid s(Z) = 1)$$
$$p(s(X, t_{zx}) = 1, s(Y, t_{zy}) = 1 \mid s(Z) = 0)$$
$$p(s(X, t_{zx}) = 1, s(Y, t_{zy}) = 1 \mid s(Z) = 1)$$

其他的概率由概率方程计算,如

$$p(s(X, t_{zx}) = 1, s(Y, t_{zy}) = 0 \mid s(Z) = 1) = p(s(X, t_{zx})$$
$$= 1 \mid s(Z) = 1) - p(s(X, t_{zx}) = 1, s(Y, t_{zy}) = 1 \mid s(Z) = 1)$$
$$p(s(X, t_{zx}) = 1, s(Y, t_{zy}) = 1) = p(s(X, t_{zx}) = 1, s(Y, t_{zy}) = 1 \mid s(Z)$$

$$= 0) \times p(s(Z) = 0) + p(s(X, t_{zx}) = 1, s(Y, t_{zy}) = 1 \mid s(Z)$$
$$= 1) \times p(s(Z) = 1)$$

按方程(6)和(8)计算每个时间差分上的 3pMI。

图 20-6A 显示了由模拟的三神经元网络模型产生的动作电位串的 3pMI 图。图中发现三个有效的 3pMI 峰，$(t_{zx}, t_{zy}) = (17, 12)$、$(17, 30)$ 和 $(0, 12)$。这些时间差分和相应的 t_{xy} 的时间差分，例如，$t_{xy} = -5$ 在 $(17, 12)$ 处是有效连接的候选者。在尖峰区域上重新计算 2pMI 和 2pCMI 用来估计每个连接的效果。例如，分析 $(17, 12)$ 处的尖峰。神经元按时间差分的顺序被重新排列和命名为 A、B 和 C。在这情况下 $Z \rightarrow A$，$Y \rightarrow B$，$X \rightarrow C$。如"有效连接估计"中所描述的，$A-B$ 连接的统计效果由 $I(A : B)$ 估计。与此相对，$A-C$ 和 $B-C$ 连接的统计效果分别由 $I(A : C \mid B)$ 和 $I(B : C \mid A)$ 估计。如果 $I(A : B)$、$I(A : C \mid B)$ 或 $I(B : C \mid A)$ 小于他们的范围，相应的连接不认为是有效的。图 20-6A(3) 显示了重新计算的 2pMI 和 2pCMI。因为 $I(B : C \mid A)$ 小于它的范围，$B-C$ 连接没有效。因为其他的比他们的范围大，所以 $A-B$ 和 $A-C$ 的连接符合有效定义。因此 $t_{zy} = 12$、$t_{zx} = 17$ 被认为是具有有效连接的时间差分。

相似的分析可以应用在另外的峰。从 $(17, 30)$ 峰的，$t_{zx} = 17$ 和 $t_{xy} = 13$ 是有效连接（见图 20-6A(3) 在 $(17, 30)$ 上的 2pMI 和 2pCMI）。从 $(0, 12)$ 的峰，$t_{xy} = 12$ 和 $t_{zy} = 12$ 是有效的连接。三个有效的 3pMI 峰获得的结果是彼此一致的。$t_{zy} = 12$、$t_{zx} = 17$ 和 $t_{xy} = 12$ 相当于这个三神经元网络的有效连接。

图 20-6B 显示了三神经元网络分析的另外一个例子。在这种情况下，有五个主要的统计有效峰：四个正向峰在 $(17, -12)$、$(17, 30)$、$(-24, -12)$、$(17, 12)$ 和一个负向峰在 $(0, 10)$。相似的分析可以推出连接结构。重新计算 2pMI 和 2pCMI 表示 $Z \rightarrow X (t_{zx} = 17)$、$Z \leftarrow Y (t_{zy} = -12)$、$Z \rightarrow Y (t_{zy} = 12)$ 和 $X \rightarrow Y (t_{xy} = 12)$ 的连接是有效的（图 20-6B(3)）。

在图 20-6B 中有一些小的峰，如 $(-5, -12)$ 处的正向峰指出了 $Z \leftarrow Y (t_{zy} = -12)$ 和 $X \leftarrow Y (t_{xy} = -7)$ 的明显直接、有效连接（图 20-B(3)），但是后者在 $t_{xy} = -5$ 的线上 $(17, 12)$ 显示出间接性（图 20-6B 中的虚线）。

在交叉相关法中，虽然没有得到一个直接连接的直接证据，但是间接的相互作用仍可以由估计其他神经元的贡献决定。因此，在相应的时间差分所有的峰上的没有决定是间接相关的都一定是直接相关，而被决定了在一个或多个峰有间接关系的时候则被认为是间接的。因为确定 $t_{xy} = -5$ 的时间差分在 $(17, 12)$ 是间接的，所以认为 $t_{xy} = -5$ 的 $X-Y$ 相关性是间接的。在 $(-5, -12)$ 的峰由 $t_{zy} = -12$ 的直接连接和 $t_{xy} = -7$ 的间接相互作用的组合所产生，这样的峰叫做第二峰。

扩展到 n 神经元网络的分析和一个四神经元网络分析的例子

n 神经元网络的分析可以由相似的步骤完成。转换动作电位串为 0 和 1 的序列，计算交叉相关直方图 npMI 计算所需的概率，在每个时间差分和其范围计算 npMI，找到有效的 npMI 峰，在每个有效的 npMI 峰区域重新计算 2pMI 和 2pJCMI，然后估计每个连接的统计效果。

图 20-7 显示了四神经元网络分析的步骤。首先，计算在每个时间差分上的 4pMI，找出统计有效的峰。在这种情况下，有 14 个统计有效峰、4 个正峰和 10 个负峰［图 20-7

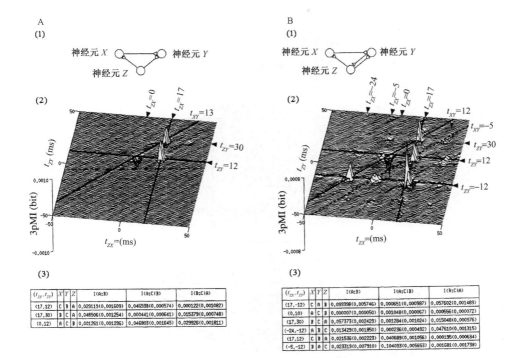

图 20-6　运用 3pMI 分析刺激三个神经元的网络模型引起的动作电位串

A．三个神经元网络模型，即 $Z\to X$，$Z\to Y$ 和 $X\to Y$。每个神经元接受具有分布正常、间期随机的脉冲输入，以引发动作电位，刺激持续 200s。动作电位总数分别为 $X=4000$，$Y=5400$，$Z=3150$。(1)三个神经元的网络的连接结构；(2)动作电位串的 3pMI 分析。3pMI 在(17,12)和(17,30)有两个阳性峰，在(0,12)有一个阴性峰。箭头所指为有意义的 3pMI 峰值，粗线代表经过分析得出的直接联系的时间差分；(3)重新计算的 $I(A:B)$，$I(A:C|B)$ 和 $I(B:C|A)$ 及其范围（$\alpha=1\%$）在峰区之上，括号内是界值。B．三个神经元的网络模型：$Z\to X$，$Z\to Y$，$Z\to Y$ 和 $X\to Y$。$m(X)=105\text{ms}$，$m(Y)=120\text{ms}$，$m(Z)=90\text{ms}$。动作电位总数分别为 $X=4300$，$Y=5150$，$Z=4850$。(1)三个神经元的网络的连接结构；(2)动作电位串的 3pMI 在(17,−12)，(17,12)，(17,30)和(−24,−12)有 4 个阳性峰，在(0,10)有一个阴性峰，在(−5,−12)有一个具有统计学意义的双向峰，粗线代表间接作用的时间差分；(3)重新计算的 $I(A:B)$，$I(A:C|B)$ 和 $I(B:C|A)$ 及其范围（$\alpha=1\%$）在峰区之上（引自 Yamada et al.1996，经 Elsevier Science 允许）。

(2)中的上表]。对每个峰，神经元被按照时间差分重新排列，然后计算 2pMI 或 2pJCMI 和他们的范围，最后确定有效连接。例如，在(t_{wx}，t_{wy}，t_{wz})=(−11，−22，10)峰，神经元被重新排列为 A、B、C 和 D（C 为 W，B 为 X，A 为 Y，D 为 Z）。$I(A:B)$、$I(A:C|B)$、$I(B:C|A)$、$I(A:D|B,C)$、$I(B:D|A,C)$ 和 $I(C:D|A,B)$ 用来确定有效连接。如图 20-7(2)的下表所示，$X\leftarrow Y(t_{xy}=-11)$、$W\leftarrow X(t_{wx}=-11)$、$W\to Z(t_{wz}=10)$ 被认为是有效的。所有有效峰的结果是一致的，表示 $W\leftarrow X(t_{wx}=-11)$、$W\to Y(t_{wy}=11)$、$W\to Z(t_{wz}=11)$、$X\leftarrow Y(t_{xy}=-11)$、$X\leftarrow Z(t_{xz}=-11)$、$Y\to Z(t_{yz}=11)$ 和 $Y\leftarrow Z(t_{yz}=-11)$ 具有有效连接。

我们假定在一个 n 神经元网络中的所有神经元都和其他神经元有连接。如果一个或多个神经元或神经元集群与剩余的神经元没有连接，就没有有效的 $npMI$ 峰，也就谈不

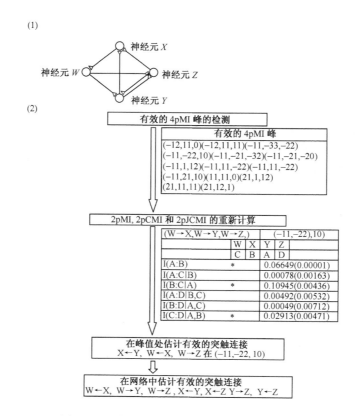

图 20-7　四个神经元(W, X, Y 和 Z)的网络的分析

$m(W)=73\text{ms}$, $m(X)=69\text{ms}$, $m(Y)=62\text{ms}$, $m(Z)=56\text{ms}$。刺激持续 3100s。动作电位总数分别为 $W=89390$, $X=104390$, $Y=106950$, $Z=108160$。(1)四个神经元网络的结构联系;(2)四个神经元网络动作电位的分析方法,即检测有效的 4pMI 峰值,2pMI 和 2pCMI 的重新计算,估计网络中每个连接结构的有效性。上表显示了有效 4pMI 峰值的位置。下表显示了重新计算的 2pMI 和 2pCMI 以及在(−11,−22,10)的有效 4pMI 峰值的相应界值。表中的星号表明是有效的连接
(引自 Yamada et al. 1996,经 Elsevier Science 允许)。

上分析了。在这种情况中,神经元组合会产生有效的 npMI 峰,并且会发现和分析最大的神经元数。

■ 注　释

如前面部分所述,信息理论分析有下列各项优点。

1.它能推论出 n 神经元网络的连接结构。

2.图 20-4 所示的非线性功能扩大了它超出噪声范围的相关性测量。

3.重新计算的 SCC 可以进行相当有效的突触强度的估计。

在图 20-6 和图 20-7 中使用的网络只包含兴奋性突触。信息理论分析也可应用于抑制性突触的网络。举例来说,神经网络包含一个抑制性突触(一个三神经元的神经网络包

含兴奋性突触 $X \rightarrow Z$ 和抑制性 $Z \rightarrow Y$ 突触）也同样可以分析，并正确预言了连接结构。

然而，信息理论分析也有一些不足之处。

1. 可能丢失一个连接。信息理论分析中的关键是认为如果相应的 2pMI 或 2pJCMI 为零，则连接是无效的。然而，在不可靠的条件下，即使相应对的连接存在 2pMI 或 2pJCMI 也等于零（Yamada et al. 1996）。一个例子是当 $p(s(B)=1 \mid s(A)=1)=1$ 和 $p(s(B)=1 \mid s(A)=0)=0$ 成立时，$I(A \vdots C \mid B)=0$。这个条件意味着 B 的放电总是在 A 放电之后而且没有自发放电。因为 B 的活动不是一个独立变量，而是完全地依赖于 A，没有统计方法可以确定 $A \rightarrow C$ 连接或 $B \rightarrow C$ 连接是否有效。

2. 需要大量的数据。为了发现 n 神经元之中的相关性，需要大量的数据。举例来说，为了在图 20-6 中发现有效的 3pMI 峰和在图 20-7 中发现有效的 4pMI 峰，分别需要约 1 000 和 50 000 个动作电位的数据。发现相关性的最小数据量与分析方法无关，而是和相互作用的特性有关，如突触强度、放电概率等。如图 20-3 和图 20-4 所示，信息理论分析在探测较小的相关性时比散点图（Perkel et al. 1975）、SCCH（Melssen and Epping 1987）、SUR（Aertsen et al. 1989）和 Yang 和 Shamma 的方法（1990）有优势。

3. 不完全的网络重构的可能性。分析 n 神经元网络的方法是在网络中所有神经元的活动都被记录的条件下进行构造。如果一些神经元的活动没有记录，则被推论的连接结构就不再是确定的。例如，任何估计的直接连接可能是依靠一个未记录神经元的间接相互作用。没有统计方法可以避免这种缺点。即使存在一个最佳的统计方法，它也只能在被记录的神经元之中决定最小的有效连接结构，它能由信息理论上的分析获得。

4. 只对简单的网络具有适用性。因为采用了简单的突触相互作用的假设，所以目前的信息理论分析方法预期在推论简单的神经系统的连接结构方面有很好的效果。信息理论分析可以发现有效的相关，但是不太容易推出复杂神经系统的连接结构，比如哺乳动物的脑，那里有庞大数目的神经元在协同工作以完成一些精密复杂的任务。例如，由 Softky 和 Koch（1992）建议的分析皮层神经元中复杂的动态相互作用是很困难的。

如上述的讨论，推论出真正的由 n 个神经元所组成神经网络的完全连接结构是困难的。然而，信息理论分析能在神经元对中发现相互作用并且估计三个神经元之间的间接相关性。这样的分析结果将会是推导出真正的神经网络连接结构的出发点。

参 考 文 献

Aertsen AMHJ, Gerstein GL, Habib MK, Palm G (1989) Dynamics of neuronal firing correlation: modulation of "effective connectivity". J Neurophysiol 61: 900–917

Blahut RE (1972) Computations of channel capacity and rate-distortion functions. IEEE Trans Inform Theory IT-18: 460–473

Cohen LB, Lesher S (1986) Optical monitoring of membrane potential: methods of multisite optical measurements. Soc Gen Physiol Ser 40: 71–99

Eckhorn R, Grüsser OJ, Kröller J, Pellnitz K, Pöpel B (1976) Efficiency of different neuronal codes: information transfer calculations for three different neuronal systems. Biol Cybern 22: 49–60

Eckhorn R, Pöpel B (1974) Rigorous and extended application of information theory to the afferent visual system of the cat. I. Basic concepts. Kybernetik 16: 191–200

Fagen RM (1978) Information measures: statistical confidence limits and inference. J Theor Biol 73: 61–79

Fuller MS, Looft FJ (1984) An information-theoretic analysis of cutaneous receptor responses. IEEE Trans Biomed Eng BME-31: 377–383

Gerstein GL, Bloom MJ, Espinosa IE, Evanczuk S, Turner MR (1983) Design of a laboratory for multineuron studies. IEEE Trans Syst Man Cybern SMC-13: 668–676

Gerstein GL, Aertsen AMHJ (1985) Representation of cooperative firing activity among simultaneous recorded neurons J Neurophysiol 54: 1513–1528

Ikeda K, Otsuka K, Matsumoto K (1989) Maxwell-Bloch turbulence. Prog Theor Phys Suppl 99: 295–324

McGill WJ (1955) Multivariate information transmission. IRE Trans Inf Theory 1: 93–111

Melssen WJ, Epping WJM (1987) Detection and estimation of neural connectivity based on cross-correlation analysis. Biol Cybern 57: 403–414

Nakahama H, Yamamoto M, Aya K, Shima K, Fujii H (1983) Markov dependency based on Shannon's entropy and its application to neural spike trains. IEEE Trans Syst Man Cybern SMC-13: 692–701

Nakashima M, Yamada S, Shiono S, Maeda M, Satoh F (1992) 448-detector optical recording system: development and application to *Aplysia* gill-withdrawal reflex. IEEE Trans Biomed Eng BME-39: 26–36

Novak JL, Wheeler BC (1986) Recording from the *Aplysia* abdominal ganglion with a planar microelectrode array. IEEE Trans Biomed Eng BME-33: 196–202

Optican LM, Richmond BJ (1987) Temporal encoding of two-dimensional patterns by single units primate inferior temporal cortex. III. Information theoretic analysis. J Neurophysiol 57: 162–178

Optican LM, Gawne TJ, Richmond BJ, Joseph PJ (1991) Unbiased measures of transmitted information and channel capacity from multivariate neuronal data. Biol Cybern 65: 305–310

Palm G, Aertsen AMHJ, Gerstein GL (1988) On the significance of correlations among neuronal spike trains. Biol Cybern 59: 1–11

Perkel DH, Gerstein GL, Moore GP (1967a) Neuronal spike trains and stochastic point processes I. The single spike train. Biophys J 7: 391–418

Perkel DH, Gerstein GL, Moore GP (1967b) Neuronal spike trains and stochastic point processes II. Simultaneous spike trains. Biophys J 7: 419–440

Perkel DH, Gerstein GL, Smith MS, Tatton WG (1975) Nerve-impulse patterns: a quantitative display technique for three neurons. Brain Res 100: 271–296

Reinke W, Diekmann V (1987) Uncertainty analysis of human EEG spectra: a multivariate information theoretical method for the analysis of brain activity. Biol Cybern 57: 379–387

Shannon CE (1948) A mathematical theory of communication. Bell Syst Techn J 27: 379–423

Softky WR, Koch C (1992) Cortical cells should fire regularly, but do not. Neural Comp 4: 643–646

Surmeier DJ, Weinberg RJ (1985) The relationship between crosscorrelation measures and underlying synaptic events. Brain Res 331: 180–184

Tsukada M, Ishii N, Sato R (1975) Temporal pattern discrimination of impulse sequences in the computer-simulated nerve cells. Biol Cybern 17: 19–28

Williams WJ, Shevrin H, Marshall RE (1987) Information modeling and analysis of event related poteintials. IEEE Trans Biomed Eng BME-34: 928–937

Wilson MA, McNaughton BL (1993) Dynamics of the hippocampal ensemble code for space. Science 261: 1055–1058

Yamada S, Nakashima M, Matsumoto K, Shiono S (1993) Information theoretic analysis of action potential trains: I. Analysis of correlation between two neurons. Biol Cybern 68: 215–220

Yamada S, Matsumoto K, Nakashima M, Shiono S (1996) Information theoretic analysis of action potential trains: II. Analysis of correlation among n neurons to deduce connection structure. J Neurosci Methods 66: 35–45

Yang X, Shamma SA (1990) Identification of connectivity in neural networks. Biophys J 57: 987–999

第二十一章 线性系统描述

Amir Karniel and Gideon F. Inbar

菅 忠 译

西安交通大学生物医学工程研究所

jz68720@263.net

■ 绪 论

系统方法广泛地用于对人工和自然现象建模。如图 21-1 所示，这种方法把每个过程和子过程都看作为输入—输出系统。

这种方法被广泛地用在工程中，比如电子学和力学系统的建模，以及化学过程的描述。在本章中，我们来介绍这种方法，以及它在生物系统特别是神经系统中的应用。用系统方法建模可以理解系统的功能，并得出可进行实验验证的模型。在研究解剖学和生理学特性与测量之间的关系时，这种方法对于描述和表征实验结果是很有用的（见肌梭传递函数的例子，Houk 1963）。对神经系统的一部分数据进行模拟将有助于通过仿真的方法对该部分和其他部分进行研究（见 McRuer 等，1968 年给出了一个组合模型的例子，它是一个包含了运动神经元、肌肉和肌梭的闭环系统）。系统方法建模也可用于建立与工程系统的界面，以便于开发测量装置或人工器官，如助听器、起搏器、假肢等。

线性系统以其模型的简单性和便于数学分析而得到广泛的应用。不仅仅是因为技术上的好处，很多系统在某一段作用范围上确实是可以用线性模型加以描述的。

先让我们从这个领域的一些基本概念出发来开始我们的叙述。图 21-1 用方框图描述了输入—输出系统的一般情况。输入是 u 而输出是 y。他们通常是一些物理量，例如，电势、电流或者位置等。在本章中，他们的值可以是实标量，在多数输入—输出情况下也可以是实标量组成的矢量。输入和输出也可以是时间的函数，即离散的或连续的轨道。让我们将注意力集中到确定性的映射系统上来，即输入—输出满足函数关系 $y = f(u)$。首先让我们对系统加上两个限定性的说明：

图 21-1 输入—输出系统

u 为输入而 y 为输出，两者可为标量也可为矢量，代表物理量，如：电势，电流，力，位置等。它们可以是时间的函数，即为轨迹。输出一般为输入和系统状态的函数。

（1）系统花时间不变时，即它的性质不随时间改变；

（2）系统是线性的，如果它满足叠加关系，即对任何一对输入—输出方程 $y^1 = f(u^1)$ 和 $y^2 = f(u^2)$，方程 $ay^1 + by^2 = f(au^1 + bu^2)$ 对任何一对 a, b 值都成立。

满足上述两个条件的系统称为线性式不变系统。本章中如没有特别声明，均指这种系统。

我们将先介绍线性系统、稳态和动态的概念，然后将详细介绍如何对线性系统加以描述、建模和分析。

概要

这一节我们以对生物系统建模为例,对这一章的内容作概要性的介绍。生物系统建模工作的主要步骤如图 21-2 所示。

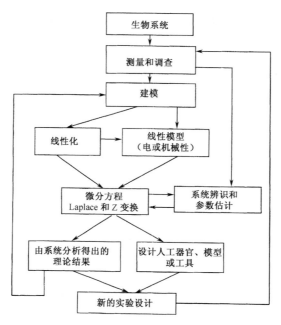

图 21-2　线性系统描述略图

第一步是选择和研究输入和输出,采集系统的测量数据,观察系统的物理结构(如解剖结构)。然后可以用线性系统拟合来进行系统识别,或者建立一个物理或电学模型并进行参数估计。对于非线性系统可以用线性近似,将其看作一个线性系统来处理,对于线性系统,则可以用力学或电学模型来描述,并写出微分方程。对线性时间不变的差分工程可以变换到 Laplace 域而得到传递函数。这些函数有很多用途,如系统识别,人工控制,建模预报系统行为,并分析它的特性。最终,可以用上述过程来设计新的实验并再回到测量环节。

　　用系统方法对生物系统建模的第一步是选择或定义输入和输出量。这可以通过观察系统的解剖结构,并利用关于要建模的系统的生理功能的先验知识来完成。这种观察可能得出电学的或力学的模型,甚至有时能直接给出描写输入输出关系的方程。例如,通过了解视网膜的一小片区域的生理结构,我们可以选光强作为输入,相关轴突的放电频率作为输出。然后我们就可以建立一个简单的线性模型 $f = a \cdot I$,这里 f 是放电频率,I 是光强,a 是增益常数。另一个办法是利用更复杂的神经细胞的电学模型,由它得到一个微分方程,从而建立起输出和输入的关系。本章第一部分介绍第一种方法,即稳态线性系统。这一部分描述了线性人工神经网络,并给出了一个关于联想记忆的例子。其主要部分是关于动态模型的,它的输入和输出是时间的函数,且输出不仅是当前输入的函数,也可能是以前事件的函数。本章第二部分介绍动态线性系统。第三部分介绍电学和力学模型,以及如何从系统模型的图形表示中导出微分方程,这些过程基于 Kirchhoff 定律和 Newton 定律。这部分包括多种对神经系统、突触和肌肉建模的例子。一旦我们有了模型，即一套描写生物系统的方程，我们就可以研究在不同情况下模型的行为，并得出可以用在实际生物系统中得到的数据进行检验的假设。Laplace 和 Z 变换是分析和处理线性系统的强有力工具，它们将在第四部分介绍。

一般模型都包含一些参数，如上述简单视网膜模型的参数 a。建模首先是要估计这些参数的值，而这种估计是基于对系统输入和输出的测量。本章第五部分介绍了一种线性系统的参数估计方法。第六部分描述了怎样将子系统的线性模型集成进框图，以便得到整个系统的模型。这种方法广泛用于控制理论，因此，我们在后面给出了运动控制和温度调节的例子。类似的原理也应用于人工模型，如测量装置、人工器官，以及瘫痪病人的功能性神经肌肉刺激。近来，对非线性模型和混沌的讨论变得时髦起来，它们似乎出现在很多自然系统中。这固然是对的，但在很多情况下，强有力的线性系统描述方法也能够用于描述非线性系统。这就是第七部分的内容。最普遍的处理非线性系统的工具就是线性化，也就是在感兴趣的范围内对非线性系统建立线性的模型。其他还有线性时变模型或者参变模型，如 Hodgkin 和 Huxley 膜模型，以及线性系统的前处理和后处理，它们已被用在神经计算领域中。我们应该注意到，建模通常需要一个循序渐进的改进过程，包括要不断设计新的实验来得到新的数据，并估计参数和分析结果，如图 21-2 所示。

第一部分　稳态线性系统

在稳态线性系统中，输出仅仅依赖于输入，跟时间无关。最简单的线性输入—输出系统就是 $y = a \cdot u$，其中，a 是常数。如果我们希望扩展到多次输入—输出的情况下，我们可以用矢量符号，并将方程写为 $\boldsymbol{Y} = \boldsymbol{A} \cdot \boldsymbol{U}$，这里 $\boldsymbol{Y}$ 和 $\boldsymbol{U}$ 是输出和输入矢量，$\boldsymbol{A}$ 是传输矩阵。我们把讨论限定在均匀系统中，即零输入对应零输出。当然，也很容易推广到一般的情况，只要引入一个新常数输入即可。那么对于一维的情况，函数关系为 $y = a_0 + a_1 \cdot u$。

在许多神经网络模型和人工神经网络中，一个基本的要素就是如图 21-3 所示的线性关系。输入 u 模拟影响该神经元中其他神经元的活动；常数 w_i 表示突触强度或位置；输出表示神经元的放电率或电位。

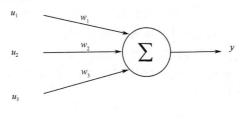

图 21-3　稳态线性系统

$$y = u_1 w_1 + u_2 w_2 + u_3 w_3$$

在多输出情况下，即存在多神经元时，我们可以建构一个如图 21-4 所示的人工神经网络（ANN），其输出和输入之间的关系为 $y_j = \sum_i w_{ij} u_i$。对于 m 个输出和 n 个输入，可用矩阵符号将输入—输出关系写为 $\boldsymbol{Y} = \boldsymbol{W}^{\mathrm{T}} \cdot \boldsymbol{U}$，式中各矩阵为

$$Y = \begin{vmatrix} y_1 \\ y_2 \\ \vdots \\ y_m \end{vmatrix} \quad U = \begin{vmatrix} u_1 \\ u_2 \\ \vdots \\ u_n \end{vmatrix} \quad W = \begin{vmatrix} w_{11} & w_{12} & \cdots & w_{1m} \\ w_{21} & w_{22} & \cdots & w_{zm} \\ \vdots & \vdots & \ddots & \vdots \\ w_{n1} & w_{n2} & \cdots & w_{nm} \end{vmatrix} \quad W^{\mathrm{T}} = \begin{vmatrix} w_{11} & w_{21} & \cdots & w_{n1} \\ w_{12} & w_{22} & \cdots & w_{n2} \\ \vdots & \vdots & \ddots & \vdots \\ w_{1m} & w_{zm} & \cdots & w_{mn} \end{vmatrix}$$

每个权重系数表示一对特定的输入输出的关系或者相关性。因此,这个神经网络有时也称为联想神经网络。运用 Hebb 规则(Hebb 1949),即增加同时兴奋的神经元间的连接强度,即可以构建起联想记忆的模型。

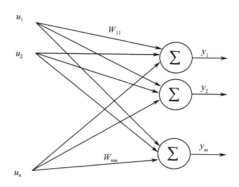

图 21-4　一个联想线性人工神经网络

　　工程上将记忆定义为能够储存和调出信息的装置,输入称为地址,而输出则为数据。只要错误的地址离真实地址靠的足够近,联想记忆可以用不太精确的地址调出数据。这种特性与人脑的记忆非常类似。下面是用线性神经网络构建联想记忆的例子。

例1.1　联想记忆的线性神经网络

　　这个例子向我们展示的是一个有联想记忆的线性神经网络。输入可以是地址,而输出是数据。如我们来考虑面孔识别问题,在这个问题中输入为面孔(可以是照相机给出的位图矢量,当然最好是面孔特征矢量),输出为人的识别号。在图 21-4 中给出的神经网络的表达式为 $y_j = \sum_i w_{ij} \cdot u_i$。我们将输入和输出域限定在 $\{-1, +1\}$,用上标 $l = 1$,$2, \cdots, L$ 来表示加进记忆的样本,其中,L 是样本的总数(这些样本有时称为学习样本)。按照 Hebb 规则,权重代表两个神经元之间相关的程度,在这种情况下即是指输出和输入的相关性,用数学方程表示则为

$$w_{ij} = \varepsilon \cdot \sum_{l=1}^{L} x_i^l \cdot y_i^l$$

式中,$\varepsilon = 1/n$。

让我们来看一个有两个记忆样本的例子

$$u^1 = [-1, 1, 1, -1], \qquad y^1 = [1]$$
$$u^2 = [1, 1, 1, 1], \qquad y^2 = [-1]$$

在这种情况下,脚标范围是 $i \in \{1, 2, 3, 4\}, j = 1, l \in \{1, 2\}$,权重矩阵为

$$W = \left| \ \epsilon \cdot \sum_{i=1}^{L} u_k^1 y_j^1 \ \right| = \frac{1}{4} \begin{vmatrix} -1 \cdot 1 + 1 \cdot -1 \\ 1 \cdot 1 + 1 \cdot -1 \\ 1 \cdot 1 + 1 \cdot -1 \\ -1 \cdot 1 + 1 \cdot -1 \end{vmatrix} = \begin{vmatrix} -1/2 \\ 0 \\ 0 \\ -1/2 \end{vmatrix}$$

可以验证每个记忆样本的输出是正确的。下一个问题是推广能力,即当给一个从来没有见过的输入时输出会怎样?

联想神经网络将会输出最接近的储存项。我们可以用矢量 $u = [-1, -1, -1, -1]$ 来检验。对这个矢量,输出 $y = \sum_i w_i \cdot u_i = 1/2 + 1/2 = 1$,这是上述第一个记忆项的结果,可以看到新的项和第一项靠近(与第二项的四位比,它和第一项只有两位是相反的)。

这个联想记忆有很多缺点,所存数据必须是二进制正交矢量,连接多而容量还低。有其他的非线性联想记忆网络,但它们缺乏线性模型的简单性和数学上的易处理性,而且这也超出了本章的范围。对于这一点以及其他人工神经网络的更多情况请见第二十五章和 Fausett 的综述(Fausett 1994)。

上述图 21-4 的体系结构是最一般的静态神经网络的结构,即使加上更多层的神经元也不会改变这个架构的容量。但非线性神经网络就不是这样,增加层数会增强架构的容量。

第二部分 动态线性系统

本章的大部分是处理动态线性系统问题,这一节中,我们将解释动态线性系统的概念和描述的一般方法,下一节会给出具体的过程和例子。

在动态线性系统中,输入和输出是时间的函数,即轨道。下面描述了五个刻画这种系统的一般方法。

1. 电学或力学图表。一种通用的方法是建立一个图形来描述它的物理要素和他们的连接。这种方法提供了全面的系统结构的描述,并且易于被专家定性的理解。然而,要想靠看图表来精确预计系统的行为是很难的。因此,经常用数值模拟或者转化成一套能进行数学分析和处理的方程。

2. 微分或差分方程。一个系统可以用一套微分方程来刻画输出和输入关系(或者是离散的差分方程),其中输出就是方程的解。将一个线性动态系统表示为微分方程的一个简单的方法就是用下面的标准微分方程

$$y = \sum_i w_i \cdot u_i = y(t) = w_1 u(t) + w_2 \dot{u}(t) + \cdots + w_{N+1} \dot{y}(t) + w_{N+2} \ddot{y}(t) \cdots$$

这里变量上端的一个点代表对时间的微分,即

$$\dot{u}(t) = \frac{\partial u(t)}{\partial t} \qquad \ddot{u}(t) = \frac{\partial^2 u(t)}{\partial t^2}$$

依次类推或者用离散的形式

$$y(t) = w_1 u(t) + w_2 u(t-1) + \cdots + w_{N+1} y(t-1) + w_{N+2} y(t-2) \cdots$$

式中,t 是一个自然数,即 $t \in N$。

3. 状态空间描述。系统状态的概念可以帮助我们将系统的动态部分分离出来。我

们可以引入一套新的变量来表示系统的状态,其中输出是系统状态甚至输入的静态函数。状态变量可能有物理意义,比如电容的电势等。在线性情况下,这些方程是线性的并可以用矩阵来表示

$$\dot{x} = Ax + Bu$$
$$y = Cx + Du$$

式中,x 是状态,u 是输入,y 是输出。

4. 冲击响应。如上所述,线性系统的基本性质是叠加性,即线性系统对两个叠加在一起的输入的响应等于系统分别对每个输入的响应的和。因此,如果我们有一个简单的输入,同时任何其他输入都可用这个简单输入来产生,则如果我们知道了系统对这个简单输入的响应,我们就可以计算出系统对其他输入的响应。这样的简单输入函数就是冲击函数(也称为 delta 函数,$\delta(t)$),系统对冲击的响应称为冲击响应。因此,如果我们知道了系统的冲击响应,我们就可以知道系统的全部的响应性质,这也是线性系统主要的魅力所在。我们首先描述冲击函数,然后,来看给定冲击响应后如何计算系统对任何输入的响应。严格来说,冲击是一个抽象的数学概念。为了理解这个概念,我们想像一个从 $t=0$ 持续到 $t=\Delta t$ 的方波脉冲(持续时间是 Δt),波幅为 $1/\Delta t$,于是面积为 1(单位脉冲)。现在让 Δt 趋于零,在极限情况下,脉冲的宽度无限窄而幅度无限大时称为单位脉冲(因为面积为 1)或者 delta 函数 $\delta(t)$,它是一个奇异函数。其他面积的冲击可以乘上合适的因子得到。除非特别的情况,冲击都假设发生在零时刻。例如,$\delta(t-t_0)$ 就是发生在 $t=t_0$ 时刻的脉冲。

冲击最重要的性质就是对任何在 $t=0$ 时刻连续的非奇异函数有

$$\int_{-\infty}^{\infty} \delta(t) \cdot \phi(t) = \phi(0)$$

也就是冲击可选出函数在 $t=0$ 时刻的值。这个函数可以被认为是由一系列这样的值组成的,这些值是由积分产生的,积分中的被积函数由一系列无限靠近的 delta 函数与函数本身的乘积产生。任何线性系统对输入 $u(t)$ 的响应 $y(t)$ 也是这些相继的函数值的冲击响应的叠加。这种叠加称为卷积。h 和 u 的卷积定义为

$$y(t) = h(t)^* u(t) = \int_{-\infty}^{\infty} h(t-\tau) \cdot u(\tau) \cdot d\tau$$

在离散情况下,delta 函数更简单,它的值在 $t=0$ 时等于 1,在其他时刻为 0。离散卷积定义为

$$y(t) = h(t) * u(t) = \sum_{m=-\infty}^{\infty} h(t-m) \cdot u(m)$$

式中,t 和 m 是自然数。更多的关于 delta 函数和卷积的知识请见大多数的高等线性系统的教科书,例如,Kwakernaak 与 Sivan(1991)所著,以及 Lathi(1974)所著,那里面也有卷积的图示说明。

注释:①很多其他的包含所有频率的函数也可以作为线性系统的输入,以获得有关系统的信息。在很多情况下,使用阶跃函数和阶跃响应,有时则用随机噪声信号。②冲击响应是非常有用的数学工具。然而,在生物系统的实验中,并不建议用冲击信号。事实上,即使是用对系统能产生损害的高能冲击也不可能产生真正的冲击输入。在所有频率下生物系统很少是线性的,冲击可能激发系统的非线性,因此建议只在系统的线性区检测和

建模。

5．Laplace 和 Z 传递函数。给定冲击响应和任意输入，我们可以用前述方法计算输出，但要计算卷积，这是比较难的工作。变换的主要思想是到另一个空间下，在那里卷积变成乘积。冲击函数变为传递函数，因此，Laplace 域的输出是 Laplace 域的输入乘上传递函数。用这种方法，我们可以在框图中将子系统组合进复杂系统，这将在这章后面描述。

在后续的几部分中，我们要更多的描述、解释和演示怎样用这些数学工具。

相干

在我们开始建模并用它拟合我们的数据前，我们需要确认我们处理的是一个线性系统。检验一个系统是否是线性系统的方法是计算输入和输出的相干函数。相干函数 Γ 定义为

$$\Gamma(z) = \begin{vmatrix} \dfrac{S_{xy} \cdot S_{yx}}{S_{xx} \cdot S_{yy}}, & S_{xx} \cdot S_{yy} \neq 0 \\ 0, & S_{xx} \cdot S_{yy} = 0 \end{vmatrix}$$

式中，S_{uv} 是信号 u 和 v 的互谱。大多数数学软件，诸如 MATLAB，都有相应的工具箱和命令用于计算相干函数。（见十八章关于相干函数的更多信息）。对于一个没有噪声的 LTI 系统，相干函数为 1。因此，如果我们发现相关函数较小，我们就无法确认系统是不是线性的或有很高的噪声，在这两种情况下都将无法估计 LTI 模型的参数。如果相干函数在感兴趣的频率附近接近 1，我们可以继续估计参数，建立 LTI 模型，并且只会出小的偏差。见 Cadzo 和 Solomon(1987)著作中关于线性建模和相干函数的完整描述，以及 Inbar(1996)著作中关于估计 EMG 力学传递函数的典型的相干值。
注意：要注意估计过程，以便得到精确的相干函数的值，见 Benignus(1969)著作中关于估计过程的描写。

第三部分　线性系统的物理成分

动态线性系统可以借助图表法，用简单的（电学或力学）物理要素加以描述。这个方法对于描述和设计物理系统是很简便的，因此也被广泛的用于力学和电子工程。这种描述方法的好处是图形描述比微分方程更好理解，图形元素和所建模系统之间有对应关系。有很多模拟程序，诸如 SPICE，可以提供图形描述和数值模拟。（Conant　1993；Nilsson and Riedel　1996）。这一节，我们将介绍电学和力学系统的基本要素，以及从图形描述如何根据 Newton 和 Kirchhoff 定律得到微分方程。更多的关于电路理论和动态系统建模的知识请见 Charles 与 Kuh(1969)以及 Dorny(1993)的著作。

所有的例子都来自对神经肌肉系统的建模。

电学模型

电学模型的基本要素是电阻、电容、电感、电压及电流。在一些情况下，用电导比电阻更方便，而且关系更简单。它们彼此互为倒数，即 $g = 1/R$。从电学模型的图形表示中，我们可以得到每个地方的电流和电压。下面的流程 3.1 和图 21-5 中描述了得到微分方

程的方法和步骤。

步骤 3.1　写出线性电路的微分方程

1. 用箭头表示每个支路电流的方向；
2. 对每一个节点写出 Kirchhoff 电流定律，即所有输入电流之和等于零 $\sum I = 0$；
3. 按照图 21-5 写出每一个电流值；
4. 解出或简化方程组。

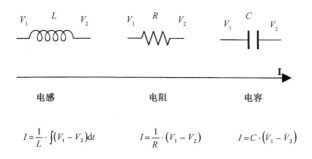

电感　　　　　　　　　　电阻　　　　　　　　　　电容

$$I = \frac{1}{L} \cdot \int (V_1 - V_2)\mathrm{d}t \qquad I = \frac{1}{R} \cdot (V_1 - V_2) \qquad I = C \cdot (\dot{V}_1 - \dot{V}_2)$$

图 21-5　线性电路的基本元件

例 3.1　线性神经元模型

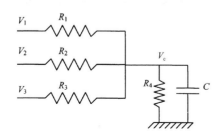

图 21-6　神经漏积分模型

神经细胞的最简单的线性动态模型如图 21-6 所示。树突支路用电阻 R_1、R_2 和 R_3 表示，它们把输入电压 V_1、V_2 和 V_3 产生的电流传向细胞体。电压 V_1，V_2 和 V_3 产生于其他神经元的突触。产生于树突分枝电路中的电流在细胞膜电容 C 上积累，这种累积存在用膜阻抗 R_4 表示的泄漏，因此，这个模型也被称为漏积分器。下面我们写出流程 3.1 中的模型的微分方程。

1. 用箭头标记所有流出点 V_c 的电流；

2. 按照 Kirchhoff 电流定律得到

$$I_{R_1} + I_{R_2} + I_{R_3} + I_{R_4} + I_c = 0$$

3. 按照图 21-5 用等式代换电流值

$$\frac{V_c - V_1}{R_1} + \frac{V_c - V_2}{R_2} + \frac{V_c - V_3}{R_3} + \frac{V_c}{R_4} + C\frac{\mathrm{d}V_c}{\mathrm{d}t} = 0$$

4. 最后，做一些简化来得到标准的一阶微分方程

$$\left| \frac{1}{R_1} + \frac{1}{R_2} + \frac{1}{R_3} + \frac{1}{R_4} \right| V_c - \left| \frac{V_1}{R_1} + \frac{V_2}{R_2} + \frac{V_3}{R_3} \right| + C\frac{\mathrm{d}V_c}{\mathrm{d}t} = 0$$

这个一阶方程可以用解析或数值方法解,也可以转化到 Laplace 域进一步进行系统模拟和积成,这将在下一节中介绍。现在,我们考虑更多的执行流程 3.1 的例子。

例 3.2 线性膜模型

当神经和肌肉的膜的电位靠近静息电位水平时,可以用线性电路来模拟,如图 21-7。C_m 是膜电容,每一个支路代表一种离子电流。电压源 V_K、V_{Na} 和 V_{Cl} 代表钾离子、钠离子和氯离子的 Nernst 电位。电阻 R_K、R_{Na} 和 R_{Cl} 代表钾离子、钠离子和氯离子电流的膜阻抗。阻抗是膜内微观粒子通道状态的宏观表象。

注意:在每个电压旁边的箭头(V_m,V_{Cl},V_{Na},V_K)。每个电压变量代表箭头头尾的电势差。例如,膜电位定义为 $V_m = V_{in} - V_{out}$。电压源的方向代表离子势的典型值,像氯和钾的 Nernst 电位为负,钠的为正。在写出这样一个模型的方程的时候,我们仅考虑箭头的方向。对于生物学上的并不十分明确的模型,所得数据或计算结果可能会和用长短线表示的电压源的方向一致。

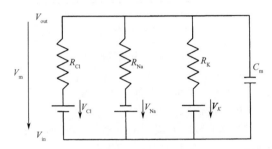

图 21-7 阈下膜模型

按照步骤 3.1,将这个模型的微分方程写为

$$I_c + I_{Na} + I_K + I_{Cl} = 0$$

$$C_m \cdot \frac{\partial V_m}{\partial t} + \frac{(V_m - V_{Na})}{R_{Na}} + \frac{(V_m - V_K)}{R_K} + \frac{(V_m - V_{Cl})}{R_{Cl}} = 0$$

让我们来看在静态的时候会发生什么,即当 V_m 恒定的时候。在这种情况下,V_m 的时间导数等于 0,因此可用下式来表达膜电位

$$V_m = \left| \frac{V_{Na}}{R_{Na}} + \frac{V_K}{R_K} + \frac{V_{Cl}}{R_{Cl}} \right| \cdot \left| \frac{1}{R_{Na}} + \frac{1}{R_K} + \frac{1}{R_{Cl}} \right|^{-1}$$

显然这是离子 Nernst 电位权重平均的结果,权重依赖于膜电阻系数。

这一结果和 Goldman 方程很类似(见 Plonsey 与 Barr 著作第三章)

$$V_m = + \frac{K \cdot T}{q} \cdot \ln \left| \frac{P_K \cdot [K]_e + p_{Na} \cdot [Na]_e + P_{Cl} \cdot [Cl]_i}{P_K \cdot [K]_i + P_{Na} \cdot [Na]_i + P_{Cl} \cdot [Cl]_e} \right|$$

式中,P_K,P_{Na},P_{Cl} 分别是钾、钠和氯的渗透性,$[X]$ 代表液体中离子 X 的浓度,脚标 i 代表细胞内液,e 代表细胞外液。KT/q 是一个常数,在室温下等于 26mV。

在极端的情况下,比如当膜只能透过一个离子的时候,结果也是一样,即膜电位等于该离子的 Nernst 电位。然而,这两个方程是不等价的,因为它们基于不同的假设。

例3.3 突触后膜模型

神经系统的很多化学突触可描述如下：

—突触前神经元释放化学递质作用于突触后膜的特殊的位点,导致特定离子流的开放。这些离子流依电扩散力的作用而流动,并改变突触后的电位。

—下列电学模型(图21-8)描写当开放的通道数改变的时候,突触后电位的改变。电势 V_s 表示离子的 Nernst 电位, Δg_s 代表当一个通道打开时引起的膜通透性的改变。

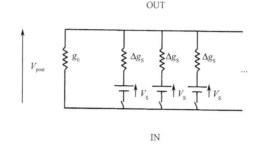

图 21-8 突触后膜模型

按照步骤 3.1,我们写出这个模型的方程。注意这是一个稳态模型(没有电容或电感),切记这里的通透性是电阻的倒数。

图 21-8 中的闭合开关,即开放的通道数用 n 表示,每个闭合的开关都会在电路中加上一个支路,因此对于通过 g_0 的 I_{g0} 和通过 Δg_s 的 I_g

$$I_{g0} + \sum_{i=1}^{n} I_g = 0$$

$$g_0 \cdot V_{post} + n \cdot \Delta g_s \cdot (V_{post} - V_s) = 0$$

$$V_{post} = \frac{n \cdot \Delta g_s \cdot V_s}{g_0 + n \cdot \Delta g_s}$$

这是一个相对于电流和电压来说的线性模型。因为可注意到,通道数 n 和突触后电位的关系是非线性的。

注意:我们可以认为突触前电位和开放通道数符合指数关系。结果突触后和突触前电位便是一个 Sigmoidal 函数关系,这在 ANN 模型中是很熟知的。

例3.4 无源神经纤维的电缆模型

这个例子介绍研究树突和轴突上电位传播问题中广泛使用的一个模型。这个模型适用于膜处于阈下区,且可被看作是一个线性系统的情况。

在这个模型中,纤维被理想化为如图 21-9 所示的圆柱形(Plonsey and Barr 1988,第六章等有完整的描述)。

我们可以把纤维看作由小段构成,将每一段长度近似为 dx,当 dx 趋于零的时候它就成为了一个积分微分算子。电学模型如图 21-10 所示,相关变量定义如下：

— $r_i \cdot dx$ 是纤维段内部液体对轴向电流的阻抗

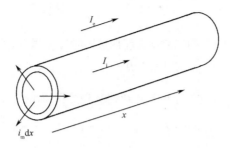

图 21-9　用圆柱模拟神经纤维及其相应电流

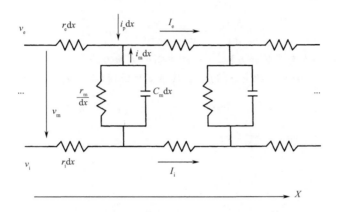

图 21-10　无源神经纤维的电学线性模型

—— $r_e \cdot dx$ 是纤维段外部液体的阻抗

—— r_m / dx 是纤维段对跨膜电流的阻抗

—— $C_m \cdot dx$ 是纤维段的膜电容

—— $i_m \cdot dx$ 是纤维段的跨膜电流

—— $i_p \cdot dx$ 是对应一段纤维的外部电极电流;电流通过极化电极流入胞外空间时,这个电流为正

—— I_i 是纤维的轴向电流

—— I_e 是纤维外的电流

现在我们可以按照步骤 3.1 来写出电流定律,得到主导无源纤维膜电位的微分方程。从 Kirchhoff 电流定律,我们可以得到下列三个方程

$$i_p dx + i_m dx - dI_e = 0$$

$$i_m dx + dI = 0_i$$

$$i_m = \frac{V_m}{r_m} + C_m \frac{dV_m}{dt}$$

从欧姆定律(或从阻抗元素的定义)可得到

$$\frac{dV_e}{dx} = - I_e r_e$$

$$\frac{\mathrm{d}\,V_{\mathrm{i}}}{\mathrm{d}\,x} = -\,I_{\mathrm{i}}\,r_{\mathrm{i}}$$

参考膜电位的定义，$V_{\mathrm{m}} \equiv V_{\mathrm{i}} - V_{\mathrm{e}}$，将此方程两边同时对 x 微分，并带入上述关系得

$$\frac{\mathrm{d}\,V_{\mathrm{m}}}{\mathrm{d}\,x} = \frac{\mathrm{d}\,V_{\mathrm{i}}}{\mathrm{d}\,x} - \frac{\mathrm{d}\,V_{\mathrm{e}}}{\mathrm{d}\,x} = -\,I_{\mathrm{i}}\,r_{\mathrm{i}} + I_{\mathrm{e}}\,r_{\mathrm{e}}$$

对次方程再次微分并利用上述三个电流定律，我们得到下面的关于膜电位的微分方程

$$\frac{\mathrm{d}^2\,V_{\mathrm{m}}}{\mathrm{d}\,x^2} = -\frac{\mathrm{d}\,I_{\mathrm{i}}}{\mathrm{d}\,x}r_{\mathrm{i}} + \frac{\mathrm{d}\,I_{\mathrm{e}}}{\mathrm{d}\,x}r_{\mathrm{e}} = i_{\mathrm{m}}\,r_{\mathrm{i}} + (i_{\mathrm{m}} + i_{\mathrm{p}})\,r_{\mathrm{e}} = r_{\mathrm{e}}\,i_{\mathrm{p}} + (r_{\mathrm{i}} + r_{\mathrm{e}})\,C_{\mathrm{m}}\frac{\mathrm{d}\,V_{\mathrm{m}}}{\mathrm{d}\,t} + (r_{\mathrm{i}} + r_{\mathrm{e}})\frac{V_{\mathrm{m}}}{r_{\mathrm{m}}}$$

我们引入一些有用的符号使得方程更紧凑

$$\tau \equiv r_{\mathrm{m}} \cdot c_{\mathrm{m}} \quad \lambda^2 = \frac{r_{\mathrm{m}}}{r_{\mathrm{i}} + r_{\mathrm{e}}} \quad D \equiv \frac{\lambda^2}{\tau} \quad q(x,t) \equiv -D \cdot r_{\mathrm{e}} \cdot i_{\mathrm{p}}$$

$$D \cdot \frac{\mathrm{d}^2\,v_{\mathrm{m}}}{\mathrm{d}\,x^2} - \frac{\mathrm{d}\,v_{\mathrm{m}}}{\mathrm{d}\,t} - \frac{v_{\mathrm{m}}}{\tau} = -\,q(x,t)$$

这最后一个方程称为电缆微分方程，可以用解析或数值方法求解。

如果在 $q(x,t)$ 中引入冲击，经过一些数学运算，可得到下列冲击响应

$$V_{\mathrm{h}}(x,t) = \frac{1}{2\,\sqrt{\pi \cdot D \cdot t}} \cdot \mathrm{e}^{-\frac{x^2}{4 \cdot D \cdot t}}\mathrm{e}^{-\frac{t}{\tau}}$$

图 21-11 说明了这个冲击函数。

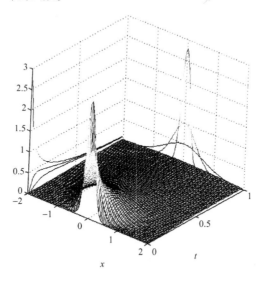

图 21-11　无源纤维的二维冲击响应

X 的单位为 $[1,\sqrt{D}]$，t 的单位为 $[1/\tau]$。图边截面的时间为 0.01, 0.07 和 0.21$[1/\tau]$，距离为 0.03, 0.5 和 0.8 $1/\sqrt{D}$。

用冲击响应，借助卷积算子我们可以计算出系统对任何输入 $q(x,t)$ 的响应，它在两维情况下的表达式为

$$V_{\mathrm{m}}(x,t) = (V_{\mathrm{h}} \ast \ast\, q)(x,t)$$

$$
= \int_{\eta=0}^{t} \int_{\xi=-\infty}^{\infty} \frac{q(\xi, \eta)}{2 \sqrt{\pi \cdot D \cdot (t-\eta)}} \cdot e^{-\frac{(x-\xi)^2}{4 \cdot D \cdot (t-\eta)}} \cdot e^{-\frac{(t-\eta)}{\tau}} \cdot d\eta \cdot d\xi
$$

这个积分在一些简单情况下可以解析求解，而对实际中的任意输入函数可用数值解。

结果

上述无源纤维模型被广泛用于检验有或无髓神经纤维的传导速度，计算两个 Ranvier 节之间的最优距离，分析突触后电位在树突上的传播和动作电位在轴突上的传播。更多的例子请见 Plonsey 与 Barr(1988)和 Stein(1980)的相关内容。

力学模型

人们对肌肉和其接头的模拟有很大的兴趣，这有两个原因，其一，肌肉是神经系统输出的主要效应器，因此，它是了解神经系统功能的一个重要的方面。另一个原因在于修复和人工假肢，以及对瘫痪病人肌肉的外部刺激，即所谓的“功能性神经肌肉刺激”（FNS）（Allin and Inbar　1986）。所有这些领域都要求建立系统的模型。下面是两个用力学元件建立肌肉和接头模型的例子。

基本的力学模型元件是：

—弹簧（K），即弹性元件；

—阻尼器（B），即摩擦元件；

—质量（M）；

—力或伸张发生器（F，P 或 T）。

位置 X 可以是固定在某个位置或者按照作用力的大小自由的改变。从图中可以看到位置速度和每一个地方的力。下面的步骤 3.2 和图 21-12 描述了从图示法得到微分方程的方法和步骤。

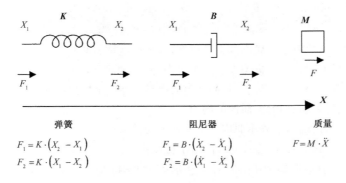

图 21-12　线性力学模型的基本元件

步骤 3.2　写出线性力学系统的微分方程

1. 用箭头标出每个分支的力的方向；

2. 对每一个节点,应用牛顿第二定律。即力等于加速度乘以质量: $\sum F = M \cdot \ddot{x}$

3. 根据图 21-12,用值代替每一个力;

4. 解出或简化方程。

例 3.5　二阶肌肉力学模型	

图 21-13 描写了一个线性集总模型,它可以近似于信号下的肌肉的行为(McRuer et al. 1968)。在这个模型中:

——P 代表神经兴奋引起的肌肉内力;

——K 和 B 是弹性和黏性元件,它们代表肌肉组织的无源力学特性;

——M 是肌肉和接头的质量。

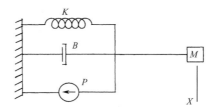

图 21-13　肌肉和关节的二阶力学模型

按照步骤 3.2:

1. 将所有力的方向标为向右。

2. 对模型中感兴趣的质量位置写出牛顿定律: $F_p + F_K + F_B = M \cdot \ddot{x}$

3. 按照图 21-12,给相应的力赋值: $-P + K \cdot (0 - x) + B \cdot (0 - \dot{x}) = M \cdot \ddot{x}$

4. 这里的简化很容易,最后得到一个二阶方程: $P + K \cdot x + B \cdot \dot{x} + M \cdot \ddot{x} = 0$

例 3.6　一个更复杂的肌肉模型	

这里给出一个更复杂的肌肉的力学模型,这个模型是 Hill 模型的线性化版本,Hill 模型将在本章的后面讨论。该模型表示一个肌肉,其他的肌肉与它在某些接头上以一定的质量连接在一起,这样就可得到运动的完整的模型。在这个模型中(图 21-14):

——P 代表神经兴奋引起的肌肉的内力;

——B 代表黏性元件,它表示肌肉中力和速度的关系;

——K_s 是一串弹性元件,它代表腱的力学特性;

——K_p 和 B_p 代表肌肉和接头周围其他组织的力学特性;

——F 是肌肉和接头之间的力。

我们现在来按照步骤 3.2 写出方程。

有两个感兴趣的点 X 和 X_l,后者是 B,P 和 K_s 的连接点。两点之间无质量相关,由此得到下列两个方程

$$F - B_p \dot{x} - k_p x + k_s(x_1 - x) = 0$$
$$-P - B \dot{x}_1 + k_s(x - x_1) = 0$$

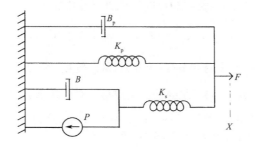

图 21-14　一个更复杂的肌肉线性力学模型

从第一个方程中提取出 x_1，代进第二个方程得到

$$x_1 = \frac{-F + B_p \dot{x} + k_p x}{k_s} + x$$

$$-P - B \left| \frac{-F + B_p \ddot{x} + k_p \dot{x}}{k_s} + \dot{x} \right| + k_s \left| \frac{F - B_p \dot{x} - k_p x}{k_s} \right| = 0$$

$$-Pk_s - B(-F + B_p \ddot{x} + k_p \dot{x} + k_s \dot{x}) + k_s(F - B_p \dot{x} - k_p x) = 0$$

最后得到的三阶微分方程可用数值解，或者变换到 Laplace 域做更多的处理或插入下节将涉及的更大的模型中去。

读者可能注意到步骤 3.1 和步骤 3.2 之间有相似性。我们可以将力学模型和电学模型按照表 21-1 进行相互转换。显然，如果我们是一个领域的专家，或者我们有某个建模领域的模拟软件，这种转换将是非常有用的。

表 21-1　电成分和机械性成分的等价性转换

电成分	F	X	B	K	M
机械性成分	I	V	$1/R$	$1/L$	C

这种等价性说明了线性系统建模的主要好处。任何系统的线性模型，如力学的、电子学的、水力的、化学的或者其他，都会产生微分方程，它有标准解，而且能变换到 Laplace 域用相同的工具处理。这与非线性模型不同，它常常是要针对具体系统建模，而且对每种情况运用特殊的理论。

第四部分　Laplace 和 Z 变换

线性系统可以在频域进行分析和描述。傅里叶分析对线性信号分析很常用，而对于线性系统描述，Laplace 和 Z 变换可分别用傅里叶连续和离散系统的描述。这种描述方法易于发现系统的传递函数，如前面第二部分所述，它就是冲击响应的 Laplace 变换。在 Laplace 域复杂运算可以简单化，比如微分变成了乘积。

我们先介绍变换的定义以及一些例子。

连续信号 $x(t)$ 的 Laplace 变换和离散信号的 Z 变换如下

$$X(s) = \int_{-\infty}^{\infty} x(t) \cdot e^{-s \cdot t} dt \qquad X(z) = \sum_{n=-\infty}^{\infty} x(n) \cdot z^{-n}$$

式中,变量 s 和 z 的域包括所有积分(或求和)收敛的复数。例如,对于一个对输入执行积分的系统 $y(t) = \int_{-\infty}^{t} u(t) dt$,系统的冲击响应是一个阶跃函数,其 Laplace 变换是 $1/s$,因此,在 Laplace 域输出和输入的关系是 $Y(s) = U(s)/s$,这种关系要比上面的积分关系简单的多。图 21-15 给出了这种关系的图形表示。

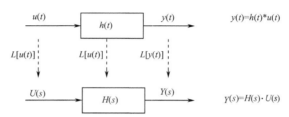

图 21-15　线性输入—输出系统

在时间域,即上图,$h(t)$ 是冲击响应。* 代表卷积运算。在 laplace 域,

即下图,$H(S)$ 为传递函数。

步骤 4.1　确定 Laplace 和 Z 变换

具体函数的变换计算需要一些技巧,但就应用而言,我们可以直接查 Laplace 和 Z 变换表。表 21-2 给出了一些常见的情况,更详细的表见 Kwakernaak 与 Sivan(1991)。另一个实用的方法是用数值或符号计算软件,如 MATLAB 等就内建了这些变换。

表 21-2　用于 **Laplace** 和 **Z** 转换的一些方程及其性质

持续时间 $f(t)$	Laplace 转换 $F(s)$	离散时间 $f(n)$	Z 转换 $F(z)$
$\delta(t)$	1	$\Delta(n)$	1
$f(t) = \begin{vmatrix} 1 & t \geqslant 0 \\ 0 & t < 0 \end{vmatrix}$	$\dfrac{1}{s}$	$f(n) = \begin{vmatrix} 1 & n \geqslant 0 \\ 0 & n < 0 \end{vmatrix}$	$\dfrac{z}{z-1}$
$e^{-a \cdot t}$	$\dfrac{1}{s+a}$	a^n	$\dfrac{z}{z-a}$
$e^{-a \cdot t} \sin(w \cdot t)$	$\dfrac{w}{(s+a)^2 + w^2}$	$a^n \sin(\Omega \cdot n)$	$\dfrac{a \cdot \sin(\Omega) \cdot z}{z^2 - 2a\cos(\Omega) z + a^2}$
$a \cdot f(t) + b \cdot g(t)$	$a \cdot F(s) + b \cdot G(s)$	$a \cdot f(n) + b \cdot g(n)$	$a \cdot F(z) + b \cdot G(z)$
$\dfrac{d}{dt} f(t)$	$s \cdot F(s) - f(0)$	$f(n+1)$	$z \cdot F(z)$
$f(t) * g(t)$	$F(s) \cdot G(s)$	$f(n) * g(n)$	$F(z) \cdot F(z)$

步骤 4.2　微分方程的传递函数

这个简单的流程基于 Laplace 变换的下列性质

$$L\left|\frac{\mathrm{d}f(t)}{\mathrm{d}t}\right| = s \cdot L\{f(t)\}$$

当初始条件 $f(0)=0$ 时,这个特性就成立。

因此,下面的通用微分方程的变换将是

$$y(t)= w_1 u(t)+ w_2 \dot{u}(t)+\cdots+ w_N u^{(N-1)}(t)+$$
$$w_{N+1} \dot{y}(t)+ w_{N+2} \ddot{y}(t)+\cdots+ w_{N+M} y^{(M)}(t)$$
$$Y(s)= w_1 U(s)+ w_2 sU(s)+\cdots+ w_N s^{(N-1)} U(s)+$$
$$w_{N+1} sY(s)+ w_{N+2} s^2 Y(s)+\cdots+ w_{N+M} s^M Y(s)$$

从后一个表达式可以直接得到系统的传递函数

$$\frac{Y(s)}{U(s)} = \frac{w_1 + w_2 s +\cdots+ w_N s^{N-1}}{1 + w_{N+1} s + w_{N+2} s^2 +\cdots+ w_{N+M} s^M}$$

对 Z 变换有类似的流程,其差分方程为

$$y(n) = \sum_{i=0}^{N} a_i \cdot x(n-i) - \sum_{j=1}^{M} b_j \cdot y(n-j)$$

它的 Z 变换为

$$Y(z) = \sum_{i=0}^{N} a_i \cdot z^{-i} \cdot X(z) - \sum_{j=1}^{M} b_j \cdot z^{-j} \cdot Y(z)$$

注释:有理传递函数。

传递函数中的符号如图 21-15 所示。我们已看到了如何将微分方程变换为传递函数,其中,分子和分母都是多项式函数。因此,该传递函数可描述如下

$$H(s) = \frac{OUT(s)}{IH(s)} = k \cdot \frac{\prod (s-z_i)}{\prod (s-p_j)}$$

式中,k 是增益,z_i 是零点,p_j 是极点。

此表达式容易分析。有大量的关于极点和零点对系统行为影响的文献,也有很多这样的系统。如果仅有极点,系统称为是"自回归的"(AR);如果只有零点,系统称为是"移动平均的"(MA);一般是"自回归移动平滑系统"(ARMA)。只有零点的情况也称为"有限冲击响应"(FIR),因为冲击的影响在很短上午时间就消失了,而加上极点后会产生无限冲击响应(IIR)。

Laplace 变换另一个非常有用的特性是可在 Laplace 域计算系统的稳态

$$\lim_{t \to \infty} f(t) = \lim_{s \to 0} s \cdot F(s)$$

所有这些性质在离散信号的 Z 变换域都有等价的形式。

步骤 4.3　离散化

由于我们常用计算机以及进行离散的测量,因此,离散的模型是很有用的。但物理和生物的世界是一个连续的世界,离散化就是把连续的模型转变为离散的模型。和数值积

分一样,有很多离散化过程,最简单的方法就是 Euler 前向方法,它就是用$(z-1)/T$ 代替 s,具体请看后面的例 4.2[Santina 等 (1996)有详细的离散化方法介绍]。

步骤4.4　稳定性检验	

如果输入有界的信号,输出也有界,系统就是稳定的。在 Laplace 变换域,存在简单的检查系统稳定性的方法。

1. 将传递函数写为有理函数。
2. 算出分母的根,即极点。
3. 如果极点的实部是负的,系统就是稳定的,否则系统不稳定。

例4.1　稳定性和阶跃响应	

这个例子练习线性系统描述和变换工具。我们将显示如何发现二阶系统稳定的条件,发现它对阶跃输入的响应表达式和在一个阶跃输入中达到最大的时间。

为此,我们先来强调一些一阶和二阶系统的性质。一阶系统在生物模型中很常见,从例 3.1 开始的本章中大多数例子都是一阶系统。典型的一阶系统的传递函数是 $1/(s+a)$,从表 21-2 中我们可以看到这种系统的冲击响应是指数衰减的。在图 21-16(左)中给出了这种系统的阶跃响应图,这个函数由时间常数 $\tau=1/a$ 刻画,它是达到它最终值 2/3 大小的时间。

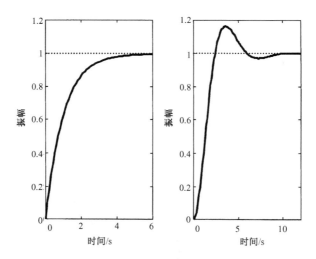

图 21-16　一阶系统的阶跃响应(左图),以及二阶系统的阶跃响应(右图)

这些系统的传递函数分别为 $1/(1+s)$ 和 $1/(s^2+s+1)$。

二阶系统可以产生振荡行为,例 3.5 中肌肉和接头模型就是一个二阶系统。图 21-16(右)给出了一个典型的二阶系统阶跃响应的描述。为了描述这个系统的参数,我们用一个标准形式来给出二阶系统的传递函数

$$H(s)=\frac{w_n^2}{s^2+2\cdot\xi\cdot w_n\cdot s+w_n^2}$$

这个系统已被深入的分析，并给出了每一个可能特性的表达式。如超射，即超出稳态响应的比率，是下列参数的函数

$$\xi: O.S. = e^{-\frac{\pi \cdot \xi}{\sqrt{1-\xi^2}}}$$

振荡频率为

$$f_d = \frac{w_n}{2\pi} \cdot \sqrt{1-\xi^2}$$

时间常数为

$$\tau = \frac{1}{\xi \cdot w_n}$$

沉积时间，即达到最终值 2% 并停留在那个值所花的时间，为

$$t_s \cong \frac{4}{\xi \cdot w_n}$$

我们按照步骤 4.4 来检验上述二阶系统的稳定性，为此我们要找到极点值，即传递函数的根，它们是

$$s_{1,2} = -\xi \cdot w_n \pm j w_n \cdot \sqrt{1-\xi^2}$$

如果系统稳定，两个极点必须有负的实数部分，因此稳定性条件为：$\xi \cdot w_n > 0$。注意二阶系统是在极点有虚数部分时才出现振荡行为。

我们现在来计算阶跃响应。我们知道，在 Laplace 域输出等于输入乘上传递函数。按照表 21-2，阶跃函数的 Laplace 变换为 $1/s$，因此，输出为二阶传递函数除以 s

$$Y(s) = \frac{w_n^2}{s \cdot (s^2 + 2 \cdot \xi \cdot w_n \cdot s + w_n^2)}$$

这个函数的逆变换可用表 21-2 和一些数学处理得到，即用扩展的 Laplace 变换表或数学软件。最终的函数就是阶跃函数的响应

$$y(t) = 1 - \frac{e^{-\xi \cdot w_n \cdot t}}{\sqrt{1-\xi^2}} \cdot \sin \left| w_n \cdot t \cdot \sqrt{1-\xi^2} + \tan^{-1} \left| \frac{\sqrt{1-\xi^2}}{\xi} \right| \right|$$

最大值就是切线斜率为 0 时的值，即

$$\frac{\mathrm{d}y(t)}{\mathrm{d}t} = 0$$

此时

$$t_p = \frac{\pi}{w_n \cdot \sqrt{1-\xi^2}}$$

例 4.2　二阶肌肉力学模型

在例 3.5 中已经引出了二阶肌肉力学模型（见图 21-13），用流程 4.1 我们可将微分方程转换为下列传递函数

$$\frac{X(s)}{P(s)} = \frac{-1}{M \cdot s^2 + B \cdot s + K}$$

我们可以导出外力跟位置之间的相似关系，或者其他想得到的关系。用流程 4.3，我们可

将上述函数变换到 Z 变换域

$$\frac{X(z)}{P(z)} = \frac{-1}{M \cdot s^2 + B \cdot s + K}\Bigg|_{s = \frac{z-1}{T}}$$

$$= \frac{-T^2}{M \cdot z^2 + (B \cdot T - 2 \cdot M) \cdot z + M - B \cdot T + K \cdot T^2}$$

逆向应用步骤 4.1 就可从 Z 变换得到离散时间的表达式

$$X(n) = \frac{-T^2}{M} \cdot P(n-2) - \frac{(B \cdot T - 2 \cdot M)}{M} \cdot$$

$$X(n-1) - \frac{(M - B \cdot T + K \cdot T^2)}{M} \cdot X(n-2)$$

这个差分方程对于参数估计和处理系统样本很有用,如后续例 5.2 所示。最后一个差分方程也可以写为

$$X(n) = w_1 \cdot P(n-2) + w_2 \cdot X(n-1) + w_3 \cdot X(n-2)$$

式中 w_i 是参数。如果采样时间 T 给定,知道 w_i 与知道 M, B 和 K 是等价的。因此,对每个时间步长,系统可被看作是有三个输入和一个输出的稳态系统,如图 21-3 所示。

例 4.3　复杂肌肉力学模型

本例演示如何导出例 3.6 中提到的 Hill 型肌肉力学模型的传递函数和稳态行为。从图 21-14 的图形模型中,我们得到下列可以进一步简化的微分方程

$$- Pk_s - B(-F + B_p\ddot{x} + k_p\dot{x} + k_s\dot{x}) + k_s(F - B_p\dot{x} - k_p x) = 0$$

从这个方程出发,我们按流程 4.1 所述转到 Laplace 域

$$(k_s + B_s)F - Pk_s - (BB_ps^2 + Bk_ps + Bk_ss + k_sB_ps + k_sk_p)X = 0$$

现在,我们就可以按照自己定义的输入和输出得到相应的传递函数。在等长实验中,长度固定不变,这样可以减去一个常数力,并找到力 F 和神经传递给肌肉的兴奋之间的传递函数,这种兴奋与 P 有关。(在线性模型中,我们假设在运动神经元的放电率与假设的内力之间存在线性关系)

$$\frac{F}{P} = \frac{k_s}{(k_s + Bs)}$$

这是一个一阶系统,我们可以按照上述例 4.1 所描述的方法研究它的行为。例如,对一个阶跃输入的力的响应如图 21-16 左边所示。

同样的操作对等压实验也一样,只不过这里的力是常数。

用 0 代替 s 可以得到模型的稳态行为,即

$$\frac{F - P}{k_p} = x$$

注意黏性元件对稳态行为无贡献,它们只在位置变化的时候起作用。

一个典型的应用这些数学流程来研究生理的神经肌肉系统的例子是对眼运动的研究。系统力学模型的时间常数有数秒钟,而眼睛从一个位置移动到另一个仅要十几分之一秒,因此,神经兴奋中的一个简单的阶跃不符合对眼运动的观察结果。另一个假设是说

神经兴奋信号包含一个加在阶跃前的初始脉冲,它起着加速运动的作用,这与模型和实际测量吻合。这种脉冲加阶跃的神经兴奋控制策略也用于假肢控制模型。

注意:当提到阶跃性神经兴奋时,我们是指放电频率而不是神经细胞的电位,即在 0 时刻的单位阶跃是指细胞从 0 时刻开始放电,每秒钟发放一次动作电位。

第五部分　系统辨识和参数估计

　　在很多科学和技术学科中,我们经常面临来自于未知系统的数据,我们的任务是找出这个系统的一个模型。一个含参数模型属于含有有限个参数的模型家族,建模者的任务首先是选择合适的模型族,然后再估计参数值。这一节我们首先描述参数估计问题,然后重点描述线性模型。

　　一般的参数估计问题可归纳如下:$\Theta(u, a)$是一个含参函数族,即对每一个参数矢量 a_0,$y = \Theta(u, a_0)$是一个静态输入输出函数,或者是 Laplace 域上的传递函数,这里 u 是输入,y 是输出。假设有未知系统 $F(u)$,它属于上述函数族,即对某个具体但未知的参数矢量 a_0,$F(u) = \Theta(u, a_0)$。从对未知系统的实验结果中,我们收集到一组输入输出测量值$\{u_i, y_i\}$,它们满足 $y_i = F(u_i)$。(有测量噪声时,或者我们不能确定未知系统是否属于所选择的含参函数族,从而使发生函数具有不确定性时,我们可以放宽对数据的要求为$|y_i - F(u_i)| < n$,这里的 n 代表噪声或者用模型拟合系统时的不确定性)。现在的问题是要按照给定判据找到能够最好的拟合测量结果的参数矢量 a。如果用最小二乘判据,就是解下面的最小化问题

$$\hat{a} = \arg \min_a \sum_i (y_i - \Theta(x_i, a))^2$$

有很多方法解决这个问题并且规范含参函数组(见 Sjoberg et al. 1995 的例子)。这一章我们只注意线性函数组,言下之意就是函数可以被变换到 Laplace 域,产生一个传递函数。在离散情况下,对差分方程和 Z 变换也是同样。

步骤5.1　参数估计

　　线性模型参数估计的基本方法如下:

　　线性模型为 $y = \sum_i w_i \cdot u_i$ 或者为矩阵形式 $y = W^T U$。真实系统可能不是线性的,而且我们掌握的数据含有噪声;然而,按照最小二乘优化的线性模型为

$$W_{\text{OPT}} = \Phi^{-1} \cdot P$$
$$P \equiv E[Y \cdot U]$$
$$\Phi \equiv E[U \cdot U^T]$$

这里 E 代表期望值。要看原始文献和证明,请参阅任何关于线性参数估计的教科书(Porat 1994)。

　　在实际上,可把测量结果的数值平均作为期望值,即

$$P = \frac{1}{N} \sum_{l=1}^{N} Y^l \cdot U^l \qquad \Phi = \frac{1}{N} \sum_{l=1}^{N} U^l \cdot U^{lT}$$

例 5.1　双输入单输出系统

u_1	u_2	y
1	1	3.1
1	−1	1.2
−1	1	−0.8
−1	−1	−2.9

这是一个演示步骤 5.1 的简单的人为设置的数学例子。假设有一个双输入单输出的稳态系统,我们想找到这个系统优化的线性模型。模型为 $y = w_1 \cdot u_1 + w_2 \cdot u_2$,输入矢量为 $\boldsymbol{U} = [u_1, u_2]^{\mathrm{T}}$,参数矢量为 $\boldsymbol{W} = [w_1, w_2]^{\mathrm{T}}$。为了估计模型的参数,设从实验中得到了四个测量数据:

我们按照步骤 5.1 来计算 P 和 Φ

$$P \equiv E[Y \cdot U] = E\begin{vmatrix} y \cdot u_1 \\ y \cdot u_2 \end{vmatrix} = \frac{1}{4}\begin{vmatrix} 3.1 + 1.2 + 0.8 + 2.9 \\ 3.1 - 1.2 - 0.8 + 2.9 \end{vmatrix} = \begin{vmatrix} 2 \\ 1 \end{vmatrix}$$

$$\Phi \equiv E[U \cdot U^T] = E\begin{vmatrix} u_1 \cdot u_1 & u_1 \cdot u_2 \\ u_2 \cdot u_1 & u_2 \cdot u_2 \end{vmatrix} = \cdots = \begin{vmatrix} 1 & 0 \\ 0 & 1 \end{vmatrix}$$

计算优化参数

$$W_{\mathrm{OPT}} = \Phi^{-1} \cdot P = \begin{vmatrix} 2 \\ 1 \end{vmatrix}$$

用这些参数计算模型对测量数据的输出,并检验模型对数据的拟合,可见模型输出为:

u_1	u_2	y_m
1	1	3
1	−1	1
−1	1	−1
−1	−1	−3

与实际数据近似。

注释:在实际中,测量是随机的并带有更多的噪声,因此,需要更多的样本来得到更好的参数估计。

例 5.2　肌肉模型的参数估计

在例 4.2 中,我们得到了在例 3.5 中引入的线性肌肉模型的以下关系

$$X(n) = w_1 \cdot P(n-2) + w_2 \cdot X(n-1) + w_3 \cdot X(n-2)$$

这里我们将演示这个动态模型的参数估计过程。用输入成分 $X(n-2)$,$X(n-1)$,$P(n-2)$ 组成输入矢量 $\boldsymbol{U}$,用 $\boldsymbol{Y}$ 表示这个单元素的输出矢量 $\boldsymbol{X}(n)$,可以用步骤 5.1 中的优化解。我们用模拟方法来展示这里的参数的估计。选择随机序列 P(噪声的标准差为 1,均值为 0),并按照模型用下列值计算 X

$$M = 5 \quad B = 3 \quad K = 2 \quad T = 0.1$$

这些参数意味着模型参数的理论值为

$$w_1 = -0.002 \quad w_2 = 1.94 \quad w_3 = -0.944$$

图 21-17 给出了模拟结果。第一个图是随机输入 P,第二个是计算出的 X,加上随机噪声来模拟测量误差和模型中的不确定性(噪声标准差为 0.01,均值为 0),结果如图 21-3 所示。然后,我们按流程 5.1 计算优化参数,结果为 $w_1 = -0.0016$, $w_2 = 1.744$, $w_3 = -0.739$,这与理论计算值很接近。最后,计算每个时间步长处的模型输出,显然与第二个图中实际模型输出的结果很相似。

注释:上面是个直接应用步骤 5.1 的例子,它有以下一些缺陷:

　　此例中将离散的数据看作是静态模型的独立样本集,用每一对输入输出验证了最佳模型。而实际上偏差会从一步带到下一步,因为模型会用它自己的输出去估计下一步的输出,而并非实际系统的输出。当系统有很多不稳定极点时偏差会迅速增长,这个问题会变得很突出。

　　所估计的参数应该用新的数据集来检验。这称为"普适性检验",有助于避免数据过拟合。这种方法的正确性将在下面的小节中讨论。

　　切记生物系统是时变系统。比如,肌肉会因疲劳改变特性。因此,实验时间要短,以便符合系统的非时变假设。

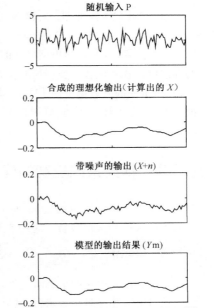

图 21-17　线性肌肉模型的参数估计举例
模拟过程是离散的,因此横坐标由时间步长组成,
模拟中所用时间步长为 0.1s。

　　最后,这里必须提到步骤 5.1 中的简单参数优化计算中数值并不总是稳定的。有很多改进的实用方法可以在现代数值软件中找到,如 MATLAB(Ljung　1986)。

问题:选择合适的模型阶数

　　最后一个例子中,模型的结构是已知的,只是进行参数估计,但生物学应用中情况并非如此。首先要知道模型的阶数,如在 ARMA 情况下,需要知道下列离散模型中的 N 和 M

$$y(n) = \sum_{i=0}^{N} a_i \cdot x(n-i) - \sum_{j=1}^{M} b_j \cdot y(n-j)$$

开始,我们会认为参数越多就会拟合的越好,但情况并非如此(Paiss and Inbar　1987 在处理表面肌电图的模型阶数选择时采用的处理方法)。太多的参数不仅会带来过多的计算负担,而且引起模型的偏差,选太多或太少的参数都可能出错。图 21-25 给出了错误选择参数造成错误的例子。

　　有很多方法可用于找到合适的阶数。线性模型的一个通用的方法是 Akaike 信息判据(AIC),它基于差异测量。对于 ARMA 模型,判据为

$$N_T^{-1} \cdot AIC(N, M) = \sigma^2 + \frac{2 \cdot (N + M + 1)}{N_T}$$

从上述离散 ARMA 模型可知，N 和 M 是模型的尺寸，N_T 是样本总数，σ_2 是参数估计误差。

判据表达式第一项 σ^2 随模型尺寸的增加单调减少，但第二项则增加，用寻找 AIC 最小值的办法可以找到优化的模型尺寸。另一个基于校验的方法被广泛用于模式识别和分类问题，在这里一部分数据被用于学习（即这里拟合），剩下的数据用来检验模型的推广能力。更多的参数估计和系统辨识的资料见 Porat（1994），Sjoberg 等（1995）和 Ljung（1986）。

第六部分　神经系统控制的建模

线性系统可以用传递函数在 Laplace 域上加以描述，这些传递函数使包括很多模块的复杂系统的分析变得很容易。这一节来描述如何使用方框图对神经系统建模。

步骤 6.1　方框图	

线性系统方框图仅有两个基本元件：加法器和传递函数。求和元件一般用圆圈符号和在输入信号上的加减号来表示，加减号用来确定对输入信号的加减。传递函数用方框表示，方框中有传递函数或一个冲击响应函数。纯增益有时用三角符号表示。框与框之间用代表信息流方向的箭头相连。

写出方框图中的两点的传递函数的流程如下：

1．用唯一的变量命名每一个箭头。

2．对每一个变量写出方程。例如，如果变量是 y，而框图前的输入是 u，则对于求和元件的输出 $y = \sum_i u_i$；对于传递函数 H，$y = Hu$（在 Laplace 域）。

3．简化方程得到输入输出传递函数或者其他需要的关系。

例 6.1　反馈控制	

反馈控制需要过程或被控系统的输出，也就是要用期望输出和实际输出之间的误差来减少偏差。这个概念广泛用于肌肉和骨骼系统的神经控制。

图 21-18 中，对于运动的反馈控制是这样的：装置为肌肉、骨头和动态的环境；反馈为感受器系统的输出，控制器是神经系统。下面我们按照步骤 6.1 去找图 21-18 中整个系统的传递函数（为简单起见，省掉了 Laplace 变量 s）。

1．设反馈输出为 x_1，求和输出为 x_2。

2．四个变量的方程组为

$$Y = P \cdot u, u = C \cdot x_2, x_1 = F \cdot Y, x_2 = Y_d - x_1$$

3．从上述方程可得传递函数

$$\frac{Y}{Y_d} = \frac{P \cdot C}{P \cdot C \cdot F + 1}$$

反馈控制可以减小对装置参数和环境改变的敏感性。系统 H 对参数 k 变化的敏感

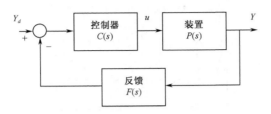

图 21-18　反馈控制

性定义为

$$S_H^k \equiv \left| \frac{\partial H}{\partial k} \cdot \frac{k}{H} \right|$$

当敏感性函数为 0 时,系统对参数变化不敏感。在系统没有反馈的开环情况下,$H = k \cdot P$,这里 H 为传递函数,k 为增益参数,系统的敏感性为

$$S_H^k \equiv \left| \frac{\partial H}{\partial k} \cdot \frac{k}{H} \right| = p \cdot \frac{k}{k \cdot P} = 1$$

然而,在闭环情况下的系统为 $H = \dfrac{k \cdot P}{k \cdot P \cdot F + 1}$,其敏感度为

$$S_H^k \equiv \left| \frac{\partial H}{\partial k} \cdot \frac{k}{H} \right| = \frac{P \cdot (k \cdot P \cdot F + 1) - k \cdot (P)^2 \cdot F}{(k \cdot P \cdot F + 1)^2} \cdot \frac{k \cdot P \cdot F + 1}{P}$$

$$= \frac{1}{k \cdot P \cdot F + 1} < 1$$

当环增益 k 大时,敏感性小。

有大量的关于这种系统稳定性的文献,以及在给定性能要求时选择控制器的方法(见 Kwakernaak 和 Sivan(1991)的例子,以及 Levine(1996)第三部分中的例子)。

注释:用反馈控制对生物系统建模首先是测量闭环增益。在生物系统中,我们常常在一阶上看到非常低的闭环增益,因此,生物系统很少有参数改变时敏感性的减小。另外生物系统的延迟也可以引起不稳定和振荡。请见 Karniel 和 Inbar(出版中)对生物起搏控制的这些和其他问题的综述。

例 6.2　多反馈环

闭环增益在减小对参数变化的敏感性中的重要作用在前面的例子中已经提到。闭环增益对系统稳定性也是一个主要因素。要想测量闭环增益,必须开放环路,在一端引入测试信号,在另一端测量输出。然而,生物系统中有很多并行的反馈环路(Milgram and Inbar 1976;Windhorst 1996)。例如,在温度调节系统中,在皮肤上、身体中心、视丘下部都存在温度感受器,它们都会影响温度调节机制(Brown and Brengelmann 1970)。在运动控制中,在肌肉、接头和皮肤中都存在感受器(即肌梭、Golgi 腱、压力变换器等),而且每一种传感器都有很多个在并行的运作。这种多环路反馈的主要好处是稳定,即在一个系统出现问题时会有其他选择来运作系统。在这样的系统中估计闭环增益很难,因为可能有无法开放或者根本不知道的环路。在这种情况下,我们有可能低估闭环增益。例如,如果我们开放图 21-19 中的头两个环路,但让 F_3 连着,当没有其他环时从 Y_d 到 Y 的传

递函数为 $P \cdot C /(P \cdot C \cdot F_3 + 1)$，而非 $P \cdot C$，我们要注意这些多环路的情况。

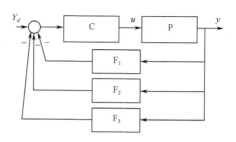

图 21-19　多反馈环

第七部分　用线性描述工具对非线性系统建模

很多物理的和实际生物系统都不是线性的，且很多是时变系统。但我们仍想使用这一章描述的强有力的线性系统描述工具。这一节我们将线性方法推广到非线性系统。线性化是找到可以近似要建模的非线性系统的线性系统的一个方法，至少在小信号区和短时程内。我们将看到非线性系统可以用时变系统或参变系统加以描述，可以把它看作是非线性函数的线性和或者看作是线性系统的非线性函数。

线性化

线性化就是在工作点的邻域中，找出一个能够近似非线性系统的线性系统。形象地说，可以把线性化的模型想像成非线性函数的切线。从数学上来说，线性化就是函数 Taylor 展开的头两项。

步骤 7.1　静态系统的线性化	

静态系统线性化简单来说就是取 Taylor 展开的头两项。对于单输入单输出系统来说，这就意味着在工作点 $\hat{u}$ 附近对非线性系统 $F(u)$ 取线性估计 $F_L(u)$

$$F_L(u) = F(\hat{u}) + \frac{\mathrm{d}F}{\mathrm{d}u}\bigg|_{u=\hat{u}} \cdot (u - \hat{u})$$

在工作点附近对于光滑的函数这种估计能较好地近似，但对离得较远的点不好。对于多输入系统这种方法同样适用。

步骤 7.2　动态系统的线性化	

动态系统可以用状态空间中的一组微分方程来表示。假设函数满足连续性条件，在点 X 附近取 $X = F(X)$ 的 Taylor 展开的前两项为

$$\dot{x} = f_i(x_1, \cdots, x_n) = f_i(\hat{x}_1, \cdots, \hat{x}_n) + \frac{\partial f_i}{\partial x_1}\bigg|_{X=X}(X_1 - X_1) + \cdots + \frac{\partial f_i}{\partial x_n}\bigg|_{X=X}$$

$$(X_n - X_n) + O\big|\ \|X - X\|^2\big|$$

其 Jacobean 矩阵为

$$
A = \begin{vmatrix} \dfrac{\partial f_1}{\partial x_1} & \cdots & \dfrac{\partial f_1}{\partial x_n} \\ \vdots & & \vdots \\ \dfrac{\partial f_n}{\partial x_1} & \cdots & \dfrac{\partial f_n}{\partial x_n} \end{vmatrix}_{X = X}
$$

引进新的变量 $Z = X - X$，可得线性状态函数 $z = A \cdot z$。

这个微分方程的解是一个指数函数。需要知道的是解是否衰减，即系统是否稳定。检验 Jacobean 矩阵 A 的本征值 λ_i，当且仅当本征值 λ_i 实部为负时，系统稳定。本征值可以从方程 $|A - \lambda \cdot I| = 0$ 解得，或者通过 MATLAB 及其他数学软件计算得到。

例 7.1 力与肌肉长度的相关性

有条纹的肌肉含有肌动蛋白和肌浆球蛋白细丝，它可以从一个滑到另一个上。此构造使得肌肉存在能产生最大力的最优长度 L_0。所以肌肉长度和力之间的关系是非线性的，可用下列非线性方程近似

$$
F = F_{max} - (L_0 - x)^2
$$

假设想得到一个在工作点 $\hat{x} = L_0/2$ 附近的肌肉的线性模型，我们可以按照流程 7.1 将上述关系线性化

$$
F_L(x) = F(\hat{x}) + \frac{\mathrm{d}F}{\mathrm{d}X}\bigg|_{x = \hat{x}} \cdot (x - \hat{x}) = F_{max} - \left| L_0 - \frac{L_0}{2} \right|^2 + 2 \cdot \frac{L_0}{2} \cdot \left| x - \frac{L_0}{2} \right|
$$

$$
= F_{max} - \frac{3 \cdot L_0^2}{4} + L_0 \cdot x
$$

注释

1. 例 3.5 中的模型是肌肉的一个线性模型（参见 McRuer et al. 1968 的评论）。

2. 例 3.2 中的膜模型可以看作是在平衡点附近的膜特性的线性化。

3. 必须注意只有在工作点附近有很小扰动的情况，线性化模型才有较好的近似。

用线性时变或参变系统刻画非线性系统

在步骤 3.1 和 3.2 中研究了线性系统的电学和力学模型。如果把系统中的元件或其他值看成是可以随时间变化的，这些步骤也可以用来描述非线性系统。我们给出两个这样的例子：膜的电学模型和肌肉的力学模型。

例 7.2 Hodgkin-Huxley 模型

在例 3.2 中已经引入了该模型，但阻抗元件都是定值的。但膜并非线性的，而且对每一种离子电流的阻抗也不是常数［见 Hodgkin 和 Huxley（1952）文献中对此模型的全面的描述］。

图 21-20 说明了这个模型，其中电阻上的箭头是说阻抗不恒定。膜对钠离子和钾离子的阻抗随膜电位和时间改变。

描述该模型的方程由下列非线性微分方程组成

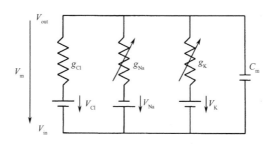

图 21-20　膜的 Hodgkin-Huxley 电学模型

$$I_\mathrm{m} = C_\mathrm{m} \frac{\partial V_\mathrm{m}}{\partial t} + g_\mathrm{Na} \cdot (V_\mathrm{m} - V_\mathrm{Na}) + g_\mathrm{K} \cdot (V_\mathrm{m} - V_\mathrm{K}) + g_\mathrm{Cl} \cdot (V_\mathrm{m} - V_\mathrm{Cl})$$

$$g_\mathrm{Na} = \bar{g}_\mathrm{Na} \cdot m^3 \cdot h$$

$$g_\mathrm{K} = \bar{g}_\mathrm{K} \cdot n^4$$

$$g_\mathrm{Cl} = \bar{g}_\mathrm{Cl} = \mathrm{const}$$

$$\dot{n}(t) = \alpha_n \cdot (1 - n) - \beta_n \cdot n$$

$$\dot{m}(t) = \alpha_m \cdot (1 - m) - \beta_m \cdot m$$

$$h(t) = \alpha_h \cdot (1 - h) - \beta_h \cdot h$$

第一个方程可按步骤 3.1 写出,它是图 21-20 中电学模型的微分方程,与例 3.2 中的方程类似,只不过用电导代替了电阻。我们不讨论膜电阻系数改变的细节,但要注意到上述方程中这种变化也可用线性系统工具描述,即简单的一阶微分方程。

例 7.3　Hill 型的肌肉模型

我们来看图 21-21 中的 Hill 型的肌肉力学模型。

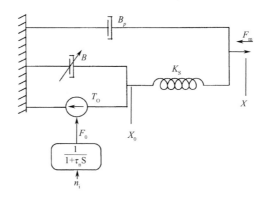

图 21-21　力学模型

n_i 是神经输入,一阶滤波器代表兴奋—收缩耦联,T_o 为假定的肌肉力,B 代表从
Hill 模型中导出的力和速度的关系。其他元件代表关节周围腱和其他连接组织。

这个模型由 Zangemeister 等(1981 年)提出,Karniel 和 Inbar(1997)做了一些小的改

进。这个模型包括了在 Laplace 域用方框图表示的力学描述。它与例 3.6 中的很类似,但有三点差别:并联的弹簧省略了;加进了一个一阶滤波器来描述兴奋—收缩耦合和运动单元;主要差别是黏性元件不是恒定的。

下面是这个力学模型的微分方程

$$\dot{F}_0 = \frac{1}{\tau_n} \cdot (n_i - F_0)$$

$$T_0 = F_0 \cdot F_{\max}$$

$$\dot{X}_0 = \frac{(K_s \cdot (X - X_0) - T_0)}{B}$$

$$F_m = B_P \cdot \dot{X} + K_s \cdot (X - X_0)$$

这个模型从 Hill 模型导出,那个模型的黏性元件与内力和收缩速度有关

$$B = \begin{vmatrix} (a \cdot T_0)/(b + v), & v \geqslant 0 \\ a' \cdot T_0, & v < 0 \end{vmatrix}$$

为简化问题得到肌肉的线性模型,B 的值在几个模型中都取为常数。这个线性模型是欠阻尼的而且是超射的,在受控运动中可能产生振动。这个问题在更真实的非线性模型中可以避免,如像图 21-22 中演示的最基本的运动——接近运动的例子。

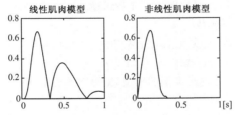

图 21-22　带线性或非线性肌内模型的两自由度臂的末端终点的
速度剖面的比较

其中肌内模型的驱动为矩形脉冲激励。只有非线性模型产生了带有平滑结束的
钟形速度剖面(更多细节请见 Karniel and Inbar　1997)。

这个例子说明大自然是如何更好地利用非线性的。然而,为了模拟和分析这种现象,我们使用了线性描述工具。

注释:在例 3.5 中还引入了另一个二阶肌肉模型。为了得到更真实的行为,这个模型中硬度必须是肌肉活动、长度和运动速度的函数(Inbar　1996)。

预处理和后处理

这一小节我们描述两种用线性系统组成非线性模型的方法。第一个是非线性函数的线性组合,它被称为预处理,就是输入在进入线性模型前先进行处理,见图 21-23。第二个方法是线性组合的非线性函数,它被称为后处理,即对线性模型的输出进行非线性处理,见图 21-24。两个模型都可以利用线性参数估计工具来估计模型线性部分的参数。

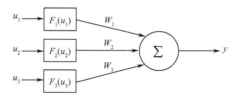

图 21-23　非线性函数的线性组合

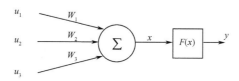

图 21-24　线性和的非线性函数

例 7.4　人工神经网络

在运用线性和非线性元件的组合的基础上,神经计算正得到迅速的发展。感知器作为神经网络基本的阈值元件,是按图 21-24 所示建立起来的,其中函数 $F(x)$ 是一个阶跃函数或者任何其他的 S 形函数。

众所周知,任何函数都可以用 Taylor 展开的方法以多项式函数来近似,所以我们可以将图 21-23 中的函数 $F_i(u_i)$ 选作:$1,u,u^2,u^3$ 等,然后用这个函数估计任何连续的函数。在神经计算领域有大量这种类型的模型,见第二十五章。

注释:过拟合与欠拟合。

前面在线性系统中曾遇到过的模型阶数的选择问题是神经计算的主要问题,参数太多或者太少都要避免。欠拟合是指模型与实际系统相比不够复杂,不能拟合数据,见图 21-25 左图。

过拟合是指模型与实际系统相比太复杂,此时模型可以拟合观察到的数据。然而,如果有噪声和观察量不够(即独立观察数比参数数目少),模型将不能拟合实际的系统,在检验过程中就不能预测系统的输出(检验过程中,我们要检查模型的推广性,即模型能否处理拟合中没有用到的数据)。见图 21-25 的右图。

例 7.5　单符号累积脉冲频率调制

神经纤维将膜电位转换成动作电位的变换常用单符号累积脉冲频率调制(IPFM)来模拟,如图 21-26 所示。输入(膜电位)被积分(框图中的 $1/s$),当积分达到阈值 A 时,脉冲整形器(在解剖上相当于轴丘)产生一个动作电位,动作电位即重置积分器又是系统的输出。这个模型的线性部分是积分过程,非线性部分是其阈值运算。

这个模型也可以根据例 3.1 中的模型进行组合,以便解释从不同突触来的多输入对积分值的影响。

下面我们来分析这个非线性模型,并完成线性化,以发现近似的线性模型。

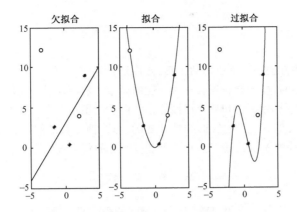

图 21-25 数据的模型拟合

图中,三个星号代表从基本未知函数得到的数据。左图中用线性函
数来拟合,中图中用平方函数拟合,右图中用了三阶多项式函数拟
合。拟合后,从相同的基本函数再采集两个以上的样本(圆圈),可
以看到左边的模型过于简单,即为欠拟合。而右边模型过于复杂,
即为过拟合,并不适合基本的系统。

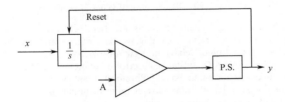

图 21-26 神经编码的积分脉冲频率调制

　　输出是一串脉冲,我们仅对每个脉冲的发生时刻感兴趣。积分器在新的脉冲产生时
马上会重置,所以在两个脉冲之间的输入的积分就是阈值,即

$$A = \int_{t_k}^{t_{k+1}} x(t) \cdot dt = X(t_{k+1}) - X(t_k) \qquad x(t) \equiv \frac{dX(t)}{dt}$$

对 $X(t_{k+1})$ 在 t_k 附近取 Taylor 展开

$$X(t_{k+1}) \cong X(t_k) + x(t_k) \cdot (t_{k+1} - t_k)$$

定义输出频率为两个脉冲之间间隔的倒数,并将上述方程联立起来可得

$$A = X(t_{k+1}) - X(t_k) \cong x(t_k) \cdot (t_{k+1} - t_k) = \frac{x(t_k)}{f}$$

因此,输出频率和输入信号之间的关系为

$$f(t) \cong \frac{1}{A} \cdot x(t)$$

这又是一个线性的模型。可以用这个 IPFM 作为视网膜的一片,输入 x 为光强,输出为
光感神经的放电频率。到此为止,我们又回到了本章开篇的例子。

■ 总　结

　　线性系统描述方法是一个有力的工具,被广泛的用于科学技术的所有领域中。生物系统一般不是线性的,极少能看到满足线性性的模型。然而,线性工具有很多重要的利用价值,例如,简单性,易分析性和易处理性等。它们也能用在以下这些类别的模型中:局部线性的,短时间线性的,线性时变的,线性参变的,非线性函数的线性组合,线性组合的非线性函数。因此,线性系统描述工具是不可能在不远的将来被废弃的。

参　考　文　献

Allin J, Inbar GF (1986) FNS Parameter Selection and Upper Limb Characterization. IEEE transactions on biomedical engineering 33:809–817

Benignus VA (1969) Estimation of the coherence spectrum and its confidence interval using the fast fourier transform, IEEE Trans. Audio Electroacoustics, 17:145–150 and correction in 18:320.

Brown AC, Brengelmann GL (1970) The interaction of peripheral and central inputs in the temperature regulation system. In JD Hardy, AP Gagge, JAJ Stolwijk (Eds) Physiological and Behavioral Temperature Regulation, Chapter 47, pp 684–702.

Cadzo JA and Solomon OM (1987) Linear Modeling and the Coherence Function. IEEE Trans. On Acoustic, Speech, and Signal Processing ASSP-35:19–28

Conant R (1993) Engineering Circuit Analysis with Pspice and Probe. McGraw-Hill, Inc, New York.

Charles AD, Kuh ES (1969) Basic Circuit Theory, International student edition, McGraw-Hill KogaKusha, Ltd.

Dorny CN (1993) Understanding Dynamic Systems. Prentice-Hall, Inc.

Fausett Laurene (1994) Fundamentals of Neural Networks. Prentice Hall International, Inc.

Hebb DO (1949) The organization of behaviour, New York: Wiley.

Hodgkin AL, Huxley AF (1952) A Quantitative description of membrane current and its application to conduction and excitation in nerve. J. Physiol. 117:500–544

Houk JC (1963) A mathematical model of the stretch reflex in human muscle systems. M.S. Thesis, Massachusetts Institute of Technology, Cambridge.

Inbar GF (1996) Estimation of Human Elbow Joint Mechanical Transfer Function During Steady State and During Cyclical Movements. In:Gath I & Inbar GF (eds.) Advances in Processing and Pattern Analysis of Biological Signals. Plenum Press.

Karniel A, Inbar GF (1997) A Model for Learning Human Reaching Movements. Biological Cybernetics 77:173–183.

Karniel A, Inbar GF (in press) Human Motor Control: Learning to control a Time-Varying Non-Linear Many-to-One System. Accepted for publication in IEEE Transactions on system, man, and cybernetics Part C.

Kwakernaak H. and R. Sivan (1991) Modern signals and systems. Prentice-Hall International, Inc.

Lathi BP (1974) Signals, Systems, and Controls. Intext Educational Publishers, New York.

Levine WS Ed.(1996) The control handbook. CRC press.

Ljung L (1986) System Identification Toolbox: The manual. The Mathworks Inc. 1st Ed., (4th ed. 1994) Natick, MA.

McRuer DT, Magdaleno RE, Moore GP (1968) A Neuromuscular Actuation System Model. IEEE Trans. On man-machine systems 9:61–71

Milgram P, Inbar GF. (1976) Distortion Suppression in Neuromuscular Information Transmission Due to Interchannel Dispersion in Muscle Spindle Firing Thresholds. IEEE transactions on biomedical engineering 23:1–15

Nilsson JW, Riedel SA (1996) Using Computer Tools for Electric Circuits. Fith Edition Addison-Wesley, Inc.

Paiss O, Inbar GF (1987) Autoregressive Modeling of Surface EMG and Its Spectrum with Application to Fatigue. IEEE transactions on biomedical engineering 34:761–770

Plonsey R. and R.C. Barr (1988) Bioelectricity A quantitative approach. Plenum Press, New York and London.

Porat B. (1994) Digital processing of random signals: theory and methods. Prentice-Hall, Inc, New Jersey.

Santina SM, Stubberud AR, Hostetter GH (1996) Discrete-Time Equivalents to Continuous-Time Systems. In Levine WS (Ed) The Control Handbook , CRC press Inc. pp:265–279.

Sjoberg J, Zhang Q, Ljung L, Benveniste A, Delyon B, Glorennec P, Hjalmarsson H, and Juditsky A (1995) Nonlinear Black-box Modeling in System Identification: a Unified Overview. Automatica, 31:1691–1724.

Stein RB (1980) Nerve and Muscle membranes, cells, and systems. Plenum Press, New York.

Windhorst U (1996) Chapter 1. Regulatory principles in physiology. In: Greger R, Windhorst U (eds) Comprehensive human physiology. From cellular mechanisms to integration, pp. 21–42. Springer-Verlag, Berlin Heidelberg

Zangemeister WH, Lehman S, Stark L (1981) Simulation of Head Movement Trajectories: Model and Fit to Main Sequence. Biol. Cybern. 41:19–32

第二十二章　神经元系统的非线性分析

Andrew S. French and Vasilis Z. Marmarelis

任　维　古光华　译

北京航天医学工程研究所

fangbin@95777.com

■ 绪　论

　　线性分析为理解神经元系统及其结构组成部分的行为提供了强有力的工具。但是，在一定的条件下，所有物理结构都是非线性的，而神经元的许多组成成分的非线性程度已经被证明是如此之强，以至于线性分析只能够提供对现实的粗略近似。由神经元产生的动作电位就是一个最常见的例子，这里，输出信号与输入信号之间的关系并不是简单的线性关系。由于涉及理论和计算的复杂程度增加，分析非线性系统并阐明分析结果的一般方法的发展远远滞后于线性分析一般方法的发展。然而，近年来的研究也取得了一些显著的进展，对神经元系统的分析在这些进展中起到了重要的作用。本章介绍目前已经运用的主要方法以及它们在神经元研究中的应用。

　　具有一个输入和一个输出的线性的、非时变的系统可用下列卷积积分表示（参见第二十一章）

$$y(t) = k_0 + \int_0^\infty k_1(\tau) x(t-\tau) d\tau \tag{22.1}$$

该式表示输出 $y(t)$ 可由对过去的输入 $x(t)$ 的积分获得，$x(t)$ 须乘以关于过去所有时间的记忆函数 $k_1(\tau)$。为完整起见加上一个常量 k_0。求得 k_1 和 k_0，即可完成对系统的分析（这一想法可以方便地扩展为下列形式，以包含输入的非线性成分）

$$y(t) = k_0 + \int_0^\infty k_1(\tau) x(t-\tau) d\tau + \int_0^\infty\int_0^\infty k_2(\tau_1,\tau_2) x(t-\tau_1) x(t-\tau_2) d\tau_1 d\tau_2 + \cdots$$

$$\tag{22.2}$$

式中，k_2，k_3 等为高阶记忆函数。该式表示的级数通常称为 Volterra 级数（Volterra 1930）。系统分析主要还是求取这些记忆函数的值，这些值通常称为系统的核。除非上述级数是有限的，具有任意输入的一般非线性系统的核通常是无法获得的。但是，Wiener（1958）基于高斯白噪声（Gaussian white noise，GWN）的特征提出了一种可以广泛应用于非线性系统的方法。简要地说，Wiener 证明如果用高斯白噪声作为输入并恰当地整理扩展项，就可以构造一个正交项的级数，同时使得每个核可以独立地被估算。这个新的级数含有新的函数核，称为 Wiener 核。

　　在数字计算机广泛普及之前的著作中，Wiener 提出了基于对 Laguerre 函数进行电子模拟的理论。随着数字计算机的普及，Lee 和 Schetzen（1965）提出了利用高斯白噪声激励并通过进行输入与输出之间的一系列多维的互相关分析来求核的方法。Stark（1969）等应用这一方法检测了人眼瞳孔反射的二阶行为,该工作是广义非线性系统分析在神经系统的最早应用之一。此后,Marmarelis 和 Naka(1972)应用这种方法研究了鲶鱼视网膜的神经元响应。大约同时,French 和 Butz(1973)证明互相关分析在频域分析中可以更为有效地实现,French 和 Wong(1977)应用这种方法检测了昆虫机械感受器的非线性响应。Marmarelis 和 Marmarelis 提出了将白噪声应用到生理系统建模研究的一个彻底的改进方法,包括非线性分析和综合的方法。南加州大学洛杉矶分校生物学仿真资源(Biomedical Simulations Resource,BMSR)组织了一系列研讨会,并总结了该领域的许多后续的进展。这些研讨会的论文集为有兴趣的读者提供了一个有所裨益的入门介绍(Marmarelis 1987,1989a,1994)。

非线性分析不可避免地要涉及大量的计算工作,因此,数字计算机功能和速度的迅速提高已成为促进非线性分析进入实验室应用的一个重要因素。与之相伴随,求取和阐释函数核的方法也获得了重要的发展,包括快速正交法(Korenberg　1988)、平行级联法(Palm　1979;Korenberg　1991)和 Laguerre 展开法(Marmarelis　1993)等分析方法,以及基于各种非线性模块结构模型的综合方法(Hunter and Korenberg　1986;Korenberg Hunter　1986;Marmarelis and Orme　1993;Marmarelis and Zhao　1997)。下文将介绍最常用的分析、综合方法的一般原理,以及这些方法在神经科学实验研究中的应用。

■ 概　述

图 22-1 表示分析一个非线性神经元系统的一般步骤。其中,输入部分通常由近似于白噪声的一个随机信号构成,当然,在考虑输入信号经常由动作电位串构成的情况时,可以用呈泊松(Poisson)分布的脉冲串作为输入信号作用于系统。非线性系统分析方法将给出关于系统函数核的估计,这与在线性系统分析中获得脉冲响应或频率响应的情形类似。得到的函数核可用来预测针对一个未知输入的输出,也可用于构建系统的功能模型,例如最常见的模块结构模型。

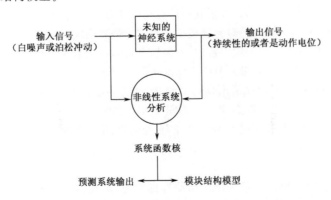

图 22-1　分析一个未知的非线性神经元系统的特征时应遵循
的一般方法

■ 步　骤

　　可直接按照图 22-1 所示实施下列非线性系统分析步骤：

　　(1)创建一个适当的随机的或伪随机的输入信号。

　　(2)对输入信号滤波以限制其带宽。

　　(3)将输入信号以适当的作用时间作用于未知的系统。

　　(4)对输出信号滤波(可选,取决于输入信号)。

　　(5)对输入和输出信号进行采样(通常应用模/数转换器),存储其数字化的数值。

　　(6)运行非线性系统分析软件以估计系统的函数核。

　　(7)利用未被用于函数核估计的一组数据预报系统的输出。

　　(8)计算实验结果和预报结果的均方差。

　　(9)基于对函数核的估计构建未知系统的功能模型。

创建和采样输入信号

　　尽管利用实际的电子元件不可能产生完美的高斯白噪声,但各种有限带宽的替代品已经获得了成功的应用,这些替代品在线性和非线性系统分析中的应用已有论述(Marmarelis and Marmarelis 1978)。噪声源可以通过商品化渠道获得,在实验室中也很容易构建。最常用的可能是基于二进制反馈移位寄存器的方法,它能输出最大长度的伪随机序列或 m 序列。这些序列可以利用软件产生,通过模/数转换器或简单的逻辑输出单元接入实验系统进行应用。此外,也可以独立于计算机而直接用逻辑积分电路产生。上述两种方法都得到了广泛的应用。

　　无论采用何种噪声源,在应用于实验时都必须将其限制于给定的带宽,以免在采样的过程中出现偏差。通常使用低通滤波,其上限频率根据期望的采样率确定。建议使用一种锐截止的低通滤波器,使其产生的噪声的功率能够达到 Nyquist 频率(采样频率的一半),故常用 8 或 9 极的滤波器。如果利用计算机产生噪声信号,可利用计算机直接对信号进行数字滤波,进行数模转换时转换频率至少应为最高频成分的 2 倍。

　　实验的时程取决于几个影响因素,其中包括来自实验标本的不利噪声,它可能会降低检测的效果;也取决于实验要求的最终精确度水平。粗略地说,这里介绍的方法在输入输出数据对达到一万对时都能够给出理想的结果,当然,通常少于此数目也是允许的。因此,在一次实验中,若带宽上限为 500Hz 则需要 1kHz 的采样率和 10s 的实验时程,若带宽为 50Hz 则需要 100Hz 的采样率和 100s 的实验时程,依此类推。

对输出信号的采样

　　对线性系统进行分析,一旦选定了所研究的带宽,就可以直接确定采样率和滤波频率。但在非线性系统分析,由于系统的输出带宽可能远远大于输入的带宽,问题就更为复杂。通常,输出的最高频率成分可能会达到输入的最高频率成分的 n 倍,其中 n 为系统非线性的最高阶数。对此,可有两种选择:①以数倍于输入信号的 Nyquist 频率的速度对输入和输出信号进行采样,例如,对输入信号滤波使之被限制在 100Hz 以内时,使用 1kHz

的采样率(5 倍于 Nyquist 频率)。②对输出信号进行滤波以去除所有大于 Nyquist 频率的成分。第二种方法中存在的问题是,作用于输出信号的滤波器也会成为所研究的系统的一部分。因此,一般要用相同的滤波器对输入和输出进行滤波,可以选用现成的特异匹配的电子滤波器达到这一目的。另外,对输入和输出进行数字滤波也可以,但初始采样率必须足够大以避免失真。

应用动作电位串信号

　　神经元系统的输入、输出信号经常呈现为动作电位串的形式,这给生成合适的刺激信号、对信号进行采样和滤波都带来了特殊的问题。一个由动作电位串构成的输入信号可能明显不是高斯白噪声样的,对此,已经有利用泊松分布的脉冲串来求得相应的函数核的另一种方法(Krausz　1975),该方法已在对海马系统的研究中大量应用(Berger et al. 1994)。

　　在输入是连续的而输出是动作电位序列时,可以考虑几种可能的选择,它们都是基于将动作电位序列作为狄拉克 δ 函数来处理的,其中,动作电位发生的时间是唯一有意义的参数:①互相关分析可以很有效地用于 δ 函数,所以可以调整软件,以直接处理动作电位数据(Bryant and Segundo　1976;deBoer and Kuyper　1968)。但是,这种处理并没有对输出信号进行滤波,因此,输出仍可能含有大于输入采样率的 Nyquist 频率的成分。②一个仅仅通过所有低于 Nyquist 频率的理想的滤波器会产生由函数 $\sin(2\pi f_N t)/2\pi f_N t$(给出的脉冲响应,其中 f_N 为 Nyquist 频率,t 为时间。因此,用这个函数取代每个动作电位,然后以 $2f_N$ 采样即可获得已经经过良好滤波与采样的输出信号,并可直接用于分析。因为上述函数会在时间上向前和向后延伸,这一操作必须在记录数据以后数字化地进行,利用 French-Holden 算法能非常有效地完成这一过程(French and Holden　1971;Peterka et al. 1978)。③还有一种简单的方法,就是产生一个采样后的输出信号,其中除与每个动作电位峰值同时刻的点以外的各个时间点的值均为零,而各个动作电位峰值处的值均为 1。这一方法与 French-Holden 方法基本上相同,但隐含着各次动作电位均发生在采样的时间点上的假设。虽然只是一种近似,这种方法还是成功地应用于了一些研究工作中(Sakuranaga et al.　1987;French and Korenberg　1991)。

分析方法

　　虽然所有常见的分析方法都是基于 Volterra 和 Wiener 初创的原理,但就估计系统函数核的最佳途径这一问题尚未达成共识。本章的介绍假设,待研究的系统具有一个单一的输入,系统可以由包括随机噪声在内的多种形式的信号加以激发,并且该系统也具有一个单一的输出。我们还假定,这个系统是稳态的,其行为不会随时间发生变化。将部分方法推广到含有多个输入、多个输出的系统,以及非稳态行为的情形,也是可能的,但已不在本文论述之列。对于有兴趣致力于这些更为复杂的问题的读者,BMSR 研讨会的出版物中的有关文章(Marmarelis　1987,1989a,1994)可以提供一个良好的工作起点。

　　分析方法 1:互相关分析
　　假设输入信号 $x(t)$ 为高斯白噪声,输出信号 $y(t)$ 由下式给出

$$y(t) = \sum_{n=0}^{\infty} G_n [h_n, x(t)] \qquad (22.3)$$

式中，G_n 为 Wiener 函数，h_n 为 Wiener 函数核。Wiener 级数的前 4 项函数为

$$G_0 = h_0 \qquad (22.4)$$

$$G_1 = \int_0^{\infty} h_1(\tau) x(t - \tau) d\tau \qquad (22.5)$$

$$G_2 = \int_0^{\infty}\int_0^{\infty} h_2(\tau_1, \tau_2) x(t - \tau_1) x(t - \tau_2) d\tau_1 d\tau_2 - P\int_0^{\infty} h_2(\tau, \tau) d\tau \qquad (22.6)$$

$$G_3 = \int_0^{\infty}\int_0^{\infty}\int_0^{\infty} h_3(\tau_1, \tau_2, \tau_3) x(t - \tau_1) x(t - \tau_2) x(t - \tau_3) d\tau_1 d\tau_2 d\tau_3 -$$

$$3P\int_0^{\infty} h_3(\tau_1, \tau_2, \tau_3) x(t - \tau_1) d\tau_1 d\tau_2 \qquad (22.7)$$

式中，P 表示输入信号的功率水平。Lee 与 Schetzen（1965）证明函数核可由下列互相关求得

$$h_m(\tau_1, \tau_2, \cdots, \tau_m) = \frac{1}{m!p^m} E[y(t) x(t - \tau_1) x(t - \tau_2) \cdots x(t - \tau_m)] \qquad (22.8)$$

式中，$E[]$ 表示期望值。为求取对角线点，即 $\tau_i = \tau_j$ 处的函数核，$y(t)$ 项须用 m 阶响应余数取代

$$y_m(t) = y(t) - \sum_{n=0}^{m-1} G_n(t) \qquad (22.9)$$

该方法更完整的介绍见 Lee 和 Schetzen（1965）以及 Marmarelis 和 Marmarelis（1978）的论述。

Fourier 变换法是这种互相关方法的频域分析版本（French and Butz 1973），其中输入和输出信号，$x(t)$ 和 $y(t)$，均首先经快速傅里叶变换，然后被乘以其共轭复数以计算频率响应函数。这一方法比时域方法快，但目前计算机运算速度的提高已使这一特点不再成为其优势。频域分析方法还可用来分析传统上被认为具有线性传递函数特征的系统，它还具备对非白噪声输入信号进行补偿的优点。对该方法的完整而实用的介绍（French 1977）及该方法在感受器研究中的应用实例（French and Wong 1977）均可以获得。另外一种频域分析方法已有一些有趣的应用，它使用了由正弦信号的累加构成的输入信号来估计函数核（Victor and Shapley 1980）。

前文已指出，输出信号可能由动作电位序列组成，可以作为时间的狄拉克 δ 函数，即 $\delta(t)$，从而使互相关运算得到简化。基于 δ 函数的互相关分析来检测函数核的方法见 Bryant 和 Segundo（1976）以及 Krausz（1976）的介绍。

分析方法 2：快速正交法

本章介绍的快速正交法（Korenberg 1988）基于较早提出的用于估计 Volterra 函数核（式 24.3）的同类方法（Korenberg et al. 1988），两种方法都以使实验系统输出 $y(n)$ 和 Volterra 模型预计的输出 $y_s(n)$ 之间的均方差 e 达到最小为目的

$$e = \overline{(y(n) - y_s(n))^2} \qquad (22.10)$$

式中,横线表示对实验记录所经历的时间求均值。需注意的是,式中连续的时间变量 t 已经由离散的时间变量 n 取代。由于所有算法都必然在程序中最终表示为离散的形式,这种处理方法将被广泛应用。如果 Volterra 模型局限于有限的阶数,如只有 k_0,k_1,k_2 三个函数核的二阶模型,则可以写出联立方程组,通过线性回归求解函数核。当然,须求解的方程数量会非常巨大。例如,上述 k_0,k_1,k_2 三个函数核各自具有的记忆长度为 M,则需要对具有 $1+M+M(M+1)/2$ 列的方矩阵求逆,如此,在记忆步数为 50 或 100 步的情况下会产生数以千计的列和行。正交方法将 Volterra 级数改写为在实际的记录数据中正交函数的和 W_i,避免了矩阵求逆的问题

$$y_s(n) = \sum_{i=0}^{L} g_i W_i(n) \tag{22.11}$$

通过 Gram-Schmidt 正交法,$W_i(n)$ 可被构建为下列函数的线性组合:1,$x(n-j_1)$,$x(n-j_1)x(n-j_2)$;$j_1=0,\cdots,M-1$,$j_2=j_1,\cdots,M-1$。由于 $W_i(n)$ 是相互正交的,权重 g_i 可以彼此独立地加以估计,这样便避免了求解联立方程组的问题。均方差趋于最小时权重满足下式

$$g_i = \frac{\overline{y(n)W_i(n)}}{\overline{W_i^2(n)}} \tag{22.12}$$

然后可直接将权重转换为函数核的值。

由于只需要正交函数的时间平均部分(式 22.12),快速正交法避免了实际上去建立正交函数。从 0 阶项开始,每个时间平均值均可以递归地从以前的时间平均值求得。对于各个 n 值逐步进行平均时,涉及的平均值分别为输入的均值、输入的自相关、输出的均值,以及输入和输出之间的互相关。快速正交法使处理效率得到极大提高的效果尤为显著,在某些条件下节省时间的量级可达 10^6 次方以上。另外,由于应用了正交化过程,这一分析方法不再为避免函数核估计的偏差而要求输入信号为具有白噪声特征或其他特殊的自相关特征。但我们仍强烈推荐使用高斯白噪声,这样可使这种方法估算出的函数核非常接近 Wiener 核,而后者可以使实验得到的输出和通过系统拟合得到的输出之间的均方差达到最小。

分析方法 3:平行级联法

Palm(1979)证明,任何一个非线性系统可以利用一个平行的 LNL 级联的集合近似到任意精度。此处,LNL 指一个线性系统,后面接着一个零记忆的非线性成分,再接第二个线性系统,一个具备非线性特征的一般系统可以通过这种方式加以表示。Korenberg(1991)证明,用一个 LN 级联的平行集合可以表示任何可表示为具有有限记忆的、有限的 Volterra 级数的系统,他还发展出了一种有效的方法通过平行 LN 级联拟合未知系统并计算未知系统的 Volterra 核。

图 22-2 为这种方法的图解。其中,一个未知系统接受适当的输入刺激,并对输入 $x(n)$ 和输出 $y(n)$ 进行记录。第一个级联的线性部分从输入和输出间的一阶、二阶、或更高阶的互相关中随机地选取,多项式形式的静态非线性通过使级联的输出 $w(n)$,和真实的输出 $y(n)$ 之间的均方差达到最小的步骤加以拟合。接着,从 $y(n)$ 中减去 $w(n)$ 得到余数 $z(n)$,然后以 $z(n)$ 作为待拟合的输出重复上述步骤。如此反复进行。这样,真实系统的输出通过各个级联通路的输出的累加来模拟。由于每个 LN 级联是累加的,在 m

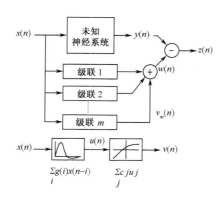

图 22-2　平行级联法的示意图

底部的方框图(结构图)表明了每一级的内部结构。

阶级联后余数 z(n)的均方差可表示为

$$e_m = \frac{\overline{z_m^2(n)}}{\overline{y^2(n)}} \qquad (22.13)$$

式中,横线表示求均值。当均方差或级联的数目达到某个预先给定的值时则终止程序运行。将多项式展开式中所有级联的线性系统乘以各自的相关系数,并求和,则可得到 Volterra 核。这种方法的一个优点是能够方便地显示出函数核或其组成部分因为函数核是通过各级联建立的。同样,分析中可以使用任意形式的输入信号 $x(n)$,但使用高斯白噪声输入可以得到与 Wiener 核非常接近的结果。虽然拟合得到的级联集合并不是对未知系统的唯一表示,但得到的函数核仍然是唯一的。Korenberg(1991)曾对这种方法进行了详细介绍,并指出这种方法由于避免了求高阶互相关,因此特别适用于函数核为高阶的、记忆步数较大的情形。

分析方法 4:Laguerre 函数法

Wiener(1958)曾最先提出,函数核可以用 Laguerre 展开式表示,从而辨识它们的问题就可以转变为估计 Laguerre 函数的未知相关系数。Ogura(1985)给出了 Wiener 的连续方法的离散的数值方法。Watanabe 和 Stark(1975)则首先使 Wiener 的理论方法实用化,Korenberg 和 Hunter(1990)论述了该理论的实用方法。

Marmarelis(1993)介绍了一种高效的实用方法,利用最小平方拟合来取代协方差时间平均,并表明这种方法可以被有效地用于非白噪声输入的情形。这种方法将 Volterra 核考虑为基于 Laguerre 正交基 $\{b_j(\tau)\}$,$j=0,1,\cdots,L$ 的展开式

$$k_1(\tau) = \sum_{j=0}^{L} c_1(j) b_j(\tau) \qquad (22.14)$$

$$k_2(\tau_1, \tau_2) = \sum_{j_1=0}^{L} \sum_{j_2=0}^{L} c_2(j_1, j_2) b_{j_1}(\tau_1) b_{j_2}(\tau_2) \qquad (22.15)$$

则 Volterra 级数(2)即为

$$y(n) = k_0 + \sum_{j=0}^{L} c_1(j) v_j(n) + \sum_{j_1=0}^{L} \sum_{j_2=0}^{L} c_2(j_1, j_2) v_{j_1}(n) v_{j_2}(n) + \cdots \qquad (22.16)$$

式中,

$$v_j(n) = \sum_{\tau=0}^{\infty} b_j(\tau) x(n-\tau) \qquad (22.17)$$

这样,系统辨识的问题就被简化为估计 Laguerre 展开式的相关系数 c_1,c_2 等。当系统的函数核可以用相对较少的数目的 Laguerre 函数来表示时,这种方法是非常有效的。近期的一些应用表明,不超过 12 个的 Laguerre 函数比较适宜,可以节省大量的计算时间。例如,在一项关于肾脏自身调节的研究中,发现 8 个 Lageurre 函数就可以恰当地表示系统的函数核。在这种情况下,函数核在时域中的表示需要涉及 80 个步数,对于二阶或三阶

的模型,计算时间的节省就可以分别达到 100 倍或 1000 倍的量级。除节省计算时间,由于减少了需估计的参数的数量,估计的精度也得到了提高。最后,对于这样一些 Volterra 类型的系统,即系统由 Laguerre 滤波组合构成、系统接受输入信号并通过馈入多重输入的静态非线性产生系统输出,这种 Laguerre 展开技术(laguerre expansion technique,LET)提示了一种模块结构模型的等价形式。这种模块结构模型的形式可以引向一种对非线性动力系统的简洁的模型表示。

应用 LET 的关键是选取 Laguerre 参数 α,这个参数决定了函数的指数衰减率(Marmarelis 1993)和研究生理系统所需的 Laguerre 函数的数目 L。在 BMSR 目前提供的算法中,α 根据研究者为 L 和 M 所选取的参数值自动确定。L 和 M 则取决于计算的循环次数。

综合方法

人们进行非线性系统分析的目的是为了得到一个未知系统的功能模型。如果估计出了函数核,Volterra 级数或者 Wiener 级数就可以直接给出这样的模型,它们本身就是有用的。例如,在对海马结构的研究中,Berger 等(1994)应用海马片的不同部分的 Volterra 级数模型作为模块,构建了一个描述整个海马片系统的更为完整的模型。但是,也有许多研究者利用函数核的值来构建其他类型的模型,使模型的参数更接近于一些已知的生理系统的物理结构特征,因此他们将函数核的值与通过其他研究途径(如神经解剖学或神经药理学研究)获得的数据整合在一起。

综合方法 1:重构输出信号

这种综合可以通过简单地将估计所得的函数核的值插入适当的模型来实现。对一个已估计了其零阶、一阶、二阶函数核的二阶 Volterra 模型,我们直接可以计算输出

$$y_s(n) = k_0 + \sum_{i=0}^{M} k_1(i) x(n-i) + \sum_{i=0}^{L} \sum_{j=0}^{L} k_2(i,j) x(n-i) x(n-j) \quad (22.18)$$

式中,M 是估计函数核时所使用的延迟即 lag 值的数目。这样,通过观察就可以比较预测的输出和实际的输出。在这一阶段,计算出估计的输出 y_s 和实际的输出 y 之间的均方差百分比也是有用的

$$e = 100 \frac{\overline{(y(n) - y_s(n))^2}}{\overline{y^2(n)} - \overline{y(n)}^2} \quad (22.19)$$

式中,横线仍然表示在所有可用的 n 值之上取时间平均值。需要注意的是,在这一系列预测和误差估计的过程中,应当使用在估计函数核时没有使用过的数据。例如,可以选取 2 万对采集得到的数据,利用其中 1 万对数据估算函数核的值,利用余下的 1 万对来进行预报和误差的计算。

综合方法 2:模块结构模型

在前文关于平行级联方法的叙述中介绍了具有静态非线性的线性系统的级联,这有时也称为 LN 级联。级联模型也被广泛用来模拟系统的整体行为。Marmarelis 和 Naka (1972)曾应用 Wiener 级联(LN)模拟鲶鱼视网膜的水平双极神经节细胞系统,French 和 Wong(1977)也曾将类似的模型应用于昆虫机械感受器。Marmarelis 和 Marmarelis (1978)、Hunter 和 Korenberg(1986)综述介绍了三组级联结构的应用情况(图 22-3),并提

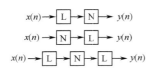

图 22-3　流行的级联模块
结构模型

从上到下分别是 Wiener,
Hammerstein 和 LNL 模型。

供了利用估计得到的函数核逐步求得级联参数的步骤。在
这些三组结构的级联模型,通过对函数核估计来推导出其
最佳拟合值的唯一解是可能的(除非在级联中存在线性标
度因子),因此它们具有重要的价值。还应指出,Wiener
(LN)和 Hammerstein(NL)模型都是 LNL 模型的特例。尽
管其他含有更多 L 模块或 N 模块的级联模型,包括多路径
级联,也有应用,但这些模型不能给出对于系统行为的唯一
表示。有一种简单的试验可用来判断 LNL 级联是否可以
应用于非线性系统:n 阶的函数核沿($n-1$)轴积分,所得
的函数应当与一阶函数核成正比(Chen et al. 1986;Korenberg　1973;Korenberg and
Hunter　1986)。

如图 22-4 所示,可以通过神经元模态方法建立另外一种具有唯一解的平行模块结构
模型(Marmarelis　1989b;Marmarelis and Orme　1993)。每个模态是一个线性滤波器
(式 22.1),多重输入的静态非线性即为

$$y(n) = f(u_1(n), u_2(n), \cdots, u_m(n)) \qquad (22.20)$$

式中,f 是一个整合了在每个 n 时刻滤波时产生的 m 值的静态函数。本分析方法包括确
定有意义的模态的数目、它们的脉冲响应形式,以及函数 f 的形式。用于本分析的算法
直接来自前文介绍的 Laguerre 扩展方法,对前两个 Volterra 核所估计的 Laguerre 展开相
关系数被用来构成一个对称的相关系数矩阵 C。对矩阵 C 进行特征分解,就可以通过检
验特征值的相关绝对值来选取系统的最有意义的或称"基本"的模态。然后,利用有意义
的特征值所对应的特征向量来构建选定的基本模态的脉冲响应 $g_i(n)$。尽管应用 La-
guerre 相关系数在计算时效率较高,但从一阶和二阶函数核本身进行矩阵特征分解也可
以得到相同的结果(Marmarelis　1997)。

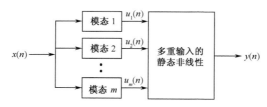

图 22-4　神经元模态模型

每种模态是一个动态线性滤波器,接受系统输入 $x(n)$,产生系统
输出 $u_i(n)$。各模态输出与静态非线性输出结合在一起即为模型
的输出 $y(n)$。

最后,可以以解析形式或者图示形式得到具有多重输入的静态非线性函数。将输入
信号 $x(n)$,代入各个基本模态,就可以得到对此静态非线性系统的多重输入信号 $u_i(n)$。
要给出解析解,就必须给出非线性性质的数学表述形式,如多项式函数。这些函数的未知
参数可以通过对系统预测的输出和实际的输出进行最小平方拟合求得。在有意义的模态
只有两个时,用图示的方法评估结果也是可行的,在 u_1,u_2 平面中将对应于每个两维方
格的所有输出值平均起来,即可得到一个曲面。当系统的输出是动作电位时,可以通过显

示触发区域的形式给出图形表示,这种区域由整个数据记录中 u_1,u_2 平面上对应于动作电位产生的点的轨迹组成。由于噪声和触发阈值的涨落的影响,使得这种触发区域的边界不可能被截然分明地定义,往往呈现为其中发放概率从 0 过渡到 1 的一种"触发带"的形式。对每个 u_1 值、u_2 值组合的条件下产生动作电位输出的次数进行计数,就可以确定放电概率函数的形式(Marmarelis and Orme 1993)。在 French 和 Marmarelis(1995)的报道中,给出了应用神经元系统的模态分析方法研究动作电位信息编码的一个完整例子。

模块结构模型的参数可以从拟合的函数核数值中得出,同样,这些参数也可以通过直接对输入—输出数据进行拟合得出。例如,一个 LN 模型的线性模块可以应用一个含有少数参数的简单函数描述,甚至可以简单地表述为一个表示脉冲发放时刻之间间隔值的序列。与之类似,静态非线性模块可以利用例如多项式这样的一个代数函数表示。这样,如果在一个具有足够丰富的输入信号的实验中,能够得到足够多的输入输出数据对,就可以利用诸如 Levenberg-Marquardt 方法(Press et al. 1990)等非线性拟合处理,来估计模块结构模型的未知参数。这种做法已经应用在拟合 LNL 级联模型和某些更复杂的级联模型的研究中(French and Patrick 1994;Juusola et al. 1995;Weckström et al. 1995)。

■ 结 果

结果的图示与发表

一阶函数核和系统的输入、输出信号可以使用常规的制图方法表示。二阶或高阶的函数核是多维的,需要在更复杂的坐标系统中呈现。对三维对象的表示,常见的方法有透视立体作图和轮廓线或等高线图,使用前者易于理解,使用后者则有利于定量表示。如果可能,最好利用这两种方法来表述数据的特征。另一种选择是使用通常的二维作图逐帧显示二阶函数核的数据。对更高阶的函数核,则必须用二维或三维的图示逐帧加以表示。创建透视图和轮廓线或等高线图的方法已经非常普及,BMSR 的 LYSIS 软件模块中也包含这种方法。

仔细计算并标明单位、指明坐标轴的维数是非常重要的。在二阶函数核,可取的一种表示的方法是将最大值和最小值在图注中标明。

在作图前对函数核进行平滑处理,尤其是对二阶或高阶函数核,是较常见的做法,这样可以使结果更易于理解。如果使用了这种有助于理解的方法,就一定要交代清楚平滑处理是如何进行的。Press 等(1990)曾探讨过几种对数据进行平滑处理以及评估平滑效果的方法。一种简单的平滑技术是对函数核中的各点,用该点的值和其最近邻点的值的加权平均值来取代该点的值。在处理函数核边缘的点时,应以外推或忽略边缘以外的值来调整。平均化的方法应用 Laguerre 展开法估计函数核的优点之一正在于这样得到的函数核本身就是平滑的,因为 Laguerre 展开中的高阶项通常是没有意义的,从而不被包含在估计之内。

获得软件、信息和帮助

BMSR 提供了一个名为 LYSIS(希腊文,意为"求解")的免费软件包,其中包括了能够应用各种方法进行函数核估计、生成噪声信号、对结果作图,以及综合合成拟合系统(即基本的模态分析)等所有基本处理的部分。更多的信息可以从 BMSR 的下列地址获得：University of Southern California，Los Angeles，CA 90089-1451，USA。也可以访问其主页：http://www.usc.edu/dept/biomed/BMSR。

　　加拿大 Halifax 一个名为 ASF 的软件公司也提供名为 KERNEL 的商品化的软件包。KERNEL 软件可以完成线性和非线性系统分析、函数核的表示以及系统预测等功能。感兴趣的读者可以通过电子邮件与该公司取得联系：ASF.Software@iname.com，也可以访问以下网址：http://www.rockwood.ns.ca/asfsoftware。

　　希望应用其他方法的研究者则须参考原始文献自行编写程序，或者向有关文献的作者寻求帮助。选择后一种办法比较可行，因为自己编写出可靠的程序需要付出大量的努力，而原始文献的作者一般非常乐于与应用他们的方法的人合作，并且对正确使用其方法和恰当解释分析结果等问题最有发言权。

应用实例

　　对应用于非线性神经元系统的众多的分析方法和综合方法都给出示例，显然非本文的篇幅所能及。对此感兴趣的读者请参阅本文引用的原始文献。这里，我们将示例对实验数据利用上述的 4 种方法分析一阶(图 22-5)和二阶(图 22-6)函数核的过程。涉及的实验是应用细胞内记录方法观察蝇复眼大单极细胞的膜电位，研究其在随机涨落的光照下的反应(Juusola et al. 1995)。图 22-7 表示在一个较短观测时间内实际记录的实验结果、仅利用一阶函数核预测输出所得的结果，以及使用一阶和二阶函数核预测输出所得的结果。这些结果证明应用的所有 4 种方法都可以得出可靠的估计结果，进一步使用二阶函数核则可以显著改善系统的对输出信号的预测。

　　在这些示例中，我们通过 40 步的处理过程求得函数核，因而，函数核中独立的参数的数目分别为：零阶一个，一阶 40 个，二阶 820 个(注：二阶函数核是相对对角线对称的)，共计 861 个参数。但是，进行 Laguerre 方法处理时需要的参数数目实际上要少一些，因为函数核是从 10 个 Laguerre 函数求取的，相应地涉及 66 个独立的参数。在应用平行级联方法的最初步骤，实际中涉及比较多的参数，因为在每个级联中都要包括估计的全部步数，再加上多项式的相关系数。在处理的最后阶段计算出函数核后，上述两种方法的参数的数目最终会与互相关方法和快速正交法相同。

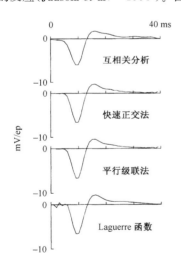

图 22-5　在随机光照刺激作用下从昆虫复眼中一个大单极细胞记录到的反应

正文中介绍的 4 种不同的方法分析得出一阶函数核，原始数据含有 8192 对输入输出数据对。在平行级联方法中应用了 1000 级计算，非线性成分用二阶多项式函数表示。在 Laguerre 函数法计算中应用了前 10 项 Laguerre 函数。

致谢：Matti Weckström 实验室提供了用于图 5～7 的实验数据，我们深表谢意。本工作受到加拿大医学研究理事会的赞助，并受到美国国立卫生研究院研究资源国家中心基金 RR-01861 的赞助。

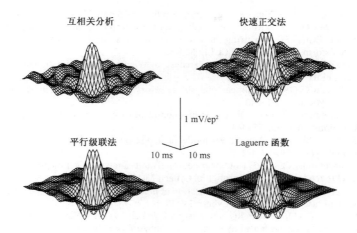

图 22-6　对图 5 的数据进行分析得到的二阶函数核，所示的函数核都经过了将每个点与其最近邻的点进行平均这样一种相同的平滑处理

4 个函数核中从极小值变到极大值的行程分别为(以 mV/有效光子量的平方为单位)：互相关分析，0.99；快速正交法，1.30；平行级联方法，1.36；Laguerre 函数法，1.34。

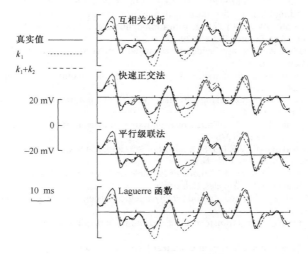

图 22-7　大单极细胞在 100 毫秒时程中膜电位变化的实测值和预报值

在给出的 4 种方法的预报值中，k_1 表示仅应用了一阶函数核，$k_1 + k_2$ 表示应用一阶加二阶函数核。

参 考 文 献

Berger TW, Harty TP, Choi C, Xie X, Barrionuevo G, Sclabassi RJ (1994) Experimental basis for an input/output model of the hippocampal formation. In: Marmarelis VZ (ed) Advanced Methods of Physiological System Modeling, Plenum Press, New York, N.Y., 3: 29–53

Bryant HL, Segundo JP (1976) Spike initiation by transmembrane current: a white noise analysis. J Physiol 260:279–314

Chen HW, Ishi N, Suzumura N (1986) Structural classification of nonlinear systems by input and output measurements. Int J Syst Sci 17:741–774 deBoer E, Kuyper P (1968) Triggered correlation. IEEE Trans Biomed Eng 15:169–179

French AS, Holden AV (1971) Alias-free sampling of neuronal spike trains. Kybernetik 8:165–171

French AS, Butz EG (1973) Measuring the Wiener kernels of a non-linear system using the fast Fourier transform algorithm. Int J Ctrl 17:529–539

French AS (1977) Practical nonlinear system analysis by Wiener kernel estimation in the frequency domain. Biol Cybern 24:111–119

French AS, Wong RKS (1977) Nonlinear analysis of sensory transduction in an insect mechanoreceptor. Biol Cybern 26:231–240

French AS, Korenberg MJ (1991) Dissection of a nonlinear cascade model for sensory transduction. Ann Biomed Eng 19:473–484

French AS, Patrick SK (1994) A nonlinear model of step responses in the cockroach tactile spine neuron. Biol Cybern 70:435–441

French AS, Marmarelis VZ (1995) Nonlinear neuronal mode analysis of action potential encoding in the cockroach tactile spine neuron. Biol Cybern 73:425–430

Hunter IW, Korenberg MJ (1986) The identification of nonlinear biological systems: Wiener and Hammerstein cascade models. Biol Cybern 55:135–144

Juusola M, Weckström M, Uusitalo RO, Korenberg MJ, French AS (1995) Nonlinear models of the first synapse in the light-adapted fly retina. J Neurophysiol 74:2538–2547

Korenberg MJ (1973) Identification of biological cascades of linear and static nonlinear systems. Proc 16th Midwest Symp Circuit Theory 18.2:1–9

Korenberg MJ, Hunter IW (1986) The Identification of nonlinear biological systems: LNL cascade models. Biol Cybern 55:125–134

Korenberg MJ (1988) Identifying nonlinear difference equation and functional expansion representations: the fast orthogonal algorithm. Ann Biomed Eng 16:123–142

Korenberg MJ, Bruder SB, Mcilroy PJ (1988) Exact orthogonal kernel estimation from finite data records: extending Wiener's identification of nonlinear systems. Ann Biomed Eng 16:201–214

Korenberg MJ, Hunter IW (1990) The identification of nonlinear biological systems: Wiener kernel approaches. Ann Biomed Eng 18:629–654

Korenberg MJ (1991) Parallel cascade identification and kernel estimation for nonlinear systems. Ann Biomed Eng 19:429–455

Krausz HI (1975) Identification of nonlinear systems using random impulse train inputs. Biol Cybern 19:217–230

Lee YW, Schetzen M (1965) Measuring the Wiener kernels of a nonlinear system by cross-correlation. Int J Ctrl 2:237–254

Marmarelis PZ, Naka K-I (1972) White noise analysis of a neuron chain: an application of the Wiener theory. Science 175:1276–78

Marmarelis PZ, Marmarelis V Z (1978) Analysis of Physiological Systems: The White-Noise Approach. Plenum Press, New York, N.Y.

Marmarelis VZ (1987) Advanced Methods of Physiological System Modeling vol 1. Biomedical Simulations Resource, Los Angeles, California

Marmarelis VZ (1989a) Advanced Methods of Physiological System Modeling vol 2. Plenum Press, New York, N.Y.

Marmarelis VZ (1989b) Signal transformation and coding in neural systems. IEEE Trans Biomed Eng 36:15–24

Marmarelis VZ (1993) Identification of nonlinear biological systems using Laguerre expansions of kernels. Ann Biomed Eng 21:573–589

Marmarelis VZ, Orme ME (1993) Modeling of neural systems by use of neuronal modes. IEEE Trans Biomed Eng 41:1149–1158

Marmarelis VZ (1994) Advanced Methods of Physiological System Modeling vol 3. Plenum Press, New York, N.Y.

Marmarelis VZ (1997) Modeling methodology for nonlinear physiological systems. Ann Biomed Eng 25:239–251

Marmarelis VZ, Zhao X (1997) Volterra models and three-layer perceptrons. IEEE Trans Neural Networks 8:1421–1433

Ogura H (1985) Estimation of Wiener kernels of a nonlinear system and a fast algorithm using digital Laguerre filters. Proc 15th NIBB Conf. Pp. 14–62, Okazaki, Japan

Palm G (1979) On representation and approximation of nonlinear systems. Biol Cybern 34:49–52

Peterka RJ, Sanderson AC, O'Leary DP (1978) Practical considerations in implementing the French-Holden algorithm for sampling neuronal spike trains. IEEE Trans Biomed Eng 25:192–195

Press WH, Flannery B P, Teukolsky S A, Vetterling W T (1990) numerical recipes in c. the art of scientific computing. Cambridge University Press, Cambridge

Sakuranaga M, Ando Y-I, Naka K-I (1987) Dynamics of ganglion cell response in the catfish and frog retinas. J Gen Physiol 90:229-259

Stark L (1969) The pupillary control system: its non-linear adaptive and stochastic engineering design characteristics. Automatica 5:655-676

Victor JD, Shapley R (1980) A method of nonlinear analysis in the frequency domain. Biophys J 29:459-484

Volterra V (1930) Theory of Functions and Integral and Integro-differential Equations. Dover Publications Inc., New York, N.Y.

Watanabe A, Stark L (1975) Kernels method for nonlinear analysis: Identification of a biological control system. Math Biosci 27:99-108

Weckström M, Juusola M, Uusitalo RO, French AS (1995) Fast-acting compressive and facilitatory non linearities in light-adapted fly photoreceptors. Ann Biomed Eng 23:70-77

Wiener N (1958) Nonlinear Problems in Random Theory. The MIT Press, Cambridge, Massachusetts

第二十三章 运动协调模式的动力学稳定性分析

David R. Collins and M. T. Turvey

任 维 古光华 译

北京航天医学工程研究所

fangbin@95777.com

■ 绪 论

实现肢体及其节段节律运动的同步化是生物体运动系统的一项基本成就。这种功能的实现,在以下几个方面展示了生物系统的一些基本的能力,包括:在时间和空间中将运动组织起来、解决运动的效率问题以及成功地应对对运动稳定性和运动灵活性的强有力挑战。因此,对其研究引起了相当程度的关注。从一般原理上讲,多节段肢体的节律运动模式,可以视为神经系统对大量群体加以组织的一个原型,在其中神经系统使分布在身体各部位的各个组成部分相关地进行活动并从而执行一个完整的行动。

基于物理化学原理和神经生物学事实来构建和验证肢体同步运动的定量数学模型,已被证明是非常困难的。这一问题的这种难以驾驭的性质,主要来自其中的神经、肌肉、代谢、以及力学等诸过程间的相互作用既程度强烈又形式多样。本章介绍的方法展示了一种解决这一复杂问题的另一种途径,宽泛地说,这些方法是将同步性节律行为的各方面特征整合起来构建一种定性的动力系统模型的大量尝试中的一个独立的组成部分。

本章分为三个部分,各部分致力于研究节律性协调运动问题的定量亦即集体变量的一些特定实例。第一部分研究刻画一个势函数,通过它能够抓住那些在典型实验的时间尺度中处于稳态的集体变量的动力学特征。第二部分介绍关于非稳态的集体变量的相关和回归的研究方法。第三部分介绍如何在稳态的集体变量的水平建构系统的动力学,这是通过确定为生成这种动力学需要多少个动力学有效自由度来完成的。最后,在结束语中讨论了未来的发展方向。

第一部分 稳态方法

稳态模型

本章讨论的方法特别得益于协同学理论(Haken 1983,1996;Kelso 1995)和关于生物运动系统的自由度的研究(Bernstein 1967;Turvey 1990)。协同论的典型研究策略是寻找一个定量度量变量,或称集体变量,该变量定性地刻画所研究的现象在一个或多个称为控制参数的变量的连续改变下所表现出的变化。

这种现象的一个传统的典型例子就是一种物质从液态冻结到固态时发生的相变,这一变化依赖于温度和压力这些控制变量。在标准的大气压力(1 个大气压,即 $1.013 \times 10^5 Pa$)下,水在温度降低到 0℃(273K)时结成冰,相反,如果将温度固定在 0℃,水会在压力增加到 1 个大气压时结成冰。在不同的物质,发生液态-固态转变的温度、压力的值也会不同，如酒精冻结的温度就比水要低很多。

　　生物体的协调运动中也会发生相变，如多数四足动物从小跑转变到奔跑时就经历了一个这种相变，期间，四条腿运动的时间关系发生了转变。小跑到奔跑的相变是一个直观的例子，而另一个可以实验观察的例子是两只手指各自绕一个关节的运动，其中，随着运动速度的加快会出现从反相到同相的转变（Kelso 1984）。如果用非线性动力学将每个手指的运动描述为极限环振荡，定义两个手指运动的相位差为相对相位（Haken et al. 1985），该相对相位即为刻画两个手指的运动的集体行为出现相变的集体变量（Strogatz 1994）。相位为（时变的）角度，定义为角速度与角位置之比的反正切。两只手指肌肉的同时相的同节拍运动为同相同步，两只手指反时相的同节拍运动则为反相同步。

　　一旦得到集体变量，就可以定义一个势函数来描述所研究系统的运动行为倾向性。大家可能对与重力相关的这种势最为熟悉，重力牵引物体向下，如地面这样的支撑面会部分或完全地阻止这种向下的运动。如果惯性可以忽略，如像物体浸泡在浓稠的液体中的情形，分析就会比较简单。共同考虑重力、地面和液体就可以定义一个势函数。例如，将一个小球正好放置在山坡的顶尖部位使它静止地停留在那里，一个轻轻的推动会使小球沿着推力的方向滚动直达谷底并最终稳定地静止在那里，如果惯性可以忽略则小球也不会出现反跳运动。

　　举例来说，两个肢体、或者两个肢体节段的运动协调程度可以用一个势函数来表示，而这个势函数则通过他们的运动的相对相位来定义（Haken et al. 1985）。Kelso（1984）曾观测到，在运动速度较低时，同相和反相运动都是稳定的，但在运动速度增大到一定程度时反相运动就会丧失其稳定性。两个稳定状态的存在表明势函数中有两个波谷或者势阱，反相运动稳定性的丧失表明高速运动时它所对应的那个势阱消失了。并且，在低速运动时，同相协调模式要比反相协调模式更为稳定（表现出较小的标准差），提示同相运动所对应的那个势阱要深一些、其壁也陡一些。上面观察到的现象可以概括于下列这样一个势函数 V 中

$$V = - a\cos\phi - b\cos 2\phi, \qquad \mathrm{mod}2\pi \qquad (23.1)$$

是一个关于相对相位 ϕ 的函数，具有 a 和 b 两个参数。b 项表示存在两个相同的势阱，a 项表示其中同相运动的那个势阱更为稳定。比值 b/a 是一个控制参数，决定着反相运动相对于同相运动的相对稳定性。进一步，当 b/a 的值减小跨过临界值 0.25 时，该方程会经历一个分岔，在其中反相运动所对应的势阱消失了。方程右端 $\mathrm{mod}2\pi$ 一项，表示求 V 值的模必须都在给定的一个 2π 区间（例如，$-\pi/2 \leqslant \phi < 3\pi/2$）内进行，就是说，要对 ϕ 加上或者减去若干个 2π，直到 ϕ 处于选定的区间内。由于方程（23.1）以 2π 为周期呈周期性，这种取模只是简单地表明只需取一个周期的区间就可以使处理能够方便地进行。

　　可以给方程（23.1）加上表示两个振子的差别的重要一项，该项利用各个振子的特征频率来刻画振子间的差别。假定研究的肢体这样一种复杂生物学结构的质量分布可以近似于一个物理学的复摆，就可以导出这种振子的特征频率。试举握着一个像滑雪杖一样的杆子的人手为例，人手可以近似为一个绕把手的中空圆柱，其质量可按比例确定为整个身体质量的一小部分。把手、滑雪杖杆，以及杆底部可能还安装着的一些重物，都可以近似为圆柱，其质量、长度、和半径可以很方便地估计出来。在进行协调运动时，手是紧握

着把手的,所以上述这所有的物件可以作为一个刚性的复摆来处理。如果这个人让握着滑雪杖的手随着重力的作用自由摆动(假设不存在摩擦力),摆动频率在原理上就会与所有质量都集中在距摆动中心(即相当于手腕的中心)特定距离的情况相同。这样,就可以容易地推导出这个摆动的特征频率(可参见经典的物理学教科书,Symon　1971)。

如果两个振子的频率不同,频率较高的那个就会以一定的程度提前一些。这种提前或者延迟曾被称为失谐效应(detuning effect)。例如,这可以与相对长度过长或过短的某根吉他弦的调子不准的情况类比。尽管这一刻画和仔细测量得到的实验数据不尽相同(不如两个频率之比好,参见 Sternad,et al.　1995;Collins et al　1996),人们还是经常利用两个摆的频率的算术差来刻画这种失谐效应。在方程(23.1)中引入失谐效应 δ 的标准方法是加上一个线性项 δφ,通过该项的引入可以方便地考虑相变的方向。引入该项后势函数仍然是周期性的,这在将要进行的随机分析中比较重要。周期形式的失谐效应可以包含在如下形式的势函数中(Collins et al.　1998)

$$V = -\delta/2\sin2\phi - a\cos\phi - b\cos2\phi, \qquad \mathrm{mod}2\pi \qquad (23.2)$$

图 23-1 左图给出了关于方程(23.2)的一个简单例子,其中,在 φ=0 和 φ=π 附近都存在吸引性的势阱,但 φ 靠近 0 的势阱更深一些、也更稳定一些。在一个正的 δ 小量的作用下,系统在 0 和 π 处的两个势阱都轻微的向右偏移。显然,方程(23.2)宽泛地提出了一个一般的通用模型,足以刻画许多常见的现象,包括:在多重状态之间的相变、一些特定的状态具有较强的稳定性、以及在非均衡的作用引发的状态跃迁行为。

φ 的确定性变化可以通过导出一个势函数的负导数的运动方程 $\dot{\phi} = -\partial V/\partial\phi$ 来表示,(φ 上面的点表示对时间的导数,例如,速度是位置对时间的导数)。但是,从实验观察中人们清楚地知道,在几乎所有的生物学过程及其检测中都不可避免地包含某种形式的不确定性,这种不确定性可以近似为高斯白噪声过程。这种高斯的或者正态分布的噪声,其分布服从钟形曲线,这意味着相对于均值的小偏移很多见,而大偏移则很少发生。该噪声具有白噪声特征,意味着其中的每个值均与其前面或者后面的值不相关。选用其他形式的噪声也是可能的,但高斯白噪声最便于分析。除非已知其他的噪声性质具有重要作用,否则采用白噪声将是最好的出发点。对不同类型的噪声特征的分析本身就是一个饶有兴趣的问题,在本章第二部分关于非稳态问题的分析中还将涉及。

生物性噪声的存在可以通过给导出的运动方程加上一个高斯白噪声过程 ξ_t(具有零均值和单位变异)来体现,该噪声成分通常被以将噪声强度考虑为 Q 的平方根加以标度(Schöner et al.　1986)。如此,运动的随机微分方程可从方程(2)导出为

$$\dot{\phi} = \delta\cos2\phi - a\sin\phi - 2b\sin2\phi + \sqrt{Q}\xi_t, \qquad \mathrm{mod}2\pi \qquad (23.3)$$

举例来说,方程(23.3)描述在受到噪声作用时一个小球在方程 2 规定的势平面上的运动。图 23-1 中间图给出了对方程(23.3)进行离散近似的数值仿真[参见后文中式(23.16)及对其论述]得到的时间序列图,分别从 φ=0(实线)和 φ=π(虚线)起始,其中所用的参数与左图中表示 V 所用的参数相同。

随机微分方程(23.3)与概率理论中的描述概率分布 P 与势函数和高斯白噪声关系的 Fokker-Planck 方程等价。Fokker-Planck 方程的一般形式为下述偏微分方程

$$\dot{P} = \Delta \cdot (P \Delta V) + \Delta^2 (QP/2) \qquad (23.4)$$

式中,算子　　　　　　　　　　φ 是向量(多维变量,Arfken 1985),　　　□　　　　　　　φ

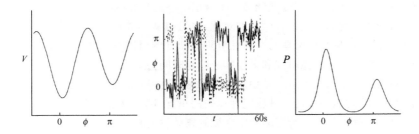

图 23-1　左：势函数 $V(\phi)$［方程（2）］，表示在一个正的 δ 的作用下势阱的位置从 $\phi=0$ 和 $\phi=\pi$ 向右偏移；中：以 $\phi=0$（实线轨迹）和 $\phi=\pi$（虚线轨迹）为初值，从近似运动方程［方程（15）］得到的两个仿真时间序列；右：稳态概率分布 $P(\phi)$［方程（5）］；这三个图的参数设置均为 $a=0.39,b=1.57,\delta=1.57,Q=2.4$。

的各个分量的多维偏导数，Q 为向量 ϕ 的复矩阵函数。方程（23.4）仅仅在极少数情况下可以解析求解，但通常可以通过一些方法近似求解（Risken　1996）。在本章的分析中，取 ϕ 和 Q 为标量（一维变量）并使 Q 与 ϕ 无关就足以满足分析的需要。特定情况下人们会关心非时变的或者称稳态的解，可以利用 V 的周期性来设置边界条件。具有更为标准的形式的失谐效应会引入一个概率分布的偏移，使稳态解不再出现（线性失谐效应形成的势函数的倾斜预示着小球会一直滚动下去，在负的效应作用下直到正无穷大、在正的效应下直到负无穷大）。相反，方程（23.2）的周期形式给出一种稳态的概率分布（在一个 2π 区间中分布左右两端的值相同，因此如果小球从一端离开，则会从另一端在相同的值返回），其形式为

$$P = Ne^{-2V/Q}, \qquad \mathrm{mod}2\pi \qquad\qquad (23.5)$$

式中，N 是一个确保在各个 2π 区间内的积分值相同的归一化常数。方程（23.5）的值依赖于势和噪声之比，因此，引入比值 $2V/Q$ 作为相对势会方便一些。值得强调的是，V 在方程（23.5）中出现，意味着整个方程（23.2），包括 a,b 以及 δ 都出现在方程（23.5）中。

再来考虑前述的例子，其中一个小球在水中一个面上运动，并且其运动受到水的扰动。方程（23.5）指出了在小球运动经过了很长时间后的平均行为，而方程（23.3）则给出小球随时间变化的运动行为。在应用下文将介绍的算法对小球位置的时间序列数据进行分析后，这一点可以看得更加清楚。图 23-1 右图展示了 P 的一个例子，所用的参数与图 23-1 中图、图 23-1 左图相同。比较图 23-1 给出的 V 和 P，可以看出 P 和 V 的曲线的形状大体上互为倒影，定性地讲，确实如此，因为方程（23.5）中对相对势的负指数运算的结果类似于取倒数处理。

由于稳态概率分布处理从原理上就消去了系统行为的时间演化情况，有必要采用一些辅助的分析指标，以显现所感兴趣的现象发生的时间尺度。弛豫时间（relaxation time，T_1）就是这样的指标中的一个，它可以在实验中通过计算经过一次扰动后恢复到均一状态的时间（Scholz et al.　1987）、或者通过对时间序列数据进行谱分析来获得（Fuchs and Kelso　1994；Gardiner　1985；Schöner et al.　1986）。弛豫时间代表关于一种吸引状态的集体变量中包含的快速时间尺度的涨落。另一个关于时间尺度的计量指标是平均第一渡越时间 T_2（mean first passage time，T_2），是系统多次从初始状态开始演化，直到发生第

一次集体变量从一个吸引状态改变到另一个吸引状态的相变（或者更一般地，脱离一个特定区域）所需要的时间的平均值。两者的对比，也可以从小球运动的例子中，将小球在一个势阱中运动的时间标度的涨落与小球在势阱间跃迁的时间标度的涨落相比较，就可以看得出来（这分别相当于弛豫时间和平均第一渡越时间）。

注意：相变一词通常用来表示从一种稳定状态到另一种稳定状态的变化。但在本章中，使用相变一词更一般地包括任何一种稳定性丧失的情况，因为在这里对平均第一渡越时间 T_2 的定义仅仅依赖于从一个特定的稳定区域脱离而发生的通过。

对标量 ϕ，在一个势阱中的弛豫时间 T_1 近似为

$$T_1 = \left| \frac{\mathrm{d}^2 V}{\mathrm{d} \phi^2} \right|_{\min}^{-1} \tag{23.6}$$

其在势阱之间的平均第一渡越时间近似为

$$T_2 = \frac{\pi}{\sqrt{\left| \dfrac{\mathrm{d}^2 V}{\mathrm{d} \phi^2} \right|_{\max} \left| \dfrac{\mathrm{d}^2 V}{\mathrm{d} \phi^2} \right|_{\min}}} e^{2(V_{\max} - V_{\min})/Q} \tag{23.7}$$

式中，下标 min 和 max 表示，在势函数 V 为最小值、最大值（分别对应于势阱的底和峰顶）取 ϕ 值来计算各项的值（Gardiner 1985；Gilmore 1981）。在 ϕ 为向量或者多维变量的情况下，这些时间标度也可以近似求出，但是，特别是对于 T_2，这些近似计算非常困难，对势函数的细节形式非常敏感，因此，本文不再进一步介绍。

第三个，也是最长的一个时间标度是平衡时间（equilibration time），亦即系统从初始态演化到最终分布的所需要的时间。这个时间大体上取决于初始和最终分布状态的差异的大小、相对于势函数而言噪声的强度有多大等因素。从原理上讲，对方程（23.6）这样的情形，平衡时间在无穷大的尺度。在下一小节的探讨中将看到，从实用的角度来看这个时间远远大于 T_2。

分析稳态数据的一些前提假设

如上文所述，从一组实验数据可以计算出其稳态概率分布 P。使用这些算法（见下文）时已默认了下述的假设：

1．实验观察时间足够长。

2．在获得的数据集中包含足够多次数的相变。

3．使用的集体变量是有界的。

4．在每种模态下经过相同次数的试验都可以得到一个较理想的初始分布。

如果这 4 个假设都得到满足，就可以合理地得出 P 被估计为稳态的解释，并将实验与下文介绍的理论分析进行比较。并且，如果在部分对演化过程的试验中发生了相变，即使因观察时间较短使 P 不像是稳态的（上述假设 1 不成立），P 也能提供比直接从时间序列计算更好的对平均值和标准差的估计。

观察时间（observation time）可以定义为每次试验的时程乘以试验的次数（可以来自一个或多个受试者），这所有的观测结果构成估计一个特定的 P 的数据集。这个简单的定义隐含着这样的含义，即各次试验的时程和进行试验的次数的作用是等价的。这可能不够准确，但如果先不考虑细致的分析对试验时长或者次数的要求，这样的假设可以作为

一个良好的工作起点。已经有理由认为,综合至少几次试验的结果对 P 进行估计,比使用单独一次很长的试验结果要好。长时程的试验(如超过 1min 或者 2min)会要求调整计算软件,启动或改变存储缓冲区以增强 RAM(随机存取存储器,大体上就是计算机的工作存储容量)。对长时程试验的另一个严格的限制来自,尤其是人类受试者参与时,接受程度或者耐心方面的因素。厌烦和疲劳等因素通常要求强度较大的运动协调性试验的时程被限制在很少几分钟以内。类似地,一次典型的实验任务应该限定在一个小时以内。对各次试验测试设定很多不同的条件将使用于每种条件的时间减少,对一次实验总时程的约束也限制了各次测试的时间。

在上述对试验测试时程的约束下,在一个受试者获得的关于一种实验条件的数据的长度往往不足以用来估计稳态的 P。一种解决办法是令受试者完成多组实验任务,在各次任务中将一系列相同的测试项目按照不同的顺序呈现。另一种办法是忽略个体差异,综合使用来自多个受试者的数据,这可以有效地增长实验的观察时间,使之按照受试者的数目成倍增加。能够基于个体差异的特征对受试者的数据进行归一化处理固然很好,但这种归一化处理要求对所研究的运动协调过程有一个细致的了解。近期,这更加可能仍是这些运动协调性研究的目标而不是其已知条件。在目前缺乏可行的归一化技术的情况下,一种可取的方法是对来自多名受试者的数据进行模型参数估计,看部分样本的数据与全部样本的数据相符的程度。例如,Collins 和 Turvey(1997)利用 10(或 12)名受试者的数据确定了模型参数,然后获得了不同数目样本数与全部样本数的符合度参数 22 与样本数量的函数关系。这一关系显示符合度曲线形成一条向总样本量的最佳符合的渐近线,数值仿真的研究支持了这一实验结果。

如前所述,估计稳态分布 P 涉及的第二个前提假设是所用的数据中包含了“足够”次数的相变。对包含多种模态的数据,相变可以通过集体变量从初始吸引子的吸引域脱离来定义(例如,对于同相位和反相位两种模态,相对相位的集体变量可以分解为两个部分,其一刻画同相位吸引域、其二刻画反相位吸引域)。对于周期性的单一模态的数据,相变可以通过集体变量过渡到相邻的周期并重新映射回中心周期来定义。在姿势维持这样的例子,可以将绊倒、跌倒的出现视为脱离一种稳定的吸引域的相变的发生,表示相变发生的期望时间 T_2 等指标[方程(23.9)]可以用来分析各种实例。

在从初始态演化到与初始分布不同的稳态概率分布 P 的过程中,相变以及局部的涨落[方程(23.8)给出了涨落的时间标度为弛豫时间 T_1]都具有重要的意义。局部涨落以时间标度 T_1,如几秒钟的量级,使分布在均值附近分散开来;相变则以时间标度 T_2,其时间尺度可能与实验测试时程相同或者更大,使分布概率在不同的均值区域间跃迁。下文将讨论边界条件,并提出满足这些前提假设的建议。

估计稳态分布概率 P 的第三个前提假设是,涉及的集体变量以适当的形式在给定的观察时间内是有界的。对相对相位这样的变量,可以应用周期性的边界条件,使每个周期等价,再局限于一个方便的周期内对 P 进行估计。但是,在姿势平衡协调性研究,例如姿势平衡中心(center-of-posture,COP)研究中,情况就复杂得多:在时程为几分钟或者更短的试验测试内稳态分布可能不会出现,如果给予足够长的观察时间,COP 将会布满越其界就会出现跌倒的那个稳定性区域。假如仅仅观察姿势姿态一、两分钟,COP 会只停留在部分区域,如主要分布在稳定区域的前左侧;若延长测试的时程至大于几分钟,又会引入疲劳的效应;利用多次测试或者来自多名受试者的组合数据又需要对 COP 中心及其均值进行归一化处理,这在事先又是不知道的。对这种约束条件复杂的情况,则应该应用本章第二部分将介绍的非稳态分析方法进行处理。

前述第四个假设在更大程度上是一个在观察时间相对较短时满足前三条假设的建议。在求解方程(23.4)这样的偏微分方程时常常假设初始分布为 delta 函数分布或者均一分布这两类极端的初始分布形式之一。但是,至少以人类受试者进行研究时,这样的假设并不可靠,因此,建议考虑一种折中的分布形式,即对各种起始模态取相同次数后测试数据并将其结合在一起。

delta 函数分布是完全确定性的初始条件,其中,假定初始概率分布是集中在集体变量的一个精确的值附近的,以初始相位 ϕ 为例,认为 ϕ 精确为零。

注意:delta 函数的概念与对函数的数学意义(一般的函数)的定义确有矛盾,这一概念要求一个单一的数值反映一个一定区域上的概率分布,其中的"区域"的宽度为零、高度为无穷大,这有些自相矛盾。

可以通过假设初始条件存在一个小的随机(高斯分布的)误差来放宽这种严格的限定。在每次实际的实验测试,受试者是在与预期的初始值尽量接近的情况下开始操作的,这样就可以原则地假定初始条件符合这种放宽限定的情况。在实验中这种初始条件是易于满足的,但仅仅如此还不能保证能够获得良好的对稳态分布概率的估计,还要观察非常长的时间,以使系统能够访问所有可预期的长期概率分布状态。试回忆图 1 左图中小球在势函数面上运动的例子,小球从两个势阱之一的底部开始运动,在该阱中运动一段时间,然后沿一定方向跃迁到另一个势阱中,在其中再运动一段时间,再沿相反方向跃迁回第一个势阱,如此反复在两个势阱间往复运动若干次。完成如此完整的观察需要实验相当长的时间。换一个例子来比喻,设想一个黏稠液体圆柱(代表分布概率),从一定的 V(如一个势阱的底部)开始运动,一旦这个液体柱被放开,它会倾注在势阱中。在前一个例子中噪声是用小球随机运动表示的,在本例噪声则利用随机地前后摇动势函数面来表示(这与一般的传统做法不同但是是可行的,相当于在势能方程而不是运动方程加上噪声项),这样部分液体就会流入另一个势阱。经过一段时间后(时间长短取决于液体的黏滞性或者浓稠度、势阱壁的陡度,以及摇动的速率等),液体将逐渐以某种平衡状态的值分布在两个势阱中,然后,将这些液体冻结、形状完整地倒出来,就可以估计稳态概率分布。

上述例子中,将概率分布比拟为液体的性质和形状,这种相似的比拟也有助于建立对等概率分布的直观认识。等概率分布意味着集体变量的所有可能值的分布概率是相同的,这反映在液体圆柱的液面高度在各点都相同。液体圆柱(对应于初始概率分布)倾注在势阱中后,液体形状发生变化,液体底部的形状与势阱底面的形状相同。仍然用摇动势函数面引入噪声,这将使液体的分布形式(对应于概率分布)按照两个势阱的相对深度、势阱间势垒的高度等条件重新进行,逐步达到一种对应于长期稳态概率分布的状态。如果仍然以前述的小球运动的例子来比喻,就需设想大量的小球以在空间中相距相等的状态为初始状态开始运动,然后要观察所有小球在势函数面上分布和停留的情况。

利用小球运动进行比拟比较接近单次测试的情况,还可以比拟一种介于 delta 函数分布和均一分布之间的初始分布。在标准的测试时间和测试次数下,应当对每种实验条件(如不同的肢体运动速度)设计相等数目的测试以估计对应的各种分布模态。例如,如果研究的运动协调模式具有同相运动和反相运动两种不同的模态，则应从两种模态分别开始进行一次长时程的测试或者两次较短的测试。如果研究中只涉及一种模态，例如姿势稳定性是否保持在一个单一的平均值附近，对每种实验条件设计一次测试就可以了。通过综合考虑各种模态的 delta 函数分布（在每种情况都给预期的平均值加上高斯随机项），就可以从数学上得到（在一些限定条件下）一种折中的初始分布。

使用这种折中分布（每种模态具有相同数目的测试）的优点之一在于，它可以抵消在各次测试中某种特定模态的势函数的初始偏差。我们未发表的研究提示，尽管要求受试者进行的是会反复发生相变的操作，在经历一次相变后，受试者的运动往往倾向于回到初始的相位。对这种情况，除非清楚地知道如何将其考虑进模型，否则最好在各种实验条件下综合考虑相同的测试次数以将其平均消掉。另一种常见的各次测试的初始条件之间的偏差的情况见于 T_2 趋向发生相变的最短时间。平均来看，可以看到到从较稳定（或者最稳定）的模态出发发生相变需要经历较长的时间，因而，如果仅仅根据从稳定（或最稳定）的模态开始的情况进行设计，观察时间就必然要设计得延长一些。如果不打算进行额外细致的分析，对这种折中分布而言观察时间可以根据平均 T_2，而不是最长 T_2 来粗略地决定。使用这种折中分布也避免了事先知道或者假定哪种模态比较（或者最）稳定。

如果上述假设都得到满足，就可以应用下面将介绍的算法。核实是否满足上述估计概率分布 P 的前提假设的工作，也可以揭示出通过一项实验的数据集得到的估计结果的精确性可以在多大程度上被重复检验。就是说，如果得到的 P 的曲线明显上下起伏、不平滑（例如在推测的平均值附近有多个高度接近的尖峰），则意味着为数据集选用的统计区间的数目太多，应该选用较少数目的计算区间（相应地估计结果的精确度会降低）。相反，如果 P 的分布曲线特别平滑，不过于保守而选用较多的计算区间则比较合适。深刻理解对 P 估计的好坏程度，对于下节将介绍的动差的计算具有重要的意义，对于第一部分最后小节将介绍的从概率 P 中估计系统的参数则甚至更为重要。

估计稳态概率分布的步骤

1. 对集体变量离散采样获得其时间序列。
2. 对各种起始模态取相同次数的测试数据并将其组合在一起。
3. 综合来自多次测试的数据。
4. 综合来自多名受试者的数据。
5. 将 ϕ 的取值范围划分为宽度为 $2\pi/n$ 的 n 个区域。
6. 对 ϕ 在各个区域中的出现进行计数。
7. 将各个区域的计数结果除以计数点的总数。

应当根据所研究的对象的特性确定合适的采样率。运动行为中伴随的震颤一般不超过 20Hz，而运动方向和运动速度的变化往往比 1Hz 的时间尺度快一些。因此，在运动协调模式研究中使用 5～15Hz 的采样率就足够了。但是，在确定初始变量时，尤其在运动协调活动或者其速度的变化被用来导出集体变量时，使用更高的采样率较为合适。例如，确定连续的相对相位这样一个变量就属于这样的情况，这样的相对相位是从笛卡儿坐标或者角坐标中的位置变量计算出的一个位于位移和速度（位移的一阶导数）相空间中的相角（极坐标的）。一旦集体变量被导出后，从这样一个高采样率成比例地降低采样率（如保留每第 9 个采样点将采样率从 90Hz 降低到 10Hz)就比较理想。

我们建议从每种实验模态选取同样数目的起始测试进行数据综合,这种对来自多次测试、多名受试者的数据的综合可以根据能否包含足够数量的相变的具体情况选择进行,并不总是必须的。把来自不同测试的数据综合在一起实际上是一个平均的过程,其中,将各次测试的概率分布累积平均并进行归一化。因此,应充分考虑进行数据平均时必须注意的规范做法,尤其是在需要利用平均结果进行参数估计时更应如此。如果均能够获得足够的数据,还是值得努力对每种条件和每个受试都进行概率分布 P 的估计。这样,就可以将每个受试者作为一个独立的数据点、将各种实验条件作为独立的控制条件看待,进一步进行多因素方差分析或者单因素方差分析。如果数据不足以对每个受试者进行概率分布 P 的估计,就只好满足于从全部数据进行总的概率分布的估计。下文将论及,用非线性回归方法估计参数,将给出参数的可靠程度,这便于进而利用 t 检验来确定各个参数是否在统计学上具有显著性。

上述这些统计显著性必须结合前述算法步骤 5 中对计数区间数目、由采样率和测试数目决定的数据点的数目等具体情况加以考虑。对这些因素如何影响统计显著性检验结果还不十分清楚,因此,可以使用观察得到的 P 的曲线是否光滑这样一个实用的判据。如果数据点很多,在计数区间数目很大时也可以得到精细平滑的 P 曲线,每个区间的结果表示一个很小宽度下集体变量的情况。如果数据点较少,在同样的区间数目得到的曲线的平滑程度就差一些,因此应选用较少数目的计数区间(每个对应一个较大的宽度)以使结果曲线的平滑程度比较好。以 Collins 和 Turvey(1997)的研究工作为例,在其实验 1 中,使用了 120×120×2 区间表示从 622 080 个数据点(相当于 36s×90Hz×2 次测试×8种实验条件×12 名受试者)估计的 3 个 ϕ 变量的概率分布 P;但在其实验 3 中,区间数就降低到 72×72,表示从 64 800 个数据点(相当于 9s×90Hz×4 次测试×4 种实验条件×5 名受试者)估计的两个 ϕ 变量的概率分布 P。

注意:例中 90Hz 的采样率看来是过于大了,采样率应该事先再降低 9Hz 或 10Hz。这一点非常重要,如前文提到的,表示 ϕ 要涉及到求取平滑函数的导数和坐标变换等过程,因此在原始的高速采样率计算时结果将不够准确。

准备好数据、确定了计数区间的数目后,就可以编制计算机程序对在各个区间出现的数据点进行计数。将各个计数区间的计数结果除以总的数据点数目对分布进行归一化,所得结果就可以视为一种概率分布(归一化前的结果相当于出现频度的分布直方图)。下面要介绍,再进行一步归一化处理就得到概率分布 P,可与方程(23.5)中的形式进行直接比较。

稳态概率分布的动差

一旦估计出分布 P,传统指标如平均值和标准差便可以作为 P 的动差获得。零分布动差 P_m(其中 m 表示模态)是一个附带的定量指标,刻画从一种模态经过相变过渡到其他模态时概率损失的程度,它将用于其他动差指标的计算。在数据中包含多种模态时,对每种吸引域都要确定其局部的动差。以同相位和反相位运动协调为例,ϕ 的范围被划分为两个吸引域,属于同相位的为 $-\pi/2 \leqslant \phi < \pi/2$,属于反相位的为 $\pi/2 \leqslant \phi < 3\pi/2$。在利用从数据估计出的 P 计算动差指标时,要根据这些吸引域将计数的那些区间分成两个部

分,如果计数区间的总数为120,前60个区间(1~60)构成同相位运动的吸引域,后60个(61~120)构成反相位运动的吸引域。令 B 表示区间顺序号、B_i 表示各个吸引域中初始的区间序号(如在反相位运动 $B_i=61$)、B_f 表示各吸引域中最后一个区间的序号(如在反相位运动 $B_f=120$),则每种运动模态的 P_m 可定义为其吸引域中所有区间中分布概率的和

$$P_m = \sum_{B=B_i}^{B_f} P(\phi_B) \tag{23.8}$$

这个统计指标的意义可以通过两个小球的协调运动行为的例子来理解,其中一个在 $\phi=0$ 处开始同相位运动、另一个在 $\phi=\pi$ 处开始反相位运动。假如第一个小球在全部50s的观察时间内一直停留在同相位吸引域,第二个小球在观察开始30s以后离开反相位吸引域而且在其余20s停留在同相位吸引域,那么,结合两个小球的运动数据系统在同相位所用的时间比例为70/100s,或者 $p_0=0.7$;相应地,系统在反相位所用的时间比例为30/100s,或者 $p_\pi=0.3$。进一步,系统在同相位和反相位停留的相对时间比例则为7/3($= p_0/p_\pi$)。

各个运动模态的局部平均值,或称均值 $\langle \phi_m \rangle$,是通过将各个区间的概率乘以区间中心位置的概率值 ϕ_B 加权之后累加起来,再除以该运动模态的 P_m 值来定义

$$\langle \phi_m \rangle = \frac{1}{P_m} \sum_{B=B_i}^{B_f} \phi_B P(\phi_B) \tag{23.9}$$

前文述及,方差可以通过从第二个动差指标中减去均值的平方来确定,因此,每种运动模态的局部标准差 SD_m 可以定义为

$$SD_m = \sqrt{\left| \frac{1}{p_m} \sum_{B=B_i}^{B_f} \phi_B^2 P(\phi_B^2) \right| - \langle \phi_m \rangle^2} \tag{23.10}$$

从前面 p_0 和 p_π 的例子已经可以看出,当观察过程中有相变发生时,计算 P 的这些局部动差指标比起直接从集体变量时间序列计算平均值和标准差要有很大的好处。通过对第二个小球的观察可直接计算出 ϕ 的平均值大约为 $3\pi/5$ 弧度[$=(30s^*\pi+20s^*0)$ 弧度/50s],其统计中位数和众数都接近 π 弧度。这些统计指标中没有一个能够刻画出第二个小球运动的时间序列中包含的两种运动模态的性质,而对第一个小球,这类三种描述数据集中趋势的统计指标都为接近0弧度。并且,从第二个小球运动的时间序列中直接计算出的标准差呈现较大的涨落成分,排除促使小球跃迁到同相位吸引域的那种强烈快速的涨落因素,这种涨落成分也仍然存在的。按照前一小节介绍的算法并根据方程8~10计算各种动差指标,就可以获得更具有说明意义的一系列参数,来表示此例中两个小球的共同的运动。

在以往的实践中人们经常使用第三种方法,即舍弃所有包含相变过程的数据不用,例如上例中第二个小球运动的数据,转而采用使第二个小球重复在反相位吸引域中开始运动,只记录从开始到发现小球在反相位吸引域中的留驻结束的这段时间序列。很明显,相对于需要确定两个非常不同的平均状态的实际情况,这种实验程序带来了很大的偏差,导致对小球行为的误解,在解释标准差大小的意义时误解会更大。与以往舍弃包含相变的数据的做法不同,满足计算经典的平均值和标准差等指标的期望后,本节还介绍了通过计

算各种运动模态的相对概率来充分利用这种数据的更好方法。

最后还应注意,无论概率分布 P 能否被考虑为稳态的,都可以从数据中计算上述关于动差的指标。如果在观察中虽然出现一些相变但出现的次数够大时,P_m 会不够准确。但是,从 P 计算而不是从时间序列直接计算的 $\langle \phi_m \rangle$ 和 SD_m 等指标仍然是准确的和有说服力的,因为它们是刻画相变的指标。如果观察过程中没有相变发生,P 虽然用处有限但还是可以作为估计 $\langle \phi_m \rangle$ 和 SD_m 等指标的良好基础。如果没有相变发生,P_m 就简单地是在相应的运动模态起始的测试数目在用来计算 P 的全部测试数目中所占的比例,这在各种运动模态中应该是相同的。请回忆前文已经说明,在实验设计中已经要求对从每种运动模态开始的测试应设计为相同的数目。

概率分布的时间演化

前文主要集中在对稳态概率分布 P 的介绍,深入认识概率分布 P 的时间演化同样是一件重要的工作。在目前阶段,我们暂满足于使用刻画稳态 P 的性质的两个时间标度参数,未来研究将可以直接分析 P 的时变性质,并充分发挥完整形式的 Fokker-Planck 方程的作用(方程 23.4)。

这两个时间标度参数是弛豫时间 T_1 和平均首次渡越时间 T_2。在前面介绍过的手指运动受扰动的实验中,将两个手指中一个的运动速度逐渐增加到峰值会干扰它和另一个手指的运动协调,在其中检测了 T_1 这个指标。从出现扰动到恢复到先前的 $\langle \phi \rangle$ 的时间被检测出来作为 T_1(Scholz et al. 1987)。但是,如果在某些测试中没有从扰动恢复而是发生了相变,这些测试就不被考虑在确定平均 T_1 之内。如前所述,像这样舍弃部分数据并不好,可能会使得到的 T_1 偏小,但是,选择其他办法的思路尚不清楚。也有建议,从时间序列的傅里叶频率变换中的尖峰检测一个系统的 T_1(Gardiner 1985;Schöner et al. 1986;Fuchs and Kelso 1994),但在有关运动协调的文献中尚未见应用。这一方法的思路是,对扰动的反应的频谱中出现了从基本频谱峰的偏差,因此可以从其中尖峰的半高处检测峰的宽度作为弛豫时间。

在仿真研究得到的时间序列数据中,可以计算从初始化状态开始到系统脱离其所在的吸引域的平均时间来检测 T_2(Collins et al. 1988)。在一些情况下,除非从实验设计的角度特意安排相变发生,否则在测试观察中相变可能不会发生。为充分利用这些测试所能提供的信息,需要提出一些有创意的方法。一种可能是,计算所有测试中不发生相变的测试所占的比例,用它来估计 T_2 分布中的长尾部的总概率(T_2 在所有时间上的积分大于实验时间期限)。检测 T_2 时会遇到的另一个困难是,在对相当于 20 名受试者的实验结果进行仿真时,预测结果常常与实验不同。由于实际实验数据不太可能给出特别好的结果,而从显著多于 20 名受试者的对象搜集合适的实验数据又需要进行大量的工作,所以在应用中 T_2 通常只能给出关于稳态分布的一个粗略描述而不是精确的刻画。

本文作者目前正在进行关于 T_1,T_2 以及时变概率分布 P 的研究,目前看来,这些从实验获得的时间标度指标尚不十分可靠,适合于作为指导性的而不是审慎的指标来使用。

从数据估计模型参数

本小节将关注怎样将模型和数据联系起来。协同学的研究策略可以提供一些强有力的方法,识别出一个明确的集体变量,并且以势函数的形式提出一个关于它的变化趋势和演化过程的模型。将这种方法应用于复杂易变的生物学系统时,变异性的普遍存在似乎会成为应用确定性势函数模型解释实验的一个障碍。但是,这种变异性却在采用随机动力学形式的协同学理论中起到了一种关键的作用。在实践中将来源广泛的各种变异性近似为高斯白噪声,可以通过方程(23.4),即 Fokker-Planck 方程,应用概率和统计的方法来研究由势函数和噪声共同决定的概率分布 P。对稳态 P 的一般预测方法已在方程(23.5)中提供,但进行一个特定的预测要根据噪声强度和势函数的有关参数来进行。这就是说,除非将各个参数的具体数值(如 $Q=1.2$, $a=3.7$ 等)代入方程,否则就只能分析方程的一般性质。因此,这样的模型还是过于一般了。通过与实验数据进行比较,利用从数据中得到的恰当结果。例如,对方程(23.5)而言即为按照前面小节介绍的方法估计出 P,就可以建立更为特异的模型。这种比较可以通过非线性回归方法进行,确定出的参数可以使模型与数据之间达到最好的吻合。

针对一个具体的模型,用变异分析(ANOVA)可以确定是哪些实验因素在影响数据结果,而用回归方法则可以确定这些因素在何种程度以何种方式产生影响。例如,一个基于方差分析设计的实验可以研究身高项(低、中、高)和体重项(轻、中、重)是否影响抓握力量。确定了影响的统计显著性后,比较从实验中得到的平均值来确定影响的等级,就可以针对这些影响项进行回归处理,也可以直接将身高和体重这些影响项的数值作为连续变量来处理。在线性回归中,身高和体重可以作为一个关于抓握力量因变量 DV 的模型中的分离的独立自变量 IV 来处理

$$DV = a + bIV \tag{23.11}$$

式中,截距 a 就是当 IV 为零时 DV 的值,斜率 b 表示 DV 相对于 IV 的增长率。对不同的 IV 值得到一组给定的 DV 数据,就可以确定最佳拟合的 a 和 b,以及关于这个拟合的95%置信区间。这个置信区间给出了一种 t 检验,使得包含零时参数不具显著性。同样地,拟合程度好坏的指标 r^2 和整个模型的显著性水平也可以得到确定。

应用一个多重回归模型可以更一般地表述上述线性回归模型,在其中要估计的是多个斜率、多重 IVs 的显著性以及附加的一个表示为 IVs 的简单非线性项(如身高的平方、或者身高和体重的乘积)。这个多重回归可以写成对于 n 个线性 IVs 的如下形式

$$DV = a + \sum_{i=1}^{n} b_i IV_i \tag{23.12}$$

对于不能约化为线性形式的那些非线性模型这种多重回归就不再合适了。在有些模型中,可以通过其他方式得到充分反映数据特征的参数,一个非常重要的例子是确定平均值和标准差,因为这两个参数能够充分刻画出数据是高斯分布或正态分布的,其数据的分布呈现人们熟知的钟形曲线。得到这些参数的另一种办法是,假如只有一种单一的运动模态,则按照上述的算法先求出 P,然后利用方程8～10求取平均值 μ 和标准差 σ。在其他情况,则应用下列非线性回归分析从正态分布的精确形式估计 μ 和 σ

$$P = \frac{1}{\sqrt{2\pi}\,\sigma} \exp[-(\phi-\mu)^2/(2\sigma^2)] \tag{23.13}$$

这里给出方程(23.13)并不意味着它是估计 μ 和 σ 的最好方法,而是为了表示其与稳态概率分布方程(23.5)的联系。对于势函数方程(23.2),方程(23.5)则为

$$P = N\exp[-2(-\delta/2\sin2\phi - a\cos\phi - b\cos2\phi)/Q] \tag{23.14}$$

在方程(23.14)的形式中,没有分别给出对 σ, a, b 以及 Q 这些参数的估计,最好用相对参数 $\delta' = \delta/Q$, $a' = 2a/Q$ 以及 $b' = 2b/Q$ 改写为

$$P = N\exp[-\delta'\sin2\phi - a'\cos\phi - b'\cos2\phi] \tag{23.14a}$$

为了与方程(23.14a)[或者像含有 V 的方程(23.7)这种类似的方程]进行比较,从实验数据估计出的每个 P 值都除以计数区间的宽度。例如,在 2π 范围内使用 60 个计数区间就应令 P 除以 $2\pi/60$。利用计数区间宽度进行归一化,就可以保证曲线下面积总和(曲线下宽度和高度的乘积)接近 1,这正是概率理论预期的。并且,由于在分布高度的方向上单位相同了,还可以将最佳拟合曲线直接画在各个 P 值上。将这些 P 值作为值的因变量进行非线性回归,则可以给出对参数 $\delta' = \delta/Q$, $a' = 2a/Q$,以及 $b' = 2b/Q$ 的估计。与多重回归类似,对每个参数得到的估计的 95％ 置信度区间可以用作 t 检验在概率为 0.05 的显著性水平。进一步,拟合程度指标 r^2 也可以从非线性回归中加以定义和估计,但是,在线性回归和多重回归能够进行的对整个模型的显著性检验,在这里一般是不能进行的。

前文已经指出,稳态概率分布 P 从根本上与时间无关,它只是用来可靠地获得一个相对于噪声而存在的势函数的参数。进一步区分势函数和噪声还需要利用其他指标。例如,平均弛豫时间 T_1 或者平均首次渡越时间 T_2。请记住,我们认为有待理解的一大类与研究有关的过程(如知觉和运动中的变异性、神经和肌肉亚系统的贡献、脑的高级过程或者认知活动的影响、外界空气流动以及地板的振动等)都归于背景噪声,将噪声与势函数加以区分,也能够提示出还有多少困难的工作留给了后人。

对相对势(如 $2V/Q$)估计出了多少个相对参数(如 $2a/Q$),就会涉及多少个方程。将 Q 从相对参数中分离出来,还需要一个附加的方程,它通过将时间标度指标 T_1 或者 T_2 适当地代入方程(23.6)或者方程(23.7)构成。例如,对包含在方程(23.5)中的方程(23.2),可以估计出三个相对参数 $2\delta/Q$,$2a/Q$ 和 $2b/Q$。方程(23.6)或者方程(23.7)提供可以用来求解 4 个未知参数的第 4 个方程。

为谨慎起见,不应当把参数估计得到的数值大小作为最终的结果看待,最好将它们作为一种初步性的数据,对更一般的一些同类的模型进行比较以确定建立一个一般的模型是否需要这些项(Collins and Turvey 1997),或者用它们来检验某种实验设置的实际效果(如运动速度的加快、失谐效应的变化以及这两者的相互作用等,参见 Collins et al. 1998)。把估计结果得到的数值视为初步的,将使我们回过头来重视实验的设置而不去理会一些细节(如测试的数目和时程、受试者的数量等),这些细节经常会影响结果的具体数值,但不应干扰我们对实验设置和结果的理解。

确定了需估计的参数后,就可以利用它们来产生仿真的时间序列,从该序列计算出稳态概率分布 P、时间标度指标 T_1 和 T_2 则可进一步检验所用的分析方法对前述的假设的符合程度。时间序列可以提供对方程(23.4)进行类似近似获得(随机微分方程的仿真求解可参见 Kloeden and Platen 1992)。一般而言,$\phi = -\partial V/\partial\phi + \sqrt{Q}\xi_t$

$$\phi_{i+1} = \phi_i + (\delta\cos2\phi_i - a\sin\phi_i - 2b\sin2\phi_i)\Delta t + \sqrt{Q\Delta W_i} \qquad \mod2\pi \tag{23.15}$$

式中,ΔW_i 是一个 Wiener 过程,其平均值为零,其变异等于时间步长 Δt,它由高斯伪随机数发生器产生(Press et al. 1992)。其中的时间步长的大小和时间序列的数目,既可以按照与估计参数的实验所用的噪声相同的情况来设定,也可以加以改变,以预测采样率大

小不同（改变 Δt）、测试数目不同以及受试者数量（改变时间序列的数目）不同所形成的作用。如果没有利用估计出的时间标度参数从 Q 中区分出 V，也可以选用几个 Q 值，并将它们用于仿真中以定量地将仿真结果与实验时间序列进行对比（Collins and Turvey 1997）。

第二部分　非稳态分析

非稳态分析集中于研究肢体节段间的节律性运动协调的方法，这种运动具有例如行进这样的运动的典型特征。在过去的工作中，致力于例如简单地保持直立状态所涉及的躯体各个节段的那种非节律性的运动协调的研究，也曾推动了随机和非线性分析方法的发展和应用。

应力中心向量（center-of-pressure，COP），或简称 COP，是垂直于地面的反作用向量，它同样用在足底与地面之间的身体各部分向下作用力的加权平均大小相等，方向相反。它与重心向量有关但并不等同。COP 看来受两个相互独立的肌肉亚系统的控制：绕踝关节的足底-足背反射和绕髋关节的内收-外展反射（Winter et al. 1996）。这两个亚系统分别与 COP 在身体前后（anteroposterior，AP）方向和身体内外（mediolateral，ML）方向的运动有关。图 23-2 给出了一个典型的 COP 时间记录，通过其在 AP 和 ML 轴向组成的平面上的轨迹来表示，在相对较短的时间和相对较长的时间，它都画出了表观上是不规则游走的行为。为研究假设为相互独立的 AP 和 ML 两个方向的涨落，我们将介绍一种平均互信息（average mutual information）方法，并应用另外一些分析方法（包括 Hurst 标度范围分析和分级布朗运动分析）来研究 COP 记录中所包含的、对理解神经控制机制具有潜在提示意义的记忆成分。

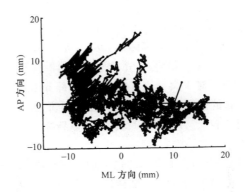

图 23-2　表示在前后向（AP）和内外向（ML）位置的坐标系中的一个典型的安静站立时的应力中心向量（COP）的运动轨迹

平均互信息

互信息（参见第十九、二十章）指标（以 bit 为单位）表示从一个时间序列在时刻 t 的情况出发，对与之相关的另一个时间序列的信息能够了解多少（Gallager 1968）。具体地以 COP 涨落在 AP、ML 方向的时间记录为例，在 AP 方向的测量结果计为序列 ap_1，

$ap_2, \cdots, ap_m, \cdots, ap_M$，在 ML 方向的测量结果计为 $ml_1, ml_2, \cdots, ml_n, \cdots, ml_M$，提出的问题则为"从对记录 ml_n 的分析中可以对 ap_m 获得多少了解"。答案为

$$\log_2\left|\left[P_{AP\,ML}(ap_m, ml_n)\right]/\left[P_{AP}(ap_m)P_{ML}(ml_n)\right]\right|$$

如果 ap_m 和 ml_n 是相互独立的,这个互信息指标就不会显著地偏离 1,意味着两个序列共有零比特的信息。互信息与其他在测量参数(ap_m, ml_n)空间中定义的变量相同,它分布在这个空间中,其动差指标可以按照标准的方法来理解(Abarbanel 1996)。平均互信息,或者全部测量结果的平均值,可以表示为

$$I_{AP\,ML} = \sum_{ap_m, ml_n} P_{AP\,ML}(ap_m, ml_n)\log_2\left|\frac{P_{AP\,ML}(ap_m, ml_n)}{P_{AP}(ap_m)P_{ML}(ml_n)}\right| \qquad (23.16)$$

对实验数据的分析表明,AP 方向涨落和 ML 方向涨落之间的互信息实际上为零。这个非线性相关关系的指标具有一个重要的性质,它在对坐标系进行平滑处理后会保持不变(亦即 ap_m 和 ml_n;见 Fraser and Swinney 1986)。在平均互信息指标的诸多性质中,它的这个性质意味着对由测量误差引入数据的噪声(表现为数据点位置的变化以及点的局部分布细节的变化等)具有鲁棒性。

重标度分析

在分析 COP 时间序列时,从对大量自然现象随时间变化的客观记录中的显见的事实,我们可以得到许多启示。尽管这些记录在或长或短的时间尺度上看上去是没有明显结构的(如对大的江河水位的历经许多世纪的记录),但它们都呈现出服从功率规律的行为。

重新标定尺度范围分析应用 Hurst 指数 H 提取像 COP 这样的时间序列中的特征,其计算形式为

$$\left[R(\Delta t)/S(\Delta t)\right] \propto \Delta t^H \qquad (23.17)$$

在这个被称为 H 经验定律的方程中(Feder 1988),R 表示在一个给定的时间间隔 Δt 中,COP 的最大值和最小值之差。很明显,R 的范围必须根据不断增大的时间窗来确定。Δt 的值设定了时间分辨率。对于大量给定的窗,S 是部分 COP 值的标准差,这些 COP 值来自那些重新标度了 R 的范围并使得 R/S 无量纲的窗(允许对在不同姿态条件下观察到的 COP 的范围进行比较)。方程(23.17)则是对重新标度了的 R 值范围如何依赖于测量时间分辨率的一种表示。

指数 H 在 0 到 1 的范围变化,H 为 0.5 时表明相邻数值之间的差异没有相关性,当 H 不为 0.5 时则提示一种相关的或者记忆样的过程(Feder 1988;Liebovitch 1998)。如果 $0.5 < H \leqslant 1$,提示数据中的增加是前后正相关的,这被称为持续性(persistent)。对 COP 而言这表明存在一种沿当前运动方向继续下去的趋势。在图 2 所示的 COP 测试结果图形中,这种持续的性质形成了一种不发生自我交叉的趋势,虽然并不是必然不出现自我交叉(Mandelbrot 1982)。如果 $0 \leqslant H < 0.5$,数据中的增加是前后负相关的,这称为反持续性(antipersistent)。在 COP,这意味着数据中总是呈现出一种返回出发点的趋势。

分形布朗运动

范围重新标度分析、持续性和反持续性等性质都可以使用分形布朗运动来模拟。仍

集中在关于 COP 的讨论,我们可以将它在相互独立的 AP 和 ML 亚系统控制下的行为设想为一个粒子的随机行走(Collins and DeLuca　1993),这两个亚系统不断"踢动"这个 COP 粒子,使它弹跳、跃动,这些相继的跳跃就构成了 COP 的随机行走。布朗运动是随机行走的经典模型,其中,粒子沿运动方向(在一维随机行走为沿一条直线)的位移的平方正比于观测粒子运动的时间。因此

$$\langle \Delta x^2 \rangle = 2D\Delta t \tag{23.18}$$

式中,括号表示平均,Δt 为给定的时间,参数 D 为扩散系数。D 是度量随机行走中随机运动平均水平的指标,与构成行走的弹跳、跃动的频率和幅度都有明确的联系。对于 Δt 时间中的布朗运动,在位移平方的平均值较大时参数 D 值也会较大,在跳跃的频率、幅度较大时位移平方会比较大。

在单纯的布朗运动中粒子相继的跳跃之间没有相关性。某些随机行走具备标度区间,在其中粒子相继的跳跃之间表现出相关性,应用分形布朗运动的理论可以恰当地描述这样的随机行走,表示为 Mandelbrodt 和 Van Ness(1968;还可参见 Feder　1988)提出的一般方程(23.18)。这个一般表示涉及标度规律

$$\langle \Delta x^2 \rangle \approx \Delta t^{2H} \tag{23.19}$$

以方程(23.19)的形式准备和处理 COP 数据的方法被称为"稳态图扩散方法"(Collons and Deluca　1993)。对于每个实验测试,将相距设定间隔 Δt 的所有数据点对的位移平方计算出来,然后用实验测试包含 Δt 大小的间隔的数目进行平均。重复多个尺度的 Δt(例如,以 10ms 的步长从 10ms 到 10s)进行前述处理。一般而言,对于一个跨度 m 个数据的 Δt,有

$$\langle \Delta x^2 \rangle_{\Delta t} = \left| \sum_{i=1}^{N-m} (\Delta x_i)^2 \right| \Big/ (N-m) \tag{23.20}$$

式中,x 为位移,N 为测试中包含的数据点的总数。为确定 H,在双对数坐标内做对 (Δx^2) 对 (Δt) 的图。

将这一方法应用于 COP 数据,结果提示 H 值,也就是在对数坐标系中的函数的斜率,在长时间尺度处与在短时间尺度中可能是不一样的。具体而言,COP 的增长性质表现出两种情况,在小的时间间隔的情况下($0.5 < H \leq 1.0$)表现为持续性,而在大的时间间隔的情况下表现为反持续性($0 \leq H < 0.5$;如 J.Collins and De Luca　1993;Riley et al. 1997;Riley et al. 1997)。这种不同的表现提示在不同情况下存在开环和闭环的控制机制(J.Collins and De Luca　1993)。有人认为,在不同时间尺度表现出的这种差别提示分别发生了探索行为的过程(持续性过程获取信息)和执行行为的过程(反持续性过程是在获取的信息的基础上进行调整)(Riley et al. 1997)。

另一种对时间尺度进行这种二分处理的方法已在对 Ornstein-Ulenbeck 过程的数据进行分析的研究中得到了检验,其中相关函数(Gardiner　1985)平滑地从表观上是短时的、开环的区间过渡到了表观上是长时的和闭环的区间(Newell et al. 1997)。这一过程可以按照本章第一部分的描述表示为一个运动方程,该方程由在一个二次势函数的负导数上加上噪声推导而来

$$V = -ar^2 \tag{23.21}$$

式中,a 反映了对应于认知或者生物力学控制强度的势阱的陡度。

　　上述相关分析方法的另一个应用实例见于对人体步态中迈步间隔的涨落的研究（Hausdorff et al. 1996；Liebovitch and Todorov 1996）。在受试者自由选择的快速、正常、慢速步行的过程中，发现了提示着一种分形动力学和1/f标度（参见第二十四章）的长程关联。这种长程关联在至少达1000步的尺度上都持续存在。但在受试者受到一个节拍器的影响而在每种步态（快速、正常、慢速）中表现出迈步间隔的平均化趋向时，这种长程关联消失，提示来自脊髓上位的影响可能对表现出长程关联的自然倾向具有消除作用（Hausdorff et al. 1996）。

重现定量分析

　　从许多算法的角度来评价，在生物运动系统采集到的数据通常很不理想。最值得注意的一点是，这些数据经常会是非稳态的。在观察的时间历程中存在着非线性相互作用（前馈的和反馈的）、外源性噪声的影响、系统动力学状态的变化等因素，描述系统的参数（如平均值和标准差）不会稳定不变。重现定量分析（recurrence quantification analysis，RQA）是对这种生物学特性的一种直接的回应，它是一种非线性和多维分析技术，不要求数据是稳态的，而且对数据的统计分布和数据量都没有严格的限制。这就提供了一个不同于其他方法的运动协调的研究分析指标，可以用于分析稳态性质可疑的时间序列。例如，从这种分析既可以得出对确定性结构和非稳态性质的定量描述（Webber 1991；Webber and Zbilut 1994,1996）。

　　RQA检测重构相空间中数据点的局部重现（或称相邻性、时间相关性）行为（参见第三部分）。在时域中分离的点在重构相空间中（空间）相邻，反映出了重现。经历一段时间后，随着动力学行为的展开，数据点回到了相空间中的同一区域（也就是说，数据点重现了）。

　　基本的检测策略由下列步骤组成，首先在重构相空间中选定以点 $x(i)$ 为中心、半径为 r 的球体，对该球体内与点 $x(i)$ 相距小于 r 的点进行计数。对所有 $i=1,\cdots,N$（其中 N 为数据点的总数目），计算数据点 $x(j)(j=1,\cdots,N,)$ 和点 $x(i)$ 间的距离。亦即，对重构序列中的每一个点，计算出它与其他每一个点的距离。当这个距离小于或等于 r 时，即认为数据点重现。一个时间序列中的重现情形的程度（和性质）可以通过图示的方法表示于重现图中（Eckmann et al. 1987）。

　　图23-3给出了一个人类受试者安静站立时应力中心向量（COP）涨落的时间序列的重现图（Riley et al. 1999）。图中，每个涂黑的点表示一个重现的点。获得这样的点的方法如下，沿横坐标轴取 i 的值，对于纵坐标轴上每个 j 值，计算 i 对应的点 $x(i)$ 和 j 对应的点 $x(j)$ 间的距离，每当这个距离小于等于 r 时便在重现图中将点 (i,j) 涂黑。对所有的 i 值进行这样的处理，图23-3这样的重现图就会逐步呈现出来。在 $i=j$ 的情况，计算的是某点与它自己的距离，结果便会画出重现图中的主对角线；对每个给定的 r，重现图中主对角线两侧的三角形区域中的图形是对称的（Webber 1991；Webber and Zbilut 1994）。做出图23-3这样的重现图并进行其后的 RQA 处理需要首先确定几个输入参数。例如，需要选择一个时间延迟、一个重构维数（参见第二十四章），以及选定距离 r。恰当应用和正确理解重现图和 RQA 方法的技巧正在于选择上述这些以及其他一些输入参数。

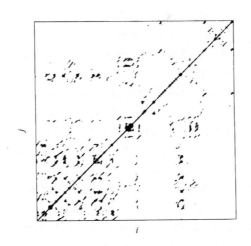

图 23-3　安静站立时 COP 轨迹得重现图

坐标值 i 和 j 都表示该数据值在时间序列中的位置。对角线的下方的点表明数据在比 i 位置晚 j 个位置
的时候重现于给定的半径内，对角线上方的同样是这些点，但坐标反转了。对角线上的点简单地表明当
$i=j$ 时它们对应的是同一个数值。

　　重现图的一些定性特征，包括大尺度的拓扑性质和小尺度的精细结构，包含有可以用
来定义行为特征的信息（Eckmann et al. 1987；Webber and Zbilut 1994）。首先，均匀
性就是一个大尺度拓扑性质，图中重现点的均匀性分布提示一种根本上是同一性的模式
（图 23-3 显然不具备这种特征），表明了一种白噪声样的或者不存在动力学结构的情况。
这种均匀性也可能提示确定性混沌的存在。其次，偏移性也是一个大尺度拓扑性质，表示
在距离主对角线渐远时重现图变化为密度降低、颜色变浅的趋势。均匀增大的偏移性可
能提示数据中存在渐变的非稳态趋向。突变的偏移表现指在远离主对角线过程中出现的
迅速的密度变化，它可能反映时间序列中数值大小水平的突然变化。图 23-3 中存在明显
的偏移性。第三方面大尺度拓扑性质通过平行于主对角线的长线段体现出来，它提示着
某种节律性的结构。图 23-3 不含有这种线段，表明所描述的数据中没有周期性的成分。
　　小尺度精细结构的第一种类型表现为一些单个的孤立重现点，它们提示某种随机行
为（图 23-3 中可见几个这样的点）。另一种类型表现为短线段，如果它们沿对角线方向并
与主对角线平行，它们则提示着某种确定性，来自观察时间之内时间序列中向量以成串的
模式重复地出现。从吸引子动力学（参见第二十四章）的角度讲，系统是在不同的时间重
复地访问吸引子上的相同区域。随机数发生器不会产生这样的沿对角线方向的线段，但
确定性系统（正弦波、混沌吸引子）则会。在图 23-3 中可以见到几条向上的这种线段。如
果这样的线段以与主对角线垂直的方向指向另一个对角线方向，则表明数据的向量序列
中的不同部分之间互为镜像。可以想像，在例如正弦波这样的简单的振荡中会出现这种
情况；如果将这样的振荡曲线从波峰或者波谷处分割，得到的两个部分是互为镜像的。图
23-3 中也存在这样的精细结构，虽然出现的范围不甚广泛。如果出现的短线段在图中是
沿水平方向或者垂直方向的，则说明数据中存在这样一种孤立的向量串，它与数据中随着
系统动力学行为的进程而（在时间上分离开地）重复出现的一种向量串严格一致。在图

23-3 中也可以见到这样的精细结构。

第三种小尺度精细结构是所谓方格图案结构,由多条短线段成组地集中在图中一个狭小的区域而形成。这反映出系统在访问吸引子上的不同区域,并且在这些区域间前后跳跃。图 23-3 中没有这种方格图案结构。

在重现图中还可以鉴别出另外两种定性特征(Webber,Zbilut 1994)。第一种是空白带(其中没有重现点),它提示暂态行为或者数据水平的突然变化,反映内在的活动状态发生了变化。在图 23-3 的例子中就可以见到这种大范围的空白带,自下而上地出现在沿 j 轴大约 1/2～3/4 长的区域,使得图中上半个三角形区域中几乎没有重现点。第二种是重现点密度的突然变化,见于沿 i 轴观察图形的过程中。这种情况提示某种动力学进程的变化,可能见于一种短暂的暂态行为之后(也就是说可能见于一个空白带之后)。图 23-3 中没有见到这种特征。

虽然通过目视观察重现图可以揭示出重现点的一些性质,但 Webber 和 Zbilut(1994)提出的重现点定量分析方法(RQA)则给这方面的研究带来了显著的进展。例如,RQA 方法使得人们可以利用如方差分析(ANOVA)这样的标准统计技术在不同实验条件之间进行比较。从 RQA 分析可以获得序列 5 种定量度量参数:重现百分比(%RECUR)、确定性百分比(%DET)、这两个量的比值、熵、以及趋势。仅从重现图中三角形的半个部分中的重现点就可以计算出所有上述度量参数。下面将简要介绍这些参数,详细的描述请参见 Webber 和 Zbilut(1994)的文献。

——重现百分比指实际出现在图中的重现点的数目在所有可能出现的重现点的总数(在进行 $i-j$ 距离比较的总数中去除 $i=j$,即主对角线的情况)中所占的百分比。因而,这也是关于重现图空间被重现点覆盖程度的一个度量,它相当于相互间距离在 r 以内的点数的百分比。对一个给定的时间序列来说,重现百分比的大小取决于设定的 r 的大小。

——确定性百分比指出现在沿对角线方向指向上方的线段上的重现点的百分比。计算出的确定性百分比的大小与对组成这些线段的点的定义有关;这通常以两个临近的、中间没有空白空间的重现点的形式来定义(可以选用大一些、更为保守一些的距离值)。如前所述,这个度量参数反映观测数据中的确定性,因为向上的对角线线段表明系统在重复地访问吸引子(或者重构相空间中有限)的相同区域,也就是说,系统的动力学过程是确切存在的并在重复自身,这也是确定性的基本含义。

——熵按照线段长度统计直方图得出 Shannon 熵(参见第十九,二十两章)来计算,这个直方图简单地统计出不同长度的向上的线段的数量。仅在存在标志确定性的向上的对角线线段的情况下才可以计算熵,因而,它是一个度量时间序列中确定性结构的复杂性的定量指标(参见 Webber,Zbilut 1994)。

另外两个指标,比值(确定性百分比与重现百分比的比值)和趋势,表征重现图中反映的非稳态性质。

——比值在检测所研究的生理学系统的变化时是有用的(Webber,Zbilut 1994),当系统在不同的状态之间呈现相变时,重现百分比通常降低而确定性百分比的变化很小;应用 RQA 方法以移动窗的方式处理数据(即重复处理重叠或者不重叠的数据窗时),可以很好地达到这一目的。实际上,在关注研究的状态的变化时,这里讨论的所有这些定量指标都可以以这种移动窗的方式计算。

　　一趋势是偏移的定量度量,表示重现图中远离主对角线时呈现的密度减小(颜色深度变浅)。对重现点百分比在逐渐远离主对角线的过程中发生的变化进行拟合,求最佳拟合的曲线的斜率就可以将趋势定量地表示出来。非零的趋势提示非稳态的性质,趋势为零或者非常接近零则表示稳态的性质。以每 1000 个数据点中的重现点百分比作为单位来定量计算趋势,由于趋势以重现点的出现率的变化定量表示远离主对角线时重现图密度变浅的性质,趋势的数值通常是负的(如果远离对角线时重现百分比是降低的,则拟合得到的曲线必然具有负的斜率)。

　　在上述对 RQA 方法的概述中,我们集中介绍了定性和定量分析的内容,目的在于使读者迅速了解这些方法在面对难以处理的数据时所能够发挥的作用。文中未涉及参数选取、使用混排的替代数据集等技巧,应用这些技巧有利于从定性的和定量的度量出发更好地解释结果。对此有兴趣的读者可以参阅 Webber 和 Zbilut(1996)和 Riley 等(1999)的文献。

第三部分　相空间重构

　　考察前文定义的描述肢体间协调运动的方程,其中模式 φ 是一个既来自内在的生理学亚系统、又约束或者役使这些生理亚系统的变量。复杂系统中特有的这种循环关系(参见 Haken　1983,1996;Kugler and Turvey　1987, 1988)提出了一个关键的问题:有多少相互独立的亚系统受集体变量及其动力学行为的役使? 或者等价地,最少需要几个有效自由度才能得出所研究的集体变量及其动力学特征? 本小节介绍的称为相空间重构(参见第二十四章)的方法,提供了一种对有效自由度个数的估计。

　　这种方法有两个主要的立足点。其一,人们已经认识到,一般非线性过程中的所有的变量都是相关联的,因此离散地测量一个变量就足以揭示非线性系统的动力学,其二,嵌入理论(Takens　1981;Casdagli et al.　1991;Eckmann and Ruelle　1985)。嵌入理论证明,将测量所得的离散标量时间序列 $x(t)$ 经过嵌入得到一个重构的相空间中的矢量 $y(t)$,如果重构相空间与原相空间具有平滑的、可微的关系,则原有系统的一些根本的不变性将仍然保留在重构的相空间中(Abarbanel　1996,18 页)。因此,对重构相空间中系统动力学几何特征的深入研究就可以提供关于原有系统的、未知的动力学的重要信息。

　　对于原有系统而言有三种可能的情形,第一,系统的维数可能很高,使得任何低维模型都不能体现其行为的主要方面;第二,只有少数几个变量与系统行为的主要变化有关,还有其他一些相对低幅的、高维的成分(如测量噪声);第三,系统纯粹是低维的,这意味着描述少数变量的一阶自治常微分方程组就能够充分表示刻画系统的行为,当然,这种行为仍然可能看上去是相当不规则的、似乎是高维的。

再谈平均互信息

　　前文提到的矢量 $y(t)$ 由分量 $[x(t), x(t+T\tau), x(t+2T\tau)\cdots]$ 重构而成,其中,T 为采样周期的某个整倍数,τ 为一个适当的时间延迟。参数 τ 可以通过考察前文定义的非线性相关函数,称为平均互信息来选定,利用这个函数对同一个时间序列在两个不同的时间求取有关的指标(Abarbanel 1996；Abarbanel et al. 1993)。在本文关心的情形，平均互信息函数可以基于一组这种指标提供一个估计，在知道了 $x(t+(T-1)\tau)$ 所含信息量的知识时，对 $x(t+T\tau)$ 含有的信息量(以比特为单位)能够有多少了解进行估计。嵌入空间的坐标是由测量得到的序列 $x(t)$ 的时间延迟值构成的，因此，对于一个特定的时间延迟值而言，如果平均互信息越小，则利用这个时间延迟来构造重构矢量 $y(t)$ 就越有效(能够揭示原有系统动力学的新信息)。实用中，选用平均互信息函数出现第一个局部极小值的时间延迟值作为 τ(Fraser and Swinney 1986)。

伪最近邻点

标量序列 $x(t)$ 是在多次实验周期中以离散的方式测得的。由它重构的序列中，靠近某个给定的点的那些点中有些可能是伪最近邻点，能识别出这些伪最近邻点的方法具有基本的重要意义。伪最近邻点靠近给定的点，不是因为它们与这个给定的点在动力学上相关，而是因为重构中引入了过度的投影(例如，仅仅利用一维的坐标呈示多维系统的动力学)。要在系统动力学演化的、具有适当维数的相空间(在这里即为重构相空间)中充分展开吸引子这样的几何实体，就相应地要增加作为 $y(t)$ 的坐标的 $x(t)$ 的时间延迟值的数目，直到投影造成的伪最近邻点完全被消除。

以上述方法展开吸引子的定量处理方面，涉及到在任意给定的嵌入空间中确定全局的伪最近邻点(false nearest neighbors，FNN)。这种处理的关键在于以下几个步骤：对嵌入在空间 d 中的序列 $y(t)$ 的每个点，找出其最近邻的点集；计算点集中的点与该点的欧氏距离；将 $y(t)$ 嵌入 $d+1$ 维空间重复计算这些点之间的距离，观察这些距离是否发生了根本的变化。如果距离的变化超过了某个可接受的阈值，则选择嵌入 $d+1$ 维空间以消除在 d 维空间中存在的那些伪邻域点。对于吸引子的所有区域都充分得到展示的时间序列，即使改变前述比较距离变化的阈值也不会使计算所得的 FNN 的比例发生太大的变化。在对大量物理学时间序列的研究中，设置上述参数的最优值涉及的问题也已经得到了广泛的研究(Abarbanel 1996)。

对 $y(t)$ 使用了足够数量的坐标而使所有 FNN 都被去除后，通过进一步增加嵌入坐标的数目不会再揭示出系统动力学的更多内容，满足这种条件的维数 d_E 称为嵌入维数。对于 d_E 有两点值得特别注意：第一，对于一个给定的动力学系统，计算所得到的 d_E 作为能够从时间序列获得其完整动力学的投影的函数而变化，因而，从同一个系统测量的两个不同实验变量的时间序列会得出不同的 d_E。然而，本文下一部分的论述可知，原有系统的一些重要的不变特征仍然能够从分析系统在已在 d_E 空间中充分展开了的吸引子之上如何演化来得到。第二，如果测量所得的序列是一个很高维数(或者被测量噪声所污染)的系统的投影，用上述展开吸引子的方法可能永远无法成功去除所有的 FNN。噪声通常表现为无穷维的，因此无论给 $y(t)$ 增加多少维，含有噪声的 $x(t)$ 仍然会需要在更高的维数下得到充分展开。但是，在有限的计算精度下处理有限长度的数据时，仅在噪声水平相对于吸引子大小而言非常显著时，对 d_E 的分析才不能够去除所有的 FNNs。因此，对 d_E 的分析结果能够提示所研究的行为是来自低维的、确定性的动力学，还是来自一个高维的动力学。如果是后者，并且噪声不是来自于外在系统的实验因素，则应该使用随机方法进行模拟。

有效自由度

　　上文刚刚强调过,在进行相空间重构过程中得到的嵌入维数 d_E 的值会因选取的测量变量时间序列的不同而改变。一般而言,如果系统吸引子的真实相空间的维数是 d_A,那么将测量得到的系统的投影在 $d_E > 2 d_A$ 的嵌入空间中展开就可以完全避免投影造成的轨线相交(Abarbanel　1996,第19页)。(其中 d_A 既可能是分形维数、也可能是整数维数,而 d_E 则总是一个整数维数。)无论选取哪一个实验变量来观察所研究的动力系统的行为,研究的还是同一个动力系统,因此,系统的有效自由度的数目(active degrees of freedom,ADF,即描写系统的一阶自治常微分方程的数目)并不因为选取来构成投影的测量变量的不同而改变。对这种不变性的几何解释体现在描述系统轨道绕吸引子进行局部演化所需的维数。一个有关键意义的直观判断告诉我们,这一局部维数可能是并且经常是,小于原有吸引子存在的空间的维数。考虑一个具备两个振动频率的振子,它的两个频率之比为无理数的例子,这样一个系统的轨道存在于一个两维环面上,就像是在一个炸面包圈的表面(第二十四章)。这里,系统的动力学自由度的数目很清楚为2,但充分展开这个吸引子本身所需的维数 d_E 则为3。

　　Abarbanel(1996)曾提出过一个确定 ADF_s 的数目的方法,其中,对局部维数 d_L 的分析从一个维数大于 d_E 的(重构的)工作空间开始,以保证吸引子在其中充分展开(亦即其中所有的邻域点都是真正的邻域点);然后,对于工作空间中的任意一点,寻找一个维数 $d_L \geqslant d_E$ 的子空间,在其中可以构造一个精确的局部的邻域到邻域的映射。对给定的点 $y(t)$,通过取包含有 N 个邻域点的集合确定其大小不同的邻域,从这些邻域点经过一步时间的演化后演化到点 $y(t+1)$ 的邻域中 N 个点的情况中抽取出局部演化规律,得到的演化规律的成功率用预测失败的百分比(后文中以 %bad 来表示)来表示。这一方法最终的目标是得到一个 d_L 值,使得在此 d_L 下 %bad 与 d_L 和选用邻域点的数目 N 无关。这样的一个 d_L 值可以定量地表示有效自由度 ADF。

　　对 d_L 的分析除了能够提示在试图模拟系统的动力学时所需要的变量数目外,还能够提供对局部的、低幅的(乃至快时间尺度的)噪声的表征,这种噪声在吸引子水平对 d_E 的分析中是检测不到的。前文曾提到,只有在吸引子尺度上的噪声水平较大时,d_E 分析才不能成功去除所有的 FNNs。在关于 d_L 的分析中,%bad 开始变得与 d_L 和 N 无关的那个值则能够在更为精细的时空尺度下表征噪声的特征。

　　研究中,相空间重构的方法已被用来验证一个摆动肢体的吸引子是一个极限环的假设(参见前文)(Mitra et al.　1997),图23-4表示在速度和位移的相空间中轨道为一个致密的粗带。图23-4中明显存在的轨道变异性提示出了两种不同的可能:(a)这个极限环运动包含噪声;(b)高维相空间中的运动被(不恰当地)投影到了这个相平面中。通过相空间重构方法确认了 b 种可能,结果表明一个大幅度摆动的肢体具有3个有效自由度,而一个小幅度摆动的肢体则具有4个有效自由度(图23-4)。

　　相空间重构分析得出的是有效自由度的数目,并未给出有效自由度的特征,对其特征的识别需要应用一些其他的科学方法。例如,实验研究表明,在控制肢体的姿态和摆动的神经机制中,包含至少3个绕单关节的节律运动的神经控制变量,它们分别给出 r、c 和 u 指令(Feldman　1980;Feldman and Levin　1995)。r 和 c 指令分别确定关节的位置和关

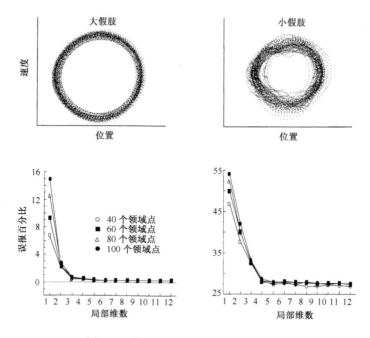

图 23-4　位置和速度相空间中的测试轨迹

表示的摆动协调运动来自受试者手中分别持着一个大摆和一个小摆的运动[分别相对于安装了一个大的(左)
或者小的(右)假肢]。下图:左图中,在局部维数为 3 或者更大时,接近零的误报百分比提示 3 个(确定性的)
有效自由度 ADFs 就足以刻画上图中安装大假肢运动的轨迹中的动力学。右图中安装小假肢的运动轨迹则不
同,在局部自由度为 4 时误报百分比仍然渐近于 27%,表明需要 4 个有效自由度 ADFs 再加上一个加性噪声
才能刻画其动力学。

节的顺应性,而 u 指令则通过调节 r 和 c 指令(更准确地说,调节它们所代表的肌肉的运动阈值)改变运动的速度。上述从神经调节方面提出最少神经控制变量的数目和从相空间重构得出的 ADF 数目之间的良好吻合具有重要的提示意义,这种一致性,常规的神经科学研究和非线性动力学工具在未来将更好地结合在一起(Mitra et al. 1997,1998)。

■ 结束语

　　至此,我们希望用心的读者已经不再对何种分析方法适用于其运动协调研究的实验数据怀有疑问,相反,我们认为读者可能会问应该首先应用哪一种方法,而我们或许会回答先任选一种方法作为开始。这些分析方法从完全不同的水平研究时域的和动力学的结构,在对任何一个协调运动的系统获得适当的初步理解之前可能都需要拿来尝试。无论如何,要想"解释清楚"运动协调功能,还有更多的分析技术需要我们去发展。

　　本章的第一部分讨论了相对而言较长时间尺度中的问题,其中一个进行协调运动的系统可以被认为是稳态的,系统的运动不是在一次测试中观察的,往往是在几个或者许多个历时 1 分钟的测试中检测的。在这个尺度,协调运动可以视为跨几种可能的模态的操作,例如,两个振子的同相、反相的协调运动。第一部分论述了从随机理论模型和以适当格式输入的概率分布数据之间的联系的角度如何定量地得出势函数模型。第二和第三部分中不存在这样一种模型和数据之间的明确联系,其优点在于不需要构建模型,其结果的有限也在于不能给出一个模型。

除了不需要一个特定的模型以外,第二部分介绍的方法也不要求数据为稳态的。但是,从数据历经若干时间步的演化中呈现出的相关和重现性质,能够识别出数据的非稳态性质。读者可以根据自己的研究目的,或者初步地应用这些非稳态分析技术去建立涵盖多次测试的长期的稳态模型,或用它们来优化已有的稳态模型。特别在不关心或者难以获得稳态行为的情况下,利用这些方法分析非稳态过程本身也可能达到研究的目的。这最后一种情况的例子之一见于关于姿势的研究,在其中如果一定要进行稳态分析,则必然会要求被试完成长达几个小时的安静站立,这显然是不合理的。

第三部分介绍的相空间重构方法要求所应用的一维时间序列数据为稳态的,从而进一步研究这个时间序列背后的、深刻的动力学结构。具体来看,其最好的结果之一表现为估计出了有效自由度的数目,亦即需要多少个一阶自治常微分方程来产生所研究的动力学行为。在原理上,其结果在利用给定的一种时间序列进行研究时是不变的。这一技术只能得出在刻画数据的动力学时需要多少个方程,尚不能给出具体的方程。除此之外,还可以得出一个简单的、一维的势函数的估计。但是,认真应用这些方法,得到的定量估计能够为寻求理论认识指出方向。

致谢:本章的撰写受到 NSF 基金 SBR 97-28970 和 SBR 97-09678 的资助。作者对 Michael Riley 为图 23-2～23-4 提供的帮助及其对第二部分的概念性贡献深表谢意,作者还感谢 RB 对第二部分、SM 对第三部分所提供的概念性的帮助。MT Turvey 还就职于 Haskins Laboratories, New Haven, CT, USA。

参 考 文 献

Abarbanel HDI (1996) Analysis of observed chaotic data. New York: Springer-Verlag

Abarbanel HDI, Brown R, Sidorowich JJ (SID) & Tsimring LSh (1993) The analysis of observed chaotic data in physical systems. Reviews of Modern Physics, 65:1331–1392

Arfken G (1985) Mathematical methods for physicists. London: Academic Press Limited

Bernstein NA (1967) The control and regulation of movement. London: Pergamon Press

Casdagli M, Sauer T & Yorke JA (1991) Embeddology. Journal of Statistical Physics, 65:579–616

Collins DR, Park H & Turvey MT (1998) Relative coordination reconsidered: A stochastic account. Motor Control, 2:228–240

Collins DR, Sternad D & Turvey MT (1996) An experimental note on defining frequency competition in intersegmental coordination dynamics. Journal of Motor Behavior 28:299–303

Collins DR & Turvey MT (1997) A stochastic analysis of superposed rhythmic synergies. Human Movement Science 16:33–80

Collins JJ & DeLuca CJ (1993) Open-loop and closed-loop control of posture: A random walk analysis of center-of-pressure trajectories. Experimental Brain Research, 95, 308–318

Eckmann J-P, Kamphorst SO & Ruelle D (1987) Recurrence plots of dynamical systems. Europhysics Letters, 4:973–977

Eckmann JP & Ruelle D (1985) Ergodic theory of chaos and strange attractors. Reviews of Modern Physics, 57:617

Feder J (1988) Fractals. New York: Plenum Press

Feldman A (1980) Superposition of motor programs. I. Rhythmic forearm movements in man. Neuroscience, 5:81–90

Feldman A & Levin MF (1995) The origin and use of positional frames of reference in motor control. Behavioral and Brain Sciences, 18:723–786

Fraser AM & Swinney HL (1986) Independent coordinates for strange attractors from mutual information. Physical Review A, 33:1134–1140

Fuchs A & Kelso JAS (1994) A theoretical note on models of interlimb coordination. Journal of Experimental Psychology: Human Perception and Performance 20: 1088–1097

Gallager RG (1968) Information theory and reliable communication. New York: John Wiley and Sons

Gardiner CW (1985) Handbook of Stochastic methods for physics, chemistry, and the natural sciences (vol. 13, 2nd Ed.) Berlin: Springer-Verlag

Gilmore R (1981) Catastrophe theory for scientists and engineers. New York: Wiley

Haken H (1983) Synergetics: An introduction. Berlin: Springer Verlag

Haken H (1996) Principles of Brain Functioning. Berlin: Springer

Haken H, Kelso JAS & Bunz H (1985) A theoretical model of phase transitions in human hand movements. Biological Cybernetics 51: 347–356

Hausdorff JM, Purdon PL, Peng C-K, Ladin Z, Wei JY, Goldberger AL (1996) Fractal dynamics of human gait: stability of long-range correlations in stride interval fluctuations. Journal of Applied Physiology, 80:1448–1457

Kelso JAS (1984) Phase transitions and critical behavior in human bimanual coordination. Americal Journal of Physiology, 246, R1000-R1004

Kelso JAS (1995) Dynamics Patterns: The Self-Organization of Brain and Behavior. Cambridge, MA: The MIT Press

Kloeden PE & Platen E (1992) Numerical solutions of stochastic differential equations. Berlin: Springer-Verlag

Kugler PN & Turvey MT (1987) Information, natural law, and the self-assembly of rhythmic movement. Hillsdale, NJ: Erlbaum

Kugler PN & Turvey MT (1988) Self-organization, flow-fields, and information. Human Movement Science, 7:97–130

Liebovitch LS (1998) Fractals and chaos simplified for the life sciences. New York: Oxford University Press

Liebovitch LS & Todorov AT (1996) Invited editorial on "Fractal dynamics of human gait: Stability of long-range correlations in stride interval fluctuations". Journal of Applied Physiology, 80:1446–1447

Mandelbrot BB (1982) The Fractal Geometry of Nature. San Francisco: Freeman

Mandelbrot BB & van Ness JW (1968) Fractional Brownian motions, fractional noises, and applications. SIAM Review, 10, 422–437

Mitra S, Riley MA & Turvey MT (1997) Chaos in human rhythmic movement. Journal of Motor Behavior, 29:195–198

Newell KM, Slobounov SM, Slobounova ES & Molenaar PCM (1997) Stochastic processes in postural center-of-pressure profiles. Experimental Brain Research, 113:158–164

Press WH, Teukolsky SA, Vetterling WT & Flannery BP (1992) Numerical recipes in C: The art of scientific computing, 2nd Ed. Cambridge: University Press

Riley MA, Balasubramaniam R & Turvey MT (1999) Recurrence quantification analysis of postural fluctuations. Gait and Posture, 9:65–78

Riley MA, Mitra S, Stoffregen TA & Turvey MT (1997) Influences of body lean and vision on unperturbed postural sway. Motor Control, 1, 229–246

Riley MA, Wong S, Mitra S & Turvey MT (1997) Common effects of touch and vision on postural parameters. Experimental Brain Research, 117, 165–170

Risken H (1996) The Fokker-Planck equation; methods of solution and applications. Berlin: Springer-Verlag

Scholz JP, Kelso JAS & Schöner GS (1987) Nonequilibrium phase transitions in coordinated biological motion: Critical slowing down and switching time. Physics Letters A, 123:390–394

Schöner G, Haken H & Kelso JAS (1986) A stochastic theory of phase transitions in human hand movements. Biological Cybernetics, 53: 247–257

Schöner G, Jiang WY & Kelso JAS (1990) A synergetic theory of quadrupedal gaits and gait transitions. Journal of Theoretical Biology, 142: 359–391

Sternad D, Collins DR, & Turvey MT (1995) The detuning factor in the dynamics of interlimb rhythmic coordination. Biological Cybernetics 67: 27–35.

Strogatz SH (1994) Nonlinear dynamics and chaos: with applications to physics, biology, chemistry and engineering. Reading, MA: Addison-Wesley

Symon KR (1971) Mechanics 3rd Ed. Philippines: Addison-Wesley

Takens F (1981) Detecting strange attractors in turbulence. In: Dynamical systems and turbulence, DA Rand & L-S Young (eds) New York: Springer-Verlag, pp 366–381

Turvey MT (1990) Coordination. American Psychologist, 45:938–953

Webber CL Jr (1991) Rhythmogenesis of deterministic breathing patterns. In: Haken H & Koepchen H-P (eds) Rhythms in physiological systems. Berlin: Springer-Verlag, pp 171–191

Webber CL Jr & Zbilut JP (1994) Dynamical assessment of physiological systems and states using recurrence plot strategies. Journal of Applied Physiology, 76:965–973

Webber CL Jr & Zbilut JP (1996) Assessing deterministic structures in physiological systems using recurrence plot strategies. In Khoo MCH (ed) Bioengineering approaches to pulmonary physiology and medicine. New York: Plenum Press pp137–148

Winter DA, Price F, Frank JS, Powell C & Zabjek KF (1996) Unified theory regarding A/P and M/L balance in quiet stance. Journal of Neurophysiology, 75, 2334–2343

符 号 说 明

ϕ	相对相位	ML	内外方向
V	势函数	H	Hurst 指数
P	概率分布	D	扩散系数
T_1	弛豫时间	RQA	重现定量分析
T_2	平均第一渡越时间	FNN	伪最近邻点
P_m	零概率动差	d_E	嵌入维数
$\langle \phi_m \rangle$	局部平均值	d_A	吸引子真实相空间的维数
SD_m	局部标准差	d_L	用来定量 ADF 的局部维数
COP	应力中心向量	ADF	有效自由度
AP	前后方向		

名 词 表

集体变量：表征某种现象的基本性质的变量。

控制变量：支配某个相应的集体变量的变化的变量。

相变：物质(例如从水变成冰)或者关系(例如从同相变成反相)的性质发生的一种突然的变化。

相对相位 ϕ：两个极限环振子运动中的相位差。

相位：从运动的速度和位移之比的反正切所定义的角度。

同相：相对相位为 0 弧度(0°)。

反相：相对相位为 π 弧度(180°)。

势函数 V：就其相关的动力学过程而言,其极小值对应于运动的吸引状态、其极大值对应于运动的排斥状态的一个函数。

失谐：正的(领先)或者负的(延迟)的相对相位的定量描述,尤其指振子运动之间的相位差。

运动方程：定义为势函数的负导数,描述(集体)变量的变化。

高斯白噪声过程：一个其值具有高斯分布或者正态分布的噪声过程,该噪声的值在所有的时间尺度下的相关为零。

概率分布 P：一个分布(或者密度)函数,描述(集体)变量状态的分布趋势或者分布概率。

稳态：具有时间不变性或者说是不随时间而改变的。

弛豫时间 T_1：经历一次扰动后恢复平均状态所需要的时间。

平均第一渡越时间 T_2：从初始状态开始到脱离特定的区域(亦即发生相变)所需要的平均时间。

平衡时间：一个过程从一种初始分布状态演化到最终的、稳态的分布所需要时间的期望值。

观察时间：构成一个用来计算概率分布的数据集的所有测试时程的总和。

有界的：指集体变量取值被限定在一个特定的区域内。

初始分布：概率分布的初始或者起始状态。

delta 函数分布：从一种精确的状态发生的变异为零的一种确定性的分布。

均一分布：在一个有界的范围内所有的状态以均等的概率分布。

折中分布：将从几种类似的起始状态开始的相同次数的测试合在一起得到的分布(例如,相同次数的同相位测试和反相位测试)。

计数区间：集体变量的具有固定宽度的小的取值区间。

零概率动差 P_m：概率分布在一个特定众数附近区域上的总和或者积分。

局部平均值〈ϕ_m〉：在一个特定众数周围区域,经过每个计数区间中心值加权了的概率分布的总和。

局部标准差 SD_m：后述 a、b 两者之差的平方根：(a)经每个计数区间中心值的平方加权了的概率分布的总和;(b)局部平均的平方。

应力中心向量 COP：垂直的地面反作用向量,它与加权平均了的、作用在足底与地面之间的所有向下的力大小相等、方向相反。

前后方向 AP：(描述身体)姿态前后方向摇摆的平面。

内外方向 ML：(描述身体)姿态左右方向摇摆的平面。

平均互信息：对某个时间序列而言,从另一个与它相关的时间序列所能够得到的关于它的信息量在所有时间步的平均。

范围重标度分析：将分布范围除以时间序列的标准差,然后从这个得数与时间步数之间的关系计算 H 值。

Hurst 指数 H：定量刻画一个时间序列中的各步之间的相关性的指数。

持续性：在过去增长和未来增长之间存在的正的相关性,见于 $0.5 < H \leq 1$。

反持续性：在过去的增长和未来的增长之间存在的负的相关性,见于 $0 \leq H < 0.5$。

布朗运动：各步之间不相关的随机行走。

分形布朗运动：各步之间表现出相关性的随机行走。

扩散系数 D：反映一个随机行走的随机性活动平均水平的指标。

稳态图扩散方法：从位移平方的平均与时间步之间关系的标度规律计算 H 的方法。

重现定量分析 RQA：用来检测和量化时间序列中的非稳态性的技术,它对于数据的分布或者数量大小都没有严格要求。

重现图：其横坐标轴与纵坐标轴都表示时间序列中的位置的平面图,其中,每当任两个坐标值对应的时间序列数值之间的距离小于或等于一个给定的半径时就在图中该坐标处画点(对角线上所有的点都常规地是重现点)。

相空间重构:研究光滑坐标变换下具有不变性的性质的方法,用于从系统的单一的时间序列出发研究原始的动力系统。

伪最近邻点 FNN:不是因为系统动力学,而是由于重构相空间维数不足而表现出临近性质的点。

嵌入维数 d_E:能够完全呈现系统动力学的最小重构维数,用大于该维数重构不会再揭示系统的新的性质。

有效自由度 ADF:在各个变量测量和投影(重构)时具有不变性的、(描述系统动力学)的一阶自治常微分方程的个数。

第二十四章　从实验数据时间序列中
检测混沌和分形特征

Yoshiharu Yamamoto

古光华　任　维　译

北京航天医学工程研究所

fangbin@95777.com

■ 绪　论

　　从具有高度非线性特征的神经元到表现为高度复杂系统的大脑，神经科学在多个不同的层次上开展研究。因而，在观察神经结构或其效应器的活动时，人们经常发现记录到的信号表现为不规则的、复杂的样式，似乎是来自随机的动力学过程。直到不久前，研究这些动力学过程的常规策略还是运用各种形式的随机模型来处理所遇到的随机性（Tuckwell 1989）。非线性动力学理论，尤其是其中关于（低维的）混沌和分形的理论，正在改变这种传统的策略。

　　混沌理论带来了新的可能性。它提示，在原理上是确定性的、具有少数几个自由度的非线性系统就能够产生表观复杂的、类似于被传统的时间序列分析方法认为是随机信号的输出（Sauer 1997）。分形概念也表明，通过对经典的随机行为模型的简单但意义深远的推广，自然界中许多复杂的结构可以得到更好的描述（Mandelbrot 1982）。

　　本章首先对将要涉及的分析方法的理论背景进行简要介绍，然后应用一些典型的数值计算方法从实验数据时间序列中检测混沌和分形特征。在这些实验数据中，不可避免地含有测量误差和/或内在的噪声。尽管这些方法将被证明在检测现实的数据中间隐藏着的非线性结构时是非常有用的，但我们还是应该记住，没有哪一种方法能够有效到以100％的置信度"判定"混沌或分形的程度（Casdagli 1991）。因而应该指出并反复强调，在使用这些方法时带有一定的批判性的眼光，对于成功地、深刻地洞察数据中的内在动力学结构具有重要的意义。

■ 第一部分　理论背景

非周期性

　　看上去来自不规则动力学的信号的一个突出特征就是其中缺乏周期性，或者说是非周期的。传统上，谱分析方法首先被应用到给定的时间序列，以寻找能够解释信号变异性来源的内在的周期性（参见第十八章）。例如，在最简单的情形下，在对时间序列 $x(t)$ 以如下傅里叶变换的平方形式给出的功率谱 $P_{xx}(\omega)$ 中

$$P_{xx}(\omega) = \left| \int_0^\infty e^{i\omega t} x(t) \mathrm{d}t \right|^2 \tag{24.1}$$

如果存在一个单一的尖峰，就可以推测具有谐振的或正弦振荡的机制（图 24-1A）。

在功率谱中表现出尖峰的简谐振荡是线性微分方程 $\ddot{x} = -x$ 的解，这个方程可以简单地化为一阶线性微分方程构成的系统 $\dot{x} = y$，$\dot{y} = -x$。一般地，由若干一阶微分方程以下列形式组成的一个系统

$$\dot{x}_i = F_i(x_1, \cdots, x_n) \tag{24.2}$$

称为一个动力系统。这个动力系统在相空间（x_1，…，x_n），在上面提到的两维的例子中为空间（x，y）中的轨线或轨道的形状，可以刻画出微分方程解的动力学性质。例如，简谐振荡的椭圆轨道提示持续发生的振荡是正弦的（图 24-1A）。在一个非线性的、两维的动力系统，例如 $\dot{x} = y(1-x)$，$\dot{y} = -x(1-y)$，解的时间序列仍然是高度周期性的，其最终收敛的轨道，称为吸引子，不再是椭圆而且其频谱含有高频谐波（图 24-1B）。这种类型的周期振荡解称为极限环。

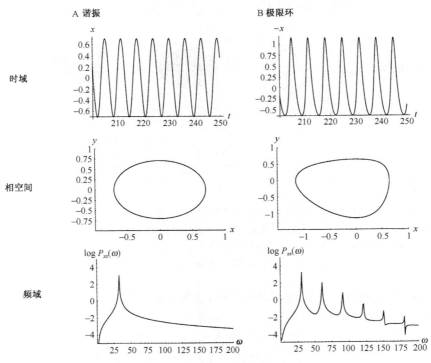

图 24-1　一个简单的简谐振荡运动（A）和二维动力系统（$\dot{x} = y(1-x), \dot{y} = -x(1-y)$）的周期动力学（B）

从上到下依次为：时间序列 x 的平面图、相空间（x，y）中的动力学、功率谱（$P_{xx}(\omega)$）与频率（ω）之间的函数关系。

在三维或更高维数的相空间中的动力系统，情况就完全不同了。图 24-2A、图 24-2B表示两个非线性耦合起来的谐振子，频率分别为 ω_1 和 ω_2，组成的动力系统，其

解为

$$x(t) = (0.5 + 0.3\cos\omega_2 t)\cos\omega_1 t$$
$$y(t) = (0.5 + 0.3\cos\omega_2 t)\sin\omega_1 t \qquad (24.3)$$
$$z(t) = 0.3\sin\omega_2 t$$

注意这个系统只是图 24-1A 所示系统 $x(t) = \cos\omega_0 t, y(t) = \sin\omega_0 t, \omega_0 = 1$ 的简单扩展。当频率比 ω_2 / ω_1 为有理数时（图 24-2A），系统解的吸引子为在功率谱中呈现两个不同的峰的周期极限环。然而当频率比为无理数时（图 24-2B），解的时间序列看上去是非周期的、其轨道会最终绕行于一个三维的环面上。这是一个准周期运动的例子，其功率谱中仍然有若干个不同的尖峰。

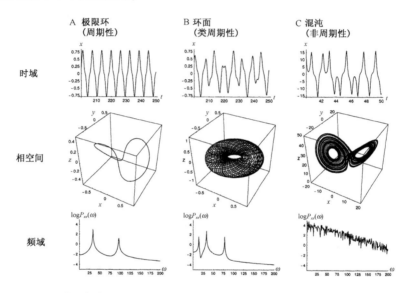

图 24-2　非线性耦合的简谐振子的极限环和环面（方程 24.3），以及洛伦兹
方程（方程 24.4）的混沌的动力学
图从上到下分别为：时间序列 x、相空间中的动力学（x，y，z）、功率谱（$P_{xx}(\omega)$）与频率（ω）
之间的函数关系。

非线性混沌动力系统具有与极限环和环面全然不同的动力学性质。例如，考察由著名的洛伦兹方程（Lorenz　1963）产生的时间序列

$$\dot{x} = 10(y - x)$$
$$\dot{y} = 28x - y - xz \qquad (24.4)$$
$$\dot{z} = -\frac{8}{3}z + xy$$

其相空间轨迹具有一种非常复杂的几何结构（图 24-2C）。尽管运动轨道永远不会重新访问相空间中同一个点，提示运动是非周期的，但轨线也永远不会充满整个相空间，又提示运动是有界的，运动局限在一个奇怪吸引子、或称混沌吸引子上。这也使得其功率谱具有一种宽频带的特征，与随机信号的相像（图 24-2C）。

从上述例子中可以清楚地看出，在检测隐藏在时间序列数据中的周期性时，谱分析方法事实上是很有用的。进一步，即使应用谱分析未能揭示出其中含有周期性的结构，该时间序列中仍然可能含有某种非线性的结构。因此，检测非线性结构特别是检测混沌运动的方法，在过去的几十年里引起了人们高度的重视。

对初始条件的敏感依赖性

混沌系统之所以会表现出非周期的动力学性质，正是因为其相空间中具有近乎相同的初始状态的轨线会以指数增长的方式相互分离，这种性质可以用所谓 Lyapunov 指数刻画。它是这样定义的：在时刻 0 和时刻 t，考虑相空间中两个相邻（通常是最近邻的）点，两点间在 i 方向上的距离分别为 $|\delta x_i(0)|$ 和 $|\delta x_i(t)|$（图 24-3A），Lyapunov 指数则定义为初始距离的平均增长率 λ_i

$$\frac{|\delta x_i(t)|}{|\delta x_i(0)|} = 2^{\lambda_i t} (t \to \infty)\ \text{或}$$

$$\lambda_i = \lim_{t \to \infty} \frac{1}{t} \log_2 \frac{|\delta x_i(t)|}{|\delta x_i(0)|}$$

(24.5)

混沌系统被刻画为具有至少一个正的 λ_i。这表明在初始条件下具有无限小距离的任意两个相邻的点，会在相空间中的第 i 个方向上迅速地相互分离。换句话说，即使在初始状态相互靠近，最终会相距甚远。这种现象有时被称为对初始条件的敏感依赖性。虽然这种指数式分离的特征使混沌系统呈现出许多看似与随机系统相同的长期行为，但是只在混沌系统中才观察到正的 Lyapunov 指数，随机信号的 Lyapunov 指数为 0，说明其相空间中两点间距离 $|\delta x_i(0)|$ 和 $|\delta x_i(t)|$ 保持不变而与时间无关。

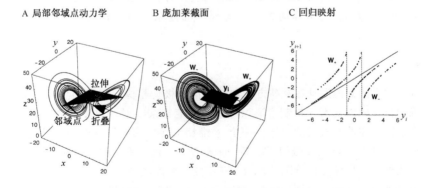

图 24-3　A. 拉伸－折叠动力学，B. 庞加莱（Poincaré）截面和 C. Lorenz 吸引子的
　　　　回归映射(方程24.4)，利用方程 24.4 的 y 变量重构该回归映射

Lyapunov 指数与信息理论的关系

Lyapunov 指数与信息理论具有如下的关系（参见第十九章、二十章）：以 $P(t)$ 表示在 t 时刻观察到距离 $|\delta x_i(t)|$ 的概率，式（24.5）可以改写为

$$\lambda_i = \lim_{t \to \infty} \frac{1}{t} [\log_2 P(t) - \log_2 P(0)]$$

(24.6)

这样，Lyapunov 指数的大小就可以定量地刻画，例如，以每单位时间若干比特数为单

位（如 bit/s），系统演化中产生或丢失信息的比率。混沌系统具有正的 Lyapunov 指数，在这样的过程中，随着时间流逝，步数的增长关于初始条件的不确定程度增加，因而，使系统的运动产生出信息。作为其结果，总的信息产生率 $K = \sum_{\lambda_i > 0} \lambda_i$，称为 Kolmogorov 熵。

边界与分形几何

　　奇怪吸引子的又一特征是其拉伸和折叠的动力学（图 24-3A）。根据定义（式 24-5），每一个 Lyapunov 指数 λ_i 对应于相空间中的一个方向的坐标。如果所有的 Lyapunov 指数都是正的，系统的运动轨线就不会收敛于任何一个特定的吸引子，因此系统也不会表现出稳态的动力学行为。混沌系统至少应该具有一个负的 Lyapunov 指数，使得在这个方向上系统轨线之间的距离可以随时间的增长而减小。这样一来，除相空间中相邻区域会因为 Lyapunov 指数为正而被指数式拉伸外，这些区域还会被折叠返回一个有限的子空间中（图 24-3A）。

　　与随机动力学过程不同，奇怪吸引子的拉伸与折叠的动力学使得其轨道不会充满整个局部子空间。并且，通过同一个确定性的拉伸与折叠的动力学操作的迭代过程，系统的轨线保持一种独特的自相似的几何结构，这种自相似的结构称为分形（分形一词在非线性动力学中具有两种不同的含义，详见下文）。这种独特的几何特征可以用所谓分维 d_F 来刻画。在局部子空间中极限环（图 24-2A）和环面（图 24-2B）的几何特征分别相当于一条直线（一维）和一个平面（两维）。在充满局部子空间的随机动力学的情形，其几何结构相当于一个具有和三维欧氏空间相同维数的立方体。不同的是，分形几何结构具有非整数的、分数的维数，例如，从洛伦兹吸引子（图 24-2C）计算获得的维数为 2.06（Moon　1992），表明其动力学行为较环面复杂，但又远远没有充满三维的相空间。

确 定 性

　　尽管非周期的混沌运动在某些方面与随机信号极为相像，它们却具有产生复杂的、表观不规则行为的内在有序机制。通过考察所谓庞加莱映射（图 24-3C），可以有效地研究和观察隐藏在混沌背后的有序。一个 n 维相空间中的吸引子的回归映射，构成一个（$n-1$）维平面上的对该吸引子的频闪采样投射，这个平面称为"庞加莱截面"（图 24-3C）[注意，正是在这种情况下，低于三维的一个离散的映射，而不是自治的连续系统（没有受到输入激励），可以表现出混沌行为]。这里，回归映射给出了轨线重复穿过庞加莱截面时形成的投射。例如，考察洛伦兹吸引子的变量 y 的回归映射（虽然不是"一一对应"，见图 24-3C），其中确实存在一个相当规则的结构，表明系统的动力学过程中存在某种形式的确定性。图中，轨线每次穿过 $z=27$ 平面（图 24-3B），由 y_i 到 y_{i+1} 映射过程中两个 N 形映射之间的转换决定。在低维混沌系统，经常能够在庞加莱截面发现这种清晰的、确定性的映射结构，当然，不能保证在所有低维混沌系统都能做到这一点。

嵌入定理

　　在前文讨论过的理论分析的情形，描述一个给定的动力系统的相空间的坐标数量或者微分方程的数量都先验地已知了，如方程（24.2）中的 n 是已知的。一旦已知这一有关维数的信息，吸引子在 n 维相空间中的动力学行为、吸引子的几何结构就可以用来发现潜在的混沌运动。但是，对于实验获得的时间序列数据而言 n 通常是难以预先获知的，并且在多数情况下只有一个可观测变量可供分析。因而有必要从对单一变量的记录获得的时间序列来"重构"相空间中的几何结构。

　　从观测得来的一个时间序列重构吸引子的几何方法始于 Packard 等（1980）和 Takens（1980）的先驱性工作。在这些方法中，通常的策略是利用（嵌入）实验时间序列 $x(t)$ 的延迟的采样数据作为坐标，构建 M 维欧氏空间中的矢量时间序列 $X_M(t)$，亦即

$$X_M(t) = (x(t), x(t+L), \cdots, x(t+(M-1) \cdot L)) \tag{24.7}$$

式中，L 是给定的延迟（参见图 24.4 中 $M=3$ 的情形）。从采样所得的 $x(t)(x_i)$ 数据中，重复地得到离散形式的 $X_M(i)$。这里，延迟 L 按照采样间隔的整数倍数来选取。整数 M 称为嵌入维数。Takens（1980）证明，如果满足"充分"条件 $M > 2d_F$，$X_M(t)$ 的几何结构能够具备该系统原有吸引子的拓扑特征，满足应用上述分析方法来检测混沌的需要。Packard 等（1980）则进一步驻明，从这种重构吸引子计算得到的 Lyapunov 指数与产生该时间序列的原有吸引子的相同。图 24-4B 的示例取 $M=3$ 对洛伦兹吸引子的 x 变量进行的重构（图 24-2C）（注意，$M > 2d_F$ 的条件并不总是必要的，参见 Abarbanel（1997））。可以看出，在 $X_M(t)$ 的几何结构中很好地保留了原有吸引子在三维相空间中的几何特征（图 24-2C）。

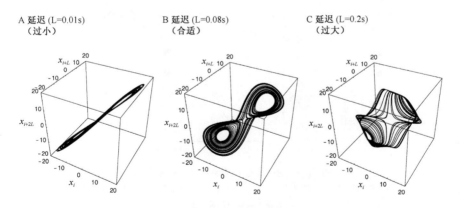

图 24-4　Lorenz 吸引子变量 x 的嵌入时间序列

［嵌入维数 $M=3$，方程（24.4）］，用于公式 7 的延迟 L 分别为 0.01s A，0.08s B 和 0.2s C。

　　在所用的一维时间序列数据具有无限长长度和无限高精度的条件下，嵌入定理可以完美地发挥作用。但在实际工作中，实验数据的长度和精度均是有限的，因此，在实际数据处理中延迟 L 和嵌入维数 M 的选取特别重要（Abarbanel　1997）。

　　选取最优延迟 L 的道理可以通过观察洛伦兹吸引子 x 变量的嵌入效果直观地加以

理解，其中 L 过小如图 24-4A 或 L 过大如图 24-4C。使用过小的 L 导致 $X_M(t)$ 中不同成分间的强相关，则嵌入的局部几何结构很像一条直线，如 $d_F=1$（图 24-4A）。（当然，如果用无限长并具有无限精度的数据，这种嵌入仍然可以保留原有吸引子的特征。）相反，选用过大的延迟将引入另一种伪相关，通过这种伪相关轨道的重复交叉会改变吸引子的局部结构（图 24-4C）。因此，通常要通过选取适当的延迟以使 $X_M(t)$ 的各个成分之间互不相关或相互独立。可以通过两种选择最佳延迟的方法达到这一目的，其一是自相关时间，即 $x(t)$ 的自相关降低到零时刻的值的 e^{-1} 倍的时间；其二是观察到互信息量（坐标间相关性的度量）的第一个局部极小值的时间（Fraser and Swinney 1986）。对于低维的系统，像图 24.4 解释的直观观察也是很有用的。

根据嵌入定理，选取 M 需要预先知道原始吸引子的维数 d_F，这在处理实验数据时是不现实的。当任意选取的 M 远小于原始吸引子的 d_F 时，可能会导致重构相空间中出现所谓伪最近邻点（false nearest neighbors，FNN）的情况（Kennel et al. 1992）。FNN 是属于仅包括局部最近邻数据集中的一点，因为使用过小维数的嵌入空间观察轨道时，轨道有自相交叉。例如在最简单的情形，将一个两维空间中的极限环嵌入 $M=1$ 时导致 FNN 出现（图 24-5）。这时，充分增加嵌入空间的坐标数目（即增大 M），FNN 就不再是最近邻点，而真正的近邻点不会改变（图 24-5 所示的是一个最简单的例子）。Kennel 等（1992）曾建议逐步增大 M 直到 FNN 的数目完全消失数目降低为零。在使用李氏指数、分维等指标检测混沌时，通常也会采取这种相同的策略，将 M 的值从小扫描到足够大的值。如果嵌入维数 M 趋近合适的值，就可以认为这些指标的值会收敛到"真实的"值。

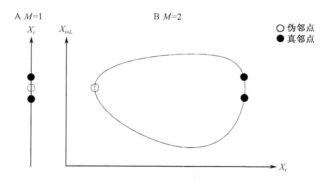

图 24-5　伪（最近）邻域点概念的示意图

两维极限环 B. 嵌入到太小的维数空间（$M=1$）中导致了并非原始相空间中
真正邻域点的伪邻域点。

■ 第二部分　检测步骤和检测结果

引言

以下部分将介绍从时间序列中检测混沌和分形的分析步骤，同时也会指出解释分析结果时需要加以注意的问题。将要分析两组数据作为示例，其一为混沌激励下的累积——

发放神经元模型的输出（Sauer 1997），其二为人体窦房结细胞同步发放间期的自发涨落，这种涨落有时被称为心率变异性（heart rate variability，HRV）（Malliani et al. 1991；Saul 1990）。从上述第一个例子中，将给出目前在实际工作中处理一个已知的低维混沌系统时的一般方法，同时考虑到在神经科学中的应用，也将介绍对峰峰间期（interspike interval，ISI）数据中混沌性态的分析方法。对第二个例子中的这种实验数据，已有一些研究提出其中应该包含混沌（Babloyantz and Destexhe 1988；Goldbgerger 1991；Yamamoto et al. 1993）和分形的（Goldberger 1991；Yamamoto and Hughson 1994）动力学性质。HRV 数据也是一个高维系统产生的数据的示例。

检测混沌或者分形的工具通常都涉及大量的数值计算，本文不可能给出这些计算的细节。各种相关的计算软件包可以通过商品化或非商品化的渠道获得。访问例如 http://amath-www.colorado.edu:80/appm/faculty/jdm/faq-[5].html 等网址，可以了解和收集关于这类软件包的相关信息。在本文的分析中，我们使用的是一个叫时间序列统计分析系统（time series statistical analysis，TSAS）的免费软件包。

我们研究组在分析包括神经系统在内的生理学系统的时间序列数据的非线性动力学特征的过程中，编制了若干功能模块并集成起来形成了 TSAS 软件系统。不同的模块执行动力学不同的功能，例如，数据滤波、计算功率谱并报告结果、在重构的相空间中对数据进行非线性分析，以及制作反映数据特征的简单图表等。软件系统还提供了 C 语言源程序，其中部分算法来自著名的 Numerical Recipes（Press et al. 1988），因此可以方便地在包括 PC 机、工作站等的多种平台上使用和调试。从网址 ftp://psas.p.u-tokyo.ac.jp 可以下载二进制代码源程序。下文中，凡 TSAS 各功能模块中的名称和用法均用英文字体书写。

神经元模型峰峰间期数据序列中的混沌

在神经生理学实验数据中，混沌存在的最令人信服的证据来自周期性电流刺激诱发的单个神经元和神经元数学模型的响应（Holden 1986）。这些研究清楚地表明，给神经元施加周期性刺激，有时会使神经元输出的峰峰间期数据呈现非周期特征。虽然实际的电生理学数据的精确性是不可避免地有限的，但在 HH（Hodgkin-Huxley）方程这样一个具有 4 个变量的非线性动力系统的响应中也发现了非常相似的结果。

近期，人们又开始关注一个相反的问题：当一个神经元受到混沌运动产生的输入作用的激励时，这种输入的动力学性质能否在神经元输出的 ISI 数据中反映出来并被探测到？由于实际的神经元或者神经元模型具有非线性的输入—输出关系，这样的问题常常难以回答。近来，Sauer（1997）证明，在如下非线性程度最弱的积分—放电神经元模型

$$\int_{T_i}^{T_{i+1}} x(t)\mathrm{d}t = \Theta \tag{24.8}$$

式中，Θ 是代表发放阈值的一个正数，其输出的峰峰间期序列 $I_i = T_i - T_{i-1}$ 可以用来重构来自奇怪吸引子的输入数据的特征。

如图 24-6 所示，使用图 24-2 分析过的三个动力系统的 x 变量激励积分—放电神经

元模型，神经元产生输出的 ISI 数据。对不同的输入条件，每组输入数据都规范为具有相同的均值并且标准差均为 0.3，设置神经元放电阈值 Θ 使各种输入下神经元的输出都是在 9000 个输出原始数据点中有大约 1500 个放电，即产生约 1500 个 ISI。从 ISI 的序列及其三维相空间重构中可以看出，对极限环（图 24-6A）、环面（图 24-6B）、洛伦兹方程（图 24-6C）而言，神经元模型的输出很好地保留了这些产生激励的连续动力系统的运动形式的特征（图 24-2）。当然，主要由于 ISI 数据的离散性质，重构吸引子的局部结构可能遭到破坏，这在混沌激励的情形中最为显著（图 24-6C）。利用混沌动力学理论，神经元离散输出表征其混沌输入的问题还可以进一步定量地加以研究。

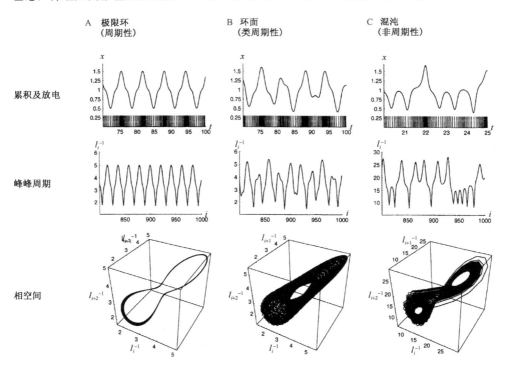

图 24-6　极限环（A）、环面（B）和 lorenz 方程［C；方程（24.4）］的混沌动力学驱动积分—放电神
经元模型（方程 24.8）产生的峰峰间期（ISIs）

从上到下分别为时间序列 x（与图 24-2 相同）和作为结果输出的放电峰，ISI 数据的动力学（I_i^{-1}；转换为瞬时
放电峰频率）和重构相空间中的轨道。

对 ISI 数据进行相空间嵌入

　　分析 ISI 数据时，可先使用 TSAS 软件的模块 embed /ed：M /lg：L 将数据嵌入一个重构相空间。这个程序接受来自标准输入的（逐行排列的 TXT 形式）ISI 数据，以标准的格式输出延迟为 L 的 M 维向量。从图 24-6 所示的重构吸引子可以看出，以一个 ISI 为延迟是可以接受的。

确定分形几何特征和吸引子的边界性质：关联维数

人们经常通过计算所谓关联维数 υ（Grassberger and Procaccia 1983）来研究重构吸引子的分形几何特征或者边界性质。在这种方法中，吸引子的自相似特征通过一个关联积分的标度行为来检验

$$C_M(r) = (1/N^2) \sum_{i \neq j} H(r - |X_M(i) - X_M(j)|) \tag{24.9}$$

式中，判据为正时 $H(\cdot)$ 取 1，为负时取 0，$C_M(r)$ 是（归一化的）重构相空间中半径为 r 的球体中点的数目。对无界的、随机的信号，其 M 维重构空间中的关联积分被认为具有 $C_M(r) \propto r^M$ 的标度性质，因为其运动轨迹均匀地充满半径为 r 的 M 维球体。但是，对于有界的信号，标度指数是有限的，使得 $C_M(r) \propto r^\upsilon (\upsilon < M)$。如果 υ 是非整数，这个相空间结构就被认为具有分形几何特征 [严格地说，υ 并不精确地等于 d_F（Hentschel and Procaccia 1983），但是，关联维数算法具有计算上非常有效的巨大优点]。

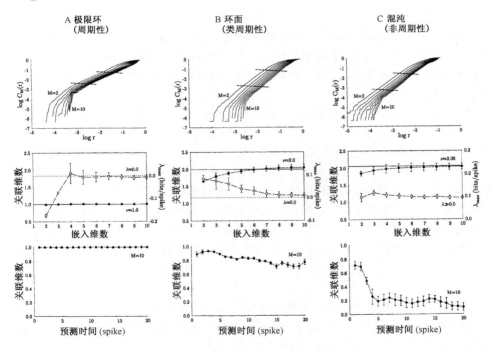

图 24-7 计算极限环（A）、环面（B）和洛伦兹吸引子 [方程（24.4）] 产生的 ISI 数据（图 24-6）的关联维数（υ）、最大 Lyapunov 指数（λ_{max}）的结果和非线性预测的结果

上图表示了不同嵌入维数 M 下相关积分 $C_M(r)$ 的尺度关系。虚线表明了用来计算斜率（也就是 υ）的区域。中图表示 20 个数据集的平均 υ（实心圆）和 λ_{max}（空心圆）以及标准差（垂直线）。水平的实线和点线代表相应连续系统的 υ 和 λ_{max}。下图表示观察值和预测值之间的相关系数的平均值和标准差与预测时间的关系（详见正文）。

可以使用 TSAS 软件的 cordim 模块计算 $C_M(r)$ 和 lg r vs. lg $C_M(r)$ 线性部分的斜率以估计 υ（图 24-7）。对每个嵌入维数 M，在 DOS 或 Unix 环境中，该步骤通过执行：

embed /ed：M /lg：1＜filename＞1 cordim /s1：1（filename，ISI 数据的文件名）未完成。作为默认，使用 Holzfuss 和 Mayer-Kress（1986）提出的算法得出线性标度的区域。在嵌入维数 M 足够大时（参见嵌入定理），方程（24.8）产生的 ISI 数据的 υ 的均值接近该式中包含的相应的连续动力系统的维数，亦即在极限环为 1.0（图24-7A），在环面为 2.0（图24-7B），在洛伦兹吸引子为 2.06（图24-7C）。当然，在这后两种情形得出的维数的微小差异也是常常令人心存疑虑的，也难以直接下结论说洛伦兹吸引子激励下的 ISI 数据的关联维数 υ 就一定是非整数（即具有分形几何特征）。一般来说，对大多数实验数据，关联维数的计算都没有敏感到可以检测出可能由混沌运动导致的非整的分形维数 d_F 的程度。从如图 24-7 所示的关于关联维数的分析中只能可靠地得出这样的结论：由于对所研究的 ISI 数据估计出的 υ 远远小于 M，所以这数据既不是随机的，也不是无界的。这样一个结论看似无关紧要，特别是在低维动力学中，但实际上是有意义的，因为如果仅从谱分析的角度分析，这种洛伦兹混沌运动激励而来的 ISI 数据与随机信号是无法区分的（图 24-2C）。

估算 Lyapunov 指数

　　TSAS 软件中 lypexp 模块用来计算最大的 Lyapunov 指数（λ_{max}），这个模块通过计算正的 λ_{max} 来检测对初始条件敏感依赖的性质。其最初的算法由 Wolf 等（1985）提出，并通过对式（24.5）分步进行逐点计算来实现［计算完整的 λ_i 集合的算法见 Echmann 和 Ruelle（1985）］。

　　通过执行 embed /ed：M /lg：1 ＜filename 1 lypexp /s1：1 启动该模块，计算 ISI 数据的正的最大 Lyapunov 指数 λ_{max}（图 24-7）。计算得出，洛伦兹吸引子激励下产生的 ISI 数据具有正的 λ_{max}（相当于每个放电产生 0.1bit 的信息），其数值远大于极限环和二维环面激励出的值。这样，就可以得出结论，通过对累积—发放模型的输出进行重构，其中可以保留用来激励该模型的混沌系统的初值敏感的性质。但是仍应注意，在某些嵌入维数下，二维环面运动激励出的输出也会得出正的 λ_{max}（图 24-7B），这种"灰色区域"的情况常常会出现，尤其在处理实际的实验数据时。这是因为 λ_{max} 也好、υ 也好，都是以一个数值的形式得出的，这个数值中必然地含有一定的误差。

非线性预测方法

　　在时间序列中检测混沌的另一种有用而直观的方法是非线性预测（或预报）技术（Sugihara and May 1990；Casdagli 1991）。这种方法得益于混沌系统的两个相冲突的性质：其确定性的起源使其短期预测成为可能，其相空间轨道中初始条件下几乎相同的状态以指数形式的速率彼此分离，又使其长期预测完全不可能。

　　TSAS 软件中，nlpred 模块应用了 Sugihara 和 May（1990）进行非线性预测的算法。简要地说，对于从数据的前半部分得到的嵌入向量 $X_M(t)$，首先从数据的后半部分寻找出每个向量的最近邻点，使得该向量包含于其来自后半段数据的 $M+1$ 最近邻点构成的最小（在直径上）的单纯形中。求取预测值时，通过计算求得经过一定的时间步数或预测步数，最初的那个向量在这个单纯形的范围内的位置变化，从与最近邻点的相应的距离，求得经该预测步数后位置变化的指数变化率。最后，通过计算经一定步数观测到的距离与对相同步数预测的距离之间的相关系数（ρ）来评估预测的程度（图24-8）。

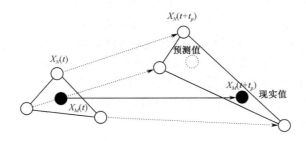

图 24-8 非线性预测方法的示意图

对于从真实数据得到的嵌入矢量 $X_M(t)$，首先选取邻域点 $X_N(t)$，使
其经历预测时间 tp 的演化后，得到预测值。通过计算实验实际观察
到的数据和该预测值之间的相关系数来评价的预测结果。

随机信号的预测相关系数很小，通常接近零，并且与预测步数无关。在确定性的非混沌的运动如周期运动或准周期运动，预测相关系数则很大，并且也与预测步数无关。对于确定性混沌运动的信号，相关系数应当开始比较大，但随预测步数的增加突然降低到很小。混沌运动预测相关系数的这种变化归因于对其运动的预测值与实际观察值之间的差异是指数式增大的，对其运动的预测计算也与 Kolmogorov 熵、正的 Lyapunov 指数的和等指标直接相关（Wales 1991）。

考察从前述 ISI 数据得到的预测结果，这种结果从 ISI 数据的一阶导数计算以降低简单的周期变异带来的影响（Sugihara and May 1990），只在洛伦兹混沌吸引子激励出的 ISI 数据中观察到了典型的混沌运动存在的证据（图24-7C），即相关系数 ρ 开始很大但突然迅速降低。对环面准周期运动激励出的 ISI 序列，可预测性一直比较大并且不随预测步数而变化（图24-7B）。上述分析可以通过执行：embed /ed：10/lg：1 ＜filename 1 nlpred /s1：1（filename，经一阶导的 ISI 数据文件名）来完成。事先应利用对两维嵌入向量求导的方法，完成对 ISI 时间序列求一阶导数的准备工作。

总之，通过利用累积—发放神经元模型（方程24.8）进行的上述分析，其结果证明了 Sauer（1997）的观点，即 ISI 时间序列数据可以用来研究其内在的动力学机制，而对神经元的混沌激励也可以从输出的 ISI 时间序列中被检测出来。

心率变异性的关联维数和非线性预测分析

已有人提出假设，认为人体心跳间期中逐跳间期中的涨落（心率变异性 HRV）是混沌的（Babloyantz and Destexhe 1988；Goldberger 1991；Yamamoto et al. 1993）。正常人体的心率变异性主要来自交感神经系统、副交感神经系统对心脏窦房结自发兴奋节律的共同的、平衡的控制作用（Dexter et al. 1991；Malliani et al. 1991；Saul 1990），因而，人们认为心率变异性的混沌动力学可以反映脑中这些自主神经的中枢行为。

作为一个实验示例，本文利用安静状态下人类受试者的心率变异性数据检测其中的混沌与分形特征。与前文分析神经元 ISI 数据的道理相同，对逐跳间期（interbeat interval，IBI）的 HRV 数据的分析也是可行的。

与前一小节类似，我们分析了 20 例人体心率变异性数据，每例数据包含 8500 次心跳。运行 cordim 和 nlpred 模块进行分析，嵌入维数从 2 递增到 20（图 24-9）。采集心率变异性数据时，对体表心电图以 1ms 的精度进行实时采样，将相邻的 QRS 波之间的时间间隔记录下来作为逐跳间期数据，详细的实验步骤见 Yamamoto 和 Hughson（1994）。在进行关联维数和非线性预测系数的计算时，分别通过求原始 HRV 数据、HRV 数据的一阶导数（ΔHRV）数据的互信息量（Fraser and Swinney 1986）的第一个局部极小值，来确定延迟 L。

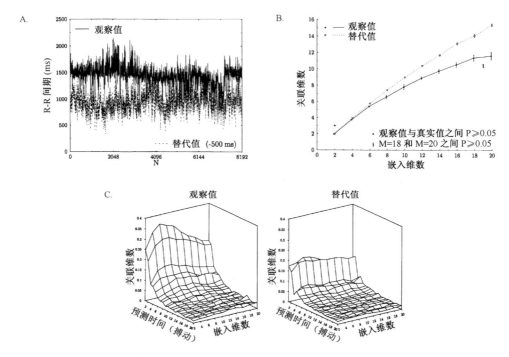

图 24-9　A．人体处于安静状态下的长时间的心率变异数据（HRV；即 R－R 间期）和其随机替代数据的例子（图中替代数据下移 500ms 表示）。B．随着嵌入维数的增加，对该长时间心率变异数据估计出的关联维数的平均值。C．观测的 HRV 和非线性预测的 δHRV 之间的平均相关系数与预测时间和嵌入维数之间的函数关系。数据来自于 Yamamoto 和 Hughson（1994）。

记录到的 HRV 数据的关联维数 υ 随着 M 的增长而增大，尽管在较大的 M 值 υ 具有达到一个平台的趋势，在 $M=18$ 和 $M=20$ 的情况，υ 值没有了显著差异（图 24-9B）。在 M 值达到最大值 20 时，υ 的估计值为 11.6 ± 0.5。HRV 数据的非线性预测分析提示混沌特征的存在，因为在最佳嵌入情况下（嵌入维数 $M=6$；图 24-9C）观察到了实际值和预测值之间的相关系数在较短预测时间出现的突然降低。因而，可以推测性地认为，安静状态下人体的 HRV 数据中含有高维混沌运动的特征。这一推测可能是对分析结果的最简单而朴素的解释。毕竟，研究生命活动不是一件容易的事，在涉及高维的情况时尤其如此。

功率谱分析

在有关时间序列分析的研究中，以往文献在给出关于分形的两种不同的定义时存在相当程度的混乱。既有来自时间序列的傅里叶谱遵从功率谱能量规律的定义，也有从混沌时间序列的相空间（通常是重构相空间）中的奇怪吸引子角度的定义。在前一种定义的意义上，人体 HRV 数据长期以来被认为具有分形特征（Kobayashi and Musha 1982；Yamamoto and Hughson　1994）。

利用能量规律谱研究随机过程的工作始于 Mandelbrot 和 Van Ness（1986）关于分形布朗运动（fractional Brownian motion，fBm）的经典工作。给定适当的初始条件，fBm 被定义为满足下列关系

$$x(ht) \overset{d}{-} h^{H} x(t) \tag{24.10}$$

式中，$\overset{d}{-}$ 表示 $\overset{d}{-}$ 的两端具有相同的统计分布函数。式（24.10）这样的关系就给出了一个自相似或分形的信号形式（Mandelbrot　1982），表明在以 $h^{H}(h>0)$ 为因子的尺度变换下分布规律不变，即使改变了观察的时间尺度也是如此。常数 $0<H<1$，称为 Hurst 指数，引入了一个一般的能量规律标度。在常规的布朗运动，相当于加性高斯白噪声，H 的值为 0.5。这相当于一个人们熟知的"定律"描述的那样，h 次叠加高斯随机变量将使标准差增大 $\sqrt{h} = h^{0.5}$。但是，如果 H 的值扩展到 0.5 以外的值，就不能再简单地（线性）叠加随机变量。

fBm 在傅里叶谱中也呈现能量定律的行为：在能量谱的对数和频率平面的对数之间存在一个负的线性关系（图 24-10）。这种对数—对数坐标中曲线斜率的倒数，称为谱指数 β，与 H 具有如下关系（Yamamoto and Hughson　1993）

$$H = (\beta - 1)/2 \tag{24.11}$$

fBm 的功率谱与白噪声或者经低通滤波的情况均有所不同，在其低频部分有一个特征性的升高（图 24-10），提示存在某种长程相关。

如果将 fBm 嵌入一个相空间会出现什么结果？根据 Mandelbrot（1985），答案是，当嵌入维数 M 大于所谓序列的分形维数 $d_T = 1/H$，这种随机信号将会像来自确定性动力学的运动那样不再充满整个相空间。Osborne 和 Provenzale（1989）也证明，fBm 的关联维数 υ 具有一个接近 d_T 的有限值。此外，Provenzale 等（1991）也报道，对 fBm 得出的 Kolmoqorov 熵的估计值是一个正的有限值。考虑到这些，在人体 HRV 数据检测到的 $\upsilon = 11.6 \pm 0.5$ 这样一个结果，可能只是简单地说明这种数据只不过是随机分形时间序列（即 fBm），而不是混沌运动。由方程（24.11）和其 $d_T = 1/H$，fBm 的功率谱指数 β 约为 1.2，有报道指出人体 HRV 数据的 β 值也在这个范围（Yamamoto and Hughson 1994）。因此，认为 HRV 序列反映了一种随机分形运动的推测极有可能是正确的。

从单神经元的放电模式（Teich　1989）到脑内神经元群体活动（Yamamoto et al. 1986；Inouye et al. 1994）的一系列研究中，获得了神经元电活动的神经生理学数据。从这些数据中，也曾遇到过这种服从能量定律的、fBm 样的变异性带来的困惑。因此，充分考虑上述可能性是非常重要的，因此一种能够将混沌运动与随机分形时间序列区分开来的方法也确实非常必要（现实的情况甚至更为复杂，因为确实还存在一种高维混沌

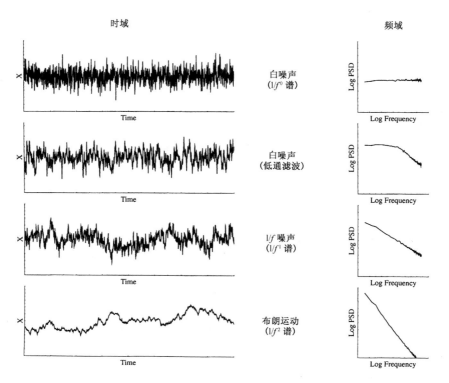

图 24-10　计算机产生的具有不同谱指数 β 的分形布朗运动(左)及其在对数—对数轴表现出不同
　　　幂律的功率谱($1/f^\beta$ 型)(右)。比较谱的低频行为，低通滤波的白噪声及其谱表示在第二横栏中

运动，很难与服从能量定律的、分形的噪声相区别)。

替代数据方法

　　在 20 世纪 90 年代初，人们提出了替代数据方法来研究可能存在的混沌动力学行为，并将它们与随机噪声区分开来（Theiler et al. 1992）。在这种方法中，从待分析的数据生成一种随机的替代数据，与原始数据一样具有相同的功率谱特征，但是其傅里叶谱各成分间的相位关系是随机的。在任何一种分析混沌性质的数值计算中，如果在原始数据所得的结果与在随机化的替代数据的结果相同，就不能排除所观察到的动力学行为是来自一个线性随机过程，而不是来自确定性混沌机制的假设（因为这样生成的这种替代数据可以视为一个线性的输出，如自回归的模型）。尽管像关联维数、（最大）Lyapunov 指数这样的混沌计量指标给出的只是一个数，重复使用替代数据方法却能够提供分析置信度的空间，可以进行假设检验。

　　TSAS 软件的 gnoise 模块，接受标准格式输入的功率谱数据，以标准格式输出具有"同型谱"的替代数据。从原始数据生成替代数据时，首先用 filter 或 ftspec 等模块计算开始数据其功率谱，然后使用 gnoise 模块生成替代数据。在 TSAS，通过执行 filter < filename 1 ftspec/ s1：4 1 gnoise /s1：4（文件名，原始数据的文件名）来完成。

　　图 24-9 中也给出了 HRV 数据的替代数据的关联维数、非线性预测的分析结果［使用这种同型谱的替代数据，只有在 $x(t)$ 的分布与高斯分布很接近时才成立（HRV 数据正是这样），否则，应该使用另一种形式的替代数据；参见 Kaplan 和 Glass（1993）］。在所有的 $M>2$，观察到的 HRV 数据的 υ 的估计值都显著地小于替代数据的值，后者随 M 的增大近乎线性地增加（图 24-9B）。在非线性预测分析，替代数据的预测相关系数 ρ 在不同的 M 值没有变化，并且在心跳<10 次时，随着预测步数增大而逐渐降低（图 24-9C）。相反，在记录到的 HRV 数据，其相关系数 ρ 在小于 4 次心跳的预测时间内显著大于其替代数据的相关系数（$P<0.01$），尤其在最佳嵌入维数 $M=6$ 时最为显著（图 24-9C）。注意原始 HRV 数据和替代 HRV 数据（图 24-9A）的功率谱都遵从能量定律（原始数据的功率谱参见图 24-11C，替代数据具有同样定义的功率谱）。因而，应该得出的结论可能是，正常人体 HRV 数据所反映的运动，比单纯的分形布朗运动更为复杂一些。

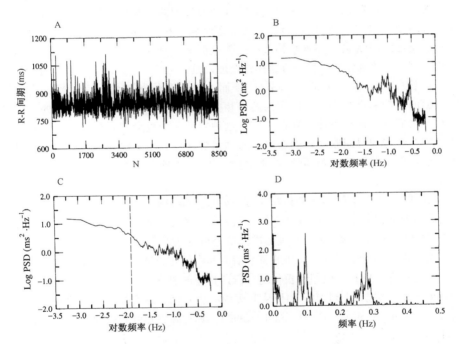

图 24-11　人体 RR 间期序列的例子（HRV；A）、总功率谱（B）、分形功率谱（C）和谐波功率谱（也就是总功率谱减去分形功率谱）（D）

数据长度为 8500 次心跳。图 C 中的虚线是临界频率，高于该频率则可以进行线性拟合来计算谱指数 β。

该图据 Yamamoto 和 Hughson（1994）整理。

　　这个最终结论显得有些令人失望。但要记住，对有限长度的甚至没有测量误差的 ISI 数据进行分析时，即使准周期运动也会呈现一个有限的 υ 和正的 Lyapunov 指数（图 24-7B）。并且，已有报道指出 υ（可能也包括 λ_{max}）的计算对数据的长度非常敏感（Ruelle　1990）（因此，我们使用了 HRV 数据作为分析的示例，因为记录到长达 10^4 个放电的、稳态的神经生理学数据常常是非常困难的）。总之，仅仅基于原始 HRV 数据的关联维数 v 较替代数据的小、其非线性可预测性也较替代数据好一些这样的结果，仍然难以得出明确的结论认为人体 HRV 数据中隐含着混沌动力学的内在机制。

粗粒化谱分析

事实上人们已知人体 HRV 数据中包含有已经明确定义了的周期性振荡，这种周期振荡来自诸如血压的反馈调节作用、呼吸运动带来的外激励作用等方面（Malliani et al. 1991；Saul 1990），这些周期性的运动成分确实比单纯的分形布朗运动更为复杂一些。Yamamoto 和 Hughson 等（1993）提出了一种粗粒化谱分析（coarse graining spectral analysis，CGSA）的方法，以从这种既含有周期成分，也含有随机分形信号的数据中提取出随机分形成分。

CGSA 立足于式（24.10）所给出的随机分形过程的自相似性质。实际处理时，时间序列 $x(t)$ 通常以离散形式 $x(i)$ 获得，在这种情况下，如选择 $h=2$ 时，就可以从原有时间序列 $x(i)$ 中每隔一个取数构成一个新的时间序列 $x(2i)$。这个处理因此被称为粗粒化。对一个随机分形过程进行这样的处理，粗粒化的信号的傅里叶谱具有与原有数据相同的形式（Barnsley et al. 1988）。因而，对一个分形过程而言，粗粒化数据和原有数据的互功率谱与原有时间序列的自相关功率谱以 h^H 为因子是类似的。反过来讲，对一个简单的谐振荡或周期信号进行这种粗粒化处理会使得其能量完全丧失。因此，对一个给定的时间序列，就有可能通过粗粒化过程定量地评估其中的分形过程的贡献大小，以 $x(i)$ 和 $x(hi)$ 间互功率谱相对于 $x(i)$ 的自功率谱的增益的比率对此加以表示。

图 24-11 中给出了应用这种粗粒化方法处理人体 HRV 数据的实例。在 TSAS 软件中，通过执行：filterl ＜filename|ftspec /s1: 4 /cg（文件名，逐跳间期数据文件名）完成。图 24-11A 表示原始数据，对其标准的谱分析见图 24-11B，可见一种类似于前文介绍的、具有倒的能量定律标度性质的宽带谱。其中的几个虽然小但明显的尖峰提示了周期性成分的存在。但是，应用粗粒化谱分析计算分形成分的功率谱（图 24-11C），这些尖峰就消失了。在图 24-11 中，如果从 B 图中减去 C 图，则会得到一个像教科书中的一样典型的（Malliani et al. 1991；Saul 1990）、具有高频和低频峰的谐振荡功率谱（图 24-11D）。

对前述 20 例人体 HRV 数据的分析，揭示出随机分形过程在人体 HRV 数据的变异中占有大于 85% 的比例，其平均 β 值为 1.08（Yamamoto and Hughson 1994）。除此以外，剩余的功率谱成分则强烈地提示数据中含有周期性成分（图 24-11D），这样，在这种数据中检测出确定性的非周期运动（混沌）的可能性并不大。应用前面介绍过的那些检测混沌运动的工具所得到的阳性结果，可能得归因于数据中存在的大量的 fBm 运动的成分在相空间中呈现了与高维动力学过程（在 d^T 的意义上）相似的性质。在时间序列数据中检测出随机分形运动的成分本身就有着重要的意义。已有报道表明，数据中的这种成分经常被检测混沌的常用算法误认为是混沌（Tsonis and Elsner 1992），并且，近来还有人在神经元数学模型信息传递的研究中证明，这种随机分形成分确实还具有功能意义（Nozaki and Yamamoto 1998）。

■ 结束语

本章介绍了几种从实验获得的时间序列数据中检测混沌和分形的技术。当然，研究者要回答的根本问题是："我研究的这个不规则的、复杂的系统的行为是否是混沌或者分形的？"上述实例说明，如果这种行为的内在机制来自一种低维的吸引子的运动，则可以通过本章介绍的这些方法得出答案。

但是，如果上述方法的应用结果提示可能存在某种高维非线性动力系统的作用，解释结果时就必须十分小心。正如 Casdagli（1991）强调的、也是要特别给予重视的："如果仅仅应用一种方法分析时间序列数据，其结果往最好处说是不完整的，往最坏处说则可能会带来误解。"我们建议使用多种方法分析数据，甚至包括使用基于随机模型的方法，因为如果在有噪声的实验数据中的确发现 $\upsilon \gg 10$，往往意味着所研究的系统可能是随机的。

参 考 文 献

Abarbanel HDI (1997) Tools for the analysis of chaotic data. Fields Inst Comm 11:1–16

Babloyantz A, Destexhe A (1988) Is the normal heart a periodic oscillator? Biol Cybern 58:203–211

Barnsley MF, Devaney RL, Mandelbrot BB, Peitgen HO, Saupe D, Voss RF (1988) The Science of Fractal Images. Springer-Verlag, New York

Casdagli M (1991) Chaos and deterministic *versus* stochastic non-linear modelling. J R Statist Soc B 54:303–328

Dexter F, Rudy Y, Levy MN, Bruce E (1991) Mathematical model of cellular basis for the respiratory sinus arrhythmia. J Theor Biol 150:157–176

Eckmann JP, Ruelle D (1985) Ergodic theory of chaos and strange attractors. Rev Mod Phys 57:617–656

Fraser AM, Swinney HL (1986) Independent coordinates for strange attractors from mutual information. Phys Rev A 33:1134–1140

Goldberger AL (1991) Is the normal heartbeat chaotic or homeostatic? News Physiol Sci 6:87–91

Grassberger P, Procaccia I (1983) Measuring the strangeness of strange attractors. Physica D 9:189–208

Hentschel HGE, Procaccia I (1983) The infinite number of generalized dimensions of fractals and strange attractors. Physica D 8:435–444

Holden AV (1986) Chaos. Manchester University Press, Manchester

Holzfuss J, Mayer-Kress G (1986) An approach to error-estimation in the application of dimension algorithms. In: Mayer-Kress G (ed) Dimensions and Entropies in Chaotic Systems. Quantification of Complex Behavior. Springer-Verlag, Berlin Heidelberg, pp 114–122

Inouye T, Ukai S, Shinosaki K, Iyama A, Matsumoto Y, Toi S (1994) Changes in the fractal dimension of alpha envelope from wakefulness to drowsiness in the human electroencephalogram. Neurosci Lett 174:105–108

Kaplan DT, Glass L (1993) Coarse-grained embeddings of time series: random walks, Gaussian random processes, and deterministic chaos. Physica D 64:431–454

Kennel MB, Brown R, Abarbanel HDI (1992) Determining embedding dimension for phase-space reconstruction using a geometrical construction. Phys Rev A 45:3403–3411

Kobayashi M, Musha T (1982) 1/f Fluctuation of heartbeat period. IEEE Trans Biomed Eng 29:456–457

Lorenz EN (1963) Deterministic nonperiodic flow. J Atmos Sci 20:130–141

Malliani A, Pagani M, Lombardi F, Cerutti S (1991) Cardiovascular neural regulation explored in the frequency domain. Circulation 84:482–492

Mandelbrot BB (1982) The Fractal Geometry of Nature. W. H. Freeman & Company, New York

Mandelbrot BB (1985) Self-affine fractals and fractal dimension. Physica Scripta 32:257–260

Mandelbrot BB, Van Ness JW (1968) Fractional Brownian motions, fractional noises and applications. SIAM Rev 10:422–436

Moon FC (1992) Chaotic and Fractal Dynamics. An Introduction for Applied Scientists and Engineers. John Wiley & Sons, New York

Nozaki D, Yamamoto Y (1998) Enhancement of stochastic resonance in a FitzHugh-Nagumo neuronal model driven by colored noise. Phys Lett A 243:281–287

Osborne AR, Provenzale A (1989) Finite correlation dimension for stochastic systems with power-law spectra. Physica D 35:357–381

Packard NH, Crutchfield JP, Farmer JD, Shaw RS (1980) Geometry from a time series. Phys Rev Lett 45:712–716

Press WH, Flannery BP, Teukolsky SA, Vetterling WT (1988) Numerical Recipes in C. The Art of Scientific Computing. Cambridge University Press, Cambridge, U.K.

Provenzale A, Osborne AR, Soj R (1991) Convergence of the K_2 entropy for random noises with power law spectra. Physica D 47:361–372

Ruelle D (1990) Deterministic chaos: the science and the fiction. Proc R Soc Lond A 427:241–248

Sauer T (1997) Reconstruction of integrate-and-fire dynamics. Fields Inst Comm 11:63–75

Saul JP (1990) Beat-to-beat variations of heart rate reflect modulation of cardiac autonomic outflow. News Physiol Sci 5:32–37

Sugihara G, May RM (1990) Nonlinear forecasting as a way of distinguishing chaos from measurement error in time series. Nature 344:734–741

Takens F (1980) Detecting strange attractors in turbulence. In: Rand DA, Young LS (eds) Lecture Notes in Mathematics. Dynamical Systems and Turbulence. Springer-Verlag, Berlin Heidelberg New York, pp 366–381

Teich MC (1989) Fractal character of the auditory neural spike train. IEEE Trans Biomed Eng 36:150–160

Theiler J, Eubank S, Longtin A, Galdrikian B, Farmer JD (1992) Testing for nonlinearity in time series: the method of surrogate data. Physica D 58:77–94

Tsonis AA, Elsner JB (1992) Nonlinear prediction as a way of distinguishing chaos from random fractal sequences. Nature 358:217–220

Tuckwell HC (1989) Stochastic Processes in the Neurosciences. Society for Industrial and Applied Mathematics, Philadelphia

Wales DJ (1991) Calculating the rate of loss of information from chaotic time series by forecasting. Nature 350:485–488

Wolf A, Swift JB, Swinney HL, Vastano JA (1985) Determining Lyapunov exponents from a time series. Physica D 16:285–317

Yamamoto M, Nakahama H, Shima K, Kodama T, Mushiake H (1986) Markov-dependency and spectral analyses on spike-counts in mesencephalic reticular neurons during sleep and attentive states. Brain Res 366:279–289

Yamamoto Y, Hughson RL (1993) Extracting fractal components from time series. Physica D 68:250–264

Yamamoto Y, Hughson RL (1994) On the fractal nature of heart rate variability in humans: effects of data length and β-adrenergic blockade. Am J Physiol 266 (Regulatory Integrative Comp Physiol 35): R40-R49

Yamamoto Y, Hughson RL, Sutton JR, Houston CS, Cymerman A, Fallen EL, Kamath MV (1993) Operation Everest II: an indication of deterministic chaos in human heart rate variability at simulated extreme altitude. Biol Cybern 69:205–212

第二十五章 神经网络和神经元网络的模型研究

Yoshiharu Yamamoto

梁培基 译

上海交通大学生命学院

pjliang@sjtu.edu.cn

■ 绪　论

　　过去的几十年内，我们见证了神经科学研究中积累起来的实验数据的猛增。但是，如果只有具体的解剖学和生理学数据，是不足以对神经系统的工作机制进行理解的。正是基于对这一点的认识，模型研究成为神经科学主流研究的重要部分。包括数学分析和计算机拟合的理论方法，与现代实验技术的组合，导致了计算神经科学这个新学科的出现，其最终目标在于对大脑内神经信号的表达和神经信息的处理做出解释。对神经元网络模型的研究是实现这个目标的一个有效的工具，使人们对神经系统的特定部分行使特定功能进行理解（如对特定运动技能的学习，对运动方向的计算，以及对空间信息的解码等），这对于神经科学研究中的传统技术也是一种补充。

　　现代科学的另一个领域，通常称为神经计算，它和人工的类神经元单元组成网络的学习和计算有关。尽管它和计算神经科学密切相关，但是两者从目标上来说是不同的。研究网络计算的一个原动力在于，在许多任务中，人脑甚至比目前已有的最快的超速计算机还快。为神经科学所提供的知识所激励，人工神经元网络实现了与冯•诺伊曼所提出的传统算法不同的算法。它的主要方面在于如何使人工网络学习并实现一个特定的任务。因此，神经计算只是运用并行的以及分别处理的概念，也就是通常所认为大脑工作的方式，而并不一定是合乎生物学逻辑的。那么实施任务的最佳硬件是什么呢？这是一个问题。另一方面，计算神经科学领域所感兴趣的是神经系统是怎么完成任务的，也就是说，生物学硬件是如何完成任务的。尽管存在目标上的不同，生物学的模型和人工神经网络两者不应偏废。两个领域中的观点和理念是相互促进的。

　　理论和实验之间的关系起着特别关键的作用，并在神经元网络的模型方面开辟了一个广阔的领域（Koch and Segev　1989；Abeles　1991；Marder and Abbott　1995；Marder et al.　1997）。一些模型在很大程度上以相关的真实生物结构的解剖和电生理特性为基础。以此为主线的研究往往从对单个细胞的具体描述出发，直至网络的行为。当可以在空间和生物物理水平上获取精确的实验数据，一个神经元网络的功能是已知的，而且网络本身又是相对比较小的时候，这种方法是最为有效的。这种模型可以推断，现有的数据是否足以对观察到的网络行为进行解释，并能够指出模型的不足以及缺少的部分。与这种基于数据的、自下而上的方法不同的是由理论驱动的、自上而下的方法。这里，重点在于对高级功能如感知能力的描述。基于理论分析，首先建立一个实施所需功能的算法，然后在已知的生物学约束条件下将其结合到简化的网络中。这类方法趋于与特定实验数据的大致联系。但是，由于不具备特异性，这种理论驱动的方法的目的在于对一些基本难题进行解释，并用公式表示大脑在不同任务时所用的计算方法，并加以检验。从长远的眼光来看，人们期望这种方法能用来对实验方法和研究方向提出新的建议。虽然数据驱动和理论驱动的方法代表了两个相反的极端，但也存在其他结合了模型的"抽象"和"现实"成分的方法，这些方法介于上述两者之间，可以填补两者之间的鸿沟。

由定义所示，任何模型都是对实际系统在一定程度上的简化，认识到这一点很重要。原因并不仅仅在于计算能力的局限。即便有人可以在计算机上，在单个离子通道的水平上对神经系统作精确的模拟，也不能提高我们对大脑工作原理的理解。简化的模型在寻找系统的特性与特定的现象之间的联系方面是必需的。这可以通过在模型中仅仅加入这些和现象最为相关的特性，而去除所有其他不太重要的细节而得以实现。这样的方法对所有关于现象的模型研究提出了一个基本问题，在神经元网络中尤甚，也就是，在模型的复杂性（可实现性）和可靠性（预见性）之间的关系是怎样的？换句话说，对于两个能在同样程度上对同样数据进行解释的模型，应选用哪个，较为简单的还是较为复杂的？节俭原则建议了一个选用可靠模型的标准。虽然其有效性并未在普遍情况下得到证明，节俭原则长期以来被用于科学研究方法，并可被归结如下。如果两种解释方法对于过去的观察而言是同样地有效，两者中的较为简单的一个能对将来的观察结果做出更好的预测。这个普适原则的应用在很多科学领域中极为有效。我深信，这个节俭原则对神经元网络模型而言也是适用的，而且在应用中应同时兼有易控性和现实性。基于这个原则，建立生物学合理模型的理想策略如下。基于一组和所研究的现象有关的实验数据，建立最为简单的神经元网络。如果这个网络可以精确地对现象进行模拟，那么这就是研究这个现象的一个合适的模型。具有生物学意义的模型并不一定要包含目标系统的所有已知的特性，它们只需要包含那些对于精确模拟所研究的现象所必需的特性。模型只有在与所感兴趣现象相关的新的实验观察相矛盾的情况下，才需要建得更为复杂。

本章的目的并不在于对当今神经科学研究中所涉及的所有类型的模型作回顾总结。考虑生物神经网络研究所构建的有意义的理论工作是如此之多，因此对其作总结概括几乎是不可能的。而我在这里将主要介绍一些关于大规模神经网络系统的模型的主要概念及工作步骤，并通过这些向读者介绍一些入门知识。对于那些对基于理论的方法更为感兴趣的读者，我建议他们读 Hertz（1991）的专著，这本书并没有太多的算法和公式。与此相反，由 Anderson（1995）编撰的教科书则从广泛的神经科学的角度对神经网络进行介绍，其侧重点在于模型假设背后的生物学意义，以及模型的可能用处。最后，理论研究和实验工作之间的联系是 Koch 和 Segev（1989）所撰书籍的重点。其概括了关于神经计算的生物物理机制的一些的观点。

■ 网络结构及运算

单元及连接

一般来说，建立神经元网络模型的第一步在于定义网络结构。基于目标系统的复杂性和所需要的认识水平，模型网络的每个基本单元可以是一个单个神经元，也可以是一组具有协调功能和特性的相似的神经元。从一个细胞活动性到另一个细胞活动性的通讯，可以通过相交模型单元之间的连接得到建立。所有单元以及它们之间连接的方式决定了网络模型的结构。对结构的实际设计需要神经解剖研究的关于神经结构的知识。如果不具备这些数据（事实上常常这样），则可以基于其他间接的电生理实验进行猜测。

单元的类型

　　所有单元可以被区分为输入、输出或隐蔽单元，这取决于它们在网络计算中的作用。输入单元接受外部信号，这种外部信号可以是感觉信号，也可以是来自于其他网络的信号，或者是一个器官内部环境中的一些事件。输入单元的刺激也许会改变和它们有联系的隐蔽单元的活动性。这种干扰可能进一步通过整个网络中的连接，传递至其他隐蔽单元，并最终传递至输出单元。而后者的作用在于向另一个网络提供输入，或在行为水平上提供模拟事件，比如说运动动作。基于网络结构及具体解释，输入、隐蔽和输出单元可能在不同程度上相互重叠。

结构的类型

　　有两类主要的网络结构被用于神经网络的理论和模型研究中。图 25-1A 所示为一个分层的前馈结构的例子。这里输入单元的作用在于将外部信号传送给网络中的其余部分。所有的连接均为前馈的。同层单元之间没有连接。中间层单元为隐蔽单元，而最后一层单元为输出单元。这些结构的类型也被称为感知机（Rosenblatt　1962）。

　　如果一个网络并非完全是前馈的，而是带有反馈连接的，则称为回归网络。一个全回归网络的例子如图 25-1B 所示。在这个结构中，每个细胞均从网络中的其他细胞接受输入，同时也向其他细胞提供输出。和前馈结构不同，在这个结构中，并不能对输入单元、隐蔽单元和输出单元作明确的区分。在这个结构的框架中，每个单元都可以担任一种（输入、隐蔽或输出）、两种（输入-隐蔽、隐蔽-输出）、甚至三种（输入-隐蔽-输出）任务。

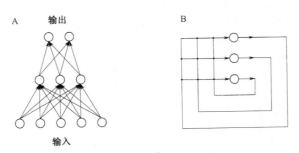

图 25-1　网络结构

图中圆圈表示单元，线条表示单元间的连接。箭头指示连接的方向。

A. 带有一个隐蔽层的前馈网络。B. 具有三个单元的全回归网络。

动态规则

　　结构、模型神经元以及它们之间相互连接的详细情况是对神经网络功能进行完全定义的必要条件，但不是充分条件。这里尚需补充的条件是规定每个神经元在何时以何种方式进行状态更新的动态规则。一旦网络被完全定义，它的功能在于将输入信号转化为输出信号。

模型神经元、连接以及网络动态

McCulloch-Pitts 模型

对大脑工作方式最初理解可以追溯到生活在 2000 多年前的古希腊哲学家亚里士多德。然而，关于神经元，也就是大脑基本处理单元的第一个数学模型，则是在较近的时候才出现的。由神经生理学家 Warren S. McCulloch 和数学家 Walter Pitts 在 1940 年提出的模型，具有特别关键的作用，并常被认为是人工神经网络的鼻祖。在他们模型的框架中（McCulloch and Pitts 1943），神经元是一个简单的双值阈值元素，并以离散时间单位 $t=0, 1, 2, \cdots$，进行运算，在每个单位时间内作一步运算处理。其基本概念在于，每个神经元对其他与之有突触连接的单元的活动性进行加权和计算，然后根据这个加权是高于或低于阈值，对其输出进行更新，使之呈活动状态或非活动状态。如果在时刻 t，第 j 个神经元的活动性为 $V_j(t)$，那么，下一个时刻神经元 i 的活动性 $V_i(t+1)$ 可以根据下式得到

$$V_i(t+1) = H\left|\sum_j w_{ij} V_j(t) - \theta_i\right| \tag{25.1}$$

这里权重系数 w_{ij} 为第 i 个神经元和第 j 个神经元之间的突触强度。w_{ij} 为正，说明突触为兴奋性的，w_{ij} 为负，说明突触为抑制性的。如果在神经元 i 和神经元 j 之间没有突触连接，则 w_{ij} 值为零。参数 θ_i 为神经元 i 的阈值。其遵从单位阶跃函数

$$H(x) = \left|\begin{array}{ll} 1, & x \geqslant 0 \\ 0, & \text{其他} \end{array}\right. \tag{25.2}$$

见图 25-2A。从方程（25.1）和方程（25.2）可见，变量 V_i 的取值可以是 1 或 0，因此，代表了神经元 i 处于激活状态（$V_i=1$）或非激活状态（$V_i=0$）。

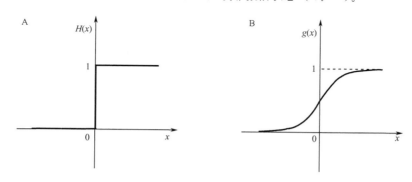

图 25-2　激活函数
A. 单位阶跃函数。B. Sigmoid 函数。

虽然单个 McCulloch-Pitts 神经元是很简单的，但由这些神经元组合而成的网络在

计算上则是非常有效的。McCulloch 和 Pitts 显示，如果选择合适的连接，由这样的单元组成的一个足够大的群体的同步运算，可以在原则上实现任何所需要的计算。

Hopfield（1982）提出了一个相似的双阈值神经元单元模型。但是，网络运算的动态规则是不同的。与 McCulloch-Pitts 模型不同的是，每个 Hopfield 神经元对状态的更新不是同步的，也就是在时间上彼此不相互依赖，表现为随机的。另一个不同之处在于对双值状态的解释。根据 Hopfield 定义，活动状态对应于"以最大频率放电"，而不活动状态对应于"不放电"。与此相反，McCulloch 和 Pitts 将活动状态解释为单次放电事件，而不是持续放电事件。

漏电积分模型

虽然离散时间双阈值模型依然在神经计算理论中具有广泛应用，但它们在计算神经科学中已经不再那么重要了。大多数经实验积累的数据显示，与外部刺激或行为变量有关的是平均放电频率，而不是单次放电时间（频率编码概念）。这些观察结果成为将神经元模型作为对输入以逐渐改变平均放电频率的方式做出连续反应的单元的依据。一个将这个特性结合到上面所讨论的双值模型的简单方法是用一个连续非线性函数 $g(x)$ 取代式（25.1）中的阶跃函数 $H(x)$，这里 $g(x)$ 通常被称为激活函数。由于真实神经元的放电频率是有限的，这个激活函数也因此呈 S 状，见图 25-2B。这种类型的单元常被称为分级响应神经元，以表示与双值神经元的不同。常用的激活函数有 $g(x)=1/(1+\exp(-x))$ 和 $g(x)=\tanh(x)$。前者在 0 和 1 之间变化，而后者在 -1 和 $+1$ 之间变化。对激活函数进行选择的根据往往在于数学上的便利性而不是生物学上的意义。在任何情况下，$g(x)$ 的下限和上限都可以被设定或通过权重的调节，使之与真实细胞放电频率的上下限相吻合。

分级响应神经元与双阈值单元相似，以离散时间来更新它们的状态，这可以是同步的也可以是非同步的，也可以以连续时间进行运算（Cohen and Grossbert　1983；Hopfield　1984）。也就是说，神经元根据一组微分方程给出的动态规则，连续地、同步地改变它们的状态。这种模型的一个最为著名的例子就是 Hopfield 分级响应神经元网络（1984）。其基本概念在于以一个高度简化的等效电路来表示每个神经元。然后，一组电阻-电容充电方程给出了由这样的神经元组成的网络的随时间更新的动态规则，这组充电方程可以被转化成下面的微分方程组

$$\tau_i \frac{\mathrm{d}u_i}{\mathrm{d}t} = -u_i(t) + \sum_j w_{ij}V_j(t) + u_i^0$$
$$V_i(t) = g(u_i(t)) \tag{25.3}$$

式中，$u_i(t)$ 为内部变量，其概念是细胞膜电位，而 $V_i(t)$ 对应于细胞的输出活动性，为平均放电频率。时间常数 $\tau_i = R_iC_i$ 取决于细胞膜的电阻电容特性 R_i 和 C_i，它决定了网络动态变化的时间特性。常数 u_i^0 的作用在于以通常的电压单元形式表达一个固定的施于神经元 i 的外部电流。遵从方程（25.3）表达的动态规则的神经元被称为漏电积分神经元。这样的名称在于强调等式右边第一项 $-u_i(t)$ 和第二项 $\sum_j w_{ij}V_j(t)$ 的反号贡献。如果只有第二项，那么这个神经元可以通过积分形式表达为

$$u_i(t) = u_i(0) + \frac{1}{\tau_i} \int_0^t \sum_j w_{ij} V_j(x) \mathrm{d}x \tag{25.4}$$

式中，$-u_i(t)$ 表达了膜电位的"泄漏"，因此和积分效果是相反的。在稳态时，当电位的升高为其泄漏所抵消时，$u_i(t)$ 停止变化，因此对所有 i 而言，$\mathrm{d}u_i/\mathrm{d}t=0$。在这种情况下，方程（25.3）的解为所有神经元 i 的稳态输出活动性

$$V_i = g \left| \sum_j w_{ij} V_j + u_i^0 \right| \tag{25.5}$$

式（25.5）显示，稳态时，一个漏电积分神经元的放电频率与其净输入之间的关系与 McCulloch-Pitts 神经元中的相应关系是一致的（见方程 25.1）。

积分–放电模型

　　最近的实验研究使人们对神经编码的认识有了和经典的平均放电频率模型相当不同的看法。基于同一个皮层区域或不同皮层区域中一个神经元群体中单个神经元放电活动的精确定时，这些实验数据提供了"时间编码"的证据（Fetz 1997；Gerstner et al. 1997；以及他们文章中引用的其他文献）。这个关于神经编码的不同看法实际上包含了最近神经科学研究中的一个热点问题。对这个问题进行探索的合适的神经元模型应该是产生动作电位的模型而不是产生连续变化的放电频率的神经元模型。

　　产生动作电位的最为简单的模型是将漏电积分神经元和放电阈值相结合。其基本观点在于将神经元的动作分解为两个不同性质的模式。首先，模型神经元的电位始于一个特殊的起始值 u_i^{rst}，称为静息膜电位，这个值根据对其输入的时间积分得到。这个模式可以通过和式（25.3）相似的微分方程进行描述

$$\tau_i \frac{\mathrm{d}u_i}{\mathrm{d}t} = -u_i(t) + U_i(t) \tag{25.6}$$

式中，$U_i(t) = R_i I_i(t)$。其中，$I_i(t)$ 为作为放电起始部位的胞体进行充电的突触电流的总和。一旦胞体电位 $u_i(t)$ 达到一个特定的阈值 u_i^{thr}，细胞便立刻发放一个动作电位，并将其电位复位至 u_i^{rst}。在一个绝对不应期之后（在这个绝对不应期中，细胞不能发放动作电位），神经元重新以第一种模式进行运算。因此这种模型的结果为较为持续的积分阶段和即时放电的交替。注意动作电位在这个模型中并没有结构。因此，细胞 i 的输出序列完全由放电发生的时间序列 $\{t_i^k, k=1, 2, \cdots\}$ 来进行描述。这个模型，也就是在文献中称为积分—放电神经元的模型，是由第一个将其用于放电时间计算的。神经生理学家 Lapicque 在 1907 年提出来。

　　在积分—放电模型的框架下，有几种方法可以用来对胞体上有效的突触电流 $I_i(t)$ 进行估计。$I_i(t)$ 的动态变化依赖于一组突触时间常数 $\{\tau_{ij}^{syn}\}$。每个 τ_{ij}^{syn} 由于神经元 i 放电而在神经元 i 上诱导的突触电导的随时间的变化。在 $\tau_{ij}^{syn} \ll \tau$ 时，也就是突触电流时间远小于胞体充电时间的情况下，事实上的总电流 $I_i(t)$ 可以由每个放电在相应时间所诱导的电流的总和来近似（Frolov and Medvedev 1986；Amit and Tsodyks 1991）

$$I_i(t) = \tau_i \sum_j w_{ij} \sum_k \delta(t - t_j^k - \Delta_{ij}) \tag{25.7}$$

式中，Δ_{ij} 为神经元 j 在突触 i 上放电的延长时间，$\delta(x)$ 为狄拉克函数。突触连接的强

度 w_{ij} 通过电流单位表示。

电导模型

　　一个表达有效充电电流 $I_i(t)$ 的更为实际的方法，是解释各种跨膜离子电流的电导模型。在这个方法的框架下，式（25.6）通常可以用下式代替

$$C_i \frac{\mathrm{d} u_i}{\mathrm{d} t} + I_i^{ion}(t) = 0 \tag{25.8}$$

式中，$I_i^{ion}(t)$ 为包含漏电流的净跨膜离子电流。这里假设所有离子电流均通过膜通道，而且即时的电压-电流关系遵循 Ohm 定律。通过某一特定类型通道的离子电流可以用下列线性方式表达

$$I_i^{chn}(t) = g^{chn}(u_i(t) - E^{chn}) \tag{25.9}$$

而净离子电流 $I_i^{ion}(t)$ 为通过各种通道的电流的简单和

$$I_i^{ion}(t) = \sum_{chn} I_i^{chn}(t)$$

式中，g^{chn} 为某种特定通道的电导。式（25.9）中的符号，说明电流为向外流出或向内流入的，取决于膜电位是高于还是低于这个通道的翻转电位 E^{chn}。一般假定 E^{chn} 和时间及膜电位无关。已知的离子通道可以被分为三种不同类型：被动或泄漏通道、突触通道以及主动通道。根据通道类型的不同，相应电导 g^{chn} 的数学描述可以非常简单，也可以非常复杂。比如说，被动通道可以由一个常数来表示，这个常数与时间和膜电位无关。其他通道，如位于突触上的通道，则会在一些合适的化学物质（如神经递质或第二信使）结合到它们受体上的时候，改变其对某种离子的电导。由于化学物质的释放由突触前动作电位所驱使，突触通道的电导也就可以被模型描述为不依赖于电压的时变函数，其在动作电位发生的时刻具有一个尖峰值。主动通道，从模型角度而言是最为复杂的，其电导既是电压依赖的，也是时间依赖的。拥有这些不同类型非线性通道的模型神经元所产生的膜上反应既包含了阈下反应，也包含了动作电位的发生。与产生离散动作电位的积分—放电模型不同，这里动作电位的产生是以连续时间方式进行的。因此，这种称为生物物理模型的模型神经元，可能产生与实验中观察到的波形相似的动作电位。这种模型的一个最为著名的，也是在神经细胞的生物物理上产生关键作用的例子，是 Hodgkin 和 Huxley's（1952）对在巨乌贼轴突中的动作电位产生和传播的描述。

房室方法和实际模型

　　至此，我们所考察的模型均为单点模型，这些模型都没有考虑神经元的空间结构。将电缆理论应用于神经元轴突（Hodgkin and Rushton　1946）和树突（Rall　1959），以及房室理论的应用（Rall　1964），使得对单个神经元建立实际模型成为可能（见第八章）。这种类型的生物物理模型，试图结合尽可能多的形态学和生理学数据，将神经元描述成一组电学上相互耦合的等电位的房室。其基本假设是，连续分布的系统可以被分割成较小的部分，称为房室。房室的几何形状可以用不同大小的椭球（胞体）或圆柱（树突，轴突及其分支）来描述。电学上，每个房室可以被认为是等电位的，并在模型中被描述成电阻-电导对。相邻房室之间通过串接电阻得到连接。假设神经元具有非均一的物理特性（如几何形状、电学特性等），房室之间具有不同的电位，而房室内部呈

等电位。但是，从模型的角度出发，我们一定要记得，具体的生物物理模型具有大量可调节的参数。当这些模型适用于单个神经元或由几个神经元组成的小型神经元回路的具体行为进行研究时，它们未必适用于大规模的神经元网络。如此的网络可能太复杂，以至于对它的行为进行模拟和分析都是不可行的。通过选择一个更为简单的单个神经元模型，我们也许可以从所感兴趣的现象出发，达到一个在现实与可行性之间合理的折中。

■ 学习和普适性

基本原则

　　包括神经网络模型在内的任何模型都具有一组可调节的参数。它们的值通常是通过将模型响应与一组特定环境下的实验数据相比较而决定的。一个神经网络的行为，也就是输入信号和网络输出单元的活动性之间的关系，取决于几个因素诸如网络结构、模型神经元的数量、它们之间突触连接的强度等。传统上，在神经网络研究中，可调节参数和突触连接强度 $w = \{w_{ij}\}$ 有关，而其他参数均为常值。这种方法是和大量实验结果相吻合的，也就是说在一个相对短的时间里，生物神经元网络行为改变的关键在于对已经存在的突触电导的改变（也就是对突触连接强度的改变），而不是对神经元数量的改变或是对它们之间连接方式的改变（也就是网络规模和结构的改变）。

　　一组连接权重 w 对应于网络的一组特定的输入-输出转换关系。当权值改变时，作用于输入单元的同样的输入信号会在输出单元产生不同的活动性。因此，通过改变 w_{ij}，我们可以实施不同的转换任务。这也意味着网络通过一组突触连接 w 对任务有所记忆。神经计算理论的关键问题在于学习问题，也就是如何选择连接权重，以使网络可以执行一个特定的感兴趣的任务。对连接权重的系统调节过程，其目的在于找到这个问题的解，称为训练或学习，并被描述为相应的学习算法。

普 适 性

　　网络学习的最为普遍的算法，可以追溯到感知机的先驱工作（Rosenblatt 1962），其方式如下。用于对特定转换任务进行学习的已知样本可以分为以下两类：训练集和检验集。前者被用于对网络进行训练，以使之通过运用特定的学习算法对每个输入样本产生一个合适的输出（也就是在一定条件下的转换任务）。我们希望经过训练，网络将对所有训练集中的样本产生正确的（或近似正确的）响应。接下来，我们要检验这个网络是否学会了实施这种转换任务，或者网络是否记住了训练集中的样本。为了实现这个目的，检验集的样本被用作网络的输入。如果在同样的任务中，对新样本的响应是正确的，那么我们说网络具有普适性。但是，如果正确响应只是偶然发生，那么我们说网络不具有普适性。

　　神经网络具有通过训练达到普适性的能力。正如大量文献中所指出的，网络在普适性方面可以做得非常好。但是也有例外，关键问题于是变为，决定普适性的是网络任务的哪些特性？普适性的理论框架一般可以用被训练的网络对新的输入产生正确输出的概率来定义，而后者为训练集样本量的函数（Denker et al. 1987；Carnevali and Pattarnello 1987；Anshelevich et al. 1989）。在这个框架下，可以得到一些基本分析结果。

这些结果提供了平均概率（在所有可能的与训练样本一致的连接权重，Schwartz et al. 1990；Levin et al. 1990）或最差结果的估计（在所有可能的与训练样本一致的连接权重，Blumer et al. 1989；Baum and Haussler 1989）。这些理论分析是重要的，特别是在神经计算中，因为它们可能为网络结构的设计提供了一个基本的导向，这样的设计不仅仅是为了普适性，同时也涉及训练时间，计算量等。例如，现在人们已普遍相信，如果限制单元的个数和可调节的连接的数量（这就给了网络关于已知任务的尽可能多的信息），我们不仅可以降低计算成本，减少训练时间，同时还可以提高普适能力。但是我们应该认识到，这仅仅是一般的建议，而不是保证在特定任务相关的样本中对网络实施成功训练的严格规则。事实上，Amirikian 和 Nishimura（1994）的工作显示，选择最佳结构的规则可以因任务的不同而不同。特别是，作者提出普适性依赖于网络大小而变化的问题。也就是说，在他们所考察的网络中，单元数量的增加会导致某些任务的普适性降低，而另一些任务的普适性增加。因此，究竟是大网络还是小网络具更好的普适性，取决于它们所面临的任务。

学习类型

有两类基本学习算法：监督学习和无监督学习。监督学习需要关于训练集所有样本的正确答案。在这种监督学习算法中，将输出与已知答案直接比较，产生关于网络误差的反馈。比较通过误差函数 $E(w)$ 进行（这个误差函数有时也称为价值函数或目标函数），这个误差函数告诉我们网络对训练集样本的反应的质量。虽然可以用于这个目的的函数有很多，常用的有一个。这是一个简单的输出量和相应正确答案之间差值的平方

$$E(w) = \frac{1}{2} \sum_{\mu} \sum_{i} (O_i^{\mu}(w) - A_i^{\mu})^2 \qquad (25.10)$$

式中，$O_i^{\mu}(w)$ 为当输入为样本 μ，网络突触连接权重为 w 时，第 i 个输出变量的值，A_i^{μ} 为该变量的已知正确值。应该注意的是，在计算神经科学的框架下，输出变量 O_i^{μ} 及答案给出的正确值 A_i^{μ} 可以在神经元水平（也就是输出单元活动性）或行为水平（比如运动行为的方向）上给出。学习算法是一个基于反馈误差 $E(w)$ 对突触连接强度进行调节的迭代过程。其最终目标在于找到一组连接权重 w 使误差函数达到最小的函数。因此，一旦 $E(w)$ 的形式被确定，监督学习问题便成为优化问题。

实际计算中，由正确答案提供的信息可能并不完全，也就是说，输出变量的正确值可能并不全是已知的。在极端情况下，只有少量信息告诉我们关于输出正确性。因为，在这个情况下反馈只是估计性的，与可指出正确输出的指导下的学习有所对应，它常被称为强化学习。

有些情况下，特定样本的正确答案并不为我们所知，因此，学习目标并不完全确定。在这种情况下，可以施行无监督学习算法，也就是不需要从环境中得到关于计算结果的任何反馈的学习算法。在无监督学习过程中，网络应该自己找到输入数据中的相互关系、特征或规则，并将它们以某种合适的方式在输出中加以体现。在无监督学习中，突触连接强度的改变仅仅受到局部事件（也就是其所连接的一对单元的连接强度和活动性）的影响，而在监督学习中，由于反馈误差的总体特性，学习算法受到其他事件（如输出单元活动性或由其诱导的行为结果）的影响。另外还有两点值得一提，第一，无监

督学习只有在训练集样本呈冗余的情况下是有用的。比如说，如果一个网络需要对输入的样本之间的类似性进行学习，并对它们进行相应的分类，那么样本必须包含相似的（但不是一样的）情况，也就是说，具有冗余性。第二，对于一些可以应用监督学习的情况，无监督学习依然是有用的。特别是，监督学习因为会受到全局中其他事件的影响，有时可能会非常慢，而无监督学习则正好相反，仅受到局部事件的影响，因而比较快。

监督学习

　　在监督学习中，误差函数 $E(w)$ 可以被看作是一个由连接权重 w 构成的凹凸不平的多维空间的表面。图 25-3 给出了一个示意图。监督学习算法的目标在于找到位于误差表面上的最深的谷底。与所有其他称为局部最小的谷底不同，这个最深的谷底称为全局最小。由于网络中连接权重的数量较大，对全局最小值的搜索，往往成为计算上的问题。问题在于由于神经网络的高度非线性特性，误差表面往往含有许多局部最小值。虽然用于寻找最小值的优化算法有许多，但在这些最小值中间寻找绝对最佳值的过程可能是非常耗时的。然而，在许多应用中，一个非常好的解（也就是一个非常深的局部最小值）和一个绝对最佳解（也就是一个全局最小值）之间的实际差异是非常小的。因此，需要在解的优化和计算工作量之间做出权衡。

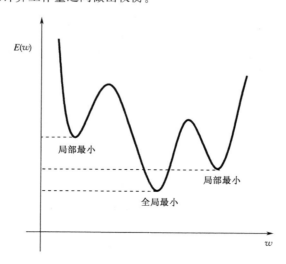

图 25-3　误差表面示意图。图中的三个最小值中只有一个为全局最小

　　关于寻找最小值的算法，它可以是一个一般优化算法，也可以是和一个特定结构相对应的特定算法。模拟退火（Kirkpatrick et al. 1983）算法是监督学习中常用算法的一个例子。它以统计物理概念为基础。在这种算法的框架下，一组固定的突触连接强度 w 被视作系统的"状态"，而误差函数 $E(w)$ 被视作系统处于该状态时的"能量"。我们的目的在于找到系统的"着地状态"，也就是最低能量状态。对着地状态的寻找通过对突触权重调节的迭代过程得以实现。一个典型的模拟退火算法可以被描述如下。假定

网络处于状态 w_1，其能量为 $E_1 = E(w_1)$。在每个迭代周期中，可以随机找到系统的一个新的状态 w_2，并算得相应的能量为 $E_2 = E(w_2)$。这两个状态之间的能量变化为 $\Delta E = E_2 - E_1$。如果新的状态具有较低的能量，也就是说 $\Delta E > 0$，那么系统就无条件地转移至新的状态 w_2。但是，如果新的状态具有一个较高的能量，也就是说 $\Delta E > 0$，那么系统转移至新的状态的可能性为 $\exp(-\Delta E / T)$，而其逗留在原有状态的可能性为 $1 - \exp(-\Delta E / T)$（换句话说，在这种算法中，即使突触连接强度的改变使网络的行为变坏时，状态转移依然可能发生）。这里参数 T 具有"温度"的含义。从一个状态转移至另一个状态的可能性取决于系统（在许多迭代周期之后）是否达到其平衡状态，并在温度为 T 时遵从 Boltzman 分布。然而，这个模型的关键之处并不在于将系统保持在一个恒定的温度，而是在于使系统逐渐降温。模拟退火过程始于一个足够高的温度，在这样的状态下系统具有较高的能量。当温度降低时，系统状态将越来越趋于较低能量状态。如果冷却速度足够缓慢使得在任何温度上都可以建立平衡态，那么着地状态的极限温度为 $T = 0$。模拟退火算法的实际应用中的一个难点在于选取最佳退火速度。如果降温速度太快，系统可能会掉入陷阱，并收敛于它的一个具有较高能量状态的局部最小值。另一方面，如果退火速度过于缓慢的话，则可能对计算工作量造成很大浪费。为了在实际应用中得到合理的结果，可能需要进行大量的实验计算。计算可以始于一个指数算法 $T_k = T_0 \exp(-\alpha k)$，其中 T_0 为初始温度，T_k 为第 k 个迭代周期时的温度，α 为正的加权常数。另一个问题是如何为系统选择新的状态。虽然可能有许多不同的算法，最为常用的，也许是最为简单的算法，是随机选择一个连接权重，并将其指定为新的值。

另一个为大家熟知并得到广泛应用的监督学习算法是反向传播算法。正如科学中经常发生的，这种算法被多次独立地发明（Werbos　1974；Parker　1985；Le Cun 1985）。然而在神经计算领域中最具影响力的是 Rumelhart 等（1986）在 Nature 杂志上发表的文章。反向传播算法属于被广泛应用的称为梯度下降法的优化算法，这种算法特别适用于具可导激活函数的分级响应神经元的前馈网络。而后，反向传播算法的应用也被扩展至递归网络（Pineda　1987）。

从概念上来讲，梯度下降方法要比模拟退火法简单得多。在误差表面上直接找到一个最小值的方法在于，对连接权重多维空间中的许多个点 w 进行计算，并选出具有最低误差函数 $E(w)$ 的点。但在实际应用中，这个方法并不常用，因为空间中点的数量往往达到天文数字，而现有计算机的能力远不足以解决这样的计算问题。实际上，往往并不对整个空间进行计算，而是在局部对其进行计算，在几个不同的方向上做小的调整，并选择沿误差表面下降的方向。这种算法的迭代计算将最终在误差表面上找到（对相应的起始点而言）最近的局部最小。梯度下降算法更为聪明，因为它告诉我们在一次迭代中，沿什么方向移动可以达到误差的最大下降。误差函数 $E(w)$ 的梯度，往往被记为 $\Delta E(w)$，是多维权重空间的一个矢量，它的方向是误差表面上 w 点处最为陡直的上升方向。相应的，与之相反的矢量 $-\Delta E(w)$ 则指向最为陡直的下降方向。在最小处或最大处有 $\Delta E(w) = 0$。标准梯度下降算法对应于沿误差函数的最大下降方向下滑，同时提出了对第 k 个迭代周期的连接权重的简单的更新规则

$$w^{k+1} = w^k - \eta \Delta E(w^k) \tag{25.11}$$

式中，η 是一个正参数，常被称为学习速度。一旦达到一个最小值，$\Delta E(w)=0$，则连接权重值 w 停止更新。学习速度 η 和 $\Delta E(w)$ 的幅度共同决定了梯度方向的步长。η 的选择对这个方法的运行是至关重要的。如果这个值过小，则沿误差表面的下降速度会非常小。如果这个值过大，那么，最小值可能会被错过。

只有当每个迭代周期中对梯度矢量的计算量比较小的时候，梯度下降法才是有用的。利用 Rumelhart 等（1986）所提出的前馈网络及反向传播算法的结构约束，它提供了一个非常优美而且有效的方法，以计算矢量 $\Delta E(w)$ 的所有部分。权重值 w 以异步方式得到更新，这个更新始于和顶端输出层相连接的突触，一层一层逐步向下，直到底层的输入层。于是，当网络连接将信号向前传播时（图 21-1A），由输出误差 $E(w)$ 导致的连接的更新做反向传播。由此得到这种算法的名字"误差反向传播"或简称"反向传播"。虽然在 1986 年对反向传播的重新发现在神经网络研究中引起了一场革命，这个算法本身并不是神经网络训练的最终解决。也许最为关键的难题之一在于它的速度。尽管对梯度的计算本身是相对快的，在实际应用中向最小值的收敛速度却是特别得慢。而且，和任何其他梯度下降算法相似，标准反向传播算法也会收敛于其中一个局部最小值。因此，对一个问题的解决，往往需要从随机选取得出的权重开始计算，直到获得一个令人满意的解。关于梯度下降算法，尤其是反向传播法的这些问题和其他一些困难，可参阅 Anderson（1995）。但是值得一提的是，反向传播在过去的 10 年中得到了广泛的研究，基于标准算法的许多改进已被提出，以解决上述提到的困难（可以参阅 Hertz 等 1991）。

无监督学习

无监督学习过程没有教师的参与。在训练过程中，关于突触连接的信息是局部的和非常有限的。特别是突触仅仅知道它自身的状态，也就是它的连接强度 w_{ij}，以及它所连接的两个神经元的活动状态 V_i 和 V_j。因此，调整突触连接强度的无监督学习算法，可以通过非常普通的形式得到表达

$$\frac{\mathrm{d}\,w_{ij}}{\mathrm{d}\,t} = f(\,w_{ij},V_i,V_j) \tag{25.12}$$

式中，f 是一个任意定义的函数。在一个典型的无监督学习算法中，可以从训练集中选取一个样本，并将其输入网络。突触连接随之按方程（25.12）所给出的学习算法进行调整。这个过程根据训练集中所有样本重复进行。实际上，方程（25.12）中的时间 t 是离散变量而不是连续变量，它对应于训练过程中样本输入的时间间隔。相应的，方程（25.12）的形式指出了 w_{ij} 的变化方式，它因此也被称为所对应的时间间隔中的学习律。

对学习算法 f 的选择一般基于直觉。考察一个简单的例子，在这个例子中突触连接的变化仅仅和它自己的状态有关

$$\frac{\mathrm{d}\,w_{ij}}{\mathrm{d}\,t} = -\,\alpha w_{ij} \tag{25.13}$$

方程（25.13）的解为 $w_{ij}(t) = w_0\exp(-\alpha t)$，其中 w_0 为时刻 $t=0$ 时的突触权重，α 为正参数。事实上，这代表了在没有邻近神经元活动时记忆的一个指数性衰减或忘却。这个过程的速度由参数 α 决定。

为了对某些有用的东西进行学习，必须基于一些参与突触连接的神经元的信号对指数性衰减过程进行控制。基于"用进废退"存活经验这一个简单直观的概念提示，突触强度在突触前神经元处于活动状态时得到增强。但是，这种算法的主要缺点在于其缺乏选择性：不管突触后神经元的活动性如何，突触强度都会有所改变。因此，另一个直观的概念"协同活动引起的增强"看来似乎更为合适。第一个清晰地提出学习过程包含了两个被连接的神经元活动性概念的是 Hebb（1949）。特别是他假设在突触前和突触后神经元的同步放电将使突触连接得到强化。这个概念，称为 *Hebbian* 学习律，可以通过在方程（25.13）中添入第二项与相关神经元活动性成比例的项得到表达

$$\frac{\mathrm{d}\,w_{ij}}{\mathrm{d}\,t} = -\,\alpha w_{ij} + \eta V_i V_j \qquad (25.14)$$

式中，η 和前面一样，是控制学习速度的一个正参数。值得一提的是，大多数无监督学习算法都是基于 *Hebbian* 学习律或其各种修正方式。

至此，我们考察了多个输出单元可以同时被激活的网络。但是在一些任务中，有时在同一时刻只有一个输出单元可以被激活。输出单元通过竞争决定哪个放电，因此也称为"赢者全胜单元"，而允许如此行为的算法称为竞争学习，由下式表达

$$\frac{\mathrm{d}\,w_{ij}}{\mathrm{d}\,t} = \eta V_i(\,V_j - w_{ij}) \qquad (25.15)$$

有趣的是，由方程（25.15）给出的竞争学习算法可以从 *Hebbian* 学习律中得到，只要令 $\alpha = \eta V_i$ 即可［参见式（25.14）］。最初看来，并不容易看出方程（25.15）为什么对应于一个竞争过程。但是其概念在于如果第 i 个神经元胜出，那么它的活动性为 $V_i \approx$ 1。但是，如果这个神经元没有获胜，则有 $V_i \approx 0$。因此，由方程（25.15）给出的学习算法改变了与胜出神经元的连接强度，而并不改变未获胜神经元的连接强度。

最后，与监督学习算法不同的是，无监督学习并不能明显地体现其优点。但是在某些情况下，在通过方程（25.12）进行学习计算时，有些量值（例如，信息量或输出的变化）可以间接达到最大（Hertz et al. 1991 给出了一些例子）。

参　考　文　献

Abeles M (1991) Corticonics: Neural circuits of the cerebral cortex. Cambridge University Press, Cambridge New York Port Chester Melbourne Sydney

Amirikian B, Nishimura H (1994) What size network is good for generalization of a specific task of interest? Neural Networks 7:321–329

Amit DJ, Tsodyks MV (1991) Quantitative study of attractor neural network retrieving at low spike rates I: Substrate – spikes, rates and neuronal gain. Netw Comput Neural Syst 2:259–273

Anderson JA (1995) An introduction to neural networks. MIT Press, Cambridge London

Anshelevich VV, Amirikian BR, Lukashin AV, Frank-Kamenetskii MD (1989) On the ability of neural networks to perform generalization by induction. Biol Cybern 61:125–128

Baum EB, Haussler D (1989) What size net gives valid generalization? Neural Comp 1:151–160

Blumer A, Ehrenfeucht A, Haussler D, Warmuth M (1989) Learnability and the Vapnik-Chervonenkis dimension. J ACM 36:929–965

Carnevali P, Patarnello S (1987) Exhaustive thermodynamic analysis of boolean learning networks. Europhys Lett 4:1199–1204

Cohen MA, Grossberg S (1983) Absolute stability of global pattern formation and parallel memory storage by competitive neural networks. IEEE Trans Syst Man Cyber SMC-13:815–826

Denker J, Schwartz D, Wittner B, Solla S, Howard R, Jackel L, Hopfield J (1987) Large automatic learning, rule extraction, and generalization. Complex Syst 1:877–922

Fetz EE (1997) Temporal coding in neural populations? Science 278:1901–1902

Frolov AA, Medvedev AV (1986) Substantiation of the "point approximation" for describing the total electrical activity of the brain with use of a simulation model. Biophys 31:332–337

Gerstner W, Kreiter AK, Markram H, Herz AVM (1997) Neural codes: Firing rates and beyond. Proc Natl Acad Sci USA 94:12740–12741

Hebb DO (1949) The organization of behavior. Wiley, New York

Hertz J, Krogh A, Palmer RG (1991) Introduction to the theory of neural computation. Addison-Wesley, Redwood City

Hodgkin AL, Huxley AF (1952) A quantitative description of membrane current and its application to conduction and excitation in nerve J Physiol Lond 117:500–544

Hodgkin AL, Rushton WAH (1946) The electrical constants of crustacean nerve fiber. Proc Roy Soc Lond B 133:444–479

Hopfield JJ (1982) Neural networks and physical systems with emergent collective computational abilities. Proc Natl Acad Sci USA 79:2554–2558

Hopfield JJ (1984) Neurons with graded response have collective computational properties like those of two-state neurons. Proc Natl Acad Sci USA 81:3088–3092

Kirkpatrick S, Gelatt CD, Vecchi MP (1983) Optimization by simulated annealing. Science 220:671–680

Koch C, Segev I (1989) Methods in neuronal modeling: From synapses to networks. MIT Press, Cambridge London

Lapicque L (1907) Recherches quantitatifs sur l'excitation electrique des nerfs traitee comme une polarizsation. J Physiol Pathol Gen Paris 9:620–635

Le Cun Y (1985) Une procédure d'apprentissage pour réseau à seuil assymétrique. In: Cognitiva 85: A la frontière de l'intelligence artificielle des sciences de la connaissance des neurosciences. CESTA, Paris, pp 599–604

Levin E, Tishby N, Solla S (1990) A statistical approach to learning and generalization in layered neural networks. Proc IEEE 78:1568–1574

Marder E, Abbott LF (1995) Theory in motion. Curr Opin Neurobiol 5:832–840

Marder E, Kopell N, Sigvardt K (1997) How computation aids in understanding biological networks. In: Stein PSG, Grillner S, Selverston AI, Stuart DG (eds) Neurons, networks, and motor behavior. MIT Press, Cambridge London, pp 139–149

McCulloch WS, Pitts W (1943) A logical calculus of ideas immanent in nervous activity. Bull Math Biophys 5:115–133

Parker DB (1985) Learning logic. Technical report TR-47, Center for computational research in economics and magnetic science, MIT, Cambridge

Pineda FJ (1987) Generalization of back-propagation to recurrent neural networks. Phys Rev Lett 59:2229–2232

Rall W (1959) Branching dendritic trees and motoneuron membrane resistivity. Exp Neurol 2:503–532

Rall W (1964) Theoretical significance of dendritic tree for input-output relation. In: Reiss RF (ed) Neural theory and modeling. Stanford University Press, Stanford, pp 73–97

Rosenblatt F (1962) Principles of neurodynamics. Spartan, New York

Rumelhart DE, Hinton GE, Williams RJ (1986) Learning representations by back-propagating errors. Nature 323:533–536

Schwartz DB, Samalam VK, Solla SA, Denker JS (1990) Exhaustive learning. Neural Comp 2:371–382

Werbos P (1974) Beyond regression: new tools for prediction and analysis in the behavioral sciences. Ph.D. thesis, Harvard University

第二十六章 体表肌电数据的采集、程序化处理和分析

Björn Gerdle，Stefan Karlsson，
Scott Day and Mats. Djupsjöbacka

罗 层 译

第四军医大学疼痛生物医学研究所

luoceng@fmmu.edu.cn

■ 绪 论

在肌肉收缩和产生张力之前的肌肉激活过程中，肌纤维膜上发生跨膜离子交换并产生一微小电流。肌肉激活过程中产生的电信号，通常称之为肌电信号，其可以通过肌肉表面电极或插入肌肉内的电极（导电元件）来记录（参见第二十七章）。该信号代表肌纤维中机械系统的电变化，也就是发生机械运动之前的活动。本书的第二十七章详细介绍了其中一种记录方法，关于其他方法的详细内容请参阅文献（Sanders and Stalberg 1996；Stalberg 1980；Yu and Murray 1984）。

本章仅介绍记录体表肌电图（electromyogram，EMG）的方法。那么，什么是体表EMG？它们代表什么？从哪里产生？其与外周运动驱动和产生肌肉张力又如何相关？本章将对这些问题进行逐级深入地解答，同时着重介绍体表 EMG 研究中常用的数据采集和处理方法。当然，记录体表 EMG 的方法远远不止本章所介绍的内容，本章未涉及的方法和内容请参阅相关文献。

体表 EMG 是一生物电信号，它代表在一定的过滤形式下记录电极临界距离内的运动单元的总活动。因此，它也反映肌肉的外周运动驱动肌肉活动的水平，但是关于它的机制还不甚清楚。因为外周运动驱动的水平对于肌肉产生的张力有着直接的影响，所以在一定意义上 EMG 信号也即反映肌肉张力的大小。如果 EMG 信号不能够确切预测外周运动驱动的水平和肌肉力度时，那么记录该信号的动机又是什么呢？最初在人体实验上直接检测运动集合（motor pool，如外周运动驱动）的总活动从技术上来讲是不可行的，仅在长时程的动物实验上将就可以进行。而且，当时应用简陋的设备记录肌肉收缩过程中产生的肌肉张力或关节扭矩仅在有限的应用中是可能的。在几乎所有的应用中，体表 EMG 记录技术是一无创伤的技术，它能提供肌肉激活的起始时间、持续时间和相对强度。如果将体表 EMG 检测和其他技术如周围神经刺激结合应用，便可能确定运动神经传导的变化。体表 EMG 作为一有用的临床诊断工具，它的应用非常广泛，这仅仅是其中的一个例子而已。另外，也可以应用各种方法从原始的体表 EMG 信号中提取更多的信息，如通过计算信号中的频率变量可以检测肌肉疲劳程度。最后，对于基础医学的研究者来说，记录体表 EMG 的最基本的目的就是探讨体表 EMG 信号在不同生理状态下的特性。

■ 第一部分　肌肉的解剖学和生理学特性

运动单位的解剖学特性

　　从解剖学上来讲，每个骨骼肌运动单位（motor unit，MU）都是由一个运动神经元及其轴突和其所支配的所有肌纤维组成（Burke　1981；Close　1972）。宏观的骨骼肌是由若干个 MU 组成。运动单位集合（MU pool）的每个单位的激活和其激活的速度都控制骨骼肌的收缩活动。因此，运动单位也是肌肉收缩的功能单位。同一个体不同肌肉之间或者不同个体相同肌肉之间的运动单位数目均大不相同（McComas et al.　1993）。关于运动单位数目的大多数研究资料都是来自于猫的实验，少量的人体资料来源于组织学和电生理学研究。表 26-1 列举了人体不同肌肉的运动单位数目（McComas et al.　1993）。

表 26-1　人体不同骨骼肌的运动单位数目（Feinstein et al. 1955；McComas et al.　1993）

肌肉	技术方法	样本量	平均值	标准差
肱二头肌	电生理学	64	111	46
肱桡肌	组织学	2	333	
趾短伸肌	电生理学	58	132	54
外侧直肌	组织学	1	2970	
第一骨间背侧肌	组织学	1	119	
第一蚓状肌	组织学	2	96	
小鱼际肌	电生理学	36	409	183
腓肠肌	组织学	1	579	
颈阔肌	组织学	1	1096	
（正中神经）	电生理学	64	240	92
胫前肌	电生理学	13	252	109
胫前肌	组织学	1	445	
股骨内侧肌	电生理学	24	224	112

　　由脊髓前角运动神经元发出的运动轴突终止在其支配的外周靶肌肉时发出大量分支。一般情况下，运动轴突的每一个分支支配运动终板处一个肌纤维（肌细胞），这里所说的运动终板是指肌纤维的键起始部位和插入部位之间中点处的一个特化区域。组成运动单位的肌纤维分布相当广泛，并且不同运动单位之间的肌纤维具有交叉分布。Bodine-Fowler 和其同事们对猫不同后肢肌肉的研究发现不同肌肉的运动单位的绝对截面积在 $16 \sim 47 \, mm^2$ 之间不等。尽管这个截面积范围相当广，但是运动单位的绝对截面积与特有的肌肉支配率的关系非常密切（此处的支配率是指组成一个运动单位的肌纤维数目）。也就是说，肌肉的支配率低，其平均运动单位面积就小一些，而支配率高的肌肉其截面积就大。据估算，人体四肢肌肉的运动单位支配区的直径长达 $5 \sim 10 \, mm$（Buchthal and Schmalbrch　1980）。乍一看，这些结果似乎提示人体肌肉的截面积低于

猫的肌肉；然而，人体实验的这些结果主要是由针式电极记录的电生理结果而来的，由于此方法的固有特性可能会造成结果的低估。所以，总的来说人体四肢肌肉的结果与动物实验的结果是基本相似的。

运动单位的纤维并不是分布在整个肌肉长度上（Smits et al. 1994）。对于大多数人体四肢肌肉，纤维和肌肉的长度比小于 0.5（Wickiewicz et al. 1983），这提示一个运动单位的支配区是弥散分布于肌肉的总长度上的。轴突终末和运动终板常见于肌纤维的中部。Buchthal 和同事们通过对肱二头肌的电生理学研究发现运动单位的支配区纵向分布于肌肉上，其平均大小相当于肌纤维长度的 10% 左右。但是关于同一肌肉上不同支配区的数目及其空间分布一直是争论的焦点。Coers 和 Christensen 的早些研究显示（1959）大多数肌肉的支配区位于一个有限的空间内，而另一些电生理研究结果则提示支配区是散在分布的（Eccles and O'Connor 1939；Masuda et al. 1985）。还有一些研究者则认为在一些人体肌肉上区域化是支配区的一种可能性分布特性（Windhorst et al. 1989）。为了支持这一观点，ter Haar Romeny 等（1984）在肱二头肌的长头上对三组不同的运动单位进行了定位研究。结果清楚地显示支配区的数目和分布对运动单位动作电位（MUAP）的形状和总 EMG 的干涉图样具有一定的影响。由此看来，当选择表面电极的位置时，对支配区的位置有一定的了解是非常重要的。

运动单位的机械学特性

根据结构、生物化学和生理学特性，以往的研究已经对骨骼肌的运动单位进行了分类（Burke 1981；Close 1972）。运动单位常根据其收缩特性被分为快收缩型和慢收缩型（S 型）。根据对疲劳的抵抗，快收缩型的运动单位又可被分为抵抗型（FR）、中间型（FI）和快速疲劳型（FF）。根据肌纤维的组织化学特性也有两种常用的分类方法（Enoka 1995）。实际上，这两种肌纤维的分类方法是与运动单位的分类方法类似的。S 型运动单位通常是由 I 型或慢氧化型肌纤维构成的，FR 型运动单位则通常包括 IIa 型或快氧化－糖分解型（FOG）纤维，FF 型运动单位通常包括 IIb 型或快糖分解型（FG）纤维。无论是哪种分类方式，同一组运动单位的肌纤维都显示出机械学特性的多样性（Burke and Tsairis 1973）。因此，将运动单位视为连续统一体则更为确切，即由慢收缩型和高疲劳抵抗型到快收缩型和低疲劳抵抗型。

对于每一纤维类型的运动单位，张力是随着放电频率的递增而呈 S 型曲线增长的（Botterman et al. 1986；Burke et al. 1976；Kernell et al. 1983）。而且，随着放电频率从每秒 1 次开始逐渐增加，肌肉收缩活动从单次收缩（S 型曲线的下端）至不完全强直收缩（S 型曲线的中间部分），最后达到强直收缩（S 型曲线的最上部分，此时张力达到饱和）（图 26-1）。

一般来讲，恒定频率下运动单位所产生的最大张力与其截面积（cm^2）和肌纤维特有的紧张度（$kg \cdot cm^{-2}$）成比例（Close 1972）。特有的紧张度是由运动单位的最大张力除以纤维数目和平均截面积而得来。同一类型肌纤维的紧张度相对恒定（Close 1972）。例如，猫的快收缩型运动单位的紧张度在 $2.2 \sim 3.5\ kg \cdot cm^{-2}$ 之间，慢收缩型的在 $0.6\ kg \cdot cm^{-2}$ 左右（Burke 1981）。在混合肌肉中，S 型运动单位的截面积和纤维数目最少，FR 型位居其次，FF 型最多（Bodine et al. 1987；Burke 1981）。但是，相同

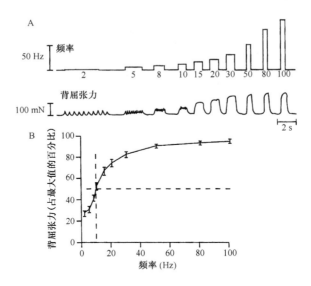

图 26-1　人体趾伸肌运动单位上放电频率和机械张力输出之间的关系

A. 上图显示通过钨丝电极施加的频率逐渐递增的循环刺激，下图显示肌肉受到刺激时所产生的
张力。B. 刺激频率逐渐增大的情况下肌肉所产生的最大张力的百分比，此数值为 13 个运动单
位的平均值。请注意张力—频率之间特有的 S 型曲线（此图摘自 Enoka，1993，数据来自于
Vaughn Macefield，Andrew Fuglevand 和 Brenda Bigland-Ritchie 的未发表文章）。

纤维类型的运动单位的数值也有差异（Burke　1981）。同时，也有研究报道性别差异的
存在，即雌性的快收缩型肌纤维少于慢收缩型肌纤维（Gerdle et al. 1988；Mannion et
al. 1997；SImoneau and Bouchard　1989；Simoneau et al. 1985）。所以，对于一个既定
的肌肉，由运动单位组所产生的张力范围和不同运动单位所产生张力之间的重叠程度是
相当大的。例如，Sica 和 McComas（1971）通过测量趾短伸肌运动单位的收缩张力发
现收缩紧张度的变化范围在 20～140 mN 之间，而 Garnett 和其同事们（1979）观察腓
肠肌的变化范围更大，在 15～2000 mN 之间。

肌纤维的去极化和动作电位传导

一般情况下，运动神经元的激活可以导致其所支配的所有肌纤维受到激活。神经肌
肉接头处运动神经元轴突终末的去极化可以引起乙酰胆碱（ACh）释放。对于一个单个
的轴突终末分支，释放的乙酰胆碱与肌纤维突触后膜运动终板上的受体相结合，通道开
放对阳离子（尤其是 Na^+ 和 K^+）的通透性增加。在静息状态下，细胞内的电位较胞外
为负。但是，通道激活之后，由于 Na^+ 的内流和 K^+ 的外流，胞内电位逐渐变正。去极
化引起运动终板上的电压依赖性通道开放，允许 Na^+ 内流进而产生动作电位（AP）。然
后动作电位在两个方向上向肌肉—腱接头处传导。膜去极化之后随即产生复极化，其主
要是由 K^+ 外流产生。因此，在某个既定的时刻，只有运动终板一侧的某个小区域产生
去极化（如图 26-2 所示）。通常将去极化的中心区称为电流池（current sink），而两边
邻近的膜区组成两个电流源（current source）（Rosenfalck　1969）。两个电流源和一个

电流池组成一个三极模式（Stein and Oguztöeli　1978）。由每个电流源流出的电流与肌纤维膜平行，但方向相反。

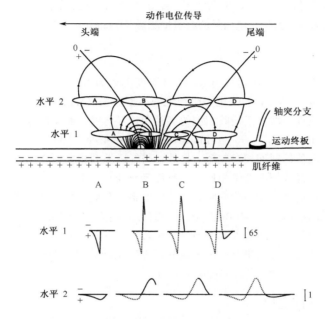

图 26-2　动作电位沿肌纤维传导过程中产生的电流场的示意图
以及在电流场不同区域检测的电位差

注意肌纤维上电荷分布与电流场的关系和不同电流场区域的电位变化（A-D）。随着纤维
和检测位点之间的距离增加，电位幅度逐渐下降和持续时间逐渐增长，其解释见正文
[此图改自 Dumitru 和 Delisa（1988）的文章]。

　　图 26-2 显示动作电位传导过程中肌纤维内外的电荷分布。因为周围组织皆是离子溶液，所以电流在胞外介质中呈放射状传导。在距离肌纤维一定距离处可以检测出由这些电流所产生的电压变化（Fuglevand et al. 1992）。图 26-2 也描绘了某个时刻三级模式所产生的放射状电流场。如果我们试图在这样一个静止的单一时间点的图中想像动作电位的传导是如何发生的，正如设想一个单极电极沿着动作电位传导的反方向移动一样。当电极到达三级流流场的正极端时，我们可以检测到一个正向电位。随着电极进一步移动，电位的幅度逐渐增加，然后当到达等势线区域时，电位即减小至零。同理，当电极通过电流池区域时即可检测到一个负向电位，电极通过第二个等势线区域时，电位即翻转为正向。与上述情况相同，电位的幅度逐渐增大，然后逐渐减小至零。由于肌纤维的电化学特性，前两相幅度相对较大、持续时间较短，而后面的尾相相对较小，并且持续时间较长。有关此方面更详细的内容，请参阅 Dumitru 和 DeLisa 的综述（1991）。

　　辐射状电流沿着肌纤维周围介质传导遇到的阻抗明显高于其沿着肌纤维的传导（Buchthal et al. 1957a；Lindström and Petersen　1983）。由于这个阻抗的存在才导致了电流场的空间弥散和随着距电流源的距离增加电位幅度逐渐减小的现象（图 26-2）。而且，随着肌纤维和记录电极之间的距离增大，动作电位出现幅度直线下降和持续时间增长的趋势（Fuglevand et al. 1992）。通常将这个现象称为组织过滤现象。随着电极和肌纤维之间的距离逐渐增大，动作电位与背景噪声就很难区分开来。无论从直观和实际情况来讲，最小的相首先变得很难区分。在这里顺便提一下，表皮和脂肪层的阻抗明显高于肌肉的阻抗，因此其是更为有效的生物电信号的组织过滤器（Basmajian and DeLuca 1985）。

传导速度

肌纤维动作电位的传导速度（CV）和幅度随着纤维半径的增加成直线式增加（Hakansson 1956，1957），同时也与肌纤维的类型有关（Hanson 1974）。快收缩型纤维的半径和传导速度一般大于慢收缩型的半径和传导速度，而动作电位的间期与传导速度成反比（Buchthal et al. 1957a；Lindström and Petersen 1983）。也就是说，快收缩型肌纤维的动作电位的间期相对较短。另外，与纤维类型相关的其他因素也可能导致传导速度的不同。与慢收缩型纤维相比，快收缩型纤维的 ATP 酶活性更高、Ca^{2+} 释放和重吸收更快、电位的上升相和收缩时间较短、T 系统和肌浆网的发育更完全（Gerdle et al. 1991）。Stalberg（1966）和 Buchthal（1955）分别应用针式电极在人体肱二头肌上研究发现肌纤维的传导速度为 3.69 ± 0.71 和 4.02 ± 0.6 m·s^{-1}。同时，其他研究组应用胞外电极在混合的肱二头肌上应用其他分析方法也计算出了相似的传导速度（3.2～5.3，Lynn 1979；3.23～5.72，Gydikov et al. 1984）。

复合运动单位动作电位

一般情况下，运动神经元的激活可以导致其所支配的所有肌纤维的同步激活。人们已经公认组成一个运动单位的所有肌纤维所产生的电场可以线性累加直至产生复合运动单位动作电位（MUAP）。由于其是所有单个纤维动作电位的线性累加，所以可以将其正式地描述为运动单位动作电位。例如，Buchthal 和其同事们（1954，1957）在健康被试的肱二头肌上观察到记录的动作电位呈典型的双相性或三相性，其平均间期为8.7ms。应用同心圆电极记录，因为单个纤维的动作电位的平均间期小于 2.5 ms，所以 MUAP 较长的间期便是由于时间上的弥散造成的，其主要是源于肌纤维和运动终板的空间分布（Buchthal and Schmalbruch 1980；Gootzen et al. 1991）。运动单位的单个肌纤维的激活时间也存在些许差异，这是因为纤维之间轴突终末分支的长度和最终的传导延搁不一致所造成的。但是，与肌纤维的空间弥散相比，时间弥散所产生的影响几乎可以忽略不计。

运动单位的放电特性

间断或持续收缩过程中激活的骨骼肌运动单位通常发放一串动作电位。对这样的MUAP通常以放电频率或峰峰间期进行描述。而且，瞬时的放电频率以峰峰间期的倒数来表示，这些放电是随机发放的。由于来自下行、周围和节段间的兴奋性和抑制性突触传入的不同步性导致了动作电位的峰峰间期不恒定（Stalberg and Theile 1973）。图26-3显示了相同放电频率下规则放电（图 26-3A）和不规则放电（图 26-3B）的区别。另外，图 26-3C 显示了单个运动单位激活过程中从猫比目鱼肌上记录到的一串动作电位。这其中包含了一串动作电位中合并的变量，这些动作电位是在自主收缩的情况下运动神经元以既定的频率发放的。

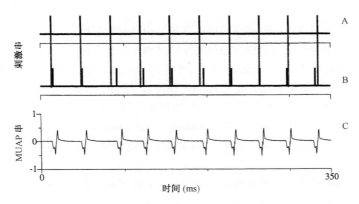

图 26-3　平均频率为 28/s 的串状矩形方波刺激

A．图中相邻刺激方波之间的间期恒定。B．图中相邻刺激方波之间的间期不恒定。其中相邻刺激方波之间的变化以阴影线表示。图 B 中的时间点直接反映在图 C 的 MUAP 串的时间点。本图中的动作电位是刺激 α 运动神经元轴突诱发猫比目鱼肌产生的动作电位。连续的 MUAP 的时间点反映了自主收缩过程中观察到的运动单位放电的不规则性（数据取自 Day，1997）。

电极方位的影响

　　如果将一个双极电极放置在距离运动单位支配区足够远的位置，那么记录到的动作电位形状仅仅依赖于纤维的相对空间分布。这也就是为什么将电极选择放置在少数支配区集中分布的肌肉上。而且，在这种情况下，MUAP 显示简单的三相特性（Winter 1990）。另外，对于支配区散在分布的肌肉和一些仅电极就能占相当大表面积的小肌肉，非常有必要应用双极电极并且将其放置在运动单位的运动终板临近处。对于一些运动单位，电极可能骑跨在运动终板区或落在双向传导的动作单位的检测区内。在这种情况下，检测到的动作电位将会揭示相当复杂的特性，这些特性为既定的电极—运动单位区域的相对位置所特有。总的来讲，电极和运动单位的相对位置不同，所记录到的 MUAP 的形状也就不同，并且呈现相当复杂的波形（Loeb and Gans　1986）。尽管几乎所有的实验观察都是定性的而不是定量的，但是在应用体表电极时也应当非常谨慎。与肌纤维的电位相似，单个运动单位的幅度和间期也是与电极和运动单位区域之间的距离紧密相关的。虽然这是一个重复的话题，但是它在理解 EMG 信号的深刻含义上却起着举足轻重的作用。

肌肉运动单位集合的自发活动

　　Denny-Brown 和 Pennybaker（1938）根据运动单位所产生的张力提出了运动单位逐级募集的理论。Henneman（1957）对其理论进行了扩充，他提出随着张力的增加，在逐级增大的等长收缩过程中，运动单位逐级募集的特性是与运动神经元的大小相关的。尽管根据神经元大小募集的特性可能被认为是一个共性的法则，但是一些间接证据证明它并不是适用于所有类型的收缩活动（Glendinning and Enoka　1994；Powers and Rymer

1988)。例如，对于一些快速收缩活动，最大的运动单位在收缩的同时即刻被激活的可能性是非常大的。

运动单位募集过程中的放电模式可以分为位相型和紧张型，其主要是依赖于运动神经元的动作电位是短簇状发放的（如步态移动过程中）还是连续串状发放的（如持续的等长或等张收缩过程中）。对于后者，大多数研究显示最低的放电频率在 $5\sim7$ s^{-1} 之间（DeLuca et al. 1982a；Kernell and Sjöholm 1975），但偶尔也出现频率低至 3 s^{-1} 的程度（Broman et al. 1985b）。不同研究组报道的最高放电频率均不相同，但是一般都在 $12\sim26$ s^{-1} 的范围之内（Clamann 1970；Kukulka and Clamann 1981），不过也有报道 35 s^{-1} 的高频放电（Erim et al. 1996）。有关此方面更为详细的内容请参阅文献（Enoka 1995）。

运动单位持续稳定的募集之后，运动神经元突触兴奋性进一步增强，从而导致放电频率的上调。通常将这个现象称为频率编码或频率调控。这个调控作用的程度依赖于运动单位募集的时间和收缩强度的增加（Milner-Brown et al. 1973）。也就是说，在高张力水平募集的运动单位的频率增加的程度要小一些，而那些在低张力水平未达到最大收缩强度的情况下募集的运动单位经过频率调控的程度相对来说要略显大些（Person and Kudina 1972；Broman et al. 1985b）。与这个结果一致的是，低阈值的运动单位在未达到最大强度条件下的等长收缩过程中往往显示更高的放电频率（De Luca et al. 1982b；Monster and Chan 1977）。然而，对于达到最大自发水平的收缩活动来讲，不同阈值的运动单位的放电频率具有会聚的趋势。而且，高阈值的运动单位在最大收缩活动过程中放电频率可能会超过相应的低阈值运动单位（Erim et al. 1996；Kernell and Sjöholm 1975）。当然，最大放电频率也是依不同肌肉而变的，同时也依赖于所研究的收缩强度的范围。人体研究中四肢肌肉通常报道的范围为 $20\sim35$（De Luca et al. 1982b；Erim et al. 1996；Kukulka and Clamann 1981）。

募集和频率调控的作用

早期人们认为运动单位的募集是肌肉张力最基本的调节器（Kukulka and Clamann 1981）。然而，Milner-Brown 和其同事们的工作清楚地显示频率调控对肌肉张力的调节发挥着更为重要的作用，至少对第一块手背骨间肌肉来讲是如此。对这块肌肉和手部其他小肌肉来讲，前 50% 的张力是由运动单位的募集和频率调控共同完成的，而后 50% 则是由频率调控单独完成的（Kukulka and Clamann 1981；De Luca et al. 1982b）。这与其他肌肉的情况迥然不同，尤其是四肢的大肌肉。在这些大肌肉中，70%～80% 的肌肉张力来源于运动单位的募集，而仅有一小部分与频率调控有关（Kukulka and Clamann 1981；De Luca et al. 1982b）。

运动单位集合激活的统计学

大多数研究均支持运动单位单独放电的假说。相关分析技术可以用来评估运动单位彼此放电的特性（Milner-Brown et al. 1973）。而两个前后伴随激活的运动单位所产生的放电水平往往高于两个独立的同步出现的运动单位所产生的效果，并且在正常情况下这样的同步效应非常的微弱而且仅限于相当短的一段时间（Kirkwood and Sears 1978；

Datta and Stephens 1980）。因此，我们可以推测在自发收缩过程中运动单位的放电方式是不同步的。

产生 EMG 干涉图样过程中 MUAP 之间的相互作用

运动单位和其支配区在肌肉的几何区域内呈空间分布。因此，它们在 MUAP 的幅度和形状中所发挥的作用依赖于其与记录电极的相对位置。除了肌纤维运动终板的分布对 MUAP 造成的影响之外，电极和运动单位区域之间的距离对 MUAP 的幅度和持续时间也具有非常重要的影响。由于组织的过滤功能，较大的距离会导致 MUAP 的幅度较低、间期较长（Basmajian and De Luca 1985；Lindström and Petersen 1983）。因此，在肌肉收缩过程中，每个 MUAP 都对 EMG 贡献了不同程度的信号。在一块肌肉区域内，除了运动单位的空间弥散外，产生每一个运动单位动作电位的时间点也是弥散分布的。这种时间上的弥散现象介导了自发激活状况下 EMG 信号的干涉特性。图 26-4A 和 26-4B 分别显示了静态收缩和连续动态收缩状态下记录到的 EMG 干涉图样的实例。为了更加清楚地理解复合 EMG 信号的特性，我们首先有必要理解一致的 MUAP 是如何相互作用的。Day（1997）在最近的研究中观察到单个的 MUAP 几乎呈代数和累加以致最终产生 EMG 干涉图样。为了阐明代数和累加的效应，我们首先来探讨一下两个 MUAP 的相互作用，此 MUAP 为相同幅度和间期的简单正弦曲线。如果两个 MUAP 是在同一相上（如在同一时间产生），那么其代数和累加的效果就是产生一个为该 MUAP 2 倍大的信号；而如果两个运动单位动作电位互成 180°，那么其中一个 MUAP 的负向就会落在另一个 MUAP 的正向上，这样正向和负向累加的代数和效应就互相抵消，产生零效应。通常将这个现象称为信号抵消。

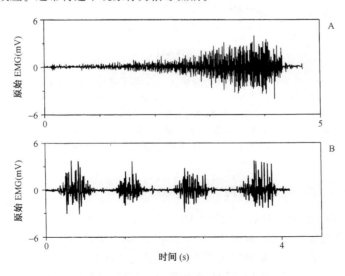

图 26-4　静态收缩（A）和连续动态收缩（B）过程中记录的 EMG 干涉图样

在不同步的激活过程中，重叠的 MUAP 之间的位相关系是随机限定的。因为每个 MUAP 的正向和负向的面积相同，所以信号加和和信号抵消的机会均等。这样，信号抵消的量就由 MUAP 重叠的概率来决定。以此类推，MUAP 的重叠概率又决定于激活的运动单位的数目和放电频率以及 MUAP 的间期（Day 1997）。图 26-5 显示了信号抵消在逐渐增强的等长和非同步激活过程中的影响。其中 26-5A 图显示的是原始 EMG 信号，26-5B 图为将 26-5A 图中的 EMG 信号进行整流、对每 100 ms 时间段的信号进行平均之后与运动激活水平做成的曲线图。运动激活水平以总体激活率表示，其由激活的运动单位数目和平均放电频率得来。实验中所检测到的整流的平均 EMG 并不是成直线增长，而是具有一个饱和程度。而且，曲线上的阴影区域代表随着总体激活率的增加信号抵消的量。人们已经公认 EMG 信号的幅度随着中枢神经系统的运动驱动的增强而呈直线增大，但是这个实验结果却与之相矛盾。有关信号抵消方面更详细内容请参阅文献（Day 1997）。

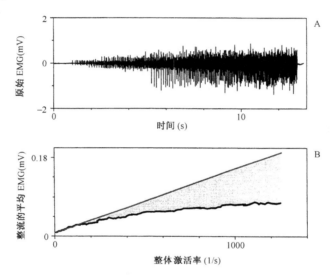

图 26-5　在猫比目鱼肌上记录的原始（A）和定量的（B）的体表 EMG

40 个运动单位被单独、不同步激活，正如自主收缩情况下的状态。注意原始的体表 EMG 信号（A）具有与图 26-4A 中相似的定性特性，并且经过整流和平均化处理的 EMG（AEMG）随着总激活水平（EAR）的提高呈明显饱和的状态。从 AEMG-EAR 初始部位作出的切线代表信号抵消的存在，此信号抵消是由于正向电位和负向电位的信号在时间上的重叠所造成（数据取自 Day 1997）。

EMG 和机械输出的关系：兴奋-收缩延搁

肌肉 EMG 活动的开始比张力的产生早 10～100 ms（Zhou 1996）。此延搁是由于兴奋—收缩偶联造成的（Rios et al. 1992；Stephenson et al. 1995），并且相同或不同纤维类型的运动单位之间的延搁时间均不相同。更为复杂的是，相同运动单位在收缩活动的整个持续过程中，兴奋—收缩时间延搁也有可能不同。而且，肌肉温度的改变也对延搁时间有所影响（Loeb and Gans 1986）。因此，将 EMG 信号与机械学检测（如力、关节扭矩、关节角度等）相联系时应该考虑到时间延搁这个因素。

第二部分 信号的采集与材料

总 论

由于计算机的普及和其他配件成本的下降，现在获得大量实验数据要比以前容易得多（参见第四十五章）。例如，可以将大量的数据记录在多种媒介上（如硬盘、光盘等），而且，实验之后可以对数据进行浏览查看，更为重要的是可以对其进行进一步分析和处理。目前可以采取多种方法来降低背景噪声、补偿仪器的人工假象、进行统计学分析、优化检测方法、诊断检测中的问题以及将复杂的信号进行分解。通过采用这些方法可以从现有的数据中提取更有用的信息，从而使复杂困难的检测变为简单易处理。在由计算机控制的仪器问世之前，这些方法中的许多工作都是没有实用价值的烦琐的数学程序。总的来说，检测系统由三个基本元件组成：传感器、处理器和复制器。任何渴望得到可靠并可重复的数据的系统组建都必须具有振幅和位相线性以及足够的带宽。

大多数生物医学检测器都是从传感器（电极）开始，它可以将检测的生理信号（如人体的离子电流）转化为图 26-6 所示的电信号。有时也将放大器称为信号调节器，它可以将检测到的信号提高到一定的水平易于存储和/或进行信号处理。信号调节器除了

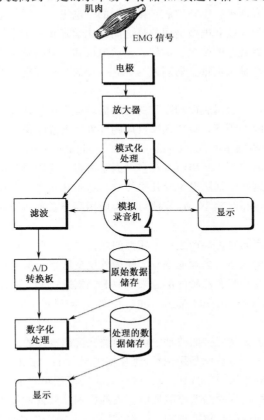

图 26-6 体表 EMG 信号采集系统示意图

具有放大功能之外，还可以进行滤波和隔离等，而信号处理则包括模式与数字式信号的转换、线性化处理、参数计算等。在有些情况下，可以先将信号存储在磁带等设备中，以待后期分析和处理。另外，模式信号的处理可能需要提取适合所选特性的信号，如对信号的包络检测（参见第四部分）。在对信号进行数字化处理之前，需要应用一定的带宽对其进行滤波处理。这个步骤是非常有必要的，它不仅可以降低背景噪声，而且还可以防止采样过程中假信号的产生（参见 A/D 转换板）。如果在生理事件发生的过程中进行信号数字化处理和加工，那么这种分析方法就称为联机处理。另外一种处理方法就是重放磁带记录的模式信号或存储的原始数字式信号。最后，经过放大、数字化处理和加工的信号可以被浏览和存储。

体表电极

记录体表 EMG 时，体表电极是整个检测系统中不可或缺的组成元件，因为它对所检测信号的质量具有显著的影响。例如，在应用合适的放大器和 A/D 转换板的条件下，电极直接决定信噪比的大小。为了检测生物机体电场的电位差，我们需要一个接口将生物机体与电学检测设备连接起来。生物机体所产生的电流是由离子介导的，而电子则是电极和导线的载体。因此，电极在这里就充当一个将离子电流转换为电子流的换能器。

常用的体表电极有两种：①与皮肤直接接触的干电极；②浮游电极，此电极的特点是应用电解质凝胶作为皮肤和电极金属部分之间的化学媒介。干电极主要用于电极的几何形状和大小不适合做凝胶的情况。例如，条状电极和多电极就是不适合做凝胶的典型范例。常用的电极通常是由贵重金属制成的，有一定的阻抗和电容特性。最常用的电极当属银丝电极了。

应用浮游电极时，在金属表面和凝胶的接触区域会发生氧化还原化学反应。随着增大凝胶与金属表面之间的距离，氧化还原反应的程度便会逐渐递减，此反应所产生的直流（DC）电位差称为半细胞电位（Geddes 1972）。此电位的幅度由金属的种类及其表面积、电解液中离子的浓度、环境温度等多种因素决定。应用成对电极时，最好选择同种材料的电极，因为这样半细胞电位会几乎相等。这意味着在与电极相连的放大器输入端检测到的净直流电位相对较小。这样便可减小应用高增益放大器采集体表 EMG 所可能产生的饱和效应。

电极—皮肤的界面同时也会产生一个相似的电位，其主要是由于最外层皮肤的高阻抗所造成的。实验中可以通过去除或部分去除最外层皮肤来尽量减小这一电位，如用砂纸打磨皮肤表面然后经乙醇和乙醚的混合液（4:1）清洗。良好的实验准备可以将接触阻抗减少至少 10 倍（Merletti and Migliorini 1998），同时也会降低金属与皮肤接触面所产生的噪声。

电解质凝胶和电极之间阻抗的波动也可能导致交流超电位的产生。减小这一交流超电位产生影响的最常用的方法就是采用银-氯化银电极（Ag-AgCl）。在银丝电极表面镀一层氯化银薄膜便可制成银-氯化银电极，这一氯化银薄层可以使电流更加顺畅地通过电解质与电极的接触面，进而降低超电位所造成的影响。80% 的体表 EMG 应用均采用这种电极。另外，与同样的银丝电极相比，银-氯化银电极产生的电噪声更低。

电极可以被构建为被动的和主动的元件。构建为被动元件时，干电极或浮游电极与信号放大器相连。被动元件相对便宜、体积小、质量轻，电极易于固定。而与之相对应的是，主动元件的电极内置有信号放大器（如前置放大器），使用时需要一个辅助电源。应用主动电极时，输入阻抗明显增高，而这正好可以降低电极和皮肤之间的阻抗影响。因此，进入电极导线的环境噪声（如 50 Hz 或 60 Hz 的电源噪声）就相对会减少一些。

现在常用的高输入阻抗的 EMG 放大器大大减小了电极和皮肤之间的阻抗带来的影响。但是，高输入阻抗带来的一个不足之处是导线中引入了电源噪声和移动伪迹，这是由于小的内置导线的电容所产生的。减小它的一个方法就是在被动电极的附近安置一个前置放大器，要求导线尽可能的短和前置放大器具有高输入和低输出阻抗。这个方法也同时使通过各种遥感勘测的技术将信号传送给主要放大器成为可能。遥感勘测技术已应用于多种应用领域，如步态研究，它需要更大范围内更大自由的活动。

电极模式

记录 EMG 信号的体表电极有多种构造，但是最基本的构造有三种：

单极电极

当应用单个电极记录肌肉之上的皮肤时采用这种模式的电极。在这种模式下，必须将参考电极放置在远离记录电极的电中性组织上。这种方法应用简单，但是其所记录到的 EMG 的 SNR 和空间分辨率比起相差放大器记录的 EMG 信号要差一些。

双极电极

记录 EMG 信号采用最多的就是双极电极的模式。在肌纤维的方向上放置两个记录电极，互相间隔 10～20 mm，每个电极配有相应的参考电极，这样我们就可以在肌肉之上的皮肤处检测到两个电位。两根导线的确切位置、间隔和方向都是特别关键的因素，因为它们决定电极将检测到哪一部分的局部电位。双极电极需要配置差分放大器，其功能是减低两个电极的共有信号。简单来讲，差分放大器就是将其中一个电极的电位减去另一个的电位，然后将其差值放大。两个电极记录部位相互有关的信号，如电压和仪器带来的远端交流信号以及远端肌肉的 EMG 信号等将被抑制，而电极近侧肌肉组织的信号因为互不相关，所以将被放大记录。因此，双极电极具有空间分辨率高和信噪比高的优点。而且，两个记录电极处可检测到幅度相等的直流信号成分（如电极与电解质接触面处的半细胞电位），差分放大器可以将其抑制掉，所以这种模式对参考电极的材料没有过高的要求。不足的是，双极电极会对信号进行带通滤波，由此所产生的滤波效应依赖于两个电极之间的距离，即缩短电极之间的距离，EMG 的带宽频率就会更高、幅度更低。有关此方面的详细内容请参阅文献（Lindström and Magnusson　1977）。

新型电极模式

如多极电极和多电极系统可以对 EMG 信号进行两维的空间分析，而且还可以判定肌纤维的走向、传导速度和运动点的确切定位（Ramaekers et al. 1993）。

电极的功能性分类

目前，从市面上可以直接购买到许多不同类型的电极，SENIAM 公司主要生产和销售常用的体表电极（Hermens and Freiks　1998）。平时我们只有在定义导电的检测位点的特性和检测位点的数目时才普遍采用电极这个术语。其实，电极也可以作为一个个体来进行描述，如根据它的组成材料、形状、大小、表面结构和其机械性构建等。总之，我们经常以电极的数目和检测位点的配置来描述电极，如果可行的话，有时还加上信号放大设备来一起描述。从功能上来讲，电极可以以其采集的信号和肌肉特性来进行分类。根据这种分类方法将电极分为两类：①记录肌肉总活动的电极；②记录单个运动单位的电极。双极电极因为大小、形状和电极间距离的不同，所以基本满足第一类电极的条件，而第二类电极则包括更复杂得多电极系统，其主要是由一维和二维的电极组成。

电极的放置

放置电极之前需要用砂纸等将皮肤打磨光滑并用乙醇和乙醚的混合液（4:1）清洗。无论是应用单极电极、双极电极还是多极电极，都应放置在肌纤维支配区和腱之间的纵向中点上。应用双极电极最理想的做法就是将电极的两个检测面与肌纤维的方向平行。如果电极方向与肌纤维不平行时，所记录到的信号幅度就会降低 50% 左右（Vigreux et al. 1979）。而且，EMG 信号的频率也会受到影响因为频率反映了 MUAP 串所包含的生理变化（Hogrel et al. 1998；Karmen and Caldwell 1996）。在实际操作中，判定肌纤维的方向可能比较困难，但是我们需要一步一步地努力去做。而且，在记录过程中应保持电极与电极之间的距离（10～20 mm）恒定，这样才能进行定量分析和比较。

参考电极是非常必要的，它为放大器的输入提供一个基本参照，应当将其放置在检测位点附近的电中性组织上（Zipp 1982）。但是，应用双极电极时，如将参考电极放在一个兴奋点上对记录的信号不会造成影响，除非放大器的共态抑制比非常的低。如果几个记录电极共用一个参考电极，那么应该将参考电极放置在尽量远的电中性组织上（如腕部）。如果记录肩部、颈部或背部肌肉的 EMG 信号并且还有心电图（ECG）伪迹的干扰，那么第七颈椎的棘突是比较合适的参考电极放置位点（Hermens and Freiks 1998）。参考电极应该相对大一些，这样可以减低电极与皮肤之间的阻抗。减小阻抗的另一个方法就是采用所谓的唇形夹电极。这种电极可以夹到被试的唇上，这样电极表面便可以与口腔黏膜接触。这样的设置可以大大减低阻抗进而降低记录中的噪声水平（Turker et al. 1988）。

电极与皮肤必须固定牢固以防止电极在皮肤上移动（Hermens and Freiks 1998）。如果固定不牢就会产生放大器的共模干扰和移动伪迹，这将大大降低所记录的 EMG 的信噪比。

放大器和滤波器

电极检测到的 EMG 信号的幅度范围在 0～6 mV（峰值）之间或者 0～1.5 mV（平方根值，RMS）之间（Basmajian and DeLuca 1985）。在对信号处理之前，需要将信号放大至一定的水平以满足记录和数字化装置的分辨率要求。另外，还需要将 EMG 信号进行带通滤波以去除移动伪迹和其他噪声。典型的带通频率范围为 10～20 Hz（高通滤波）至 500～1000 Hz 之间（低通滤波）。高通滤波是非常有必要的，因为移动伪迹中绝大多数都是低频组分（小于 20 Hz），而低通滤波则主要用于消除非来源于 EMG 信号的高频噪声和避免假象的产生。

　　高质量的 EMG 放大器具有大范围的可调增益，最大限度地增大 EMG 的信噪比。所以，在不影响 EMG 信号幅度和形状的前提下，可以将增益尽量设置得高一些。为了减小不平衡和电极阻抗过高的影响，输入阻抗应该在 TΩ 级范围，并与 5 pF 的电容并联（Basmajian and DeLuca 1985）。根据记录设备的范围，输入的范围应和检测的 EMG 信号范围呈线性关系，即 ±5~10 mV，而输出范围应该控制在 ±5 mV 以内。差分放大器的共态抑制比应该高达 100 dB，输入阻抗应该在 4 μV（RMS）以下。检测噪声的方法是将检测面与参考电极短路，然后求不同增益相对的输出噪声的平方根。

A/D 转换板

　　记录信号最方便的方法就是通过数字式计算机，其可以将模式信号直接转换成数字式信号。为了采集到 EMG 信号的所有频率范围，应当以足够的采样频率进行数字采样（参见第四十五章）。根据 Nyquist 采样理论，最小的采样频率应当是信号带宽的 2 倍（Oppenheim and Schafer 1989）。也就是说，如果 EMG 信号的频率高达 500 Hz，那么需要采样频率必须超过 1 kHz。总之，采样频率最好是高于最小值，记录 EMG 信号以 2 kHz 的频率采样就足够了。如果部分采集信号的频率高于采样频率的一半时，假象便会产生，即低频的生物信号中会混杂有高频的成分。例如，如果采集信号中部分成分达到 600 Hz，而采样频率为 1000 Hz 时，那么在数字化信号中高频的成分（如 600 Hz）就会被 400 Hz 所代表。因此，为了避免此类假象的产生，在对信号进行数字式转换的过程中必须进行模式化低通滤波，即抗假象滤波。另外，放大器也应该将信号幅度设置为合适的水平以减小量子化误差。量子化误差是由原始信号水平和数字化后水平的差异造成的。换句话说，在不影响 EMG 信号幅度的情况下，尽可能增大增益水平有助于减小量子化误差。

信号存储

　　数字化的 EMG 信号可以以原始数据或处理后的数据存储。至于选择哪一种存储方式是根据计算参数的要求、存储容量和记录系统的后处理要求来定的。读者可以参阅第四十五章了解有关这方面更为详细的内容。

■ 第三部分　记录程序

　　最近，国际电生理学和运动机能学协会成立了一个小组，主要对从事这项研究的工作者提供建议。目前，SENIAM 公司主要在这个领域做了大量重要的工作，见本章最后的附录。

EMG 的记录程序

　　1. 选择电极插入的合适位置。总的来讲，电极应当放置在支配区和肌腱之间的纵向中点上。建议读者认真阅读 SENIAM 公司的报告。

　　2. 应当对将要记录的皮肤区域做如下处理：①刮干；②用乙醇和乙醚的混合液清洗和/或砂纸打磨。

3．如果应用浮游电极，应制作凝胶并将其粘附在电极上，避免气泡残留于凝胶中。

4．将电极以 10～20 mm 的间隔放置在肌纤维上，保持电极之间的间隔相等。

5．放置参考电极于记录区之外，以骨骼为佳。

6．将电极与放大器和数据采集设备相连。

7．检测皮肤阻抗，目的是为了达到电极之间的平衡。检测时可以采用特殊的阻抗计，或者放大器的共态测试方法。同时还必须检测每个电极与参考电极之间的阻抗。

8．对电极的位置和一些解剖结构进行拍照以备特殊需要时采用。

9．进行静态收缩测试、调节增益以确保电极与皮肤接触良好和 RMS 足够的低。

10．在所检测肌肉静息状态时记录背景噪声来获得补偿幅度变化的噪声水平数据，这在检测低水平的收缩活动时显得尤为重要。

11．进行适当的收缩测试以使幅度变量标准化。

12．检测记录开始。

第四部分　信号处理

体表 EMG 信号的分析

处理 EMG 信号的目的就是为了提取有用的信息。皮肤表面记录到的 EMG 信号是骨骼肌生理兴奋和采集系统的复合体。

但是，应当注意的是，激活肌纤维的数目、肌纤维的长度和直径、电极类型、电极相对于运动点的位置、组织厚度以及激活肌纤维的方位等对于所记录信号的幅度和频率都有非常重要的影响。而且电极与皮肤的接触面的温度和长时程的变化对所记录信号的特性也具有影响作用。

无论在任何时刻，电极所采集到的 EMG 信号均包含两种线性累加效应：①来自于单个激活运动神经元支配的单个肌纤维的动作电位；②所有激活的运动单位。

相同运动单位的所有肌纤维几乎同时发放动作电位。因此，在某种程度上，单个 MUAP 的形状是受运动终板的空间结构、肌肉内纤维的不同深度和距离检测电极的不同距离影响的（Karmen and Caldwell　1996）。每一个纤维的动作电位都对运动单位动作电位串的幅度和频率特性都有影响。距离电极更近的纤维影响更大（图 26-7A）。单个 MUAP 和电刺激诱发的 MUAP（复合动作电位或 M 波；见第七部分）被认为是不确定性的。然而，当不规则放电的运动单位数目增加至互相重叠时，肌电信号就可被描述为一个零平均值的随机过程（Basmajian and DeLuca　1985）。随机信号可以是固定的，也可以是不固定的，用统计学术语能够对其特性进行最确切的描述。不固定的 EMG 信号在整个频率波谱内包含有随幅度改变的频率成分。

注意：实际上，在平均值恒定、自相关性仅依赖于时间差异的情况下，存在一种不严格的状态，常称之为广义固定或半固定状态。

频率谱的变化范围为直流至 500 Hz，能量最高的范围为 50～150 Hz。但是，由于受到一系列滤波效应的影响，如机体组织、皮肤—电解质—电极接触面、电极构造和放大器，检测的 EMG 信号带宽即会受到影响。肌纤维、皮下脂肪和皮肤都是各向异性的并具有空间滤波器的作用，随着肌纤维和电极之间的距离增加，滤波效果就会增强（图

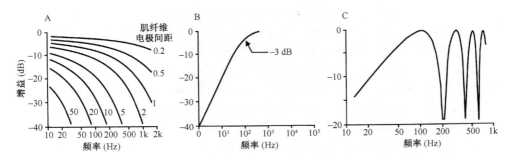

图 26-7　由组织（A），电极-皮肤（B），双极电极（C）模式所引起的滤波效应
（Lindström and Magnusson　1977；Basmajian and DeLuca　1985）

26-7A）（Lindström and Mgnusson　1977）。这就意味着随着电极与肌纤维之间的距离增大，高频的成分会被大幅度地抑制。皮肤和电极检测面之间充当一个高通滤波器的作用（图 26-7B）（Basmajian and DeLuca　1985）。如果采用双极电极和差分放大器，电极之间的距离越小，高频的成分就越多，采集的信号幅度就越低（图 26-7C）（Lindström and Magnusson　1977）。放大器可以将 EMG 信号的频率限制在 10～500 Hz 之间。体表 EMG 信号的幅度范围在 0～6 mV（峰值）或 0～1.5 mV（RMS）之间（Basmajian and DeLuca　1985）。

有许多变量可以用来描述 EMG 信号，但是这里我们只介绍最常用的变量。典型的 EMG 变量可以被分为两大类：幅度和频率变量。

在这里需要强调的是可以在 A/D 转换之前提取一些变量也可以在采样之后进行数字化处理。EMG 信号的数字化处理可以在记录过程中进行，也可以在其后对存储的原始数据进行后处理。而且，也应当注意变量可以在非重叠时间间隔内进行计算，也可以在 EMG 信号的不同片断或连续变量基础上计算。分片断计算变量具有减小数据的优点。

幅度变量

长期以来，人们通过肉眼观察示波器上的信号对原始的 EMG 信号进行分析（图 26-4）。这种简单的方法常用于运动机能学研究，如鉴定肌肉收缩与否的状态。

为了对幅度进行量化，采用简单的求其平均值方法将会产生零的结果，因此就需要更复杂的分析方法来整流随时间变化的肌肉活动。整合 EMG（integrated EMG，IEMG）的方法是最早沿用的方法之一（Inman et al. 1952），其采用线性的包络检测器跟踪完全整流的 EMG 信号。应当注意的是这里应用整合这个词不是非常恰当，因为其有特定的数学含义。正确的说法应该是包络检测器，所采取的方法主要有整流（部分或全部）、线性包络、整合、求平方根（Duchene and Goubel　1993；Merletti and Lo Conte 1995）。

整流：因为求 EMG 平均值结果会为零，所以将双极 EMG 信号转为单极信号的最简单的方法就是整流。整流可以是部分进行或者全部进行。部分整流会除去负值，而全部整流会翻转负值因此会保留信号的能量。

平均整流值（ARV）：整流的信号仍然会自由变动，但是经过求平均值之后这个浮动就会大大降低。ARV 的大小为整流信号和时间间隔为 τ 或 $1/τ$ 的时间轴之间的面积。这种沿着整流信号移动时间窗 τ 的方法就称为移动平均法。

整流 EMG（IEMG）：整流 EMG 是在事先定义好的一个时间窗 τ 内计算出来的。这个方法仅是 ARV 方法之一，这里仅分析 $1/τ$ 的时间间隔。整流后的值总是正值，没有根据时间窗进行标准化，所以随着时间窗的延长，整流数值便会增大。注意这不是上述所讲的线性包络检测法。

平方根（RMS）：RMS 数值检测的是信号的强度值，因其具有明显的物理学意义所以比上述方法提供的信息更多。Basmajian 和 DeLuca（1985）建议在大多数应用中优先选择此方法。

频率变量

计算频率变量的第一步就是估算信号的功率谱密度功能（参见第十八章）。估算体表 EMG 信号频谱的最常用方法就是傅里叶变换法，除此之外，还有参数法（自回归）也在沿用。傅里叶变换法是将信号分解为不同频率的正弦曲线，并鉴定和区分不同频率的正弦曲线及其各自的幅度。所有正弦曲线的总和便会组成原始的信号波形。傅里叶变换法之所以应用如此广泛，一个最主要的原因就是由于快速傅里叶变换法运算法则的建立和应用，此法则极大地减少了计算工作量。

在持续的自主收缩过程中，由于激活的运动单位不规则放电的累加效应导致了 EMG 信号的不固定性。但是，低水平 ［最大收缩（MVC）的 20%～30%］ 短时间的收缩活动的 EMG 被认为是广义固定性的，如局部固定或半固定。但是对于高水平的收缩活动来讲，局部的固定性占有的比例相对较小。由此便引出了时间依赖型波谱的概念，其是将信号分解成若干片断，然后分别计算每个片断的波谱。常用片断的长度为 0.5～2 s，最短的片断应用于强烈收缩过程中的高不固定性信号（Merletti et al. 1992）。在动态收缩过程中应用波谱分析法应该非常慎重，这是因为此过程中变化的因素太多，如激活的运动单位数目、激活的肌纤维和电极的几何关系、肌纤维的长度等。所有这些因素都能极大地增强 EMG 信号的不固定性。这样的情况下，傅里叶变换法和其他典型的分析方法就不能正确完成对这些数据的分析。由此研究者们又建立了时间-频率方法，其对信号的固定性不作要求。

很多方法都可以用来对 EMG 信号频率信息的特性进行分析，如最高幅度、频谱带宽、分解频谱为不同频率带或者一些统计学计算方法如计算功率密度波谱的中间频率。有时还需要研究频谱的斜率和峰度等参数（Merletti et al. 1995）。

最高幅度（PA）：PSD 的最高幅度是指 EMG 信号的主要频率组分。但是，由于 EMG 信号的随机性，所以这个最高值必须经过检测才行。图 26-8 显示了一个典型的 EMG 信号频谱，图中最高幅度以 PA 表示。

频谱带宽：PSD 的频谱带宽是指 3dB（对数值）和标准波谱幅度的 0.5 倍（线性值）（图 26-8）。

中间频率（MDF）：PSD 的中间频率是指将 PSD 分割为两个能量相等区域的频率（图 26-8）。

平均频率（MNF）：PSD 的平均频率或加权平均频率在统计学上通常是指标准的第一个频谱的时间（图 26-8）。在以前的资料中以 fmean 和 MPF 来表示平均频率。

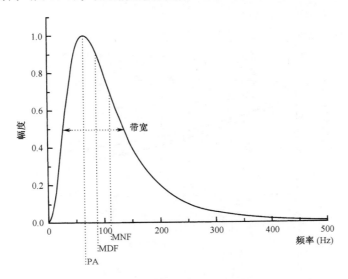

图 26-8　体表 EMG 信号频谱示意图

零交叉（ZC）和转数（TC）：与其他的频率变量不同，零交叉和转数计算不是基于 PSD，而是指原始 EMG 信号通过零点水平的次数，或者在一定时间间隔内到达最大值的次数。这种检测方法用于肌肉疲劳测试中（Hägg　1991）。低张力水平的收缩过程中 ZC 或 TC 和 MUAP 之间的关系是线性关系（Lindström and Magnusson　1977）。但是，随着收缩水平的增强，激活的运动单位的数目也就随之增多，这时 EMG 信号就会呈现出随机的 Gaussian 噪声的形状，线性关系也就自此不再存在了。

EMG 变量的标准化

EMG 的幅度并不是一成不变的，其主要是由于激活的肌纤维与电极之间的电阻的改变而发生改变，但是我们不知道这个电阻值的大小。在同一个个体上每次检测的电阻值都不相同，当然不同个体之间的水平就更不相同了。

这样，比较不同实验间所检测的幅度变量时就必须进行标准化处理。常用的方法是根据每块肌肉的张力大小对信号幅度进行标准化，常采用已知张力水平下的最大收缩或亚最大收缩活动。然而，这种方法可能在有些情况下不适用，这时可以采用其他标准化方法（Winkel et al.　1995）。

对于低水平的收缩活动，我们建议对幅度变量进行补偿。采取的办法是在肌肉完全舒张的状态下记录 EMG。对于 RMS 变量，应该用其平方值减去噪声 RMS 的平方值，所得差值的平方根就是要补偿的值的大小。

在肌肉疲劳实验中，常采用回归的方法来检测幅度和频率变量的变化。通常采用回归的截距进行标准化处理（图 26-9）。关于这个方法的详细内容请参阅文献（Merletti et al.1995)，这些研究者们对肌肉疲劳提出了一个新的量化标准（Merletti et al. 1991）。在这里提醒大家注意我们并不建议用变量的值除初始值进行标准化，因为这样所有的数据就会依赖于初始值的可信度。

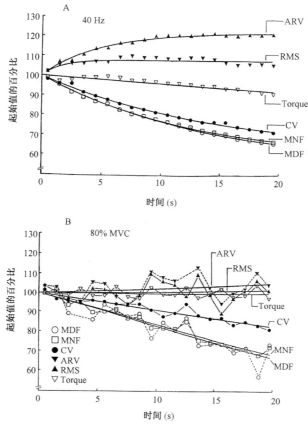

图 26-9　40Hz 电刺激诱发的收缩活动

A. 和最大收缩程度 80% 的自主收缩。B. 状态下的进行标准化处理后的 ARV，
RMS，MNF，MDF，扭矩和 CV 值。A 和 B 是同一个健康被试胫前肌的结果。

图 26-9 显示了人胫前肌 20 s 等长收缩过程中记录到的标准化的 EMG 信号变量，其中 26-9A 图是肌肉在 40 Hz 的刺激状况下，26-9B 图是在最大收缩的 80% 的水平下。请注意刺激诱发的收缩状态下变量浮动的程度相对较小。自主收缩过程中的浮动是由于运动单位的不规则放电所导致的。

实验的可重复性

因为 EMG 信号中变量的可变性，所以我们不得不认真考虑它的可重复性。但是，目前已经普遍认为静态收缩过程的 EMG 是可重复的（Aaras et al. 1996；Bilodeau et al. 1994；Ng and Richardson 1996；Viitasalo and Komi 1975；Viitasalo et al. 1980；Yang and Winter 1983）。也有报道证明在当天或不同日期记录的静态收缩的频率变量具有很好的可重复性（Daanen et al. 1990；Viitasalo and Komi 1975）。

但是描述动态收缩状态下的 EMG 可能更困难一些，尤其是频率变量，这是因为每次收缩都会引入一些影响频率特性的因素，如激活的运动单位和电极之间的几何关系和肌纤维长度的变化等。从静态收缩的结果我们可以看出有些因素对频率具有非常显著的影响（Duchene and Goubel　1993；Potvin　1997；Öberg　1992）。在动态收缩过程中，激活的运动纤维的数目和它们的放电频率在整个运动范围内都发生着快速的改变，这提示它的非固定性。理论上来讲，要得到稳定的数值需要持续几秒钟（0.5～2s）的固定 EMG（Hägg　1992；Merletti and Knaflitz　1992）。因此，信号的非固定性增加了对结果阐述的误差率。

Sleivert 和 Wenger（1994）报道静态和动态收缩活动的整合 EMG 具有相似的组内相关系数（intra-class correlation coefficients，ICCs）。

Finucane 等（1998）报道高水平的亚最大同心和离心等张收缩的 RMS 值是可靠的。Öberg（1992）建议为了减小频率变量的随机变化所造成的影响应当采用多种检测方法或回归分析方法。关于动态收缩过程中体表 EMG 频率变量的可重复性和正确性的研究非常有限，其中一些研究持肯定态度。Potvin（1997）研究报道同心和离心收缩具有相同的 MNF。

第五部分　结　果

本章节不可能对体表 EMG 的应用做详尽的描述，在这里仅列举几个用于基础和临床的范例。

肌肉舒张

临床上报道慢性痛的患者具有肌紧张增强的表现。而与这些临床报道相反的是，检测该患者在静息状态下的 RMS 水平，并未发现增高的 RMS 水平（Svensson et al. 1998）。但是，临床上关于肌紧张的概念是不同的并且相当复杂，尤其在与肌肉痛相关的情况下（Simons and Mense　1998）。正如下面的范例所示，肌肉痛的患者在每次疼痛之间肌肉并不能舒张。

Veiersted 和其同事们检测了重复劳动过程中（操作巧克力包装机）斜方肌的体表 EMG 活动。实验者确定了自发短时低水平的肌肉活动标准（间隔：>0.2 s，肌肉活动在 MVC 的 5% 以下）。研究发现：与正常工人相比，抱怨有肌肉痛的工人其平均肌肉载荷相对较高，EMG 中的间隔数目相对较少（Veiersted et al. 1990）。同样，在对巧克力制造厂的女工人的研究发现，伴有斜方肌肌肉痛的工人的 EMG 中的间隔数也较无肌痛的工人少（Veiersted et al. 1993）。

Svebak 和其同事们研究发现无意识的肌舒张的作用是积极的，而且与慢收缩纤维的比例具有密切的关系（Svebak et al. 1993）。

静态收缩

非疲劳收缩

体表 EMG 信号可以提供有关肌肉和肌肉组所产生的张力信息。肌肉的活动几乎都是肌肉组的活动结果，而非一块肌肉的活动，因此我们可以在在体上研究力与 EMG 的相互关系（DeLuca 1997）。临床上 EMG 常用于生物反射或静态活动的研究。例如，生物反射的应用常见于慢性肌肉骨骼痛和偏瘫患者（Kasman et al. 1998；Schleenbaker and Mainous 1993）。由逐渐增强的短时非疲劳收缩活动中可以得出生物机械输出（张力或扭矩）和信号幅度的关系，它们的数学关系可以由这两个变量得出。随着输出张力的增加，RMS 也就随之增大。这两者之间不会存在独特的数学关系（DeLuca 1997）。在临床检查中，检测出的 RMS 水平随即被转换成生物力输出信号，以此来警告被试已经达到了一定水平的收缩状态。从基础研究的角度来讲，最近的研究结果显示这种信息转换的有效性可能较低（Mathiassen et al. 1995）。目前的研究报道主要研究的是斜方肌的上半部分。在静态劳动的研究中，整个工作期间的收缩水平由幅度概率分布（APDF）来计算（Jonsson 1978，1982）。静态水平是指收缩活动水平，此水平之上的肌肉活动占用整个记录时间的 90%。在以收缩水平定义的平均和峰值水平之上的肌肉活动分别占用整个时间的 50% 和 10%（Veiersted 1995）。在这些研究中，只有在较低的张力水平上才能确定输出和信号幅度的数学关系（0～30% MVC 或 0～50% MVC）。最近 Mathiassen 和其同事们撰写了一篇文章，其中讨论了不同的标准化程序，并且指出在更换电极时进行标准化是非常必要的。

目前，张力/扭矩和 EMG 的频率参数之间的关系尚不清楚（Duchene and Goubel 1993）。但是，已有研究报道较低范围内的张力/扭矩的增加以及频率参数的降低和恒定可作为生物机械输出增强的功能体现（Gerdle and Karlsson 1994；Gerdle et al. 1993）。

疲劳收缩

注意：肌肉疲劳是指训练所诱致的肌肉产力能力和输出强度的降低（Vollestad 1997）。

在持续的静态收缩过程中，EMG 的频率均被压缩在较低的范围内，同时 RMS 逐渐增加（图 26-10）。

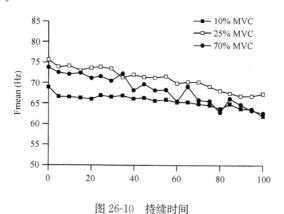

图 26-10　持续时间

健康受试者股外侧肌在三个不同扭矩水平下（10，25 和 70% MVC）
整个标准化期间内的平均频率值（Hz）（Gerdle and Karlsson 1994）。

从图 26-10 可以明显看出，即使在对持续时间的差异进行标准化处理之后，频率降低的程度也似乎与张力/扭矩的水平相关联。与之相反的是，RMS 的水平与力/扭矩的水平成负相关（图 26-11）。

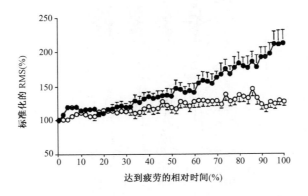

图 26-11 在 25％（实心圆圈）和 75％（空心圆圈）最大收缩强度下肌肉发生疲劳
的相对时间和相对 RMS 之间的关系（Crenshaw et al. 1997）

目前，关于持续收缩过程中 MNF 或 MDF 下降的确切机制还不是十分清楚（Duchene and Goubel 1993），但是，人们一致认为 AMFCV 的下降是导致 MNF/MDF 的下降的一个重要因素。

最近，人们对肌肉形态学因素如何影响体表 EMG 的问题兴趣倍增，尤其是对频率参数的影响。比较不同的肌肉明显发现慢收缩纤维含量较低的肌肉表现为更快的频率移动（Duchene and Goubel 1993；Komi and Tesch 1979；Tesch et al. 1983）。但是，单块肌肉的结果如何尚不清楚，尽管实验报道有明显的相关性，关于这方面还需要大量的研究（Gerdle et al. 1997；Kupa et al. 1995；Mannion et al. 1998；Moritani et al. 1985；Pedrinelli et al. 1998）。

动态收缩

图 26-12 显示了一系列动态等张收缩及同步记录的原始 EMG 信号 A。原始 EMG 的活动方式与扭矩变量的方式相似，两次收缩之间未观察到 EMG 活动。

角加速度对膝部伸肌 EMG 的信号幅度和平均频率均无明显的影响（Gerdle et al. 1988）。

疲劳的等张收缩

要求健康人或患者完成一系列 50 次或更多次最大限度的等张收缩，结果发现在前 30～60 次收缩过程中，输出信号通常呈线性递减的趋势（Elert 1991；Johansson 1987；Komi and Tesch 1979），在此之后几乎保持平稳。频率参数的变化方式与此相似（图 26-13）。

原动力肌的频率变化程度最明显，维持姿势的肌肉的频率变化不太明显。但是也存在许多不同结果，这种差异是由肌纤维的类型不能解释的，其可能是由多种因素所造成的，如皮下组织的量，电极和激活的肌纤维之间移动的不同程度、肌纤维类型的不同含量等。

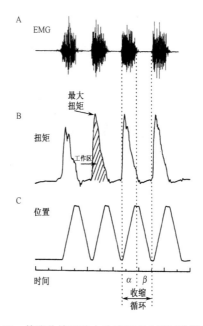

图 26-12　等张收缩活动中收缩循环内不同阶段的示意图

A. 显示原始的 EMG 图，B 和 C 分别显示扭矩和位置图像。一个收缩循环分为一个主动部分（α
部分）和一个被动部分（β 部分）。位置窗口与收缩循环的每一个阶段相对应放置，其是计算生
物机械输出和肌电变量的基础。

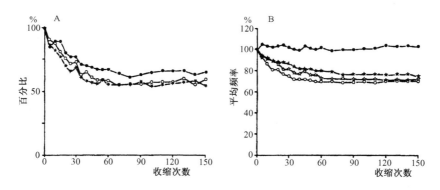

图 26-13　肩伸肌的生物机械输出和平均频率分别与最大等张收缩次数之间的关系

A. 最大扭矩（实心圆圈），功（实心星星）和功率（空心圆圈）；B. 斜方肌（实心星星），三角肌（空
心圆圈），冈下肌（空心星星），肱二头肌（实心圆圈）（Gerdle, Elert and Henriksson-Larsén 1989）。

　　等张收缩中 RMS 的变化方式非常不一致。主要有以下的方式：①前 20 次收缩过
程中 RMS 逐渐增大，在此之后保持在一个恒定的水平或逐渐降低至最初的水平；②前
20～30 次收缩过程中逐渐下降，随之维持在一恒定水平；③整个测试过程中均维持恒
定的水平。目前对于 RMS 的不同变化方式的原因还不甚清楚。

　　最近的研究又报道了一个描述激活的等张收缩之间舒张能力的变量。收缩活动中被

动和主动过程的 RMS 比值可以由后 50 次收缩来求得；比值高提示此收缩活动中被动过程占上风，反之亦然。在不同慢性痛患者中已有报道显示肩部伸肌的 SAR 水平较高（Elert et al. 1992；Fredin et al. 1997），而具有相同的间隔。但是，Carlson 等（1996）对肩胛上区的 EMG 的研究发现有无肌肉痛的患者，其 EMG 并无明显差异（Carlson et al. 1996）。

自由的动态收缩

在研究走步和跑步运动时，自由的动态收缩是非常典型的现象。在走步和跑步过程中记录到的 EMG 信号通常是以肌电系统传递的。当分析每块肌肉的 EMG 活动时，往往会遇到许多问题。为了更清楚地阐释结果，通常需要将原始的 EMG 信号进行整流、平滑化，如图 26-14 所列举的跑步运动的研究实例。一些研究者以 EMG 的起始时间来描述每块肌肉的 EMG 活动，而另一些则以达到高峰活动的时间点来描述。然而在描述起始时间上也没有标准的方法（Hodges and Bui　1996）。通常会出现来自于邻近肌肉的 cross-talk 的问题。通常还有处理移动伪迹产生的问题，这通过使用高通滤波便可解决（图 26-14）。而且，cross-talk 的问题需要引起大家的注意。Deluca 和 Merletti（1988）报道腿部肌肉 EMG 活动的很大一部分都是 cross-talk 的结果（Deluca and Merletti 1998）。在对走步和跑步的研究中发现不同肌肉的 EMG 方式均存在很大的差异（Arsencult et al. 1986；Basmajian and Deluca　1985；Guicdetti et al. 1996）。

■ 第六部分　常见问题

噪声、伪迹和 cross-talk

体表 EMG 产生的许多问题都与噪声有关。在我们的检测数据中，信号是指包含客观量信息的成分，而噪声则是指与客观量无关的成分。物理检测中通常有很多来源的噪声，如电源电压的浮动、空气电流、邻近电子仪器的辐射等造成的噪声。信号的质量通常以信/噪比来表示，即真实的信号幅度和噪声的比值。信号检测中最基本的要求就是将信号与噪声区分开来。

EMG 信号检测中的噪声源主要有以下方面：

1. 电极终端噪声（$4\sim6~\mu V_{rms}$）：是由于电解质—电极和电极—皮肤的接触面所产生的。它可以通过使用 Ag-AgCl 电极和仔细处理皮肤表面来减小。

2. 放大器输入噪声（$<4~\mu V_{rms}$）：衡量放大器好坏的一个质量参数，其噪声幅度由 DC 至几千赫兹，通常只有使用高质量的放大器才能够减小。

3. 移动伪迹：是由于电解质与皮肤和电极之间的相对位移所产生的，使用 Ag-AgCl 电极以及仔细处理皮肤均能削减它。使用短导线和激活的电极能够减小导线的伪迹。应用 10 Hz 的高通滤波也能减小它（图 26-14）。

4. 环境噪声：是由于主观和测量系统以外的物理或化学事件所产生的。典型的例子就是 cross-talk，组织和导线的电磁场干涉、电源频率等。最主要的干涉噪声是 50 Hz（或 60 Hz）的电源辐射。噪声的幅度可能有时会超过信号的幅度大小。减弱这种主要噪声源的方法是应用 notch 滤波器。然而，因为 EMG 信号的主要能量位于 20～100 Hz

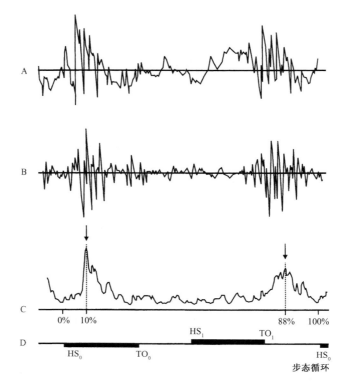

图 26-14　跑步过程中记录的股二头肌的 EMG 信号

A. 显示伴有低频运动伪迹的原始 EMG 信号。B. 显示应用高通滤波（50Hz）处理过的图 A 的信号。C. 显示将 B 图进行整流和平滑化处理的结果。箭头显示 EMG 中的最高点（EMG 峰值）。D. 显示跑步循环中的不同部分（摘自 Journal of Electromyography and Kinesiology）。

的频率范围内，这个滤波器同时会去除掉邻近的频率组分，所以这是一个非常严重的问题。所以我们一般不太建议采用 notch 滤波器的方法。

　　5. 量子化噪声或量子化误差：是由于模式与数字式信号转换所产生的，其所产生的误差就是模式信号值与数字化信号值之间的差异。可以应用输入范围尽可能大的 A/D 转换板来减小这一噪声。

　　6. cross-talk：我们要清楚地认识到双极体表 EMG 不总是仅代表记录电极所记录的那块肌肉的活动。尽管 EMG 信息中的绝大部分是代表记录电极最近的信号源，但是往往其中会混杂有远端肌肉的信号。这个现象就被称为 cross-talk，减小 cross-talk 的首要方法就是将电极放置在肌肉的中线上，这样可以最大限度地与邻近肌肉拉开距离（Deluca　1997）。另外一个方法就是缩短电极与电极之间的距离，这样可以减小采集信号的量，进而减小远端信号源的影响。还有，可以采用双倍差分记录方法而非单倍差分记录，双倍差分记录可以起到一个"邻近过滤"的作用。Koh 和 Grabiner（1993）应用这个方法观察了小腿三头肌对胫前肌 EMG 信号造成的 cross-talk 的影响。应用单倍差分记录方法，电刺激支配小腿三头肌的神经导致胫前肌 EMG 的 cross-talk，其 cross-talk 的幅度相当于最大自主收缩的 10%～20%，而应用双倍差分记录方法时，cross-talk 仅达 5%。对于这两种方法，他们也分别研究了不同电极之间距离对 cross-talk 的影响，其采用的电极之间距离分别为 8mm 和 20 mm。研究发现随着电极之间距离的缩短，cross-talk 的程度会随之减小。但是却增加了实验间 EMG 幅度的可变性。同时还有一个同样的实验结果支持双倍差分记录方法，那就是刺激股四头肌对内、外侧掴肌的影响（Koh and Grabiner　1992）。综上所述，当邻近肌肉异常活跃的情况下记录体表 EMG 时，应用双倍差分记录方法（电极之间距离适用）可以减小 cross-talk 的程度，并且还能保证实验结果的确切性。

其他问题

实际上下列问题是我们经常碰到的问题：

1. 电极与皮肤的接触不充分；

2. 凝胶内气泡过多或凝胶过干；

3. 挤压体表电极，注意肌肉收缩过程中，切记勿使电极互相挤压；

4. 不理想的增益，增益太低，采集的信号太小；而增益太大，又会造成"钳夹"（clipping）效应；

5. 参考电极应用欠佳，这样可导致所有记录道产生噪声；

6. 导线与电极的连接欠佳；

7. 固定不牢，导致导线发生位移；

8. cross-talk；

9. 实验环境中电场过强（如 X 线设备、移动电话等）；

10. 剧烈活动导致的出汗（如疲劳实验）。

第七部分　特殊应用

肌纤维平均传导速度

背　景

应用体表 EMG 可以估算肌纤维平均传导速度（AMFCV），其在自主收缩或者电刺激诱发的静态收缩过程中均可检测。肌纤维的动作电位从支配区处产生，并沿着肌纤维双向传导。AMFCV 是通过记录肌纤维上两点的体表 EMG 信号的时间间隔来计算的。通常 τ 由信号中相关功能的两个峰值的位点而得来，两个 EMG 记录位点之间的距离除以 τ 便可得到 AMFCV。

信号采集

检测 AMFCV 所需的 EMG 信号的两个轴上的时间 $X(t)$ 和 $Y(t)$ 可以由以下方法检测：

单倍差分记录方法（SDT，图 26-15）：此方法采用的是具有三个固定位点的电极，记录到的是两个单倍差异的 EMG 信号；

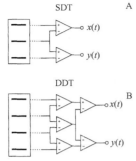

图 26-15 单倍差分记录方法 (SDT，A) 和双倍差分记录方法 (DDT，B)

双倍差分记录方法（DDT，图 27-15）：此方法采用的是具有四个固定位点的电极，记录到的是两个双倍差异的 EMG 信号（Broman et al. 1985a）。

然而，由 SDT 方法所检测的 EMG 信号的 $X(t)$ 和 $Y(t)$ 可能包含非延迟活动。产生这个现象的原因目前还不清楚，但是它可能是来源于被组织的各向异性的导电特性修饰过的远端信号。这样，SDT 方法可能会过高估计 AMFCV，因为非延迟活动会导致两个 EMG 信号峰值之间的距离偏低进而导致 AMFCV 偏高。

Broman 等所建立的 DDT 方法不会过高估计 AMFCV，因为此方法具有"邻近滤波"的作用，所有抑制远端的信号源。我们建议如果可能的话，尽可能采用该方法。

材 料

检测 AMFCV 所需的材料如下：

—具有 3～4 个固定位点的特殊电极，将其固定在一个固定板上，目的是为了保证每个位点间的距离恒定。最常用的电极是由银丝组成，要求的银丝直径为 1 mm，长度为 5～10 mm。每个因素间隔 10 mm 固定在固定板上（Broman et al. 1985a；Fiorito et al. 1994；Högg 1993）

—40～250 Hz 的滤波

—标准的 EMG 差分放大器

—数据存储设备

电极放置

步 骤

我们一般建议应用双倍差分记录方法（DDT），具有四个接触位点的体表电极可以产生两个双倍差异的 EMG 信号。应用体表电极监测肌纤维动作电位的传导进而检测 AMFCV 的可能性主要取决于电极相对于支配区的位置和肌纤维的结构（Roy et al. 1986）。最理想的电极位置应该是在与肌纤维平行的方向上肌腱和第一个运动点如支配区之间。因此，肌肉上肯定有重复的空间可供体表电极放置，在这个空间内肌纤维的动作电位在同一个方向上平行传导。Masuda 和 Sadoyama（1987）已经探讨了 26 块肌肉上检测 AMFCV 的可能性，在 19 块肌肉上可以确定显示肌纤维动作电位传导的记录位点。

信号处理

AMFC 是由记录位点之间的距离除以两个 EMG 信号 $X(t)$ 和 $Y(t)$ 之间时间延迟 τ 来求得。两个 EMG 信号的 $X(t)$ 和 $Y(t)$ 应当是经过滤波处理的。高频的幅度通常设在 160～250 Hz，低频的为 40～80 Hz。这样做的目的是为了减小波长相近或者大于肌肉长度的频率成分，这些频率成分可能会引起某些结果的失真，其将对 AMFCV 检测造成影响（Broman et al. 1985a）。

检测时间延迟 τ 的最常用方法就是计算信号 $X(t)$ 和 $Y(t)$ 的相关系数功能 $[R_{xy}(\theta)]$。此功能描述了信号之间的相似性，它们可以在时间上相互代替。相关系数代表较高的相似性。这样，时间延迟 τ 就是相关图中峰值的时间位移。应用相互关系方法计算时间延迟 τ 时，为了保证测得的 AMFCV 更可靠一些，一般要求相关系数 $R(\tau)$ 在 0.8 以上（Arendt-Nielsen and Zwarts　1989），尽管我们并不能保证所有的检测都是可靠的。目前还没有评价结果正确性的一个明确方法。

为了使检测的 AMFCV 具有相关的分辨率，应当以 10 μs 级的分辨率来计算 τ 值。这可以通过内插相关图来达到合适的时间分辨率来获得（Sollie et al. 1985）。

在线计算 AMFCV 和鉴别相关系数功能是非常理想的。这可以使研究者能够观察肌肉的活动确定最好的电极位置从而得到最可靠的 AMFCV。目前已经报道有几个系统可以达到这个目的（Högg and Gloria　1994；Fiorito et al. 1994）。

结　果

AMFCV 是一个可以提供有关肌肉功能的生理学方面信息的变量，如疲劳的发展过程、代谢活动、纤维类型的组成和运动单位募集（recruitment）等。它同时也用于几种肌肉病理性疾病的诊断。应用体表 EMG 方法检测的 AMFCV 的生理范围为 2.5～5.5 m/s（Arendt-Nielsen and Zwarts　1989）。例如，Krogh-Lund 和 Jorgensen（1993）研究发现在肱二头肌的自主等长收缩过程中，在张力为最大自主收缩的 30% 的情况下，AMFCV 从最初的 4.6±0.56 m/s 下降到了肌肉疲劳时的 3.9±0.69 m/s，而胫侧肌则由 4.3±0.52 m/s 下降至 2.9±0.76 m/s（来自于 10 个受试者的数据）。

电刺激诱发的体表 EMG

背　景

电刺激周围神经系统的运动神经或中枢神经系统中的运动通路可以人工诱发肌肉收缩活动。第三十三章所谈到的磁场刺激也同样可以达到这样的效果。与自主收缩相似，电刺激诱发的肌肉活动过程中能够产生电场，并且其可以通过体表或插入肌纤维内的电极来进行检测。但不同的是，诱发的 EMG 不是一个随机的信号，所诱发的复合动作电位或 M 波与 MUAP 非常相似。但是，这两者之间又没有重合，因为 M 波和 MUAP 是由肌纤维组的同步激活所产生的，即或者是一个运动单位的所有肌纤维的激活（如MUAP），或者是一组运动单位的所有肌纤维的激活（如 M 波）。

在人体中枢神经系统中，电刺激诱发的肌肉活动可以由刺激运动皮层的下行锥体束或者脊髓内有关区域来完成。刺激中枢部位诱发肌肉收缩时，需要使用高刺激强度才能穿过颅骨和椎骨激活神经元。而使用强刺激会给被试带来许多不适，所以目前采用中枢刺激的研究报道越来越少。与之相反，目前应用最普遍的就是电刺激周围的皮肤运动神经、肌肉神经分支或肌肉本身诱发肌肉收缩。有关刺激肌肉的方法可以参阅 Enoka 的文章（1988）。研究中应用最广泛的就是刺激皮神经，因为它所要求的刺激强度是有限的，这样可以大大减轻被试的不适。另外一个选择电刺激位点的方面就是电极和肌肉之间的距离。总的来说，距离越小，刺激的选择性就越高。为了保证高选择性的激活肌肉，我们一般刺激运动神经上的肌肉进入处或者神经的远端分支。但是，这个方法的不足就是刺激仅能激活一小部分肌肉神经分支，也就是运动单位集合的一小部分。

没有生物组织的高传导特性，神经刺激就不能实施。实际上，刺激诱致的电流和肌肉收缩过程中产生的电流均是以相同的方式通过周围组织传导的。在体表刺激的情况下，电流源和电流密度异常的高。讨论电场时，通常以电流密度来描述电场的幅度或强度。简单来讲，电流密度是指单位区域内电流的量的大小，其单位是 A/m^2，电刺激情况下电流密度单位通常以 mA/cm^2 表示。

当电流通过有阻抗的物质时（如生物组织）会产生电位差，这就会导致一个区域产生去极化，而另一个区域产生超级化。如果单位时间内在靶神经上产生了足够的电位差，那么该区域的去极化将会激活一个或更多个轴突。一个轴突上爆发的动作电位将向外周和中枢传递。激活的 α 运动神经元轴突的数目依赖于神经上的电位差。一般来讲，阈值水平的刺激首先激活大直径的有髓轴突。因为 α 运动轴突的直径最大，所以它们可以被较低强度的刺激激活。尽管轴突直径和张力之间的关系并不一致（如相关系数＜1），但是有这样一个趋势，那就是产生最大张力的运动单位通常是大直径的轴突（Bawa et al. 1984）。另外一个决定 α 运动轴突激活顺序的重要因素就是距电流源的距离。增大此距离会导致神经激活处电流密度的减小。这样就会产生一个偏差，即刺激位点附近的轴突被激活和募集。这个偏差的程度由神经内和神经分支间的 α 运动轴突几何的空间分布决定。一块肌肉的所有运动轴突均位于一个神经束内的话，募集偏差的影响会相对小一些。但是当刺激位点接近靶肌肉或神经开始分支时，此偏差就会非常大。当直接刺激靶肌肉上的运动点时，此偏差占有绝对优势。总之，在人工电刺激过程中，纤维激活顺序是从较大的运动单位到较小的运动单位，激活顺序的重叠量随着刺激位点与靶肌肉的接近而增加。

大直径的有髓轴突是那些支配肌梭的纤维，其在最低的刺激强度下便可以被激活。因此，足以激活 α 运动轴突的刺激强度也可以激活初级肌梭传入纤维。初级肌索纤维产生的动作电位向脊髓传递，因为这些纤维与 α 运动神经元直接形成突触，所以可以诱发一个附加的但是延迟的运动或肌肉舒张。通过这个单突触反射通路诱发的 EMG 活动称为 Hoffmann 或 H 反射。高强度刺激条件下 EMG 信号中可能包括 H 反射，但是其比 M 波要晚一些，这是由于传导距离的增加和突触延迟所致。

信号采集和材料

用于电刺激诱发肌肉收缩的仪器设备和方法多种多样。在人体应用体表电极刺激神经之上的皮肤来记录诱发的神经活动。一些研究应用插入电极直接刺激神经组织，但是，在广泛应用插入电极刺激之前需解决许多发育和安全组织的问题。关于插入电极刺激技术方法和应用的更详细知识请参阅 Grill（1996）和 Loeb 的文章（Cameron et al. 1997；Loeb and Peck 1996）。

刺激器

在这里我们非常有必要强调一下在人体上运用不正确的刺激设备的危险性。只有经过光学或电磁场隔离的刺激器才能运用于人体。隔离意味着刺激器的输出不与其他任何设备相连，它的电源不能与其他设备共享接地。将刺激器与其他设备相连也就意味着取消了隔离作用！而且，连与墙壁插座的大多数其他设备（如计算机、示波器等）均有一个共同的接地点。如果刺激器与这些仪器共享接地点，那么这些仪器中的任何故障都会引起地线短路，严重的后果就是刺激器的强大电流通过人体。另外，刺激器与共享接地点连接还对信号质量具有负面影响。

电生理实验中（包括诱发的 EMG 实验）应用的刺激器具有许多基本特性，其中一个重要特性就是它的作用模式。也就是说，刺激器所产生的脉冲可以是电源控制的，也可以是电流控制的。电源控制是指在刺激过程中可以选择阳极和阴极之间的电位差并且使其保持在一个相对恒定的值；而电流控制是指设定通过阳极和阴极的电流并且使其维持在一个稳定的值。如果将阳、阴极分隔开的组织阻抗是相同的，那么在电源控制的情况下电流应该是恒定的，反之亦然。然而，皮肤、肌肉和结缔组织的阻抗是非常不一致的，而且可能在整个激活过程中都是变化的。另外，电极和皮肤之间的阻抗也是一直变化的。因此，根据实验设计的具体要求选择刺激器模式是非常重要的。电流控制的刺激模式对阻抗的变化不敏感，因此其可以严格控制激活的轴突数目。但是，应用这种模式刺激不足之处是每次刺激脉冲之后的组织放电会被延长。因此，对于实验者来说，刺激伪迹的存在是一个非常严重的问题。与之相反的是，电源控制刺激模式对组织和电极—皮肤的阻抗非常敏感，但是每次刺激之后组织的放电时间非常短暂。这种模式的刺激很难维持同样水平的激活状态（如相同数目的轴突），但是刺激伪迹的问题可以忽略。

另外一个刺激的重要特性就是输出波形和持续时间。大多数刺激器输出的是单相或双相的方波。单相刺激对于短时实验来说足够了，但是对于需要长时刺激的实验来说最好不用单相刺激。单相刺激产生的是一个方向上的净电流，其可以改变组织的化学组成（Loeb and Gans　1986）。如果这种电流长时间地作用于组织上，那么它的不平衡性会对组织造成严重的不可逆的损害。为了减小刺激对组织的损害，应该应用电荷平衡分布的双相方波来刺激。双相刺激具有减小到达记录位点和干扰 EMG 信号的刺激量的优点。这个干扰信号通常被称为刺激伪迹。

另外还需注意刺激方波的间期（duration）。为了减低刺激对组织完整性的影响，所用的刺激方波的每一相都不应超过 0.5 ms。尽管我们建议使用更短时间的方波（如 0.1ms 或 0.2 ms）。方波的间期对激活神经轴突所需的刺激强度有一定影响，方波的间期与阈刺激强度之间是双曲线的关系。增长方波间期，阈刺激强度便会降低。这个双曲线型关系的功能作用是：使用短的刺激方波可以使神经激活的水平维持在一个非常广泛的刺激强度范围内。换句话说，使用较短间期的刺激方波，随着刺激强度的增加可以更容易地观察到神经激活的水平逐级增强（激活轴突的募集）。有关刺激方波间期对刺激的影响的详细内容请参阅文献（Loeb and Gans　1986；Tehovnik　1996）。

许多方法可以用来减小 M 波记录中的刺激伪迹量。首先，应该应用双极电极进行平衡的双相刺激。其次，双极刺激电极应与双极记录电极（EMG 电极）呈近似垂直方向。在这个垂直定位的两个电极中轻微改变一下 EMG 电极的位置会对记录的刺激伪迹产生非常大的影响。如果条件许可的话，可以使用电源控制的刺激。如上所述，电源控制的刺激不能维持固定的激活水平，但是在许多情况下如最大限度地刺激神经的条件下（如整个运动集合都被激活）激活水平的重要性就位居其次。关于减小刺激伪迹的其他方法请参阅文献（Merletti et al. 1992）。

体表电极：仪器和方法

电　极

体表刺激通常是由双极或单极电极来完成。在双极电极的构造中，将两个大小相等的小电极固定在位于神经之上的皮肤上，目的是为了保证电极的方向与神经的方向平行。保持电极与神经的平行方向可以降低刺激电流的水平或激活神经的电源。将其中一个电极与刺激器的阴极输出端连接，另一个与阳极输出端相连。应用双相刺激方波时，在较低刺激强度下，阴极电极处的神经即被激活（Dreyer et al. 1993；Winkle and Stalberg 1988）。在较高刺激强度下，阳极电极处的神经也被激活。一般来说，应该将阴极电极放于比阳极电极更接近 EMG 记录位点处。这样的话，我们可以确保只有阴极处发放的动作电位才能到达靶肌肉上。当阳极电极距离靶肌肉更近时，会产生这样一个危险，即高刺激强度下单个刺激方波在阴极和阳极处诱发的双重放电活动会到达肌肉处。这一双重放电将会产生一个非常不稳定的干扰的 M 波记录信号。有关其可能机制请参阅文献（Dreyer et al. 1993）。

　　单极电极的构造模式：将一个较小的刺激电极放于靶神经上，放置一个较大的参考电极于刺激电极和靶肌肉的远端。因为在这种单极电极的模式下，激活周围神经需要的刺激强度较低，所以应当将刺激电极连接于刺激的阴极输出端。如果刺激器本身有一个地线接口，那么应将参考电极与其相连。如果刺激器仅有阳极和阴极端口，参考电极应该连于阳极端。只要刺激方波是单相的，在大多数情况下效果是一样的。不过在应用单极电极之前最好阅读一下刺激器的使用手册。参考电极的功能是为刺激电流建立一个控制回路。应该使用相当大的参考电极，这是因为刺激电极产生的电流随着传导距离的增加，其传导速度越来越快。事实上，参考电极降低了杂散电流的量，这些杂散电流的大部分都分散在周围组织中。如果刺激位点距离靶肌肉过近时，M 波记录信号中的刺激伪迹就会异常地大。这种情况下，我们建议最好应用双极电极刺激方法。由于双极电极模式所具有的电极之间间距小，电极尺寸小的特点，电流场即会被局限在一个小区域内。因此，当刺激和记录位点之间的距离很小时，应用双极电极模式会减小诱发的 EMG 信号中刺激伪迹的量。而且，一般建议把应用电荷平衡的双相方波的双极刺激作为首要选择。

电极材料

　　电极材料的选择和电极尺寸的选择同等重要。刺激电极的材料应该选用高导电性的、耐电解质腐蚀的。一些研究者应用一次性的自动粘贴的电极记录 EMG 信息。这些电极中的导电物质通常是 Ag/AgCl。应用这些导电性能高的电极时，刺激过程中 Ag 在电解质中的稳定性非常的差。因此我们建议在刺激时间长、强度强的情况下不要使用这种电极。其他的电极材料如金、铜和镍，它们对电解质的腐蚀非常敏感，所以尽量不采用这些材料（Loeb and Gans，1986）。为了降低电极与皮肤之间的阻抗，也即降低所需的刺激强度，通常在刺激电极的尖端使用一些潮湿的材料，如在电极尖端包绕一块布或海绵。表 26-2 列举了一些研究中所使用的电极型号，关于电极材料并没有固定的标准。我们的建议是避免使用上述所提到的某些材料，而且应用市面上可以买到的材料。最后，为了降低刺激器输出端与电极之间的额外噪声，所使用的导线应具备如下条件：①不被屏蔽；②相对较短；③盘绕一段导线（在不影响电极固定的位置）。

电极大小

　　产生最大 M 波反应所需的刺激强度依赖于电极与靶神经之间的距离，阈刺激（如电流）和电极—靶神经的间距之间的关系是非线性的；阈电流随着距离增大而呈指数增加（Tehovnik　1996）。此指数值依赖于组织的特有阻抗，大约为二次方。对于任何水平的刺激电流，电流密度由电极的大小来决定。这就是说，电流密度等于电流除以电极面积。除了刺激方波的间期以外，电流密度也是考虑组织损伤的一个非常重要的因素。为了减小或避免组织损伤，应该通过采用较大的刺激电极限制电流密度。但是，不幸的是，我们缺乏这样的经验证据，即何种大小的电极适合于不同的体表刺激强度，可能最好的方法就是使用不引起被试不适感觉的大小的电极。表 26-2 列举了一系列不同靶肌肉上使用各种刺激方案的电极尺寸。此表中也同时列举了用于单极刺激方式中的参考电极的典型型号。还有一个建议就是随着靶神经的皮下厚度增加，增大使用的电极大小。

电极放置：周围神经刺激

　　很清楚，刺激电极应放于靶神经之上，这样才能使电极与神经之间的距离达到最小。在单极电极模式下，刺激电极与参考电极之间的距离不是特别重要，只有参考电极放置的总面积是最重要的。主要的问题是在双极电极模式下，阳极和阴极电极之间的距离应为多大。对于选定的电极材料和电极大小，用于靶神经和肌肉的两电极间距离没有规定的标准值。表 26-2 列举了一些关于不同刺激方案所使用的电极间距离的信息。总的建议是随着神经的皮下深度的增加增大电极间的距离。

表 26-2　一些电生理研究中所采用的刺激方式和电极特性

作者	肌肉	刺激位点	单—双极电极	刺激特性			
				类型	大小	电极间距	方波间期
Cioni et al. (1985)	胫前肌	腓神经：腓骨头下面	单极电极	银/氯化银记录电极	−ve：10mm	参考位置：胫骨内侧	0.2ms
Dreyer et al. (1993)	鱼际肌（刺激电极远端8cm）	正中神经：腕腹侧	单极电极	圆盘状电极*	−ve：直径1cm，参考大小为：2cm	参考位置：桡骨背侧	0.1, 0.5ms
Matre et al. (1998)	比目鱼肌	胫神经：腘窝	单极电极	球形电极*	直径2.5cm	参考位置：大腿前侧	1ms
Merletti et al.	股内侧肌	运动点：股内侧	单极电极	海绵状电极	−ve：3×4cm，+ve：8×12cm	参考位置：大腿后侧	0.1ms
Passeo et al. (1994)	第一骨间背侧肌	尺神经：肘关节上方	双极电极	圆盘状电极			0.2ms
Schmid et al. (1990)	肱二头肌和小指肌	颈7神经运动根	双极电极		面积1cm²	6cm	
Winker, Stalberg (1988)	感觉诱发的电位记录	正中神经：腕腹侧	双极电极	毛毡垫电极	直径8mm	1.2cm	0.015～0.2ms

注：*：电极材料不详；−ve：刺激器的阴极输出端；＋ve：刺激器的阳极输出端。

步　骤

记录诱发的 EMG 的实验程序与静态和动态记录过程相同。但是，除了考虑一些刺激方式以外，还有一些区别。有关中枢诱发收缩的刺激程序请参阅文献（Rothwell et al. 1987；Schmidt et al. 1990）。

1．阅读上述文献中"诱发收缩"章节。

2．了解清楚靶神经位置后，将刺激电极放置于此位置。降低刺激强度至零，选择低频刺激（1～2 Hz），打开刺激器输出端。增大刺激强度，直到观察有肌肉收缩出现或被试感觉到皮肤上的刺激。如果没有反应产生（除了皮肤感觉），查阅解剖学参考资料确信电极放置位置对应于靶神经表面走行的区域。另外，在电极尖端处连接一块布或海绵降低电极与皮肤之间的阻抗。重新放置电极，重新开始检测。如果还没有观察到反应，增大刺激强度，但不要超过 20mA 或 100V。如果在这样的强度下还未诱发出反应，那么选择另一条神经。

3．在皮肤上标记电极位置或将电极固定在理想的刺激点。

4．完成静态和动态收缩记录程序中的 1～4 点。

5．放置 EMG 参考电极，确保 EMG 记录电极位于刺激电极和 EMG 参考电极之间。

6．完成上述程序中的第 6 点，打开示波器或计算机在线图形程序软件包。

7．开始刺激，慢慢旋转记录电极。当慢慢旋转记录电极时，观察采集的信号。固定电极于刺激伪迹最小的那一点处，按照上述第 7 点中所描述的步骤检查电极—皮肤阻抗。

8．调节刺激强度以达到最理想的激活水平。

9．阅读上述文献中的第 9 点。

结　果

在神经达到最大激活过程中所记录的 M 波的形状反映了一块肌肉中所有运动单位的同步激活。大多数情况下，M 波的形状与单个 MUAP 非常相似。而且，等长收缩过程中，M 波的形状最大限度地决定于电极相对于组成性肌纤维的方位和肌肉中终板的分布。如果在每次肌肉刺激到来之前肌肉的几何学保持一致的话（对等长收缩而言），连续刺激诱发的 M 波反应可以直接进行比较。应该避免比较刺激之间肌肉几何学不一致情况下的 M 波反应，除非这是你研究的主要兴趣（如你旨在研究肌肉几何学的改变对 M 波形的影响）。肌肉长度的改变会改变记录电极和肌纤维的方位，记录电极和肌纤维方位的改变进而会改变 M 波的形状。图 26-16A 显示了 M 波形状暂时改变产生的影响，其与肌肉张力的产生和肌纤维长度的改变产生的影响是一致的。在本文中，随着肌肉张力的增加，M 波在时程上明显受到压缩。另外，随着肌肉张力的增大，M 波上峰—峰间期略微缩短。但是 M 波形状的改变却是不一致的，其随着电极记录位置和肌肉的改变而改变。当施加频率足够低或足够高的神经刺激时，可以认为肌肉的几何学是一致的。刺激频率足够低时，机械收缩活动是非常具体的事件，互不重叠。正常情况下，对于大多数肌肉来说，刺激频率达到 3 s^{-1} 时，可以观察到具体的收缩活动。采用最大刺激频率时，肌肉将会产生强直收缩。实际上，在正常情况下，30 s^{-1} 的刺激频率对大多数四肢肌肉来说是足够的。图 26-16 也显示了刺激频率为 $2\ s^{-1}$（图 26-16B）和 $30\ s^{-1}$（图 26-16C）下连续诱发的 M 波的一致性，在每次刺激开始时保持肌肉长度相对恒定。只要认识到这样做的局限性和谨慎操作的话，也可以采用这两个值之间的亚强直刺激。而且，必须保证连续刺激之间的间隔相一致，保持恒定的刺激频率便可以做到这一点。另外，应该舍弃收缩初始、张力逐渐达到稳定水平过程中的 M 波。恒定的刺激频率下，低频时张力的产生需要 300 ms，高频时需要 800 ms，对于动态收缩，与等长收缩状态下肌肉张力的产生相比，可以观察到一个相似的但更大程度的肌肉几何学的变化。因此，比较动态收缩活动中连续刺激诱发的 M 波反应更加困难。

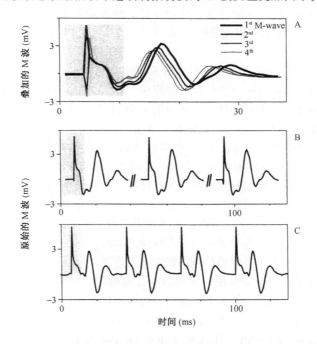

图 26-16　刺激腓神经时在被试的胫前肌上记录到的体表 M 波反应

A. 肌肉产生张力最初的 4 个连续的 M 波。刺激频率分别为 2/s B 和 30/s C 时记录的 M 波反应。注意每张图中 M 波反应之前的阴影部分的波形代表单极刺激所产生的刺激伪迹。参考电极放置于大腿远端部位。与 A 图中的图形相比，B 和 C 图中的 M 波形在形状上更为一致。

　　Merletti 和其同事们检测了人股内侧肌上电刺激诱发的 EMG 信号的可重复性，研究发现频率变量的参数比幅度变量和传导速度的重复性更好（Merletti et al. 1998）。但是，其他研究者发现肱二头肌自主收缩过程中传导速度是重复性最好的变量（Linssen et al. 1993）。

■ 应　用

　　在刺激诱发肌肉激活时，实验者可以控制激活的运动单位数目和它们激活的相对时间。总的来说，有很多机会去探讨诱发的体表 EMG 信号在整流、治疗和诊断方面是否具有价值。当前，有限的实际研究局限于诊断应用方面。从 M 波反应中可以获得大量的潜在信息并且部分应用于临床。

运动轴突的传导速度：首先，刺激和 M 波出现之间的时间延搁可以用来计算传导速度，进而估计运动轴突的条件（Iyer 1993）。

神经肌肉传递的整合：通过评估连续刺激诱发的 M 波反应在时程（如形状）和频率特性上的变化，很有可能检测到神经肌肉接头处传递"失败"现象。除了肌肉极度疲劳以外，还有一些条件会导致神经肌肉接头处突触前和/或突触后区域的整合遭到破坏。这些条件包括 Eaton-Lambert 综合征、食物中毒、抽搐麻痹和其他一些多发性神经病（Eng et al. 1984）。将来很有可能将体表 M 波记录作为一个诊断工具来鉴定影响神经肌肉传递的因素。

肌肉动作电位传导的速度：M 波的时程和频率特性也可以显示肌肉动作电位的传递速度。例如，在肌肉疲劳的开始和发展过程中，MUAP 的传导速度呈现下降的趋势，导致了在时间区域上延长和频率区域上压缩的一个 M 波。有关肌肉疲劳的发展导致 M 波形状改变的详细内容请参阅文献（Merletti et al. 1992）。

上位和低位运动神经元紊乱：Cioni 和其同事们（1985）观察了自主收缩和诱发的等长收缩情况下记录的体表 EMG 信号是否可以用来区分正常人和那些具有上位和低位运动神经元紊乱的患者。他们应用的是诱发条件和自主收缩条件下活动的 RMS 值的比率。正常人的平均比率为 3.22 ± 0.67，而轻偏瘫患者的紊乱侧的值在 $5.16 \sim 9.33$ 之间，正常侧在 $2.59 \sim 4.10$ 之间。另外，多神经病患者（如周围神经系统紊乱）的比率与正常人一致，尽管自主收缩和诱发条件下获得的 RMS 值都成比例下降，这些结果提示这些差异来源于轻偏瘫患者激活的自主肌肉不能达到它的最大潜在程度。

毫无疑问，M 波的研究还可用于其他诊断方面的应用。但是，关于这些技术的详细内容已经超出本文的范围，有关其详细内容请参阅文献（Merletti et al. 1990；Eng et al. 1984；Merletti et al. 1992；Nakashima et al. 1989）。

致谢：感谢 Monica Edström，Majken Rahm，Barbo Larsson，Jessica Elert，Tomas Bäcklund 和 Christian Karlberg 对本书提出的宝贵意见和建议，尤其是对"常见问题及解决办法"这一章节，感谢瑞典生命科学研究理事会的资助。

■ 附　录

体表 EMG（SEMG）实验报告大纲

体表 EMG（SEMG）实验报告的出发点是应当熟练掌握记录体表 EMG 所使用的方法和技术，做到实验结果的可重复性。为了达到这个结果，实验报告中应当注意以下几个要点：

电　极

—电极材料（Ag/AgCl，Au 等）

—电极形状（圆形、正方形、矩形）

　　—电极大小：圆形电极以直径 mm 表示，正方形/矩形电极以长×宽表示，单位为 mm

电极放置程序

　　—皮肤处理方法的描述（如皮肤打磨、剃毛、清洗方法等）
　　—是否应用凝胶
　　—电极在肌肉上相对于肌腱、运动点和其他肌肉的位置；如果可能的话，用解剖结构的名词描述电极位置（如电极位于哪两个解剖结构之间）
　　—电极相对于肌纤维的定位
　　—电极间距离：中心与中心之间的距离，以 mm 表示

SEMG 检测设备

　　—SEMG 放大器（前置放大器）的制造厂家和型号
　　—检测模式（单极，差分，双倍差分等）
　　—时间的增益和幅度范围，以 Volts 表示
　　—信噪比，以 dB 表示
　　—输入阻抗，以 mOhm 表示
　　—共态模式抑制比（CMRR）
　　—用于原始 SEMG 的滤波：
　　　　　—型号（Butterworth，Chebyshev 等）
　　　　　—种类（低通、带通等）
　　　　　—带宽和/或低通和高通分离频率，以 Hz 表示
　　　　　—分离的顺序和/或斜率，以 dB/octave 或 dB/decade 表示

整流方法（如果应用的话）

　　特指是否执行全部或部分波形整流

采集 SEMG 信号输入计算机

　　—A/D 板的制造厂家和型号
　　—采样频率，以 Hz 表示
　　—bit 数目
　　—输入幅度范围，以 V 表示

SEMG 幅度处理方法

　　—EMG 处理方法有好几种：
　　应用一定时间常数（10～250 ms）的低通滤波对整流的信号平滑化通常描述为"用时间常数 x ms 的低通滤波平滑化"。通常将这个过程称为"线性包络检测"，其通过给予时间常数值和/或分离频率和低通滤波的顺序。将通过这个程序处理过的 SEMG 称为"整合 EMG"（IEMG）是不正确的。

　　—将在时间间隔 T 内整流的 EMG 的平均值定义为平均整流值（ARV）或平均幅值（MAV），由时间间隔 T 内总的整流 EMG 值除以 T 求得，T 以 s 表示；

　　—另外一个提供幅度信息的是平方根（RMS），其定义为平方值的根值。正如ARV，这个数就是定义在一个特定的时间间隔 T 内，T 以 s 表示。平滑化的、低通滤波处理的、平均整流的或 RMS 值均是电压，以 Volts（V）表示；

　　—偶尔也见整合 EMG（IEMG）的报道。这种情况下，信号是在时间间隔 T 内整合的，而不是过滤的。IEMG 代表电压曲线上的一个区域，以 V_s 表示。

SEMG 频率区域处理方法

　　SEMG 的功率密度谱应该包括：

　　—采用傅里叶变换之前窗口的型号（矩形、加重平衡等）

　　—用于每个波谱检测的时间长度

　　—所使用的运算法则（如 FFT）

　　—是否运用了零补偿以及最终频率分辨率

　　—计算中间频率［MDF，平均频率（MNF）等的方程］

　　如应用其他处理方法，尤其是新方法，应该对它进行科学的描述。

SEMG 标准化方法

　　标准化处理 SEMG 记录图形时，从记录中得到的幅度参数除以从对照收缩［如最大自主收缩（MVC）］中得到的相同幅度参数。关于 RC 应当提供以下信息：

　　—如何训练被试获得 RC

　　—在 RC 过程中，关节夹角及肌肉长度分别为多少

　　—RC 过程中，邻近关节的条件和夹角（如研究肘部关节弯曲时，应当提供腕和肩关节的有关信息）

　　—力增大的速率

　　—缩短和增长的速度

　　—非等长收缩下关节夹角和肌肉长度的范围

　　—应用于非等长收缩的负载

估算肌纤维传导速度（MFCV）的 SEMG 处理方法

　　估算肌纤维传导速度应当包括：

　　—使用电极的有关情况（形状、大小、材料等）

　　—电极间距离，以 mm 表示

　　—估算 MFCV 的信号型号（两个单个或两个双倍差分信号，多极信号等）

　　—估算延迟所使用的运算公式（参考点之间的延迟如零交叉，时间区域的相关，频率区域的估算等）

　　—获得的延分辨率

参 考 文 献

Basmajian J. V. and DeLuca C. J., Muscles alive: Their functions revealed by electromyography, 5th ed., Williams & Wilkins, Baltimore, 1985.

DeLuca C. J., The use of surface electromyography in biomechanics, J. Appl. Biomechanics, 13:135-163, 1997.

Duchêne J. and Gouble F., Surface electromyogram during voluntary contraction: Processing tools and relation to physiological events, Crit. Rev. in Biomed. Eng. 21(4):313-397, 1993.

Hermens H.J, Hägg G. and Freriks B. (Eds.) European Applications on Surface ElectroMyoGraphy, proceedings of the second general SENIAM workshop Stockholm, Sweden, June 1997. 1997, Roessingh Research and Development b.v.

Hermens H.J. and Freriks B. (Eds.) The state of the art on sensors and sensor placement procedures for surface electromyograpghy: A proposal for sensor placement procedures, Deliverable of the SENIAM project, 1998, Roessingh Research and Development b.v.

Hägg G.M. Interpretation of EMG spectral alterations and alteration indexes at sustained contraction. J Appl Physiol 1992, 73:1211-1217.

Kasman G.S., Cram J.R. and Wolf S.L. Clinical Applications in surface Electromyography - Chronic Musculoskeletal Pain. 1997, Aspen Publishers, Gaithersburg. pp 1-415

Lindström L. and Petersén I. Power spectrum analysis of EMG signals and its applications. In Computer-aided electromyography. Desmedt J.E (Ed) 1983, pp 1-51. S. Karger AG, Basel.

Loeb G.E. and Gans C. Electromyography for experimentalists. 1986, The University of Chicago Press, Chicago, London.

Aarås A, Veieröd MB, Larsen S, Örtengren R, Ro O (1996) Reproducibility and stability of normalised EMG measurements on musculus trapezius. Ergonomics 39: 171-185

Arendt-Nielsen L, Zwarts M (1989) Measurement of muscle fiber conduction velocity in humans: Techniques and applications. Journal of clinical neurophysiology 6: 173-190

Arsenault AB, Winter DA, Marteniuk RG (1986) Is there a "normal" profile of EMG activity in gait? Med Biol Eng Comput 24: 337-343

Basmajian JV, De Luca CJ (1985) In Muscles Alive. Their Function Revealed by Electromyography. Williams & Wilkens, Baltimore.

Basmajian J, DeLuca CJ (1985) Muscles alive: Their function revealed by electromyography. Williams & Wilkins, Baltimore.

Bawa P, Binder MD, Ruenzel P, Henneman E (1984) Recruitment order of motoneurons in stretch reflexes is highly correlated with their axonal conduction velocity. Journal of Neurophysiology 52: 410-420

Bilodeau M, Arsenault AB, Gravel D, Bourbannais D (1994) EMG power spectrum of elbow extensors: A reliability study. Electromyogr clin neurophysiol 34: 149-158

Bodine SC, Roy RR, Eldred E, Edgerton VR (1987) Maximal force as a function of anatomical features of motor units in the cat tibialis anterior. Journal of Neurophysiology 57: 1730-1745

Bodine-Fowler S, Garfinkel A, Roy RR, Edgerton VR (1990) Spatial distribution of muscle fibers within the territory of a motor unit. Muscle & Nerve 13: 1133-1145

Botterman BR, Iwamoto GA, Gonyea WJ (1986) Gradation of isometric tension by different activation rates in motor units of cat flexor carpi radialis muscle. Journal of Neurophysiology 56: 494-506

Broman H, Bilotto G, De Luca CJ (1985a) A note on the noninvasive estimation of muscle fiber conduction velocity. IEEE Trans Biomed Eng 32: 341-344

Broman H, Bilotto G, De Luca CJ (1985b) Myoelectric signal conduction velocity and spectral parameters: influence of force and time. Journal of Applied Physiology 58: 1428-1437

Buchthal F, Guld C, Rosenfalck P (1954) Action potential parameters in normal human muscle and their dependence on physical variables. Acta Physiologica Scandinavica 32: 200-218

Buchthal F, Guld C, Rosenfalck P (1955a) Propagation velocity in electrically activated muscle fibres in man. Acta Physiologica Scandinavica 34: 75-89

Buchthal F, Guld C, Rosenfalck P (1955b) Innervation zone and propagation velocity in human muscle. Acta Physiologica Scandinavica 35: 174-190

Buchthal F, Guld C, Rosenfalck P (1957a) Volume conduction of the spike of the motor unit potential investigated with a new type of multielectrode. Acta Physiologica Scandinavica 38: 331–354

Buchthal F, Guld C, Rosenfalck P (1957b) Multi-electrode study of a territory of a motor unit. Acta Physiologica Scandinavica 39: 83–104

Buchthal F, Schmalbruch H (1980) Motor unit of mammalian muscle. Physiological Reviews 60: 90–142

Burke RE (1981) Motor units: Anatomy, physiology, and functional organization. In Handbook of Physiology – The Nervous System II. Brooks VB pp 345–422. American Physiological Society, Bethesda.

Burke RE, Rudomin P, Zajac FE 3d (1976) The effect of activation history on tension production by individual muscle units. Brain Research 109: 515–529

Burke RE, Tsairis P (1973) Anatomy and innervation ratios in motor units of cat gastrocnemius. Journal of Physiology (London) 234: 749–765

Cameron T, Loeb GE, Peck RA, Schulman JH, Strojnik P, Troyk PR (1997) Micromodular implants to provide electrical stimulation of paralyzed muscles and limbs. IEEE Transactions on Biomedical Engineering 44: 781–790

Carlson CR, Wynn KT, Edwards J, Okekson JP, Nitz AJ, Workman DE, Cassisi J (1996) Ambulatory electromyogram acativity in the upper trapezius region. Patients with muscle pain vs. pain-fre control subjects. Spine 21: 595–599

Christensen E (1959) Topography of terminal motor innervation in striated muscles from still-born infants. American Journal of Physical Medicine 38: 65–78

Cioni R, Paradiso C, Battistini N, Starita A, Navona C, Denoth F (1985) Automatic analysis of surface EMG (preliminary findings in healthy subjects and in patients with neurogenic motor diseases). Electroencephalography and Clinical Neurophysiology 61: 243–246

Clamann HP (1970) Activity of single motor units during isometric tension. Neurology 20: 254–260

Close RI (1972) Dynamic properties of mammalian skeletal muscles. Physiological Reviews 52: 129–197

Coers C (1959) Structural organization of the motor nerve endings in mammalian muscle spindles and other striated muscle fibers. American Journal of Physical Medicine 38: 166–175

Cooley JW, Tukey JW (1965) An algorithm for the machine computation of complex. Fourier series. Mathematics of Computation 19: 297–301

Crenshaw A, Karlsson S, Gerdle B, Fridén J (1997) Differential responses in intramuscular pressure and EMG fatigue indicators during low versus high level static contractions to fatigue. Acta Physiol Scand 160: 353–362

Daanen HAM, Mazure M, Holewijin M, Van der Velde EA (1990) Reproducibility of the mean power frequency of the surface electromyogram. Eur J Appl Physiol 61: 274–277

Datta AK, Stephens JA (1980) Short-term synchronization of motor unit firing in human first dorsal interosseous muscle. Journal of Physiology (London) 308: 19–20

Day SJ (1997) The Properties of Electromyogram and Force in Experimental and Computer Simulations of Isometric Muscle Contractions: Data from an Acute Cat Preparation. Dissertation, University of Calgary, Calgary.

De Luca CJ, LeFever RS, McCue MP, Xenakis AP (1982a) Control scheme governing concurrently active human motor units during voluntary contractions. Journal of Physiology (London) 329: 129–142

De Luca CJ, LeFever RS, McCue MP, Xenakis AP (1982b) Behaviour of human motor units in different muscles during linearly varying contractions. Journal of Physiology (London) 329: 113–128

DeLuca CJ (1997) The use of surface electromyography in biomechanics. J Appl Biomechanics 13: 135–163

DeLuca CJ, Merletti R (1988) Surface EMG crosstalk among muscles of the leg. Electroencephalography and Clinical Neurophysiology 69: 568–575

Denny-Brown D, Pennybacker JB (1938) Fibrillation and fasciculation in voluntary muscle. Brain 61: 311–334

Dreyer SJ, Dumitru D, King JC (1993) Anodal block V anodal stimulation. Fact or fiction. American Journal of Physical Medicine and Rehabilitation 72: 10–18

Duchene J, Goubel F (1993) Surface electromyogram during voluntary contraction: Processing tools and relation to physiological events. Critical Reviews in Biomedical Engineering 21: 313–397

Dumitru D, DeLisa JA (1991) Aaem minimonograph #10: Volume conduction. Muscle & Nerve 14: 605–624

Eccles JC, O'Connor WJ (1939) Responses which nerve impulses evoke in mammalian striated muscles. Journal of Physiology (London) 97: 44-102

Elert J (1991) The pattern of activation and relaxation during fatiguing isokinetic contractions in subjectswith and without muscle pain. Medical dissertation, Umeå. pp 1-46.

Elert J, Karlsson S, Gerdle B (1998) One-year reproducibility and stability of the signal amplitude ratio and other variables of the EMG: test-retest of a shoulder forward flexion test in female workers with neck and shoulder problems. Clin Physiol 18: 529-538

Elert J, Rantapää-Dahlqvist S, Henriksson-Larsén K, Lorentzon R, Gerdle B (1992) Muscle perforamnce, electromyography and fibre type composition in fibromyalgia and work-related myalgia. Scand J Rheumatol 21: 28-34

Eng GD, Becker MJ, Muldoon SM (1984) Electrodiagnostic tests in the detection of malignant hyperthermia. Muscle & Nerve 7: 618-625

Enoka RM (1988) Muscle strength and its development. New perspectives. Sports Medicine 6: 146-168

Enoka RM (1995) Morphological features and activation patterns of motor units. Journal of Clinical Neurophysiology 12: 538-559

Erim Z, De Luca CJ, Mineo K, Aoki T (1996) Rank-ordered regulation of motor units. Muscle & Nerve 19: 563-573

Finucane SDG, Rafeei T, Kues J, Lamb RL, Mayhew TP (1998) Reproducibility of electromyographic recordings of submaximal concentric and eccentric muscle contractions in humans. Electromyography and Motor Control - Electroencephalography and Clinical Neurophysiology 109: 4 p290-4

Fiorito A, Rao S, Merletti R (1994) Analogue and digital instruments for non-invasive estimation of muscle fibre conduction velocity. Med Biol Eng Comput 32: 521-529

Fredin Y, Elert J, Britschgi N, Vaher A, Gerdle B (1997) A decreased ability to relax between repetitive muscle contractions in patients with chronic symptoms after whiplash trauma of the neck. J Musculoskel Pain 5: 55-70

Fugl-Meyer AR, Gerdle B, Eriksson B-E, Jonsson B (1985) Isokinetic plantar flexion endurance. Scand J Rehabil Med 20: 89-92

Fuglevand AJ, Winter DA, Patla AE, Stashuk D (1992) Detection of motor unit action potentials with surface electrodes: influence of electrode size and spacing. Biological Cybernetics 67: 143-153

Garnett RA, O'Donovan MJ, Stephens JA, Taylor A (1979) Motor unit organization of human medial gastrocnemius. Journal of Physiology (London) 287: 33-43

Geddes LA (1972) Electrodes and the measurement of bioelectric events. John Wiley & Sons, London. Gerdle B, Edström M, Rahm M (1993) Fatigue in the shoulder muscles during static work at two different torque levels. Clin Physiol 13: 469-482

Gerdle B, Elert J, Henriksson-Larsén K (1989) Muscular fatigue during repeated isokinetic shoulder forward flexions in young females. Eur J Appl Physiol 58: 666-673

Gerdle B, Henriksson-Larsén K, Lorentzon R, Wretling M-L (1991) Dependence of the mean power frequency of the electromyogram on muscle force and fibre type. Acta Physiol Scand 142: 457-465

Gerdle B, Karlsson S (1994) The mean frequency of the EMG of the knee extensors is torque dependent both in the unfatigued and the fatigued states. Clinical Physiology 14: 419-432

Gerdle B, Karlsson S, Crenshaw AG, Fridén J (1997) The relationship between EMG and muscle morphology throughout sustained static knee extension at two submaximal force levels. Acta Physiol Scand 160: 341-351

Gerdle B, Wretling M-L, Henriksson- Larsén K (1988) Do the fibre-type proportion and the angular velocity influence the mean power frequency of the electromyogram? Acta Physiol Scand 134: 341-346

Glendinning DS, Enoka RM (1994) Motor unit behavior in Parkinson's disease. Physical Therapy 74: 61-70

Gootzen THJM, Stegeman DF, Van Oosterom A (1991) Finite limb dimensions and finite muscle length in a model for the generation of electromyographic signals. Electroencephalography and Clinical Neurophysiology 81: 152-162

Grill WM, Mortimer JT (1996) Non-invasive measurement of the input-output properties of peripheral nerve stimulating electrodes. Journal of Neuroscience Methods 65: 43-50

Guidetti L, Rivellini G, Figura F (1996) EMG patterns during running: Intra- and inter-individual variability. J electromyogr Kinesiol 6: 37-48

Gydikov A, Kostov K, Kossev A, Kosarov D (1984) Estimation of the spreading velocity and the parameters of the muscle potentials by averaging of the summated electromyogram. Electromyography and Clinical Neurophysiology 24: 191–212

Hanson J (1974) The effects of repetitive stimulation on the action potential and the twitch of rat muscle. Acta Physiologica Scandinavica 90: 387–400

Henneman E (1957) Relation between size of neurons and their susceptibility to discharge. Science 126: 1345–1347

Hodges PW, Bui BH (1996) A comparison of computer-based methods for the determnation of onset ofmuscle contraction using electromyography. Electroencephalography and clinical neurophysiology 101: 511–519

Hogrel JY, Duchene J, Marini JF (1998) Variability of some SEMG parameter estimates with electrode location. Journal of Electromyography and Kinesiology 8: 305–315

Håkansson CH (1956) Conduction velocity and amplitude of the action potential as related to circumference in the isolated fibre of frog muscle. Acta Physiologica Scandinavica 37: 14–34

Håkansson CH (1957) Action potentials recorded intra- and extra-cellularly from the isolated frog muscle fibre in ringer's solution and in air. Acta Physiologica Scandinavica 39: 291–312

Hägg GM (1991) Zero crossing rate as an index of electromyographic spectral alterations and its applications to ergonomics. Arbetsmiljöinstitutet, Göteborg. pp 1–37.

Hägg GM (1992) Interpretation of EMG spectral alterations and alteration indexes at sustained contraction. J Appl Physiol 73: 1211–1217

Hägg GM (1993) Action potential velocity measurements in the upper trapezius muscle. Journal of Electromyography and Kinesiology 3: 231–235

Hägg GM, Gloria R (1994) Surface EMG muscular conduction velocity measurement system implemented on a standard personal computer without A/D convertor. Med Biol Eng Comput 32: 691–694

Inman VT, Ralston HJ, Saunders JBCM, Feinstein B, Wright EW (1952) Relation of human electromyogram to muscular tension. Electroencephalogr Clin Neurophysiol 4: 187–194

Iyer VG (1993) Understanding nerve conduction and electromyographic studies. Hand Clinics 9: 273–287

Johansson C (1987) Elite sprinters, ice hockey players, orienteers and marathon runners. Isokinetic leg muscle performance in relation to muscle structure and training. Medical Disseration, Umeå. pp 1–31.

Jonsson B (1978) Kinesiology – with special reference to electromyographic kinesiology. In Contemp. Clin. Neurophysiol. Cobb WA, van Duijn H pp 417–428. Elsevier, Amsterdam.

Jonsson B (1982) Measurement and evaluation of local muscular strain in the shoulder during constrained work. J Hum Ergol (Tokyo) 11: 73–88

Karlsson S, Erlandsson B, Gerdle B (1994) A personal computer-based system for real-time analysis of surface EMG signals during static and dynamic contractions. J Electromyogr Kinesiol 4: 170–180

Karmen G, Caldwell GE (1996) Physiology and interpretation of the electromyogram. Journal of Clinical Neurophysiology 13: 366–384

Kasman GS, Cram JR, Wolf SL (1998) Clinical applications in surface electromyography – chronic musculoskeletal pain. Aspen Publishers, Inc, Gaithersburg

Kernell D, Eerbeek O, Verhey BA (1983) Relation between isometric force and stimulus rate in cat's hindlimb motor units of different twitch contraction time. Experimental Brain Research 50: 220–227

Kernell D, Sjöholm H (1975) Recruitment and firing rate modulation of motor unit tension in a small muscle of the cat's foot. Brain Research 98: 57–72

Kirkwood PA, Sears TA (1978) The synaptic connexions to intercostal motoneurones as revealed by the average common excitation potential. Journal of Physiology (London) 275: 103–134

Koh TJ, Grabiner MD (1992) Cross talk in surface electromyograms of human hamstring muscles. Journal of Orthopaedic Research 10: 701–709

Koh TJ, Grabiner MD (1993) Evaluation of methods to minimize cross talk in surface electromyography. Journal of Biomechanics 26 Suppl 1: 151–157

Komi PA, Tesch P (1979) EMG frequency spectrum, muscle structure and fatigue during dynamic contractions in man. Eur J Appl Physiol 42: 41–50

Krogh-Lund C, Jørgensen K (1993) Myo-electric fatigue manifestations revisited: power spectrum, conduction velocity, and amplitude of human elbow flexor muscles during isolated and repetitive endurance contractions at 30% maximal voluntary contraction. Eur J Appl Physiol 66: 161–173

Kukulka CG, Clamann HP (1981) Comparison of the recruitment and discharge properties of motor units in human brachial biceps and adductor pollicis during isometric contractions. Brain Research 219: 45–55

Kupa EJ, Roy SH, Kandarian SC, DeLuca CJ (1995) Effects of muscle fiber type and size on EMG median frequency and conduction velocity. J Appl Physiol 79: 23–32

Lindström LH, Magnusson RI (1977) Interpretation of myoelectric power spectra: A model and its applications. Proceedings of the IEEE 65: 653–662

Lindström L, Petersen I (1983) Power spectrum analysis of EMG signals and its applications. In Computor-Aided Electromyography. Desmedt JE pp 1–51. Karger, Basel.

Lindström LH, Magnusson RI (1977) Interpretation of myoelectric power spectra: a model and its applications. Proceedings of the IEEE 65: 653–662

Linssen WHJP, Stegeman DF, Joosten EMG, van't Hof MA, Binkhorst RA, Notermans SLH (1993) variability and interrelationships of suface EMG parameters during local muscle fatigue. Muscle Nerve 16: 849–856

Loeb GE, Gans C (1986) In Electromyography for Experimentalists. University of Chicago Press, Chicago.

Loeb GE, Peck RA (1996) Cuff electrodes for chronic stimulation and recording of peripheral nerve activity. Journal of Neuroscience Methods 64: 95–103

Lynn PA (1979) Direct on-line estimation of muscle fiber conduction velocity by surface electromyograhy. IEEE Transactions on Biomedical Engineering BME-26: 564–571

Mannion AF, Dumas GA, Cooper RG, Espinosa FJ, Faris AW, Stevenson JM (1997) Muscle fibre size and type distributation in thoracic and lumbar regions of erector spinae in healthy subjects without low back pain: normal values and sex differences. J Anat 190: 505–513

Mannion AF, Dumas GA, Stevenson JM, Cooper RG (1998) The influence of muscle fiber size and type distribution on electromyographic measures of back muscle fatigability. Spine 23: 576–584

Masuda T, Miyano H, Sadoyama T (1985) The position of innervation zones in the biceps brachii investigated by surface electromyography. IEEE Transactions on Biomedical Engineering BME-32: 36–42

Masuda T, Sadoyama T (1987) Skeletal muscles from which the propagation of motor unit action potentials is detectable with a surface electrode array. Electroencephalography and clinical neurophysiology 67: 421–427

Mathiassen SE, Winkel J, Hägg GM (1995) Normalization of surface EMG amplitude from the upper trapezius muscle in ergonomic studies – a review. J Electromyogr Kinesiol 5: 197–226

Matre DA, Sinkjær T, Svensson P, Arendt-Nielsen L (1998) Experimental muscle pain increases the human stretch reflex. Pain 75: 331–339

McComas AJ, Galea V, de Bruin H (1993) Motor unit populations in healthy and diseased muscles. Physical Therapy 73: 868–877

Merletti R, Lo Conte LR, Orizio C (1991) Indices of muscle fatigue. Journal of Electromyography and Kinesiology 1: 20–33

Merletti R, Fiorito A, Lo Conte MR, Cisari C (1998) Repeatability of electrically evoked EMG signals in the human vastus medialis muscle. Muscle & Nerve 21: 184–193

Merletti R, Gulisashvili A, Lo Conte LR (1995) Estimation of shape characteristics of surface muscle signal spectra from time domain data. IEEE Trans Biomed Eng 42: 769–776

Merletti R, Knaflitz M, De Luca CJ (1990) Myoelectric manifestations of fatigue in voluntary and electrically elicited contractions. Journal of Applied Physiology 69: 1810–1820

Merletti R, Knaflitz M, DeLuca CJ (1992) Electrically evoked myoelectric signals. Critical Reviews in Biomedical Engineering 19: 293–340

Merletti R, Lo Conte LR (1995) Advances in processing of surface myoelectric signals: Part 1. Med & Biol Eng & Comput 33: 362–372

Merletti R, Migliorini M (1998) Surface EMG electrode noise and contact impedance. Proceedings of the third general SENIAM workshop

Milner-Brown HS, Stein RB, Yemm R (1973) Changes in firing rate of human motor units during linearly changing voluntary contractions. Journal of Physiology (London) 230: 371–390

Monster AW, Chan H (1977) Isometric force production by motor units of extensor digitorum communis muscle in man. Journal of Neurophysiology 40: 1432–1443

Moritani T, Gaffney FD, Carmichael T, Hargis J (1985) Interrelationships among muscle fiber types, electromyogram and blood pressure during fatiguing isometric contraction. In Biomechanics, IXA. International series on Biomechanics. Winter DA, Norman RW, Wells RP, Hayes KC, Patla AE pp 287–292.

Nakashima K, Azumi T, Ohta M, Hamasaki N, Takahashi K (1989) Electromyographic responses in leg muscles after electrical stimulation in myelopathy patients with tonic seizures. Electromyography and Clinical Neurophysiology 29: 203–211

Ng JK-F, Richardson CA (1996) Reliability of electromyographic power spectral analysis of back muscle endurance in healthy subjects. Arch phys med rehabil 77: 259–264

Nordstrom MA, Fuglevand AJ, Enoka RM (1992) Estimating the strength of common input to human motoneurons from the cross-correlogram. Journal of Physiology (London) 453: 547–574

Oppenheim AV, Schafer RW (1989) In: Discrete-time signal processing. Prentice Hall.

Passero S, Paradiso C, Giannini F, Cioni R, Burgalassi L, Battistini N (1994) Diagnosis of thoracic outlet syndrome. Relative value of electrophysiological studies [see comments]. Acta Neurologica Scandinavica 90: 179–185

Pedrinelli R, Marino L, Dell'Omo G, Siciliano G, Rossi B (1998) Altered surface myoelectric signals in peripheral vascular disease: correlations with muscle fiber composition. Muscle & Nerve 21: 201–210

Person RS, Kudina LP (1972) Discharge frequency and discharge pattern of human motor units during voluntary contraction of muscle. Electroencephalography and Clinical Neurophysiology 32: 471–483

Potvin JR, Bent LR (1997) A validation of techniques using surface EMG signals from dynamic contractions to quantify muscle fatigue during repetitive tasks. J Electromyogr Kinesiol 7: 131–139

Powers RK, Rymer WZ (1988) Effects of acute dorsal spinal hemisection on motoneuron discharge in the medial gastrocnemius of the decerebrate cat. Journal of Neurophysiology 59: 1540–1556

Ramaekers VT, Disselhorst-Klug C, Schneider J, Silny J, Forst J, Forst R, Kotlarek F, Rau G (1993) Clinical application of a noninvasive multi-electrode array EMG for the recording of single motor unit activity. Neuropediatrics 24: 134–138

Rios E, Pizarro G, Stefani E (1992) Charge movement and the nature of signal transduction in skeletal muscle excitation-contraction coupling. Annual Review of Physiology 54: 109–133

Rosenfalck P (1969) Intra- and extracellular potential fields of active nerve and muscle fibres. A physico-mathematical analysis of different models. Thrombosis et Diathesis Haemorrhagica Supplementum 321: 1–168

Rothwell JC, Thompson PD, Day BL, Dick JP, Kachi T, Cowan JM, Marsden CD (1987) Motor cortex stimulation in intact man. 1. General characteristics of EMG responses in different muscles. Brain 110: 1173–90

Roy SH, De Luca CJ, Schneider J (1986) Effects of electrode locaiton on myoelectric conduciton velocity and median frequency estimates. J Appl Physiol 61: 1510–1517

Sanders DB, Stålberg EV (1996) AAEM minimonograph #25: single-fiber electromyography. Muscle & Nerve 19: 1069–1083

Schleenbaker RE, Mainous AG (1993) Electromyographic biofeedbackk for neuromuscular reeducation in the hemiplegic stroke patient: A meta-analysis. Arch Phys Med Rehabil 74: 1301–1304

Schmid UD, Walker G, Hess CW, Schmid J (1990) Magnetic and electrical stimulation of cervical motor roots: technique, site and mechanisms of excitation. Journal of Neurology, Neurosurgery and Psychiatry 53: 770–777

Shankar S, Gander RE, Brandell BR (1989) Changes in the myoelectric signal (MES) power spectra during dynamic contractions. Electroencephalography and clinical Neurophysiology 73: 142–150

Sica RE, McComas AJ (1971) Fast and slow twitch units in a human muscle. Journal of Neurology, Neurosurgery and Psychiatry 34: 113–120

Simoneau JA, Lortie G, Boulay MR, Thibault MC, Theriault G, Bouchard C (1985) Skeletal muscle histochemical and biochemical characteristics in sedentary male and female subjects. Can J physiol pharmacol 63: 30–35

Simoneau J-A, Bouchard C (1989) Human variation in skeletal muscle fiber-type proportion and enzyme activities. Am J physiol 257: 567–572

Simons DG, Mense S (1998) Understanding and measurement of muscle t one as related to clinical muscle pain. Pain 75: 1–17

Sleivert GG, Wenger HA (1994) Reliability of measuring isometric and isokinetic peak torque, rate of torque development, integrated electromyography, and tibial nerve conduction velocity. Arch Phys Med Rehabil 75: 1315–1521

Smits E, Rose PK, Gordon T, Richmond FJ (1994) Organization of single motor units in feline sartorius. Journal of Neurophysiology 72: 1885–1896

Sollie G, Hermens HJ, Boon KL, Wallings-De Jonge W, Zilvold G (1985) The measurement of the conduction velocity of muscle fibres with surface EMG according to the cross-correlation method. Electromyogr clin neurophysiol 25: 193–204

Stålberg E (1966) Propagation velocity in human muscle fibers in situ. Acta Physiologica Scandinavica Supplementum 287: 1–112

Stålberg E (1980) Some electrophysiological methods for the study of human muscle. Journal of Biomedical Engineering 2: 290–298

Stålberg E, Theile B (1973) Discharge pattern of motoneurones in humans. In New Developments in Electromyography and Clinical Neurophysiology. Desmedt J pp 234–241. Karger, Basel.

Stein RB, Oguztöreli MN (1978) The radial decline of nerve impulses in a restricted cylindrical extracellular space. Biological Cybernetics 28: 159–165

Stephenson DG, Lamb GD, Stephenson GM, Fryer MW (1995) Mechanisms of excitation-contraction coupling relevant to skeletal muscle fatigue. Advances in Experimental Medicine and Biology 384: 45–56

Svebak S, Braathen ET, Sejersted OM, Bowim B, Fauske S, Laberg JC (1993) Electromyographic activation and proportion of fast versus slow twitch muscle fibers: A genetic disposition for psychogenic muscle tension? Int J Psychophysiol 15: 43–49

Svensson P, Graven-Nielsen T, Matre D, Arendt-Nielsen L (1998) Experimental muscle pain does not cause long-lasting increases in resting electromyographic activity. Muscle & Nerve 21: 1382–1389

Tehovnik EJ (1996) Electrical stimulation of neural tissue to evoke behavioral responses. Journal of Neuroscience Methods 65: 1–17

ter Haar Romeny BM, Denier van der Gon JJ, Gielen CCAM (1984) Relation between location of a motor unit in the human biceps brachii and its critical firing levels for different tasks. Experimental Neurology 85: 631–650

Tesch PA, Komi PV, Jacobs I, Karlsson J, Viitasalo JT (1983) Influence of lactate accumulation of EMG frequency spectrum during repeated concentric contractions. Acta Physiol Scand 119: 61–67

Turker KS, Miles TS, Le HT (1988) The lip-clip: a simple, low-impedance ground electrode for use in human electrophysiology. Brain Research Bulletin 21: 139–141

Veiersted KB (1995) Medical Dissertation. National Institute of Occupational Health and University of Oslo, Oslo. pp 1–77.

Veiersted KB, Westgaard RH, Andersen P (1993) Electromyographic evaluation of muscular work pattern as a predictor of trapezius myalgi. Scand J Work Environ Health 19: 284–290

Veiersted K, Westgaard R, Andersen P (1990) Pattern of muscle activity during stereotyped work and its relation to muscle pain. Int Arch Occup Environ Health 62: 31–41

Vigreux B, Cnockaert JC, Pertuzon E (1979) Factors influencing quantified surface EMGs. European Journal of Applied Physiology and Occupational Physiology 41: 119–129

Viitasalo JHT, Komi PV (1975) Signal characteristics of EMG with special reference to reproducibility of measurements. Acta Physiol Scand 93: 531–539

Viitasalo JT, Saukkonen S, Komi PV (1980) Reproducibility of measurements of selected neuromuscular performance variables in man. Electromyogr clin neurophysiol 20: 487–501

Vollestad NK (1997) Measurement of human muscle fatigue. J Neurosci Methods 74: 219–227

Wickiewicz TL, Roy RR, Powell PL, Edgerton VR (1983) Muscle architecture of the human lower limb. Clinical Orthopaedics and Related Research 275–283

Windhorst U, Hamm TM, Stuart DG (1989) On the function of muscle and reflex partitioning. Behavioral and Brain Sciences 12: 629–681

Winkel J, Mathiassen SE, Hägg GM (1995) Normalization of upper trapezius EMG amplitude in ergonomic studies. Journal Of Electromyography And Kinesiology 5: 197–226

Winkler T, Stålberg E (1988) Surface anodal stimulation of human peripheral nerves. Experimental Brain Research 73: 481–488

Winter DA (1990) In Biomechanics and Motor Control of Human Movement. John Wiley & Sons, Inc., New York.

Yang JF, Winter DA (1983) Electromyography reliability in maximal and submaximal isometric contractions. Arch phys med rehabil 64: 417–420

Yu YL, Murray NM (1984) A comparison of concentric needle electromyography, quantitative EMG and single fibre EMG in the diagnosis of neuromuscular diseases. Electroencephalography and Clinical Neurophysiology 58: 220–225

Zhou S (1996) Acute effect of repeated maximal isometric contraction on electromechanical delay of knee extensor muscle. J Electromyogr Kinesiol 6: 117–127

Zipp P (1982) Recommendations for the standardization of lead positions in surface electromyography. J Appl Physiol 50: 41–54

Öberg T (1992) Trapezius muscle fatigue and electromyographic frequency analysis. Medical disseration. Linköping University, Linköping.

第二十七章　肌纤维内肌电信号的解析

Carlo J. De Luca and Alexander Adam

于耀清　陈　军　译

第四军医大学疼痛生物医学研究所

junchen@fmmu.edu.cn

■ 绪　论

从肌纤维内肌电信号（intramuscular electromyographic signal，imEMG）尽可能地提取运动单位动作电位（motor unit action potential，MUAP）是临床界长期感兴趣的问题。Adrian 和 Bronk（1929）第一次发明了用于鉴定 MUAP 波形和放电频率的同心圆针状电极。后来长期的研制使手工测量和定性 EMG 信号的工作发展为计算机辅助的 EMG 技术，而且通过对波形的识别可以进一步鉴定单个动作电位并评价其放电时间。本章所涉及的 EMG 精确解析技术可以复原 EMG 信号中的所有可利用信息。EMG 信号分析包括两类：形态分析和控制特性分析。形态分析是指 MUAP 波形参数的描述，如峰—峰幅度（peak-to-peak amplitude）、时程（time duration）、相数（number of phase）和面积（area），这些参数将通过复原 MUAP 来获得。MUAP 的形态参数与肌纤维的解剖学和生理学特性有关，常常被临床医生用于制订临床 EMG 检查的评价标准。而肌纤维的控制特性主要用于描述运动单位的放电特征，通过放电特征分析可以研究运动单位是如何在中枢神经系统和外周神经系统调控下活动的，临床上常将其用于上位运动神经元疾病的分析。

从 19 世纪 70 年代末期开始，本研究组即致力于 EMG 精确解析技术的研发上，关于该技术的最早描述是以摘要形式发表于北美神经科学学会上（LeFever and De Luca 1978），而关于该技术的信号处理概念则最早发表于 IEEE 生物医学工程学报（LeFever et al. 1982a，b）。后来又较全面地发表了关于该技术的运算法则和工作原理（Mambrito and De Luca　1984）。本文也提供了检测该解析技术精确性的简单而实用的方法。Stashuk 和 De Luca（1989）又更新了该技术的应用并提供了一些有用的改良技巧，此外 De Luca（1993）还推出了便于理解的方法学手册。

工作原理

解析一词常用于描述从同时出现的多个活动运动单位中将同类运动单位动作电位串（motor unit action potential trains，MUAPT）进行叠加、鉴定和分类的过程。图 27-1 是 EMG 解析方法的工作原理，即当记录电极附近有多个运动单位活动时，可以应用该技术将 EMG 干扰信号进行分解以获取高分辨 MUAPT。鉴定过程是指对 MUAP 发生的时间进行分类和对其形态特征进行准确描述。从上述可见解析 EMG 信号的过程是非常琐碎的，有的情况是存在两个 MUAP 的波幅和形态都分明的 MUAPT，但有时却存在多个 MUAP 波幅和形态都近似的多组 MUAPT 以至于在理论上难以分析。解析较完整的

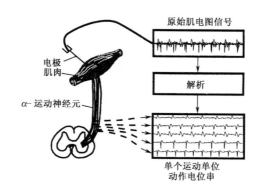

图 27-1　从原始 EMG 信号中解析运动单位动作电
位串成分的图示（De Luca et al. 1982a）

EMG 信号可以为已存在的信号提供所有信息。在时间参数上，可以完整地描述放电间期（inter-firing interval，IFI）、放电频率和同步化特征等，一个特异运动单位发放的 MUAPs 可以通过对一组发放动作电位进行平均而得到波形一致的信号。

　　应用领域

　　应用 EMG 解析技术所获取的易懂、准确和可靠的信息既可以应用到基础研究也可以应用到临床诊断和治疗。它是一种可以研究正常或异常状态下神经系统工作状态的新工具。在神经病学领域，检测运动单位放电频率和同步化行为可以对中枢神经系统（CNS）源性疾患进行分析和分类，它的优点是在对 CNS 无直接侵害的情况下仅通过一根刺入到肌肉内的针状电极所获得的信号对 CNS 疾患进行诊断。通过平均一个运动单位中可鉴别的 MUAP 可以获得 MUAP 波形的内在信息，这有利于诊断疾病。此外，储存和测量多个 MUAP 可以使采集和分析数据过程简化，事实上一个独立的实验室完全可以获得整套的属于自己的正常数据，以此还可以改良用于测量 MUAP 特性的技术方法。在神经生理学领域，该解析方法可以帮助研究者深入探讨同时发生的多个运动单位的行为并确定其特性，这种研究完全超越了只与单个运动单位或放电‐放电事件相关的信息处理。这使在神经系统内寻找超越神经元‐神经元相互作用的信息传递成为可能。我们也可以在肌肉中或肌纤维间更高效地解读神经元激活所合成的交响曲。另外，也可在没有损伤被研究靶部位的情况下研究人的随意协调运动是由何种机制所介导的。总之，任何关于正常 CNS 基础研究知识的增长都有利于临床诊断。

　　应用范围

　　—解析精度范围在 85%～100%，但这有赖于信号的复杂度和运动单位的数目

　　—可解析的 EMG 信号可以产生于高至 100% 的最大收缩，但事实上 80% 的收缩更常用，可以研究高阈值运动单位的行为

　　—解析叠加的两个或多个 MUAP

　　—可对多达 11 个同时发生的活动运动单位进行解析

　　—时间解析＝k（精度）（运动单位数目）（信号的复杂度）

　　精确解析技术的特征

　　—使用特制的针状或金属丝电极，电极尖端有四个可探查平面，直径为 $50\mu m$

　　—四根金属丝电极可探查微小信号，虽然这种电极信号没有单金属丝电极信号选择性好，但是较同心圆电极信号选择性高

　　—微小信号的采样频谱在 1～10 kHz

　　—使用四根金属丝电极可以记录小的不等轴长收缩

　　—操作有自动模式和手动模式，自动模式较快但不如手动模式准确

精确解析技术的特性

　　—用针式电极可以记录同心圆或宏 MUAP 的形态信息

　　—单个运动单位的控制特性

　　　　—点图显示每个运动单位的 IFIs 间期，此描述主要用于研究运动单位的放电行为

　　　　—条图显示每个运动单位所有 MUAPs 的位置，此描述主要用于确定一个运动单位募集或去募集的阈值

　　　　—放电频率图显示多个同时存在的运动单位放电频率的行为

　　—运动单位群

　　　　—互相关图显示多个同时存在的运动单位放电频率互相关的数目和相对潜伏期（参考第十八章）

　　　　—同步化图显示被解析的任何配对的 MUAPT 之间同步化的数量

精确解析技术的缺陷

　　—针状电极一般只限于等长收缩记录

　　—金属丝电极一般用于慢动态收缩

　　—当力率小于 40% MVC/s 只能记录 EMG 信号（MVC：maximum voluntary contraction，最大随意收缩）

　　—如果信号复杂或信噪比低，则该技术受到挑战

■ 概　要

　　精确解析技术的程序和步骤包括以下内容（图 27-2）：

　　—信号检测

　　—针状电极定位和移动

　　—信号采集和样本记录

　　—解析运算法则

　　—数据重构

　　—数据分析和发表

■ 材　料

　　—四导针状电极或四导微细金属丝电极

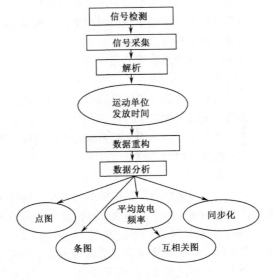

图 27-2　解析过程的流程图

　　—针状电极前端：缓冲放大器和差数放大器

　　—计算机高速数据采集板

　　—采样和压缩软件

　　—解析软件

　　—分析软件

■ 步　骤

信号检测

　　精确解析技术信号探查的一个重要特征是用一个特殊电极在肌肉组织中探查三道 EMG 信号，这是该技术比较基本的重要环节。三道信号在减少决策过程疑虑中非常必要，因此根据计算机运算法则来识别 EMG 信号中的不同 MUAPT。这个记录需要特殊设计的四导丝电极（quadrifilar electrode）来完成，电极包括两种：一个是针状电极（needle electrode），另一种是金属丝电极（wire electrode）。

　　电极的选择

　　针状电极具有以下优点：

　　—可用来获得动作电位的形态特性

　　—可用来获得宏 EMG 信号

　　—可在肌肉中精确定位

　　—可以用手操作将电极插入高质信号区

　　—可用于临床

　　针状电极具有以下缺点：

　　—不能用于动态收缩的记录

　　—当插入深部肌肉组织中时可引起疼痛

　　—不能长时间留置于肌肉组织中，一般在 1h 以内

　　金属丝电极具有以下优点：

　　—可用于慢动态收缩的记录

　　—无痛

　　—可长时间留置于肌肉组织中，一般可达几个小时

　　金属丝电极具有以下缺点：

　　—不能重新定位，因此较难探查产生更利于解析信号的部位

　　—在肌肉收缩时可游走

　　针状电极

　　图 27-3A 显示的是针状电极的细节和连接放大器的元件。这种电极的显著特征是在金属针尖的侧壁有四个探测面，根据研究肌肉的纤维分布密度导丝的直径分别为 $50\mu m$ 或 $75\mu m$，每根导丝彼此相应间隔 $150\mu m$ 或 $200\mu m$。这些配置的选择是由实验测试得来，完全符合解析运算所需要的信号质量。电极探测表面通过差分放大器双极配置连接，分出三个不同的 EMG 信号输出端。我们发现电极探测表面越小选择性越好，适于肌纤维分布密度高的肌肉，也适合于强力收缩。另外，这种电极既可以探查同心圆电极

EMG 信号, 又可以通过另一种配置探查宏 EMG 信号。图 27-4 显示了具体的使用范例。同心圆电极 EMG 信号可以通过针状电极尖的塞子探查, 与标准同心圆电极塞子的探查表面面积相同 ($2.7\ mm^2$), 同时宏 EMG 信号的探查表面是标准的。因此, 根据这种配置四根导线的针状电极从针尖侧壁可以探查三道 EMG 信号, 因为总共有四道输入, 所以还可以同时探查同心圆电极 EMG 信号或宏 EMG 信号。

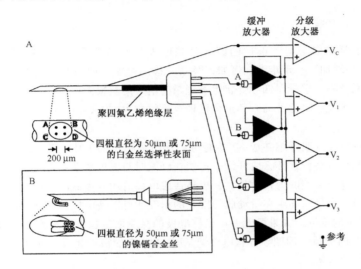

图 27-3 用于精确解析技术的电极与放大器配置图

A. 四导针状电极可以从针尖侧壁选择性表面探测 V1-V3 三个道的 EMG 信号, Vc 连接针尖外壁作为参考引导。另外一种针状电极的配置从针尖同心圆表面记录信号 (未显示)。B. 四导金属丝电极可直接连接到放大器, 金属丝电极是通过一根皮针插入肌肉的, 当电极位置确定后即可退出皮针。金属丝电极的记录端是鱼钩状, 因此可以锚定在肌肉中 (Mambrito and De Luca 1984)。

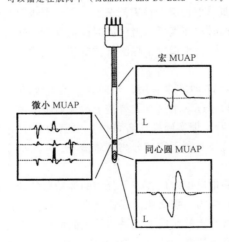

图 27-4 通过四导针状电极探查微小 (Micro MUAPs)、宏 (Macro MUAP) 和同心圆 (Concentric MUAP) 信号的范例

如果用四导金属丝电极则只能记录微小信号 (De Luca 1993)。

金属丝电极

图 27-3B 显示了金属丝电极与连接放大器的元件。电极由四根用尼龙套包裹的镍镉合金丝或白金丝制成，金属丝直径根据探查选择性分别为 $50\mu m$ 或 $75\mu m$，金属丝直径越细选择性越好。绝缘金属丝末端有很小的面积裸露，末端 1 mm 处弯曲形成鱼钩状以利于锚定在肌肉中。

电极定位和电极移动

能够用于鉴定多个运动单位的四导针状电极具有高选择特性，但是在采集稳定 EMG 信号上却增加了一定难度。例如，轻微的移动可能对用同心圆电极或粗针状电极记录的信号无影响，但是对四导针状电极记录的信号影响很大。因此我们发明了一些可以减小移动并增强信噪比的插入和定位该种电极的技术方法。

电极插入

当把电极斜插入肌纤维并成 30°角时可以获得最稳定的 EMG 信号。因为如果电极插入方向与肌纤维平行，那么肌纤维很可能在舒缩时与电极滑动；反过来电极与肌纤维的角度越大则电极尖端的剪切力越大，也易造成电极滑动。因此尽可能地寻找一个可以使电极尖端剪切力足以锚定在滑动肌纤维上的角度才可以使电极移动达到最小，这就是我们提出 30°角的依据。如果可能，可以将电极的探测面定位在运动点，在此记录到的 MUAP 沿反方向传播，用四导针状电极记录时 MUAP 的极性相反，而相反的波形信号更有利于识别和解析。

电极旋转

由于上述所提到的独特设计，与标准同心圆电极不同，四导针状电极需要特别地插入定位技术。同心圆电极的探测面相对粗大而且位于尖端，所以旋转电极与进退平移电极相比对信号质量影响无大差别。因此同心圆电极可以直插直退，也可以多次进针。但是四导针状电极的探测面很小且位于针尖侧壁上，所以电极对旋转进针非常敏感。鉴于此，在定位四导针状电极时，在慢插慢退的同时向前向后旋转电极，这可以使实验操作者大大减少进针的次数，同时也增大了探测部位的有效面积。

监听反馈

监听声音在检测 MUAP 时非常有用，当四导针状电极的探测面接近活动的肌纤维时，信号的幅度和放电频率逐渐增大，如果接上放大监听器就会听到声音越来越高尖的"噼噼啪啪"声。通过监听反馈实验操作者可以集中精力定位电极，而不需要频繁地回头看监视屏或示波器，这样有利于快速分离高质信号。

肌肉收缩力

一般需要几分钟才能把电极定位在波形分明的运动单位处，如果被试的肌肉在电极定位过程中保持较高的收缩力，那么肌肉很快就会产生疲劳。但是如果肌肉的收缩力很低，那么电极很难在即将锚定的肌肉上记录出精确的信号。因此在定位电极时，要使被试的肌肉最大随意收缩力维持在 10%，然后分离出 2～3 个显著的运动单位波形，当一旦找到合适的位置，即可以让被试慢慢地增加肌肉收缩力直到在监视下获得预先需要的 MUAPT 数量，一般需要观察 2～3 个运动单位。如果在肌肉收缩力增强时记录信号不稳定，可以放弃重新寻找。

稳定性

电极定位最大的困难是在改变肌肉收缩力时如何使记录信号稳定下来，甚至在等长收缩时，肌纤维都可能相对于筋膜、皮肤和电极轻微移动，这种轻微的移动就可能造成信号的不稳定。然而也有些能够解决这些问题的办法，如注意观察肌肉收缩时电极是怎么移动的以及信号是怎么改变的，然后再定位电极，这样移动本身不仅不会影响记录，反而会改善信号的质量。如果这样做也不成功，那么也可以试着捏住电极使其保持不动，这种方法虽有用但也有问题。因为实验操作者想使电极的探测面相对地固定于局部肌纤维，所以不可避免地需要移动电极以便使电极探测面相对稳定地固定在记录肌纤维上。而捏住电极不动很可能限制了以上目的的实现，因此切记高保真信号只能取决于电极与肌纤维的位置，而不是手捏持电极的位置。

信号采集和样本记录

信号放大和滤波

传统上实现记录 EMG 信号的第一步就是尽可能地放大信号以避免在信号数字化之前扭曲信号，为此应用最大采样频谱以提高数字化信号的采样分辨率。所以，传统方法建议将放大器的增益调整到最大以保证 EMG 信号波峰无切迹。但是，用四导针状电极或四导金属丝电极记录的信号采样频谱却为 1～10 kHz，这是精确解析程序中所具有的独特特征。精确解析技术有目的地扭曲动作电位波形以产生研究者并不熟悉的信号形状，而这些信号正是解析运算法则所需要的。因为波的形状越短越尖，而且 MUAP 尾部长度减小，它在多个 MUAP 中重叠的机会越少。应用这种解析技术，同心圆电极 EMG 信号的采样频率为 10 Hz～10 kHz，而宏 EMG 信号的采样频率为 10 Hz～1 kHz。

采样阈

当任何道的信号超越了预先设置的阈值，就可被采样和数字化。采样阈是适合某种典型信号的默认值，如果阈值设置得恰当，那么很可能改善所采样分析信号的信噪比。但是这个操作需要具体实践，而且操作者要熟悉该系统的程序软件。因为只有阈上的信号才可以被采集储存，所以设置采样阈可以大大提高数据储存的效率。这个系统可以提供一套完整的时间参考值来储存被采集信号的时间量，即在被采集信号之间都有个时间点代表信号漏失，这样所有待解析的信号都没有遗漏的可能。图 27-5 显示的是一个操作者辅助解析的具体过程，屏视图显示了时间-压缩数据。注意垂直线指示的是信号漏失时间点，垂直线下面的数字代表信号漏失的时间长短（用 ms 表示）。我们把从四导针状电极尖端侧壁探测面记录的信号称为微小 EMG（micro EMG），这些信号是每个运动单位中大约 3～4 个肌纤维所发出的，因此微小 EMG 不如用单根纤维电极记录的信号选择性好，但是它比用同心圆电极记录的信号选择性高得多。微小 EMG 是在 50 kHz 采样频率下采集的，而这个采样频率恰好高于 Nyquist 频率（参见第四十五章）。高分辨率的 MUAP 在比较解析运算中非常重要，因为精确解析技术的重要特征是在时间域中解析决定空间。因为同心圆电极信号和宏 EMG 信号的频谱窄，所以采样频率较低，一般为 2 kHz。

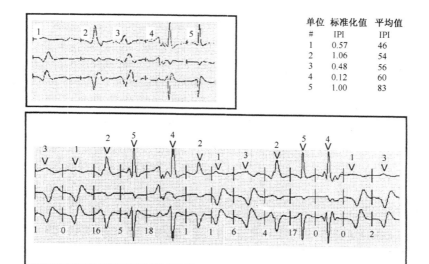

单位	标准化值	平均值
#	IPI	IPI
1	0.57	46
2	1.06	54
3	0.48	56
4	0.12	60
5	1.00	83

图 27-5　上左图显示从 5 个不同运动单位（motor unit，MU）记录的三道示波图；
上右图显示在左图已鉴定 MUs 的平均 IPI（mean IPI）和标准化 IPI（norm IPI）。下
图显示在分配的 MU 数目下所压缩的三道 EMG 信号
垂直线表示信号漏失时间间隔，其下方的数字代表信号漏失间期（ms）。垂直线的长度代表阈
值，即使是最小信号幅度在数字化过程中也不会漏掉

解析运算法则

　　解析程序是在复杂规则的运算法则基础上实现的，这个运算法则的创立经历了 20
年的时间，它包括了如何处理实际测试 EMG 数据特性的诀窍的所有信息。这些运算法
则通过使用模板匹配（template matching）和放电几率统计学（probability of firing
statistics）鉴别动作电位，解决叠加并把动作电位分配给运动单位。根据已建立的规则，
使用用户互动编辑运算法则可以检验准确性和修改，详见 De Luca（1993）。

数据重构

　　通过应用解析微小 EMG 信号而建立的每一个 MUAPT 中 MUAP 放电的时间记录，
也可以从相对应的 EMG 信号中提取同心圆电极和宏 EMG 的 MUAP。这个过程可以通
过波形平均（waveform averaging）或生理学名词峰电位触发平均（spike-triggered aver-
aging）来实现（参见第十八章）。方法是当一个特定的运动单位的一个 MUAP 出现时，
就可以选定与信号相对应的时间间隔并保存，然后取时间总和的平均值。在这一过程
中，须将属于 MUAP 波形部分的时间间隔累加，而舍弃与 MUAP 无关的部分，因为其
他来源动作电位的正、副相可能与其重叠。这种均值化方法尤其适用于时间间隔长、
"噪声"信号少、幅度低以及同步放电少等情况。
　　决定触发平均法有效性的另一因素是：可处理的 MUAP 必须在微小信号和同心圆

（宏）信号上同时显示。四导电极的几何学特性正是基于此目的而构建的。经过处理的同心圆电极和宏 EMG 的 MUAP 见图 27-4 所示。

数据分析和发表

　　当动作电位经确认属于一个特定的运动单位活动时，通过运算法则可以获取最大幅值并将其出现的时间保存，由此得到相应单位的所有放电时程。图 27-6A 显示冲动发放

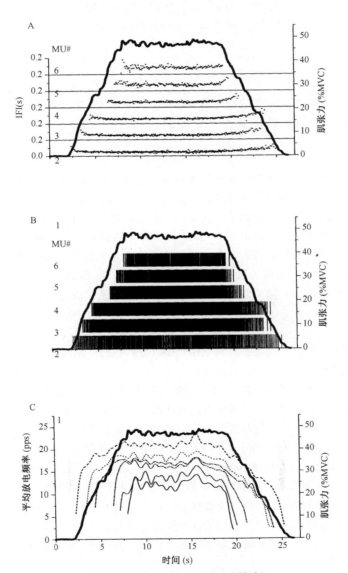

图 27-6　同一 EMG 信号的不同解析

横轴为肌纤维收缩时间，右侧纵轴为经过最大随意收缩（maximum voluntary contraction，MVC）标准化后的收缩力（实线）。A. MUAPT 不同的发放-发放间隔（IFI）在纵轴分布。B. 每一条竖线代表一次运动单位动作电位（MUAP）发放。C. 发放频率图：每个运动单位平均每秒钟发放次数的时间分布。

间隔与收缩时间关系。点图常用于检验用户互动编辑过程中的解析误差。为了说明运动单位活动时序，图 27-6B 显示动作电位发放时间的线图。单个发放有助于运动单位同步化特征的鉴定，还可研究其他一些发放-发放关系，如反射。但是该法在运动单位放电是如何调控的方面提供了较少的信息，因而进一步研究发放频率特点是很有意义的，从中可以获取其更多的机械相关性。有很多方法可以得到发放频率。我们倾向于使用 Hanning window 的低通滤波功能，获得每个运动单位冲动串发放持续时间和放电频率均值的信号，并且最常用的宽度为 400ms，然而在实际应用中还应视提取信号的具体情况而定。图 27-6C 显示了 400ms 时该运动单位放电频率的均值。

结　果

该方法在神经科学领域的应用多集中在激活运动单位放电行为特征的研究方面，因而我们将对其相关结果进行描述。关于精确解析技术的临床应用请参考 De Luca (1993)。

频率衰减

精确解析分析首先用于观察放电频率衰减（De Luca and Forrest　1973；De Luca 1985；De Luca et al. 1996）。我们报道了在等张和等容收缩期间运动单位的放电频率随时间而降低（图 27-7A），在收缩的前 20s 内未见新的运动单位放电。我们首先提出（De Luca　1979）并进一步揭示（De Luca　1996）持续性自发收缩期间放电频率降低的规律可以说明两个现象，即①单个运动神经元放电频率具有随时间衰减的内在特性，首先由 Kernell（1965）报道，他使用直流电刺激动物；②激活运动单位的简化方法是在重复性放电的基础上，增大肌张力的幅值和时程，这通常被称为强直性增强（twitch potentiation）。

共同驱动

我们观察到的第二个现象是共同驱动（De Luca et al. 1982a，b），即运动单位之间放电频率的波动实际上并不存在时间延迟。这一点可以由同时被激活的多个单位放电频率的互相关性来说明（图 27-7B）。这一现象可见于所有的被测试肌肉，包括细小的末梢肌肉和粗大的近端肌肉。甚至属于不同运动神经元支配的运动单位，当波动控制在某个功能单位范围之内时，其他单位也显示出共同的波动规律，这见于我们的拮抗肌共激活试验（De Luca and Mambrito　1987）。该现象亦被其他学者所证实（Miles 1987；Stashuk and de Bruin　1988；Guiheneuc　1992；Iyer et al. 1994；Semmler et al. 1997）。这提示：CNS 已经演化出一套相对简单的调控运动单位活动的策略。另外，我们发现的放电频率的非规律性本质和共同驱动现象提示，肌肉不可能产生平稳的持续性的肌张力。对此，我们通过放电频率的互相关性与肌张力的关系试验加以验证。试验表明，肌纤维张力形成的机械性延迟的潜伏期同肌张力在肌肉和肌腱组织中的传递之间有明显的相关性（图 27-7C）。

同步化

运动单位之间冲动发放频率的高度互相关性并不意味着每个单位的活动是同步化的。所谓的同步化指运动单位之间以某一固定时间潜伏期发放，它存在两种形式：长时

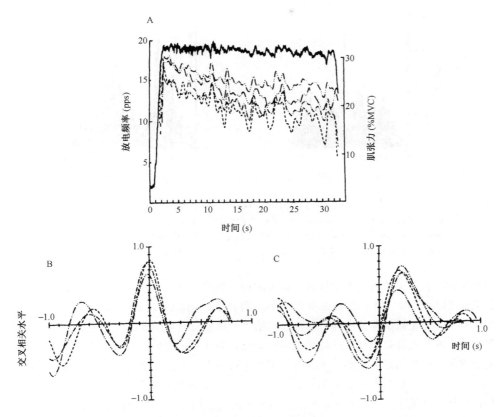

图 27-7　A. 三角肌持续等长收缩时四个共激活单位的放电频率记录（虚线）同肌张力（实线）的复合曲线，右侧是肌张力的 MVC 百分比。B. 一个运动单位放电频率同其他单位的互相关性。注意：峰值出现在零时刻。C. 所有四个运动单位的放电频率同肌张力的互相关性

峰值出现在时间轴正向，则表示放电频率引起的肌张力变化所需要的时间同预期相一致，这个时间也是从肌纤维激活到张力形成所需要的时间。

程和短时程（图 27-8）。一项关于六条配对运动单位的等长、等张收缩试验表明：8％的放电为短时程同步化，而 1％为长时程同步化（De Luca et al. 1993）。短时程同步化零星地出现在某些时间间隔，还可见于对肌张力产生没有明显影响的典型的一个或连续两个放电的簇状发放。我们认为运动单位放电同步化是一种异常现象，并非为其自身的生理功能而设计。

洋葱皮现象

第三个是洋葱皮现象（onion skin phenomenon）。与 Person 和 Kudina（1972）、Tan-ji 和 Kato（1973）一起，我们首先报道了在持续时间少于 20s 的等长收缩期内，先激活的运动单位的平均放电频率高于后激活的单位。（研究运动单位放电频率的时间分布，可以发现其幅值的层次性分布相互重叠，与洋葱皮的外形相似。见图 27-6C）。随后，我们对这个现象进行了详细报道（De Luca et al. 1982a）。Hoffer 等（1987）、Stashuk 和 de Bruin（1988）分别对此予以证实。后募集的快收缩单位易于被糖酵解激活，先募集

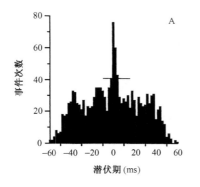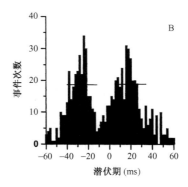

图 27-8　同步化图

通过交叉间隔直方图（cross-interval histogram）研究一对运动单位的同步化。交叉间隔直方图是
相同时间间隔出现次数的累计，这里的时间间隔是指：一个运动单位的放电与另一个运动单位
在相应时间的前一次以及紧随其后放电的间隔。A. 短时程同步化。B. 长时程同步化。

的慢收缩单位易于被有氧氧化激活，前者的放电频率高于后者，却不易引起收缩反应。甚至在 $80\%\sim90\%$ MVC 附近的高度收缩，高阈值的运动单位放电频率才达到每秒钟 $20\sim30$ 次，不足以引起完全强直收缩。该结果同以前所认为的放电频率越高，产生的肌张力越大的观点恰恰相反。这就提出一个问题：为什么运动单位如此调控，使得肌肉不能发挥肌力产生的最大潜能？毕竟，为了产生肌张力，调控机制应该是充分调动各种可能的途径。为什么在自主收缩期间，肌肉进化出了明显的功能储存（reserve capacity），并且这部分功能不会被轻易激活？这是一个极有趣的问题。一个可能的解释是：容易产生快速疲劳的高阈值运动单位如果快速放电，则很快产生疲劳，但是通过调控系统的作用，使得高张力水平时不致产生持续的肌肉收缩，这对处理危急情况，确保生存是很必要的。显然，通过运动单位的调控作用，使得肌张力和收缩时间达到最佳组合，而不仅仅是对肌张力进行单方面调节。已经有报道，在危急情况时，肌肉可以产生某些异常特性，这部分有所保留的功能可能在此发挥了作用。

　　放电频率的行为还表现出两个自发现象，即①后募集的运动单位有较高的初始放电频率，这与 Clamann（1970）描述的现象相一致；②当达到最大收缩时，所有的运动单位放电频率趋向一个共同值（De Luca and Erim　1994；Erim et al.　1996）。

　　上述结果提示：对照（净兴奋）信号作为一个单位作用于运动神经元池。这正如 Henneman 及其同事所认为的那样，运动神经元的各自特性决定其对净兴奋发生反应时的募集层次（Henneman et al. 1965a，b）。对于他们富有启迪性的观察，我们加以补充，即各个运动单位对净兴奋反应的放电频率是同时、同步进行的，平均放电频率也是按照一定层次分布的，并且与募集阈值呈负相关。

多样性

　　观察到的第四个现象是调控多样性（De Luca et al. 1982a）。小的末梢肌肉运动单位，例如第一背侧骨间肌，在张力达到 50% MVC 开始募集，在 80% MVC 时，平均放电频率才达到较高值（大约 40pps）；而那些大的近端肌肉，如三角肌和斜方肌，在张力达到 80%MVC 时，其运动单位才开始募集，放电频率却相对较低（大约 30pps）。
Kukulka 和 Clamann（1981）在拇内收肌和肱二头肌中也观察到了类似的现象。大的近
端肌肉动力范围的降低很可能是 Renshaw 系统重复抑制作用增强造成的，因为该系统
对这些肌肉的影响是显著的，见 Rossi 和 Mazzachio（1991）。多样的调控特性至少在两
方面有意义。第一，有利于产生平稳的肌力，与那些具有更多（强度的度量或其他）运
动单位的大肌肉相比，小肌肉具有较少的运动单位，所以在整个范围内，由单位募集引
起的肌力增加显得更粗糙些。第二，大的近端肌肉倾向于对姿势的维持，需要经常产生
持续性收缩，而较低的放电频率有助于延缓疲劳。

功能锻炼

我们发现，长期锻炼可以诱导运动单位调控性能的修饰（Adam et al. 1988）。在同
一 MVC 水平，通过比较优势手和非优势手第一背侧骨间肌进行等长和等张收缩时运动
单位的调控参数，我们发现：达到同样的收缩水平，优势手侧放电频率较低，并且张力
水平越低，募集的运动单位越多。该结果与以前所知的事实相一致，即优势手有慢收缩
纤维，很可能是长期锻炼的原因。在较低放电频率下，慢收缩纤维的融合可以维持兴奋
状态，而不会引起优势手肌张力减弱。

年龄

最近，我们报道了年龄因素可以引起运动单位调控特性的改变（Erim et al. 出版
中）。我们的研究发现：当被试对象年龄超过 65 岁时，第一背侧骨间肌运动单位的放电
频率和募集阈值的调节方式与经过功能锻炼的结果相同。这个现象不足为怪，因为已知
老龄化的肌肉中Ⅰ型慢痉挛纤维含量较高，在经过锻炼的肌肉中，这种纤维含量也有升
高，尽管二者的原因并不相同。在对老龄化对象进行共同驱动的研究的过程中，我们发
现：大约一半对象出现配对运动单位互相关性明显减弱，甚至在某些个体中完全消失。
同时，洋葱皮现象也出现紊乱（图 27-9）。通过研究放电的时间分布情况，发现许多运
动单位的放电同较早募集的相重叠，放电行为不再是层次分明、有序，在等长和等张收
缩期间，有些是增强的，有些则是减弱的。我们推测：运动单位之间放电频率的不协调
将产生无效的肌张力。

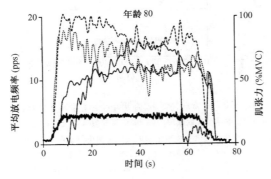

图 27-9　老龄化研究对象运动单位放电重叠现象的例子

图形解释参见图 27-6C。

运动单位替代

上述所有观察结果均是在时程相当短（低于 20s）的等长和等张收缩期内得到的。这些结果可能没有完全描述出那些需要经常持续收缩的肢端肌肉和姿势维持肌肉的调控特性的行为。最近，在对正常的健康三角肌短时程（20s 或更短时间）收缩和正常的健康第一背侧骨间肌长时程（150s 或更长时间）收缩研究中，我们观察到了洋葱皮现象的紊乱。我们推测，放电频率的交叉重叠至少同可以引起较早募集的运动单位放电频率低于新募集者的两个因素有关：①Renshaw 系统对先募集的运动单位的反复抑制 。该系统对近端肌肉作用显著，如三角肌，因此，在短时程收缩期间可以出现洋葱皮现象紊乱。②Kernell（1965）报道了运动神经元适应过程，运动单位的持续激活引起放电频率的降低，从而引起先募集的运动单位放电频率较后募集者低。

在同 Westgaard 一起研究的 5～60min 的长时程收缩过程中，我们明确观察到了运动单位替代（Westgaard and De Luca 1999）的现象。经过持续性收缩，运动单位活动水平轻度降低，放电停止；而当随后的张力输出轻度增加时，在去募集的部位出现了一个新的募集单位（图 27-10）。我们认为这是运动神经元募集阈值适应的结果。如果一

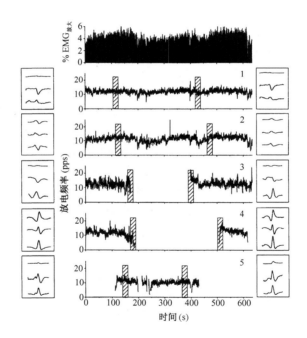

图 27-10　斜方肌持续收缩期间的运动单位替代现象

顶端图显示的是经过与 MVC 值标准化处理的表面 EMG 信号的根-均-数-平方（root-mean-square，RMS）幅值。下面几组图显示的是使用四导金属电极记录的五个运动单位精确解析后的结果。单位 #1 和单位 #2 持续放电，而单位 #3 在 EMG 信号减弱时（$t=170s$），停止发放；在 EMG 信号增强时（$t=400s$），又开始放电。单位 #4 的行为与 #3 相似。在单位 #5 中可以观察到奇特的现象，它的阈值是该组中最高的，当其他单位处于静息状态时（$200s < t < 400s$），该单位才开始发放，我们认为这就是单位替代现象。左右两侧的方框内显示的是每个 MUAPTs 中典型的宏 EMG 波形。各个放电频率图中带阴影的长方形表示提取运动单位动作电位波形的时间间隔（Westgaard and De Luca 1999）。

个运动单位已经被激活一段时间，那么它被募集的阈值高于紧随其后者。在运动神经元池兴奋性净增加时，邻近的运动单位就是以这样的方式被募集，发生反应的。

▇ 问题解答

波形叠加

在自动和辅助解析过程中，问题常常出现在对多个重叠的 MUAP 进行分析上。在辅助模式下，程序会自动停止并需要操作人员的帮助；而在自动模式下，程序会跳过重叠的波形。无论在何种情况下，想要达到 100% 的准确性只能依靠操作者本人了。下列方法有助于解决那些复杂的精确细分问题。

IFI 标准化

从复合波形中剔除模板时，首先选择最明显的成分。当剔除一个模板时，其他模板的成分就易于辨认了。运用标准化 IFI 信息可以鉴别最有可能放电的运动单位，根据这一标准来确认该运动单位在复合波形中的信号，而排除其他信号。这种策略为寻找那些隐藏的波形提供了线索。切记：快速的张力变化能引起特别的放电模式，因此 IFI 信息并非总是有益的。

有时模板不能被彻底剔除而在复合波形中有所残留，这是因为多个波形的重叠引起不当的峰联合（peak misalignment），所以，对于峰值应尽量在其他通道剔除模板，或者使用不同的剔除顺序，这种方法可以简化复合波形的处理。如果连其他的方法也失败了，那就先跳过复合波形，以后分析。当对该信号有更多的理解后，问题可能会更容易解决。

错误检测

每个运动单位的收缩时间同 IFI 的函数关系构成点图，可以检测出错误的运动单位分布。图 27-11A 提供了该法用于检测含有错误的信号分解的一个例子。如果一个运动单位的放电被遗漏，相应的 IFI 幅值将是发放间隔均值的 2 倍，单位♯2 的情况就是这样，它出现了大约 11s 的 IFI 异常值。一次放电的遗漏很可能同时伴随着另一个单位的错误分布。因此，在一个运动单位放电被遗漏的时间附近其他单位会出现一或两个低幅IFI。单位♯4 几乎在同一时间出现了这种情况。使用编辑器程序，同时显示 EMG 原始记录、指定的运动单位模板和 IFI 统计情况，运动单位的分类就可以调节了。新的点图（图 27-11B）显示了错误纠正以后的结果。

▇ 评 价

解析技术的有效性

使用解析技术，可以将一个非可视化来源的信号解析为基本成分，如将 EMG 信号转化为 MUAP。随之而来的一个根本问题就是：人们如何知道运动单位放电的解析过程代表真实并且唯一的结果呢？因此，关键是确认 EMG 信号分解系统的准确性和使用该法所获结果的有效性。并且解析技术具有高度的互动性，在这一过程中，很多决定是

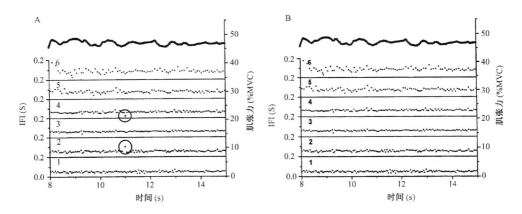

图 27-11　A. 六个运动单位同时活动的 IFI 解析，其中有两个分类错误。圆圈内显示一个大的和两个小的 IFIs，这是因为单位♯2 引起了单位♯4 的错误分类。显然对这种不协调的放电需要使用点编辑。B. 经过编辑处理后的同一数据

由操作者做出的，所以对不同操作者所得结果的一致性进行评价也十分必要。

　　一致性检验

　　一致性检验在这两个问题中相对简单些，LeFever 等（1982b）已经给予验证。下面简要介绍该实验的过程。两名经过高度训练的操作者（两人在解析 EMG 信号方面均有至少 400h 的工作经验）和一名经验较少的操作者（使用 EMG 解析技术 16h）同时分别对被认为是"困难"的同一 EMG 信号进行解析。前两名有经验的人员经过仔细验证，确认有 5 个 MUAPT，并且都从中检测到 479 个 MUAP，一致性达到了 100%；而经验较少的操作者所得到的解析结果与他们相差 12。自从这一开创性工作以来，相似的方法已经用于许多其他条件下的一致性检验。

　　准确性检验

　　准确性的检验相对复杂些。因为不能确定所有 MUAP 的出现时间的先后，也不能精确区分 EMG 信号中所有的 MUAP 波形的先后，所以不可能对真实的 EMG 信号的绝对意义的解析准确性进行评估。这种限制性可以用两种间接方法克服。

　　第一，检测合成的 EMG 信号。合成 EMG 信号和实验操作的详细过程请参考 LeFever 等（1982a, b）。简言之，根据 Gaussian 噪声，数学合成 8 个 MUAPT，再对这 8 个 MUAPT 进行线性重合，从而合成 EMG 信号。Gaussian 噪声零平均（zero mean Gaussian noise）的标准差为最小 MUAP 波形峰值的 40%。在总共 435 个 MUAP 中，经过训练的操作者解析的准确性达到了 99.8%，而仅出现一次判断错误。现在，这份特别的记录已经成为评价新手表现的标准。

　　第二，直接检验真实 EMG 信号解析技术的准确性可以由下面的方法实现（Mambrito and De Luca　1984）。两个针状电极插入同一肌肉（胫骨前部），相距 1cm。两组 EMG 信号分别从这两个电极同步记录并进行解析，而有些运动单位的 MUAPT 会同时出现在这两组信号中。在三次不同的收缩中，共检测了 1415 个"共同"MUAP，将两通道的每一次收缩结果进行比较，一致性达到 100%。在这种条件下，对两通道的

记录进行解析时，只有同时出现同样的错误（MUAP 的归类错误或者遗漏），才会在"共同" MUAP 结果中出现不可检测的错误。但是，这种事件出现的概率是极小的。因此，使用两个电极记录相同单位所得解析数据的一致性为检验数据解析的准确性提供了一个间接方法。该实验已被多次重复，结果相近。

参 考 文 献

Adam A, De Luca CJ, Erim Z (1988) Hand dominance and motor unit firing behavior. J Neurophysiol 80:1373–1382

Adrian ED and Bronk DW (1929) Motor nerve fibers. Part II. The frequency of discharge in reflex and voluntary contractions. J Physiol 67:19–151

Clamann HP (1970) Activity of single motor units during isometric tension. Neurology 20:254–260

De Luca C (1979) Physiology and mathematics of myoelectric signals. IEEE Trans Biomed Engin BME-26:315–325

De Luca CJ (1985) Control properties of motor units. J Exp Biol 115:125–136

De Luca CJ, Erim Z (1994) Common Drive of Motor Units in Regulation of Muscle Force. Trends Neurosci 17:299–305

De Luca CJ, Roy AM, Erim Z (1993) Synchronization of motor-unit firings in several human muscles. J Neurophysiol 70:2010–2023

De Luca CJ, Foley PJ, Erim Z (1996) Control Properties of Motor Units in Constant-Force Isometric Contractions. J Neurophysiol 76:1503–1516

De Luca CJ (1993) Precision decomposition of EMG signals. Methods Clin Neurophysiol 4:1–28

De Luca CJ, Mambrito B (1987) Voluntary control of motor units in human antagonist muscles: Coactivation and reciprocal activation. J Neurophysiol 58:525–542

De Luca CJ, Forrest WJ (1973) Some properties of motor unit action potential trains recorded during constant force isometric contractions in man. Kybernetik 12:160–168

De Luca CJ, LeFever RS, McCue MP, Xenakis AP (1982a) Behavior of human motor units in different muscles during linearly-varying contractions. J Physiol (Lond) 329:113–128

De Luca CJ, LeFever RS, McCue MP, Xenakis AP (1982b) Control scheme governing concurrently active motor units during voluntary contractions. J Physiol 329:129–142

Erim Z, Beg MF, Burke DT, De Luca CJ (in press) Effects of aging on motor unit firing behavior. J Neurophysiol 23:1833

Erim Z, De Luca C, Mineo K, Aoki T (1996) Rank-Ordered regulation of motor units. Muscle & Nerve 19:563–573

Guiheneuc P (1992) Le Recruitment de Unités Motrices: Méthodologie, Physiologie et Pathologie. In: Cadilhac J, Dapres G (Eds.) EMG: Actualités en Electromyographie, pp 35–39. Sauramps Medical; Montpellier

Henneman E, Somjen G, Carpenter DO (1965a) Excitability and inhibitability of motoneurons of different sizes. J Neurophysiol 28:599–620

Henneman E, Somjen G, Carpenter DO (1965b) Functional significance of cell size in spinal motoneurons. J Neurophysiol 28:560–580

Hoffer JA, Sugano N, Loeb GE, Marks WB, O'Donovan MJ, Pratt CA (1987) Cat hindlimb motoneurons during locomotion. II. Normal activity patterns. J Neurophysiol 57:530–552

Iyer MB, Christakos CN, Ghez C (1994) Coherent modulations of human motor unit discharges during quasi-sinusoidal isometric muscle contractions. Neurosci Lett 170:94–98

Kernell D (1965) The adaptation and the relation between discharge frequency and current strength of cat lumbosacral motoneurones stimulated by long-lasting injected currents. Acta Physiol Scand 65:65–73

Kukulka CG, Clamann PH (1981) Comparison of the recruitment and discharge properties of motor units in human brachial biceps and adductor pollicis during isometric contractions. Brain Res 219:45–55

LeFever, RS and De Luca, C J (1978) Decomposition of action potential trains. Proceedings of 8th Annual Meeting of the Society for Neuroscience 229

LeFever RS, De Luca CJ (1982a) A procedure for decomposing the myoelectric signal into its constituent action potentials. Part I. Technique, theory and implementation. IEEE Trans Biomed

Engin BME-29: 149–157

LeFever RS, Xenakis AP, De Luca CJ (1982b) A procedure for decomposing the myoelectric signal into its constituent action potentials. Part II. Execution and test for accuracy. IEEE Trans Biomed Engin BME-29: 158–164.

Mambrito B, De Luca CJ (1984) A technique for the detection, decomposition and analysis of the EMG signal. EEG Clin Neurophysiol 58: 175–188.

Miles TS (1987) The cortical control of motor neurons: some principles of operation. Medical Hypotheses 23:43–50

Person RS, Kudina LP (1972) Discharge frequency and discharge pattern of human motor units during voluntary contractions in man. EEG Clin Neurophysiol 32:371–483

Rossi A, Mazzachio R (1991) Presence of homonymous recurrent inhibition in motoneurons supplying different lower limb muscles in humans. Exp Brain Res 84:367–373

Semmler JG, Nordstrom MA, Wallace CJ (1997) Relationship between motor unit short-term synchronization and common drive in human first dorsal interosseous muscle. Brain Res 767:314–320

Stashuk D, De Bruin H (1988) Automatic decomposition of selective needle-detected myoelectric signals. IEEE Trans Biomed Engin BME-35:1–10

Stashuk D, De Luca CJ (1989) Update on the decomposition and analysis of EMG signals. In: Desmedt JE (ed) Computer-aided electromyography and expert systems, pp 39–53. Elsevier: Amsterdam

Tanji J, Kato M (1973) Firing rate of individual motor units in voluntary contraction of abductor digiti minimi muscle in man. Exp Neurol 40:771–783

Westgaard RH, De Luca CJ (1999) Motor Unit Substitution in Long-Duration Contractions of the Human Trapezius Muscle. J Neurophysiol 82:501–504

第二十八章 肌肉电活动与动物运动相关联的分析方法

Gerald E. Loeb

罗 层 译

第四军医大学疼痛生物医学研究所

luoceng@fmmu.edu.cn

■ 绪 论

肌电图（electromyography，缩写为 EMG）不仅可以直接反映单块肌肉的活动水平，而且还可以间接反应驱动脊髓前角运动神经元反应的突触传递过程。一个理想的实验设计往往是将 EMG 数据资料与肌肉活动所产生的运动行为结合起来进行分析。当我们对从事动物研究的既定的运动行为进行鉴定时通常采用主观描述的方法。然而，为了清楚理解完成这项运动行为所需要具备的生物力学条件以及根据假定的运动控制理论如何解释 EMG 记录结果，对运动行为的客观的定量研究就显得尤为必要。本章主要阐述两个方面的内容：① 在正常运动的动物上进行 EMG 和视频同步记录的方法；② 将此方法推广至定量的生物力学方面的时机和所需的必要条件。关于这些方法在不同实验对象和不同实验方案上的应用请参阅 Loeb 和 Gans（1986）的研究。

■ 概 要

图 28-1 中实心方框和实线中的步骤代表该方法学的核心内容：

—双极 EMG 电极的设计，制作和外科植入的方法

—同步记录 EMG 或其他类似数据与视频信号的记录方法

—鉴定特定躯体运动（运动学）以及将之与肌肉活动相关联的实验方法及步骤

图 28-1 中带字母的虚线方框内容代表进行动力学分析，即定量研究力和运动之间的相互关系时可选可不选的步骤。动力学分析可以分为前进式动力学分析方法（图 28-1 左侧）和倒退式分析方法（图 28-1 右侧）。前进式分析方法是指应用 EMG 数据推测肌肉所产生的力和力矩，而倒退式分析方法则是指根据物体运动定律计算每个关节处的肌肉完成要求运动所产生的净力矩。本章对动力学分析方法不做详细介绍，但是应该清楚认识到这些方法在该实验中的重要性。

■ 材 料

EMG 电极材料

—带有塑料绝缘套的多头不锈钢导线（Cooner 导线 AS631）

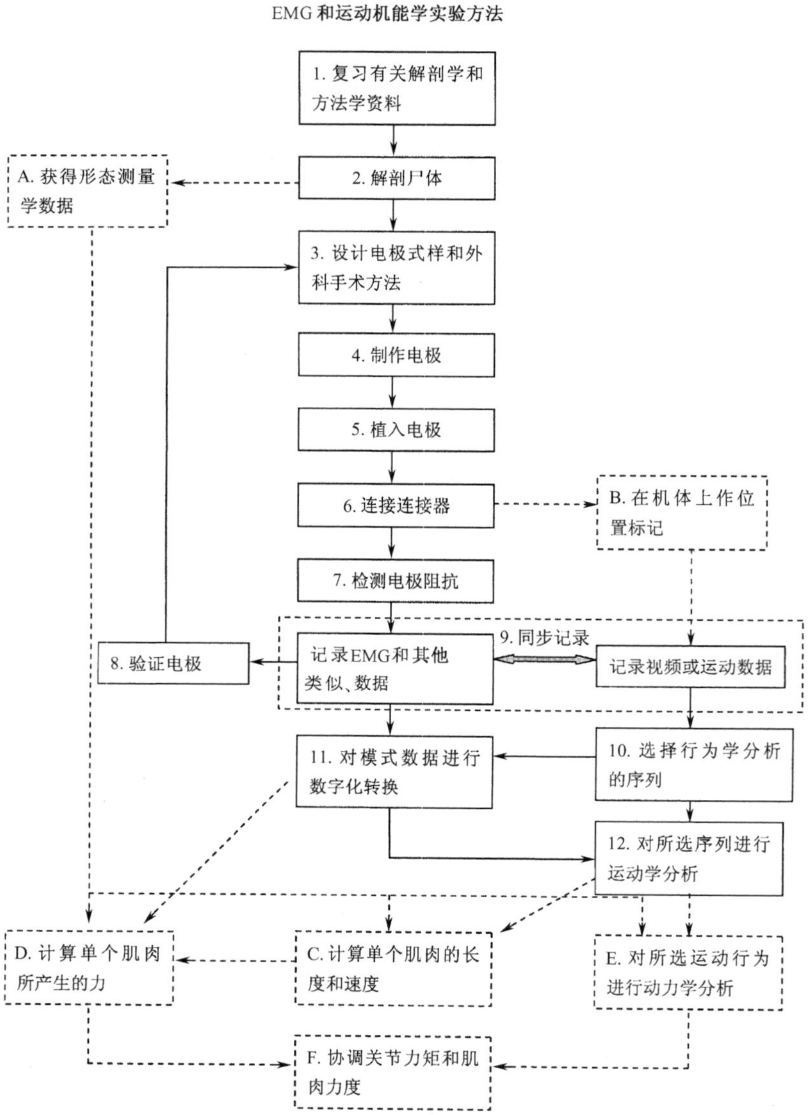

EMG 和运动机能学实验方法

图 28-1 动物 EMG 和运动机能学实验方法

实线方框和线条表示主观评估肌肉活动与动物行为相互关系的基本实验步骤；虚线方框和线条表示
定量动力学分析时可选可不选的步骤。

—Dacron 加固的硅树脂被膜（专业的硅树脂制造器）

—人造硅树脂橡胶黏合剂（Dow Corning Medical Adhesive Type A）

—不可吸收的缝合线（Ethicon Ethibond X936H）

记录附件

—导线连接器（如 3M Scotchflex 或类似产品）

——反射标记物（3M ♯ 7610 Retro Reflective tape）

——微分前置放大器（如 Bak Electronics model MDA-2）。该放大器应该具备如下功能：高普通模式抑制率，可调的增益范围（200～5000 倍）和适当的高频和低频滤波范围（分别为 50～200Hz 和 1～5kHz）

——Bin 整合器（如 Bak Electronics model PSI-1）。为了避免假象的产生而用足够的时间分辨率尚无法实际地将 EMG 波形进行数字化的时候才采用这个设备

——阻抗计（如 Bak Electronics model IMP-1）。该阻抗计需要具备如下功能：低电流的 AC 测试信号（通常小于 $1\mu A$ @ 1kHz），浮游式微分输入器（或者是电池带动的）和阻抗直接读出计（阻抗范围为 1～100 kilo-ohms，EMG 用）

视频记录设备

SMPTE 时间编码器（Horita model TRG-50PC）。该仪器需要具备如下功能：同步产生可视视频信号（"burn-in"）、数字式垂直间隔时间编码（VITC）、声频的频率编码、远程电子控制和时间编码数据的传送。

具有静止图画重放功能的盒式磁带录像机。该仪器需要具备如下功能：单个扫描视野而不是整个画面的回放以及进行慢动作和单个视野回放过程中前进和后退的顺畅切换。

配有电子快门的电晶体摄像机。该摄像机需具备足够的光敏感性，即在 1ms 甚至 1ms 以内都可拍摄到理想的照片。注意现在大多数 CCD 照相机在近红外范围内都是非常敏感的，所以 IR-LEDs 可以用来增强或代替可见光。

直接进行运动分析的记录设备（可有可无）。目前有好几种不同的系统可以直接在三维空间内追踪特异标记物的轨迹，其主要是通过分析两个甚至更多专业摄像机拍摄的图像来实现。此方法已经广泛用于人体运动研究，但是它通常需要反射性强的标记物或者不适合于动物研究的 LEDs。这些系统通常可以将诸如 EMG 的大量模式信号进行数字式转化，但是同时需要与附加的传统的摄像记录具有很好的同步性，而这是比较难于实现的。当然，能对传统录像带记录的结果进计算机辅助的后分析处理的系统是最适合不过的了（Peak Performance Technologies Inc.）。

■ 步　骤

电极方案

1. 文献回顾：全面检索所有以前关于需要研究部位的神经肌肉结构特点、功能性解剖学知识和 EMG 的文献资料会为我们后续的工作节省很多不必要的麻烦。这些工作虽然有些已年代久远，但是却属于非常全面的、系统的研究。许多肌肉具有非常复杂的组织化学特性、神经支配结构和功能特性，为了设计合理的实验来准确、清晰地阐明动物的行为表现，我们就必须清楚地了解肌肉的这些复杂特性。

2. 尸体解剖：即使是操作自己最熟悉的实验，我们也强烈建议实验结束后最好做一次解剖，以确认手术切口的位置和功能性参与或产生 EMG 的肌肉未受损伤。详细记录电极的插入位置、固定位置以及行进路线。

3. 电极设计：在施行手术的过程中就要考虑记录通道的数目和选用电极的式样。

用透明塑料片制作成一个所需大小的肌外膜电极模板，然后用记号笔标记上电极连接的位置。在尽量避免采集到邻近肌肉带来的干扰的前提下，应该尽可能采集每块肌肉较大断面的信息。实验中也经常采用神经束上平行间隔开的双极电极。记录分割开的不同肌肉可能需要多个记录通道，除非这些不同的组分可以清楚地诱发相似的反应。为了鉴定肌肉彼此间干扰的可能来源，如果可行的话，不管邻近的肌肉是否在行为上互相关联，我们要对邻近所有肌肉进行记录。

4. 组建电极植入硬件如下：

a. 肌外膜电极

通常采用肌外膜片状电极记录浅层小肌肉或薄层肌肉的活动，双极电极接头粘附在硅树脂薄片的表面上。硅树脂薄片的四角被缝合在肌肉的肌膜上，双极电极的接头在硅树脂薄片上以一定的间隔距离整齐排列。硅树脂薄片主要起一个绝缘屏障作用，降低从邻近肌肉而来的干扰。在薄片的一面或双面可以放置两个或多个通道来记录多个组分或肌肉的活动。空白薄片可以用来防止从邻近非被测肌肉而来的干扰沿着被测肌肉传递。如图 28-2A 所示，根据肌肉的大小，片状电极的大小一般为 3～5 mm。

注意：猴子似乎对硅树脂片状材料有很高的电抗性，所以下述的实验中均采用肌肉内电极。

i）制作电极接头：剥去导线外的一段绝缘衣（长度为肌肉与连接器位置之间距离的 3 倍左右），暴露出与电极接触的部位。

ii）切出适当大小的片状材料。

iii）用皮下注射用针在片状材料上钻一个孔，将导线穿至针的尾端，由针将导线穿引通过片状材料。

iv）将脱去绝缘衣的导线部分放置在片状材料面向肌肉面一侧的中央，然后保留伸到片状材料另一端的导线长度为 3mm 左右，切掉多余部分。

v）在片状材料的四点上涂上硅树脂黏合剂，分别为导线头从片状材料背面穿出的两个点以及从片状材料走行至边缘的两个点。

vi）高压灭菌。

b. 肌肉内电极

通常采用肌肉内钩状电极来记录大肌肉或深部肌肉的活动，其双极接头被系在一个缝合处，其可以将钩状电极引导至肌肉腹侧中央处。将一个松软的多头导线接头系在上述缝合处以将双极电极间隔开并向回弯成钩形，以保证其可以比较牢靠地挂在肌肉上。用一条带子在缝合处的长端打一个环，松松地固定在其尾端。如图 28-2B 所示，根据肌肉

A 肌外膜电极

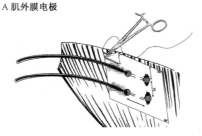

B 肌肉内电极

图 28-2 长时植入动物肌肉内记录肌肉活动的双极 EMG 电极

A. 肌外膜片状电极，适合于记录小肌肉或浅层肌肉的活动。B. 肌肉内电极，适合于记录大肌肉或深层肌肉的活动。

的尺寸大小，钩状电极的大小一般为 3～5mm。

i）剥去导线两端外包被的一段绝缘衣，注意切勿划伤导线。

ii）如图 28-2B 所示，将两根导线隔开一定的距离系在缝合处的中央。

iii）弯曲暴露出的导线接头。

iv）高压灭菌。

外科手术植入电极

5．埋置电极：切开皮肤暴露记录位置，将电极正确地固定在肌肉上。将一根电极插入肌肉筋膜作为参考电极使用。电极导线经皮下从连接器的位置处穿出。

6．连接器的连接：当埋置多个电极时，代表一个双极通道的每个导线环可以用不同颜色来区分。多头连接器或者被牢固地固定在骨骼上，或者被缝合在肌肉筋膜上（Hoffer et al．1987）。在将 EMG 电极的裸端头上涂一层酸性助溶剂（10％盐酸）之后，再小心地在不锈钢 EMG 电极头上涂上一层焊锡。将电极头与连接器接头焊接之后，于焊接处轻轻涂抹一层硅树脂黏合剂以防止干燥。关于焊接的方法也可以参照 Loeb 等（1995）文章中的做法。

验证电极

7．监测电极阻抗：在手术完毕之后以及以后的每天里，应用 AC 阻抗计监测每个电极接头相对于参考电极以及每对双极电极接头的阻抗。对于本文描述的电极模式来说，单极电极的阻抗范围应为 1～10 kΩ，双极电极的范围应为两个单极电极阻抗总和的 70％～90％。正常情况下，阻抗变化相对较慢，其变化范围为 ±30％。阻抗过大或骤然升高可能意味着导线接头断裂，焊接不牢或者是连接器处接头松动。阻抗过低可能是由于连接器接头周围液体流出所致。

8．动物伦理：实验结束后尽可能快地处死动物并解剖确认电极位置及连接。如果对电极接头与连接器接头的连接存有疑问，最好用简单的阻抗计——测试一下每处的电路连接是否畅通。

记录数据

9．模式数据与视频数据的同步记录：实验中通常需要通过不同的仪器设备同时记录多通道的模式数据如 EMG 和高分辨率的运动信息如视频信号。数字式计算机以其高速和高容量的特点完全可以同时胜任这两项工作，但是由于其记录到的信息的文件太大，所以处理起来就非常麻烦。为了解决两个记录设备的同步性，我们可以采用适合于两种设备的普通定时器来解决这个问题。SMPTE 定时器的模式是与北美（NTSC，30 frames/s）和欧洲（PAL，25 frames/s）摄像机同步的，其可以被转为可视信号，并在录像机上进行些许数字式编码。如果能用计算机控制定时器那就更好了。这样的话，计算机就可以将模式信号转化为数字式文件（图 28-3）。如果没有定时器的话，多媒体记录的同步性也可以通过同步的闪光、可听见的滴答声或电子波来实现。

分析数据

10．选择动物行为：动物行为学数据通常是不一致的。尽管有时只是需要模式数据或者只是进行直接的运动分析，但是我们还是对动物行为进行录像记录，原因是我们可以从记录到的大量动物行为中筛选出所需研究的行为表现。带有慢放和静态回放功能的录像机系统可以帮助实验者鉴定出所需数据的起始和终止时间。

11. 分析 EMG：应用上一个步骤确定的时间分界限创建和浏览 EMG 和其他变频器信号，确信这些信号中不含有电噪声、刺激伪迹、干扰以及关于记录质量的其他问题（图 28-3）。在最初进行数据分析的时候进行上述筛选是非常重要的，因为数据经过滤波和平均处理后会掩盖掉许多信息。EMG 最常用的分析方法就是提取包络调控（Bak and Loeb　1979）。如果为了避免假象出现对放大的 EMG 信号进行高频数字化处理时，EMG 的分析可以数字化完成。提前将全段的 EMG 信号分割成不同区段的信号可以大大减低数字化系统的速度和容量。

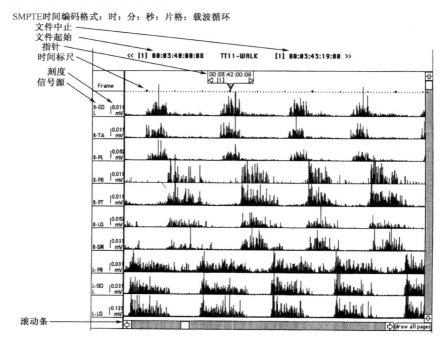

图 28-3　显示与 SMPTE 时间编码器同步记录的数字化多通道 EMG 文件

12. 将 EMG 信号与运动信息相联系：仅对一小组 EMG 数据进行详细的动力学分析是完全有可能实现的。快速浏览多条 EMG 记录鉴别特定位点（如肌肉活动的起始处或高峰处）相对应的时间点，然后对这一点进行详细的动力学分析。可以将不同持续时间的相同行为的多个记录结果进行平均处理（图 28-4）。

动力学分析方法

形态测量学

反向式动态分析方法需要每个体节的长度、质量、旋转惯性和重心这些参数。正向式动态分析方法需要每块肌肉的质量、肌束长度、串联弹性长度（腱＋腱膜）和力臂。小于 25°的羽状角度的影响可以忽略不计（Scott and Winter　1991）。

骨骼标记

反向式动态分析和正向式动态分析方法均可以根据任何可见标记部位的位置准确无误

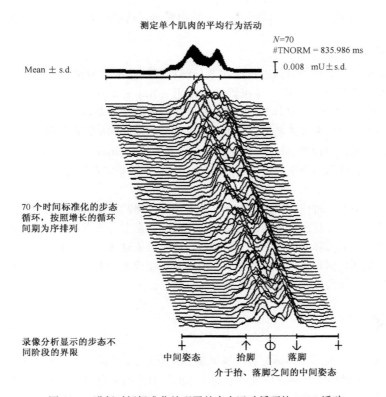

测定单个肌肉的平均行为活动

$N=70$
#TNORM = 835.986 ms

Mean ± s.d.　　　　　　　　　　　　　　　　　I 0.008　mU±s.d.

70 个时间标准化的步态
循环，按照增长的循环
间期为序排列

录像分析显示的步态不
同阶段的界限

中间姿态　　　　抬脚　|　落脚

介于抬、落脚之间的中间姿态

图 28-4　进行时间标准化处理了的多个运动循环的 EMG 活动

地计算出所有节段的骨骼的位置和节段间的夹角。这就要求掌握标记部位和关节旋转中心位置之间的关系的大量信息。如果皮肤表面有向其下骨骼滑动的趋势，那么很有必要经皮将表皮的标记部位直接连接到下面的骨骼上，或者应用三角法计算出一些关节的位置。

　　肌骨骼的运动学

　　肌肉的长度和速度可以由骨骼节段之间的关节夹角和形态测量学数据计算出来。尤其是对自由度更大的关节和跨过多个关节的肌肉，人们更多地去"普查"不同关节夹角所对应的肌肉长度变化，而不再采用通过肌肉和腱在骨上的连接点计算力臂的方法。这个"普查"结果可以将关节的角度转变为每块肌肉的"路径长度"，需要时还通常将其进一步分解为一个肌束的长度和腱和腱膜组成的非收缩性的串联弹性成分。在具有相对较长的串联弹性成分的肌肉上，改变肌肉力度时由于拉伸或缩短串联弹性成分会引起收缩成分发生明显的长度变化。

　　活动的力学模型

　　EMG 数据可以合理地代表有收缩特性成分的活动水平。EMG 信号幅度的"信封式"特点解释了这种活动的上升时间和下降时间，其依赖于参与 EMG 活动的纤维类型。将 EMG 幅度进行分级分部代表肌肉总断面积的活动是非常有必要的。记录肌肉最大限度激活时的行为表现是非常有用的。整块肌肉的力度可以由可收缩性成分的激活、长度和速度来推算出来（Brown et al. 1996；http://brain.phgy.queensu.ca/musclemodel/）。已知了肌肉在关节的每个角度上的力臂时，从肌肉的力度就可以推知出关节的扭矩。

反向动力学

将骨骼位置的动力学数据进行两次微分便可以计算出角加速度，根据牛顿运动定律，从角加速度就可以计算出克服惯性的扭矩（Hoy and Zernicke 1985；Hoy et al. 1985）。在这个过程中单个标记位置的动力学数据中的噪声是非常令人头疼的。另外，要注意的一些影响因素就是重力、接头处的外力、内部的抑制因素如弹性韧带和骨骼对运动幅度的限制、节段间 coriolis 影响。Knowledge Revolution Inc. 提供的工作模式软件包对建立具有理想的分割和连接功能的 2D 和 3D 系统非常有帮助。

动力学确认

从理论上来讲，将应用正向动力学分析方法计算出的每块肌肉的扭矩进行加和运算是完全有可能的，并且还有可能使其结果与反向式动态学分析方法分析运动所计算出的净扭矩相协调。但实际上这几乎是不可行的，因为完成这项工作它需要通过所有关节的所有肌肉的全部数据和非常精确的模型。但是，它在检测现有的 EMG 数据是否可以解释某项任务的生物机械力学原理时还是非常有用的。

■ 结　果

图 28-3～28-4 显示了不同分析阶段记录的典型 EMG 结果。图中的曲线是由 Macintosh 计算机上处理电子数据表的软件绘制出来的。目前很多种商用的数据采集和分析软件都可以完成此类的分析。图 28-3 显示了一个多通道 EMG 数据的分析结果，此 EMG 数据是将整个 EMG 记录图像整合成与数字处理器同步的 3.3ms 的 bins 之后，经过 3.3ms 的采样间期进行数字转化后的数据（Bak and Loeb 1979）。记录图像信号旁的标尺代表考虑了放大器增益和带宽之后的标尺；如 bin 宽放大两倍，整合的 EMG 幅度就随之增加两倍，与标尺 bar 相连的电压标尺即减半。既定的 bin-整合后的 EMG 幅度相当于原始信号的 10 倍。

实验中我们可以得知数字化文件的起始 SMPTE 时间点，采样间期与 8kHz SMPTE 时间编码器载体相同步。这两者就使在数据曲线上放置一个指针成为可能，以此来标记确切的时间点。如果在记录曲线上方加上一条时间曲线，其中标注有平均时间（大点表示）和单个的录像框和第 10 个框（小钩和大钩表示）。这样就有利于选择静态分析的录像范围以提取相对应的肢体运动的运动学参数。

图 28-4 显示了一种更先进的分析方法。根据对肢体姿势位置的录像分析，将具有相似持续时间的多个循环记录分割成多个单个记录。对于每一个 EMG 通道，为了使每一个循环得到的采样数相同，将 EMG 数据进行数字式滤波并将其插入至每个相中。按照实际的循环时间，将以时间为标准的循环图形绘制成光栅模式的曲线，其中滤掉时间上变化幅度较大的循环。上图的曲线就显示了整个循环中 EMG 数值的范围，以均值±标准误表示。

参 考 文 献

Bak MJ, Loeb GE (1979) A pulsed integrator for EMG analysis. Electroencephalogr Clin Neurophysiol 47:738–741.

Brown IE, Scott SH, Loeb GE (1996) Mechanics of feline soleus: II. Design and validation of a mathematical model. J Muscle Res Cell Motility 17:219–232.

Hoffer JA, Loeb GE, Marks WB, O'Donovan MJ, Pratt CA, Sugano N (1987) Cat hindlimb motoneurons during locomotion: I. Destination, axonal conduction velocity and recruitment threshold. J Neurophysiol 57:510–529.

Hoy MG, Zernicke RF (1985) Modulation of limb dynamics in the swing phase of locomotion. J Biomech 18:49–60.

Hoy MG, Zernicke RF, Smith JL (1985) Contrasting roles of inertial and muscle moments at knee and ankle during paw-shake response. J Neurophysiol 54:1282–1294.

Loeb GE, Gans C (1986) Electromyography for experimentalists. Chicago: University Chicago Press.

Loeb GE, Peck RA, Smith DW (1995) Microminiature molding techniques for cochlear electrode arrays. J Neurosci Meth 63:85–92.

Scott SH, Winter DA (1991) A comparison of three muscle pennation assumptions and their effect on isometric and isotonic force. J Biomech 24:163–167.

Young RP, Scott SH, Loeb GE (1993) The distal hindlimb musculature of the cat; Multiaxis moment arms of the ankle joint. Exp Brain Res 96:141–151.

第二十九章　动物和人外周神经袖管电极的
长时记录技术

Thomas Sinkjær，Morten Haugland，
Johannes Struijk and Ronald Riso
罗　层　译
第四军医大学疼痛生物医学研究所
luoceng@fmmu.edu.cn

■ 绪　论

　　一束周围神经通常由成千上万条神经纤维组成，每一条神经纤维都参与信息的传递，只是有的将外周的信息向中枢传递，而有的则将中枢的信息向周围传递。传出纤维主要将中枢发出的信息传递至效应器，如肌肉；传入纤维是将外周感受器的信息（如肌肉的长度、触觉、皮肤温度、关节弯曲的程度、伤害性感受以及其他形式的感觉信息）向中枢传递。

　　大多数周围神经都包含传入和传出两种类型的纤维，因此可以将周围神经看作是一个双向的信息传递介质。因为电刺激可以兴奋神经纤维，所以，这就使应用电刺激神经进而激活肌肉的方法研究神经肌肉系统的功能成为可能。

　　Hoffer 和 Stein 等分别于 1974 和 1975 年建立了应用袖管电极长时程记录周围神经 ENG（Electro-Neurogram）的方法。袖管电极的优点就在于可以进行长时程记录，获得更强的生物信号、降低噪声，尤其是来源于肌肉的噪声。

　　用于记录神经活动的袖管电极具有良好的安全性和稳定性的特点。而且，因为袖管电极包裹着的神经含有大量的传入纤维，所以应用该方法可以记录到大面积的皮肤感受野和肌肉传入纤维的活动。而正是因为这个原因，所有被记录的神经纤维的感受野交织在一起，导致对感受器的定位不确切，由此造成的空间总和效应又是此技术的缺陷之一。但是，尽管如此，周围神经袖管电极记录技术仍然是目前对周围神经进行长时程记录应用最广泛的技术。

　　目前，关于神经肌肉的病理生理学已经开展了大量的研究，尤其是对自由活动的动物的研究。例如，Hanson 等（1987）在胎羊的膈神经上记录到了介导呼吸运动的神经活动；Hoffer 等（1981，1987）应用袖管电极在自由活动的猫上通过估算传导速度确定了运动单位整合的顺序；Marshall 和 Tatton（1990）应用袖管电极记录了猫的关节感受器的活动；Milner 等（1991）观察了猴在完成抓举动作过程中正中神经中皮肤传入纤维的活动。Little（1986）、Sinkjær 和 Hoffer（1990）记录了正常猫脊髓反射过程中周围神经的活动；Loeb 和 Peck 等（1987，1996）应用袖管电极记录了自由活动时的运动活动；Palmer 等（1985）从猫的正中神经观察了皮肤感受器的活动；Stein 等（1981）应用袖管电极对运动过程中的感觉信息进行了分类。同时，还有一些研究观察了损伤后再

生过程中周围神经的状态变化。Davis 等（1987）、Gordon 等（1980，1991）、Hoffer 等（1979）、Krarup 和 Loeb（1987）以及 Krarup 等（1988，1989）报道了切断神经和神经纤维再生的实验研究。

　　还有许多学者致力于将感觉信息作为反馈信息用来调控神经修复的研究。Haugland（1994a，b）、Haugland 和 Hoffer（1994）、Hoffer 和 Sinkjær（1986）、Nikolic 等（1994）和 Popovic 等（1993）研究组应用此方法做了大量的动物实验。为了建立一种功能性的电刺激方法来抢救呼吸暂停的病人，Sahin 等（1997）应用螺旋式的袖管电极在猫舌下神经和膈神经上记录观察了呼吸输出活动。另外，Woodbury 和 Woodbury（1991）应用袖管电极刺激并记录大鼠迷走神经的活动，以此来探讨应用电刺激治疗痉挛的方法。Jezernik 等（1999）记录膀胱传入纤维的活动以此为日后治疗膀胱疾病奠定理论基础。

　　目前，应用袖管电极记录感觉信息已经被应用于许多人体实验上，如偏瘫患者对垂足刺激的控制（Andreasen et al. 1996；Haugland and Sinkjær　1995；Upshaw and Sinkjær　1998）和四肢麻痹的 SCI 患者用手抓物动作的控制（Haugland et al. 1999；Riso et al. 1995；Riso and Slot　1996；Sinkjær et al. 1994；Sinkjær et al. 1993；Slot et al. 1997）。

　　神经—袖管电极在长时程的实验中记录周围神经的信号和将从自然感受器中记录到的感觉信息应用于神经元的修复功能上等方面都具有独到的优势。其他类型的电极，如神经束内电极，虽然具有很强的选择性，但是其实际应用至今还受到很大的限制。本章主要对应用袖管电极长时记录的传入纤维信号特性进行详细介绍，以此来评价袖管电极是否适宜于监测周围神经上神经元信号传导方式和作为神经元修复的传感器。有关袖管电极在动物实验上更广泛的应用请参阅 Hoffer（1990）的研究，有关袖管电极长时记录的信号特性请参阅 Struijk 等（1999）的研究，有关袖管电极在神经修复过程中自主神经调节作用研究中的应用请参阅 Haugland、Sinkjær（1999）和 Riso（1998）的研究。

■ 步　骤

袖管电极

实验设计和记录特性

　　两种长时植入周围神经的袖管模式如图 29-1 所示。两种袖管模式均包括三个电极，其连于环绕神经的硅树脂管内壁。在袖管的中央放置一个电极，其余两个分别置于袖管的两端。图 29-1 最上方显示的袖管电极（Kallesoe et al. 1996）是根据 Stein 和他的同事们设计的样式改进而来，现已广泛应用于动物研究（Stein et al. 1975；Hoffer 1990）。

　　在 Hoffer 应用的袖管电极上，沿着圆柱体管的纵轴方向有一开口，通过此开口可以将神经放置在圆柱管中。这一款袖管电极设计的最大优势就在于采用了袖管闭合的方法，从而保证了袖管结构的电绝缘效果。应用这种电极已经在志愿者上进行了许多长时程实验研究，并取得了非常漂亮的结果。图 29-1B 所示的自动包绕袖管电极采用了 Naples 等（1988）的部分技术。将神经放入袖管之后，将包裹袖管的硅橡胶片缠绕于神经外周数圈。

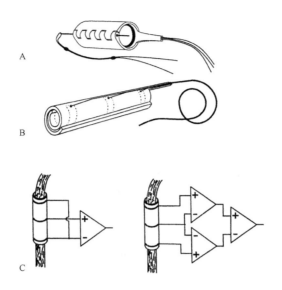

图 29-1　两种长时植入周围神经的袖管电极

每一种袖管电极均包括三个间隔相等的独立电极。电极是由白金丝焊于不锈钢导线制成。电极
的总长度一般为 2～3cm 左右。A. 显示的是 Hoffer 和他的同事们应用的袖管电极，拉开其中间
的纵向裂缝可以将神经容纳其中，然后用图示的金属栓将裂缝拧紧。B. 显示的是一种自动盘绕
的袖管电极，实验者可以根据神经的大小来调整电极的大小，从而使袖管紧紧地包裹在神经的
外周。C. 显示的是应用植入的三极神经--袖管电极记录神经信号的原理示意图。

　　应用袖管电极记录神经活动具有几个非常重要而又独特的特点。首先就是它的绝缘
性。硅胶管提供了很好的电绝缘性，它可以将较弱的神经电流限制在管内流动。袖管越
长，漏向袖管外组织的电流就越小。因此，随着袖管长度的增加，记录到的信号幅度也
即随着增高。Thomsen 等的实验研究结果显示记录大的有髓传入纤维最适合的袖管长度
为 6cm。这与更早的研究报道结果（Stein et al. 1975；Marks and Loeb　1976）有些出
入，这些研究报道最适合的长度应在 4cm 以下。然而，在很多实验中，找到如此大的
空间去植入一个长达 6cm 的袖管确实很困难，而且应用 4cm 长的电极采集到的信号可
以达到更长电极采集到的最大信号强度的 95%。

　　与直径小的纤维比较，袖管电极更易记录大直径的纤维的活动。这也是袖管电极的
另外一个特点。这是因为纤维的直径越大，其产生的动作电位就越大，随之动作电流也
就越大。然而，从小直径纤维记录到的信/噪比要明显大于大直径纤维的信噪比，这是
因为越窄的神经袖管越能保障袖管内电流的集中流动。

　　电极的数目和不同连接方式所产生的效应

　　电极与放大器的连接方式有多种选择模式。通过短路袖管末端电极和放大中央电极
与两个末端电极之间的差值来记录信号。采用三极袖管而不是单极或双极袖管的优点在
于其可以减小来自于周围环境的伪迹（Stein et al. 1975）。已经有实验研究报道三极袖
管记录减小伪迹的原因是：当末端电极短路时，袖管的纵轴方向便没有电位通过
（Stein et al. 1975）。最近的研究结果还表明袖管内外场的线性化（绝缘内壁所致）对

减小伪迹具有明显的效应（Struijk and Thomsen　1995）。如果末端电极的阻抗相等、袖管均匀对称，末端电极便会产生与中央电极相等的电位。当这些电位从微分放大器中被消减时，伪迹也就随之减小了。

但是，最近的研究结果显示如果两端的袖管电极不被一起分流，而是被单独输入至两个微分放大器，那么当向记录袖管的邻近部位施加 FES 刺激串时，一些无关信号如 EMG 或其产生的伪迹被拒绝的几率就会升高（Pflaum and Riso　1996）。

由于三极袖管的末端电极占用了一定的空间，所以三极袖管电极的袖管净长度比单极袖管电极的袖管长度要明显的短。Thomsen 等（1999）充分利用单极袖管电极采集信号幅度大的优势记录到了理想的神经信号。但是，双极袖管电极记录的信号中则包含许多无关的伪迹成分。实验中可以将记录的伪迹信号从总的神经信号中消减出去进而增加信噪比。这种方法在一些特殊的场合具有独特的优势，如由于解剖结构的限制只能容纳一个短的单极袖管而不能使用普通长度的袖管（20～30mm）。对于包含多个神经束的神经干，经常需要选择性地采集某些信号。为了解决这个问题，经常采用带有多达 12 根独立电极的袖管。简单来说，根据电极的位置和其周围的神经束，待记录的神经束的活动往往可以被与其最接近的电极所采集和记录。虽然最初的实验结果不是非常令人满意，但是目前应用此方法可以达到中等的选择性。另外，因为电极是被置于神经干的外面，所以对浅层纤维的记录要优于对深层纤维的记录。

为了增加记录信号的空间分辨力，更好地记录神经干深处神经束的活动，Tyler 和 Durand（1996）制作了呈放射状插入的袖管电极，它可以对神经束进行选择性的刺激。这样做就是为了更好地对构成整个神经的神经束进行空间分离。

另外，也可以采用一个袖管电极独立监测记录一个神经束的方法进行选择性记录。但是，由于这个方法需要多个袖管电极和导线以及造成多个手术创口，所以在实际应用中这个方法是很难实施的。

神经信号的放大和处理

当应用 1 kHz 正弦曲线的测试信号进行测试时，袖管的输入阻抗的范围一般为 1～2 kOhm。由于采集的神经信号幅度非常小，所以必须应用超低噪声的微分前置放大器。放大器的噪声最好是在 4 nV/$\sqrt{\text{Hz}}$以下（相当于 4 kHz 带宽时的 $0.25\mu V_{RMS}$），相当于 37℃下 1 kOhm 电阻的理论热噪声值。在实际情况中很难达到这个值，也就是说放大器的热噪声经常是噪声最主要的来源。

应用袖管电极进行有效的神经信号记录需要一个具有较高共有模式抑制率（common-mode rejection ratio，CMRR）的放大器，通常在 120dB 以上，但是这个值在一般的频率下（通常为 1～5 kHz）是很难达到的。应用袖管电极记录的一个缺点就是采集的信号幅度较小，在人皮肤感受器上记录到的活动一般在 5μV 以下（Sinkjær et al. 1994；Haugland et al. 1995，1999）。

神经袖管和放大器可以滤去很大一部分外界噪声。但是当刺激邻近的肌肉时，袖管还是能采集到一些刺激伪迹。具体实验例子如图 29-2 所示。左图详细显示的是三极神经袖管的植入，右图显示的是记录到的神经信号和机械性信号。这些实验数据是向人的拇长屈肌上施加 20 Hz 刺激，从手指神经上记录到的结果。从图中可以看到袖管信号中夹杂着大幅度的刺激伪迹，其在放大器的正负方向都达到了饱和程度。在记录 EMG 过程中，通过短路或者断路放大器的输入端就可以消除这些刺激伪迹，但是在这个实验中无法达到这样的效果（Knaflitz and Merletti 1988）。如果实验者通过增大增益短路或者断路放大器的输入端，那么只能是导致更大的伪迹产生。这样的话，刺激伪迹可以通过忽略伪迹存在的那段时间来将伪迹从放大后的信号中去除出去。

当刺激的肌肉与袖管非常接近时，就有可能采集到诱发的 EMG 反应。这些反应可以被高频的滤波选择性地抑制，因为 EMG 反应的频率主要在 1 kHz 以下，而神经信号（依赖于袖管的大小和神经纤维的种类）则通常主要是 1 kHz 以上的频率。袖管电极记录到的神经信号信息是反映在信号的幅度中，而不是频率中。测量幅度的一个最简单的方法就是对信号进行整流和整合。如果在两个刺激伪迹之间均包含有效的数据时，信号的分析如图 29-2D 所示。Haugland 和 Hoffer（1994）对神经—袖管信号进行高频滤波和整合的方法进行了详细描述。另外，还有一些研究者们应用了更加成熟的神经信号分析方法如高级统计方法，这些方法可以提炼出神经信号中更多更可靠的信息。

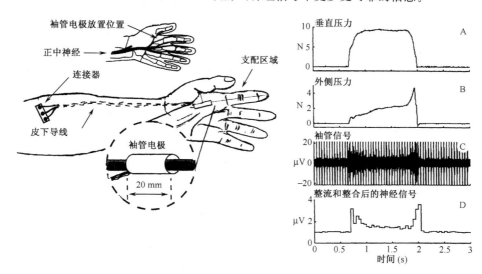

图 29-2　左图：显示用于记录食指皮肤活动的神经袖管的位置，记录部位如箭头所示。袖管的三根导线经皮下穿行至手掌前臂处，在此处与连接器相连。袖管位于正中神经的手掌指神经的一个分支上。右图：显示电刺激邻近肌肉神经袖管电极所记录到的信号。应用压力探头向神经支配区域施加压力

A. 垂直施加于皮肤的力。B. 沿着皮肤边缘施加于皮肤的力。在这种情况下，随着每次刺激结束探头滑过皮肤时，侧面的力是不断增加的。C. 显示记录到的神经信号。D. 经过整流和整合后不含刺激伪迹的信号。注意：经过整合后产生了半个带宽的延迟。此图由 Riso（1988）的图 20-2 和 Haugland 和 Sinkjær（1999）的图 20-3 修改而来。

长时植入造成的神经损害

神经袖管电极造成的神经损害问题是不容忽视的，尤其是在人体上。毋庸置疑，神经袖管的植入势必会导致周围组织的一系列改变。袖管电极被结缔组织所覆盖，神经的形状也会发生改变以至于最后会充满整个袖管（Larsen et al. 1998）。根据 Hoffer（1990）的研究报道，为了防止术后肿胀造成的神经病理性压迫（Davis et al. 1978;

Strain and Olson　1975），袖管的直径至少要比神经的直径大 20%。研究显示神经病理性压迫对大纤维的影响最大（Gillespie and Stein　1983；Sunderland　1978）。Naples 等（1988）为了尽可能地减小电极植入造成的神经病理性压迫，他们设计了自动螺旋式袖管电极。

　　Stein 等（1977）研究发现，在猫的后腿植入袖管电极 9 个月之后（外侧的腓肠肌—比目鱼肌神经），与对侧健康腿相比，手术侧的大纤维数目明显下降。但是，电生理学记录没有明显变化。最近，Larsen 等（1998）对实验组、假手术组和正常对照组的 40 只兔子进行了组织学检测。实验组动物又分为两组，一组为长期电极植入组（16 个月），一组为短期电极植入组（14d）。袖管电极置于膝关节外侧的胫神经。实验中尽量缩短电极引出的导线，导线穿出电极以后通过膝关节邻近处的一个小环连于腹股沟处埋置的一个小连接器。手术后，每笼（1m×1m）一只动物独立饲养 10d。之后，每笼（2.1m×1.3m）饲养 5 只动物。

　　实验结束后，分别在袖管近端、中部和远端水平横切神经。同样，在对照相应部位施行同样处理作为对照。如此以来，我们就可以得出应用神经袖管之后不同部位神经纤维直径的直方图。

　　组织学研究结果显示（Larsen et al. 1998）术后 14d 袖管内和袖管远侧端的有髓纤维数目明显下降，下降率分别为 27%（$P = 0.002$）和 24%（$P = 0.01$），而袖管近侧端和对照侧的有髓纤维数目没有明显变化（所有的数据都是与 14 天的对照组相比）。假手术组没有明显的纤维丢失。术后 16 个月有髓纤维的总数没有进一步的丢失。无论是电极植入后 2 周还是 16 个月，无髓纤维的数目均无明显变化（图 29-3）。

　　除了少量的小纤维之外，最初的纤维丢失似乎是没有选择性的。而 16 个月之后，尽管与对照组相比总的纤维数目没有明显变化（图 29-3 上），但是似乎有一个从大纤维组向小纤维组过渡的趋势，这提示纤维可能有再生的现象出现，但是再生后的纤维没有达到原来的直径大小（图 29-3 下）。这个现象在袖管的远侧端表现得尤为明显，袖管内侧也可见。而袖管的近侧端和对侧没有明显的变化。这些结果显示袖管电极的植入最初可能导致有髓纤维的丢失，而随着时间的延长，纤维逐渐再生，提示长时的电极植入可能不会引起神经纤维发生明显的变化。

　　长时植入电极的神经信号记录

　　尽管袖管电极的长时记录是比较稳定的，但是没有实验研究对其稳定性进行过量化。在电极植入 16 个月的兔子中发现（Larsen et al. 1998），虽然电极刚刚植入后其阻抗发生了明显的变化（Thomsen　1998；Struijk et al. 1999），但是未曾发现电极有任何变形和移动的迹象。电极阻抗的最初下降可能是由于手术导致血管通透性增加引起液体积聚所致（Grill and Mortimer　1994）。

　　在电极刚植入的第一天里，记录到的神经信号幅度呈现出下降的趋势（Thomsen 1998；Thomsen et al. 1999），而且神经信号的幅度与电极阻抗呈较强的线性关系。这个结果提示记录到的神经信号电位与电极阻抗的比值很可能反应了真正的生物电强度，而且其为一个相对恒定的数值。但是，分析这样的结果时应当谨慎小心，因为实验中所测得的阻抗不等于中央电极和两端电极之间的组织的阻抗（Struijk et al. 1999）。

　　从实验中可以看出最初的神经纤维的丢失既反映在电刺激诱发的信号幅度上，也反

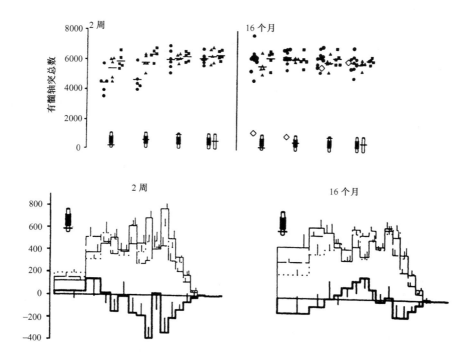

图 29-3　上图显示术后 2 周和 16 个月有髓纤维的总数

圆圈代表实验处理的动物。空心菱形代表一个特例动物的结果。三角代表假手术组动物，正方形代表正常对照组动物。上图的最下面显示横断面水平。水平横线代表平均水平［此图修改自 Larsen 等（1998）的图 5］。下图分别显示术后 2 周和 16 个月袖管电极远侧端有髓轴突的平均尺寸大小分布图。虚线表示实验处理组动物，点状线表示手术对照组，实线表示对照组。垂直 bar 代表标准误。粗实线代表实验组动物与对照组动物的分布差别，如丢失的有髓轴突的分布。纵坐标表示轴突的总数目，横坐标表示对数［此图修改自 Larsen 等（1998）的图 7］。

映在其中间频率上（参见第二十六章）（Struijk et al. 1999）。中间频率的变化可能是由于较小有髓纤维的再生，随之纤维的活动就转为再生纤维的活动（图 29-3 下左）。与大纤维相比，再生纤维的频率相对较低，这是由于其传导速度低所致（参见第二十六章）。通过对 4 个植入电极长达 10 年之久的志愿者的临床神经生理学观察显示神经信号的最快传导速度和绝对幅度仅发生了微小的变化（Haugland and Sinkjær 1995；Upshaw and Sinkjær 1998；Haugland et al. 1999）。唯一例外的是，其中一个受试者在电极植入的头 6 个月内信号幅度表现为下降趋势，但这段时间之后，信号幅度又恢复到正常水平并且在后来的两年中一直处于平稳水平（Slot et al. 1997），最大传导速度没有发生明显变化。因此，我们推测这个受试者可能最初发生了纤维丢失，而后纤维又出现了再生现象，正如前述的动物实验例子。只要大纤维不受到严重破坏，就不会影响最大传导速度，而中间频率可能会降低。因此如果怀疑可能发生了可逆性的神经损害，那么我们建议采用 Struijk 等（1999）建立的方法计算中间频率。

袖管电极记录的神经信号在神经修复上的应用

尽管经过 30 多年的研究已经取得了很大的进展，但是关于功能性电刺激系统还有更多的问题需要去深入探讨。其中最主要的就是脊髓或脑损伤导致的感觉信息丧失的复位。下面就详细介绍如何将长时的外周神经记录信号应用到提高一些受损害患者的运动功能上。

首先来讲述特殊传入纤维的反应，其次讲述如何应用这些反应来控制神经修复功能。首先就皮肤传入纤维进行详细介绍，主要着重其在 FES 系统中的可能应用。其次介绍应用袖管电极记录的肌肉纤维活动的特性。最后讨论如何应用膀胱内的机械感受性受体监测膀胱充盈的变化，以此协助治疗膀胱功能性异常疾病。

应用袖管电极记录到的皮肤传入纤维的活动

大的皮肤传入纤维是触觉的直接底物，并在抓物动作的运动控制中发挥着重要的作用。例如，在完成抓起饮料杯的这样一个平常动作中，触觉纤维信号介导了其中的重要事件如手指与玻璃杯的最初接触以及滑落感觉的感知。对正常抓物动作的分析揭示了抓力与控制力（如上举力或拉力）的密切协调关系。当举起一个物体时，抓力和上举的力平行增加，但是每一刻的抓力都要大于上举的力，只有这样物体才不至于滑落。抓力与上举力之间有一个特定的比值，而这个比值正是适应于皮肤—物体接触面之间的摩擦条件。这个系统具有一个"安全极限"，因为为了防止物体滑落要求抓力要比防止物体滑落要求的最小力度大于约 30%～50%。基于这样的特性，所以当不需要额外的力量时，肌肉可以放松并且可以减少疲劳。手指皮肤的机械感受性传入纤维可以连续监测正常皮肤的抓力和负重力，有实验研究显示当手指皮肤麻醉后，机械感受性纤维的自动调节抓力的功能即会遭到严重的损坏（Westling and Johansson 1984；Johansson and Westling 1987；Johansson et al. 1992 a，b，c）。

经过神经修复（FES）的抓物系统也可以完成相似的控制功能的可能性已经受到了广泛的关注，并且就此已经展开了一系列研究，具体介绍如下。

在一个四肢瘫痪的志愿者身上植入一个长时记录神经活动的袖管电极，同时为了让其能够完成抓物动作，还为其埋置了肌肉内刺激电极。袖管电极被置放在了一个特殊的位置（图 29-2 左），保证其不影响记录来自食指外侧皮肤传入纤维的活动。食指皮肤的外侧缘是抓物动作的皮肤感受区。有研究结果显示神经—袖管电极记录可以检测到抓物动作中的滑落事件，这个事件信息可以以最短的延迟被升级为肌肉活动命令以防止物体的滑落（Haugland et al. 1999）。最近的研究显示在如吃饭的功能性运动中也是如此。而且，在最近一项在正常人完成同样动作的实验中也得到了相似的结果（Lickel et al. 1996；Haugland et al. 1999）。

低级 FES 系统的反馈

臀、膝、踝部的运动以及脚与地面的接触和四肢着地负重的活动都为被试者低级 FES 和高级 FES 控制系统提供了大量的反馈信息。Phillips（1988）应用振动感觉信息替代方法阐述了四肢负重信息对 FES 对象维持平衡的重要性。Erzin 和他的同事们应用电刺激—皮肤反馈回路的实验方法报道了 FES 对象具有非常理想的节奏感。

人们已经认识到了"自然的"皮肤感受器在感知足底—地面接触感觉中潜在的应用

前景，而且在这一方面也开始展开了一些研究。两个分别由小脑瘫痪和多发性硬化造成的"活动足"患者接受了长期埋置袖管电极的实验，其袖管分别被埋置于腓肠神经和胫神经（Sinkjær et al. 1994；Haugland and Sinkjær 1995；Upshaw and Sinkjær 1998）。

如图 29-4 所示，在腓肠肌神经的外周感受野区域，袖管电极可以记录到触摸足及足跟外侧缘皮肤的信号。足与地面接触的状态可以从神经信号中抽取出来，并且被用于代替通常的鞋—鞋垫—足跟开关控制肌肉刺激的开放和关闭，肌肉刺激的开放和关闭是与走步时的抬脚、落地相同步的。

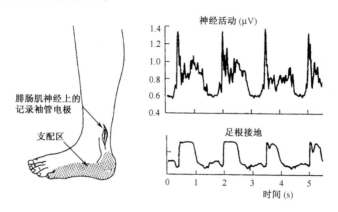

图 29-4   显示如何应用腓肠肌神经上记录到的自然感觉信息控制 FES 垂足
将在多发性硬化的患者腓肠肌神经上袖管电极记录到的信号经过整流、整合之后作为
控制信号。足与地面的接触由施加的阈值信号所决定。患者在实验过程中是穿着鞋的
（Haugland and Sinkjær 1995）。

袖管电极记录的肌肉纤维的反应

正常的运动功能主要依赖于肌肉传入纤维的信息，以此为关节的静态和动态运动提供信息。如果可以将这些传入纤维的活动作为控制信号的话，那么对将来的 FES 系统将是大有裨益的。Yoshida 和 Horch（1996）在这一领域取得了初步的成功，他们的结果完全支持上述的观点。应用兔子的踝部作为研究人的踝部的实验模型，Riso 等（1992）对一对互补的混合神经（坐骨神经的胫神经和腓神经支）诱发的反应进行了定性研究，这一对混合神经同时包含有从踝部伸肌和屈肌来的肌肉传入纤维。在两根神经周围埋置三极袖管电极进行同步记录。首先，应用一个配套仪器旋转踝部的角度并且在屈曲与伸展之间轮流改变踝关节的姿势。图 29-5 显示了这个被动运动所产生的基础反应。背屈运动（见"2"）使伸肌拉长，而当运动的幅度超过"3"所示的阈值以后，背屈运动可以诱发胫神经强烈的活动。在反应达到高峰期的起始处，胫神经的活动有所减弱，这是因为肌梭初级传入纤维的动力学反应消失，仅存有肌梭继发性传入纤维的放电和 Golgi 腱器官的活动。在图中"5"处，运动的方向发生了改变，由原来的屈曲改变为伸展，这样便会导致两种结果：其一是胫神经的活动突然终止（因为肌梭的长度在缩短），其二是腓神经的活动增强。

双神经记录结果的分析揭示了关节运动的方向。而且，如果运动的速率增加，动力学的反应也随之增加。但是很难达到动力学反应的标准值，因为其依赖于对相应肌肉最

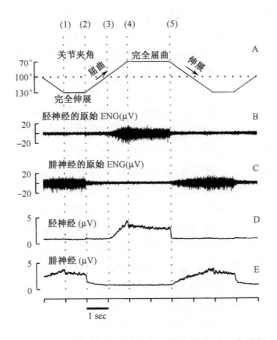

图 29-5　兔子的关节运动由屈曲转为伸直过程中从胫
神经和腓神经上记录的神经活动

B，C 分别显示神经活动的原始记录，D，E 分别显示经过整流
和整合之后的神经活动。B～E 显示的是 20 个反应活动的平均
值（本图改自 Riso 1998 的图 8）。

起始的牵张运动（如与起始姿势密切相关）（Jensen et al. 1998；Riso et al. 1999）。最
后，关于对 FES 的另外一个应用就是记录的传入纤维所支配的肌肉的收缩效应，因为
众所周知肌肉收缩放松肌梭感受器并且影响它们的活动。然而同时，肌肉收缩还可以激
活 Golgi 腱器官。袖管电极所记录到的活动代表了所有这些相反效应的整合效果，已经
有研究开始对这些效应进行量化研究。避免肌肉收缩造成复杂效应的一个最有效的方法
就是避免将 FES 应用到关节周围的肌肉，以致于接受这些肌肉所产生的被动运动信号。
无论何时当向关节一侧的肌肉施加 FES 时（避免一对拮抗肌同时收缩的状态），与 FES
相反的肌肉将会被动拉长。无论在哪种情况下，来自于邻近受刺激肌肉的伪迹都将对袖
管电极记录到的信息产生影响，但是在两个刺激伪迹之间总有一段"清洁"区间，我们
就选择这一阶段分析神经活动。

　　FES 辅助的排尿反馈和自控机制

　　膀胱排空延迟或不全会给脊髓损伤患者的健康带来极大的危险。主要表现为残尿所
致的膀胱和肾感染、残尿倒流至肾、自主反射功能紊乱（过大的膀胱压力影响血压的自
主调节所致）。

　　如果脊髓损伤的患者可以得到膀胱已经充盈的警告，那么就可以及时地排空膀胱。
Häbler 等（1993）在麻醉的猫上的研究发现 S2 节段的脊神经后根记录的传入纤维的放

电活动与膀胱的充盈程度密切相关。为了将这个研究结果应用到人工控制膀胱排尿等神经修复方面的问题上，Jezernik 等（1997，1999）在猪身上进行了急性实验研究，结果显示当膀胱压力逐渐增加时，盆神经和骶神经后根的神经活动也随之增加。图 29-6 显示在麻醉猪上膀胱自发收缩过程中膀胱压力与盆神经信息的关系。从图中我们可以看出神经信号反映了膀胱压力的节律性变化，也在一定程度上反映了膀胱容量的增加。

　　图 29-6 所示的研究发现当需要的时候，膀胱反射过度的患者可以接受闭环式的 FES 植入，其可以应用记录到的感觉信息监测和抑制不必要的膀胱收缩。目前的治疗方法，如通过药物抑制收缩反射和导管插入使膀胱排空都需要每天重复施行多次，并且会给病人带来很不适的感觉。在有些情况下，药物干预并非奏效，又不得不采取手术的措施，主要是切断骶神经后根使逼尿肌去传入已达到阻止收缩反射的发生。也可以应用骶神经根刺激器刺激骶神经前根使膀胱排空。后根切断术可以增加膀胱容量，但是男性的勃起反射消失。为了避免切断骶神经后根，可以应用袖管电极从膀胱神经上记录的信号检测快速的压力升高和逼尿肌激活。实验者便能采取适当的措施，如通过刺激外阴或阴茎神经抑制逼尿肌收缩，或者阻断盆神经的传出或传入信息以防止逼尿肌的收缩反射（Jezernik et al. 1999；Rijkhoff et al. 1998）。通过这样的方法，自控机制可以重新建立，低压力的排空可以完成，膀胱的功能性容量增加。除了这些医学上的改观之外，患者生活的独立自理能力和社会活动能力也有了明显提高。

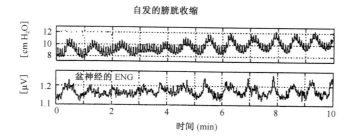

图 29-6　膀胱在低容量时缓慢充盈过程中的自发收缩

上图显示膀胱的压力，下图显示从盆神经记录到的整合和过滤的神经信息。收缩
反应很明显地体现在了神经信号中。与较小的膀胱压力变化相比，盆神经的神经
信号幅度就显得比较高。

■ 结　果

　　本章阐述了袖管电极在周围神经上记录皮肤传入纤维和肌肉传入纤维活动中的应用，其中着重就电极的特性、神经损伤和电极设计展开了详细的讨论。日后有关袖管电极的进一步改进可能就主要集中在制作方法如薄片电极的使用、电学特性的追加、信噪比的提高和选择性记录等方面。

　　书中以最近在一些患者身上长期埋置袖管电极的实验为例揭示了应用袖管电极在研究感觉信息反馈机制中的潜在价值。如在指神经上记录的皮肤活动的基础上建立的人工抓物反射，应用来自于足部皮肤的神经信号控制刺激背屈肌。另外，研究者们已经开始探讨应用神经信号反馈控制膀胱功能修复的计划。

　　本章还报道了在兔子上的最新发现，即当踝部的屈肌和伸肌由于被动的关节运动而受到牵拉时，可以从周围感觉神经记录到肌肉传入纤维的活动，胫神经和腓神经的传入纤维的这种交互活动行为为人体不同部位（如肘部、腕部和膝部）的关节拮抗肌的运动提高了一个很好的模型。而目前最重要而急需的任务就是将这种基于肌肉纤维的感觉系统应用到 FES 辅助瘫痪患者站立上。

　　本章还简要阐述了将袖管电极记录的传入活动作为感觉传入应用于认知反馈系统中的计划，关于这方面将来可能的发展动态请详细参考 Riso（1998）的研究。

　　神经的运动修复功能在提高患者生活质量方面所起的作用日渐明显。随着对具有更多功能性系统的要求日益迫切，发展有效的感受器也迫在眉睫。自然感受器的应用将是一次革新。进一步的研究将显示是否可以应用袖管和其他类型电极从人体其他部位感受器可靠地提取信号，以及改进并推广自然感受器在神经修复系统中的应用。

参 考 文 献

Andreasen LNS, Jensen W. (1996) Characterization of the calcaneal and sural ENG during standing – An experimental study. Master thesis, report nr. S10-M11, Aalborg University, Denmark

Davis LA, Gordon T, Hoffer JA, Jhamandas J, Stein RB. (1978) Compound action potentials recorded from mammalian peripheral nerves following ligation or resuturing. J. Physiol. (Lond) 285:543–559

Erzin R, Bajd T., Kralj A., Savrim R., Benko H. (1996) Influence of sensory biofeedback on FES assisted walking, Elektroteh. Vestn., 63:53

Gillespie MJ, Stein RB. (1983) The relationship between axon diameter, myelin thickness and conduction velocity during atrophy of mammalian peripheral nerves. Brain Res., 259:41–56

Gordon T, Gillespie J, Orozco R. Davis L. (1991) Axotomy-induced changes in rabbit hindlimb nerves and the effects of chronic electrical stimulation. J. Neurosci., 11:2157–2169

Gordon T, Hoffer JA, Jhamandas J, Stein RB. (1980) Long-term effects of axotomy on neural activity during cat locomotion. J. Physiol. (Lond) 303:243–263

Grill WM, Mortimer JT (1994) Electrical properties of implant encapsulation tissue. Annals of Biomed. Eng. 22:23–33

Hanson MA, Moore PJ, Nijhuis JG. (1987) Chronic recording from the phrenic nerve in fetal sheep in utero. J. Physiol. (Lond) 394:4P

Haugland, M., Hoffer, J.A. (1994a) Artifact-free sensory nerve signals obtained from cuff electrodes during functional electrical stimulation of nearby muscles. IEEE Transactions on Rehabilitation Engineering, 2:37–39

Haugland MK, Hoffer JA, Sinkjær T. (1994) Skin contact force information in sensory nerve signals recorded by implanted cuff electrodes. IEEE Trans. Rehab. Eng., 2:18–28

Haugland MK, Hoffer JA. (1994b) Slip information provided by nerve cuff signals: Application in closed-loop control of functional electrical stimulation. IEEE Trans. Rehab. Eng. 2:29–36

Haugland MK, Lickel A, Haase J, Sinkjær T. (1999) Control of FES thumb force using slip information obtained from the cutaneous electro-neurogram in quadriplegic man. IEEE Trans. Rehab. Eng., Vol. 7.

Haugland M, Lickel A, Riso R, Adamczyk MM, Keith M, Jensen IL, Haase J, Sinkjær T. (1995) Restoration of lateral hand grasp using natural sensors. Proc. of the 5th Vienna Int. Workshop on FES, Vienna, pp. 339–342

Haugland MK, Sinkjær T. (1995) Cutaneous whole nerve recordings used for correction of footdrop in hemiplegic man. IEEE Trans. Rehab. Eng., 3:307–317

Haugland MK, Sinkjær T. (1999) Control with natural sensors. Invited chapter to section VIII. Synthesis of Posture and movement in Neural Prostheses. Book Editors: Jack Winters and Pat Crago. In Press

Häbler HJ, Jänig W, Koltzenburg M. (1993) Myelinated primary afferents of the sacral spinal cord responding to slow filling and distention of the cat urinary bladder, J. Physiol. (Lond) 463:449

Hoffer JA. (1990) Techniques to record spinal cord, peripheral nerve and muscle activity in freely moving animals. In: Neurophysiological Techniques: Applications to Neural Systems. Neuromethods 15, A. A. Boulton, G.B. Baker and C.H. Vanderwolf, Eds. Humana Press, Clifton, N.J., pp. 65–145

Hoffer JA, Loeb GE, Pratt CA. (1981) Single unit conduction velocities from averaged nerve cuff electrode records in freely moving cats. J. of Neurosc. Meth., 4:211–225

Hoffer JA, Loeb GE, Marks WB, O'Donovan MJ, Pratt CA, Sugano N. (1987) Cat hindlimb motoneurons during locomotion. I. Destination, axonal conduction velocity and recruitment threshold. J. Neurophysiol., 57:510–529

Hoffer JA, Marks WB, Rymer WZ. (1974) Nerve fiber activity during normal movements, Soc. Neurosci. Abstr., 4:300

Hoffer JA, Sinkjær T. (1986) A natural "force sensor" suitable for closed-loop control of functional neuromuscular stimulation. Proc. 2nd Vienna Int. Workshop on Functional Electrostimulation, pp.47–50

Hoffer JA, Stein RB, Gordon T. (1979) Differential atrophy of sensory and motor fibers following section of cat peripheral nerves. Brain Res., 178:347–361

Jensen W., Riso R.R. and. Sinkjær T. (1998) Position information in whole nerve cuff recordings of muscle spindle afferents in a rabbit model of normal and paraplegic standing. Proceedings of the IEEE/EMBS Annual Meeting, Hong Kong, Nov.

Jezernik S, Wen JG, Rijkhoff NJM, Djurhuus JC, Sinkjær T. (1999) Analysis of nerve cuff electrode recordings from preganglionic pelvic nerve and sacral roots in pigs. J. Urology, Submitted

Jezernik S, Wen JG, Rijkhoff NJM, Haugland M., Djurhuus JC, Sinkjær T. (1997) Whole nerve cuff recordings from nerves innervating the urinary bladder, Second Annual IFESS Conference / Fifth Triennial Neural Prostheses Conference, Vancouver, Canada, Proceedings pp. 45–46, August

Johansson RS, Häger C, Backström L. (1992c) Somatosensory control of precision grip during unpredictable pulling loads: III. Impairments during digital anesthesia, Exp. Brain Res., 89:204

Johansson RS, Häger C, Riso RR, (1992b) Somatosensory control of precision grip during unpredictable pulling loads. II. Changes in load force rate, Exp. Brain Res., 89:192

Johansson RS, Riso RR, Häger C, Backström C. (1992a) Somatosensory control of precision grip during unpredictable pulling loads: 1. Changes in load force amplitude, Exp. Brain Res., 89:204

Johansson RS, Westling G. (1987) Signals in tactile afferents from the fingers eliciting adaptive motor responses during precision grip, Exp. Brain Res., 67:141

Kallesøe JA, Hoffer JA, Strange K, Valenzuela I. (1996) Implantable cuff having improved closure: United States Patent No.5,487,756, awarded January 30

Knaflitz M, Merletti R. (1988) Suppression of stimulation artifacts from myoelectric-evoked potential recordings. IEEE Transactions on Biomedical Engineering, 35(9):758–763

Krarup C, Loeb GE. (1987) Conduction studies in peripheral cat nerve using implanted electrodes: I. Methods and findings in control. Muscle & Nerve, 11:922–932

Krarup C, Loeb GE, Pezeshkpour GH. (1988) Conduction studies in peripheral cat nerve using implanted electrodes: II The effects of prolonged constriction on regeneration of crushed nerve fibers. Muscle & Nerve, 11:933–944

Krarup C, Loeb GE, Pezeshkpour GH. (1989) Conduction studies in peripheral cat nerve using implanted electrodes: III The effects of prolonged constriction on the distal nerve segment. Muscle & Nerve, 12:915–928

Larsen JO, Thomsen M, Haugland M, Sinkjær T. (1998) Degeneration and regeneration in rabbit peripheral nerve with long-term nerve cuff electrode implant. A stereological study of myelinated and unmyelinated axons. Acta Neuropathologica, 96:365–378

Lickel A, Haugland MK, Sinkjær T. (1996) Comparison of catch responses between a tetraplegic patient using an FES system and healthy subjects, Proc. 8th Annual International Conference of IEEE/EMBS

Little JW. (1986) Serial recording of reflexes after feline spinal cord transection. Exp. Neurol., 93:510–521

Loeb GE, Marks WB, Hoffer JA. (1987) Cat hindlimb motoneurons during locomotion. IV. Participation in cutaneous reflexes. J. Neurophysiol., 57:563–573

Loeb GE, Peck RA, (1996) Cuff electrodes for chronic stimulation and recording of peripheral nerve activity. J. Neurosc. Meth., 64:95–103

Marks WB, Loeb GE. (1976) Action currents, internodal potentials and extracellular records of myelinated mammalian nerve fibres derived from node potentials. Biophys. J., 16:655–668

Marshall KW, Tatton WG. (1990) Joint receptors modulate short and long latency muscle responses in the awake cat. Exp. Brain Res., 83:137–150

Milner TE, Dugas C, Picard N, Smith AM. (1991) Cutaneous afferent activity in the median nerve during grasping in the primate. Brain Res., 548:228–241

Naples GG, Mortimer JT, Schemer A, Sweeney JD. (1988) A spiral cuff electrode for peripheral nerve stimulation, IEEE Trans. Biomed. Eng., 35:905

Nicolic ZM, Popovic DB, Stein RB, Kenwell Z. (1994) Instrumentation for ENG and EMG recordings in FES systems. IEEE Trans. Biomed. Eng., 41:703–706

Palmer CI, Marks WB, Bak MJ. (1985) The responses of cat motor cortical units to electrical cutaneous stimulation during locomotion and during lifting, falling and landing. Exp. Brain Res., 58:102–116

Pflaum C, Riso RR. (1996) Performance of alternative amplifier configurations for tripolar nerve cuff recorded ENG, Proc. [18]th Annual meeting IEEE/Engr. In Med. Biol. Soc., Amsterdam

Phillips CA (1988) Sensory feedback control of upper and lower extremity; motor prostheses, CRC Crit. Rev. Biomed. Eng., 16:105

Popovic DB, Stein RB, Jovanovic KL, Rongching D, Kostov A, Armstrong WW. (1993) Sensory nerve recording for closed-loop control to restore motor functions. IEEE Trans. Biomed. Eng., 40:1024–1031

Rijkhoff NJM, Wijkstra H, van Kerrebroeck PEV, Debruyne FMJ. (1998) Selective detrusor activation by sacral ventral nerve root stimulation: First results of intraoperative testing in humans during implantation of a Finetech-Brindley system. World Journal of Urology, 16:337–341

Riso RR. (1998) Perspectives on the role of natural sensors for cognitive feedback in neuromotor prostheses. Automedica, 16:329–353

Riso RR. Slot PJ. (1996) Characterization of the ENG activity from a digital nerve for feedback control in grasp neuroprostheses, In: Neuroprosthethics from basic research to clinical applications, Pedotti A, Ferrarin M., Quintern J., Riener R., Eds, Springer, pp. 354–358

Riso RR, Mosallie FK, Jensen W, Sinkjær T. (1999) Nerve Cuff recordings of muscle afferent activity from tibial and peroneal nerves in rabbit during passive ankle motion. IEEE Trans. on Rehab. Eng. Provisionally accepted

Riso RR, Slot P, Haugland M, Sinkjær T. (1995) Characterization of cutaneous nerve responses for control of neuromotor prostheses, Proc. 5th Vienna Intl. Workshop on Functional Electrical Stimulation, p. 335

Sahin M, Haxhiu MA, Durand DM, Dreshaj IA. (1997) Spiral nerve cuff electrode for recording of respiratory output. J. Appl. Physiol., 83:317

Sinkjær T, Hansen M, Upshaw B, Haugland M, Kostov A. (1998) Processing sensory nerve signals meant for control of paralyzed muscles. NORSIG '98 IEEE Nordic Signal Processing Symposium. 8th–11th June, Vigsø Holiday Resort, Denmark, 17–24.

Sinkjær T, Haugland MK, Haase J. (1994) Natural neural sensing and artificial muscle control in man. Exp. Brain Res., 98:542

Sinkjær T, Haugland M, Haase J. (1993) Neural cuff electrode recordings as a replacement of lost sensory feedback in paraplegic patients. Neurobionics, 267–277

brate cats. J. Neurophysiol., 64:1625–1635

Slot P, Selmar P, Rasmussen A, Sinkjær T. (1997) Effect of long-term implanted nerve cuff electrodes on the electrophysiological properties of human sensory nerves. J. Artificial Organs, 21:207–209

Stein RB, Charles D, Davis L, Jhamandas J, Mannard A, Nichols TR. (1975) Principles underlying new methods for chronic neural recording. Canad. J. Neurol. Sci., 2:235–244

Stein RB, Gordon T, Oguztöreli, Lee RG. (1981) Classifying sensory patterns and their effects on locomotion and tremor. Can. J. Physiol. Pharmacol., 59:645–655

Stein RB, Nichols TR, Jhamandas J, Davis L, Charles D. (1977) Stable long-term recordings from cat peripheral nerves. Brain Res., 128:21–38

Strain RE, Olson WH. (1975) Selective damage of large diameter peripheral nerve fibers by compression: An application of Laplace's law. Exp. Neurol., 47:68–80

Struijk, J.J., Thomsen, M., Larsen, J.O., Sinkjær, T. (1999) The use of cuff electrodes in long-term recordings of natural sensory information from peripheral nerves. IEEE Engineering in Medicine and Biology Magazine. May/June 1999

Struijk JJ, Thomsen M. (1998) Tripolar nerve cuff recording: Stimulus artifact, EMG and the recorded nerve signal. 17th Annual International Conference IEEE Engineering in Medicine and Biology Society, September, Montreal, Quebec, Canada. Only available on CD-ROM

Thomsen M. (1998) Characterisation and optimisation of whole nerve cuff recording cuff electrodes. Ph.D.-thesis, Aalborg University, Denmark

Thomsen M, Struijk JJ, Sinkjær T. (1996) Artifact reduction with monopolar nerve cuff recording electrodes. 18th Annual Int. Conference of the IEEE Engineering in Medicine and Biology Society, October-November, Amsterdam, The Netherlands

Thomsen M, Struijk JJ, Sinkjær T. (1999) Nerve cuff recording with a combined mono-and bi-polar electrode, IEEE Trans. Rehab. Eng., Submitted

Tyler DJ, Durand DM. (1996) Selective stimulation with a chronic slowly penetrating interfascicular nerve electrode. Proceedings of the 18th Annual Meeting of the IEEE/EMBS , Amsterdam, paper #582

Upshaw, B., Sinkjær, T. (1998) Digital signal processing algorithms for the detection of afferent nerve activity recorded from cuff electrodes. IEEE Transactions on Rehabilitation Engineering, 6:172–181

Upshaw B, Sinkjær T. (1997) Natural vs. artificial sensors applied in peroneal nerve stimulation. Journal of Artificial Organs, 21(3):227–231

Westling G, Johansson RS. (1984) Factors influencing the force control during precision grip, Exp. Br. Res., 53:277

Woodbury JW, Woodbury DM. (1991) Vagal stimulation reduces the severity of maximal electroshock seizures in intact rats: Use of a cuff electrode for stimulating and recording. Pace, 14:94–107

Yoshida K, Horch K. (1996) Closed – loop control of ankle position using muscle afferent feedback with functional neuromuscular stimulation, IEEE Trans. Biomed. Eng., 43(2):167

第三十章 人体神经纤维微电极记录技术

Mikael Bergenheim,
Jean-Pierre Roll and Edith Ribot-Ciscar
张玉秋 高永静 译
复旦大学神经生物学研究所
Yuqiuzhang@fudan.edu.cn

■ 绪 论

神经纤维微电极记录技术能够直接在清醒状态下的人体上持续观察和监测外周神经活动。它可用于研究各类神经纤维（包括不同粗细的有髓或无髓纤维）的单一或多个单位的神经活动。借此，科学家能够将神经活动与外周刺激、植物和运动神经的活动以及个人的主观经验联系起来。尽管此项技术相对较新（Hagbarth 和 Vallbo 在 1967 年首次报道），但已经引起了在神经科学不同领域（包括正常和病理条件下）的神经科学家们的广泛关注。在大约 30 年间，由于该项技术的应用，上述许多领域的研究工作都取得了相当大的进展。

本章的目的首先是为那些希望使用该项技术的科学家们介绍这项切实可用的技术。其次也将对应用该项技术所获结果的典型范例进行更为详尽的讨论，如肌梭传入在运动觉中的作用（见后面结果部分）。同时，关于其他传入在运动觉中的作用也已有所研究。例如，神经纤维微电极记录显示，皮肤传入可能提供有关关节运动的信息，一些慢适应感受器（SA II）似乎可以提供关于关节位置的精确信息（Edin 1992）。此外，当关节在一个或几个方向上的被动扭转达到极度的角移位时，来自关节的传入出现慢适应性放电（Macefield et al. 1990）。对于触觉，Vallbo 和他的合作者们对人类手掌皮肤感受器的 Aα 传入纤维的特性（FA I，FA II，SA I 和 SA II），曾做过详尽的描述（Johansson 1976）。在痛觉领域，Torebjörk 和 Hallin（1976）研究了人类皮神经中 C 类无髓纤维的功能特性，以及它们的多型性和感受野的大小等其他特性。

神经纤维微电极记录技术也用于记录传出活动。例如，肌肉传入对 α 运动神经元放电的影响（Macefield et al. 1993）。Aniss 及其同事证明非痛刺激可选择性激活肌梭运动神经元。在直接记录肌梭运动神经元过程中，我们发现多种因素都可调制这些神经元的活动，例如，倾听操作指导或进行心算等认知因素，笑或谈话等行为活动，以及有人进入房间或者一个短而意外的听觉刺激所造成的环境干扰等（Ribot et al. 1986）。

在植物神经水平，有关交感传出对皮肤（Wallin et al. 1976；Hallin and Torebjörk 1974）和肌肉（Sundlof and Wallin 1978）的中枢调制等方面的研究，在神经纤维微电极记录技术的初期阶段就已经得到了重视。

以上简要介绍的是神经纤维微电极记录技术应用在生理学研究中的几个范例。事实上，这项技术也被用于病理生理学研究中，如帕金森病的强直（Burke et al. 1977）和痉挛（Szumski et al. 1974；Hagbarth et al. 1973）。

　　在神经纤维微电极记录技术中，还可以通过记录电极施加刺激；这样，就可以记录人手的单个关节、肌肉（Macefield et al. 1990）、皮肤（Ochoa and Torebjörk 1983；Macefield et al. 1990）和 C 类传入纤维（Ochoa and Torebjörk 1989）对微小刺激的反应。

　　本章并不是在综述应用神经纤维微电极记录技术所做的工作（此前对此已有过多篇综述），而是提供一个如何应用该项技术的使用说明。很自然，这里无法对所有使用该项技术的实验室所采用的不同技术做出评价，本章的核心内容是介绍我们实验室所采用的方法。然而，如果我们实验室和其他实验室在技术或方法上存在分歧，我们将尽可能客观地指出这些差别。

　　最后需要指出的是，尽管神经纤维微电极记录技术在理论上似乎比较简单，但在实际操作中则需要相当大的耐心和一些运气。

■ 材　料

钨丝电极

　　常用的电极是绝缘的钨丝微电极。这些电极的尖端为大小不等的圆锥形，能够记录到围绕其三维空间的许多神经纤维（图 30-1）。鉴于钨丝电极必须无菌，而且电极的特性在使用后会发生改变，所以不能重复使用。

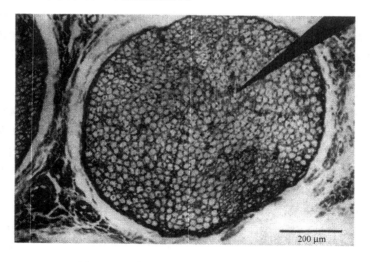

图 30-1　一条外周神经横断面的显微镜图像
图中黑色的插入物为微电极尖端。

电极特性：

—— 阻抗，500 kΩ～1MΩ（测试频率为 1 kHz）

—— 尖端直径，大约 5～8 μm

— 长度，31 mm

很多实验室喜欢自制电极。事实上，对市售电极稍加改造即可使用（见附录供应厂商）。要购买不带接头的电极，以便减轻电极的重量，利于其在组织中"自由漂浮"。因此，使用前电极末端要焊接表面涂有聚四氟乙烯的银丝，步骤如下（图30-2）：

1. 刮除银丝一端约 1 cm 长的聚四氟乙烯（图30-2A），将该段紧紧缠绕在电极的非绝缘端（5～7 圈），焊接固定（图30-2B）。

2. 将一个热塑料管（长约 1 cm）套在焊接区和其余非绝缘的电极和银丝外面，使之紧贴于表面起绝缘作用（图30-2C）。

3. 为保持电极无菌，需将电极保存于放有甲醛片剂的密封罐中。使用之前，将电极小心地浸泡在酒精中。

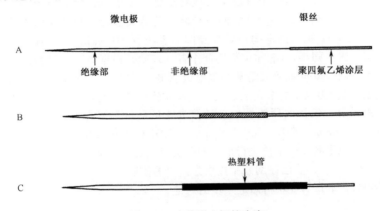

图 30-2　市售微电极的改造

A. 微电极和一端刮除聚四氟乙烯的银丝。B. 银丝缠绕电极的非绝缘区。C. 热塑料套管
包绕非绝缘部位的电极和银丝。塑料管紧紧包绕着电极。

同心圆电极

最近，Hallin 等描述了一种同心圆电极（Hallin 1990；Hallin and Wu 1998）。它与普通的钨丝电极不同，后者仅有一个单维且较小的记录面，而前者是由一个市售皮下注射针外套和钨丝或铂-铱丝内芯构成，其间填充环氧树脂。作者称"由于这种电极具有特殊的记录面，比钨丝电极更能真实地反映出外周神经内部的生物学特性"。正因为如此，同心圆电极似乎特别适合记录 C 类纤维。作者进一步提示，这种电极与传统的钨丝电极相比，其优越性还在于它有稳定的电学特性和机械特性，可重复使用，在电极上添加更多的记录面还可实现多通道记录（Hallin and Wu 1998）。

电极特性：

— 电极外径，200～250 μm

— 内芯直径，10～30 μm（钨丝），或 20～30 μm（铂-铱丝）

— 阻抗，500～700 kΩ（细丝，10 μm），200～300 kΩ（粗丝，30 μm）（测试频率为 1 kHz）

关于制作电极的细节，参阅 Hallin 和 Wu（1998）。

记录和分析

可以使用标准的电生理学记录系统，记录的频带应维持在 300 ～ 3000 Hz 范围内，以获得最佳信噪比。

可供选择的参考电极很多。我们实验室是采用一个阻尼带（扎在受试者的大腿部，如图 30-4 所示）接地，同时也作为参考电极。其他实验室采用一个与记录电极相似，但稍粗的非绝缘电极作为参考电极，在距离记录电极 2 cm 处插入组织（Gandevia and Hales　1997）。

如果同时记录到多个单位或信噪比较差，可以通过一些方法对某个脉冲串进行观察。多年来，有许多不同的方法已被采用（Schmidt　1984a，b）。例如，Salganicoff 及其合作者（1988）所描述的一个可以实时地对细胞外多单位记录进行分类和整理的软件；Kreiter 及其合作者（1989）提供的一种能实时分类鉴定多单位记录的经济型单板系统。Jansen（1990）提出的逆向传导神经网络系统及 Mirfakhraei 和 Horch 1994 年描述的一种类似方法。同年，Oghalai 及其合作者（1994）根据 ART2 计算规则设计了一个脉冲鉴别仪，用以鉴定单通道记录的多单位放电。1996 年，Öhberg 等人又展示了一套以 SOM 规则系统为基础的多通道、实时、非监测脉冲鉴别仪。此外，也有一些商品化的数据采集系统，包括使用线性集合计算方法的脉冲鉴别器（Discovery；DataWave Technologies，Longmont，CO，USA 或 Spike2；CED，Cambridge，England）。考虑到多方面的原因，对所记录的动作电位进行形态学分析可能是很有意义的（如寻找传导阻滞的发生）。由于该类分析方法已在别处做过更为详尽的描述（Gandevia and Hales 1997；Inglis et al. 1996），本章对此不再做进一步的讨论。

受 试 者

大多数情况下，受试者是一些对实验研究感兴趣的、可获得一定报酬的学生志愿者。在查明他们的健康史后，依据下列标准进行仔细挑选：

胖瘦。要挑选中等胖瘦的受试者。脂肪较厚或肌肉发达者通常被排除，因为这些受试者神经的位置一般比较深，不易接近。另一方面，瘦的受试者虽然神经的位置较浅，容易定位和接触，但是由于电极不能安置的足够深，插入后很难稳定在原位。

性别。通常优先考虑男性受试者，因为男性个体的神经通常比较容易触及和定位。

保持冷静的能力。这很重要，因为在整个试验过程中，要求受试者坐在椅子上不能多动。这也是一次试验不能持续四个小时以上的原因之一。当然，在有些实验室，受试者在试验过程中是平卧的。

对实验环境和操作过程，特别是对电极刺痛的反应性。过于敏感的受试者通常要排除。观察还发现，受实验室的仪器设备和实验过程影响较大的受试者通常不适合进行实验。

按照上述标准，受试者一旦被选中，即要求其依据赫尔辛基宣言（以及实施实验的所在国所要求的其他的同意书）签署一份实验同意书，并且预约下一次实验。

如果在同一受试者身上需要进行一次以上的实验，那么，不同实验之间的间隔应不少于一个月。

被用于研究的神经

理论上，神经纤维微电极记录可以在任何外周神经上进行。然而，由于实际操作上限制，最常使用该项技术的只有有限的几个神经，简述如下（图 30-3）：

外侧腓神经。此神经的优点是在人体上的位置比较浅表，容易触到神经的走行。对于右手优势的实验人员，优选受试者的左腿进行记录。电极从左腿的腓骨头水平或腘窝的起始部插入。

正中神经。正中神经可以从腕部或肘的近端记录。

桡神经。桡神经在神经纤维微电极记录中经常使用，可以在肘的近端 7～8 cm 处记录。

尺神经。该神经在腕的近端 5～10 cm 处极易触及（Rothwell et al. 1990）。

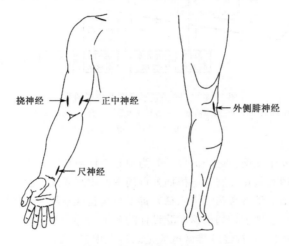

图 30-3　常用神经的解剖部位
阴影区表示电极插入的最佳位点。

■ 步　骤

如前所述，本章的目的是为神经纤维微电极记录技术提供一个操作指南。下面，我们将举例说明我们实验室记录外侧腓神经的技术。尽管下面提及的很多情况对于记录其他神经是普遍而且有效的，但不可避免的是有些情况只是具体适用于我们的实验设备。

实验应该在屏蔽室内进行，要为受试者提供一个愉快的氛围，如有关的光、声音和颜色。另外，要尽可能地隐蔽实验设备。在实验开始前，让受试者舒适地坐在扶手椅上（图 30-4）。双腿置于一个加垫的凹槽内，以便能够维持在一个不发生任何肌肉活动的放松状态。膝关节屈曲约 120°～130°。右脚放在一个固定的平板上，左脚被固定在一个可转动的踏板上，踏板的轴心在左踝的前方。

可转动的踏板与一个机电马达相连，其运动参数（如速度，幅度）可以调节控制。微电极记录的信号经放大后输出到示波器和扬声器（图 30-4），在整个实验过程的不同阶段连续监测神经活动。为记录关节的主动或被动运动（背屈或跖屈），还需给受试者装配另外一套系统，它有两个轻质的可转动的杆，一个用胶带连接在受试者的腿上，另

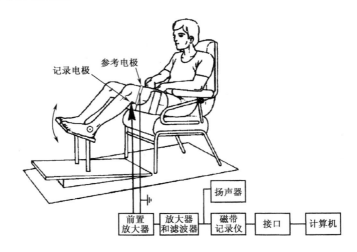

图 30-4　实验装置示意图及采样流程

我们实验室采用 Grass P5 系列前置放大器和放大器，一台 Luxman 图像均衡仪作为滤波器，一个 1401 PLUS 接口，一台 DTR-1802 生物磁带记录仪和一台 PC586 计算机。

一个连接在脚上。发生在两杆之间的以外髁为中心的任何转动，都可以用线性电位计记录下来。考虑到无菌和软化皮肤，电极插入点周围的皮肤要用抗菌肥皂彻底清洁。标准肌电图表面电极（细节请参考第二十六章）置于与实验观察相关的肌肉上。在记录开始前，受试者应接受一些训练，如根据实验设计的要求进行一些随意运动，但不对总体的肌肉活动产生"干扰"。在神经纤维微电极记录过程中避免这种干扰非常必要，其原因有二：第一，它们可能引起电极的移位，造成记录单位的丢失，或者更糟的是导致神经损伤。第二，即便是电极附近的肌肉中一些小的肌电活动，也可能导致由运动单位活动所引起和记录到的神经信号失真。

实验步骤

1. 触诊神经。第一项工作是精确地定位神经走行，并用钢笔在皮肤表面作标记。如果神经过深或过浅，可以通过轻度伸屈膝关节来改变其深度。

2. 插入电极。通过交替的轻推和放松，用手将微电极缓慢地经皮插入。当电极穿透皮肤时，建议放松一分钟来观察受试者的反应。所有这些步骤，尽管非常谨慎，但受试者还是有可能受到实验或实验室环境的影响，并出现昏厥现象。因此，必须密切关注受试者的状态。像搔头、频繁地打哈欠、热感、出汗等都是警告信号。如果这些信号出现，应立即停止实验。

3. 穿过皮下组织接近神经。采用上述同样的推－放方法接近神经。这一过程所需的时间因实验而异。有时仅需几分钟，但一般需要一小时左右。为了引导电极尖端进入神经，很多研究小组是通过记录电极施加弱的电脉冲（1～6V，波宽 0.2ms），诱导受试者的异常感觉或局部肌肉在肌束范围内的收缩。然而，这种方法也存在一些问题。在心理上，实验中将使用电刺激这一事实，会使一些受试者感到害怕，因此应尽量避免。此外，根据我们的经验，不恰当的施加电刺激可能会引起强烈的运动神经激活，即"惊吓反应"，因此可能既影响记录的稳定性，又会危及受试者的安全感。在任何情况下，当电极接近神经时，要不断地询问受试者的感受。这些信息可以给实验者提供很重要的线索，进而决定保持或是改变电极刺入的方向。例如，受试者报告说有"深且弥散"的疼痛感，则提示电极正在向肌腱推进。如果出现了这种情况，或者受试者一旦感觉到任何形式的疼痛，都要停下甚至轻微回退电极。通常这时疼痛会消失。另外，如果受试者感觉到由于神经受到机械刺激而产生的触觉，并且能够很容易地定位，实验者可以由此判断电极进入的方向是正确的。在这里需要强调的是，要告知受试者说出感觉投射区的名称，而不要用于去指（因为这可能会诱发大量的肌肉活动）。

4. 到达神经。当电极到达到神经时，通常可通过扬声器听到多单位放电。这时要在神经内找到正确的单位。只有当电极处于"自由漂浮"状态，单个单位被分离并稳定之后，才能精确地鉴定这个单位。精确的鉴定过程将在其后单独描述（见"纤维的鉴定"）。然而，在试着稳定记录并使电极"自由漂浮"之前，应该先做一个初步的鉴定。为此，不断地敲击该神经支配区的皮肤，或者按压肌腱、肌腹或轻度被动地牵拉该神经所支配的肌肉是很有用的。实验者可通过这样的刺激粗略地鉴定任何记录到的传入纤维及其感受器的类型和部位。图 30-5 展示了这一初步鉴定过程的详细流程。早在电极到达并进入神经时，纤维的自发活动就可能提示了它的感受器起源。当电极到达神经的瞬间，很多纤维有高频放电。如果这种反应在 1～2s 内完全静止，大都为皮肤传入。如果这种反应不能完全静止，而有持续的自发放电，很可能是来自肌肉内感受器的传入。如果自发放电表现为有规律的簇状爆发，则可能是来自植物神经的传出纤维。

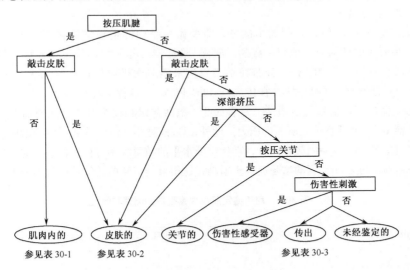

图 30-5　对所记录神经纤维进行初步鉴定的模式流程图

方框显示所给予的不同刺激形式。如果纤维对这个刺激发生反应，沿"是"箭头所指的方向，那就继续这一过程。如果对刺激不发生反应，沿"否"的方向继续。图底部的环形框显示纤维的不同来源。为精确鉴定肌肉和皮肤感受器以及传出纤维，请分别参阅"纤维的鉴定"和表30-1，30-2，30-3。

5. 稳定记录。最后，当电极记录到一个来自单一神经元的信号时，必须分离并稳定这一信号。根据连续刺激传入神经所产生的监听器声响，将引导电极做微小推进，可以达到这一目的。这个阶段的主要问题是，当实验者放开电极并使之在组织内"自由漂浮"时，皮肤的弹性通常会将电极轻微拉出，容易使信号丢失。即使在这一阶段可以尝试使用某种微操纵器，但由于机械阻力和皮肤弹性的易变性，这种尝试也未必有用。而且，万一受试者突然移动或有不自主活动时，以这种方法固定电极的任何尝试都有可能损伤神经。在这一阶段，尽管当记录稳定时，实验者已经基本掌握了单位的类型，但对记录纤维进行更为精确的鉴定仍然是必要的。

纤维的鉴定

与动物实验不同，在人体上测量神经纤维的传导速度并不是一件易事。因此，所记录的纤维需按性质进行分类，那些难以归类的纤维应该放弃。事实上，这种定性的分类也存在一些问题，这也是为什么在应用神经纤维微电极记录技术的研究论文中经常会有这样的陈述："这些传入纤维可能被确定为……"Burke 在他 1997 年发表的论文中曾讨论了有关神经纤维定性分类的问题。有关这一分类的更为详尽的叙述还可参阅 Edin 和 Vallbo（1990）的工作。需要指出的是，使用不同图表所介绍的鉴定方法检测每一根纤维是不现实的，因为记录的纤维很难稳定足够长的时间。这就要求实验者根据当前的实验目的和要求选择一种合适的鉴定方法。但是，在研究报告中，清楚地阐明用以鉴定纤维性质的精确标准是非常重要的。

肌肉-肌腱传入

在肌肉-肌腱的传入之间做出区分，需要做一系列的生理学检测（见表 30-1）。当然，有些通用的评估还是值得一提的。肌肉-肌腱传入分三类：分布在初级肌梭末端的初级肌梭传入（初级 MSA）；分布在次级肌梭末端的次级肌梭传入（次级 MSA）和分布在 Golgi 腱器官的 Golgi 腱器官传入（GTO 传入）。各种类型的传入均可通过按压承载此感受器的肌肉的肌腱所激活。尽管如此，激活初级和次级肌梭传入所需的压力远远低于激活 Golgi 腱器官传入所需的压力。此外，Golgi 腱器官传入对低强度激活的肌肉收缩具有高度敏感性。就瞬间频率而言，在保持低水平的随意收缩过程中，它们的反应相当规则，瞬时频率随收缩程度的增强而逐步增高，这很可能与新的运动单位的不断加入有关。

表 30-1　用于鉴定肌肉内感受器的测试和特性

单位类型	Ia	Ib	II
自发放电的规律性	−	+	+
对变速牵拉的反应	+	±	+
初始爆发放电	+	−	−
高动力指标	+	−	−
被动缩短过程中快速静止	+	−	−
对单收缩测试的反应	−	+	−
对等长收缩的反应	±	+	±
快速舒张爆发放电	+	−	±
牵张致敏化	+	−	±
肌腱振动的驱动作用	+	−	−

绝大多数情况下，可以用一个小而钝的物件（如钢笔的上端）按压肌腹或肌腱以探明引起最大反应的部位，可以帮助我们对传入纤维的感受器进行定位。

单收缩测试：经皮电刺激肌肉神经引起的一次等长收缩。

快速舒张爆发：缓慢增加的随意收缩之后跟随的一次突然的舒张

牵张致敏化：反复快速牵张后，使肌肉保持在一种长或短的状态几秒钟。随后，记录其对缓慢变速牵拉的反应。对于被动牵张致敏化来说，肌肉保持在较短的状态之后对缓慢变速牵拉的反应强度，应大于肌肉保持在较长状态之后的反应强度。

皮肤传入

不同类型皮肤感受器的一些生理学和形态学区别，如表 30-2 所示（详细内容可参阅 Vallbo and Johansson 1984；Johansson and Vallbo 1983）。触觉单位有四种主要类型：慢适应（SA）和快适应（FA），这两种又可按感受野特性分为两个亚型（I 型和 II 型）。一般来说，这些传入纤维没有自发活动。与 GTO 传入相似，当电极进入神经时这些皮肤传入被短暂激活，在之后的数秒钟内发放停止。因此，为了稳定记录和确定感受野，需要持续地触摸神经分布区的皮肤。作为一种初步鉴定，在皮肤表面施加触觉刺激（如轻敲皮肤，图 30-5）可以鉴定快适应传入。固定或动态地施压于较深的部位，可激活慢适应感受器（深压，图 30-5）。

表 30-2　用于鉴定皮肤感受器的测试和特性

感受器类型	FAI	SAI	FAII	SAII
自发活动	0	0	0	频繁
感受野边界	清楚	清楚	不清	不清
感受野范围	小	小	大	大
对持续深压的适应性	快	慢	快	慢
对远隔部位机械刺激的反应	无	无	有	有
位置	表浅	表浅	深	深
振动反应中的衰减	迅速	逐渐	迅速	逐渐
对锐利形状的敏感性	有	有	无	无
对关节运动的敏感性	有时有	有时有	有	有

注：振动反应中的衰减：反应迅速或逐渐衰减。

关节传入

鉴定关节传入可能有些难度。即便如此，还是可以按照以下标准鉴定出分布在一个关节感受器的传入神经。

—— 对轻敲皮肤不发生反应

—— 对按压邻近的肌肉不发生反应

—— 对持续按压关节囊、而不是邻近的骨骼时发生反应

伤害性传入

挤压皮肤，针刺感受野或温热刺激均可激活多觉型 C 纤维。温热刺激可采用辐射

热源或用市售的温度刺激器（Somedic AB，Stockholm）。

　　传出纤维

　　应用神经纤维微电极记录技术也可以记录 α、γ 和交感传出纤维的活动。鉴别 α 和 γ 运动神经元比较复杂，但鉴定交感传出相当容易。这些运动神经元之间在生理学特性上的区别见表 30-3（详细内容可参阅 Ribot et al. 1986）。

表 30-3　用于区分 α 和 γ 交感传出纤维的测试和特性

传出类型	α	γ
静息期自发活动	−	+
等长随意收缩期间活动	+	+
紧张性振颤反射	+	−
纤维活动可随意停止	+	±
可被握拳激活	−	+
心算过程中活动	−	+
可被意外声响激活	−	+
对情绪变化的反应	−	+
对环境变化的反应	−	+
对扭转耳郭的反应	−	+

　　多单位交感活动很容易识别，其放电形式为短暂的簇状发放。以下是 Delius 及其合作者（1972）对多单位交感活动的描述。

　　—— 受试者在松弛状态下可见簇状放电，不伴有肌电图的活动

　　—— 在发放顺序上无规则，与心脏搏动同步，因此表现为典型的时相性模式

　　—— 簇状放电的平均频率低于机械感受传入的发放频率

　　应用神经纤维微电极记录技术也可以记录到单个单位的交感活动。例如，Hallin，Torebjörk 曾在完整的皮神经上记录过这种单个单位的交感活动。他们提出的鉴定单个单位交感活动的标准如下（详细内容参见 Hallin and Torebjörk　1974）：

　　—— 与群体交感活动相关联。单个单位的活动通常与上述的群体簇状放电同时出现

　　—— 没有明确的感受野。身体任何部位的刺激均可激活这些纤维

　　—— 反射反应的潜伏期。对不同类型刺激的反射潜伏期比较长（＞0.5 秒）

　　—— 在记录点的远端给予利多卡因（1%）不能阻断其活动

　　—— 与"Galvanic 皮肤反应"相关

■ 结　果

　　本章所显示的结果，将说明神经纤维微电极记录技术是如何用于人体运动觉（本体感觉）的神经感觉机制研究的。一般认为，本体感觉是一种复合感觉，许多不同类型的外周感受器（如关节、皮肤和肌肉感受器）同时激活，连同来自运动指令本身的中枢信号，共同形成了对位置和运动的感觉。

来自肌肉内部感受器的反馈信息对本体感觉相当重要。例如，施加在某一肢体肌腱上的机械振动能引起肢体正在运动的错觉。事实上，振动总是能够引起与受振动的肌肉或肌群被拉长的感觉相一致的运动错觉（Goodwin et al. 1972；Roll and Vedel 1982）。这时，对这些运动错觉的一般解释是，振动优先激活肌腱感受器，而这些特性先前仅在猫上被描述过。随着神经纤维微电极记录技术的发展，精确地研究来自错觉出现局部的传入信息已经成为可能。并且，下列一些问题也可更为精确地说明：①振动究竟激活哪些肌腱感受器（初级或次级 MSAs 或 GTO 传入）？②刺激参数和传入活动之间存在何种规律？③最后，通过对具体出现的特殊运动期间记录到的传入信息的精确组成的认识，人们可以构建一个振动模式，用于产生一个与真实的信息尽可能相似的传入信息。在这种

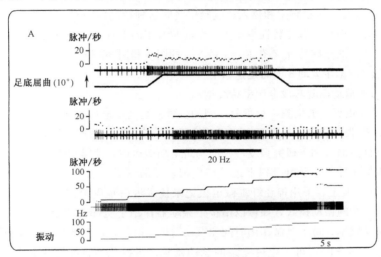

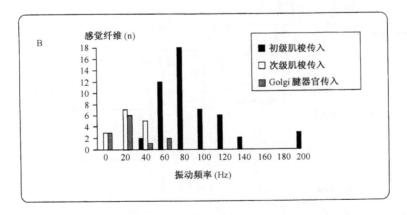

图 30-6　A. 胫前肌（TA）初级肌梭传入（MSA）对踝关节被动运动（最上方图示）和 20 Hz 振动（中间）的反应。最下方图示初级 MSA 对调节振动模式的反应。这些图示中的每一组由上而下表示：瞬间频率曲线，传入放电，关节的最后位置和振动模式。B. 比较 50 个初级 MSAs（黑色柱），15 个次级 MSAs（空柱）和 12 个 Golgi 腱器官（灰色柱）传入纤维对振动刺激的一对一耦合反应的频率上限

情况下，振动引起的运动错觉和实际进行的运动之间的联系不就清楚了吗？

　　采用神经纤维微电极记录技术，发现初级 MSAs 对机械地振动肌腱高度敏感（峰间距为 0.25～0.5 mm 的振动施加于静止的肌肉；Burke et al. 1976；Roll and Vedel 1982；Roll et al. 1989），而次级 MSAs 和 GTO 传入对振动仅显示中等程度的敏感性（图 30-6B）。

　　对初级 MSAs 来说，在 1～100 Hz 的频率范围内存在一对一的刺激-反应关系（图 30-6B）。这意味着通过调节振动频率，可以使初级 MSA 放电频率产生成比例的变化（图 30-6A）。

　　因此，人神经纤维微电极记录技术证明，施加于肌腱的振动刺激能够高选择性地激活初级 MSA 通路。振动频率和传入反应频率之间这种精确的一对一关系，使肌腱振动在研究本体感觉信息的知觉特性中成为一个非常有用的工具。这些研究揭示了自然运动过程中传入信息的某些特征（图 30-6A 最上方的图示和图 30-7）。

　　—— 初级 MSA 在运动开始时迅速激活

　　—— 在匀速运动期间其放电频率持续增加

　　—— 运动结束后，放电频率根据其达到的位置恢复到稳定状态

　　—— 被动牵张的肌肉，即进行主要运动的肌肉的拮抗肌，其放电活动增强

　　这些特性因而可用于研究振动模式的构筑与功能运用，使错觉的性质得以阐明。例如，一个施加于伸肌，并可模拟上述可产生匀速屈曲错觉一般特征的振动模式的构建（图 30-7B）。事实上，采用神经纤维微电极记录技术进一步模拟初级 MSA 反应，有可能使用更为复杂的振动模式，如可以用多个振动器作用于腕部的四个肌群（图30-8A）。通过改变振动频率，每个刺激作用时间和振动器启动时间，以及通过同时或相继应用多个振动器（图 30-8B），可产生更复杂的运动错觉，包括几种直线性几何图形（图 30-8C）（Roll and Gilhodes 1995）。

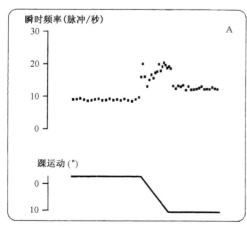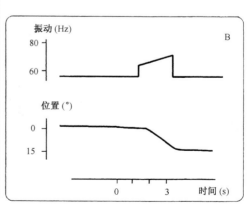

图 30-7　A. 胫前肌（TA）初级肌梭传入（MSA）对踝关节被动跖屈 10°的反应。上图显示传入的瞬时频率，下图显示了脚踝的位置。B. 振动胫前肌腱产生的错觉。上图显示了振动的频率（振幅； 0.25～0.5mm 的峰间距），下图显示对侧未受振动的脚踝也产生了错觉（跖屈的方向是向下的）

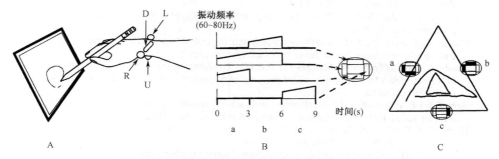

图 30-8　复杂的振动模式所产生的错觉

A. 实验设置。图中显示四个振动器的位置（R，D，L 和 U）。受试者握着一支与数字化转换器相连的钢笔。

B. 显示诱发三角图形错觉的四个振动器的振动模式。C. 图 B 中的振动模式引起了三角图形的错觉。图中 a，b

和 c 表示图 B 中的振动模式和图 C 所示的错觉之间的时间关联。

　　尽管神经纤维微电极记录技术在传统意义上一直用于研究最基本的运动和感觉的神经生理功能，但是上述结果表明，这项技术也可以用于研究更高级的脑的整合功能，揭示人类对于运动形式的记忆和识别等认知过程。

注　释

对健康的威胁

　　在实验中，神经损伤的危险必须降低到可以接受的程度。例如，Hagbarth（1979）曾报道观察到一些局部神经病变的后遗症状，如皮肤痛敏或者局部肌肉麻痹，在 1000 例实验中仅发生了 3 例。在这些病例中，症状持续 2～6 个月不等。最近，Gandevia 和 Hales（1997）的一篇综述总结了神经纤维微电极记录技术对人和动物的长期影响。

致谢：本工作在瑞典生命研究工作理事会、瑞典国际合作研究和高等教育基金会、CNRS 和 INSERM 项目支持下完成。

参 考 文 献

Aniss AM, Diener HC, Hore J, Burke D, Gandevia SC (1990) Reflex activation of muscle spindles in human pretibial muscles during standing. J Neurophysiol 64:671–679

Burke D, Hagbarth KE, Löfstedt L, Wallin BG (1976) The responses of human muscle spindle endings to vibration of non-contracting muscles. J Physiol (London) 261: 673–693

Burke D, Hagbarth K-E, Wallin BG (1977) Reflex mechanisms in Parkinsonian rigidity. Scand J Rehabil Med 9:15–23

Burke D (1997) Unit identification, sampling bias and technical issues in microneurographic recordings from muscle spindle afferents. J Neurosci Methods 74:137–144

Delius W, Hagbarth K-E, Hongell A, Wallin G (1972) General characteristics of sympathetic activity in human muscle nerves. Acta Physiol Scand 84:65–81

Edin BB, Vallbo AB (1990) Classification of human muscle stretch receptor afferents; a Bayesian approach. J Neurophysiol 63:1314–1322

Edin BB (1992) Quantitative analysis of strain sensitivity in human mechanoreceptors from hairy skin. J Neurophysiol. 67:1105-1113

Gandevia SC, Hales J P (1997) The methodology and scope of human microneurography. J Neurosci Methods 74:123-136

Gandevia SC, Burke D (1992) Does the nervous system depend on kinesthetic information to control natural limb movements? Behav Brain Sci. 15: 614-632

Goodwin GM, McCloskey DI, Matthews PCB (1972) The contribution of muscle afferents to kinesthesia shown by vibration-induced illusions of movement and by the effect of paralysing joint afferents. Brain 95:705-748

Hagbarth KE, Vallbo AB (1967) Mechanoreceptor activity recorded percutaneously with semimicroelectrodes in human peripheral nerves. Acta Physiol Scand. 69:121-122

Hagbarth K-E, Wallin G, Löfstedt L (1973) Muscle spindle responses to stretch in normal and spastic subjects. Scand J Rehabil Med 5:156-159

Hagbarth K-E (1979) Extereoceptive, proprioceptive, and sympathetic activity recorded with microelectrodes from human peripheral nerves. Mayo Clin Proc 54:353-365

Hallin RG (1990) Microneurography in relation to intraneural topography: somatotopic organisation of median nerve fascicles in humans. J Neurol Neurosurg Psychiat 53:736-744

Hallin RG, Torebjörk HE (1974) Single unit sympathetic activity in human skin nerves during rest and various manoeuvres. Acta Physiol Scand 92:303-317

Hallin RG, Wu G (1998) Protocol for microneurography with concentric needle electrodes. Brain Res Prot 2:120-132

Inglis JT, Leeper JB, Burke D, Gandevia SC (1996) Morphology of action potentials recorded from human nerves using microneurography. Exp Brain Res 110:308-314

Jansen RF (1990) The reconstruction of individual spike trains from extracellular multineuron recordings using a neural network emulation program. J Neurosci Methods 35:203-213

Johansson RS (1976) Skin mechanoreceptors in human hand: receptive field characteristics. In: Zotterman Y (ed) Sensory functions of the skin in primates: With special reference to man. Pergamon Press, Oxford, pp 475-487

Johansson RS, Vallbo AB (1983) Tactile sensory coding in the glabrous skin of the human hand. Trends Neurosci 6:27-32

Kreiter AK, Aertsen MHJ, Gerstein GL (1989) A low-cost single-board solution for real-time, unsupervised waveform classification of multineuron recordings. J Neurosci Methods 30:59-69

Macefield VG, Gandevia SC, Burke D (1990) Perceptual responses to microstimulation of single afferents innervating joints, muscles and skin of the human hand. J Physiol (Lond) 429:113-129

Macefield VG, Gandevia SC, Bigland-Ritchie B, Gorman RB, Burke D (1993) The firing rates of human motoneurones voluntarily activated in the absence of muscle afferent feedback. J Physiol (Lond) 471:429-443

Mirfakhraei K, Horch K (1994) Classification of action potentials in multi-unit intrafasicular recordings using neural network pattern recognition techniques. IEEE Transactions Biomed Engin 41:89-91

Ochoa JL, Torebjörk JR (1983) Sensations evoked by intraneural microstimulation of single mechanoreceptor units innervating the human hand. J Physiol (Lond) 342:633-654

Ochoa JL, Torebjörk JR (1989) Sensations evoked by intraneural microstimulation of C nociceptor fibers in human skin nerves. J Physiol (Lond) 415:583-599

Oghalai JS, Street WN, Rhode WS (1994) A neural network-based spike discriminator. J Neurosci Methods 54:9-22

Ribot E, Roll JP, Vedel JP (1986) Efferent discharges recorded from single skeletomotor and fusimotor fibres in man. J Physiol (London) 375:251-268

Roll JP, Vedel JP (1982) Kinesthetic role of muscle afferents in man, studied by tendon vibration and microneurography. Exp Brain Res 47:177-190

Roll JP, Vedel JP, Ribot E (1989) Alteration of proprioceptive messages induced by tendon vibration in man: microneurographic study. Exp Brain Res 76:213-222

Roll JP, Gilhodes JC (1995) Proprioceptive sensory codes mediating movement trajectory perception: human hand vibration-induced drawing illusions. Can J Physiol Pharmacol 73:295-304

Rothwell JC, Gandevia SC, Burke D (1990) Activation of fusimotor neurones by motor cortical stimulation in human subjects. J Physiol (Lond) 431°:743-756

Salganicoff M, Sarna M, Sax L, Gerstein GL (1988) Unsupervised waveform classification for multi-neuron recordings: a real-time, software-based system. Algorithms and implementation. J Neurosci Methods 25:181-187

Schmidt EM (1984a) Instruments for sorting neuroelectric data: a review. J Neurosci Methods

12:1-24

Schmidt EM (1984b) Computer separation of multi-unit neuroelectric data: a review. J Neurosci Methods 12:95-111

Sundlof G, Wallin BG (1978) Human muscle nerve sympathetic activity at rest: Relationship to blood pressure and age. J Physiol (Lond) 274:621-637

Szumski AJ, Burg D, Struppler A, Velho F (1974) Activity of muscle spindles during muscle twitch and clonus in normal and spastic human subjects. Electroencephal Clin Neurophysiol 37:589-597

Torebjörk, HE, Hallin, RG (1976) Skin receptors supplied by unmyelinated (C) fibres in man. In: Zotterman Y (eds) Sensory functions of the skin in primates: With special reference to man. Pergamon Press, Oxford, pp 475-487

Vallbo AB, Johansson RS (1984) Properties of cutaneous mechanoreceptors in the human hand related to touch sensation. Human Neurobiol 3:3-14

Wallin BG, Konig U. (1976) Changes of skin nerve sympathetic activity during induction of general anesthesia with thiopentone in man. Brain Res 103:157-160

Öhberg F, Johansson H, Bergenheim M, Pedersen J. Djupsjöbacka M (1995) A neural network approach to real-time spike discrimination during simultaneous recording from several multi-unit nerve filaments. J Neurosc Methods 64:181-187

第三十一章 人与动物的运动生物力学分析

W．Herzog

张建保 译

西安交通大学生物医学工程研究所

jianbao-zhang@hotmail.com

■ 绪 论

分析人类与动物运动生物力学有两方面的原因，其一是为了研究作用于其上的内力与外力，并确定这些力对韧带、肌腱、软骨、骨、肌肉等肌肉骨骼组织（musculoskeletal tissue）的影响，这类问题属经典生物力学的研究范畴，研究内容要么以阐述肌肉骨骼组织对常规加载事件的响应为中心，要么以探讨何种加载条件可以导致急性损伤（如韧带撕裂及骨骼断裂）或长期的、慢性组织损伤（如关节炎患者关节软骨功能慢性的、持续的衰退）为中心；其二，分析人类与动物运动生物力学是为了研究运动控制的内在机理，目前已经能够根据对正常及受控条件下具体运动模式的分析构建运动控制的框架，也可以直接测量动物移动时单块或多块肌肉的力，进而更好地理解诸如移动等具体运动过程中肌肉间的协调问题。

本章将重点介绍力学量的测量及相关的计算方法或技术，但不注重实验中具体的研究目标。本章内容分外生物力学（external biomechanics）及内生物力学（internal biomechanics）两部分。重力及直接与其接触的环境力是作用于物体的外力，研究这些力及物体运动的力学称外生物力学；内生物力学的目的在于分析作用于肌肉骨骼组织（韧带、肌腱、软骨、肌肉和骨）内的力及这些力对组织的影响。

内生物力学的内容还可进一步分为实验方法与理论方法两类。这种分类对外生物力学不需要，因为外部力学参数可以直接通过实验测量，故理论方法是不妥的。相反，大多数我们感兴趣的物体内部的参数却无法通过测量获得。因此，为了评估人与动物运动的内部生物力学问题，非常有必要使用一些复杂的理论方法。

鉴于篇幅限制，本章不可能详尽而充分地描述生物力学中分析物体运动的所有工具。因此，下面仅有选择地介绍一些科技文献中使用的具有代表性的方法，对那些容易引用但却未能在本章中引用的研究报道深感遗憾。本章所选择的方法没有倾向于笔者的研究领域，所引用文献都有独特之处。

■ 第一部分 外生物力学

外力学主要研究作用于物体外部的力及物体整体或部分的运动。对人类运动而言，外力主要指重力及与其接触的环境力。物体的运动一般使用高速视频技术（high speed video）测量。此外，也可使用高速电影胶片（high speed cine-film）、测角术（goniometry）、闸门摄影术（strobe-photography）及加速度仪（accelerometry）等技术测量。为简单起见，本部分将主要叙述分析外部运动的常用工具，这包括使用力平台（force platform）测量地面反作用力与使用高速视频技术测量运动。另外，尽管体表肌电图（surface electromyography）不能测量力学量（见第二十六、二十八章），但可以评估骨骼肌的活动，从而帮助我们了解运动过程中的肌力做功与协调等问题。因此，本部分还将讨论通过体表肌电图测量肌肉的活动。

力平台测量外力

力平台的上表面较硬，下表面安装有力传感器，其原理与盥洗室的台秤（bathroom scale）类似。盥洗室的台秤能够测量站在其上的人垂直作用于地面的反作用力。假如你绝对静止地站在其上（即你的身体处于静平衡），台秤的反作用力将等于你的体重。但是，如果台秤精度较高，可以发现其测量值不总是常数，测量的重量在一个平均值附近波动。波动值与每次心跳过程中泵出血液的加速与减速引发的人体质心的小幅度垂直振荡相一致。与此类似，假如你不是静止地站在台秤上，力的刻度盘也不会静止。例如，从站立位置变为蹲坐姿势，台秤刻度一开始将减小（因为质心向下加速，说明重力大于地面的垂直反作用力），接着又出现力的增加（因为质心从下降变为静止，质心加速度向上，地面反作用力大于重力）。

早期科学研究中使用的力平台与传统的盥洗室的台秤不同。Marey（1873）构建的力平台由木制框架与螺旋形的印度橡胶管组成。Elftman（1938）使用的力平台可以在四个弹簧支撑下垂直上下移动，使用光学方法测量垂直位移，进而可以确量出移动过程中地面的垂直反作用力。

现代的力平台要复杂得多。商用力平台是一块矩形钢板，其四个角分别被四个力传感器支撑，力传感器为压电传感器或标准应变片传感器。

每个传感器可以测量三个相互垂直方向上的力。国际生物力学委员会规定了其上力的方向，即：x 与 z 方向分别为平板的纵向与横向，y 方向与平板垂直，其正方向向上（图 31-1）。

当某人在平板上走动时，平板对其的作用力可以表示为

$$F_x = F_{x1} + F_{x2} + F_{x3} + F_{x4}$$
$$F_y = F_{y1} + F_{y2} + F_{y3} + F_{y4}$$
$$F_z = F_{z1} + F_{z2} + F_{z3} + F_{z4}$$

式中，F_x，F_y 与 F_z 是上面公式定义的三个相互垂直方向上的力分量的合力，F_{xi}，F_{yi} 与 F_{zi} 表示在第 i 角处测量到的力的分量（$i=1$，2，3，4）。因此，地面的反作用力 F（向量）可以表示为

$$F = F_x i + F_y j + F_z k$$

式中，i，j，k 是 x，y，z 方向的单位向量。

由平板各个角的力的分量可以计算出任一点的力矩。因此，现代的力平台可以给出与平台接触的作用于人体的三维的力与力矩。

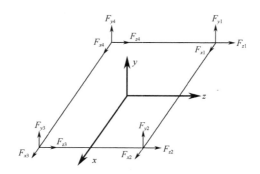

图 31-1　力平台测量面示意图

图中给出了平台每个角上测量的分力及以平台中心为原点的直角坐标系。

图 31-2 给出了力平台上走动的人与猫前后向（x）与垂直方向（y）的平均地面反作用力。可以看出，无论是双脚，还是四只脚，平移运动产生的反作用力的这两个分量的形状是相似的。

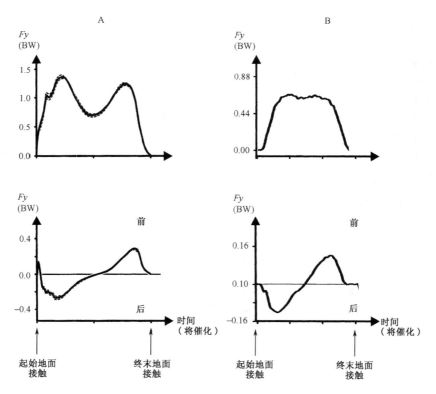

图 31-2　人（A）与猫（B）移动时垂直方向（F_y）与前后方向（F_x）的地面反作用力

高速视频技术测量外运动

100 年前，运动量化是非常困难的。当时，最好的方法就是人眼的观察。许多职业需要通过观察来量化运动，如教练、医生、老师及卫生、保健与运动的从业人员。

早期生物力学中使用的分析运动的技术是对同一张底片进行多次曝光。该技术可以通过以下两种方法之一实现：定时照相术（chrono-photography）或闪频照相仪（stroboscopy）。

定时照相术是一种可以周期性的阻断进入照相机镜头的光的技术。该技术可以通过在镜头前放置开有小孔的小圆片，并定时旋转该小圆片，该小圆片就好像是一个快门，快门不断打开，从而使光以固定的时间间隔进入照相机。只要知道小圆片旋转的频率，机内曝光时间即可以计算出，从而得到使用该技术研究运动时的时间标度。

闪频照相仪的快门处于持续开放状态，光线通过多次闪光曝光进入快门。闪频照相需要在一个完全暗的环境中进行，由于快门持续开放，物体运动可以被周期性的闪光灯曝光拍摄。只要知道闪光灯曝光的频率，即两次曝光的时间间隔，就能得到拍摄照片的时间标度。

随着电影放映机的普及，人类与动物运动研究中也使用了 10 000Hz 帧拍摄率的专业化的高速照相术。然而，由于电影胶片成本高、处理过程费时，因此生物力学的运动分析实际上主要使用高速视频技术。电影胶片只在时间与空间分辨率要求较高的条件下才使用。

视频照相机的快门允许光通过其镜头，光敏感单元检测进来的光强度，并传送一个正比于光通量的电子信号，而后将电子信号实时存储于计算机或录影带上。

通过对录影带上图像的逐帧数字化分析可以研究运动。现在已经有很多自动或半自动的视频运动分析系统可以购买。对自动系统而言，待数字化分析的物体解剖部位需要着特殊标记。例如，下肢关节（参见三十二章）。这些标记可以通过计算机软件自动辨识（即通过对比）。一旦所有的标记都被逐帧识别，标记点的坐标就被自动输入计算机，进而系统软件就可以计算各点、段以及整体的位移、速度与加速度（线加速度和角加速度）。

缺 点

由于视频照相机中光敏感元件单元之间存在一定距离，视频运动分析的空间分辨率被限制在某一有限值。大多数商业化的系统，由标记物决定的空间误差为影像对角线的 1/600，也就是说，对一帧 600mm 大小（对角线距离）的影像，在最优实验室条件下，期望的误差是 1mm。对很多实际的生物力学应用而言，这种误差是可以接受的。不过，下面的内生物力学部分将介绍一个要求小于 20 μm 空间分辨率的分析运动的例子（及其相应技术）。大部分商业化的视频技术，其时间分辨率约为 5ms（即 200Hz）。同样，这种分辨率对多数（但不是所有）人类与动物运动生物力学的分析是足够的。

体表肌电图（surface electromyography）

体表肌电图是一种价廉、无创并且简单的评估肌肉运动时程和幅度并可获得人体运动时肌肉调节量化信息的方法。很多教材对肌电图（EMG）信号的测量、分析和解释做了专门的叙述（Basmajian and de Luca 1985；Loeb and Gans 1986）。EMG 的内容在本书的其他章节也有涉及，因此这里只对该方法做一简要的、基础性的介绍。

当在一根肌纤维上记录 EMG 信号时，记录的是肌纤维的跨膜电位变化。静息状态下，肌纤维膜内相对膜外的电位为 -90mV（膜外电位设为参考电位 0mV，见图 31-3）。当受到足够的刺激时，膜内电位会暂时升至 $+40\text{mV}$ 左右，这一电位变化称为动作电位，可以被记录。在一个完整的肌肉上，受到刺激的不只是一根纤维，而是很多纤维所构成的一个所谓运动单位。在一个运动单位去极化过程中记录到的 EMG 信号称作运动单位动作电位（motor unit action potential，MUAP）。一般来说，在自主收缩的肌肉上得到的 EMG 信号实际上是很多运动单位以各自频率发放的冲动的总和。由于电极在肌肉上摆放的位置决定了它与各运动单位的几何关系，因此在同一肌肉的不同位置记录得到的信号是不同的。

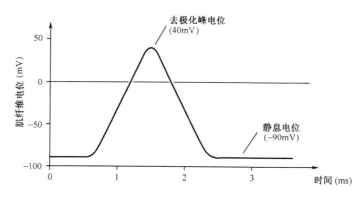

图 31-3　肌纤维动作电位示意图

肌纤维的静息电位是由膜两端的离子浓度造成的，其中最重要的是 K^+ 和 Na^+。在解释膜的静息电位时有两个基本的机制需要说明。为了阐明第一个机制，让我们看一下钾离子。肌细胞膜内外钾离子浓度比大约为 $30:1$（Wilkie 1968），钾离子顺浓度梯度向膜外扩散，造成一浓度梯度。但当它们离开细胞后，膜内外电位差升高阻止钾离子进一步流出细胞。当作用在钾离子上的两种相反的作用——浓度梯度和电势差——达到平衡时，钾离子的运动也达到平衡。平衡状态下，钾离子做跨膜运动时既不会获得能量也不损耗能量。

由钾离子决定的膜电位只能有一个值，然而相应的钠离子的电位不等于钾离子的电位，因为钠离子膜内外比大约是 $1:7.7$，因此肌纤维的静息电位就受到第二个机制的影响。第二个机制涉及一个现象，那就是肌肉细胞膜并不允许所有的离子都可自由通过。例如，钠离子不能自由地穿过细胞膜。如果他们进入了细胞，就会被一种称作钠泵的装置泵出细胞外。在决定肌纤维膜内离子浓度时要考虑到有些离子不能自由进出细胞以及电—渗透压平衡对离子运动的影响。

肌纤维细胞内的静息电位大约为 -90mV，并依赖于细胞膜有选择通透性（selective permeability）。当一个来自运动神经元的动作电位到达突触前末端，一系列的化学反应随之发生，最终释放出乙酰胆碱（acetylcholine，ACh）。乙酰胆碱透过突触间隙，与肌细胞膜上的受体结合，导致膜通透性变化，尤其是使钠离子的通透性升高。当钠离子内流导致的去极化超过一个阈值，一个动作电位就会在肌纤维上传播开来。如果用一个电极来测量这个动作电位，就会看到电位从 $-90\mathrm{mV}$（静息电位）上升到 $+40\mathrm{mV}$（去极化峰电位），而后再回到静息值（图 31-3）。膜电位与肌纤维的收缩机制紧密耦联，一个超过阈值的去极化就会引起肌纤维的一次收缩。

EMG 信号是通过使用电极测量两点之间的电位差而得到的。EMG 电极可被粗略的分为 4 类，根据电极的位置分为在肌肉内部（内部电极）与在肌肉表面（体表电极）两类，另两类根据电极的设置分为单极与多极（典型的是双极）。本章只考虑表面 EMG。

体表电极

体表电极（surface electrodes）放在待测肌肉表面的皮肤上。表面电极有很多种，最常用的是银-氯化银电极。

在用表面电极记录前，皮肤上待放置电极的位置必须经过刮洗和擦涂乙醇或研磨剂去除死亡细胞和油脂，以减小该处皮肤的阻抗。记录电极用电极胶贴于皮肤上，用轻微的压力使电极和皮肤紧密接触。电极胶很容易买到，用胶带可实现对电极的轻微压力。

表面电极使用简单，并且无创。表面 EMG 记录通常用于了解整个肌肉或肌肉群的电活动。用于人体时，表面电极只用于记录人体表面的较大的肌肉。

典型的 EMG 测量使用双极电极装置（bi-polar electrode configuration）。双极意味着用两个电极进行测量，两个电极所得到的电压信号被输入差动放大器使它们的电位差得到放大。单极测量中，电位差是一个电极电位与地电极电位之差。单极测量有一个缺点就是它测到的是电极附近的电信号，不只是电极所在部位肌肉的电活动。在双极测量中，测到的是两个相对于地电极的电信号，每个信号都包含了记录电极附近的所有电活动，差动放大器将两个电极信号相减，使大部分肌肉外的无用电信号得到剔除，因为这些无用信号在两个记录电极中是相似的信号。肌肉电活动产生的电信号被电极记录并表现为电极信号的差，经过差动放大而得到增强。

EMG 信号处理

图 31-4A 是人体在 70% 最大自主膝关节伸展力下的等长收缩的股直肌上得到的未经处理的 EMG 信号，该信号通过表面双电极记录得到。原始 EMG 信号很像是在零附近分布的噪声信号，使用这种原始信号解释肌肉力的产生以及肌肉兴奋和疲劳状态是困难的。因此，EMG 信号在用于估计肌肉的收缩状态之前通常要经过处理，对 EMG 信号的处理可以在时域或频域中进行。

整流：对 EMG 信号在时域中的的任何平均化处理都会得到一个接近零的数字，无论运动单位的数量以及它们的平均发放频率是多少。因此，在做任何平均处理之前，要对 EMG 信号进行整流。整流是指将信号中的所有负值除去（半波整流，图 31-4B）或取信号的绝对值（全波整流，图 31-4C）的过程。通常选择全波整流，因为全波整流保持着信号的完整性。整流后的信号可用于进一步的处理。

滤波：滤整流后的信号包含着原信号的高频成分。我们经常需要剔除这些高频成分以使 EMG 信号更好地与肌肉的收缩特性相联系。任何低通滤波方法都可以实现对高频成分的滤除。滤波方面的内容可参看 Basmajian 和 de Luca（1985）以及本书后面的内容。

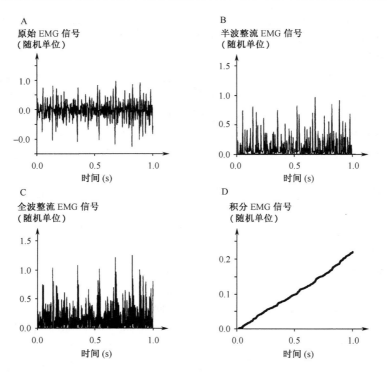

图 31-4　在 70%最大自主膝关节伸展力下的等长收缩的人股直肌上得到的原始的
EMG 信号A、半波 EMG 信号 B、全波整流 EMG 信号 C 及积分 EMG 信号 D

积分：与其他处理 EMG 的方法比较，积分 EMG（I EMG）信号与肌肉力量的相关性更好（Bigland and Lippold　1954；Bouisset and Goubel　1971）。EMG 信号的积分是对整流后的信号对时间进行积分（图 31-4d）。EMG 信号的积分相当于计算整流后信号曲线下的面积，定义为

$$\mathrm{IEMG} = \sum_{t}^{t+T} \left| \mathrm{EMG}(t) \right| \cdot \mathrm{d}t$$

式中，$\left| \mathrm{EMG}(t) \right|$ 表示整流后的 EMG 信号。EMG 信号的积分是一个随时间逐渐增大的数，因此，积分通常在一个足够小的时间间隔 T 上进行，或当积分值达到某一特定的值时将积分置零。

均方根：均方根（root mean square，RMS）是一个较好的显示 EMG 信号幅值的指标，常用于研究肌肉的疲劳。均方根就是原始 EMG 信号平方的平均值的算术平方根，即

$$\mathrm{RMS} = \left| \frac{1}{T} \sum_{t}^{t+T} \mathrm{EMG}^2(t)\mathrm{d}t \right|^{1/2}$$

在频域中的 EMG 信号分析

EMG 信号的高频成分会随着肌肉疲劳程度的增加而消失，因此对 EMG 信号的频域分析越来越受到人们的注意（Bigland-Ritchie et al. 1981；Hagberg et al. 1981；Komi and Tesch 1979；Lindström et al. 1977；Petrofsky et al. 1982）。EMG 信号的功率谱可以很容易地从平稳的、非时变信号的快速傅里叶变换或非平稳的、时变信号的小波变换而得到（图 31-5）。

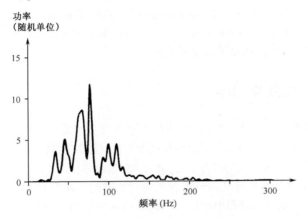

图 31-5 70%最大自主膝关节伸展力下等长收缩的人股直肌上的 EMG 信号的频谱

尽管频带宽度和峰值频率用于描述功率谱，然而 EMG 谱分析中最常用到的参数是平均频率和中间频率（Basmajian and de Luca 1985）。平均频率定义为频率的一阶矩之和除以功率—频率曲线下的面积。中间频率定义为将 EMG 谱分成面积相等的两半的频率。峰值频率定义为功率最大的频率；而频带宽度通常用占峰值频率功率一半（或更多）的两个频率之间的区域来定义，此时峰值定义为 1.0。

电-机械延迟

电-机械延迟（electromechanical delay，EMD）指的是从观察到 EMG 活动到肌肉产生力之间的一段时间延迟。通常人们假设这种延迟时间是不变的，然而这种假设是不正确的，因为 EMG 活动的时程与相应的肌肉活动时程不同。例如，猫以 1.2m/s 速度行走姿态下比目鱼肌的 EMG 信号与肌肉力量曲线不符（图 31-6）。图中，EMD 大约为 72ms，然而，在肌肉力量降为零之前 109 ms EMG 活动就消失了。因此，如果要将

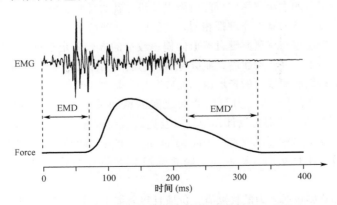

图 31-6 以 1.2m/s 速度行走的猫比目鱼肌的电机械延迟

EMG 活动与肌肉力量联系起来，正如很多人曾尝试的那样（Guimaraes et al. 1994a；Guimaraes et al. 1994b；Hof and Van den Berg 1981a；Hof and Van den Berg 1981b；Hof and Van den Berg 1981c；Hof and Van den Berg 1981d；Lippold 1952；Milner-Brown and Stein 1975；Moritani and de Vries 1978；Savelberg and Herzog 1997；Sherif et al. 1983；van den Bogert et al. 1988；Van Ruijven and Weijs 1990），在一个兴奋周期中解释非常量的 EMD 是非常重要的。

■ 第二部分　内生物力学

　　20 世纪 60 年代末 70 年代初，人们已经能够通过力与运动的测量研究生物力学。那时，大部分研究工作是使用上一部分中介绍的方法研究外生物力学。然而 20 世纪 70 年代后期，出现了量化研究内生物力学的实验。20 世纪 80 年代至今，人们已经将目标从描述性地研究人类与动物运动的外生物力学问题转向了研究对运动机理与控制的探索，这类研究需要测量运动过程中作用于肌肉骨骼系统的内力。本章将介绍两种方法：一种与体内肌肉力的测量有关；第二种涉及关节接触压强的测量。

　　讲述肌肉力的测量有多种原因，如肌肉力是唯一的主动力、它们可以被意识控制、人类与动物运动过程中肌肉力大于其他的外力等。因此，分析人类与动物骨骼肌的加载时，肌肉力很重要，也很值得重视。此外，即便不考虑其力学上重要性，肌肉力也可以帮助我们更好地了解运动控制的机理。

　　选择关节接触压为本章内容是因为像关节炎这样的退行性关节病是工业化社会中最常见的，同时也是了解最少的疾病之一。关节炎被认为由机械因素所引起，力学的研究尤为重要。另外，由于技术上的原因，迄今还未能体内动态测量接触压。因此，无论是实验方法，还是理论研究，该领域都大有用武之地。

肌肉力的测量

　　Walmsley 等（1978）开创了体内多块肌肉力测量的领域。他们使用一种所谓的带扣式力传感器（buckle-type force transducer）测量了可自由运动的猫比目鱼肌与腓肠肌内的力。这种传感器的大小与形状可随肌肉以及研究者的喜好而设定（图 31-7）。

　　各种带扣式传感器的基本原理都相同，它们由一个或两个不锈钢底架单元组成，底架单元的形状要求能够与待测肌腱自然取向偏差较小的方式固定于其上（图 31-7）。这样，一旦肌肉产生力，并拉动肌腱，肌腱将沿其自然取向方向伸展，进而引起不锈钢底架单元变形，不锈钢底架单元的变形由标准应变片（通常为两片）测量，应变片可以输出正比于肌肉力的信号。肌肉力与应变片之间的精确关系可由实验确定（Walmsley et al.1978）。肌腱-力传感器的设计、使用以及通过有线或无线方式测量自由活动动物的肌肉力的方法参见本章后的文献（Herzog et al. 1993a，1995）。图 31-8 是在猫的多种肌肉（腓肠肌、比目鱼肌、脚底肌、胫骨前肌）上测量的肌肉力与肌电图的原始数据。

　　带扣式传感器测量肌肉力的优点有：价廉且容易加工；容易植入动物体内；不容易损坏；可以测量整块肌腱的力；传感器可以精确而又直接校准。

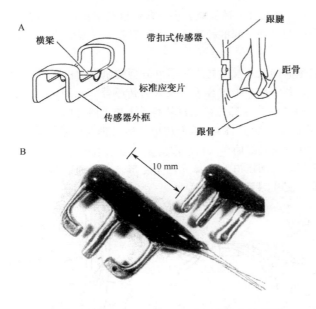

图 31-7 不同带扣式力传感器的照片（B）与示意图（A）

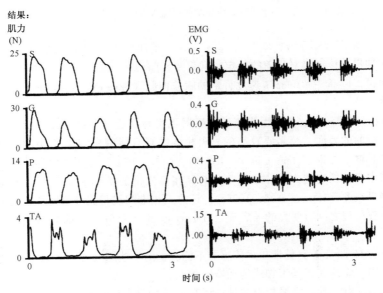

图 31-8 以 0.8m/s 行走的猫的比目鱼肌（S）、腓肠肌（G）、脚底肌（P）、胫骨前肌（TA）上的力与 EMG，所示为 5 个步行周期，所有数据均取自猫的同一只后腿

带扣式传感器的缺点是：体积较大，同一关节上测量多块肌腱的力较为困难；这种传感器只能在肌腱上使用，但能使传感器产生附加力的骨及其他结构却与肌腱不可分离；尽管带扣式传感器曾被用于像膝盖骨肌腱（Hoffer et al. 1987）、趾长伸肌（Abraham and Loeb 1985）等在体力的测量，但这些恰恰是带扣式传感器使用不成功的几个例子。因为这些肌腱与骨在不断的相冲撞，进而引起传感器变形，产生与肌肉力不直接相关的信号。

由于带扣式传感器的缺点及测量与骨不可分割的肌腱力的需求，近 10 年来又发展了新的传感器技术，其中的一类被称为可植入力传感器（Implantable force transducers）或 IFTs，其名称主要指该类传感器可通过外科手术植入肌腱内。

Xu 等（1992）首先设计了 IFT。他们使用一种 Ω 形状的基本单元（图 31-9 ）植入肌腱的中间部分，IFT 使肌腱偏离其自然取向。一旦肌力产生，取向改变了的纤维向其原来的自然方向恢复，从而压迫 IFT 单元产生变形。变形通过与带扣式传感器相似的、与力成正比的标准应变片测量。

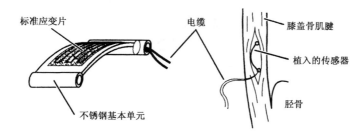

图 31-9　用于测量猫膝盖骨肌腱的可植入力传感器示意图

IFTs 的优点是可以测量致密空间（tight space）的肌肉力。例如，图 31-10 显示了手术去除交叉韧带（该韧带对膝盖的稳定非常重要）前后在猫膝盖骨上测量的力。为了更好的说明问题，以 0.4～0.7m/s 速度行走的膝盖伸肌（knee extensor）的肌电图活性同时也被测量。

IFTs 应用的例子较少，主要因为该类传感器不容易制造（需要将标准应变片粘合在一个小的、弯曲的表面）及需要较高的外科植入技巧（肌腱中 IFT 很小的移动就能够显著地改变其输出结果，Herzog et al. 1996a）。此外，IFT 只能测量肌腱传递的部分力，校准步骤中肌腱的定向方式非常重要，与其在体方位的微小偏差即可以导致 50% 甚至更大的测量误差（Herzog et al. 1996a）。还有，校准曲线与关节角度及收缩速度有关，加载、卸载过程之间有明显的滞后环（Herzog et al. 1996b）等都对测量结果有显著影响。

总之，尽管 IFTs 能够测量带扣式传感器不能测量的一些肌肉力，但 IFTs 不容易研制、植入及使用，而这些正是带扣式传感器的优点。

在结束本节问题之前，需要指出的是，还有一些基于受力肌腱的变形而试图测量肌肉力的测量设备。例如，可随肌腱而变形的硅橡胶管中的液体金属应变传感器等（Brown et al. 1986）；或通过基于 "Hal" 效应的传感器（Arms et al. 1983）。然而由于这些传感器总被发现是不精确性，因此一直未能广泛应用于在体肌肉力的系统测量。

关节接触压的测量

人类与动物的动关节能够运动，他们是力从机体一部分向下一部分传递的部位。接

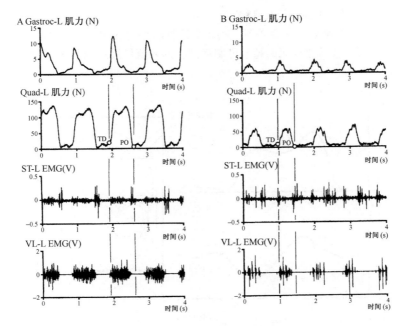

图 31-10　以 0.4～0.7m/s 速度行走的猫腓肠肌（gastroc）与四头肌（quad）
内的力及由半腱肌（ST）与股外侧肌（VL）记录的 EMG

A. 前交叉韧带横切前；B. 前交叉韧带横切后。TD ＝ 脚触地；PO ＝ 脚离开瞬间

（数据来自动物的同一后肢，时间大约为 2 周）。

触面上，骨被一薄层关节软骨覆盖（猫与人膝盖软骨的厚度分别为 0.3～1.0mm 与 1～3mm）。没有关节软骨，关节间将是骨与骨的直接接触，即两个摩擦力很大的硬表面的接触。关节表面软骨的消失（如关节炎疾病时），将引起应力集中、高摩擦力、痛及残疾。

尽管很薄，关节软骨可以将关节上的力分散于大的接触表面上。关节间接触力增加时，关节的接触面也将增加，进而使平均接触压不会增加如接触力那样快（Herzog et al. 1998）。尽管关节软骨对关节间力的传递非常重要，但我们对动关节间在体压力的分布却知之甚少。

近 10 年来，人们一直试图对动关节间的压强分布进行在体或离体测量（在体压强分布测量迄今仍未实现）。本节将讨论一种经常使用的方法，这种方法使用了富士压力敏感胶片（Fuji pressure-sensitive film），能够较好的获得不同条件下关节间接触压强的分布。富士压力敏感胶片由两张纸组成，其中一张中含有直径不同的微胶囊，胶囊内为液体颜料，可以在特定应力条件下被破坏，另一张薄纸含有可记录胶囊内颜料的特殊物质。

很多离体实验使用了富士压力敏感胶片，但在体研究的实验较少。下面的论述中，离体实验的关节从尸体中分离获得，体内实验指完全麻醉的动物实验。Haut 等（1995）研究了冲击载荷作用下家兔膝盖骨-大腿骨关节内峰值压强的分布，这种情况类似于交通事故。他们的结果表明，超过 30MPa 的压强能够使关节软骨产生很深的裂缝，进而引起继发性的关节炎（Haut et al. 1995）。

　　对正常行走的猫而言，其膝盖骨–大腿骨关节的平均接触压强大约为 5～14 MPa（图 31-11），然而对猫膝盖伸肌的超强度刺激产生的峰值压强可以超过 40 MPa（Herzog et al. 1998）。

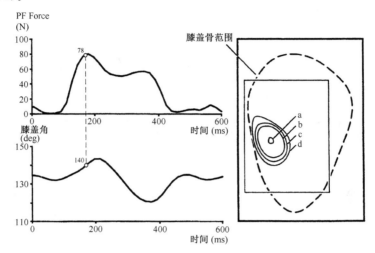

图 31-11　膝盖骨肌腱力（PF）、膝盖角与由等压线标度的后膝盖骨表面接触
压强的分布（a ＝ 14 MPa，b ＝ 10 MPa，c ＝ 7 MPa，d ＝ 5 MPa）

　　关节软骨的功能适应性改变可以引起关节接触压强的改变。为了研究关节炎早期接触压强的可能变化，我们用横切前交叉韧带的方法构造关节炎模型（Herzog et al. 1993b），16 周后测量实验组与对照组的关节接触压。研究表明，与对照组相比，在接触力一定的前提下，实验组的接触面积增加了约 20%，峰值接触压强减少了约 50%（图 31-12）。

　　尽管很多测量动关节接触压强的实验使用了富士胶片，但为了更好地测量关节接触力，还有很多不足的地方需要改进。首先，这种胶片的敏感性与精度是有限的，其精度约为±10%（Fukubayashi and Kurosawa　1980；Hale and Brown　1992；Liggins et al. 1995；Singerman et al. 1987）。此外，该胶片比关节软骨硬 100 倍，测量时使用的厚度为 0.3 mm，但将其置入关节内时又可以产生 10%～20% 的误差，具体数值与关节的几何形状及软骨的力学特性有关（Wu et al. 1998）。总之，较低的分辨率、厚度、硬度可以导致高达 20%～30% 的误差。不过，大约一半的这些误差可以通过基于计算方法的理论分析给予校正（Wu et al. 1998）。

　　除精度以外，富士胶片的另一个缺点是它仅能记录到测量过程中与峰值压强相关的静态压力，这个局限性有两种后果。首先，动态压强的测量是不可能的；其次，测量过程中峰值压强并不总能出现。而且，记录结果也不能确定最大压强发生的时间。未来需要开发的设备应当考虑动态压强的测量，而且应当比富士胶片薄且软，从而降低由于引入压强测量装置于关节内而引起的误差。

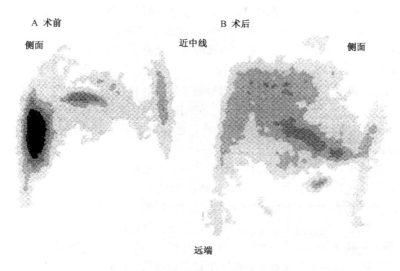

图 31-12　接触力一定时，猫的膑骨-股骨关节接触压数据
A. 完整的健康关节；B. 前交叉韧带横切手术 16 周后的关节。注意：手术使接触面积增加，
接触压强减小（颜色变浅）。

运动测量

　　为了完全了解人类或动物运动的力学特性，仅仅测量整体或其一部分的运动是不够的，假如想解决软组织应变（与相应的力）或关节力学等问题，首先需要做的是研究肌肉骨骼系统的内部运动。

　　本节将讨论一些分析机体活动时骨运动的技术，尤其是被大的肌肉与皮肤覆盖的骨。因为这些组织能够与骨相对运动，其运动特性不能精确地描述与之联系的骨的行为。

　　有两种基本技术能够分析动态条件下骨的运动，它们是需要使用贴附物对骨进行标记的有创技术与无创技术。无创方法以 X 射线技术为基础，如视频荧光透视术（video fluoroscopy）。视频荧光透视术通过 X 射线照射靶器官，用视频方法获得移动器官的 X 线照片（通常频率为 30Hz），视频荧光透视术可以获得骨的连续运动图像。已经开发了基于帧捕获技术（frame grabber technology）对视频荧光透视术图像进行数字化的方法。因此，我们可以实时地将其图像存储于计算机，然后再对骨运动进行分析。Tashman 等（1995，1997）使用数字化荧光透视术已经肯定确认横切狗的前交叉韧带能够引起胫骨相对于大腿骨的较大的前移。

　　有创技术需要贴附标记系统到待研究骨。例如，由于对前交叉韧带横切前后狗胫骨相对于大腿骨的运动感兴趣，Korvick 等（1994）进行了与 Tashman 等（1997）类似的研究。在采集数据时，Korvick 等（1994）它们在目标骨上贴了一种金属框架，通过这种框架的运动可以得到骨的相对运动，虽然看似很简单，但他们的方法很难实现。Korvick等（1994）曾提到框架从骨上松落的问题，还记录到五只动物中三只由于跛行所致的框架的磨损，而且不清楚跛行是否与方法本身的有创性有关，还是由于缺乏专门的外科技术所致。不过，Korvick 等（1994）的部分结果已经被 Tashman 等（1995，1997）的实验证实，即横切前交叉韧带引起的行走过程中脚着地瞬间胫骨相对于大腿骨的较大的前移。

　　研究者还使用骨钉代替金属框架贴附物测量骨的运动。钉子的运动可以使用视频方法记录在胶片上，并对其进行数字化处理。使用数学变换及刚体运动学即可以确定骨的三维运动。与金属框架相比，骨钉的创伤小，已经被用于了人及动物实验（Lafortune et al. 1992；Reinschmidt et al. 1997）。

　　上面介绍的有创与无创方法的缺点是时间与空间分辨率较小。例如，视频运动分析技术的误差为 1/600。这就是说，假如每帧图像的大小为 600mm，最少的误差都有 1mm 左右。尽管这种误差范围很多实验是可以接受的，但并不是所有的实验都可以接受，同样，时间分辨率一般为 30Hz 或 60Hz，高速系统可以达 180Hz 或 200Hz。

　　考虑到研究目的是通过精确测量骨的运动探讨在体情况下猫膝盖内部关节接触的力学，人们还使用了脉冲超声技术测量前十字韧带横切前后胫骨与大腿骨的相对运动。这种系统的空间与时间分辨率可以分别达到 1ms 与 16μm，而且精度还可以通过采集数据的计算机加以改善。

　　脉冲超声或声谱微测技术（sono-micrometry）以直径为 1mm 的压电晶体间超声脉冲的传输为基础，当超声在组织中的传播速度已知时，通过测量超声脉冲在两个晶体间传输过程的时间延迟就可以精确测量到两个晶体间的精确距离。

　　实验过程中，4 对压电晶体被牢固的贴在猫的胫骨与股骨上（图 31-13），胫骨上的 4 个晶体组发射超声，股骨上的晶体为超声的接收器，这样每一时刻可以得到

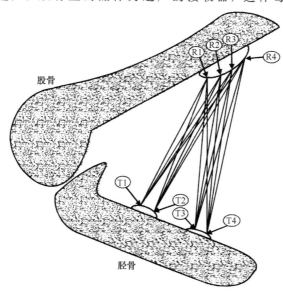

图 31-13　超声压电晶体手术贴附示意图
T（1，2，3，4）、R（1，2，3，4）分别指发射与接收超声信号的晶体。

16（4×4）个晶体间的距离值，从这些距离值及晶体在骨上的固定位置（使用激光数字化方法定位），即可计算出两块骨（胫骨相对于股骨）的相对位置与相对方位。通过骨的三维重组与确定不同时刻骨的相对位置，计算机即可显示并使用与视频-胶片运动分析系统中类似的数学方法分析骨的运动。图 31-14 给出了前交叉韧带横切前后猫移动过程中分别贴在胫骨与股骨上的两个传感器之间距离的原始记录，这两个例子中猫的移动速度均为 0.4m/s。很显然，前交叉韧带横切使晶体间的距离明显减小，即横切使动物的膝盖变得更松弛。还可以发现，横切使信号产生了摆动（图 31-14 中箭头所示），意味着胫骨相对于股骨的快速滑动，这种情况在膝盖完整时没有观测到。可以推测，很小的不稳定将诱发猫膝盖的退化。

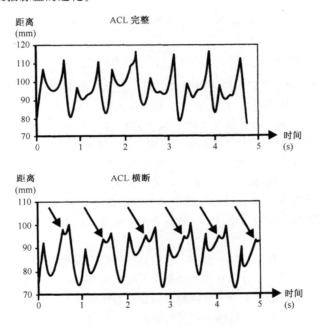

图 31-14　慢速移动时贴附在胫骨与股骨上的两块晶体间距离的变化（上图为对照组，下图为前交叉韧带横切 4 周后的实验组）

内力的理论研究方法

　　人类或动物骨骼肌系统的内力不易测量，因此，生物力学研究人员提出了大量可计算待研究系统内力的理论模型。对于下面将要讨论的模型，我们必须记住骨骼肌内力的理论计算只是实际作用力的估计，计算模型的正确性几乎还没有被确认（因为很难实验验证），而且也不能证明一般运动条件下内力值的估计是正确的。虽然不能将理论研究用于精确估计内力值，但可以通过理论模型预估内力随运动条件变化的特征。很多模型以预见骨、韧带、关节软骨的内力为目标。不过正如前面讨论的那样，所有这些力都大大依赖于肌肉对其施加的力。因此，下面的理论分析将主要探讨预估动物或人类运动过程中单块肌肉力的方法。

迄今为止，预估单块肌肉力的最常用方法是最优化原理，下面将对其进行讨论。为了使用这种方法并计算给定运动目标的单块肌肉力，首先必须计算节段间（interseg-mental）的力与力矩，然后才能使用最优化方法获得相应的肌肉力（此即所谓的分布问题，distribution problem）。

为了计算单块肌肉施加的力，从而确定肌肉间的相互作用力（Force-sharing），首先必须解决所谓的分布问题（Crowninshield and Brand 1981a）。分布问题将关节内部及周围结构产生的力、力矩与节段间的合力、合力矩相联系。本方法的关键思路在于任何的分布力、力矩都能被与它们相等的单个力及力矩所替代，其等价关系可以表示如下（式中黑体表示向量，Crowninshield and Brand 1981a）

$$F^0 = \sum_{i=1}^{m}(f_i^m) + \sum_{j=1}^{l}(f_j^l) + \sum_{k=1}^{c}(f_k^c) \tag{31.1}$$

$$M^0 = \sum_{i=1}^{m}(r_i^m \times f_i^m) + \sum_{j=1}^{l}(r_j^l \times f_j^l) + \sum_{k=1}^{c}(r_k^c \times f_k^c) \tag{31.2}$$

式中，F 与 M 分别表示节段间的合力与合力矩，上标 0 指关节中心（从数学上看，该中心可以为关节内的任意点）；f_i^m，f_j^l，f_k^c 分别表示第 i 段肌肉、第 j 段韧带、第 k 块接触骨上的力，r_i^m，r_j^l，r_k^c 是从关节中心到力的作用线上的任意点的向量，叉乘表示向量的积，m、l、c 分别指与关节相连的肌肉、韧带及关节内与软骨接触的面的数目。

分布问题（即方程 31.1 和 31.2）的目的就是通过合力与合力矩确定韧带、肌肉及骨之间的接触力。一旦物体的运动特性（可使用高速视频与胶片技术获得）及作用于系统的外力已知，节段间的合力就可以使用动力学的逆方法确定（Andrews 1974），需要注意的是节段间的合力与力矩只是一种概念上的运动量，不能测量，因为实际结构中它们并不存在。

方程（31.1）与方程（31.2）表示一般的分布问题，实际应用时需要根据运动特性引入一些简化假设。例如，计算日常运动条件下的肌肉力时，通常假设：①韧带不传送可感知的力；②关节中心位于与关节接触力的合力的作用线上，因此分布的关节接触力不能够引起节段间的力矩。在这两个假设的前提下，方程（31.1）与方程（31.2）可以简化为

$$F^0 = \sum_{i=1}^{m}(f_i^m) + \sum_{k=1}^{c}(f_k^c) \tag{31.3}$$

$$M^0 = \sum_{i=1}^{m}(r_i^m \times f_i^m) \tag{31.4}$$

方程（31.3）与方程（31.4）是三维空间的两个向量方程，实际表示 6 个标量方程。计算单块肌肉力时，往往只用方程（31.4），因为为了描述系统的行为，方程（31.3）又引入了未知向量 f_k^c。假如节段间的合力矩 M^0 已经通过动力学的逆方法获得，方程（31.4）包含 $2m$ 个未知向量（m 个未知位置向量 r_i^m 及 m 个未知肌肉力 f_i^m），位置向量 r_i^m 可以通过尸体标本（Grieve et al. 1978；Herzog and Read 1993；Spoor et al. 1990）或影像技术（Rugg et al. 1990；Spoor et al. 1990）等实验方法确定。尽管实验方法确定这些位置量并不简单，但通常认为这些量是已知的。这样方程（31.4）中的未知量就只剩下肌肉力 f_i^m。方程（31.4）只给出了 3 个标量方程，但通过给定关节的肌

肉的数目往往多于 3 块，因此方程（31.4）是一个不定问题（指未知量超过了方程数目的系统）。

一般而言，数学上的不定系统有无穷组可能解。例如，方程 $x+y=12$（包含两个未知量 x 与 y）有无穷多可能解（如 $x=6$，$y=6$；$x=1$，$y=11$；$x=-17$，$y=29$等）。通过（a）给系统添加方程或（b）消去未知数以使未知数与方程个数相等可以将不定系统转化为确定性系统。例如，添加方程 $x-y=4$ 到 $x+y=12$ 可以使方程有唯一解：$x=8$，$y=4$。未知量数目可以通过对其进行分类或将它们以某种方式相联系等方法消减。例如，假设 x 与 y 相等，则方程 $x+y=12$ 将变为 $2x=12$，这样也可以得到其唯一解 $x=6$。

同样，生物力学中预估连接关节的每一块肌肉上的力（一般为不定系统）也可通过上述两种解决。系统方程既可以通过力与关节运动之间力学关系，也可以综合考虑力与关节运动之间已知的力与神经生理学之间的关系添加方程（Pierrynowski 1982；Pierrynowski and Morrison 1985）。未知量的数目可以通过将不同单独肌肉块组合为功能单位的方法减少（Morrison 1970；Paul 1965）。无论是添加方程的方法，还是减少未知数的方法都不是理想途径，因为添加方程需要对系统行为进行人为的假设，将不同肌肉块组合可能会带来另外的问题（如这种功能结构单元的作用线及力矩臂为何），并且这种方式并不能真正解决问题（如运动过程中单块肌肉上的力并未获得）。

求解运动过程中单块肌肉上的力的最常使用的方法就是数学上的最优化原理，这种求解分布问题的方法非常简单，可以对很多现实中的肌肉骨骼系统的模型求解，人类服从某些最优控制的思想由来已久（Weber 1836）。

尽管有很多文章使用最优化数学方法预估单块肌肉的力，本文只能选择地介绍一些例子。之所以选择这些例子，是因为他们要么包含了通过生理学导出的模型（不仅仅是数学模型），要么已经通过实验验证了数学模型的正确性。

Dul 等（1984b）对一些已发表的最优化算法进行了评估，并提出了一个通过使运动（或等长收缩）持续时间最长而预估单块肌肉力的目标函数（Dul et al. 1984a）。Dul 等（1984a）的目标函数要求肌肉纤维的类型特征已知。Dul 等首先通过比较测量得到的人下肢在进行等张过程中的收缩时间与使用模型计算得到的收缩时间，评估了他们的最优化算法。接着，通过模型理论上导出了猫比目鱼肌与腓肠肌间的相互作用力，又测量了猫静止、走路、小跑、飞奔以及跳动时比目鱼肌与腓肠肌间的最大相互作用力，通过比较他们验证了其思想的正确性。虽然他们认为理论预估值与实验结果非常吻合（较其他已发表方法的结果好），但其结果仍有如下局限性：a）计算与测量过程中分别使用了不同的动物；b）猫移动过程中比目鱼肌与腓肠肌的最大力并不同时产生（Herzog and Leonard 1991；Herzog et al. 1993），然而，其相互作用力的方程要求肌肉间力的比较需在同一瞬时进行；c）他们仅比较了最大力，而不是整个运动过程中的力。

此外，Dul 等（1984a）对相互作用力的预估有下面概念上的不足：① 肌肉间的相互作用力仅依赖于最大等长力与不同肌肉纤维的分布（两个常数），因此，由他们算法得到的所有相互作用力具有统一的函数关系，也就是说，给定肌肉 1 上的力总是与固定的肌肉 2 上的力相对应（图 31-15），然而，不同移动速度下直接测量的猫肌肉力表明，给定比目鱼肌上的肌肉力某一范围内另一协调肌肉（腓肠肌）的力相联系（图31-16）。

② Dul 等（1984a）算法获得的相互作用力关系为一递增关系，即如果肌肉 1 中的力增加，肌肉 2 中的力也将一定增加。然而猫比目鱼肌与腓肠肌的实验表明，从静止到慢走到跑步到跳动过程中，腓肠肌力稳定地增加，但比目鱼肌力在从静止变为慢走只轻微地增加，并在某一较大范围的移动速度下保持不变，跳动过程却减少（图31-15）。

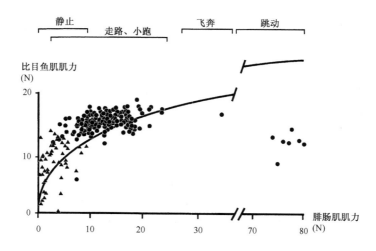

图 31-15　不同运动条件下猫比目鱼肌与腓肠肌间的相互作用力的理论（实线）
与实验结果（实心点）的比较

Herzog（1987a，1987b）提出了一种求解单块肌肉力的最优化算法，他们使用的目标函数中直接包含了瞬时收缩条件（长度、长度改变率）与肌肉的力－速度特性。这种方法可以预估当一块肌肉力保持不变时，另一块肌肉力的大范围改变，这至少在概念与实验得到的如图 31-16 所示的相互作用力相一致。此外，这种算法获得了平滑过渡的肌肉力，以前算法估计的力有大的瞬态变化。Herzog（1987a，1987b）算法的缺点是不容易计算。例如，大多数肌肉的力－长度－速度关系未知，其正常收缩范围内的行为最多只能近似获得。

Davy 等（1987）引进的动态最优化方法可以估计移动过程中下肢 9 块肌肉组的力。该方法是为了克服静态算法中力随时间变化的失真的不连续性。Davy 等（1987）的结果与 Crowninshield 等（1981b）的静态结果及移动摇摆相中 EMG 信号是可比的，但由于结果无法严格确认，对该动态算法进行评估很困难。

Herzog 和 Leonard（1991）首先得到了能够正确估计协作肌之间相互作用力的最优化算法。他们使用了那个年代通用的最优化算法估计了猫比目鱼肌、腓场肌及跖肌（plantaris）之间的相互作用力。算法所需的参数很大程度上直接取自于实验动物。计算的相互作用力与不同运动条件下的实际测量值进行了比较，结果发现，理论算法不能预估协调肌组之间相互作用力的行为。在 Herzog 和 Leonard（1991）的研究中，忽略掉了动态的或要求瞬时收缩条件的算法，只评估了线性与非线性的静态最优化算法。Herzog（1987a）提出的包含肌肉瞬态收缩条件的算法在其后续的研究中（Herzog et al. 1988）

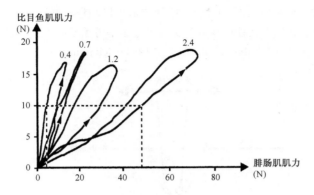

图 31-16　以 0.4, 0.7, 1.2 速度移动及以 2.4m/s 时猫比目鱼肌与
腓肠肌间的相互作用力（实验数据来自同一只猫 10 个以上移动
周期的平均值）

被应用，虽然对猫比目鱼肌与腓场肌相互作用力的初步比较结果令人满意，但研究表明，基于 Herzog's（1987a）的工作不能较好的预见实验结果（未发表的结果）。最优化理论算法是否在预估肌肉力方面有所作为仍然不得而知，进一步发展对单块肌肉力预估的理论很有必要。不像 20 年前那样，现在从不同实验室已经获得了协调肌之间相互作用力的数据，希望研究者在未来 10 年中能够把握机会，使用这些数据发展可预见单块肌肉力的正确的理论模型。

■ 展　望

使用量化生物力学技术分析人类与动物的运动是一较新的领域，而且，在过去的 40 年中，该领域已经将重点由强调外部力的描述转移到了通过分析内部动力学与运动学解释运动的力学与控制。

目前人类与动物生物力学的研究也正处在另外一个转折点上，这次转折是向细胞与分子生物力学的转移。其原因有二，一是我们对力作用于肌肉骨骼系统的生物效应感兴趣；二是我们想了解组织力学特性的内在机理。

让我们以骨骼肌为例考虑第二点。尽管已经了解了肌肉的基本力学特性，如最大激活状态下肌肉的力－长度、力－速度、力－时间关系（Abbott and Aubert　1952；Gorden et al. 1966；Hill　1938），但肌肉收缩与力产生机理仍然不明确。例如，肌肉收缩的能量消耗（即 ATP 水解的生化步骤及如何联系这些生化步骤与力产生的分子事件）还没有被很好的阐述。此外，从整个肌肉水平看，肌肉收缩结束后力的衰减特性或拉伸状态下肌肉的刺激响应特性也基本上没有被了解。

肌纤维（细胞）层次，尤其是分子层次的研究阐明了骨骼肌收缩的新观点，测量单个肌动蛋白分子桥联力与量化单个桥联周期中肌动蛋白位移的技术已经被开发。例如，使用所谓的激光捕获（laser trap）技术，激光束能够将肌动蛋白微丝的末端固定，以这种方式固定的肌动蛋白微丝被牵引并与单一的桥联头（S_1）接触，同样的方法可以使单个桥联头与一细玻璃针贴附（图31-17），这种技术可以测量桥联产生的 p 牛顿水平的力及纳米级的位移。该实验还能够使我们更深刻地了解骨骼肌的力做功过程与力能学等问题（Finer et al. 1994；Ishijima et al. 1991，1994；Kitamura et al. 1999）。

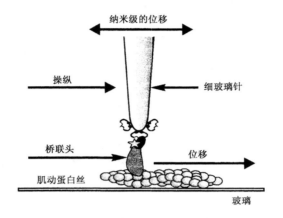

图31-17　单个桥联头与肌动蛋白丝相互作用研究装置示意图，该装置能够测量 p 牛顿水平的力与纳米级的位移

　　关于前面提到的第一点，我认为力对骨骼肌肉结构的影响问题已日益受到了生物力学研究人员的重视。迄今已经进行的生物力学研究内容中，99％将骨骼肌肉系统当作机械系统，而不是生物系统。机械与生物单元的基本差异在于，机械结构不能适应，生物系统能够而且愿意适应。例如，加载使骨骼肌强壮与无力作用时骨骼肌将萎缩是人所共知的事实，然而，锻炼诱发的骨骼肌适应性的详细分子机理却不知道。

　　同样，一定频率与载荷范围的动态加载可以导致关节软骨细胞蛋白多糖分泌增加，而静态加载使其合成减少（Burton-Wurster et al. 1993；Sah et al. 1989；Torzilli et al. 1997；Wong et al. 1997）。然而关于关节软骨的机械加载如何转变为蛋白多糖合成信号的上调与下调也不为人所知。我们知道，像关节炎这样的退行性疾病过程中，软骨将会产生诸如材料特性、功能特性、载荷传递特性等的适应性改变（Herzog et al. 1998）。人类与动物运动生物力学领域中，生物力学面临的一个大的挑战是如何阐明运动与加载对肌肉骨骼系统组成的组织的适应性，这种适应性行为对骨骼肌组织加载直接相关的肌肉骨骼系统的疾病尤其重要。如关节炎、骨质疏松、肌腱炎，肌肉萎缩、关节僵硬、关节痛等。

参 考 文 献

Abbott BC, Aubert XM (1952) The force exerted by active striated muscle during and after change of length. J Physiol 117:77–86

Abraham LD, Loeb GE (1985) The distal hindlimb musculature of the cat. Exp Brain Res 58: 580–593

Andrews JG (1974) Biomechanical analysis of human motion. Kinesiol 4:32–42

Arms SW, Johnson RJ, Johnson RJ, Pope MH (1983) Strain measurements in the medial collateral ligament of the human knee: an autopsy study. J Biomech 16:491–496

Basmajian JV, De Luca CJ (1985) Muscles alive: their functions revealed by electromyography. Los Angeles: Williams and Wilkins

Bigland-Ritchie B, Donovan EF Roussos CS (1981) Conduction velocity and EMG power spectrum changes in fatigue of sustained maximal efforts. J Appl Physiol 51:1300–1305

Bigland B, Lippold OCJ (1954) The relation between force velocity and integrated electrical activity in human muscles. J Physiol 123:214–224

Bouisset S, Goubel F (1971) Interdependence of relations between integrated EMG and diverse biomechanical quantities in normal voluntary movements. Activitas Nervosa Superior 13:23–31

Brown TD, Sigal L, Njus GO, Njus NM, Singerman R, Brand RA (1986) Dynamic performance characteristics of the liquid metal strain gage. J Biomech 19:165–173

Burton-Wurster N, Vernier-Singer M, Farquhar T, Lust G (1993) Effect of compressive loading and unloading on the synthesis of total protein proteoglycan and fibronectin by canine cartilage explants. J Orthop Res 11:717–729

Crowninshield RD, Brand RA (1981b) A physiologically based criterion of muscle force prediction in locomotion. J Biomech 14:793–801

Crowninshield RD, Brand RA (1981a) The prediction of forces in joint structures: Distribution of intersegmental resultants. In: Exercise and Sport Sciences Reviews, Doris I Miller, pp 159–181

Davy DT, Audu ML (1987) A dynamic optimization technique for predicting muscle forces in the swing phase of gait. J Biomech 20:187–201

Dul J, Johnson GE, Shiavi R, Townsend MA (1984a) Muscular synergism. II. A minimum-fatigue criterion for load sharing between synergistic muscles. J Biomech 17:675–684

Dul J, Townsend MA, Shiavi R, Johnson GE (1984b) Muscular synergism. I. On criteria for load sharing between synergistic muscles. J Biomech 17:663–673

Elftman H (1938) The force exerted by the ground in walking. Arbeitsphysiologie 10:485–491

Finer JT, Simmons RM, Spudich JA (1994) Single myosin molecule mechanics: piconewton forces and nanometre steps. Nature 368:113–119

Fukubayashi T, Kurosawa H (1980) The contact area and pressure distribution of the knee. Acta Orthop Scand 51:871–879

Gordon AM, Huxley AF, Julian FJ (1966) The variation in isometric tension with sarcomere length in vertebrate muscle fibres. J Physiol 184:170–192

Grieve DW, Pheasant S, Cavanagh PR (1978) Prediction of gastrocnemius length from knee and ankle joint posture. In: Asmussen E, Jorgensen K (eds) Biomechanics VI-A. Baltimore: University Park Press, pp 405–412

Guimaraes AC, Herzog W, Hulliger M, Zhang YT, Day S (1994a) Effects of muscle length on the EMG-force relation of the cat soleus muscle using non-periodic stimulation of ventral root filaments. J Exp Biol 193:49–64

Guimaraes AC, Herzog W, Hulliger M, Zhang YT, Day S (1994b) EMG-force relation of the cat soleus muscle: Experimental simulation of recruitment and rate modulation using stimulation of ventral root filaments. J Exp Biol 186:75–93

Hagberg JM, Mullin JP, Giese MD, Spitznagel E (1981) Effect of pedaling rate on submaximal exercise responses of competitive cyclists. J Appl Physiol 51:447–451

Hale JE, Brown TD (1992) Contact stress gradient detection limits of Pressensor film. J Biomech Eng 114:353–357

Haut RC, Ide TM, De Camp CE (1995) Mechanical responses of the rabbit patello-femoral joint to blunt impact. J Biomech Eng 117:402–408

Herzog W (1987b) Considerations for predicting individual muscle forces in athletic movements. Int J Sport Biomech 3:128–141

Herzog W (1987a) Individual muscle force estimations using a non-linear optimal design. J Neurosci Methods 21:167–179

Herzog W, Adams ME, Matyas JR, Brooks JG (1993b) A preliminary study of hindlimb loading morphology and biochemistry of articular cartilage in the ACL-deficient cat knee. Osteoarth Cart 1:243–251

Herzog W, Archambault JM, Leonard TR, Nguyen HK (1996a) Evaluation of the implantable force transducer for chronic tendon-force recordings. J Biomech 29:103–109

Herzog W, Binding P (1992) Predictions of antagonistic muscular activity using nonlinear optimization. Math Biosci 111:217–229

Herzog W, Diet S, Suter E, Mayzus P, Leonard TR, Muller C, Wu JZ, Epstein M (1998) Material and functional properties of articular cartilage and patellofemoral contact mechanics in an experimental model of osteoarthritis. J Biomech 31:1137–1145

Herzog W, Hasler EM, Leonard TR (1996b) In situ calibration of the implantable force transducer. J Biomech 29:1649–1652

Herzog W, Hoffer JA, Abrahamse SK (1988) Synergistic load sharing in cat skeletal muscles. Proceedings of the 5th Biennial Conference of the CSB, Ottawa, pp 78–79

Herzog W, Leonard TR (1991) Validation of optimization models that estimate the forces exerted by synergistic muscles. J Biomech 24:31–39

Herzog W, Leonard TR, Guimaraes ACS (1993a) Forces in gastrocnemius soleus and plantaris tendons of the freely moving cat. J Biomech 26:945–953

Herzog W, Leonard TR, Stano A (1995) A system for studying the mechanical properties of muscles and the sensorimotor control of muscle forces during unrestrained locomotion in the cat. J Biomech 28:211–218

Herzog W, Read LJ (1993) Lines of action and moment arms of the major force-carrying structures crossing the human knee joint. J Anat 182:213–230

Hill AV (1938) The heat of shortening and the dynamic constants of muscle. In: Proceedings of the Royal Society of London, pp 136–195

Hof AL, Van Den Berg J (1981a) EMG to force processing. I. An electrical analogue of the Hill muscle model. J Biomech 14:747–758

Hof AL, Van Den Berg J(1981b) EMG to force processing. II. Estimation of parameters of the Hill muscle model for the human triceps surae by means of a calf ergometer. J Biomech 14:759–770

Hof AL, Van Den Berg J (1981c) EMG to force processing. III. Estimation of model parameters for the human triceps surae muscle and assessment of the accuracy by means of a torque plate. J Biomech 14:771–785

Hof AL, Van Den Berg J (1981d) EMG to force processing. IV. Eccentric–concentric contractions on a spring-flywheel set up. J Biomech 14:787–792

Hoffer JA, Sugano N, Loeb GE, Marks WB, O'Donovan MJ, Pratt CA (1987) Cat hindlimb motoneurons during locomotion. II. Normal activity patterns. J Neurophysiol 57:530–553

Ishijima A, Doi T, Sakurada K, Yanagida T (1991) Sub-piconewton force fluctuations of actomyosin in vitro. Nature 352:301–306

Ishijima A et al (1994) Single-molecule analysis of the actomyosing motor using nano-manipulation. Biochem Biophys Res Commun 199:1057–1063

Kitamura K, Tokunaga M, Hikikoshi I, Yanagida T (1999) A single myosin head moves along an actin filament with regular steps of 5.3 nanometers. Nature 397:129–134

Komi PV, Tesch P (1979) EMG frequency spectrum muscle structure and fatigue during dynamic contractors in man. Eur J Appl Physiol 42:41–50

Korvick DL, Pijanowski GJ, Schaeffer DJ (1994) Three-dimensional kinematics of the intact and cranial cruciate ligament-deficient stifle of dogs. J Biomech 27:77–87

Lafortune MA, Cavanagh PR, Sommer HJ III (1992) Three-dimensional kinematics of the human knee during walking. J Biomech 25:347–357

Liggins AB, Hardie WR, Finlay JB (1995) Spatial and pressure resolution of Fuji pressure-sensitive film. Exp Mech 35:66–173

Lindström L, Kadefors R, Petersén I (1977) An electromyographic index for localized muscle fatigue. J Appl Physiol 43:750–754

Lippold OCJ (1952) The relation between integrated action potential in human muscle and its isometric tension. J Physiol 117:492–499

Loeb GE, Gans C (1986) Electromyography for experimentalists Chicago: The University of Chicago Press

Marey M (1873) De la Locomotion Terrestre chez les Bipedes et les Quadrupedes. J de l'Anat et de la Physiol 9:42

Milner-Brown HS, Stein RB (1975) The relation between the surface electromyogram and muscular force. J Physiol 246:549–569

Moritani T, Devries HA (1978) Re-examination of the relationship between the surface integrated electromyogram and force of isometric contraction. Am J Phys Med 57:263–277

Morrison JB (1970) The mechanics of muscle function in locomotion. J Biomech 3:431–451

Paul JP (1965) Bioengineering studies of the forces transmitted by joints. II. Engineering analysis. In: Kenedi RM (ed) Biomechanics and related bioengineering topics. London: Pergamon Press, pp 369–380

Pedotti A, Krishnan VV, Stark L (1978) Optimization of muscle-force sequencing in human locomotion. Math Biosci 38:57–76

Petrofsky JS, Glaser RM, Phillips CA (1982) Evaluation of the amplitude and frequency components of the surface EMG as an index of muscle fatigue. Ergonomics 25:213-223

Pierrynowski MR (1982) A physiological model for the solution of individual muscle forces during normal human walking. PhD Thesis SFU

Pierrynowski MR, Morrison JB (1985) A physiological model for the evaluation of muscular forces in human locomotion: theoretical aspects. Math Biosci 75:69-101

Reinschmidt C, Van Den Bogert AJ, Lundberg A, Nigg BM, Murphy N, Stacoff A, Stano A (1997) Tibiofemoral and tibiocalcaneal motion during walking: external versus skeletal markers. Gait and Posture 6:98-109

Rugg SG, Gregor RJ, Mandelbaum BR, Chin L (1990) In vivo moment arm calculations at the ankle using magnetic resonance imaging (MRI). J Biomech 23:495-501

Sah RL, Kim YL, Doong J-YH, Grodzinsky AJ, Plaas AHK, Sandy JD (1989) Biosynthetic response of cartilage explants to dynamic compression. J Orthop Res 7:619-636

Savelberg HCM, Herzog W (1997) Prediction of dynamic tendon forces from electromyographic signals: An artificial neural network approach. J Neurosci Methods 78:65-74

Sherif MH, Gregor RJ, Liu LM, Roy RR, Hager CL (1983) Correlation of myoelectric activity and muscle force during selected cat treadmill locomotion. J Biomech 16:691-701

Singerman RJ, Petersen DR, Brown TD (1987) Quantitation of pressure sensitive film using digital image scanning. Experimental Mechanics 27:99-105

Spoor CW, Van Leeuwen JL, Meskers CGM, Titulaer AF, Huson A (1990) Estimation of instantaneous moment arms of lower-leg muscles. J Biomech 23:1247-1259

Tashman S, Dupré K, Goitz H, Lock T, Kolowich P, Flynn M (1995) A digital radiographic system for determining 3D joint kinematics during movement. ASB 249-250 (Abstr)

Tashman S, Kolowich PA, Lock TR, Goitz HT, Radin EL (1997) Dynamic knee instability following ACL reconstruction in dogs. Proceedings of the Orthopaedic Research Society 43:97

Torzilli PA, Arduino JM, Gregory JD, Bansal M (1997) Effect of proteoglycan removal on solute mobility in articular cartilage. J Biomech 30:895-902

Van Den Bogert AJ, Hartman W, Schamhardt HC, Sauren AAHJ (1988) In vivo relationship between force EMG and length change in deep digital flexor muscle of the horse. In: Hollander AP, Huijing PA, Van Ingen Schenau GJ (eds) Biomechanics XI-A. Amsterdam: Free University, pp 68-74

Van Ruijven LJ, Weijs WA (1990) A new model for calculating muscle forces from electromyograms. Eur J Appl Physiol 61:479-485

Walmsley B, Hodgson JA, Burke RE (1978) Forces produced by medial gastrocnemius and soleus muscles during locomotion in freely moving cats. J Neurophysiol 41:1203-1215

Weber W, Weber E (1836) Mechanik der menschlichen Gehwerkzeuge. Göttingen: W Fischer-Verlag

Wilkie DR (1968) Studies in biology. No 11: Muscle. London: Edward Arnold

Wong M, Wuethrich P, Buschmann MD, Eggli P Hunziker E (1997) Chondrocyte biosynthesis correlates with local tissue strain in statically compressed adult articular cartilage. J Orthop Res 15:189-196

Wu JZ, Herzog W, Epstein M (1998) Inserting a Pressensor film into an articular joint changes the contact mechanics of the joint. J Biomech Eng 120:655-659

Xu WS, Butler DL, Stouffer DC, Grood ES, Glos DL (1992) Theoretical analysis of an implantable force transducer for tendon and ligament structures. J Biomech Eng 114:170-177

第三十二章　多关节运动协同作用的检测
和分类及其在步态分析中的应用

Christopher D. Mah

赵　黎　孙效棠　译

第四军医大学西京医院矫形外科

zhaoli@fmmu.edu.cn

■ 绪　论

多关节的运动需要中枢神经系统（CNS）处理，如 Bernstein（1967）所描述的多个自由度，包括踢球、转位或用伸臂抓持等均涉及多关节的运动。如此之多的自由度不仅是我们所要完成的灵活多变任务的要求，也是因为我们有丰富的肌肉组织（Kuo 1994；Zajac and Gordon　1989），以及我们可以用不同的力量状态做出相同或相似的动作（Winter　1987）。由于 CNS 要遇到多种可能的运动方式，要把其对运动控制的模式公式化比较困难，这对于想要理解并研究这些模式的运动控制理论学家仍然是个难题。本章我们从理论和实践的角度来探讨用以简化，有时用于理解复杂的、多关节运动行为的几种方法。

在研究多关节运动的几个途径中有一个中心法则，那就是减少 CNS 所控制的变量数目。通过已有的习惯、工程学原则（Bizzi et al. 1991）、最优化的原则（Englebrecht and Fernandez　1997）以及根据神经生理决定控制机制（Mussa-Ivaldi et al. 1994）或肌肉—反射的非线性特性（Gribble et al. 1998），我们可以推断 CNS 可以将受中枢控制的变量的数目从多个减少到几个。如果 CNS 的控制命令用包含有这些精简变量的公式表示出来，并且知道了这些精简的变量和全部的运动控制变量之间的关系，那么这种在空间结构中维数上的减少就可以在数据结构中体现出来。例如，如果在步态周期的站立相某一部分中髋和膝角度总是保持相同的角速度变化比率，那么 CNS 只需要一条命令就可以控制这样两个部位的角度。如果我们可以理解人的上肢利用肌肉的等长收缩来维持一个特定的姿势，那么 CNS 也只需要这一个简单的控制信号就可以决定自始至终肢体的运动轨迹的特点，这就简化了对运动轨迹的控制，术语"协同作用"就是表示了通过减少变量的数量而达到控制方式的公式化的理念。

本章中，协同作用指的是在多个关节运动的过程中一个精简的控制变量和由此产生的所有结果的关系。这个术语和 Bernstein's（1967）所讲的将自由度问题公式化是一致的。通常潜藏在其中的控制变量难以捉摸，也难以独立测量。但无论它们起源何处，通过协同作用总可以产生固定不变的结果，这些结果在条件合适的情况下可以被测量出来。我们在这里不过多地谈关于这个或那个控制变量如何重要的理论，我们也不详细讨论动态数据收集的实用的一面，这在他人的工作中已得到完整的阐述（Winter　1987；

Whittle　1991；Cavanagh et al.1999）。简而言之，我们收集感兴趣的数据通常是通过记录在运动期间固定在身体节段和关节部位的标记物的位置，再把这些位于身体节段和关节的标记物的位置信息通过标准的几何算法转化成身体节段和关节的角度。我们更注重的是能够将协同作用相对应的数据进行分类，并且能够辨别不同的控制模式的方法。

维度和数据的精简

我们进行的动态数据分析所使用的方法能在不丢失（或最少丢失）信息的情况下减少变量的数量（Johnson and Wichern　1988；Harmon　1967；Krzanowski　1988）。之所以这样，可能是因为数据的主要部分并没有包含看起来那么多的变量。例如，指纹记录了转化为二维图像的手指皮肤的三维结构；量油尺所显示的油量水平就是油箱中液体油的三维结构的一维记录。下面所看到的关节角度的变化是下肢运动表现中很小的一部分（Mah et al.1994）。在这些例子中，其他维度的信息对我们的用处不大，通常是由于在这些方向上数据变化较小。好在许多多变量的数据中均存在着这样的情况，找出重要变量的过程会很有价值。

从实用的目的来看，我们正确描述数据所需要的变量数目就是数据的维度。或许它看起来像是依靠特定的变量，其实不然。例如，一架处在三维空间中的飞机，也就像一片纸，在它上面可以画出许多不同的（X，Y）的坐标系，但是它仍然是同一架飞机。由于坐标系是我们任意选择的，所以某一坐标系所测量得到的数据并不反映数据的本质。如果一架飞机的三维数据是对称的，那么我们关心的是它是一架怎样的飞机，表示飞机三维数据的变量并不重要，当然合理地选择坐标系和变量有助于我们更好地理解（Harmon　1967）。

主成分分析可以简化数据

主成分分析（PCA）是一种试图找到最佳变量并以尽可能少的变量来描述整体数据的方法。有许多软件包（如 SYSTAT、MINITAB）可以利用来做 PCA，与多数运动分析相关的计算花费计算机的时间并不多，但是这些分析结果的解释并不总是显而易见的。由于这些内容本质上是指导性的，所以我们不给出最一般的计算方法，这些在其他地方可以找到（Jonnson and Wichern　1988）。相反我们主要侧重通过特定的模型找出对这些结果的清楚的解释。图 32-1 就是我们所要描述的计算方法的几何表示。它也可以用代数的方法表示出来，有兴趣的读者可以用 MATLAB 等计算软件包计算所测量的数据。

有许多数据分析方法都力图通过精简的变量来表示全体数据。主成分分析就是其中最为简单的一种。PCA 可以通过许多不同的方式来应用，其最基本的使用方式如下。

一个多变量的数据组中包含着 n 个测量值，记作 y_i，$i=1$，n，这样的测量总共重复 N 次。例如，y_1 代表的是父亲的身高，y_2 代表的是其长子成年时的身高，我们要测量若干这样的父子对。在图 32-1 中，$n=2$ 和 $N=17$，是代表椭圆形中点的数目。对于在许多点对应的多变量数据 $Y_k=（y_1，y_2，\cdots，y_n）_k$，$k=1$，$N$，我们试图找出 y_i 的线

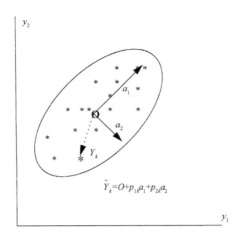

图 32-1　主成分分析的几何表达

星号代表的是测量值（y_1，y_2），实心箭头表示的是主成分的方向。a_1 和 a_2 分别与椭圆形相互
垂直的长短轴相对应。以上列出的方程表示每个数据点 Y_k 如何用这两个主成分的结合来进行
估算，符号 $\hat{Y}_k$ 表示是 Y_k 的估计值。

性组合，可以写成这样的形式 $P_1 = \sum_i a_{1i} y_i$，选择一组数据作为 a_{1i}，使得假设变量 P_1
在 y_i 的所有线性组合中方差最大。有了这样的选择，P_1 和相应的 a_{1i} 就定义了数据组
的第一个主成分。P_1 中的 P 代表一个可取定义域内的任何一个值的变量。p 指的是 P
中的一个具体的值。主要思想是在 n 维空间中找出最好的单一矢量 $\boldsymbol{a} = (a_1, a_2, \cdots, a_n)$
来概括数据中所有的偏移。简单起见，我们现在以 a_i 代替 a_{1i}，并从数据点中去掉 k 标
志。a_i 的平方限制在增加不到 1.0，否则 a_i 可能任意大，P_1 的方差就不会有最大值
了。因此我们将数学期望值最大化

$$\text{var}(P_1) = E \left| \left| \sum_i a_i y_i - P_1 \right| \left| \sum_j a_j y_j - P_1 \right| \right| = \sum_{ij} a_j y_j \sigma_{ij} \tag{32.1}$$

式中，$\sigma_{ij} = E((y_i - \bar{y}_i)(y_j - \bar{y}_j))$ 方程（32.1）中最后一个等号在 $P_1 = \sum_i a_i \bar{y}_i$ 时成立，
为简化起见，我们用 P_1 替换 $E(P_1)$，加和号 $\sum_i$ 是表示 i 个可能值的相加结果的一种简
便方法。不熟悉"数学期望"的读者可能将 $E()$ 理解成为平均值。例如，$n = 2$，上述式子
可以写成 $\text{var}(P_1) = a_1^2 \sigma_{11} + a_2^2 \sigma_{22} + 2 a_1 a_2 \sigma_{12}$。这样，求最大值的方程就是包含未知因
素 a_i，$i = 1$，n 的二次方程。

　　求二次式的最大值也就是求矩阵 $\boldsymbol{a}^{\mathrm{T}} \boldsymbol{Ra}$（这里 $\boldsymbol{R} = [\sigma_{ij}]$ 是这组数据的协方差矩阵），
倒置符号 $\boldsymbol{T}$ 表示将矩阵的行和列互换。这样的一个最优化问题在线性代数中已得到很
好的研究，可以用诸如 MATLAB 等软件一步完成，这样的软件很容易得到。二次方程
有 n 个局部最大，所以有 n 个线性组合 $\boldsymbol{P_m}$，$m = 1$，n 可以取到这些最大值。$\boldsymbol{R}$ 有 n
个不同特征向量 $\boldsymbol{a}$。这些 $\boldsymbol{P_m}$ 就是这组数据的主要成分，它和特征向量 $\boldsymbol{a}$ 一起可以很理
想的估计整组数据，即使是最差的情况无非就是把 n 个主要成分都用上来估计整组数
据。每一个 $\boldsymbol{P_m}$，$m = 1$，n 都是用来估计数据的可供选择的变量。为了达到数据的精
简，我们可以把那些方差最小的变量舍弃。一般的 $\boldsymbol{P_m}$ 的主次排序是通过其方差决定

的，也可以按照 **R** 的特征值大小来排列，其结果是一样的。如果 Y_k，$k=1$，N 有相同的测量单位，那么进行这种主次排序意义不大，它容易随样本不同而有变化。

数据的意义

　　P_m 之所以是有意义的是因为每一个数据点 Y_k 都可以用一个或多个这样的 P_m 来表示。图 32-1 中数据点 Y_k 就是用了所有的 a_m，在这个例子中估计值是精确的，$Y_k = Y_k$。为了降维，我们只用一个 P_m。如果我们只用一个 P_m 来进行估计或重建每个数据点，那么可用下述矢量方程来表示：

$$Y_k = p_{mk}a_m, \qquad k=1, N \tag{32.2}$$

式中，黑体字母 a_m 表示第 m 个向量（a_1，a_2，$\cdots$，a_n）$_m$，以及像定义 P_1 时定义 $p_{1k} = \sum_i a_{1i}y_{ik}$。这样在方程（32.2）中我们又把 m 标志放回 $m=1$，n 的 a_i 数据组中，p_{mk} 和 k 标志也还原到数据点。

　　最理想的一个 p_m 就是 P_1，（$m=1$），它的方差最大。用方程（32.2）进行估计错误的期望值 $E\left| \sum_i (y_{ik} - p_{1k}a_{1i})^2 \right|$ 最小。之所以会这样，是因为在任何维度的空间当中总存在着这样的几何学的原理：一个点到一条线或是一个面的垂直距离最短。设想沿着矢量 a 有一条线，这时垂直于这条线表示的就是估计的误差。一旦选定 a，就可以得到数据组中总的偏移 $v_{tot}^2 = E\left| \sum_i (y_{ik} - \bar{y}_i)^2 \right|$，它可以被分解成沿着 a，v_a^2 和误差 v_e^2 的部分。因为误差和进行估计的向量方向是垂直的，所以应用勾股定理可得到

$$v_{tot}^2 = v_a^2 + v_e^2 \tag{32.3}$$

　　因为在方程（32.3）中 v_{tot}^2 是固定的，所以当 v_a^2 有最大值时，v_e^2 有最小值。因此，方程（32.3）显示通过最大化方差，v_a^2 也将估计误差减到最小。一些类似的估算涉及多个 P_m 的情况，就是通过方程（32.2）右边几个表达式的加和来实现。

　　对于 PCA 的进一步的描述和相关的计算方法读者可以参考一些资料，特别是 Johnson 和 Wichern（1988），PCA 本身出现的偏移是由于对协方差矩阵采用的不同的算法，特别是对于一段时间所收集的数据，或者是由于 Y_i 是依据空间定义的函数。这种方法的进一步扩展在下一个部分会提到。举到的前三个例子是为了说明解释 PCA 方法时的一些潜在的难点。

主成分分析举例

　　和其他用来归纳数据的统计学方法一样，PCA 中如果我们不注重原始数据的话，那么它的结果就可能误导我们。如果一群表示收入的数据中包含着一个或多个缺乏代表性的数值，那么统计出来的平均收入就没有意义。下面举三个例子来说明多变量分析中存在的难点。

例 1　有时不同的数字代表相同的事物

　　如果一组数据中两个特征值相近，那么就没有一个确定的方向，因为这个方向就是由特征值之间的差异来决定的，如图 32-1 中的椭圆之所以确定的方向，因为，它在某

个方向上比在另一个方向上要长，如果椭圆变成了一个圆，我们就无法选择矢量 a_1，a_2，此时随样本的波动结果波动也很大。再如含有三个变量(x, y, z)的一组数据中（并不是 32-1 图所示），其中两个变量 x，z 具有环形分布，而 y 值基本没有变化，那么 PCA 在一个例子中可能会给出 $a_1 = (1, 0, 1)$，$a_2 = (-1, 0, 1)$，在另一个例子中可能会给出 $a_1 = (1, 0, 0)$，$a_2 = (0, 0, 1)$，这两种结果都是正确的，因为它们构成的坐标系用来描述平面上的数据都是可以接受的，但是第一个主成分看起来不稳定，是因为第一个主成分没有被确切限定，所以它的方向是任意的。

例 2　人为定义变量可以建立变量中的某些关系

假设 Q 表示某人支票账户上的金额，H 是他电话号码的末四位除以 1000 后所得的数，我们当然认为这两个变量毫无关系，随便找 100 个人来试验，两个变量的协方差矩阵都会是这样的

$$R_{QH} = \begin{vmatrix} 8 & 0 \\ 0 & 16 \end{vmatrix} \qquad (32.4)$$

矩阵中对角线上的数值均为 0，这表示两个变量没有关系，在椭圆中（Q，H）表示的点大致沿着 X，Y 轴分布，如果我们新设两个变量 $V = Q$，$W = Q + H$，两者都含有 Q 这一相同的变量，然后运用协方差的一般规则

$$\mathrm{var}(X) = \mathrm{cov}(X, X), \mathrm{cov}(Q, H) = 0$$

我们可以发现有这样的一个协方差矩阵

$$R_{VW} = \begin{vmatrix} 8 & 8 \\ 8 & 24 \end{vmatrix} \qquad (32.5)$$

这和前一个结构不同。实际上对这些数据进行 PCA，可以发现 V 和 W 之间的特殊联系，表示为 $P_1 = 0.289\,V + 0.957\,W$，它定义域中 85% 的数值可以表示为这样的线性组合的，它具有最大的方差，也就是说变量中 85% 的数据是在（v，w）的坐标系中沿着 (0.289，0.957) 这个方向变化的，这就提示了绪论中的角速度协方差那样，V 和 W 存在着一种协同的变化。介于这种变量的构建方法，我们知道这种关系是人为建立起来的。

例 3　帐篷效应：一个假想试验

让我们来构想一个虚拟试验：有 3 个被试者通过手指点击对一个平面上的运动物体作追踪动作，但是手腕和手指不能活动，记录的只能是肘和肩关节的角度变化，包括肘的屈伸，肩的屈伸，肩的外展内收，总共 3 个变量，这种情况下胳膊和手不是一种单一的关系，所以被试者胳膊的运动并不完全由所要完成的动作来预测，如果在测试的过程中，每个被试者只许用到一个自由度，但是 3 个人的自由度又不同，那么总共有三个自由度。但是为了达到试验的目的，每个被试者只能用到其中的 1 个，PCA 收集了被试者所有的数据，从而给出了 3 个主要成分，没有降维。而对每一个被试者的相关性的分析，会给出一个主要成分并在一定程度上达到降维。3 个一维的数据对应 3 个被试者，那么整个数据就是三维的，就像帐篷的柱子封闭了一个三维的空间一样。

实际上把上面的变量分割开来是很困难的，PCA 在降维方面较在回答一些关于维度的理论问题方面更能体现其实用价值。

■ 在步态分析中的应用

我们和 Calgary 大学的神经科学研究组的同事们（Mah et al. 1994，1996，1999）一道应用 PCA 记录和描述运动过程中一段时间内的步态，目的是突出 PCA 的实用性。也就是说在多导记录中发现并记录变化的分布情况，而不是从神经生理和生物力学的角度对此做出解释。其实 PCA 这种方法更有利于做出解释性的假说，因为它能够提示在其他方法中并不明显的信息，这点在下面就会体现出来。

PCA 的这种方法可用于任何以时间为变量的多个函数作数据的情况，并且它对数据做了一定的假定，那么在多关节运动存在的协同作用的情况下就更为合适。由于这种方法在许多著述中都有介绍，我们在这里只简要地提及一下，重在对结果进行解释。

在不同的时间点 t_j 观察到的一组数据 $Y_k(t_j)=(y_1(t_j), y_2(t_j), \cdots, y_n(t_j))_k, j=1, N$，在一个步态周期中，$0<t_j<T$ $y_i(t)$ 是关节和体节角度的变化轨迹，它在 $k=1, M$ 个独立的步态周期中记录。例如，此方法在第一次使用时，输入的步态数据是躯干、髋、膝、足的角度在矢状面和冠状面的投影，总共是 8 个变量，$y_i(t)$ 的协方差矩阵按照方程（32.1）中 $[\sigma_{ij}]$ 来计算。很显然要想与标准相比得到个体差异，那么 PCA 输入的是同一个个体在相同的条件下的多个步态周期的数据。同样 PCA 也可以处理单个步态周期、同一个体多个步态周期或多个个体多个步态周期的数据。例如，收集到一段很长时间的步态周期的数据，那么输入到 PCA 中的就应该是这么多，用固定数目的主成分对越多的数据进行估计，它的精确性就越差，因为对复杂数据的估计要求更高。

所以设想一组维度较少的协同作用的数据，$\sum_i q_i(t) W_i$ W_i 是 L 个固定向量，$q_i(t)$，$i=1, L$ 是时间的标量方程，这就是假设运动可以被分解为具有恒定的角速度的几个协同作用。因此，如果有关于髋、膝和踝的角速度数据，我们选择 $W_1=(1.0, 2.0, 3.0)^T$ 表示膝关节的角速度是髋关节的 2 倍，踝关节的角速度是髋关节的 3 倍，要想让 PCA 分析显效，那么数据中必须有几个较显著的 W_i 的方向，我们这里对假设的合理性不做详细的说明（见参考文献 Mah 等 1994）。然而我们的这样的假设常常成立，下面的例 4 中可以看到，如果假设错误，那么这在数据中变的很明显。

PCA 分析欲将 $\sum_i q_i(t) W_i$ 估计为 $\sum_m p_m(t) V_m$，这里 V_m 是和前面所讲的 a 相关的一个主成分的矢量。我们用个新字母是为了强调 V_m 代表重建运动的协同作用。在进行估算时，V_m 是固定的，而 $p_m(t)$（称为主成分得分）代表的是运动的时间变化。随着 $p_m(t)$ 的变化，和每一个主成分相关的关节和体节角度的变化保持恒定的速率。由于主成分的个数在较少的条件下（$L<n$）就足以以低的错误概率来对步态进行估计，这样就给了步态变化一个非常简化的描述，这也可以实现对其他的运动的简化描述。这里 V_m 和 W_i 是不同的，其原因在于 PCA 的方法可以发现数据所处的平面，而不是在这个平面上的原来的坐标系 W_i。

例 4　运动中的主成分的运算

表 32-1 所示是一个 70 岁的老人自己选择合适的速度行走所测的 20 个步态周期角速度的数据，竖行中偶数栏中表示的为躯干垂直方向的角度、髋膝足的水平角度在矢状

面的投影，而奇数栏是表示在冠状面的投影。此例中为了简化，只在步态周期中的 21 个间隔相同的时间点给予测量。读者可以验证协方差矩阵所产生的 8 个特征值大概是 $(1.2325, 0.2426, 0.0111, 0.0022, 0.0007, 0.0002, 0.0002, 0.0)$ $X1000$（以降序排列），主成分矢量 V_m 在表 32-2 给出，由于特征值和数据的偏差有关，所以可以计算出前两个主成分涵盖 99% 的数据的偏移。

表 32-1 样本的角度数据

$y_1(t)$	$y_2(t)$	$y_3(t)$	$y_4(t)$	$y_5(t)$	$y_6(t)$	$y_7(t)$	$y_8(t)$
1.35	3.33	31.01	6.89	11.62	6.97	4.19	11.52
0.89	3.49	31.22	7.33	16.57	6.50	9.56	12.91
0.25	3.72	31.37	7.82	26.17	7.08	21.25	12.22
0.18	3.87	29.38	7.59	32.41	6.47	26.30	12.83
0.76	3.83	24.74	7.21	32.33	5.26	27.09	14.00
1.89	3.48	19.32	7.58	29.00	5.12	27.88	14.07
2.91	3.12	13.21	8.25	23.82	5.55	28.82	14.20
3.68	3.27	6.97	8.21	18.87	5.86	29.80	15.01
4.44	3.34	1.06	8.22	15.14	5.99	31.24	15.83
5.34	3.36	−3.23	8.04	14.22	5.89	34.10	15.85
6.01	3.38	−5.80	7.44	17.40	5.55	40.02	15.10
6.08	3.30	−6.42	6.54	24.60	4.79	50.86	12.81
5.32	3.36	−4.27	4.20	37.28	2.72	73.35	7.74
4.23	3.65	2.25	1.40	53.87	0.57	98.97	5.16
2.95	3.97	10.52	−0.13	67.69	−0.05	104.63	6.68
1.56	4.30	18.45	−0.53	72.57	0.36	94.12	8.81
0.50	4.57	24.56	−0.23	68.15	1.59	75.38	9.80
−0.22	4.21	28.34	1.65	56.83	3.73	54.01	9.66
−0.55	3.55	29.49	4.29	39.70	6.01	32.99	10.94
−0.54	3.59	28.47	4.85	20.07	6.75	14.17	10.60
−0.43	4.04	27.94	4.01	7.49	5.19	1.48	10.84

失真分析

第二步我们所要进行的是失真分析。这个多变量的运算式 $P(t) = [p_1(t), p_2(t), \cdots, p_L(t)]$，这里 $0 < t < T$，在每个试验或特定的条件下都要进行研究。这里大写字母 P 的意义扩展为包括表述主成分运算的线性组合的所有的变量。正像上面所提到的，每一个单一的试验或特定的条件都可以用这样的一个精简的矢量和的形式来表示

$$Y(t) = \sum_{m}^{L} p_m(t) V_m \qquad (32.6)$$

L 较小（$L \leqslant 3$）时，这种方法就能够达到我们所要求的精确程度，这时这个式子就可以用图表示，就像图 32-2（Mah et al. 1999）所示，这种线图与角度-角度图示有类似之处，但是选择的 $p_m(t)$ 能够最佳地概括数据，因此它是一种更加完整的运动数据的记录。

用不同部位的 $p_m(t)$ 相互配对绘制图形是一种有用的探索性技术，经常可以发现一些微小的时间计量方面的变化（Mah et al. 1999）。然而这种方法还有一些主观成分在里面，下面我们用量化分析的方法对它作进一步的完善。失真分析和广泛 Procrustes 分析有相似之处（Gower 1975；Haggard et al. 1995），它是将步态周期的每组数据与一组标准数据做比较，通过线性转化而实现了数据的压缩。这其实和计算机程序进行人面部特征的绘制是相似的。脸各种各样，但都有眼睛、鼻子、双颊、嘴唇和耳朵，一个对脸的合理估计来自这张标准的脸。调整一下尺寸和外形，就可以得到一张特定的脸。也就是说，对一张特定的脸的描述就是一张标准的脸和对五官特征的附加描述的总和。虽然这种方法仍然存在着不准确的地方，但它已经能够很有效地压缩数据。对于 100 张脸的描述我们只需要存储一张标准的脸和每张脸附加特征的信息，而不需要对每张脸进行全面的描述。同样在多个变量的 $p_m(t)$ 的运算中也可以采用这种方法，这样对于每一个步态周期的描述就会明显地简化。

表 32-2　主成分 V_m

V_1	V_2	V_3
-0.0159	-0.1357	0.0470
-0.0051	0.0162	0.0046
0.1319	0.8252	-0.3953
0.0689	-0.0755	0.2179
-0.5027	0.5081	0.6175
0.0597	-0.0049	0.1017
-0.8474	-0.1811	-0.3685
0.0579	-0.0601	0.5163

方程（32.7）中给出了估计量 $P_k(t)$ 和标准量 $P_{standard}$ 的关系。这个估计量就是通过扭曲矩阵 D_k 当中的表示尺度的这些因子来计算出来的。方程如下

$$P_k(t) = D_k P_s(t), \quad k = 1, M; 0 < t < T \tag{32.7}$$

式中，$P_{standard}(t)$ 是一个标准量，失真矩阵 D_k 是由第 k 个步态周期的数据样本决定的，而非由时间决定的。原来的式子 $P_k(t)$ 包括的成分记作 $p_{mk}(t) = Y_k(t) \cdot V_m$，这里的点号表示点乘的意思，这是方程（32.2）中的加和运算的简便表达形式。矩阵 D_k 对于 $P_k(t)$ 的估计已经足够了，但是它更简洁。失真矩阵 D_k 的每一行都是通过多元的线性回归得到的，在我们的例子中 $L = 3$，那么 D 就是 3×3 的矩阵。它可以解决含有 4 个系数的问题，这就将步态描述简化。原本要在 100 个时间点测量 8 个角度，现在转化成为对 4~9 个系数的估计，方程（32.7）比方程（32.6）有更大的信息损耗，可能导致更大的估计误

差。然而这种方法成功或失败可以通过每个例子中估计结果和真实数据之间偏移的百分率来进行判断。这种数据的压缩很重要，倒不是为了存储方便，而是它能有力地说明步态的控制并不像想像的那样难，读者可以参照图 32-2、图 32-3 来理解这种方法。

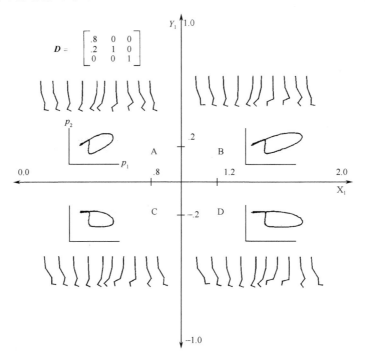

图 32-2　这四个插图是分别对平面中四个点（A，B，C，D）的描述

这个平面是由失真矩阵 D 的第一列头两个数共同构建的。每一个插图都是主成分 p_2 对 p_1 的作图，还有棍形图示的序列。它们都是和矩阵 D 特定的值（A，B，C，D）相关的。和点 A 相关的完整的矩阵 D 在插图的左上角。坐标轴的标记如下：矩阵 D 的行分别记作 X，Y，Z，矩阵的列分别以 1，2，3 表示。标准的式子图中以细的点状线来表示，进行 PCA 分析并用来制定标准的数据来自于后面即将提到的一个男性被测试者。要注意到上图 p_2 对 p_1 所作的图短缩与延伸主要是在水平方向上，这是因为矩阵的第一列是和主成分 p_1 相关的。

　　图 32-2 显示的是方程（32.7）所产生的多个变量之间的关系，关节和体节的角度如棍形图形和失真矩阵 D_k 所示，能够产生出主成分数据和用于图 32-2 的 P_s 的数据和例 4 中是一样的（不同的是样本中采用的是 101 个时间点而不是 21 个）。图中的环形表示的是多变量的数据组中 $[p_1(t), p_2(t), p_3(t)]$ 中的 $[p_1(t), p_2(t)]$。当 $D = \mathrm{diag}(1,1,1)$（此矩阵对角线上都是 1，其余位置是 0），方程（32.7）就能正确地表示出 P_s，图中以细的点状线来表示这个标准量。

　　要得到每一个象限中不同的步态周期的形态，3×3 失真矩阵 D 第一列的头两个数字就要变换一下。例如，在 A 图中矩阵 D 的第一列就由 $(1, 0, 0)^T$ 转化为 $(0.8, 0.2, 0.0)^T$，这就使得图形（粗线表示）发生逆时针的转变，并且轻微缩短，左上角还给出了棍形图示。同样 B 图所示的是将矩阵的第一列转化为 $(1.2, 0.2, 0.0)^T$，在水平方向上环形出现了延长，同时在线形图上表示出较 A 图在摇摆相膝关节的伸展范围更大了。然而这些顺序并不是实际数据点的估计，但是这些卡通表示的意思是较微小的步态的变化就会引起矩阵 D 系数的整体的变化。

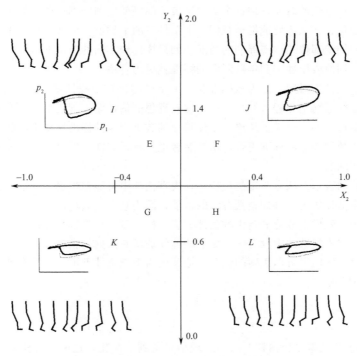

图 32-3　这四个插图表示的由失真矩阵 D 的第二列的头两个数所构成平面上的四个点（I，J，K，L）

形式和图 32-2 是一样的，数据来源于图 32-2 中同一个男性被测试者，矩阵 D 的行分别记作 X，Y，Z，矩阵的列分别以 1，2，3 表示，要注意到 p_2 对 p_1 所作的图的短缩和延伸方向主要在垂直方向上，因为矩阵 D 的第二列是和主成分 p_2 相关的。

图 32-3 中显示的是和图 32-2 意思一样的步态周期参数图，但是第二列的数据从 $(0,1,0)^T$ 其对角线为 $(1,1,1)$ 换成了 I，J，K，L 中的数据，而第一列的数据没有变化，虽然这些数据的变化范围有图 32-2 中的两倍大，但是棍形图中所表示的和图 32-2 中没有太大的差别，这是因为和对角矩阵的非零列对角为 diag $(0,1,0)$ 相关的 $p_1(t)$ 代表的是第二个主成分随时间的变化，因为第二个主成分代表着比第一个主成分更小的变化，它的数值需要变化的程度更大才能引起结果相似的变化。换句话讲，矩阵 D 中第一列中数值所表示的点之间的分离表示的是步态较大和较显著的变化。然而第二列数据点的分离表示的是较小的变化。

标准应该和它所要代表的事物相匹配

方程（32.7）中标准的数据集 P_s 是用参与 PCA 那些步态周期的平均值算出的，但是也可以选择其他的数据集。为每一次的 PCA 运算选择合适的标准是很有必要的（Mah et al. 1996）。如和步态研究一样所进行的容貌分析的研究中，我们会问什么才是标准的脸（它并不代表特定的脸），是一张和性别、年龄相关的脸，还是说喜悦和忧愁的脸有不同的标准？这就取决于所要研究的问题，当这个标准和所要研究的问题（如脸、步态）比较接近的时候，用这个标准来表述问题就更加准确一些。如果我们要记述个体行为的变化，那么最好的标准是同一个条件下的平均值。例如，单一条件标准包括术前一个月的特定部位的步态周期的情况。如果要比较不同的个体的行为差异，那么用所有个体的平均值或用性别和年龄匹配的标准就更为合适。

标准并不是试验对照，因为从标准和各个个体的比较中我们并不能得出任何结论。一个好的标准能够给出方程（32.7）中数据较理想的估计而不管它是否是在和试验条件相符的情况下得出的。事实上从单一个体得出的数据产生的标准比从不同的个体收集起来的步态周期数据产生的标准更好，虽然后者更具有代表性，但是它仍然与产生它的任何数据都是不同的。

这种简化的表示方法有一定的代价。在失真估计中可能丧失很大的准确性但是这丝毫不影响失真估计作为一种探索性方法的价值，因为它可能通过已经获得的信息而回到原始的数据中，就像主成分分析中的估计方法一样。每一个失真估计都可以从数据中直接得到，但是在多组数据中没有一个标准能够保证所有数据的精确表达。虽然估计的准确性下降，但是我们仍可以正确的区分，这是因为不同条件下不同的内在特点继续在矩阵 D_k 中得到反映。

步态的分类

经过 PCA 和失真分析两种方法的处理结果得到了简化，这两种方法对于步态的分型和记录有着重要的实际用途。用矩阵 D 来描述在不同的条件下步态的复杂区别，而不需要失真图示或棍形图示来表述，这是一种简便的方法。如果两种条件下产生了两组具有不同失真系数的点，那么我们就得出两种条件下产生了两种不同的步态。在图32-4中表示出了这种步态的分类，这种图示采用的是图 32-2 和图 32-3 中的标准，但是矩阵 D 中的数据来源于一个被正常测试者模仿的三种病理的步态（Mah Chaudry et al. 未出版的数据）。因为步态是从身体左右两部分来观察，加上正常的步态总共是七种试验条件。步态模拟的情况如下（Hoppenfeld 1976；Seidel et al. 1991）：

剪刀步态

这种步态好似行走时双腿之间夹了个橘子，迈每一步的时候膝关节相接触，大腿来回向前交叉，由于拇趾球部始终在地面拖拉，每一步前进的距离都很小，又由于双腿相互交叉，伸出足的方向是朝向并越过中线的。步态僵直，每条腿前进都很缓慢。

跨越步态

它是只发生在身体一侧的异常的行走方式（例子中指的是右侧）。腿迈出的时候髋关节产生跨越。顾名思义，好像一个人不屈腿就要跨过一个障碍物似的。大腿和小腿前进的时候很少使用腿部的肌肉。迈出的时候大腿和小腿保持伸直，脚总不能离开地面，向下倾斜，正常应该是向上的。结果是前足而不是足跟先着地。

Trendelenburg 步态

这种步态是单侧的（如右侧），意味着髋关节有倾斜。就像女孩子进行合唱时身体不停的摇摆。当右腿承重时，右侧髋关节提升，身体自然倒向右侧，这时右侧的大腿和小腿是伸直的。

图 32-4 说明了每一次的试验所产生的矩阵 D 的系数能够很好地区分出以上几种不同的步态，要达到如此之好的区分效果，矩阵当中的第一列和第二列的数据必须结合起来运用。特别是 A_1、A_2、A_3、A_4 线将除却右侧的 Trendelenburg 步态和左右两侧的剪刀步态以外的所有步态都区别出来了。左右两侧的剪刀步态未能区分出来大概是因为被测试者依照指示做出了一种对称的步态。然而在第二个图示中的 B_1 线将右侧的 Trendelenburg 步态和剪刀步态区分开来。这种区分已经相当理想而不需再用统计学的方法了。

不同的步态区分经常只需要一些简单的指标，就像角度的偏移程度等。扭曲系数对

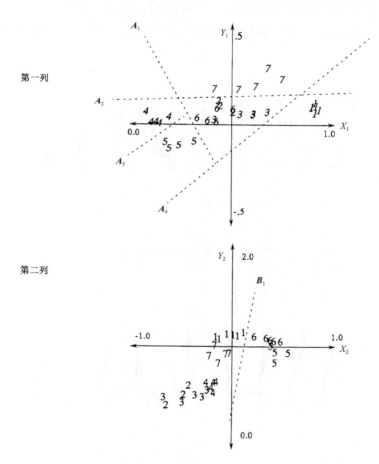

图 32-4　绘制上图两个坐标系（X_1，Y_1），（X_2，Y_2）的数据分别来源于矩阵 D 的第一列和第二列

每一次试验，受试者均被要求模仿三种不同的病理步态。A_1，A_2，A_3，A_4，B_1 这些线都是通过眼睛判断画出来的来区分不同的步态。用来产生矩阵 D 系数的标准和图 32-2、图 32-3 中是一样的。矩阵 D 的行分别记作 X，Y，Z，矩阵的列分别以 1，2，3 表示，每一种模拟条件下都从身体的左右两侧来观察。

于时间和体节间调整的微小变化也是很敏感的。其他步态分型的例子诸如在中风之后步态恢复的情况的记录可以在 Mah 等（1994）和 Mah 等（1999）的著述中找到。

绘制步态参数空间

　　在前一个例子当中，我们有了所观察到步态的预先口头的描述，然后让被测试者根据描述进行模拟。但是在实际运用过程当中我们事先并不知道会看到什么样的步态。如果扭曲矩阵系数经过很少的整理就能够标准化的话那对我们是非常有帮助的。为此我们采用束状图显示试验对象相关的矩阵 D 中一组数据到另一组数据的转化。这些叠加上去的棍形图示显示了当矩阵 D 发生变化时步态会发生怎样的变化。如图 32-5 所示：开放的箭头分别表示矩阵 D 的第一列数字从 A 到 D，从 C 到 B 的棍性变化。每组棍形图示中三者的顺序和其中的一个箭头对应，颜色最浅的棍形位于箭头的头端，颜色最重的棍形位于箭头的尾部，中间的棍形图位于箭头的中间部位。在步态周期的前半部分脚趾

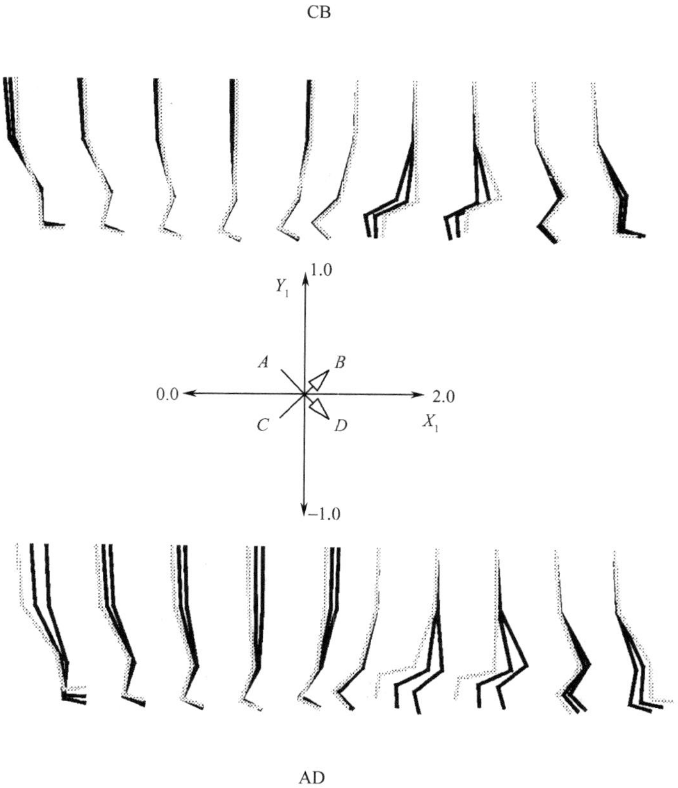

图 32-5　两个相互垂直的束状表示

最上边的棍形图示序列和 CB 箭头相关联，下面的一组棍形图示和 AD 相关。中间的图是 X_1 对 Y_1 作图，代表着矩阵的第一列数据，轴的标记和图 32-2～图 32-4 中是一样的。浅颜色的棍形序列位于箭头的头端，黑颜色的线形序列位于箭头的尾端，其余的位于中间，每组序列的头五个棍形图示脚趾没有分开，表示的是足跟相的开始和站立相的整个过程。后五个图是肩膀没有活动表示在摇摆相身体的摇摆运动。这些图示有助于对步态参数沿着箭头方向变化的理解。

基本不动，因为在站立相脚处于地面，但在步态周期的下半部分肩膀基本不动，以便下肢的在垂直方向上的运动，这可能导致第 5 和第 6 组数据的不连续，足跟着地和脚尖离地的时间可能在这些图中表示并不是很确切，但经验告诉我们这种表示方法更为简便。

　　矩阵 D 中所有的可能系数构成参数空间。由于控制机制的不同引起参数空间的变化也就是使步态周期的情况发生了变化。那么束状表示法就可以对这些机制进行分类。图 32-5 CB 就表示的是这种参数空间的变化。在这个序列当中，箭头的头端（代表的浅色的棍形）在站立相时踝关节以上的部位转动较小；而箭头的尾部（代表的是深色的棍形）在踝关节以上却有较大的转动；在摇摆相深色的棍形启动较迟，结束较早，这就提示在摇摆相存在着更大更快的角度变化。这种协同变化之所以会发生是因为身体的支撑点必须前移以便使身体的重心落于其上，不然的话人就会摔倒，因为在站立相时踝关节以上有一个较大的向前的角速度。这种协同作用不会在单一的步态周期中观察到，因为，在一个步态周期中只有一个特定的向前转动。只有观察了多个的步态周期，这种量的协同变化才可以提示出控制机制，同时也应该注意到这些变化和步速也有关系。

　　这些棍形图示其实并不是步态的确实反映，在不同的步态周期当中，肢体节段长度和时间都已标准化，关节角度的平均值只和不同的步态周期有关。并不是所有参数空间的变化在此都能够反映出来，因为并不是这些变化都是能通过从形态上来得知的。对控制机制影响还不能确定下来，需要用其他的方法来发现，好在这里所讲的方法可以记录步态周期存在的协同变化引起的参数的变化，可以推测这种影响。

　　我们已经编写了具有点击界面的软件来描绘步态参数空间，其中用了束形表示方法。这个软件用了 C 语言编写，在 Linux 和 Openwindowns 上运行。目前软件还没有正式公布，有编程技术的读者会发现它可以直接模拟这些功能。

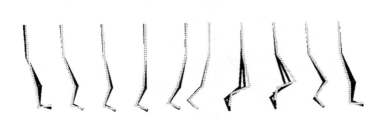

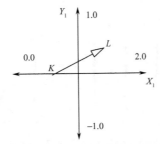

图 32-6　上图表示的是能够在摇摆相保持髋到足趾的等长控制机制在 X_1-Y_1 平面上的参数的变化情况　在站立相从髋到地面接触点的距离保持恒定。等长控制通过髋、膝、踝关节之间的相互代偿而实现。标记的规则和图 32-4 及图 32-5 中是一致的。

第二个重要的协同变化机制的例子就是在多个步态样本中容许存在着一些变化以便进行等长持续控制。也就是在站立相通过调整关节的角度来保持髋部和地面接触点之间的距离，在摇摆相时通过调整角度来保持足趾和地面之间的距离。据推测这可能是因为站立相保持重心与地面距离的恒定，摇摆相保持脚趾与地面距离的恒定，可以节省能量，正如图 32-6 中所示的那样。

相似和差异

这种束状表示方法的实际用途是在参数空间显示出两簇不同的点。如果有两簇不同的点那么就会产生出两个方向来；那就是通过两簇点中心的方向和垂直于这个方向的另一个方向。由于中心—中心的这个方向能够区分两种条件，那么这条线代表的就是两种条件的差异，而垂直于这条线的方向就是对比得出的相似之处，这条线表示的参数变化是两种步态条件下共有的。和原始的主成分不同，这些方向能为参数空间提供一个坐标系，参数空间是以函数形式定义的。

图 32-7 表示的就是左侧（对照侧）的跨越步态和右侧（病髋同侧）的 Trendelen-

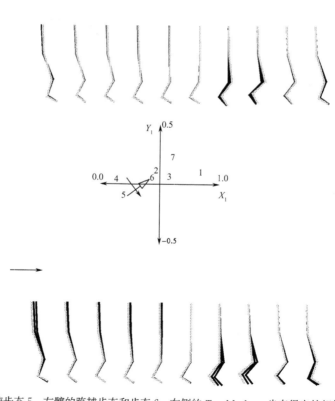

图 32-7　比较步态 5：左髋的跨越步态和步态 6：右侧的 Trendelenburg 步态得出的相似线和差异线
表示两者差异的箭头（空心闭合箭头）是通过两种步态的数据点的平均值画出来的（和图 32-4 相比）。表示相似点的线是垂直于表示差异的线的（开放箭头）。表示差异的线表明了等长控制在区分不同步态的作用。而这条表示它们相似点的线和文章中提到的假定的速度协变机制相似，它表明速度的变化不影响两者的差异。

burg 步态通过对比得出的相似和差异。可以看出两种步态的差异在于摇摆相是跨越步态的髋关节伸展较小，但是整个肢体的各方面改变符合肢体等长控制的原则。这条表示经对比得出的共性的线表明的是两种步态在保持其各自特点的同时所可能发生相同的变化方向，就像上面所提到的由速度调节而发生的协同变化一样。但是较图 32-5 所假设的协同变化机制膝关节的参与少了些。

　　一段时间内收集到的步态数据，或者通过其他一些试验变量我们一般可以看出一个或多个步态参数的变化趋势，即使这种变化的原因不知道，我们从数据中仍可以看到一对多的关系或叫做潜在的协同作用。用束状图示表示这种变化趋势能够提示很明显的对机制的假设，但是要用原始数据或其他方法来验证这种假设仍然十分重要（Mah et al. 1999）。

■ 力场和自由度的问题

　　固定的协同作用可以解释在中枢神经系统的指挥下由固定的多关节运动方式产生的固定的效果。用相对简单的控制策略可以实现最主要的关节运动的形式，如简单的移动（Ostry et al. 1991）或伸胳膊（Bizzi et al. 1991）等动作，但是它难以解释运动系统不但可以控制这些固定的动作而且可以根据特定的情况调控优化这种控制模式。所以固有的协同作用只是对于自由度问题的部分解释，协同运动的最优化方向是随情况而变化的，所以控制的参数也在不断的变化。当用固定的协同作用来表述特定的运动的时候，只是说明了这种控制如何被简化了，而不是说明运动是如何被控制的。为了解释这个问题我们引入力场的概念。

　　Bizzi 和他同行（Bizzi et al. 1984）已经观察到了在去除了传入纤维的猴子单个关节的伸展运动的最终位置对开始人为造成的移位有一定的抵抗作用。由于感觉缺失不能纠正人为造成了肢体位置的改变，所以可以证实这种前馈机制对于肢体最终位置的确定提供了合适的力，也就是这种前馈机制并不是以力作为基本组成的，而是力场，这是通过空间或其他的状态变量来定义的（Conditt et al. 1997；Gandolfo et al. 1996；Shadmehr et al. 1994）。被测试者经过一段时间的学习对于外加力场有一定的代偿能力，这表明力场并不是一成不变的，它具有一定的可塑性，是靠感觉传入来调节的。

　　运动装置是能够通过肌肉力量产生多样动作的动态系统，由于力场既能产生介绍中那样的协同作用，又可以产生更自由的运动，它对于全面理解自由度的问题非常重要。

力场和运动

　　独立的多关节的运动是由于肌肉产生力的作用。自然要比较是用力表示协同作用好，还是用运动来表示协同作用好，或者两者在表述的效果上是否相同的。然而，对力的测量比对运动的测量要困难得多，而且运动单位募集和肌肉的非线性的特性使从力的角度进行观察带来了困难，这在肌肉的长度、角速度、和力的等级和原始的测量数据比较接近的时候变得尤其明显（Zajac 1989）。

　　有两种方法可以对力进行测量，第一种将它看作是附加的运动，力的测量值包含的信息和运动测量值包含的信息经常是相同的。因为如果运动是一个动力等式的结果的话

$$f(t) = e(\ddot{q}, \dot{q}, q) \tag{32.8}$$

表示力的 $f(t)$ 总可以从表示关节角度的 q 经过代数变化得到，有些情况不能这样做。例如，运动动力学未知或存在着闭合的链式系统，双足站立时这种关系就会分辨不清。

力场作为控制法则

第二种方法是将力视为一种控制的法则。在这种情况下，$f(q, \dot{q}, t)$ 力（扭矩）是确定的，未知函数是 $q(t)$，$\dot{q}(t)$ 和 t（也可能是 q，$\dot{q}$ 的延迟函数），我们将这些定义力的函数称为力场。这种方法对于运动的神经控制更有意义，因为它解决了动态的稳定性问题，也因为这些力场有一定的生理基础（D'Avella and Bizzi　1998）。然而这也给试验人员带来了一定的困难，因为他们不但要在运动的过程中对力进行测量还要找出力和许多标量之间的函数依赖关系。

用一个例子来说明这一点。假设有一个摆包括一个质量为 m 的物体和一根没有质量的长为 l 的绳子。动力方程为 $F(x, t)$，其中，x 表示的是物体离开中线的距离，那么这个线性化的方程是

$$m\ddot{x} + \alpha x = F(x, t) \tag{32.9}$$

式中，$\alpha = mg/l$，g 表示的重力加速度。$\ddot{x}$ 是物体的切向加速度，$F(x, t)$ 是施加的力，它依赖于时间和空间。设想方程和时间没有关系，那么就把上式写成 $F(x) = \alpha x + 2m\sqrt{1 - x^2} - 4mx\mathrm{Arcsin}(x)$，$F(x)$ 是一个依赖于空间的坐标 x 的特殊力场，这个坐标系的选择是为了在这个例子中有一个确切的解。用直接带入法可以得到方程的一个解是 $x(t) = \sin(t^2)$，（为验证这个解，可以将其进行两次微分，然后代入到原方程中可见它是正确的），设想我们观察到的摆的运动是按照产生此解的方程来进行的，那么位移 $x(t) = \sin(t^2)$ 可以被记录到，但是它并不能辨别出作用的力场，因为，如果选择另一个方程如 $F(x, t) = \alpha x + 2m\cos(t^2) - 4mt^2\sin(t^2)$，也表示了同样的位移，$F(x, t) = \alpha\sin(t^2) + 2m\cos(t^2) - 4mt^2 x$ 也是（即有同样的解），还有其他许多有同样解的方程。作为时间函数的一个力场不能在单一的运动历史中与其他变量某个函数区分出来（即要把时间拉长才能找出合适的函数）。

要表示出力场，需要观察一个大的动力学的样本，在不同形式的动力学方程中进行区别。通常这意味着要试验性地引入模糊学来探索用时间、速度、距离的不同组合作为方程 F 的解，当然要假定模糊这种方法并没有改变方程 F 的形式（Gomi and Kawato 1996；Tsuji et al. 1995）。

从力场的角度来观察动态中的协同作用以及它们在运动组成中的作用仍将是我们研究的目标（Gandolfo et al. 1996；Gomi and Kawato　1996；Mussa-Ivaldi and Mah 1998）。

致谢：这篇文章得到了加拿大的 Networks of Centers of Excellence 的大力帮助，也非常感谢 F. A. MussaIvaldi 博士的支持，Jennifer Stevens，Jonathan Dingwell 和 James Patton 负责审稿工作，这里一并感谢。

参 考 文 献

Bernstein N (1967) The coordination and regulation of movement. Pergamon Press, London

Bizzi E, Accornero N, Chapple W, Hogan N (1984) Posture control and trajectory formation during arm movement. J Neurosci 4: 2738–2744

Bizzi E, Mussa-Ivaldi FA, Giszter SF (1991) Computations underlying the execution of movement: A biological perspective. Science 253: 287–291

Cavanagh PR, Dingwell JB (1999) Gait analysis and foot pressure studies. In: Myerson MS (ed) WB Saunders Co., Philadelphia, In Press.

Conditt MA, Gandolfo F, Mussa-Ivaldi FA (1997) The motor system does not learn the dynamics of the arm by rote memorization of past experience. J Neurophysiol 78: 554–560

D'Avella A, Bizzi E (1998) Low dimensionality of supraspinally induced force fields. Proc Natl Acad Sci USA 95: 7711–7714

Englebrecht SE, Fernandez JP (1997) Invariant characteristics of horizontal-plane minimum-torque-change movements with one mechanical degree of freedom. Biol Cyb 76: 321–329

Gandolfo F, Mussa-Ivaldi FA, Bizzi E (1996) Motor learning by field approximation. Proc Natl Acad Sci USA 93: 3843–3846

Gomi H, Kawato M (1996) Equilibrium-point control hypothesis examined by measured arm stiffness during multijoint movement. Science 272: 117–120

Gower JC (1975) Generalized procrustes analysis. Psychometrika 40: 33–51

Gribble PL, Ostry DJ, Sanguinetti V, Laboissiere R (1998) Are complex control signals required for human arm movement? J Neurophysiol 79: 1409–1424

Harmon HH (1967) Modern factor analysis. The University of Chicago Press, Chicago

Haggard P, Hutchinson K, Stein J (1995) Patterns of coordinated multi-joint movement. Exp Bn Res 107: 254–266

Hoppenfeld S (1976) Physical Examination of the spine and extremities. Appleton-Century-Crofts, Norwalk, Connecticut

Johnson RA, Wichern DW (1988) Applied multivariate statistical analysis. Prentice-Hall, Englewood Cliffs, NJ

Krzanowski WJ (1988) Principles of multivariate analysis: a user's perspective. Oxford University Press, Oxford

Kuo AD (1994) A mechanical analysis of force distribution between redundant, multiple degree-of-freedom actuators in the human: Implications for the central nervous system. Human Movement Science 13: 635–663

Mah CD, Mussa-Ivaldi FA (1998) Do delayed velocity-dependent forces contribute to voluntary movement? Soc Neurosci Abs, Proc 28th annual meeting. Los Angeles

Mah CD, Hulliger M, Lee RG, O'Callaghan I (1994) Quantitative analysis of human movement synergies: constructive pattern analysis for gait. J Motor Beh 26: 83–102

Mah CD, Hulliger M, Lee RG, O'Callaghan I (1996) Quantitative analysis techniques for human movement: finding multivariate patterns in large data sets. In: Witten M, Vincent DJ (eds). Computational Medicine, Public Health, and Biotechnology: Building a Man in the Machine, Part II, World Scientific Press pp 1056–1069.

Mah CD, Hulliger M, Lee RG, O'Callaghan I (1999) Quantitative kinematics of gait patterns during the recovery period following stroke. In Press.

Mussa-Ivaldi FA, Giszter SF, Bizzi E (1994) Linear combinations of primitives in vertebrate motor control. Proc Natl Acad Sci USA 91: 7534–7538

Ostry DJ, Feldman AG, Flanagan JR (1991) Kinematics and control of frog hindlimb movements. J Neurophysiol 65: 547–562

Seidel HM, Ball JW, Dains JE, Benedict GW (1991) Mosby's Guide to Physical Examination, 2nd Edition. Mosby Year Book, Toronto

Shadmehr R, Mussa-Ivaldi FA, Bizzi E (1994) Adaptive representation of dynamics during learning of a motor task. J Neurosci 14: 3208–3224

Tsuji T, Morasso PG, Goto K, Ito K (1995) Human hand impedance characteristics during maintained posture. Biol Cyb 72: 475-485

Winter DA (1987) Biomechanics and motor control of human gait. University of Waterloo Press, Waterloo Ontario

Whittle M (1991) Gait analysis: an introduction. Butterworth-Heinemann, Oxford

Zajac FE (1989) Muscle and tendon: Properties, models, scaling, and application to biomechanics and motor control. Crit Rev Biomed Eng 17: 359-411

Zajac FE, Gordon ME (1989) Determining muscle's force and action in multi-articular movement. Exercise and Sport Science Reviews 17: 187-231

第三十三章　神经系统磁刺激

Peter H. Ellaway,

Nicholas J. Davey and Milos Ljubisavljevic

陈昭然　译

首都医科大学

ac@cpums.edu.cn

■ 绪　论

　　1985 年 Barker 及其同事制造了第一台应用磁刺激仪，当把它贴在人的颅骨上时，可以刺激大脑神经元使其兴奋（Barker et al. 1985a）。因为这个技术无损伤、无痛，而且能够广泛地为被试者甚至儿童所接受，因此在研究人脑神经系统功能中具有广泛的应用前景。而与此不同的是，以往所应用的电刺激也是将电极置于颅骨上进行的，但是因为非常痛苦，所以被试者很难接受，甚至对于那些要进行该方面研究的实验组被试者也常因难忍而放弃实验。

　　用电流通过颅骨刺激脑细胞有很大局限性，因为电流会被皮肤和颅骨所阻尼而衰减，所以要实现用电流刺激脑内深层的细胞而引起兴奋，电流强度必须非常高，这样就兴奋了头皮和脑膜上的薄髓和无髓自由神经末端，结果产生痛觉。把磁刺激线圈置于被试者颅骨上，由线圈内暂态电流脉冲产生的瞬间交变磁场不会被头部的组织所衰减。尽管线圈磁场会随着离开线圈距离的增加而衰减，但是现在市面上的商售磁刺激仪仅能够刺激大脑灰皮层内的神经细胞，而无法刺激到脑组织深层白质的神经纤维或细胞。

　　磁刺激仪的设计初衷是用来代替外周神经的电刺激，如今，磁刺激仪在这方面的性能已经非常稳定而卓越，隔着衣物也能够工作。然而，电磁刺激可以刺激运动皮层的神经元使之兴奋，这一点无疑使磁刺激仪被广泛地应用于运动调控的研究中（Barker et al. 1985b）。

实验方案 1　装置和设备

■ ■ 步　骤

　　磁刺激仪的原理是高强瞬态电流流过绝缘线圈，在线圈周围产生快速变化的磁场。该磁场能够在其附近的生物组织中产生感应电流，并且能够使兴奋性细胞去极化，比如神经轴突。商业磁刺激仪的组件产生瞬态（100μs～1ms）高强电流（数千安培）流过线圈，于是得到高达数特斯拉的磁场。在实际应用中，通过面板上旋钮来设定储能电容的充电电量。用手动开关或者通过设备产生的电脉冲触发电容对磁刺激线圈放电。线圈由硬塑料外壳封装，以防止线圈通电时产生的收缩变形，并且起到在被试和仪器间绝缘的作用。

标准磁刺激仪和圆形线圈

　　传统的磁刺激仪的线圈是平板型圆环线圈，直径几个厘米，中间为空。有的用半导体整流器作为储能电容的放电开关，在线圈中产生大电流。由于半导体整流器是单向导通性，所以得到的电流也是单向的，没有反向电流。假定从线圈上方观察，线圈电流为某个方向（如顺时针方向），那么在线圈下方的组织中，感应电流与线圈电流在同一相平面但是方向相反，为逆时针方向（图33-1）。这具有重要的实际应用意义。如果线圈的中心在颅顶上方，感应电流在皮层逆时针流动，趋向于刺激右半运动皮层的神经元，引起左手和左臂的抽搐运动（Day et al. 1990）。如果翻转线圈，线圈中的电流为逆时针方向，那么感应电流是顺时针方向，引起右上肢的肌肉运动。因为线圈位于和手臂肌肉相关的运动皮层上方，所以上肢的肌肉产生反应，下肢的肌肉没有产生运动。

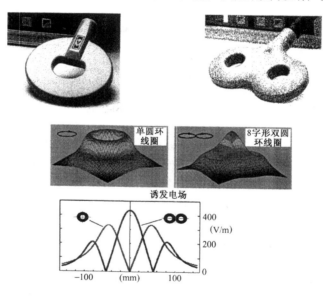

图33-1　磁刺激仪线圈

单圆环（Single coil，左）和8字形双圆环（Figure-8 coil，右）磁刺激仪线圈，以及各自产生电场的情况。这些线圈可以用于跨颅脑刺激和经皮外周神经刺激（经许可引自 Jalinous，1998）。

刺激仪的类型

　　生产磁刺激仪器的公司有好几家（Cadwell，美国；Dantec，丹麦；Digitimer，英国；The MagStim Co. Ltd，英国；Nihon-Kohden，日本），从设计上来说都比较类似，基本工作原理都和上面所描述的 MagStim 刺激仪的工作原理一样。区别之一在于刺激仪（如 Cadwell）是产生双向的还是单向的电流脉冲。既然感应电流正比于磁场变化率，而所有的型号磁场变化率都在100～200ms量级，那么各个型号间的刺激潜伏期就不会有太大的变化。不少文章综述了不同型号刺激仪的运行情况（Cohen et al. 1990；Mac-cabee et al. 1990；Brasil-Neto et al. 1992a），从这些研究得到的一般性结论认为，皮层受到刺激的位置和范围更取决于线圈形状和方向，而不依赖于刺激仪器的型号。

线圈型号

　　市场上可以看到不同形状的线圈（图 33-1 和图 33-2）。"8"字形双线圈由两个绕组并排组成，每个绕组直径为 7cm。线圈为平板型，两绕组中线上有一个伸出的手柄，它们都在同一个平面上。两个线圈中的电流方向是同向而不是反向，都朝向中间的手柄。在中间线圈汇聚处，电场场强比任何一个线圈的其他边界处都要大（图 33-1）。感应电流在线圈汇聚处达到最大，并且方向为背离手柄的方向。"8"字形线圈的几何特性使其特别有用。改变线圈在颅骨上的方向和位置，同时调整输出的强度，可以使技术员能够更好的选择皮层上的特定目标区域。关于应用"8"字形线圈选择特定刺激点的进一步知识，请参阅 Brasil-Neto 等（1992a），Davey 等（1994）和 Nakamura 等（1995）。

　　锥型双线圈设计用于刺激产生腿部肌肉的运动（图 33-2）。它也有两个绕组，连接在一起，但是两个绕组间形成 100°的角。在连接的中点伸出手柄。这种线圈专门为刺激运动区的中央沟而设计。手柄使得线圈能够固定在头上，磁场最强的区域就能够触及运动区代表下肢肌肉的皮层运动区。

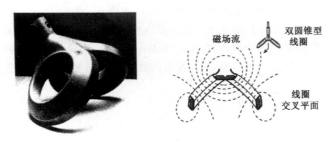

图 33-2　双圆锥型磁刺激线圈及其产生的磁场

这个线圈在刺激支配下肢肌肉的大脑运动皮质时特别有用（经许可引自 Jalinous，1998）。

　　许多不同的线圈形状也经过尝试，包括试图用于儿科的小直径线圈。一般说来，小线圈产生较弱的磁场，能够被激活的神经结构也就更加有限。小线圈并不能提高对目标皮层的聚焦精度，如运动皮层。

双磁刺激

　　神经生理学的一个常见的要求是在同一个位置进行一对脉冲刺激时要简便，即条件测试法。双刺激模块（MagStim 公司）把两个刺激仪连接到一个线圈上，允许分别对输出进行控制，并且可以对两个刺激仪同时进行时间测定。既然只有一个线圈，那么两个刺激的感应电流朝向必然保持不变。同一位置的双刺激大大促进了有关大脑皮层和脊髓相互影响机制和相互抑制回路的研究。在脊髓手术中，病人对单个脉冲的反应可能会很小或者丧失，并且麻醉使病人无法自主运动，此时，证明双刺激对于皮层诱发运动电位的监控很有武之地。

小技巧：可能会有这样的情况，要求两个刺激线圈在头皮上不同的位置进行刺激。假定有足够的空间在既定位置放置线圈，并且可以根据需要调整线圈方向，那么线圈可以由两个不同的刺激仪器驱动，并且用适合的外部计时装置触发刺激仪。但是，如果条件测试间隔降低为零，也就是说两个刺激仪同时放电的话，会出现一个问题：如果线圈靠得太近，它们各自产生的磁场就会相互影响，导致刺激皮层回路的功率大大降低，产生神经抑制或者去易化的假象。一般，把放电间隔设为 1 毫秒就足够避免这种情况的出现（Ellaway et al. 1998）。

重复刺激仪

　　传统的磁刺激仪能够产生连续刺激的速率取决于输出的幅度。输出的典型值可以设为最大输出（100%）的 1% 增量。低设置时，连续刺激的最小间隔为 1～2s 数量级。这个限制主要来源于电容每次输出功率后，都需要时间充电。在实际应用中，以足够刺激运动皮层的强度输出，最大速率为一次刺激 2～3s。以最大功率输出时，恐怕只能达到一次刺激 5～6s。

　　显然，很多脑功能基于神经元的连续发放。尽管，单次磁刺激引发的大脑和脊髓的输出信号，可能由最初的直接共同发放（D 波）和随后的多种非直接成分（I 波）构成，但是，这些波的持续时间很短（Edgley et al. 1990），小于 10ms。没有证据表明单次刺激在神经系统内产生更长的连续发放。研究中枢神经系统的功能，需要高速率的磁刺激仪。如今的高速刺激仪能够达到 10～100Hz，但是一次只能工作几秒钟。快速磁刺激直接应用于临床、认知和行为研究等领域，如对精神分裂症、强迫症和语言能力的研究。

安全问题

　　磁刺激是无损伤的，比电刺激优越，不用在皮肤上贴电极，因此受试者不存在被烧伤的可能，也不会有被电击的危险。但是，还是需要考虑磁刺激存在的两种安全问题。

　　首先是在操作磁刺激仪器过程中可能发生的危险，可以通过预防措施来避免这些危险。刺激运动皮层，可能会产生被试意想不到的肌肉收缩，被试必须坐着或者有支撑物支撑。必须保证被试的手或者肢体不会因为肌肉运动而遭致损伤。任何显露在瞬态磁场下的铁磁体都可能损伤被试的肌体。故此，实验前所有的金属衣饰、珠宝、信用卡和充值卡等都必须拿走！做过手术，体内有永久性金属植入器官或者是外科手术夹的被试或者病人，不应该做磁刺激。虽然保持被试头部的静止以避免头部相对线圈的运动的做法有一定优势，但是因为如果被试发生昏厥其危险性将大大增加，所以不建议以任何形式固定被试的头。事实上被试发生昏厥时，如果头部被固定，则可能延长被试的脑缺氧时间。

　　另外，如果用于刺激胸部或者腹部，现有商用刺激仪的输出功率不足以引起心脏搏动异常，所以不用预防。

　　其次是磁刺激的长期影响。一些研究揭示了显露在各种磁场中的后果，如头顶上的高压线产生磁场的效果。Jalinous（1994）的计算结果表明，磁刺激产生的电场和电流密度的最大值，等于表面电刺激产生的电场和电流密度最大值，目前还不知道有什么有害的影响。参照英国的规定，用于磁共振成像的静态磁场为 2.5T，这和磁刺激仪产生的最大磁场强度（2.0T 数量级）相当，故磁刺激仪产生的磁场看来危害不大，更何况它是暂态的。刺激仪放电时会发出尖锐咔哒声，这主要是因为通电时线圈在塑料封装壳内产生膨胀所致。动物实验表明在耳朵附近连续使用，会导致动物的听力受损。Barker 和 Stevens（1991）测量了一个型号为 Magstim 200 刺激仪发出的声音，用 9cm 的圆形线圈全功率运行，发现在离线圈 50mm 的地方，声音为 117dB，这个数值在英国规定的范围之内。据 1989 制定的劳动法规中有关噪声的条款规定一天之内不能多于 4000 次刺激。实际使用中，绝大多数应用都不会使用那么高的输出功率，刺激量也远远小于 4000 次/天。

　　有必要考虑磁刺激是否可诱发癫痫。因为在某个特定位置，瞬态磁刺激似乎能够使神经同步兴奋，可能成为癫痫的发病病灶。瞬态磁刺激的应用已经有 14 年，上千名被试参加了上百个研究，还没有发生癫痫的报告。但必须考虑到，易于得癫痫的被试容易受到磁刺激的影响而发病（Homberg and Netz 1989），当然，这项研究并没有全面评估连续快速磁刺激的危险。对意图用癫痫病人做磁刺激的研究人员，建议参阅有关文献中的观点。

实验方案 2　肌电图记录和分析方法

■■ 步　骤

　　记录由磁刺激诱发的运动反射，方法和传统的肌电图记录方法类似（参见第二十六、二十七、三十一章）。然而，一些问题需要特别注意。

　　磁刺激运动皮层引起的运动诱发电位（motor evoked potential，MEP），可以由表面电极贴在肌腹—肌腱处记录到。要事先减低电极和皮肤之间的电阻，具体方法是用乙醇棉球轻轻地擦拭皮肤。根据电极型号的不同，可能需要用导电糊。记录肌肉萎缩的病人，或者需要选择性地记录深层肌电，则要用到同轴针刺电极。主要的优势在于能够防止或者降低周围肌肉造成的信号串扰。针刺电极也用于记录单个运动单元。大多数记录中，需要用到标准的肌电放大-滤波器材。理想状态下，考虑到被试的人身安全和记录电极连接的放大器必须是光电隔离的。滤波参数可以相对宽一些（1～3000Hz），也可以相对窄一些（100～2000Hz）以降低交流干扰（50 或 60Hz），减少磁刺激产生的伪迹和其他非生物高频信号的干扰。为了避免刺激过程中磁场在电极上感应出大电压，电极应该绞在一起，或者被屏蔽。磁刺激感应出的电压可能会造成放大器饱和，要几十毫秒才能够去恢复，由此会损害记录的准确性。记录到的反应电压可以录制到磁带上，通常是录影带或者是数字的，随后分析，对于这种情况，必须要有进行在线观察的示波器；或者数据可以直接被计算机采样和存储。采样率必须足够高，以防止混叠（详见第四十五章），通常在 4～5kHz 之间。最好显示刺激点前后一段时间以便能够确定刺激前肌肉电活动。记录上肢的运动诱发电位 MEP，通常分析刺激点后 50ms 时段内的波形；对下肢而言，通常取 100ms。可以取刺激前 50～200ms，甚至更长的时间进行分析，但这取决于实验模式。如果要分析不应期，则要取刺激点后更长的时间段，取到 500ms～1s

之间。

　　对于诱发的反应，有几个参数可以测量。如果运动诱发电位 MEP 是简单的双极形式，可以用两个相反极性的波峰之间的峰–峰值表示，如图 33-3 的上部图形所示。同时，运动诱发电位 MEP 的区域面积可以通过滤波整流校正图形进行度量，如图 33-3 的中间图形所示。计算该区域面积的时候，必须注意，随着刺激强度的增加，肌电电位可能变成单极性并且反应期延长。这样的运动诱发电位 MEP 可能包含一部分运动单元的持续放电，要认识到这种电位的复杂性。更加精密的测量包括计算背景 EMG 与在自主收缩最强时得到的运动诱发电位 MEP 的区域面积比。另外一种方法是，刺激皮层产生的运动诱发电位 MEP 比上超大电流刺激周边神经系统诱发的反应电位，用这个比值代表运动诱发电位 MEP 的反应（M 波；参见第二十六章）。运动诱发电位 MEP 的潜伏期设定为刺激呈现的时间到运动被诱发的时间。测量运动诱发电位 MEP 后的不应期（silent period，SP），可以以磁刺激点为起点，也可以以运动诱发电位 MEP 起始点或者结束点为起点，到肌肉恢复电活动结束，如图 33-3 下部中三个水平箭头所示。所有这些方法都无法表示抑制过程或者不应期的真实起点，不应期可能会和运动诱发电位 MEP 的某些成分同时开始。

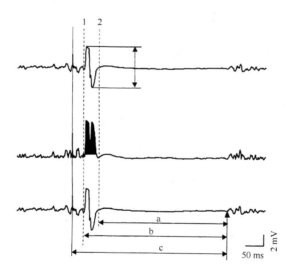

图 33-3　大脑皮质刺激诱发的肌电反应（electromyographic responses，EMG）

上、下描记示波图未经过滤整流，显示的是从第 1 背侧手掌骨间肌记录的随意运动诱发电位反应（motor evoked response，MEP）；中描记示波图是经全波过滤整流后的 MEP。左侧实心垂直线指磁刺激开始时间，而后两条虚垂直线 1、2 分别指 MEP 的起始和终止时间。下图底下的垂直箭头指静止期后出现的 EMG，那么从磁刺激开始到虚线 1 的时间是 MEP 的潜伏期，而虚线 1 和 2 之间的时间是 MEP 间期，上图的垂直双箭头指 MEP 峰–峰幅度。中图中涂黑的区域是 MEP 的面积。水平线 a、b、c 分别指示从 MEP 结束–EMG 出现、从 MEP 开始–EMG 出现、从磁刺激开始–EMG 出现的时间。

　　由此看来，对于不应期的测量参数选择可能会有某种程度的不确定性。根据特定的参数设置，信号通常由屏幕上的鼠标对画好的反应轨迹线进行定位。这种测量方法依赖于实验人员的经验和所采用的标准。进一步说，精确测定反应的起点，继而能够精确地测量潜伏期是很困难的，强背景肌电信号引起的自主收缩伴随期间，使其不确定性很大。对于这种情况，叠加两个或者两个以上的可重复获得的波形，有助于正确的测定特定参数的临界上升点。另外一个解决办法是叠加平均几个刺激反应。这同时也能解决由于磁刺激引起的肌电内源性畸变。

有几种方法检验单个运动单元（α-运动神经元）受到磁刺激后的放电特性，其中一种常用的方法是建立刺激后时间直方图（peristimulus time histogram，PSTH）（参见第十八章）。简要地说，在由轻微自主挛缩引起的运动神经元兴奋期间，重复给多次磁刺激，可以计算刺激和运动神经单元电位之间的互相关。这样一个互相关图包含了与刺激相关的运动神经元发放概率变化的信息，因此被作为探察刺激诱发的运动神经元兴奋或抑制的工具（Stephens et al. 1976）。在 PSTH 中，运动单元的兴奋都表示为一个峰，抑制表示为一个谷（Gerstein and Kiang 1960）。然而，并不是所有的兴奋都表现为峰，所有的抑制都表现为谷（Kirkwood 1979）。一种有效的累加和（calculation of cumulatiue sums，CUSUM）计算方法对"原始"PSTH 的分析进行了补充，但又源于 PSTH（Ellaway 1978）。累加和法 CUSUM 对查找和统计确认神经元兴奋和抑制更为敏感（Davey et al. 1986），并且累加和法 CUSUM 可用于定量比较两个 PSTH 的波形（Miles et al. 1989）。

如前所述，运动皮层对磁刺激的反应可以有几种方法表示。然而，对控制反应和控制时间的参数选择，仍旧需要慎重，尽管这些参数选择基于有效的假设。应该考虑如下几个问题：任何运动兴奋构成的背景噪声对所观察参数的影响，刺激强度和运动响应之间的输入—输出的运行点（Devanne et al. 1997），在肌电记录中对串扰的检测等。这些与两个重要的问题相联系：刺激大脑引发了什么样的兴奋？大脑的处理过程是在什么位置、又是怎样被激活的？

■ 应　用

外周神经刺激

1982 年在前臂末梢做了第一例磁刺激诱发的人类复合肌肉动作电位（CMAP）（Polson et al. 1982），从那以后，磁刺激越来越多地应用于外周神经系统的科学研究和临床实验。由于磁刺激的一些特性颇具优势，所以对传统的电刺激方法做出了挑战。首先，它操作简单快捷，甚至可以透过衣物工作，不会给被试和病人造成更多的不便。更重要的是，磁刺激技术相对于电刺激而言，没有疼痛，并且可以使大脑深处的神经元去极化（Jalinous 1991）。但是，在实际操作中的适用性和稳定性，不同的研究人员和临床医生，所持的看法差别很大。而且，由于生理解剖和技术因素，磁刺激的应用仍旧存在不少困难和限制，并且这些困难和限制相互间存在密切的关系。

刺激灶

直接刺激肌肉不会产生运动（Ellaway et al. 1997），而且无法精确地预测神经兴奋点（Nilsson et al. 1992）。许多研究表明，对同一个线圈，不同被试、不同神经和刺激点，实际刺激位置变化很大。因为磁刺激的物理特性，磁刺激的聚焦性能没有电刺激好。顺着神经元走向的位置，神经元的兴奋阈值较低（Maccabee et al. 1993）。如果刺激位置符合电场的一阶导数值，最容易引起兴奋，即在电场随距离改变而变化剧烈的位置。既然人体不是均质的容积导体，兴奋会发生在神经弯曲处，或者非均质场附近。实际的例子有，刺激肘部正中神经时，线圈沿纵向移动，会发生肌肉响应特性的突然变化。因此，为了使得病灶最大化，同时减小刺激强度，必须根据需要刺激的组织调整线圈的方向。尽管随着被试和线圈结构的不同，线圈的最优方向也会变化，还是有一些一般性的调整原则。对"8"字形线圈来说，把线圈的中心对准末梢，最容易引起外周神经末梢的兴奋。用圆形线圈时，其边缘的感应电流方向平行于神经的轴线方向，这时最容易引起周边神经系统的兴奋（Maccabee et al. 1991）。实际应用中，"8"字形线圈的刺激点位置定为从其线圈中心点往手柄方向走3cm的地方。注意：能引起外周神经兴奋的位置可能会有两个，就像电刺激中的阴极和阳极，如果用90mm线圈，那么这两个位置中间有7～8cm的距离，如果用70mm线圈，则有3～4cm。

最大复合肌肉动作电位

要诱发复合肌肉动作电位（compound muscle action potential，CMAP），感应电流的方向必须从中心到末梢，即顺着神经纤维走向。用磁脉冲刺激时，并不是在每一点都能诱发出相当于电刺激诱发出的最大CMAP值。能够得到最大CMAP的位置通常在四肢上，包括桡神经、股神经以及支配膝关节的其他神经。在上肢和下肢的远端，磁刺激显得比较费时，主要是因为需要不断优化调整线圈的位置，且需要用线圈支撑固定装置，大大地降低了工作效率。对于深层神经，不论用什么型号的线圈，都不能刺激得到最大CMAP。对于最大CMAP，另外一个问题是磁刺激仪的工作范围远远小于电刺激仪。对于由疾病引起的神经变性，磁刺激的有限刺激强度可能会限制其在这方面进行充分的研究。

商售磁线圈几何学

线圈的几何特性也是一个限制外周神经系统磁刺激的因素。从理论和实际的观点来看，线圈应该尽量小。如果线圈外径过大，很难保证线圈和神经之间的距离足够小，以便获得有效刺激。在实际应用中，也很难把线圈平放在身体上，如放在Erb氏点或者踝部。另外一个问题是弥散磁场会刺激其他不需要研究的神经。如果引起意想不到的肌肉收缩或者肢体运动，更为不利。这种情况可以通过减少线圈和身体的接触面积来获得改善。使用线圈时，最好只用线圈外部，线圈主体应该离开身体表面一个角度。

总的来说，对于外周神经冲动的传导的研究，电刺激比磁刺激优越，特别是测试由于病症而受到影响的神经，或者在公共记录点测量病灶处神经传导速度的变化，如肘部的尺骨神经。

膈神经刺激

磁刺激可以成功地用于双侧或者单侧的膈神经刺激。在此应用中，磁刺激的确优于电刺激。使用相对简单，并且病人能够更好地接受。简单地说，对于两侧膈神经刺激，要把标准的90mm圆形刺激线圈放在C6/7上方，膈肌动作电位从第7和第8肋骨之间的位置记录。线圈应该顺着脊柱的方向上下移动，以期得到最佳响应。对于单侧刺激，磁线圈应该放在颈边。

脊髓神经刺激

还没有证明是否可以用磁脉冲进行脊髓刺激。一般认为由于骨骼和软骨的远距离效应，不可能在脊髓中感应出足够强的电流使其产生兴奋。

在脊髓上进行刺激时，产生的运动诱发电位源于脊髓根部的兴奋。刺激部位很可能在椎间孔附近，因为在这里感应电场最强。

最近报道了利用磁刺激尾椎来测量传导速度的新方法（Maccabee et al. 1996），简单地说，把磁线圈置于尾椎近端或者末端时，在同侧可以诱发下肢肌肉或者纹状括约肌的 CMAP。刺激近端时，"8"字形线圈的结合点必须顺着纵剖面的方向，以便能感应出冠剖面方向的电流。刺激尾椎末端时，线圈结合点在水平剖面方向，对腰椎的刺激效果最好。线圈结合点的方向是纵剖面方向时，骶椎受到的刺激最大（Maccabee et al. 1996）。用这个方法。可以更有效地检测和分类外周神经障碍对下肢和纹状括约肌的影响。

总的来说，磁刺激可以用来刺激外周神经，但是要谨慎使用，并且要明确了解它的局限。

初级运动皮层的跨颅磁刺激

刺激线圈和运动皮层的选择

Penfield 等对初级运动皮层的肌肉投射做了详细的记录（Penfield and Rasmussen 1950），需要刺激某一肌肉群时，可以以运动区小矮人（Mapping Studies）作为向导。要获得大脑皮层和脊髓神经最大限度的兴奋，刺激线圈的选择、线圈在头骨上的精确位置和脑内感应电流的方向，都是非常重要的因素。

运动诱发电位

磁刺激运动皮层得到的最明显的肌电成分是短潜伏期的运动诱发电位（MEP），伴随着明显的肌肉收缩（图 33-4A）。MEP 源于很多锥体神经束神经元（pyramidal tract neurons，PTN）相对同步的下行发放，锥体神经束投射到与肌肉连接的运动神经元集群。MEP 响应的绝对尺度，既与下行发放的尺度有关，又与受到其他下行发放和突触输入影响的运动神经元集群的兴奋水平有关。

对跨颅磁脉冲刺激 PTN 的具体精确定位存在争议。现在的观点认为 PTN 的兴奋位置或者在中间神经元的突触前，或者在神经元的轴丘。下行减发放的尺度将与影响 PTN 的突触输入水平相关。注意，TMS 诱发产生的 MEP，潜伏期比跨颅阳极电刺激诱发响应的潜伏期要长 1~2ms。这本身说明 TMS 可能激活锥体神经元的突触前。进行高强度跨颅磁刺激时（两倍于阈值或者更高），可以看到 MEP 响应的潜伏期突然变短，达到电刺激的潜伏期值，这种现象的出现，被认为是直接刺激到了位于大脑皮层较深部位白质的神经元的轴突。

MEP 阈值的判定

MEP 对 TMS 的反应幅度变化很大，几乎每一个反应都不一样。这种变异性可能是

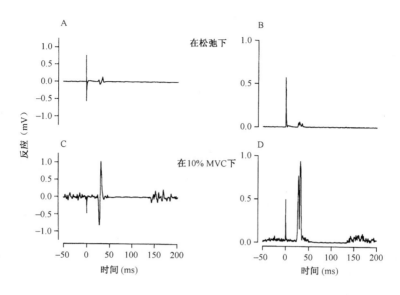

图 33-4　运动诱发电位反应（MEP）及其易化

在最大跨颅磁刺激（transcranial magnetic stimulation，TMS）输出的 60% 强度下，记录右手鱼际肌的 EMG 反应。将平均直径 9 厘米的单圆环线圈放置在适合刺激左侧大脑运动皮质的方向上（如 A 面向上），A 和 C 是对单个脉冲刺激的反应；B 和 D 是经全波过滤整流后的 6 个脉冲刺激诱发反应的平均值。肌肉松弛下的 MEP（A 和 B）可以在随意收缩时易化（C 和 D）。潜伏期为大约 25ms 的 MEP 之后是平均间期为 85ms 的长静息期。

因为脑脊束神经元和运动神经元可变的兴奋性有关。这种变化性会给估计诱发 MEP 的刺激阈值带来一些问题。反应阈值可以用以下指标来估计，即在某刺激强度下，50% 以上的刺激能够诱发出 MEP，这个刺激强度就是反应阈值（Rossini et al. 1994）。阈值通常被表示为刺激仪最大输出的百分数。因此，标明刺激仪器和线圈的型号非常重要。

　　有的情况很难清晰地断定是不是出现了 MEP，在有肌肉运动背景噪声的情况下，尤其不易，因为肌动噪声会掩盖刺激诱发的小幅度反应。在这些情况下，应该采取以下的步骤：给一定数量（可取 20 个）的远高于阈值的刺激，把诱发出的反应叠加平均，从平均值中标定 MEP 的潜伏期和持续时间（图 33-5）。

　　另一种判定反应阈值的方法是，先测量在足以引起反应的刺激强度下记录到的 EMG，然后将其积分，最后应用合适的统计学方法与刺激前的间期相比较，如果平均 EMG 间期大于刺激前间期，则可以认为此刺激强度即为反应阈值注意利用这个技术得到的阈值可能会小于按产生 50% 反应的刺激强度值。

　　实验中，阈值受到皮质脊髓束神经通路兴奋水平的影响。判定皮质脊髓束通路的兴奋性的主要原则是自主运动。肌肉中存在自主兴奋时，阈值会下降，反映出突触兴奋性的增加。测量阈值的时候一定要考虑到这一点，要保证被研究的肌肉是完全松弛的。用喇叭把 EMG 的信号反馈给被试，可以降低这一过程的难度。

MEG 反应潜伏期的测定

磁刺激运动皮层得到的 MEP 反应潜伏期受许多因素影响。潜伏期的主要成分是由

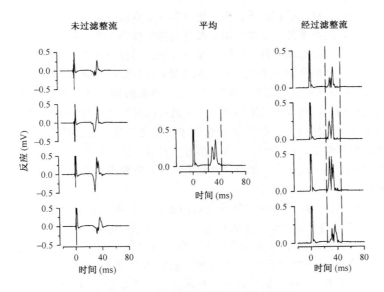

图 33-5　MEP 幅度的变异性及其测量方法

左：在 70％ TMS 最大输出强度刺激大脑运动皮质获得的鱼际肌四个连续反应记录；中：50 个经全波过滤整流后记录的平均值，虚垂直线标明 MEP 的界限；右：与左侧相同的四个记录，但是经过了滤波整流，虚垂直线的意义同中图；单个 MEP 的大小可以以平均幅度或曲线下的面积来表示（经许可引自 Ellaway et al. 1998）。

运动神经元和 PTN 内的传导延迟所决定。其他延迟还发生在神经肌接头上，因为动作电位沿着肌肉纤维传导到达记录电极的过程也产生延迟。这些因素在同一个个体中是常量。发生在大脑和脊髓前角运动神经元中的突触延迟决定于突触易化程度，鉴于此，需要声明潜伏期是在肌肉收缩状态下记录的，还是在静止状态下记录的。

把突触易化作为有用的工具

如果必须要把某一根肌纤维的反应分离出来，这时自主运动产生的易化就很有用了。实验员要求被试轻微收缩需要研究的肌肉，这样能够易化其对 TMS 的反应，相比较而言，它周围的其他肌肉则不会易化。

在易化过程中，反应的幅度遵循某个特定的增大模式，随着自主运动的增大而增大。手上的肌肉通过皮质脊髓束在运动神经元集群中输入的比例较大，肌肉运动力量不大的情况下就能出现易化，大约在 10％～15％ MVC 左右（图 33-4）。在腿部肌肉中，增大的模式要慢得多，峰值接近 50％ MVC。

自主收缩引起的易化过程发生在运动皮层，和/或者在脊髓神经元的水平。运动神经元集群的兴奋性可以用许多技术单独测出。脊髓神经元兴奋性改变时，它可能在某些肌肉里面诱发出一种 H 反射（见第二十六章）的反应，其幅度受到兴奋变化的调制。电刺激一根肌纤维可以激活肌梭中 Ia 传入纤维到支配相同肌纤维的运动神经元，这个环路的刺激可以用于鉴别 MEP 的易化程度和某种特殊机制的 H 反射之间的差异。H 反射在衡量由皮质脊髓束神经元或脊髓运动神经元引起的易化输入成分上，存在许多缺点。首先，从皮层诱发的 H 反射反应可能与运动神经群引起的不同；其次，H 反射的易化可能归因于由皮质脊髓束通路本身里面的兴奋引起的运动神经元阈下值的易化；最后，由于技术上的原因，在放松状态下，不易诱发得到手掌肌肉的 H 反射。

　　另外一种可行的方案是，在皮层用阳极电刺激直接刺激皮质脊髓束神经元。任何兴奋性的变化，如自主运动的兴奋，将很可能在脊髓运动神经元中出现。应用这种方法出现的类似问题是，就像利用 H 反射一样，用 TMS 和电刺激大脑时，不能确定是不是引起了同一群 PTN 的兴奋。因为如上面所述，由于电刺激脑兴奋了头皮和硬膜中的初级传入而妨碍其使用。在颈椎上方实施电刺激，也可以直接刺激脊髓里面的下行轴突。因为目标轴突深埋在脊柱内，必须用高压刺激才能使之产生兴奋。像电刺激运动皮层一样，这种方法非常疼痛，日常使用中并不推荐。并且，除了皮质脊髓束通路，还可能刺激到其他下行神经束中的轴突（如前庭脊髓束，网状脊髓束）。

　　三点刺激技术

　　在解释 MEP 对 TMS 的反应中所遇到的问题之一是单个运动单元反应的潜伏期变异很大。MEP 包含的单个运动单元的动作电位并不严格同步，就如对外周神经刺激的 M 反应波一样，就会出现差相抵消的现象（参见第二十六章），因此，MEP 比相当的 M 波要小。因此提出一个精巧但是费力的方法，可以更精确地评价对 TMS 的反应（Magistris et al. 1998）。这就是三点刺激技术，包括在皮层用 TMS，在另外外周神经两个位置用电刺激。以手部肌肉为例，磁刺激头部脑皮层，接着用超高的强度在腰部进行电刺激。之间的延迟设定为稍小于 MEP 潜伏期减去 M 波潜伏期的值。由 TMS 引起的动作电位在外周神经与"逆向"运动发放产生碰撞，这样只有那些不在 MEP 成分中的运动轴突的信号能够继续上行到达脊髓。第二个超高强度的电刺激作用在颈部 Erb 氏点，这个刺激的延迟时间需要根据被试的身材进行计算得出。而第三个"顺行"的发放遇到逆行的发放也碰撞掉。最后只有由 DID 参与的原始 MEP 成分的冲动能够到达肌肉。在肌肉中诱发的动作电位等于原始的 MEP，而且已经达到同步，可以直接与最大 M 波进行比较。利用这项技术，可以显示，TMS 能够刺激与某块目标肌肉相联系的几乎全部运动神经元。

　　不应期和抑制

　　对于受到刺激的肌肉，MEP 后面有一段相对或者绝对的 EMG 抑制，就是所谓的不应期（图 33-4C，D），不应期由几个因素导致。不应期可能代表了在皮层和运动神经元共同水平上的抑制原理基础，但是，运动神经元和周边输入反射的不起反应也是原因之一。

　　对于活动的肌肉，MEP 阈下强度的 TMS，也会产生 EMG 不应期（图 33-6）。为了能够确定肌肉的抑制，EMG 记录应该全波整流，并且根据磁刺激进行平均。没有整流的 EMG 数据包含正的和负的信号，在平均的时候会相互抵消。整流后，所有的信号成分都是正的，平均的时候可以被"加合"在一起，而不是被抵消。可以要求被试收缩到 MVC 的某个百分值以获得某个稳定的收缩水平来测量抑制。利用传感器或者 EMG 的积分提供给被试以视觉反馈，以便使被试很容易保持需要的收缩力度。抑制（或者说是去易化）的发生位置和 MEP 的位置一样（Davey et al. 1994）。抑制的潜伏期比 MEP 的要长几个毫秒，持续时间不定。抑制更像是皮层输出的压抑引起，而不是由运动神经元的抑制引起。TMS 作用于对侧的运动皮层，也就是说目标肌肉的同侧皮层，也可以引发 EMG 压抑。现在知道，这样的机制，涉及经由胼胝体到对侧皮层的传导。

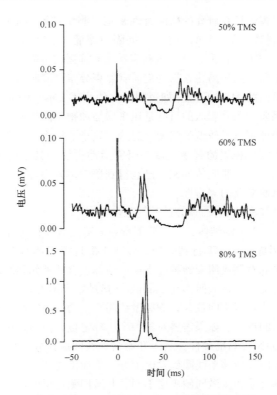

图 33-6　大脑皮质刺激引起的抑制如图 33-4 所示，在 10％最大随意收缩（maximum voluntary con-
　　　traction，MVC）强度下，TMS 刺激左侧大脑运动皮质引起右侧鱼际肌反应的整流平均值

上图：MEP 阈下 TMS 刺激（即 50％MSO）对 EMG 的抑制持续 32ms，潜伏期是 31ms（30 个记录的平均）；中
图：接近 MEP 阈值的 TMS 刺激（即 60％MSO）（20 个记录的平均）；下图：MEP 的阈上刺激（即 80％MSO），
潜伏期为 22ms（6 个记录的平均）。从图中可以看出，随着 TMS 强度的增加，其抑制 EMG 的期间延长。注意
每个记录的纵坐标电压值有区别。

从 TMS 得到的晚期兴奋

不应期后面常常跟随着 EMG 的簇状爆发，信号强度远高于背景 EMG。随着 TMS
相对强度的改变，不应期的长度和晚期 EMG 爆发的潜伏期也会相应改变。晚期簇状爆
发的来源之一是逐步恢复放电的运动神经单元兴奋的相对同步。但也有其它的因素。在
某些病理条件下，例如脊髓损伤时，晚期簇状爆发是孤立的，而且缺少前期的 MEP 或
者不应期。晚期爆发可能代表了较慢的皮质脊髓束轴突所传导的兴奋，或者由跟随在其
他肌肉兴奋之后的传入反馈引起。

用双磁刺激进行条件测试

在双磁刺激范式条件下，第二点磁刺激可以用来测试皮质脊髓束系统在条件刺激兴
奋之后，不同时间的兴奋性变化。条件和测试刺激可以用同一个线圈，通过一个模块
（如 MagStim 公司的 BiStim）连接两个磁刺激仪而输出。测试刺激的强度应该在阈值之
上，但是不到最大值，以便能够在条件刺激的情况下识别测试 MEP 的易化和抑制。
1.2 倍 MEP 阈值的 TMS 刺激强度较适合于松弛的肌肉。例如，在测试手肌的反应时，条件刺激的强度可以根据正在研究的反应特性来定。测试刺激和条件刺激的间隔可变，MEP 反应（对测试刺激的反应）的大小可在间隔中测量。按照这样的方法，根据测试－条件刺激间隔画出 MEP 的幅值，就可以测定易化和抑制的全貌。

双刺激技术完全可以用作易化，那些皮质脊髓束分布很弱肌肉的，或对单脉冲刺激有很高的阈值特殊肌肉的 MEP 反应。如短间隔（约小于 2ms）的双刺激可以用于研究后背下部、腹部和膈肌。条件刺激的目的是用来增加和靶肌肉相连的皮质脊髓束的兴奋性，由此，测试刺激就可以以较低的强度（意味着较小的损伤）工作。

当然，也可以用两个独立的刺激线圈来研究运动皮层和其他皮层区域的联系。例如，两半球的运动皮层间跨胼胝体抑制，已经得到研究，方法是在一个半球给一个条件刺激的同时，测试对侧皮层的兴奋性。

同侧皮质脊髓神经支配和轴向肌肉

大约 80％的 PTN 在延髓锥体交叉然后下行到大脑皮质神经元起源部位的对侧支配肌肉。另外 20％不形成交叉，下行到同侧。多数支配近端肢体肌肉和轴向肌肉的运动神经元，都具有同侧和对侧皮质脊髓神经支配。腹部、脊柱外侧和肋间的肌肉，还有横膈肌，都是双侧同时支配。这些肌肉在 Penfield's 运动矮人图上，占有相对较小的比例，位置在中间。在皮层代表区中间位置，磁刺激线圈产生的磁场很难刺激到它们，还可能影响到两个大脑半球的皮层。如果需要对某一个半球定位，而不是刺激两个半球，则需要用到“8”字形线圈来提高准确性。刺激开始时，线圈应该放在离中线几个厘米的位置，然后朝中线的方向逐步移动线圈到对侧上方。下面论述如何区分不小心刺激到对侧皮层的情况，其反应明显和刺激同侧皮层不同。刺激同侧皮层的反应，比对侧皮层的阈值要高，幅值较小，并且潜伏期也要长 1～2ms。任何由于不小心、或者碰巧刺激到双侧皮层诱发的双侧反应，都很明显，容易判断，当线圈在头顶移动时，一侧响应会增加，而另一侧会降低。

用 TMS 定位皮质功能区

现代先进技术产生了定位人类大脑皮质功能图谱的概念，至少在宏观水平上是现实的。近年来，几种可行的方法迅速发展，其中包括 TMS。不论采用哪种方法，利用脑图谱技术时，都要紧紧记住下面几个变量：空间和时间分辨率，以某种度量为单位的被调查组织的体积值，可重复性和研究之间的最小时间间隔。此外，评定某技术的有创性或无创性也很重要。

正如以前所述，TMS 是一种非侵害性刺激大脑皮质的方法。依靠经验，它可以达到很好的时间和空间精度。依靠改进的有焦点的线圈，实验分辨率可以小到小于 $1cm^3$，并且，磁脉冲的快速上升特性和短暂持续时间提供了毫秒级的时间精度。TMS 已经用在定位运动皮层上，但是最近的研究也已经用 TMS 定位其他皮层，包括 Broca 区、体感区、视皮层和辅助运动区（SMA）。

如何定位

肌肉肌电反应记录的相对简单性可以有助于运动皮层的定位。定位肌肉的皮层代表区，可以采用两个常用的方法（Hallett 1996）。第一种方法是，用事先估算好的标准磁刺激强度，在颅骨上系统的移动刺激线圈，在每一个位置记录某块感兴趣的肌肉产生的 MEP，如图 33-7 所示。这种方法会产生一个 MEP 幅值变化图，最大幅值集聚在图的中部，逐步朝着靠近边缘的方向降低。在这种情况下，对应于幅度最大值的点就可以称为"最佳位置"。第二种方法是，在头皮上相应的位置，寻找能够诱发肌肉产生阈值反应的刺激强度。这种方法产生一个代表刺激强度阈值的图，对这种情况，诱发阈值反应的最小刺激强度，应该在图的中部，朝着靠近边缘的方向逐渐增大。现阶段，对采用哪种方法好，没有具体的建议，原因之一就是没有系统的比较这两种定位方法的资料。当然，第一种方法要简单一些，但是对两种方法的选择，要依靠实验范式而定。

不论采用哪种方法，测量中一个重要的任务就是，在整个记录过程中，不同的被试间，都要保证头皮上的刺激点和刺激线圈的位置恒定和相等。可以用不易褪色的钢笔，直接在头皮上标记刺激点，画出一个等间距的刺激点阵列（图 33-7）。在实际操作中，一些被试者可能不会接受这种做法；其他能够接受的被试，有的人画在头皮上的点可能会模糊不清。另外一种做法是用一个紧贴头皮的塑料帽，能够拉伸戴在被试者的头上，保证不会移动，并且还能使被试感觉舒适。正方形的阵列可以事先标记在帽子上。除了帽子，还可以用一种柔软的、带橡胶涂层的尼龙网格。把它贴在头皮上，并用火棉胶固定在合适的位置。

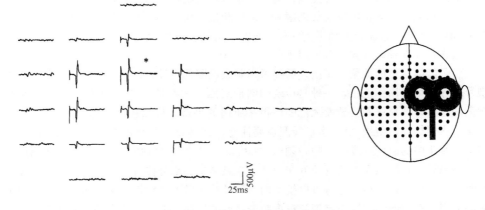

图 33-7　大脑皮质的空间定位图

左图：在头皮正中旁开 1cm 的部位施加 TMS 刺激激活随意运动皮质，同时在拇短展肌记录 MEP 反应的大脑皮质空间定位图。标有 * 的反应相当于在离正中矢状线右 3cm 和离耳间线前 1cm 交叉处给予 TMS 刺激，每个记录是 10 次刺激的平均反应。右图：显示头皮上"8"字型线圈放置的最佳刺激位置，以及头皮上网格的布局图。

最近，出现了一种新的方法，对 TMS 线圈定位的可重复性很好（Miranda et al. 1997）。用一种特殊设计的三维数字化装置，包括一个置于颈端的低频电磁发射源，一个触针状的传感器，贴在刺激线圈上。这些设备连接在计算机上，计算出触针相对于默认参考系的转角和坐标，定位可靠且重复性好。

刺激点栅格在头皮上的分布和密度应该根据要研究的皮层功能区选择。应该以头顶（Cz）为栅格的起点，或者应该沿着额叶和顶叶中线（Fz，Pz）和前耳坐标，符合电极放置的国际 10～20 系统（参见第三十五章）。另外一种做法可以是，使用根据两个耳屏、枕骨隆突和鼻根定义的笛卡尔坐标系，在矢状线和冠状线方向，刺激点密度通常为0.5cm、1cm 或者 2cm。但是，权衡测试需要的时间和得到位置图的可靠性，有必要采用 1cm 的间隔（Brasil-Neto et al. 1992b）。同时，线圈的形状结构对定位寻找"最佳位置"的精度限制为 0.5cm。点与点之间的距离，也可以表示为参考点（耳屏、枕骨隆突、鼻根）之间总距离的百分数，这也用来定义头顶（Cz）。实际上，这种方法可以提供更高的精度，使得用磁刺激得到的结果易于和其他成像技术得到的数据进行比较（见第三十四～三十九章），同时也易于在研究和研究之间的比较。

现有研究结果表明，TMS 可以在一维尺度上区分头皮上上肢的不同部位（Cohen et al. 1990），与合适的应用统计方法相结合的话，可以达到两个维度（Wassermann et al. 1992）。最近的大多数研究，把 TMS 和 PET 相结合（见第三十九章），成功地把头皮定位图和皮层解剖图谱关联起来，显示 TMS 定位初级运动皮层的高精确性，分辨率在 5mm 附近（Wassermann et al. 1996）。TMS 定位图的肌肉用长度、面积和体积表示，即使过了几个星期，重复性也仍然很好（Wang et al. 1994；Mortifee et al. 1994）。研究数据显示，不同的肌肉代表区相互重叠，和直接刺激人或动物大脑皮质的研究结果相一致。

除了兴奋作用，大脑皮质的 TMS 对肌肉也会产生抑制作用。有人提出，对活动肌肉的抑制往往与刺激不同的神经结构有关。定位这些结构的方法和定位兴奋区的方法类似。有数据表明，兴奋的皮层代表区和抑制区相似（Davey et al. 1994），或者抑制区环绕着 MEP 区域，且面积要稍微大一些（Wilson et al. 1993；Wassermann et al. 1993）。

选择用什么样的线圈，如何刺激？

为了能够尽可能地聚焦刺激，需要考虑刺激线圈的设计、位置和方向。主要有两种型号的线圈可以用作定位，一种是传统的圆形线圈，一种是"8"字形线圈。在头顶给刺激的时候，圆形线圈会诱发大范围内很多肌肉的兴奋，聚焦精度远远差于"8"字形线圈。尽管如此，使用"8"字形线圈也要注意，在其每一个绕组的边缘，也会产生相当于线圈正中的磁场强度一半的磁刺激（Jalinous 1992）。另外一方面，对有些圆形刺激线圈来说，磁场强度最高的地方在前部，当只是这一部分接触头皮，并且刺激强度较低时，其定位的聚焦精度还是可以接受的。另外一个重要的特性是磁线圈里面流过的电流的类型。在前面的叙述中提到，根据制造厂商的不同，电流可能会是一个或者多个相位值。组织中诱发出的电流正比于磁场的变化率，因此，总是有两个或者两个以上的相位直接依赖于相对相位宽。在脑组织中诱发的电流的最佳方向，进一步依赖于线圈的方向（适用于单向电流脉冲的线圈）。为了能够兴奋或者抑制手掌和手臂的肌肉，大约朝中央沟 45°角是被诱发电流的最佳方向，从后向前，即从内—前向沿对角线流动（Davey et al. 1991）。对刺激线圈的精细操作，可以进一步提高皮层定位精度，还可能反映出不同方向上的神经集合，空间上是重叠在一起的，但是功能却不一样。

一些研究者已经注意到，磁刺激头皮次佳位置时，MEP 幅值的可变性增加，比如，在定位图周边的位置（Brasil-Neto et al. 1992b；Mortifee et al. 1994）。它们都不是最佳的位置，但是从这种情况看来，应该注意到，为了建立可靠的定位图，足够的刺激点数和刺激强度都要考虑进去。并且，具有较高阈值的肌肉，通常位于近侧，它们具有最大的 MEP 幅值变化。因此，周边运动神经元集群，TMS 刺激能够刺激得到的百分比很低，还有那些代表近体侧的肌肉的皮层，描绘这些组织皮层代表图的时候应该刺激得更多一些，相对于百分比较高的周边神经元集群，如肢端肌肉。对每一个位置给多少刺激合适，虽然还没有定论，但应该尽量的多，同时，为了顾及整个实验可操作性，还是要限制在某个数量范围内。通常，10～20 个刺激就足够了。

后处理——测量什么

前面叙述中提到，当定位肌肉代表区时，应该在某个位置开始刺激，然后朝不同的方向移动，直到找到能够诱发 MEP 的区域。确定一个位置的标准是，在六个连续诱发出 MEP 的刺激中，出现三个 MEP≥100μV。一种记录方法是，对某个头皮位置，记录对应的特定肌肉，测量所得到的所有 MEP 幅度的峰—峰值，平均后，显示在常规的三维图或者是等高线图中。定位图也可以表示 M 波或者 CMAP 的百分数的 MEP，用超强刺激诱发。这种检验方法对于某种疾病的定位非常重要，如肌萎缩侧索硬化，随着这种病变的程度不同，CMAP 变化很大。计算 CMAP 百分值后，每根肌肉都可以用一个二维的矩阵表示，在矩阵内的反应用％CMAP 表示（Wassermann et al. 1992）。每个图都可以计算最大幅值（最大的％CMAP 值）、总体积（所有在颅骨位置的％CAMP 值）、面积（可激活的位置数）、重心［图上代表可激活区域面积的幅值中心，详见 Wassermann 等（1992）］、最佳位置（头皮上诱发出最大 MEP 的位置）和阈值。除了 MEP 幅值外，还可以测定诱发 MEP 的潜伏期和阈值来构建皮质定位图。

定位其他皮质区域

定位运动皮质是通过测量肌肉对于皮质刺激的反应，定位其他皮质则是通过磁刺激那块皮质，看和与那块皮质相关的功能反应。TMS 作用于前额叶，能够阻断或者延长言语发声（Amassian et al. 1991），运动体感区的 TMS 能够偶尔触发躯体特定区域的感觉异常（Amassian et al. 1991），对体感刺激感觉迟钝，或者甚至感觉到运动（Pascual-Leone et al. 1994）。TMS 也被成功的用来研究长期或者短期的感觉运动定位图的重组变化，病人的某个感觉器官或者身体某一部分遭到过度使用，或者缺乏来自特定感觉器官和身体某部位感觉输入（Cohen et al. 1991a；Pascual-Leone et al. 1993）。学习也包括皮层重组过程，TMS 的应用发现，视皮层某些区域在学习复杂的视觉检测任务中，起着重要的作用，但是一旦任务被学会，这些皮层就不再被使用（Walsh et al. 1998）。几乎所有把 TMS 和记忆功能相连系的研究，目的都是证明这个技术对记忆不产生永久性的影响（Ferbert et al. 1991）。TMS 作用于枕骨，损害了某些方面的语言学习功能、视觉输入的串行处理和记忆搜索的速度（Beckers and Homberg　1991）。TMS 也应用于涉及延缓自主运动的皮层定位图（Taylor et al. 1995），并且测定背外侧前额叶皮层在延缓反应任务中的功能（Pascual-Leone and Hallett　1994）。总的来说，TMS 是一项实用、无损、简单和相对便宜的技术，能够对不同的脑组织结构作精确的定位。和其他技术相结合，如 PET，TMS 的优势更加显著，它能够帮助理解大脑内部的成熟、适应、病变和其他过程，同时它也是非常有用的临床工具，可以用来设计多种脑内的信号干扰。

大脑其他部位的刺激

TMS 可以用于研究大脑其他皮质（非运动皮层）的功能。作为一个合理的假设，TMS 可以暂时阻断某个脑区的正常功能，并且产生一个能够观测的变化。刺激非运动区很少能够直接诱发觉察到的反应。即使刺激初级躯体感觉皮层，被试也不会报告产生明显的感觉（Cohen et al. 1991b）。但是，TMS 能够影响复杂的神经功能。例如，TMS

作用于辅助运动区和背外侧前额叶皮层，能够影响空间工作记忆，通过阻断眼睛的扫视来打断记忆，但是其并不诱发明显的时间锁定的眼动（Muri et al. 1994，Muri et al. 1996）。同时，刺激前运动皮层和辅助运动区，可以改变反应时间，而不用诱发直接的肌肉运动（Davey et al. 1998；Stedman et al. 1998；Pascuel-Leone et al. 1992；Masur et al. 1996）。

　　这种类型的研究存在一些相关问题，而这些问题在以往的 TMS 诱发反应的研究中少见。第一个问题是关于分析的问题。怎样测量反应时变化，或者记忆支配的眼动变化？这些处理过程的变化蕴含在它们自身之内，使得它们发生的变化难以观察。第二个问题是在没有诱发出反应的时候，难以确定 TMS 的强度，或者怎样确定所研究的系统中的反应阈值。以前的工作人员简单地用刺激运动皮层诱发的 MEP 阈值作为参考。但是，脑解剖结构和神经细胞生物物理方面的差异意味着，某个脑区的兴奋可能并不与运动皮层的阈值有任何关联。为了确定适合的刺激强度值，对于非运动区域的开创性研究，需要精确调整线圈位置和方向的经验。

　　关于是否可能利用 TMS 无创性地刺激小脑，相关的报告相互矛盾（Werhahn et al. 1996；Ugawa et al. 1997；Cruz-Martinez and Arpa　1997）。激活小脑—大脑的连接，被认为可能会改变运动皮层的兴奋性。然而，根据线圈位置放在颅骨的后部，那么运动皮层兴奋性的改变可能是由刺激了颈部的外周神经兴奋所致。

　　重复 TMS

　　根据输出强度的不同，单次磁刺激的最大重复速率可以从每 5s 1 次变化到每 1s 1 次。刺激间隔的长度，取决于每次刺激后，对电容充电所需要的时间。最近，新的供电技术使得刺激仪能够在短时内发出一串刺激（典型值是以 20Hz 频率持续 0.5s），这就是所说的重复（或者叫高速）跨颅磁刺激（rTMS）。在脑皮层某个局部破坏脑的功能和易化反应方面，rTMS 被认为比单次磁刺激更有效。

　　这就开创了新的研究方向，并且使得 rTMS 成为一种治疗仪器（George et al. 1997；Greenberg et al. 1997）和一种实用的刺激仪器（Sheriff et al. 1996）。到目前为止，证明 rTMS 是安全的，并且能够被患者很好接受。rTMS 相对于电痉挛疗法（Electro-con valsine thevapy，ECT），显现了巨大的优势。例如，rTMS 并不会引起患者痉挛，并且可以给清醒的患者作治疗。尽管如此，作为研究工具，rTMS 还在初步发展期（Grafman et al. 1994；Brandt et al. 1998）。

参 考 文 献

Amassian VE, Cracco RQ, Maccabee PJ, Bigland-Ritchie B, Cracco, JB. (1991) Matching focal and non-focal magnetic coil stimulation to properties of human nervous system: mapping motor unit fields in motor cortex contrasted with altering sequential digit movements by premotor-SMA stimulation. EEG clin. Neurophysiol. Suppl. 43: 3–28

Barker AT, Jalinous R, Freeston IL (1985a) Non-invasive stimulation of the human motor cortex. Lancet May 11 (8437): 1106–1107

Barker AT, Freeston IL, Jalinous R, Merton PA, Morton HB (1985b) Magnetic stimulation of the human brain. J Physiol 369, 3P.

Barker AT, Stevens JC. (1991) Measurement of the acoustic output from two magnetic nerve stimulator coils. J. Physiol. 438, 301P

Brandt SA, Ploner CJ, Meyer BU, Leistner S, Villringer A (1998) Effects of repetitive transcranial magnetic stimulation over dorsolateral prefrontal cortex and posterior parietal cortex on memory-guided saccades. Exp Brain Res 118, 197–204

Brasil-Neto JP, Cohen LG, Panizza M, Nilsson J, Hallett M. (1992a) Optimal focal transcranial magnetic activation of the human motor cortex: effects of coil orientation, shape of the induced current pulse, and stimulus intensity. J Clin Neurophysiol 9:132–136.

Brasil-Neto JP, McShane LM, Fuhr P, Hallett M, Cohen LG. (1992b) Topographic mapping of the human motor cortex with magnetic stimulation: factors affecting accuracy and reproducibility. EEG Clin Neurophysiol 85:9–16.

Beckers B, Homberg V (1991) Impairment of visual perception and visual short-term memory scanning by transcranial magnetic stimulation of occipital cortex. Exp Brain Res, 87:421–432.

Cohen LG, Bandinelli S, Findley T, Hallet M (1991a) Motor reorganization after upper limb amputation in man. Brain 114:614–627.

Cohen LG, Topka H, Cole RA, Hallett M (1991b) Leg parasthesias induced by magnetic brain stimulation in patients with thoracic spinal cord injury. Neurology 41, 1283–1288

Cohen LG, Roth BJ, Nilsson J, Dang N, Panizza M, Bandinelli S, Friauf W, Hallett M. (1990) Effects of coil design on delivery of focal magnetic stimulation. Technical considerations. EEG clin. Neurophysiol. 75, 350–357.

Cruz-Martinez A, Arpa J (1997) Transcranial magnetic stimulation in patients with cerebellar stroke. Eur Neurol. 38, 82–87

Davey NJ, Ellaway PH, Stein RB (1986) Statistical limits for detecting change in the cumulative sum derivative of the peristimulus time histogram. J Neurosci Methods 17: 153–166.

Davey NJ, Rawlinson SR, Maskill DW, Ellaway PH (1998) Facilitation of a hand muscle response to stimulation of the motor cortex preceding a simple reaction task. Motor Control 2, 241–250

Davey, NJ, Romaiguère P, Maskill DW & Ellaway PH. (1994) Suppression of voluntary motor activity revealed using transcranial magnetic stimulation of the motor cortex in man. J. Physiol. 477, 223–235.

Day BL, Dressler D, Hess CW, Maertens de Noordhout A, Marsden CD, Mills K, Murray NMF, Nakashima K, Rothwell JC, Thompson P. (1990) Direction of current in magnetic stimulating coils used for percutaneous activation of brain, spinal cord and peripheral nerve. J. Physiol. 430, 617

Devanne H, Lavoie BA, Capaday C (1997) Input-output properties and gain changes in the human corticospinal pathway. Exp Brain Res 114: 329–338.

Edgley SA, Eyre JA, Lemon RN, Miller S. (1990) Excitation of the corticospinal tract by electromagnetic and electrical stimulation of the scalp in the macaque monkey. J. Physiol. 425, 301–320.

Ellaway PH (1978) Cumulative sum technique and its application to the analysis of peristimulus time histograms. EEG Clin Neurophysiol 45: 302–304.

Ellaway PH, Davey NJ, Maskill DW, Rawlinson SR, Lewis HS, Anissimova NP. (1998) Variability in the amplitude of skeletal muscle responses to magnetic stimulation of the motor cortex in man. EEG. clin. Neurophysiol. 109, 104–113.

Ellaway PH, Rawlinson SR, Lewis HS, Davey NJ, Maskill DW. (1997) Magnetic stimulation excites skeletal muscle via motor nerve axons in the cat. Muscle Nerve. 20, 1108–1114.

Ferbert A, Musmann N, Menne A (1991) Short-term memory performance with magnetic stimulation of the motor cortex. Eur Arch Psychiat Clin Neuros 241:135–138.

George MS, Wassermann EM, Kimbrell TA, Little JT, Williams WE, Danielson AL, Greenberg BD, Hallett M, Post RM (1997) Mood improvement following daily left prefrontal repetitive transcranial magnetic stimulation in patients with depression: a placebo-controlled crossover trial. Am J Psychiatry 154, 1752–1756

Gerstein GL, Kiang NY-S (1960) An approach to quantitative analysis of electrophysiological data from single neurons. Biophys J 1: 15–28

Grafman J, Pascual-Leone A, Alway D, Nichelli P, Gomez-Tortosa E, Hallett M (1994) Induction of a recall deficit by rapid-rate transcranial magnetic stimulation. Neuroreport 5, 1157–1160

Greenberg BD, George MS, Martin JD, Benjamin J, Schlaeper TE, Altemus M, Wassermann EM, Post RM, Murphy DL (1997) Effect of prefrontal repetitive transcranial magnetic stimulation in obsessive-compulsive disorder: a preliminary study. Am J Psychiatry 154, 867–869

Hallett M. (1996) Transcranial magnetic stimulation: a tool for mapping the central nervous system. EEG clin Neurophysiol Suppl 46: 43–51.

Homberg V, Netz J. (1989) Generalized seizures induced by transcranial magnetic stimulation of motor cortex. Lancet Nov 18; 2(8673): 1223.

Jalinous R. (1991) Technical and practical aspects of magnetic nerve stimulation. J Clin Neurophysiol, 8, 10–25.

Jalinous R. (1992) Fundamental aspects of magnetic stimulation. In: M.A. Lissens (Ed.), Clinical Application of Magnetic Transcranial Stimulation, Peeters Press, Louvain, 1992: 1–20.

Jalinous R. (1994) Guide to magnetic stimulation. The MagStim Company Ltd.

Kirkwood PA (1979) On the use and interpretation of cross-correlation measurements in the mammalian central nervous system. J Neurosci Methods 1: 107–132.

Maccabee PJ, Amassian VE, Cracco RQ, Eberle LP, Rudell AP (1991) Mechanisms of peripheral nervous system stimulation using the magnetic coil. EEG Clin Neurophysiol, 43, 344–361.

Maccabee PJ, Amassian VE, Eberle LP, Cracco RQ. (1993) Magnetic coil stimulation of straight and bent amphibian and mammalian peripheral nerves in vitro: locus of excitation. J Physiol, 460, 201–219.

Maccabee PJ, Eberle L, Amassian VE, Cracco RQ, Rudell A, Jayachandra N. (1990) Spatial distribution of the electrical field induced by round and figure "8" magnetic coils: relevance to activation of sensory nerve fibers. EEG clin. Neurophysiol. 76, 131–141.

Maccabee PJ, Lipitz ME, Desudicht T, Golub RW, Nitti VW, Bania JP, Willer JA, Cracco RQ, Cadwell J, Hotston GC, Eberle LP, Amassian VE. (1996) A new method using neuromagnetic stimulation to measure conduction time within cauda equina. EEG Clin Neurophysiol, 101, 153–166.

Magistris MR, Rosler KM, Truffert A, Myers JP. (1998) Transcranial stimulation excites virtually all motor neurons supplying the target muscle. A demonstration and method improving the study of motor evoked potentials. Brain 121, 437–450.

Masur H, Schneider U, Papke K, Oberwittler C (1996) Variation of reaction time can be reduced by the time locked application of magnetic stimulation of the motor cortex. Electromyogr clin Neurophysiol 36, 495–501

Miles TS, Türker KS, Le TH (1989) Ia reflexes and EPSPs in human soleus motor neurons. Exp Brain Res 77: 628–636

Miranda PC, de-Carvalho M, Conceicao I, Luis ML, Ducla-Soares E (1997) A new method for reproducible coil positioning in transcranial magnetic stimulation mapping. EEG clin Neurophysiol 105: 116–123

Mortifee P, Stewart H, Schulzer M, Eisen, A (1994) Reliability of transcranial magnetic stimulation for mapping the human motor cortex. EEG clin Neurophysiol 93: 131–137

Muri RM, Rosler KM, Hess CW (1994) Influence of transcranial magnetic stimulation on the execution of memorized sequences of saccades in man. Exp Brain Res 101, 521–524

Muri RM, Vermersch AI, Rivaud S, Gaymard B, Pierrot-Deseilligny C (1996) Effects of single pulse transcranial magnetic stimulation over the prefrontal and posterior parietal cortices during memory-guided saccades in humans. J Neurophysiol. 76, 2102–2106

Nakamura H, Kitagawa H, Kawaguchi Y, Tsuji H, Takano H, Nakatoh S. (1995) Intracortical facilitation and inhibition after paired magnetic stimulation in humans under anaesthesia. Neurosci Letts. 199, 155–157.

Nilsson J, Panizza M, Roth BJ, Basser PJ, Cohen LG, Caruso G, Hallett M (1992) Determining the site of stimulation during magnetic stimulation of a peripheral nerve. EEG clin Neurophysiol 85: 253–264

Pascual-Leone A, Brasil-Neto JP, Valls-Sole J, Cohen LG, Hallett M (1992) Simple reaction time to focal transcranial magnetic stimulation. Comparison with reaction time to acoustic, visual and somatosensory stimuli. Brain 115, 109–122

Pascual-Leone A, Cammarota A, Wasserman EM, Brasil-Neto J, Cohen LG, Hallet M (1993) Modulation of motor cortical outputs to the reading hand of Braille readers. Ann Neurol 34:33–37.

Pascual-Leone A, Cohen LG, Brasil-Neto J, Valls-Sole J, Hallet M (1994) Differentiation of sensorimotor neuronal structures responsible for induction of motor evoked potentials, attenuation in detection of somatosensory stimuli, and induction of sensation of movement by mapping of optimal current directions. EEG Clin. Neurophysiol. 93:230–236.

Pascual-Leone A, Gates JR, Dhuna A (1991) Induction of speech arrest and counting errors with rapid-rate transcranial magnetic stimulation. Neurology 41:697–702.

Pascual-Leone A, Hallett M (1994) Induction of errors in a delayed response task by repetitive transcranial magnetic stimulation of the dorsolateral prefrontal cortex. NeuroReport 5:2517–2520.

Penfield W, Rasmussen AT. (1950) "Cerebral cortex of man. A clinical study of localization of function." Macmillan, New York.

Polson MJR, Barker AT, Freeston IL. (1982) Stimulation of nerve trunks with time-varying magnetic fields. Medical and Biological Engineering and Computing 20, 243–244.

Rossini PM, Barker AT, Berardelli A, Caramia MD, Caruso G, Cracco RQ, Dimitrijevic MR, Hallet M, Katayama Y, Lucking CH, Maertens-de Noordhout AL, Marsden CD, Murray NMF, Rothwell JC, Swash M, Tomberg C. (1994) Non-invasive electrical and magnetic stimulation of the brain, spinal cord and roots; basic principles and procedures for routine clinical application. EEG clin. Neurophysiol. 91, 79–92

Sheriff MKM, Shar PJR, Fowler C, Mundy AR, Craggs MD (1996) Neuromodulation of detrusor hyper-reflexia by functional magnetic stimulation of the sacral roots. Brit J Urolog 78, 39–46

Stedman A, Davey NJ, Ellaway PH (1998) Facilitation of human first dorsal interosseus muscle responses to transcranial magnetic stimulation during voluntary contraction of the contralateral homonymous muscle. Muscle Nerve 21, 1033–1039

Stephens JA, Usherwood TP, Garnett R (1976) Technique for studying synaptic connections of single motoneurons in man. Nature 263: 343–344.

Taylor JL, Wagener DS, Colebatch JG (1995) Mapping of cortical sites where transcranial magnetic stimulation results in delay of voluntary movement. EEG Clin Neurophysiol 97:341–348

Ugawa Y, Terao Y, Hanajima R, Sakai K, Furubayashi T, Machii K, Kanazawa I (1997) Magnetic stimulation over the cerebellum in patients with ataxia. EEG clin Neurophysiol 104, 453–458

Walsh V, Ashbridge E, Cowey A (1998) Cortical plasticity in perceptual learning demonstrated by transcranial magnetic stimulation. Neuropsychologia 36:363–367

Wang B, Toro C, Wassermann EM, Zeffiro T, Thatcher RW, Hallett, M. (1994) Multimodal integration of electrophysiological data and brain images: EEG, MEG, TMS, MRI and PET. Thatcher RW, Hallet M, Zeffiro, T., John ER, and Huerta M. 251–257. Academic Press, San Diego. Functional Neuroimaging: Technical Foundations.

Wassermann EM, McShane LM, Hallett M, Cohen LG. (1992) Noninvasive mapping of muscle representations in human motor cortex. EEG Clin Neurophysiol 85:1–8.

Wassermann EM, Pascual-Leone A, Valls-Sole J, Toro C, Cohen LG, Hallet M. (1993) Topography of the inhibitory and excitatory responses to transcranial magnetic stimulation in a hand muscle. EEG Clin. Neurophysiol. 89:424–433.

Wassermann EM, Wang B, Zeffiro T, Sadato N, Pascual-Leone A, Toro C, Hallet M (1996) Locating the Motor Cortex on the MRI with Transcranial Magnetic Stimulation and PET. Neuroimage 3:1–9.

Werhahn KJ, Taylor J, Ridding M, Meyer BU, Rothwell JC (1996) Effect of transcranial magnetic stimulation over the cerebellum on the excitability of the human motor cortex. EEG clin Neurophysiol 101, 58–66

Wilson SA, Thickbroom G, Mastaglia F (1993) Topography of excitatory and inhibitory muscle responses evoked by transcranial magnetic stimulation in the human motor cortex. Neurosci Letters 154:52–56.

第三十四章 用在体光学成像方法揭示皮层的构筑和动态特性

Amiram Grinvald，D．Shoham，A．Shmuel，

D．Glaser，I．Vanzetta，E．Shtoyerman，

H．Slovin，C．Wijnbergen，R．Hildesheim and A．Arieli

寿天德 沈 威 陈 昕 译

复旦大学生命科学院神经生物学系

tdshou@fudan.edu.cn

■ 绪 论

如今，科学家可以用一些新的成像技术去直接观测脑的功能，揭示那些未知的细节。这些脑成像技术使人们能在新的水平理解关于皮层发育、组织以及功能的基本原理。在这一章，我们将着重讨论利用两种互补的成像技术对活体哺乳动物的脑进行光学成像研究。第一种技术是基于内源性信号的。第二种技术是基于电压敏感性染料的。尽管这两种光学成像技术目前为人们提供了最高的空间和时间分辨率，但是它们仍然有一些固有的不足之处。在此，我们将为大家展示一些新的发现，其中大部分工作是在我们自己的实验室中完成的。为了使人们能够更好的应用这些成像技术，我们将重点放在理解和方法有关的问题上。此外可以阅读一些早期综述作为基础知识，这些综述另文发表（Cohen 1973；Tasaki and Warashina 1976；Waggoner and Grinvald 1977；Waggoner 1979；Salzberg 1983；Grinvald 1984；Grinvald et al. 1985；De Weer and Salzberg 1986；Cohen and Lesher 1986；Salzberg et al. 1986；Loew 1987；Orbach 1987；Blasdel 1988 1989；Grinvald et al. 1988；Kamino 1991；Cinelli and Kauer 1992；Frostig 1994）。

光学成像记录皮层活动的优点

感觉信息的处理，以及与之相伴的运动功能和更复杂的脑认知功能是由数以亿计的神经细胞来执行的，这些细胞形成了一个精致的网络。单个神经元通过突触与其他成百上千的、影响其反应特性的神经元相连接。这些连接有可能是局部的，即跨越一小段距离，也可能是相同皮层或不同皮层之间大范围的连接。神经元及其错综复杂的连接造就了一个能执行极其复杂任务的大脑，而这些神经元及其之间联络特性正是脑研究的核心问题。

在哺乳动物的大脑内部，执行特定功能或有共同特性的细胞聚集在一起（Mountcastle 1957；Hubel and Wiesel 1965）。我们不大可能在不了解某一特定群体神经元功能特性的情况下，来研究它们是如何编码以及执行功能的原理。因此，了解某一给定皮

层的三维功能组构就成为揭示信息处理机制的一个关键步骤。一种能使我们观察到皮层功能柱组织结构（functional organization）的实验方法，特别是那些提供较高时间和空间分辨率的方法，就显得非常重要。Hubel 和 Wiesel 也许首先认识到功能性脑成像技术的必要性，并且尽可能地使用新的实验方法去解决一些涉及皮层功能组织的问题，也即那些不可能用单细胞记录所解决的问题。已发展了几种成像技术，可以提供脑活动时神经元空间分布的信息，每一种技术既有其优点，也有其短处。一个例子便是 2-脱氧葡萄糖（2-deoxyglucose, 2-DG）方法（参见第十五章），它可以在动物死后显示出活动的脑区，甚至可以看到单个细胞的活动，然而，它的时间分辨率只能是以分钟或小时计，而不是毫秒数量级。另外，2-DG 这种方法只能进行一次性的实验：在一只动物上只能使用一种刺激条件（尽管双同位素 2-DG 方法可以使人们获得两种刺激条件下的功能图像）。正电子断层扫描（positron-emission tomography, PET）（参见第三十九章）和功能性磁共振成像（functional magnetic rsonance imaging, f-MRI）（参见第三十八章）能够为人们展示出一幅精细的人脑活动区域的三维位置图，但是，目前它们的时间分辨率和空间分辨率都很低。其他的一些在体成像技术也得以成功的应用，但是仍然受到时间分辨率或空间分辨率或二者共同的限制。这些方法包括基于血流改变的放射性成像、脑电图（参见第三十五章）、脑磁图（参见第三十七章）和热成像（Shevlev 1998）。在这一章将从基于内源性信号的脑光学成像开始。虽然这种方法提供了最高的空间分辨率并可以在体长时间记录，但是它的时间分辨率还不足以用来研究皮层信息处理的动态特性。

实际上，显现皮层功能组构并不需要很高的时间分辨率。但是，为了更完整地研究皮层的功能机制，特别是在神经元群体水平，需要发展能够监视皮层动态特性的方法，也就是说监视在毫秒级的时间内从一群神经元到另一群神经元信号的流向。到此为止，单道或多道的单细胞电生理记录技术为研究单个皮层神经元的功能反应特性提供了最好的工具。然而，在细致的研究神经元网络或神经元阵列上这些方法并不是最优的。为详尽研究简单的无脊椎动物神经中枢的神经元网络所做的巨大努力，显然必须使用新的方法。尽管多道电生理记录可以让人们记录群体神经元活动，但这些电极阵列的尺寸和位置仍旧存在着严重的问题。另外，多道记录实际上仅仅是记录细胞外反应，因此忽略了包含在阈下的突触电位动态变化中的重要信息。脑电图和脑磁图这两种成像技术已经被用来直接研究人脑皮层信息处理的动态变化。然而，这两种方法目前都不能提供足够高的空间分辨率去研究单个的皮层功能柱。在这一章的第二部分，我们将介绍一下实时的光学成像，目前这种方法提供了优良的时间和空间分辨率，特别适用于动物模型的皮层功能研究。

基于内源性信号的光学成像

目前，对皮层功能组构进行成像的最简便也最有效的方法，是基于在活动的脑组织中光学特性会内源性地缓慢改变这一现象，该方法在观察活动脑区时其空间分辨率可以达到 $50\mu m$，并且不会出现使用外源的探针记录中出现的那些问题。依赖于脑活动的内源性信号的来源既包括影响光的散射的组织本身物理特性的改变（Cohen 1973），也包括吸收的改变，荧光的改变或其他有着显著吸收或荧光特性的内源性分子的光学特性改变。自 Kelin 和 Millikan 在细胞色素（Kelin 1925）和血红蛋白（Millikan 1937）

上的开创性实验以来，现已发现，在许多组织中存在着与代谢活动相关的微小的内源性光学特性的变化。最早的对神经元活动的光学记录在 50 多年前由 Hill 和 Keynes（1949）完成，他们检测了活动神经元的光散射变化。Chance 等（1962）以及 Jobsis 等（1977；Mayevsky and Chance　1982）对内源性发色基团的吸收光和荧光特性进行了广泛的研究。然而，内源性光学信号通常非常微弱，而且噪声很大。直到最近，利用内源性信号对皮层的功能组构进行成像才成为可能（Grinvald et al. 1986）。想要更详细的了解这一方法的知识，可以参考 Bonhoeffer 和 Grinvald（1996）的综述，本章也对其中部分内容作简单的介绍。

基于电压敏感性染料的实时神经元活动的光学成像

不能使用基于内源性信号的成像方法，探索皮层的动态特性以及实时的对神经元活动。由于大多数内源性信号比较慢，所以我们换用更迅速的外源性探针。在很多实验中，都会预先用一种合适的电压敏感性染料（voltage-sensitive dyes，VSD）来染色准备实验的材料（参见第四、十六章）。染料分子连接到可兴奋细胞膜的外表面，作为一种分子转换器，它可以将膜电位的改变转换成光学信号，在毫秒级的时间内产生吸收或发射荧光量的变化，并且该变化与所染细胞的膜的电压改变线性相关。这种变化被光测量元件所监测。通过在显微镜的光学成像平面上摆放一个很多光子检测元件的阵列，可以同时检测到许多靶部位的电活动（Grinvald et al. 1981）。为实现不同目的的需要准备不同特性的染料，合适的电压敏感性染料是光学记录成功的关键（Ross and Reichardt 1979；Cohen and Lesher 1986；Grinvald et al. 1988）。基于电压敏感性染料的光学成像方法允许我们以亚毫秒级的时间分辨率去观察皮层的活动，其空间分辨率可以达到50～100μm。为了能以较高的空间分辨率在大面积范围内记录这种快的光学信号，仪器需要更高的像素值和更快的检测装置，这种装置目前正在不断地改进中。需要着重指出的是，从皮层记录到的光学信号不同于从单个细胞或单个发放所记录到的信号，因此需要详加说明的是，在可以观察到单个细胞的简单样本中，光学信号的产生就像胞外的电记录一样（Salzberg et al. 1973　1977；Grinvald et al. 1977　1981　1982）。然而，对一片皮层组织进行记录时，单个细胞的活动并不能被分离出来，光学信号代表的是膜电位变化的总体效果，既包括突触前也包括突触后神经元的混合成分，还可能有一些来自于临近的神经胶质细胞的去极化的贡献。由于光学信号度量了细胞膜电位改变的整体过程，大量的树突分枝上的阈下的突触电位很容易被光学记录检测到。因此，经过恰当的仔细分析，光学记录可以提供神经元局部的信息处理，而这些信息通常不易从单细胞记录中得到。实时的皮层活动光学成像是一项非常吸引人的技术，它为人们研究哺乳动物脑功能的时间特性提供了新的视角。较其他方法而言，它具有如下优点：

（1）直接记录群体神经元的细胞内活动的总和，包括精确的树突和轴突局部的信息处理；

（2）有可能在长时间内，用不同的实验或刺激条件，对同一片皮层区域重复加以检测；

（3）在亚毫秒级的时间分辨率上对群体神经元活动的时空模式成像；

（4）选择性的呈现群体神经元。

接下来，我们先简单的讲解一下基于内源性信号的光学成像的基础知识（第一部分）。然后，讨论一下基于电压敏感性染料的实时光学成像在新皮层上的应用（第二部分）。这两种光学成像技术的方法虽然有些共同之处，但是两者间的重要差异之处将分别加以讨论。在这一章的最后，还要讨论一下这两种成像技术与其他生理学技术如何有效而紧密的结合（第三部分）并比较了它们的优缺点（第四部分）。

第一部分　基于内源信号的光学成像

导　言

基本的光学成像实验装置显示在图 34-1 中。动物的头部被严实地固定住（未显示）。光导纤维将光束投射到显露的脑组织上，照相机通过颅骨上的一个窗口观测皮层，并获得数字化的图像信号。获得的数据可以直接在控制实验的计算机上分析，也可以在另外一台专门用于分析的计算机上分析（未显示），所得到的功能图显示在一台彩色显示器上。

最初的光学成像实验研究了众所周知的皮层功能构筑的基本结构，如初级视皮层中的眼优势柱和 V2 区的"条纹"（Ts'o et al. 1990），以及由方位倾向性所造成的风车状

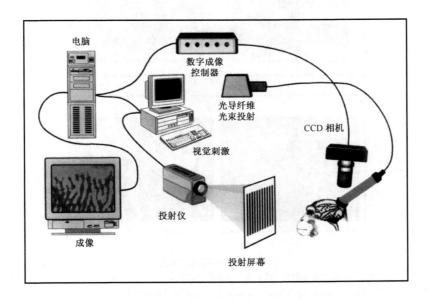

图 34-1　用于在体功能性成像的光学成像装置

从动物暴露的皮层上获得图像，粘在头骨上的一个充满硅油的小室覆盖皮层表面。用波长为605nm 的光照射皮层。通过摄像机采集图像，同时，用运动光栅刺激动物的视觉系统，光栅通过视频投影仪投射在毛面玻璃上。采集的图像经过控制整个实验的计算机数字化后，进行叠加以改善功能图的信噪比。然后，对功能图进行分析，其结果显示在彩色显示器上。这里显示了一个伪彩色的眼优势功能柱图。为了在成像过程中确定图像的质量，将图像数据送入第二台计算机，进行细致的、准在线分析（Modified from Ts'o et al. 1990）。

组构（Bonhoeffer and Grinvald　1991；Bonhoeffer and Grinvald　1993；Bonhoeffer et al.
1995；Das and Gilbert　1995　1997）。图 34-2 显示了几张方位和眼优势图。随之而来的
方法学的改进使得我们有可能研究皮层组构更精细的特性，比如方向选择性柱和空间频
率柱（Malonek et al.1994；Shmuel and Grinvald　1996；Weliky et al.1996；Shoham
et al.1997）。在研究其他视皮层区域的时候也获得了类似的进展。Ts'o 等（1991
1993）以及 Malach 等（1994）成功的在猴的 V2 区细的，粗的和淡的条带上对分离的通
路进行了成像。在信息流的更远端，如 V4 区（Ghose et al.1994）和 MT 区（Malonek
et al.1994；Malach et al.1997），已证明可能存在着功能柱结构。最近，Tanaka 和他的
同事利用这种方法对下颞侧皮层进行了功能组构的成像，该皮层是视觉通路中进行目标

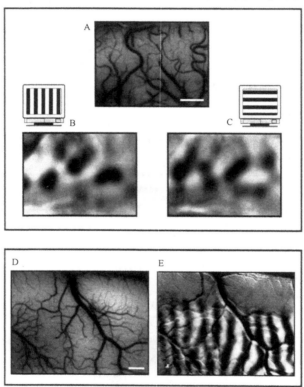

图 34-2　功能构筑的成像

上图：方位功能图：直接采集单个方位刺激的活动图像，其步骤如下。当动物观察该方位线条时所
获得的皮层图像除以（或减去）当动物观察所有方位线条时所获得的图像的平均值。A. 在绿光照
射下得到的皮层表面血管图，重点示血管结构。B，C. 在采用水平和垂直光栅视觉刺激的时候获得
的活动图。黑色的区域表示受到相关刺激时有活动的皮层功能区域。显示在图 B 和图 C 中的功能活
动的光强大约是图 A 中所记录到的皮层图像光强的千分之一。（Figure modified from Bonhoeffer and
Grinvald　1991）下图：猴 V1 区眼优势功能图。D. 为更好地显示血管，用绿光照射记录到的皮
层表面图。E. 眼优势图（OD），刺激一只眼睛时得到的功能图减去刺激另一只眼睛时得到的功能
图。眼优势图显示了 V1 区和 V2 区清晰的边界，因为在 V2 记录不到眼优势的图形。眼优势功能图
的共同特征是眼优势图条带垂直并终止于 V1/V2 边界（未发表结果 Ts'o et al.1990）。

识别的最终区域之一（Wang et al. 1994）。结果显示某种视觉刺激激活直径大约500μm的一小片区域。这些研究人员报告了一个引人注目的结果，以不同的角度显示相同的脸型可以激活相邻的、部分重叠的神经元集群。

新近，光学成像方法解决了一个很重要的问题，即初级视皮层中各种柱状亚系统是如何互相组织在一起的。图34-3是猴初级视皮层的方柱，眼优势柱和斑点区域（blob）之间关系的模式图（Bartfeld and Grinvald 1992）。这三个亚系统各自负责形状视觉、深度视觉和颜色视觉。现已发现如下的特征关系：①大多数情况下方位倾向性以辐射状方式组织，即像风车状；②方位倾向区域是连续的，并有模糊的边界；③等方位线倾向于与眼优势区域的边界垂直相交；④方位柱所形成的风车状中心的位置在眼优势区域的中心；⑤斑点区域位于眼优势区域的中心；⑥斑点区域中心和方位柱风车状结构中心是相互分离的；⑦每一种类型功能域都以马赛克状的有规则的方式组织，但不存在重叠的、超柱式的总体模式。后一发现可能与发育中存在着短距离的（＜1mm），而不是长距离的相互作用有关。Blasdel（1992a, b）以及Obermayer和Blasdel（1993）等都独立地报道了在对猴的研究中一些相似的结果，Hubener等在对猫的研究中也有类似的发现（1997）。

图34-3 显示了眼优势柱、方位倾向功能图及细胞色素氧化酶斑点之间的关系的三维模式图

黑色的线条标记出了接受不同眼输入的细胞柱之间的边界。这种分割部分地与深度知觉有关。白色的椭圆形代表了与颜色知觉有关的细胞群（斑点）。风车状中心由涉及形状认知的神经元群组成，每一个颜色标记出的神经元功能柱选择性地对空间上某一特殊的方位产生反应。需要注意的是，斑点以及风车状的中心都位于左、右眼优势柱的中心。相同方位的线段（出现在两种不同颜色的边界），倾向于与眼优势柱的边界（黑线）正交。在"冰柱"模型上方的切面图描绘了两个相邻的基本模块（400μm×800μm）。每一个模块包括一整套大约60000个神经元，处理着方位，深度视觉和颜色三方面的信息。该图已做了简化，使得顺时针和逆时针的风车状中心良好的衔接起来。事实上，这种关系并不存在（改自Bartfeld and Grinvald 1992）。

利用光学成像试图解决的另一个主要问题是，视网膜拓扑图和其他功能图［如方位功能图（Das and Gilbert 1995，1997）或长距离水平连接的空间排列等］之间是否存在着联系。在 Das 和 Gilbert 的实验中，密集的单细胞记录所获得视网膜拓扑图会被众所周知的感受野的分散性所影响。Blasde 和 Salama（1986）揭示视网膜拓扑结构可以直接用光学成像来显示。Fitzpatrick 和他的同事（Bosking et al. 1997）完善了这种方法，他们获得了更为完整的视网膜拓扑图。利用这种方法他们研究了树鼩中长距离水平连接（和给定的方位相关）和视网膜拓扑图之间的关系。图 34-4 显示了猫头鹰猴 V1 区高分辨率的视网膜拓扑图，这个例子来自于 Shmuel 及其同事的工作。

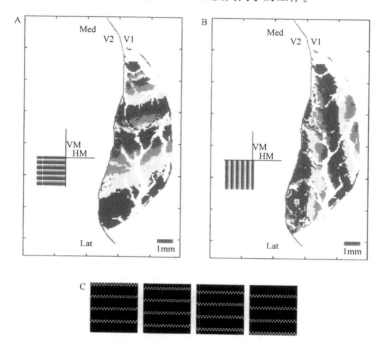

图 34-4　猫头鹰猴 V1 区的拓扑图

A. 对 V1 区成像时，视野中的水平条带。水平光栅图形由闪动的小方格组成。与不同刺激相关的皮层图像通过像素的矢量求和来实现。皮层图像上的每一个像素表示了与刺激相关的相位和在该像素记录到的反应强度。将其矢量求和，以获得图 A 中显示的拓扑关系图。在图标中的每一个色带代表视野中宽度为 0.5°的条带。V1/V2 边界通过细胞色素氧化酶组织学方法确定。B. 对 V1 区成像时，视野中的垂直条带。所采用的方式与 A 中所使用的相同。刺激使用垂直光栅。C. 一组用于产生图 A 中所示图形的水平光栅（Shmuel and Grinvald，未发表结果）。

　　虽然我们列举出了很多在视皮层上的光学成像的研究数据，但这并不意味着只有视觉系统才可以用这种方法进行研究。事实上，这种方法也可以有效的用于其他皮层功能构筑的研究，例如在猴（Shoham and Grinvald　1994）和大鼠（Grinvald et al. 1986；Gochin et al. 1992；Frostig et al. 1994）的体感皮层，以及豚鼠（Bakin et al. 1993）、沙鼠（Hess and Scheich　1994）和南美栗鼠（Harrison et al. 1998）的听觉皮层。

　　采用急性实验所不能够研究的某些重要问题必须采用长时程的慢性记录。慢性光学记录可行性的重点在于找到一种能直接通过完整的或薄的硬脑膜，甚至直接通过薄的骨头而获得皮层图像的方法（Frostig et al. 1990；Masino et al. 1993；Bosking et al. 1997）。获得这样的结果需要使用近红外光，它穿透组织的能力比短波长的光要强得多。

对麻醉动物的研究不能指明清醒动物的行为是否或者如何影响特定皮层区域的功能组构，因此，对清醒动物的研究极有意义。已经证明基于内源性信号的光学成像可以用来研究清醒的、有行为表现的动物的皮层功能构筑，包括清醒猴（Grinvald et al. 1991；Vnek et al. 1998；Shtoyerman et al. 1998）和清醒猫（Tanifuji 等未公布的结果），甚至包括自如运动的猫（Rector et al. 1997）。最近，在长达 9 个月的时间里，在清醒猴中对眼优势区域和方位柱进行了反复的成像记录。这些研究进展鼓舞着我们，并使我们相信光学成像技术经过成功的改进后，可以在清醒的灵长类和其他种类的动物中研究脑的高级功能。

另一个在慢性的光学成像方面的富有成果应用的研究领域是，研究出生后新皮层经验依赖的可塑性和发育过程（Kim and Bonhoeffer　1994；Chapman and Bonhoeffer　1994，1998；Bonhoeffer and Goedecke　1994；Crair et al. 1997a，b，　1998）。为了在较长的时间范围内确定皮层功能构筑的变化，这种研究需要进行长时间的实验。光成像技术对这样的研究特别有用，因为它提供了必需的空间分辨率和进行长时间的、有可比性的研究的能力。

光学成像另一个重要的应用是在临床上，在神经外科手术时对功能边界进行成像。已有报道说（MacVicar et al. 1990；Haglund et al. 1992），光学成像可以用来观察人类皮层对双极刺激和在说话中起反应的活动区域。因而，我们面临着激动人心的前景，光学记录可以在神经外科手术中有所帮助，它可以精确地确定癫痫的发生区域，或者确定接近外科手术位置的功能性区域的边界，同时可以获得该区域高分辨率的功能图像。

最后，能否科学的想像一下或是人们能否希望通过无损伤的颅骨，在无破坏性的情况下对人脑进行功能性的光学成像？现已有一些先驱性的实验，如 Jobsis（1977）等在猫中使用近红外光进行穿透性的照射，后来在人类婴儿中的研究（Wyatt et al. 1986，1990），它们都预示着可以朝这方向前进。此外，Chance 等（1993a，b）在一个极具创新的实验中表明，虽然从皮层反射的光线被厚厚的颅骨彻底削弱，但仍然可以用光子放大的方式进行检测。下面我们还会讨论这条技术路线的一些激动人心的进展。

方　法

1.1　内源信号的来源

为了对新皮层进行最佳的功能成像和阐明这些图像的特性，关键是要弄清内源性信号产生的机制，特别是它和神经元电活动的关系。电活动和微血管变化相关并不是一个新的观点。一个多世纪前，Roy 和 Sherrington（1890）就提出了假说：脑拥有一个内源性的机制，其局部血流供应的变化与局部功能性活动的变化相一致。现代成像技术事实上已经证明，神经元的活动和局部的新陈代谢活动及血液流动有很强的关联性（Kety et al. 1955；Lassen and Ingvar　1961；Sokoloff　1977；Raichle et al. 1983；Fox et al. 1986）。

1.1.1　信号来源

图 34-5A 显示了实验中在不同的波长下测量到的内源性光学信号的时程。很明显，

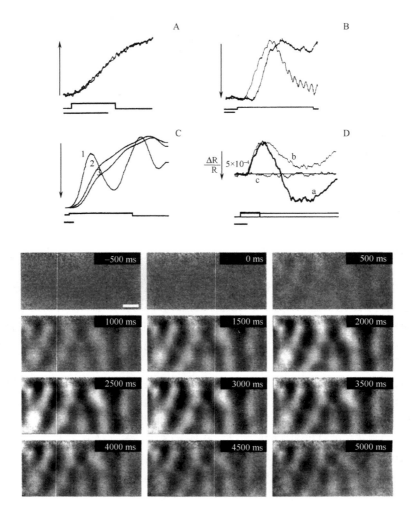

图 34-5　多种内源性信号成分的时程

上图：A. 具有相同时程的光散射信号，在波长 540nm（垂直箭头：1×10^{-2}）和 850nm（垂直箭头：7×10^{-3}）下，在无血的组织上（海马切片）的传递实验中测量到的。电刺激频率：40Hz。B. 猫皮层上测量到的在呈现视觉刺激时反射信号的时程，分别在 600nm（细线；垂直箭头：3×10^{-3}）和 930nm（粗线；垂直箭头：1.4×10^{-3}）波长下测量。刺激时程：8s。尽管皮层仍旧有电活动，在 600nm 波长下得到的信号幅度降低了。C. 对视觉刺激起反应的猴纹状皮层的反射信号。曲线 1：在 600nm（垂直箭头：2.5×10^{-3}）波长下的测量结果。曲线 2：在 570nm（垂直箭头：2×10^{-2}）波长下的测量结果。曲线 3：在 840nm（垂直箭头：1×10^{-3}）波长下的测量结果。D. 在 600nm 波长照射下观察到的内源信号时程，a. 皮层激活时间为 2s，b. 皮层激活时间为 8 秒，c. 皮层完全未被激活。b 中尽管对于皮层的刺激没有停止，在 5s 后观察到较大的下冲信号。水平标尺：1s。下图：连续的 12 帧记录了在 605nm 光照下的功能图。每一帧持续 500ms。标记表示与呈现刺激相关的每一帧结束的时间。第一帧采集于视觉刺激开始之前，没有明显的功能图出现。大约刺激开始后的 1s，第一次出现了功能图的迹象。在 3s 后功能图的强度达到最大，并且其强度不再随时间增加。在这种情况下，刺激延续的时间大约 2.4s。需要注意的是这种时程仅仅是一个例子，在不同的实验中可能不同（改自 Grinvald et al. 1986，Frostig et al. 1990. 下图由 Amir Shmuel 惠赠）。

这是一种缓慢的信号，并且在时程上很不同于诱发的电信号的时程。而且，在整体实验中这个时程强烈依赖于所使用的波长。图 34-5B 显示波长为 605nm 的情况下基于内源性信号成像获得的方位功能图的时间过程。很明显，在诱发电活动达到峰值（未显示）后的很长时间后，功能图才达到峰值。

虽然内源性信号有不同的成分，其来源也不相同，但是在不同波长的情况下所获得的功能图却是很相似的。因此，虽然所有这些成分的信噪比和空间分辨率不同，但是都可以用于功能性成像（Frostig et al. 1990）。

对内源性信号的来源的主要结论是，随着感觉系统受到刺激，由于氧消耗的增加，最初会使脱氧血红蛋白浓度增加。与 f-MRI 相类似，脱氧血红蛋白浓度的增加被认为是反应的"起始点"（initial dip）。接着便是脱氧血红蛋白浓度大幅度减少，这是由于延迟的大血流量变化，以向活动的脑区提供含氧量高的血液。我们早先光学测量的解释（Grinvald et al. 1986；Frostig et al. 1990）明显与 Fox 和 Raichle（1988）正电子发射断层成像（PET）的解释不同。而且，我们的结果不像大多数 f-MRI 实验那样不能确定信号的"起始点"。这个问题看起来非常重要，因为它不仅提出了一个生物学问题，即感觉刺激后的第一个结果是否是氧消耗的增加，而且因为我们只有理解了在每种技术中究竟测量了什么，才有可能正确阐明这三种相关的功能成像的结果。这种考虑促使我们

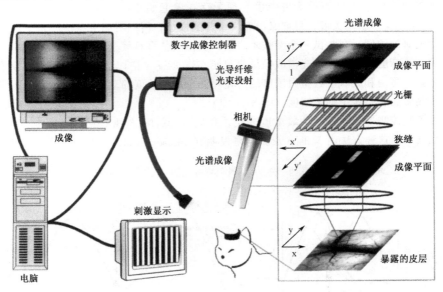

图 34-6　分光镜成像装置的模式图

左：内源性信号成像的基本装置，除了由右侧显示的分光镜代替放大镜外，与图 1 相同。右：成像用分光镜的组件。它包括两组透镜组成的放大镜，衍射光栅和一个有透光窄缝的遮挡板。皮层表面（右下图）用白色光照射（＝3D 500～700nm），并通过第一组放大镜成像到第一个成像平面上的盘上，这个不透明的盘上有一个透光窄缝（宽 200μm，长 15mm）。从"窄缝皮层成像"上分离到的光线加以校准后，通过一个光色散垂直于窄缝的衍射光栅，聚焦在位于第二组透镜后（右上侧彩色图像）的摄像机靶位置上。右侧的轴线显示了皮层图像经过光学系统时的不同转换。时间分辨率达 100ms。光谱分辨率 1～4nm（改自 Malonek and Grinvald 1986）。

采用以下两种新技术探索其中的机制。在最初研究内源性信号的生理机制时，不能同时测量不同波长的反射光的变化。为了克服这个问题，Malonek 和 Grinvald（1996）使用了一种新的方法——光学成像光谱学，这项技术可以从皮层许多位置以空间-光谱成像的方式提供同步的光谱信息。通过光谱学成像获得的图像在皮层每一个位点显示了许多波长情况下光谱的变化（y vs. λ），这种变化可以看作是与所选刺激相关的时间函数（图 34-6）。Malonek 和 Grinvald 使用这种方法测量了自然刺激之后视皮层表面反射光的空间，时间和光谱学特性。用这种方法获得的皮层光谱有助于：

　　—根据已知的光谱曲线确定信号的来源
　　—确定信号的空间分辨率
　　—评估信号的动态特性
　　—探索不同血管部分的动力学

　　详细的技术方法另文发表（Malonek and Grinvald　1996；Malonek et al.　1997）。

　　正如 Mayhew 及其同事最近指出（Mayhew et al. 1998）的那样，Malonek 和 Grinvald 所使用的线性拟合曲线方法过于简化了，这种拟合忽视了波长对照射光和反射光的路径长度的依赖。这一合理的批评使得我们提出如下问题，即我们简化分析的结果是否真的正确。值得注意的是，当 Mayhew 及其同事使用更精确更完善的非线形模型时，他们在鼠的胡须体感皮层的桶状斑中也发现了存在着起始点（与 J. Mayhew 的个人通信）。由于选择模型很关键，目前又没有一个好的模型，所以我们决定跳过光谱学成像，直接测量氧的浓度。在尝试一个新技术之前，我们先估算有赖于光谱成像结果的氧浓度动力学。从麻醉猫中获得的光谱成像结果显示在图 34-7（左）。根据这些数据，我们可以从氧血红蛋白和脱氧血红蛋白浓度的变化预测自由氧浓度的动力学，从而采用简单的方程预测微血管系统中的氧浓度（图 34-7 中）。

　　为了直接测量刺激依赖性氧浓度变化，我们将 Oxyfor 3 注射到微循环中，并测量其荧光衰减。这种方法由 Wilson 及其同事发明（Rumsey et al.　1988），实验基于这样

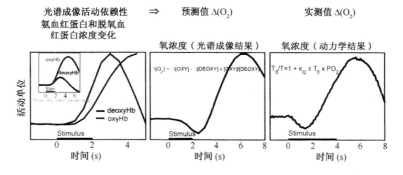

图 34-7　通过直接测量氧浓度比较图像光谱结果

左侧显示了 Malonek 和 Grinvald（1986）使用简单线形模型分析图像光谱结果的时程。为了显示活动依赖的含氧和去氧血红蛋白浓度改变的时程不同，这两条曲线进行了均一化。插图显示了这些成分在长的时间轴上的相对强度。中图显示了基于含氧和去氧血红蛋白浓度改变所预测的氧浓度本身的改变。右图显示了由测量氧探针的荧光延迟时间而直接测量到的动脉床内氧浓度的改变（Vanzeta and Grinvald，未发表结果）。

一个事实，即荧光寿命依赖于荧光分子临近环境中的氧浓度。因此，在皮层被激活之前，之中及之后，通过测量荧光的生命周期就可以直接计算出主要存在于毛细血管中的自由氧的浓度。这种方法看来非常有效，却从未用于研究感觉系统受到刺激时皮层中氧的动态特性。Vanzeta 及其同事已经证明这种方法实际上是可行的，并能够直接测量视觉刺激时氧浓度的变化（Shtoyerman et al. 1998；Vanzetta and Grinvald 1998）。

图 34-7（右）显示的是通过使用 Stern-Volmer 方程所得到的动力学曲线，以及通过光子倍增器测量得到的荧光延迟时间。很明显，氧动力学特性与光谱成像数据预期的相似（图 34-7，中），因此这就肯定了前面所提到的 Frostig 等和 Malonek 及 Grinvald 的解释。

这些结果也提示，Wilson 的方法可能提供那些被人忽视的、在不同生理条件下以及不同血管区域内氧浓度动力学特性的定量信息。

综上所述，我们对内源性信号的来源有了一些基本的认识。内源性信号的一种成分起源于活动依赖性的血红蛋白氧饱和度的变化。这种氧合作用本身的变化包含两种不同的成分。第一种成分是早期成分，即脱氧血红蛋白浓度的增加，这是由于神经元代谢增强，耗氧增加的结果，导致皮层变暗。第二种成分是延迟成分，即活动依赖性的血流量的增加，导致脱氧血红蛋白浓度降低。这是由于携带着高浓度含氧血红蛋白的血液冲进了激活的组织区域。另一个信号成分起源于血管容量的变化。这可能是由于电活动神经元所在局部的毛细血管补充血液或是由于毛细血管迅速充盈，以及静脉扩张。这些血液相关的成分构成了 400～600nm 波长段的主要信号。最后一个重要的内源性信号的成分来自于皮层活动相关的散射光的变化（Tasaki et al. 1968；Cohen et al. 1968）。这些是由离子和水的运动、胞外空间的扩张和收缩、毛细血管的扩张或神经递质的释放所导致的（Cohen 1973）。光散射成分构成了内源信号在高于波长 630nm 的主要成分，并且在高于 800nm 的近红外区域对内源信号起主要作用。

能够从活体脑组织中测量到的内源性信号非常弱。在合适的条件下，随着神经元活动而产生的光强变化相对于全部的反射光大约占 0.1%～0.2%（在 605nm 光照下），在 540nm 光照下可以高于 6%。这就意味着内源信号不能用肉眼观察到，必须采用恰当的方式获得数据以及恰当的分析方法将它从皮层图像中抽提出来。一个重要的问题是，在大多数情况下，与测量相关的生物学噪声比信号本身要大。因此，采用恰当的方式将微弱的、感兴趣的信号从原始数据中抽提出来就显得非常关键。人们已经开发了这种装置，并且做出了高分辨率的功能图。为了验证数据的可靠性，必须验证从相同皮层区域获得的光学功能图的可重复性。已有实验结果显示了高度的重复性（Bonhoeffer and Grinvald 1993），这使我们对通过光学成像方法获得的皮层图像的精确性和可信性更有信心。需要注意的是，这种可重复性仅仅是一种必需的，但不是充分的验证条件。那些来自血管的信号同样有可重复性，但和电活动不相关。因此，电生理学和形态学的证明同样是必须的，我们将在后面涉及的时候加以讨论。

1.1.2　内源性信号可以测量神经元发放吗？

从前面的讨论可以看出，这个问题的答案与测量什么样的光学信号有关，依赖于测量所采用的波长。氧浓度信号的峰值代表了测量到的最初的氧消耗。显然，动作电位导致了旺盛的新陈代谢。然而，考虑到树突上聚集了大量线粒体，人们有理由怀疑突触活动的阈下反应或者说钙电位对树突上的大量氧消耗是否有贡献。由于这个问题还没有完全被解决，所以并不清楚氧浓度信号是像 Das 和 Gilbert（1995，1997）所说的那样反映了突触的阈下活动，还是像 Sur 和他的同事（Tooth et al. 1996）所说的那样反映了起源于峰电位的更大的贡献。基于内源性信号的出现和从视网膜拓扑边界扩散的脑信号信号在使用电压敏感染料时比使用内源信号时更大的事实（Glaser Shoham and Grinvald 未公布的结果），提示我们神经元的发放活动对内源信号的贡献要比其阈下活动的贡献大。另外，已有结果显示在猫的 18 区，不同内源信号的幅度与细胞发放率相关（Shmuel et al. 1996；Shmuel et al. 未公布的结果）。Frostig 及其同事在大鼠胡须对应的桶状皮层上的研究结果显示了相同的结论（Frostig et al. 1994）。

同样，在使用波长较长的光时，由于光散射占主要成分，突触的阈下活动和动作电位对信号都有贡献，因为这两种活动都产生光散射信号（Cohen 1973；Salzberg et al. 1983）。看来，定量回答这个重要的问题必须等待今后更多的实验结果。

1.2　光学成像时的动物准备

光学成像时的动物准备与传统的在体电生理记录时的动物准备非常相似。然而，实验过程中仍有一些方面要特别注意。

用盐酸氯胺酮和甲苯噻嗪的混合溶液对动物初始麻醉，然后施行静脉插管术和气管插管术。众所周知，麻醉对皮层血流和神经元活性之间的耦合有很大影响（Buchweitz and Weiss 1986），因此必须小心监视麻醉水平，仔细选择实验用麻醉药物。通常认为巴比妥类药物麻醉和气体麻醉（三氟溴氯乙烷、异荧烷）适合光学成像实验；其他种类的药物也有较适合的。但是，要着重强调的是不能想当然地认为试验中使用多种麻醉剂效果一定好。另外，需要说明的是麻醉药物的效果可能存在种属的依赖性。

由于在 590~605nm 波长照射下的内源信号成像测量的是血红蛋白的饱和度，所以确保动物呼吸正常非常重要。实时精心地监测呼出气体的 CO_2 含量是很明智的。无损伤的检测血氧饱和度这个指标也被证明是非常有效的，它在很大程度上影响着信号的质量。此外，组织的氧代谢状态可以用肉眼来估计，在一些实验中，可以通过观察皮层组织的外观来预测功能图的质量，其实就是判断软脑膜中动脉和静脉血管颜色差异。

由于光学成像实验时颅骨和硬脑膜的显露范围非常大（大于 $600mm^2$），因此由呼吸和心跳造成的脑搏动便成了主要问题。我们使用了一个精致的小室系统（颅骨小窗）来稳定脑组织。我们将在下一节中详细描述这个小室，在打开颅骨之前用牙科水泥将小室粘在颅骨上。综上所述，正常的实验顺序是，用环锯切割颅骨，在将这一小片骨头剥离颅骨之前，用牙科水泥将小室固定在颅骨上，当固定好小室后，才移开这小片骨头并打开硬脑膜。操作环锯时要特别小心，不要损伤大脑皮层。如果是用高速钻头进行操作时，产生的过热也很危险。

和传统的电生理实验相比，打开硬脑膜有更多的问题，要暴露大片的硬脑膜，就无法避免一些大的血管。这些硬脑膜上的血管通常可以用细线和钳子将它们简单地夹闭。此外，为了避免暴露的大脑表面和血液相接触（这个问题在灵长类动物中很严重），我们可以先切除硬脑膜浅层的血管，再完全移除硬脑膜。

如果通气不足或其他原因导致皮层产生水肿，大面积显露的颅骨会对皮层和实验动物造成更大的损伤。有很多方法处理这一问题，包括注射高分子量的糖（如甘露醇），降低动物的体位，强力呼吸，往封闭小室内短时间增加 10～20cm 的静水压，以及穿刺小脑延髓池。

1.3　实验装置

1.3.1　小室

在良好的条件下，内源性光学成像可以以 $50\mu m$ 的空间分辨率对活动区域进行成像。为了实现这样的分辨率，必须尽可能的减少由于血压波动和呼吸所引起的脑搏动。这可以通过多种方法来实现。

首先，也是最重要的，是在光学实验时使用一个设计合理的小室。图 34-8 显示了一个这样的小室。它由不锈钢制成，通过一个进口和一个出口与管道系统相连，利用一个小圆玻璃盖片将其封上，小圆盖片通过一个有螺纹的钢圈压在硅树脂垫圈上。利用牙科水泥将小室粘在颅骨上。为了获得良好的封接，将融化的牙科蜡填在小室内侧和颅骨之间的缝隙里。固定好小室后，利用多孔纤维质小三角块可以很方便地除去皮层上残留的脑脊液和生理盐水（Sugi et al. 德国）。小室内填充硅油（如 Dow Corning 200，50℃ St），这样没有额外的压力作用在皮层上。通过一个直立的、去掉活塞的注射器可以很方便的让硅油流入小室内。调整注射器相对小室的高度可以准确调整小室中硅油的压力（通常高于皮层表面 5～10cm 比较合适）。完好地填充好小室，即没有留下气泡或脑脊液液滴，便提供了一个理想的光学界面，同时也很好地排除了脑搏动。

如前所述，在长时间的实验中，调整不锈钢小室的一些特性是很重要的。例如在慢性实验中，如图 34-8B 所示，必须用螺钉封闭小室的进口。另外，如果小室的窗口较大，采用金属小盖旋在小室上以取代易碎的玻璃就显得很重要。最后，建议小室可以不用不锈钢制造，而用钛取代之，虽然难以加工，但是钛硬度高，重量轻，最重要的是对体液有很高的惰性。利用这种材料做的小室，尽管植入数月，仍看不出有什么异样。长时间的实验中，需将小室粘在颅骨上，防止小室和颅骨的分离也非常重要。在小动物中，这是一个特殊的问题，因为小动物的骨头相对来说较软。利用乙醚清洁颅骨并脱脂以及将螺钉旋在颅骨上靠近小室的地方是有效的方法。同样用粘小室的牙科水泥覆盖这些螺钉，有助于将小室稳固在颅骨上。注意到这些之后，小室从颅骨上松动的问题便不复存在了。

在某些实验条件下，采集和光学成像数据相同步的电生理数据也很重要。为了实现这个目的，我们使用了一个橡皮垫圈，将其粘在圆形玻璃片上一个直径 3mm 的洞中（注意图 34-8A 中右侧橡胶垫圈）。这个密封的垫圈对于成功记录光学图像很重要，同时也是用于电生理记录的重要改进，在这样的条件下可以保持长时间的稳定记录。

可以使用另一测量方法以减少心跳和呼吸对所获得图像的稳定性的影响。数据的采集可以由心跳触发并与呼吸同步。这是通过呼气后停止呼吸一小段时间（小于 1s）来实现的。当测量到下一次心跳时，如通过一个合适的施密特触发电路，再次启动呼吸。如果同时从这一时刻开始采集数据，就可以在呼吸和心跳的同一时间相位采集图像，因

A
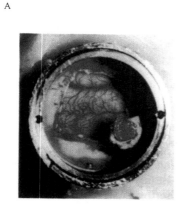

B
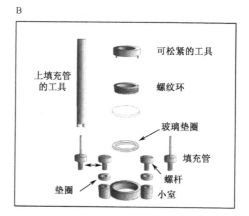

上填充管
的工具

可松紧的工具

螺纹环

玻璃垫圈

填充管

螺杆

垫圈

小室

图 34-8　光学成像的小室

A. 粘在短尾猴颅骨上的光学记录小室的照片。暴露的区域包括 V1 区大部分和 V2 区的一小部分。在颅骨窗上
部的大血管表示半月沟。B. 用于慢性成像的小室模式图。在急性实验中用的小室由不锈钢制造，而慢性实验中
的用钛制。通过和金属相连的管子给小室充满硅油。接下来，用一个圆形的玻璃片覆盖并加以密封，玻璃片
压在一个垫圈上，用有螺纹的小环旋紧在小室上。在急性实验中，管子可以保留在上面。在慢性实验中，管子
用螺钉替代（改自 Bonhoeffer et al. 1996）。

此，下面所提到的数据分析过程中（图像的分组）起源于呼吸和心跳的噪声就被排除
掉。在密封良好的小室中，将呼吸，心跳和数据采集同步，可以将噪声降低大约 1.5 倍
（Grinvald et al. 1991）。

1.3.2　放大镜头（macroscope）

当皮层的最佳状态稳定之后，图像通过一组透镜投射到相机上。最初采用照相用的
大镜头，但是随之而来的问题是这种镜头景深太大，导致功能图上出现很强的血管伪
迹。这些造影经常妨碍对功能图像精细特性的观察。为了减轻这种影响，Ratzlaff 和
Grinvald（1991）构建了一个放大镜头系统：其前后镜头相对的安排使系统具有极浅
景深。

这个装置本质上是一个显微镜，有较小的放大倍数（约 0.5～10），由两个头对头
相接的、大数值孔径的相机镜头组成。相对于商业化的、低放大倍数的显微镜，这种镜
头系统提供了特别大的光圈值，从而使得该光学系统具有很浅的景深（比如，在使用两
个 f 值为 1.2 的 50mm 的镜头的情况下景深仅 50μm）。当聚焦在皮层下 300～500μm 时，
表面的血管脉络得到了足够的淡化，由表面脉络产生的伪迹扩展到很大的范围因而事实
上已经消失（Malonek et al. 1990；Ratzlaff and Grinvald 1991）。

1.3.3　镜头

通过将两个镜头头对头相接可以很容易的构建这个光学系统。这种一前一后的镜头
连接的放大倍数由 f_1/f_2 决定，f_1 是镜头对相机的焦距，f_2 是镜头对皮层的焦距。为
了利用 35mm 的传统镜头设计出这个光学系统，需要遵从以下第一和第二点，并结合下

列的一个或多个镜头：

1. 适用于相机转接口的 C 形接口（例如，对于使用 Pentax 镜头即是 Pentax 的转接口）。

2. 使用前后镜头相连的装置。一个在其两边有合适的螺纹的金属圆环，用于连接两个镜头（这种镜头上的螺纹通常是标准相机上安装滤镜的螺纹）。为了减小震动和保护镜头，在这个转接环上加一些杆是很有用的。这些杆将镜头组固定在摄像机操纵装置的稳定部位。

3. 放大倍数为 1（覆盖大约 9mm×6mm 的面积），可以使用两个 50mm 的 Pentax 镜头并把 $1/f$ 值最小放在 1.2。另外，可以使用短工作距离的视频镜头（3cm），但同样需要大的数值孔径（0.9）。

4. 放大倍数为 2.7（覆盖大约 3.3mm×2.2mm 的面积），可以使用一个 50mm，另一个 135mm 的镜头。Pentax 提供了光圈为 1.8 的 135mm 镜头。如果 50mm 镜头和 135mm 镜头以相反的顺序安装，这样镜头组将覆盖更大的皮层面积（大约 22mm×14mm）。

5. 一个 2 倍的标准相机伸展镜头可以对缩放提供更大的灵活性。

6. 变焦范围在 25～180mm 或 16～160mm 的变焦镜头可以用作前级镜头。变焦镜头有其便利性，可以改变放大倍数而不用置换镜头。这种灵活性只需用小孔径的费用，达到具有大景深的效果。

7. 在外科手术的时候对人脑进行成像时，具有 10cm 以上工作范围的变焦镜头在构建镜头组时更可取。

在构建镜头组时，商售家用 CCD 镜头也同样可以用在相机前面。然而，当实验需要较大的工作距离时，使用这种镜头便有一定问题。使用家用视频镜头的优点是其数值孔径通常比 35mm 相机镜头的数值孔径要大。

摄像机通常被固定在传统的显微镜或显微操纵器上，恰当的装置要保证能提供大数值孔径和短的工作距离（5～7cm）。光圈、照度、工作距离和良好的机械稳定性在最终设计时都要考虑到。这种光学镜头系统在荧光成像实验中提供了其他便利，我们将在后面章节中讨论这点。

1.3.4　相机的支撑

视频摄像机应该牢固地固定在减振的支撑物上。最理想的装置是将摄像机固定在 xyz 轴上都可调的装置，z 轴的调节用于相机聚焦。最好这个调节包括大范围的粗调和精细的聚焦调节。另外，设计一个摄像机的固定器，以使摄像机能在光轴上转动，以及能让摄像机在任何角度倾斜都是很有用的。

1.3.5　相机

散射噪声

如果要测量的信号小到仅占光强千分之一的话，就必须考虑光的量子特性了。光散射是个随机过程，光量子的散射时间间隔是随机波动的。如果人们想测量千分之一的信号变化的话，就必须保证所测量到的光子是由这么微小的信号产生的，而不是光发射过程中统计学波动产生的。由统计学波动产生的光子数量等于全部发射的光子数量的平方根。因此，以 10 倍的信/噪比观察到千分之一的信号变化所需要的光子个数是100 000 000。由于内源性信号只占绝对反射光中千分之一的改变部分，所以必须选择合适的光强（也称为合适的容量，见下文），从而在记录的时候可以采集足够数量的光子。需要注意的是，并不是在获取每一帧图像的时候都需要采集这么多数量的光子，因为后期帧和帧之间的叠加同样可以使我们克服这个局限。在描述实时光学成像方法的章节中，还要详细的讨论这个问题。

视频摄像机

大约 30 年以前，Schuette 和他的同事是第一个试图使用视频摄像机对皮层活动进行成像的科学家（Schuette et al. 1974；Vern et al. 1975）。10 年之后，Gross 等（Gross and Webb 1984；Gross et al. 1985）利用更现代视频技术并使用帧扫描视频摄取系统和电压敏感染料，测量了神经元跨膜电压的变化。接下来，Blasdel 和 Salama（1986）用一种相似的技术在猴的视觉皮层在体地获得了引人注目的功能构筑图像。很明显，与光电二极管阵列相比较，在牺牲了时间分辨率的情况下，其空间分辨率获得了较好的提高：通常视频摄像机的最佳时间分辨率是 16.6ms（Kauer 1988）。但对于内源性信号的成像，时间分辨率并不是一个关键的参数，更重要的根本问题是标准的视频摄像机信噪比仅达到 200∶1 的限制。一些现代的摄像机克服了这个问题，提供了接近1000∶1 的信/噪比。

慢扫描 CCD 相机

慢扫描数字 CCD 相机提供了非常好的信噪比，同时保留了空间分辨率较高的优点，并且有适中的价格和复杂性。不利的因素是有较长的，相对较慢的读出速度，但这对于慢的内源性信号并不重要，因此这种相机适合于采集这种信号的实验。这相机最初由Connor（1986）应用到生物学领域，用于研究单个细胞中钙离子的分布。后来，Ts′o和他的合作者（1990）用这种相机对内源性信号和活体脑视皮层的功能构筑进行成像。

慢扫描 CCD 相机的很多参数影响功能图的质量。由于它的重要性，我们将详细讨论这些问题。

井容量

井容量（well capacity）表示在发生电荷溢出之前 CCD 芯片一个像素所采集的电子的数量。因此，CCD 相机的井容量尽可能的大就非常重要了。这种容量通常和构成光敏感区域的硅晶片上单个像素的面积直接相关。良好的井容量范围在 700 000 左右，但是也可以使用一些更小容量的相机。根据我们的经验，现有的 CCD 芯片的容量有限，并不是因为工程学上的基础问题，而只是由于大多数的应用领域并不需要这么大的容量。一种用于增强现有芯片容量的方法是使用"在芯片上的组合（on-chip binning）"的方法，即把临近像素的电荷相整合。然而，与井容量相似，读出寄存器的容量限制了"在芯片上的组合"的应用。通常，"在芯片上的组合"在最大允许光强水平只局限在2×2 或者至多 3×3 个像素。

帧传递

由于 CCD 相机功能设计的原因，包含图像信息的区域的照度在 CCD 芯片读出后必须被消除。因此，很多相机中，在读出数据时会关闭一个机械快门。要进行光学成像，这个过程会有些问题。因为尽管采用相对较低的空间分辨率，对于 12bt 或 16bt 的数据而言，读出时间要 50ms。如果快门在读出期间被关闭，连续帧实际上就在时间上并不是连续的。另外，由于在一个实验中需要很多次曝光而机械快门的寿命有限，这种操作模式并不实用。一个解决的方法是使用称为帧传递模式的相机。使用这种模式，CCD 芯片的半数光敏区域被一个不透明的遮挡物所覆盖。当一次曝光后，光照区域聚集的电荷在接近百万分之一秒的短时间内转移到未光照区域。可以立即进行新的曝光，而前一帧的信息可以从"光保护"区域读出。由于使用这种操作模式使得光成像实验可以在最小限度关闭快门的情况下进行，而且可以记录真正连续的帧序列。显然，在实验中使用这种 CCD 相机操作模式较好。

1.3.6　差分视频成像

现有一些新型的但较经济的视频摄像机。它们基于 CCD 传感器而不是老式的摄像机靶电极（vidicon target），并提供了更好的 1000:1 的信噪比。8 比特的帧采样是工业标准，它提供了一种较廉价的方法，使得我们能够以视频的速度将视频信号数字化。然而，如果高质量的相机输出仅以 8 比特的方式采集的话，我们便没有充分利用这种低噪声摄像机的优点。近些年里，发展了许多增强图像的技术。然而，大多数技术方法，只是增强了 8 比特数字化采集后的图像。这种方法的不足之处是，因为数字图像的记录精度只有 8 比特，小于 1/256（8 比特）的强度变化丢失了。另一种增强图像的常见方法是从数据中减去直流分量并在数字化之前放大，这一方法只适用于具有非常小的反差的平坦图像。

另一种可选择的增强图像的方法是利用一个储存的"参考图像"进行模拟量差分相减，这种参考图像来源于引入的视频图像，其目的是为了"平滑"（flatten）图像。现在已有一种基于这种原理的商售设备，称为 Imager 2001（Optical Imaging, Germantown, N. Y., USA, http://www.opt-imaging.com）。这种装置对低对比和高对比的静态图像都提供了较优的增强，因此提供的图像优于那些别的图像增强方法获得的图像。它使用模拟电路，从相机获得的图像中减去一个"经选择"的参考图像，然后对不同的视频信号执行了预设的模拟放大（4～20 倍）。直到这时，8 比特的图像处理器才将"增强"的信号数字化。通过这样的努力，所获得的图像的精确性只受限于所使用的摄像机的信噪比。噪声还可以通过"on-the-fly"的方式平均、帧平均和离线的帧平均的方式，进一步减低。一个给定的参考图像的数字化图像，以及对应的图像增强序列可以在后一点时候结合。最后图像的精确性可以与 10～13 比特数字化的图像相比，其结果也自然优于摄像机本身的信/噪比。

这种做法的另一个显著优点是增强了的差分图像可以视频速度实时显示在显示器上，使实验人员及时得到重要的在线反馈信息。这种反馈信息使得能够在实验的第一时间内迅速地检测和解决问题，而不是一直等到后期数据分析时才发现问题（对于一个常规的 CCD 系统，在很多情况下要 1h 后才能发现问题）。在大为增强了的图像上，就可以立即发现微小的光学改变，而这些改变可能在后期产生较大的伪迹，它们包括气泡的运动，密封小室中脑脊液的流动，未能良好固定皮层而导致的额外噪声、出血、额外的血管噪声等。

摄像机和慢扫描 CCD 相机的性能比较：

冷却型的 CCD 数字相机其优点在于在低光照水平提供高质量的图像。然而，在中等光照水平下，检测器噪声不是限制因素，高质量的摄像机由于其较快的帧扫描速度，可以提供较好的图像。摄像机可以以视频速度和 10～13 比特的精度数字化高达 768×576 像素的数据。因此，在这种条件下，摄像机可以提供比高级数字 CCD 相机更好的图像。通过让两种相机检测一个包含千分之一信号变化的明亮图形，可以证明这一点。如果两个系统都在最优条件下操作，数字 CCD 图像的信噪比较从差分摄像机获得的图像低约 3 倍。此外，在这种测试下，二进制的 CCD 图像只有 192×144 像素的分辨率，而摄像机图像有 768×576 像素。将摄像机图像进行更多的合并处理可以使得信噪比成 10 倍的改良。然而，因为生物学噪声作为限制因素，在功能性成像实验中不能完全体现这种优点。

1.3.7　噪声的生物学起源

为了估计功能成像的噪声水平，最合适的方法就是测量诱发的功能图的重复性。测试表明，噪声通常由高空间频率成分（主要是短噪声，而不是生物学噪声）和低空间频率成分（主要是生物学噪声，而不是短噪声）。由于通常情况下，生物学噪声的空间频率接近或者小于所感兴趣的功能区域的空间周期，所以生物学噪声明显限制了功能图的可重复性。

生物学噪声的主要来源可能是血管床中血液总体氧饱和度的缓慢变化。血红蛋白氧饱和度仅仅 1% 的缓慢变化虽然不足以显著影响皮层的生理状态，但是可以导致光学上的变化，而这种变化大大高于较小的成像信号。这种起源于毛细血管床的变化，可以导致大血管伪迹以及大于功能区域的皮层区域的亮度变化。另一相关的现象是，血氧饱和度有规律的缓慢振荡周期发生在 0.08～0.18Hz 水平。这种震动利用实时差分视频增强系统可以直接看到。它以一种扫过皮层的缓慢的深色波的方式出现。这种深色的变化比成像信号大很多，而且，由于与心跳和呼吸不同步，它导致大的慢波噪声。尽管不能完全消除生物学噪声，最近发明的一些方法有助于减少它对功能图的影响。这种方法将在后文中加以讨论。关于优化信/噪比的其他内容将在电压敏感性染料的方法学章节中提到。

1.3.8　光照

入射光波长的选择依赖于所要观察的内源性信号的起源。另外，重要的一点是使用的波长对组织应该有足够的穿透力，否则，只有那些皮层浅层的信号可以被观察到。在内源性信号以血氧占主要成分的情况下，用波长在 595～605nm 的滤色片比较合适。然而，在很多情况下，一些强的光散射成分对功能成像也很重要。在这些情况下，考虑一下长波长（750nm 以上）会更好，因为它可以提供对组织较深的穿透力（2mm 深度以上）。限制波长在 750nm 有严格的实验原因，由于人的肉眼仍然可以观察到这样波长的光，所以，对于实验人员来说，很容易调整光照强度，以使得皮层表面获得一个均匀的照度。尽管这样，也曾在 900nm 甚至更高波长的情况下记录功能图。

为了调整功能图，使得它和解剖学上的标记相对应，记录皮层表面的血管图也非常重要。可以在绿光的照射下获得较好的图像。为了获得高对比度的皮层表面血管图像，使用 546nm 波长的滤色片比较合适。另外，减小镜头光圈可以获得较好的景深，这样可以减小由于皮层表面弯曲所造成的皮层表面血管的模糊的造影。

1.3.9　如何选择成像用的波长

基于我们实验室所获得的经验，使用的滤色片的吸收峰在 595～605nm（橙色光）时，功能图最优的信/噪比通常出现在含氧和去氧血红蛋白差值最高峰的时刻。在多种波长的情况下记录图像时，在猫和猴中重复地观察到这一结果。另外，在非最优条件下，电活动和微循环的耦合被削弱，最好使用近红外的光进行功能成像。因此，我们推荐开始用橙色光波长，仅仅当内源性信号比正常较慢，或血管噪声较大（如 0.1Hz 的震荡）时，才使用近红外成像。新近有人用橙色光进行成像时，得到的血管伪迹比于用更长波长所获得的伪迹更显著（Mc-Loughlin et al. 1998）。我们在最优的条件下获得的结果，与之并不相一致。

功能性光学成像的最优波长依赖于所成像的皮层区域。在很多种属的动物中都多次观察到，绿色光对听觉皮层成像显示的拓扑图像要优于橙色光（Harrison et al. 1998）。对这个问题要进行了更多的探索。我们推测这种听觉皮层和视觉皮层的不同与这两个感觉皮层自发活动和诱发活动的相对强度有关。

1.3.10　光导/照明模式

尽管为了获得理想图像，理论上所使用的经过透镜成像的、入射到脑的照明光需达到理想的均匀照度，实际经验表明通常这种照射皮层的方式并不很好。由于脑并不是一个平坦的结构和某些区域脑组织吸收光的能力要比其他部分强，入射到脑的照明必然导致不均匀的、难以校正的图像。因此，在体成像的研究中，用两三个可以附在摄像机或立体定位仪上的光导显然可提供均匀照明成像的最有用的系统。

1.3.11　光源电源

高质量的调好的电源对于一个强而稳定的光源来说，绝对是必须的。应该采用一个电压 15V，电流 10A 的可调直流输出。纹波和慢的波动应该小于千分之一。可以通过在输出上并联一个很大的电容来减小额外的波动。

1.3.12　光源外壳

一个标准的 100W 的卤钨灯箱配上一个聚焦镜头是适合的。应该在灯的一侧装一个接口，留下至少为两个滤色片所准备的空间。接口的另一端连接到双口或三口的光导上面。最好使用液态光导，而不是光纤，因为前者提供了更均一的照明。光导的前端应该附上一个可调的透镜，以使得输出的光线能恰当的聚焦在皮层的表面。Schott（Mainz，德国）提供合适的光导和小的、可调的透镜，可以附在颅骨的窗上。

1.3.13　滤镜和衰减器

对光学成像实验中波长的使用我们已经在前面讨论过。成套的滤镜应该包括以下几种：

　　—546nm 绿色滤色片（30nm 半波宽）

　　—600nm 橙色滤色片（5～15nm 半波宽）

　　—630nm 红色滤色片（30nm 半波宽）

　　—730，750 和 850nm 近红外滤光片（30nm 半波宽）

　　—KG2 热滤片

　　—720nm 以上的长波长热滤片：RG9

为了能人为地产生一个千分之一的信号以检测这套装置，3OD 的衰减器（^{a}1000 衰减）也很重要。

1.3.14　快门

当实验用高光强的时候，有必要调整光照，使得仅仅在数据采集的时候光才照射到皮层表面。为此，数据采集程序控制一个电子机械快门，放置在灯泡和光导之间。必须保证这个装置对系统只引起微小的震动。优质的快门可以从很多来源获得（Uniblitz，Prontor）。

1.4　数据采集

1.4.1　基本的实验装置

基本的光学实验装置在前面的图 34-1 中显示。麻醉动物的头部被稳定的固定在立体定位仪上，或者使用头部固定器固定清醒动物。因为信号很小，震动噪声成为一个严重的问题。因此，特别是当实验室在较高的楼层或临近公路时，推荐使用减振台。同样应该避免颤噪效应引起的噪声。强烈建议降低光学系统和动物间的震颤。例如，在清醒的行为猴实验中，聚焦合适后，相机镜头应该被直接锁定在颅骨上。

1.4.2　单次数据采集过程的时间安排和时程

内源性信号的时程对于恰当地评估和分析数据非常重要，可取的做法是使进行光学成像实验的数据用来重组其时间过程。需要固定光学成像时数据的时程。一个实用的方法是将数据采集时间分成 5～10 帧，每一帧的数据被分别存储在计算机的存储装置中。这些帧可以在以后单独的，或叠加在一起进行分析。例如，数据采集 3s，10 帧图像被存储，每一帧图像的时程大约是 300ms 多。一个 300ms 的帧可以通过一个慢扫描 CCD 相机单次曝光得到，或者通过叠加 10 个真正的视频帧得到。在下文中，当我们再使用帧这个术语时，我们指的是以前面的方法所获得的帧，而不是一个真正的视频帧。

为了获得功能图，和刺激相关的数据采集的最优的时间安排和时程应该通过研究内源性信号起源的多样性来加以确定。首先，如前所述，内源性信号的不同成分有不同的时程。第二，单独的信号在生理上受不同的空间精度的影响。氧交换和光散射信号这两个成分提供了最好的空间分辨率。因此，可以在刺激后的几百毫秒之内采集信号。然而，在一些数据分析方法中，"基准帧（baseline frame）"是非常重要的，采集皮层图像的实际开始时间应该至少提前到刺激所引起的信号前一帧的时程。

单次实验的时程应该多长呢？因为血流成分的峰值可以延续 3～5s 并且空间分辨率较低，建议在 3～4s 的时候停止采样。另一个限制时程的原因是长时间刺激所引起的皮层充血，导致了较大的血管噪声。因此，通常为了获得良好的信/噪比，使用 2s 的刺激时程，数据的采集同时延续 3s。需要注意的是，主要是在麻醉的猫和猴上研究内源性信号的机制，所以并不清楚这些结果在其他种属或清醒动物上是否相同。另外，已经发现在很多种属中，如波长和刺激时程等最优参数依赖于给定皮层区域所对应的感觉类型。如已提到的许多实验组得到结论，听觉皮层在 540nm 照射下得到最佳的功能图，这种图像反映血容量的变化，而不是大约在 600nm 的时候所反映的氧的变化。

1.4.3　刺激间隔

一个密切相关的问题是刺激间隔时间的选择。内源性信号的时程显示，对于一个 2s 的刺激，信号本身即功能图，需要 12～15s 恢复到基线水平。在这种条件下，为了避免系统误差对功能图的影响，刺激间隔不能过短。然而，在实际实验中，由于在相同的时间内叠加的图像较少，选择过长的刺激间隔同样导致图像质量降低。在可能的情况下，可以采用随机刺激来减少系统误差。刺激间隔 8～12s 是一个好的选择。

1.4.4　数据的压缩

高分辨率的光学成像产生大量的数据。离线分析可得到最好质量的图，理想情况下将每一帧图像都存储下来是非常有益的，但通常情况下这并不可行。对于一个延续一小时的标准实验，数据采集 3s，间隔时间 10s，所需的储存空间非常大，甚至超过 30GB ［3s×30 video frames/s × （768×576）pixels × 360 trials × 2 bytes/pixel= 30 Gigabytes］。24h 的数据采集已经是超大容量了，需要 0.5TB。除了存储空间的问题之外，数据传输和图像分析也需要大量时间。这就使我们需要考虑如何对大量的数据进行大幅度的削减。一种削减方法是将采集到的视频帧合并成数据帧，这在前面已经提到过了。这样通常可以把数据减少 20 倍。另外，在相同的刺激条件得到的数据叠加 8～32 次，并进行平均，这样数据可以减少 8～32 倍。因此，这两种方法将数据减少了大约 400 倍，所得的数据就较容易存储了。不过，这样的实验仍旧会产生大量数据，明智的方法是建立一套快捷的程序用于更大幅度的压缩数据，如在 2×2 到 3×3 的像素范围内进行平均以及附加大时间范围的平均（将某一帧求和以及/或叠加不同采集段的数据）。因此，降低数据量显著缩短了对初始数据进行分析的时间。当然，后来可用更成熟的分析方法处理原始的完整数据。

如果在外科手术中对人脑进行成像，在这种例外情况下储存所有的数据帧是明智的。但是，在极大多数的其他条件下，将数据按照前面所讲的方法进行压缩，至少是对最初的分析是有益的。

1.4.5　测试用的发光二极管（LED）

由于光学成像相对较复杂，在进行实验之前对系统进行全面的测试是很重要的。有两个很重要的问题：①测试系统的信/噪比；②测试数据采集和数据分析是否匹配。

1.工程上采用如下的方法产生一个和从活的脑组织中获得的典型内源信号相类似的测试信号。将显示"8"字的发光二极管（有 7 个单独的发光段）连接在数据采集系统上，在不同的刺激条件下，点亮发光二极管的不同的发光段。调整其亮度，使之在摄像机的整个动态范围内变化。这个亮度通过一个 3OD 的光学衰减片衰减 1000 倍。接着，将整个装置都用红色光照射，它的亮度就再一次几乎达到该相机的饱和水平，这样就得到了一个在相对高的绝对光强下产生千分之一的调制信号装置。在这种条件下通过采集数据测试光学成像装置，并观察这种非常弱的光学的调制变化是否可以被这一适当信噪比的系统所摄取。

2.为了测试所采集的数据，分析数据以及所用刺激的稳定性，在屏幕上显示一些视觉刺激图形是很有用的，这些图形应该很容易地彼此区别的。如果视觉刺激器由一个数据采集程序所控制（以完全相同的真正的控制方式），并且把相机直接对准屏幕时，就可以进行一个简单的测试。对相机在屏幕上摄得的图像进行的数据分析，可以立即揭示图形刺激、数据采集以及数据分析过程中的问题所在。

1.5　对功能构筑进行成像的数据分析

1.5.1　信号强弱

从活体脑组织测量到的内源性信号是很弱的。通常的情况下，由于细胞活动而引起的光强改变不超过总体反射光的 0.1%～6%。从图像中抽提和活动相关的功能图成分困难之一是用于测量的生物组织不可能一直保持在一个理想的均匀光照下。光照的不均匀性可以高于被检测信号的 10～100 倍。另一个问题在于和测量相关的生物噪声在很多情况下比信号本身要强。因此，必须采用恰当的方法把感兴趣的弱信号从原始数据中抽提出来。

1.5.2　图像信号

为了全面理解在光学成像实验中所使用的数据分析方法，必须区分全局信号（globe dignals）和成像信号（image signals）。

图像信号可以方便的通过图 34-9 中的实验结果加以解释。在这个实验中，通过传统的单细胞记录和光学成像方法绘制了皮层的表面图像。A 图显示了在 605nm 波长照射下反射光强度的变化。这是从 C 图（皮层图阴影区内）中的①点测量得到的。在该点，记录的单个细胞活动对运动的水平光栅的反应非常强烈，而对运动的垂直光栅刺激没什么反应。需要注意的是，在该点，同样在无效刺激情况下观察到了内源性信号的变化，事实上相对于最优刺激反射光信号的强度仅仅减少了 30%。这种基于基线的反射光变化称为全局信号。甚至在 605nm 波长的情况下，信号也不仅仅局限于有动作电位活动的皮层区域。两种信号的反射光的差别显示在图 A 底部的曲线中。相反的情况显

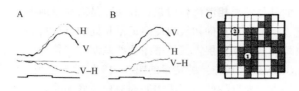

图 34-9　内源性信号的全局成分和图像成分

显示内源性信号的扩散超出皮层电发放活动位点之外。A. 运动光栅激活的反射光信号的幅度和时程。曲线 H
显示了对水平方位光栅的反应，曲线 V 显示了对垂直方位光栅的反应。这两条曲线是从图 C 的皮层上①位点记
录到的，在该处，单细胞记录显示仅仅对水平方位光栅起反应。信号的差异在标记为 V-H 的曲线中显示出来。
一个周期是 2.6 秒。B 和图 A 相似，不同的是皮层信号从位点②记录到，在这个位置，单细胞记录显示仅仅对
垂直方位光栅起反应。需要注意的是图像成分的时程（标记为 V-H 的曲线）与全局信号的时程完全不同。
C. 方位功能柱的二态功能图（two-state map）。阴影显示的皮层区域在水平光栅刺激时反射的光信号要大于垂直
光栅刺激时反射的光信号（改自 Grinvald et al. 1986）。

示在图 B 中，在这种情况下，从 C 图中的②位置记录到光学信号，这个位置记录的单
细胞活动显示仅仅对垂直光栅刺激起反应。定义垂直光栅和水平光栅刺激时光学信号之
差即为成像信号。它是全局信号的一部分，其强度和空间分布与皮层电活动的阈上分布
相对应。

　　需要特别注意的是，图像信号不仅仅比全局信号要小很多，并且图像信号的时间模
式也基本上与全局信号的时间模式不同。

1.5.3　鸡尾酒本底（cocktail blank）和空白本底（blank）

　　为了获得皮层活动的图像，需要在皮层受到刺激时获取图像。这些图像必须与基准
图像相比对，以修正光照的不均匀性。通过一个简单的方法可以一步实现这两个目的，
将刺激诱发的图像除以刺激无关的皮层图像。有两种方法实现这一点。第一种方法是将
未经刺激的皮层图像作为随后的分析诱发图像时的基准图像；在不同刺激条件下获得的
图像与这个被称作空白本底的图像相除。第二种方法是试图获得一块被完全激活的皮层
图像，这个图像叫做鸡尾酒本底。为了获得鸡尾酒本底，需要采用一整套刺激方式，使
得它们以相对均匀的方式去激活皮层。将这些不同刺激方式下的图形平均起来以产生鸡
尾酒本底。所得到的图像被作为基线图像（baseline image），所有的活动图像与这个鸡
尾酒图像相除。

　　两种方法都各有优缺点。采用空白本底图像（即皮层不活动时的图像）的优点是不
用假设一整套刺激方式使得皮层被均匀的激活。因此，它是以一种"最纯的"方式去处
理数据。其缺点在于，这个本底图像是从未受刺激的皮层上获得的。例如，当分析同方
位功能图（iso-orientation map）的时候，这一方法就会被质疑。对初级视皮层而言，用
不同方位的光栅刺激获得的各个激活图像需要修正不均匀的光照。如用空白本底方法，
将受刺激的皮层和未受刺激的皮层相比较，常会在图像中引起非常大的血管伪迹，这
样，一些利用鸡尾酒本底可以看到的结构可能在这些采用空白本底的图像中被歪曲掉。

　　因此，在许多实例中，要在视觉皮层上获取好的方位功能图时鸡尾酒本底是较优的
选择，因所显示的单条件激活图像和基线图像的唯一差别就是刺激的方位，并且图像不

会和整体活动造成的其他差异相混淆。但是，其缺点是需要根据不同皮层区域的功能性构筑做不同的设定。例如，从猫的初级视皮层记录相同的方位功能图时，通常假设一套全方位的刺激用来均匀地激活皮层，接下来用这些刺激方式得到的图像来计算鸡尾酒本底。Bonhoeffer 和 Grinvald（1993）的文章的图 34-19 显示，这种假设并不总是正确的。在此例子中，从不同方位所获得的鸡尾酒本底与空白本底相除，可以看到一个不规则的结构保留在结果图上，提示所有不同方位的组合（在使用一种空间频率下）不能真正均匀地激活皮层。实际上，据 Bonhoeffer 和 Grinvald（1993）推测，用鸡尾酒本底和（真实）本底相除所获得的清晰图像可能表明是一幅猫 18 区的空间频率功能图。事实上，这样的空间频率图新近已为光学成像的方法所证实（Shoham et al. 1997）。这个例子说明，由于它把空间频率的信息加到活动的功能图上，在一些情况下鸡尾酒本底是不合适的。因此，如果必要的话，要进行这样的测试以检查产生的功能图。如果利用这种方法的确产生了一个功能图，重要的是确定该图像的强度，并且把它与所考虑的功能图强度进行比较。这种比较提供了一个对使用特殊的鸡尾酒本底得到的功能图的歪曲程度的估计。更多的是，这种处理方法同样可给出以下暗示，即存在以簇状成团方式呈现在皮层上的其他的刺激特性。

　　当分析光学成像数据时，需要小心对待前面的这些问题。需要注意的是在一些皮层区域，如感觉皮层区域，鸡尾酒本底的方法并不一定恰当。此外，要牢记为了分析所做的假设可以影响到图形的形状。通常，神经生理学家关心和电活动相关的功能图形，而不是那种不相关的、弥散的、超过了电生理反应活动区域的全局信号。

1.5.4　单条件功能图（single-condition maps）

　　进行标准分析时，是将单刺激条件所获得的所有功能图加以平均，这些单刺激条件得到的图像再除以鸡尾酒本底。图 34-10 显示了以这种方法获得的视皮层的四幅方位功能图。当一定方位的运动光栅刺激猫视觉系统的时候，采集皮层的图像。这个图像再与鸡尾酒本底相除，鸡尾酒本底是通过平均不同方位刺激所获得的图像得到的。图 34-10 所显示的结果图中，可以看到清晰的活动区域。正如标准的电生理记录所预期那样，相差 90°的方位功能图的图形是大体上互补的。

　　在过去的一些论著中，对于如何进行数据分析存在一些混乱。因此，区分"差分的功能图（differential maps）"和"单条件功能图（single condition maps）"很重要的。单条件功能图是在某一刺激条件下获得的功能图和与本底功能图（鸡尾酒本底或空白本底）相除得到的。所得到的功能图显示该特定刺激条件下的活动区域。在差分功能图中，需要对皮层组构做进一步的假设。为了获得增最大的对比度，一幅活动图像通常与另一幅与之互补的图像相除（或相减）。正因如此，特定的假设（既可能正确也可能不正确）成为分析的基础，所以在数据处理时（尽管信噪比有所改善）必须小心。对不同图像加以解释的困难之一是这些图像中的灰色区域代表什么（例如，像素值约为 128）。这些区域可能与这两种刺激条件激活的区域都不对应，也可能与这两种刺激条件下产生相同程度激活的区域相对应。使用原始空白本底的单条件图像却不受制于这些问题。事实上，Ts'o 和 Grinvald 首次介绍这种方法的时候，同时也是首次应用光学成像方法在短尾猴的 V2 皮层区域记录到条带图形（指猴的 V2 皮层区域内的细胞色素氧化酶染色

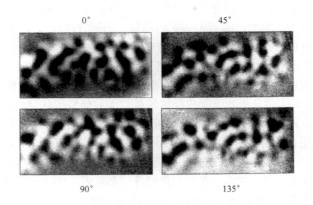

图 34-10　猫视皮层上四个不同方位的单方位活性图

四个图像是在用不同方位运动光栅刺激幼猫的时候得到的。为了校正皮层不均匀的光照影响和非刺激相关的血管的影响，所有图像都除以来自于所有不同方位所获得的图像的平均值（鸡尾酒本底）。在图像中暗色的区域是有着较强的光吸收的区域，即有着较强的活动的区域。注意这个实验中信噪比非常好。Bonhoeffer 和他的同事发现，大体上，在幼猫上信噪比远比远比成年动物要好（改自 Bonhoeffer et al. 1995）。

的条带——译者注）。这种条带可以通过将单眼刺激所得到的功能图和本底图像相减得到。而从左右眼刺激数据所获得的差分功能图分析并不能揭示这些条带。

当使用差分功能图，比较鸡尾酒本底和普通空白本底的优点时，特别需要注意的是，用来成像的内源性信号并不直接反映电活动。更重要的是，内源性信号扩散超出一小片皮层的动作电位活动区域。扩散的程度依赖于使用的光波长。因此，当使用空白本底的时候，得到的功能图实际上是全局信号的图像而不是准确反应了皮层电活动区域的图像。当恰当地使用鸡尾酒本底的时候，大大减少了这一问题。与此类似，特别是当激活区域的空间频率相对较高的时候，使用差分功能图可以削减掉大部分的全局信号成分。

假如单条件图像的信/噪比太差不能得到期望的活性图，而必须计算差分功能图时，可有两种方法用来计算。一种可行的方法是将图 a 和图 b 相除，从而得到差分功能图。另一种方法是将两幅图相减，再将结果与一般光照情况下的图像（如鸡尾酒本底）相除：（A-B）/鸡尾酒本底。第一种计算方法的基本原理是计算 a 和 b 活性区域的比例。第二种计算方法某种意义上说更直观一些：它假设两个图像之间的差异才是重要的。接下来对这种差异进行非均一照明的修正。虽然，看起来这两种方法非常不同，但是可以证明，假设功能图强度远小于图像的绝对光强的情况下（Bonhoeffer et al. 1955），两者是相等的。

1.5.5　伪彩色的功能图

一些实验中，包含在数据中的完整信息最好通过伪彩色加以显示（Blasdel and Salama 1986；Ts'o et al. 1990；Bonhoeffer and Grinvald 1991；Blasdel 1992a, b）。例如，为了全面分析图 10 中各个方位区域的组构，利用伪彩色来显示是非常有用。在一个实验中，对于四个不同方位的反应采用矢量方式，逐像素叠加。对于皮层上的每一个点，叠加四个矢量，它的长度便是单条件反应的强度，而它的角度便对应着诱发反应的光栅方位（为了将 $180°$ 的方位图纳入 $360°$ 的周期，不同方位的角度均先乘以 2）。有很多方法显示矢量分析的结果，每一种都侧重于单方位区域组织的一个特殊方面。Blasdel 和 Salama（1986）介绍的方法是只显示结果矢量的角度（需要除以 2），即"角度"功能图。因此，由黄色、绿色、蓝色、红色再到黄色的一组颜色就可以编码这片皮层最优方位的角度。图 34-11 是从猴初级视皮层区域类似实验结果所获得的"角度"功能图。显示矢量的强度也可以提供另外的信息，可利用颜色的亮度（也就是强度）来表现。Ts'o 等人最先采用这种角度功能图（1990），它同时显示了最优方位（色调）和矢量大小（颜色的强度）。然而需要注意的是，较低强度的矢量可能是源自各个方位都能引起相同程度的较强反应，也可能源自各个方位的反应都很弱。HLS 图像克服了这个不足。详细的内容请参考 Bonhoeffer 和 Grinvald（1996）的文章。

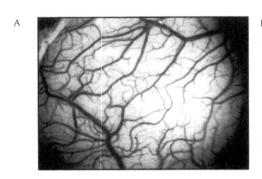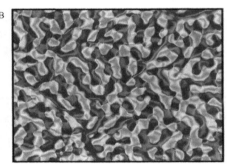

图 34-11　通过矢量求和方式获得的方位优势图

角度图显示了成像的皮层各区域的方位选择性。为了计算皮层区域的方位选择性，从不同方位获得的皮层活动图像以像素为单位进行矢量求和。结果中的矢量角度根据图形下方所示的标尺添加伪彩色。黄色表示对水平运动光栅反应最强的区域，而倾向于对垂直光栅反应的区域用蓝色编码。这张图清晰的显示了方位中心周围的风车状结构。

　　尽管伪彩色为读者提供了有用的信息，但它掩饰了较弱的数据，使得挑剔的读者不能独立评估数据。我们觉得在伪彩色的数据旁显示单独的原始灰度数据很重要的。

1.5.6　光学图像的可重复性

　　为了证明数据的可靠性，每当可能的时候，都要进行可重复性的测试。一个角度图的可重复性测试的例子显示在 Bonhoeffer 和 Grinvald（1993）文章的图 5 中。图的可重复性通过计算均方根（RMS）值的方式加以定量检验，即对每一个像素所检测的最优角度的变差，结果为 $9.8°$。对于 88% 的像素，变差小于 $10°$。

　　较高的可重复性使获得的皮层图像有较高的精确度和可信度。风车状中心的可重复性提示光学成像的分辨率可达 $50\mu m$。在每次光学成像实验中都要进行可重复性的研究。这是很重要的，特别在功能图很弱的情况下，这种方法有助于区别什么是固有的、可重复的皮层功能柱图，以及什么是伪迹成分。

1.5.7 第一帧分析（first frame analysis）

上面我们已经提到生物起源的慢噪声通常对产生高质量的功能图是个限制因素。一种用来去除小于 0.3Hz 慢噪声的方法，称作第一帧分析，它首先由 Shoham 提出。如果噪声明显慢于实验周期的时程，可以把它看成一个不变的图形，包含于一个实验周期所获得的所有帧之中。如果第一帧采样于诱发的刺激反应之前，它将仅仅包含慢噪声信号而不包括刺激诱发的活动信号。因此，在进行其他分析之前，为减小慢噪声，序列中所有的帧都要和第一帧相减。在 Bonhoeffer 和 Grinvald（1996）文章的图 34-17 中，显示了这种方法明显改善了功能图。这幅图显示的眼优势柱，是通过使用差分分析方法计算小刺激所引起的猴初级视皮层上活动图所得出的。本来很难检测出眼优势条带和视网膜拓扑投射边界。但是，通过将序列中的每一帧均和第一帧相减的方法得到的功能图中，可以清晰的看到典型的眼优势功能图形以及和刺激相关的视网膜拓扑边界。在图中也显示了方位功能图相类似的结果。这些数据强调了在采集刺激图像之前至少采集一幅对照帧的重要性。我们实验室的经验显示这种方法可以挽救很多数据，否则由于血管的造影，那些数据变得毫无用处。尽管通过第一帧分析的方法可以大大改进成像，但这种方法仍有其不足之处：向图像中导入了高频噪声。不过，可以获取几幅刺激诱发反应之前的图像，并加以平均以减小高频噪声。

1.5.8 更精巧的图像分析方法

相对于 fMRI 和 PET 图像等其他处理图像数据的分析技术，前面所提到的图像还是比较简单的。为避免对光学图像进行基于统计分析的进一步的图像处理，可设计以获得好的信噪比。由于光学信号价格便宜并可将信号加以平均，通常是可行的。不过，在一些实验中，即使是最好的数据也存在着生物噪声，必须在获得合适的功能图之前去除这些噪声。

Kaplan 和他的同事使用主成分分析方法（principle component analysis，PCA）从获得的图像中去除噪声（Sirovich et al. 1995；Everson et al. 1998）。他们描述了一种特别有前途的方法，以消除那些在时程上和刺激时程不相关的成分。最近，Obermayer 和他的同事将这种方法和独立成分分析法（ICA）进行了比较，得出结论是后一种方法在很多实验中更有益，特别是在获得比较清晰的单条件功能图方面（Stetter et al. 1998）。可以看到，这些图像分析方法和噪声去除技术的发展令人欣喜。不过，如前所述，特别是在不能独立评估原始数据的时候，解释这些经过处理的数据必须非常小心。

1.6 慢性光学成像

使用基于内源性信号的光学成像一个最大的长处是该技术相对地无损伤，因此，可以在一次实验中从一块皮层区域记录到多种活动图像。另外，还可以在单个动物上重复的记录图像，从而可在较长的时间内，如几周或几个月内观察功能图的结构。

1.6.1 通过无损的硬脑膜或薄的颅骨进行红外成像

慢性光学成像可行性的特殊前提是发现可以通过无损的硬脑膜甚至薄的颅骨获得皮

层图像（Frostig et al. 1990；Masino et al. 1993）。要实现这点，必须使用红外光，它对组织的穿透能力要强于短波长的光。作为长期慢性实验的研究基础，特别是在一些年轻动物的实验中，Frostig 等（1990）通过无损的、不透明的硬脑膜对成年猫的方位柱进行了成像。然后切除硬脑膜，发现透过硬脑膜所记录到的图像和直接在暴露皮层上记录到的图像相似。最近，Fitzpatrick 和他的同事通过薄的颅骨进行了方位柱的成像（William et al. 1997）。

1.6.2　清醒猴的慢性光学成像

清醒猴的实验提供了很多用于研究高级认知功能的益处。由于这种实验要长时间和特别多的精力去训练动物，所以这种成像需要进行慢性记录，不能仅仅限于一次实验。

为能在清醒猴上进行光学记录，需要解决很多问题。这些问题不会出现在麻醉和麻痹的动物的实验中。第一个问题即清醒的动物不像麻醉的动物，不能利用麻痹的方式加以固定。因此，我们必须冒着清醒动物可能会活动，进而皮层表面可能移出摄像机视场的危险。由于与诱发的神经元活动相关的图形信号的强度比反射光强度小 10 000 倍，$10\mu m$ 的移动就足以破坏一次实验。第二个问题是较大的心跳和呼吸噪声。在麻醉动物实验中，这些周期性的噪声（通常比视觉诱发的信号更大）通过呼吸和心跳同步化，并通过心电来触发刺激和采集数据加以去除。这样，非视觉诱发的信号可以通过将两套根据心电触发产生的图像进行相减而完全加以消减。然而，在不实行人工呼吸的动物中，不可能产生这种同步化，所以心跳和呼吸信号可能非常大，以至于使图像信号不明显。第三个问题是用于成像的内源性光学信号是否依赖于麻醉的水平。

Grinvald 及其同事（1991）的工作显示这些问题都可以克服，基于内源性信号的成像可以用于探索灵长类清醒动物的皮层功能构筑。用于慢性实验的小室被固定在猴子初级视皮层上方的颅骨上。通过一个固定的头架来限制头部的移动，足以消减清醒猴移动所带来的噪声。在一些实验中，清醒猴中所获得的图像质量相当于甚至优于麻醉猴中功能图的质量。另外，在麻醉和清醒动物中内源信号的波长和时程都相似，这点提示信号来源是相似的。然而，当猴子用手按动按钮或者奖励其橘子汁的时候，会检测到噪声，这时必须停止采集数据。因此，必须制定标准的行为规范以适合光学成像的需要，必须考虑的额外需要，包括噪声的考虑、与慢的内源性信号时程相匹配的实验时序、最优的刺激时程、最优的光学数据采集方法和相对较长的刺激间隔。

1.6.3　皮层组织的长时间维持

如前所述，在清醒猴中进行的实验需要慢性实验。实验中，首要的问题是使皮层组织长时间保持在良好的光学实验条件下。为了达到这一目的，并且提供皮层上良好的光学通路，Shtoyerman、Arieli 和 Grinvald 在猴中植入一个硅制的透明人造硬脑膜，并且验证了其可行性。使用这种人造硬脑膜，可以长时间的对方位柱和眼优势柱成像。图 34-12 显示了慢性实验中眼优势柱成像的一个例子。以这种人工硬脑膜覆盖的皮层可以长时间保持良好状态，最长可达 36 周。因此，采用这种方法将用内源性光学成像的方法研究高级脑功能变为可能。

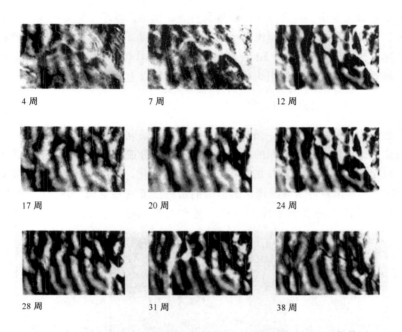

图 34-12　在清醒猴的人造硬脑膜的保护下皮层记录的稳定的眼优势图

为了保护暴露的皮层，在短尾猴的初级视皮层上植入人造硬脑膜。这里显示的 9 幅图是在 9 个多月的时间里所获。为了帮助读者看清这些皮层图像的稳定性，根据大血管的图，一条黄线标志在所有图像相同的皮层位置（Shtoyerman et al. 未发表结果）。

1.6.4　在麻醉实验中用慢性的记录方法对发育进行研究

如前所述，在研究脑的发育的时候，光学成像主要优点之一是实验过程相对无损。尽管为了让光照射在大脑上，必须打开颅骨，但是在记录过程中，并没有碰到大脑本身。特别是在年轻动物中，甚至可以通过不受损伤的硬脑膜获得良好的图像。这减小了感染的危险，更重要的是，它让脑保持在一个自然的并且最优的环境中。使用这种方法，可以在几周，甚至几个月内进行慢性记录。在雪貂上曾成功进行长达 4 个多月的慢性实验（Chapman and Bonhoeffer　1998），在这种情况下，更长的生存时期也是可能的，并且不会出现并发症。

正如很多慢性实验一样，在这样的实验中必须进行消毒。给恢复中的动物（年轻的动物）以足够的关心是很关键的，这样，能快速克服最初由于植入小室所带来的手术应激。一旦植入小室后，每次实验前动物所忍受的手术应激是很小的。小室需要打开并且进行清理（一次大约 20min 时间），重新灌注后可以继续开始成像实验。很多情况下，在已植入小室的动物上进行记录时，麻醉时间最好小于 3h。麻醉时间短特别重要，尤其在幼小的动物上实验时。

当设计的慢性实验时间长于两周的时候，建议使用前面提到的步骤，通过原有的硬脑膜获得活动图像。如果需要切除硬脑膜，以获得足够高质量的活动图像，以下的操作是很有效的。所有记录结束之后，在动物从麻醉状态苏醒之前，用含有几滴抗生素（氯霉素）的琼脂覆盖皮层。这种方法有双重的益处：第一，减小了感染皮层和周围组织的风险；第二，琼脂阻止了周围组织再生的细胞侵袭皮层，以免形成了一个扩散到整个皮层表面的连续的结缔组织。3～7d 后对动物进行下一次实验时，可以方便的除去琼脂层。注意到这些，显露的皮层组织可以保持至少 3 周以上的健康状态。

1.7　皮层血容量和血流改变的实时观察

除了前面提到的应用之外，光学成像还可以用以研究生理和药理调控对皮层微循环的影响或皮层微血管系统随时间的自发变化。视频差分成像对小的光学改变具有很大的敏感度，以至于能检测出 0.1Hz 的氧饱和度的缓慢变化，并能在显示器上直接观察。

图 34-13 显示出差分增强图像，其提供的敏感度能直视血流。图 34-13A 显示了从猫皮层上得到的正常的视频图像。图像的宽度大约 1mm，所以每一个像素覆盖大约

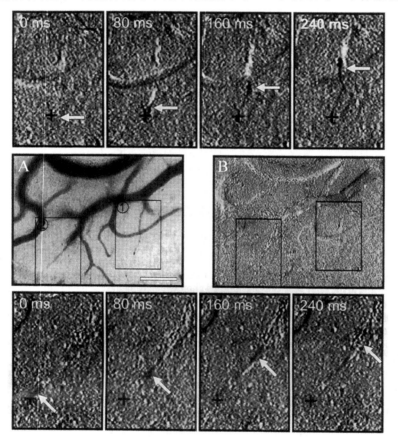

图 34-13　差分方法增强的图像敏感度

A. 从猫皮层上获得的常见视频图像。每一个像素的大小约 $1.5\mu m \times 1.5\mu m$。B. 与左图所示正常图像相对应的差分增强图像。它很平坦，仅仅可以看到大血管的边缘。上面一排和下面一排放大的图像分别来自位点（1）和（2）（矩形框表示于图 A）。每帧的时间分辨率是 80ms。可以检测到毛细管内血红细胞的运动。标尺＝$200\mu m$（Grinvald　未发表结果）。

$1.5\mu m\times1.5\mu m$ 的皮层面积。图 34-13B 显示了平坦区域的差分增强成像，仅仅可以看到血管的轮廓。上方和下方放大的两行图像是从位点 1 和位点 2（图 34-13A）记录到的。在这些图像中，可以看到小的黑色颗粒在移动。这些颗粒是在毛细血管中成簇的小血红细胞。

1.8　三维光学成像

通常认为新皮层是以功能柱方式组织的，也就是说，处在某一细胞下面的其他神经元有着与之相似的功能特性。尽管通常是正确的，但皮层柱状结构的概念不意味着在某一神经元下面的其他细胞就有着绝对相同的反应特性。因此，为了更好地理解新皮层完整的功能构筑，从皮层上获得三维的光学成像数据是非常有价值的。很显然，光的穿透力是一个重要的限制因素，但是由于近红外光穿透皮层组织的能力优于可见光，近红外成像应该更容易观察到深处皮层的结构。

正如 Agard 和 Sedat（1983）首次描述的那样，光学截面方法是获得三维信息的一种手段。使用这种方法，可以在不同深度进行光学成像。接下来，通过数学反卷积（deconvolution）的方法去除未聚焦的成分。数年前由 Malonek 实现的光学截面研究显示，利用 750nm 的波长聚焦皮层 $800\mu m$ 以下成像时，仅仅有 25％ 的成分反映该深度，即对应于在猴皮层第四层上部（Malonek et al. 1990）的贡献。这些研究显示，功能组织的光学截面仅仅对皮层 1、2、3 层是可行的。然而，尽管信噪比有所改善，最近对这方面进行尝试的实验还是失败了（Vanzeta and Grinvald 未发表的结果）。

共聚焦显微镜（Egger and Petran 1967；Boyde et al. 1983；Blouke et al. 1983；Lewin 1985；Wijnaendts et al. 1985）可以显著改善三维分辨率，减少影响图像清晰度的光散射波动。使用这种显微镜，Egger 和 Petran（1967）对蛙视顶盖表面下 $500\mu m$ 的单个神经元进行了研究。虽然技术上非常需要在体实验上获得这样的分辨率，但应考虑到约 $50\mu m$ 的较粗糙的分辨率对于功能成像已经是一个很大的改善了。因此，虽然技术上有困难，但使用共聚焦显微镜对于获得光学截面成像已经是一个很大的进步了。

另一种可能用于三维成像的方法是双光子吸收技术，它是由 Webb 和他的同事所建立（Denk et al. 1990）。在很多实验中，这种新的技术已经被证明比起传统的共聚焦显微技术更有效地实现良好的三维分辨率，另外，它同时引起较小的光子动态损伤和漂白。这三种方法还需要继续进行尝试，以观察是否可及和哪一种方法确实能为光学成像提供良好的三维分辨率。

1.9　对人的新皮层进行光学成像

麻醉和清醒的灵长类动物的脑功能图像的空间分辨率提示我们，这种技术可能在人类的神经外科手术中作为一种成像工具。对需要进行肿瘤切除的外科手术病人，光学成像可能在外科手术中提供精确的皮层表面功能区的边界，使得神经外科医师能够选择最好的切除策略，以减少病人可能的脑损伤。另一种内源性信号成像在人神经外科手术上可能的应用是观察癫痫的发作位点，当位点处于大脑表面的时候，它的精确度优于电生理记录（大约 1cm）。这同样对病人有益，因为它允许少得多地切除病变组织。至少现已有五个小组开始在人神经外科手术上使用光学成像方法。

1.9.1　在神经外科手术中进行成像

在这个方面，MacVicar 和他的同事（1990）以及 Haglund，Ojeman 和 Hochman（1992）迈出了第一步。Haglund 和他的同事在人大脑皮层获得了在电刺激引起的癫痫状后放电的功能图，并且在清醒病人上引起了有感知的功能活动。他们同时报道在后放电活性区的周围，光学信号向负方向改变，可能代表存在抑制性周边。在舌头运动的时候，感觉皮层发现大的光学信号，而在命名测验时，Broca 和 Wernicke 语言区发现大的光学信号。这种信号的幅度大到令人惊奇，而且，在这些报道中描记的时程与一些正常的实验动物中观察到的不同。很明显，在人的大脑皮层上观察到了真正的活动依赖的信号。然而，不能完全排除也可能在研究中观察到的一些图像和信号包含了噪声以及从微血管系统来的信号。

最近，Shoham 和 Grinvald 在人体进行了光学成像的研究，在神经外科手术中描绘了功能区域的边界。在初步的报道中（Shoham and Grinvald　1994），他们描绘了人手在体感皮层的代表区，然后这个代表区又为在皮层表面进行记录的 16 个电极矩阵差分 EEG 方法所证实（Shoham and Grinvald　1994）。另外，Goedecke 等（未发表的结果）使用光学成像方法对新皮层癫痫位点进行成像。在这两个研究中，都发现在人皮层上光学成像的相关噪声都比使用颅骨窗口技术在动物实验上记录到的信号噪声要大。这两个组都发现了很大的活性依赖的血管噪声。尽管目前这项技术很困难，但很显然，在某些情况下对人大脑皮层功能性边界成像还是可行的（Cannestra et al. 1998）。

1.9.2　通过无损的人颅骨进行光学成像

使用光线非损伤性地通过完整的颅骨对人脑进行功能成像仅仅是科学幻想还是可能成为现实呢？虽然，先驱性的研究并没有试图对人脑活动进行成像（Jobsys　1977；Wyatt et al. 1986　1990；Chance et al. 1993a，b），但是一种相关技术仍旧可以用来进行成像实验。在一个高度分散的介质（如脑）中，光子通常遵循一种随机的路线。一些迁移的光子到达表面，离开介质后，就不再进入。如果可以知道光源和颅骨表面甄别装置的相对位置（通常 1～2cm），就可以知道空间中光子的密度。因此，活动依赖的光散射或光吸收的改变将影响到达检测器的光子流，并得以定位。Kato 及其同事（1993）使用一种发光器—检测器配对排列的方法，在人的大脑皮层上获得了低分辨率的光学图像。用近红外光，光学方法可以检测到听觉皮层和体感皮层上的光学诱发反应，并用脑电图方法确证。这些和其他的报道提示，相对低廉的光学成像方法可以用来探索人的皮层功能组构，并能提供毫米级的空间分辨率（Hoshi and Tamura　1993；Gratton et al. 1994）。

到达颅骨上方检测装置的光强变化可以起源于吸收光的改变或散射光的改变。动物实验中可以发现光吸收改变的一个重要的成分来源于血液动力学的改变。已知这种改变较慢，大概需要 2～6s 的时间。因此，它们可以用来提供和"在哪里"相关的图像信息（位置信息）。然而，这些血液动力学的信号不足以提供和"在什么时候"相关的信息（毫秒级的时间信息）。正如已经提到的那样，众所周知，光散射信号中有一种以毫秒的精度跟随神经元活动而改变的成分（Hill and Keynes　1949；Cohen et al. 1968；Tasaki et al．1968；Grinvald et al．1982；Salzberg et al．1983）。由于从动物实验中知道，光散射的快成分相对于光散射的慢成分和血液动力学的变化要小得多。首先的重要问题便是，能否从和微血管反应相关的吸收改变中分离出光散射信号？其次，是否可能分离出这种小而快的光散射成分。

由于吸收和散射的物体对光子通过介质的时间产生不同的影响，所以需要采用时间分辨的光谱学（Bonner et al．1987；Sevick et al．1991；Benaron and Stevenson　1993）或者频率域的光学技术（Gratton et al．1990；Maier and Gratton　1993；Mantulin et al．1993）来分离吸收和散射光成分。Gabriele Gratton 及其同事的初步报道提示，小而快的光散射成分可以在人执行打字工作或视觉信息处理过程中被分离出来。因此，看来最近光学成像方式不仅可能提供和 PET 以及 fMRI 相媲美的空间分辨率，而且可以提供像脑电图和脑磁图一样的毫秒级的时间分辨率。光学装置的相对少的费用和简易性证明这个领域的广泛研究是正确的。如果探索成功，就可能很快在神经生理学水平应用这种比其他方法相对低廉的方法来探索人的认知功能。

第二部分　新皮层的电压敏感染料成像技术

导　言

脑科学研究中的首要问题就是研究单个神经元的动态特性和神经元之间相互的突触连接怎样形成具有独特性能的大脑网络。对这些问题的深入研究表明，单个神经元的电活动特性无法反映出皮层神经网络的特性。这种特性只能通过研究群体神经元，而不是单个神经元的活动特性来了解。在这节综述里，我们将介绍一些基于电压敏感染料成像技术获得的结果。电压敏感染料成像技术提供了微秒级的时间分辨率。实际上，尽管之前介绍的基于内源信号的光学成像技术是一种优秀的研究功能成像的技术，但由于内源信号较慢的反应时程，这种技术只能回答"哪儿"的问题，而无法回答"何时"的问题。当然，一个具有较慢反应时程的信号并不一定意味着它不能用于测量快得多的电反应活动的相对时程。最近 Menon 及其同事就利用功能磁共振成像（fMRI）技术达到了间接测量的目的（Menon et al．1998）。当然，直接测量技术具有更多的优越性。因此，我们认为基于皮层电压敏感染料探针成像的技术将比基于缓慢的内源信号成像技术获得更多的重要发现。

Tasaki 等和 Cohen 及其同事在乌贼巨大轴突和单个神经元上首次用了电压敏感染料记录了光学信号（Salzberg et al．1973）。要进行电活动的光学成像，首先要用合适的电压敏感染料对研究对象进行染色。染料分子结合到兴奋性膜的外侧面，然后像传感器一样将膜电位变化转换成真正的光学信号。这种光学信号源自电活动依赖的荧光吸收或荧光发射，发生在毫秒级时间内，与膜电位变化及神经组织被染色的膜面积线性相关。

图 34-14 显示了电压敏感染料的结构，它揭示了染料反应与电压变化相关联的可能机制。典型的染料分子是一个长的具有大偶极矩的共轭分子，它由一个疏水端和一个具有固定电荷的亲水端组成。疏水端可以将染料分子锚定到双层脂膜上，但具有固定电荷的亲水端的存在阻止了染料分子的自由跨膜。此外，大的偶极子使染料分子具有对微环境及神经元活动时跨膜电场变化敏感的特性。染料对电压变化敏感的特性可以用几种可

能的机制来解释：直接的电一化学效应以及跨膜电场变化导致的探针出入膜的运动，从而影响了诸如颜色及荧光量子产额等光学特性的变化。

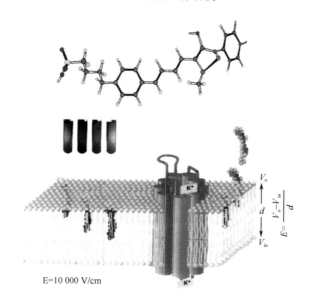

E=10 000 V/cm

图 34-14　电压敏感染料

上图：电压敏感染料 RH795 的化学结构。结构下面的四个试管里面是溶解于四种不同极性溶液的电压敏感染料。它们颜色上的显著差别表明它对其周围的微环境极其敏感。下图：染料与双层脂相互作用的示意图，描述了电压敏感染料能将膜电位变化转换为光学信号的多种可能机制中的一种。没有与双层脂相结合的染料分子不具荧光性（用蓝色描绘）。一旦染料结合在脂双层上，它就具有荧光性（红色）。荧光强度依赖于染料疏水性部分与双层脂疏水性部分之间的相互作用。由于染料不仅带电而且有极性，所以它可能会在跨膜电场的作用下改变其与双层脂的相互作用。一个动作电位引起约 20 000 V/cm 的跨膜电场的变化。即使染料不随动作电位移动，这样巨大的电场变化也会导致一个电化学效应（electro-chromic effect）。

　　这些光学信号变化可以用安放在显微镜成像平面上的光成像装置来检测。这种在体成像的装置与基于内源信号成像的装置相似，不过做了一些重要改进：

　　—高速摄像机（2000～3000Hz）

　　—具有落射功能的放大镜（Macroscope）

　　—采集、显示及分析用的专业软件

　　图 34-15 显示了一套装置的示意图。

　　基于电压敏感染料的在体成像技术起始于 1984 年（Grinvald et al. 1984；Orbach et al. 1985），但直到最近几年才较成熟（Shoham et al. 1998；Glaser et al. 1998；Sterkin et al. 1998）。现在，那些关于电压敏感染料成像技术是十分困难而且有缺陷的成见已不复存在了。此外，过去通常认为要获得较高的时间分辨率就必须付出空间分辨率的代价的成见已成为历史。近些年来，在高速摄像机及电压敏感染料设计方面的进步已可能实现高空间分辨率和毫秒级时间分辨率的功能域成像。图 34-16 比较了用基于电压敏感染料的成像技术和基于内源信号成像技术所获得的方位功能图。两种高分辨率的功能图

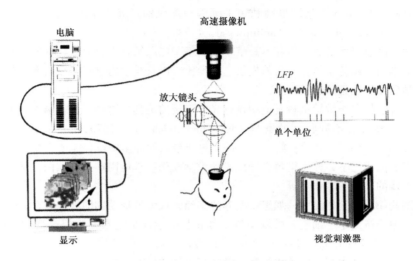

图 34-15 实时光学成像系统

暴露皮层用局部施加的电压敏感染料染色两个小时。一个 1～7mm 长的方形视觉皮层区在显微镜的帮助下投射到一个快速摄像机上。显示器显示了计算机控制的视觉刺激。皮层荧光图像的采样频率是 1000Hz。快速摄像机的输出用灰度图、彩色图或表面成像图（surface plot images）的方式慢速显示在一台 RGB 显示器上。与此同时，还进行局部场电位（LFP）记录、多个单位或单个单位活动的记录和胞内记录（Glaser et al. 1998；Shoham et al. 1998）。

两种成像技术的比较

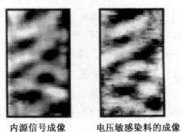

内源信号成像   电压敏感染料的成像

图 34-16 用两种技术获得的高分辨率功能图的比较

右图显示了用快速高分辨率富士摄像机及新型电压敏感染料 RH1692 获得的相似方位功能图。这里仅显示了一系列记录中的一帧。左图显示了染色之前用内源信号成像技术获得的功能图。3 秒内采集的所有图像都被叠加用于获得内源信号功能图（改自 Glaser et al. 1998）。

没有什么差别，而基于电压敏感染料的成像技术具有更好的信噪比。接下来，我们将简要讨论一下基于电压敏感染料的成像技术的一些普遍问题。

最初用于替代光学记录研究的电压敏感染料成像采用的是 12×12 的"二极管阵列摄像机"（Grinvald et al. 1981）。后来，在日本的两个研究组，Kamino 及其同事（Hirota et al. 1995）和 Matsumoto 及其同事（Iijima et al. 1992）的出色工作使获得高分辨率成为可能。Toyama 及其同事则利用了频闪观测仪的灯光将空间分辨率进一步提高（Toyama and Tanifuji 1991；Tanifuji et al. 1993）。

　　然而，高速摄像机的规格并不是唯一限制基于电压敏感染料成像技术的空间分辨率的条件。当前使用的染料特性所能提供的信噪比，以及光动力学损伤或内部探针所导致的药理学副作用也是限制条件。

　　开发合适的电压敏感染料是成功进行光学记录的关键。这是因为：第一，不同的实验样品常需要具有不同特性的染料（Ross and Reichardt 1979；Cohen and Lesher 1986；Grinvald et al. 1988）；第二，不同染料所带来的许多困难仍需要克服。在长时间或高强度的照明之下，使用染料会导致光动力学损伤。其他困难还有漂白，穿透深度有限，及可能的药理学副作用等。

　　在某些简单实验样品中，如组织培养的神经元或无脊椎动物的神经节，一个像素就可以清楚地分辨出单个细胞，所以染料信号看起来就像是记录细胞内电活动（Salzberg et al. 1973，1977；Grinvald et al. 1977，1981，1982）。但需要注意的是，新皮层染料信号记录或成像技术却不同于单细胞记录或简单的神经系统单通路记录。在光学记录皮层组织时，光学信号没有单细胞那样的分辨率。取而代之的是，它显示的是同时在突触前及突触后神经元个体的膜电位变化，以及附近神经胶质细胞可能的去极化（Konnerth et al. 1986；LevRam and Grinvald 1986）。因为光学信号反映的是整个膜区域全部的膜电位变化，所以光学记录可以轻易的探测到在广阔的树突分支上缓慢的阈下突触电位。因此，如果加以正确的分析，光学信号可以提供与神经元群体活动有关的皮层信息处理的全貌，而通常这些信息是用单细胞记录或胞内记录所无法获得的。

　　研究某个皮层区域里神经元的群体活动可以通过测量反映所有神经元电活动的光学信号的总和来实现。如果一个像素对应 $50\mu m \times 50\mu m$ 的皮层区域，那么记录的信号就反映了 250～500 个神经元的活动。现在有许多问题仍不清楚，比如这种类型的信息究竟有多大的意义，因为在某一特定区域内，神经元可能属于不同的神经集合，执行不同的计算任务。人们真正想做到的是记录某个独立神经元集合的动态变化，而不是源自功能混杂的神经元群体的活动。在将群体活动成像与单个神经元活动记录结合起来之后，就能显示神经元集合的相关活动所产生的时空模式，这内容将在加以后面讨论。因此，基于电压敏感染料的在体成像技术是一种强有力的工具，也是人们目前唯一能用的方法（Arieli et al. 1995；Kenet et al. 1998）。

　　总的来说，基于电压敏感染料的皮层活动的实时光学成像技术是一项特别有吸引力的技术，它开辟了对哺乳动物皮层功能的时间特性进行研究的新视野。与其他方法相比较，它具有如下优点：

　　　　—直接记录群体神经元细胞内膜电位变化的整体反应，包括纤细的树突及轴突反应

　　　　—能够在较长时间内反复测量同一皮层区域在不同实验条件或刺激条件下的反应

　　　　—在亚毫秒级时间分辨率上对神经元群体活动的时空模式进行记录

　　　　—可对神经元集合的选择性成像，对此后文将会加以讨论

　　过去已经发表了许多相关的综述（Tasaki and Warashina 1976；Cohen et al. 1978；Waggoner 1979；Waggoner and Grinvald 1977；Salzberg 1983；Grinvald 1984；Grinvald et al. 1985；De Weer and Salzberg 1986；Cohen and Lesher 1986；Salzberg et al.

1986；Loew　1987；Orbach　1987；Grinvald et al. 1988；Kamino 1991；Cinelli and Kauer　1992；Frostig et al. 1994）。接下来，我们将简要回顾一下我们研究工作中的一些例子，以阐明运用这种技术所能解决的一些问题。

群体活动的成像

简　史

最初来自哺乳动物脑片或完整分离的脑组织的电压敏感染料成像结果表明，光学成像同样可以作为强有力的工具来进行在体的哺乳动物脑功能研究（Grinvald et al. 1982a；Orbach and Cohen　1983）。然而，要达到这个目的还需要做些改进。1982年，大鼠视皮层的初步在体实验中，显现了一系列与在体成像相关的复杂问题。其中之一就是呼吸及血压波动带来大量噪声的存在。此外，大脑皮层相对的不透明性及致密性限制了兴奋性光线的透射程度及可用染料对深层脑组织的染色能力。后来，Rina Hildesheim 开发了一些新的染料（RH-414；Grinvald et al. 1982b），这些染料更为有效地扩展了大鼠皮层的染料选择范围。而且发现了一种高效的用于克服心跳噪声的方法：将采集数据与 ECG 同步，然后减去没有刺激时采集的数据。这些改进措施大大推动了一系列的实验，如蛙视顶盖视网膜拓扑反应成像（Grinvald et al. 1984），大鼠体感皮层腮须桶状域的实时在体成像（Orbach et al. 1985），和火蜥蜴嗅球实验（Kauer et al. 1987；Kauer　1988；Cinelli and Kauer　1995a，b）。更多亲水染料的开发也大大提高了猫和猴视皮层的成像质量（如 RH-704，RH-795；Grinvald et al. 1986，　1994）。最后，设计开发一种染料样的 RH-1692，荧光激活的波长在血红蛋白的吸收带之外，这使得在体成像所带来的血液动力学噪声被削减了 10 倍（Shoham et al. 1998；Glaser et al. 1998）。下面，我们将回顾一些在体成像研究的例子。

什么是皮层点扩散功能

十余年来，神经生理学家们已经描绘出单个皮层神经元的感受野特性，但在进一步回答皮层点扩散功能是什么，即由单点刺激所激活的皮层区域是什么时遇到了困难。实时光学成像技术已经解决了一个突出的问题就是单点感觉刺激通过局部皮层回路可以直接激活多大范围的皮层区域。由于神经元树突相对于胞体而言覆盖了更大的区域（大约1000倍），皮层组织的电压敏感染料信号主要反映了皮层细胞精细的树突上的突触后电位而不是胞体上的动作电位。因此这种技术不同于侧重于胞体的动作电位活动的单细胞记录方法。我们已利用电压敏感染料成像技术的这个优点来试图解决刚才提出的问题。

蛙视网膜—视顶盖连接提供了一套研究视网膜拓扑关系很好的系统。照到视网膜上的每个小光点都会激活视顶盖的一小片区域。最早用于研究兴奋区分布范围的光学成像研究将焦点集中于观察蛙的感官反应的分布。光学记录的结果显示，从顶盖区获得的对离散视觉刺激起反应的光学信号与已知的顶盖区视网膜拓扑图十分吻合。然而，除了兴奋中心，信号的空间分布出现比经典单细胞映射区面积大得多的滞后（3～20ms）的、强度较小的活动区域（Grinvald et al. 1984）。在大鼠体感皮层上也进行了类似的成像实验，简单的须毛的桶状体感组织给研究哺乳动物大脑的激活扩展区域提供了极大的便利。如果须毛的尖端被小心拨去，与之相对应的皮层桶状区域就可以探测到光学信号。然而需要注意的是，用光学记录的单一桶状区的大小（直径为 $1300\mu m$）与组织学定义的（显示了神经元胞体而不是整套感觉单元）皮层第四层桶状区的大小（直径仅 $300\sim 600\mu m$）截然不同。导致这种差别的可能原因是大部分光学信号源自皮层表面，而皮层表面的神经元伸展出延伸的结构与附近的桶状区域相连接（Orbach et al. 1985）。因此，或许这些组织上的突触前和突触后活动可以说明所探测到的延展。

最近许多在猴类纹状皮层的视网膜拓扑成像实验的结果都显示，皮层第四层的活动范围比标准的视网膜拓扑投射测量结果所预测的更大（Grinvald et al. 1994），但这种现象却与视觉皮层长程水平连接的解剖学结果相一致（Gilbert and Wiesel 1983）。这些成像结果被用于计算皮层的点扩展功能，这种功能反映出视网膜点刺激所引起的皮层活动程度。图 34-17 展示了恒河猴初级视皮层的点扩展功能。为了显示所观察到的结果与单个皮层单元之间的关系，实验得到的点扩展功能图被投射到细胞色素氧化酶染成斑块状（blob）的组织切片上（图 34-14B）。这里所用的刺激激活了只包括小方块标记内的四个斑块的细胞。然而，有 200 余个斑块在比较低的强度上获得了其传递的相关信息。外观上扩展的"空间常数"沿平行于眼优势柱的方向是 1.5mm，而在垂直于眼优势柱的方向上是 3mm。扩展的速度是 $0.1\sim0.2m/s$。这样，视网膜拓扑边界向外侧大范围扩展可能大大超过了以往估计的初级视皮层进行分布式处理范围，这对于皮层网络的理论研究是巨大的挑战。

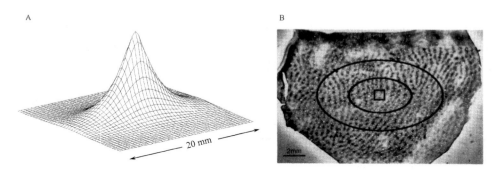

图 34-17　包含于一小块视网膜成像信息处理的功能域的数目

A. 用皮层上部第 4 层的一小块区域（即图 B 中 $1mm\times1mm$ 的方区）来进行动作分布的计算。在离心度约 $6°$，靠近 V1/V2 边界的皮层区域，这块皮层活动由约 $0.5°\times0.25°$ 大小的双眼视网膜成像活动产生。指数分布的空间常数在垂直及平行于垂直经线的方向上分别约为 1.5mm 及 2.9mm。B. 靠近 V1/V2 边界的细胞色素氧化酶斑点图。在这张组织切片的上部，V2 区的粗细条带也很明显。中心的椭圆显示了皮层活动大小下降到峰值 $1/e$（37%）处的轮廓线。更大一些的椭圆显示了活动大小下降到峰值的 $1/e^2$（14%）的轮廓线。大的椭圆皮层区包含了约 250 个细胞色素氧化酶斑点，多达 10 000 000 个神经元。它们都能感知来自远处的点刺激（改自 Grinvald et al. 1994）。

以前这些成像实验都是采用低分辨率的二极管阵列进行的。由于较低的空间分辨率，这些实验并不能解决一些问题，如所观察的扩展现象是均一的还是受限于某些已知的如长程水平连接的空间域那样的皮层区域内？最近，我们在猫的视皮层上重复了这类实验，利用小刺激结合高空间分辨率的富士（Fuji）摄像机来记录激活的过程。我们观察了直接和视网膜活动相关的区域及其扩展区，我们发现在对应于相同方位起反应的皮层块中，这种扩展不仅更快更显著，而且是被视网膜拓扑刺激所直接激活的（Glaser et al. 未发表结果）。

形状感觉的动态特性

利用最新的实时光学成像技术的优点，我们研究了猫18区方位选择性在毫秒级时间域上的动态性。我们研究的第一个问题就是皮层对方位刺激的初始反应是不是具有鲜明的调谐。答案是肯定的。在最早的皮层反应后 100～200ms 期间，调谐曲线的宽度并没有随时间发生显著性变化，但其反应的幅度却增大了 5 倍左右。

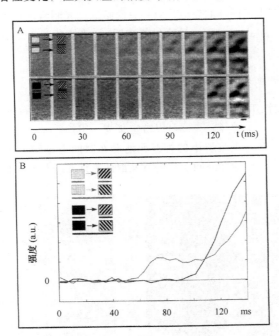

图 34-18　　"光掩蔽"：突然的光强变化延迟了皮层方位功能图的出现

A. 一系列图像显示了在毫秒时间域上作为时间函数的方位功能图的变化。最上一行显示了均一匀光强情况下即光栅出现之前是灰屏时的变化。下面一行帧显示了光栅出现之前是黑屏时的变化。两系列图像的比较表明，突然的光强变化延迟了方位功能图的出现。B. 用图 A 中每帧图像估算的功能图强度绘制的方位特性变化的时间曲线。当考察对单方位反应的时间曲线时，在光强突然变化时信号更快。然而，起初它并不依赖于刺激方位，因而没有显示出方位功能图（未显示）（Glaser and Grinvald　未发表的结果）。

我们研究的第二个问题就是著名的称为"光掩蔽（masking by light）"效应的起源。几个世纪之前，已发现突然的亮度变化能干扰形状感知的现象。过去的研究结果表明，亮度变化影响了视网膜，外膝状体和皮层水平的形状信息处理。我们将方位调谐的动态特性作为前边亮度变化的函数来进行考查。发现皮层与这种效应有关。在一种条件下，在高对比度运动光栅出现之前，屏幕的亮度水平被调节成与光栅的平均光强相等。在另一种条件下，屏幕的亮度被调成暗的或亮的。用后一种的实验条件时，某方位的光栅也可以引起总体亮度突然变化的效果。

在光栅的出现并没有引起亮度变化的实验中，差分方位功能图在初始反应，在刺激图形出现后 55ms 时已明显出现，其峰值大概出现在 100ms 之后。然而，当亮度随光栅出现发生突然变化时，一种新的没有调谐的反应出现在刺激图形出现后 35ms。而且，方位功能图也被额外延迟了 45ms。图 34-18 用两套拍摄的连续电影图来展示方位调谐特性随有无亮度变化而发展的过程。

此外，我们还进行了一系列的双眼分别刺激的（dichoptic）实验。其中一只眼睛看着上述的光栅刺激，而另一只眼睛则看着空白的或突然的同步闪光刺激。双眼分别刺激的交互作用实验也产生了同样的效应，对一只眼睛的闪光刺激延迟了另一只眼睛对方位刺激的反应（Glaser et al. 1998）。这个结果表明，"光掩蔽"效应不是由视网膜单独产生的。

神经元集群中共同活动的选择性显示

自 Hebb 的开创性工作以来十余年，神经生理学家们希望能显示神经元集群的活动，但都没有成功。一个神经元集群可以被定义为一组神经元，它们合作完成对某个特定任务的特定计算。在一个集群中的神经元活动在时间上是锁定的（同步的）。然而，组成一个集群的神经元可能在空间上与进行其他任务计算的神经元集群混杂在一起。因

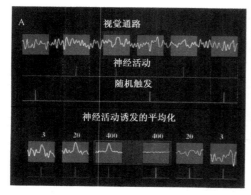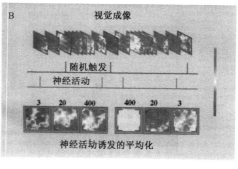

图 34-19　选择性显示功能共同的神经元集群的动态过程

A. 用峰电位触发平均（STA）技术获得的光学信号的时间曲线。上图的黄色轨迹显示了反映在特定皮层位点的复合电位变化的光学信号大小，总共测量了 8s。下图的红色轨迹显示了在一个参考神经元同步记录的动作电位。这么长的记录又被细分成 1 秒一段（上图轨迹中的红窗口），每段中心对应一个动作电位。下图的蓝色轨迹显示了随机的虚拟发放，用作此过程的对照（蓝色窗口）。红色窗口底部的轨迹显示在平均了 3 次，20 次及 400 次后的发放触发的平均信号的时间曲线。在平均了 20 次后可以检测出一个清晰的共同性活动。B. 用峰电位触发平均技术获得的电影样的图形。上图显示了用一系列电影样图像形式显示的成像结果，而不是如同图 A 中显示的在单个皮层位点的活动。下图的两条轨迹显示出同步记录的动作电位以及用作对照的虚拟动作电位的时刻。底部的图像显示了用峰电位（真的和虚拟的）触发平均技术获得的特定时刻的空间图形。需要注意的是，在平均了不含真的红色动作电位的 20 次随机情况后的对照的十分平坦，请看右下的三个窗口（Stekin et al. 1998）。

此，只能在一个特定皮层区域显示平均神经元群体活动的显示技术并不足以进行神经元集群的研究。所需要的是一个可以区分出许多共存集群的活动的方法。实时光学成像的一大优点就是可以显示共存的神经元集合的动态变化。达到这个目的主要是利用了一个神经元集群的活动是时间锁定的特点。单个神经元的发放可以用作时间坐标，来选择性地显示只与之同步的群体神经元的活动，即只有它所属的集群的活动（Arieli et al. 1995）。这些过程都以图表的形式显示在图 34-19 中。

为了研究这种神经元集合的时一空组构，我们将单细胞记录方法与继发的神经元发放所触发的光学记录平均化分析的方法结合了起来。用电压敏感染料 RH-795 染色麻痹猫的视皮层（18 区），然后记录了 70s 的自发活动及诱发活动。我们不仅记录了 124 个位置的光学信号，而且同时进行了局部场电位记录（local field potential，LFP）及单细胞记录（利用同一电极记录了 1～3 个可分离的细胞）。实际上，充分叠加平均之后，与参考的神经元活动时间不相关的神经元活动被平均掉了，这使得选择性显示参考神经元集群成为可能（和图 34-20 比较）。发放触发的平均化分析显示，在电极记录位点的平均光学信号有一个与 LFP 中出现的峰相一致的高峰。利用染料记录的光学信号与同一

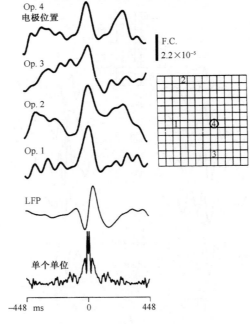

图 34-20　自发光学的和电活动的峰电位触发平均技术（STA）

单个神经元的 264 个峰电位被用作 STA。触发神经元的一个单位活动的自相关密度（auto-correlation density）较宽表明神经元发放有一个暴发式的趋势（见最底部的 single Unit）。同时，平均 LFP 显示了一个负波之后还有一个正波。上部显示的四个不同皮层位点的光学记录轨迹在发放自相关的峰值出现处有一个正峰。请注意在位点 4 出现的第 2 个峰在位点 1 和 3 中并没有出现。底部标尺中的零时刻显示了神经元的发放时刻。四个二极管的位置显示在右边的阵列中，每个二极管的采集区域是 $200\mu m \times 200\mu m$，用 Electrode Site 标出光学记录点在由圆圈标志的记录位点上。原始数据的滤波频率是 0～30Hz，（$\sigma=3.5ms$ 且用心跳信号校正过）（改自 Arieli et al. 1995）。

位置记录的局部场电位相似。这个结果表明，与电极记录点相邻的许多神经元有一致的发放模式。但令人惊奇的是，在皮层 2mm×2mm 观察区中记录的光学信号的快速成分是不同的，这表明光学记录可以提供比场电位记录更高的空间分辨率。相关活动的慢成分则在大范围皮层区域内分布得比较均匀。

自发进行的（ongoing）活动在皮层处理诱发活动的过程中起着重要作用

ongoing 活动在时间和空间上是随机分布的吗？它是噪声还是对信息处理有用的皮层内在机制的表现？它有多大？

我们使用前一节介绍的方法来显示相关的 ongoing 活动和感觉诱发活动。我们发现在自发活动（眼睛闭上时）中记录的 88％ 的神经元中，在出现发放与包围记录区的大片皮层的光学信号记录之间存在显著的相关性。这个结果表明，单个神经元的自发活动不是一个独立的过程，而与发放或来自许多神经元的突触输入是时间上锁定的，所有的活动甚至在没有感觉输入的情况下仍具有相关的趋势。

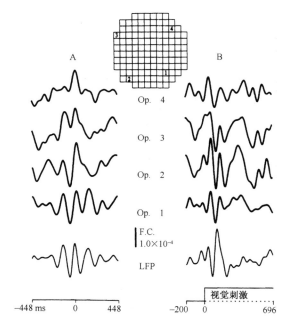

图 34-21　相关性的正在进行的活动（coherent ongoing activity）大小与诱发活动相仿
A. 自发光信号和电信号的峰电位触发平均（STA）：一个神经元的 35 个峰电位发放被用于 STA。在 LFP 上边的第一个光记录（Op. 1）显示了同 LFP 的相似的但相位移动了的波形。来自不同皮层区域的其他三个光记录轨迹（Op. 2～4）均有一个不同的时间曲线，其均包含了与 LFP 各种波峰一致的波峰。这个比较表明 LFP 的不同成分源于不同皮层位点的。B. 在后来的相同区域记录步骤中获得的视觉诱发的 LFP 反应（VER）和光学信号。信号按以该细胞反应最优方位的光栅刺激出现时触发叠加 35 次的方式进行。平均 LFP 和光学信号（Op. 1～4）显示了一个显著的激发反应。请注意，自发反应和 VER 的 STA 大小是相似的。底部的标尺显示了视觉刺激的时程。图 A 和图 B 中原始数据的滤波频率是 2～14Hz，σ＝7ms（改自 Arieli et al. 1995）。

令人惊奇的是，我们发现光学记录的这种相关的 ongoing 活动的幅度在大多数情况下几乎与视觉刺激诱发的活动一样大。图 34-21 显示了一个明显的例子。在检查了我们全部的数据之后，我们发现，光学记录的 ongoing 活动的幅度平均可达到由最优视觉刺激诱发的幅度的 54%，这种 ongoing 活动与单个神经元自发放电是直接相关的，而且这种相关性是可重复的。此外，甚至 6mm 之外的皮层区域也存在这类相关活动。

用同一根电极探测到的具有相同的方位特性的两个相邻神经元的自发活动通常与不同活动的时—空模式相关，这种现象表明在同一方位柱内的相邻神经元可能属于不同的神经元集合。

还有一个重要的发现就是 ongoing 活动和诱发活动具有同样的相关活动的空间模式 (Shoham et al. 1991；Kenet et al. 1998)。这个结果表明神经元集群中的内在的 ongoing 活动可能在形成刺激诱发的时—空模式中起重要的作用。它可能提供了各种神经活动的神经元基础，包括感觉信息处理对经历的依赖性、行为与意识状态、记忆修复、自上而下和自下而上的活动流以及认知功能的其他方面。因此，研究这种 ongoing 活动和诱发活动的动态特性时，不要采用信号平均的方法是十分重要的。

Ongoing 活动的动态性、非信号平均的成像技术

尽管呼吸及血压波动带来了大量的生物噪声，可靠的实时光学成像技术还是实现了，它甚至不利用信号平均的方法，而是用离线修正技术取而代之。它第一次使我们可以探索自发的 ongoing 群体活动的动态性及其与诱发活动的相互作用 (Arieli et al. 1995，1996；Sterkin et al. 1998)。

在哺乳动物视皮层，相同刺激的重复出现诱发出结果有很大的变异。已经发现这种诱发活动的时—空模式的变异性来源于 ongoing 活动，它反映了皮层神经网络的动态性。在考虑到之前的 ongoing 活动之后，尽管具有很大的变异性，仍可以预测出来单组实验的诱发反应 (图 34-22)。如果假设这种在诱发反应中仍继续变化的 ongoing 活动与初始状态相似的话，这种预测是可信的 (如 50~100ms) (Arieli et al. 1996)。

这些发现表明，在脑活动中有关什么是噪声的旧观点将被修正。由于 ongoing 活动通常都很强，我们当然希望它在皮层功能中起主要作用。

实验方法

正如我们从"导言"一节中看到的那样，基于电压敏感染料的光学成像技术已得到极大改善，关于在体染料成像是不现实的观点已被否定。然而，染料成像并不意味着实验技术简单。下面将讨论的许多技术细节主要针对于优化实验以及正确的操作和数据分析方法。它们也将有助于结果的正确解释。充分领会精细的技术细节是进行各种不同类型的皮层动态性研究的基础，这些科学研究将毋庸置疑地取得重大发现，这一点已被许多开始采用这项技术的研究组所证实。

2.1　测量方法的优化

下面这节的目的是提供一种简单的方法来预测特定实验条件下可能的信/噪比。在使用光学方法的实验中，信/噪比这个参数在无论难易的实验中都是唯一具有决定意义

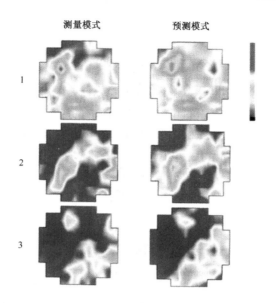

图 34-22　正在进行的活动的影响，即使有很大的变异性，仍预示了皮层诱发反应
在此显示了三个预示的和测量的例子。加和可重复的反应成分（通过平均许多诱发反应来估
算）及正在进行的网络动态特性（由初始状态来近似估计，即正好位于激发反应之前的正在进
行的图形）可以预测出对一个刺激的单次反应。左列：测量得到的反应。右列：预测的反应，
将每种情况下的初始状态相入而获得（改自 Arieli et al. 1996）。

的。与直觉相背的是，信号大小，无论有多大都不重要，重要的是它的信/噪比。

2.2　信号大小与信噪比

在体大脑皮层的染料依赖的活动信号的幅度通常是很小的（到达探测器的只有光强
的 10^{-4} 到 5×10^{-3}），因此获得比较好的信噪比并不总是容易的事情。所以，当可以在
多个方法中选择的时候，无论如何总是优先考虑它的。一般而言，预期的信号大小依赖
于目标的膜面积大小以及膜电位变化的大小。这些关系的确切后果通常与一个实验可行
性的直觉判断相抵触。举例来说，在细胞培养的电生理实验中，从一个 $100\mu m$ 大小的
神经元上记录一个 $100mV$ 的动作电位就不比从一个 $10\mu m$ 的神经元上记录一个 $1mV$ 的
突触电位容易很多。相反，在荧光染色实验中，后者的信噪比可能比前者要小 1000 倍
（电压变化小 100 倍且膜面积小 100 倍，但散射噪声也小 10 倍；方程 34.2）。这意味
着，要在小的神经元得到与大的神经元的动作电位同样的信噪比，使用较暗光线的话，
平均的次数要 1 000 000 次之多。另一方面，在体记录一个树突野的膜电位的小的阈下
变化比较容易，因为它具有较大的膜面积。

2.3　光学测量中的噪声来源

当许多噪声存在的时候，整体的噪声水平几乎等于每个噪声平方和的平方根。因
此，实际上，如果一种噪声是其他噪声的两倍的话，那么就可以忽略其他噪声的作用。

在光学实验中存在至少五种独立噪声源：

1. 源自光电量子特性的光流随机波动带来的光发射噪声。由于这个发射噪声与检测到的光强的平方根成比例，因此，增加光强可以相应的减小噪声水平。

2. 检测器的暗噪声：这种噪声比较恒定。它在光电倍增管和冷却 CCD 阵列中出人意料的低，但在光电二极管组合体中很高，相当于每毫秒 $10^7 \sim 10^8$ 光子所引起的发射噪声。因此，为了检测较低亮度水平的荧光或磷光信号（例如，来自于神经元突起的片段），光倍增器或 CCD 是首选的。这种类型的检测器阵列还不能实现较低廉的价格。目前，在适用光学协会（Adaptive Optics Association）或富士相机（Fuji camera）研制的快速高分辨率的摄像机中，这种暗噪声远未达到最理想的条件。

3. 照明或刺激光源稳定性的波动。稳定性依赖于光源的种类、电源以及电源和灯泡之间的连接。如果正确使用的话，卤钨灯的稳定性最佳可以高达到 10^{-6}（10Hz～1kHz）。汞弧灯利用负反馈回路可以稳定在 5×10^{-5} 到 10^{-4}（原文是 5.10^{-5}，似为写错——译者注）（J. Pine 未发表结果）。氙弧灯比汞弧灯更稳定一些，因而在不需要利用汞的光谱谱线狭窄这一特性的情况下，氙弧灯可以代替汞弧灯。增加了宽带滤波的氙弧灯可以提供几乎相等的光强。第一次使用的弧灯应持续使用 10～15h，以减小以后使用过程中的弧偏离现象。需要注意的是，通常不能用稳定回路来消除这种很大很频繁的弧偏离噪声。因此，最简单的方法就是执行一个步骤对实验中包含弧偏离现象的实验记录进行剔除。

4. 任何组件（包括实验样本）沿光路的相对移动带来振动噪声。如果实验样本在光学上是不均匀的话（如染色了的视顶盖），那噪声将特别大。充分考虑实验装置的设计以及使用防震桌都可以减少这种噪声。

5. 实验对象内在运动带来的噪声。在脊椎动物的脑组织，主要的噪声来自血液循环、心跳或呼吸引起的波动。这种噪声不能被密封圈充分消除（$DI/I = 10^{-2} - 10^{-4}$，依赖于使用的波长，特别是它与血红蛋白等内在发色基团的吸收光谱的关系）。例如，在最初的在体实验中（Grinvald et al. 1984；Orbach et al. 1985），这种噪声达到诱发的光信号的 5～20 倍。

由于源自心跳的光学噪声与心跳及心电图（ECG）同步，因此将位于心电图峰值的有刺激的实验结果与同时进行的同样情况下无刺激的结果相减，可以相对容易的除去这种噪声。这种方法，以及用 ECG 来与呼吸同步（暂时停止并在下一个 ECK 峰重启记录）的方法，可以将依赖于心跳的重复性噪声减少 10 倍。在将信号加以平均的实验中，计算机程序进一步的改进实现了从叠加平均中剔除某些意外的噪声。如果心跳噪声成为一个限制因素的话，可以用药理学稳定的方法来增强这种心跳光学信号的重复性。已经实现这种方法，如注射交感或副交感阻断剂，如六甲铵。

要想减小某个实验中所有的噪声水平，必须遵循三条重要原则：

1. 如果信号很小的话，那减小各种主要噪声就显得尤为重要了。如果光发射噪声是限制因素的话，那就应该尽可能的增加光强，直到光发射噪声达到光源稳定性的波动水平。然而，不应将光强增大到超过光源波动水平的程度，或超过光子动力学损害或漂白问题成为限制条件的程度。如果信号中的变化量很小，那么使用 CCD 和摄像机就不是最理想的，因为它们的井容量过小（如下所示），这意味着在达到分析信号所要求的恰当光照水平之前这些装置就饱和了。

2. 如果其他类型的噪声占主要部分，那光照就应该减小到光发射噪声与主要噪声相等的水平。减小光照水平可以减小光子动力学损害和漂白现象，这时可以进行更多次信号平均来达到增强信噪比的目的。或者也可以减少染料浓度来减少药理学方面的影响和/或光子动力学损害。

3. 如果恒定的周期噪声是主要的（如来自心跳、呼吸），相对简单的克服方法就是用适当的同步程序和结果相减的办法。然而，尽管结果相减可以减小 5～10 倍的噪声，但由心跳或呼吸引起的光信号并不具很好的重复性，所以这种方法并不能完全消除噪声。除去这种噪声的可能途径就是使用一台心‑肺机于实验动物（heart-lung machine）。例如，蛙的视顶盖区为血管表面的黑色素所遮盖。正常的血流使这些色素移动。因此，从覆盖血管的区域探测到的信号可能比没有覆盖的区域嘈杂 10 倍以上。如果从蛙的大动脉灌注了一些生理盐水，那么可以完全消除上述噪声及心跳噪声（Kamino and Grinvald，未发表的结果）。另一个消除这种噪声的可能途径就是使用双波长记录。将一种对膜动作电位变化敏感的波长下测量的光信号结果，在线或离线地除以另外一种不依赖于膜电位变化的波长下测量的光信号结果。利用这种方法的时候，应该牢记从大脑皮层记录到的光信号是波长依赖的。因此，使用单独激发波长和双重发光，与测量 Indo‑2 相类似的方法将大有好处。或者也可以将电压敏感染料与另外一种染料相结合来达到这个目的，所使用的另一种染料应当不反应但具有发射光谱，且这种发射光谱至少不覆盖电压敏感染料发射光谱的某一部分。有时候，这个问题在一些不用信号平均而实现成像的实验中是没有意义的（Sterkin et al. 1998）。

2.4　信噪比的估计

本节将提供一个可以帮助确定在特定环境下的何种测量方式（如吸收、荧光和反射）是最优的方法。通常来说，正如所示的那样，理论上，在探针分子数量较少的情况下可以选择测量荧光而不是测量透射光作为替代方法（Rigler et al. 1974）。因此，对于从单个神经元较小的反应中获得大的光学信号来说，测量荧光比测量透射光具有更高的信噪比。然而，在其他的实验中，其他方面的考虑可能会很重要，如下所述。

透射实验（为发射噪声限制的）中，信噪比由下式决定（Braddick 1960）

$$(S/N)_{\mathrm{T}} = (\Delta T/T)(2q\tau)^{1/2}(T^{1/2}), \tag{34.1}$$

式中，τ 是探测回路的上升时间（$\tau = 1/4\Delta f$）；Δf 是功率带宽；T 是到达探测器的透射光强；q 是探测器的量子效率；$\Delta T/T$ 是透射光强的相对变化量。

在荧光实验（为散射噪声限制的）中，信噪比由下式决定

$$(S/N)_{\mathrm{T}} = (\Delta F/F)(2q\tau)^{1/2}(gF^{1/2}), \tag{34.2}$$

式中，F 是发自实验样本的荧光强度（与照明强度成线性比例）；g 是与荧光探测器采集效率相关的几何系数；$\Delta F/F$ 是荧光光强的相对变化量。

对于同样的照明强度来说，透射光强 T 通常比荧光强度 F 大 3～4 个数量级。然而，对于上述公式，如果 $\Delta F/F$ 比 $\Delta T/T$ 大得多的话，显然测量荧光变化可以提供更好的信噪比。实际上，对于单个神经元上同样 100mV 电位变化来说，测量荧光变化得到的最大的 $\Delta F/F$ 值是 2.5×10^{-1}，而对于测量透射光变化，其最大的 $\Delta T/T$ 的值只

有 $5 \times 10^{-4} \sim 1 \times 10^{-3}$（Grinvald et al. 1977；Ross，Reichardt 1979）。

对于多层神经元的样本中群体活动的记录来说，情况又有所不同。如果 $\Delta T / T$ 与 $\Delta F / F$ 分别是单一神经元的散射光和荧光相对应的变化量，那么对于 n 层神经元的样本来说，在一级进似时，$(\Delta T / T)_n = (n \Delta T / T)$。只要总的染料吸收只占百分之几，$T$ 与 n 就相对无关，因此信/噪比将随 n 线性增加（公式 34.1）。

另一方面，在荧光实验中，$(\Delta F / F)_n = (n \Delta F) / (n F) = \Delta F / F$。因为 $\Delta F / F$ 相对独立于 n，在多层神经元的样本中，信/噪比将只随 $n^{1/2}$ 增加（由于只有 F 增加）（见方程 34.2）。因此，要想探测多层神经元的样本中群体神经元的活动（n 很大），测量透射光变化可能比测量荧光（任何可用的）更合适，其信号将很大（Salzberg et al. 1983）。

测量透射光对非特异性地结合了不活动膜或它位点的染料也同样很不敏感；这些结合不影响 ΔT 而只是适度地影响 T。在荧光实验中，非特异性荧光染料也不影响 ΔF，但 F 随非特异性结合位点的数目而线性增加。这样，信噪比将同非特异结合位点数目的平方根成比例地变坏。例如，假定用一个光检测器观察 25 个神经元，它们相互层叠并只有一个神经元活动。透射光测量的信噪比几乎不恶化（相对于只有一个活动神经元的情况）。但荧光测量的信噪比就恶化 5 倍。另一方面，在透射光测量中检测器应具有与目标图像相同的形状与大小，这一点很重要，不然其信噪比将随检测器观察到的额外区域面积的平方根而成比例地变差。这种情况在荧光测量中不会发生，如果只有目标发出荧光的话（比如单个染色神经元的反应）。可以通过遮挡图像的无关部分来增加信噪比，因为这样可以防止无关部分发出的光到达检测器。

一个用于估计快速测量的信噪比的公式如下所示

$$(S / N) = \Delta I_p / I_p^{1/2} = (\Delta I / I)(I_p)^{1/2} \qquad (34.3)$$

式中，I_p 是来自检测器的光电流，单位是电子数/ms；$\Delta I / I$ 是信号的实际大小，已修正了非特异性结合位点，修正了神经元的活动的比例以及和目标区域相对检测区的比例。因此，可以通过上述的讨论预测出期望的变化比例和吸收光或荧光测量的信噪比。如果可以找到针对给定实验的合适探针，那么对于单个神经元来说，其荧光及透射光测量的变化部分分别是 $0.5 \sim 2 \times 10^{-1}$ 和 $1 \sim 10 \times 10^{-4}$。需要估计检测器探测到的强度，只要用电压敏感染料恰当地给样品染色，甚至于不需要用最佳的染料，就可以通过测量不依赖任何活动的信号而获得所需的探测强度。已有报道描述了这些测量需要简单的电流-电压放大器（Cohen et al. 1974）。放大器的输出电压 V 可以用于估计光电流 I_p，即 $I_p = V / R$，这里 R 是放大器的反馈电阻。

透射光测量而不是荧光测量适用于显示染料电压依赖的吸收变化。由于透射照明通常不适用于大脑皮层的在体成像，可以用反射光测量来获得来自特定探针的吸收信号。为了求得反射光测量的信噪比，必须得到 $\Delta R / R$，这儿 R 指反射光强度，$\Delta R / R$ 是反射光的相对变化部分。$\Delta R / R$ 通常与 $\Delta T / T$ 相似。照明强度与 R 的关系复杂。这个系数是种类特异性的并依赖于波长，我们不知道如何在一般的实验中量化它。然而，在新皮层中，用吸收探针进行反射光测量可获得较好的信噪比。

2.5　快速测量和慢速测量

上述公式也解释了为什么在信号很慢时比较容易获得好的信/噪比，如基于慢的内源信号成像。如果发射噪声是限制因素的话，测量稳定在秒级的小而慢的信号与毫秒级的信号相比，信噪比高 33 倍（也就是说扫描平均的次数可以减小 1000 倍）。此外，可以减低慢测量的光强及染料浓度，从而减小药理副作用、光毒性和漂白效应。

2.6　反射光测量

在染料染色的样品中常常无法进行透射光测量，通常可以采用反射光测量神经元活动的方法。来自用光吸收染料染色的乌贼巨大轴突的反射光信号比来自未染色轴突的散射光信号大 100～200 倍（Ross et al. 1977）。反射光信号的波长依赖性与光吸收信号的活动光谱相似。这表明反射信号和染料相关。任何光吸收的变化都会有外在的反射信号。反射光的大小依赖于入射光的强度。由于染料的存在而引起的光吸收变化会影响入射光的强度，进而影响反射光强度。如果反射光信号来自这种外在的光吸收信号，反射光的变化部分就几乎等于透射光的变化部分。通过反射方式进行外在光吸收信号的测量有一个好处，即可以推动光吸收染料在透射光测量无法进行的不透明实验对象或较厚的实验对象（如厚的切片、皮层）中的使用。实际上这种测量方法在心脏组织中证明有用（Salama et al. 1987；Salama and Morad 1976）。然而，反射信号的大小通常比发射光小很多，因此考虑到光子噪声，如果可用透射光测量，则其可提供比反射光测量更好的信噪比。

从内源性光吸收或荧光变化引起的内源信号中分离出光散射信号是相当困难的。它用到双波长或三波长测量方法（Jobsis et al. 1977；Lamanna et al. 1985；Pikarsky et al. 1985）。同样地，染料染色的在体实验中，不同来源的内源信号可能会污染慢的外源信号。除非染料信号比内源信号大得多，否则内源信号的所有成分都将影响记录结果。这种情况发生在电压敏感染料的实验中。特别是峰值在 2～4s 的内源信号将污染几百毫秒之后的延迟信号。这种情况可能会在获取功能图时导致失真。恰当的分析方法，相减程序及用多波长获取图像的方法可以减小这些失真。这些方法的正确性仍有待最终证明。

2.7　实时光学成像的装置

2.7.1　成像系统

图 34-15 的上部显示了包括电脑的快速成像装置。这套装置与基于内源信号的成像系统极为相似。放大镜严格地安装在一张防震桌上，一个 12V/100W 或 15V/150W 的钨/卤灯为实验样本提供落射荧光照明。如氦-氖激光灯，汞灯或氙灯等更亮的光源也可以用于类似的荧光实验。在放大镜成像平面上的荧光变化可以用高分辨率快速摄像机，如富士 HR-Deltaron（128×128）或一个 10×10、12×12、16×16、24×24 光电二极管管阵列（Centronics，Hamamatsu，RedShirtImaging or Sci-Media Ltd.）来探测。每个光电二极管检测样本的一小片区域，其大小依所采用放大镜的放大倍数而异。在一些低光强的荧光或磷光实验中，单个光电二极管或光电倍增管可用于取代探测器阵列。

2.7.2　显微镜的选择

许多传统的显微镜都已用于在体成像。然而，具有低放大倍数、大数值孔径以及长工作距离的放大镜可以提供以下不可忽视的好处：

—更易于进行胞内或胞外的微电极记录

—因放大镜的数值孔径大而具有更好的信噪比

对于许多应用来说，更大的光强将提供更好的信/噪比。荧光实验中使用上方照明时，信/噪比与物镜数值孔径的平方相关。在许多在体实验中，具亚微米空间分辨率的物镜和聚光镜足以用来记录神经活动的光学成像，放大镜也足够用了。在一些情况下获得的光强总增益可能比低放大倍数的标准物镜大 100 倍。

2.7.3　快速摄像机

光电二极管阵列的并行读取提供了比现代高分辨率的、串行的快速摄像机，更好的信噪比和更快的读取速度。此外，现代快速摄像机特别是富士的摄像机的暗噪声相当大。看来目前仍有待开发理想的电压敏感染料的探测器。至少两家公司已在进行类似的开发工作（http://www.RedShirtImagin.com，brainvis@edonagasaki.co.jp）。理想的要求是：

—探测器目标尺寸，大约 20 mm×20 mm 或 30 mm×30 mm 的放大镜较为理想

—像素数目，64×64 或 128×128 比较合适

—速度，达到 2000Hz，但对于许多在体实验而言 300Hz 已经足够

—饱和容量，（光子⁻电子）10^8

—信噪比，至少 1:5000，而且暗噪声要低

—读出端口数目，8～12 较为适用

—数字转换器，12～14 位比较理想。如果将结果输入帧与参考帧相减以获得差分图像的话，8 位也可以

—填充系数，接近 100%

—量子效率，最大

Ichikawa 及其研究组成员（1998）已在尝试使用现在其他视频应用中使用的探测器，并进行了更大范围的封装及快速读出实验。新的基于 CCD 的系统已经在脑片实验中获得成功（Ichikawa et al. 1998）。在新皮层研究中该方法是否有用仍有待观察。

Bullen 及 Saggau（1998）已在试验完全不用摄像机的方法。实际上，他们成功地开发出一种快速激光扫描技术来替代。但这套系统在新皮层的研究中是否合适仍有待观察。

2.7.4　电活动的视觉化

尽管观察大量光学数据非常耗时，但实验中的反馈很重要。因此，像播放电影一样慢速播放数据画面非常重要。如果观察者想要完全利用肉眼来处理数据的话，黑白图或表面点图似乎比伪彩色图更适合用于显示所检测到的图像。

2.7.5　计算机程序

在选择和开发程序上必须投入许多精力，这些程序包括数据采集，与标准生理实验的接口，实验的自动控制，数据的分析和显示。推荐依靠现有的程序而不是重新开发。现用的软件是依赖于摄像机类型的，这使情况变得更为复杂。可能不久就会有包括软硬

件的合适的商业套装出售。

2.8 光学记录的空间分辨率

2.8.1 显微镜的分辨率

神经元活动光学成像的空间分辨率可以接近所用显微镜的空间分辨率。对于平整的二维实验对象来说，显微镜的空间分辨率极好（<1μm）。然而，对于三维的实验对象来说，显微镜的空间分辨率就相对较差了，因此在体光学成像的空间分辨率是一个障碍。例如，在蜥蜴嗅球，10 倍物镜的空间分辨率估计是 300μm（Orbach and Cohen 1983）。在蛙视顶盖实验中（Grinvald et al. 1984），10 倍物镜的空间分辨率估计是 200μm，而 40 倍物镜的空间分辨率约为 80μm。许多综述中都建议用三种方法来提高空间分辨率（Cohen and Lesher. 1986；Grinvald. 1984，1985；Grinvald and Segal. 1983；Grinvald et al. 1986；Orbach 1988）：

——在光学切片测量中设计自制的具有长工作距离、大数值孔径的物镜。

——将不同焦平面测量的结果进行数学反卷积分析（de-convolution）或对特定物镜下使用点扩散函数数学方程，如散焦模糊函数（de-focus blurring function）。

——共聚焦检测系统和激光聚焦微光束照明的使用，以及用三维扫描来代替整个研究区域的连续照明。

共聚焦显微镜可以提高三维分辨率以及减小光散射对图像清晰度的干扰。在某一时刻只有一小片区域被照亮，并同时对成像平面上进行的检测，只有没有散射的像精确点才显现出来。这样，不论是散焦区域的影响还是光散射的影响在很大程度上被削弱了。然而，目前用共聚焦系统进行在体电压敏感染料测量获得的信/噪比还未见报道。双光子显微镜也具有了额外的优点，因而值得改进以用于电压敏感染料成像。此外，线扫描技术已经显示出显著的优越性。

另一种三维问题的解决方法是用电泳或压力注射进行实验样本染色时只染很薄的一层。染色局限于表层下较深的特定位置（如脑室）也能增加光学测量的深度。但这些方法仍需要验证。

2.8.2 光散射对空间分辨率的影响

用传统显微镜的时候，来自细胞组织，特别是相对不透明的实验样本的光散射将会导致图像质量的下降。因此光散射不但会使某一样本的图像模糊而且会使检测到的活动区域面积增大。在脊椎动物特别是哺乳动物脑组织上已经进行过光散射对光学记录影响的研究。要量化这个问题，可以在皮层的不同深度上拍摄微电极尖端的荧光液滴。在猫皮层上，光散射现象比其他研究者使用诸如牛奶等模型得到的更为严重（Vanzeta et al. 未发表的结果）。因此，对我们来说，光散射现象显然是提高在体光学成像三维分辨率的限制因素。

2.9 光学信号的解释与分析

2.9.1 在新皮层中光学信号测量到什么？

如前所述，快速染料信号和胞内电生理记录反映了同样的时程。因此，来自严格定义的细胞成分的快速信号的光学记录可以取代许多使用微电极比较困难的胞内记录。然而，这种代替并不总比胞内电极测量来得好，因为与染料的光学记录不同，用胞内电极时可以方便地测量及控制静息电位。由于无法估计不同 EPSP 及 ISPP 的翻转电位，一些组织的散射结果的解释受到了限制。因此，在许多实验样本中，信号源的鉴定或信号大小的解释就成了问题。然而，群体神经元活动的光学记录仍比场电位记录优越，因为光学信号局限于起源点而且反映了膜电位的光学反应。此外，群体神经元细胞内活动的记录提供了成像在某个像素点上的所有细胞的膜电位的总和信息。其他限制每个细胞位点的因素是膜面积、结合染料的密度、染料的敏感性、光照强度和成像光学的采集效率。后者依赖于物镜，样本深度和组织的光散射程度。因此在许多实验对象中，信号源的鉴定或信号大小的解释产生了一系列的问题。不过，群体神经元活动的光学记录仍比场电位记录更优越，因为光学信号局限于信号源而且反映了胞内膜电位变化而不是胞外电压变化（Grinvald et al. 1984；Grinvald et al. 1982；Orbach and Cohen. 1983；Orbach et al. 1985）。

最近也提出了许多关于在体染料信号起源的问题，特别是关于神经胶质细胞及胞外电流的作用。近来 Sterkin 等证明 RH 1692 染料产生的信号确实仅仅反应了神经元膜电位的变化。这一结果显示在图 34-23 中。该结果是在深度麻醉动物的单个神经元上结合在体染料成像和胞内记录的方法得到的。

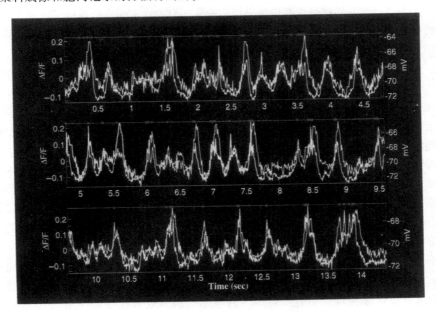

图 34-23　来自小群体神经元的皮层染料信号与胞内记录之间的相似性

两条轨迹显示了在深度麻醉猫时大量神经元的膜电位自发变化高度同步化时，同时进行 15s 的胞内和光学记录的结果。胞内记录用黄色曲线描绘。动作电位已被裁剪并用红点在它们出现时刻做了标记。来自靠近电极的群体神经元的光学信号用蓝色曲线描绘（改自 Sterkin et al. 1998）。

2.9.2　在哪一层成像

大脑皮层的光学成像主要是用垂直于皮层表面的照相机来对染色的皮层进行照相的。已有的结果表明 1.5mm 深的皮层都可以被染料染上，但皮层表面的部分比深层的部分染得更好。而且在使用传统光学方法的时候，成像结果主要包含了 $0 \sim 400 \sim 800 \mu m$ 的表层神经元。因此，现在的问题是检测到的光学信号主要是由哪些层引起的。直观的来看，人们可能会猜测，大多数活动源自第一层以及部分来自第二、三层。考虑到皮层神经元精细的形态结构，这种情况并不可能，因为五六层神经元的顶树突也会延伸到皮层浅层。因此，如果摄像机聚焦于浅层的话，深层神经元树突的活动也可能对探测信号有所贡献。

皮层各亚层的精确贡献仍有待估计和研究。光学检测到的任何具有群体神经元活动的皮层亚层中，神经元间活动的互相关分析有助于决定其活动是否局限于某一亚层。但仍未系统地进行这类实验。

2.9.3　光学信号幅度的衡量

在体光学信号的大小无法如膜电位变化用毫伏来校正，因为光学信号的大小同时与膜区域的面积、每个位点的结合程度以及给定膜对染料的敏感程度相关。因此，在对光学信号大小进行解释的时候尤其应当谨慎。通常，只有在不同实验条件下观察到的相对大小的比较是有意义的。为了得到一个大致的估计，可以将正常状态下诱发的信号与所有神经元活动时，如在 GABA 阻断剂存在的状态下诱发的信号进行比较。

2.9.4　胞内群体神经元活动信号成分的分析

在三维的大脑皮层中，单个像素显示了多个亚层及不同的神经元成分，因而信号源的鉴定面临一系列的挑战。使用活动皮层实时光学成像技术，可以探测空间活动模式，但要确定这些信号的来源并不容易，信号可能主要源于树突突触后膜的电位变化，也可能是源于突触前膜的动作电位，可能是树突的回传播（back-propagation），也可能是树突钙动作电位，还可能是胞体电位变化或以上因素的组合。如果活动相对于回荡反应来说很小，而且潜伏期和观察的其他皮层位点相比并没有明显变小的话，甚至连活动的初始位点都可能很难探测到。此外，在新皮层，神经胶质细胞的膜电位变化可能对光学信号起重要作用。

不应低估这些困难。当光学成像数据揭示了崭新的发现时，准确鉴定信号源是很重要的，然而用别的方法鉴定它们可能是毫无意义的。为了分离信号的不同成分，适当的选择刺激参数诸如强度、位置、频率、药理学处理，或者改变离子成分等是有益的（Grinvald et al. 1982）。因此，在解释光学信号起源的时候应该特别小心，尤其是信号很慢的时候。总的来说，由于染料与有限容积内的离子环境变化之间相互作用，慢信号也可能源自表层的电荷的变化（Eisenbach et al. 1984），这种离子环境的变化可能是钾离子的显著变化或其他缓慢的物理变化（Cohen　1973）。

为了便于解释群体神经元活动，可以使用一些其他方法：

——在进行类似的分析中使用针对给定细胞类型的探针可能有用，但看起来这类探针不太可能对所有实验对象通用并起同样程度的作用。最近用于电压探针设计的新的遗传工程方法，可能解决这个问题（Miyawaki et al. 1997；Siegel and Isacoff　1977）

　　——在复杂地多细胞实验样本上通过电泳将合适的荧光染料注入单个神经元进行光学研究，可以为阐明信号起源服务（Grinvald et al. 1987）

　　——在远端胞外注入合适染料进行特殊的逆行或顺行特定神经元群体标记，可以选择性的鉴定特定神经元群体的活动（Wenner et al. 1996）

　　——将传统的电生理方法和光学测量方法结合使用，可以对光学数据的解释提供帮助。用单根电极在不同深度进行电生理记录可能会特别有用

　　——排除特定神经元群体也可以为分析提供帮助。一种排除特定细胞类型的方法是使用对特殊抗体的补体（杀手）或基因工程突变方法。还有其他方法如通过遗传控制来排除特定受体类型等

2.10　目前电压敏感染料成像技术的局限性

　　尽管目前电压敏感染料成像技术已经大大改良了，但了解这种光学成像方法相应的局限性很重要；因为清楚地了解了该技术才能较好地使用它。

2.10.1　信噪比

　　目前在许多实验样本中信号很小，并且仍无法观测单个神经元的活动。在其他一些实验中，信号则很大。显然，使用这种技术对大信号进行研究是很有利的。只有当用其他方法无法解决某个重要问题时，才对小信号进行处理。应当用各种方法来平均信号以提高信噪比。信号平均也能减小与刺激无关的 ongoing 的活动信号的幅度。

2.10.2　光散射或其他内源信号的污染

　　如果光吸收或荧光信号很小，和染料无关的活动依赖的光散射或血液动力学造成的缓慢内源信号可能影响电压敏感染料的光学信号。解决这个问题的方法是从总的光学反应中尝试减去独立测量的光散射信号。这个步骤可能并不容易。如果测量染料信号需要的时间长于数百毫秒，缓慢的内源信号可能会"污染"染料信号。这种内源信号对染料信号的影响程度如何？显然，对染料信号的影响程度依赖于内源信号的和成像波长下染料信号的相对大小。

　　图 34-24 显示了电压敏感染料信号以及同一波长下测量到的内源信号的时间曲线。从两种信号的时间曲线上可以看到内源信号有一定的滞后，刺激后早期时间段里，内源信号并没有影响染料信号。插入的小图显示在更长时程下进行同样的记录。从这里可以看出，缓慢的内源信号变得很大，足以显著影响染料信号。延迟的超极化只是内源信号的伪迹。这个例子强调了测量任何慢信号时这个问题的重要性。

　　通过将图 34-24 与 Blasdel 及 Salama（1986）的图 34-1 描述的时间曲线相比较可以看出，后者的文章中并没有显示染料信号，检测到的信号只不过是内源性光散射的伪迹，就像之前提到过的那样。在过去发表的文章中也曾描述过这类缓慢的和快速的伪迹（Grinvald et al. 1982）。这个例子再次表明，与某种技术相伴的某种特定伪迹，如在新皮层进行染料记录中的光散射伪迹，却在使用另一种技术（如基于内源信号的光学成

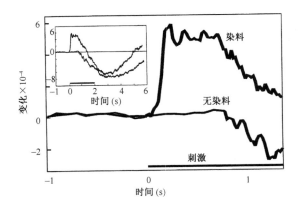

图 34-24　染料信号与内源性信号时间曲线的比较以及内源性信号伪迹

电压敏感染料信号的时间曲线为上面的曲线。同样波长下在染色之前记录的内源性信号时间曲
线为下面的曲线。插图显示了 6s 长的同样的信号。染料信号的大幅下降是内源信号的伪迹，而
不是净超极化。

像）的时候也可以变成为一个有用的工具。

2.10.3　药理学不良作用

外源性探针分子结合到神经细胞膜的过程，特别是使用高浓度的染料时，都可能产生与之无关的药理学不良作用。染料过多的结合可能改变阈值、特定离子电导、突触传递、膜电阻、离子泵的活动等。最佳染料浓度依赖于染料对膜的结合系数。局部使用染料两个小时，就可以形成一个染色梯度，因为染料的扩散局限于狭小的胞外空间，深层组织染得较浅。因此一个重要原则就是在提供有效信号的前提下采用最低浓度。

跟踪对最优染料的广阔筛选，可以发现选择的大多数染料都没有产生显著的药理学不良作用。这个结论是基于染色皮层的单细胞反应特性而得出的。然而，不能忽视小心地设计对照以证实染料没有药理学不良作用。此外，提供这类对照并不总是很容易，因为在几种光学实验中，很难用不同的方法获得同样的信息。一个研究药理学不良作用是否存在的有效方法就是比较皮层染色前后的内源信号或场电位。这类对照实质上是为了防止曲解与复杂的脑功能有关的新颖结果。没有这类对照，解释的结果可能只对应于染料改变了的神经系统而不是正常的神经系统。

2.10.4　光动力学损伤

在强光照明下，染料分子对活性单个氧原子的形成敏感。这些活性氧自由基破坏膜成分和损伤神经元。这类光动力学损伤限制了某些实验的时间。在显著改进了现有的染料后，可有约 20～60min 连续照明时间用于成像，而不造成明显损伤。如果每组实验持续 500ms 的话，则可以进行 2400～2700 次平均。因此看来，如果对信号加以平均的话，持续进行长时间照明的问题已经被解决了。

倘若损伤不太大的话，细胞是可以修复膜损伤的。初步的实验结果表明，在强光中短暂暴露后，一段较长的时间间隔（如 30s）不给刺激，信号平均实验中的累积损伤将降至比连续照明低得多的水平（T. Bonhoeffer，个人通信中获得）。

在活动猴上的重复成像可以为研究与高级皮层功能相关的皮层动态特性提供帮助。因此，一个重要的问题是基于现有染料是否能在几周或几月后在同一皮层进行重复的光学测量？对培养基上突触连接发育进行研究的初步实验结果显示，如果每次光学测量进行的时间很短，并在造成无法挽回的损伤之前结束的话，培养的神经元可以在染料中和光记录后存活。此外，已有在清醒猴上进行重复的电压敏感染料测量的报道（Inase et al. 1998；Slovin et al. 1999）。

2.10.5　染料漂白

染料漂白作用可能会影响光学信号的时程，在使用强光源的荧光测量中尤为明显。一种离线修正程序已有报道（Grinvald et al. 1987）。用于减小心跳噪声的相减程序甚至更为有效（Grinvald et al. 1984，1994）。在光学测量过程中的漂白作用也会限制测量时间的长短。因此，为了减少漂白的影响，实验样本的曝光时间应该减小到最低。如果漂白作用减小了光动力学损伤前的信号大小，那么应该重新染色实验样本以恢复原始信号的大小。

2.11　对改良的光学探针的设计、合成及评估

为了克服上述限制，已经在可用探针的设计及测试方面下了许多功夫来增强记录神经元活动的能力。在超过 3000 种已经测试过的染料中（Cohen et al. 1974；Loew et al. 1979，1985；Ross et al. 1977；Gupta et al. 1981；Grinvald et al. 1982；Grinvald et al. 1983；Grinvald et al. 1987；Lieke et al. 1988；Grinvald et al. 1994；Glaser et al. 1998），大约 200 种已被证明是对膜电位敏感的指示剂，而且只有很小的药理学副作用及光化学损伤效应。大多数最初的电压敏感染料的筛选实验都是在乌贼的巨大轴突上进行的（Tasaki et al. 1968；Davila et al. 1974；Taski and Warashina. 1976）。目前，可以在大鼠体感皮层上进行筛选实验。

目前已经取得了许多进展。如今，最好的荧光染料 RH421，每 100mV 膜电位变化都会产生一个 25% 的荧光强度的变化（在神经胚细胞瘤的细胞，neuroblastoma cells；Grinvald et al. 1983）。这个数值是 Salzberg 及其研究组成员在开创性水蛭神经元实验中获得的信号的 120 倍（Salzberg et al. 1973）。这个信号大小的提高归功于新染料自身敏感性的提高以及荧光测量中的一个事实，即培养基中单个神经元的信号比在体光学成像大得多，因为在体成像时只有一部分神经元是活动的，并且存在着来源于神经胶质细胞结合的染料及胞外空间的很大的背景噪声。此外，目前在荧光探针的质量上也存在巨大改进，特别是设计用于哺乳动物皮层在体成像的苯乙烯基染料，如 RH795 或新的 ox-onol 染料 RH1692。因为高质量的电压敏感探针的开发实质上是这种技术的广泛应用，但不幸的是只有五个实验室能进行电压敏感染料的合成。在 1978 年前，Waggoner 博士的实验室与 Cohen 的实验室共同制造了约 500 种染料。四个其他研究组后来继续了这个开创性的工作：Loew 及其研究组成员，Fromherz 及其研究组成员，Tsien 及其研究组成员，以及我们组的 Hildesheim。回顾历史，如果做到下列各点本应取得更大进展：

　　—更多的实验室进行外源性探针合成

　　—努力尝试进行结构可变的染料的合成（除了 cyanines，merocyanines 及 oxonols）从这些染料可以派生出约 200 000 种可能染料，其中大多数已经被彩色照相胶片行业合成

　　—在相应的实验对象上而不是在乌贼的巨大轴突或大鼠上进行染料的筛选

　　—合成及测试能同步进行以便快速获得反馈信息

　　—由 Loew 及其研究组成员提出的关于"理想的电化学"型探针的理论方法能得以实用化（Loew et al. 1978）

　　—开展更多有关探针信号及其与信号大小关系的机制研究（Zhang et al. 1998）

　　—开展更多有关探针敏感性的生物物理机制的研究。因此，诸如双层脂膜，双层球膜及囊泡等简单模型系统上的实验可能对设计更好的染料有所帮助（Loew　1987；Roker et al. 1996）

　　—实现更好地理解染料结构与光谱特性之间的关系（消光系数、不同环境下的量子产额、光子损伤以及漂白特性）

2.11.1　染料设计

　　对于获得恰当的染料敏感性最为重要的光学参数已有文献讨论（Waggoner and Grinvald 1977）。与双层脂膜电场变化相互作用的染料的结构要求，也已有文献加以讨论（Loew et al. 1978；Loew and Simpson　1981），但几种有用的染料并不遵守建议的理想结构。实际上，大多数用的染料家族是在持久的筛选实验中而不是化学工程中发现的。这种情况与制药工业相似，即尽管已经为合理设计适当的药物做出了很大努力，但在 10 万种可能性中只有一种最终成功。在染料合成上，尽管成功率高些，但受挫程度是相似的。

　　反而言之，这个领域积累的经验及合理的设计极大有助于在给定实验样本中努力获得近乎最优光学实验条件的染料。例如，目前在体成像的极大改进主要是因为果断使用了新染料，它需要大于 620nm 的刺激波长，这种波长下使用 RH795 时，血液动力学活动相关的信号以及呼吸波动相关的信号比 540nm 波长下小 5～12 倍（Sterkin et al. 1998；Glaser et al. 1998；Shoham et al. 1998）。

2.11.2　染料合成

　　最初在 Cohen 及其研究组成员英勇的筛选努力中，大多数染料测试是在乌贼巨大轴突上进行的（Cohen et al. 1974；Gupta et al. 1981；Ross et al. 1977）。回顾过去，很明显这些染料应该在相应的研究实验对象中直接加以测试。当在新的实验样本或新的系统中运用这项技术时，筛选许多染料（6～100 种）是至关重要的。例如，在哺乳动物大脑上运用这项技术时，在 RH414 被确定为有效染料之前，测试过大约有 40 种染料。然而，最初在猫视皮层上运用 RH414 的实验并不成功（Orbach et al. 1985），不是因为这种染料不能渗透皮层的表层从而不能恰当的染色，就是因为这种染料在猫视皮层上并不对电压变化敏感。此外，还发现 RH414 具有药理学副作用。染料导致动脉收缩，显著地减小了血流量（Grinvald et al. 1986），它经常改变电记录的诱发电位的时程。因此，

许多染料在猫及猴视皮层上直接加以测试（Grinvald et al. 1994）。因此，筛选染料的最好方法是先在大鼠腮须对映体感皮层的桶状系统上测试，然后直接在相应的实验样本上进行测试。

2.11.3　其他可提高信号幅度的改进方法

迄今为止，已证明直接测量新皮层上的吸收光变化或外源探针的荧光变化是有用的。然而，试验其他光谱特性进行分析能否提供更好的结果也是重要的。例如，Ehrenberg 及 Berezin（Ehrenberg and Berezin 1984）已经使用共振拉曼光谱来研究表层电位，但迄今为止，这种方法还未被证明在测量瞬时电压上有更好的性能。同样，研究其他光谱参数可能提供更好的结果，这些光学参数包括荧光偏振（fluorescence polarization）、圆二色性、两载色体基团间的能量转移（Gonzalez and Tsien 1995，1997；Cacciatore, et al. 1998）、延迟发光（delayed emission）、红外吸收等。

我们也期待沿完全不同思路开发其他新型电压敏感探针；利用遗传工程可能开发合适的在体探针，从而让实验更加容易，更加广泛得以运用。这种方向的开创性努力看起来是富有成效的（Miyawaki et al. 1997；Siegel and Isacoff 1997）。目前看来在转基因小鼠上使用这类探针可能在不久的将来变得实用化。在其他种属动物，特别是猴类上运用这种方法还有多长的路要走仍有待观察。

第三部分　光学成像技术与其他技术的结合

3.1　在预先确定的功能区域上定点注射追踪剂

显然，光学成像技术与其他技术的结合可以极大有助于皮层组构与功能的研究，这些技术例如：注射追踪剂，电记录及微刺激等。由于功能组构的光学成像可以快速简易地提供某种功能参数是如何分布在皮层表面的蓝图，因此它是指导定点电生理记录或追踪剂注射的理想工具。此外，采用这类综合技术，可以直接将形态学数据诸如单细胞的树突及轴突的分枝与此细胞相同区域的功能组织结构联系起来（Malach et al. 1993，1994，1997；Kisvarday et al. 1994；Bosking et al. 1997）。图 34-25 显示了运用该方法的一个例子。

3.2　在预先确定的功能区域上进行电记录

在许多实验中，光学记录的同时需要使用金属电极或玻璃电极。为了达到这个目的，采用一根可操纵的电极与封闭的颅骨窗口相连。新近，Arieli 及 Grinvald 设计出了图 34-26 所示的装置。这套装置由一个小室以及比小室直径大得多的方形玻璃盖组成。这个玻璃盖可以相对于颅骨窗口的底部移动。玻璃盖上覆盖了橡皮垫圈的小洞允许电极插入密封的小室。这套装置已被证明在用电生理方法确认光学功能图，以及定点微电极记录时十分有用。Shmuel 等（1996）及 Shoham 等（1997）已经使用该方法完成垂直和近正切穿刺，以研究单细胞反应分别与方位、方向以及空间频率的光学功能域的关系。Lampl，Ferster 及其研究组成员已经使用这套装置来同时进行在体光学成像与胞内记录

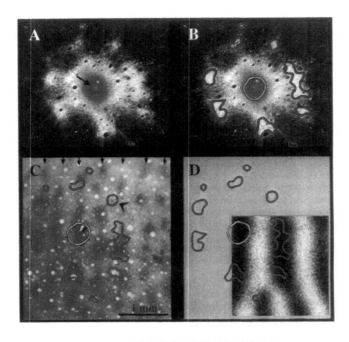

图 34-25　光学成像技术指导的解剖学研究

A～C. 生物素注射点位于恒河猴 V1 区的单眼区。A. 正切皮层切片的暗视场光学显微图片显示
了生物素的注射点（箭头）位于眼优势柱的中央。注意，围绕注射点的大量局部环形光晕外有
清晰的轴突斑块离去。B. 与图 A 同样的光镜照片但主要的斑块被勾出（轮廓线）。用在高放大
倍数下观察（没有显示）确定的有效示踪区在中央用圆圈描绘。C. 叠加在光学成像技术获得的
眼优势柱上的、与图 A 和图 B 相同的注射位点。注射点位于光学成像区左上角的对侧眼优势柱
（黑色）上。注意生物素斑块有跳过同侧眼优势柱（白色）的趋势。尺度条位于图 C 中，1mm

（改自 Malach et al. 1993）。

（Sterkin et al. 1998）。

3.3　微刺激与光学成像的结合

　　已证明在光学成像实验中进行微刺激时，此装置具有同样的优越性。在已确定的功
能域上微刺激神经细胞群时，我们使用该装置来测量皮层的活动程度（Glaser et al. 未
发表的结果）。激活区域（用光学成像进行判断）的最小直径约是 $500\mu m$。考虑到最近
在活动猴上进行的微刺激研究（Newsome et al. 1989；Salzman et al. 1990，1992），因
为能就此估计在体微刺激所影响的神经元数量，所以这类研究十分重要。微刺激与光学
成像技术的结合也可以通过调节不同的电刺激参数来剖析光学信号的实质。此外，它也
可以用于研究多个皮层位点间的功能联系。

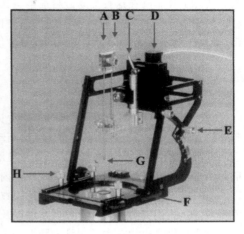

图 34-26　装有电极控制器颅骨窗

左图：在支架上 X-Y 向和轴向微量推进可变化的角度范围是 60°（微量推进器可以工作在 30°～90°的角度上）。液压型微量推进器是 Narishige 液压微量推进器 MO-11N 型，它也可以粗糙定位于手动控制的操纵器上。右图：A. 钨丝微电极尖端。B. 与电极相连的电子线路栓。C. 用于锁定手动控制器粗调位置的螺钉。它能使手动引导电极（小金属管、橡皮部分及电极）插入橡皮垫圈。只有当电极从插入保护管中伸出时，才能在液压微推动器控制下精细移动电极。D. 与黑色的可倾斜框架（此框架有两个洞用于与 Narishige 的仪器配合）相连的液压微推进器。E. 两个用于将微推进器固定于不同角度（变化范围为 30°～90°）的螺丝钉。F. 可滑行玻璃片。G. 用于微电极固定和插入橡皮垫圈时进行保护的针管。H. 四个用于将微推进器上部锁定在其 X-Y 平台上的螺丝钉（摘自 Arieli 和 Grinvald　未发表结果）。

第四部分　内源性光学信号与电压敏感染料信号的比较

光学成像

内源信号成像和电压敏感染料成像这两种光学成像技术各有优缺点。两种方法的主要区别在于它们的时间分辨率。内源信号成像最大的不足是其在时间分辨率上的限制，然而电压敏感染料成像技术却能提供亚毫秒级的时间分辨率。因此，显然在研究神经元编码的时间特性时，内源信号成像技术不能取代基于电压敏感染料的光学成像。例如，只有电压敏感染料成像技术可以用于无刺激条件下 ongoing 活动的研究（Arieli et al. 1996）。

另一方面，目前基于内源信号的成像技术比基于外源探针的成像技术更为容易。电压敏感染料信号良好的时间分辨率的代价不菲。由于采样的光子数目与信噪比成平方根关系，因此当信号很慢时较容易获得良好的信/噪比。内源信号成像技术的另一个优点就是由于其不使用染料，从而不会受制于光动力学损伤及药理学副作用。另外，由于内源信号的光学成像技术具更小的损伤性，因而更容易在同一块皮层上进行长达数月的长时程慢性实验。此外，基于内源信号的成像技术可以通过完整的硬脑膜甚至是薄的骨头进行记录，然而基于电压敏感染料的成像技术进行类似的工作还未见报道。

电压敏感染料的另一个缺点是它为获得更好的时间分辨率而牺牲了空间分辨率。然而，实际上并不存在这种交易。目前染料和快速摄像机空间分辨率上的改进，已能在毫秒级内照明样本并获得方位功能柱的高空间分辨率功能图（Shoham et al. 1993），其信/噪比在某些情况下甚至比缓慢的内源性信号还要高（Glaser et al. 1998）。

■ 结论与展望

　　基于内源信号的光学成像技术是一种允许研究人员描绘功能域空间分布并有其独特优越性的方法。目前，还没有其他显示大脑活动功能组构的成像技术能提供可与之相比拟的空间分辨率。在这个分辨率水平上，能够显示在"哪儿"进行信息的加工处理——这是在群体水平上研究神经元编码的必要步骤。内源信号成像的主要优点是能以相对无损伤的方式长时间的获得信号。这对于可能持续数月的慢性实验特别重要。在慢性实验中进行光学成像，将能够对皮层发育和可塑性以及在活动猴上的高级脑功能加以研究。主要挑战是将内源信号成像技术运用到人脑上。迄今为止，从人获得的结果比从动物实验获得的结果质量低得多。然而，光学成像技术看起来可能有临床用途。因此，应用于临床时，能用前所未有的高空间分辨率描绘各感觉皮层区的功能组构，这将比目前用 PET 或 fMRI 获得的高 1~2 个数量级。最后，通过完整人颅骨的完全无损伤的光学成像技术，将是一种时间分辨率和空间分辨率都满足要求的成像工具，能够告诉我们有关人大脑皮层神奇特性的内在原理。

　　对基于电压敏感染料的、在新皮层上进行实时光学成像，人们已做出许多有效的努力来克服其不足之处。这里讨论的结果表明这项技术已经成熟，允许用过去不可能的方式研究新皮层。我们期待新的电压敏感染料以及有关在体探针的遗传工程进展，它将使实验更加容易，从而更广泛的得以运用。

　　我们预测在不久的将来实现能进行慢的内源信号成像和快速的电压敏感染料成像的多用途成像系统。这种系统将允许每个实验室独立使用其中一种成像技术或将其结合起来使用。这种系统将依照所探索的特定问题而利用这些方法的优点并充分避免其缺点。

　　基于电压敏感染料的实时光学成像技术允许研究人员获得关于神经元活动的时间和空间方面的信息，它的分辨率好到足以观察独立功能域的精细结构，即能够观察新皮层内同时活动的神经元集群。尚没有其他显示脑功能组织活动的成像技术可以提供一个与之相比拟的时间和空间分辨率。这种分辨率水平允许运用电压敏感染料成像技术来研究在"何处"及"何时"进行信息处理的问题。为增加同块脑区获得的神经生理学数据的三维性，实时光学成像技术可与定点注射追踪剂，微刺激或胞内外记录相结合。这种组合的方法也允许研究"如何"进行信息处理的问题，从而预示这种技术将在群体水平的神经编码研究中扮演重要的角色。

参 考 文 献

Arieli, A., Shoham, D., Hildesheim, R. and Grinvald., A. (1995). Coherent spatio-temporal pattern of on-going activity revealed by real time optical imaging coupled with single unit recording in the cat visual cortex. J. Neurophysiol., 73, 2072–2093

Arieli, A., Sterkin, A., Grinvald, A., and Aertsen, A. (1996). Dynamics of on-going activity: Explanation of the large in variability in evoked cortical responses. Science, 273, 1868–1871.

Arieli, A., et al., (1996). The impact of on going cortical activity on evoked potential and behavioral responses in the awake behaving monkey. NS abstract.

Bakin, J.S., Kwon, M.C., Masino, S.A., Weinberger, N.M., Frostig, R.D. (1993). Tonotopic organization of guinea pig auditory cortex demonstrated by intrinsic signal optical imaging through the skull, Neurosci. Abstr., 582(11).

Bartfeld, E., and Grinvald, A. (1992). Relationships between orientation preference pinwheels, cytochrome oxidase blobs and ocular dominance columns in primate striate cortex. Proc. Natl. Acad. Sci. USA 89, 11905–11909.

Beeler, T.J., Farmen, R.H., and Martonosi, A.N. (1981). The mechanism of voltage-sensitive dye responses on saroplasmic reticulum. J. Member. Biol. 62: 113–137.

Blasdel GG (1989). Visualization of neuronal activity in monkey striate cortex. Annu Rev Physiol 51: 561–581.

Blasdel GG., Salama G. (1986) Voltage-sensitive dyes reveal a modular organization in monkey striate cortex. Nature 321:579–585.

Blasdel, G. G. (1988). in: "Sensory Processing in the mammalian brain: Neural substrates & Experimental strategies". Ed., Lund, J.S. Oxford Univ. Press pp 242–268.

Blasdel, G.G. (1989). Topography of visual function as shown with voltage sensitive dyes. In: Sensory systems in the mammalian brain, J.S. Lund, ed., pp. 242–268, Oxford University Press, New York.

Blasdel, G.G. (1992a). Differential imaging of ocular dominance and orientation selectivity in monkey striate cortex, J. Neurosci., 12, 3115–3138.

Blasdel, G.G. (1992b). Orientation selectivity, preference, and continuity in monkey striate cortex, J. Neurosci., 12, 3139–3161.

Bonhoeffer, T., and Grinvald, A. (1991). Iso-orientation domains in cat visual cortex are arranged in pinwheel-like patterns, Nature, 353, 429–431.

Bonhoeffer, T., and Grinvald, A. (1993). The layout of Iso-orientation domains in area 18 of cat visual cortex: Optical Imaging reveals pinwheel-like organization, J. Neurosci., 13, 4157–4180.

Bonhoeffer, T., and Grinvald, A. (1996). Optical Imaging based on Intrinsic Signals. The Methodology. in Brain Mapping. The Methods. A. Toga and J. Mazziotta (eds). Academic Press.

Bonhoeffer, T., Goedecke, I. (1994). Kittens with alternating monocular experience from birth develop identical cortical orientation preference maps for left and right eye, Soc. Neurosci. Abstr., 20, 98(3), 215.

Bonhoeffer, T., Kim, A., Malonek, D., Shoham, D., and Grinvald, A. (1995). The functional architecture of cat area 17. Eur. J. Neurosci., 7, 1973–1988.

Bosking, W.H., Zhang, Y., Schofield, B., Fitzpatrick, D. (1997). Orientation selectivity and the arrangement of horizontal connections in tree shrew striate cortex. J-Neurosci. Mar 15, 17(6), 2112–27.

Bullen, A.,and Saggau, P. (1998). Indicators and optical configuration for simultaneous high resolution recording of membrane potential and intracellular calcium using laser scanning microscopy. Pflugers archiv european journal of physiology. 436, 788–796.

Cannestra, AF., Black, KL., Martin. NA., Cloughesy, T., Burton, JS., Rubinstein, E., woods, RP.,and Toga, AW. (1998). Topographical and temporal specificity of humann intraoperative optical intrinsic signals. Neurosci., 9, 2557–2563.

Cacciatore, TW., Brodfuehrer, PD.,, Gozalas JE Tsien, RY, Kristan, WB and Kleinfeld D. (1998). Neurons that are active in phase with swimming in leech, and their connectivity are revealed by optical techniques. Neurosci. Abs. 24, 1890.

Chance, B., Cohen, P., Jobsis, F., Schoener, B. (1962). Intracellular oxidation-reduction states in vivo. Science, 137, 499–508.

Chance, B., Kang, K., He, L., Weng, J., Sevick, E. (1993b). Highly sensitive object location in tissue models with linear in-phase and anti-phase multi-element optical arrays in one and two dimensions, PNAS 90(8), 3423–3427.

Chance, B., Zhuang, L., Unah, C., Alter, C., Lipton, L. (1993a). Cognition-activated low-frequency modulation of light absorption in human brain, PNAS 90(8), 3770–3774.

Chapman, B., and Bonhoeffer, T. (1998). Overrepresentation of horizontal and vertical orientation preference in developing ferret area-17. Proceedings of the national academy of science of the United States of America, 95, 2609–2614.

Chapman, B., Bonhoeffer, T. (1994). Chronic optical imaging of the development of orientation domains in ferret area 17, Soc. Neurosci. Abstr., 20, 98(2), 214.

Cinelli, A.R., and Kauer, J.S. (1992). Voltage sensitive dyes and functional-activity in the olfactory pathway. Annu. Rev. Neurosci., 15, 321–352.

Cinelli, A.R., and Kauer, J.S. (1995). Salamender olfactory-bulb neuronal-activity observed by video-rate, voltage sensitive dyes imaging. 2. Spatial and temporal properties of responses evoked by electrical stimulation. J. Neurophys., 73, 2033–2052.

Cinelli, A.R., Neff, S.R., and Kauer, J.S. (1995). Salamender olfactory-bulb neuronal-activity observed by video-rate, voltage sensitive dyes imaging. 1. Caracterization of the recording system. J. Neurophys., 73, 2017–2032.

Cohen, L. B., Salzberg, B. M., Davila, H. V., Ross, W. N., Landowne, D., Waggoner, A. S., and Wang, C. H. (1974). Changes in axon fluorescenceduring activity: Molecular probes of membrane potential. J. Membrane Biol. 19:1–36.

Cohen, L.B. (1973). Changes in neuron structure during action potential propagation and synaptic transmission, Physiol. Rev., 53, 373–418.

Cohen, L.B., and Lesher, S. (1986). Optical monitoring of membrane potential: methods of multisite optical measurement. Soc. Gen. Physiol., Ser. 40:71–99

Cohen, L.B., and Orbach, H.S. (1983). Simultaneous monitoring of activity of many neurons in buccal ganglia of pleurobranchaea and aplysia. Soc. Neurosci.Abstr. 9: 913.

Cohen, L.B., Keynes, R.D., Hille, B. (1968). Light scattering and birefringence changes during nerve activity, Nature, 218, 438–441.

Cohen, L.B., Landowne, D., Shrivastav, B.B., and Ritchie, J.M., (1970). Changes in fiuorescence of squid axons during activity. Biol. Bull. Woods Hole 139: 418–419.

Cohen, L.B., Slazberg, B.M., Grinvald, A. (1978) Optical methods for monitoring neurons activity. Ann. Rev. of Neurosci., 1, 171–182.

Coppola, DM., White,LE., Fitzpatrick, D., and Purves, D.(1998). Unequal representation of cardinal and oblique in ferret cortex. Proceedings of the national academy of science of the United States of America, 95, 2621–2623.

Crair, M.C., Gillespie, D.G., and Stryker, M.P. (1998) The role of visual experience in the development of columns in cat visual cortex. Science, 279, 566–570

Crair, M.C., Ruthazer, E.S., Gillespie, D.C. (1997). Stryker-MP Ocular dominance peaks at pinwheel center singularities of the orientation map in cat visual cortex. J-Neurophysiol., Jun, 77(6)

Crair, M.C., Ruthazer, E.S., Gillespie, D.C. (1997). Stryker-MP Relationship between the ocular dominance and orientation maps in visual cortex of monocularly deprived cats. Neuron. Aug, 19(2), 307–18

Das, A., and Gilbert, C.D. (1995). Long-range horizontal connections and their role in cortical reorganization revealed by optical recording of cat primary visual cortex Nature, 375(6534), 780–4.

Das, A., and Gilbert, C.D. (1997). Distortions of visuotopic map match orientation singularities in primary visual cortex. Nature, 387, 594–8

Davila, H.V., Cohen, L.B., Salzberg, B.M., and Shrivastav, B.B., (1974). Changes in ANS and TNS fluorescence in giant axons from loligo. J. Member. Biol.15: 29–46.

De Weer, P. and B.M. Salzberg (eds) (1986). Optical methods in cell physiology., Soc. Gen. Physiol. Ser. Vol. 40 John Wiley and Sons inc. New York.

Denk, W., Strickler, J.H., and Webb, W.W. (1990) Two-photon laser scanning fluorescence microscopy. Science, 248:73–76

Egger, M.D., and M. Petran. (1967). New reflected light microscope for viewing unstained brain and ganglion cells. Science, 157:305–307.

Ehrenberg, B., and Berezin, Y. (1984). Surface potential on purple membranes and its sidedness studied by resonance ramam dye prob. Biophys. J. 45: 663–670.

Eisenbach, M., Margolon, Y., Ciobotariu, A., and Rottenberg, H. (1984). Distinction between changes in membrane potential and surface charge upon chemotactic stimulation of escherichia coli. Biophys. J. 45: 463–467.

Everson, R.M., Prashanth, A.K., Gabbay, M., Knight, B.W., Sirovich, L., Kaplan, E. (1998). Representation of spatial frequency and orientation in the visual cortex. PNAS 95(14), 8334–8338.

Fox, P.T., Mintun, M.A., Raichle, M.E., Miezin, F.M., Allman, J.M., and van Essen, D.C. (1986). Mapping human visual cortex with positron emission tomography. Nature, 323, 806–809

Frostig, R.D. (1994). What does in vivi optical imaging tell us about the primary visual cortex in primates. In Cerebral Cortex, 10, 331–358, Eds. Peters A, and Rockland K.

Frostig, R.D., Lieke, E.E., Ts'o, D.Y., and Grinvald, A. (1990). Cortical functional architecture and local coupling between neuronal activity and the microcirculation revealed by *in vivo* high-resolution optical imaging of intrinsic signals. Proc. Natl. Acad. Sci. USA 87, 6082–6086.

Frostig, R.D., Masino, S.A., Kwon, M.C. (1994). Characterization of functional whisker representation in rat barrel cortex: Optical imaging of intrinsic signals vs. single-unit recordings, Neurosci. Abstr., 566(8).

Ghose, G.M., Roe, A.W., Ts'o, D.Y. (1994). Features of functional organization within primate V4, Neurosci. Abstr., 350(10).

Gilbert, C.D., Wiesel, T.N. (1983) Clustered intrinsic connections in cat visual cortex.J Neurosci 3:1116–1133.

Glaser, D.E., Hildesheim, R., Shoham, D., and Grinvald, A. (1988). Optical imaging with new voltage sensitive dues reveals that sudden luminance changes delay the onset of orientation tuning in cat visual cortex. Neurosci. Abs., 24:10.3

Glaser,D.E., Shoham,D.,and Grinvald,A. (1998). Sudden luminance changes delay the onset of cortical shape processing. Neurosci.Lett.,Suppl 51(S15).

Gochin, P.M., Bedenbaugh, P., Gelfand, J.J., Gross, C.G., Gerstein, G.L. (1992). Intrinsic signal optical imaging in the forepaw area of rat somatosensory cortex, PNAS 89(17), 8381–8383.

Gonzalez, JE. and Tsien, RY (1995). Voltage Sensing by fluorescence resonance energy transfer in single cells. Biophys. J. 69: 1272–1280.

Gonzalez, JE. and Tsien, RY (1997). Improved indicators of cell membrane potential that use fluorescence resonance energy transfer. Chem. Biol. 4: 269–277.

Gratton, G. (1997). Attention and probability effects in the human occipital cortex: an optical imaging study. Neuroreport, 8(7), 1749–53

Gratton, G., Corballis, P.M., Cho, E., Fabiani, M., Hood, D.C. (1995). Shades of gray matter: noninvasive optical images of human brain responses during visual stimulation. Psychophysiology, 32(5), 505–9

Gratton, G., Fabiani, M., Corballis, PM., Gratton, E. (1997). Noninvasive detection of fast signals from the cortex using frequency-domain optical methods. Ann-N-Y-Acad-Sci., 820, 286–98

Grinvald ,A, Fine, A., Farber, I.C., Hildesheim, R. (1983) Fluorescence monitoring of electrical responses from small neurons and their processes. Biophys. J. 42:195–198.

Grinvald, A. (1984). Real time optical imaging of neuronal activity: from single growth cones to the intact brain. Trends in Neurosci., 7, 143–150.

Grinvald, A. (1985). Real-time optical mapping of neuronal activity: from single growcones to the intact mammalian brain. Annu. Rev. Neurosci., 8, 263–305.

Grinvald, A., and Segal, M., (1983). Optical monitoring of electrical activity; detection of spatiotemporal patterns of activity in hippocampal slices by voltage-sensitive probes. In Brain Slices, ed. R. Dingledine. New York: Plenum Press, pp. 227–261.

Grinvald, A., Anglister, L., Freeman, J.A., Hildesheim, R., and Manker, A. (1984). Real time optical imaging of naturally evoked electrical activity in the intact frog brain. Nature, 308, 848–850

Grinvald, A., C.D. Gilbert, R. Hildesheim, E. Lieke., and T.N. Wiesel. (1985). Real time optical mapping of neuronal activity in the mammalian visual cortex *in vitro* and *in vivo*. Soc. Neurosci. Abstr., 11:8.

Grinvald, A., Cohen, L.B., Lesher, S., and Boyle, M.B., (1981). Simultaneous optical monitoring of activity of many neurons in invertebrate ganglia, using a 124 element "Photodiode" array. J. Neurophysiol., 45, 829–840

Grinvald, A., Frostig, R.D., Lieke, E.E., Hildesheim, R. (1988). Optical imaging of neuronal activity. Physiol Rev., 68, 1285–1366.

Grinvald, A., Frostig, R.D., Siegel, R.M., and Bartfeld, E. (1991). High resolution optical imaging of neuronal activity in awake monkey, PNAS, 88, 11559–11563.

Grinvald, A., Hildesheim, R., Farber, I.C., and Anglister, L. (1982b). Improved fluorescent probes for the measurement of rapid changes in membrane potential. Biophys. J., 39, 301-308

Grinvald, A., Lieke, E., Frostig, R.D., Gilbert, C.D., and Wiesel, T.N. (1986a). Functional architecture of cortex revealed by optical imaging of intrinsic signals, Nature, 324, 361-364.

Grinvald, A., Lieke, E.E., Frostig, R.D., Hildesheim, R. (1994), Cortical point-spread function and long-range lateral interactions revealed by real-time optical imaging of macaque monkey primary visual cortex, J. Neurosci., 14(5), 2545-2568.

Grinvald, A., Manker, A., and Segal, M. (1982a). Visualization of the spread of electrical activity in rat hippocampal slices by voltage sensitive optical probes. J. Physiol., 333, 269-291

Grinvald, A., Salzberg, B.M., and Cohen, L.B. (1977). Simultaneous recordings from several neurons in an invertebrate central nervous system. Nature, 268, 140-142

Grinvald, A., Salzberg, B.M., Lev-Ram, V., and Hildesheim, R. (1987). Optical recording of synaptic potentials from processes of single neurons using intrcellular potentiometric dys. Biophys. J. 51:643-651.

Grinvald, A., Segal, M., kuhnt, U., Hildesheim, R., Manker, A., Anglister, L., and Freeman, J.A. (1986) Real-time optical mapping of neuronal activity in vertebrate CNS in vitro and in vivo. Soc. Gen. Physiol. Ser. 40: 165-197.

Gupta, R.G., Salzberg, B.M., Grinvald, A., Cohen, L.B., Kamino, K., Boyle, M.B., Waggoner, A.S., Wang, C.H. (1981). Improvements in optical methods for measuring rapid changes in membrane potential. J. Mem. Biol. 58, 123-137.

Haglund, M.M., Ojemann, G.A., and Hochman, D.W. (1992). Optical imaging of epileptiform and functional activity in human cerebral cortex, Nature, 358, 668-671.

Harrison, VH., Harel, n., Kakigi, A., Raveh, E., and Mount, RJ. (1998). Optical imaging of intrinsic signals in chinchilla auditory cortex. Audiol Neurootal, 3, 214-223.

Hess, A., Scheich, H. (1994). Tonotopic organization of auditory cortical fields of the Mongolian Gerbil 2DG labeling and optical recording of intrinsic signals, Neurosci. Abstr., 141 (5).

Hill, D.K., and Keynes, R.D. (1949). Opacity changes in stimulated nerve, J. Physiol., 108, 278-281.

Hirota, A., Sato, K., Momosesato, Y., Sakai, T., and Kamino, K. (1995). A new simultaneous 1020 site optical recording system for monitoring neuronal activity using voltage sensitive dyes. J. Neurosci. Methods. 56, 187-194.

Horikawa, J., Hosokawa, Y., Nasu, M., and Taniguchi, I., (1997). Optical study of spatiotemporal inhibition evoked by 2 tone sequence in the guinea pig auditory cortex. J. of comparative physio.A sensory neural and behavioral physiology. 181, 677-684.

Hoshi, Y., Tamura, M. (1993). Dynamic multichannel near-infrared optical imaging of human brain activity, J. Appl. Physiol., 75, 1842-1846.

Hosokawa,Y., Horikawa, J., Nasu, M., and Taniguchi, I. (1997). Real time imaging of neural activity during binaural interaction in the guinea pig auditory cortex. J. of comparative physio.A sensory neural and behavioral physiology. 181, 607-614.

Hubel, D.H. and T.N. Wiesel. (1965). Receptive fields and functional architecture in two non-striate visual areas (18 and 19) of the cat. J. Neurophysiol. 28:229-289.

Hubel, D.H., and Wiesel, T.N. (1962). Receptive fields, binocular interactions and functional architecture in the cat's visual cortex. J. Physiol., 160, 106-154.

Hubener, M., Shoham, D., Grinvald, A., and Bonhoeffer, T. (1997). Spatial relationships among three columnar systems in cat area 17. J. Neurosci., 17, 9270-9284.

Ichikawa, M., Tominaga, T., Tominaga, Y., yamada, H., Yamamato, Y. and Matsomoto, G. (1998). Imaging of synaptic excitation at high special and temporal resolution at high temporal resolution using va novel CCD system in rat brain slices. Neurosci. Abs. 24, 1812.

Iijima, T., Matosomoto, G., Kisokoro, Y. (1992). Synaptic activation of rat adrenal-medula examined with a lrage photodiode array in combination with voltage sensitive dyes. Neurocscience 51, 211-219.

Inase, M., Iijima, T., Takashima, I., Takahashi, M., Shinoda, H., Hirose, H., Niisato, K.,Tsukada, K. (1998). Optical recording of the motor cortical activity during reaching movement in the behaving monkey. Soc. Neurosci.Abstr., Vol. 24, (404).

Jobsis, F.F. (1977). Noninvasive, infrared monitoring of cerebral and myocardial oxygen sufficiency and circulatory parameters, Science, 198, 1264-1266.

Jobsis, F.F., Keizer, J.H., LaManna, J.C., and Rosental, M.J. (1977). Reflectance spectrophotometry of cytochrome aa$_3$ in vivo. J. Appl. Physiol.: Respirat. Environ. Exercise Physiol., 43:858-872.

Jobsis, F.F., Keizer, J.H., LaManna, J.C., Rosental, M.J. (1977). Reflectance spectrophotometry of cytochrome aa$_3$ in vivo. J. Appl. Physiol.: Respirat. Environ. Exercise Physiol., 43, 858-872.

Kamino, K. (1991). Optical approaches to ontogeny of electrical activity and related functional-organization during early heart developnment. Phys.Rev., 71, 53–91.

Kato, T., Kamei, A., Takashima, S., Ozaki, T. (1993). Human visual cortical function during photic stimulation monitoring by means of near-infrared spectroscopy. J. Cereb. Blood Flow & Metab., 13, 516–520.

Kauer, J.S. (1988). Real-time imaging of evoked activity in local circuits of the salamander olfactory bulb. Nature, 331, 166–168.

Kauer,J.S., Senseman, D.M., Cohen, M.A. (1987). Odor-elicited activity monitored simultaneously from 124 regions of the salamander olfactory bulb using a voltage-sensitive dye. Brain Res ,25:255–61.

Kelin, D. (1925). On cytochrome, a respiratory pigment, common to animals, yeast, and higher plants. Proc. R. Soc. B, 98, 312–339

Keller,A., Yagodin, S., Aroniadouanderjaska, V., Zimmer, LA., Ennis, M., Sheppard,NF., and Shipley MT. Functional organization of rat olfactory bulb glomeruli revealed by optical imaging. J. Neurosci., 18, 2602–2612.

Kenet, T., Arieli, A., Grinvald, A., and Tsodyks, M. (1997). Cortical population activity predicts both spontaneous and evoked single neuron firing rates. Neurosci. Lett. S48, p27

Kenet, T.,Arieli, A., Grinvald,A., Shoham, D., Pawelzik, K., and Tsodyks, M. (1998). Spontaneous and evoked firing of single cortical neurons are predicted by population activity. Soc. Neurosci.Abstr., Vol. 24, (1138).

Kety, S.S., Landau, W.M., Freygang, W.H., Rowland, L.P., Sokoloff, L. (1955). Estimation of regional circulation in the brain by uptake of an inert gas, American Physiological Society Abstracts: 85.

Kim, D.S., Bonhoeffer, T. (1994). Reverse occlusion leads to a precise restoration of orientation preference maps in visual cortex, Nature, 370, 370–372.

Kisvarday, Z.F., Kim, D.S., Eysel, U.T., Bonhoeffer, T. (1994). Relationship between lateral inhibitory connections and the topography of the orientation map in cat visual cortex, Europ. J. Neurosci., 6, 1619–1632.

Konnerth, A., and Orkand, R.K. (1986). Voltage sensitive dyes measurpotential changes in axons and glia of frog optic nerve. Neuroscience Lett., 66, 49–54.

Lamanna, J.C., Pikarsky, S.N., Sick, T.J., and Rosenthhal, M., (1985) A rapid-scanning spectrophotometer designed for biological tissues in vitro or in vivo. Anal. Biochem. 144: 483–493.

Lev-Ram R. and A. Grinvald. K^+ and Ca^{2+} dependent communication between myelinated axons and oligodendrocytes revealed by voltage-sensitive dyes. Proc. Natl. Acad. Sci. USA, 83, 6651–6655, 1986

Lassen, N.A., Ingvar, D.H. (1961). The blood flow of the cerebral cortex determined by radioactive krypton, Experimentia Basel, 17, 42–43

Lieke, E.E., Frostig, R.D., Arieli, A., Ts'o, D.Y., Hildesheim, R., Grinvald, A. (1989). Optical imaging of cortical activity; Real-time imaging using extrinsic dye signals and high resolution imaging based on slow intrinsic signals. Annu Rev of Physiol 51:543–559.

Lieke, E.E., Frostig, R.D., Ratzlaff, E.H., Grinvald, A. (1988). Center/surround inhibitory interaction in macaque V1 revealed by real-time optical imaging. Soc Neurosci Abstr 14:1122.

Loew, L. M., Cohen, L. B., Salzberg, B. M., Obaid, A. L., and Bezanilla, F. (1985). Charge shift probes of membrane potential. Characterization of aminostyrylpyridinum dyes on the squid giant axon. Biophys J. 47:71–77.

Loew, L.M. (1987). Optical measurement of electrical activity., CRC Press Inc., Boca Raton

Loew, L.M., and Simpson, L.L. (1981). Charge shift probes of membrane potential. Biophys. J., 34:353–363.

Loew, L.M., Bonneville, G.W., and Surow, J. (1978). Charge shift probes of membrane potential theory. Biol. Chemistry. 17: 4065–4071.

Loew, L.M., Scully, S., Simpson, L., and Waggoner, A.S., (1979). Evidence for a charge shift electrochromic mechanism in a probe of membrane potential. Nature Lond. 281: 497–499.

MacVicar, B.A., Hochman, D. (1991). Imaging of synaptically evoked intrinsic optical signals in hippocampal slices. J. Neurosci., 11, 1458–1469.

MacVicar, B.A., Hochman, D., LeBlanc, F.E., Watson, T.W. (1990). Stimulation evoked changes in intrinsic optical signals in the human brain. Soc. Neurosci. Abstr., 16, 309.

Malach, R., Amir, Y., Harel, M., and Grinvald, A. (1993). Novel aspects of columnar organization are revealed by optical imaging and in vivo targeted biocytin injections in primate striate cortex. Proc. Natl. Acad. Sci. USA 90, 10469–10473.

Malach, R., Amir, Y., Harel, M., Grinvald, A. (1993). Relationship between intrinsic connections and functional architecture revealed by optical imaging and *in vivo* targeted biocytin injections in primate striate cortex. PNAS 90, 10469–10473.

Malach, R., Schirman, T.D., Harel, M., Tootell, R.B.H., and Malonek, D. (1997) Organization of intrinsic connections in owl monkey area MT. Cerebral Cortex, 7, 386–393.

Malach, R., Tootell, R.B.H., and Malonek, D. (1994) Relationship between orientation Domains, Cytochrome Oxidase Stipes and intrinsic horizontal connections in Squirrel monkey area V2. Cerebral Cortex, 4, 151–165.

Malach, R., Tootell, R.B.H., and Malonek, D. (1994). Relationship between orientation Domains, cytochrome oxidase stripes and intrinsic horizontal connections in squirrel monkey area V2.

Malonek, D., Dirnagl, U., Lindauer, U., Yamada, K., Kanno, I., and Grinvald, A. (1997).Vascular imprints of neuronal activity. Relationships between dynamics of cortical blood flow, oxygenation and volume changes following sensory stimulation., Proc. Natl Acad. Sci. USA, 94, 4826–14831,

Malonek, D., Grinvald, A. (1996). The imaging spectroscope reveals the interaction between electrical activity and cortical microcirculation; implication for functional brain imaging. Science, 272, 551–554.

Malonek, D., Shoham, D., Ratzlaff, E., and A. Grinvald (1990) *In vivo* three dimensional optical imaging of functional architecture in primate visual cortex. Neurosci. Abstr. 16, 292.

Malonek, D., Tootell, R.B.H., Grinvald, A. (1994). Optical imaging reveals the functional architecture of neurons processing shape and motion in owl monkey area MT. Proc. R. Soc. Lond. B, 258, 109–119.

Masino, S.A., Kwon, M.C., Dory, Y., Frostig, R.D. (1993). Structure-function relationships examined in rat barrel cortex using intrinsic signal optical imaging through the skull, Neurosci. Abstr., 702(6).

Mayevsky, A., and Chance, B. (1982). Intracellular oxidation-reduction state measured in situ by a multichannel fiber-optic surface fluorometer. Science, 217, 537–540

Mayhew, J., Hu, DW., Zheng, Y., Askew, S., Hou, YQ.,Berwick,J., Coffey, PJ., and Brown, N. (1998). An evaluation of linear model analysis techniques for processing images of microcirculation activity. Neuroimage, 7, 49–71.

Mc-Loughlin, N.P., and Blasdel, G.G. (1998). Wavelength dependent differences between optically determined functional maps from macaqe striate cortex. Neuroimage. 7, 326–36.

Menon RS., Luknowsky, DC. And Gati, JS (1998). Mental chronometry using latency resolved functional MRI. Proc. Natl./Acad. Sci. USA. 95,10902–10907.

Millikan, G.A. (1937). Experiments on muscle hemoglobin *in vivo*; the instantaneous measurement of muscle metabolism. Proc. R. Soc. B, 123, 218–241

Miyawaki-A; Llopis-J; Heim-R; McCaffery-JM; Adams-JA; Ikura-M; Tsien-RY (1997) Fluorescent indicators for Ca2+ based on green fluorescent proteins and calmodulin. Nature, 388, 834–5

Mountcastle, V.B. (1957). Modality and topographic properties of single neurons of cat's somatic sensory cortex. J. Neurophysiol., 20, 408–434.

Newsome, W.T., Britten, K.H., Movshon, J.A. (1989). Neuronal correlates of a perceptual decision, Nature, 341, 52–54.

Obermayer, K., and Blasdel, G.G. (1993) Geometry of orientation and ocular dimonance columns in primate striate cortex. J. Neuroscie., 13, 4114–4129.

Ogawa, S., Lee, T.M., Kay, A.R., (1990b). Brain magnetic resonance imaging with contrast dependent on blood oxygenation, PNAS 87, 9868–9872.

Ogawa, S., Lee, T.M., Nayak, AS. (1990a). Oxygenation-sensitive contrast in magnetic resonance image of rodent brain at high magnetic fields, Magn. Reson. Med., 14, 68–78.

Orbach, H.S. (1987). Monitoring electrical activity in rat cerebral cortex. In Optical measurement of electrical activity,. ed. L.M. Loew, CRC Press, Boca Raton

Orbach, H.S. (1988). Monitoring electrical activity in rat cerebal cortex. In: Spectroscopic Membrane Probes, edited by L. M. Loew. Boca Raton, FL: CRC, Vol III, p. 115–136.

Orbach, H.S., and Cohen, L.B. (1983). .Optical monitoring of activity from many areas of the in vitro and in vivo salamader olfactory bulb:a new method for studying functional organization in the vertebrate central nervous system. J. Neurosci., 3, 2251–2262

Orbach, H.S., Cohen, L.B., and Grinvald, A. (1985). Optical mapping of electrical activity in rat somatosensory and visual cortex. J. Neurosci., 5, 1886–1895

Pikarsky, S.M., Lamanna, J.C., Sick, T.J., and Rosenthal, M. (1985). A computer-assisted rapid-scannig spectrophotometer with applications to tissues in vitro and in vivo. Comput. Biomed. Res. 18: 408–421.

Raichle, M.E., Martin, W.R.W., Herscovitz, P., Minton, M.A., Markham, J.J. (1983). Brain blood flow measured with intravenous H2(15)0. II. Implementation and validation, J. Nucl. Med., 24(9), 790–798.

Ratzlaff, E.H., and Grinvald, A. (1991). A tandem-lens epifluorescence macroscope: hundred-fold brightness advantage for wide-field imaging. J. Neurosci. Methods 36: 127–137.

Rector, DM., Poe, GR., Redgrave, P., and Harper, RM. (1997). CCD video camera for high sensitivity light measurements in freely behaving animals full source. J. of Neuro. Metho., 78, 85–91.

Rigler, R., Rable, C.R., and Jovin, T.M. (1974). A temperature jump apparatus for fiuorescence measurements Rev. Sci. Instrum. 45: 581–587.

Roker, C, Heilemann, A, Fromherz, P. (1996) Time-resolved fluorescence of a hemicyanine dye: Dynamics of rotamerism and resolvation. J Phys. Chem. USA. 100: 12172–12177.

Ross, W.N., and Reichardt, L.F. (1979). Species-specific effects on the optical signals of voltage sensitive dyes. J. Membr. Biol., 48, 343–356

Ross, W.N., Salzberg, B.N., Cohen, L.B., Grinvald, A., Davila, H.V., Waggoner, A.S., Chang, C.H (1977) Changes in absorption, fluorescence, dichroism and birefringence in stained a: optical measurement of membrane potential. J Mem Biol 33:141–183.

Ross, W.N., Salzberg. BN., Cohen, L.B., Grinvald, A., Davila, H.V., Waggoner, A.S, Chang, C.H. (1977) Changes in absorption, fluorescence, dichroism and birefringence in stained axons: optical measurement of membrane potential. J Mem Biol 33:141–183.

Roy, C., Sherrington, C. (1890). On the regulation of the blood supply of the brain, J. Physiol., 11, 85–108.

Rumsey, W.L., Vanderkooi, J.M., Wilson, D.F. (1988). Imaging of phosphorescence; A novel method for measuring oxygen distribution in perfused tissue. Science, 241: 1649

Salama, G., and Morad, M. (1976). Merocyanine 540 as an optical prob of transmembrane electrical activity in the heart. Science Wash. DC. 191: 485–487.

Salama, G., Lombardi, R., and Elson, J. (1987). Maps of optical action potentials and NADH Fluorescence in intact working hearts. AM.J.Physiol. 252 (Heart Circ. Physiol.21): H384-H394.

Salzberg, B.M., (1983). Optical recording of electrical activity in neurons using molecular probes. In Current Methods in Cellular Neurobiology,, eds. J. Barber, and J. McKelvy. New York: John Wiley & Sons, p. 139–187

Salzberg, B.M., Davila, H.V., and Cohen, L.B. (1973) Optical; recording of impulses in individual neurons of an invertebrate central nervous system . Natrure, 246, 508–509.

Salzberg, B.M., Grinvald, A., Cohen, L.B., Davila, H.V., and Ross, W.N. (1977). Optical recording of neuronal activity in an invertebrate central nervous system; simultaneous recording from several neurons. J. Neurophys., 40, 1281–1291.

Salzberg, B.M., Obaid, A.L., and Gainer, H. (1986). Optical studies of excitation secretion at the vertebrate nerve terminal Soc. Gen Physiol., 40, 133–164.

Salzberg, B.M., Obaid, A.L., and Gainer, H. (1986). Optical studies of excitation secretion at the vertebrate nerve terminal Soc. Gen Physiol, 40, 133–164.

Salzberg, B.M., Obaid, A.L., Senseman, D.M., and Gainer, H. (1983). Optical recording of action potentials from vertebrate nerve terminals using potentiometric probs provide evidence for sodium and calcium components.Nature Lond. 306: 36–39

Salzman, C.D., Britten, K.H., Newsome, W.T. (1990). Cortical microstimulation influences perceptual judgements of motion direction, Nature, 346, 174–177.

Salzman, C.D., Murasugi, C.M., Britten, K.H., Newsome, W.T. (1992). Microstimulation in visual area MT: Effects on direction discrimination performance, J. Neurosci., 12, 2331–2355.

Shevelev, IA. (1998). Functional imaging of the brain by infrared radiation (thermoencephaloscopy) Progress in Neurobiology. 56, 269–305.

Shmuel, A., and Grinvald, A. (1996). Functional organization for direction of motion and its relationship to orientation maps in cat area 18. J. Neurosci., 16, 6945–6964.

Shoham ,D., Glaser, D., Arieli, A., Hildesheim, R., and Grinvald, A. (1998). Imaging cortical architecture and dynamics at high spatial and temporal resolution with new voltage-sensitive dyes. Neurosci. Lett., Suppl 51(S38).

Shoham, D., Hubener, M., Grinvald, A., and Bonhoeffer, T. (1997). Spatio-temporal frequency domains and their relation to cytochrome oxidase staining in cat visual cortex. Nature, 385, 529–533.

Shoham, D., Gottesfeld, Z., and Grinvald, A. (1993). Comparing maps of functional architecture obtained by optical imaging of intrinsic signals to maps and dynamics of cortical activity recorded with voltage sensitive dyes. Neurosci. Abs., 19:618.6

Shoham, D., Grinvald, A. (1994). Visualizing the cortical representation of single fingers in primate area S1 using intrinsic signal optical imaging, Abstracts of the Israel Society for Neuroscience 3, 26.

Shoham, D., Ullman, S., and Grinvald, A. (1991). Characterization of dynamic patterns of cortical activity by a small number of principle components. Neurosci. Abs., 17:431.8

Shtoyerman, E., Vanzetta, I., Barabash, S., Grinvald, A. (1998). Spatio-temporal characteristics of oxy and deoxy hemoglobin concentration changes in response to visual stimulation in the awake monkey. Soc. Neurosci.Abstr., Vol. 24, (10).

Siegel, M.S., Isacoff, E.Y. (1997) A genetically encoded optical probe of membrane voltage.Neuron., 19, 735–41

Sirovich, L., Everson, R., Kaplan, E., Knight, B.W., Obrien, E., Orbach,D. (1996). Modeling the functional-organization of the visual cortex. Physica D, 96 355–366.

Slovin, H., Arieli, A. and Grinvald, A. (1999) Voltage-sensitive dye imaging in the behaving monkey. Fifth IBRO Congress. Abstr. pp 129.

Sokoloff, L. (1977). Relation between physiological function and energy metabolism in the central nervous system. J. Neurochem., 19, 13–26.

Sterkin, A., Arieli, A., Ferster, D., Glaser, D.E., Grinvald, A., and Lampl, I. (1998). Real-time optical imaging in cal visual cortex exhibits high similarity to intracllular. Neurosci.Lett.,Suppl 51(S41)

Stetter, M., Otto, T., Sengpiel, F., Hubener, M.,Bonhoeffer, T., Obermayer, K. (1998).Signal extraction from optical imaging data from cat area 17 by blind separation of sources. Soc.Neurosci.Abstr., Vol. 24, (9).

Swindale, N.V., Matsubara, J.A., and Cynader, M.S. (1987). Surface organization of orientation and direction selectivity in cat area 18. J. Neurosci., 7, 1414–1427.

Tanifuji, M., Yamanaka, A., Sunaba, R., and Toyama, K. (1993). Propagation of excitation in the visual cortex studies by the optical recording. Japanese J. Physiol., 43, 57–59.

Taniguchi, I., Hrikawa, J., Hosokawa, Y., and Nasu, M. (1997). Optical Imaging of cortical activity induced by intracochlear stimulation. Biomed. Resea.Tokyo. 18, 115–124

Tasaki, I., and A. Warashina. (1976). Dye membrane interaction and its changes during nerve excitation. Photochem. Photobiol., 24, 191–207.

Tasaki, I., Watanabe, A., Sandlin, R., Carnay, L. (1968). Changes in fluorescence, turbidity and birefringence associated with nerve excitation, PNAS 61, 883–888.

Toth, T.J., Rao, S.C., Kim, D.S., Somers, D., Sur, M. (1996). Subthreshold facilitation and suppression in primary visual cortex revealed by intrinsic signal imaging. Proc.Natl.Acad.Sci.U.S.A, 91:9869–74

Toyama K. and Tanifuji M (1991). Seeing ecxcietation propagation in visual cortical slices Biomed. Res., 12, 145–147.Ts'o, D.Y, Roe, A.W., Shey, J. (1993). Functional connectivity within V1 and V2: Patterns and dynamics, Neurosci. Abstr., 618(3).

Ts'o, D.Y., Frostig, R.D., Lieke, E., and Grinvald, A. (1990). Functional organization of primate visual cortex revealed by high resolution optical imaging, Science, 249, 417–420.

Ts'o, D.Y., Gilbert, C.D., Wiesel, T.N. (1991). Orientation selectivity of and interactions between color and disparity subcompartments in area V2 of Macaque monkey, Neurosci. Abstr., 431(7).

Vanzetta, I., Grinvald, A. (1998). Phosphorescence decay measurements in cat visual cortex show early blood oxygenation level decrease in response to visual stimulation. Neurosci.Lett.,Suppl 51(S42).

Vnek, N., Ramsden, B.M., Hung, C.P., Goldman-Rakic, P.S., Roe, A.W. (1998). Optical imaging of functional domains in the awake behaving monkey. Soc. Neurosci.Abstr., Vol. 24, (1137).

Vranesic, I., Iijima, T., Ichikawa, M., Matsumoto, G., Knopfell, T. (1994). Signal transmission in the parallel fiber Purkenje-cell system visualized by high resolution imaging. Proc. Natl. Sacad. Sci. USA. 91, 13014–134017.

Waggoner, A.S. (1979). Dye indicators of membrane potential. Ann. Rev. Biophys. Bioener., 8,47–63

Waggoner, A.S., and Grinvald, A. (1977). Mechanisms of rapid optical changes of potential sensitive dyes. Ann. N.Y. Acad. Sci., 303, 217–242.

Wang,G., Tanaka, K., Tanifuji, M. (1994). Optical imaging of functional organization in Macaque inferotemporal cortex, Neuroscience Abstracts 138(10), 316.

Wenner, P, Tsau, Y, Cohen, LB, O'donovan MJ and Dan, Y. (1996) Voltage-sensitive dye recording using retrogradely transported dye in the chicken spinal cord: Staining and signal characteristics. J. Neurosci. Methods 70, 111–120.

William, H.B., Zhang,Y., Schofield, B., Fitzpatrick, D. (1997). Orientation Selectivity and the arrangement of horizontal connections in tree shrew striate cortex. J. Neurosci., 15, 2112–2127.

Wu, LY., Lam, YW., Falk, CX.,Cohen, LB., Fang, J., L, L., Prechtl, JC., Kleinfeld, D., and Tsau, Y.

(1998). Voltage sensitive dyes for monitoring multineuronal activity in the intact central nervous system. Histoch. J. 30, 169–187

Wyatt, J.S., Cope, D., Deply, D.T., Richardson, C.E., Edwards, A.D., Wray, S. (1990). Reynolds EOR. Quantitation of cerebral blood volume in human infants by near-infrared spectroscopy, J. Appl. Physiol., 68, 1086–1091.

Wyatt, J.S., Cope, M., Deply, D.T., Wray, S., Reynolds, E.O.R. (1986). Quantitation of cerebral oxygenation and haemodynamics in sick newborn infants by near-infrared spectrophotometry, Lancet, 2, 1063–1066.

Zhang, J., Davidson, RM., Wei, MD., and Loew, LM. (1998). Membrane electric properties by combined patch-clamp and flurescence ratio imaging in single neurons. Biophys. J. 74, 48–53.

第三十五章　脑　电　图

Alexey M. Ivanitsky, Andrey R. Nikolaev and George A. Ivanitsky
罗跃嘉　张　单　译
北京师范大学
luoyj@bnu.edu.cn

■　绪　论

　　脑电图学或脑电描记术（electroencephalography），是在人类（或动物）的头皮表面记录脑的电活动。该定义具有两种不同含义：一是神经科学的一个分支，二是一种临床诊断技术；本章主要从第一种含义即神经科学的角度对其进行阐述。临床脑电描记术主要以详细描述不同疾病的脑电现象为基础，并在专门的手册中予以介绍，不包含在本章范围内；但本章内容也适用于临床脑电图（electroencephalogram，EEG）的研究。脑皮层电位图（electrocorticogram）是指直接由皮层测得的脑电位，而脑皮层下电位图（electrosubcorticogram）则是由皮层下结构测得的脑电位（通常经内置电极测得）。

脑电图（EEG）起源

　　头皮电极记录到的电场是由多组同向树突的神经元产生的。一些神经元不断地接收其他神经元传递的脉冲，脉冲信号作用于树突突触，引发兴奋性或抑制性突触后电位。源于突触的电流经树突、胞体传到轴突基底部的触发区，同时沿此传递通路，电流经胞膜传至胞外。EEG 是由大量神经元产生的胞外电流的电位总和，因此，脑电图取决于神经元群体的细胞构筑（cytoarchitectures）、神经元之间的连接（包括反馈回路）和细胞外的几何构建（Freeman　1992）；而头皮电位的主要物理源是 III、IV 皮层的锥体细胞（Mitzdorf　1987）。

　　只有在大量神经元出现同步激活，并且其突触事件的总和足够大时才可能在头皮记录中显示出 EEG 的节律性活动（Steriade et al. 1990）。节律性活动可能是由具有自身节律性振荡能力的起搏神经元和无自身节律性的神经元共同产生，后一类神经元虽不能自主产生节律，却可以通过兴奋性和抑制性联结使自身行为同步化，形成具有起搏性质的网络，这一网络可称为神经元振荡器（neuronal oscillators）（Madler et al. 1991；Kasanovich and Borisyuk　1994；Abarbanel et al. 1996）。尽管构成不同振荡器的单个神经元内在电生理特性相似，但随振荡器种类及其内部联结的不同（图 35-1），振荡器的放电频率也不相同。在给予外源性感觉刺激（Lopes da Silva　1991；Basar　1992）或内源性内隐信号刺激如认知负荷后，神经元振荡器就会开始出现同步性活动（Basar et al. 1989）。

　　在国际临床神经生理学协会之基础机制委员会［International Federation on Clinical Neurophysiology（IFCN）Committee on Basic Mechanisms］的报告中，详细讨论了构成脑

电图节律性基础的神经元振荡器回路（Steriade et al. 1990）。

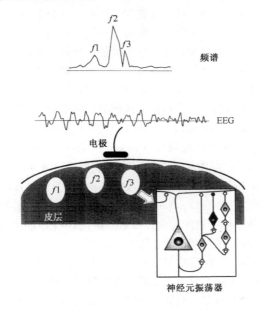

频谱

EEG

电极

f1　f2　f3

皮层

神经元振荡器

图 35-1　皮层内部的神经元振荡器，均以其自身频率放电（f1，f2，f3），
产生的胞外电流在头皮表面的总和即脑电图信号

对脑电图进行频谱分析，可分解出神经元振荡器的活动。矩形窗内是神经元振荡器的假设结构
图；根神经元的轴突侧向通过兴奋性和抑制性中间神经元激活回路。图中抑制性神经元被涂以
黑色。

EEG 节律

通常根据脑电图的频率范围对其主要节律进行分类：δ 节律为 2～4 Hz，θ 节律为
4～8 Hz，α 节律为 8～13 Hz；β 节律为 13～30 Hz；γ 节律高于 30 Hz。但这种分类只能
部分地反映这些节律性活动在脑功能上的差异。在节律频率范围内的脑电节律可以根据
动力学、节律产生部位以及与特定行为活动的关系再进行细分（Niedermayer　1997；
Lutzenberger　1997；Pfurtscheller et al. 1997）。

Berger（1929）首先发现了主要的脑电节律——α 节律（又称 Berger 节律）。在安静
状态下可观察到典型的 α 节律；而被试在接受感觉信号或进行思维活动时，α 节律消
失。α 节律的产生是由于皮层的神经元核团与丘脑核之间存在着神经冲动的回向性传
导，经兴奋性和抑制性的中间联结系统，最终引发大量皮层神经元的节律性放电（Lli-
nas　1988；Lopes da Silva　1991）。在视皮层，α 节律也可由 V 层锥体神经元相关的皮
层内网状系统产生，这些锥体神经元则是主要的电位来源（Lopes da Silva and Storm van
Leeuwen　1977；Steriade et al. 1990）。

θ 节律起源于皮层和海马神经元群组之间的相互作用（Miller　1991）；产生 β 节律
的神经元振荡器很可能位于皮层内（Lopes da Silva　1991）；γ 振荡的基础则来自皮层
局部区域内、彼此相邻、具有四分之一周相位差的神经元间的反馈联结（Freeman

1992）。

　　大部分节律在脑结构中分布广泛，在皮层、海马、丘脑和脑干等处均可出现 γ、θ、α 节律（Basar 1992）。Freeman（1988）曾用"共模（common modes）"一词来描述脑内不同网状结构中存在的相似频率，这一现象可能在分布于不同脑结构的神经元振荡器的活动整合中起作用。相隔较远的神经元振荡器在某一精细的时间量度上实现活动的同步化，是此类整合可能的机制（空间上分隔的振荡器的"同步化"应与 EEG 节律振幅的增加原因——某一记录电极下大量神经元活动的"同步化"相区别）。

　　"脑电位同步性（brain potential synchrony）是神经元通信的最主要机制"这一观点来源于前苏联神经生理学经典学院派的 Vvedensky 和 Ukhtomsky（见 Rusinov 1973）。20 世纪初，他们认为单位时间内的兴奋性周期数，即放电频率，是标志神经结构功能状态的基本参数（"功能易变性"参数）。Ukhtomsky 认为两种神经结构的功能易变性的一致有利于它们之间的功能联结；Livanov（1977）和 Rusinov（1973）发展了这一理论，提出 EEG 的节律性反映了功能易变性参数；因此，EEG 的时间同步性能够反映出并促进两个或两个以上皮层区域间的功能联结。其原因在于，一个神经元振荡器的信号总是在某一兴奋周期的同一相位到达另一神经元振荡器。若这一相位处于兴奋期，则第二个振荡器的兴奋性阈值下降，只有利于其神经元群以与第一个振荡器神经元群活动相协调的方式做出反应和进行募集。相反，若第二个振荡器处于不应期，则信息不能被收到，无法建立联结。因而，频率的一致性和适当的相位关系均有利于神经通信。在这一过程中，相位关系不仅控制着联结由激活状态向失活状态的转化，而且决定了联结的方向（如同在进行对话，振荡器双方均可作为信息的发出者或接收者）。在 Livanov（1977）的一次重要实验中再次证实了电位的同步性有利于神经联结这一理论，该实验利用计算机记录兔的视觉皮层与运动皮层区 EEG 的相关系数，结果显示，当此系数超过一定水平时，视觉信号会引起兔爪的运动；若系数较小，则不会出现运动反应。

　　"EEG 节律的同步化是皮层联结的基本机制和标志物"这一概念，在随后的许多研究，如神经加工的数学模型中（Malsburg 1981；Abarbanel et al. 1996）得到证实。目前，EEG 的同步性已经成为认知神经科学领域和动物实验中研究神经通信回路的主要工具之一（French，Beaumont 1984；Sviderskaya 1987；Gevins and Bressler 1988；Gray and Singer 1989；Ivanitsky 1990，1993；Petsche et al. 1992；Petsche 1996；Bressler et al. 1993；Ivanitsky 1993；Andrew and Pfurtscheller 1996）。

实验方案 1　　EEG 记录

■■ 步骤

　　正如本章最初提到的，EEG 记录已成为神经科学领域的常规程序，特别在临床工作中更是如此。因此，几乎所有的发达国家均生产制造 EEG 设备，在相关期刊上也能看到 EEG 设备的广告和介绍，所有的设备均与详细的使用说明书一同出售。下面将具体描述 EEG 的记录步骤，已具有这部分知识的读者可略过此部分内容。

　　EEG 记录通常包括以下步骤：

1. 被试坐于舒适的座椅中，要求室内照明光线较暗而不刺眼；

2. 根据一定的脑电记录系统（如 10/20 国际脑电记录系统——译者注）安放头皮电极；

3. 选择参考电极（通常是耳垂、乳突或前额——译者注）；

4. 设置脑电记录参数，并设置 EEG 数据获取和存储软件；

5. 校准脑电图描记仪器，运行软件以获取数据；

6. 记录脑电图；

7. 去除伪迹（如眨眼、眼球移动、头部活动造成的伪迹——译者注）。

脑电图室

EEG 记录通常在已屏蔽外部电磁场的房间内进行，不过目前的放大器能够去除电磁辐射的干扰（如今电磁屏蔽已不再是必须的——译者注）；记录过程中被试应避免活动，以免形成伪迹。

记录电极及导联方法

银-氯化银（Ag-AgCl）电极是 EEG 头皮记录电极的首选，能够避免由于电极极化引起的电位位移；为保持电极与皮肤表面的良好接触（阻抗低于 5KΩ），需用酒精清洁皮肤以去除皮脂和污物，以前实验中曾用研磨剂降低阻抗，但由于存在细菌、艾滋病病毒（HIV）、朊病毒（Prion）等感染的危险，目前已不再使用。电极膏或盐溶液可用于提高皮肤与电极表面之间的导电性。目前国际上普遍使用的电极记录系统是 10/20 国际脑电记录系统（Jasper 1958），如图 35-2。在上述基本的电极之间可以放置附加电极，根据"数字化记录的临床 EEG IFCN 标准"（Nuwer et al. 1998），至少需有 24 导记录的脑电，其放大和数据采集才是有效的。为去除伪迹，需要同时记录眼电。目前，脑电记录最常见的方法是使用电极帽（或头盔），电极帽上固定有 19、32、64、128 异，直至 256 异等不同数目的电极点；电极帽的大小采用不同的型号，也有专门适用于儿童的电极帽型号（具体参见 Electro Cap, Geodesic Sensor Net，NeuroScan 等脑电仪器公司的产品目录）。这类装置能够快速安放和摘脱记录电极，并将不适感降至最小。后者在需要较长记录时间的心理生理学实验中十分重要。标准化电极帽基于 10/20 国际脑电记录系统，能够自动提供合适、一致的电极间距离。

参考电极

参考电极的放置在 EEG 记录中十分重要，即相对于某个电极进行其他记录电极脑电位的测量。参考电极应该放置于预定的"非活动"区，通常设置为左侧或右侧耳垂，也可两侧并用。若以一侧耳垂作为参考电极，得到的 EEG 节律性图形与真实值十分接近，但存在近参考电极侧 EEG 振幅的系统性下降；若同时使用双侧耳垂做参考电极，能够避免上述不对称现象，但两耳垂间相连接的电流影响构成 EEG 电位的颅内电流，从而歪曲了 EEG 图形；此外，在双侧颞区均可观察到振幅较低的 EEG。另一种方法是，记录时任选一个头皮电极作为参考电极，计算全部电极的平均电位作为参考值，可以避免任何非对称性，并使得不同实验室得到的 EEG 具有可比性；但在某些情况下，使用平均参考值得到的节律性可能偏离其实际位置。在记录两个活跃电极之间的电位时，有时采用双极导联记录，这一方法适用于如病理活动等局部电位变化的精确定位（常用于对眼电的测量——译者注）。在 Lehmann（1987）的综述中对参考电极的问题进

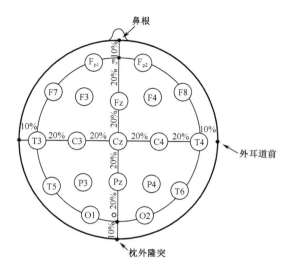

图 35-2　10～20 电极导联系统

根据这一系统，在颅骨表面经颅表面顶点进行双侧外耳道前两点间连线、鼻梁与枕外隆突两点间连线，并以 10%-20%-20%-20%-20%-10% 的比例分割，作为记录点；此外，经上述两线的边缘 4 点进行圆周部分的连线，以 10%-20%-20%-20%-20%-10% 比例的分割，因此，在头部表面建立起一个想像中的直角相交网络，电极放置于各记录点。

行了比较全面的介绍。

　　计算机获取和存储 EEG 的参数

　　对于 EEG 数据的获取和存储，"IFCN 标准"推荐以最低为 200 次/秒的 A/D 转换率作为 EEG 的采样率（Nuwer et al. 1998）。这一采样率能够分析最高为 100Hz 的输入信号，因为输入信号的最大允许频率（Nyquist 频率），应该是采样率的一半（见第四十五章）。如果信号的采样率过低，则会出现混淆（aliasing）而使数字波形与原始波形带之间有不可预测的误差。采样之前，应进行抗混淆的低通（low-pass）滤波；为了使 EEG 能分辨到 $0.5\mu V$，模数转换（ADC）的精度应至少达到 12 位（bits）。记录时，低通滤波应尽可能小于 0.16Hz。常规记录时较少使用高于该频率的实验设置，仅在特殊或复杂的临床病例中会用到。通常应备有 50 周（50～60Hz）干扰滤波器，但实际上并不常用。各导联间的相互干扰应低于 1%，即小于 40dB。

　　校准

　　需对 EEG 信号的振幅进行精确的校准（calibration），识别噪声及其他由连接线等造成的伪迹。通常在脑电记录仪主要放大器的输入端，利用特殊回路产生出已知振幅的正弦、三角及矩形脉冲，以便校准；这些校准信号在记录系统中流经 EEG 信号所经过的大部分路径。记录校准脉冲，以在 EEG 的定量分析中用于计算 EEG 信号的真实波峰值，并评定设备的噪声大小。目前的应用软件通常能够自动比较 EEG 与校准信号，并显示出实际的脑电位值。

　　伪迹

　　脑电伪迹出现的原因可能是外界电磁场的干扰和记录过程中被试的活动，而后者通常是由于肌电位场的改变和电极位置的移动引起的。对于较高振幅的伪迹，进行目测或自动搜索并不困难，如眼动伪迹能够通过特定的算法进行矫正或删除（Gratton et al. 1983）；而较小振幅的伪迹，只有通过对地形图、频率分析结果和原始 EEG 记录的整理核对才可能检出并去除。Lee 和 Buchsbaum（1987）对主要伪迹的地形图分布进行了论述：眼动主要反映在额叶；肌动的频率较高，并呈偏侧化分布；电极点接触不良导致的伪迹波形单一，同时受限于 EEG 的来源。

实验方案 2　EEG 信号分析

■■ 步骤

计算机的使用带来了脑电数据分析的革命，然而，庞杂的分析方法表明，并没有哪一方法能够单独反映出在大量不同脑状态和实验条件下节律的多样性变化。EEG 分析中的主要研究热点是：

—节律的功率（Rhythm power）和频率

—EEG 的分段

—不同脑区 EEG 的同步化

—EEG 的非线性动力学

—偶极子源定位

以下简要介绍几种正常与病理条件下常见的脑电分析方法。目前适用的软件包主要分为两类：EEG 设备厂商提供的常规软件和 EEG 实验室开发的高级分析软件。

节律的功率与频率

对 EEG 信号的节律特性分析非常重要，它们反映了神经结构的功能状态，并对脑内的信息处理过程进行编码。

傅里叶变换

傅里叶变换（Fourier transform，FT）是揭示 EEG 信号节律性结构的一种方法，其机制在于，分解给定时间间隔内的任何信号为一系列不同的频率、振幅、相位的正弦波。

FT 是一种估计信号频谱（spectrum）的方法（参见第十八章）。这种方法基于下列数学事实：对于给定时间间隔内的任何信号，均能被分解为一系列彼此正交具有不同频率、振幅、相位的正弦波。FT 是一个描述各组成成分的振幅与相位的复杂频率函数。因此，通过 FT 能够获得某一信号的频谱。如果某些节律性存在于待分析的 EEG 片段中，就能够在通过 FT 得到的频谱中找到其相应的波峰。

在应用 FT 时有某些微妙的地方：首先，FT 是一个复杂的函数，不能对它做出直接的解释，因为它自身并没有物理意义。然而由 FT 提取的某些函数却确实具有物理意义。FT 的平方模块是一个实函数，它描述其频率成分的功率，并被称为功率谱（power spectrum）；功率谱的平方根，即 FT 的模块，反映了各成分的振幅；FT 中虚部与实部比值的反正切值描述了各成分的相位等。另一个微妙之处确实形成了严重的问题。假使某一 EEG 信号具有较高的随机性，则通过单次 EEG 信号的傅里叶变换，并不能可靠地估计其频谱。对于完全随机的信号（高斯噪声），由一次实验经 FT 得到的各成分振幅的频率变异与振幅本身的大小相同；对于不完全随机的 EEG 信号，该变异值可能有所下降，但仍然太大了。克服上述问题可以通过计算各次实验记录所得频谱的均值，因而频谱的估计就成为叠加的过程。大多数情况下，单次实验记录功率谱的均值，能够可靠地估计实际功率。

另一问题是 EEG 信号的非稳态（non-stationarity），它与谱平均密切相关，在近年的文献中也多有提及。稳态是指某一信号的频率成分不随时间而改变。真实的 EEG 信号只有在极特殊的条件下才可能出现（并非完全的）稳态，如被试处于闭目休息时。人们通常认为，为了得出真实的频谱估计，FT 仅能应用于 EEG 的稳态片段。实际上，根据随机信号理论（stochastic signal theory），只有当一个随机信号在全时程分析中均处于稳态时，利用平均技术测得的随机信号频谱才趋于真实。然而从严格意义的 EEG 信号上说，并不是随机信号，因为就其产生背景而言尽管研究人员对于其中一些机制并不熟悉，许多 EEG 成分均有特定的神经生理机制。因此，EEG 信号同时具有随机性和确定性，因而假定所分析的信号为"随机信号"所要求的稳态，以及必须进行平均化等，对于真正的 EEG，可能并不正确。

以下的另一考虑有利于 FT 应用于 EEG 的非稳态片段。实际上，如果某一节率仅出现于 EEG 的某些（非稳态）片段内，在频谱中仍能看到其对应的峰值。但在经 FT 获得的频谱中，却无法知道该节律何时出现，即处于待分析片段的哪一时间间隔。FT 一般能够提供已变换信号的全部频率信息，却失去了所有的时间信息；对于稳态信号，由于其频率成分不随时间发生变化，因此不会造成问题。但对于非稳态信号，如具有瞬态节律性的 EEG 片段，只有在我们关心某节律性是否出现于待测片段中，而不关心其时间—频率精细结构时才不会出现问题；而只有在这种情况下，我们才能忽略非稳态性。

FT 在 EEG 非稳态片段中的应用可参考 Ivanitsky 等（1997）的文章，除利用 FT 分析非稳态片段之外，作者并没有直接使用频谱平均，而是介绍了一种利用非平均频谱来识别单次 EEG 中的特征的方法，这是利用了专门的分析工具——人工神经网络才得以实现的，网络在学习的某阶段上间接对数据进行了平均（本章后部分内容将对此具体阐述）。

FT 有一个在理论和实际应用中都很重要的特性：其频率分辨率是所测时间窗口长度的倒数，即 $\Delta f = 1 / T$，这一基本现象通常被称为不确定性原则（uncertainty principle），因为对于同一个信号不可能同时得到确切的时间和频率信息。长的时间窗口能够提供很好的频率分辨率，但时间分辨率却很差，反之亦然。为估测 EEG 频谱的时程，可以采用所谓的窗口 FT（windowed FT）。这种方法是沿着 EEG 记录滑动有固定长度的时间窗口，计算这些滑动窗口中的 FT（Makeig 1993；Nikolaev et al. 1996）。为增加这种技术中频谱参数的可信性，应对多个被试或一个被试完成的多个任务中获得的、相同时间间隔的频谱样本进行平均叠加。

在实际应用中，离散信号快速傅里叶变换（FFT）最符合需要。这种方法能够大大减少计算时间，但同时需满足另一条件：FT 计算中的时窗宽度必须为 2 的样本个数的幂。FT 分析能够获得大量的 EEG 特征，例如，某一频带内的绝对功率，不同频带间的功率关系，频带功率的空间不对称性，波峰频率及波峰不对称性等（Davidson et al. 1990；Sabourin et al. 1990；Lutzenberger et al. 1994；Wilson and Fisher 1995）。EEG 频谱分析的步骤及注意事项可以参考《脑电描记术和临床神经生理学手册》（1987）和 Jervis 等（1989）的综述。

FT 是应用最广泛的节律分析方法，并被视为 EEG 研究中一种主要的试验性方法，目前在几乎所有的商业 EEG 处理软件包内均可找到。

小波变换

小波变换（wavelet transform，WT）是一种在非稳态 EEG 记录中搜寻瞬时节律性序列的方法。WT 提供了一种对序列进行时域定位和频域定位的折中办法。同 FT 类似，WT 也将 EEG 分解成一系列正交信号，这些特殊的信号这时不再是正弦波，而是一族具有不同时限和频率特征的短振荡序列，称作小波。

同前所述，任何连续的信号都能够分解为一系列彼此正交的信号总和。对于经典 FT，这些信号是不同频率、振幅和相位的正弦波。由于此类信号种类很多，我们也可以利用其他的彼此正交信号。至于选取何种信号作为分解的基，取决于所分析的 EEG 中研究者最关心部分的基本成分的种类。如果所关心成分的节律持续时间较长（相对于分析时程）或瞬时节律并非出现在我们所关心的时程内，则选择正弦波（经典 FT）是合理的；若 EEG 信号实质上是非稳态的，并包含许多瞬时节律性序列，而我们不仅仅关心瞬时振荡的频率，还希望知道节律序列在瞬间所处的位置，就可以选择一族小波。

FT 对给定时段内的信号，能够提供详细的频率信息，但却丢失了在这段时间内所有的频率随时间变化信息；而 WT 找到了对节律序列进行时域和频域定位的平衡点，尽管分辨率有限，但仍能同时提供所分析的时窗内信号时间及频率的双重结构信息。一系列的 FT 窗（加窗 FT）或许也可以提供这两方面的信息，但在这种情况下，时域和频域的分辨率都是固定的，不能随所分析的频率而改变，而是完全依赖于时间窗的宽度。同加窗 FT 相比，WT 的一个优点在于其时间分辨率是可变的，并随信号成分的频率变化而变化，高频信号的时间分辨率优于低频信号。

用于信号分解的每一整套 WT 函数中，均包括一个母小波（mother wavelet，MW）及其一系列经时间位移和压缩或扩张的曲线。MW 是时域和频域内的某种零平均函数，如振荡信号的振幅由某一钟型函数调制。一些特殊的 MW，如莫莱小波（Morlet wavelet）、墨西哥草帽函数（Mexican hat function）可参见图 35-3（Torrence and Compo 1998）。每个压缩或扩张的小波均有一个标量参数，即膨胀系数（dilation coefficient），它与频率大小成反比（扩张信号对应大的参数，压缩信号对应小的参数）。如前所述，一系列这样的函数组构成了给定时间间隔内，对任意信号进行分解的全部正交基础（上述过程可予以严格的数学证明，Daubechies 1992）。

进行小波变换的计算步骤如下：

1. 选择 MW 作为这个过程中所有其他小波的原型；

2. 选择一组标量参数 s；

3. 对于每一个 s，选择一组时间位移 t；

4. 对每一给定的 s 和 t，计算 EEG 和对应小波的标量积（标量积即上述两个函数

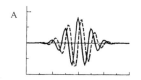 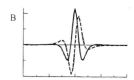 

图 35-3　三种不同的小波基础

A. 莫莱小波；B. 保罗小波；C. 墨西哥草帽小波。曲线的横坐标为时间（单位不定），纵坐标表示实部
（实线）和虚部（虚线）（单位不定）。其他的所有小波均为同组内的母小波经压缩或扩张和平移所得。

逐点相乘的积的和）；

　　5. 对每一选定的 s 和 t，重复上述步骤，st 平面上，其结果得到两个变量 s 和 t 的一个离散函数，并定义在 st 平面上；由于 s 反映了频率的倒数，t 反映了时间的延迟，因此这一函数描述了原始 EEG 记录的时间—频率特征。这一函数在某些 s、t 处有很高的值就表明某一节律性序列大致出现在这个频率（由 s 决定）和这个时间。

注意：

　　—对于任一标量 s，小波函数并不唯一对应于一个频率，而是一个频带，这一频带的宽度与 s 成反比。这说明时间分辨率越细，频率分辨率就越小，反之亦然

　　—s^{-1} 并不是小波函数的频谱峰值所对应的精确频率值，两者的关系取决于 MW 的类型

　　—不同的 MW 得到的小波变换的值也不同，但这些结果在定性上是相似的

　　EEG 研究中，无论自发 EEG 的瞬态活动还是事件相关脑活动中的时变性节律，其时间—频率特性均用 WT 描述（Schiff et al. 1994）。这种随频率的增加时间分辨率增强的方法，在 EEG 的高频段（γ）分析中更为有用（Tallon-Bandry et al. 1996）。

　　自回归模型

　　自回归（autoregressive，AR）方法的基本假设是：真实的 EEG 信号能够用所谓的 AR 过程来逼近。在该假设的基础上，一个合适的 AR 模型的阶数和参数的选择是要使得它尽可能好地拟合所测的 EEG。同理，对每一特定的 AR 模型，都可以用解析的方法求出对应的 AR 过程的功率谱（power spectrum）。因此，AR 提供了另一种估计 EEG 频谱性质的方法。

　　这一方法把在离散时间点 t 观测到的 EEG 新值 X_t 估计为该时间点前某一固定数量的"历史"时间点的变量值加权和与该时间点现实值同"历史"预测值的差额相加

$$X_t = a_1 X_{t-1} + \cdots + a_p X_{t-p} + Z_t \tag{35.1}$$

其中 p 是模型的阶数（order），a_1，$\cdots$，a_p 是回归系数，Z_t 是预测误差值。如果预测误差值的时间序列真的是白噪声，那么所分析的过程就是真正的 AR 信号；如果预测误差并非白噪声，那么所测过程并不是 AR 过程，但仍可能求出某些回归系数完全确定 AR 过程，使它能够尽可能好地预测所测的 X_t（使预测误差值最小），由此利用这些 AR 过程尽可能好地逼近真正的 EEG 信号。计算一系列上述 AR 系数就等于确定系统究竟是什么。用 AR 过程逼近真实的 EEG 信号，是在选定 AR 模型的阶数的情况下进行的，因此选择最优的阶数是非常重要的。高阶模型能够提供更多细节信息，在原则上较低阶

模型能够提供更好的预测，但同时 AR 系数估计的可靠性下降，因而导致预测的准确性下降。因此，阶数的选择需要在尽量减少数学伪迹和建立更精确的模型之间寻求一个平衡点。对此，Akaike 信息准则（Akaike's information criterion，AIC）和最终预测误差（final prediction error，FPE）这样的统计学方法提供了一个最好的解决办法（综述可参阅 Priestley　1981）。在实际应用中，EEG 分析的阶数很少超过 11。

　　EEG 研究中的 AR 方法应用于以下几个方面：

　　—获得 EEG 信号的频谱特征（Madhavan et al. 1991）

　　—区分 EEG 中的稳态部分（即进行分割）（Pretorius et al. 1977；Gath et al. 1992）

　　—去除伪迹（利用 AR 模型的预测结果替代 EEG 中的伪迹部分）

　　—验证特定的 EEG 起源假说

　　对于每个特定的 AR 过程，功率频谱都能够被解析地估计出来。如果 EEG 能够被某个 AR 过程所逼近，对后者估计所得的频谱就可以被认为是对 EEG 频谱的一种估计。因此以 AR 模型为基础的频谱分析就成为以傅里叶变换为基础的传统技术之外的另一种选择，并且在分析较短的数据片段时更具有优势，因为从形式的角度看，用解析的方法导得的 AR 频谱的分辨率是无限的，并不依赖于所分析的数据的长度。但我们应该明白：只有当该方法的主要假设成立，即 EEG 能够被某个 AR 过程很好地逼近时，以 AR 为基础的 EEG 频谱估计才有效。

　　AR 模型仅适用于稳态信号，由于 EEG 很少能够满足这一前提，因此提出了局部稳态（local stationarity）这一概念：在较小的时间间隔内，EEG 信号仅轻微地偏离稳态（Florian，Pfurtscheller　1995）。在这类研究中，从局部稳态的性质出发，EEG 序列被分解成小的片段，使每一片段内的数据保持稳态；于是 AR 的频谱估计被应用于 EEG 的局部稳态片段。

　　事件相关去同步化

　　事件相关去同步化（event-related desynchronization，ERD）是某一局部头皮区域内持续时间较短的 α、β 频段内节律的衰减。去同步化被认为是皮层区域激活的标志，而同步化则是皮层区相对静止的特征。

　　ERD 通常应用于连续记录的一串事件相关 EEG 试次（trials）中，以平均技术为基础，包括以下几个步骤：

　　1. 比较被研究事件出现前后的频谱，得出究竟是哪些频率真正受影响（去同步化）的基本信息；

　　2. 从原始信号中对改变最为显著的频率成分进行带通滤波；

　　3. 对在执行任务的一段时间内的经过滤波的记录进行平均（A）；

　　4. 对参照时间段内的全部试次也进行平均（R）；

　　5. ERD 被定义为

$$ERD\% = \frac{R-A}{R}100\% \tag{35.2}$$

　　ERD 的正值代表同参照时间段相比频带功率（band power）的下降（去同步化），负值则代表频带功率的增加。可以在头皮的不同位置观察到同一时间段内 α 频率成分的同步化和去同步化（Pfurtscheller and Klimesch　1992）。

　　Pfurtscheller 的研究小组的研究结果表明 ERD 可能是不同脑功能活动的精确指标，如运动（Pfurtscheller et al. 1997）、视觉加工（Pfurtscheller et al. 1994）、阅读和认知（Pfurtscheller and Klimesch　1992）以及记忆过程（Klimesch et al. 1994）。

EEG 分段

　　在 EEG 分析中，一个令人感兴趣的难题是区分那些可能同行为、心理或病理状态密切相关的 EEG 部分；相应的，人们也可能认为 EEG 是由不同长度的平稳片段构成的。

　　分段的目的是找到在某一 EEG 信号的稳态部分之间的分界点。

基于单个导联的分段

　　适应性分段（adaptive segmentation）即各片段的长短由特定的 EEG 本身决定，是以某单个导联的频谱变化为基础，1977 年由 Pretorius 等首次提出，并由 Creutzfeldt 等（1985）稍微进行了修正：

　　1. 在 EEG 记录的起始点，通常对最初 1 秒钟的 EEG 参考值计算其自相关函数（autocorrelation function，参见第十八章）；

　　2. 在第一个 EEG 时间段内，计算 1 秒钟时窗内待测 EEG 的自相关函数；

　　3. 比较上述两步骤的自相关函数；

　　4. 按照一个由经验上预先设定的阈值，对两者的差异进行检验；

　　5. 计算的时间窗随 EEG 记录向前移动；当差值超出阈值的持续时间大于特定的最小值时，确定为分段界限；

　　6. 确定各分段界限后，把该界限后的 EEG 部分作为新的参考部分，重复上述过程。

　　获得的各分段需要用诸如聚类算法之类的算法作进一步的归类，即在由各片段的平均频率和功率所张成的特征空间中把类似的片段群集在一起（Creutzfeldt et al. 1985）。

　　其他的适应性和非适应性模型的方法在其他书中均有综述（Pardey et al. 1996）。在癫痫发作的检测中，分段方法得到了最广泛的应用（Creutzfeldt et al. 1985；Inouye et al. 1990；Gath et al. 1992；Pietila et al. 1994）。

基于头皮电位地形图变化的分段

　　Viana Di Prisco 和 Freeman（1985）首次提出，根据 EEG 地形图变化分离出短的 EEG 片段。Lehmann 等（1987）证明，对头皮表面分布的电场变化进行监测，能够将一系列的瞬时电压图分解成片段，并可以在各片段的地形图中保留一些主要的空间特征。步骤如下：

　　1. 计算每个瞬时地形图的"整体场功率"（global field power）（即各个导联电压的标准差），仅具有最大"整体场功率"的地形图才作进一步的考虑。

　　2. 对于每一个这样的地形图，确定电位的最大值及最小值的位置。若相继各地形图的极值点留在由第一个分段地形图中的极值位置所决定的空间窗内，那么该片段便可继续下去（图 35-4）。

　　3. 对所得片段进行分类，不同的片段类别可能显示了不同功能的脑状态（微状态，microstates）。

三十五章　脑　电　图　　　　　　　　　　　　　　　　　· 887 ·

　　微状态的平均持续时间同认知过程中一些基本阶段的持续时间相一致，微状态的不同地形图与不同的认知模式相联系（Wackermann et al. 1993；Koenig and Lehmann 1996）。空间定向分段也有可能揭示出 Alzheimer 痴呆（Ihl et al. 1993）、精神分裂症（Merrin et al. 1990；Stevens et al. 1997）及抑郁症（Strik et al. 1995）患者的特定地形图变化。

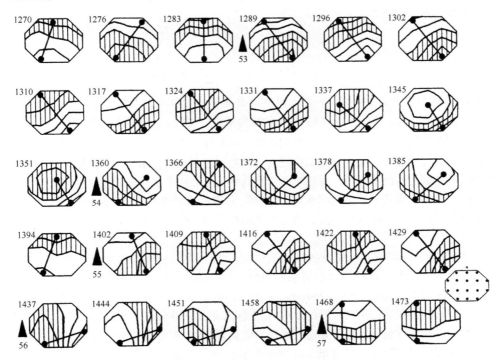

图 35-4　对一系列瞬时头皮场地形图（16 个电极记录、持续 1585ms 的 α 节律活动）的适应性分段
应用了相继时刻的最大整体场功率地形图，地形图间的平均时间间隔为 57.4ms；各数字表示原始取样时间点（128/s）；与平均参考值相比，白色部分代表正性，阴影部分代表负性；等电位线间的步长是 10μV。在每个地形图上最大与最小电位值的位置已用黑点标出，并用线段连接。分段的终点用垂直的箭头表示（图片来源：Lehmann et al. 1987）。

远脑区间 EEG 的同步性

相干

　　应用相干（coherence）计算（比较第十八章）方法寻求两信号（如 2 个 EEG 导联）的相同频率成分，是否在不同记录中维持其相位位移不变。在某一频率处观测到的相位位移稳定性，可能代表着 EEG 两导联相应的节律性同源或彼此相互作用。

　　相干方法以傅里叶变换（FT）为基础，用于评价两个同时记录的信号（如 2 个不同的 EEG 导联）相同频率成分间的相位位移稳定性，而不考虑其成分的振幅大小。上述相干是频率的函数，若该函数在某一频率达到峰值，则在大部分所分析的记录中，此两信号中相应振荡成分的相位位移大致相等。

相干计算是一个累积的步骤，具体如下：首先选择一组与处理过程相关的时间窗口，时间窗口的选择取决于实验范式和研究条件，可以是从连续的 EEG 信号中截取下来的一连串相等的时间间隔，或者对应于某一被试条件的一些时间段，或外界事件发生前和/或发生后的某些时间段（如 ERP 实验）等。在每一时间窗口内计算两信号的傅里叶变换值，将其中之一与另一个的共轭复数相乘，然后将各时间窗内算得的乘积相加。将求取相干函数的过程用公式表示如下

$$\text{Coh}(f) = \frac{\left| \sum_{i=1}^{N} F_1(f) \cdot F_2^*(f) \right|^2}{\sum_{i=1}^{N} \left| F_1(f) \right|^2 \cdot \sum_{i=1}^{N} \left| F_2(f) \right|^2} \tag{35.3}$$

式中，$\text{Coh}(f)$ 表示相干函数，f 表示频率，N 是平均过程中涉及的 EEG 片段的数目，$F_1(f)$ 和 $F_2(f)$ 表示两个不同导联 EEG 信号的傅里叶变换，$*$ 表示取共轭复数。

对于某给定频率，不同频率成分间相位位移若保持不变，则公式中分子的累加过程比较好；若与此相反，相位位移随机变动，则累加过程较差。累加结束之后，计算所得复数乘积函数的模的平方值，并用单个信号功率谱之和的乘积对其进行归一化。归一化的目的是使相干函数的取值范围在 0、1 之间。0 表示给定频率的两信号间无相干，1 则表示两信号间相位位移保持不变；因此相干函数能够不受各成分的振幅影响而只描述相位位移稳定性。

在"EEG 节律性"中已经提到，相干大小反应了脑结构间的联系。目前已有很多关于相干的地形图与各种脑状态关系的研究（Livanov 1977；French and Beaumont 1984；Gray and Singer 1989；Petsche et al. 1992；Petsche 1996；Weiss and Rappelsberger 1996）。相邻记录电极间的 EEG 相干通常很高，并随着电极间距离的增加而显著下降，此现象可利用容积传导进行解释。但是若 EEG 中节律性活动成分起到了主导作用，协同作用的程度便显著增加，使得皮层表面的大范围区域内均会出现相干活动（Lopes da Silva 1991）。在某些情况下，相干并不随距离逐渐变化：尽管中等距离的两皮层区域的相干较低，却可以在空间上分割开来的两区域间记录到高的相干（Bressler et al. 1993；Andrew and Pfurtscheller 1996）。这一结果表明 EEG 节律的同步性不仅仅取决于直接的容积传导，还和参与共同功能作用、距离较远的不同脑区间相互作用有关（图 35-5）。

皮层内交互作用图

皮层内交互作用图（intracortical interaction mapping，IIM）的基本思想是：① EEG 的频谱成分反映了主要皮层振荡器的活动，② EEG 频率性质的一致性是皮层区域间有交流活动的标志。人们认为 IIM 揭示出皮层间的联结，这种联结中彼此作用的皮层振荡器间瞬时相位位移保持恒定。

相干分析也有其缺点：相干受到在分析时程内彼此作用的振荡器间相位位移变化的强烈影响。如前所述，相位位移决定了神经联结的模式（激活或静止）和方向；但这些变量的变化可能是作为心智功能基础的脑过程的重要元素，而其转换的时间尺度则远远短于任何分析周期。因此，相干分析方法可能忽略掉一些重要的神经联结。为克服这一困难，人们提出了一种新的技术手段——皮层内交互作用图（Ivanitsky 1990，1993）。

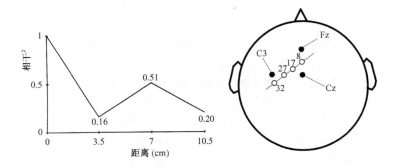

图 35-5 用直线连接 C3 后方 2.5cm 处与 Fz 后方 2.5cm 处的电极，计算位于
该连线上电极频率的相干（10～12Hz）

由上图可看出，相干并没有随距的增加而连续下降（Pfurtscheller et al. 1997）。

这一方法基于以下三个假设：

——皮层各神经元群的功能均已专门化，复杂脑功能的实现以这些神经元群的合作为基础

——同一群组内神经元的组织具有神经元振荡器的特征，并可以通过 EEG 的频谱分析显示出来

——两个或更多振荡器频率性质的一致性（如在两个或两个以上记录点的 EEG 频谱成分）能够证明其功能上的联结

利用 IIM 获得的数据通常以脑地形图的形式呈现，包括以下操作：

1. 对 EEG 或 ERP 记录的分段进行快速傅里叶变换；

2. 如需要，应作波谱平滑；

3. 选取每个重要 EEG 频段的主要频谱峰值，选择的标准由实验者根据对峰值与谱的平均功率水平作比较来决定；

4. 以确定的精确度水平（通常为 1 个频谱量子），寻求峰值是否和其他全部记录点的频谱峰值一样大小；

5. 计算每个记录点和 EEG 频段中一致性峰值的数目，并用记录点数目减一以对其进行正常化；

6. 构建脑地形图；建议使用以下两种脑地形图：内插地形图和评价皮层区域间实际联结的"箭头图"。在"箭头图"中，步骤 5 可略去（具体见"EEG 地形图"一节及图 35-6）

可利用简单的实验验证这一方法，要求被试反复弯曲其左手或右手手指；仅利用 IIM 的方法，能够绘出对侧中央与额叶脑区间的连接系统，而相干方法则无法绘出。在思维与情绪的脑机制（Ivanitsky 1993；Nikolaev et al. 1996）及精神病理学的研究中（Strelets and Alyeshina 1997），IIM 比较有效；由于其具有相对于分析周期内相位位移保持不变的特点，IIM 能够揭示出相干方法易忽略的某些易变的功能性相互作用。

EEG 非线性动力学

产生 EEG 信号的神经网络是具有非线性动力学特征的复杂系统；因此，分析非线性动力学系统的方法（第二十二至二十四章），已作为新的手段用于探索脑功能加工的其他特征。其基本思想受到了近年来在非线性动力学和混沌理论领域中取得成果的启发（见第二十四章），将 EEG 信号视为相对单一的复杂确定性系统的输出，但仍具有非线性。EEG 信号是不规则振荡，而这种振荡可以在具有混沌吸引子（chaotic attractor）的复杂系统中找到（Babloyantz 1985）；这表明对 EEG 的几何动力学的研究可能会发现一种比传统的随机性手段更适合的分析方法。应用于 EEG 信号的技术手段涉及以下计算：

—相关维度（correlation dimension）（Grassberger and Procaccia 1983）

—李氏指数（Lyapunov exponent，LE）（Wolf et al. 1985）

—测度熵（Kolmogorov entropy）

把频谱与非线性度量相结合能够较全面地区分不同脑状态（Fell et al. 1996；Stam et al. 1996），这里无法对这一广阔领域进行详细描述，包括导出解析技术（derived analytical techniques）等在内的混沌理论的基本原理在 Elbert（1994）和 Jansen（1996）等人的综述中均有描述。

一般来说，维数反映了神经网络动力学的复杂性，EEG 是由神经网络产生的，维数的增加标志着网络数目的增多。因此，高维数通常被认为是高级精神活动的反映（Babloyantz 1989；Lutzenberger et al. 1992；Pritchard and Duke 1992；Elbert et al. 1994；Schupp et al. 1994）。

近年来，对 EEG 非线性结构的依据进行了再次检验，结果显示，也许 EEG 能够更好地被线性滤波的噪声所模拟（Theiler and Rapp 1996）。然而，在 EEG 中检测到的非线性成分与低维混沌假说并不一致（Palus 1996；Pritchard et al. 1996）。

偶极子源定位

脑电位的基本物理学来源是电流偶极子；在任一给定时刻，脑内均有大量的偶极子在活动。在某些特定条件下，可以确定一些主要偶极子的位置和强度，特别是那些在电场形成中起主要作用的偶极子。同时，全部脑活动可以用单一偶极子的活动来模拟，该偶极子产生的表面电位与经头皮观测到的电位相似，此时该偶极子被称作等效偶极子（equivalent dipole）。

如前所述，皮层锥体细胞的树突是脑电活动的主要物质基础。当神经元在突触传入的影响下形成突触后电位（postsynaptic potential）时，神经元树突处出现了电荷阱（Electric charge sink），轴突激发区则出现了电荷源（electric charge source）（Plonsey 1982）。上述电荷对（源和阱）即构成了一个电流偶极子，该偶极子可视为树突内部微小的电动势作用的结果。这种由微电动势产生的电荷分离，被流动于作为导体的整个头部的分布电流所补偿。由大量偶极子所产生的电流主要在脑组织内部流动，但也会穿过颅骨和头皮。头皮上各点间的电势差（即构成头皮电位的基础），仅仅是上述电流产生的电压下降值（根据欧姆定律）。因此，对于脑内任一给定偶极子的位置，均对应唯一的头皮电位分布。那么是否能够根据头皮上测量到的电位值，进而确定脑内活动偶极子的建构呢？也就是说，能否解决 EEG 的逆问题呢？由于许多不同的偶极子构型都可能产生给定的电位分布，因此至少在不存在唯一解的意义下，上述问题的答案是否定的。然而，若同时给出一定的附加条件，上述问题的解就可能被进一步限定（Ilmoniemi 1993；Scherg and Berg 1991）。目前的研究中，下述约束条件（或它们的组合）最为常用：

——假定存在一定的、数目较少的（主要）偶极子（通常1或2个）；

——假定偶极子存在于预定的表面上，也就是在皮层上，并具有唯一确定的朝向（方向取决于其所在位置）；

——在所有与表面测得电位相匹配的解中，目标解具有最小范数，或在所有可能的解中，目标解最平滑（Pascual-Marqui et al. 1994）。

具体采用哪种约束条件，取决于所采用的生理模型。

逆问题（inverse problem）的解取决于正问题（forward problem）的解，后者就是根据任何可能的偶极子构型从数学上计算表面电位。实际工作中，正问题的解常常通过计算机模拟来实现。该模拟过程为考虑真实解剖结构的形态（脑、颅、头皮、脑室）和它们之间在导电性上的差异；可以采用实际的头部模型为基础，也可以采用一定程度上的简化模型，其中最简单的是一个具有球形边界的均一容积导体（Cuffin 1996；Yvert et al. 1995）。根据待解决的生理或临床任务选择最适合的头模型。在解决逆问题时，偶极子构建在符合约束条件的同时，需使得数学计算所得的值和实际测得电位的均方误差最小。van Oosterom（1991）的综述中对相应的数学计算方法有详细的阐述。

目前偶极子源分析在以下一些领域内得到了应用：

癫痫样活动源定位。某些情况下，显著的大振幅尖峰可能是由某单一源产生，此时需进行高准确性的定位，宜采用详细的真实头模型，并采用单一偶极子的约束（Roth et al. 1997）。其他情况下，源分布要分散得多，此时宜适当牺牲一定的准确度，采用能够评价多个偶极子的模型（Lantz et al. 1997；Scherg and Ebersole 1994）。

神经科学研究领域。这一方法通常应用于诱发电位（EP）和事件相关电位（ERP）（Plendl et al. 1993；第三十六章）。在许多研究的应用中（如认知机制的研究），在给定时间内脑内存在多个主要偶极子的活动。由于该方法自身的局限性，很难确定偶极子的确切数目和位置，但大致的数目和位置评价仍能提供有价值的科学信息，特别是如果能把它与其他方法如正电子发射断层成像（PET）（见第三十九章）或功能性核磁共振（fMRI）（见第三十八章）结合起来的话。这是由于以 EEG 为基础的方法能提供其他方法不能提供的信息：提供脑处理过程中精细的时间信息。Abdullaev 和 Posner（1998）在研究中，便将上述方法进行了卓有成效的结合。

信息简化。很多情况下，偶极子定位可被视为一种信息简化的手段。例如，在最简单的头部模型（均一球体）中，已知源分布广泛或存在多个源（如 ERP），常常采用一个偶极子进行定位；该偶极子就被视为某种等效偶极子，当然，这是一种抽象。然而它的位置也可能代表活动脑结构的定位，特别是在功能单侧化的比较研究中具有阐释意义。

表面调和量算法

表面调和量算法又叫表面拉普拉斯算法（surface laplacian），提供了一种有效提高头皮记录 EEG 空间分辨率的方法。EEG 在低导电性的头颅中的传输会造成空间低通滤波的效果，从而导致电位模糊。表面拉普拉斯算法通过计算每个电极所在电场的二维空间二阶导数，能够提高头皮电极记录所得 EEG 的空间分辨率。这一方法把电位转换成一个和每个记录电极处流入和流出头皮的电流成比例的量，去除了参考电极的影响。与以电位为基础的普通方法相比，表面拉普拉斯算法在电极位置之间有较高的分辨率（Law et al. 1993）；而这一点在多电极 EEG 系统，如 124 导记录电极的"高分辨率EEG"中尤其重要（Gevins　1996）。

实验方案 3　　EEG 二级分析

■■ 步　骤

EEG 初级分析的结果需进行二级分析处理。通常，处理目的是探求所得 EEG 参数是否与特定的实验组、脑状态、心理任务等相关。二级分析采用的统计方法有：t 检验、方差分析（ANOVA）和非参数检验方法。然而由于 EEG 信号的复杂性，不可能仅仅基于单一参数而获得可靠的推断结果；为了研究多个脑区内大量 EEG 参数的同步动力学变化，有必要采用多参数评价系统，这种系统能给出新的结果，举例如下。

利用人工神经网络进行 EEG 分类

人工神经网络（artifical neual networks，ANNs）是揭示与某些心理功能相关的EEG 特征的有用工具，并根据这些特征进行 EEG 分类。

每个 EEG 成分均由某种特定的脑过程引起，而对于这些脑过程的本质往往并不清楚；上述问题与正常被试的 EEG 分类密切相关。由于 EEG 十分复杂，其过程又包含多重成分，通常难以判断选择何种参数作为分类的基础。通常采用特定心理功能相关的EEG 特征，而该心理功能往往是某特定研究的兴趣所在。因此，若既往没有相关知识，实验者就必须具备将 EEG 特征与心理功能相联结的手段。

通过人工智能系统，特别是人工神经网络（ANNs，见第二十五章）就能够做到上述这一点。ANNs 技术实际上是一种多参数分析，其使用方便，并具有强大的特征提取和数据分类功能。目前已有许多不同的 ANNs 范式，其中一些已经成功地用于 EEG 分类（Bankman et al. 1992；Gabor and Seyal　1992；Peltoranta and Pfurtscheller　1994）。以下介绍的是利用简单的双层习得（two-layered learned）ANN 对正常被试 EEG 进行分类的一种方法（Ivanitsky et al. 1997）。

首先教给人工神经网络如何区分不同脑状态相对应的 EEG 模式，并找出和脑状态有关的特征；在这一称为"学习"的阶段中，形成了一系列的 EEG 模式，每个模式根据被试执行的已知心理操作是确定的。然后多次以随机的次序给予一系列已习得的EEG 模式，直到该网络能够正确辨识这些模式。ANN 通过不断修改内部的权重而达到辨识。学习阶段之后，已确定的权数就不再改变。此后该网络便可以用于对学习阶段未出现或未知类别的新数据进行辨识和分类。

对于 ANN 最终内部权重（在学习过程中所确定）的分析，可能找到 ANN 分类时采用的主要 EEG 特征，即哪些特征才是被研究的心理过程的主要特性。

上述技术可以在以下两个方面得到应用：第一，脑活动的在线监测和特定心理状态的探查；其次，作为某一心理功能所对应的 EEG 特征的研究工具。例如，在我们的研究中，令同一被试执行两种思考任务（文字和空间），辨别两任务相应 EEG 数据的平均准确率可达 87%。

实验方案 4　结果的展示

■ ■ 步　骤

同常见的多导联时间序列的 EEG 记录形式不同，EEG 数据还可以用更精妙的方法来展示，如 EEG 地形图。

EEG 地形图

EEG 地形图是将每个记录电极所得的数据在电极之间进行内插，所得到的 EEG 参数分布于头部表面的图形表示。这一方法以最完整、最直观的形式展示了多导联 EEG 的可视图像。

地形图的主要特征和优点在于，它能够把 EEG 数据作为整体用图像的形式显示出来。可视地形图的分析涉及想像和抽象思维，使得分析过程更为有效。

尽管在早期的一些研究中已经实现了 EEG 的地形图显示，但随着计算机在 EEG 研究中的介入，EEG 地形图才真正开始得到广泛应用（Harner，Ostergren　1978；Duffy　1981）。20 世纪 50 年代，Livanov（1977）设计了一种 50 导联的脑电观察镜（electroencephaloscope），用于 EEG 振幅动力学的实时成像；这一装置中的地形图由阴极射线管头部轮廓上的 50 个闪烁光点和下方的 50 个柱状体构成。闪烁光点的亮度和柱状体的高度均代表 50 个记录电极处瞬时 EEG 的振幅，构成了一幅非常有趣而生动的画面。

目前绘制地形图时，通常在三四个相邻电极电位值之间作线性内插，按到电极间距离呈反比的关系求取算术平均数。另一种较为复杂的方法是曲面样条内插（surface spline interpolation），它可显示出电极间的最大与最小值（这一点线性内插无法做到），并绘出更为平滑的地形图（Ashida et al. 1984）。

Maurer 和 Dierks（1991）出版了一本关于脑电活动地形图的脑电地形图图谱。临床工作中，脑电地形图能够揭示出慢波或癫痫棘波等病理活动的确切位置；科学研究中，脑地形图在活动脑区与抑制脑区的对比中非常有用。市场上，许多公司已经提供了制作 EEG 地形图的专用装置，包括电极、多导联放大器、装有许多配套程序的计算机等。

几乎所有以阐明脑节律地形（见前几章）为目的的研究都能够以脑地形图的形式展

示数据。例如，皮层区域间的联结可以通过电位图、谱功率地形图及更先进的地形图表示，而更先进的地形图通常以脑节律的同步性为基础。已采用概率地形图，对静息状态与某些心理活动状态间存在的相干差异进行了评价（Petsche 1996）。皮层内相互作用的地形图已用于两种联结性地形图的绘制：确定联结中心的内插地形图和显示特定皮层区域间联结的"箭头"图（图 35-6）。

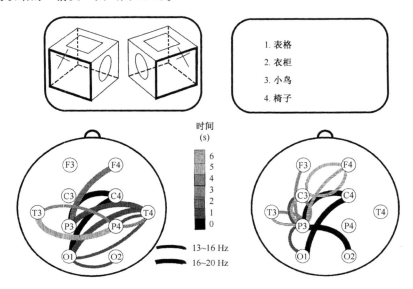

图 35-6　在 2 个思维作业中，β频段内（13～20Hz）的皮层联结（箭头）；空间任务——对几何图形的对比，文字任务——在一组四个词中找出与另一类语义有关的单词

图中所示为 43 名被试者中，在视觉运动控制的比较中，具有统计学意义的皮层联结。阴影部分表示在问题解决过程中，出现联结的时间（见图中比例尺）；线的粗细代表形成联结的各β亚频谱（Nikolaev et al. 1996）。

■ 与高科技脑成像方法相比 EEG 的优点

目前脑电描记术面临着来自高新技术手段——动态脑成像如 PET、fMRI 等的严峻挑战。这些技术手段能够提供正常状态下或病理受损过程中精确、详细的脑结构图。

EEG 的优势又在哪里？EEG 具有以下一些突出的优点：

——高时间分辨率

——使用方便，成本低廉

——几乎不会给被试带来任何损伤

——能够在患者床边进行记录

——能够用于睡眠阶段或癫痫的长时间监控

——当被试执行某些行为任务或在实验室之外时，也可以作为心理生理学研究的一种方便的工具

此外，EEG 还有一个特点，或许没有上述优点突出，但在研究中也很有用。实际

上 PET 和 fMRI（见第三十八、三十九章）测量的是脑组织中代谢变化的二手资料；而 EEG 能够记录神经兴奋的原始电活动。EEG 能够揭示出神经活动的主要参数——其节律性特征，反映了神经兴奋的本质。因此，在记录电/磁场模式时，生理学家能够得到脑信息加工的真正机制。

原始效应的研究能够发现脑加工过程的神经回路，不但能揭示出脑内信息加工过程"在哪里"，也可揭示这种加工是"怎样"完成的。这方面对有关脑智（brain-mind）问题的解决是非常重要的。

由于 EEG 频谱可能反映出特定的认知状态，因此 EEG 记录可用于认知操作的实时诊断，并可能探索错误思维。以 EEG 为基础的生物反馈可用于脑功能障碍的纠正，如对错误的心理操作发出信号。在高科技操作中，如果这种错误的代价很高时，那么这种纠错十分重要。

从最初 EEG 仅仅被看作是大量神经元活动的简单相加，到今天发展成为一种探索人脑内信息处理内部机制的有效工具（Mountcastle 1992），不难看到，不断变革的 EEG 方法在神经科学的领域中将有更广阔的应用前景。

致谢：十分感谢 A．A．Frolov 教授的宝贵建议，以及 N．Polikarpova 和 E．Cheremushkin 博士的帮助。

参 考 文 献

Abarbanel GDJ, Rabinovich MI, Selverston A, Bazhenov MV, Huerta P, Sustchik MM, Rubchinsky LL (1996) Synchronization in neuronal ensembles. Usp fizich nauk 166: 363–390 (in Russian).

Abdullaev Ya, Posner M (1998) Event-related brain potential imaging of semantic encoding during processing single words. NeuroImage 7: 1–13

Andrew C, Pfurtscheller G (1996) Dependence of coherence measurements on EEG derivation type. Med Biol Eng Comput 34: 232–238

Ashida H, Tatsuno J, Okamoto J, Maru E (1984) Field mapping of EEG by unbiased polynomial interpolation. Comput Biomed Res 17: 267–276

Babloyantz A (1985) Evidence of chaotic dynamics of brain activity during the sleep cycle. Phys Lett 111: 152–156.

Babloyantz A (1989) Estimation of correlation dimensions from single and multichannel recordings: a critical view. In: Basar E, Bullock TH (eds) Brain dynamics. Springer Verlag, Berlin Heidelberg New York, pp 122–131

Bankman IN, Sigillito VG, Wise RA, Smith PL (1992) Feature-based detection of the K-complex wave in the human electroencephalogram using neural networks. IEEE Trans Biomed Eng 39: 1305–1310

Basar E, Basar-Eroglu C, Roschke J, Schutt A (1989) The EEG is a quasi-deterministic signal anticipating sensory-cognitive task. In: Basar E, Bullock TH (eds) Brain dynamics. Springer Verlag, Berlin Heidelberg New York, pp 43–71

Basar E (1992) Brain natural frequencies are causal factor for resonances and induced rhythms. In: Basar E, Bullock TH (eds) Induced rhythms in the brain, Birkhauser, Boston, pp 425–467

Berger H (1929) Ueber das Elektrenkephalogramm des Menschen. Arch Psichiatr Nervenkr 87: 527–570

Bressler SL, Coppola R, Nakamura R (1993) Episodic multiregional cortical coherence at multiple frequencies during visual task performance. Nature 366: 153–156

Creutzfeldt OD, Bodenstein G, Barlow JS (1985) Computerized EEG pattern classification by adaptive segmentation and probability density function classification. Clinical Evaluation.

Electroencephalogr Clin Neurophysiol 60: 373–393

Cuffin BN (1996) EEG localization accuracy improvements using realistically shaped head models. IEEE Trans Biomed Eng 43:299–303

Daubechies I (1992) Wavelets. Philadelphia S.I.A.M.

Davidson RJ, Chapman JP, Chapman LJ, Henriques JB (1990) Asymmetrical brain electrical activity discriminates between psychometrically-matched verbal and spatial cognitive tasks. Psychophysiology 27: 528–543

Duffy FN (1981) Brain electrical activity mapping (BEAM): computerized access to complex brain function. Int J Neurosci 13: 55–65

Elbert T, Ray WJ, Kowalik ZJ, Skinner JE, Grag KE, Birbaumer N (1994) Chaos and physiology: deterministic chaos in excitable cell assemblies. Physiol Rev 74: 1–47

Fell J, Roschke J, Mann K, Schaffner C (1996) Discrimination of sleep stages: a comparison between spectral and nonlinear EEG measures. Electroencephalogr Clin Neurophysiol 98: 401–410

Florian G, Pfurtscheller G (1995) Dynamic spectral analysis of event-related EEG data. Electroencephalogr Clin Neurophysiol 95: 393–396

Freeman WJ (1988) Nonlinear neural dynamics in olfaction as a model for cognition. In: Basar E (ed) Dynamics of sensory and cognitive processing by the brain. Springer Verlag, Berlin Heidelberg New York, pp 19–28

Freeman WJ (1992) Predictions on neocortical dynamics derived from studies in paleocortex. In: Basar E, Bullock TH (eds) Induced rhythms in the brain, Birkhauser, Boston, pp 183–199

French CC, Beaumont JG (1984) A critical review of EEG coherence studies of hemisphere function. Int J Psychophysiol 1: 241–254

Gabor AJ, Seyal M (1992) Automated interictal EEG spike detection using artificial neural networks. Electroencephalogr Clin Neurophysiol 83:271–280

Gath I, Feuerstein C, Pham DT, Rondouin G (1992) On the tracking of rapid dynamic changes in seizure EEG. IEEE Trans Biomed Eng 39: 952–958

Gevins AS, Bressler SL (1988) Functional topography of the human brain. In: Pfurtscheller G (ed) Functional brain imaging. Hans Huber, Bern pp 99–116

Gevins AS (1996) High resolution evoked potentials of cognition. Brain Topogr 8: 189–99

Grassberger P, Procaccia I (1983) Measuring the strangeness of strange attractors. Physica 9D: 189–208.

Gratton G, Coles MGH, Donchin E (1983) A new method for off-line removal of ocular artifact. Electroencephalogr Clin Neuroph 55: 468–484.

Gray C, Singer W (1989) Stimulus-specific neuronal oscillations in orientation columns of cat visual cortex. Proc Natl Acad Sci USA 86: 1698–1702

Handbook of Electorencephalography and Clinical Neurophysiology (1987) Methods of analysis of brain electrical and magnetic signals. Gevins AS, Remond A (eds.) Vol 1. Amsterdam, Elsevier

Harner RN, Ostergren KA (1978) Computed EEG topography. In: Contemporary Clin Neurophysiol (EEG Suppl 34)

Ihl R, Dierks T, Froelich L, Martin EM, Maurer K (1993) Segmentation of the spontaneous EEG in dementia of the Alzheimer type. Neuropsychobiology 27: 231–236

Inouye T, Sakamoto H, Shinosaki K, Toi S, Ukai S (1990) Analysis of rapidly changing EEGs before generalized spike and wave complexes. Electroencephalogr Clin Neurophysiol 76: 205–221

Ilmoniemi RJ (1993) Models of source currents in the brain. Brain Topography Summer 5:331–336

Ivanitsky AM (1990) The consciousness and reflex. Zhurn Vyssh Nerv Deyat 40: 1058–1062 (in Russian).

Ivanitsky AM (1993) Consciousness: criteria and possible mechanisms. Int J Psychophysiol 14: 179–187

Ivanitsky GA, Nikolaev AR, Ivanitsky AM (1997) The application of artificial neural networks for thinking operation type recognition with EEG. Aerosp Envir Medic 31: 23–28 (In Russian)

Jansen BH (1996) Nonlinear dynamics and quantitative EEG analysis. Electroencephalogr Clin Neurophysiol Suppl 45: 39–56

Jasper H (1958) Report on committee on methods of clinical exam in EEG. Electroencephalogr Clin Neurophysiol 7: 370–375

Jervis BW, Coelho M, Morgan GW (1989) Spectral analysis of EEG responses. Med Biol Eng Comput 27: 230–238

Kasanovich YaB, Borisyuk RM (1994) The synchronization in neuronal network of the phase oscillators with the central element. Mathem Model 6: 45–60 (in Russian).

Klimesch W, Schimke H, Schwaiger J (1994) Episodic and semantic memory: an analysis in the

EEG theta and alpha band. Electroencephalogr Clin Neurophysiol 91: 428–441

Koenig T, Lehmann D (1996) Microstates in language-related brain potential maps show noun-verb differences. Brain Lang 53: 169–182

Lantz G, Michel CM, Pascual-Marqui RD, Spinelli L, Seeck M, Seri S, Landis T, Rosen I (1997) Extracranial localization of intracranial interictal epileptiform activity using LORETA (low resolution electromagnetic tomography). Electroencephalogr Clin Neurophysiol 102:414–22

Law SK, Nunez PL, Wijesinghe RS (1993) High-resolution EEG using spline generated surface Laplacians on spherical and ellipsoidal surfaces. IEEE Trans Biomed Eng 40: 145–153

Lee S, Buchsbaum MS (1987) Topographic mapping of EEG artifacts. Clin Electroencephalogr 18: 61–67

Lehmann D (1987) Principles of spatial analysis. In: Gevins AS, Remond A (eds.) Handbook of Electorencephalography and Clinical Neurophysiology Methods of analysis of brain electrical and magnetic signals. Vol 1. Amsterdam, Elsevier

Lehmann D, Ozaki H, Pal I (1987) EEG alpha map series: brain micro-states by space-oriented adaptive segmentation. Electroencephalogr Clin Neurophysiol 67: 271–288

Livanov MN (1977) Spatial Organization of Cerebral Processes. New York: Wiley and Sons.

Llinas RR (1988) The intrinsic electrophysiological properties of mammalian neurons: insights into central nervous system function. Science 242: 1654–1664

Lopes da Silva FH, Storm van Leeuwen W (1977) The cortical source of the alpha rhythm. Neurosci Lett 6: 237–241

Lopes da Silva FH (1991) Neural mechanisms underlying brain waves: from neural membranes to networks. Electroencephalogr Clin Neurophysiol, 79: 81–93

Lutzenberger W, Elbert T, Birbaumer N, Ray WJ, Schupp H (1992) The scalp distribution of the fractal dimension of the EEG and its variation with mental tasks. Brain Topogr 5: 27–34

Lutzenberger W, Pulvermuller F, Birbaumer N (1994) Words and pseudowords elicit distinct patterns of 30-Hz EEG responses in humans. Neurosci Lett 176: 115–118

Lutzenberger W (1997) EEG alpha dynamics as viewed from EEG dimension dynamics. Int J Psychophysiol 26: 273–285

Madhavan PG, Stephens BE, Klingberg D, Morzorati S (1991) Analysis of rat EEG using autoregressive power spectra. J Neurosci Methods 40: 91–100

Madler C, Schwender D, Poeppel E (1991) Neuronal oscillators in auditory evoked potentials. Int J Psychophysiol 11: 55

Makeig S (1993) Auditory event-related dynamics of the EEG spectrum and effects of exposure to tones. Electroencephalogr Clin Neurophysiol 86: 283–293

Malsburg C vd (1981) The correlation theory of brain function. Intern Report 81–2. Department of Neurobiology Max Plank Institute for Biophysical Chemistry

Maurer K, Dierks T (1991) Atlas of brain mapping. Topographic mapping of EEG and evoked potentials. Springer Verlag, Berlin Heidelberg New York

Merrin EL, Meek P, Floyd TC, Callaway E (1990) 3D topographic segmentation of waking EEG in medication-free schizophrenic patients. Int J Psychophysiol 9: 231–236

Miller R (1991) Cortico-hippocampal interplay and the representation of contexts of the brain. Springer Verlag, Berlin Heidelberg New York

Mitzdorf U (1987) Properties of the evoked potential generators: current source-density analysis of evoked potential in cat cortex. Int J Neurosci 33: 33–59

Mountcastle V (1992) Preface. In: Basar E, Bullock TH (eds) Induced rhythms in the brain, Birkhauser, Boston, pp xvii-xix

Niedermayer E (1997) Alpha rhythms as physiological and abnormal phenomena. Int J Psychphysiol 26: 31–50

Nikolaev AR, Anokhin AP, Ivanitsky GA, Kashevarova OD, Ivanitsky AM (1996) The spectral EEG reconstructions and the cortical connections organization in spatial and verbal thinking. Zhurn Vyssh Nerv Deyat 46: 831–848 (in Russian).

Nuwer MR, Comi G, Emerson R, Fuglsang-Frederiksen A, Guérit JM, Hinrichs H, Ikeda A, Luccas FJC, Rappelsberger P (1998) IFCN Standards for digital recording of clinical EEG. Electroencephalogr Clin Neurophysiol 106: 259–261

Oosterom van A (1991) History and evolution of methods for solving the inverse problem. J Clin Neurophysiology 8:371–380

Palus M (1996) Nonlinearity in normal human EEG: cycles, temporal asymmetry, nonstationarity and randomness, not chaos. Biol Cybern 75: 389–396

Pascual-Marqui RD, Michel CM, Lehmann D (1994) Low resolution electromagnetic tomography:

a new method for localizing electrical activity in the brain. Int J Psychophysiol 18:49–65

Pardey J, Roberts S, Tarassenko L (1996) A review of parametric modeling techniques for EEG analysis. Med Eng Phys 18: 2–11

Peltoranta M, Pfurtscheller G (1994) Neural network based classification of non-averaged event-related EEG responses. Med Biol Eng Comput 32:189–196.

Petsche H, Lacroix D, Lindner K, Rappelsberger P, Schmidt-Henrich E (1992) Thinking with images or thinking with language: a pilot EEG probability mapping study. Int J Psychophysiol 12: 31–39

Petsche H (1996) Approaches to verbal, visual and musical creativity by EEG coherence analysis. Int J Psychophysiol 24: 145–159

Pfurtscheller G, Klimesch W (1992) Event-related synchronization and desynchronization of alpha and beta waves in a cognitive task. In: Basar E, Bullock TH (eds) Induced rhythms in the brain. Birkhauser, Boston, pp 117–128

Pfurtscheller G, Neuper C, Mohl W (1994) Event-related desynchronization (ERD) during visual processing. Int J Psychophysiol 16: 147–153

Pfurtscheller G, Neuper C, Andrew C, Edlinger G (1997) Foot and hand area mu rhythms. Int J Psychophysiol 26: 121–135

Pietila T, Vapaakoski S, Nousiainen U, Varri A, Frey H, Hakkinen V, Neuvo Y (1994) Evaluation of a computerized system for recognition of epileptic activity during long-term EEG recording. Electroencephalogr Clin Neurophysiol 90: 438–443

Plendl H, Paulus W, Roberts IG, Botzel K, Towell A, Pitman JR, Scherg M, Halliday AM (1993) The time course and location of cerebral evoked activity associated with the processing of colour stimuli in man. Neurosci Lett 150: 9–12

Plonsey R (1982) The nature of sources of bioelectric and biomagnetic fields. Biophys J 39: 309–312

Pretorius HM, Bodenstein G, Creutzfeldt OD (1977) Adaptive segmentation of EEG records: a new approach to automatic EEG analysis. Electroencephalogr Clin Neurophysiol 42: 84–94

Priestley MB (1981) Spectral analysis and time series. Academic Press, London

Pritchard WS, Duke DW (1992) Dimensional analysis of no-task human EEG using the Grassberger-Procaccia method. Psychophysiology 29: 182–192

Pritchard WS, Krieble KK, Duke DW (1996) Application of dimension estimation and surrogate data to the time evolution of EEG topographic variables. Int J Psychophysiol 24: 189–195

Roth BJ, Ko D, von Albertini-Carletti IR, Scaffidi D, Sato S (1997) Dipole localization in patients with epilepsy using the realistically shaped head model. Electroencephalogr Clin Neurophysiol 102:159–66

Rusinov VS (1973) The dominant focus. Electrophysiological investigation. Consultants Bureau, New York London

Sabourin ME, Cutcomb SD, Crawford HJ, Pribram K (1990) EEG correlates of hypnotic susceptibility and hypnotic trance: spectral analysis and coherence. Int J Psychophysiol 10: 125–142

Scherg M, Berg P (1991) Use of prior knowledge in brain electromagnetic source analysis. Brain Topography 4:143–150

Scherg M, Ebersole JS (1994) Brain source imaging of focal and multifocal epileptiform EEG activity. Neurophysiol Clin 24: 51–60

Schiff SJ, Aldroubi A, Unser M, Sato S (1994) Fast wavelet transformation of EEG. Electroencephalogr Clin Neurophysiol 91: 442–455

Schupp HT, Lutzenberger W, Birbaumer N, Miltner W, Braun C (1994) Neurophysiological differences between perception and imagery. Cogn Brain Res 2: 77–86

Stam CJ, Jelles B, Achtereekte HA, van Birgelen JH, Slaets JP (1996) Diagnostic usefulness of linear and nonlinear quantitative EEG analysis in Alzheimer's disease. Clin Electroencephalogr 27: 69–77

Steriade M, Gloor P, Llinas RR, Lopes de Silva FH, Mesulem MM (1990) Report of IFCN Committee on Basic Mechanisms. Basic mechanisms of cortical rhythmic activity. Electroencephalogr Clin Neurophysiol 76: 481–508

Stevens A, Lutzenberger W, Bartels DM, Strik W, Lindner K (1997) Increased duration and altered topography of EEG microstates during cognitive tasks in chronic schizophrenia. Psychiatry Res 66: 45–57

Strelets VB, Alyeshina TD (1997) EEG rhythms disturbances and function impairments in different types of mental pathology. In: Third International Hans Berger Congress. Quantitative and topological EEG and MEG analysis. Friedrich Schiller University, Jena, pp. 161–165

Strik WK, Dierks T, Becker T, Lehmann D (1995) Larger topographical variance and decreased duration of brain electric microstates in depression. J Neural Transm Gen Sect 99: 213–222

Sviderskaya NE (1987) The synchronous brain electrical activity and mental processes. Nauka,

Moscow (In Russian)

Tallon-Baudry C, Bertrand O, Delpuech C, Pernier J (1996) Stimulus specificity of phase-locked and non-phase-locked 40 Hz visual responses in human. J Neurosci 16: 4240–4249

Theiler J, Rapp PE (1996) Re-examination of the evidence for low-dimensional, nonlinear structure in the human electroencephalogram. Electroencephalogr Clin Neurophysiol 98: 213–222

Torrence C, Compo G (1998) A practical guide to wavelet analysis. Bul Am Meteorol Soc 79: 61–78

Viana Di Prisco G, Freeman WJ (1985) Odor-related bulbar EEG spatial pattern analysis during appetitive conditioning in rabbits. Behav Neurosci 99: 946–978

Wackermann J, Lehmann D, Michel CM, Strik WK (1993) Adaptive segmentation of spontaneous EEG map series into spatially defined microstates. Int J Psychophysiol 14: 269–283

Weiss S, Rappelsberger P (1996) EEG coherence within the 13–18 Hz band as a correlate of a distinct lexical organization of concrete and abstract nouns in humans. Neurosci Lett 209: 17–20

Wilson GF, Fisher F (1995) Cognitive task classification based upon topographic EEG data. Biol Psychol 40: 239–250

Wolf A, Swift JB, Swinney HL, Vastano JA (1985) Determining Lyapunov exponents from a time series. Physica D 16: 285.

Yvert B, Bertrand O, Echallier JF, Pernier J (1995) Improved forward EEG calculations using local mesh refinement of realistic head geometries. Electroencephalogr Clin Neurophysiol 95:381–92

第三十六章　现代事件相关电位技术

Daniel H. Lange and Gideon F. Inbar

罗跃嘉　吴健辉　译

北京师范大学

luoyj@bnu.edu.cn

■ 绪　论

　　诱发电位（evoked potential，EP）是神经系统在感觉刺激作用下产生的平均电位活动（Gevins　1984），由一系列不同形状、潜伏期和波幅的瞬时波形构成。在临床工作中，诱发电位由视觉、听觉刺激或者电刺激作用于感觉神经而产生（Chiappa　1983）。诱发电位通常在头皮表面记录，然而在少数情况下如进行脑外科手术时，电极可以直接放置于大脑表面，甚至插入脑组织中。目前，事件相关电位（event related potential，ERP）这一术语被普遍采用，既包括诱发电位，又包括与外部刺激诱发的或伴随认知过程、或运动前预备机制等产生的脑反应活动。由于历史原因并避免混淆，本章沿用"诱发电位"定义包括事件相关电位在内的所有大脑反应活动。

　　头皮记录诱发电位的波形、波幅和潜伏期取决于多种因素，其中包括单个刺激所诱发的头皮电位的时程。诱发电位的波幅通常很低，并具有特定的信/噪比（signal to noise ratio，SNR），0dB～-40dB 不等（例如，视觉诱发电位为 0dB，认知诱发电位为 -5dB，运动相关电位为 -20dB，脑干诱发电位为 -40dB），因此可能部分甚至全部湮没于 EEG 背景中。诱发电位的常规提取方法是对重复诱发的脑电进行同步平均化，使不相关的 EEG 成分被减弱而抵消，与刺激具有锁时（time-locked）关系的神经活动被放大（图 36-1）。只有与刺激有锁时关系的脑电反应在整个平均过程中保持恒定，上述提取方法才有效（Aunon et al. 1981；Rompelman and Ross　1986a，b）。但实际的脑电反应并不恒定，不同试次（trial）间的变异可能很大（Popivanov and Krekule　1983）。信号的变异性由多种原因造成，如刺激相同，但行为结果、感觉的适应性不同或行为的不确定性引起诱发电位波形的渐进性改变（Rompelman and Ross　1986a，b）。因此，尽管移动平均（moving-average）技术在一定程度上能够减少上述变异，但通常无法实现信号平均的前提条件。因此，对大脑活动过程进行动态跟踪和分析急需方法学上的改进，使得人们能够基于单次（single-trial）刺激对诱发电位进行分析。

　　诱发脑电位通常由多个可能互相重叠的复杂波形成分构成。以下两种基本方法可用于确定 EP 成分：第一种是波峰分析法，波峰是指在某特定时间内最大电压的正值或负值；第二种也是本章采用的方法，是将在特定加工任务中被激活的某个特定区域和电位朝向的神经元群与某个脑电成分相联系。如果不对逆问题的维度进行限定，就不可能将总体信号分解成不同的电位成分，这一点对于进行诱发电位的变异性分析至关重要（Donchin　1966）。

　　本章第一节综述了诱发电位处理的最新进展，并着重介绍单刺激分析法。该部分内

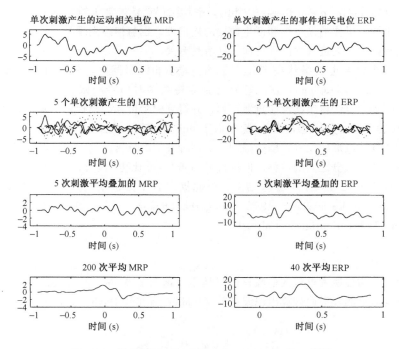

图 36-1　运动相关电位 MRP（左）和 ERP（右）举例

运动相关电位和 ERP 均为低信/噪比，分别为−15dB 和−5dB。第一行：单次波形图；第二
行：5 个单次刺激的波形组合；第三行：5 次平均图；第四行：总平均图。

容不是技术说明，相关技术详细的实际应用可以查阅所引用文献。本章第二节是本章作者提出的一种处理单次诱发电位的新方法，作者将对此方法进行详细探讨，以期读者进一步了解该方法的理论基础。然而更多的内容也可以在近期出版物中找到（Lange et al. 1997；Lange et al. 1998）。

第一部分　诱发电位处理方法综述

引　言

　　诱发电位的分析和分类在生物医学工程的文献中已经略有涉及，大部分文章是针对如何改进平均 EP 信/噪比的问题，并未提及如何提取单次脑电反应，这也许是因为在皮层自发电活动的背景下分析微弱的诱发反应在客观上还存在着难度。本文将简要回顾既往的 EP 处理方法，包括传统的平均波谱滤波以及现代的单刺激技术。

处理方法

平均法

　　EP 分析中，总平均法总是传统而又最常用的方法（Rompelman and Ross　1986a）。尽管存在一些显而易见的不足，包括充分评估试次变异反应（trial-varying responses）

的局限性（Rompelman and Ross　1986b），平均法仍然是最常用的分析方法。其中原因不仅涉及平均法操作的简单性和产生数据的连贯性，也与神经生理学家对复杂技术的了解和应用有限、对先进技术的性价比不甚清楚有关。

　　为了解决诱发电位潜伏期变化产生的抖动（jitter）问题，须进行交叉相关平均（cross-correlation averaging），在此基础上去除持续锁时信号的限制（Woody　1967）。通过交叉相关的方法将单次反应重新排列，并得到一个更佳的模板。但是交叉相关平均对信/噪比的下降十分敏感，当信/噪比低于 5dB 左右时，便无法使用此法。此外，这一方法不能补偿波形的变异，因而限制了对多种波形的分析。进一步扩展交叉相关平均法，实现了单个成分之间的位移，但这使其对低信/噪比更加敏感，并由于人为地划分信号为各种成分而导致了不规律结果。因此提出若干潜伏期校正程序（Gupta et al.1996；Kaipio and Karjalainen　1997；Kong and Thakor　1996；Meste and Rix　1996；Nakamura　1993；Rodriguez et al. 1981）。

滤波法

　　最初，为增强诱发电位的信噪比改进技术，运用了 Wiener 滤波法，它通过平均的频谱和平均脑电的频谱而计算出滤波系数（Walter　1969；Doyle　1975）

$$H_N(w) = \frac{\phi_{ss}(w)}{\phi_{ss}(w) + \dfrac{1}{N} \cdot \phi_{xx}(w)} \tag{36.1}$$

式中，ϕ_{ss}，ϕ_{xx} 分别是信号（EP）和噪声（EEG）的频谱密度函数；N 指平均过程中的叠加次数。使用后滤波（posteriori filtering）的原因是 EP 分析的多维度特性。由于存在待测波形的相干，对于无向量的噪声信号（如高斯白噪声），平均法可能导致最大可能性分析，因此滤波法在这一点上可能优于平均法。但由于瞬时脑电反应的频谱分析较困难，对于滤波法的这一优势也一直存在争论（Carlton and Katz　1987）。也有学者推荐动态的后 Wiener 滤波法，认为其效果优于静态滤波法（Yu and McGillem　1983）。在相应频带使用恒定相对带宽滤波仪、动态衰减器和一个受动态信/噪比分析仪控制的求和网络，动态 Wiener 滤波法的作用能得到增强（de Weerd　1981）。有些研究者发展了其他的归纳滤波法，改进效果与 Wiener 滤波法类似（Furst and Blau　1991；Lange et al. 1995）。

　　通过采用适应性滤波法（adaptive filtering），已经改进了稳态（steady-state）EPs 的跟踪能力（Thakor　1987）。几种适应性算法已经从适应性滤波法中衍生出来，在稳态 EPs 跟踪方面，已经优于平均法（Laguna et al. 1992；Svensson　1993；Vaz and Thakor　1989）。

参数法

　　首先尝试在单次刺激基础上进行瞬时诱发电位的提取是采用一种伴随平均反应驱动的自回归外源输入（autoregressive with exogenous input，ARX）模型，（Cerutti et al.1987）。其基本思想是把平均诱发电位作为单次反应的模型，通过对该模型参数的识别去提取单次反应电位；同时也采用同样的模型去除眼动伪迹（Cerutti et al. 1988），并被用于多导联单次刺激的脑电地形图（Liberati et al. 1992）。近来有学者提出了 ARX 分析法的改进方案，优化了它的诱发电位过滤识别条件，并增加了平均过程中较强信号的鲁棒性（robustness）（Lange and Inbar　1996a）。

　　与此同时，Spreckelsen 与 Bromm（1988）提出了另一种提取单次诱发电位的参数模型，对于 EEG，采用自回归（AR）模式；对于 EP，采用一种线性系统的脉冲应答模型。把平均脑电作为滤波脉冲应答，在考虑平均反应的同时顾及了每个单次反应的波幅和潜伏期变化。

　　近来有学者提出以小波变换（wavelet transform）的方法重构诱发电位（Bartnik et al. 1992）。采用此种方法比较刺激间隔前后信号的小波表征，用微分系数重构附加的EP 成分。尽管前人已经对该方法的原理进行过研究（Madhaven　1992），但是提出通过递减尺度来分解噪声信号，并在此基础上实施这种方法也还是最近的事情。这个过程如同给距离不断增加的物体拍照，增加系数为因素 α。在分辨率下降到第 j 个步骤，即分辨率降到 $α^j$ 时，该照片的清晰度能从 $α^{j-1}$ 分辨率的照片中复原。这个算法把刺激间隔前后信号的背景活动投射到一个来自于小波函数的标准正交基础之上，并寻求最能区分这两种投射的主要基本成分，以此来建构单次反应。一个重要的问题是要识别出最佳标度系数 $Φ_{(x)} = α^j Φ(α^j x)$ 与目前的信号相对应，并需要直接使用平均脑电反应以确定 $Φ_{(x)}$。它的理论缺陷也许正是它的重要假设：分析时程（epoch）过程中的任何不规则性必然和特定的锁时任务相关。而这一假设迄今无法得到证实。

　　Birch 等（1993）曾经尝试采用统计无关信息的单次提取方式，并在此后推广为对低信/噪比事件的提取（Mason et al. 1994）。无关项处理法（outlier processing method）是基于建立自回归模式的基础之上，自回归模型的参数代表了基本的 EEG 进程。采用较稳定的参数分析方法，并在模型构建过程中减少不一致的脑活动，以确认上述模型。该模型被用于重构 EEG 进程，该模型与测量所得进程的不同之处即为附加的无关项内容。上述方法的优点在于它需要做出的信号假设最少，只须其持续时间不超过总分析时程的 20%。当该百分比增加时，不准确性也随之增加，这是因为自回归模型的构建过程对 EEG 无关项的混杂比较敏感。由于 EEG 信号固有的变异性，如同前述，该方法也不可避免一些理论上的缺陷。

现代 EP 分析的现状

　　总的来说，现有的单次提取方法可以分成两大类。第一类是各种基于模板的线性时间不变（linear time invariant，LTI）模型，在处理试次之间（trial-to-trial）变异较小的脑电反应（如脑干信号），以及总体波幅和/或时相变化的诱发反应时，具有一定功效。第二类是一些试图重建 EP 的方法，通过识别 EEG 信号在刺激前后转换过程中的统计学变化而实现；可能由于背景 EEG 信号造成的生理信号混杂，第二类方法普遍出现较大的分析变异。

　　由于 EP 信号的信噪比不佳的情况下，频谱法无法胜任处理 EP 和 ERP 的频谱重叠，目前出现了倾向于参数法的趋势。在下面内容中，将具体阐述由我们课题组近来发展的一项新技术，它能够在信噪比低至 −20dB 的条件下，在试次间的基础上实现对诱发电位成分变化的跟踪。该法开创了一种单次分析的新途径，第一次使得单次 EP 成分跟踪成为可能。

第二部分　试次变化（trial-varying）EPS 的提取

引言

"诱发电位"这一术语通常是指平均诱发反应，即与重复刺激或事件呈现锁时关系的多次同步化的脑反应进行平均叠加。单一的诱发反应因湮没于大量的脑自发活动背景中而意义不大。常规的 EP 处理依赖于几个基本假设，这些假设的效度与实验范式、被试的心理状态紧密相关：

　　—重复、恒定的锁时信号（EP）

　　—随机、固定的噪声（EEG）

　　—信号和噪声的相加

　　—不相关的信号与噪声

除了些特殊情况，第一种假设通常是无效的，并常常是许多以模板为基础的处理方法发生误差的根源，这些方法很大程度地依赖平均反应作为分析的模板。EP 出现变异的情况很多，如被试的心理状态、疲劳、习惯化、注意水平和作业完成质量等。这一假设被认为是大多 EP 处理方法的主要缺陷，将在下面阐述的方法中得到修正和改进。

第二种假设是指在一个较长的时程中，自发出现的 EEG 互不相关，这一点能够由 EEG 相关图得到证实。EEG 相关图能够显示在 1～2s 的时程内不同 EEG 信号的非相关性，在本文中将继续沿用。

第三种假设认为诱发反应添加到 EEG 背景活动中，不会对其产生影响。所以，由刺激物引起的全部脑电反应都并入 EP。这一假设几乎是所有 EP 分析法的基本框架基础，本章也将继续沿用。

第四种假设对那些以相关性为基础的分析方法来说是必不可少的，因为 EEG 和 EP 的相位匹配会导致分析单次 EP 波形时发生错误。但值得注意的是，在定义上，所有和刺激物相关的 EEG 成分的总和均被认为是 EP，这就使该假设更像是一个明确的定义。这个假设也将在本文中沿用。下文中，我们针对单次诱发电位提出一种全新的分析手段，对上述假设中有关 EP 不变性的局限进行实质性的改进，呈现一个以单次刺激为基础、提取动态 EP 的崭新的分析框架。

框架的提出

该框架共包括三个以数据驱动的串行层（图 36-2）：①模式识别层，包括一个自主识别机制；②统计分解层，包括一个线性分解单元；③以 EEG 和 EP 的相加为基础的参数合成单元。在我们最近发表的一些文章中可以找到详细的分析和操作评定研究报告（Lange and Inbar 1996b；Lange et al. 1997）。现把各层功能总结如下：

第一层包含一个形态为竞争性人工神经网络（ANN）的自主学习结构，用于动态识别所记录的总体反应中的各种不同类型。该层的局限性在于其假设认为：单试验脑反应不是随机分布的，而是归属于一个相对较小的脑电反应家族。识别该波形家族的同时，网络自动建立起一个嵌入数据类型库。

第二层由一个线性数据分解方案组成，将已识别的项目库分解成各因素成分。分解目的是为了充分考虑到与各自项目库相对应的每个脑电反应的特定变化，这就实现了诱发反应试次间变化的追踪。为了处理皮层神经活动的统计学特性，还须引入另一个假设。用高斯分布（Gaussian distributions）对同步激活的皮层神经元集合的放电瞬间建模。我们并不了解神经活动的真正特征，任何有关皮层神经活动的统计学假设也许会严重违背事实，所以这里采用了一种不会扭曲各独立信号成分的可靠方法。

第三层即最后一层，包含了一个参数合成模型，模拟单次扫描的发生机制。处理低信噪比信号时，该模型依赖于提取前面的处理层的初步信息，并利用已被识别的 EP 波形类别。一旦其参数得到确认，该模型便从其假定的 EEG 和 EP 成分中生成单次扫描记录，被识别的 EP 即是整个集成系统需要得到的输出信号。

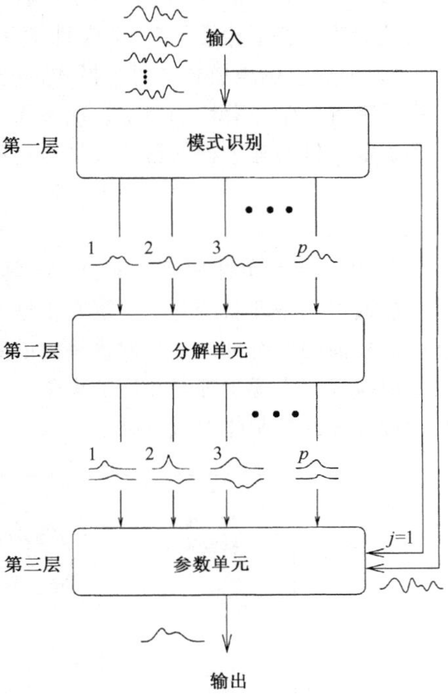

图 36-2　框架处理的信号流程图

模式识别（pattern recognition，PR）单元负责全部数据的识别和分类，其反应库项目结果由分解单元进行分解，最后利用各分解后的反应库项目进行单次扫描记录并建模，进而得到单次诱发电位的分析结果。

第一层：自主学习结构

引言

机器学习（machine learning）可以通过动态神经结构的方式得以实现，后者能够从其环境中学习，并以此改善自身的性能（参见第二十五章）。自主学习是一种自我组织的神经结构形式，通过一种自发的学习范式，去发现输入数据中重要的模式或特征。为了实现这种自发学习，算法要结合一套局部状态的规则，通过对所需的特定属性进行某种类型的图式化，进而从周围的环境中学习（Duba and Hart　1976）。

学习过程建立在正反馈或自我再强制执行的基础之上，并遵循以下的基本规则达到稳定：神经网络中某些突触能量的增强总是被另一些突触能量的减弱所抵消。换句话说，因为资源有限而出现了竞争，防止整个系统由于以正反馈为基础的学习进程而无限膨胀爆裂。我们已经选择了竞争性学习理论，即自主学习的整体理论中一个已发展成熟的分支，它使得神经网络的重心力量真正会聚于嵌入的信号类型（Lange et al. 1998）。竞争性学习的基本原理是（Rumelhart and Zipser　1985）：

——起始于一组单元，这些单元除了一些随机分布的参数外几乎完全相同，而正是这些参数使得各单元对输入信号的反应出现略微差异

——限制各单元的"能量"

——允许各单元以某种方式发生竞争，以赢得对输入数据特定子集合进行反应的权利

对这三个原则的应用便产生了一种学习范式，各单元学会专注于相似模式的集合，并由此成为"特征检测器"。竞争性学习是一种非常适合于规律性检测的机制（Haykin 1994），即一组刺激模式中每种模式都会以特定概率呈现。该检测器能够发现输入信号群中具有统计学显著性的特征，而不需要把模式划分为一系列推论性的范畴中。因此，检测器需要针对输入模式群来发展自己的特征表征以抓住其最显著特性。

原理

图 36-3 是竞争性学习系统的一个典型结构。该系统包括一群按等级分层的神经元，每一层通过兴奋性联结与下一层发生联系。在同一层内部，神经元被分成一些抑制簇，在同一簇内的所有神经元都对该簇内的其他神经元产生抑制，结果在对出现在上层的模式做出应答时出现了神经元间的竞争。一个神经元对某输入模式的应答越强，它对同簇其他神经元的抑制能力就越强。

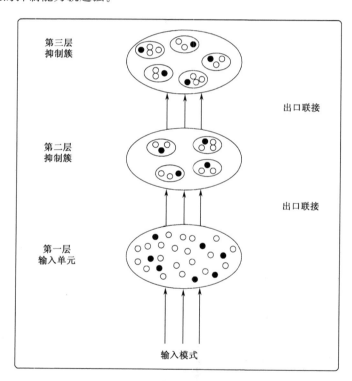

图 36-3　竞争性学习系统的层次结构

竞争性学习发生在一个按等级分层的单元体系中，由实心圆点（激活）和空心圆点（静息）来表示。当引起下一个层次兴奋时，获胜神经元抑制了附近神经元的活动。

竞争性学习框架存在许多变异。我们在此选择了一个单层结构，输出神经元与输入节点充分联结，并且仅仅在学习阶段时执行非线性模式。这种结构的优点在于增强了聚合神经网络的分析能力，使得神经网络的重心力量真正会聚于内嵌的信号模式，并由此形成一个模式识别网络。该网络的总体结构见图 36-4。

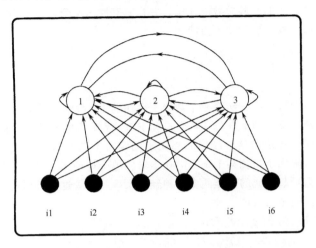

图 36-4　单层竞争性学习人工神经网络（6 个输入节点，3 个输出神经元）
开放箭头代表抑制性联结，闭合箭头代表兴奋性联结。侧抑制被用来抑制临近神经元的活动。

如果神经元 j 是获胜神经元，对于某个特定输入模式 x_i 来说，j 的内部活动水平 v_j 必须是在网络内所有神经元中最强的。此获胜神经元 j 的输出信号 y_j 设置为 1，其他所有在竞争中失败的神经元输出都设置为 0。

用 W_{ji} 代表联结输入节点 i 和神经元 j 的突触的权重（synaptic weight）。每个神经元被赋予一定数量的突触能量，按如下所述分布于各输入节点

$$\sum_i w_{ji}^2 = 1, \qquad （适用于所有的 j） \tag{36.2}$$

一个神经元的学习是通过将突触权重由静息到激活输入节点来实现的。如果一个神经元对某一输入模式没有应答，那么学习就不会在该神经元发生。当某一神经元在竞争中获胜，它的每个输入节点就会放弃部分突触权重，突触权重在多个已激活输入节点上是平均分布的。根据获胜神经元的标准竞争学习规则，我们对突触权重 w_{ji} 的变化 Δw_{ji} 定义如下

$$\Delta w_{ji} = \eta \left| x_i - w_{ji} \right| \tag{36.3}$$

式中，η 是学习率系数。该规则的作用在于获胜神经元的突触权重向输入模式转换。本例中，信号被包埋在附加的高斯噪声中；而网络权重结构聚合于一个匹配滤波库，后者起着模式识别网络和最佳信号分类器的作用。

最后，随机初始化竞争网络存在一个常见问题，即黏着向量（stuck vectors）现象。在极端情况下，训练过程会导致所有的权重向量中仅有一个没有粘着，有时候也被称为失效神经元（dead neuron）。某一单独的权重向量也许总是获胜，但该神经网络无法学会去辨别任何不同类型之间的差别。发生这种情况通常有两种原因（Freeman and Ska-pura 1992）：①在一个高维空间中，随机向量几乎都是正交的；②所有输入向量可能集中在某个狭小的空间区域内。对该问题的解决方法之一是纳入可变偏压（variable bias），以时间常数的形式，使那些很少或从未获胜的神经元获得优势。失效神经元偏压的增长与其他神经元的获胜次数成比例，并在其获胜后下降，以取得公平竞争。可变偏压仅仅用在练习过程，随后便不再应用。

统计学评估

识别特性

上述神经网络的特点在于网络权重会聚于潜在的 EP 波形，从而起着模式识别的作用。在最理想的情况下，即潜在的 EP 模式和 EEG 背景不相关时，互相竞争的各神经元通过将自身投射于特定的信号波形而趋向于固定在不同的信号类型上。需要强调的是，下列数学公式限用于检测某个确知潜在信号的单个神经元系统，或者限于每个神经元只对匹配输入信号起反应的最佳的多个神经元系统。尽管这种情形过于简单化，但已能够对该系统的性能做出大体评价。

每单个测量可以用下列公式表示

$$X_i(t) = \overline{E_i s_i(t)} + e_i(t), \quad (i = 1, 2, \cdots, N)$$

式中，X_i、E_i 和 e_i 分别代表所记录的第 i 次单次扫描，第 i 个 EP 的能量、标准的 EP 波形和嵌入的 EEG 背景。P 和 N 分别代表信号类型数以及试次数。当我们只需要进行波形修正时，我们假定 $P < N$ 正确识别了信号类别，同时

$$s_i \in \left| S_j \right|_{j=1}^{p}$$

采用标准化的输入信号和权重。对于背景 EEG 采用高斯模式，则能显示在每次重复过程中，获胜神经元的权重向对应的 EP 模式转变。首先我们计算神经输出信号

$$o^k = \langle x_i, \omega^k \rangle, \quad (k = 1, \cdots, P)$$

然后选择获胜神经元 $l = \arg\max \{o^k\}$，我们只是校正了获胜神经元的权重

$$\omega_n^l = \omega_{n-1}^l + \eta \cdot \left| x_i - \omega_{n-1}^l \right|$$

获胜神经元对与之匹配的单次试验测量的输出呈单调增加（注意：$\left| o^l(\cdot) \right| \leqslant 1$）

$$o_n^l = \langle x_i, \omega_{n-1}^l + \eta \cdot \left| x_i - \omega_{n-1}^l \right| \rangle$$

$$= o_{n-1}^l + \langle x_i, \eta \cdot \left| x_i - \omega_{n-1}^l \right| \rangle$$

$$= o_{n-1}^l + \langle x_i, \eta \cdot \langle x_i, x_i \rangle - \eta \cdot \langle x_i, \omega_{n-1}^l \rangle \rangle$$

$$= o_{n-1}^l + \langle x_i, \eta \cdot \left| 1 - o_{n-1}^l \right| \rangle$$

因此

$$o_n^l \geqslant o_{n-1}^l$$

有一点应该要强调，该结果基于一个过于简化的模型，该模型假定输入信号的聚集是严格校正的。在实际情况中，这个假设也许不成立，只有经过一个最初的短暂学习阶段后，才能达到这种单一模式，而这个学习阶段的长度则依赖于信噪比。聚集的性能也依赖于簇间与簇内的变异性，该原理在 Duda 和 Hart（1976）的文章中得到详细讨论。

可以看出，匹配神经元单调地趋向于内嵌模式，因此，每个神经元最终将聚合于各

自内嵌的 ERP 模式；信号识别过程产生了一个匹配滤波库，后者的分类性能能从信息理论角度进行分析。模式识别是个无偏过程，如下所述，通过降低学习率系数，变异能够被降到满意程度。

识别偏差（identification bias）

互相竞争的神经元被映射在输入空间，神经元权重与它们的匹配输入模式的相关性也不断增强，也就是说，假定竞争神经元的学习过程是独立的。另外需要强调的是，这是一种最佳情形分析，只有在严格的独立性假设下才有效。因此，尽管在实际情况下，多维系统也许会因为一定程度的交互作用而使结果出现偏差，但仍足以评估那些在随机噪声中检测常量信号模式的单神经元系统。

由应用于获胜神经元的竞争式学习规则，我们得到

$$\omega_n = \omega_{n-1} + \eta \cdot \left| \; x_i - \omega_{n-1} \right|, \qquad (0 < \eta \ll 1)$$

式中，x_i 是任意的输入向量。重置并使用附加信号及噪声模式得到

$$\omega_n = \omega_{n-1} \cdot (1 - \eta) + \eta \cdot \left| \; s + e_i \right|$$

式中，s 和 e_i 分别代表内嵌的信号模式和噪声。该微分方程求解如下

$$\omega_n = (1 - \eta)^n \cdot \omega_0 + \left| \begin{array}{c} (1 - \eta)^{n-1} \cdot \eta \cdot (s + e_i) + (1 - \eta)^{n-2} \cdot \eta \cdot (s + e_2) \\ + \cdots + (1 - \eta) \cdot \eta \cdot (s + e_{n-1}) + \eta \cdot (s + e_n) \end{array} \right|$$

$$= (1 - \eta)^n \cdot \omega_0 + \eta \cdot \sum_{i=0}^{n-1} (1 - \eta)^i \cdot (s + e_{n-i})$$

$$= (1 - \eta)^n \cdot \omega_0 + \eta \cdot s \cdot \sum_{i=0}^{n-1} (1 - \eta)^i + \eta \cdot \sum_{i=0}^{n-1} (1 - \eta)^i \cdot e_{n-i}$$

$$= (1 - \eta)^n \cdot \omega_0 + s \cdot \sum_{i=0}^{n-1} \left| \; 1 - (1 - \eta)^n \right| + \eta \cdot \sum_{i=0}^{n-1} (1 - \eta)^i \cdot e_{n-i}$$

n 趋近无穷时，$0 < \eta < 1$，$\tilde{e}_i = e_{n-i}$ 得出

$$\omega_\infty = s + \eta \cdot \sum_{i=0}^{\infty} (1 - \eta)^i \cdot \tilde{e}_i$$

并计算预期均值得到无偏结果

$$E[\omega_\infty] = s + \eta \cdot \sum_{i=0}^{n-1} (1 - \eta)^i \cdot E[\tilde{e}_i]$$

$$E[\omega_\infty] = s$$

识别变异（identification variance）

设零平均（zero-mean）高斯 EEG 方差为 σ^2，由学习规则方程的解

$$\omega_n = s + \eta \cdot \sum_{i=0}^{n-1} (1 - \eta)^i \cdot \tilde{e}_i$$

我们能计算出识别变异（作者指明单位矩阵）

$$E(\omega_n - s)(\omega_n - s)^{\mathrm{T}} = E \left| \; \left| \eta \cdot \sum_{i=0}^{n-1} (1 - \eta)^i \cdot \tilde{e}_i \right| \right| \left| \eta \cdot \sum_{i=0}^{n-1} (1 - \eta)^i \cdot \tilde{e}_i^{\mathrm{T}} \right| \; \right|$$

$$= \eta^2 \cdot \sum_{i=0}^{n-1} \sum_{j=0}^{n-1} (1 - \eta)^i (1 - \eta)^j \cdot E \left| \; \tilde{e}_i \cdot \tilde{e}_i^{\mathrm{T}} \right|$$

$$= \eta^2 \cdot \sum_{i=0}^{n-1} (1-\eta)^{2i} \cdot \sigma^2 \cdot I$$

$$= \eta^2 \cdot \frac{1-(1-\eta)^{2n}}{1-(1-\eta)^2} \cdot \sigma^2 \cdot I$$

n 趋近无穷时，得到渐近识别变异

$$C_{\omega\omega} = E(\omega_n - s)(\omega_n - s)^{\mathrm{T}} = \frac{\eta}{2-\eta} \cdot \sigma^2 \cdot I$$

学习率的限定

在练习时降低学习率是保证聚合的常用方法。然而，这种微调也许掩盖了如下事实：很可能存在几个局部最小值，所得的解不是最优解。本文把该问题进行如下量化：由于分析偏差，学习率系数直接而稳定地影响权重波动的程度，因此，该系数应该保持较小值。我们通过对学习率设定一个能够确保高质量分析的上限，以限制对稳态解产生影响的噪声的强度。设 $C_{\omega\omega} \leqslant \alpha \cdot E \cdot I$，$C_{\omega\omega}$，$\alpha$ 和 E 分别是估测的协方差矩阵、失真系数，以及信号产生的能量

$$\frac{\eta}{2-\eta} \cdot \sigma^2 \leqslant \alpha \cdot E$$

以及对 η 求解得到限值

$$\eta \leqslant \frac{2\alpha \frac{E}{\sigma^2}}{1 + \alpha \frac{E}{\sigma^2}}$$

例如，信噪比分别是 0dB、−20dB 和 −40dB，失真系数 $\alpha = 0.1$，学习率系数分别不应超过 0.18、0.0198 和 0.002（图 36-5）。

学习循环的时程

学习过程是非线形的，聚合时间取决于几个未知因素，如不同信号模式间的相关程度。然而为学习所需周期制定一个大致规则还是有可能的，这至少对于数据的初始分析是有效的。

参照变异估计，通过假定时间单位为一个循环所持续的时间，时间常量 τ_n 的指数能够符合几何学条件，所选择的时间常量 τ_n 满足

$$(1-\eta) = \exp\left| -\frac{1}{\tau_n} \right|$$

因此，τ_n 能够用学习系数 η 的形式来表示

$$\tau_n = -\frac{1}{\ln(1-\eta)}$$

对于单个神经元，时间常数 τ_n 是指噪声衰减到初始值的 $1/e$ 所需要的时间。对于多个神经元，学习循环时间随着竞争性神经元的数目倍增。

对于表示低学习率（$\eta \ll 1$）的低信噪比 EPs，时间常数 τ_n 可以近似等于（P 表示竞争神经元的数目）

$$\tau_n \approx \frac{P}{\eta}$$

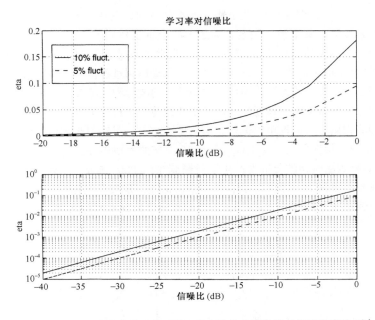

图 36-5　最大学习率是信噪比的函数，噪声波动水平分别是信号强度的 5％（虚线）和 10％（实线）时（上图：线性图表；下图：对数图表），随着学习率的下降，噪声波动水平下降，学习周期延长

例 1

EP 研究的一个重要任务是对有关和无关刺激引发的认知过程进行效应识别（Pratt et al. 1989）。研究这些效应的一个常用方法是经典的 odd ball 范式：给被试呈现一系列随机刺激，要求被试只对任务相关刺激（也称靶刺激）做出反应。通常情况下，通过对所记录数据进行选择性平均来提取脑电反应，并根据刺激设置进行总体分析。该分析方法假定脑反应与刺激数目相等。然而，前述条件中认知本身就是研究对象，这种假设的效度是未知的。使用这种方法，无需对记录数据进行先验分组（priori grouping），因此跨越上述关于认知脑功能的严格假设。以下介绍应用上述分析方法得到的实验范式和识别结果。

实验采用 odd ball 模式，从 Pz 电极点采集认知 ERP 数据，以颌中下部（如耳垂、乳突——译者注）为参考点（Jasper 1958；见第三十五章），采样频率为 250Hz。在电脑显示器上反复呈现视觉刺激，刺激包括数字 "3" 和 "5"。要求被试看到 "5" 时按下反应键（"5" 即为靶刺激），而对于 "3" 则不予反应（Lange et al. 1995）。

对于 odd ball 实验模式，靶刺激能够在脑活动进程中诱发出一个显著的正成分，该成分与识别有意义的刺激物相关。该成分后来被称为 P300，其中表示了该成分的极性（正）和出现时间（刺激呈现后的 300ms）。神经生理学家利用 P300 成分的参数（潜伏期和波幅）和其他手段去评价刺激物和注意水平的关联性（Lange et al. 1995；Picton and Hillyard 1988；Schwent and Hillyard 1975）。

　　竞争性人工神经网络接受 80 个输入向量的练习，其中一半是靶刺激诱发的 EPs，另一半是非靶刺激。每个神经元经过大约 300 次重复作用后，网络发生聚合。图 36-6 显示了两个单次刺激的抽样波形（第一行）、靶刺激和非靶刺激的平均 ERPs 波形（第二行）、神经网络识别的信号种类（第三行）。自动识别过程提供了两种信号类型，类似于刺激相关的选择性平均信号，但由于选择性平均波形和人工神经网络获得的分类之间存在轻微的差异，自动识别过程需要进一步的检验。于是分类过程重复进行，此次过程中靶刺激和非靶刺激的数据单独进行，结果见图 36-7。对靶刺激数据的分类产生了 3 种 EP 类型，出现潜伏期延长，与 Lange 等在 1997 年的发现相符合（反应时增加，潜伏期延长）。对非靶刺激时相的分析则产生了类靶刺激的 P300 波形（Target-like P300），这至少提示在某些条件下：即使对于非靶刺激，也能出现类靶刺激 P300。以上研究说明在进行认知脑功能分析时，对选择性事件相关电位数据平均的可靠性还需要进一步的研究。

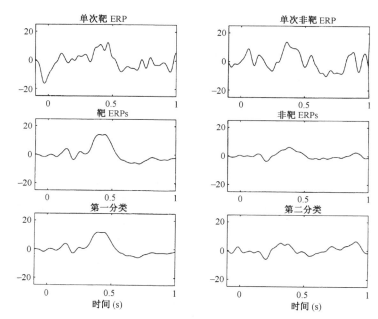

图 36-6　刺激相关的选择性叠加与自发性分类

上排：单个靶刺激和非靶刺激诱发的 ERP 波形。中排：靶刺激和非靶刺激诱发的 ERP
平均波形。底排：人工神经网络分类模式。自发分类的 EPs 与刺激相关平均电位相似。

第二层：诱发电位的波形分解

引言

　　对各种外在刺激的应答引发了瞬时诱发脑电位，它们具有不同的时程和特性，主要取决于各种参数情况，如所用刺激的性质和复杂程度、刺激相关的作业任务以及被试的心理状态。研究表明诱发电位的不同成分可能源于不同的脑功能区，有时能够根据它们

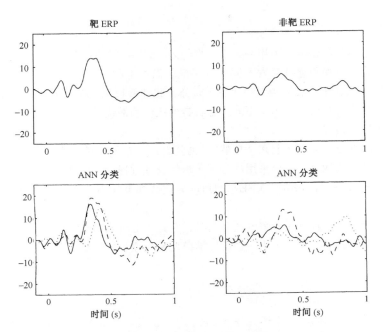

图 36-7　单独进行的靶刺激和非靶刺激 ERP 的自发分类

上图：靶刺激和非靶刺激诱发的 ERPs。下图：人工神经网络分类。非靶刺激模型的分类中包含一个类 P300 波形（虚线表示），表明非靶刺激试次也可能包含类靶刺激的 P300 成分。

各自的潜伏期和波幅而予以区分（Donchin　1966）。

　　诱发电位研究中的一个重要问题是随着实验参数的调整，如何对 EP 成分的变化程度进行评定，以利用这些变异去洞察大脑和中枢神经系统的功能。通常我们通过分析整个信号成分而对局部的 EP 波峰变化做出生理学解释，却忽略了邻近相似波峰间的跨波峰效应，而某单独成分的潜伏期或波峰出现一个微小变化都可能显著改变相邻成分的波峰外形。

　　成分分析是 EP 变异性分析的核心，因此诱发电位的分解问题具有重要意义。成分参数潜伏和波幅的变化在基于 EP 的诊断评价中具有重要的推论作用。分解的方法很多，包括简单的波峰分析法、近似 EP 成分的分析建模，以及不考虑信号生理起源的纯数学手段（Roterdam　1970）。

　　诱发电位可以通过以下 3 种常见方法分解：①波峰分析：把 EP 的波峰看作独立成分；②逆向滤波：对 EP 进行逆向滤波以提取成分参数；③主成分分析（Principal Component Analysis，PCA）：该法相当于 Karhunen-Loeve 的数据群分解。

　　我们提出一种统计方法将一个 EP 复合波形分解成一组各不相同的成分（Lange，Inbar　1986b）。该模型假定 EP 成分呈线性叠加，并且与各成分相关的神经元集合表现为高斯分布式的瞬时发放。这种分解能够尽可能完整地描述 EP 复合波形，并通过计算机模拟，在该模式的前提假设被违反时依然有效（Lange et al. 1998）。把该分解方法用于实验数据，以显示其对于明显重叠的 EP 成分的分解效果。

模型和假设

我们对于诱发电位成分采用 Donchin 的定义：即一个诱发电位的复合波代表的是一系列事件，是由刺激物连续触发不同的皮层区域而产生的（Donchin 1966）。构成 EP 复合波的每一个事件都被认为是一个 EP 成分。此外假设 EP 波形由各成分重叠而成，试次间的变异也许是由于吸纳了不同成分各自的波幅和潜伏期。在设计合理的分解规则时，应考虑以下两点：

——被分解的波形应该看起来"自然"，也就是说，它们在神经生理学家看来不应该是"合成"的。这就意味着要采用尽可能无损的处理过程以保证细节的完整性，也许从均方误差（mean-square error，MSE）的角度，这些细节并不重要，但其具有极大的潜在诊断价值。

——处理一个本身具有无穷解的逆问题时，在方法上应该是数据驱动的，而不应拘泥于数学解答。这就需要我们运用一种统计学模型来处理大量神经元群的活动，具体阐述如下。

分解规则

大量神经元群的同步放电产生各种 EP 成分。因此，只有基于神经元活动特征的分解方法才是合乎逻辑的。一般说来，如果神经活动须经过 N 个突触传递，每个突触均产生一个方差为 σ^2 的延迟 D，则总的延迟时间是（Abeles et al. 1993）

$$DELAY = N \cdot D \pm \sigma \cdot \sqrt{N}$$

因此可以假定，同步活动的大量神经元群的瞬时发放符合高斯概率分布。并且相对于 EP 成分持续时间（数百毫秒），动作电位的持续时间相对较短（数毫秒），所以神经元源的概率分布可以从已测得的复合信号成分中近似得到（Lange et al. 1997）。从最大活动点（波峰）提取初始的近似均值，波峰宽度则隐含着近似方差。初始近似值是对最佳参数进行标准梯度搜索的一个起始点（Haykin 1986）。

假定 EP 波形包含有 P 个成分的重叠

$$s(t) = \sum_{i=1}^{P} K_i \cdot v_i|t - \tau_i|$$

式中，$v_i(t)$ 代表第 i 个成分的基本形状，τ_i 代表该成分的潜伏期，K_i 代表该成分的波幅。我们把在瞬时 t 放电的神经元集 $\{a_t\}$ 命名为 A_t，A_t^j 是 A_t 的一个子集，它代表引发第 j 个成分的神经团块（neural batch）。$\{d_i, i = 1, 2, \cdots, p\}$ 代表 p 个成分的神经元放电瞬时的概率分布集合。

分解过程需根据成分源中每个数据点的相对贡献度进行计算，利用瞬时 t 放电的全部神经团块中神经元放电概率的总和进行标准化，估算出第 j 个神经团块的神经元在瞬时 t 放电的概率即数据点的相对贡献度

$$v_j(t) = s(t) \cdot \frac{Pr|a_i^j|}{\sum_{i=1}^{p} Pr|a_t^i|}$$

$$= s(t) \cdot \frac{\lim_{\Delta \to 0} \int_{t-\Delta}^{t+\Delta} d_j(s)\, ds}{\sum_i \lim_{\Delta \to 0} \int_{t-\Delta}^{t+\Delta} d_i(s)\, ds}$$

$$= s(t) \cdot \frac{2\Delta \cdot d_j(t)}{\sum_j 2\Delta \cdot d_i(t)}$$

由此得到

$$v_j(t) = s(t) \cdot \frac{d_j(t)}{\sum_{i=1}^{P} d_i(t)}, \qquad (j = 1, 2, \cdots, P)$$

利用符合高斯分布的放电瞬时假设得出分解规则

$$v_j(t) = s(t) \cdot \frac{\sigma_j^{-1} \exp\left| -\dfrac{(t - \tau_j)^2}{2\sigma_j^2} \right|}{\sum_{i=1}^{P} \sigma_i^{-1} \exp\left| -\dfrac{(t - \tau_i)^2}{2\sigma_i^2} \right|}$$

　　如上所述，对 τ_i 和 σ_i 的初始估测来源于复合信号的波峰特征，并作为基于最小方差拟合准则的梯度搜索运算的起始点。值得一提的是，应用于分解过程的高斯分布假设并非强加于波形分解结果，后者采用的是其他方法（Geva et al. 1996）。如果假定的分布状态正确，这种分解将能够很好的描述基本的波形成分，一定的偏差不会显著改变波峰和潜伏期，但也许会影响重叠的尾成分。然而这一点并不至关重要，因为相对于波形形态，神经生理学家们更加关注于波峰参数（潜伏期和波幅）。

例2

　　我们对一组包含大量刺激相关（P200）成分和认知（P300）成分时程重叠的诱发电位数据进行了分析，其中时程重叠的程度依赖于刺激的物理强度。该实验采用 odd ball 类型的任务，要求被试对小概率的偏差听觉刺激进行再认，并做出按键反应。实验共分两个部分，第二部分的偏差刺激强度降低 20 dB。图 36-8 显示了强声和弱声靶刺激的 EPs 以及它们各自的分解成分。显然，分解后的成分不表现为高斯分布。然而，近峰（near-peak）特征接近于高斯波形，验证分解技术的合理性。弱声靶刺激的左侧成分在模式上可以用两个高斯波形的总和来模拟，并能够进行相应的分解。重叠信号的定量分析无法用原始平均波形完成，而可以通过上述研究手段予以解决。

第三层：诱发电位的重构

　　利用上述预处理阶段的模式识别单元和统计分解单元处理，构建一个综合的参数信号生成模型。采用自回归分析方法对 EEG 建模，通过固定脉冲应答滤波后的 EP 成分的总和，并对 EP 建模（finite impulse response，FIR）（Box and Jenkins 1976）。该模型用来说明试次间信号成分的潜伏期和波幅的微小变化，并假定较大的波形变化已由先前叙述的模式识别结构处理。参数信号生成机制的模式图见图 36-9。该模型假设如下：

　　1. 每个记录扫描（recorded sweep）中，EP 和 EEG 出现叠加。

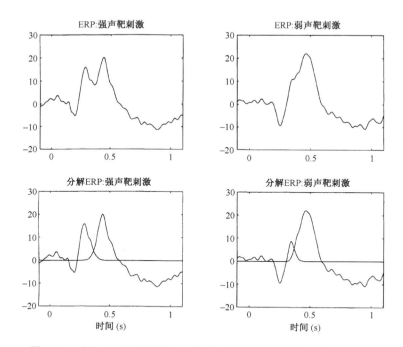

图 36-8　听觉 oddball 实验范式，通过改变刺激强度得到的不同实验结果

P200 和 P300 的时间重叠程度随着刺激强度的减低而增强。左图：强声刺激引发的 ERP 及
其重建成分。右图：弱声靶刺激引发的高度重叠 ERP 及其重建成分。

2. 各扫描中信号和噪声无相关性。

3. 每个扫描的刺激后 EEG 可以通过刺激前 EEG 的自回归模式进行建模。

4. 将特定波形库中潜伏期和波幅校正后的成分进行叠加，能够建构出单试次的 EP。

前两个假设是 EP 分析中的常规假设。第三个假设来自于 EEG 分析，它几乎和 EP 分析的平均法一样被广泛应用。第四个假设反映了该模型能够分析变异性的本质所在。

如上所述，最后一个加工层面是最具有限定性的，其效力来自于前面各层的灵活性和有效性。第一层对一簇反应进行识别并建立 EP 模板反应库；第二层分解已得到的库项目；因此第三层就能够更充分的依赖于上述第四个假设。

参数模型

公式中所有符号如图 36-9 所示。Z-转换范围（参见第二十一章）中的模型方程如下

$$Y(z) = \sum_{i=1}^{p} B_i(z) \cdot T_i(z) + \frac{1}{A(z)} \cdot E(z)$$

式中，$Y(z)$，$T(z)$ 和 $E(z)$ 分别代表测量过程、库项目（EP 模板）和一系列高斯白噪声。假设背景 EEG 是稳定的（在实验分析部分已得到验证），$A(z)$ 能够通过自回归模型从刺激前数据中得以识别，并用于刺激后的分析。模板和已测 EEG 通过已识别

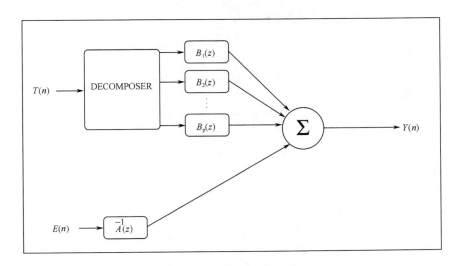

图 36-9　信号合成模型的模式图

T、E、Y 分别代表库匹配项目（模板）、高斯白噪声系列和单次扫描记录信号。$B_i(z)$ 是潜伏期和波幅校正的滤波器组件。该模型一旦得到最优化，便得到两种假定的信号成分，即大脑活动进程以及单次的脑诱发反应。

$A(z)$ 进行滤波，以白化背景 EEG 信号，从而促进该模式有一个封闭式最小平方解。在刺激后数据中只需测定 $B_i(z)$，简化了求解过程，避免模式参数的重复识别。该模式能够由以下的回归方程表示，其中的上撇号代表白化后的信号

$$y'(n) = \sum_{i=1}^{p} \sum_{j=-d}^{d} b_{i,j} \cdot T_i'(n-j) + e(n)$$

求解该模型需用到矩阵符号。$\boldsymbol{y'}^{\mathrm{T}}$ 指白化测量向量，$\boldsymbol{A}^{\mathrm{T}}$ 指输入矩阵，$\boldsymbol{B}^{\mathrm{T}}$ 指滤波系数向量，有

$$y'^{\mathrm{T}} = |\ y'(d+1), y'(d+2), \cdots, y'(N-d)|$$

$$\boldsymbol{A}^{\mathrm{T}} = \begin{vmatrix} T_1'(2d+1) & T_1'(2d+2) & \cdots & T_1'(N) \\ T_1'(2d) & T_1'(2d+1) & \cdots & T_1'(N-1) \\ \vdots & \vdots & & \vdots \\ T_1'(1) & T_1'(2) & \cdots & T_1'(N-2d) \\ T_2'(2d+1) & T_2'(2d+2) & \cdots & T_2'(N) \\ \vdots & \vdots & & \vdots \\ T_2'(1) & T_2'(2) & \cdots & T_2'(N-2d) \\ \vdots & \vdots & & \vdots \\ T_p'(2d+1) & T_p'(2d+2) & \cdots & T_p'(N) \\ \vdots & \vdots & & \vdots \\ T_p'(1) & T_p'(2) & \cdots & T_p'(N-2d) \end{vmatrix}$$

$$b^{\mathrm{T}} = |\ b_{1,-d}, b_{1,-d+1}, \cdots, b_{1,d}, b_{2,-d}, \cdots, b_{p,d}|$$

采用已定义符号后，该模型可以用下式表示

$$y' = A \cdot b + \varepsilon$$

式中，ε 是预测误差向量

$$\varepsilon^{\mathrm{T}} = | e(2d+1), e(2d+2), \cdots, e(N)|$$

误差平方和表示为

$$\xi(b) = \varepsilon^{\mathrm{T}} \cdot \varepsilon$$

式中

$$\varepsilon^{\mathrm{T}} = y'^{\mathrm{T}} - b^{\mathrm{T}} \cdot A^{\mathrm{T}}$$

因此，误差平方和表示如下

$$\xi(b) = y'^{\mathrm{T}} y' - y'^{\mathrm{T}} Ab - b^{\mathrm{T}} A^{\mathrm{T}} y' + b^{\mathrm{T}} A^{\mathrm{T}} Ab$$

求导数，$\xi(b)=0$ 时，得到

$$\frac{\partial \xi}{\partial b} = -2 A^{\mathrm{T}} y' + 2 A^{\mathrm{T}} Ab$$

$$A^{\mathrm{T}} y' = A^{\mathrm{T}} Ab$$

因此，最小平方值参数的最佳向量是（Lange et al. 1997）

$$b = | A^{\mathrm{T}} \cdot A|^{-1} \cdot A^{\mathrm{T}} \cdot y'$$

例 3 和例 4		

　　下面我们将用两个实例显示估计值的性能。首先是对运动电位进行处理，运动电位伴随着手指自由运动和突然负载运动，发现一个与突然负载有关的重要成分。第二个例子描述了某个 odd ball 模式的实验结果，揭示出与被试反应时相关的单次诱发电位的动态学特征。

　　统计评价可能导致与白化信号（whitened signal）的均值和方差成比例的估测偏差和方差（Lange et al. 1998）。信号在取样前进行带通滤波，以保证均值的稳定性。

运动相关电位（MRPs）

　　平均法揭示了运动相关电位（movement-related potentials，MRPs）特异性成分和实际运动参数间的关系。我们希望验证单次刺激的诱发电位是否能够反映该效应，如果可能，就能够改进现有的分析工具，实现对随时间变化特征的动态跟踪。我们在一个随意手指伸屈实验中记录诱发电位；根据常规的 10～20 国际电极位置系统（Jasper 1958；参见第三十五章），记录 C3 和 C4 之间的半球差别；采样频率是 250Hz，处理前由于因素 3 失去了 10% 的数据。随意运动是蒙住被试双眼，在事先并不知情的情况下，通过机械装置随机打乱运动速度。行为反应的平均结果参见图 36-10。

　　为了研究突然的负载效应，我们采用对于两种反应的测得反应——空闲（无负载）运动期间和干扰（负载）运动。比较两者的诱发电位结果，在仅有负载运动的动作触发后 150ms 出现一个独特的波峰（图 36-11）。该波峰似乎是对输入性本体感觉反馈（把负载变化传递给大脑）的应答。该结果与采用平均技术的实验结果相似（Kristeva et al. 1979），也促使我们深入研究此问题，尝试在常见的实验模式下跟踪动态的信号变化。认知诱发电位已经得到长期、广泛的研究，而且记录简便，所以在下面的研究中采用认

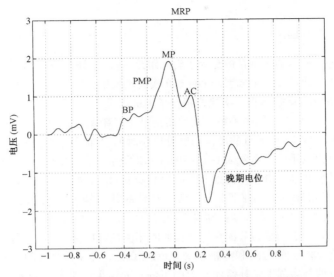

图 36-10　一个典型的手指叩击实验中记录的 200 个单次的总平均图（ $t=0$：运动触发）

活动开始于 Bereitschafts 电位（BP），反映了准备机制；其后是一个运动前电位（PMP），代表运动策略的更新；然后出现的是与运动指令下达有关的运动电位（MP）；随后是一个传入成分（afferent component，AC），代表来自运动肢体的感觉反馈；最后是与操作评价相关的晚期活动。

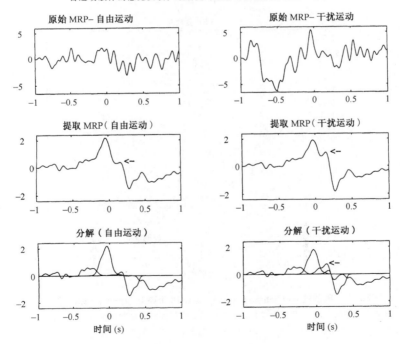

图 36-11　实验结果

第一行：空闲和干扰运动期间的原始 EEG 信号。第二行：提取的诱发电位；注意：特征性波峰（箭头所指）在干扰运动期间显著增大。第三行：诱发电位的分解；输入成分仅仅出现在干扰运动期间。

知电位。

认知事件相关电位（ERPs）

　　发展诱发电位技术的主要目的是为了动态跟踪试次之间的诱发电位的变化。为了阐明跟踪的动态性，我们在一个典型的 odd ball 实验范式中，以下颌中部做参考点，评在 Pz 点记录的认知诱发电位数据。实验详情参考 Lange（1995）等的文章。为了理解行为操作水平和 P300 复合波之间的关系，我们还记录了对靶刺激的反应时。在 Lange 等的研究报告中我们发现 P300 成分的潜伏期随着反应时的增加而延长，这对于在平均反应中出现 2 个波峰提供了一个可能解释，如图 36-12 所示。在 ERP 文献中类似结果的报道十分普遍。然而目前的分析方法把 P300a 和 P300b 判断为两个不同的成分，导致了图 36-13 所示的不同结果。在这种情况下，我们获得的并不是 P300 潜伏期的改变，而是每个 P300 亚成分峰值的相互改变：随着反应时的延长，P300a 波幅下降而 P300b 增大。这样的结果也许是由于注意力分配和快速任务的相关性；P300a 波幅下降反映了注意力的减弱，并引起 P300b 的延迟和波幅增加，反映了反应时和计算时间延长。这可能表明通过增加计算的努力程度来补偿注意力的下降。此结果也与有关的 ERP 文献结果相一致，即基于认知实验中记录的平均诱发电位，把 P300 分成两个成分（Verleger and Wascher 1995）。有的是，尽管单一成分的潜伏期变化可以得到补偿，估计值却在各成分潜伏期没有变化的情况下识别了波幅的变化。

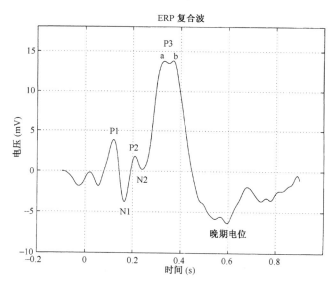

图 36-12　典型的 odd ball 范式中，记录的 40 个靶刺激产生的 ERP 总平均图

P1 是刺激相关成分；N1 是注意成分；P3（P300）是认知、记忆存取的相关成分；末尾的 EP 晚成分可能反映了对作业的评定。P3 成分似乎包含了 2 个共变的亚成分 P300a 和 P300b，它们被认为与操作指标（performance indices）有关。

　　通过采用上述识别方法，使得无法从平均数据中检测的诱发电位成分的动态变化能够从原始数据中提取出来，克服了低信噪比和信号成分在时间上重叠的严重问题。

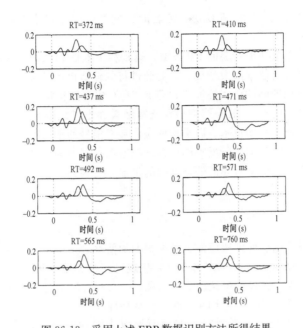

图 36-13　采用上述 ERP 数据识别方法所得结果

随着反应时延长，P300a 波幅下降、P300b 增强

此现象可以解释为，P300a 与刺激物检测的努力有关；P300b 与随后的决策努力相关。

■ 讨　论

　　处理过程开始于对内源性信号群中的诱发电位反应类型进行自发识别。识别过程可以实时进行，并对反应类型进行持续的动态更新。本章提出的处理方法是基于固定的网络结构，需要对与预期库反应的大小一致的网络大小进行演绎性选择（priori selection）。初步研究显示，网络通过增减自身维度以改变自身结构。该动态行为的一个可能标准是不同库项目之间的相关程度，也就是说，网络大小可能不断增加，直到察觉不到所得项目的显著变化为止。

　　作为来自于源反应库（library of parent responses）的几个成分之和，建构单次诱发电位。与同样的源波形有关的反应可能由于其组成成分波峰和潜伏期的变异而互相不同。成分集合既与串行神经加工过程有关，又与并行过程有关，其区别在于控制了实验范式而产生各种不同成分的独立性变化。信号基于统计学方法而分离成不同成分，假设高斯分布的神经活动产生了一组成分，各成分之和恰为原始波形。分离过程同样适合于对于各假设的主要违例情况，如非高斯或者非对称成分。需要指出的是，如果发现其他关于神经活动的假设更加合理，那么这样的假设可以容易与上述模式合成一体，模式合成的途径是用一个备择假设替换上述统计学神经活动的假设。在先前并没有考虑到潜伏期变化导致的成分模糊，然而此时这样的成分模糊应该得以校正，校正方法是利用每个成分的识别延搁对整体进行成分重组，再通过对这些重组数据的加工就得到了一个更完善的模板，这与一般的重组过程类似（Spreckelsen and Bromm　1988）。另外，增加一个适当的输入通道可以去除眼动伪迹，后者的影响也应该能够从待识别的反应中减去（Cerutti et al. 1987）。

　　该方法一直应用于两个主要的 EP 类型：运动相关电位和认知事件相关电位。两种类型中，该系统能够提取单次大脑反应，对此进行的分析揭示了反应的动态变化，如出现于 MRPs 负载运动期间的传入性波峰，还有 ERPs 中与操作指标（反应时）相关的认知成分的相应改变。此外，ERPs 研究显示选择性叠加也许是不够的，一些非靶反应与靶反应呈现相似特征。平均技术、以平均反应作参考信号的单次法都无法诊察到这些效应。就像本文中许多实验结果所反映的那样，能够以单试验为基础去客观地跟踪诱发电位变化，进一步表明了本章所述的处理框架的价值。

■ 结　语

　　当前的单次诱发电位处理法通常会局限于类均值（average-like）单次评价，或者采用 EEG 非稳态（non-stationarities）作为 EP 呈现的指标。第一种方法缺乏灵活性，因为无法诊察到与模板不相像的单试次诱发电位；第二种方法却过于敏感，因为它也许把非一致性的 EEGs 和受到污染的 EPs 相混淆。从某种程度上说，本章提出的处理框架是上述两种方法的一种折中，因为它一方面不局限于类均值反应，另一方面也并不对 EEG 的非稳态过于敏感。用多层次处理法进行数据分析，既有灵活性而又不失可靠性，使得提取低信/噪比、试次变异的诱发脑电位并对它们的成分进行跟踪成为可能。

致谢：Hillel Pratt 教授为本文提供了 ERP 数据和许多宝贵建议，在此表示感谢。

参　考　文　献

Abeles M, Prut Y, Vaadia E, and Aertsen A (1993) Integration, Synchronicity and Periodicity. In: Aertsen A (ed.) Brain Theory: Spatio-Temporal Aspects of Brain Function. Elsevier Science Publishers B.V.. 149–181.

Aunon JI, McGillem CD, Childers DG (1981) Signal Processing in Evoked Potential Research: Averaging and Modeling. CRC Crit. Rev. Bioeng 5:323–367.

Bartnik EA, Blinowska, KJ, Durka, PJ (1992) Single Evoked Potential Reconstruction by Means of Wavelet Transform. Biol. Cybern. 67:175–181.

Birch GE, Lawrence PD, Hare RD (1993) Single-Trial Processing of Event Related Potentials using Outlier Information. IEEE Trans. Biomed. Eng. 40:59–73.

Box GEP, Jenkins GM (1976) Time Series Analysis: Forecasting and Control. Holden-Day.

Carlton EH, Katz S (1987) Is Wiener Filtering an Effective Method of Improving Evoked Potential Estimation? IEEE Trans. Biomed. Eng. 34(1).

Cerutti S, Baselli G, Liberati D, Pavesi G (1987) Single Sweep Analysis of Visual Evoked Potentials through a Model of Parametric Identification. Biol. Cybern. 56:111–120.

Cerutti S, Chiarenza G, Liberati D, Mascellani P, Pavesi G (1988) A Parametric Method of Identification of Single Trial Event Related Potentials in the Brain. IEEE Trans. Biomed. Eng. 35:701–711.

Chiappa KH (1983) Evoked Potentials in Clinical Medicine. New York: Raven.

de Weerd JPC (1981) A Posteriori Time-Varying Filtering of Averaged Evoked Potentials. I. Introduction and Conceptual Basis. Biol. Cybern. 41: 211–222.

Donchin E (1966) A Multivariate Approach to the Analysis of Average Evoked Potentials. IEEE. Trans. Biomed. Eng 13.

Doyle DJ (1975) Some Comments on the Use of Wiener Filtering in the Estimation of Evoked Potentials. Electroencephalogr. Clin. Neurophysiol. 28: 533–534.

Duda RO, Hart PE (1976) Pattern Classification and Scene Analysis. Wiley: New-York.

Freeman JA, Skapura DM (1992) Neural Networks: Algorithms, Applications, and Programming Techniques. Addison-Wesley Publishing Company, USA.

Furst M, Blau A (1991) Optimal A-posteriori Time Domain Filter for Average Evoked Potentials. IEEE Trans. Biomed. Eng. 38:827–833

Geva AB, Pratt H, Zeevi YY (1996) Spatio-Temporal Source Estimation of Evoked Potentials by Wavelet Type Decomposition: Wavelet-Type Source Estimation of EPs. In: I Gath, GF Inbar (eds.) Advances in Processing and Pattern Analysis of Biological Signals. Plenum Press: New York, 103–122

Gevins AS (1984) Analysis of the Electromagnetic Signals of the Human Brain: Milestones, Obstacles and Goals. IEEE Trans. Biomed. Eng. 31: 833–850.

Gupta L, Molfese DL, Tammana R, Simos PG (1996) Nonlinear Alignment and Averaging for Estimating the Evoked Potential. IEEE Trans. Biomed. Eng. 43:348–356.

Haykin S (1986) Adaptive Filter Theory. Prentice-Hall: N.J.

Haykin S (1994) Neural Networks: a Comprehensive Foundation. Macmillan College Publishing Company, Inc., USA.

Jasper HH (1958) The Ten-Twenty Electrode System of the International Federation. Electroencephalogr. Clin. Neurophysiol. 10: 371–375

Kaipio JP, Karjalainen PA (1997) Estimation of Event Related Synchronization Changes by a New Tvar Method. IEEE Trans. Biomed. Eng. 44:649–656.

Kong X, Thakor NV (1996) Adaptive Estimation of Latency Changes in Evoked Potentials. IEEE Trans. Biomed. Eng 43:189–197.

Kristeva R, Cheyne D, Lang W, Lindinger G, Deecke L (1979) Movement Related Potentials Accompanying Unilateral and Bilateral Finger Movements with Different Inertial Loads. Electroencephalogr. Clin. Neurophysiol. 75: 410–418.

Laguna P, Jane R, Meste O, Poon PW, Caminal P, Rix H, and Thakor NV (1992) Adaptive Filter for Event-Related Bioelectric Signals Using an Impulse Correlated Reference Input: Comparison with Signal Averaging Techniques. IEEE Trans. Biomed. Eng. 39: 1032–1043.

Lange DH, Pratt H, Inbar GF (1995) Segmented Matched Filtering of Single Event Related Evoked Potentials. IEEE Trans. Biomed. Eng. 42: 317–321.

Lange DH, Inbar GF (1996a) A Robust Parametric Estimator for Single-Trial Movement Related Brain Potentials. IEEE Trans. Biomed. Eng. 43: 341–347.

Lange DH, Inbar GF (1996b) Parametric Modeling and Estimation of Amplitude and Time Shifts in Single Evoked Potential Components. In: I Gath, GF Inbar (eds.) Advances in Processing and Pattern Analysis of Biological Signals. Plenum Press.

Lange DH, Pratt H, Inbar GF (1997) Modeling and Estimation of Single Evoked Brain Potential Components. IEEE Trans. Biomed. Eng. 44: 791–799.

Lange DH, Siegelman HT, Pratt H, Inbar GF (1998) A Generic Approach for Identification of Event Related Brain Potentials via a Competitive Neural Network Structure. Proc. NIPS*97 – Neural Information and Processing Systems: Natural & Synthetic, Denver, 1998.

Liberati D, DiCorrado S, Mandelli S (1992) Topographic Mapping of Single Sweep Evoked Potentials in the Brain (1992). IEEE Trans. Biomed. Eng. 39: 943–951.

Madhaven PG (1992) Minimal Repetition Evoked Potential by Modified Adaptive Line Enhancement. IEEE Trans. Biomed. Eng. 39: 760–764.

Makhoul J (1975) Linear Prediction: A Tutorial Review. Proc. IEEE. 63.

Mason SG, Birch GE, Ito MR (1994) Improved Single-Trial Signal Extraction of Low SNR Events. IEEE Trans. Sig. Proc. 42: 423–426.

Meste O, Rix H (1996) Jitter Statistics Estimation in Alignment Processes. Signal Processing 51:41–53.

Nakamura M (1993) Waveform Estimation From Noisy Signals with Variable Signal Delay using Bispectrum Averaging. IEEE Trans. Biomed. Eng. 40:118–127.

Picton TW, Hillyard SA (1988) Endogenous Event Related Potentials. In: TW Picton (ed.) Handbook of Electroencephalogr. Clin. Neurophysiol. Amsterdam: Elsevier, .3: 361–426.

Popivanov P, Krekule I (1983) Estimation of Homogenity of a Set of Evoked Potentials with Respect to its Dispersion. Electroencephalogr. Clin. Neurophysiol. 55: 606–608.

Pratt H, Michalewski HJ, Barrett G, Starr A (1989) Brain Potentials in Memory-Scanning Task: Modality and Task Effects on Potentials to the Probes. Electroencephalogr. Clin. Neurophysiol. 72:407–421.

Rodriguez MA, Williams RH, Carlow TJ (1981) Signal Delay and Waveform Estimation using Unwarped Phase Averaging. IEEE Trans. Acoust. Sp. & Sig. Proc. 29: 508–513.

Rompelman O, Ros HH (1986a) Coherent Averaging Technique: A Tutorial Review. Part 1: Noise Reduction and the Equivalent Filter. J. Biomed. Eng. 8: 24–29.

Rompelman O, Ros HH (1986b) Coherent Averaging Technique: A Tutorial Review. Part 2: Trigger Jitter Overlapping Responses and Non-Periodic Stimulation. J. Biomed. Eng. 8:30–35.

Roterdam AV (1970) Limitations and Difficulties in Signal Processing by Means of the Principal Component Analysis. IEEE Trans. Biomed. Eng. 17: 268–269.

Rumelhart DE, Zipser D (1985) Feature Discovery by Competitive Learning. Cognitive Science, 9: 75–112.

Schwent VL, Hillyard SA (1975) Evoked Potential Correlates of Selective Attention with Multi-Channel Auditory Inputs. Electroencephalogr. Clin. Neurophysiol. 38: 131–138.

Spreckelsen MV, Bromm B (1988) Estimation of Single-Evoked Cerebral Potentials by Means of Parametric Modeling and Kalman Filtering. IEEE Trans. Biomed. Eng. 35: 691–700.

Svensson O (1993) Tracking of Changes in Latency and Amplitude of the Evoked Potential by Using Adaptive LMS Filters and Exponential Averagers. IEEE Trans. Biomed. Eng. 40: 1074–1079.

Thakor NV (1987) Adaptive Filtering of Evoked Potentials. IEEE Trans. Biomed. Eng. 34: 6–12.

Vaz CA, Thakor NV (1989) Adaptive Fourier Estimation of Time-Varying Evoked Potentials. IEEE Trans. Biomed. Eng. 4: 448–455.

Verleger R, Wascher E (1995) Fitting Ex-Gauss Functions to P3 Waveshapes: an Attempt at Distinguishing between Real and Apparent Changes of P3 Latency. Journal of Psychophysiology, 9: 146–158.

Walter DO (1969) A Posteriori Wiener Filtering of Average Evoked Responses. Electroencephalogr. Clin. Neurophysiol., suppl. 27: 61–70.

Woody CD (1967) Characterization of an Adaptive Filter for the Analysis of Variable Latency Neuroelectric Signals. Med. & Biol. Eng. 5: 539–553.

Yu K, McGillem CD (1983) Optimum Filters for Estimating Evoked Potential Waveforms. IEEE Trans. Biomed. Eng. 30: 730–737.

第三十七章 脑 磁 图

Volker Diekmann，Sergio N．Erné and Wolfgang Becker
罗跃嘉 高 原 吴晓琴 译
北京师范大学
luoyj@bnu.edu.cn

■ 绪 论

大脑和神经的磁场活动

在物理学上，任何电流都伴随产生磁场。在大脑和神经内部流动的离子流同样会产生磁场。超导量子干涉仪（superconducting quantum interference device，SQUID）是最近 30 年发展起来的，脑磁图（magnetoencephalography，MEG）就是通过这种高度敏感的探测器来测量头皮表面非常微弱的磁场。MEG 可以在不对大脑造成损伤的前提下记录到数千个协同活动神经元所产生的磁场，监测大脑不同区域的活动。MEG 还可以对细胞内电流活动产生的磁场（大部分指树突部分产生的磁场）进行比较准确的记录，对细胞外电流所产生的磁场敏感性相对较低，这个特点恰好与记录头皮电位的 EEG 相反（见第三十五章）。

在掌握生物电磁场这一概念时，我们应该首先理解电流偶极子。物理学教材中对偶极子有非常精确的定义。但是，就实际应用的角度而言，我们可以将偶极子描述成为一个被限制在某个线性隔离的导体中的电流，这个导体淹没在一个容积导体中，电流从线性导体的一端流入，从另一端流出。在物理学中，偶极子是具有空间位置和力矩的矢量；力矩表示偶极子的强度 [偶极子强度＝电流强度×电路的长度，单位：安培（A）] 和方向。由突触后电位（postsynaptic potentials，PSP）引起的树突内电流或者轴突和周围神经内的传导电流都是偶极子的生物学样本。在一个类似头部或身体的不规则、不均匀媒介中，偶极子电流（树突内电流）和外部容积导体产生的电流都会对生物磁场产生影响。但是，如果可以根据导体成比例的对称特性对该导体产生的磁场强度进行近似估算（例如，可以对头部的容积导体产生的磁场做近似估算），那么，磁场就主要来源于内部电流，因为外部容积导体产生的电流已经相互抵消了。此外，只有沿球体表面切向分布的电流偶极子才会对磁场产生影响，而径向偶极子不会对磁场的强度和方向造成影响 [在 Williamson 和 Kaufmann（1990）以及 Hämäläinen（1993）等的著作中对以上神经电现象和神经磁场现象有更为详细的描述]。

MEG 的起源

通常认为，头部磁场和头皮表面电场相类似（见第三十五章 EEG），大都起源于由突触后电位（PSP）引发的树突电流而并非与动作电位相关的轴突内的传导电流。事实上，在一个动作电位沿轴突传导过程中，细胞膜上被诱发为去极化和复极化的不同区域可以被看作是两个位置相近但是方向相反的电流偶极子，这两个偶极子形成了一个场强减小为 $1/r^3$（r 表示该点到电流源的距离）的四极子（quadrupole）（参见第五章）。另一方面，树突电流可以被视为一个单一的电流偶极子，该偶极子的场强仅减小为原场强的 $1/r^2$。

假设一个典型的皮层树突，长 $100\sim200\mu m$，直径为 $1\mu m$。由单个突触后电位产生的电流偶极子强度估计为 20×10^{-15} Am（Hämäläinen et al. 1993）。在距离 4 cm 处（MEG 的传感器与皮层典型的距离）这个偶极子产生的场强仅为 10^{-19} T。另一方面，听觉磁场（MEG 的首选研究领域）可以达到的强度为 10^{-13} T（100 fT，$1f=10^{-15}$，译者注）。假设所有的突触彼此平行并且都沿头皮切向分布，那么由此可以推论，该磁场至少包含了 100 万个突触的相干活动。事实上，磁场可能包含了更多突触的活动，因为并非每个突触都具有相同的方向，因此它们的磁场可能会相互抵消。

等价电流偶极子

大脑皮层在不同活动时，例如大脑状态、感觉事件、运动行为等单个或多个神经元会产生神经磁场（神经元电场），对神经元磁场或电场的分析就是要在颅内对这些激活神经元群进行三维空间定位。这些神经元的树突内的电流形成了基本的电流偶极子空间分布。从比较远的距离分析，这种分布可以被看作是单个的偶极子，"等效电流偶极子"（equivalent current dipole，ECD）是基本偶极子经过矢量加权后的结果。ECD 是脑皮层神经活动定位时最常使用的物理模型。只要激活神经元叠加后的距离小于这些神经元与磁场（电场）探测器的距离，这个模型就可以被矫正。如果条件不能被满足，那么就应该使用更接近实际的模型对这些生物电场源进行定位。通常，我们对几个 ECD 的组合进行大致的估计，有时使用多偶极子扩展（multipole expansion）估计是十分必要的[物理学教材详细介绍了多偶极子扩展详细介绍，如 Jackson（1998）]。

通常，我们将头部模拟成为一个与大脑表面的曲率相吻合的均匀球型导体，这种方法可以对脑外部的 ECD 磁场进行定位。类似地，通过将头部模拟为一个由大脑皮层，脑脊液，颅骨以及颅腔这些导电性不同的组织所构成的四层同心球体（four-shell concentric sphere），我们可以得到在头部表面由 ECD 产生的电位活动（见第三十五章，脑电图）。图 37-1 呈现了一个使用这种方法得到的切向偶极子的磁场分布和电场分布。图 37-1A 中的磁场等势线表示径向磁场成分（与头部表面相关）；这个成分在偶极子沿头部表面的中央投射方向上逐渐减少，在左右两个方向上达到最大值（两极）。随着 ECD 与头皮表面距离的增加，磁场两极之间的距离也增加。图 37-1B 呈现了头皮表面 ECD 电场分布。除了旋转 90° 这个电场的分布形式与磁场形式相似。

大脑磁场与周围磁场的比较

自发脑皮层活动（如 α 节律）在头部外面或身体外面产生典型的生理神经磁场的数量级是 1 pT（$1pT = 10^{-12}$T，译者注），诱发脑活动或外周神经产生的磁场是 0.1 pT，高频活动（体感活动所诱发的大约在 600Hz 的脑神经元活动）所诱发的磁场的数量级为 0.01 pT。这些生物场比地球磁场小 8～10 个数量级而且比一般实验室或诊室内的外周磁场小几个数量级。电活动、电线以及移动的铁磁性物质（如电梯、汽车）都可以产生磁场噪声（图 37-2），其他的实验仪器，如计算机、手表、刺激发生仪器等也可以产生磁场器噪声。频率在 1 Hz 以下的地磁波动也会对生物磁场的测量产生影响。因此，

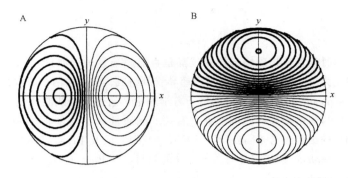

图 37-1　球型头模型内部的磁场径向成分（A）与电流偶极子产生的电位（B）

模型由四层同心球体组成，四层球体的半径分别为 7.6、7.8、8.4 和 9 cm，其导电系数分别为 0.0033、0.000042、0.01 和 0.0033 S/m，这些球体分别代表大脑（最内层球体）、脑脊液、颅骨和头皮。偶极子的坐标是（x，y，z）=（0，0，5.6），力矩是 10 nAm，指向 y 轴（换言之，偶极子位于头皮表面下 2cm 处，与头皮相切）。图（A）中的等密度线表示了放置在距离容积导体表面（线间距，20 fT；粗线，流出）1 cm 处的磁场传感器探测到的磁场。在图（B）中的等电位线表示了由容积导体（线间距，0.05μV；粗线，正波）表面电极记录到的电位。注意图 A 与图 B 模式是相似的，只是一幅是另一幅经过 90°旋转得到的。

在缺少精密屏蔽设施和噪声减弱设备（梯度线圈，见下文）时脑磁场的活动是不能被记录的（参见附录"供应商"）。

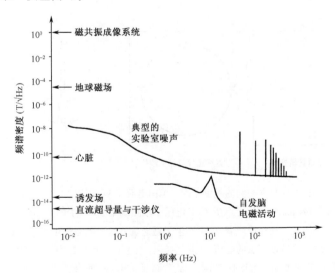

图 37-2　以频率的函数（频谱密度）来表示不同的自然、技术和生物磁场的量级

图中的噪声是在没有屏蔽的实验室环境中产生的，其中包含了根据主要频率及其谐波所产生的频谱线。10Hz 的自发活动的峰值与 alpha 活动相符合。

测量原则

SQUID

所有用来即时测量生物磁场的探测仪都是直流超导量子干涉仪（DC-SQUID），它可以将磁场转化为电压变化。这些仪器由超导线圈组成，线圈由两个非常细的绝缘电池组成的叫做 Josephson 连接构成。根据量子力学理论，通过这些线圈的偏向电流产生了电压，电压变化与通过超导线圈的磁通量有关［磁通量＝与线圈垂直的磁场×线圈面积，DC-SQUID 的细节参考 Clarke 等（1975，1976），以及 Erne（1983）和 Weinstock（1996）；有关 Josephson 效应参考有关超导体的教材，如 Buckel（1990）］。

梯度线圈（gradiometer）

许多 MEG 系统不直接将磁通量连接到 SQUID 内，而使用由一个（或多个）检测线圈（pickup coil）L_p 以及 L_s 线圈组成的超导磁通量转换器（图 37-3A）将磁通量连接到 SQUID 中。一个检测线圈连接到 SQUID 中可以形成一个磁力计。但是通常情况下多个线圈连接在一起，形成一个梯度线圈（gradiometer）（图 37-3B）。一个简单梯度线圈由一个（或多个）共面（a）或共线（b）并且在同一个区域内被弯曲成相反方向的超导线圈组成。梯度线圈的网络诱发磁通量与两个线圈处的场强差异（即局部磁场梯度）成比例。因为远距离处的磁场梯度小于近距离处的磁场梯度，梯度线圈选择性地减少远距离处的磁场所产生的噪声干扰，而对近距离的生物磁场的减少比远距离磁场少。

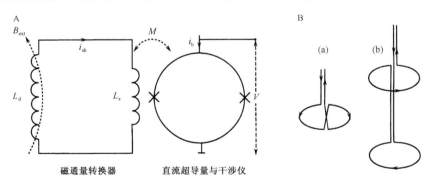

图 37-3　A．由 SQUID 探测到的磁场原则。偏向电流 i_b 同时流过 DC-SQUID 的两个超导线圈，在两个 Josephson 连接上产生了 V 电压。检测线圈 L_d 产生的外部磁场 B_{ext} 形成了屏蔽电流 i_{sh}。因此，在初级线圈 L_s 中产生了磁通量。这个磁通量由互感系数 M 连接到 SQUID 线圈内，导致连接点的电压 V 发生变化。注意，一些仪器中记录线圈与转换线圈没有被分开，并且使用 SQUID 线圈来记录磁场。B．两种类型的第一级梯度线圈：（a）由两个反向线圈组成的串联平面梯度线圈，两个线圈识别同一平面附近区域内的磁通量差异；（b）轴向串联梯度线圈探测两个轴向放置平面内的磁通量差异

Hämäläinen 等（1993）对 MEG 使用的不同梯度线圈进行了测量。除了可以使用物理方法将梯度线圈的两个线圈连接之外，我们还可以使用软件实现这个操作（图 37-3B）。在这种操作下，通过两个线圈的磁通量被两个相互独立的 SQUID 来处理，从 SQUID 得到的处理结果被数字化并且相减。这种操作有几个优点：①相减得到的结果

易于做精细调节，从而弥补了两个线圈之间的不可避免的差异（注意：在一个区域内 0.1％的差异可以使噪声减弱的效果降低 10^3 个数量级，而周围磁场的噪声强度通常是有用信号的 $10^4 \sim 10^5$ 个数量级）。②线圈的数量可以减少。使用几个连接到 SQUID 不同频道上的专用补偿性线圈我们就可以测量距离生物磁场源一定距离的外周干扰磁场。使用适当的权重，可以从距离生物磁场源较近的线圈记录到的信号中减去被测量到的噪声信号（Becker et al. 1993；Diekmann et al. 1996）。许多现代的大型头盔式 MEG 系统，以及与这些系统类似的多导磁心动图（Magnetocardiography，MCG）都是使用软件支持的梯度线圈或者是硬件与软件相结合的梯度线圈。

数据分析原则

使用 MEG 系统测量头部附近磁场的空间分布形式仅仅是对磁场源进行三维定位的第一步。在给定的场分布形式内确定 ECD 是对逆问题进行求解。没有其他的生理信息，这个逆问题没有唯一的解（Helmholtz 1853）。为了减少解的数量，我们必须从原始假设出发，原始的假设应该提供充分的信息以便减少可能解的数量。例如，在感觉刺激实验中，我们可以假设在一定潜伏期内测量到的磁场起源于位于皮层内某个已知区域的 ECD。根据这个假设可以确定相应的磁场（"正问题"）并且可以与测量磁场进行对比。两个磁场之间的差异可以用来矫正原始假设。上述步骤可以多次重复，直至达到一个可用的错误范围。但是，多次重复一般不能使假设磁场与真实磁场之间的差异降低到适当的值，这时就应该对最初的假设进行矫正。

MEG 的应用范围、优点和缺点

由于 MEG 的电生理原理与 EEG 相同，故它的应用范围也与 EEG 相似。与 EEG 相比，MEG 具有多个优点，同时也有不足。

1. 使用 MEG 进行源定位要相对简单，因为与 EEG 相比，MEG 受到脑部不同组织（脑组织，颅骨，头皮）导电性变化的影响较少（Haueisen et al. 1997b）。因此，如果实验者的目的是对某个脑活动源进行三维定位而不仅仅描述这个活动的时间特征，那么 MEG 是更合适的仪器。此类脑活动可以是自发节律（如 θ 节律）、病理变化（如癫痫发作）、感知觉刺激诱发的活动（如听觉刺激诱发的反应）以及认知相关变化（如 P300 的磁场变化）。但是，我们必须注意，与 EEG 不同，MEG 不能很好地反应放射状分布的磁场源（这种磁场很可能出现在与颅骨相切的皮层区域中，如脑回）。

2. 与 EEG 不同，在 MEG 实验中被试不需要使用电极。在使用多导记录和被试量大时，使用 MEG 可以节省时间。同时，使用 MEG 不会产生排除"无关电极"的问题。但在医学诊断上，MEG 不能完全取代 EEG，它可以对 EEG 的诊断结果进行补充。由于 MEG 实验要求被试的头必须紧贴在带有线圈的低温保持器固定不动，因此 MEG 很难对睡眠、动态以及不安静的被试进行实验。此外，MEG 不能用于具有磁铁污染的被试（如外伤后组织内留有磁性成分、金属碎屑、某些牙齿移植等），从此类被试记录到的信号会含有大量的噪声，导致那些细微的节律性的信号被掩盖。

3. MEG 可以探测与扩散性抑制相关的似静态（quasistatic）磁场（Templey 1992）。与特定的仪器配合使用，MEG 可以记录到神经损伤后产生的早期直流场（DC-

fields）[有关磁神经图（magnetoneurography），参见 Curio（1995）]，这种技术还需要进一步探索。

4. 与功能性影像技术，如 PET、fMRI 相比较，MEG（或 EEG）具有更好的时间分辨率（约为 1 ms）；PET 的时间分辨率仅为数秒到数分钟，最新的 fMRI 技术在只考虑单个切片的前提下，其分辨率大约为 100ms。至于空间分辨率，MEG 通常不如影像技术。在理想状态下（表面源分布，高信噪比，多矩阵探测器），MEG 的空间分辨率甚至可以超过 PET（4～6mm），但是与 fMRI（1mm）相比较还有相当的距离。需要注意的是，随着磁场源深度的增加，MEG 的空间精确性很可能降低到数厘米级，而 PET 或 fMRI 的分辨率却不会随场源深度的变化而变化。

材　料

MEG 的主要测量装置由一个包括冷却的 SQUID 传感器的低温真空瓶（音译为低温杜瓦，Dewar），设置于磁场屏蔽间（magnetically shielded room，MSR）内的无磁材料制造的床或椅子（用来放置被试或患者），以及高性能的多导同时记录电子设备所组成。

传感器

正如前言所述，记录生物磁活动需要非常敏感的磁场传感器（magnetic sensors）。高质量的传感器可以降低噪声总强度。只有通过液态氦冷却的直流超导量子干涉仪（DC-SQUIDS）可以满足这个要求。通常用来测量人体生物磁场的多通道设备的噪声值要低于 10 fT/Hz。目前最敏感的多导生物磁场测量仪是由德国 Physikalisch-Technische Bundesanstalt（Drung　1995）公司研制，该设备的一般白噪声强度是 2.7 fT/Hz。

低温冷却罐

为了增加超导性，MEG 系统（SQUID）的探测器必须放置在低温媒介中。液氦可以用作低温制冷剂以实现低温超导（在所有的商业系统中使用）。玻璃纤维和相似的塑料是制造液氦容器（杜瓦）的理想非磁性材料，SQUID 可以在这种非磁性材料制造的容器中运转。使用这种材料制作出平面或头盔式杜瓦以及相应形状的传感器。如果设计合理，在补充因汽化而损失的液氦之前，整套仪器至少可以连续工作 7d。

另一种将 SQUID 保持在超导温度下的方法是使用低温冷却罐（cryo-coolers）。原则上，这种方法可以在完全避免对液氦操作的前提下对 MEG 系统进行连续操作（Fujimoto et al. 1993）。在此类系统中，超导材料的冷却是由温度约为 5K 的气氦完成的。通过压缩和膨胀的过程，可以连续地产生冷却气氦。由于这个过程需要机器的运动，早期的低温冷却器会产生强大的磁场和机械噪声。最新的发展被称为 2 阶段（2-stage）Gifford-McMahon/Joule-Thomson 的冷却器可以达到与 SQUID 类似的噪声水准（白噪声强度 10 fT/Hz，Sata et al. 1998）。

电磁屏蔽

生物磁场技术的发展与磁场屏蔽室（MSR）技术的发展紧密相连。由于这种发展方式，现代的 MSR 技术允许我们在一般的诊断环境下进行生物磁场的测量，即在具有较强水平的电磁干扰条件下，仍旧可以完成磁场测量。可以参考附录以获得更多的关于 MSR 供应商的信息。

减小外界电磁场对生物磁场测量干扰的最直接、最有效的方法是在 MSR 中进行测量。目前有多种主动或被动的屏蔽方法：铁磁屏蔽（ferromagnetic shielding）、涡流屏蔽（eddy-current shielding）、主动补偿（active compensation）和高 T_c 超导屏蔽（high T_c superconducting shielding）。

被动屏蔽

被动屏蔽（passive shielding）是通过多层高通透性金属材料（磁场屏蔽）或通过铜制、铝制导电外壳（涡流屏蔽）来减弱 AC（交流）场的干扰的方法使磁通量发生转移。现代 MSR 是由多层高通透性金属材料加上多层铜制或铝制外壳构成。在最近 28 年内，有多项文献记录了 MSR 的发展：麻省理工学院的 MIT-MSR（Cohen 1970）（3 层）、柏林的 MSR（Mager 1981）（6 层）、低温实验室、芬兰赫尔辛基技术大学的 MSR（Kelhä et al. 1982）（3 层），COSMOS MSR（Harakawa et al. 1996）（4 层），以及新 Ulm MSR（Pasquarelli et al. 1998a）（3 层）。相关的细节请参考 Andrä 和 Nowak（1998）。图 37-4A 中呈现了一个典型的现代 MSR 系统屏蔽。

主动屏蔽

研究者对主动屏蔽的关注正在逐渐增加，这是因为主动屏蔽的花费低廉并且屏蔽效果非常理想，特别是在低频条件下（低于 1Hz），此时只有磁场屏蔽才可能实现。特别是主动屏蔽可以与标准 MSR 组合使用，这种组合的效果与完全使用被动屏蔽所达到的效果相似，但是被动屏蔽的花费更多，设计更加繁琐。一般来说，主动屏蔽包括一个测量 MSR 内部磁场的参考传感器三元组（triplets），一个信号调节网络以及一个功能级，通过驱动 MSR 周围的三个正交的 Helmholtg 样线圈对产生补偿性的磁场。在 Ulm 大学，研究者使用非常相似的技术实现了另外一个主动屏蔽系统（Pasquarelli et al. 1998b）。结果显示（图 37-4B），残余噪声与用来探测噪声的 SQUID 传感器产生的背景噪声强度基本相同。补偿系统的回转速率（slew-rate）并不十分重要，因为：①主动屏蔽只能限制在 DC 频率为 10Hz 的范围内使用；②高频条件下，干扰就会基本被 MSR 的涡流屏蔽消除。荷兰（terBrake et al. 1991）、Jena 大学（Platzek and Nowak 1998）以及一些商业公司还得到了另外一些有趣结果。

超导屏蔽

原则上，我们可以通过超导材料较好地实现对 DC 频率的屏蔽。Matsuba 等（1995）采用新的高温（高 T_c）超导材料在液态氮温度下使用 SCUTUM 屏蔽系统进行屏蔽。

商业性生物磁场测量系统

一些公司生产的商业性生物磁场测量仪器可以用来进行脑科学研究或检测。各种商业性的多导磁场测量仪的区别在于传感器的数量、传感器的形状（水平或头盔式）和它

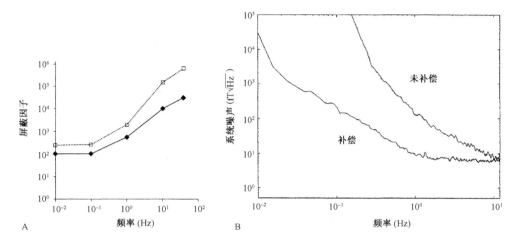

图 37-4　A. 一个通用的现代磁场屏蔽室（黑色菱形，实线）和 Ulm 磁场屏蔽室（空心正方形，点线；来源于 Pasquarelli et al. 1998a）的屏蔽情况，屏蔽水平是频率的函数。B. 通过一个主动补偿系统降低系统噪声（来源于 Pasquarelli et al. 1998b）

们 SQUID 的平均噪声水平。对于 MEG，头盔式杜瓦和传感器具有最佳的效果（全脑系统 whole head system）。下列 MEG 系统在 1998 年 10 月也投入市场。

　　—— AtB Argos 150 系统

　　全脑测量系统使用具有 153 个测量位点的完整磁场测量计，3 个三元组以实时降低噪声（软件梯度线圈原则）。数据采集系统可以同时记录 64 导 EEG 数据，最大的采样频率是 10kHz。头盔式传感器的形状经过优化后与 97％的白种人头部形状相吻合。

　　—— BTi 系统 2500 WH

　　全脑测量系统使用头盔式杜瓦，具有 148 个传感器可以同时做 256 导记录，可以向 92 导 EEG 系统提供实时数据。患者以坐姿或卧姿都可以使用该系统进行测量。

　　—— CTF 系统

　　全脑系统，具有 2 个头盔式杜瓦型号，分别为北美和亚洲人设计。该系统可以同时提供 64 导 EEG 记录。

　　—— Daikin 系统

　　Daikin 系统具有 150 导头盔式杜瓦。它是唯一使用低温冷却器而不采用液氦的系统。

　　—— Neuromag 系统

　　Neuromag122 MEG 系统是第一个 MEG 全脑系统。它由分布在 61 个测量点上的 122 个平面式梯度线圈 s 组成。头盔式杜瓦可以满足 95％人群的头部形状。Neuromag 公司的最新产品是可以做 MEG/EEG 混合记录的 Neuromag Vectorview 系统。该系统具有 306 导 MEG 记录和 102 个三阶传感器。这些传感器组成了两个直角平面梯度线圈和一个连接到 Multi-SQUID 芯片上的磁力计。该系统同时配备 128 导 EEG 放大器。

　　—— Shimadzu 系统

Shimadzu 是目前唯一能够进行多导矢量磁力计或梯度线圈的 MEG 系统。

— Yokogawa 系统

与上述系统类似的多导记录系统，它是第一个为测量平躺患者而设计的全脑系统。

MEG 系统的要求

以目前的技术水平作为标准，在选择 MEG 系统时必须考虑到下列因素：

— MSR 的屏蔽形式应该由类似图 37-4A、37-4B 中的主动和被动屏蔽组成。特别需要注意的是在 0.01Hz 时，屏蔽因素应该在 40dB 左右，30Hz 应该好于 80dB

— 低温杜瓦应该是头盔状并且在更换氦之后可以连续工作 7 天。头盔应该满足占成年人口比例 95% 人群的头部形状，对头部表面具有足够的采样数量，在仪器的内部至少有 80 个磁力计或梯度线圈均匀分布

— SQUID 的敏感性应该在 1 kHz 水平接近 5 fT/Hz

— 可以在 MEG 记录的同时进行至少 64 导的 EEG 记录。此外，必须具有 8 个额外的监测导联（记录呼吸等）

— 具有类似 MR 断层摄影装置，可以对平躺的患者或被试进行测量的设施

— 与患者/被试的操作有关的设施应该由非磁性物质组成，并且绝对不会受到铁磁干扰

— 数据分析的硬件和软件应该具备快速预处理功能（例如，根据统计标准的频带滤波、在线噪声补偿、祛除伪迹后进行在线平均），并且具有较大的存储容量

■ 步 骤

维护步骤

有两种不同类型的维护方式：常规性维护和 MEG 系统出现不完善或故障情况时的特殊维护。

常规维护

在大多数现代的 MEG 系统中，常规 MEG 维护是通过每周对低温控制器中的液氦进行更新，以及计算机软件，硬件的检查（数据备份）。

特殊维护

当 MSR 的屏蔽质量下降后就需要进行特殊维护。磁场或机械压力会对 MSR 的高渗透性外壳造成不良影响（例如，在近距离处移动大型仪器，由于机器造成的变形）。此时，我们必须对 MSR 去磁化（de-magnetized），使仪器中的磁性材料发挥最优性能。这个过程可以通过下列步骤完成：在 MSR 的外壳周围放置一个线圈（使 MSR 成为线圈的一部分）在线圈中通交流电（如 50Hz 或 60Hz 的市电），使电流缓慢上升到 400～800 安培（Ampereturns）的峰值再逐渐降低到 0。

受试者准备

磁场净化

受试者不能佩带任何可能引起各种运动（呼吸、心跳等）相关的伪迹与磁场污染

物。检查受试者是否带有下列物品：

　　— 衣服上的金属物品，如拉链扣、纽扣、钩子等

　　— 胸罩或束胸/束腹上的金属物体（通常由女性佩带，这些物品随着女性被试的呼吸可以产生磁场污染）

　　— 钱包、钥匙以及非贵重金属制作的珠宝

　　— 假牙或移植牙有时会成为铁磁性材料

　　— 肺部的磁性沉积物或身体内部被包藏的磁性物体（如受伤后残留的碎片）

　　减少这类干扰的唯一方式是对被试消磁。消磁时，受试者要显露在一个逐渐减少到0的交流磁场中。根据我们的经验，用来为电视显像管进行消磁的商用线圈可以实现这个目的（如 Bernstein2-505 型，Werkzeugfabrik Steinrücke）。线圈在被试前方水平面上以 1Hz 的频率做离心旋转。5～8 圈旋转之后，线圈以螺旋运动的方式缓慢的向远离被试的方向运动直到距离被试 2m 处，此时线圈大约旋转了 20 圈，线圈的倾斜角为 90°并且电流被停止。

　　确定头部坐标系统——放置标记

　　在多种情况下，MEG 测量的目的是根据头部解剖学特征找到生物磁场源的位置。因此，在 MEG 传感器的坐标定位系统必须与头部的坐标系统（建立在解剖学标志上）之间建立联系，并且最终与影像系统之间建立联系（如 MRI 系统）。主要有两个步骤：

　　（1）首先扫描头皮表面或通过 3D 扫描仪（如 Isotrak II，Polhemus，参见附录）确定 MEG 系统的基准参考点。通过拟合过程，被扫描的头皮表面（或基准点）可以与根据 MR 影像建立的头部解剖轮廓（或与基准点）相匹配。

　　（2）另外一个步骤是使用放置在被试头部的标记。在 MEG 测量过程中，使用带有小线圈的标记。当这些线圈通电后，它们将产生可以被 MEG 测量仪定位的磁偶极子。在 MR 或 PET 影像扫描过程中，用适宜的材料填充标记。PET 扫描不能直接对解剖结构进行精确到毫米的定位，但是可以通过使用适当的标记将 PET 的扫描影像与 MEG 的坐标系加以结合。

　　以下是检验过程：

　　将三个标记分别放置于鼻根、双侧耳前三个点，使用双面胶固定。标记由 3 个线圈组成，每个线圈都具有精确的几何形状（印制电路）（Becker et al. 1992）；并且被分别固定在一个小的钝面棱柱的三个面上（Diekmann et al. 1995）。其他的标记由单个平面线圈组成。为了在计算机上固定坐标系的转换，需要将这些线圈放到头部的中线上（如头顶、枕骨部等，线圈可以与 EEG 电极相统一）。可以使用低频交流电（如 8Hz）为标记线圈逐渐加上电压，或同时使用不同频率的交流电为所有线圈加压。电流强度应当稳定但是可以进行调节。从小电流强度开始（如 0.1mA）逐渐增加线圈电流强度，从距离标记线圈最近的传感器开始，直到距离标志线圈最远的传感器结束，最终这些线圈都暴露在最佳的信号状态下（在不增加 SQUID 的最大回转速率的情况下达到高信噪比）。借助这些测量方法，通过与定位生物磁场源相似的不断重复的步骤就可以确定线圈的位置（参见附录"数据分析：倒置算法"），但是对生物磁场源的定位必须首先建立对磁场源的精确假设（通过电流和线圈几何形状定义的磁偶极子），磁场源的数量以及它们的相对方向（根据棱镜几何学做出定义）。

对于磁共振成像，在标记中间的圆柱形小孔里（深 5mm，直径 6mm）填充类似 10mmol/L 的 $CuSO_4$ 溶液作为对比。而在 PET 成像过程中，这个小孔中应该填充正电子放射性溶液。

准备同时使用 EEG 记录和 EEG 电极

前文已经指出，在许多情况下，将 MEG 与 EEG 共同使用是非常有吸引力的方法。在某些临床场合，这种结合使用方法是非常常见的。EEG 电极必须是非磁性材料并且不会造成磁性干扰，电极应该是盘状电极，这样可以使头部和低温保持器之间的距离最小。

应根据诊断和研究的目的不同来改变电极的数量和放置位置。如果同时以统一的物理模型使用 MEG 和 EEG 相结合的方法进行表面源定位（参见附录"数据分析：倒置算法"），头部记录点必须保证足够密度的采样。这就可能要求以 2～3cm 的格栅重新放置标准 10～20 脑电记录系统。

理想状态下，EEG 电极与 MEG 结合使用时必须带有一个线圈（Becker et al. 1992）。借助这个线圈，就可以通过与上文描述的电极标记相类似的方法确定头部电极的位置。在电极位置确定之后，就可以随之确定头部的形状，并且将这些数据与对应的 MR 数据相结合，从而实现 MEG 和 MRI 坐标系统之间的相互转换（经过 3D 扫描确定的坐标系）。

受试者体位

受试者的任何动作都会使 MEG 传感器探测到的磁场发生变化。因此，受试者的头部必须与 MEG 系统保持相对的固定。例如，通过真空垫和充气气球（在头盔式低温冷却器中使用）。受试者应该舒适地保持静止的坐姿或卧姿，避免使用磁性的床、椅。必须确保受试者在接受检测时身体处于最舒适的状态，以便减少被试运动的可能。根据测量过程中受试者的任务和身体位置，应使用真空垫使被试的身体保持静止和稳定。

刺激呈现仪器和监视设备的连接

在屏蔽室内的刺激呈现仪器和监视仪器不能产生自己的磁场，与屏蔽室外的仪器进行的连接不能对 SQUID 的电极功能产生影响。尤其是，连接到屏蔽室内的电缆必须被彻底过滤以减低辐射频率，同时要避免地线。

为了理解这些问题的重要性，必须注意由放射频率产生的电磁场干扰（electromagnetic interference，EMI）会严重降低 SQUID 的信噪比（SNR），甚至使这些仪器停止工作。事实上，高频场对 SQUID 具有两个负面的影响：①SQUID 的工作原理——微观量子效应（Josephson 效应）将受到严重干扰，造成操作不稳定，甚至造成操作完全停止。②电子读出器（readout electronics）的有限频带宽度不能与变化迅速的高频场进行同步变化，这将不能锁定系统。为了避免 EMI，每个穿过 MSR 的低频电线（功率或信号）必须通过一个调节到适宜频带宽度和足够电流/电压量的穿通滤波器加以引导。类似触发（triggers）的高速信号和数据线必须通过光线传导从而达到宽频带范围和 EMI 安全范围。

地线（多极地线连接）会对测量信号造成严重干扰。干扰信号的波幅会超过大脑磁场信号大约两个数量级。因此，与每个复杂电子系统中的元件类似，接地屏蔽必须是星型而不是多边形。这要求在绝缘器的机箱和 MSR 的外壳之间进行连接从而避免绝缘器直接接地。对高于电线频率的仪器（对讲机、电视）可以通过诱导变压器或关闭电容器回路来减弱信号连接，从而切断地线。

特殊装置

视觉刺激必须通过屏蔽室壁上的小孔投射到磁场屏蔽室内，或者让受试者通过小孔来接受屏蔽室外显示器呈现的刺激，也可以通过光纤系统来呈现刺激。

听觉刺激必须通过非磁性导管传导到受试者的耳朵，可以使用直径 10mm 的 PVC（聚氯乙烯）管，导管的一端连接到屏蔽室内，另一端装上可以调节的软管来连接到被试的耳孔。在屏蔽室外部的导管要与小型电子声学转换器相连。不能使用一般的耳机或扩音器，因为它们会产生很大的磁场伪迹。对于简单信号，如果通电电缆与 MEG 的传感器相距较远，那么也可以使用压电蜂鸣器（piezoelectric buzzers）。

对于触觉刺激，如果（紧贴受试者的）刺激装置不含有铁磁性材料，就可以使用气压、水压或电压刺激器。发送痛觉刺激，可以通过屏蔽室外的激光脉冲器和玻璃光纤发射光脉冲。也可以通过传统的电刺激器来发送体感刺激，但是传导刺激电流的电缆要经过仔细的扭曲处理。

对讲器和压电扩音器可以在屏蔽室内使用，但是它们的连接电缆要与传感器保持相当的距离。

监视受试者行为的电视摄像机必须由电场和磁场屏蔽的盒子包装起来。

患者需要的仪器、监视器（如 CO_2）和干涉电池（intervention batteries）要安装在屏蔽室的外面，通过上述电缆和塑料导管连接到患者身上。

测量指导

选择数据记录参数

在开始 MEG 记录之前，必须设定数据收集程序的参数。在记录生物体的功能随时间发生的变化时，应该考虑到滤波和采样频率的参数设置：

上、下限频率（corner frequencies）应该根据信号的期望频率设置。高通和低通滤波的设置应该提高信噪比，高通滤波还应限制采样频率从而控制数据的采集量。脑部磁场信号通常含有低于 1kHz 的成分。正常的自发脑部磁活动，中潜伏期和长潜伏期以及癫痫样磁场活动的范围大约在 0～70Hz。短潜伏期磁场和多个神经元共同活动所产生的磁场可能包含频率为几百 Hz 的成分。

采样频率应满足采样原理并避免混淆现象（见第三十五、四十五章）。采样频率基本上根据上限频率（upper corner frequency）设置，但也要考虑在这个频率以上的滤波升降度（filter steepness）。记录自发脑部活动的采样频率大约为 200～500Hz，而周围神经的动作电位的混合场（compound action fields）可能需要高达几个 kHz。

可以连续记录数据也可以仅记录与刺激事件相关的数据片段。连续记录数据后可以使用不同的时程（epoch）对数据进行离线分析，但是这种记录需要足够大的存储（硬件）空间。非连续记录需要较少的存储空间但是限制了后续的数据分析。实验者必须明确是否需要保留原始数据或经过预处理的数据（如磁力计对梯度线圈信号），还是根据在线算法得到的平均数据。在临床应用中，最后一种记录方法在某些情况下就能够满足要求。但是用于研究目的时，建议对单次扫描（single sweep）进行记录。上述方法的使用前提是研究者具有相应的数据记录和分析软件，不用亲自编写计算机程序对数据进行分析。

校准

MEG 记录每个部分都需要多项技术测量以便达到固定的标准，减小噪声干扰。当被试准备就绪，可以采集生理数据时，必须进行校准（calibration）。根据研究者使用的 MEG 系统，校准应包括以下几个步骤：

— 软件梯度线圈系数的确定

— 主动屏蔽仪器的校准

— 根据传感器的坐标系统测量头部位置

在所有使用 3D 扫描或磁性标记的系统中这都是必要的步骤（参见上文，头部坐标系统的确定—标记放置）。这个步骤必须十分仔细地操作，因为所有有关脑部 3D 源位置的推论都是根据这个步骤做出的。从这个步骤开始到后续的测量过程受试者必须保持其头部静止。如果在测量过程中发现头部活动，最好停止当前测量，重新进行头部位置测定。如果实验设计不允许中途停止，在实验进行完毕后必须测量头部的位置，并将测量结果与测量前的头部位置相比较，检验头部的运动是否在预先确定的范围之内。即使没有预先估计头部运动的范围，在实验结束后也应该对头部位置进行检测，确定头部在实验过程中是否保持静止。

适当的生物测量

生物测量对实验和诊断目的依赖性较大，对这种测量有一些基本的建议。条件允许，尽可能对记录数据的质量做在线目测估计。只要实验者控制 MEG 测量环境，他必须确保在测量过程中没有铁磁性物质发生运动（如升降机）。为了识别由于受试者的动作造成的伪迹，最好通过电视监视受试者的行为或者在屏蔽室内留有实验助手来控制受试者的行为。在临床应用中，最好在患者身边留有监护人员预防癫痫或幽闭恐惧症发作。

数据分析

预处理

MEG 数据分析的一个首先的重要步骤是预处理数据。预处理数据是为了提高信噪比（SNR）。某个实验采集的 MEG 数据由一系列时间段（time series）组成。因此，所有用来提高时间段信噪比的技术，特别是那些用在 EEG 数据采集中的方法都可以在 MEG 数据分析中使用。

数字滤波用来将数据的频带宽度限制在特定的"重要频带"内，或者用来消除类似低频漂移或电力线（power line）成分。

如果需要进行重复测量（例如感觉诱发活动），可以通过平均叠加提高信噪比。根据假设：在任何一个时间段 $g(t)$ 内，测量到的数据都来源于同一种生物信号 $s(t)$ 与无关高斯噪声成分 $n(t)$ 的叠加，公式表示为

$$g(t) = s(t) + n(t) \tag{37.1}$$

即对 N 个时间段的平均叠加可以将 SNR 提高 $1/N^{1/2}$（参见第四十五章）。实际应用中，由于生物系统的反应 $s(t)$ 将随时间发生变化（如疲劳或适应过程），因此 SNR 的提高

程度要更小，同时噪声自身的大部分也来源于生物体（自发脑电活动、心跳活动等），它们可能是非高斯特征并且具有时空相关性。

在处理生物噪声时，通常使用消除空间相干成分（spatially coherent components）（如眼动产生的伪迹）方法。实现这种"过滤器"的方法（从广义上讲），是使用不同导联在噪声源附近对噪声信号进行记录（如眨眼），并从信号数据中识别，减去单个导联中相关的生物干扰活动（相应的算法见 Widrow 1985, Abraham-Fuchs et al. 1993）。Huotilainen 等（1995）开发了一种不单独使用导联记录"噪声"就可以消除或减少生物噪声的方法。这种方法以信号空间投射（signal space projection）方法为基础。该方法的原理如下：使用最大噪声估计标记出一个时间段，通过这个标记的时间段从信号导联中识别噪声（如眨眼）。这个时间段表示一个在信号空间内具有特定波幅和方向的多维噪声矢量。原则上，在这个时间段内，如果出现在信号中的噪声成分小于最大估计值，则该信号成分中与噪声的矢量方向相同的成分将被剔除。

与诱发刺激有关的信号（或触发信号）$s(t)$ 造成的时间"颤抖（time jitter）"，（即采用在某一范围的随机时间间隔，译者注）也会降低 SNR。此时，可以通过在平均叠加之前估计刺激-反应的延迟来提高 SNR。例如，通过匹配滤波（matched-filter）技术（Whalen 1971）。

de Werd（1981）与 Bertrand 等（1990）描述了更为复杂的方法来克服直接平均叠加造成的不足。但是，在记录数据过程中减少噪声是得到最佳 SNR 的首选方法。

定向浏览与磁场地形图

在预处理的准备工作结束后，就可以确定每个采样下的磁场分布情况，并将这些分布以图形方式呈现（所有商业系统都包含作图程序）。一般情况下，这些图形可以描述沿头部表面分布，或在拟合头部的球体上或者与头部某些点相切平面上的静态磁场密度的等高线。它们可以直接呈现测量的结果，并对磁场源及其对应的时间变化做最初的估计。

例如，图 37-5A 呈现了电击左侧正中神经所诱发的磁场，在右半球中央区的表面通过 22 个传感器组成的矩阵，于 9 个不同的潜伏期范围对数据进行采样。图 37-5A 中的时间序列表示 2 个粗略的偶极子磁场模式，一个产生于 18ms 左右，另一个在 28ms 左右。根据结果，可以进行大概的估计，在大致相同的两个区域内有 2 个 ECD，一个指向 y 轴正向（18ms）另一个指向 y 轴的负向（28ms）。

但是需要注意，随着磁场模式逐渐变得复杂（图 37-5B），仅仅根据目测结果对磁场源进行估计将变得更加困难。

解决逆问题

1. 磁场源模型选择

选择磁场源模型与选择头部或躯体模型一样都是定位的关键步骤。除了磁场地形图，必须考虑到生理因素的限制。例如，一个患有局灶性癫痫的患者脑部产生了发放式棘波，在某个时间段出现了具有偶极子特征的磁场，定位这个偶极子最好用单个 ECD。类似的，在研究可以诱发双侧活动的刺激时，至少要选择两个 ECD。但除了考虑生理因素，选择模型时也要考虑速度、计算机配置、软件功能以及实验目的等因素。

如果只有一个时间特征具有分析意义（在一次癫痫棘波发放时的波峰值），我们只

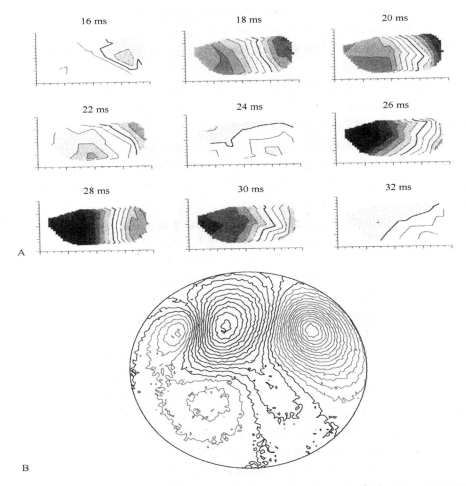

图 37-5 A. 对正中神经实施电击后在不同潜伏期采样，从体感区皮层上记录到的径向磁场等高线，数据为一个被试的平均结果（$N=274$）。流向头部外面的磁通量用红色表示，流向内部的磁通量用蓝色表示。黑色实心线表示 0 磁通量。线线之间的距离（δ场增量）为 20fT。（注意：偶极子特征和反向磁场分别在 18 和 28ms。）B. 在无法从磁场地形图上确定活动磁场源时由几个磁场最大值和最小值形成的复杂磁场模式。在一个半径为 9cm 的球体内，模拟 5 个同时活动的偶极子，每个偶极子的磁场强度是 10 nAm，同时包括 9 nAm 峰值的高斯噪声（δ场增量为 18fT）

需要决定是否需要或需要多少不连续 ECD 或磁场的形式是否允许使用分布式源分析（下文有详细描述）。

如果要对某个活动的整个时间序列加以分析，就需要考虑使用多个模型，我们将模型限制为 3 类：

（1）单个移动偶极子模型（Single Moving Dipole Model）。如果磁场地形图随时间变换，但仍旧是偶极性，除非生理上表现出不同的模式，生物电流源应该使用单个 ECD，其参数（位置、力矩）是通过对每个时间事件内的磁场分别进行拟合而确定的。因此，从某种意义上，偶极子的位置表示的是磁场发生源的重心，这个位置随着时间进程而发生变化。这个模型在科研和医疗上被广泛使用（Aine et al. 1998）。需要注意的是，上文提到的对单个偶极子拟合通常被称为移动偶极子拟合，因为偶极子的位置随着每次拟合过程的重复而发生变化。

（2）固定偶极子和旋转偶极子模型（fixed dipole and rotating dipole models）。如果磁场地形图中没有显示出单个偶极子特征，或者生理数据显示有多个偶极子在同一时间内共同活动，一般假设磁场源具有固定的位置和指向，只有它们的强度随时间发生变化。此外，也可以使电流指向随时间发生改变。这两种模型分别称为固定偶极子和旋转偶极子模型。除了提供偶极子的位置信息，这些模型还可以明确这些偶极子强度随时间发生的变化，在旋转偶极子模型中，还能估计出偶极子的旋转方式。使用这种模型的前提是具有高 SNR。此外，常常很难确定合适的偶极子数目。最后，如果对一个给定的传感器，两个源之间的距离太近我们也不能使用固定偶极子模型。在目前仪器的典型传感器–磁场源距离条件下（4cm），距离 2cm 或更近的源就难以被区分。固定偶极子和旋转偶极子模型首先由 Scherg（1984）提出，用来分析脑电数据（Scherg 1990；Mosher et al. 1992），这种方法现在已经被成功的运用在诱发电位和磁场活动分析中。

（3）电流分布模型（current distribution models）。这类模型目的在于确定一个可以解释测量数据的电流密度分布，而不是对几个单独的 ECD 进行定位。如上文所指对这种逆问题是没有唯一解的。因此，必须使用物理或数学方法来限制可能解的个数。根据这些限制，产生了几种逆问题的源分布式解决方法。第一种方法是传统的最小范数估计法（minimum norm estimate，早期综述见 Hämäläinen et al. 1993），这种方法要求电流源的欧几里得（Euclidean）或 L_2 标准达到最小值。根据其他限制进行的后期精细调节可以分成几个类别：LORETA（low resolution tomography，译者注：Pascual-Marqui et al. 1994）；MFT（Ioannides et al. 1995）；CCI（Fuchs et al. 1995）；FOCUSS（Focal underdetermined system solver，聚焦算法，译者注：Gorodnitsky and Rao 1997）；VARETA（Valdes-Sosa et al. 1998）。Robinson 和 Rose（1992）介绍了一种通过空间滤波来估计电流分布的方法。

所有方法都必须谨慎使用。它们并不是为解决逆问题而单独设计的算法。任何一种方法都会有不同程度的幻影（ghost image），在点源上会产生模糊的影像。同时，传统的最小范数估计方法对靠近传感器的磁场源能够进行最佳估计。最小范数解法（minimum-norm solutions）可以使用在①如果缺乏或只有很少量的限制性信息并且缺乏合理的假设；②研究的目的通过估计电流密度最大区域就可以实现。最小范数解法用于分析诱发活动的晚成分，定位癫痫病灶以及病理性脑节律（Grummich et al. 1992；Bamidis et al. 1995；Ioannidis et al. 1995）。

2. 容积模型的选择

对容积模型（volume model）（头部、手足、躯干）的选择会对定位的精确性造成很大的影响；特别是对 MEG 和 EEG 数据进行融合（或单独分析 EEG 数据）分析时受到的影响更大。如果表面的颅骨可以与一个球体很好的拟合，那么头皮表面的 MEG 源定位数据通常使用简单球模型（spherical model）就可以得到比较理想的结果。只有颅骨或皮层表面形状与球面有很大偏离时，真实头模型才能显著增加拟合结果的精确性，这需要更复杂的程序、更强大的计算机功能和更多时间。此外还有有限元素模型（finite element models），它的优点在于可以将大脑皮层表面的不同导电性加以考虑（沿神经纤维走向分布的脑组织的导电性比横跨神经纤维的脑组织更高）。因此在选择容积模型时需要考虑下列因素：①假设的数据发生源；②定位的精确性；③计算工具的可用性。有三种容积模型：

（1）简单几何模型（simple geometrical models）。球体、球形壳、无限半空间（infinite half space）。这些模型的优点是可以通过解析法来解决正问题，这种方法的计算速度较快。在下列条件下必须使用这个模型：①估计精确度只要求到厘米；②磁场源所在区域的头皮形状可以用球面进行良好估计（例如，主要运动和体感觉区皮层的中央区域，或者顶叶的视皮层）。如果计算速度比计算精确性更重要，或者需要用有限的计算能力处理大量数据时，就需要使用简单几何模型。哪种几何模型最适合需要考虑分析数据的特性：

MEG 数据。根据被测量的脑部形状，可以选择与局部曲率有最佳匹配的简单球模型。最好根据测量被试 MR 数据获得大脑皮层的边缘数据。如果不能获得 MR 数据，我们可以通过 3D 扫描仪得到的头部轮廓曲线或根据在磁场中确定的 EEG 电极位置将头部拟合到一个球体上；考虑到头皮和颅骨的厚度，球体模型应该比实际半径小1.5cm。

MEG 和 EEG 数据融合（或仅有 EEG 数据）。一个 4 壳球模型应该分别与脑皮层（最里层）、脑脊液、颅骨和头皮意义对应。根据我们的经验，使用同心球模型就可以达到目的。各层边缘形状的数据应该从每个被试的 MR 影像中获取，如果缺乏个人数据，应该使用 6～7mm 厚度代替头皮和颅骨，2mm 代替脑脊液从而估计被试的头部轮廓。

神经磁图描记术（magnetoneurography）。躯干或四肢可以使用无限半空间模型拟合，躯干或四肢的表面应该与空气和身体之间的边缘相切。

（2）真实边界元模型（realistically shaped boundary element models，BEM）。此类模型将大脑（躯干和四肢）解剖为均匀、等方的不同部分。这些部分的表面具有不同的导电性，它们的轮廓必须根据 MR 或 CT 扫描数据确定。第一步要计算磁场，来确定这些表面的电位（Barnard et al. 1967；Meijs et al. 1987）。通过这个步骤，表面被分解成三角形。三角形的数量由被模拟表面的细节信息以及磁场源在表面附近的空间分布频率确定；分析靠近边缘（高空间频率）的磁场源时，为了以较高的精确度估计表面的电流分布情况，三角形的数量不能过少。三角形的增加会增加计算量，为了减少计算量，应该选取一个折中的办法。例如，在三角形之间使用啮合对关键部位进行局部细微调节。仿真模拟的结果显示当需要达到毫米级的精确度时，大约需要 2000～3000 个三角形来模拟脑皮层，颅骨或头皮表面（Yvert et al. 1996）。由于必须使用数学方法，边界元模型的计算量比简单几何模型的计算量多几个数量级。但是，随着计算机芯片技术的不断发展，当 MRI 扫描技术出现后，源定位的精确度要比球体模型能达到的精确度高，此时 BEM 技术成为源定位技术发展水平的代表；当同时对 EEG 数据进行分析时，这一点尤为明显。在 Meijs 等（1987），Hämäläinen 和 Sarvas（1989），Pruis 等（1993），Cuffin（1995）和 Haueisen 等（1997a）的文章中对这一方法有详细介绍。

（3）有限元素模型（finite element models，FEM）。此类模型也可以考虑各容积

（头部、躯干、四肢）、未被头皮覆盖的区域（眼睛），以及含有液体的容积（脑室、血管、细胞等）的导电性的各向异性。使用 FEM 时，头部的 3D 容积应该被划分为许多小的、分段均匀的容积元素。在 3D 空间中必须使用数学方法，而 2D 表面则不需要使用同样的数学方法，与 BEM 相比，FEM 的计算量显著增加。如果考虑各个部分的各向异性，计算量会增加更明显。因此，在分析少量数据或精确度要求极高（例如，使用 FEM 作为标准对各种源定位方法进行比较）或者有充足的时间进行分析时，才使用 FEM。目前我们对生物体内各组织的导电性分布情况并没有完全掌握，这制约了 FEM 可能达到的精确性。迄今为止，还没有任何方法可以在研究者感兴趣的频带宽度内（＜～10kHz）以较高的精确度确定头部不同部分的导电参数。Yan 等（1991），Pruis 等（1993），Haueisen 等（1995），Gevins 等（1996，1997），Buchner 等（1997）和 Haueisen 等（1997b）的文献中有 FEM 的使用案例。

3. 逆算法

在使用 ECD 拟合场源时，"逆问题"的一个方面是指找到合适的、能够解释被观察磁场的偶极子。这个问题是通过一个拟合过程来解决，可以分成两个计算步骤：首先使用正向方法通过容积模型计算电场或磁场发生源的可能位置。之后通过比较计算结果和测量结果进行矫正，两个结果之间的差异用来矫正当前 ECD 参数，从而减少下一次计算时的偏差。上述步骤不断重复，直到错误降低到预计的最小标准。当进行矫正计算时，可以认为磁场随偶极子的力矩线性变化，而随偶极子的位置非线性变化。只有问题的非线性部分需要借助数学算法得到矫正的位置数据。之后，被矫正的偶极子力矩可以通过一个简单的线性方程系统计算出来。最佳算法应该有较快的速度，不能由于重复的计算而发生局部最小误差。如果预先得到了部分场源信息（如头部标记线圈的位置），可以使用类似 Levinson-Marquart 算法（Marquart 1963）的快速梯度方法。在其他情形下，应该使用含有随机搜寻成分的方法。根据我们的经验，Nelder 和 Mead（Presset et al. 1992）的单一方法基本不以局部误差为结束，但是这种方法的速度很慢。以不同的起始值（＝对 ECD 的位置和方向做的估计）重复倒置步骤可以确保该方法与整体而并非局部的最小误差一致。

当 MEG 和 EEG 数据融合时，由于两种数据的物理单位不同（MEG，T；EEG，V），因此必须首先对它们进行标准化。一种被验证的方法（Diekmann et al. 1998）是将 MEG 数据标准化为 σ_m，σ_m^2 表示一个个别拟合的 MEG 模型的残差；相应地，将 EEG 数据被正态化为 σ_e。作为一种有益的边缘效应，标准化方法可以增加数据（MEG 或 EEG）形态的权种，从而为相应数据提供更好的解释（即具有较低残差的模型）。

4. 场源参数置信区间

每个生物测量中都不可避免地存在噪声。因此，即使假设的场源和容积模型完全正确，逆过程得到的有关场源的参数仍旧是对真实参数的估计值，必须被放置在一定的置信区间内加以解释。在无关噪声条件下，置信区间也许能够从逆重复处理的最小方差推导出。但是，噪声不仅仅来源于仪器，而且还来源于生物体。在 MEG 记录中，自发的脑活动是所有与研究有关的信号的背景噪声（特定节律、癫痫放电、诱发活动）；此类噪声与时间和空间具有高度的相关性。当这种相关性被忽略时，一般情况下使用的置信区间会变得非常小。更好的方法是使用背景活动在时间和空间上的协方差（van Dijk et al. 1993)。大多数计算置信区间的方法是根据被估计矢量周围的置信区间的线性化或者根据计算机模拟（Kuriki et al. 1989；Mosher et al. 1993；Radich and Buckley，1995）。Mosher 等（1993）建议使用 Cramer-Rao 下限来定义位置的精确性。Cramer-Rao 下限不仅能考虑到噪声，而且可以考虑影响位置精确性的场源-传感器相对位置（如场源和传感器之间的距离、相对指向）。但是，Cramer-Rao 下限只能提供误差估计的下限。这种方法与通常使用的误差估计方法不同。因此，它们只能作为相对的测量来使用。例如，比较不同的方法或者计算总结性测量时使用（见附录"总结方法"）。

5. 生理限制

由于生物磁场源估计是没有唯一解的逆问题，在减少解的数量时必须同时考虑到生理因素作为限制。例如，可以为单一场源强度设置上限。如果可以估计被激活脑区表面，那么生理意义上的限制就可以减少。根据 Lopez da Silva 等（1991）的研究，一个 $3\sim4\ cm^2$ 的激活区域可以产生一个大约 100nAm 的偶极子力矩。其他的生理信息可以用来限制可能偶极子的数量。例如，听觉诱发的脑皮层活动至少具有两个分别位于不同半球、同时活动的场源。在临床调查中，患者的脑成像（MR 或 CT）可以反映的皮层，因此可以排除这些区域参与活动的可能。

6. 与 MRI 影像的整合

在多数情况下，逆计算得到的数据可以转化为 MR 影像以便看得更为清楚。如果已经确定一个以 MEG 数据建立的头部参考系统和将其连接到 MRI（或 PET）的转换（见"受试者准备"），那么这种投射就可以很容易实现。通过这种转化，任何源定位信息都可以投射到 MR（或 PET）影像中（图 37-6）。

7. 方法小结

当定位重复性单个事件的发生源时（如癫痫放电），得到的 ECD 会分布于某个特定脑区。总体上，这种分布会部分由生物和技术噪声干涉造成。这种分布反映了观察到的个体事件，个体事件可以在某个特定的区域发生（如癫痫灶）并且具有不同的时间特征。因此，首先对这些个体事件进行平均然后再寻找相应的"平均 ECD"是不合理的。我们应该使用另一种方法来概括场源（即测量这些事件的中心趋势）。推荐使用的方法是由 Vieth 等（1992）提出的偶极子密度分布模型，这种方法将每个场源定位与对应的连续 3D 分布（维度：单位容积内的偶极子）相结合，用参数来反映源定位的不确定性。例如，在每个 ECD 发生源上都标明了三维高斯分布，这些分布具有与 Cramer-Rao 下限等价的变异以及它们容积的积分的等效体（更精确的表述：1 个偶极子）。通过对个别分布的概括，我们可以得到整体偶极子的密度分布，通过计算这些分布的平均值、中间值以及重心等就可以描述出偶

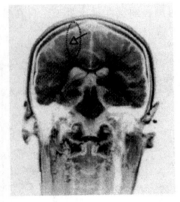

图 37-6 在癫痫放电时等价电流偶极子的定位（放射图）

该图为投射到患者冠状切面的磁共振图像（MR），右侧皮层上的黑色三角表示 ECD 的位置，黑线表示 ECD 的方向；点状椭圆表示 ECD 位置的 Cramer-Rao 下限。该图表示最接近计算位置的 MR 图像切片。右侧耳部的黑点是 MR 和 MEG 坐标系统相互转换时的匹配标志。

极子的整体分布（Diekmann et al. 1998）。

■ 结　果

癫痫活动

　　图 37-7 是从一个局灶性癫痫患者脑部记录到的某一时段内发生的癫痫样梭状事件产生的磁场变化情况。图 37-8 是由同一患者脑部记录到的 15 个类似的事件投射到 MR 图像上的等价偶极子定位（由三角形标明）。偶极子被拟合到梭状波第一个波峰出现的时刻（图 37-7 中的点线）。图 37-9 呈现了图 37-8 中 ECD 的偶极子密度分布。图 37-9将磁场等高线投射到与图 37-8 对应的同一张 MR 切片上。分布的重心由白色菱形表示；本例中重心没有与波峰值出现的区域重合，这是因为存在几个局部密度峰值所造成的（但是从统计上意义上这类局部峰值不能被视为两个或多个分离的癫痫灶）。

诱发脑活动

　　作为一个诱发脑活动的例子，图 37-10 显示了在一个体感刺激实验中由两套检测线圈记录的脑磁活动的平均时程。用 0.3ms 阈上电刺激作用在右侧手腕处正中神经，可在大多数导联上记录到一个两相时间变化模式，在刺激（垂直线段）后约 26ms 磁场方向逆转，两个峰分别出现在大约 22ms 和 30ms。通过一个固定偶极子模型研究者成功的拟合了磁场的时空模式。对拟合结果的分析显示，两个偶极子可以解释在刺激呈现后 20～23ms 和 28～34ms 内大约 98％ 的磁场变异，即在两个时段内磁场强度最大值出现的时刻。两个偶极子都被定位在被试的对侧感觉-运动脑区（图 37-12）。根据固定偶极

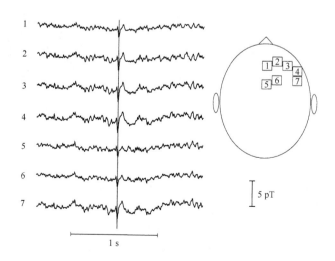

图 37-7　癫痫患者脑部的磁场活动随时程变化的记录

在皮层右侧额中央区采集数据，结果表示单次癫痫放电（垂直点线）的最
大峰值在 3 号线圈处（该测量中长方形探测线圈由右侧插入）。数据处理的
低通为 0～64Hz。

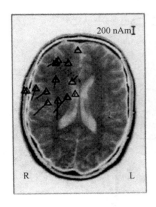

图 37-8　15 次与图 35-7 类似的癫痫放电事件所诱发的波峰值在某一时间点上拟合的等价电流的偶极子位置（黑色三角）和力矩（黑线）

将数据投射到患者的 MRI 横向切片上，该切片与 15 个偶极子源中部位置的距离最小。R 表示右侧，L 表示左侧。该患者的 ECDs 分布于右侧额中央区。

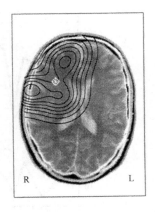

图 37-9　本图呈现了根据图 37-8 中的 15 个偶极子计算出的偶极子密度分布（dipole density distribution，DDD）的等密度图

等密度线（空间：0.05 个偶极子/m^3）被拟合到距离 DDD 重心距离最近的切片上。R 表示右侧，L 表示左侧。分布的两个峰值大约相当于边长为 1.4cm 立方体的一个偶极子密度。

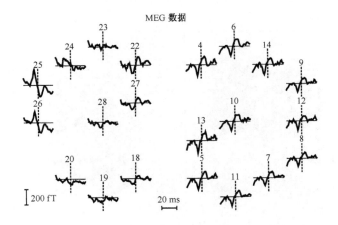

图 37-10　对被试右侧手腕正中神经进行阈上电刺激得到的平均磁场活动地形图 $N=274$

传感器的位置大约在国际 10～20 系统的 C_3 EEG 电极位置上方（参见第三十五章脑电图）。注意到许多位点都显示了磁场的两相时间模式，约在刺激后 26ms 其磁场方向反转（垂直虚线）。

子模型，图 37-12 中位于边缘处的 ECD 是诱发磁场的第一个峰值（20～23ms）内最显著的成分；如图 37-11 所示（曲线 D1），这个偶极子解释了第一个峰值内绝大部分变异，而两个偶极子对第二个峰值的贡献大致相同（27～34ms，曲线 D1 和 D2）。

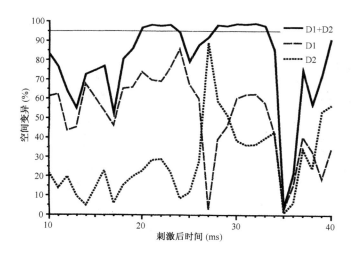

图 37-11　由固定双偶极子模型对图 37-10 中体感诱发活动的 ECD 进行的源定位，
这个 ECD 用来解释空间磁场的时间变化

变异以平均磁场的总空间变化的百分比给出。完全模型（D1＋D2，实线）可以对 20～23ms 和 27～34ms 时间段内的被测量磁场（水平毛状线）95％做出解释。第一个时间段与图 37-10 内的磁场活动的第一个峰值相匹配，偶极子 D1（虚线）可以解释大多数变异。第二个时间段相当于图 37-10 内反向磁场的峰，其中 D2 偶极子（点线）的分布突然增加，大约 2ms，超过了 D1 偶极子的分布。D2 偶极子可以解释剩余时间段内整个磁场变异的 40％。

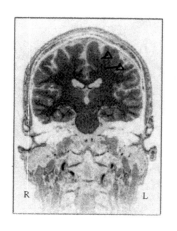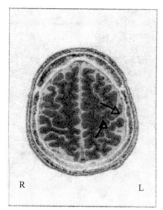

图 37-12　由固定的双偶极子模型拟合到图 37-10 所示的诱发磁场分布得到的两个 ECD 的定位

对刺激呈现后 10～40ms 内的磁场进行拟合。图 37-11 呈现了偶极子的"解释效力"（百分比变异）。偶极子 D1（边缘处黑色三角）主要指向中间方向（黑线），D2（中间处黑色三角）主要指向后部方向。偶极子被拟合到受试者 MRI 矢状（左图）和横向（右图）切片上，MRI 切片距离两个偶极子中线最短。两个偶极子均定位于受试者的对侧感觉运动区。

■ 问题解答

技术问题

磁通量滞留

如果磁场的变化速度太快，一些 SQUID 和它们的电子元件的工作能力会降低到无法接受的水平。工作能力的降低通常表现为增加的高频噪声。这可能是由于 SQUID 的电子元件不能以足够快的速度来处理突然增大的磁场，从而使大量的磁通量滞留在 SQUID 中。磁场的大量涌入会在下列情况下发生。例如，如果带有铁磁性物质（钥匙、螺丝起子等）的人接近传感器，或者附近有大量的电流发生变化。为了消除滞留的磁通量，SQUID 的温度必须高于超导材料的临界温度。通常这只能通过加热 MEG 系统来实现，这个过程可能需要很大的开支并且需要很多时间。因此，要尽量避免在 SQUID 传感器附近造成急剧的磁场变化。

磁污染和刺激伪迹

正如前文（参见受试者准备）叙述，由于受试者和受试者身上带有的实验辅助材料都会在磁场记录时造成很大的磁污染。对于受试者身上佩带的物体，磁污染可能来源于制造过程中（如工具造成的铁磁性垃圾或碎屑），可以使用稀释的盐酸溶液擦拭物体表面并用清水洗净来消除此类污染。由被试的移动或心跳、呼吸运动造成的磁污染能够被检测出来。可以在没有受试者的情况下，将刺激器放置在与真实实验相同的位置来模拟真实实验，这样由刺激呈现仪器造成的伪迹就可以被识别出来，并且被减少和消除。在模拟实验中系统性变化电线的位置可以帮助我们找到去除或减小伪迹的最佳方法。如果在模拟过程中没有发现伪迹，那么可以使用幻影（如电阻线路或用盐水灌注的球体）来模仿真实的被试。

震颤伪迹

震颤（vibrations）同样可以造成磁场污染。如果记录信号中含有规则的波峰和波谷信号，就表明可能存在这种干扰。离散的低频噪声（<30Hz）通常来源于机械，同时低温杜瓦、金属架或在记录仪器附近的大型金属框架结构的震颤都可以造成这种干扰。本章作者在其实验室内的屏蔽室由于受到距离 150m 外的一架着落的救援直升机的影响，产生了上文所述的屏蔽室墙壁的震颤。通常情况下，我们很难发现这些干扰源，特别是这些伪迹以零星的形式出现或具有与脑部磁场活动相同的频带宽度。震颤的频率可以提示涉及的质量（频率越低，质量越高）。消除或减少震颤伪迹的唯一方式是改变震动物体的设计或改变它们的支撑物，使其保持稳定。

低频噪声

由于大型的铁磁性物质例如汽车、电梯、门等的移动造成地球磁场的短暂扭曲也会产生不规则的低频噪声。可以通过合理选择记录实验室并装备具有低频磁场减弱设施的屏蔽室，可以减少这种干扰。如果这些条件不能满足，在实验之前必须使用多种技术来降低磁场干扰（例如，使用软件梯度线圈去除连续的低频噪声，在测量目的允许的条件下设定适当的高通滤波）。此外，必须配备主动屏蔽系统（见"材料"部分）。

当低频噪声随着时间而增加，MSR 的渗透性可能发生了问题。可以通过去磁化来解决（见"维护措施"部分）。

电线伪迹

电线伪迹［50 或 60 Hz 以及其和声（harmonics）］也可以造成严重的问题。这些伪迹可能来源于附近带有高压电流的电线，或者由于没有为磁场屏蔽室选择合适的接地点或接地线。第一种可能的情况在前文讨论记录位置计划时已经论述了。至于地线问题，我们注意到屏蔽室的外壳可以被视为一个电容天线，这个天线可以接受周围电线的电磁场，并且将这些接收到的信号传导到 MSR 内部的带电仪器上。在理想状态下，可以通过接地使 MSR 的外壳保持与大地相同的电势。但是，由于根本无法确定流向地面的电流的实际路径，必须通过在不同点进行连续的实验来确定最佳连接。同时，我们也必须注意接地线路的质量会随时间发生变化（土地潮湿度的季节变化，导体氧化等）。MSR 与 SQUID 的电子线路必须使用"单独的"接地导体，不能与其他的仪器使用共同的线路，这样做的目的是为了避免接地电流的交叉连接［共模噪声（common mode noise）］。最后，必须避免将地线与刺激呈现仪器或显示仪相连接。

屏蔽室的屏蔽电线噪声的能力会随着时间逐渐降低，这可以反映在：由于屏蔽室门和屏蔽室导电外壳其他部分之间连接的损害，导致屏蔽室门的涡流屏蔽发生中断。

高频干扰

在被试准备中我们已经做了详细描述，许多 SQUID 系统对高频放射比较敏感。连接到屏蔽室内的电缆如果没有安装高频排除滤波装置会把屏蔽室外的信号（例如无线电或电视信号）传导到室内。因为很难预测高频放射对 SQUID 的输出效果，故难以将高频识别作为故障原因。

生物干扰

被试自身也是噪声来源之一。头部运动（或神经磁图描记时的躯体运动）都会通过移动磁场穿过传感器从而造成伪迹。眼动和心脏跳动会产生电流，同样会产生干扰测量的磁场（磁眼动图、磁心动图）。针对这个问题的措施在相关章节被试准备和实验前调节中有详细描述。

■ 应 用

临床方面

神经磁场测量技术目前正在或者将应用于以下方面：
— 癫痫灶定位
— 脑卒中后病理性节律定位以及一过性缺血发作（transient ischemic attacks，TIA）的定位
— 手术前对手术区域定位
— 康复
— 在大规模筛查时下代替 EEG（参见相关章节"MEG 应用的优点和缺陷"）
— 周围神经系统功能障碍定位（传导障碍、割裂）
显然，除了上述潜在的诊断价值，目前使用 EEG 进行诊断的疾病都可以使用

MEG。其中一个研究领域是使用 MEG 作为精神疾病的生物学标记（biological marker），如脑功能解剖中的偏离。

研究方面

神经磁场技术被成功使用在以下领域：
— 感觉诱发脑活动（听觉、体感觉、视觉、痛觉）
— 认知相关活动（模式识别、学习、记忆、加工活动等）
— 皮层运动
— 功能成像
— 高频皮层震动 ［例如检验绑定（binding）假设］
— 皮层可塑性（重新划分脑区）
— 深层脑结构（丘脑、海马）的加工

参 考 文 献

Abraham-Fuchs K, Strobach P, Härer W, Schneider S (1993) Improvement of neuromagnetic localization by MCG artifact correction in MEG recordings. In : Baumgartner C, Deecke L, Stroink G, Williamson SJ (eds) Biomagnetism: Fundamental Research and Clinical Applications. Elsevier Science, IOS Press, Amsterdam, Oxford, Burke, Tokyo, pp.787-791

Aine C, Okada Y, Stroink G, Swithenby S, Wood CC (1999, in press) Advances in Biomagnetism Research: Biomag96, Springer, New York

Andrä W, Nowak H (1998) Magnetism in Medicine – A Handbook. Wiley VCH, Weinheim

Bamidis PD, Hellstrand E, Lidholm H, Abraham-Fuchs K, Ioannides AA (1995) MFT in complex partial epilepsy: spatio-temporal estimates of ictal activity. NeuroReport 7: 17-23

Barnard CL, Duck IM, Lynn MS (1967) The application of electromagnetic theory to electrocardiology. I. Derivation of the integral equations. Biophys. Journal 7: 443-462

Becker W, Diekmann V, Jürgens R (1992) Magnetic localization of EEG electrodes for simultaneous EEG and MEG measurements. In: Dittmer A, Froment JC (eds) Proceedings of the Satellite Symposium on Neuroscience and Technology, 14th Annual International Conference of the IEEE Engineering in Medicine and Biology Society. Lyon, pp 34-36

Becker W, Diekmann V, Jürgens R, Kornhuber C (1993) First experiences with a multichannel software gradiometer recording normal and tangential components of MEG. Physiol Meas 14: A45-50

Bertrand O, Bohorquez J, Pernier J (1990) Technical requirements for evoked potential monitoring in the intensive care unit. In Rossini PM, Mauguière F (eds) New Trends and Advanced Techniques in Clinical Neurophysiology. Elsevier, Amsterdam, Vol EEG suppl 41: 51-70

Buchner H, Knoll G, Fuchs M, Rienacker A, Beckmann R, Wagner M, Silney J, Pesch J (1997) Inverse localization of electric dipole current sources in finite element models of the human head. EEG clin Neurophysiol 102: 267-278

Buckel W, Superconductivity. Fundamentals and Applications (1990). Wiley-VCH, Weinheim

Clarke J, Goubau WM, Ketchen MB (1975) Thin-film dc SQUID with low noise and drift. Appl Phys Lett 27: 155-156

Clarke J, Goubau WM, Ketchen MB (1976) Tunnel junction dc SQUID fabrication, operation, and performance. J Low Temp Phys 25: 99-144

Cohen D (1970) Large-volume conventional magnetic shields. Rev de Physique Appl 5 : 53-58

Cuffin BN (1995) A method for localizing EEG sources in realistic head models. IEEE Trans Biomed Eng 42: 68-71

Curio G, Neuromagnetic recordings of evoked and injury related activity in the peripheral nervous system (1995). In : Baumgartner C, Deecke L, Stroink G, Williamson SJ (eds) Biomagnetism: Fundamental Research and Clinical Applications. Elsevier Science, IOS Press, Amsterdam, Oxford, Burke, Tokyo, pp. 709–714

de Weerd JPC (1981) A posteriori time-varying filtering of averaged potentials. I. Introduction and conceptual basis. Biol. Cybern 41: 211–222

Diekmann V, Jürgens R, Becker W (1995) Magnetische Lokalisation von Markern. Biomed Tech 40, suppl 1: 211–212

Diekmann V, Jürgens R, Becker W, Elias H, Ludwig W, Vodel W (1996) RF-SQUID to DC-SQUID upgrade of a 28-channel magnetencephalography (MEG) system. Meas Sci Technol 7: 844–852

Diekmann V, Becker W, Jürgens R, Grözinger B, Kleiser B, Richter HP, Wollinsky KH (1998) Localisation of epileptic foci with electric, magnetic and combined electromagnetic models. EEG clin Neurophysiol 106: 297–313

Drung D (1995) The PTB-SQUID system for biomagnetic applications in a clinic. IEEE Trans Appl Supercon 5: 2112–2117

Erné SN (1983) Squid sensors. In : Williamson SJ, Romani GL, Kaufmann L, Modena I (eds) Biomagnetism: An Interdisciplinary Approach. Plenum Press, New York and London, pp. 69–84

Fuchs M, Wagner M, Wischmann HA, Dössel O (1995) Cortical current imaging by morphologically constrained reconstructions. In : Baumgartner C, Deecke L, Stroink G, Williamson SJ (eds) Biomagnetism: Fundamental Research and Clinical Applications. Elsevier Science, IOS Press, Amsterdam, Oxford, Burke, Tokyo, pp. 320–325

Fujimoto S, Ogata H, Kado S (1993) Magnetic Noise produced by GM-Cryocoolers. Cryocoolers 7: 560–568

Gevins A, Smith ME, Le J, Leong H, Bennett J, Martin N, McEvoy L, Du R, Whitfield S (1996) High resolution evoked potential imaging of the cortical dynamic of human working memory. EEG clin Neurophysiol 98: 327–348

Gevins A, Smith ME, McEvoy L, Yu D (1997) High-resolution EEG mapping of cortical activation related to working memory: effects of task difficulty, type of processing, and practice. Cereb Cortex 7 : 374–385

Gorodnitsky IF, Rao BD (1997) Sparse signal reconstruction from limited data using FOCUSS: a re-weighted minimum norm algorithm. IEEE Trans Sig Proc 45: 600–616

Grummich P, Kober H, Vieth J (1992) Localization of the underlying currents of magnetic brain activity using spatial filtering. Biomed. Eng. 37 (suppl 2): 158–159

Hämäläinen MS, Sarvas J (1989) Realistic geometry model of the human head for the interpretation of neuromagnetic data. IEEE Trans Biomed Eng 36: 165–171

Hämäläinen MS, Hari R, Ilomoniemi RJ, Knuutila J, Lounasmaa OV (1993) Magnetencephalography – theory, instrumentation, and applications to noninvasive studies of the working human brain. Rev Mod Phys 65: 413–497

Harakawa K, Kajiwara G, Kazami K, Ogata H, Kado H (1996) Evaluation of High-Performance Magnetically Shielded Room for Biomagnetic Measurement. IEEE Trans Magn 32: 5256–5260

Haueisen J, Ramon C, Czapski P, Eiselt M (1995) On the influence of volume currents and extended sources on neuromagnetic fields: a simulation study. Ann Biomed Eng 23: 728–739

Haueisen J, Bottner A, Funke M, Brauer H, Novak H (1997a) Effect of boundary element discretization on forward calculation and the inverse problem in electroencephalography and magnetoencephalography. Biomed Technik, 42: 240–248

Haueisen J, Ramon C, Eiselt M, Brauer H, Novak H (1997b) Influence of tissue resistivities on neuromagnetic fields and electric potentials studied with a finite element model of the head. IEEE Trans Biomed Eng 44: 727–735

Helmholtz H (1853) Ueber einige Gesetze der Vertheilung elektrischer Ströme in körperlichen Leitern mit Anwendung auf die thierisch-elektrischen Versuche. Ann Phys Chem 89: 211 –233; 353 –377

Huotilainen M, Ilimoniemi RJ, Tiitinen H, Lavikainen J, Alho K, Kajola M, Näätänen R (1995) The projection method in removing eye-blink artefakts from multichannel MEG measurements. In: Baumgartner C, Deecke L, Stroink G, Williamson SJ (eds) Biomagnetism: Fundamental Research and Clinical Applications, Elsevier Science. IOS Press, Amsterdam, Oxford, Burke, Tokyo, pp 363–367

Ioannides AA, Liu MJ, Liu LC, Bamidis PD, Hellstrand E, Stefan KM (1995) Magnetic field tomography of cortical and deep processes: examples of "real-time mapping" of averaged and single trial MEG signals. Int J Psychophysiology 20: 161–175

Jackson JD (1998) Classical Electrodynamics, 3rd Ed., Wiley, New York

Kelhä VO, Pukki JM, Peltonen RS, Penttinen AJ, Ilmoniemi RJ, Heino JJ (1982) Design, construction and performance of a large-volume magnetic shield. IEEE Trans Magn 18: 260–270

Kuriki S, Murase M, Takeeuchi F (1989) Locating accuracy of a current source of neuromagnetic responses: simulation study for a single current dipole in a spherical conductor. EEG clin Neurophysiol 73: 499–506

Lopez da Silva FH, Wieringa HJ, Peters MJ (1991) Source localization of EEG versus MEG: empirical comparison using visually evoked responses and theoretical considerations. Brain Topography, 4: 133–142

Mager A (1981) Berlin magnetically shielded room. In Erné SN, Hahlbohm HD, Lübbig H (eds.), Biomagnetism. WdG, Berlin, pp 51–78

Marquart DM (1963) An algorithm for least squares-estimation of nonlinear parameters. J Soc Indust Appl Math 11: 431–441

Matsuba H, Shintomi K, Yahara A, Irisawa D, Imai K, Yoshida, H, Seike S (1995) Superconducting shield enclosing a human body for biomagnetism measurement. In Baumgartner C, Deecke L, Stroink G, Williamson SJ (eds.) Biomagnetism: Fundamental Research and Clinical Applications. Elsevier Science, IOS Press, Amsterdam, pp 483–489

Meijs JWH, Bosch FGC, Peters MJ, Lopes da Silva FH (1987) On the magnetic filed distribution generated by a dipolar current source situated in a realistically shaped compartment model. EEG clin Neurophysiol 66: 286–298

Mosher JC, Lewis PS, Leahy RM (1992) Multiple dipole modeling and localization from spatio-temporal MEG data. IEEE trans Biomed Eng 39: 541–557

Mosher JC, Spencer ME, Leahy RM, Lewis PS (1993) Error bounds for EEG and MEG dipole localization. EEG clin Neurophysiol 86: 303–321

Pascual-Marqui RD, Michel CM, Lehmann D (1994) Low resolution electromagnetic tomography: a new method for localizing electrical activity in the brain. Int J Psycho-Physiol 18: 49–65

Pasquarelli A, Kammrath H, Tenner U and Erné SN (1998a) The new Ulm Magnetic Shielded Room. Book of abstracts BIOMAG98, Sendai, Japan, p 63

Pasquarelli A, Tenner U and Erné SN (1998b) Use of an Additional Active Shielding System to enhance the low-frequency performances of a Magnetic Shielded Room. Proceedings of IWK98, Ilmenau, Germany

Platzek D, Nowak H (1998) Active Shielding and its Application on MEG-DC Measurements, Book of abstracts BIOMAG98, Sendai, Japan, p 32

Press WH, Teulosky SA, Vetteling WT Fannery BP (1992) Numerical recipes in FORTRAN: the art of scientific computing, 2nd ed, Cambridge University Press, Cambridge, pp. 402–406

Pruis GW, Gilding BH, Peters MJ (1993) A comparison of different numerical methods for solving the forward problem in EEG and MEG. Physiol Meas 14 Suppl 4A: A1-A9

Radich BM, Buckley KM (1995) EEG dipole localization bounds and MAP algorithms for head models with parameter uncertainties. IEEE Trans Biomed Eng 42: 233–241

Robinson SE, Rose DF (1992) Current source image estimation by spatially filtered MEG. In: Hoke M, Erné SN, Okada YC, Romani GL (eds) Biomagnetism: Clinical Aspects. Elsevier Science, Amsterdam, New York, pp. 761–765

Sata K, Fujimoto S, Yoshida T, Miyahara S, Yoshii K, Kang YM (1998) A helmet-shaped MEG measurement system cooled by a GM/JT Cryocooler. Abstract proceedings BIOMAG98, Sendai, Japan, p 65

Scherg M (1990) Fundamentals of dipole source potential analysis. In: Grandori F, Hoke M, Romani GL (eds) Auditory evoked magnetic fields and electric potentials. Advances in Audiology, vol 6, Karger, Basel, pp 40–69

Templey N (1992) Spreading depression and related DC phenomena. In : Hoke M, Erné SN, Okada YC, Romani GL (eds) Biomagnetism: Clinical Aspects. Elsevier Science, Amsterdam, New York, pp. 329–335

ter Brake HJM, Flokstra J, Jaszczuk W, Stammis R, van Ancum GK, Martinez A, Rogalla H (1991) The UT 19-channel DC SQUID based neuromagnetometer. Clin Phys Physiol Meas 12: 45–50

Valdes-Sosa P, Marti F, Gracia F, Casanova R (1999 in press) Variable resolution electric-magnetic tomography. In: Aine C, Okada Y, Stroink G, Swithenby S, Wood CC (eds) Advances in Biomagnetism Research: Biomag96. Springer, New York

Van Dijk BW, Spekreijse H, Yamazaki T (1993) Equivalent dipole source localization of EEG and evoked potentials: sources of errors or sources with confidence? Brain Topography 5: 355–359

Vieth J, Kober H, Weise E, Daun A, Moegner A, Friedrich S, Pongratz H (1992) Functional 3D lo-calization of cerebrovascular accidents by magnetoencephalography. Neurol Res, Suppl. 14: 132–134

Weinstock H (ed) (1996) SQUID Sensors: Fundamentals, Fabrication and Applications NATO ASI, Kluwer Academic Pub., Dordrecht, Boston, London, 703 pages

Whalen AD, Detection of signal in noise (1971), Academic Press, New York, London

Widrow B (1985) Adaptive signal processing. Prentice Hall US

Williamson SJ, Kaufmann L (1990) Theory of neuroelectric and neuromagnetic fields. In: Gran-dori F, Hoke M, Romani GL (eds) Auditory Evoked Magnetic Fields and Electric Potentials. Ad-vances in Audiology, vol 6, Karger, Basel, pp 1–39

Yan Y, Nunez PL, Hart RT (1991) Finite element model of the human head: scalp potentials due to dipole sources. Med Biol Eng Comput 29: 475–481

Yvert B, Bertrand O, Echallier JF, Pernier J (1996) Improved dipole localization using local mesh refinement of realistic head geometries: an EEG simulations study. EEG clin Neurophysiol 99: 79–89

第三十八章　人脑功能研究中磁共振成像

Jens Frahm，Peter Fransson and Gunnar Krüger

马向阳　李至浩　庄建程　胡小平　译

美国 Emory 大学医学院

xhu@bme.emory.edu；xhu3@emory.edu

■ 绪　论

无创方法在中枢神经系统代谢和功能研究上的应用为在系统水平上了解人脑提供了新的手段。磁共振（MR）便是这样一种方法，它作为一门跨学科的桥梁技术，不仅把基础领域的（转基因）动物神经生物学和人体系统定向研究与神经系统疾病的医学应用结合起来，而且有希望成为链接脑代谢、脑生理和脑功能分子神经生物学和神经遗传学的重要技术。

MRI

在过去的 20 年中，磁共振成像（MRI）已经逐步发展成为具有高空间分辨率和敏锐软组织对比度的解剖结构成像的主要方法（Stark and Bradley　1998）。在结构化学神经成像取得进展的同时，与其并进发展的局域磁共振谱（40 章）进一步加强了对细胞代谢进行估测的能力（Bachelard　1997）。目前，若干功能方面的信息已经可以通过磁共振血管造影、灌注、弥散对比度，核磁化迁移技术获取。而对于神经科学家来说，最令人着迷的进展是 MRI 技术能够用于对人脑功能进行结构定位——即能使思考和感觉的过程可视化。

神经成像

磁共振成像技术在神经功能成像中的应用之所以如此地吸引人，在于它具有：

—无创性

—对单个被试和病人研究的可重复性

—接近亚毫米的空间分辨率

—1s 左右的有效时间分辨率

—灵活的认知程式设计

此外，高场的临床 MRI 成像仪比正电子发射断层扫描成像（PET）系统（第三十九章）应用分布更广泛而且费用低。它正在成为替代单光子散射扫描成像（SPECT），脑电图（EEG）（第三十五章）和脑磁图（MEG）（第三十七章）的重要手段。

氧合

动物实验首先证明了脑血氧水平影响梯度回波 T2* 加权像的信号强度（Ogawa et al. 1990；Turner et al. 1991）。与抗磁性的氧合血红蛋白相比，顺磁性的脱氧血红蛋白充当内源性造影剂，使其邻近组织中主要是静脉毛细血管及其周围组织中水分子内质子的自旋产生相位离散。

对比度

上述相位离散的物理效应会导致信号采集过程中任意一个像素自旋磁化的叠加后总磁化像素降低，从而造成磁共振图像的信号降低。信号损失的程度取决于每个像素脱氧血红蛋白的绝对浓度，像素的大小和梯度回波时间（即在激发和探测自旋磁矩而引起进动差异的时间）。例如，如果在脑血流量增加而造成脱氧血红蛋白浓度降低的情况下，这时自旋—自旋有效弛豫时间 T2* 就会增加，而且梯度回波图像的信号强度也会相应地增加。上述的血氧水平依赖（blood oxygenation level dependent，BOLD）的对比度可以通过延长回波时间的办法获得增强，如可根据磁场强度和具体的 MRI 技术增加 30～50ms。

功能

氧合敏感度在动物脑成像中的证明很快被应用于人脑功能定位图的研究，这就是 BOLD 对比度的应用（Kwong et al. 1992；Ogawa et al. 1992；Frahm et al. 1992；Blamire et al. 1992）。其驱动力是基于如下的观察：神经元活动——通常称为激活引起大脑皮层血流的增多，增多的血流携带的氧量至少在短暂时间内与氧的消耗量不耦合（Fox and Raichle 1986；Frahm et al. 1996），因而导致静脉血内含氧过量，即脱氧血红蛋白数量的减少。虽然脑活动时的血流动力学的全部过程和新陈代谢的细节还未被完全揭示，但是神经刺激后 MRI 信号强度的相应增加却很容易被检测到。视觉、听觉和躯体运动皮层活动的过程已经被充分研究。

机制

与 PET 的脑成像相似，MRI 对脑功能的研究依赖于与神经活动相联系的第二信号，和这个信号变化相关的有：

—代谢（如葡萄糖和氧消耗）

—灌注（血流和血体积）

—血氧（脱氧）

而 MRI 的交流技术正关注顺磁性的脱氧血红蛋白在血管内浓度随灌注的变化。图 38-1 示意了从局部神经元活动的变化到 MRI 获取的激活图的过程。这个过程显示了从数据获取、生理信号的处理、生理机制到实验设计的细节等若干层次上公认的相互作用。

关键信息

因此，理解功能磁共振成像的关键是要明白如下这样一个事实，即它不能直接测量神经元的活动。于是提出了的一个重要问题：我们如何才能可靠地在生理水平上探测到神经元活动的变化？要回答这个问题，我们需要考察在不同实验和临床条件下神经血管和神经代谢之间的关联，如由医药、脑疾病，甚至实验程序的时序引起的复杂调节，并仔细地对实验策略进行优化。

概要

本章旨在总结各种已被提出并成功用于脑活动定位的 MRI 技术，并对其方法加以介绍，同时也指出了其潜在的缺陷，如生理干扰作用。为此，本章将讨论如下问题：

—MRI 数据采集的技术问题

—从动态的 MRI 信号到脑激活图所需的数据分析

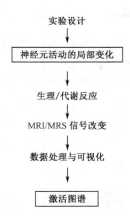

图 38-1　脑神经元活动的局部变化转换为激活图的过程示意图国

对脑激活的 MRI 反应：（i）反映了实验范例和在细节设计上的差别；（ii）对脑神经血管和/或神经代谢
耦合调节比较敏感；（iii）会受到数据采集和包括图像显示和统计运算等数据后处理的影响。

—MRI 信号中潜在的生理意义

—恰当刺激程序的设计

MRI 数据采集的技术问题

脑扫描的序列

原理

MRI 使用一系列不同的射频和磁梯度场的序列获取成像数据。它利用射频脉冲实现信号的激发，然后必须使用若干梯度脉冲对被激发的 MRI 信号分别进行编码，以区分物体在三维空间的位置。具体来说，对二维断层的射频激发是同时应用射频脉冲和层选梯度场而达到的。所选像层的空间信息被信号采集前或采集过程中应用的垂直梯度场编码为 MRI 信号的频率和位相。图像重建一般是用二维傅里叶变换。沿着层选梯度场的方向上添加一个独立的位相编码梯度场能够实现三维成像。Stark 和 Bradley 在 1998 年曾经对 MRI 的基本原理，成像序列的细节和医学应用进行过总结。

快速成像

最适合用于脑功能成像的 MRI 序列必须同时具备扫描速度快和对脱氧血红蛋白浓度的变化敏感的特点。具有长时的回波时间的梯度回波成像技术同时满足了这两个条件。图 38-2 显示了最常用的高速回波平面成像（echo-planar imaging，EPI）和快速 FLASH（fast low angle shot）技术的基本射频和梯度场的设计。图中演示了前面所述的选层射频脉冲和梯度场在断层成像中的综合使用。

回波平面成像

单脉冲回波平面成像序列的主要特点是：这种技术在单个层选射频脉冲的激发之后获取了图像重建所需的所有梯度回波。不同的回波由频率编码的"读入"梯度场脉冲进行多重交变产生（按自身方向相应旋转 180°）。它们代表了在二维数据空间（K 空间）

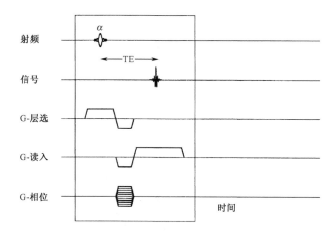

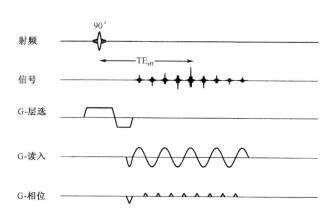

图 38-2 射频（RF）和磁梯度场（G-SLICE，G-READ，G-PHASE）的序列波形图

上图：FLASH（fast low angle shot）MRI；下图：单激发梯度回波 EPI（echo-planar imaging），其中相位
方向的梯度变化是短暂而且间断的，覆盖的 k 空间是对称的。FLASH 序列重复使用低倾角（α＜90°）
的射频脉冲，每次脉冲对应于不同的相位编码且产生一个梯度回波。EPI 序列在一次射频脉冲后采集了
所有不同相位编码的梯度回波信号。

的数据点线（傅里叶线）。这些线的相位编码是由在相继的梯度回波之间短小的梯度场
脉冲所完成的。

EPI 序列的数据采集是在以有效的自旋—自旋弛豫时间 T2* 为特征的 MRI 激励信
号的衰减过程之中完成的。所得图像的 T2* 敏感度是由梯度回波时间 TE，也就是射频
激发和信号采集之间的时间所决定。因为在 EPI 中不同的回波跨越很大的回波时间范
围，有效的 TE 值是由代表最低空间频率的傅里叶线所定的。这条傅里叶线对应于具有
零相位编码的梯度回波并基本决定整个图像的对比度。

典型的成像时间是在 100ms 的量级，矩阵大小通常是 64×64 或 128×128 的点阵。

螺旋序列

另外一种高速的能用于神经功能成像的 MRI 技术是螺旋扫描，对数据空间的覆盖从中心出发，沿着一条向外的螺旋线进行。与此相关的梯度场设计和图像重建的方法比通常用于 EPI 和 FLASH 里傅里叶成像的矩形数据网格的情况时更复杂一些。

FLASH

FLASH 和传统的 MRI 序列相似，在每一个重复时间间隔里运用一次射频激发，从而产生一个相位编码的 MRI 信号。

为了使整体的成像时间短暂，这种技术结合使用小于 90° 的射频脉冲激发和梯度回波采集。为了获取足够的 $T2^*$ 对比度，对 TE 值的选择也必须足够大，由此会直接导致重复周期的延长。典型的成像时间通常在数秒的范围内。在时间和空间分辨率之间做取舍，可以通过任意选择相位编码的梯度回波数，也就是重复次数来控制。

在需要高空间分辨率脑活动的定位时，FLASH 是很好的选择。

图像对比度

弛豫

基本的 MRI 对比度参数包括质子自旋密度（如水浓度），反映激发后的质子纵向磁化指数复原的 T1 弛豫时间，和描述在激发和探测之间的质子横向磁化衰减的 T2 弛豫时间。另外，梯度回波信号，如在应用 EPI 和 FLASH 的情况时，会经历更快的衰减过程，此现象由有效弛豫时间 $T2^*$ 所表征。它包括了真正的 T2 弛豫和由脱氧血红蛋白这样的顺磁分子产生的磁场非均匀性的效应。

自旋密度

为了减少由于血流、脑组织脉动和头部整体移动引起 MRI 信号的波动，在脑功能成像中采集原始数据的时候应避免 T1 的对比度。因此，成像应该是自旋密度加权和 $T2^*$ 敏感度（即回波时间 TE）的加权。

自旋密度对比度是通过在再次激发前给予足够长的时间让磁化在纵向充分恢复后而达到，或用小于 90° 的低倾转角以及重复时间 TR＜3T1 而实现。

在 1.5～2.0T 场强下，恰当的 TR 和倾转角组合有：6000 ms/90°、2000 ms/70°、1000 ms/50°、500 ms/30°、200 ms/20°、100 ms/15° 和 50 ms/10°。这些参数适用于 EPI 和 FLASH 序列。

图像

图 38-3 显示了自旋密度同 $T2^*$ 敏感度加权的 EPI 和 FLASH 图像。对于 200mm 的固定视野，图像揭示了具有 64×64、128×128（EPI 和 FLASH）和 256×256（FLASH）像素矩阵可达到的图像质量和对比度，它们同时和流动敏感的 FLASH 解剖图像进行了比较。

宏观磁化率伪影

由脑微血管内和周围的顺磁脱氧血红蛋白所引起的磁场扰动实际上是微观的（即距离少于 $50\mu m$），其远小于典型像素的一维（或线度）大小（即 1mm）。

另一方面，延长了的梯度回波时间的 EPI 和 FLASH 图像显示出了不希望出现的对

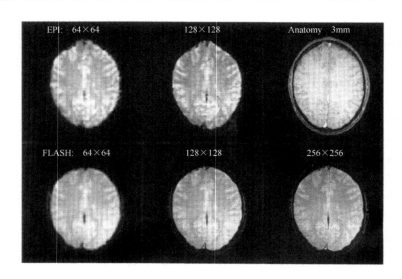

图 38-3　常用于功能成像的 EPI（上行）和 FLASH（下行）在对比度和分辨率（2.0T，200mm FOV，3 mm 层厚）与 T1 加权的 FLASH 解剖像（右上图）相比较

为避免 T1 加权和保证图像的 T2* 敏感度，将不同序列的成像参数做了相应的调整（EPI：TR＝6000 ms，有效 TE＝54 ms，倾转角 90°；FLASH：TR＝62.5 ms，TE＝30 ms，倾转角 10°）。

来自结构效应的宏观磁场不均匀性的敏感，一般跨越几个像素。它们主要来源于在空气和组织交界处较强的磁场磁化率的差异，如在耳道和头骨底部附近。结果图像会出现信号损失和几何变形。

在图 38-3 中图像所选择的脑区只有较少的宏观不均匀性。无论如何，这些小的磁化率差异的出现，例如，在脑前额的边缘线，导致了低分辨率（64×64）EPI 图像中视觉上可见的图像质量的降低。

信号损失

不均匀性的问题在移到图 38-4 所示的大脑较低处变得更严重了。这些图像清晰地表明，信号对宏观不均匀性的敏感是磁共振脑功能成像中的一个严重问题。这个问题可能会严重地妨碍研究海马结构功能在精神病中的作用问题。

像素大小

磁化率伪影在 FLASH 图像中不十分严重，这是因为它采用了传统的 K 空间覆盖方式以及相同的回波时间。这些伪影可以通过非常小的像素，即非常高的空间分辨率和很薄的层厚进一步地减少。如此，既减少了宏观磁场梯度的影响，同时又保持了对脱氧血红蛋白引起的像素内效应的敏感。这些策略的代价是降低时间分辨率和体积覆盖率。

对流体和运动的敏感度

血流、呼吸和被试不自主的运动可能在 MRI 系列成像中引起复杂的信号扰动。因此，对 FLASH 和 EPI 来说，我们推荐调节倾转角度和重复时间来避免 T1 权重，从而最大限度地减小纵向磁化稳态对信号幅度波动的敏感度。

每次扫描内部相位效应，如阴影，可以通过完善梯度波形和/或导航回波而降低到

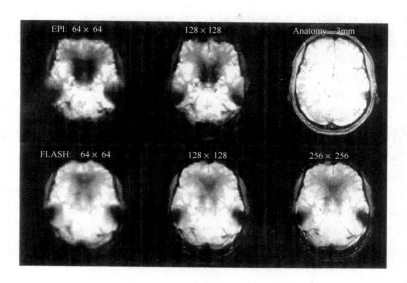

图 38-4　常用于功能成像的 EPI（上行）和 FLASH（下行）的磁敏感伪影的比较，同时
与 T1 加权的 FLASH 解剖像（右上图）相比较

除了扫描位置偏下以外，扫描对象和成像参数与图 38-3 中完全相同。伪影显示了信号损失
（EPI，FLASH）和几何形状的变形（EPI）。

最小。此外，为避免以 5～6s 为周期的呼吸运动引起的混乱，成像时间最长不超过10s。

头动

扫描期间最大的问题是由实验程序与刺激相关的头部或身体移动所造成的移动。如一个典型的例子就是在几分钟的实验里被试头部一次轻微的点头动作以及一个连续的偏移或者转动即可引起图像失真。在后处理中运用恰当的运动纠正算法可减轻后者的影响，即前者只有在相关运动足够显著而值，激活图上对比度变化的边界附近产生非特异性的伪影时，否则难以觉察。

对照

一般来说，建议用快速显示系列图像的方法对 MRI 数据质量实行监控。另外，重复做一次实验通常比依赖于人工纠正更可取。当研究对象是病人而不是健康的志愿者时，运动问题可能会变得尤为明显。在特殊情况下，用固定装置（如口咬棒）可能会有所帮助。

时间和空间的分辨率

根据研究目的和所进行的科研或临床问题的不同，按照相应的 EPI（spirals）或FLASH 序列选择不同的

—时间分辨率

—体积覆盖率

—空间（平面）分辨率

EPI

EPI 着重于在 100ms 的时间数量级上高速成像，转化成每一层最高为 100ms 的时

间分辨率，或者通过多层成像在重复时间 2s 之内达到 20 层面之多的体积覆盖。

由于在射频激发 T2 信号衰退期后可获得的梯度回波的数量是有限的，EPI 序列层内分辨率因此而受到限制。典型的层内 EPI 分辨率是 3mm×3mm，然而 2mm×2mm 也是可以的。层面的厚度一般为 3～4mm，但有些地方仍用 5～10mm 的层厚。

FLASH

使用 FLASH 是对 EPI 这个更常用技术的补充，它能得到以略低的时间分辨率和体积覆盖为代价的高空间分辨率。若试图最大限度地增大层内分辨率，可能会被限制在单个切片内。

通常，FLASH 使用 96×256 数据矩阵，150mm×200mm 的长方形视野以及以二倍的零填充，傅里叶变换会生成 0.78mm×0.78mm 的层内分辨率和一个几秒钟的时间分辨率。采用恰当的策略还可能得到能观察人类皮层柱形组织的高分辨率。切片的厚度为 3～4mm，但可减小到 1mm。

磁场强度

1.5～3.0T

对 MR 神经功能成像而言，"最佳"磁场强度的选择是一个悬而未决的问题。这里展示的结果是在 2.0T（Siemens Vision, Erlangen, Germany）上取得的，尽管大多数临床使用的系统仍将在 1.5T 或以下的强度上操作。最近，若干台 3.0T 磁场强度的头部专用 MRI 系统已经投入市场。

T2* 等

通常，磁场的不均匀性和磁化率的差别，换言之，$1/T2^*$ 弛豫率会随场强增加。因此，由于 T2* 弛豫时间变短了，取得 EPI 数据的时间也会进一步减少。另一方面，在较高场里可以选择较短的梯度回波时间也许是 FLASH 序列的一个优势。也要考虑到这样一个事实：虽然信/噪比会随着场强的增加而提高，与此同时，不期望出现的对运动的敏感度和宏观不均匀性也会随场强的增高而变大。

对比度

现在还不清楚，是否或者在什么情况下对于作为必要评判标准的"功能对比度对噪声的比率"的所谓提高，可用以评判是否应该投资购置 3.0T 系统。无论如何，我们建议考虑那些在诊断成像领域里领先的制造商生产的全套 MRI 系统的商业设备。

数据分析和可视化

一个简单的实验

人脑的功能信息来自于几分钟内获得的一系列 MR 图像。在图像采集的这段时间中，被试需要根据实验设计完成至少包含两个条件的实验任务。不同的条件代表着不同程度神经活动的各个功能状态。

解剖结构

图 38-5 概括了一个简单视觉功能成像实验中的一些基本元素。在沿着距状裂的单层斜位扫描中，成像比较的是视觉区域在闪光和黑暗两种条件下不同的神经活动。通

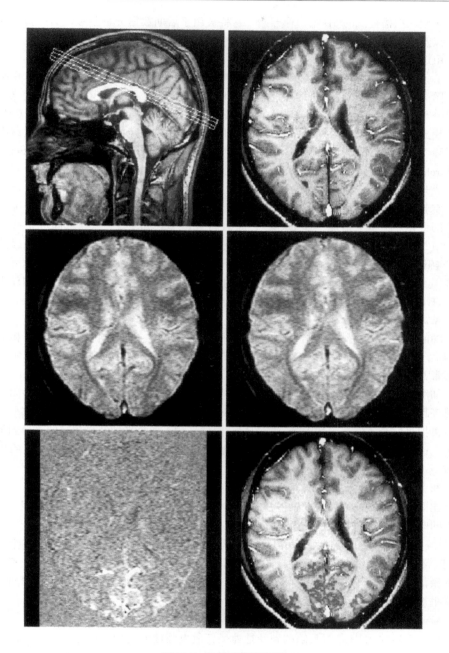

图 38-5　视觉功能激活图

（左上图）显示截面位置的选取（2.0 T，3D，FLASH，TR/TE＝15/6 ms，倾转角 20°），（右上图）显示截面内的解剖和血管（FLASH，TR/TE＝70/6 ms，倾转角 50°）。在从黑暗（左中）到闪光（右中）的刺激下，动态的自旋密度及 T2* 加权像（FLASH，96×256 矩阵，矩形 FOV 150mm×200 mm，层厚 4mm，TR/TE＝62.5/30 ms，倾转角 10°，时间分辨率 6s）显示了在视觉区里 MRI 信号强度的局部增加，也就意味着脱氧血红蛋白的减少。差别图（左下）和彩色激活图（右下）得自于对每个像素的信号强度随时间的变化相对于参考函数所作的交叉相关分析。刺激时使用的程式可以比照图 6（根据 Kleinschmidt et al. 1995a 修改）。

常，实验从扫描被试的 3D 结构像开始，它将被用于后期数据分析参考，功能扫描层定位，以及显示局部解剖结构和（大）血管分布（图 38-5 上部）。

BOLD 图像

上述准备工作完成以后，实验刺激程序的运行和动态功能图像的采集同时开始进行。图 38-5 中部显示了 T2* 敏感的自旋密度加权 FLASH 图像。其时间分辨率是 6s，空间分辨率为 $0.78 \times 0.78 \text{mm}^2$。相对于黑暗条件下的成像（中左），闪光刺激（中右）在选择成像的视觉皮层区域导致了局部 MRI 信号强度的上升，亦即脱氧血红蛋白浓度的下降。视觉刺激是通过投影仪呈现的，它覆盖了被试 $40° \times 30°$ 的视野范围（Schäfter 和 Kirchhoff，汉堡，德国）。

原始数据

实验最直接的结果就是一系列连续的图像，它记录了每一个像素 MRI 信号强度随时间的变化。在多层扫描（如 20 层）、高时间分辨率（如 2s）、中等空间分辨率（如 128×128 图像矩阵）以及 5 分钟激活实验的条件下，单次扫描的原始数据就已经达到 3000 幅图像或 96 兆字节。在被试比较配合的条件下，1.5h 的采集时间中至少可以有 10 次连续的扫描，那么一次实验就能产生约 1G 字节的数据。因此，数据存储和序列实验条件下的联机计算时间在做研究计划时也是需要考虑的。

差别图

功能成像试图要得到的结果是对应于每一扫描层的一张激活图，它将实验相关的 MRI 信号变化转化为由色彩编码的激活区域。相关像素的值都表现在这一张图中，激活通常都叠加在解剖结构像或原始功能像上。

如图 38-5 下部左侧所示，最简单的数据处理就是把同一功能状态下所有的图像时间对齐地进行叠加平均，然后相减。即把一个条件下（如黑暗）获得的功能像平均起来，再把另一个条件下（如闪光）的图像做同样平均，两个平均结果相减即可得到最后结果。这样相减后得到的差别图中会凸显出对闪光和黑暗两种加工存在差别的皮层区域。

相关图

比图像相减更加可靠且敏感得多的数据处理方法是相关分析。这种方法利用了刺激方程的时间特性，在每一个像素上都将它与血氧敏感的 MRI 信号曲线进行比较（Bandettini et al. 1993）。这样做可以消除统计信号波动造成的（假）差别，它在多个刺激周期，不同条件交替变换的实验模式中最为适用。图 38-5 下部右侧显示了基于相关系数的激活图。相对于上面的差别图，具有较低统计显著性的小激活区域，如额叶眼区，在这里被更清晰地辨别显示了出来。

活动

血氧敏感的 MRI 信号反映的到底是神经元放电强度的增加，还是放电同步性的增强，抑或是视觉皮层中同一区域下更多新的特化神经元的介入？这一问题是 MRI 实验本身无法回答的。我们需要知道，通常即使是在高空间分辨率的实验研究中，成像的分辨率也不足以显示出人脑的皮层功能柱结构。

MRI 信号强度时间曲线

图 38-6 显示了图 38-5 实验中从初级视皮层，额叶眼区以及非激活的额叶灰质感兴

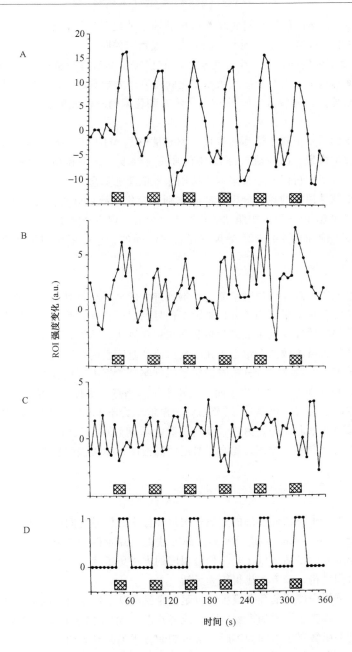

图 38-6　对氧合敏感的 MRI 信号强度随时间变化的曲线（2.0 T，FLASH，TR/TE＝62.5/30 ms，
倾转角 10°，时间分辨率 6s）

感兴趣区内的时间变化曲线来自于同一个人脑的（A）初级视皮质；（B）额眼区；（C）非激活的额叶灰质分别
对视觉刺激（18 s 的闪光和 36 s 的黑暗）的反应；（D）模拟的随时间变化参考函数，其间考虑到血流会引起从
刺激到反应在时间上的延迟因此后移了一个图像的时间（6 s）。这个车厢形状的函数曲线被用来计算图 38-5 中
相关系数图的阈值。注：ROI，regions-of-interest。

趣区（ROI）中选出的信号时间曲线。这样的信号曲线反映了由刺激引起的视觉活动，它与"18s 闪光/36s 黑暗/6 个周期"的刺激模式紧密关联。

图 38-6 最下面的曲线是一个参考模板，它模拟了刺激方程的时间结构，但向后平移了一个时间点（6s）以符合血氧浓度变化的血流动力学延迟。这样的一个方波曲线被用于相关数据分析，最后得到如图 38-5 所示有颜色编码的相关系数激活图。

校准

脑激活成像需要依赖于适当的生理模型和能够从 MRI 信号强度曲线中鉴别出刺激相关变化的数学模型。因为动态的 MRI 信号具有幅度、频率和相位（相对于使用的实验模式）特征，我们可以有非常多的方法用来提取功能信息。

虽然基于信号幅度的数据分析方法如差别、变化或统计处理（如 t 或 χ^2 检验）均可应用，但把 MRI 信号强度按照"氧化"或"激活"程度来定量化或校准是不可能的。要校准与动脉氧饱和有关的 $T2^*$ 弛豫率是较费时间的，它主要应用于具有较好生理控制下动物实验。

数学

因为上述原因，现在广泛被接受的数据处理方法是分析信号的相对幅度以及它随时间的变化。技术实现上采用相关分析来捕捉信号的时间特性，采用傅里叶分析来研究其等价频率。其他的手段还有主成分分析和模糊聚集算法。然而，这里介绍的数学方法并不完全，对他们进行细致的介绍也不在本文讨论的范围之内。

利用数学方法对数据进行分析时需要考虑到实验数据中所包含的噪声。在优化过的 MRI 系统中，噪声主要来自于生理而非机器本身。当然，具体情况要看血管和/或组织成分的特定空间整合（分辨率），以及相对于血液动力学响应的时间分别率。其他干扰如呼吸也是噪声的来源之一。另外，任何的数据后期处理，如时间/空间滤波或者甚至只是"基线"或"漂移"校正，均会对最后的激活图产生很强的影响。

统计激活图和其他

相关

数据分析中一个可靠而实用的方法是把每个像素的信号时间曲线和参考模板方程做正交相关分析（Bandettini et al. 1993）。该方法能可靠地防止非相关信号波动的影响，对于检测的小或弱的激活区域比基于信号幅度的方法更敏感。另外对于适应实验模式和刺激方程的时间结构，该方法显得较为灵活。

正交相关分析中使用的参考模板可以是记录到的某个像素自己的信号曲线，刺激程序的数学方程，真实或假设的模型方程，或者甚至是 MRI 扫描的同时记录到的 EEG 信号。当正交相关函数滞后时间为零时，实验刺激方程不必是周期性的。这一分析得到的结果就是大家都知道的相关系数，它由快速的计算即可获得。

直方图

未经加工的相关系数激活图中每个像素的值是在 -1（反相关）和 +1（完美相关）之间变化的，0 表示不相关。要找出在实验条件下激活了的特定脑区，这些像素值需要通过一个阈值筛选。只有相应的 MRI 信号变化达到统计显著性的像素才被算作激活。

图 38-7 分别显示了在有或无视觉刺激两种条件下，动态 MRI 信号相关系数的分布

图。在没有激活的条件下，相关系数的噪声分布是对称的，中心在零。大脑的激活使得相关系数离开了噪声分布，具有较高正（或负）相关系数的像素变多了。

阈值

由于系统血液动力学响应和运动稳定性的不同会导致实验测试期间噪声分布的中心和宽度发生变化，我们不鼓励使用绝对相关系数阈值来确定某个像素是否激活。另外，单一固定的阈值会导致特异性（如强调少数具有高统计显著性的地方而牺牲功能区域定位的准确性）与敏感性（如以含有许多噪声为代价，使用一个较低的阈值使广泛的区域得以激活）之间的此消彼长。

如图 38-7 右侧所示的步骤（Kleinschmidt et al. 1995a）可以用来防止测试间的差异，准确显示激活区域。

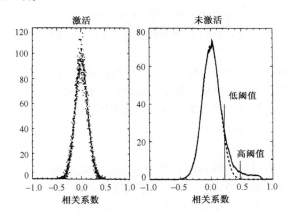

图 38-7　在一个用黑暗做控制的实验中得到的相关系数分布图，（左图）对应非视
觉激活，（右图）对应视觉激活

在右面的分布图里，实际分布（实线表示）与对称分布的本底噪声（虚线）相比的差别表明了激
活的存在。噪声的分布是依据实际分布的中心部分重建的，两个分布差异的面积对应于那些具有
正的高值相关系数的像素数。

噪声

对称的噪声分布是从实际激活图中得到中心位置以及半高宽之后，将其分布的中央部分用一个对称的方程来拟合得到的。这一过程使得相关系数可以按比例地依照噪声分布的积分在一个百分等级中重新取值。这些百分数描述了在大于或等于给定相关系数水平时某个像素是噪声的概率，即若该像素被视作为"激活"时，这一假定是错误的可能性。

特异性

只要数据分析过程是基于相关系数的，它对于排除相关噪声波动是较为可靠的。为了定位激活的主要区域，可以使用一个较高的百分数（或相应的低错误概率）作为阈值。为了得到具有高特异性的显著激活，图 38-5 中示例激活图（右下）示意的是辨别显著性达到 99.99% 的相关系数阈上图。

敏感性

若要得到较为完整的大脑激活空间分布，可以直接把具有高激活显著性的区域向外延伸，只要延伸出来像素的相关系数足够高，能与噪声分布区分开来即可。这样做是较为合理的，其原因在于如不做阈值限定，直接观察相关系数激活图时，真正激活的地方往往是由一些具有较高相关系数的点聚集成簇形成的。激活点之间这种类似于"山峰"一样的地形分布关系可使我们的数据分析在不牺牲特异性的条件下提高敏感性：用一个较高的阈值检测出显著的激活点之后，激活区域较为准确的描绘可以通过不断地进行相邻延伸来获得，只要延伸出来的点能超过一个把信号和噪声分布区分开来的较低阈值。

SPM 等

多数的研究小组都开发有其自己的数据分析程序，有些可获得有些不能。其中一个比较流行，半自动，且较为标准化的软件是 SPM（Friston 1995）。这个软件包最初是为低分辨率（静止）PET 成像的统计参数分析而开发的，但现在它包含了适用于 MRI 数据分析的工具。

不管使用什么软件，对于只想把它作为一个解决问题的工具的数据分析初学者和认知神经科学家，我们均强烈建议他们采用数据驱动式的分析方法，而不是盲目依靠那些黑箱操作式的数据分析程序。我们建议尤其要经常检查获得的原始图像质量以及察看处理之后得到的 MRI 信号时间曲线。

可视化

一旦获得数据并通过分析得到激活图，为了达到进一步的科学目的或满足临床要求，另外的一些处理过程是必要的。在大多数情况下，研究要求把许多正交图层上的结果简单而全面地展现出来。这就需要进行图像整合，把脑功能像与每个被试的 3D 解剖像结合在一起，同时把汇总的数据呈现在皮层表面上（如为了手术前计划）。

在神经科学研究中，把个别被试的激活图转化到一个标准的大脑坐标下是必要的。它有助于进行被试间平均以提高数据分析的敏感性或把共同与个别的认知策略区分开来。另外，这一过程使我们能够把功能激活区和互补的大脑微血管或细胞结构信息作比较。标准的激活图还是不同研究手段间进行数据融合的前提。上述许多软件还在进一步的开发完善中。

大脑活动的生理特征

耦合

把局部神经活动变化与可检测到的 MRI 信号连接起来的关键是神经血管耦合（Villringer and Dirnagl 1995）。因此在成像过程中控制血流动力学以及代谢参数的影响是十分必要的。

血红蛋白

在选择了适当成像参数的条件下，脑活动的动态 MRI 依赖于 BOLD 对比度，它反映了脱氧血红蛋白绝对浓度的变化。这样的认识不光来自于动物实验的证据，而且它在人脑运动区域被血氧敏感的 MRI 和近红外光谱同时记录所直接证实（Kleinschmidt et al. 1996）。

这一节介绍决定最终脑血氧和随后与神经活动导致的功能响应之间相互作用的一些

机制。

血液动力学反应的调制

　　除了理想的、直接与任务相关的神经活动以外，由血流动力学参数变化所驱动的 BOLD MRI 对比度还会受到被试内或被试间其他认知或情感因素（如注意和焦虑）差异的调制；系统调节（如心率和血压）甚至也会参与其中。另外，BOLD MRI 信号的幅度和时间特性还会受到与年龄（如新生婴儿和老年人群）、营养和药物条件（如影响血管活性和治疗精神病的药物）或神经病理（如脑血管疾病）相关的神经血管响应变化的影响。我们也许可以认为，在对神经解剖、微脉管系统以及神经递质系统均有充分认识的条件下，BOLD 反应揭示了大脑中各系统基于位置分布上的相互依赖关系。

神经活性药物

　　直接药物干预是影响大脑血氧水平的显著实例。

　　图 38-8 显示了施加治疗精神病的药物如 diazepam 和 metamphetamine 后 BOLD MRI 的信号变化。一个具有激动作用，一个具有抑制作用，两种药物对大脑产生的效应区别十分明显。相对于注射时的信号强度，metamphetamine 能在注射结束后 3～4min 引起 1% 的信号上升，而 diazepam 则能抵消这种效应。

　　Metamphetamine 导致的信号上升在皮层下灰质和小脑中要比在额颞皮层灰质中更明显。这样的区域性差别支持了这样一个假说：我们看到的信号变化不光反映了大脑中整体血流动力学特性的变化，它还反映了与突触活性改变相关的局部灌注特性变化。期望作用给出现的安慰剂效应提供了很好的解释，它同时也提示我们这是功能活动实验设计中一个需要考虑的额外因素。

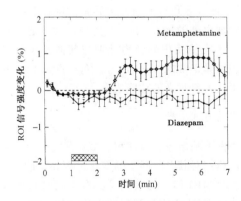

图 38-8　对氧合敏感的 MRI 信号强度受药物刺激引起的脑活动抑制的反应，及其随时间变化的曲线（2.0 T，FLASH，TR/TE=62.5/30 ms，倾转角 10°，时间分辨率 12 s）

药物刺激是由静脉注射 15 mg metamphetamine（上部曲线）和 10 mg diazepam（下部曲线）而实现的。曲线上的数据来源于对若干健康年轻人（n=7）的全脑测量结果的平均。对不同药物的特别反应分别表现在注射 metamphetamine 后的信号增加和注射 diazepam 后信号的稳定或略微下降。曲线各点上的竖线的位置和长度反映了此点的平均值和平均标准误差。

血管活性药物

　　血管活性药物的使用，如血管舒张（acetazolamide）和血管收缩（aminophyline），将更为直接地影响脑血流及其对脱氧血红蛋白浓度所产生的效应。图 38-9 显示了相关 BOLD MRI 信号受两种药物的影响以及视觉皮层中激活导致的信号变化调制。

血管舒张

acetazolamide 的作用使得血氧敏感的 MRI 信号在皮层（以及皮层下）灰质中普遍上升。如图 38-9 的上部所示，这一过程在药物施加后约 1min 开始，在 5～10min 之后达到平台期。假定氧化代谢过程没有发生改变，这一现象反映了一个静脉过氧化状态，即由增加了的脑血流灌注所带来的脱氧血红蛋白浓度降低。静脉过氧化状态在高碳血酸症病人身上也能看到，它是由碳酸脱氢酶抑制所导致的结果。

血管舒张后活动引起的 MRI 信号变化显著降低，它提示血管收缩活性的降低。考虑到被试间差异，这样的实验数据揭示了一个与个体相关的、对功能负荷具有自主调节能力的反应机制。当这一机制的反应自由空间已达到极限时，自主调节将不会再产生任何 MRI 信号变化，这就使我们不再能够从生理水平上有效地检测大脑活动。

血管收缩

如图 38-9 下部所示，aminophylline 会导致 MRI 信号强度的快速降低。相应脱氧血红蛋白含量的增加可以解释为血流下降与不变或甚至轻微上升的氧耗量两者综合的结果。因为 aminophylline 除了对血管活性的影响以外还具有神经兴奋的作用。药物注射后视觉活动的信号强度既没有减小也没有增加，这表明针对由药物和功能作用引起的血流动力学响应变化，分别有对其做出调节的不同中间系统参与其中。

病理

在对病人进行神经活动的生理成像时我们需要特别注意。除了空间占位损伤所造成的直接影响外，神经退行性变化和神经代谢紊乱也可能影响大脑自主调节或神经血管（神经代谢）耦合的其他方面。导致血流动力学异常的脑血管疾病已经被证实会完全扰乱每个病人本来所应当表现出来的 MRI 信号。另外，对于处于麻醉状态的病人，或正在接受药物治疗的病人，不管他使用的药物是否与其神经系统疾病（如年老的精神病人）有关，他们也会表现出非正常的 MRI 信号。对于麻醉状态的病人来说，其脑血流所受到的影响几乎妨碍了任何有意义的功能成像。

反应功能以及实验设计中的时间问题

对于人类大脑激活条件下脑血流、血体积、氧化代谢所受到的调制作用，以及它们对"功能对比度"影响，我们对其在时间上的变化过程和它们之间的相互作用还知之甚少。总的来说，实时 BOLD MRI 信号的变化是具有不同时间常数的多重调节过程综合作用的结果。这些调节能对 MRI 响应的解释产生很大的影响，尤其当信号是在重复刺激实验模式下获得的时候更是如此。

有一个问题是局部神经活动变化是否会导致一个特征性的 MRI 生理反应方程。图 38-10 证明了视觉激活从持续刺激到单次短暂刺激时我们都能得到一个典型的信号模式。这些研究中最重要的发现是观察到刺激开始所引起的起始信号上升之后完整的信号变化，其中还包括一个缓慢的生理过程。

快过程

快速的 BOLD 正响应通常来自于一个迅速脑血流（也就是氧供应）上升导致的过

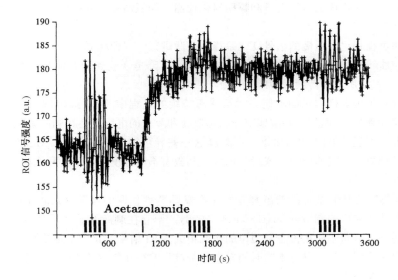

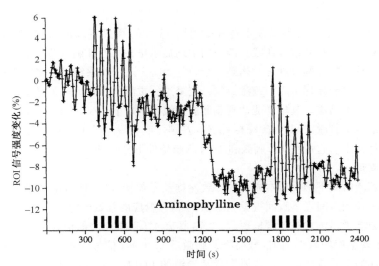

图 38-9 对氧合敏感的 MRI 信号强度在静脉注射 15 mg acetazolamide（上图）和 10 mg aminophylline（下图）前后对视觉刺激（5 个周期，18 s 闪光，36 s 黑暗）的反应及其随时间变化的曲线（2.0 T，FLASH，TR/TE＝62.5/30 ms，倾转角 10°，时间分辨率 6 s）

曲线上的数据来源于对两个人的视觉神经皮层感兴趣区内分别进行连续测量 60 min（上图）和 40 min（下图）的结果。血管扩张引起 MRI 信号的增加（抑或脱氧血红蛋白的减少）及功能反应的显著衰减，与之相反，血管收缩导致了相应的信号减少（抑或脱氧血红蛋白的增加）然而对视觉刺激的反应强度却没有减弱（根据 Kruger et al. 1994 和 Kleinschmidt et al. 1995b 修改）。

氧化状态。这一快速的血流上升和瞬间氧化代谢（即氧消耗）的有效上调不匹配。

慢过程

和快过程相比，缓慢的信号变化是指在刺激进行时（即相对脱氧化）发生的血流动力学响应曲线衰减以及刺激结束后一个显著信号下降再恢复到刺激前基线水平的过程，如图 38-10A 中所示的持续激活区间。

尽管对于棋盘格刺激的响应在激活状态持续的过程中几乎可以保持不变（不超过 20% 的信号衰减），但其他刺激如闪烁的弥散光和真正的电影则会在刺激呈现 6min 后使得信号下降到起始值的 50% 以下。可解释这一差异可能的原因包括：对血流、血体积和氧消耗刺激依赖式的调节，或者被试对于刺激有不同程度的习惯化和适应。

机制

对于慢过程机制最可能的解释是对于有氧葡萄糖代谢的调节（Frahm et al. 1996）以及对静脉血体积的调节（Buxton et al. 1998）。不管在刺激开始还是结束时，这些变化都需要一段时间才能在占主导地位的血流相关 MRI 信号变化中定量检测出来。但是，独立于内在机制之外，具有不同时间常数两个过程的存在将直接影响通常基于短实验程式时间的成像研究。

重复

图 38-10B 和 C 中分别呈现了在 6 个周期 18s/36s 模式下以及 12 个周期 1.6s/8.4s 模式下重复视觉激活的信号曲线。两个图中均显示出在周期性刺激条件下的信号基线漂移，这一漂移大概在两分钟之后达到一个新的稳态。这一观察结果与慢生理过程的存在十分吻合，它可能体现了先前刺激使信号突降这一贡献的累积。一个显著的信号突降标志着重复刺激的结束，其幅度能达到刺激前基线水平以下 2%，其时间可持续 60～90s。

在相继两个刺激之间，峰-峰相对信号差别，或者说"功能对比度"在实验过程当中几乎保持恒定。它们在 18s 刺激和 1.6s 刺激条件下分别是 7% 和 4%。

单次测试

不同刺激时间下脑反应本质上的一致性推动了如图 38-10D 所示对单次刺激事件的研究。对于长刺激间隔下瞬间视觉刺激 MRI 信号响应的细致研究显示，它有 1.5～2.0s 的血流动力学延迟，它在刺激呈现后 5～7s 具有 4% 正方向上的信号上升，而在刺激后 15～20s 出现幅度约为 1% 的信号突降。刺激后 60～90s 信号才能恢复到刺激前的基线水平。这样的信号特性说明，若要把激活导致的 BOLD MRI 信号变化真正在生理水平上相互分开，这需要一段相当长的时间。

相反地，在短刺激间隔条件下，重复呈现的刺激之间就会有生理上的"关联"，这表现在它们的 BOLD 信号会受到前面呈现刺激的影响。

类似的实验现象已经在亚秒级的视觉刺激实验中被观察到，把实验模式中的黑暗换成单一的对照条件结果亦是如此。

噪声

如图 38-10D 中所示的反应功能在短暂的皮层事件和缓慢得多的生理波动之间建立了重要的联系。这种生理波动即使在没有功能负载的条件下也能调制动态的 BOLD MRI 信号。排除仪器噪声，在初级感觉运动和视觉系统中对这种低频"噪声"的分析已经被用来生成功能联系图（Biswal et al. 1995）。

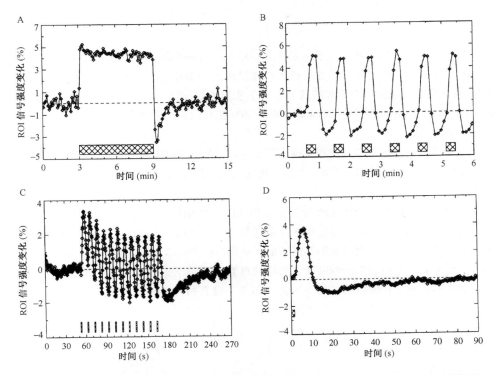

图38-10　对氧合敏感的MRI信号强度对不同的视觉刺激程式（棋盘格图形或黑白相间的条形对比于黑暗）的反应及其随时间变化的曲线（2.0 T）

A. 对持续六分钟刺激的反应（$n=7$）；B. 对一个18s/36s程序（FLASH，TR/TE=62.5/30 ms，倾转角10°，时间分辨率6s）里重复刺激的反应（$n=7$）；C. 对一个1.6s/8.4s程序里重复刺激的反应（$n=8$）；D. 对一个18s/36s程序（EPI，TR/TE=400/54 ms，倾转角30°，时间分辨率0.4s）里独立事件的反应（$n=5$）。曲线代表了对具显著统计意义，因刺激引起的信号变化的所有像素的平均值（根据Bruhn等，1994和Fransson等，1998a修改）。

初始降低

在动物暴露视觉皮层上进行的近红外光学成像结果显示，由于神经活动位置上瞬间的氧耗增加，激活初期2s内的脱氧血红蛋白含量会上升。然而，我们还不完全清楚在动物身上得到的光学成像实验结果究竟在什么程度上能推广到对人的MRI研究。例如，两种技术关注的是不同的组织成分：MRI检测的是一个像素范围中来自于所有血管综合贡献造成的磁化率改变，而光学成像则通常会排除来自于可被视觉鉴别出来的血管信号。

在认识到这些情况基础上，应当强调的一点是在多周期重复刺激但没有充分恢复时间（图38-10B、C）的条件下，对信号进行时间对齐的叠加平均可能会人为使得"初始下降"的幅度增大。这是因为真实的信号按时间截成许多段之后会形成"反卷"，尤其是前一个刺激结束后的信号下降会返折到后一个周期的刺激前"静止"阶段。在长刺激间隔使信号得以充分恢复（图38-10D），保证相邻刺激之间完全无关联的情况下，这种反卷效应以及它导致的信号初始降低也就消失了。

事件相关记录

成像实验设计的优化不但可以通过缩短刺激时间来达到，减少刺激间隔时间也是方法之一。这样的实验设计试图在一连串快速呈现的刺激中找到个别的"事件"，它使得MRI能够更方便地应用于通常的认知心理学实验模式。图38-11显示了当1s视觉刺激的间隔从89s分别缩短到6s和3s时，实时BOLD MRI的信号曲线。

对比度

一个关键的现象是与刺激相关的信号正负峰-峰值差别逐渐下降，此现象在刺激间隔少于约5～6s时变得非常明显，这与短暂视觉刺激后信号需要5～6s才能达到最大值有关。

这种功能对比度的降低反映出正向的BOLD MRI信号没有足够的时间上升到峰值，刺激结束后它同样也没有充分的时间恢复到基线。多个信号下降的效应积累在一起导致了一个新的平衡，其表现出来的基线远低于刺激前的基线水平，并且在最后一个刺激周期结束后形成一个显著的信号突降。同样的机制也影响了每一个刺激在实时MRI信号中所造成的影响，它使得事件相关实验初期几乎没有的功能对比度在刺激间隔为6s和

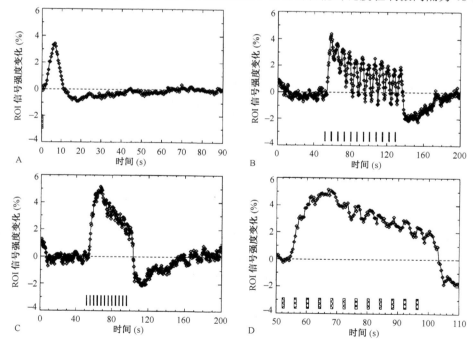

图38-11　对氧合敏感的MRI信号强度对不同间隔的1s视觉刺激的不同时期（棋盘图形或黑白相间的条形对比于黑暗）的反应及其随时间变化的曲线（2.0 T，EPI，TR/TE=400/54 ms，倾转角30°，时间分辨率0.4 s）

图中的实时反应对应于如下的刺激/间隔时间：A.1s/89s；B.1s/6s；C.1s/3s；D.是图C曲线中对刺激反应部分的放大。曲线代表了对参加实验的人脑（$n=6$）内具显著统计意义，因刺激引起的信号变化的所有像素的平均值（根据 Fransson et al. 1998b 修改）。

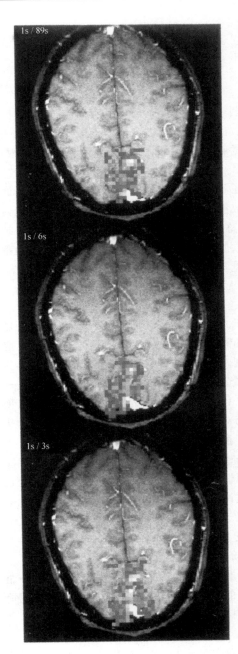

图 38-12　显示了视觉神经皮层区的空间一致
视觉刺激的程序与图 38-10 中相同：1s/89s（上图），
1s/6s（中图），1s/3s（下图）。激活图被叠加在作为参
照的显示脑解剖和血管的结构图上（rf-spoiled FLASH，
TR/TE=70/6 ms，倾转角 60°）（根据 Fransson et al.
1998b 修改）。

3s 的条件下分别在第 4（图 38-11 B）和第
6（图 38-11 C、D）周期得以增强。

激活图

图 38-12 所示的激活图显示了在 1s/
89s、1s/6s 和 1s/3s 三种实验模式下空间上
非常一致的大脑激活区域。把血液动力学
延迟、上升和下降时间考虑在内，用模拟
刺激方程的模板曲线和实验中得到的信号
曲线进行相关分析，这样就可以得到上述
的激活图。

尽管对于事件相关实验设计下应当使
用线性还是非线性的数据分析方法还存在
着争议，但这样的实验结果还是证实了只
要动态的 MRI 数据在生理水平上有足够的
功能对比度，它就有能力找到特定条件下
参与某脑功能的神经细胞群。需要明确的
是，这一结论只适用于视觉皮层对相同刺
激的反应，同时每个响应应当在时间上都
能彼此分开才行。

去激活

一般说来，复杂的实验设计也会使得
信号以及后继的数据分析变得复杂。因为
这样的实验设计通常需要在人为制定的不
同条件之间进行活动变换，而这种变换可
能会使得 MRI 信号上升或下降。在进一步
的工作中，我们需要关注生理水平上的
"去激活"，发展总结出研究神经活动在不
同程度、不同状态间双向变化的方法。

实验范例设计

脑功能磁共振成像一个最有发展前景
的特征就是实验范例设计的灵活性。我们
大致可以列出以下一些可能的设计方式：

—用两个任务组块（block）来比较两
个功能状态

—使用多重或间隔的任务组块来对应
多个功能状态

—事件相关的实验范式

　　—触发式信号采集

　　—无功能信号干扰条件下的噪声分析

一些基本结构

　　组块

　　目前看来，许多功能磁共振成像实验均采用了基于两个任务组块 A 与 B 的设计。它可以比较两种不同条件下的神经活动表征。在这种实验范式下，我们通常简单地认为大脑的活动处于激活（如运动支配，受到视觉刺激）和对照（如运动停止，无光刺激）两种状态。

　　即使在简单的组块式实验设计下我们也还需要作进一步的考虑。例如，数据分析的统计显著性将依赖于每种条件下采集的图像数量以及组块的重复次数（或活动周期数）。另外，对条件 A 和 B 在时间轴上对称或不对称出现的选择，以及对它们各自绝对持续时间的安排均会影响被试完成任务的成绩，数据分析和最终的激活结果图。不同实验条件之间比较的顺序或方向是需要考虑的一个重要方面；即使是同一实验中得到的数据，若 A 相对于 B 代表激活加工，那么 B 相对于 A 将在相同或其他的脑区显示出去激活。

　　多元混合

　　抛开"静止"脑这一有争论的假设，对于大脑活动一个更加合理的概念中包括了这样的观点：大脑的各个活动状态在本质上是相同的，它们之间仅仅在神经放电强度，或同步性，或参与其中的神经元数量上存在差别。这些观念使得多元混合或间隔式的实验设计结构得以发展。在这样的实验设计中，多个条件之间可以相互比较或适当组合。一个简单的例子来自于一项对人手运动区中各手指对应区域的研究（参看下面）。在这项研究中，任务 1 和任务 2 相比较取代了任务与对照相比较的实验设计。两种实验设计从回答问题的角度到最终的实验结果均显示出了很大的差别。

　　多元混合式的实验设计更有助于优化认知实验范式。它可以让被试更好地保持注意，避免单一重复的实验任务中容易产生的习惯化或预期效应。在单次实验扫描中，它也使得多重差异比较得以进行。考虑到能让被试较好地完成实验任务以及有效地避免头动，磁共振实验扫描时间应当保持在 10min 以下。在实际研究中，因为从生理学角度来说每个条件持续 8～10s 较好；同时，为了满足统计要求，每个实验任务块最好重复 4～6 次。这就使得在一次实验扫描中不同的实验条件数量大约被限制在 10 次左右。

　　磁共振成像实验中一种特别的变量是基于顺序或递增式地改变刺激的某种特征，如视野的偏心度、视角或听觉音调的频率。适当的数据分析方法能直接分别得出初级视觉和听觉皮层上视野感受功能区和音调感受功能区的分布。

　　事件

　　事件相关的实验范例将刺激呈现的时间以及多元混合任务块中刺激之间的时间间隔缩减到最短，它试图显示出对应于不同皮层事件的瞬间信号变化及其空间分布。这种实验范例一个典型的例子是"个别球"式设计。它测试大脑在连续快速呈现的多数相同刺激串中鉴别出个别不同的刺激并做出反应的能力。

　　然而，要想在生理水平上分别分析对应于不同刺激的神经活动的变化，这还得取决于我们在时间或空间上区分不同相关信号响应的能力。

一般来说，我们应该知道一个大脑区域的神经活动代表着多种功能，即相同的一群神经元往往担负着多种不同的功能。支持这一观点的实验事实已在大脑的视觉和感觉运动区域被发现（参看下面），说明同样问题的实验证据将更有可能在高级认知加工中出现。由此可知，为了区分具有相似空间分布的神经活动，我们需要具有在时间上分得足够开的生理响应。这样才能保证代表不同功能的相邻神经活动在除去相互叠加的信号部分之后还有足够的剩余对比度来生成空间激活图。

在事件相关的实验范例中，也有人建议在时间轴上把刺激呈现随机化，这有利于减轻短刺激间隔下功能对比度的降低。

脑电图

另外的一类实验称为动态磁共振成像，其数据分析是根据（外部）记录的触发信号来进行的。虽然还受到技术方面困难的局限，但这种实验方法的一个重要应用是把对血氧敏感的磁共振信号变化与特定的脑电图模式结合起来。例如，在磁共振信号采集与脑电纪录互动关联的条件下，我们能方便地得到与癫痫活动相关的生理变化分布图。

可能把磁共振成像与其他外部触发信号互动关联起来的地方还有：与重复施加的穿颅磁刺激（如治疗忧郁症）或与心理物理以及行为参数记录相结合研究中的应用。

实际应用选例

目前所知功能磁共振成像的临床应用范围包括从手术前计划（定位感觉运动功能区，检测语言脑半球支配）到定位与疾病相关的功能衰退区域（如盲视）和皮层（重）组织。后者既指短时的皮层可塑性（如学习、记忆），也指早期的脑发育或脑损伤后恢复时发生的长时程变化。虽然现今尚不成熟，但功能磁共振成像的应用范围应当还包括对精神病人的认知和情感障碍进行功能定位。

体感皮层分布

功能磁共振成像具有恰当的实验范式设计是很重要的。一个简单但十分能说明问题的例子来自于对人类运动皮层手指体感分布的分析。若应用分别主动运动不同手指和休息状态相比较的实验模式，那么得到的参与感觉运动加工的精细皮层功能分布可能就会存在问题。因为这样的实验设计会使得结果中包含有一个公共的激活区域，它对应于整只手中几乎所有手指的活动。这样的实验实际上得到的是与手指运动相关的所有区域，而对于需要研究的体感皮层分布它只不过在表面上给了我们一个真正功能（空间）分离的感觉。

不同于上面的实验设计，当去除休息状态，改用各单手指运动直接相互转换的实验设计后，图 38-13 显示出与上面大不相同的结果。这样实验设计的目标就是观察选择性的皮层反应或"定性的"体感皮层分布，而不是仅仅只为了观察到一个相关的神经活动。在高空间分辨率的功能图像中，新的实验设计显示出每个手指不同的体感皮层对应区。和经典的皮层运动感觉分布模型一致，其结果具有从内到外有序渐变的排列模式。

从这些具有设计特异性的实验结果中我们也许可以得出这样的结论：基本运动皮层中手区的体感皮层分布并不是定性的，每个手指都有各自特定区域的功能分离结构；它应当是手区里埋藏在生理协同和解剖连接共同作用中类似于数字编码的，定量的不同神经活动优势。

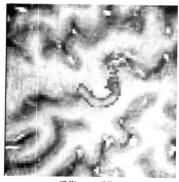

手指 I vs. 手指 V　　　　　　　　　　　手指 II-V vs. 手指 I

手指 V vs. 手指 I

图 38-13　使用右手为主的个体进行右手指运动时，左半脑主运动神经手区内的右手指运动神经皮
层的激活显示了其功能的主导性

左半脑主运动神经手区是通过右手指压迫右手掌相对于静止状态而确定的。右手指运动神经皮层的激活是由一
个相似的，重复六次 18 s/36s 的程序实现的。尽管有重叠的情况，拇指相对于小指（上图），食指等四个手指相
对于拇指（中图），和小指相对于拇指（下图）功能的主导性分别分布在手区内的侧面、中间、和中心部位
（2.0T，FLASH，TR/TE=62.5/30 ms，倾转角 10°，测量时间 6s，空间分辨率为 0.78×1.56 mm² 图像重建时
经过差值后为 0.78×0.78，层厚为 4mm）（根据 Kleinschmidt et al. 1997 修改）。

语言

　　具有实验设计特异性结果的另一个例子来自于对参与语言理解的早期视觉区域的研
究。利用 MRI 在一次实验中可以检验许多不同实验设计的能力，功能定位过程本身找
到了将"阅读"和"看见"区分开来的相关特性。

　　图 38-14 的上部显示了腹侧通路在枕叶（视觉）皮层的活动。它是可读但无意义的
"非词"（如 debam）相对于一个类似于字母但非文字的单个假字体引起的激活。虽然脑
激活的偏侧性提示处理语句输入的脑区在这其中可能有特别的贡献，但若使用具有比前
面实验更为精细的认知区别任务，这些分散的激活还可以再被细分为更多的成分。

　　图 38-14 的中间部分显示了当直接把一串假字体与单个假字体进行比较时，被试大
脑中部沿水平中轴线上的结构在简单长度编码中的活动。与此互补的，图 38-14 下部激

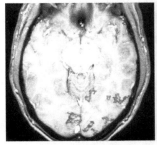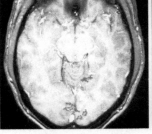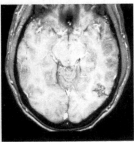

非词 vs. 单个假字体　　　　　　一串假字体 vs. 单个假字体　　　　　　非词 vs. 一串假字体

图 38-14　对参与语言理解过程的早期视觉区的确认

（左图）显示了看一个能发音但无意义的"非词"与看单个假字体之间的对比这样一个"全域"程序而产生的后脑枕叶视觉神经皮层的激活。（中图）表明了由水平方向的长度编码（"看"）程序所刺激产生的颞叶部分的激活，此程序要求被试者对一串假字体和一个单一的假字体做比较。（右图）左半侧脑部的激活反映了语句输入（"读"）的视觉处理过程，其间所用的实验程序是对看一个假词与看一串长度相匹配的假字体做比较。实验中用的所有参数与图 38-13 中相同（与 Peter Indefrey 和 Colin Brown 协作）。

活图中显示出的严格左半球活动则说明相对于"非词-同长度假字体串"比较的实验设计，当前所用的实验模式确实提示存在对于语句输入的早期视觉加工。

致谢：我们非常感谢许多同事以及合作者在过去 5 年中所做出的宝贵贡献。他们是：Harald Bruhn，Wolfgang Hanicke，Andreas Kleinschmidt，以及 Klaus-Dietmar Merboldt。

参 考 文 献

Baron JC, Frackowiak RSJ, Herholz K, Jones T, Lammertsma AA, Mazoyer B, Wienhard K (1989) Use of PET methods for measurement of cerebral energy metabolism and hemodynamics in cerebrovascular disease. J Cereb Blood Flow Metab 9:723–742

Baron JC, Comar D, Farde L, Martinot JL, Mazoyer B (1991) Brain dopaminergic system imaging with positron emission Tomography. Kluwer Academic Publishers, Dordrecht

Bendriem B, Townsend D (1997) The art of 3D PET. Kluwer Academic Publishers, Dordrecht

Budinger TF, Huesman RH, Knittel B, Friedland RP, Derenzo SE (1985) Physiological modeling of dynamic measurements of metabolism using positron emission Tomography. In: Greitz T et al (eds) The metabolism of the human brain studied with positron emission Tomography. New York: Raven Press, pp 165–183

Carson RE, Daube-Witherspoon ME, Herscovitch P (1998) Quantitative functional brain imaging with positron emission Tomography. Academic Press, London

Comar D (1995) PET for drug development and evaluation. Kluwer Academic Publishers, Dordrecht

Crivello F, Tzourio N, Poline JB, Woods RP, Mazziotta JC, Mazoyer B (1995) Intersubject Variability in functional neuroanatomy of silent verb generation: assessment by a new activation detection algorithm based on amplitude and size information. Neuroimage 2:253–263

Friston KJ, Ashburner J, Frith CD, Poline JB, Heather JD, Frackowiak RSJ (1995a) Spatial registration and normalization of images. Human Brain Mapping 2:165–189

Friston KJ, Holmes AP, Worsley KJ, Poline JB, Frith CD, Frackowiak RSJ (1995b) Statistical parametric maps in functional imaging: A general approach. Human Brain Mapping 2:189–210

Frost JJ, Wagner Jr. HN (1990) Neuroreceptors, neurotransmitters and enzymes. Raven Press, New York

Herholz K, Reulen H-J, von Stockhausen H-M, Thiel A, Ilmberger J, Kessler J, Eisner W, Yousry TA, Heiss W-D (1997) Preoperative activation and intraoperative stimulation of language-related areas in patients with glioma. Neurosurg 41:1253–1262

Mazoyer BM, Huesman RH, Budinger TF, Knittel BL (1986) Dynamic PET data analysis J Comput Assist Tomogr 10:645–653

Mazoyer BM, Heiss WD, Comar D (1993) PET studies on amino acid metabolism and protein synthesis. Kluwer Academic Publishers, Dordrecht

Phelps ME, Huang SC, Hoffman EJ, Selin C, Sokoloff L, Kuhl DE (1979) Tomographic measurement of local cerebral glucose metabolic rate with (F-18)2-fluoro-2-deoxy-D-glucose: validation of the method. Ann Neurol 6:371–388

Phelps ME, Mazziotta JC, Schelbert H (1986) Positron emission tomography and autoradiography. Principles and applications for the brain and heart. Raven Press, New York

Pietrzyk U, Herholz K, Fink G, Jacobs A, Mielke R, Slansky I, Würker M, Heiss W-D (1994) An interactive technique for three-dimensional image registration: Validation for PET, SPECT, MRI and CT brain studies. J.Nucl.Med. 35:2011–2018

Sedvall CG, Brené S, Farde L, Karlsson P, Nordström A-L, Nyberg S, Pauli S, Halldin C (1996) Neuroreceptor imaging by PET: implications for clinical psychiatry and psychopharmacology. Int Acad Biomed Drug Res 11:198–207

Stöcklin G, Pike VW (1993) Radiopharmaceuticals for positron emission Tomography. Methodological aspects. Kluwer Academic Publishers, Dordrecht

Woods RP, Grafton ST, Holmes CJ, Cherry SR, Mazziotta JC (1997a) Automated Image Registartion: I. General methods and intrasubject validation. J.Comput.Assist.Tomogr. 22:139–152

Woods RP, Grafton ST, Watson JDG, Sicotte NL, Mazziotta JC (1997b) Automated Image Registration : II. Intersubject validation of linear and nonlinear models. J.Comput.Assist.Tomogr. 22:153–165

第三十九章　人脑正电子发射断层成像技术

Crivello F and Mazoyer B

田嘉禾　译

中国人民解放军 301 总医院核医学科

tianjh@vip.sina.com

■ 绪　论

正电子发射断层成像（PET）是一种在体功能性神经影像技术，可以提供多种生理学参数的三维定量图像，如血流、葡萄糖代谢率、蛋白质合成、受体密度与亲和性等（Phelps et al. 1979，1986）。PET 也是一种无创性技术，适用于正常志愿者和病人的多项神经科学领域的研究。PET 在神经科学研究的代表体现于认知功能成像，以及在神经与精神疾病方面进行的病理生理学和药理学研究。

PET 图像基础

PET 示踪剂选择

PET 的基础是用正电子发射核素标记的生物分子，当其引入体内后，根据其分布而进行 PET 成像。在设计 PET 实验时最关键的环节是选择所使用的示踪剂（Stöcklin and Pike 1993）。示踪剂的选择决定于所欲观察的生物过程（或参数）的性质，根据观察目的选择合适的示踪剂类型：观察糖酵解使用葡萄糖类示踪剂，观察蛋白合成使用氨基酸，观察受体密度和亲和性则选用神经递质拮抗剂。所有 PET 示踪剂均需专门的放射药物实验室生产。由于正电子核素的半衰期很短（表 39-1），导致 PET 示踪剂放射化学方面工作的难度。通常每种新示踪剂都必须设计专门的合成方法，以便获得足够的比放射性和足够的剂量，设计这种合成方法有时需要耗时数年。

表 39-1　人脑 PET 显像最常用放射性核素的物理特性

放射性核素	半衰期（min）	最大粒子能量（MeV）	在水中的射程（mm）
^{11}C	20	0.95	1.1
^{13}N	10	1.19	1.4
^{15}O	2.2	1.73	2.5
^{18}F	110	0.63	1.0
^{68}Ge	3.9×10^5	1.90	1.7

PET 物理学

正电子发射

正电子（e$^+$）发射核素的核内质子数量超过中子，因此原子核会发生衰变：一个质子转化为中子（或相当于一个 u 夸克转换成 d 夸克），同时放出正电子，即一个携带正电荷的粒子，是电子的反粒子（图 39-1）。如氧-15 的核反应公式为

$$p^+(uud) \rightarrow n(udd) + e^+ + <n_e> \quad ^{15}O(8p^+, 7n) \rightarrow ^{15}B(7p^+, 8n) + e^+ + <n_e> \quad (39.1)$$

式中，$<n_e>$ 代表电子中微子。注意中微子和正电子的能量和等于上述核反应中释放的多余能量，并根据核素类型以不同动能从核内向外发射。e$^+$ 发射核素的重要特征之一是短半衰期（表 39-1）。

正电子湮灭

在物质内的正电子通过与周围原子的碰撞不断丢失所携能量，其方式与电子相似。当其动能丢失迨尽后，正电子就与周围介质中的自由电子结合发生湮灭：正-负电子对消失并产生一对反平行（动量守恒）、能量各为 511KeV 的光子对（相当于正电子和电子的静止能量总和）（图 39-1）。

注意正电子在物质内只能存在极短的时间（约为 10^{-23}s 左右），这期间正电子可在物质内穿行一定距离，从而使正电子发射和湮灭的部位之间产生一定的偏移，通常称为正电子射程。

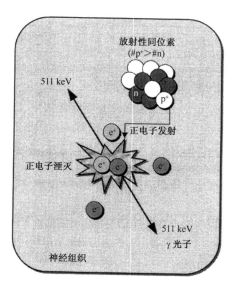

图 39-1 正电子发射与湮灭

从标记的同位素中发射出一个正电子，在周围的介质中与电子碰撞散射失去能量，然后与一个自由电子湮灭，产生一对方向相反的 511KeV 的 γ 光子。

正电子湮灭的检测

正电子不能穿透生物组织，因此无法被直接检测。PET 信号的来源是正电子与电

子湮灭时的产物，即一对发射方向相反的 511KeV 的 γ 光子。检测这对光子的设备是呈环形排列的经典的 γ 探测器（图 39-2），由闪烁晶体（一般采用锗酸铋，BGO 制作）和光电倍增管（PMT）经光学耦连方式组成。相对方向的探测器经电子学方式配对，保证只检测相符合的 γ 光子对（即电子准直）。PMT 和探测器晶体的质地、大小和数量，决定了 PET 图像的分辨率，通常在空间各方向上均为 5mm。

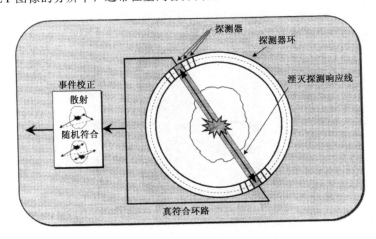

图 39-2　PET 采集的模式图

PET 扫描仪由一圈环形排列的闪烁探测器组成，探测器在接受 γ 光子时发出闪烁。相对的探测器
经电子学相连，分别检测相反方向（即真符合）的 γ 光子，两探测器间连线称为响应线（LOR）。
从所有探测器测定的信号中减去随机符合和散射信号，以形成具有定量性质的 PET 图像。

PET 图像

PET 图像的生成

扫描过程中，PET 收集从探测视野内每一对探测器（也称为响应线，LOR）获得的符合事件。通过每一 LOR 检测的总事件数，可以重建出在采集时段内平均放射活度的三维分布（Bendriem and Townsend 1997）。重建时，必须对随机符合（由两个不同的正电子湮灭发出的 γ 光子被误测为符合光子对）、头部组织对 γ 光子的衰减（通过外置放射源，见下文"透射扫描"一节），及散射符合（符合 γ 光子对产生于同一正电子湮灭，但在穿透组织过程中发生了康普敦散射）等进行校正。重建的结果是一整套相互连续的脑断层面图像，每一像元（立体像素）代表局部正电子放射性浓度的绝对值。如果需要，还可以动态采集这一容积图像的时间序列。

PET 图像分析

正电子浓度图像本身的意义不大，通常 PET 检查的最终目的是进行脑局部相关生物参数的评价，如血流、葡萄糖代谢和受体密度等。PET 图像分析的艺术是通过生理模型将放射性浓度容积图像的时间序列转化为生化参数图（Budinger et al. 1985）。根据已经积累的某示踪剂生物行为及其在组织内代谢方面的资料，可以建立腔室模型（图 39-3），和表征放射活性随时间变化的一系列公式。

图 39-3 所示模型主要用于局部脑血流（rCBF）的测定。假设在一定容积的脑组织（V_t），由相应的动脉，静脉和毛细血管负责其血流灌注，则其局部血流（通过参数 F/V_t 表达）可通过下式求出

$$C_t(t) = \left| \frac{F}{V_t} \cdot C_a(t) * \exp^{-\left| \left| \frac{F \cdot C_v(t)}{V_t \cdot C_t(t)} - \lambda \right| \right| t} \right| \tag{39.2}$$

式中，λ 是所用放射性核素的衰变常数，$C_t(t)$，$C_a(t)$，$C_v(t)$ 分别代表脑组织、动脉、静脉腔室，* 代表卷积分积（卷积分内容参见第二十一章）。

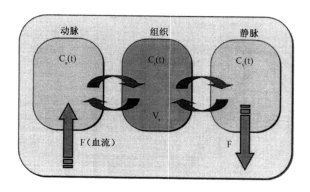

图 39-3　PET 测定血流量的腔室模型，代表所用示踪剂穿透血脑屏障的动力学
$C_t(t)$，$C_a(t)$，$C_v(t)$ 为脑组织（容积等于 V_t）、动脉和静脉腔室内的放射性浓度。

模型中的各参数可通过将局部的预计值与 PET 实测值进行拟合的方法加以推算（Mazoyer et al. 1986）。计算过程中可能需要了解血中放射性浓度，因而需要在 PET 数据采集过程中用动脉插管方式抽取血液标本进行计数。如需进一步了解 PET 数据采集和分析方面的最新进展，可以参考 Carson 等的工作（1998）。

PET 与其他神经影像学技术的比较

活体神经影像技术可以分为相辅相成的两大类：结构成像和功能成像。X 射线计算机断层（CT）和核磁共振成像（MRI）属于前一类，而 PET、单光子计算机断层（SPECT）和功能磁共振（fMRI）属于后一类。

PET 与 fMRI 比较

在 20 世纪 80 年代中期，MRI 已经被公认为活体结构成像的参照技术，而 PET 则渐成为功能成像的首选方法，这主要得力于超短半衰期核素和获得感兴趣生理参数定量化分布图技术的进步。在 10 年里，如果不是唯一的话，认知神经成像主要依靠 PET 脑激活研究，并取得了快速的发展。同时，PET 技术的高敏感性，结合多种正电子发射的放射性标记物的合成，推动了神经传导的活体研究，可以显示几种主要的神经递质系统的密度分布图像（Frost and Wagner Jr 1990）。

20 世纪 90 年代中期，功能性 MR 发展起来，利用 BOLD 方式成像具有较高的空间和时间分辨率，并可充分利用已经普及的商品化 MRI 设备，极大地影响了 PET 和 MRI 在神经影像学领域的地位。但 PET 仍然保持了两种特点，即提供生理参数的绝对定量

值和在检测体内神经传导时的独特适应性，这一点只有磁共振频谱在一定程度上可以与之比较。因而，如果某些相关技术问题能够得到解决，可以预见 PET 和 fMRI 将协同合作，促进我们在下述方面认识的提高：

　　1. 在认知过程中神经血管耦合的机制；

　　2. 药理作用物对脑皮层回路网络的调整；

　　3. 认知功能与神经传导参数分布间的关系；

　　4. 认知期间内源性神经递质释放的机制。

　　PET 与 SPECT 的比较

　　与 SPECT 相比，PET 有多种优势。PET 所利用的核素是生物活性分子自身成分的同位素；因此用正电子核素标记的示踪剂可以保留其未经标记的同种物质的所有生化特性（即没有同位素效应）。与 PET 不同，SPECT 基于发射单光子的核素，如^{99m}Tc 或^{123}I 等，原子量一般较大，半衰期较长（6h 和 13.2h）。因此，与 PET 相比，SPECT 所用同类显像剂的特异性较弱，且合成较难。由于正电子核素的半衰期短，从给予受检者的辐射剂量角度考虑也更为适用。例如，进行脑激活研究时，受辐射剂量限制，只允许吸入很少几次^{133}Xe 进行 SPECT 显像，但 PET 显像时，可以给志愿者反复注射放射性水达 12 次之多。最后，由于使用电子准直和通过外置源进行头部衰减校正的功能，PET 可以提供脑内局部放射活性绝对量的分布图。反之，SPECT 利用物理准直且难以进行衰减校正，限制了其提供定量数据的能力。

　　但 PET 也有不如 SPECT 之处，如其价格昂贵并且需要邻近加速器的支撑。最近推出了 SPECT/PET 装置，可以完成低能 γ 射线和 511KeV 射线的显像，如果利用较远的 FDG 生产和供药，有可能在将来极大地促进这一技术的推广。

PET 安全性与相关法规

　　目前在多数国家，尚未将 PET 列为临床常规影像技术，只是作为一种研究手段。使用 PET 至少应考虑两方面的安全问题：辐射剂量学和药理学。在剂量学方面有严格的规定；如在欧盟国家，给予参加 PET 显像研究受试者的总剂量不得超过普通人群平均一年所接受的辐射剂量（5mSv）。对于某些研究来说（如下文将介绍的 PET 脑激活研究），这一剂量规定是设计 PET 实验研究时不可逾越的限制。药理学方面的考虑更为严格，很多时候是决定能否进行 PET 实验的关键因素。所有新 PET 示踪剂用于人体之前必须经过审批，而且除少数特定情况外，人体使用的 PET 示踪剂都是试验性质的。因此，在使用一种新示踪剂时，必须先经过动物和灵长类的研究证实之后，方可用于人体研究。

■ 概　要

　　PET 基本上可以认为是一种在体放射自显影技术，首先用回旋加速器生产的短寿命正电子发射核素标记感兴趣的生物分子，然后将其经静脉注入人体。围绕该人体头部的正电子断层仪，将动态记录示踪剂在体内正电子湮灭所产生的 511keV 的符合光子对。经过对采集的数据进行散射和组织衰减校正后，用断层计算方法重建出在脑内正电子发射体绝对定量化的 3D 分布图像。最后，利用数学模型将随时间变化的示踪剂浓度图转换为生理参数图。受 PET 内在的空间分辨率粗糙和信号－噪声比低等缺陷的制约，通常需要利用相应 MRI 结构信息或解剖模版方式对多个体的 PET 图像进行平均。PET 操作的全过程参见图 39-4。

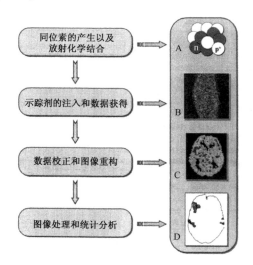

图 39-4　经典 PET 实验流程图

A. 放射性示踪剂生产；B. 由每一探头对测得的计数形成的正弦波图；

C. 原始 PET 图像；D. 最终的统计参数图。

■ 材　料

正电子发射核素

正电子是电子的反粒子，属于反物质，故不能自由存在于物质世界。因此，正电子核素必须借助回旋加速器生产。回旋加速器是一种环形加速装置，通过这种装置，重离子束被加速至次相对论级（sub-relativistic）能量水平，并轰击气体靶物质产生所需的核素。表 39-1 总结了在神经科学领域应用最广泛的一些正电子核素的特征，即氧-15（^{15}O）、碳-11（^{11}C）和氟-18（^{18}F），其物理半衰期分别为 2min、20min 和 110min。

医用小型回旋加速器

正电子发射核素的短半衰期既是一种优势，同时也有局限性：对人体实验来说其辐射剂量低，但需要在实验室附近安装加速器以便生产它们。为此专门设计了一种小体积的回旋加速器，可以安装在实验室建筑内有屏蔽的专用房间里，并且一般技术员就可以完成操作。

正电子标记的放射化合物

正电子发射核素，如氧-15、碳-11 和氟-18 都是生物分子主要成分的同位素。因此，几乎所有具有生物相关性的分子都存在用正电子发射核素进行标记的可能性，只要能设计出这种标记所需的快速放射合成方法即可。这种合成需要专用的"热室"，使用半自动或全自动放射化学装置完成。

迄今为止已经成功地合成了数百种正电子标记的放射性示踪剂，并根据其示踪的生物过程，大致分为三大类（Stöcklin and Pike　1993，可参见表 39-2）：

表 39-2　脑 PET 显像最常用正电子示踪剂及其检测的局部脑生理参数

放射性示踪剂	局部脑生理参数
血流动力学类	
$H_2{}^{15}O$，$C^{15}O_2$，^{15}O-丁醇	脑血流
$C^{15}O$	脑血容积
能量代谢类	
$^{15}O_2$	氧代谢率
^{18}F-FDG（脱氧葡糖）	葡萄糖代谢率
^{11}C-1-葡萄糖	葡萄糖代谢率（氧代谢）
氨基酸代谢类	
^{11}C-蛋氨酸，^{18}F-酪氨酸	蛋白质合成速率
脂肪酸代谢类	
^{11}C-软脂酸盐	
神经递质代谢类	
^{18}F-DOPA	多巴胺
^{11}C-色氨酸	血清紧张素
^{11}C-Deprenyl	单胺氧化酶 B 转换
神经递质结合动力学类	
^{11}C-Flumazenil	苯二氮卓受体
^{11}C-SCH 23390	多巴胺 D1 受体
^{11}C-Raclopride	多巴胺 D2 受体
^{11}C-Nomifensine	多巴胺重摄取
^{18}F-Altanserin	血清紧张素 5HT2A 受体
^{18}F-Setoperone	血清紧张素 5HT2A 受体
^{11}C-东莨菪碱	乙酰胆碱 M 受体
^{11}C-多虑平	组胺 H1 受体

（1）血流动力学示踪剂，用于脑血流和脑血容积的成像。如表 39-2 所示，因为 ^{15}O 的半衰期太短，^{15}O 标记的示踪剂结构也非常简单。此外，在 PET 旁边必须装备专用的给药装置，以便通过呼吸或静脉注射方式投入示踪剂。

（2）代谢类示踪剂。用于对如 pH、葡萄糖或氧代谢、氨基酸代谢和蛋白质合成速率等的成像。

（3）神经药理学示踪剂。专门用于示踪突触前、突触后神经递质和药物的动态过程，包括其代谢过程中涉及的酶类。

正电子成像仪

现代的 PET 成像设备，如 ECAT HR$^+$（Siemens，Erlangen，德国）由呈桶状的探

头阵列组成，桶内径 90cm，阵列宽 15cm，可以覆盖整个大脑。探头阵列共有 4 环，每环有多块探头组件，每块组件由 64 块（8×8）晶体阵列，与 4 支大号光电倍增管（PMT）通过光学耦合连接在一起组成。前端电路和符合电路装在机架内，机架内还安装了一套可伸缩的钨隔栅和 3 支锗-68 棒源。当钨隔栅伸出至探测野内，可对 511keV 的 γ 光子进行物理准直，保证符合线限制于轴向横断层面的信息（2D 方式）。当隔栅缩回，可在探测空间内任意方向采集符合线，代表容积采集方式（3D 方式）。3D 方式的散射事件多，死时间造成的计数损失大，但其灵敏度高，因此是被推荐的采集方式。2D 方式只保留于当探测野内放射性过高，如吸入 ^{15}O 气体时应用。一次 PET 显像通常获得一组 63 帧连续层面的脑横断层图像，每帧为 128×128 矩阵，相当于每个图像体素为 2mm×2mm×2mm，信息量约为 2M 字节。

棒源主要用于获得头部的衰减系数图：当伸入探测野后，进行 2D 采集（透射扫描）获取沿每条符合线的组织衰减系数。考虑到锗-68 的半衰期（268 天）和计数统计学的需要，通常使用活性为 3mCi 的棒源，每 6 个月更换 1 次。

除了 PET 成像仪本身，进行一些特定实验还需要一些其他设备。最常用者如自动水注射器、动脉血采样器和计数设备。自动水注射器用于 $H_2{}^{15}$O 的静脉输注（见下文）：包括一台小型反应器以连续生产 $H_2{}^{15}$O，一台计算机控制的输注系统，按预先设定的容积和速度给受检者输注所需的放射性剂量。血液采样器和计数器用于在 PET 检查时测定血内放射性；在进行血流或葡萄糖代谢绝对定量分析时，这些设备是必备的。这一装置由一台蠕动泵与一部检测 511keV γ 光子的计数器相连接组成。

图像处理

商品化 PET 通常随机配备专用的图文工作站，用以控制 PET 的采集、日常质量检测和图像的重建处理。还另配有工作站（SUN UltraSparc，或 SGI O$_2$，内存 128M 字节以上）用于对图像进行进一步处理（图 39-5）。除厂家提供的成品软件外，最好同时购买图像和统计工具软件的应用许可，如 IDL 或 MATLAB 等。

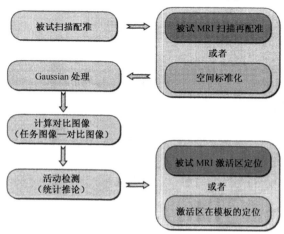

图 39-5　PET 脑激活实验数据处理不同步骤的流程图

图像处理过程中需要运行一些神经影像学界公认的标准图像处理软件，如 SPM（Statistical Parametric Mapping，统计参数图；Friston et al. 1995a，b）、MPItool（Multi Purpose Imaging Tool，多元图像处理工具包；Pietrzyk et al. 1994）、或 AIR（Automated Image Registration，自动图像配准；Woods et al. 1997a，b）。考虑到在采集和处理过程中产生的超量数据，在设计存储和档案系统时必须小心，并注意遵守下述原则：①原始数据（图像重建前的正弦波图）应在实验终止后立即保存于可靠性高的介质上（如数字式线性磁带，CD-ROM）；②重建或处理后的图像应存储于快速存取的介质（如硬盘）以便于操作，直到整个实验完成；③最好能在不同地点用不同存储介质保留备份档案。

■ 步　骤

用于人类神经科学研究的 PET 操作步骤主要根据所用放射性示踪剂而变；但相互间也有共同的特点，可以用应用最广泛的 PET 实验方案作为代表，即使用放射性水进行的认知功能成像。

用 $H_2^{15}O$ 进行认知脑功能成像

检查前准备

1. 自动化注射器准备。插入新的无菌管路、阀和生理盐水袋。启动加速器和水生产线。对放射性水生产系统进行标定，保证每次注射量在 5～6mCi。在无菌小瓶内保存一剂产品并送到实验室进行质量控制。

2. PET 机房准备。安装脑激活所需的各种实验设备（计算机显示屏、耳机等）、行为响应记录设备（眼电图、心电图、鼠标垫等）。必要时在 PET 仪四周挂黑幕。

3. 受试者准备。带好头盔（或头托）并安装好必要设备（反光镜、耳机等），受试者仰卧于 PET 检查床，将头盔固定于头托，在左上肢建立静脉输液通路，并与水注射器连接。

4. 受试者体位。将受试部位定位于 PET 探测野内，利用 PET 仪的激光定位线调准解剖标志。在受试者皮肤表面用墨水笔作好位置参考标志（用于整个 PET 实验中控制受试者头部位置）。

采集

5. 透射扫描。用 ECAT HR$^+$ 进行脑透射扫描的标准为 10min，共采集约 130M 计数。

6. 生产放射性水。在水注射器中收集放射性水 6min，受试者做认知实验准备。在正式注射之前 1min，打开 PET 仪激光定位线再次调整受试者的头部位置。

7. 发射扫描（图 39-6）。启动水注射、认知刺激和 PET 采集。经典步骤是先注射水，当水进入受试者静脉 30s 后开始认知刺激。当放射性到达脑部后，即头部总计数率高出本底 400% 以上时，开始 PET 采集。每次采集 90s，采集结束后打开激光定位线确认头部位置，在实验记录本记入注射剂量。根据需要，可再次启动水生产准备下一步实验，询问受试者。

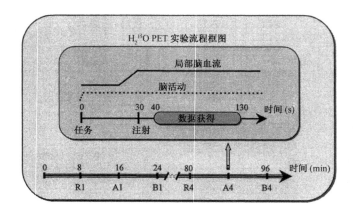

图 39-6　经典 PET 脑激活实验流程框图，显示脑功能成像时间过程

8. 图像重建。一次采集后在线重建出 63 层横断面图像以供质量检验。经典的重建参数为：128×128 矩阵，3D 滤波参数，衰减、散射和随机事件校正。将原始数据存入长期存储介质，重建图像存入实验文件夹。

9. 重复步骤 6～8，直到完成整个方案。一般经典的脑激活实验包括 8～12 次重复注射，每次间隔 8min（图 39-6）。

10. 完成全部实验后，询问受试，并检查水注射器标定情况。

图像处理

图 39-5 显示了对 PET 数据进行图像处理的不同步骤，表 39-3 介绍了在各处理步骤可用的部分免费软件包。

11. 肉眼观察所获得的全套图像排除明显伪像，把厂家的图像模式变换为标准（ANALYZE）模式。

表 39-3　神经影像学领域用于 PET 数据处理的免费软件包

图像处理步骤	软件包
PET-PET 配准	无干涉式：AIR*，SPM*；手动：MPItool*
PET-MRI 配准	无干涉式：AIR，SPM；手动：MPItool
PET 图像空间归一化	无干涉式：AIR，SPM
平滑	AIR，SPM，MPItool
统计分析	个例：内部常规；多对象：SPM
PET 数据的腔室分析	RFIT*
显示	SPM，MPItool

＊向提供者申请。

12. 单例研究。用 AIR 软件包将每次采集的图像配准到首次采集。在可能条件下，将 PET 图像与 3D MRI 图像配准。在 MRI 图上确定脑轮廓，计算每次采集脑的平均放射性活度，并用之作为标准化因子。计算对比图像（任务图像－对比图像）、阈值，将图像重叠于 MRI 图像，观察结果。

13. 使用 SPM 进行多对象研究。

结 果

本节将介绍用 ^{15}O 标记水进行的静默动词生成实验所获得的完整的 PET 研究方案（实验设计、采集、数据分析和结果）。

实验设计

从 Snodgrass Vanderwart Picture 260 开始，选择一系列明确的名词。选择那些单或双音节的名词，可在 10s 内派生成至少 3 个动词，有较高的初始反应相关强度者构成词表，供 PET 研究时应用。用右手的 6 位青年男性志愿者（年龄 21～25 岁）作为实验对象，通过 PET 和 ^{15}O 标记水，每例进行了 6 次归一化局部脑血流（NrCBF）测定，连续 2 种实验条件，每种条件重复 3 次：①静默对照状态；②通过耳机以 0.1Hz 频率读出名词，静默生成与之语义相关动词。实验过程中受试者闭目，完全避光。

扫描过程

每一次实验均通过 PET 显像获得全脑 31 层连续层面像，所用设备为 ECAT 953B/31 型，层面分辨率 5mm。发射扫描采集时隔栅伸出，即 2D 方式。静脉弹丸式注射 60mCi ^{15}O 标记水，在放射性到达脑后开始 80s 采集（图像重建时进行经透射扫描方式建立的头部组织衰减校正）。两次实验采集间隔 15min。除 PET 显像外，每例受试还接受 0.5T 的 GE MRMAX 磁共振检查，获取其全脑横断、矢状断向 3mm 层厚的高清晰度 T1 加权像。

数据分析

作为分析前处理步骤，应用 AIR 软件对每例受试者进行 PET-PET 和 PET-MRI 间的图像配准，然后以两种方法对 PET 数据进行分析。

单例分析

每一实验条件下 3 次重复采集的原始图像不作任何空间归一化处理，采用一种个体测定算法，处理 3 次重复显像平均后获得的 NrCBF 差别像。每例的差别像均为 31 层，层厚 3.375mm。经 Bonferroni 校正后，设定每平面统计意义值为 0.05。以这种算法检测出的对象区，利用该例脑解剖的详细分析进行精确定位。采用专用软件（Voxtool）从 MRI 横断图中生成每例的脑三维容积图，进一步进行分区化，并在三个正交方向上显示两半球的表面和切面像。在 MRI 图像上认真判定每一个体的主要脑裂，特别是界定额下回的脑裂。本研究中，无法利用 SPM 进行个例分析。事实上，由于每例受试者只有 6 帧 2D PET 图像，其自由度太低（df=4），无法进行所需的统计分析。

例间立体平均数据

对每例的显像结果进行重排，并利用 SPM 软件包中的图像变换处理工具将之归一到 Talairach 空间。归一后图像通过 16mm Gaussian Kernel 滤波函数进行平滑，最后用 SPM 进行统计学处理，统计意义阈值设定为 0.001，不进行多比较校正。

结果

单例分析

在 2、5 和 6 号受试的左侧额下回检测出明显的激活现象，4 号受试的激活表现在右侧（图 39-7 上排）。在 2、5 和 6 号的左额下回激活区（Broca 区），6 号受试定位于三角部，2、5 号为岛盖部。4 号受试的特殊性表现在其激活位于右侧额下回的岛盖部，向前扩展至三角部（即右侧 Broca 等同区）。这提示我们这例典型右利手受试者的语言优势半球在右侧。

例间立体平均数据

图 39-7 下半部分显示了 SPM 分析，以 0.001 无校正统计阈值分析所得结果。主要激活区位于副运动区、左额下回和两侧的颞上回。并注意原始视皮层的激活。

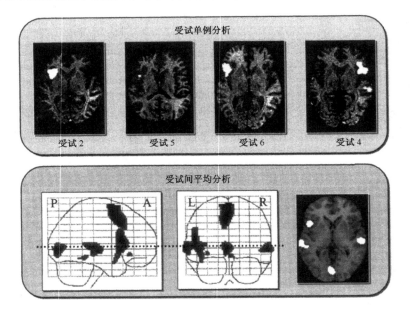

图 39-7　上排：单例分析的动词生成与对照比较结果。在同一坐标系内配准 MRI 和
PET 图像，见于 4 例受试者的额下回激活区重叠于其相应 MRI 横断像。精细的解剖分
析可将受试 2、5、6 号的激活区定位于左额下回，而 4 号则定位于右额下回。下排：同
一比较的 SPM 例间平均分析。注意在此均值图像上，例 4 所见右额下回激活区未能得以
显示

例间和例内平均功能解剖学比较

平均结果部分反映了多数受试者的激活脑区，如左侧额下回（3/6 例）。但是，例间平均激活区表现有可能源于 1、2 例异常强烈的激活，如颞上皮层或视皮层激活仅见于 5 号受试。相反，有时单例所见激活区在例间平均图像上未能有相应表现。这种单例激活可能是真阳性，即表示在神经功能解剖学方面的个体差异，但也可能是假阳性。在本组 6 例标准右利手受试者，测定结果展示了个体间明显的功能变异性。个性化的功能

模式体现了在激活脑区大小和强度方面的高度变异性。本实验是一个极好的例子，说明了 PET 脑激活实验个体化分析的必要性，以及其对经典的例间平均分析的互补性。当前结合灵敏的个体化测定算法与精确的脑解剖分析，有利于对人大脑结构和功能间准确和定量化的关系进行研究。

■ 问题解答

下面介绍 PET 脑激活研究中常见的一些问题及如何补救的技巧。

计数率过低，总计数较常规情况少 25%。应检查 ^{15}O 生产线（加速器束流、靶、气体供应系统）及水注射系统（生理盐水组件＋＋＋、导管接合点）。如未发现故障，最大可能是受试者注射侧上肢的位置不当，造成水弹丸进入速度减慢，可以稍稍向上或向下移动受试者的上肢。

在采集过程中受试者头部移动。这是较常见、也较难处理的问题。对策是首先将该例受试者采集的所有发射扫描用同一次透射数据校正后重建，然后配准到一起。如果图像间匹配不满意，必须启用特殊程序在图像重建前，对正弦波图进行校正、配准。

■ 应　用

在人类脑科学的基础研究中，PET 一直用于人脑正常认知成像。尽管在这一领域内 fMRI 有很大的优势，PET 仍然是一种有价值的工具，用于研究认知过程的神经生理学基础，进行多方法实验（PET 与 fMRI、或 EEG），以及认知与神经递质间的相关研究。在未来药物设计和试验方面，PET 也将有重要的作用（Comar　1995）。

在临床神经科学领域，PET 过去是、现在仍然是诊断脑血管病（Baron et al. 1989）、运动疾病如帕金森病或亨廷顿病，以及痴呆类疾病如老年性痴呆等非常有用的工具。PET 激活技术常用于这些疾病造成的认知改变的成像及其治疗后恢复的随诊方面。FDG（Phelps et al. 1979）和氧可用于低能耗区的成像，研究血流动力学和代谢活性间的耦合情况。受体类示踪剂可用于揭示上述疾病中涉及的神经递质系统的变化（Baron et al. 1991），或者用于药物、神经移植或基因治疗的临床效果的评价。

PET 在精神病学方面也有广泛用途，主要用于抑郁症、精神分裂症等的研究，特别是在神经趋化性药物的治疗计划与评价方面更为重要（Sedvall et al. 1996）。

在神经肿瘤学领域 PET 主要用于三个方面：利用脑激活实验对脑功能区进行手术前定位（Herholz et al. 1997），用 FDG 和蛋氨酸进行肿瘤分级（Mazoyer et al. 1993），和对治疗进行评估（外科治疗、放疗、抗有丝分裂药物）。

致谢：作者对 Cyceron 加速器中心的同事和 Nathalie Mazoyer（GIN）提供 PET 操作方面的细节和本章插图表示深切的谢意。

参 考 文 献

Baron JC, Frackowiak RSJ, Herholz K, Jones T, Lammertsma AA, Mazoyer B, Wienhard K (1989) Use of PET methods for measurement of cerebral energy metabolism and hemodynamics in cerebrovascular disease. J Cereb Blood Flow Metab 9:723–742

Baron JC, Comar D, Farde L, Martinot JL, Mazoyer B (1991) Brain dopaminergic system imaging with positron emission Tomography. Kluwer Academic Publishers, Dordrecht

Bendriem B, Townsend D (1997) The art of 3D PET. Kluwer Academic Publishers, Dordrecht

Budinger TF, Huesman RH, Knittel B, Friedland RP, Derenzo SE (1985) Physiological modeling of dynamic measurements of metabolism using positron emission Tomography. In: Greitz T et al (eds) The metabolism of the human brain studied with positron emission Tomography. New York: Raven Press, pp 165–183

Carson RE, Daube-Witherspoon ME, Herscovitch P (1998) Quantitative functional brain imaging with positron emission Tomography. Academic Press, London

Comar D (1995) PET for drug development and evaluation. Kluwer Academic Publishers, Dordrecht

Crivello F, Tzourio N, Poline JB, Woods RP, Mazziotta JC, Mazoyer B (1995) Intersubject Variability in functional neuroanatomy of silent verb generation: assessment by a new activation detection algorithm based on amplitude and size information. Neuroimage 2:253–263

Friston KJ, Ashburner J, Frith CD, Poline JB, Heather JD, Frackowiak RSJ (1995a) Spatial registration and normalization of images. Human Brain Mapping 2:165–189

Friston KJ, Holmes AP, Worsley KJ, Poline JB, Frith CD, Frackowiak RSJ (1995b) Statistical parametric maps in functional imaging: A general approach. Human Brain Mapping 2:189–210

Frost JJ, Wagner Jr. HN (1990) Neuroreceptors, neurotransmitters and enzymes. Raven Press, New York

Herholz K, Reulen H-J, von Stockhausen H-M, Thiel A, Ilmberger J, Kessler J, Eisner W, Yousry TA, Heiss W-D (1997) Preoperative activation and intraoperative stimulation of language-related areas in patients with glioma. Neurosurg 41:1253–1262

Mazoyer BM, Huesman RH, Budinger TF, Knittel BL (1986) Dynamic PET data analysis J Comput Assist Tomogr 10:645–653

Mazoyer BM, Heiss WD, Comar D (1993) PET studies on amino acid metabolism and protein synthesis. Kluwer Academic Publishers, Dordrecht

Phelps ME, Huang SC, Hoffman EJ, Selin C, Sokoloff L, Kuhl DE (1979) Tomographic measurement of local cerebral glucose metabolic rate with (F-18)2-fluoro-2-deoxy-D-glucose: validation of the method. Ann Neurol 6:371–388

Phelps ME, Mazziotta JC, Schelbert H (1986) Positron emission tomography and autoradiography. Principles and applications for the brain and heart. Raven Press, New York

Pietrzyk U, Herholz K, Fink G, Jacobs A, Mielke R, Slansky I, Würker M, Heiss W-D (1994) An interactive technique for three-dimensional image registration: Validation for PET, SPECT, MRI and CT brain studies. J.Nucl.Med. 35:2011–2018

Sedvall CG, Brené S, Farde L, Karlsson P, Nordström A-L, Nyberg S, Pauli S, Halldin C (1996) Neuroreceptor imaging by PET: implications for clinical psychiatry and psychopharmacology. Int Acad Biomed Drug Res 11:198–207

Stöcklin G, Pike VW (1993) Radiopharmaceuticals for positron emission Tomography. Methodological aspects. Kluwer Academic Publishers, Dordrecht

Woods RP, Grafton ST, Holmes CJ, Cherry SR, Mazziotta JC (1997a) Automated Image Registartion: I. General methods and intrasubject validation. J.Comput.Assist.Tomogr. 22:139–152

Woods RP, Grafton ST, Watson JDG, Sicotte NL, Mazziotta JC (1997b) Automated Image Registration : II. Intersubject validation of linear and nonlinear models. J.Comput.Assist.Tomogr. 22:153–165

第四十章　人脑磁共振波谱

Stefan Blüml and Brian Ross

张晓东　毛　辉　胡小平　译

美国 Emory 大学医学院

xhu@bme.emory.edu

■ 绪　论

背景

20 年前，可以用来研究代谢问题的最佳技术按可靠性顺序有如下几种：离体大脑切片，颈静脉球与颈动脉的动静脉差，离体大脑原位灌注，以及当时新出现的离体脑细胞培养技术（Ross　1979）。然而，几乎在同一时间，出现了第一篇磁共振波谱（magnetic resonance spectroscopy，MRS）应用于哺乳动物大脑活体的开拓性文献（Thulborn et al. 1981），这标志着 25 年来作为化学家主要研究工具的核磁共振波谱技术，开始转移到完整的活体哺乳动物大脑的研究上来。此后不久，相继出现了人体肌肉的活体磁共振波谱（Ross　1981）、新生儿和成人大脑的磁共振波谱等（Hamilton　1986；Bottomley　1983）。目前，世界上绝大多数大学医院，都拥有可用磁共振波谱进行无损测定大脑代谢物的人体磁共振成像仪（magnetic resonance imaging，MRI）。因此，今天神经科学家在研究脑代谢问题时，除了上面提及的方法外，又增加了 MRS、生理 MRI、脑功能磁共振成像（fMRI）以及 PET（分别在第三十八章、三十九章叙述）等技术，从而重新排列了选择顺序。几乎可以肯定地讲，人脑研究是活体磁共振波谱最容易想到的首选对象。本章的主题就是讲述在实际应用中如何最好地实现磁共振波谱这个方法。

作为一项波谱技术，磁共振波谱的检测结果是一张打印着不同的频率和强度的图谱。它记录着具有不同内部特性分子的核磁共振（NMR）特征，如核自旋、独特的共振频率、自旋偶合常数和弛豫特性（定义见术语表）。很多经典的神经化学事例已经出现在有关大脑活体磁共振波谱的文献中。对于神经科学家来讲，具有最佳核磁共振信号的分子并不总是他们所期待的，或在实验上首先想到的或者说是想要的。因此，在前 20 年的活体大脑磁共振波谱研究中，一些所谓"新"的神经代谢产物已经成为研究的前沿。

神经谱学原理

我们所定义的神经谱学（neurospectroscopy）是基于大脑磁共振波谱检测结果的研究领域。一般说来，大脑的疾病和病理学分类为：

　　—结构性的（包括变性、肿瘤和胚胎缺陷）

　　—生理性的（血液供应自发中断）

—生化或基因性的

在后者情况下，一些是与受体和神经递质有关的（如帕金森病的多巴胺）。但是许多是直接或间接与一些路径的紊乱有关，如氧化、合成代谢和分解代谢的中间代谢、三羧酸循环（TCA 或 Krebs cycle）、谷氨酸/谷氨酸盐转换、糖酵解（glycolysis）、生酮作用（ketogenesis）或脂肪酸代谢。PET、SPECT、MRI、fMRI 和扩散成像（diffusion imaging）已被用于血流、葡萄糖转换和氧气消耗的研究，PET 和 SPECT 还能够专门用于目标受体的配体成像。然而，在 NMR 出现之前，对基因表达和大脑代谢产物还没有直接的无损检测方法，而且没有神经元及星形细胞标记，也没有技术可用来直接测定能量代谢。现在神经谱学已经填补这些空白，并且随着临床经验的日益增加，大脑磁共振波谱的诊断需求已经逐渐呈现出来。

人类神经谱学方法

目前，人类神经谱学有至少 20 种研究方法。表 40-1 概括了目前适用于大脑的磁共振波谱方法。局域质子磁共振波谱（^{1}HNMR）包括长回波时间、短回波时间、STEAM、PRESS、定量、化学位移成像（CSI）、代谢产物成像、快速代谢产物成像、自动化和功能测量等方面。^{31}P MRS 包括脉冲采集、DRESS、ISIS、PRESS、质子去偶 ^{31}P MRS、核的 Overhauser 增强效应（NOE）、CSI、快速磷酸肌酸（Phosphocreatine）代谢产物成像以及磁化转移（流量）测量等。^{13}C 包括脉冲采集、CSI、质子去偶、NOE 增强、极化转移、^{13}C 标记葡萄糖灌输流量研究等。每个方法对神经化学研究有不同的贡献，或者已经有临床应用。每一种方法均提供有用而独特的信息。一个例子就是：质子去偶^{31}P MRS 能够确定常规质子磁共振波谱中胆碱（choline）峰成分，这个结果激发了人们对质子去偶^{31}P MRS 新的兴趣（参考"胆碱的结果"）。

表 40-1　当前适用于大脑的磁共振波谱方法

临床方法	适用的射频线圈	在临床 1.5T 仪器上的实现
局域 ^{1}H MRS		
长回波（long echo）	∨	∨
短回波（short echo）	∨	∨
定量（quantitation）	∨	∨
化学位移成像（CSI）	∨	∨
快速代谢物成像（fast metabolite imaging）	∨	∨
自动化（automation）	∨	∨
同渗重摩（osmolality）	∨	∨
谱编辑（editing）	∨	∨
功能 MRS（functional MRS）	∨	∨
局域 ^{31}P MRS		
脉冲采集（pulse-acquire）		∨
^{31}P 质子去偶（decoupled ^{1}H-^{31}P）		∨
化学位移成像（CSI）	∨	∨
快速磷酸肌酸成像（fast phosphocreatine imaging）	∨	∨
磁化转移（magnetization transfer）		∨

续表

临床方法	适用的射频线圈	在临床 1.5T 仪器上的实现
局域 ^{13}C MRS		
天然丰度（natural abundance）	∨	∨
富集 ^{13}C 测量（^{13}C enriched-flux measures）	∨	∨
质子－^{13}C 异核方法（^{1}H－^{13}C heteronuclear methods）	∨	∨
局域 ^{15}N MRS		
富集 ^{15}N 测量（^{15}N enriched-flux measures）		
质子－^{15}N 异核方法（^{1}H－^{15}N heteronuclear method）		
局域 ^{19}F MRS		
^{19}F 药物检测（^{19}F drug detection）		
^{19}F 成像和血流方法（^{19}F imaging and blood flow methods）	∨	∨
钙离子和镁离子的 ^{19}F 检测（^{19}F probes for Ca^{2+} and Mg^{2+} determination）*		∨
^{7}Li MRS		
^{23}Na MRS		

＊具有活体毒性（Toxic in vivo）

神经谱学的里程碑

表 40-2 概括了神经谱学发展的里程碑。大脑的磁共振波谱起始于麻醉小鼠和其他动物的 ^{31}P 谱。三磷酸腺苷（ATP）和磷酸肌酸（PCr）（表达为代谢产物比率）以及细胞内 pH 值的磁共振波谱无损检验对大脑研究提供了令人激动的、新的视角。目前已经广泛应用的 ^{31}P 磁化转移方法直接代谢速率活体确定，是最早的生物应用之一。磁共振波谱证实了脑能量（energetics）对氧化代谢和糖酵解的依赖性。沙鼠脑卒中模型展示了磁共振波谱的实用前景：颈动脉结扎明显造成了身体同侧厌氧性代谢（anaerobic metabolism）的变化，即 PCr 和 ATP 的减少、无机磷（Pi）的增加及受影响脑半球的酸化（Thulborn et al. 1981）。 脑卒中模型的研究体现了一类新的神经生理学与临床管理

表 40-2　活体磁共振波谱的里程碑，1984～1999 期间神经谱学 12 个最广泛的应用

1. 昏迷的鉴别诊断（differential diagnosis）：症状病人的神经病诊断
2. 亚临床肝性脑病（HE）和移植前评估
3. 痴呆症的鉴别诊断（排除老年性痴呆症 AD）
4. 癌症放射治疗中的治疗监测
5. 新生儿低氧血症（neonatal hypoxia）
6. 先天代谢异常的病情检查
7. 例行 MRI 的增值使用
8. 白质疾病，特别是多发性硬化（MS），肾上腺脑白质营养不良（ALD）和 HIV 的鉴别诊断
9. 急性脑血管意外（CVA）和脑卒中（stroke）的预后
10. 头部损伤的预后
11. 颞叶癫痫症（temporal lobe epilepsy）的外科手术方案
12. 肌肉疾病（muscle disorder）

的满意结合。扩散抑制（spreading depression）用于描述去极化的状态，这个状态是由高 K^+ 细胞孵化来模仿的（1992 年 Badar-Goffer 等在组织切片上已经广泛探索这个问题），并且很可能在脑卒中后能量缺乏及缺氧情况下出现。Hossman（1994）和 Gyngell 等（1995）结合扩散加权像（DWI）、磁共振波谱和电生理学方法对造成大鼠梗塞区增加的机理提出新的见解。简单说来，去极化在离体下的加速糖酵解，可在半影区过量乳酸盐爆发式出现的区域或者是扩散抑制区域检测到。这些作者推断，磁共振波谱可检测到这个恶化现象的生理迹象，并通过扩散加权像将其从真正的梗塞灶区分开来。从最近出现的脑卒中后大脑抢救临床试验（Gyngell et al. 1995）看来，乳酸的消失和神经标示 N-乙酰天门冬氨酸（NAA）的恢复，很可能体现了这种临床处理的良好效果。很难想像，在磁共振波谱出现之前，动物快速冷冻、大脑风干和外科活检是获得这种信息仅有的有效方法。

磁共振波谱的第一次应用是采用表面线圈来实现的，它证明磁共振波谱对大脑代谢产物无损观测的潜力（Ackerman et al. 1980）。虽然这种方便而且直接的方法在开始时缺乏合适的局域化技术，但是通过改进，这个问题已经部分得到克服（Bottomley et al. 1984）。另外，神经谱学在临床上应用了更多先进的局域化技术。目前，ISIS（Ordidge et al. 1986）、STEAM（Frahm et al. 1987；Merboldt et al. 1990）、PRESS（Bottomley 1987）等序列已经常应用于单个体积元或化学位移成像（CSI）的局域磁共振波谱。长回波质子磁共振波谱或较好的短回波磁共振波谱，允许对一些重要代谢产物进行定量（Frahm et al. 1989；Ross et al. 1992；Kreis et al. 1990；Narayana et al. 1991；Hennig et al. 1992；Kreis et al. 1993；Michaelis et al. 1993；Barker et al. 1993；Christiansen et al. 1993；Danielsen，Henriksen 1994）。测量自动化（匀场、水峰压缩、数据采集）（Webb et al. 1994）和数据处理的自动化（相位校正、拟合）已经导致了全自动检测。另外，从谱编辑技术可以获得其他额外的信息，目前该技术已被应用于低浓度代谢产物或者重叠共振峰的确认（Provencher 1993）。

人脑的磁共振波谱研究起始于新生儿。该研究不仅证明从动物研究获得的推测——高能磷酸盐、Pi 和 pH 的变化可用以监测缺氧缺血性脑病（Hamilton et al. 1986；Cady et al. 1983；Hope et al. 1984）。磁共振波谱的预测价值已经在几百个新生婴儿测验中得到体现和证实。严重新生儿缺血性缺氧性脑病的后果取决于大脑内 pH 和 Pi/ATP 的比率。

目前，成人和几周大的婴儿已获准应用于大口径高场磁体（Bottomley et al. 1983）。^{31}P MRS 可以广泛地用于人类神经病理学（neuropathology）的三个方面。第一，Oberharensli 等（1986）把新发展的局域化技术应用到脑肿瘤上（在早期婴儿身上进行的研究中，因使用表面线圈而不能采用局域化技术）。他们发现细胞内 pH 值一般是碱性的，而不是酸性的。这个发现开始逐渐地转变了 30 年来人们关于脑瘤的传统观念。在进行新一代的肿瘤药物设计时，就要考虑到药物进入细胞内碱性的环境，而不是在细胞空隙流体中测定的酸性环境。第二，脑卒中成人的 ^{31}P MRS 精确地再现了新生儿缺血缺氧性脑病的研究发现，甚至可通过细胞内 pH 和 Pi/ATP（Welch 1992）提供预测性的评估。这项工作激发了大量的脑卒中实验模型，目前仍指引着人们的磁共振波谱应用。

^{31}P MRS 所促发的第三个研究是和神经变性疾病（neurodegenarative diseases）（如 Alzheimer 症，Pettegrew et al. 1994）有关的工作。人们从组织提取物的体外研究开始，

从经验上观察到两组化合物发生了变化。这两种至今未被承认的化合物从磷谱上看是磷酸单脂（phosphomonoesters，PME）和磷酸二脂（phosphodiesters，PDE）。目前还不能完全理解这些谱峰在代谢作用上的重要性。但是，^{31}P MRS 开创了一个有前途的神经化学新领域，并且扩展到大脑的活体分析。由于磁共振波谱对于不显著的代谢产物和路径，提供了无损性的检验手段，所以它被看作为一个新的神经化学领域。该领域的一个典型例子离不开大脑活体水峰抑制质子磁共振波谱的出现。

NAA 作为一个神经标记（Tallan 1957），通过 MRS 于 1983 年又被重新认识和发现（Prichard et al. 1983）。在人类神经磁共振波谱（Neuro-MRS）确定的许多早已期待的和新出现的谱峰中，还没有其他成分能比 NAA 提供更多的诊断信息。NAA 的特性、浓度、分布已经被很好地建立起来。早期的动物实验显示 NAA 在脑卒中后减少。大量的人类实验结果也表明，当出现大脑肿瘤、缺血、退化疾病、先天缺陷、损伤时，NAA 表现缺少或减少。从中得到初步的结论：神经元和轴突中的 NAA（和 NAAG）组织化学特性以及 NAA 在成熟神经胶质细胞的缺少现象得到证实。应用质子磁共振波谱作为检测神经元数目的手段看来是非常可行的。

在早期人体磁共振波谱研究中，没有图像引导。虽然 MRI 并不是理解神经化学的基本手段，但是这两种强大而有力工具的联合使用，将允许直接地把大脑解剖上明显的事件与相应的生化变化之间经常存在着的空间上联系显示出来。在脑卒中、肿瘤、多发性硬化（MS）、退化病（degenerative disease）中，代谢产物成像已经证实了这个重要的原则。

在对单个区域利用常规磁共振波谱进行神经化学分析时，可以使用一种简单的局域化方法，尽管这个局域对大脑皮层、小脑以及中脑区域相比还相当大。此方法目前通常称为单体积元磁共振波谱（single-voxel MRS），主要用于显示神经疾病经常存在的生化紊乱（Prichard et al. 1983；Hanstock et al. 1988；Frahm et al. 1988，1989，1990；Kreis et al. 1990；Ross et al. 1992；Michaelis et al. 1991；Stockler et al. 1996）。由此看出，在早期的诊断中，磁共振波谱是无可比拟的。另外，可逆的生化变化常伴随着一些生理事件，这为磁共振功能成像（fMRI）提供了生化基础（Merboldt et al. 1992），如代谢和遗传疾病的先天缺陷（以及当前主要几种神经顽症）展现某种功能上的生化扰动。新生儿低氧血症、大脑瘫痪、神经-AIDS、痴呆症、脑卒中、癫痫、神经感染，以及许多大脑疾病，目前看来都包含着生化因素。

为使磁共振波谱成为人类神经科学领域不可缺少的工具，实现它的自动化、定量化将是必须的。磁共振波谱自动化允许对谱图的通用存取，这种通用存取包括急性的、可逆的神经疾病以及大规模临床实验的紧急磁共振波谱。磁共振波谱定量是一个长期忽视的区域，它提出了一个测量精度，这个测量精度被要求最后用来显示代谢产物对介入或者治疗的响应。

脑的化学组成

从磁共振波谱概念方面考虑，脑的生化组成也许可以简单地分为水分和干物质。

脑的水分

与其他组织一样，脑的水分可分为细胞内水和细胞外水（分别约占 85％和 15％），细胞内水可进一步分为细胞浆和线粒体腔两部分，约分别占 75% 和 25%，水中含有全部重要的神经化学物质。这些物质或者仅存在于细胞内水，如脂肪、蛋白质、氨基酸、神经递质和一些低分子量的物质，或者至少在浓度上与细胞外液和脑脊液（CSF）有很大区别。但是，葡萄糖是个例外，它在血液、CSF 和脑水内的浓度比例分别是 5:3:1。氨基酸在脑水与 CSF（或血液内）的浓度比通常是 20:1。脑水和细胞外液（ECF）与大的脑室内的 CSF 是截然不同的，后者的容量主要依赖所选择的位置。脑水和 ECF 与血管内血液也是不同的，这种血液可占到脑水的 6%。脑水的 MR 图谱分析由总的细胞内液（ICF）和总的细胞外液（ECF）表示（Ernst et al. 1993）。

脑的干物质

从 MR 图像和水分的磁共振图谱分析可见，脑约有 20% 实质性的物质是看不到的。因此，在磁共振波谱文章中偶尔可见有"丢失"或"看不见"的说法。这些看不见的物质包含所有大分子物质（DNA，RNA，大多数蛋白质和磷脂）以及细胞膜和细胞器官[其包括线粒体、脊（christae）和髓磷脂（myelin）等干物质]。另外，这说法可能相应于生化学家的"干重（dry-weight）"，并可用作确定重要神经化学物质浓度更恒定的单位。病理学上特别有关的是脑水（或湿重/干重）的变化，这个变化的原因包括代谢障碍、水肿、肿瘤、炎症、脑卒中或梗塞等。因此以 mmol/g 干重表示的代谢物的浓度比常用的以 mmol/g 湿重或每 ml 脑水要精确得多。

髓磷脂（myelin）与髓鞘形成（或髓鞘化）（myelination）

绝大部分髓磷脂在活体磁共振波谱图谱中是不易观测的，这是因为髓磷脂水（myelin water）对 MR 信号的主要贡献，以及白质与灰质之间 MRI 的明显对比。在活体检查时，图谱专家对髓磷脂的组成并没有什么兴趣，因为它在髓鞘退化（demyelinating）和其他许多疾病时均可发生改变。而主要的组成成分[如磷酸胆碱（phosphatidyl choline）、乙醇胺磷脂质（phosphatidyl-ethanolamine），丝氨酸（serine）和肌醇（inositol）]可能是完全不运动的而且是磁共振波谱不可测的。它们公认的分解物质如磷酸胆碱、甘油磷酸胆碱（glycerophosphoryl choline）、胆碱（choline）和 Myo-肌醇（myo-inositol），则具有正常的 ^{31}P 和质子脑图谱特点。这些分子在临床图谱讨论中会经常提到，尽管它们与髓磷脂的精确相互关系还远未搞清楚。这里重要的是测定大脑的发育变化，因为这些变化总是与 MR 图谱上的戏剧性变化相伴随（Bluml et al. 1999）。

水肿

这个在神经生理、DWI、和 MRI 临床诊断中很重要的概念，在脑水的磁共振波谱分析中还没有被清楚地确定。其可能性之一是在 MRI 中见到的水肿只代表不到 1% 的总脑水，并且是在现用的 NMR 水分检测方法误差范围之内。这些方法主要依靠不同状态水分之间 T_2 的差异。虽然在 MRI 中用 T_2 的差异分辨水肿，但是利用磁共振波谱直接测定 T_2 的差异要么是太小要么太局域化。

代谢

氨基酸、糖、脂肪酸和脂类（包括甘油三酯）形成一个复杂的生物合成和降解网络。这个网络依靠数百种已确定的酶的热力学平衡维持，通过各种途径的相对流量速度（率）均受到均等而严格的控制。因此，各种物质的浓度（除少数关键分子如信息分子和神经递质外），均保持明显的稳定。这也就是为什么用磁共振波谱可以获得完整的、可重复的大脑"图谱"的原因。与之对应，由于电子转移嘧啶核苷辅酶（pyridine nucleotide coenzymes）的变换了的还原氧化作用，造成一些可预测、可逆的变化如：乳酸和谷氨酸的增加、ATP 的降低、ADP 的增加。这使得磁共振波谱成为对脑短期研究的有用工具。

（代谢）分区

线粒体能量学和它的酶受非孟德尔（Mendel）遗传规律控制。它由电子转移链和氧化磷酸化（oxidative phosphorylation）过程组成。氧化磷酸化提供所有高能磷酸健以维持离子泵、神经递质、细胞容量和营养成分的主动运输。ATP 作为这个过程必要的"货币"被其他高能系统［肌酸激酶（creatine-kinase）、肌酸（Cr）和磷酸肌酸（PCr）］暂缓存储在大脑。这些分子在 MR 图谱中容易被发现。细胞质酶调控糖无氧酵解（aerobic glycolysis）和乳酸形成，而乳酸补充 ATP 的合成。糖酵解在低氧条件下由巴斯德（Pasteur）效应活化，而这一低氧作用显然限制线粒体的能量生产。在线粒体还原氧化状态改变时，乳酸和谷氨酸两者均产生过多。这可能是糖原酵解的类似活化均伴随着功能的变化（如在 fMRI 中）和电位活化（在癫痫症情况）。但是应当指出，线粒体代谢产物在一定程度上说是 NMR 不可见的，也可能对最终的脑图谱没有贡献。

氧化磷酸化（oxidative phosphorylation）的能源

葡萄糖是脑的主要能源供应，它沿血流的供应是充分并有保证的。因血管闭塞造成葡萄糖供应短缺、氧缺乏，以及 CO_2 和 H^+ 聚集，将带来由于纯粹缺氧引起的不同程度的神经化学方面的损伤，就像呼吸缺乏或溺水病（ND）时见到的那样。因此低氧血症和局部缺血在图谱专家看来是不同的，尽管这些术语对于 MRI 也许不需要加以区分。在严重饥饿的情况下，葡萄糖不能利用时，脂肪酸和酮成分能够维持脑的能量代谢，这种情况对哺乳新生儿也许是正常的状态。大脑与其他组织不同，它不是明显地需要胰岛素而使用葡萄糖。因此，在有糖尿病的情况下，大脑代谢（及相应 MR 图谱）的显著变化相对于全身性的代谢紊乱来讲是次要的。

脑代谢概要

图 40-1A～D 描绘了自神经磁共振波谱问世以来相关的神经化学途径。ATP、PCr、和 Pi 的能量相互转换与细胞内 PH 是很容易被 ^{31}P MRS 检测的。质子 MR 图谱的主要峰，如 N-乙酰内冬酸（NAA）、总肌酸（肌酸＋磷酸肌酸，或肌氨酸）、总胆碱（choline）［磷酸胆碱（phosphoryl choline）和甘油磷酸胆碱（glycerophosphoryl choline）］、Myo-肌醇（Myo-inositol）以及谷氨酸及谷氨酸盐（Glx）等，在磁共振波谱问世前仅仅偶尔在生理学或疾病的神经化学讨论中碰到。这些谱峰再加上葡萄糖摄取和氧消耗这两个最容易测定的神经化学事件，必将在神经科学的讨论中变得越加重要。磷脂酰乙醇胺（phosphatidylethanolamine）与磷酸胆碱（phosphatidylcholine）的相互转换［通过转甲基（transmethylation）反应］解释了现在已通过质子去偶 ^{31}PMRS（图40-1B）量化的髓磷脂产物之间的紧密联系。

由于质子 NMR 测定的浓度限制在约 0.5～1.0mmol/L，所有真正的神经递质包括乙酰胆碱、去甲肾上腺素、多巴胺、血管紧张素［例外是谷氨酸、谷氨酸盐和 γ-氨基丁酸（GABA）］现在都超出常规磁共振波谱的检测能力。同样，属于激素（hormone）信使的肌醇多磷酸（inositol-polyphosphate）和环腺苷酸（cAMP）也不能检测到。这在新的神经化学领域中留下了重要的空白。

　　磁共振波谱的另一个明显困难是多数大分子物质由于他们活动有限而难于检测。因此磷脂、髓磷脂、蛋白质、核甘酸和核甘以及 RNA 和 DNA 用 NMR 方法是见不到的。糖原是个例外，它是处于大脑（Grutter et al. 1999）、心脏、肌肉和肝内的大分子，很容易被[13]C MRS 检测到。另外在大脑内有明显的、来自磷脂的磷谱信号，也有来自低分子量蛋白质的强质子信号。

　　用富集稳定[13]C（图 40-1C）或[15]N（图 40-1D）同位素作流量测定，扩展了活体磁共振波谱的神经化学领域。现在可以用表 40-3 中列举的那些技术对 50 种以上的代谢物进行测定。

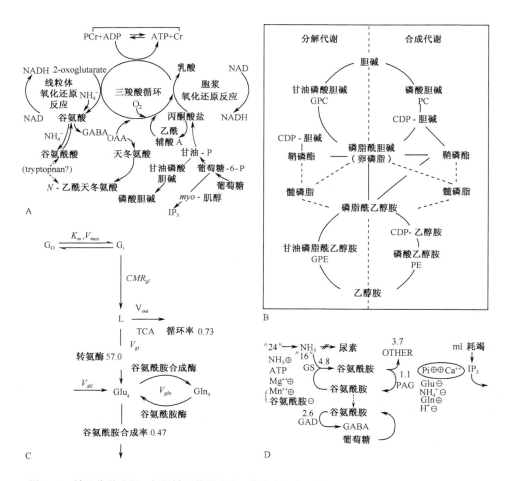

图 40-1　神经化学途径：新的神经化学理论。体内发生的反应过程和代谢变化可用此图加以说明
A. 质子磁共振波谱和[31]P MRS。B. 采用质子去偶磷谱技术检测的胆碱和乙醇胺的“髓鞘化”代谢（此图由 D. Leibfritz 教授馈赠）。C. 运用[13]C 标记的葡萄糖检测碳流变化。D.（此图由 G. Mason 博士馈赠），运用[15]标记的氨检测氮流变化（K. Kanamori 博士馈赠）。注意：流量速率见图 C（mmol/min/g 脑组织）和 D（mmol/h/g 脑组织）中的数字标记。

表 40-3 活体磁共振波谱测定的大脑代谢物

代谢物名称	技术	精确度
乙酸乙酰（acetoacetate）	^{1}H	±0.5mmol/L
丙酮（acetone）	^{1}H	±0.3mmol/L
三磷酸腺苷（ATP）	^{31}P	±0.2mmol/L
天冬氨酸（aspartate）	^{1}H	±2mmol/L
萎缩指标（atrophy index）	^{1}H	±1%
β-烃丁酸（hydroxybutyrate）	^{1}H	±0.5mmol/L
脑干物质（brain dry-matter）	^{1}H	±2%
胆碱（choline）	^{1}H	±0.1mmol/L
肌酸（creatine）	^{1}H	±1mmol/L
脑脊液-导水管流量峰值（CSF-peak aqueduct flow）	^{1}H	±3ml/min
脑脊液容量（CSF-volume）	^{1}H	±1%
乙醇（ethanol）	^{1}H	±1mmol/L
氟（fluoxetine）	^{19}F	±1μg/ml
（三）氟（tri-fluoperazine）	^{19}F	±1μg/ml
γ-氨基丁酸（γ-GABA）	^{1}H	±1mmol/L
葡萄糖（glucose）	^{1}H，^{13}C	±1.0mmol/L
葡萄糖转运速率（t1/2）（glucose transport rate）	富集^{13}C	±1.5mmol/L
谷氨酸盐（glutamate）	^{13}C	±2mmol/L
谷氨酸（glutamine）	^{1}H	±1mmol/L
甘油（glycerol）	^{13}C	±5mmol/L
甘油磷酸胆碱（glycerophosphorylcholine）	{^{1}H}-^{31}P	±0.2mmol/L
甘油磷酸乙醇胺（glycerophosphoethanolamine）	{^{1}H}-^{31}P	±0.2mmol/L
氨基乙酸（glycine）	^{1}H	±1mmol/L
糖分解率（glycolysis rate）	富集^{13}C	±0.37/min/g
乌核苷磷酸（guanosine-phosphate）	^{31}P	±1mmol/L
氢离子（pH）（hydrogen-ion）	^{31}P	±0.02pH 单位
无机磷（inorganic phosphate）	{^{1}H}-^{31}P	有或无
肌醇单磷酯（inositol-1-phosphate）	^{1}H	±1mmol/L
异亮氨酸（isoleucine）	^{1}H	±0.5mmol/L
乳酸（lactate）	^{1}H	±1mmol/L
亮氨酸（leucine）	^{1}H	±1mmol/L
脂类（lipid）	^{1}H，^{31}C	±1mmol/L
锂（lithium）	^{7}Li	±0.1mmol/L
大分子物质（macromolecules）	^{1}H，^{1}R	±1.0mmol/L
镁（magnesium）（Mg^{2+}）	^{31}P	±200uM
甘露醇（mannitol）	^{1}H	±2mmol/L

续表

代谢物名称	技术	精确度
Myo-肌醇（myo-inositol）	^1H，^{31}C	±1mmol/L
N-乙酰内冬酸（NAA）	^1H	±0.7mmol/L
NAA 谷氨酸盐（NAAG）	^1H	±0.3mmol/L
氧合血红蛋白（oxidized hemoglobin）	fMRI（^1H）	±0.2%
苯丙氨酸（phenyl-alanine）	^1H	±2mmol/L
磷酸胆碱（phosphocholine）	dc^{31}P	±0.2mmol/L
磷酸肌酸（phosphocreatine）	^{31}P	±0.2mmol/L
磷酸二脂（phosphodiesters）	^{31}P	±2mmol/L
磷酸乙醇胺（phosphoethanolamine）	dc^{31}P	±0.1mmol/L
磷脂（膜）（phospholipid）	dc^{31}P	±30%
磷酸一脂（phosphomonoesters）	^{31}P	±2mmol/L
丙烷-二醇（propane-diol）	^1H	±1mmol/L
核苷嘧啶（NAD，NADP）（pyridine nucleolide）	dc^{31}P	±1mmol/L
犬鲛糖肌醇（scylloinositol）	^1H	±0.2mmol/L
钠（sodium）	^{23}Na	±
牛黄酸（见犬鲛糖肌醇）taurine*（＊参考 scylloinositol）	^1H	±1mmol/L
三羧酸循环率（TCA-cycle rate）	富集^{13}C	±0.1μmol/(min/g)
转氨酶速率（transaminase rate）	富集^{13}C	±10μmol/(min/g)
甘油三酸脂（triglyceride）	^{13}C	±5mmol/L
缬氨酸（valine）	^1H	±1mmol/L
含水量（water content）	^1H	±3%

　　磁共振波谱在临床 MR 图谱的现代技术可定量分析以下各种代谢物流量，或者在志愿者和病人可承受的测验次数内发生的神经化学事件。每种分析的大概精确度已给出，但并不是所有测试在每一台商业仪器上是可行的。

■ 方法和技术要求

　　临床磁共振成像（MRI）的多年应用增进了人们对磁共振的原理和过程的更广泛理解（见第三十八章）。

　　简单说来，病人（或受试者）必须能够躺在床上进入狭窄的空间，因为成像仪器扫描过程中会不停地切换电磁场从而导致较大的噪声，受试者要忍受这种噪声，经过数分钟的时间，共振质子产生的电磁信号可以用数字方法变换为影像。横断面磁共振成像解剖图已成为大脑领域工作者的标准图。

　　磁共振波谱基本上采用和 MRI 同样的方法，只是再加上另外三个步骤。首先，必须利用所得到的解剖影像确定波谱取样的位置和体积（VOI），匀场（shimming）等扫描参数则要在特定的取样位置和体积的要求下作进一步的调整。然后必须压抑水分子中的质子信号才能观测代谢物的信号。这样利用 MRI 相同的磁场切换方法，一个频率扫描谱就可以得到。在特定频率上的信号强度通常是和质子的浓度成比例。由于共振频率与化学结构有关，图谱也就代表了样品中的化学组成或代谢物组成。

磁共振成像通常只利用水分子中的质子信号，并只考虑空间定位。磁共振波谱则要求空间定位必须包括化学位移的信息，这样才能得到代谢物的分布图（Oridge et al. 1985）。单体积取谱方法只在给定的小体积元中采取信号，这样可以避免来自体积元周边信号的影响。根据具体情况可采用不同的观测方法。例如，选择激发就是沿用了磁共振成像的原理。选定的代谢物影像可以通过选择性的激发此代谢物特有的频率来得到。磷酸胆碱（phosphoceatine）的影像就可以用此法获得（Ernst et al. 1993b）。化学位移成像（chemical shift imaging，CSI）可在多个体积或在一个脑切面上获取图谱（图40-2B）。尽管从理论上说，化学位移成像法是最省时的脑化学分析方法，但在实用中CSI则有不少缺点，如缺少代谢过程的动态信息、不同位置间的数据差异、繁杂的数据处理等。单体积磁共振波谱方法仍然是主要的使用方法。

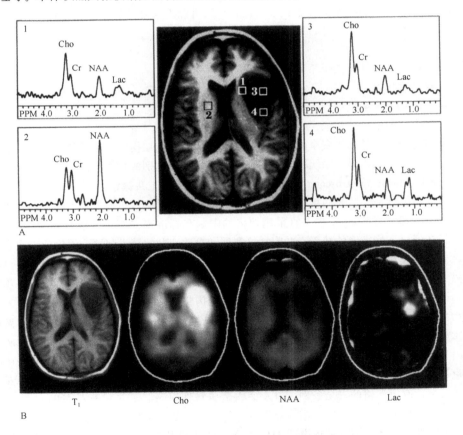

图 40-2　化学位移成像：脑肿瘤异源代谢图谱

A. 单次 MRS 检查期间记录的 4 种主要代谢产物之一的局部浓度；B. 代谢物成像作为显示的结果（经 P. B. Barker 博士允许）。

就单体积磁共振波谱方法而言，制造厂家通常提供下列技术：

　　—STEAM (stimulated echo acquisition mode)

　　—PRESS (point resolved spectroscopy)

　　—ISIS (image selected in vivo spectroscopy)

技术细节、选择条件和物理原理可参见其他文献和手册：Spinger-Verlag Handbook，In vivo Magnetic Resonance Spectroscopy；Berlin 1999，Eds. Diehl P，Fluck E，Gunter H，Kosfeld R，Seelig J.

硬件要求

　　只有为数极少的几个研究机构具有设计和制造人体磁共振成像扫描机的能力。这些机器的使用受到一系列严格的国家和国际条例的管理。磁共振仪器通常是昂贵、沉重的大型仪器，必须安装在远离其他设备的屏蔽空间里。全身或一些头部扫描机现已经投入使用。临床上，尽管高于场强 1.5 或 2T 的设备还很少，但 3T、4T 或 4.7T 扫描机正在逐渐增加。7T 和 8.4T 则正在试验阶段，但很可能成为科学研究不可缺少的工具。

安全

　　磁共振谱学法涉及三个不同的场强：

　　—稳定磁场 B_0

　　—定位用的梯度磁场

　　—激发用的电磁信号场

　　这些磁场通常是相当安全的，对生物体无害的。快速切换的梯度被认为可能造成一定的风险，但也从未得到系统和确切的证明。除了一些特别的扫描方法，如平面回波谱成像（echo planar spectroscopic imaging，EPSI），大部分磁共振谱采用比成像方法慢的磁场梯度切换频率。较长的接受电磁信号照射被认为会直接传送能量到人脑从而导致伤害。政府管理部门近 20 年来一直采用严格的限制和标准来控制这种能量传送的指标。只要设备经过严格准确的校正，并附加检测器和自动切断的转送装置，无论病人或志愿受试者都不会在磁共振波谱测试中受到伤害。尽管偶尔会有关于不合格电子器件、自动电磁线圈或电极烁伤受试者的报道，但这些情况很少涉及严重的人体伤害，但仍是草率和不严格的标志。高水平和组织有序的脑研究机构应当绝对避免此类事故的发生。

　　另外一类不同的安全措施则是针对磁性或对磁性敏感的物件的管理。刀、剪、夹等物体如被带近强磁场，会立刻受到磁场作用力而快速移动，从而造成伤害。另外，病人体内移植的金属器件可因磁电相互作用而受热、扭曲，导致对病人的伤害。因此，在磁场附近的人体安全是应当受到重视的。每个磁共振机器的操作、管理单位应当配备安全管理人员，制定严格的安全条例，以及使用金属物件探测器，并对进入 MRI 区域的人员进行安全检查。松散的安全措施会不可避免地导致事故的发生。严格的管理则可以避免事故的发生。优秀而合理地设计 MRI 区域，加上严格的军事化管理，是安全的基础和保证。

购置设备

　　几乎所有的磁共振机厂家在设计和制造设备时首先考虑的是机器的医学成像性能，

其次考虑机器的基本和常规的磁共振波谱法的功能。因此，对于从事脑科学研究的机构，第一选择标准是一个厂家和主要以从事科学研究机构为服务对象的产品。购买磁共振扫描机可能是一个脑科学家在科学生涯中需做的最昂贵的决定［可能正电子辐射扫描机（PET）更加昂贵］。这两种方法应用不同的物理原理并都被认为是高精尖的科学研究。细心周到的计划，多方面征求意见和讨论，加上严格清晰的书面性能指标，是购置新机器并能尽快投入使用的必要条件。

因应设备更新和升级提高

在新技术不断涌现的磁共振领域，对磁共振设备的更新和升级的要求可比提出一个脑科学研究的课题还快。然而设备的更新和提高常会对磁共振波谱的运作带来掣肘的麻烦。研究人员应当及时地完成病人和对照的研究，经常地校正、检验（每月一次）设备的性能，并在每次软件更新后做好相对比较的实验。硬件设备的升级并非经常发生，如不细心策划和安排，常会成为昂贵的工程并延误正常的研究工作。尽管设备的更新并非厂家和用户事先计划和预计的，厂家常可同意安排一个让用户可以接受的设备更新方案。实际上，磁共振谱的用户和使用者最好不要尽早、尽快频繁地更新设备，设备升级常常是针对改进影像功能，而对波谱功能的影响通常是适当其反。升级对波谱功能的有益影响常常是在几年以后才会体现出来。

电磁线圈和磁场梯度线圈

大脑磁共振影像和波谱通常是用标准的头部体积线圈来记录。这种线圈通常是由厂家提供，并制成一个像头盔且能容纳整个头部。在特定的情况下，为了得到更好的信号接受效果，表面线圈或表面线圈组［相位阵列线圈（phase array）］可以用以成像和纪录波谱。体积线圈的使用范围较广并有利于代谢物的定量分析。

由于质子频率的头部线圈是所有磁共振机必备的，质子（或氢）谱是临床用磁共振仪器的基本性能，也是最广为运用的波谱方法。电磁线圈具有频率特异性，因此其他杂核谱需配备不同的（通常是昂贵的）线圈。这类线圈通常不是由机器厂家提供，但可以从一些规模小、专门化的制造商处购置。对氢谱去偶，组合型的 H＋X 线圈是必须采用的，以便得到增强非氢核的信号。这类线圈也不属于机器厂家提供的附件，而需另外购买。

近年来，磁场梯度线圈频繁改进以满足不断更新和增多的运用上的要求。特别是脑功能成像（fMRI）和扩散加权成像（DWI）所采用的回波平面成像（echo planar imaging，EPI）需要磁场梯度的迅速提升和切换。尽管波谱方法一般来说可得益于高性能的梯度磁场装置，但高性能的梯度磁场装置有时会引起更强的涡流，从而影响波谱的质量。

多核（杂核）谱和氢的去耦合

尽管非氢核的频率信号可以用线圈的调频来达到，但是并不是所有的扫描机可以具有超于氢谱的检测能力。宽频信号放大器是其中必备的器件之一。其他的硬件设备和器件同样需要添加和匹配，才能观察非氢核的波谱。

除了具备观察非氢核的能力之外，必须运用氢的去偶合方法来提高灵敏度和选择性。要达到消除氢的偶合效应，通常需要附加一个电磁信号频导和放大器来达到同时激发不同频率的目的。

本章的结尾部分，提供了各种磁共振波谱图。其中有：氢谱的定量分析，表面和体积线圈的比较。所有这些例子都是用同一部在临床应用的磁共振扫描仪得到的。

脉冲序列——定位方法（取样方法）

在实际实验中，最关键的步骤是区分不同的脑区，或者脑内与脑外的代谢物。定位方法可确定立方体积、侧立体、切面或多盒体积。所有这些定位方法不一定给出脑的解剖图形。不同的定位方法常是从厂家预先设定的方法中选出。通常，保证选用方法的一致性可能比选用何种方法对于一个研究课题的影响更重要。不同定位方法所取的数据应是类似的（可互换的），但可能会有准确度的差别。

STEAM 和 PRESS

STEAM（stimulated echo acquisition mode）和 PRESS（point-resolved spectroscopy）是两种最常用的水峰抑制、单体积氢谱法。这两种方法的使用旨在激发取样体积（目标体积），但却极少激发其他区域。三个不同取向（X、Y、Z）的切面定位选择脉冲被组合在同一脉冲序列中。这样，在一个单取样脉冲下，目标体积就可在由三个切面的重合区域中确定，体积内的信号也就可以被记录下来。这样的脉冲序列方法对优化参数和测定实验条件，如匀场，非常有益。两种方法的差异仅在于 STEAM 采用三个 90°的切面定位脉冲而 PRESS 则采用一个 90°加上两个 180°的定位脉冲。PRESS 的原理相对容易理解：第一个 90°的脉冲波首先激发所有切面中的质子，第二个 180°的脉冲则从切面的垂直方向施加，从而在两个切面的交汇处产生一个自旋回波的区域，第三个 180°脉冲应用在和前两个切面同时垂直的方向，这样，第二个自旋回波就可从三个切面的交汇处产生。所有这些脉冲波通常是在 30~300ms 中给出。第一个自旋回波在 500ms 弛豫时间中产生的磁化效应可能会受到第二自旋回波的影响，这样可在记录数据前在脉冲之间加上去磁化梯度（crusher gradient）。这种安排可同时改变由于 180°脉冲不够完美而造成的 FID 的相位信号差。

STEAM 由于采用 90°脉冲，不会产生自旋回波，但会产生一个受激回波，这样只有一半的信号可从目标体积中激发出来。PRESS 则因为其较高的信噪比或较快的取谱而被认为是稍好的方法。不过，STEAM 可采用能量较高的消除用磁场梯度，这样可以较大幅度的消除目标体积周边外不需要的信号。详细的讨论和原理，限于篇幅将不做讨论。另外，STEAM 利用较低的电磁波强度，这样对目标体积（取样体积）的确定给予较小的误差。值得提起的是，第二和第三脉冲之间的时间（TM）并不影响回波的时间。这样可以更容易的得到较短的回波时间。有时候，短回波实验对观察氨基酸，如谷氨酸和谷氨酸盐较为重要。因为，由于 J-偶合效应，这些化合物在长回波时间的实验中不能观察到。因此，STEAM 似乎有更广的适用性。对于那些对信号强度或信号丰度以及对取样体积要求不高的实验，如全脑疾病（而不是像肿瘤、MS 类区域性的病变），STEAM 可能更为合适。

　　STEAM 和 PRESS 方法都可采用化学位移选择定位（chemical shift selective,
CHESS）脉冲方法，在定位脉冲序列前有选择的将水的信号削弱。由于两种方法都使
用回波，它们都具有可调变记录脉冲和定位脉冲之间的时间，以及控制相位的磁场梯度
切换的优势。这样可以减少由于涡流引起的图谱变异，并可以用于强 T_2 谱来简化谱图
的指认，这是因为偶合信号在强 T_2 谱中常常不会出现。

ISIS

　　ISIS（imaging select in vivo spectroscopy）采用一个 180°的切面选择脉冲，然后是一
个非选择性的 90°激发脉冲来产生 FID，这样定位时并未产生回波信号，因此，ISIS 可
以用于观察那些 T_2 时间较短的核，如^{31}P。不过，FID 是在一系列 FID（每 8 个一组）
被记录和叠加之后才能被准确定位。这些 FID 信号必须采用在不同取向上的选择性脉
冲的不同开关组合来记录。与 STEAM 和 PRESS 相比，ISIS 不是单一记录式的方法，
它对移动造成的误差很敏感。另一个缺点则是 ISIS 不能采用定位允场的方法，这是因
为每 8 个 FID 必须在定位选择脉冲执行前记录。多数情况下，ISIS 是用在杂核的谱学
研究中，因为这类研究对避免 T_2 的影响有较高的要求。

化学位移成像

　　化学位移成像（chemical-shift-imaging，CSI）或波谱成像是在同一切面或多个体积
中同时记录谱图。空间的定位可以利用一维、二维、或三维相位编码的方法。化学位移
成像综合了成像和波谱的方法。它的优点可总结为三个方面：
　　（1）化学位移成像法可能是最有效和快速的方法来记录全脑的弱 MR 信号。
STEAM、PRESS 或 ISIS 可在全脑或整个脑切面中得到信号，并同时消除来自目标体积
外的信号。
　　（2）化学位移成像法不需预先确定记谱的位置。这是由于 CSI 可以在整个测试完成
后对任何的小体积进行位置调整。
　　（3）脑代谢的不同分布可在一个实验中得到，并可转换成影像与解剖图像重叠
（Kumar et al. 1975，Brown et al. 1982）（图 40-2）。
　　不过，化学位移成像具有一些实用性的问题，如难于在一个较大的体积空间中达到
较好的允场和有效地消除水信号。脑皮层下的脂类信号常因为定位的不准确而被记录，
因此会影响到代谢物的信号。其他问题则包括：病人因受试时间长会难免移动；使用长
TE 而造成一些细微的生化特性信息的观察困难；局部或单个数据点的误差影响到整体
数据的解析等（Ross et al. 1989）。

其他通用的代谢物成像方法

　　选择激发法（selective excitation）（Ernst et al. 1995b；Greanman et al. 1998），如
磷酸胆碱（PCr）成像可用于研究肌肉组织和脑。
　　部分法（fractal）（Ernst et al. 1995），在低场强，化学位移的差异可引起空间差异，
从而用于记录单一的代谢物谱，如 Pi、PCr、ATP、PME、PDE。
　　水谱（water spectroscopy），单体积中的水信号可在非常短的信号中记录下来。这

种方法可能有助于功能磁共振成像（Ernst et al. 1994）。

波谱编辑方法

　　波谱编辑方法利用分子除化学位移之外特有的性质，最常见的是同核或异核的 J 去偶效应。在脉冲序列中 J 偶合的核自旋会在回波的弛豫时间内造成相位的变化，大多数谱编辑方法是利用这个特性。由于不同分子中不同核的 J 偶合影响不一样，从采用不同回波时间得到的一套谱图中，有可能将重叠的谱线信号区分开来。代谢物的谱编辑在高分辨核磁共振的解谱中改善了选择性和特异性。但直到目前为止，在活体人脑的研究中还没有真正能提供更更新的发现。适用的活体方法曾被 Ryner（1995）和 Hurd（1998）等提出，并在人体上实验。尽管许多新颖和有用的谱编辑方法在高分辨核磁领域应用并被大量报道，但在活体核磁共振谱中，他们的运用却因低信噪比而限制。例如，乳酸的谱编辑通常损失一半的信号，而使用短回波的方法也可能达到同样的效果。最近谱编辑方法被用于观察 GABA（Rothman et al. 1993；Gruetter　1997；Herrington　1998）和β-羟基丁酸盐（hydroxyl butyrate）（Shen et al. 1998），这可视为成功之例并在今后推广。

数据处理和定量

　　在研究人脑时，早期的活体核磁共振谱具有只能提供代谢物化学位移信息而不能定量分析的缺点。尽管这种方法仍然可以使用，但严重地限制了核磁共振谱和其他脑生化数据综合分析的能力。由于不同的数据质量和不同方法的使用以及不同的解谱手段，造成这一领域发表的研究报道中有很多混乱和不一致的问题。数据处理和定量方法旨在减少难于解释的谱图信息，减少分析的参数使得分析过程简化到可以得到有用信息的程度。"自然"或最基本的参数是以摩尔为单位的代谢产物浓度，这样便把核磁共振谱和生物化学中的参数术语及定义联系起来。不过，最常用的谱图定量法是利用信号峰高比例来比较代谢物的含量，这种峰高数据一般可从仪器自备的程序中得到。

　　我们建议磁共振谱应当采用已沿用的生化术语来表达可以观察的、分子质量已知的代谢物。单位应采用国际标准单位制的摩尔（mol）/单位样品质量或体积。由于体积可以从定位取样的几何坐标中得到，体积可能是较好的表示方法。下面我们将简要的列举一些定量的分析方法，详细的讨论请参见 Kresis（1997）。

常用的活体脑波谱信号定量方法

　　由于磁共振的信号是直接和核的数量成比例，磁共振方法应是可以定量的方法。但由于已知道的各种可变因素影响到活体磁共振方法，分析这种信号应当更加小心、仔细，并考虑到这些可变因素的影响。如要做到这点，脑代谢物的浓度可以直接与其他实验分析的数据比较。最常用的是与更可靠的速冻脑组织代谢酶的两种实验方法比较。对于氢谱，重要代谢物的分析可以得到重复性相当好的结果。如比较不同研究组的结果，方法上的差别应小于 5%。

内标法

如果标定从未鉴定过的体内代谢物，准确的定量需要使用可靠的浓度内标。

注意：这和用峰高比来解释结果不同。

脑水是最常用、最适用的内标（Thulborn and Ackerman 1983）。当然必须了解脑水作为内标可能会受到不同病理条件的影响。而用水作为内标的优点则在于高信/噪比（～50ml）使得水信号不仅可作绝对标准，而且可用于测量 T_2 和其所在脑区的信息。

外标法

外标法是将装有特定浓度化合物的试管定装在接收线圈上来作为参比信号。脑内代谢物信号的强度，可与此参比信号来比较而得到定量的信息。由于参比信号是在不同的空间位置测得，观测参数可能需做适当调整以校正可能的 B_1 不均匀性。一种校正方法是只利用参比物得到线圈负载的设定，而不做其他参数的调整。参比物的信号强度及实体测试中代谢物的信号，则可以从模拟实验中的信号强度比较中得到定量。

模拟实验是用一个含有同样活体代谢物的标准物来进行。标准物中的化合物浓度必须是已知的。外标物的谱图需采用和活体实验相同的测试条件。值得注意的是模拟实验尽管从原理上说只需进行一次，但在适用中仍需经常的重复以便于校正（每月一次）。

脑分区法

由于脑内代谢物是溶于脑内液中，不能在脑内固体物质中测得，并被物理和化学界面分割在血液循环系统和 CSF 之外，一种简化的定量方法是采用内标和外标相结合的方法。首先是在给定的体积中，用活体水信号和模拟实验中的水信号比较来得到"干物质"的量。活体水信号的测量需是充分回归并经过线圈负载校正的。活体水信号与模拟实验中的纯水信号之差，则可认为是来自于实体中不可测"干物质"。脑水和 CSF 的区分，则可以根据其不同的 T_2 时间采用不同的 TE 回波时间来测量其水信号。最后采用脑水信号和其已知浓度为内标来计算代谢物的浓度。

自动化：未来的方法

对于从事磁共振谱学方法的人，即使在最复杂、困难的条件下，也可以得到好的谱图。对从事脑科学的人来说，我们认为自动化的数据处理和分析是基本的要求，这样可以免除一些主观上的问题，最重要是免除人员的误差。在设定目标体积之后，完全自动取谱已可实行，其他的步骤也可通过程序化的操作而逐步实现。

▨ 应用磁共振波谱——单体积法

对于大量的正常人进行定量波谱方法测量，实验的误差范围可在 5%～10%。对单个受试者进行重复实验，误差也可在 ±3% 之下。当然对较复杂的体系，误差则在 ±10%～15%。我们认为这种大的差异不是由于真正的生化或食物摄取造成的，而多数是由于选择取样体积或者病人头位的变化造成的。

　　读者可以参考以下几个在临床机器上设定单体积磁共振谱法的要领。这些要领和建议可能是基于笔者在 GE 1.5T Sigma 设备上的经验。但所基于的原则，仍然适用于其他类型的设备。就氢谱来讲，简单的操纵程序常常已预设好特定的 TR 和 TE，这样可以避免人为的错误，并为那些需要多次、甚至多年重复的测试提供一个标准化方法。STEAM 20ms（MRI，Gottingen）、STEAM 30ms（HMRI，Pasadena）和 PRESS 30ms 被认为是可靠的方法。STEAM（或 PRESS）135ms 和 270ms（以及最近推出的 144ms 和 288ms）是令人满意的长回波时间。短回波 TE 通常有最高的信/噪比，最小的 T_2 信号损失，同时对病理原因导致的 T_2 改变也最不灵敏。不过，对于非常短的 TE，背景信号可能造成基线的不平及紊乱。为确保可靠性和谱图质量，我们提出下列测试条件。这些条件是基于脑纵切面的单体积质子波谱法。

取定目标体积（VOI）

　　测试之前，必须作如下准备：首先得到受试者的 T_1 加权影像照片，并定量确定灰、白质的位置和分布（图 40-3）。在照片上用笔标定出要用的目标体积。

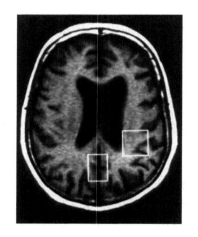

图 40-3　体积定位用成像扫描

　　在 T_2 加权的影像照片上作同样的标记。应当记住的是，通常的影像记录采用切片厚度 5mm，而谱学法采用的体积常为 $20mm^3$。这样必须小心各切面的位置，尤其是避免目标体积的边沿与脑壳相近。下列步骤可用于确定目标体积的位置。

灰质组织

　　体积的中心切面必须在后连合 1 cm 之上。最下层的层面（5mm）应在包含有：①内囊，②角动脉，③枕叶-顶叶组织，④Galen 氏静脉，⑤脑内静脉，⑥侧脑室额角等的层面上。注意，如果头位倾斜，所有这些标记位可能不会同时看到。

　　如果采用 27mm（前/后）和 21mm（左/右）的体积，体积中大部分的脑组织应是灰质。推荐的层面厚度是 20mm。重新检查中心位置上下两层面，确认定位不受脑壳的影响。

白质组织

　　在顶骨皮质（parietal cortex）的左区或右区选定中心。定位时尽量包括白质，但可包含 25% 的灰质组织。标记出中脑室的边沿和后中线，并在后连合约 1～1.5cm 的层面之上。这个体积的上下不应高于灰质组织的目标体积 5 mm。

　　当然主观性和不同操作者的受训程度可能会影响到体积的选定。标记点是在受试人的影像照片上确定。体积的大小应当保持一致。在这里我们已经遇到第一个可变因素，这就是受试人头的大小。另外由于定位脉冲不可能完美［如（图 40-3）所示的体积框是不能准确的］，一些体积外的信号可能被测到。有经验的人可常将 VOI 定在远离脑外层界面 5～7cm 处，以避免大量的脂类信号的干扰。

　　最后值得一提的是，在整个测试程序过程中，应当首先安排定位用成像扫描和磁共振谱图，然后是预定的、连串的成像扫描。这样才能保证受试人避免移动，从而得到较好的谱图。

安置受试者

磁共振谱的测试安排在相对宽松的时间表上。受试者面向上平躺于机器内。接受线圈总是定位于同样的位置（如果是重复测试）。头部应尽量平置于三个取向平面。从侧面看，磁场中心应在眉心、鼻和下巴的连线上，纵断面（常见的错位来源）则需在给定一个角度下选定。可以用标尺量出下巴和前胸骨上中线的距离，并记录下来以便下次定位时采用。横切面则可用一些骨骼结构作为依据，如通常可用眼眶上沿以及它的垂线延伸至眼睛的上外角或耳的上沿，并用条带固定头部（图 40-4）。如需用外标定量，试管应总放置在同一位置以保证结果的重复性，并便于自动化的处理分析。

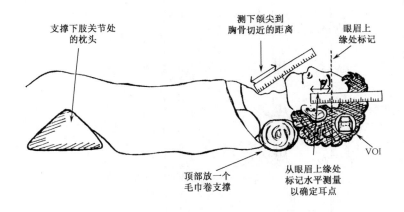

图 40-4　脑磁共振谱检查时受试人的定位

数据采集

首先应完成定位用影像的扫描。注意定位角度的偏差。如果偏差不严重，磁共振波谱实验可按计划进行。

波谱扫描在不同的机器上可能采用不同的方法来设定，但不管怎样都需要给定和磁体相对应的空间坐标。因此，受试者的位置和取位对于减少定量误差很重要。

可先从标准的灰质区域开始。并检查各层面的位置以及他们和目标体积的关系。注意目标体积的定位，并记下体积的大小和坐标位置。

下一步则是进行匀场、调整并优化扫描参数。好的匀场调节是得到好的谱图的先决条件。谱线的分辩和谱线的峰宽会直接影响到定量的准确性。绝大多数扫描仪采用自动匀场的操作，这样比人工手动匀场要快速、省时。自动调节信号传送和接受的强度以及频率现已是新型扫描仪必备的功能。另外消除水信号的程序在多数机器上已成为自动化的操作。在 GE 的 MRI 机器上，所有上述步骤可以通过 PROBE 的预设程序来完成，并达到一步操作的水平，另外可自动完成谱图的记录和打印，并可储存谱图数据供以后分析或传送到其他工作站。

谱图处理和定量

　　确定谱峰比并和文献中的结果相比是数据处理的基本步骤。稳定性和重复性是能否进行长期的脑生理、脑病理研究的关键。图 40-5 给出的是一个连续 13 个月的氢谱实验结果，显示了健康人和可能的老年痴呆病人的氢谱变化。显著的脑化学变化可以很容易的观察到（Ros and Michaelis 1994）。在图 40-6 中展示的氢谱实验，可用于监测肝移植后病人生化异常的恢复，以及用于观察接受控制酮类摄入治疗过程中癫痫病人脑内酮化合物的情况（Seymour et al. 1999）。

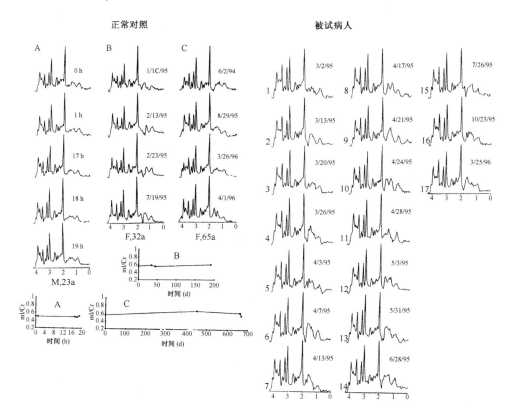

图 40-5　单体积取谱法的稳定性和重复性

左：在健康对比者体内重复得到的谱图（STEAM，TE＝30ms，TR＝1.5s，TM ＝ 13.7ms）；右：在可能的老年痴呆（AD）病人得到的 17 个谱图。和健康人相比，所有谱图中都可见到增高的 mI/Cr 和降低的 NAA/Cr。这种谱图特征被认为是 AD 症的标志。M，男性，F，女性，age，年龄。

临床检查时的体积定位

　　临床上，选定取样或目标体积是由特定的临床问题来决定的。如果病灶是和全脑有关，体积的确定是采用标准的定位方法，采用灰质或白质组织则应针对特定的问题。例

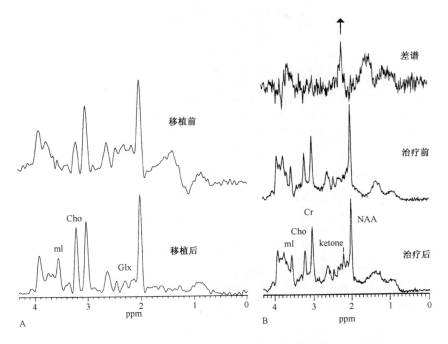

图 40-6　磁共振波谱法在诊断和疗效观察中的应用潜力

（A）肝移植后脑内生化异常的恢复。病人是个有慢性或急性发作肝性脑病（HE）的 30 岁肝炎病人，其后来成功地进行了肝移植治疗。谱的采集时间相距 6 个月，相同顶叶白质区域（15.0cc，STEAM 序列，TR＝1.5s，TE＝30ms，NEX＝128）。为了比较，以 Cr 谱强度为标准对谱进行了归一化。在肝移植之前磁共振波谱的明显异常现象为：升高的 α、β、γ 谷氨酸信号，和降低的 Cho/Cr 和 mI/Cr 比。在治疗后，这些代谢物三个月后恢复正常，而且 Cho/Cr 超出了正常值。（B）一个癫痫病童在接受生酮饮食治疗前后的代谢质子图谱比较。生酮饮食治疗之前，枕叶灰质的质子谱呈现正常。治疗四天后，在同一位置采集的质子谱上出现 2.2ppm 的酮峰。谱图为：治疗前（中）、治疗后（下）和治疗前后的差谱（上）。

如，要预测脑损伤的程度，排除可能的由脑缺氧导致的损伤可能是重要的一步。就此而言，在灰质部分取谱可能更为有效，而应当作为第一选择。对于脑肿瘤来说，取样的体积应当在可疑组织的中心，并尽量避免和减少由于正常脑组织而带来的部分体积效应（partial volume）的影响。对于较小的外生物质，可以采用记录两个不同体积但是同样中心的谱图，比较两者之差来估计部分体积效应的影响。对比剂（contrast agent）的使用对谱图的影响仍然存在争议。不过，目前还没有足够的证据证明对比剂会影响谱图质量，特别是短回波谱图的影响。对比剂使用至少可以提高对目标体积的分辩。这对没有预先得到过对比剂增强的病人来说，可能更有帮助。表 40-4 列出的是如何在临床测试时进行体积定位的建议。

表 40-4　各种疾病的单体积元磁共振波谱定位

诊断	期望位置	所需信息
综合低氧血症（global hypoxia）	灰质（gray matter）	
创伤（Trauma）	灰质（第一选择）以排除缺氧损伤（hypox-ic injury）；白质作为第二选择 如果不是缺氧损伤，白质作为第一选择	抗癫痫药物（Anticonvulsants）；有无意识，受伤日期
慢性脑卒中（stroke chronic）	中心（第一选择），边缘（第二选择）	脑血管意外（CVA）日期
肝病；肝性脑病（HE）	灰质（第一选择），但是，肝病的最早变化出现在白质（第二选择，Cho 减少）	乳果糖（lactulose） 新霉素（neomycin）
痴呆（dementia）	灰质	临床诊断症状
多发性硬化（MS）	无损伤证据：白质（第一选择） 损伤（lesions）：损伤（第一选择）和对侧边（第二选择）	
HIV（艾滋病）	损伤（lesions）：损伤（第一选择）和对侧边（第二选择） 无损伤证据：白质	AIDS＋，CD-4 药物治疗，损伤的临床诊断
HIV（AIDS 痴呆）	完全损伤 如果无损伤：灰质；同痴呆	
肿瘤，排除肿瘤（rule out tumors）	可疑损伤区域的中心，有时须较小的体元（调整扫描次数）；对侧边作为参考	肿瘤类型，化学放射治疗（chemoradiation therapy）
未知的、非灶化的疾病	灰质	

■ 结果：神经谱学

质子磁共振波谱是目前广泛用于大脑的图谱技术，这是因为标准 MRI 硬件的使用，使得质子磁共振波谱成为可行的方法。另外，质子在脑内有相当高的浓度、MR 对质子的敏感性比其他核高。

如何读磁共振质子谱

从图 40-7 看来，可以很容易地理解正常人类大脑的质子谱。每一种代谢产物均有它自己的特征签名（Ross et al. 1992）。当将一个代谢成分加入其他主要代谢成分时，会导致互相重叠的复杂谱。为了实际应用中的方便且通用，目前质子谱与神经谱学（neurospectroscopy）同义。尽管大家都熟悉这样的谱，但是采取一个严格的方式来获取、解释这些谱是至关重要的。

参考图 40-8，它是由灰质的 4 个谱组成，利用 PROBE 自动程序（PROton Brain Exam）在 1.5T 机器上采用短回波获取（STEAM 序列，TE＝30ms）。而在长回波下（TE＝135ms 或 270ms）获得的谱显示明显的不同。通过对比在同等条件下采取的正常谱，这些谱可得到类似的解释。

最顶端谱（对比组）来自健康的志愿者。如果从右到左读这个谱，可认为两个宽线峰源于内在的脑蛋白质和脂肪。第一和最高尖锐峰（2.0ppm）来源于神经元标志物 NAA。接下来的一组小峰由 β 和 γ 谷氨酸及谷氨酸盐（Glx）的偶合共振组成。这一组的最高峰（约 2.6ppm）实际上是含有三个峰的 NAA。其中之一与谷氨酸（glutamine）峰重叠。第二最大峰（约 3.0ppm）是肌氨酸（Cr）和磷酸肌酸（PCr）。与其紧接着的

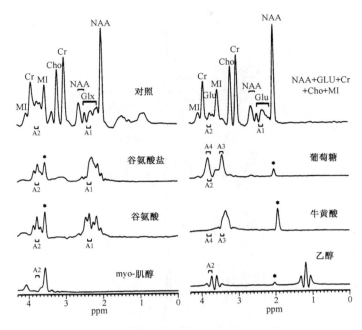

图 40-7　局域活体和离体质子磁共振波谱，采用受激回波序列，于 1.5T 仪器上采集顶端是正常的大脑谱图（来自 10 个年龄相当的志愿者的结果总和）

其右侧是代谢成分的水溶液参照谱（36.7mmol/L NAA，25.0mmol/L Cr，6.3mmol/L 氯化胆碱（Choline Chloride），30.0 mmol/L Glu，22.5 mmol/L mI，调整 pH 为 7.15）。其余谱来自于不同生化样品的溶液。为了模拟活体条件，所有谱线采用 4Hz 线宽的 Gaussian 线型。用于检测 Glx（Glu 或 Gln，A1＋A2）和 Glu（A3＋A4）的积分区域被标于图中。有星型标记的峰来源于糖胶（glycine）、NAA 或醋酸盐（acetate），它们被加入各种溶液中作为化学位移参考标准（NAA 的甲基定为 2.02PPM）。所有的谱幅度单独被调整，不能用于直接的定量（Kreis et al. 1992）。

是另一个显著但较小的胆碱峰（Cho）。在 Cho 峰左侧的小峰是 scyllo⁻肌醇（sI），另一个显著的峰（3.6ppm）是 myo⁻肌醇（mI）。在 mI 的左侧，可清晰看到 α-Glx 三重峰的两个小峰，再左侧是第二个 Cr 峰。水峰压缩的程度将影响靠近水峰（4.7ppm）代谢成分的强度，如第二个 Cr 峰及其两边的直接近邻。然而，水峰压缩效应对于谱的诊断价值并没有影响，短回波获得的三个主要成分（NAA，Cr，mI）谱峰从左到右呈现陡峭的角度。

在溺水症（ND）谱中（谱 2），脂肪峰和重叠的乳酸双峰（1.3PPM）取代了接近水平的正常基线。NAA 几乎完全消失，而只有得到增强的谷氨酸（glutamine）共振峰（2.2～2.4ppm）特征谱形。Cho/Cr 的强度比率与上面的正常谱相比明显增加。但这里有趣的是 Cr 强度的减少，这个现象只能从定量谱上得到确认。

急性肝性脑症（HE）病人在脂肪与乳酸区域的谱峰尚不能可靠地解释。NAA/Cr 的强度表现为明显减少，而 Glx 的族峰强度则表现明显增加。如果说 Cho/Cr 峰有点异常的话，那么 mI 峰的消失是最惊人的变化。这也使得位于左侧的 Glx 峰强度增加更易于观察。

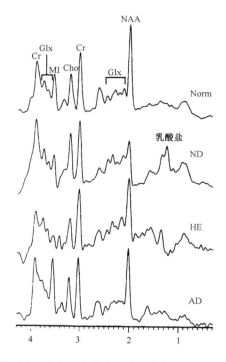

图 40-8　PROBE 方法获得的灰质质子磁共振波谱

最顶端的谱来自健康的受试者。其下面的谱来自溺水症（near-drowning，ND）、肝性脑症（hepatic-encephalopa，HE）和可能的 Alzheimer（AD）症引起的综合低氧血症。所有的谱是采用 STEAM 序列在 1.5T 仪器上完成的（TR/TE=1500/30ms）。

　　最下面的谱（AD）也有一些特征表现——NAA 减低很多（NAA/Cr 接近 1）。如果说 Glx 有些降低的话，那么 Cho/Cr 在这里比正常有所增高。显著的 mI 峰强度几乎等同 Cr 和 NAA，造成这个谱基线有平坦的特征。

　　在 MRI 上看来正常的情况下，MRI 提供很少或者说没有足够的诊断信息，而 NMR 谱却能很好地表征上述疾病状态。

正常大脑发育

　　对于从产前妊娠期（gestational age）及产后 300 周的新生儿大脑，其磁共振波谱的演变已经可以很好地描述（图 40-9 和图 40-10，Kreis et al. 1993b）。这些令人瞩目的发现补充到从 MRI 获得的例行信息中。Van der Knnap 等（1993）已经把 ^{31}P 和 ^{1}HMRS 的演变与髓鞘（myelination）形成的发展关联起来。在两个大脑部位建立的正常发育标准曲线，证实了早期发表的长回波时间和 ^{31}P 谱的发现。在刚出生的婴儿中，mI 在大脑的 NMR 谱中占主要成分（12mmol/kg）；而在较大些的婴儿中，Cho 是最强的峰（2.5mmol/kg）。在不满月的婴儿中，Cr（加上 PCr）和 N-乙酰（NA，其主要成分是 NAA）的含量明显地比成人（Cr=6，NAA=5mmol/kg）的低。在生命的前几周，NAA 和 Cr 增加，而 Cho 特别是 mI 减少（表 40-5）（Kreis et al. 1993b）。尽管跌落的

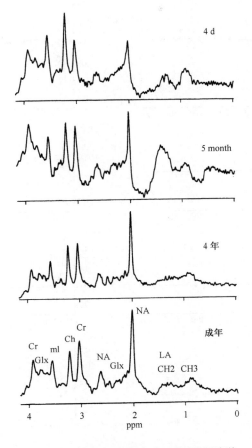

图 40-9　不同年龄组的典型大脑磁共振波谱

STEAM 谱中主要峰的相对幅度随着年龄戏剧性地变化。谱来源于大脑顶骨皮层。TR/TE＝1500/30ms，144～256 次累加，体积元大小：儿童　8～10cm；成人　12～16cm（改编自 Kreis et al. 1993b）。

表 40-5　单位（mmol/kg）脑组织中不同年龄组的绝对浓度（mean ±1 SEM）和观测差异的显著性测试

组	兴趣区域数目	妊娠期（周）	产后年龄（周）	NAA	Cr	Cho	mI
＜42 GA	11	38.7±0.7	3.9±1.6	4.82±0.54	6.33±0.32	2.41±0.11	10.0±1.1
42～60 GA	8	50.2±1.8	9.3±1.9	7.03±0.41	7.28±0.28	2.23±0.06	8.52±0.92
＜2 pn	6	40.0±1.0	0.8±0.2	5.52±0.64	6.74±0.43	2.53±0.12	12.4±1.4
2—10 pn	7	41.9±1.5	3.8±0.9	5.89±0.21	6.56±0.44	2.16±0.09	7.69±0.62
成人	10		1440±68	8.89±0.17	7.49±0.12	1.32±0.07	6.56±0.43
P＜42 GA vs. 成人				＜0.0001	＜0.0001	＜0.0001	0.001
P＜42 GA vs. 40～60 GA				0.0007	0.02	0.07	0.10
P 42～60 GA vs. 成人				＜0.0001	0.16	＜0.0001	0.0003
P 42～60 2pn vs. 成人				＜0.0001	0.005	＜0.0001	＜0.0001
P 2pn vs. 2～10 pn				0.7	0.8	0.02	0.004
P 2～10 GA vs. 成人				＜0.0001	0.001	＜0.0001	0.007

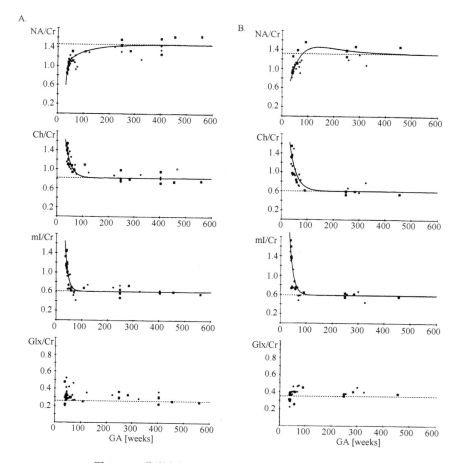

图 40-10　代谢产物谱峰幅度比率对妊赈期的时间曲线

A. 和 B. 分别含有顶叶（多为白质）和枕叶（多为灰质）位置的标准曲线。比率计算细节参照 Kreis 等（1991）。Cho/Cr 和 mI/Cr 采用单指数拟和，NAA/Cr 采用双指数拟和。由于从 Glx/Cr 数据观察不到清晰的趋势，因此没有计算其变化曲线。在生命第一年期间出现最戏剧性的变化，而且这个变化曲线可以清晰地确定。其后续阶段发育过程的特性，从目前获得的数据看来，没有前者精确。标准曲线局限于使用的实验采集参数。空心符号表示数据来自顶骨皮层（parietal cortex），实心符号表示数据来自枕骨皮层（occipital cortex）。

mI 浓度与产后年龄关联最好，但是增加的 NAA 和 Cr 是由妊赈期决定的。绝对的代谢产物浓度依赖于代谢产物的 T_1 和 T_2。对代谢产物 NAA、Cr、mI 而言，T_1 的值随着年龄显著变化，但是 Cho 的 T_1 保持不变。NAA 的 T_2 值在新生儿和成人中确实表现出重要的变化，而 Cr、Cho、mI 的 T_2 值变化看起来并不重要。

由于代谢产物成分的比率容易让人误解，定量的 ^{1}HMRS 在婴儿诊断和病理监测中具有特殊的价值。在髓鞘化（myelination）出现在发育的大脑之前这一期间，定量质子磁共振波谱也许更有用处。

在先天代谢成分紊乱中，不明确脑损伤可能由脑化脓（brain maturation）、髓鞘退化（demyelination）或神经退化（neuronal degeneration）的扰动造成的。在脱髓鞘疾病（demyelinating disorders）中，首先是髓鞘的损失；其次是产生轴突损伤和损失。

在脱髓鞘疾病中，白质的稀少意味着单位脑组织内膜磷脂总量的降低。髓鞘是由具有高脂肪成分的浓缩膜组成。

正常大脑的髓鞘形成从胎儿发育的第六月开始，并延续到成年。然而，从30周妊娠到产后8个月期间，最多的髓磷脂产物与初期的、类似成人的髓鞘形成一起出现（在2岁时观测到髓鞘形成）（Brody 1987）。含有氨基乙醇（ethanolamine）的磷脂和含有Cho的磷酸甘油脂（phosphoglycerides）分别是由鞘髓磷脂（sphingomyelin）和卵磷脂（lecithin）组成的，它们都是髓鞘的组成成分。质子去偶的^{31}P谱能够把复杂的磷酸单脂（phosphomonoester）和磷酸二脂（phosphodiester）共振峰解为磷酸乙醇胺（phosphoethanolamine，PE），甘油磷酸乙醇胺（glycerophospho-ethanolamine，GPE），卵磷脂（phosphatidylcholine，PC）以及甘油卵磷脂（glycerolphosphatidylcholine，GPC）的成分组合。正常的、发育的和有疾病大脑的Cho和乙醇胺（ethanolamine）组成成分的变化，可以通过定量^{1}H去偶^{31}P谱进行活体调查和定量（Bluml 1998a，1998b）（图40-11）。

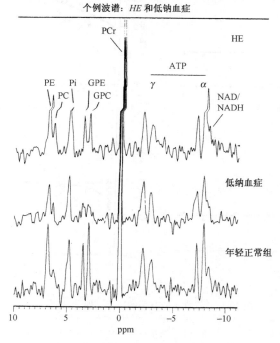

图 40-11　成人病态大脑的代表性质子去偶^{31}P谱

肝性脑病（HE）是否等同于大脑渗透调节失调？氨在血液中的聚集会引起HE患者的质子磁共振波谱发生一系列非常特殊的变化。氨和谷氨酸盐到谷氨酸的转换可以很容易解释大脑谷氨酸。然而，其他代谢产物的变化，如mI的消耗和Cho的减少，还不能完全解释。通过分别测量Cho组成成分，可以对大脑的磷酸乙醇胺（phosphoethanolamines）和高能代谢产物定量。质子去偶^{31}PMRS也可以明显地改进对HE病理生理的理解。(1) 在这个HE病人中，GPE和可识别的渗透压相容质（osmolyte）GPC的减少，可以在PC没有变化时容易地检测到。病人组和正常组比较时，在统计上可观察到PE、Pi、ATP明显地减少。这些发现支持渗透调节失调假设，而不支持HE伴随有脑能量故障（cerebral energy failure）的提法，因为没有观察到减少的PCr和提高的Pi经典图样。(2) 人们认为低钠血症造成脑渗透调节紊乱。来自未知原因的低钠血症病人（非HE）的谱呈现出类似HE的花样，但表现出更明显的畸形。(3) 为了对比目的，来自年轻正常组的典型谱图（Bluml 1998b）。

采用修改的 PRESS 序列（TR/TE＝3000/12ms），并且使用［PCr］（每个定量从无去偶[31]P MRS 获取）作为内标，［PE］、［PC］、［GPE］、［GPC］的数量在活体膜代谢产物中呈现与年龄相关的变化。正常不同年龄组的质子去偶[31]P 谱显示随年龄明显不同的变化趋势。最大的变化发生在［PE］：在开始时高，而后在大约 10 岁时降低到成人水平。［PC］在不满月婴儿中较高，而后在大约 4 岁时减低到年轻成人水平。PCr 浓度持续升高并在 4 岁时达到成人水平。［GPE］和［GPC］随着年龄增长呈现正常的轻微增加趋势。（图 40-12A，图 40-12B）

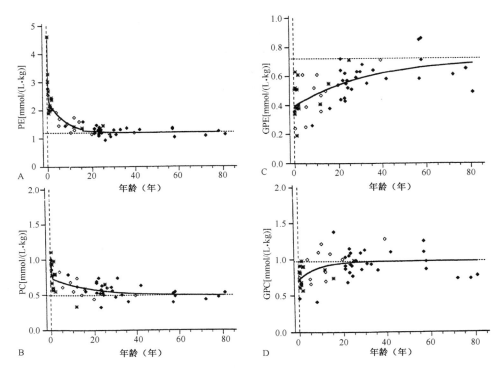

图 40-12　正常年龄有关的质子去偶[31]P 谱

图 40-12A-F：膜代谢成分 PE、PC（A，B）、GPE、GPC（C，D）和高能代谢产物 PCr、ATP（E，F）绝对浓度随年龄的变化。［PE］和轻度的［PC］随年龄降低，当年龄大于 12 岁时达到成人水平。［GPE］和［GPC］随年龄稍微增加。当［ATP］随年龄呈现适度的减少时，［PCr］增加。年龄已作校正（相对妊娠期）。图上显示来自正常对象组的平均谱。每个谱是由一组对象计算所得，其年龄范围标记在图中。缺少正常 21 岁以下年龄段、不满月婴儿、婴儿、儿童等有明显正常磁共振波谱的正常对象，并且缺少正常组的临床症状跟踪监测。多数病人诊断患有慢性脑积水（hydrocephalus），这种疾病可以通过分流手术（shunt surgery）成功治疗。不同的信噪比是由于每一个年龄段对象的不同数目造成的。PE 是新生儿最著名的谱峰，最明显的现象是在婴儿生命前几周 PE 大量减少。这可以和第二磷酸单酯（phosphomonoester）PC 的小幅度降低进行对照。无机磷 Pi 峰出现在 4.8 和 5.1ppm 处，代表一个细胞间的隙室和细胞外或 CSF 隙室。分割的两重峰是因为细胞内和细胞外不同的 pH 值（7.0/7.2）造成的。因为脑积水增加的脑室，来自细胞外 Pi 的峰可以容易在婴儿的谱中观测到。GPE 和 GPC 显示轻微的随年龄增加的趋势。2.2ppm 处的峰是由甘油磷脂丝氨酸（glycerolphosphoryl serine）和/或磷酸烯醇丙酮酸盐（phosphoenolpyruvate）组成，它仅在不满月的婴儿谱（9±7 周）中观测到。PCr 随着年龄增加，ATP 随着年龄减少。为了便于直接对比，所有谱已经处理并归一化（Bluml 1999）。

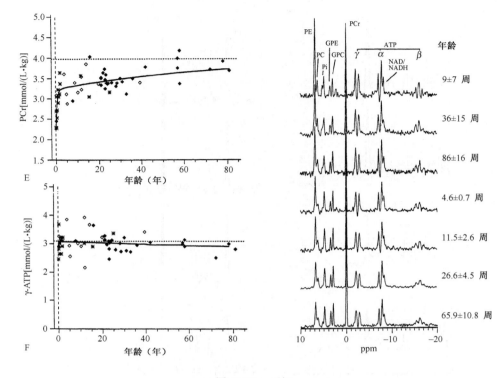

图 40-12　（续）

病例学

　　把磁共振波谱与这些年龄匹配的正常对象相比，可确定许多发育异常的例子。
Canavan's 症病人的质子谱（图 40-13 左，参照该病人图 40-22）呈现大幅度增强的
NAA，mI 及减少的 Cr 和 Cho。这种稀有天生差异的病理生理信息，也可以从质子去
偶[31]P MRS 获得——膜代谢产物 PC、GPE、GPC 以及高能代谢产物 PCr 和 ATP 降低。

　　一个初诊为脑积水（hydrocephalus）、并接受相应治疗的病人临床状态并不好，跟
踪检查发现髓鞘形成表现异常。PCr 出现升高现象，GPC 出现降低现象（图 40-13B）。

　　一氨基酸天生异常病人呈现升高的 GPE，GPC，PCr（图 40-13C）。

　　在巩固性晚期缺氧损伤（consolidated late hypoxic injury）情况下，升高的 GPE、
GPC、PCr 可能反映一种增加的神经胶质细胞密度部分体积效应（partial volume ef-
fect）。

　　从所有的病例来看，分别采集的质子磁共振波谱与质子去偶[31]P MRS 是一致的，总
Cr（自由 Cr＋PCr）和总 Cho（GPC＋PC＋来自少数其他代谢产物）的变化与 PCr 或
GPC 和 PC 的变化类似（图 40-13 右列）。

我们从神经谱学学到什么

　　表 40-6 总结了已观察到的各种疾病的质子磁共振波谱异常现象。当通过磁共振波
谱观察神经病理学问题时，代谢产物的变化对于疾病的响应看起来存在相当的限制。肿

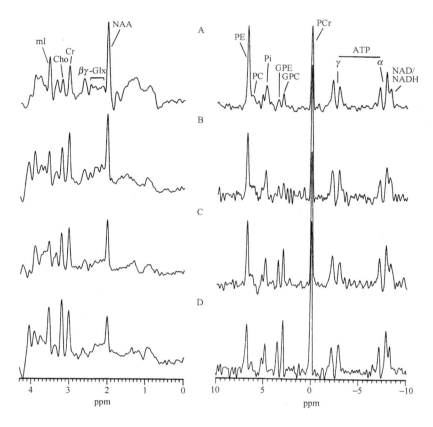

图 40-13　婴儿和儿童患病大脑的代表性质子谱（左）和质子去偶^{31}P 谱

A. Canavan 症病人质子谱（参考图 40-22B），其 NAA 和 mI 大量增加，Cr 和 Cho 减少。关于这种稀少天生异常病理的额外信息可从质子去偶^{31}P 谱获得，膜的代谢产物 PC、GPE、GPC 及高能的代谢物 PCr 和 ATP 看来均有所减少。B. 初期诊断为脑积水（hydrocephalus）并接受相应治疗的病人临床状态很差，跟踪检查中发现髓鞘形成（myelination）异常，PCr 升高，而 GPC 降低。C. 氨基酸先天异常病人呈现升高的 GPE、GPC，PCr。D. 在实变性晚期缺氧损伤（consolidated late hypoxic injury）情况下，升高的 GPE、GPC、PCr 可能反映一种提高的神经胶质细胞密度部分体积效应（partial volume effect）。在所有的病例情况下，以及在 PCr 或 GPC 和 PC 中总 Cr（自由 Cr＋PCr）和总 Cho（GPC＋PC＋来自其他代谢产物）的并行变化这样一个范围内，分别采集的质子磁共振波谱与质子去偶^{31}PMRS 一致。

瘤、MS、脑卒中、炎症、感染等会产生相似的变换花样。这种现象并不让人吃惊，而且也不应该指责为缺少特征性。更确切些讲，这应当让我们知道更多关于大脑对损伤的响应以及它的预防和修复。

N-乙酰天冬氨酸（*N*-Acetylaspartate，NAA）

大多数质子磁共振波谱的实验观察结果，强烈地支持 NAA 作为神经元标志物这个原始表述。然而，这样简单的结论在某些特例下须作一些修正。有证据表明除了神经元之外，NAA 也是少突细胞（oligodendrocyte）的前体细胞（precursor cell）的标志物。

表 40-6　磁共振波谱的不同诊断应用

代谢产物 （正常大脑浓度）	升高	降低
乳酸（Lac）（1mmol/L；不可见的）	（经常）组织缺氧，缺氧症，溺水症，ICH，脑卒中，肺换气不足（先天 TCA 异常等）Canavan 症，Alexander 症，脑积水	（未知）
N -乙酰天冬氨酸（NAA）（5，10 或 15mmol/L）	（稀少）Canavan 症	（经常）发育迟缓，幼年，组织缺氧，缺氧症，局部缺血，ICH，疱疹（II），脑炎，溺水症，脑积水，Alexander 症，癫痫症，瘤，多发性硬化症，脑卒中，NPH，糖尿病，封闭头部损伤
谷氨酸盐（Glu）或谷氨酸（Gln）（Glu＝? 10 mmol/L，Gln＝? 5mmol/L）	慢性肝性脑病，急性肝性脑病，组织缺氧，溺水症，OTC 缺乏	（未知）可能的 Alzheimer 症
Myo -肌醇（mI）（5mmol/L）	未满月婴儿，Alzheimer 症，糖尿病，痊愈的组织缺氧，高渗透症	慢性肝性脑病，脑卒中，肿瘤
肌酸（Cr），磷酸肌酸（Pcr）（8mmol/L）	损伤，高渗透压，随年龄增长	组织缺氧，脑卒中，肿瘤，婴儿
葡萄糖（G）（～1mmol/L）	糖尿病，双亲喂养症，缺氧性脑病	不可检测的
胆碱（Cho）（1.5mmol/L）	损伤，糖尿病，灰白质对比异常，未满月婴儿，肝移植后，肿瘤，慢性组织缺氧，高渗透压，年长者，Alzheimer 症	无症状肝病，肝性脑病，脑卒中，非特定痴呆
乙酰乙酸，丙酮，乙醇，芳香氨基酸，异生化合物（丙二醇，甘露醇）	特殊设置的糖尿病昏迷下可检测，生酮饮食（Seymour et al., 1998）等	

　　ICH＝脑出血（intracerebral hemorrhage）；TCA＝三羧酸循环（tricarboxylic acid cycle）；NPH＝常压性水脑症（normal pressure hydrocephalus）；OTC＝鸟氨酸转氨甲酰酶（ornithine transcarbamylase）。

人类胚胎学中 NAA 出现的时间过程还不清楚，但是最好的估计是：NAA 生物合成可能开始于中间的三个月，也就是说，它并不依赖于 MRI 可见的髓磷脂（myelin）。髓磷脂（myelin）仅仅在出生之后的数月中，缓慢地出现于大脑。此外，NAA 在大脑白质、灰质的浓度几乎相同，明确表明 NAA 也是轴突（axon）或轴突鞘的成分。除 NAA 外，目前有很好的证据也证明 NAAG 在大脑（和动物）中的存在。NAAG 主要出现在白质、较后部和较低级的成人大脑区域，特别是小脑部分。

　　人类病理学也支持 NAA 作为神经元标志的概念。NAA 损失一般被认为表明伴随有神经元丧失疾病。神经胶质瘤、脑卒中、大多痴呆症以及缺氧脑病等，都表现 NAA 的损失。

　　NAA 作为神经轴突标志的说法，也被许多疾病中 NAA 的减少现象所支持，如在白质疾病（许多脑白质营养不良已被研究）、多发性硬化斑（MS plaques）及缺氧脑病的白质中。

　　假如 NAA 是一个神经元标志，我们是否能在实际中看到 NAA 的恢复？胚胎神经

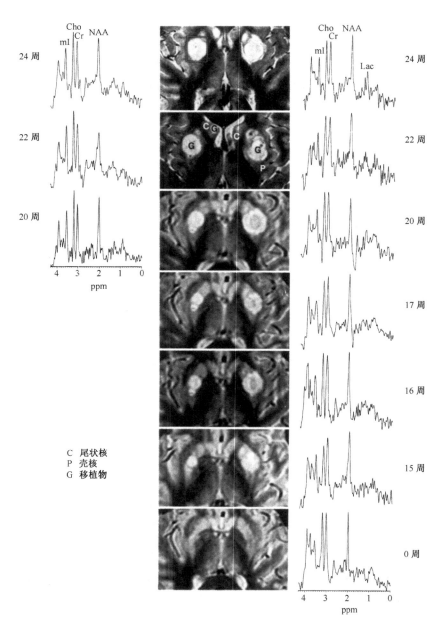

图 40-14　一例患有 Huntington 氏综合征的患者接受双侧胚胎移植后的时程变化

根据时间先后进行的 MRI 连续观测显示：位于尾状核和壳核的双侧移植物体积逐渐增大。最近的一次试验左侧的胚泡已经发育。局部质子磁共振波谱用于检测左侧和右侧的变化。由 NAA、Cr、Cho 和 mI 水平鉴定出的峰值可以反应出发育良好的神经移植物具有近似于正常（而不是胚胎）的神经化学特征。伴随着胚泡的发育，最近的一次波谱（左上）发现乳酸有所增加，这可能是移植"失败"的早期指征（改编自 Ross et al. 1999）。

元移植到成人大脑实验提供了神经元恢复和再生的清楚例子（Hoang，1997，1998）。通过应用局域质子磁共振波谱（图 40-14）对一个病人的连续观察，发现 NAA 出现在移植壳区域，这个结果提供了神经元恢复的有力证据。其他大多数例子，满足下面四个可能的选择之一 ［最好不要理解为神经恢复的证据（仍看作不大可能的）］。

（1）神经轴突恢复。在神经元不致命的损伤后，如 MS 斑或少见的 MELAS 综合征。

（2）大脑皮层萎缩伪影。由此，当发生神经死亡时，巩固幸存的大脑组织已经被许多神经病理学研究和基于 MRI 的大脑皮层萎缩所证明。决定局域 NAA 比率（或者浓度）的磁共振波谱，将记录这个代谢产物在局域浓度的实际增加。

（3）质子 2.01ppm 谱峰处的残存（或恢复）物质可能不是源于 NAA 或 NAAG，而是源于对此区域谱具有贡献的其他几个代谢产物成分。糖尿病（diabetes mellitus）中 NAA 峰的少量增加，也许更好地通过其他代谢成分来解释。

（4）NAA 也呈现一个可逆的大脑渗透压相容质（cerebral osmolyte）——对高渗透态（hyper-osmolar states）响应的增加或减少和在低渗透态（hypo-osmolar）情况下的明显减少，如钠损耗和可能的脑积水（Bluml 1997）。

肌酸和磷酸肌酸

我们知道，至少在大脑中，这两个化合物处于快速的化学、酶的交换中，其代表着一个单一的 T_2 种类。在人类大脑灰质中，从磁共振波谱估计有 8mmol/L Cr 和 PCr。作为对比，在快速冷冻的老鼠大脑中，公开发表的值为 8.6mmol/L。大脑灰质内的 Cr 浓度明显超过白质。与组织培养研究结果相比较，它的 Cr 表现更多与脑的星细胞（astro-

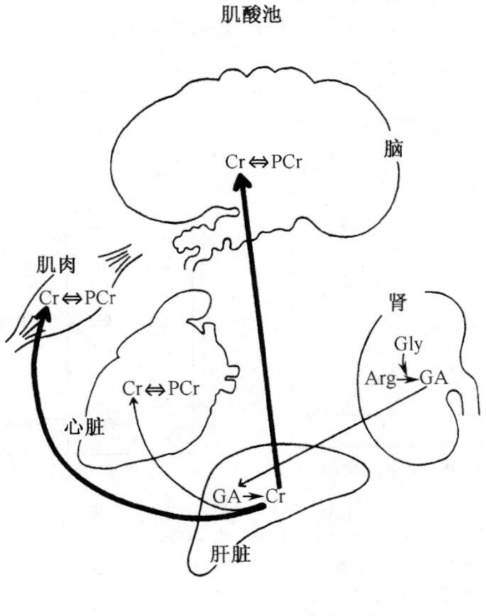

图 40-15　肌酸池

肌酸的代谢需要肾脏和肝脏的参与。有些组织可以表达肌酸酶，产生磷酸肌酸（PCr），而在其他的组织内没有磷酸肌酸。

cytes）有关（而不是神经元）（Flogel 1995）。

　　和 NAA 一样，可能控制大脑 Cr＋PCr 因素的磁共振波谱研究，已经引起人们的极大兴趣。除了著名的酶平衡规则（允许 PCr 在 ATP 合成的热力学过程中起到至关重要的作用）之外，两个新的概念已经形成。第一，由于复杂的、经由肝肾酶的生化合成路径，大脑的 Cr 被远程的事件控制。在 Cr 被准备好传送给大脑之前，Cr 必须被合成（图 40-15）。在慢性肝疾病情况下，Cr 绝对浓度下降，在肝移植后得到恢复。更惊人的是最近的发现——一个新的人类 Cr 生化合成先天异常病例，在质子谱上表现为脑 Cr 缺乏，这可以通过 Cr 饮食管理予以纠正（Henefeld 1993）。

　　从大脑能量守恒的原则看来，调节大脑 Cr 含量的第三个方法是令人惊讶的。这就是著名的大脑 Cr 渗透力修正。它在高渗透态时增加，在非常平常的低渗透态下由于钠损耗而下降。对这种至关重要的酶平衡（Gibbs）力的明显相互作用的解释，可能和最近哺乳动物心脏和癌症细胞中的发现一样。也就是说，Gibbs 平衡和 Donnan 平衡是非常紧密联系的。当所有的平衡是相互依赖时，Cr 和 PCr 的总浓度可能通过上升或者下降来保持渗透平衡。我们假设（但是还不能单独从质子磁共振波谱辨别）即使在这些条件下，PCr/Cr 的比率应当继续顺应于 PCr 和 ATP 之间热力学平衡相互作用的需要（图 40-16）。

肌酸
1．单一的 T_2 种类
2．快速交换
3．不可见的池？→不像（8.0 vs 8.6 mmol/L）
4．神经元 vs．胶质细胞标记物→（8.0 vs 6.3 mmol/L；GM vs．WM；不像）
第三种调控的"力量"［肌酸］
（a）酶平衡：缺氧早期，Cr 和 PCr 的总浓度不变；Cr/PCr↑
（b）肝脏和肾脏的生物合成：肝脏疾病 ↓［Cr］
（c）Gibbs-Donnan 平衡［Cr］↑ 或↓
Gibbs-Donnan 平衡调控脑内细胞的体积和生物化学变化

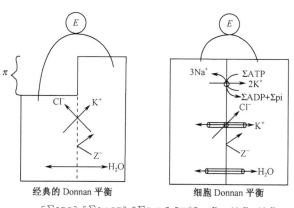

经典的 Donnan 平衡　　　　细胞 Donnan 平衡

$$[\Sigma P_i] = \frac{[\Sigma 3PG][\Sigma LACT][\Sigma P\text{-}Cr][H^+]}{[\Sigma DHAP][\Sigma PYR][\Sigma Creatine]} \times \frac{K_{LDH} \times K_{CK} \times K_{TPI}}{K_{G+G}}$$

1．电解，代谢和渗透压"不完整"。
2．细胞代谢可能伴随渗透压的变化。
因此，我们可能观察到［Cr］和［NAA］之间的可逆变化。

图 40-16　肌酸（Cr）：Gibb-Donnan 平衡

这是个复杂的有趣例子。在晚期缺氧脑病情况下观察 Cr 和 PCr 浓度增加的现象（图 40-13D）。这个附带效应估计是一个新稳态的反映。在这种情况下，保持了 Cr 酶平衡，残余的细胞分布［神经胶质细胞过多症（gliosis）］却由更高级的 Cr 总含量确定。

胆碱

关于 Cho 共振（及其组成的代谢物）的许多新思想已经在临床研究中形成。根据经常看到的质子谱中获得的印象，在大脑白质中的 Cho 浓度，即使理论上与 myelin 有关，但并不比灰质中的高多少。在白质的短回波质子谱中，Cho/Cr 要高很多并且更靠近 1.0。这个解释基于 Cr 浓度在两个区域的不同，在灰质中 Cr 浓度大约高 20%，而 Cho 浓度仅仅高一点；在白质中为 1.6mmol/L，在灰质中为 1.4mmol/L。在人脑活体组织切片检查和尸体样本检查中，应用化学方法获得的自由 Cho、磷酸胆碱、甘油磷酸胆碱总量非常接近于 1.5mmol/L。因而胆碱磷脂的 Cho 主要基团几乎对人脑活体质子谱没有贡献。

至于 Cr，渗透现象存在于许多局部和全身区域中，它改变 Cr 在大脑中的浓度。许多灶点的、扩散性的及遗传性的疾病导致 Cho 浓度增加，这个发现已经引起人们对这些代谢物代表 myelin 分解产物的思考。反过来，几个全身疾病也调整大脑的 Cho，这个发现显示大脑外的生化合成和激素影响（可能在肝部）可以显著地改变 Cho 峰的组成和强度。对这个问题还需要进一步的阐述。当质子谱给出一线希望来区分不同的成分时（7T 高场活体质子磁共振波谱显示一些肯定的结果；见图 40-17），毋庸置疑，质子去偶磷谱也可以做到这一点，它提供机会来利用疾病过程以进一步理解这些有意义的代谢物。图 40-1B（来自 Leibritz）集中了许多磁共振波谱可直接检测的大脑 Cho 和乙醇胺（ethanolamine）代谢产物的想法。

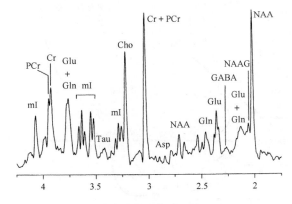

图 40-17　活体超高场 Cho 区域谱

活体下超高场分解 Cho 区域谱。9.4T 下获取的狗脑室侧面 1ml 体积元质子谱。数据处理包括充零、3Hz 洛伦兹-高斯线型转换和 FFT。根据主要成分和发表的化学位移文献对谱峰暂时确认。

Myo⁻肌醇（mI）和 Scyllo⁻肌醇（sI）

　　短 TE 活体大脑磁共振波谱的出现使人们对简单的糖⁻醇转化重新认识，一些重要的论据已经形成。糖⁻醇浓度的涨落比质子谱检测的其他任何主要成分都多（10 倍以上）：从新生儿和高钠血症（hypernatremic states）3 倍于成人正常值，到肝性脑症（HE）情况下的几乎零值。1990 年以来，mI 被认为大脑的渗透压相容质（osmolyte）。

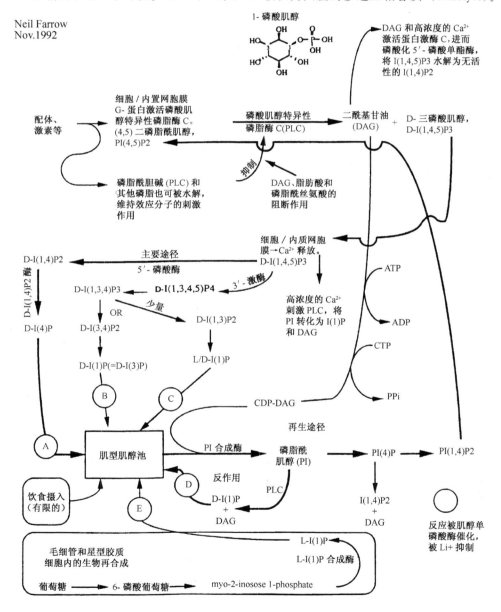

图 40-18　包括 mI 的反应过程。肌醇和肌醇的多磷酸代谢途径简图

它的细胞特性被认为是星细胞的标记。和 Cho 一样，mI 已经被标记为髓磷脂（myelin）的分解产物。这是因为在多发性硬化斑（MS plaque），HIV 感染和异染性脑白质营养不良（metachromatic leukodystrophy，MLD）中，明显地观测到其浓度的增加。然而，这一点上的证据不是直接的。尽管试图用化学惰性渗透压相容质（osmolyte）或细胞标示（cell marker）界定 mI 的地位，但是应当记住 mI 是处在一个复杂代谢途径的中心，这个途径除包含其他产物如磷酸盐外，还有肌醇多磷酸酯信使（inositol-polyphosphate messengers），肌醇单磷脂（inositol-1-phosphate），肌醇磷脂质（phosphatidyl inositol），6－磷酸葡萄糖（glucose-6-phosphate）和葡糖醛酸（glucuronic acid）（图 40-18）。部分或者所有这些产物可能涉及一些疾病，这些疾病导致 mI 或 sI 浓度的显著变化。用质子磁共振波谱是很难区别肌醇磷酸酯（inositol phosphate）与 mI，但是联合应用质子去偶[31]P MRS 和天然丰度[13]C MRS 可能可以实现（Ross　1997）。

谷氨酸和谷氨酸盐

采用合适的处理和适当的序列，谱区域 2.2～2.4ppm 和 3.6～3.8ppm 有贡献的两个氨基酸即使在 1.5T 下仍可以分离。Glu，特别是高浓度的 Glu，可以在一定程度上精确确定。这两个氨基酸在 2.0T 下分离较好，这时对 Glu 可以准确的表征和定量。显示对疾病响应的是 Glu 的浓度，而不是 Glx。在很多情况下，大脑会出现 Glu 浓度的升高：如 Reyes 综合征、肝性脑病（HE）、缺氧性脑病（hypoxic encephalopathy）。后一种情况看来与通常的神经化学理论矛盾。

然而，活体大脑 Glu 和 Glx 浓度的质子磁共振波谱测定，被 J 偶合引起的 Glx/Glu 复杂谱图打了折扣。更进一步的问题是，对 Glu/Glx 区域化学位移有贡献的其他代谢物也使定量困难。研究显示了天然丰度活体[13]C（2.1T 和 2.4T）直接测定大脑代谢物的潜力（图 40-19）（Grutter 1994，1996）。最近的研究表明，即使在 1.5T 临床仪器上，Glu 和 Glx 也可以互相分离。天然丰度的[13]CMRS 对活体定量提供了足够的信噪比（图 40-20）（Bluml 1998）。

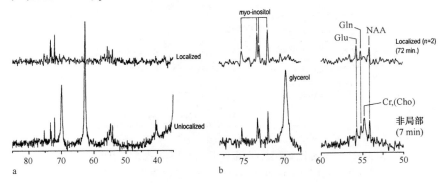

图 40-19　天然丰度质子去偶[13]CMRS（4T）

图中显示 4T 下局域和非局域天然丰度[13]CMRS 的比较。mI 的谱峰位于 72.0、73.0、73.3、75.1ppm。C2 谷氨酸盐（55.7ppm）、C2 谷氨酸（55.1ppm），C2 NAA（54.0ppm）可以容易地测定。Cr 和 Cho 的谱峰在 54.7ppm 重叠，他们在应用极化转移技术的局域谱中消失（Grutter 1996）。

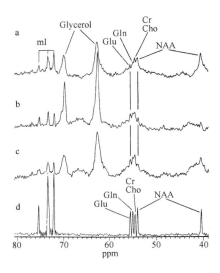

图 40-20　1.5T 天然丰度质子去偶^{13}C MRS（Canavan 病）

一个 Canavan 症儿童患者的活体质子去偶^{13}C 谱（a）；7 个月和 3 个月月龄组（具有不相关疾病的儿童）（b，c）；一个解决方案的模型谱（d）。位于 72.1 和 73.3ppm 的 mI，位于 40 和 54ppm 的 NAA 都可以清楚的识别。位于 54.6 和 55.2ppm 的峰是与 Cr/Cho 和 Gln 一致的。应注意到，和正常组的谱相比，55.7ppm 的 Glu 在 Canavan 症情况下明显地耗尽。在 Canavan 症情况下，NAA 和 mI 共振峰升高，这证实了质子磁共振波谱的结果。位于 62.9ppm 和 69.9ppm 的 Glycerol 峰被很好地去偶（经 Bluml 允许引用）。

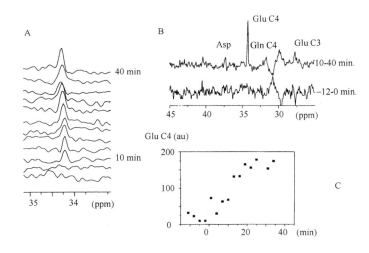

图 40-21　^{13}C 标记葡萄糖注射条件下，活体质子去偶^{13}CMRS（4T）

^{13}C 富集葡萄糖注射研究允许决定活体糖酵解（glycolysis）和 TCA 循环流量速率。Grutter 等（1996）在 4T 下完成了视觉皮层区 22.5ml 体积标记聚积的直接^{13}C NMR 检测。

A. 包含 34.2ppm Glu C4 共振峰区域的堆积图（3min 时间分辨率）；B. 注射前 12min 谱和开始注射后 30min 的谱；C. 在 I－^{13}C 标记葡萄糖注射后，C4 谷氨酸的共振随时间变化。

对 Glx 翻转的更深入观察,是通过 ^{13}C(在人脑)或 ^{15}N MRS 完成的。Mason
(1995)和 Grutter(1994)测定了 TCA 循环、葡萄糖消耗、Glx 从 2－丁酮二酸(2-ox-
oglutarate)形成的速率(图 40-21),以及活体下谷氨酸合成(GS)的速率。他们的数
据结果与长期持有的两个谷氨酸盐腔室(compartment)的观点一致。当对谷氨酸[而
不是缺氧大脑(hypoxic brain)的谷氨酸盐]的聚积没有合适解释的时候,Kanamori 和
Ross(1997)的 ^{15}NMRS 工作提供了一些线索(图 40-15D)。那就是,PAG 速率——唯
一的谷氨酸到谷氨酸盐的分解路径的速率,在大脑(老鼠)中处于严格的代谢控制之
下。由于有一个谷氨酸盐与谷氨酸间循环转换,PAG 也许为大脑低氧血症下调节谷氨
酸盐浓度提供了答案。通过应用 ^{13}C 和 ^{13}N MRS,新的观点走进人们的视野。图 40-1C
和 D 举例说明目前对大脑中测得的活体流量速率的了解水平。

多核磁共振波谱

　　解决问题:活体大脑的多核磁共振波谱(图 40-22)。

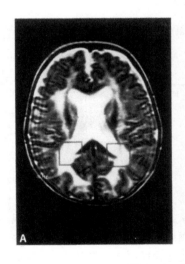
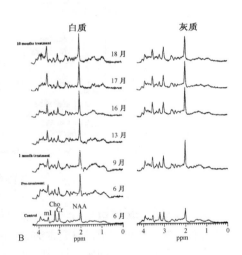

图 40-22　大脑活体多核磁共振波谱(Canavan 疾病)

在 Canavan 症情况下,ASPA(aspartoacylase)缺乏导致在生命起初几年内出现巨头畸形症(megalocephaly)的神
经髓鞘形成不良(hypomyelination)、失明、痉挛和死亡。一个 Canavan 病例显示了多核磁共振波谱的潜力,该
病人在 1.5T 临床仪器上做了质子、质子去偶 ^{31}P、质子去偶 ^{13}CMRS(该仪器装备有第二个射频通道)。获得的
定量信息可以从一个检验传递到下一个,这使该研究得到极大增强。A.为了检测解剖异常和鉴别 VOI 或 ROI
的标准 MRI。B.ASPA 缺乏阻止 NAA 的分解;NAA 的聚积可以容易地通过质子磁共振波谱检测。连续的质子
磁共振波谱检测进一步提供了监测治疗的可能性。其他的异常,例如大脑的低 Cho、高 mI、过量的 Scyllo－肌醇
以及 Cr 总量的微量减少,都可以一致地观测到。C.关于这种稀少的先天异常疾病的病理生理额外信息,通过
质子去偶 ^{31}P MRS 获取。它和膜代谢产物(PC、GPE、GPC)表现降低了的范围一样。这些公认的膜代谢标志
物的改变可能反映延迟的或者异常的髓鞘形成(myelination)。大脑 PCr 和 ATP 的少量减少被进一步的观测到。
D.天然丰度的质子去偶 ^{13}CMRS 证实 NAA 和 mI 的升高,并且检测到谷氨酸盐的显著减少。这可能是 NAA 中
天冬氨酸盐(aspartate)的积留(sequestration)以及自由的谷氨酸盐的减少造成的。谷氨酸盐是天冬氨酸盐的
先期生成物。E.总之,就如这种稀少的先天性异常疾病所证明的,活体磁共振波谱可以用来定量和监测代谢物
异常,可以对我们理解人类神经病理生理学做出重要的贡献。

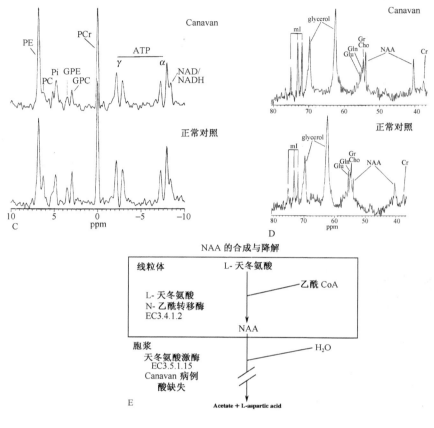

图 40-22　（续）

　　面对神经科学家可应用的、杰出的磁共振波谱技术家族，我们在等待一个新的知识爆炸时代。对于任何一个以研究方法起支配地位的科学领域，这可以导致人们将努力致力于可能而不是真实的问题（Windhorst 等，本卷）。由于磁共振波谱不仅提供丰富的信息，并且可以方便地与 MRI、fMRI 等其他有关的方法相关联，一次完成方法（one-stop-shopping）的时代即将到来。在磁共振波谱方面，认真地综合定量多核磁共振波谱研究，可以拓宽仪器的应用。这种处理已于 Canavan 病例所证实（图 40-4）。在这种病例情况下，对该病人进行了一系列磁共振波谱检测。不同的细胞类型组成（如灰质对白质）区域可以利用 MRI 很容易的表征，局域质子磁共振波谱提供了对脑水和神经元标志 NAA 的定量。对这种病例情况，可以期望天冬氨酸酰化酶（aspartoacylase）活动的减少会导致 NAA 的升高，这种减少可以容易地通过质子磁共振波谱观察和检测。这种稀少的先天异常病理生理学额外信息通过质子去偶[31]P MRS 获得，这个信息仅局限于膜的代谢物（PC、GPE 和 GPC）减少这样的范围。这些公认的膜代谢标志物的改变也许反映延迟或异常的髓鞘形成（myelination）。从质子磁共振波谱得到的 Cho 总量，可以与质子去偶[31]PMRS 获得的髓磷脂代谢物和渗透压相容质（osmolyte）相关联。大脑中 PCr 减少，意味着质子磁共振波谱中的 Cr 总量降低（等于自由的 Cr＋PCr）。这种轻微减少的 ATP 的重要意义还不清楚。天然丰度的质子去偶[13]CMRS 证实 NAA 和 mI 的升高，并检测到谷氨酸盐的明显减少。这也许是 NAA 中的天冬氨酸盐被俘获和自由的天冬氨酸盐的减少所造成的。在静脉注射 I-[13]C 葡萄糖以后，谷氨酸盐、天冬氨酸盐和谷氨酸特征性的增加，预示着 Canavan 症完整的 TCA 循环（Bluml 未发表）。

◼ 结　论

神经科学已经提出许许多多的生化问题，其中很多问题已经超出活体磁共振波谱的范畴。对于磁共振波谱，理想的问题包括宏观（或者至少百万神经元）事件，或者在浓度、流量上毫克量的变化幅度，以及时间表示上的分钟尺度（而不是秒）。通过应用这三个标准在研究工作的起始点（体积、浓度、时间）来筛选，研究工作成功的几率就会增加。

作为一项新的技术，磁共振波谱可能较少被"假设驱使"的研究规则所约束。功能磁共振成像（fMRI）、扩散张量（DT）、磁化转移（MT）、弛豫时间（T_1，T_2）和 NOE 效应的意外发现都证实这一点。以前仅仅在动物上进行的磁共振波谱实验研究，现在令人激动地是可在人类身上进行，活体磁共振波谱给神经科学带来了巨大的利益。

参　考　文　献

Ackerman JJH, Bore PJ, Wong GG, Gadian DG, Radda GK. (1980) Mapping of metabolites in whole animals by 31P NMR using surface coils. Nature 283:167–170.

Badar-Goffer RS, Ben-Yoseph O, Bachelard HS, Morris PG. (1992) Neuronal-glial metabolism under depolarizing conditions. Biochem. J 282:225–230.

Barker PB, Soher BJ, Blackband SJ, Chatham JC, Mathews VP, Bryan RN. (1993) Quantitation of proton NMR spectra of the human brain using tissue water as an internal concentration reference. NMR Biomed 6:89–94.

Bluml S. (1999) In vivo quantification of cerebral metabolite concentrations using natural abundance ^{13}C MRS at 1.5 Tesla. J. Magn. Reson 136:219–225.

Bluml S, McComb JG, Ross BD. (1997) Differentiation between cortical atrophy and hydrocephalus using 1H MRS. Magn. Reson. Med 37:395–403.

Bluml S, Seymour KJ, Ross BD. (1999) Developmental changes in choline- and ethanolamine- containing compounds measured with proton-decoupled ^{31}P MRS in human brain. Magn. Reson. Med \ (in press).

Bluml S, Zuckerman E, Tan J, Ross BD. (1998b) Proton-decoupled ^{31}P magnetic resonance spectroscopy reveals osmotic and metabolic disturbances in human hepatic encephalopathy. J. Neurochem 71:1564–1576.

Bottomley PA. (1987) Spatial localization in NMR spectroscopy in vivo. Ann. NY Acad. Sci 508:333–348.

Bottomley PA, Foster TB, Darrow RD. (1984) Depth-resolved surface spectroscopy (DRESS) for in vivo 1H, 31P and 13C NMR. J. Magn. Reson 59:338–342.

Bottomley PA, Hart HR, Edelstein WA, et al. (1983) NMR imaging/spectroscopy system to study both anatomy and metabolism. Lancet 1:273–274.

Brody BA, Kinney HC, Kloman AS, Giles FM. (1987) Sequence of central nervous system myelination in human infancy: An autopsy study of myelination J. Neuropathol. Exp. Neurol 46:283.

Brown TR, Kincaid BM, Ugurbil K. (1982) NMR chemical shift imaging in three dimensions. Proc Natl Acad Sci USA 79:3523–3526.

Cady EB, Dawson MJ, Hope PL, et al. (1983) Non-invasive investigation of cerebral metabolism in newborn infants by phosphorus nuclear magnetic resonance spectroscopy. Lancet 1:1059–1062.

Christiansen P, Henriksen O, Stubgaard M, Gideon P, Larsson HBW. (1993) *In vivo* quantification of brain metabolites by means of 1H MRS using water as an internal standard. Magn. Reson. Imaging 11:107–118.

Danielsen ER, Henriksen O. (1994) Quantitative proton NMR spectroscopy based on the amplitude of the local water suppression pulse. Quantification of brain water and metabolites. NMR Biomed 7, 311–318.

Ernst T, Hennig J. (1994) Observation of a fast response in functional MR. Magn. Reson. Med 32:146–149.

Ernst T, Kreis R, Ross BD. (1993a) Absolute quantitation of water and metabolites in the human brain. Part I: Compartments and water. J. Magn. Reson 102(1):1–8.

Ernst T, Lee JH, Ross BD. (1993b) Direct 31P imaging in human limb and brain. J. Comput. Assist. Tomogr 17(5):673–680.

Flögel U, Niendorf T, Serkowa N, Brand A, Henke J, Leibfritz D. (1995) Changes in organic solutes, volume, energy state, and metabolism associated with osmotic stress in a glial cell line: A multinuclear NMR study. Neurochem. Res 20(7):793–802.

Frahm J, Bruhn H, Gyngell ML, Merboldt K-D, Hänicke W, Sauter R. (1989) Localized proton NMR spectroscopy in different regions of the human brain *in vivo*. Relaxation times and concentrations of cerebral metabolites. Magn. Reson. Med 11:47–63.

Frahm J, Merboldt K-D, Hänicke W. (1987) Localized proton spectroscopy using stimulated echoes. J. Magn. Reson 72:502–508.

Frahm J, Michaelis T, Merboldt K-D, Bruhn H, Gyngell ML, Hänicke W. (1990) Improvements in localized proton NMR spectroscopy of human brain. Water suppression, short echo times, and 1 ml resolution. J. Magn. Reson 90:464–473.

Frahm J, Michaelis T, Merboldt K-D, et al. (1988) Localized NMR spectroscopy *in vivo*: progress and problems. NMR in Biomed 2(5/6):188–195.

Greenman RL, Axel L, Lenkinski RE. (1998) Direct imaging of phosphocreatine in the human myocardium using a RARE sequence at 4.0 T. Proceedings, 6th International Society for Magnetic Resonance in Medicine. Sydney, Australia: p. 1922.

Gruetter R, Adriany G, Merkle H, Anderson PM. (1996) Broadband decoupled, ^{1}H-localized ^{13}C MRS of the human brain at 4 Tesla. Magn. Reson. Med 36:659–664.

Gruetter R, Mescher M, Kirsch J, et al. (1997) ^{1}H MRS of neurotransmitter GABA in humans at 4 Tesla. Proceedings, 5th International Society for Magnetic Resonance in Medicine. Vancouver, Canada: , 1217.

Gruetter R, Novotny EJ, Boulware SD, et al. (1994) Localized ^{13}C NMR spectroscopy in the human brain of amino acid labeling from D-[1-^{13}C]glucose. J. Neurochem 63:1377–1385.

Gyngell ML, Busch E, Schmitz B, et al. (1995) Evolution of acute focal cerebral ischemia in rats observed by localized ^{1}H MRS, diffusion weighted MRI and electrophysiological monitoring. NMR in Biomed 8:206–214.

Hamilton PA, Hope PL, Cady EB, Delpy DT, Wyatt JS, Reynolds EOR. (1986) Impaired energy metabolism in brains of newborn infants with increased cerebral echodensities. Lancet 1242–1246.

Hanefeld F, Holzbach U, Kruse B, Wilichowski E, Christen HJ, Frahm J. (1993) Diffuse white matter disease in three children: an encephalophathy with unique features on magnetic resonance imaging and proton magnetic resonance spectroscopy. Neuropediatrics 24(5):244–248.

Hanstock CC, Rothman DL, Prichard JW, Jue R, Shulman RG. (1988) Spatially localized 1H NMR spectra of metabolites in the human brain. Proc. Natl. Acad. Sci. USA 85:1821–1825.

Heerschap A, van den Berg P. (1993) Proton MR spectroscopy of the human fetus *in utero*. Proceedings, 12th Society of Magnetic Resonance in Medicine. New York: 318.

Hennig J, Pfister H, Ernst T, Ott D. (1992) Direct absolute quantification of metabolites in the human brain with *in vivo* localized proton spectroscopy. NMR Biomed 5:193–99.

Hetherington HP, Newcomer BR, Pan JW. (1998) Measurements of human cerebral GABA at 4.1 T using numerically optimized editing pulses. Magn. Reson. Med 39:6–10.

Hoang T, Dubowitz D, Bluml S, Kopyov OV, Jacques D, Ross BD. (1997) Quantitative ^{1}H MRS of neurotransplantation in patients with Parkinson's and Huntington's disease. 27th Annual Meeting, Society for Neuroscience. New Orleans, LA. Oct. 25–30: 658.9.

Hope PL, Cady EB, Tofts PS, et al. (1984) Cerebral energy metabolism studied with phosphorus NMR spectroscopy in normal and birth-asphyxiated infants. Lancet (Aug):366–370.

Hossman K-A. (1994) Viability thresholds and the penumbra of focal ischemia. Ann. Neurol 36:557–565.

Hurd RE, Gurr D, Sailasuta N. (1998) Proton spectroscopy without water suppression: The oversampled J-Resolved experiment. Magn. Res. Med. 40, 343 - 347.

Kanamori K, Ross BD. (1997) *In vivo* nitrogen MRS studies of rat brain metabolism. In: Bachelard H, ed. Advances in Neurochemistry. New York: Plenum Publishing 66–90. vol 8).

Kreis R. (1997) Quantitative localized ^{1}H MR spectroscopy for clinical use. Progress in Nuclear Magnetic Resonance Spectroscopy 31:155–195.

Kreis R, Ernst T, Ross BD. (1993a) Absolute quantitation of water and metabolites in the human brain. Part II: Metabolite concentrations. J. Magn. Reson 102(1):9–19.

Kreis R, Ernst T, Ross BD. (1993b) Development of the human brain: *In vivo* quantification of metabolite and water content with proton magnetic resonance spectroscopy. Magn. Reson. Med 30:1–14.

Kreis R, Farrow NA, Ross BD. (1990) Diagnosis of hepatic encephalopathy by proton magnetic resonance spectroscopy. Lancet 336:635–6.

Kreis R, Farrow NA, Ross BD. (1991) Localized 1H NMR spectroscopy in patients with chronic hepatic encephalopathy. Analysis of changes in cerebral glutamine, choline and inositols. NMR Biomed 4:109–16.

Kreis R, Ross BD, Farrow NA, Ackerman Z. (1992) Metabolic disorders of the brain in chronic hepatic encephalopathy detected with 1H MRS. Radiology 182:19–27

Kumar A, Welti D, Ernst RR. (1975) NMR Fourier zeugmatography. J Magn Reson 18:69–83.

Mason GF, Gruetter R, Rothman DL, Behar KL, Shulman RG, Novotny EJ. (1995) NMR determination of the TCA cycle rate and a-ketoglutarate/glutamate exchange rate in rat brain. J. Cereb. Blood Flow Metab 15:12–25.

Merboldt K-D, Bruhn H, Hanicke W, Michaelis T, Frahm J. (1992) Decrease of glucose in the human visual cortex during photic stimulation. Magn. Reson. Med 25:187–194.

Merboldt KD, Chien D, Hanicke W, Gyngell ML, Bruhn H, Frahm J. (1990) Localized 31P NMR spectroscopy of the adult human brain in vivo using stimulated-echo (STEAM) sequences. J. Magn. Reson 89:343–361.

Michaelis T, Merboldt K-D, Bruhn H, Hänicke W, Frahm J. (1993) Absolute concentrations of metabolites in the adult human brain in vivo: Quantification of localized proton MR spectra. Radiology 187:219–27.

Michaelis T, Merboldt K-D, Hänicke W, Gyngell ML, Bruhn H, Frahm J. (1991) On the identification of cerebral metabolites in localized 1H NMR spectra of human brain *in vivo*. NMR Biomed 4:90–8.

Narayana PA, Johnston D, Flamig DP. (1991) *In vivo* proton magnetic resonance spectroscopy studies of human brain. Magn. Reson. Imag 9:303–308.

Oberhaensli RD, Hilton Jones D, Bore PJ, Hands LJ, Rampling RP, Radda GK. (1986) Biochemical investigation of human tumours *in vivo* with phosphorus-31 magnetic resonance spectroscopy. Lancet 2:8–11.

Ordidge RJ, Bendall MR, Gordon RE, Connelly A. (1985) Volume selection for *in vivo* biological spectroscopy. In: Govil G, Khetrapal CL, Saran A, ed. Magnetic Resonance in Biology and Medicine. New Delhi: Tata McGraw-Hill, 387–397.

Ordidge RJ, Connelly A, Lohman JAB. (1986) Image-selected *in vivo* spectroscopy (ISIS). A new technique for spatially selective NMR spectroscopy. J. Magn. Reson 66:283–294.

Pettegrew JW, Minshew NJ, Cohen MM, Kopp SJ, Glonek T. (1984) P-31 NMR changes in Alzheimer and Huntington diseased brain. Neurology 34:281.

Prichard JW, Alger JR, Behar KL, Petroff OAC, Shulman RG. (1983) Cerebral metabolic studies *in vivo* by 31P NMR. Proc Natl Acad Sci USA 80:2748–2751.

Provencher SW. (1993) Estimation of metabolite concentrations from localized *in vivo* proton NMR spectra. Magn. Reson. Med 30:672–79.

Ross BD (1979) Techniques for investigation of tissue metabolism. In: Kornboj HC, Metcalf JC, Northcote D, Pogson CI, Tipton KF, (eds) Techniques in Metabolic Research, Part I. Elsevier,: 1–22. vol B203).

Ross BD, Bluml S, Cowan R, Danielsen ER, Farrow N, Gruetter R. (1997) In vivo magnetic resonance spectroscopy of human brain: the biophysical basis of dementia. Biophysical Chemistry 68:161–172.

Ross BD, Hoang T, Blüml S, Dubowitz D, Kopyov OV, Jacques DB, Alexander Lin, Kay Seymour and Jeannie Tan. In vivo magnetic resonance spectroscopy of human fetal neural transplants. NMR in Biomed 1999, 12:221–236.

Ross BD, Kreis R, Ernst T. (1992) Clinical tools for the 90's: magnetic resonance spectroscopy and metabolite imaging. Eur. J. Radiol 14:128–140.

Ross BD, Michaelis T. (1994) Clinical applications of magnetic resonance spectroscopy. Magn. Reson. Quarterly 10(4):191–247.

Ross BD, Narasimhan PT, Tropp J, Derby K. (1989) Amplification or obfuscation: Is localization improving our clinical understanding of phosphorus metabolism? NMR in Biomed 2(5):340–345.

Ross BD, Radda GK, Gadian DG, Rocker G, Esiri M, Falconer-Smith JC (1981) Examination of a case of suspected McArdle's syndrome by 31P nuclear magnetic resonance. N. Engl. J. Med 304(22):1338–42.

Rothman DL, Petroff OAC, Behar KL, Mattson RH. (1993) Localized ^{1}H NMR measurements of γ-aminobutyric acid in human brain in vivo. Proc. Natl. Acad. Sci 90:5662–5666.

Ryner LN, Sorenson JA, Thomas MA. (1995) Localized 2D J-Resolved ^{1}H MR spectroscopy: strong coupling effects in vitro and in vivo. Magn. Reson. Imag 13(6):853–869.

Seymour, K., Bluml S, Sutherling J, Sutherling W and Ross B.D. (1998) Identification of cerebral acetone by 1H MRS in patients with epilepsy, controlled by ketogenic diet 1999, MAGMA, 8:33–42

Shen J, Novotny EJ, Rothman DL. (1998) In vivo lactate and β-hydroxybutyrate editing using a pure phase refocusing pulse train. Proceedings, 6th International Society for Magnetic Resonance in Medicine. Sydney, Australia: 1883.

Stockler S, Hanefeld F, Frahm J. (1996) Creatine replacement therapy in guanidinoacetate methyltransferase deficiency, a novel inborn error of metabolism. Lancet 348:789–90.

Tallan HH. (1957) Studies on the distribution of N-acetyl-L-aspartic acid in brain. J. Biol. Chem 224:41–45.

Thulborn KR, Ackerman JJH. (1983) Absolute molar concentrations by NMR in inhomogeneous B1. A scheme for analysis of in vivo metabolites. J. Magn. Reson 55:357–371.

Thulborn KR, du Boulay GH, Radda GK (1981) Proceedings of the Xth Int. Symp. on Cerebral Blood Flow and Metabolism.

Van der Knaap MS, Ross BD, Valk J. (1993) Uses of MR in inborn errors of metabolism. In: Kucharcyzk J, Barkovich AJ, Moseley M, ed. Magnetic Resonance Neuroimaging. Boca Raton: CRC Press, Inc. 245–318.

Webb PG, Sailasuta N, Kohler S, Raidy T, Moats RA, Hurd RE. (1994) Automated single-voxel proton MRS: Technical development and multisite verification. Magn. Reson. Med 31(4):365–373.

Welch KMA. (1992) The imperatives of magnetic resonance for the acute stroke clinician (Plenary Lecture). 11th Society of Magnetic Resonance in Medicine. Berlin: 901.

■ 术语表

　　神经科学家对化学分析技术——活体磁共振的大多命名是不熟悉的。基于这个原因，我们把磁共振波谱中最常用的术语列在这里。

　　绝对定量（absolute quantitation）：为了测量大脑内代谢产物的浓度，以每千克脑组织毫摩尔（mmol/kg）为单位。绝对定量需要进行额外的测量，因此相对于利用谱峰比率进行定量来讲，绝对定量要求更多的测量时间。绝对定量的几个测量方法已在文献中提到并有详细描述（参考定量）。

　　B_0：由超导磁体产生的强磁场。在技术上可行的局限范围内，B_0 在时间和空间上是稳定的。临床 MRI 的典型场强是 1.5T（约 30 000 倍地球磁场强度）。对应此场强，质子的共振频率约为 64 MHz，磷（^{31}P）的共振频率约为 26 MHz，碳（^{13}C）约为 16 MHz。

　　B_1：射频线圈产生的射频磁场。在 MR 测量中，B_1 和梯度场是变化的，而 B_0 是恒定的。

带宽（bandwidth）

A）射频脉冲带宽。每一个有限延迟的射频脉冲只在一个特定的频率范围内激发磁化。一个具体 MR 实验所需的带宽是由所研究核的化学位移区域决定的，这个区域应当处于选择的射频带宽之内，以保证均匀激发所有的代谢产物。这个条件不能满足，会导致化学位移伪影。

B）接受机带宽。并不是所有的 MR 信号都用于谱的计算。噪声信号分布于整个频域，而 MR 信号只处于相对小的频率范围。通过允许一定频率范围的信号通过接受机，磁共振波谱实验的 SNR 将会大大增加。接收机带宽必须比观测核的化学位移区域大。

化学位移（chemical shift）：对核自旋共振频率的影响，除了外部的 B_0 外，还有内部局域场。一个普通的例子是酒精（CH_3CH_2OH）。因为酒精含有三种不同的化学质子，其有三个共振频率：①CH_3 基团的三个质子；②CH_2 基团的两个质子；③临近氧原子的质子。包围着这些质子的不同电子结构环境，造成了这些质子的不同化学位移。与 J-偶合相比，化学位移的测量单位是 PPM（parts per million）。因为化学位移是 B_0 强度的比例值，是相对一个标准进行计量的。因此在所有的 MRI 机器上，化学位移是一样的。

化学位移伪影（chemical shift artifact）：化学位移伪影来源于与各种化学结构有关的不同的共振频率。当把一个梯度加在含有不同种类核的样品上时，不同种类的核，对梯度场存在不同的敏感量。对应于这些特定化学结构的化学位移区域，射频脉冲的带宽设定了可以预期的交迭比率。增加射频脉冲的带宽，可以减少化学位移伪影。对于临床所用的 1.5T 质子磁共振波谱，使用大于 2000Hz 的射频带宽就够了。

化学位移成像（chemical shift imaging，CSI）：MRS 局域化方法。CSI 技术把所有空间信息编码到磁共振信号的相位中。而与之相比，在标准 2D MRI 中（参照第二十五章），第一维采用相位编码，另一维采用频率编码。CSI 数据是在没有频率编码梯度下采集的，因此化学位移信息在数据中得以保留。由于采用相位编码，来自一个切片或一个三维体积元的很多谱可以被同时采集下来。CSI 是获取代谢产物分布图的杰出技术。然而，对短回波时间来讲，CSI 并不是太合适。每个谱的质量没有单体积元技术获得的谱好，并且需要更长的采集时间。

化学位移选择激发（chemical shift selective excitation）：虽然在磁共振波谱中需要各种选择性，但是选择激发的一般定义是：仅激发一条单共振峰，其临近的谱线保持不受影响。对于质子磁共振波谱，通常在局域化脉冲之前，使用仅有 50～75Hz 狭窄带宽特殊设计的射频脉冲实现水峰压抑。为了使用 ^{31}P MRS 研究 Cr 致活酶，在磁化转移实验中使用化学位移选择性激发以饱和 γ-ATP 的共振。为了对独立于其他 ^{31}P 代谢产物的 PCr 成像，需使用化学位移选择激发。

线圈（coils）：参考射频线圈。

数据处理（data processing）：为了改进 Fourier 变换的 FID 解释和定量，要采用几个步骤进行数据后处理。这包括涡流修正、质子谱残留水信号的消除、相位和线性修正。讨论这些方法的细节超出了本章的范畴。

化学位移选择（chemical shift selective，CHESS）的缩写。CHESS 射频脉冲经常用于质子谱的水峰压缩。它由一个和多个窄带（1.5T 下 50～75Hz）射频脉冲组成，选择性地激发水峰而不影响代谢产物的共振（参照化学位移选择性激发）。

去偶（decoupling）：由于自旋间的 J-偶合（或标量偶合），磁共振波谱信号通常会分裂成多重峰。当使用和该偶合核同样频率的射频照射时，这种多重峰变成一个单峰。去偶明显地简化了谱的解释，增加了 SNR。但它需要相对大的功率。文献中已经出现许多技术以实现去偶而避免过多的功率需要。额外的 SNR 增加来源于 NOE 效应的贡献。自旋去偶广泛地应用于 ^{13}C MRS 中。

偶极偶合（dipolar coupling）：核自旋产生它自己的局域场，该局域场可被临近的其他核感应到。这种作用称为偶极－偶极相互作用，或者偶极偶合。这种相互作用的强度依赖于自旋间的距离和自旋的相对取向。在活体情况下，分子在快速地反转并改变它们的相对位置，偶极偶合不能以谱线分裂的形式观察到。然而，偶极偶合是造成 T_1 和 T_2 弛豫的机制。

深层表面线圈谱（depth resolved surface coil spectroscopy，DRESS）：这种局域化方法最早是为使用表明线圈的 ^{31}PMRS 设计的。在一个平行于表面线圈的平面，在梯度存在的情况下，应用射频脉冲激发一个切片。

回波时间（echo time，TE）：在使用自旋回波的序列中，处于旋转坐标系横断面上的磁化和经历的 T_2 衰减之间的时间间隔。

涡流（eddy currents）：由梯度线圈和磁体结构中的导体元件之间相互作用产生。涡流效应与时间和主磁场 B_0 有关。涡流造成共振谱线型的畸形和线宽的增加。使用屏蔽梯度，涡流变形可以得到最好的抑制。另外，修正涡流效应的数据处理方法已经发展起来。

编辑技术（editing techniques）：通常，由于位于相同或类似化学位移区域、不同分子的 MR 谱重叠，造成谱解释困难。为了克服这个问题，使用谱的简化技术或称为谱编辑是非常必要的。谱编辑技术利用分子的独特特性（而不是化学位移），一般是同核或异核 J 偶合（标量偶合）。很多谱编辑序列利用这样的事实：在一个回波序列中，J 偶合自旋的相位在回波延迟期间被调制。不同回波时间采集的一系列谱，由于它们不同的 J 调制，允许分离和辨认来自不同分子的重叠信号。

自由感应衰减（FID）：FID 是磁化对射频脉冲的响应。谱是从 FID 的 Fourier 变换获得。

翻转角（flip angle）：参考射频脉冲。

傅里叶变换（Fourier transform）：一个数学描述（第十九章）。观察到的 MR 信号（FID）来源于样品的时间域信号。它是样品中由于化学位移不同而有不同频率的 MR 信号的叠加。傅里叶变换产生一个频率谱，容易鉴别不同频率的单个信号。

梯度，梯度线圈（gradients，gradient coils）：一套线圈，用于产生一个空间变化、附加在 B_0 场上的静磁场。通过这个磁场，磁化自旋的共振频率相应变化，空间信息被频率编码。在梯度存在时，射频脉冲在一定的带宽范围激发磁化，因此激发一定厚度的样品切片。梯度对于局域谱（如 STEAM、PRESS）是必须的。

异核 J-偶合（hetero-nuclear J-coupling）：不同种类（如质子和碳）自旋之间的 J-偶合。

同核 J-偶合（homo-nuclear J-coupling）：相同种类（如质子和质子）自旋之间的 J-偶合。

逆检测（inverse detection）：参考极化转移。

像选择活体谱（image-selected in vivo spectroscopy，ISIS）。它基于 8 个采集循环，依照正确的顺序进行加减而得到单个体积。ISIS 比 STEAM 和 PRESS 更受运动的影响。由于它具有消除 T_2 弛豫的优点，ISIS 多用于异核研究。

J-偶合（标量偶合）（J-coupling 或 scalar coupling）：J-偶合导致许多的共振峰分裂成多重峰。这是由两个自旋通过分子内电子结构的干涉所导致的内部非直接相互作用引起的。由于偶合是独立于 B_0 场强的，偶合的强度测量单位是 Hz，而不是 ppm。

局域化（localization）：对来自一定大脑区域的磁共振信号进行采集。参考 STREAM，PRESS，ISIS，CSI，gradient，VOI。

长回波时间磁共振波谱（long echo time MRS）：回波时间（TE）大于 135ms 的质子磁共振波谱术语。对于长 TE，由于 J-偶合和 T_2 弛豫，在数据采集的时候，脂肪信号和具有复杂谱花样的代谢产物（如氨基酸）信号已经衰减，因此长 TE 磁共振波谱具有简化谱图使之易读的优点。另外，对于长 TE 磁共振波谱，由于数据采集时段已经离开了切片选择梯度脉冲时段，涡流问题变得不很严重。然而，长 TE 磁共振波谱的信息量和 SNR 比短回波磁共振波谱高。在比较新的磁共振系统上，由于屏蔽梯度对涡流提供了足够的保护，从而有利于短回波磁共振波谱。

镁的测量（Mg measurement）：自由 ATP 和镁 ATP 在溶液中呈现稍微不同的谱花样。α⁻和 β-ATP 磷核共振之间的化学位移不同，可能对活体镁浓度的测定提供一个无损的方法。

磁化（magnetization）：磁化矢量被看作为很多单个核自旋的总体磁化结果。作为一个矢量，磁化具有幅度和方向。在平衡状态，磁化矢量与一般沿 Z 方向的 B_0 场平行。磁化矢量（或者其部分）可以被反转到 XY 横断平面（非平衡态），在这个横断平面，磁化矢量以与 B_0 场强有关的频率进动。

磁化转移（magnetization transfer）：当两个自旋通过一些过程像化学交换、J-偶合、极化偶合等偶合时，这些相互作用中的任何一种都可以用来把磁化从一个自旋系统转移到另一个自旋系统。一个典型例子是肌酸激酶（creatine kinase）（PCr＋ADPxCr＋ATP）的研究。该研究发现 ATP 的 γ⁻磷酸盐（phosphate）与 PCr 的磷酸盐（phosphate）产生慢交换。因此，在饱和实验中 γ-ATP 的共振被化学位移选择性激发所消除，根据饱和脉冲长短，可以观测到 PCr 共振峰的减弱。

代谢产物成像（metabolite Imaging）：特殊技术（如 CSI）允许对来自一个切片或一个三维体的多个谱进行同时采集。当仅用一个代谢成分进行成像时，就可以获得显示该代谢产物浓度随区域变化的定量图像。另一个技术是使用 MRI 技术对代谢成分直接成像，发射机的频率不是在水的共振峰上，而是在待要成像的代谢成分上。代谢产物成像的困难在于代谢成分固有的低浓度和相应的低 SNR。低 SNR 限制了代谢产物成像的分辨率。尽管这样，代谢产物成像对灶化疾病（如肿瘤）提供了重要的信息，它指引医生到正确的位置进行组织活检。

多重峰（multiplet）：由于与邻近核的 J-偶合（标量偶合），来自一个核的单共振峰分裂为多重峰。在异核 J 偶合情况下，在采集一个核的信号时，用射频照射另一种核可消除这种分裂。

核的 Overhouserx 效应（NOE）：与¹³C 偶极偶合的质子磁化，可以用来增强¹³C 的信号。NOE 主要是指¹³CMRS，但是 NOE 增强在³¹P MRS 和其他核中也观测到。

共振和非共振（on/off resonance）：在一个外磁场中，每个核自旋在确定的频率下共振。为了激发这些自旋，射频脉冲的频率带宽必须包含这个频率。如果调整射频脉冲的频率范围，使该核自旋的频率正好位于频带的中心，就实现共振条件。

谱峰比率（peak ratios）：这是谱定量的最常用处理，可以采用峰的幅度或峰的面积。在质子磁共振波谱中，一般应用 Cr 作为内标。当使用峰幅度计算谱峰比率时，受匀场好坏影响的幅度会造成误差。另外，T_1 和 T_2 弛豫的差异将造成进一步的误差，但这个问题可以通过采用短 TE 和长 TR 减少。一般来讲，绝对定量比谱峰比率定量更可靠。

调整相位，相位修正（phasing 或 phase correction）：一个后处理步骤。由于硬件设置和脉冲序列分时，观察到的信号是吸收和发射信号的总和。进行谱分析和定量均需要纯的吸收信号，这个吸收信号需要通过相位修正获得。

pH 测量（pH measurement）：通过精确测量 PCr 和 Pi 共振间的化学位移，应用^{31}P MRS 可精确、无损地检测细胞内 pH。因为含有 HPO_4 和 H_2PO_4 磷酸盐分子的相对浓度变化，Pi 峰的精确共振位置随 pH 变化。

极化转移（polarization transfer）：与质子 MR 相比，有些兴趣核（如^{13}C）受其内在的低灵敏度困扰。一些技术，如 DEPT 和 INEPT，通过把偶合质子的较高极化转移到^{13}C 核以改善^{13}C 的灵敏度。极化转移实验需要有两个射频通道的特殊硬件。反转 DEPT（reverse DEPT）和逆 INEPT（inverse INEPT）来源于 DEPT 和 INEPT。在这个技术中，为了利用质子的高灵敏度来观察，极化被转移回去（逆检测）。

ppm：每百万单位（parts per million），物质化学位移的度量标准。在 1.5T 场强下，NAA 和 Creatine 的甲基质子共振相距 64 Hz 或 1 ppm（共振频率 64 MHz）。在 4.0T 磁场下，这个差异是 171Hz，也是 1 ppm。因此，由于 ppm 不依赖于磁场强度，人们喜爱以 ppm 为单位表示化学位移。

PRESS：定点磁共振波谱（point-resolved spectroscopy）。它利用沿每个空间方向的 3 个切片 180 度选择脉冲，产生自旋回波形式的重叠信号。在同样的回波时间 TE 下，PRESS 与 STEAM 相比，PRESS 的优点是它包括了所有可能的信号，因此当 SNR 比较重要时，PRESS 是首选的方法。

PROBE：质子大脑检测（proton brain exam）。美国 GE 公司的 MR 应用系统，用于全自动的单体积元质子谱。

定量（quantitation）：在传统的测量技术方面，为了避免误解和便于进行数据的整体比较，必须提供定量的磁共振波谱数据。最简单、普通的定量方法是使用一种代谢成分（经常是 Cr）作为内标，使用谱峰比率来表示结果。谱峰比率对序列参数（长、短回波磁共振波谱）的依赖性造成这种方法的不确定性。当比较来自不同定位区域的数据时，对使用的方法要非常小心。绝对定量的目的是测量单位千克脑组织中代谢产物的毫摩尔浓度，其量值是独立于使用的技术的。而且，绝对定量需要额外的测量，因而比较耗时。

射频线圈（RF coil）：用于发射射频脉冲并且接受来自大脑（或样品）射频响应的器件。所有的生产厂商均提供用于头部成像的线圈。这些线圈具有很均匀的 B_1 射频场，非常适合于谱检测。表面线圈是由金属导线、箔或圆筒制作的简单圆形、矩形或正方形环。使用表面线圈观察到的大多数信号来源于线圈半径大小的半球区域。表面线圈适用于从组织表面获得高信噪比的图谱。

射频脉冲（RF pulse）：射频脉冲短时间内调制自旋所处的磁场，从而造成磁化以一定的角度偏离平衡位置，这个偏转角度依赖于射频脉冲的幅度和延时。

信噪比（S/N）：绝对信噪比（S/N）的定义和测量，依赖于采样的参数和数据预处理中的步骤，其超出了本章的讨论范围。一般来讲，SNR 是观察到的共振信号幅度和磁共振成像仪接受到的随机噪声大小的比率。但在实际操作中，更重要的是注意 SNR 相关的几个原则：①如果改善 SNR 2 倍，将需要 4 倍的采样时间；②SNR 与体积成比例，体积减少一半，SNR 将降低一倍；③共振谱线的面积不变的，因此通过改善匀场、窄化线宽、增加共振线的幅度，可以改善 SNR；④SNR 在短 TR 时由于 T_1 饱和（T_1-saturation）而降低，在长 TE 时，SNR 由于 T_1 衰减也降低。

SAR：特别吸收率（specific absorption rate）的缩写。由于感应和非传导损失，来自射频脉冲的能量被人体组织吸收，使射频能量主要转化为组织中水分子的转动和移动，从而造成组织温度的升高。美国 FDA 规定，人脑的限度为每千克大脑组织 4 瓦特。当实验需要使用强射频脉冲（如质子去偶磷谱、碳谱）时，需要关注 SAR 的大小。

标量偶合（scalar coupling）：参考 J-偶合。

选择激发（selective excitation）：参考化学位移选择激发。

屏蔽梯度（shielded gradients）：屏蔽梯度通过最大地减少梯度线圈与磁体中其他导体材料之间的相互作用，来消除涡流的根源。第二套梯度线圈放置在第一套梯度线圈外面，并与第一套反方向运转，保证磁场不会出现在梯度线圈柱体的外面。

匀场（shimming）：优化磁场的均匀性。很好匀场过的体积元是磁共振波谱实验的前提。匀场越好，共振线越窄，相邻谱线的重叠越能减少，谱线的解释和定量就越容易。很多 MR 仪器有自动匀场功能。

短回波磁共振波谱（short TE MRS）：该术语指回波时间（TE）短于 135ms 的质子磁共振波谱。短回波磁共振波谱具有在单个谱中提供更多信息的优点。特别是脂肪信号和具有复杂谱线花样的代谢产物信号（如谷氨酸盐和谷氨酸）可以一起被观测和定量。在没有屏蔽梯度的旧 MR 系统上，在片选择梯度脉冲后，经历短暂延时即进行数据采集，涡流有时会造成问题。短回波磁共振波谱的信息内容和 SNR 总是比长回波磁共振波谱好。

谱分辨率（spectral resolution）：图谱上不同共振峰之间的分辨能力。谱分辨率决定于数据采集条件如匀场、采集参数如接受机带宽和 B_0 场强。

图谱（spectrum）：磁共振波谱实验结果表示方式。图谱是测量到的时域信号（FID）的 Fourier 变换。生物化学印记以二维方式存储。其 X 轴（或化学位移轴）利用每个代谢产物独特的化学位移指认代谢产物，单位 ppm，其 Y 轴代表核自旋的数目——代谢成分的浓度。

自旋（spin）：自旋的真正定义是量子力学的概念。只要不讨论单个自旋与外磁场的相互关系，就可以避开量子力学。在本章，我们使用代表大量自旋磁化总和的净磁化矢量。

自旋去偶（spin decoupling）：参考去偶。

自旋回波（spin echo）：自旋回波最简单的形式是一个 $90°$ 射频脉冲在 TE/2 延迟后紧跟着一个 $180°$ 脉冲。这导致在回波时间 TE 形成一个回波信号。回波信号的幅度以 EXP（$-TE/T_2$）形式衰减。

自旋-自旋弛豫（spin-spin relaxation）：参考 T_2 弛豫。

STEAM：受激回波采集模式，沿每个空间方向使用 $90°$ 片选择脉冲的定域方法。来自重叠处的受激回波信号在一次激发完成（single shot）实验中产生。与 PRESS 相比，在同样的回波时间内，STEAM 只有一半的信号被恢复。然而，STEAM 允许使用比 PRESS 更短的回波时间，部分地补偿了损失的 SNR。同时，$90°$ 脉冲的射频带宽优于 PRESS 中使用的 $180°$ 脉冲带宽。当要求短回波时间、最小化学位移伪影、良好性能时，STEAM 是应当选择的方法。

受激回波（stimulated echo）：产生一个受激回波需要 3 个 $90°$ 脉冲。受激回波的特性是：磁化短暂地被第二个脉冲沿 Z 轴存储而不经历 T_2 弛豫。这个特点允许在短回波时间下设计性能好的局域化脉冲序列。第三个脉冲把磁化翻转到 XY 平面上。参考：STEAM，PRESS。

表面线圈（surface coil）：参考射频线圈。

T_1 弛豫，T_1 弛豫时间（T_1-relaxation，或 T_1-relaxation time）：在磁化被翻转到 XY 平面后，新的磁化将沿着 Z 方向建立。此后历经 63%（或者 $1-1/e$）平衡磁化建立过程的时间称为 T_1 弛豫时间。T_1 和 T_2 弛豫是由与时间相关的局域磁场涨落引起的，这种磁场来源于电或磁偶极分子在观测自旋处的运动。为了进行精确的绝对定量，必须知道所有代谢产物的弛豫时间以便于进行相应的谱峰强度修正。

T_1 饱和（T_1-saturation）：实验重复时间 TR 经常处于弛豫时间 T_1 的范围。因此，并不是所有的磁化都能得到恢复。例如，当 TR＝T_1 并使用 90°脉冲时，只有 63％的平衡磁化得到恢复而可用于每次扫描（第一次扫描例外）。这个效应称为 T_1 饱和。当在很短时间使用几个射频脉冲并跟随着散相梯度时，将出现 T_1 饱和的极端情况。这个技术用于局域质子磁共振波谱以去除显著的水信号。参考水峰压缩。

T_2 弛豫，T_2 弛豫时间（T_2-relaxation，T_2-relaxation time）：使用射频脉冲可以把磁化矢量翻转到 XY 平面。所产生的横向磁化以指数形式衰减。当横向磁化衰减到其幅度的 37％（$1/e$）时，所需的时间称为 T_2，或者自旋-自旋弛豫时间。参考 T_1 弛豫。

TE：回波时间（echo time）。

TM：STEAM 序列中第二个 90°脉冲和第三个 90°脉冲之间的时间延迟。回波时间 TE 和 TM 是 STEAM 中的独立参数。

重复时间（TR）：在一个普通的质子磁共振波谱中，一般需要扫描 128～256 次以改善 SNR。每次磁化初始激发之间的间隔时间称为重复时间。参阅 T_1 饱和。

横向弛豫：参考 T_2 弛豫。

VOI：兴趣体积或目标体积（volume of interest）。局域化谱允许操作者从不同的大脑区域采集信号，对质子磁共振波谱来讲，典型的体积是 1～20ml（1cm×1cm×1cm～2cm×3cm×3cm）。对[31]P MRS，要选择大很多的 VOI 以补偿其较低的信号。局域化极大地增加磁共振波谱的特性。也称为兴趣区域或目标区域（ROI，region of interest）。

体线圈（volume coils）：参考射频线圈。

体（积）元（voxel）：参考 VOI。

水峰压缩（water suppression）：由于大脑中脑水的浓度（55mol/kg）比代谢产物的浓度（1～10 mmol/kg）强约 1000 倍，大脑的质子谱主要成分是水。在数据后处理中，要满意地去除残留的水信号是很困难的。因此为了获得平坦的基线，水峰压缩是必须的。最常用的水峰压缩方法是：在局域化之前，用一个或多个 CHESS 射频脉冲选择性地饱和水信号。因为逆检测磁共振波谱方法利用比[13]C 或[15]N 强的质子信号，水峰压缩对于逆检测磁共振波谱也是很重要的。需要注意的是，在逆检测磁共振波谱情况下，信号接受机的动态区域必须足够大，以覆盖水和代谢产物之间共振强度的巨大差异。

第四十一章　脑内微环境电化学监测技术：生物传感器、微透析和相关技术

Jan Kehr

周　专[1,2]　尚春峰[2]　丁　瑜[2]　姚　伟[1,2]　李　洁[2]　译
1. 北京大学分子医学研究所
2. 中国科学院神经科学研究所
zzhou@pku.edu.cn

■ 绪　论

在功能性神经解剖学，神经精神药理学和神经病理学领域（Boulton et al. 1988；Justice 1987；Marsden 1984；Robinson and Justice 1991），在体（*in vivo*）连续监测神经化学信号物质和细胞代谢物质的体内介入技术（invasive techinques）已经成为相关实验系统中的一个必不可少的成分。大多数在体传感装置的靶点，主要是充满液体的胞外空间——在正常情况下它占整个脑组织体积的大约 20%。有人提出，由于室管膜和软膜之间缺少紧密连接，细胞外液（ECF）的离子成分是和脑脊液中离子浓度是一样的。然而，ECF 也包括大量限定在膜上的长链黏多糖，蛋白多糖和糖蛋白；一般来说，它含有从毛细血管转运到细胞的较高浓度的营养物质和往相反方向移动的代谢分子。从神经末梢释放的神经递质和神经调质以及神经营养因子和其他细胞因子，在到达它们靶受体的过程中，都必须经过细胞外空间。最近，术语体积传递扩展了突触传递的概念，包含了在长距离范围内存在的细胞间联系（Fuxe and Agnati 1991）。有人相信，存在 ECF 向皮层蛛网膜下腔，脑室和血管周 Virchow-Robin 腔隙的缓慢移动。由于存在急剧下降的浓度梯度，释放位点（突触间隙）处神经递质类分子的浓度比在外部细胞间隙高 6～7 个数量级，因而它们在 ECF 中，主要过程是扩散。例如，据估计，纹状体中半径为 25nm 的囊泡中多巴胺（DA）浓度约 25mmol/L，而在大约 15nm 宽，300nm 长的突触间隙，多巴胺浓度大约为 1.6mmol/L（Garris et al. 1994）。然而在巴吉林（pargyline）处理的大鼠上进行的在体伏安法（voltammetry）电化学实验中，用细碳纤电极（5μm O.D.）测得的实际细胞外多巴胺浓度，不高于 20nmol/L（Gonon and Buda 1985），电刺激期间则为 0.1～2μmol/L（Kawagoe et al. 1992）。用直径更大的装置，如 O.D.200μm 的微透析探头，计算的基本细胞外多巴胺浓度甚至低至 5nmol/L（Parsons and Justice 1992）。如果被探测物质的释放高于它的再摄取、清除、酶解或其他的失活机制，则本章所描述的所有植入性传感器所能测量的仅仅是实际突触事件的一个"回声"。图 41-1 描述了这种情况，其图示显示了被释放递质通过 ECF 部分和到达采样或传感装置的距离，以及可能的扩散路径。探头探测或采样的时间和空间分辨率依赖于它们的几何形状和探测原理。对于直接探测的伏安法电极，响应时间短到 0.1～1s，而通过微透析采样获得的神经递质或神经肽，其分析过程相对繁琐和耗时，要求样品以

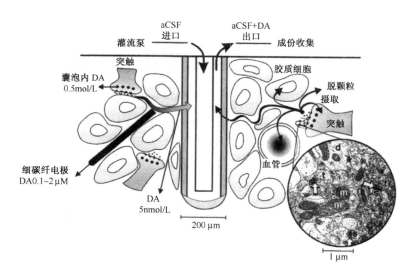

图 41-1　作为传感装置植入靶点的脑内微环境示意图

跨越细胞间隙的分子能通过原位（in situ）植入的生物传感器来监测。例如，伏安法电极，或通过微透析探头以常规间隔采样并通过合适的分析技术对收集到的样品进行分析。然而，如图中所示，以多巴胺（DA）为例，小量以囊泡形式释放的递质能从它的释放位点（突触间隙）扩散较长的距离，到达感受或采样装置表面。大鼠纹状体神经纤维网的电子显微镜（EM）照片显示了与其他细胞结构（d-树突，t-轴突末梢，m-线粒体）相比的突触连接（s-突触）的最小尺寸和突触间隙（箭头）与整个细胞外空间的比率。实际上，此细胞外体积部分大于 EM 照片所示，大约为整个组织体积的 20%。在这个间隙，神经递质的浓度比最初释放到突触间隙的浓度至少低了 10^6 倍。因此在各种行为或药理学刺激后，生物传感器和微透析探头对经典神经递质在突触释放和摄取机制的检测仅仅是一个大约的估计。

5～30min 的时间间隔被收集。这样，微透析最适合于研究时程持续至少 10min 的事件，后一标准适用于大多数精神类药物，脑疾病的神经病理模型和某些行为如吃、喝、运动等。

　　在体监测脑内化学的介入性技术主要分为两类：①体内生物传感器；②连续采样装置。在第一类中，传感装置和相关探测技术对于植入脑组织的生物传感器表面所直接探测到的被分析物具有高度选择性。在最简单的例子中，被探测的内源性物质本身的化学特性确保了其选择性。例如，对于多巴胺来说，这就是相对特异的氧化电流。一种较为常规的方法是应用高度特异性的分子间相互作用。例如，离子-离子载体，酶-底物和抗体-抗原，它们可以直接或通过中间产物导致物理（电的或光的）信号的改变。

　　在清醒自由运动的动物，生理状况下，植入的采样装置可以连续采集反映 ECF 化学组成的样品（灌注液，透析液）。例如，采样装置，微透析探头，可以用生理溶液以低流速（0.1～2μl/min）连续灌流，典型的是使用任氏液或人工脑脊液（aCSF）。在灌流过程中可以常规间隔收集样品，并通过合适的分析技术进行样品分析。植入传感装置或其导管可以在麻醉动物上进行，这需要熟知脑部解剖，立体定向和显微外科技术。

第一部分　方法概述

小型啮齿动物的立体定位手术

引言

微透析探头、电极、导管或注射管植入脑中时需要用立体定位仪对脑区位置进行精确定位。依据动物的种类，选定位置的坐标可以在许多脑立体定位图谱中找到。例如，大鼠（Paxinos and Watson 1982）；小鼠（Franklin and Paxinos 1997）；豚鼠（Luparello 1967）。颅骨矢状缝和冠状缝的两缝交叉（后囟和前囟）通常作为脑坐标系的主要标志。对于典型的大鼠脑图谱（Paxinos and Watson 1982）或典型的小鼠脑图谱（Franklin and Paxinos 1997）都以前囟作为零点，脑的定位以此为基准使前囟和后囟位于同一水平面。通过将脑立体定位仪上的耳杆插入骨性耳道（内耳连线），并将门牙杆放置于前门牙后面上腭底部来固定动物的头。在立体定位手术期间，动物必须进行深麻醉。下面的步骤描述了大鼠立体定位过程。

材料和仪器

大鼠外科手术台包括：

—有一个或两个微定位臂的立体定位仪（David Kopf）

—混合容器的麻醉气体（氟烷，安氟醚或类似物），带流量计的 N_2 和 O_2 柱

—CMA/150 温度控制器（CMA/微透析）

—钻头

—立体显微镜

如果在麻醉动物身上做急性实验，传感器必须分别连接到不同的测量装置上，反之，CMA/11 或 CMA/12 微透析探头必须用 CMA/100 微注射泵连续灌流。

选配装置，例如：

—液体转换开关（CMA/110 或 CMA/111）

—CMA/170 冷冻样品收集器

灌流液体

在 1000ml 去离子水中溶解 8.591g NaCl，298.2mg KCl，228.1mg $CaCl_2 \cdot 2H_2O$ 配制成任氏液（147mmol/L Na^+，2.4mmol/L Ca^{2+}，4mmol/L K^+，155.6mmol/L Cl^-），pH 值最后调至大约 6～6.5。在用清醒大鼠做的一些实验中，最好使用人工脑脊液（aCSF，如 148mmol/L NaCl，1.4mmol/L $CaCl_2$，4mmol/L KCl，0.8mmol/L $MgCl_2$，1.2mmol/L Na_2HPO_4，0.3mmol/L NaH_2PO_4，pH＝7.4）。

步骤和结果

1. 从笼中轻轻抓起体重为 270～300g 的大鼠，将其放置于通有麻醉气体（在 N_2:O_2 中含 5％安氟醚，流速 0.8L/min）的树脂玻璃管中，然后关闭管道，等 2～3min 直到动物失去知觉。

2. 从管中取出大鼠放置于加热垫上。将肛温计放在大鼠身下，温度设置到 37.5℃。减少安氟醚的浓度至 3％，将气体连接到戴面罩的管子上。将大鼠的上腭放置于门牙杆上，该杆没有固定到定位仪上，从而可以在水平轴上自由移动。大鼠的鼻子放置于面

罩中。

3. 检查面罩是否合适地放置在鼻子上，打开动物的嘴，用镊子将舌头拉出。用胶带固定好面罩，但不要太紧。注射小量阿托品（0.08～1.5mg/kg）来抑制唾液分泌，减少动物吸入唾液的可能，尤其是在长时程手术期间。麻醉期间，为了保护眼睛角膜，在眼睛上滴一滴矿物油或涂眼药膏。用镊子夹大鼠的爪子来检查麻醉深度。

4. 拧紧螺丝，将耳杆固定到定位仪上。用一只手从一边抓住动物的头，同时通过上下移动头找到骨性耳道。这一步要求一段时间的练习和一定的经验。当你感到颅骨稳定了，抓住头轻轻向耳杆施压，同时将相反的耳杆压向第二耳道，如图 41-2A 所示。一旦它到合适的位置，头被水平固定于内耳连线，并能围绕此轴，上下稍微移动。

5. 应在内耳连线下大约 3.5mm 处紧固门牙杆。动物的头现在应该被固定，不应该垂直或水平移动。然后将鼻钳置于鼻子上方。

6. 剪去头部的毛。用 70％的酒精擦净暴露的皮肤。撑紧头部皮肤，在中间头皮切大约 2～3cm 切口。尽量一刀切开皮肤，用止血钳分开皮肤。刮掉骨膜，暴露颅骨以至可以看见颅骨缝。在干净和干燥的颅骨处，冠状缝，矢状缝，前囟和后囟很容易辨认。

7. 将传感器针头或探头装到垂直臂的电极夹持器上。用立体显微镜，将针尖刚好放置于前囟上方，读取坐标，通过微调螺钉在水平轴（垂直位，V；侧位，L；前后位，AP）定位零点。将针头刚好放在后囟上方—V 坐标要与前囟一样。如果不是，调整牙齿杆直到前囟和后囟在同一水平。对于选定的脑结构，添加坐标值，移动探头到此点。例如，对于一侧纹状体，向前移动 1.3mm，旁 2.2mm。标记此点后将微操臂移开。

8. 用一个有柄的细的环锯钻头在计算好的位置上钻一个孔（图 41-2B）。对于清醒动物的实验，CMA/11 或 CMA/12 探头或它们各自的导管必须黏和到颅骨上。在插入孔周围 2～3mm 处再钻两个孔放置螺丝。固定螺丝，清洁洞口的骨渣（图 41-2C）。

9. 在钻孔上方相同的 A-P 和 L 坐标放置导管/探头；其应放置于开孔的中间位置。垂直移动探头直到其触及硬脑膜表面。读取垂直（V）坐标可以定位零点。向上提微操臂使你能较容易地接近硬脑膜。用微型剪刀或针头去除硬脑膜。用棉球吸干流出的脑脊液。

10. 再次放置导管/探头于 A-P，L 和零点的垂直位坐标。慢慢插入导管/探头至脑区，深度参照脑定位图谱。例如，一侧纹状体深度是 6.2mm。图 41-2D 展示了麻醉状态下大鼠一侧纹状体植入微透析探头的实例。这样急性准备的实验可以在 2～3 小时内开始。当仅仅植入一根导管时，由于微透析膜或传感器的长度，必须减少深度。例如，对于有 2mm 长的膜＋0.5mm 长的胶皮头（图 41-2E）的 CMA/12 探头，其深度为2.5mm。

11. 准备少量冷凝丙烯酸牙粉托（Dentalon Plus，Heraeus）并在干燥的颅骨表面粘附一薄层。在随后的 2～3 个步骤中，螺丝和探头周围粘附少量牙粉托（图 41-2F）。

12. 用丝线以大约 3mm 的间距缝皮。在动物前爪后用一个软塑料项圈套在其身体上。从立体定位仪上取下动物；将其放在笼中。用红外线灯控制体温直到动物恢复它的知觉。动物皮下注射 2ml 生理盐水，并在眼睛和嘴里滴几滴。

图 41-2G 中展示了在立体定位仪上麻醉动物的合适放置和进行微透析实验的所有必需装置。许多实验，尤其是采用易折断的伏安法碳纤电极或玻璃毛细管制成的离子选择

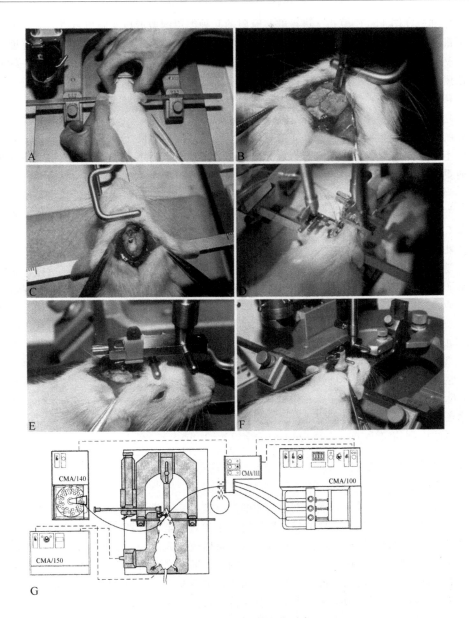

图 41-2　大鼠脑立体定位手术

A. 耳杆应该放置在骨性耳道中，门牙杆和鼻钳应该在立体定位仪上用来固定动物的头。B. 在暴露的颅骨上，骨缝线作为立体定位坐标的标记：根据 Paxinos 和 Watson's 脑图谱（1982），后囟（下骨缝 T 形交叉）和前囟（上骨缝交叉）应在相同的水平线。为了将探头植入一侧纹状体，用有柄的环锯钻头在颅骨上钻孔。C. 对于要长期植入探头的情况，应再钻两个孔，固定小螺丝，这样可以更好地粘附牙粉托。D. 在麻醉大鼠上急性植入微透析探头的实验。E. 橡皮头（蓝塑料体）导管的植入。F. 在干燥的颅骨表面和导管周围粘附冷凝牙粉托。G. 麻醉大鼠脑微透析实验示意图。除了立体定位装置外，此实验必要的典型的仪器还包括精密注射泵，液体转换开关，样品收集器和大鼠体温控制器。

性电极都是在图 41-2G 模式下进行的。有限的几种简单的微透析实验也可以在急性的准备下进行。大多数情况下，相对粗（最薄的膜外径为 0.2mm）的探头会引起严重创伤外，麻醉会改变组织动态平衡，因此，此项技术不能反映内源性复合物的"正常"细胞外浓度。所以对于微透析实验，我们推荐用清醒动物长期植管术。

疑难解答

立体定位手术最复杂的部分是在立体定位仪上恰当地固定颅骨。对初学者，在已准备好的大鼠颅骨上或颅骨容易暴露的死动物上练习较为适宜。

不要采用锋利的耳杆和高压力，尤其是在清醒动物上为了进行下一步工作而植入装置时更要小心，否则会引起流血和颅骨损坏。

当用有柄的环锯钻时，要用立体显微镜，当心钻头不要突然穿破颅骨和损坏皮层。

如果切开的刀口处流血过多，可能是因为麻醉不充分。在一段短时间内，增加安氟醚至 5%。

建议

需知道用立体定位装置是否植入期望脑区的合适位置，就应该在动物死后做检查并与脑图谱上的坐标加以比较。处死动物后，取出全脑，冰冻储存直到做神经解剖学检查。通常用冰冻切片机切 10～50μm 厚的脑片。去除植入的导管后，在冰冻切片上，其在组织上留下的轨迹清晰可见。对于其他的检查，可以采用一些快速方法对脑片进行染色，如硫堇染色。

应用

在小型啮齿动物上进行的立体定位手术是进行活体动物脑研究所需要的重要技术之一。除了为监测（生物传感器）和采样（微透析探头）而采取立体定位植入术外，此项技术还经常用于微量注射不能透过血脑屏障的复合物。药物、毒素和大分子等可以直接被微量注射到脑实质（0.1～0.5μl）或脑室（1～10μl）。

清醒大鼠微透析实验

引言

全麻会引起化学神经传递和细胞代谢的严重紊乱。因此许多情况下，用清醒动物进行实验。对于行为和递质释放的相关性研究，手术后应至少恢复一周。在这段时间里会有组织反应，如神经胶质过多症和小胶质活化可以改变或完全阻断神经元内源性的物质扩散至植入的传感器或探头。为了避免这个问题，通常在植入术后或通过用导管将探头植入清醒动物术后的前三天进行实验。生物传感器主要用于麻醉动物，但是最近有关微透析的大多数论文报告了从清醒大鼠实验获得的数据。在前述步骤中，描述了对于微透析探头的导管立体定位植入术。

材料和仪器

—应用于清醒大鼠的 CMA/120 微透析系统包括一个圆形的笼子和带有双通道旋转接头的平衡臂（TSC-23，BASJ，Japan）

—CMA/100 微量注射泵

—CMA/170 冷冻样品收集器（用于恒流传输和样品自动收集）

微透析附件

—1ml 气体密封注射器

—CMA/111 注射选择器

—CMA/11 或 12 微透析探头

—FEP 管（内径 0.1mm）和接头

—300μl 有盖小瓶（Chromacol Ltd.，UK），用于收集样品

灌流液

任氏液和人工脑脊液的制备已于前述。

步骤和结果

1. 实验前一天，将大鼠放到有水瓶和食物的笼中。在旋转接头和大鼠项圈之间连接金属线。

2. 用任氏液（组成成分见前述）和含测试药品的任氏液充满注射器，将它们装到 CMA/100 微量注射泵上。用 FEP 管和酒精浸过的 PUR 接头将注射器连接到 CMA/111 注射选择器，旋转接头，CMA/11（或 12）微透析探头和在 4℃ 时操作的 CMA/170 冷冻样品收集器上。

3. 探头应该用任氏液充分冲洗，探头中不应含任何气泡。将流速从起初的 5～10μl/min 减少到 0.5μl/min。

4. 从笼中取出动物，紧紧将其靠在实验者身上（图 41-3A）。除去导管的橡皮头（图 41-3B），插入微透析探头（图 41-3C，D）。将动物放回笼中。用胶带将流入和流出管固定到金属线上。确保动物在活动期间，不会碰到管子的连接部位（图 41-3E，F）

5. 以 0.5μl/min 低流速灌流探头一夜。

6. 实验时，将新充的注射器放到泵中，以较高流速（典型在 1 或 2μl/min 之间）开始灌流。

7. 安装样品收集器程序，启动冷却，选择样品和采样时间数（体积）。

8. 稳定 60～90min 后，通过收集前 6 个样品（10 或 20min 间隔）来估价基本水平后，开始实验。

9. 用于激发递质释放的一个非常简单的实验是用渗透压不变的高钾任氏液灌流，即含 51mmol/L Na$^+$，100mmol/L K$^+$，2.4mmol/L Ca^{2+} 和 155.6 mmol/L Cl$^-$。先用不含高钾的任氏液灌流，收集对照样品后，将注射器换到含 100mmol/L K$^+$ 任氏液，灌流时程为收集一个样品的时间，再切换到最初的任氏液。继续收集样品 2h。

10. 实验结束后，流速减低到 0.5μl/min，让动物恢复一夜。第二天，实验（步骤 6～9）可以重复。

图 41-3A～F 中描述了清醒动物植入微透析探头的过程。在整个过程中，当除去橡皮头并将微透析探头插入导管时，动物平稳地靠着操作者的身体。正如图片中所示，对于一只手术进行顺利并且完全恢复的动物，探头的插入不应该引起任何疼痛和不适。一旦动物连到旋转接头并放到圆形笼中后（图 41-3E，F），需要一定时间恢复物质的稳态。通常大约 12h 后，低速灌流可以很好地平衡氨基酸神经递质，5-HT，儿茶酚胺，腺苷和其他物质。

疑难解答

对于任何长期植入脑区的装置，最常见的问题是整个装置没有合适地固定到颅骨上，以至于变松，分离。造成这样的原因可能是：在涂牙粉托之前，颅骨表面没有充分

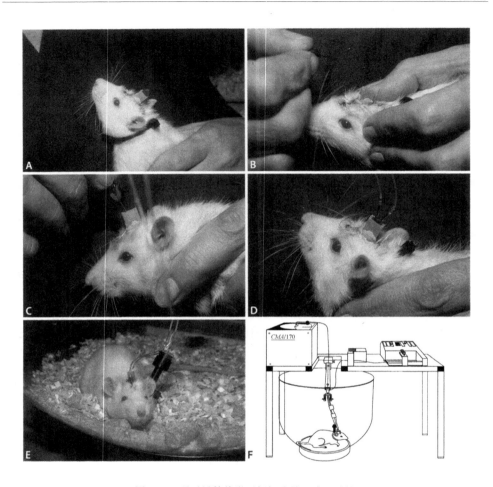

图 41-3　通过导管将微透析探头植入清醒动物

　　A. 拿起动物；它应该（被训练）习惯于这样的操作从而避免紧张。B. 去除导管的橡皮头。C. 插入微透析探头（CMA/12）。D. 探头已连接到泵上和样品收集器，探头连续用人工脑脊液或任氏液灌流。E. 将大鼠放入笼中。在旋转接头和围颈带之间连接金属线。F. 自由活动大鼠微透析实验的典型装置；通过平衡臂上的旋转接头将探头的流入管和流出管连到泵上、入口侧的开关和探头出口的冷冻样品收集器。

　　干燥；牙粉托的型号错误或质量不好；螺丝固定太松，钻孔太大；动物恢复期，笼子形状不适宜，动物头颅上固定的装置可能挂在了笼子的网架上或锋利的角上。

　　连到灌流系统的大鼠通常白天睡觉或表现出最小的活动。然而，夜间，它们经常会碰到管子并破坏它。如果用胶带并不能将管子固定到金属线上，换用金属链保护管子，将项圈连到旋转接头上。

　　有时观察到的样品体积低于理论计算的值。原因可能是在灌流系统某处存在泄漏。泄漏经常发生在注射器或旋转接头处。这应该更换注射器的密封活塞或旋转接头。

　　如果插入的不合适，会损坏探头膜，探头泄漏造成的损害，立刻会使动物行为发生改变。此时应立即停止灌流，停止该动物的实验。

建议

对长期植入的大鼠，微透析在探头植入后能保持四天，这种方法已应用于对神经递质多巴胺（DA），GABA 和乙酰胆碱（ACh）（Osborne et al. 1991）等递质的测定。较早期研究显示，探头植入一周后，基本的和刺激引起的多巴胺释放显著减少，由于神经胶质过多症而显示较慢的动力学（Westerink and Tuinte 1986）。组织化学技术显示大约在术后四天，植入装置周围会发生严重的神经胶质过多症（Hamberger et al. 1985, Benveniste and Diemer 1987, Benveniste et al. 1987）并且胶质反应依赖于植入探头的大小（Zini et al. 1990）。远程监测（Drijfhout et al. 1995）揭示，生理功能的完全恢复最早发生在术后的 5～7 天。另一个有趣的问题是重复将微透析探头插入同一只动物有可能进行细胞实验。研究表明，这种方法可用于反复测量乙酰胆碱（Moore et al. 1995）和多巴胺的释放，但是对于长期植入的探头（Robinson and Camp 1991），该方法没有特别的优点。

应用

清醒动物在体微透析技术可以进行神经化学（递质释放）和功能（行为）分析相结合的研究（Zetterström et al. 1986；Young 1993；Ögren et al. 1996）。研究功能神经解剖和各种行为中特定脑回路的一种非常有用的方法是双探头方法。该方法将一个探头植入到细胞体水平，而第二个探头植入到终末区。第一个探头用于灌注药物引起化学刺激，第二个探头用于测量神经递质释放（Westerink et al. 1998）。同样植入刺激电极可测量电刺激引起的递质释放。例如，将刺激电极植入前脑内侧束测量纹状体的多巴胺释放（Imperato and DiChiara 1984）或植入黑质网状部神经元测量腹内侧丘脑的 GABA 释放（Timmerman and Westerink 1997）。

目前，所有已知的神经递质和神经调质都能通过微透析采样获得。而且，许多大分子如肽，甚至某些酶和蛋白质也能通过较高分子截留的一些微透析膜。为了评估药物和它们代谢物的绝对胞外浓度，可以通过应用定量微透析的不同模式来研究药物的分布和药物代谢动力学（Kehr 1993；Elmquist and Sawchuk 1997）。

第二部分 植入式传感器

根据物理探测原理，体内传感器可分为：

—电流传感器

—电压传感器

—光学传感器

基于感觉过程中所包含的化学反应，也可以做如下区分：

—直接测量内源性离子浓度的电极

—测量电极表面因电化学反应而产生的内源性离子的电极

—测量外界传入的光的变化（反射率、吸收率、荧光性）的光电极

—测量由于（生物）化学方法（冷光）传入的光的变化的光电极

生物传感器就是利用特定的生物化学反应（酶促反应）或免疫化学反应（抗体）的电极或光电极。

电压型电极

典型的电压传感器是一个 H^+ 选择性的 pH（微）电极，还有针对诸如 K^+、Na^+、Ca^{2+}、Cl^-、CO_2、NO（Ammann　1986）的离子选择性微电极（ion-selective micro-electrodes，ISM）。ISM 的毛细管中装有电解液，该电解液含有液体离子交换剂（离子载体），可形成仅允许被选择离子通过的液体膜。如果电极插入溶液或神经组织中，会形成一个被选择离子的跨膜浓度梯度，从而产生电位差。该电位差与给定离子浓度的对数成比例，可以选用合适的参比电极来测量。这种电化学电池的电动势（electromotive force，EMF），若以 mV 为单位，可以通过 1967 年 Nicolsky 和 Eisenman 修改过的 Nernst 方程式来描述

$$\mathrm{EMF} = E_0 + s \log \left[a_i + \sum K_{ij}{}^{pot} \ (a_j)^{z_i / z_j} \right]$$

式中，E_0 是一个包含界面电势的恒定的电位差；斜率 s 定义为 2.303（$R\,T / z_i\,F$），R 是普适气体常数，T 是绝对温度，F 是法拉第常数，z_i 是被测离子的电荷数，a_i 是被测离子的浓度（活性）。干扰离子调节电极应答的总和取决于它们的浓度 a_j 和电压选择性系数 $K_{ij}{}^{pot}$。在 25℃ 且没有其他离子存在的情况下，电极对于单价或二价离子的电势梯度（order or magnitude）分别有 59.16mV 或 29.58mV 的电压变化。

离子选择性电极测量胞外钾

引言

典型的 ISM 由一个双筒的玻璃微电极组成，其一端有液体膜/离子载体，另一端装有等压的 NaCl 作为电压传感电极。第三根电极是一个不可极化的 Ag/AgCl 参比电极。很多现成的离子载体混合物（cocktail）都可以在 Fluka（瑞士）的产品中找到。例如，可用于测量胞外 K^+ 的有：以缬氨霉素为基础的离子孔道状化合物 I，载体混合物 B（Fluka　60398）或高阻抗载体混合物 A（Fluka　60031）。现在，一种液体 K^+ 离子交换剂（Corning　477317）的早期类型在扩散研究中被用于检测四甲基铵离子（Nicholson，Sykova　1998 的综述）。

材料

—高输入阻抗和低偏流的差动放大器，例如，World Precision Instruments（WPI）的 FD233 或者是 Axon Instruments 的 GeneClamp500，用于测量离子电势

—信号用图表记录器或者使用电脑程序 TIDA（Heka）来记录

—WPI 的双筒玻璃毛细管（double-barreled glass capillaries）和可编程的多管毛细管拉制仪（programmable multi-barrel pipette puller）PMP-100

—离子载体混合物，三甲基氯硅烷和所有其他化学药品来自于 Fluka 或 Sigma 公司

步骤

1. 在超声浴槽里用浓铬酸清洗玻璃管，再仔细地用蒸馏水洗净。

2. 用毛细管拉制仪将一个现成的双管硼硅酸盐玻璃管拉成一个双管微电极。双管微电极也可以用两根单管玻璃毛细管制备：将两管在煤气灯上加热，中间拧成 360° 最后再用拉制仪拉制。

3. 将需填充离子交换剂的两根单管玻璃毛细管之一，通过硅烷化试剂（例如，三

甲基氯硅烷或二甲氨基三甲基氯硅烷）的蒸气使之硅烷化。将电极置于 250℃ 的烘箱中；然后将这只玻璃管和含有硅烷化合物的小贮液器用一根塑料管紧密连接；再将贮液器与氮气气缸相连，以 2kg/cm² 的压力吹入氮气，氮气流就会作为硅烷蒸气的载体将之带入玻璃毛细管内；最后把另一只玻璃管（参比电极）与氮气流相连就可以了。

4. 用后部填充（back-filling）技术把硅烷化的微电极中装入离子交换剂。用微操、立体显微镜和通过热塑性管道系统拉制成细毛细管，在玻璃管的尖端滴一小滴离子交换剂。那么，液体的交换剂就会被吸入到毛细管中去，形成几毫米厚的塞子，再将管中剩余的部分注入内液（如 0.5mol/L 的 KCl 溶液）。然后向其他的管中注入 150mmol/L 的 NaCl 溶液。

5. 在显微镜下检查管子，并且用熔融的石英纤维或毛细管除去气泡。

6. 在每根毛细管中插入一根 AgCl 丝，并将两端用蜂蜡或热熔化的黏合剂（如 WPI 的 PolyFil）封住。然后将这些电极连到差动放大器上。

7. 用戊巴比妥（50mg/kg，i.p.），或者是更有效的三氟溴氯乙烷、安氟醚麻醉大鼠，将其头部固定到立体定位仪上，并为 1.1 中所描述的探针/电极的植入钻孔。

8. 将双管 ISM 插入到大脑中，同时在皮层表面放置一根 Ag/AgCl 参比电极（WPI 的 Dri-Ref）。

9. 在稳定期和记录了 K^+ 的基本 EMF 后，通过腹腔内注射 1ml 饱和的 $MgCl_2$ 溶液（会导致心搏停止 1～2min），可以诱导产生局部缺血状态。

结果

图 41-4 显示了幼鼠在出生后两个时期（P10 和 P22），由心搏停止而导致的 K^+ 浓度和缺氧去极化（直流电压）的同时增加。其中，直流电压是通过非极化参比电极和电压敏感电极测量的。如图中所示，胞外钾的增加发生在数个阶段。我们认为，第一个重要的变化，即钾离子 6～12mmol/L 的浓度变化，伴随着一个负的直流电压 4～8mV 的改变和胞外体积的轻微减少，主要归因于神经元细胞的膨胀。由于胶质细胞的去极化，胞外 K^+ 的浓度变化 50～70mmol/L，致直流电压改变 20～25mV（Vof sek and Sykova 1998）。由心搏停止而导致的脑局部缺血之后的胞外 K^+ 浓度的平均增长大约是 60mmol/L，并且在两组幼畜之间没有明显的差异。然而，计算的时间过程显示，较年长的大鼠脑的膨胀的动力学较快，与通过测量注射微量四乙胺（tathylammonium）离子而由电极所记录 K^+ 或者直流电压的扩散动力学所显示的一样（Vorisek and Sykova 1998）。

疑难解答

离子选择性电极的稳定性和低噪声主要取决于离子交换剂的灌注过程和电极内液。Corning 477413 型液体离子交换剂比缬氨霉素的阻抗低（约 10^9～$10^{10}\Omega$），但是，易受其他阳离子的干扰，如乙酰胆碱和其他铵根离子。电极灵敏度的降低经常是由于离子交换剂泄漏到微毛细管之外，其原因则是不恰当的拉制毛细管或是烷硅化毛细管。

离子选择性电极的阻抗测量是其填充状态、储存和寿命的很好的指示器。基本上，任何一种欧姆表都可以用来测量。一些特殊的设备，如 Ωmega-Tip-Z（WPI），被设计用于测量充满了电解液的微电极的阻抗测量。

典型的离子选择性电极的基线漂移为 0.3mV/h，噪声是 0.2mV。最为常见的电极

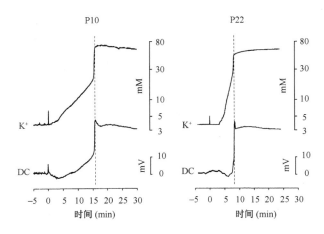

图 41-4　同时记录胞外 K^+ 和缺氧去极化（DC），位置在大鼠 P10 和 P22 的第五皮层

K^+ 和 DC 的记录都是来自同一根 K^+ 选择性微电极。注意 K^+ 和 DC 曲线的最高点是同时到达的，且
P22 的时间过程比 P10 要短。而且，在负峰之后，K^+ 的上升会有一个延迟的慢速 DC 持续过程。

失败的原因是杂质，如灰尘或气泡。因此，强烈建议在无尘的环境下制作电极。所有的溶液应该用 $0.2\mu m$ 的滤膜来过滤。而且，空气应该通过真空吸尘器或超声波处理。

　　建议

　　在用于动物之前，每根电极应该在含有不同离子浓度的 aCSF 溶液中校准。因为有 Na^+ 存在时，K^+ 的校准曲线在 K^+ 浓度为 $1\sim5mmol/L$ 的范围内不是线性的。所以，为了计算基础胞外 K^+，需要提出一个校正因子。例如，在哺乳动物皮层中，基础的胞外 K^+ 浓度在 $2.8\sim3.4mmol/L$ 的范围内变化（见 Syková　1983 综述）。在 $150mmol/L$ NaCl 存在的情况下，K^+ 在这一浓度的线性偏差大约是 $10mV$（Kriz et al. 1975）。这表示，在机体中对基础胞外 K^+ 浓度的估计约有 17% 的误差。

　　应用

　　跨膜离子梯度的所有变化都伴随着 K^+ 动态平衡的变化。这样，通过用离子选择性电极对 K^+ 外流的测量提供了一种在各种不同生理和病理条件下测量神经元细胞和胶质细胞活性重要的方法（Syková　1983）。最近，离子选择性电极的应用已经扩展到胞外生理学的研究，即白质和灰质在发育、成熟和实验性的脑组织破坏过程中"胞外体积分数和扭曲系数的估计"（Syková　1992，Syková　1997；Nicholson and Syková　1998）。

电流型电极

　　电流传感器测量电流有较宽的动态范围，与浓度变化成线性关系，并且相对于电压传感器，它适用于更多种分析物。最初使用伏安法进行生物胺体内测量是由 Adams 和其合作者在 20 世纪 70 年代早期开创的（Kissinger et al. 1973；Adams　1990）。碳纤维被证明是用来制造伏安法电极的极好的材料（Gonon et al. 1978）。碳纤维插入并固定在拉制好的玻璃毛细管中，该纤维在毛细管的端口被剪断（微盘状电极），或者是突出 $0.5mm$ 尖端（圆柱状电极）。后者方法更为可取，因为减少了组织损伤且有更好的重复性。儿茶酚和羟基吲哚复合物在碳纤电极上可以通过下面的反应在低电势下（＋0.15V 到＋0.25V 和＋0.3V 到＋0.4V，Ag/AgCl 参比电极）容易被氧化

$$\text{HO—}\bigcirc\text{—R} \longrightarrow \text{O=}\bigcirc\text{=O—R} + 2e^- + 2H^+$$

例如，对多巴胺（DA），去甲肾上腺素（NA）和 DOPAC 的反应。

对五羟色胺（serotonin：5-HT），5-HIAA 和五羟色醇（5-HTP），反应是

$$\text{HO—}\bigcirc\!\!\bigcirc\text{—R} \longrightarrow \text{O=}\bigcirc\!\!\bigcirc\text{—R} + 2e^- + 2H^+$$

除了酸性代谢物 DOPAC 和 5-HIAA 以外，只存在少数可能的干扰分子，其中最关键的就是抗坏血酸和尿酸。不幸的是，它们在 ECF 中的浓度通常比单体胺 DA（或 NA）和 5-HT 的浓度高几百倍。为了提高选择性并阻止这些酸性物质向电极表面扩散，碳纤要经过电化学预处理（Gonon et al. 1980），并且/或者涂上一层液体阳离子交换剂 Nafion 薄膜（Gerhardt et al. 1984a）。对于神经递质 DA、NA 和 5-HT 的选择性检测，主要用到的下面的伏安法技术：

—快速循环伏安法（Armstrong James et al. 1980）

—定时安培法（Hefti and Melamed 1981）

—差值脉冲伏安法（Gonon et al. 1980）

在上述三种方法中，所加的电压都不是一个恒定值，而是以波形的方式扫过一个给定的电压区间。快速循环伏安法是以 300V/s 的速度在 −0.4V 到 ＋0.8/1.0V 的电势窗口内进行反复的扫描（Ewing et al. 1983；Millar and Barnett 1988）。扫描的第一部分（阳极曲线）使单胺类物质氧化成相应的醌（正如上面的反应所描述的那样），导致 DA 在 ＋0.6V 左右产生最大电流。第二部分，负向扫描（阴极曲线）使反应反转，将醌还原成最初的儿茶酚或羟基吲哚。最后的循环是一种特异性测量，其中电流峰值是化合物在周围介质中的浓度的测量值。

在定时安培法中，产生阳极峰和阴极峰的电压脉冲每隔 50ms～1s 施加到电极上。电流呈尖峰状升高，并衰减到稳定状态（剩余电流）。这种时间依赖的电流轮廓直接与被电解的分析物的浓度成比例。这项技术的主要缺点就是减少了选择性。因为，任何电活化粒子都可以在给定的电压脉冲下产生电流。差值脉冲伏安法结合了前面两种技术的特点：线性增长的斜坡电势（ramp）是由多层小振幅脉冲（约 50mV）组成。扫描的典型电压范围是从 −0.2V 到 ＋0.45V，速率为 5mV/s 的慢速扫描。这样，每次扫描耗时 1～2min，同时氧化电极附近的一些分析物，而新的化合物扩散到电极表面需要一个增加时间。因而，扫描只能每 3～5min 重复一次。这种方法的优点就是灵敏度比其他方法高出 10 倍。例如，对 DA 而言，其探测的极限浓度是 5nmol/L。

定时安培法测量多巴胺

引言

定时安培法是扫描伏安法技术中较为简单的一种形式。短而恒定的电压脉冲加到电极系统上，并在特定的时间点（一般是脉冲结束时）测量被诱导出的电流。这就允许消除由电压扫描/电压脉冲而引起的充电电流，并能明确地测量反映被氧化物质实际浓度的感应电流。同时，恒定的电压脉冲（如＋0.55V）不仅会氧化多巴胺（DA），还会氧化其他的单体胺，以及它们的代谢物和其他一些电活性物质（如抗坏血酸和尿酸）。因此，为了获得对多巴胺分子更好的选择性，对碳纤电极进行电预处理和/或封涂一层Nafion等预处理是十分必要的。

材料

——一台 IVEC-10 仪器

——进行显微注射 KCl 的微压系统 BH-2（上述两台仪器都产自 Medical Systems Corp.）

——由直径 30～35μm 的碳纤制成的单碳纤电极（AVCO 专业材料）

——玻璃毛细管（WPI）拉制后的尖端需符合碳纤，即 5～10μm 的直径，电极导电液使用 KCl

——C.G. 处理的 Nafion（Delaware，USA）

——所有其他的化合物都来自 Sigma

步骤

1．用常规的拉制仪拉制玻璃毛细管，以获得约 10mm 长的尖端。

2．在玻璃毛细管中插入碳纤，将它尽可能的推向尖端。用微型细尖剪刀减去尖端，将碳纤从开口推出，使它伸出 3～5mm。

3．在毛细管的相反端剪断碳纤。准备一根用 Teflon 封涂的银丝，刮去两端的薄膜。将银丝的一端和碳纤最接近毛细管的一端用导电胶封接起来，并用环氧树脂强化连接。

4．用可以轻易被毛细作用吸入毛细管中的低黏性树脂将毛细管的尖端封起来，注意不要涂到突出的碳纤上。

5．将暴露出的没有封涂的碳纤剪至约 0.5mm 长。用铬酸和硫酸清洁碳纤，然后用蒸馏水彻底清洗。

6．用 70Hz 的三角波对电极进行预处理。

7．将电极的尖端浸到 5% 的 Nafion 溶液中，并接上伏特计。在溶液中放一根铂丝，用来作参比电极和辅助电极。加上＋3.7V 的电压 2s，重复多次。清洗电极并晾干，植入前备用。

8．麻醉大鼠，将之按如前所述方法放到立体定位仪上。

9．将碳纤电极插入到纹状体中，同时将 Ag/AgCl 参比电极和 Ag 辅助电极插入到皮质表面。向一根单独准备的微移液管中注入 120mmol/L KCl 和 2.5mmol/L CaCl₂ 溶液，将它和 BH-2 微压注射系统连起来。使用第二个立体定位操作器，将微移液管插入纹状体中距离碳纤电极 300μm 的位置。

10．以 5Hz（0.2s）的频率给出一系列＋0.55V 的方波脉冲，每两个脉冲之间间隔

0.1s，间隔期电压＋0V。获得注入组织中的 KCl 溶液的基本响应以后，再继续监控 3min。

结果

麻醉大鼠的纹状体背部的一个典型的 K⁺ 引起的快速定时电流图如图 41-5 所示：氧化线和还原线显示了 K⁺ 注射后在 Nafion 封涂的记录电极附近同时产生 DA 的氧化电流和还原电流。该曲线可以用来计算反映 DA 释放和吸收的动力学的参数。在对照组中，平均幅度为 2.65μmol/L，上升时间为 38s，半衰期为 74s。DA 还原/氧化电流比率大约是 0.5，这与在 2μmol/L DA 溶液中所作的体外实验所得的比率相符。该比率在 2μmol/L 的 5-HT 中小于 0.2，而对 250μmol/L 的抗坏血酸是 0（不显示还原曲线，图 41-5）。我们可以推断在大鼠的纹状体中所测量的氧化曲线和还原曲线总体上符合胞外 DA 的实验结果。另外，DA 曲线的释放振幅从对照大鼠组中的 2.65μmol/L 到 6-羟多巴胺去神经支配的大鼠组中的 0.35μmol/L 有明显减少（Strömberg et al. 1991）。

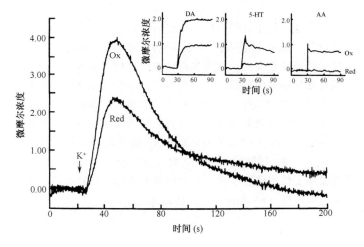

图 41-5 麻醉大鼠的纹状体背部由 K⁺ 离子引起的 DA 的快速体内电化学记录
氧化曲线（靠上的那条）描绘出氧化电流信号，而还原曲线（靠下的那条）显示了在 Nafion 封涂的记录电极上同时产生的还原电流信号。插入的图片显示了在 2μmol/L DA，2μmol/L 5-HT 和 250μmol/L 抗坏血酸（用 0.1mol/L 的磷酸盐缓冲液配制）中，Nafion 封涂的电极上典型的体外氧化还原电流的体外应答。

疑难解答

所有在体伏安法技术所关注的主要是记录电极对给定分析物的特异性，例如多巴胺。因此，所有的 Nafion 封涂电极的性能首先应该在体外的含有多种电活性物质的溶液（其中，抗坏血酸是最典型的干扰物）中进行测试。同时，也要测试 DA 的代谢物 DOPAC 和 HVA，还有诸如 5-HT 等单胺类物质。

电极的选择性较差可能是由 Nafion 封涂不足所致。把电极浸到 Nafion 溶液之前在 80℃下烘 5~10min，之后再烘干一次。重复该步骤（5~10 次）直到电极表现出合适的选择性。

依下述步骤检查基线的稳定程度：将记录电极和参比电极放到磷酸盐缓冲液中

（PBS：0.1mol/L，pH 7.2），开始记录。如果电极基线向上漂移，说明碳纤和毛细管的接触面上有漏电，或者是记录电极的尖端吸附了固体颗粒或气泡。

每根电极都应该用含 250μmol/L 抗坏血酸的 PBS 来校准，并且它在 DA 浓度是 0.1～10μmol/L 的范围内应该是正线性反应的。

建议

伏安法与其他的化学传感技术相比有更高的时间和空间分辨率，例如对微透析样品的检测。然而，在体电化学在同时存在 DA 和 NE 的地方，或者是在待测胺浓度（释放出的）比其他胺浓度低很多的神经解剖区域的用途就比较局限。一般情况下，测量基底神经节中 DA 的释放，蓝斑中 NE 的释放或者缝核中 5-HT 的释放较容易，监测额叶和额叶前部的皮质或者是海马中的单胺能神经传递也是可以实现。但在目前的实验条件下，只有微透析能做到。此外，在体伏安法的数据主要是在刺激条件下采集的，而微透析允许在基础水平研究药物对行为的影响，而不改变胞外神经递质的水平。

应用

在体伏特技术被广泛应用于神经科学，用以研究与电化学信号相结合的单胺类神经递质释放和再吸收过程（Boulton et al. 1995 综述）。其中，快速循环伏安法，差值脉冲伏安法和定时安培法是最为重要的。伏安法符合电生理检测条件，它允许测量神经传递的快速变化，尤其是在短促的电刺激或化学刺激下的 DA、NE 和 5-HT 释放。一些数学模型可用于计算刺激后多巴胺的释放、清除和扩散的动力学参数。正如前言和参考书目中提到的那样，这允许使用快速循环伏安法进行大鼠的纹状体中异质多巴胺释放的局部定量分析。定时安培法主要用于切除了 DA 能或 NE 能神经的动物的神经元移植的功能特性的研究（Gerhardt et al. 1994b）。虽然，大部分应用是与在体脑的研究相联系。然而，最近很多报道描述了伏安法在脑片上、交感神经末梢、嗜铬细胞和无脊椎动物巨大神经元等体外研究的可能性（Boulton et al. 1995 综述）。

生物传感器

现在，在许多生物传感器中，最典型的就是测量毛细血管中血糖的电化学感受器（Freitag 1993 综述）。然而，生物传感器的定义可以很宽，不仅包含能直接将（生物）化学反应转化为电信号的电化学设备，还包括在固/液相界的所有光学分析，因为特异性的化学反应会改变一些光的物理性质。这样，任何一种用可随意使用的简单可视的正/负刻度仪表，诊断设备都可以被归类为生物传感器或免疫传感器。像这些一次性传感器上的化学原理可以应用于可植入的电极或光电极。现在可能有几百种生物传感器和测量原理适用于体外检测，而这其中，可以用于体内条件并可以实现实时操作，同时有足够的稳定性和对靶物质的特异性的，只有有限的 5～10 种。临床上，唯一的可植入传感器，主要是用于严重人脑损伤的神经监控。它是一个测量 pH 值，局部氧气分压（pO_2）和二氧化碳分压（pCO_2）的设备（Zauner et al. 1997）。用于活体中的电化学传感器的典型材料就是碳纤或 Teflon 绝缘的铂丝，而光电极则使用石英光纤。氧化还原酶或脱氢酶催化的反应可以通过各种酶固定技术与电极/光电极联系起来（Barker 1987）。最简单的例子就是上面提到的葡萄糖传感器，其上的葡萄糖氧化酶将葡萄糖转化成葡糖酸和过氧化氢；后者就可以轻易的用电化学法检测到。类似的，这一方法可以应用于其他底物，诸如乳酸盐、谷氨酸盐、胆碱和氨基酸，它们相应的氧化酶都已经被分离，并且可以购买到。这些酶可以通过已知的固定方法，例如，用戊二醛或抗生素蛋白－生物素蛋白复合物（avidin-biotin complexes），将之固定在传感器上（Pantano and Kuhr　1993）。生物传感器原位应用的主要问题就是敏感性的持续降低和污垢。这主要归因于敏感酶直接暴露于胞外蛋白酶的作用下，或其他有毒性的分子抑制了固定酶的催化活性，或者是电极表面直接吸附了蛋白和脂质。对电极用二氨基联苯胺或吡咯进行电聚合预处理可以帮助将酶固定在电极表面（Malitesta et al. 1990；Sasso et al. 1990）。用邻二苯胺薄膜固定酶的传感器具有响应时间快，蛋白和脂质污垢少以及内源性电活性物质干扰最低的特点（Lowry et al. 1998b）。另一个从有毒物质和干扰物中保护敏感电极的方法就是将其表面覆盖一层半透明的膜，并在传感器和膜之间最终形成一个独立的隔间（Barker　1987）。传统的这种电极的"化学"代表是气体离子选择性电极，如氨电极。这种设计最近的改进就是透析电极（Walker et al. 1995）。对于酶传感器，电极被放在一个末端封闭的管状的透析膜中。由于这种微容器可以简单的填入任何酶的混合物，所以固定的步骤也就不是必须的。其构建过程类似于微透析探针，但在实验期间没有电极灌注。微透析生物传感器比微透析探针能提供更快的时间响应，然而，两者的空间分辨率和对组织的损伤基本是相同的。例如，一根"透析电极"可用来测量大鼠海马的穿孔路径电刺激以后，胞外谷氨酸盐和抗坏血酸的释放（Walker et al. 1995），或者是急性缺血时的谷氨酸盐的释放（Asai et al. 1996）。基于氧化酶的生物传感器通常是在 0.7V 恒定电压和 Ag/AgCl 参比电极情况下，用简单的安培模式来操作。最近持续性监测脑化学的主要成就就是利用与生物传感器相类似的传感器技术制作的一氧化氮传感器。最初的电极是由 Shibuki（1990）所构建的基于膜的电极，利用如下化学反应

$$2\,NO+4OH \longrightarrow 2HNO_3+2H^+ +6e^-$$

这种膜只允许自由气体通过，因而能够将膜内的化学溶液与膜外的部分分隔开来。更进一步的改进是通过使用封涂了一层半导体多聚卟啉及 Nafion 的碳纤来完成的（Malinski and Taha　1992）。卟啉生物传感器可用于单细胞、脑组织、心血管系统以及人的一氧化氮检测（Kiechle and Malinski　1996 综述）。

葡萄糖生物传感器

引言

葡萄糖生物传感器利用的是高度的底物特异性和葡萄糖氧化酶（GOx）周转率。葡萄糖氧化酶是从黑曲霉（*Aspergillus niger*）中分离出来的，它可以将 D－葡萄糖转化成电化学可测的过氧化氢，反应如下

$$D\text{-葡萄糖}+GOx/FAD \longrightarrow D\text{-葡萄糖-}\delta\text{－内酯}+GOx/FADH_2$$

$$GOx/FADH_2+O_2 \longrightarrow GOx/FAD+H_2O_2$$

$$H_2O_2 \longrightarrow O_2+2H^+ +2e^-$$

式中，FAD 是黄素腺嘌呤二核苷酸，GOx 酶通过电聚合邻二苯胺薄膜而固定于铂丝上（Lowry et al. 1998b, c；Malitesta et al. 1990；Sasso et al. 1990）。

材料

任何低噪声的稳压器，如 Biostat II（电化学医学系统）或 BSA 100（生物分析系

统）。可以在恒压安培法模式下操作的都可以用来测量。

数据通过条状图标记录仪或装了合适的数据采集板（national instruments 或 world precision instruments）的电脑来记录。

PTFE 封涂的铂丝或铱丝（125μm 直径）和银丝（200μm 直径）（参比电极和辅助电极，见下）（advent research materials-suffolk，UK）。

葡萄糖氧化酶（EC1.1.3.4，I 级）（boehringer mannheim）；其他化合物（Sigma）。

步骤

1．将 5cm 长的 PTFE 封涂的铂丝/铱丝每一端减去 5mm，然后将两端用环氧胶（devcon 5 minute fast drying epoxy）的绝缘层封住，在裸丝上形成约 4mm 的活性长度。用解剖刀片小心刮去暴露的表面，将相反端焊上一个金的电极（semat）。

2．用磷酸盐缓冲液（PBS：150mmol/L NaCl，40mmol/L NaH$_2$PO$_4$，40mmol/L NaOH，pH 7.4）配制 300mmol/L 的邻二苯胺（o-PD）溶液，向溶液中充氮气（约 20min）以除去氧气。然后将电极在此溶液中浸 60min。

3．取出电极并放入含 5μl o-PD 的 GOx（850U）溶液中。酶就在 5～10min 内吸附上去，此时电极表面会变成黄色。

4．将电极转移到 10ml 现配的 o-PD 溶液中，连上铂丝/铱丝电极（工作电极），参比电极（饱和甘汞电极）和辅助电极（铂丝），加上 650mV 电压，持续 15min。

5．用 PBS 冲洗电聚合的电极，并保存在 4℃下的 PBS 溶液中。

6．为了同时测量脑组织中的氧气，需用到碳糊电极（Lowry et al. 1997）；完全混合 2.8g 碳粉（UCP-1-M，Ultra Carbon Corp.）和 1ml 硅油（Sigma-Aldrich）制成碳糊。Teflon 封涂的绝缘银丝（125μm 直径）的末端去掉 2mm 绝缘层并填上碳糊。

7．移植前，生物传感器电极应该在 5mmol/L 的葡萄糖溶液中浸 10h 作预处理。体外葡萄糖（0～100mmol/L）和抗坏血酸（1mmol/L）浓度应被校准，以确定其在添加或没添加抗坏血酸（1mmol/L）的 0～100mmol/L 葡萄糖溶液中合适的灵敏度和选择性。

8．将校准过的葡萄糖传感器和碳糊电极按上面描述的方式植入到大鼠脑中。按照外科立体定位方案的指示将电极植入：将葡萄糖传感器放在左侧纹状体；而碳糊氧气电极放在右侧纹状体；参比电极放在皮层；辅助电极放在头骨和脑脊膜之间，电极用牙粉托固定在头骨上，调节如前所述。

9．动物手术后的恢复至少需要 5d。正常情况下，动物养在 12h 的日/夜循环饲养条件下，食物和水可随意提供。

10．实验当天，将电极连上稳压器。将氧气电极的电压设在 -550mV（还原模式），葡萄糖传感器的电压相对于植入的 Ag 参比电极而言设在 700mV。等到电极的背景电流稳定下来，一般需要 30～60min。

11．给予药物，如胰岛素（1ml，15U/kg）。实验前将大鼠禁食 24h，然后将胰岛素经过腹腔注射到大鼠体内。来自葡萄糖传感器和氧气电极的信号可在 3h 之内同时记录到。

结果

系统注射的胰岛素对大脑胞外葡萄糖水平以及脑组织氧气水平的影响见图 41-6 所

示。正如图中所示，胰岛素注射 40min 后，胞外葡萄糖浓度降低了约 14%，这一减少持续了约 20min。相反的，通过碳糊电极测量到的氧气信号在这一期间上升。使用后体内校准换算可以使氧气的电流信号（nA 级的 DI）转变为氧气浓度（μmol/L 级）的变化。这样，胰岛素的调控引起了组织中氧气浓度约 70μmol/L 的增加，这已经超出假定的 50μmol/L 基础胞外氧气浓度（Zimmerman and Wightman　1991）。这些结果证明了葡萄糖传感器信号是随着胞外流质中葡萄糖浓度的改变而变化的，同时也表明组织中氧气水平的变化并不干扰测量。

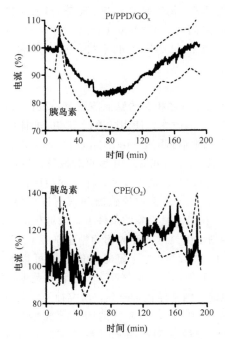

图 41-6　腹腔注射胰岛素（1ml，15U/kg）

通过双边植入传感器，即 Pt/Poly-PD/GOx（上图）和碳糊电极（CPE）在大鼠的纹状体上同时记录的氧气信号（下图）。CPE 上的组织氧气水平通过差值脉冲安培法和恒压安培法来监控。数据（$n＝4$）以注射前基础水平为 100% 标准。图中的虚线表示的是 SEM，为了清楚起见用 12min 的时间间隔来划分。

疑难解答

在不同温度下，o-PD 膜的质量是电极响应稳定性的关键。通过现有工序制备的电极应该对温度的变化不敏感，这使得在室温下（22℃）获得数据的体外校正和生理温度下（37.6℃）体内葡萄糖浓度的电流响应之间的转换成为可能。

由于生物传感器可以用于复杂的生物基质，因此针对葡萄糖和主要干扰物抗坏血酸进行体内预校准是很重要的。这些必须在即将植入前立即测量，以确保传感器的性能较好。

大多数植入式体内传感仪器的共同缺点是由于表面被蛋白质、脂质和其他生物分子所污染而导致敏感性持续降低。生物传感器的敏感性在植入脑组织后会在几小时内降低

50%。强烈建议对传感器采取如下的预处理：以甘汞电极作参比电极，加上 700mV 电压，放在 5mmol/L 葡萄糖溶液中持续记录 8h 以上。

建议

早已知道葡萄糖氧化酶/聚邻二苯胺生物传感器对组织中氧气和抗坏血酸的浓度变化不响应，这些物质是电流传感器应用于监测脑微环境的最典型的干扰物（Lowry et al. 1998b）。这样，电聚合 o-PD 提供了一种防止干扰物和其他电活性物质由于扩散穿过聚合物层（10nm 厚）而到达电极丝表面的一般方法（Sasso et al. 1990）。此外，o-PD聚合物还可以有效地固定氧化还原酶。与流速是 $2\mu l/min$ 的微透析相比，葡萄糖传感器对胞外葡萄糖灵敏度要高 41 倍（Lowry et al. 1998b）。这表明基于生物传感器的测量会对葡萄糖平衡产生的最小限度的干扰，从而反映出真实的细胞外葡萄糖浓度。

应用

胞外葡萄糖水平可以通过与之相关的脑血流量（Fellows and Boutelle 1993）和神经活性（Fellow et al. 1992）的改变，使用微透析与实时非体内生物传感分析系统相结合来测量。用钠通道的阻断剂河豚毒素（tetrodotoxin）灌充电极会导致胞外葡萄糖浓度的明显升高，然而，藜芦碱（veratridine）引起的细胞膜去极化会导致胞外葡萄糖水平的迅速下降（Fellows et al. 1992）。最近发现，体内葡萄糖传感器允许 5 天以上的实时葡萄糖监测，同时还可以通过结合生物传感器和微透析探针来估计胞外葡萄糖浓度（Lowry et al. 1998b, c）。在净流量为零的条件下，微透析灌注法可用来计算清醒大鼠纹状体中的基础胞外葡萄糖浓度。可估计的葡萄糖水平在 $0.35\sim0.47\mu mol/L$ 内（Fray et al. 1997；Fellows et al. 1992），这与葡萄糖传感器可以测量的浓度范围 $0.35\sim0.49\mu mol/L$（Lowry et al. 1998b, c）恰好吻合。这种葡萄糖传感器—氧气传感器的结合物也可以用于一些其他的体内神经化学研究：研究神经元活化期间氧气和葡萄糖的利用情况（Lowry and Fillenz 1997），研究脑的胞外葡萄糖来源（Lowry and Fillenz 1998），以及研究在轻微组织缺氧和组织氧过量期间胞外葡萄糖和脑血流间的关系（Lowry et al. 1998a）。

光学传感器

为了测量清醒动物体内光的信号，光纤在空间上要植入脑中或贴到脑的表面。光源与一根单独的光纤或光纤束相连，其他的光纤则连接到感光/读数设备（photomultiplier CCD camera etc.）上。这种方法要用到很多光学设备：

——脑氧化-近红外光谱（Imamura et al. 1997），

——固有信号-反射能力成像（Grinvald et al. 1986；Rector et al. 1993），

——内源性化合物，例如 NADH 的自发荧光（Mayevsky and Chance 1973），

——使用外源性标记、染料和反应物活化光学信号的所有方法，如 Ca^{2+} 的显色剂（Herano et al. 1996），或者是乙酰胆碱酯酶的释放（Clarencon et al. 1993）。

许多荧光和发光染料/分子探针可用于脑片和细胞培养物上离子和分子选择性体外标记。很明显，后者也可以包含所有的脑成像中的非介入方法。例如，正电子放射断层 X 射线摄影（pisitron emission tomography，PET；第三十六章），单光子放射断层 X 射

线摄影（single photon emission temography）和 NIR 光谱第四十章）。最近发展的利用转基因动物表达萤火虫荧光素酶或绿色荧光蛋白的指针基因（reporter-gene）技术允许非破坏性的监测基因转化或基因表达的暂时性变化，如 c-fos（Geusz et al. 1997；Welsh and Kay　1997）。

第三部分　连续采样设备

皮层杯（cup）技术

早在 19 世纪 20 年代就已经出现了通过灌流各种器官来提取生物活性物质的技术。而神经递质受刺激分泌的离体研究，最初是在脑片上发展起来的（McIlwain　1955），现在已能移植到诸如突触体和囊泡这样的亚细胞结构以及培养细胞上了。对脑片灌流的最简单变化称为皮层杯技术（MacIntosh and Oborin　1953；Myers　1972；Moroni and Pepeu　1984）。一个圆柱型小杯被固定在麻醉动物暴露的皮层表面上。杯内以人工脑脊液（aCSF）充满。该杯可以连接于灌注装置，以进行周期性地补充（Mitchell　1963）或连续地灌流（Celesia and Jasper　1966）（这一步可以随意选择）。这一技术的一个明显限制在于它只能对神经递质从皮层表面的分泌进行研究。因此仅有大约 30 篇已发表的文献应用皮层杯技术对乙酰胆碱、氨基酸、核酸和自由基的在体分泌进行测量。大部分的工作都是由 Phillis 及其合作者完成的，他们直到最近还在使用这种技术（Phillis et al.1998）。

推挽套管

更为受到欢迎的是一种推挽技术。这是一种"终极杯"，它在注射针的尺度上进行灌流。其主要的优点在于，该针可以植入脑中，使得对任何脑结构都能够进行连续的在体采样。脑推挽套管是由 Gaddum（1961）作为脑室空间灌流的早期装置（Bhattacharya and Feldberg　1959）的一种改进而最早提出的。推挽套管的构造有两个要点，两根毛细管（推和挽）末梢对齐并置或同心放置，较薄的毛细管超出外毛细管末端约 0.5～1mm。同心设置可以通过把引导套管永久植入清醒动物而实现持续记录（Myers 1977）。一旦套管植入组织，灌流液（aCSF）即被同时注入（推）和移出（挽）——这可以通过使用蠕动泵或两个注射器交替工作的双注入泵来完成。在典型推挽流速 25～75μl/min 下，两种方式给出几乎相同的液体泵精度；后一种方式需要置于闭路系统中一个采样阀。理论上，物质交换是通过灌流液与细胞外液边界上的自由扩散完成的。难点在于，在整个实验过程中始终保持注入和移出液体间的精确平衡。主要的麻烦在于移出套管被组织和血块阻塞导致灌流液立即积聚并造成严重损伤。尽管推挽技术存在不少困难和限制，一些研究者已经成功地把这种方法应用于经典神经递质、蛋白质和肽类在体释放的一些基本研究（Myers and Knott　1986，Philippu　1984）。一种尖端直径约 150～190μm，5～10μl/min 低流速灌流的毛细推挽套管已经出现（Zhang et al. 1990），也就是说它在与微透析非常相似的条件下工作。

微透析

应用透析原理从脑微环境中采样最早是由 Bito 及其合作者于 1966 年完成的。无菌的透析微囊（长 8～12mm，展开宽 9mm）被充以 6% 的右旋糖苷生理盐水溶液，一并植入杂种狗的皮层和颈部皮下。10 周之后，对微囊内容物进行氨基酸和离子分析，并与血浆和脑脊液（CSF）中浓度相比较。他们发现，对大多数氨基酸存在如下的浓度梯度：血浆＞ECF＞CSF。他们提出，脑部微囊内流体不可能是血液或者脑脊液的透析液，因此大脑胞外空间必然存在另外一种流体成分。这一论点支持了"载体介导的氨基酸转运体系"假说。但是，作为一种静态方法，每种动物只能提供一份透析液。持续灌注透析囊，以测量灌注和回收物质时程的可能性在 1970 年代初由 Delgado 及其合作者开始探索。Delgado 等（1972）报道了一种对于猴子的"透析极"的构建。基本上就是一个推挽套管，尖端粘有一个小的聚砜树脂膜（5mm×1mm）的袋子。这些作者描述了一些由业已成熟的推挽技术派生来的概念性的实验：①化合物或标记的前体物质被灌注入脑，并与脑的电学活动或新合成的标记化合物相联系；②对内源化合物如氨基酸、糖蛋白进行采样。但是，这种方法没能重复以前由推挽式"化学极"所得到的数据（Roth et al. 1969）；例如，在预先标记以[14]C L-DOPA 的灌注液中没有检测到多巴胺。最终，是 Ungerstedt 和 Pycock（1974）把一中空的纤维透析探针植入大鼠纹状体，并通过该探针以多巴胺预先标记，其后成功检测到了安非他明诱导的多巴胺样放射活性的释放。此后几年中，高敏感性 HPLC 分析技术及微孔透析管道制造技术的迅速发展，加速了单纤维透析——微透析——在神经生物学、药理学和生理学中应用的研究，涉及从动物（Ungerstedt et al. 1982；Hamberger et al. 1982；Ungerstedt 1984）到人类（Meyerson et al. 1990；Hillered et al. 1990；Ungerstedt 1991；During and Spencer 1993）。一些关于在体检测的书中含有微透析的章节。近来 Robinson 和 Justice 于 1991 年编辑了一本专著《神经科学中的微透析》（*Microdialysis in the Neurosciences*）。

微柱液相色谱电化学方法测定多巴胺释放

引言

胞外多巴胺的在体采样是微透析技术最早的成功应用之一（Ungerstedt and Pycock 1974），甚至时至今日描述多巴胺监测的文献中仍有 30% 以上采用的是微透析。液相色谱中电化学探测器的发展（Kissinger et al. 1973）则为单胺的测定提供了一种新的选择。较之已有的放射酶标方法，该方法更为简单和自动化。高效液相色谱（HPLC）之后，儿茶酚胺类的多巴胺（DA）、肾上腺素（adrenaline）、去甲肾上腺素（noradrenaline）和吲哚类物质如 5-HT（5-羟色胺）以及它们主要的代谢产物被玻碳电极（glassy carbon electrod）于 +550mV 到 +750mV 之间氧化（细节如前述）。儿茶酚胺的分离最初是在离子交换树脂填充的大柱上实现的，分离效率较低（Zetterström et al. 1983）；但是这些材料很快就被反相硅石填充柱所取代了。选用离子配偶（ion-pairing）的试剂，酸（儿茶酚胺代谢产物）和碱（儿茶酚胺）都能在同样的流程中被分离。最近，分离柱子的小型化已使其尺度被降低至 1mm I.D. 以下，这有利于提高电化学探测器的敏感性。采用这些柱子，微透析样品中儿茶酚胺和 5-羟色胺检测的下限已达到

1fmol 甚至亚 fmol（Wages et al. 1986）。

材料和仪器

——套液相色谱包括一个微型液相色谱泵 LC100（ALS），它能够无脉冲地以 $70\mu l/min$ 的恒定流速输送流动相

——套 CMA/260 排气装置，安装在流动相贮备和泵注入口之间

——一个 CMA/200 冷冻微型采样器用于微透析样品的自动注入

——电化学探测器 LC4B（bioanalytical systems）配以一个径向流动池（ALS）

——6mm 内径的玻碳电极电位被置于 $+700mV$，采用 Ag/AgCl/3M NaCl 参考电极

——数据以 SP-4290 积分器（光谱物理，spectra-physics）或者 EZChrom 数据采集系统（scientific software）进行记录

——一根微孔柱，由内径 $150mm \times 1mm$ 的不锈钢毛细管组成，充填以 $3\mu m$ 大小的 C18 硅石颗粒（ALS）

流动相和化合物

配制一份缓冲液，含 0.05mol/L 柠檬酸、0.2mmol/L Na₂EDTA、0.65mmol/L 四焦硫酸钠，用浓 NaOH 调 pH 至 3.2。定容至 1000mL，以 $0.45\mu m$ 孔径的滤器过滤。取 970mL 柠檬酸盐缓冲液与 30mL 乙腈混合。这样最终得到的流动相中含 3% 的乙腈。标准液母液通常为 10mmol/L，溶于 10mmol/L 的盐酸，分装为 1mL 试样，$-70℃$ 冷冻保存。工作校正标准液即每天用任氏液稀释母液至 10nmol/L DA、5-HT、100nmol/L DOPAC、HVA、5-HIAA 终浓度。所有这些试剂都可以从 Sigma 公司买到。

步骤

1. 以流动相清洗泵，把微柱装在注射阀的出口。使流速恒定在 $70\mu l/min$。

2. 把新的或者新抛光过的工作电极置于电化学池上。把该池连于微柱出口。等到池内充满流动相后，把参考电极置于池内。

3. 把电化学探测器的工作电位置于 $+700mV$，并在氧化模式下进行操作。有源滤波器置于 0.1Hz。

4. 启动电化学池，等到基信号稳定于 $1\sim3nA$ 之间。激活补偿功能，使本底电流降至合适的基线水平。

5. 依步骤 1.1 把微透析探针（CMA/11，2mm 膜长）植入大鼠或小鼠纹状体中，以任氏液在 $2\mu l/min$ 的流速下灌流。最初 $2\sim3h$ 稳定期之后，每 20min 为一间隔收集馏分。

6. 把微透析样品和 $300\mu l$ 小瓶装校正标准液置于 CMA/200 自动采样器中，设定采样器程序使每次采样 $10\mu l$，分析时间设为 25min。

结果

麻醉大鼠纹状体微透析样品和校正标准的色谱图 C57 品系，见图 41-7A、B、C。多巴胺及其代谢产物的典型分离时间在 15min 左右（图 41-7A），但是离子配偶试剂的浓度、有机修饰剂以及流动相的 pH 的影响使之显著降低。在基态下（图 41-7B）多巴胺的浓度为 0.53nmol/L（注入为 5.3 fmol/10μl），而代谢产物的浓度是它的 1000 倍：DOPAC 146.4nmol/L，HVA 374.4nmol/L 和 5-HIAA 64.2nmol/L。施用安非他明（5mg/kg i.p.）（图 41-7C）使得胞外多巴胺的浓度在最初的 20min 内迅速增长 13 倍，

达到 7nmol/L；而其代谢产物 DOPAC 和 HVA 的浓度则分别降低到 166nmol/L 和 311nmol/L。5-HIAA 的浓度保持不变（63.9nmol/L）。这种检测的高敏感性使得它能够测量大鼠脑各部分的多巴胺流量，或者采样间隔短至 1min 的大鼠微透析样品（Church and Justice 1987）。研究大鼠在诸如探测活动、饮食、自身施用药物等活动中的多巴胺释放，通常需要高的时空分辨率。

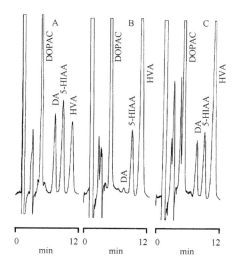

图 41-7　A. 含 10nmol/L DA 和 DOPAC，5-HIAA 及 HVA 各 100nmol/L 的 10μl 标准混合液的色谱图；B. 采自基础条件下麻醉大鼠纹状体的 10μl 微透析样品的色谱图，样品中含 0.53nmol/L DA，146.4nmol/L DOPAC，374.4 nmol/L HVA；C. 采自同样大鼠注射安非他明（5mg/kg i.p.）20min 后的 10μl 微透析样品的色谱图，DA 水平增至 7nmol/L，而 DOPAC 和 HVA 浓度分别降至 166nmol/L 和 311nmol/L。所有情形下检测单元的灵敏度对 DOPAC 和 DA 为全量程 0.31nA，对 5-HIAA 和 HVA 为 1.25nA

液相色谱电化学方法估测微透析样品中的5-羟色胺

材料

采用与测定多巴胺相同的装置（见步骤 3.4）来估测 5-羟色胺和 5-羟基吲哚乙酸。

流动相和化合物

按步骤 3.4 中用于测定多巴胺及其代谢产物所用的方法配制 0.05mol/L 柠檬酸缓冲液。混合 935ml 柠檬酸缓冲液和 65ml 乙腈（CAN）。这样最终的流动相含 6.5% 的乙腈。标准液母液配制为 10mmol/L，溶于 10mmol/L 盐酸中，分装成 1ml 试样，−70℃冷冻保存。工作校正标准液即每天用任氏液稀释母液至 10nmol/L 5-HT 和 100nmol/L 5-HIAA 终浓度。

步骤

按步骤 3.4 中液相色谱电化学方法测定多巴胺的相同步骤。根据 Paxinos 和 Wat-

son1982 年图谱，把微透析探针植入大鼠前皮层（mm）A-P＋2.7，L＋0.7 和 V －3.5
位置。

结果

注射 10μl 含 10fmol 5-HT 和 500fmol 5-HIAA 的标准溶液和从清醒大鼠前皮层收集
的微透析样品的色谱图如图 41-8A、B。皮层透析液中 5－羟色胺浓度估测为 6.2 fmol/
10μl。信噪比为 2 的条件下，检测下限约 1fmol 5－羟色胺。这使得多数解剖区域的基本
5－羟色胺释放得以测定，而不需要使用 5－羟色胺摄取的阻断剂（如在灌流液中加入
1μmol/L 的西酞普兰）。

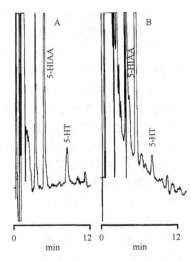

图 41-8　A. 含 1nmol/L5-HT 和 50nmol/L5-HIAA 的 10μl 标准混合液
的色谱图；B. 采自基础条件下清醒大鼠前额叶的 10μl 微透析样品的
色谱图。5-HT 估计浓度为 6.2fmol，检测单元灵敏度为全量程
0.62nA

疑难解答

如果电化学探测器操作不当的话，许多麻烦都会来源于此。高背景噪声、噪声峰、
基线漂移、低信号峰高都是液相色谱电化学中的典型问题。有很多可能的原因：①流动
相中存在溶解氧或污染物；②泵的脉动或系统中存在渗漏；③透析柱存在不能清除的污
染或者已经失效；④由于工作电极表面污染或参比电极老化、不稳定导致检测单元错误
操作；⑤流动相从流出管滴落造成损失；⑥电学干扰，仪器未接地；⑦实验室的温度
波动。

像②⑤⑥这样的周期波动可以相对容易地得到确定，比如改变泵的流速，调节实验
室中开关和继电器等。

高背景噪声可以通过重新配制流动相（检查蒸馏水/去离子水的纯度）或者抛光玻
碳电极得以消除。

用 0.5μm 铝颗粒的水悬浊液和平滑的抛光垫对电极进行抛光。先滴一滴铝悬浊液

于润湿的抛光垫，然后旋转并轻压电极与抛光垫对电极进行抛光。用水适度清洗电极，或超声清洗 30s。

使用新透析柱时，多巴胺及其代谢产物的保留时间会被稍微改变，通常是延长，提高乙腈浓度 1%～2% 以加速分离。如果多巴胺洗脱峰过于靠近 DOPAC，把离子配偶试剂的浓度增加 0.1～0.2mmol/L，这样能选择性地延长多巴胺的保留时间，而不影响酸性代谢产物的保留时间。

建议

分离性质截然不同的反相材料数目日益增加，这将导致单胺类物质及其酸性、中性代谢产物的保留顺序和保留时间发生一些改变。选择性分离碱性化合物的材料称为末端包被的反相硅石，它具有低度的硅烷醇残基和适度的疏水性 [12%～15% C，按辛癸硅烷（ODS）分子中碳含量计算]。在无梯度、离子配偶反相模式中，单胺类物质及其代谢产物的典型分离顺序为：MHPG（3-甲氧基-4-羟基苯乙二醇），NE（去甲肾上腺素），DOPAC（二羟基苯乙酸），DA（多巴胺），5-HIAA（5-羟基吲哚乙酸），HVA（高香草酸），5-HT（5-羟色胺）。很不幸，微透析样品中这些物质很难得到具有相当灵敏性和特异性的分离。由于这些原因，通常使用三种典型的分离系统，分别依赖于三种流动相：①低洗脱强度的流动相用于测定 NE 和 MHPG（Abercrombie and Zigmond 1989）；②中等洗脱强度的流动相用于测定多巴胺及其代谢产物（Caliguri and Mefford 1984；Church and Justice 1987）；③测定 5-HT 和 5-HIAA 选用的流动相加入更多量的有机修饰剂或者更高洗脱强度的修饰剂（Sarre et al. 1992）。

对于分析微透析及其他生物样品中痕量的单胺类物质及其代谢产物，微柱液相色谱电化学检测实为应用最广的方法。然而，其他一些技术如 HPLC 中荧光检测和放射酶标检验也已用于测定这些"困难"的物质如 NE 和 5-HT 等。因此，5-HT 作为色胺酸的衍生物也能被荧光所检测到，无论直接检测其本身（Kalen et al. 1988）或是最近发展的过柱前用苄胺预处理（Ishida et al. 1998）。后种方法使得灵敏测定 NE（Yamaguchi et al. 1999）或者同时测定 5-HT 和 NE 成为可能。过柱前用 1,2-二苯基乙二胺预处理使 DA 和 NE 能够被同时分析（Kehr 1994）。这种方法也用于大鼠松果体微透析样品中 NE 的在线测定（Drijfhout et al. 1996）。

应用

LCEC 已经成为微透析样品中 DA、5-HT、NE 及其代谢产物测定的主要方法。对于测量胞外单胺类物质来说，在体伏安法可能是最接近于微透析液相色谱电化学组合方法的一种选择。微透析/液相色谱电化学方法检测单胺类物质的最大优点在于步骤相对简单，并且可能在清醒动物身上在体测量递质释放。这使得寻找行为相关的化合物和许多精神和退行性疾病的行为模型中胞外化学及药理学的在体研究成为可能。类似的，脑外伤（如中风）动物模型中神经损伤的许多化学标记，也可以很容易的由微透析采样加以研究。DA、NE 和 5-HT 已被认为与许多疾病的病理学有关，如帕金森症、情绪错乱、抑郁和躁狂、睡眠紊乱、应激以及食物（或药物、酒精）摄入亢进。今天，微透析技术结合高效液相色谱分析 DA 或 5-HT 已经成为一种完善的研究工具，用于研究药物成瘾、精神错乱和抑郁的机理，以及针对这些疾病的药物研发。

HPLC 结合荧光检测测定微透析样品中的天冬氨酸和谷氨酸

引言

检测低浓度的氨基酸需要对它们进行化学修饰（衍生作用），以得到高荧光活性或电化学活性的化合物。许多致发光试剂都可以买到，其中基于对苯二醛/2﹣巯基乙醇（OPA/MCE）的试剂是分析生理氨基酸最常用的。在碱性介质（硼酸盐缓冲液，pH9.5）中，有亲核试剂（2﹣巯基乙醇）存在，基本氨基酸及相关氨基酸在室温下就能和 OPA 迅速反应形成各种取代异吲哚。这些化合物在 340nm 处被激发，发射光落在450nm 处。然而，这些荧光异吲哚很不稳定，随之降解为非荧光的衍生物（Kehr 1993），如图 41-9 中描述的那样。过柱前与 OPA/MCE 进行衍生反应，使自动化和反相柱分级分离变得容易（Lindroth and Mopper 1979）。据记载许多仪器系统都曾用于氨基酸类神经递质天冬胺酸、谷氨酸（Kehr 1998a）和 γ﹣氨基丁酸（Ungerstedt and Kehr 1988；Kehr 1998b）的快速分离。这当中，无梯度条件下的微孔色谱结合乙腈ACN 柱洗脱对基于上柱前衍生作用和荧光检测的天冬氨酸、谷氨酸自动化分析来说，是最简单和划算的高效液相色谱系统。

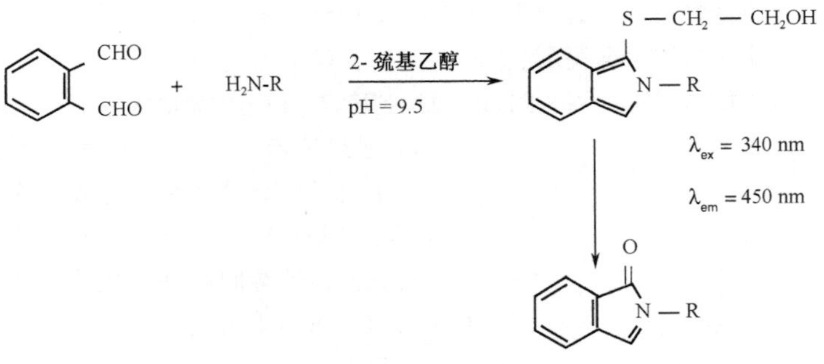

图 41-9　在有亲核试剂 2﹣巯基乙醇存在和碱性条件下，基本氨基酸与对苯二醛发生衍生反应，生成高荧光活性的异吲哚化合物。后者逐渐降解成非荧光衍生物

材料和仪器

—高效液相色谱分析仪包括自动采样器（CMA/200 Refrigerated Microsampler）及其改进版程序，能在其间注入乙腈以清洗微孔柱

—CMA/260 排气机

—CMA/280 荧光检测仪，配以 $6\mu l$ 的微池（全部购自 CMA/Microdialysis）

—微型 LC 100 泵（ALS），以 $70\mu l/min$ 恒定流速输运流动相

—数据采用 SP-4290 积分器（光谱物理，San Jose，CA，U.S.A.）或 EZChrom 数据采集系统（Scientific Software）加以记录

——只内径 $100mm \times 1mm$ 的色谱柱，充填以 $5\mu m$ 颗粒大小的 C18 硅石 ALS

流动相

配制 $0.05mol/L$ 磷酸氢二钠溶液，以浓磷酸调 pH 至 6.9。仅用高纯度的去离子水或蒸馏水。混合 875ml $0.05mol/L$ 磷酸缓冲液和 100ml 甲醇、25ml 四氢呋喃，配制成

一份流动相。

OPA/MCE 和乙腈 ACN 试剂、氨基酸标准溶液

100μl 浓 MCE（Sigma）和 900ml 甲醇移至 1.5ml Eppendorf 管中。1000μl OPA 溶液（Sigma 半成品液，Cat．No．P7914）移入 1.5ml 玻璃小瓶，并加入 14μl MCE 工作液。加硅胶垫盖好小瓶并用卷边机封住，适当混匀。移 1.2ml 乙腈至 1.5ml 玻璃小瓶，用硅胶垫封好。每天配置新鲜试剂。用去离子水或任氏液稀释天冬氨酸/谷氨酸标准液（Sigma，AA-S-18）至 0.1μmol/L 的终浓度。

步骤

1．实验前一天，如前述把微透析探针（CMA/11，2mm 膜长）预先植入大鼠脑部[这里以前额叶（Fr2）区为例：A-P+1.7，L+2.7，V−0.5mm]的引导套管中。在 0.5μl/min 的低流速下以任氏液灌流探针过夜，之后提高流速至 2μl/min。最初 2～3h 的稳定期后，每 10min 间歇收集馏分。

2．用流动相清洗泵并设定流速在 70μl/min。等待 10～15min 观察压力及其稳定性。

3．启动自动采样器的程序，并设定如下参数——注入量：10μl；试剂量：3μl；分析时间：2.5min；注入校正标准：1；重复间等待：45s。这意味着每 10μl 样品注入后 2.5min，自动采样器将向注射针及吸液管充入 10μl 乙腈。又 45s 后，充入的乙腈将迅速冲洗掉滞留在柱内的残余氨基酸。

4．荧光探测器大约需要 30～40s 的时间以达到稳定。设定放大倍数为 10，上升时间为 1s。

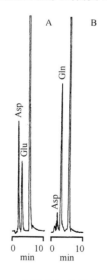

图 41-10　A．氨基酸标准混合液（AA-S-18）的色谱图天冬氨酸和谷氨酸浓度为 10μl 样品中各 2.5pmol，修饰以 3μl OPA/MCE 试剂。每根柱子注入 10μl 样品。B．采自清醒大鼠海马腹侧的 10μl 微透析样品。天冬氨酸和谷氨酸的估计浓度分别为 0.04μmol/L 和 0.52μmol/L

5．把封装有 OPA/MCE 和乙腈的玻璃小瓶分别置于自动采样器的相应位置。移 10μl 氨基酸标准工作液和空白（灌流液）至玻璃小瓶，并用盖子和聚四氟乙烯膜封好。从收集的微透析馏分中移取 10μl 至采样小瓶，封好并放入采样器传送带的匣子内。

6．每 6～8 份样品间按规定校正系统。

结果

图 41-10A、B 中色谱图分别代表含有天冬氨酸和谷氨酸各 2.5pmol 的 10μl 氨基酸标准混合液（AA-S-18，Sigma）和采自清醒大鼠海马腹侧的 10μl 微透析样品。如图所示，天冬氨酸和谷氨酸的分离在最初 3min 内完成，其后残留的氨基酸被注入乙腈所洗脱，形成较大的第三峰。总的分析时间在 8min 左右，这使得全负荷（60 份样品）的自动采样器能够在一个工作日内（8h）完成分析。微孔柱的应用使此检测方法的敏感性提高到每 10μl 样品中含 20～30 fmol 天冬氨酸和谷氨酸。这意味着少至 1～2μl 的样品能够被分析，即能达到相当于离线（off-line）模式微透析监测 30～60s 的时间分辨率（Kehr　1998a）。

HPLC 结合荧光和电化学检测测定微透析样品中的 GABA 的含量

引言

由于典型的微透析样品中 GABA 的基础水平通常在 $0.1 \sim 0.5$ pmol（$5 \sim 50$ nmol/L）的范围内，测定微透析样品中的 GABA 含量需要一种极端敏感的分析方法。采用基于 OPA/硫醇的试剂对氨基酸进行修饰，所得产物用荧光和电化学方法都能检测（Joseph and Davies 1983；Allison et al. 1984；Kehr 1998a, b）。然而，电化学检测对流动相成分的改变极端敏感，这就导致监测器的基线在梯度洗脱时急剧升高。因此，针对 HPLC 结合电化学检测发展了许多适用于天冬氨酸、谷氨酸（Kehr 1998a）或 GABA（Kehr and Ungerstedt 1988）的无梯度洗脱方法。GABA 检测的快速方法具有高达 50 fmol 的灵敏性和 $3.5 \sim 4$ min 的保留时间，这使得在体微透析技术能够研究麻醉（Kehr and Ungerstedt 1988；Drew et al. 1989）和清醒动物（Osborne et al. 1991）上 GABA 的基础和诱发释放。在梯度洗脱的一般微孔反相柱上采用荧光检测 OPA/MCE 衍生的氨基酸，GABA 的典型色谱分离下限仅为每份样品 $0.5 \sim 1$ pmol（Westerberg et al. 1988）。要达到 100 fmol 以下的 GABA 检测水平，就必须用微孔柱来降低色谱系统的测量范围。系统可以用无梯度分离和注入间隙加入自动洗脱步骤来进一步简化（Kehr 1998b）。

材料和仪器

——两种液相色谱分析仪被用于测定微透析样品中的 GABA

——HPLC 结合荧光检测——采用和测定天冬氨酸、谷氨酸一样的仪器

——HPLC 结合电化学检测——采用和多巴胺的电化学检测中描述的一样的仪器和检测器设置，但这里玻碳电极的直径仅为 2 mm

—— 两种系统使用同样的微孔柱：一根 150 mm × 1 mm 内径的不锈钢毛细管，充填以 3 μm 大小的 C18 硅石颗粒（ALS）

流动相

配制 OPA/MCE 修饰和荧光检测 GABA 用的流动相，成分为：0.1 mol/L 醋酸钠缓冲液，pH 5.4 和体积比为 20% 的乙腈。简单说，就是把 13.61 g 三水合醋酸钠溶于约 900 ml 重蒸/去离子水中，并用浓磷酸调 pH 至 5.4。稀释至 1000 ml。HPLC 系统结合电化学检测分离 OPA/tBSH 修饰的 GABA 采用同样的流动相，只是把乙腈含量提高到 50%。两种系统的流速都是 50 μl/min。

OPA/MCE 和 OPA/tBSH 试剂，氨基酸标准液

移取 100 μl 浓缩 MCE（Sigma）或 tBSH（2-甲基-2-丙硫醇，Fluka）至 1.5 ml 的 Eppendorf 管中，并加入 900 μl 甲醇。移取 1000 μl OPA 溶液（Sigma，半成品液，Cat. No. P7914）至 1.5 ml 的玻璃小瓶中，并加入 14 μl MCE 工作液（OPA/MCE 试剂）或 25-μl tBSH 工作液（OPA/tBSH 试剂）。用带硅胶垫片的盖子盖住小瓶；再以卷边机封口。适度混匀。移取 1.2 ml 乙腈至 1.5 ml 小瓶中并以硅胶垫片封好。每天配制新鲜的试剂。用去离子水或任氏液稀释氨基酸标准液（Sigma，ANB）至 GABA 终浓度 50 nmol/L。类似的，配置一份仅含 50 nmol/L GABA 的标准液和一份含有除 GABA 外（Sigma AN）的生理氨基酸各 250 nmol/L 的溶液。

步骤

OPA/MCE 修饰和 HPLC 结合荧光检测

1. 用流动相对泵进行清洗，设定流速为 $50\mu l/min$。等待 $10\sim15min$，观察压力稳定情况。

2. 启动自动采样器程序（和用于天冬氨酸/谷氨酸检测的方法一样），参数设定如下：注入体积：$10\mu l$；试剂（OPA/MCE）体积：$3\mu l$；分析时间：2 min 30 s；注入/校正标准：1；重复间隙等待：13 min 30 s。这意味着每注入 $10\mu l$ 样品后 2.5 min，自动采样器先向注射针充入 $10\mu l$ 乙腈然后移入吸液管。再 13.5 min 后，注入的乙腈将迅速冲洗掉滞留在柱内的残余氨基酸。

3. 荧光检测器需要 $30\sim40$ min 的时间以达到稳定。设定放大倍数为 100，上升时间为 1 s。

4. 把分别装有 OPA/MCE 和乙腈试剂的封好瓶口的小瓶分别置于自动采样器上相应位置。移取 $10\mu l$ 氨基酸标准工作液、空白（灌流液）和无 GABA 标准液（Sigma，AN）到小瓶中，用带聚四氟乙烯垫片的盖子封好。从收集的微透析馏分中移取 $10\mu l$ 至采样小瓶，封好并放入采样器传送带的匣子内。

5. 每 $6\sim8$ 份样品做一次定标校正。

6. 从清醒大鼠的纹状体收集微透析样品（细节如上）。

OPA/tBSH 修饰和 HPLC 结合电化学检测

1. 像"步骤"一段中多巴胺分析所用的那样准备 HPLC 系统。基线稳定后，背景电流大小应在 $10\sim15$ nA 范围内。

2. 从清醒大鼠海马腹侧收集微透析样品（细节如上）。

结果

过柱前用 OPA 预处理，加上结合了荧光检测（图 41-11）或电化学检测（图 41-12）的微孔 HPLC，可以实现对微透析样品中 GABA 的检测。图 41-11 中所示色谱图：A. $10\mu l$ 氨基酸标准混合液；B. 同样的混合液掺入终浓度为 50nmol/L 的 GABA；C，D 则分别表示清醒大鼠外侧纹状体和黑质的典型微透析样品的分离情况。微孔柱中可以注入多达 $20\mu l$ 的样品，而不致产生其中 GABA 基本分离的损失（Kehr 1998b）。信噪比为 2 时的量化极限为 1.14nmol/L，也即 $20\mu l$ 样品中含 23fmol。电化学检测 OPA/tBSH 修饰的 GABA 可以对低至 10 fmol 的 GABA 达到相近的检测灵敏度。图 41-12 中的色谱分别表示：A. 含有 500 fmol GABA 的 $10\mu l$（ANB 标准）氨基酸混合液；B. 收集自清醒大鼠海马腹侧的微透析样品中 GABA 的分离。该样品中 GABA 的浓度估计为 157 fmol。荧光和电化学测定的 GABA 水平之间存在很好的相关性（$r=0.99$，$n=10$）（Kehr 1998b）。

微柱 HPLC 结合梯度洗脱和荧光法测定微透析样品中的生理氨基酸含量

引言

测定体液（如血浆、尿液、脑脊液）和晚近发展的微透析样品中氨基酸及相关氨基化合物的 OPA 衍生物，需要用到梯度洗脱的 HPLC 并结合荧光检测。这一方法是由 Lindroth 和 Mopper 发明的（1979）。相对来说，OPA 的缺点在于其特异性只针对初级

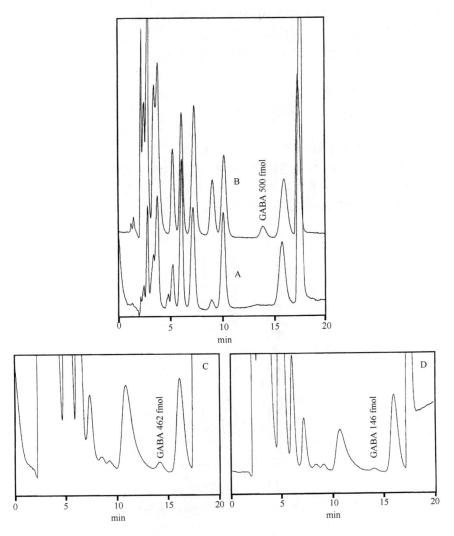

图 41-11　微孔 HPLC 结合荧光检测等度分离（isocratic）GABA

注入间采用自动洗脱步骤：A. 10μl 氨基酸标准混合液（AN，不含 GABA）含每种氨基酸各 250nmol/L；
B. 同样的标准液，掺有 500 fmol GABA；C、D. 一些典型微透析样品中 GABA 水平估计：清醒大鼠；
C. 纹状体 46.2nmol/L；D. 黑质 14.6nmol/L。

氨基酸并且产生的发色团不稳定。异吲哚衍生物的荧光量子当量依赖于特定的氨基酸、过量 OPA 以及亲核试剂的特性（Kehr　1993）。除了硫醇以外，其他还原剂如氰化物和亚硫酸盐也有报道。然而，所有这些亲核试剂中，只有 2-巯基乙醇（MCE）和 3-巯基丙酸（3-MPA）被广泛用于生理氨基酸的荧光检测。基于硫醇的试剂优化了复杂生物样品的梯度分离，并具有高荧光当量。最早把 OPA/MCE 修饰应用于微透析样品中氨基酸的分析时（Lehman et al. 1983；Tossman et al. 1986）采用的是一般孔径（4.6mm I.D.）层析柱，需要相对较大的样品体积（20～40μl），较高的流速（1～1.5 ml/min），导致对神经递质氨基酸（天冬氨酸、谷氨酸、甘氨酸、GABA）只有很弱的敏感度和选择性。除了提高了敏感度并把样品体积降低到 $1\sim10\mu l$ 外，液相系统的小型化还具有很多实践上的优点，如极大地降低了流动相和有机溶剂的消耗。

材料和仪器

— 氨基酸微型液相分析仪包括两个 CMA/250LC 泵、一个 CMA/252 级联泵控制器、一个 CMA/200 冷冻微采样器、一个 CMA/260 排气机、一个 CMA/280 荧光检测器（CMA/微透析）。

— 级联泵被设定于高压模式。由 PEEK 混合 T 型管连接到泵的输出端和25cmPEEK 管（0.5mm I. D.）连接到注入阀，作为梯度混合部件。

— 色谱图由 EZChrom 数据采集系统记录和分析（scientific software）。

— 微孔柱系 150 根内径 1mm 的不锈钢毛细管，充填以 $5\mu m$ 大小的 C18 硅石颗粒（ALS）。

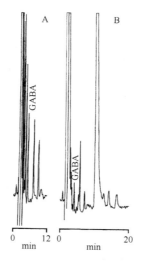

图 41-12　微孔 HPLC 结合电化学检测等度分离 GABA

A.$10\mu l$ 的氨基酸标准混合液（ANB），其中含 50nmol/L GABA；B. 采自清醒大鼠海马腹侧的 $10\mu l$ 微透析样品，含 15.7nmol/L GABA。检测单元灵敏度为全量程 0.62nA。

流动相、梯度程序、OPA/3-MPA 试剂

按如下方法配置流动相 A 和 B：6.9g $NaH_2PO_4 \cdot H_2O$ 溶于 900ml 去离子水，以浓NaOH 调节 pH 至 6.95，然后稀释至 1000ml。用 $0.45\mu m$ 孔径的滤器过滤缓冲液。把985ml 50mmol/L 的磷酸缓冲液、10ml 甲醇和 5ml 四氢呋喃（THF）混合在一起。这就得到了流动相 A：50mmol/L 磷酸缓冲液，pH6.95，含 1％甲醇和 0.5％THF。流动相B 由 900ml 甲醇、50ml THF 和 50ml 去离子水混合而成，最终含 90％甲醇、5％THF 和5％水。梯度洗脱程序设定如下 [时间/min −流动相/（％/％）]：$0\sim100/0$；$30\sim80/$20；$47\sim60/40$；$55\sim40/60$；$57\sim40/60$；$60\sim100/0$；流速为 $50\mu l/min$。移取 $100\mu l$ 浓 3-MPA（Sigma）至 1.5ml Eppendorf 管，加入 900ml 甲醇。移取 $1000\mu l$ OPA 溶液（Sigma半成品液，Cat. No. P7914）至 1.5ml 玻璃小瓶，并加入 $25\mu l$ 3-MPA 工作液

（OPA/3-MPA 试剂）。给小瓶加一个带硅胶垫片的盖子。适度混匀。每天配制新鲜试剂。

用去离子水或任氏液把附加氨基酸：天冬酰胺、谷氨酰胺、牛磺酸、GABA、色氨酸、乙醇胺、瓜氨酸、鸟氨酸分别配制成溶液，与氨基酸标准溶液混合并稀释至终浓度为 1μmol/L。

步骤

1. 以流动相对泵进行清洗并设定流速为 50μl/min。运行梯度程序而不注入样品，观察压力波动。等待 15～30 min 至压力稳定。

2. 启动自动采样器程序。设定荧光检测器的增益为 10，（滤波器）上升时间为 1s。

3. 自动采样器中加入 OPA/3-MPA 试剂。移取 10μl 氨基酸标准液和水或任氏液空白至小瓶中，盖子封好，置于自动采样器中。设定诱导参数如下：试剂体积 5μl；用液体混合 3 次得 15μl；反应时间 60s；分析时间 65min。

4. 用氨基酸标准校正系统。如果对某些峰的归属存在疑虑，测试单个氨基酸标准并比较保留时间。

5. 然后，按前述步骤收集清醒大鼠纹状体的微透析样品。移取 10μl 微透析样品至小瓶中，按照与标准同样的条件进行分析。

6. 每 6～8 份微透析样品做一次定标校正。

结果

异吲哚形式氨基酸的复杂混合物，可以通过采用二阶梯度和微孔 HPLC 进行分离，如图 41-13A 所示。用 OPA 试剂对氨基酸进行修饰，采用含有羧基官能团的硫醇亲核试剂，可使这样得到的衍生物有较强极性（亲水性），因而较少保留在反相材料的脂性表面。每种衍生物与固定相间的亲水相互作用强度主要是由其氨基酸部分决定的。因此，极性最强的氨基酸天冬氨酸和谷氨酸在色谱的最初即被洗脱下来，而中性和短链氨基酸在中部洗脱，长脂肪链氨基酸则在色谱过程的末尾被洗脱下来（图 41-13A）。图 41-13B 是基本条件下 10μl 收集自大鼠纹状体的微透析样品的色谱图。如示，氨基酸神经递质天冬氨酸、谷氨酸和 GABA 的峰高仅为代谢性氨基酸如谷氨酰胺、色氨酸、苏氨酸、丙氨酸、牛磺酸、甲硫氨酸、缬氨酸、亮氨酸等的 1/2～1/3。实际上，GABA 的基础流出量已经达到这种方法的检测极限。分析时间约 60min，并且需要 5～10min 的平衡回复期。检测器单元的大小为 6μl，对微流分离来说太大，并且可能导致严重的谱峰展宽和分离效率削弱。因此，氨基酸的完全分离需要相对长的分析时间。采用大小为 1～2μl 的单元和较高的流速似乎能够提高分离效率并把分析时间加快到大约 30～40min。

疑难解答（针对本节所述全部流程）

氨基酸的高灵敏性分析和其他物质，如单胺类物质的分析之间，主要差别在于污染物的问题。很容易仅仅由于使用的玻璃器皿、化合物和其他对生物材料的沾染而得到假的数据。每次都应该使用最高纯度的水来配制 HPLC 的缓冲液。

微透析实验中使用消毒过的任氏液和人工脑脊液。

每次都做一系列的空白（水、任氏液、人工脑脊液甚至流动相本身）对照，以确认干扰或背景峰较之标准液或微透析样品可以忽略。例如，用上述方法测定谷氨酸，10μl 修饰过的水中典型的背景峰应低于 20fmol。

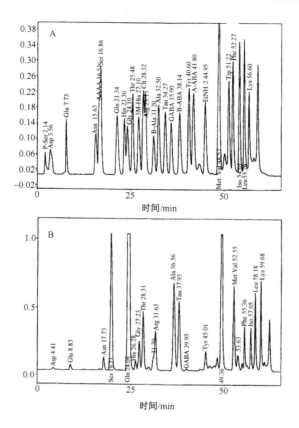

图 41-13　A. 含下列氨基酸及氨基酸衍生物各 1～2.5μmol/L 的 10μl 氨基酸标准混合液：P-Ser（磷酸丝氨酸），Asp，Glu，Asn，A-AAA（α-氨基脂肪酸），Ser，Gln，His，Gly，Thr，3M-His（3-甲基组氨酸），Cit（瓜氨酸），Arg，B-Ala（β-丙氨酸），Ala，Tau，GABA，B-ABA（β-氨基丁酸），Tyr，A-ABA（α-氨基丁酸），EtNH2（氨基乙醇），Met，Val，Trp，Phe，Iso，Leu andLys。B. 采自清醒大鼠纹状体的 10μl 微透析样品，其中含（μmol/L）Asp 0.125，Glu 0.413，Asn 0.713，Ser 7.724，Gln 11.524，His 0.82，Gly 1.65，Thr 3.041，Arg 1.958，Ala 4.654，Tau 4.095，GABA0.125，Tyr 0.772，Met＋Val1.504，Phe 1.401，Iso 1.056，Leu2.111 和 Lys 4.5

　　OPA 试剂老化得相当快，因此定期校正系统和每天配制新鲜试剂是很重要的。类似，很多氨基酸都是不稳定的，尤其是一些碱性氨基酸：谷氨酰胺、天冬酰胺，以及 GABA、牛磺酸、组氨酸、乙醇胺、色氨酸。因此，使用旧的溶液和标准液会导致一些峰展宽，同时，一些未确认的新峰也会出现在色谱图上。

　　需要特别注意有机硫醇的使用。2-甲基-2-丙硫醇（tBSH）较大的气味可能会在 HPLC 设备的安置、试剂的储藏和操造等问题上造成一些实际的麻烦。始终都使用尽量小体积的 MSE 和 tBSH 稀释（贮）液。溶液置于干燥器内；选用一些气味吸收剂放在干燥器和自动采样器的冷冻部分。

建议

可以很方便地用现成的溶液配制 MCE/tBSH 试剂，如使用 Sigma 的 OPA 半成品液。该种试剂含 1mg/ml 的 OPA 溶液。这是一种硼酸盐缓冲液（pH10.4），含有稳定剂 Brij 35（聚氧乙烯基‒23‒月桂醇酯）和甲醇。但是，OPA 试剂也能由如下方法在实验室中配制（Kehr　1998a）：13.4mg 特级纯 OPA 溶于含 50%2mol/L 硼酸盐缓冲液和 50%甲醇的溶液中，硼酸盐缓冲液是硼酸用 NaOH 滴定到 pH9.5 得到的。然后加入 28μl 浓 MCE。这一母液可以使用大约 14 天。工作试剂是每天新鲜配置的，把母液用硼酸‒甲醇缓冲液稀释 4 倍。这就得到含 5mmol/L OPA 和 20mmol/L MCE 的溶液。这些溶液能够作用于氨基酸总含量多达 1mmol/L 的样品，即微透析样品中每种氨基酸的浓度为 50 pmol/μl。

应用

谷氨酸被认为是脑内一种重要的兴奋性神经递质，而 GABA 是脑内一种重要的抑制性神经递质（Fonnum　1984；Curtis et al. 1970）。天冬氨酸的角色则颇具争议。一种看法是天冬氨酸的水平只反映一般的新陈代谢（Orrego and Villanueva　1993），而其他许多研究则提示它具有兴奋性作用，至少在皮层‒纹状体通路是这样的（Herrera-Harschitz et al. 1997 综述）。微透析被频繁地应用于药理学，更多是神经病理上处理谷氨酸和 GABA 的溢出（Fillenz　1995；Timmerman and Westerink　1997 综述）。然而，由于胞外流质中存在大量的非胞吐释放的谷氨酸和 GABA 库，微透析采样用于检测谷氨酸和 GABA 的神经释放已经受到这些库的限制。实际上，微透析不能阐释谷氨酸和 GABA 的囊泡来源和它们分泌的胞吐机制，这是因为不论是 Na 通道阻断剂河豚毒素（TTX）局域灌流还是采用零钙环境，都不能降低它们的基础水平。相反，许多作者都报道即使在这些条件下胞外谷氨酸（Herrera-Marschitz et al.1996）和 GABA（Drew et al.1989）的水平仍在升高。已经有许多努力试图探明谷氨酸和 GABA 的神经分泌来源（Timmerman and Westerink　1997 综述）：①抑制合成或代谢；②用高钾、黎芦碱、乌本苷或与 TTX 组合进行刺激；③采用重新摄取的抑制剂；④化学损伤；⑤用双电极方法进行化学刺激；⑥电学刺激。对后一种情况已经证明，即使在持续刺激下谷氨酸和 GABA 的释放仍然是短暂的。这样，发展高速高灵敏性的 HPLC 方法以分析 30~60s 间歇收集的微透析样品就显得更加重要（Kehr　1998a）。将生物传感器用于微透析电极（Walker et al. 1995），或通过最近发展的毛细管电泳结合激光诱发荧光检测（Bert et al. 1996，Lada et al. 1998），可以进一步提高检测电刺激导致谷氨酸释放的时间分辨率。

在过氧化物氧化还原酶聚合物包被的电极上应用微流液相色谱/电化学测定微透析样品中的乙酰胆碱

引言

用液相色谱/电化学（LCEC）的方法检测乙酰胆碱（ACh）和胆碱（Ch），最早是由 Potter 及其合作者（1983）提出的。最初的方法是过柱后进行酶催化反应得到过氧化氢，后来发展为固定的一体化酶反应器（IMER），其中乙酰胆碱酯酶和胆碱氧化酶被吸附于充填床反应器的颗粒上（Eva et al. 1984）。在 +500mV 电位下，通过铂电极上 H_2O_2 的氧化，可以很容易地用电化学方法检测到单个的胆碱转化为 H_2O_2。后一种方法的高灵敏性使得能够对脑组织在体微透析所得样品中的胞外乙酰胆碱进行检测（Damsma et al. 1987；Tyrefors and Gillberg　1987；Ajima and Kato　1987），但是很多情况下要有胆碱酯酶抑制剂如毒扁豆碱（physostagmine）或新思地明（neostagmine）存在于灌流液中。最近，"导线式的"过氧化物氧化还原酶聚合物包被电极被引入 LCEC 中，用来分析微透析样品中多种可氧化分析物——包括乙酰胆碱（Huang et al. 1995；Kato et al.1996，Kehr et al. 1996）。这些电极较之铂电极的优点在于低检测下限、低背景噪声，特别是背景电流可迅速达到稳定。采用"导线式的"辣根过氧化酶（HRP）进行电化学检测的原理最早是由 Vreeke 及其合作者于 1992 年用安培法生物传感器发展起来的。过氧化物酶催化得到 H_2O_2，H_2O_2 很快被俘获在 Os^{II}（2,2′-双吡啶）$_2Cl^-$聚（4-乙烯基吡啶）聚合物上的 HRP（HRP-Os（PVP））还原。之后，HRP 把 Os^{II} 氧化为 Os^{III}（PVP）复合物，该复合物最终从电极表面得到一个电子而还原为它原来的形式，这时候电极是在 0mV 下工作的。实验室包被的玻碳电极检测极限为 10 fmol ACh/5μl（Huang et al. 1995），预包被金膜的电极上则为约 5 fmol ACh/10μl（Kehr et al. 1996）。

　　材料和仪器

　　需用一台智能微型液相色谱泵，LC100（ALS），一台 CMA/260 排气机，一台 CMA/200 冷冻微型采样器（CMA/Microdialysis），装备 10μl 循环并在 6℃下工作，一台装备以辐流电化学单元的 BAS LC4B 安培法检测器（bioanalytical systems）。

　　玻碳电极（6mm 内径，ALS）或金膜电极（ALS）用过氧化物氧化还原酶聚合物溶液（BAS）包被。工作电极相对 Ag/AgCl 参比电极的电势差为 0mV。

　　胆碱在 530mm×1mm 的微孔柱上分离，该柱充填以一种 10μm 大小颗粒的聚合式强阳离子交换剂（BAS），流速 120μl/min。IMER 模块（2mm×5mm）可以从 ALS 买到。

　　色谱图在一台色谱激光积分器（光谱物理）上被记录和积分。

　　化合物

　　用于胆碱分离的流动相含 50mmol/L 磷酸氢二钠、0.5mmol/L EDTA 二钠盐（这两种都购自 Merck）和体积比 0.05% 的 Kathon CG（Rohm and Haas），最后 pH 值 8.5。以下乙酰高胆碱承布拉格生理研究所 J.Ricny 博士惠赠；乙酰胆碱、胆碱、丁酰胆碱及其他化合物购自 Sigma 公司（St.Louis，MO，USA）。100μmol/L 胆碱和毒扁豆碱的母液用蒸馏水配制并冻存于 -70℃条件下。用任氏液稀释乙酰高胆碱、丁酰胆碱至 1μmol/L 终浓度；用含 10μmol/L 毒扁豆碱的任氏液稀释乙酰胆碱和胆碱至 30nmol/L 终浓度。工作液每天配制。

　　步骤

　　1. 在一软垫上用 0.5μmol/L 氧化铝（ALS）的水悬浊液抛光玻碳电极。用蒸馏水冲洗并在空气中晾干，移取 2μl 氧化还原聚合物（BAS）于电极表面。吸液管的塑料头轻绕电极表面至形成薄膜。

　　2. 如果聚合物溶液由于表面亲脂性聚合成块，应水洗电极并用氧化铝重新抛光。晾干后，移取 10μl 1mol/L NaOH 至电极表面 1～2min，以增强表面的亲水性，然后在重包被前彻底洗涤。

　　3. 聚合物电极在使用前应置于室温下无尘盒子内 12h 以上使之硬化。能够从 ALS

日本公司买到预包被氧化还原聚合物的金电极。

4. 用流动相清洗 HPLC 泵并把微孔柱装到 HPLC 系统中。稳定流速到 $120\mu l/min$。

5. 把工作电极装到电化学检测单元中。把该单元连接到柱的流出端。等到单元内空间充满流动相后装入 Ag/AgCl/3mol/L NaCl 参比电极。

6. 电化学检测器的工作电位置于 0mV，在还原模式下工作。这会把负向电流转变成输出端的正向信号。有源滤波器设在 0.1Hz。

7. 打开单元，等待基信号稳定到 $-5\sim-10$nA 左右。通过激活偏置功能，把背景电流减小到合适的基线水平。

8. 把微透析样品和标准液装入 $300\mu l$ 小瓶，置于 CMA/200 自动采样器中。设定采样器程序，注入 $10\mu l$，设定分析时间为 30min。采用内标准法进行分析，移取含乙酰高胆碱和/或丁酰胆碱各 $1\mu mol/L$ 的溶液于 1.5ml 色谱用玻璃小瓶中，置于 CMA/200 自动采样器的试剂位置。设定自动采样程序移取 $1\mu l$ 内标准液至每份样品中，混匀，注入 $10\mu l$ 于柱中。

结果

流程中介绍了用微孔 LCEC 同时检测微透析样品中乙酰胆碱、胆碱和毒扁豆碱的方法。应用 HRPOs（PVP）包被电极技术结合乙酰高胆碱和丁酰胆碱内标准法，该方法的灵敏性和精确度都被提高到与铂电极上 H_2O_2 直接检测相当的水平。氧化还原聚合物包被电极的高灵敏性使基础的胞外乙酰胆碱水平能够在无酯酶抑制剂的灌流条件下被检测，如图 41-14A、B 所示。这种条件下，$10\mu l$ 样品中平均的乙酰胆碱基础水平为 1.6nmol/L（从 $0.9\sim2.5$nmol/L 波动）。然而，在许多药理学研究中，希望基础的乙酰胆碱水平要降低，所以加入酯酶抑制剂仍然是必要的。图 41-14C 是一份典型的清醒大鼠海马腹侧的微透析样品色谱图。$10\mu l$ 样品中乙酰胆碱和胆碱水平的估计值分别为 50.2nmol/L 和 $0.31\mu mol/L$。毒扁豆碱的浓度从最初的 $10\mu mol/L$ 被降至 $8.86\mu mol/L$，表明在体的时候有 11.4% 的毒扁豆碱被输运到海马腹侧。内标方法能够把方差降低 1.5%，并且，对采自 3 只动物的给定 36 份样品，此法比每次分析 7 份样品的外标法在分析时间上减少 3h 左右（Kehr　1998）。

疑难解答

最普遍的问题是由于老化降低了 IMER 和电极薄膜的活性，导致灵敏性丧失。强烈推荐整个集成系统（色谱柱、IMER、电极单元）在不用时保存在冰箱里。

使用 Kathon CG（或代替以杀虫剂 ProClin 300）防止流动相和冲洗液（水）中微生物的生长。Kathon CG 是两种低毒性和高抗菌活性噻唑的混合物。

乙酰胆碱和胆碱的母液要用 10mmol/L HCl 配制。1ml 分装液在 $-70℃$ 冰箱中能够存放至少 6 个月。工作标准液应每天新鲜配制。

微孔柱会持续地增加余压而对峰形及乙酰胆碱和胆碱的保留时间没有任何明显的影响。某些情况下，把柱子反转过来有助于恢复其通透性。

建议

在酶促反应中，乙酰胆碱、胆碱及其衍生物转化成 H_2O_2，后者继而被 HRP-Os（PVP）包被的电极所检测——较之直接在铂电极上氧化 H_2O_2，这在方法学上是显著的改进。从前曾经报道过信号稳定更快，信噪比更高，乙酰胆碱和胆碱检测极限更低的方

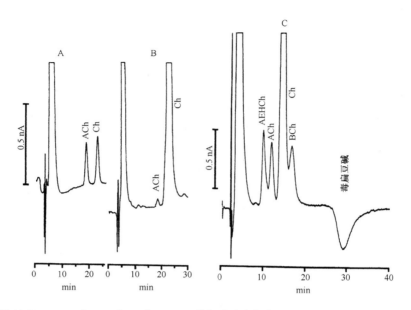

图 41-14　A. 3μl 含 ACh 和 Ch 各 150fmol 的标准液在氧化还原聚合物预包被的金电极上的分离；B. 采自基础条件下清醒大鼠海马腹侧的 10μl 典型微透析样品的分离。CMA/12 微透析探针用不含毒扁豆碱的人工脑脊液在 1.25μl/min 流速下灌流 ACh 估计浓度为 2.4nmol/L。C. 10μl 含 ACh、Ch 和毒扁豆碱的微透析样品的分离，其中混以含 AEHCh 和 BCh 各 1μmol/L 的内参。-CMA/12 微透析探针用含 10μmol/L 毒扁豆碱的人工脑脊液在 1.25μl/min 流速下灌流。估计水平为 ACh 50.2nmol/L、Ch 306nmol/L、毒扁豆碱 8.86μmol/L

法（Huang et al. 1995；Kato et al. 1996；Kehr et al. 1996）。然而，实验室包被的电极上存在稳定性问题；从第一次注入开始，电极的敏感性通常以 10% 每天的速度降低（Kehr et al. 1998）。因此，类似克服预包被金电极（Kehr et al. 1996）和铂电极（Carter and Kehr　1997）上乙酰胆碱峰的降低，内标法应用于离线和在线模式都能提高乙酰胆碱的检测精度。

　　应用

　　基底前脑的胆碱能系统在学习和记忆中起着至关重要的作用。胆碱能机能不良与进行性认知功能减退，如 Alzheimer 老年性痴呆有关。对于在体测试胆碱类及其他药物作为胆碱能替代治疗中待选药物的药效，高灵敏检测微透析样品中的胞外乙酰胆碱是一种上乘的科学方法。毒扁豆碱可以用作参考化合物，其分布和动力学都能够与乙酰胆碱外流同时测量。内标法尤其适合于长时间离线或在线监测。此外，其他的胆碱衍生物如丁酰胆碱也能通过现有方法检测到。

人脑中的微透析

　　引言

　　过去的几年里，微透析技术发展到可用于人身上，这使得它在临床领域迅速脱颖而出，称为（神经）精细护理监测（Hildingsson et al. 1996；Persson et al. 1996；Ungerstedt 1997；Zauner 1998，Landolt and Langermann 1996），糖尿病和临床药理学。这是第一次能够追踪脑外伤、中风和蛛网膜下出血病人的脑内生物化学。通过监测能量代谢（葡萄糖、乳酸、丙酮酸盐）的改变、兴奋毒性谷氨酸的释放以及作为膜分解指标的甘油，提供了关于病人状态的宝贵信息。每小时收集 $18\mu l$ 这样少的样品，由现场的分光光度计进行分析。简单的酶方法，采用特异性氧化酶和酶促反应产生 H_2O_2 与 4－氨基反吡啉的显色反应，被用于各种待分析物。唯一的例外是尿素，它采用基于测量 NADH 吸光率在一个酶促反应中的下降的方法。

材料和仪器

神经精细护理中的一套床边监测系统包括：一台 CMA 600 微透析分析仪（CMA/Microdialysis）；一台 CMA 106 微透析泵；和一根 CMA 70 脑微透析导管。根据"欧洲医学设备标准"，该导管为三类产品，可以买到各种长度的，以保证能够立体定位植入人脑。

试剂和葡萄糖、乳酸、甘油、尿素、丙酮酸盐和谷氨酸的校正标准都可以从 CMA/Microdialysis 买到。

步骤

1. 在进行神经外科手术，植入监测颅内压和脑脊液流出的仪器时，把 CMA 70 导管插入脑内软组织。

2. CMA 106 泵的洗涤器充以灌流液（无菌任氏液）。除掉所有气泡。把洗涤器的 Luer 接头连接到导管的注入管。把微型小瓶放入支架。

3. 把洗涤器装到泵内，关上盖子。泵会自动启动冲洗循环，这一过程将持续 16min。

4. 把一个新的微型小瓶放入支架，开始采样。每 60min 手工更换小瓶。

5. 准备 CMA 600 分析仪所需试剂如下：把每个试剂缓冲瓶的内容物转入各自试剂瓶。把带隔片的杯子放到试剂瓶上。完全溶解内容物，让试剂在室温下平衡至少 30min。

6. 移去校正瓶塞子，代之以有盖子的膜片。

7. 把微型小瓶中四份试剂、校正标准和样品放入 CMA 600 分析仪的样品盘中。

8. 按下仪器上的启动按钮或通过计算机软件开始分析。

结果

酶学方法基于反应速率的动力学测量，而反应速率与分析物的浓度成正比。试剂和样品吸到试管中并在流动中将其混合。对每种分析物，30s 的吸光度读数足够计算出反应的斜率，因此可以在几分钟内完成对一份样品中四种物质的分析。对每次测试中 $0.2\sim2\mu l$ 样品或 $5\sim15\mu l$ 试剂，检测的极限（$\mu mol/L$）为：葡萄糖，100；乳酸，100；甘油，10；尿素，500；丙酮酸，10；谷氨酸，1。采自人类皮层的样品中，这些物质典型的胞外浓度都是检测极限的 10 倍以上。下例（图 41-15）图示了取自一位受到严重脑外伤的病人的微透析样品中葡萄糖（图 41-15B）、乳酸（图 41-15C）、甘油（图 41-15D）和谷氨酸（图 41-15E）的浓度曲线。作为辅助测量的受伤脑中颅内压也在图中给出（图 41-15A）。可见，作为脑内水肿结果的颅内压增加与能量物质（葡萄糖）的损失，伴以酸中毒（乳酸）和谷氨酸大量释放之间存在明显的相关。虽然后一种现象已经在多种采用各式脑创伤模型进行微透析的动物上有报道（Benveniste et al. 1984，Hillered et al. 1989），长时程检测人脑损伤的化学标记直到最近才成为可能。

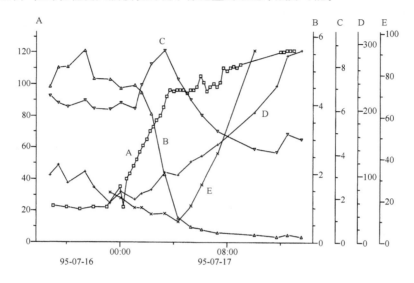

图 41-15　微透析检测严重脑外伤患者

同时记录到下列参数：A. 颅内压（ICP，mmHg），B. 葡萄糖浓度（mmol/L），C. 乳糖浓度（mmol/L），D. 甘油浓度（μmol/L），E. 谷氨酸浓度（μmol/L）。所示为 16h 的临界周期，其间患者状况严重，表现为颅内压迅速升高，继以能量物质（葡萄糖、谷氨酸）的损失、酸化和细胞膜结构连续受损（甘油）。

建议

皮下脂肪组织和静息骨骼肌上的临床微透析可以在流动环境中进行，而不需要特别的训练。一根 CMA 60 导管加上特殊的接头可以用于此目的。在美国，CMA 60 和 CMA 70 微透析导管都被视为研究设备而只能用于 IRB 核准的研究项目。

应用

针对人脑的微透析样品的分析，对葡萄糖、乳酸、丙酮酸、甘油、谷氨酸和尿素的酶学方法被发展起来，这一方法须在这些物质几乎 100％ 恢复的条件下从胞外液中采样。而微型分光光度计方法的灵敏度甚至可用于检测实验脑研究样品中的分析物。

临床微透析为医师们提供了关于细胞生存或死亡相关物质的时程的新信息。继而提供了早期干涉以终止脑损伤发展的机会。不幸的是，此处一种可能的治疗选择仍然受到限制。实际上，对脑卒中来说，除了巴比妥酸盐和抗血凝剂，今天还不能买到任何特异的抗缺血药物。在缺血后恢复期，许多有生理基础的疗法如降低体温、降血压和局部缺氧，现在都在研究当中。脑微透析将有助于找到最有效的疗法。

参 考 文 献

Abercrombie ED, Zigmond MJ (1989) Partial injury to central noradrenergic neurons: reduction of tissue norepinephrine content is greater than reduction of extracellular norepinephrine measured by microdialysis. J Neurosci 9:4062–4067

Adams RN (1990) In vivo electrochemical measurements in the CNS. Prog. Neurobiol 35:297–311

Ajima A, Kato T (1987) Brain dialysis: detection of acetylcholine in the striatum of unrestrained and unanesthetized rats. Neurosci Lett 81:129–132

Amman D, (1986) Ion-selective microelectrodes. Principles, design and applications. Springer Verlag, Berlin, Heidelberg , New York, Tokyo

Armstrong-James M, Millar J, Kruk ZL (1980) Quantification of noradrenaline iontophoresis. Nature 288:181–183

Asai S, Iribe Y, Kohno T, Ishikawa K (1996) Real time monitoring of biphasic glutamate release using dialysis electrode in rat acute brain ischemia. Neuroreport 7:1092–1096

Barker SA (1987) Immobilization of the biological component of biosensors. In: Turner AF, Karube I, G. Wilson GS (eds) Biosensors: Fundamentals and applications, Oxford University Press, New York, pp 85–99

Benveniste H, Drejer J, Schousboe A, Diemer NH (1987) Regional cerebral glucose phosphorylation and blood flow after insertion of a microdialysis fiber through the dorsal hippocampus in the rat. J Neurochem 49:729–34

Benveniste H, Diemer NH (1987) Cellular reactions to implantation of a microdialysis tube in the rat hippocampus. Acta Neuropathol (Berl) 74:234–238

Benveniste H, Drejer J, Schousboe A, Diemer NH (1984) Elevation of the extracellular concentrations of glutamate and aspartate in rat hippocampus during transient cerebral ischemia monitored by intracerebral microdialysis. J Neurochem 43:1369–1374

Bert L, Robert F, Denoroy L, Stoppini L, Renaud B (1996) Enhanced temporal resolution for the microdialysis monitoring of catecholamines and excitatory amino acids using capillary electrophoresis with laser-induced fluorescence detection. Analytical developments and in vitro validations. J Chromatogr 755:99–111

Bhattacharya BK, Feldberg W (1959) Perfusion of cerebral ventricles: assay of pharmacologically active substances in the effluent from the cisterna and the aqueduct. Br J Pharmacol Chemother 13:163–174

Bito L, Davson H, Levin E, Murray M, Snider N (1966) The concentrations of free amino acids and other electrolytes in cerebrospinal fluid, in vivo dialysate of brain, and blood plasma of the dog. J Neurochem 13:1057–1067

Boulton AA, Baker GB, Walz W (eds) (1988) The neuronal microenvironment, Neuromethods Vol 9. Humana Press, Clifton, NJ

Boulton A, Baker GB, Adams RN (eds) (1995) Voltammetric methods in brain systems. Humana Press, Totowa, NJ

Caliguri EJ, Mefford IN (1984) Femtogram detection limits for biogenic amines using microbore HPLC with electrochemical detection. Brain Res 296:156–159

Carter A, Kehr J (1997) Microbore high-performance liquid chromatographic method for measuring acetylcholine in microdialysis samples: optimizing performance of platinum electrodes. J Chromatogr 692:207–212

Celesia GG, Jasper HH (1966) Acetylcholine released from cerebral cortex in relation to state of activation. Neurology 16:1053–1063

Church WH, Justice JB Jr (1987) Rapid sampling and determination of extracellular dopamine in vivo. Anal Chem 59:712–716

Clarencon D, Testylier G, Estrade M, Galonnier M, Viret J, Gourmelon P, Fatome M (1993) Stimulated release of acetylcholinesterase in rat striatum revealed by in vivo microspectrophotometry. Neuroscience 55:457–462

Delgado JM, DeFeudis FV, Roth RH, Ryugo DK, Mitruka BM (1972) Dialytrode for long term intracerebral perfusion in awake monkeys. Arch Int Pharmacodyn 198:9–21

Curtis DR, Felix D, McLennan H (1970) GABA and hippocampal inhibition. Br J Pharmacol 40:881–883.

Damsma G, Westerink BHC, de Vries JB, Van den Berg CJ, Horn AS (1987) Measurement of acetylcholine release in freely moving rats by means of automated intracerebral dialysis. J Neurochem 48:1523–1528

Drew KL, O′Connor WT, Kehr J, Ungerstedt U (1989) Characterization of extracellular gamma-aminobutyric acid and dopamine overflow following acute implantation of a microdialysis probe. Life Sci 45:1307–1317

Drijfhout WJ, Van der Linde AG, Kooi SE, Grol CJ, Westerink BHC (1996) Norepinephrine release in the rat pineal gland: the input from the biological clock measured by in vivo microdialysis. J Neurochem 66:748–755

Drijfhout WJ, Kemper RH, Meerlo P, Koolhaas JM, Grol CJ, Westerink BH (1995) A telemetry study on the chronic effects of microdialysis probe implantation on the activity pattern and temperature rhythm of the rat. J Neurosci Methods 61:191–196

During MJ, Spencer DD (1993) Extracellular hippocampal glutamate and spontaneous seizure in the conscious human brain. Lancet 341:1607–1610

Eisenman G (1967) Glass electrodes for hydrogen and other cations: principles and practice. M. Dekker, New York

Elmquist WF, Sawchuk RJ (1997) Application of microdialysis in pharmacokinetic studies. Pharmaceut Res 14:267–288

Eva C, Hadjiconstantinou M, Neff NH, Meek JL (1984) Acetylcholine measurement by high-performance liquid chromatography using an enzyme-loaded postcolumn reactor. Anal Biochem 143:320–324

Ewing AG, Bigelow JC, Wightman RM (1983) Direct in vivo monitoring of dopamine released from two striatal compartments. Science 221:169–171

Fellows LK, Boutelle MG (1993) Rapid changes in extracellular glucose levels and blood flow in the striatum of the freely moving rat. Brain Res 604:225–231

Fellows LK, Boutelle MG, Fillenz M (1992) Extracellular brain glucose levels reflect local neuronal activity:a microdialysis study in awake, freely moving rats. J Neurochem 59:2141–2147

Fillenz M (1995) Physiological release of excitatory amino acids. Behav Brain Res 71:51–67

Fonnum F (1984) Glutamate: A neurotransmitter in mammalian brain. J Neurochem 42:1–11

Franklin KBJ, Paxinos G (1997) The Mouse Brain in Stereotaxic Coordinates. Academic Press, San Diego

Fray AE, Boutelle M, Fillenz M (1997) Extracellular glucose turnover in the striatum of unanaesthetized rats measured by quantitative microdialysis. J Physiol 504:721–726

Freitag R (1993) Applied biosensors. Curr Opin Biotechnol 4:75–79

Fuxe K, Agnati L (1991) Volume transmission in the brain, novel mechanisms for neuronal transmission. In: Fuxe K, Agnati L (eds) Advances in neuroscience. Raven Press, New York, pp 1–11

Gaddum JH (1961) Push-pull cannulae. J Physiol 155:1P-2P

Garris PA, Ciolkowski EL, Pastore P, Wightman RM (1994) Efflux of dopamine from the synaptic cleft in the nucleus accumbens of the rat brain. J Neurosci 14:6084–6093

Gerhardt GA, Oke AF, Nagy G, Moghaddam B, Adams RN (1984a) Nafion-coated electrodes with high selectivity for CNS electrochemistry. Brain Res 290:390–395

Gerhardt GA, Palmer M, Seiger A, Adams RA, Olson L, Hoffer BJ (1984b) Adrenergic transmission in hippocampus-locus coeruleus double grafts in oculo: demonstration by in vivo electrochemical detection. Brain Res 306:319–325

Geusz ME, Fletcher C, Block GD, Straume M, Copeland NG, Jenkins NA, Kay SA, Day RN (1997) Long-term monitoring of circadian rhythms in c-fos gene expression from suprachiasmatic nucleus cultures. Current Biol 7: 758–766

Gonon F, Cespuglio R, Ponchon JL, Buda M, Jouvet M, Adams RN, Pujol JF (1978) Mesure électrochimique continue de la libZration de DA rZalisZ in vivo dans le nZostriatum du rat. C R Acad Sci 286:1203–1206

Gonon F, Buda M, Cespuglio R, Jouvet M, Pujol JF (1980) In vivo electrochemical detection of catechols in the neostriatum of anaesthetized rats: dopamine or DOPAC? Nature 286:902–904

Gonon F, Buda M (1985) Regulation of dopamine release by impulse flow and by autoreceptors as studied by in vivo voltammetry in the rat striatum. Neuroscience 14:765–774

Grinvald A, Lieke E, Frostig RD, Gilbert CD, Wiesel TN (1986) Functional architecture of cortex revealed by optical imaging of intrinsic signals. Nature 324:361–364

Hamberger A, Berthold C-H, Jacobson I, Karlsson B, Lehmann A, Nyström B, Sandberg M (1985)

In vivo brain dialysis of extracellular neurotransmitter and putative transmitter amino acids. In: Bayon A, Drucker-Colin R (eds) In vivo perfusion and release of neuroactive substances. Alan R Liss, New York, pp 473-492

Hamberger A, Jacobson I, Molin S-O, Nyström B, Sandberg M, Ungerstedt U (1982) Metabolic and transmitter compartments for glutamate. In: Bradford H (ed) Neurotransmitter interaction and compartmentation. Plenum, New York, pp 359-378

Hefti F, Melamed E (1981) Dopamine release in rat striatum after administration of L-dope as studied with in vivo electrochemistry. Brain Res 225:333-346

Herrera-Marschitz M, You ZB, Goiny M, Meana JJ, Silveira R, Godukhin OV, Chen Y, Espinoza S, Pettersson E, Loidl CF, Lubec G, Andersson K, Nylander I,Terenius L, Ungerstedt U (1996) On the origin of extracellular glutamate levels monitored in the basal ganglia of the rat by in vivo microdialysis. J Neurochem 66:1726-1735

Herrera-Marschitz M, Goiny M, You ZB, Meana JJ, Pettersson E, Rodriguez-Puertas R, Xu ZQ, Terenius L, Hskfelt T, Ungerstedt U (1997) On the release of glutamate and aspartate in the basal ganglia of the rat: interactions with monoamines and neuropeptides. Neurosci & Biobehav Rev 21:489-495

Hildingsson U, Sellden H, Ungerstedt U, Marcus C (1996) Microdialysis for metabolic monitoring in neonates after surgery. Acta Paediatrica 85:589-594

Hillered L, Hallstrom A, Segersvard S, Persson L, Ungerstedt U (1989) Dynamics of extracellular metabolites in the striatum after middle cerebral artery occlusion in the rat monitored by intracerebral microdialysis. J Cerebral Blood Flow Metabol 9:607-616

Hillered L, Persson L, Ponten U, Ungerstedt U (1990) Neurometabolic monitoring of the ischaemic human brain using microdialysis. Acta Neurochirurgica 102:91-97

Hirano M, Yamashita Y, Miyakawa A (1996) In vivo visualization of hippocampal cells and dynamics of Ca2+ concentration during anoxia: feasibility of a fiber-optic plate microscope system for in vivo experiments. Brain Res 732:61-68

Huang T, Yang L, Gitzen J, Kissinger PT, Vreeke M, Heller A (1995) Detection of basal acetylcholine in rat brain microdialysate. J Chromatogr 670:323-327

Imamura K, Takahashi M, Okada H, Tsukada H, Shiomitsu T, Onoe H, Watanabe Y (1997) A novel near infra-red spectrophotometry system using microprobes: its evaluation and application for monitoring neuronal activity in the visual cortex. Neurosci Res 28:299-309

Imperato A, Di Chiara G (1984) Trans-striatal dialysis coupled to reverse phase high performance liquid chromatography with electrochemical detection: a new method for the study of the in vivo release of endogenous dopamine and metabolites. J Neurosci 4:966-977

Ishida J, Yoshitake T, Fujino K, Kawano K, Kehr J, Yamaguchi M (1998) Serotonin monitoring in microdialysates from rat brain by microbore liquid chromatography with fluorescence detection. Anal Chim Acta 365:227-232

Justice JB (1987) Voltammetry in the neurosciences, Humana Press, Clifton, NJ

Joseph MH, Davies P (1983) Electrochemical activity of o-phthalaldehyde-mercaptoethanol derivatives of amino acids. Application to high-performance liquid chromatographic determination of amino acids in plasma and other biological materials. J Chromatogr 277:125-36

Kalen P, Kokaia M, Lindvall O, Björklund A. (1988) Basic characteristics of noradrenaline release in the hippocampus of intact and 6-hydroxydopamine lesioned rats as studied by in vivo microdialysis. Brain Res 472:374-379

Kalen P, Strecker RE, Rosengren E, Björklund A (1988) Endogenous release of neuronal serotonin and 5-hydroxyindoleacetic acid in the caudate-putamen of the rat as revealed by intracerebral dialysis coupled to high-performance liquid chromatography with fluorimetric detection. J Neurochem 51:1422-1435

Kato T, Liu KJ, Yamamoto K, Osborne PG, Niwa O (1996) Detection of basal acetylcholine release in the microdialysis of rat frontal cortex by high-performance liquid chromatography using a horseradish peroxidase-osmium redox polymer electrode with pre-enzyme reactor. J Chromatogr 682:162-166

Kawagoe KT, Garris PA, Wiedemann DJ, Wightman RM (1992) Regulation of transient dopamine concentration gradients in the microenvironment surrounding nerve terminals in the rat striatum. Neuroscience 51:55-64

Kehr J, Dechent P, Kato T, Ögren SO (1998) Simultaneous determination of acetylcholine, choline and physostigmine in microdialysis samples from rat hippocampus by microbore liquid chromatography/electrochemistry on peroxidase redox polymer coated electrodes. J Neurosci

Methods 83:143–150

Kehr J, Yamamoto K, Niwa O, Kato T, and Ögren SO (1996) Disposable "chip" electrodes for LCEC determinations of acetylcholine and GABA in microdialysis samples. In: González-Mora JL, Borges R, Mas M (eds) Monitoring molecules in neuroscience. University of La Laguna, Tenerife, pp. 27–28

Kehr J (1998b) Determination of g-aminobutyric acid in microdialysis samples by microbore column liquid chromatography and fluorescence detection. J. Chromatogr 708:49–54

Kehr J (1998a) Determination of glutamate and aspartate in microdialysis samples by reversed-phase column liquid chromatography with fluorescence and electrochemical detection. J Chromatogr 708:27–38

Kehr J (1993) A survey on quantitative microdialysis: theoretical models and practical implications. J Neurosci Methods 48:251–261

Kehr J, Ungerstedt U (1988) Fast HPLC estimation of gamma-aminobutyric acid in microdialysis perfusates: effect of nipecotic and 3-mercaptopropionic acids. J Neurochem 51:1308–1310

Kehr J (1993) Fluorescence detection of amino acids derivatized with o-phthalaldehyde (OPA) based reagents. Application note no 16, CMA/Microdialysis, Stockholm

Kehr J (1994) Determination of catecholamines by automated precolumn derivatization and reversed-phase column liquid chromatography with fluorescence detection. J Chromatogr 661:137–142

Kiechle FL, Malinski T (1996) Indirect detection of nitric oxide effects: a review. Annals Clin Lab Sci 26:501–511

Kissinger PT, Hart JB, Adams RN (1973) Voltammetry in brain tissue – a new neurophysiological measurement. Brain Res 55:209–213

Kissinger PT, Refshuage CJ, Dreiling R, Blank L, Freeman R, Adams RN (1973) An electrochemical detector for liquid chromatography with picogram sensitivity. Anal Lett 6:465–477

Kriz N, Syková E, Vyklicky L (1975) Extracellular potassium changes in the spinal cord of the cat and their relation to slow potentials, active transport and impulse transmission. J Physiol 249:167–182

Lada MW, Vickroy TW, Kennedy RT (1998) Evidence for neuronal origin and metabotropic receptor-mediated regulation of extracellular glutamate and aspartate in rat striatum in vivo following electrical stimulation of the prefrontal cortex. J Neurochem 70:617–625

Landolt H, Langemann H (1996) Cerebral microdialysis as a diagnostic tool in acute brain injury. Eur J Anaesth 13:269–278

Lehman A, Isacsson H, Hamberger A (1983) Effects of in vivo administration of kainic acid on extracellular amino acid pool in the rabbit hippocampus. J Neurochem 40:1314–1320

Lindroth P, Mopper K (1979) High performance liquid chromatographic determination of subpicomole amounts of amino acids by pre-column fluorescence derivatisation with o-phthalaldehyde. Anal Chem 51:1667–1674

Lowry JP, Fillenz M (1997) Evidence for uncoupling of oxygen and glucose utilisation during neuronal activation in rat striatum. J Physiol (London) 498:497–501

Lowry JP, Boutelle MG, Fillenz M (1997) Measurement of brain tissue oxygen at a carbon paste electrode can serve as an index of increases in regional cerebral blood flow. J Neurosci Methods 71:177–182

Lowry JP, O'Neill RD, Boutelle MG, Fillenz M (1998c) Continuous monitoring of extracellular glucose concentrations in the striatum of freely moving rats with an implanted glucose biosensor. J Neurochem 70:391–396

Lowry JP, Miele M, O'Neill RD, Boutelle MG, Fillenz M (1998b) An amperometric glucose-oxidase/poly(o-phenylenediamine) biosensor for monitoring brain extracellular glucose: in vivo characterisation in the striatum of freely-moving rats. J Neurosci Methods 79:65–74

Lowry JP, Demestre M, Fillenz M (1998a) Relation between cerebral blood flow and extracellular glucose in rat striatum during mild hypoxia and hyperoxia. Developmental Neurosci 20:52–58

Lowry JP, Fillenz M (1998) Studies of the source of glucose in the extracellular compartment of the rat brain. Developmental Neurosci 20:365–368

Luparello TJ (1967) Stereotaxic atlas of the forebrain of the guinea-pig. Wiliams and Wilkins, Baltimore

MacIntosh FC, Oborin PE (1953) Release of acetylcholine from intact cerebral cortex. In: Abstracts of communications, XIX International physiological congress, Montreal, pp 580–581

Malinski T, Taha Z (1992) Nitric oxide release from a single cell measured in situ by a porphyrinic-based microsensor. Nature 358:676–678

Malitesta C, Palmisano F, Torsi L, Zambonin PG (1990) Glucose fast-response amperometric sensor based on glucose oxidase immobilised in an electropolymerized poly(o -phenylenediamine) film. Anal Chem 62:2735-2740

Marsden CA (ed) (1984) Measurement of neurotransmitter release in vivo. Methods in neurosciences, vol 6. Wiley, New York

Mayevsky A, Chance B (1973) A new long-term method for the measurement of NADH fluorescence in intact rat brain with chronically implanted cannula. Adv Exp Med Biol 37A:239-244

McIlwain H (1955) Biochemistry and the central nervous system. Little, Brown, Boston

Meyerson BA, Linderoth B, Karlsson H, Ungerstedt U (1990) Microdialysis in the human brain: extracellular measurements in the thalamus of parkinsonian patients. Life Sci 46:301-308

Millar J, Barnett TG (1988) Basic instrumentation for fast cyclic voltammetry.

Mitchell JF (1963) The spontaneous and evoked release of acetylcholine from the cerebral cortex. J Physiol 165:98-116

Moore H, Stuckman S, Sarter M, Bruno JP (1995) Stimulation of cortical acetylcholine efflux by FG 7142 measured with repeated microdialysis sampling. Synapse 21:324-331

Moroni F, Pepeu G (1984) The cortical cup technique. In: Marsden CA (ed) Measurement of neurotransmitter release in vivo. Methods in neurosciences, vol 6. Wiley, New York, pp 63-79

Myers RD (1972) Methods for perfusing different structures of the brain. In: Myers RD (ed) Methods in psychobiology, vol 2, Academic Press, New York, pp 169-211

Myers RD, Knott PJ (eds) (1986) Neurochemical analysis of the concious brain: voltammetry and push-pull perfusion. Ann NY Acad Sci, vol 473. New York Academy of Sciences, New York

Myers RD (1977) An improved push-pull cannula system for perfusing an isolated region of the brain. Physiol Behav 5:243-246

Nicholson C, Syková E (1998) Extracellular space structure revealed by diffusion analysis. Trends Neurosci 21: 207-215

Ögren SO, Kehr J, Schött PA (1996) Effects of ventral hippocampal galanin on spatial learning and on in vivo acetylcholine release in the rat. Neuroscience 75: 1127-1140

Orrego F, Villanueva S (1993) The chemical nature of the main excitatory transmitter: a critical appraisal based upon release studies and synaptic vesicle localization. Neuroscience 56:539-555

Osborne PG, O'Connor WT, Kehr J, Ungerstedt U (1991)In vivo characterisation of extracellular dopamine, GABA and acetylcholine from the dorsolateral striatum of awake freely moving rats by chronic microdialysis. J Neurosci Methods 37:93-102

Osborne PG, O'Connor WT, Kehr J, Ungerstedt U (1991) In vivo characterisation of extracellular dopamine, GABA and acetylcholine from the dorsolateral striatum of awake freely moving rats by chronic microdialysis. J Neurosci Methods 37:93-102

Pantano P, Kuhr WG (1993) Dehydrogenase-modified carbon-fiber microelectrodes for the measurement of neurotransmitter dynamics. 2. Covalent modification utilizing avidin-biotin technology. Anal Chem 65:623-630

Parsons LH, Justice JB Jr (1992) Extracellular concentration and in vivo recovery of dopamine in the nucleus accumbens using microdialysis. J Neurochem 58:212-218

Paxinos G, Watson C (1982) The Rat Brain in Stereotaxic Coordinates. Academic Press, Sydney

Persson L, Valtysson J, Enblad P, Warme PE, Cesarini K, Lewen A, Hillered L (1996) Neurochemical monitoring using intracerebral microdialysis in patients with subarachnoid hemorrhage. J Neurosurg 84:606-616

Philippu A (1984) Use of push-pull cannulae to determine the release of endogenous neurotransmitters in distinct brain areas of anesthetized and freely moving animals. In: Marsden CA (ed) Measurement of neurotransmitter release in vivo. Methods in neurosciences, vol 6. Wiley, New York, pp 3-37

Phillis JW, Song D, O'Regan MH (1998) Tamoxifen, a chloride channel blocker, reduces glutamate and aspartate release from the ischemic cerebral cortex. Brain Res 780:352-355

Potter PE, Meek JL, Neff NH (1983) Acetylcholine and choline in neuronal tissue measured by HPLC with electrochemical detection. J Neurochem 41:188-194

Privette TH, Myers RD (1989) Peristaltic versus syringe pumps for push-pull perfusion: tissue pathology and dopamine recovery in rat neostriatum. J Neurosci Methods 26:195-202

Rector DM, Poe GR, Harper RM (1993) Imaging of hippocampal and neocortical neural activity following intravenous cocaine administration in freely behaving cats. Neuroscience 54:633-641

Robinson TE, Justice JB Jr (1991) Microdialysis in the neurosciences,Techniques in the behavioral and neural sciences Vol 7. Elsevier, Amsterdam London New York Tokyo

Robinson TE, Camp DM (1991) The feasibility of repeated microdialysis for within-subjects design experiments: studies on the mesostriatal dopamine system. In: Robinson TE, Justice JB Jr (eds) Microdialysis in the neurosciences,Techniques in the behavioral and neural sciences Vol 7. Elsevier, Amsterdam London New York Tokyo, pp 189-234

Roth RH, Allikmets L, Delgado JM (1969) Synthesis and release of noradrenaline and dopamine from discrete regions of monkey brain. Arch Int Pharmacodyn 181:273-282

Sarre S, Michotte Y, Marvin CA, Ebinger G (1992) Microbore liquid chromatography with dual electrochemical detection for the determination of serotonin and 5-hydroxyindoleacetic acid in rat brain dialysates. J Chromatogr 582:29-34

Sasso SV, Pierce RJ, Walla R, Yacynych AM (1990) Electropolymerized 1,2-diaminobenzene as a means to prevent interferences and fouling and to stabilise immobilised enzyme in electrochemical biosensors. Anal Chem 62:1111-1117

Shibuki K (1990) An electrochemical microprobe for detection of nitric oxide release in brain tissue. Neurosci Res 9:69-76

Strömberg I, Van Horne C, Bygdeman M, Weiner N, Gerhardt G (1991) Function of intraventricular human mesencephalic xenografts in immunosupressed rats: An electrophysiological and neurochemical analysis. Exp Neurol 112:140-152

Syková E (1997) The extracellular space in the CNS: Its regulation, volume and geometry in normal and pathological neuronal function. The Neuroscientist 3:28-41

Syková E (1992) Ionic and volume changes in the microenvironment of nerve and receptor cells. In: Ottoson D (ed) Progress in sensory physiology. Springer-Verlag, Heidelberg, pp 1-167

Syková E (1983) Extracellular K^+ accumulation in the central nervous system. Prog biophys molec biol 42:135-189

Timmerman W, Westerink BH (1997) Brain microdialysis of GABA and glutamate: what does it signify?.Synapse 27:242-261

Tossman U, Jonsson G, Ungerstedt U (1986) Regional distribution and extracellular levels of amino acids in rat central nervous system. Acta Physiol Scand 127:533-545

Tyrefors N, Gillberg PG (1987) Determination of acetylcholine and choline in microdialysates from spinal cord of rat using liquid chromatography with electrochemical detection. J Chromatogr 423:85-91

Ungerstedt U (1984) Measurement of neurotransmitter release by intracranial dialysis. In: Marsden CA (ed) Measurement of neurotransmitter release in vivo. Methods in neurosciences, vol 6. Wiley, New York, pp 81-105

Ungerstedt U (1991) Microdialysis-principles and applications for studies in animals and man. J Int Med 230:365-73

Ungerstedt U, Pycock C (1974) Functional correlates of dopamine neurotransmission. Bull Schweiz Akad Med Wis 30:44-55

Ungerstedt U (1997) Microdialysis-a new technique for monitoring local tissue events in the clinic. Acta Anaesth Scand Suppl 110:123

Ungerstedt U, Herrera-Marschitz M, Jungnelius U, Ståhle L, Tossman U, Zetterström T (1982) Dopamine synaptic mechanisms reflected in studies combining behavioural recordings and brain dialysis. In: Kotisaka M, Shomori T, Tsukada T, Woodruff GM (eds) Advances in dopamine research. Pergamon Press, New York, pp 219-231

Vreeke M, Maidan R, Heller A (1992) Hydrogen peroxide and ß-nicotinamide adenine dinucleotide sensing amperometric electrodes based on electrical connection of horseradish peroxidase redox centers to electrodes through a three-dimensional electron relaying polymer network. Anal Chem 64:3084-3090

Wages SA, Church WH, Justice JB Jr (1986) Sampling considerations for on-line microbore liquid chromatography of brain dialysate. Anal Chem 58:1649-1656

Walker MC, Galley PT, Errington ML, Shorvon SD, Jefferys JG (1995) Ascorbate and glutamate release in the rat hippocampus after perforant path stimulation: a "dialysis electrode" study. J Neurochem 65:725-731

Walker MC, Galley PT, Errington ML, Shorvon SD, Jefferys JG (1995) Ascorbate and glutamate release in the rat hippocampus after perforant path stimulation: a "dialysis electrode" study. J Neurochem 65:725-731

Welsh S, Kay SA (1997) Reporter gene expression for monitoring gene transfer.

Westerberg E, Kehr J, Ungerstedt U, Wieloch T (1988) The NMDA-antagonist MK-801 reduces extracellular amino acid levels during hypoglycemia and prevents striatal damage. Neurosci. Res. Commun. 3:151–158

Westerink BH, Tuinte MH (1986) Chronic use of intracerebral dialysis for the in vivo measurement of 3,4-dihydroxyphenylethylamine and its metabolite 3,4-dihydroxyphenylacetic acid. J Neurochem 46:181–185

Westerink BH, Drijfhout WJ, vanGalen M, Kawahara Y, Kawahara H (1998) The use of dual-probe microdialysis for the study of catecholamine release in the brain and pineal gland. Adv Pharmacol 42:136–140

Yamamguchi M, Yoshitake T, Fujino K, Kawano K, Kehr J, Ishida J (1999) Norepinephrine monitoring in microdialysates from rat brain by microbore-high-performance liquid chromatography with fluorescence detection. Anal Biochem Submitted

Young AM (1993) Intracerebral microdialysis in the study of physiology and behaviour. Rev Neurosci 4:373–395

Zauner A, Doppenberg EM, Woodward JJ, Choi SC, Young HF, Bullock R (1997) Continuous monitoring of cerebral substrate delivery and clearance: initial experience in 24 patients with severe acute brain injuries. Neurosurgery 41:1082–1091

Zauner A, Doppenberg E, Soukup J, Menzel M, Young HF, Bullock R (1998) Extended neuromonitoring: new therapeutic opportunities? Neurol Res 20 Suppl 1:S85–90

Zetterström T, Herrera-Marschitz M, Ungerstedt U (1986) Simultaneous measurement of dopamine release and rotational behaviour in 6-hydroxydopamine denervated rats using intracerebral dialysis. Brain Res 376:1–7

Zetterström T, Sharp T, Marsden CA, Ungerstedt U (1983) In vivo measurement of dopamine and its metabolites by intracerebral dialysis: changes after d-amphetamine. J Neurochem 41:1769–1773

Zhang X, Myers RD, Wooles WR (1990) New triple microbore cannula system for push-pull perfusion of brain nuclei of the rat. J Neurosci Methods 32:93–104

Zimmerman JB, Wightman RM (1991) Simultaneous electrochemical measurements of oxygen and dopamine in vivo. Anal Chem 63:24–28

Zini I, Zoli M, Grimaldi R, Pich EM, Biagini G, Fuxe K, Agnati LF (1990) Evidence for a role of neosynthetized putrescine in the increase of glial fibrillary acidic protein immunoreactivity induced by a mechanical lesion in the rat brain. Neurosci Lett 120:13–16

第四十二章　人脑侵袭技术：微电极记录和微刺激

Jonathan Dostrovsky

谢俊霞　译

青岛大学医学院

jxiaxie@public.qd.sd.cn

■ 绪　论

应用微电极记录人脑单个和多个单位神经元的活动是由 Albe-Fessard 及其同事开创的（Albe-Fessard et al. 1963）。最初的目的是为接受脑外科手术的病人确立立体定位的靶点。将微电极记录技术应用于人体，从那时起便开展起来，但规模、范围一直很小（Tasker et al. 1998），直到最近几年，人们对应用功能性立体定向手术治疗运动障碍性疾病，特别是帕金森病重新产生兴趣，对人脑微电极记录的兴趣及其使用机会也随之增加。实际上，现在已有几家公司在制造专门用于人脑的微电极及其记录系统。微电极记录获得的信息不仅具有临床意义，为植入慢性刺激电极或产生射频损伤提供准确定位（Lozanno et al. 1996；Tasker et al. 1987；Tasker et al. 1986），而且还能为了解病人脑功能异常时大脑功能及病理生理机制提供有意义的独特资料。微刺激是另一种与立体定向手术定位靶点相关的且更常用的技术；这种技术通常使用较大的电极和相对较高的电流。我们研究组率先将微电极记录和微刺激结合起来应用（Lenz et al. 1998a；Dostrovsky et al. 1993a），已证明这是一种非常有用的技术，而且目前其他研究小组也在应用。

本章所谈的技术可以在局麻下记录皮层及皮层下结构，如丘脑、基底神经节和头端脑干神经元的活动。在记录的同时，可以要求病人做不同的运动和脑力活动，并且可以让其报告脑内刺激产生的效果。

本章介绍的是获得记录和实施微刺激的技术，并假定操作者具备一定的实验动物胞外记录方法的基本知识和经验（见第五章）。本章不准备叙述与应用该技术相关的神经外科技术。这些方法在多伦多医院已经成功应用十多年，作为指南独家提供。实行这一体内手术有许多风险，这些风险在有关临床文献中已有阐述，是实施操作过程者的责任。本章作者对应用本章所描述的方法所引起的任何并发症和问题不负任何责任。读者可以参阅本书第五章，是会有益处的。

■ 概　要

本章将介绍在立体定位手术中获得微电极记录和实施刺激的必备仪器和步骤。许多步骤与动物研究中所采用的相似，因此只作简要介绍，重点将放在人体试验需要特别注意的方面。应用该技术可能获得的各种资料的范例也将列出。

▉ 材　料

　　—微电极

　　—微电极支架和与立体定向仪相连的微驱动器

　　—与立体定向仪配套的 CT 和 MR

　　—高阻抗的放大器，最好配有与电极相连的探头

　　—隔离放大器（建议使用）

　　—信号处理装置（滤波器，放大器），假如主放大器中无此部件时才需要

　　—示波器

　　—声音监视器

　　—速率表，单视窗鉴别器（可选）

　　—刺激器，能产生串长 $1\sim10s$、持续 $0.1\sim0.5ms$、$100\sim300Hz$ 的单向或双向脉冲

　　—刺激隔离器，能传输 $1\sim100\mu A$ 的恒流脉冲。为安全起见，建议使用以电池为能源的光学隔离器

　　—其他可任意选择的与研究有关的仪器（如数据存储装置）

▉ 步　骤

　　以下在简要介绍整个操作后，将更详细地介绍电极和仪器，特别是与人体记录相关的一些问题，如安全性、无菌操作、电噪声及稳定性等。

　　概述

　　在局麻下，将病人头部置于立体定位仪上，通过 MR 或 X 射线（CT）影像技术对前后联合（AC、PC）和/或脑靶点进行相关的立体坐标定位。然后，在局麻下将颅骨钻一小孔，对准靶点插入一根导管，但要止于可疑靶点上方 10mm 或更高的部位。将装在较细保护导管内的微电极插入主导管内，然后在微驱动器的帮助下缓慢的靠向靶点。电极与前置放大器相连，来自电极的信号被进一步放大、过滤，显示在示波器上，并进入声频放大器，以便于信号通过扬声器或耳机能被听到。将刺激串通过微电极间歇地施加于选择点，观察各种任意运动的效果，询问病人受刺激后的感觉。下面介绍根据研究目的所选用的设备。

　　电极

　　用于人体记录的微电极是金属微电极，通常由钨或铂－铱合金制成，外面包有玻璃或其他绝缘层（见第五章）。我们目前使用的是聚对二甲苯包裹的钨微电极（Microprobe 公司，如 WE300325A）。由于在立体定位手术中通常记录的是脑皮层下结构如丘脑或基底神经节，因此电极必须很长，要比在动物实验中所用的长得多。由于长电极很难进行蚀刻和绝缘，我们通常将一短的微电极（如用于动物实验的电极）插入到不锈钢管中，然后用聚酰亚胺管（Kapton）绝缘。微电极尖端的长度 $15\sim40\mu m$ 或更短，初始阻抗为 $1\sim2M\Omega$。电极柄去除绝缘层，弯曲后套入细长的不锈钢管中（如 25 号规格，

Small Parts 公司），然后套上聚酰亚胺管绝缘（适合上述 25 号规格的管要用 23 号规格的绝缘管，Micro ML）。在解剖显微镜下，将绝缘管朝着电极向下推，使其重叠覆盖电极的绝缘柄，其连接处用环氧树脂密封绝缘。这样做成的电极无需进一步处理即可使用，但我们发现在钨电极尖端镀金和铂的记录效果会更好（Merrill and Ainsworth 1972）。电镀可以降低 5～10 倍的阻抗，最终阻抗只有几百 KΩ。为了保证绝缘材料没有破损，可以检测电极阻抗：将电极尖端浸入生理盐水，然后缓慢下移电极，直至电极与聚酰亚胺管相接部分浸入到液体表面之下，随着电极浸入的越来越深，阻抗应当没有明显变化。除此之外，在电极浸入液体中时，我们通常使用低的直流电压（3～5V），这会使气泡只在电极尖端产生。制备好的电极插入到带有标签的保护小管中，以便于携带。现在已有几家公司出售制备好的用于人体记录的长电极（Apollo Mirosurgical，ARS，Frederck Haer 公司，Radionics）。我们有时还使用尖端较长的电极，它是采用 25 号规格的不锈钢管用聚酰亚胺管绝缘，留出 1.5mm 的尖端，切成斜面，并抛光尖端以除去锋利的边缘。这种电极主要用于大的刺激和/或用于利多卡因的微量注射，像我们前面所述的丘脑部分的应用（Dostrovsky et al. 1993b）。

仪器

任何设计用于细胞外神经元微电极记录的放大器均可以使用（见第五章及本章后面的安全事项）。我们用的是 WPI DAM80 型前置放大器（World Precision 仪器）或 Guideline System 3000 系统（Axon 仪器公司）。使用 WPI 放大器时，其探头装在弧形手推车的调整器上，调整器内嵌有液压微驱的油缸。如使用 Axon 仪器系统时，探头上的导线可以相对长很多，而且探头应放在靠近病人头部的桌子上。许多胞外记录放大器都具有低通和高通的滤波器，有时也有带通滤波器，并能有效放大，以便进一步过滤或放大。然而，在某些情况下，需要将放大器的输出与另外的滤波器（Krohn-Hite，3700 型）和放大器相连（还可参考下面的电子安全一节）。放大器的输出显示在示波器和/或装有计算机数据收集系统（带有 spike2 的 CED1401，Data Wave，Guideline System 3000）的显示屏上。信号同时也输入声频系统，最好带有基线噪声（Grass AM8）抑制功能。某些情况下，可将窗口鉴别器连接到放大器输出上，以便能够辨认不同的单个单位并能显示其放电频率（Winston Electronics，Guideline System 3000）。当视窗鉴别器的输出信号输入到声音监测器和/或神经元的放电率联机显示时，有时还可用于鉴别单个神经单位对主动或被动运动的反应。Radionics 公司和 ARS 也出售用于在功能性立体定向手术中使用的微电极记录系统。

微刺激

为了使用微电极给予微量刺激，刺激器的输出必须输入到微电极。可以将电极的放大器连线人为地断开，并使刺激器的输出导线与电极相连（阴极向电极尖端）；或者使用专门设计的放大器或环路，使用这种放大器或环路无需变动导线就可进行刺激（Guideline System 3000，ARS 系统）。刺激器必须能产生 1～100μA、0.05～1.0ms 时程的单向或双向脉冲串。最常使用的是 300Hz 的序列刺激 1s。在 Guideline System 3000 中，刺激器设在记录系统内成为一整体，而在 WPI Anapulse model A310 中，刺激器可被制成单独的刺激发生器和恒电流刺激隔离器（A360）。

微量注射

为估量损伤产生的效应，可以在靶点的位置注入微量局麻药。尽管我们已经观察了这种注射对运动障碍病人的运动及震颤的影响，但必须强调的是，至今仍缺乏应用此方法产生预期价值的系统研究。用一根与微电极相同直径的不锈钢管替代微电极（见上述微电极部分），在插入脑之前，钢管里充满无防腐剂的 2% 利多卡因，并通过优质聚乙烯管（PE50）与 25µl 汉密尔顿（Hamilton）注射器相连。我们通常先注射 1～5µl，若几分钟内未见效果则再追加剂量。具体细节详见 Dostrovsky 等（1993b）。

可选设备

闪光灯

为确定电极是否到达视束（用于苍白球定位），可以使用闪光灯。一般用手电筒甚至是打开关闭房灯已经足够，但如果想从视束中记录视觉诱发电位（慢波），则闪光灯是必需的。

EMG 和/或加速计

主要为了研究目的，可将 EMG 电极和/或加速计与肢体相连接。在估计微刺激或强刺激对运动的效果（通常是震颤），以确定深部脑刺激或损伤部位的最佳靶点时，有时需要通过观察 EMG 或加速计的输出来评估刺激效应。这就需要联机显示记录的结果，为此目的电脑终端显示是最方便的（Spike 2，CED），而合适的放大器和滤波器对于处理 EMG 和/或加速计信号则是必须的。

存储记录和脱机分析

为进行脱机分析，必须存储单位记录和来自传感器的任何相关信号 EMG 等，这可通过数字录像机（Instrutech Corp，VR-100-B）记录到录像带或高容量的数字存储介质例如 CD、ZIP 盘等。也可用标准的视频照相机将整个过程录在录像带上，再将其直接输入到标准高保真录像机。可使用上述两种中统一声道记录神经元的活动（微电极放大器的输出）。

特别注意

电安全性

人体研究的独特性和相关安全性是人体实验中的两个主要技术问题。首先是电休克对病人安全的影响。尽管大多数为动物实验所设计的设备可能都是安全可靠的，并排除了由于故障而发生危险的电休克的可能性，但是大多数医院或国家对用于病人的任何与电有关的仪器设备仍然有非常严格的规定。为动物实验所设计的仪器设备通常都不符合这些规定，或者它们没有被验证和允许应用于人体。因此，如果一个医生打算用未经许可用于人类的仪器的话，就必须经过专门的仪器测试，并经过当地有关部门的批准。为了提高使用的安全性，通常通过单独的变压器和/或接地漏电回路保护器，而把全部仪器与干线连接起来，尽管当地未必有此规定。此外，建议使用以电池驱动的终端放大器和刺激隔离器。理想的放大器，即使是使用电池，也应该通过医用准许的独立放大器才可以和其他仪器连接。据笔者所知，虽然其他几家仪器生产商也推出了类似的设备，但到目前为止，Axon 公司生产的完整记录系统是唯一专门为人体试验研制并在美国获得批准应用于人体。

灭菌

显然，微电极必须进行灭菌。气体灭菌是可选方法。将电极放置在带孔的盒子里，在手术之前进行灭菌处理，而且必须提前做好准备。如果在一天之内需要做多台手术，那么就必须准备多个电极盒，因为一个盒子一旦开启用于一个患者，该盒内的其余电极是不允许应用于另一个患者的。根据电极的结构，还可以在应用之前进行高压灭菌。另外一种灭菌方法是将电极先浸泡于消毒液（2％戊二醛）中，然后用无菌水冲净。

任何与立体定位支架及电极支架相连的物件也必须要求无菌。我们将连接电极和固定用的支架的导线、导管都与微电极一起进行气体灭菌。纯金属的电极/微驱动器的支架，必须在刚好操作之前高压灭菌。微驱动器和前置放大器灭菌较为困难。在我们的手术中，我们使用液压微驱动油缸，这二者固定在操作架上，在使用之前将它们浸入戊二醛溶液进行灭菌处理，然后立即用无菌水冲净。如果前置放大器是密闭的，可以采用气体灭菌法；若不是，可用一个可以灭菌的套子罩住它及其电缆灭菌。过去，我们常用一个小探头（DAM80，WPI），将其插入电极支架或载体的小孔内，这样就覆盖住大部分的未灭菌的探头。输出端电缆最前面的部分用无菌黏性塑料罩住。现在我们所用的系统不需要放大器的探头离电极很近，因此，只需将导线进行气体消毒即可。

电噪声

由于细胞外单个神经单位的记录使用了很强的增益和相对较高的电极阻抗，因此电噪声干扰是个很常见的问题，有时为了排除电噪声简直成了一个难题。在手术室环境里，这可能就是一个更棘手的问题，因为在手术室或者隔壁房间内都有各种不同类型的电器在运转。有可能最糟糕的噪声就来自隔壁手术室的单极烧灼器，要想完全排除它几乎是不可能的。最理想的是配备有屏蔽的手术室，但往往由于造价过高而不实际。连接在患者身上的心率监视器和/或其他监控器有时也可能造成干扰，因此在记录过程中必须断开这些连接。荧光灯是干扰的另一个来源，可能需要与地线相连的屏蔽网屏蔽之，或者关掉它。合格正规的白炽灯和手术灯通常不会产生任何问题，而利用 Humbug 过滤器（Quest 公司）则可有效消除干线（电源线）振荡所致噪声。

颤噪声和说话

某些情况下，会有来自于声音监听扬声器与支架/微电极之间的反馈性振荡。它通常是由于导管内的微电极的振动造成的，有时支架的松动也可能引发这个问题。调小音量或者改用耳机就可以消除。有时更换电极也会解决问题。如果患者在记录过程中说话，往往都会产生记录干扰现象，更换电极有时也可以解决。

稳定性

由于支架紧紧固定在颅骨表面，应不会出现电极相对于颅骨移动的问题。然而，一些患者由于心脏和/或呼吸引起脑与颅骨相对位移，会降低稳定性并导致动作电位振幅的波动。此外，腿、手臂和/或肩部大幅主动或被动的运动有时也会导致大脑的位移以致研究结果丢失，咳嗽几乎总是会引发大脑发生位移造成记录结果的丢失。

立体定位坐标

为了精确地设定电极轨道坐标，必须借助于 MR 或 CT 影像技术（在 MR 和 CT 普及之前都是将造影剂注入脑室，这种方法目前仍在使用）。通过影像直接确定靶位，但由于通过影像准确看到靶点常常是困难的，因此，我们总是应用前联合（AC）和后联合（PC）坐标及其框架坐标，并在框架坐标上用一程序与标准脑立体定位图谱坐标相加。AC 和 PC 的立体坐标可用 MRI 或 CT 扫描计算机软件计算出来。根据 Schaltenbrand 和 Wahren 的标准图谱（Schaltenbrand and Wahren 1977），借助计算机程序使图谱放大或缩小，从而勾画出病人的 AC 和 PC 坐标在标准图谱上的位置，也可在该图上画出电极行迹的轨道（图 42-1）。

脑移位

一个非常值得注意的可能并发症是脑移位的可能性，它可发生在做脑扫描与插入电极期间，也可能发生在电极记录期间。导致这种现象的主要原因可能是在颅骨钻孔处脑脊液的流失。

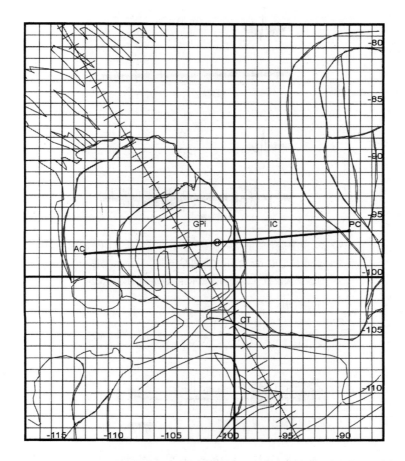

图 42-1 将计算机产生的立体定位图与加在框架上的坐标和电极轨迹叠加的范例

该图显示矢状平面一侧 20mm 处的坐标，前、后联合（AC、PC）及中间连点的位置（圈着的 X）。该图还显示了典型的电极穿过苍白球和视束的轨迹。图表方格及电极轨迹均以毫米标记，数字参照 Lexell 框架坐标。缩写：GPi—苍白球内侧部；IC—内囊；OT—视束。

结 果

使用上述技术，我们研究组成功地完成了 500 多例记录，涉及运动或感觉丘脑、丘脑下核团、脑室周围灰质、苍白球和前扣带回皮质等定位靶点。应用本技术所获得的各种类型的资料如下：图 42-2 记录的是应用到手指的触觉刺激所激发的丘脑腹尾侧核的两个单个神经单位的活动。图 42-3 显示苍白球内一个"震颤"细胞的活动记录。图 42-4 显示增加微刺激电流强度对投射区（感觉区）大小及感知觉强度的影响。图 42-5 显示在微电极插入一名截肢患者丘脑时，从微电极踪迹所得到的记录及微刺激参数。图 42-6 显示的是在帕金森病患者丘脑内电刺激和注射利多卡因对震颤的作用。图 42-7 为给予上肢有害热刺激后在前扣带皮质记录到的一个神经元放电频率的直方图。

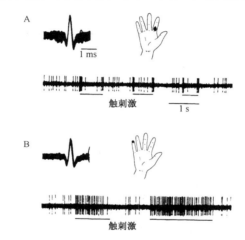

图 42-2　由手指上的触觉刺激激发的、在丘脑腹尾侧核的两个单个神经单位放电活动的示波器追踪记录。并显示出每个单位的感受区位置（经许可，修订自 Lenz et al. 1988b）

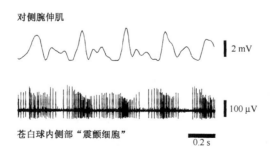

图 42-3　在苍白球内侧部（GPi）记录到的一个"震颤细胞"的放电模式

上部的曲线显示后是记录到的对侧伸肌经过校正和过滤之后的肌电图（经许可，修订自 Tasker et al. 1988）。

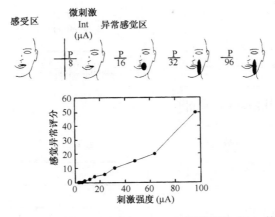

图 42-4　微量刺激（0.2ms 波宽，300Hz）感觉丘脑（Vc）的效果

刺激部位的感受区在上唇。在阈电流（8μA）强度下，刺激在同一位点产生了刺痛感（P−感觉异常），而且随着刺激强度的增加，感受刺痛的区域也随之扩大。同时还显示在不同刺激强度下，刺激感觉丘脑时病人对0～100标尺范围内感受刺激的量值（经许可，修订自 Dostrovsky et al. 1993a）。

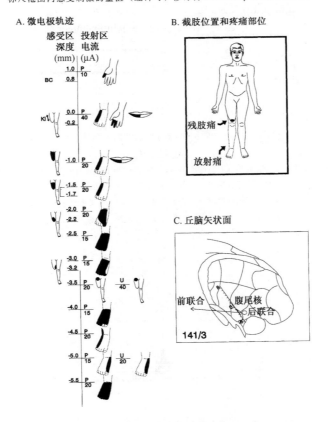

图 42-5　电极轨迹记录数据示例

A 是感受区及有关的记录信息，B 和 C 是微量刺激的作用。B 表示截肢的位置和患四肢痛的部位，C 表示与丘脑核有关的电极轨迹的位置。缩写：Ki−运动觉的，BC−放电细胞，P−感觉异常，U−不愉快的感觉异常，Vc−腹尾核，AC−前联合，PC−后联合（经许可，修订自 Davis et al. 1998）。

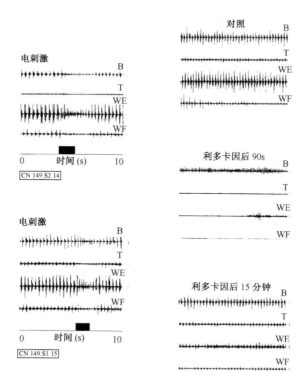

图 42-6　在运动丘脑进行微量刺激与微量注射利多卡因对帕金森病患者
震颤的影响

左侧为在两个不同部位给予电刺激（0.2ms 波宽，300Hz，100μA 串刺激）对上肢震颤的作用。每条曲
线分别表示从肱二头肌（B）、肱三头肌（T）、腕伸肌（WE）和腕屈肌（WF）记录到的 EMG。刺激时
间以粗黑线段表示。右侧同左侧所示的相同，它们是在微量刺激减弱震颤的位点注射 2‰ 利多卡因 2μl
之前、注射之后 90s 和 15min，所记录到的 EMG 波形（标注在左侧记录图的上部）。

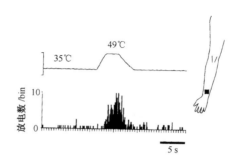

图 42-7　记录了皮层前带回神经元在臂部受到有害温度刺激时产生的放电活动，上方曲线
显示温度变化（经允许，修订自 Dostrovsky et al. 1995）

■ 问题解答

在手术室进行记录时所遇到的几种主要问题与在实验室进行动物记录时遇到的相同，一般都是由于电极和接地问题所引起。

高水平噪声通常预示电极连接不够紧密或电极阻抗已升高。

线频噪声则通常预示地线连接不良或地线回路，或受到实验仪器或荧光灯的干扰。

无神经元的记录信号，意味着电极（如绝缘损坏，尖端弯曲）或放大器故障。

无刺激效应（当你认为电极在靶区刺激应该产生作用时），可能是由于刺激器输出端与电极之间的某个部位发生短路，或者电极阻抗过高，驱动电压不能有效地输出足够的电流。

致谢：

作者感谢 Dr. Fred Lenz 的贡献，他率先在我们研究组应用微电极记录方法；感谢我的同事 Drs. Karen Davis 和 Bill Hutchison，他们负责实施本组当前的工作；感谢 Dr. Ron Tasker，他在 Toronto 开辟了功能性立体定位手术和微电极记录工作；感谢 Dr. Andres Lozano，他是参与我们当前立体定位手术病例的另一位神经外科医师。

参 考 文 献

Albe-Fessard D, Guiot G, and Hardy J (1963) Electrophysiological localization and identification of subcortical structures in man by recording spontaneous and evoked activities. EEG Clin Neurophysiol 15: 1052-1053

Davis KD, Kiss ZHT, Luo L, Tasker RR, Lozano AM, and Dostrovsky JO (1998) Phantom sensations generated by thalamic microstimulation. Nature 391: 385–387

Dostrovsky JO, Hutchison WD, Davis KD, Lozano AM (1995) Potential role of orbital and cingulate cortices in nociception. In: Besson JM, Guilbaud G, Ollat H (eds) Forebrain areas involved in pain processing. John Libbey Eurotext, Paris, pp 171–181

Dostrovsky JO, Davis KD, Lee L, Sher GD, Tasker RR (1993a) Electrical stimulation-induced effects in human thalamus. In: Devinsky O, Beric A, Dogali M (eds) Electrical and magnetic stimulation of the brain and spinal cord. Advances in Neurology, Volume 63. Raven Press, New York, pp 219–229

Dostrovsky JO, Sher GD, Davis KD, Parrent AG, Hutchison WD, and Tasker RR (1993b) Microinjection of lidocaine into human thalamus: A useful tool in stereotactic surgery. Stereotact Funct Neurosurg 60: 168–174

Lenz FA, Dostrovsky JO, Kwan HC, Tasker RR, Yamashiro K, and Murphy JT (1988a) Methods for microstimulation and recording of single neurons and evoked potentials in the human central nervous system. J Neurosurg 68: 630–634

Lenz FA, Dostrovsky JO, Tasker RR, Yamashiro K, Kwan HC, and Murphy JT (1988b) Single-unit analysis of the human ventral thalamic nuclear group: somatosensory responses. J Neurophysiol 59: 299–316

Lozano A, Hutchison W, Kiss Z, Tasker R, Davis K, and Dostrovsky J (1996) Methods for microelectrode-guided posteroventral pallidotomy. J Neurosurg 84: 194–202

Merrill E, and Ainsworth A (1972) Glass-coated platinum-plated tungsten microelectrodes. Med Biol Eng 10: 662–672

Schaltenbrand G, Wahren W (1977) Atlas for Stereotaxy of the Human Brain. Thieme, Stuttgart

Tasker RR, Davis KD, Hutchison WD, Dostrovsky JO (1998) Subcortical and thalamic mapping in functional neurosurgery. In: Gildenberg P, Tasker RR (eds) Textbook of Stereotactic and Functional Neurosurgery. McGraw-Hill, NY, pp 883–909

Tasker RR, Lenz FA, Yamashiro K, Gorecki J, Hirayama T, and Dostrovsky JO (1987) Microelectrode techniques in localization of stereotactic targets. Neurol Res 9: 105–112

Tasker RR, Yamashiro K, Lenz FA, Dostrovsky JO (1986) Microelectrode techniques in stereotactic surgery for Parkinson's disease. In: Lunsford (ed) Stereotactic Surgery.

第四十三章　心理物理学检测技术

Walter H. Ehrenstein and Addie Ehrenstein

张策　译

山西医科大学生理系

cezh2002@yahoo.com

■ 绪　论

　　当费希纳（Fechner 1860/1966）创立心理物理学这门新兴学科时，他的目的是介绍一种研究身体与精神，或更确切地说是研究物质世界和精神世界相互关系的科学方法。费希纳的心理物理学的主要观点是，身体与精神是对同一客观现象做出不同反应的器官。当我们从客观的角度来考虑时，对外界刺激的感知或感受是脑内的一个神经活动过程，而从主观上讲它就是一个心理过程。由于脑内的神经活动可直接反映在心理过程，费希纳预期现代科学的重要任务之一，应该是探索神经活动即客观活动与感知觉即主观感受之间的关系。

　　本章的内容是介绍费希纳的方法及一些改良的心理物理学方法，这些方法对现代神经科学家客观评价心理与神经过程的关系是极为有益的。

内因性和外因性心理物理学

　　在费希纳时代，还没有像生理学这样的科学方法能够将感觉过程进行客观的记录并对相关的神经活动加以研究。感觉生理学在当时基本上是一个主观过程，因为它只能依据个人的主观感受，而不是依据对感受器电位或神经活动的了解来对感知觉过程做出解释。费希纳将这种神经活动或神经活动与感觉的关系定义为内因性心理物理学（inner psychophysics，Scheerer 1992），而将感觉与刺激的物理特性的关系称为外因性心理物

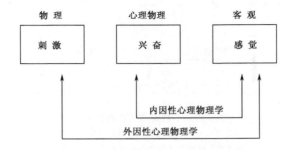

图 43-1　费希纳的心理物理学概念

外因性心理物理学是利用物理学的方法来描述和控制刺激，从而对
感觉的产生过程进行研究；而内因性心理物理学是一个理论概念，
它利用外因性物理学的方法来探讨感觉与神经活动的相互关系。

理学（outer psychophysics）（图 43-1）。

　　在费希纳发表他的巨著"心理物理学"（1860）后的大半个世纪，内因性心理物理学一直停留在只是一个概念的水平，而外因性心理物理学的研究则有了很大进展并提供了研究感觉和神经过程的重要的方法学基础。利用心理物理学方法对产生感觉的客观过程的研究，不仅促进了实验心理学同时也大大推动了感觉生理学的发展。早期将心理物理学方法应用到感觉研究过程的科学家，如 Aubert，Exner，Helmholtz，Hering，Uon Kries，Mach，Purkinje 和 Weber，他们的工作为理解感觉形成机制提供了重要基础。通常将利用这种方法对感觉生理的研究称为主观感觉生理学（subjective sensory physiology，Jung　1984）。

相关研究

　　随着多种客观方法的问世，如电生理技术，包括脑电图（EEG，第三十五章）、视觉诱发电位（VEP，第三十六章）、单位放电记录技术（第五章）和脑磁图（MEG，第三十七章）、正电子发射断层扫描（PET，第三十九章）及功能磁共振（fMRI，第三十八章），所有这些方法使得研究者已有可能对在感觉形成中，脑内神经活动的过程及定位进行直接的观察和研究。由于这些技术无创且易于应用，因而使经典的心理物理学与现代神经科学形成一种新的关系模型（图 43-2）。然而经典的心理物理学仍然保持着它的重要性，同时它与不同的客观方法的联合应用能对神经生理学的研究结果加以确认或补充。通常把探讨主观与客观活动相对应的感觉和神经过程的相互联系的研究，称作相关研究（correlational research，Jung　1961a，1972）。这种方法最初由 Jung 和他的同事应用在视觉研究过程，它以量化的以及可描述的方式比较心理物理和神经活动的资料，即以客观的态度对待有关精神和神经活动的有关问题及两者的因果关系。之后很快被应用到感觉的其他研究领域（Keidel et al. 1965；Werner et al. 1965；Ehen berger et al. 1966；Borg et al. 1967；Hense　1976），时至今日，它已成为现代神经科学研究的重要方法。（Spillmann et al. 1990；Gazzamiga　1995；Spillmann et al. 1996）。

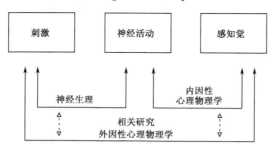

图 43-2　心理物理学的现代概念
由于神经生理学方法可以客观地记录神经活动过程，因而可用于
对心理物理及神经感知活动的相互关系进行定量研究。

　　如图 43-2 所示，由于目前已具有对形成感觉的相关的神经活动过程进行客观评价的技术和方法，因而费希纳的内因性心理物理学的研究已不再单一地依赖外因性心理物理学的方法技术。随着相关研究的不断发展，采用客观分析的方法对主观感觉的形成机制的研究将会得到进一步加强。例如，应用心理物理学方法，可对由于特定脑区的损伤造成的感觉活动的障碍进行详尽研究。此外，也可通过选择刺激对与感觉有关的特定脑区的特定功能活动机制进行详细研究。由此，心理物理学成为研究脑内感觉机制的重要手段（Wist et al. 1998）。

如何测量感知体验

心理物理学的研究起始于一种似乎自相矛盾的理论：即需要将主观经验进行客观化的处理。产生感觉是不需要任何装置的，对每个人来说这是一个快速和自然的过程。因此，问题不在于如何获取感觉经验，而在于如何描述和研究个体感受刺激的过程，以便这些经验或经历能得以交流。心理物理学试图通过将感觉过程和物理刺激紧密结合的方法解决这些问题。其基本原则是以物理刺激作为一个参照系统进行相关分析。实验过程中，研究者精心地设计并控制刺激的性质，而受试者则被要求报告他们所感受的刺激。心理物理学方法的艺术性在于，将问题设计得尽量准确、简单，以便于得到可信的答案。一个调查可能以这样一个简单的问题开始，"你能听到这个声音吗？"事实上，这可能就是心理物理学中对刺激的感受进行测试过程的一个具体问题。

有时在实验过程我们不只要了解受试者是否能感受到刺激，同时还需要获取有关受试者所感受刺激特征的信息。例如，对一个声音的感受，就包括其相关的特征，如声音的特征及空间定位等。因此，与刺激的感受相关联的一个过程就是对一些特征或细节的辨认。当受试者接受的是较强而清晰的刺激时，他们可很快产生感觉，几乎在同时也能对一些刺激特征进行辨认。然而，在刺激信号较弱同时伴有噪声时，只能形成一种模糊感觉，即偶尔感到刺激的存在，但却无法确切地对刺激做出判断，例如，刺激的特征是什么，在哪里出现等。人们总是试图从断断续续出现的噪声中尽力分辨持续存在的信号，例如，从时隐时现的背景噪声中分辨由远渐近的汽车声响。此时的任务就是从背景噪声中分辨信号，而且是在模糊不清的背景下进行的。随着汽车的行进，汽车的声音越来越大，能够正确区分信号与噪声的概率也在逐渐增加。即使我们已经非常明确地感受到了这一客观事实，我们可能仍然需要回答一些在感受过程中相关的判断问题。如"这车离我们这么近，它会造成危险吗？它的发动机声音正常吗？是否比正常的发动机声音大呢？"上述问题是感受刺激过程中有关感知觉的度量及刺激幅度的问题。

■ 概　要

在随后的内容中，我们将描述心理物理学的基本原则，并通过三个例子来介绍它的应用。首先我们介绍有关阈限的方法，从介绍经典方法开始；同时也介绍一些改良的方法。对受试者标准的控制也一并加以讨论。其次，我们描述阈上方法，包括反应时、分类度量、幅度估算以及交叉模态匹配。最后，讨论比较心理物理学，即在特殊条件下和用特殊方法对动物进行的测试。方法介绍之后，会给出三个典型的例子。这些例子包括：①在听觉运动感受过程进行适应的机制；②如何评价神经疾患引起的视觉功能的损害；③测量人和猴子感受视野的方法。

方法和步骤

以下我们将讨论心理物理学的方法和相关的研究内容。这些方法被证明在感觉研究中极具价值，它们大多为经典性的方法，而且，其中一些已被费希纳所验证。然而，这里介绍的刺激方法、记录方法及分析系统，都已被改良成为现代化手段，尤其是它们都能利用计算机程序来进行各种相关处理。

阈值测定法

感觉系统最基本的功能，是感受环境中的能量或能量的变化。这些能量可以是化学的（如嗅觉或味觉）、电磁的（如视觉）、机械的（如听觉、本体感觉或触觉）以及温度的刺激。要引起感觉，刺激必须具备一定的能量，这个最小的能量被称作绝对阈值（absolute threshold）。根据费希纳的观点，这个能量是在清醒状态下引起感觉的刺激强度。因此，绝对阈值是受试者刚好能产生感觉的刺激强度值。另一个阈值是辨别阈值（difference threshold），它是针对阈上刺激而言的，是指通过标准刺激而产生明显感觉差异的最小差值。

调整方法

测定阈值包括绝对阈值和辨别阈值的最简单、快捷的方法，是通过让受试者调整刺激强度来完成的。当受试者调整刺激强度以达到刚好能被感受或刚好不被感受（在测定绝对阈值时），或与某个标准刺激相比刚好能形成明显差别（在测定辨别阈值时）。受试者通常被给予一个标准或参照刺激用以调整刺激强度。例如，刺激为声音刺激时，通过调整声波刺激强度刚好被感知，即受试者刚好能听到，记录这个刺激强度以便对受试者的听力阈值进行估算。或者也可以由受试者调整刺激强度由原先清晰的听觉到刚好听不到（或达到某个标准强度），这样提供了另一种估算刺激强度阈值的方法。在上述两个系列中，一个是刺激信号在逐渐增加（递增系列），另一则是逐渐降低（递减系列），在它们交替应用数次后，将所得结果平均即可得出阈值的估算值。例如，一个频率为500Hz的声音刺激在递增系列测试时，第一次测试时最初能听到声音的刺激强度是5dB，而第二次测试则是在5.5dB时才能听到；在递减系列测试中，第一次测试过程，最初听不到声音的刺激强度为4dB，而第二次测试时，听不到声音的强度则是4.5dB。那么这个声音刺激的强度阈值约为4.75dB。

下面描述的测量阈值的方法不同于上述的调整方法，即它们不允许受试者直接控制刺激强度。由于这种方法依靠实验者而不是受试者的控制，因而是一种更客观、标准的测试方法。

限量方法

在限量方法（method of limits）中，一个单一的刺激（如光线），以一系列不同的强度进行刺激，同时记录受试者对每一个刺激的反应。如同先前的描述，刺激在起初时很弱，以致于不能被感知，此时受试者的反应是看不见，然后依次增加强度直到形成视觉（递增系列）。或者由形成清晰视觉的刺激强度逐渐降低为看不到（递减系列）。将递增系列检测过程中刚好能看到的以及递减系列过程中刚好看不到的刺激强度值加以平均，即可估算绝对阈值（表43-1）。递增及递减系列常常会出现阈值的轻微但是系列的差别。因此，两个系列的检测需交替使用，同时将结果加以平均以便得出更为准确的估算值。

表 43-1 限量刺激法中绝对阈值的确定

刺激强度	递增和递减系列的交替使用					
0	N		N		N	
1	N		N		N	
2	N		N	N	N	
3	N	N	N	Y	N	N
4	N	Y	N	Y	N	Y
5	N	Y	Y	Y	Y	Y
6	Y	Y		Y		Y
7		Y		Y		Y
转折点	5.5	3.5	4.5	2.5	4.5	3.5

Y 代表对刺激发生反应，N 代表没有反应。阈值＝转折点的均值＝（5.5＋3.5＋4.5＋2.5＋4.5＋3.5）/6＝24/6＝4。

辨别阈值的确定首先需要有两个或更多的不同刺激。例如，两个闪烁的光线刺激，可能同时出现或者先后出现而进行刺激。在此过程，标准刺激一直保持不变，而另一个刺激则依特定序列变化，以标准刺激强度为参照，或者最初时强度很弱之后逐渐增强（递增系列），或最初时很强之后逐渐减弱（递减系列）。当受试者对刺激产生的感觉发生明显改变时，如由先前反应很弱到很强，或相反的结果由反应很强到很弱时，刺激中止。辨别阈值是指能产生明显不同反应的两次刺激之间的强度差值。如上所述，在测试过程递增和递减系列交替应用，并将结果加以平均从而得出估算的强度阈值。

恒定刺激法

在恒定刺激实验（method of constant stimuli）中，实验者选用一系列刺激强度，大多是5～9个。这些刺激通常是依据前期实验结果，如调整试验获取的数据，同时这些数据应包含预期的阈值。这组系列刺激以随机方式进行重复刺激，以确保每个刺激具有均等出现的机会。每次刺激之后，受试者被要求报告是否感受到刺激（绝对阈值）或刺激强度大于或小于某个标准强度（辨别阈值）。每个刺激都重复多次（通常不多于20次），记录每次刺激时的反应，包括感知、不感知及强或弱的反应（表43-2）。将所得数据作表，刺激强度作为横轴，感受刺激的百分率作为纵轴，所得曲线称为心理度量功能曲线（psychometric function）（图43-3）。

如果存在一个固定的感受阈值，心理度量功能曲线在感知和不感知之间应显示一个突然的转折。然而该曲线很少遵循这种全或无的规则。通常我们得到的只是一条"S"

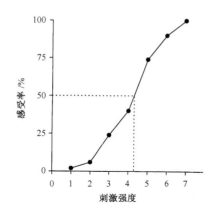

图 43-3　心理度量功能曲线显示了刺激强度与感受刺激频率的关系。阈值被定义为具有 50% 感受概率时对应的刺激强度值

形曲线，这反映了在弱刺激强度时只是偶然感知刺激，而随着刺激强度的增加感知刺激的概率则明显提高，中等水平的强度则存在随机性，即一些时候能感知刺激，而另一些时候则无法感知。使心理度量功能曲线成为 "S" 形曲线而不是直线的有多个因素。一个主要原因是感觉敏感性的波动，这是存在于任何生物感觉系统内的一个基本特征，可能与感受系统的自发活动与背景噪声有关。这些固有的波动同时也意味着，受试者感受刺激的过程是在具有背景的基础上进行的。

不管什么情况，阈值的大小总是具有一定的随机性，而且其数值的计算需要经过统计学处理才有意义。利用恒定刺激法进行测试时，习惯上将能引起 50% 感受时的刺激强度值定义为绝对阈值。注意表 43-2 和图 43-3 的例子，没有一个正好对应于 50% 感受的刺激，然而应用刺激 4 时被感受的概率是 40%，刺激 5 时被感受的概率是 74%。因此，50% 感受概率的强度值应介于刺激 4 与刺激 5 之间。我们假定感受刺激的概率，在上述刺激之间成线性关系，即假定 "S" 形曲线的中部近似线性关系，我们即可通过内推法来求出阈值强度值

$$T = a + (b - a) \cdot \frac{50 - P_a}{P_b - P_a}$$

式中，T 是阈值，a 和 b 分别为 50% 感受概率上下的刺激强度，而 P_a 和 P_b 分别为相对应的感受刺激的百分比。以例 2 的数据我们可得到下列结果

$$T = 4 + (5 - 4) \times \frac{50 - 40}{74 - 40} = 4 + \frac{10}{34} = 4.29$$

虽然恒定刺激法可提供最可靠的阈值估算，但它的主要缺点是测试过程消耗时间太多，同时要求受试者耐心细致的配合，因为需要多次重复的刺激才能完成测试。

表 43-2　恒定刺激法（每个刺激重复 50 次）

刺激强度/任意单位	1	2	3	4	5	6	7
感受刺激的频率/次数	1	3	12	20	37	45	50
感受刺激的比例/%	2	6	24	40	74	90	100

调整实验

　　调整实验（adaptive testing）是依据受试者的反应而调整测试刺激，以便使其保持在接近阈值的水平。由于涉及很小范围的刺激，因而调整实验效率较高。典型的例子是由 von Békésy 1947 年首次引入的阶梯方法，利用这种方法他进行了听力测试实验。

　　阶梯方法（staircase method）是改良的限量法。其应用如图 43-4 所示，实验中刺激

由一个递减系列开始，每当受试者做出肯定回答时，如"我能感受到刺激"，刺激强度就下降一个阶梯，一直到刺激不再被感知。此时，我们并不像限量法一样停止测试，而是变换方向依次增加刺激强度继续测试。如果受试者做出了否定回答，即"感受不到刺激"，则增加刺激强度，反之，则降低刺激强度。由此，使得测试刺激的强度始终在阈值附近波动，这样的实验过程通常重复 6～9 次，最后将使受试者反应发生改变的刺激强度值（即类似于限量实验中的转折点的强度值）加以平均，从而估算感受阈值（表 43-1）。

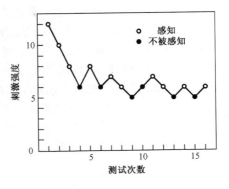

图 43-4　利用单一阶梯步骤的调整实验

这个例子显示一个递减实验系列，在刺激被感受时，其强度降低一个阶梯；反之，当不被感受时增加一个阶梯。

　　在阶梯实验中，由于大多数测试刺激都集中在阈值区域，因而这种方法较限量法效率更高。但在上述的简单梯度法（simple staircase）实验过程中存在着一个问题，即受试者容易掌握实验的步骤，这将导致受试者可以对阈值做出预测，从而在阈值刺激还未出现时就预先做出反应，造成实验的人为性误差。要克服这个问题可应用两个或多个阶梯交叉（interleaved staircase）的方法（图 43-5）。在第一个系列的实验中即阶梯 A，测试刺激起始于远高于阈强度的刺激，而阶梯 B 则起始于一个远低于阈强度的刺激。阶梯 A 之后可再给予第 2 个刺激系列，同样在阶梯 B 之后也可给予第 2 个刺激系列。在这些测试过程，两个阶梯都包含阈值强度。同时两个阶梯以随机而不是固定序列方式交叉，从而避免了受试者对阈值的预测（Cornsweet　1962）。

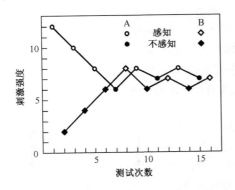

图 43-5　应用两个阶梯交叉进行实验的例子

其中一个是刺激递增系列，另一个是递减系列。

PEST 步骤

　　一种效率更高的调整实验的方法被称之为序列测试的参数评定法（parameter estimation by sequential testing，PEST）。PEST 方法应用最大或然法去选择最佳刺激的强度（best PEST；Lieberman et al. 1982）。这种方法易于通过电脑进行操作，与经典阶梯法相类似，但更快捷并精确。在测试过程，它依照受试者的反应调整刺激的强度，使后续测试的刺激强度更接近阈值。PEST 法假定心理度量曲线通常是一个"S"形曲线，然而在一些特殊研究中它也可能会出现其他的曲线形式（Lieberman and Pentland　1982）。

恒定刺激法的变量调整

　　恒定刺激方法的问题是，由于只有接近阈值的刺激才能提供有意义的信息，而在实验中所用的许多刺激都距离阈值太远。这种情况可通过预实验，如应用调整实验来确定刺激范围，使其更接近受试者的感觉敏感度，或者也可以在实验进行过程调整刺激强度（Farell et al. 1999）。这种序列估算的方法主要适用于预实验，因为在一个较短期的预实验过程中选择的最佳刺激可能不会成为整个实验过程的理想刺激，因为受试者的敏感性常有波动。最复杂但有效的调整策略是，实验者结合先前有关刺激范围的信息，及受试者对以前刺激的反应，利用 Bayesian 的调整测量方法（Watson et al. 1983；King-Smith et al. 1994），用以选择后续测试中刺激的强度。在 Bayesian 的调整方法中，阈值被认为呈现正态分布。在每一次反应后，阈值的概率密度函数通过 Bayes 原则来调整更新，以便提高被感知的可能性（Farell et al. 1999）。

迫使选择法

到目前为止，所涉及的心理物理学方法都是依赖受试者的主观感受，实验者在实验过程很难控制受试者的报告正确与否，因而这些方法通常都被定义为主观法（subjective）。在这种实验中，最终的结果将取决于受试者感受刺激的标准。而迫使选择法（forced-choice method）提供了一种客观的测试方法。在此过程，受试者被要求对每一个刺激做出一种主动反应，而不管他是否感受到了刺激。假定测试刺激是光线，在每次刺激时，光线照射的位置可能高于或低于某个固定点，受试者被要求在光线刺激出现后，指明它的确切位置。迫使法首先是由 Bergmann 引入（1858；Fechner 1860/1966，p242），并在检测视觉敏感度的实验中应用。实验过程，当 Bergmann 变换光栅的方向时，他并不去询问受试者是否看到，而是要求受试者指出光栅的方向。一个世纪之后，这种方法经改良，仍然是心理物理学方法学上重要的方法（Blackwell 1952）。

应用迫使选择法的结果表明，许多受试者可以辨别很弱的光线或很低的声音强度。例如，通过调整实验的测试对一很弱的光线刺激获得了绝对阈值，利用迫使选择法再对此阈值进行重新测试。此时这个较弱的光线可在高于或低于某个固定点的位置闪烁，要求受试者指出其确切位置。测试结果显示，几乎所有指认都完全正确。这种结果与受试者先前以印象为主的猜测结果构成显著区别，即先前受试者的反应多数为猜想，实际上并非清晰地看到了什么内容。假定重复光线刺激，即使强度略低于先前确定的阈值，受试者仍有 70%～75% 的正确选择，这明显高于随机选择的正确率。事实上，迫使选择法所确定的强度阈值低于由非迫使法即主观法所确定的绝对阈值的数值（Sekuler et al. 1994）。

似乎有这样的一种现象，在非迫使选择法中，形成感觉所需的刺激信息量要大于迫使选择法中所需要的刺激信息量。对两者进行的比较，有助于我们分析不同受试者可能形成的标准差异，这种标准可被定义为受试者将感觉信息转换成行为反应时遵循的一个基本原则。这同样涉及另一方面的内容，即信号检测理论，该理论已受到极大关注，将会在下面讨论。

信号检测方法

这种侧重于研究感知觉过程的心理物理学方法来源于信号检测理论（Green et al. 1966）。它的基础是费希纳的分辨理论（Fechner 1860/1966，p85～89，Link 1992）和 Thurstone 的比较判别原理（Judgment 1927）。SDT 提供了一系列方法用来测定受试者形成感知觉时的敏感度，以及可能具有的反应偏差。根据这种理论，能提示刺激的感觉资料信号可看作是一个集合。信号的强度在每次测试中是不相同的。这意味着信号可由一组具有不同性质的感觉组成的集合来表示。另外在每次测试中，除信号外还存在着噪声，因此信号刺激通常也可称作信号—噪声测试。即使在一些测试中没有给予刺激信号，但仍可能感受到某种形式的刺激。例如，可能具有的背景噪声及感觉形成过程的变异，如敏感度的变异，有可能被误认为刺激而被感受。因而噪声的强度分布也需加以考虑。

　　信号检测方法是针对一些情况下，如信号—噪声及噪声分布有重叠时应用，即受试者对一组感觉资料不能明确区分信号与噪声的情况。假定两者的重叠很小，受试者将很容易将信号与噪声区分开来，这意味着受试者对刺激的敏感度较高。假定两者重叠很多，即信号和噪声的分布很接近，受试者将很难将其区分，这意味着敏感度很低。因此，信号—噪声与噪声分布的重叠程度可被看作是测量敏感性的指标（图 43-6）。SDT的另一个假设是，受试者对每一个给定的测试设定有反应"标准"。若刺激能量超过了这个标准，受试者即发生反应，即提示感受到刺激的存在；反之若刺激未超过这个设定标准，答案将是否定的。由于受试者在给定的测试中并不明确信号是否存在，因而这种假定的主观标准对信号—噪声测试与噪声测试是相同的。

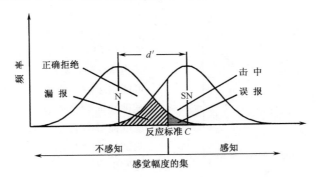

图 43-6　在信号检测过程中的心理物理变量分布情况

信号分布从弱到强（从左到右）作为横轴，感觉强度则作为纵轴。噪声分
布在左侧，信号—噪声分布在右侧。信号的存在改变了感觉幅度但并不改
变分布状态。指数 d' 反映感觉的敏感度，而 C 为受试者反应标准。

　　信号检测步骤

　　受试者的感觉敏感度与反应偏差通过检测信号—噪声及噪声反应来测量。在实验过程，记录击中（hit）及误报（false alarm）的频率。击中率是受试者能够正确辨认信号存在的概率，而误报率则是受试者在刺激并未出现时，仍在感知刺激的概率。遗漏（miss）是指受试者在刺激出现时却做出了否定回答，而正确拒绝（correct rejection）则是指受试者在无信号存在时做出了否定判断。通过击中率及误报率很容易计算出遗漏率及正确拒绝率，即 1－击中率＝遗漏率。如前所述，击中率是正确辨认信号的概率。由此，它可被认为是位于反应标准右侧的信号—噪声分布区内（图 43-6）。同理，误报率也是在反应标准右侧的区域内。一般认为，信号—噪声与噪声的分布都呈现正态分布且具有相同的标准差。在正态分布曲线的条件下，面积区域的计算可以被用来推测击中或误报率，由此可计算辨别力指数 d'。有关辨别力指数 d' 的公式及相关的例子将在后面叙述。

受试者的感知行为不仅取决于信号、噪声的重叠程度，同时还受反应标准位置的影响。假定反应标准在相对低的水平，即位于曲线靠左边的位置，受试者将能够检测到绝大多数信号，即刺激信号的能量多数都大于反应标准，与此同时，也会出现更多的误报，这样的受试者称作"开放型或自由型"。假定反应标准设定在较高的水平即位于曲线靠右边的位置，此时误报很少，同时击中率也大大降低，这种受试者被称作是"保守型"。理想的反应是高的击中率及低的误报率，这意味着受试者具有高的感知觉的敏感性。

等敏感性曲线

受试者操作特征曲线（receiver operating characteristic，ROC）是以击中率作为纵轴、误报率作为横轴做成的曲线。这条曲线上的所有点具有相同的敏感性 d'，换句话说，ROC 曲线是一个等敏感性曲线（isosensitivity functions）（图 43-7）。ROC 曲线靠近左上角的程度取决于受试者的敏感度，或者说曲线愈靠近曲线的左上角说明受试者的感觉敏感度愈高。通过测量受试者对刺激的分辨能力或感觉敏感度，可绘制不同的 ROC 曲线。

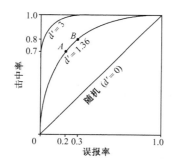

图 43-7　受试者操作特征曲线

注意相同的感觉敏感度可由不同的击中率和误报率产生。从图中曲线可看出，当 $d'=1.36$ 时，A 点意味着具有保守型受试者的特征，即低的击中率和误报率；B 点则相反，高的击中率及误报率。

ROC 曲线上的不同点反映了受试者的反应偏差。从技术上讲，偏差可被定义为 ROC 曲线上任一点的斜率。受试者可能由于属于开放型或保守型而具有的某种倾向而产生偏差，但实验者的操作也可能导致反应出现偏差。例如，某个测试过程信号出现概率的改变，如信号的发生率降低倾向于使受试者出现保守型反应，或者受试者可能由于不同的动机而造成较少的误报或较小的遗漏。

辨别力指数计算

如上所述，受试者辨别力指数是用 d' 来表示的，它被定义为位于信号—噪声分布曲线与噪声分布曲线均数之间的距离（图 43-6），通过计算受试者击中率和误报率可以获得 d' 值。而 Z 值是以标准差为单位的两者距离，因而 Z 值也可用作测量敏感性。Z（击中率）和 Z（误报率）的差别反映了以标准差为单位的信号—噪声分布及噪声分布的偏离程度。若 d' 值为零，则说明信号—噪声与噪声分布完全重合，没有任何辨别的可能，所有结果都是随机猜测而非辨别而来。若 d' 值为 1 时，具中等程度的辨别能力，而 d' 值为 4.65 时，此时击中率为 0.99 而误报率为 0.01，被认为具有最理想的辨别能力。

作为信号检测方法的一个例子，我们利用该方法来评价酒精对视觉感受有无影响。

假定设受试者需进行 100 次检测，其中，50 次噪声刺激和 50 次信号—噪声测试，在两个不同的系列，第一轮测试的受试者是无酒精吸收者，第二轮测试则是两个酗酒者。

第一轮测试针对没有酒精影响者，实验过程中记录到正确辨认信号的有 35 次，即击中率为 35/50＝0.70。而有 10 次将噪声误认为信号，即误报率为 10/50＝0.20。在对两个酗酒者的测试中，击中率与误报率分别为 0.80 和 0.30。上述结果似乎提示了这样的结果，即酒精吸收后判断率提高了，因为看起来击中率提高了。为确认这个事实，需计算 d' 值，只需简单查找击中率和虚报率，计算相应的 Z 值即可获得计算结果（Macmillan and Greelman 1991）。具体计算如下：$d'＝Z$（击中率）－Z（虚报率）。在无酒精吸收时，d' 为 0.542－（－0.842）＝1.366；而有酒精时，结果为 0.842－（－0.542）＝1.366。结果出人意料，酒精对视觉感受并无影响。

一般而言，像这种精确的吻合是很少见到的。然而上述的例子清楚地说明，由测量 d' 而获得的视觉敏感度并不受酒精影响。事实上改变的只是受试者反应的偏差，偏差 C 的测量可由下式获得：$C＝-0.5$［Z（击中率）＋Z（虚报率）］。通过计算发现，没有酒精时的偏差是 0.159，而有酒精时为 -0.159，C 的正值反映了更多的保守型行为反应，负值则意味着更多的自由型反应。从上述例子看到，酒精可使受试者的行为变得具有更多的自由型反应。由图 43-7 可知，ROC 曲线中 A 点代表了没有酒精时的反应，而 B 点代表了有酒精时的反应。

阈上方法

到目前为止，我们讨论的都是在接受含糊不清的刺激信号时，检测受试者感受刺激的阈值或能力。由于阈值刺激常常难以感知或分辨，因而这种方法不适用于那些易于感知刺激的情形。即便都是阈上刺激，也不意味着所有刺激都同样易于辨认。例如，一些刺激由于某种原因可能易于与其他刺激区别而易于辨认。例如，一个红色物体在一个绿色背景下比一个蓝色物体在相同背景下更易于识别。下面即将讨论的是与阈上刺激方法有关的内容。

计时测量方法

为测量阈上刺激的差别，Münsterberg（1894）建议在心理物理学中以反应时间作为一个适当工具进行测量。反应时（ reaction time，RT）被定义为从刺激开始至出现明显的外部反应之间的时间。当一个测试实验中出现两个刺激的情况下，受试者须确认它们相同或是不同，反应时被认为是用来测试受试者是否容易区分两种刺激的指标，或主观判别的一种尺度（Petrusic 1993）。

在一个典型实验中，受试者在测试中用压键来指示两个刺激在某一方面是否相同，如颜色。一般意义上说，反应时随着刺激性质相近而增加，换句话说，当两个刺激差别减小时，反应时即 RT 会增加或延长。图 43-8 显示了两个受试者关于区分光亮度的例子。刺激是一对矩形波，其辉度为 $0.1\sim10\text{cd/m}^2$。我们可将反应时分为两种，简单反应时（simple RT）以及选择性反应时（choice RT）。在简单反应时测试中，记录的是受试者对任何刺激发生的反应。而在选择性反应时测试中，受试者的反应是针对某种特定刺激而言的。因此，简单反应时的意义只是在于感知刺激，而选择性反应时则需要对刺激的特征如刺激之间的区别等进行分析，同时要选择反应方式（Sanders 1998）。

　　一般而言，简单反应时用于研究感觉行为。当刺激强度较弱并接近阈值时（虽然仍强于易于分辨的程度），此时反应较慢。而当刺激强度增加到一定程度时，简单反应时和选择性反应时都缩短。因而，反应时在刺激强度较弱时的分辨能力优于刺激较强时。

　　简单反应时不仅反映了刺激强度的变异，同时还受另一些因素，如空间频率的影响。例如，具有相同辉度的正弦波的光栅（即平均强度相同）作为刺激，可以发现当刺激的空间频率较低时反应时较短，而空间频率较高时反应时较长。Breitmeyer（1975），首先显示了关于简单反应时的空间频率依赖特性，并得出结论，即较低的空间频率刺激产生一过性的视觉机制，而较高的空间频率触发持续性的视觉过程。Breitmeyer 的研究在于应用反应时来检测感觉机制，而不像通常的心理物理方法只是通过改变刺激强度来对反应时的变化进行测定。关于一过性和持续性的视觉机制也得到了功能解剖学研究的进一步支持（Livingstone et al. 1988）。形态学资料显示，在视觉形成过程至少有两套视觉感受机制，即大细胞系统和小细胞系统。大细胞系统具有很好的时间分辨率，但空间分辨率却很低，而小细胞系统具有较高的空间分辨率但时间分辨率较低。

　　选择性反应时通常用于较复杂的感觉性运动及认知行为，因为它涉及更复杂的过程。例如，除了感知过程，还包括分辨、确认和选择行为模式（Proctor et al. 1994；Sanders 1998）。然而在感觉研究过程，必须谨慎排除和解释这些附加的潜在复杂因素。一般意义说，受试者在选择做出反应时有两把钥匙，一是"相同"，另一是"不同"。在实验过程，给予受试者一对刺激，从完全相同到完全不同。受试者需要尽可能快地做出反应，而将错误反应保持在最低限度。在实验过程，同样的刺激被应用于一些测试过程，受试者则需做出决定来确认这些刺激是否相同。然而对资料的统计学分析通常只是针对不同刺激的实验来进行，反应时在一个给定的刺激系列通常多次重复（15～30 次），这些结果被平均，得到的均数或中位数与刺激作成曲线如图 43-8。

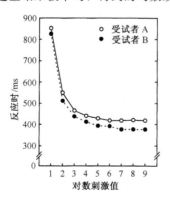

　　反应时的时间顺序可通过多维标度方法（multidimensional scaling, MDS）做进一步分析。MDS 包含着不同的计算过程，由此对感受到的刺激的相近程度由图上的空间距离标出。例如，通过 MDS 可建立一个色觉正常的人的色彩空间图，以便用来与色觉缺陷的人的观察结果相比较（Müller et al. 1992）。

　　计时方法也可用于研究认知行为（注意或短时记忆）过程以及感知功能，如为了检测在进行记忆或形成刺激反应复杂联系时的信息处理过程（Ehrenstein et al. 1997；Sanders

图 43-8　反应时是能感受到的刺激强度的函数关系，受试者 A 和 B 的反应时随着刺激对比度的增加而降低

1998）。虽然这些研究涉及感知觉的不同方面，但很明显，它们已超越了感觉的心理物理学范畴。

量表方法

除应用反应时外，仍有其他应用于研究阈上刺激的心理物理学方法，最著名的就是量表法。这种方法是指在实验过程，受试者应用数字去衡量实验对象或现象，换句话说心理物理学量表法就是用数字去描述感知过程。

分类量表法

最先把分类量表方法应用到心理物理学的应追溯到 19 世纪的 Sanford（1898）。在实验过程他呈现给受试者 109 个信封，每一个信封具有不同的重量从 5～100g 不等。受试者的任务是按重量将这些信封进行分类，总共分成 5 种类型，第一组是最轻的，第 5 组是最重的，其他的信封按重量归类。将每组平均重量的对数值（纵坐标）与分组数（横坐标）作图即可得到主观感觉的度量值，这种方法称作分类量表法（category scaling）。由于在实验过程只是对单个刺激的测试而不进行刺激间的比较，因而该法也被称作绝对判断法（Haubensak　1992；Sokolov et al. 1996）。

分类量表法要求刺激强度多于分组数，由于在实验前并不知道何为正确的分组情况，因此很难定义何为绝对正确或错误的反应。通过分类量表法测量的感觉强度通常是相对稳定的，即反应不随着分组设置的差异而改变，即不管是用数字来进行分组或字母来分组，结果并无差异。而这些反应只取决于刺激的空间特性，即取决于刺激是否按照一定的阶梯变化（Marks　1974）。线性空间对于小的刺激范围（1～2 个对数单位）是很适用的，而对数间隔则适用于较大的刺激范围。分类量表法具有的优点是允许观察者对刺激强度的变异做出直接的反应。然而，分类量表法的限制在于，受试者只能在有限的分组范围内做出反应。而另一种度量方法即幅度估计法可避免此类问题。

幅度估计

幅度估计就其方法来说是相对简单的。受试者要接受一系列无序排列的刺激，并被要求以数字来描述每一刺激的强度。例如，受试者可能被要求给第一个刺激，如一个声响选定一个他认为适当的数字，之后依照某一原则为其他的刺激选定数字，并使选定的数字能反映出受试者所感受的刺激强度的主观差别。为使这些数字能与其感受的强度匹配，可以采用整数也可采用分数。例如，一个声音强度较另一声音较强，可能会被定义为 1.1、11 或 110，而与此相比，另一个较弱的声音则会被选定为 1.0、10 或 100 等。一般说，对受试者所用的数字并无限制，但有时实验者也会为受试者人为设定一些数字，用以反映刺激强度。比如，受试者可能会被告知用 100 代表 65dB 的声音强度。假定为所感知强度规定一个范围，我们可能会认为结果会是一些随意组合的无序的数字，然而，事实并非如此，这种情况并不出现。虽然以特殊的数字代表特定的强度用以描述刺激的过程，在受试者之间会有很大变化。但这些数字的序列和间距在不同的个体之间仍显示出很强的规律性。

在应用这种直接的比率度量方法时，实验者应采用尽可能大的刺激值的范围。这是为了保证感觉量值能在这个刺激范围。然而，也应设计一个合理的范围，以防止受试者受到过度刺激。在这种实验过程，应强调强度估计方法的过程是一个估计的过程，而不是匹配的过程。即在这个过程，没有一个标准刺激也没有一个固定的模式。早期的实验，常常应用一些标准刺激。例如，一个中等强度的刺激被指定为"10"，之后对其他的刺激则以一定的模式进行排序。然而，标准的选择事实上影响了心理物理曲线的形状，因此没有被采纳（Marks 1974）。

假定刺激强度与感知强度的内在联系在不同个体是相似的，所得结果则可加以平均，其强度估计的几何平均数和算术平均数分别为

$$M_g = \sqrt[n]{x_1 \cdot x_2 \cdots x_n} = \left| \prod_{i=1}^{n} x_i \right|^{\frac{1}{n}}$$

$$M_a = \frac{x_1 + x_2 + \cdots + x_n}{n} \frac{1}{n} \sum_{i=1}^{n} x_i$$

几何平均数一般情况下更多地被人们应用。由于在实验中出现较大刺激值的概率很小，那种情况下受试者将会自己选择数字。在给定的单一刺激水平的情况下，幅度估计的分布常呈现对数标准曲线即在用对数表示时呈现正态分布。几何平均数通常能给予强度对数值的正确估计，然而几何平均数会由于其中任何一个受试者的测试结果为零而成为零。因而中位数（在通常情况下并非首选，因为它会漏掉一些信息）可能被更多地应用。像 Marks（1974）推荐的那样，在尽可能多的情况下应用几何平均数，而只在特殊情况下应用中位数。

一旦定了均值，就可进行作图。强度估计常常作双对数拟合的线性曲线，注意双对数的直线意味着在刺激与感知之间是一次函数关系。

心理物理功能曲线

决定心理物理功能曲线的因素常常会出现这样的情况，反映感知和刺激的关系在用对数与对数作图时并不完全是直线。因此，用一次函数来反映心理量与物理量的关系是不合适的。然而如何处理用双对数所作曲线反映的心理物理量函数关系的偏差呢？有意义的发现是在刺激值达到或接近阈值时，曲线变得陡直。Stevens（1975）和其他学者建议使用阈值参数的概念，它可由刺激强度减去阈刺激获得，这意味着只有刺激超过阈值时，才能期望得到一次函数。

因此，下列的公式可能更为合理

$$\Psi = k(\Phi - \Phi_0)^\beta$$

式中，Ψ 是估计的感觉幅度，Φ 是刺激幅度，Φ_0 是阈值参数，k 和 β 都是常数。

交叉模态匹配

另一个对感知觉测量的通行方法的特征是主要依赖于感觉强度而避免用数字来描述，这种方法称作交叉模态匹配（cross-modality matching），即受试者将两种来自不同类型的刺激强度进行比较得出结论（Stevens 1975）。具体操作是受试者调整一种刺激的强度（如光线）直到使它与另一种类型的刺激（如声音）的强度相当。交叉模态匹配法可被认为是量表法与调整法的结合。调整的刺激值，如光线的强度被光度计所记录，同时作为感受听觉强度的估计值。这些资料以对数-对数绘图作为强度估计的资料。虽然受试者不再用数字来描述刺激强度，但这些资料仍然服从一次函数的关系。

由于受试者需要不断地感受刺激并做出反应，而不是像上述方法一样简单地报告一个数字或选定一个分类标签，因而交叉匹配的应用较其他量表方法更困难。然而，由于这种方法似一个简单的感知过程，即在此过程受试者只依赖于感觉而不是认知的强度

（数字或文字分类），因此交叉匹配法被认为是阈上刺激测量的最佳方法。

比较心理物理法

　　虽然心理物理学方法最初的设计是用于人类感知觉研究，但它同样可用于其他动物种属的感觉行为研究，这种所谓的比较心理物理学（comparative psychophysics）已被用于不同的动物，包括哺乳类、鸟、鱼、昆虫（Berkley et al. 1990；Blake 1999）。比较心理物理学本质上与应用于人类的心理物理学方法相同，采用高度选择的刺激甚至高度限制的反应。用于人类时此法很易操作，而用于动物时的优点也是显而易见的，它可提供在同一种系动物的解剖、生理、行为之间进行比较的信息，同时也可提供不同种属动物的神经活动的比较信息。

　　由于言语指令在比较心理物理学方法上不能被应用，动物需要经过训练进行非语言操作（见第四十四章），这种行为训练主要依赖两种基本的行为模式，即食欲或厌恶感。可通过给予饥饿或口渴的动物以食物或水的方法获得食欲控制的模型，而厌恶感可通过给予一定形式的恶性刺激，如强的声音刺激或短暂的电击刺激获得。厌恶感应能引起短暂的、中等程度的不适，但不应引起痛觉。建立刺激控制的行为技术及评估感觉行为主要是不同类型的反射活动，包括刺激相关的或经典的条件反射以及操作性条件反射。

反射方法

　　反射活动，如视觉过程中眼球震动、防御反应、定位及定向反应并不需要训练，因为动物在适当刺激的作用下可自动地并按一定的模式做出反应，即发生反射。例如，对光线的反应就有不同的模式，一些动物生来喜欢光线或易被光线吸引，即具有趋光性，而另一些动物则与生就排斥光线，即具有畏光性。这两种反应模式都可被用来研究视觉的阈值，通过确定引起定位反射的最小刺激强度从而研究视觉阈值。虽然反射方法由于不需要训练而受到研究者青睐，然而它们只能用于有限的几个刺激所引起的反射。这些方法应用于无需条件或搞不清动物需要什么样条件的反射活动。假定动物需要进行训练，则应考虑采用条件反射或操作条件反射等方法。

刺激相关的条件反射（经典条件反射）

　　刺激相关的条件反射已被证明在比较心理物理学的应用非常广泛，因为起初的训练是很简单和快速的。在此过程，一个感觉刺激即条件刺激与非条件刺激即能恒定地引起某个反应的刺激在一起反复应用。经过一段时间之后，单独的感觉刺激也同样能引起非条件反射的反应。例如，给动物身体的一个电击刺激会引起动物的心跳加速（非条件反射的反应），通过与心电仪相连的电极可对其进行监测。而在使用电击刺激之前预先使用一个中性的感觉刺激（条件刺激），经过几次训练以后，在没有电击刺激的情况下，感觉刺激也能引起心率加快反应了。

　　在视觉系统中，经典条件反射不能用于测定辨别阈（discrimination thresholds Blake 1999，P145）。然而在听觉系统中，不同的例子都说明了经典条件反射可用来测定辨别阈（Delius et al. 1978；Grunwald et al. 1986；Lewald 1987a，b；Klump et al. 1995）。例如，在鸽子的声音定位的研究中（Lewald 1987a，b），应用了一个条件刺激（声学刺激）与一个非条件刺激（引起心率加快的电击）相结合。在此过程，每一次测试起始于一个从5～11的无序排列的由一个喇叭发出的声音刺激作为参考刺激。随后，给予一个条件刺激或测试刺激，即相同频率、强度和持续时间，但来自另一个喇叭的声音，同时伴随一次电击。在经过这些刺激的反复作用后，鸽子最终会在给予条件刺激时出现心率加快，而给予其他刺激则不出现。开始时，只需要一个较简单的分辨，因为两个声源位置的差别很大而易于辨别。之后鸽子需要辨认的难度逐渐增加，因为差别越来越小，最后直到心率不再变化，此时鸽子已不再能区分测试刺激还是参考刺激。然后，再重复给予一个易于辨认的刺激使其能保证鸽子重新获得辨别信息，此即为辨别阈。在视觉感受过程，反应常常是针对一般刺激而不是某个特定刺激，因此让动物只对某个特定刺激反应而对其他刺激不反应是很困难的。因而在视觉实验的设计中，通常只针对绝对阈值进行测定，因为它只需动物感受刺激是否存在即可。经典的条件反射除了在视觉系统的应用受限制外，另一个缺点就是可能在利用厌恶刺激的时候会使动物具一定的危险。

操作式条件反射

操作式条件反射的特征是动物的行为决定着某种实验过程的结果，对比较心理物理法来说，它们的行为受控于感觉刺激。例如，在实验过程动物可能会意识到，奖赏只是伴随着某一种特定刺激，而不是另外的其他刺激，即刺激的种类暗示动物哪种反应可得到奖赏。假定通过训练使动物只对同时给予的两个刺激中的一个发生反应，那它必定要选择那种与奖赏联系在一起的刺激。

绝对阈值的测定是应用一个看不见的弱刺激与一个可见的光栅刺激对照以便发现刚好能看见的光强度。辨别阈是通过两个可见的刺激，但在刺激的一些特征（如光栅对比度、空间频率）方面有所不同。起初动物被训练只对两个刺激中的一个易于区别的刺激发生反应。然后减小两种刺激的差别以至于刚好不能对其辨认，此时动物不再能做出正确的反应，测试随即也终止。如同人类的实验过程，刺激的强度可随实验的方法发生变异，如在恒定刺激或调整刺激实验中强度是不相同的。

动物研究与内因性心理物理学

假定我们怀疑是否能真正了解动物产生感觉的真实过程，我们应意识到这是一个普遍存在的问题，不仅在动物，在人类可能也具有同样的问题。所以在动物和人的心理物理研究中的挑战是，如何设计和控制条件以剔除所有与形成感觉有关的外部因素，以便形成对刺激的正确感知和辨认。通过发展和完善心理物理学实验参数，以便用于训练动物对刺激进行的感知和分辨，由此已使心理物理方法得到了很大改进。一些方法也被证明对研究人类是有意义的，尤其是对婴儿（Atkinson et al. 1999）。

比较心理物理学被认为与费希纳的内因性心理物理学最接近，后者的研究更多地涉及神经活动与感知行为的联系。例如，通过记录清醒动物单细胞活动，可同时比较同一动物在刺激条件下的神经活动以及行为反应。这样的实验显示，以神经放电为基础的神经活动，与以感知觉反应为基础的心理活动往往是吻合的（Britten et al. 1992）。实验例证如下所述。

■ 实验举例

A. 听觉运动的后效应（Ehrenstein　1994）

问题

在持续观察一个运动着的物体一段时间后，再去注视一个静止的物体，我们会发现该物体似乎也在运动，而且是以一个与先前相反的方向在运动。例如，当我们将视线由一个瀑布移向一个邻近的岩石时，会发现岩石似乎在向上移动，所谓的瀑布幻影现象。在实验条件下，如观察一个旋转的螺旋器或自然条件下观察一个瀑布，运动后效应是很难避免的。而且运动后效应在视觉系统已有深入了解，但在听觉系统却了解甚少。为研究听觉系统的后效应，首先让受试者感知并适应一个特定方向的声音运动，然后令其采用某种快速心理物理学方法，如调整法来确认这个静态声音的方位，定位的偏差即反映了受试者所受的运动后效应的影响。

方法

设备

为了保护受试者及测试结果不受周围噪声的干扰，实验应在一个具有声音屏蔽的室内进行。所用的声音信号具有很窄的波谱，频率1kHz，声强60dB，由一个声音发生器产生（Rohde，SUF）并与一个功率放大器相连（WAVETEK VCG/VCA，model 136）。声压水平通过一个人造耳（Brüel and Kjaer 4152）加以校正，并与一个声压检测装置（Brüel and Kjaer 2209）相连接。由一个斜方波发生器和一个放大器通过一个耳机（KOSS，Type PRO14AA），以一种交互作用的方式施加刺激，即一个耳机是不断增强的信号，而另一个则是不断减弱的信号。由此获得一个模拟运动的声音信号，即感受到的声音就像是沿着两耳连线在头颅表面运动。例如，以一个逐渐增强方式刺激右耳，左耳则相反，即是逐渐减弱的声音。这样的结果似乎是声音以一定的速度由左耳在向右耳运动。突然变换方向由右耳再返回到左耳，则运动也变换方向由右耳至左耳。

当信号不是斜方波时，相同的短频波段声音刺激通过一个双频道的对数衰减器给予，这样的结果似乎是在不同的脑区都感受到这个信号。受试者通过调整电位计上的旋钮可以改变感受声音的部位，随着电位计调整引起持续性的声音强度的变异（ΔI）。当顺时针方向旋转时，会引起右侧脑区的声音感受，而随着逆时针方向的旋转，会导致声音感受在左侧脑区。

受试者的选择

测试之前，受试者需经标准听力检测以保证听力正常。

步骤

1. 受试者通过改变旋钮位置调整 ΔI，以便使感受声音的部位恰好位于两耳中线。

2. 起初几次主要使受试者了解实验内容，尤其是具体的调节步骤，由于两耳中点具有显著感受特征，大多数受试者都会很快掌握方法。

3. 在适应模拟实验之前每个受试者先进行 10 次听觉刺激。测试刺激的起初强度 ΔI 为零，四个随意排列的刺激包括 ΔI 为 3dB、6dB、−3dB、−6dB，然后再重复一次，这些设置将作为以后测试的对照。

4. 紧随对照检测，10 个声音定位测试开始。模拟运动作为适应刺激持续大约 90s（28 个斜方波循环）。在适应刺激之后，给予相同波宽的刺激但没有差别，受试者调整听觉感受定位以对应于对照组的反应部位。这些刺激持续 4min，这个时间被加以标记以便今后对任何一个运动后效应进行分析。为控制由于不同起点所引起的可能的效应，每四个非零起点的测试被融合起来。

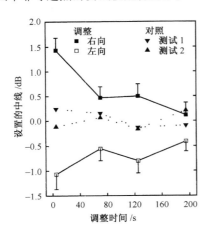

图 43-9　受试者设置的声音中线随调整的时间而变化（Ehrenstein，1994），起初的设置位置形成了很大的偏离，而经过调整很快恢复到控制水平

5. 为避免由于单一方向的运动调整过程可能出现的混乱，实验需要采用两种不同的方法及在不同的时间进行，而每个受试者只需一种方法进行一个方向的检测即可。

结果

在模拟声音运动刺激之后并无返回运动产生，即测试刺激似乎是静止的。然而，受试者设置的声音中线方向与调整实验的方向正好相反（平均 1.2dB），这种定位偏移随调整时间的延长而减弱（图 43-9）。

结论

在确定了听觉运动的后效应的存在，并利用调整方法测定了这种效应的强度和时间过程之后，似乎应该有一种更精确更为复杂的心理物理方法对其进行更进一步的研究，如计算机辅助的阶梯步骤或恒定刺激的方法。受试者所感知到的听觉运动的后效应与视觉运动的后效应可能是相似的，因为都具有方向特异性。然而，由于它不引起明显的运动，同时还出现两耳分离的刺激，因而它也可能具有不对称的后效应特征。

B. 神经疾患引起的两眼视觉潜伏期差别（Ehrenstein et al. 1985）

问题

视神经是多发性硬化症病变中，最早和最易受累及的脱髓鞘的组织部位。在多发性硬化症的早期，当接受光刺激时一只眼的传导速度常常减慢。实验中常看到由视觉诱发的皮层电位（VEP）的潜发期延长。在下面的例子，我们利用心理物理方法观察双眼传导时间的差别。

方法

理论要点

假定由于脱髓鞘病变，右眼视觉通路的传导时间延长 20ms，若使两眼视神经的信号同时到达皮层，给予右眼的刺激应先于左眼 20ms。

受试者

受试者是临床上诊断或怀疑为多发性硬化症的病人以及具有相同年龄、性别的健康正常人（注意：多发性硬化症的发病率是女性高于男性）。所有受试者应具有正常视力或矫正后的正常视力。

测试装置

刺激装置是个小型十字台架，它由四个矩形的发光真空管（LEDs）构成。LEDs 由偏振滤器覆盖，这将使受试者戴上特别的偏光镜后两眼看到的物体是不相同的，左眼只能看到水平指示杆而右眼则只能看到垂直指示杆。没有进行偏振的一个圆的 LEDs 放置在十字台架的中央，两只眼都能看到。水平和垂直指示杆并非同步出现，通常有 80ms 的时差，它们由一个电脑控制的 4 道速示器发出，对病人的刺激时间为 30ms 或 15ms，而正常人则是 15ms（图 43-10）。

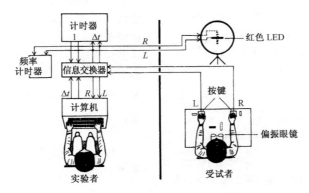

图 43-10　测定两眼视觉阈值的装置示意图（Ehrenstem　1985）

步骤

受试者的头部放置在检查架上，在每次测试前 500ms 给予一个提示铃声。受试者的任务是用按键的方式提示水平或垂直指示杆哪一个首先出现。当两个杆同时出现或难以区分其出现次序时，受试者可不做出反应。

采用改良的恒定刺激方法用来测量非同步刺激的阈值，对受试者给予一系列的刺激。例如，对左眼给予水平杆的刺激，右眼给予垂直杆的刺激，而左眼水平杆的出现先于垂直杆 150ms。之后以 15ms 的阶梯递减，即逐渐缩短两个刺激之间的间隔时间，直至垂直杆先于水平杆 150ms 出现。此时，刺激以相反的顺序进行，即先是用垂直杆刺激右眼，之后是水平杆刺激左眼。为了避免受试者过度受刺激，通常只给予 10 个系列的刺激。阈值被定义为能做出 50% 反应时左、右眼刺激的差别值，即 50% 右眼早于左眼刺激的时间差或相反。计算每一个受试者的双眼潜伏期差别（两个时间阈值的算术平均数，即右眼早于左眼和左眼早于右眼）。例如，一个受试者需要－67.5ms的延迟才能区分出左眼先于右眼的刺激，或＋45ms的延迟能区分出右眼先于左眼的刺激，那么两眼刺激潜伏期差别是（－67.5＋45）/2＝－11.25ms。

起初的测试要告知受试者有关实验内容，但同时也要检测病人是否能在150ms的时间范围内完成任务，以及是否需要扩大时间范围（如延长至300ms，每一阶梯30ms）。一些特殊情况需特殊处理。例如，非零的时差但受试者并不发生反应，此时需要重复进行。病人有运动障碍时，如按键困难的，可以用语言来做出反应。另外，病人的视觉诱发电位，也可以作为与心理物理学资料比较的客观参照。

结果

疑患有多发性硬化症的病人，双眼视觉潜伏期的差别（29ms）明显高于正常人（12ms）。这提示这些病人视觉通路受到单侧或不对称的损害，VEP及通过心理物理学方法测定的潜伏期差别显示了高度的正相关性（$r=0.59$，$P<0.01$，见图43-11）。与VEP相比，心理物理学测定的潜伏期更有意义，因为后者具有更大的时间范围，同时也提供了比VEP更高的诊断精确度。若单一使用VEP资料时诊断率约60%，而使用VEP和心理物理学资料结合时可提高到90%。

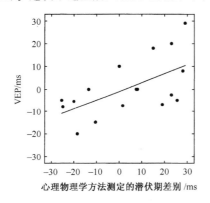

图43-11　利用VEP记录及心理物理测定方法对17个病人的双眼视觉潜伏期差别的相关性研究（仿Ehrenstein et al. 1985）

结论

将VEP与进行潜伏期测定的心理物理学方法相结合诊断多发性硬化症看起来是有意义的。作为一个常规检验，VEP检查似乎更适宜，因为它的操作简单，很少依赖受试者的配合。但当VEP不能提供明确诊断或结论有争议时，如病人有明确的视神经发病史或视神经炎但VEP却正常，此时心理物理学检测将起决定性作用。

C. 猴与人的感受野

问题

感觉生理学中的一个重要概念是感受野，它是指在一个特定部位（如视网膜），单一神经元支配的感受体区域。Jung和Spillmann（1970）将感受野这个概念引入到心理物理学中。Westheimer（1965）引入了一些心理物理学参数从而能对感受野进行精确测量。在本实验中，即利用Westheimer的参数对猴和人的感受野进行测量。

方法

基本理论

Westheimer 的参数需要测量一个小的测试点的阈值，并以此作为某一个背景的函数。为减少散射光线的干扰，检测点和背景都集中在一个较大的环形区内。依照某种方法，如恒定刺激法，使检测点的辉度不断在变化，由此来确定绝对阈值（图 43-12）。这种方法获得的一个典型例子如图 43-13，起初检测点的阈值随背景直径的增加而增加，当达到一个峰值后，开始下降，直到光线刺激的范围超过了背景区域。

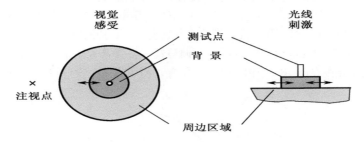

图 43-12　用于测量视觉感受野的刺激装置示意图（仿 Spillmann　1987）

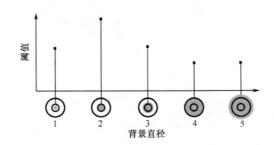

图 43-13　感受测试点刺激阈值是背景区域的函数，随着背景区域的增加，阈值也增加直至背景区域达到中央区域如图第 2 点所示。当光线刺激到达中央区以外的区域时，阈值开始降低，直至光线超出了整个背景区域。之后阈值将一直保持恒定如图第 5 点所示（仿 spillmann et al. 1987）

对由于背景区域的变化引起的阈值改变的神经生理解释，以图示方法显示在横轴下方。随着背景区域的增加，神经元适应的水平也在增加，这导致由于感受器传入的空间总和而形成脱敏现象。结果是随着背景的增加，感受阈值在持续增加直至这个背景覆盖了感受野的中心区域。随着背景的增加而不断侵入周围区域，适应水平在开始降低，这导致了由于侧支抑制而形成的敏感化现象，使得感受阈值降低，一直持续到背景覆盖整个感受野。即使再增加背景范围也不再改变适应水平，因而阈值一直保持相对恒定。根据这种解释，可有两种检测感受野的方法，即中心区域或与形成最大阈值相对应的直径以及总的视野。

受试者

实验过程有两只恒河猴被检测，一只是体重 3.5kg 的雌性成年猴，另一只是 6kg 的青春期雄性猴，经视网膜镜检都被确认为正视眼。类似的阈值测定，也由两个具有正视眼的人来重复，一个是 30 岁的女性，一个是 21 岁的男性。

仪器

恒河猴被放置在灵长类实验台上，头部被一个金属支架固定。与实验台相连的是一个反应杆和一个红外眼动监视器。猴子一只眼被蒙住，用另一只眼固定注视半圆形屏幕的中央。如图 43-14 所示，刺激是在一个黑色背景下投射至一个半透明的屏幕。

光线刺激由两个频道组成，一个是产生测试点刺激，而另一个是形成背景刺激。测试点的辉度（由一个汞灯产生）在逐渐改变其密度边缘，持续时间由电磁开关控制。背景的直径由一系列的光圈改变。通过一个调整镜，将背景置于中央相当于图 43-14 中 M 点，而测试点则在图 43-14 中的 P 点的位置。利用另一个发射器使周围视野添加在中心视野之上。

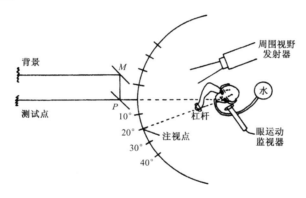

图 43-14　测定人、猴感受野的装置示意图（仿 Oehler　1985）

训练

利用反应时作为参数对动物进行两个步骤的训练。第一个步骤，训练动物利用明暗对照注视一个刺激点，即在红光一出现时，就要求猴子抓住杠杆并握住一段时间（0.4～0.9s），当注射点光线暗下去并在 0.8s 内松开杠杆。反应正确时给予一滴水作为奖励，而反应过早或过晚，以高音或低音提示，同时会受到惩罚。第二个步骤与上述相反，在没有信号时，猴子持续握着杠杆，而当注射点光线暗下去时猴子需要释放杠杆。

由于阈值测定可比规定的中心点偏离 40°，因而猴子需要在注射点部位与测试点之间变换。为了精确控制使其注视在测试点，眼的运动被持续记录，测试将由于动物偏离正确注视部位后自动中断。在训练早期，每一个正确反应都被予以奖赏。在经过几天的训练后，阈下刺激被夹杂在可视刺激中间，在每一次实验测试之前，动物被禁水 22h，每次测试过程猴子可获得饮水 120～220ml。

阈值测定

采用恒定刺激的方法进行阈值测定，在规定的时间松开杠杆被认为是正确的反应，而松开过晚则被认为是未看到。松开过早很少发生，可能由于动物为避免惩罚所致。每一个刺激强度被给予 10 次，以随机的顺序出现，反应正确率与测试点辉度作图，以50％可见辉度作为阈值。虽然人类从事这项工作不需要特殊训练程序，但阈值测定过程和参数与猴的实验基本相似，如利用反应时间参数及应用杠杆去做出反应。

结果

随着在视网膜上离心率的增加，即阈值曲线峰值增加，提示感受野大小由 0.25°（5°离心率）～1.5°（40°离心率）。恒河猴与人相比，中心区域的数据非常相似，但人的整个视野更大。

结论

心理物理学方法可被用来研究人及灵长类动物视觉感受过程的神经活动机制。人的感受野可与经过训练的猴子获得的数据加以比较。而这些都与猴子感受野大小及它们的形态基础，如树突的结构特征有关。这也反映了心理物理学、神经生理学以及组织学之间的密切的相互关系。

■ 结 语

本章主要介绍了心理物理学的一些方法学及与神经科学的联系。如同上述的三个实验例子，心理物理学方法可被用于感知觉研究的不同方面，包括从基础到临床诊断的比较研究。由于认知和脑科学的进展以及心理物理学本身的进展，心理物理学正在开始以一个独立的学科出现。它的方法不但能够回答有关如何感知周围环境形成感觉的行为活动（外因性心理物理学），同时也能了解在形成感觉过程的神经活动机制（内因性心理物理学）。

心理物理学方法的应用限制在于，它需要一个清醒的和合作的受试者，同时需要受试者理解实验进程，同时也需要有一个可靠的方式报告感受结果。在临床应用方面，一些受试者可能会以故意欺骗的方式去模拟或放大操作误差。在一定程度上，信号检测的方法允许实验者检测受试者的反应偏差和敏感性，但这些技术却不能校正人为的偏差报告，即主观测试方法的主要限制是在于必须有受试者的良好合作，这种限制可通过应用多种客观检测方法来对感觉功能进行评价来克服。

我们已描述了两种方法的差别，即依赖于阈刺激和阈上刺激的方法，后者更真实地体现了日常生活可能涉及的刺激范围。每一种方法都具备一定的优点，阈值测量的方法能对感觉过程的敏感性进行精确分析，而阈上刺激方法则可对感觉的整个功能过程的整合情况进行研究。然而，很难对某一个具体的情况给定明确的答案，即应用何种方法更适宜。一些有价值的信息及相关的方法、计算机软件和实验设备请参照附录。

作为一般性原则，实验者需要考虑的是首先采用最简单和最可信的方法去解决实验问题。复杂的方法并非一定优于简单的方法，当它们涉及一些复杂的技术问题时尤为如此。例如，要对一个很短的时间过程进行精确计算，简便且易于操作的 LEDs 就可能优于通过阴极射线示波器采集的经计算机处理的时间计数方法。有时新的方法的应用有助于解决一些特殊的实验问题，反过来，一些特殊的理论问题也促使人们去寻找新的实验方法来解决。例如，涉及视觉和听觉的空间协调的问题就导致了一种新方法的问世，即应用激光笔束定位声学靶点。

这里介绍的是进行心理物理研究的方法及策略，在进行某一具体问题研究时，还需不断补充相关的信息及灵活地应用，以便使这种方法及相关的参数能得到不断完善。

参 考 文 献

Atkinson J, Braddick O (1999) Research methods in infant vision. In: Carpenter RHS, Robson JG, eds., Vision research. A practical guide to laboratory methods. Oxford University Press, Oxford, pp. 161–186

Békésy G von (1947) A new audiometer. Acta Otolaryngol 35: 411–422

Bergmann C (1858) Anatomisches und Physiologisches über die Netzhaut des Auges. In: Henle J, Pfeufer C von (eds) Zeitschrift für rationelle Medicin, Dritte Reihe, II. Band. Winter, Leipzig & Heidelberg, pp 83–108

Berkley MA, Stebbins WC, eds. (1990) Comparative perception. Wiley, New York.

Blackwell HR (1952) Studies of psychophysical methods for measuring visual thresholds. J Opt Soc Amer 42: 624–643

Blake R (1999) The behavioural analysis of animal vision. In: Carpenter RHS, Robson JG, eds., Vision research. A practical guide to laboratory methods. Oxford Univ. Press, Oxford, pp. 137–160.

Borg G, Diamant H, Ström L, Zotterman Y (1967) The relation between neural and perceptual intensity: A comparative study on the neural and psychophysical response to taste stimuli. J Physiol 192: 13–20

Breitmeyer BG (1975) Simple reaction time as a measure of the temporal response properties of transient and sustained channels. Vision Res 15: 1411–1412

Britten KH, Shadlen MN, Newsome WT, Movshon JA (1992) The analysis of visual motion: A comparison of neuronal and psychophysical performance. J Neurosci 12: 4745–4765

Coren S, Ward LM, Enns JT (1994) Sensation and perception. Harcourt Brace & Co, Forth Worth TX, 4th ed

Cornsweet TN (1962) The staircase-method in psychophysics. Amer J Psychol 75: 485–491.

Delius JD, Emmerton J (1978) Stimulus dependent asymmetry in classical and instrumental discrimination learning by pigeons. Psychol Rec 28: 425–434

Ehrenberger K, Finkenzeller P, Keidel WD, Plattig KH (1966) Elektrophysiologische Korrelation der Stevensschen Potenzfunktion and objektive Schwellenmessung am Vibrationssinn des Menschen. Pflügers Arch 290: 114–123

Ehrenstein A, Schweickert R, Choi S, Proctor RW (1997) Scheduling processes in working memory: Instructions control the order of memory search and mental arithmetic. Q J Exp Psychol 50A: 766–802

Ehrenstein WH (1994) Auditory aftereffects following simulated motion produced by varying interaural intensity or time. Perception 23: 1249–1255

Ehrenstein WH, Manny K, Oepen G (1985) Foveal interocular time thresholds and latency differences in multiple sclerosis. J Neurol 231: 313–318

Ehrenstein WH, Hamada J, Müller M, Cavonius CR (1992) Psychophysics of suprathreshold brightness differences: a comparison of reaction time and rating methods. Perception 21, suppl 2: 82

Farell B, Pelli DG (1999) Psychophysical methods, or how to measure a threshold, and why. Carpenter RHS, Robson JG, eds., Vision research. A practical guide to laboratory methods. Oxford University Press, Oxford, pp. 129–136

Fechner GT (1860/1966) Elemente der Psychophysik. Breitkopf & Härtel, Leipzig (reprinted in 1964 by Bonset, Amsterdam); English translation by HE Adler (1966): Elements of psychophysics. Holt, Rinehart & Winston, New York

Gazzaniga MS, ed (1995) The cognitive neurosciences. MIT Press, Cambridge, MA

Green DM, Swets JA (1966) Signal detection theory and psychophysics. Wiley, New York

Grüsser OJ, Grüsser-Cornehls U (1973) Neuronal mechanisms of visual movement perception and some psychophysical and behavioral correlations. In: Jung R (ed) Handbook of sensory physiology, vol. VII/3A, Springer, Berlin, pp. 333–429

Grunwald E, Bräucker R, Schwartzkopff J (1986) Auditory intensity discrimination in the pigeon (Columba livia) as measured by heart-rate conditioning. Naturwiss 73: 41

Haubensak G (1992) The consistency model: A process model for absolute judgments. J Exp Psychol: Hum Perc Perf 18: 303–309

Hensel H (1976) Correlations of neural activity and thermal sensation in man.In: Zotterman Y (ed) Sensory functions of the skin in primates. Pergamon Press, Oxford, pp 331–353

Jung R (1961a) Korrelationen von Neuronentätigkeit und Sehen. In: Jung R, Kornhuber HH (eds.) Neurophysiologie und Psychophysik des visuellen Systems. Springer, Berlin, pp. 410–435

Jung R (1961b) Neuronal integration in the visual cortex and its significance for visual information. In: Rosenblith W (ed.) Sensory communication. M.I.T. Press, New York, pp. 629–674.

Jung R (1972) Neurophysiological and psychophysical correlates in vision research. In: Karczmar AG, Eccles JC (eds.) Brain and Human Behavior. Springer, Berlin, pp 209–258

Jung R (1984) Sensory research in historical perspective: Some philosophical foundations of perception. In: Brookhart JM, Mountcastle VB (eds) Handbook of Physiology, vol. III. American Physiological Society. Washington DC, pp 1–74

Jung R, Kornhuber H , eds (1961) Neurophysiologie und Psychophysik des visuellen Systems. Springer, Berlin

Jung R, Spillmann L (1970) Receptive-field estimation and perceptual integration in human vision. In: Young FA, Lindsley DB (eds), Early experience and visual information processing in perceptual and reading disorders. National Academy Press, Washington, DC, pp. 181–197

Keidel WD, Spreng M (1965) Neurophysiological evidence for Stevens' power function in man. J Acoust Soc Amer 38: 191–195

King-Smith PE, Grigsby SS, Vingrys AJ, Benes SC, Supowit A (1994) Efficient and unbiased modifications of the QUEST threshold method: Theory, simulations, experimental evaluation and practical implementation. Vision Res 34: 885–912

Klump GM, Dooling RJ, Fay RR, Stebbins WC, eds. (1995) Methods in comparative psychoacoustics. Birkhäuser, Basel

Lewald J (1987a) The acuity of sound localization in the pigeon (Columba livia). Naturwiss 74: 296–297

Lewald J (1987b) Interaural time and intensity difference thresholds of the pigeon (Columba livia). Naturwiss 74: 449–451

Lewald J, Ehrenstein WH (1998) Auditory-visual spatial integration: A new psychophysical approach using laser pointing to acoustic targets. J Acoust Soc Am 104: 1586–1597.

Lieberman HR, Pentland AP (1982) Microcomputer-based estimation of psychophysical thresholds: The Best PEST. Beh Res Meth Instr 14: 21–25

Livingstone M, Hubel D (1988) Segregation of form, color, movement and depth: Anatomy, physiology, and perception. Science 240: 740–750.

Link SW (1992) The wave theory of difference and similarity. Erlbaum, Hillsdale, NJ

Macmillan NA, Creelman CD (1991) Detection theory. A user's guide. Cambridge Univ. Press, Cambridge

Marks LE (1974) Sensory processes. The new psychophysics. Academic Press, New York

Müller M, Cavonius CR, Mollon JD (1992) Constructing the color space of the deuteranomalous observer. In: Drum B., Moreland JD, Serra J (eds.) Colour vision deficiencies X. Kluwer, Dordrecht, pp. 377–387

Münsterberg H (1894) Studies from the Harvard psychological laboratory: A psychometric investigation of the psycho-physic law. Psychol Rev 1: 45–51

Oehler R (1985) Spatial interactions in the rhesus monkey retina: a behavioural study using the Westheimer paradigm. Exp Brain Res 59: 217–225

Petrusic WM (1993) Response time based psychophysics. Beh. Brain Sci 16: 158–159

Proctor RW, Van Zandt T (1994) Human factors in simple and complex systems. Allyn & Bacon, Boston

Robson T (1999) Topics in computerized visual-stimulus generation. In: Carpenter RHS, Robson JG (eds) Vision research. A practical guide to laboratory methods. Oxford University Press, Oxford, pp 81–105

Sanders AF (1998) Elements of human performance: Reaction processes and attention in human skill. Erlbaum, Mahwah, NJ

Scheerer E (1992) Fechner's inner psychophysics: Its historical fate and present status. In: Geissler HG, Link SW, Townsend JT (eds) Cognition, information processing, and psychophysics. Erlbaum, Hillsdale NJ, pp 3–21

Sekuler R, Blake R (1994) Perception, 3rd ed. McGraw-Hill, New York

Sokolov AN, Ehrenstein WH (1996) Absolute judgments of visual velocity. In: Masin S (ed) Fechner Day 96, CLEUP, Padua, pp. 57–62.

Spillmann L, Ehrenstein WH (1996) From neuron to Gestalt: Mechanisms of visual perception. In: Greger R, Windhorst U (eds) Comprehensive human physiology, vol. 1. Springer, Berlin, pp 861–893

Spillmann L, Ransom-Hogg A, Oehler R (1987) A comparison of perceptive and receptive fields in man and monkey. Hum Neurobiol 6: 51–62

Spillmann L, Werner JS, eds (1990) Visual perception: The neurophysiological foundations. Academic Press, San Diego.

Stevens SS (1975) Psychophysics: Introduction to its perceptual, neural, and social prospects. Wiley, New York

Thurstone LL (1927) A law of comparative judgment. Psychol Rev 34:273–286.

Watson AB, Pelli DG (1983) QUEST: a Bayesian adaptive psychometric method. Perc Psychophys 33: 113–120.

Werner G, Mountcastle VB (1965) Neural activity in mechanoreceptive cutaneous afferents: Stimulus-response relations, Weber functions, and information transmission. J Neurophysiol 28: 359–397

Westheimer G (1965) Spatial interaction in the human retina during scotopic vision. J Physiol 181: 881–894

Wist ER, Ehrenstein WH, Schrauf M (1998) A computer-assisted test for the electrophysiological and psychophysical measurement of dynamic visual function based on motion contrast. J Neurosci Meth 80: 41–47.

一些有价值的参考信息

　　有两个介绍阴极射线管在视觉心理物理学应用的专题资料，包括一些介绍有关技术、硬件及软件的论文：

Spatial Vision，vol. 10/ 4（1997）and vol. 11/1（1997）

VSB International Science Publishers, Zeist，NL

http：//www. vsppub. com

　　有关心理物理学的最新方法和计算机应用软件，也可以从下列期刊的论文中查找：

—**Behavior Research Methods，Instruments & Computers** Psychonomic Society，

　　http://www.sig.net/~psysoc/home.htm

—**Journal of the Acoustical Society of America** ASA，http://asa.aip.org

—**Journal of Neuroscience Methods** Elsevier，http://elsevier.nl

—**Journal of the Optical Society of America** OSA，http://www.osa.org

—**Perception** Pion Ltd，http://www.perceptionweb.com

—**Perception & Psychophysics** Psychonomic Society，

　　http://www.sig.net/~psysoc/home.htm

—**Vision Research** Pergamon/ Elsevier，http：//elsevier. nl

　　有关心理物理学的最新资料多数可由互联网查找．由于资料更新很快，因此一些网站常已变更，同时也有一些新开辟的网站：

　　http://asa.aip.org（听觉心理物理学）

　　http://www.visionscience.com（视觉心理物理学）

有关的实验设备

—Brüel & Kjaer Sound & Vibration，http：//bk.dk

—Displaytech，http：//www.displaytech.com

—Hewlett-Packard，http：//www.hp.com

—ISCAN Inc.，http：//www.iscaninc.com

—Ledtronics，http：//www.letronics.com

—Oriel Instruments，http：//www.oriel.com

—Permobil Meditech，http：//www.tiac.net/users/permobil

—SensoMotoric Instruments（SMI），http：//www.smi.de

—Skalar Medical，http：//www.wirehub.ul/~skalar/eye.htm

—Texas Instruments，http：//www.ti.com

有关的计算机软件

Eye Lines 2.5（1997）by W. K. Beagley，http：//www.alma.edu/EL.html

本软件适用于视觉与感觉运动的实验研究，可在任何一台 Macintosh 和 IBM 个人电脑上运行。利用一套可灵活操作的工具，可实时调节刺激的各种参数，如刺激的大小、方向、位置、亮度等，因而可用于多种实验研究。

Reference：Beagley WK（1993）Eye Lines：Generating data through image manipulation，issues in interface design，and teaching of experimental thinking. *Behavior Research Methods，Instruments，& Computers*，25：333—336

VideoToolbox（1995）by D. Pelli，ftp.stolaf.edu/pub/macpsych

这是一个用 C 语言编写的 200 个子程序以及一些用于视觉心理物理学研究的应用程序的汇编。这些程序只能在 Macintosh 的个人电脑上运行。另外还有一些用标准 C 语言编写的程序，如阈值测算的应用程序，可在其他电脑上运行。

Reference：Pelli DG，Zhand L（1991）Accurate control of contrast on microcomputer displays. *Vision Research*，31：1337~1350

Auditory Perception（1994）by Cool Spring Software，http：//users.aol.com/Coolspring

本程序适用于具有立体声输出的 Macintosh 的个人电脑上运行。可用来检测听觉敏感度（利用纯音或普通讲话声，判断声音刺激的振幅和高低）；听觉障碍（利用环境中的声音测定听觉障碍）；以及对一侧大脑优势的测定。实验者还可利用廉价的数字式声学仪器，输入自行设计的声音刺激。

Reference：Psychology Software News，5：95（April 1995）

第四十四章 实验啮齿目动物的行为学分析

Ian Q. Whishaw，Forrest Haun and Bryan Kolb

陈 军 译

第四军医大学疼痛生物医学研究所/首都医科大学疼痛生物医学研究所

junchen@fmmu.edu.cn

认识客观世界要从认识一个细小微粒开始，认识生命世界不能够放过任何一种生物；用双手掌握无限的空间，用钟表记录永恒的时间。

——约翰·多恩（John Donne）

■ 绪 论

神经系统的基本功能是产生行为，因此行为分析是检测神经系统功能的最根本方法。本章概述了啮齿目动物的行为学分析方法和如何测试的一些细节问题。大部分行为学检测法都来自于对大鼠的观察和分析，因为啮齿目动物的行为谱与其他种属在很多方面都相似，所以据此也可以衍生出用于观察分析其他种属的方法。行为学的测试方法包括几个步骤，依次为：①总体外观和表现；②感觉-运动行为表现；③反射和木僵；④自主运动；⑤精细运动；⑥种属特异性行为；⑦学习。有关详细内容，请参考下面每个节里总结各类行为的附表。

本章开头处引用了 John Donne 的诗句，这个诗句为行为神经科学工作者提供了表里两个层面的思想。字表意思是认真观察动物的细微表现可以使我们更深入地了解构成行为的宏观结构，针对这一点，国际上神经科学专业实验室中的那些试图观察药物、神经毒剂或基因操作效果的行为学家们会非常注意，因为正是那样做了才获得了很多有关治疗方法效果的第一手资料（Hutt 1970）。这段诗句的深层意思是极其简单的，它要求观察者要相信亲眼所见的事物，而不是被现有理论或学说所束缚以至忽略掉亲眼所见的东西，尤其是当看到不符合理论中所描写的特殊行为时，更应该坚持认真观察分析，做出正确推理。

在实践方面，初学者或一些非专业人员可以接受一些正规培训，培训中要使他们清楚从事科学研究的正确方法是学会叙述包含许多假设的理论，并从理论中逻辑地推导出行为结果的含义，然后将此推测与已经从严格控制的实验中获得的结果进行比较，这样才可能修正或进一步证实理论的正确性。这样做科学研究很有效，但并不是特别多产的方法。因为我们目前还不能深刻地理解脑是如何产生行为的，我们的知识还无法先进到允许我们提出更有价值和可恒定测试的理论。另外，我们还无法在行为效应和脑功能之间找到一对一的对应关系（Vanderwolf and Cain 1994）。下面的例子值得我们深思。

在这里我们假设 A 教授相信自己已经发现了一个新的"学习基因"，他设想如果将实验动物的"学习基因"剔除掉，基因剔除动物虽然其他功能正常，但学习能力将丧失。他繁殖和饲养了"学习基因"剔除小鼠，然后应用广泛用于测试学习能力的仪器来检查小鼠的学习能力，确实发现小鼠不能按规定时间完成任务，因此 A 教授发表了很多引人注意的学术论文。一段时间后，另一实验室在测试 A 教授的"学习基因"剔除小鼠时，发现这种小鼠的视网膜上有病变，而且小鼠视网膜病变是引起机能性失明的主要原因。看到这个结果后，读者会反问 A 教授不可能如此幼稚，但实际上这类错误是很常见的（见 Huerta et al. 1996 的避免这类错误的一个例子）。要知道除了视网膜病变以外，影响学习的其他感觉 ̄运动功能已经被确定，当然还存在许多其他不能忽视的妨碍动物学习的细小问题。

有效运用在行为神经科学中的另一方法是将实验结果与归纳推理有机地结合起来（Whishaw et al. 1983）。实验结果是从认真仔细评价动物的行为过程中得来的，是在不考虑理论的基础上对行为的描述；而归纳推理是在行为描述的基础上总结和归纳出的处理效果的结论。其中归纳推理科学已经受到严厉的批判，因为现在无法判断哪种结论是正确的以及哪种结论是错误的。但是，我们坚持认为在广义的行为研究中或狭义的行为神经科学研究中，由归纳推理得出的结论能够用于根据理论方法进行的严密评估。归纳推理法作为第一步分析法已经广泛用于临床医学（Denny-Brown et al. 1982）和神经心理学（Kolb and Whishaw　1996）。举例说明，当一位患者在就诊时有一特异主诉，细心的医生将对其进行系统物理检查，如感觉功能、运动状态、循环功能等，而且只有经过检查后，医生才能对患者出现症状的原因做出大胆的结论。在神经心理学分析中，患者接受广泛的行为和认知测试，然后将测试结果与已知脑损伤患者的测试结果相比较。这种临床测试方法已经用于啮齿目动物的检测（Whishaw et al. 1983）。如果上述的 A 教授曾经对"学习基因"剔除小鼠进行了系统物理和神经心理测试，那么他可能会及时发现到小鼠的眼睛是盲的，然后采取一种视力不是基本条件的检测方法去检测动物的学习能力。这里描述的行为测试规程是为能够找到脑功能基本行为谱而制定的，特别是对于用遗传操作来控制的啮齿目动物的研究，应尽可能地使用比较全面的行为评价结果来获得对可能由单个基因操作导致多种脑功能改变的认识。

■ 方　法

评价行为的三种主要方式方法包括：①终点测量；②运动学；③运动描述。

终点测量指测量行动的结果，如压横杆、进入迷宫小巷、打断一光束等（Ossenkopp et al. 1996）。运动学提供了行动的笛卡儿表现法，包括距离、速度和轨道的测量（Fentress and Bolivar　1996；Fish　1996；Whishaw and Miklyaeva　1996）。也可用适于描述运动的正式语言如 Eshkol-Wachman 运动符号来描述行为表现（Eshkol and Wachmann　1958）。此系统主要用来描述与社会行为（Golani　1976）、个体行为（Pellis　1983）、获取中技能性前肢使用（Whishaw and Pellis　1990）、走路（Ganor and Golani　1980）和脑损伤康复（Golani et al. 1979；Whishaw et al. 1993）等不同的行为。在描述复杂行为时，建议结合使用三种方法。终点测量为行为定量提供了很好的方法，但实际上动物行为表现是极其多样的，而且能在接受任何处理后表现出代偿性行为，如动物可以在很多情况下压测试横杆，进入迷宫小巷或者中断光束。运动学可以对运动进行很好定量，但如果不描述身体每部分表现的细节，那么就会产生到底身体哪部分产生了运动的疑问。运动符号可以用来很形象地描述行为表现，但定量很困难。

录像记录

在行为分析前，我们建议对行为进行连续录像记录。不管用于哪种实验，录像记录的设备都是相对比较便宜的，如可携式摄像机和 VCR 适用于大部分行为研究（Whishaw and Miklyaeva 1996）。设备要求具有可调快门速度的便携式录像机，拍摄人类活动一般用每秒 1/100 的快门速度，但是啮齿目动物的呼吸周期，舔速率和梳理胡须的速率约为每秒 7 次，为了拍到它们快速活动的清晰照片，需要 1/1000 或者更高的快门速度。使用高快门速度时要求有适当的亮光，但需要有适应的过程，这样啮齿目动物通常不会因为亮光而表现出惊恐。

视讯分析

为了分析录像资料，必须具有逐帧视频高级优化的盒式录放机。可使用 VHS 盒式录放机将获得的录像资料拷贝到 VHS 录像带上，还可以选择使用如带视频截取器的计算机，它可以逐帧捕捉行为影像进行处理和分析。在录制行为的录像带制备后，就可以逐帧分析行为了，每个视频帧可显示 1/30s 的行为快照。如果研究大鼠舔行为，三个连续的视频帧可完全显示出单个舔周期，此分辨率对于大部分研究来说已经足够了，然而视频帧重要特征之一就是它们实际上是由重叠的两个区域组成的。但因为基于计算机的视频截取器能获得每个视野，所以录像的计算机图像能将分辨率提高至每秒 1/60。分析要求更高分辨率的某些行为可利用高速摄像机，但目前都很昂贵。对大部分研究来说，利用镜子从下面拍摄动物是很有帮助的（Golani et al. 1979），因为可以看到动物背对摄像机的身体表面（Golani et al. 1979）。图 44-1 显示了一套典型的行为录像装置。

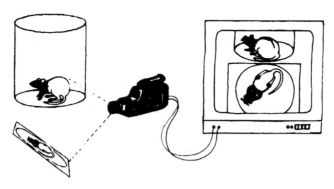

图 44-1　行为录像装置

通过斜置的一面镜子，摄像机可以同时记录大鼠的外侧和腹侧两面的行为表现

（Pinel et al. 1992）。

例1　影像辅助的行为学分析

下面显示了不同类型的影像辅助行为学分析的例子。通过分析终点测量、录像和运动符号的结果来研究单侧运动皮质损伤大鼠获取食物的过程（Whishaw et al. 1991）。本研究从终点测量开始，动物通过笼子缝隙获取盘子上的一份食物，为了强迫大鼠使用非优势肢体，轻的手铐套在了正常肢体上，并防止它在横杆间走动，行为终点测量的标准是动物成功地用病变对侧肢体获取食物，结果显示运动皮质损伤妨碍了大鼠抓取食物。正常对照动物抓取食物的成功率约70％，而运动皮质损伤动物的成功率显著降低至20％～50％，大脑损伤的程度与成功率降低的幅度成正比。这种分析表明大鼠运动皮质的前肢代表区在技能性获取运动中发挥着重要的作用。但是，虽然该分析显示运动皮质病损影响了食物的获取，但不能解释清楚其原因。应用运动符号和运动学分析可解答此问题（图44-2），如用 Eshkol-Wachman 运动符号系统可表达身体各部分间的相互关系以及相互关系的变化，并发现运动功能损害不仅是由于动物爪旋后功能丧失导致抓取食物障碍，而且还由于动物爪旋前功能丧失导致动物不能将食物放入嘴里。一旦建立了用运动符号描述运动，就可以用笛卡儿坐标系测量和记录运动的其他特征，并以运动起始和终止成分作为参照点。为了便于分析，将动物身体上的点进行数字化，并重建肢体的运动轨道。应用这个方法进一步分析发现运动皮质损伤的动物除了不能正确地旋前和旋后外，肢体的运动轨道也不正常，因此推测动物将肢体向食物的定向能力受到了损害。

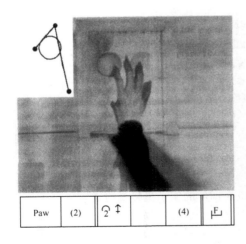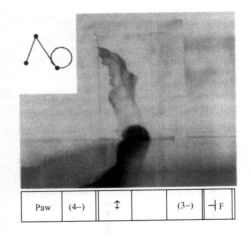

图44-2　显示三种描述行为学的方法

（1）终点测量法：图中照片显示的是大鼠通过接触获取架子上球型食物的例子，上图是正常对照大鼠，它可以准确地抓取食物；而下图是运动皮质损伤的大鼠，它不能够准确地抓取事物，反而将球型食物碰掉。（2）运动符号标记法：图中照片下方的格子显示的就是运动符号记分法。从左侧开始，第1格描述的是鼠爪，第2格描述的是鼠爪开始运动的位置，而最后一格描述的是鼠爪停止的位置。而靠右侧中间3个格中的符号指示三个录像（1/30s）定格中的运动。上方照片中的爪前进、旋前并抓取食物；而下方照片中的爪前进、偏转但无旋前动作，而且食物被击落。（3）笛卡儿运动轨迹重构：插入图显示的是录像三个定格记录的大鼠爪第三趾相对于球型食物的运动轨迹。上述三种分析方法对完整地描述运动及运动结果都非常重要（Whishaw et al. 1991）。

　　总之，三种分析方法不仅可以描述运动皮质损害所累及的各个运动成分，也可以描述其对行为的影响结果。这种描述不仅有益于了解控制运动的神经结构，也有益于观察不同处理对改善已知损害的效果。倘若要观察一个特殊的药物对功能恢复的作用效果，可通过终点测量的改善结果来反映出来，但是若要确定到底运动的哪个成分受到影响，就需要应用运动标记和运动学分析方法来判断。如已有报道显示有运动皮质损害的大鼠可表现出技能性肢体获取功能的恢复，但这大部分是由于全身整体运动的改变所致，虽然动物旋前旋后功能损害仍然存在，但是全身运动的改变弥补了目的性运动缺陷所造成的运动障碍（Whishaw et al. 1991）。

■ 神经行为学检测（neurobehavioral examination）

　　当动物被放在笼子里饲养时，研究者可以做很多快速测试，但其他测试只能在将动物移动到笼子之外后才能进行。大部分神经行为测试不需要特殊的设备，而且能简单、快速、便宜地评估动物状态。在进行临床检查时，要注意标准的健康实验动物是清洁、活泼、好奇但不具有攻击性的。这里所描述的测试方法要求每个实验室根据各自的随身用具进行革新和自由使用。对描述的所有测试，对照组动物都要进行严格检查并提供实验组动物可以比较的标准参数。在用遗传学方法修饰的动物研究中，通常需要与几类对照动物来比较以解释改变的行为是由特殊的遗传学修饰所引起的（Crawley et al. 1997；Upchurch and Wehner 1989）。

表 44-1　动物外观和反应灵敏性检查

外观	观察体形、眼睛、胡须、四肢、毛发、尾巴和颜色
饲养笼子检查	检查动物饲养笼子，包括敷料、窝穴、食物储存、粪便
操作	将动物移出笼子，评价动物对实验者手操作的反应，包括运动、体态、嘶叫。提起上唇检查牙齿（特别是切牙）、爪趾及趾甲，生殖器及肛门状况
躯体测量	称量体重、测量身体各部分比例，如头、躯干、四肢和尾巴。测量核心体温

I. 动物的外观（appearance）

　　物理检查的主要特征见表 44-1，动物应该在饲养的笼子里接受检查，也可离开笼子被单独观察。

　　1. 记录毛发的外观和颜色。

　　2. 检查身体部分的比例，包括鼻口部、头和躯干、肢体和尾巴的长度。

　　3. 眼睛的检查包括用小手电筒照射测试瞳孔的反射。瞳孔对光收缩，移除光后瞳孔放大，这表明中脑功能完整。啮齿类动物眼睛的腺体可分泌一种红色液体，称为 Hardarian 液。这种液体在动物梳理过程中擦拭眼睛时会沾到爪子上。当动物舔爪子时，这种液体和唾液混合形成混合物，在以后梳理时又被涂在毛发上，它的功能是维持毛发的状态并有助于温度调节。由于 Hardarian 物质积聚而使眼睛周围毛发变红，这表明动物没有进行梳理，这种表现在大白鼠更为明显，而因为啮齿类是极讲究梳理的动物，所以大量光滑的毛发说明其梳理功能正常,反之则不正常。

4. 轻轻地拉开唇可检查动物的牙齿,啮齿类动物的门齿是持续生长的并且通过咀嚼使之保持合适的长度。门齿过长或弯曲表明动物缺少咀嚼运动或颌骨畸形。这种情况可以用一付切割器将过长的门齿安全地削短,或者如果牙齿不适合咀嚼则可给予动物流食。

5. 在梳理过程时,大鼠常切割脚趾甲,特别是后足的脚趾甲,使之变成短而圆的尖端,这是日常自我护理的表现。长而不整洁的脚趾甲说明大鼠有不良的梳理习惯,或者有牙齿和嘴部的毛病导致其不能进行良好的指甲切磨运动(然而,我们必须注意的是许多近交系动物的脚趾甲护理没有远交系动物做得好)。

6. 在检查过程中,应查看生殖器和肛门以确定它们是否清洁,如果清洁表明动物不存在内在的感染或疾病。

例 2　外观分析

图 44-3 显示了简单外观分析的重要性。在研究大鼠大脑皮质神经元胚胎发育的过程中,我们发现某些人工处理对体表颜色特点具有重要影响。在 E11-E21 的不同胚胎期给孕鼠注射标准剂量的 5-溴－2-脱氧尿苷(BrdU,60mg/kg),大鼠大脑新皮质神经元增生。然后,我们对出生后不同处理对不同日龄动物新生神经元数量的影响进一步观察,发现用免疫组化法鉴定的 BrdU 标记细胞在注射后 2h 左右开始进行有丝分裂。即在 E11-E15 接受 BrdU 处理的 Long-Evans 大鼠体毛黑白模式发生改变,而且这种模式改变随 BrdU 处理的精确年龄而改变。像达尔马西亚狗那样,BrdU 注射后产生斑点,斑点的大小随注射年龄的改变而改变(图 44-3)。因为我们知道皮肤细胞(特别是黑色素细胞)和脑细胞来源于同一胚层,所以我们立刻会猜想到 BrdU 不仅可以改变皮肤细胞,而且也可改变神经元的迁移模式(Kolb et al. 1997)。这个例子深深地启发了我们,

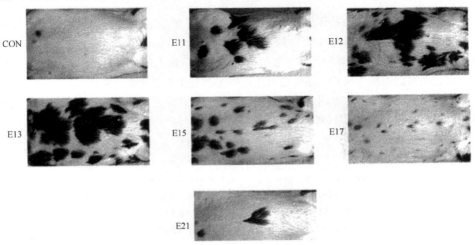

图 44-3　显示了 Long-Evans 大鼠腹部的体毛色泽,这个大鼠的母亲在受精后的不同时间里接受了 5 溴－2 脱氧尿苷的注射。由此可见,该大鼠的体毛色泽与脑和行为改变是平行一致的(Kolb et al. 1997)

使我们在观察动物行为时更细致入微，结果发现了 BrdU 处理可以产生很多显著的行为改变。这个结果如果不是观察动物的一般外观则是很难发现的。

体重

因为动物供应商会提供他们所销售动物品系的体重曲线，所以称量动物并与标准体重曲线相比是很简单的事情。啮齿类动物的生长对营养很敏感，任何年龄供养状态的改变都会加速或阻滞生长。动物的体重还会受同种动物行为的影响，低品级动物的体重小于优品级动物。大鼠，特别是雄性大鼠，体长和体重终生都在增长，但是增长的大小和生长速率在不同品系是不一样的。根据实际体量和估算体重间的差可以提示动物营养不良、饮食过度、发育疾患，或某种外周和中枢神经系统疾病。

体温

在称体重时，可以用直肠或者耳温度计记录动物体温。啮齿类动物核心体温是不稳定的，当在饲养笼子里休息时体温可降至 35℃ 左右，但当被移出饲养笼子时体温可升高至 41℃。当体温低于或高于此范围则表示低温或发热。动物为了维持体温采取多种姿势、反射和复杂的行为（Satinoff 1983）。

动物对抓持的反应 (response to handling)

当实验者抓持动物时，动物一般会发出微弱的嘶叫，而过分地尖叫则表明动物情绪不安或者有病。一般群居合笼饲养的啮齿类动物在被实验者抓持时缺乏攻击行为，但单笼饲养的或隔离生长的动物在抓持时很敏感，常表现为尖叫、挣扎或者有愤怒等反应。在抓持动物时，可检查动物的整体运动状态和特征，轻轻地将动物握在手里，快速地提起和下降，动物为了调整自己的肢体来适应实验者手的运动，肢体肌肉会紧张和松弛。如果肌肉无张力或过度强直则提示动物运动状态有问题，如刺激多巴胺功能的药物可减少肌肉的张力，而阻断多巴胺功能的药物可引起肌肉强直。

II. 感觉运动行为 (sensorimotor behavior)

感觉运动测试的目的是评价动物感觉和运动的能力（表 44-2）。测试可以评价动物在某种感觉状态下定向环境中物体的能力，感觉运动（sensorimotor）由识别（recognition）一词演化而来，后者的另一层意思是在确定反应缺失的原因时，无法明确区分它是由察觉刺激能力缺失所致，还是由对已经察觉的刺激无反应能力所致。而就本文所涉及的内容而言，区分上述原因是不必要的，而且一些理论已明确指出将两者区分开是不可能的（Teitelbaum et al. 1983）。

表 44-2　感觉和感觉运动行为

饲养笼内观察	观察对听觉、嗅觉、躯体感觉、味觉、前庭感觉和视觉刺激的反应。饲养笼子应该利于直接观察动物，笼子的两侧或底部有孔以便于实验者用探子接触动物，或给动物展示物品和食物。正常动物对插进来的物体反应极其显著，常以为"玩物"去抓取。轻轻地打开饲养笼子可以减少动物对刺激的反应，这提示动物已经发现了环境变化
旷场观察	观察对听觉、嗅觉、躯体感觉、味觉、前庭感觉和视觉刺激的反应。试验与上相似，但是当将动物放出笼外时，动物会显示出寻找新物品的乐趣，而同时还会显示对笼内物品的淡漠

饲养笼内测试（home cage）

测试感觉和运动行为最好在动物饲养笼里进行，而且最好要在笼内悬挂金属网格，以便于通过网格的洞接触到动物。如果在旷场测试时，动物感觉运动的行为表现则完全与笼内不一样，因为即使神经功能完整动物也将表现出对感觉信息漠不关心。当进行笼内检查时，可将食物放入笼子中，然后在饲养笼子下面的盘子上放置纸巾来盛残渣。如果一两天后将盘子从饲养笼子下面抽出，检查残渣。啮齿目动物非常讲究饮食和卫生习惯，因此可在托盘上某处发现尿和排泄物，而在远离的另一处发现掉落的食物，这表明动物有意识地将饲养笼子在空间上区划开来。正常情况下食物残渣应该很细，这表明动物在咀嚼食物。许多啮齿目动物是中心地掠夺者，它们把食物带到自己的领地储存起来便于以后食用，因此检查笼子里面可以发现食物堆放在笼子的某个角落。

定向测试（orienting）

当动物在饲养笼内时可以检测其感觉反应能力。Marshall 等（1971）在分析外侧下丘脑损伤动物的康复过程时，发现动物感觉反应能力的恢复顺序是从头侧到尾侧。一般来说，正常动物对头侧的刺激反应能力显著高于尾侧。下面是 Schallert 和 Whishaw（1978）报道的下丘脑损伤后发生的高反应和低反应综合征。

1. 将外科手术中常用的棉签伸入饲养笼子中，轻轻接触动物身体的不同部位，包括触须、身体、爪子和尾巴，动物可能认为是在玩游戏，用力地追赶和咬棉签，可以评价身体不同部位的敏感性。用棉签轻轻摩擦笼子，可检测动物听觉的灵敏度，因为大鼠有声音定向能力。将一个物体放在大鼠身体某部可评估它的感觉反应性，因为大鼠会快速移去物体（图 44-4）。如将各种不同尺寸的胶带贴在前臂尺侧或将单结或双结的手镯系在动物前爪腕部可以判断动物是否有察觉能力，有无感觉迟钝或忽视现象（Schallert and Whishaw　1984）。

2. 在棉签的尖端滴一小滴有特殊气味的物质可以测试动物对气味的反应。动物会研究食物的气味，遇到有毒的气体如氨气会退缩，遇到捕食者如鼬和狐狸的气味也会退缩（Heale et al. 1996）。

3. 在匙状小竹板的叶片上放一小块食物能检测动物简单的摄食反应。在饲养笼子里，除非剥夺饮水，啮齿目动物通常对水根本不在意，但它们喜欢摄入甜的食物如糖水、牛奶或甜的巧克力家常小甜饼。舔唇表示动物对甜食反应能力正常。如果将匙状小竹板放在笼子外面，动物将伸出舌头舔取食物，这表明舌头的运动功能正常。味苦的食物如奎宁可引发出一系列的排斥反应，包括用爪子擦鼻口部，在笼子的地板上蹭自己的脸颊和伸出舌头移走食物。Grill 和 Norgren（1978）描述了大鼠的味觉反射能力，后被广泛用来评价味觉反应。

可以通过给动物食团、一片奶酪或标准尺寸的其他食物来进一步检测动物吃和咀嚼的能力。啮齿目动物嗅食物，用门齿咬住，臀部着地以便将食物送到爪子，坐着吃爪子中的食物。观察动物鉴别食物、抓取食物的过程和进食速度能更加了解动物身体前段的功能，更详细地分析大鼠的进食速度，发现动物在外界环境中比在安全地方进食更快，正常进食时间比其他时间进食更快（Whishaw et al. 1992a）。

旷场行为检测（open field behavior）

动物离开饲养笼子也可被进行感觉测试，但这时动物的反应意义已经发生了改变。

图 44-4　左图显示将一块胶布粘贴在大鼠一侧前臂尺侧部来检测其定向能
力。去除胶布而换上面积小的胶布可以测试皮肤的敏感性。右图显示刺激
间的竞争，将有单结或双结的手镯系在动物双侧前爪腕部，如果健康侧的
刺激掩盖了非健康侧的刺激，大鼠将表现出持续试图解开难以解开侧的
结，而忽视容易解开的结（Schallert and Whishaw　1984）。

在正常情况下，新奇环境中的动物为了进行探测性运动而忽视食物，旷场摄入食物表示
动物已经习惯了这个地方或者说对新奇的事物不敏感了。一般说来，动物适应像大部分
迷宫那样没有隐匿之所的新环境需要数天或者数周的时间。动物发现食物后也会表现出
防卫反应，带着食物躲避其他动物，或者将食物储存在安全的地方，这些行为都可用来
进行定向和防卫行为的"自然"测试（Whishaw　1988）。

III. 不动状态和反射

姿势和运动分别由独立的神经亚系统支配（表 44-3）。保持对抗重力的姿势而不动
是许多局部和整体反射的最终结果。因此，非运动状态或不动被认为是由复杂联合反射
所引起的行为。即使动物处于紧张性精神症和完全没有反应能力的情况下，当被置于身
体不平衡时会快速运动以便重新恢复正常姿势（图 44-5）。身体姿势和正身反射是由视
觉系统、前庭平衡感觉系统、躯体浅感觉和本体感觉系统来介导的。虽然每个系统介导
的反应是联动的，但它们通常又是独立工作的（Pellis　1996）。

姿势反射（postural reflexes）

如果将动物放在一个平面上，轻轻提起尾巴，它会表现出许多姿势反射，如抬头，
前肢和后肢向外伸展，身体前 1/4 向左右不断扭曲等。当小鼠被举高又迅速被放下时，
它们的足趾会伸展，这在大鼠是看不到的。姿势和运动是动物寻找获得支持平面的典型
表现。

运动不对称常被用来测试单侧损伤引起的脑不对称（Kolb and Whishaw　1985）。
举例说明，当将大鼠尾巴悬挂时，单侧大脑皮质病变的成年动物通常向病变的对侧旋
转，而单侧多巴胺缺失的动物向病变的同侧旋转。肢体的姿势为评价中枢运动状态提供
了敏感监测方法。前肢向身体侧屈曲，包括抓腹侧体毛，或者两侧后肢相向屈曲，包括
互相握抓，能表明下行锥体系和锥体外系异常（Whishaw et al. 1981b）。在平面上，动

Male　　　　　　　　　　Female

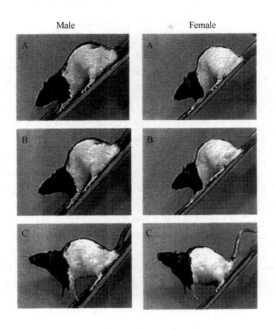

图 44-5　当动物被置于非稳定的条件下所表现出的防御木僵行为

在用氟哌啶醇（5mg/kg）处理后，动物表现为有体位支持的木僵状态，当将动物附着的木板倾斜而使其失去稳定时，它首先支撑身体稳住（A），而最后当体位失去平衡时它跳起来以便重新获得新的支持体位（B-C）。从图中可以看出雌雄大鼠在跳起之前所保持的体位稳定具有性别二态性（Field et al. 未发表资料）。

物向损伤侧旋转，如果放在不规则表面，它们会惠顾损伤对侧的肢体。

体位支持（postural support）

将动物放在平面上可以观察它的体位支持，如动物可能在处于某一体位时保持不动状态，或者它会采取不动状态而缺乏一定的体位，两种非运动状态是相互独立的。动物既不动又没有一定体位时可能恰是自发运动中的某个姿势。DeRyck 等（1980）实验证明阿片受体激动剂吗啡可产生没有体位支持的木僵状态，而多巴胺受体拮抗剂氟哌啶醇可产生有体位支持的木僵状态。

需要了解的是两种不动状态是正常行为的一部分，冻得颤抖的动物表现为有体位支持的不动状态，而怕热的动物会用没有体位支持的不动态伸开手脚来散热，有体位支持的不动状态是动物在一次探测行为中停止或者靠墙直立的标志，而没有体位支持的不动态则是动物休息或睡觉时的典型特征。虽然在正常啮齿目动物很难见到，但如果将其他动物轻轻地限制在某一体位，当放开时它可能一直处于此体位，这种类型的不动有时称为动物催眠术或伴有动物身体肌强直不动（Gallup and Maser　1977）。如果被惊吓，动物可能会木僵在有体位支持的不动状态，但如果动物躲避或试图逃离时，可能会蜷曲成没有体位支持的不动状态（目前有关使用动物催眠术来麻醉动物的建议还无实验证据支持，因为发现动物催眠只不过是其许多适应性不动状态的形式之一）。

表 44-3　姿势和不动状态

不动状态和有姿势运动	动物在运动时需要一定的姿势支持，而在维持姿势时也需要站稳和坐稳。姿势和运动可以被分离，如在保持木僵姿势状态的同时运动消失
不动状态和无姿势运动	只有当四肢运动时动物才会有姿势，而当一个肢体处于静止时，动物身体就会塌陷下去，所以静止不能够维持姿势。在静止时，动物保持警觉但无姿势，这种情况被称为木僵
身体某部的运动和不动	身体某部的动与不动可以通过计算将一个肢体置于难于维持的姿势或将其置于如瓶托样物体上所持续的时间来评价
制动引起的不动状态	制动引起的非运动状态也叫紧张性非动状态或催眠，可以通过将动物置于难于维持的姿势，如动物背部着地，然后通过测量动物背着地所持续的时间来评价此功能。动物在维持难以维持的姿势时，或保持身体紧张或身体紧张消失。在紧张性非动状态下，动物通常是清醒的
翻正反应	动物支持、翻正、放置和跳跃反应通常被用来维持四肢的姿势。当被置于侧放、背着地、仰卧或附卧等姿势时，动物会通过挣扎矫正身体来重新获得四肢站立姿势。翻正反应是由触觉、本体觉、前庭平衡觉和视觉反射共同介导的
环境对非运动状态的影响	喂养疲劳可增强非运动状态。温暖引起如四肢伸开仰卧的散热姿势，那样可以在无肌紧张时加强非运动状态，冷可引起如战抖等产热姿势，那样可以通过肌紧张来加强非运动状态

放置反应（placing responses）

　　放置反应是动物重新恢复四足姿势时头、躯体或肢体的运动反应。如抓住动物的尾巴提起动物，接着再将动物放回到平面上，由于动物触须接触到平面而可引发伸展前肢接触表面的放置反应。如果在触碰接触实验台边缘的大鼠足背的同时用双手握住大鼠可以测试每一只爪的放置反应，当接触时大鼠爪子抬高然后再放在台面上（Wolgin and Bomer 1985）。位置反应在皮质脊髓系统损害时变得非常敏感。

支撑反应（bracing responses）

　　如果轻轻地推不动状态的动物，它经常会后退对抗移位来维持静止平衡，此行为称为支撑反应。如果推的动作使动物身体不稳，它会走动或者转过身来减轻推力。接受某种处理引起全身木僵的动物处于有体位支持的不动状态，它们不能走动也不能通过支撑来维持稳定（Schallert et al. 1979）。对单个肢体也能检测支撑反应，如在动物一侧脑内注射耗竭多巴胺的神经毒素 6-羟基多巴可导致半侧身体帕金森病，握住动物以致使它单足站立，当轻轻向前推，动物能用健康的前肢走动以获得体位支持，进而避免使用损伤的前肢来完成支撑反应（Olsson et al. 1995；Schallert et al. 1992）。

翻正反应（righting response）

　　当使动物处于不稳定的平衡状态时，动物会尽力重新取得和重力相关的直立姿势，此行为称为翻正反应。翻正试验可以检测动物的视力、前庭、触觉和本体觉反射功能。如果动物从低于 1 m 的高度掉到垫子上，它会调整姿势用脚着地，如果四足向下掉下，它会弓背，伸展肢体像降落伞一样到达地表面。如果以背朝地的姿势掉下，它会先扭转躯体的前 1/4，接着是后 1/4，翻正自己，此反应由前庭受体所介导。翻正反应视频记录显示视觉也可以调节翻正反应，有视觉线索的动物在靠近地表面时翻正，而无视觉线索的动物在释放后立即翻正。如果大鼠的一侧身体或者背部接触桌面，它会翻正自己四足着地。握持头部、前 1/4 或者后 1/4 身体可以检测部分躯体的翻正反应。有关翻正反应和感觉控制的细节请见文献（Pelli　1996）。

Ⅳ. 自主运动（locomotion）

自主运动行为（locomotor behavior）是指动物从一个地方移到另一个地方的所有动作（表 44-4），它包括起始运动，也就是通常所说的热身运动、旋转运动、探测行为和在干的陆地、水中或垂直底板上的多种运动模式。

表 44-4　自主运动

一般活动	录像记录、运动感应器、活动轮、旷场测试
运动起步	热身效应：运动一般以吻尾顺序开始启动，小动作早于大动作，侧向运动早于向前运动，而向前运动早于垂直运动
旋转与攀爬	可以将动物置于饲养笼子内、小巷道或隧道内观察捕捉动物运动的成分
爬（步）行与游泳	啮齿目动物具有独特的步行和游泳行为特点，大鼠和小鼠爬行是通过一侧前肢与对侧后肢对角连带向前运动来完成的，而它们游泳则是使用双侧后肢划水，而双侧前肢则抱于两颊下以掌握方向
探察活动	一般啮齿目动物以选择窝巢作为探察活动的目标，在此活动中它们旋转身体、梳理体毛、外出活动。外出时动作缓慢，时走时停，左顾右盼，但是在回巢时动作快速敏捷
昼夜节律活动	大多数啮齿目动物是夜间活动，白昼睡眠。典型的活动高峰发生在昼夜节律的夜间开始和结束时，在此期间动物饮食饮水速度很快

热身（warm-up）

运动就像热身解释的那样是在三维空间内完成的，将动物轻轻放在旷场空间的中心可以观察到运动开始或热身（Golani et al. 1979）。热身运动的四个原理：

1. 外、前和垂直运动是独立方向的运动，在热身过程中，可观察到动物在外、前和垂直运动间变换。

2. 细小运动募集粗大运动。举例，头的小幅度外侧旋转之后跟着的是头的大幅度旋转，直到动物旋转一整圈。

3. 吻侧运动先于尾侧运动。也就是说，头旋转先于前肢运动，前肢运动先于后肢运动。

4. 运动间的关系是侧向运动先于向前运动，向前运动先于垂直运动。在一个新环境中，热身运动时间长，而在熟悉环境中，热身运动很快完成，如动物会简单地旋转，之后便走开。几乎所有的神经系统处理或药物治疗都可以影响热身。一般在概念上认为热身能反映进化和发育过程，也能反映脑组织结构（Golani　1992）；在功能上热身可使动物系统地检查所处环境的情况。

旋转（turning）

啮齿目动物有多种旋转措施。旋转可并入向前运动方式，动物旋转头部然后进行正常的爬行模式。不管是并入向前运动方式还是单独使用，它可以绕着身体后 1/4 部分旋转，这个动作是部分或全部以后肢作为枢轴的，另外很多旋转是以身体前 1/4 为枢轴旋转的。这两种旋转模式可以并入包括自主运动、攻击、玩耍和性行为在内的其他许多行为之中。在大鼠，旋转模式的幅度存在性别二态性（Field et al. 1997），雌性更多地利用身体的前 1/4 旋转，而雄性更多地利用身体后 1/4 旋转，这种旋转行为的二态性分别与动物在性行为和攻击中的旋转方式有关。动物也可在后肢站立时开始旋转，接着利用后肢为枢轴的潜在能量向一个方向或其他的方向旋转。

　　旋转方式和旋转发生率被广泛应用于判断脑功能不对称的指标（Miklyaeva et al. 1995）。举例说明，当单侧多巴胺耗竭的动物接受安非他明处理时向病患侧旋转，而当给予脱水吗啡处理时则向病患对侧旋转。许多文献表明旋转方向可作为治疗好转的指标（Freed 1983）。但是 Miklyaeva 和他的同事分析发现，多巴胺耗竭的动物不能使用病患对侧的肢体，不管旋转方向或药物处理如何，损伤持续存在（图 44-6），因此在评价功能康复时，分析肢体的活动比旋转方向更合理（Olsson et al. 1995；Schallert et al. 1992）。药物诱导的旋转方向差异至今仍是个难解之谜。

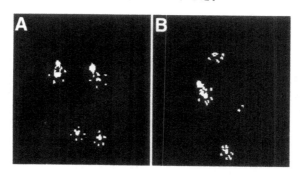

图 44-6　用反射技术获得的动物肢体运动轨迹情况，即将一束光线通过
玻璃板顶缘照射而反射出的动物站立在玻璃板上面的四支爪子
此技术可以显示出正常对照动物将体重平均分配到四个肢体（A），但是一侧多巴
胺耗竭动物却将其体重负于与损伤同侧的健康肢体（B）（Miklyaeva et al. 1995）。

爬行和奔跑（walking and running）

　　虽然对于初学者观察这些行为有点困难，但要认识到大部分啮齿目动物前进的驱动力是来自后肢。在慢的自主运动过程中，大鼠前肢用来接触和探测地面和墙壁（Clarke 1992）。观察肢体接触不规则表面或笼子四周墙壁时的行为可以测试前肢功能是否正常。如在动物后肢直立支撑下，记录前肢接触墙壁时间的长短是判断前肢功能是否正常的敏感指标之一（Kozlowski et al. 1996）。

　　当啮齿目动物爬行时，前后肢体呈对角连带运动，即一侧前肢和另一侧后肢一起运动，接着是另一前肢和其对侧后肢一起运动。啮齿目动物也有种属特异的运动方式。举例来说，大鼠很少大步行走，它们常迟疑地旋转和停顿，或快步奔走。除非已经有显著的整个身体异常，否则很难用视觉观察分析动物的自主运动形式，但是许多简单的视频记录方法已经被用来详细分析自主运动（Clarke 1992；Miklyaeva et al. 1995）。Ganor 和 Golani（1980）描述了爬行运动的构成。

探察（exploration）

　　将动物从笼子中取出并放在小旷场上可以观察它的运动情况，Golani 和他的同事描述了动物探察行为中的几何问题（Eliam and Golani　1989；Golani et al. 1993；Tcherni-chovski and Golani　1995）。通常动物会认为先占据的地盘是"窝巢"，在探察"窝巢"以外的旷场前，动物先在"窝巢"处停一停、然后用后肢支撑着身体立起来看看，旋转一周，再进行体毛梳理。当它用后肢支撑着身体立起来时，常用前肢接触前方墙壁来支持躯体，当它开始探察时，先伸展躯体的前 1/4 和头部，检查"窝巢"周围的环境，最后沿着墙壁开始离开"窝巢"，慢慢地向外移动，接着以很快的速度返回"窝巢"。当动物对周围的环境已经熟悉时，其在外活动的时间就逐渐延长。在远程探察过程中，动物还会选择另一场所作为临时"大本营"，观察动物在某处进行旋转和梳理的行为可以判断那里就是"大本营"。动物典型的行为活动是返回"窝巢"或"大本营"的速度远比外出探察的速度快，10min 的探察测试可分析许多行为，包括"窝巢"或"大本营"的数目，外出的次数，外出和返回的运动学，停顿的次数，后腿直立的次数，梳理的发生率以及外出的持续时间等（Golani et al. 1993；Whishaw et al. 1994）。

　　旷场行为测试的另一特征是适应，在正常情况下，随着时间的延长动物在旷场中活动减少，而且在动物一旦熟悉了环境后，其行为发生改变，如梳理或坐着不动所花的时间变长。在不同前脑损伤的动物，如额叶皮质或者海马病变，其适应环境的过程很慢，表现为暴露于旷场环境中的时间延长（Kolb　1974）。

　　游泳（swimming）

　　如果有游泳池可以使用，可观察动物的游泳运动。大鼠是半水生动物，因为它们生存的自然环境都沿着河流或者小溪的边缘。大鼠能熟练地游泳，但动力完全来自于后肢，其他啮齿目动物在水里游泳没有大鼠那么熟练，所以会采用一些特殊的游泳策略，如金黄地鼠会鼓起其两侧颊袋作为水翼（Water-wings）。在典型的啮齿目动物游泳时，它们用前爪撑起下巴并用张开的手掌控制方向（Fish　1996；Salis　1972）。发育、衰老、药物和脑损伤可使动物游泳方式发生改变，但是游泳本身对中枢神经系统损伤不敏感（Whishaw et al. 1981b）。

　　昼夜节律生理活动（circadian activity）

　　昼夜节律的生理活动测试包括记录动物一昼夜的一般活动，光照时间为早 8：00～晚 20：00。啮齿目动物常在昼夜节律周期的夜间部分活跃。测试需要在一个专用的光照时间可控的房间内进行，测试装置包括两端含有光电池的笼子，光电池连接到微型计算机上实现记录光束关闭时的行为，计算机的程序既可记录到发生在一侧光电池的光束关闭时的行为，也可记录到两端光电池光束连续关闭的瞬时行为。单个光电池的光束关闭能监测熟练运动（stereotyped movement），如头上下振动、梳理、旋转等；而连续光束关闭可监测动物自主运动，如从笼子的一端走到另一端等。如果在中午 12 点将动物放在笼子内观察其活动，动物在开始接触装置时很活跃，而在 1h 或 2h 后就适应了。但是在晚 20 点停止光照后将动物放在笼子内观察其活动，发现它的活动整夜逐渐增多。在 8 点给予光照前，动物表现出另一阵活动增多现象，但是在光照开始后，动物不再活跃了。一个 24h 的记录周期可以完整地记录到动物昼夜节律的生理活动特征，而且在一个记录单元时间内可以明确地观察到对照组和实验组动物行为间存在的显著差异。用此方法还可以更详细地评价动物昼夜节律生理活动以及光、声和喂养等对此的影响效果（Mistleburger and Mumby　1992）。图 44-7 显示不同程度食物剥夺对大鼠进食速度影响的昼夜节律生理活动特征，即大鼠在关闭光照的开始和结束时中，即在其通常进食的时间进食较快。

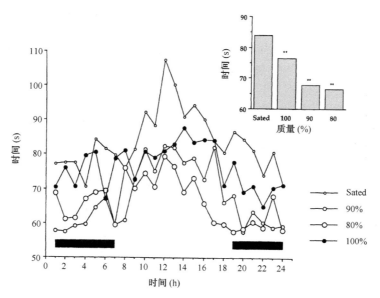

图 44-7　显示被剥夺食物的大鼠在 24 h 昼夜周期中每半小时进食 1 g 食物所需的时间

图中 Sated 是未被剥夺食物的大鼠，100％代表被剥夺 80％～90％食物的大鼠重新获得自由进食的权利。

结果显示被剥夺食物的饥饿大鼠在其通常进食时间（晚 20：00～早 08：00）内进食速度较光照时间（早 08：00～晚 20：00）更快（Whishaw et al.1992）。

Ⅴ．技能运动（skilled movement）

技能运动是指用嘴或爪任意操纵物体的运动，也指用来穿越危险境地的运动，如走横杆、攀爬绳索或游泳等（表 44-5）。技能运动的内在特征是它们比种属特异性运动或在平面上的自主运动更易受大脑皮质病变的影响，其显著特征是需要旋转运动、不规则方式运动、肢体的选择性运动和破坏正常抗重力支持的运动（图 44-8）。啮齿目动物和灵长目动物的技能运动是可比较的，这使啮齿目动物模型可普遍应用于人类（Whishaw et al. 1992b），动物常用的两种技能运动是走横杆和技巧性获得动作。

表 44-5　技能运动

肢体运动	包括压横木、通过狭缝接触和获取食物、自发操纵食物、搬运筑巢材料、梳理毛发、社会行为等，啮齿目的肢体运动具有种属特异性和顺序特异性
攀爬与跳跃	攀爬运动包括攀爬掩蔽屏、绳索和梯子等，跳跃是指从一个有支撑的底座跳到另一个底座
口部运动	口腔和舌的运动主要用来完成接受或拒绝食物，如吐出食物、抓取或摄取食物。也包括梳理、清洗崽子、筑巢、截磨牙齿

走横杆（beam walking）

当正常大鼠走窄横杆的时候，它具有脚在横杆背面快速向前移动的惊人能力，而运

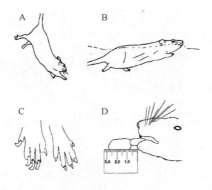

图 44-8　技能运动的举例

A. 当抓住大鼠尾巴将其提起时，大鼠用前肢接触物体以便重新获得姿势平衡；B. 当游泳时，大鼠用两前肢抱住两颊并用足跖掌舵；C. 所有爪趾甲被整齐地修剪（右侧），但是如果技能性咀嚼运动丧失，趾甲长得很长（左侧）；D. 舌的技能运动被用于摄取食物，图中大鼠正在从一把尺子上舔取食物。舌的最大伸长度为 11mm。

动不协调时大鼠只能用足趾抓住横杆的边缘，如一侧运动系统损伤时，大鼠只能用损伤对侧爪子抓住横杆的边缘。用视频记录大鼠爪子在横杆上的位置可以测试大鼠爪子的抓握能力，而画出动物爪子的位置可以使动物爪子的功能可视化（Becker et al. 1987）。在窄横杆上也可以检测动物整体姿势是否异常，如异常程度可通过测量背和头与横杆间的角度来定量（Gentile et al. 1978）。另一与走横杆相关的正式测试是旋转杆上的平衡测试，即旋转杆测试（the rotorod test），这个试验要求动物在旋转杆上保持平衡，当动物学会平衡后，杆旋转速度逐渐加快，运动技能测试是杆以一定的速度旋转时，动物在旋转杆上所能够停留的时间（Le Marec et al. 1997）。

　　技能性前肢运动（skilled forelimb movements）

　　啮齿目动物用爪子和足趾来获取、持握和操纵食物，技能性前肢应用测试可通过让动物经过一个缝隙来获取食丸。其中一种测试方法是让动物将爪子伸进盘子获取食物（Whishaw and Miklyaeva 1996），用此方法可评价肢体优势和成功率（每次获取食丸的数目）。也可通过限制某一侧肢体的使用而强迫其使用另一侧肢体的方法来控制动物肢体的应用，如动物通过缝隙获取食物时，在一侧肢体上放一手铐可防止动物将一侧肢体伸过缝隙进而使用另一侧未受伤害的肢体。另一种测试形式是让动物只拿一个食丸，同时拍摄此运动（Whishaw and Pellis 1990）。技能性获取的录像分析显示啮齿目动物有许多整体准备运动，而且获取动作本身也包含许多组成部分，如抬起肢体、瞄准、旋前、抓握和缩足时的旋后动作等。中枢神经系统损害的动物可以学习代偿损伤造成的功能缺陷，通过成功测量来重新获得术前的行为，但是运动分析表明获取中的运动是经常改变的（图 44-2），观察食物自发性取回和处理也可评估前肢的使用。除了豚鼠，大部分啮齿目动物在自发性进食中有五个典型的依次运动（Whishaw et al. 1998），它们是：①嗅觉分辨食物；②切牙叼住食物；③臀部坐着进食；④前肢内旋将食物送入嘴里；⑤用足趾抓住食物。每个动作都有它自己的特征，适合进一步分析，不同啮齿目动物有种属特异的运动特征（图 44-9）。

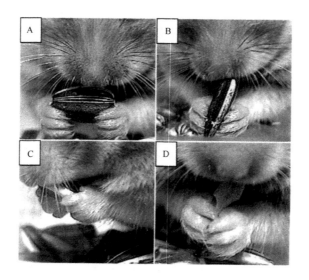

图 44-9　金黄地鼠的技能性爪和足趾运动

A，C. 显示动物用前肢的第 1 趾和第 2 趾持握食物；B. 用所有足趾握
持食物；D. 用双侧第 1 趾持握食物。

VI. 种属特异性行为（species-typical behaviors）

　　啮齿目动物的许多动作都是习惯运动，这些运动完全可以从一个一个动作和不同种系动物之间鉴别出来。而种属特异性运动则是指一些特定的复杂动作，包括梳理、筑巢、玩耍、性行为、社会行为和哺乳育养行为等（表 44-6）。为了观察和描述动物种属特异性行为，可以用高清晰视频连续记录系列行为动作。

表 44-6　种属特异性行为

梳　理	梳理行为具有动物种属特异性，主要用来自身清洁和体温调节。一般开始于爪子清洁运动，之后清洗脸面、身体、四肢和尾部
食物囤积	搬运食物运动也具有动物种属特异性，这些运动包括将食物运到巢穴内食用，将食物分别散藏于安全领地以便于随时食用，将食物储存于巢穴内的仓库。食物大小，咀嚼食物所花的时间，寻找领地的困难程度，是否有食肉的天敌均可以影响动物的搬运行为。不同种属搬运食物的方式不同，有的用嘴叼食物，有的将两颊袋装满食物运输。啮齿目动物习惯于偷抢同类的食物，因此被偷者要常躲避偷盗者的入侵
咀嚼食物	啮齿目动物的切牙很发达，用于抓取和撕咬食物，后面牙齿用于咀嚼，舌头用于搅拌食物或饮水
探察/新环境恐怖	不同种属对新环境和物体反应也不同，动物会用视觉或嗅觉探察不明物体，在做出判断后或躲避或埋葬它。动物通常在外出探察时动作缓慢，但是在回到原栖身处时动作较快。动物活动的空间分为巢居、熟悉领地和边界
食物选择	动物对食物的选择也有标准，如食物的大小、食用所需时间、营养价值、味道、熟悉程度等。对于群居的种属，动物可根据嗅或舔同伴的嘴来判断食物是否可以食用

睡　眠	啮齿目动物的睡眠很有典型性特征，如静止不动、打盹、静止睡眠、快速眼球运动睡眠。大多数啮齿目动物是夜间活动，白昼睡眠，而且在日出和日落时活动更加频繁。自然昼夜节律周期随季节不同而广泛不同
筑　巢	不同动物种属筑巢方式也不同，如有的筑巢、而有的打隧洞，有的为同类群居而修建巢穴。在筑巢时动物可以使用几乎所有的材料
母性行为	实验啮齿目动物通常可生产一大窝崽待哺，但是母亲只在崽鼠生后的前两至三周喂养，之后动物开始独立生存
社会行为	群居啮齿目动物具有丰富的社会关系，包括领地或巢穴防卫、社会等级制、家庭成员编组和问候行为等；但是单独饲养的动物社交单一。而且雌雄动物的防御和攻击行为具有显著差别
性行为	雌雄动物的性行为特征不同，雄性主要行为表现为控制领地或入侵领地，有求爱和群体性交行为。性行为通常持续时间很长，包括追逐、爬上、交配，交配时身体不动且出现高频嘶叫。雌性则表现为恳求、飞奔、停顿、耳朵摆动、闪躲和脊柱前弯等动作以配合雄性爬上
玩耍行为	很多啮齿目动物都具有丰富的玩耍行为，而且在幼小时表现更多。玩耍包括攻击行为，此时嘴和颈部紧贴以保护颈部

梳理（grooming）

Berridge（1990）比较并描述了许多啮齿目动物品系的梳理行为，其中包括大部分常用的实验啮齿目动物。他们的研究方法是在动物笼子下面放一镜子来拍摄动物的行为。具体是向动物的皮毛上喷点水以诱发出梳理动作，典型的梳理行为程序包括动物向前走，抖动身体甩掉水，然后坐下并按照相对固定的顺序进行许多梳理动作。动物首先舔爪子，然后用旋转运动的爪子擦鼻子，接着洗脸，包括沿着脸向下移动爪子，一系列擦的动作幅度越来越大，直到爪子到达耳朵后面，顺着脸向下擦洗。一旦动物完成了头部梳理，它转向另一边，爪子抓住毛发，继续梳理躯体部分（图 44-10）。单个梳理循环从鼻口部开始，沿身体向尾部移动，这个过程包括一百多个独立的梳理动作。

Berridge 观察了梳理的内在一致性，也就是一个梳理动作预示着另一个动作的发生，既连贯又有规律。这些连贯而有规律的程序性动作可以为修饰调节中枢神经系统后有无梳理行为的改变提供对照。虽然小鼠和大鼠的种系较近，但是梳理行为的程序略有不同，如洗脸时小鼠的不对称肢体运动更少。其他种系关系稍远的啮齿目动物之间的梳理程序也不相同，如有的动物只用单个肢体擦。正是鉴于此，程序性梳理行为是一个可以被用来分析神经系统控制动作模式的有力工具，如为了回答梳理行为是否由脑内梳理中枢产生或由脑内多个神经核团或系统控制决定，Berridge 和他的同事通过在多个吻尾水平进行脑切割，结果发现控制不同梳理特征的部位分布在多个脑或脊髓平面（Berridge　1989）。

食物囤积（food hoarding）

啮齿目动物通常根据进食所需时间来决定采取何种处理食物的方式（图 44-11），啮齿目动物通常小心地离开巢穴并小心地靠近食物源，需要很短时间能够吃掉的小片食物就在原地吞掉，而需要稍长时间吃掉的食物则采取坐姿吃掉，对于需要很长时间才能吃掉的大块食物则需要带到安全的地方或巢穴慢慢食用。有颊囊的啮齿目动物可以携带任何大小的食物，无颊囊的动物在发现食物的地方吃掉小的食物，将大点的食物带走，但是否带走食物决定于吃掉它所需的时间。通常动物将带回巢穴的食物贮存在巢穴的一

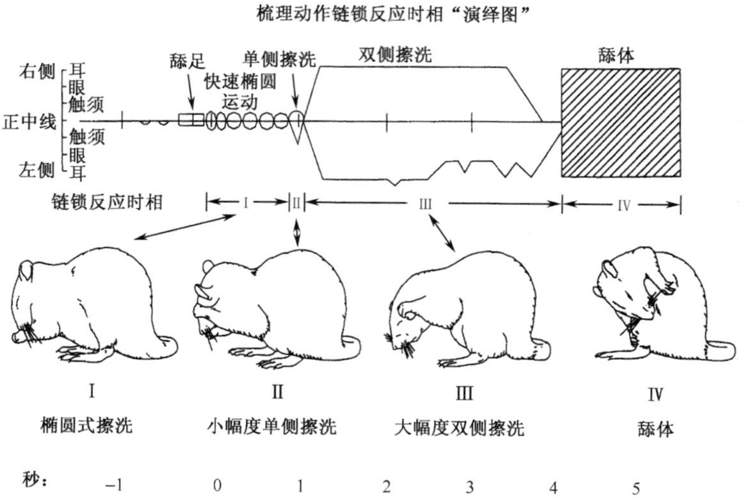

梳理动作链锁反应时相"演绎图"

图 44-10　显示的是理想化的啮齿目程序性梳理链锁行为动作描记转录图像

时间顺序从左至右，上图水平线代表鼻子的中心，水平线上方表示左前肢的运动。小长方形表示舔爪，大长方形表示舔身。链锁动作的时相包括：（1）5～8 次椭圆形擦洗鼻子动作（频率 6.5 Hz）；（2）小幅度单侧擦洗鼻子动作；（3）大幅度对称性双侧擦洗头部动作；（4）舔身体的腹外侧动作（Berridge and Whishaw　1992）。

个中央部位，或把食物藏在许多地方，或藏在安全领域的任何地方。群居啮齿目动物将食物带到巢穴，但其他动物可能偷或快速抢吃掉食物（Whishaw　1996）。测试食物运载能力对于评估动物探察、空间能力、时间估计和食物的社会竞争能力等很有帮助（Whishaw et al. 1990）。

觅食和选择饮食（foraging and diet selection）

群居的啮齿目动物对新食物特别在意，彼此频繁地交流信息（Galef　1993）。特别是当它们经受过根除之难的考验后，对新奇的食物更是担惊受怕，这种特征被称为新物恐惧症（neophobia）。为此群居的啮齿目动物常通过分享信息以获得对食物类型、食物安全性和食物位置的认识，如一只动物可以通过嗅或舔同巢动物的鼻口部以获得关于食物类型和来源的信息，同巢动物呼吸带有的二氧化硫气味已向获取信息者暗示食物就在附近且易得。测试新物恐惧症和信息分享行为可以研究动物的学习和社会能力（Galef et al. 1997）。将致病剂和食物配对喂饲通常可以研究观察动物的厌食反应（Perks and Clifton　1997），如条件性厌恶也是一种特殊形式的学习，因为从摄取食物到患病要间隔数小时或数天，而这段时间足以使动物学会分辨食物的好坏。

筑巢（nest building）

如果给啮齿目动物提供合适的材料，它们会筑巢（Kinder　1927）。巢穴既有利于温度调节又可提供育幼的场所。雌鼠筑巢的质量会随 4 天的月经周期改变或高或低，如果给动物一些宽 2 cm、长 20 cm 的纸条，然后记录与筑巢有关的每个行为的发生，发现有诸如拾捡材料、运送、推和咀嚼等动作。大鼠筑巢从垫窝到最佳造型需要 3～4 d，筑巢质量可分为 1～4 级。有报道认为中枢神经的边缘系统和内侧额叶皮质损伤可以破坏

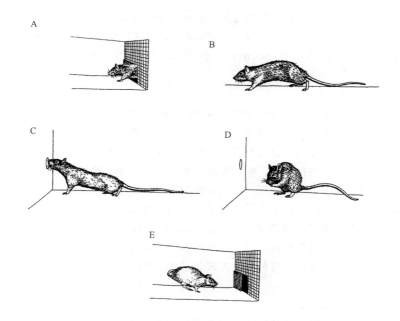

图 44-11　在测试设施内评价大鼠通过一个空洞从巢穴钻出来觅食的过程
A. 大鼠在离开巢穴前先停下、观察、倾听周围动静；B. 大鼠小心翼翼地接触食物；
C. 一口吞掉能够快速食掉的食物；D. 坐姿下吃掉大块食物；E. 飞奔地带着非常大的食
物回巢（Whishaw et al. 1990）。

筑巢行为（Shipley and Kolb　1977）。

社会行为（social behavior）

社会行为可被定义为影响同种其他成员或被同种其他成员所影响的所有行为，包括所有与性和生殖活动，以及所有类型的攻击行为和聚群等行为（Grant　1963）。习惯上通常把性行为分开描写，而近几年攻击行为也逐渐被看作是一种单独的社会行为形式。

较为公认的观点认为社会行为不是由单一的中枢神经单元所决定的，相反是由不同的神经和内分泌相互作用而产生的（Moyer　1968）。因此在下一种特殊处理可引起一般社会行为改变的结论前，必须在不同情况下检测社会行为。行为改变可能是"状况特异的"（situation-specific），因此研究啮齿目动物社会行为通常要测试生活在一组相通笼子内动物间的随机相互作用（Lubar et al. 1973）。一种非自然的测试方法是将配对的动物放入一个新环境下，重复几天地观察（Latane　1970）。在各种情况下，都需要用视频记录分析并计算特异行为次数，如接触时间长短，或像 Grant 和 Mackintosh（1963）那样描述行为的细节。也可记录其他的行为如发声（Francis　1977）或尿印记（Brown　1975）等。

攻击（aggression）

攻击行为是动物用来建立社会分级制度和保护领地的行为，因为啮齿目动物是倾向于群居生活还是倾向于孤立生活随参与攻击行为的趋势不同。攻击行为的形式也有显著的性别差别，攻击时接触的目标和角斗撕咬目标身体的部位完全不同于跟同伴玩耍时接触的部位（Pellis　1997）。大鼠攻击时典型的动作是咬背部或臀部，它们可根据身体气味辨别是同巢同系还是陌生者。攻击行为模型已广泛被用于研究人攻击行为（Blanchard et al. 1989）。

　　性行为（sexual behavior）

　　性行为需要内分泌系统和神经系统的共同协调整合完成，要求有成长的经历、学习、环境和合适的伴侣。性行为至少包括两个阶段：求偶和交配，两个过程都是很复杂的，要求雌性和雄性复杂的独立的和相互依赖的动作。Dewsbury（1973）曾经描述和性行为有关的社会行为，包括探察、嗅、梳理、求偶、耳扭动，雌性跳跃和疾走、外阴部和非外阴部梳理，同时也包括骑跨、插入盆腔、射精、脊柱前凸、静止不动、超声呻吟等。Sachs 和 Barfield（1976）描述了雄性大鼠性行为的动作方式，而 Carter 等（1982）描述了雌性大鼠性行为的动作方式。Mermelstein 和 Becker（1995）对雌性动物如何在有交配对象时调整性活动步伐也给出了描述性范例，Everitt（1990）描述了有兴趣接触性伴侣和有兴趣进行交配活动时的行为方式和过程，Michal（1973）详细讨论了边缘系统损伤大鼠的行为模式。

　　育幼（care of young）

　　啮齿目动物在出生时是不成熟的，如感觉和运动系统不成熟，没有毛发，需要接受亲代的悉心照顾（Grota and Ader　1969）。崽鼠主要由母亲照顾，在激素和温度调节的控制下得到精心清洗和喂养（Leon et al. 1978）。温度调节影响着崽鼠的许多社会行为，如学会如何互相拥挤卷屈以保暖（Alberts　1978）。

　　玩耍（play）

　　啮齿目动物在任何发育阶段均可表现出玩耍行为，但在青龄阶段玩耍行为表现更为突出。玩耍是高度仪式化的行为，但都伴有动物用于其他生活方面的运动，如性别、攻击和技能操作等。在啮齿目动物玩耍中，参与者的许多动作可能是故意的，首倡者试图用鼻口部接触接受者的颈，而接受者试图躲避接触（图 44-12）。不同的啮齿目品系接触和闪躲的方式不同（Pellis et al. 1996）。

VII. 学习（learning）

　　学习的神经学基础研究表明脑内可能存在许多至少是半独立的学习和记忆系统，这包括短期记忆（认为是前额叶功能）、目标记忆（认为是嗅皮质）、感情记忆（认为是杏仁核及其相关回路的作用）、内在和外在空间记忆（认为分别是新皮质和海马结构的功能）。要较快地判断动物的学习能力需要许多测试（表 44-7）。广泛用于啮齿目动物的测试包括：

　　——消极回避（passive avoidance）

　　——防卫性埋藏（defensive burying）

　　——条件性位置偏爱（conditioned place preference）

　　——条件性感情反应（conditioned emotional response）

　　——物体识别任务（object recognition task）

　　——游泳池内定位和匹配-定位（swimming pool place and matching-to-place tasks）

图 44-12　两个 30 天日龄的雄性大鼠进行战斗游戏的系列行为动作。注意它们频繁练习攻击和防护的是颈部（Pellis et al. 1996）

表 44-7　学习

经典条件学习	非条件性刺激与条件性刺激配合使用，通过后者间测量非条件性刺激的反应强度。几乎可以运用任何方式的刺激、环境、处理以及行为
仪器训练	通过奔跑、跳跃、静坐、压横木以及走迷宫等方式强化动物的运动行为
回避学习	消极反应包括躲避那些伴有伤害性刺激（如电击）的曾经有所偏爱的位置和物体，积极反应包括移走或掩埋伤害性事物
物体识别	包括简单的一个或多个物体识别以及任何感觉形式的样品匹配或不匹配。任务必须是正规的或者是可推测的，对于前者，动物能够做出准确反应，而对于后者，识别功能可以从扩展的行为中加以推测
空间学习	可运用旱地和有水任务。空间测试任务可以通过外源性和内源性线索实现，前者是外部的、与运动相对独立的，后者可以来自前庭或本体觉系统、活动指令再传入和活动自身产生的感觉流。动物需要靠近或远离某些位置。线索任务要求对可检测线索做出反应。定位任务要求利用一系列线索的相关性进行移动，而这些线索并非缺一不可。匹配任务要求对单一信息实验的反应进行学习
记忆	记忆包括程序性记忆和工作记忆，前者的反应和线索在实验之间是持续的，而后者是变化的。任务是根据学习测量而建立的。经典的记忆分为物体、情感和空间记忆，每一类又可以细分为感觉和运动两方面

虽然这些测试可以帮助快速筛查学习和记忆缺陷，但这些测试对不同的功能和脑区都很敏感。鉴于此，作者特别指出任何具体实验的检测项目都可能因方法的修饰改良有

所不同，因此在选择使用时请不要只以本文所述为准，而应该以具体实验方法的出处为参考（Olton et al. 1985；Vanderwolf and Cain　1994）。

记忆

记忆通常被描述为程序性记忆（procedural memory）或者工作记忆（working memory）。程序性记忆是记忆任务问题解决的规则，举例说明，这里的原则是食物可能在小巷的尽头被发现或位于游泳池的某个位置的逃避平台。工作记忆是以测试次数为独特特征的记忆，也就是说，"在最后一次测试中我发现了食物在这儿"。据认为系统特异的程序记忆或工作记忆可能由各自的感觉或运动系统所参与介导。如感知物体的视觉通路可能参与了目标信息的储存。记忆也可被描述为短时记忆（short-term memory）和长时记忆（long-term memory）。总之在描述上，有程序性记忆和工作记忆，也有短时记忆和长时记忆。关于术语、测试方法及其意义请详细参考以往文献（Dudai　1989；Martinez and Kesner　1991）。

消极逃避

测试消极逃避的装置包括有两个隔间的盒子和一个连接门，一个隔间是白色的，另一个是黑色的，两个隔间的底部是金属网格，可以通过它施加小强度的电振击。将一只动物每天放在白色隔间里，然后当它进入黑隔间后被移出，相同训练持续 3d。因为大部分啮齿目动物具有喜黑的特性，所以第三天动物穿过隔间间通道的时间明显缩短。然而当动物一进入黑隔间时就给予电刺激，1～24h 后动物又被放在白隔间内，记录再次进入伤害性黑隔间的时间，通过这个测试可以监测动物的学习记忆，一般把 5 分钟作为动物进入黑隔间的时间标准。消极逃避是评价影响记忆药物（如毒蕈碱受体阻断剂阿托品或东莨菪碱）等的敏感方法，该方法也适合检测某些脑损伤包括边缘系统和苍白球以及神经递质引起的学习记忆减退或丧失（Bammer　1982；Slagen et al. 1990）。

防卫性埋藏

防卫性埋藏试验可检测动物对威胁性和有毒物体的反应。Pinel 和 Treit（1983）描述了许多关于该试验的修饰、改良和应用的具体内容。传统上认为动物具有两个主要的防卫措施：逃脱和斗争。防卫性埋藏试验表明大鼠和小鼠（沙鼠和金黄地鼠除外）对威胁的反应比预想的要更复杂，行为过程包括研究目标物体、移动物体或埋掉物体以消除威胁。最简单的测试是将动物放在地板上含有锯末的饲养盒内，使其习惯所居环境后，将可通电的探针通过壁上的小洞插入饲养盒内。当动物研究物体时，它会接受到来自探针的短暂电刺激，动物第一反应是从物体上缩回，然后仔细研究它，最后动起前肢拿锯末埋掉危险物体。探针学习能力的监测包括动物研究物体的次数，埋物体所需时间和最后覆盖在物体上锯末的厚度。也可运用该测试试验的改良法，包括埋藏传递伤害性声音或气体的物体和令其生厌的物体，这提示埋藏反应可继发于其他物体的条件反射。防卫埋藏可用来监测老化对行为的作用，同时也可检测潜在的抗焦虑药物（Pinel and Treit　1983）。

识别物体

测试动物识别物体的能力可以在有 3 个隔间的箱子，如 Mumby 箱内（Mumby and Pinel　1994；Mumby et al. 1989）或其他相似的测试装置（Ennaceur and Aggleton 1997）内进行。箱子的中心隔间是测试等候区，它与两侧的另外两个隔间相通，但测试前分别由可拉动滑门阻挡。当打开通往隔间 A 的滑门时，动物可以自由进入隔间 A，其中有两个装食物的容器，其中一个容器上盖着写有"样本"的物体，当动物移开它时即可得到奖赏食物。然后大鼠返回到测试等候区，等拉开隔间 B 的滑门后，它又进入隔间 B，同样又可发现两个食物容器，其中一个也覆盖着与隔间 A 相同的样本物体，另一个是新物体，此次只有动物移开新物体时才能获得奖赏食物。每次新的测试都换有一个新的样本和物体，即成功的测试是使动物牢记在两个连续的测试中相同样品不能够得到相同的食物奖赏。啮齿目动物识别物体测试与以前用于灵长类动物测试的不匹配样本测试（nonmatching-to-sample tests）相似，该方法可以通过显示样本测试可变间期的延迟来检测动物对物体的长时程记忆和短时程记忆。在更接近自然的环境中，物体识别能力测试的方法也与上面提到的相似，不同的是更注重测试动物在对新置入其巢穴内的物体或动物进行嗅气味和检查所花的时间。

条件性位置偏爱

条件性位置偏爱是动物根据所发现的物体、事件或物质是愉快的还是厌恶的而条件性地对置放这些物体和物质的位置和事件发生的场所产生好恶而有的行为表现（Cabib et al. 1996；Schechter and Calcagnetti 1993）。典型的测试装置是有两个隔间的盒子，观察的指标是动物在隔间内所花的时间。举例，如果实验希望确定药物处理是否可产生愉快的情感，那么将动物放入可暴露于药物作用的隔间内，事隔一段时间后，在没有药物暴露的情况下，动物可以同样容易进入原来暴露药物的隔间和另一个隔间，然后让动物选择偏爱的位置。如果动物在原来条件性药物暴露的隔间内待的时间长，则提示动物已经将药物处理视为正奖赏；而如果它更偏爱另一个场所则提示药物处理产生了惩罚。通过变换样本和测试次数时间间隔来改良条件性位置偏爱测试法也可以检测记忆能力和记忆时间。

空间导向（spatial navigation）

很多迷宫测试方法可以用来评价动物的空间导向能力（图 44-13），而这些测试方法的中心思想是让动物：①学会在一个或多个地点发现食物；②学会从不同地点逃到避难所。大部分测试过程可以在旱地上进行，但因为大鼠具有极好的游泳本领，也开发了在游泳池进行的测试的方法。两个最常用的测试方法是辐射长臂迷宫（radial arm maze）和游泳池内定位任务（swimming pool place task）。

辐射长臂迷宫由一个中心盒子或平台连接一定数目的长臂小巷道构成（Jarrard 1983；Olton et al. 1979）。长臂的位置或者是固定的，或者在长臂上给予指示（如臂表面凹凸不平、臂的颜色、臂末端的光照等）。食物被放在一个或多个臂的末端，动物的任务是通过几天的测试记住食物的位置，这项测试可以用来估计形成程序性记忆的能力。在动物行动的中途突然打断可以观察它是否能够在突然被中断的地方接着完成指定的任务，这可以评价它的工作记忆能力。

游泳池内定位任务是较受欢迎的测试方法，主要原因是不必剥夺动物的饮食饮水就可进行测试（McNamara and Skelton 1993；Morris 1984；Sutherland and Dyck 1984；Whishaw 1985）。虽然这种测试比较适合于半水生的大鼠，但对其他种属却不适用（Whishaw 1995）。该装置由一直径约 1.5m 的环形圆底容器构成，其内灌满温水并用奶粉、油漆、锯屑和漂浮的珠子混合导致不透明。将一个 $10cm^2$ 的平台放在池子内，其表面

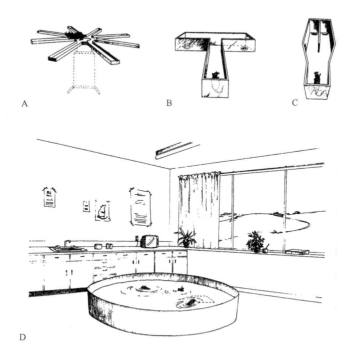

图 44-13　动物空间学习任务

A. 辐射长臂迷宫测试，食物被置于一些臂的末端；B.T 形迷宫测试，食物被置
于一个臂内；C.Grice 盒测试，食物被置于一侧；D. 游泳池内定位任务，动物在
不透明的水中寻找隐藏在水面下的救生平台，但此测试要求在较空旷的有很多空
间线索的房间内进行。

可以看见也可以藏在水面下 1cm 处，将动物面向池子壁放入水里，为了逃离水，动物必须
到达平台。在连续的试验测试中，动物被多次从新地方放入水里，它直接游到隐蔽平台的
反应时间逐渐缩短。检测学会逃到藏在固定点平台上的能力可评价动物空间程序性记忆
力。如果平台被反复移到新位点，则主要评价动物的空间工作记忆力（Whishaw　1985）。
也就是说，动物必须在第二次测试时找到第一次测试时发现平台的位置。

　　简言之，空间测试任务是为了测量三方面的空间行为：定位任务主要用来检测动物
是否能利用周围线索，如视觉线索，寻找食物或逃生平台；有线索任务是用来检测动物
是否能够利用可视的目标标记线索发现食物或逃生平台；反应任务是用来检测动物是否
可利用身体线索，如向左或向右转来定位目标。目前，广泛推测不同的动物空间学习能
力是由不同的神经系统所介导的，因此应用多个测试任务可以进一步分解动物的空间识
别功能。

■ 评论：行为学分析的共性

　　因为研究啮齿目动物的最终目的是了解人脑-行为的关系，所以人们有理由询问研

究啮齿目动物的行为到底对了解人脑−行为关系中的意义有多大。的确，究竟选择哪种哺乳动物作为研究人脑功能的模型才更可行是一个比较难的问题，原因是每种动物都有各自独特的行为技能以使其适应特定小环境而生存。因为不同动物种属为了适应环境而表现出的独特行为学表型的确可能反映了不同种属独特的神经构成，因此光凭研究大鼠脑−行为的相互关系来判断人脑−行为的相互关系是有一定风险。即使是其他哺乳类，如灵长类，在脑−行为的相互关系上也未必与大鼠的相似。

正如我们在其他文献中所强调的那样，尽管在行为细节上可能不同，但哺乳动物间有很多相似的行为特征和能力（Kolb and Whishaw 1983）。举例说明，所有的哺乳动物必须监测和解释感觉刺激，然后将这些信息和过去的经历联系起来以便采取正确行动。同样，所有的哺乳动物都显示出能够在可变的强迫条件下学习复杂的任务（Warren 1977），而且所有的哺乳动物都是运动的，并且具有空间定向能力。虽然这些行为的细节和复杂性明显不同，但一般的行为能力却是共通的。Warren 和 Kolb（1978）提出所有哺乳动物表现出的行为和行为能力可以被统称为等级−共同行为（class-common behaviors），而相反，种系特有的行为和在特殊环境中取决于生存小环境的行为可以被定义为种属−特异行为（species-typical behaviors）。两种类型行为间的不同点可以通过不同哺乳动物用前肢操作食物的方式表现出来，猴子用单个前爪抓握物体，而且直立坐着，抓握着吃食物；大鼠也用一个前爪抓握物体，然后典型地将食物送到嘴里，采取坐姿再将食物送回两前爪，然后吃下去。这些大多数哺乳动物用前爪操作食物（或其他物体）的行为特性就是这里所定义的等级共同行为。但是行为的细节可能具有种属差异，而且有些种属−特异行为差别很大，这可见于蝙蝠、食肉动物、啮齿目动物和灵长类动物前肢使用的差别。用狗作模型研究人操作物体的神经控制似乎是很愚蠢的，因为它们的肢体应用是不灵活的。但啮齿目动物怎么样呢？啮齿目动物间和啮齿目动物与灵长类动物间存在着明显的种属−特异差别，问题是这些种属−特异差别是否能反映出前肢技能应用神经控制的基本差别，解答该问题的方法是可以监测前肢使用的顺序−特异性（order-specific）特点，也就是说，我们可以通过研究不同种属间前肢应用顺序的相似性来解释此问题。该分析将帮助我们决定跨种属间行为顺序的普遍性，以此去分析造成顺序差别的神经学基础（Whishaw et al. 1992b）。

后记

我们下面举个我们实验室的例子用来说明为什么行为学分析能够帮助我们进一步深入研究动物的行为。已知老龄 Fischer344 大鼠被广泛用于研究老化对记忆的影响（Lindner 1997）。因为对应用这些动物研究被认为有神经营养作用的外源性化合物是否具有改善老化的问题感兴趣，根据以前常用的游泳池空间定位任务测试方法，我们首先证明了 24 月龄 Fischer 大鼠较 6 月龄大鼠的任务完成行为受到破坏。具体实验程序是我们要求大鼠在游泳池固定位置发现隐藏平台，每天进行 8 次测试，结果的确发现了 24 月龄大鼠的学习功能较 6 月龄大鼠明显受到损伤。但是，当每天只进行 1 次测试，老龄大鼠完成任务的速度提高，而且在 14～16 次试验后，它们完成任务的速度已经与青龄大鼠相同，这个结果提示老龄大鼠的学习能力本身并未受到损伤。最后，在每天接受 2 次新地点平台的匹配−定向任务（matching-to-place task）时，老龄大鼠的任务完成受到严重影响，从第一次测试到第二次匹配测试完全没有提高，而青龄大鼠完成任务的潜伏期显著缩短。从这三个测试结果我们似乎得出支持动物有选择性空间缺陷的结论，因为在选择性损伤海马的大鼠也可得到相似的结果。但是这个结论被进一步的测试结果大大地打了折扣，在旷场试验中，老龄大鼠走路明显不如幼年大鼠积极，而且后腿站立较少。当进行自主运动测试时，它们游泳动作很慢，而且在直行小巷上走向食物的速度也很慢。当要求爬出 9in（1in＝2.54cm）深的笼子获取食物时，它们的活动严重阻碍。进一步的测试表明老龄大鼠运动功能障碍是有选择性的，如老龄大鼠能正常伸出舌头，并和青龄大鼠一样速度地吃下 1 克的食物，在技巧能性获取试验中它们也和青龄大鼠做得一样好。当接受翻正试验时，与青龄大鼠相比它们的翻正功能受到损伤，但当对身体的前 1/4 和后 1/4 单独进行测试时，前 1/4 翻正没有受到损伤，而后 1/4 翻正受到损伤。这些神经学测试结果表明老龄大鼠在后肢使用上存在选择性功能受损，游泳和走路中后肢使用的运动学分析结果也可证实此推论，因此很难确定老龄大鼠空间定向功能缺陷是由于学习障碍所致还是由于后肢使用障碍所致。

这些结果与本章开头提到的方法学问题有关，一般推测老龄大鼠的空间记忆能力肯定受损，而我们的实验也证实了此结果。然而，综合性随访分析显示老龄动物在运用后肢方面存在选择性运动障碍，这个选择性运动缺陷完全出人所料。因为常用的空间测试要求动物运用后肢行走，所以大鼠运动功能障碍严重地混淆了空间定位测试的结果。

上述研究的特殊结果似乎给我们提出了两个新假设，老龄 Fischer344 大鼠可能存在唯一的运动缺陷，进而影响了其游泳能力测验；另外动物可能既有学习功能缺陷也有运动缺陷。因此在下一步应该考虑应用不需要运动的测试方法来确定哪个假设成立。幸运的话，发现一个选择性运动缺陷还可为研究与老化有关的运动损伤提供良好的动物模型。

这个教训告诉我们，细心观察和测试动物的行为可以深入了解动物的特异性损伤，也能为行为学分析提供新的模型，最终帮助评估功能障碍动物模型的特异性。

参 考 文 献

Alberts JR (1978) Huddling by rat pups: Multisensory control of contact behavior. J C Physiol Psychol 92: 220–230.

Bammer G (1982) Pharmacological investigations of neurotransmitter involvement in passive avoidance responding: a review and some new results. Neurosci Biobehav Rev 6: 247–296.

Becker JB, Snyder PJ, Miller MM, Westgate SA, Jenuwine MJ (1987) The influence of esterous cycle and intrastriatal estradiol on sensorimotor performance in the female rat. Pharm Biochem Behav 27: 53–59

Berridge KC (1989) Progressive degradation of serial grooming chains by descending decerebration. Behav Brain Res 33: 241–253.

Berridge KC (1990) Comparative fine structure of action: rules of form and sequence in the grooming patterns of six rodent species. Behavior, 113: 21–56.

Barridge KC, Whishaw IQ (1992) Cortex, striatum and cerebellum: control of a syntactic grooming sequence. Exp Brain Res 90:275–290.

Blanchard BJ, Blanchard DC, Hori K (1989) An ethoexperimental approach to the study of defense. In RJ Blanchard, PF Brain, DC Blanchard, S Parmigiani (eds) Ethoexperimental approaches to the study of behavior. London: Kluwer Academic Publishers, pp 114–137.

Brown RE (1975) Object-directed urine marking by male rats (Rattus norvegicus). Behavioral Biology 15: 251–254.

Cabib S, Puglisi-Allegra S, Genua C, Simon H, Le Moal M, Pizza PV (1996) Dose-dependent aversive and rewarding effects of amphetamine as revealed by a new place conditioning apparatus. Psychopharmacology 125: 92–96.

Carter CS, Witt DM, Kolb B, Whishaw IQ (1982) Neonatal decortication and adult female sexual behavior. Physiol Behav 29: 763–766.

Clarke KA (1992) A technique for the study of spatiotemporal aspects of paw contact patterns applied to rats treated with a TRH analogue. Behav Res Meth Instrum Comput 24: 407–411.

Crawley JN, Belknap JK, Collins A, Crabbe JC, Frankel W, Henderson N, Hitzemann RJ, Maxson SC, Miner LL, Silva AJ, Wehner JM, Wynshaw-Boris A, Paylor R (1997) Behavioral phenotypes of inbred mouse strains: implications and recommendations for molecular studies. Psychopharmacology 132: 107–124.

Denny-Brown, D, Dawson DM, Tyler HR (1982) Handbook of neurological examination and case recording. Harvard University Press: Cambridge Mass.

DeRyck M, Schallert T, Teitelbaum P (1980) Morphine versus Haloperidol catalepsy in the rat: A behavioral analysis of postural support mechanisms. Brain Res 201: 143–172.

Dewsbury DA (1973) A quantitative description of the behavior of rats during copulation. Behaviour 29: 154–178.

Donne, John (1572-1631) (1985) The complete English poems of John Donne, C.A. Patrides (ed). London, Dent, 1985.

Dudai Y (1989) The neurobiology of memory. Oxford: Oxford University Press.

Eliam D, Golani I (1989) Home base behavior of rats (Rattus norvegicus) exploring a novel environment. Behav Brain Res 34: 199–211.

Ennaceur A, Aggleton JP (1997) The effects of neurotoxic lesions of the perirhinal cortex compared to fornix transection on object recognition memory in the rat. Behav Brain Res 88: 181–193.

Eshkol N, Wachmann A (1958) Movement notation. Weidenfeld and Nicholson, London.

Everitt BJ (1990) Sexual motivation: A neural and behavioral analysis of the mechanisms underlying appetitive and copulatory responses of male rats. Neuroscience and Biobehavioral Reviews 14: 217–232.

Fentress JC, Bolivar VJ (1996) Measurement of swimming kinematics in small terrestrial mammals. In K-P Ossenkopp, M Kavaliers, PR Sanberg (Eds) Measuring movement and locomotion: From invertebrates to humans. RG Landes, Austin, Texas, pp 171–184.

Field EF, Whishaw IQ, Pellis SM (1997) A kinematic analysis of sex-typical movement patterns used during evasive dodging to protect a food item: the role of testicular hormones. Behav Neurosci 111: 808–815.

Fish FF (1996) Measurement of swimming kinematics in small terrestrial mammals. In K-P Ossenkopp, M Kavaliers, PR Sanberg (Eds) Measuring movement and locomotion: From invertebrates to humans. RG Landes, Austin, Texas, pp 135–164.

Francis RL (1977) 22-kHz calls by isolated rats. Nature 265: 236–238.

Freed W (1983) Functional brain tissue transplantation: reversal of lesion-induced rotation by intraventricular substantia nigra and adrenal medulla grafts, with a note on intracranial retinal grafts. Biol Psychiat 18: 1205–1267.

Galef BG (1993) functions of social learning about food: A causal analysis of effects of diet novelty on preference transmission. Animal Behav 46: 257–265.

Galef BG, Whiskin EE, Bielavska E (1997) Interaction with demonstrator rats changes observer rats' affective responses to flavors. J Comp Psychol 111: 393–398.

Gallup GG, Maser JD (1977) Tonic immobility: Evolutionary underpinnings of human catalepsy and catatonia. In JD Maser and MEP Seligman (eds) Psychopathology: Experimental models, WH Freeman, San Francisco, 334–462.

Ganor I, Golani I (1980) Coordination and integration in the hindleg step cycle of the rat: Kinematic synergies. Brain Res 195: 57–67.

Gentile AM, Green S, Nieburgs A, Schmelzer W, Stein DG (1978) Behav Biol 22, 417–455.

Golani I (1992) A mobility gradient in the organization of vertebrate movement (The perception of movement through symbolic language). Behavioral and Brain Sciences 15:249–266.

Golani I (1976) Homeostatic motor processes in mammalian interactions: a choreography of display. In PG Bateson and PH Klopfer (Eds\), Prospectives in Ethology, Vol 2. Plenum Press, New York, pp 237–134.

Golani I, Benjamini Y, Eilam D (1993) Stopping behavior: constraints on exploration in rats (Rattus norvegicus). Behav Brain Res 26: 21–33.

Golani I, Wolgin DL, Teitelbaum, P (1979) A proposed natural geometry of recovery from akinesia in the lateral hypothalmic rat. Brain Res 164: 237–267.

Grant EC (1963) An analysis of the social behaviour of the male laboratory rat. Behaviour 21: 260–281.

Grant EC, Mackintosh JH (1963) A comparison of the social postures of some common laboratory rodents. Behaviour 21: 246–259.

Grill HJ, Norgren R (1978) The taste reactivity test. I. Mimetic responses to gustatory stimuli in neurologically normal rats. Brain Res 143: 263–279.

Grota LJ, Ader R (1969) Continuous recording of maternal behavior in Rattus norvegicus. Anim Behav 21: 78–82.

Heale VR, Petersen K, Vanderwolf CH (1996) Effect of colchicine-induced cell loss in the dentate gyrus and Ammon's horn on the olfactory control of feeding in rats. Brain Res 712: 213–220.

Huerta PT, Scearce KA, Farris SM, Empson RM, Prusky GT (1996) Preservation of spatial learning in fyn tyrosine kinase knockout mice. Neuroreport 10: 1685–1689.

Hutt SJ, Hutt C (1970) Direct observation and measurement of behavior. Springfield IL, Charles C Thomas.

Jarrard LE (1983) Selective hippocampal lesions and behavior: effects of kainic acid lesions on performance of place and cue tasks. Behav Neurosci 97: 873–889.

Kinder EF (1927) A study of the nest-building activity of the albino rat. J Comp Physiol Psychol 47: 117–161.

Kolb, B (1974). Some tests of response habituation in rats with prefrontal lesions. Can. J. Psychol. 28, 260–267

Kolb, B., Gibb, R., Pedersen, B., & Whishaw, I.Q. (1997). Embryonic injection of BrdU blocks later cerebral plasticity. Society for Neuroscience Abstracts, 23: 677.16.

Kolb, B, Whishaw, IQ (1983) Problems and principles underlying interspecies comparisons. In TE Robinson (Ed.) Behavioral approaches to brain research. Oxford U Press: Oxford, pp. 237–265.

Kolb B, Whishaw IQ (1985) An observer's view of locomotor asymmetry in the rat. Neurobehav Toxicol Teratolog 7: 71–78.

Kolb B, Whishaw IQ (1996) Fundamentals of human neuropsychology. Freeman and Co, New York.

Kozlowski DA, James DC, Schallert TJ (1996) Use-dependent exaggeration of neuronal injury after unilateral sensorimotor cortex lesions. Neurosci 16:4776–4786.

Lassek, A.M. (1954) The pyramidal tract. Springfield, Ill: Charles C. Thomas.

Latane B. (1970) Gregariousness and fear in laboratory rats. J Exp Soc Psychol 5: 61–69.

Le Marec N, Stelz T, Delhaye-Bouchaud N, Mariani J, Caston J (1997) Effect of cerebellar granule cell depletion on learning of the equilibrium behaviour: study in postnatally X-irradiated rats. Eur J Neurosci 9: 2472–2478.

Leon M, Croskerry PG, Smith GK (1978) Thermal control of mother-young contact in rats. Physiol Behav 21: 793–811.

Lindner MD (1997) Reliability, distribution, and validity of age-related cognitive deficits in the Morris water maze, Neurobiol Learn Mem 68: 203–220.

Lubar JF, Herrmann TF, Moore DR, Shouse MN (1973) Effect of septal and frontal ablations on species-typical behavior in the rat. J Comp Physiol Psychol 83: 260–270.

Marshall J, Turner BH, Teitelbaum P (1971) Further analysis of sensory inattention following lateral hypothalamic damage in rats. J Comp Physiol Psychol 86: 808–830.

Martinez, J.L. Kesner, R.P. (1991). Learning and memory: A biological view Second Ed. New York: Academic Press

McNamara RK, Skelton RW (1993) The neuropharmacological and neurochemical basis of place learning in the Morris water maze. Brain Res Rev 18: 33–49.

Mermelstein PG, Becker JB (1995) Increased extracellular dopamine in the nucleus accumbens and striatum of the female rat during paced copulatory behavior. Behav Neurosci 109: 354–365.

Michal EK (1973) Effects of limbic lesions on behavior sequences and courtship behavior of male rats (Rattus norvegicus). Anim Behav 244: 264–285

Miklyaeva EI, Martens DJ, Whishaw IQ (1995) Impairments and compensatory adjustments in spontaneous movement after unilateral dopamine depletion in rats, Brain Res 681: 23–40.

Mistleburger RE, Mumby DG (1992) The limbic system and food-anticipatory circadian rhythms in the rat: ablation and dopamine blocking studies, Behav Brain Res 47: 159–168.

Morris R (1984) Developments of a water-maze procedure for studying spatial learning in the rat.

Neurosci Meth 11: 47–60.

Moyer KE (1968) Kinds of aggression and their physiological basis. Com Behav Biol 2: 65–87.

Mumby DG, Pinel JPJ, Wood, ER (1989) Nonrecurring items delayed nonmatching-to-sample in rats: A new paradigm for testing nonspatial working memory. Psychobiology 18: 321–326.

Mumby DG, Pinel JPJ (1994) Rhinal cortex lesions impair object recognition in rats. Behav Neurosci 108: 11–18.

Olsson M, Nikkhah G, Bentlage C, Bjorklund A (1995) Forelimb akinesia in the rat Parkinson model: differential effects of dopamine. Neurosci 15: 3863–3875.

Olton DS, Becker JT, Handlemann GE (1979) Hippocampus, space and memory. Behav Brain Sci 2: 313–365.

Olton DS, Gamzu E, Corkin S (1985) Memory dysfunctions: An integration of animal and human research from preclinical and clinical perspectives. Ann NY Acad Sci 444.

Ossenkopp K-P, Kavaliers M, Sanberg PR (1996) Measuring movement and locomotion: From invertebrates to humans. RG Landes, Austin, Texas.

Pellis SM (1983) Development of head and food coordination in the Australian magpie *Gymnorhina tibicen*, and the function of play. Bird Behav 4: 57–62.

Pellis SM (1996) Righting and the modular organization of motor programs. In K-P Ossenkopp, M Kavaliers, PR Sanberg (Eds) Measuring movement and locomotion: From invertebrates to humans. RG Landes, Austin Texas, pp 115–133.

Pellis SM (1997) Targets and tactics: The analysis of moment-to-moment decision making in animal combat. Agg Behav 23: 107–129.

Pellis SM, Field EF, Smith LK, Pellis V (1996) Multiple differences in the play fighting of male and female rats. Implications for the causes and functions of play. Neurosci Biobehav Rev 21: 105–120.

Perks SM, Clifton PG (1997) Reinforcer revaluation and conditioned place preference. Physiol Behav 61: 1–5.

Pinel JPJ, Hones CH, Whishaw IQ (1992) Behavior from the ground up: rat behavior from the ventral perspective. Psychobiology 20: 185–188.

Pinel JPJ, Treit D (1983) The conditioned defensive burying paradigm and behavioral neuroscience, In TE Robinson (ed) Behavioral contributions to brain research. Oxford University Press, Oxford, pp 212–234.

Sachs BD, Barfield RJ (1976) Functional analysis of masculine copulatory behavior in the rat. In JS Rosenblatt, RA Hinde, E Shaw, C Beer (Eds) Advances in the study of behavior. Vol 7, Academic Press: New York, 1976.

Salis M (1972) Effects of early malnutrition on the development of swimming ability in the rat. Physiol Behav 8: 119–122.

Satinoff E (1983) A reevaluation of the concept of the homeostatic organization of temperature regulation. In E Satinoff and P Teitelbaum Handbook of behavioral neurobiology Vol 6: Motivation. Plenum, New York, pp 443–467.

Schallert, T, Norton D, Jones TA (1992) A clinically relevant unilateral rat model of Parkinsonian akinesia. J Neural Transpl Plast 3: 332–333.

Schallert T, DeRyck M, Whishaw IQ, Ramirez VD, Teitelbaum P (1979) Excessive bracing reactions and their control by atropine and l-dopa in an animal analog of Parkinsonism. Exp Neurol 64: 33–43.

Schallert T, Whishaw IQ (1978) Two types of aphagia and two types of sensorimotor impairment after lateral hypothalamic lesions: Observations in normal weight, dieted, and fattened rats. J Comp Physiol Psychol, 92: 720–741.

Schallert T, Whishaw I Q (1984) Bilateral cutaneous stimulation of the somatosensory system in hemidecorticate rats. Behav Neurosci 98: 375–393.

Schechter MD, Calcagnetti DJ (1993) Trends in place preference conditioning with a cross-indexed bibliography; 1957–1991. Neurosci Biobehav Rev 17: 21–41.

Shipley J, Kolb B (1977) Neural correlates of species-typical behavior in the Syrian golden hamster. J Comp Physiol Psychol 91: 1056–1073.

Slagen JL, Earley B, Jaffard R, Richelle M, Olton DS (1990) Behavioral models of memory and amnesia. Pharmacopsychiatry Suppl 2: 81–83.

Sutherland RJ, Dyck RH (1984) Place navigation by rats in a swimming pool. Can J Psychol 38: 322–347.

Tchernichovski O, Golani I (1995) A phase plane representation of rat exploratory behavior. J Neurosci Method 62: 21–27.

Teitelbaum P, Schallert T, and Whishaw IQ (1983) Sources of spontaneity in motivated behavior, In E Satinoff and P Teitelbaum, Handbook of Behavioral Neurobiology: 6 Motivation, Plenum Press, New York, 23–61.

Vanderwolf CH, Cain DP (1994) The behavioral neurobiology of learning and memory: a conceptual reorientation. Brain Res 19: 264–297.

Upchurch M, Wehner JM (1989) Inheritance of spatial learning ability in inbred mice: A classical genetic analysis. Behav Neurosci 103: 1251–1258.

Warren JM (1977) A phylogenetic approach to learning and intelligence. In A Oliverio (Ed), Genetics, environment and intelligence. Amsterdam: Elsevier, pp. 37–56.

Warren JM, Kolb B (1978) Generalizations in neuropsychology. In S Finger (Ed) Recovery from brain damage. New York: Plenum Press, pp.36–49.

Whishaw I Q (l985) Formation of a place learning-set in the rat: A new procedure for neurobehavioural studies. Physiol Behav 35:139–143.

Whishaw IQ (1988) Food wrenching and dodging: use of action patterns for the analysis of sensorimotor and social behavior in the rat. J Neurosci Method 24: 169–178

Whishaw IQ (1995) A comparison of rats and mice in a swimming pool place task and matching to place task: Some surprising differences. Physiol Behav 58: 687–693.

Whishaw IQ, Cassel J-C, Majchrazak M, Cassel S, Will B (1994) "Short-stops" in rats with fimbria-fornix lesions: Evidence for change in the mobility gradient, Hippocampus 5: 577–582.

Whishaw IQ, Dringenberg HC, Comery TA (1992a) Rats (Rattus norvegicus) modulate eating speed and vigilance to optimize food consumption: effects of cover, circadian rhythm, food deprivation, and individual differences. J Comp Psychol 106: 411–419.

Whishaw IQ, Kolb B, Sutherland RJ (1983) The analysis of behavior in the laboratory rat. In: TE Robinson (Ed) Behavioral approaches to brain research. Oxford University Press, Oxford, pp 237–264.

Whishaw IQ, Miklyaeva E (1996) A rat's reach should exceed its grasp: Analysis of independent limb and digit use in the laboratory rat. In K-P Ossenkopp, M Kavaliers, PR Sanberg (Eds) Measuring movement and locomotion: From invertebrates to humans. RG Landes, Austin Texas, pp 135–164.

Whishaw IQ, Nonneman AJ, Kolb B (1981a) Environmental constraints on motor abilities used in grooming, swimming, and eating by decorticate rats. J Comp Physiol Psychol 95: 792–804.

Whishaw IQ, Oddie, SD, McNamara RK, Harris TW, Perry B (1990) Psychophysical methods for study of sensory-motor behavior using a food-carrying (hoarding) task in rodents. J Neurosci Method 32: 123–133.

Whishaw IQ, Pellis SM (1990) The structure of skilled forelimb reaching in the rat: a proximally driven movement with a single distal rotatory component. Behav Brain Res 41: 49–59.

Whishaw IQ, Pellis SM, Gorny BP (1992b). Skilled reaching in rats and humans: Parallel development of homology, Behav Brain Res 47: 59–70.

Whishaw IQ, Pellis SM, Gorny BP, Pellis VC (1991) The impairments in reaching and the movements of compensation in rats with motor cortex lesions: an endpoint, videorecording, and movement notation analysis. Behav Brain Res 42: 77–91.

Whishaw IQ, Pellis SM, Gorny B, Kolb B, Tetzlaff W (1993) Proximal and distal impairments in rat forelimb use in reaching follow unilateral pyramidal tract lesions, Behav Brain Res 56: 59–76.

Whishaw IQ, Sarna JR, Pellis SM (1998) Rodent-typical and species-specific limb use in eating: evidence for specialized paw use from a comparative analysis of ten species, Behav Brain Res, in press.

Whishaw, IQ, Schallert, T, Kolb, B (1981b) An analysis of feeding and sensorimotor abilities of rats after decortication. J Comp Physiol Psychol, 95: 85–103.

Whishaw IQ, Whishaw GE (1996) Conspecific aggression influences food carrying: Studies on a wild population of Rattus norvegicus. Aggres Behav 22: 47–66.

Wolgin DL, Bonner R (1985) A simple, computer-assisted system for measuring latencies of contact placing. Physiol Behav 34: 315–317.

第四十五章　数据的采集、处理和存储

M．Ljubisavljevic and M．B．Popovic
徐天乐　译
中国科学院神经科学研究所
tlxu@ion.ac.cn

■ 绪　论

　　神经生理信号通常以神经和肌肉产生的电位、电压、电流和电磁场强度等形式进行记录，它们所包含的信息是解释生物体行为产生的复杂机制所必需的。然而，这些信息很难被直接获得，必须对原始信号进行提炼。而整个提炼过程，包括从一个传感器到相应信息的采集，可以被看成是一个发酵和蒸馏的工艺流程，其目标就是为了在保留成分特征不变的情况下，从原始成分中提炼预期的特性。通常，整个信息提炼的流程可被分为信号的采集和处理两大部分。正如本书所提及的，现代神经科学在很大程度上也借鉴了其他学科中的许多方法。

　　提取的结果可能是单一的数值如温度，也可以是更复杂的结果，如肌肉收缩产生的肌电图（electromyogram，EMG）（见第二十六至二十八，三十一章）。总之，在多数情况下，分析的结果只包含了重建完整输入信号的部分信息。从这个角度来说，整个过程可以被看作是一个不可逆的信号转换过程，而输出信号是源自输入信号的预期结果。为了成功的获得预期结果，信号特征属性的知识及足够的信号处理和系统工程的知识对整个过程至关重要，所以很难去推荐一种通用的生物信号采集和处理的方法。甚至对同一种信号的采集和处理也存在几个标准的程序。然而，尽管不同的研究人员可能会选择自己偏爱的数据记录和处理方法，一些通用的原则还是必须遵循的。

　　因此，本章的目的不是要涵盖现代神经科学研究中所用到的大量的数据采集和处理的方法，而是着重介绍一些与信号采集和处理相关的基础知识。为了更好的解释实际问题，本书还将涉及相关的理论知识。而当读者要对各个主题进行更深入的探索时，还可以阅读参考文献。同时，为了加强读者对本书所提及的详细的神经科学技术的认识，我们还分门别类地对章节内容进行了安排。这样研究人员就可以根据自己研究和构思的实际需求对内容进行自由的选择。

■ 概　要

　　常见的数字信号输入、输出流程如图 45-1 所示。

　　大多数测量装置是由传感器开始的，它可以将一个可测量的物理量，如压力、温度或联动，转换成电信号。传感器适用于大范围的度量和不同的量，最终得到不同形状、大小和特征的信号。

　　信号调制可将传感器的输出信号进行转换，使得模/数（A/D）转换器可以从信号中采样。在硬件水平上讲，信号调制包括信号放大、滤波、差分、隔离、采样和保持、电流和电压的变换、线性化等。本章将详细讨论信号放大和滤波。

　　信号调制装置的输出端连接到模/数转换器（ADC）的输入端，从而将模拟电压转换成数字信号，再通过电脑进行处理、绘图和存储。

　　通常的仪器装置系统还包括附加的信号处理部分。一般这种附加处理不仅可以采用相对简单的数电环路，在需要进行海量信号处理的时候还可以将装置连接到电脑上。微机的应用使得整个环路大为精简。微机对生物医学装置最有用的贡献包括控制器功能，如自校准和勘误，以及自动事件排序的功能。所有这些功能使得计算机生物医学装置更为可靠。

　　如上所述，采集生物信号的电子仪器完成了一些预处理，如滤波或者信号转换（如傅里叶变换）来估计各种信号参数。当信号获取后并不急于处理时，可以采用脱机处理法或后期处理法。反之，当信号获取后需要立即进行处理时，就必须采用实时处理法或联机处理法。鉴于信号频带和适用范围，数字信号采样频率决定了用以数字信号处理的硬件类型。在实时处理过程中，计算过程必须与输入信号同步连续。在后期处理过程中，输入信号先被采集和存储，然后采用最优的算法尽快得出结果。在这两种情况下，计算速度非常重要。然而，实时处理要求强制性执行任务。总之，脱机处理可以在常规电脑上计算，而实时处理必须用特别专业的机器或处理器。

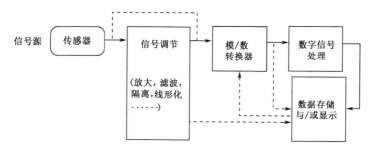

图 45-1　常见信号处理流程图，从信号源到最后输出

　　信号处理的结果因可被显示，从而以更快捷的交互形式展现出信号的重要性。单个或多个显示可以让使用者参与到测量本身。显示设备在很大程度上取决于显示的用途。不管采用何种显示方式，它的目的都是即时地传送信息以便高质量的表达出来，这样使用者就可以高效准确地提取有用信息。

　　通常还需要对实验或者处理过的数据进行存档。这可以通过诸多的技术和设备来完成，可称为数据储存。如果存储的是更永久的档案也可称为数据备份。

第一部分　信号和噪声

什么是信号？

　　如图 45-1 所示，采集过程从信号开始。通常，信号是传达信息的物理化学现象，或者是描述成表征系统行为的量。这样它们就拥有需要适当处理方法的确定特性。

　　信号主要可以分为两种类型：连续的（模拟的）和离散的。连续信号是定义在一个连续范围内的特殊变量（通常为时间），而离散信号则是定义在离散的点上的变量。在神经科学研究中令人感兴趣的信号大多数是连续的，但也有一些是离散的。在处理过程中，连续信号可描述为 $x(t)$，t 表示时间（通常以秒作单位），如图 45-2A 所示。x 的单位由所要描述的变量所决定，可以是伏特、安培或经常在信号处理中用到的未指定单位。离散信号可描述为一系列离散的数：$x(k)$，其中 $1 \leqslant k \leqslant n$，如图 45-2B 所示。

　　信号还可按确定信号或随机信号进行分类。确定信号可以用明确的数学关系进行描述。相反的，随机信号就不能这样被准确表达，这也是它的本质特征。尽管随机信号可能也符合某种数学关系，但我们无法用一个很确切的公式来描述它所有的信息。因此，随机信号只能用概率和统计来描述。神经生物学信号通常从活体中提取，从而包含有很大程度的随机性。神经生物学信号的随机性主要表现在两个方面：信号源本身可能具有随机性，以及测量系统将外界附加的或倍增的噪声引入到信号中。这种噪声的引入通常是因为设计测量系统时必须防止对生物体造成损伤。

　　所有的信号测量均可以分成静态的和动态的。静态测量，即假定输入是个确定值，不随时间变化：$x(t) = $ 常量。动态测量，即假定输入值随时间波动，所以测量取决于输入产生的确切时间，或者输入值在数学上可以用时间函数来表示。该函数中的物理值可以是标量，如压力或者温度，也可以是矢量，如力或速度。

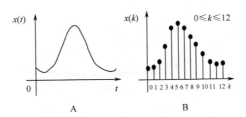

图 45-2　连续信号与离散信号举例

A. 连续信号；B. 离散信号。

噪声

　　噪声存在于所有信号源和测量系统中，任何电信号都无法幸免以致影响到其中有用信息的获取。而在处理低幅度信号时，噪声处理是非常重要的。事实上，神经生物信号就属于低幅信号。因此，降低噪声对信号的干扰是信号处理的关键。然而，并没有什么标准来衡量什么样的信号幅度和噪声水平才是可以接受的。信号的质量由信噪比（S/N）决定，S 表示所需信号的振幅，N 表示噪声的振幅。那么，信噪比在什么水平开始影响到结果的分析呢？这取决于噪声特性和分析手段。

　　由基本的物理过程产生的随机特性噪声和由与所需处理信号相关或不相关的干扰产生的噪声还是有区别的。例如，噪声的一个基本来源就是传感器电流密度的统计偏差，这在所有阻抗元件中均会出现。而干扰性噪声的一个常见原因是 50 或 60Hz 线路电流产生的电磁或静电干扰。某些信号本身幅度就低，难免受到环境中大幅度噪声的污染。

周期性噪声或一些与信号模式相近的脉冲样事件即使在信号幅度比噪声高 10 倍的情况下也容易产生干扰。这些与事件呈时间相关的噪声即使在原始记录中看不出来，也会严重影响结果。特别是在取平均或其他与事件呈时间相关的统计方法中干扰很大。由于噪声源之间以及噪声与信号之间始终有随机的相互作用，随着记录时间的增加，记录中存在足以产生干扰的噪声的概率会越来越大。

噪声的频率特征

一般来说，信号的噪声含量随着信号带宽的增加而增强，所以动态信号需要大的带宽以达到足够的分辨率。因此，在设计测量系统时需要特别注意保证其拥有一个最佳的噪声水平。

噪声的频率特性可以通过频谱分析来观察，从而得出图 45-3 所示的频谱密度分布图。该图是许多实际测量系统的一个典型的例子。它显示了三个不同区域：低频区，噪声均方为 $1/f$；中频区，其频谱曲线基本是平的；高频区，出现上升的频谱曲线。通常，在大多数组件和系统中，噪声频谱密度处于低频区，可表示为 $1/f^n$（n 为近似单位）。典型的，放大器的频谱可能在噪声频率低于几千 Hz 时以 $1/f$ 噪声为主。中频噪声可能由电子密度的热漂移控制，增强平台样频谱的 Johnson 噪声。这种类型的噪声被称为白噪声。随着频率接近放大器的截止频率，就需要一些其他的处理，通常也会使噪声幅度增加。

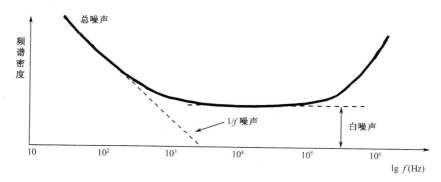

图 45-3　广域信号放大器频谱密度分布图，平台由白噪声产生

对于低频信号或需要保留直流成分的信号的放大，$1/f$ 噪声尤其重要。通过调节输入信号使之转换成高频信号，这样放大器就可以用在 $1/f$ 成分不明显的区域的。当信号被放大到这样一个程度后，那些由后面的调制元件所产生的噪声就不再明显了。随后信号可以被解调，被放大过的原始信号可以恢复。

Rms

对噪声幅度可以采用均方根（root mean square，rms）的方法。对于一个给定的波形 $x(t)$，rms 值可以定义为（图 45-4C）

$$X_{\mathrm{rms}} = \left| \frac{1}{T} \sum_{0}^{T} X(t)^2 \mathrm{d}t \right|^{1/2}$$

对图 45-4A 中信号平方后，所有负的值都变成正的，所以如图 45-4B 中所示的幅度平方的均值不可能为零。在统计学里，rms 是噪声的标准差（图 45-4C），rms 值只与波形的振幅有关，而与形状无关。因此，rms 值是交流信号振幅测量中最有用的参数。同时，rms 值测的是噪声的振幅，与频率特性无关。

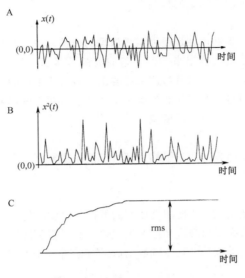

图 45-4　随机信号均方根值获得的处理过程
A. 随机信号 $x(t)$；B. $x(t)$ 平方；C. 均方根值。

　　rms 值也可以用从原始模拟波形采样得到的数据精确计算出来。在这种情况下，采样频率必须大于信号最高频率的两倍（见下文的采样定律）。样品经过平方，然后将平均间隔 T 内的平方值加和，再进行平方根处理，从而得出每个 T 时间内样本数的 rms 值。这些操作都可以通过电脑或是数字信号处理器（DSP）实现，许多仪器都采用这种采样技术。信号的频率范围在理论上只由有效样本和 ADC 率决定。rms 测量仪可由厂家提供。

　　量化噪声

　　在任何信号模/数转换过程中，采样后紧接着就是编码或者量化，即将每个样本值转换成有限的二进制数。最常见的方法就是将一系列样品的 V_{p-p} 值线性地描绘成合适的 N 位二进制数。这种编码方式需要每个样本值近似为 2^n。这样编码技术引入的误差是锯齿函数。应用时一般假定信号样本减去这个误差函数，所以单个样本误差可以看成是随机噪声，称为量化噪声，它具有相同的振幅概率分布。根据这样的假设，rms 值的量化噪声为

$$V_{2\,ms}^{2\,n} = V_{p-p}/2^n \qquad \boxed{12}$$

式中，V_{p-p} 是峰峰值。

　　排除噪声

　　噪声的量化和信噪比本身就是一门科学。实验主义者主要需要想办法来识别在特殊记录中遇到的噪声以及最小化噪声的幅度和影响。很明显，噪声源的识别将支配着测量范围的有效性和可行性。在这里我们总结一下产生低信噪比的最常见的原因：电极设

计，前置放大器，地线和屏蔽。同时，非必要仪器没关闭以及交流电源都可能是噪声源。干扰通常可以通过静电屏蔽和磁屏蔽来缩减甚至完全排除；然而，伴随基本的物理现象产生的噪声经常限制着测量的精确性。

滤波

尽管滤波是一个减少噪声并且增强生物信号的极佳方法，但它也会误将噪声看成生理信号。所以，从前置放大器出来的原始未滤波的信号必须通过高清晰度显示进行检测，如快速扫描示波器。通过这种检测可以看出是否有非生理的快速的大噪声尖峰因缩减和平滑而进入记录信号。几乎所有的噪声源在它们的频谱中都含有宽域的频率。这也说明任何滤波都会使波形失真，幅度减小。

平均

如果噪声和信号不相关，通过平均处理可以使得重复信号噪声含量显著降低。详细的内容将在后面讨论。

消隐

在具体应用中，特别是那些使用高压刺激器进行电刺激的，相对大的瞬变值可能会叠加到信号上，导致放大器出现饱和而产生假象。这样记录信号可能会失真并且有用数据也会丢失，典型的例子就是由高压刺激引起的神经冲动的胞外记录（见第五章）。肌电图（EMG）记录中（见第二十六至二十八，三十一章）刺激伪迹取决于功能性电刺激过程中的高压刺激，而 EMG 放大器的电流饱和取决于磁刺激。解决这些问题的办法不仅可以通过防止刺激耦联的产生，也可以在进入 AC 耦联放大器前消除假象，这就是通常所说的噪声消隐。消隐可以通过多种方法实现，其中最常用的一种是在信号通路的早期进行采样和保持（sample-and-hold）。这样的话，放大器的输入将被限制在停止模式上，使得它忽略在电刺激瞬变期产生的输入信号。这样放大器的输出将同时继续提供与电刺激之前相当的信号。

随机数发生器

在某些情况下，随机数发生器可以用来模拟噪声样信号和其他一些由噪声引入的随机现象。这种噪声在电子仪器和检测系统中存在，它的存在通常限制我们远距离传递和探测相关的弱信号。电子在电脑中产生这种噪声，我们可以通过模拟它对通信系统的影响来研究它的作用，并且评估在噪声条件下系统特性的改变。

大多数电脑软件库都包含了一个配套的随机数发生器，其输出是一个随机的变量，在 [0，1] 之间具有相同的概率。出于实际需求，输出的数是相当大的，以确保发生器可以输出任意的区间值。物理系统中遇到的噪声经常具有正态或高斯分布特性。同时，可以在电脑上运用不同的数学方法来获得这种概率分布。

第二部分　信号调制

放大和放大器

放大神经生理信号是为了使它们和信号处理硬件相匹配，而这些硬件本身的处理能力取决于信号的幅度。正如前面所提到的，许多神经生理信号在与不同来源的噪声和干扰相叠加之后其电压的测量级很低，一般在 $1\mu V$ 到 $100mV$ 左右。放大器一般用来耦合高阻抗源中较低的生物电信号，使之符合诸如记录器、显示器和计算机设备的 A/D 转换器等设备的要求。

适于测量神经生理信号的放大器必须满足几点特殊的要求：它们必须能够为信号提供特定的放大倍数；滤除与信号相叠加的噪声和干扰；确保病人、动物和仪器不受电压和电流冲击的破坏。具有以上特点的放大器就被称为生物电信号放大器。

差分放大器

放大器的输入信号由以下几部分组成：期望的生物电信号、不期望的生物电信号、来自电源线的 50Hz（或 60Hz）的干扰及其谐波、由传感器（如组织/电极接触面）产生的干扰信号和噪声。差分测量技术用来将低量级生物信号中常常出现的干扰和噪声减至最小。合理设计放大器能排除大部分的干扰。

测量生物电势的经典结构如图 45-5 所示。三个电极将研究对象连到放大器上，其中两个电极采集生物电信号 V_{biol}，第三个则提供参考电位 V_c。因此，差分放大器的输出是两个输入信号间之差乘以特定增益因子。所期望的生物电信号即是差分放大器两个输入端之间的电压，称为差分信号（differential signal）；而输入端和地线之间的信号称为共模信号（common-mode signal）。因此，任何普通信号（如任意共模信号）加载在两个输入端都会导致零输出。实际上，两个信号通路的增益略有不同，这样就使得即使是等电压加载在两个输入端都会有一个很小的输出电压。两个测量电极之间的行频干扰信号的振幅和相位差别很小，所以输入端的电位近似相等。差分电位测量消除了共模噪声，从而减小了模拟输入信号中的噪声。

输出电压与共模输入电压之比称为共模增益，其值通常远小于 1。输出电压与差模输入电压之比称为差模增益（Gd），其值通常远大于 1。

衡量生物放大器与理想差分放大器的接近程度的指标称为共模抑制比（CMRR），它是放大器的差模增益与共模增益之比。共模抑制比一般用 dB 来描述，是频率与源阻抗失衡的函数。对共模信号的强抑制作用是优秀的生物放大器所具备的最重要的特征之一，它至少应该是 100dB 的数量级。共模抑制信号是放大器的 CMRR 和源阻抗 Z_1、Z_2 的函数。理想放大器的 CMRR 是无穷大的，并且 $Z_1 = Z_2$（图 45-5），其输出电压是由差模增益放大的纯生物信号。若 CMRR 为有限值或者 Z_1、Z_2 略有不同，共模信号就不能完全被消除，而加入到干扰项中。共模信号会导致有电流流过 Z_1、Z_2，所产生的电压会被放大并且无法被放大器所消除。在实际使用中，放大器的输出通常包括了由差分生物信号产生的所期望的输出成分，由于对共模干扰信号的不完全抑制而导致的以 CMRR 为自变量的无用信号成分，以及由于源阻抗失衡导致一小部分共模信号被放大器视为差模信号进行放大的无用信号成分。

为了达到信号的最佳质量，生物放大器必须能适用于一些特定的应用。显然，每个不同的应用均有其独特的解决方案。一些放大器需要测量迅速（如测量神经元的动作电位，见第五章），另一些放大器需要很高的增益（如测量 EEG 时，见第三十五章），还有一些放大器则需要有很低的噪声（如测量生物学过程中的随机噪声）等。我们可以根据信号参数来选择合适的带宽和增益。生物放大器的最后一个要求是校准。由于生物电信号的幅度必须非常准确，所以必须要有办法根据放大器的输入以方便地调节增益或是幅度范围。为了达到这个目的，放大器的增益必须校准得很好。为了减少校准的困难，一些需要有可调增益的放大器采用了一系列预先设置好的增益来代替提供连续的增益控制；另一些放大器内置了一些标准的已知幅度信号源，这样只需按一下按钮，这些信号源就能立刻连接到输入端，并在生物放大器输出端进行校准。

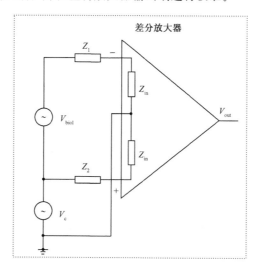

图 45-5　测量生物电势的经典结构图

Z_1 和 Z_2 是测量生物信号 V_{biol} 的源阻抗，V_c 为放大器提供的参考单位。

仪表放大器（IA）

正如前文所述，模拟信号处理硬件中非常重要的一级是放大模块。这一级称为仪表放大器，它有几个重要功能：单电压放大，抑制共模信号和匹配驱动 A/D 转换器的输入。对前置放大器有关键作用的是输入阻抗，其值要尽可能的高。IA 的输入经常包含两个电压跟随器，它们拥有正常放大器结构中的最高输入阻抗。一个标准的单输入运算放大器（op-amp）的设计没必要提供这么高的阻抗，而双输入 op-amp 在不需要较接近的阻抗进行匹配的情况下也能提供高的差模增益和一致的共模增益（图 45-6）。第一级的差分输出表征了一个共模分量被较大幅度衰减的信号，并且被用于驱动一个标准的差分放大器，这个差分放大器用来进一步衰减共模信号。以标准 IA 结构为基础的完整的 IA 集成电路，可以直接从不同的厂家获得。除了决定放大器增益的电阻之外，所有的组件都包含在集成芯片中。

IA 的输出阻抗很低，是驱动 A/D 转换器的理想输入。典型的 A/D 转换器没有较高的或恒定的输入阻抗，所以在前一级提供最低阻抗的信号是非常重要的。IA 还有一些局限性，包括偏移电压、增益误差、带宽限制和稳定时间。偏移电压和增益误差可以作为测量的一部分来校准，但带宽和稳定时间则是限制放大信号频率的参数。

有一种特殊的 IA，它的增益是可以自由设定的，它可以在设定好的不同增益级别之间高速转换来匹配采集输入系统的不同输入信号。这种放大器称为可编程增益仪表放

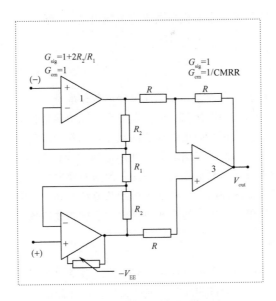

$G_{sig}=1+2R_2/R_1$
$G_{cm}=1$
(−)

$G_{sig}=1$
$G_{cm}=1/CMRR$

1

R_2

R
R

3
V_{out}

R_1

R_2

(+)

R

$-V_{EE}$

图 45-6 测量生物电位的仪表放大器经典结构图，运放模式

大器。

隔离放大器

生物放大器必须防止使用者、病人、动物或其他标本受到电击。用电安全法规和标准条件详细说明了最基本的仪器安全环境。说到底，隔离放大器是用来打开接地线路，消除源地连接，并且将病人与电子仪器隔离开。同时，也可用来防止行频干扰。隔离放大器可以通过三种技术来实现：转换器隔离、电容器隔离和光隔离。一个隔离屏障提供一个完全的电流隔离，把诸如前置放大器或是病人之类的输入和输出端完全隔离开。理论上，隔离屏障上应该是没有电流流动的。一个检验指标就是隔模电压（isolation-mode voltage），它是加在屏障两端的电压，如在公共的输入和输出之间。隔模抑制比（IM-RR）是隔离电压与隔离放大器输出端的电压的幅度之比。由于 IMRR 不是无穷大，所以在隔模屏障上总有一些漏电流。商用隔离放大器制定了两种隔离电压：固定负载电压和测试电压。为了避免过长的测量，一般在两倍于额定负载电压的情况下进行测试。

动态范围

实际应用中放大器也会将误差引入到信号中，像电阻中的热噪声或是晶体管接头的突发噪声都会引入随机噪声。另一个问题是晶体管的接头还会引入非线性因素。为了减少这些叠加噪声的干扰，使模拟信号水平高于噪声是很有必要的。另一方面，为了将非线性的畸变效应减至最少，则又需要在低信号水平进行操作。所以，信号水平只好在由噪声所影响的下限信号水平以及由畸变所影响的上限信号水平之间波动，这个范围就被称为放大器的动态范围。如果用分贝来表示的话，一般放大器的动态范围可达到200dB。

叠加噪声一般称为白噪声，因为该噪声的能量平均地分布在一个很宽的频率范围内。所以，每赫兹的噪声密度在放大器的带宽范围内是一个常数。一个常见的放大器的分类标准就是看它的噪声密度（dBm/Hz）。

单节点和差动测量

数据采集系统为单节点和为差分输入连接提供数据准备。单节点和差动测量之间的主要不同点是二者的模拟共用的接法不同。单节点多频道测量仪要求所有的电压参考同一个公共点，这样我们必须很小心地选择公共点，否则就会产生误差。然而，有时候根本就不存在合适的公共点。差动接法取消了共模电压并允许测量两个连接点间的差异。在选择的时候，一般来说差动测量总要好一些。消除共模电压可以稳定 DC 电平和噪声的毛刺。选择单节点的最好理由是一些装置可能需要选择高一点的频道。大多数的数据采集系统允许通过选择单节点操作的方式使得差动系统的频道数扩大一倍。

滤波和滤波器基础

滤波是调节信号频谱的一个信号处理过程。滤波器是一个频率选择器，或者是一个使得一定波段内的信号可以通过而滤除（或削减）其他波段的信号的计算机程序。在信号处理过程中，包含目标信号信息的谱分量是我们最感兴趣的。所以，滤波器被设计成能通过这些包含目标信号信息的谱分量并能滤除（或削减）那些主要是噪声的谱分量。为了设计出让人满意的滤波器或者程序，了解一些信号和噪声的结构知识是很必要的。滤波器主要用来增强信噪比，消除一定类型的噪声并平滑信号。

频率响应

决定滤波器性质的最基本的特征是频率响应。频率响应是一个自变量，包括了增益和相位在内的复杂函数。幅频响应和相频响应描述了滤波器是怎样调节输入正弦信号的振幅和相位来产生一个正弦输出信号。因为这两个特征决定于输入信号的频谱，它们可以用来描述滤波器的频率响应。增益（无量纲）和相位（角度或弧度）经常用来和频率配对作为横纵坐标来描述频率响应，如图 45-7 所示的低通滤波器。

我们感兴趣的频率范围常常跨度好几个数量级，所以我们采用对数频率坐标来压缩数值范围，突出增益和相位响应的重要特征。术语上称对数频率坐标的间隔为八倍频或十倍频。八倍频是指频率范围两端的频率比为 2:1，而两端频率比为 10:1 的则称为十倍频。

在信号处理过程中，大多数的变量都不难处理，难的是两个同种变量之间的关系。进一步讲，为了将处理进行数学简化，对这些关系取对数度量会更好。在实际中，我们要经常测量幅度和功率的变化。一个相关的（无量纲）信号振幅的对数度量是以 dB 作刻度的。它涉及两个信号的功率 P_1 和 P_2 以及相应的信号振幅 A_1、A_2。因为功率与振幅平方成正比，所以我们可以定义

$$10\lg(P_1/P_2) = 10\lg(A_1/A_2)^2 = 20\lg(A_1/A_2)(dB)$$

在描述滤波器的幅频响应时，常用衰减来取代增益，因为滤波器的最大增益通常小于 1。衰减与增益是互为倒数的。例如，增益是 0.1，衰减就是 10。

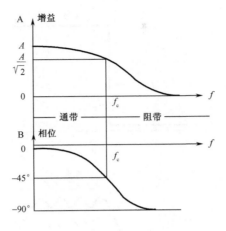

图 45-7　频率响应曲线
A. 增益；B. 相位。

通带和阻带

只有略微衰减的频率范围称为通带。衰减十分明显的输出频率范围称为阻带。如图 45-7 所示，高频增益迅速衰减，因此输出信号在这些频率上的振幅也会衰减。而在低频上，增益几乎是一个常数，并且几乎没有相关的衰减。

理论上，所有在通带上的功率都能通过滤波器而在阻带上则不能通过。然而，在实际使用的滤波器中，只有 $80\%\sim95\%$ 的输入功率是在通带上输出的，还有一小部分功率是在阻带输出的。实际使用的滤波器在阻带和通带之间有个过渡带（图 45-8），它被定义在截至频 f_c 和阻带频 f_s 之间。对于图 45-8 中的高通滤波器，f_c 以上的频率都可以通过，f_s 以下的所有频率就都被截止了。

截止频率

响应开始明显衰减时的频率称为截止频率 f_c。这个术语通常与通带和阻带的界限相联系。它被定义为在滤波器的输出电压衰减为输入振幅的 $1/\sqrt{2}$ 时的频率。因为衰减 $1/\sqrt{2}$ 对应于 $-3dB$，我们通常称该频率为 $-3dB$ 频率或者 f_{-3}。也就是说，在 f_c 处输出信号功率衰减为输入信号功率的一半，因此 f_c 有另一种称法，被称作半功率频率。

通带波动

真实的滤波器在通带和阻带内不可能是完全平坦的，同时由于所使用的滤波器类型不同，不平坦的数目也会有差异。通带内的振幅变化称为通带波动（通常以 dB 表示），一些滤波器还有预先定义好的阻带波动。

相移

输入信号是频率的函数，滤波器会移动其正弦成分的相位。如果通带内的相移由正弦成分的频率线性决定，则信号波形失真就会最小。当通带内的相移不是由正弦频率线性决定时，滤波后的信号就会表现为溢出。也就是说，阶式输入的初始响应会瞬时超出最后值。

$10\%\sim90\%$ 上升时间

这个术语就是信号从初始值的 10% 上升到最终值的 90% 所需的时间。作为一个普

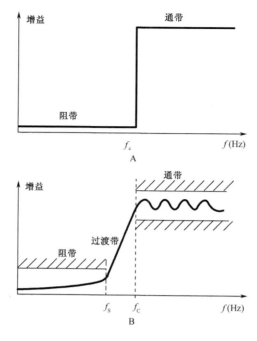

图 45-8　高通滤波响应曲线
A. 理论；B. 实际。

遍的标准，信号从 $t_{10\sim90}=t_s$ 开始进入滤波器，到 $t_{10\sim90}=t_f$ 时通过滤波器，滤波器信号的上升时间大概为 $\sqrt{t_s^2+t_f^2}$。

滤波器类型

　　根据带宽分有四种滤波器：低通滤波器、高通滤波器、带通滤波器和带阻滤波器。图 45-9 描述了各种滤波器对输入信号振幅的改变。简单来说，就是考虑一个包括三个独立频率 f_1、f_2、f_3 的输入信号。对于低通和高通滤波器，截止频是 f_c，对带通和带阻滤波器来说则是 f_{c1} 和 f_{c2}。低通对于低于 f_c 的 f_1 都通过，对其上的 f_2、f_3 衰减。高通对于低于 f_c 的 f_1 衰减，而通过高于 f_c 的 f_2、f_3。带通滤波器对 f_{c1}、f_{c2} 以外的 f_1、f_3 衰减，而对其中的 f_2 通过。而带阻滤波器正好与带通滤波器相反。带通和带阻滤波器可以简单的看作一系列低通和高通滤波器的串联或者并联的组合。

　　阶数

　　滤波器的阶数控制了它频率下降的程度。滤波器的阶数越高，性能就越好，也就是频带的衰减更少，并且对外信号抑制的更完全。阶数常常被描述成阻带衰减的斜率，而刚好在截止频率以上，衰减的斜率接近于它的渐近值。例如，一阶低通滤波器接近线性地下降至高频，每八倍频 6dB。一阶滤波器可以由一个电阻和一个电容构成。它也叫做简单滤波器或者单极点滤波器。滤波器的阶数与极点数和斜率的数学关系如下：1 个极点＝1 阶＝6dB/八倍频（＝20dB/十倍频）；2 个极点＝2 阶＝12db/八倍频（＝40db/十

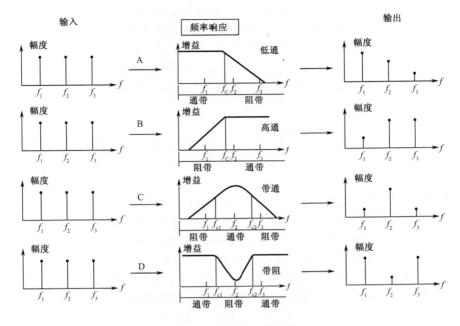

图 45-9　频率响应示意图
A. 低通；B. 高通；C. 带通；D. 带阻。

倍频）。换句话说，电压衰减每八倍频上双倍增加或每十倍频上 10 倍增加。

时域和频域滤波

　　神经信号既可以在时域上处理也可以在频域上处理。时域处理所涉及的信号的表示法和通常在示波器上表示信号的方式相同。频域分析则要将信号转换到频域上再分析。为达到最理想的分析，需要用到一些特别的滤波器。

　　对时域分析来说，滤波器最好尽可能地减少信号时间曲线的失真。例如，一个会导致 15% 溢出的滤波器在消除高频噪声中就不太有效。一般来讲，用于时域分析的最好的滤波器是 Bessel 滤波器。它的脉冲溢出小于 1%，并且频率变化时相位呈线性变化。由于它们不改变正弦波的相位，Bessel 滤波器有时也称为"线性相位"或"恒定延迟"放大器。与 Bessel 滤波器不同，Butterworth 滤波器所引入的溢出不容忽视。在神经生理的许多实验中，信号噪声随着带宽的展宽迅速增加。这时一个单极点滤波器就显得不太够用了。四阶的 Bessel 滤波器通常就足够了，但高阶滤波器则更好。有时候，在验证噪声功率谱密度不随带宽变化的实验中，单阶滤波器也够用。在时域中，陷波滤波器必须小心使用，因为陷波滤波器频率中正弦成分会产生严重失真。而另一方面，如果陷波滤波器与能滤除陷波频率的低、高通滤波器串联使用，失真就不会发生。例如，陷波滤波器常用在电磁记录当中，其中行频的采集有时比信号要大的多。所以，50（60）Hz 的陷波滤波器一般跟随着 300Hz 的高通滤波器。

　　频域分析一般用快速傅里叶变换（FFT）来实现。这一类的分析最重要的要求是截止灵敏的滤波器，这样－3dB 以上的噪声就不会因为混叠现象而叠加在我们感兴趣的信号中。在生物应用中最简单最常见的频域分析滤波器是 Butterworth 滤波器。这种滤波器在通带内的衰减与没有通带波动时一样平。这也表示它们的频谱畸变最小。陷波滤波器可以和频域滤波器连在一起安全地使用，因为它们只是将功率谱的一个很窄的片断去掉了。另一个方法是存储"初始数据"，并除去功率谱中的干扰频率成分。

设备

基本上，有两种滤波方法：为各种滤波器设计单用途硬件，以及在多用途的电脑系统上使用专门的软件。

硬件滤波器

硬件滤波器一般由电路来完成，电路组成有电容、电阻、电导和运放组成，这种放大器可以允许一段频率通过而阻断另一段频率。它的主要缺点是每个滤波器需要其特定的组件，而一个单用途滤波器就不能用在别处。模拟滤波器可以设计成有源的或是无源的。有源滤波器产生于滤波器兼容现代集成电路技术的需要。它之所以能如此吸引人，不仅是因为无源滤波器用 IC 实现起来有困难，还因为有源滤波器比无源滤波器具有其他方面的优越性。同时，有源滤波器具有更高的灵敏度和灵活性，更易于调谐和功率增益。有源滤波器在造价上也比无源滤波器有优势，并且能实现很多可能的频率响应。最常见的有：Elliptic，Cauer，Chebyshev，Bessel 和 Butterworth 滤波器。

数字滤波器

另一种方法是使用多用途数字硬件（像计算机），并使用软件来实现滤波器算法。软件可以通过高级或低级语言来实现。这种滤波器有适应性好的优点，即某一用途的软件可以很容易地改编以用于其他目的，但是比单用途的硬件要慢。数字滤波器是通过软件实现的差分方程以控制线性离散系统，包括一系列数字化数据的数学计算。数字滤波器算法可以实现所有提到的滤波器频率响应甚至更多。数字化滤波分三步完成。首先，信号必须经过傅里叶变换。然后，信号的振幅在频域中与所需的频响相乘。最后，转换后的信号必须经傅里叶逆变换转到时域上。有两种离散时间滤波器：有限脉冲响应（finite impulse response，FIR）和无限脉冲响应（infinite impulse response，IIR）。每种滤波器都有其自身的优点，选择 FIR 还是 IIR 依赖于所要解决的问题。如果不考虑相位的话，用 IIR 可以非常有效地达到给定响应值。相反，FTR 则有着准确的线性相位。

FIR 滤波器

FIR 滤波器几乎只能用离散的方式实现。FIR 的设计技术是以直接估计所希望的离散时间系统频响为基础的。FIR 所使用的大部分幅度响应估计技术都呈线性相位限制。这些滤波器的优点在于它们不会改变信号的相位。FIR 也叫非递归滤波器。一个非递归滤波器的输出只由输入数据决定，而与以前的输出历史记录无关。一个 FIR 的例子就是平滑滤波器。另一个非递归的数字滤波器是高斯滤波器。它除了因系数的大小而影响该函数的钟形高斯曲线之外，和平滑滤波器非常相似。

IIR 滤波器

IIR 与 FIR 不同，它不具备线性相位。可是，相对设计一个与之相当的 FIR 来说，设计 IIR 所用到的系数更少。它又叫递归滤波器。递归滤波器的输出不仅由输入决定还由以前时刻的输出决定。也就是说，滤波器有一些与时间相关的"记忆"。Bessel，Butterworth，Elliptic 和 Chebyshev 等模拟滤波器的数字实现都是递归的。

数字滤波器比模拟滤波器更好吗

数字滤波器是优越的，因为它本身可以被修正成任何频响而不引入任何相位误差。相反，模拟滤波器只能实现一小部分频响曲线，并且多少都会引进一些相位误差。模拟滤波器引入的延迟会使事件的记录比真实发生落后一段时间。如果这个问题不解决，这个加入的延迟会导致接下来的数据分析出错。数字滤波器的缺点是它不能消除混叠现象，因为它发生在采样之后。数字滤波器的另一个缺点是开始和结尾附近的数据计算不准。不过这只是对短数据序列而言的。但给序列添加数据也是武断的，它会导致错误的结果。

最优化和自适应滤波

当信号和噪声固定不变时，它们的特性是可以大概估计出来的，从而设计出一个最佳的滤波器，而 Wiener 和匹配滤波器就是这样的。当信号或者噪声不能提供很好的信息时，或是当信号或噪声不固定时，可演绎的最适滤波器是不存在的。自适应最优化滤波器是指可以根据输入信号自动调节自身参数的滤波器。自适应过程是可传递的，所以它可以优化给定的性能指标。自适应滤波器只需要很少的甚至不需要很好的信号或噪声信息，而最小均方（Least-mean-square，LMS）滤波器就是其中一种。自适应滤波器可以通过估计来满足性能指标，而且必须事先改变自身参数。在这里不管有没有计算装置，数字技术都比模拟技术有着明显的优势。也正因为这个原因，大部分的自适应滤波器都用离散系统来实现。

抽样滤波

通常，我们感兴趣的信息只包含在低频信号中。通过滤除不需要的高频以减少频带宽，就有可能在较低的采样率上满足 Nyquist 采样定理。如果带宽减少 k，那剩下的信号就可以通过保留每个信号的第 k 个样本而抛弃其间其他样本来完整描述。这被称为 k 次抽样滤波，其输出结果的采样率为 f_s/k。

第三部分　模数转换（数字化）

数字处理还是模拟处理？

不管是硬件还是软件，现代数字技术使数字信号处理在多方面都优于模拟信号处理。因此，将模拟信号转换成不连续的信号以便于进行数字处理的做法是有价值的。这种转换由模拟/数字（A/D）信号转换系统完成，此系统在不连续时间段里进行采样并量化信号。决定信号以数字信号还是模拟信号方式处理的因素包括信号的带宽、弹性、精度和成本。

成本

若信号的带宽较宽，用高速数字信号处理硬件来处理将会花费很高的成本，因此，人们对于此类信号更倾向于采用模拟信号处理的方式。大多数高于 100MHz 的信号处理采用模拟信号处理方式，而多数 10MHz 以内的信号处理采用数字信号处理方式。

精度

精度一直都是一个需要解决的问题。最简单的模拟信号处理方式即是用放大器和衰减器改变信号的振幅，这样做的主要原因是处理模拟信号硬件的正常运作要求信号处于某一既定的振幅范围内。这种信号处理方式最理想的结果是使所有的信号都以一个固定的增益放大，但是实际上放大器或衰减器还是会在信号中引入误差。

原则上，一个数字信号仅仅采用"高"（逻辑1）或"低"（逻辑0）两种状态中的一种表示。这两种状态以电压来表示，目前的标准定义为5 V或0 V。实际的数字信号在这两个值上下小幅度波动，所能接受的波动程度取决于所采用的技术。除信号幅度外，时间参数也很重要，尤其是信号从一种状态转变成另一种状态所需的时间。这个时间取决于信号变化的斜率，即 V/s。在现今技术条件下，时间可以控制在微秒到纳秒数量级内。

处理函数多样性和灵活性

数字信号处理的主要优点之一在于其信号处理函数的多样性，可以数学表达的函数均可用于数字信号处理。而模拟信号处理函数的种类却受限于可用的元件。某些函数理论上在模拟处理中可行，但实际运用时由于无法维持足够的精度而不具备实际可行性。此外，随机噪声和元件的非线性特性限制了模拟信号处理的动态范围。相比之下，数字化处理可通过将信号转换为高精度的数字化数据类型而获得任意需要的精度，并且数字化处理可以精确地重复，不随时间、温度及其他环境条件的变化而改变。校正设备对于制造和维护数字信号处理电路来说不是必需的。如上所述，数字信号处理的成本很大程度上依赖于信号的带宽。然而，可编程数字信号处理集成电路的成本却远低于执行同样功能的模拟电路的成本。

A/D 转换

神经生理学信号以模拟信号为主。在用数字方式处理模拟信号前，首先要将它转换为数字信号，即转换为具有限定精度的一个数字序列。这一步骤称为模数（A/D）转换，相应的装置称为 A/D 转换器（ADC）。A/D 转换器是连接数字信号和模拟信号的最终环节。目前，A/D 转换器在测量仪器中的地位显得日益重要。高性能集成电路（IC）技术的发展推动了 ADC 的广泛运用。先进的 IC 技术带动了微处理器和快速的数字化信号处理技术的发展，这对于实现由 ADC 产生的原始数据向用户所需的测量结果的低成本转变是至关重要的。

采样

A/D 转换的第一步是采样，包括将时间上连续的信号 $X_a(t)$ 转换为一系列离散项 $\{X_a(k), 1 \leqslant k \leqslant n\}$，即时间的离散化。例如，一个带宽和幅度有限的模拟信号 $X_a(t)$，最大频率为 f_{max}，假设当采样频率为恒定为 f_s 时，信号 $X_a(t)$ 被转化为一系列样品数据 $\{X_a(kT_s), 1 \leqslant k \leqslant n\}$，$T_s = 1/f_s$ 称为采样间隔或采样周期，如图45-10所示。

采样定理

在很多情况下，我们希望能够将数字信号还原为模拟信号，即实现 D/A 转换。这就要求对原始模拟信号进行采样时满足某些条件。如果模拟信号的采样频率高于信号中最高频率成分的两倍，则原始的模拟信号可被精确重构。换言之，当 $f_s > 2f_{max}$ 时，$X_a(t)$ 可由 $\{X_a(kT_s), 1 \leqslant k \leqslant n\}$ 重构。这被称为 Nyquist 采样定理，$f_s/2$ 被称为 Nyquist 频率。若采样频率不满足采样定理，如 $f_s < 2f_{max}$，时间离散化将导致混叠现象

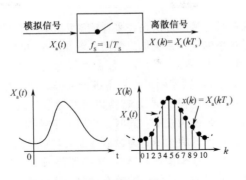

图 45-10　以 f_s 为采样频率对模拟信号 X_a（k）进行采样

的产生。频率高于 $f_s/2$ 信号组分经采样后得到的结果频率仍然只能位于 $-f_s/2 < f < f_s/2$ 范围内。为了避免产生这种不确定的结果，必须选择足够高的采样频率以满足 $f_s > 2f_{max}$。

混叠现象

当采样频率 $f_s = 2f_{max}$ 时，若所采样的信号频率并不局限于 f_{max} 之内，则任一频率高于 f_{max} 的信号组分将被错误地转化为 $0 \sim f_{max}$ 之间某一频率的信号。图 45-11 显示两种 f_s 对同一信号 X_a 的采样结果。在图 45-11b 中，采样频率服从 $f_s > 2f_{max}$，f_{max} 是信号 X_a（t）中的最大频率。应注意，所采样信号在频率域内无重叠函数。低通滤波器可使采样信号中频率在 $0 < f < f_{max}$ 范围内的组分不失真，而所有此频率范围外的信号组分趋于 0。滤波器输出信号经傅里叶变换后等同于 X_a（t）。因为傅里叶变换是唯一的，所以通过低通滤波器滤波的信号可以重构为原始信号。因此，我们可以通过低通滤波器对采样信号滤波以满足 $f_s > 2f_{max}$。在图 45-11c 中，采样频率低于最高频率的两倍：$f_s < 2f_{max}$。所有频率高于 $f_s/2$ 的信号组分将被误认为是较低频率的信号，并与正确的采样数据相混叠而无法区分（黑色区域）。由于傅里叶变换（X）包含 X_a（t）的信息，可通过傅里叶逆变换重现 X_a（t）。因此，若采样频率足够高（满足采样定理），则可以通过傅里叶变换重构原始信号。

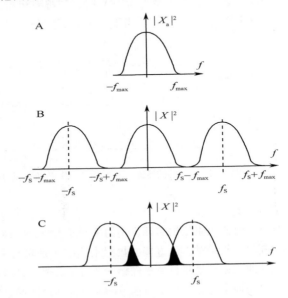

图 45-11　频域内限定带宽信号的采样

A. 限定带宽信号的频谱；B. $f_s > 2f_{max}$ 时的采样频谱；C. $f_s < 2f_{max}$ 时的采样频谱。混叠导致了频谱的重合（黑色区域）。

如何避免混叠现象

显然，避免混叠现象最直接的方法是在采样前对模拟信号进行低通滤波。滤波器的截止频率必须设为采样频率的一半或更低。然而，测量环境和测量信号的细微波动会引起混淆信号的移动，导致 ADC 所采集的各个数据的误差位于不同位置。为了解决这个问题，可以用远远高于 Nyquist 频率的采样频率进行采样，然后用数字技术滤去高频信号。但是，这种高频采样需要更快的 A/D 转换以进行数字处理，更多的内存以及更高带宽的数据线，从而增加了系统的成本。同时，也增加了数据分析的成本，因为有更多的数据需要处理和分析。更可行的选择是通过低通滤波器或抗假频滤波器将信号频带宽度限制于 1/2 采样频率以下，这个操作在 A/D 转换器每通道上都可以实施。低通滤波必须先于采样和频率复合，因为一旦信号被数字化并产生混叠信号，将无法重构原始数据。信号的完美重构需要理想的矩形低通滤波器，但这是难以实现的。由于滤波器的限制，只能别无选择地用高于 Nyquist 频率的采样频率进行采样。通常使用的采样频率为 f_{max} 的 2.5～10 倍。

量化误差

A/D 转换的实现分为三步：采样，量化和编码。实际上，A/D 转换是由一个对模拟信号采样并将其转化为二进制数表示的简单装置来实现的。此数字代表了限定分辨率下不连续的输入电压。A/D 转换可认为是将输入电压 V_{in} 与已知的参考电压 V_{ref} 相比，然后将其比值转化为最接近的 n 位二进制整数。参考电压通常是由商品化的转换器内部产生的一个精确值，并且决定了转换器的量程（图 45-12）。ADC 分辨率由二进制的位数决定。N 位 ADC 的分辨率是 $1/2^n$。例如，一个 12 位的 ADC 的分辨率是 $1/2^{12}$，即 1/4096。12 位 ADC 当量程为 10V 时，分辨率相当于 2.44mV。相似的，一个 16 位的 ADC 分辨率是 1/65536，相当于 10V 量程时分辨率为 0.153mV。这个取整的误差通常被称为量化误差。

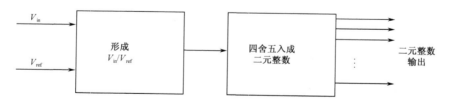

图 45-12　ADC 的概念——形成 V_{in} 和 V_{ref} 的比率并且四舍五入成二元整数

采集方式

数字信号的采集依据实际运用的不同要求分为三种不同模式：实时采样，顺序重复采样和随机重复采样。最直接的数据采集技术是实时采样。在这种方法中，对 n 个样品的完整的数据记录获自单事件触发的每个通道。显示的每一波形曲线都整个来自于对样品的单循环采样，代表了对信号的非重复的瞬间测量。

仪器

典型的数据采集 ADC 一般在 20kHz～1MHz 的范围工作。多数数据采集系统都有以 ADC 最高分辨率来读取双极或单极电压的能力。典型的单极型通常在从 0 到某个或正或负的电压值的范围内工作，而双极型通常是在绝对值相等的正负两个电压之间工作。不同的 ADC 类型具有不同的分辨、精度和额定工作速度。最常见的 ADC 类型有平行转换器，积分转换器，电压－频率 ADC 和连续近似 ADC。

平行转换器

平行转换器是最简单的 ADC 仪器。它由对输入范围满量程的参考电源和 2^n+1 个电阻串联而成的分压器组成，这里的 n 是 ADC 分辨率的二进制位数。输入电压的值由比较仪比较分压器产生的 2^n 个参考电压决定。平行 ADC 主要用于频带较宽而对分辨率要求不高的情况。这些应用要求对输入信号进行即时采样，还要有很高的采样速率以达到其较宽频带的要求。平行转换器速度快的原因在于二进制化每一位的决定是平行的。平行转换器的采样速率可高达 1GHz。

积分转换器

积分转换器通过在设定的时间段内对输入信号积分（平均）以减少噪声和消除干扰信号（积分相当于以无穷大的时间常数低通滤波）。积分转换器通过检测与输入电压成比例的电流使电容充电或放电所需的时间以确定输入电压。因此，积分转换器最适合用于变化较慢的数字信号。积分时间常设为一至数个当地市电的周期以便消除市电产生的噪声，如在欧洲市电频率为 50Hz，则积分时间需为 20ms 的倍数。总的来说，积分转换适用于精度要求高而采样率要求不高的情况。其分辨率在采样频率为每秒数次时可高于 28bit，而在 100k/s 时为 16bit。而其缺点是转换速度相对较慢。

电压－频率转换器

电压－频率转换器将输入电压转换为频率与输入电压成比例的一系列输出脉冲。输出频率通过对一段时间内脉冲计数来决定，而由已知的对应关系可以推出相应的电压。因为输入信号在计数时间内进行了有效的积分，所以电压－频率转换器具很高的抗噪声能力。电压－频率转换器通常用于转换慢信号以及噪声大的信号。

逐步近似转换器

逐步近似转换器使用了一个数模转换器（DAC）和一个信号比较仪。这种转换器有效的生成了一个从输出为 0 开始的分半或二项搜索。它从最高的二进制位开始实时设置 DAC 的每一位。这种搜索将 DAC 的输出与所测量的电压值比较。如果将一个二进制位设为 1 会导致 DAC 输出高于输入电压，该二进制位就为 0。逐步近似方式较平行方式慢，因为它必须以串行方式进行，而且 ADC 在每一步必须暂停以等待 DAC 完成设置。不过，这种转换方式一般能达到 200kHz 以上的转换速率。逐步近似转换器运用在 12位和 16 位分辨率时相对较便宜。所以，这种 ADC 使用最广泛，并且在许多基于 PC 的数据采集的产品中都有运用。

D/A 转换器

D/A 转换器是将数字信号转换成模拟信号。D/A 转换器的主要功能是在离散的采样值中插入新的值。从实际应用的角度来说，最简单的 D/A 转换器是 0 序控制，也就是在下一个值到达之前一直保持上一个值不变。在呈线性的数据片段中，一种改进方法是根据线性的关系插入新值。此外，还有一些复杂的高级插值技术可以使我们获得更好的插值效果。一般来说，不理想插值技术可能导致信号内在频率中引入瞬时的频率成分。这些频率成分一般是不需要的，通常可以通过模拟滤波器除去，这被称作后滤波器或者平滑滤波器。因此，D/A 转换器经常有后续的滤波器，将不理想的插值消除。

第四部分　数据处理和显示

数据处理

针对不同用户的需求，数据处理包含许多各不相同的专门技术。我们无法在这里将它们一一详述，而只能简单介绍一些经常用到的技术。

信号平均

信号平均是一种在信号和噪声的频率特性相互重叠时根据两者不同的统计学特性来增加信/噪比（S/N）的处理技术。传统的滤波方法常常会同时削减信号和噪声。需要注意的是，只有当信号和噪声具有以下特性时才能使用信号平均技术。

——数据由重复性的信号序列与绑定有可识别的时间标记的噪声序列构成

——这些信号序列含有一个在所有序列中都保持不变的常数成分 $x(n)$（信号的重复成分）

——所叠加的噪声 $w(n)$ 是均值为零的宽带稳态过程（broadband stationary process）

——信号 $x(n)$ 和噪声 $w(n)$ 二者无关，这样记录到的第 i 个信号序列 $y_i(n)$ 可以表达成

$$y_i(n) = x_i(n) + w_i(n)$$

平均过程得到的 y 即为

$$y(n) = \frac{1}{M} \sum_{i=1}^{M} y_i = x(n) + \sum_{i=1}^{M} w_i(n)$$

式中，M 是信号序列的重复次数。

如果希望获得的信号具有以上特性，那么信号平均技术能令人满意地从噪声中分离出信号。信号平均包括两个步骤：首先将记录到的同一序列中重复的信号和噪声叠加起来，这样二者就与时间标记同步，其次用叠加结果除以 M。因为每段序列中的噪声和任一其他序列中的噪声不相关，所以叠加后的信号中噪声幅度只增加了 $\sqrt{M}$ 倍，在除以 M 后信号的幅度没有变而噪声幅度变为原来的 $1/\sqrt{M}$ 倍。因此，通过信号平均后信噪比就增大为原来的 $\sqrt{M}$ 倍。

尽管信号平均是一种有效手段，但它也有一些缺点。首先，测量中出现的噪声仅仅按照测量次数的平方根减少。这样若要显著减少噪声就要进行多次重复测量并将之平均。其次，信号平均只削减随机噪声，并非都能削减其他系统噪声，如电源开关时产生的周期性噪声。同时要牢记一点，信号平均的前提是噪声频率的宽带分布，信号与噪声之间缺乏相关性这两个假设。而不幸的是，这两个假设在神经系统的信号处理中并不总是成立的。除此之外，当把这些重复记录叠加起来时要非常小心，即使微小的叠加错误也可能会对最终结果产生低通滤波效应。当然，目前随着模/数转换器和计算机的广泛使用，信号平均已经能够很容易得以实现。

拟合

只要具备以下任一条件，就可以用一个函数来拟合一组数据。

第一，在不要求拟合函数及其参数具有生物物理意义而仅仅是为了描述一个数据集的形状或者是趋势（behavior）的时候，可以用一个函数来拟合数据集。例如，通常用一条光滑曲线引导读者观察数据，或者在噪声存在时用一个函数去推测数据的变化趋势。

第二，已知数据服从一个理论函数，如由单指数成分构成的概率密度函数，并且拟合的目的只是为了获取参数，那么就可以用这个函数来拟合数据集。在比较数据集时可能还需要估计参数的置信区间。

第三，尝试用一个或多个可能的函数拟合数据，如通过相互比较以确定所采用的最优拟合函数对数据的描述到底有多好。

拟合过程的第一步是选择一个适当的函数来描述数据。这个函数可以有很多的自由参数，这些参数的取值以最优化拟合数据为标准。如果所用函数能正确描述数据的变化趋势，那么也就可以说这一系列最优拟合参数描述了该数据。用计算机程序进行拟合是一个很好的选择。程序根据事先选定的最优化条件进行迭代处理以不断改进参数的估计值，使得迭代过程结束时拟合效果无可改进为止。有关拟合品质的反馈信息有助于在再次开始迭代拟合之前（有时拟合需要进行多次）手工地调节整个模型或初始参数的估计值。以下将讨论拟合过程的两个方面：统计和优化。

统计方法

拟合统计主要关心的是一个拟合函数有多好以及拟合过程中所用的参数有多高的可信度，这与事件的出现概率有关。常用指标有两个：直接概率（direct probability）和逆概率（inverse probability）。直接概率通常表示为代数式的概率密度函数。当人们找出了一个最好的拟合之后，可能想知道是否拟合得好（吻合度），并且求出每个参数的置信区间。

优化方法

优化方法主要关心怎样通过调节参数以获得估计函数的最小值（如实际数据值和拟合函数值的方差之和）。人们当然希望能找到一个全局极小值，如绝对最小值，但因为很难确定是否存在绝对最小值，所以大多数方法都只采用于局部极小值，如两组相邻参数之间的极小值。

举例：线性回归

线性回归是最简单的拟合方法，可对一组对数据进行最佳线性拟合。线性回归经常用到以下参数：截距及其标准误差，斜率及其标准误差，相关系数，p 值，数据点的个数和拟合的标准差。关于拟合过程的更多细节可参考统计学教科书。

频域分析

信号通常以时间函数形式出现。可是在多数实际应用中，将信号转换成频域的形式，即将幅度和时相作为频率的函数给出，这种方法常常更具优势，有时甚至必须如此处理。因为在频域形式下幅度和时相的分布是以频率的函数给出的，而数字信号处理算法和处理系统通常带有关于频域的明确说明。换句话说，它详细规定了在一个输入信号中哪一频率范围会被增强，哪些会被减弱。各类低通、高通、陷频滤波器就是很好的例子。而傅里叶变换（FT）则为频域分析提供了数学基础。因为以时间函数形式表达的原始信号能够从它的傅里叶变换形式中还原出来，即傅里叶变换是可逆的。这两种信号表示方式可以通过傅里叶变换（FT）和傅里叶逆变换（IFT）联系起来。傅里叶变换不仅对分析信号的频率组分很有用，它的另外一些特性也使得这种变换成为一个在多种信号处理算法中颇有用处的中间步骤。

采用频域分析主要基于几个主要的原因。正弦的和指数的信号在自然和工程技术中都广泛存在着，即使一个信号不属于这种类型，也可以被分解成这两种不同的频率成分之和。因此，傅里叶变换已经成为很多生物信号分析工作中的基本工具。傅里叶变换对线性系统理论来说也是一个重要基础，因为根据卷积定理，输出频谱完全由输入频谱和所研究系统的频率响应函数决定。事实上，对生物系统的研究一开始通常是用线性系统建模的。正如一个信号能够按照其频谱用频域来进行描述，一个定常系统（time-invariant system）同样可以按照其频率响应来描述，也就是说一个输入信号的每一个正弦（或指数）成分在通过这个系统时其幅度和时相是如何被改变的。在建模时，一个线性定常（LTI）处理器对这些成分的处理相当简单：只需改变这些成分的幅度和时相，而不用考虑其频率。总输出信号可以由各频率组分的各自反应叠加后得到。频率响应和输入信号频谱的乘积决定了输出信号的频谱。这种处理方法一般来说比使用时域处理来得更简单更直观。

频域分析的主要特征是：一个原始信号总是可以被分解成一系列有适当幅度、频率的正弦和余弦成分，即通过傅里叶变换给出这个信号的频谱。而与之相反的过程叫傅里叶逆变换（IFT），它使得我们可以重新获得时域形式的原始信号。如果原始信号是一个偶函数（相对于时间原点对称），那么经傅里叶变换后它只含有余弦成分；如果原始信号是一个奇函数（相对于时间原点反对称），那么经傅里叶变换后它只含有正弦成分；如果原始信号是严格周期性的，那么经傅里叶变换后它的频率组分就是一组相互关联的离散谱线，即所谓的线状谱。线状谱在数学上可以用傅里叶级数来表示。通过用一对虚指数来表示每个正弦和余弦成分，三角函数形式的傅里叶级数还可以被转化为指数函数形式的傅里叶级数。如果信号是非周期性的，那么它可以表示为正弦或指数成分的积分，此时这些正弦或指数成分就不再是相互关联的了，而其相应的频谱也变成是连续的，在数学上可以用傅里叶变换来表示。当用有限多个频率组分之和去模拟原始信号时，就能按照方差最小的要求提供对原信号的最佳拟合。

傅里叶分析给人的直观感觉就是它应该适用于长时程的周期信号分析，因为此类信号中常含有重复的时间模式。但是实际测到的生物信号，如肌肉的快速运动或者是引起这类运动的神经肌肉信号，可能只是在一定时间范围内的单个事件，这意味着这种信号在很短时间内就改变了其行为。一般来说，生物信号在时间上总是有限的，具有明确的起始和结束点。在这种情况下，傅里叶分析虽然在生理上是有很大意义的，但是这种处理却不是一种自然而直接的方法。因为短时信号的傅里叶频谱强烈地依赖于信号的时间间隔和信号边缘的不连续性，甚至可能完全由这两种因素所决定，而不像通常情况下取决于那一瞬间的信号是什么。

能量谱

在许多实际情况中，我们需要考虑的是频域形式下信号的能量分布，而不是其幅度和相位的分布。而能量是与信号幅度的平方成正比的，这样在处理能量分布时，我们就会丢失该信号的相位信息。

因为测量一个信号的真实频谱要求对信号全长求积分，所以当一个信号的持续时间很长时，这种测量是不现实的。通常用以下两种方法来估计近似频谱：短时傅里叶变换和扫频测量。短时傅里叶变换的方法如下：截取一段信号并用一个有限长度窗函数对其进行加权。加权后对该片段进行傅里叶变换就可以得到真实频谱的近似频谱。在测瞬时信号的情况下，有时可以收集很短时间段内的所有信号，这时用一个统一的窗函数做傅里叶变换后，得到的结果就不是近似频谱而是信号的真实频谱。瞬时信号经傅里叶变换后幅度的单位变成单位能量每赫兹，并由此得名能量频谱密度函数。对这个函数在所有频率上积分后就可以得出瞬时信号的总能量。另外一种用于估计静态信号能量谱的模拟信号处理技术是将信号用窄带宽滤波器滤波，然后测量滤波器的输出幅度。如果滤波器扫过一定范围的频率，就能得到信号的能量频率比。扫频的速度受滤波器的带宽限制。最大扫频速度的估计值是 $B^2/2$，这里 B 是滤波器的带宽。因为存在扫频速度限制，所以用扫频技术得到能量频谱所花费的时间要比短时傅里叶变换技术长得多。

数字信号的傅里叶变换

在信号分析工作中应用傅里叶分析已有近两百年时间了。近年来，数字处理技术的进步使得相应的离散时间技术广泛应用于信号频率组分分析和系统频域反应。也就是说，傅里叶级数和傅里叶变换现在既可以用于模拟信号分析，也可以用于数字信号分析。这就需要用于模拟信号分析的傅里叶变换按照有限时间采样的信号的要求进行改进。在离散时间和连续时间这两种傅里叶变换之间有很多类似，但也存在许多重要区别。此外，还有第三种在数字信号计算机处理中尤为重要的傅里叶变换，即离散傅里叶变换（DFT）。基于同样的原因，DFT 对于处理离散信号如同普通傅里叶变换处理连续信号一样，具有同样重要的作用。但是对 DFT 进行直接计算要求复杂度大约为 n^2（n是采样次数）的乘法和加法运算。而另外一个更有效的方法只要求复杂度为 $n$lb$n$ 的运算，这就是快速傅里叶变换（FFT）。现在的 DFT 普遍通过 FFT 算法实现。另外，人们还发展出多种用于软件实现或硬件实现的 FFT 算法。两个应用最广泛的算法是时间抽选法和频率抽选法。随着能够轻易进行 DFT 处理的多种计算机软件包的广泛使用，傅里叶变换也变得越来越普遍了。

数字化滤波器

低成本，高效能的计算机和专业处理程序的广泛运用使得通过数字化方法实现滤波的想法变得十分具有吸引力。即使在输入输出都是模拟信号的情况下，先使用 A/D 转换进行数字化滤波，再将离散的数字信号输出转换成连续的模拟信号输出，这种方案也是值得采用的。

窗口选取

对一个信号进行傅里叶变换需要对该信号的全部非零区域积分。对于一个长时程信号来说，这种处理即使在理论上行得通，在实际操作中也是不现实的。一种替代方案是信号中有限长度片断先乘以一个"加权"或者"窗口"函数，然后再进行傅里叶变换。

因为两个信号乘积的傅里叶变换等于它们各自傅里叶变换的卷积，所以上述变换的结果就等于原信号的傅里叶变换和所选取的窗函数的傅里叶变换的卷积。如果所选择的是一个长而平滑的时域窗函数，那么它的频域宽度就很窄，最终卷积后中的失真也很小。不同的函数有各自对应的窗口，如 Hanning 窗、Hamming 窗、Blackman 窗、Bartlet 窗、Kaiser 窗和 Tukey 窗。

傅里叶变换的应用实例

例 1		

　　傅里叶变换的一个普遍应用是在一个含有噪声的时域信号中找出隐藏的信号频率成分。举例来说，现有如图 45-13 中最上方所示的两个波形，分别代表 50Hz 和 5Hz 的两个频率成分，都以 1000Hz 进行采样。在图 45-13 中间所示的为由随机数发生器产生的均值为零的随机信号。将 50Hz 和 5Hz 的两个频率成分与作为噪声信号的随机信号相叠加，结果如图 45-13 中倒数第二条轨迹所示。此时就很难甚至根本没有可能从中识别出两个信号频率。与之相反，在图 45-13 最下方的能量谱密度图中却能明显发现在 5Hz 和

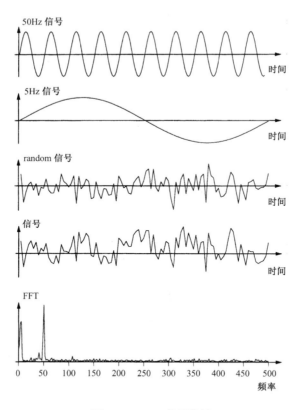

图 45-13　FFT 使用举例

从上到下依次是：50Hz 信号，5Hz 信号，随机信号，噪声信号，所有
这些都在时阈中。最下面的能量谱密度显示谱峰在 50Hz 和 5Hz 处。

50Hz 处有两个峰值。而噪声的频率成分在从直流直到奈奎斯特频率（Nyquist frequency）（500Hz）的范围内都有分布。

例 2

大多数真实的数字信号是非周期性的，即它们不是严格的重复信号。举例来说，现有两个以低频成分为主的信号（图 45-14A，B 上）。一般对数字信号进行傅里叶分析都要先进行傅里叶变换（FT）。对数字信号进行傅里叶变换的方法多种多样。一种普遍采用的方法是像处理模拟信号时那样对数字信号进行连续时间傅里叶变换（continuous-time FT）。当然除此之外，数字化变换也被广泛使用。数字信号不同于模拟信号，其频谱总是重复的，这是采样过程带来的不可避免的后果，同时也反映了数字信号的不定性。因此，实际运用时给出一个重复周期就能提供足够的信息，如图 45-14 下方的波形，分别表示数字信号 a 和 b。

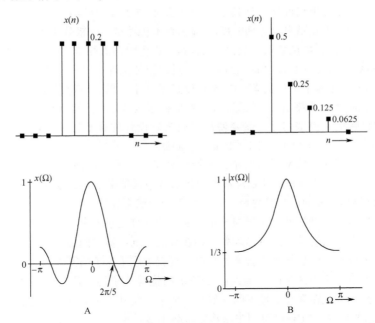

图 45-14　非周期数字信号的傅里叶变换

A. 信号定义成 $x(n) = 0.2\{\delta[n-2] + \delta[n-1] + \delta[n+1] + \delta[n+2]\}$；B. 信号定义成 $x(n) = 0.5n+1$（若 $n \geqslant 0$）和 $x(n) = 0$（若 $n < 0$）。n 是样本数，δ 是 delta 函数。

数据显示

经过信号处理以后的结果可以通过显示设备显示出该信号的重要特征。一个或者多个这种显示的产生常常是测量仪器的最终目标。显示设备依据用途的不同而多种多样，但是它们基本可以分为三类。第一类是简单的、单一目的型指示灯，用来传递关于二进制的或是域值的信息，如提醒、警告和通过与否（go-no-go）等信息。第二类是多见于仪器前方面板上的微型字母数字型显示器，多用来显示仅由文本构成的短小信息。第三类是在那种测量结果以图表形式表达的设备上常见的能够同时处理图形与文本信息的显示设备，如示波器上的显示器。电脑显示器因为使用图形表示仪器控制及处理结果因此也归属于第三类。

无论是使用何种显示设备，其目的无非是想高质、及时、暂时的传递信息，使得用户可以高效准确的提取信息。在仪器使用的过程中，显示设备应允许用户通过一种更为实时互动的方式观察数据，同时使用户能够主动参与到全部测量过程中。

一个显示必须具有良好的质量以保证用户准确高效的提取信息。影响显示质量的因素包括：亮度、分辨率、字形、图像的稳定性、图像对比度、色彩选择以及图像刷新率。显示的基本单位是像素，即可单独显示的最小面积。像素的形状和数目共同决定了一个显示设备所能达到的分辨率。目前，用于测量仪器上的显示技术包括阴极射线管（CRT）、发光二极管（LED）、液晶显示器（LCD）。

CRT 显示技术是最近才发展起来的。尽管它有诸如体积大、重量大、能耗高等缺陷，但在某些情况下仍优于其他技术。CRT 显示技术首先应用于示波器，并且在高能见度快速显示图形化信息这方面，CRT 显示技术仍然是一个极佳选择。在 PC 家族中包括多种 CRT 硬件：单色显示适配器（MDA）、彩色图形适配器（CGA）、增强型图形适配器（EGA）和视频图形阵列（VGA）。不同的硬件实现的区别在于分辨率和色彩容量不同，MDA 仅能显示单色文本，CGA 可以显示文本及低分辨率的 16 色图形，EGA 可以显示文本及高分辨率的 16 色图形，VGA 和超级 VGA 不同于数显的 MDA、CGA、EGA，它使用的是模拟信号，需要使用专门为它设计的显示器。VGA 和超级 VGA 可以用于高分辨率和 256 同色（simultaneous color）。

发光二极管显示技术利用发光二极管将电能转化成从绿到近红外（$550 \sim 1300 \mu m$）的电磁辐射。测量设备中的 LEDs 常作为指示灯和微型字母数字显示器。相对于 CRTs，LEDs 要显得小而简陋，但是寿命更长，而且运行温度较低。

液晶显示技术是从外部光源如显示屏后的荧光灯透进光束，该光束要先后通过一个偏光镜和一个受电场控制的液晶阵列，并在液晶阵列中被扭曲然后穿过显示器表面。而那些没有排成阵列的晶体则不会通过光束。这就形成了像素的开关模式，最终通过这一方式产生了用户所观察到的图形。LCD 技术的优势在于能耗低，物理薄形显示，体积小，不规则，以及在强光环境下的良好显示能力。尤其是 LCDs 在强光下可读性远胜于 LED 和 CRT 技术。LCD 既可用于微型字母数字显示也可用于大型图像和文本显示。

第五部分　存储与备份

数据存储是用多种技术和设备对实验数据进行存档，而备份则可认为是将实验数据拷贝到次级介质上以便更长久的存档。一般可以采取两种不同的方法来存档：第一种是用磁带记录仪（磁性记录，VCR 或者 DAT）记录数据，第二种方法包括直接数字化和存储在电脑上。具体使用哪种方法取决于多方面因素，如待存储数据的类型、数据的总存储量、联机处理的必要性及研究员的个人喜好等。而将两种方法联合应用也很常见，如将数据同时存储在记录仪和电脑上。在记录仪上记录数据是一种长久储存的方式，而储存在计算机硬盘上的数据则是暂时的。另外，备份和存储必须妥善保管，这样可以预防初级介质存储失败。使用计算机的一个重要原则就是"定期备份你的数据"。由于数据是以二进制格式保存，因此在常规的计算机备份介质上进行数据存档是一种最普遍的方法。在选择一台适合特殊应用要求的仪器之前，需要了解各种仪器之间使用方式的区别和权衡各种仪器的优劣。同时，在做决定之前，必须仔细考虑备份的性能和速度，备份设备每个存储单元的容量和价格，存储器的可靠性和易失性，介质的可书写性以及随机存取等方面。

性能是指存储设备的速度，它能以通量和缓冲表示。通量是指仪器完成诸如数据存储和检索等工作时的速率。而缓冲是指完成一份工作所需的时间。理想的存储设备是高通量低缓冲的。

可靠性是指存储设备出现故障的比率，反过来也可表示仪器出现故障前的预期寿命。例如，仪器报废率可假定为每百万亿个操作发生一个错误或者十年发生一个错误。

容量是指设备可存储的数据量。如前所述，这个与花费密切相关，因为通常可通过购买更多的设备来增加容量。

易失性指的是设备在断电以后是否仍然可以保留数据。易失性也可认为是可靠性的一部分，因为能源故障也是不稳定仪器发生故障的原因之一。一般而言，大容量存储器都是非易失性的，也就是说，它们不需要能量来储存信息。

可重写性即指那些可存储新信息的仪器。几乎所有的操作都要求设备有读取存储的能力，但是有些不要求有可将新信息写入到设备的能力。

在实验记录仪器上记录和存储数据常用于处理连续的数据，如发放的记录（spike train recording）或膜片钳记录。磁带记录仪可以是一个 FM 记录仪、VCR 记录仪，或者 DAT 记录仪。它们的主要优势是容量大，而它们最大的缺陷在于它们是顺序存取设备。这意味着若要读取某一特定区段的数据，必须读取在其前面的所有数据或者绕带到该位置。这就使得它们相对要慢于通用存储操作。一旦实验结束，如果实验数据事先是以数字化格式存储在 VCR 或者 DAT 磁带上，就可以直接将其转移到计算机上；否则也可以通过模/数转换器将数据数字化后再存储到电脑上。这是一种非常灵活的方法，也可对附加信号进行调制。

对实验数据的直接数字化和存储常用于非连续的、离散的数据，因为它们的存储量不像连续数据那样大。然而，市场上 DAT 记录器实用性增强反而降低了直接数字化方法的高采集速度等优势。

一般而言，数据存储的最佳方式是随机的，取决于研究及数据的类型、数据量、速度和联机处理的必要性以及相对价格而言适用的方法。

我们将详细阐述各种类型的适用计算机大规模存储介质。现代大规模存储设备包括所有类型的磁盘驱动器和磁带机。大规模存储与在计算机内临时存储区的内存截然不同。与主存不同的是，大规模存储设备甚至在计算机关闭之后还能保存数据。大规模存储以 KB（1024bP）、MB（1024KB）、GB（1024MB）、KGB（1024GB）为单位。这有时也叫做辅助存储。

备份可以为存档型的，这时所有数据都被复制到一个备份的存储设备上。存档型的备份也可称作完全备份。递增的备份指的是之前复制的备份经修改后重新存档备份。

主要的大规模备份介质包括：

软盘：虽然它们存储速度相对比较慢，空间比较小，但是具有易携带、价格不贵、使用普遍的特点。但近来它们正被更大容量的存储设备如 zip 或者 jazz 驱动器所取代，这些介质也易携带而且相对便宜，然而它们的速度仍慢于硬盘速度。

硬盘：虽然与软盘相比速度更快，容量也更大，但是其价格更贵。虽然有些硬盘系统是可携带的（移动硬盘），但是绝大部分都不可以随意移动。

光盘：不同于用电磁来编码数据的软盘和硬盘，光盘是用一束激光来读取和写入数据。虽然光盘有很大的存储容量，但是它们速度不如硬盘快。另外，便宜的光盘（CD-R）一般都是只读的，可读写种类的光盘（CD-RW）价格要更贵。

磁带机：它们相对而言价格便宜而且容量很大，但是它们不允许随机访问数据。不同的磁带机之间传输速度也有很大区别，快的磁带机每分钟可以传输 20 MB 左右的数据，它们也称作光柱或者数据流磁带。

CD-ROM 驱动器：即 CD-ROM（compact disc read only memory），它是一种可以从 CD 光盘上读取信息的设备。这种光盘存储数据可达 1 GB 上限，但通常大小为 650 MB。单个的 CD-ROM 拥有 700 张软盘的存储空间，可存储近 300 000 文本。所有的 CD-ROM 都遵循同一标准的规格和格式，所以任何一种 CD-ROM 都可以在任一 CD-ROM 播放器上读取。另外，CD-ROM 播放器还可以播放同种规格的音频 CD。CD-ROM 特别适用于存储大规模的信息。

CD-ROM 播放器可以是内置的；也可以是外置的，通过计算机 SCSI 接口或者并行端口相连。虽然平行端口的 CD-ROM 播放器便于安装，但是它们有一些缺点：它们比内置播放器更贵，而且它们占用了平行端口使得别的设备如打印机就不能用那个端口，而且平行端口自身不能足够快地处理所有流入的数据。

CD-ROM 播放器可通过很多特征来区分，其中最重要的是它们的速度。CD-ROM 播放器可分为单倍速的或是多倍速的。例如，一个 4 倍速播放器存取数据的速度是单倍速播放器的 4 倍。然而，不同 CD-ROM 播放器间的区分还取决于其他参数的区别。同时，还要注意 CD-ROM 用的是 CLV（恒定线速度）还是 CAV（恒定角速度）技术。CAV 技术的播放器报道的速度一般都不准确，因为它们指的是外磁道的存取速度，而其内磁道存取速度要慢得多。比速度更精确的两个指标是存取时间和数据传输速率。存取时间测量的是驱动器提取一个特定的信息平均需要多长时间。数据传输速率测量的是在一秒钟内可以读取、传输多少数据到计算机。最后，播放器如何连接到计算机也要考虑在内，许多 CD-ROM 通过 SCSI 接口连接。如果计算机不包含这样一个接口，就需要另外安装。其他的 CD-ROM 能连接到 IDE 接口（集成电路设备）或者接到常用于硬盘连接的增强型 IDE 接口。

光盘驱动器：简称光驱（compact disk-recordable drive，CD-R drive），它是一种可以创建 CD-ROM 和音频 CD 的磁盘驱动器，它能允许使用者从 CD-ROM 选择性地调用数据。以前光驱很贵，但最近价格大降。光驱的一个重要特性称作多时段记录，即能够按时间顺序将数据添加到 CD-ROM。如果你想用光驱创建 CD-ROM 备份的话，这个方法非常重要。要建立一个数据档案，首先需要一个适用于 CD-ROM 的光驱软件包。一般情况下，往往是软件包而不是光驱本身决定了创建 CD-ROM 的难易程度。CD-RW（可写入的）光盘不同于一次性存储数据的 CD-R 光盘，它是一种允许多次写入的光盘。因此，CD-RW 驱动器和光盘可以和软盘和硬盘一样重复多次写入数据，而从 1997 年以来其价格就一直降低使其变得实用起来。

DVD（digital versatile disc, digital video disc）：它是一种新型的 CD-ROM，能支持 4.7～17GB 的容量，600KB～1.3MB 存取速率的光盘。DVD 驱动器最大的特点之一就是它们可以向下兼容 CD-ROM。这意味着 DVD 播放器不仅可播放新型的 DVD-ROM，而且可以播放老式的 CD-ROM 和视频 CD。新的 DVD 播放器被称作第二代或者 DVD-2 驱动器，它们也可以读取 CD-R 和 CD-RW 光盘。

DAT（digital audio tape）：这是一种用螺旋扫描方式来记录数据的磁带。DAT 磁带内含可以保存 2～24GB 数据的磁性带子。它可以支持每秒 2MB 数据的传输速率，和其他类型的磁带一样，DAT 也是顺序存取介质，DAT 最常见的格式是 DDS（数字化数据存储）。

■ 结　论

计算机技术和数据处理的快速发展使得以上这些技术得以广泛应用。而且，各种数据采集、处理的技术与工具的轻松实现，信号数据复杂转换的产生和实现，以及通过键盘敲打就可获得生动的图像信息，这些都吸引了很多研究人员进入这个领域。然而，信号或数据的如此处理和浓缩提炼到底意味着什么？信号处理和分析的方式采用是否最合适？如果是，它们是否执行的是最优的方法以及这样会导致何种的错误、不准确或歧义？这些都仍还是问题。

最近，许多作者都已经意识到了这些问题，而且发表了许多文章和专刊，如关于现代信号处理和分析方法的评论，同时提供了不少实例来讨论这些技术到底应该应用与否。

研究人员至少应该清楚自己对实验现象及实验方法的看法和观点。在急于做实验之前，一个人最好在数据堆积之前先停下来问一问需要些什么样的数据。这需要我们清楚地了解实验的目的，包括观测类型、测量方法、对照和结论以及关于研究机制的处理和分析。这也需要对信号特性和成分有一个明确的假说，只有在这样的概念和操作框架下，用复杂技术获取和处理的结果才是有意义的。

最后，对于那些没有经验的，特别是没有数学和工程学背景的研究人员，我们有一个简单但很重要的建议，那就是停下手上的活，问问自己要用什么特殊操作以及为什么这样做。原始信号包含了所有可用的信息，虽然调制和处理可能揭示隐藏的特征，但也可能掩饰一些特征和去除一些很重要的信息。一定要记住这些操作不可引入额外的信息，所以有时最好不要一开始就对信息进行加工。

致谢：本工作由 Serbian Ministry of Science and Technology Grant 提供支持。

常用术语

混叠（aliasing） 混叠或频率折叠是指在 A/D 转换时，因采样速率不够高导致输入信号中等于或大于采样频率一半的频率组分引入干扰。如果信号在采样之前没有用正确的带限除去这些频率，它们就会以混叠或假低频错误的形式出现在采样信号中，并且无法与正确的采样数据区分开来。

模拟（analog） 一个可应用于任何设备，特别是电子仪器的术语。通过连续变化的物理性质来表示数值，如电路中的电压。

模拟信号（analog signal） 模拟信号是指在一定范围内连续变化的电压或电流信号。

模/数转换器（analog-to-digital converter） 模/数（A/D）转换器是一种将模拟信号转换成适于输入计算机的数字信号的仪器。它周期性测量（采样）模拟信号并将每次测量结果转换成相应的数字值。

模拟滤波器（analog filter） 模拟滤波器用如下形式的有理函数来定义

$$G(s) = \frac{N(s)}{D(s)} = \frac{\prod_{i=1}^{m}(s - zi)}{\prod_{i=1}^{n}(s - pi)}$$

式中 s 是拉普拉斯变量（一个复数），另两个复数 zi，pi 分别为转移函数 G 的零点和极点，我们用 $A(\omega) = 20\lg\frac{1}{|G(\omega)|}$ 来定义 G（以 dB 为单位）的损失函数（loss function）。

反混叠滤波器（anti-alias filter） 反混叠滤波器通常要求在采样之前带限信号，以避免混叠错误。滤波器因系统采样速率而具有特异性，同时每个输入信号必须滤波一次。实际上，在采样之前通常采用这种滤波方式。

衰减（attenuation） 当一个信号传播得离起始点越来越远时就会变弱。衰减通常是以分贝（dB）来度量，与之相反的是放大或增益。

平均（averaging） 一项滤波技术，基于一个隐藏在真实事件的宽带噪声中的具有稳定波形的有效信号经 M 次测量的总和。经平均化处理后信噪比变为原来的 $\sqrt{M}$ 倍。

备份（backup） 备份作为名词用，是指一个程序、磁盘或数据的拷贝副本，用于存档或在原文件损伤或被毁时保证文件安全。当作动词用时，备份是指制作一个原文件的拷贝副本。

带宽（bandwidth） 某一信号最高和最低频率之差，或指一台电子设备所能传输，处理及储存信号的频率范围。

消隐（blanking） 信号的瞬间抑制。

Butterworth 滤波器（Butterworth Filter） 这种滤波器是依靠 Butterworth 多项式建立的，它是理想滤波器的数学近似，其转移函数的幅度在频域内非常平坦。Butterworth 滤波器拥有最小的衰减以及幅度响应无溢出，就这方面而言，Butterworth 滤波器是最理想的。

Chebyshev 滤波器（Chebyshev Filter） Butterworth 滤波器的变种，其转移函数的幅度

在相同幅度的通带上会有一系列的波动。对一个给定的滤波命令，Chebyshev 滤波器能提供最灵敏的转换带，就这方面而言，Chebyshev 滤波器是最理想的。

共模电压（common-mode voltage）　　共模电压指的是两个输入电压之间的相同部分。理想情况下，放大器应该忽略共模电压，仅放大两个输入之间的差值。

共模抑制比（common-mode rejection rate）　　共模抑制比是指放大器对共模电压的抑制程度，通常用分贝表示：$CMRR = 20\lg(G_D / G_{CM})$［dB］，其中 G_D 是差模增益，G_{CM} 是共模增益。

调制（conditioning）　　利用特殊仪器改进信号处理线路传输数据的能力。

数据（data）　　拉丁语 datum 的复数形式，代表了一条信息的意思。按照经典用法，一条信息应称为一个 datum，多于一项时则称为 data（datum 是单数名词而 data 是复数名词），然而实际上 data 经常同时用作该名词的单数和复数形式。

数据采集（data acquisition）　　从某一来源（多为系统外设备，如通过电子传感 electronic sensing）获取数据的过程。

直流偏移（DC offset）　　信号直流水平的偏移。

分贝（decibel）　　一个贝耳（bel，源于 Alexander Graham Bell）的十分之一，无量纲单位的相对测量值，多用于信号处理。分贝测量采用对数方法，同时还将测量值与已知参考值或另一个同种测量值进行比较。

差分输入（differential input）　　用于降低由信号引线所产生的噪声。每个输入信号都会有两根信号线和一根接地线。但真正要测量的是两个信号线之间的电压差——去除了两个信号线之间的相同电压。

数字（digital）　　数字用相应值的离散数字来表示，从而限制了数字设备分辨率值的可能范围。

数字滤波器（digital filter）　　数字滤波器是计算机软件中的一种补充算法，用于转换数字输入信号。就未受影响的频率区以及从输入信号中移去的部分而言，数字滤波器通常在频域内具有特异性。

数字信号（digital signal）　　一种以离散数值组成信息的信号，以二进制 0 和 1，或以物理上"高"、"低"电压来代表。

数字信号处理器（digital signal processor）　　缩写为 DSP，一个为高速数据操作而设计的集成电路，如可以在数据的采集中使用。

数/模转换器［digital-to-analog（D/A）converter］　　数/模转换器是一种将一系列的样本转换回模拟信号的装置，D/A 转换器将一列离散数值认为是输入，再产生幅度与每个数值相对应的模拟信号。

Disc 和 Disk　　目前标准的是把 spelling disc 用作光盘和其他计算机系统中的 spelling disk，如软盘、硬盘等。

离散数字信号（discrete vs. digital signal）　　一个离散信号可以被指定是演绎的，与连续时间系统无关，或者可以通过采样一个连续时间内的信号得到，如果 $x(t)$ 是一个连续时间信号，我们在长度间隔 T_s 进行抽样，得到序列 $x(nT_s)$，$n = 1, \cdots M$，M 是最大样本量。当我们希望通过计算机处理一个样本信号时，就要对每个样本数字化。对 $x(nT_s)$ 四舍五入到最接近水平时，产生量化信号值 $X_q(nT_s)$。为了区别于离散信号，量化信号 X_q 被称为数字信号。

离散时间系统（discrete time system） 离散系统是一种对输入序列 x 进行操作并产生输出序列 y 的算法。这种系统的显著特点是线性、时不变的。可以通过系统对单个脉冲响应的卷积输入来得到对任何线性，时间不变（LTI）系统输入的响应。这意味着一个 LTI 系统是完全以脉冲响应为特征的。

显示器（display） 显示器一般用来揭示一个信号的重要特征。在计算机中，显示器是计算机的可视化输出，一般为基于 CRT 的视频显示。在笔记本中，显示器通常是基于 LSD 的。

快速傅里叶变换（fast Fourier transform） 缩写为 FFT，一组用来计算函数离散傅里叶变换的算法，同时还可以用于解决一系列方程，进行频谱分析，以及应用于其他一些信号加工和信号产生任务。

有限脉冲响应滤波器〔finite impulse response（FIR）filters〕 对单个输入脉冲的响应一直保留到下一个样本进入计算公式中为止的滤波器。

拟合（fitting） 计算出一条曲线或其他线使之非常接近于一组数据点或测量值。

傅里叶变换（Fourier transform） 将数据从时域转换成频域，从而易于表达使用。

频率响应（frequency response） 也称为频谱响应，包含幅频和相频特征。

无限脉冲响应滤波器〔infinite impulse response（IIR）filters〕 对单个脉冲的响应无限地扩展到将来，IIR 滤波器的输出不仅依赖输入，还依赖以前的输出。

量化效应（quantization effects） 量化效应是由模/数转化所引入，由编码技术而产生。

随机噪声（random noise） 噪声的幅度和时间之间没有关系，而且许多频率的发生没有一定的形式或不可预测。

随机数发生器（random number generator） 可以产生一个或一系列不可预测的数的发生器，因而一个系列中在给定的时间或位置的情况下不大可能出现相同的数。一般认为真正的随机数发生器是不可能存在的，因而更准确来讲应该称为假随机数发生器。

分辨率（resolution） A/D 或 D/A 转换器的分辨率是指转换器范围所分成的阶跃数目。分辨率一般以位（n）来表示，阶跃数目为 2^n，所以一个 12 位分辨率的转换器将它的范围分为 2^{12} 或 4096 阶跃。在这种情况下，一个 $0\sim10V$ 范围可被分解成 $0.25mV$。

均方根值（rms-root mean square） 对一系列量取平方和进行平方根操作后再除以量的总数，在监控和测量交流信号中使用。

信噪比（signal-to-noise ratio） 缩写为 S/N 或 SNR，传送或加工过程中的同一点，信号超过噪声的功率量。

信号加工（signal processing） 大部分电子装置所做的工作，尤其是对信号的系统处理，以某些方式进行变换来达到预期的目的。

频谱（spectrum） 在频域中信号所包含的频率范围。

稳定时间（settling time） 放大器的稳定时间指的是信号输入后，在一个小误差范围内的（一般为 0.01%）输出达到最终幅度所需的时间。

信号（signal） 通过实验研究得到的一个物理观察量幅度和极性的变化，该变化产生于理解机制的过程中。

平滑（smoothing） 在滤去数字化数据中的粗糙变化同时保留数据的一些峰值和宽度等特点的技术。

存储（storage） 在计算机术语中，指的是保存计算机信息的任何物理设备。

参 考 文 献

Banks SP (1990) Signal processing in: Signal processing, image processing and pattern recognition. Prentice Hall, New York London Toronto Sydney Tokyo Singapore.

Bronzino JD (1995) The biomedical engineering handbook. CRC Press, IEEE Press.

Clyde FC Jr (1995) Electronic instrument handbook. McGraw-Hill, New York San Francisco Washington DC Auckland Bogota Caracas Lisbon London Madrid Mexico City Milan Montreal New Delhi San Juan Singapore Sydney Tokyo Toronto.

Cobbold RSC (1974) Transducers for biomedical measurements: principles and applications. John Wiley & Sons, New York Chichester Brisbane Toronto Singapore.

Glaser EM, Ruchkin DS (1976) Principles of neurobiological signal analysis. Academic Press, New York San Francisco London.

Loeb GE, Gans C (1986) Electromyography for experimentalists. The University of Chicago Press, Chicago and London.

Lynn PA, Fuerst W (1994) Digital signal processing with computer applications. John Wiley&Sons, New York Chichester Brisbane Toronto Singapore.

Normann RA (1985) Experiments in bioinstrumentation. Department of Bioingeneering University of Utah, Salt Lake City.

Sherman-Gold R (Ed) (1993) The axon guide for electrophysiology & biophysics, Laboratory techniques. Axon Instruments, Foster City, USA.

Proakis JG, Manolakis DG (1996) Digital signal processing, principles, algorithms, and applications. Prentice Hall, New Jersey.

Webster JG (1992) Medical instrumentation, application and design. Houghton Mifflin Co, Boston Toronto.